Some Important Organic Functional Groups

	Functional Group*	Example	IUPAC Name
Acid anhydride	$-C(=O)-O-C(=O)-$	$CH_3C(=O)OC(=O)CH_3$	Ethanoic anhydride (Acetic anhydride)
Acid chloride	$-C(=O)-Cl$	$CH_3C(=O)Cl$	Ethanoyl chloride (Acetyl chloride)
Alcohol	$-OH$	CH_3CH_2OH	Ethanol (Ethyl alcohol)
Aldehyde	$-C(=O)-H$	$CH_3C(=O)H$	Ethanal (Acetaldehyde)
Alkane	------	CH_3CH_3	Ethane
Alkene	$>C=C<$	$CH_2=CH_2$	Ethene (Ethylene)
Alkyne	$-C\equiv C-$	$HC\equiv CH$	Ethyne (Acetylene)
Amide	$-C(=O)-N<$	$CH_3C(=O)NH_2$	Ethanamide (Acetamide)
Amine, primary	$-NH_2$	$CH_3CH_2NH_2$	Ethylamine
Amine, secondary	$-NH-$	$(CH_3CH_2)_2NH$	Diethylamine
Amine, tertiary	$-N<$	$(CH_3CH_2)_3N$	Triethylamine
Carboxylic acid	$-C(=O)-O-H$	$CH_3C(=O)OH$	Ethanoic acid (Acetic acid)
Disulfide	$-S-S-$	CH_3SSCH_3	Dimethyl disulfide
Epoxide	$>C-C<$ (bridged by O)	H_2C-CH_2 (bridged by O)	Oxirane (Ethylene oxide)
Ester	$-C(=O)-O-C-$	$CH_3C(=O)OCH_3$	Methyl ethanoate (Methyl acetate)
Ether	$-O-$	CH_3OCH_3	Dimethyl ether
Haloalkane	$-X$; X = F, Cl, Br, I	CH_3CH_2Cl	Chloroethane (Ethyl chloride)
Ketone	$-C(=O)-$	$CH_3C(=O)CH_3$	Propanone (Acetone)
Nitrile	$-C\equiv N$	$CH_3-C\equiv N$	Ethanenitrile (Acetonitrile)
Nitro	$-N^{+}(=O)O^{-}$	CH_3NO_2	Nitromethane
Phenol	$-C_6-OH$ (ring)	C_6H_5-OH	Phenol
Sulfide	$-S-$	CH_3SCH_3	Dimethyl sulfide
Thiol	$-S-H$	CH_3CH_2SH	Ethanethiol (Ethyl mercaptan)

* Where bonds to an atom are not specified, the atom is assumed to be bonded to one or more carbon or hydrogen atoms in the rest of the molecule.

Organic Chemistry
7th Edition

William H. Brown
Brent L. Iverson
Eric V. Anslyn
Christopher S. Foote

브라운의

제7판

유기화학

화학교재연구회 옮김

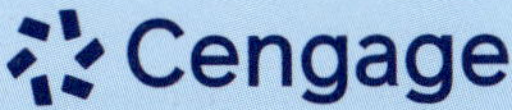

Cengage

Australia • Brazil • Canada • Mexico • Singapore • United Kingdom • United States

Organic Chemistry, **Seventh Edition**

William H. Brown,
Brent L. Iverson,
Eric Anslyn,
Christopher S. Foote

Original edition © 2014 Brooks Cole, a part of Cengage Learning.
Organic Chemistry, Seventh Edition by William H. Brown, Brent L. Iverson, Eric Anslyn, Christopher S. Foote
ISBN: 9781133952848

This edition is translated by license from Brooks Cole, a part of Cengage Learning, for sale in Korea only.

ISBN-13: 978-89-6218-514-0

Cengage Learning Korea Ltd.
14F YTN Newsquare 76 Sangamsan-ro
Mapo-gu Seoul 03926 Korea

Cengage is a leading provider of customized learning solutions with employees residing in nearly 40 different countries and sales in more than 125 countries around the world. Find your local representative at: **www.cengage.com**

To learn more about Cengage Solutions, visit **www.cengageasia.com**

Printed in Korea
Print Number: 02 Print Year: 2024

옮긴이 머리말

유기 화학뿐만 아니라 제약과 의약품 합성 분야까지 다양한 연구 경험을 가진 William H. Brown 교수가 집필한 유기 화학 제7판을 제5판에 이어 우리말로 옮기게 되었다. 제7판은 지금까지 출판된 다양한 유기 화학 책들과 비교해서 많은 특징을 가지고 있다. 특히 화학을 전공하는 학생은 물론이고 생명과학 및 의약학 분야 학생들이 두 학기에 걸쳐 배우기에 적합하고 유기 화학에 대한 많은 지식을 줄 수 있는 책이라고 판단된다.

William H. Brown 교수가 지은이 머리말에서 강조한 바와 같이 제7판은 각종 시험에 대비한 내용과 유기 화학의 이론적인 이해를 보다 더 넓히고 변형시켰다. 특히 기본적인 메커니즘적 요소에 대한 개념과 카복실산 유도체 반응 메커니즘에 대한 내용을 추가하여 반응 메커니즘에 대한 직관적인 이해를 넓혀 주는 책이다. 또한 MCAT (의과대학 입학시험)에 대비한 선다형 문제를 실었고, '유기 화학 반응 로드맵'이라고 부르는 유기 화학 공부를 위한 혁신적인 부분을 새로 다듬어 유기 합성 분야를 강조한 책이다. 일반적인 유기 화학 개념을 바탕으로 '화학 관련 이야기'와 '생화학 관련 이야기'는 생활 주변에서부터 생체계까지 폭넓게 이해하도록 유도하고 있다.

옮긴이들은 원서에 나타난 책의 특성이 번역서로 잘 연결되도록 주의를 기울였다. 각 장별로 여러 명의 옮긴이가 번역에 참여하여 세부 전공별로 표현이 적절하게 이루어진 장점도 있지만, 용어 통일에 어려운 과정도 있었다. 이 번역서에서는 이러한 용어와 표현이 잘 정리되었다고 판단되지만 오역과 불충분한 부분도 있으리라 생각되며, 다음 개정판에서 이러한 부분을 찾아 수정할 계획이다. 이 책에 사용한 학술 용어는 되도록 대한화학회 홈페이지 화학정보-학술술어 부분에 실린 화학술어집(제5개정판)을 수정한 2014년 9월판을 기준으로 통일되도록 노력하였다. 화합물 이름은 각종 시험에서 원어로 출제됨을 감안하여 복잡한 화합물명을 포함하여 모든 화합물명은 원어 그대로 나타내었다.

끝으로 이 유기 화학 제7판을 번역하고 출판할 수 있는 기회를 제공한 사이플러스 박종성 대표와 편집 및 교정에 참여하신 임직원 여러분께 감사드린다.

2016년 2월 25일

옮긴이 적음

지은이 소개

William H. Brown William H. Brown은 Beloit 대학의 화학과 명예 교수이며, 이 대학에서 두 번씩이나 '올해의 교수'로 이름을 올린 바 있다. 그의 유기 화학, 고급 유기 화학을 포함해서 최근에는 제약과 의약품 합성에 대한 새로운 주제까지 강의하고 있다. William은 Gilbert Stork의 지도 하에 Columbia 대학교에서 박사 학위를 받고, California Institute of Technology와 Arizona 대학교에서 박사 후 연구원 생활을 하였다.

Brent L. Iverson Brent L. Iverson은 1982년 Stanford 대학교에서 학사 학위를 받고, 1987년 California 공과대학교에서 박사 학위를 받았다. 그는 Austin에 있는 Texas 대학에서 'University Distinguished Teaching Professor'로 선정된 바 있으며, 존경 받는 연구자이다. Brent의 연구는 유기 화학과 분자생물학과의 사이에 걸쳐 있다. 그의 연구진은 탄저균 감염에 대한 예방약을 포함하여 여러 가지 특허 기술을 개발하였다.

Eric V. Anslyn Eric V. Anslyn은 Northridge에 위치한 California 주립대학교에서 학사 학위를 받고, California 공과대학교에서 박사 학위를 받았다. 'Norman Hackerman Professor'와 Texas 대학에서 'University Distinguished Teaching Professor'로 선정된 바 있다. Eric의 연구는 합성의 물리 및 생유기 화학과 천연 수용체 그리고 촉매에 집중되어 있다.

Christopher S. Foote Christopher S. Foote는 1957년에 Yale 대학교에서 학사 학위를 받고, 1962년에 Harvard 대학교에서 박사 학위를 받았다. 그의 학문적인 공적으로 1965~1967 Sloan 연구원, 1967~1968 Guggenheim 연구원으로 재직하였고, 1975 Baekland Award, 1994 ACS Cope Scholar, 1996 Southern California Section ACS 메달을 수상하였다. 1988~1989 American Society of Photobiology 회장, Accounts of Chemical Research 편집자, UCLA 화학과 교수를 역임하였다.

지은이 머리말

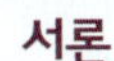

서론

이번 *유기 화학* 제7판은 제6판 내용을 확실하게 변형시켰다. 유기 화학 과정을 선택한 학생들은 두 가지 목표를 가져야 한다. 첫 번째는 유기 화학을 배우는 것이고, 두 번째는 분자 과학 과정에 대한 기초를 닦는 것이다. 대부분 이러한 다른 과정에는 생화학 또는 재료 과학과 같은 특별한 주제가 포함되어 있다.

이 책은 학생들에게 유기 분자와 유기 반응의 기본적인 이해뿐만 아니라 반응 메커니즘과 유기 합성에서 반응의 용도에 대한 기본적인 이해가 연결되도록 우선 메커니즘적인 표현과 합성 유기 화학에 의해 이러한 두 가지 목표를 일시에 다루었다. 이 책은 이어지는 과학 과목 과정에서 학생들이 준비해야 할 연결되는 개념을 강조함으로써 기본 개념을 쌓도록 하였다. 이 책의 여러 가지 공부하고 배워야 할 특징이 각 장의 끝 부분에 이해를 돕기 위한 사실과 개념에 대한 요약을 포함해서 공부할 메커니즘에 대한 독특한 예 및 유기 화학 반응 맵이라고 부르는 향상된 학습 도구 등에 있다.

메커니즘에 대한 신선한 관찰

이번 제7판은 유기 화학 메커니즘을 배우기 위한 혁신적인 변화표를 개선하였다. 학생들은 제6장 앞 절에 특별히 실은 Primer 부분에서 개별적인 메커니즘 요소들에 대한 작은 세트들을 만나게 된다. 게다가 18장 바로 앞 절에 새롭고 특별한 Primer 부분은 역사적으로 유기 화학 과정에서 복잡한 반응 메커니즘의 이해와 발전을 배우는 학생들을 위한 중요한 시점인 카복실산 유도체의 반응에 대한 메커니즘을 구성하는데 이러한 독특한 접근을 어떻게 적용하는지 기술하고 있다.

이러한 두 가지 특별한 부분에서 메커니즘적인 요소는 메커니즘이 적절하게 사용될 때를 포함해서 자세하게 설명된다. 이 책 나머지 부분에서 반응 메커니즘은 단계별 형태로 나타낸 이러한 개별적인 메커니즘 요소들의 조합으로 기술된다. 이러한 새로운 시도는 학생들이 메커니즘을 공부하는데 단순화시킬 뿐만 아니라 연관된 반응들 사이에 유사점과 차이점을 알아차리기 쉽게 만들어 준다. 가장 중요한 점은 선택해야 할 반응 종류로부터 올바른 메커니즘 요소를 선택하는 다항식 선택 상황에서 반응 메커니즘을 더 간단히 예측하게 만들어 준다. 또한 부록 10에서 '화살표 밀기에서 공통적인 오류'는 학생들이 메커니즘을 쓰는데 있어서 더 많은 힌트를 준다.

메커니즘 요소에 대한 접근을 강화하기 위해서 친전자체와 반응하는 친핵체의 합쳐진 개념을 강조하였다. 특히 반응하는 분자의 정전기적인 퍼텐셜 표면 모형을 이용하면 도움이 된다. 이러한 맵들은 다른 반응물(친전자체)의 낮은 전자 밀도를 가진 영역과 반응하는 한 반응물(친핵체)의 높은 전자 밀도 영역을 포함한 반응들의 대부분이 색을 칠한 모양으로 쉽게 이해될 수 있도록 강조하고 있다.

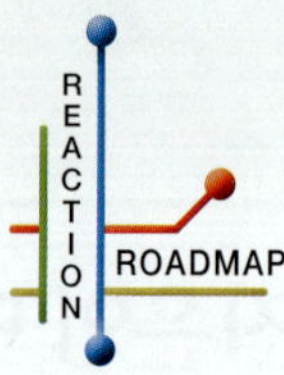

합성에 대한 신선한 관찰: 유기 화학 로드맵, 시각적인 유기 반응들에 대한 혁신적이고 강력한 방법

이 제7판에서는 '유기 화학 반응 로드맵'이라고 부르는 유기 화학 공부를 위한 혁신적인 부분을 새로 다듬어 실었다. 이것은 중요한 작용기들을 통합해서 가르칠 수 있도록 서로 다른 유기 반응에 대한 도식적인 표현이다. 유기 화학 로드맵에서 작용기는 실제 로드맵에서 인용된 것과 유사하고, 반응들은 이러한 인용된 것들 사이에 과정과 비슷하다. 화살표는 작용기들 사이에 알려진 과정들을 표현하는데 사용되고, 각 반응을 일으키는데 필요한 시약들은 해당되는 화살표 다음에 썼다.

다단계 합성에 대한 질문들은 비록 합성이 유기 화학 공부 과정의 중심일지라도 유기 화학을 공부하는 학생들에게는 도전할 만한 것이다. 유기 화학 반응 로드맵의 힘은 다단계 합성 문제에서 중심이 되는 작용기의 상호변환에서 반응들에 대해 시각적으로 학생들을 도와주는 데 있다. 유기 화학 반응 로드맵의 구축과 이용은 학생들이 뜯어낼 수 있고 다음 문제에 사용할 수 있는 부록 11에서 완전한 형태로 나타내었고 제6장에서 시작되는 각 장의 마지막 문제에 소개되어 있다.

궤도함수에 대한 신선한 관찰

분자내 전자 밀도를 이해하기 위한 유기 화학자들의 이론적인 틀은 원자 궤도함수와 분자 궤도함수에 근거를 두고 있다. 역설적으로 유기 화학 책은 궤도함수의 실제 모양 혹은 완전한 의미를 결코 나타내지 않는 궤도함수의 보이는 범위만을 제공해 준다. 제7판은 궤도함수 표현에 대한 두 가지 상보적인 접근인 원자가 결합 이론과 분자 궤도함수 이론 사이의 상호 역할에 초점을 맞추어 제1장에 전자 밀도의 궤도함수 특성에 대한 자세한 그림을 나타내었다. 제1장은 전자적인 이론이 어떻게 구조, 결합 그리고 반응성을 이해하도록 유기화학자에 의해 사용되는지 포괄적으로 설명해 준다. 확실히, 학생들에게 분자가 다양한 공명 구조에 의해 기술되는 복잡한 상황에서 조차도 언제 그리고 어떻게 전자적인 이론을 이용하는지 자세하고 사용하기 쉬운 지침을 준다. 친숙한 궤도함수 그림과 나란히 계산된 궤도함수의 도표를 포함시킨 것은 보강된 책을 통해서 학생들이 궤도함수의 크기와 모양에 대한 더 큰 이해를 갖게 한다. 이러한 목적은 학생들에게 분자 구조와 반응성에 대한 새로운 통찰력과 직관력을 주는 강한 이론적인 기초를 제공하는 것이다.

MCAT(의과대학 입학시험) 준비에 대비한 신선한 관찰

상당수 학생들이 MCAT, DAT (치과대학 입학시험) 그리고 PCAT (약학대학 입학시험)과 같은 표준 시험을 준비하기 위해 유기 화학을 선택한다. 종종 MCAT에서 유기 화학 내용은 선다형 질문으로 이어지는 몇 구절의 형태이다. 몇 구절에 근거한 질문에 답하기 위해 배우는 것은 학생들에게 향상된 독해력과 분석 기술의 발전을 필요로 한다. 유기 화학 제7판은 거의 모든 장(*의과대학 입학시험 MCAT 연습: 지문 및 질문*)에서 선다형 질문으로 여러 가지 시사하는 바가 큰, 폭 넓은 구절을 도입함으로써 이러한 기법을 발전시키는데 학생들에게 도움을 주는 첫 번째 책이다.

복잡한 분자의 합성에 응용되는 유기 화학

유기 화학은 수천가지 유용한 분자의 합성을 가능케 한다. 이 책에 실은 반응의 합성적 응용은 부분적으로 여러 가지 도전적인 합성 문제를 통해서 강조되었고, 이 합성의 목표는 학생들에게 어떻게 합성 유기 화학이 제약 연구와 유용한 의약품 생산에 이용되는지 보여 주는 것이다. 이 책은 Valium, fluoxetine (Prozac), meperidine (Demerol), albuterol (Proventil), tamoxifen 그리고 sildefanil (Viagra) 등과 같은 중요한 분자의 합성 반응에 대한 응용을 제공해 준다. 다단계 합성 문제는 학생들이 상대적으로 간단한 출발 물질을 더 복잡한 과녁 분자로 전환하는 다단계 합성 계획으로 발전시키기 위해 도전하도록 해준다.

생물에 응용되는 유기 화학

중요한 생체 분자에 유기 화학 원리의 응용은 생화학 과정에 다리 역할을 하도록 적절하게 통합하였다. 특히, 생화학 관련 이야기는 살아있는 계를 이해하는데 필수적인 유기 화학 관점에 특별한 주의를 기울였다.

마스터 기법

유기 화학을 마스터하는 데는 어떠한 지적인 기법의 발전이 필요하다. 이것 때문에 15개의 *How To*란에 유기 화학을 배우는 학생들을 위한 "생존 기법"을 강조하였다. 제7판에서는 다섯 가지 *How To*란을 추가하였다.

학생들의 준비에 더 효과적인 도움

제7판의 중요한 특징은 각 장의 끝부분에 실은 사실과 개념에 대한 요약이다. 과목 시험과 이후 MCTA와 같은 표준화된 시험을 준비하는데 학생들에게 도움이 되도록 디자인된 미니 안내서라고 할 수 있다. 시험을 준비할 경우에 학생들은 주요 용어와 중요한 개념을 정리한 리스트로부터 도움을 받을 수 있을 것이다. 이러한 미니 안내서는 학생들에게 책의 완전한 설명에 대해 각 절별로 참고함으로써 이해하기 어려운 부분을 쉽게 확인하도록 만들어 주고, 이해를 강화하고 테스트하는 각 장의 끝부분 연습 문제를 제공한다.

독특하게 편성된 요소

- 제1장(전자 이론의 포괄적인 설명)과 함께 제4장(유기 화학에서 산과 염기의 자세한 설명)은 학생들에게 이어지는 메커니즘적인 관점을 이해하는데 기초가 되도록 분자 구조와 성질에 대한 근본적인 이해력을 제공한다.
- 화학과 생화학 분야에서 늘어나는 NMR 분광법의 이용뿐만 아니라 의학 진단 분야에서 증대되는 MRI의 의존성 때문에 제13장에서 '핵자기 공명 분광법'을 최신 내용으로 자세하게 기술하였다. NMR 스펙트럼과 신호 갈라짐 양식에 관련된 실제적이고 이론적인 관점은 강조되었고 FT-NMR에 대한 완전한 설명은 MRI와의 보다 더 강조된 기술적인 연결을 제공한다.
- 카보닐 화학 (16장~19장)은 유기 화학 과목을 수강하는 대부분의 학생들에게 교수들이 카보닐 작용기를 먼저 가르치는 시간을 갖도록 다른의 다른 책들 보다는 더 앞장에 실었다. 카보닐 화학은 생체계의 기본이고 이 책에서 먼저 강조한 탄수화물의 화학과 카보닐 화학 사이의 연결이다.
- 24장 "촉매 탄소-탄소 결합 형성"은 앞장의 내용과 도전하는 학생들이 계획하는 합성에 관한 지식을 묶었다. 이러한 시도의 목적은 학생들이 현대 합성 화학에 흥미와 도전을 갖고 접하게 하는 데 있다.

제7판의 새로운 내용

이번 제7판에서는 유기 화학의 더 좋은 이론을 제공할 뿐만 아니라 시험을 준비하는데 더 좋은 수단을 제공하도록 주요한 변화를 주었다.

- 학생들이 반응 메커니즘을 단순히 암기하는 것과는 반대로 이해하는데 더 많은 준비를 할 수 있도록 두 가지 새로운 Primer 부분을 추가하였다. 먼저 6장 바로 앞에 추가한 'Primer I: 반응 메커니즘'은 메커니즘적인 요소를 고려해야 할 반응 메커니즘에서 주어진 단계가 적절한가를 어떻게 예측할 수 있는지 설명하고 기본적인 메커니즘적 요소들에 대한 개념을 소개하였다.
- 'Primer II: 카복실산 유도체 반응 메커니즘'은 카복실산 유도체 반응을 설명한 18장 바로 전에 추가되었다. 18장은 카복실산의 반응 메커니즘이 카복실산 유도체의 반응 사이에 미묘한 차이점을 나타내는 많은 단계를 가지고 있기 때문에 학생들에게 중요한 장이 된다.
- 유기 화학 반응 로드맵은 이 7판에서 많은 부분을 다듬고 완전하게 다시 그렸다. 유기 화학을 배우는 학생들에게 이러한 혁신은 서로 다른 반응들에 대한 시각적인 표현을 알려주고 복잡한 분자의 다단계 합성에 대한 특별한 순서에 어떻게 이러한 로드맵을 사용할 수 있는지 보여 준다.
- Swern, Dess-Martin 및 Pinnick 산화 반응을 포함해서 여러 가지 최신 합성 방법에 대한 설명을 추가하였다.

특별한 내용

- **새로운 내용:** 유기 화학 메커니즘을 배우기 위한 **혁신적인 새로운 예**가 6장 바로 앞부분에 "Primer I: 반응 메커니즘"으로 소개되었고 이 책 전체를 통해 사용된다.
- **새로운 내용:** 유기 화학 메커니즘을 배우기 위한 **새로운 메커니즘 예**가 18장 바로 앞부분에 "Primer II, 카복실산 유도체 반응 메커니즘"으로 소개되었다.
- **새로운 내용:** Swern, Dess-Martin 및 Pinnick 산화 반응과 같은 **여러 가지 새로운 합성 방법**이 추가되었다.
- **새로운 내용:** **의과대학 입학시험(MCAT) 연습:** 지문 및 질문을 거의 매 장마다 실었다.
- **최신 내용:** **유기 화학 반응 로드맵**은 유기 화학을 공부하는데 보다 더 유용하도록 완전하게 다시 그렸다. 유기 화학 로드맵은 각 장 연습 문제 마지막 부분과 새로 디자인한 부록 11에 실었다.
- **최신 내용:** **정확한 궤도함수 그림**은 유기 화학에 적용되는 전자 이론에 대한 보다 더 현실적인 이해를 학생들에게 제공되도록 이 책 전반에 걸쳐 추가하였다.
- **최신 내용:** **화학 관련 이야기**라는 내용은 매일 접하는 환경에서 유기 화학의 응용 예를 나타내고 있다. 주제의 범위는 카이랄 의약품으로부터 혈장에서 낮은 콜레스테롤 수치 및 초강력 접착제 화학까지가 된다.
- **최신 내용:** **생화학 관련 이야기.** 유기 화학의 생물 분야에 응용은 각 장 끝부분에 연습 문제와 생화학 관련 이야기라는 주제로 이 책을 통해 강조되었다. 새로운 주제에는 생물학적인 산화-환원 반응에서 전자를 이동시키는 물질과 pyridoxine (비타민 B6)이 포함된다.
- **최신 내용:** 중심이 되는 내용과 주제인 **15개의 *How To* 특징**이 포함되어 있다. 이 특징들

은 유기 화학을 배우는 학생들에게 '생존 기법'을 설명한다.

- **최신 내용: 각 장의 예제.** 자세한 풀이 과정을 포함하고 있는 많은 예제가 각 장에 있어서 학생들이 특정 질문과 해답에 관련된 개념이 어떻게 설명되는지 바로 볼 수 있다. 이어지는 각 장의 예제는 연관된 문제를 풀어볼 수 있도록 학생들에게 기회를 주기 위해 꾸며진 각 장의 연습 문제와 비교할만 하다.
- **최신 내용: 각 장 끝부분의 사실과 개념에 대한 요약**은 각 장의 모든 중요한 개념을 개요 형태로 강조하였다. 각각의 개념은 완전한 설명이 포함된 각 장의 절뿐만 아니라 이해가 요구되는 문제들에 대한 열쇠가 된다.
- **최신 내용: 각 장 끝부분의 주요 반응**은 메커니즘의 단조로운 설명 전부와 입체화학과 위치화학과 같은 중요한 사항이 각 장에 설명되어 있는 반응들을 나열하였다.
- **최신 내용: 각 장 끝부분의 연습 문제.** 대부분 주제별로 묶어진 각 장의 끝부분에 풍부한 연습 문제가 있다. 붉은색의 번호로 나타낸 연습 문제는 응용되고 세계적인 문제를 나타낸다. 이 판에 새로운 내용, 특히 작용기에 관한 장에는 중요한 의약품 합성을 다루고 보다 더 복잡한 분자의 작용기 변형을 다루는 상황에 따른 반응 문제와 같은 다수의 다단계 합성 문제가 있다.
- **최신 내용: 중심 용어의 풀이.** 책을 통해 새로운 용어에 대한 정의는 쉽게 참고하도록 가장자리에 놓았다. 게다가, 모든 정의는 알기 쉬운 어휘로 책 끝부분에 모았다.
- **최신 내용: 정확한 입체화학적 정의가 있는 유일한 부록**. 하나로 모아 놓은 입체화학적인 용어에 대한 포괄적인 나열은 학생들이 자주 마주치는 새로운 용어에 대한 참고가 될 수 있는 자료로 제공된다.
- **최신 내용: 유일한 명명법 부록.** 이 부록은 책에서 다루는 복잡한 분자의 명명에 대해 도입되는 모든 규칙의 포괄적인 목록을 제공한다.
- **최신 내용: 유일한 화살표 밀어주기 부록.** 이 부록에서 화살표 밀어주기에 대한 정확한 용도가 강조되고 학생들이 일반적인 오류를 피하도록 도와준다.
- **최신 내용: 풀 컬러 그림 프로그램.** 이 책에서 가장 두드러진 특징중에 하나는 시각적인 영향이다. 책에서 풀 컬러 프로그램은 3차원 모양뿐만 아니라 응용된 사진을 나타내는 수많은 분자 모형을 포함하고 있다. 게다가, 특정 색깔은 반응 과정을 따라가고 분자의 일부분을 강조하는데 사용되었다.
- **최신 내용: 정전기적인 퍼텐셜 지도**는 이 책을 통해 중요한 공명의 개념, 친전자성도와 친핵성도를 나타내는 적당한 위치를 제공한다.

지원되는 자료

이 책에서 학생과 교수에게 필요한 자료에 관한 정보는
www.cengage.com/chemistry/brown/organic7e를 방문하시오.

차 례

7 알카인 *Alkynes*

8 할로알케인, 할로젠화 반응 및 라디칼 반응 *Haloalkanes, Halogenation, and Radical Reactions*

9 친핵성 치환 반응과 β-제거 반응 *Nucleophilic Substitution and β-Elimination*

12 적외선 분광학 *Infrared Spectroscopy*

13 핵자기 공명 분광법 *Nuclear Magnetic Resonance Spectroscopy*

19 엔올 음이온과 엔아민 *Enolate Anions and Enamines*

20 다이엔, 콘쥬게이션계와 페리 고리 협동 반응 *Dienes, Conjugated Systems, and Pericyclic Reactions*

부 록 *Appendix*

찾아보기 *Index* *1281*

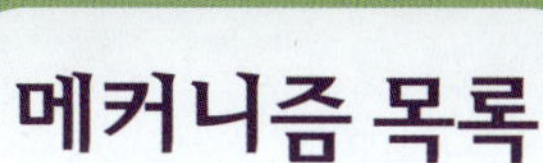

메커니즘 목록

제**10**장 알코올 Alcohols

3차 알코올과 HBr의 반응: S_N1 반응 **(10.5A절)**

1차 알코올과 HBr의 반응: S_N2 반응 **(10.5A절)**

Neopentyl alcohol과 HCl의 반응에 의한 자리옮김 **(10.5A절)**

일차 알코올과 PBr_3의 반응 **(10.5B절)**

2-Butanol의 산 촉매 탈수 반응: E1 반응 **(10.6절)**

가지 없는 1차 알코올의 산-촉매 탈수 반응 **(10.6절)**

2,3-Dimethyl-2,3-butanediol (피나콜)의 피나콜 자리옮김 반응 **(10.7절)**

Chromic acid에 의한 알코올의 산화 **(10.8A절)**

Swern 산화, Chlorosulfonium 이온에서 시작 **(10.8C절)**

Dess-Martin 산화 **(10.8D절)**

Periodic acid에 의한 글라이콜 산화 **(10.8E절)**

NAD^+에 의한 알코올의 산화 **(10.8E절)**

제**11**장 에터, 에폭사이드, 설파이드 Ethers, Epoxides, and Sulfides

일차 알코올의 산-촉매 분자 간 탈수 반응 **(11.4B절)**

알켄에 알코올의 산-촉매 첨가 반응 **(11.4C절)**

Dialkyl ether의 산-촉매 분해 **(11.5A절)**

RCO_3H에 의한 알켄의 에폭시화 반응 **(11.8C절)**

에폭사이드의 산-촉매 가수분해 **(11.9A절)**

에폭사이드 고리의 친핵성 고리 열림 **(11.9B절)**

제**14**장 질량 분석법 Mass Spectrometry

케톤의 McLafferty 자리옮김 **(14.3E절)**

카복실산의 McLafferty 자리옮김 **(14.3F절)**

제**15**장 유기금속 화합물 입문 An Introduction to Organometallic Compounds

Dichlorocarbene의 생성과 cyclohexene과의 반응 **(15.3B절)**

알켄과의 Simmons-Smith 반응 **(15.3C절)**

제**16**장 알데하이드와 케톤 Aldehydes and Ketones

Formaldehyde와 반응하는 Grignard 시약 **(16.5A절)**

케톤과 반응하는 유기리튬 시약 **(16.5B절)**

케톤과 반응하는 알카인 음이온 **(16.5C절)**

사이아노하이드린의 형성 **(16.5D절)**

Wittig 반응 **(16.6절)**

염기-촉매에 의한 헤미아세탈의 형성 **(16.7B절)**

산-촉매에 의한 헤미아세탈의 형성 **(16.7B절)**

산-촉매에 의한 아세탈의 형성 **(16.7B절)**

알데하이드 혹은 케톤으로부터 이민의 생성 **(16.8A절)**

케토와 엔올 토토머의 염기 촉매 평형 **(16.9A절)**

케토와 엔올 토토머의 산 촉매 평형 **(16.9A절)**

Pinnik 산화 **(16.10A절)**

알데하이드나 케톤의 Sodium Borohydride 환원 **(16.11A절)**

Wolff-Kishner 환원 **(16.11E절)**

제17장 카복실산 Carboxylic Acids

제18장 카복실산의 작용기 유도체 Functional Derivatives of Carboxylic Acids

제19장 엔올 음이온과 엔아민 Enolate Anions and Enamines

제20장 다이엔, 콘쥬게이션계와 페리 고리 협동 반응

Dienes, Conjugated Systems, and Pericyclic Reactions

제21장 Benzene과 방향족성의 개념

Benzene and the Concept of Aromaticity

제22장 Benzene과 그 유도체들의 반응

Reactions of Benzene and Its Derivatives

제23장 아 민 Amines

Nitrosyl 양이온의 형성 (23.8절)

2차 아민과 nitrosyl 양이온의 반응을 통한 *N*-nitrosamine 생성 (23.8C절)

1차 아민과 nitrous acid의 반응 (23.8D절)

Tiffeneau-Demjanov 반응 (23.8D절)

Hofmann 제거 반응 (23.9절)

Cope 제거 반응 (23.10절)

제24장 촉매적 탄소-탄소 결합 형성 Catalytic Carbon-Carbon Bond Formation

Heck 반응 (24.3B절)

알릴 알킬화 반응의 촉매 순환 과정 (24.4A절)

교차 짝지음 반응의 촉매 순환 과정 (24.5A절)

제26장 지 질 Lipids

FAD에 의한 지방산 $—CH_2—CH_2—$를 $—CH═CH—$로의 산화 (26.2C절)

제27장 아미노산과 단백질 Amino Acids and Proteins

Cyanogen Bromide에 의한 Methionine의 펩타이드 결합 절단 (27.4B절)

Edman 분해법: *N*-말단 아미노산의 절단 (27.4B절)

제29장 유기 고분자 화학 Organic Polymer Chemistry

치환된 ethylene의 라디칼 중합 (29.6A절)

Ethylene 중합에서 Ziegler-Natta 촉매 (29.6B절)

Ziegler-Natta 배위 중합의 균일성 촉매 (29.6B절)

알켄의 음이온 중합에서 개시 반응 (29.6D절)

Butadiene의 음이온 중합 개시 반응 (29.6D절)

$HF \cdot BF_3$에 의한 알켄의 양이온 중합에서의 개시 반응 (29.6D절)

Lewis 산에 의한 알켄의 양이온 중합에서의 개시 반응 (29.6D절)

제 1 장

© Cengage Learning/Charles D. Winters

순수한 탄소의 한 형태인 다이아몬드 구조 모형. 각각의 탄소는 정사면체의 각 꼭지점에 있는 4개의 다른 탄소와 결합하고 있다.

▼ *삽입 그림:* Fullerene(C_{60}) 모형. 'MCAT 연습: Fullerene' 참조.

공유 결합과 분자의 형태

Covalent Bonding and Shapes of Molecules

》 이 장의 차례

유기 화학(Organic chemistry)을 가장 간단히 정의하면 탄소 화합물을 연구하는 학문이다. 아마도 유기 화학의 가장 현저한 특징은 대부분의 유기 화합물이 탄소와 단지 몇 가지의 원소(주로 수소, 산소, 질소)로 구성되어 있다. 화학자들은 탄소와 이들 세 가지 원소로 이루어진 천만 개를 훨씬 넘는 화합물을 발견하거나 만들었다. 유기 화합물은 식품, 향료, 향

이 장의 동영상 강의를 보려면 www.cengage.com/chemistry/brown/organic7e에 접속 후 Access Student Materials를 클릭하라.

수, 의약품, 세면용품, 화장품, 플라스틱, 필름, 수지, 페인트, 니스, 풀, 접착제, 연료, 윤활유 그리고 우리의 몸과 모든 생물체 등 우리 주위에 어디든지 있다.

이제 C, H, O, N 원소들이 전자쌍을 공유하면서 어떻게 결합하여 궁극적으로 분자를 형성하는지 알아 볼 것이다. 이 장에서 다루는 많은 부분은 이전의 일반 화학에서 접한 것들이지만, 이 지식들을 능숙하게 사용할 줄 알아야 이 책의 다음 장들을 이해할 수 있을 것이다.

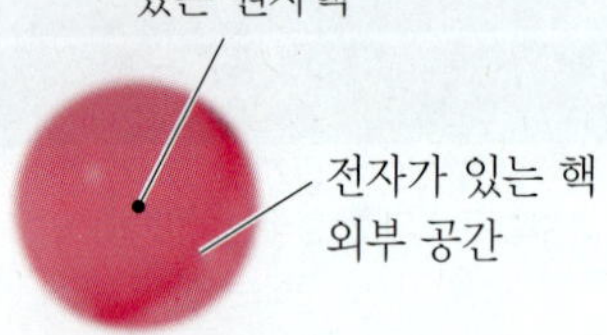

그림 1.1 ▸ 원자의 도식적 구조. 원자 질량의 대부분은 작고, 조밀한 원자핵이 차지하고 있다.

1.1 원자의 전자 구조

원자는 중성자와 양전하를 띠는 양성자로 이루어진 작고 조밀한 원자핵을 가지고 있다. 원자 질량의 대부분은 이 원자핵이 차지하고 있다. 원자핵은 음전하를 띠는 전자를 가지고 있는 원자핵 바깥쪽 공간에 의하여 둘러싸여 있다. 원자 핵의 직경은 10^{-14}~10^{-15} m이다. 전자는 직경이 약 10^{-10} m로서 더 큰 부피를 차지한다(그림 1.1).

껍질(Shell)의 정의는 핵 주위의 여러 공간에서 전자가 발견될 확률이다. 껍질에 있는 전자들의 에너지는 양자화되어 있다. **양자화**(Quantization)의 의미는 연속적인 에너지 값이 아닌 단지 특정한 에너지 값들만이 가능하다는 것이다. 다음의 세 가지 중요한 효과들이 균형을 이루는 속에서 껍질들은 양자화된 에너지 상태가 된다. 첫 번째는 전자들을 핵으로 끌려가게 하는 정전기적 인력이다. 두 번째는 전자들 사이의 정전기적 반발력이며, 세 번째는 비편재화되려는 전자들의 파동과 같은 성질로서 이로 인하여 원자핵으로부터 전자 밀도가 퍼져 있게 된다. **비편재화**(Delocalization)란 전자 밀도가 넓은 부피의 공간상에서 퍼져 있는 것이다.

> **껍질**
> 주양자수에 해당하는 전자들이 채워져 있는 원자 핵 주위의 공간 지역.
>
> **양자화**
> 불연속적인 에너지와 운동량을 가지고 있음.
>
> **비편재화**
> 넓은 공간에 전자 밀도가 퍼짐.

전자 껍질들은 주양자수(principal quantum number) 1, 2, 3 등으로 표현된다. 각 껍질은 **$2n^2$개의 전자**들을 가질 수 있다. 이때 n은 껍질의 번호를 나타낸다. 그러므로 첫 번째 껍질은 2개의 전자들, 두 번째 껍질은 8개의 전자들, 세 번째 껍질은 18개의 전자들, 네 번째 껍질은 32개의 전자들을 가질 수 있는 것이다(표 1.1). 첫 번째 껍질의 전자들은 양전하를 띠는 핵에 가장 가까이 있으므로 핵에 의하여 가장 강하게 잡혀 있으며, 따라서 가장 낮은 에너지 상태에 있다. 보다 높은 번호의 껍질에 있는 전자들은 양전하를 띠는 핵으로부터 보다 멀리 떨어져 있으므로 핵에 의하여 덜 강하게 잡혀 있게 된다.

껍질들은 s, p, d, f로 표시되는 부껍질(subshell)로 나뉘며, 이 부껍질 안에서 전자들은 궤도함수로 그룹화되어 있다(표 1.2). **궤도함수**(Orbital)란 2개의 전자들을 붙잡아 둘 수 있는 공간을 말하며 특정 양자화된 에너지 값을 가지고 있다. 첫 번째 껍질은 1s 궤도함수라고 명명되는 하나의 궤도함수만을 가지고 있다. 두 번째 껍질은 하나의 s 궤도함수와 3개의 p 궤도함수들을 가지고 있다. 이 3개의 2p 궤도함수들은 3차원 공간에서 직교 각운동량 상태로 형성되어 있다. **직교**(Orthogonal)란 궤도함수 사이가 90°의 각을 이루는 것을 말하며, 또 한편으로 모든 경우에 직교의 의미는 궤도함수들이 서로 겹치지 않는 것을 의미한다. 이에 대한 예로서 2p 직교 궤도함수들을 보자. 이들은 각각 x축, y축, z축을 향하고 있으며, 따라서 각각 $2p_x$, $2p_y$, $2p_z$라고 명명한다. 세 번째 껍질은 3s 궤도함수 1개와 3개의

> **궤도함수**
> 2개의 전자를 가질 수 있는 공간 영역.
>
> **직교**
> 알짜 겹침이 전혀 없음.

표 1.1 껍질 내 전자 분포

껍질	껍질이 가질 수 있는 전자 수	각 껍질에 전자들의 상대적 에너지
4	32	높음
3	18	↑
2	8	
1	2	낮음

표 1.2 껍질에서의 궤도함수 분포

껍질	각 껍질 속의 궤도함수
3	$3s$, $3p_x$, $3p_y$, $3p_z$와 5개의 $3d$ 궤도함수
2	$2s$, $2p_x$, $2p_y$, $2p_z$
1	$1s$

$3p$ 궤도함수 그리고 5개의 $3d$ 궤도함수를 가지고 있다. s 궤도함수와 p 궤도함수의 모양은 그림 1.8과 1.9에 나타나 있으며, 1.6B절에서 좀 더 자세하게 설명하기로 한다.

A 원자의 전자 배치

원자의 전자 배치는 전자들이 채워져 있는 궤도함수들을 나타내는 것이다. 각 원자는 무한대의 전자 배치가 가능하다. 그러나 지금은 우선적으로 가장 낮은 에너지의 전자 배치 상태인 **바닥 상태 전자 배치**(ground-state electron configuration)에 대하여 살펴보고자 한다. 바닥 상태 전자 배치는 다음의 세 가지 규칙에 의하여 결정된다.

바닥 상태 전자 배치
원자나 분자에서 가장 낮은 에너지의 전자 배치.

규칙 1: Aufbau 원리(Aufbau principle, Aufbau: 쌓음 'build-up'). 궤도함수는 가장 낮은 상태에서 높은 상태의 에너지 순으로 전자들이 채워진다. 본 과정에서는 기본적으로 주기율표 중 1, 2, 3주기의 원소에 대하여 살펴본다. 이러한 원소들의 궤도함수들은 $1s$, $2s$, $2p$, $3s$, $3p$ 등의 순서로 채워진다.

Aufbau 원리
궤도함수는 가장 낮은 에너지에서 가장 높은 에너지 상태로 에너지가 증가하는 순서로 전자가 채워진다.

규칙 2: Pauli의 배타 원리(Pauli exclusion principle). Pauli의 배타 원리는 1개의 궤도함수에 오직 2개의 전자만이 채워질 수 있고, 그들의 스핀은 반드시 짝을 이루고 있어야 한다는 것이다. 짝을 이루고 있는 스핀의 의미가 무엇인지 이해하기 위해서는 일반 화학에서 배운 지구가 자전을 통하여 스핀을 가지고 있는 것을 생각하여 보자. 전자도 스핀이라 부르는 양자 역학적 성질을 가지고 있다. 지구가 남극과 북극의 자기장을 가지고 있듯이 전자들도 그러하다. 양자 역학적으로 전자는 오직 2개의 다른 스핀 상태로 존재할 수 있다. 각기 다른 방향의 스핀을 가진 두 전자를 **쌍을 이룬 스핀**(paired spin)이라고 한다.

Pauli 배타 원리
1개의 궤도함수에 2개 이상의 전자가 존재할 수 없다. 만약 2개의 전자가 존재한다면 스핀은 반드시 쌍을 이룬다.

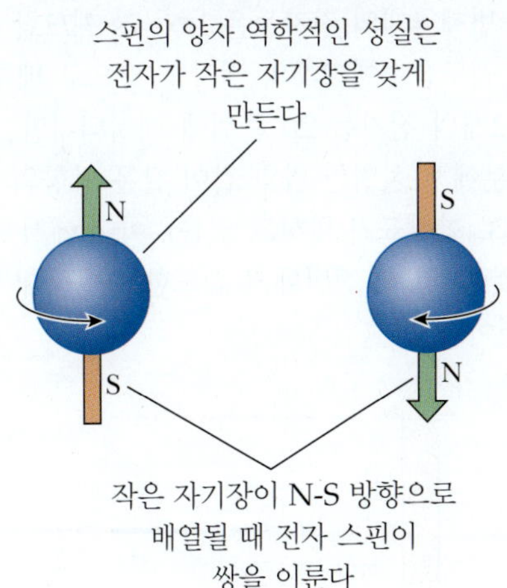

궤도함수에 전자가 채워질 때 1개의 궤도함수에 2개를 초과하는 전자가 채워질 수 없다. 예를 들어 4개의 전자가 있는 경우 $1s$와 $2s$ 궤도함수를 채우며 $1s^2\,2s^2$로 표시한다. 추가로 6개의 전자가 있는 경우 3개의 $2p$ 궤도함수 세트에 채워지며 $2p_x^2\,2p_y^2\,2p_z^2$로 표시하며, $2p^6$로 표시할 수도 있다.

규칙 3: Hund 규칙(Hund's Rule). Hund의 규칙은 두 부분으로 되어 있다. 첫 번째 부분은 동등한 에너지의 궤도함수(축퇴되었다고 한다)들이 있으나 전자의 수가 이를 완전하

Hund 규칙
에너지가 같은 궤도함수들이 있으나 전자의 수가 이를 완전하게 채울 정도로 충분하지 못하면, 각 궤도함수에 1개씩의 전자가 채워진 후 이 중 어느 한 궤도함수에 두 번째 전자가 더해진다.

표 1.3 원소 1~18의 바닥 상태 전자 배치

첫 번째 주기*			두 번째 주기			세 번째 주기		
H	1	$1s^1$	Li	3	[He] $2s^1$	Na	11	[Ne] $3s^1$
He	2	$1s^2$	Be	4	[He] $2s^2$	Mg	12	[Ne] $3s^2$
			B	5	[He] $2s^22p^1$	Al	13	[Ne] $3s^23p^1$
			C	6	[He] $2s^22p^2$	Si	14	[Ne] $3s^23p^2$
			N	7	[He] $2s^22p^3$	P	15	[Ne] $3s^23p^3$
			O	8	[He] $2s^22p^4$	S	16	[Ne] $3s^23p^4$
			F	9	[He] $2s^22p^5$	Cl	17	[Ne] $3s^23p^5$
			Ne	10	[He] $2s^22p^6$	Ar	18	[Ne] $3s^23p^6$

*원소들의 원소 기호, 원자 번호, 간단한 바닥 상태 전자 배치를 나타내었다.

게 채울 정도로 충분하지 못하면, 각 궤도함수에 1개씩의 전자가 채워진 후 이 중 어느 한 궤도함수에 두 번째 전자가 더해진다는 점이다. 두 번째 부분은 축퇴(degenerate)된 궤도함수들 내에 하나씩만 있는 전자들의 스핀은 같은 방향이어야 한다는 점이다. 전자가 음전하를 가지므로 부분적으로 채워진 궤도함수들은 전자들 사이의 정전기적 반발력을 가능한 한 최소화하는 것이다. 4개의 전자로 $1s$와 $2s$ 궤도함수를 채운 후 다섯 번째 전자는 $2p_x$ 궤도함수에 채워지며, 여섯 번째 전자는 $2p_y$ 궤도함수, 일곱 번째 전자는 $2p_z$ 궤도함수에 채워진다. 각 $2p$ 궤도함수에 각각 1개의 전자가 채워진 후, 다음 전자는 $2p_x$에 채워진다. 예를 들면, 탄소는 6개의 전자를 가지며, 바닥 상태 전자 배치는 $1s^2\ 2s^2\ 2p_x^{\ 1}\ 2p_y^{\ 1}\ 2p_z^{\ 0}$이다. 또는 간단하게 $1s^2\ 2s^2\ 2p^2$로 표시할 수 있다. 표 1.3은 주기율표의 첫 18개 원소들의 바닥 상태 전자 배치를 나타내고 있다.

화학자들은 보통 전자의 배치를 하기 위하여 그림과 같은 **에너지 준위 도표**(energy-level diagram)을 이용한다. 예를 들면, $1s^2$, $2s^2$, $2p^2$의 탄소의 전자 배치를 위한 에너지 준위 도표에서는 $1s$, $2s$, $2p$ 궤도함수 각각 하나씩의 3가지 에너지 준위를 보인다. 도표 상 위쪽으로 갈수록 에너지가 높아진다. 이 도표 상에서 전자들은 화살표로 나타낸다. Aufbau의 원리에 따라 첫 번째 4개의 전자들은 $1s$와 $2s$ 궤도함수에 배치해야 하고, Pauli의 배타 원리에 의하여 각 궤도함수에 2개의 전자를 쌍으로 배치해야 한다(화살표를 반대 방향으로 표시함). 나머지 2개의 전자는 $2p$ 준위에 배치되지만, 3개의 궤도함수가 있으므로 Hund 규칙 두 번째 부분에서 설명한 바와 같이 같은 방향의 스핀으로 다른 궤도함수에 배치해야 한다(같은 방향으로 화살표가 향하고 있음). 이 장에서 결합을 이해하기 위하여 에너지 준위 도표를 사용할 것이며, 책 전반에서 궤도함수의 상대적 에너지에 대하여 설명할 경우에 이를 이용하게 될 것이다.

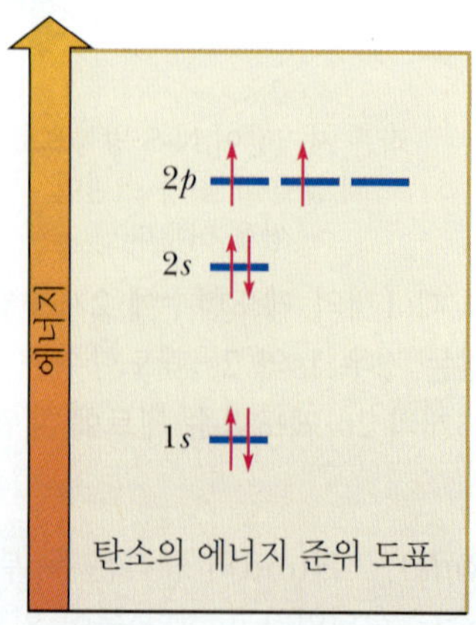

탄소의 에너지 준위 도표

예제 1.1 ▸ 전자 배치

다음 원소들의 바닥 상태 전자 배치를 쓰고, 각각의 p 궤도함수에 대한 점유 상태를 나타내라. 문제 (c)는 에너지 준위 도표를 이용하라.

(a) 리튬 **(b)** 산소 **(c)** 염소

➡ 해답

(a) 리튬(원자 번호 3): $1s^2\ 2s^1$

(b) 산소(원자 번호 8): $1s^2\ 2s^2\ 2p_x^{\,2}\ 2p_y^{\,1}\ 2p_z^{\,1}$

(c) 염소(원자 번호 17): $1s^2\ 2s^2\ 2p_x^{\,2}\ 2p_y^{\,2}\ 2p_z^{\,2}\ 3s^2\ 3p_x^{\,2}\ 3p_y^{\,2}\ 3p_z^{\,1}$

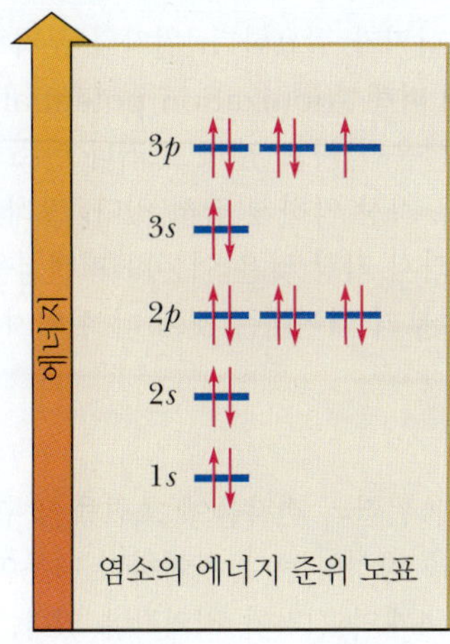

염소의 에너지 준위 도표

연습 문제 1.1

다음 원소들의 바닥 상태 원자 배치를 이용하여 비교하라.

(a) 탄소와 실리콘 **(b)** 산소와 황 **(c)** 질소와 인

B 에너지에 대한 개념

에너지 준위 도표 설명에서 도표상에 세로로 그려진 선은 상대적 에너지를 나타내기 위해서이다. 탄소의 에너지 준위 도표에서 1s 준위가 기준이 되고 2s와 2p는 이에 비하여 높은 위치에 놓여 있게 된다. 그러나 '어떻게 에너지는 정의되는가?'라는 물음을 갖게 될 것이다.

에너지(Energy)란 일을 할 수 있는 능력이다. 어떤 존재가 에너지상으로 더 높다는 것은 그 존재가 더 많은 일을 할 수 있다는 것을 의미한다. 어떤 물체를 들고 있다면 이 물체가 땅 위에 놓여 있을 때보다 상대적으로 불안정하다. 물체를 들어올리기 위해서 에너지를 사용했고, 이 에너지는 **퍼텐셜 에너지**(potential energy)로 물체에 저장되어 있다. 들고 있던 물체를 놓으면 이 퍼텐셜 에너지는 방출된다. 물체를 더 높이 들수록 이 물체는 더 많은 에너지를 가지게 되고, 이 물체가 땅에 떨어졌을 때 더 큰 충격을 주게 된다.

> **에너지**
> 일을 할 수 있는 능력.
>
> **퍼텐셜 에너지**
> 기회가 주어진다면 방출될 수 있는 에너지.

물체를 땅 위의 정지 상태로 복원시키는 힘은 지구의 물체에 대한 중력이다. 흥미롭게도 물체가 지구에서 더 멀어질수록 지구로부터 더 쉽게 더 멀리 떼어낼 수 있다. 극단적인 예로 지구에서 수천 킬로 떨어져 있는 물체는 엄청나게 큰 퍼텐셜 에너지를 가지고 있고 만일 그 물체가 떨어진다면 건물들에 막대한 피해를 입힐 수 있다. 그러나 그 거리에서 물체와 지구의 중력은 약하기 때문에 물체를 지구에서 더 멀리 떼어내는 것이 상대적으로 더 쉽다.

우리는 이러한 예를 화학 구조에 일반화시킬 수 있다. 불안정한 구조들은 기회만 주어진다면 자신의 에너지를 방출할 준비를 하고 있다. 물질의 구조가 에너지가 높은 상태일 때는 더 많은 에너지를 저장하고 있다. 에너지가 방출될 때 일을 할 수 있다. 화학적으로 방출된 에너지는 내연기관에서 가솔린을 태워 피스톤을 움직이는 것처럼 일을 하는 데 매우 자

주 이용되고 있다. 실험실에서 화학 반응이 일어날 때 방출된 에너지는 반응 용기를 가열시키게 된다.

바닥 상태
계의 가장 낮은 에너지 상태.

들뜬 상태
계의 바닥 상태보다 높은 에너지 상태.

탄소의 에너지 준위 도표로 되돌아가자. 탄소의 **바닥 상태**(ground state)에서 전자들은 양자 화학적 원리(예: Aufbau 원리, Hund 규칙, Pauli 배타 원리 등)에 따라 탄소의 가장 낮은 에너지 상태로 배치된다. 만일 우리가 다른 방식으로 전자들을 배치한다면(예: 2*s*에는 1개의 전자만, 2*p*에는 3개의 전자를 배치한다면) 이것은 **들뜬 상태**(excited state)라고 하는 더 높은 에너지 상태의 탄소를 나타내게 된다. 자연은 가장 낮은 에너지 상태를 추구한다. 따라서 전자들이 바닥 상태로 되돌아갈 때 에너지는 방출된다.

첫 번째 이온화 퍼텐셜
원자나 분자에서 가장 약하게 결합되어 있는 전자를 제거하는 데 필요한 에너지.

가장 낮은 에너지 궤도함수인 1*s*에 있는 전자들은 원자핵에 의하여 가장 강하게 잡혀 있음에 주목하라. 따라서 원자에서 다른 궤도함수에 있는 전자들에 비하여 1*s*에 있는 전자들을 떼어내는데 가장 많은 에너지가 필요하다. 원자나 분자로부터 한 개의 전자를 떼어내는 데 필요한 에너지를 **이온화 퍼텐셜**(ionization potential)이라고 한다. 따라서 1*s*의 전자들은 가장 높은 이온화 퍼텐셜을 가지고 있다. 그러나 탄소의 2*p* 준위들에 있는 전자들은 원자핵에서 가장 멀리 있으므로 가장 약하게 잡혀 있다. 그래서 이 전자들은 탄소의 원자핵에서 가장 떼어내기 쉬우며 따라서 가장 낮은 이온화 퍼텐셜을 가진다. 이는 지구로부터 거리가 멀어질수록 물체를 지구로부터 떼어내는 것이 더 쉬워지는 것과 같은 원리이다.

C Lewis 점 구조

원자가 전자
원자의 원자가(최외각) 껍질에 있는 전자들.

원자가 껍질
전자가 있는 최외각 전자 껍질.

Lewis 점 구조
원자의 원자가 껍질에 있는 전자의 수와 동일한 점으로 원소 주위에 표시하는 기호.

화학자들은 종종 원소의 최외각 껍질의 전자들에 초점을 맞추는데, 이는 최외각에 있는 전자들이 화학 결합과 화학 반응을 형성하는 데 관여하기 때문이다. 예를 들면, $1s^2\ 2s^2\ 2p^2$인 탄소의 바닥 상태 전자 배치는 4개의 전자가 최외각에 있다. 최외각 전자들을 **원자가 전자**(valence electron)라 하며, 이 전자들이 있는 에너지 준위를 **원자가 껍질**(valence shell)이라 한다. 원자의 최외각 전자를 나타내기 위하여 화학자들은 일반적으로 미국인 화학자 Gilbert N. Lewis (1875~1946)가 고안한 **Lewis 점 구조**(Lewis dot structure)라고 하는 표시법을 사용한다. Lewis 점 구조는 원소의 최외각에 있는 전자수와 동일하게 원소 기호 주위에 점으로 표시하여 나타낸다. Lewis 점 구조에서 원소 기호는 '핵심부(core)'(즉, 핵과 모든 내부 껍질에 있는 전자들)를 나타낸다. 표 1.4는 주기율표의 첫 18 원소들의 Lewis 점 구조를 보여주고 있다.

영족 기체인 헬륨과 네온은 꽉 채워진 원가가 껍질들을 가지고 있다. 헬륨의 원자가 껍질은 2개의 전자로 채워져 있으며, 네온은 8개의 전자로 채워져 있다. 네온과 아르곤은 원자가 껍질의 *s*와 *p* 궤도함수들이 8개의 전자로 채워진 공통적인 전자 배치를 가지고 있다. 표 1.4의 다른 원소들의 원자가 껍질은 8개보다 적은 수의 전자를 가지고 있다.

주기율표의 2주기에 있는 C, N, O, F를 살펴보면, 원자가 전자들이 주 양자수 2번 껍질에 속한다. 이 껍질은 8개의 전자로 완전하게 채워진다. 주기율표 3주기에 있는 Si, P, S, Cl은 원자가 전자들이 주양자수 3번 껍질에 속한다. 이 껍질은 8개의 전자로는 일부만 채워진다. 즉, 3*s*와 3*p* 궤도함수는 완전히 채워지나, 5개의 3*d* 궤도함수는 10개의 전자를 추가로 수용할 수 있다.

Gilbert N. Lewis (1875~1946)는 전자쌍에 대한 이론을 제시하여 공유 결합 및 산과 염기에 대한 개념의 이해를 넓혀 주었다. '전자 점' 구조를 Lewis 구조라 일컫는 것은 그를 기념하기 위한 것이다.

표 1.4 주기율표 1~18 원소의 Lewis 점 구조*

1A	2A	3A	4A	5A	6A	7A	8A
H·							He:
Li·	Be:	$\dot{\mathrm{B}}:$	$\cdot\dot{\mathrm{C}}:$	$\cdot\underset{\cdot}{\dot{\mathrm{N}}}:$	$:\underset{\cdot}{\dot{\mathrm{O}}}:$	$:\underset{\cdot\cdot}{\dot{\mathrm{F}}}:$	$:\underset{\cdot\cdot}{\ddot{\mathrm{Ne}}}:$
Na·	Mg:	$\dot{\mathrm{Al}}:$	$\cdot\dot{\mathrm{Si}}:$	$\cdot\underset{\cdot}{\dot{\mathrm{P}}}:$	$:\underset{\cdot}{\dot{\mathrm{S}}}:$	$:\underset{\cdot\cdot}{\dot{\mathrm{Cl}}}:$	$:\underset{\cdot\cdot}{\ddot{\mathrm{Ar}}}:$

*위의 점들은 원자가 껍질에 있는 전자들을 나타낸다. 전자 점들은 전자쌍 또는 하나의 전자를 Hund 규칙에 따라 배열하였다.

1.2 Lewis 결합 모형

1916년, Lewis는 원소들의 많은 화학 결합과 반응에 대하여 관찰한 결과들을 일관되게 설명이 가능한 매우 훌륭하고 간단한 모형을 고안하였다. 그는 영족 기체의 비활성은 이 원소들의 전자 배치가 매우 높은 안정도를 의미함을 발견하였다. 헬륨은 전자 2개가 원자가 껍질($1s^2$)을 채우고, 네온은 전자 8개가 원자가 껍질($2s^2\ 2p^6$)을 채우며, 아르곤은 전자 8개가 원자가 껍질 일부($3s^2\ 3p^6$)를 채운다. 1A~7A족(주족 원소)의 2주기 원소들은 일반적으로 전자 8개의 원자가 전자 껍질을 이루기 위해 반응을 하는 경향이 있으며, 이것을 특별히 **팔전자 규칙**(octet rule)이라 한다.

팔전자 규칙
주기율표의 1A~7A족의 원소들은 최외각 껍질이 8개의 원자가 전자를 가지기 위해 반응한다.

예제 1.2 ▸ 팔전자 규칙

Na 원자가 1개의 전자를 잃음으로써 어떻게 안정한 팔전자가 되는지 보여라.

➥ 해답

Na와 Na^+의 바닥 상태 전자 배치는 다음과 같다.

$$\text{Na(11개의 전자): } 1s^2\ 2s^2\ 2p^6\ 3s^1$$
$$\text{Na}^+\text{(10개의 전자): } 1s^2\ 2s^2\ 2p^6$$

그러므로 Na^+는 최외각(원자가) 껍질에 완전한 8개의 전자를 가지며 원자 번호가 가장 비슷한 네온과 동일한 전자 배치를 갖는다.

연습 문제 1.2

다음 화학적 변화가 어떻게 안정한 팔전자를 나타내는지 보여라.

(a) 황은 S^{2-}를 형성 **(b)** 마그네슘은 Mg^{2+}를 형성

A 화학 결합의 형성

Lewis 모형에 의하면 화학 결합에 참여하는 원자들은 주기율표상에서 각 원자와 원자 번호가 가장 가까운 영족 기체와 닮은 완전한 최외각 전자 배치를 얻는 방법으로 원자들이 서로 결합한다. 원자들은 두 가지 방법으로 완전한 원자가 껍질을 얻는다.

1. 원자가 이온이 된다(즉, 완전하게 채워진 원자가 껍질을 얻기 위하여 필요한 전자들을 얻거나 잃는다). 전자들을 얻은 원자는 **음이온**(anion, 음전하를 띠는 이온)이 되며, 전자들을 잃은 원자는 **양이온**(cation, 양전하를 띠는 이온)이 된다. 양전하를 가지는 이온과 음전하를 가지는 이온은 서로 끌어당긴다. 이러한 인력은 NaCl과 같은 이온 결정체를 형성하고 각각의 양전하는 음전하에 의하여 둘러싸여 있으며, 역으로도 마찬가지로 결정체에 따라 일정한 기하학적 구조를 가진다. 반대로 하전된 이온들의 인력으로 원자들이 결합하고 있을 때, 원자들 사이에 **이온성 상호작용**(ionic interaction)이 존재한다고 말한다(종종 이온성 상호작용을 이온 결합이라고 한다).

2. 원자가 원자가 껍질을 채우기 위하여 하나 또는 그 이상의 다른 원자들과 전자들을 공유할 수도 있다. 전자를 공유하여 화학 결합을 형성하는 것을 **공유 결합**(covalent bond)이라 한다.

3. 결합이 부분적으로는 이온 결합이고 부분적으로는 공유 결합일 때, 이러한 결합을 **극성 공유 결합**(polar covalent bond)이라 한다. 극성 공유 결합에 대해서는 다음에 더 자세히 설명할 것이다.

음이온
음전하를 갖는 원자 또는 원자단.

양이온
양전하를 갖는 원자 또는 원자단.

이온성 상호작용
반대로 하전된 이온들 사이의 인력.

공유 결합
하나 이상의 전자쌍을 공유함으로써 두 원자 사이에 형성되는 화학 결합.

B 전기음성도와 화학 결합

화학 결합에서 이온 또는 공유 결합 특성의 비율를 어떻게 추정할 수 있을까? 한 가지 방법

Linus Pauling (1901~1994)은 단독으로 2개의 노벨상을 수상한 첫 번째 인물이다. 화학 결합의 본질을 이해하는데 대한 그의 공헌으로 1954년 노벨화학상을 수상하였으며 1962년에는 핵무기 억제와 핵실험 반대에 대한 그의 노력을 인정하여 노벨평화상을 수상하였다.

표 1.5 몇 가지 원소의 전기음성도(Pauling 척도)

1A	2A	3B	4B	5B	6B	7B	8B			1B	2B	3A	4A	5A	6A	7A
								H 2.1								
Li 1.0	Be 1.5											B 2.0	C 2.5	N 3.0	O 3.5	F 4.0
Na 0.9	Mg 1.2											Al 1.5	Si 1.8	P 2.1	S 2.5	Cl 3.0
K 0.8	Ca 1.0	Sc 1.3	Ti 1.5	V 1.6	Cr 1.6	Mn 1.5	Fe 1.8	Co 1.8	Ni 1.8	Cu 1.9	Zn 1.6	Ga 1.6	Ge 1.8	As 2.0	Se 2.4	Br 2.8
Rb 0.8	Sr 1.0	Y 1.2	Zr 1.4	Nb 1.6	Mo 1.8	Tc 1.9	Ru 2.2	Rh 2.2	Pd 2.2	Ag 1.9	Cd 1.7	In 1.7	Sn 1.8	Sb 1.9	Te 2.1	I 2.5
Cs 0.7	Ba 0.9	La 1.1	Hf 1.3	Ta 1.5	W 1.7	Re 1.9	Os 2.2	Ir 2.2	Pt 2.2	Au 2.4	Hg 1.9	Tl 1.8	Pb 1.8	Bi 1.9	Po 2.0	At 2.2

<1.0　1.5 ~ 1.9　2.5 ~ 2.9
1.0 ~ 1.4　2.0 ~ 2.4　3.0 ~ 4.0

전기음성도
전자들을 잡아당기는 힘의 정도.

은 결합에 참여한 원자들의 전기음성도를 비교하는 것이다. **전기음성도**(Electronegativity)는 다른 원자와의 화학 결합에서 공유한 전자들을 잡아당기는 원자의 힘의 세기이다. 가장 많이 사용되는 전기음성도(표 1.5)의 척도는 1930년대 Linus Pauling에 의하여 제안되었다.

Pauling 척도에서는 가장 전기음성도가 큰 원소인 플루오린의 전기음성도를 4.0으로 하여 다른 모든 원소들은 플루오린에 비교하여 값을 정하였다. 이 표에서 전기음성도 값을 보면 주기율표의 동일한 주기에서는 왼쪽에서 오른쪽으로 갈수록 증가하며, 동일 족의 경우에는 위에서 아래로 갈수록 감소한다. 핵의 양전하가 증가하기 때문에 왼쪽에서 오른쪽으로 갈수록 전기음성도 값이 증가한다. 핵과 원자가 전자의 거리가 멀어져 서로 간의 인력이 약해지기 때문에 위에서 아래로 갈수록 전기음성도가 감소한다.

이제 주기율표의 경향에 대하여 좀 더 분석해 보자. 주기율표상에 왼쪽에서 오른쪽으로 갈수록 원자들은 작아진다. 이는 같은 열에서 전자들은 같은 껍질에 놓여 있지만, 원자핵의 전하는 증가하여 전자들을 더 가까이 당기므로 이와 같은 현상이 일어난다. 이는 주기율표상에 왼쪽에서 오른쪽으로 갈수록 궤도함수의 에너지가 낮아짐을 의미하며 더욱 전자를 강하게 잡고 있음을 의미한다. 따라서 오른쪽의 원자일수록 전자를 떼어내는데 더 많은 에너지가 필요하며(몇몇의 예외는 있음) 이는 첫 번째 이온화 전위가 더 커짐을 의미한다.

전자 친화도
원자나 분자에 1개의 전자가 추가될 때 흡수 또는 방출되는 에너지.

반대로 원자에서 전자를 제거하기보다 더해지는 것을 생각해 보자. 예를 들어 할로젠 원소들(7A족)에 전자 한 개가 더해진다면 이들 원소는 영족 기체의 전자 배치를 가지게 되므로 에너지를 방출한다. 전자가 더해질 때 에너지가 방출하는 것을 **전자 친화도**(electron affinity)라고 한다. 이는 주기율표상에 왼쪽에서 오른쪽으로 갈수록 커지며 반대로 주기율표상에 위에서 아래로 내려갈수록 주양자 준위가 증가하고 최외각 전자들이 원자핵으로부터 멀어지면서 전자들을 잡아당기는 힘이 약해지고 이온화 전위가 낮아지게 된다. 또한 원자들의 전자 친화도가 작아지게 된다. 원자의 전기음성도는 전자를 잡고 있으려는 경향과 새로운 전자들과 결합하려는 경향을 반영하므로 이온화 전위와 전자 친화도를 합한 성질이다.

주기율표상에서 왼쪽에서 오른쪽, 위에서 아래로 갈수록 발생하는 경향을 종합하면 플루오린은 결합하고 있는 다른 원자의 전자들을 가장 강하게 잡고 있어야만 한다는 결론을 내릴 수 있다. 이에 더하여 플루오린은 이온이 형성되거나 공유 결합이 형성되는 동안에 얻어지는 전자들을 가장 강하게 잡고 있으므로 어떤 원자들보다 전기음성도가 강하다.

예제 1.3 ▸ 전기음성도

주기율표에서 상대적인 위치를 이용하여 각 세트 중에서 어느 원소의 전기음성도가 큰지 판단하여라.

(a) 리튬과 탄소 **(b)** 질소와 산소 **(c)** 탄소와 산소

➥ 해답

이 문제의 모든 원소들은 주기율표의 2주기에 있으므로 왼쪽에서 오른쪽으로 갈수록 전기음성도가 커진다.

(a) C > Li **(b)** O > N **(c)** O > C

연습 문제 1.3

주기율표에서 상대적인 위치를 이용하여 각 세트 중에서 어느 원소의 전기음성도가 큰지 판단하여라.

(a) 리튬과 칼륨 **(b)** 질소와 인 **(c)** 탄소와 실리콘

이온의 형성

이온은 낮은 전기음성도 원자의 원자가 껍질로부터 높은 전기음성도 원자의 원자가 껍질로 전자들이 이동하여 형성된다. 결합한 원자 간의 전기음성도 차이가 대략적으로 1.9 이상이 되면 이 화학 결합은 이온 결합이라고 한다. 이온 결합의 예로 소듐(전기음성도 0.9)과 플루오린(전기음성도 4.0)간에 형성된 결합이 있다. 다음 식에서 단일 머리 굽은 화살표는 소듐에서 플루오린으로 전자 1개가 이동하는 것을 나타낸다.

$$\text{Na}\cdot + \cdot\ddot{\underset{\cdot\cdot}{\text{F}}}: \longrightarrow \text{Na}^+ :\ddot{\underset{\cdot\cdot}{\text{F}}}:^-$$

Na^+F^-을 형성할 때 소듐의 1개의 $3s$ 원자가 전자가 부분적으로 채워진 플루오린의 원자가 껍질로 이동한다.

$$\text{Na}(1s^22s^22p^63s^1) + \text{F}(1s^22s^22p^5) \longrightarrow \text{Na}^+(1s^22s^22p^6) + F^-(1s^22s^22p^6)$$

이러한 한 전자의 이동의 결과, 소듐과 플루오린은 각각 주기율표에서 가장 가까운 원자번호의 영족 기체인 네온과 같은 전자 배치를 가진 이온들을 형성한다. NaF와 같은 이온성 염에서 이온 간의 인력은 강한 결정 격자를 만들어 높은 녹는점을 갖게 한다.

공유 결합

공유 결합은 원자들이 하나 이상의 전자쌍을 공유함으로써 각 원자가 영족 기체 전자 배치가 되도록 원자 사이에 생성되는 화학 결합이다. 가장 간단한 공유 결합의 예는 수소 분자이다. 2개의 수소 원자가 결합하면 각각으로부터 하나의 전자들이 전자쌍을 형성한다. 이 공유 전자쌍은 각 수소의 원자가 껍질을 완전하게 한다. Lewis 모형에 의하면 공유 결합에서 하나의 전자쌍은 2개의 원자에 의하여 공유되거나, 동시에 각각의 원자가 껍질을 채우는 두 가지 수단으로 동시에 작용한다. 전자쌍을 공유하여 형성된 공유 결합을 나타내기 위하여 두 수소 간에 선을 이용한다.

$$\text{H}\cdot + \cdot\text{H} \longrightarrow \text{H:H} \quad \text{H—H로 표시}$$
$$\Delta H^0 = -435\ \text{kJ}\ (-104\ \text{kcal})/\text{mol}$$

이러한 짝지음은 많은 양의 에너지를 방출하는데, 이것은 2개의 수소 원자들이 수소 분자에 비해 불안정하다는 것을 의미한다. 이 결합을 깨기 위해서는 **결합 해리 엔탈피**(bond dissociation enthalpy, BDE: 결합 해리 에너지라고도 함)라고 하는 양의 에너지를 흡수해야 한다.

이 장의 뒷부분에서 우리는 전자는 파동과 입자의 두 가지 성질을 가지고 있음을 보게 될 것이다(1.6절). 인접 원자 사이에 2개의 전자를 공유하여 결합이 형성될 때, 떨어져 있는

2개의 원자들에 비하여 전자들의 파동의 성질이 안정화되기 때문에 계는 더욱 안정해진다. 결합에서 전자를 나타내는 파동이 2개의 원자핵 사이 공간에 집중되면서 전자들 사이에 반발이 생긴다. 반면에 전자들은 각 원자핵으로 끌려가게 되고 이 전자들이 양전하로 하전된 두 핵들 사이의 반발력을 가로막는다. 전자들의 각 원자핵에 대한 인력과 더불어 전자들의 파동 성질에 의한 에너지의 안정화는 전자들 사이와 핵들 사이의 반발력과 균형을 이룬다. 이러한 균형이 결합 길이라고 부르는 핵 사이의 최적 거리를 형성하게 한다.

결합 길이
공유 결합에서 원자 핵 간의 거리로 피코미터(pm: 1 pm = 10^{-12} m) 또는 옹스트롬(1Å = 10^{-10} m)의 단위를 사용함.

화학 결합에 참여한 핵 간의 거리를 **결합 길이**(bond length)라 한다. 각 공유 결합은 특징적인 결합 길이를 갖는다. H—H 결합 길이는 74 pm (picometer: 1 pm = 10^{-12} m)이다. 이 책에서는 SI 단위인 피코미터를 사용하지만, 많은 화학자들은 아직도 Å(옹스트롬: 1 Å = 100 pm)을 사용한다.

각 결합은 2개의 전자를 필요로 하므로 2주기 원자들은 최대 4개의 결합을 형성할 수 있다. 원자에서 비공유 전자쌍[**고립 전자쌍**(lone pair)이라고도 함]이 있으면 결합은 하나 적어질 수 있다.

많은 경우 원자들이 결합하려면 2개 이상의 전자를 공유해야 전자가 채워진 원자가 껍질이 형성된다. 이러한 경우 동일한 2개의 원자 사이에 다중 공유 결합이 형성된다. 예를 들면, 2개의 원자 사이에 4개의 전자가 공유되었다면 이중 결합이 형성된다. 6개의 전자가 공유되었다면 삼중 결합이 형성된다.

이온 결합과 공유 결합을 구별하는 좋은 방법은 공유 결합은 전자를 공유함으로써 특정한 기하학적 구조 및 연결성을 갖는다는 사실이다. 바꾸어 말하면, 공유 결합에 관여하는 원자의 수나 위치가 일정하게 정해진다는 것이다. 결정체인 경우, 이온의 위치는 고유의 결정 격자에 따라 정해진다.

극성 공유 결합

모든 공유 결합은 전자들의 공유에 의하지만 공유하는 정도는 서로 매우 다르다. 동핵 이원자 분자인 H_2, N_2, O_2, F_2와 같은 경우 두 원자 사이에 전자들을 동등하게 공유하고 있으며, 이를 비극성 공유 결합이라 한다. HCl과 H_2O와 같은 많은 화합물들은 균등하지 않게 결합 전자들을 공유하므로 극성 공유 결합이라 한다. 결합의 극성은 결합하고 있는 원자들 사이의 전기음성도의 차이가 커짐에 따라 증가한다(표 1.6).

비극성 공유 결합
전기음성도 차이가 약 0.5 이하인 원자 사이의 공유 결합.

극성 공유 결합
전기음성도 차이가 약 0.5~1.9 사이의 범위인 원자들의 공유 결합.

예를 들면, 탄소와 수소 간의 공유 결합은 **비극성 공유 결합**(nonpolar covalent bond)으로 분류되며, 이는 두 원자 사이의 전기음성도 차이가 2.5 − 2.1 = 0.4이기 때문이다.

극성 공유 결합(Polar covalent bond)의 예로는 H—Cl이 있다. 염소와 수소의 전기음성도의 차이는 3.0 − 2.1 = 0.9이다. 극성 공유 결합에서 균등하지 않은 전자 공유로 인한 중요한 결과는 전기음성도가 더 큰 원자가 공유하고 있는 전자의 더 많은 부분을 차지하여 부분적인 음전하를 가지며 $\delta-$로 표시한다. 작은 전기음성도를 가진 원자는 공유하고 있는 전자의 작은 부분을 차지하게 되어 부분적인 양전하를 가지며 $\delta+$로 표시한다. 다른 표시 방법으로서 화살표로 결합 극성의 방향을 나타내며 화살촉은 음전하 끝으로 향하며 양전하 끝인 화살의 꼬리에 더하기 표시를 한다.

$$\overset{\delta+}{H}—\overset{\delta-}{Cl} \qquad \overset{\longmapsto}{H—Cl}$$

표 1.6 화학 결합의 분류

결합하는 원자 사이의 전기음성도 차이	결합 형태
0.5 이하	비극성 공유 결합
0.5~1.9	극성 공유 결합
1.9 이상	이온 결합

예제 1.4 ▸ 결합의 종류

다음을 비극성 공유, 극성 공유 또는 이온 결합으로 분류하여라.

(a) O—H **(b)** N—H **(c)** K—Br (d) C—Mg

➡ **해답**

결합 원자 간의 전기음성도 차이에 따라 이 중 세 개는 극성 공유 결합 그리고 하나는 이온 결합이다.

결합	전기음성도 차이	상호작용 형태
(a) O—H	3.5 − 2.1 = 1.4	극성 공유 결합
(b) N—H	3.0 − 2.1 = 0.9	극성 공유 결합
(c) K—Br	2.8 − 0.8 = 2.0	이온 결합
(d) C—Mg	2.5 − 1.2 = 1.3	극성 공유 결합

연습 문제 1.4

다음을 비극성 공유, 극성 공유 또는 이온 결합으로 분류하여라.

(a) S—H **(b)** P—H **(c)** C—F **(d)** C—Cl

전기음성도는 원자의 화학적 환경과 산화 상태에 따라 어느 정도 변화한다는 것을 알아야 하며, 이러한 법칙들은 단지 지침에 지나지 않으므로 주의를 기울여 사용해야 한다. 예를 들면, lithium iodide는 이온성 화합물의 특징인 높은 녹는점(449°C)과 끓는점(1180°C)을 가지고 있다. 그러나 이들 원소의 전기음성도 차이는 2.5 − 1.0 = 1.5로서 우리는 LiI를 극성 공유 결합 화합물로 분류한다. 특히, 화합물 내에서 탄소는 원자 상태의 탄소와는 달리 종종 표 1.5에서 보여주는 전기음성도보다 작은 것처럼 행동한다. 사실 탄소는 종종 수소보다도 작은 전기음성도를 가지는 듯한 거동을 보이기도 한다.

예제 1.5 ▸ 결합 극성

$\delta-$와 $\delta+$ 부호를 이용하여 다음 극성 공유 결합에서 극성 방향을 나타내어라.

(a) C—O **(b)** N—H **(c)** C—Mg

➡ **해답**

각 원자의 아래에 전기음성도 값을 나타내었다. 전기음성도가 큰 원자가 부분 음전하를 가지며 전기음성도가 작은 원자가 부분 양전하를 갖는다.

(a) $\overset{\delta+}{\underset{2.5}{\mathrm{C}}}-\overset{\delta-}{\underset{3.5}{\mathrm{O}}}$ **(b)** $\overset{\delta-}{\underset{3.0}{\mathrm{N}}}-\overset{\delta+}{\underset{2.1}{\mathrm{H}}}$ **(c)** $\overset{\delta-}{\underset{2.5}{\mathrm{C}}}-\overset{\delta+}{\underset{1.2}{\mathrm{Mg}}}$

연습 문제 1.5

$\delta-$와 $\delta+$ 부호를 이용하여 다음 극성 공유 결합에서 극성 방향을 나타내어라.

(a) C—N **(b)** N—O **(c)** C—Cl

공유 결합의 극성은 **결합 쌍극자 모멘트**(bond dipole moment)라고 하는 벡터양에 의하여 측정되며 $\boldsymbol{\mu}$(그리스어 mu)로 표시한다. 결합 쌍극자 모멘트는 쌍극자 중 하나의 전하 e(절대 값은 같으므로 $\delta+$와 $\delta-$ 중 하나 선택)와 2개의 두 원자 간의 거리인 d의 곱으로 정의한다. 쌍극자 모멘트에 대한 SI 단위는 쿨롱·미터(C·m)이지만 일반적으로 debye(D: 1 D =

결합 쌍극자 모멘트(μ)
공유 결합의 극성 척도. 극성 공유 결합 중 한 개의 원자의 전하와 원자들 간의 거리를 곱한 값.

3.34×10^{-30} C·m)라는 유도 단위를 대신하여 사용한다. 표 1.7은 이 책에서 많이 이용되는 공유 결합 종류에 대한 결합 쌍극자 모멘트를 나타내었다.

표 1.7 많이 쓰는 공유 결합들의 평균 결합 쌍극자 모멘트

결합	결합 쌍극자(D)	결합	결합 쌍극자(D)	결합	결합 쌍극자(D)
↔		↔		↔	
H—C	0.3	C—F	1.4	C—O	0.7
H—N	1.3	C—Cl	1.5	C=O	2.3
H—O	1.5	C—Br	1.4	C—N	0.2
H—S	0.7	C—I	1.2	C≡N	3.5

C 분자와 다원자 이온들의 Lewis 구조

분자와 다원자 이온들의 Lewis 구조를 그릴 수 있는 능력은 유기 화학을 학습하는 데 있어 기본적으로 익혀야 할 기술이다. 다음의 지침들은 Lewis 구조를 그리는 데 도움을 줄 것이다. 표 1.8의 예를 살펴보면서 다음의 지침을 학습하기 바란다.

1. 분자 또는 이온의 원자가 전자의 수를 결정한다. 이를 위하여 각 원자들에 의하여 제공되는 원자가 전자의 수를 합한다. 이온의 경우, 음전하인 경우에는 전하당 1개의 전자를 더하고 양전하인 경우에는 전하당 1개의 전자를 뺀다. 예를 들면, 물 분자(H_2O)의 Lewis 구조는 각 수소로부터 1개씩, 그리고 산소로부터 6개를 이용하여 8개의 원자가 전자를 나타내어야 한다. 수산화 이온(OH^-)의 경우 수소로부터 1개, 산소로부터 6개 그리고 이온의 음전하에 의한 1개를 이용하여 8개의 원자가 전자를 나타내어야 한다.
2. 분자 또는 이온에서 원자들의 연결성(배열)을 결정한다. 간단한 분자와 이온들을 제외하면 이러한 배열은 실험을 하여 결정이 되는데, 그 이유는 여러 **이성질체**(isomer)가 생길 수 있기 때문이다. 이성질체는 동일한 분자식을 가진 서로 다른 화합물이다. 예를 들면, 분자식 C_4H_{10}는 두 가지 다른 화합물을 나타낸다. 하나는 4개의 원자가 한 줄로 연결된 것이고, 하나는 3개의 원자는 한 줄로 연결되고 네 번째 원자는 가지를 형성하는 것이다. 이성질체에 대하여는 2.2절과 3장에서 광범위하게 논의될 것이다.

이성질체
동일한 분자식을 가진 서로 다른 화합물.

$CH_3-CH_2-CH_2-CH_3$　　　$CH_3-CH(CH_3)-CH_3$

C_4H_{10}에서 2개의 이성질체

이 책에서 예로 주어진 몇몇 분자와 이온에 대하여 원자 배열을 제안해 보기를 바란다. 그러나 대부분의 경우 실험적으로 결정된 원자의 배열이 주어질 것이다.

3. 원자들을 단일 결합으로 연결하고 남은 전자들을 쌍으로 배열하여 분자 또는 이온에 있는 원자들이 완전한 외각을 갖도록 한다. 각 수소 원자는 2개의 전자에 의해 둘러싸여야 하며, 탄소, 산소, 질소, 할로젠은 8개의 전자(팔전자 규칙)에 의하여 둘러싸여야 한다.
4. 공유 결합에 참여한 전자쌍(**결합 전자**, bonding electron)은 원자 사이의 1개의 선으로 나타내고 비공유 전자쌍(**고립 전자쌍**, lone pair 혹은 **비결합성 전자**, nonbonding electron)은 한 쌍의 점으로 나타낸다.
5. 만일 2개의 원자가 한 쌍의 전자만을 공유하고 있으면 단일 결합을 형성할 것이며 이들 사이에 1개의 선을 긋는다. 만일 두 쌍의 전자가 2개의 원자 사이에 공유되어 있다면 이중 결합을 형성한다(2개의 선). 만일 세 쌍의 전자가 2개의 원자 사이에 공유되어 있다면 삼중 결합을 형성한다(3개의 선).

결합 전자
공유 결합에 참여한 원자가 전자, 즉 공유 전자.

비결합 전자
공유 결합에 참여 하지 않은 원자가 전자. 비공유 전자쌍 혹은 고립 전자쌍이라 한다.

표 1.8 몇 가지 화합물의 Lewis 구조*

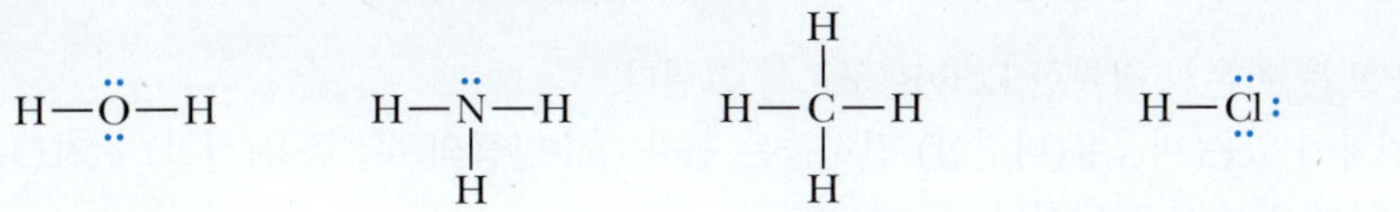

H_2O (8) **Water**	NH_3 (8) **Ammonia**	CH_4 (8) **Methane**	HCl (8) **Hydrogen chloride**
C_2H_4 (12) **Ethylene**	C_2H_2 (10) **Acetylene**	CH_2O (12) **Formaldehyde**	H_2CO_3 (24) **Carbonic acid**

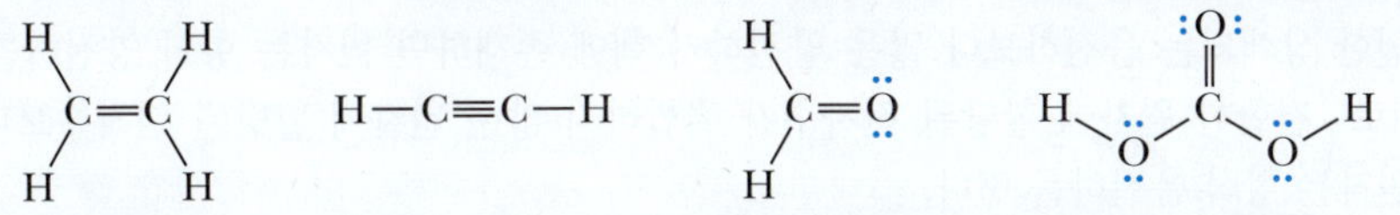

*원자가 전자의 개수를 괄호 안에 나타내었다.

표 1.8에서는 여러 분자의 Lewis 구조, 분자식, 이름을 나타내었다. 각 분자가 가지고 있는 원자가 전자의 수를 괄호 안에 나타내었다. 이 분자들에서 각 수소는 2개의 원자가 전자에 의하여 둘러싸이고, 탄소, 질소, 산소, 염소는 8개의 원자가 전자에 의하여 둘러싸이는 것에 주목해야 한다. 또, 각 탄소 원자는 4개의 결합을 가지며, 질소는 3개의 결합과 1개의 비공유 전자쌍, 산소는 2개의 결합과 2개의 비공유 전자쌍, 염소 원자(다른 할로젠)는 1개의 결합과 3개의 비공유 전자쌍을 갖는다.

예제 1.6 ▸ Lewis 구조

다음 분자들에 대해 모든 원자가 전자를 나타내어 Lewis 구조를 그려라.

(a) CO_2 (b) CH_3OH (c) CH_3Cl

➡ 해답

Lewis 구조 밑에 나타낸 것은 원자가 전자의 수를 나타낸다.

(a) O=C=O (b) H—C(H)(H)—O—H (c) H—C(H)(H)—Cl:

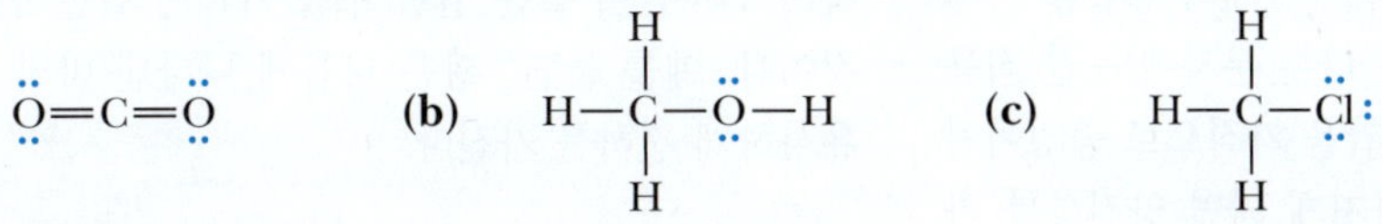

Carbon dioxide (16개의 원자가 전자)

Methanol (14개의 원자가 전자)

Chloromethane (14개의 원자가 전자)

연습 문제 1.6

다음 분자들에 대해 모든 원자가 전자를 나타내어 Lewis 구조를 그려라.

(a) C_2H_6 (b) CS_2 (c) HCN

D 형식 전하

여기서는 분자들뿐만 아니라 다원자 양이온과 음이온을 다룬다. 다원자 양이온의 예로는 hydronium 이온(H_3O^+)과 ammonium 이온(NH_4^+)이 있다. 다원자 음이온의 예로는 bicarbonate 이온(HCO_3^-)이 있다. 중성의 분자나 다원자 이온에서 어떤 원자 또는 원자

형식 전하
다원자 이온 또는 분자의 한 원자에 있는 전하.

들이 양전하 또는 음전하를 띠는지 결정할 수 있는 것이 중요하다. 분자 또는 다원자 이온에서 한 원자의 전하를 **형식 전하**(formal charge)라고 한다. 형식 전하를 구하기 위하여

1. 분자 또는 이온의 정확한 Lewis 구조를 그린다.

2. 각 원자에 있는 비공유(비결합) 전자들은 전자 개수만큼의 수, 공유(결합) 전자들은 전자 개수의 반의 수를 할당한다.

3. 이 숫자를 결합하지 않은 중성 원자에서의 원자가 전자의 수와 비교한다. 결합하지 않은 중성의 원자에서는 원자핵의 양전하와 전자의 수가 같음을 기억하라. 만약 주위의 전자로 인한 상쇄되는 음전하보다 많은 양전하가 핵에 존재하면 원자는 형식 양전하를 띤다. 반대로, 결합한 원자에 할당된 전자수가 결합하지 않은 원자에 할당된 전자수보다 많으면 원자는 형식 음전하를 띤다.

$$\text{형식 전하} = \begin{matrix}\text{중성의 결합하지 않은}\\ \text{원자의 원자가 전자수}\end{matrix} - \left(\begin{matrix}\text{모든 비공유}\\ \text{전자}\end{matrix} + \begin{matrix}\text{모든 공유}\\ \text{전자의 절반}\end{matrix}\right)$$

4. 모든 형식 전하의 합은 분자의 전체 전하와 같다.

HOW TO 형식 전하를 빠르게 구하는 방법

앞서 형식 전하를 계산하는 방법은 어느 경우에나 적용 가능한 단계적 방법에 대해 설명했다. 그러나 결합과 연관시켜서 형식 전하를 빠르게 계산하는 방법이 있다. 원자가 팔전자를 가지면서 중성 원자보다 결합이 1개가 더 많으면 양전하를 가진다. 반대로, 중성 원자보다 결합이 1개가 적으면 음전하를 가진다. 예를 들면, 물(H_2O)이 중성이라는 것은 잘 알고 있고, 반면에 hydronium (H_3O^+)은 양전하를 가지고 hyroxide (OH^-)는 음전하를 가진다. 그러므로 팔전자를 가지고 2개의 결합을 가진 산소는 중성이다. 그러나 3개의 결합을 가지면 양전하를, 1개의 결합을 가지면 음전하를 가진다. 이런 경향성은 다른 분자에도 잘 적용된다. Acetone의 산소는 2개의 결합을 가짐으로 중성이지만 케톤의 산소가 3개의 결합을 가지게 되면 양전하를 가진다. 1개의 결합을 가진 산소는 알콕사이드에서처럼 음전하를 가진다.

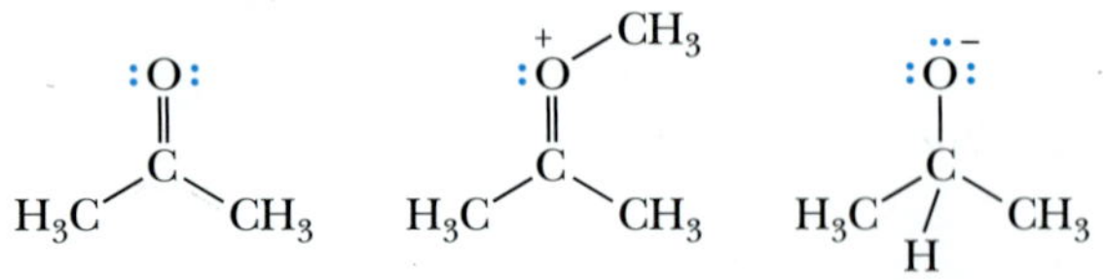

acetone

알콕사이드

같은 경향성이 사실인지를 알아보기 위해 질소를 보자. 팔전자를 가지고 3개의 결합을 가진 질소는 암모니아, NH_3와 같이 중성이다. 질소가 4개의 결합을 가지면 양전하를 띠며, 2개의 결합을 가지면 음전하를 띤다.

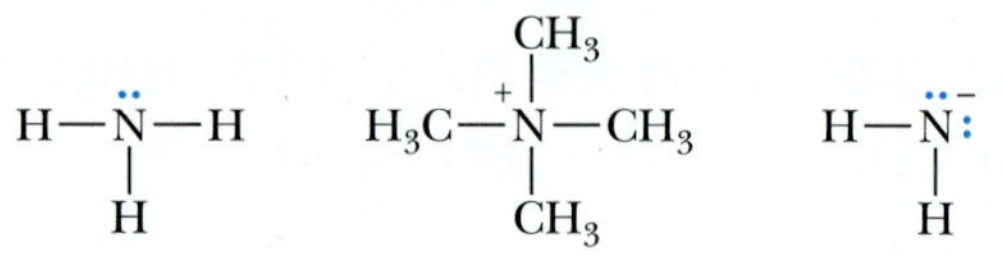

주목해야 할 또 하나의 경향성은 주기율표에서 같은 족의 원자들이 같은 결합 수를 가지면 같은 전하를 띤다는 것이다. 예를 들면, 황은 다음에 나타낸 바와 같이 산소와 유사하게 전하를 가진다.

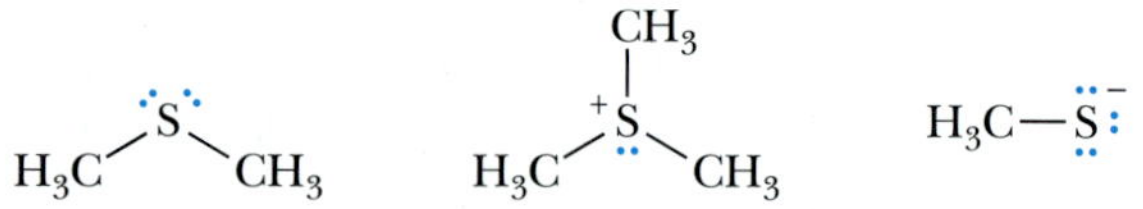

요약하면, 기억해야 할 것은 각 원자의 중성 상태이고 그 다음으로 팔전자를 유지하면서 중성 원자보다 결합이 1개 더 많으면 +1의 양전하를 가지며, 1개 더 적으면 −1의 음전하를 가진다는 점이다.

예제 1.7 ▸ 형식 전하

다음 이온들의 Lewis 구조를 그리고, 어느 원자가 형식 전하를 갖는지 나타내어라.

(a) H_3O^+ **(b)** HCO_3^-

➥ 해답

(a) Hydronium 이온의 Lewis 구조에서는 3개의 수소로부터 3개, 산소로부터 6개, 양전하에 의한 1개를 빼내어 8개의 원자가 전자를 나타내어야 한다. 산소 원자는 6개의 원자가 전자를 갖는다. H_3O^+에서 산소는 2개의 비공유 전자들과 각 공유 전자쌍으로부터 1개씩 모두 5개의 전자를 할당받는다. 그러므로 산소는 6 − (2 + 3) = +1의 형식 전하를 가진다.

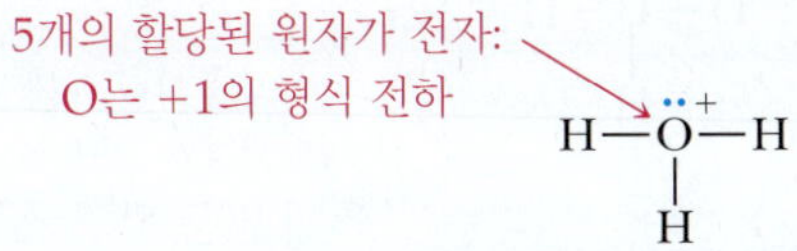

5개의 할당된 원자가 전자: O는 +1의 형식 전하

H—Ö⁺—H (아래에 H)

(b) Bicarbonate 이온의 Lewis 구조는 탄소로부터 4개, 3개의 산소로부터의 18개, 수소로부터 1개 그리고 음전하에 의하여 1개를 더함으로써 24개의 원자가 전자를 나타내어야 한다. Carbonic acid (표 1.8)에서 1개의 수소를 잃은 것이 bicarbonate 이온이다. 탄소는 각 공유쌍으로부터 1개씩의 전자를 할당받아 형식 전하는 없다(4 − 4 = 0). 2개의 산소는 각각 6개의 원자가 전자를 할당받아 형식 전하는 없다(6 − 6 = 0). 세 번째 산소는 7개의 원자가 전자를 할당받아 6 − (6 + 1) = +1의 형식 전하를 갖는다.

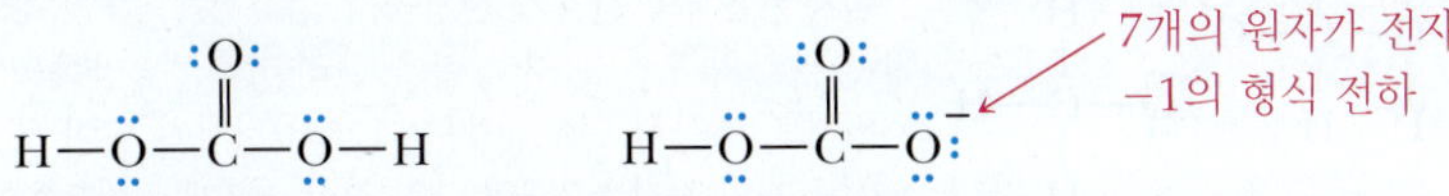

7개의 원자가 전자 할당: −1의 형식 전하

Carbonic acid, H_2CO_3 **Bicarbonate 이온, HCO_3^-**

연습 문제 1.7

다음 이온들의 Lewis 구조를 그리고, 어느 원자가 형식 전하를 갖는지 나타내어라.

(a) $CH_3NH_3^+$ **(b)** CO_3^{2-} **(c)** OH^-

분자와 이온들의 Lewis 구조를 그릴 때 탄소, 질소, 산소, 플루오린를 포함하는 두 번째 주기의 원소들은 원자가 껍질에 있는 4개의 궤도함수($2s$, $2p_x$, $2p_y$, $2p_z$)에 8개보다 많은 전자를 채울 수 없다는 것을 기억해야 한다. 다음은 nitric acid (HNO_3)의 두 Lewis 구조들로 각각 정확히 24개의 원자가 전자를 가지고 있다.

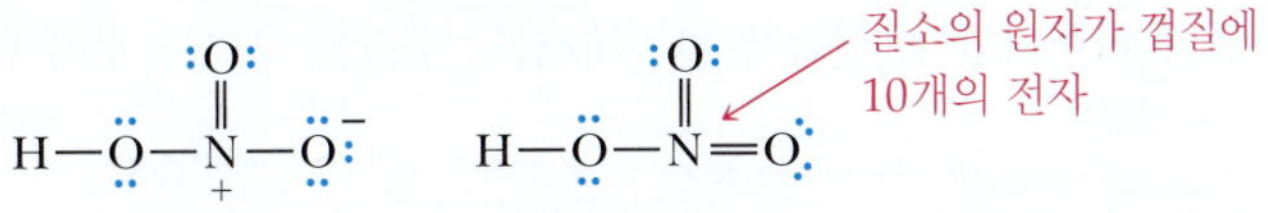

질소의 원자가 껍질에 10개의 전자

허용되는 Lewis 구조 허용되지 않는 Lewis 구조

왼쪽의 구조는 허용되는 Lewis 구조이다. 필요한 24개의 원자가 전자들은 모두 나타나 있으며, 각 산소와 질소는 전자 8개의 완전한 원자가 껍질을 가지고 있다. 질소는 형식 양전하를, 산소 중 하나는 형식 음전하를 갖는다. HNO_3의 허용되는 Lewis 구조는 형식 전하의 합이 0임을 주목하라. 오른쪽 구조는 허용되지 않는 Lewis 구조이다. 정확한 개수의 원자가 전자가 있음에도 불구하고 질소의 원자가 껍질에 10개의 전자가 있게 된다.

HOW TO 축소 구조식으로부터 Lewis 구조를 그리는 방법

축소 구조식으로부터 Lewis 구조를 그리는 것은 유기 화학을 배우는 학생들에게 매우 중요한 기술이다. 올바른 구조식을 그리려면 다음의 3단계를 따라야 한다.

1. 구조식으로부터 분자 내에서 원자들이 어떻게 결합되어 있는지에 대한 정보를 얻는다. 먼저 각 원자를 단일 결합(1개의 선)으로 연결한다.

예: $CH_3CH_2CH_2COOCH_3$

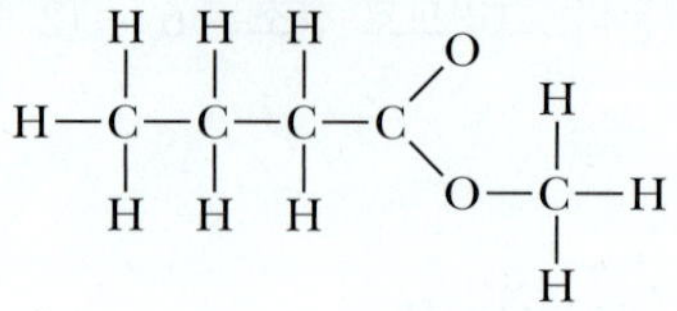

해설: 이 구조에서 어려운 점은 2개의 산소 원자를 배열하는 방법이다. 그림과 같은 배열을 사용하여 아래의 3단계까지 마치게 되면 모든 원자가 원자가 껍질이 채워진 안정한 구조를 얻게 된다. 연습으로 카복실 에스터기(여기서는 $—COOCH_3$)와 같은 일반적인 작용기를 보게 된다(1.3절).
만일 애매모호하다고 여겨지면 생각하는 다른 구조를 그리고, 어떤 구조가 각 원자의 원자가 껍질을 최대로 채우는 안정한 구조인지를 결정하라.

2. 결합을 만들기 위해 사용된 전자의 수와 나머지 전자의 수를 결정하라. 단일 결합만을 이룸으로써 원자가 껍질이 다 채워지지 않은 각 원자에 나머지 전자들을 배치하라. 원자 주위의 원자가 전자를 계산할 때 단일 결합에 참여하는 각 원자에는 1개의 전자를 배치한다는 것을 기억하라. 만일 축소 구조식에서 형식 전하가 있으면 이것도 고려해야 한다(지금의 예에서는 없음).

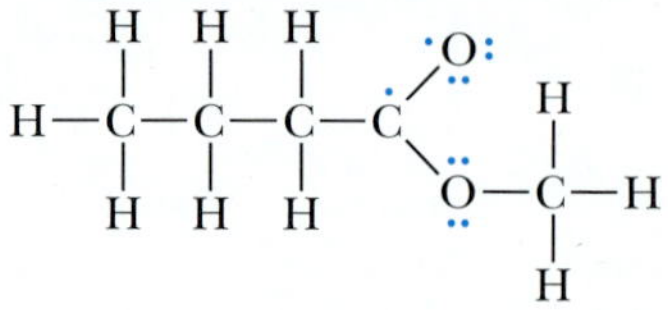

해설: 중성 탄소 원자는 4개의 원자가 전자, 중성 산소 원자는 6개의 원자가 전자를 가지고 있음을 기억하라. 이 분자의 모든 단일 결합을 고려한 후에, 양쪽의 산소 원자와 결합한 탄소 원자는 1개의 전자가 남아 있고 (총 4개의 전자 −3개의 단일 결합 = 1개 전자 남아 있음), 1개의 탄소와 결합한 산소 원자는 5개의 전자가 남아 있고(총 6개의 전자 −1개의 단일 결합 = 5개의 전자 남아 있음), 또 다른 산소 원자는 4개의 전자가 남아 있다(총 6개의 전자 −2개의 단일 결합 = 4개의 전자 남아 있음).

3. 비공유 전자를 없애기 위해 다중 결합을 넣는다. 나머지 비공유 전자는 고립 전자쌍으로 그린다.

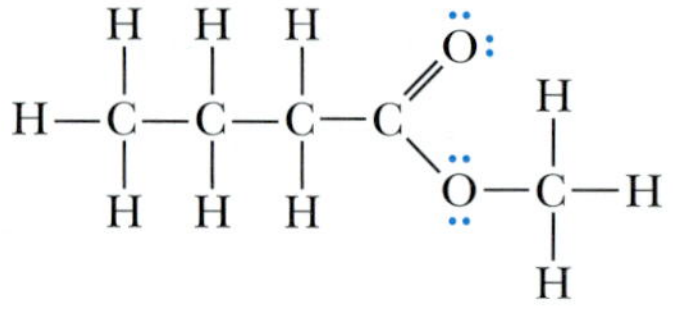

해설: 유일하게 짝짓지 않은 전자는 탄소와 산소에 있고 이들은 1개의 새로운 결합을 형성한다.

Lewis 구조가 완성되었다. 연습을 하면 Lewis 구조를 그리는 것이 더 쉬워질 것이다.

원자가 전자들을 세는 것을 충분히 연습한 다음에 원자들 안에 있는 고립 전자쌍과 결합의 수를 기초로 작용기를 살펴보기 시작해야 한다. 예를 들면, 수소는 1개의 결합이 있고 고립 전자쌍이 없다. 팔전자 규칙을 만족하는 중성 탄소는 4개의 결합이 있고 마찬가지로 고립 전자쌍이 없다. 팔전자 규칙을 만족하는 중성 질소는 3개의 결합이 있고 한 쌍의 고립 전자쌍이 있다. 산소는 2개의 결합과 2개의 고립 전자쌍이 있고, 할로젠은 1개의 결합과 3개의 고립 전자쌍이 있다. 이와 같은 분석에서 결합의 수를 셀 때, 이중 결합은 2개의 결합으로 삼중 결합은 3개의 결합으로 센다. 형식 전하를 갖는 원자들의 경우에는 결합의 수와 고립 전자쌍의 수는 변한다. 예를 들어, 양으로 하전된 질소는 4개의 결합이 있고 고립 전자쌍이 존재하지 않으며, 양으로 하전된 산소도 3개의 결합과 1개의 고립 전자쌍이 존재하며, 양으로 하전된 탄소는 3개의 결합이 있고 고립 전자쌍이 존재하지 않는다(탄소에는 1개의 채워지지 않은 원자가 껍질이 있다). 음으로 하전된 탄소는 3개의 결합과 1개의 고립 전자쌍이 있고, 음으로 하전된 질소는 2개의 결합과 2개의 고립 전자쌍이 있으며, 음으로 하전된 산소는 1개의 결합과 3개의 고립 전자쌍이 있다.

형식 전하에 대한 지침을 일반화할 수 있다. 팔전자 규칙을 만족하는 어떠한 원자든 중성일 때보다 1개의 결합을 더하고 있으면 양의 형식 전하를 갖게 된다. 팔전자 규칙을 만족하면서 중성일 때보다 1개의 결합이 적으면 음의 형식 전하를 갖는다. 예를 들면, 물 분자에서 산소는 팔전자 규칙을 만족하는 중성이다. 그러므로 산소가 팔전자 규칙을 만족하면서 3개의 결합을 할 때는 양으로 하전될 것이다. 그러나 1개의 결합만 할 때는 음으로 하전될 것이다. 다음 절에서 팔전자를 가지면서 중성일 때보다 2개의 결합을 더 가짐으로써 +2의 형식 전하를 가지는 원자들에 대하여 살펴볼 것이다.

E 팔전자 규칙의 예외

공유 결합의 Lewis 모형은 원자가 전자 및 공유 결합의 각 원자(수소 제외)는 전자 8개의 완전한 원자가 껍질을 가져야 한다는 필요조건에 중점을 두고 있다. 주족 원소(1A~7A족)에 의하여 형성된 대부분의 분자가 팔전자 규칙을 만족시키는 구조를 가짐에도 불구하고 이 법칙에 대한 중요한 예외가 있다.

한 예외 그룹은 3A족 원소를 포함하는 분자들이다. 다음은 BF_3의 Lewis 구조이다. 이 전하를 띠지 않는 공유 화합물에서 붕소는 오직 6개의 원자가 전자에 의하여 둘러싸여 있다. Aluminum chloride는 3A족에서 붕소 바로 밑에 있는 원소인 알루미늄이 불완전한 원자가 껍질을 갖는 화합물의 예이다. 그들의 원자가 껍질이 부분적으로 채워져 있기 때문에 붕소와 알루미늄의 3가 화합물은 여분의 전자를 갖고 있는 화합물과의 반응성이 매우 커서 여분의 전자가 팔전자 계를 채울 수 있다(4.7절).

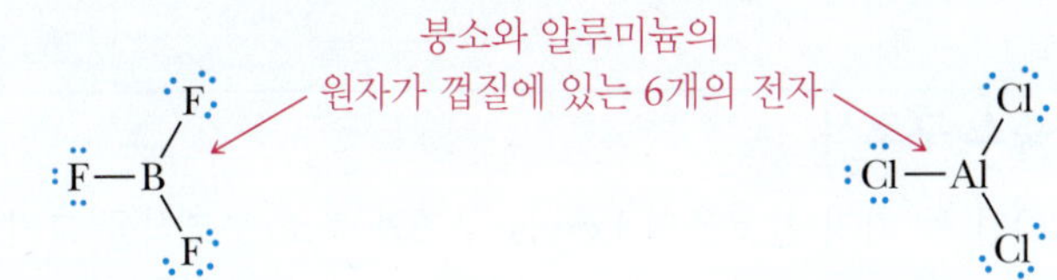

1.3 작용기

탄소는 다른 원자들(예: H, N, O, S, 할로젠)과 결합하여 **작용기**(functional group)라 불리는 특징적인 구조 단위를 형성한다. 작용기들이 중요한 이유는 다음과 같다. 첫째, 작용기는 유기 화합물들을 분류하는 단위로 이용할 수 있다. 둘째, 작용기는 특징적인 화학 반응을 일으킨다. 모든 종류의 화합물에서 특정 작용기는 같은 종류의 화학 반응이 일어난다. 셋째, 작용기는 유기 화합물 명명법의 기초가 된다.

앞으로 배우게 될 작용기 몇 가지를 여기에 소개하였으며, 현 시점에서는 단지 모양을 인지하는 것이다. 이 작용기들의 구조와 성질은 이후 장들에서 배우게 될 것이다. 본 과정에서 배울 중요한 작용기들은 책의 앞표지 안쪽에 나타내었다.

작용기
특징적인 물리적, 화학적 성질을 나타내는 분자 내의 원자 또는 원자들의 그룹.

A 알코올

알코올(Alcohol)의 작용기는 —OH(**하이드록시**, hydroxyl)기가 정사면체 탄소 원자와 결합한 것이다(탄소는 4개의 다른 원자와 단일 결합을 가짐). Ethanol의 Lewis 구조는 다음과 같다.

알코올
사면체 구조의 탄소 원자와 결합된 —OH(하이드록시)기를 함유한 화합물.

하이드록시기
—OH기.

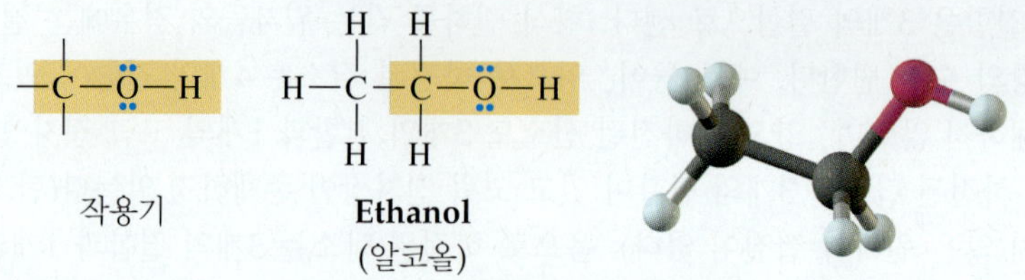

알코올은 **축소 구조식**(condensed structural formula)을 이용하여 보다 간략한 형태로 표시할 수 있다. 축소 구조식에서 CH_3는 3개의 수소와 결합된 탄소를 뜻하며, CH_2는 2개의 수소와 결합된 탄소, CH는 1개의 수소와 결합된 탄소를 나타낸다. 일반적으로 축소 구조식에서는 비공유 전자쌍을 나타내지 않는다. 그러므로 분자식 C_2H_6O인 알코올의 축소 구조식은 $CH_3—CH_2—OH$이다. 일반적으로 이 구조식을 모든 단일 결합을 생략하여 더 축소한 방법으로 CH_3CH_2OH로 쓸 수 있다.

H H | | H—C—C—ÖH | | H H	$CH_3—CH_2—OH$	CH_3CH_2OH
Lewis 구조	축소 구조식	완전한 축소 구조식

1차(1°)
작용기가 결합된 탄소 원자에 하나의 다른 탄소와 2개의 수소가 결합된 화합물.

2차(2°)
작용기가 결합된 탄소에 2개의 다른 탄소 원자와 1개의 수소가 결합된 화합물.

3차(3°)
작용기가 결합된 탄소에 3개의 다른 탄소 원자가 결합된 화합물.

알코올은 —OH기를 가지고 있는 탄소에 결합된 탄소 원자의 수에 따라 **1차**(primary, 1°), **2차**(secondary, 2°) 또는 **3차**(tertiary, 3°)로 분류할 수 있다.

H | CH_3—C—OH | H	H | CH_3—C—OH | CH_3	CH_3 | CH_3—C—OH | CH_3
1차 알코올	2차 알코올	3차 알코올

예제 1.8 ▸ 축소 구조식

분자식이 C_3H_8O인 두 가지 알코올의 Lewis 구조와 축소 구조식을 그리고, 1차, 2차, 3차로 분류하여라.

➥ 해답

먼저 3개의 탄소 원자를 사슬로 연결하고 하이드록시기의 산소 원자를 사슬의 끝에 있는 탄소에 붙이거나 사슬의 중간에 있는 탄소에 붙인다.

	HO—C—C—C 아래와 같음	C—C—C | OH 아래와 같음
C—C—C	C—C—C—OH	OH | C—C—C
탄소 사슬	OH기에 대한 두 위치들	

마지막으로 구조식을 완성하기 위하여 7개의 수소를 더하여 분자식이 총 8개의 수소를 갖도록 한다. Lewis 구조식에는 비공유 전자쌍을 표시하지만 축소 구조식에는 표시하지 않는다.

Lewis 구조	축소 구조식
H–C(H)(H)–C(H)(H)–C(H)(H)–Ö–H (O에 비공유 전자쌍 2개)	$CH_3CH_2CH_2OH$ 1차 알코올
H–C(H)(H)–C(H)(:Ö–H)–C(H)(H)–H (O에 비공유 전자쌍 2개)	OH | CH_3CHCH_3 2차 알코올

일반명으로 isopropyl alcohol이라 불리는 2차 알코올은 소독용 알코올의 주성분이다. 또한 할로젠화물(halide)과 같은 작용기도 1차, 2차, 3차로 나타낸다. 예를 들면,

$$H_3C-\underset{CH_3}{\overset{CH_3}{C}}-\ddot{\underset{\cdot\cdot}{Cl}}:$$ 3차 할로젠화물

연습 문제 1.8

분자식이 $C_4H_{10}O$인 네 가지 알코올의 Lewis 구조와 축소 구조식을 그리고, 1차, 2차, 3차 알코올로 분류하여라.

B 아민

아민(Amine)의 작용기는 **아미노기**(amino group)이며, 하나의 질소 원자가 1개, 2개 또는 3개의 탄소 원자에 단일 결합으로 결합되어 있다. **1차 아민**[Primary (1°) amine]은 하나의 탄소 원자에 결합되어 있고, **2차 아민**[Secondary (2°) amine]은 2개의 탄소 원자에 결합되어 있으며, **3차 아민**[Tertiary (3°) amine]은 3개의 탄소 원자에 결합되어 있다. 이 분류 방법은 알코올과 할로젠화물에서 이용된 방법과 다르다는 것을 유의하라.

아미노기
단일 결합으로 1개, 2개 혹은 3개의 탄소 원자와 결합된 질소가 있는 화합물.

일차(1°) 아민
질소가 1개의 탄소와 2개의 수소와 결합된 아민.

이차(2°) 아민
질소가 2개의 탄소와 1개의 수소와 결합된 아민.

삼차(3°) 아민
질소가 3개의 탄소와 결합된 아민.

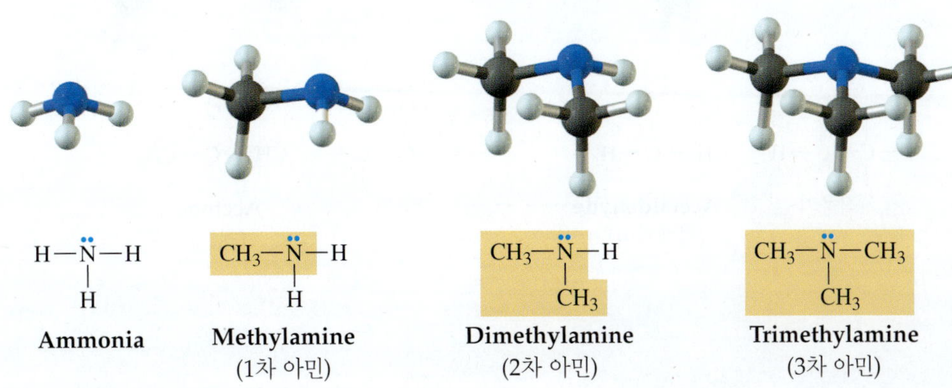

예제 1.9 ▸ 축소 구조식

분자식이 C_3H_9N인 두 종류의 1차 아민에 대한 축소 구조식을 그려라.

➥ 해답

1차 아민은 질소 원자가 2개의 수소 및 1개의 탄소 원자와 결합된다.

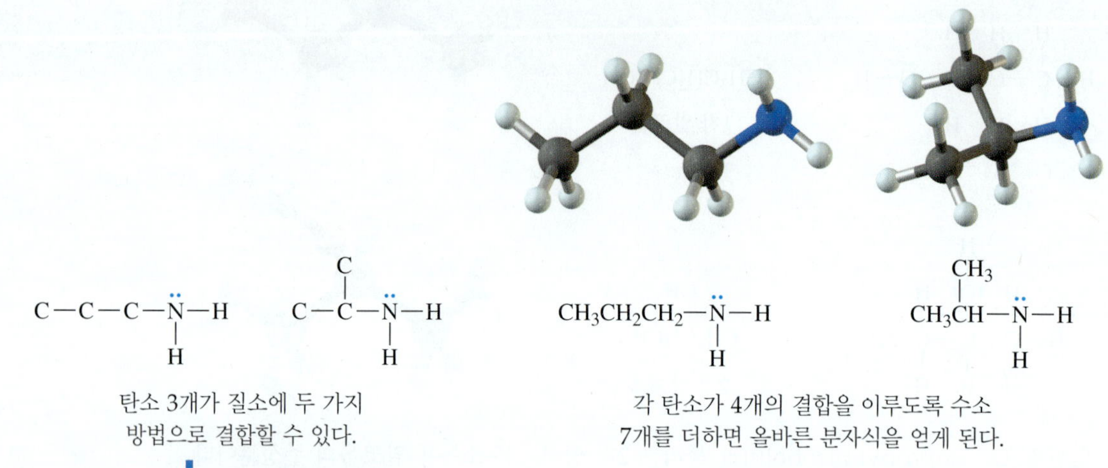

탄소 3개가 질소에 두 가지 방법으로 결합할 수 있다.

각 탄소가 4개의 결합을 이루도록 수소 7개를 더하면 올바른 분자식을 얻게 된다.

연습 문제 1.9

분자식이 $C_4H_{11}N$인 세 가지의 2차 아민에 대한 구조식을 그려라.

C 알데하이드와 케톤

카보닐기 C═O기.

알데하이드 하나의 —CHO기가 들어있는 화합물.

케톤 2개의 탄소 원자에 결합된 카보닐기를 가지고 있는 화합물.

알데하이드와 케톤의 작용기는 모두 C═O(**카보닐기**, carbonyl group)이다. 가장 간단한 **알데하이드**(aldehyde)인 formaldehyde, CH_2O의 경우에는 카보닐기의 탄소에 2개의 수소가 결합되어 있고, 다른 모든 알데하이드의 경우에는 1개의 수소와 1개의 탄소가 결합되어 있다. 축소 구조식에서 알데하이드기는 탄소-산소 이중 결합을 —CH═O로 그릴 수 있다. 다른 방법으로는 —CHO로 그릴 수 있다. **케톤**(Ketone)의 경우 카보닐 탄소는 2개의 탄소 원자와 결합하고 있다.

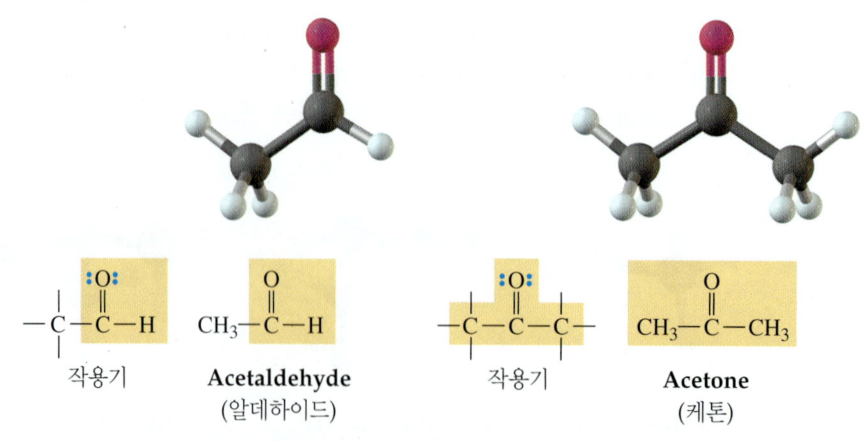

Acetaldehyde (알데하이드)

Acetone (케톤)

예제 1.10 ▸ **축소 구조식**

분자식이 C_4H_8O인 두 종류의 알데하이드에 대한 축소 구조식을 그려라.

➡ **해답**

먼저 알데하이드기의 작용기를 그린 다음 남은 탄소들을 추가하는데, 이들은 두 가지 다른 방법으로 카르보닐기에 결합될 것이다. 그 다음에 7개의 수소를 추가하여 각 탄소가 4개의 결합을 갖게 한다.

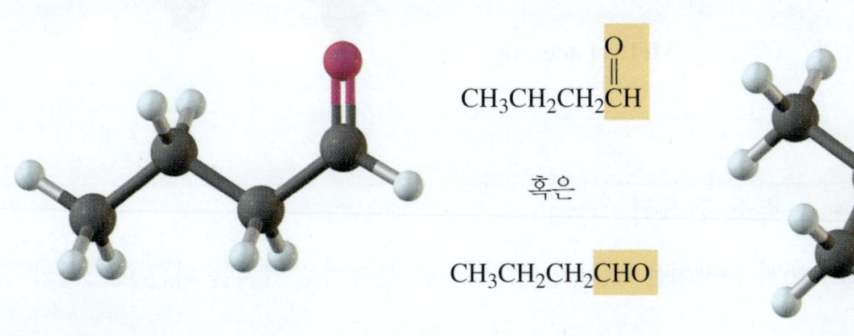

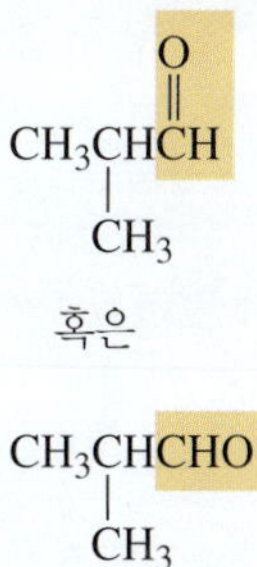

연습 문제 1.10

분자식이 $C_5H_{10}O$인 세 종류 케톤에 대한 축소 구조식을 그려라.

D 카복실산

카복실산(Caboxylic acid)의 작용기는 **—COOH**(**카복시**: 카보닐 + 하이드록시)**기**이다. 축소 구조식으로 그리면 카복시기는 $—CO_2H$로 표현한다.

카복실산
카복시기(—COOH)를 포함한 화합물.

카복시기
—COOH기.

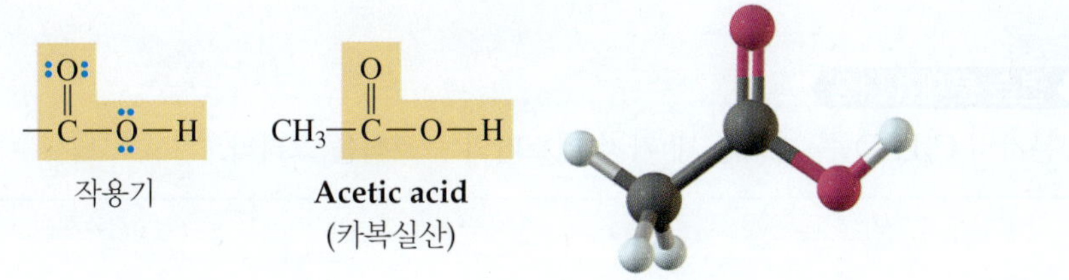

예제 1.11 ▸ **축소 구조식**

분자식이 $C_3H_6O_2$인 카복실산의 축소 구조식을 그려라.

➡ **해답**

탄소 원자가 결합하는 유일한 방법은 탄소 원자 3개가 사슬로 결합하는 것이며, —COOH기는 탄소 사슬 말단에 있어야 한다.

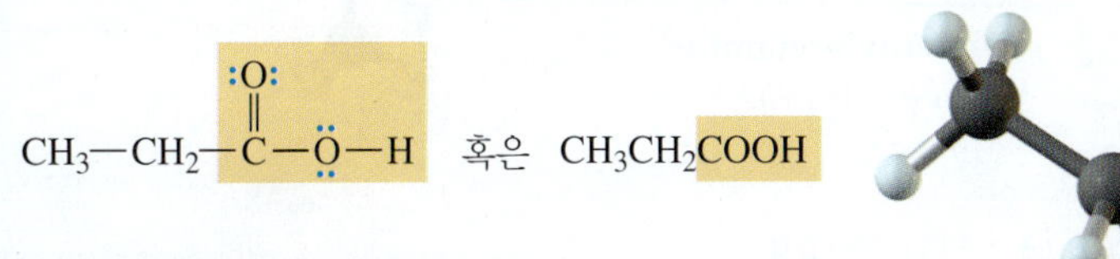

연습 문제 1.11

분자식이 $C_4H_8O_2$인 두 종류의 카복실산에 대해 축소 구조식을 그려라.

E 카복실산 에스터

카복실산 에스터
카복시기의 H가 탄소로 치환된 카복실산의 유도체.

일반적으로 **에스터**(ester)라고 하는 **카복실산 에스터**(carboxylic ester)는 카복시기의 수소가 탄소를 가진 기로 치환된 카복실산의 유도체이다.

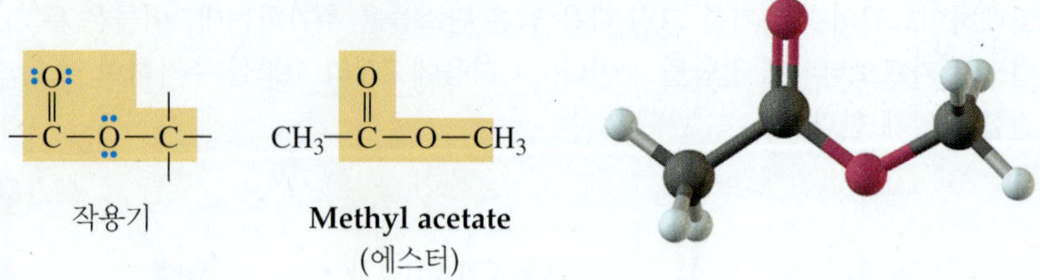

작용기 **Methyl acetate** (에스터)

> **예제 1.12 ▸ 축소 구조식**
>
> Methyl acetate의 분자식은 $C_3H_6O_2$이다. 같은 분자식을 가지는 다른 에스터의 구조식을 그려라.
>
> **➥ 해답**
>
> 이 분자식을 가지는 다른 에스터는 오직 하나뿐이다. 그 구조식은 다음과 같다.
>
> 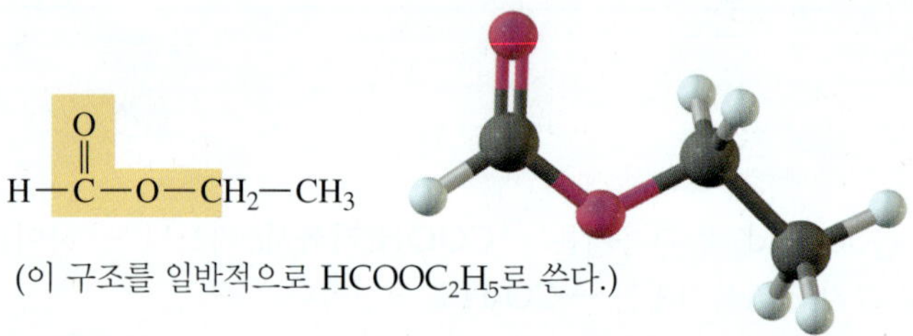
>
>
> (이 구조를 일반적으로 $HCOOC_2H_5$로 쓴다.)
>
> **연습 문제 1.12**
>
> 분자식 $C_4H_8O_2$를 가지는 네 가지 에스터의 구조식을 그려라.

F 카복실산 아마이드

카복실산 아마이드
카복실산의 —OH가 아민으로 치환된 카복실산의 유도체.

일반적으로 **아마이드**(amide)라고 하는 **카복실산 아마이드**(carboxylic amide)는 카복시기의 —OH가 아민에 의해 치환된 카복실산 유도체이다. 분자 모형을 보면 작용기는 평면이고, 이에 대하여 나중에 설명하게 될 것이다.

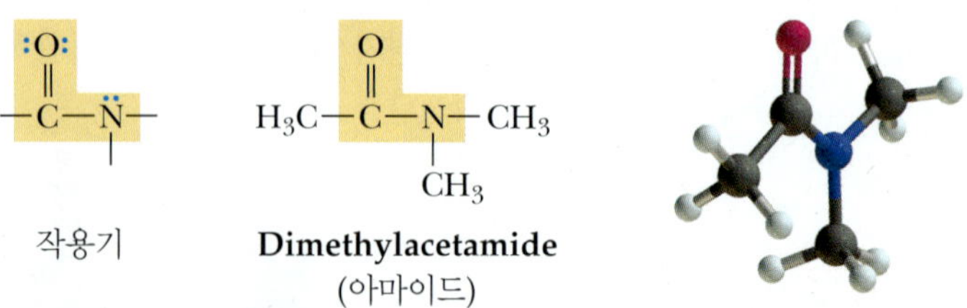

작용기 **Dimethylacetamide** (아마이드)

1.4 결합각과 분자의 형태

1.2절에서는 공유 결합의 기본단위로 공유 전자쌍을 사용하였으며, 단일, 이중, 삼중 결합들의 다양한 조합을 갖는 여러 가지 분자와 이온들의 Lewis 구조를 그렸다. **원자가 껍질 전자쌍 반발**(Valence-shell electron-pair repulsion, VSEPR) 이론을 이용하여 이들 또는

다른 분자나 이온들의 결합각을 매우 간단하게 예측할 수 있다. 원자가 껍질 전자쌍 반발은 원자가 껍질의 전자들을 가지고 설명한다. 이들 원자가 전자들은 단일, 이중, 삼중 결합 형성에 참여하거나 또는 비공유 상태(고립 전자쌍)로 있게 된다. 이러한 조합들의 각각은 공간에 음으로 하전된 지역을 만들며, 같은 전하는 서로 밀어 내기 때문에 원자 주변의 여러 전자 밀도 지역들은 활짝 펴져서 서로가 가능한 한 멀리 떨어지려고 한다.

VSEPR
전자쌍들이 서로 반발하고 최대한 멀리 떨어진다는 생각을 기초로 결합각을 예측하는 방법.

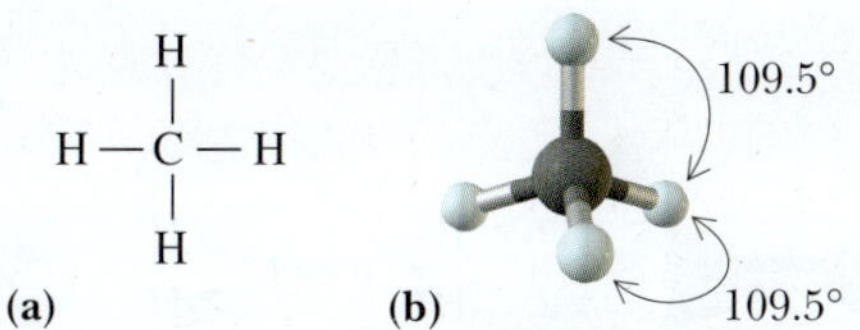

그림 1.2 ▶ Methane 분자, CH_4.
(a) Lewis 구조와 (b) 모형.

Methane 분자, CH_4의 형태를 예측하기 위하여 다음과 같이 VSEPR을 이용한다. CH_4의 Lewis 구조에서 탄소 원자는 수소 원자와 결합을 이루는 전자쌍이 만드는 4개의 전자 밀도 지역에 의하여 둘러싸여 있다. VSEPR에 의하면 4개의 전자 밀도 지역들은 탄소로부터 사방으로 퍼져나가면서 가능한 한 서로 멀리 존재한다. 이것은 임의의 2개 전자쌍 간의 각도가 109.5°일 때 가능하다. 그러므로 모든 H—C—H 결합각들은 109.5°이고, 분자의 형태는 **정사면체**(tetrahedral)가 될 것으로 예측된다(그림 1.2). Methane에서 H—C—H 결합각들을 실험적으로도 VSEPR에 의하여 예측된 109.5°로 측정되었다.

정사면체형
정사면체의 각 꼭지점에 위치하는 4개의 원자들과 결합하고 있는 원자의 결합 형태.

피라미드 형태
삼각형 피라미드 각 꼭지점 3개의 원자들에 중심 원자가 결합하고 있는 결합 형태.

동일한 방법으로 ammonia 분자, NH_3의 형태를 예측할 수 있다. NH_3의 Lewis 구조는 질소가 4개의 전자 밀도 지역에 의하여 둘러싸여 있음을 보여준다. 3개의 지역들은 수소 원자들과 공유 결합을 형성한 하나의 전자쌍을 가지고 있다. 나머지 1개의 지역은 비공유 전자쌍을 가지고 있다(그림 1.3). VSEPR에 의하면 질소 주위에 있는 4개의 전자 밀도 지역은 정사면체 형태로 배열되어 있으며, H—N—H 결합각은 109.5°이고 분자의 형태는 **피라미드구조**(pyramidal)로 예측할 수 있으나, 측정된 결합각은 107.3°이다. 예측각과 측정각 사이의 이러한 조그만 차이는 질소의 비공유 전자쌍이 결합 전자쌍보다 주위의 전자쌍들을 보다 강하게 밀어내기 때문으로 설명될 수 있다.

(a)

H—N̈—H
│
H

(b) 비공유 전자쌍

107.3°

그림 1.3 ▶ Ammonia 분자, NH_3.
(a) Lewis 구조와 (b) 모형.

그림 1.4는 물 분자의 Lewis 구조와 공과 막대 모형(ball-and-stick model)을 나타낸다. H_2O에서 산소는 4개의 전자 밀도 지역에 의하여 둘러싸여 있다. 이 중 2개는 수소 2개와 단일 공유 결합을 형성하는 데 사용된 전자쌍들을 가지며 나머지 2개는 비공유 전자쌍을 가지고 있다. VSEPR에 의하면 산소 주위에 있는 4개의 전자 밀도 지역들은 서로 간의 반발에 의하여 정사면체 형태로 배열되었음을 예측할 수 있다. 예측된 H—O—H 결합각은 109.5°이나 실험 측정값은 실제 결합각이 예측각보다 작은 104.5°이다. 예측각과 측정각 사이의 이러한 차이는 NH_3에 대하여 한 것과 마찬가지로 비공유 전자쌍들이 결합 전자쌍에 비하여 인접 전자쌍들을 보다 강하게 밀어내기 때문이라고 설명할 수 있다. 단지 1개의 비공유 전자쌍을 갖는 NH_3에 비하여 2개의 비공유 전자쌍을 갖는 H_2O에서 109.5°로부터의 뒤틀림이 더 큰 것을 주목해야 한다.

(a)

H—Ö—H

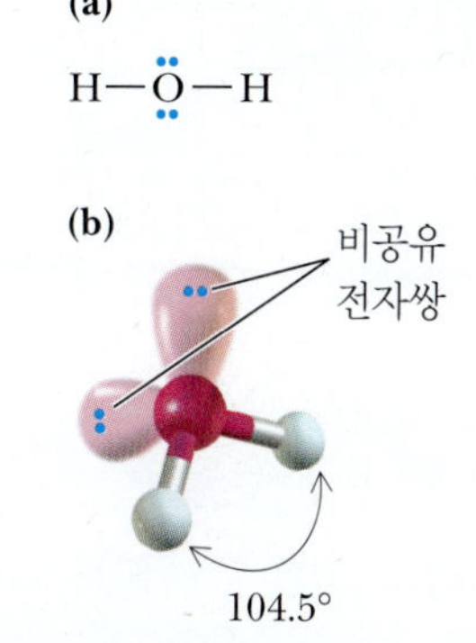

그림 1.4 ▶ 물 분자, H_2O.
(a) Lewis 구조와 (b) 모형.

CH_4, NH_3 및 H_2O의 모양에 대한 설명으로부터 일반적인 예측을 할 수 있다. 만일 Lewis 구조가 중앙 원자 주위에 4개의 전자 밀도 영역을 나타내는 경우에는 VSEPR은 언제나 전자 밀도가 정사면체 분포를 하고 약 109.5°의 결합각을 예측하게 한다.

우리가 접하는 많은 분자들에서 원자는 3개의 전자 밀도 영역에 의하여 둘러싸여 있다. 그림 1.5는 formaldehyde (CH_2O)와 ethylene (C_2H_4)의 Lewis 구조와 공과 막대 모형을 나타고 있다.

VSEPR에 의하면 이중 결합은 하나의 전자 밀도 영역으로 간주된다. Formaldehyde에서 탄소는 3개의 전자 밀도 영역에 의하여 둘러싸여 있으며, 이 중 2개는 수소 원자들과 단일 결합을 형성하는 하나의 전자쌍을 포함한다. 세 번째 전자 밀도 영역은 산소와 이중 결

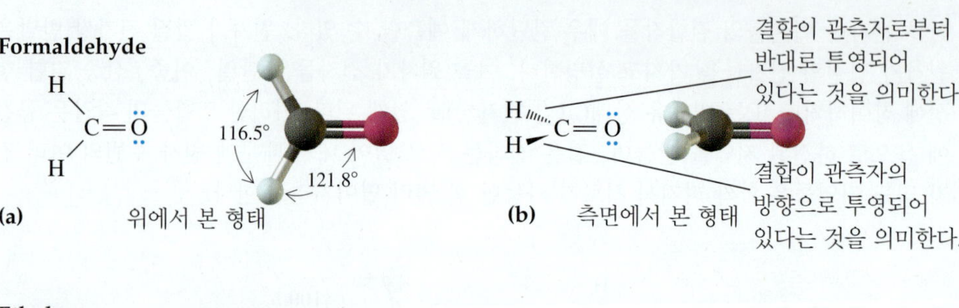

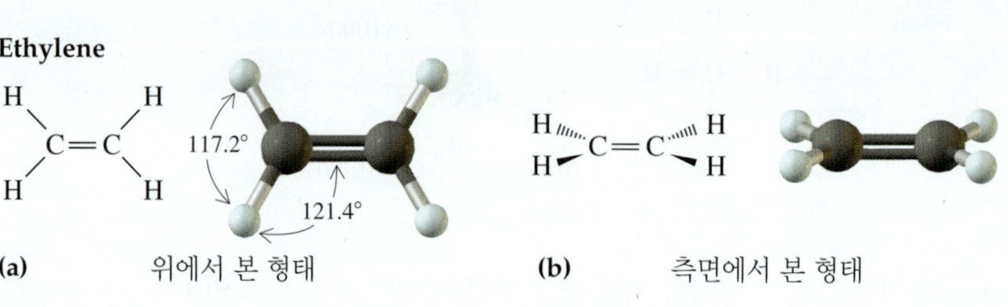

그림 1.5 ▸ Formaldehyde, CH_2O와 ethylene, C_2H_4의 모형. (a)는 위에서 본 분자의 모양이고 (b)는 측면에서 본 분자의 모양이다. 화학자들은 짙은 쐐기 모양을 관측자 쪽으로 투영된 결합으로 표현하고, 끊어진 쐐기 모양을 관측자 반대 방향으로 투영된 결합으로 표현한다.

합을 형성하는 전자쌍 2개를 포함한다. Ethylene의 경우에도 역시 각 탄소는 3개의 전자 밀도 영역에 의하여 둘러싸이며, 이 중 2개는 하나의 전자쌍을 포함하고 다른 하나는 전자쌍 2개를 포함한다.

한 원자에 대한 3개의 전자 밀도 영역이 가장 멀리 떨어져 있게 되려면, 3개의 전자 밀도 영역이 같은 평면상에 있고 서로 120°의 각을 이루어야 한다. 그러므로 formaldehyde에서 예측된 H—C—H와 H—C—O의 결합각과 ethylene에서 예측된 H—C—H와 H—C—C 결합각 모두 120°이며 원자들은 같은 평면에 있다. 그림 1.5에서와 같이 실험에 의하여 측정된 결합각들은 예측값과 거의 일치한다.

또 다른 종류의 분자에서는 중앙 원자가 단지 2개의 전자 밀도 영역에 의하여 둘러싸여 있다. 그림 1.6에 나타낸 것은 carbon dioxide (CO_2)와 acetylene (C_2H_2)의 Lewis 구조와 공과 막대 모형이다.

(a) Ö=C=Ö

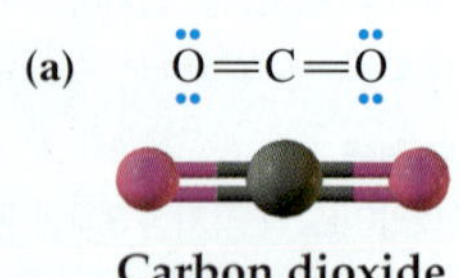

Carbon dioxide

(b) H—C≡C—H

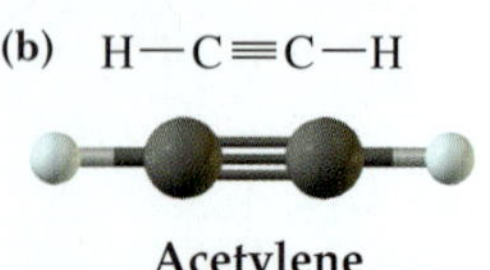

Acetylene

그림 1.6 ▸ (a) Carbon dioxide, CO_2와 (b) acetylene, C_2H_2 분자 모형.

Carbon dioxide에서 탄소는 2개의 전자 밀도 영역에 의하여 둘러싸여 있으며, 각각은 전자쌍 2개를 포함하고 산소와 이중 결합을 형성한다. Acetylene에서도 각 탄소는 역시 2개의 전자 밀도 영역에 의하여 둘러싸여 있다. 하나는 전자쌍 1개를 가지고 수소 원자와 단일 결합을 형성한다. 다른 하나는 3개의 전자쌍으로 삼중결합을 하고 있다. 각각의 경우 2개의 전자 밀도 지역이 중앙 원자를 통과하는 직선을 형성하고, 180°의 각을 이루면 2개의 전자 밀도 지역이 서로 가장 멀리 떨어져 있게 된다. Carbon dioxide와 acetylene은 모두 **직선형**(linear) 분자이다. VSEPR에 따른 분자 형태의 예측은 표 1.9에 요약되어 있다.

표 1.9 예측된 분자의 모양(VSEPR)

중심 원자 주위의 전자 밀도 지역	예상되는 전자 밀도 분포	예상되는 결합각	예
4	사면체	109.5°	CH_4, NH_3, H_2O
3	삼각 평면	120°	$H_2C{=}CH_2$, $H_2C{=}O$
2	직선형	180°	O=C=O, H—C≡C—H

예제 1.13 ▸ VSEPR

다음 분자들의 모든 결합각을 예측하여라.

(a) CH_3Cl **(b)** $CH_2{=}CHCl$

➥ 해답

(a) CH_3Cl의 Lewis 구조는 탄소가 4개의 전자 밀도 지역에 의하여 둘러싸여 있음을 보여준다. 그러므로 탄소에 대한 전자쌍의 분포는 정사면체, 모든 결합각은 109.5° 이고 CH_3Cl의 형태는 정사면체가 될 것으로 예측된다. 실제 H—C—Cl 결합각은 108°이다.

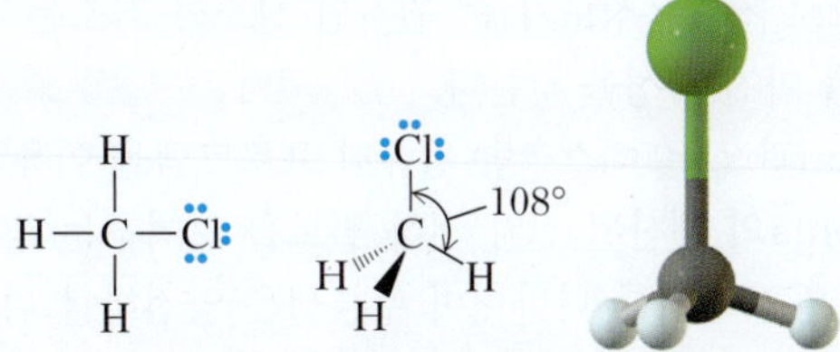

(b) $CH_2{=}CHCl$의 Lewis 구조는 각 탄소가 3개의 전자 밀도 지역에 의하여 둘러싸여 있음을 보여준다. 그러므로 모든 결합각은 120°임을 예측할 수 있다. 실제로 C—C—Cl 결합각은 122.4°이다.

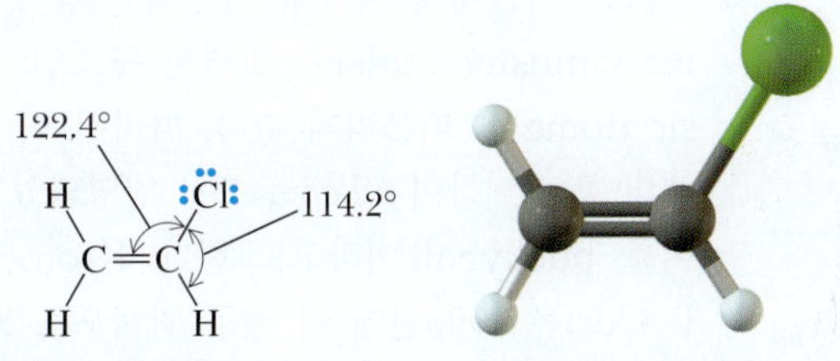

연습 문제 1.13

다음 분자들의 모든 결합각을 예측하여라.

(a) CH_3OH **(b)** PF_3 **(c)** H_2CO_3

1.5 극성과 비극성 분자

이제 결합 쌍극자(1.2B절)와 분자 기하구조(1.4절)에 대한 이해를 결합하여 다원자 분자의 극성도를 예측할 수 있다. 이제 알게 되겠지만, 분자가 극성이 되기 위해서는 하나 이상의 극성 결합을 반드시 가져야 한다. 하지만 극성 결합을 가지고 있는 모든 분자가 극성을 나타내는 것은 아니다.

분자가 극성인지를 예측하기 위해서는 (1) 분자가 극성 결합을 갖고 있는지, (2) 원자들의 공간적 배치가 어떤지를 알 필요가 있다(예를 들면 VSEPR을 이용). 어떤 분자의 **분자 쌍극자 모멘트**(molecular dipole moment, μ)는 각 결합 쌍극자의 벡터 합이다. 때때로 분자의 기하구조 때문에 결합 쌍극자들이 서로 상쇄될 경우가 있다. 예를 들면, carbon dioxide의 경우, 각 C—O 결합은 상대적으로 전기음성도가 큰 원자인 산소가 부분 음전하를 띠고 탄소가 부분 양전하를 갖는 극성을 띤다. Carbon dioxide는 직선형 분자이기 때문에 두 결합 쌍극자의 벡터 합은 0이며, 따라서 CO_2 분자의 쌍극자 모멘트는 0이다. Boron trifluoride는 결합각이 120°인 평면이다. 각 B—F 결합은 극성이지만 이들 결합 쌍극자의 벡터 합은 0이므로 BF_3는 쌍극자 모멘트가 없다. Carbon tetrachloride는 결합각

분자 쌍극자 모멘트(μ)
각 결합 쌍극자의 벡터 합.

이 109.5°인 정사면체이다. 이 분자는 4개의 극성 C—Cl 결합을 가지고 있지만, 이들 결합 쌍극자의 벡터 합은 0이므로 CCl_4는 쌍극자 모멘트가 없다.

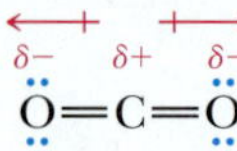

Carbon dioxide
$\mu = 0$ D

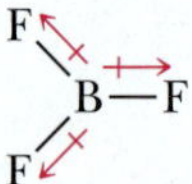

Boron trifluoride
$\mu = 0$ D

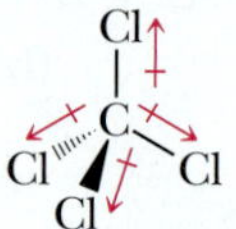

Carbon tetrachloride
$\mu = 0$ D

다른 분자들, 물과 ammonia는 극성 결합들을 가지고 있으며 쌍극자 모멘트가 0보다 크다. 즉, 이들은 극성 분자들이다. 물 분자에서 각 O—H 결합 그리고 ammonia에서 각 N—H 결합은 상대적으로 전기음성도가 큰 원자인 산소와 질소는 부분 음전하를, 그리고 각 수소는 부분 양전하를 가진 극성을 갖는다.

전하 밀도는 Spartan과 같은 데스크탑 컴퓨터 프로그램을 이용하여 쉽게 계산할 수 있다. 여기에 물과 ammonia의 계산된 전자 전하 밀도를 보여주는 정전기 퍼텐셜 지도가 있다. 이 모형에서 붉은색은 음전하를 나타내며 푸른색은 양전하를 나타낸다. 쌍극자 모멘트

» 의과대학 입학시험(MCAT) 연습: 지문 및 질문

Fullerene

의과대학 입학시험(Medical College Admission Test, MCAT) 문제는 지문을 주고 몇 개의 선다형 질문을 한다. 지문을 읽은 후, 질문의 정답을 찾아라. 만일 답을 확실히 모른다면, 먼저 틀린 것을 제외한 후 남은 것 중에서 답을 고른다.

수세기 동안 탄소 원소는 흑연과 다이아몬드의 2개의 형태만 있는 것으로 알려져 왔다. 1985년에 Rice 대학의 Richard Smalley와 영국 Sussex 대학의 Harry W. Kroto 및 공동 연구자들이 C_{60}의 분자식을 가진 탄소의 새로운 형태를 찾아냈다는 보고에 전세계의 과학계가 깜짝 놀랐다. C_{60}의 분자는 축구공처럼 생겨서(오른쪽 그림 참조), 12개의 5 원자 고리와 20개의 6 원자 고리들로 이루어져 있고, 하나의 5 원자 고리를 5개의 6 원자 고리들이 둘러싸고 있는 구조이다. 이 구조는 이들에게 미국의 혁신적인 공학자이며 철학자인 R. Buckminster Fuller가 발명한 구조인 지오데식 돔(geodesic dome)을 떠올리게 했다. 따라서 이 탄소의 새로운 동소체의 공식 이름이 *fullerene*으로 명명되었고, 어떤 화학자들은 이를 'buckyball'이라고도 한다. Kroto, Smalley, Robert F. Curl은 1996년에 이 연구 업적으로 노벨화학상을 수상하였다.

» 질문

A. 흑연의 탄소의 기하학적 구조는 삼각 평면인 반면에 다이아몬드의 탄소의 기하학적 구조는 사면체이다. C_{60}의 탄소의 기하학적 구조는?

1. 모두 사면체이다.
2. 모두 삼각 평면이다.
3. 결합각이 109.5°인 피리미드형이다.
4. 완전한 삼각 평면은 아니고 피라미드형이 어느 정도 있다.

B. C_{60} 분자는 구형으로 생겨서 그리스나 윤활제의 나노 크기 볼 베어링으로 사용된다. 이 볼 베어링의 크기는 C—C 결합 거리를 측정하여 추정할 수 있다. 탄소-탄소 결합 거리는 약 120 pm (pm = 피코미터)에서 155 pm이다. C_{60}의 대략적인 직경은?

1. 10 pm
2. 100 pm
3. 1,000 pm
4. 10,000 pm

C. 다음중 C_{60}에서 C—C—C 결합각을 가장 잘 나타낸 것은?

1. 정확히 120°이다.
2. 120°보다 약간 크다.
3. 120°보다 약간 작다.
4. 거의 109.5°이다.

도해 및 우리의 예측과 같이 두 개의 분자에서 더 큰 전기음성도를 가진 원자가 상당한 음전하를 가진다. 이 그림을 해석하기 위한 더 많은 정보는 부록 7을 참조하라.

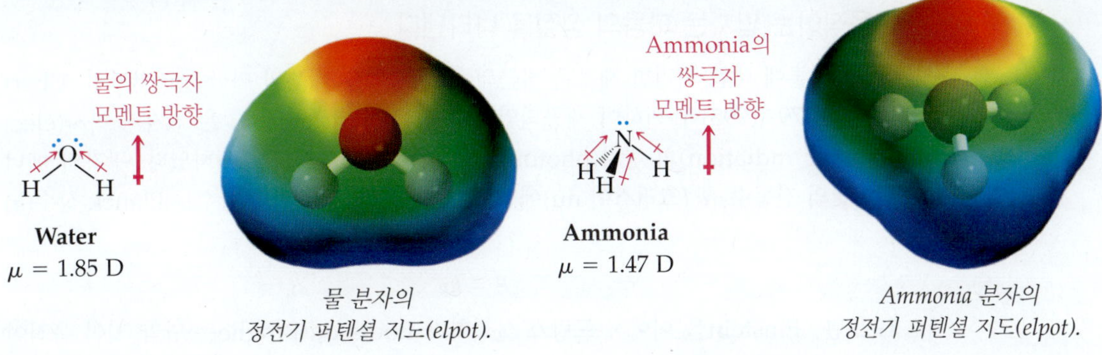

물 분자의 정전기 퍼텐셜 지도(elpot).

Ammonia 분자의 정전기 퍼텐셜 지도(elpot).

예제 1.14 ▸ **분자 쌍극자**

다음 분자 중 어느 것이 극성인가? 만일 극성이면, 각 분자에 대해서 쌍극자 모멘트의 방향을 나타내어라.

(a) CH_3Cl **(b)** CH_2O **(c)** C_2H_2

➡ 해답

Chloromethane (CH_3Cl)과 formaldehyde (CH_2O)는 극성 결합을 가지고 있고, 기하학적 구조상 극성 분자이다. Acetylene (C_2H_2)은 기하학적으로 직선형 구조를 가지므로 쌍극자 모멘트를 갖지 않는다. 실험적으로 측정된 쌍극자 모멘트를 나타내었다. Formaldehyde의 정전기 퍼텐셜 지도(elpot)는 이러한 전하 분산을 분명히 보여주고 있다.

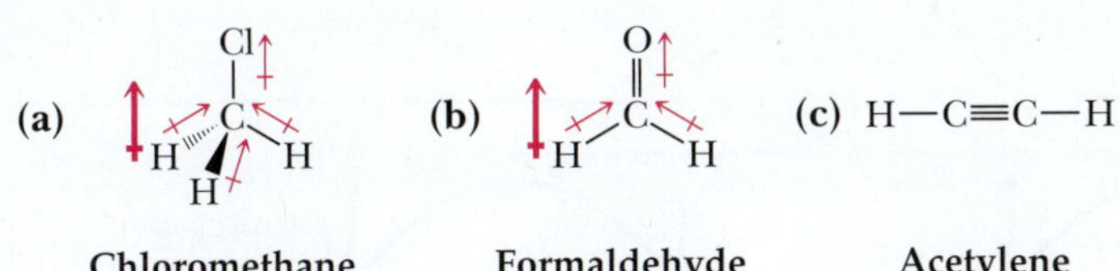

Chloromethane μ = 1.87 D

Formaldehyde μ = 2.33 D

Acetylene μ = 0 D

Formaldehyde 분자의 정전기 퍼텐셜 지도(elpot).

연습 문제 1.14

다음 중 어느 분자가 극성인가? 극성인 분자는 쌍극자 모멘트의 방향을 나타내어라.

(a) CH_2Cl_2 **(b)** HCN **(c)** H_2O_2

1.6 양자 역학 또는 파동 역학

지금까지 이 장에서는 Lewis 결합 모형과 VSEPR에 대하여 집중하였다. Lewis 모형은 기본적으로 원자의 배위수(원자가 형성할 수 있는 결합의 수)를 다루며, VSEPR은 기본적으로 결합각과 분자의 기하학적 구조를 다루고 있다. 두 가지 모형은 각자 나름대로 유용하지만, 어느 것도 원자가 우선 에너지를 방출하면서 공유 결합을 형성하는 이유를 정량적 또는 반정량적인 방법으로조차 설명할 수 없다. 이제 공유 결합 이론의 새로운 접근 방법을 공부함으로서 원자의 배위수와 분자의 기하학적 구조뿐만 아니라 화학 결합의 에너지론을 이해할 수 있는 방법을 알 수 있다.

A 움직이는 입자는 파동의 성질을 나타낸다

공유 결합 이론에 대한 이러한 새로운 접근의 시작은 독일 태생의 미국 물리학자인 Albert Einstein (1879~1995)에 의하여 제공되었다. 1905년 Einstein은 빛은 전자기 복사(electromagnetic radiation)의 광자(photon)들로 이루어져 있다고 가정하였다. 광자의 에너지, E는 빛의 진동수, ν (그리스어 nu)에 비례한다. 이 식에서 비례 상수는 Planck 상수(h)이다.

$$E = h\nu$$

1923년, Einstein을 이어서 프랑스 물리학자 Louis de Broglie는 만약 빛이 움직이는 입자와 같은 성질을 나타낸다면, 움직이는 입자는 파동의 성질을 나타낼 것이라는 획기적인 생각을 하게 되었다. 그는 질량 m과 속도 v를 갖는 입자는 다음의 식에 의하여 주어지는 파장, λ (그리스어 lambda)를 갖는다고 제안하였다.

$$\lambda = \frac{h}{mv} \quad \text{(de Broglie 관계식)}$$

그림 1.7은 기타 줄을 잡아당겼을 때 일어나는 파동을 그린 것이다. 이 파동을 나타내는 수학 방정식을 **파동 방정식**(wave equation)이라고 한다. 파동 방정식의 해는 양(파동의 마루에 해당), 음(파동의 골에 해당) 또는 0의 수치를 갖는다. 파동 방정식의 수치의 부호는 상(phase)이라고 하며, 부호의 변화는 상의 변화를 말한다. 이러한 상의 변화는 마디에서 일어난다. **마디**(Node)는 파동 방정식의 해의 값이 0인 모든 점들을 뜻한다. **마디 평면**(Nodal plane)은 마디를 통과하여 전파되는 방향에 수직되는 모든 면을 뜻한다. 그림 1.7에는 3개의 마디 평면이 있다.

마디
파동 방정식의 해가 0의 값을 갖는 공간상의 한 점.

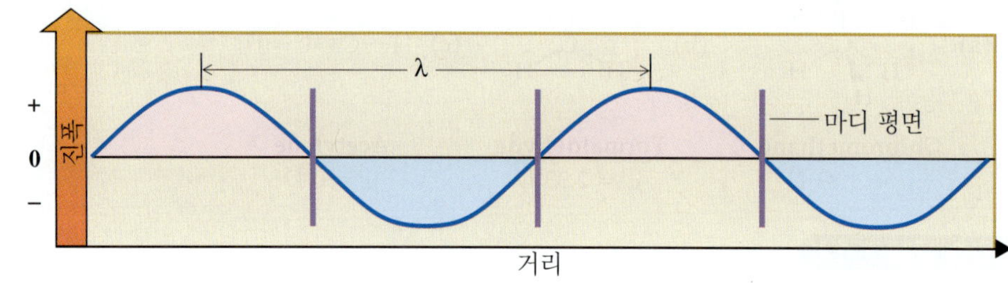

그림 1.7 ▸ 움직이는 입자와 연관된 파동의 특징. 파장은 λ 부호로 나타낸다.

Erwin Schrödinger는 de Broglie의 생각을 발전시켜 1926년 원자나 분자에 있는 전자들의 파동성을 설명할 수 있는 방정식을 제안하였다. **양자 역학**(Quantum mechanics 또는 파동 역학 wave mechanics)은 입자 및 그와 관련된 파동을 연구하는 과학의 한 분야이다. Schrödinger 방정식을 풀면 **파동 함수**(wave function)라는 한 세트의 해가 나온다. 각 파동 함수 ψ (그리스어 프사이)는 특징적인 양자수 세트 및 특정 원자 궤도함수 또는 분자 궤도함수와 관련이 있다. 이 파동 함수는 3차원적 공간을 차지하며 **궤도함수**(orbital)라 한다. 각 궤도함수는 2개 이상의 전자를 가질 수 없다. ψ^2의 값은 공간의 어떤 주어진 점에서 전자를 발견할 확률에 비례한다. 다른 말로 공간의 어떤 점에서의 ψ^2의 값은 그 점에서의 전자 밀도에 비례한다. 주어진 궤도함수의 전자 밀도(ψ^2)를 그리면 이론적으로는 무한대까지 이르나 실제로는 핵에서 멀어지면 점점 사라져 작아지게 된다. 어떤 점에서 ψ 값은 양이나 음이 될 수 있지만, ψ^2의 값은 궤도함수 내에서는 항상 양의 값을 갖는다는 것을 명심

양자 역학
입자들과 그들의 파동성을 연구하는 과학의 한 분야.

파동 함수
원자 내에 있는 전자의 에너지와 그것이 차지하는 공간 영역을 정의하는 일련의 방정식의 해.

해야 한다. 다시 말해 만약 한 궤도함수 내의 두 지역의 ψ가 같은 절대 값을 가지면 그 값이 음이든 양이든 관계없이 그 지역의 전자 밀도는 같아진다. 물론 마디에서는 ψ^2은 0이 된다. 종종 궤도함수를 전자 밀도의 일정량(95% 등)을 포함하는 부피의 표면을 가진 단단한 고체나 그물망처럼 표현한다.

대부분의 유기 화학에서 전자의 파동성을 고려하는 것이 최선이다. 여기에서는 유기 화합물의 공유 결합에 가장 많이 참여하는 궤도함수인 *s*와 *p* 궤도함수와 관련된 파동 함수와 모양에 대해 집중할 것이다. 파동성은 전자가 있는 궤도함수에 반영된다. 우리는 전자를 공간의 어떤 특정 지점에 있는 입자로 생각하지 말고, 공간의 각 지점에서 궤도함수의 진폭의 제곱으로 나타내는 공간의 모든 지점에서의 전자 밀도를 생각해야 한다(앞 단락 참조).

궤도함수의 상호작용을 기술할 때는 파동이 상호작용하는 것처럼 한다. 파동은 보강적이거나 상쇄적(각각 더하거나 뺌)으로 상호작용한다. 두 파동이 중첩되어 양의 **상**(phasing)이 더해지면 보강이 일어나고, 음의 상이 더해지면 보강이 일어나지만, 양과 음의 상이 중첩되면 상쇄가 일어난다. 바다 위나 기타 줄을 튕기는 것과 같은 파동에서 이런 특징은 때로 '위상이 일치하는' 또는 '위상이 다른' 파동이라고 한다.

상
공간상에 특정 좌표상의 파동 방정식의 부호. (+) 또는 (−)의 부호로 나타내며 두 가지 색으로 이를 표현하기도 하는데, 이 책에서는 붉은색과 푸른색으로 표현한다.

전자를 입자로 보는 때는 전하 때문이다. 음으로 하전된 입자인 전자는 양으로 하전된 입자인 핵에 끌리고, 전자와 같은 음 전하 입자와는 반발한다.

분자 내 모든 원자 궤도함수에 있는 전자 밀도를 더하여 분자의 어떤 영역에서 전자밀도가 더 크고 작은지를 결정하는 것이 편리하다. 일반적으로 전기음성도가 큰 원자, 특별히 고립 전자쌍을 가지는 원자에 전자 밀도가 더 크다. 분자 내에서 상대적인 전자 밀도 분포는 화학 반응 자리를 예측할 수 있으므로 매우 중요하다. 많은 반응은 한 분자의 상대적으로 높은 전자 밀도를 갖는 부분과 또 다른 분자의 상대적으로 낮은 전자 밀도를 갖는 부분이 관여한다. 컴퓨터 그래픽을 이용하여 전체 분자의 전자 밀도 분포를 계산하는 것이 편리하다. 이 책에서는 상대적으로 전자 밀도가 높은 구역은 붉은색, 전자 밀도가 낮은 구역은 푸른색, 중간 정도의 전자 밀도를 나타내는 구역은 중간의 색으로 정전기 퍼텐셜 지도(electrostatic potential map, elpots)를 나타내었다. 정전기 퍼텐셜 지도의 한 예로 1.5절에 있는 물, ammonia, formaldehyde 분자를 들 수 있다.

B *s*와 *p* 원자 궤도함수의 모양

모든 *s* 궤도함수들은 핵에 중심을 갖는 구형이다. 그림 1.8에 나타낸 것은 1*s*와 2*s* 궤도함수의 3차원적 모형(ψ의 그림)이다. 이러한 원자 궤도함수는 모든 축방향으로 완벽한 대칭 구조이다. 우리는 여기서 Schrödinger 방정식으로 계산된 궤도함수들을 보여 주고, 또한 이것을 나타내는데 유기 화학자들이 사용하는 일반적인 그림을 보여줄 것이다. 2*s* 궤도함수의 상 변화 같은 궤도함수 안쪽의 특징을 볼 수 있게 하기 위하여 그물망(mesh) 그림을 사용할 것이다. 그물망의 선들을 전자들의 궤적이라고 생각하면 안되며, 약 95%의 전자 밀도가 이 표면 상에서 존재한다고 생각하여야 한다.

그림 1.9는 3개의 2*p* 궤도함수의 3차원적 모양(ψ의 그림)으로서 공간에서 그들의 상대적인 방향을 나타내기 위하여 한 그림으로 합하여 그렸다. 각 2*p* 궤도함수는 중앙의 핵과 일직선으로 배치되어 있는 2개의 로브(lobe)로 구성되어 있다. 3개의 2*p* 궤도함수들은 각각 서로 수직을 이루며 각각을 $2p_x$, $2p_y$, $2p_z$라고 한다. 2*p* 궤도함수의 파동 함수의 부호는 한 로브에서는 양이 되고 핵에서는 0이 되며 반대 방향의 로브에서는 음이 된다. 양과 음은 단지 수학적 함수인 ψ_{2p}의 부호로서 에너지나 전자 분포와는 관련이 없다. 이 부호를 파란색과 빨간색으로 나타내었는데 전하 밀도를 나타내는 색들과 혼동하지 않도록 주의해야 한다. ψ^2의 값은 항상 양수이기 때문에 2*p* 궤도함수의 (+) 로브(즉, ψ의 값은 양)에서 전자를

그림 1.8 ▸ (a) 계산에 의한 그림 (b) 일반적인 그림의 1*s*와 2*s* 원자 궤도함수를 나타내고 있으며 이들은 약 95%의 전자 밀도를 포함한 부분을 나타낸 것이다. 2*s* 궤도함수는 구형의 전자 밀도 내에서 상의 전이가 일어나고 있음에 주목하라.

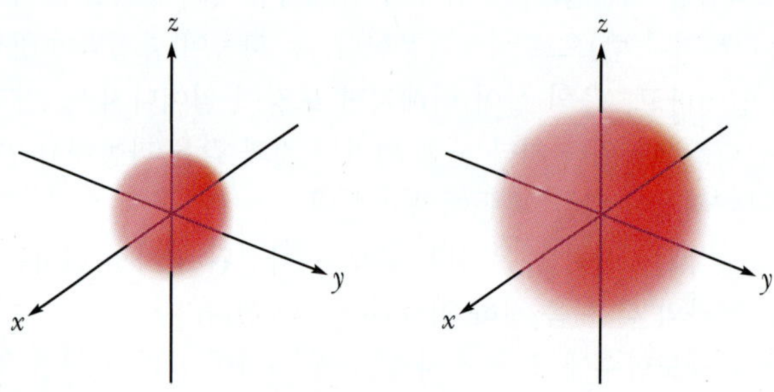

(a) Schrödinger 방정식을 이용하여 계산된 1*s*와 2*s* 궤도함수

(b) 1*s*와 2*s* 궤도함수를 표현한 그림

그림 1.9 ▸ $2p_x$, $2p_y$, $2p_z$ 원자 궤도함수와 서로 상대적인 공간 배향에 대한 3차원 표현. 마디 평면은 음영 처리된 부분이다. (a)는 계산에 의한 궤도함수의 로브로서 화학자들이 통상 사용하는 (b)의 볼링핀 같은 모양보다 구형의 모습이다.

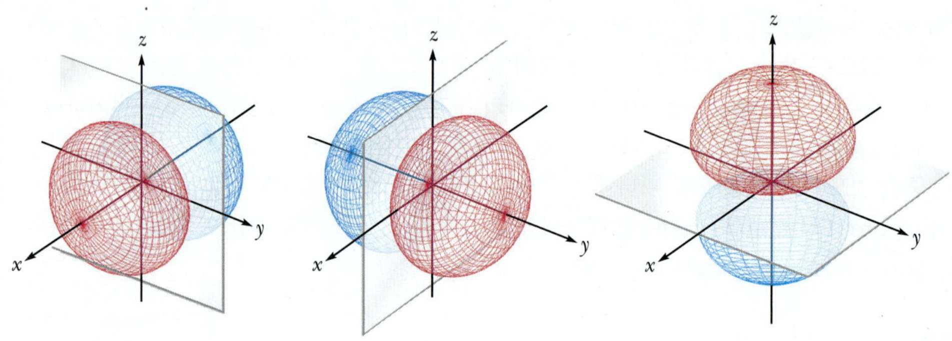

(a) Schrödinger 방정식으로 계산된 2*p* 궤도함수

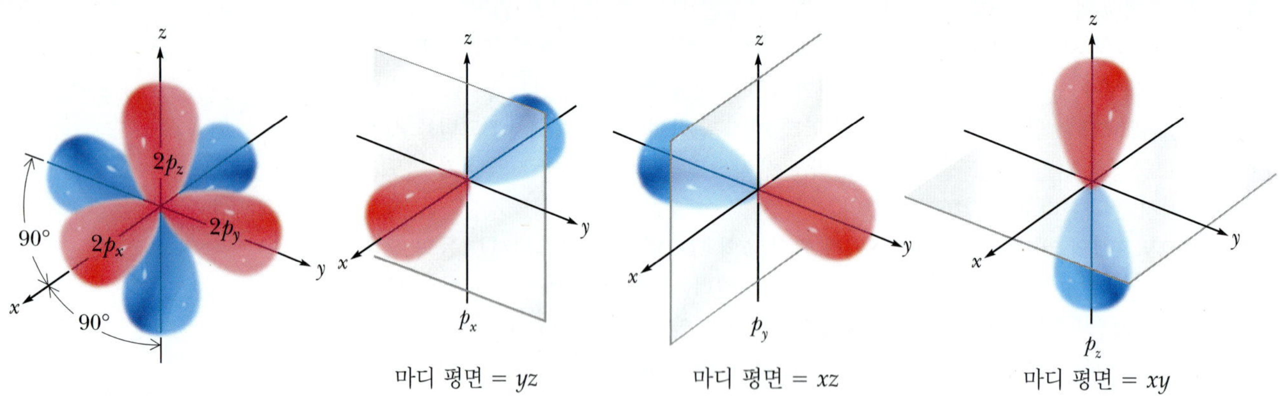

(b) 2*p* 궤도함수를 표현한 그림

발견할 확률은 (−) 로브(즉, ψ의 값은 음)에서 전자를 발견할 확률과 같음을 기억하라. 또한 마디에서의 전자 밀도는 0이다.

Schrödinger 방정식은 원자 궤도함수들의 모양을 결정하는 방법을 제공하는 것 외에 공유 결합 형성의 에너지의 근사값을 구하는 방법을 제공한다. 이러한 근사법은 (1) 원자가 결합(valence bond, VB) 이론과 (2) 분자 궤도함수(molecular orbital, MO) 이론의 두 가지가 있다. 화학 결합에 대한 두 가지 이론은 모두 양자 역학적 방법을 사용하고 있으나 각각은 약간씩 다른 단순화를 위한 가정들을 이용한다. 그러나 고차원의 이론으로 가면 두 가지 이론은 서로 수렴한다. 원자가 결합 이론은 단일 결합들에 대해 시각적으로 가장 쉬운 표현을 제공하는 반면, 분자 궤도함수 이론은 다중 결합을 표현하는데 가장 편리하며 컴퓨터에서 자세한 계산을 수행할 수 있도록 하는 방법이다. 실제로 대부분의 유기 화학자들은 조합된 VB/MO 이론을 사용한다. 이 책에서도 이와 같은 접근법을 사용하였다.

1.7 공유 결합을 설명하는 조합된 분자 궤도함수 이론과 원자가 결합 이론

A 분자 궤도함수 이론: 분자 궤도함수의 형성

분자 궤도함수(Molecular orbital, MO) 이론은 원자 내 전자는 원자 궤도함수 내에 존재한다는 가정에서 시작하여 분자 내 전자는 분자 궤도함수들 내에 존재한다고 가정한다. Schrödinger 방정식을 원자 궤도함수들의 에너지와 모양을 계산하는 데 이용할 수 있는 것과 마찬가지로 분자 궤도함수 이론 역시 Schrödinger 방정식을 분자 궤도함수의 에너지와 모양을 계산하는 데 이용할 수 있다고 가정한다. 다음은 분자 궤도함수를 공유 결합 형성에 적용하는 데 이용된 규칙의 요약이다.

분자 궤도함수 이론
분자 내에 있는 전자는 분자 궤도함수를 채우는데 이 분자 궤도함수는 분자 전체에 걸쳐 있고, 분자를 이루는 원자 궤도함수의 조합으로 형성된다는 화학 결합 이론.

1. n개의 원자 궤도함수(수학적으로 더하거나 뺀 파동 함수들)가 결합하여 n개의 새로운 분자 궤도함수(새로운 파동 함수들)를 만든다. 즉, 생성되는 분자 궤도함수의 수는 결합한 원자 궤도함수들의 수와 동일하다. 유기 화합물의 결합을 모형화하기 위해 분자 궤도함수 이론만 이용할 때 분자궤도함수들이 분자나 이온 내에 있는 모든 원자들에 퍼져 있으며, 이 때 원자 궤도함수들은 결합을 위하여 서로 잘 배열되어 있다.
2. 원자 궤도함수와 마찬가지로 분자 궤도함수도 에너지가 증가하는 순서로 배열되어 있다. 분자 궤도함수들의 상대 에너지는 비교적 정확하게 계산할 수 있다. 분자 궤도함수들의 상대 에너지에 대한 매우 자세한 정보를 분자 분광학에서 유도된 실험 측정법을 이용하여 얻을 수 있다.
3. 분자 궤도함수들을 전자들로 채우는 것은 원자 궤도함수들을 채우는 것과 동일한 원칙이 적용된다. 분자 궤도함수들은 채워지지 않은 가장 낮은 에너지의 분자 궤도함수부터 채워지기 시작한다(쌓음 원리, Aufbau principle). 1개의 분자 궤도함수는 2개보다 많은 전자를 가질 수 없으며, 이때 전자들은 반대 스핀을 가져야 한다(Pauli 배타 원리). 에너지가 같은 분자 궤도함수들이 둘 이상 있으면 한 분자 궤도함수가 2개의 전자로 채워지기 전에 각각에 1개의 전자가 채워진다.

분자 궤도함수들의 형성을 설명하기 위하여 2개의 1*s* 원자 궤도함수들의 결합으로 만들어지는 분자 궤도함수들의 모양과 상대적 에너지들을 살펴보자. 2개의 원자로 만들어지는 분자 궤도함수들은 시각화하는 것이 간단하지만, 원자수가 많아질수록 궤도함수들은 더욱 복잡해진다(1.9절 참조). 파동 함수들을 더하여 결합하면(위상 일치 결합) 그림 1.10(a)와 같은 분자 궤도함수를 얻는다. 원자 궤도함수와 마찬가지로 분자 궤도함수도 3차원 공간에서 파동함수(ψ)의 그림으로 시각화된다. 전자들이 이 결합성 분자 궤도함수를 차지할 때 전자 밀도는 2개의 양전하 핵 사이에 집중하여 이들 핵 간의 반발작용을 상쇄하는 역할을 한다. 지금 설명한 분자 궤도함수는 시그마 결합성 분자 궤도함수라 불리며 σ_{1s} (시그마 1*s*로 명명) 기호로 나타낸다. **결합성 분자 궤도함수**(Bonding molecular orbital)는 전자들이 고립된 원자 궤도함수에 있을 때보다 낮은 에너지를 갖는 궤도함수이다. **시그마(σ) 결합성 분자 궤도함수**(Sigma bonding molecular orbital)는 전자 밀도가 핵이 결합하는 축을 따라 핵 사이에 집중적으로 존재하며 축에 대하여 원통형으로 대칭을 이루고 있는 궤도함수이다.

결합성 분자 궤도함수
전자들이 분리된 원자 궤도함수들에 있을 때의 에너지보다 낮은 에너지를 갖는 분자 궤도함수.

시그마(σ) 분자 궤도함수
전자 밀도가 결합하는 축을 따라 2개의 핵 사이에 집중되고, 원통형 대칭인 분자 궤도함수.

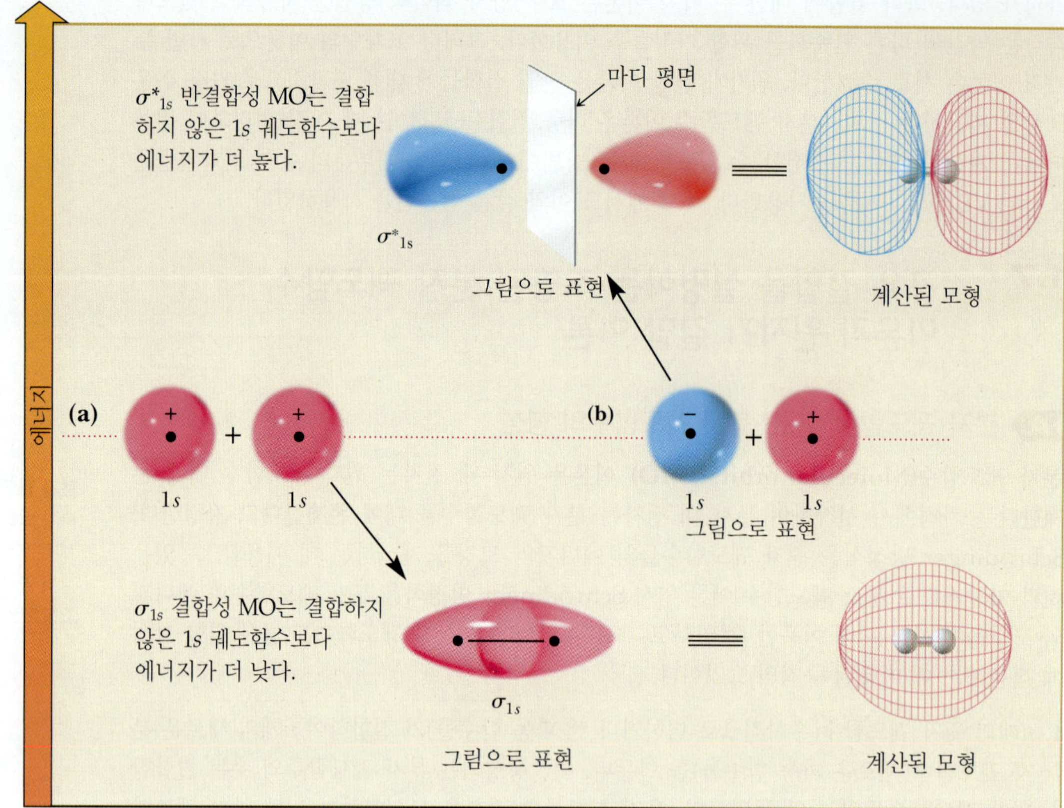

그림 1.10 ▸ 2개의 1*s* 원자 궤도함수의 결합에 의한 분자 궤도함수들(ψ의 도시): (a)는 궤도함수들의 합, (b)는 궤도함수들의 차. 결합성 MO에서 전자들은 두 핵 사이에서 대부분의 시간을 소비하여 두 원자를 결합시킨다. 반결합성 MO에서 전자들은 두 핵 사이에서 반발하고 결합을 감소시킨다.

반결합성 분자 궤도함수
전자들이 분리된 원자 궤도함수들에 있을 때 에너지보다 높은 에너지를 갖는 분자 궤도함수.

바닥 상태
원자나 분자들의 가장 낮은 에너지 상태.

들뜬 상태
바닥 상태가 아닌 전자 상태로서 바닥 상태보다 에너지가 높다.

서로의 파동 함수를 뺀(위상이 불일치 결합이라고 함) 1*s* 원자 궤도함수 2개의 결합은 그림 1.10(b)와 같은 분자 궤도함수를 만든다. 만약 전자들이 이 궤도함수를 채운다면 전자 밀도는 두 핵의 바깥쪽에 존재하게 된다. 여기에는 전자밀도가 0인 평면인 마디평면이 존재한다. 이 분자 궤도함수는 시그마 반결합성 분자 궤도함수라 하며 σ^*_{1s}(시그마 1*s* 스타로 발음)로 표시한다. **반결합성 분자 궤도함수**(Antibonding molecular orbital)는 전자들이 분리된 원자 궤도함수들에 있을 때의 에너지보다 더 높은 에너지를 가지는(전자가 더 쉽게 제거되는) 궤도함수이다. 전자들이 이 궤도함수에 존재하는 것은 실제로 핵 간의 반발력을 초래한다. 별표 (*)는 분자 궤도함수가 반결합성임을 나타내는데 사용된다.

원자 또는 분자의 **바닥 상태**(ground state)는 가장 낮은 에너지 상태이다. 수소 분자의 바닥 상태에서 전자 2개가 짝진 스핀 형태로 σ_{1s} MO를 차지한다. **들뜬 상태**(Excited state)는 바닥 상태가 아닌 전자 상태를 말한다. 수소 분자의 가장 낮은 들뜬 상태에서는 하나의 전자가 σ_{1s} MO를 차지하며 다른 하나는 σ^*_{1s} MO를 차지한다. 들뜬 상태에서는 총체적으로 결합은 없으며 해리가 일어날 것이다. 수소 분자의 바닥 상태와 가장 낮은 들뜬 상태의 에너지 준위 도표를 그림 1.11에 나타내었다. 보통 환경에서는 전자들이 채워져 있지 않은 반결합성 궤도함수는 고려할 필요가 없다.

MO 이론의 주된 특징은 모든 원자의 모든 궤도함수가 분자 궤도함수를 구성하는데 관여하기 때문에 분자 궤도함수는 분자 전체로 퍼져 있다. 두 번째 주된 특징은 분자 궤도함수들은 분자 내 모든 원자들이 배열되어 겹쳐지는 원자 궤도함수들의 결합과 반결합(종종 궤도함수의 차라고 말함)에 의하여 형성된다. 이러한 특징은 정량적으로 계산된 형태의 분자를 만들 때 매우 유용하다. 하지만 한 분자를 완전히 MO 이론으로 기술하는 것은 학생들에게 σ 결합의 구조나 공유 결합을 시각화하게 하거나 이해하게 하는 데는 유용하지 않다. 분자의 σ 결합을 시각화하거나 이해하려면 원자가 결합 이론(VB 이론)으로 접근하는 것이 유용하다. 이제 우리는 VB 이론의 기본 원리들을 설명하고, 그 다음 유기 분자들의 결합을 기술하는 데 가장 많이 응용되는 방법으로서 MO 이론과 VB 이론을 결합하여 볼 것이다.

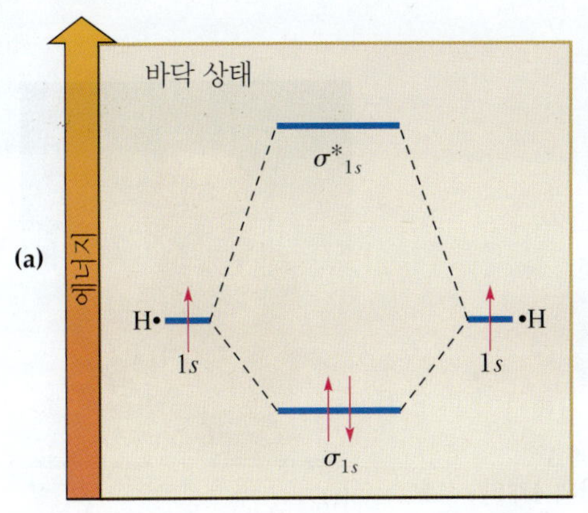

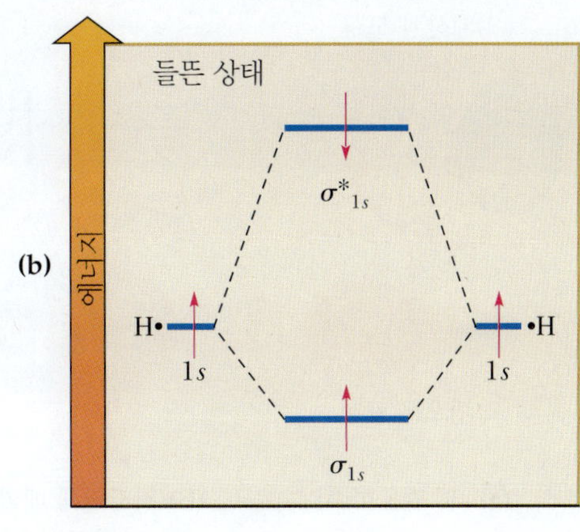

그림 1.11 ▸ 수소 분자, H_2의 분자 궤도함수 에너지 도표. (a) 바닥 상태와 (b) 가장 낮은 들뜬 상태.

B 원자가 결합 이론: 원자 궤도함수의 혼성화

원자가 결합 이론(VB 이론, Valence bond theory)의 기본적인 원리는 이웃하는 원자들의 원자 궤도함수들이 겹쳐짐으로써 결합이 이루어진다는 것이다. 따라서 결합이 여러 원자들 전체에 걸쳐 비편재화된다는 MO 이론과 다르게 VB 이론은 결합이 이웃하는 원자들 사이에 편재화되어 있다. 이 모형은 두 전자가 원자 사이에 결합으로 표시되는 Lewis 구조와 일치한다. 결합을 표시하기 위해 원자들 사이에 선을 긋는다. 그러나 2주기 원소들에서 이와 같은 결합의 편재화는 문제점이 나타난다. 공유 결합을 형성할 때, 탄소, 질소, 산소 원자(모두 2주기 원소)는 2*s*와 2*p* 원자 궤도함수들을 이용한다. 3개의 2*p* 궤도함수들은 서로 90°의 각도를 가지므로(그림 1.9), 2주기 원소의 원자들이 이 궤도함수를 이용하여 공유 결합을 만든다면, 결합각은 약 90°가 될 것으로 예상할 수 있다. 그러나 유기 분자에서 결합각 90°는 거의 볼 수 없다. 대신 표 1.9에서 나타낸 바와 같이 측정된 결합각은 단일 결합만을 가지는 분자에서는 약 109.5°, 이중 결합을 가지는 분자에서는 120°, 삼중 결합을 가지는 분자에서는 180°였다.

원자가 결합 이론
새로운 결합을 만드는 인접한 원자들 사이에 놓여 있는 전자쌍에 의한 결합의 모형.

이와 같이 측정된 결합각들을 화학자들에게 직관적으로 설명하기 위하여 Linus Pauling은 각 원자들의 원자 궤도함수들이 서로 결합하여 **혼성 궤도함수**(hybrid orbital)라는 새로운 궤도함수들을 형성하며, 이 궤도함수들이 겹쳐져서 결합을 형성할 것이라고 제안하였다. 혼성 궤도함수의 결합각은 각각의 원자 주위를 관찰한 결과와 같으며, 혼성 궤도함수의 겹쳐짐을 기초로 한 분자 구조 그리고 결합은 직관적 이해를 가능하게 한다. 혼성 궤도함수의 겹침으로부터 유기 분자 구조를 만들어내는 것은 유기 화학자의 필수 불가결한 기술이다.

혼성 궤도함수
2개 이상의 원자 궤도함수들의 조합에 의해 형성된 원자 궤도함수.

혼성 궤도함수는 원자 궤도함수의 조합으로부터 형성되는데, 이 과정을 **혼성화**(hybridization)라 한다. 수학적으로 이것은 2*s* (ψ_{2s}) 파동 함수와 3개의 2*p* (ψ_{2P_x}, ψ_{2P_y}, ψ_{2P_z}) 궤도함수의 파동 함수 조합으로 이루어진다. 형성된 혼성 궤도함수의 수는 조합에 참여한 원자 궤도함수의 수와 같다. 2주기 원소들은 각각이 2개의 전자까지를 가질 수 있고 sp^3, sp^2, *sp*로 표시하는 세 종류의 혼성 궤도함수들을 형성한다.

혼성화
서로 다른 원자 궤도함수의 조합.

sp^3 혼성 궤도함수—약 109.5°의 결합각

2*s* 원자 궤도함수 1개와 2*p* 원자 궤도함수 3개의 수학적 결합은 4개의 동등한 **sp^3 혼성 궤도함수**(sp^3 hybrid orbital)들을 형성한다. 4개의 새로운 파동 함수 ψ를 도시하면 4개의 sp^3 혼성 궤도함수를 3차원적으로 시각화할 수 있다. 각 sp^3 혼성 궤도함수는 한쪽 방향을 향하는 더 큰 로브와 반대 방향을 향하는 반대 부호의 더 작은 로브로 이루어진다. 4개의 sp^3 혼성 궤도함수의 축들은 정사면체의 모서리 방향을 향하며 sp^3 혼성 궤도는 약 109.5°의 결합각을 만든다(그림 1.12). 각각의 sp^3 궤도함수는 25%의 *s* 특성과 75%의 *p* 특성을 갖는데, 이것은 그것들이 형성될 때 궤도 함수가 그 분포만큼 결합(1개의 2*s* 궤도함수, 3개의 2*p* 궤도함수)하였기 때문이다. 이러한 특성을 이 책에서 뒤에 여러 번 언급할 것이다.

sp^3 혼성 궤도함수
1개의 *s* 원자 궤도함수와 3개의 *p* 원자 궤도함수의 조합에 의하여 형성되는 혼성 원자 궤도함수.

그림 1.12 ▸ sp^3 혼성 궤도함수들. (a) 계산된 모형과 그림으로 표현된 1개의 sp^3 혼성 궤도함수. (b) 같은 원자에 중심을 두고 정사면체의 모서리를 향한 4개의 sp^3 혼성 궤도함수. (c) 만약 비슷한 크기와 모양의 풍선 4개를 함께 묶는다면 그것들은 자연적으로 정사면체 기하구조를 가질 것이다.

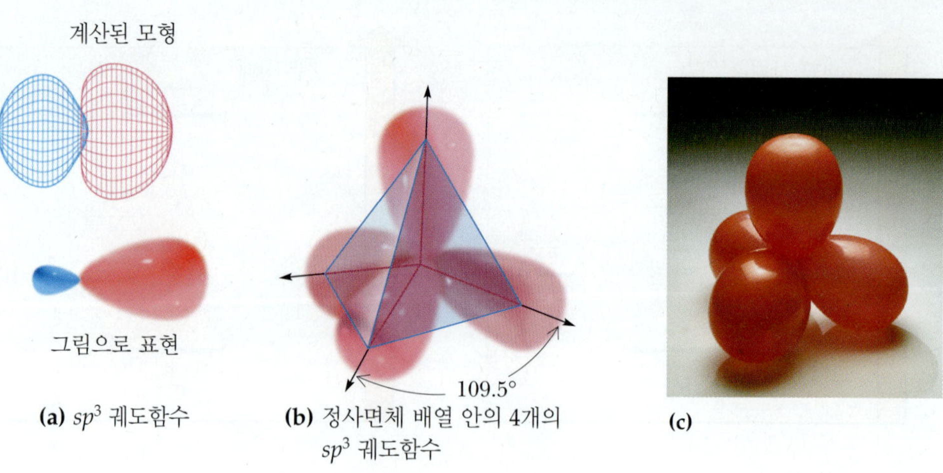

(a) sp^3 궤도함수 **(b)** 정사면체 배열 안의 4개의 sp^3 궤도함수 **(c)**

4개의 sp^3 혼성 원자 궤도함수를 가진 원자들은 sp^3 혼성화되었다고 말하거나 **sp^3 혼성화** 상태를 가졌다고 말한다. 이 혼성화를 나타내는 그림은 동등한 에너지를 갖는 4개의 궤도함수로부터 만들어지는 것을 보여주고 있다.

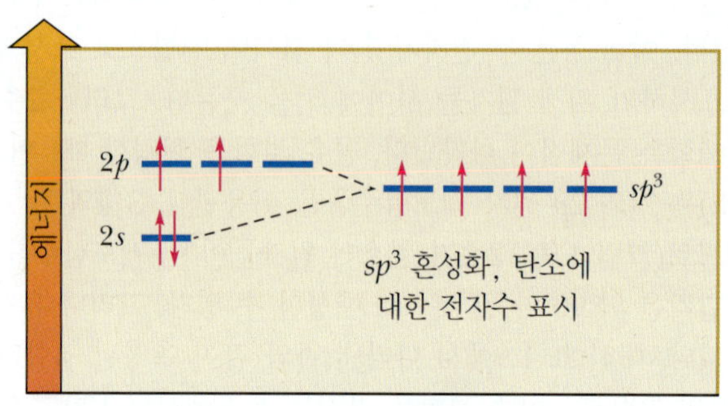

이 궤도함수의 전자 분포는 원자 궤도함수의 전자 분포 규칙을 따른다. 예를 들어, 4개의 원자가 전자를 가지는 탄소에서는 각각의 sp^3 궤도함수는 1개의 전자를 가지고 있다. 따라서 탄소는 각 sp^3 궤도함수 하나 당 1개씩, 4개의 결합을 만들 수 있다. 5개의 원자가 전자를 가지는 질소는 1개의 고립 전자쌍과 전자가 각각 하나씩 있는 3개의 sp^3 궤도함수를 가지고 있다. O나 F의 궤도함수 분포도 비슷한 모양을 따른다.

혼성 궤도함수의 명칭에서 위첨자가 얼마나 많은 원자 궤도함수들이 조합되어 혼성 궤도함수들을 형성하였는지를 말해준다는 것을 기억해야 한다. sp^3라는 것이 s와 p 궤도함수들이 조합된 혼성 궤도함수를 나타낸다는 것을 알 수 있다. 이 경우 위첨자는 s 원자 궤도함수 1개와 p 원자 궤도함수 3개가 조합하여 혼성 궤도함수를 형성한다는 것을 말해준다. 여기에 사용하는 위첨자와 바닥 상태 전자 배치를 표현할 때 사용하는 위첨자, 예를 들어 플루오린의 경우 $1s^2\ 2s^2\ 2p^3$와 혼동하지 않아야 한다. 바닥 상태 전자 배치의 경우 위첨자는 각 궤도함수 또는 일련의 궤도함수들에서 전자들의 수를 나타낸다.

1.2절에서는 Lewis 모형을 이용하여 CH_4, NH_3, H_2O의 공유 결합을 나타냈으며, 1.4절에서는 각 분자에서 결합각이 약 109.5°임을 예측하기 위하여 VSEPR을 사용하였다. 이제부터는 혼성 원자 궤도함수의 겹침을 이용하여 이 분자들의 결합을 생각해 보자. 탄소는 다른 4개의 원자와 109.5°의 결합각으로 결합하기 위하여 sp^3 궤도함수들을 이용한다. 탄소는 4개의 원자가 전자를 가지며 각 sp^3 혼성 궤도함수에 1개씩의 전자가 있다. 그러므로 부분적으로 채워진 각 sp^3 혼성 궤도함수는 수소의 부분적으로 채워진 1s 궤도함수와 겹쳐서 methane의 4개의 시그마(σ) 결합을 형성하며, 수소 원자들은 정사면체의 모서리들에 위치한다(그림 1.13). 1.7C절에서 우리는 σ 결합은 어떻게 형성이 되고 어떤 형태를 이루는지에 대하여 살펴볼 것이다.

3개의 다른 원자들과의 결합의 경우, 질소의 5개의 원자가 전자는 분산되어 1개의 sp^3 혼성 궤도함수는 전자쌍(고립 전자쌍)으로 채워지며 다른 3개의 sp^3 혼성 궤도함수는 각각

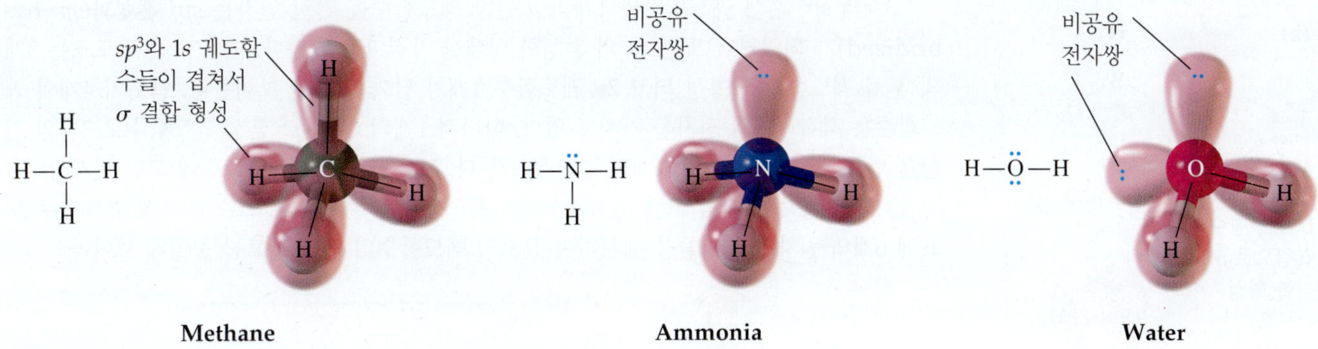

그림 1.13 ▸ Methane, ammonia, 물의 궤도함수가 겹쳐진 모습.

전자 1개씩을 갖는다. 이와 같이 부분적으로 채워진 sp^3 혼성 궤도함수들과 3개의 수소의 1*s* 원자 궤도함수들이 겹쳐서 NH_3 분자를 만든다(그림 1.13).

2개의 다른 원자들과 결합할 경우, 산소의 6개의 원자가 전자는 분산되어 2개의 sp^3 혼성 궤도함수는 채워지며 나머지 2개는 각각 전자 1개씩을 갖는다. 각각 부분적으로 채워진 sp^3 혼성 궤도함수는 수소의 1*s* 원자 궤도함수와 겹쳐지며 수소 원자들은 정사면체의 2개의 모서리에 위치한다. 비공유 전자쌍으로 채워져 있는 나머지 2개의 sp^3 혼성 궤도함수는 정사면체의 나머지 모서리 2개로 향하고 있다(그림 1.13).

sp^2 혼성 궤도함수 — 약 120°의 결합각

1개의 2*s* 원자 궤도함수 파동 함수와 2개의 2*p* 원자 궤도함수 파동 함수가 수학적으로 조합되어 3개의 동등한 **sp^2 혼성 궤도함수**(sp^2 hybrid orbital) 파동 함수들을 만든다. 이것들은 3개의 원자 궤도함수들로 만들어지기 때문에 sp^2 궤도함수는 항상 3개로 이루어진다. sp^3 궤도함수와 마찬가지로 각 sp^2 혼성 궤도함수(ψ의 3차원적 그림)는 2개의 로브로 되어 있고, 한쪽 로브가 다른 쪽 로브보다 크다. 3개의 sp^2 혼성 궤도함수의 축은 평면상에 위치하며, 정삼각형의 모서리 방향을 향하고, sp^2 혼성 궤도함수 사이의 각도는 120°이다. 세 번째 2*p* 원자 궤도함수($2p_x$, $2p_y$, $2p_z$를 기억하라)는 혼성화에 참여하지 않으며(이 파동 함수는 다른 3개의 파동 함수와 수학적으로 조합을 이루지 않는다) sp^2 혼성 궤도함수들이 만드는 평면에 수직인 2개의 로브로 남아 있다. 그림 1.14는 3개의 동등한 sp^2 궤도함수들과 나머지 비혼성화된 2*p* 원자 궤도함수를 나타낸다. 각각의 sp^2 궤도함수는 33%의 *s* 특성과 67%의 *p* 특성(1개의 2*s* 궤도함수, 2개의 2*p* 궤도함수)를 가진다.

> **sp^2 혼성 궤도함수**
> 1개의 *s* 원자 궤도함수와 2개의 *p* 원자 궤도함수가 조합되어 형성된 혼성 원자 궤도함수.

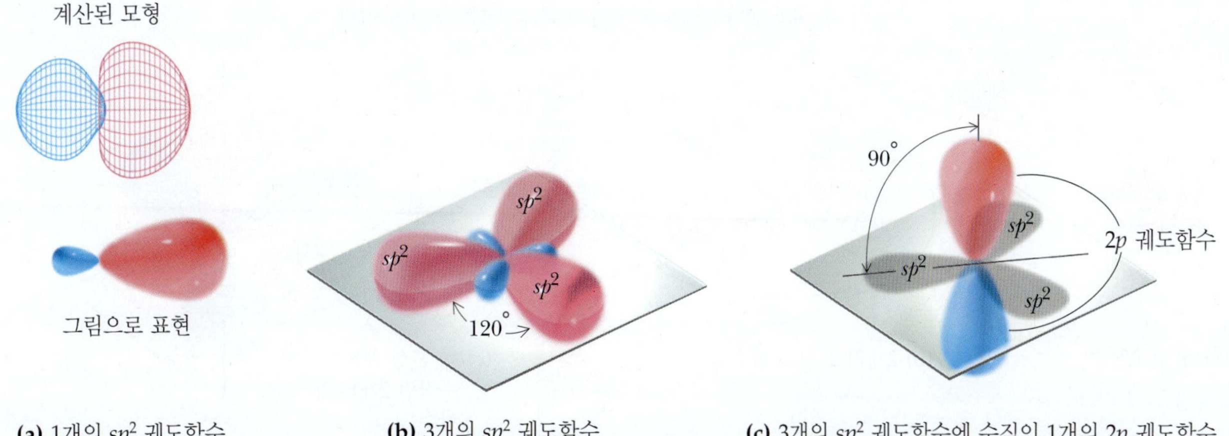

그림 1.14 ▸ sp^2 혼성 궤도함수들과 sp^2 혼성화된 원자 위의 1개의 *p* 궤도함수. (a) 계산된 모형과 그림으로 표현된 1개의 sp^2 혼성 궤도함수. (b) 삼각평면 위의 3개의 sp^2 혼성 궤도함수. (c) 고립된 *p* 궤도함수.

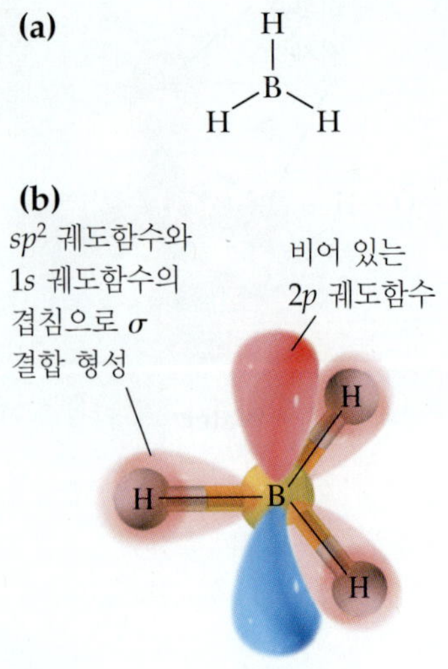

그림 1.15 ▸ Borane, BH_3의 공유 결합의 형성. (a) Borane의 Lewis 구조. (b) Borane의 궤도함수가 겹쳐진 그림.

3개의 sp^2 혼성 궤도함수와 1개의 p 원자 궤도함수를 가진 원자는 **sp^2 혼성화**(sp^2 hybridized)가 되었거나 또는 sp^2의 혼성화 상태를 가졌다고 말한다. 에너지 준위 도표는 3개의 혼성 궤도함수가 형성 되고 2p 궤도함수 1개가 남아 있음을 보여준다. 탄소의 4개의 궤도함수는 각각 1개의 전자를 가지고 있다. 따라서 1개의 C는 sp^2 혼성 궤도함수로 3개의 결합을 만들고 p 궤도함수로 1개의 결합을 만든다. N은 sp^2 혼성 궤도함수에 고립 전자쌍이 1개 존재하며 O는 2개의 고립 전자쌍이 sp^2 궤도함수에 존재한다. 스스로 혼성 궤도함수 도표에 6개의 원자가 전자들을 배치하여 산소의 궤도함수의 전자 분포를 증명해 보아라.

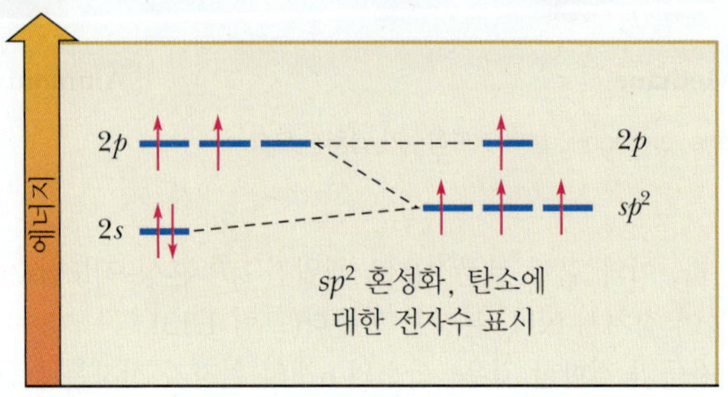

1.2절에서 우리는 BF_3와 같은 붕소 화합물들이 팔전자 규칙을 벗어나는 현상에 대하여 살펴보았다. 유사하게 VSEPR은 BH_3가 H—B—H 사이의 결합각이 120°를 이루는 삼각 평면 모형임을 설명해주었다. 따라서 sp^2 혼성화는 그와 같은 붕소 화합물을 설명하기에 적합한 모형이다. 붕소는 3개의 원자가 전자를 가지고 있으며 각각의 sp^2 혼성 궤도함수에 1개씩의 전자가 존재한다. 각각 부분적으로 채워져 있는 sp^2 혼성 궤도 함수는 1개의 전자를 가지고 있는 1개의 수소 1s 궤도함수와 겹쳐져 3개의 B—H σ 결합을 형성한다(그림 1.15). 혼성화를 이루지 않은 2p 원자 궤도함수는 비어 있다. BH_3는 매우 반응성이 큰 분자이며 용액 상태에서 주로 이량체로 존재함을 주목하라(6.4절 참조).

sp 혼성 궤도함수 — 약 180°의 결합각

> ***sp* 혼성 궤도함수**
> *s* 원자 궤도함수 1개와 *p* 원자 궤도함수 1개의 조합에 의해 형성된 혼성 원자 궤도함수.

2s 궤도함수 1개와 2p 궤도함수 1개를 수학적 계산에 의하여 조합하면 2개의 동등한 ***sp* 혼성 궤도함수**(sp hybrid orbital)인 파동 함수를 형성한다. 이 혼성 궤도함수들은 2개의 원자 궤도함수들로부터 만들어졌기 때문에 sp 혼성 궤도함수들은 항상 2개가 형성된다. ψ를 3차원으로 도시하면 2개의 sp 혼성 궤도함수는 180°의 각으로 놓여 있다. 혼성화를 이루지 않은 2p 원자 궤도함수들의 축들은 서로 수직이고 2개의 sp 혼성 궤도함수들의 축에 대하여도 서로 수직이다. 그림 1.16을 보면 sp 혼성 궤도함수들은 x축에 나타내었으며, 혼성화를 이루지 않은 2p 궤도함수들은 y축과 z축에 나타내었다. 각각의 sp 궤도함수는 50%의 s 특성과 50%의 p 특성을 가지고 있는데, 이것은 그들이 조합을 이룰 때(하나의 2s 궤도함수, 하나의 2p 궤도함수) 궤도함수들의 조합 백분율 때문이다.

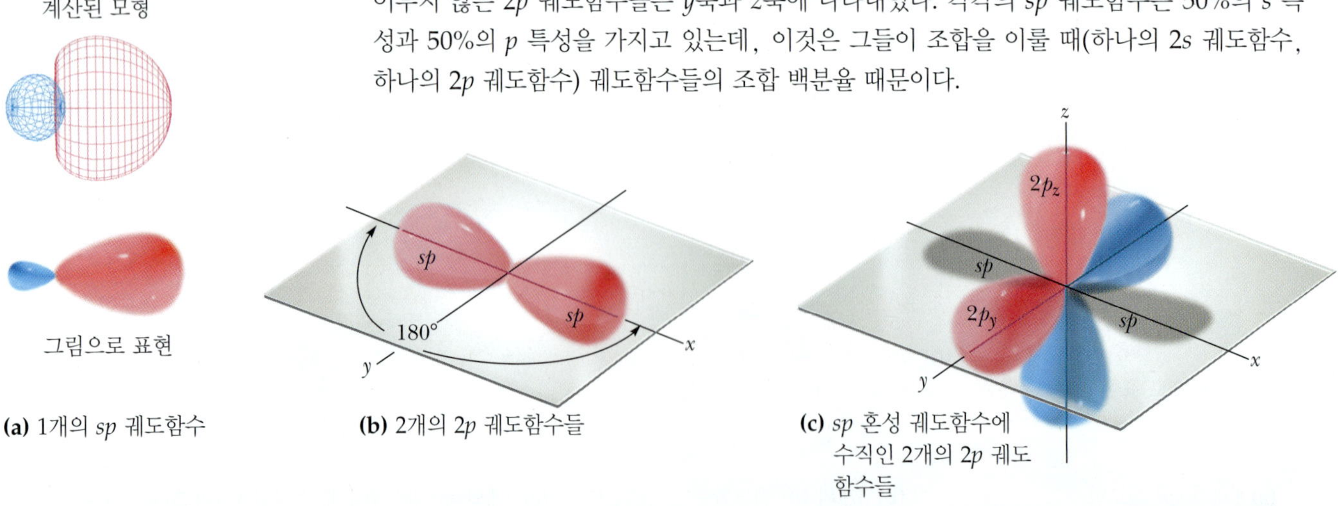

그림 1.16 ▸ sp 궤도함수들과 sp 혼성화된 원자 위의 2개의 2p 궤도함수들. (a) 계산된 모형과 그림으로 표현된 1개의 sp 혼성 궤도함수. (b) 선형 배열을 한 2개의 sp 혼성 궤도함수들. (c) sp 혼성 궤도함수들과 수직인 2개의 2p 궤도함수들.

지금까지 sp^3, sp^2, sp 궤도함수의 그림들이 모두 같게 보이는 것을 알았을 것이다. 비록 계산을 해 보면 sp 궤도함수가 가장 구형이고 sp^3 궤도함수가 가장 p 궤도함수 모양을 띠며 sp^2는 그 중간의 모습을 띠지만, 화학자들은 보통 그림에서 그 차이를 주어 그리지 않는다.

2개의 sp 혼성 궤도함수와 2개의 $2p$ 궤도함수를 가지고 있는 원자는 ***sp* 혼성화**(*sp* hybridized)되었다고 하며, 탄소 원자의 에너지 준위 도표는 아래와 같다.

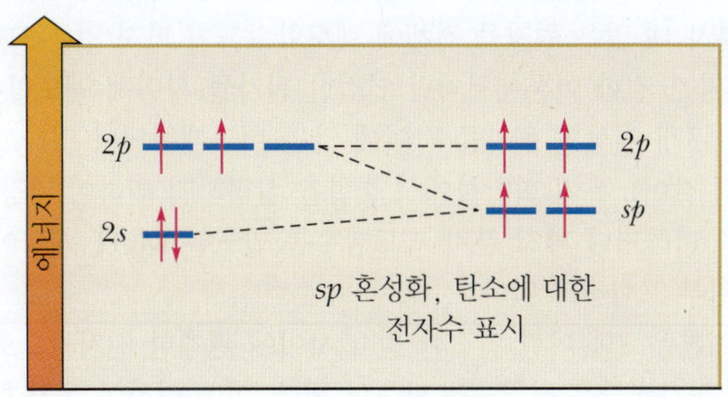

sp 혼성화, 탄소에 대한 전자수 표시

C S와 P의 분석

종종 S와 P를 가지고 있는 화합물은 팔전자 규칙보다 더 많은 결합을 가지게 그려진다. 그러므로 이런 원자들은 혼성화 상태를 정하기가 어렵다. 예를 들면, trimethylphosphine과 phosphoric acid를 비교해 보자. Trimethylphosphine의 P는 3개의 결합과 1개의 고립 전자쌍을 가지고 있으며 sp^3 혼성화되어 있다. 그러나 일반적으로 phosphoric acid는 P에 5개의 결합을 가진 것으로 그려진다. P에 추가되어 5개의 결합이 나타나는 것은 $3d$ 궤도함수를 사용하는 것으로 설명하였다. 그러나 이런 구조에서 $3d$ 궤도함수를 사용한다는 것은 논란의 여지가 있다. 현시점에서 받아들여지는 구조는 sp^3 혼성화와 P가 팔전자 규칙을 만족하게 양의 형식전하를 가지는 것이다(기호 ≡는 다른 방법으로 그린 동등한 구조를 의미한다). 이 구조에서는 일반적인 그림에서 이중 결합을 가졌던 산소는 단일 결합과 음의 형식 전하를 가지게 그려진다.

Trimethylphosphine
(팔전자 규칙을 따름)

Phosphoric acid

마찬가지로 또 하나의 3주기 원소인 황은 일반적으로 여러 가지 결합수로 그려진다. 주기율표상에서 S는 O 아래에 있으므로, 우리는 S가 2개의 결합을 가지고 있고, 팔전자 규칙을 만족하며, sp^3 혼성화되어 있을 것이라고 예측할 수 있다(hydrogen sulfide 참조). Dimethylsulfoxide는 보통 10개의 원자가 전자를 갖고, 산소에 이중 결합이 있는 구조로도 그려지지만, sp^3 혼성화된 S에 양의 형식 전하를 가지고 O가 음의 형식 전하를 가지는 전하 분리된 구조가 더 나은 것으로 여겨진다. 마지막으로, sulfuric acid도 비슷하게 두 가지 방법이 있는데, S에 12개의 원자가 전자를 가지는 것으로 그리거나 점차적으로 더 그럴듯한 구조로 받아들여지는 것은 팔전자 규칙을 만족하고 +2의 형식 전하를 가진 sp^3 S이다.

Hydrogen sulfide

Dimethyl sulfoxide

Sulfuric acid

D 원자가 결합(VB) 이론과 분자 궤도함수(MO) 이론의 조합: σ 결합성 궤도함수, π 결합성 궤도함수 및 반결합성 궤도함수의 형성

이 절의 첫 부분(1.7A)에서 우리는 각 수소 원자의 1*s* 궤도함수들인 파동함수들을 합하거나 빼줌으로서 H_2의 분자 궤도함수들이 만들어지는 것을 알았다. 또한 우리는 1*s*, 2*s*, 2*p*와 같은 원자 궤도함수들의 합과 차를 통하여 분자 궤도함수를 만들어 내는 것이 MO 이론(MOT)의 원리이며, 만들어진 분자 궤도함수가 분자 전체의 원자에 퍼져 있다는 것을 알았다. 그러나 종종 분자 내 많은 원자들 전체에 궤도함수들이 퍼져 있는 모습을 시각화하기가 어렵다. 따라서 원자가 결합 이론에서처럼 인접한 원자들 사이에 궤도함수들이 편재화되어 있다고 생각하거나 3개 이상의 원자들 사이에 약간 비편재화되어 있다고 생각하면 편하다(1.9절에서 한 바와 같이). 유기 화합물에서 결합을 설명하기 위하여 가장 널리 사용하는 모형은 파동함수들을 더하거나 빼서 분자 궤도함수를 만드는 MOT 개념이지만 원자가 결합 이론의 원리들을 일부 포함하고 있다.

원자가 결합 이론은 결합이란 인접한 원자 사이에 편재한 전자쌍으로부터 생긴다고 보는 것이다. 이러한 전자쌍들은 결합들을 만들어 낸다. 이에 더하여 유기 화학자들은 보통 전자들을 붙잡고 있는 궤도함수들을 만들기 위하여 3개의 원자 혼성 상태들(sp^3, sp^2, sp)을 포함한 원자 궤도함수들을 사용한다. 그 이유는 이와 같은 방법이 실험으로 결정된 원자들 사이의 기하 구조들과 일치하기 때문이다. 따라서 혼성화란 VB 이론 개념이기도 하다. 그러나 우리는 인접한 원자들 사이에 전자들이 있는 궤도함수들을 어떻게 만들 수 있을 것인가? 그것은 MO 이론에서 찾을 수 있다.

인접한 원자들 사이에 편재화되어 있는 궤도함수를 만들기 위하여 우리는 서로 겹쳐져 있는 인접한 원자들의 원자 궤도함수들을 더하거나 뺀다(결합과 반결합이라고도 함). 예를 들어, methane (CH_4)를 살펴보자(그림 1.17). sp^3 혼성 궤도함수들은 수소 1*s* 궤도함수를 향하고 있고, 따라서 분자 궤도함수를 만들기 위하여 이런 원자 궤도함수들을 더하거나 뺀다. H_2 같은 경우 둘 중 하나의 분자 궤도함수는 본래의 결합 전 원자 궤도함수들에 비하여 에너지가 낮고, 결합성 σ 궤도함수라 한다. 나머지 하나의 분자 궤도함수는 본래의 결합 전

생화학 관련 이야기 *Connections to Biological Chemistry*

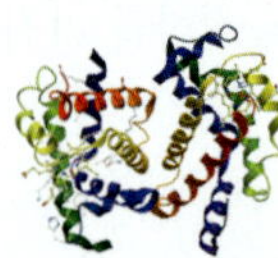

인산에스터(Phosphoester)

DNA를 포함한 많은 생화학적 구조들은 부분적으로 phosphoric acid 유도체로 되어 있다. 이런 유도체를 인산에스터(phosphoester)라 한다. 이 구조에서 P 원자는 거의 항상 5개의 결합을 가진다. 그러나 앞에서 기술한 바와 같이 이러한 구조의 현대적인 모양은 P에 전하 분리와 sp^3 혼성화가 포함되어 있다. 역사적으로 5개의 결합을 하는 것이 가장 많이 사용되어 왔기 때문에 이 책에서도 그렇게 표현한다. 그러나 지금은 다른 구조가 좀 더 정확한 것으로 여겨진다는 것을 명심해야 한다.

3'-Adenine monophosphate

일반적인 표현 ≡ 더 정확한 표현

Glucose 6-phosphate

일반적인 표현 ≡ 더 정확한 표현

원자 궤도함수들에 비하여 에너지가 더 높고 이는 반결합성이다. Methane에서는 낮은 에너지 궤도함수에만 전자들이 분포하고 있다. C와 H 사이의 σ 결합성 궤도함수의 전자 분포가 σ 결합이라는 것을 만든다. Methane의 4개의 C—H 결합 각각은 여기서 설명하는 방식으로 만들어진다. 또한 이 그림은 methane의 C—H 결합에 대한 것이지만 다른 유기 구조들의 C—H 결합도 같은 방식으로 보게 될 것이다. 즉, sp^2와 sp 혼성화된 탄소들까지도 그림 1.17에 있는 C—H 결합들과 비슷하게 생각하면 된다.

궤도함수 혼합 도표(그림 1.18, 1.21, 1.25), 그림 1.17, 그림 1.10에서 반결합성 궤도함수의 에너지는 결합성 궤도함수에 의하여 에너지가 낮아지는 만큼 높아진다는 것을 아는 것이 중요하다. 결합이 끊어지는 이유는 바로 반결합성 궤도함수에 전자가 존재하기 때문이다. 초기의 부정확한 이론적 방법으로 결합을 모형화할 경우에는 이러한 각자의 궤도함수들의 에너지 증감은 서로 같다고 했지만, 여기에서 설명한 결합은 상대적 에너지를 정확하게 예측한 것이다.

C—C σ 결합을 형성하는 것도 C—H σ 결합을 형성하는 것과 같은 접근 방법을 사용한다. 예를 들어, 유기 구조에 C—C 결합이 존재하는 곳마다 2개의 탄소 원자의 혼성 궤도함수들이 겹쳐져 있음을 생각해야 한다. 그림 1.18에 나타낸 바와 같이 각 탄소의 2개의 sp^3 혼성 궤도함수들이 겹쳐지면서 σ 결합성 및 반결합성 분자 궤도함수를 형성한다. 결합성 궤도함수에만 전자가 채워지므로 탄소-탄소 σ 결합을 만들게 된다. 모든 C—C σ 결합들이 그림 1.18에 있는 궤도함수들과 비슷한 궤도함수로 되어 있다고 생각하면 된다.

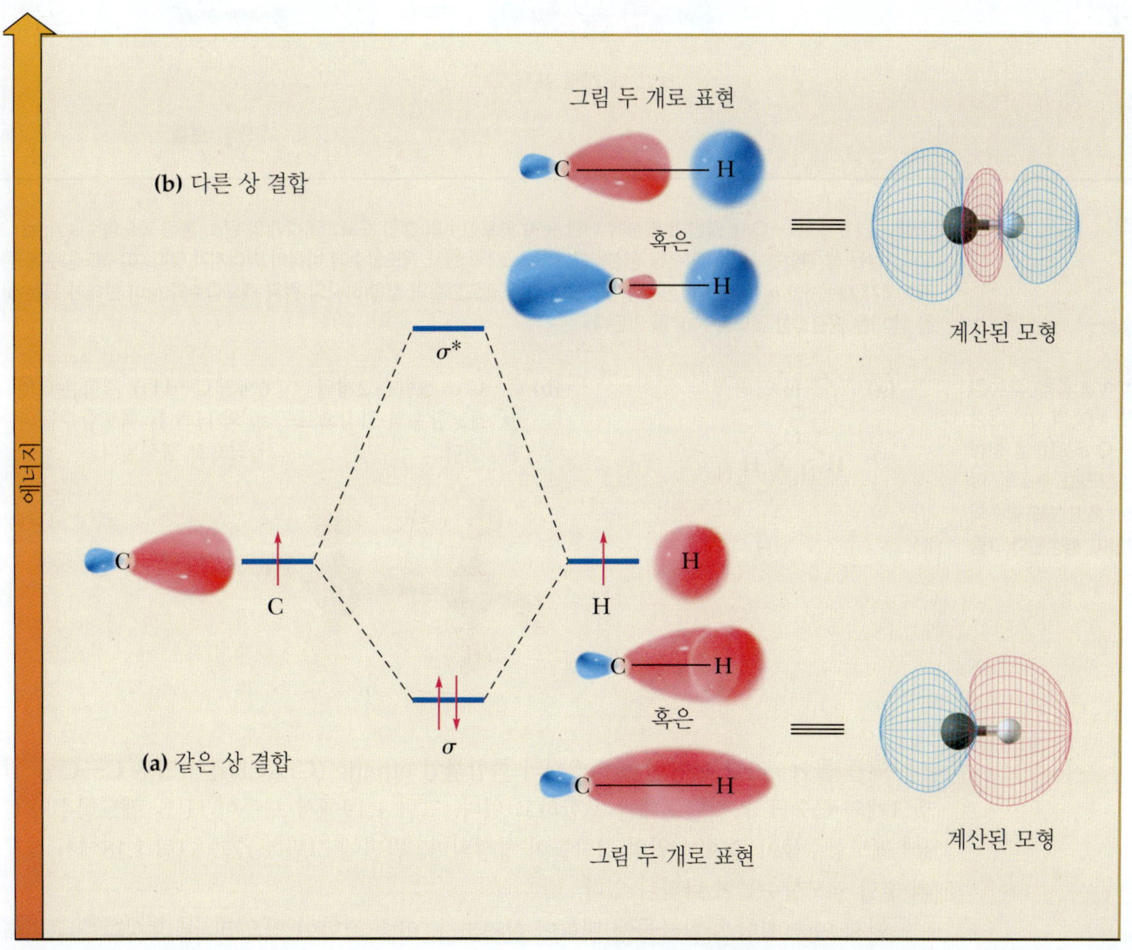

그림 1.17 ▸ C—H σ 결합의 형성에 대한 분자 궤도함수 결합 도표. (a) 탄소 혼성 궤도함수(sp^3, sp^2, sp)와 수소 1s 궤도함수의 같은 상 결합은 σ 궤도함수를 형성하고, 이는 두 개의 원자 궤도함수에 비하여 에너지가 낮다. 이 궤도함수에 전자 두 개가 채워지면 σ 결합이 형성된다. (b) 상이 다른 궤도함수의 결합(하나의 원자 궤도함수의 상이 반대가 되는 것을 의미)은 반결합성 궤도함수 σ^*를 만든다.

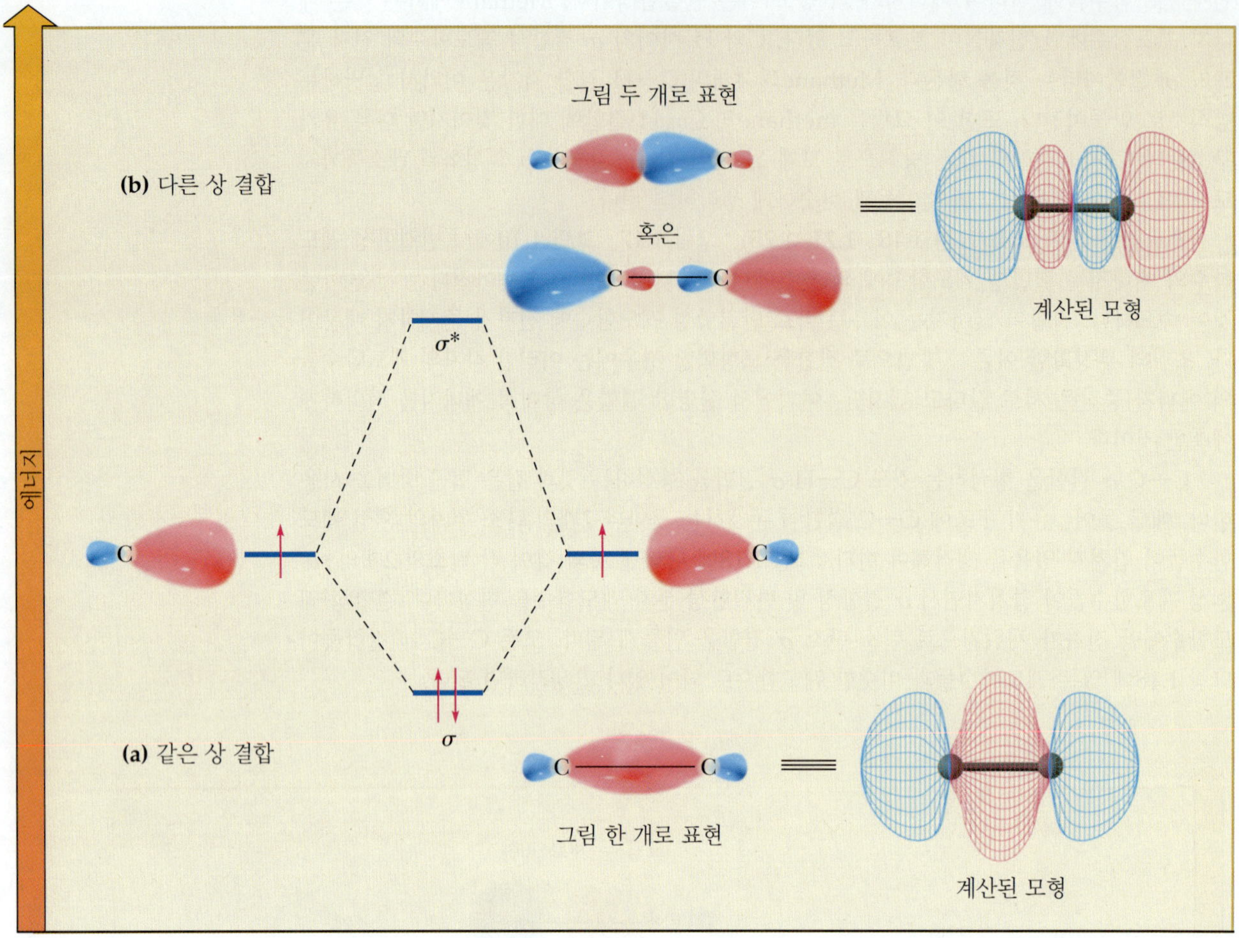

그림 두 개로 표현

(b) 다른 상 결합

혹은

계산된 모형

σ^*

에너지

(a) 같은 상 결합

σ

그림 한 개로 표현

계산된 모형

그림 1.18 ▸ C—C σ 결합의 형성에 대한 분자 궤도함수의 결합 도표. (a) 2개의 탄소 혼성 궤도함수(sp^3, sp^2, sp)의 같은 상 결합은 σ 궤도함수를 형성하고, 이는 2개의 원자 궤도함수에 비하여 에너지가 낮다. 이 궤도함수에 전자 2개가 채워지면 σ 결합이 형성된다. (b) 상이 다른 궤도함수의 결합(하나의 원자 궤도함수의 상이 반대가 되는 것을 의미)은 반결합성 궤도함수 σ^*를 만든다.

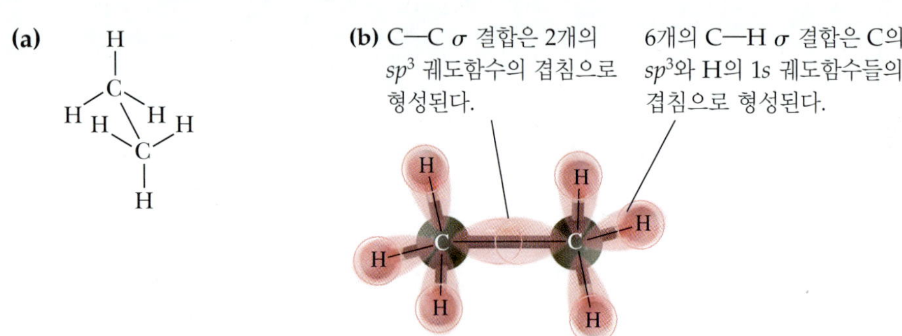

그림 1.19 ▸ (a) Ethane (CH_3CH_3)의 Lewis 구조. (b) 이웃한 탄소의 sp^3 혼성 궤도함수의 겹침은 C—C σ 결합을 형성한다(그림 1.18 참조). 그리고 수소의 1*s* 궤도함수와 탄소의 sp^3 혼성 궤도함수의 겹침으로 C—H σ 결합이 형성된다(그림 1.17 참조).

예를 들어, 가장 간단한 탄소 2개의 화합물인 ethane (CH_3CH_3)의 경우 C—C σ 결합 1개와 C—H σ 결합 6개를 포함하고 있다. 그림 1.19에서 보듯이 H 1*s* 궤도함수와 C sp^3 궤도함수들이 겹쳐서 위의 결합들이 형성되며, 반면에 그림 1.17과 그림 1.18에서 실제의 결합 궤도함수들이 나타나 있다.

이제 이중 결합 화합물들에 대하여 살펴보자. 이중 결합이 있으면 sp^2 혼성화를 고려해야 한다. 예를 들어, 2주기 원소들은 이중 결합을 형성하기 위해 sp^2 혼성 궤도함수와 혼성화되지 않은 2*p* 원자 궤도함수를 이용한다. 그림 1.20(a)에 Lewis 구조식을 나타낸 ethylene (C_2H_4)를 생각해 보자. Ethylene의 두 탄소들 사이의 1개의 σ 결합은 그림 1.18(b)

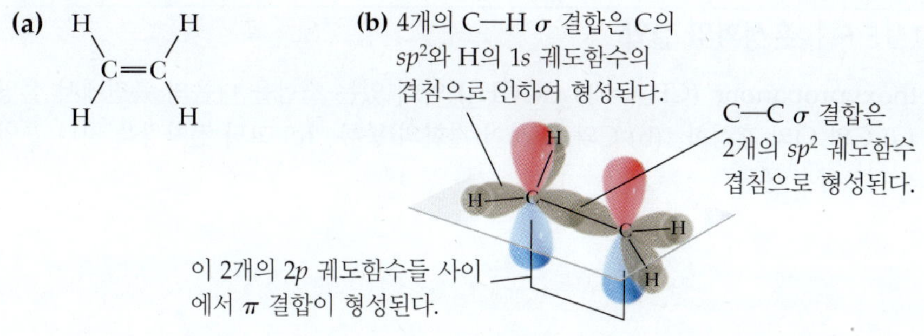

그림 1.20 ▸ Ethylene (CH_2CH_2)의 공유결합 형성 (a) Lewis 구조 (b) 이웃한 탄소의 sp^2 혼성 궤도함수의 겹침으로 C—C σ 결합이 형성되며(그림 1.18 참조), 탄소의 sp^2 혼성 궤도함수와 수소의 1s 궤도함수의 겹침으로 C—H σ 결합이 형성된다(그림 1.17 참조). 더하여, 인접한 탄소들의 평행한 2p 궤도함수의 겹침은 π 결합을 형성한다(그림 1.21 참조).

에 나타낸 것처럼 축을 따라 sp^2 혼성 궤도함수들이 겹쳐짐으로서 형성된다. 각각의 탄소는 2개의 수소와 σ 결합을 형성한다(그림 1.17처럼).

파동 함수의 같은 위상 또는 반대 위상의 겹침에 의한 평행한 2p 원자 궤도함수들의 조합으로 각각 1개의 **파이(π) 결합성 분자 궤도함수**(π bonding molecular orbital)와 1개의 파이 반결합성 분자 궤도함수(π*)가 만들어진다(그림 1.21). 1개의 π 결합성 분자 궤도함수는 두 원자핵을 모두 자르는 1개의 마디 평면을 가지며, 핵 사이 마디 평면 위 아래로 전자 밀도가 집중되어 있다. 탄소들 사이의 모든 분리된 π 결합들은 그림 1.21처럼 궤도함수들을 가지고 있는 것으로 그린다.

파이(π) 분자 궤도함수
마디 평면이 두 원자핵을 자르며, 전자 밀도가 마디 평면의 위와 아래에 집중되어 있는 분자 궤도함수.

마지막으로 삼중 결합에 대하여 살펴보자. 삼중 결합이 있는 것은 sp 혼성화를 고려해야 한다. 그림 1.22는 acetylene (C_2H_2)의 궤도함수가 겹쳐진 그림이다. 탄소-탄소 삼중 결합은 sp 혼성 궤도함수의 겹침에 의해 생성되는 1개의 σ 결합과 2개의 π 결합들로 이루어져 있다. 평행한 한 쌍의 2p 원자 궤도함수의 겹쳐짐으로 1개의 π 결합이 형성된다. 또 다른 한 쌍의 2p 원자 궤도함수(첫 번째 쌍 궤도함수와 수직)의 겹침으로 두 번째 π 결합이 형성된다.

표 1.10에 탄소에 결합하는 원자들의 수, 궤도함수의 혼성화, 관련된 결합의 종류들 사이의 관계를 정리하였다.

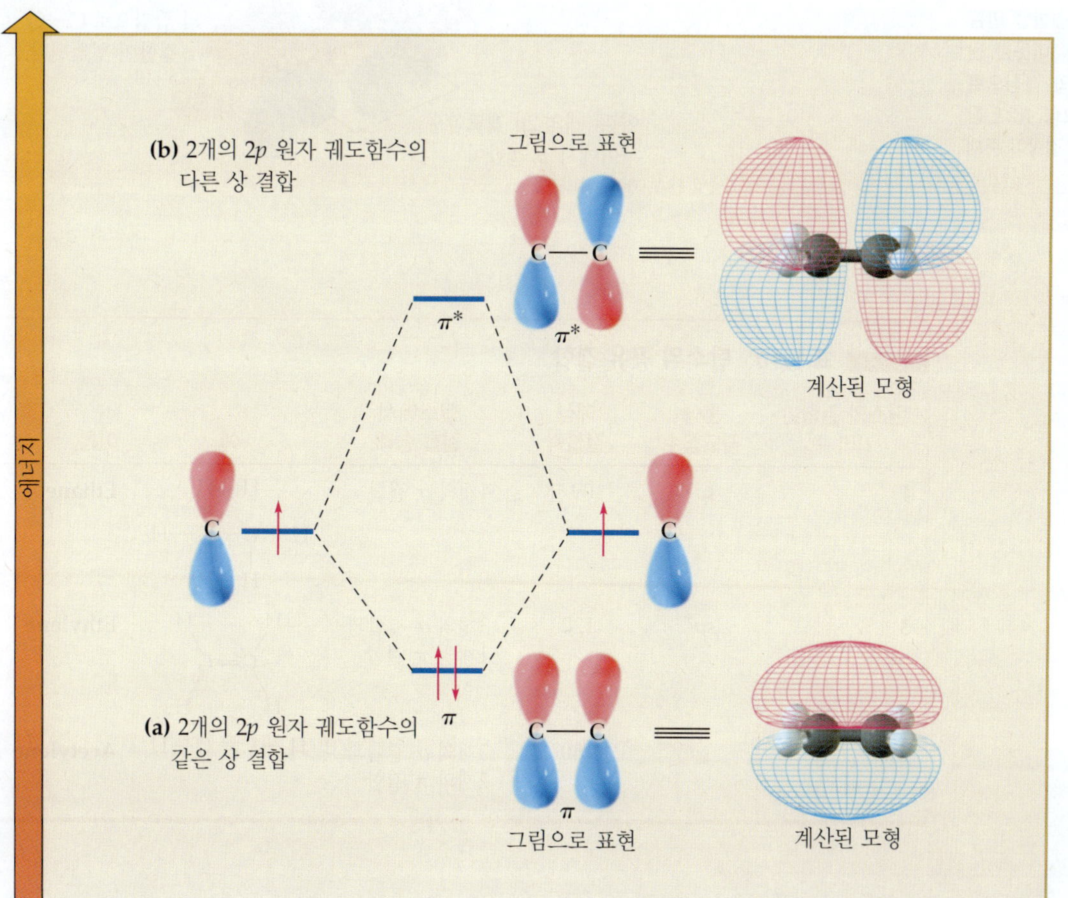

그림 1.21 ▸ C—C π 결합 형성에 대한 분자 궤도함수의 결합 도표. (a) 두 p 원자 궤도함수 사이의 같은 상 조합은 π 궤도함수를 형성하고 이는 2개의 원자 궤도함수에 비하여 에너지가 낮다. 여기에 전자 2개가 채워지면 π 궤도함수는 π 결합을 형성한다. (b) 상이 다른 p 궤도함수의 결합(하나의 원자 궤도함수의 상이 반대가 되는 것을 의미)은 π* 궤도 함수를 만든다. 이 궤도함수에 전자 1개 또는 2개가 채워지면 π 결합이 약해지거나 끊어진다.

예제 1.15 ▸ 혼성화와 결합

1-Methoxypropanone ($CH_3OCH_2COCH_3$) 안에 있는 결합을 다음의 측면에서 설명하라. (a) C와 O의 혼성화, (b) C와 O 사이 결합의 종류, (c) 고립 전자쌍을 지니고 있는 O의 궤도함수 종류.

➡ **해답**

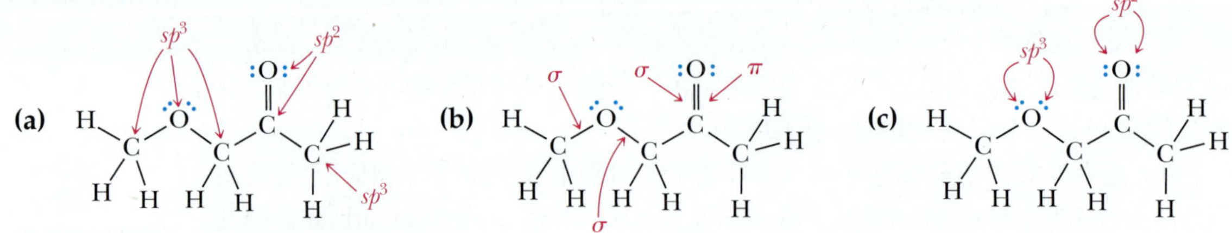

연습 문제 1.15

다음 분자들의 결합을 C와 N의 혼성화, 탄소와 질소 사이의 결합 종류들을 사용하여 설명하라. 만일 고립 전자쌍이 있으면 이를 포함하는 궤도함수의 종류에 대하여 설명하라.

(a) $CH_3CH{=}CH_2$ **(b)** CH_3NH_2

그림 1.22 ▸ Acetylene의 공유 결합 형성. (a) Lewis 구조. (b) 이웃한 탄소의 *sp* 혼성 궤도함수의 겹침으로 C—C σ 결합을 형성하며(그림 1.18 참조) 탄소의 *sp* 혼성 궤도함수와 수소의 1*s* 궤도함수가 겹쳐져 C—H σ 결합을 만든다(그림 1.17 참조). 더하여, 이웃한 탄소의 평행한 2*p* 궤도함수의 겹침으로 C—C π 결합을 형성한다(그림 1.21 참조). Acetylene에 두 개의 π 결합이 존재한다.

(a) H—C≡C—H

(b) C의 *sp*와 H의 1s 궤도함수의 겹침으로 두 개의 C—H σ 결합이 형성된다.

이 두 개의 2*p* 궤도함수 사이에서 π 결합이 형성된다.

두 개의 *sp* 궤도함수의 겹침으로 C—C σ 결합이 형성된다.

이 두 개의 2*p* 궤도함수 사이에서 π 결합이 형성된다.

표 1.10 탄소의 공유 결합

탄소와 결합한 기의 수	혼성 궤도함수	예상 결합각	탄소에서 결합 형태	예	이름
4	sp^3	109.5°	4개의 σ 결합	$H_3C{-}CH_3$ (H—C—C—H, 각 C에 H 두 개)	**Ethane**
3	sp^2	120°	3개의 σ 결합과 1개의 π 결합	$H_2C{=}CH_2$	**Ethylene**
2	sp	180°	2개의 σ 결합과 2개의 π 결합	H—C≡C—H	**Acetylene**

HOW TO 원자의 혼성화와 기하 구조를 빠르게 아는 방법

원자가 껍질 전자쌍 반발 이론, 혼성화 및 원자가 결합 이론/분자 궤도함수 이론으로 결합의 기하학적 모양과 궤도함수를 추측하는 방법은 몇 개의 간단한 규칙으로 정리할 수 있다. C, N, O가 팔전자를 가지고 있고 다른 원자와 단일 결합만을 이루면(단일 결합의 개수는 상관 없음), 이러한 원자는 sp^3 혼성화되어 있다. C, N, O가 팔전자를 가지고 있고 이중 결합을 이루면(한 원자가 2개의 이중 결합을 이루지 않아야 함. 이 경우 이 원자는 sp 혼성화되어 있다), 이 원자는 sp^2 혼성화되어 있다. 마지막으로, C, N, O가 팔전자를 가지고 있고 다른 원자와 삼중 결합을 이루면, 이 원자는 sp 혼성화되어 있다.

혼성화를 알고 난 후 기하 구조를 예측하는 것은 간단하다. 단 1개의 원자와 결합된 원자(말단 원자라 부름)는 혼성화와 관계없이 기하 구조를 그리지 않는다. sp^3 혼성화된 원자는 4개, 3개, 2개의 원자와 결합함에 따라 각각 사면체, 피라미드, 굽은 기하 구조를 가진다. sp^2 혼성화된 원자는 3개 혹은 2개의 원자와 결합함에 따라 각각 삼각 평면 혹은 굽은 기하 구조를 가진다. sp 혼성화된 원자는 선형의 기하 구조만을 가진다. 아래에 모아 놓은 예들은 이 점을 설명하고 있다. 이 예에서 CH_3기는 sp^3로서 사면체이다.

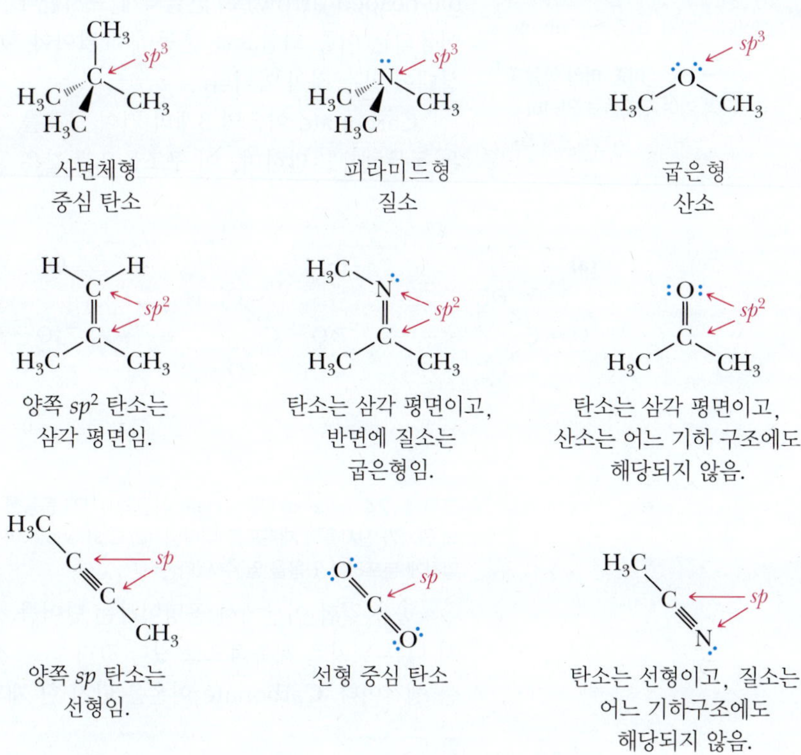

1.8 공명

화학자들이 유기 화합물의 공유 결합에 대한 이해가 좀 더 깊어지면서, 많은 분자들과 이온의 경우 1개의 Lewis 구조로는 정확하게 표현되지 못한다는 것을 알게 되었다. 예를 들면, 그림 1.23은 carbonate 이온(CO_3^{2-})의 세 가지 Lewis 구조들로서 각각은 탄소가 3개의 산소 원자에 1개의 이중 결합과 3개의 단일 결합 조합에 의해 결합된 것을 보여주고 있다. 각 Lewis 구조에서 1개의 탄소-산소 결합은 다른 2개와는 다르다는 것을 나타내고 있다. 그러나 이는 사실이 아니며 실험적으로 모든 3개의 탄소-산소 결합들은 동일하다.

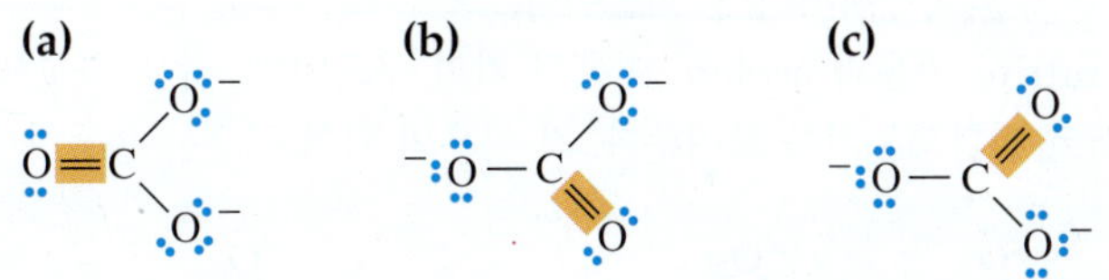

그림 1.23 ▸ Carbonate 이온의 3가지 Lewis 구조.

그러므로 화학자들에게 있어서 문제는 하나의 Lewis 구조로 표현하기는 적당하지 않고, 여전히 다른 Lewis 구조를 가지고 있는 분자나 이온의 구조를 어떻게 표현할 것인가라는 점이었다. 이러한 문제의 답으로 Linus Pauling은 공명 이론을 제안하였다.

A 공명 이론

공명
많은 분자의 구조가 여러 Lewis 구조의 혼성체로서 가장 잘 나타낸다는 이론.

기여 구조
원자가 전자의 분포만 다른 분자의 표현.

공명 혼성체
여러 개의 기여 구조들의 혼성체로 설명되는 분자, 이온 혹은 라디칼.

이중-머리 화살표
공명 기여 구조들을 연결하기 위하여 이용되는 부호.

공명(Resonance) 이론은 1930년대 Linus Pauling에 의하여 처음으로 개발되었다. 이 이론에 의하면 많은 분자와 이온들은 둘 이상의 Lewis 구조를 가지고 실제의 분자나 이온은 이런 구조들의 복합체라고 생각할 때 가장 잘 묘사된다. 각각의 Lewis 구조를 **기여 구조**(contributing structure)라 한다. 이 구조들은 때때로 **공명 구조**(resonance structure) 또는 **공명 기여체**(resonance contributor)라고 한다. 실제 분자와 이온은 여러 기여 구조들의 **공명 혼성체**(resonance hybrid)이며 여러 기여 구조들은 **이중-머리 화살표**(double-headed arrow)로 연결되게 표시한다. 이중-머리 화살표와 화학 평형을 나타내는 데 이용되는 이중 화살표를 혼동하지 말아야 한다. 간단히 설명하면, 공명 구조는 서로 평형 상태에 있는 것이 아니다.

Carbonate 이온의 3개의 기여 구조를 그림 1.24에 나타내었다. 이들 3개의 기여 구조는 동등하다고 말하며, 이 구조들은 똑같은 공유 결합 형태를 가진다.

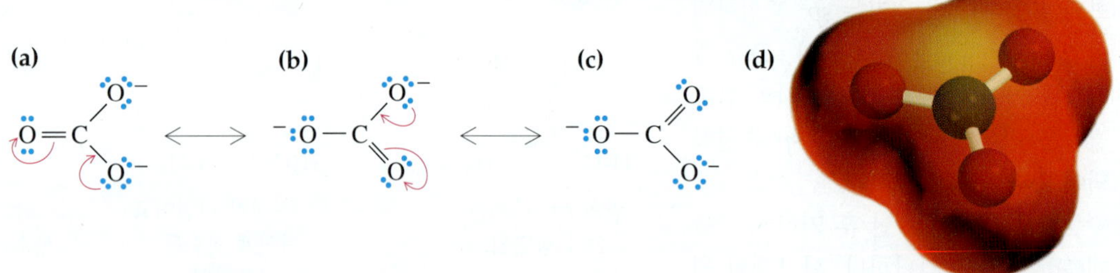

그림 1.24 ▸ (a~c) Carbonate 이온의 3가지 동등한 기여 구조의 공명 혼성체. 굽은 화살표는 기여 구조들 사이의 원자가 전자들의 재분포를 나타냄. (d) Carbonate 이온의 정전기 퍼텐셜 지도를 보면 음전하가 3개의 산소에 동일하게 분포하고 있음을 알 수 있다.

공유 결합 이론에서 공명이라는 단어를 사용하는 것이 결합들과 이온 쌍들이 한 위치에서 다른 위치로 계속적으로 왔다 갔다 하는 것으로 이해될 수도 있으나, 이는 전혀 맞지 않는 생각이다. Carbonate 이온은 단지 한 개의 실제 구조를 가지고 있다. 문제는 우리의 것

HOW TO 기여 구조를 만들기 위해 굽은 화살표와 전자 밀어주기를 그리는 방법

굽은 화살표
공명 기여 구조 혹은 반응 메커니즘에서 두 개의 전자 이동을 의미하는 원자가 전자의 재배치를 나타내기 위하여 사용되는 부호.

그림 1.24에서 기여 구조 (a), (b), (c) 사이에 유일한 차이점인 원자가 전자의 위치라는 것을 알아야 한다. 한 공명 구조에서 다른 공명 구조를 만들기 위해 화학자들은 **굽은 화살표**(curved arrow)라는 기호를 사용한다. *굽은 화살표는 전자쌍의 시작점(화살표의 꼬리 부분)과 다음 구조에서 전자쌍이 배치되는 점(화살의 머리 부분)을 나타낸다.*

굽은 화살표는 전자쌍들의 움직임 또는 일부사람들이 일컫는 **전자 밀어내기**(electron pushing)를 나타내는 부기에 지나지 않으며, 이 부호의 외관상 간단함에 오해하지 말아야 한다. 전자 밀어내기는 기여 구조들 사이의 관계를 알아보는 데 도움을 줄 것이다. 나중에 유기 반응에서의 결합-끊어짐(bond-breaking)과 결합-형성(bond-forming) 단계를 파악하는 데 도움을 줄 것이다. 보다 직접적으로 말하면 전자 밀어내기는 유기 화학에서의 생존 기술이다.

다음은 nitrite 이온과 acetate 이온의 기여 구조이다. 굽은 화살표들은 기여 구조가 어떻게 서로 전환되는지를 보여준다. 각 이온의 기여 구조는 동등하다.

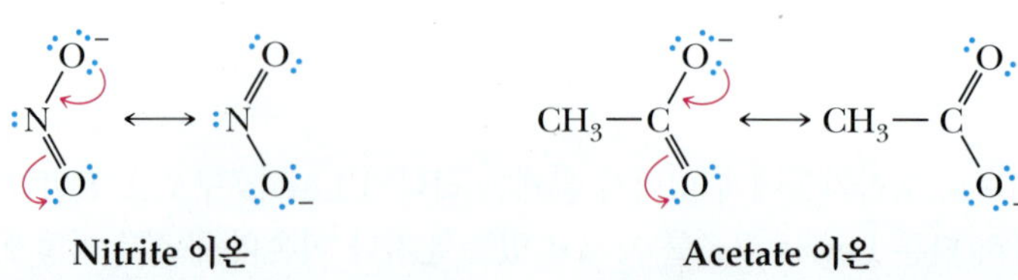

일반적인 실수는 원자나 양전하의 이동을 나타내기 위하여 굽은 화살표를 이용하는 것이다. 이것은 옳지 않다. 굽은 화살표는 전자쌍의 재배치를 보여주는 데만 사용해야 한다.

굽은 화살표를 사용하여 새로운 기여 구조를 만들 때, 위의 예에서 보여주듯이 화살표는 이중 결합(또는 삼중 결합)이나 고립 전자쌍에서부터 시작해야 한다. 더욱이 화살표는 결합을 받을 수 있는 원자들에서 끝나거나 원자들에 고립 전자쌍을 만들어야만 한다. 보통 한 원자에 새로운 결합이 만들어질 때, 팔전자 규칙을 벗어나지 않기 위해 이미 존재하던 결합들 중에 하나는 끊어져야 한다. 위에 있는 두 예에서 보듯이 기여 구조들에서 원자가 전자들이 재배치될 경우에 분자 내 중심 원자인 nitrite 이온의 N과 acetate 이온의 C에서 한 개의 결합이 생성되고 한 개의 결합은 끊어진다.

으로서 어떻게 이 하나의 실제 구조를 그릴 수 있느냐는 것이다. 공명 방법은 실제 구조를 나타내는 방법이며, 동시에 전자쌍 결합의 Lewis 구조를 유지하는 방법인 것이다. 그러므로 carbonate 이온이 그림 1.24에 나타난 어떤 하나의 기여 구조에 의하여 정확하게 표현될 수 없음을 알지만, 편의상 계속하여 이들 중 하나로 carbonate 이온을 표현할 것이다. 물론 우리가 의도하는 것은 공명 혼성체이다.

예제 1.16 ▸ 기여 구조

굽은 화살표를 이용하여 기여 구조를 그려라. 모든 원자가 전자와 형식 전하를 나타내어라.

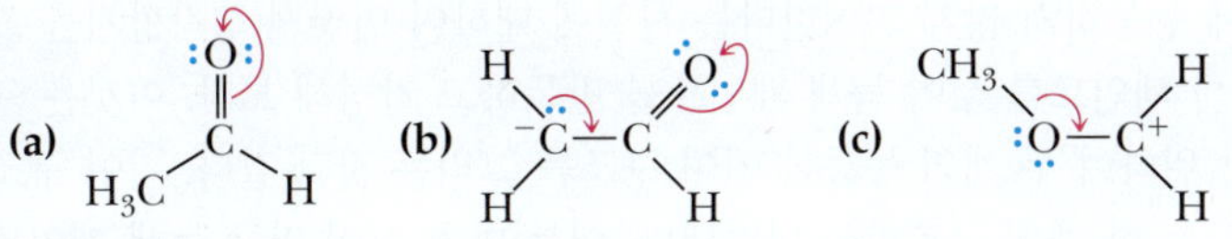

(a) H_3C—C(=O:)—H   (b) H₂$^-$C—CH=O: (c) CH_3—Ö—C^+H_2

➥ 해답

(a) H_3C—C^+(—:Ö:$^-$)—H   (b) H_2C=CH—:Ö:$^-$ (c) CH_3—$\overset{+}{O}$=CH_2

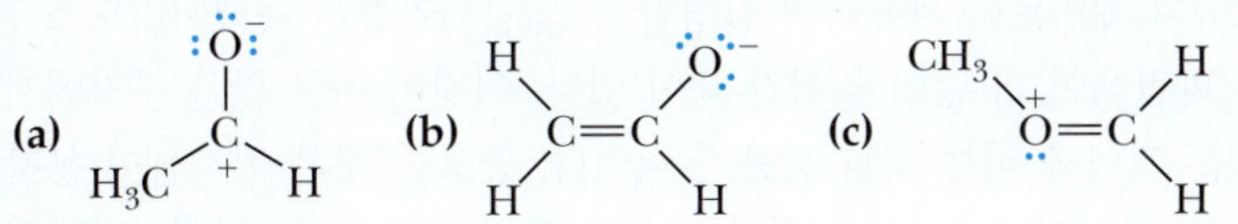

연습 문제 1.16

굽은 화살표를 이용하여 기여 구조를 그려라. 모든 원자가 전자와 형식 전하를 나타내어라.

(a) H—C(=O:)—Ö:$^-$ ⟷   (b) H—C(=O:)—Ö:$^-$ ⟷   (c) CH_3—C(=O:)—Ö—CH_3 ⟷

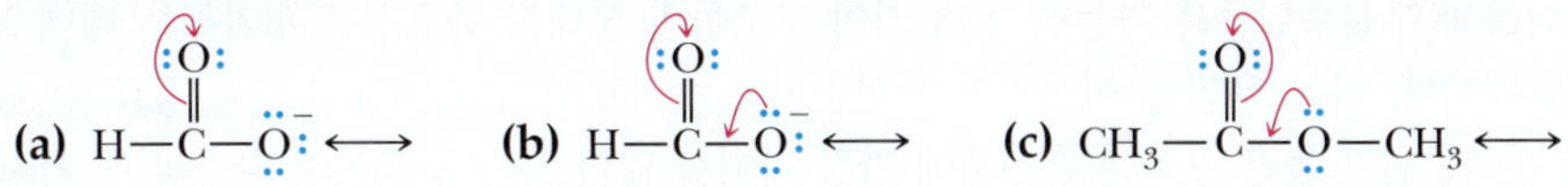

B 허용되는 기여 구조를 그리기 위한 규칙

허용되는 기여 구조를 그리기 위해서는 다음과 같은 규칙들을 반드시 따라야 한다.

1. 모든 기여 구조는 같은 수의 원자가 전자를 가져야 한다.
2. 모든 기여 구조는 공유 결합 법칙을 따라야 한다. 어떠한 기여 구조도 수소의 원자가 전자에는 2개, 2주기 원소의 원자가 전자에는 8개 이상을 가질 수 없다. 인과 황 같은 3주기 원소들은 그들의 원자가 껍질에 전자를 12개까지 가질 수 있다(그러나 1.7C절 참조).
3. 모든 기여 구조에서 모든 핵의 위치는 동일해야 한다. 즉, 기여 구조는 단지 원자가 전자의 분포만 다를 뿐이다.
4. 모든 기여 구조는 같은 수의 전자쌍과 홀전자(unpaired electron)를 가져야 한다.

예제 1.17 ▸ 기여 구조

다음 중 어느 것이 올바른 기여 구조 쌍인가?

(a) $CH_3-C(=\ddot{O}:)-CH_3$ 와 $CH_3-C^{+}(-\ddot{O}:^{-})-CH_3$ (b) $CH_3-C(=\ddot{O}:)-CH_3$ 와 $CH_2=C(-\ddot{O}-H)-CH_3$

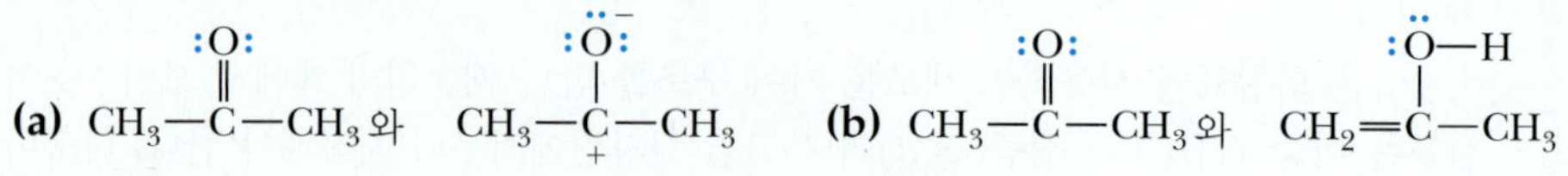

➥ 해답

(a) 두 구조는 올바른 기여 구조이며, 단지 원자가 전자들의 분포만 다르다.
(b) 두 구조는 올바른 기여 구조가 아니다. 구성 원자의 연결성이 다르다.

연습 문제 1.17

다음 중 어느 것이 올바른 기여 구조 쌍인가?

(a) $CH_3-C(=O)-O^{-}$ 와 $CH_3-C^{+}(-O^{-})-O^{-}$ (b) $CH_3-C(=O)-O^{-}$ 와 $CH_3-C^{-}(=O)=O$

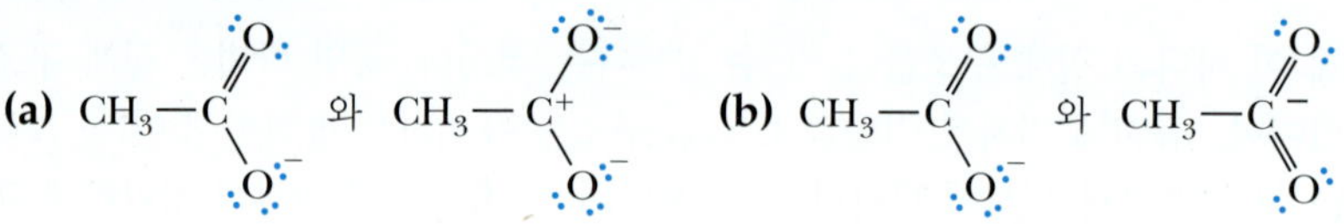

C 기여 구조의 상대적 중요성 평가

모든 구조가 공명 혼성체에 동등하게 기여하는 것은 아니다. 어느 구조가 혼성에 더욱 기여하는지를 예측하는 네 가지 방법이 있다. 그러나 우선순위를 살펴보기에 앞서, 기여 구조들이 많은 공명 혼성체들에 동등하지 않게 기여한다는 사실에 대하여 어떻게 생각할지를 고려해 보자. 노란색과 파란색 페인트를 섞어 녹색 페인트를 만든다고 가정해 보자. 이것은 최종 공명 혼성체를 표현하기 위하여 두 개의 동등한 기여 구조를 그리는 것과 같다. 기여 구조는 이것 저것으로 변하지 않는 한 개의 구조만을 나타낸다. 이는 마치 섞어 만든 녹색 페인트가 어느 한 순간에는 노란색이었다가 또 다른 순간에는 파란색인 것이 아닌 것과 같다. 녹색의 두 가지 다른 명암에 대하여 페인트를 사용하여 설명할 수 있을까? 같은 녹색이라도 노란색이 더 많이 들어간 색과 파란색이 더 많이 들어간 색이 있다. 이것이 바로 많은 분자에서 한 개의 기여 구조가 더 많은 기여를 하는 것과 같은 원리이다. 중요한 것은 전자들이 분자 내에서 배치되는 방법은 하나뿐이지만, 전자쌍 점과 선을 사용하여 분자를 그리는 방법의 한계점은 우리에게 두 개 이상의 그림을 잘 살펴볼 것을 요구한다. 즉 여러 비율로 많은 페인트를 섞더라도 최종적으로는 하나의 색이 나오게 되는 것이다.

다음의 우선순위들은 가능한 여러 기여 구조들의 상대적 중요성을 평가하는 데에 도움을 줄 것이다. 사실 우리는 이어지는 우선순위의 숫자로서 구조들의 순위를 정할 수 있다. 가장 우선순위가 높은 구조는 혼성체에 가장 기여를 많이 하는 구조이며 다음의 네 가지 모든 우선순위에 맞지 않는 구조는 무시될 수 있다.

우선순위 1: 채워진 원자가 껍질

모든 원자가 전자들로 완전히 채워진 원자가 껍질(완전한 팔전자계)을 갖는 구조는 하나 이상의 원자가 껍질이 채워져 있지 않은 구조에 비하여 더 많이 기여한다. 예를 들면, 다음은 예제 1.16(c)의 기여 구조와 그 해답이다.

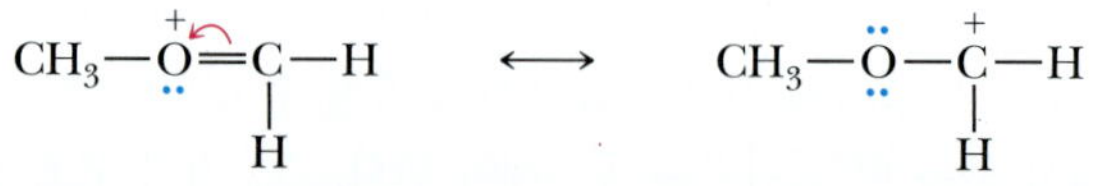

$CH_3-\overset{+}{O}=CH_2$ (H) $\longleftrightarrow$ $CH_3-\ddot{O}-\overset{+}{C}H_2$ (H)

보다 많은 기여: 탄소와 산소가 완전한 원자가 껍질을 가짐

보다 적은 기여: 탄소는 원자가 껍질에 단지 6개의 전자를 가짐

우선순위 2: 최대 공유 결합 수

보다 많은 수의 공유 결합을 갖는 구조가 적은 수의 공유 결합을 갖는 구조보다 많은 기여를 한다. 우선순위 1의 예에서 왼쪽 구조는 8개의 공유 결합을 가지며 공명에 좀 더 기여한다. 오른쪽 그림은 7개의 공유 결합만을 가진다. 그렇다 하더라도 이 규칙이 8개의 원자가 전자를 초과하는 구조를 그리도록 하는 것은 아니다(1.7C절에서 설명한 바 있는 **S**와 **P**와 같은 몇 가지 예외 원자들이 있다).

$$CH_3-\overset{+}{O}=CH-H \longleftrightarrow CH_3-\ddot{O}-\overset{+}{C}H-H$$

보다 많은 기여: 8개의 공유 결합 | 보다 적은 기여: 7개의 공유 결합

우선순위 3: 반대 전하들의 최소 분리

반대 전하들이 분리된 구조는 전하 분리가 없는 구조에 비하여 적게 기여한다. 왜냐하면 전하의 분리에는 많은 에너지가 소비되기 때문이다.

$$CH_3-C(=O)-CH_3 \longleftrightarrow CH_3-\overset{+}{C}(-O^-)-CH_3$$

보다 많은 기여: 반대 전하의 분리 없음 | 보다 적은 기여: 반대 전하의 분리

우선순위 4: 상대적으로 전기음성도가 큰 원자에 음전하

상대적으로 전기음성도가 큰 원자에 음전하를 띠는 구조는 상대적으로 전기음성도가 작은 원자에 음전하를 갖는 구조보다 크게 기여한다. 반대로, 전기음성도가 작은 원자에 양전하를 가진 구조가 전기음성도가 큰 원자에 양전하를 갖는 구조에 비해 크게 기여한다. 다음은 acetone의 기여 구조 3개를 나타내고 있다.

$$CH_3-\overset{+}{C}(-O^-)-CH_3 \overset{1}{\longleftrightarrow} CH_3-C(=O)-CH_3 \overset{2}{\longleftrightarrow} CH_3-\overset{-}{C}(-O^+)-CH_3$$

(a) 보다 적은 기여 | **(b)** 보다 많은 기여 | **(c)** 그리지 말아야 함

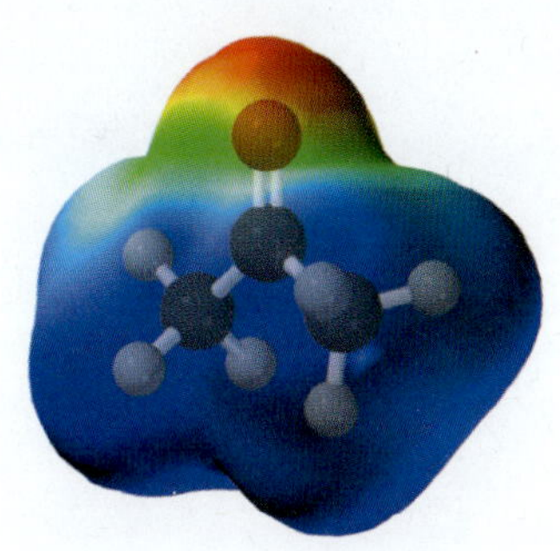

Acetone 분자의 정전기 퍼텐셜 지도.

구조 (b)는 혼성에 가장 크게 기여를 한다. 구조 (a)는 반대 전하들의 분리를 포함하고 있고, 탄소가 팔전자 규칙을 만족하지 않기 때문에 덜 기여를 한다. 그럼에도 불구하고 구조 (a)에는 전기음성도가 더 큰 O 원자가 음전하를 가지고 있고, 전기음성도가 작은 C 원자가 양전하를 가지고 있다. 구조 (c)는 4개의 우선순위를 모두 위배하였으므로 그리지 말아야 하며, 구조 (b)에 있는 화살표 2는 무시할 수 있다.

공명 구조들이 동일한 기여를 하지 않는다면 혼성체의 실제 구조는 가장 많이 기여한 구조를 닮았다는 것을 기억하는 것이 중요하다. Acetone의 정전기 퍼텐셜 지도를 보면 산소에 음전하(붉은색)와 탄소에 양전하(푸른색)가 있으며, 공명 구조를 통해 예측한 결과와 일치함을 볼 수 있다.

예제 1.18 ▸ 공명에서 상대적 기여도

다음 기여 구조들의 상대적인 기여도를 예측하여라.

(a) 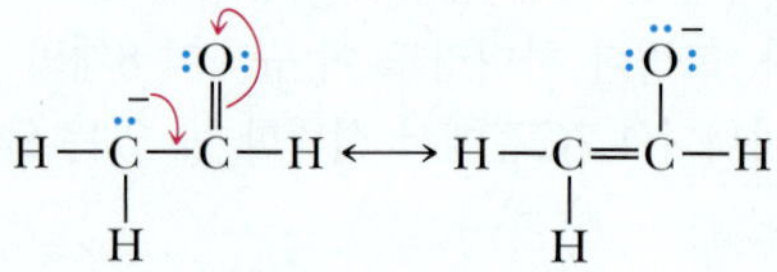 $H-\ddot{C}^{-}H-C(=O)-H \longleftrightarrow H-CH=C(-O^{-})-H$ **(b)** 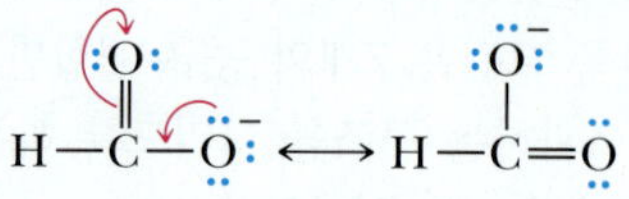 $H-C(=O)-\ddot{O}^{-} \longleftrightarrow H-C(-O^{-})=O$

➥ **해답**

(a) 오른쪽 구조가 전기음성도가 더 큰 원자인 산소에 음전하를 갖기 때문에 혼성에 보다 많이 기여한다.

(b) 구조들은 동등하며 혼성에 동등한 기여를 한다.

연습 문제 1.18

다음 기여 구조들의 상대적인 기여도를 예측하여라.

(a) 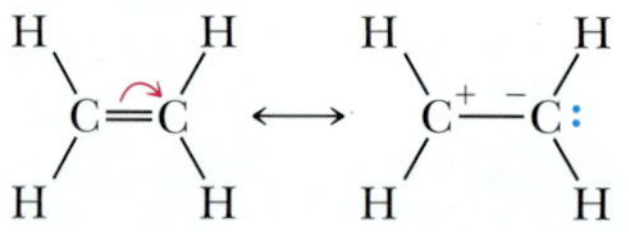 $H_2C=CH_2 \longleftrightarrow H_2C^{+}-\ddot{C}^{-}H_2$ **(b)** 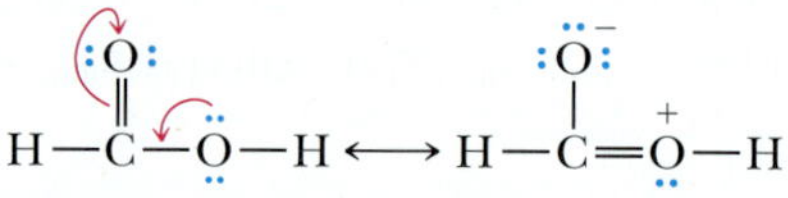 $H-C(=O)-\ddot{O}-H \longleftrightarrow H-C(-O^{-})=\overset{+}{O}-H$

강조하자면, 공명 기여 구조와 다른 화학종 사이의 평형을 혼동하지 말아야 한다. 공명 혼성체로 표현된 분자는 기여 구조의 각 전자 배치 사이의 평형은 아니다. 오히려 분자는 오직 하나의 구조만을 가지며, 여러 가지 기여 구조의 혼성체로 나타낼 수 있다.

앞 절에 있었던 acetone의 기여 구조는 분자 내 전하 분포에 대한 통찰력을 준다. 덜 기여하는 구조에서는 acetone의 정전기 퍼텐셜 지도에서 보듯이 탄소에 양전하가 있고 산소에 음전하가 있다. C=O 결합은 극성이고 C와 O에 각각 부분 양전하와 부분 음전하가 존재한다는 것을 알기 때문에 우리는 같은 결론을 얻을 수 있다(1.5절에서 보았듯이). 이전 절에서 살펴보았던 결합 궤도함수에 대한 통찰력이 있으므로, 우리는 이러한 극성을 시각화하기 위하여 혼성 VB/MO 이론을 사용할 수 있어야 한다. 즉, acetone에서는 C=C 결합에는 없었던 C=O 결합의 분극을 반영하기 위하여 1.7C절의 ethylene에서 설명했던 σ와 π 궤도함수는 약간 섭동되어야 한다. 여기 C=O에서는 σ 결합의 원리도 같으므로 π 결합만을 분석하였다.

그림 1.25에 C=O의 π와 π^* 궤도함수의 형성을 설명하기 위하여 MO 이론의 결합 도표가 있다. 이 도표와 그림 1.21의 유일한 차이점은 O의 $2p$ 궤도함수 에너지가 C의 $2p$ 궤도함수 에너지에 비하여 낮다는 점이다. 이는 O가 C보다 전기음성도가 강하기 때문에 O의 $2p$ 궤도함수의 에너지가 더 낮다. MO 이론에서 결합 전의 두 원자 궤도함수의 에너지가 같지 않으면 형성된 분자 궤도함수는 에너지가 비슷한(가장 기여도가 큰) 원자 궤도함수를 닮는다. 따라서 결합성 π 궤도함수는 O로부터 가장 기여를 많이 받고 반결합성 π 결합은 C로부터 가장 기여를 많이 받는다. 결합 궤도함수에만 전자들이 채워져 있기 때문에 결합의 전자 밀도는 O에 집중되어 있다. 반결합성 궤도함수에는 C에 상당한 궤도함수 성질이 집중되어 있기 때문에 C에 부분적인 양전하가 존재한다(이 사실은 C=O 결합의 반응을 연구할 때 중요하다). 따라서 간단한 분극 개념(1.5절), 공명 개념(1.8절), VB/MO 결합 모형(1.7절)은 같은 결론에 이르게 된다.

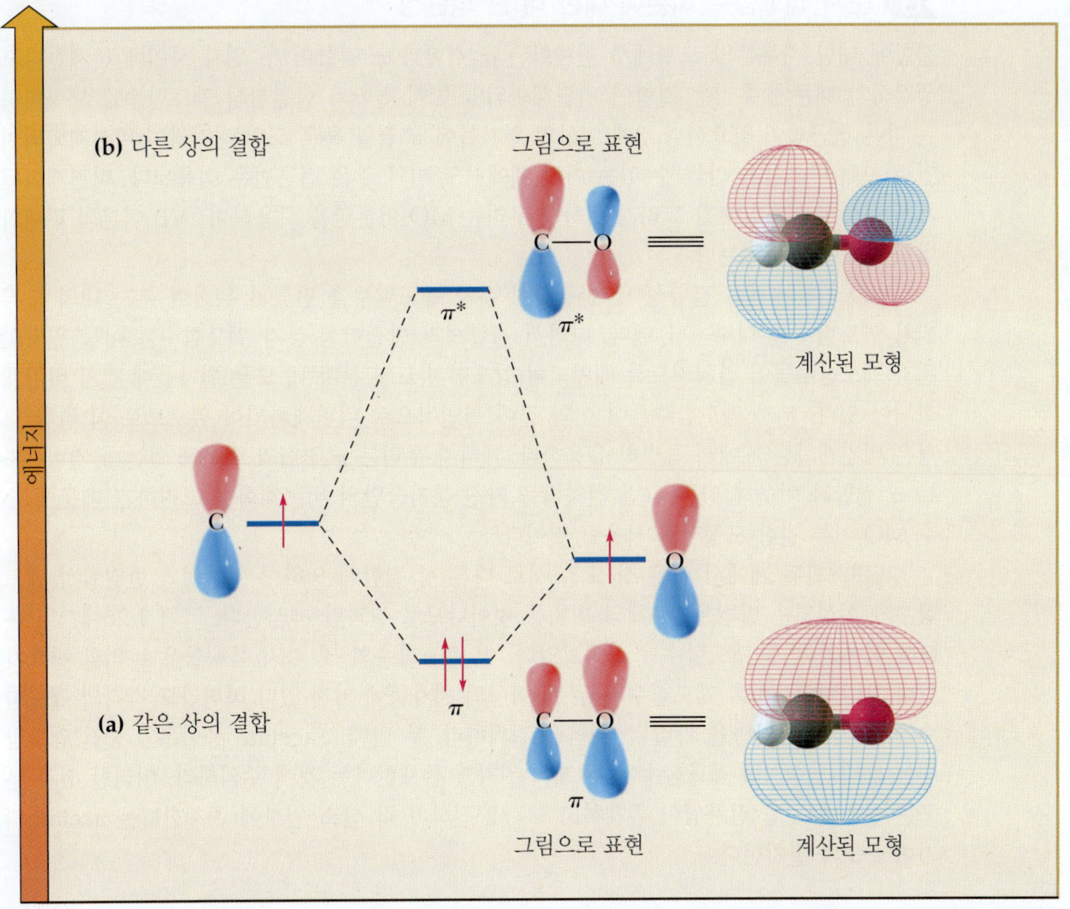

그림 1.25 ▸ C—O π 결합의 형성에 대한 분자 궤도함수의 결합 도표. (a) 두 2*p* 원자 궤도함수 사이의 같은 상 결합은 π 궤도함수를 형성하고 이는 2개의 원자 궤도함수에 비하여 에너지가 낮다. 여기에 전자 2개가 채워지면 탄소에 비하여 산소에 전자 밀도가 더 큰 π 결합이 형성된다. 그러나 O의 2*p* 궤도함수가 C의 2*p* 궤도함수에 비하여 작기 때문에 계산된 궤도함수 모형에서 시각적으로 뚜렷하지 않다. (b) 상이 다른 *p* 궤도함수의 결합(하나의 원자 궤도함수의 상이 반대가 되는 것을 의미)은 π* 궤도함수를 만들며 C에 궤도함수 성질이 더 크다(계산된 궤도함수 모형에 잘 나타나 있다).

1.9 비편재화된 계의 분자 궤도함수

A 공명의 재고

1.8절에서 설명된 바와 같이, 공명은 한 개 이상의 Lewis 구조가 가능할 경우 결합을 기술하는 방법을 제공한다. 분자의 실제의 결합과 전자 분포는 여러 기여 구조의 가중 평균이다. 예를 들어 acetate 음이온을 다시 생각해 보면, 이는 두 가지 똑같은 기여 구조가 50 : 50으로 기여한다. 두 구조의 변환은 전자의 밀어내기 모습으로 기술되고 산소의 고립 전자쌍은 중심 탄소원자에 π 결합을 생성하는 데 사용되며, π 결합은 고립 전자쌍이 된다. 이는 전하 **비편재화**(delocalization)의 예로서 항상 안정화 효과를 준다. 화학자들은 종종 전하 비편재화를 나타내기 위해 점선과 각 산소에 −1/2 전하를 사용한 구조를 쓴다. 평균 구조의 점선은 O, C, O 사이의 결합에 있는 4개의 전자(고립 전자쌍과 π 결합)를 의미한다.

비편재화
전하와 전자 밀도가 넓은 공간에 퍼져 있음.

CH_3—C(—O:⁻)(=O:) ⟷ CH_3—C(=O:)(—O:⁻) ≡ CH_3—C(O$^{-1/2}$)(O$_{-1/2}$)

Acetate 이온

이와 같은 비편재화가 콘쥬게이트(conjugated)되었다고 하는 시스템 상에서 일어난다. **콘쥬게이션**(Conjugation)은 π 결합들 사이 또는 π 결합과 고립전자쌍 사이에 끼어 있는 원자가 없는 것을 의미한다. 콘쥬게이트된 이중 결합 혹은 이중 결합과 콘쥬게이트된 고립 전자쌍을 가지는 구조가 있으면 공명이 가능하다.

콘쥬게이션
π 결합들 사이 또는 π 결합과 고립전자쌍 사이에 원자가 없음.

B 분자 궤도함수 이론에 대한 더 큰 의존성

결합에 대한 대부분의 모형에서 편재화된 σ 결합과 π 결합이 두 원자 사이에 존재한다고 생각하기 때문에 우리는 결합이 비편재화되었을 때 결합과 반결합성 궤도함수를 모형화하는 다른 접근법이 필요하다. 3개 이상의 원자들에 π 결합 혹은 고립 전자쌍이 비편재화되어 있는 기여 구조들을 만들 수 있는 어떤 계에서도 이와 같은 접근법은 적용된다. 비편재화된 계가 포함된 궤도함수를 그리기 위하여 우리는 MO 이론만을 사용하며, VB 이론의 편재화 방법은 사용하지 않는다.

MO 이론에서는 결합성 및 반결합성 분자 궤도함수를 만들기 위하여 분자 내의 모든 원자 궤도함수를 더하거나 뺀다. 따라서 결합성과 반결합성 분자 궤도함수는 이들 원자의 원자 궤도함수들이 겹쳐지도록 배열되어 있으면 반드시 분자 내 모든 원자들에 걸쳐 비편재화되어 있다. 분자 궤도함수들이 이와 같이 필연적으로 비편재화되어 있으므로 이 결합 모형은 비편재화된 계에서 특별히 유용하다. 게다가 우리는 π 결합과 이웃해 있는 π 결합, 또는 π 결합과 이웃해 있는 고립 전자쌍을 가진 분자들만의 비편재화를 고려하기 때문에 순수 MO 이론 결합 모형만을 사용할 것이다.

비편재화된 계에서 같은 상 또는 서로 다른 상 결합에 의하여 결합성과 반결합성 궤도함수가 형성되는 방법은 이 책의 범위를 벗어나므로 결과만 제시한다. 그림 1.26에서 acetate 이온의 분자 궤도함수를 살펴보았다. 이 궤도함수의 몇 가지 특징들은 논의할 필요가 있다. 첫 번째로 비록 궤도함수가 두 개 이상의 원자들에 퍼져 있다 하더라도 각각의 궤도함수는 두 개의 전자만을 가질 수 있음을 기억하라. 두 번째로 acetate 음이온의 중간 궤도함수는 오직 산소의 p 궤도함수에 두 개의 전자가 존재한다는 것에 주의하라. 이러한 전자 분포는 산소에 고립 전자쌍이 존재하고 $-1/2$ 전하가 각 산소 원자에 존재한다는 acetate의 기여 구조와 일치한다.

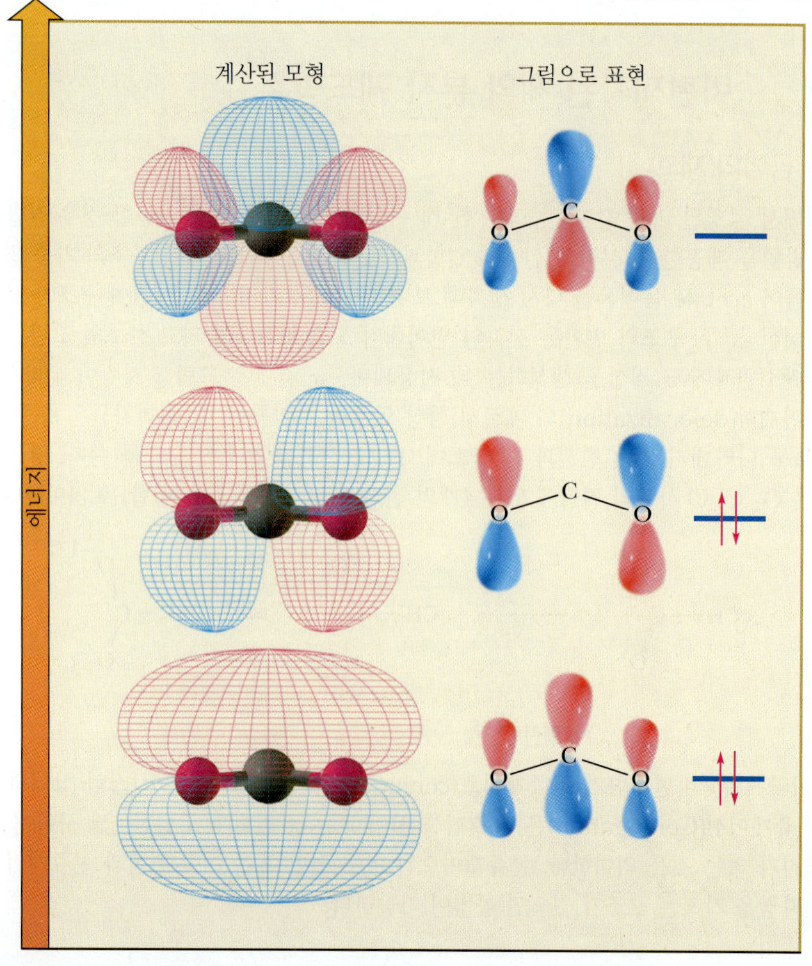

그림 1.26 ▸ 비편재화된 계에서 분자 궤도함수의 예: acetate 음이온의 3개의 π 궤도함수들. 아래의 가장 낮은 2개만이 전자로 채워져 있다.

C 공명과 MO 이론적 측면에서 본 혼성화

지난 두 개의 절에서 살펴본 비편재화와 MO 이론을 살펴보았다면, 여러 종류의 원자들의 혼성화 종류를 다시 생각해 볼 필요가 있다. 예를 들어 acetate 안의 각 산소 원자는 어떤 혼성화를 이루고 있을까? 만일 아래의 그림처럼 한 개의 기여 구조만을 고려한다면, 결론은 한 산소는 sp^3이고 다른 한 개는 sp^2일 것이다. 그러나 나머지 기여 구조는 앞의 혼성화에 대한 결론을 반대로 만든다.

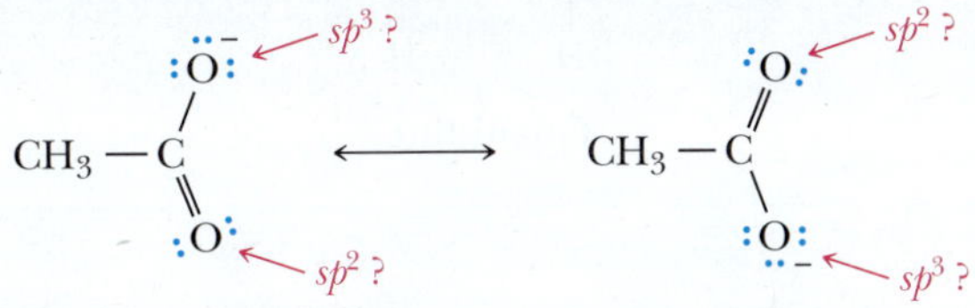

sp^3 ? sp^2 ? CH_3 — C ⟷ CH_3 — C sp^2 ? sp^3 ?

기여 구조의 π 결합을 살펴보면 정확한 혼성 종류의 결정이 가능하다. π 결합을 한 원자는 $2p$ 궤도함수를 가져야만 한다. 두 혼성화의 종류에서 sp^2 원자들만 $2p$ 궤도함수를 가지고 있으므로 acetate 의 두 산소 원자들은 sp^2 혼성을 이루고 있다. 이는 산소의 고립 전자쌍 2개가 sp^2 혼성 궤도함수에 머물러 있다는 것을 의미한다. 각 산소 원자에 있는 세 번째 고립 전자쌍은 $2p$ 궤도함수에 존재하며, 이 궤도함수는 그림 1.24(a)에서처럼 비편재화된 3개의 분자 궤도함수를 형성하기 위하여 탄소와 다른 산소 상의 $2p$ 궤도함수들과 결합하고 있다. 사실 acetate의 두 기여 구조의 상호 전환을 위하여 사용되는 전자 밀기는 π 결합을 형성하는데 고립 전자쌍을 사용한다(1.9A절 참조). 그리고 이 고립 전자쌍이 $2p$ 궤도함수에 있다는 것은 놀라운 일이 아니다. 일반적으로 원자들이 π 결합을 형성하는 한 개 이상의 기여 구조를 가진 공명 구조를 이루고 있을 때, 원자들은 sp^2 혼성화되어야 한다(또는 아주 드물게 sp 혼성일 수는 있지만 sp^3 혼성화는 불가능하다).

예제 1.19 ▸ 기여 구조와 혼성화

다음 아마이드의 3개의 기여 구조를 그리고, 색으로 강조한 O, C, N 원자의 혼성 상태를 밝혀라. 3개의 고립 전자쌍이 어느 궤도함수들에 존재하는가?

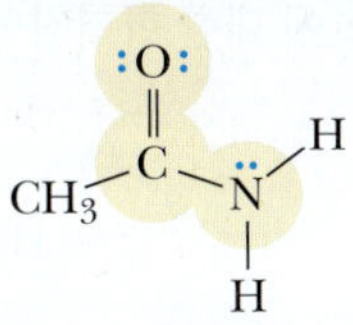

CH_3 C N H H

➡ 해답

탄소와 질소 사이에 이중 결합이 있는 합리적인 기여 구조 (C)가 있다. 따라서 3개의 원자들 모두 sp^2 혼성을 이룬다. 이는 N에 있는 고립 전자쌍이 $2p$ 궤도함수에 존재한다는 것을 의미한다.

A. B. C.

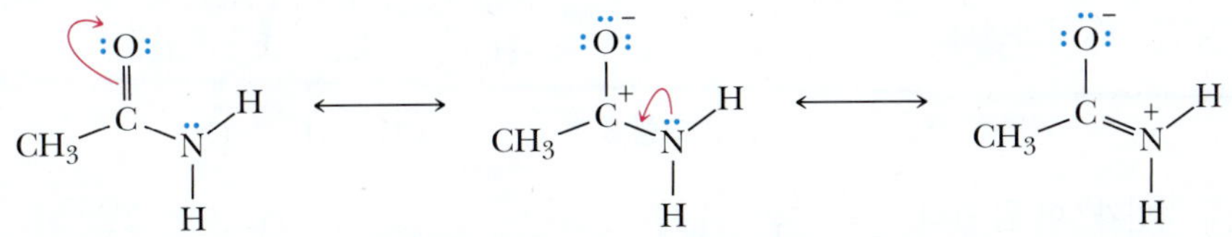

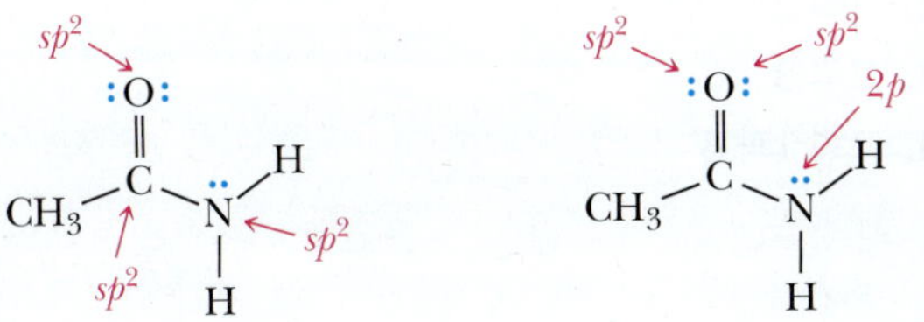

CH_3 C N H H ⟷ CH_3 C N H H ⟷ CH_3 C N H H

sp^2 sp^2 sp^2 CH_3 C N H H　　sp^2 sp^2 $2p$ CH_3 C N H H

연습 문제 1.19

다음 화합물(guanidine이라고 함)의 세 가지 기여 구조를 그리고, 강조된 네 원자들의 혼성 상태를 밝혀라. 어느 궤도함수에 3개의 고립 전자쌍이 존재하는가?

Guanidine

의과대학 입학시험(MCAT) 연습: 지문 및 질문

VSEPR과 공명

분자의 기하 구조를 예측하는 방법으로 유기 화학 서론에서 원자가 껍질 전자쌍 반발(VSEPR) 개념을 설명하였다. VSEPR의 개념에서 전자 밀도 지역은 서로 반발하여 결합이나 고립전자쌍의 전자는 이 지역들에서 가능한 한 멀리 떨어져 있어야 한다. 4개의 전자 밀도 지역은 사면체의 기하 구조, 3개의 전자 밀도 지역은 삼각 평면의 기하 구조, 2개의 전자 밀도 지역은 삼각 선형의 기하 구조가 예측된다.

VSEPR은 간단한 예측 수단이다. 그러나 어떤 경우에는 부정확한 예측을 가져온다. 이 경우 공명과 같은 결합에 대한 추가적인 통찰력이 필요하다. 흥미롭게도 VSEPR이 맞지 않는 여러 가지 중요한 경우가 생화학에 매우 중요하다. 두 가지 예를 아래에 나타내었다.

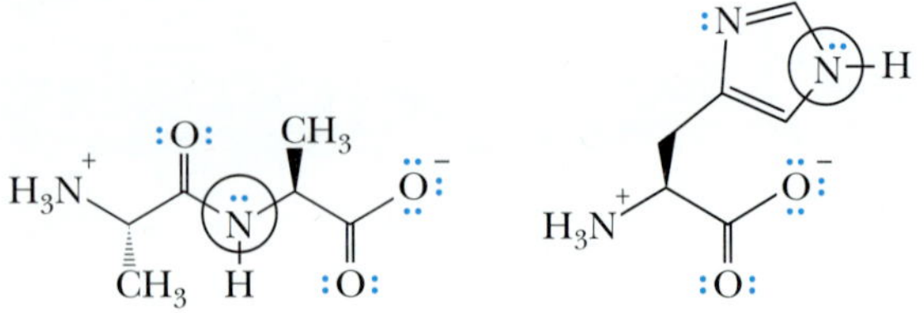

Histidine

원으로 나타낸 질소 원자는 VSEPR에 의하면 사면체의 기하 구조로 예측된다. 왜냐하면 각각 3개의 결합과 1개의 고립 전자쌍 전자로 4개의 전자 밀도 지역을 가지는 것처럼 보이기 때문이다. 그러나 두 가지 경우 모두 구조 분석을 해보면 실제로 삼각 평면 기하 구조를 가지고 있는 것으로 나타난다.

질문

A. 원으로 나타낸 질소의 혼성화 상태는 무엇인가? 이 원 안의 고립 전자쌍을 가지고 있는 궤도함수는 어떤 종류인가?

1. sp, $2p$
2. sp^2, sp^2
3. sp^3, $2p$
4. sp^2, $2p$

B. 위쪽 예의 오른쪽에 나타낸 분자는 아미노산인 histidine이며, 오원자 고리는 방향족성으로 알려져 있다. 방향족 고리는 고리 주위의 p 궤도함수에 2, 6, 10, 14개의 전자가 있다. 어떤 설명이 맞는지 표시하라.

1. 원으로 나타내지 않은 N의 고립 전자쌍을 포함하여 총 6개의 전자가 π 계에 있다(p 궤도함수에 있는 전자로 정의된다).
2. 원으로 나타낸 N 원자의 고립 전자쌍을 포함하여 총 6개의 전자가 π 계에 있다
3. 원으로 나타내지 않은 N 원자의 고립 전자쌍은 sp^2 혼성화된 질소 원자의 sp^2 궤도함수에 있다.
4. 설명 1과 2 모두 맞다.

C. 다음 중 어느 것이 위 예의 왼쪽에 나타낸 분자의 아마이드 결합에 대한 합리적인 기여 구조인가?

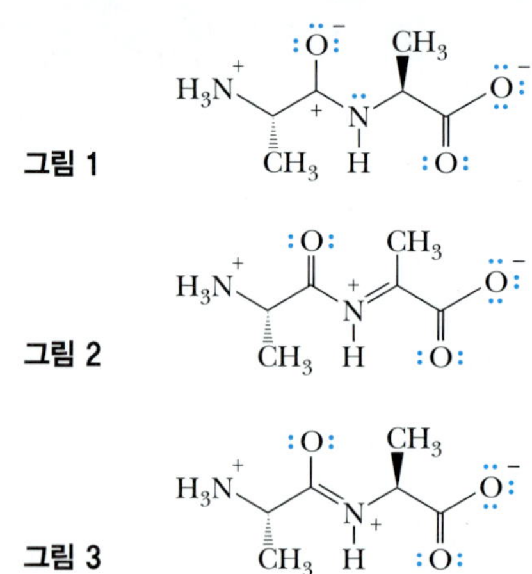

1. 그림 1
2. 그림 2
3. 그림 3
4. 그림 1과 3

D. 다음 구조는 imidazolium이라고 한다. Imidazolium에 대한 다음 설명 중에서 맞는 것은 어느 것인가?

Imidazolium

a. 두 개의 질소 모두 sp^2 혼성이고, 고립 전자쌍은 $2p$ 궤도함수에 들어 있다.

b. 오른쪽에 질소는 sp^3 혼성이고, 반면에 왼쪽에 질소는 sp^2 혼성이다. 고립 전자쌍은 sp^3 혼성 궤도함수에 들어 있다.

c. 동일한 기여 구조를 갖는 분자는 나타내지 않았다.

d. 분자는 합당한 기여 구조가 없다.

1. 설명 a와 c는 맞다.

2. 설명 a와 d는 맞다.

3. 설명 b와 c는 맞다.

4. 설명 b와 d는 맞다.

1.10 알케인, 알켄, 알카인의 결합 길이와 결합 세기

Ethane, ethylene, acetylene의 결합 길이 및 결합 세기(결합 해리 엔탈피) 값을 표 1.11에 나타내었다.

표 1.11 Ethane, Ethylene, Acetylene의 결합 길이와 결합 세기

이름	식	결합	궤도함수 겹침	결합 길이 (pm)	결합 세기 [kJ (kcal)/mol]
Ethane	H H H—C—C—H H H	C—C C—H	sp^3-sp^3 sp^3-$1s$	153.2 111.4	376 (90) 422 (101)
Ethylene	H H C=C H H	C—C C—H	sp^2-sp^2, $2p$-$2p$ sp^2-$1s$	133.9 110.0	727 (174) 464 (111)
Acetylene	H—C≡C—H	C—C C—H	sp-sp, 2개의 $2p$-$2p$ sp-$1s$	121.2 109.0	966 (231) 566 (133)

표 1.11을 공부할 때, 다음의 요점들을 주목하라.

1. 탄소-탄소 삼중 결합은 탄소-탄소 이중 결합보다 짧으며, 이중 결합은 탄소-탄소 단일 결합보다 짧다. 이런 결합 길이의 차이는 탄소 원자를 결합시키는 결합 수가 3개 : 2개 : 1개이기 때문이다.
2. Acetylene에서 C—H 결합은 ethylene의 C—H 결합보다 짧으며, ethylene은 ethane의 C—H 결합보다 짧다. 이런 C—H 결합의 상대적 길이는 수소와 σ 결합을 형성하는 탄소의 혼성 궤도함수 내의 s 특성의 비율로 결정할 수 있다. 혼성 궤도함수에서 s 특성 비율이 클수록, s 전자가 p 전자보다 평균적으로 핵에 가깝기 때문에 s에 있는 전자가 핵에 더 가까이 붙잡혀 있고 결합이 더 짧다. C—H 단일 결합의 상대적인 길이는 s 특성 비율이 sp 궤도함수에서 50%, sp^2 궤도함수에서 33.3%, sp^3 궤도함수에서 25%인 사실과 상호 관련이 있다. 또한 s 궤도함수의 전자는 p 궤도함수보다 좀 더 단단히 붙잡혀 있기 때문에, s 특성이 클수록 결합은 더 강하다. 혼성 궤도함수에서 s 특성을 논하는 것은 이번이 처음이지만 앞으로 몇 번 더 언급하게 될 것이다. 이것은 다양한 분자 성질에 큰 영향을 준다.

3. 결합 길이와 결합 세기는 상호 관련이 있다. 결합이 짧을수록 더 강하다. 탄소-탄소 삼중 결합은 C—C 결합 중 가장 짧고 가장 강하다. Acetylene의 탄소-수소 결합은 가장 짧고 역시 가장 강하다.
4. 비록 C—C 이중 결합이 C—C 단일 결합보다 강하지만, 두 배 정도 강한 것은 아니다. 마찬가지로 C—C 삼중 결합은 C—C 단일 결합보다 강하지만, 세 배 정도 강한 것은 아니다. 같은 축 상에 있는 궤도함수의 겹침으로 σ 결합을 형성하는 것이 서로 평행하게 있는 궤도함수의 겹침으로 π 결합을 형성하는 것보다 더 효과적(좀 더 강한 결합 세기를 나타낸다)이기 때문에 이러한 차이를 나타낸다.

사실과 개념에 대한 요약

1.1절 | 원자의 전자 구조

연습 문제: 1.1, 1.21, 1.22, 1.23

- 원자는 작고 밀도가 높은 핵과 **껍질**(shell)이라 불리는 핵 주위 공간에 분포되어 있는 전자들로 구성되어 있다.
  - 각 껍질은 $2n^2$개의 전자를 가질 수 있으며, 여기서 n은 껍질의 번호를 의미한다.
  - 각 주 에너지 준위는 **궤도함수**(orbital)라고 불리는 공간으로 세분화된다. **원자가 껍질**(valence shell)은 전자가 채워져 있는 가장 바깥 껍질이며, **원자가 전자**(valence electron)를 가지고 있다. 원자가 전자는 화학 결합에 참여하므로 중요하다.
- 원자들의 **Lewis 점 구조**(Lewis dot structure)는 원자의 원자가 껍질에 있는 전자수와 동일한 점의 수에 의하여 둘러싸인 원자의 기호를 나타낸다.

1.2절 | Lewis 결합 모형

연습 문제: 1.2

- 공유 결합의 Lewis 모형에 의하면 원자들은 화학 결합에 참여한 각 원자가 주기율표에서 가장 원자번호가 가까운 영족 기체와 닮은 완전한 원자가 껍질 전자 배치를 갖는 방법으로 서로 결합한다.
  - 양이온과 음이온은 서로 끌어당기지만 일정한 방향이 있는 결합을 형성하지는 않는다.
  - **공유 결합**(Covalent bond)은 인접한 원자들 간에 전자쌍들을 공유함으로써 형성되는 화학 결합이다.
  - 주족 원소들(1A~7A족 원소들)이 8개의 원자가 전자를 갖는 외각 껍질을 이루려는 경향을 **팔전자 규칙**(Octet rule)이라 한다.

연습 문제: 1.3~1.5, 1.24~1.26, 1.33~1.37, 1.66

- **전기음성도**(Electronegativity)는 한 원자가 화학 결합에서 다른 원자와 공유하는 전자를 끌어당기는 힘의 정도를 뜻한다.
  - **비극성 공유 결합**(Nonpolar covalent bond)은 결합한 원자 간의 전기음성도 차이가 0.5 이하의 공유 결합이다.
  - **극성 공유 결합**(Polar covalent bond)은 결합한 원자 간의 전기음성도 차이가 0.5~1.9인 공유 결합이다.
    - 극성 공유 결합에서 보다 전기음성적인 원자는 부분적인 음전하 ($\delta-$)를 띠며 덜 전기음성적인 원자는 부분적인 양전하 ($\delta+$)를 띤다.
    - 극성 결합은 결합 쌍극자 모멘트를 갖는데 이는 부분 전하의 절대값과 쌍극자 전하들 간의 거리(결합 길이)를 곱한 값이다.

연습 문제: 1.6, 1.7, 1.27, 1.32, 1.64, 1.65

- 분자 또는 이온에 적합한 **Lewis 구조**(Lewis structure)는 (1) 원자들의 정확한 연결 순서, (2) 정확한 수의 원자가 전자, (3) 수소의 외각에는 2개 이하 그리고 어떠한 2주기 원소의 외각에도 8개 이하의 전자, (4) 모든 형식 전하를 나타내어야만 한다.
  - 팔전자 규칙에 몇 가지 명백한 예외가 있다. 붕소와 알루미늄의 중성 화합물은 6개의 원자가 전자를 가지고 있다.

1.3절 | 작용기

- **작용기**(Functional group)들은 유기 화합물을 계열로 분류하고, 명명법의 기초를 이루는 특징적인 구조 단위이다.
  - 작용기들은 또한 화학 반응성이 있는 부분으로 어떠한 화합물에 있든 특정 작용기는 동일한 화학 반응이 일어난다.

연습 문제: 1.8~1.12, 1.41~1.47

1.4절 | 결합각과 분자의 형태

- 분자와 다원자 이온들의 결합각은 Lewis 구조와 **원자가 껍질 전자쌍 반발**(valence-shell electron-pair repulsion, VSEPR)을 이용하여 예측할 수 있다.
  - VSEPR은 4개의 전자 밀도 영역에 의하여 둘러싸인 원자들은 109.5°의 결합각, 3개의 전자 밀도 영역에 의하여 둘러싸인 원자들은 120°, 그리고 2개의 전자 밀도 영역에 둘러싸인 원자들은 180°의 결합각을 예측한다.

연습 문제: 1.13, 1.38~1.40, 1.67, 1.68

1.5절 | 극성과 비극성 분자

분자의 **쌍극자 모멘트**(dipole moment)는 각 결합의 쌍극자들의 벡터 합이다.

연습 문제: 1.14, 1.49, 1.50

1.6절 | 양자 역학 또는 파동 역학

- **양자 역학**(Quantum mechanic)은 입자 및 그와 관련된 파동을 연구하는 과학의 한 분야이다. 양자 역학을 통해 원자 궤도함수의 모양을 결정하고 공유 결합 형성 에너지를 결정할 수 있다.

1.7절 | 공유 결합을 설명하는 조합된 원자가 결합 이론

- 공유 결합의 **분자 궤도함수**(molecular orbital) 이론에 의하면 원자 궤도함수 n개의 조합은 n개의 분자 궤도함수들을 만든다.
  - 분자 궤도함수들은 시그마(σ), 파이(π) 결합성 및 반결합성 분자 궤도함수들로 나누어진다. 이러한 궤도함수들은 에너지가 증가하는 순서로 배열되며, 궤도함수들이 채워지는 순서는 원자 궤도함수들을 채우는 것과 같은 규칙에 의하여 채워진다.
  - 분자 궤도함수론은 비록 컴퓨터로 정량적인 계산에는 유용하지만, 자체만으로 복잡한 분자의 σ 결합의 직관적인 이해에는 도움을 줄 수 없다.

연습 문제: 1.61

- 분자 내 결합의 직관적 이해를 위해 우리는 원자가 결합 이론과 더불어 분자 궤도함수 이론의 개념(동일 상 또는 다른 상의 궤도함수 결합으로 결합성/반결합성 궤도함수를 만듦)을 사용한다.
  - **원자가 결합 이론**(Valence bond theory)은 **혼성화**(hybridization)라는 각 원자의 원자 궤도함수의 조합을 통하여 **혼성 궤도함수**(hybrid orbital)라는 원자 궤도함수를 만든다.
    - 1개의 $2s$ 원자 궤도함수와 3개의 $2p$ 원자 궤도함수가 조합되어 4개의 동등한 **sp^3 혼성 궤도함수**(sp^3 hybrid orbital)들을 만들며 각각 109.5°의 각으로 정사면체 꼭지점 방향으로 향하고 있다.
    - 1개의 $2s$ 원자 궤도함수와 2개의 $2p$ 원자 궤도함수가 조합되어 3개의 동등한 **sp^2 혼성 궤도함수**(sp^2 hybrid orbital)를 만들며 각각의 축은 120°의 각으로 같은 평면상에 있다.
    - 1개의 $2s$ 원자 궤도함수와 1개의 $2p$ 원자 궤도함수가 조합되어 2개의 동등한 **sp 혼성 궤도함수**(sp hybrid orbital)를 만들며 180°의 각으로 축 상에 있다.

연습 문제: 1.15, 1.55, 1.62

- S와 P 원자는 보통 $3d$ 전자가 참여하여 8개 이상의 원자가 전자를 가진 것으로 표현된다.
  - 최근의 계산 결과에 의하면, 많은 경우 S와 P 원자는 $3d$ 궤도함수가 참여하는 것보다는 형식 전하를 가진 sp^3 혼성 궤도함수로 표현하는 것이 최선의 방법이라 생각된다.

- 분자 궤도함수 이론과 원자가 결합 이론을 조합한 이론으로 판단하면, 유기 분자 내에 결합은 인접한 원자들끼리 혼성 원자 궤도함수들이(혼성화되지 않은 $2p$ 궤도함수도 가능) 같은 상 합침(결합성 궤도함수를 형성하기 위하여 겹침)과 다른 상 합침, 또는 빼기(반결합성 궤도함수를 생성하기 위해)를 통하여 형성됨을 생각할 수 있다.
  - 모든 C—C, C—O, C—N의 단일 결합은 혼성 궤도함수의 겹침으로 생성되는 σ 결합이다.
  - 모든 C—H, O—H, N—H의 단일 결합은 C, O, N의 혼성 궤도함수와 H의 $1s$ 궤도함수의 겹침으로 형성되는 σ 결합이다.
  - 모든 C═C, C═O, C═N, N═N, N═O 이중 결합은 혼성 궤도함수들의 겹침으로 형성되는 하나의 σ 결합과 서로 평행인 비혼성화된 $2p$ 궤도함수 간의 겹침으로 생성되는 π 결합의 조합이다.
  - 모든 C≡C 와 C≡N 삼중 결합은 sp 혼성 궤도함수들의 겹침으로 형성되는 하나의 σ 결합과 서로 평행인 비혼성화된 $2p$ 궤도함수 두 세트 간의 겹침으로 생성되는 두 개의 π 결합의 조합이다.

연습 문제: 1.15, 1.57~1.61, 1.63, 1.71, 1.72, 1.76

1.8절 | 공 명

- **공명 이론**(Theory of resonance)에 의하면 하나의 Lewis 구조로는 적당하지 않는 분자와 이온들의 구조는 **기여 구조**(contributing structure)라는 둘 이상의 Lewis 구조에 의해 잘 설명될 수 있다. 실제 분자 또는 이온들은 여러 기여 구조들의 **공명 혼성체**(resonance hybrid)이다.
  - 혼성을 표현하기 위하여 이중-머리 화살표(double-headed arrow)를 기여 구조들 사이에 그린다.
  - 가장 중요한 기여 구조는 (1) 전자들이 완전히 채워진 원자가 껍질, (2) 최대의 공유 결합 수, (3) 반대 전하의 최소 분리, (4) 보다 전기음성적인 원자가 음전하를 갖거나 덜 전기음성적인 원자에 양전하를 갖는다.
  - 굽은 화살표(Curved arrow)는 한 기여 구조로부터 다른 기여 구조로 원자가 전자들을 재배치하는 방법을 나타낸다. 이러한 방법으로 굽은 화살표를 사용하는 것을 일반적으로 **전자 밀어내기**(electron pushing)라 한다. 굽은 화살표는 항상 원자의 움직임이 아닌 전자쌍의 움직임을 나타낸다.

연습 문제: 1.16~1.18, 1.51~1.55, 1.69, 1.70, 1.74

1.9절 | 비편재화된 계의 분자 궤도함수

- 한 가지 이상의 공명 기여 구조를 사용하여 표현되는 분자들의 대부분의 예들은 전하 혹은 전자의 **비편재화**(delocalization)를 가진다. 비편재화는 두 개 이상의 원자들에 전자 및 전하가 퍼짐으로써 나타나는 안정화 효과이다.
  - **콘쥬게이션**(Conjugation)을 가진 분자들에서 비편재화가 일어난다. 결합 사이에 다른 원자가 없는 π 결합과 고립 전자쌍은 콘쥬게이션되어 있다.
  - 3개 이상의 이웃한 원자들 사이의 $2p$ 궤도함수들이 겹침으로서 생성되는 분자 궤도함수들의 전자는 비편재화되어 있다.
    - 만일 원자들이 공명 기여 구조들에 의하여 기술되는 비편재화에 참여한다면, $2p$ 궤도함수를 가지고 있어야 하며, sp^2 혼성화되어야 한다. 드물게 sp 혼성화도 가능하다.

연습 문제: 1.19, 1.73, 1.75, 1.77

1.10절 | 알케인, 알켄, 알카인의 결합 길이와 결합 세기

- 두 원자 사이에 결합이 많아질수록 결합 길이는 짧아지고 결합 세기는 커진다.
  - 탄소-탄소 삼중 결합은 탄소-탄소 이중 결합에 비하여, 탄소-탄소 이중 결합은 탄소-탄소 단일 결합에 비하여 결합 길이는 짧아지고, 결합 세기는 커진다.
- 결합에 s 특성 비율이 더 많은 혼성 궤도함수가 참여할수록 결합 길이는 더 짧아지고 결합 세기는 더 커진다.

» 연습 문제

붉은색 번호는 응용 문제를 나타낸다.

› 원자의 전자 구조

1.20 각 원자의 바닥 상태 전자 배치를 써라. 원자 번호는 괄호로 나타내었다.

(a) 소듐(11) **(b)** 마그네슘(12) **(c)** 산소(8) **(d)** 질소(7)

1.21 다음과 같은 바닥 상태 전자 배치를 갖는 원자를 밝혀라.

(a) $1s^2\,2s^2\,2p^6\,3s^2\,3p^4$ **(b)** $1s\,2s^2\,2p^4$

1.22 원자가 껍질과 원자가 전자를 정의하여라.

1.23 다음의 원자에는 몇 개의 전자가 원자가 껍질에 있는가?

(a) 탄소 **(b)** 질소 **(c)** 염소 **(d)** 알루미늄

› Lewis 구조와 형식 전하

1.24 주기율표에서의 상대 위치로부터 각 세트의 어느 원자가 더 전기음성적인지 판단하여라.

(a) 탄소 또는 질소 **(b)** 염소 또는 브로민 **(c)** 산소 또는 황

1.25 다음의 화합물들이 비극성 공유 결합, 극성 공유 결합, 이온 결합 중 어느 형태를 갖는지 나타내어라.

(a) LiF **(b)** CH_3F **(c)** $MgCl_2$ **(d)** HCl

1.26 다음 각 공유 결합에서 만약 극성이 있다면 극성의 방향을 $\delta-$와 $\delta+$의 **부호를 이용**하여 나타내어라.

(a) C—Cl **(b)** S—H **(c)** C—S **(d)** P—H

1.27 다음 분자들의 Lewis 구조를 쓰고 모든 원자가 전자를 나타내어라. 어떤 화합물도 고리를 가지진 않는다.

(a) Hydrogen peroxide, H_2O_2 **(b)** Hydrazine, N_2H_4 **(c)** Methanol, CH_3OH

1.28 다음 이온들의 Lewis 구조를 그려라. 또한 모든 원자가 전자와 형식 전하를 나타내어라.

(a) Amide 이온, NH_2^- **(b)** Bicarbonate 이온, HCO_3^- **(c)** Carbonate 이온, CO_3^{2-}

(d) Nitrate 이온, NO_3^- **(e)** Formate 이온, $HCOO^-$ **(f)** Acetate 이온, CH_3COO^-

1.29 충분한 수소를 첨가하여 각 탄소의 4-원자가가 완성된 구조식을 그리고 각 화합물의 분자식을 써라.

```
              C                        O                  O
              |                        ‖                  ‖
(a) C—C=C—C—C       (b) C—C—C—C—OH      (c) C—C—C—C

         O               C                       O
         ‖               |                       ‖
(d) C—C—C—H     (e) C—C—C—C—NH2      (f) C—C—C—OH
      |                  |                  |
      C                  C                  NH2

      OH                OH   O
      |                 |    ‖
(g) C—C—C—C—C     (h) C—C—C—C—OH      (i) C=C—C—OH
```

1.30 다음의 몇몇 구조식은 원자가 정확하지 않은 결합 수를 가지고 있기 때문에 부정확하다(즉, 실제 화합물을 나타내지 않는다). 어떤 구조식이 틀린 것이며, 어떤 원자가 잘못된 결합 수를 가지고 있는가?

```
      H  H                        Cl                      H  H
      |  |                        |                       |  |
(a) H—C—C═O—H         (b) H—C═C—H          (c) H—N—C—C—O—H
      |  |                      |  |                 |  |  |
      H  H                      H  H                 H  H  H

              H                    H  H  O                 H  H  O
              |                    |  |  ‖                 |  |  ‖
(d) H—C≡C—C—H       (e) H—O—C—C—C—O—H      (f) H—C—C—C—H
        |     |                    |  |                    |  |  |
        H     H                    H  H                    H  H  H

      H              H                   H
      |              |                   |
(g) H—C—C═C═C—C—H        (h) H—C≡C—C—H
      |  |     |  |                      |
      H  H     H  H                      H
```

1.31 각각의 탄소, 산소, 질소 원자가 외각에 8개의 원자가 전자를 채우기 위해 반응한다는 법칙을 따라, 다음 이온들의 원자가 껍질을 채우기 위해 필요한 비공유 전자쌍을 더하고 적절한 형식 전하를 나타내어라.

```
      H  H                 H  H                   H  H   O
      |  |                 |  |                   |  |  //
(a) H—C—C—O       (b) H—C—C         (c) H—N—C—C
      |  |                 |  |                   |  |   \
      H  H                 H  H                   H  H    O
```

1.32 다음은 모든 원자가 전자를 나타낸 Lewis 구조들이다. 각 구조에 적절한 형식 전하를 나타내어라.

```
      H :O:                    ··                         :O:
      |  ‖                     :O:                         ‖
(a) H—C—C—C—H          (b) H—N̈—C═C—H          (c) H—C̈—C—H
      |     |                  |     |                    |
      H     H                  H     H                    H

         ··
      H :O:                H     H                 H
      |  |                 |     |                 |    ··
(d) H—C—C═C—H       (e) H—C—C—C—H        (f) H—C—O—H
      |     |              |  |  |                 |  |
      H     H              H  H  H                 H  H
```

공유 결합의 극성

1.33 다음 중 전기음성도에 대하여 올바르게 설명한 것은 어느 것인가?

(a) 주기율표의 같은 주기에서 왼쪽에서 오른쪽으로 갈수록 전기음성도는 증가한다.

(b) 주기율표의 같은 족에서 위에서 아래로 갈수록 전기음성도는 증가한다.

(c) 가장 낮은 원자 번호를 갖는 수소는 가장 작은 전기음성도를 갖는다.

(d) 원소의 원자 번호가 클수록 전기음성도는 커진다.

1.34 주기율표의 오른쪽 위 모서리에 있는 플루오린이 왜 다른 원소들에 비하여 가장 큰 전기음성도를 갖는지를 설명하여라.

1.35 각 세트에서 단일 공유 결합을 극성이 증가하는 순서로 배열하여라.

(a) C—H, O—H, N—H **(b)** C—H, B—H, O—H **(c)** C—H, C—Cl, C—I

(d) C—S, C—O, C—N **(e)** C—Li, C—B, C—Mg

1.36 표 1.5에 나타낸 전기음성도 값을 이용하여 어느 결합이 더 극성을 띠는지, $\delta+$와 $\delta-$의 부호를 이용하여 극성의 방향을 나타내어라.

(a) CH_3—OH 또는 CH_3O—H **(b)** CH_3—NH_2 또는 CH_3—PH_2

(c) CH_3—SH 또는 CH_3S—H **(d)** CH_3—F 또는 H—F

1.37 각 분자에서 가장 극성인 결합을 나타내어라.

(a) $HSCH_2CH_2OH$ **(b)** $CHCl_2F$ **(c)** $HOCH_2CH_2NH_2$

분자의 결합각과 모양

1.38 VSEPR을 이용하여 표시된 원자들에 대한 결합각을 예측하여라.

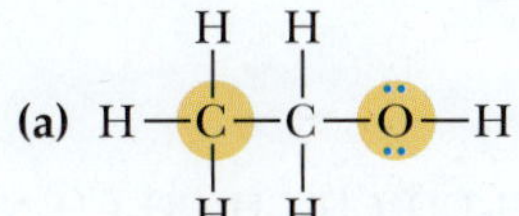
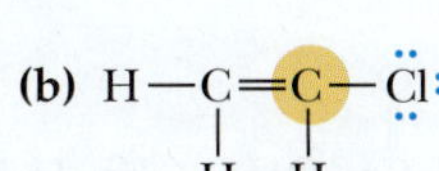
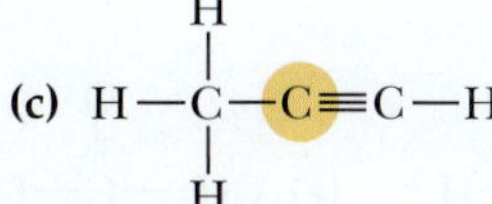

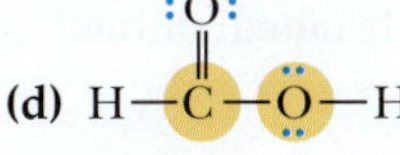
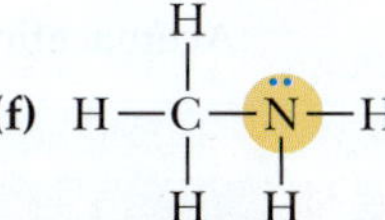

(f) $H-\underset{H}{\overset{H}{C}}-\underset{H}{\ddot{N}}-H$

1.39 VSEPR을 이용하여 다음 분자들의 탄소, 질소, 산소 원자들의 결합각을 예측하여라.

(a) $CH_3-CH{=}CH_2$ **(b)** $CH_3-\overset{CH_3}{N}-CH_3$ **(c)** $CH_3-CH_2-\overset{O}{\overset{\|}{C}}-OH$

(d) $H_2C{=}C{=}CH_2$ **(e)** $H_2C{=}C{=}O$ **(f)** $CH_3-CH{=}N-OH$

1.40 VSEPR을 이용하여 다음 이온들의 기하 형태를 예측하여라.

(a) NH_2^- **(b)** NO_2^- **(c)** NO_2^+ **(d)** NO_3^-

작용기

1.41 다음 작용기들의 Lewis 구조를 그려라. 각각에 모든 원자가 전자를 나타내어라.

(a) 카보닐기 **(b)** 카복시기 **(c)** 하이드록시기

(d) 에스터기 **(e)** 아마이드기

1.42 다음의 것을 포함하여 분자식 C_4H_8O인 모든 화합물의 축소 구조식을 그려라.

(a) 카보닐기(알데하이드 2종류, 케톤 1종류가 있음)

(b) 탄소-탄소 이중 결합과 하이드록시기(8종류가 있음)

1.43 알코올을 분류할 때에 3차(3°)라는 용어의 의미는 무엇인가? 분자식이 $C_4H_{10}O$인 3차(3°) 알코올의 구조식을 그려라.

1.44 아민을 분류할 때에 3차(3°)라는 용어의 의미는 무엇인가? Hunig 염기로 알려진 3차 아민의 구조식을 그려라(*N*,*N*-diisopropylethylamine).

1.45 다음의 구조식을 그려라.

(a) 분자식 $C_4H_{11}N$을 가지는 1차(1°) 아민 네 가지

(b) 분자식 $C_4H_{11}N$을 가지는 2차(2°) 아민 세 가지

(c) 분자식 $C_4H_{11}N$을 가지는 3차(3°) 아민 한 가지

1.46 분자식 $C_5H_{13}N$을 가지는 3차(3°) 아민 세 가지의 구조식을 그려라.

1.47 다음의 구조식을 그려라.

(a) $C_5H_{12}O$의 분자식을 갖는 알코올 8종류

(b) $C_6H_{12}O$의 분자식을 갖는 알데하이드 8종류

(c) $C_6H_{12}O$의 분자식을 갖는 케톤 6종류

(d) $C_6H_{12}O_2$의 분자식을 갖는 카복실산 8종류

(e) $C_5H_{10}O_2$의 분자식을 갖는 카복시에스터 9종류

1.48 다음 화합물에서 작용기를 밝혀라.

(a) 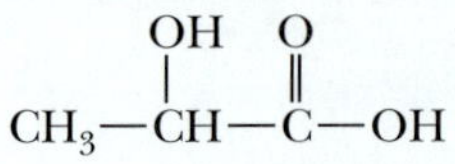 $CH_3-CH(OH)-C(=O)-OH$ Lactic acid

(b) $HO-CH_2-CH_2-OH$ Ethylene glycol

(c) 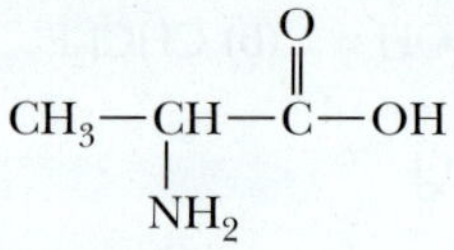 $CH_3-CH(NH_2)-C(=O)-OH$ Alanine

(d) 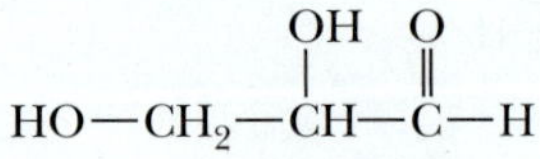 $HO-CH_2-CH(OH)-C(=O)-H$ Glyceraldehyde

(e) 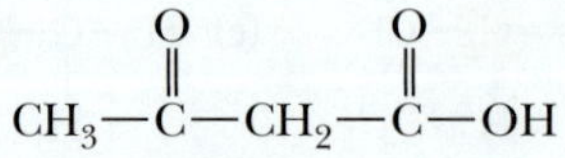 $CH_3-C(=O)-CH_2-C(=O)-OH$ Acetoacetic acid

(f) $H_2NCH_2CH_2CH_2CH_2CH_2CH_2NH_2$ 1,6-Hexanediamine

극성과 비극성 분자

1.49 각 분자를 3차원으로 그려라. 어느 것이 쌍극자 모멘트를 가지고 있으며 이것의 방향은 어떠한지 나타내어라.

(a) CH_3F (b) CH_2Cl_2 (c) CH_2ClBr (d) $CFCl_3$ (e) CCl_4

(f) $CH_2{=}CCl_2$ (g) $CH_2{=}CHCl$ (h) $HC{\equiv}C-C{\equiv}H$ (i) $CH_3C{\equiv}N$

(j) $(CH_3)_2C{=}O$ (k) $BrCH{=}CHBr$ (두 가지 답)

1.50 Tetrafluoroethylene (C_2F_4)는 Teflon으로 잘 알려져 있는 고분자인 polytetrafluoroethylene (PTFE)의 원료이다. Tetrafluoroethylene의 쌍극자 모멘트는 0이다. 이 분자의 구조식을 제안하여라.

공명과 기여 구조

1.51 공명 기여 구조에 대한 설명 중 맞는 것은 어느 것인가?

(a) 모든 기여 구조들은 같은 수의 원자가 전자를 가져야 한다.

(b) 모든 기여 구조들은 같은 원자 배치를 가져야 한다.

(c) 기여 구조의 모든 원자들은 완전한 원자가 껍질을 가져야 한다.

(d) 기여 구조들 세트에서의 모든 결합각들은 같아야 한다.

1.52 굽은 화살표를 이용하여 기여 구조를 그리고, 적절한 형식 전하를 나타내어라.

(a) 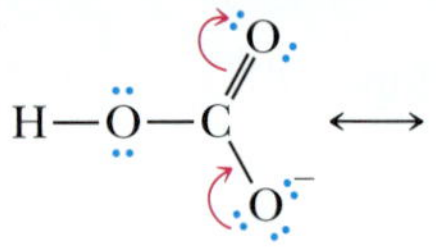 $H-\ddot{O}-C(=O)-O^-$ ⟷

(b) $H-\ddot{O}-C(=O)-O^-$ ⟷

(c) $CH_3-\ddot{O}-C(=O)-O^-$ ⟷

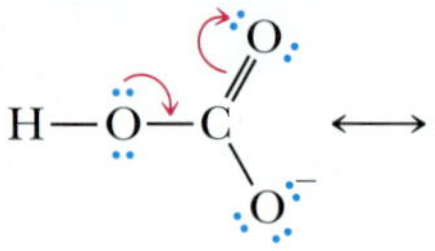

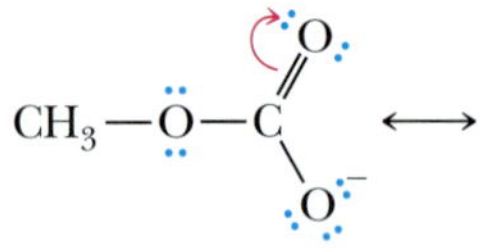

(d) 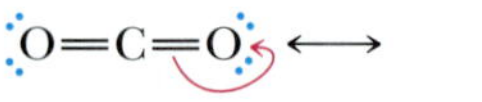 $O{=}C{=}O$ ⟷

(e) 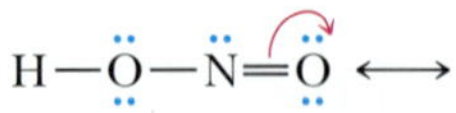 $H-\ddot{O}-\ddot{N}{=}\ddot{O}$ ⟷

(f)  $H-\ddot{O}-\ddot{N}{=}\ddot{O}$ ⟷

1.53 연습 문제 1.52의 각 기여 구조쌍에 있는 탄소와 질소 원자에 대한 결합각들을 VSEPR을 이용하여 예측하여라. 한 기여 구조에서 다른 기여 구조로 변할 때 결합각은 어떻게 변화되는가?

1.54 연습 문제 1.52에서는 기여 구조 한 개가 주어지고 다른 기여 구조를 그리도록 하였다. 동등한 기여 구조쌍을 표시하여라. 만일 동등하지 않은 기여 구조 세트일 경우, 더 중요한 기여 구조를 표시하여라.

1.55 다음 각 세트의 구조들은 타당한 기여 구조인가?

(a) (b) (c) (d) [chemical structures]

원자가 결합 이론

1.56 각각의 표시된 원자의 궤도함수 혼성화에 대하여 설명하여라.

(a) (b) (c) (d) (e) (f) (g) (h) (i) $CH_2{=}C{=}CH_2$

1.57 각각의 표시된 결합을 원자 궤도함수의 겹침으로 설명하여라.

(a) (b) (c) $CH_2{=}C{=}CH_2$ (d) (e) (f) (g) (h) (i)

1.58 다음은 McNeil Consumer Pharmaceuticals사가 Pepcid라는 이름으로 판매하는 처방약 famotidine의 구조식이다. Pepcid의 주된 치료 분야는 십이지장 궤양과 위궤양 치료이다. Pepcid는 histamine H_2 수용체의 경쟁적인 저해제로서 위산 농도와 위분비물의 부피를 감소시킨다.

(a) Famotidine의 Lewis 구조를 모든 원자가 전자와 형식 양전하 또는 음전하를 나타내어 완성하여라.

(b) 표시된 결합을 원자 궤도함수의 겹침으로 설명하여라.

1.59 Methyl isocyanate (CH_3NCO)의 Lewis 구조를 모든 원자가 전자를 나타내어 그려라. 이 분자의 모든 결합각과 C, N, O의 혼성화를 예측하여라.

결합된 MO/VB 이론

1.60 다음 화합물 구조의 표시된 원자들의 혼성화 종류와 결합각을 예측하여라. 또한 각각 질소 원자의 고립 전자쌍은 어떤 궤도함수에 존재하는지 밝혀라.

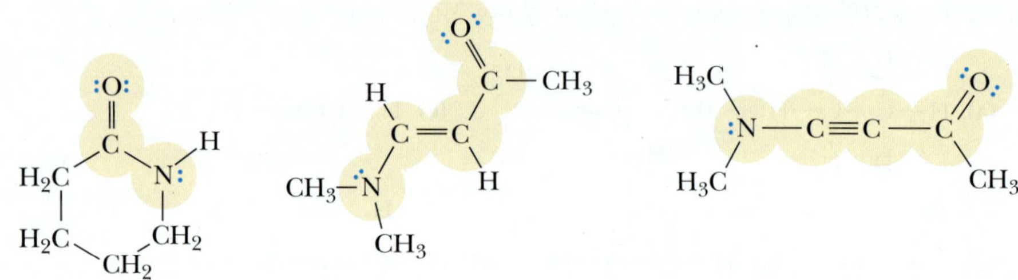

1.61 간단한 그림을 사용하여 C—O σ 결합의 분자 궤도함수 결합 도표를 그려라. 또한 C와 O의 상대적 에너지를 고려하여, 생성되는 결합성과 반결합성 분자 궤도함수는 C—C σ 결합에 비하여 어떤 변화가 있는지 설명하여라.

1.62 Acetone의 산소 원자의 고립 전자쌍은 어딴 궤도함수에 존재하는가? 그리고 이들이 methyl기(—CH_3)와 같은 평면에 있는가, 수직으로 있는가?

1.63 다음 분자의 비편재화된 분자 궤도함수를 그려라. 삼중 결합의 두 π 결합이 비편재화된 궤도함수에 존재하는가?

$$CH_3—C\equiv C—CH\equiv CH_2$$

추가 문제

1.64 다음 분자식은 왜 불가능한가?

(a) CH_5 (b) C_2H_7

1.65 각 화합물은 이온이나 공유 결합을 가진다. 각 화합물의 Lewis 구조를 그리고, 실선으로 공유 결합, 전하를 이용하여 이온 결합을 나타내어라.

(a) Sodium methoxide, CH_3ONa

(b) Ammonium chloride, NH_4Cl

(c) Sodium bicarbonate, $NaHCO_3$

(d) Sodium borohydride, $NaBH_4$

(e) Lithium aluminum hydride, $LiAlH_4$

1.66 유기금속 화합물의 탄소-금속 결합이 비극성 공유, 극성 공유, 이온 결합인지 예측하여라. 각 극성 공유 결합에서 기호 $\delta+$와 $\delta-$를 이용하여 극성의 방향을 나타내어라.

(a) $(CH_3CH_2)_4Pb$ (central Pb bonded to four CH_2CH_3 groups)
Tetraethyllead

(b) $CH_3—Mg—Cl$
Methylmagnesium chloride

(c) $CH_3—Hg—CH_3$
Dimethylmercury

1.67 규소는 주기율표에서 탄소 바로 밑에 위치한다. Silane (SiH_4)의 기하학적 구조를 예측하여라.

1.68 인은 주기율표에서 질소 바로 밑에 위치한다. 인과 수소에 의해 형성된 phosphine의 분자식을 예측하여라. Phosphine의 H—P—H의 결합각을 예측하여라.

1.69 Azide 이온(N_3^-)의 Lewis 구조를 그려라(이 이온에서 원자가 결합하는 순서는 N—N—N이며 고리를 만들지 않는다). 이 이온의 N—N 결합 길이가 동일하다는 것을 공명 모형을 이용하여 설명하여라.

1.70 Cyanic acid (HOCN)와 isocyanic acid (HNCO)는 물에 용해되어 H^+를 잃어버림으로써 같은 음이온을 만든다.

(a) Cyanic acid의 Lewis 구조를 그려라.

(b) Isocyanic acid의 Lewis 구조를 그려라.

(c) 각 산이 H^+를 잃어버림으로써 동일한 음이온을 만드는 사실을 설명하여라.

예습 문제

1.71 6장에서 탄소양이온이라는 유기 양이온들에 대하여 공부한다. 다음은 그러한 탄소양이온의 하나인 *tert*-butyl 양이온이다.

$$(H_3C)_2\overset{+}{C}{-}CH_3$$ ***tert*-Butyl 양이온**

(a) 양전하를 띠는 탄소의 원자가 껍질에는 몇 개의 전자가 있는가?

(b) VSEPR을 이용하여 이 탄소에 대한 결합각을 예측하여라.

(c) (b)에 주어진 결합각에서 이 탄소에 대한 혼성 종류가 무엇인지 예측하여라.

1.72 많은 반응들은 출발 물질의 하나 이상의 원자들에서 혼성화의 변화가 일어난다. 다음의 반응에서 출발 물질에서 혼성화의 변화가 일어나는 원자를 찾아내고 어떠한 변화가 일어나는지 나타내어라. 이 반응들은 후에 자세히 공부할 것이다.

(a) $H_2C{=}CH_2 + Cl_2 \longrightarrow H{-}CHCl{-}CHCl{-}H$

(b) $H{-}C{\equiv}C{-}H + Cl_2 \longrightarrow HClC{=}CClH$

(c) $H{-}C{\equiv}C{-}H + H_2O \longrightarrow H{-}CH_2{-}C({=}O){-}H$

(d) $H{-}C({=}O){-}H + H_2 \longrightarrow H{-}CH_2{-}O{-}H$

(e) $H{-}CH_2{-}\overset{+}{C}H{-}CH_2{-}H + H_2O \longrightarrow H{-}CH_2{-}CH(OH){-}CH_2{-}H + H^+$

(f) $H{-}CH_2{-}CH_2{-}O{-}C({=}O){-}CH_2{-}H \longrightarrow H_2C{=}CH_2 + H{-}O{-}C({=}O){-}CH_2{-}H$

1.73 다음은 21장에서 공부할 benzene (C_6H_6)의 구조식이다.

(Benzene 구조식: 단일 결합과 이중 결합이 번갈아 있는 6원 고리, 각 C에 H가 하나씩 결합)

(a) VSEPR을 이용하여 benzene의 각 H—C—C와 C—C—C의 결합각을 예측하여라.

(b) Benzene의 각 탄소의 혼성 종류에 대하여 설명하여라.

(c) Benzene 분자의 모양을 예측하여라.

(d) 중요한 공명 기여 구조를 그려라.

1.74 다음은 diazomethane (CH_2N_2)의 세 가지 기여 구조이다. 이 분자는 카복실산으로부터 methyl ester를 만드는 데 사용된다(17.7C절).

(a) 한 기여 구조에서 자신의 각각 오른쪽에 있는 형태로 어떻게 변하는지 굽은 화살표를 이용하여 나타내어라.

(b) 어떤 기여 구조가 혼성에 가장 많은 기여를 하는가?

1.75 **(a)** 오존 분자 O_3의 Lewis 구조를 그려라(원자가 결합하는 순서는 O—O—O이며 고리를 형성하지 않음). 화학자들은 오존을 이용하여 탄소-탄소 이중 결합을 끊는다(6.5C절).

(b) 형식 전하를 포함하여 4개의 기여 공명 구조를 그려라.

(c) 오존에서의 O—O 결합 길이(128 pm)가 과산화수소에서의 O—O 결합 길이(HOOH, 147 pm)보다 짧은 반면, 산소 분자에서의 O—O 결합 길이(123 pm)보다 긴 이유를 공명 모형을 이용하여 설명하여라.

분자 궤도함수

1.76 아래의 두 화합물은 이성질체이다. 즉, 같은 분자식을 가지지만 다른 화합물이다. 이런 형태의 이성질체는 5장에서 설명할 것이다.

(a) 이런 다른 분자는 왜 상호 전환하지 못하는가?

(b) 분자의 이중 결합에 의한 빛의 흡수는 둘 중 하나의 전자가 π 분자 궤도함수로부터 π^* 분자궤도 함수로 들뜨게 된다. 이런 흡수에 의하여 어떻게 두 개의 이성질체가 상호 전환을 하는지 설명하여라.

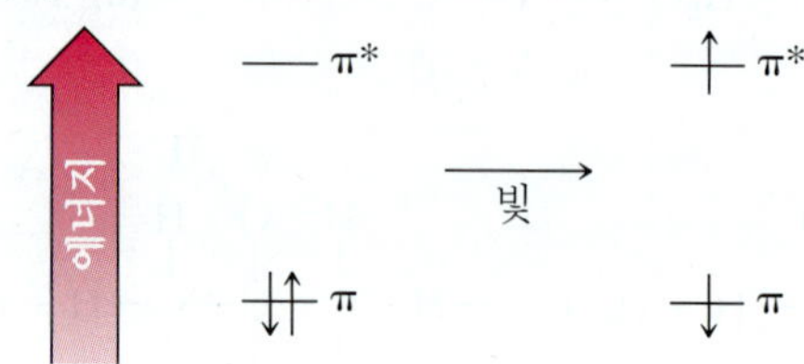

1.77 앞으로 공부할 내용에서 우리는 탄소음이온(carbanion: 탄소 원자가 3개의 결합과 1개의 고립 전자쌍을 가지며 음으로 하전된 이온)을 보게 될 것이다. 다음의 알릴(allyl) 음이온의 다른 기여 구조를 그려라. 그리고 궤도함수를 나타내는 그림을 사용하여 비편재화된 계를 나타내는 3개의 궤도함수를 그려라(*힌트:* 그림 1.26). 3개의 궤도 함수 중에서 어느 궤도함수에 전자가 채워져 있겠는가?

알릴 음이온

1.78 *d* 궤도함수를 사용하지 않고 PCl_5의 결합을 설명하여라. 힌트로 PCl_5의 결합 구조는 다음과 같다.

제 2 장

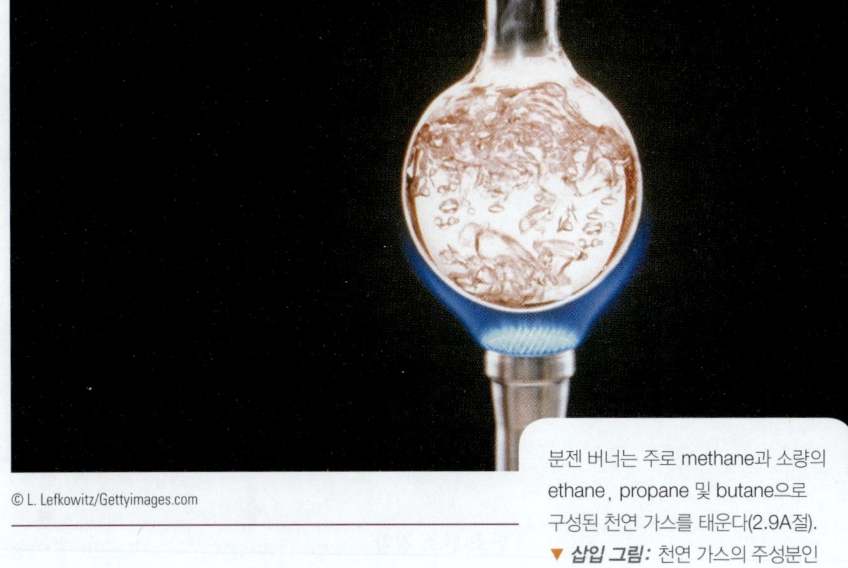

© L. Lefkowitz/Gettyimages.com

분젠 버너는 주로 methane과 소량의 ethane, propane 및 butane으로 구성된 천연 가스를 태운다(2.9A절).
▼ ***삽입 그림:*** 천연 가스의 주성분인 methane의 모형.

알케인과 사이클로알케인

Alkanes and Cycloalkanes

이 장의 차례

이 장에서는 유기 화학물의 가장 간단한 형태인 알케인의 물리적 화학적 성직을 알아봄으로써 유기 화합물에 대한 공부를 시작하기로 한다. 실제로 알케인은 탄화수소라고 부르는 커다란 유기 화합물군에 속한다. **탄화수소**(Hydrocarbon)는 탄소와 수소로만 구성되어 있는 화합물이다. 그림 2.1은 각각의 탄소 원자 사이에 특징적인 결합 형태와 함께 4가지 종류의 탄화수소를 보여주고 있다.

알케인(Alkane)은 **포화 탄화수소**(saturated hydrocarbon)이다. 즉, 이들은 탄소-탄소 단일 결합만 가지고 있다. 이러한 상황에서 *포화*(saturated)는 각 탄소들이 최대로 많은 수의 수소와 결합되어 있다는 것을 의미한다. 알케인은 보통 **지방족 탄화수소**(aliphatic hydrocarbon)라고 한다. 그 이유는 이 부류에 속하는 고급 탄화수소 화합물들의 물리적 성질이 동물성 지방과 식물성 기름(그리스어: *aleiphar*, 지방 혹은 기름)에서 발견되는 긴 탄소 사슬 분자들의 물리적 성질과 비슷하기 때문이다.

이장의 동영상 강의를 보려면 **www.cengage.com/chemistry/brown/organic7e**에 접속 후 **Access Student Materials**를 클릭하라.

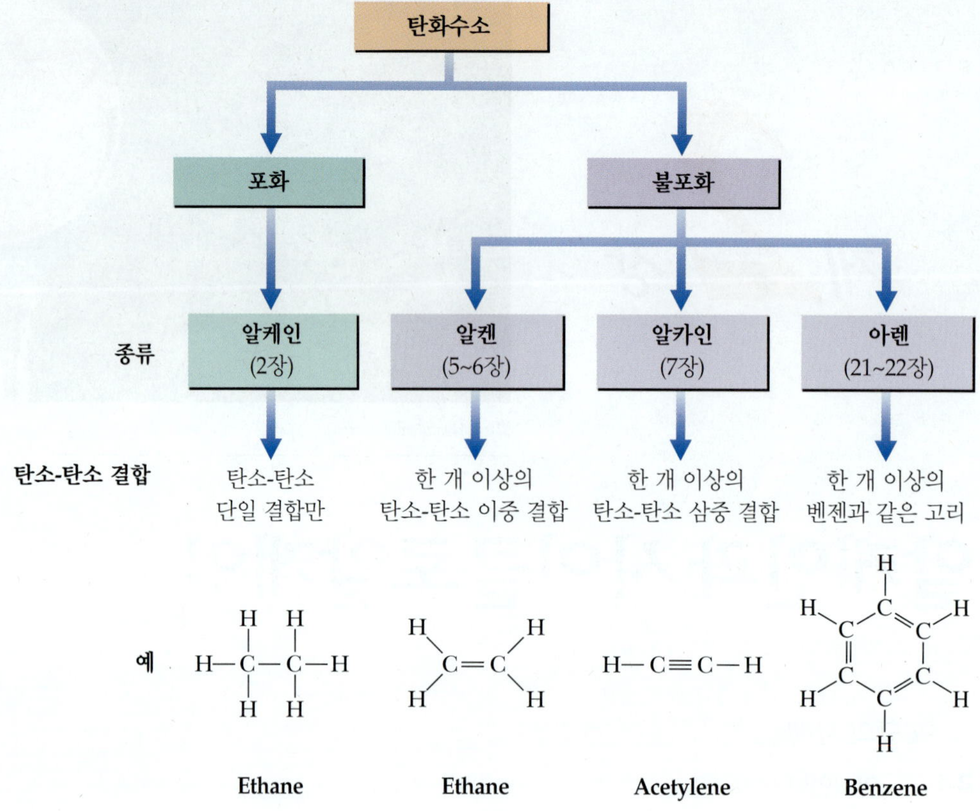

그림 2.1 ▸ 탄화수소의 4가지 종류.

한 개 이상의 탄소-탄소 이중 결합, 삼중 결합 혹은 방향족 고리를 가지고 있는 탄화수소는 **불포화 탄화수소**(unsaturated hydrocarbon)로 분류된다. 이 장에서는 알케인(포화 탄화수소)만 공부한다. 알켄과 알카인(모두 불포화 탄화수소)은 5장, 6장, 7장에서, 아렌(역시 불포화 탄화수소)은 21장과 22장에서 다루기로 한다.

2.1 알케인의 구조

Methane (CH_4)과 ethane (C_2H_6)은 알케인 계열의 첫 번째 두 가지 화합물이다. 그림 2.2는 이들 화합물의 Lewis 구조와 분자 모형을 보여주고 있다. Methane의 형태는 정사면체(tetrahedral)이고, 모든 H—C—H의 결합각은 109.5°이다. Ethane의 각 탄소도 정사면체의 구조를 가지며, 모든 결합각은 대략 109.5°이다.

비록 더 커다란 알케인의 삼차원적인 형태가 methane이나 ethane에 비하여 좀 더 복잡하기는 하지만, 각 탄소들에 대한 4개의 결합은 모두 정사면체 방식으로 배열되어 있고, 결합각들도 대략 109.5°이다.

그 다음 3개의 알케인 화합물은 propane, butane, pentane이다. 다음은 이들 화합물을 일차적으로 모든 탄소와 수소를 표시한 축소된 구조식으로 표시한 것이다. 이들은 또한 **선-각 구조식**(line-angle formula)이라고 부르는 더욱 생략된 형태로 표시할 수도 있다.

선-각 구조식
구조식을 그리는 축약된 방법으로 각각의 정점과 선의 끝은 탄소를 의미한다.

109.5°

Methane

Ethane

그림 2.2 ▸ Methane과 ethane. Lewis 구조와 공-막대 모형.

선-각 구조식에서 각각의 교차점과 선의 끝은 탄소 원자를 의미한다. 선-각 구조식에서는 수소를 표시하지 않더라도 각각의 탄소가 4개의 결합을 할 수 있는 수소가 있는 것으로 간주한다.

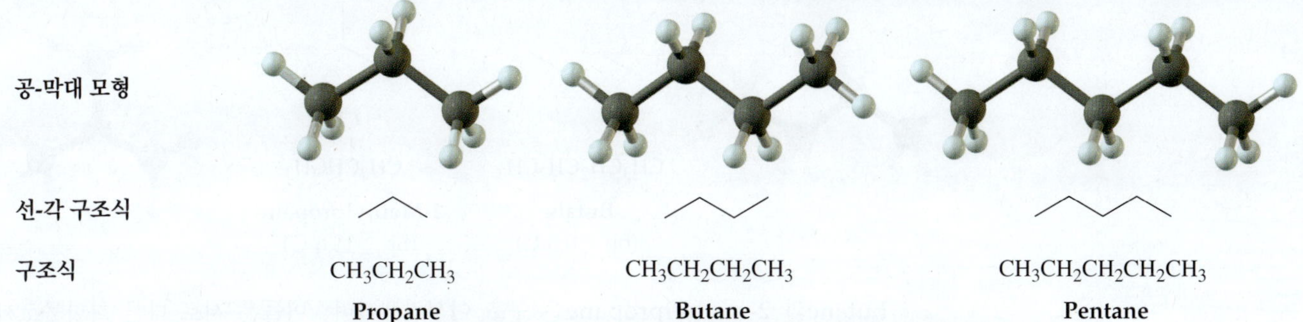

	Propane	Butane	Pentane
구조식	$CH_3CH_2CH_3$	$CH_3CH_2CH_2CH_3$	$CH_3CH_2CH_2CH_2CH_3$

알케인은 또 다른 생략된 형태로 구조식을 쓸 수 있다. 예를 들면, pentane의 구조식은 사슬의 중앙에 3개의 CH_2 (메틸렌, methylene)기를 가지고 있다. 그들을 함께 묶어서 pentane의 구조식을 $CH_3(CH_2)_3CH_3$으로 쓸 수 있다. 처음의 20개 알케인의 이름과 분자식을 표 2.1에 나타내었다. 모든 알케인들의 이름이 *-ane*(-에인)으로 끝나는 것을 주목해서 보아야 한다. 2.3절에서 알케인의 명명법에 대하여 자세히 설명하게 된다.

표 2.1 처음 20개의 가지 없는 사슬 알케인의 이름, 분자식 및 축소 구조식

이름	분자식	축소 구조식	이름	분자식	축소 구조식
Methane	CH_4	CH_4	**Undecane**	$C_{11}H_{24}$	$CH_3(CH_2)_9CH_3$
Ethane	C_2H_6	CH_3CH_3	**Dodecane**	$C_{12}H_{26}$	$CH_3(CH_2)_{10}CH_3$
Propane	C_3H_8	$CH_3CH_2CH_3$	**Tridecane**	$C_{13}H_{28}$	$CH_3(CH_2)_{11}CH_3$
Butane	C_4H_{10}	$CH_3(CH_2)_2CH_3$	**Tetradecane**	$C_{14}H_{30}$	$CH_3(CH_2)_{12}CH_3$
Pentane	C_5H_{12}	$CH_3(CH_2)_3CH_3$	**Pentadecane**	$C_{15}H_{32}$	$CH_3(CH_2)_{13}CH_3$
Hexane	C_6H_{14}	$CH_3(CH_2)_4CH_3$	**Hexadecane**	$C_{16}H_{34}$	$CH_3(CH_2)_{14}CH_3$
Heptane	C_7H_{16}	$CH_3(CH_2)_5CH_3$	**Heptadecane**	$C_{17}H_{36}$	$CH_3(CH_2)_{15}CH_3$
Octane	C_8H_{18}	$CH_3(CH_2)_6CH_3$	**Octadecane**	$C_{18}H_{38}$	$CH_3(CH_2)_{16}CH_3$
Nonane	C_9H_{20}	$CH_3(CH_2)_7CH_3$	**Nonadecane**	$C_{19}H_{40}$	$CH_3(CH_2)_{17}CH_3$
Decane	$C_{10}H_{22}$	$CH_3(CH_2)_8CH_3$	**Eicosane**	$C_{20}H_{42}$	$CH_3(CH_2)_{18}CH_3$

알케인의 일반식은 C_nH_{2n+2}이다. 따라서 알케인에서 탄소 원자들의 수가 주어지면, 그 분자에 있는 수소의 수와 분자식을 결정할 수 있다. 예를 들면, 10개의 탄소 원자들을 가지고 있는 decane은 $(2 \times 10) + 2 = 22$개의 수소 원자와 분자식 $C_{10}H_{22}$를 가져야 된다.

2.2 알케인의 구조 이성질현상

같은 분자식을 갖고 있으나 다른 구조식을 갖는 화합물을 **구조 이성질체**(constitutional isomer)라고 한다. '다른 구조식'이란 화합물들이 다른 종류의 화학 결합(단일 결합, 이중 결합 혹은 삼중 결합)을 가지고 있거나, 원자들 사이의 연결 관계가 서로 다르게 된 형태를 말한다.

> **구조 이성질체**
> 같은 분자식을 갖고 있으나 분자 내에서 원자들 간의 연결 관계가 서로 다른 화합물.

분자식이 CH_4, C_2H_6, C_3H_8에서는 원자들 사이의 연결 관계가 한 가지만 가능하다. 분자식 C_4H_{10}에서는 2가지의 연결 관계가 가능하다. 이들 중 한 가지는 4개의 탄소가 사슬로 연결된 butane이고, 다른 것은 3개의 탄소가 사슬로 연결되어 있고, 네 번째 탄소가 가지로 이 사슬에 붙어 있는 2-methylpropane이다.

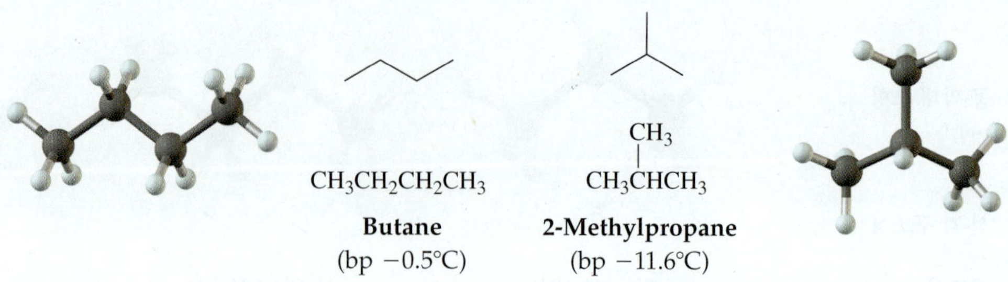

Butane (bp −0.5°C)　　**2-Methylpropane** (bp −11.6°C)

Butane과 2-methylpropane은 구조 이성질체이며, 이들은 서로 다른 화합물로서 다른 물리적, 화학적 성질을 가지고 있다. 예를 들면, 이들의 끓는점은 약 11°C의 차이가 난다.

1.3절에서 구조 이성질체에 대한 몇 가지 예를 언급한 바 있다. 예를 들면, 분자식이 C_3H_8O인 두 가지 알코올, 분자식이 C_4H_8O인 두 가지 알데하이드, 분자식이 $C_4H_8O_2$인 두 가지 카복실산이 있다.

두 가지 혹은 그 이상의 구조식들이 구조 이성질체(즉, 같은 분자식을 가진 서로 다른 화합물) 분자를 나타내는가를 결정하기 위해서는 각각의 분자식을 쓰고, 서로 비교해 보아야 한다. 동일한 분자식을 가지고 있지만 서로 다른 구조식(구성 원자의 연결이 다름)을 가진 모든 화합물들은 구조 이성질체들이다.

예제 2.1 ▸ 구조 이성질체

다음 각 쌍의 축소식은 동일한 화합물인가 혹은 구조 이성질체인가?

(a) $CH_3CH_2CH_2CH_2CH_2CH_3$ 와 $CH_3CH_2CH_2$ (세 번째 탄소에 $CH_2CH_2CH_3$ 연결) (각각 C_6H_{14}이다)

```
(a) CH3CH2CH2CH2CH2CH3    와    CH3CH2CH2
                                      |
                                      CH2CH2CH3
```

```
     CH3     CH3                    CH3
     |       |                      |
(b) CH3CHCH2CH        와    CH3CH2CHCHCH3     (각각 C7H16이다)
             |                        |
             CH3                      CH3
```

➥ **해답**

(a) 분자들을 축소 구조식과 선-각 구조식으로 나타내었다. 각각의 식은 가지 없는 사슬 형태인 6개의 탄소를 가지고 있다. 이 두 가지는 동일하며 같은 화합물을 나타내고 있다.

```
1   2   3   4   5   6                 1   2   3
CH3CH2CH2CH2CH2CH3        와          CH3CH2CH2
                                          |4   5   6
                                          CH2CH2CH3
```

(b) 각 식들은 2개의 —CH_3 가지들이 연결된 5개의 탄소 사슬이다. 가지들이 동일하지만, 이들의 사슬 내에서의 위치가 다르다. 이 식들은 구조 이성질체를 나타내고 있다.

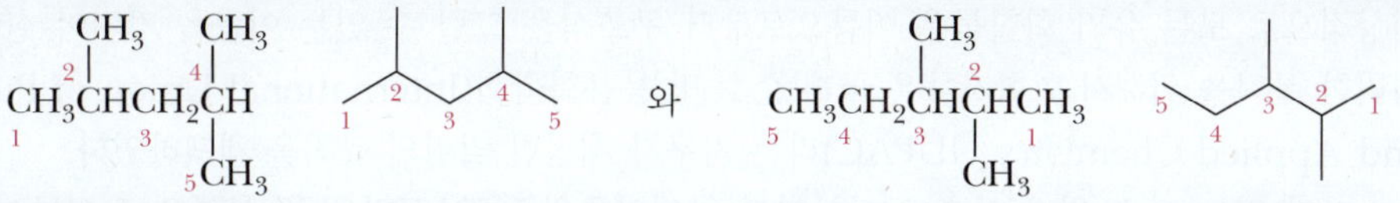

$CH_3CH(CH_3)CH_2CH(CH_3)CH_3$ 와 $CH_3CH_2CH(CH_3)CH(CH_3)CH_3$

연습 문제 2.1

다음의 선-각 구조식들은 동일한 화합물인가 혹은 구조 이성질체인가?

(a) 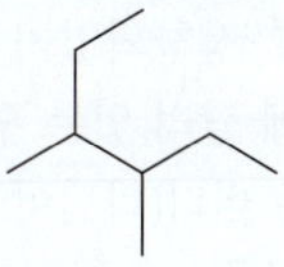 와 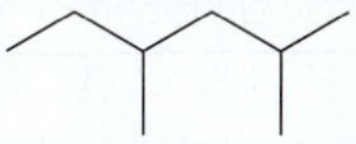 **(b)** 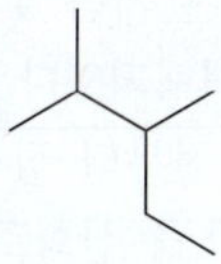 와

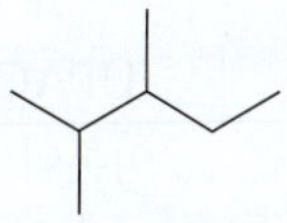

예제 2.2 ▸ 선-각 구조식

분자식 C_6H_{14}인 5개의 구조 이성질체들에 대한 선-각 구조식을 그려라.

➡ **해답**

이러한 유형의 문제를 풀기 위해서는 원칙을 세우고 그것에 따라야 한다. 이러한 원칙은 다음과 같다. 먼저, 6개의 모든 탄소들이 가지가 없는 사슬로 이루어진 구조 이성질체를 선-각 구조식으로 그린다. 그 다음 1개의 탄소로 이루어진 가지 사슬과 5개의 탄소로 이루어진 모체 사슬로 구성된 모든 구조 이성질체들을 선-각 구조식으로 그린다. 마지막으로 2개의 탄소로 이루어진 가지 사슬과 4개의 탄소로 이루어진 모체 사슬로 구성된 모든 구조 이성질체들을 선-각 구조식으로 그린다.

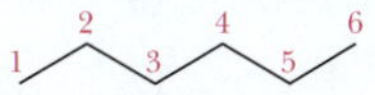

가지 없는 사슬에 6개의 탄소

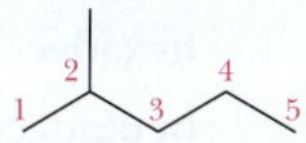

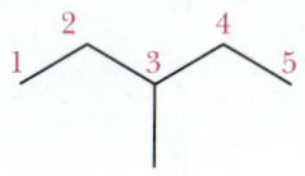

5개의 탄소를 가진 사슬, 1개의 탄소를 가진 가지

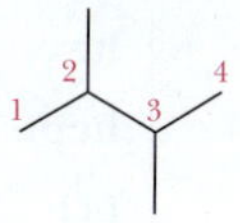

4개의 탄소를 가진 사슬, 2개의 탄소를 가진 가지

분자식이 C_6H_{14}인 화합물은 가장 긴 사슬이 3개의 탄소로 이루어져 있는 구조 이성질체를 가지지 않는다.

연습 문제 2.2

분자식이 C_5H_{12}인 가지는 화합물의 세 가지 구조 이성질체들을 선-각 구조식으로 그려라.

탄소 원자들이 다른 탄소 원자들과 강한 결합을 형성하는 현상으로 인하여 엄청난 개수의 구조 이성질체를 생성시킨다. 표에 나타낸 바와 같이 분자식이 C_5H_{12}인 구조 이성질체의 수는 3개이고, 분자식이 $C_{10}H_{22}$인 구조 이성질체의 수는 75개이며, $C_{25}H_{52}$는 거의 3천 7백만 개의 구조 이성질체들이 있다.

그러므로 적은 수의 탄소와 수소 원자들일지라도 아주 많은 수의 구조 이성질체가 가능하다. 구조 이성질체들이 서로 다른 화학적인 성질을 가지기 때문에 이러한 조합 내에서 화학의 많은 다양성이 가능하다.

탄소 원자수	구조 이성질체 수
1	0
5	3
10	75
15	4,347
25	36,797,588

2.3 알케인의 명명법과 IUPAC 체계

A IUPAC 체계

이상적으로 모든 유기 화합물은 이름으로부터 구조식을 그릴 수 있는 이름을 가져야 한다. 이러한 목적을 위해서 화학자들은 국제 순수 및 응용화학회(International Union of Pure and Applied Chemistry, IUPAC)라는 기구가 제정한 일련의 규칙을 채택하였다.

가지 없는 탄소 원자 사슬로 이루어진 알케인들의 IUPAC명은 두 부분으로 이루어져 있다. (1) 접두사(prefix)는 사슬의 탄소 원자들의 수를 나타낸다. (2) 접미사(sufffix) *-ane*은 화합물들이 포화 탄화수소인 것을 나타낸다. 탄소 원자 1개에서 20개를 나타내기 위하여 사용되는 접두사를 표 2.2에 나열하였다.

표 2.2에 나열된 처음 4개의 접두사는 유기 화학의 언어로 잘 정착되었기 때문에 IUPAC에 의하여 채택되었다. 실제로 이들 언어는 유기 화학의 기저에 깔려 있는 구조적인 이론이 형성되기 이전부터 정착된 것이다. 예를 들면, 접두사 *but-*는 버터(라틴어: *butyrum*, butter)의 공기 중 산화로 생성된 탄소 원자가 4개인 화합물의 이름 *butyric acid*에 나타나 있다. 5개 또는 그 이상의 탄소 원자들을 나타내는 접두사는 그리스어 또는 라틴어로부터 유래하였다. 가지 사슬이 없는 20개의 알케인의 이름, 분자식, 축소 구조식이 표 2.1에 나열되어 있다.

표 2.2 가지 없는 사슬에 있는 1개에서부터 20개 탄소들의 존재를 나타내기 위해 IUPAC 체계에서 사용하는 접두사

접두사	탄소 원자수	접두사	탄소 원자수
meth-	1	**undec-**	11
eth-	2	**dodec-**	12
prop-	3	**tridec-**	13
but-	4	**tetradec-**	14
pent-	5	**pentadec-**	15
hex-	6	**hexadec-**	16
hept-	7	**heptadec-**	17
oct-	8	**octadec-**	18
non-	9	**nonadec-**	19
dec-	10	**eicos-**	20

가지 달린 사슬이 있는 알케인의 IUPAC명은 화합물에서 가장 긴 탄소 원자 사슬을 나타내는 모체명과 모체 사슬에 결합되어 있는 원자단을 나타내는 치환기명으로 이루어져 있다.

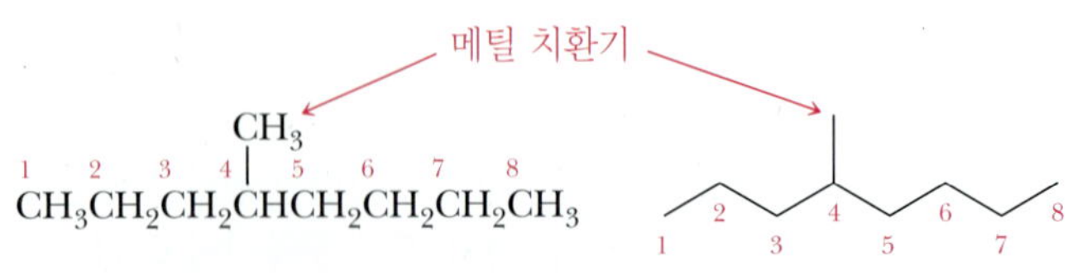

4-Methyloctane

알케인에서 수소 원자 1개가 제거되어 얻어진 치환기를 **알킬기**(alkyl group)라고 부르며, 일반적으로 기호 R—로 표시한다. 알킬기는 모체 알케인의 이름에서 *-ane*을 빼고 접미사 *-yl*을 붙여 명명한다. 예를 들면, methane에서 유도된 치환기는 메틸(methyl, CH_3—)이고, ethane에서 유도된 치환기는 에틸(ethyl, CH_3CH_2—)이라 한다.

알킬기
알케인에서 수소 원자 1개를 제거해서 유도된 치환기. 기호 R—로 표시된다.

알케인을 명명하는 IUPAC 체계의 규칙은 다음과 같다.

1. 가지가 없는 탄소 원자 사슬로 배열된 알케인(alkane)의 이름은 사슬 내의 탄소 원자 개수를 나타내는 접두사와 접미사 *-ane*으로 구성되어 있다.
2. 가지달린-사슬 알케인을 명명하기 위해서는 가장 긴 탄소 원자들의 사슬을 모체 사슬로 선택하고 이것이 기본 이름이 된다.
3. 모체 사슬에 결합하고 있는 각 치환기에 이름과 번호를 부여한다. 번호는 치환기가 결합되어 있는 모체 사슬의 탄소 원자를 나타낸다. 번호와 이름을 연결시키기 위해 하이픈(-)을 사용한다.

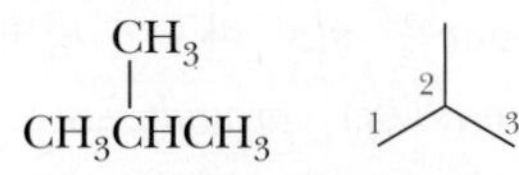

2-Methylpropane

4. 만일 치환기가 하나만 있으면, 가장 낮은 번호가 되는 쪽의 끝으로부터 모체 사슬에 번호를 붙인다.

CH_3

$CH_3CH_2CH_2CHCH_3$

2-Methylpentane (4-Methylpentane이 아니다)

5. 만일 같은 치환기가 2개 이상 있으면, 먼저 마주치는 치환기의 번호가 가능한 낮은 번호를 갖도록 모체 사슬의 끝에서부터 번호를 매긴다. 치환기의 개수는 접두사 *di-*(*다이*), *tri-*(*트라이-*), *tetra-*(*테트라-*), *penta-*(*펜타-*), *hexa-*(*헥사-*) 등으로 나타낸다. 위치를 나타내는 번호들은 쉼표(,)를 사용하여 구분한다.

2,4-Dimethylhexane (3,5-Dimethylhexane이 아니다)

6. 만일 2개 이상의 서로 다른 치환기가 존재하면 알파벳 순서로 치환기를 나열하고, 먼저 마주치는 치환기가 낮은 번호가 되도록 모체 사슬의 끝으로부터 사슬의 번호를 붙인다. 만일 서로 다른 치환기들이 모체 사슬의 양쪽 끝에서 같은 위치에 있으면, 알파벳 순서가 낮은 치환기에 낮은 번호를 붙인다.

3-Ethyl-5-methylheptane (3-Methyl-5-ethylheptane이 아니다)

7. 접두사 *di-*, *tri-*, *tetra-* 등은 알파벳 순서에 포함시키지 않는다. 치환기들의 이름을 먼저 알파벳 순서로 배열한 다음 이들의 접두사들을 삽입시킨다. 다음 예에서 알파벳 순서로 해야 할 부분은 ethyl(에틸)과 dimethyl(다이메틸)이 아닌 ethyl(에틸)과 methyl(메틸)이다.

4-Ethyl-2,2-dimethylhexane
(2,2-Dimethyl-4-ethylhexane이 아니다)

8. 같은 길이의 모체 사슬이 2개 또는 그 이상 있는 경우에는 더 많은 치환기를 가지고 있는 사슬을 모체 사슬로 선택한다.

3-Ethyl-2-methylhexane (3-Isopropylhexane이 아니다)

치환기들의 이름도 이것과 동일한 규칙들을 사용하여 명명된다. 가지가 없는 사슬인 경우에는 모체 알케인의 이름에서 *-ane*을 *-yl*로 바꾸어 명명한다. 따라서 가지 없는 알킬 치환기의 이름은 *methyl*(메틸), *ethyl*(에틸), *propyl*(프로필), *butyl*(뷰틸), *pentyl*(펜틸) 등이 된다. 치환기가 가지 있는 사슬인 경우에는 규칙 2와 3에 따라 명명한다. 탄소 수가 1~5개가 포함된 가지가 없거나 가지가 있는 알킬기의 IUPAC명과 구조식을 표 2.3에 나타내었다. 또한 이들 치환기의 관용명(common name)을 괄호 안에 표시하였다. 관용명은 유기 화학에서 깊숙이 자리 잡고 있기 때문에 공식적인 IUPAC 명명법에서도 이들 관용명을 인정하고 있다. 표 2.3에 나타낸 바와 같이 알킬 치환기 즉, 1-methylethyl의 IUPAC명은 isopropyl이라는 관용명으로 사용하는 것을 허용하고 있다.

표 2.3 탄소 개수 1~5개인 알킬기의 이름. 관용명과 약어는 괄호 안에 표시하였다

이름	축소 구조식	이름	축소 구조식
Methyl (Me)	$—CH_3$	**1,1-Dimethylethyl (*tert*-butyl, *t*-Bu)**	$—C(CH_3)_3$ (CH₃ above and below: $—\overset{CH_3}{\underset{CH_3}{C}}CH_3$)
Ethyl (Et)	$—CH_2CH_3$		
Propyl (Pr)	$—CH_2CH_2CH_3$	**Pentyl**	$—CH_2CH_2CH_2CH_2CH_3$
1-Methylethyl (isopropyl, iPr)	$—\underset{CH_3}{CH}CH_3$	**3-Methylbutyl (isopentyl)**	$—CH_2CH_2\underset{CH_3}{CH}CH_3$
Butyl (Bu)	$—CH_2CH_2CH_2CH_3$	**2-Methylbutyl**	$—CH_2\underset{CH_3}{CH}CH_2CH_3$
2-Methylpropyl (isobutyl, iBu)	$—CH_2\underset{CH_3}{CH}CH_3$		
1-Methylpropyl (*sec*-butyl, *s*-Bu)	$—\underset{CH_3}{CH}CH_2CH_3$	**2,2-Dimethylpropyl (neopentyl)**	$—CH_2\overset{CH_3}{\underset{CH_3}{C}}CH_3$

예제 2.3 ▸ **IUPAC 명명법**

다음 알케인들의 IUPAC명과 관용명을 써라.

(a) **(b)**

➥ 해답

각각의 화합물을 가장 긴 사슬을 치환기가 먼저 마주치는 쪽의 끝으로부터 번호를 붙인다. (a)의 경우, 가장 긴 사슬을 2번 탄소에 메틸기가 붙어 있는 4개의 탄소 원자(butane)이다. (b)에서는 가장 긴 사슬은 2번과 4번 탄소에 치환기가 붙어 있는 7개의 탄소 원자(heptane)이다.

(a) **2-Methylbutane**

(b) **2-Methyl-4-(1-methylethyl)heptane 혹은 4-Isopropyl-2-methylheptane**

연습 문제 2.3

다음 알케인들의 IUPAC명을 써라.

(a) **(b)**

B 관용명

관용명 명명법으로 알려진 다른 명명체계에서는 탄소 원자들의 배열과는 무관하게 탄소 원자의 총 수가 이름을 결정한다. 처음 3개의 알케인은 methane, ethane, propane이다. 분자식이 C_4H_{10}인 모든 알케인은 butane이고, 분자식이 C_5H_{12}인 모든 알케인은 pentane이며, 분자식이 C_6H_{14}인 모든 알케인은 hexane이라 한다. 가지 없는 사슬의 알케인은 때때로 접두사 *n*-(normal)로 표시한다. 한 예로, $CH_3CH_2CH_2CH_2CH_3$는 *n*-pentane으로 명명한다. Propane 이상의 알케인에서 *iso*-는 가지 없는 사슬의 한쪽 끝이 $(CH_3)_2CH—$기로 끝나는 것을 나타내는 데 사용되며, *neo*-는 가지 없는 사슬의 한쪽 끝이 $—C(CH_3)_3$로 끝나는 것을 나타내는 데 사용된다. 다음은 관용명에 대한 몇 가지 예이다.

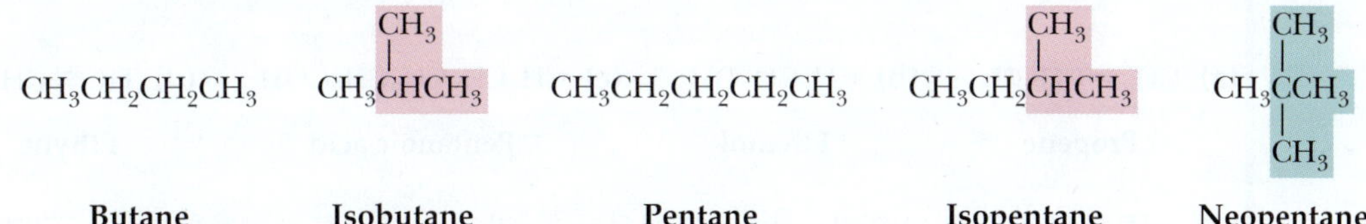

이러한 관용명의 체계는 다른 가지 사슬이 있는 화합물들을 취급하는 데 좋은 방법이 되지 못한다. 보다 더 복잡한 알케인의 명명은 더 유연한 IUPAC 체계의 명명법을 사용할 필요가 있다.

이 책에서는 IUPAC명을 주로 사용한다. 그러나 화학자들 사이에서 매우 보편적으로 사용되는 관용명의 경우에는 관용명을 그대로 사용하기도 하였다. IUPAC명과 관용명을 동시에 사용하는 경우에는 먼저 IUPAC명을 쓰고 관용명을 괄호 안에 나타내었다. 이러한 방식으로 하면 어느 이름이 어느 것인지 쉽게 알 수 있을 것이다.

C IUPAC 체계: 명명법의 일반적인 체계

2.3A절에서 알케인과 사이클로알케인의 명명 방법은 IUPAC 체계에 의한 명명법을 2가지 특정 계열의 유기 화합물들에 대하여 적용시킨 것이다. 이제 IUPAC 체계의 일반적인 명명법을 알아보자. 탄소 원자의 사슬을 갖는 화합물에 부여하는 모든 이름은 세 부분으로 이루어져 있다. **접두사**(prefix), **삽입사**(infix, 한 단어에 삽입된 변환 요소), **접미사**(suffix). 각 부분은 화합물의 구조에 대한 특정한 정보를 제공한다.

1. 접두사는 모체 사슬을 구성하는 탄소 원자의 수를 표시한다. 가지 없는 사슬에서 1에서 20개의 탄소 원자의 존재를 표시하는 접두사를 표 2.2에 나타내었다.
2. 삽입사는 모체 사슬에 있는 탄소-탄소 결합의 특성을 나타낸다.

삽입사	모체 사슬의 탄소-탄소 결합의 특성
-an-(-에인-)	모두 단일 결합
-en-(-엔-)	하나 이상의 이중 결합
-yn-(-아인-)	하나 이상의 삼중 결합

3. 접미사는 화합물이 속한 계열을 표시한다.

접미사	화합물의 계열
-e	탄화수소(hydrocarbon)
-ol	알코올(alcohol)
-al	알데하이드(aldehyde)
-amine	아민(amine)
-one	케톤(ketone)
-oic acid	카복실산(carboxylic acid)

예제 2.4 ▸ IUPAC 명명법

다음은 네 가지 화합물들의 IUPAC명과 구조식이다.

(a) $CH_2{=}CHCH_3$ **Propene**

(b) CH_3CH_2OH **Ethanol**

(c) $CH_3CH_2CH_2CH_2\overset{\overset{\displaystyle O}{\|}}{C}OH$ **Pentanoic acid**

(d) $HC{\equiv}CH$ **Ethyne**

각 이름들을 접두사, 삽입사, 접미사로 분류하고, 각 부분의 이름에 포함되고 있는 구조식에 대한 정보를 표시하라.

➡ 해답

(a) prop-en-e
- en: 탄소-탄소 이중 결합
- e: 탄화수소
- prop: 3개의 탄소 원자

(b) eth-an-ol
- an: 탄소-탄소 단일 결합만 있음
- ol: 알코올
- eth: 2개의 탄소 원자

(c) pent-an-oic acid
- an: 탄소-탄소 단일 결합만 있음
- oic acid: 카복실산
- pent: 5개의 탄소 원자

(d) eth-yn-e
- yn: 탄소-탄소 단일 결합만 있음
- e: 탄화수소
- eth: 2개의 탄소 원자

연습 문제 2.4

알맞은 접두사, 삽입사, 접미사를 묶어서 다음 화합물의 IUPAC명을 써라.

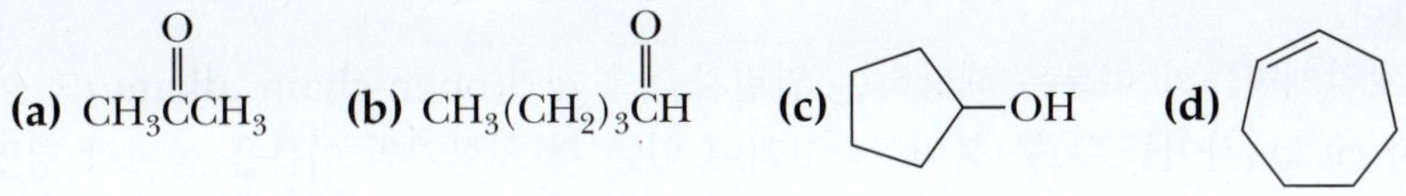

(a) $CH_3\overset{O}{\overset{\|}{C}}CH_3$ (b) $CH_3(CH_2)_3\overset{O}{\overset{\|}{C}}H$ (c) (cyclopentane ring)—OH (d) (cycloheptene ring)

D 탄소 원자와 수소 원자들의 분류

탄소는 탄소 원자에 결합하고 있는 탄소들의 수에 따라 일차(primary, 1°), 이차(secondary, 2°), 삼차(tertiary, 3°), 사차(quaternary, 4°)로 분류된다. 1개의 탄소 원자와 결합하고 있는 탄소를 일차 탄소, 2개의 탄소 원자들과 결합하고 있는 탄소를 이차 탄소라 한다. 예를 들면, propane에는 2개의 일차 탄소와 1개의 이차 탄소가 포함되어 있고, 2-methylpropane에는 3개의 일차 탄소와 1개의 삼차 탄소가 포함되어 있으며, 2,2,4-trimethylpentane은 5개의 일차 탄소, 1개의 이차 탄소, 1개의 삼차 탄소, 1개의 사차 탄소를 가지고 있다.

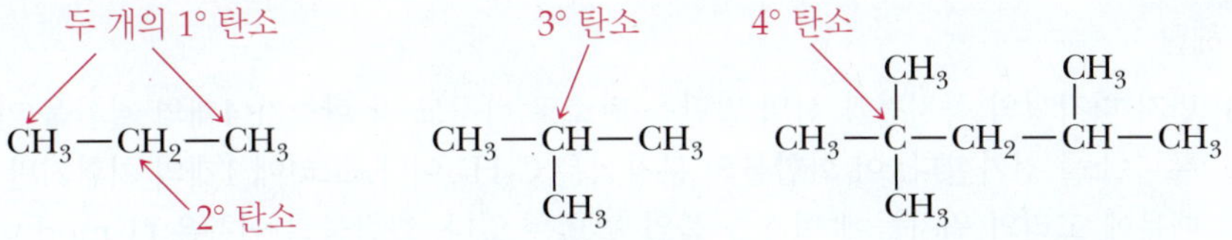

두 개의 1° 탄소 → $CH_3—CH_2—CH_3$ ← 2° 탄소

Propane

3° 탄소 → $CH_3—CH(CH_3)—CH_3$

2-Methylpropane

4° 탄소 → $CH_3—C(CH_3)_2—CH_2—CH(CH_3)—CH_3$

2,2,4-Trimethylpentane

수소들도 각 수소가 결합하고 있는 탄소의 형태에 따라 일차, 이차 혹은 삼차로 나눈다. 일차 탄소에 결합하고 있는 수소를 일차 수소, 이차 탄소에 결합하고 있는 수소를 이차 수소, 삼차 탄소에 결합하고 있는 수소를 삼차 수소로 분류한다.

2.4 사이클로알케인

탄소 원자들이 결합하여 고리를 형성하고 있는 탄화수소를 **고리형 탄화수소**(cyclic hydrocarbon)라고 부른다. 고리를 구성하는 모든 탄소들이 포화되어 있을 때, 그러한 탄화수소를 **사이클로알케인**(cycloalkane)이라 한다.

사이클로알케인
탄소 원자들이 결합하여 고리를 형성하고 있는 포화 탄화수소.

A 구조와 명명법

탄소 고리의 크기가 3에서부터 30 정도 되는 사이클로알케인이 자연계에서 발견되기는 하지만, 근본적으로 고리 크기에 제한은 없다. 오원자 고리(cyclopentane)와 육원자 고리(cyclohexane)가 매우 일반적이므로 특별히 주목하여 다루어진다. 그림 2.3은 cyclopropane, cyclobutane, cyclopentane, cyclohexane의 구조식을 나타낸 것이다. 사이클로알케인들의 구조식을 쓸 때, 화학자들은 모든 탄소와 수소를 좀처럼 나타내지 않는다. 오히려 선-각 구조식을 이용하여 사이클로알케인 고리를 나타낸다. 고리들은 고리에 있는 탄소 원자들의 수와 같은 수의 변을 가진 다각형으로 표시한다. 예를 들면, 화학자들은 cyclobutane은 사각형, cyclopentane은 오각형, cyclohexane 육각형으로 나타낸다.

그림 2.3 ▸ 사이클로알케인의 예.

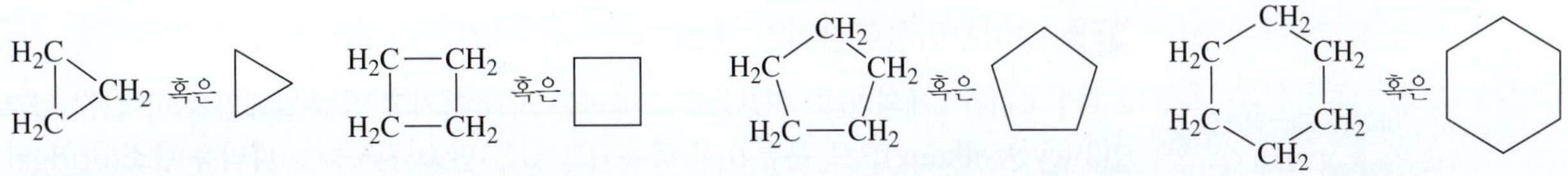

H_2C, CH_2, H_2C 혹은 (삼각형) — **Cyclopropane** C_3H_6

$H_2C—CH_2$, $H_2C—CH_2$ 혹은 (사각형) — **Cyclobutane** C_4H_8

CH_2, H_2C, CH_2, $H_2C—CH_2$ 혹은 (오각형) — **Cyclopentane** C_5H_{10}

CH_2, H_2C, CH_2, H_2C, CH_2, CH_2 혹은 (육각형) — **Cyclohexane** C_6H_{12}

사이클로알케인은 같은 수의 탄소 원자들을 가진 알케인보다 수소의 개수가 2개 적고 일반식은 C_nH_{2n}이다. 예를 들면, cyclohexane (C_6H_{12})과 hexane (C_6H_{14})의 분자식들을 비교해 보아라.

사이클로알케인들의 이름은 해당하는 열린사슬 알케인(open-chain alkane)의 이름 앞에 접두사 *cyclo*-(사이클로-)를 붙이고, 고리에 있는 각 치환기의 이름을 붙여서 명명한다. 만일 사이클로알케인 고리에 1개의 치환기만 있으면 번호를 나타낼 필요가 없다. 만일 2개의 치환기들이 있으면, 알파벳 순서가 낮은 치환기가 있는 탄소부터 시작하여 번호를 붙인다. 만일 3개 혹은 그 이상의 치환기들이 있으면, 치환기의 번호들이 가장 작은 조합이 되도록 고리에 번호를 붙이고 알파벳 순서로 나열한다.

예제 2.5 ▸ IUPAC 명명법

각각의 사이클로알케인에 대한 분자식과 IUPAC명을 써라.

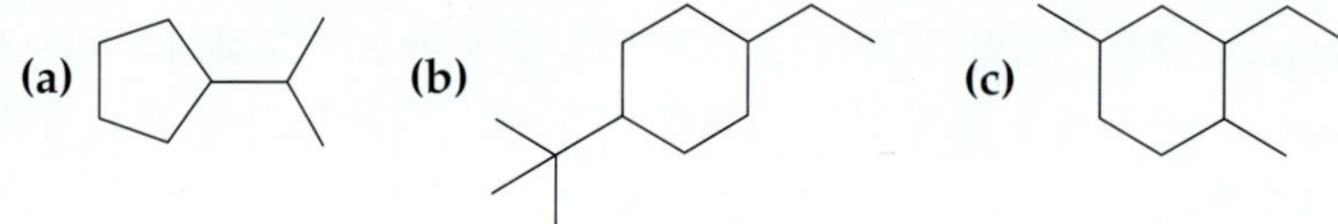

➥ 해답

(a) 먼저 다각형의 꼭지점과 선의 말단을 탄소로 바꾸고 각 탄소가 4개의 결합을 가지도록 수소를 첨가한다. 이 화합물의 분자식은 C_8H_{16}이다. 고리에 1개의 치환기만 있기 때문에 고리의 원자들에 번호를 붙일 필요는 없다. 화합물의 이름은 (1-methylethyl)cyclopentane이다. 또한, 치환기의 이름을 아이소프로필(isopropyl)로 명명할 수 있으며, 또 다른 IUPAC명인 isopropylcyclopentane이 된다.

C_8H_{16}

(b) 2개의 치환기는 ethyl과 1,1-dimethylethyl이며, 이 사이클로알케인의 IUPAC명은 1-ethyl-4-(1,1-dimethylethyl)cyclohexane이다. 또한 치환기를 ethyl과 *tert*-buthyl로 명명할 수 있으며, 또 다른 IUPAC명인 1-*tert*-buthyl-4-ethylcyclohexane이 된다. 이 화합물의 분자식은 $C_{12}H_{24}$이다.

(c) 치환기의 번호들이 가장 작은 조합이 되도록 번호를 붙이고 알파벳 순서로 나열한다. 이 화합물의 이름은 2-ethyl-1,4-dimethylcyclohexane이고, 그 분자식은 $C_{10}H_{20}$이다.

연습 문제 2.5

각각의 사이클로알케인에 대한 분자식, IUPAC명 및 관용명을 써라.

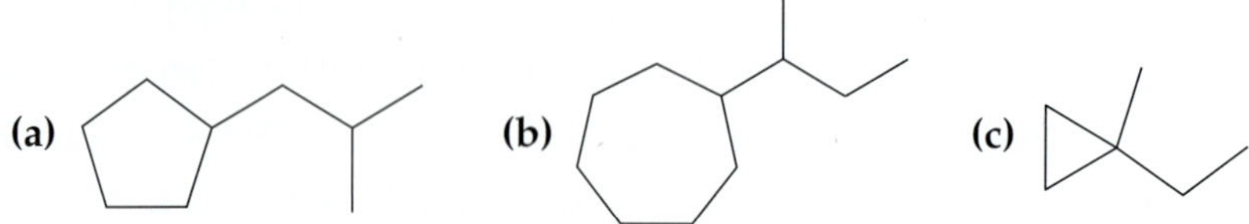

B 바이사이클로알케인

바이사이클로알케인
2개의 탄소를 공유하고 있는 2개의 고리가 포함된 알케인.

2개의 고리가 2개의 탄소 원자들을 공유하는 것을 가지고 있는 알케인은 **바이사이클로알케인**(bicycloalkane)으로 분류된다. 공유되고 있는 탄소 원자들을 **다리목 탄소**(bridgehead carbon)들이라 부르고, 그들을 연결하는 탄소 사슬들을 **다리**(bridge)라고 부른다. 바이사이클로알케인의 일반식은 C_nH_{2n-2}이다. 바이사이클로알케인의 세 가지 예를 IUPAC명 및 관용명과 함께 그림 2.4에 나타내었다.

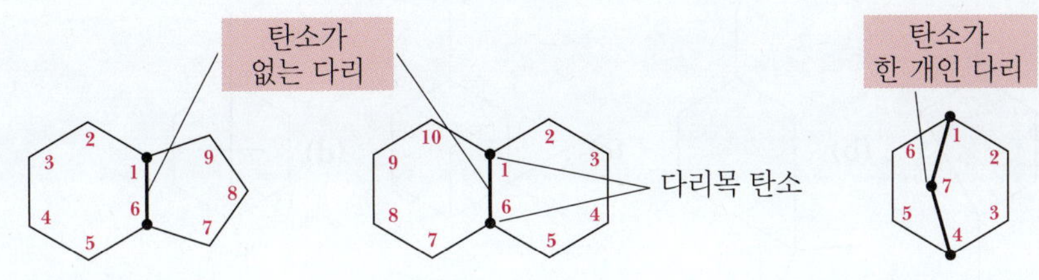

그림 2.4 ▸ 바이사이클로알케인의 몇 가지 예.

예제 2.6 ▸ 일반식

알케인, 사이클로알케인, 바이사이클로알케인의 일반식을 써라. 이들의 일반식들은 어떻게 다른가?

➡ 해답

알케인의 일반식은 C_nH_{2n+2}, 사이클로알케인은 C_nH_{2n}이고, 바이사이클로알케인은 C_nH_{2n-2}이다. 이 계열에서 각 일반식은 이전 계통의 화합물보다 수소가 2개 더 적다.

연습 문제 2.6

주어진 탄소 원자수를 이용하여 각각의 바이사이클로알케인에 대한 분자식을 써라.

(a) Hydrindane (9개의 탄소) **(b)** Decalin (10개의 탄소)
(c) Norbornane (7개의 탄소)

바이사이클로알케인의 IUPAC 명명법 규칙도 있지만, 이 책의 범위를 벗어난다. 따라서 이 책에서는 대부분의 바이사이클로알케인의 경우 관용명을 사용하기로 한다.

예제 2.7 ▸ 분자식

다음은 3가지 두고리 화합물의 구조식과 관용명을 나타낸 것이다. 각각의 화합물의 분자식을 써라.

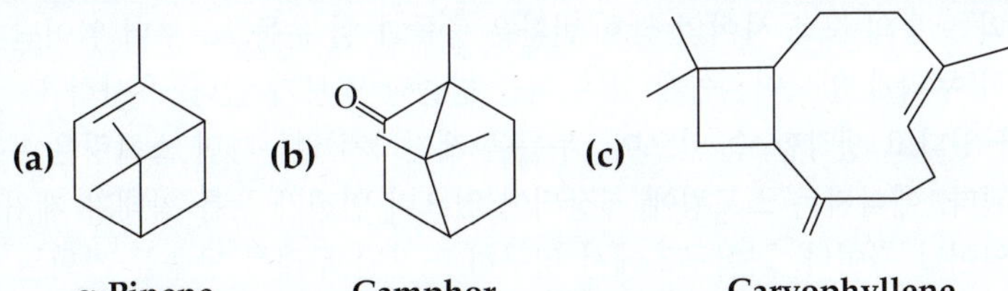

➡ 해답

(a) α-Pinene의 분자식은 $C_{10}H_{16}$이다. α-Pinene은 소나무기름(pine oil)과 송진(turpentine)의 주성분으로 많게는 부피로 65%까지 함유되어 있다.

(b) Camphor의 분자식은 $C_{10}H_{16}O$이다. Camphor는 *장뇌나무(cinnamonium camphora)*에서 얻어지며, 특정한 플라스틱, 래커(lacquer), 니스(varnish)의 제조에 사용된다.

(c) Caryophyllene의 분자식은 $C_{15}H_{24}$이다. Caryophyllene은 정향유(clove oil)의 향기 성분 중의 하나이다.

연습 문제 2.7

다음은 4개의 바이사이클로알케인의 이름과 구조식이다. 각 화합물의 분자식을 써라. 이들 화합물 중 구조 이성질체는 어느 것인가?

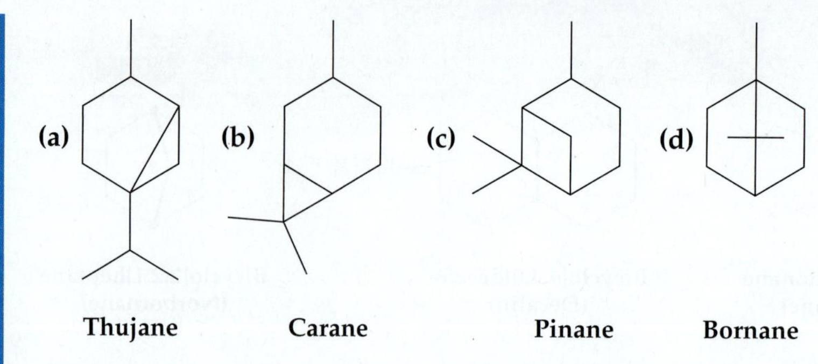

2.5 알케인과 사이클로알케인의 형태

구조식은 분자에서 원자들의 연결 상태를 나타내는 데 유용하지만, 대개 삼차원적인 형태를 보여 주지는 않는다. 화학자들이 분자의 구조와 화합물의 화학적 성질 및 물리적 성질 사이의 관계에 대하여 더 이해하려고 노력할수록, 분자의 삼차원적인 형태에 대하여 이해하는 것에 대한 중요성이 점점 더 증대되고 있다.

이 절에서는 분자를 삼차원적인 물체로 보는 것뿐만 아니라 다양한 원자들과 원자단 사이의 분자 내 거리를 형상화시키는 것이 필요하다. 다음 3가지 유형으로 나누어지는 분자 내 무리(strain)에 대하여 기술한다. 즉, 비틀림 무리(torsional strain), 입체 무리(steric strain), 각 무리(angle strain)에 대해 다룬다. 이 절에서 다루는 분자를 삼차원 물체로서 편안하게 인식할 수 있고, 분자 내 무리의 원인이 충분히 이해될 수 있도록 분자 모형을 제작(실물을 사용하거나, Chem3D나 Spartan과 같은 컴퓨터 모델링 프로그램)할 것을 권장한다.

무리
높은 내부에너지와 관련된 구조 내에서의 불안정성.

무리(Strain)는 유기 화학에서 중요한 개념 중에 하나이고, 화합물에 저장된 에너지의 크기로서 구조적인 변형으로부터 발생한다. 화합물은 거대한 물체에서와 같이 물리적으로 최적인 구조로 존재한다. 만일 최적인 구조를 무너뜨리면 계는 무리를 받는다. 바람에 의해 나뭇가지가 휘어지면 이 나뭇가지는 무리를 갖는 형태이다. 휘어진 나뭇가지는 휘어지지 않은 나뭇가지보다 더 높은 에너지를 가지게 되며, 바람이 잦아들면 나뭇가지는 에너지를 방출한다. 이 절에서는 더 최적인 구조로 상호 변환되는 알케인의 무리 형태를 설명하고자 한다. 무리가 있는 구조와 보통의 구조 사이의 상호 변환은 충돌과 열 운동으로부터 일어난다. 몇 가지 구조는 영구히 무리가 있으며, 쉽게 그 무리를 방출할 경로가 없다. 유사하게, 눌러진 스프링은 무리가 있다고 생각할 수 있으며, 누름을 제거하지 않는다면 스프링은 무리가 있는 상태로 유지된다. 에너지는 스프링에 저장되어 있으며 언젠가 누름 상태가 제거될 때 에너지의 방출이 일어날 것이다. 화학구조에서 영구히 저장된 무리를 방출할 기회는 화학 반응이 일어날 때이다. 이장의 끝 부분에서 이러한 종류의 무리를 측정하는 방법으로 연소 반응(태움)을 설명하고자 한다.

형태
단일 결합의 회전으로 생기는 분자 내 원자의 삼차원적 배열.

엇갈린 형태
한 탄소에 있는 원자단들이 단일 결합으로 연결된 인접한 탄소의 원자단들로부터 최대한 멀리 떨어져 있는 형태.

Newman 투영도
탄소-탄소 단일 결합을 따라 분자를 보는 방법으로서 탄소에 결합된 원자단들이 상대적인 배향을 구별하는데 도움을 줌.

A 알케인

2개 혹은 그 이상의 탄소들로 구성된 알케인은 한 개 혹은 그 이상의 탄소-탄소 결합의 회전에 의하여 여러 개의 삼차원 원자 배열을 가질 수 있다. 단일 결합의 회전으로 생기는 모든 삼차원적 원자 배열을 **형태**(conformation)라고 부른다. 그림 2.5(a)는 ethane의 **엇갈린 형태**(staggered conformation)을 공-막대 모형으로 나타낸 것이다. 이 형태에서는 한 탄소에 있는 3개의 C—H 결합들은 인접한 탄소의 3개의 C—H 결합들로부터 최대한 멀리 떨어져 있다. 그림 2.5(b)는 ethane의 이러한 형태를 표현하는 간단한 방식으로 **Newman 투영도**(Newman projection, 이 투영도를 개발한 Ohio 주립대학교의 Melvin Newman의 이름에서 유래됨)라고 한다. Newman 투영도는 C—C 결합의 축을 따라 분자를

(a)

(b)

H

H H

H H

H

옆에서 보기

끝에서 보기

거의 말단에서 돌림

Newman 투영도

그림 2.5 ▸ 에테인의 엇갈린 형태.
(a) 공-막대 모형, (b) Newman 투영도.

본 것이다. 가까이 보이는 탄소에 있는 3개의 원자나 원자단은 원의 중심으로부터 120°의 각도로 퍼져 나온 선에 표시되어 있다. 멀리 보이는 탄소에 있는 3개의 원자 혹은 원자단은 원의 원주로부터 120°의 각도로 퍼져 나온 선에 표시된다. 이때 ethane의 각 탄소의 결합각이 Newman 투영도에서 제시된 것 같은 120°가 아니라 실제로는 약 109.5°라는 것을 잊지 말아야 한다. 앞 쪽의 3개의 선들은 여러분을 향하고 있는 반면, 뒤쪽의 3개의 선들은 여러분으로부터 멀리 떨어져 있다.

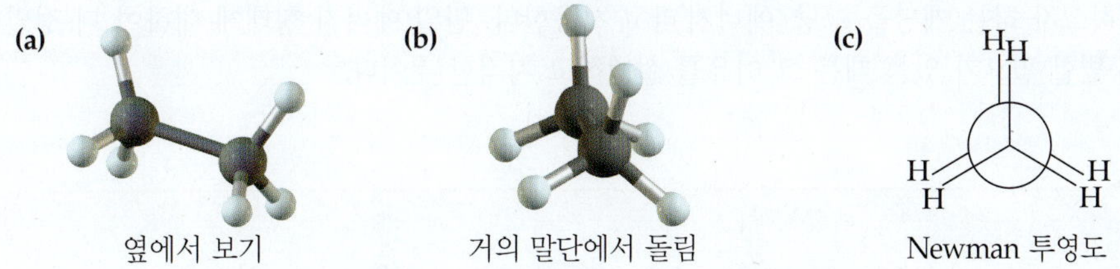

그림 2.6 ▸ Ethane 가려진 형태.
(a, b) 공-막대 모형, (c) Newman 투영도.

가려진 형태
한 탄소에 있는 원자나 원자단들이 단일 결합으로 연결된 인접한 탄소의 원자나 원자단들로부터 최대한 가까이 있는 형태.

이면각
2개의 교차하는 면에 의하여 생기는 결합각.

그림 2.6은 ethane의 **가려진 형태**(eclipsed conformation)를 공-막대 모형과 Newman 투영도로 나타낸 것이다. 이 형태에서는 한쪽 탄소에 있는 3개의 C—H 결합들이 인접한 탄소에 있는 3개의 C—H 결합들에 가능한 한 가까이 있다. 다시 말하면, 뒤쪽 탄소에 있는 수소들은 앞쪽 탄소에 있는 수소 원자들에 의하여 가리어진다(달이 태양 앞을 지나갈 때 태양이 가리어지는 것과 같다). 형태가 확인될 수 있을 정도로 오래 유지되는 서로 다른 형태들을 **형태 이성질체**(conformational isomer 또는 **이형태체**, conformer)라고 한다.

형태들 사이의 에너지 관계를 설명할 때 이면각이라는 용어를 정의하는 것이 편리하다. **이면각**(dihedral angle) θ (그리스 문자 theta)는 2개의 교차하는 면에 의하여 생기는 결합각을 말하며, 각 면은 3개의 원자들로 만들어진다. 그림 2.7(a)은 ethane의 가려진 형태 상태의 Newman 투영도에서 2개의 H—C—C 면들을 나타내고 있다. 이 면들이 교차하는 각(이면각)은 0이다. 그림 2.7(b)은 2개의 H—C—C 면의 이면각이 60°인 엇갈린 형태를 보여주고 있다.

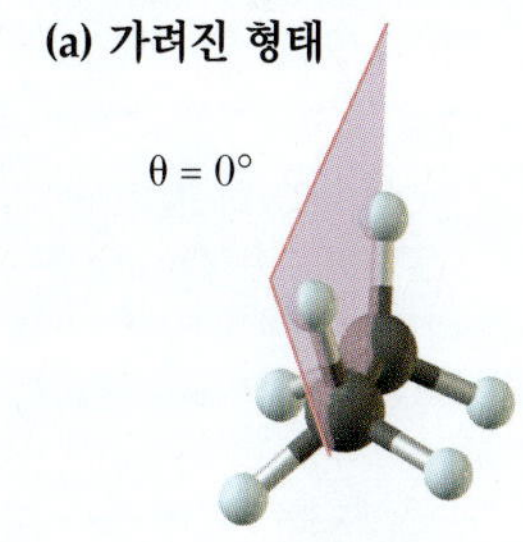

원칙적으로 탄소-탄소 단일 결합에 대한 회전 각도의 차이에 따라서 ethane에는 무한한 수의 형태가 존재한다. 그러나 형태들 사이에는 에너지 차이가 존재하며, 회전이 완전하게 자유롭지는 못하다. 에너지가 가장 낮은(가장 안정한) ethane의 형태는 엇갈린 형태이다. 에너지가 가장 높은(가장 불안정한)형태는 가려진 형태이다. 상온에서 ethane 분자는 형태들 사이의 에너지 차이를 극복하여 한 형태로부터 다른 형태로의 탄소-탄소 단일 결합에 대한 회전이 빠르게 일어날 수 있을만큼 충분한 에너지로 서로 충돌하고 있다.

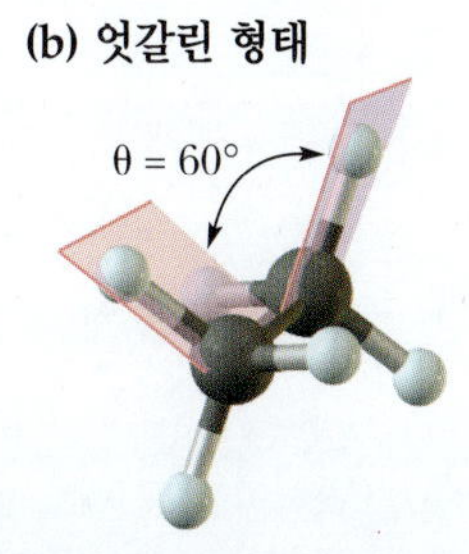

그림 2.7 ▸ Ethane의 이면각.
(a) 가려진 형태, (b) 엇갈린 형태.

Ethane의 가려진 형태와 엇갈린 형태 사이의 에너지 차이는 대략 12.6 kJ(3.0 kcal)/mol(각각의 가리어진 H/H에 대한 에너지 차이는 대략 4.2 kJ (1.0 kcal)이며, 이것을 비틀림 무리라고 한다. **비틀림 무리**(torsional strain, 혹은 가려진-상호작용 무리라 부름)는 3개의 결합에 의해 떨어져 있는, 서로 결합되지 않은 원자들을 엇갈린 형태에서 가려진 형태로 변화시키려 할 경우에 발생된다. 예를 들면, ethane에서는 인접한 탄소의 수소쌍들인 H(4)-H(6), H(5)-H(8), H(3)-H(7)를 가려진 위치로 배열시키는 과정에서 비틀림 무리가 발생한다. 여기에 제시된 모형은 ethane의 서로 다르지만 동등한 3개의 가려진 형태 중의 하나이다.

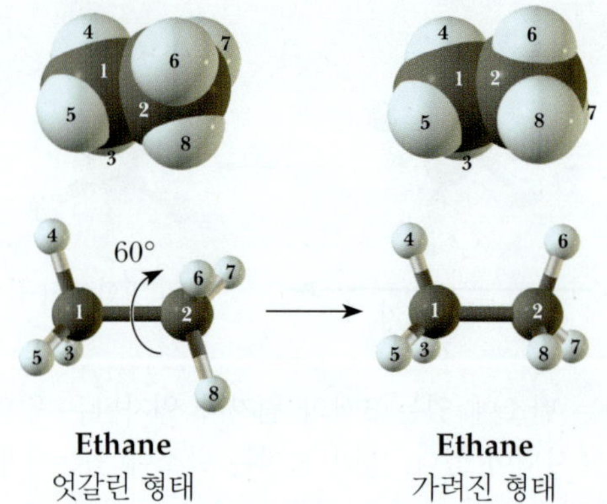

비틀림 무리
3개의 결합에 의해 떨어져 있는 서로 결합되지 않은 원자들을 엇갈린 형태에서 가려진 형태로 변화시키려 할 때 발생. 가려진-상호작용 무리(eclipsed-interaction strain)라고도 한다.

그림 2.8은 ethane의 형태에 있어서 에너지와 이면각 사이의 관계를 나타내고 있다. 이 책의 모든 에너지 그림은 에너지를 수직축에 표시한다. 여러 가지 형태의 에너지(퍼텐셜 에너지, Gibbs 자유 에너지 및 엔탈피)들은 서로 다른 중요한 의미를 가지고 있다. 그러나 이들 모든 에너지를 나타내는 그림들은 구별할 수 없을 만큼 차이가 없으며, 대부분의 경우 설명하고자 하는 개념을 그냥 '에너지'라고 사용한다. 만일 에너지 형태에 대하여 더 정밀하게 구별할 필요가 있을 때는 그 이유를 설명하고 지적할 것이다.

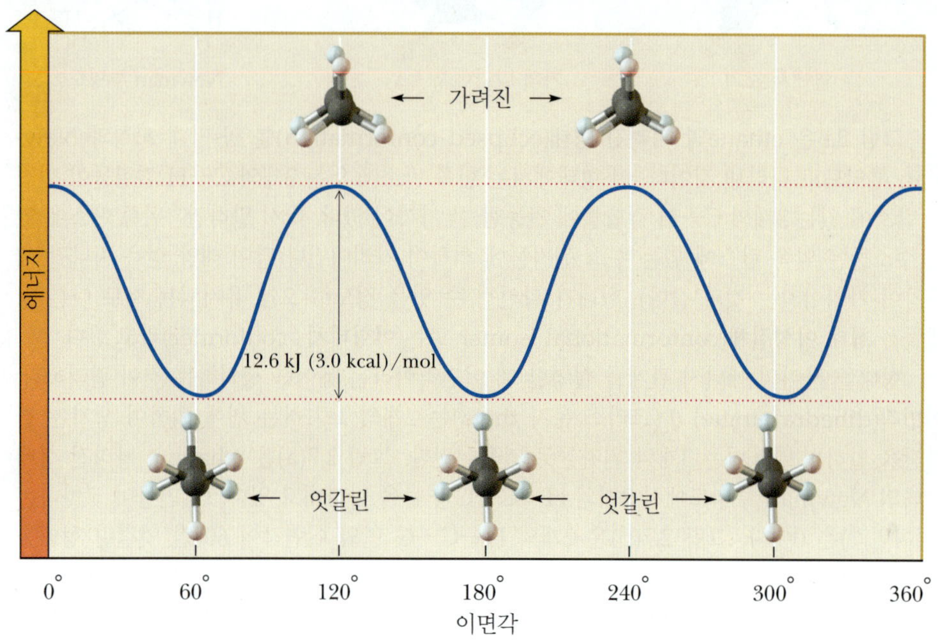

그림 2.8 ▸ 이면각에 따르는 ethane의 에너지 변화. 가려진 형태가 약 12.6 kJ(3.0 kcal)/mol 정도 엇갈린 형태보다 높은 에너지를 가진다.

Ethane의 가려진 형태의 비틀림 무리의 근원에 대해서는 오랫동안 엇갈린 주장들이 제시되고 있다. 처음에는 이 무리가 가려진 수소 원자들 사이의 반발력으로 인하여 발생된다고 생각되었다. 이들 수소 원자들은 엇갈린 형태에서는 255 pm, 가려진 형태에서는 235 pm만큼 떨어져 있다. 다르게는, 비틀림 무리가 인접한 C—H 결합의 전자 구름들 사이의 반발의 결과라고 설명하고 있다. 그러나 이론적인 분자 궤도함수 계산은 양 극단의 형태들 사이의 에너지 차이가 가려진 형태의 불안정화 때문이 아니라 엇갈린 형태의 안정화에 의한 것이라고 제안하고 있다. 엇갈린 형태의 안정화는 일직선으로 배열된 한 탄소의 C—H 결합성 MO와 인접 탄소의 반결합성 MO 사이의 작은 주개-받개 상호작용(채워진 궤도함수가 받개의 빈 궤도함수에 전자 밀도를 준다)으로 발생한다. 엇갈린 형태에서 가려진 형태로 전환될 때 이러한 주개-받개 상호작용이 상실된다. 따라서 ethane의 가려진 형태의 에너지가 엇갈린 형태보다 높은 것은 사실로 존재하지만, 이 에너지 차이에 대한 설명은 아직도 화학자들 사이의 논쟁거리로 남아 있다.

다음으로 2번 탄소와 3번 탄소 사이의 결합을 따라서 바라본 butane의 형태를 보자. Butane에는 2가지의 엇갈린 형태와 2가지의 가려진 형태가 있다. 메틸기가 가장 멀리 떨어져 있는(θ = 180°) 엇갈린 형태를 **안티 형태**(anti conformation), 그들이 가까이 있는(θ = 60°) 엇갈린 형태를 **고쉬 형태**(gauche conformation)라고 부른다. 하나의 가려진 형태(θ = 0°)에서는 메틸이 메틸에 의하여 가려져 있다. 다른 형태(θ = 120°)에서는 메틸이 수소에 의하여 가려져 있다. 그림 2.9는 −180°로부터 180°까지의 회전에 따르는 에너지 관계를 나타내고 있다. Butane의 고쉬 형태와 안티 형태는 모두 엇갈린 형태지만, 고쉬 형태가 안티 형태보다 3.8 kJ(0.9 kcal)/mol 정도 에너지가 높다는 것을 주목하라.

안티 형태
단일 결합으로 연결된 인접된 2개의 탄소에 연결된 원자단들이 이면각 180°로 존재하는 형태.

고쉬 형태
단일 결합으로 이어진 인접된 2개의 탄소에 연결된 원자단들이 이면각 60°로 존재하는 형태.

각 무리
분자 내의 결합각이 최적의 값보다 늘어나거나 줄어들 때 발생되는 무리.

입체 무리
4개 또는 그 이상의 결합으로 떨어져 있는, 서로 결합되지 않은 원자들을 원자(접촉) 반지름보다 더 가깝게 접근시킬 때 발생되는 무리. 비결합 상호작용(non-bonding interaction) 혹은 van der waals 무리라고 부르기도 한다.

Butane의 여러 가지 형태들 사이의 상대적인 안정성을 이해할 때에도 비틀림 무리가 고려된다. 추가적으로 다른 두 가지 형태의 무리(각 무리와 입체 무리)도 고려하게 된다. **각 무리**(angle strain)는 분자 내의 결합각이 최적의 값보다 늘어나거나 줄어들 때 발생된다. 결합이 길어지거나 짧아질 때에도 무리가 발생한다. 일반적으로 결합의 길이가 늘어나는 것은 결합이 굽어지는 것보다 어렵다. **입체 무리**(Steric strain, 비결합 상호작용 혹은 van der Waals 무리로 부른다)은 4개 또는 그이상의 결합으로 떨어져 있는, 서로 결합되지 않은 원자들을 그들의 원자(접촉) 반지름보다 더 가깝게 접근시킬 때 즉, 서로 으깨어지도록 부딪힐 때 발생한다. 모든 형태의 무리들은 분자 역학 프로그램으로 계산된다. 결합 각과 결합 길이를 반복하여 변화시키는 과정을 통하여 가장 낮은 총 에너지를 가지는 최적의 기하 구조가 계산된다. 이와 같은 과정은 Chem3D나 Spartan과 같은 보편적인 개인용 컴퓨터의 프로그램에도 포함되어 있다. 이들 혹은 다른 프로그램의 분자 역학 계산의 에너지 최적화 과정을 이용하여 분자의 주어진 형태에서 가장 낮은 에너지를 가지는 원자들의 배열을 결정할 수 있다.

Butane의 안티(θ = 180°) 형태와 가려진(θ = 0°) 형태의 비교를 통하여 각 무리와 입체 무리의 기원을 설명하기로 한다. 에너지 최적화를 통해 얻은 butane의 안티 형태는 C—C—C의 결합각이 111.9°이고, 모든 H—C—H 결합각은 107.4°와 107.9° 사이 값이다.

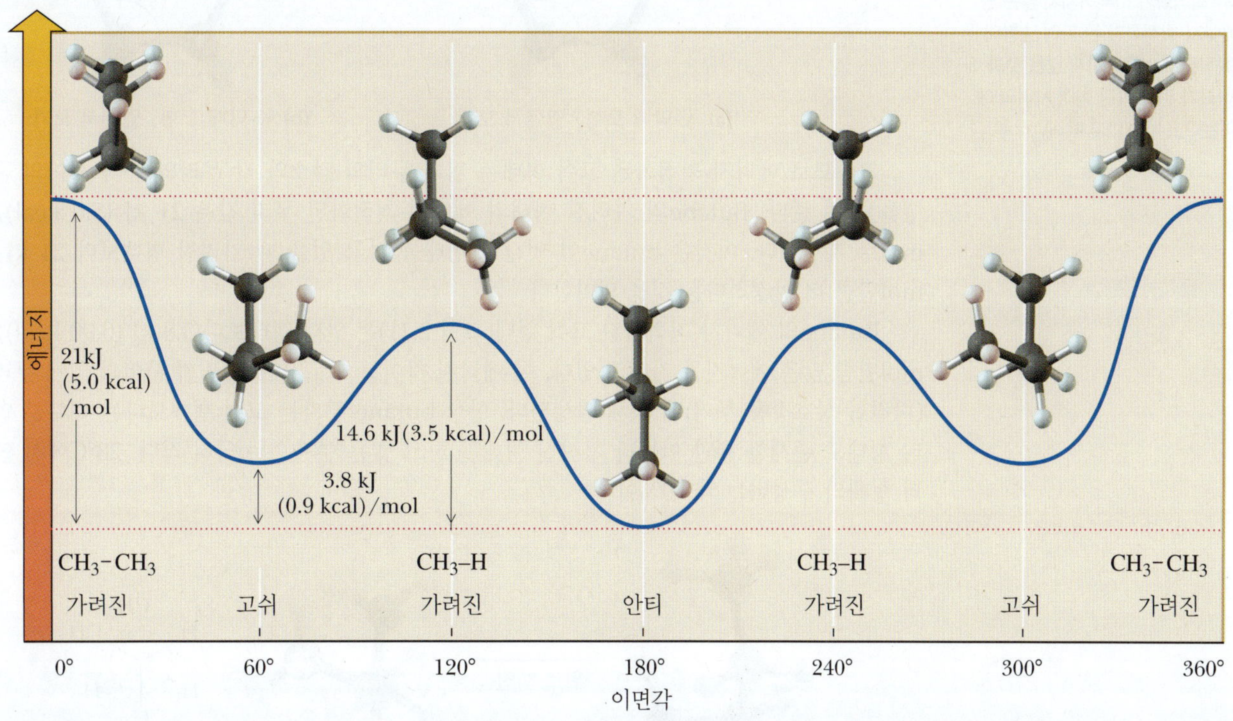

그림 2.9 ▸ 2번과 3번 탄소 사이에 결합의 이면각에 따르는 butane의 에너지 변화. 가장 낮은 에너지의 형태는 2개의 메틸기가 가장 멀리 떨어져 있을 때(θ = 180°)이다. 가장 높은 에너지의 형태는 2개의 메틸기가 가려진 상태로 있을 때(θ = 0°)이다.

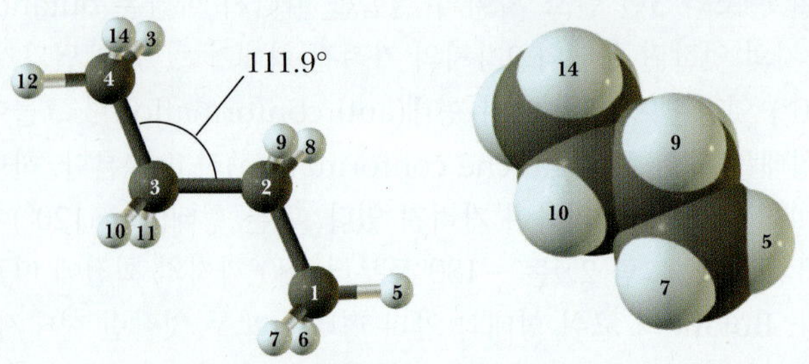

이제 가려진 형태를 고려해 보자. 그림 2.10(a)는 C—C—C의 결합각이 안티 형태의 에너지 최적화된 값인 111.9°로 되어 있는 butane의 가려진 형태에 대한 분자 모형이다. 이러한 가려진 형태에서는 수소들 H(5)-H(13)과 H(5)-H(14)가 그들의 접촉 반지름에서 주어지는 값보다 작은 178 pm 거리에 놓여 있게 된다. Butane의 가려진 형태의 에너지를 최적화시키면[그림 2.10(b)] 이들 수소들 사이의 길이가 231 pm로 늘어난다(입체 무리 감소). 동시에, C(4)-C(3)-C(2)와 C(3)-C(2)-C(1)의 결합각이 111.9°에서 119.0°로 증가된다(각 무리 증가).

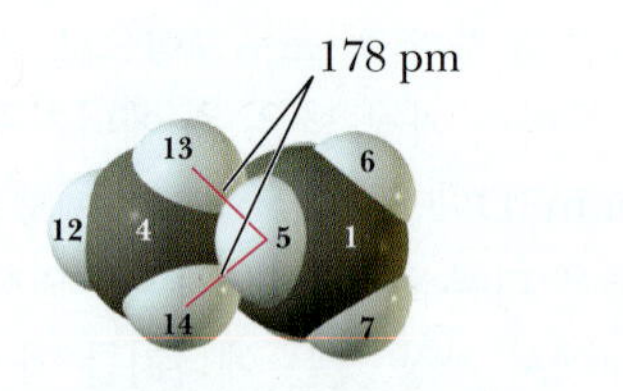

공간 채움 모형, 위에서 보기

231 pm

공간 채움 모형, 위에서 보기

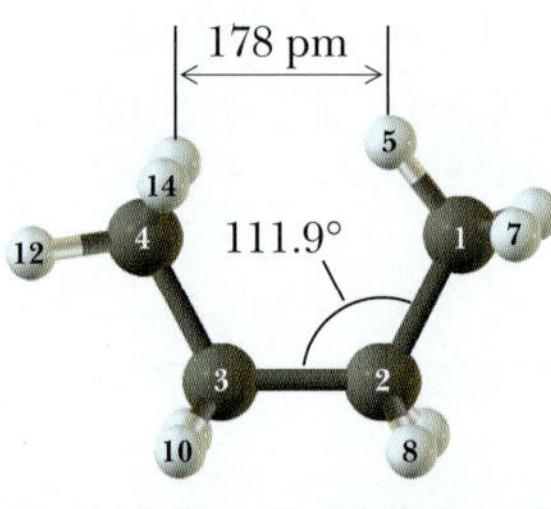

(a) 공-막대 모형, 옆에서 보기

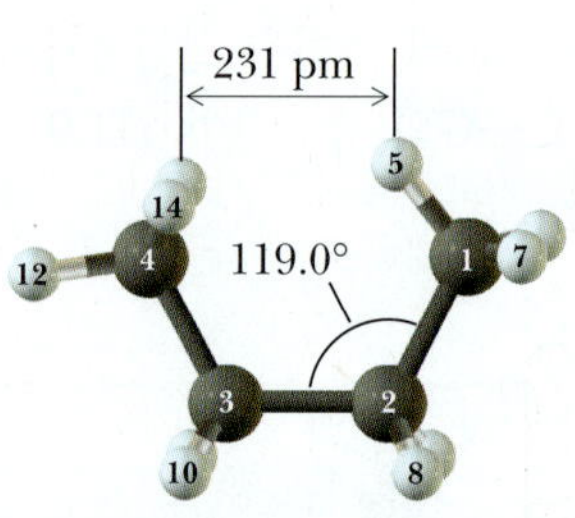

(b) 공-막대 모형, 옆에서 보기

그림 2.10 ▶ Butane의 가려진 형태. (a) 에너지-최적화가 이루어지지 않은 형태. (b) 에너지-최적화가 된 가려진 형태. 에너지-최적화가 이루어지지 않은 것과 에너지-최적화가 된 가려진 형태 사이의 에너지 차이는 3.6 kJ (0.86 kcal)/mol이다.

그러므로 에너지-최적화된 고쉬 형태는 입체 무리의 감소와 각 무리의 증가 사이의 균형을 보여 준다. Butane의 가려진 형태의 에너지-최적화된 무리 값은 21 kJ (5.0 kcal)/mol로 계산된다. 이것은 butane이 엇갈린 형태를 하고 있을 때 가려진 형태보다 21 kJ/mol만큼 더 안정하다는 것을 의미한다.

Butane의 에너지-최적화된 고쉬 형태(그림 2.11)는 안티 형태보다 3.8 kJ (0.90 kcal)/mol만큼 많은 에너지를 가지고 있다. 이 에너지 차이는 오로지 두 메틸기 사이의 입체 무리(비결합 상호작용 무리)에 의해 발생된다. 항상 butane 분자는 고쉬 형태보다는 대부분 안티 형태로 존재할 뿐만 아니라 가려진 형태를 하고 있는 분자수는 극히 작다. 20°C에서 안티 형태의 구성비는 약 70%이다.

그림 2.11 ▶ Butane의 두 동등한 에너지-최적화된 고쉬 형태 중의 하나.

비록 2개의 고쉬 형태($\theta = 60°$, $300°$)가 같은 에너지를 가지고 있지만, 이들은 서로 다르다. 그들은 반사로 서로 관련된다. 즉, 하나의 고쉬 형태가 다른 것의 반사로, 마치 오른손이 왼손의 반사인 것과 같다. $—CH_3$와 —H기가 가려진 형태($\theta = 120°$, $240°$)는 또한 반사에 의하여 관련되고 있다. 3장에서 물체와 거울 반사에 대하여 더 설명할 것이다.

예제 2.8 ▸ Newman 투영도

다음 화합물은 1,2-dichloroethane의 구조식이다.

$$\begin{array}{ccccccc} & & H & & H & & \\ & & | & & | & & \\ Cl & — & C & — & C & — & Cl \\ & & | & & | & & \\ & & H & & H & & \end{array}$$

1,2-Dichloroethane

(a) 탄소-탄소 단일 결합에 대하여 0°부터 360°까지 회전에 의하여 형성된 모든 엇갈린 형태들의 Newman 투영도를 그려라.

(b) 어느 엇갈린 형태가 가장 낮은 에너지를 갖는가? 어느 것이 가장 높은 에너지를 갖는가?

(c) 만약 이 엇갈린 형태들 중 반사로 서로 관련된 것이 있다면 어느 것인가?

➡ **해답**

(a) 만일 기준점으로 염소 원자들이 가려진 이면각을 취한다면, 엇갈린 형태가 60°, 180°, 300°의 이면각에서 생긴다.

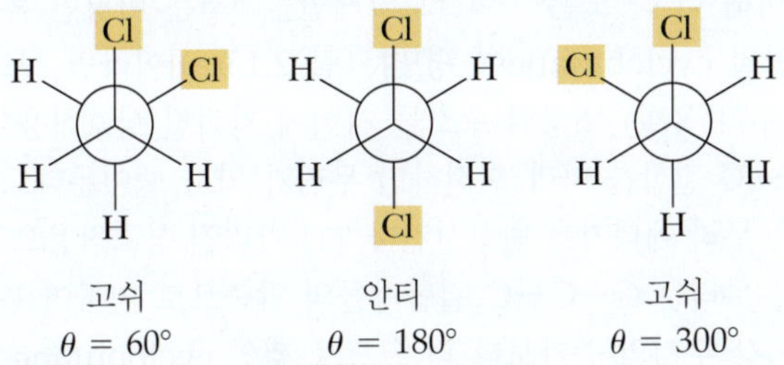

고쉬 $\theta = 60°$ 안티 $\theta = 180°$ 고쉬 $\theta = 300°$

(b) 안티 형태(이면각 $\theta = 180°$)가 가장 낮은 형태를 가진다고 예상한다. 2개의 비틀림 형태들(이면각 $\theta = 60°$, $300°$)은 더 높지만 같은 에너지이다. 실제 에너지 차이를 계산하는 데 필요한 자료는 문제에서 주어지지 않았다.

(c) 2개의 고쉬 형태들이 반사로 서로 관련되어 있다.

연습 문제 2.8

1,2-Dichloroethane에서

(a) 탄소-탄소 단일 결합에 대하여 0°부터 360°까지 회전에 의하여 형성된 모든 가려진 형태들의 Newman 투영도를 그려라.

(b) 어느 가려진 형태가 가장 낮은 에너지를 갖는가? 어느 것이 가장 높은 에너지를 갖는가?

(c) 만약 이 가려진 형태들 중 반사로 서로 관련된 것이 있다면 어느 것인가?

주의 사항. 가려진 형태와 엇갈린 형태를 같이 비교하며 설명하였지만, 이것이 잘못 이해될 수도 있다. Butane의 모든 형태들 중에서 가려진 형태가 에너지 프로파일에서 가장 높은 점들에 있다. 고쉬와 안티 형태들은 에너지 계곡에 위치한다. 결과적으로 butane 분자는 안티와 고쉬 형태로 존재하며, 가려진 형태는 안티와 고쉬 형태의 상호 변환 과정에서

거쳐 지나가는 배열일 뿐이다. 상온에서 C—H와 C—C 결합들은 진동 운동을 하며, 이 진동은 결합의 회전과 동시에 일어난다. 실제로 탄화수소는 용액에서 낮은 에너지의 형태들이 끊임없이 서로 상호 변환되는 매우 복잡하고 역동적인 구조이다.

B 사이클로알케인

고리형 알케인의 구조와 에너지는 고리의 크기에 달려 있다. 가장 중요한 것 중에 하나는 탄소 6개보다 작은 고리에서 존재하고 최적의 사면체 결합각인 109.5°에 도달할 수 없는 C—C—C 결합각에 의한 **작은 고리 무리**(small ring strain)이다. 더욱이 알케인의 C—C 단일 결합을 따라 비틀림 무리의 변화되는 정도를 나타내며 빠르게 상호 전환하는 형태를 가진 알케인에서처럼 탄소 4개 혹은 그 이상인 고리형 알케인에서도 전환이 일어난다. 상호 전환은 고리의 C—C 단일 결합을 따라 회전이 포함되어 있다. 그러나 결합은 고리의 끊어짐이 없는 어느 정도까지만 회전할 수 있으며, 따라서 회전은 일정한 각도로 제한된다.

작은 고리 무리
적합하지 않는 결합각으로부터 발생되는 6개 이하의 고리 크기와 관련된 무리.

i. Cyclopropane

Cyclopropane에서 관측된 C—C—C 결합각은 60°이고(그림 2.12), 이 값은 sp^3 혼성화된 탄소 원자에서 예측되는 결합각 109.5°보다 상당히 작다. 최적의 결합각이 축소됨으로 인하여 상당한 각 무리가 발생한다. 더욱이 6쌍의 완전히 가려진 C—H 결합들은 상당한 비틀림 무리를 발생시킨다. Cyclopropane의 무리 에너지는 약 116 kJ(27.7 kcal)/mol이다. 더 커다란 사이클로알케인에서는 일어나지 않는 여러 가지 고리 열림 반응들이 cyclopropane과 그 유도체들에서 일어나는 것은 그들의 분자 내 무리가 매우 크기 때문이다.

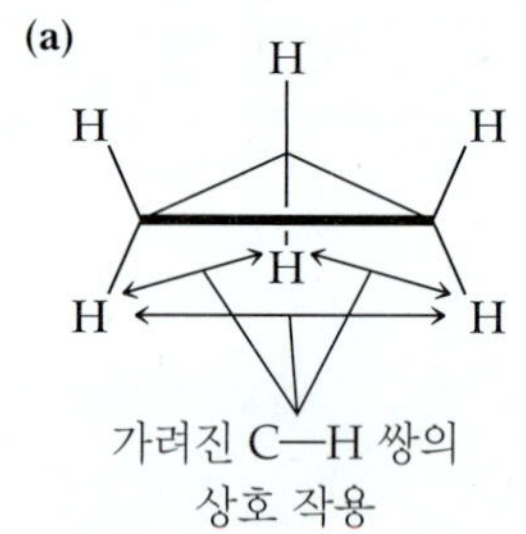

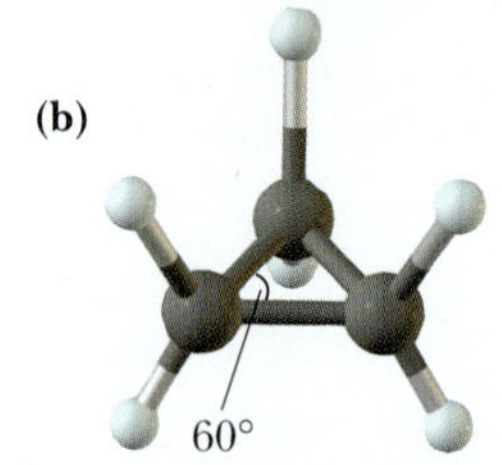

그림 2.12 ▸ Cyclopropane. (a) 구조식, (b) 공-막대 모형.

ii. Cyclobutane

Cyclopropane에 비해 더 큰 모든 사이클로알케인들에서는 비평면 혹은 꺾인(puckered) 형태가 선호된다. 만일 cyclobutane이 평면[그림 2.13(a)]이라면, 모든 C—C—C 결합각들은 90°이며(각 무리 유발), 8쌍의 수소들 사이에 가려진 상호작용이 존재하게 된다(비틀림 무리 유발). C—C 결합을 따라 회전하면 무리가 약간 줄어든다. 고리가 꺾인[그림 2.13(b)] 2가지 방법은 무리 에너지를 변화시킨다. (1) 가려진 상호작용으로 인한 비틀림 무리는 감소되고, (2) 각 무리는 C—C—C 결합각들의 압축으로 인하여 훨씬 더 증가한다. 비틀림 무리의 감소가 각 무리의 증가보다 더 크므로 꺾인 cyclobutane은 평면형 cyclobutane보다 더 안정하다. 가장 낮은 에너지 형태에서 측정된 C—C—C 결합각은 88°이고, cyclobutane의 무리 에너지는 약 110 kJ (26.3 kcal)/mol이다. Butane과 마찬가지로 cyclobutane은 고정되어 있지 않고 꺾인 형태들 사이의 상호 변환을 하고 있다.

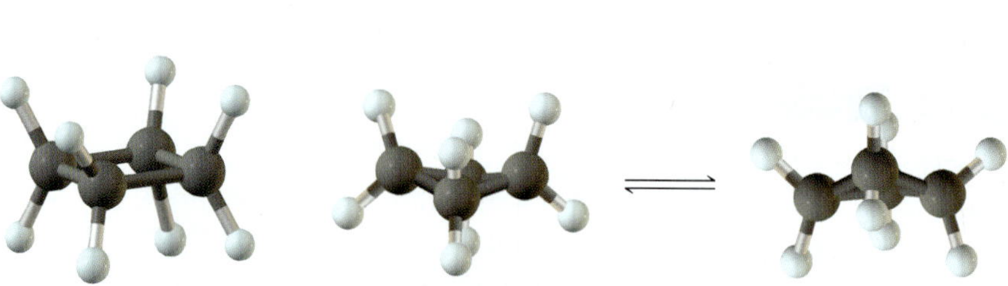

그림 2.13 ▸ Cyclobutane. (a) 8쌍의 가려진 C—H 상호작용이 있는 평면 형태. (b) 꺾인(나비) 형태의 에너지가 가장 낮다.

iii. Cyclopentane

만일 cyclopentane이 평면 형태로 되어 있다면, 모든 C—C—C 결합각은 108°일 것이다[그림 2.14(a)]. 이 각은 정사면체의 결합각 109.5°와 약간만 차이가 난다. 결과적으로 이 형태에서 각 무리는 거의 없을 것이다. 그러나 이 평면 형태에는 약 42 kJ (10 kcal)/mol의 비틀림 무리를 만드는 완전히 가려진 10개의 C—H 결합들이 있다. 이 비틀림 무리를 적어도 일부만이라도 줄이기 위하여 고리는 그림 2.14(b)에 나타낸 바와 같이 **'봉투' 형태**('en-

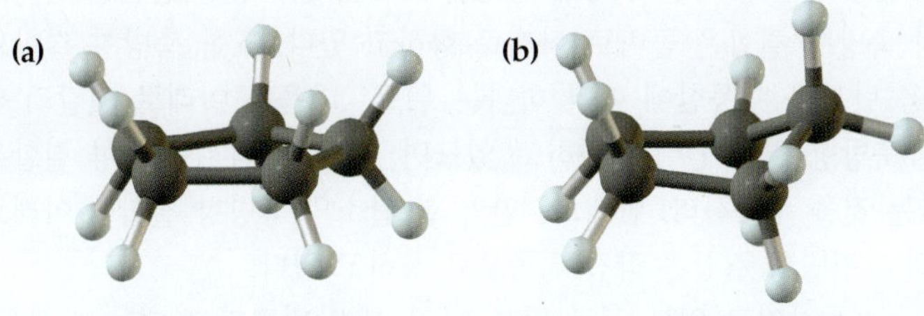

그림 2.14 ▸ Cyclobutane. (a) 10쌍의 가려진 C—H 상호작용이 있는 평면 형태. (b) 꺾인 봉투 형태가 가장 안정하다.

velope' conformation)로 비틀린다. 이 형태에서 4개의 탄소 원자들은 한 평면에 있고, 5번째는 평면 밖으로 휘어져서 뚜껑이 위로 향하여 굽어 있는 봉투와 같다. Cyclopentane은 C—C—C 결합각이 105°로 감소된(각 무리 증가) 5개의 동등한 봉투 형태들 사이에 동적 평형 상태로 존재한다. 봉투 형태에서는 가리운 C—H 상호작용들의 수도 감소되었다(비틀림 무리 감소). 따라서 봉투 형태는 평면 형태에 비해 더 안정하다. 꺾인 cyclopentane의 총 무리 에너지는 약 27 kJ (6.5 kcal)/mol이다.

iv. Cyclohexane

Cyclohexane은 C—C 회전을 통해 상호 전환하는 여러 개의 꺾인 형태들을 취하고 있으며, 그들 중에서 가장 안정한 것은 **의자 형태**(chair conformation)이다(그림 2.15). 의자 형태에서 모든 C—C—C 결합각들은 110.9°이며(각 무리를 최소화), 인접한 탄소들에 있는 모든 수소들은 서로 서로 엇갈려 있다(비틀림 무리를 최소화). 또한 어떤 2개의 원자들도 비결합 상호작용이 존재할 수 있을 만큼 가까이 있지 않다. 따라서 cyclohexane의 의자 형태에는 어떤 종류의 무리도 존재하지 않는다.

의자 형태
Cyclohexane 고리의 가장 안정한 형태. 모든 결합각들은 약 109.5°이며, 인접한 탄소들에 있는 모든 결합들은 서로 서로 엇갈려 있다.

축방향 결합
Cyclohexane의 의자 형태에서 축방향 결합은 고리의 중심을 관통하는 가상의 축에 평행한 방향으로 연결되어 있다. 결합은 고리의 적도면에 거의 수직으로 놓인다.

수평방향 결합
Cyclohexane의 의자 형태에서 수평방향 결합은 고리의 중심을 관통하는 가상의 축에 수직한 방향으로 연결되어 있다. 결합은 고리의 적도면에 놓인다.

Cyclohexane의 의자 형태에서 C—H 결합들은 2가지 다른 배향으로 배열되어 있다. 6개의 C—H 결합들은 **축방향 결합**(axial bond)이라고 부르며, 다른 6개는 **수평방향 결합**(equatorial bond)이라고 한다. 이 두 형태의 결합 사이에 차이를 육안으로 그려 보는 한 가지 방법은 마루 평면에 직각으로 존재하며 의자의 중심을 통하는 축을 상상하는 것이다(그림 2.16).

수평방향 결합은 가상의 축에 거의 수직이고, 고리의 적도를 형성한다. 수평방향 결합은 고리의 한 탄소로부터 다음 탄소로 이동함에 따라 처음은 약간 위로 다음은 약간 아래로

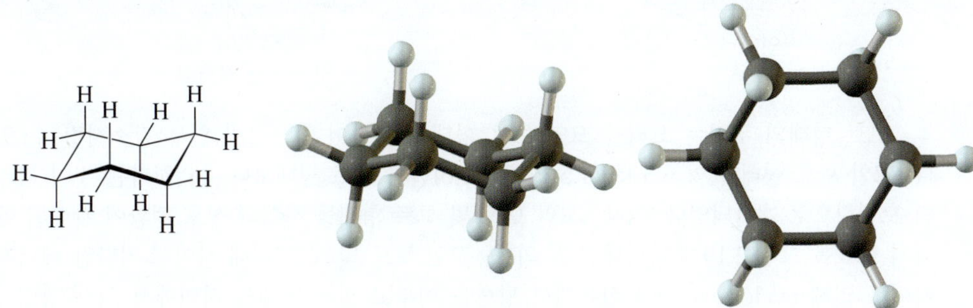

그림 2.15 ▸ Cyclohexane의 의자 형태.

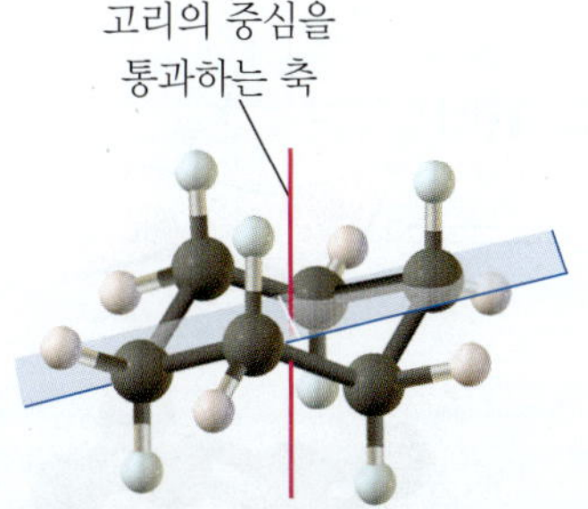

(a) 12개의 수소 모두를 보여주는 공-막대 모형

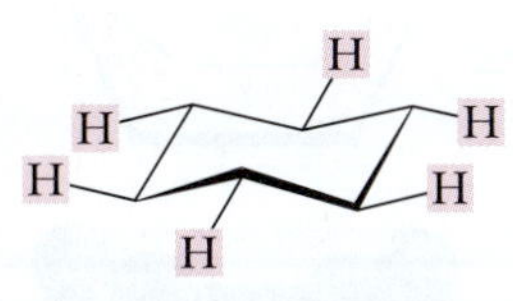

(b) 붉은색으로 나타낸 6개의 수평방향 C—H 결합

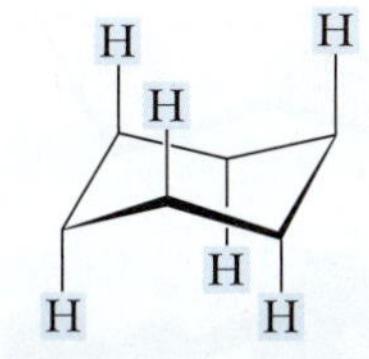

(c) 푸른색으로 나타낸 6개의 축방향 C—H 결합

그림 2.16 ▸ 축방향과 수평방향의 C—H 결합들을 보여 주는 cyclohexane의 의자 형태. 4개의 탄소들에 의해 평면이 정의된다. 5번째 탄소는 면의 위쪽에 그리고 6번째 탄소는 면의 아래쪽에 위치한다.

엇갈려 있다. 축방향 결합은 가상의 축에 평행하다. 3개의 축방향 결합은 곧바로 위로 향하며, 다른 3개의 축방향 결합은 곧바로 아래로 향하고 있다. 또한 축방향 결합도 고리의 한 탄소로부터 다음 탄소로 이동함에 따라 하나는 위로, 다음은 아래로 엇갈려 있다. 그리고 만약 한 탄소의 축방향 결합이 위로 향하고 있으면, 그 탄소의 수평방향 결합은 약간 아래로 향하고 있다는 것을 주목하라. 반대로, 만약 한 탄소의 축방향 결합이 아래로 향하고 있으면, 그 탄소의 수평방향 결합은 약간 위쪽으로 향하고 있다.

보트 형태
고리의 1번과 4번 탄소가 서로를 향해 기울어진 cyclohexane의 비평면 형태.

꼬인 보트 형태
보트 형태를 뒤틀어줌으로써 약간 안정화시킨 cyclohexane의 비평면 형태.

Cyclohexane이 가지고 있는 서로 다른 여러 가지 비평면 형태들 중에서 **보트**(boat) 형태와 **꼬인 보트**(twist-boat) 형태 2가지를 그림 2.17에 나타내었다.

'깃대' H 원자

보트 형태

꼬인 보트 형태

그림 2.17 ▸ Cyclohexane의 보트 형태와 꼬인 보트 형태.

2개의 탄소-탄소 결합의 뒤틀림에 의한 의자 형태와 보트 형태들 사이의 상호 전환을 그림 2.18에 나타내었다. 보트 형태는 2개의 '깃대(flagpole)' 수소들 사이의 입체 무리와 가려진 4쌍의 C—H 상호작용들로 인한 비틀림 무리 때문에 의자 형태에 비해 덜 안정하다. 의자 형태와 보트 형태 사이의 에너지 차이는 약 27 kJ (6.5 kcal)/mol이다.

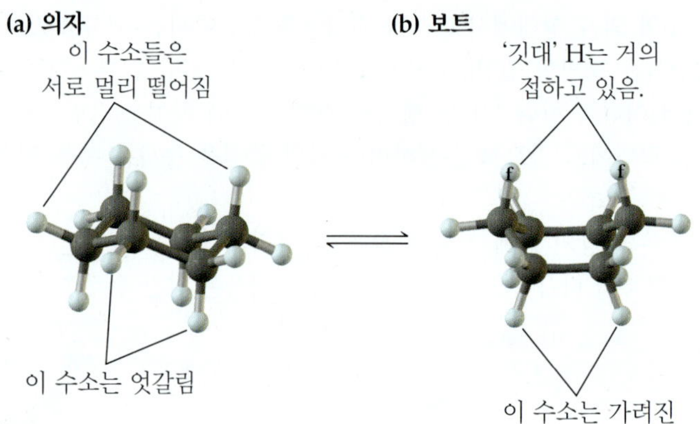

그림 2.18 ▸ 의자 형태 (a)에서 보트 형태 (b)로의 상호 전환은 한 쌍의 깃대 입체 상호작용과 4쌍의 가리운 수소 상호작용들을 발생시킨다.

보트 형태의 무리는 고리를 꼬인 보트 형태로 뒤틀어 줌으로써 일부 감소시킬 수 있다. 꼬인 보트 형태가 약 6.3 kJ (1.5 kcal)/mol만큼 보트 형태보다 유리하다는 것이 컴퓨터 모델링으로 계산되었다. 의자, 꼬인 보트 및 보트 형태들 사이의 상호 전환에 관련된 에너지 도표를 그림 2.19에 나타내었다. 의자, 꼬인 보트 및 보트 형태 사이의 커다란 에너지 차이로 인해 cyclohexane이 실온에서 평형을 이루고 있는 형태들 사이에서 의자 형태가 99.99%보다 훨씬 더 높은 비율로 존재한다.

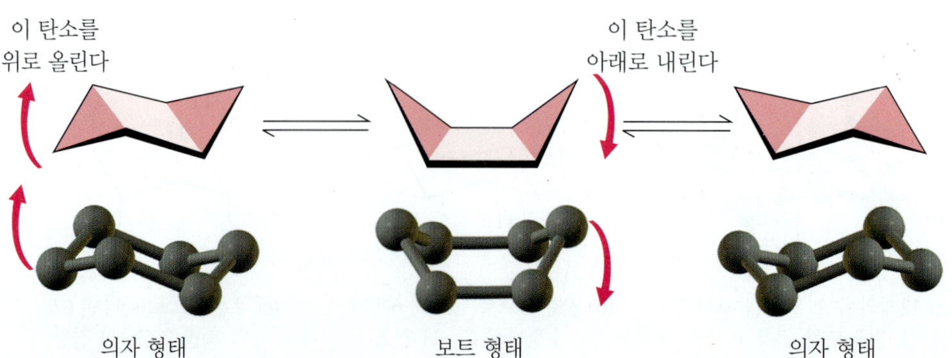

Cyclohexane은 2개의 동일한 의자 형태들이 먼저 보트 형태로 전환되고 뒤틀림에 의해서 다른 의자 형태로 상호 전환될 수 있다.

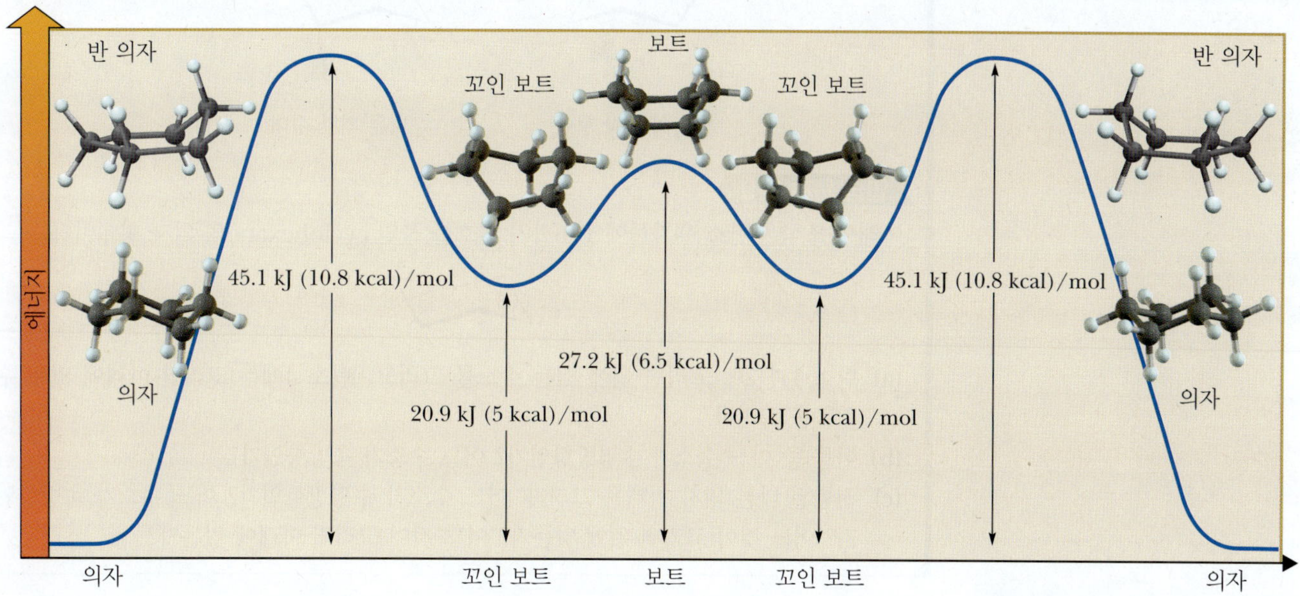

그림 2.19 ▸ Cyclohexane의 의자, 꼬인 보트 및 보트 형태들 사이의 상호 전환에 따른 에너지 변화. 결합각과 뒤틀림 및 입체 무리가 가장 작은 의자 형태가 가장 안정하다.

한 의자 형태가 다른 형태로 전환될 때, 각 탄소에 결합한 수소 원자들의 상대적인 공간 배향이 변화된다. 한 의자 형태에서 축방향인 모든 수소 원자들이 다른 의자 형태에서는 수평방향이 된다. 그리고 반대로도 동일하다(그림 2.20). Cyclohexane의 한 의자 형태에서 다른 형태로의 전환은 실온에서 빠르게 일어난다.

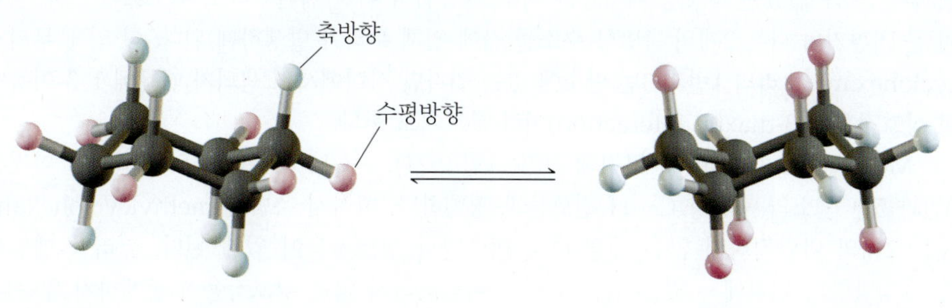

그림 2.20 ▸ Cyclohexane의 의자 형태 사이에 상호 변환. 한 의자 형태에서 축방향인 모든 수소 원자들이 다른 의자 형태에서는 수평방향이 된다. 그리고 반대 경우도 동일하다.

예제 2.9 ▸ 축방향과 수평방향 치환기

다음 화합물은 한 개의 수소와 한 개의 메틸기를 나타낸 cyclohexane의 의자 형태이다.

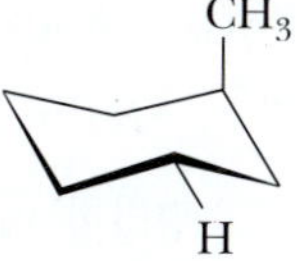

(a) 각각의 치환기가 수평방향인지, 축방향인지 표시하여 나타내어라.

(b) 상호 전환된 다른 의자 형태를 그린 다음, 각각의 치환기가 수평방향인지 축방향인지 표시하여 나타내어라.

➥ 해답

CH_3 (a) / H (e) ⇌ CH_3 (e) / H (a)

하나의 의자 형태 다른 의자 형태

연습 문제 2.9

아래 구조식은 탄소 원자들에 1~6까지 번호를 붙인 cyclohexane의 의자 형태이다.

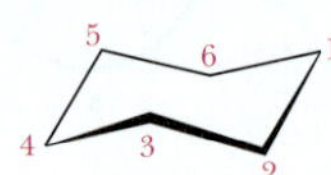

(a) 탄소 1과 2에 고리면 위에 있는 수소를 그리고, 탄소 4에는 고리면 아래에 있는 수소들을 그려라.

(b) 이들 중 어느 수소가 수평방향인가? 어느 수소가 축방향인가?

(c) 전환된 다른 의자 형태를 그려라. 어느 수소가 수평방향인가? 어느 수소가 축방향인가? 어느 것이 고리면 위에 있는가? 어느 것이 고리면 아래에 있는가?

만일 cyclohexane의 수소 원자 하나를 메틸기로 치환하면, 그 치환기는 하나의 의자 형태에서는 수평방향의 위치, 다른 의자 형태에서는 축방향 위치를 갖는다. 이것은 2개의 의자 형태가 더 이상 동일하지 않으며, 안정성도 동일하지 않다는 것을 의미한다.

이축방향 상호작용
Cyclohexane 고리면의 같은 쪽에 있는 축방향의 치환기와 축방향의 수소(혹은 다른 원자단) 사이의 상호작용에 따르는 입체 무리.

수평방향과 축방향에 치환기를 갖고 있는 의자 형태들의 상대적인 안정성을 기술하는 편리한 방법은 **이축방향 상호작용**(diaxial 또는 axial-axial interaction)이라 부르는 입체 무리의 개념을 이용하는 것이다. 이축방향 상호작용은 cyclohexane 고리면의 같은 쪽에 있는 축방향의 치환기와 축방향의 수소(혹은 다른 원자단) 사이의 입체 무리를 말한다. 고리면의 같은 쪽에 있는 축방향 위치들은 매우 가까워서 어떤 치환기라도 수소보다 크게 되면 이 큰 치환기와 다른 2개의 축방향 수소들 간에 입체 무리가 발생하게 된다. 이 입체 무리가 cyclohexane 고리의 1번과 3번 탄소에 있는 원자단 사이에서 발생되기 때문에 1,3-이축방향 상호작용(1,3-diaxial interaction)이라 부르기도 한다.

Methylcyclohexane을 고려해 보자(그림 2.21). —CH_3가 축방향으로 있으면 이것은 3번과 5번 탄소의 축방향 C—H 결합들과 평행하다. 따라서 축방향 methylcyclohexane에는 2개의 바람직하지 않은 메틸-수소 이축방향 상호작용이 있게 된다. 그러나 메틸기가 수평방향의 위치에서 있을 때는 이러한 바람직하지 않은 상호작용이 존재하지 않는다. Methylcyclohexane의 경우는 메틸의 수평방향 형태가 메틸의 축방향 형태보다 약 7.28 kJ (1.74 kcal)/mol 정도 유리하다.

Methylcyclohexane의 축방향과 수평방향의 형태 사이의 에너지 차이로부터 평형 상태에 존재하는 두 형태들 간의 구성비를 다음의 공식을 이용하여 계산할 수 있다. 이 식은 평형 상태의 Gibbs 자유 에너지의 변화(ΔG^0)를 평형 상수(K_{eq}), 절대 온도(T), 기체 상수 [R, 8.314 J (1.987 cal)·K^{-1}·mol^{-1}]와 연관시킨 것이다.

$$\Delta G^0 = -RT \ln K_{eq}$$

ΔG^0에 −7.28 kJ/mol(축방향 메틸 → 수평방향 메틸)을 넣고 공식을 풀면 상온(25°C = 298 K)에서 평형 상수 값이 18.9로 주어진다.

$$\ln K_{eq} = \frac{-(-7280\ \mathrm{J \cdot mol^{-1}})}{8.314\ \mathrm{J \cdot K^{-1} \cdot mol^{-1}} \times 298\ \mathrm{K}} = 2.939$$

$$K_{eq} = \frac{18.9}{1} = \frac{\text{수평방향}}{\text{축방향}}$$

그림 2.21 ▸ Methylcyclohexane의 2개의 의자 형태. 2개의 이축방향 상호작용으로 인하여 축방향 메틸 형태가 약 7.28 kJ (1.74 kcal)/mol 정도 덜 안정한다.

HOW TO Cyclohexane의 다양한 의자 형태 그리는 방법

치환기가 축방향인지 아니면 수평방향인지를 확인하기 위해서는 cyclohexane의 의자 형태를 그릴 수 있어야 한다. 의자 형태를 그리려면 많은 연습이 필요하지만, 몇 가지 간단한 지침을 이용하면 복잡한 치환이 이루어진 형태의 구조도 그릴 수 있게 된다.

1단계: 평행선 두 쌍을 약간 기울어진 형태로 그리는 것으로 시작한다.

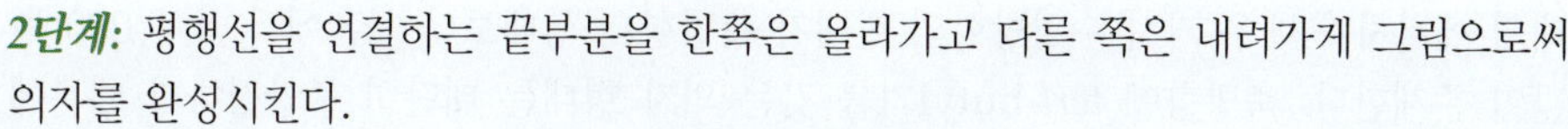

2단계: 평행선을 연결하는 끝부분을 한쪽은 올라가고 다른 쪽은 내려가게 그림으로써 의자를 완성시킨다.

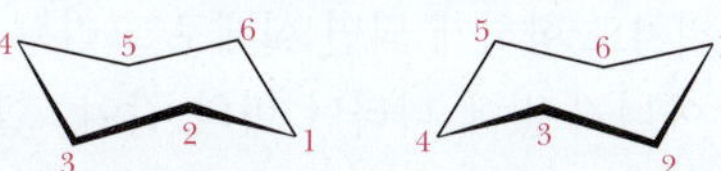

3단계: 각 고리의 원자가 큰 각도를 갖는 방향으로 수직선을 그려서 축방향 결합을 그린다.

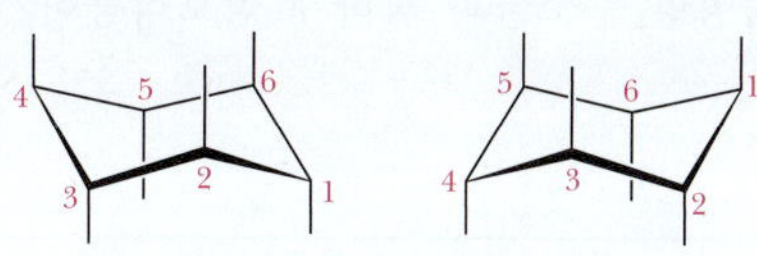

축방향 결합

4단계: 고리의 결합들을 따르는 각도로 수평방향 결합을 그린다. 이 부분이 약간 어려운 부분이다. 왼쪽의 의자 형태에서 2번과 5번 탄소의 수평방향 결합은 고리 내 3~4번과 1~6번 탄소들 사이의 결합과 평행하다(붉은색으로 표시된 고리 내 결합들). 1번과 4번 탄소의 수평방향 결합은 고리 내 2~3번과 5~6번 탄소들 사이의 결합과 평행하다(초록색으로 표시된 고리 내 결합들). 3번과 6번 탄소의 수평방향 결합은 고리 내 1~2번과 4~5번 탄소들 사이의 결합과 평행하다(보라색으로 표시된 고리 내 결합들). 전환된 오른쪽의 의자 형태도 비슷하다. 3번과 6번 탄소의 수평방향 결합은 적색으로 표시된 고리 내 결합들과 평행하고, 2번과 5번 탄소의 수평방향 결합은 녹색으로 표시된 고리 내 결합들과 평행하며, 1번과 4번 탄소의 수평방향 결합은 보라색으로 표시된 고리 내 결합들과 평행하다.

수평방향 결합

표 2.4 25°C에서 일치환 cyclohexane의 ΔG^0 (축방향-수평방향)

축방향 ⟶ 수평방향

	$-\Delta G^0$			$-\Delta G^0$	
작용기	kJ/mol	kcal/mol	작용기	kJ/mol	kcal/mol
$C\equiv N$	0.8	0.19	NH_2	5.9	1.41
F	1.0	0.24	COOH	5.9	1.41
$C\equiv CH$	1.7	0.41	$C\equiv CH_2$	7.1	1.70
I	1.9	0.45	CH_3	7.28	1.74
Cl	2.2	0.53	CH_2CH_3	7.3	1.75
Br	2.4	0.57	$CH(CH_3)_2$	9.0	2.15
OH	3.9	0.93	$C(CH_3)_3$	21.0	5.00

따라서 methylcyclohexane 분자는 상온에서 메틸기가 축방향 형태보다는 수평방향 형태로 훨씬 많이 존재한다. 수평방향의 백분율, [수평방향/(수평방향 + 축방향)] × 100%, 즉, (18.9/19.9) × 100%는 약 95%이다.

표 2.4는 여러 가지 일치환된 cyclohexane들의 축방향과 수평방향의 치환기들 사이의 자유 에너지 차이를 보여주고 있다. 알킬 치환기의 크기가 증가할수록 수평방향의 치환기를 가진 형태가 선호된다는 것을 주목하라. 실제로 *tert*-butyl과 같은 큰 치환기는 축방향 형태의 에너지가 매우 커서 수평방향의 형태가 축방향의 형태보다 실온에서 약 4,000배나 더 많이 존재한다. 축방향에 *tert*-butyl기를 갖는 의자 형태는 대단히 불안정하기 때문에, 만약 *tert*-butyl기가 축방향 위치로 향하게 되면 실제로 고리는 꼬인 보트 형태로 변환된다.

표 2.4에 주어진 자유 에너지 값에 나타난 바와 같이, 할로젠 원자들 사이에서 수평방향 위치에 대한 선호도는 F < I < Cl < Br이다. 그러나 할로젠 원자들의 크기는 F < Cl < Br < I의 순으로 증가한다. 이러한 비정상적인 현상은 C—I 결합이 너무 길어서 아이오딘 원자의 중심이 다른 축방향 수소들과 강하게 상호작용하기에는 너무 멀리 떨어져 있기 때문이다.

예제 2.10 ▸ 축방향과 수평방향 치환기

다음 1,2,4-trimethylcyclohexane의 의자 형태에서 모든 메틸-수소(CH_3/H) 사이의 이축방향 상호작용을 표시하라.

1,2,4-Trimethylcyclohexane

➥ 해답

4개의 메틸-수소 사이의 1,3-이축방향 상호작용들이 있다. 각각의 축방향 메틸기들은 고리면의 같은 쪽에 있는 평행한 축방향의 수소 원자들과 두 쌍의 1,3-이축방향 상호작용을 한다. 수평방향의 메틸기는 이축방향 상호작용이 존재하지 않는다.

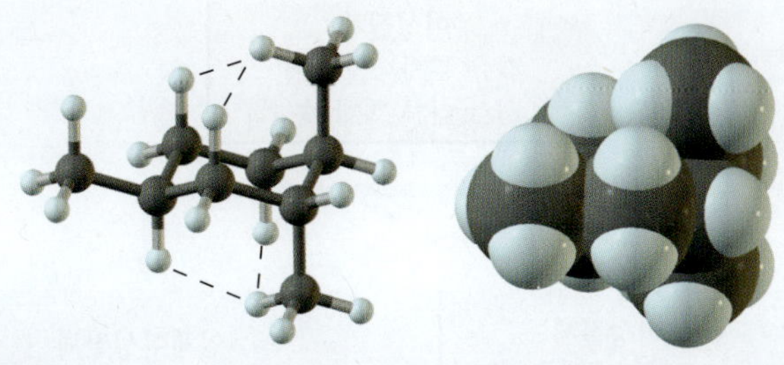

연습 문제 2.10

예제 2.10에서 제시된 3치환 cyclohexane의 다른 형태의 의자 형태를 그려라. 이 의자 형태의 모든 CH_3/H 사이의 1,3-이축방향 상호작용을 표시하라.

예제 2.11 ▸ 형태의 평형 비율

25°C에서 이치환 cyclohexane의 이수평방향과 이축방향의 형태의 비율을 계산하라.

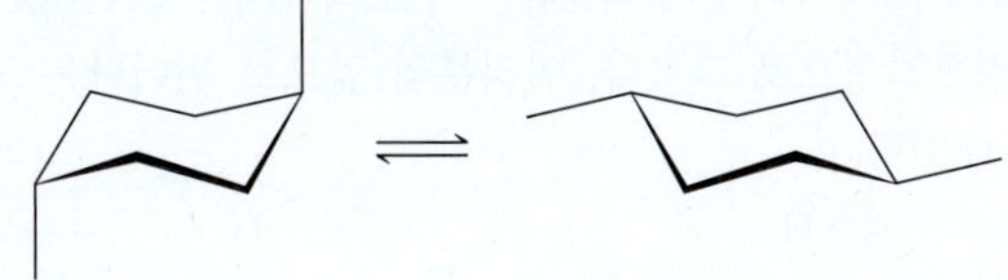

➥ 해답

이들 2개의 의자 형태에서 ΔG^0 (2개의 축방향 CH_3 → 2개의 수평방향 CH_3) = 2 × (−7.28 kJ/mol) = −14.56 kJ (3.5 kcal)/mol. $\Delta G^0 = -RT \ln K_{eq}$식에 이 값을 대입하면 비율이 357:1로 나온다.

$$\ln K_{eq} = \frac{-(-14{,}560\ \text{J/mol})}{8.314\ \text{J}\cdot\text{K}^{-1}\cdot\text{mol}^{-1} \times 298\ \text{K}} = 5.877$$

$$K_{eq} = \frac{357}{1} = \frac{\text{이수평방향 의자 형태}}{\text{이축방향 의자 형태}}$$

따라서 상온에서 대략 357/358 × 100% = 99.7% 즉, 이 화합물의 99.7%가 이수평방향 의자 형태로 존재한다.

연습 문제 2.11

하나의 메틸기는 수평방향, 다른 하나는 축방향에 있는 1,4-dimethylcyclohexane의 의자 형태를 그려라. 다른 형태의 의자 형태를 그리고, 25°C에서 두 형태들의 존재 비율을 계산하라.

2.6 사이클로알케인과 바이사이클로알케인에서 *시스, 트랜스* 이성질현상

이 장에서는 입체이성질현상(stereoisomerism)에 대한 개념을 소개한다. **입체이성질체**(Stereoisomer)는 화합물이 (1) 같은 분자식과 (2) 원자들의 동일한 연결 상태를 갖지만, (3) 서로 다른 원자들의 공간적인 배열을 갖는 것을 말한다. 이전에 공부한 다른 형태의 이성질체, 즉 구조 이성질체는 같은 분자식을 갖지만, 원자들의 배열이 다른 것들이다. 구조 이성질체와 입체이성질체 사이의 차이점들을 그림 2.22에 요약하여 나타내었다.

입체이성질체
같은 분자식과 동일한 원자들의 연결 상태를 갖지만, 원자들이 서로 다른 공간적인 배열을 갖는 화합물들.

사이클로알케인의 *시스, 트랜스* 이성질현상에 대한 설명으로써 입체이성질체를 공부하기로 한다.

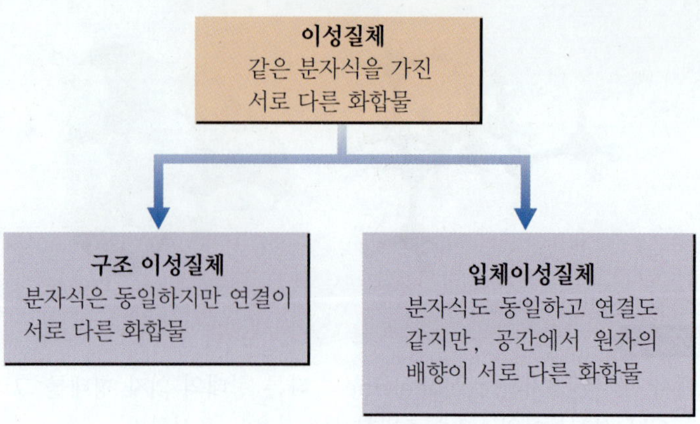

그림 2.22 ▸ 입체이성질체와 구조 이성질체 사이의 관계.

A 사이클로알케인의 *시스*, *트랜스* 이성질현상

시스, 트랜스 이성질체
동일한 연결 상태를 갖고 있지만, 고리나 탄소-탄소 이중 결합으로 인하여 원자들의 공간 배열이 서로 다른 입체이성질체.

고리의 탄소에 2개 이상의 치환기가 있는 사이클로알케인은 ***시스*, *트랜스* 이성질현상**(*cis*, *trans* isomerism)이라고 부르는 입체이성질현상을 보인다. 이 현상을 1,2-dimethylcyclopentane을 이용하여 설명하기로 한다. 다음 구조식에서는 cyclopentane 고리를 고리의 평면에서 바라본 정오각형으로 그렸다. 여러분의 앞으로 튀어나온 고리의 탄소-탄소 결합을 굵은선으로 나타내었다.

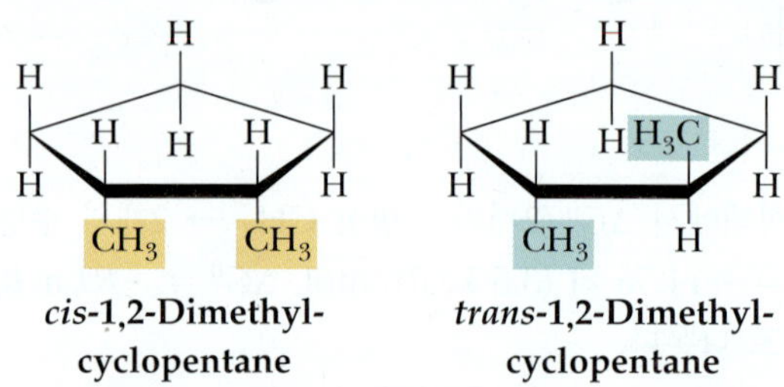

***cis*-1,2-Dimethyl-cyclopentane** ***trans*-1,2-Dimethyl-cyclopentane**

시스
같은 쪽이라는 의미를 가진 접두사

트랜스
가로지르다는 의미를 가진 접두사

1,2-Dimethylcyclopentane의 한 이성질체에서 메틸기들은 고리면의 같은 쪽에, 다른 이성질체에서는 메틸기들은 서로 고리면의 반대쪽에 있다. 접두사 ***시스***(*cis*, 라틴어: 같은 쪽)는 치환기들이 고리면의 같은 쪽에 있다는 것을, 접두사 ***트랜스***(*trans*, 라틴어: 가로질러)는 그들이 고리면의 반대쪽에 있다는 것을 나타낸다. 상온 또는 상온 부근에서는 일어나지 않는 과정인 결합의 절단과 재생성 과정을 통하지 않고서는 *시스* 이성질체는 *트랜스* 이성질체로 전환되지 않으며, 그 반대의 경우도 마찬가지이다. *시스* 이성질체의 인접된 탄소들에 있는 메틸기들 사이의 입체 무리로 인하여 *시스* 이성질체가 *트랜스* 이성질체보다 7.1 kJ (1.7 kcal)/mol만큼 더 높은 에너지(낮은 안정도)를 가진다.

다른 방법으로서 cyclopentane을 정오각형의 고리가 종이 평면에 있고, 이것을 위에서 내려다보는 형태로 cyclopentane은 나타낼 수도 있다. 고리의 치환기가 앞을 향하여 돌출(지면의 앞으로 튀어나옴)되어 있으면 쐐기(solid wedge)로 표시하고, 치환기가 뒤를 향해 멀어지면(그들이 지면의 아래로 내려감) 점선 쐐기(broken wedge)로 표시한다. 다음 구조식에서는 고리의 수소는 생략하고, 2개의 메틸기만을 나타내었다.

H_3C CH_3 H_3C CH_3

***cis*-1,2-Dimethyl-cyclopentane** ***trans*-1,2-Dimethyl-cyclopentane**

입체중심
원자에 붙어 있는 2개의 원자단을 서로 바꾸면 다른 입체이성질체를 생성시키는 가장 일반적인 탄소 원자.

1,2-Dimethylcyclopentane은 2개의 입체중심을 가지고 있다. **입체중심**(Stereocenter)은 원자에 붙어 있는 2개의 치환기를 서로 바꾸면 입체이성질체를 생성하는 원자(일반적으로 탄소)를 말한다. 예를 들면, 1,2-dimethylcyclopentane의 1번과 2번 탄소가 입체

HOW TO 평면형 cyclohexane을 의자형 cyclohexane으로 변환시키는 방법

다음은 *cis*-1,2-dimethylcyclohexane을 평면 육각형을 사용하여 나타낸 3가지 입체적인 표현이다.

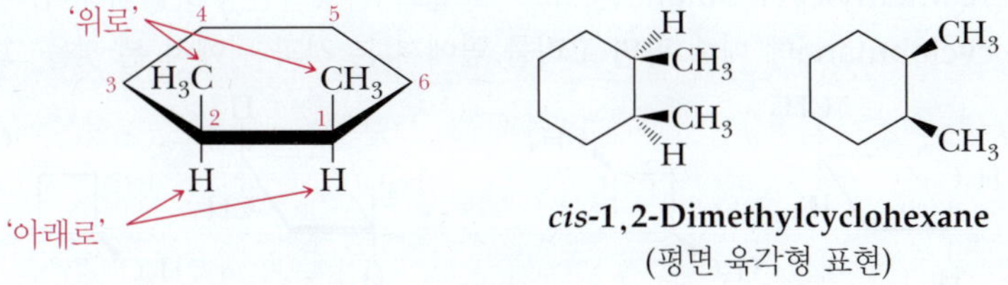

cis-1,2-Dimethylcyclohexane
(평면 육각형 표현)

학생들은 가끔 치환된 cyclohexane의 평면 육각형 표현을 의자 형태로 변형시키는 것을 어렵게 생각할 수도 있다. 가장 실용적인 방법에 의하면 '위로 표시된 것은 위로, 아래로 표시된 것은 아래로'라는 것이다. 평면 육각형 표현에서 위로 표시된 것은 의자 형태의 동일한 탄소의 위쪽에 놓으면 된다. 평면 육각형 표현에서 아래로 표시된 것은 의자 형태의 동일한 탄소의 아래쪽에 놓으면 된다. 이때 의자 형태에서 위 혹은 아래는 탄소에 따라서 축방향이거나 수평방향이 될 수 있음을 주의해야 된다. 2개의 메틸기가 평면 육각형 표현의 위로 표시된 *cis*-1,2-dimethylcyclohexane의 경우에 이들 메틸기가 의자 형태에서도 위쪽이다. 상호 전환이 일어나는 각각의 의자 형태에서 하나의 메틸기는 축방향이고, 다른 하나는 수평방향이다. 어느 위치가 축방향이고, 수평방향인가를 확실하게 알기 위해서는 치환기가 붙어 있는 탄소에 수소 원자를 그리는 것이 도움이 된다.

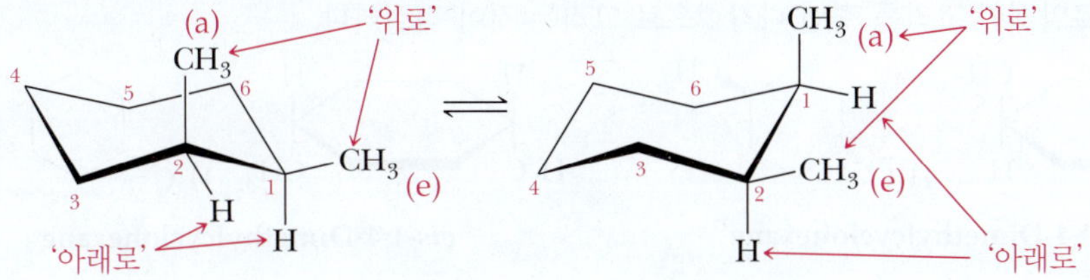

cis-1,2-Dimethylcyclohexane
(서로 다른 의자 형태)

중심이다. 이 분자에서 각각의 입체중심의 H와 CH_3 기를 서로 바꾸면 *트랜스* 이성질체가 *시스* 이성질체로 혹은 *시스* 이성질체가 *트랜스* 이성질체로 바뀐다. 다른 방법으로 *시스* 배열이거나 혹은 *트랜스* 배열인 1,2-dimethylcyclopentane의 입체이성질체로 설명하기도 한다. **배열**(Configuration)은 입체중심 주변의 원자들의 배치를 말한다. 예를 들면, *시스* 배열로 있는 입체중심의 치환기들을 서로 바꾸면 *트랜스* 배열의 입체이성질체로 바뀐다.

배열
입체중심 주변의 원자들의 배열.

예제 2.12 ▸ *시스*와 *트랜스* 이성질현상

어떤 사이클로알케인들이 *시스*, *트랜스* 이성질현상을 나타내는가? 그리고 *시스*, *트랜스* 이성질현상을 나타내는 이성질체들에 대한 *시스*, *트랜스* 이성질체를 그려라.

(a) Methylcyclopentane **(b)** 1,1-Dimethylcyclopentane
(c) 1,2-Dimethylcyclobutane

➡ 해답

(a) Methylcyclopentane은 *시스*, *트랜스* 이성질현상을 나타내지 않는다. 이것은 고리에 하나의 치환기만을 갖고 있다.

(b) 1,1-Dimethylcyclobutane은 *시스*, *트랜스* 이성질현상을 나타내지 않는다. 2개의 메틸기들이 동일한 탄소에 결합되어 있어서 한 가지 배열만이 가능하다.

(c) 1,3-Dimethylcyclobutane은 *시스*, *트랜스* 이성질현상을 나타낸다. 아래의 구조식은 cyclobutane에 대해 평면 고리를 옆에서 본 것과 위에서 본 것을 그린 것이다.

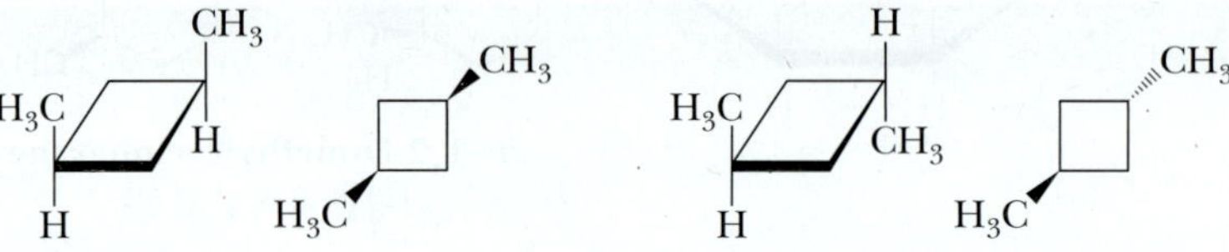

***cis*-1,3-Dimethylcyclobutane** ***trans*-1,3-Dimethylcyclobutane**

연습 문제 2.12

어떤 사이클로알케인이 *시스*, *트랜스* 이성질현상을 나타내는가? *시스*, *트랜스* 이성질현상을 나타내는 사이클로알케인들의 *시스*와 *트랜스* 이성질체들을 그려라.

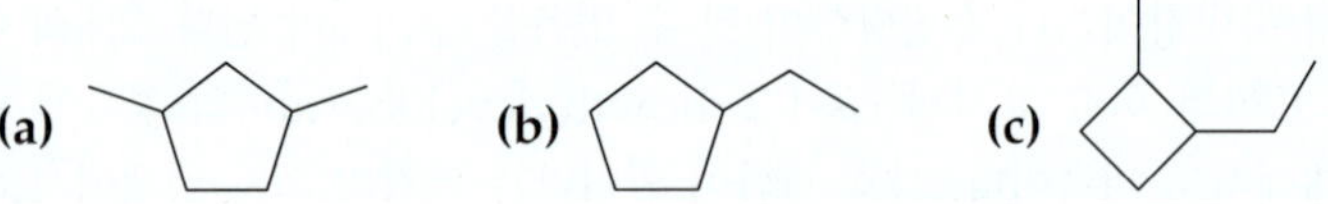

1,4-Dimethylcyclohexane은 2개의 *시스*, *트랜스* 이성질체들이 가능하다. 치환된 사이클로알케인의 *시스*, *트랜스* 이성질체들의 수를 결정하기 위해서는 아래에 나타낸 것처럼 사이클로알케인 고리를 평면 다각형으로 그리는 것이 적절하다.

***trans*-1,4-Dimethylcyclohexane** ***cis*-1,4-Dimethylcyclohexane**

또한 1,4-dimethylcyclohexane의 *시스*와 *트랜스* 이성질체들을 비평면 의자 형태로 그릴 수도 있다. 전환되는 의자 형태들을 다룰 때는 한 의자 형태의 모든 축방향의 원자들이 전환된 의자 형태에서는 수평방향이 되고, 이와 반대의 경우도 마찬가지가 된다는 것을 기억하고 있으면 도움이 된다. *trans*-1,4-Dimethylcyclohexane의 한 의자 형태에서 2개의 메틸기들은 축방향이고, 전환된 의자 형태에서는 2개의 메틸기가 수평방향이다. 이 의자 형태들 중에서 2개의 메틸기 모두 수평방향으로 되어 있는 형태가 훨씬 더 안정하다. 이들 의자 형태 중에서 두 메틸기가 수평방향에 있는 형태가 대략 14.6 kJ (3.5 kcal/mol)만큼 더 안정하다. 따라서 *trans*-1,4-dimethylcyclohexane의 시료는 대부분 두 메틸기가 수평방향에 있는 형태로 존재한다.

축방향 수평방향 축방향

덜 안정 더 안정

***trans*-1,4-Dimethylcyclohexane**

cis-1,4-Dimethylcyclohexane의 전환되는 의자 형태들은 에너지가 서로 같다. 한 의자 형태에서 1개의 메틸기는 수평방향을, 다른 메틸기는 축방향의 위치를 차지한다. 다른 의자

형태에서는 메틸기들의 공간적 배치가 반대가 된다. 결과적으로 *cis*-1,4-dimethylcyclohexane 분자들은 같은 비율의 의자 형태들이 빠르게 상호 전환되는 평형상태로 존재한다.

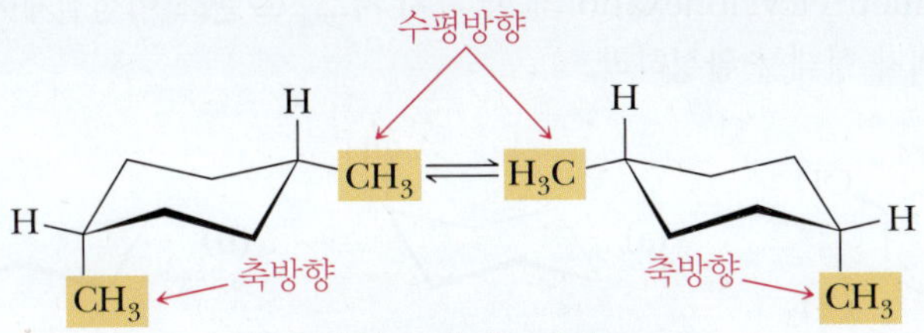

수평방향

축방향 축방향

cis-1,4-Dimethylcyclohexane
(이 형태는 안정성이 같다)

예제 2.13 ▸ Cyclohexane 고리들

다음의 구조식은 1,3-dimethylcyclohexane의 의자 형태이다.

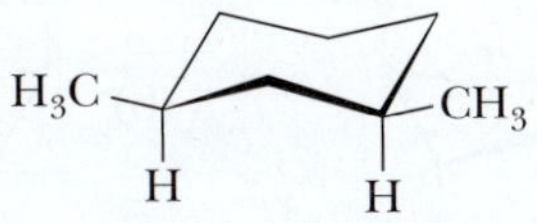

(a) 이 의자 형태는 *cis*-1,3-dimethylcyclohexane인가 아니면 *trans*-1,3-dimethylcyclohexane인가?

(b) 이 화합물의 전환된 의자 형태를 그려라. 2개의 의자 형태 중에 어느 것이 더 안정한가?

(c) 이 예에서 나타낸 이성질체를 표현하는 평면 육각형을 그려라.

➥ 해답

(a) 이 이성질체는 *cis*-1,3-dimethylcyclohexane이다. 2개의 메틸기들은 고리 평면의 같은 쪽에 있다.

(b)

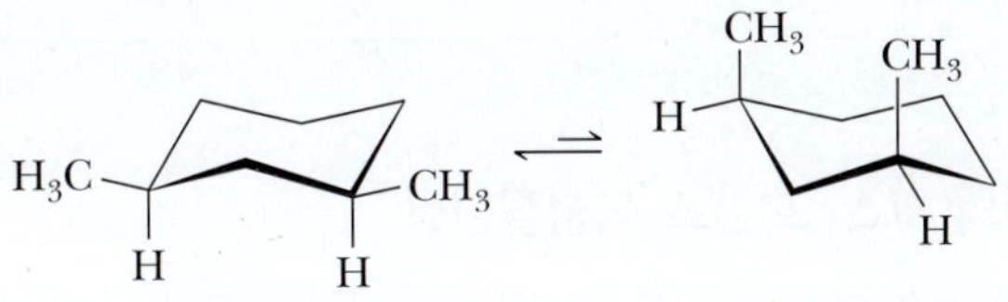

이수평방향 형태
(더 안정)

이축방향 형태
(덜 안정)

(c) 또는

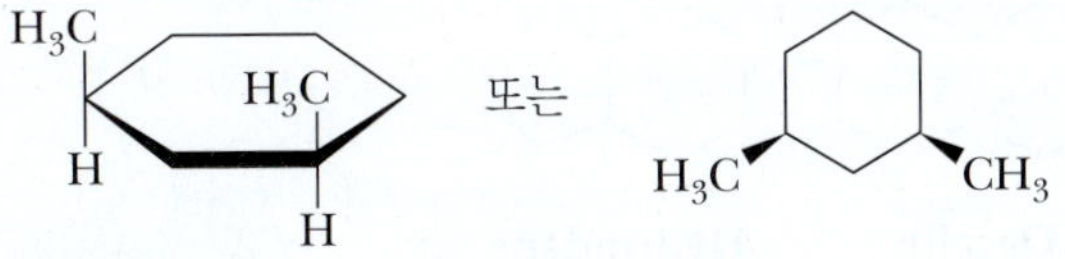

연습 문제 2.13

아래의 구조식은 1,2,4-trimethylcyclohexane의 한 이성질체를 표현한 평면 육각형이다. 이 이성질체의 상호 전환되는 의자 형태를 그려라. 그리고 둘 중에서 어느 의자 형태가 더 안정한지를 설명하라.

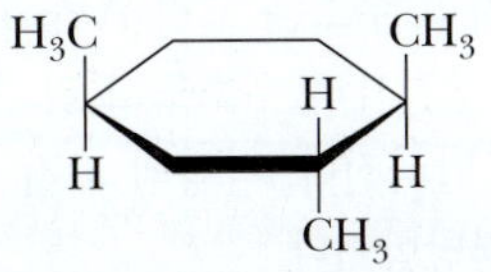

예제 2.14 ▸ **치환된 cyclohexane 고리들**

다음은 2,4-dimethylcyclohexanol의 한 가지 *시스*, *트랜스* 이성질체이다. 오른쪽의 상호 전환되는 의자 형태를 완성하라.

(a) **(b)**

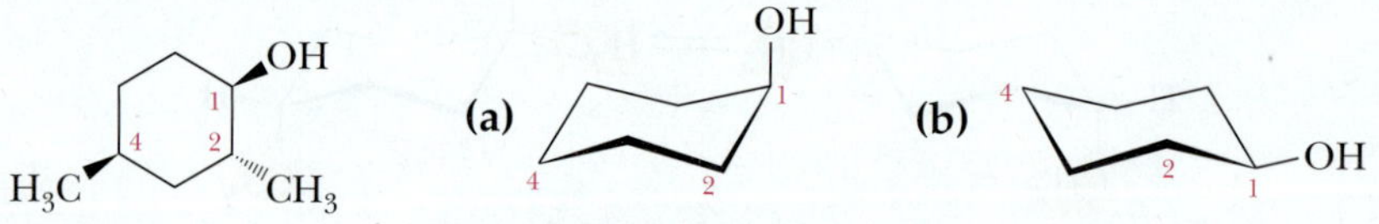

➥ 해답

(a) 2번 탄소의 CH_3기는 이 탄소의 축방향인 고리 평면의 아래쪽에 있어야 된다. 4번 탄소의 CH_3기는 이 탄소의 수평방향인 고리 평면의 위쪽에 있어야 된다.
(b) 2번 탄소의 메틸기는 수평방향이고, 4번 탄소의 메틸기는 축방향이다.

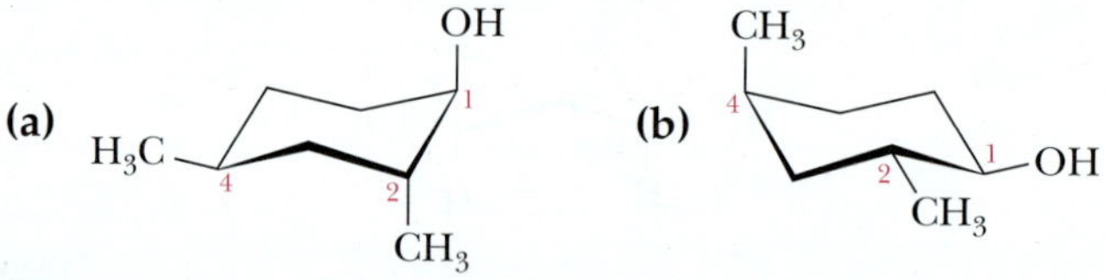

(a) **(b)**

연습 문제 2.14

다음은 3,5-dimethylcyclohexanol의 한 가지 *시스*, *트랜스* 이성질체이다. 상호 전환되는 의자 형태를 완성하라.

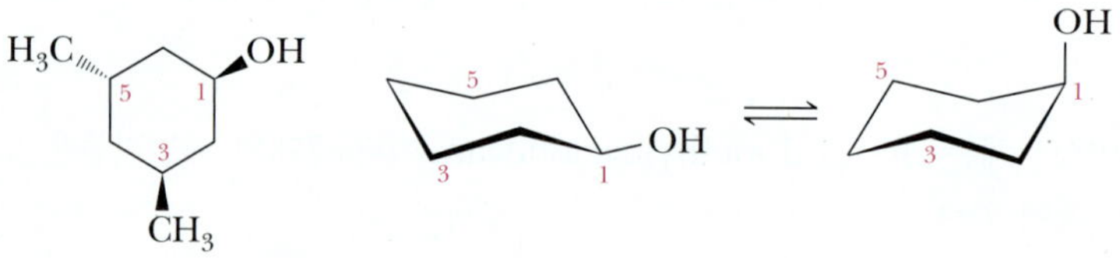

B 바이사이클로알케인의 *시스*, *트랜스* 이성질현상

이 절에서 중점적으로 살펴 볼 것은 가장 흔히 볼 수 있는 바이사이클로알케인인 decalin과 hydrindane이다(2.4B절).

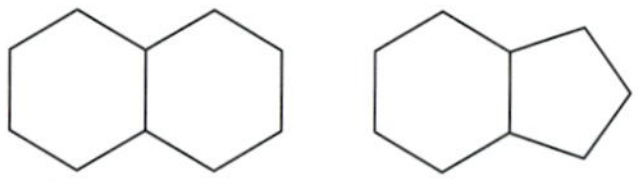

Decalin **Hydrindane**

고리 연결자리에 있는 2개의 수소 원자가 서로에게 *시스*인가 혹은 *트랜스*인가에 따라 decalin과 hydrindane과 같은 2개의 입체이성질체의 구조가 가능하다. 2개의 decalin들의 육각형 고리들의 형태를 그려보면 각각의 고리들은 가장 안정한 의자 형태를 하고 있음을 알 수 있다. *trans*-Decalin에서 고리 연결자리의 수소들은 각각의 고리에 축방향이다. 즉, 고리면 위에 있는 고리 연결자리 수소는 고리 A와 고리 B 모두에게 축방향이다. 마찬가지로 고리면 아래에 있는 고리 연결자리 수소도 고리 A와 고리 B 모두에게 축방향이다. 그러나 *cis*-decalin에서는 상황이 달라진다. 각각의 고리 연결자리 수소는 하나의 고리에는 축방향이지만, 다른 고리에는 수평방향이다.

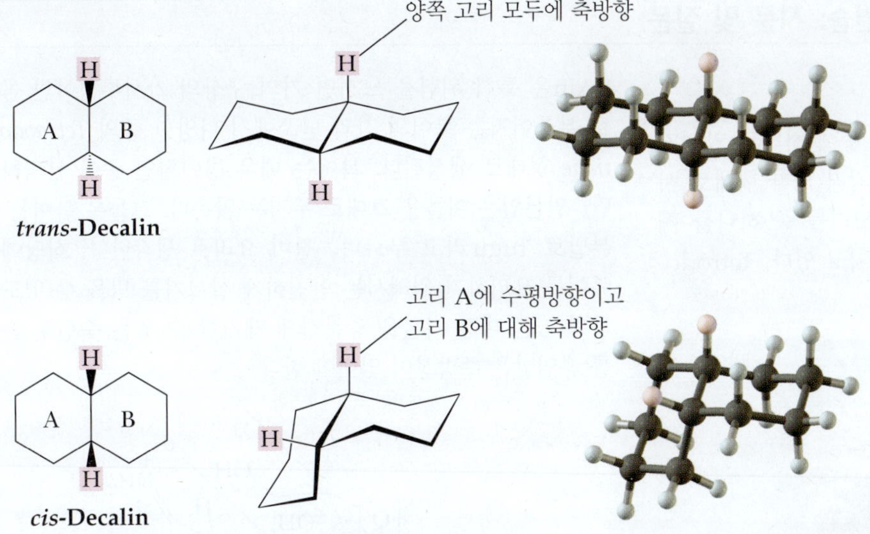

Decalin의 가장 흔한 입체이성질체인 *trans*-decalin을 좀더 자세히 살펴보자. 바이사이클로알케인의 한 가지 중요한 점은 각각의 고리가 하나의 의자 형태로 고정되어 있다는 것이다. 즉, 어느 고리도 상호 전환되는 고리로 변환될 수 없다. 예를 들면, decalinol (decalin 알코올)의 —OH기가 수평방향이라면, 이것은 계속 수평방향으로 존재한다. Cyclohexane 고리가 하나의 형태로 고정되어 있기 때문에 수평방향이 축방향으로 될 수 없다. 마찬가지로 —OH기가 축방향이면, 이것은 계속 축방향으로 존재한다.

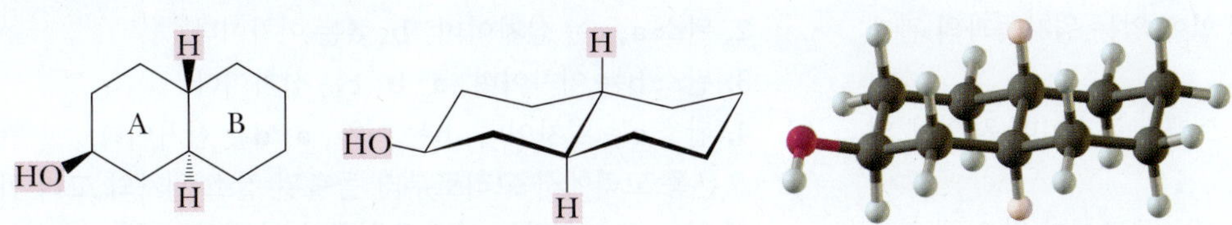

Decalinol에 대하여 왼쪽에 그려진 것과 같은 구조식이 주어졌을 때 이것만 가지고 —OH기가 축방향인지 아니면 수평방향인지를 알 수 있을까? 당장 알 수는 없지만 밝혀낼 수는 있다. *trans*-Decalin의 고리 연결자리에 있는 모든 원자들은 고리에서 축방향인 것을 상기하자. 그리고 cyclohexane의 의자 형태에서 한 탄소의 축방향이 위로 되어 있으면, 그 다음은 아래로, 그 다음은 위로 배치되는 식으로 계속 진행됨을 상기하자. 그러므로 어느 하나의 고리 연결자리의 축방향 수소로부터 시작하여 어느 방향으로든지 —OH기가 붙어 있는 탄소까지 진행하면, 구조식의—OH기가 고리 A에 대하여 수평방향인 것을 알 수 있게 된다.

이와 같은 고리 계의 좋은 예가 스테로이드(steroid)로, 이것은 3개의 육원자 고리들과 하나의 오원자 고리가 아래에 그려진 것 같이 연결된 것이다. 이 고리 계는 동물과 식물의 스테로이드에 모두 존재한다. 스테로이드는 인체의 대사 과정에서 콜레스테롤(cholesterol), 스테로이드 호르몬(steroid hormone) 및 담즙산(bile acid)으로 존재한다(26.4절).

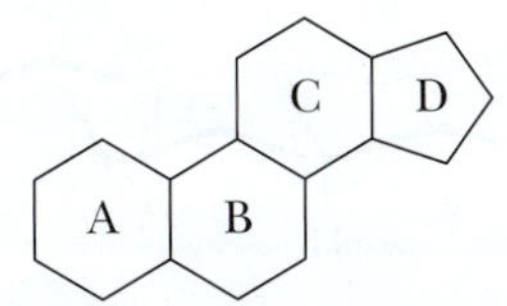

스테로이드 핵

》 의과대학 입학시험(MCAT) 연습: 지문 및 질문

Tetrodotoxin

Tetrodotoxin은 가장 강력한 독성 물질 중에 하나로 알려져 있다. Tetrodotoxin은 육각형 고리들이 각각 의자 형태로 서로 연결된 조합으로 구성되어 있다. 이 고리들 중 하나를 빼고는 모두 탄소 이외의 다른 원자들을 가지고 있다. Tetrodotoxin은 특히 위험을 느끼면 거의 구상의 가시투성이인 공으로 부풀어지는 복어의 간과 난소에서 다양한 종의 *Tetraodontidae* 형태로 생성된다. 복어는 매우 방어적인 종이 분명하지만, 일본인은 이들을 그대로 두지는 않는다. 그들은 복어를 일본말로 'fugu'라고 부르며, 진미 요리로 생각한다. 식당에서 복어를 요리하기 위해서는 안전하게 살코기를 먹을 수 있도록 독이 있는 내장 기관을 충분하게 제거할 수 있는 숙련된 솜씨를 승인받은 주방장이 있어야 한다.

몸을 부풀린 복어. © Bikeriderlondon/Shutterstock

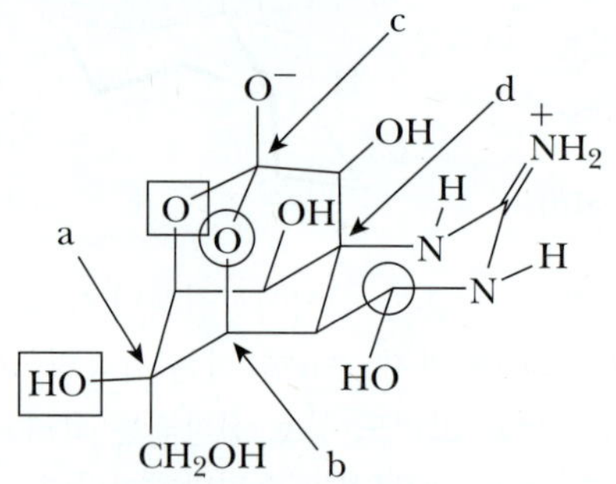

Tetrodotoxin

》 질문

A. 사각형 안에 있는 원자들과 원 안에 있는 원자들과의 관계는 무엇인가?

1. 사각형 안에 있는 원자들은 *트랜스* 구조이며 원 안에 있는 원자들은 *시스* 구조이다.

2. 사각형 안에 있는 원자들은 *시스* 구조이며 원 안에 있는 원자들은 *트랜스* 구조이다.

3. 둘 모두 *시스* 구조이다.

4. 둘 모두 *트랜스* 구조이다.

B. 화살표로 지적된 **a**, **b**, **c**, **d** 지점은 1°, 2°, 3°, 4° 탄소 중 어디에 속하는가?

1. 모두 삼차 탄소이다.

2. 탄소 **a**, **c**는 삼차이며, **b**, **d**는 이차이다.

3. 탄소 **b**는 이차이며, **a**, **b**, **c**는 삼차이다.

4. 탄소 **c**는 일차이며, **b**는 이차, **a**, **d**는 삼차이다.

C. 오른쪽 고리에서 고리로부터 돌출된 질소 원자와 고리 안에 있는 질소 원자는 어떤 혼성화가 되어 있는가?

1. 고리 안의 질소는 sp^3이며 돌출된 질소는 sp^2이다.

2. 모두 sp^3이다.

3. 모두 sp^2이다.

다음은 cholestanol의 두 가지 입체적 표현이다. 오른쪽 형태의 표현을 통해서 모든 고리 연결자리가 *트랜스*이고, 각각의 고리 연결자리의 모든 원자단은 고리에 대하여 축방향이며, 고리 A의 —OH기는 수평방향인 것을 알 수 있다.

Cholestanol

다른 형태의 바이사이클로알케인은 추가된 CH_2기가 1번과 4번 탄소 사이의 다리(bridge)를 만드는 육원자 고리이다. 이 분자는 여러 가지 방법으로 보거나 그릴 수 있다.

(c)에서와 같이 옆에서 보면, 한 개의 탄소 다리가 육원자 고리를 보트 형태로 고정시키고 있는 것을 확실하게 알 수 있다. (a)와 (b)는 분자의 탄소 골격을 보여 주기는 하지만 분자가 보트 형태를 하고 있는 것을 명확하게 보여 주지는 못한다. 따라서 분자를 3차원 모양으로 그릴 때 보여주고자 하는 것을 명확하게 나타내는 것이 중요하다는 것을 알 수 있다.

육원자 고리의 탄소 1과
4 사이의 1개의 탄소 다리

(a) **(b)** **(c)** **Camphor**

두 고리 골격을 가지고 있는 자연에 존재하는 천연물질의 예는 camphor이다.

6개의 육원자 고리의 모든 고리가 의자 형태로 고정되어 있는 골격을 가지고 있는 다른 예는 (c) adamantane이다. Adamantane의 탄소 골격이 어떻게 구성되었는가를 알기 위해서는 (a) 의자형 cyclohexane으로부터 출발하여, (b) 고리의 윗면에 3개의 축방향 결합을 추가하고, (c) 각각의 축방향 결합들을 하나의 CH기에 연결시키면 된다. Adamantane은 석유에서 처음 분리되었다. Adamantane의 일차 아미노 유도체로인 amantadine은 인플루엔자 A를 치료하는 항 바이러스제로 사용된다.

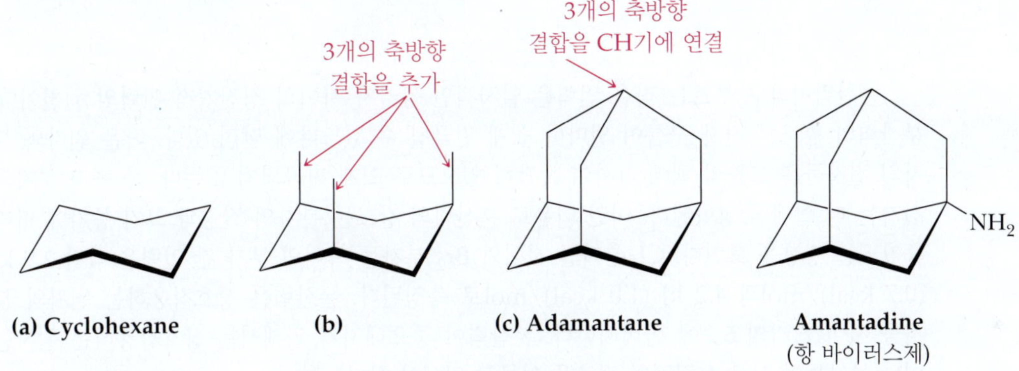

(a) Cyclohexane **(b)** **(c) Adamantane** **Amantadine** (항 바이러스제)

2.7 알케인과 사이클로알케인의 물리적 성질

알케인과 사이클로알케인의 가장 중요한 물리적 성질은 이들의 극성이 거의 완전하게 없다는 점이다. 1.2B절에서 본 바와 같이 Pauling 척도에 따른 탄소와 수소 사이의 전기음성도 차이는 2.5 − 2.1 = 0.4이고 이 작은 차이로 인하여 C—H 결합은 비극성 공유 결합으로 분류된다. 따라서 알케인은 비극성 화합물이고, 이들 분자들 사이에는 매우 약한 상호작용만이 작용한다.

A 분산력과 알케인 분자 사이의 인력

Methane은 상온의 대기압 하에서 기체이다. Methane은 −164°C로 냉각하면 액체로, −182°C까지 더 냉각하면 고체로 전환될 수 있다. Methane(혹은 어떤 다른 화합물)이 액체나 고체로 존재할 수 있는 것은 각각의 순수한 화합물의 입자 사이의 분자 간 인력이 존재하기 때문이다. 비록 입자 간의 인력이 성격상 모두 정전기적 인력일지라도 그들의 상대적 강도는 크게 변화된다. 가장 강한 인력은 이온들 사이의 인력으로 예를 들면, NaCl의 Na^+와 Cl^- 이온 사이의 인력[787 kJ (188 kcal)/mol]이다. 쌍극자-쌍극자 상호작용과 수소 결합[8~42 kJ (2~10 kcal)/mol]은 더 약한 인력이다. 이들 분자 간 인력에 대해서는 10장에서 더 설명될 것이다.

분산력
일시적으로 유도된 쌍극자들 사이의 상호작용으로 발생하는 매우 약한 분자 간 인력.

분산력[Dispersion force, 0.08~8 kJ (0.02~2 kcal)/mol]은 가장 약한 분자 간 인력이다. 이러한 인력의 존재로서 수소(H_2), neon (Ne) 및 methane (CH_4)과 같은 저분자량의 비극성 물질들이 액화될 수 있다는 사실을 설명하고 있다. 분산력의 기원을 이해하기 위해서는 전자 밀도의 평균적인 분포보다 순간적인 분포를 고려해야 된다. 예를 들면, neon은 실온, 1기압에서 기체이다. 이것을 −246°C까지 냉각시켜 액화시킬 수 있다. 액체 상태에서 neon-neon의 인력 상호작용이 약 0.3 kJ (0.07 kcal)/mol이라는 것을 기화열로부터 계산할 수 있다. 이 분자 간 인력을 다음과 같은 방법으로 설명할 수 있다. 전체적으로 neon 원자의 전자 밀도의 분포는 대칭이고, 쌍극자 모멘트는 없다[그림 2.23(a)]. 그러나 순간적으로 전자 밀도가 원자의 다른 부분에 비해 한 부분을 향하여 더욱 극성화(이동)될 수 있는 확률이 존재한다. 이 일시적인 편극(polarization)은 일시적인 쌍극자 모멘트를 생성시키고, 이로 인하여 인접한 원자에 일시적인 쌍극자 모멘트가 유도된다[그림 2.23(b)].

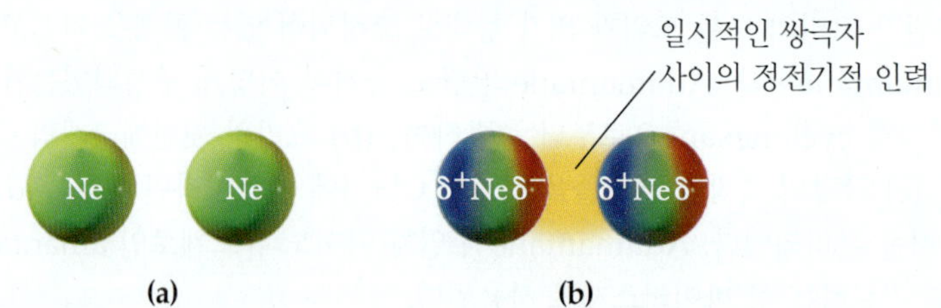

그림 2.23 ▸ 분산력. (a) Neon 원자의 시간에 따른 평균 전자 밀도의 분포는 대칭이고, 알짜 극성은 없다. (b) Neon 원자 한 개의 일시적인 편극은 인접 원자에 일시적인 편극을 유도시킨다. 일시적인 쌍극자들 사이의 정전기적 인력을 분산력이라고 부른다.

분산력이라고 부르는 작은 인력은 일시적인 쌍극자 사이의 정전기적 인력의 원천이다. 분산력의 강도는 전자 구름이 얼마나 쉽게 편극될 수 있느냐에 달려 있다. 작은 원자와 분자의 전자들은 그들의 핵에 가까이 붙잡혀 있으므로 쉽게 편극되지 않는다. 큰 원자 분자의 전자는 더 쉽게 극성화된다. 이런 이유로 분산력의 강도는 분자의 질량과 크기 증가에 따라 증가되는 경향을 보인다. Cl_2 분자들 사이와 Br_2 분자들 사이의 분자 간 인력은 각각 2.9 kJ (0.7 kcal)/mol과 4.2 kJ (1.0 kcal)/mol로 측정된다. 분산력은 상호작용하는 원자와 분자들 사이 거리의 6승에 반비례한다. 분산력이 중요해지기 위해서는 상호작용하는 원자들이나 분자들이 서로 실질적인 접촉을 이루고 있어야 한다.

B 끓는점, 녹는점, 밀도

알케인 분자 간 상호작용이 이와 같은 매우 약한 분산력으로만 이루어져 있기 때문에 알케인의 끓는점은 분자량이 같은 거의 모든 다른 형태의 화합물보다 낮다. 알케인의 원자수와 분자량이 증가함에 따라 분자들 사이에 분산력이 작용할 기회가 많아지게 되어 끓는점이 증가하게 된다. 일반적으로 알케인의 끓는점과 녹는점 모두 분자량이 증가함에 따라 증가하지만(표 2.5), 녹는점의 증가는 끓는점에서 관찰된 바와 같이 일정하지 않다. 고체에서는 고체의 질서 정연한 형태로 분자의 쌓임이 분자의 크기와 모양의 변화에 따라 변화된다.

1~4개의 탄소로 구성된 알케인은 상온에서 기체이며, 5~17개의 탄소로 구성된 것들은 무색의 액체이다. 더 큰 분자량의 알케인(18개 이상의 탄소)은 흰색의 밀랍같은 고체이다. 여러 가지 식물의 왁스(wax)들은 분자량이 큰 알케인들이다. 예를 들면, 사과 껍질에서 발견되는 왁스는 분자식 $C_{27}H_{56}$의 가지 없는 알케인이다. 파라핀 왁스(Paraffin wax)는 분자량이 큰 알케인들의 혼합물로서 양초, 윤활제로 쓰이며 잼이나 젤리 등의 절임 음식의 밀봉에 사용된다. Petrolatum은 석유 정제 과정에서 생성되는 것으로 분자량이 큰 알케인들의 혼합물로 구성된 액체이다. Petrolatum은 광물성 기름(mineral oil) 혹은 바셀린(vaseline)으로 판매되며, 약품이나 화장품 연고의 기본 재료로 사용되거나 윤활제 및 녹 방지제

표 2.5 가지가 없는 몇몇 알케인의 물리적 성질

이름	축소 구조식	녹는점(°C)	끓는점(°C)	*액체의 밀도(g/ml, 0°C)
Methane	CH_4	−182	−164	(기체)
Ethane	CH_3CH_3	−183	−88	(기체)
Propane	$CH_3CH_2CH_3$	−190	−42	(기체)
Butane	$CH_3(CH_2)_2CH_3$	−138	0	(기체)
Pentane	$CH_3(CH_2)_3CH_3$	−130	36	0.626
Hexane	$CH_3(CH_2)_4CH_3$	−95	69	0.659
Heptane	$CH_3(CH_2)_5CH_3$	−90	98	0.684
Octane	$CH_3(CH_2)_6CH_3$	−57	126	0.703
Nonane	$CH_3(CH_2)_7CH_3$	−51	151	0.718
Decane	$CH_3(CH_2)_8CH_3$	−30	174	0.730

*물의 밀도는 4°C에서 1 g/ml이다.

로 사용되고 있다. 표 2.5에 나열된 알케인의 평균 밀도는 약 0.7 g/mL이고, 분자량이 큰 알케인의 평균 밀도는 약 0.8 g/mL이다. 모든 액체와 고체 알케인들은 물(1.0 g/mL)보다 밀도가 낮으므로 물에 뜬다.

C 구조 이성질체들은 다른 물리적 성질을 갖는다

구조 이성질체인 알케인들은 서로 다른 화합물이므로 다른 물리적 및 화학적 성질을 갖는다. 분자식 C_6H_{14}를 갖는 5개의 구조 이성질체들의 끓는점, 녹는점, 밀도가 표 2.6에 나열되어 있다. C_6H_{14}의 가지달린 사슬 이성질체들의 끓는점은 hexane 자체의 끓는점보다 낮으며, 가지 사슬이 더 많을수록 끓는점이 더 낮아진다. 이러한 끓는점의 차이는 분자 모양에 다음과 같이 관련된다. 알케인 분자들 사이의 유일한 인력은 분산력이다. 가지가 증가함에 따라 알케인 분자의 모양이 더욱 조밀하게 되어 표면적이 감소한다. 표면적이 감소함에 따라 인접한 분자 간의 접촉이 감소되어 분산력의 강도가 감소하고, 끓는점도 따라서 감소한다. 그러므로 알케인의 어느 구조 이성질체 집단이라도 가지 사슬이 가장 적은 이성질체가 일반적으로 가장 높은 끓는점을 가지고 있고, 가지가 가장 많은 이성질체가 가장 낮은 끓는점을 가지고 있다.

표. 2.6 분자식이 C_6H_{14}인 알케인 이성질체들의 물리적 성질

이름	끓는점(°C)	녹는점(°C)	밀도(g/mL)
Hexane	68.7	−95	0.659
2-Methylpentane	60.3	−154	0.653
3-Methylpentane	63.3	−118	0.664
2,3-Dimethylbutane	58.0	−129	0.661
2,2-Dimethylbutane	49.7	−98	0.649

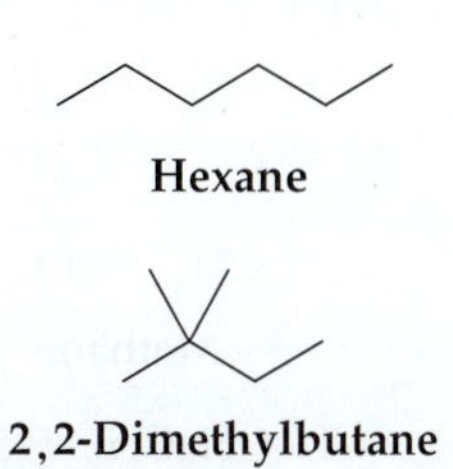

예제 2.15 ▸ 알케인의 끓는점

다음 각 알케인을 끓는점이 증가하는 순으로 나열하라.

(a) Butane, decane, hexane

(b) 2-Methylheptane, octane, 2,2,4-trimethylpentane

➥ 해답

(a) 모든 구조는 가지가 없는 알케인이다. 사슬 내 탄소 원자의 수가 증가함에 따라 분자 사이의 분산력은 증가하며, 따라서 끓는점도 증가한다. Decane이 가장 높은 끓는점을 갖고 있고, butane이 가장 낮은 끓는점을 갖고 있다.

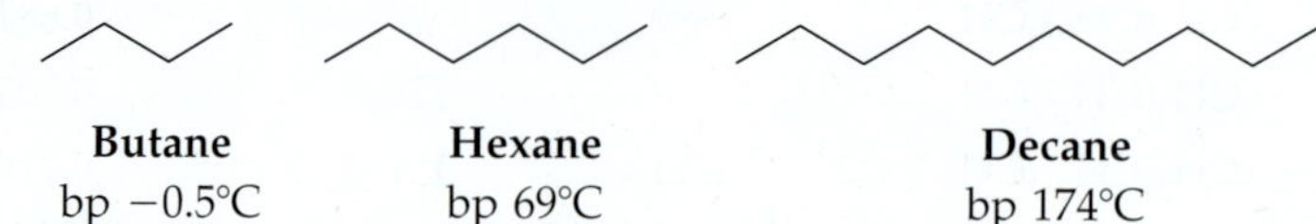

Butane bp −0.5°C | **Hexane** bp 69°C | **Decane** bp 174°C

(b) 이 3개의 알케인들은 분자식 C_8H_{18}의 구조 이성질체들이다. 그들의 상대적인 끓는점은 가지의 개수에 달려 있다. 가장 가지 사슬이 많은 이성질체인 2,2,4-trimethylpentane은 가장 작은 표면적과 가장 낮은 끓는점을 가지고 있다. 가지가 없는 이성질체인 octane은 가장 넓은 표면적과 가장 높은 끓는점을 가지고 있다.

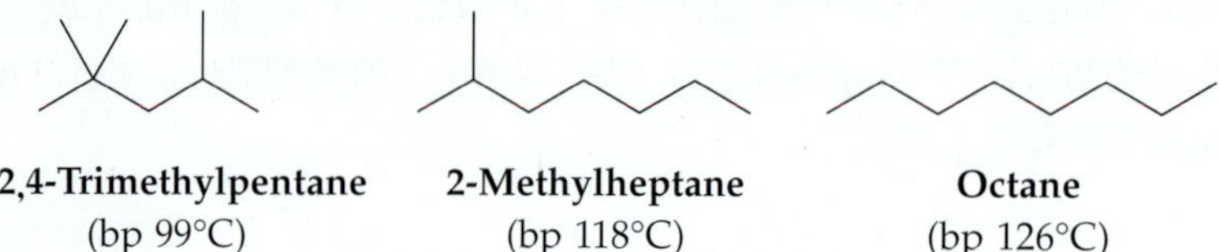

2,2,4-Trimethylpentane (bp 99°C) | **2-Methylheptane** (bp 118°C) | **Octane** (bp 126°C)

연습 문제 2.15

다음 각 알케인들을 끓는점이 증가하는 순으로 나열하라.

(a) 2-Methylbutane, 2,2-dimethylpropane, pentane

(b) 3,3-Dimethylheptane, 2,2,4-trimethylhexane, nonane

2.8 알케인의 반응

알케인과 사이클로알케인은 대부분의 시약에 대하여 반응하지 않는다. 이러한 거동은 이 화합물들이 비극성 화합물이고, 강한 시그마 결합만을 가지고 있다는 사실과 일치한다. 그러나 특정 조건 하에서는 이 화합물들도 O_2와 Cl_2 및 Br_2 등의 할로젠과 반응한다. 여기서는 산소와의 연소 반응만을 설명하기로 한다. 할로젠과의 반응은 8장에서 논의하게 될 것이다.

A 산화 반응

산소(O_2)에 의한 알케인의 산화 반응은 이산화 탄소와 물을 형성하며, 경제적으로 매우 중요한 반응이다. 포화 탄화수소들의 산화 반응은 열[천연 가스, 액화 석유 가스(LPG), 연료]와 힘(가솔린, 디젤 연료, 항공 연료)을 얻기 위한 에너지원으로 사용하기 위한 근본이 된다. 다음 반응식은 methane(천연 가스의 주성분)과 propane(LPG의 주성분)의 완전 산화 반응의 균형 잡힌 반응식이다.

$$\underset{\textbf{Methane}}{CH_4} + 2O_2 \longrightarrow CO_2 + 2H_2O \qquad \Delta H^0 = -890.4\ \text{kJ}\ (-212.8\ \text{kcal})/\text{mol}$$

$$\underset{\textbf{Propane}}{CH_3CH_2CH_3} + 5O_2 \longrightarrow 3CO_2 + 4H_2O \qquad \Delta H^0 = -2220\ \text{kJ}\ (-530.6\ \text{kcal})/\text{mol}$$

이 반응 및 다른 모든 탄화수소의 산화 반응에서 생성물의 에너지는 반응물의 에너지보다 적으며, 이 에너지 차이가 **연소열**(heat of combustion)로 방출된다. 연소열은 생성물의 에너지에서 반응물의 에너지를 뺀 것이다.

연소열
1 mol의 표준 상태의 화합물(기체, 액체, 고체)이 완전히 산화되어 이산화 탄소와 물이 되면서 방출되는 열을 '표준 연소열' 이라고 하며, ΔH^0로 표시한다.

표 2.7 C_8H_{18}의 구조 이성질체 4개의 연소열

탄화수소	구조식	ΔH^0 [kj/mol(kcal/mol)]
Octane		−5470.6 (−1307.5)
2-Methylheptane		−5465.6 (−1306.3)
2,2-Dimethylhexane		−5458.4 (−1304.6)
2,2,3,3-Tetramethylbutane		−5451.8 (−1303.0)

B 알케인 및 사이클로알케인의 연소열과 상대적 안정성

연소열은 탄화수소의 이성질체들 사이의 상대적인 안정성에 대한 정보를 제공하기 때문에 중요하다. 이것을 알아보기 위하여 표 2.7에 주어진 4개의 구조 이성질체들의 연소열을 비교해 보자. 네 가지 이성질체들은 모두 아래의 반응식과 같은 연소 반응이 일어난다.

$$C_8H_{18} + \frac{25}{2}O_2 \longrightarrow 8CO_2 + 9H_2O$$

Octane이 가장 큰(가장 큰 음수) 연소열을 가진다. 가지가 증가할수록 ΔH^0가 감소(음수값 감소)한다. 이들 4개의 이성질체들 중에서 4개의 메틸 가지를 가진 이성질체가 가장 낮은(가장 작은 음수) 연소열을 갖는다. 그러므로 가지가 많을수록 알케인의 안정성이 증가되는 것을 알 수 있다.

그림 2.24는 표 2.7의 자료를 그래프로 분석한 것이다. 이들 4개의 이성질체들은 모두 동일한 산화물을 생성하므로 이화합물들 사이의 유일한 차이는 상대적 에너지이다.

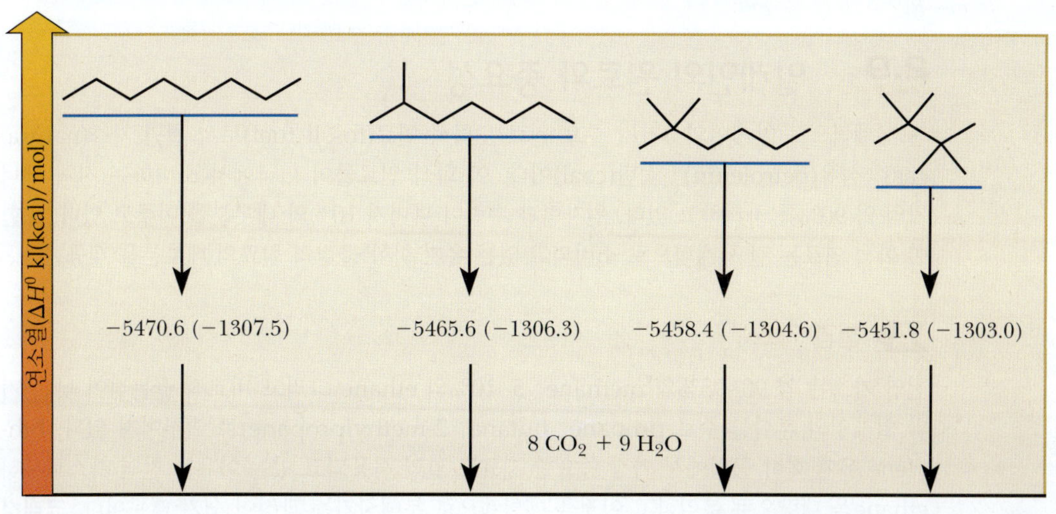

그림 2.24 ▸ 분자식이 C_8H_{18}인 네 가지 알케인 이성질체들의 연소열 [kJ (kcal)/mol].

2.5B절에서 본 바와 같이 작은 고리 사이클로알케인들은 커다란 무리를 가지고 있다. 이 무리는 고리의 크기에 따르는 연소열을 측정함으로써 측정될 수 있다. 일련의 가지 없는 알케인의 연소열을 측정한 결과를 바탕으로 메틸렌기(CH_2) 당 평균 연소열이 658.7 kJ (157.4 kcal)/mol로 결정되었다. 이 값을 바탕으로 각 사이클로알케인의 예상되는 연소열을 계산할 수 있다. 무리 에너지는 예상된 것과 실제 연소열의 차이에 해당된다. 이 결과를 그림 2.25에 나타내었다.

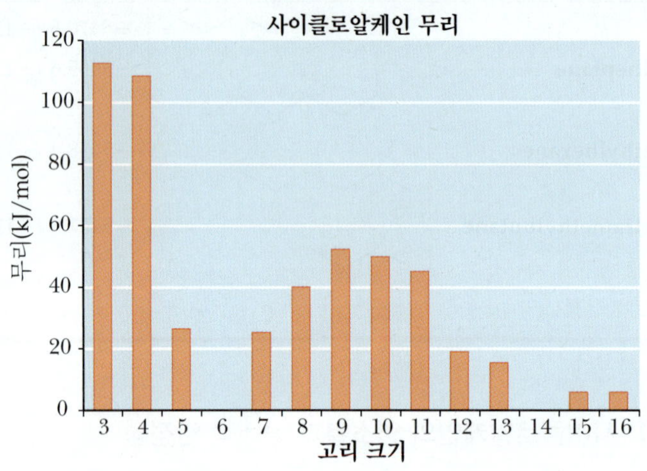

그림 2.25 ▸ 고리의 크기에 따른 사이클로알케인의 무리 에너지의 변화.

Cyclopropane은 사이클로알케인 중에서 가장 큰 무리 에너지를 가지고 있으며, 이것은 C—C—C 결합각이 109.5°에서 60°로 극단적으로 축소된 사실과 일치한다. Cyclobutane과 cyclopentane은 작은 무리를 가지고 있으며, cyclohexane은 예상되는 바와 같이 무리가 없다. 놀라운 것은 탄소수가 7에서 13개 사이의 고리에서도 무리가 존재한다. 이 무리는 주로 고리가 이상적인 결합각 및 비틀림각을 유지할 수 없는 형태로 존재하게 되어 생기는 비틀림 및 입체 무리의 결과이다.

작은 사이클로알케인에서 발생되는 큰 무리는 이들 구조가 cyclohexane과 같은 더 큰 사이클로알케인에 비하여 불안정하다는 것을 의미한다. 연소가 일어나는 동안 안정한 물질(CO_2와 H_2O)이 생성되기 때문에 모든 무리가 방출된다. Cyclohexane에 비하여 cyclopropane의 무리는 연소 과정에서 탄소 당 더 많은 열이 방출된다. 다른 말로 표현하면, cyclopropane은 상당한 에너지가 불안정한 구조에 저장되어 있기 때문에 더 많은 열을 발생한다.

2.9 알케인의 원료와 중요성

전 세계적으로 알케인의 3가지 주요 원료는 화석 연료(fossil fuel)로서 천연 가스(natural gas), 석유(petroleum), 석탄(coal)이다. 이 화석 연료들이 미국에서 소비하는 전체 에너지의 약 90%를 차지하고 있다. 원자력과 수력이 나머지 10%의 대부분을 이루고 있다. 또한 이 화석 연료는 전 세계적으로 소비되고 있는 유기 화학 물질의 원료의 대부분을 제공한다.

A 천연 가스

천연 가스는 약 90~95%의 methane, 5~10%의 ethane 그리고 비교적 끓는점이 낮은 기타 알케인의 혼합물(주로 propane, butane, 2-methylpropane)로 이루어져 있다. Ethylene 유기 화학 공업에서 가장 중요한 재료로 널리 사용되고 있는 이유는 천연 가스로부터 ethane을 대량으로 분리하고 이것을 에틸렌으로 분해시키는 과정이 쉽기 때문이다. **크래킹**

(Cracking)은 포화된 탄화수소를 불포화된 탄화수소와 H_2로 전환시키는 공정이다. Ethane은 800~900°C의 반응로에서 가열에 의하여 순식간에 열분해된다. 미국의 ethylene 생산량은 2010년에 49.8조 파운드에 달해 미국 화학 공장에서 생산된 유기 물질들 중에서 무게에 의한 생산량 순위로는 1위이다. 이와 같이 생산된 ethylene은 29장에서 다루게 될 유기 고분자의 생산에 대부분 사용된다.

$$\underset{\textbf{Ethane}}{CH_3CH_3} \xrightarrow{800\sim900°C} \underset{\substack{\textbf{Ethene}\\ \textbf{(Ethylene)}}}{CH_2{=}CH_2} + H_2$$

석유 정유공장.

B 석유

석유(Petroleum)는 수천 개의 화합물들의 걸쭉하고 점성이 있는 액체 혼합물로서 그들 대부분은 해양 동식물의 분해에 의해 형성된 탄화수소이다. 석유와 석유로부터 얻어진 물질들은 자동차, 항공기, 기차의 연료로 사용되며, 고도로 산업화된 사회의 기계에 필요한 그리스와 윤활제의 대부분을 공급한다. 더구나 석유는 천연 가스와 더불어 합성 섬유, 플라스틱, 세정제, 약품, 염료, 다수의 기타 생성물들의 합성과 제조에 필요한 유기 원료품들의 90% 가량을 제공한다.

액체 혼합물에 존재하는 수천 개의 다른 탄화수소들로부터 폐기물을 최소화하면서 유용한 생산품들을 생산하는 것이 석유 정제의 과업이다. 이런 목적을 위한 여러 가지 물리적이고 화학적인 공정은 두 가지 넓은 범주로 나누어진다. 분류 공정(Separation process)은 복잡한 혼합물을 여러 가지 유분들로 분리하는 것이고, 개질 공정(reforming process)은 탄화수소 성분의 분자 구조를 변화시키는 것이다.

석유 정제에 있어서 기본적인 분류 공정은 분별 증류(fractional distillation)이다(그림 2.26). 실제로 정제탑에 들어간 모든 원유는 370~425°C의 높은 온도로 가열되어 분획들로 분리되는 증류 장치에 들어간다. 각 분획은 특정한 온도 범위 내에서 끓는 탄화수소 혼합물을 포함한다.

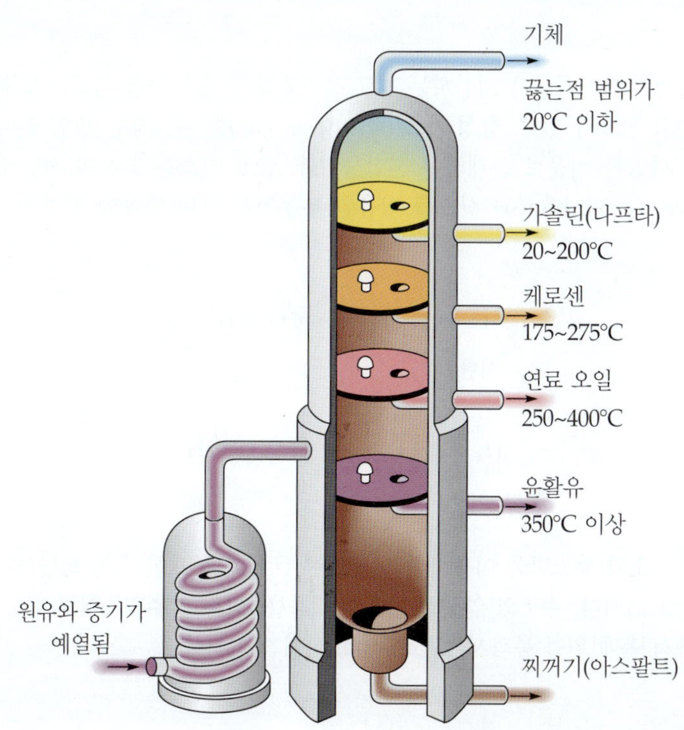

그림 2.26 ▶ 석유의 분별 증류. 가볍고 휘발성이 큰 분액은 증류관의 위에서, 무겁고 휘발성이 작은 분액은 증류관의 아래에서 얻어진다.

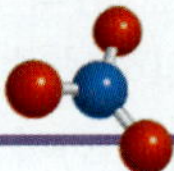

옥탄가: 엔진에 미치는 이 숫자의 영향

가솔린은 C_6~C_{12} 탄화수소들의 복잡한 화합물이다. 내연 기관의 연료로서의 가솔린의 품질은 옥탄가로 나타낸다. 엔진 노킹(Engine knocking)은 공기-연료 혼합물의 일부가 점화 플러그의 점화에 무관하게 너무 일찍 폭발할 때(대개 압축하는 동안 발생하는 열에 기인한다) 일어난다. 두 화합물이 기준 연료로 선정되었다. 이들 중에서 한 화합물, 2,2,4-trimethylpentane (isooctane)은 좋은 녹킹 방지의 성질(연료/공기 혼합물이 연소실에서 부드럽게 탄다)을 가지고 있으며, 옥탄가(octane rating)가 100으로 정해져 있다(여기서 사용되는 *isooctane*은 관용명으로 2,2,4-trimethylpentane과는 탄소가 8개라는 공통점밖에는 없다). 다른 기준 화합물인 heptane은 나쁜 녹킹 방지성을 가지며 옥탄가는 0이다.

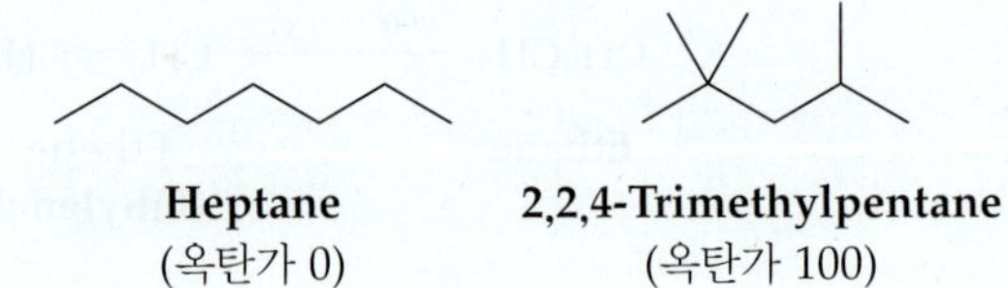

Heptane
(옥탄가 0)

2,2,4-Trimethylpentane
(옥탄가 100)

특정한 가솔린의 **옥탄가**(octane rating)는 이것과 동일한 노킹 성질을 보이는 isooctane과 heptane으로 된 혼합물 중 isooctane의 백분율이다. 예를 들면, 2-methylhexane의 녹킹 성질은 isooctane 42%와 heptane 58%의 혼합물의 녹킹 성질과 같다. 그러므로 2-methylhexane의 옥탄가는 42이다. Octane은 −20의 옥탄가를 가지는데, 이것은 heptane보다 더 많은 엔진 녹킹을 일으키는 것을 의미한다.

두 가지 가장 일반적인 개질 공정으로 ethane을 ethylene으로 전환시키는 것과 같은 분해법(2.9A절)과 촉매 개질법이 있다. 촉매 개질법의 예로서 hexane을 먼저 cyclohexane으로 전환시키고, 그 다음 benzene으로 전환시키는 것을 나타내었다.

$$\text{Hexane} \xrightarrow[-H_2]{\text{촉매}} \text{Cyclohexane} \xrightarrow[-3H_2]{\text{촉매}} \text{Benzene}$$

C 석탄

어떻게 석탄이 유기 화합물들을 생산하는 원료로 이용될 수 있는가를 이해하기 위해서는 합성 가스를 설명할 필요가 있다. **합성 가스**(Synthesis gas)는 제조되는 방법에 따라 일산화 탄소와 수소가 다양한 비율로 존재하는 혼합물이다. 합성 가스는 고온의 석탄에 수증기를 통과시켜 제조되며, methane과 산소를 이용한 부분적인 산화 반응에 의하여 제조되기도 한다.

$$\underset{\textbf{석탄}}{C} + H_2O \xrightarrow{\text{열}} CO + H_2$$

$$\underset{\textbf{Methane}}{CH_4} + \frac{1}{2}O_2 \xrightarrow{\text{촉매}} CO + 2H_2$$

오늘날 일산화 탄소와 수소만을 이용하여 생산되는 두 가지 중요한 유기 화합물들은 methanol과 acetic acid이다. 수소와 일산화 탄소의 비율을 2:1로 맞추고, 이 혼합물을 높은 온도와 압력 하에서 촉매 위를 통과시키면 methanol이 얻어진다.

$$CO + 2H_2 \xrightarrow{\text{촉매}} CH_3OH$$

Methanol

그 후 methanol을 일산화 탄소와 함께 다른 촉매로 처리하면 acetic acid가 생성된다.

$$CH_3OH + CO \xrightarrow{\text{촉매}} CH_3\overset{\displaystyle O}{\overset{\|}{C}}OH$$

Methanol **Acetic acid**

Methanol과 acetic acid를 일산화 탄소로부터 직접 만드는 공정이 상업적으로 입증되었기 때문에 석탄으로부터 methanol을 거쳐서 다른 유기 화합물들을 개발하는 방법이 앞으로 수십 년 이내에 가시화될 것이다.

사실과 개념에 대한 요약

2.1절 | 알케인의 구조

- **탄화수소**(Hydrocarbon)는 탄소와 수소로만 구성되어 있는 화합물이다.
  - 포화 탄화수소(알케인과 사이클로알케인)들은 탄소-탄소 단일 결합만을 가지고 있다. 알케인의 일반식은 C_nH_{2n+2}이다.

연습 문제: 2.16~2.18

2.2절 | 알케인의 구조 이성질현상

- **구조 이성질체**(Constitutional isomer)는 같은 분자식을 가지고 있으나 구성 원자의 연결이 다른 화합물이다

연습 문제: 2.1, 2.2, 2.19~2.23, 2.25

2.3절 | 알케인의 명명법과 IUPAC 체계

- 알케인은 국제 순수 및 응용 화학회(International Union of Pure and Applied Chemistry, IUPAC)에 의하여 제정된 규칙에 따라서 명명된다. 알케인에 대한 명명은 다음과 같다.
  - 가장 긴 탄소사슬인 주 사슬을 확인한다. 알킬기 치환기를 확인하고 알킬기의 이름 끝에 *-yl*을 붙여 명명한다.
  - 첫 번째 치환기의 번호가 가장 낮은 번호가 되도록 주 사슬의 번호를 붙인다. 주사슬로부터 각 치환기의 번호를 할당한다.
  - 2개 이상의 치환기가 있을 경우 치환기는 알파벳순으로 나열한다. 주 사슬 이름의 말단은 *-ane*로 끝난다.

연습 문제: 2.24, 2.26~2.28

- 보통의 많은 알케인 분자의 명명에 오랫동안 사용하던 관용명 명명법이 아직까지도 사용되고 있으나 모든 분자, 심지어 매우 복잡한 분자의 경우 IUPAC 명명법만으로 명명할 수 있다.
- 보통화합물의 IUPAC 명명법은 세 부분으로 구성되어 있다.
  - **접두사**(Prefix)는 모체 사슬을 구성하는 탄소 원자의 수를 표시한다.
  - **삽입사**(Infix)는 모체 사슬에서 탄소-탄소 결합의 성질을 표시한다.
  - **접미사**(Suffix)는 화합물이 속한 계열을 표시한다.
- 탄소 원자는 탄소 원자에 결합된 알킬기의 수에 따라 *일차*(primary, 1°), *이차*(secondary, 2°), *삼차*(tertiary, 3°), *사차*(quaternary, 4°)로 분류된다.

연습 문제: 2.24, 2.29~2.31

2.4절 | 사이클로알케인

- 탄소 원자들이 고리를 형성하고 있는 포화 탄화수소를 **사이클로알케인**(cycloalkane)이라고 한다.
- 사이클로알케인의 이름은 고리에 있는 각 치환기의 이름과 위치를 나타내고, 열린-사슬 알케인의 이름에 접두사 *cyclo-*를 붙여 명명한다.
- 오원자 고리와 육원자 고리는 특히 생물학적 세계에 풍부하다.

연습 문제: 2.29~2.30

2.5절 | 알케인과 사이클로알케인의 형태

- **형태**(Conformation)는 하나 이상의 단일 결합의 회전으로 생기는 모든 삼차원적 원자 배열을 말한다.
  - 형태를 나타내는 한 가지 방법은 **Newman 투영도**(Newman projection)이다.
  - **이면각**(Dihedral angle)은 2개의 교차하는 면에 의하여 생기는 결합각을 말한다.
    - Ethane에 있어서 **엇갈린 형태**(staggered conformation)들은 60°, 180°, 300°의 이면각을 갖는다. **가려진 형태**(eclipsed conformation)들은 0°, 120°, 240°의 이면각을 갖는다.
    - Butane을 C_2—C_3 결합에 따라 보면, 180°의 이면각을 갖는 엇갈린 형태를 **안티 형태**(anti conformation), 60°와 300°의 이면각을 갖는 엇갈린 형태를 **고쉬 형태**(gauche conformation)라고 한다.
    - Butane의 안티 형태는 고쉬 형태보다 약 2.8 kJ(0.9 kcal)/mol만큼 에너지가 낮다.
- **분자 내 무리**(Intramolecular strain)는 3가지 유형이 있다.
  - **비틀림 무리**(Torsional strain)는 3개의 결합에 의해 떨어져 있는 서로 결합되지 않은 원자들을 엇갈린 상태에서 가려진 형태로 변화시키려 할 때 발생하며, 가려진-상호작용 무리(eclipsed-interaction strain)라고도 한다.
  - **각 무리**(Angle strain)는 분자 내의 결합각이 비정상적으로 크거나 비정상적으로 작아질 때 발생한다.
  - **입체 무리**(Steric strain)는 4개 이상의 결합으로 떨어져 있는 서로 결합되지 않은 원자들을 비정상적으로 가깝게 접근시킬 때 발생하며, 비결합 상호작용 혹은 van der Waals 무리라고 부르기도 한다.
- Gibbs 자유 에너지의 변화와 평형 상수와 절대 온도들과의 연관관계는 다음의 식 $\Delta G^0 = -RT \ln K_{eq}$으로 표현된다.
- Cyclopropane보다 큰 모든 사이클로알케인은 비평면 형태들을 선호한다.
  - Cyclopentene의 가장 낮은 에너지 형태는 **봉투 형태**(envelope conformation)이다.
  - Cyclohexene의 가장 낮은 에너지 형태는 상호 전환될 수 있는 두 가지 **의자 형태**(chair conformation)들이다.
    - 의자 형태에서 6개의 결합은 **축방향**(axial)이고, 6개의 결합은 **수평방향**(equatorial)이다.
    - 한 가지 의자 형태에서 축방향은 다른 의자 형태에서는 수평방향이 된다.
    - 보트(boat)와 꼬인 보트(twisted boat) 형태들은 의자 형태보다 에너지가 높다.
    - 치환기가 있는 cyclohexene의 안정한 형태는 이축방향 상호작용(diaxial interaction)을 최소로 하는 형태이다.

연습 문제: 2.8, 2.32~2.35

연습 문제: 2.37, 2.39, 2.45~2.47

연습 문제: 2.9~2.11, 2.36, 2.38, 2.45, 2.46, 2.48~2.52, 2.61~2.65

2.6절 | 사이클로알케인과 바이사이클로알케인에서 *시스*, *트랜스* 이성질현상

- **입체이성질체**(Stereoisomer)는 동일한 연결 상태를 갖지만 원자들이 서로 다른 공간적인 배열을 갖는 화합물들을 말한다.
  - **입체중심**(Stereocenter)은 원자에 붙어 있는 2개의 원자단을 서로 바꾸면 입체이성질체를 생성하는 원자이다.
  - **배열**(Configuration)은 입체중심과 결합된 원자들이나 원자단의 배치를 나타낸다.
  - *시스*(*Cis*), *트랜스*(*trans*) 이성질체는 같은 분자식을 가지고 있고 동일한 원자들의 연결 상태를 갖지만, 단일 결합에 대한 회전에 의하여 원자들의 공간 배열이 상호 전환될 수 없는 배열을 가진다.
    - *시스* 치환기들은 고리면의 같은 쪽에 있다.
    - *트랜스* 치환기 들은 고리면의 반대쪽에 있다.
    - 2개 이상의 탄소에 치환기들을 가지고 있는 대다수의 사이클로알케인들을 *시스*, *트랜스* 이성질현상을 보인다.

연습 문제: 2.12~2.14, 2.40~2.44

2.7절 | 알케인과 사이클로알케인의 물리적 성질

- 알케인은 비극성 화합물이고, 인접한 원자나 분자들의 일시적으로 유도된 쌍극자 사이의 약한 정전기적 상호작용인 분산력(dispersion force)이 그들 분자 사이의 유일한 인력이다.
  - 분자량이 작은 알케인은 실온과 대기압에서 기체이다.
  - 분자량이 큰 알케인은 액체이다. 분자량이 매우 큰 알케인은 고체이다.
  - 알케인의 구조 이성질체들 중에서 가지가 가장 적은 이성질체가 일반적으로 가장 높은 끓는점을 가지며, 가지가 가장 많은 이성질체가 일반적으로 가장 낮은 끓는점을 가진다.

연습 문제: 2.15, 2.53~2.55

2.8절 | 알케인의 반응

- 연소열에 의해 측정된 바와 같이 사이클로알케인의 무리는 고리의 크기에 따라 다르다.
- 유기 화합물들 중에서 가장 보편적인 고리 크기인 cyclohexane에는 무리가 없다.

연습 문제: 2.56~2.60

2.9절 | 알케인의 원료와 중요성

- **천연 가스**(Natural gas)는 90~95%의 methane, 소량 ethane, 기타 분자량이 작은 탄화수소들로 구성되어 있다.
- **석유**(Petroleum)는 글자 뜻 그대로 수천 종의 다른 탄화수소들이 액체 혼합물이다.
  - 석유 정제에서 가장 중요한 공정은 분별 증류(fractional distillation), 촉매 크래킹(catalytic cracking), 촉매 개질(catalytic reforming)이다.
- **합성 가스**(Synthesis gas)는 일산화 탄소와 수소의 혼합물로서 천연 가스, 석탄, 석유로부터 만들 수 있다.

주요 반응 *Key Reactions*

1. 알케인의 산화 반응(2.8A절). 알케인을 산화 반응시키면 이산화 탄소와 물을 형성하며, 이 반응은 열과 전기를 제공하는 에너지의 원천으로서 이용한다.

$$CH_3CH_2CH_3 + 5O_2 \longrightarrow 3CO_2 + 4H_2O \qquad \Delta H^0 = 2220\ \text{kJ}\ (-530.6\ \text{kcal})/\text{mol}$$

연습 문제

붉은색 번호는 응용 문제를 나타낸다.

2.16 각각의 축소 구조식에 대하여 선-각 구조식을 써라

(a) $CH_3CH_2CH(CH_2CH_3)CH(CH(CH_3)_2)CH_2CH(CH_3)CH_3$ (b) $CH_3C(CH_3)_2CH_3$ (c) $(CH_3)_2CHCH(CH_3)_2$

(d) $CH_3CH_2C(CH_2CH_3)_2CH_2CH_3$ (e) $(CH_3)_3CH$ (f) $CH_3(CH_2)_3CH(CH_3)_2$

2.17 각 알케인의 분자식을 써라

(a) (b) (c)

2.18 다음 각 구조식을 괄호와 아래첨자를 이용하여 보다 더 축소된 식으로 써라.

(a) $CH_3CH_2CH_2CH_2CH_2CHCH_3$ (CH 위에 CH_3)

(b) $HCCH_2CH_2CH_3$ (C 위에 $CH_2CH_2CH_3$, 아래에 $CH_2CH_2CH_3$)

(c) $CH_3CCH_2CH_2CH_2CH_2CH_3$ (C 위에 $CH_2CH_2CH_3$, 아래에 $CH_2CH_2CH_3$)

구조 이성질현상

2.19 다음 구조 이성질체에 대한 설명 중에서 올바른 것은 어느 것인가?

(a) 같은 분자식을 가지고 있다.
(b) 같은 분자량을 가지고 있다.
(c) 원자의 결합 순서가 같다.
(d) 같은 물리적 성질을 가지고 있다.

2.20 구조 이성질체의 관계에 있는 화합물들이 어느 것인가를 지적하라.

(a) CH_3CH_2OH 와 CH_3OCH_3

(b) $CH_3\overset{O}{\overset{\|}{C}}CH_3$ 와 $CH_3CH_2\overset{O}{\overset{\|}{C}}H$

(c) $CH_3\overset{O}{\overset{\|}{C}}OCH_3$ 와 $CH_3CH_2\overset{O}{\overset{\|}{C}}OH$

(d) $CH_3\overset{OH}{\overset{|}{C}}HCH_2CH_3$ 와 $CH_3\overset{O}{\overset{\|}{C}}CH_2CH_3$

(e) (cyclopentane) 와 $CH_3CH_2CH_2CH_2CH_3$

(f) (cyclopentane) 와 $CH_2{=}CHCH_2CH_2CH_3$

2.21 다음 각 화합물들은 —OH(하이드록시기, 1.3A절)를 가지고 있는 알코올이다. 어느 구조식들이 동일한 화합물이고, 어느 것들이 구조 이성질체들인가?

(a) OH **(b)** OH **(c)** OH **(d)** OH

(e) HO **(f)** OH **(g)** OH **(h)** OH

2.22 다음의 화합물들은 아민(1.3B절)이다. 어느 구조식들이 동일한 화합물이고, 어느 것들이 구조 이성질체들인가?

(a) NH_2 **(b)** NH **(c)** N—H **(d)** NH_2

(e) H—N **(f)** NH_2 **(g)** NH_2 **(h)** N—H

2.23 다음의 화합물들은 알데하이드 또는 케톤(1.3C절)이다. 어느 구조식들이 동일한 화합물이고 어느 것들이 구조 이성질체들인가?

(a) O **(b)** O **(c)** O **(d)** H, O

(e) O, H **(f)** O **(g)** O **(h)** O, H

2.24 분자식 C_7H_{16}인 화합물의 9가지 구조 이성질체들의 구조식을 그리고, IUPAC명을 써라.

2.25 다음 화합물들의 구조식을 그려라

(a) 분자식이 $C_4H_{10}O$인 알코올
(b) 분자식이 C_4H_8O인 알데하이드
(c) 분자식이 $C_5H_{10}O$인 케톤
(d) 분자식이 $C_5H_{10}O_2$인 카복실산

알케인과 사이클로알케인의 명명법

2.26 다음 알케인과 사이클로알케인의 IUPAC명을 써라.

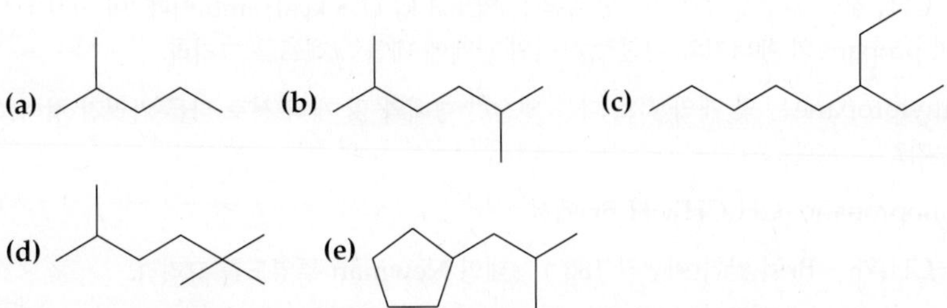

2.27 다음에 주어진 알케인과 사이클로 알케인의 구조식을 써라.

(a) 2,2,4-Trimethylhexane
(b) 2,2-Dimethylpropane
(c) 3-Ethyl-2,4,5-trimethyloctane
(d) 5-Butyl-2,2-dimethylnonane
(e) 4-(1-Methylethyl)Octane
(f) 3,3-Dimethylpentane
(g) *trans*-1,3-Dimethylcyclopentane
(h) *cis*-1,2-Diethylcyclobutane

2.28 아래에 주어진 IUPAC명이 왜 틀렸는지 설명하고, 올바른 IUPAC명을 적어라.

(a) 1,3-Dimethylbutane
(b) 4-Methylpentane
(c) 2,2-Diethylbutane
(d) 2-Ethyl-3-methylpentane
(e) 2-Propylpentane
(f) 2,2-Diethylheptane
(g) 2,2-Dimethylcyclopropane
(h) 1-Ethyl-5-methylcyclohexane

2.29 각각의 IUPAC명들에 해당하는 구조식을 그려라

(a) Ethanol
(b) Butanal
(c) Butanoic acid
(d) Ethanoic acid
(e) Heptanoic acid
(f) Propanoic acid
(g) Octanal
(h) Cyclopentene
(i) Cyclopentanol
(j) Cyclopentanone
(k) Cyclohexanol
(l) Propanone

2.30 각각의 화합물의 IUPAC명을 적어라.

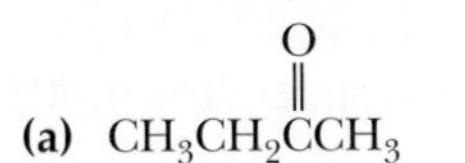

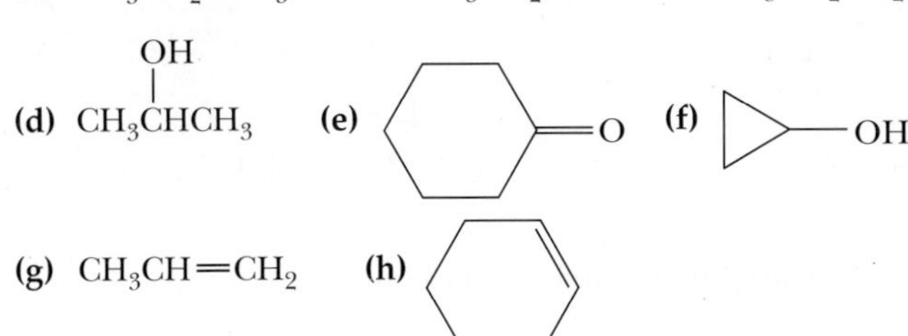

(g) $CH_3CH{=}CH_2$ **(h)**

2.31 이 문제를 풀기 위한 목적으로 알코올(-ol)이나 아민(-amine)이 되기 위해서는 하이드록시기나 아미노기가 정사면체(sp^3 혼성화)의 탄소 원자에 결합되어야 한다고 가정한다. 다음 각각의 화합물에 대하여 4개의 탄소로 구성된 가지가 없는 사슬 형태의 구조식을 써라.

(a) 알케인(alkane)
(b) 알켄(alkene)
(c) 알카인(alkyne)
(d) 알케인올(alkanol)
(e) 알켄올(alkenol)
(f) 알카인올(alkynol)
(g) 알케인아민(alkanamine)
(h) 알켄아민(alkenamine)
(i) 알카인아민(alkynamine)

(j) 알케인알(alkanal) (k) 알켄알(alkenal) (l) 알카인알(alkynal)
(m) 알케인온(alkanone) (n) 알켄온(alkenone) (o) 알카인온(alkynone)
(p) 알케인산(alkanoic acid) (q) 알켄산(alkenoic acid) (r) 알카인산(alkyonic acid)

(*참고*: 이 문제의 일부는 한 가지의 구조식만 가능하지만, 2개 이상의 구조식이 가능한 것도 있다. 2개 이상의 구조식이 가능한 경우에 대해서는 각각의 작용기에 대하여 배울 때 IUPAC 체계가 이들을 어떻게 구별하는가를 다루게 될 것이다.)

알케인과 사이클로알케인의 형태

2.32 가려진 C—H 결합에서 생기는 비틀림 무리는 약 4.2 kJ (1.0 kcal)/mol이고, 가려진 C—H와 C—CH_3 결합에서 생기는 비틀림 무리는 약 6.3 kJ (1.5 kcal)/mol이다. 이 자료를 바탕으로 하여 propane의 에너지와 이면각 사이의 관계에 대한 그래프를 그려라.

2.33 2-Methylpropane은 몇 개의 서로 다른 엇갈린 형태와 몇 개의 서로 다른 가려진 형태를 가지고 있는가?

2.34 1-Bromopropane ($CH_3CH_2CH_2Br$)에서

(a) —CH_3와 —Br이 안티(이면각 180°) 형태인 Newman 투영도를 그려라.

(b) —CH_3와 —Br이 고쉬(이면각 60°와 300°) 형태인 Newman 투영도를 그려라.

(c) 이들 중에서 어느 것이 낮은 에너지의 형태인가?

(d) 만약 이들 중에서 반사에 의해 관련이 된다면 어느 것인가?

2.35 1-Bromo-2-methylpropane에 대하여 다음에 해당하는 것을 그려라.

(a) 가장 낮은 에너지를 갖는 엇갈린 형태

(b) 가장 높은 에너지를 갖는 엇갈린 형태

2.36 *trans*-1,4-di-*tert*-Buthylcyclohexane은 정상적인 의자 형태로 존재한다. 그러나 *cis*-1,4-di-*tert*-buthylcyclohexane은 꼬인 보트 형태로 존재한다. 이들의 이성질체 구조를 그리고, 왜 꼬인 보트 형태의 *시스* 이성질체가 더 안정한가를 설명하라.

2.37 상온(25°C), 기체 상태에서 1,2-dichloroethane의 쌍극자 모멘트에 대한 연구를 통해 안티 형태와 고쉬 형태 간의 비율이 7.6 : 1로 측정되었다. 이들 두 형태들 사이의 Gibbs 자유 에너지 차이를 계산하라.

2.38 Hydrindane의 *시스*와 *트랜스* 이성질체에 대한 구조식을 그려라. 가장 안정한 형태로 각각의 고리를 보여라. 이들 이성질체들 중에서 더 안정한 분자는 어느 것인가?

2.39 *trans*-1,2-Dimethylcyclohexane에 대한 2개의 다른 의자형태들은 다음과 같다.

(a) 두 형태 사이의 자유에너지 차이를 계산하라.

(b) (a)에서 값을 이용하여 25°C에서 두 형태의 평형 혼합물에서 존재하는 각 의자 형태의 백분율을 계산하라.

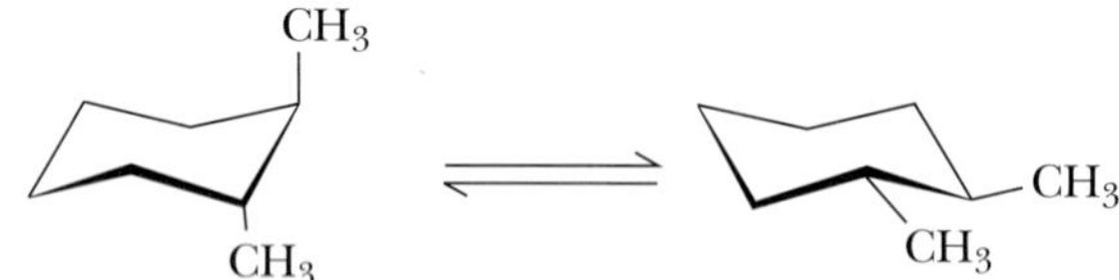

***trans*-1,2-Dimethylcyclohexane**

사이클로알케인의 *시스*, *트랜스* 이성질현상

2.40 사이클로알케인의 어떤 구조적 특징이 *시스*, *트랜스* 이성질현상이 가능하게 만드는가?

2.41 알케인에서도 *시스*와 *트랜스* 이성질현상이 가능한가?

2.42 1,2-Dimethylcyclopropane의 *시스*와 *트랜스* 이성질체들을 구조식으로 그려라.

2.43 분자식이 C_5H_{10}인 모든 사이클로알케인의 구조식을 그리고, 이름을 써라. 이 때 *시스*와 *트랜스* 이성질체들과 구조 이성질체들을 모두 포함한다.

2.44 Cyclopentane의 평면 오각형을 이용하여 다음 화합물의 *시스*와 *트랜스* 이성질체들의 구조식을 그려라.

(a) 1,2-Dimethylcyclopentane **(b)** 1,3-Dimethylcyclopentane

2.45 Cyclohexane의 축방향 치환기를 가진 의자 형태와 수평방향 치환기를 가진 의자 형태들 사이의 Gibbs 자유 에너지 차이가 표 2.4에 나타나 있다.

(a) 25°C에서 *tert*-buthylcyclohexane의 수평방향과 축방향의 비율을 계산하라.

(b) 메틸, 에틸, 아이소프로필 치환기들의 형태 평형들은 비슷한 반면, *tert*-buthylcyclohexane의 형태 평형은 수평방향 형태 쪽으로 치우쳐 있는 이유를 설명하라.

2.46 Cyclohexane이 에타이닐기(ethynyl group, —C≡CH)로 치환되어 있을 경우에 축방향과 수평방향 사이의 에너지 차이는 1.7 kJ (0.41 kcal)/mol 정도이다. Methylcyclohexane과 ethynylcyclohexane 사이의 형태 평형을 비교하고, 이들 사이의 차이를 설명하라.

2.47 다음의 화합물들에 대하여 상호 전환되는 의자 형태들 사이의 Gibbs 자유 에너지 차이를 kJ/mol로 계산하라.

(a) *trans*-4-Methylcyclohexanol **(b)** *cis*-4-Methylcyclohexanol

(c) *trans*-1,4-Dicyanocyclohexane

2.48 1,2-Dimethylcyclohexane, 1,3-dimethylcyclohexane, 1,4-dimethylcyclohexane의 *시스*와 *트랜스* 이성질체들에 대한 상호 전환되는 의자 형태를 그려라.

(a) 각 메틸기가 축방향인지, 수평방향인지 표시하여 나타내어라.

(b) 어느 이성질체가 동일한 안정성을 가진 상호 전환되는 의자 형태인가?

(c) 어느 이성질체가 다른 것들에 비하여 안정한 의자 형태인가?

2.49 연습 문제 2.48의 해답을 이용하여 이치환 cyclohexane 유도체들의 *시스*와 *트랜스* 그리고 축방향과 수평방향 사이의 상관관계를 보여 주는 표를 완성하라

치환 위치	*시스*	*트랜스*
1,4-	a,e 또는 e,a	e,e 또는 a,a
1,3-	—또는—	—또는—
1,2-	—또는—	—또는—

2.50 2-Isopropyl-5-methylcyclohexane은 4개의 *시스*, *트랜스* 이성질체를 가진다.

OH, 1, 5, 2

2-Isopropyl-5-methylcyclohexanol

(a) Cyclohexane 고리의 평면 육각형 표현을 이용하여 4개의 *시스*, *트랜스* 이성질체를 그려라.

(b) 각각의 (a)의 답에서 가장 안정한 의자 형태를 그려라.

(c) 4개의 *시스*, *트랜스* 이성질체들 중에서 가장 안정한 것은 어느 것인가? (만일 이 문제를 맞게 답하였다면, 그것은 menthol이라고 부르는 자연계에 존재하는 이성질체이다.)

2.51 각각의 치환된 cyclohexane에 대하여 상호 전환되는 의자 형태들을 그리고, 어느 의자 형태가 더 안정한가를 써라

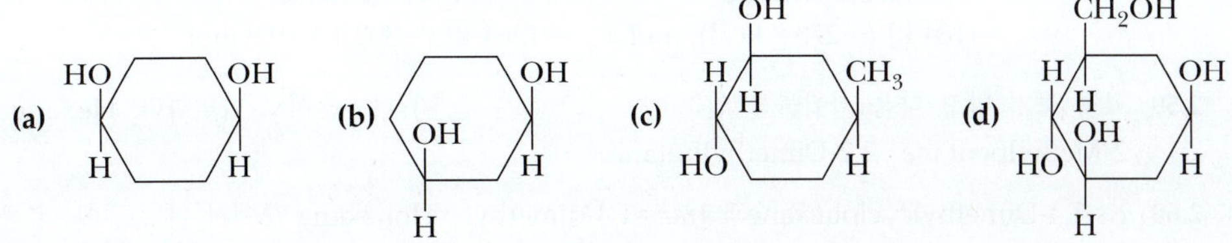

2.52 1,2,3,4,5,6-Hexachlorocyclohexane은 *시스*, *트랜스* 이성질현상을 보인다. 한 때는 이들 이성질체들의 명확하지 않은 조성비를 가진 혼합물이 살충제로 판매되었다. 이 혼합물의 살충제 효과는 lindane으로 알려진, *cis*-1,2,4,5-*trans*-3,6-hexachlorocyclohexane이라는 하나의 이성질체에 의한 것으로 나타났다.

(a) *시스*, *트랜스* 이성질현상의 존재를 무시하고 1,2,3,4,5,6-hexachlorocyclohexane의 구조식을 그려라. 이 화합물의 분자식은 무엇인가?

(b) Cyclohexane의 평면 육각형 표현법을 사용하여 lindane의 구조식을 그려라.

(c) Lindane의 의자 형태를 그리고, 어느 염소 원자가 축방향이고, 어느 것이 수평방향인지 표시하라.

(d) Lindane의 상호 전환되는 다른 의자 형태를 그리고, 어느 염소 원자가 축방향이고, 어느 것이 수평방향인지 표시하라.

(e) Lindane의 상호 전환되는 어느 의자 형태가 더 안정한가? 설명하라.

물리적 성질

2.53 연습 문제 2.24에서 분자식 C_7H_{16}인 화합물의 모든 이성질체들의 구조식을 그렸다. 어느 이성질체가 가장 낮은 끓는점을 가지고 있고, 어느 이성질체가 가장 높은 끓는점을 가지고 있는지를 예상하라.

2.54 알케인의 밀도와 물의 밀도 사이의 관계에 대하여 어떠한 일반화가 가능하겠는가?

2.55 어느 가지 없는 알케인이 물과 거의 같은 끓는점을 가지는가? (알케인의 물리적 성질은 표 2.5 참조). 이 알케인의 분자량을 계산하고 물의 분자량과 비교하라.

알케인의 반응

2.56 다음의 연소 반응들의 균형을 맞추고 완성하라. 각 탄화수소는 이산화탄소와 물로 완전하게 전환되는 것으로 가정한다.

(a) Propane + O_2 → **(b)** Octane + O_2 →

(c) Cyclohexane + O_2 → **(d)** 2-Methylpentane + O_2 →

2.57 다음의 표는 methane, propane, 2,2,4-trimethylpentane의 몰(mole)당 연소열이다. 각각의 탄화수소는 주요 에너지원이다. 같은 질량을 사용하였을 때, 어느 탄화수소가 가장 좋은 열에너지 공급원인가?

탄화수소	성분	ΔH^0[KJ (kcal)/mol]
CH_4	천연 가스	−891(−213)
$CH_3CH_2CH_3$	LPG	−2220(−531)
$CH_3C(CH_3)_2CH_2CH(CH_3)CH_3$	가솔린	−5452 (−1304)

2.58 다음은 알데하이드와 ethylene oxide의 구조식과 연소열이다. 어느 화합물이 더 안정한가? 설명하라.

$CH_3-CH{=}O$ — **Acetaldehyde** −1164 kJ (−278.8 kcal)/mol

H_2C-CH_2 (O 고리) — **Ethylene oxide** −1264 kJ (−302.1 kcal)/mol

2.59 표를 보지 말고 다음 화합물을 연소열이 감소(작은 음수)하는 순서로 나열하라. Hexane, 2-Methylpentane, 2,2-Dimethylbutane.

2.60 *cis*-1,4-Dimethylcyclohexane과 *trans*-1,4-dimethylcyclohexane 중에서 어느 것이 더 큰 연소열(큰 음수)을 가지는가를 예상하라.

2.61 다음은 1,4-dioxane과 piperidine의 구조식이다. 1,4-Dioxane은 유기 반응의 용매로 널리 사용된다. Piperidine (*Piper nigrum*)은 후추에 소량 함유되어 있다.

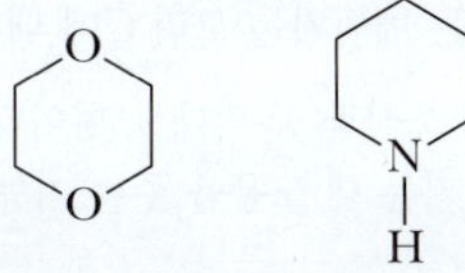

1,4-Dioxane **Piperidine**

(a) 모든 비공유 전자쌍을 표시하여 각 화합물의 Lewis 구조를 완성하라.

(b) 각 탄소, 산소, 질소 원자에 대한 결합각을 예상하라.

(c) 각 고리의 가장 안정한 형태를 표시하고, 이것을 cyclohexane의 의자 형태와 비교하라.

2.62 다음은 A, B, O형의 혈액형을 결정하는 당인 L-fucose의 평면 육각형 표현이다. 혈액형 체계에 대한 더 많은 지식은 25장의 '화학 관련 이야기: A, B, AB, O형의 혈액형'을 참조한다.

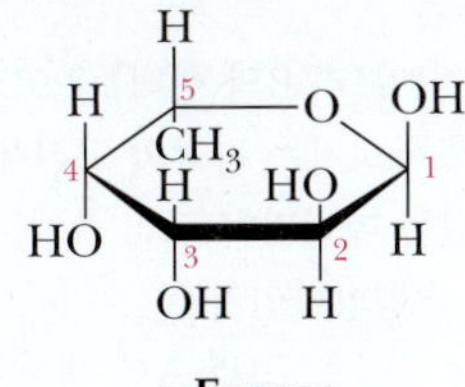

L-Fucose

(a) L-Fucose의 상호 변환되는 의자 형태를 그려라.

(b) 어느 것이 더 안정한가? 설명하라.

2.63 왼쪽에 glucose의 입체 표현이 그려져 있다(25장에서 glucose의 구조와 화학에 대하여 설명한다.)

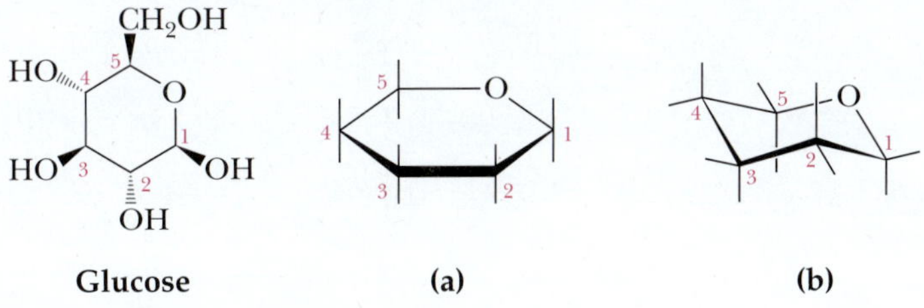

Glucose **(a)** **(b)**

(a) 왼쪽의 입체 표현을 평면 육각형 표현으로 변환시켜라.

(b) 왼쪽의 입체 표현을 의자 형태로 변환시켜라. 이 의자 형태에서 어느 치환기들이 수평방향에 있는가? 어느 것이 축방향인가?

2.64 다음은 cholestanol의 구조식과 공-막대 모형이다. 이 화합물과 cholesterol (26.4절 참조)사이의 유일한 차이는 cholesterol이 B 고리에 탄소-탄소 이중 결합을 가지고 있는 점이다.

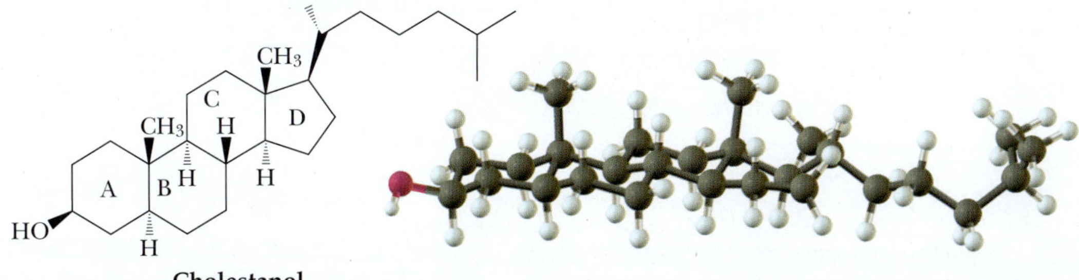

Cholestanol

(a) Cholestanol의 A, B, C, D 고리의 형태를 나타내어라.

(b) A 고리의 하이드록시기는 축방향인가 수평방향인가?

(c) 고리 A와 B의 연결 부위에 있는 메틸기는 고리 A에 대하여 축방향인가, 수평방향인가? 그리고 고리 B에 대하여 축방향인가 수평방향인가?

(d) 고리 C와 D에 접합되어 있는 메틸기는 고리 C에 대하여 축방향인가, 수평방향인가?

2.65 다음은 Cholic acid (26장)의 구조식과 공-막대 모형이다. 이것은 사람 담즙의 성분으로, 음식물 중의 지방을 흡수하고 소화시키는 데 도움을 주는 기능을 수행한다.

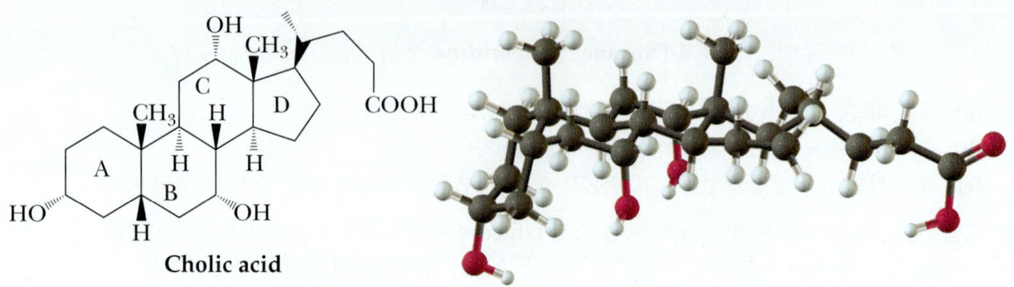

Cholic acid

(a) 고리 A의 형태는 어떤 것인가? 고리 B의 형태는? 고리 C의 형태는? 고리 D의 형태는?

(b) 고리 A, B, C에 있는 하이드록시기는 각각의 고리에 대하여 축방향인가, 수평방향인가?

(c) 고리 A와 B의 연결자리에 있는 메틸기는 고리 A에 대하여 축방향인가, 수평방향인가? 고리 B에 대하여 축방향인가, 수평방향인가?

(d) 고리 A와 B에 접합되어 있는 수소는 고리 A에 대하여 축방향인가, 수평방향인가? 고리 B에 대하여 축방향인가, 수평방향인가?

(e) 고리 C와 D에 접합되어 있는 메틸기는 고리 C에 대하여 축방향인가, 수평방향인가?

Bob Nichols/ARS/USDA

Tartaric acid(3.4B절)는 유리 상태 및 염의 형태로 포도와 다른 과일에 들어 있다.

▲ *삽입 그림:* Tartaric acid의 *R*,*R* 입체이성질체의 모형.

입체이성질현상과 카이랄성

Stereoisomerism and Chirality

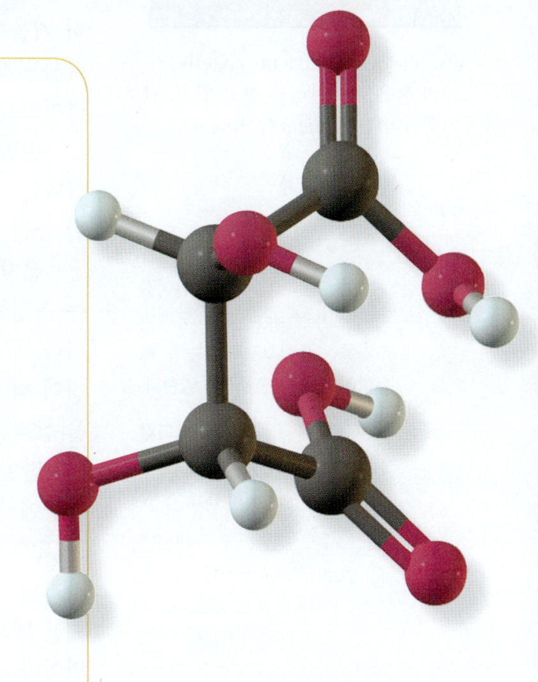

이 장의 차례

입체화학(Stereochemistry)은 분자를 삼차원적 관점에서 연구하는 화학이다. 입체화학적 상호관계를 시각적으로 형상화하는 능력은 유기 화학에서 꼭 필요한 생존 기술이다. 생화학에서 중요한 분자들의 화학과 성질은 그들의 입체화학에 결정적으로 의존한다. 이 단원의 목표는 여러분이 분자에 대해 갖고 있는 인식을 삼차원적 관점으로 확장하려는 것이다. 학생들이 삼차원 모형이나 혹은 Chem3D나 Spantan과 같은 컴퓨터 모델링 프로그램을 구입하여 사용하거나 이런 프로그램을 갖고 있는 실험실에서 공부한다면 많은 도움을 받을 것이다. 이 장과 앞으로 나올 다음 장에서 필요한 공간 개념의 형상화에 도움이 될 수 있도록 모형을 활발히 사용하여라.

입체화학
분자 내 원자의 삼차원 배열에 관한 연구.

이 장의 동영상 강의를 보려면 **www.cengage.com/chemistry/brown/organic7e**에 접속 후 **Access Student Materials**를 클릭하라.

3.1 카이랄성—분자의 손잡이성

아프리카 가젤(African gazelle)의 두 개의 뿔은 카이랄성을 갖고 있고, 서로 거울상이다. *William H. Brown*

거울상(Mirror image)이란 거울 속에서 한 물체의 반사이다. 여러분이 거울을 들여다보면, 여러분 자신의 반사된 모습 혹은 거울상을 볼 수 있을 것이다. 이제 당신의 거울상이 삼차원 물체라고 가정해 보면, 다음과 같은 질문을 던질 수 있다. 즉, '당신과 거울 안에 있는 당신의 거울상 사이에는 어떤 상관관계가 있는가?'라는 것이다. *관계*(Relationship)라는 말을 확실하게 하기 위해 다시 반복하여 '신의 반사가 원래 자신 위에 겹쳐질 수 있고 반사의 모든 세세한 면이 원래 모습에 정확히 포갤 수 있는가?'는 질문을 할 수 있다. 여기에 대한 해답은 당신과 당신의 거울상은 세밀한 부분을 포함시켜 본다면 포개지지 않는다는 것이다. 예를 들어, 만약 당신이 오른쪽 새끼손가락에 반지를 끼고 거울을 보면 거울 안쪽의 거울상에서는 왼쪽 새끼손가락에 반지가 끼어 있다. 또 머리 가르마를 오른쪽으로 탔다면 거울상에서는 왼쪽으로 보일 것이다. 자신과 자신의 거울상은 서로 다른 물체이며, 둘은 서로 *정확히*(exactly) 겹쳐 포갤 수 없다.

자신의 거울상에 포갤 수 없는 분자를 **카이랄**(그리스어 cheir, 손에서 유래)이라 부른다. 즉, 이러한 분자들은 손잡이성(handedness)을 나타낸다. 카이랄성은 모든 종류의 삼차원 물체에서 경험할 수 있다. 당신의 오른손, 왼손은 모두 카이랄이다(그들은 서로 정확히 거울상이다). 공책을 묶고 있는 용수철도 카이랄이고, 오른손 방향으로 홈이 파인 기계나사도 역시 카이랄이다. 여러분 주위를 관찰해 보면 틀림없이 대부분의 물체가 역시 카이랄이라는 결론을 낼 수 있을 것이다.

반면에 물체와 거울상이 포개질 때 그 물체는 **비카이랄**(achiral)이다. 즉, 카이랄성이 없다는 것이다. 카이랄성이 없는 물체의 예로는 장식이 없는 컵, 정사면체, 정육면체, 완전한 둥근 공을 들 수 있다.

분자란 약 2~7 Å 크기를 갖는 물체이다. 그러나 앞선 두 장에서 설명한 바와 같이 분자는 특정한 형태와 기하학적 모양을 갖는다. 이런 성질들 때문에 어떤 분자들은 카이랄 물체이다. 한 분자가 카이랄인지를 알아내기 위해서는 그것이 비카이랄인지의 여부를 결정하는 것이 더 간단하다. 우리는 분자가 비카이랄인지 여부를 알아보기 위해서 분자 내의 대칭성을 살펴본다. 만약 이런 대칭성이 없다면 분자가 카이랄이라고 결론 내릴 수 있다.

> **카이랄**
> 그리스어 *cheir* (손)에서 유래된 용어로서 거울상에 겹쳐지지 않는 물체. 손잡이성을 갖는 물체를 말한다.
>
> **비카이랄**
> 카이랄성을 갖지 않는 물체. 손잡이성을 갖지 않는 물체.
>
> **대칭면**
> 물체를 둘로 나누어 반쪽이 다른 쪽 반의 거울상이 되도록 가르며 통과하는 가상의 평면.

만일 물체가 적어도 한 개 혹은 그 이상의 대칭 요소를 가지면 비카이랄이다. 유기 화합물에서 볼 수 있는 가장 흔한 요소들은 대칭면과 대칭의 중심이다. 이 두 가지 대칭 요소들 혹은 매우 드물게 보는 어떤 형태의 대칭 요소 중 어느 하나라도 갖는다면, 그 물체는 비카이랄이고, 그 물체의 거울상과 완전히 겹쳐진다. **대칭면**(Plane of symmetry)이란 물체를 반으로 나누어 한쪽 반이 다른 반쪽과 정확하게 대칭이 되도록 가로지르는 가상의 평면이다. 그림 3.1에 나타낸 정육면체는 여러 개의 대칭 평면을 갖고 있다. 비커와 bromo-

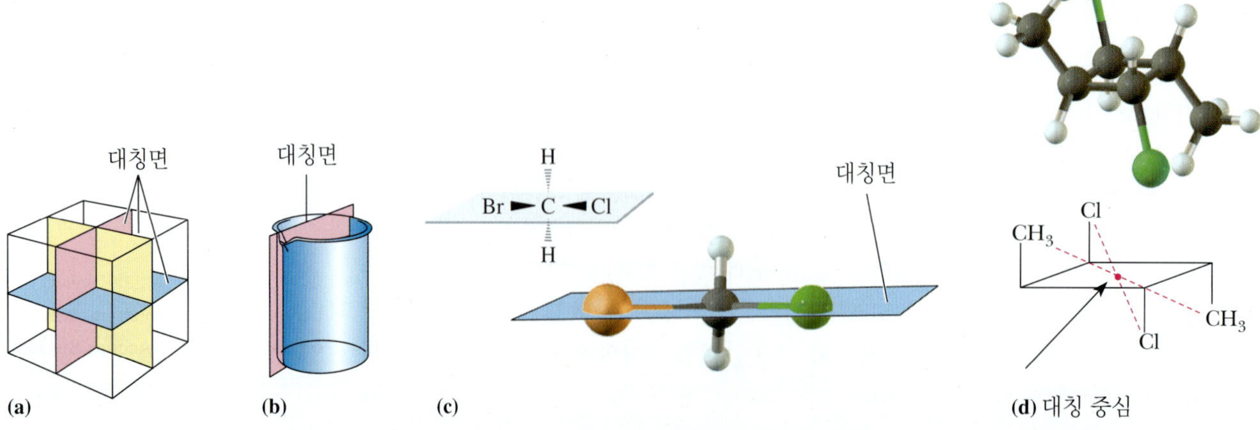

그림 3.1 ▸ 물체에서 나타나는 대칭. 정육면체는 여러 개의 대칭면을 갖고 한 개의 대칭점을 갖는다. 비커나 CH_2BrCl은 각각 한 개의 대칭면을 갖는다. Cyclobutane은 한 개의 대칭 중심을 갖는다.

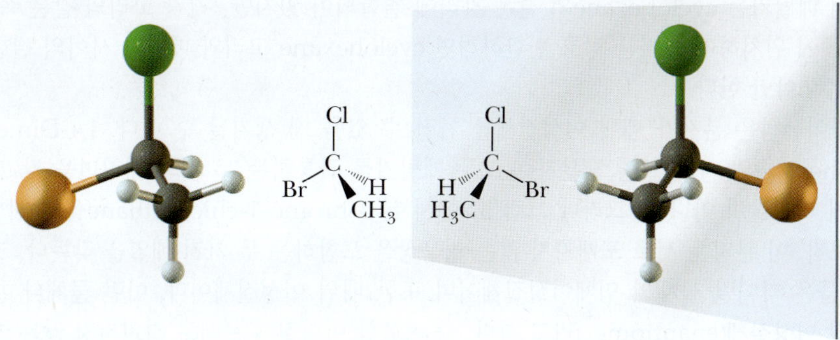

그림 3.2 ▸ 1-Bromo-1-chloroethane의 입체적인 표현과 그 거울상.

chloromethane 두 가지 모두 단 한 개씩의 대칭면을 갖는다. **대칭 중심**(Center of symmetry)이란 그 점을 지나는 어떤 축의 방향에서도 물체나 분자의 동일한 성분들이 똑같은 거리만큼 정반대 방향에 존재하는 위치를 말한다. 그림 3.1의 정육면체는 대칭 중심을 갖고 있으며, cyclobutane도 마찬가지이다. Cyclobutane은 대칭 중심을 갖고 있기 때문에 그의 거울상과 동일하고, 따라서 비카이랄이다.

> **대칭의 중심**
> 물체의 중심 부분에 위치하는 점으로, 이 점을 지나는 축 위의 연장선 위에서는 반대 방향과 동일한 거리에 물체의 동일한 요소가 있다.

이 두 가지 대칭 요소 중에서 어느 것도 갖지 않은 물체나 분자는 카이랄이다. 1-Bromo-1-chloroethane을 예로 들어 유기 물질의 카이랄성을 설명할 수 있다. 그림 3.2는 이 화합물의 삼차원적 표현과 공-막대 모형, 그리고 그들의 거울상을 나타낸다. 이 분자에는 대칭면도 없고 대칭 중심도 없다. 이 분자의 모형을 공간에서 어느 방향으로 뒤집거나 회전시키더라도 결합을 끊고 재배열하지 않는 한, 분자의 중심 탄소에 결합된 4개의 치환기 중 두 개만을 그 분자의 거울상의 것과 겹쳐지게 할 수 있다. 1-Bromo-1-chloroethane과 그의 거울상은 포개질 수 없기 때문에 그들의 관계는 카이랄이다.

3.2 입체이성질현상

이성질체란 같은 분자식을 갖고 있으나 서로 다른 화합물이다. 이제까지 우리는 세 가지 종류의 이성질체를 경험했다. 구조 이성질체(Constitutional isomer, 2.2절)는 같은 분자식을 갖고 있으나 분자 내에서 원자들의 연결 순서가 다른 것이다. 서로 다른 구조 이성질체의 예로서는 pentane과 2-methylbutane의 관계, 또는 1-pentene과 cyclopentane을 들 수 있다.

Pentane (C_5H_{12}) 과 **2-Methylbutane** (C_5H_{12})

1-Pentene (C_5H_{10}) 과 **Cyclopentane** (C_5H_{10})

이성질현상의 두 번째 종류는 입체이성질현상이다. **입체이성질체**(Stereoisomer)는 분자식 및 원자의 연결 방식이 같으나 공간에서 원자들이 서로 다른 배향을 하고 있다. 이제까지 보아 왔던 입체이성질현상의 한 예는 cycloalkane의 *시스*,*트랜스* 이성질체이며(2.6절), 이는 고리에 있는 치환기의 위치가 고리 구조로 인해서 두 가지 배향 중에서 한 가지 형태로 고정되기 때문에 생겨난다. 이런 종류의 이성질체를 원자에 대한 치환기의 배열이 다르기 때문에 **배위 이성질체**(configurational isomer)라고 부른다.

> **입체이성질체**
> 동일한 분자식을 갖고 원자들의 연결 방식은 같으나 공간상에서 원자들의 배열 방향이 서로 다른 이성질체.
>
> **배위 이성질체**
> 한 원자에 결합된 치환기의 배열이 다른 이성질체.

배위 이성질체(*시스*,*트랜스* 이성질체)

H_3C — CH_3 과 H_3C — CH_3

***cis*-1,4-Dimethylcyclohexane**   ***trans*-1,4-Dimethylcyclohexane**

배위 이성질체에서는 원자들의 위치가 단일 결합의 회전으로 동일한 자리에 위치하도록 교환될 수 없다. 예로 제시되었던 1,4-dimethylcyclohexane의 *시스*와 *트랜스* 이성질체에서 메틸기는 cyclohexane의 같은 자리에 결합되어 있지만, 각각 고리의 같은 쪽 혹은 다른 쪽에 위치하여 그것을 상호 변환하려면 cyclohexane 고리와 메틸기 사이의 결합들을 끊어 주어야만 한다.

카이랄성은 분자가 배위 이성질체를 가질 수 있을 때 생겨날 수 있다. 1,4-Dimethylcyclohexane의 *시스*,*트랜스* 분자는 모두 메틸기를 관통하는 두 개의 대칭면을 갖고 있기 때문에 카이랄이 아니다. 그러나 그림 3.2에서 본 1-bromo-1-chloroethane을 다시 한 번 살펴보자. 이 분자는 서로 포개지지 않는 거울상을 포함하는 두 가지 배열을 갖는다. 그러므로 이들은 카이랄 물체인 입체이성질체이며 또한 배위 이성질체이다. 이런 물체나 분자를 **거울상 이성질체**(enantiomer)라고 한다. 즉 거울상 이성질체는 서로 겹쳐지지 않는 거울상이다. *카이랄* 혹은 *비카이랄*이란 용어는 물체들에 대한 것이고 *거울상 이성질체*라는 용어는 한 쌍의 물체간의 상호관계를 일컫는다는 점을 주의하라.

거울상 이성질체
서로의 거울상에 겹쳐지지 않는 입체이성질체. 쌍을 이루는 물체들의 상호관계를 말한다.

카이랄 중심
대부분의 경우에 탄소인 정사면체 원자, 중심 원자에 4개의 서로 다른 치환기가 결합되어 있다. 카이랄성 중심이라고도 한다.

입체중심
그 원자에 결합된 2개의 치환기의 위치를 서로 교환하는 경우에 입체이성질체가 된다. 카이랄 중심은 입체중심의 한 종류이다.

유기 화합물에서 카이랄성의 가장 일반적인 원인은 네 개의 서로 다른 치환기가 결합된 탄소에서 가장 많이 볼 수 있는 정사면체인 원자 때문이다. 네 개의 서로 다른 치환기체가 결합된 탄소 원자는 두 개의 주요 대칭 요소가 없고 그래서 **카이랄 중심**(chiral center)이라고 불린다. 1-Bromo-1-chloroethane에서 —Cl, —H, —CH_3, —Br이 결합된 탄소 원자는 카이랄 중심이다.

입체중심(Stereocenter) 또한 네 개의 서로 다른 치환기에 결합된 탄소를 나타내는 용어이지만, 더 광범위한 표현이다. 입체중심은 그 원자에서 두 개의 치환기를 교환했을 때 입체이성질체를 만들어 내는 원자를 지칭한다. 예를 들어 *cis*-2-butene과 *trans*-2-butene의 탄소는 모두 입체중심이다. 2-Butanol에서 C-2는 OH와 H를 교환하면 입체이성질체가 생기기 때문에 입체중심이고, 이 경우에는 거울상 이성질체이다.

이제까지 우리는 배위 이성질체가 카이랄일 수도 비카이랄 물체일 수도 있다는 것을 보았다. 이성질체들이 카이랄이라면 오른손과 왼손이 거울상 이성질체인것처럼 그들은 서로의 거울상 이성질체이다. 반면에 1,4-dimethylcyclohexane이나 2-butene의 *시스*와 *트랜스* 화합물들은 배위 이성질체이지만 카이랄 물체는 아니다.

HOW TO 카이랄 분자 그리는 방법

카이랄 분자의 삼차원 구조를 이차원 종이 면에 그리는 여러 가지 방법을 알아두는 것은 매우 유익한 일이다. 예를 들면, 다음은 2-butanol의 한 가지 거울상 이성질체를 그리는 네 가지 서로 다른 표현 방식이다.

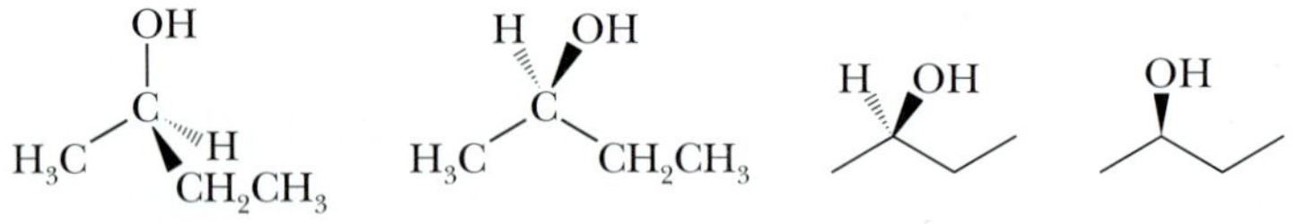

(1) OH, H_3C, C, H, CH_2CH_3 (2) H, OH, H_3C, C, CH_2CH_3 (3) H, OH (4) OH

(1)의 표현 방법은 카이랄 중심의 정사면체형 기하학적인 모양을 보여 주고 있다. (1)의 구조를 공간에서 약간 돌려서 탄소 골격이 종이에 오도록 조금 들어 올리면 (2)의 표현 방법이 된다. (2)에서는 두 개의 치환기는 종이에, 하나는 앞쪽으로, 또 다른 하나는 멀어지는 쪽으로 향한다. 2장에서 설명한 바와 같이 그들은 각각 쐐기 모양과 점선으로 표현된 결합으로 나타낸다. 더 생략된 표현 방식으로 (2)의 구조를 돌려 선-각 화학식인 (3)의 구조를 만들 수 있다. 대체로 선-각 화학식에서는 수소를 그리지 않지만, (3)의 구조에서는 이 카이랄 탄소에 네 번째의 치환기가 있고, 그것이 수소라는 것을 재확인하기 위해서 그려 놓았다. 마지막으로 더 생략된 2-butanol의 구조는 (4)의 표현 방식이다. 여기에서는 카이랄 중심의 H를 생략했다. 그러나 탄소 주위에는 4개의 결

합이 있어야 하므로 수소가 그 자리에 있어야 된다는 것을 알고 있고, 그 위치는 OH가 앞쪽으로 향하고 있는 것으로 보아 종이 면의 뒤쪽이라는 것이 확실하다. 생략된 화학식 (3)과 (4)는 확실히 그리기에 가장 쉬운 방법이므로 이 책의 나머지 부분에서는 이 방법에 많이 의존할 것이다. 카이랄 중심의 삼차원 구조 표현을 해야 할 때는 탄소 골격을 종이 면에 놓고 카이랄 중심에 결합된 다른 두 개의 원자(단)가 보는 사람의 앞쪽으로 그리고 뒤쪽으로 가도록 유지하라. 가끔 카이랄 분자의 거울상 이성질체 두 가지를 그리는 것이 중요할 때가 있다. 이때 쉽게 그리는 방법은 카이랄 중심에 결합된 두 개의 원자단을 교환하는 것이다. (4)의 표현 방법을 모형으로 하여 그들의 거울상 이성질체를 그리는 두 가지 방법은 다음과 같다.

OH OH OH

(4) (4)의 거울상 이성질체 (4)의 거울상 이성질체

따라서 이 화합물들은 거울상 이성질체로 존재할 수 없다. 대신에 이러한 이성질체를 부분입체이성질체라고 부른다.

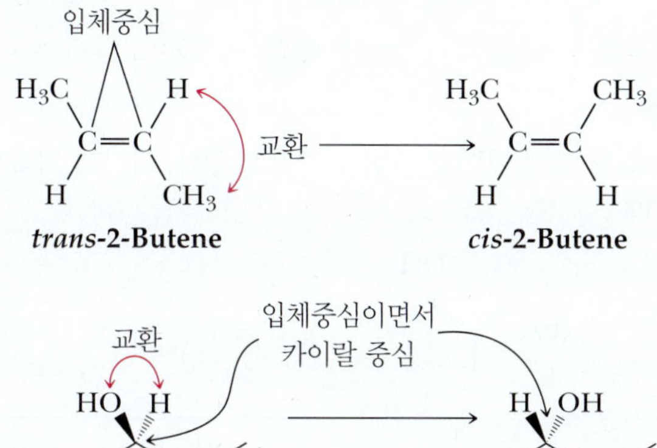

부분입체이성질체(Diastereomer)는 서로의 거울상이 아닌 입체이성질체를 말한다. 부분입체이성질체란 용어는 한 쌍의 물체간의 상호관계를 일컫는 것이다. 부분입체이성질체는 카이랄 물체일 수도 비카이랄 물체일 수도 있으나 거울상 이성질체는 반드시 카이랄 물체여야 한다. 3.4절에서 우리는 부분입체이성질체가 1,4-dimethylcyclohexane이나 2-butene에서 볼 수 있듯이 한 분자 내에 2개 혹은 그 이상의 입체중심을 갖는 경우에 생겨날 수 있다는 것을 알 수 있을 것이다.

부분입체이성질체
서로 거울상이 아닌 입체이성질체라는 의미로서 2개 이상의 물체들의 상호관계를 표현하는 용어이다.

예제 3.1 ▸ **입체이성질체**

다음 각 분자는 한 개의 카이랄 중심을 갖는다. 각각에 대한 거울상 이성질체의 입체 구조적 표현을 나타내어라.

(a) Cl **(b)** Cl

➥ 해답

이 문제를 풀려면 다음에 보이는 것과 같이 한 쌍의 거울상 이성질체의 모형을 다른 방향에서 보는 것이 도움이 된다. 거울상 이성질체를 다루는데 각 분자의 정사면체 탄소 원자에 4개의 서로 다른 치환기가 결합되어 있으므로 이 분자가 카이랄임을 유의하라.

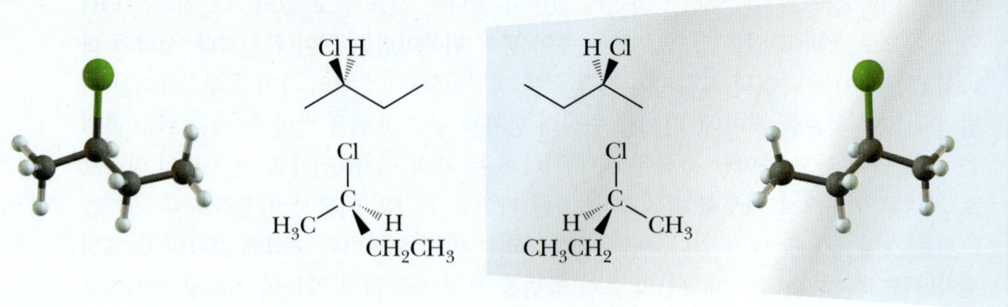

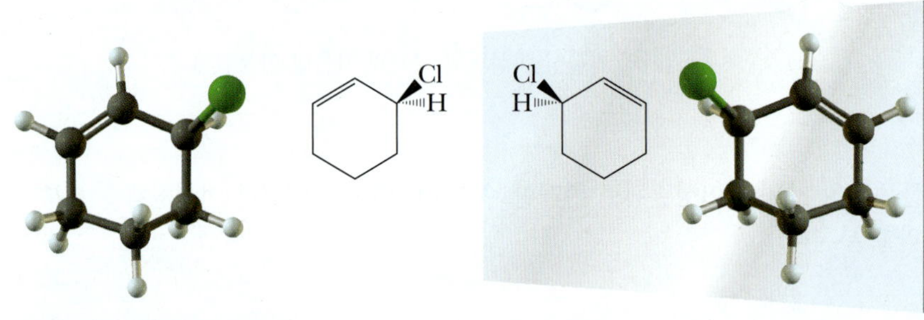

연습 문제 3.1

다음 분자들은 각각 한 개의 카이랄 중심을 가지고 있다. 각각의 거울상 이성질체에 대한 입체 구조를 그려라.

(a) OH (b) OH

이제까지 살펴본 분자들의 카이랄성은 정사면체 탄소의 카이랄 중심이 있기 때문에 생긴다. 카이랄 중심은 꼭 탄소에만 국한된 것은 아니다. 카이랄 중심이 질소인 카이랄성 양이온의 입체 구조 표현식이 다음에 그려져 있다. 질소가 중심인 카이랄성에 대해서는 23.3절에 더욱 자세히 다루게 될 것이다. 정사면체인 규소, 인 및 게르마늄 화합물에서도 거울상 이성질체가 분리되었다.

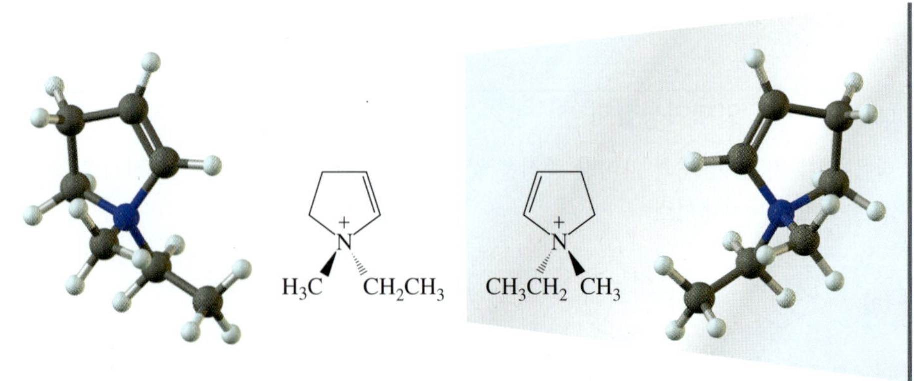

다른 유형의 입체이성질현상은 **형태 이성질현상**(conformational isomerism)이다. 2.5절에서 우리는 단일 결합의 회전을 통해 분자 내의 형태에서 변화가 나타나는 것을 논의했다. 예를 들면 butane은 아래 Newman 투영도에서 보듯이 고쉬와 안티 형태를 가질 수

있다. 이들은 배위 이성질체는 아니다. 왜냐하면 결합을 끊지 않고 결합의 회전만으로 원자들의 위치를 상호교환할 수 있기 때문이다. 분명히 이들은 공간에서의 원자 배치가 다르기 때문에 입체이성질체임은 확실하다.

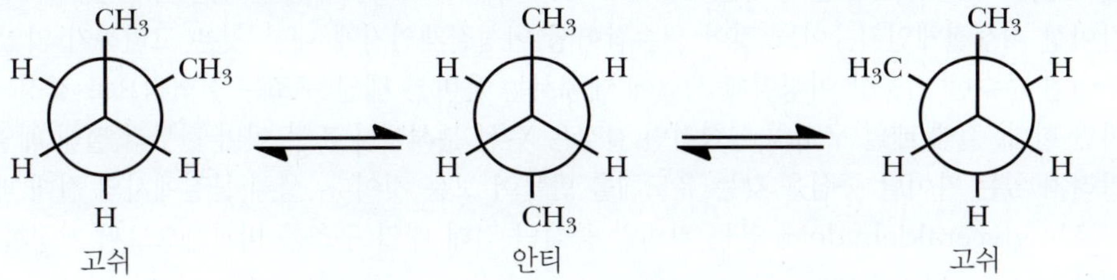

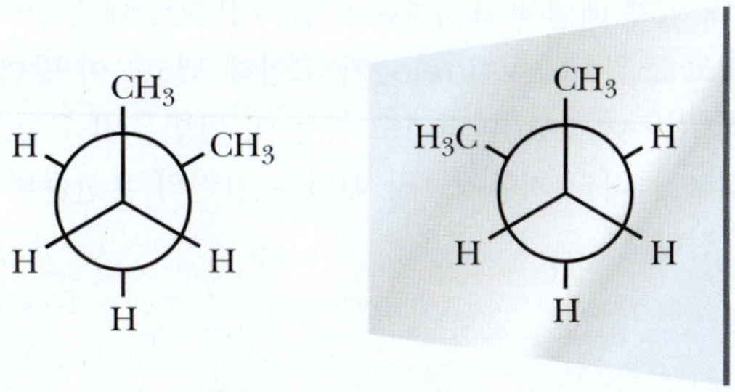

고쉬 ⇌ 안티 ⇌ 고쉬

입체이성질체는 부분입체이성질체이거나 거울상 이성질체이다. 그러므로 우리는 이 용어를 형태 이성질체(conformational isomer)에도 적용할 수 있을 것이다. Butane의 고쉬(gauche)와 안티(anti) 형태는 서로 거울상 대칭이 아니므로 부분입체이성질체이다. 두 개의 고쉬 형태는 서로 거울상 이성질체이며, 그들은 서로 거울상 대칭이기는 하지만 포개지지 않기 때문이다(주어진 거울에 비춰진 거울상을 보아라). 그러므로 이런 형태의 butane은 카이랄이다. 그러나 butane은 카이랄 분자가 아니다. 왜냐하면 세 개의 이성질체들은 실온에서 매우 빠르게 상호 변환되고 비카이랄인 안티 이성질체(그림 2.9 상호변환 참조)를 거쳐서 변환되기 때문이다. 안티 이성질체는 네 개의 탄소가 평면에 있을 때 대칭면이 있기 때문에 비카이랄이다.

이 설명은 중요한 쟁점을 강조한다. 즉 카이랄성은 분자 내에 카이랄 중심이 없을 때도 나타날 수 있다는 것이다. 이런 조건은 형태 이성질현상에서도 나타날 수 있지만, 배위 이성질현상에서 야기되는 카이랄성보다는 흔치 않다. Butane과 달리 상호 변환하는 장벽이 크고 주위 온도에서 거울상 이성질체들이 평면 형태를 거쳐 상호 변환할 수 없는 경우, 그러한 분자는 카이랄이 되고 거울상 이성질체들은 분리될 수 있다. 한 예는 아래와 같이 치환된 biphenyl의 경우이다. 고리 구조에 결합된 치환기가 큰 경우 평면형 이형태체(conformer) 사이에 비결합 상호작용이 매우 커서 아래에 보이는 것처럼 비틀린 구조를 갖는 것이 훨씬 낮은 에너지를 갖는다. 이와 같은 상호작용은 두 개의 고리 구조를 연결하는 탄소-탄소 단일 결합을 축을 중심으로 회전에 커다란 장벽이 되어 회전은 매우 느려진다. 이 분자는 카이랄 중심이 없으나, 거울상들이 서로 겹쳐지지 않고, 따라서 분자는 카이랄이다. 카이랄 중심은 없으나 제한된 회전 때문에 상호 전환되지 못하는 이런 종류의 이성질체를 **회전장애이성질체**(atropisomer)라고 부른다.

회전장애이성질체
카이랄 중심이 없으나 회전이 제한되어 서로 다른 거울상 이성질체.

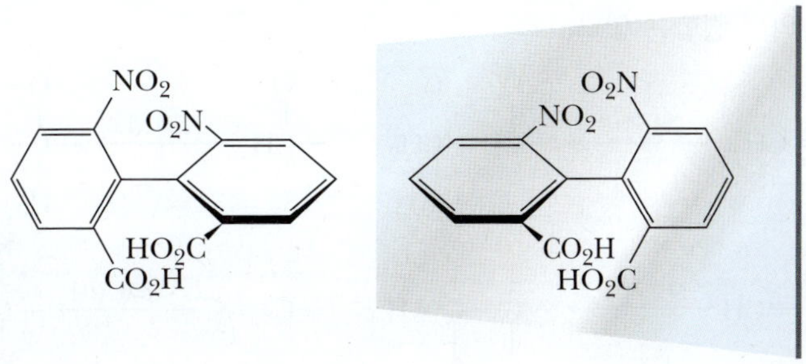

3.3 카이랄 중심의 명명—*R*,*S* 방식

절대 배열
한 개의 거울상 이성질체가 두 가지 가능한 이성질체 중 어떤 것인가를 정하는 것(즉, 그것이 오른손잡이성 이성질체인지 혹은 왼손잡이성 이성질체인지).

지금까지는 거울상 이성질체가 존재한다는 사실에 대하여 설명하였다. 그러나 어느 이성질체가 어느 것인지, 즉 **절대 배열**(absolute configuration), 다시 말하면 어느 것이 오른손잡이성 이성질체인지, 어느 것이 왼손잡이성 이성질체인지에 대한 것은 고려하지 않았다. 주어진 순수한 거울상 이성질체 시료에 대해서는 올바른 배열 구조는 실험적으로 결정되어야만 한다. 절대 배열 구조의 실험적인 결정은 X-선 분석이나 또는 이미 전부터 절대 배열이 알려져 있는 카이랄 중심을 갖는 유도체를 만들어 보는 것이다. 생체 물질에서의 절대 배열 구조는 glyceraldehyde에 있는 카이랄 중심의 절대 배열 구조를 비교함으로써 결정할 수 있다.

R,S 방식
카이랄 중심이 갖는 절대 배열을 규정하는 일련의 법칙으로 Cahn-Ingold-Prelog 방식이라고도 한다.

R
라틴어 *rectus* (똑바로, 올바른)에서 유래하였고, *R*,*S* 규칙에서 사용되어 입체중심에 결합된 치환기들의 우선순위 순서가 시계 방향이라는 것을 나타낸다.

S
라틴어 *sinister* (왼쪽)에서 유래되었고, 입체중심에 결합된 치환기들의 우선순위 순서가 시계 방향과 반대라는 것을 나타낸다.

카이랄 중심의 절대 입체 배열을 표시하는 방법은 1950년대 후반에 영국의 R. S. Cahn과 C. K. Ingold 그리고 스위스의 V. Prelog가 고안해 냈고, 이 방법은 그들의 이름을 따서 지어졌다. ***R*,*S* 방식**(*R*,*S* system)이라고도 하는 이 방법은 IUPAC의 명명법 방식에 포함되었다. 카이랄 중심을 둘러싼 치환기들의 배열은 일련의 우선순위 규칙(priority rule)에 의해서 순서가 정해진다.

우선순위 규칙

1. 카이랄 중심에 결합된 원자 각각에 대해 우선순위가 정해진다. 우선순위는 원자 번호를 기본으로 하고, 원자 번호가 클수록 우선순위가 높다. 다음은 여러 치환기를 우선순위가 증가하는 순서로 배열한 것이다. 우선순위를 결정하는 원자의 원자 번호가 괄호 안에 나타내었다.

(1)	(6)	(7)	(8)	(16)	(17)	(35)	(53)
$—H$,	$—CH_3$,	$—NH_2$,	$—OH$,	$—SH$,	$—Cl$,	$—Br$,	$—I$

우선순위 증가 →

2. 만일 우선순위가 카이랄 중심에 직접 결합된 원자를 기초로 결정될 수 없다면(둘 이상의 치환기에서 첫 번째 직접 결합된 원자들이 동일하고, 따라서 순위가 같은 경우), 두 번째 원자 쌍을 살펴보고 우선순위가 결정될 때까지 계속 비교한다. 우선순위는 처음으로 차이가 나는 원자 위치에서 결정된다. 다음은 여러 치환기를 우선순위가 증가하는 순서로 배열한 것이다. 우선순위 결정에 근거가 되는 원자의 원자 번호를 나타내었다.

(1)	(6)	(7)	(8)	(17)
$—CH_2—H$	$—CH_2—CH_3$	$—CH_2—NH_2$	$—CH_2—OH$	$—CH_2—Cl$

우선순위 증가 →

만일 두 개의 탄소에 같은 우선순위를 갖는 치환기가 결합된 경우, 이 치환기를 더 많이 갖는 탄소의 우선순위를 더 높게 결정한다. 그러므로 $—CHCl_2 > —CH_2Cl$이 된다.

3. 이중 결합과 삼중 결합에 참여하는 원자들은 결합과 같은 수만큼의 '가상의' 원자(강조하여 나타내었음)들이 단일 결합을 이루는 것으로 생각한다. 즉, 이중 결합의 원자들은 두 개가 결합되고, 삼중 결합의 원자들은 세 개가 결합된 것으로 본다. 가상의 원자들에게는 다른 원자와의 결합은 없다.

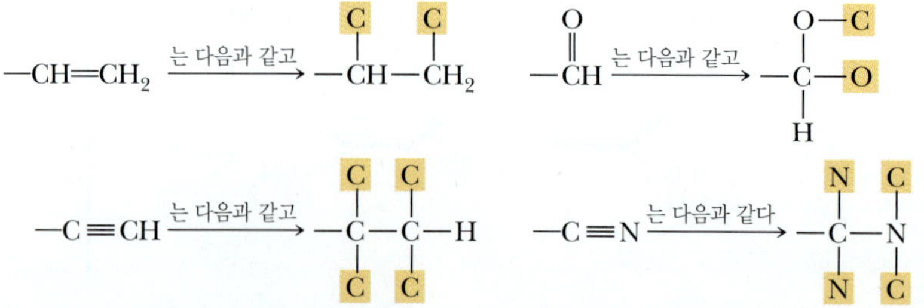

$—CH{=}CH_2$ —는 다음과 같고→ $—CH(\mathbf{C})—CH_2(\mathbf{C})$

$—CH{=}O$ —는 다음과 같고→ $—C(H)(\mathbf{O})—O—\mathbf{C}$

$—C{\equiv}CH$ —는 다음과 같고→ $—C(\mathbf{C})(\mathbf{C})—C(\mathbf{C})(\mathbf{C})—H$

$—C{\equiv}N$ —는 다음과 같다→ $—C(\mathbf{N})(\mathbf{N})—N(\mathbf{C})(\mathbf{C})$

4. *주의:* 우선순위는 여러 치환기 사이의 첫 번째 차이점에서 결정된다. 흔히 할 수 있는 실수는 크기가 더 큰 치환기가 우선순위가 더 높을 것이라고 가정하는 것이다. 그러나 꼭 그렇지 않을 수도 있다. 예를 들면, Cl 원자가 첫 번째 차이를 나타내는 위치이기 때문에 —CH_2Cl 치환기는 —$CH_2CH_2CH_2CH_3$ 치환기보다 우선순위가 높다.

예제 3.2 ▸ Cahn, Ingold, Prelog 우선순위

각 쌍에서 치환기들의 우선순위를 결정하여라.

(a) —COOH (—C(=O)OH) 와 —CHO (—C(=O)H) **(b)** —CH=CH$_2$ (—C(H)=C(H)H) 와 —CH(CH$_3$)$_2$

➡ 해답

(a) 첫 번째 차이가 나는 위치는 알데하이드기에 있는 —H와 비교해서 카복시기에 있는 —OH의 O가 된다. 카복시기의 우선순위가 높다.

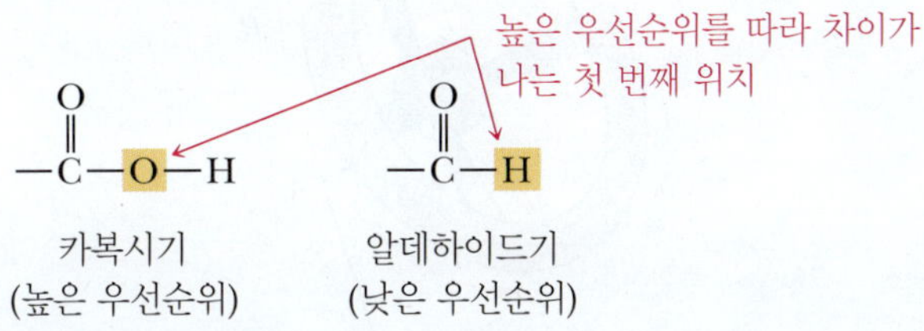

(b) 각 치환기의 1번 탄소는 C(C,C,H)로 같은 방식의 원자들을 가지고 있다. 2번 탄소부터 처음으로 차이가 난다. 바이닐기에 대해서는 두 번째 탄소의 결합은 C(C,C,H)이다. 아이소프로필기에 대해서는 두 번째 탄소의 결합은 C(H,H,H)이다. 그러므로 바이닐기가 아이소프로필기보다 우선순위가 높다.

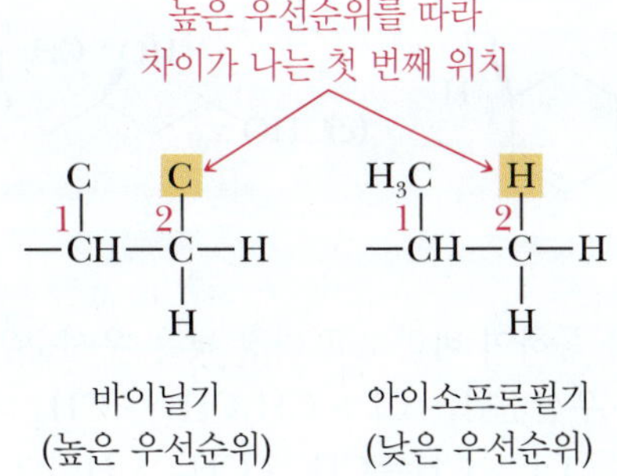

연습 문제 3.2

각 쌍의 치환기들의 우선순위를 결정하여라.

(a) —CH_2OH와 —CH_2CH_2OH (b) —CH_2OH와 —CH=CH_2

(c) —CH_2OH와 —$C(CH_3)_3$

HOW TO 카이랄 중심의 *R* 혹은 *S* 배열을 결정하는 방법

1. 카이랄 중심을 정하고 4개의 치환기를 확인한 후 각 치환기들의 우선순위를 가장 높은 것 (1)부터 가장 낮은 것 (4)까지 번호를 배정한다.
2. 가장 낮은 우선순위 (4)를 갖는 치환기가 자동차의 운전대 기둥처럼 당신으로부터 가장 멀리 위치하도록 분자를 공간에 배치한다. 그러면 우선순위가 높은 세 개의 치환기(1~3)들은 자동차의 운전대 핸들처럼 당신 쪽으로 향할 것이다.
3. 당신 쪽으로 향하고 있는 세 개의 치환기들을 우선순위가 가장 높은 (1) 치환기부터 우선순위가 가장 낮은 (3) 치환기 순서대로 읽어 보라.
4. 만일 치환기가 시계 방향으로 읽혀지면 배열을 ***R*** (라틴어 *rectus*, 똑바른, 올바른)로 배정하고, 만일 치환기가 반시계 방향으로 읽혀지면 배열을 ***S*** (라틴어 *sinister*, 왼쪽)로 배정한다. 이러한 관계를 다음과 같이 생각할 수 있다. 자동차 운전대 핸들을 오른쪽으로 회전시키면(우선순위가 낮은 방향) *R*과 같고, 왼쪽으로 회전시키면 *S*와 같다.

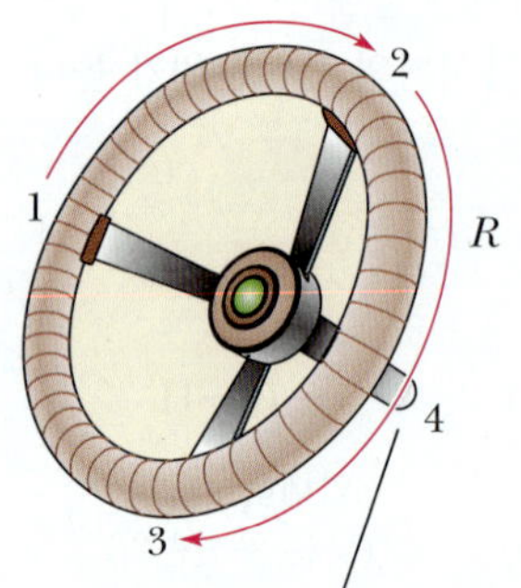

가장 낮은 우선순위의 치환기가
여러분으로부터 멀리 있다

예제 3.3 ▸ *R,S* 배열

각 분자의 카이랄 중심에 대하여 *R* 또는 *S* 배열을 결정하여라.

(a) H Cl　**(b)** Cl H　**(c)** HO HO CH_3 O C OH

➥ 해답

각 분자의 카이랄 중심을 통하여 바라보고 가장 낮은 우선순위의 치환기를 멀어지는 방향으로 가도록 한다. (a) 우선순위는 Cl > CH_2CH_3 > CH_3 > H이다. 그러므로 배열은 *S*가 된다. (b) 우선순위는 Cl > CH=CH > CH_2 > H이다. 그러므로 배열은 *R*이 된다. (c) 우선순위는 OH > CH_2COOH > CH_2CH_2OH > CH_3이다. 그러므로 배열은 *R*이다.

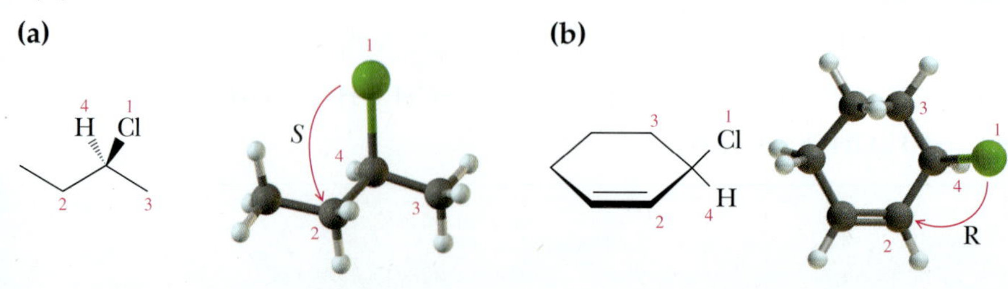

(c)

HO CH$_3$ O
HO C OH

R

연습 문제 3.3

각 분자의 카이랄 중심에 대하여 *R* 또는 *S* 배열을 결정하라.

(a) H OH

(b) O C OH H NH$_2$

(c) CHO H C OH CH$_2$OH

3.4 두 개 이상의 카이랄 중심을 갖는 비고리 분자

한 분자에 2개 이상의 카이랄 중심이 있을 경우, 여러 개의 입체이성질체가 가능하다. 2.6절에서 입체이성질현상이 처음으로 소개되었을 때, 우리는 *trans*-2-butene의 2개의 이중-결합 탄소들이 모두 입체중심임을 알았다. 왜냐하면 어떤 한 개의 탄소에서라도 메틸기와 수소를 교환하면 입체이성질체인 *cis*-2-butene이 만들어지기 때문이다. 이중 결합이 더 많이 있다면 더 많은 입체이성질체가 가능해진다. 예를 들어, 2,4-heptadiene 분자는 4개의 입체이성질체를 가질 수 있다. 이 상황은 입체중심이 카이랄 중심이기도 한 경우에는 더욱 더 복잡해진다.

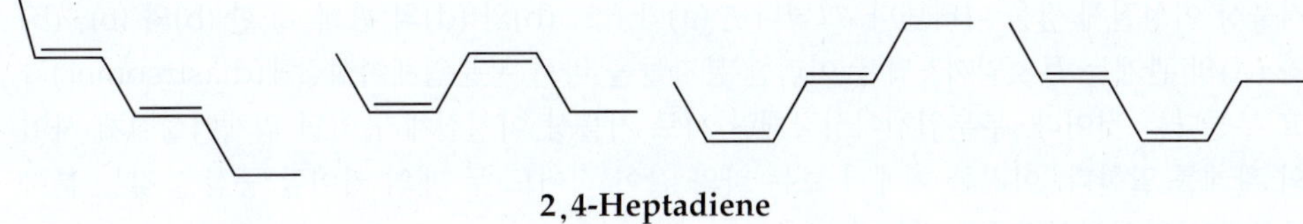

2,4-Heptadiene

A 거울상 이성질체와 부분입체이성질체

지금까지는 한 개의 카이랄 중심을 갖는 여러 가지 화합물의 예를 들었고, 그들은 각각 두 개씩의 입체이성질체(한 쌍의 거울상 이성질체)를 가질 수 있다는 것을 확인하였다. 이제는 두 개 이상의 카이랄 중심을 갖는 분자들을 고려해 보자. 일반화시켜 말하면, *n*개의 카이랄 중심을 갖는 분자는 최대한 2^n개의 입체이성질체를 가질 수 있다. 하나의 카이랄 중심을 갖는 분자는 $2^1 = 2$ 개의 입체이성질체가 가능하고, 2개의 카이랄 중심을 갖는 분자는 $2^2 = 4$개의 입체이성질체가 가능하다. 똑같은 방법으로 세 개의 카이랄 중심을 갖는 화합물은 $2^3 = 8$개의 이성질체가 가능하다.

여러 개의 카이랄 중심을 갖는 분자에 대한 공부는 우선 카이랄 중심을 밝게 나타낸 두 개의 입체중심을 갖고 있는 2,3,4-trihydroxylbutanal을 가지고 시작해 보자.

HOCH$_2$—CH—CH—CHO
OH OH

2,3,4-Trihydroxybutanal

이 분자가 가질 수 있는 입체이성질체수의 최대 수는 $2^2 = 4$개로 그림 3.3에 나타내었다. 한 쌍의 화합물중 하나를 erythrose라고 부르고 다른 것은 threose라고 부른다.

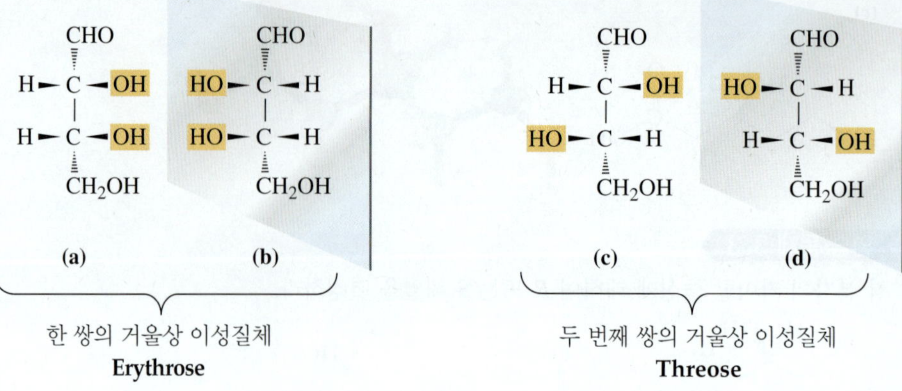

그림 3.3 ▸ 2개의 카이랄 중심을 갖고 있는 2,3,4-trihydroxybutanal의 4개 입체이성질체.

입체이성질체인 (a)와 (b)는 서로 포개지지 않는 거울상이므로 그들은 한 쌍의 거울상 이성질체이다. 입체이성질체인 (c)와 (d)도 역시 겹쳐지지 않은 거울상이고, 또 다른 한 쌍의 거울상 이성질체이다. 2,3,4-Trihydroxylbutanal이 갖는 4개의 입체이성질체를 표현하는 한 가지 방법은 이 분자가 두 쌍의 거울상 이성질체로 이루어진다는 것이다. 입체이성질체 (a)와 (b)는 각각 (2*R*,3*R*)-erythrose와 (2*S*,3*S*)-erythrose라는 이름을 갖고, 입체이성질체 (c)와 (d)는 (2*R*,3*S*)-threose와 (2*S*,3*R*)-threose로 명명된다. 거울상 이성질체들은 분자 안에 있는 모든 위치의 카이랄 중심이 서로 반대인 점을 유의하여라. 2*R*,3*S*의 배열을 갖는 분자는 2*S*,3*R*로 되어 있는 분자와 서로 거울상 이성질체이고, 2*S*,3*S*를 갖는 분자는 2*R*,3*R*로 되어 있는 분자와 서로 거울상 이성질체이다. Erythrose와 threose는 탄수화물로 분류되는 화합물에 속하는 분자들로 25장에서 자세히 다룰 것이다. Erythrose는 적혈구(erythrocyte)에서 발견되어 그 이름이 유래되었다.

지금까지 (a)와 (b)의 상호관계 및 (c)와 (d)의 상호관계에 대하여 설명하였다. 각각은 거울상 이성질체 쌍을 나타낸다. 그렇다면 (a)와 (c), (b)와 (d)의 관계, 또한 (b)와 (c), (b)와 (d)의 관계는 무엇일까? 답은 이러한 분자들을 바로 부분입체이성질체(diastreomer)라고 부른다는 것이다. 부분입체이성질체란 서로 거울상 이성질체가 아닌 입체이성질체 사이의 관계를 말한다. 이러한 예에서 보는 바와 같이 적어도 두 개의 카이랄 중심을 갖는 분자들은 부분입체이성질체를 갖는다.

예제 3.4 ▸ *R*과 *S* 결정

다음은 1,2,3-butanetriol의 네 개의 입체이성질체에 대한 입체구조 표현식이다. (1)과 (4) 구조의 카이랄 중심에 대한 *R*,*S* 배열이 주어져 있다.

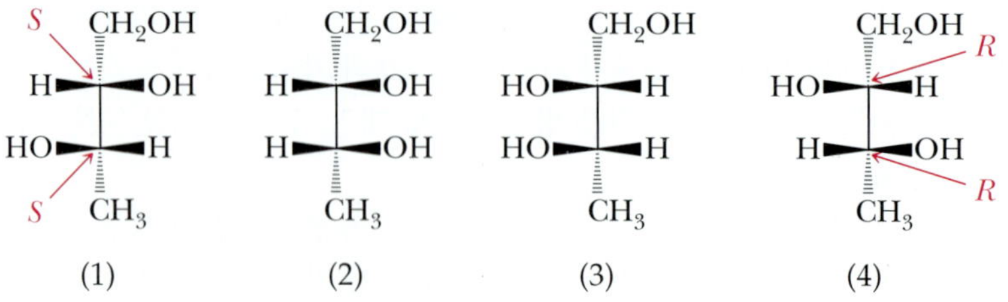

(a) 각 카이랄 중심의 *R*,*S* 배열이 포함된 IUPAC명을 써라.

(b) 어느 분자가 거울상 이성질체인가?

(c) 어느 분자가 부분입체이성질체인가?

➥ 해답

(a) (1) (2*S*,3*S*)-1,2,3-Butanetriol (2) (2*S*,3*R*)-1,2,3-Butanetriol
(3) (2*R*,3*S*)-1,2,3-Butanetriol (4) (2*R*,3*R*)-1,2,3-Butanetriol

(b) 거울상 이성질체란 거울상이 서로 겹치지 않는 입체이성질체이다. 위 배열에서 보듯이 화합물 (1)과 (4)는 한 쌍의 거울상 이성질체이고, 화합물 (2)와 (3)은 또 다른 한 쌍의 거울상 이성질체이다.

(c) 부분입체이성질체는 서로가 거울상이 아닌 입체이성질체이다. 화합물 (1)과 (2), (1)과 (3), (2)와 (4), (3)과 (4)는 서로 부분입체이성질체 관계이다. 옆에 그린 그림은 이 이성질체들의 상호관계를 보여주는 도표이다.

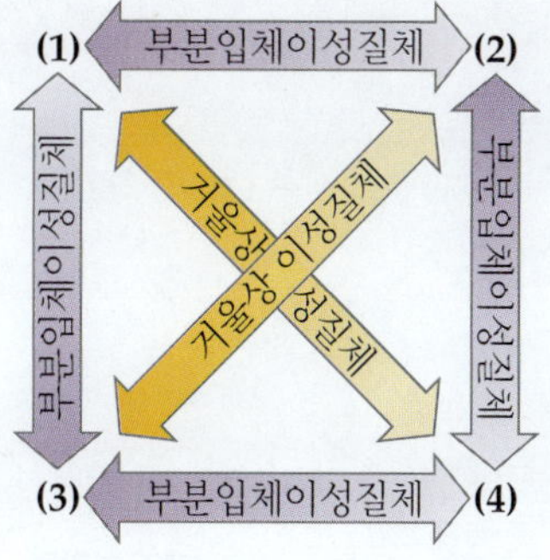

연습 문제 3.4

다음은 3-chloro-2-butanol의 4개의 입체이성질체들의 입체구조 표현식이다.

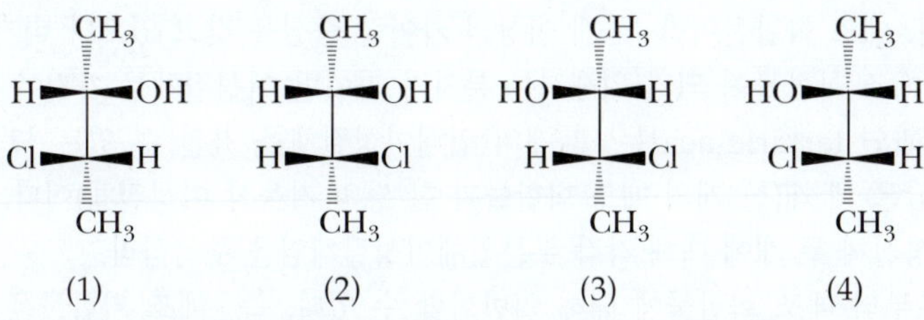

(a) 각각의 카이랄 중심에 대하여 *R* 혹은 *S* 배열을 결정하라.

(b) 어느 화합물이 거울상 이성질체인가?

(c) 어느 화합물이 부분입체이성질체인가?

B 메조 화합물

2개 이상의 카이랄 중심을 갖는 화합물 중 어떤 것은 특정한 대칭성을 가져서 2^n 법칙에서 예상되는 최대수보다 더 적은 개수의 입체이성질체를 갖는다. 이런 물질의 예로는 흔히 tartaric acid라고 부르는 2,3-dihydroxybutanedioic acid를 들 수 있다.

$$\mathrm{HO\overset{\displaystyle O}{\overset{\|}{C}}-\underset{\displaystyle OH}{\underset{|}{C}H}-\underset{\displaystyle OH}{\underset{|}{C}H}-\overset{\displaystyle O}{\overset{\|}{C}}OH}$$

2,3-Dihydroxybutanedioic acid
(Tartaric acid)

Tartaric acid는 무색인 결정성 화합물이다. 포도즙의 발효 과정에서 potassium bitartrate (한 개의 카복시기가 포타슘염으로 $-COO^-K^+$로 되어 있음)는 와인 통의 벽면에 덩어리로 침전된다. 이들을 모아서 정제한 후 타타르 크림으로 판매되고 있다.

Tartaric acid에서는 2번과 3번 탄소가 카이랄 중심이고, 가능한 입체이성질체의 최대 수는 $2^2 = 4$개이다. 이들의 입체표현 구조식은 그림 3.4에 있다. 구조 (a)와 (b)는 서로 겹쳐지지 않는 거울상이고, 따라서 한 쌍의 거울상 이성질체이다. 구조 (c)와 (d) 역시 거울상

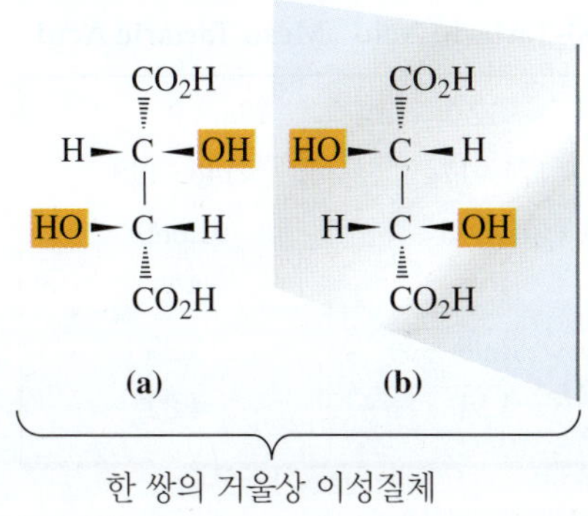

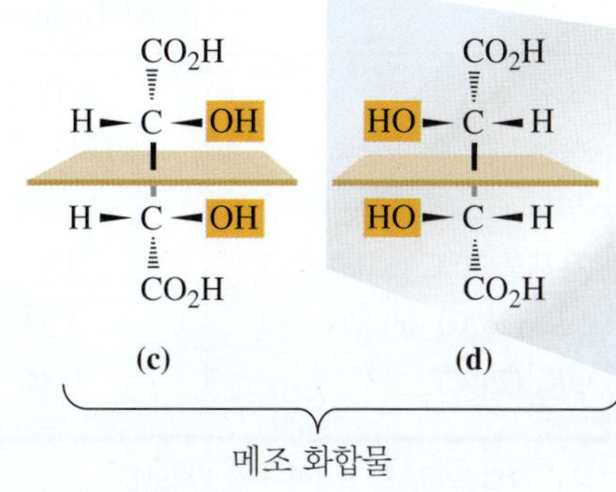

그림 3.4 ▸ Tartaric acid의 입체이성질체들. 한 쌍의 거울상 이성질체와 한 개의 메조 화합물로 이루어져 있다.

이지만, 서로 포개지는 구조이다. 이것을 보기 위해서 먼저 구조 (d)를 종이면 위에서 180° 회전시켰다고 상상하고 종이 면에서 들어올려 (c) 위에 놓아 보자. 만일 이 가상의 조작 과정을 정확히 시행했다면, (d)가 (c) 위에서 정확히 겹쳐지는 것을 볼 것이다. 그러므로 (c)와 (d)는 서로 다른 화합물이 아니고 두 화합물은 같은 분자이며 다른 방향에서 그려진 것일 뿐이다. 구조 (c)와 그의 거울상이 서로 겹쳐지기 때문에 (c)는 비카이랄이다.

(c)가 비카이랄임을 결정하는 또 다른 방법은 그 분자 내를 가르는 대칭면이 있어 윗부분 반쪽이 나머지 아랫부분 반쪽의 반사 대칭임을 보이는 것이다. 그러므로 (c)가 비록 두 개의 입체중심을 가지고 있지만, 비카이랄 물체이다(3.2절).

메조 화합물
두 개 이상의 카이랄 중심을 갖고 있으나 비카이랄인 화합물로서 카이랄인 이성질체를 갖는다.

(c)나 (d)로 표현되는 tartaric acid의 입체이성질체는 **메조 화합물**(meso compound)이라고 부른다. 메조 화합물이란 두 개 이상의 카이랄 중심을 갖고 있으나 비카이랄인 화합물을 말한다. 메조 화합믈이 되기 위해서는 분자가 카이랄 이성질체를 가져야 한다. 그러면 다음 질문은 '과연 tartaric acid는 몇 개의 입체이성질체를 가질 수 있는가?'라는 것이다. 여기에 대한 답은 세 개(한 개의 메조 화합물과 한 쌍의 거울상 이성질체)이다. 메조 화합물은 거울상 이성질체 두 개에 대해 각각 부분입체이성질체임을 주목하라.

위의 예로부터 메조 화합물에 대해 일반화할 수 있다. 즉, 메조 화합물은 분자 내부에 거울면(혹은 대칭 중심)을 갖고 있고 만약 두 개의 카이랄 중심을 갖고 있다면, 한 개는 *R*이고 다른 하나는 *S* 배열을 갖는다.

그림 3.4에 그려진 입체이성질체는 한 종류의 형태로 되어 있음을 주목하라. 비고리 화합물의 형태 이성질체들은 서로 매우 빠르게 상호 전환하기 때문에 가장 대칭성을 갖는 이형태체(conformer)만을 고려하는 것이다. 다른 구조의 이형태체인 경우에는 회전시켜서 가장 대칭적인 구조로 바꾸어 준 후에 대칭성을 결정해도 된다(연습 문제 3.5 참조).

어떤 때는 분자 간의 입체화학 관계를 확인할 때 모든 카이랄 중심에 대한 배열을 지정하고, 그것을 기본으로 하는 것이 도움이 된다. 몇 가지 경우 이렇게 하는 것이 가장 대칭적인 형태를 찾아서 비교하는 것보다 쉬울 때가 있다. 두 개의 입체이성질체는 모든 카이랄 중심에서 뒤집힌 구조(반대 배열을 갖는)인 경우에 서로 거울상 이성질체이고, 반면에 일부분의 카이랄 중심에서만 배열이 뒤집힌 경우에는 서로 부분입체이성질체이다.

거울상 이성질체들은 비카이랄 환경에서는 물리적 및 화학적 성질이 동일하다. 비카이랄 환경의 예로는 H_2O, CH_3CH_2OH 또는 CH_2Cl_2처럼 카이랄 중심을 갖지 않은 용매이다. 예를 들면, tartaric acid의 거울상 이성질체(표 3.1)들은 동일한 녹는점, 동일한 끓는점, 그리고 물 및 다른 일반적인 용매에 대하여 동일한 용해도를 갖고 있으며, pK_a 값이 같

표 3.1 Tartaric Acid 입체이성질체의 몇 가지 물리적 성질

	COOH H►C◄OH HO►C◄H COOH **(*R*,*R*)-Tartaric Acid**	COOH HO►C◄H H►C◄OH COOH **(*S*,*S*)-Tartaric Acid**	COOH H►C◄OH H►C◄OH COOH **Meso Tartaric Acid**
고유 광회전도*	+12.7	−12.7	0
녹는점(°C)	171~174	171~174	146~148
밀도, 20°C(g/cm³)	1.7598	1.7598	1.660
용해도 20°C(g/100 mL)	139	139	125
pK_1 (25°C)	2.98	2.98	3.23
pK_2 (25°C)	4.34	4.34	4.82

*고유 광회전도는 3.7B절에서 설명되었음.

아서 산-염기 반응에서도 동일하게 작용한다. 그러나 3.7B절에서 보듯이 그들은 광학 활성(평면 편광을 회전시키는 능력)에서 차이가 난다. 부분입체이성질체들의 물리적, 화학적 성질은 서로 다르며, 이런 현상은 비카이랄 환경에서도 마찬가지이다. 메조 tartaric acid는 물리적 성질이 거울상 이성질체들의 성질과는 다르기 때문에 결정화와 같은 방법으로 분리해 낼 수가 있다.

예제 3.5 ▸ 입체이성질현상

다음은 2,3-butanediol의 세 개의 입체이성질체에 대한 입체구조 표현식이다. 탄소는 구조 (1)에서처럼 왼쪽으로부터 번호를 시작한다.

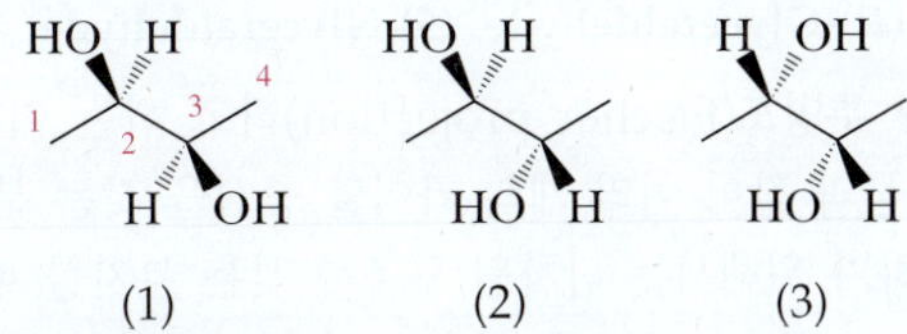

(a) 각 카이랄 중심에 대하여 *R* 혹은 *S* 배열을 결정하라.
(b) 어느 것이 거울상 이성질체인가?
(c) 어느 것이 메조 화합물인가?
(d) 어느 것이 부분입체이성질체인가?

➡ 해답

(a) (1) (2*R*,3*R*)-2,3-Butanediol (2) (2*R*,3*S*)-2,3-Butanediol
(3) (2*S*,3*S*)-2,3-Butanediol
(b) 화합물 (1)과 (3)은 거울상 이성질체이다.
(c) 화합물 (2)는 메조 화합물이다. 화합물 (2)는 두 개의 대칭적인 형태로 그려질 수 있다. 한 개의 구조는 대칭면이 있고, 다른 한 개는 대칭 중심을 갖는다.

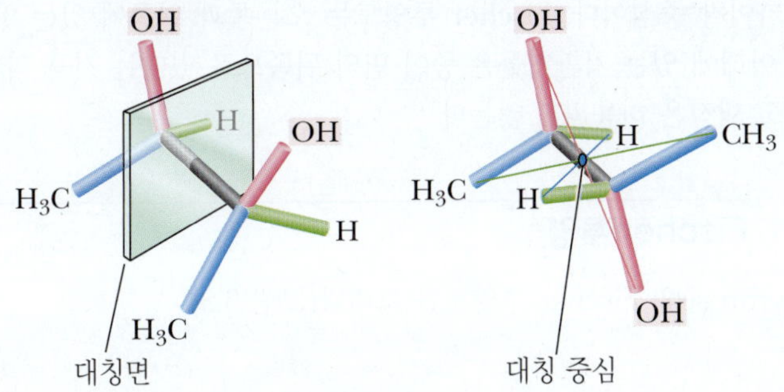

(d) (1)과 (2)는 부분입체이성질체이고, (2)와 (3) 역시 서로 부분입체이성질체이다.

연습 문제 3.5

다음은 tartaric acid의 네 가지 Newman 투영도이다.

(1) COOH, H, OH, H, OH, COOH
(2) COOH, HO, H, H, OH, COOH
(3) COOH, HOOC, OH, HO, H, H
(4) COOH, H, COOH, HO, H, OH

(a) 어느 것이 같은 화합물인가?
(b) 어느 것이 거울상 이성질체인가?
(c) 어느 것이 메조 화합물인가?
(d) 어느 것이 부분입체이성질체인가?

C Fischer 투영도

Glyceraldehyde는 카이랄 중심을 갖고 있으므로 한 쌍의 거울상 이성질체가 존재한다.

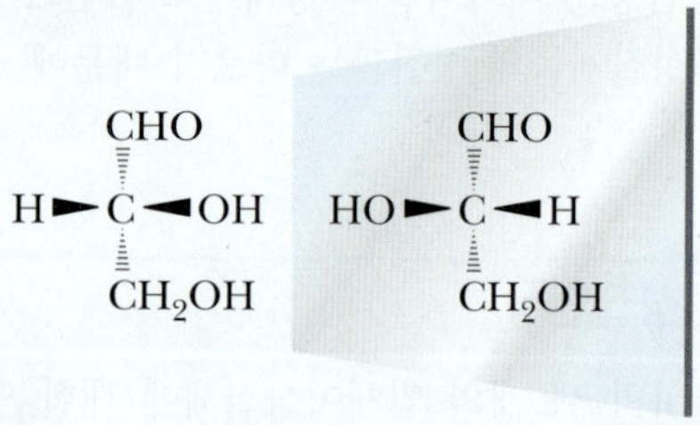

(*R*)-Glyceraldehyde (*S*)-Glyceraldehyde

Fisher 투영도
분자의 이차원적 투영 방법으로서 오른쪽과 왼쪽에 그려지는 치환기는 관례적으로 앞쪽으로 향한 것이고, 위와 아래에 그려지는 치환기는 뒤쪽으로 향한다.

화학자들은 **Fischer 투영도**(Fischer projection)라고 하는 이차원 표현 방식을 일반적으로 사용하여 탄수화물과 같이 여러 개의 카이랄 중심을 갖는 분자의 배열을 나타낸다. Fischer 투영도를 표현하기 위해서는 삼차원 구조를 갖는 분자를 배치할 때, 카이랄 중심에서 수직으로 되어 있는 결합은 보는 사람으로부터 멀어지는 방향으로, 그리고 수평으로 위치하는 결합은 앞쪽으로 나오도록 방향을 잡는다. 그리고 결합들이 교차하는 지점에 카이랄 중심이 위치하도록 이차원적 그림으로 분자를 그린다.

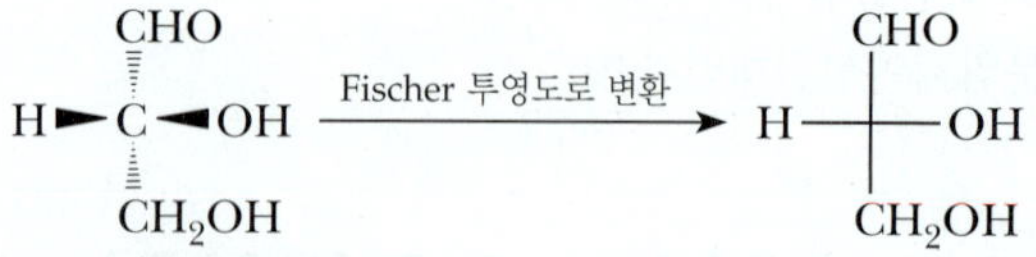

Fischer 투영도로 변환

(*R*)-Glyceraldehyde (3차원 표현) → **(*R*)-Glyceraldehyde** (Fischer 투영도)

이와 같은 Fischer 투영도의 수평 부분은 보는 사람 쪽으로 향하고 있는 것을 나타내고, 수직 부분은 보는 사람으로부터 먼 쪽으로 향하는 결합들을 나타내는 것이다. 종이 면에 있는 유일한 원자는 카이랄 중심이다. Fischer 투영도는 오른쪽과 왼쪽에 있는 치환기는 앞쪽으로 향하고 위와 아래에 있는 치환기들은 종이 면의 뒤쪽으로 있다는 것을 의미하기 때문에, 이 투영도의 90도 회전은 허용되지 않는다.

예제 3.6 ▸ Fischer 투영

(2*R*,3*R*)-Erythrose의 Fischer 투영도를 그려라(그림 3.3).

➥ 해답

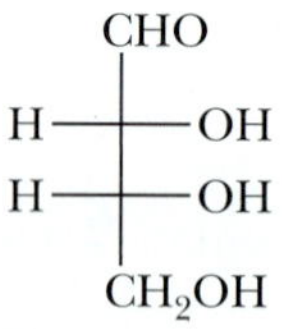

(2*R*,3*R*)-Erythrose
(2,3,4-Trihydroxybutanal)

연습 문제 3.6

다음 화합물 1,2,3-butanetriol의 정확한 입체화학적 이름을 써라.

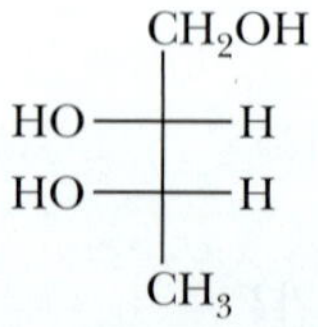

HOW TO 거울상 이성질체와 부분입체이성질체를 인지하고 그릴 수 있는 빠른 방법

원자를 중심으로 어떤 것이든 두 치환기의 위치를 바꿨을 때 입체이성질체가 생겨나게 되는 경우 **입체중심**(stereocenter)이라고 정의했던 것을 기억하여라. *R*과 *S* 명명법에 대한 기억을 합친다면, 입체중심에서 두 치환기의 위치를 서로 바꾸어 주면 *R*-중심에서 *S*-중심으로 또는 그 반대로 변화하는 것은 자명한 일이다. 입체중심이 한 개만 있는 경우는 두 치환기의 위치를 서로 바꾸면 거울상 이성질체가 된다. 그러나 입체중심이 한 개보다 더 많으면 거울상 이성질체를 만들기 위해서는 모든 입체중심에 있는 두 치환기의 위치를 바꾸어 주어야 한다. 다시 말하면 모든 *R*-중심은 *S*-중심이 되어야 하고 또 모든 *S*-중심은 *R*-중심으로 바뀌야 한다. 물론 앞에서 설명한 대로 거울에서 분자를 비춰보면서 거울상 이성질체를 그릴수도 있지만, 두 치환기를 바꾸어 주는 것이 빠르고 쉬운 방법이다.

이 두 개의 치환기를 바꾸면
거울상 이성질체가 생성된다

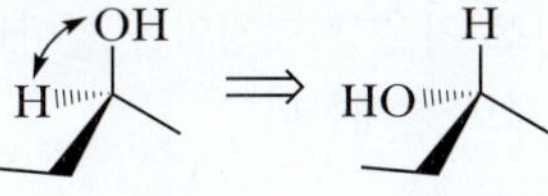

(*S*)-2-Butanol (*R*)-2-Butanol

각 카이랄 중심에서 두 개의 치환기를
바꾸면 거울상 이성질체가 생성된다

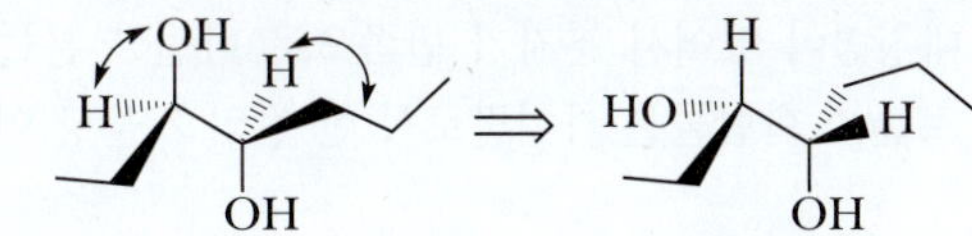

(3*R*,4*R*)-Dihydroxy heptane (3*S*,4*S*)-Dihydroxy heptane

*n*개의 입체중심이 있을 경우, 부분입체이성질체를 그리려면 *n*개보다 적은 수의 입체중심에서 두 치환기를 바꾸어 주면 된다. 다시 말하면 모든 중심에서 반전이 일어나지 않는다면 그것들은 부분입체이성질체이다. *R*-과 *S*- 표시는 두 치환기가 교환된 카이랄 중심에서만 바뀐다.

모든 카이랄 중심에서 적어도 어느 두 개의
치환기를 바꾸면 부분입체이성질체가 생성된다

(3*R*,4*R*)-Dihydroxy heptane (3*R*,4*S*)-Dihydroxy heptane

3.5 두 개 이상의 카이랄 중심을 갖는 고리형 분자

이 절에서는 두 개의 입체중심을 갖는 cyclopenatane과 cyclohexane 유도체를 중점적으로 살펴보기로 한다. 고리형 화합물들의 입체이성질현상은 비고리형 화합물에서 행했던 것과 같은 방식으로 분석할 수 있다.

A Cyclopentane의 이치환 유도체

두 개의 카이랄 중심을 갖는 2-methylcyclopentanol을 예로 들어 보자. 최대 $2^2 = 4$개의 입체이성질체를 예상할 수 있다. *시스* 이성질체와 *트랜스* 이성질체 모두 카이랄이다. 즉, *시스* 이성질체도 한 쌍의 거울상 이성질체로 존재하고 *트랜스* 이성질체도 또 다른 한 쌍의 거울상 이성질체로 존재한다. *시스*와 *트랜스* 이성질체는 서로가 거울상이 아닌 입체이성질체이고, 다시 말하면 부분입체이성질체이다.

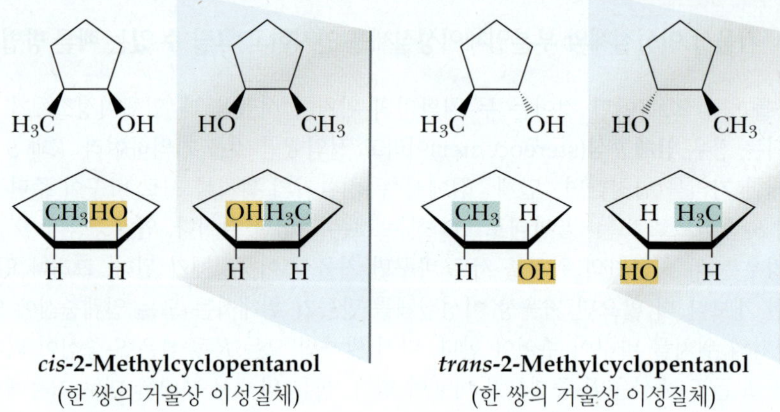

***cis*-2-Methylcyclopentanol**
(한 쌍의 거울상 이성질체)

***trans*-2-Methylcyclopentanol**
(한 쌍의 거울상 이성질체)

1,2-Cyclopentanediol 역시 두 개의 카이랄 중심이 있다. 그러므로 2^n 규칙에 의하여 최대 $2^2 = 4$개의 입체이성질체를 갖는다. 그러나 다음 입체 그림에서 보듯이 이 화합물은 입체이성질체가 세 개뿐이다. *시스* 이성질체는 서로의 거울상이 포개지기 때문에 비카이랄(메조)이다. *시스* 이성질체가 비카이랄임을 확인할 수 있는 또 다른 방법은 이 분자 내에 내부 대칭면이 있어서 분자가 반쪽으로 나뉜 부분들이 서로 거울상 대칭임을 알아내는 것이다. *트랜스* 화합물은 카이랄로서 한 쌍의 거울상 이성질체로 존재한다.

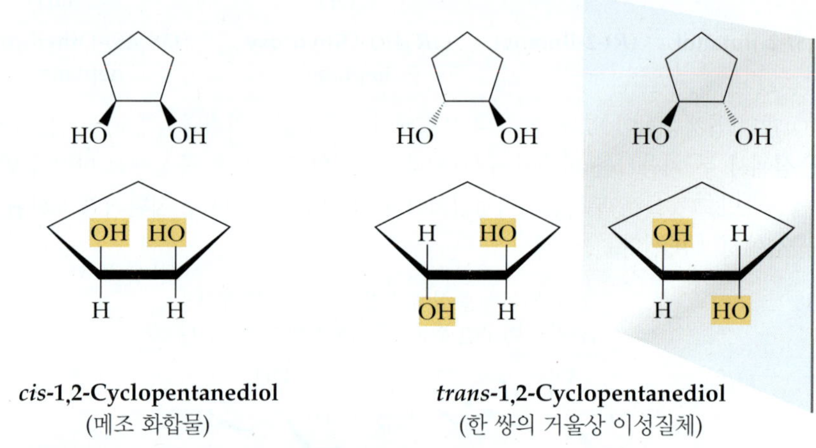

***cis*-1,2-Cyclopentanediol**
(메조 화합물)

***trans*-1,2-Cyclopentanediol**
(한 쌍의 거울상 이성질체)

예제 3.7 ▸ **고리를 갖는 입체이성질 현상**

3-Methylcyclopentanol에는 몇 개의 입체이성질체가 존재하는가?

➡ **해답**

3-Methylcyclopentanol에는 네 개의 입체이성질체가 있다. *시스* 이성질체는 한 쌍의 거울상 이성질체로 존재하고, *트랜스* 이성질체는 또 다른 한 쌍의 거울상 이성질체로 존재한다.

OH HO OH HO

***cis*-3-Methylcyclopentanol**
(한 쌍의 거울상 이성질체)

***trans*-3-Methylcyclopentanol**
(한 쌍의 거울상 이성질체)

연습 문제 3.7

1,3-Cyclopentanediol에는 몇 개의 입체이성질체가 존재하는가?

B Cyclohexane의 이치환 유도체

Cyclohexane 유도체는 의자 형태로 존재한다. 그러나 두 개의 치환기를 갖는 cyclohexane 화합물의 대칭을 결정할 때는 평면으로 그려진 구조로 분석하는 것이 도움이 된다. 이치환 cyclohexane의 예로 methylcyclohexanol을 들어 보자. 4-Methylcyclohexanol은 두 개의 입체중심을 갖고 있다. 그들은 카이랄 중심이 아니다. 왜냐하면 입체중심인 탄소에 서로 다른 4개의 치환기가 결합되지 않았기 때문이다. 그러므로 4-Methylcyclohexanol은 2개의 부분입체이성질체인 *시스*와 *트랜스* 이성질체의 쌍으로 존재한다. 두 이성질체 모두 비카이랄이다. 두 개의 이성질체 구조 모두에는 —CH_3, —OH 그리고 이 두 치환기가 결합되어 있는 탄소들을 관통하는 대칭면이 있다.

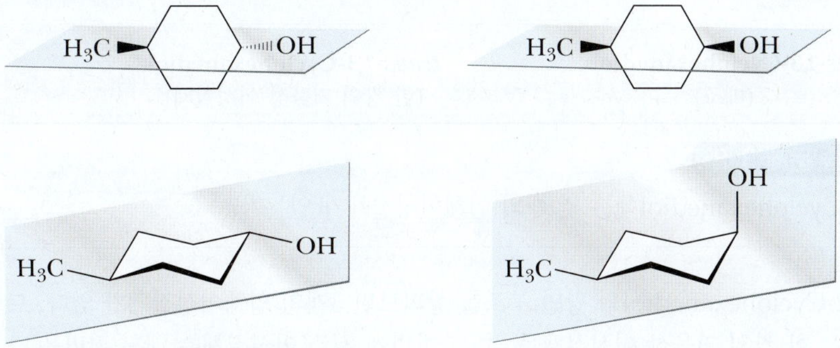

H_3C OH H_3C OH

OH

H_3C OH H_3C

***trans*-4-Methylcyclohexanol**
(비카이랄, 대칭면)

***cis*-4-Methylcyclohexanol**
(비카이랄, 대칭면)

3-Methylcyclohexanol은 두 개의 카이랄 중심을 갖고 있고, $2^2 = 4$개의 입체이성질체로 존재한다. *시스* 이성질체는 한 쌍의 거울상 이성질체로 존재하고, *트랜스* 이성질체는 또 다른 한 쌍의 거울상 이성질체로 존재한다.

CH_3 H_3C CH_3 H_3C

OH HO OH HO

OH HO

CH_3 H_3C CH_3 H_3C

HO OH

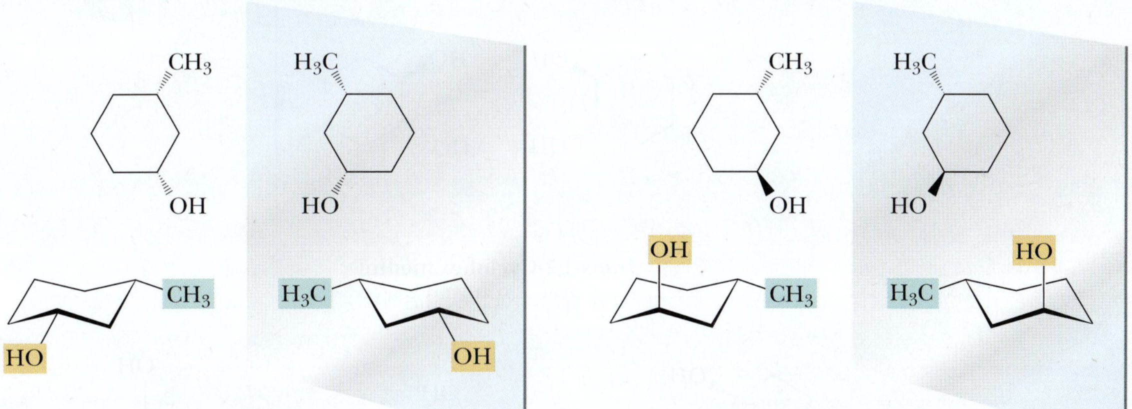

***cis*-3-Methylcyclohexanol**
(한 쌍의 거울상 이성질체)

***trans*-3-Methylcyclohexanol**
(한 쌍의 거울상 이성질체)

마찬가지로 2-methylcyclohexanol도 두 개의 카이랄 중심을 갖고 있고, $2^2 = 4$개의 입체이성질체가 존재한다. *시스* 이성질체는 한 쌍의 거울상 이성질체로 존재하고, *트랜스* 이성질체는 또 다른 한 쌍의 거울상 이성질체로 존재한다.

예제 3.8 ▸ 고리를 갖는 입체이성질 현상

1,3-Cyclohexanediol에는 몇 개의 이성질체가 존재하는가?

➥ 해답

1,3-Cyclohexanediol에는 두 개의 카이랄 중심이 있다. 그러므로 2^n 규칙에 의해서 가능한 입체이성질체 수는 최대한 $2^2 = 4$개가 된다. 이 화합물의 *트랜스* 이성질체는 한 쌍의 거울상 이성질체로 존재한다. *시스* 화합물은 분자 내에 대칭면이 있어서 메조 화합물이다. 그러므로 1,3-cyclohexanediol에는 2^n 규칙에 의하여 최대 입체이성질체 수가 4개로 예상되지만, 하나의 메조 화합물과 한 쌍의 거울상 이성질체로 이루어진 3개의 입체이성질체가 존재한다.

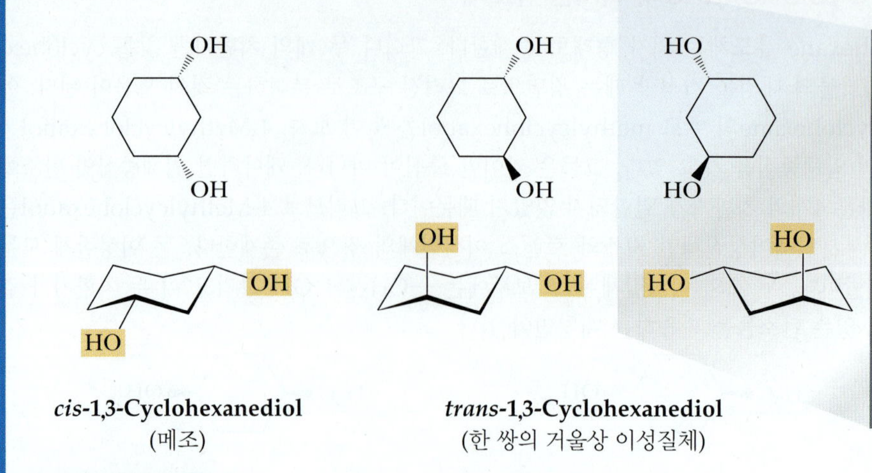

***cis*-1,3-Cyclohexanediol**
(메조)

***trans*-1,3-Cyclohexanediol**
(한 쌍의 거울상 이성질체)

연습 문제 3.8

1,4-Cyclohexanediol에는 몇 개의 입체이성질체가 있는가?

1,2-Cyclohexanediol의 평면 구조를 살펴보면 3개의 입체이성질체가 있다. *트랜스* 이성질체는 한 쌍의 거울상 이성질체를 갖고, 반면에 *시스* 이성질체는 대칭 평면을 갖기 때문에 메조 화합물이다. 흥미롭게도 *cis*-1,2-cyclohexanediol의 2개의 의자 형태 구조는 각각 카이랄이고 서로가 거울상의 관계를 갖는다. 그러나 그들은 같은 에너지를 갖고 있고 실온에서 빠르게 상호 변환하기 때문에 *cis*-1,2-cyclohexanediol은 평면 구조 분석에서 예측된 바와 같이 실제적으로 메조 화합물이다.

***trans*-1,2-Cyclohexanediol**
(한 쌍의 거울상 이성질체)

의자-의자 상호변환

***cis*-1,2-Cyclohexanediol**
(비카이랄, 대칭면)

***cis*-1,2-Cyclohexanediol**
(의자 형태)

3.6 모든 용어의 종합

입체화학을 공부할 때 대두되는 어려움 중 하나가 모든 용어들에 익숙해지는 것이다. 이 장과 앞 장에서 우리는 다양한 종류의 이성질체를 표현하는 여러 가지 용어를 제시하였다. 그림 3.5는 이제까지 설명한 서로 다른 이성질체와 그들 사이의 상호관계를 요약하였다. 이 표는 입체화학적 용어의 결정 과정을 이끄는 단계적 질문들을 지금까지 사용해 왔던 화학적 예시와 더불어 일목요연하게 정리하였다.

복습 과정으로 그림 3.5를 요약해 보자. 이성질체는 화합물이 같은 분자식을 갖고 있을 때 생겨난다. 그러나 입체이성질체는 화합물들이 원자들의 결합 방식은 동일하나 공간에서

그림 3.5 ▸ 화학적인 예와 함께 이성질체들의 상호관계.

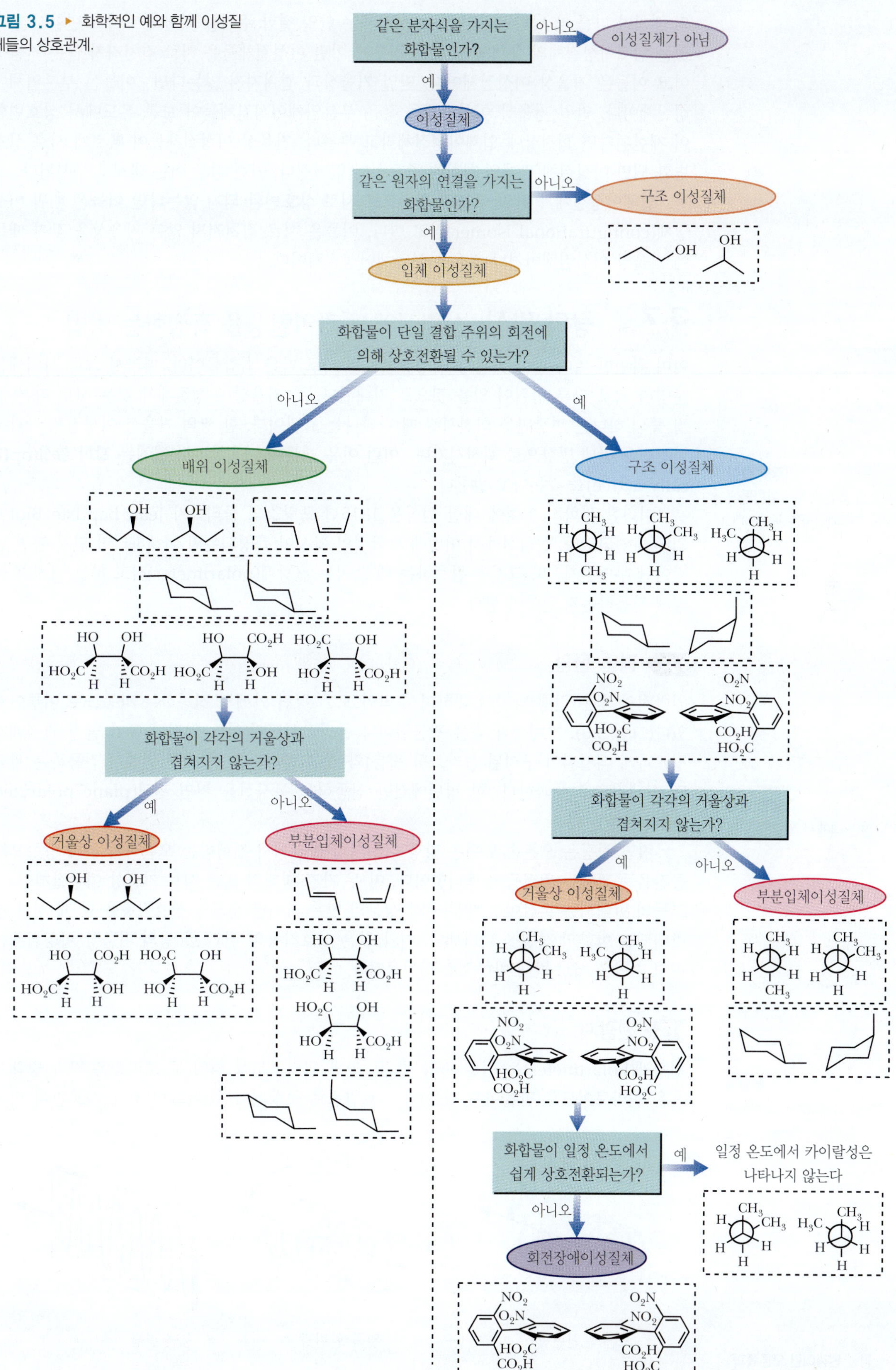

의 배치가 다를 때 나타난다. 형태 이성질체는 단일 결합 주위를 회전시켜 서로 변환시킬 수 있는 입체이성질체의 유형이다. 어떤 경우에 이런 이성질체들은 서로 겹쳐지지 않는 거울상이고 이들은 거울상 이성질체이다. 만일 거울상과 겹쳐지지 않는다면, 이들은 부분입체이성질체이다. 만일 거울상 이성질체들 혹은 부분입체이성질체들이 보통 온도에서 상호변환이 제한된다면 회전장애 입체이성질체라고 부른다. 거울상 이성질체들이 빠르게 서로 상호변환 되면 이성질체 관계의 화학적 중요성이 없어진다. 이런 경우 이는 대체로 무시된다.

입체이성질체가 단일 결합의 회전으로 서로 상호변환 되지 않는다면 이들은 배위 이성질체(configurational isomer)라고 한다. 이들은 서로 겹쳐지지 않는 거울상을 갖기 때문에 거울상 이성질체이거나 혹은 부분입체이성질체이다.

3.7 광학 활성—실험실에서 카이랄성을 측정하는 방법

이미 확인한 바와 같이 거울상 이성질체들은 서로 다른 화합물이다. 따라서 그들 사이에는 분명히 서로 다른 성질이 있을 것으로 기대된다. 두 거울상 이성질체가 갖는 서로 다른 성질 중의 하나는 편광면을 회전시킬 때 나타나는 효과이다. 한 쌍의 거울상 이성질체 각각은 편광면을 반대 방향으로 회전시키며, 이런 이유 때문에 거울상 이성질체는 **광학 활성**(optically active)을 갖는다고 말한다.

광학 활성
편광면을 회전시키는 화합물에 해당하는 용어이다.

이러한 광학적 활성에 대한 현상은 1815년 프랑스의 물리학자 Jean Baptiste Biot에 의해 발견되었다. 실험실에서 어떻게 광학적인 활성이 측정되는지 이해하려면 먼저 평면 편광이란 무엇인지, 또 그것을 관측하는 데 쓰이는 편광계(polarimeter)라고 하는 기기가 어떻게 작동하는지 알아야 한다.

A 평면 편광

일반적인 빛은 진행 방향에 대하여 수직인 모든 평면 안에서 진동하는 파동들로 이루어져 있다(그림 3.6). 방해석과 같은 광물질이나 폴라로이드지(어느 일정한 유기 물질 결정체가 정교하게 배열되어 구성된 플라스틱 필름)와 같은 물질들은 한 특정 면에서 진동하는 광파만 선택적으로 투과한다. 한 평면에서만 진동하는 복사선을 **평면 편광**(plane polarized light)이라고 한다.

평면 편광
단일 평면 내에서 진동하는 빛.

평면 편광은 오른손과 왼손 방향 나선처럼 공간에서 진행하는 오른쪽과 왼쪽 방향으로 공간을 통과하는 원평광의 벡터합이다. 이 두 가지 형태의 빛은 서로 거울상 이성질체이고, 그들의 반대되는 손잡이성 때문에 각 성분의 빛은 카이랄 분자와 상호작용을 할 때 서로 정반대되는 방향의 성질을 나타낸다. 이와 같은 상호작용의 결과 한 쌍의 거울상 이성질체는 평면 편광을 서로 반대 방향으로 회전시킨다.

B 편광계

편광계(Polarimeter)는 단일 파장 광원, 편광 필터, 분석 필터(두 프리즘은 각각 방해석 혹은 폴라로이드로 만들어져 있음)와 시료관으로 구성되어 있다(그림 3.7). 시료관이 비어

편광계
평면 편광을 회전시키는 화합물의 능력을 측정하는 기계.

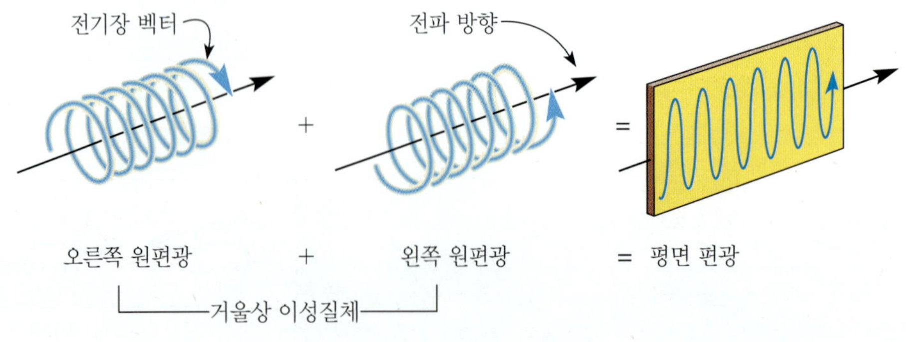

그림 3.6 ▸ 평면 편광이란 오른쪽과 왼쪽 원편광의 혼합이다.

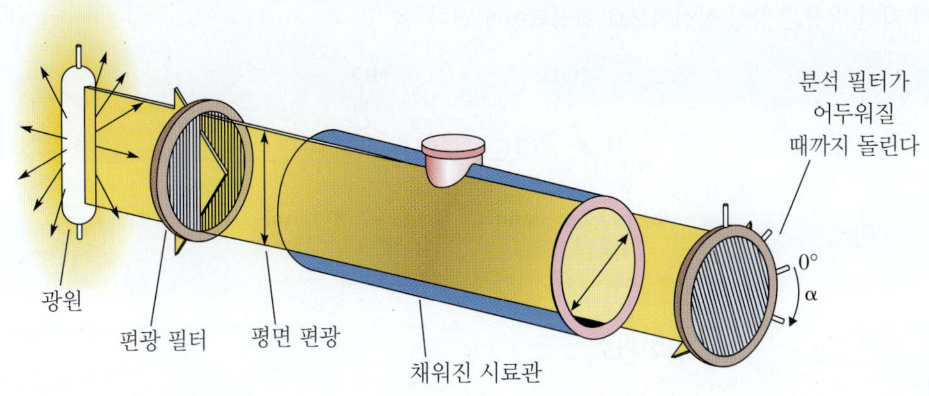

그림 3.7 ▸ 편광계의 모형도. 시료관에는 광학적으로 활성인 화합물의 용액이 들어 있다. 분석 필터를 관찰자가 빛을 전혀 볼 수 없도록 시계 방향으로 α도만큼 돌렸다.

있을 때 관찰자의 눈에 도달하는 빛의 세기는 위 2개의 필터가 편광축에 직각이 될 때 최소값이다. 만일 분석 필터가 시계 방향이나 시계 반대 방향으로 회전한다면 보다 많은 빛이 투과될 것이다.

편광면을 회전시키는 분자의 능력은 다음과 같이 편광계를 이용하여 측정할 수 있다. 첫째로, 용매만 들어 있는 시료관을 편광계에 넣는다. 분석 필터는 빛이 관찰자까지 통과하지 않도록(사람의 눈이 가장 잘 확인 할 수 있는 상태인) 맞추고, 이 지점을 0°로 정한다. 시료관에 광학 활성을 갖는 화합물 용액을 채워 넣으면 어느 정도의 빛이 분석 필터를 통과한다. 광학 활성인 화합물은 편광 필터로부터 나오는 빛의 평면을 회전시켜서 이제는 더 이상 분석 필터가 90°에 있지 않도록 한다. 분석 필터를 돌려서 다시 관찰판이 어두워지게 한다. 관찰판이 어두워질 때까지 분석 필터를 회전시켜야 하는 각도 α를 **관찰 회전도**(observed rotation)라 한다. 만약 분석 필터를 오른쪽(시계 방향)으로 회전시켜서 통과된 빛이 없어지면, 그 화합물은 **우회전성**(dextrorotatory: 라틴어 *dexter*, 오른쪽이라는 뜻)이라고 부른다. 반면에 분석 필터를 왼쪽으로 회전시켜야 한다면 그 화합물은 **좌회전성**(levorotatory: 라틴어 *laevus*, 왼쪽이라는 뜻)이라고 한다.

관찰 회전도
화합물이 평면 편광을 회전한 각도의 크기.

우회전성
평면 편광을 오른쪽으로 회전시키는 물질에 대한 표현법.

좌회전성
평면 편광을 왼쪽으로 회전시키는 물질에 대한 표현법.

고유 광회전도
농도 1 g/100 mL인 시료가 1.0 dm 시료관에 들어 있을 때 평면 편광을 회전시켜 얻는 관찰 회전도. 순수한 액체 시료인 경우에는 농도는 g/mL (밀도)로 표시한다.

특정한 화합물의 관찰 회전도의 크기는 그 물질의 농도, 시료관의 길이, 온도, 용매 및 사용한 빛의 파장에 따라 달라진다. **고유 광회전도**(Specific rotation), $[\alpha]$는 특정한 시료관 길이와 시료 농도에서 측정된 관찰 회전도로 정의된다.

$$\text{고유 광회전도} = [\alpha]_\lambda^T = \frac{\text{측정 회전도(도)}}{\text{길이(dm)} \times \text{농도}}$$

표준 시료관 용기의 길이는 1 데시미터(1 dm 혹은 10 cm)이다. 농도는 밀리미터 당 그램 단위로 나타낸다(g/mL: 밀도). 고유 광회전도는 온도(T, 섭씨)와 빛의 파장(λ)에 따라 달라지므로 온도와 빛의 파장은 각각 위첨자와 아래첨자로 표시한다. 편광계에 쓰이는 가장 일반적인 광원은 소듐 D선(λ = 589 nm)으로서 소듐-증기 램프의 노란색을 나타내는 빛이다.

편광계는 평면 편광을 통과한 시료의 회전의 정도 측정에 사용된다.
© Richard Megna/Fundamental Photos

측정 회전도나 고유 광회전도를 표시하는 데는 우회전성 화합물은 괄호 안에 플러스(+)로, 좌회전성 화합물은 괄호 안에 마이너스(−)로 표시한다. 주어진 한 쌍의 거울상 이성질체들 중 하나가 우회전성이면 다른 하나는 좌회전성이다. 각각의 고유 광회전도의 절대값은 정확하게 같으나 반대 부호를 갖는다. 다음은 소듐 D선을 사용하여 25°C에서 측정한 2-butanol 입체이성질체들의 고유 광회전도이다. 한 개의 카이랄 중심을 갖는 화합물에서 *R* 구조, *S* 구조와 (+), (−) 회전과는 절대적 관계가 있는 것은 아니라는 것에 주목하라. 어떤 물질에서는 *R* 거울상 이성질체가 (+)이고, 어떤 물질에서는 *S* 거울상 이성질체가 (−)이다. 이 이유 때문에 어떤 특정 거울상 이성질체를 명명할 때는 *R*이나 *S*뿐만 아니라 회전 방향을 모두 포함시켜야 한다. 25장과 26장에서 당과 아미노산을 표시하는데 소개될 D,L

과 같은 카이랄성에 대한 다른 명명법도 역시 (+)와 (−)와 직접적인 연관성이 없다. 편광면의 회전 방향은 항상 실험적으로 결정되어야 한다.

(S)-(+)-2-Butanol: CH_3CH_2, H, CH_3, OH가 결합된 C; $[\alpha]_D^{25}$ +13.52

(R)-(−)-2-Butanol: CH_3, H, CH_2CH_3, HO가 결합된 C; $[\alpha]_D^{25}$ −13.52

예제 3.9 ▸ 고유 광회전도

10.0 mL의 ethanol에 남성 호르몬인 testosterone 400 mg을 녹여 용액을 만들고 길이 10.0 cm의 시료관에 넣었다. 소듐 D선을 사용하여 25°C에서 회전도를 측정하였더니 +4.36°이었다. Testosterone의 고유 광회전도를 계산하여라.

➥ 해답

Testosterone의 농도는 400 mg/10.0 mL = 0.0400 g/mL이다. 시료관의 길이는 1.00 dm이다. 이들 값을 고유 광회전도를 계산하는 식에 대입하면 다음 값을 나타낸다.

$$\text{고유 광회전도} = \frac{\text{관찰 회전도(도)}}{\text{길이(dm)} \times \text{농도(g/mL)}} = \frac{+4.36°}{1.00 \times 0.0400} = +109$$

연습 문제 3.9

여성 호르몬인 progesterone의 고유 광회전도는 +172이다. 15.0 mL의 dioxane에 300 mg의 progesterone을 녹여서 만든 용액을 10.0 cm 길이의 시료관에 넣어서 측정한 관찰된 회전도를 구하여라.

C 라셈 혼합물

라셈 혼합물
두 거울상 이성질체의 동량 혼합물.

두 개의 거울상 이성질체를 같은 몰씩 혼합한 용액을 **라셈 혼합물**(racemic mixture)이라고 하며, 이 용어는 *racemic acid* (라틴어로 *racemus*, 포도송이라는 뜻)에서 유래되었다. Racemic acid란 원래 tartaric acid 거울상 이성질체를 같은 몰수 혼합액에 주어진 이름이다(표 3.1). 라셈 혼합물에는 좌회전성 분자와 우회전성 분자가 동일한 개수만큼 들어 있으므로 고유 광회전도가 0이다. 바꾸어 말하면 라셈 혼합물은 광학적으로 비활성이다. 라셈 혼합물임을 표시하기 위해서는 화합물의 이름 앞에 접두어 (±)를 붙여서 표시한다[종종 접두어 (*d*,*l*)을 붙이기도 한다].

D 비카이랄 분자

카이랄 분자는 평면 편광을 회전시키는 것으로 알려졌고 대체로 비카이랄 분자는 평면 편광을 회전시키지 않는다고 알려져 왔다. 그러나 이는 옳지 않는 것으로 판명되었다. 광학활성은 주입되는 빛살의 방향에 대한 분자의 배열 위치에 따라 달라진다. 많은 비카이랄 분자들은 편광면을 회전시키는데 반대 방향에서 주입된 빛은 정확히 반대 방향으로 같은 양만큼 회전되기 때문에 모든 회전은 서로 상쇄되는 것이다. 카이랄 분자에서는 반대 방향의 회전들이 서로 상쇄되지 않으므로 용액 안에서 우리는 앞에서 설명한 전체 알짜 회전을 관측하는 것이다. 기억해야 할 가장 중요한 것은 용액에서 비카이랄 분자 또는 카이랄 분자의 라셈 혼합물에서 알짜 광학 활성이 0이 된다는 점이다.

E 광학 순도(거울상 초과량)

한 쌍의 거울상 이성질체를 취급할 경우에 그 혼합물의 조성 이외에도 한 가지 거울상 이성질체가 다른 거울상 이성질체에 비하여 얼마나 더 많이 존재하는가를 표시하는 방법이 필요하다. 거울상 이성질체 혼합물의 조성을 표현하는 한 가지 방법은 직접적으로 측정할 수 있는 성질인 **광학 순도**(optical purity) 백분율이다. 광학 순도란 거울상 이성질 혼합물의 고유 광회전도를 같은 농도에서 한 가지 순수한 거울상 이성질체의 고유 광회전도로 나눈 값이다.

$$\text{광학적 순도 백분율} = \frac{[\alpha]_{\text{시료}}}{[\alpha]_{\text{순수 거울상 이성질체}}} \times 100$$

광학 순도
거울상 이성질체 혼합액의 고유광회전도를 거울상 이성질체적으로 순수한 물질의 고유 광회전도로 나누어 준 값(백분율로 표시된다). 광학 순도는 숫자상으로는 거울상 초과량과 같지만, 실험적으로 결정된다.

거울상 초과량
혼합액에 들어 있는 두 개의 거울상 이성질체의 백분율 차이.

거울상 이성질체 혼합물의 조성을 나타내는 또 다른 방법은 **거울상 초과량**(enantiomeric excess, ee)에 의한 것이며, 이것은 두 가지 거울상 이성질체의 총 몰수에 대한 각각의 거울상 이성질체 몰수의 차이로 정의할 수 있다. 거울상 초과량 백분율은 각각의 거울상 이성질체 백분율의 차이로 계산된다.

$$\text{거울상 초과량(ee)} = \%R - \%S$$

예를 들면, 만약 혼합액이 R 이성질체 75%와 S 이성질체 25%로 구성되어 있다면, R 이성질체의 거울상 초과량은 50%이다. 거울상 초과량과 광학 순도는 동일한 수치를 갖는다.

예제 3.10 ▸ 거울상 초과량

그림 3.9는 mandelic acid 거울상 이성질체의 분리 방법을 나타내고 있다. 광학적으로 순수한 (S)-(−)-mandelic acid의 고유 광회전도는 −158이다. 그림에서 처럼 순수한 (S)-(−)-mandelic acid를 분리하는 대신 시료가 고유 광회전도 −134인 거울상 이성질체 혼합물이라고 가정해 보자. 이 시료에 대하여 다음을 계산하여라.

(a) (S)-(−)-Mandelic acid의 거울상 초과량.

(b) 이 시료에 들어 있는 (S)-(−)-mandelic acid와 (R)-(+)-mandelic acid의 백분율.

➥ 해답

(a) (S)-(−)-Mandelic acid의 거울상 초과량은 다음과 같이 계산하면 84.8%이다.

$$\text{거울상 초과량} = \frac{-134}{-158} \times 100 = 84.8\%$$

(b) 이 시료는 (S)-(−)-mandelic acid가 84.8%이고, (R,S)-mandelic acid가 15.2%이다. (R,S)-Mandelic acid는 (S)-거울상 이성질체가 7.6%, (R)-거울상 이성질체가 7.6%로 혼합되어 있다. 그러므로 이 시료는 92.4% S 이성질체와 7.6%의 R 이성질체로 되어 있다. 우리는 다음과 같이 (S)-(−)-mandelic acid가 92.4%, (R)-(+)-mandelic acid가 7.6%의 혼합물의 관찰 회전도를 계산함으로써 이들 값을 확인할 수 있다.

$$\text{고유 광회전도} = 0.924 \times (-158) + 0.076 \times (+158) = -146 + 12 = -134$$

이 값은 실험을 통한 고유 광회전도 값과 일치한다.

연습 문제 3.10

Naproxen [알레브(Aleve)나 비스테로이드성 항염증제(어떤 것은 처방전이 필요하지만, 처방전이 필요하지 않는 경우도 있다)의 활성 성분]의 상업적 합성 중 한 가지 방법에서는 다음 배열의 거울상 이성질체가 97%의 거울상 초과량으로 만들어진다.

H CH$_3$ C COOH H$_3$CO

Naproxen
(비스테로이드성 항염증 의약품)

(a) 위 naproxen 거울상 이성질체의 *R*,*S* 배열을 정하여라.
(b) 혼합물에 존재하는 *R*과 *S* 거울상 이성질체의 백분율은 얼마인가?

3.8 생물계에서 카이랄성의 중요성

동식물을 막론하고 생물계에서 발견되는 물질들은 무기염과 소수의 분자량이 작은 유기 물질을 제외하면 거의 대부분이 카이랄 분자들이다. 이들 분자들은 많은 숫자의 입체이성질체를 가질 수 있지만, 자연계에서는 거의 모든 경우 한 종류의 입체이성질체만 발견된다. 이와 같은 현상은 자연계에서 물질은 효소에 의한 촉매 반응으로 합성되며, 효소 자체가 카이랄성을 띠고 있는 사실로 보아 당연한 결과이다. 물론 둘 이상의 입체이성질체가 있는 경우가 있기는 하지만, 이런 경우에도 그들이 같은 생물학적 체계에서 존재하는 경우는 매우 드물다.

A 효소에서의 카이랄성

효소의 카이랄성을 좀더 자세히 살펴 보자. 본보기로 들 수 있는 것은 동물의 소장에 있는 chymotrypsin이라는 효소로서, 이 효소는 단백질의 가수분해 반응을 촉매한다. 다른 모든 단백질과 같이 chymotrypsin은 아미노산으로 이루어진 긴 사슬로서 이들이 구부려지고 접혀진 삼차원 구조를 가져 활성을 띤 효소를 만든다. 인간의 chymotrypsin은 아미노산에서 유래한 268개의 카이랄 중심을 갖고 있어서 가능한 입체이성질체의 숫자는 최대 2^{268}로 거의 상상할 수 없을 정도로 엄청나게 많은 숫자이다.

다행히도 각각의 카이랄 아미노산은 한 종류의 입체이성질체로만 존재하기 때문에 chymotrypsin은 가능한 여러 입체이성질체 중 한 가지 형태로만 만들어진다. 효소 자체가 카이랄 물질이고 한 형태의 입체이성질체로만 존재하므로 대부분의 효소들은 카이랄 물질에 반응하는 경우, 한 가지 형태의 입체이성질체와만 반응하고 또 생성해 낸다(카이랄인 경우).

이 효소의 카이랄성 원리를 흥미롭게 설명하기 위해서 캘리포니아주의 La Jolla에 있던 Scripps 연구소의 Stephen B. Kent는 원래 단백질 구성 요소로 쓰이는 아미노산들의 거울상 이성질체들을 사용하여 자연에서 발견되는 효소의 거울상 이성질체를 합성해 냈다. 예측한 바와 같이 합성된 거울상 이성질체 효소는 자연에서 얻은 원래의 효소가 반응했던 카이랄 물질들의 거울상 이성질체에 해당하는 물질들의 반응만을 촉매하였다.

B 하나의 효소가 분자와 그의 거울상 이성질체를 어떻게 구별하는가?

효소는 카이랄 촉매이다. 효소들 중 어떤 것은 한 특정한 화합물과의 반응에 대해서만 촉매 역할을 하는 특이성을 갖고 있고, 반면에 또 어떤 효소들은 특이성은 덜하지만 비슷한 유형의 화합물들의 유사 반응에 대하여 촉매작용을 한다. 효소에 의한 생물학적 반응의 촉매는 우선 효소의 표면에 있는 결합 자리에 반응 물질을 자리 잡게 함으로써 시작된다. 이 물질들이 결합 자리에 묶여 있는 방법은 수소 결합, 정전기적 인력, 분산력 또는 심지어 일시적인 공유 결합에 의한 조합에 의해 가능하다.

카이랄 중심을 갖는 분자에 대하여 특정한 결합 자리를 갖는 효소는 분자와 그의 거울상 이성질체 그리고 부분입체이성질체들 중 하나를 구별해 낼 수 있다. 예를 들어, glyceraldehyde의 반응 촉매에 작용하는 효소가 각각 —H, —OH, —CHO와 상호작용하는

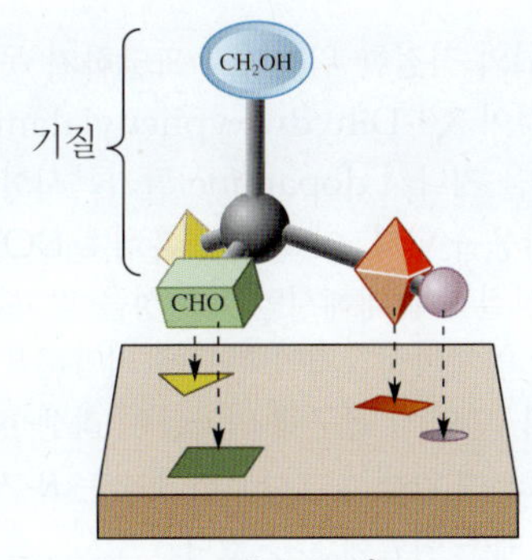

효소 표면

Glyceraldehyde의 이 거울상 이성질체는 효소 표면의 세 개의 특정 결합 자리에 들어맞는다.

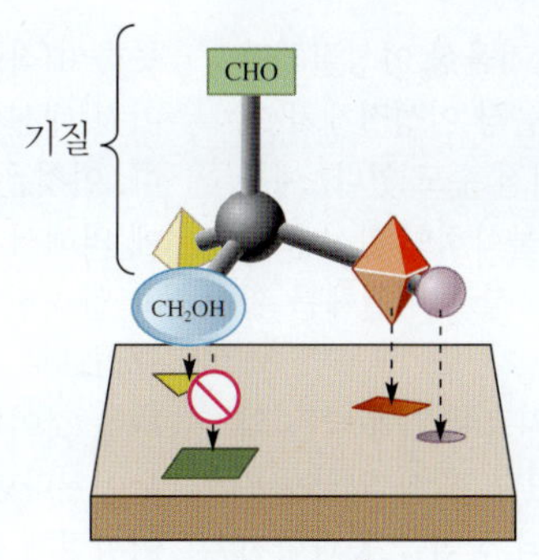

효소 표면

Glyceraldehyde의 이 거울상 이성질체는 같은 결합 자리에 들어맞지 않는다.

그림 3.8 ▸ *R*-(+)-Glyceraldehyde와 세 개의 결합 자리에서 작용할 수 있는 효소 표면의 모형도. *S*-(−)-Glyceraldehyde는 이 자리들 중 두 자리 위치에서만 작용한다.

작용기를 갖는 결합 자리를 가지고 있다고 가정해 보자. 더 나아가 이 결합 자리가 그림 3.8에 나타낸 것처럼 효소 표면에 배열되어 있다고 가정해 보자. 이 효소는 (*R*)-(+)-glyceraldehde (자연계 및 생물학적 활성을 갖는 형태)와 그의 거울상 이성질체인 (*S*)-(−)-glyceraldehde를 구별할 수 있는데, 그 이유는 자연계 거울상 이성질체는 결합 자리의 세 작용기에 적합하게 결합될 수 있지만, 다른 거울상 이성질체인 경우에는 기껏해야 두 곳의 위치에서만 결합할 수 있기 때문이다.

생체 내에서는 분자들 사이의 상호작용들이 카이랄 환경에서 일어나기 때문에 어느 한 분자와 그 거울상 이성질체 혹은 부분입체이성질체들이 서로 다른 생리적 성질을 나타낸다는 사실에 놀라지 말아야 한다. 예를 들어, tricarboxylic acid (TCA) 회로에서는 (*S*)-(+)-malic acid만 만들어지고, 또 대사에 참여할 수 있다. 한 종류의 거울상 이성질체만이 만들어지기 때문에 (*S*)-(+)-malic acid의 생성과 대사는 거울상선택성을 갖는다고 한다.

HOOC COOH H OH

(S)-(+)-Malic acid

생물학적인 세계에서 분자들의 상호작용이 입체화학적인 면에서 매우 특이하다는 사실은 놀랄 일이 아니다. 그러나 이러한 상호작용들이 분자 차원에서 어떻게 그와 같이 정밀하고 효율적으로 일어나는가는 커다란 수수께끼로써 활발한 과학연구의 대상이다. 생유기 화학 분야의 과학자들은 생체 분자, 특히 효소의 믿기지 않을 정도로 대단한 능력을 더욱 잘 이해하여 유기 화학에 어떻게 응용하여 활용할 것인가 그 방법을 찾고 있다.

생화학 관련 이야기 *Connections to Biological Chemistry*

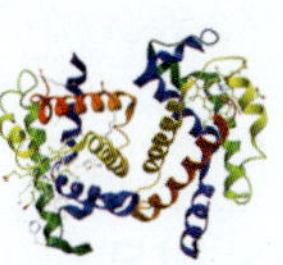

카이랄 의약품

사람에게 쓰이는 일상적인 의약품들 중 어떤 것, 예를 들면 aspirin (18.5B절)은 비카이랄이다. 다른 것들은 카이랄이며, 한 종류의 거울상 이성질체로 판매되고 있다. Penicillin과 erythromycin 계열의 항생제와 captopril은 모두 카이랄 의약품이다. 고혈압과 출혈성 심부전증 치료에 효과가 있는 captopril은 *S*,*S*-입체이성질체로 제조되고 판매된다. 하지만 대부분의 많은 카이랄 의약품은 라셈 혼합물로 판매된다. 많이 사용되는 진통제 ibuprofen (Motrin과 여러 비아스피린계 진통제에 들어 있는 활성 성분)이 라셈 혼합물로 판매되는 의약품의 한 예이다.

S O H COOH S HS N H CH_3

Captopril

H CH_3 COOH

(S)-Ibuprofen

라셈 의약품 중에서는 대부분 한 종류의 거울상 이성질체만 이 유익한 효과를 갖고 있다. 다른 형태의 거울상 이성질체가 효과가 없든지 혹은 심지어는 해로운 영향을 끼칠 수도 있다. 예를 들면, ibuprofen은 *S*-거울상 이성질체만 생물학적인 활성을 갖고 있다. 흥미롭게도 신체는 비활성인 *R*-거울상 이성질체를 활성을 갖는 *S*-거울상 이성질체로 전환시킨다.

또 다른 좋은 예로는 Parkinson병의 치료에 사용되는 의약품인 hydroxyphenylalanine을 들 수 있다. 활성 의약품은 dopamine이다. 그러나 이 화합물은 혈관-뇌 장벽을 통과하지 못하여 작동에 필요한 뇌의 적절한 위치까지 도달하지 못한다. 이것 대신에 투여되는 것이 3,4-Dihydroxyphenylalanine이다. 이것은 혈관-뇌 장벽을 지나서 dopamine 탈카복시화 효소에 의해서 카복시이탈 반응을 한다. 이 효소는 흔히 L-DOPA라고 알려진 *S*-거울상 이성질체에 대해서만 특이성을 갖고 있다. 그러므로 순수한 거울상 입체이성질체인 전구체 의약품을 투여하는 것이 매우 중요하다. 만약에 전구체 의약품이 라셈 형태로 투여된다면 뇌에 있는 효소에 의해서 대사되지 못하는 *R*-거울상 이성질체 등이 축적되어 매우 위험해질 수 있다.

HO, HO, COOH, H, NH_2 —(효소-촉매 카복시기이탈)→ HO, HO, NH_2 + CO_2

(S)-(−)-3,4-Dihydroxyphenylalanine
(L-DOPA)
$[\alpha]_D^{13}$ −13.1

Dopamine

» 의과대학 입학시험(MCAT) 연습: 지문 및 질문

아미노산 입체화학

박테리아로부터 인간에 이르기까지 유기체는 구조와 입체화학적인 측면에서 공통적 형태로 되어 있는 20개의 아미노산이 있다. 각 아미노산은 중심 원자에 수소 원자, 아민기, 카복시산이 결합되어 있다. 중성 pH에서 아민과 카복시산은 각각 암모늄 이온과 탄소음이온으로 존재한다. 더구나 20개 중 19개의 아미노산은 '곁사슬(side chain)'이라고 부르는 제4의 원자단이 중심 탄소에 결합되어 있다. 따라서 이 19개 아미노산의 중심 탄소는 카이랄 중심이고 19개의 자연 아미노산은 쐐기/점선 표현 방식과 Fischer 투영도로 아래에 그려진 배열을 갖는다.

곁사슬, H, C, CO_2^-, H_3N^+ ; CO_2^-, $H_3\overset{+}{N}$, H, 곁사슬

L-amino acids

단백질은 한 아미노산의 카복시기와 다른 아미노산의 아미노기 사이에 공유 결합인 아마이드 결합이 형성된 아미노산들의 긴 사슬 화합물이다. 그들이 모두 한 종류의 아미노산 입체이성질체로만 이루어지기 때문에 수백 개 이상의 카이랄 중심을 갖고 있음에도 단백질은 자체적으로 한 종류의 입체이성질체이다.

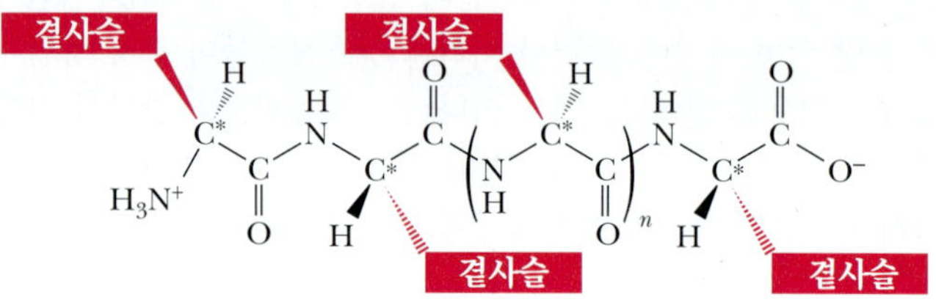

대부분의 단백질, n = 150 − 750

» 질문

A. 만약 아미노산의 곁사슬이 메틸기이면, 그 화합물은 alanine이라고 부른다. Alanine의 카이랄 중심에 Cahn-Ingold-Prelog 입체화학적 기술(표현)은 무엇인가?

1. 이것은 *Z*-입체중심이다.
2. 이것은 *S*-입체중심이다.
3. 이것은 *E*-입체중심이다.
4. 이것은 *R*-입체중심이다.

B. Fischer 투영이 'L'이라고 불리며 따라서 카이랄 중심을 갖는 19개의 아미노산을 L-아미노산이라고 한다. 'L' 표기는 glyceraldehyde 중 한 개의 입체이성질체가 평면 편광을 왼쪽으로 좌회전성 (−) 회전시켰는데, 이 입체이성질체는 모든 카이랄 아미노산과 유사한 배열을 갖고 있다. 자연계에서 흔히 발견되지 않는 아미노산 거울상 이성질체는 D-아미노산이라고 부른다. 왜냐하면 그들의 구조는 평면 편광을 오른쪽으로 [우회전성(+)] 회전시키는 glyceraldehyde와 구조적으로 유사한 배열을 갖기 때문이다.

곁사슬, $H_3\overset{+}{N}$, C, CO_2^-, H ; CO_2^-, H, $\overset{+}{N}H_3$, 곁사슬

D-아미노산

일반 19개의 카이랄 아미노산의 평면 편광에 대한 회전 방향은 무엇일까?

1. 19개의 L-아미노산은 평면 편광을 왼쪽으로 회전시킬 것이다.
2. 19개 L-아미노산은 평면 편광 회전이 미미할 것이다. 왜냐하면 양전하와 음전하가 균형을 맞추기 때문이다.
3. 평면 편광 회전방향은 *R*-아미노산은 오른쪽이고 *S*-아미노산은 왼쪽일 것이다.
4. 평면 편광 회전 방향은 알 수 없다. L 또는 D, 혹은 *R* 또는 *S* 방식과 같은 명명 체계와 연관성이 없기 때문이다.

C. 아미노산인 cystein과 serine이 아래 주어졌다. 이 두 개의 아미노산에 대한 Cahn-Ingold-Prelog 입체화학적 표기는 무엇인가?

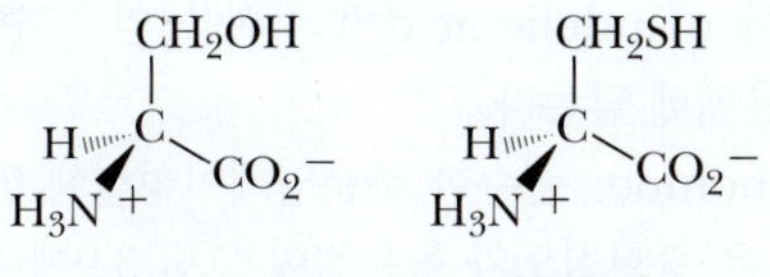

CH_2OH, H, CO_2^-, H_3N^+ — **Serine**

CH_2SH, H, CO_2^-, H_3N^+ — **Cysteine**

1. Serine은 *S*이고 cysteine은 *R*이다.
2. Cysteine은 *S*이고 반면에 serine은 *R*이다.
3. Cysteine과 serine은 모두 *R*이다.
4. Cysteine과 serine은 모두 *S*이다.

D. 아미노산인 isoleucine과 threonine을 나타내었다. 이 두 가지 아미노산에 대한 올바른 입체화학적 표기는 무엇인가?

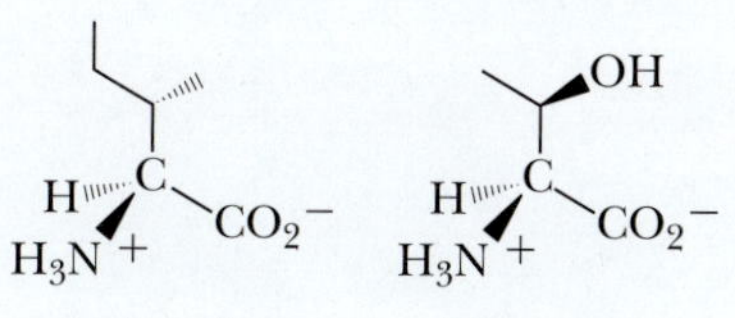

Isoleucine **Threonine**

1. 두 아미노산 모두 *S*,*S*이다.
2. 아민과 카복시기 사이의 중심 탄소는 *R*이지만, 두 아미노산 모두의 곁가지에는 *S* 입체중심을 포함하고 있다.
3. 아민과 카복시기사이의 중심 탄소는 *S*이지만, 두 아미노산 모두의 곁가지에는 *R* 입체중심을 포함하고 있다.
4. 두 아미노산 모두 중심 탄소는 *S*이지만, isoleucine의 곁가지는 *S*이고 threonine의 곁가지는 *R*이다.

E. 설명한 바와 같이 단백질은 자연적으로 한 종류의 거울상 이성질체인 아미노산으로 이루어지기 때문에 입체화학적으로 순수하다. 만약 두 종류의 거울상 이성질체인 아미노산이 모두 사용된다면 3개의 카이랄 아미노산으로 이루어진 사슬은 몇 개의 입체이성질체가 가능할까?

1. 2　　2. 4　　3. 8　　4. 16

F. 만일 단백질을 만드는데 성분인 아미노산의 모든 가능한 거울상 이성질체들의 라셈 혼합물을 사용한다면, 다음 어떤 것이 옳은 설명인가?

1. 단백질들은 부분입체이성질체의 혼합물로 존재한다.
2. 단백질은 거울상 이성질체의 쌍으로 존재한다.
3. 단백질은 광학 회전을 나타내지 않는다.
4. 위 설명은 모두 옳다.

3.9 거울상 이성질체의 분리–분할

라셈 혼합물을 두 개의 거울상 이성질체로 분리하는 방법을 **분할**(resolution)이라 한다.

분할
라셈 혼합물을 그의 성분 거울상 이성질체로 분리하는 과정.

A 부분입체이성질체 염을 이용한 분할

거울상 이성질체들을 분리하는 일반적인 방법 중의 한 가지는 순수한 거울상 이성질체인 분할 시약을 사용하여 한 쌍의 거울상 이성질체를 부분입체이성질체로 화학적인 변환을 시키는 것이다. 이러한 화학적 분할은 만들어지는 부분입체이성질체가 서로 다른 물리적 성질을 갖게 되기 때문에 가능하다. 이렇게 만들어진 물질들은 물리적 방법(가장 일반적인 분별 결정법 혹은 관 크로마토그래피)으로 분리할 수 있고 정제할 수도 있다. 분리 과정의 최종적인 단계는 부분입체이성질체들을 다시 각각의 거울상 이성질체들로 화학 변환을 하고, 카이랄 분할 시약을 회수하는 것이다.

염의 형성은 그 자체가 가역적인 반응이기 때문에 화학적 분할에 이용할 수 있다.

$$\underset{\text{카복실산}}{RCOOH} + \underset{\text{염기}}{:B} \rightleftharpoons \underset{\text{염}}{RCOO^-HB^+}$$

식물에서 분리되는 카이랄 염기들이 라셈 산의 카이랄 분할 시약으로 쓰이고 있다. 일반적으로 화학자들은 (*R*,*S*)-1-phenylethylamine과 같이 시판되는 카이랄 아민을 구매하여 사용한다.

NH2 NH2

(*R*)-1-Phenylethanamine (*S*)-1-Phenylethanamine

그림 3.9에 자연산 카이랄 염기인 cinchonine을 사용하여 부분입체이성질 염을 만드는 방법으로 mandelic acid를 분할하는 방법이 나타내었다. Mandelic acid 라셈 혼합물과 광학적으로 순수한 (+)-cinchonine (Cin)을 끓는 물에 녹여 한 쌍의 부분입체이성질체의 염 혼합 용액을 만든다. 부분입체이성질체는 서로 다른 용해도를 갖고 있으므로 용액을 냉각하면 용해도가 낮은 부분입체이성질 염이 결정으로 석출된다. 이 염을 모아서 다시 재결정함으로써 정제한다. 용해도가 큰 부분입체이성질 염의 함량이 더 높은 거른 용액은 농축하여 염을 형성하게 하고 다시 재결정하여 정제할 수 있다. 정제된 부분입체이성질 염들은 HCl 수용액으로 처리하여 거의 순수한 mandelic acid의 침전을 얻을 수 있다. Cinchonine은 가용성인 염산염의 형태로 수용액에 남는다.

Mandelic acid의 라셈 혼합물, cinchonine, 순수한 부분입체이성질체 염, mandelic acid의 순수한 거울상 이성질체들의 고유 광회전도와 녹는점이 그림 3.9에 주어져 있다. 다음 두 가지 점에 유의하여라. (1) 부분입체이성질체 염은 고유 광회전도나 녹는점들이 모두 다르다. (2) Mandelic acid의 거울상 이성질체들은 녹는점이 같고, 회전의 크기는 같으나 방향이 반대인 고유 광회전도를 가지고 있다.

카이랄성을 갖는 산을 이용해서 염기의 라셈 혼합물을 분할할 때도 비슷한 방법이 사용된다. 분할 시약으로 흔히 사용되는 카이랄 산들은 (+)-tartaric acid, (−)-malic acid 및

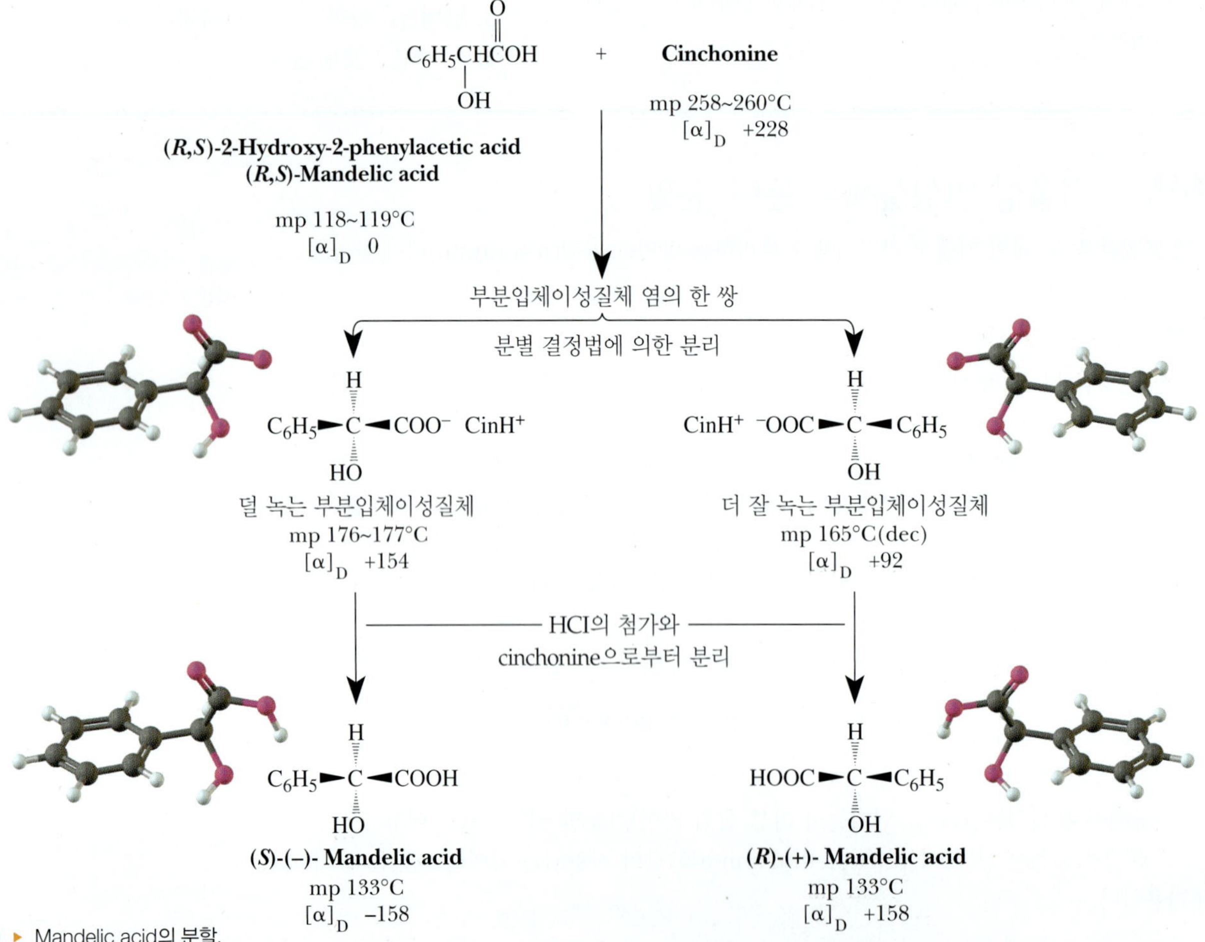

그림 3.9 ▸ Mandelic acid의 분할.

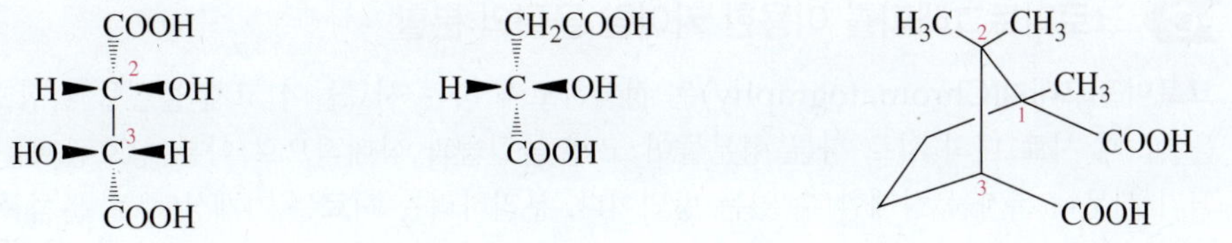

(2*R*,3*R*)-(+)-Tartaric acid $[\alpha]_D^{20}$ +12.5

(*S*)-(−)-Malic acid $[\alpha]_D^{20}$ −27

(1*S*,3*R*)-(+)-Camphoric acid $[\alpha]_D^{20}$ +46.5

그림 3.10 ▸ 카이랄 분할 시약으로 사용되는 몇 가지 카복실산.

(+)-camphoric acid이다(그림 3.10). 이 화합물들과 자연에서 산출되는 많은 카이랄 분할 시약들은 한 가지 거울상 이성질체 형태로 동식물에서 얻어지고 있다.

B 분할 시약으로서의 효소

순수한 거울상 이성질체 화합물들에 대한 수요에 맞추어 유기 화학자들은 순수한 거울상 이성질체를 합성할 수 있는 여러 가지 기술을 개발하였다. 그 중 한 방법은 효소를 이용하는 것이다. 효소는 그 자체로 카이랄이기 때문에 한 가지 순수한 거울상 이성질체 생성물을 만든다. 연구되고 있는 효소군들 중 한 가지는 에스터분해효소(esterase)이며, 이들은 에스터를 가수분해하여 해당 알코올과 카복실산으로 만드는 반응을 촉매한다.

Naproxen의 에틸 에스터 화합물은 두 종류의 거울상 이성질체 형태의 결정을 만든다. 한 종류는 *R* 에스터이고, 다른 하나는 *S* 에스터이다. 두 가지는 모두 물에 불용성이다. 화학자들은 염기성 용액에서 에스터분해효소를 사용하여 선택적으로 *S* 에스터를 가수분해하여 (*S*)-카복실산을 얻을 수 있으며, 이 때 이 *S*-카복실산은 소듐염을 만들어 용액에 녹아 들어간다. 이 조건에서 *R* 에스터는 아무런 영향을 받지 않는다. 염기성 용액을 여과하면 *R* 에스터의 결정을 회수할 수 있다. *R* 에스터의 결정을 제거한 후 염기성 용액을 산성화하면 광학적으로 순수한 (*S*)-naproxen이 얻어진다.

회수된 *R* 에스터를 라셈화(*R*,*S* 혼합액으로 변환)하고 다시 에스터분해효소로 처리한다. *R* 에스터를 재사용함으로써 모든 에스터 라셈 혼합물이 (*S*)-naproxen으로 전환된다.

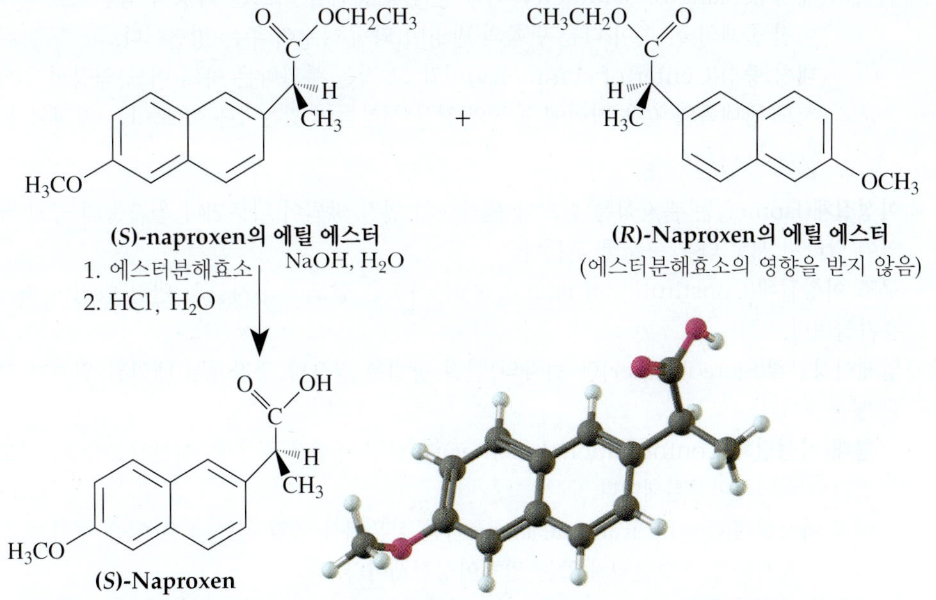

(*S*)-naproxen의 에틸 에스터 + (*R*)-Naproxen의 에틸 에스터 (에스터분해효소의 영향을 받지 않음)

1. 에스터분해효소 NaOH, H_2O
2. HCl, H_2O

(*S*)-Naproxen

화학자들은 카이랄 분자를 분할하는데 자연계에 있는 효소만을 사용해야 한다는 제약을 더 이상 받지 않는다. 유전공학 기술을 이용하면, 중요한 물질 중 한 가지 거울상 이성질체와만 특이하게 반응하는 새로운 에스터분해효소나 다른 효소들을 실험실에서 만들어내는 것이 가능해졌다. 더 나아가 과학자들은 고온에서 안정도가 증가되거나 유기 용매와 물의 혼합 용액에서 용해도가 증가되는 것과 같은 새로운 성질을 효소에 부여하여 유기 화학에 이용되는 효소의 실용적인 가치를 높여가고 있다.

C 크로마토그래피를 이용한 카이랄 물질의 분할

크로마토그래피
증기나 용액 혼합액을 혼합물의 개별 성분에 대하여 친화력 차이를 갖는 물질로 채워진 관을 통과시켜서 분리해 내는 방법.

크로마토그래피(Chromatography)는 정제하고자 하는 시료들이 고체 물질들과 상호작용을 할 때 시료 내의 서로 다른 성분들이 고체 물질들과 상대적으로 다른 상호관계를 갖게 되기 때문에 분자를 정제할 수 있는 방법이다. 분리하려는 시료는 기체상(주로 분석 목적으로 사용)이나 액체상(분석 목적 혹은 분리 목적으로 사용함)으로 된 것 어느 것이나 가능하다. 고형 물질을 관(column, 칼럼)에 채우고 관을 통해 용매(기체크로마토그래피인 경우 기체)를 흘려보내면 혼합물 중에서 더욱 약하게 결합된 성분은 강하게 결합되어 있는 것보다 더 빠르게 흘러 내려온다.

현재 거울상 이성질체를 분할하는데 보통 사용되는 방법은 카이랄성을 갖는 물질로 관을 채우는 것이다. 각각의 거울상 이성질체는 관에 채워진 물질의 카이랄 분자와 서로 다른 방법으로 상호작용을 한다. 따라서 두 개의 거울상 이성질체의 용출 시간은(적어도 이론적으로는) 다를 것이다. 이런 목적의 관 충진 물질로 사용하기 위하여 다양한 카이랄 물질들이 개발되고 있다.

사실과 개념에 대한 요약

3.1절 | 카이랄성—분자의 손잡이성

- 거울에 투영된 상과 포개 겹쳐지지 않는 분자를 **카이랄**(chairal)이라고 한다.
  - **거울상**(Mirror image)이란 한 물체가 거울 안에서 투영된 것이다.
  - **카이랄성**(Chirality)이란 어떤 특정한 원자의 성질이 아니라 물체 전체가 갖는 성질이다.
  - **비카이랄**(Achiral) 물체는 카이랄성을 갖지 않는다. 즉, 이것은 서로 포개 겹쳐지는 거울상을 갖는다. 거의 모든 비카이랄 물체는 적어도 한 개의 대칭면이나 대칭 중심을 갖고 있다.
    - **대칭면**(Plane of symmetry)이란 물체의 중심을 가르는 가상의 평면으로 나누어진 물체의 한 쪽이 다른 반쪽의 반영이 되게 나누어 주는 평면이다.
    - **대칭 중심**(Center of symmetry)이란 그 점을 통과하는 축의 어느 연장성 위에서도 반대쪽의 같은 거리에 물체의 같은 성분들이 있는 선들이 모이는 지점이다.

연습 문제: 3.11, 3.12, 3.33, 3.34

3.2절 | 입체이성질현상

- **이성질체**(Isomer)는 분자식은 같으나 원자들의 연결 방법이 다르거나 원자들의 공간 배열이 달라서 서로 다른 구조를 갖는다.
- **구조 이성질체**(Constitutional isomer)란 분자식은 같으나 원자들의 연결 방법이 다른 분자들이다.
- **입체이성질체**(Stereoisomer)란 원자의 연결 방법은 같으나 공간에서 배열된 위치가 다른 분자들이다.
  - **형태 이성질체**(Conformational isomer)란 단일 결합을 주위로 회전시켰을 때 상호전환되는 입체이성질체이다.
  - **배위 이성질체**(Configurational isomer)란 실온에서 단일 결합 혹은 이중 결합을 끊어주지 않고는 상호전환되지 않는 입체이성질체이다.
  - **거울상 이성질체**(Enantiomer)는 서로 겹쳐 포개지지 않는 거울상을 갖는 입체이성질체이다.
  - **부분입체이성질체**(Diastereomer)란 서로가 거울상이 아닌 입체이성질체이다.
  - **회전장애이성질체**(Atropisomer)란 단일 결합을 중심으로 한 회전 장애 때문에 생겨나는 거울상 이성질체 및 부분입체이성질체를 말한다.

- **입체중심**(Stereocenter)이란 그 원자를 중심으로 두 치환기를 교환했을 때 입체 이성질체가 생겨난다.
- **카이랄 중심**(Chiral center)이란 4개의 서로 다른 치환기가 결합된 정사면체 원자이다.

연습 문제: 3.1, 3.13~3.15, 3.17, 3.19, 3.36~3.38

3.3절 | 카이랄 중심의 명명법—*R*,*S* 방식

- 어느 카이랄 중심에서라도 **절대 배열**(absolute configuration)은 *R*,*S* 방식으로 정해질 수 있다.
  - 이 규정을 적용하기 위해서는
    (1) 카이랄 중심에 결합되어 있는 원자나 원자단에 각각 우선순위를 부여하고, 우선순위가 높은 것부터 낮은 것까지 순서대로 번호를 붙인다.
    (2) 공간에 분자를 배열해서 우선순위가 가장 낮은 치환기를 관찰자로부터 멀어지도록 놓는다.
    (3) 나머지 세 개의 치환기를 우선순위가 높은 것부터 차례로 읽는다. 치환기들의 순서가 시계 방향 쪽으로 간다면 배열은 **R** (라틴어 *rectus*, 오른쪽, 올바른), 순서가 시계 반대 방향이라면 배열은 **S** (라틴어로 *sinister*, 왼쪽)이다.
  - 카이랄 중심에서 배열을 *R*에서 *S* 혹은 그 반대로 바꾸어 주려면 카이랄 중심에 결합되어 있는 원자(단) 중 어느 두 개라도 서로 위치를 교환하면 된다.

연습 문제: 3.2, 3.3, 3.16, 3.20~3.24, 3.35

3.4절 | 두 개 이상의 카이랄 중심을 갖는 비고리 분자

- *n*개의 카이랄 중심을 갖는 분자는 최대한 $\mathbf{2^n}$개에 해당하는 수의 입체이성질체를 가질 수 있다
  - 어떤 분자들의 경우는 2^n의 법칙에서 예상되는 것보다 더 적은 숫자의 입체 이성질체를 갖게 하는 특별한 대칭 성질이 있다. 2개의 입체이성질체가 모든 카이랄 중심에서 서로 반대되는 배열(*R*과 *S* 혹은 반대)을 갖는 경우에는 거울상 이성질체이다.
  - 두 개의 입체이성질체 중 한 개의 카이랄 중심에서도 같은 배열이 있다면 그들은 부분이성질체이다.
  - 두 개 이상의 카이랄 중심에 비카이랄 방법으로 결합된 분자인 경우는 메조 화합물이라고 한다.
  - **메조 화합물**(Meso compound)은 거의 항상 분자 내에 대칭면을 갖는다.

연습 문제: 3.4, 3.5, 3.25~3.28, 3.30~3.32

- **Fischer 투영도**(Fischer projection)는 카이랄 중심을 이차원적으로 표현하는 한 가지 방법으로 입체화학을 파악하는데 유용하다.
  - Fischer 투영도에서는 오른쪽과 왼쪽에 있는 치환기는 앞쪽으로 향한 것으로 약속되어 있다.
  - 위와 아래쪽에 있는 치환기는 뒤쪽으로 향하는 것으로 약속되어 있다.

연습 문제: 3.6

- 입체이성질체 간의 관계 유형은 그들의 성질에 관한 연관성을 결정한다.
  - 거울상 이성질체들은 비카이랄 환경에서는 동일한 물리적 화학적 성질을 갖는다. 그러나 평면 편광이 존재할 경우처럼 카이랄 환경에서는 서로 다른 성질을 갖는다. 또한 카이랄성 시약이나 카이랄 촉매인 효소의 존재 하에서도 서로 다른 성질을 갖는다.
  - 부분입체이성질체는 비카이랄 환경 하에서도 물리적 화학적 성질이 서로 다르다.

3.5절 | 두 개 이상의 카이랄 중심을 갖는 고리형 분자

- Cyclohexane 유도체와 같은 **고리 화합물**의 대칭성을 판단할 때는 평면 표현 방식을 사용하여 판단하는 것이 도움이 된다.

연습 문제: 3.7, 3.8

3.6절 | 모든 용어의 종합

- 두 종류의 이성질체가 있다. 즉 구조 이성질체와 입체이성질체이다.
  - 입체이성질현상은 배위 이성질현상이나 형태 이성질현상에서부터 생겨날 수 있다.
  - 배위 이성질체는 부분입체이성질체이거나 거울상 이성질체(카이랄 화합물인 경우)이다.

- 형태 이성질체는 부분입체이성질체이거나 거울상 이성질체(화합물이 카이랄성인 경우)이다. 결합 회전으로 쉽게 서로 전환되지 않는 거울상 이성질체나 부분 입체이성질체를 **회전장애이성질체**(atropisomer)라고 한다.

3.7절 | 광학 활성—실험실에서 카이랄성을 측정하는 방법

- 입체이성질체를 판단하는 데는 평면 편광을 사용한다.
  - 평행한 평면에서 진동하는 빛을 평면 편광이라고 부른다.
  - 평면 편광은 오른쪽과 왼쪽 원편광이 같은 양이 포함된 것이다.
  - **편광계**(Polarimeter)는 광학 활성의 크기를 확인하고 계측하는 데 사용하는 기기이다.
- 어떤 화합물이 평면 편광을 회전시키면 **광학 활성**(optically active)을 갖는다고 한다.
  - **관측된 회전도**(Observed rotation)는 평면 편광이 회전한 각도를 말하는 것이다.
  - **고유 광회전도**(Specific rotation)는 농도가 1 g/mL인 시료 용액이 1 dm 길이의 시료관 안에서 얻어진 관측된 회전도를 의미한다.
    - 만약에 영점을 맞추기 위해서 분석 프리즘을 시계 방향을 돌려주었다면 화합물은 **우회전성**(dextrotatory)이다.

연습 문제: 3.9, 3.29

    - 영점을 맞추기 위해 분석 프리즘을 시계 반대 방향으로 돌려야 한다면 **좌회전성**(levorotatory)이다.
  - 한 쌍의 거울상 이성질체는 각각 평면 편광을 반대 방향으로 같은 양만큼 회전시킨다.
  - **라셈 혼합물**(Racemic mixture)은 한 쌍의 거울상 이성질체가 같은 양 포함된 혼합체이며, 고유 광회전도가 '0'이다.

연습 문제: 3.10, 3.39, 3.40

  - **광학 순도**(Optical purity) 백분율[**거울상 초과량**(enantiomeric excess)과 같음]은 거울상 이성질체 혼합 용액의 고유 광회전도 값을 순수한 거울상 이성질체가 갖는 고유 광회전도로 나눈 값에 100을 곱해 준 것이다.
  - **메조 화합물**(Meso compound)은 카이랄성을 갖지 않으므로 광학적으로 비활성이다.

3.8절 | 생물계에서 카이랄성의 중요성

- 생물학적 분자들은 카이랄이고 생명계에서는 보통 한 종류의 입체이성질체만 발견된다.
  - 효소는 카이랄성 아미노산으로 이루어져 있고 생물학 반응들을 카이랄 방법으로 촉매하며, 우선 분자들을 결합 자리에 자리 잡게 하고 촉매 반응을 시작하여 수소 결합, 정전기적 인력, 분산력 및 공유 결합에 의해 결합 자리에 붙어 있도록 한다.
  - 한 개의 카이랄 중심에 결합된 네 개의 치환기 중 세 개에 대해 특이한 결합 자리를 갖고 있는 효소는 반응하는 분자와 그의 거울상 이성질체를 구별할 수 있다
  - 거의 모든 효소 촉매 반응은 **입체선택성**(stereoselective)을 갖고 있다.

3.9절 | 거울상 이성질체의 분리—분할

- **분할**(Resolution)은 거울상 이성질체의 혼합물을 분리하여 각각 순수한 거울상 이성질체로 나누어주는 실험적인 과정이다.
  - 일반적인 화학적 방법으로는 라셈 혼합물을 카이랄 분할 시약으로 처리하여 거울상 이성질체의 혼합물을 한 쌍의 부분입체이성질체로 바꾸어 주는 것이다. 부분입체이성질체들은 서로 다른 물리적 성질을 갖고 있기 때문에 분리할 수 있고, 이렇게 분리된 각각의 부분입체이성질체로 변환시킨다.
  - 한 종류의 거울상 이성질체의 반응만 촉매하고, 다른 또 하나의 거울상 이성질체에는 반응하지 않는 효소 역시 분할 시약으로 사용될 수 있다.
  - 카이랄 물질에 대한 **크로마토그래피**(chromatography)도 효율적인 분리 방법이 된다.

연습 문제

붉은색 번호는 응용 문제를 나타낸다.

카이랄성

이 고둥은 오른쪽 나선으로 꼬인 형태이다. © Silver Spiral Arts/Shutterstock

3.11 전화선의 나선형 코일이나 나선형 바인딩을 예로 들어, 그 나선의 한쪽 끝에서 볼 때 왼쪽으로 회전되었다고 생각해 보자. 만일 같은 나선의 다른 쪽 끝에서 본다면 오른쪽으로 회전되었을까? 아니면 똑같이 왼쪽으로 회전되었을까?

3.12 나선형의 회전을 갖는 고둥 수집품을 볼 기회가 생기면 그들의 회전 모양의 카이랄성을 관찰해 보라. 좌회전성과 우회전성 소라껍질이 같은 수로 존재한다고 생각하는가 혹은 대부분이 하나의 카이랄성을 갖고 있다고 생각하는가? 다른 종의 나선형 조개껍질들의 손잡이성은 어떤가?

3.13 sp^3-혼성화된 탄소 원자들이 정사면체를 이루고 있다고 확신하는 한 가지 이유는 서로 다른 유기 화합물에서 존재할 수 있는 입체이성질체의 개수 때문이다.

(a) 탄소를 중심으로 네 개의 결합이 정사면체 구조를 이루고 있다면 $CHCl_3$, CH_2Cl_2, CH-ClBrF는 각각 몇 개의 입체이성질체가 가능한가?

(b) 탄소를 중심으로 네 개의 결합이 평면사각형의 구조를 이루고 있다면 각각 몇개의 입체이성질체들이 가능한가?

거울상 이성질체

3.14 다음 중 어떤 화합물이 카이랄 중심을 갖는가?

(a) 2-Chloropentane **(b)** 3-Chloropentane

(c) 3-Chloro-1-pentene **(d)** 1,2-Dichloropropane

3.15 C, H, O만으로 이루어진 분자량이 가장 작은 카이랄 화합물의 구조식을 그려라.

(a) 알케인 **(b)** 알코올 **(c)** 알데하이드

(d) 케톤 **(e)** 카복실산 **(f)** 카복실산 에스터

3.16 다음 화합물의 거울상을 그려라. 그들은 원래 분자와 다른 것인가?

(a) OH, C, H_3C, H, COOH (b) CHO, H, C, OH, CH_2OH (c) COOH, H_2N, C, H, CH_3 (d) O, OH, H

(e) H, OH (f) OH, CH_3 (g) OH, CH_3 (h) CH_3, H, OH, H, OH, CH_3

3.17 다음은 lactic acid에 대한 몇 가지 삼차원적인 구조의 그림이다. 구조 (a)를 기준으로 어느 구조가 (a)와 동일한 구조이고, 또한 어느 구조가 거울상인가?

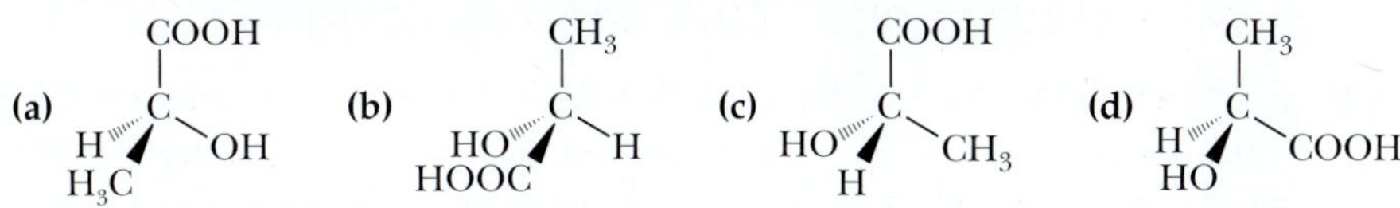

3.18 다음 분자들의 각 카이랄 중심을 별표로 표시하고, 각 분자에 대하여 가능한 입체이성질체 수를 말하여라.

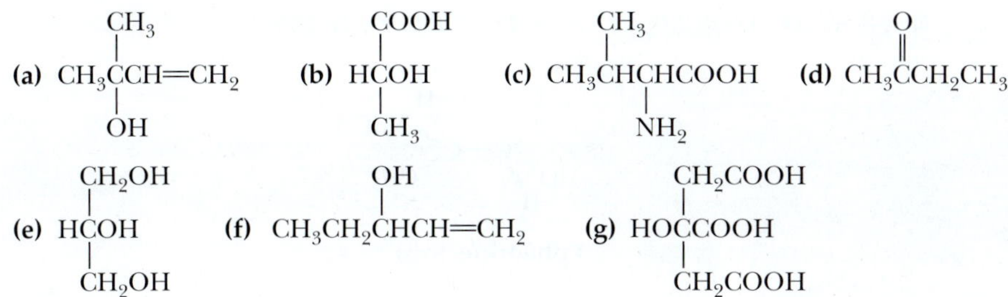

3.19 고쉬 형태의 butane이 카이랄임을 보여라. 상온에서 butane의 분할이 가능하다고 생각하는가?

배열의 결정—*R*,*S* 방법

3.20 각 조의 치환기에 대한 우선순위를 정하여라.

(a) $—H$ $—CH_3$ $—OH$ $—CH_2OH$

(b) $—CH_2CH{=}CH_2$ $—CH{=}CH_2$ $—CH_3$ $—CH_2COOH$

(c) $—CH_3$ $—H$ $—COO^-$ $—NH_3^+$

(d) $—CH_3$ $—CH_2SH$ $—NH_3^+$ $—CHO$

3.21 다음은 carvone의 거울상 이성질체의 구조식이다. 각각은 추출한 원료를 특징적으로 구별하는 독특한 냄새를 가지고 있다. 각 거울상 이성질체가 갖는 한 개의 카이랄 중심에 대한 *R*,*S* 배열을 정하여라. 이 거울상 이성질체들은 구조가 매우 비슷하지만, 왜 서로 다른 냄새를 나타내는가?

(−)–Carvone
Spearmint 오일

(+)–Carvone
Caraway와 딜씨드 오일

3.22 다음은 2-butanol의 거울상 이성질체 중 하나인 엇갈린 형태이다

(a) 이것은 (*R*)-2-butanol인가 아니면 (*S*)-2-butanol인가?

(b) 이 거울상 이성질체의 2번과 3번 탄소 사이의 결합에 따라 보여지는 엇갈린 구조에 대한 Newman 투영도를 그려라.

(c) 이 분자의 또 다른 나머지 두 개의 엇갈린 형태의 Newman 투영도를 그려라. 어떤 배열이 가장 안정한가? $—OH$와 $—CH_3$의 크기가 비슷하다고 가정한다.

3.23 중국 한의학에서는 수세기에 거쳐서 천식을 치료하기 위하여 *Ephedra sinica*의 추출물을 사용하고 있다. '한방 보조 물질'로 사용된 마황이 몇 명의 운동선수들의 사망과 연관성이 있다고 의심되고 있어서 최근에는 보조 식품에서 금지되었다. 이 식물의 식물학적 연구 과정에서 허파에 이르는 기도를 확장시키는 데 매우 효능이 있는 ephedrine을 추출하였다. Ephedrine은 심장 순환계에 커다란 영향을 미친다. 천연적으로 발생하는 입체이성질체는 좌회전형이고, 다음과 같은 구조를 가지고 있다. 각 카이랄 중심의 *R*,*S* 배열을 정하여라.

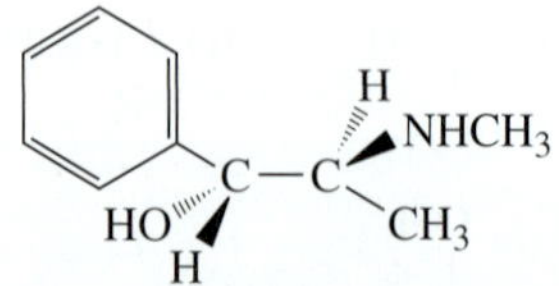

Ephedrine $[\alpha]_D^{21}$ −41

Ephedra sinica, 강력한 기관지확장제인 ephedrine의 원료.

3.24 Oxaloacetic acid와 2번 위치에 방사성 탄소-14로 표지된 아세틸-코엔자임 A (아세틸-CoA)를 TCA 회로의 효소인 citrate 합성효소와 함께 배양하였을 때 아래와 같은 [2-^{14}C]citric acid의 거울상 이성질체만이 입체선택적으로 생성되었다. ^{12}C만으로 구성되어 있는 citric acid가 비카이랄임을 상기하라. [2-^{14}C]citric acid의 아래 거울상 이성질체의 *R*,*S* 배향을 정하여라. (*주의*: C-14는 C-12보다 우선순위가 높다.)

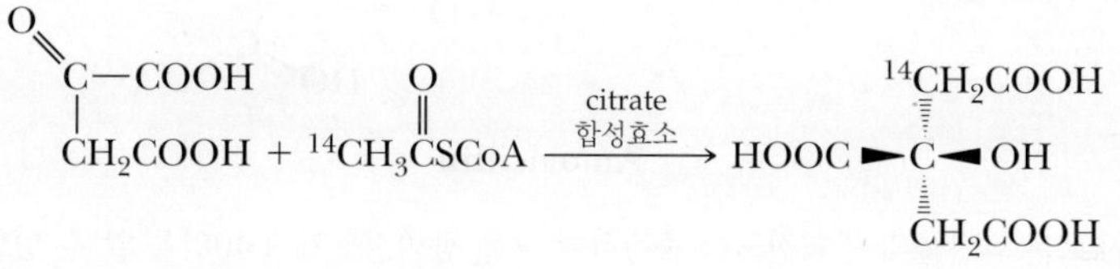

$$\text{O=C(COOH)CH}_2\text{COOH} + {}^{14}\text{CH}_3\text{C(=O)SCoA} \xrightarrow[\text{합성효소}]{\text{citrate}} \text{HOOC–C(OH)(}{}^{14}\text{CH}_2\text{COOH)(CH}_2\text{COOH)}$$

Oxaloacetic acid **Acetyl-CoA** **[2-^{14}C]Citric acid**

두 개 혹은 그 이상의 카이랄 중심을 가진 분자

3.25 다음 화합물에서 가능한 모든 입체이성질체들을 모두 입체적 표현 방식으로 그려라. 어느 것이 메조 화합물인지 또는 거울상 입체이성질체 쌍인지를 표기하여라.

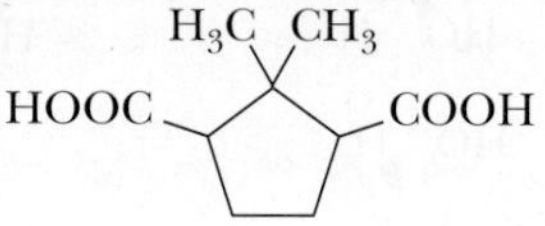

(H_3C CH_3, HOOC, COOH 치환 사이클로펜테인 구조)

3.26 다음 분자들의 카이랄 중심을 각각 별표로 표시하여라. 각 분자에는 몇 개의 입체이성질체가 가능한가?

(a) 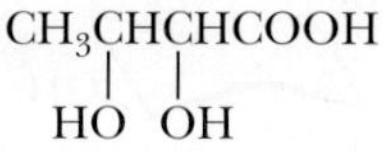 $CH_3CH(OH)CH(OH)COOH$

(b) 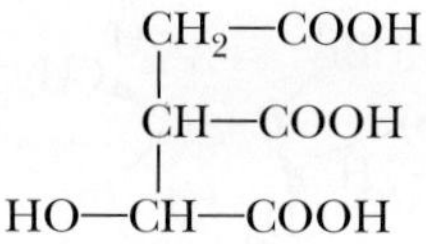 CH_2—COOH / CH—COOH / HO—CH—COOH

(c) 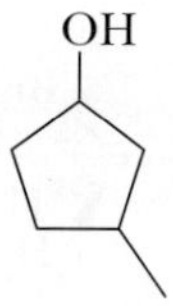 (OH 구조)

(d)

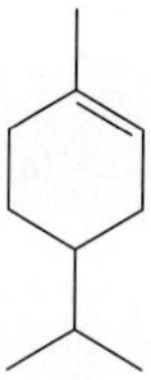

(e) 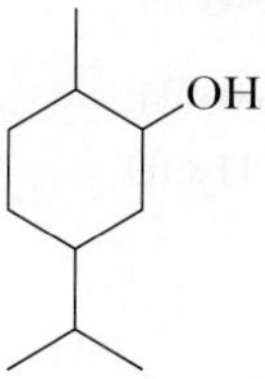 (OH 구조)

(f) 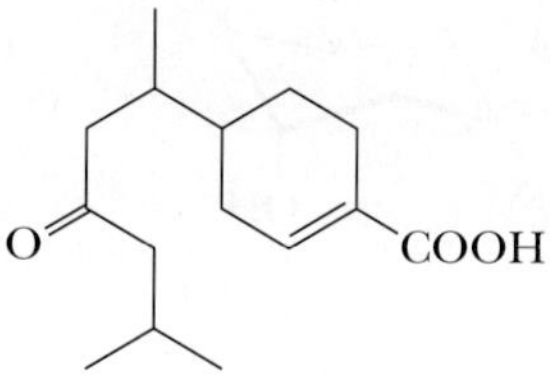 (O, COOH 구조)

(g) 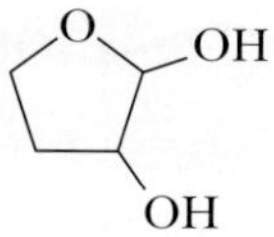 (O, OH, OH 구조)

(h) 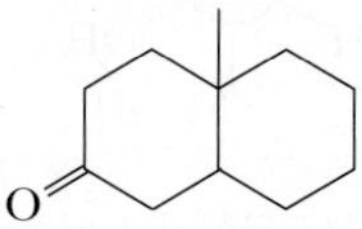 (O 구조)

3.27 Cholesterol에서 8개의 카이랄 중심을 표시하여라. 이 숫자의 카이랄 중심을 갖는 분자에는 몇 개의 입체이성질체가 가능한가?

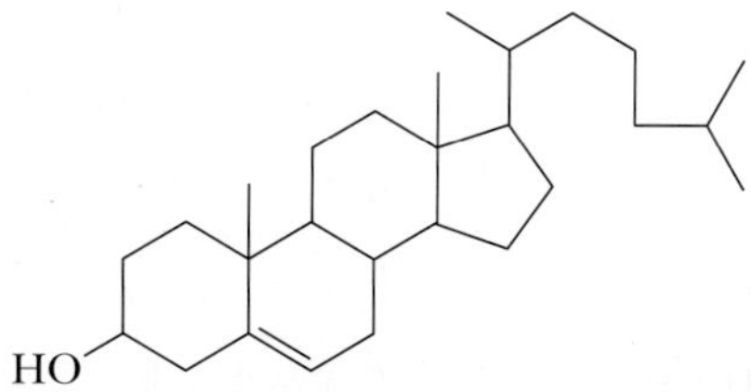

(HO 구조)

Cholesterol

3.28 반합성 penicillin에 속하는 amoxicillin의 4개의 카이랄 중심을 표시하여라.

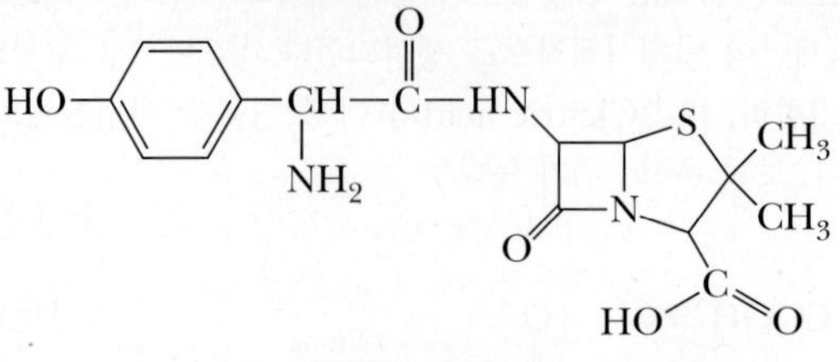

Amoxicillin

3.29 어떤 새로운 화합물의 광회전도를 측정하여 고유 광회전도가 +40임을 알 수 있었다. 어떻게 하면 실제 회전도가 +40에다 +360의 배수를 더한 값이 아님을 알 수 있는가? 다시 말해서, 회전도가 +400나 혹은 +760이 아님을 어떻게 확인할 수 있는가?

3.30 다음 각 쌍의 구조식들은 동일한 것인가? 거울상 이성질체인가 혹은 부분입체이성질체인가?

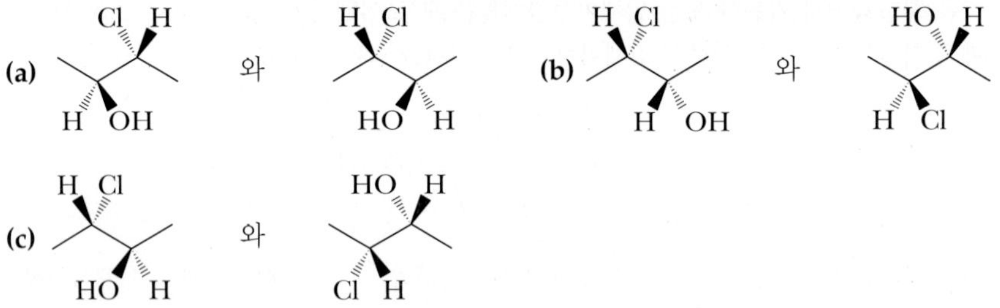

(a) 와 (b) 와 (c) 와

3.31 다음 중에서 어떤 것이 메조 화합물인가?

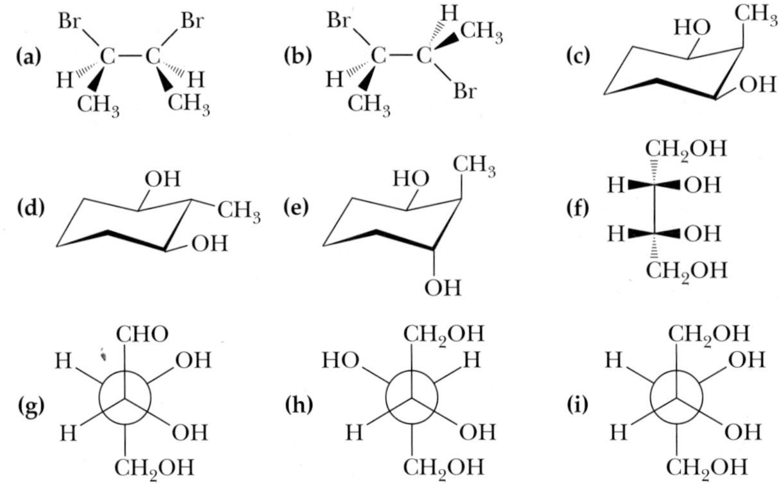

(a) (b) (c) (d) (e) (f) (g) (h) (i)

3.32 다음 bicycloalkene을 격렬하게 산화시키면 탄소-탄소 이중 결합이 끊어지고 이중 결합의 두 탄소 원자가 COOH로 된다. 산화 반응의 조건은 반응 물질인 bicycloalkene이나 생성물인 dicarboxylic acid의 구조 배열에 아무런 영향을 미치지 않는다고 가정한다. 이 산화 반응에서 생성된 dicarboxylic acid는 거울상 이성질체 중 한 가지인가? 라셈 혼합물인가? 혹은 메조 화합물인가?

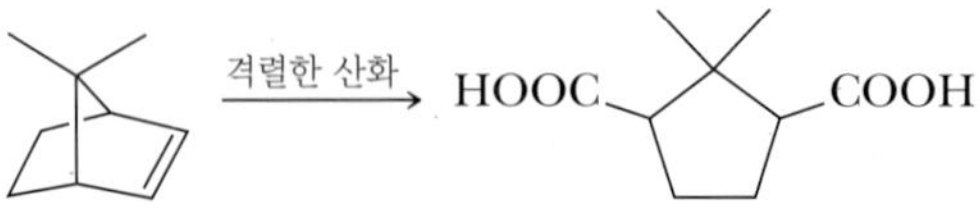

격렬한 산화

3.33 Polyethylene, $(-CH_2CH_2-)_n$과 같은 긴 고분자 사슬 구조는 용액 속에서 하나의 카이랄 분자로 존재할 가능성이 있다. Polyethylene 사슬이 가질 수 있는 카이랄 구조에 대한 두 가지 예를 보여라.

3.34 다음 중 어떤 것이 카이랄인가? 메조 화합물이 있다면 어떤 것인가? 이 중에서 부분입체이성질체를 갖는 것이 가능하지 않은 화합물은 어떤 것인가?

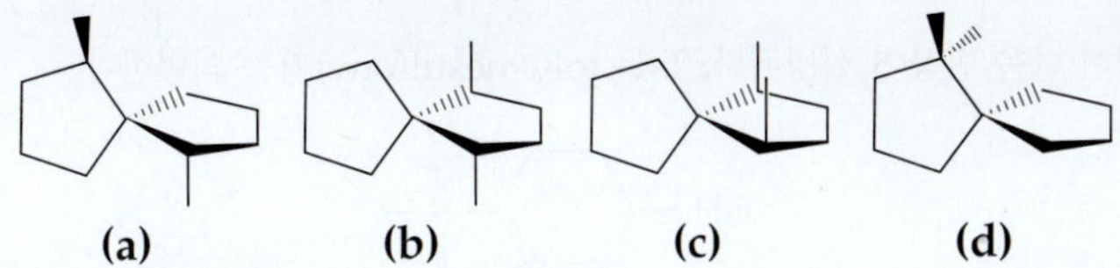

(a) (b) (c) (d)

3.35 다음 화합물에서 중심에 있는 C—C 결합의 회전에 제한이 있다면, 광학활성을 가지는가? 높은 온도에서 회전의 제한이 약화된다면 이 화합물의 광학 활성은 어떻게 변할까?

CH_3, H, Cl, H, Cl, CH_3

3.36 아래 그려진 구조들은 카이랄인가? 298 K 용액 상태일 경우 어떤 구조들이 광학 회전을 보일까? 설명하라.

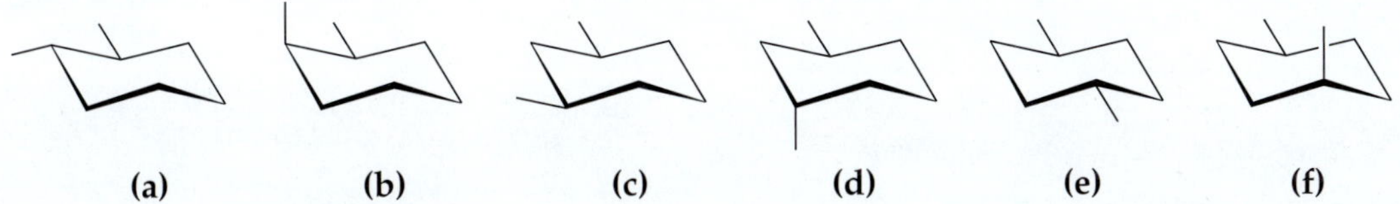

(a) (b) (c) (d) (e) (f)

3.37 다음의 서술이 참인지 거짓인지 말하고 답에 대해 설명하여라.

(a) 모든 카이랄 중심은 입체중심이기도 하다.

(b) 모든 입체중심은 카이랄 중심이기도 하다.

(c) 모든 카이랄 분자는 순수한 상태에서 광학적으로 활성이다.

(d) 모든 카이랄 분자의 혼합액은 광학적으로 활성을 갖는다.

(e) 광학적으로 활성을 갖기 위해서는 분자에 반드시 카이랄 중심이 있어야 한다.

(f) 메조 화합물이 되기 위해서 분자는 적어도 2개의 카이랄 중심을 가져야 한다.

예습 문제

3.38 카이랄 촉매 (*R*)-BINAP-Ru는 알켄을 수소화시켜 알케인을 만드는데 사용된다(6.7C절). 생성물들은 높은 수치의 거울상 초과량을 갖고 생성된다. 예를 들면, 진통제인 (*S*)-naproxen의 제조이다.

H_3CO, CH_2, COOH + H_2 —(*R*)-BINAP-Ru, 압력→ H_3CO, H, CH_3, COOH

(*S*)-Naproxen
(ee > 98%)

PPh_2, PPh_2 Ph = C_6H_5

BINAP

(a) BINAP의 거울상 이성질체들은 어떤 종류의 이성질체인가?

(b) Naproxen 한 종류의 거울상 이성질체가 높은 수득률로 얻어지는가?

3.39 10.5D절에서 다음 반응이 설명된다. Ts는 toluenesulfonyl기를 의미한다.

CH_3—(C6H4)—S(=O)(=O)—

Tolunesulfonyl group (Ts)

(a)

(S)-2-Octanol (OH) + Cl—Ts —pyridine→ (S)-2-Octyl tosylate (OTs) + HCl

(*S*)-2-Octanol **(*S*)-2-Octyl tosylate**

(b)

Sodium acetate (O^-Na^+) + (S)-2-Octyl tosylate (OTs) —S_N2, ethanol→ (R)-2-Octyl acetate + Na^+OTs^-

Sodium acetate **(*S*)-2-Octyl tosylate** **(*R*)-2-Octyl acetate**

반응 (a)에서 화합물 (*S*)는 생성물 (*S*)를 만든다. 반응 (b)에서 화합물 (*S*)는 생성물 (*R*)을 만든다. 어떤 일이 일어났는지를 설명하여라. (*힌트*: 출발 물질과 생성물에서 산소 원자는 한 반응에서 변하지 않고 다른 반응에서 바뀌어졌다.) 두 번째 반응에 대한 어떠한 관점을 설명하는가?

제 4 장

© Emilio Ereza/Alamy

감귤류는 citric acid의 원료이다. 예를 들면, 레몬주스에는 5~8%의 citric acid가 포함되어 있다.
▼ *삽입 그림:* Citric acid의 모형.

산과 염기

Acids and Bases

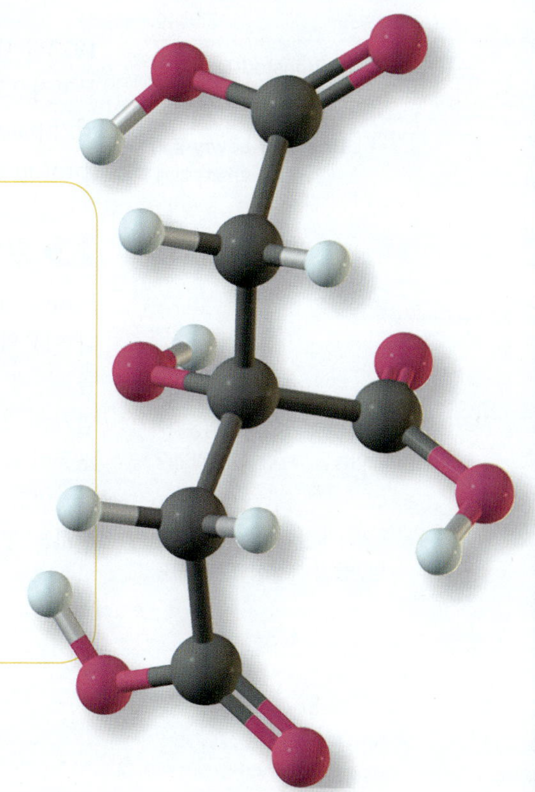

» 이 장의 차례

대부분 유기 화학 반응들은 산-염기 반응이거나 어느 단계에서 산 또는 염기에 의한 촉매 반응이 포함되어 있다. 산 촉매에 의한 반응 중 몇몇은 H_2SO_4, H_3O^+, $CH_3CH_2OH_2^+$와 같은 양성자-주개 산을 사용한다. 어떤 다른 반응은 BF_3, $AlCl_3$와 같은 Lewis 산을 사용한다. 그러므로 산-염기 화학의 기초를 잘 이해하는 것이 필수적이다. 이 장과 다음 장들에서는 주요 유기 화합물의 산-염기 성질에 대하여 공부할 것이다.

4.1 Arrhenius 산과 염기

산과 염기에 대한 첫 번째 유용한 정의는 1884년 Svante Arrhenius에 의해 처음으로 제안되었다. 원래의 Arrhenius 정의에 따르면, 산은 물에 용해되어 H^+ 이온을 생성하는 물질이고, 염기는 물에 용해되어 OH^- 이온을 생성하는 물질이다. 오늘날에는 단순히 H^+ 이온을 주는 것을 산이라고 말하는 것이 정확하지 않다는 것을 알고 있다. H^+ 이온은 물 분자와 즉시 결합하여 하이드로늄 이온(H_3O^+)을 생성한다. 하이드로늄 이온 자체가 수화(hydration)되면 $H_5O_2^+$ 이온이 생성된다. 현대의 연구에서는 수용액에서 존재하는 대부분의

이 장의 동영상 강의를 보려면 **www.cengage.com/chemistry/brown/organic7e**에 접속 후 **Access Student Materials**를 클릭하라.

수화된 형태는 단일 수화 혹은 이중 수화된 형태(H_3O^+, $H_5O_2^+$)이며 거의 같은 농도로 존재한다고 생각한다. 비록 지나친 단순화이지만, 이 책 전반에 걸쳐 수용액에서 용해된 양성자는 하이드로늄 이온(H_3O^+)으로 표현할 것이다.

$$H^+(aq) + H_2O(l) \longrightarrow H_3O^+(aq)$$

하이드로늄 이온

$$H_3O^+(aq) + H_2O(l) \rightleftharpoons H_5O_2^+(aq)$$

하이드로늄 이온

따라서 H^+와 물 분자 사이의 상호작용을 고려하기 위하여 Arrhenius 산 정의를 수정해야만 한다. 이런 수정과는 별도로 Arrhenius 산과 염기의 정의는 수용액을 거론하는 한 여전히 타당하고 유용하다.

4.2 Brønsted-Lowry 산과 염기

Brønsted-Lowry 산 양성자 주개.

Brønsted-Lowry 염기 양성자 받개.

1923년 덴마크의 화학자 Johannes Brønsted와 영국의 화학자 Thomas Lowry는 각각 독자적으로 다음과 같은 정의를 제안하였다. 즉, **산**(acid)은 양성자 주개(proton donor), **염기**(base)는 양성자 받개(proton acceptor)이고, 산-염기의 반응은 양성자-이동 반응(proton-transfer reaction)이다.

A 양성자에 의해 달라지는 짝산-염기 쌍

짝염기 산으로부터 염기로 양성자가 이동될 때 생성되는 화학종.

짝산 염기가 산으로부터 양성자를 받아들일 때 생성되는 화학종.

Brønsted-Lowry의 정의에 따르면, 양성자의 이동에 의해 서로 변환될 수 있는 어떤 분자나 이온의 쌍을 **짝산-염기 쌍**(conjugate acid-base pair)이라고 한다. 산이 염기에 양성자를 줄 때 그 산은 그것의 **짝염기**(conjugate base)로 바뀌고, 염기가 양성자를 받을 때 그 염기는 그것의 **짝산**(conjugate acid)으로 바뀐다. 이러한 정의의 근본은 짝산-염기 쌍의 요소들이 양성자에 의해 달라진다는 사실에 있다.

염화 수소(Hydrogen chloride)와 물이 반응하여 염화 이온과 하이드로늄 이온을 형성하는 것을 살펴봄으로써 짝산-염기 쌍 사이의 상관 관계를 설명할 수 있다.

짝산-염기 쌍 (HCl ↔ Cl^-)

짝산-염기 쌍 (H_2O ↔ H_3O^+)

$$HCl(aq) + H_2O(l) \rightleftharpoons Cl^-(aq) + H_3O^+(aq)$$

염화수소	물	염화 이온	하이드로늄 이온
(산)	(염기)	(HCl의 짝염기)	(H_2O의 짝산)

산인 HCl은 양성자를 주고 짝염기인 Cl^-로 바뀐다. 염기인 H_2O는 양성자를 받아 짝산인 H_3O^+로 바뀐다. 각각의 짝산-염기 쌍 요소들은 단지 양성자에 의해 달라지는 것이다.

산에서 염기로 양성자의 이동은 굽은 화살표(curved arrow)를 이용하여 표시할 수 있고, 이러한 굽은 화살표 기호는 1.8절에서 공명 구조들 간에 전자쌍의 재배치를 표시할 때도 사용하였다. 산과 염기의 반응에 대하여, 반응하는 원자의 모든 원자가 전자를 표시하면서 각 반응물과 생성물의 Lewis 구조를 그린다. 그 후, 굽은 화살표를 이용하여 반응하는 동안 전자쌍의 위치 변화를 표시한다. 경우에 따라 굽은 화살표의 꼬리는 전자쌍[고립 전자쌍(lone pair) 혹은 결합 전자쌍(bonding pair)]에 위치하고, 굽은 화살표의 머리는 전자쌍의 새로운 위치를 표시한다. 예를 들면, 한 개의 고립 전자쌍에서 인접 원자로 향하고 있는 것을 보여주는 굽은 화살표는 새로운 결합이 형성되는 것을 나타내고 있는 반면에, 한 개의 결합 전자쌍이 이미 결합하고 있는 원자로 향하고 있는 것을 보여주는 굽은 화살표는 그 결합이 끊어지는 것을 나타낸다(굽은 화살표의 사용을 더 면밀하게 검토하기 위하여 6장 앞 'Primer I. 반응 메커니즘'을 참조하라).

이 전자쌍의 재배치로
새로운 O—H 결합 형성

$$H-\ddot{O}{:}(-H) + H-\ddot{Cl}{:} \rightleftharpoons H-\ddot{O}^{+}(-H)-H + {:}\ddot{Cl}{:}^{-}$$

이 전자쌍의 재배치로
H—Cl 결합 끊어짐

위의 반응식에서 왼쪽의 굽은 화살표는 산소의 비공유 전자쌍이 위치가 변하여 수소와 새로운 공유 결합을 형성하는 것을 보여주고 있고, 오른쪽의 굽은 화살표는 H—Cl 결합이 끊어지고, 그 전자쌍이 오로지 염소 원자에게 주어져서 염화 이온이 형성되는 것을 보여준다. 그러므로 HCl과 H_2O의 반응에서 양성자는 HCl에서 H_2O로 이동된다. 이러한 과정에서 O—H 결합이 형성되면서 H—Cl 결합은 끊어진다. 이 굽은 화살표는 전자의 이동을 나타내지 원자의 이동을 나타내지 않는다는 점을 꼭 명심해야 한다.

굽은 화살표를 그릴 때 가장 일반적인 실수는 화살표를 반대 방향으로 그리는 것이다. 다음 예에서 보여주는 것처럼 화살표가 H—Cl 결합에서 산소 원자 쪽으로 향하고 있다. 이러한 표시는 H—Cl 결합에 있는 두 개의 전자가 수소 원자와 함께 이동한다는 것을 의미한다. 즉 H^+(양성자) 대신에 $H{:}^-$(수소 음이온, hydride anion)이 이동한다는 것을 의미한다. 부록 10에서 일반적인 실수에 관한 더 많은 사례를 찾아볼 수 있다.

틀림

$$H-\ddot{O}{:}(-H) \quad + \quad H-Cl$$

반응물로서 물을 사용하여 Brønsted-Lowry 정의에 대한 응용성을 설명하였다. 그러나 Brønsted-Lowry 정의는 반응물로 물을 필요로 하는 것은 아니다. Acetic acid와 ammonia 사이의 다음 반응을 살펴보자.

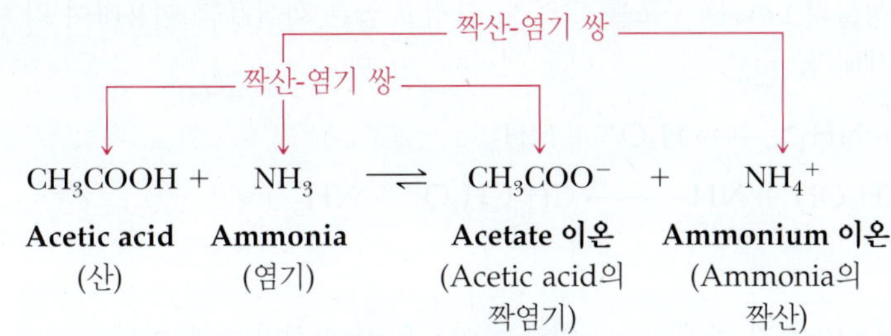

아래 반응식의 굽은 화살표는 acetic acid 분자에서 ammonia 분자로 양성자를 전달하기 위해서 두 전자쌍의 이동이 필요하다는 것을 표현한다.

$$CH_3-C(={:}O{:})-\ddot{O}-H \;+\; {:}NH_3 \rightleftharpoons CH_3-C(={:}O{:})-\ddot{O}{:}^- \;+\; H-\overset{+}{N}H_3$$

Acetic acid (양성자 주개)	**Ammonia** (양성자 받개)	**Acetate 이온**	**Ammonium 이온**

예제 4.1 ▸ 산과 염기

다음의 각 짝산-염기 쌍에 대하여 첫 번째 화학종이 산인지 혹은 염기인지 그리고 두 번째 화학종이 짝염기인지 혹은 짝산인지 구분하라. 또한 각 화학종에 대하여 모든 원자가 전자와 형식 전하를 나타낸 Lewis 구조를 그려라.

(a) CH_3OH, $CH_3OH_2^+$ **(b)** H_2CO_3, HCO_3^- **(c)** CH_3NH_2, $CH_3NH_3^+$

(계속)

➥ 해답

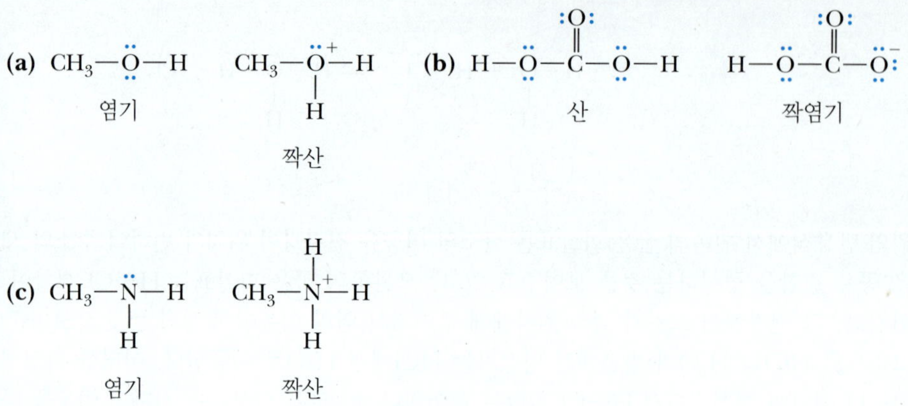

(a) $CH_3-\ddot{O}-H$ (염기) $CH_3-\ddot{O}^{+}(H)-H$ (짝산)

(b) $H-\ddot{O}-C(=O)-\ddot{O}-H$ (산) $H-\ddot{O}-C(=O)-\ddot{O}:^{-}$ (짝염기)

(c) $CH_3-\ddot{N}(H)-H$ (염기) $CH_3-N^{+}(H)(H)-H$ (짝산)

연습 문제 4.1

다음의 각 짝산-짝염기 쌍에 대하여 첫 번째 화학종이 산인지 혹은 염기인지 그리고 두 번째 화학종이 짝산인지 혹은 짝염기인지 구분하라. 또한 각 화학종에 대하여 모든 원자가 전자와 형식 전하를 나타내는 Lewis 구조를 그려라.

(a) H_2SO_4, HSO_4^- **(b)** NH_3, NH_2^- **(c)** CH_3OH, CH_3O^-

예제 4.2 ▸ 산-염기 반응

다음 반응을 양성자-이동 반응으로 그려라. 어떤 반응물이 산이고 염기인지 표시하고, 어떤 생성물이 원래 산의 짝염기인지 그리고 원래 염기의 짝산인지 표시하라. 또한 각 반응물과 생성물의 Lewis 구조를 그려라. 그리고 굽은 화살표를 이용하여 각 반응의 전자 흐름을 나타내라.

(a) $H_2O + NH_4^+ \longrightarrow H_3O^+ + NH_3$

(b) $CH_3CH_2OH + NH_2^- \longrightarrow CH_3CH_2O^- + NH_3$

➥ 해답

(a) 물은 염기(양성자 받개)이고, 암모늄 이온은 산(양성자 주개)이다.

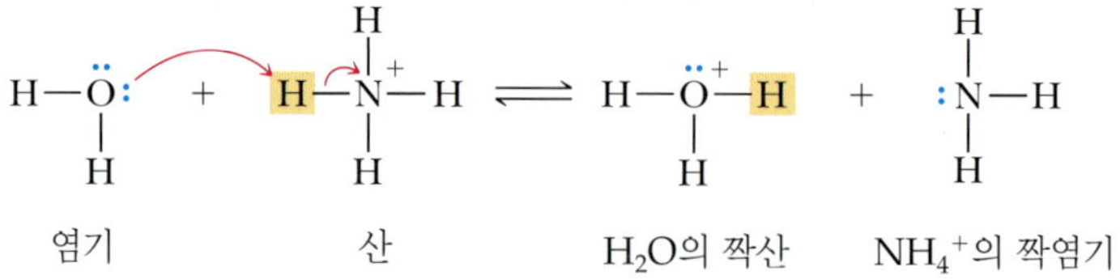

$$H-\ddot{O}(H): + H-N^{+}(H)(H)-H \rightleftharpoons H-\ddot{O}^{+}(H)-H + :N(H)(H)-H$$

염기 산 H_2O의 짝산 NH_4^+의 짝염기

(b) Ethanol은 산(양성자 주개)이고, 아마이드 이온(NH_2^-)은 염기(양성자 받개)이다.

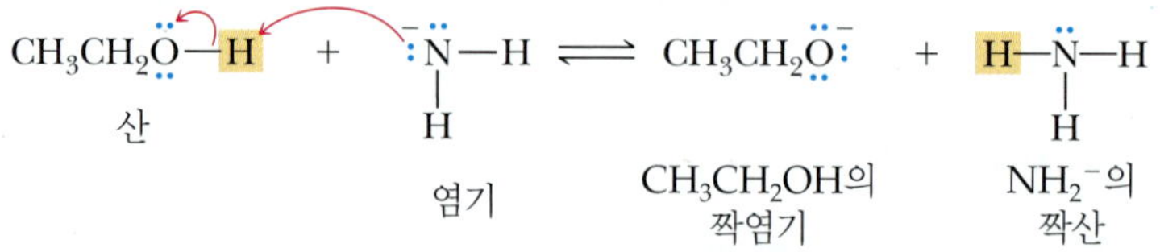

$$CH_3CH_2\ddot{O}-H + :\ddot{N}^{-}(H)-H \rightleftharpoons CH_3CH_2\ddot{O}:^{-} + H-\ddot{N}(H)-H$$

산 염기 CH_3CH_2OH의 짝염기 NH_2^-의 짝산

연습 문제 4.2

다음 반응을 양성자-이동 반응으로 그려라. 어떤 반응물이 산이고 염기인지 표시하고, 어떤 생성물이 원래 산의 짝염기인지 그리고 원래 염기의 짝산인지 표시하라. 또한 각 반

응물과 생성물의 Lewis 구조를 그려라. 그리고 굽은 화살표를 이용하여 각 반응의 전자 흐름을 나타내라.

(a) $CH_3SH + OH^+ \rightleftharpoons CH_3S^- + H_2O$

(b) $CH_2{=}O + HCl \rightleftharpoons CH_2{=}OH^- + Cl^-$

B 받개 자리가 두 개 혹은 그 이상을 가진 Brønsted-Lowry 염기

지금까지 산-염기 반응에서는 양성자 받개가 한 개만 있는 Brønsted-Lowry 염기에 대하여 다루었다. 많은 유기 화합물은 두 개 이상의 받개 자리를 가지고 있다. 다음에는 카보닐 탄소가 산소 혹은 질소와 결합된 카보닐기를 갖는 화합물에 대하여 설명한다. 여기에서 다루는 원리는 다른 형태의 분자에도 적용되는 매우 중요한 원리이다. 보다 더 안정한 전하를 갖는 화학종은 전하가 보다 더 비편재화된 화학종이다. 상대적인 전하 비편재화는 공명을 생각해 보면 이해할 수 있다(1.8절). Acetic acid와 같은 카복실산의 산소 원자로 양성자가 이동되는 가능한 자리에 대하여 먼저 살펴보자. 양성자가 카보닐 산소로 이동되면 A 형태의 양이온을 형성하고, 양성자가 하이드록시 산소로 이동되면 B 형태의 양이온을 형성한다.

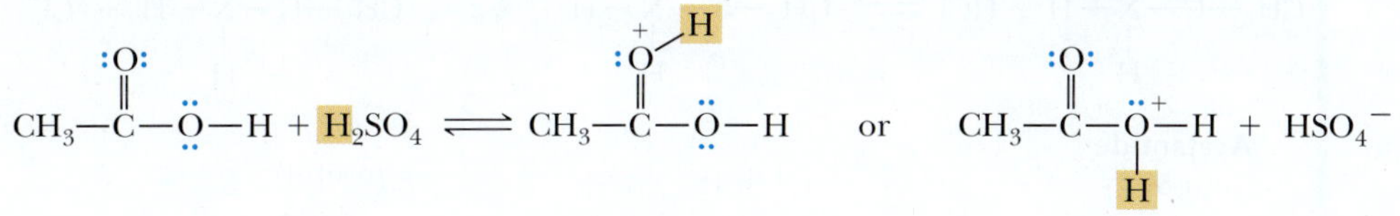

$$CH_3{-}C({=}O){-}O{-}H + H_2SO_4 \rightleftharpoons CH_3{-}C({=}\overset{+}{O}{-}H){-}O{-}H \text{ or } CH_3{-}C({=}O){-}\overset{+}{O}(H){-}H + HSO_4^-$$

A
(카보닐 산소에
양성자 첨가)

B
(하이드록시 산소에
양성자 첨가)

각 양이온에 대하여 어느 것이 보다 안정한지(에너지가 낮은지) 살펴보자. 양이온 A에 대하여 공명에 기여하는 세 개의 구조들을 쓸 수 있다. 이들 중 두 구조는 산소에 양전하가 있으며, 한 구조는 탄소에 양전하가 있다.

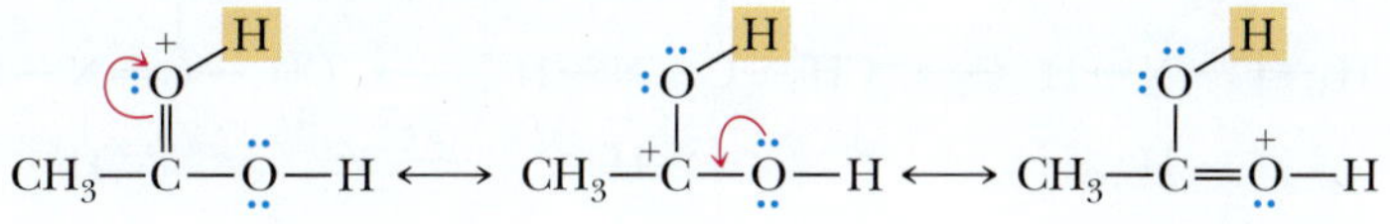

$$CH_3{-}C({=}\overset{+}{O}{-}H){-}O{-}H \longleftrightarrow CH_3{-}\overset{+}{C}(O{-}H){-}O{-}H \longleftrightarrow CH_3{-}C(O{-}H){=}\overset{+}{O}{-}H$$

A-1
(탄소와 산소가
완전한 옥테트 형성)

A-2
(탄소가 불완전한
옥테트 형성)

A-3
(탄소와 산소가
완전한 옥테트 형성)

이러한 세 구조식에서 A-1과 A-3은 모든 원자가 옥테트로 되어 있으므로 혼성(hybrid)에 크게 기여하고, A-2는 카보닐 탄소가 불완전한 옥테트로 되어 있으므로 기여도가 작다. 따라서 카보닐 산소에 양성자 첨가 될 때는 양전하가 세 개의 원자에 걸쳐 비편재화가 되며, 특히 동등한 두 개의 산소 원자에 크게 분배되어 있다. (두 개의 산소 원자는 양성자 첨가 이전에는 동등하지 않았으나 양성자 첨가된 이후에는 동등하다.)

하이드록시 산소에 양성자화가 되는 경우 양이온 B를 형성하고, 두 개의 공명 구조를 그릴 수 있다.

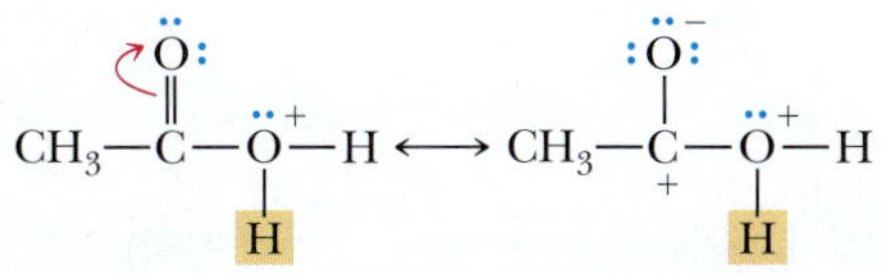

$$CH_3{-}C({=}O){-}\overset{+}{O}(H){-}H \longleftrightarrow CH_3{-}\overset{+}{C}(\overset{-}{O}){-}\overset{+}{O}(H){-}H$$

B-1

B-2
(전하 분리 및
인접 원자에 양전하)

B-2 구조는 인접 원자의 양전하 때문에 혼성에 매우 작은 기여를 한다. 그러므로 양이온의 전하는 사실상 하이드록시 산소에 편재화된다.

이러한 양이온 A와 B를 분석함으로써 카복시기의 양성자 첨가는 우선적으로 카보닐 산소에 일어남을 알 수 있다. 왜냐하면 양이온 A의 양전하 비편재화가 더 크기 때문이다.

예제 4.3 ▸ 공명 효과

카복시기의 —OH가 NH_2기로 바뀌게 되면 그 작용기를 아마이드(amide)라고 한다(1.3F절). Acetic acid에서 유도된 acetamide의 구조를 그려라. 또한 HCl이 아마이드로 양성자가 이동될 때, 아마이드의 산소 혹은 질소 중 어느 원자 쪽으로 양성자 이동이 우선적으로 일어나는지 결정하라.

➡ 해답

다음은 acetamide의 Lewis구조와 두 개의 가능한 양성자 첨가된 형태이다.

$$CH_3-\overset{\overset{\displaystyle :O:}{\|}}{C}-\ddot{N}(H)-H + HCl \rightleftharpoons CH_3-\overset{\overset{\displaystyle \overset{+}{O}-H}{\|}}{C}-\ddot{N}(H)-H \quad \text{혹은} \quad CH_3-\overset{\overset{\displaystyle :O:}{\|}}{C}-\overset{+}{N}(H)(H)-H + Cl^-$$

Acetamide
(아마이드)

A
(아마이드 산소에 양성자 첨가)

B
(아마이드 질소에 양성자 첨가)

양이온 A에 대하여 세 개의 기여 구조를 그릴 수 있으며, 구조 A-1과 A-3는 모든 원자가 완전한 옥테트를 가지므로 혼성에 크게 기여한다. 이 두 개 구조 중, A-3은 전기음성도가 작은 원자에 양전하가 있기 때문에 A-1보다 더 크게 기여한다. 결과적으로 양이온 A의 양전하가 세 개의 원자에 걸쳐 비편재화가 되고, 질소와 산소에 크게 분배되어 있다.

$$CH_3-\overset{\overset{\displaystyle H-\overset{+}{\ddot{O}}}{\|}}{C}-\ddot{N}(H)-H \longleftrightarrow CH_3-\overset{\overset{\displaystyle H-\ddot{O}:}{|}}{\overset{+}{C}}-\ddot{N}(H)-H \longleftrightarrow CH_3-\overset{\overset{\displaystyle H-\ddot{O}:}{|}}{C}=\overset{+}{N}(H)-H$$

A-1
(완전한 옥테트, 전기음성도가 큰 원자에 양전하)

A-2
(탄소에 불완전한 옥테트)

A-3
(완전한 옥테트, 전기음성도가 작은 원자에 양전하)

양이온 B에 대하여는 단지 두 개의 기여 구조를 그릴 수 있다. 이들 중, B-2는 같지 않은 전하의 생성과 분리를 필요로 하며 인접하여 있는 원자(즉 탄소 원자)에 양전하가 있게 된다. 즉, B-2는 혼성에 거의 기여하지 않는다. 따라서 양이온 B의 양전하는 본질적으로 아마이드의 질소에 편재되어 있다.

$$CH_3-\overset{\overset{\displaystyle :O:}{\|}}{C}-\overset{+}{N}(H)(H)-H \longleftrightarrow CH_3-\overset{\overset{\displaystyle :\ddot{O}:^-}{|}}{\underset{+}{C}}-\overset{+}{N}(H)(H)-H$$

B-1
(아마이드 질소에 양성자 첨가)

B-2
(인접한 원자에 양전하, 전하 분리)

이러한 분석으로부터 acetic acid의 예와 같이, 아마이드 기의 카보닐 산소에 양성자 이동은 보다 더 비편재화된 즉, 보다 더 안정한 양이온 A가 형성된다는 결론을 내릴 수 있다.

연습 문제 4.3

다음은 철새가 배설하는 과량의 대사 질소가 포함된 화합물인 guanidine의 구조이다. 이 화합물의 염화수소(hydrochloride) 염은 흰색 결정의 분말이고 물과 에탄올에 잘 녹는다.

(a) Guanidine의 모든 원자가 전자를 나타내는 Lewis 구조를 써라.

(b) Guanidine으로 양성자 이동이 일어나면 $—NH_2$기(양이온 A) 혹은 $=NH$기(양이온 B) 중 어느 쪽에 우선적으로 일어날 것인가? 설명하라.

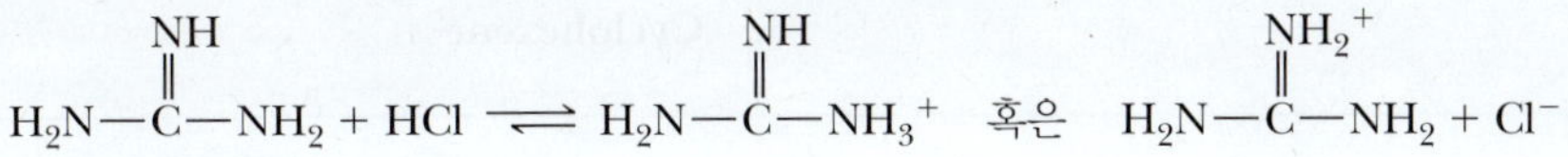

$$H_2N—C(=NH)—NH_2 + HCl \rightleftharpoons H_2N—C(=NH)—NH_3^+ \text{ 혹은 } H_2N—C(=NH_2^+)—NH_2 + Cl^-$$

Guanidine A B

C Brønsted-Lowry 염기로서의 π 전자

지금까지 비공유 전자쌍을 가지고 있는 원자로 양성자 이동이 일어나는 것에 대하여 설명하였다. 파이 전자(π electron)를 가진 화합물(즉, 탄소-탄소 이중 혹은 삼중 결합의 파이 전자)도 양성자-이동 반응이 일어난다. 예를 들면, 2-butene의 탄소-탄소 이중 결합의 파이 전자는 H_2SO_4, H_3PO_4, HCl, HBr, HI와 같은 센산과 반응에 의한 양성자 이동으로 새로운 탄소-수소 결합을 형성한다.

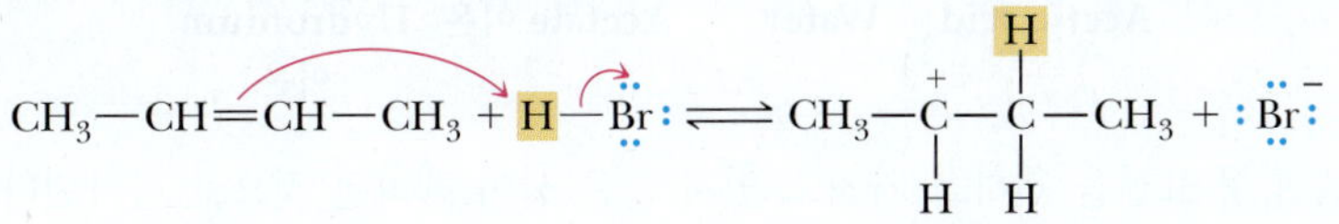

$$CH_3—CH=CH—CH_3 + H—\ddot{\underset{..}{Br}}: \rightleftharpoons CH_3—\overset{+}{C}H—CH_2—CH_3 + :\ddot{\underset{..}{Br}}:^-$$

2-Butene *sec*-**Butyl 양이온** (2° 탄소양이온)

이와 같은 양성자 이동 반응의 결과로 **탄소양이온**(carbocation)이 형성된다. 이러한 화학종은 탄소의 외각에 단지 여섯 개의 전자를 가지고 있으며, +1의 전하를 가진다. *sec*-Butyl 양이온의 양전하를 가진 탄소는 두 개의 다른 탄소와 결합을 하고 있으므로 이차(2°) 탄소양이온으로 분류한다. 탄소양이온의 형성, 구조, 반응에 대해서는 6장에서 자세히 공부할 것이다.

예제 4.4 ▸ 양성자 이동

2-Methyl-2-butene과 HI 사이의 산-염기 반응은 원칙적으로 두 종류의 탄소양이온을 형성한다. 각 탄소양이온이 형성되는 화학식을 적고, 굽은 화살표를 이용하여 각 반응에 대한 양성자 이동을 표시하라.

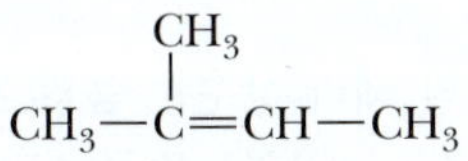

$$CH_3—C(CH_3)=CH—CH_3$$

2-Methy1-2-butene

➥ **해답**

이 알켄의 3번 탄소로의 양성자 이동은 삼차(3°) 탄소양이온을, 2번 탄소로의 양성자 이동은 이차(2°) 탄소양이온을 형성한다.

$$CH_3—C(CH_3)=CH—CH_3 + H—\ddot{\underset{..}{I}}: \longrightarrow H_3C—\overset{+}{C}(CH_3)—CH_2—CH_3 + :\ddot{\underset{..}{I}}:^-$$

삼차(3°) 탄소양이온

$$\longrightarrow H_3C—CH(CH_3)—\overset{+}{C}H—CH_3 + :\ddot{\underset{..}{I}}:^-$$

이차(2°) 탄소양이온

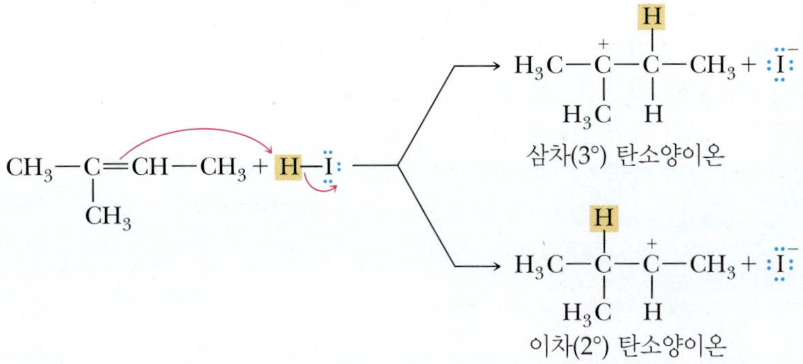

연습 문제 4.4

다음 알켄 혹은 사이클로알켄과 HCl 사이의 양성자 이동 반응식을 써라. 두 개의 탄소양이온이 가능하며, 각각을 표시하라.

(a) $CH_3CH_2CH{=}CHCH_3$
2-Pentene

(b) (cyclohexene structure)
Cyclohexene

4.3 산 해리 상수, pK_a와 산과 염기의 상대적인 세기

유기산 혹은 염기의 정량적인 산도 측정은 산-염기 평형 상태에서 여러 구성 성분들의 평형 농도를 측정하는 것이다. 산의 세기는 평형 상수로 표현된다. 물에서 acetic acid의 해리(이온화)는 다음식과 같다.

$$CH_3\overset{\overset{\displaystyle O}{\|}}{C}OH + H_2O \rightleftharpoons CH_3\overset{\overset{\displaystyle O}{\|}}{C}O^- + H_3O^+$$

Acetic acid **Water** **Acetate 이온** **Hydronium 이온**

일반적으로 평형 표현을 전하를 가지고 있지 않은 산이 해리된 것으로 나타낸다. 즉, 물에서 산(HA)은 해리하여 A^- 음이온과 하이드로늄 이온(H_3O^+)을 형성한다. 이온화의 평형 상수는 다음과 같다.

$$HA + H_2O \rightleftharpoons A^- + H_3O^+$$

$$K_{eq} = \frac{[H_3O^+][A^-]}{[HA][H_2O]}$$

산 해리 상수
산 해리 반응에서 평형 상수(K_{eq})에 물의 농도 $[H_2O]$를 곱한 것과 같다.

물은 이 반응의 용매이고 물의 농도는 HA가 첨가될 때 아주 소량 변화하기 때문에 물의 농도를 1000 g/L 혹은 55.6 mol/L로 상수화할 수 있다. 이러한 두 개의 상수(K_{eq}와 물의 농도)를 합치면 $\boldsymbol{K_a}$라고 하는 새로운 상수인 **산 해리 상수**(acid dissociation constant)를 정의할 수 있다.

$$K_a = K_{eq}[H_2O] = \frac{[H_3O^+][A^-]}{[HA]}$$

유기산을 포함하는 대부분 산의 해리 상수는 음의 지수이기 때문에 산의 세기는 **pK_a** ($-\log_{10}K_a$)로 자주 표현된다. Acetic acid의 pK_a는 4.76이다. 이는 acetic acid가 약한 산이라는 의미이며, 수용액 상태에서 대부분 이온화되지 않은 CH_3COOH 상태로 존재하기 때문이다. 표 4.1에 몇 가지 유기산과 무기산에 대한 이름, 분자식, pK_a 값을 나타내었다. 이 표의 자료는 다음과 같은 상관관계가 있음을 유의하라.

$$pK_a = -\log_{10}K_a$$

- pK_a 값이 클수록 더 약한 산이다.
- pK_a 값이 작을수록 더 센산이다.
- 산이 약할수록 그의 짝염기는 더 센염기이다.
- 산이 강할수록 그의 짝염기는 더 약한 염기이다.

표 4.1 몇 가지 유기산과 무기산의 pK_a 값

	산	화학식	pK_a	짝염기	
더 약한 산	Ethane	CH_3CH_3	51	$CH_3CH_2^-$	더 센 짝염기
	Ethylene	$CH_2{=}CH_2$	44	$CH_2{=}CH^-$	
	Ammonia	NH_3	38	NH_2^-	
	Hydrogen	H_2	35	H^-	
	Acetylene	$HC{\equiv}CH$	25	$HC{\equiv}C^-$	
	Ethanol	CH_3CH_2OH	15.9	$CH_3CH_2O^-$	
	Water	H_2O	15.7	HO^-	
	Methylammonium ion	$CH_3NH_3^+$	10.64	CH_3NH_2	
	Bicarbonate ion	HCO_3^-	10.33	CO_3^{2-}	
	Phenol	C_6H_5OH	9.95	$C_6H_5O^-$	
	Ammonium ion	NH_4^+	9.24	NH_3	
	Hydrogen sulfide	H_2S	7.04	HS^-	
	Pyridinium	$C_5H_5NH^+$	5.2	C_5H_5N	
	Benzoic acid	C_6H_5COOH	4.19	$C_6H_5COO^-$	
	Hydrogen fluoride	HF	3.2	F^-	
더 센산	Phosphoric acid	H_3PO_4	2.1	$H_2PO_4^-$	더 약한 짝염기
	p-Toluenesulfonic acid	$CH_3C_6H_4SO_3H$	0.7	$CH_3C_6H_4SO_3^-$	
	Nitric acid	HNO_3	−1.5	NO_3^-	
	Hydronium ion	H_3O^+	−1.74	H_2O	
	Sulfuric acid	H_2SO_4	−5.2	HSO_4^-	
	Hydrogen chloride	HCl	−7	Cl^-	
	Hydrogen bromide	HBr	−8	Br^-	
	Hydrogen iodide	HI	−9.9	I^-	

예제 4.5 ▸ K_a와 pK_a

각 pK_a 값으로부터 해당하는 K_a 값을 계산하여라. 어느 화합물이 더 센산인가?

(a) Ethanol, $pK_a = 15.9$ **(b)** Carbonic acid, $pK_a = 6.36$

➥ 해답

$pK_a = -\log_{10}K_a$이므로 $K_a = 10^{-pK_a}$로 계산하면,

(a) Ethanol, $K_a = 1.3 \times 10^{-16}$ **(b)** Carbonic acid, $K_a = 4.4 \times 10^{-7}$

Carbonic acid의 pK_a 값이 ethanol보다 작기 때문에 carbonic acid가 더 센산이고 ethanol이 더 약한 산이다.

연습 문제 4.5

각 K_a 값으로부터 해당하는 pK_a 값을 계산하여라. 어느 화합물이 더 센산인가?

(a) Acetic acid, $K_a = 1.74 \times 10^{-5}$ **(b)** Chloroacetic acid, $K_a = 1.38 \times 10^{-3}$

pK_a 값은 평형 상수(K_a)를 추정하는데 사용된다. 예를 들어, 어떤 산의 pK_a 값이 거의 0이라면, 산의 물을 양성자화하는 반응의 평형 상수는 거의 1이다. 음의 pK_a 값을 갖는 산의 평형 상수는 1보다 크고, 반면 양의 pK_a 값을 갖는 산의 평형 상수는 1보다 작다. 각 pK_a 값 사이의 1 차이는 비교되는 산의 세기가 10배 증가하거나 감소함을 나타낸다.

수용액에서 2~12 범위 내의 pK_a 값은 아주 정확히 측정할 수 있다. 2보다 더 작은 pK_a 값은 정확하지 않다. 왜냐하면, HCl, HBr, HI와 같은 매우 센산들은 물속에서 완전히 이온화되어 산성 용액에서 H_3O^+ 형태로만 존재하기 때문이다. 용매인 물에서 너무 센산이어서 정확하게 세기를 측정할 수 없는 산의 경우는, 용매인 물보다 덜 염기성인 acetic acid 나 혹은 물과 황산의 혼합물을 용매로 사용한다. 예를 들면, 할로젠산(halogen acid)은 acetic acid에서 완전히 이온화되지 않지만, HI가 이 용매 속에서 HBr 혹은 HCl보다 더 큰 이온화도를 보이므로, 세 개의 산 중에서 가장 센산임을 알 수 있다. 12보다 더 큰 pK_a 값 역시 부정확한 값이다. 수용액에서 너무 강해서 측정될 수 없는 염기에 대해서는 액체 암모니아나 dimethyl sulfoxide (DMSO)와 같은 물보다 더 염기성인 용매가 사용된다. 따라서 2보다 작고 12보다 큰 pK_a 값을 중간 범위의 값과 비교할 경우에는 단지 정성적인 용도로만 사용되어야 한다. 왜냐하면 각각의 끝점에 있는 상대적인 산도의 크기를 측정하기 위해서 서로 다른 용매 체계를 사용해야 하기 때문이다.

4.4 산-염기 반응의 평형 위치

산의 pK_a 값으로부터 수용액에서 해리되지 않은 분자가 많은지 아니면 그것의 이온이 많은지를 알 수 있다. 음수의 pK_a는 대부분의 산 분자가 물에 해리되었음을 나타내고, 반면 양수의 값은 대부분의 산 분자가 물에서 해리되지 않은 상태로 있는 것을 나타낸다. 예를 들면, pK_a 값이 −7이고 센산인 HCl의 경우 수용액의 평형 상태에서 완전히 해리하여 대부분 H_3O^+와 Cl^-로 존재한다.

$$HCl + H_2O \rightleftharpoons H_3O^+ + Cl^- \qquad pK_a = -7$$

반면, 약한 산인 acetic acid의 경우는 pK_a 값이 4.76으로 수용액의 평형 상태에서 주 화학종은 CH_3COOH 분자로 존재한다.

$$CH_3\overset{\overset{O}{\|}}{C}OH + H_2O \rightleftharpoons CH_3\overset{\overset{O}{\|}}{C}O^- + H_3O^+ \qquad pK_a = 4.76$$

이러한 산-염기 반응에서 물은 염기이다. 그러나 양성자 받개로 물이 아닌 다른 염기가 사용될 경우나 혹은 양성자 주개로 염산이나 acetic acid가 아닌 경우는 어떻게 될까? 평형 상태에서 정량적으로 혹은 정성적으로 어떤 화학종이 존재하는지 어떻게 알 수 있을까? 즉 평형 위치가 어느 쪽에 놓여 있는지 어떻게 결정할 수 있을까?

예를 들면, acetic acid와 ammonia가 반응하여 아세트산 이온과 암모늄 이온을 생성하는 산-염기 반응을 살펴보자.

$$CH_3\overset{\overset{O}{\|}}{C}OH + NH_3 \rightleftharpoons CH_3\overset{\overset{O}{\|}}{C}O^- + NH_4^+$$

Acetic acid **Ammonia** **Acetate 이온** **Ammonium 이온**

이 평형에서 acetic acid와 암모늄 이온의 두 개의 산이 존재하고, 또한 암모니아와 아세트산 이온의 두 개의 염기가 존재한다. 한 가지 분석 방법으로 이러한 평형은 두 개의 염기 암모니아와 아세트산 이온이 양성자에 대하여 경쟁하는 것을 살펴보는 것이다. '어느 것이 더 센염기인가?'에 대한 답은 표 4.1에 있다. 우선 어느 짝산이 더 센산인지를 결정하고 또한 더 센산의 짝염기가 더 약한 염기라는 사실도 연관시켜 보자. 표 4.1로부터 acetic acid (pK_a 4.76)가 더 센산이다. 이것은 CH_3COO^-가 더 약한 염기라는 것을 의미한다. 거꾸로 말하면, 암모늄 이온(pK_a 9.24)이 더 약한 산이고 NH_3가 더 센염기이다. 각 산과 염기의 상대적인 세기를 다음과 같이 나타낼 수 있다.

$$\underset{\substack{\textbf{Acetic acid}\\ pK_a\ 4.76\\ (\text{더 센산})}}{CH_3\overset{O}{\overset{\|}{C}}OH} \;+\; \underset{\substack{\textbf{Ammonia}\\ (\text{더 센염기})}}{NH_3} \;\rightleftharpoons\; \underset{\substack{\textbf{Acetate 이온}\\ (\text{더 약한 염기})}}{CH_3\overset{O}{\overset{\|}{C}}O^-} \;+\; \underset{\substack{\textbf{Ammonium 이온}\\ pK_a\ 9.24\\ (\text{더 약한 산})}}{NH_4^+}$$

HOW TO 산-염기 반응의 평형 상수 계산하는 방법

각 산의 pK_a 값으로부터 평형의 위치를 예측할 수 있을 뿐만 아니라, 산-염기 반응의 평형 상수도 계산할 수도 있다. 일련의 수학적인 조작은 해온 것처럼 하면 된다. 예를 들어, 다음과 같은 산-염기 반응을 살펴보자.

$$\underset{\text{산}}{HA} + \underset{\text{염기}}{B} \rightleftharpoons \underset{\text{HA의 짝염기}}{A^-} + \underset{\text{B의 짝산}}{BH^+}$$

이 반응의 평형 상수는 다음과 같다.

$$K_{eq} = \frac{[A^-][BH^+]}{[HA][B]}$$

이 식의 오른쪽에 $[H_3O^+]/[H_3O^+]$를 곱하고 재정리하면, 평형 상수는 HA산의 K_a를 BH^+산의 K_a로 나눈 것으로 표현된다.

$$K_{eq} = \frac{[A^-][BH^+]}{[HA][B]} \times \frac{[H_3O^+]}{[H_3O^+]} = \frac{[A^-][H_3O^+]}{[HA]} \times \frac{[BH^+]}{[B][H_3O^+]} = \frac{K_{HA}}{K_{HB^+}}$$

이 식의 양쪽에 로그를 취하면 다음과 같이 표현된다.

$$pK_{eq} = pK_{HA} - pK_{BH^+}$$

따라서 평형 상태에서 각 산의 pK_a 값을 알면 다음 과정을 거쳐 산-염기 반응의 평형 상수를 계산할 수 있다.

1. 산-염기 반응에 참여하고 있는 반응물인 HA 산과 생성물인 BH^+ 짝산의 pK_a 값을 조사하라.
2. HA 산(반응물)의 pK_a 값에서 짝산 BH^+(생성물)의 pK_a 값을 빼라.
3. $pK_{eq} = -\log_{10}K_{eq}$ 관계식으로부터 $-pK_{eq}$ 값에 antilog를 취하면 K_{eq} 값을 구할 수 있다.

예제: Acetic acid와 ammonia의 반응에 대한 K_{eq}를 구하라.

$$\underset{pK_a = 4.76}{CH_3CO_2H} + NH_3 \rightleftharpoons CH_3CO_2^- + \underset{pK_a = 9.24}{NH_4^+}$$

위의 1~3단계의 과정을 따르면, $pK_{eq} = 4.76 - 9.24 = -4.48$이 된다. 따라서 $K_{eq} = 3.0 \times 10^4$이 된다. 산-염기 반응에서 더 센산과 더 센염기가 반응하여 더 약한 산과 더 약한 염기가 형성된다는 사실로부터 acetic acid와 ammonia의 산-염기 반응에 대한 평형은 오른쪽에 놓여 있다고 결론지을 수 있다. 수학적인 접근 방법을 이용하여 이 산-염기 반응의 평형 상수를 계산하면 3.0×10^4이다. 이 값은 만약 acetic acid와 ammonia를 같은 양으로 반응시키면, 그 반응의 생성물들이 30,000 : 1 정도로 더 우세하다는 것을 의미한다.

가장 중요한 개념은 다음과 같다.

산-염기 반응에서 평형의 위치는 더 센산과 더 센염기가 반응하여 더 약한 산과 더 약한 염기를 형성하는 반응이 항상 유리하다.

따라서, 평형 상태에서 더 약한 산과 더 약한 염기가 주된 화학종으로 존재한다. 그러므로 acetic acid와 ammonia의 반응에 대한 평형의 위치는 오른쪽에 놓여 있고, 아세트산 이온과 암모늄 이온이 주된 화학종으로 존재한다.

생화학 관련 이야기 Connections to Biological Chemistry

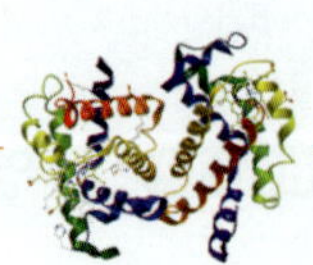

생리학적 pH에서 작용기의 이온화

살아있는 세포에서의 pH는 일반적으로 7.0에서 8.5 사이이고 이 범위를 종종 생리학적 pH로 언급한다. 생물 분자에서 발견되는 몇 가지 일반 작용기는 생리학적 pH에서 이온화된다. 왜냐하면 작용기들이 양성자 이탈될 수 있는 산 혹은 양성자 첨가될 수 있는 염기이기 때문이다. 경험상 어떤 산의 pK_a가 용액의 pH보다 2 혹은 그 이상의 수보다 낮으면, 그 산은 충분히 양성자 이탈된다는 것이다. 카복시기(카복실산의 작용기)는 glutamic acid와 aspartic acid의 곁사슬뿐만 아니라 모든 아미노산에 존재한다. 카복실산의 pK_a 값은 전형적으로 4~5이다. 카복실산은 pH 값이 7 혹은 그 이상에서는 본질적으로 완전히 양성자 이탈되어 음이온이 된다.

R—C(=O)—OH → R—C(=O)—O⁻

카복실산 pK_a 4~5 | 생리학적 pH에서 존재하는 형태

생물 분자에서 발견되는 다른 작용기는 phosphodiester기이다. 이러한 작용기는 DNA와 RNA와 같은 핵산(nucleic acid) 골격의 한 부분으로 발견되고 그의 pK_a 값은 1~3이다.

R—O—P(OH)(=O)—O—R′ → R—O—P(O⁻)(=O)—O—R′

Phosphodiester pK_a 1~3 | 생리학적 pH에서 존재하는 형태

Phosphodiester기는 생리학적 pH 값에서 음이온 형태로 존재한다. 그러므로 phosphodiester기의 반복 형태를 가진 핵산의 골격은 다중음이온성(polyanionic)이 되고, 핵산의 전체적인 특성에 큰 영향을 준다.

또한 생물학적 분자 내에 염기성 작용기들도 있다. 여기에서 중요한 법칙은 짝산의 pK_a가 용액의 pH보다 2 이상 클 경우, 염기가 충분히 양성자 첨가된다는 것이다. 염기로서 아미노(amino)기와 guanidino기와 같은 중요한 예들이 있다. 아민과 guanidine의 짝산의 pK_a 값은 각각 9~11과 13~14이다. 결과적으로 이들 원자단들은 생리학적 pH에서 양성자 첨가되어 양전하를 띠게 된다.

$R—NH_2$ 아민기 | $R—NH_3^+$ pK_a 9~11 생리학적 pH에서 존재하는 형태

R—NH—C(=NH)—NH_2 구아니딘기 | R—NH—C(=NH_2^+)—NH_2 pK_a 13~14 생리학적 pH에서 존재하는 형태

흥미로운 경우는 histidine 아미노산의 곁사슬에 포함되어 있는 imidazole기이다. 짝산의 pK_a 값이 6~7인 imidazole기는 생리학적 pH에서 양성자 첨가된 형태와 양성자 이탈된 형태의 혼합물로 존재한다. 두 가지 형태로 존재하는 이러한 능력은 양성자 이동 반응이 imidazole기를 포함한 단백질의 기능에 중요한 영향을 주고 있어 큰 의미를 가질 수 있다.

Imidazole기 + H_3O^+ ⇌ Imidazole의 짝산 (pK_a 6~7) + H_2O

마지막으로 생물 분자의 산-염기 반응의 성질을 논할 때 아미노산에 대한 설명은 매우 중요하다. 생리학적 pH에서 아미노기와 카복시기는 모두 이온화된다. 포유류의 신경전달체(neurotransmitter)와 같은 생체 내의 많은 경우에서 유리 아미노산(free amino acid)이 발견되고 있다.

R—CH(H_2N)—COOH 아미노기와 카복시기를 가진 아미노산 | R—CH(^+H_3N)—COO^- 생리학적 pH에서 이온화되거나 쯔비터이온(zwitterion)의 형태로 존재

예제 4.6 ▸ 산-염기 평형

다음 산-염기 반응에 대하여 평형의 위치를 예측하고 평형 상수 K_{eq}를 계산하여라.

(a) $C_6H_5OH + HCO_3^- \rightleftharpoons C_6H_5O^- + H_2CO_3$

Phenol **Bicarbonate 이온** **Phenoxide 이온** **Carbonic acid**

(b) $HC{\equiv}CH + NH_2^- \rightleftharpoons HC{\equiv}C^- + NH_3$

Acetylene **Amide 이온** **Acetylide 이온** **Ammonia**

➥ 해답

(a) Carbonic acid가 더 센산이다. 즉, 평형의 위치는 왼쪽에 놓여 있다. Phenol은 bicarbonate 이온으로 양성자를 이동시켜 carbonic acid를 형성하지 못한다.

$C_6H_5OH + HCO_3^- \rightleftharpoons C_6H_5O_2 + H_2CO_3$ $\quad pK_{eq} = 9.95 - 6.36 = 3.59$

pK_a 9.95 (더 약한 산) $\quad pK_a$ 6.36 (더 센산) $\quad K_{eq} = 10^{-3.59} = 2.57 \times 10^{-4}$

(b) Acetylene이 더 센산이다. 즉, 평형의 위치는 오른쪽에 놓여 있다.

$HC{\equiv}CH + NH_2^- \rightleftharpoons HC{\equiv}C^- + NH_3$ $\quad pK_{eq} = 25 - 38 = -13$

pK_a 25 (더 센산) $\quad pK_a$ 38 (더 약한 산) $\quad K_{eq} = 10^{13}$

연습 문제 4.6

다음 산-염기 반응에 대하여 평형의 위치를 예측하고 평형 상수를 계산하여라.

(a) $CH_3NH_2 + CH_3COOH \rightleftharpoons CH_3NH_3^+ + CH_3COO_2$

Methylamine **Acetic acid** **Methylammonium 이온** **Acetate 이온**

(b) $CH_3CH_2O^- + NH_3 \rightleftharpoons CH_3CH_2OH + NH_2^-$

Ethoxide 이온 **Ammonia** **Ethanol** **Amide 이온**

4.5 산-염기 반응의 열화학과 메커니즘

산에서 염기 쪽으로 양성자 이동은 책에서 논의된 많은 화학 반응 중에서 가장 간단한 것이다. 그러므로 산-염기 반응의 열화학과 반응 메커니즘을 조사해 보는 것은 아주 의미 있는 일이다.

반응 메커니즘(Reaction mechanism)은 반응이 어떻게 일어나고 있는지를 자세히 보여준다. 반응 메커니즘은 여러 가지의 결합 끊어짐과 결합 형성 단계의 순서와 상대 속도뿐만 아니라 어떤 결합이 끊어지며 어떤 결합이 형성되고 있는가를 나타내고 있다. 이상적으로 완전한 메커니즘은 반응이 일어나는 모든 순간 동안 모든 원자의 위치와 화학 반응계 전체의 에너지를 보여준다. 그러나 이러한 이상적으로 완전한 메커니즘은 실제로 거의 불가능하다.

반응 메커니즘
반응이 어떻게 일어나는지에 대한 자세한 기술.

열화학(Thermochemistry)은 반응의 모든 순간마다 그 화학 반응계의 에너지에 관한 연구이다. 그러므로 그것은 메커니즘을 완전히 풀었을 때 얻게 되는 정보의 일부분이다. 산-염기 반응의 메커니즘과 열화학을 조사하기 전에 무엇이 화학 반응을 일어나게 했는지를 조사하고 화학 반응성에 중요한 몇 가지 에너지 법칙을 도입해야 한다.

열화학
화학 구조에 따른 에너지의 연구.

A 열 반응과 전이 상태

대부분 화학 반응은 충돌을 통하여 일어난다. 반응 용기 안에 용매와 함께 A—H와 B^-의 두 종류의 반응물이 들어 있는 것을 생각하자. 화합물 A—H와 B^-은 각 용매 분자와 충돌하면서 용매 분자를 통하여 움직인다. 때때로 A—H와 B^-도 서로 충돌할 것이다. 분자가 반응용기를 따라 움직이는 속도는 분자들의 운동 에너지(kinetic energy, 'kinetic'은 움직임을 의미함)에 비례한다. 더 큰 운동 에너지를 가진 분자들 사이에는 더 높은 에너지를 가진 충돌이 일어난다. 충돌이 일어나는 동안 분자의 구조는 찌그러들며 수축이 된다. 더 큰 에너지를 가진 충돌은 분자 구조가 더 크게 뒤틀리게 한다. 35 mph보다는 65 mph로 달리는 자동차 사이의 정면 충돌이 더 큰 손상을 입히는 것과 비슷하다. 높은 온도에서 충돌 에너지가 더 크다. 왜냐하면 분자가 더 빠르게 움직이기 때문이다. 온도 때문에 생기는 운동 에너지가 반응 용기에 유입되면서 일어나는 반응을 **열 반응**(thermal reaction)이라 한다.

충돌이 일어나는 동안 반응물의 운동 에너지는 위치 에너지로 전환된다. 그 위치 에너지는 구조적인 무리(structural strain) 형태로 화학 구조에 저장된다. 그 에너지는 분자가 다시 최적의 기하학적 배열을 가질 때 방출된다(무리에 관한 설명은 2.5절을 보라). 이런 상황은 나뭇가지 위에서 펄쩍펄쩍 뛰는 것과 유사하다. 나뭇가지의 가장 안정한 기하학적 배열은 수평선상이라고 하자. 각각의 뛰어오름(충돌)은 나뭇가지를 변형시켜 최적 수평선상의 기하학적 배열에서 벗어나 굽어있게 한다. 만일 당신이 나뭇가지에 충분히 세게 뛰어오르면 가지는 꺾일 것이다. 이와 유사하게, 만일 분자가 충분히 세게 충돌한다면 결합은 끊어질 것이다. 더욱이 몇몇 충돌은 결합을 찌그러뜨려 결합의 자리옮김(rearrangement)이 일어나도록 한다.

전이 상태
반응 에너지 도표에서 가장 에너지가 높은 점. 이 점에 있는 화학적 구조를 일반적으로 활성화물이라고 한다.

충돌로부터 반응이 일어나는 동안 **전이 상태**(transition state, TS)라 하는 구조 형태가 형성된다. 또한 이 상태를 보통 활성화물(activated complex)이라고도 한다. 이 상태는 부분적으로 결합이 끊어져 있고 부분적으로 결합이 형성되어 있는 특별한 기하학적 배열을 갖고 있다. 이 상태는 너무 뒤틀려 있어 적게 뒤틀려 있는 새로운 구조로 바뀌게 된다. 결국은 굽은 나뭇가지의 구조가 더 이상의 비틀림을 견딜 수 없게 되고, 따라서 나뭇가지의 부러짐(snap)은 화학 반응의 전이 상태와 유사하다. 다음 절에서 전이 상태에 대하여 더 이야기할 것이다.

B 반응 좌표 도표와 열화학

반응 좌표 도표
화학 반응이 일어나는 동안에 에너지 변화를 보여 주는 그래프, 에너지는 수직 축에 나타내고 반면에 반응의 진행은 수평 축을 따라 나타낸다.

화학자는 화학 반응에 참여하고 있는 분자의 에너지 변화를 보여주기 위하여 **반응 좌표 도표**(reaction coordinate diagram, RCD)를 사용한다. 에너지는 수직 축에서 측정되고, 수평 축에는 반응이 일어나는 동안 원자들의 위치 변화(반응진행도)가 나타나 있으며, 이것을 **반응 좌표**(reaction coordinate)라 한다. 반응 좌표는 시간 축은 아니다. 오히려 그것은 구조가 변하면서 반응이 어느 정도 진행되었는지를 나타낸다. 그림 4.1은 산 H—A와 염기 B^-(반응물)가 반응하여 H—B와 A^-(생성물)가 형성되는 것을 보여주는 반응 좌표 도표이다. 도표 상에서 우물과 같이 움푹한 곳은 일정한 수명 시간을 가지고 있는 안정한 구조를 나타내며, 반면에 곡선에 따라 있는 다른 지점은 분리할 수 없는 불안정한 구조를 나타낸다. 전이 상태는 반응 좌표 도표에서 에너지가 가장 높은 지점에 있다. 전이 상태는 10~12초 보다 짧게 이어진다. 그림 4.1의 예는 한 단계로 반응이 일어나고 있다. 즉, 충돌하면서 반응물의 결합은 끊어지고 생성물의 결합은 형성되는 것이 동시에 일어나고 있음을 의미한다. 반응 좌표를 따라 있는 각각의 점은 반응물 혹은 생성물이 아니고 반응물과 생성물의 특징을 동시에 갖는 화학적 구조를 나타낸다. x축을 따라 반응물에 가까운 점들은 반응물의 구조와 더 유사한 구조를 나타내고, 반면에 생성물에 가까운 점들은 생성물의 구조와 더 유사하다. 충돌은 반응물의 에너지를 올린다(도표 상에서 반응물에서 생성물 쪽으로 이동). 그러나 전이 상태에 도달할 만큼 충분한 에너지를 올리지 못하면 빗나간 충돌이 된다. 반대로 전이 상태에 도달할 만큼 충분한 에너지를 가진 충돌은 이 지점에 있는 화학 구조를 넘어간다. 그 결과 에너지를 방출하면서 생성물의 구조로 된다.

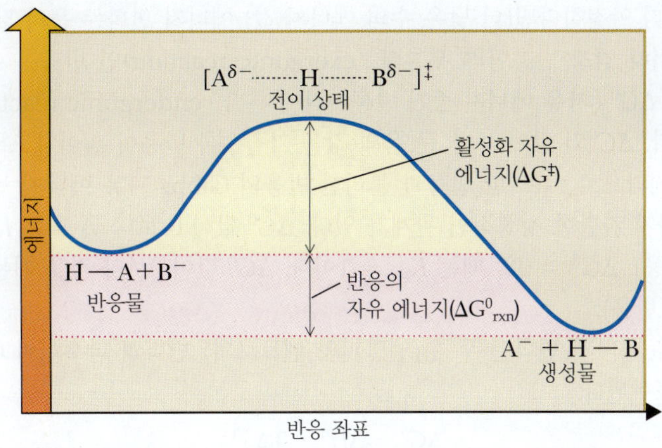

그림 4.1 ▸ H—A와 B⁻ 사이의 한 단계 반응에 대한 반응 좌표 도표이다. 전이 상태에 표시된 점선에서 H—A 결합은 부분적으로 끊어지고 있으며 새로운 H—B 결합이 부분적으로 형성되고 있음을 나타낸다. 반응이 완료되면 H—A 결합은 완전히 끊어지고 H—B 결합은 완전하게 형성된다. 반응물의 에너지는 생성물의 에너지보다 더 높다. 도표 상에서 에너지 축은 Gibbs 자유 에너지(G^0)이다.

열역학(Thermodynamics)은 반응 좌표 도표의 우물처럼 움푹한 곳에 보여준 두 개의 존재물 사이의 상대적인 에너지 즉, 그림 4.1에 나와 있는 반응물과 생성물 사이의 에너지를 다루고 있다. 반응 좌표 도표의 수직 축에 나타난 에너지는 변할 수 있다. 일정한 압력에서 일어나는 반응에서는 자주 Gibbs 자유 에너지(G^0)가 사용된다. 영의 위첨자(^{0})는 표준 상태(298 K, 1 atm)를 뜻한다. 이런 에너지는 반응의 속도와 평형을 조절하고 있다. 예를 들면, 반응물과 생성물 사이의 **Gibbs 자유 에너지 변화량**(ΔG^0 혹은 ΔG^0_{rxn})은 다음과 같이 평형 상수와 관련 있는 식으로 표현된다.

$$\Delta G^0 = -RT \ln K_{eq}$$

여기서 $R = 8.31$ J/K mol이고, T는 Kelvin 온도이다.

Gibbs 자유 에너지 변화, ΔG^0
그 에너지는 화학 평형의 위치와 화학 반응 속도를 드러낸다. 그것은 $\Delta G^0 = \Delta H^0 - T\Delta S^0$ 라는 식으로 주어지는 엔탈피, 엔트로피, 온도의 열역학적인 함수이다. 반응의 평형 위치는 만일 $\Delta G^0 < 0$이면 생성물이 우세하고, 만일 $\Delta G^0 > 0$이면 반응물이 우세하다.

예제 4.7 ▸ Gibbs 자유 에너지

298 K에서 $K_{eq} = 1.0 \times 10^3$인 반응의 ΔG^0를 계산하라.

➥ 해답

$$\Delta G^0 = -(8.31 \text{ J/K mol}) \times 298 \text{ K} \times \ln(1.0 \times 10^3) = -17.1 \text{ kJ/mol } (-4.09 \text{ kcal/mol})$$

연습 문제 4.7

328 K에서 $\Delta G^0 = -17.1$ kJ/mol(-4.09 kcal/mol)인 반응의 K_{eq}를 계산하라. 이 값을 298 K에서 $K_{eq} = 1 \times 10^3$인 것과 비교하라.

반응물과 전이 상태 사이의 Gibbs 자유 에너지 차이($\Delta G^{\ddagger}$)를 Gibbs **활성화 자유 에너지**(Gibbs free energy of activation)라 한다(그림 4.1). 이것은 반응 속도와 반응물이 전이 상태에 도달하는 능력을 조절하고 있다. $\Delta G^{\ddagger}$는 항상 양의 값이다. 왜냐하면 전이 상태는 반응물보다 더 에너지가 높기 때문이다. 만약 전이 상태에 쉽게 도달할 수 있다면 $\Delta G^{\ddagger}$는 작은 값을 가지며 그 반응은 빠르게 일어날 것이다. 그러나 전이 상태에 도달하기가 어렵다면 $\Delta G^{\ddagger}$ 값은 상대적으로 클 것이며 그 반응은 느리게 일어날 것이다. **속도론**(Kinetics)이란 화학 반응의 속도를 연구하는 것이다. 그 에너지 장벽을 넘는 것은 반응물이 생성물 쪽으로 전이하게 하는 충돌이 있다. 즉, 반응이 일어나는 경로이다.

자연의 기본 법칙은 만약 한 경로가 있다면 모든 계(system)는 낮은 에너지 상태로 자발적으로 도달할 것이다. 화학자들은 반응을 분석하기 위하여 생성물의 에너지(G^0_p)와 반응물의 에너지(G^0_R) 차이를 본다.

$$\Delta G^0 = G^0_P - G^0_R$$

자유 에너지 감소 반응
생성물의 Gibbs 자유 에너지가 반응물의 Gibbs 자유 에너지보다 낮은 반응. 자유 에너지 감소 반응에서 평형의 위치는 생성물이 우세하다.

자유 에너지 증가 반응
생성물의 Gibbs 자유 에너지가 반응물의 Gibbs 자유 에너지보다 높은 반응. 자유 에너지 증가 반응에서 평형의 위치는 반응물이 우세하다.

엔탈피 변화, ΔH^0
반응 도표 좌표의 비교되는 여러 점 사이에서 총 결합 강도와 용매화 차이.

반응열, ΔH^0
반응물과 생성물 사이의 엔탈피 차이.

발열 반응
생성물의 엔탈피가 반응물의 엔탈피보다 낮은 반응. 열이 방출된다.

흡열 반응
생성물의 엔탈피가 반응물의 엔탈피보다 높은 반응. 열이 흡수된다.

만약 생성물이 더 안정하다면(더 낮은 수의 에너지 값) 에너지 변화는 음의 값이 된다. 음의 ΔG^0 (**자유 에너지 감소** 반응이라 부른다, exergonic reaction)인 반응은 유리한 반응이며 반면에 양의 ΔG^0 (**자유 에너지 증가** 반응이라 부른다, endergonic reaction)인 반응은 불리한 반응이다. ΔG^0의 값이 보다 큰 음의 값을 가질수록 반응이 일어나도록 하는 원동력은 더 크다. 마지막으로, 유리한 반응과 불리한 반응의 Gibbs 자유 에너지 변화와 평형 상수 사이에 몇 가지 간단한 정성적인 관계가 있다. ΔG^0 값이 0 보다 클 때는 K_{eq}는 1보다 더 작다(불리한 반응). $\Delta G^0 = 0$일 때는 $K_{eq} = 1$이다. ΔG^0 값이 0보다 작을 때는 K_{eq}는 1보다 더 크다(유리한 반응).

Gibbs 자유 에너지 변화는 두 항(엔탈피와 엔트로피) 변화의 함수이며 Gibbs-Helmholtz 식으로 표현된다.

$$\Delta G^0 = \Delta H^0 - \mathrm{T}\Delta S^0$$

엔탈피(Enthalpy, H^0)는 화학 결합과 용매화에 포함되어 있는 에너지이다. 반응물과 생성물 사이의 엔탈피 차이를 **반응열**(heat of reaction, ΔH^0)이라 한다. 이것은 결합 세기 및 용매화의 차이를 나타낸다. 만약 반응물에 있는 결합보다 생성물에 더 센 결합이 형성되면 그 반응은 열을 방출하게 되며 그 용액은 따뜻해질 것이다. 따라서 이 반응을 **발열 반응**(exothermic reaction, ΔH^0는 음이다)이라 한다. 이와는 반대로, 만약 생성물에 더 약한 결합이 형성되면 용액으로부터 열을 흡수할 것이며 용액은 차가워질 것이다. 이 반응을 **흡열 반응**(endothermic reaction, ΔH^0는 양이다). ΔG^0가 속도와 평형에 영향을 주고 있지만 반응 좌표 도표의 y축에는 엔탈피가 그려져 있다. 왜냐하면 엔탈피는 반응에 참여하는 화학구조들의 고유 안정도를 나타내기 때문이다. 더 센 결합을 가진 구조 혹은 더 잘 용매화된 구조는 더 안정하며 따라서 더 낮은 엔탈피를 가진다.

엔트로피(Entropy, S^0)는 무질서 대 질서의 척도가 되며 무질서가 유리하다. 자연의 기본법칙에서 모든 것은 주어진 시간에서 붕괴되고 있다(열역학 제2법칙). 왜냐하면 자유롭게 움직이는 입자의 수가 증가하고 입자들의 무질서한 움직임이 증가할 때 모든 계(system)는 더 안정해지기 때문이다. 그러므로 분자가 쪼개지거나 결합 회전과 같은 분자 진동은 분자들의 자유로운 움직임을 증가시켜 엔트로피는 더 유리해진다. 엔트로피 변화(ΔS^0)가 양의 값으로 되면 유리한 변화이며 무질서도가 증가한다. 반면에, 질서도가 증가하면 엔트로피 변화는 음의 값을 가진다. Gibbs-Helmholtz 식에서 엔트로피에 온도 항을 곱하기 때문에 결합이 끊어지면 양의 ΔS^0가 되며, 높은 온도에서는 많은 경우에 음의 ΔG^0가 되어 자발적 결합 끊어짐이 일어난다. 흡열 반응에서 결합이 끊어지는 경우에도 ΔG^0가 음의 값이 된다. 석유 열분해는 엔트로피가 증가하면서 일어나는 반응의 한 예이다(2.9B절). ΔG^0, ΔH^0, ΔS^0 사이의 관계와 화학 반응의 평형 위치가 표 4.2에 요약되어 있다.

일반적으로 Gibbs 자유 에너지(ΔG^0)와 Gibbs 활성화 자유 에너지($\Delta G^‡$) 사이에 상관

표 4.2 ΔG^0, ΔH^0, ΔS^0 사이의 관계

	$\Delta S^0 < 0$	$\Delta S^0 > 0$
$\Delta H^0 > 0$	$\Delta G^0 > 0$, 평형의 위치는 반응물에 유리하다.	$\mathrm{T}\Delta S^0 > \Delta H^0$이고, $\Delta G^0 < 0$인 높은 온도에서 평형의 위치는 생성물에 유리하다.
$\Delta H^0 < 0$	$\mathrm{T}\Delta S^0 < \Delta H^0$이고, $\Delta G^0 < 0$인 낮은 온도에서 평형의 위치는 생성물에 유리하다.	$\Delta G^0 < 0$, 평형의 위치는 생성물에 유리하다.

관계를 아는 것이 중요하다. 종종 보다 더 유리한 반응은 더 빠르게 일어난다. 그러나 속도론과 열역학이 서로 관련하고 있다는 엄격한 규칙은 없고 많은 예외가 존재한다.

C 산-염기 반응의 메커니즘과 열화학

이 책의 여러 장에서 이미 설명한 개념을 사용할 것이다. 이제는 산-염기 반응을 더 잘 이해하기 위하여 이 개념을 사용하겠다. 먼저 산-염기 반응의 속도에 영향을 미치는 문제에 초점을 맞추어 보자.

산이 염기 쪽으로 양성자가 이동할 때 두 화학종은 충돌해야 한다. 더욱이 그 화학종들은 특별한 기하학적 배열로 충돌해야 한다. 염기(B^-)는 H—A의 A쪽이 아니라 H쪽으로 향하는 궤도로 접근해야 한다. H—A와 B^-가 최적 궤도로 접근하면 산에서 염기로 양성자가 이동되면서 최저 에너지 경로로 가는 것이 이치에 맞다. 이런 경우 선형 접근이 최적이다. 그 전이 상태는 선형 A—H—B 결합각으로 되어 있고, 양성자는 A와 B 사이에 부분적으로 공유되어 있다(그림 4.1을 상기할 것).

H—A와 B^-의 충돌에 필요한 최적 궤도는 A—H의 반결합성 궤도 함수를 살펴봄으로써 설명될 수 있다. 그림 4.2는 알코올의 O—H 결합에 대한 반결합성 궤도 함수의 예를 보여준다. H에 가장 큰 크기의 궤도 함수가 있으며 궤도 함수는 O—H 축을 따라 놓여 있다. 이 궤도 함수는 H—O 축을 따라 H와 충돌하는 염기로부터 한 개의 고립 전자쌍을 받아 아주 효과적으로 채워지면서 O—H 결합은 끊어질 것이다. 밀어주는 화살표로 그 메커니즘을 나타낸 것처럼, 즉 염기에 있는 고립 전자쌍이 새로운 H—B 결합을 형성하며, 한편 O—H 결합에 있는 결합 전자쌍은 O^-의 고립 전자쌍으로 된다.

(a)

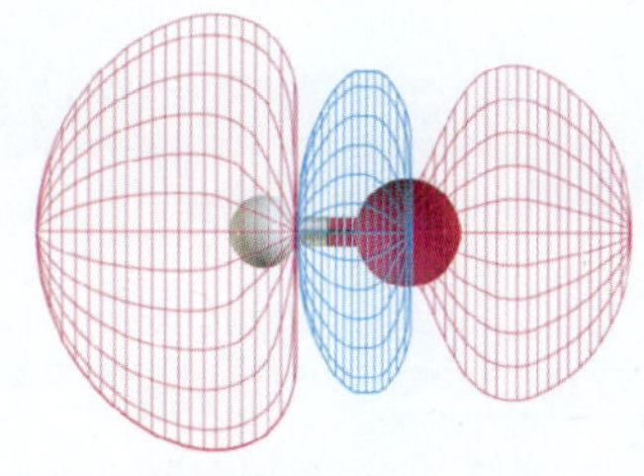

계산된 모형

(b)

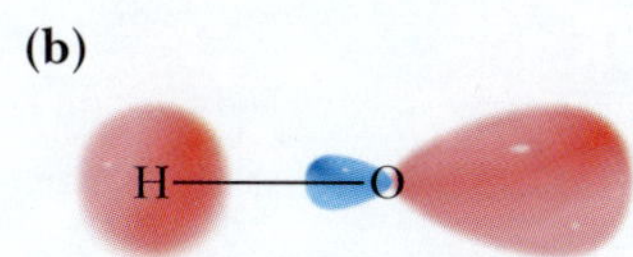

그림으로 표현

그림 4.2 ▸ 반결합성 O—H 궤도 함수의 계산된 메시 도표와 그림으로 나타낸 표현. 두 그림은 그 궤도 함수가 주로 수소에 있음을 나타낸다.

$$\text{R—}\ddot{\text{O}}\text{—H} + :\text{B}^- \longrightarrow [\text{R—}\ddot{\text{O}}^{\delta-}\cdots\cdots\text{H}\cdots\cdots\text{B}^{\delta-}] \longrightarrow \text{R—}\ddot{\text{O}}:^- + \text{H—B}$$

다음 절은 열역학적 분석을 통한 상대 산도의 예측에 초점을 두었다. 엔탈피에 초점을 두는 이유는 그것이 평형의 양쪽에 있는 산과 염기의 본질적인 안정도를 나타내기 때문이다. 엔트로피는 고려하지 않는다. 왜냐하면 반응물과 생성물 양쪽에 산과 염기가 모두 있기 때문이다. 따라서 반응이 일어나는 동안 분자의 수가 변하지 않는다. 그러므로 엔탈피가 산-염기 반응의 평형에 좋은 예측 변수이다.

4.6 분자 구조와 산도

이제 분자 구조와 산도와의 관계를 더 자세히 살펴보자. 전하를 가지고 있지 않은 유기산들의 상대적 산도를 결정하는 가장 중요한 원리는 수소를 잃고 형성된 짝염기 음이온(A^-)의 안정성이다. 즉, 음이온의 안정성이 클수록 HA의 산도가 더 크다. 이 절에서 설명할 내용은 다음과 같이 A^-가 안정화되는 방법이다.

- 전기음성도가 더 큰 원자에 음전하 분포.
- 크기가 큰 원자에 음전하 분포.
- 공명 기여 구조에 의해 기술되는 음전하의 비편재화.
- 유발 효과(시그마 결합의 편극)에 의한 전자 끄는 기로 음전하의 분산.
- *s* 성격을 더 많이 가지는 궤도 함수에 음전하 분포.

A 음전하를 띠는 원자의 전기음성도

다음과 같이 주기율표에서 같은 주기인 수소 산(hydrogen acid)의 상대적인 산도를 살펴보자.

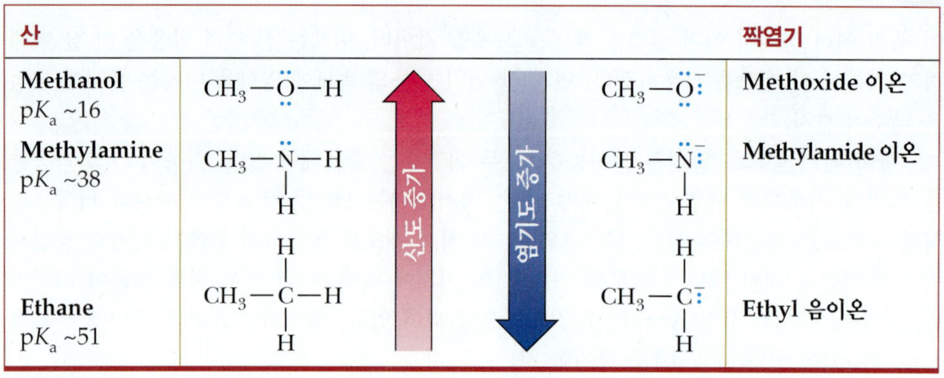

산				짝염기
Methanol pK_a ~16	$CH_3-\ddot{O}-H$	산도 증가 ↑	염기도 증가 ↓	$CH_3-\ddot{O}:^-$	**Methoxide 이온**
Methylamine pK_a ~38	$CH_3-\ddot{N}(H)-H$			$CH_3-\ddot{N}(H):^-$	**Methylamide 이온**
Ethane pK_a ~51	$CH_3-C(H)(H)-H$			$CH_3-C(H)(H):^-$	**Ethyl 음이온**

Ethane의 pK_a 값은 표 4.1에 주어져 있지만, methylamine과 methanol의 값들은 주어져 있지 않다. 이러한 산의 pKa는 질소와 산소에 결합된 알킬(alkyl)기가 헤테로 원자(유기 화학에서 탄소 이외의 원자)와 결합된 수소의 산도에 상대적으로 작은 영향을 주기 때문에 쉽게 추정할 수 있다. 그러므로 methylamine의 pK_a는 ammonia(pK_a 38)와 거의 같고 methanol의 pK_a도 ethanol(pK_a 15.9)과 거의 같다고 추정할 수 있다. 이 중에서 ethane이 가장 약한 산이고 에틸 음이온이 가장 센 짝염기이다. 반대로 methanol이 가장 센산이고 메톡사이드(methoxide) 이온이 가장 약한 짝염기이다.

주기율표의 같은 주기에서 상대적인 산도는 음전하를 띠는 음이온 원자의 전기음성도와 연관이 있다. 전기음성도가 큰 원자일수록 그 원자의 전자가 더욱 강하게 붙잡혀 있고 음이온이 더 안정하다. 반대로, 원자의 전기음성도가 작을수록 그 원자의 전자가 약하게 붙잡혀 있고 음이온의 안정성은 더 낮아진다. 세 원자 중에서 산소(Pauling 척도로 3.5)가 가장 큰 전기음성도를 가지고 이어서 methanol이 가장 안정한 음이온을 형성한다. 탄소(Pauling 척도로 2.5)의 전기음성도는 제일 작아서 덜 안정한 음이온을 형성한다. Methanol이 가장 안정한 음이온을 형성하기 때문에 셋 중에서 가장 센산이고 ethane은 가장 약한 산이다.

전기음성도를 기초로 하는 이러한 논점은 단지 주기율표에서 같은 주기의 산에 적용된다는 점을 이해하는 것이 중요하다. 같은 주기의 원자의 음이온은 대략 같은 크기를 가지고 그들의 용매화 에너지도 대략 같다.

B 음전하를 띠는 원자의 크기

주기율표의 같은 족에서 수소산의 산도를 설명하기 위해서 methanol과 methanethiol, CH_3SH의 산도를 비교해 보자. 앞 절에서 methanol의 pK_a가 16임을 추정하였고, 실제 측정 pK_a 값은 15.5로 상당히 근접한다. Methanethiol도 다음과 같은 방법으로 추정할 수 있다. Hydrogen sulfide (H_2S)의 pK_a는 표 4.1에서 7.04이다. 수소 대신에 메틸기가 치환되어 단지 약간의 산도 변화를 일으킨다면 methanethiol의 pK_a는 대략 7.0 정도로 추정할 수 있다. 실제로, methanethiol의 pK_a는 10.4 정도이고, 그 차이는 methanethiolate 음이온이 HS^-에 대비하여 용매화되는 서로 다른 방법의 결과이다. 그렇지만 methanethiol은 더 센산이고 methanethiolate 이온은 더 약한 짝염기이다.

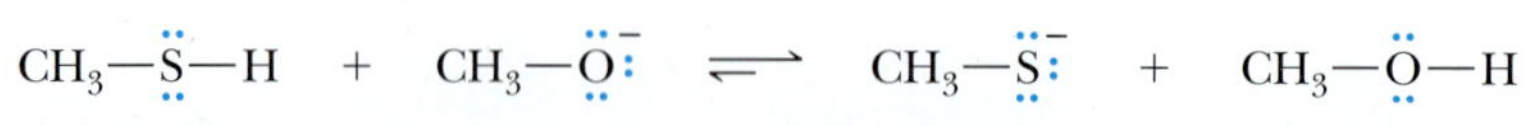

$$CH_3-\ddot{S}-H + CH_3-\ddot{O}:^- \rightleftharpoons CH_3-\ddot{S}:^- + CH_3-\ddot{O}-H$$

Methanethiol	**Methoxide 이온**	**Methanethiolate 이온**	**Methanol**
pK_a 10.4			pK_a 15.5
(더 센산)	(더 센염기)	(더 약한 염기)	(더 약한 산)

이러한 두 수소산의 상대적인 산도는 사실상 주기율표의 같은 족에 있는 어떠한 수소산의 경우도 마찬가지로 음전하를 띠는 원자의 크기와 관련된다. 같은 족에서 위에서 아래로 갈수록 원자가 전자가 점점 높은 주 에너지 준위에 존재하기 때문에 원자의 크기는 증가한다. 이것은 전자가 (1) 핵으로부터 멀리 떨어져 있고 (2) 공간적으로 넓게 분포되어 있다는 의미이다. 주기율표에서 황이 산소보다 아래에 있기 때문에 산소보다 원자의 크기가 크다. 따라서 methanethiolate 이온의 황에 있는 음전하는 더 넓은 공간에 분산된다(더욱 비편재화 된다, 4.2B절). 그러므로 CH_3S^- 음이온이 더 안정하다. 메톡사이드 이온에 있는 산소의 음전하는 작은 공간에 제한된 분포를 가진다. 따라서 CH_3O^- 음이온은 덜 안정하다.

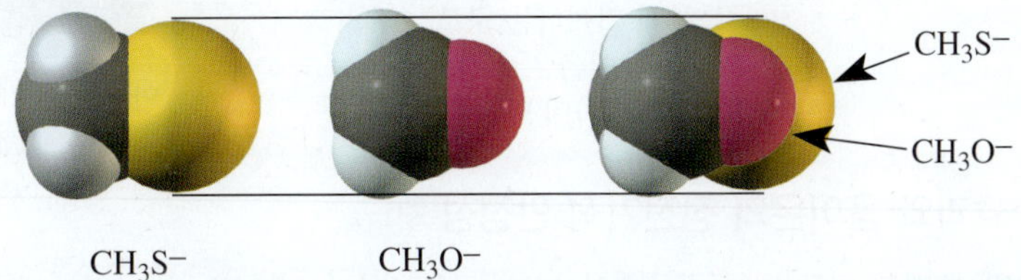

할로젠산인 HF, HCl, HBr 및 HI의 산의 세기에 있어서 같은 경향성이 보인다. 즉, HF(가장 약한 산)에서 HI(가장 센산)로 갈수록 산의 세기가 증가한다. 음이온을 보면 아이오딘화 이온의 크기가 가장 크다. 즉, 가장 넓은 공간에 전하가 분포하게 되므로 가장 안정하다. HI는 가장 센 할로젠산이다. 반대로 플루오르화 이온(flouride ion)은 가장 작은 음이온이다. 즉, 음전하가 가장 밀집되어 있으며 플루오르화 음이온은 가장 덜 안정하다. 따라서 HF가 할로젠산 중에서 가장 약한 산이다.

음이온의 크기를 사용하여 할로젠산 중에서 HI가 가장 센산이고 HF가 가장 약한 산이라고 타당하게 설명하였으며, 이것은 음이온의 전기음성도의 논점과는 반대되는 결과가 된다. 전기음성도를 근거로 하면 플루오르화 이온은 가장 안정한 음전하를 가지고 있다. 왜냐하면 플루오르는 가장 전기음성도가 큰 원소이기 때문이다. 그러므로 HF가 가장 센산이라고 예측할 것이다. 화학의 많은 예 중에서 이 한 예는 반응성을 예측하는데 반대되는 경향을 보이거나, 여러 경우 중에서 한 경우만이 실험적으로 우세한 경향이 있는 것을 보여주고 있다.

이온의 상대적인 크기에 대하여 9장에서 다시 다룰 것이다. 특히 극성 용매 속에서 용매화 특성을 논의할 것이다. 같은 전하를 가진 이온에 대하여 이온의 크기가 작을수록 용매화는 더 커진다는 것과 이러한 용매화 정도가 상대적인 반응성에 지대한 영향을 준다는 것을 알게 될 것이다.

C 음이온 전하의 비편재화

카복실산은 약한 산이다. 치환되지 않은 대부분의 카복실산의 pK_a 값은 4~5의 범위에 있다. 예를 들면, acetic acid의 pK_a는 4.76이다. 대부분 알코올(—OH기를 가진 화합물)의 pK_a 값은 15~18 사이의 범위에 있다. 예를 들면, ethanol의 pK_a 값은 15.9이다. 따라서 대부분 알코올은 물(pK_a = 15.7)보다 약간 약한 산이다.

알코올과 비교할 경우 카복실산이 더 센 산도를 갖는 것은 공명 모형과 알콕사이드 이온 및 carboxylate 이온의 상대적인 안정성으로 설명할 수 있다. 하나의 지침은 다음과 같다. 짝염기 음이온이 더 안정할수록 평형의 위치는 오른쪽으로 더 치우쳐 있고 그 화합물은 더 산성이다.

여기서 알코올의 산 이온화를 표준 평형으로 살펴보자.

$$\underset{\text{알코올}}{CH_3CH_2\ddot{\underset{\cdot\cdot}{O}}-H} + H_2O \rightleftharpoons \underset{\text{알콕사이드 이온}}{CH_3CH_2\ddot{\underset{\cdot\cdot}{O}}\colon^-} + H_3O^+$$

Ethoxide 이온의 elpot

알콕사이드 음이온에서 음전하는 산소에 편재화되어 있다. 대조적으로, 카복실산의 이온화는 짝염기 음이온의 두 개의 동등한 구조가 기여하여 음전하가 비편재화된다. 이러한 음전하의 비편재화로 인해 카복실산 음이온은 알콕사이드 음이온보다 더 안정하다. 그러므로 카복실산이 알코올보다 더 센산이다.

$$CH_3-C(=O)-OH + H_2O \rightleftharpoons CH_3-C(=O)-O^- \longleftrightarrow CH_3-C(-O^-)=O + H_3O^+$$

동등하게 기여하는 구조,
카복실산 음이온은 음전하의
비편재화에 의하여 안정화된다

아세트산 이온의 elpot

D 유발 효과와 음이온의 정전기적 안정성

유발 효과
인접한 원자의 전기음성도에 의해 생기는 공유 결합에서의 전자 밀도의 편극화.

알코올의 **유발 효과**(inductive effect)의 예로 —OH기가 결합된 탄소 원자에 전기음성적인 치환기가 인접해 있을 때 그 알코올의 산도가 증가한다. 예를 들어, ethanol과 2,2,2-trifluoroethanol의 산도를 비교해 보자. 2,2,2-trifluoroethanol의 산 해리 상수가 ethanol보다 3차수(1000배) 가량 크고, 그것은 2,2,2-trifluroethoxide 이온이 ethoxide 이온보다 상당히 더 안정하다는 것을 의미한다.

$$H_3C-CH_2O-H \qquad F_3C-CH_2O-H$$

Ethanol
pK_a 15.9

2,2,2-Trifluoroethanol
pK_a 12.4

2,2,2-Trifluroethoxide 이온의 안정성이 증가된 것은 다음과 같이 설명할 수 있다. 플루오르는 탄소보다 더 전기음성적이다(4.0 : 2.5). 그러므로 C—F 결합은 다음의 그림에서는 부분 전하를 나타내는 기호로 표시되는 큰 쌍극자를 가지고 있다. 음전하를 띠는 산소와 플루오르가 결합되어 있으며 부분 양전하를 띠는 탄소 원자 사이의 상호작용에 의한 안정화가 있어, 결과적으로 trifluoroethoxide 이온이 안정화된다.

이 두 화합물의 상대적 산도를 비교할 수 있는 다른 방법은 음이온인 산소 원자의 음전하가 어느 정도 플루오르 원자 쪽으로 비편재화되는 것을 아는 것이다. 그와 같은 전하의 비편재화를 통하여 전하를 띤 화학종을 안정화시키게 된다.

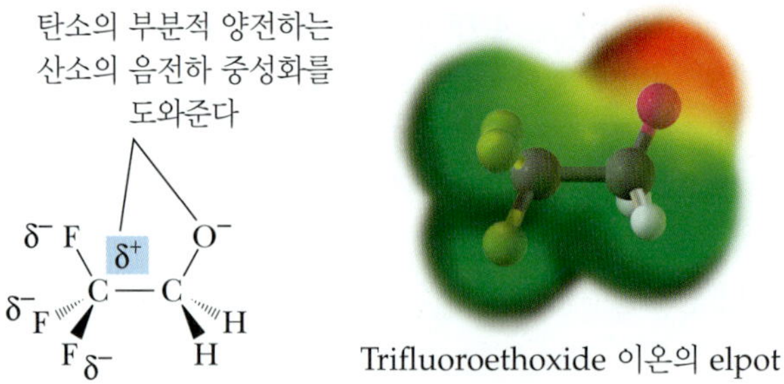

Trifluoroethoxide 이온의 elpot

유발 효과에 의한 안정화는 음전하의 위치로부터 전기음성적인 원자 사이의 거리가 멀어질수록 급격히 떨어진다. 예를 들어 2번, 3번, 4번 탄소에 플루오르가 각각 치환된 알코올의 pK_a 값을 비교해 보자. 플루오르 원자가 —OH기가 결합한 탄소로부터 두 개 이상의 탄소로 멀어지면 산도에 영향이 거의 없다.

CF_3-CH_2-OH	$CF_3-CH_2-CH_2-OH$	$CF_3-CH_2-CH_2-CH_2-OH$
2,2,2-Trifluoroethanol	**3,3,3-Trifluoro-1-propanol**	**4,4,4-Trifluoro-1-butanol**
(pK_a 12.4)	(pK_a 14.6)	(pK_a 15.4)

또한 할로젠이 치환된 카복실산의 유발 효과의 작용을 살펴보자.

$$Cl-CH_2-\overset{O}{\overset{\|}{C}}-OH \qquad CH_3-\overset{O}{\overset{\|}{C}}-OH$$

Chloroacetic acid pK_a 2.86 **Acetic acid** pK_a 4.76

두 가지 산의 pK_a 값은 chloroacetic acid가 acetic acid보다 2차수(100 배) 가량 더 산성임을 나타낸다. Chloroacetate 음이온의 경우, 산소의 부분 음전하와 염소 원자에 결합한 부분 양전하를 띠는 탄소 원자 사이의 정전기적인 상호작용에 의해 음전하가 안정화된다.

탄소의 부분 양전하는 산소의 음전하 중성화를 도와준다

δ⁻ Cl, δ⁺ C, H, H, O 0.5⁻, O 0.5⁻

혼성에 의해서 전하는 두 개의 산소에 동등하게 분배된다

Chloroacetate 이온의 elpot

할로젠 치환과 알코올의 산도의 경우, 할로젠이 치환된 카복실산의 산도 증가 효과는 그 치환 위치와 카복시기 사이의 거리가 멀어질수록 급격히 감소한다.

2-Chlorobutanoic acid	**3-Chlorobutanoic acid**	**4-Chlorobutanoic acid**	**Butanoic acid**
pK_a 2.83	pK_a 3.98	pK_a 4.52	pK_a 4.82

E 음전하를 갖는 원자의 혼성화와 *s* 성격 퍼센트

혼성에 대한 효과를 알기 위해서 같은 전하를 가지며 같은 원소인 두 개 혹은 그 이상의 짝염기 음이온들을 살펴보자. 단지 음전하를 갖는 원자의 혼성만이 다르다. 알케인, 알켄, 알카인의 탄소 원자와 결합한 수소의 산도는 특히 중요하다.

알카인이 알케인이나 알켄과 비교할 때 큰 차이점 중 하나는 삼중 결합 탄소 원자에 결합된 수소가 sodium amide ($NaNH_2$)나 sodium hydride (NaH)와 같은 센염기에 의해 제거될 정도로 충분히 산성이라는 점이다. 알카인, 알켄, 알케인의 pK_a 값을 표 4.3에 나타내었다. 또한 비교를 위해 암모니아와 물의 pK_a 값도 나타내었다.

알카인의 큰 산도는 다음과 같이 설명할 수 있다. 탄소음이온의 고립 전자쌍은 하나의 혼성 궤도함수에 놓여 있다. 즉, 알카인 음이온은 *sp* 궤도함수에, 알켄 음이온은 sp^2 궤도함수에, 알케인 음이온은 sp^3 궤도함수에 각각 놓여 있다. *s* 성격은 *sp* 궤도함수는 50%, sp^2 궤도함수는 33%, sp^3 궤도함수는 25%를 가지고 있다(1.7절). *s* 궤도함수의 전자는 *p* 궤도함수의 전자보다 에너지가 낮아서 핵 쪽으로 더 세게 붙잡혀 있다. 그러므로 혼성 궤도함수에서 *s* 성격이 더 클수록 그 원자는 더 전기음성적이 되고 그 원자에 결합된 수소는 더 산성이 된다(그리고 그 음이온은 더 안정해진다). 세 가지 화합물 중에서 알카인 탄소(*s* 성격 50%인 *sp* 혼성)가 가장 전기음성적이다. 그러므로 알카인 음이온이 가장 안정하며 알카인은 이 중에서 가장 센산이다. 비슷한 이유로 알케인 탄소(*s* 성격 25%인 sp^3 혼성)는 가장 덜

전기음성적이며 알케인은 이 중에서 가장 약한 산이다. 33%의 *s* 성격을 가진 알켄 음이온은 중간 정도이다.

표 4.3 알케인, 알켄, 알카인의 산도

약한 산		짝염기	pK_a
물	HO—H	HO^-	15.7
알카인	HC≡C—H	$HC≡C^-$	25
암모니아	H_2N—H	H_2N^-	38
알켄	CH_2=CH—H	$CH_2=CH^-$	44
알케인	CH_3CH_2—H	$CH_3CH_2^-$	51

산도 증가 (↑)

» 의과대학 입학시험(MCAT) 연습: 지문 및 질문

산-염기 평형

전기음성도, 공명, 유발, 혼성화, 방향족성, 원자 크기 등 많은 요인들이 유기 화합물의 산도에 기여한다. 다음의 비교에서 상대적인 산도를 예측할 때 가장 중요한 요소를 확인하고, 산도와 pK_a 값의 경향을 예측하라. 다음 각 쌍의 화합물들에 대하여 아래의 두 선다형 질문에 답하라.

(a) I: (페놀, OH) II: (벤젠싸이올, SH)

(b) I: F_3C–C(=O)–OH II: H_3C–C(=O)–OH

(c) I: (페놀, OH) II: (벤질 알코올, CH_2OH)

(d) I: (피리디늄, $\overset{+}{N}$–H) II: (피페리디늄, $\overset{+}{N}$H–H)

(e) I: (페놀, OH) II: (아닐린, NH_2)

» 질문

A. 두 화합물의 상대적인 산도를 예측할 때 어떤 요인이 가장 중요한가?

a. 수소를 포함하는 원자의 전기음성도
b. 음이온성 짝염기의 공명 안정화
c. 음이온성 짝염기의 유발 안정화
d. 수소를 포함하는 원자의 혼성화
e. 수소를 포함하는 원자의 원자 크기

B. 두 화합물의 산도와 pK_a 값의 상대적인 경향은 무엇인가?

a. 구조 I은 가장 산성이고, 가장 높은 pK_a 값을 갖는다.
b. 구조 I은 가장 산성이고, 가장 낮은 pK_a 값을 갖는다.
c. 구조 II는 가장 산성이고, 가장 높은 pK_a 값을 갖는다.
d. 구조 II는 가장 산성이고, 가장 낮은 pK_a 값을 갖는다.

4.7 Lewis 산과 염기

Gilbert N. Lewis는 공유 결합은 하나 이상의 전자를 공유하여 형성된다는 것을 제안하였고(1.2A절), 또한 Brønsted-Lowry 개념에는 포함되지 않는 물질 군을 포함하는 산과 염기의 이론을 일반화하였다. Lewis 정의에 따르면, 산은 한 쌍의 전자를 받아서 새로운 공유 결합을 형성할 수 있는 화학종이고, 염기는 한 쌍의 전자를 주면서 새로운 공유 결합을 형성할 수 있는 화학종이다. 다음 일반식에서 **Lewis 산**(Lewis acid)인 A는 전자쌍을 받아 새로운 공유 결합을 형성하며 음의 형식 전하를 얻는다. **Lewis 염기**(Lewis base)인 :B는 전자쌍을 제공하고 양의 형식 전하를 얻는다.

Lewis 산
전자쌍을 받아들여 새로운 공유 결합을 형성할 수 있는 분자 혹은 이온.

Lewis 염기
전자쌍을 주고 새로운 공유 결합을 형성할 수 있는 분자 혹은 이온.

$$A + :B \rightleftharpoons \overset{-}{A}-\overset{+}{B}$$

Lewis 산 (전자쌍 받개)   Lewis 염기 (전자쌍 주개)

Lewis 산-염기 반응에서 새로운 공유 결합 형성

비록 Lewis 염기를 전자쌍 '주개(donating)'라고 말하지만, 이 용어는 아주 정확한 것은 아니다. 이 경우 주개는 전자쌍이 염기의 원자가 껍질에서 완전히 제거된다는 것을 의미하는 것은 아니다. 오히려 주개는 공유 결합을 형성하기 위해 다른 원자와 전자쌍을 공유한다는 것을 의미한다. 전하를 띤 화학종도 Lewis 산과 Lewis 염기일 수 있다. 이러한 경우, 양의 전하를 가진 것이 Lewis 산이고 음의 전하를 가진 것이 Lewis 염기이다. 만약 두 개의 반응물이 동등하게 서로 반대의 전하를 가진 것이라면 이 Lewis 산-Lewis 염기 반응은 새로운 공유 결합이 형성되면서 전하가 없는 생성물이 얻어진다.

$$A^+ + :B^- \rightleftharpoons A-B$$

Lewis 산 (전자쌍 받개)   Lewis 염기 (전자쌍 주개)   Lewis 산-염기 반응으로부터 새로운 공유 결합이 형성됨

Lewis 산-염기 반응의 예로 탄소양이온(Lewis 산)과 브로민화 이온(Lewis 염기)의 반응이 있다. 예를 들면, *sec*-뷰틸 양이온은 브로민화 이온과 반응하여 2-bromobutane을 형성한다.

$$CH_3-CH_2-\overset{+}{C}H-CH_3 + :\ddot{Br}:^- \longrightarrow CH_3-CH_2-CHBr-CH_3$$

***sec*-뷰틸 양이온** (탄소양이온)   **브로민화 이온**   **2-Bromobutane** (라셈 혼합물)

산과 염기의 Lewis 개념은 양성자 이동 반응도 포함한다. 모든 Brønsted-Lowry 염기(양성자 받개)는 Lewis 염기이다. 또한 모든 Brønsted-Lowry 산(양성자 주개)은 Lewis 산이다. 그러나 Lewis 산-염기 모형은 양성자 이동 반응에만 제한되지 않기 때문에 보다 더 일반적이다.

Boron trifluoride 기체가 diethyl ether에 용해될 때 일어나는 반응을 살펴보자.

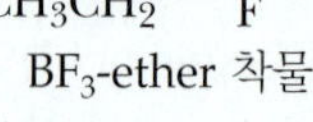

$$CH_3CH_2\ddot{O}(CH_2CH_3) + BF_3 \longrightarrow (CH_3CH_2)_2\overset{+}{O}-\overset{-}{B}F_3$$

Diethyl ether (Lewis 염기) **Boron trifluoride** (Lewis 산) BF_3-ether 착물

Diethyl ether의 elpot BF_3의 elpot

3A족 원소인 boron(붕소)은 원자가 껍질에 세 개의 전자를 가지고 있고 세 개의 플루오르 원자와 단일 결합을 형성하여 BF_3를 형성한다. 그 후에도 붕소 원자는 여전히 원자가 껍질에 여섯 개의 전자를 가지고 있다. 이처럼 붕소 원자는 원자가 껍질에 비어 있는 궤도함수를 갖고 있어서 두 개의 전자를 더 받을 수 있다. 그러므로 boron trifluoride는 전자가 부족하고 Lewis 산이다. Diethyl ether의 산소 원자(Lewis 염기)는 전자쌍을 주고 붕소는 전자쌍을 받으면서 O—B 결합이 형성된다. Diethyl ether와 boron trifluoride의 반응은 Lewis 모형에 따르면 산-염기 반응으로 분류되지만, Brønsted-Lowry 모형에 의하면 양성자 이동을 포함하지 않기 때문에 산-염기 반응으로 분류되지 않는다. 다른 방식으로 말하면, 모든 Brønsted-Lowry 산은 **양성자 산**(protic acid)이고 Lewis 산은 양성자 산일 수도 있고 **비양성자 산**(aprotic acid)일 수도 있다.

양성자 산
산-염기 반응에서 양성자를 주는 산.

비양성자 산
양성자를 주지 않는 산.
Lewis 산-염기 반응에서 전자쌍 받개인 산.

마지막 주목할 내용으로, 다음 장에서 광범위하게 사용될 용어와 관련시켜 보자. 많은 유기 화학 반응을 분석해 보면 한 분자나 이온의 높은 전자 밀도 영역이 다른 분자나 이온의 낮은 전자 밀도 영역과 반응하여 매우 자주 새로운 공유 결합이 형성된다. 전자가 풍부한 화학종을 **친핵체**(nucleophile, 핵을 좋아함)라 한다. 즉, 그것은 낮은 전자 밀도 영역(원자핵과 같은 것)을 찾는다는 것을 의미한다. 낮은 전자 밀도 영역을 가진 화학종을 **친전자체**(electrophile, 전자를 좋아함)라 한다. 즉, 그것은 높은 전자 밀도 영역을 찾는다는 것을 의미한다. 그러므로 친핵체는 Lewis 염기와 유사하고 친전자체는 Lewis 산과 유사하다. 비록 화학자들이 이 용어들을 번갈아 쓰고 있지만, 친핵체와 친전자체 용어는 주로 속도론적 설명에 사용되며, Lewis 산-염기 용어는 주로 열역학적 설명에 사용된다. 이 책에서 이들 관계를 더 자세하게 논의할 것이다.

예제 4.8 ▸ Lewis 산-염기 반응

각 Lewis 산-염기쌍 사이의 반응을 굽은 화살표를 이용하여 전자의 흐름을 보여주는 반응식으로 써라.

(a) $BF_3 + NH_3 \longrightarrow$ **(b)** $(CH_3)_2CH^+ + Cl^- \longrightarrow$

➡ 해답

(a) BF_3는 붕소의 원자가 껍질에 비어 있는 궤도함수를 가지고 있고, Lewis 산이다. NH_3는 질소의 원자가 껍질에 비공유 전자쌍을 가지고 있고, Lewis 염기이다. 이 예에서 이 생성물의 원자 각각은 형식 전하를 가진다. 그러나 결과적으로 생성되는 구조는 알짜 전하를 갖지 않는다.

$$F_3B + :NH_3 \longrightarrow F_3\overset{-}{B}-\overset{+}{N}H_3$$

Lewis 산 Lewis 염기

(b) Isopropyl 양이온의 삼가(trivalent) 탄소 원자는 원자가 껍질에 비어 있는 궤도함수를 가지고 있으므로 Lewis 산이다. 염소 이온은 Lewis 염기이다.

$$CH_3-\overset{\overset{CH_3}{|}}{\underset{\underset{H}{|}}{C^+}} + :\ddot{\underset{..}{Cl}}:^- \longrightarrow CH_3-\overset{\overset{CH_3}{|}}{\underset{\underset{H}{|}}{C}}-\ddot{\underset{..}{Cl}}:$$

Lewis 산　　Lewis 염기

연습 문제 4.8

각 Lewis 산-염기쌍 사이의 반응을 굽은 화살표를 이용하여 전자의 흐름을 보여주는 반응식으로 써라.

(a) $(CH_3CH_2)_3B + OH^- \longrightarrow$　　**(b)** $CH_3Cl + AlCl_3 \longrightarrow$

사실과 개념에 대한 요약

4.1절 | Arrhenius 산과 염기

Arrhenius 정의에 의하면 산은 물에 용해되어 $H^+(H_3O^+)$ 이온을 생성하는 물질이며 염기는 물에 용해되어 OH^- 이온을 생성하는 물질이다.

4.2절 | Brønsted-Lowry 산과 염기

- **Brønsted-Lowry 산**은 양성자 주개(proton donor)이며 **Brønsted-Lowry 염기**는 양성자 받개(proton acceptor)이다.
- 양성자 이동에 의해서 상호 변환될 수 있는 분자 혹은 이온의 쌍을 **짝산-염기 쌍**(conjugate acid-base pair)이라 한다.
  - 염기에 의한 산의 중화는 양성자-이동 반응이다. 이 반응에서 산은 그것의 **짝염기**(conjugate base)로 변환되고 염기는 **짝산**(conjugate acid)으로 변환된다.
- 더 안정한 전하를 가진 화학종은 그 전하가 더 비편재화되어 있다.
  - 두 개 이상의 받개 자리를 가지고 있는 Brønsted-Lowry 염기는 전하가 더 비편재화되어 있는 자리에 양성자 첨가가 일어난다.
- π 전자는 Brønsted-Lowry 염기로 작용하여 양이온이 생성된다. 이 반응은 알켄의 화학에서 중요하다.

연습 문제: 4.1~4.4, 4.9~4.13, 4.29, 4.30, 4.38, 4.40, 4.45, 4.48

4.3절 | 산 해리 상수, pK_a와 산과 염기의 상대적인 세기

- 센산과 센염기는 물 속에서 완전히 이온화된다. 그러나 약한 산과 약한 염기는 물 속에서 부분적으로만 이온화된다.
  - **산 해리 상수**(Acid dissociation constant, K_a)는 산도의 정량적인 척도이다.
  - 산의 세기는 일반적으로 **pK_a** 값으로 나타낸다. 그것은 $-\log_{10}K_a$와 같다.
  - 센산은 더 큰 K_a 값을 가지며 따라서 더 작은 pK_a 값을 갖는다.
  - 가장 일반적이며 약한 유기산은 카복실산이다. 그 화합물은 —COOH(카복시)기를 가지고 있다.
    - 카복실산으로 대표되는 아세트산의 K_a 값은 1.74×10^{-5} 이다. 즉, 아세트산의 pK_a 값은 4.76이다.

연습 문제: 4.5, 4.14~4.17, 4.32~4.34

4.4절 | 산-염기 반응의 평형 위치

- 산-염기 반응에서 **평형 위치**(position of equilibrium)는 더 센산(작은 pK_a 값)과 더 센 염기가 반응하여 더 약한 산(큰 pK_a 값)과 더 약한 염기를 형성하는 반응이 유리하다.
  - 정량적인 계산으로, 산-염기 반응의 pK_{eq}는 더 센산(pK_{aHA})과 양성화된 더 센염기(pK_{aBH^+})의 pK_a 값의 차이와 같다.
    - $pK_{eq} = pK_{a(HA)} - pK_{a(BH^+)}$
    - 산-염기 반응의 K_{eq}는 $10^{(-pK_{eq})}$ 와 같다.
  - 중요한 법칙으로 어떤 산의 pK_a가 수용액의 pH보다 2 혹은 그 이상의 수보다 낮으면 그 산은 충분히 양성자 이탈된다. 어떤 염기의 짝산의 pK_a 값이 수용액의 pH보다 2 혹은 그 이상의 수보다 높으면 그 염기는 양성자 첨가될 것이다.
    - 일반적으로 pH 7~8에서 카복실산과 phosphodiester는 양성자 이탈되어 음이온으로 되어 있다. 반면에 amine과 quanidinium기는 양성자 첨가되어 양의 전하를 띤 형태로 발견된다.

연습 문제: 4.6, 4.18~4.25, 4.41, 4.44, 4.46

4.5절 | 산-염기 반응의 열화학과 메커니즘

연습 문제: 4.7. 4.18~4.23

- **반응 메커니즘**(Reaction mechanism)은 반응이 어떻게 일어나고 있는지를 자세히 보여 준다.
  - 대부분의 화학 반응은 충돌을 통해서 일어난다.
  - 반응물은 **전이 상태**(transition state)에 도달하여 생성물 쪽으로 진행되기 위해서 적절한 방향과 충분한 에너지를 가지고 충돌해야 한다.
  - 반응을 에너지에 대하여 반응 진행도를 나타낸 **반응 좌표 도표**(reaction coordinate diagram)로 나타낼 수 있다.
- **열화학**(Thermochemistry)은 반응의 매 순간마다 그 전체 반응계의 에너지에 관한 연구 이다.
  - **열역학**(Thermodynamics)이란 반응 좌표 도표에 나와 있는 움푹한 곳에 보여준 두 상태 사이의 상대적 에너지에 관한 연구이다.
    - 만약 생성물이 반응물 보다 더 안정하다면 반응의 전체 열역학은 유리한 반응이며 그 과정은 **자유 에너지 감소**(exergonic)이다.
    - 만약 생성물이 반응물 보다 덜 안정하다면 반응의 전체 열역학은 유리하지 않으며 그 과정은 **자유 에너지 증가**(endergonic)이다.
  - **속도론**(Kinetics)은 화학 반응의 속도에 관한 연구이다.
    - **활성화 자유 에너지**(Free energy of activation, 전이 상태와 출발 상태 사이의 에너지 차이)가 낮을수록 상응하는 반응 단계의 속도는 더 빠르다. 그리고 반대의 경우도 성립한다.
  - **엔탈피**(Enthalpy)는 화학 결합과 용매화에 함유 되어 있는 에너지이다.
    - 만약 출발 물질에서 끊어지는 결합보다 생성물에서 더 센 결합이 형성된다면그 반응은 열을 방출하며 **발열 반응**(exothermic reaction)이다. 만약 출발 물질에서 끊어지는 결합보다 생성물에서 더 약한 결합이 형성된다면 열을 흡수 하며 **흡열 반응**(endothermic reaction)이다.
  - **엔트로피**(Entropy)는 무질서 대 질서의 척도이다. 그리고 무질서가 유리하다.
- 산-염기 반응에서 산과 염기는 반드시 양성자 주개와 양성자 받개 원자 사이에서 양성자를 전달할 수 있는 기하학적으로 충돌해야 한다. 대개 선형 기하학적 구조로 전이된다.

4.6절 | 분자 구조와 산도

- 더 센 산성 분자는 양성자 이탈되면서 더 안정한 음이온이 생성된다는 규칙에 따라 산의

산도는 양성자 이탈된 음이온의 안정성에 의해 결정된다. 음이온의 안정성에 영향을 미치는 요인은 다음과 같다.

- 음전하를 띠는 원자의 전기음성도. 즉, 전기음성도가 더 큰 원자가 음이온으로 더 안정하기 때문이다.
- 음전하를 띠는 원자의 크기. 즉, 더 큰 원자가 더 쉽게 음전하를 수용할 수 있기 때문이다(더 큰 공간에 분산된다).
- 음이온 전하의 비편재화. 보통은 공명 기여 구조로 설명된다. 즉, 전하의 더 큰 비편재화가 더 안정하기 때문이다.
- 유발 효과. 즉, 할로젠과 같은 인접한 전기음성적인 원자는 가까이 있는 음전하를 안정화시키기 때문이다.
- 음전하를 띠는 원자의 혼성. 즉, 원자의 *s* 성격 퍼센트가 클수록 그 원자는 음이온으로써 더 안정해지기 때문이다.

연습 문제: 4.35, 4.36, 4.39, 4.42, 4.43, 4.47

4.7절 | Lewis 산과 염기

- **Lewis 산**은 전자쌍을 받음으로써 새로운 공유결합을 형성할 수 있는 화학종이고, **Lewis 염기**는 전자쌍을 줌으로써 새로운 공유결합을 형성할 수 있는 화학종이다.
  - 모든 Brønsted-Lowry 산(양성자 주개)은 또한 Lewis 산이고 모든 Brønsted-Lowry 염기(양성자 받개)는 또한 Lewis 염기이다. 그러나 Lewis 산-염기 모형은 양성자 전이 이외의 반응에도 적용할 수 있으므로 더 일반적이다.

연습 문제: 4.8, 4.26~4.29, 4.31, 4.37, 4.40

주요 반응 *Key Reactions*

1. 양성자 이동 반응(4.2절). 양성자 주개(Brønsted-Lowry 산)로부터 양성자 받개(Brønsted-Lowry 염기)로의 양성자 이동을 말한다.

$$H_3O^+ + NH_3 \longrightarrow H_2O + NH_4^+$$

양성자 주개　양성자 받개

2. 산-염기 반응의 평형 위치(4.4절). 더 센산이 더 센염기와 반응하여 더 약한 산과 더 약한 염기를 생성한다. 이 평형의 K_{eq}는 두 산의 pK_a 값으로부터 계산할 수 있다.

$$CH_3COOH + CN^- \rightleftharpoons CH_3COO^- + HCN$$

CH_3COOH: pK_a 4.76 (더 센산)

HCN: pK_a 9.31 (더 약한 산)

$$pK_{eq} = 4.76 - 9.31 = -4.55$$

$$K_{eq} = 3.55 \times 10^4$$

3. Lewis 산-염기 반응(4.7절). Lewis 산-염기 반응은 전자쌍 주개(Lewis 염기)와 전자쌍 받개(Lewis 산) 사이에서 전자쌍을 공유한다.

$$(CH_2)_4O: + BF_3 \longrightarrow (CH_2)_4O^+{-}B^-F_3$$

연습 문제

붉은색 번호는 응용 문제를 나타낸다.

4.9 각 짝산-염기 쌍에 대하여 첫 번째 화학종을 산 혹은 염기로, 두 번째 화학종을 짝산 혹은 짝염기로 구분하라. 또한 각 화학종에 대하여 원자가 전자와 형식 전하를 표시한 Lewis 구조를 그려라.

(a) $HCOOH$ $HCOO^-$ **(b)** NH_4^+ NH_3 **(c)** $CH_3CH_2O^-$ CH_3CH_2OH
(d) HCO_3^- CO_3^{2-} **(e)** $H_2PO_4^-$ HPO_4^{2-} **(f)** CH_3CH_3 $CH_3CH_2^-$
(g) CH_3S^- CH_3SH

4.10 각 양성자 이동 반응에 대하여 전자쌍의 흐름을 보여주는 굽은 화살표를 사용하여 알짜 이온 반응식을 완성하라. 또한 모든 반응물과 생성물의 Lewis 구조를 그려라. 원래의 산과 그의 짝염기 및 원래의 염기와 그의 짝산을 표시하라. 각 식에서 어떤 물질이 양성자 주개인지 확실하지 않으면 양성자산의 상대적 세기가 나와 있는 표 4.1을 참고하라.

(a) $NH_3 + HCl \rightleftharpoons$ **(b)** $CH_3CH_2O^- + HCl \rightleftharpoons$
(c) $HCO_3^- + OH^- \rightleftharpoons$ **(d)** $CH_3COO^- + NH_4^+ \rightleftharpoons$

4.11 각 양성자 이동 반응에 대하여 전자쌍의 흐름을 보여주는 굽은 화살표를 사용하여 알짜 이온 반응식을 완성하라. 원래의 산과 그의 짝염기 및 원래의 염기와 그의 짝산을 표시하라.

(a) $NH_4^+ + OH^- \rightleftharpoons$ **(b)** $CH_3COO^- + CH_3NH_3^+ \rightleftharpoons$
(c) $CH_3CH_2O^- + NH_4^+ \rightleftharpoons$ **(d)** $CH_3NH_3^+ + OH^- \rightleftharpoons$

4.12 각 분자와 이온은 염기로서 작용할 수 있다. HCl과의 반응에서 생성되는 짝산의 구조식을 써라.

(a) CH_3CH_2OH **(b)** $H\overset{O}{\overset{\|}{C}}H$
(c) $(CH_3)_2NH$ **(d)** HCO_3^-

4.13 Acetic acid (CH_3COOH)에서 OH 수소가 CH_3 수소보다 더 산성이다. 이를 설명하라.

산과 염기 세기의 정량적인 측정

4.14 어떤 것이 더 큰 수치적인 값을 가지는가?

(a) 센산의 pK_a 혹은 약한 산의 pK_a

(b) 센산의 K_a 혹은 약한 산의 K_a

4.15 각 쌍에서 더 센산을 선택하라.

(a) Pyruvic acid (pK_a 2.49)와 lactic acid (pK_a 3.08)

(b) Citric acid (pK_{a1} 3.08) 와 phosphoric acid (pK_{a1} 2.10)

4.16 화합물들을 산의 세기가 증가하는 순서대로 배열하라. 각 산의 pK_a 값은 표 4.1을 참조하라.

(a) CH_3CH_2OH (**Ethanol**) $HO\overset{O}{\overset{\|}{C}}O^-$ (**Bicarbonate 이온**) $C_6H_5\overset{O}{\overset{\|}{C}}OH$ (**Benzoic acid**)

(b) $HO\overset{O}{\overset{\|}{C}}OH$ (**Carbonic acid**) $CH_3\overset{O}{\overset{\|}{C}}OH$ (**Acetic acid**) HCl (**Hydrogen chloride**)

4.17 화합물들을 염기의 세기가 증가하는 순서대로 배열하라. 각 염기의 짝산의 pK_a 값은 표 4.1을 참조하라.

(a) NH_3 $HO\overset{O}{\overset{\|}{C}}O^-$ $CH_3CH_2O^-$ **(b)** OH^- $HO\overset{O}{\overset{\|}{C}}O^-$ $CH_3\overset{O}{\overset{\|}{C}}O^-$

(c) H_2O NH_3 $CH_3\overset{O}{\overset{\|}{C}}O^-$ **(d)** NH_2^- $CH_3\overset{O}{\overset{\|}{C}}O^-$ OH^-

4.18 298 K에서 어떤 반응의 ΔG^0가 -4.5 kcal/mol이면 이 반응의 K_{eq}는 얼마인가? 만약 $\Delta H^0 = -3.2$ kcal/mol이면 이 반응의 엔트로피 변화량은 얼마인가?

4.19 주어진 pK_a 값으로부터 다음 반응의 K_{eq}를 계산하라. 각 반응이 자유 에너지 감소인지 혹은 자유 에너지 증가인지를 말하여라.

(a) CH_3 (benzene ring) + $^{-}$:Ö: (ethyl) ⇌ $^{-}$:CH_2 (benzene ring) + HO (ethyl)

pK_a = 41.2 　　　　　　　　　　　　　　　　　　　　 pK_a = 15.9

(b) O ‖ (ketone) CH_3 + $^{-}$:Ö: (ethyl) ⇌ O ‖ (ketone) $\ddot{C}H_2^{-}$ + HO (ethyl)

pK_a = 20.2 　　　　　　　　　　　　　　　　　　　　 pK_a = 15.9

(c) H—C≡C—H + (tert-butyl)$:^{-}$ ⇌ H—C≡C$:^{-}$ + (tert-butyl)H

pK_a = 24 　　　　　　　　　　　　　　　　　　　　 pK_a = 71

4.20 에너지 도표와 반응에 관한 다음 설명이 참인지 또는 거짓인지 답하라.

(a) 반응 좌표 도표는 화학 반응 동안 화학 구조의 내부 에너지 변화가 일어나는 것을 보여주는데 사용된다.

(b) 열역학은 반응 좌표 도표 상에 우물처럼 움푹한 곳에 나타난 구조의 에너지에 관한 연구이다.

(c) 속도론은 화학 반응의 속도에 관한 연구이다.

(d) 반응 메커니즘의 한 부분은 반응 중에 어떤 결합의 끊어짐과 형성을 이해하는 것이다.

(e) 열반응은 분자들 사이의 충돌을 통해 일어나고 충돌 에너지가 더 클수록 반응 속도도 더 빨라진다.

(f) 반응의 엔탈피가 반응이 일어날 것인지 혹은 아닌지를 유일하게 결정한다.

(g) 보통의 인간 수명동안 자유 에너지 감소 반응은 항상 일어날 것이다.

4.21 산-염기 반응의 메커니즘에 관한 다음 설명이 참인지 거짓인지 답하라.

(a) 산과 염기는 양성자를 이동시키기 위하여 서로 충돌해야 한다.

(b) 산과 염기 사이의 모든 충돌은 양성자 이동이 일어난다.

(c) 산-염기 반응 동안 염기에 있는 고립 전자쌍은 A-H의 반결합성 시그마 궤도함수를 채운다.

4.22 다음 세 개의 반응 좌표 도표에서 지정하라.

(a) 반응이 발열인지 흡열인지 답하라.

(b) 반응 속도가 가장 느린지, 가장 빠른지, 혹은 중간 정도인지 답하라.

(c) 만약 세 개의 반응 모두 반응물과 생성물 사이의 엔트로피 변화가 같다면, 어떤 반응이 가장 유리한 ΔG^0 값을 갖는지 답하라.

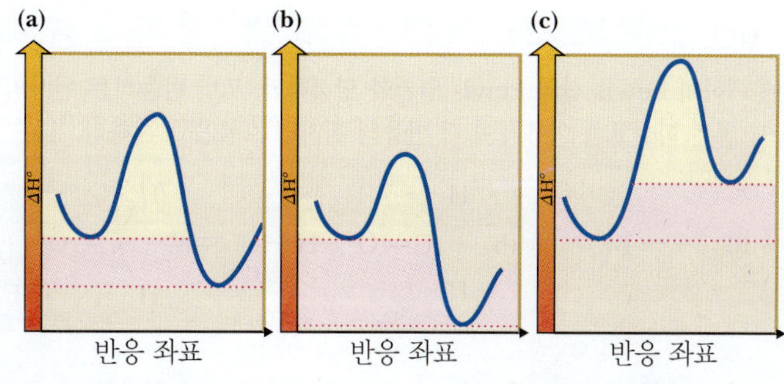

4.23 Barium hydroxide ($Ba(OH)_2$)와 ammonium thiocyanate (NH_4SCN)의 산-염기 반응은 barium thiocyanate, ammonia, 물이 생성된다. 이 반응은 매우 잘 일어나지만, 또한 흡열 과정이어서 용기 표면에 서리가 생길 정도로 용액이 차가워진다. 어떻게 흡열 반응이 유리하게 일어나는지를 설명하라.

산-염기 반응의 평형 위치

4.24 만일 압력을 받지 않는다면 수용액에서 탄산(H_2CO_3)은 이산화탄소와 물로 분해되고 이산화탄소는 기포로 방출된다. 탄산이 물과 이산화탄소로 전환되는 반응식을 써라.

4.25 Sodium bicarbonate가 다음 각 화합물의 수용액에 첨가될 때 이산화탄소를 방출하는 것은? 이를 설명하라.

(a) Sulfuric acid **(b)** Ethanol **(c)** Ammonium chloride

4.26 Acetic acid (CH_3COOH)는 약한 유기산(pK_a 4.76)이다. 다음 각 염기들과 아세트산의 평형 반응식을 써라. 어떤 평형이 현저히 왼쪽으로 치우치겠는가? 또 어떤 평형이 현저히 오른쪽으로 치우치겠는가?

(a) $NaHCO_3$ **(b)** NH_3 **(c)** H_2O **(d)** NaOH

4.27 Benzoic acid (C_6H_5COOH, pK_a 4.19)는 물에 아주 조금만 녹는다. 그러나 그것의 소듐염($C_6H_5COO^-Na^+$)은 물에 잘 녹는다. 다음의 어떤 용액이 benzoic acid를 녹일 것인가?

(a) NaOH 수용액 **(b)** $NaHCO_3$ 수용액 **(c)** Na_2CO_3 수용액

4.28 4-Methylphenol ($CH_3C_6H_4OH$, pK_a 10.26)은 물에 아주 조금만 녹는다. 그러나 그것의 소듐염($CH_3C_6H_4O^-Na^+$)은 물에 잘 녹는다. 다음의 어떤 용액이 4-methylphenol을 녹일 것인가?

(a) NaOH 수용액 **(b)** $NaHCO_3$ 수용액 **(c)** Na_2CO_3 수용액

4.29 산-염기 반응의 평형에서 우세한 화학종을 결정하는 한 가지 방법은 반응 화살표가 더 높은 pK_a 값을 가진 산 쪽으로 향하면 된다. 예를 들면 아래와 같다.

$$\underset{pK_a\ 9.24}{NH_4^+} + H_2O \longleftarrow NH_3 + \underset{pK_a\ -1.74}{H_3O^+}$$

$$\underset{pK_a\ 9.24}{NH_4^+} + OH^- \longrightarrow NH_3 + \underset{pK_a\ 15.7}{H_2O}$$

왜 이 규칙이 적용되는지 설명하라.

4.30 아세틸렌은 sodium hydride와 반응하여 다음 반응식과 같이 염과 수소(H_2)를 형성하겠는가? 표 4.1에 주어진 pK_a 값을 이용하여 평형에서 K_{eq}를 계산하라.

$$\underset{\textbf{Acetylene}}{HC{\equiv}CH} + \underset{\textbf{Sodium hydride}}{Na^+H^-} \rightleftharpoons \underset{\textbf{Sodium acetylide}}{HC{\equiv}C^-Na^+} + \underset{\textbf{Hydrogen}}{H_2}$$

4.31 표 4.1에 주어진 pK_a 값을 이용하여 이 산-염기 반응의 평형 위치를 예측하고 K_{eq}를 계산하라.

$$H_3PO_4 + CH_3CH_2OH \rightleftharpoons H_2PO_4^- + CH_3CH_2OH_2^+$$

Lewis 산과 염기

4.32 각 반응식에 대하여 Lewis 산과 Lewis 염기를 명시하라. 또한 반응하는 원자의 비공유 전자쌍을 표시하고, 굽은 화살표를 이용하여 각 반응의 전자의 흐름을 표시하라.

(a) $F^- + BF_3 \longrightarrow BF_4^-$

(b) $H_2C{=}O + H{-}Cl \rightleftharpoons H_2C{=}O^+{-}H + Cl^-$

4.33 각 Lewis 산-염기쌍 사이의 반응식을 완성하라. 각 반응식에서 어떤 출발 물질이 Lewis 산인지 어떤 것이 Lewis 염기인지 명시하라. 각 반응에서 전자의 흐름을 보여 주기 위해 굽은 화살표를 이용하라. 이 문제를 풀 때 각 반응에 참여하는 모든 원자의 원자가 전자를 나타내는 것이 중요하다.

(a) $CH_3-\underset{CH_3}{\overset{CH_3}{\overset{|}{\underset{|}{C}}}}-Cl + \underset{Cl}{\overset{Cl}{\overset{|}{\underset{|}{Al}}}}-Cl \rightleftharpoons$ **(b)** $CH_3-\underset{CH_3}{\overset{CH_3}{\overset{|}{\underset{|}{C^+}}}} + H-O-H \rightleftharpoons$

(c) $CH_3-\overset{+}{C}H-CH_3 + Br^- \rightleftharpoons$ **(d)** $CH_3-\overset{+}{C}H-CH_3 + CH_3-O-H \rightleftharpoons$

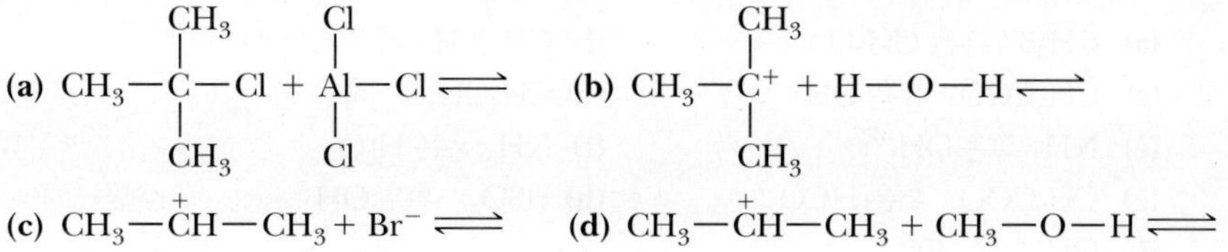

4.34 각 반응들은 Lewis 산-염기 반응으로 쓸 수 있다. Lewis 산과 Lewis 염기를 명시하고, 각 반응에서 전자의 흐름을 보여 주기 위해 굽은 화살표를 이용하라. 이 문제를 풀 때 각 반응에 참여하는 모든 원자의 원자가 전자를 나타내는 것이 중요하다.

(a) $CH_3-CH=CH_2 + H-Cl \longrightarrow CH_3-\overset{+}{C}H-\overset{H}{\overset{|}{C}H_2} + Cl^-$

(b) $CH_3-\underset{CH_3}{\underset{|}{C}}=CH_2 + Br-Br \longrightarrow CH_3-\underset{CH_3}{\underset{|}{\overset{+}{C}}}-CH_2-Br + Br^-$

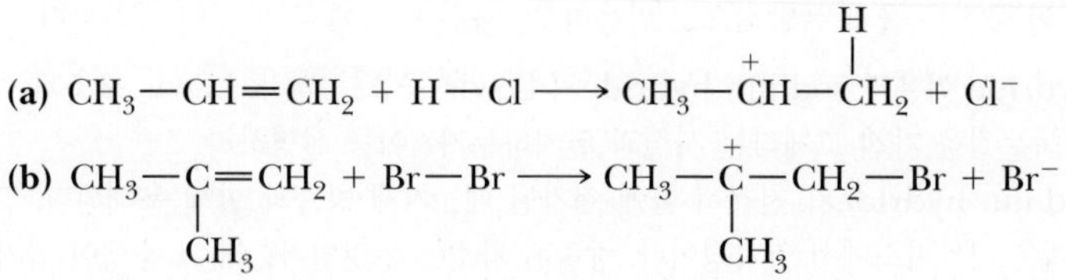

추가 문제

4.35 *sec*-뷰틸 양이온은 물-황산 혼합 용액에서 Brønsted-Lowry 산(양성자 주개)이나 Lewis 산(전자쌍 받개)으로 반응할 수 있다. 그러나 각각의 경우 생성물은 다르다. 두 반응은 다음과 같다.

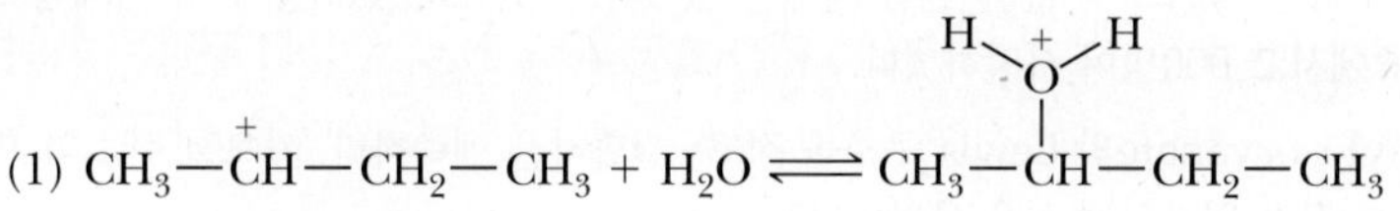

(1) $CH_3-\overset{+}{C}H-CH_2-CH_3 + H_2O \rightleftharpoons CH_3-\overset{H\diagdown\overset{+}{O}\diagup H}{\overset{|}{C}H}-CH_2-CH_3$

***sec*-뷰틸 양이온**

(2) $CH_3-\overset{+}{C}H-CH_2-CH_3 + H_2O \rightleftharpoons CH_3-CH=CH-CH_3 + H_3O^+$

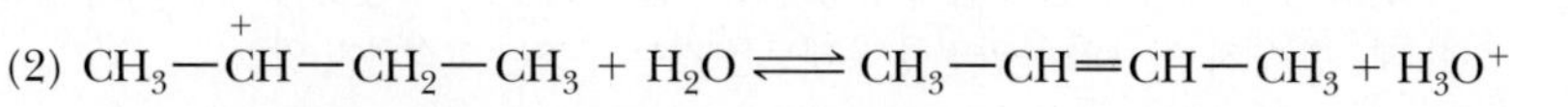

***sec*-뷰틸 양이온**

(a) 어떤 반응에서 이 양이온이 Lewis 산으로 반응하는가? 어떤 반응에서 Brønsted-Lowry 산으로 반응하는가?

(b) 반응물과 생성물의 Lewis 구조를 적고, 각 반응이 어떻게 일어나는지 굽은 화살표를 이용하여 나타내라.

4.36 다음의 각 화합물이 센 양성자산인 H_2SO_4와 반응하는 반응식을 써라.

(a) CH_3OCH_3 **(b)** $CH_3CH_2SCH_2CH_3$ **(c)** $CH_3CH_2NHCH_2CH_3$

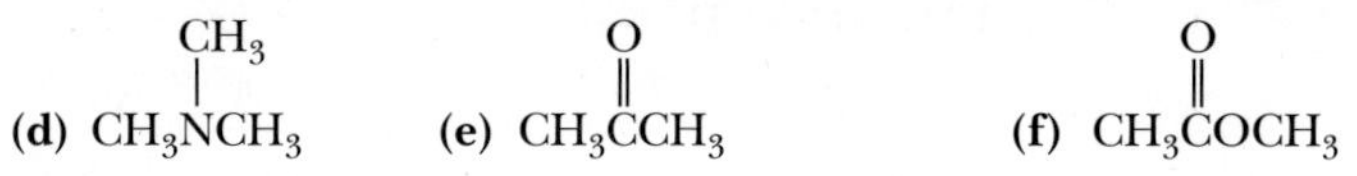

(d) $CH_3\overset{CH_3}{\overset{|}{N}}CH_3$ **(e)** $CH_3\overset{O}{\overset{\|}{C}}CH_3$ **(f)** $CH_3\overset{O}{\overset{\|}{C}}OCH_3$

4.37 연습 문제 4.36의 화합물이 Lewis 산인 BF_3와 반응하는 반응식을 써라.

4.38 각 분자의 가장 산성인 수소를 표기하고, 적절한 pK_a 값을 이용하여 이를 설명하라.

(a) $HOCH_2CH_2NH_2$ **(b)** $HSCH_2CH_2NH_2$ **(c)** $HOCH_2CH_2C\equiv CH$

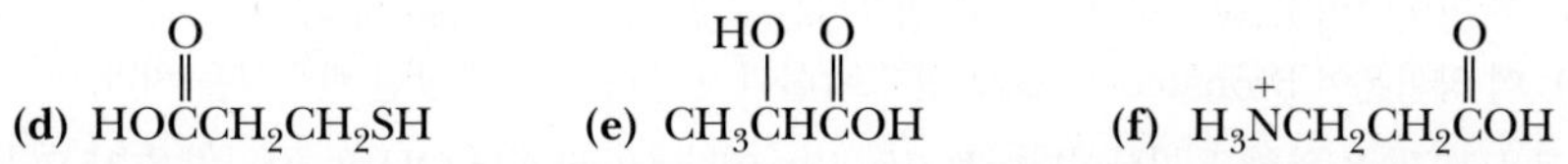

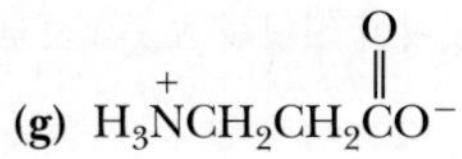

(d) $HO\overset{O}{\overset{\|}{C}}CH_2CH_2SH$ **(e)** $CH_3\overset{HO}{\overset{|}{C}H}\overset{O}{\overset{\|}{C}}OH$ **(f)** $H_3\overset{+}{N}CH_2CH_2\overset{O}{\overset{\|}{C}}OH$

(g) $H_3\overset{+}{N}CH_2CH_2\overset{O}{\overset{\|}{C}}O^-$ **(h)** $HSCH_2CH_2OH$

4.39 왜 하이드로늄 이온(H_3O^+)이 수용액에 존재하는 가장 센산인지 설명하라. 수용액에 존재하는 가장 센염기는 무엇인가?

4.40 액체 암모니아 용매에서 존재하는 가장 센염기는 무엇인가?

4.41 각 쌍의 분자 혹은 이온 중에서 가장 센염기를 선택하고, 그것의 Lewis 구조를 그려라.

(a) CH_3S^- 혹은 CH_3O^-
(b) CH_3NH^- 혹은 CH_3O^-
(c) CH_3COO^- 혹은 OH^-
(d) $CH_3CH_2O^-$ 혹은 H^-
(e) NH_3 혹은 OH^-
(f) NH_3 혹은 H_2O
(g) CH_3COO^- 혹은 HCO_3^-
(h) HSO_4^- 혹은 OH^-
(i) OH^- 혹은 Br^-

4.42 Nitroacetic acid (O_2NCH_2COOH, pK_a 1.68)는 acetic acid (CH_3COOH, pK_a 4.76)보다 매우 센산임을 설명하라.

4.43 Sodium hydride (NaH)는 상업적으로 사용되는 회색 분말이며, 800°C에서 분해와 동시에 녹는다. 이 물질은 물과 폭발적으로 반응하고, 습한 공기에 두면 자연 발화한다.

(a) Hydride 이온과 sodium hydride의 Lewis 구조를 써라. Lewis 구조가 이 화합물이 높은 녹는점을 가진 고체라는 사실과 일치하는가? 이를 설명하라.

(b) Sodium hydride가 천천히 물에 첨가될 때, 기체 방출과 함께 용해된다. 그 결과 생성된 용액은 리트머스에서 염기성이다. 방출된 가스는 무엇인가? 왜 그 용액이 염기성이 되는가?

(c) Sodium hydride와 1-butyne ($CH_3CH_2C{\equiv}CH$)의 반응식을 적고, 굽은 화살표를 이용하여 전자의 흐름을 표시하라.

4.44 Methyl isocyanate ($CH_3{-}N{=}C{=}O$)는 carbamate로 알려진 농약이나 제초제의 공업적인 합성에 사용된다. 역사적인 기록에 의하면, 1984년 인도의 Bhopal에서 알려지지 않은 양의 이 화합물이 공기 중으로 누출된 산업 재해가 있었다. 대략 200,000명이 이 기체에 노출되었고, 이들 중에서 2,000명이 사망하였다.

(a) Methyl isocyanate의 Lewis 구조를 적고, 결합각을 예측하라. 카보닐 탄소의 혼성은 무엇인가? 질소 원자의 혼성은 무엇인가?

(b) Methyl isocyanate는 황산과 같이 센산과 반응하여 양이온을 형성한다. 이 분자의 산소와 질소 중에서 어디에 더 쉽게 양성자화가 일어나는가? 각 혼성에 대한 기여 구조를 고려할 때, 한 원자 이상의 불완전한 옥테트를 갖는 구조는 고려하지 않는다.

4.45 다음 의견에 대하여 설명하라.

(a) H_3O^+는 NH_4^+보다 더 센산이다.
(b) Nitric acid (HNO_3)는 nitrous acid (HNO_2)보다 더 센산이다.
(c) 에탄올과 물은 거의 산도가 같다.
(d) Trifluoroacetic acid (CF_3COOH)는 trichloroacetic acid (CCl_3COOH)보다 더 센산이다.

예습 문제

4.46 다음은 *tert*-뷰틸 양이온의 구조식이다(이러한 양이온의 형성, 안정성, 반응은 6장에서 다룬다).

$$CH_3-\overset{+}{\underset{\displaystyle CH_3}{\underset{|}{C}}}-CH_3$$

***tert*-뷰틸 양이온**
(탄소양이온)

(a) 이 양이온의 모든 C—C—C 결합각을 예측하라.
(b) 양전하를 갖는 탄소의 혼성은 무엇인가?
(c) 이 양이온이 Lewis 산으로 물과 반응하는 균형 잡힌 반응식을 써라.
(d) 이 양이온이 Brønsted-Lowry 산으로 물과 반응하는 균형 잡힌 반응식을 써라.

4.47 알코올(10장)은 약한 유기산이다(pK_a 15~18). 에탄올(CH_3CH_2OH)의 pK_a 값은 15.9이다. 에탄올과 다음 각 염기의 평형 반응에 대한 반응식을 써라. 어떤 평형이 상당히 오른쪽으로 치우치는가? 어떤 평형이 상당히 왼쪽으로 치우치는가?

(a) $NaHCO_3$ **(b)** $NaOH$ **(c)** $NaNH_2$ **(d)** NH_3

4.48 19장에서 알아보겠지만 카보닐기의 인접한 탄소의 수소는 카보닐에 인접하지 않은 탄소의 수소보다 훨씬 더 산성이다. 예를 들어, acetone으로부터 유래된 음이온은 ethane으로부터 유래된 음이온보다 더 안정하다. Acetone으로부터 유래된 음이온의 더 큰 안정성에 대하여 설명하라.

$$\underset{\substack{\textbf{Acetone} \\ \text{p}K_a\ 20.2}}{CH_3\overset{O}{\overset{\|}{C}}CH_2{-}H} \qquad \underset{\substack{\textbf{Ethane} \\ \text{p}K_a\ 51}}{CH_3CH_2{-}H}$$

4.49 2,4-Pentanedione은 acetone보다 상당히 센산이다(19장). 각 산의 짝염기의 구조식을 적고, 2,4-pentanedione으로부터 생성된 짝염기의 더 큰 안정성에 대하여 설명하라.

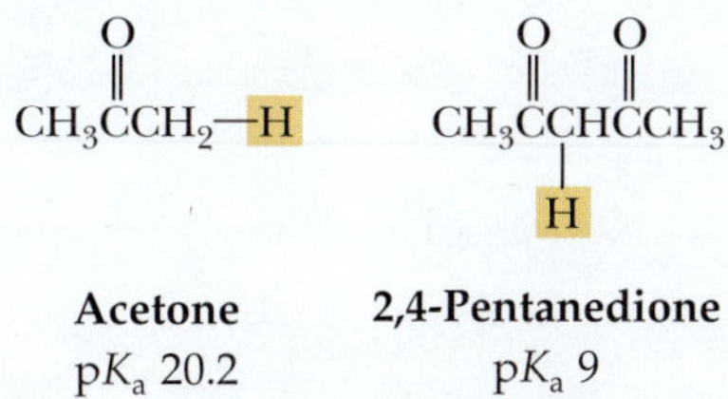

Acetone pK_a 20.2 **2,4-Pentanedione** pK_a 9

4.50 2,4-Pentanedione과 sodium ethoxide 사이의 산-염기 반응식을 적고, 평형 상수(K_{eq})를 계산하여라. 2,4-Pentanedione의 pK_a는 9이고, 에탄올의 pK_a는 15.9이다.

$$\underset{\textbf{2,4-Pentanedione}}{CH_3\overset{O}{\overset{\|}{C}}\underset{H}{\underset{|}{C}}H\overset{O}{\overset{\|}{C}}CH_3} + \underset{\textbf{Sodium ethoxide}}{CH_3CH_2O^-Na^+} \rightleftharpoons$$

4.51 에스터(Ester)는 카복실산의 수소가 알킬기로 바뀐 유도체이다(1.3E절). 카복실산의 —OH기에서 H가 메틸기로 바뀐 methyl acetate의 구조식을 그려라. 만약 HCl로부터 이 화합물에 양성자 이동이 일어나면, 우선적으로 C═O기의 산소 혹은 OCH_3기의 산소 중 어디에 일어날지 결정하라.

4.52 Alanine은 단백질에서 발견되는 20개의 아미노산(아미노기와 카복시기 둘 다 가지고 있음) 중 하나이다(27장). Alanine의 구조식 A 혹은 B 중 어떤 것이 더 적당한 표현인지 설명하라.

$$\underset{\text{(A)}}{CH_3{-}\underset{NH_2}{\underset{|}{C}}H{-}\overset{O}{\overset{\|}{C}}{-}OH} \qquad \underset{\text{(B)}}{CH_3{-}\underset{NH_3^+}{\underset{|}{C}}H{-}\overset{O}{\overset{\|}{C}}{-}O^-}$$

4.53 Glutamic acid는 단백질에서 발견되는 또 다른 아미노산이다(27장). Glutamic acid는 두 개의 카복시기를 가지고 있으며 하나의 pK_a는 2.10이고, 다른 하나의 pK_a는 4.07이다.

$$\underset{\textbf{Glutamic acid}}{HO{-}\overset{O}{\overset{\|}{C}}{-}CH_2{-}CH_2{-}\underset{NH_3^+}{\underset{|}{C}}H{-}\overset{O}{\overset{\|}{C}}{-}OH}$$

(a) 각 카복시기의 pK_a 값을 지정하라.

(b) 하나의 카복시기가 다른 카복시기보다 상당히 더 센산이라는 사실을 설명하라.

4.54 다음은 imidazole의 구조식으로 필수 아미노산인 histidine의 한 부분이다(27장). 또한 imidazole은 모든 알레르기를 가진 사람이나 항히스타민제를 복용하는 사람에게 친숙한 histamine의 한 부분이다. Imidazole은 물에 용해되면 양성자 첨가되어 양이온을 형성한다. 이 양이온의 구조식 A 혹은 B 중 어느 것이 더 좋은 표현인지 설명하라.

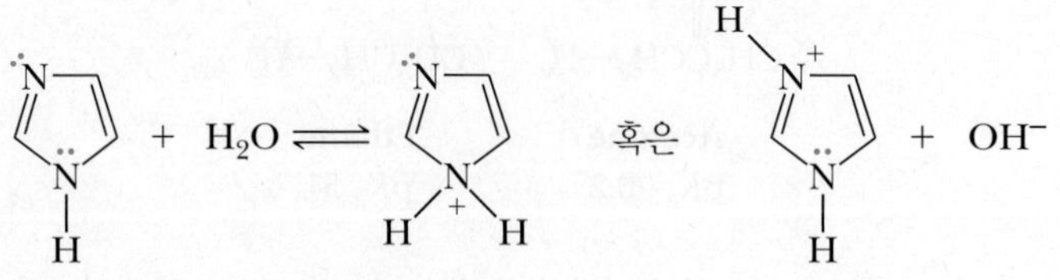

Imidazole + H_2O ⇌ (A) 혹은 (B) + OH^-

Imidazole (A) (B)

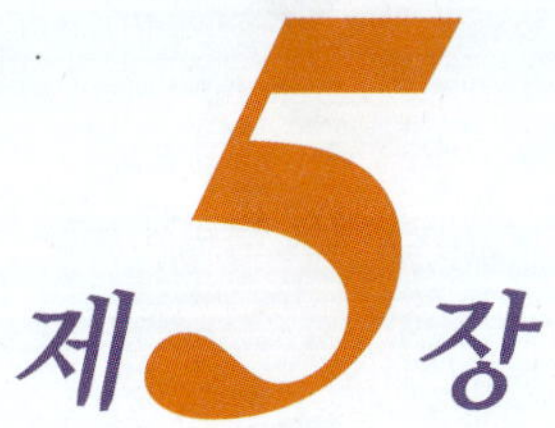

© Mark Muench/Stone/Getty Images

Blue Ridge 산맥의 아지랑이. 이 아지랑이는 나무와 식물들이 뿜어내는 isoprene과 다른 탄화수소의 광산화 반응에 의해 생긴 연무 물질이 빛을 산란시켜 발생된 것이다. 자연계의 많은 탄화수소 물질은 isoprene의 조합으로 이루어져 있다(5.4절 참조).

알켄: 결합, 명명법, 성질

Alkenes: Bonding, Nomenclature, and Properties

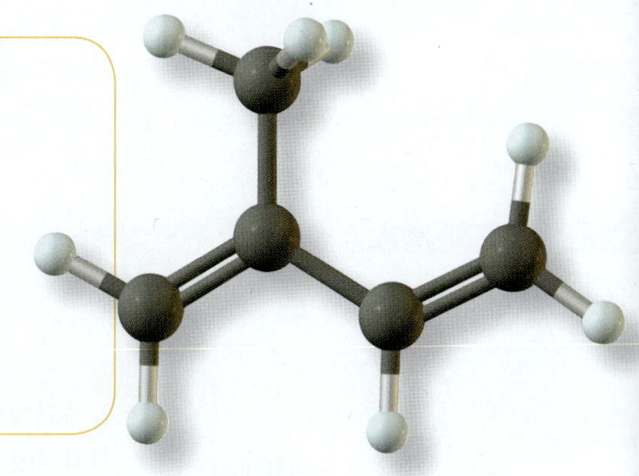

이 장의 차례

불포화 탄화수소(Unsaturated hydrocarbon)는 한 개 이상의 탄소-탄소 이중 결합이나 삼중 결합을 포함한다. *불포화*(Unsaturation)란 용어는 알케인(C_nH_{2n+2})에 비해서 탄소에 결합된 수소수가 부족함을 나타낸다. 불포화 탄화수소에는 알켄, 알카인, 아렌 등과 같은 세 가지의 부류가 있다. **알켄**(Alkene)은 하나의 탄소-탄소 이중 결합을 포함하고 있으며, 한 개의 이중 결합과 고리가 없다면 일반식은 C_nH_{2n}이다. 알카인(Alkyne)은 하나의 탄소-탄소 삼중 결합을 포함하고 있으며, 한 개의 삼중 결합과 고리가 없다면 일반식은 C_nH_{2n-2}이다. 가장 간단한 알켄은 ethylene이고, 가장 간단한 알카인은 acetylene이다.

불포화 탄화수소
한 개 또는 그 이상의 탄소-탄소 이중 결합과 삼중 결합이 들어 있는 탄화수소. 세 가지 부류의 가장 중요한 불포화 탄화수소는 알켄, 알카인, 아렌이다.

이 장의 동영상 강의를 보려면 www.cengage.com/chemistry/brown/organic7e에 접속 후 Access Student Materials를 클릭하라.

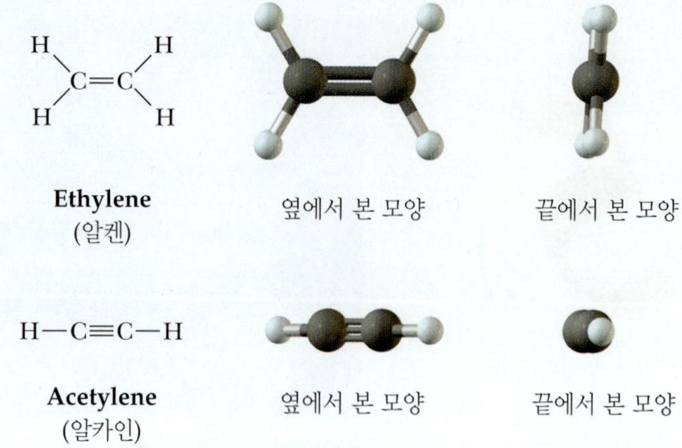

이 장에서는 알켄의 구조, 명명법, 물리적인 성질을 공부한다. 알카인은 7장에서 따로 설명한다.

아렌
벤젠과 그 유도체의 분류에 사용되는 용어.

아렌(Arene)은 불포화 탄화수소의 세 번째 부류이다. 가장 간단한 아렌인 benzene의 Lewis 구조식은 아래와 같다.

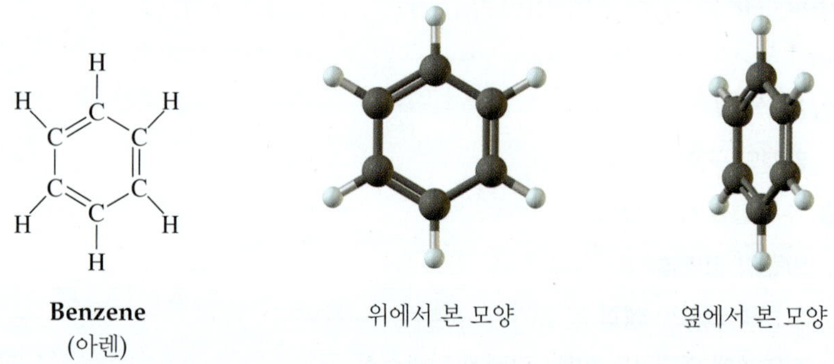

아릴기(Ar—)
아렌에서 하나의 수소를 제거에 의해 유도된 기.

페닐기
Benzene에서 하나의 수소를 제거에 의해 유도된 기: C_6H_5— 또는 Ph—로 표시.

알케인에서 수소 하나를 제거함으로써 형성된 유도체를 알킬 유도체라고 하고, **R**—로서 표기하며(2.3A절), 아렌으로부터 하나의 수소를 제거함으로써 형성된 유도체를 **아릴기**(aryl group)라 하며, **Ar**—로서 표기한다.

하나의 benzene 고리가 모체 사슬의 치환기일 때는 특별한 이름인 **페닐기**(phenyl group)라고 한다. Benzene이 치환기일 경우 ethane이 에틸이 되는 것처럼 벤질이라고 생각할 수 있지만, 실상은 그렇지 않다. 'Phene'이란 용어는 benzene에 대하여 이제는 쓸모없는 이름으로 더 이상 사용되지 않지만, 유도체는 지속적으로 페닐(phenyl)이란 이름으로 사용된다. 다음은 페닐기의 구조식과 두 가지의 다른 표현법이다. 이 책에서는 세 개의 이중 결합이 새겨진 정육각형으로 benzene을 나타낸다. 또한 원이 새겨진 정육각형으로 표현하는 것이 일반적이다. 페닐기에 대한 구조식과 두 가지 또 다른 표현은 다음과 같다.

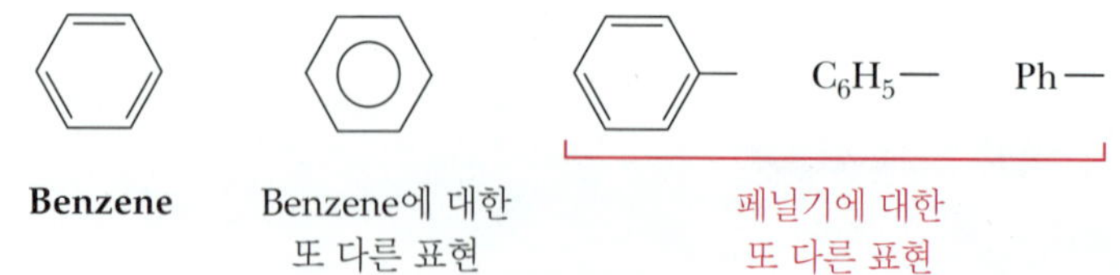

Benzene과 그 유도체들의 화학은 알켄과 알카인의 화학과는 아주 다르며, 21장과 22장에서 아렌의 화학을 공부하겠지만 아릴기를 포함한 화합물의 구조식은 그 이전에 보게 될 것이다. 지금 이 시점에서 기억해야 할 것은 아릴기는 6~20장에서 설명할 어떠한 조건에서도 화학적으로 반응하지 않는다는 점이다.

5.1 알켄의 구조

A 알켄의 모양

탄소-탄소 이중 결합에 대해 원자가 껍질 전자쌍 반발 이론(1.4절)을 적용하면, 각 탄소에 대한 결합각이 120°인 것을 예측할 수 있다. Ethylene의 관찰된 H—C—C 결합 각도는 예측한 것에 근접한 121.1°이다. 다른 알켄에서 120°의 예측각보다 더 큰 차이가 있을 것으로 예상되며, 이는 이중 결합의 탄소에 결합된 치환기에 의해 나타나는 비결합 상호작용에 의한 무리(strain) 때문이다. 예를 들어, propene의 C—C—C의 결합각은 123.9°이다.

121.1°

$H_2C{=}CH_2$

Ethylene

123.9°

$H_3C{-}CH{=}CH_2$

Propene

HOW TO 수소 결핍 지수 계산법

미지 화합물의 구조에 대한 중요한 정보는 그 물질의 분자식을 살펴봄으로써 얻을 수 있다. 화합물의 분자 내에 탄소, 수소, 탄소, 질소 등의 원자 개수를 아는 것 이외에, 소위 수소 결핍 지수라고 부르는 것을 결정할 수 있다. 고리나 파이 결합 수 당 두 개의 수소가 줄어든다. **수소 결핍 지수**(Index of hydrogen deficiency)는 한 분자 내의 고리와 π 결합의 합을 나타낸다. 이는 실제 분자의 수소 개수($H_{분자}$)와 기준이 되는 알케인의 수소 개수($H_{기준}$)를 비교하여 구할 수 있다.

수소 결핍 지수
한 분자에서 고리 개수와 π 결합 수의 합.

$$\text{수소 결핍 지수} = \frac{(H_{기준} - H_{분자})}{2}$$

1. 기준이 되는 비고리 알케인의 분자식은 C_nH_{2n+2}이다(2.1절).
2. 탄소와 수소 이외의 원소를 가지는 분자에서는 우선 같은 탄소의 개수를 가진 탄화수소로부터 기준 수소를 구한 다음, 미지 탄화수소의 수소 개수를 다음과 같이 조정한다.
   - **a.** 7족 원소(F, Cl, Br, I)의 각각 단일 원자는 한 개의 수소로 대체한다. 예를 들면, 비고리 단일염소 알케인의 일반식은 $C_nH_{2n+1}Cl$이다. 이에 해당되는 비고리 알케인의 일반식은 C_nH_{2n+2}이다.
   - **b.** 6족 원소(O, S, Se)의 이가인 원자의 추가는 보정이 필요하지 않다. 수소 사이에 이가인 6족 원소 삽입은 수소의 수를 변화시키지 않는다.
   - **c.** 삼가인 5족 원소(N, P, As)가 들어 있으면, 각각 수소 개수를 한 개씩 더한다. 이는 삼가인 5족 원소의 삽입은 분자식에 수소가 한 개씩 더해지기 때문이다. 예를 들면, 비고리 알킬아민의 기본 분자식은 $C_nH_{2n+3}N$이다.

B 탄소-탄소 이중 결합의 궤도함수

1.7C절에서 원자 궤도함수의 겹침으로부터 탄소-탄소 이중 결합이 형성됨을 설명하였다. 탄소-탄소 이중 결합은 하나의 σ 결합과 하나의 π 결합으로 이루어져 있다(그림 5.1). 이중 결합의 각 탄소는 3개의 sp^2 혼성 궤도함수를 사용하여 3개의 원자와 σ 결합을 이룬다. 양 탄소의 혼성화되지 않은 $2p$ 원자 궤도함수는 3개의 sp^2 혼성 궤도함수에 의해서 형성된 평면에 수직으로 놓이며 이들은 결합성과 반결합성의 2개의 π 분자 궤도함수를 형성한다. 혼성되지 않은 2개의 $2p$ 궤도함수가 최대의 겹침이 되기 위해 평행을 이루어야 하며, 이로써 이중 결합의 두 탄소 원자와 4개의 결합된 모든 원자들이 한 평면에 놓이게 된다.

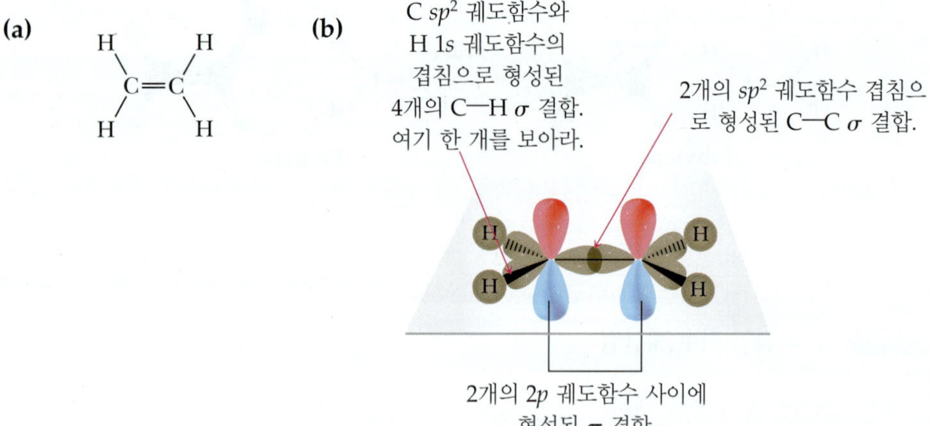

그림 5.1 ▸ Ethylene의 공유 결합. (a) Lewis 구조와 (b) σ 결합과 π 결합을 보여 주는 궤도함수의 겹침 모형.

Ethylene의 π 결합을 끊어내기 위하여 약 264 kJ (63 kcal)/mol이 필요하다. 즉, 이 값은 인접한 탄소들의 $2p$ 궤도함수 사이의 겹침이 일어나지 않는 지점에서 하나의 탄소를 다른 탄소에 대해 90°로 회전시키는 데 필요한 에너지이다(그림 5.2). 이 에너지는 상온에서 얻을 수 있는 열에너지보다 상당히 크므로 탄소-탄소 이중 결합에 대한 회전은 극히 제한된다. Ethylene의 탄소-탄소 이중 결합에 대한 회전과 ethane의 탄소-탄소 단일 결합의 회전을 비교할 수 있다(2.5A절). Ethane의 탄소-탄소 단일 결합의 회전이 비교적 자유로운 반면[에너지 장벽 약 12.5 kJ (3.0 kcal/mol)], ethylene의 탄소-탄소 이중 결합의 회전은 극히 제한된다.

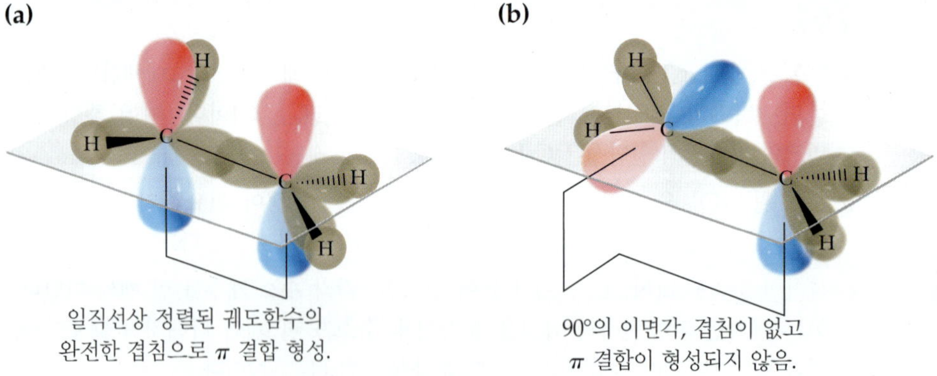

그림 5.2 ▸ 탄소-탄소 이중 결합의 제한된 회전. (a) π 결합의 궤도함수 겹침 모형. (b) H—C—H를 포함한 평면을 다른 H—C—H를 포함하는 평면에 대해 90°로 회전시키면 π 결합이 끊어진다.

예제 5.1 ▸ **수소 결핍 지수**

1-Hexene (C_6H_{12})의 수소 결핍 지수를 계산하고, 이를 구조식과 비교하여 설명하여라.

➥ 해답

여섯 개 탄소를 가지는 비고리 알케인의 분자식은 C_6H_{14}이다. 1-Hexene의 수소 결핍 지수는 $(14 - 12)/2 = 1$이며, 이 값은 하나의 π 결합이 존재함을 나타낸다.

연습 문제 5.1

Cyclohexene (C_6H_{10})의 수소 결핍 지수를 계산하고, 이를 구조식과 비교하여 설명하여라.

예제 5.2 ▶ 수소 결핍 지수

Isopentyl acetate는 바나나향을 내며, 꿀벌의 경계 페르몬 일종으로 분자식은 $C_7H_{14}O_2$이다. 이 화합물의 수소 결핍 지수를 계산하여라.

➡ 해답

기준 탄화수소 화합물의 분자식은 C_7H_{16}이다. 추가된 산소는 수소의 개수에 변화를 주지 않으므로 수소 결핍 지수는 $(16 - 14)/2 = 1$이며, 하나의 고리 혹은 1개의 π 결합을 의미한다. Isopentyl acetate의 구조식은 다음과 같으며, 탄소-산소 사이의 하나의 π 결합을 포함하고 있다.

Isopentyl acetate

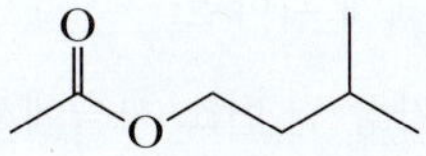

연습 문제 5.2

Niacin의 수소 결핍 지수는 5이다. Niacin의 구조식과 비교하여 수소 결핍 지수를 설명하여라.

Nicotinamide (Niacin)

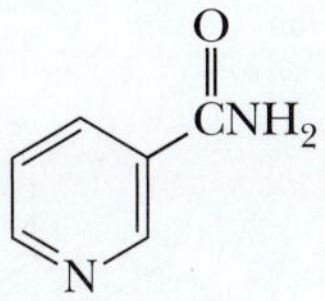

C 알켄의 *시스*, *트랜스* 이성질현상

탄소-탄소 이중 결합의 제한된 회전으로 인하여 이중 결합의 각 탄소에 다른 치환기를 가진 모든 알켄은 ***시스*, *트랜스* 이성질현상**(*cis*, *trans* isomerism)을 나타낸다. 예를 들어서, 2-butene은 두 개의 입체이성질체를 갖는다. *cis*-2-Butene에서는 두 개의 메틸기가 이중 결합의 같은 쪽에 놓여 있고, *trans*-2-butene에서는 서로 반대 쪽에 위치한다. 이 두 화합물은 이중 결합의 회전이 제한되므로 상온에서 어느 한 화합물로 전환될 수 없기 때문에 그들은 서로 다른 물리적 성질과 화학적 성질을 갖는 다른 화합물(부분입체이성질체, diastereomer)이다.

> ***시스*, *트랜스* 이성질체**
> 결합되어 있는 원자들의 순서가 같지만, 고리(2.6절)나 탄소-탄소 이중 결합(5.1C절)의 존재로 인하여 공간에서의 배열이 다른 이성질체.

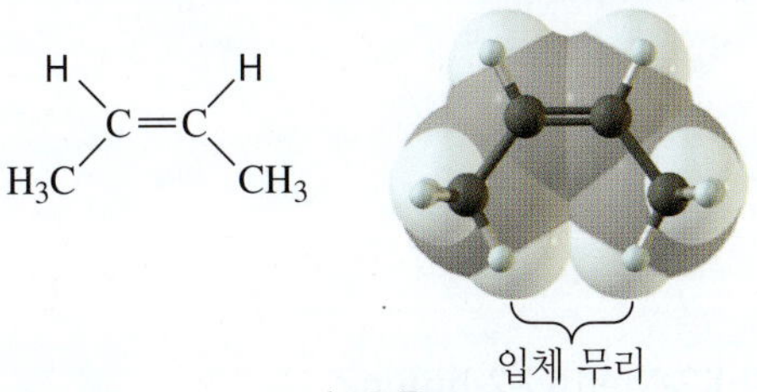

입체 무리

***cis*-2-Butene**
mp −139°C, bp 4°C

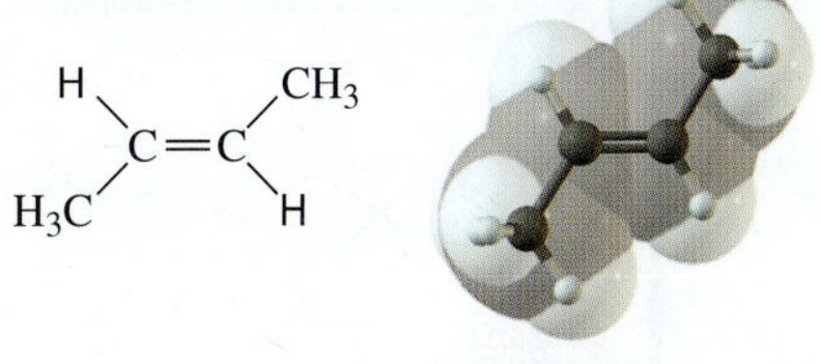

***trans*-2-Butene**
mp −106°C, bp 1°C

열린 사슬에서 이중 결합을 가진 *시스*-알켄은 2-butene의 *시스*와 *트랜스* 이성질체의 공간-채움 모형에서 보는 것처럼 이중 결합의 같은 쪽에 있는 알킬 치환기 사이에 입체 무리 때문에 *트랜스* 이성질체보다 더 불안정하다. 이것은 수평방향의 methylcyclohexane이

축방향의 methylcyclohexane보다 안정한 것과 같은 형태의 무리이다(2.5B절). *trans*-2-Butene은 *시스* 이성질체에 비해서 4.2 kJ(1.0 kcal/mol) 더 안정하며, 이것은 두 메틸기가 멀어짐에 따라 입체 무리와 결합각 무리의 합으로 나타나기 때문이다. 최소의 에너지 상태에서의 $C{=}C{-}CH_3$ 결합각은 약 127°이다.

5.2 알켄의 명명법

알켄은 IUPAC 체계를 사용하여 명명되지만, 우리가 볼 수 있는 바와 같이 몇 가지 알켄은 그들의 관용명으로 불린다.

A IUPAC명

알켄의 IUPAC명은 모체인 알케인의 삽입어인 *-an-*을 *-en-*으로 바꾸어 명명한다(2.3C절). 그러므로 $CH_2{=}CH_2$는 ethene으로 명명하고, $CH_3CH{=}CH_2$는 propene이라 명명한다. 이중 결합의 위치가 다른 이성질체들이 존재하는 긴 사슬의 알켄에서는 번호 체계를 사용해야만 한다. IUPAC체계에 의하면,

1. 이중 결합을 포함하는 가장 긴 탄소 사슬에서 이중 결합 탄소에 가능한 가장 낮은 번호를 붙여서 명명한다.
2. 이중 결합의 위치는 이중 결합에 포함된 첫 번째 탄소의 번호에 의해 나타낸다.
3. 가지가 달리거나 치환된 알켄은 알케인과 유사한 방법으로 명명한다.
4. 탄소 원자에 번호를 붙이고, 치환기들의 위치 및 이름을 붙인 다음, 이중 결합의 위치를 정하여 주사슬을 명명한다.

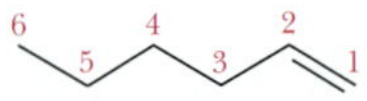

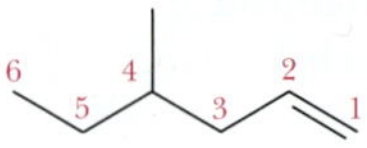

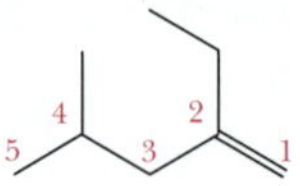

$\overset{6}{C}H_3\overset{5}{C}H_2\overset{4}{C}H_2\overset{3}{C}H_2\overset{2}{C}H{=}\overset{1}{C}H_2$

1-Hexene

$\overset{6}{C}H_3\overset{5}{C}H_2\overset{4}{C}H(CH_3)\overset{3}{C}H_2\overset{2}{C}H{=}\overset{1}{C}H_2$

4-Methyl-1-hexene

$\overset{5}{C}H_3\overset{4}{C}H(CH_3)\overset{3}{C}H_2\overset{2}{C}(CH_2CH_3){=}\overset{1}{C}H_2$

2-Ethyl-4-methyl-1-pentene

2-Ethyl-4-methyl-1-pentene에는 여섯 개의 탄소로 구성된 서로 다른 사슬이 있다. 그러나 이중 결합을 포함하는 가장 긴 사슬은 다섯 개의 탄소만을 가지고 있기 때문에 모체 탄화수소는 pentane이며, 분자는 이치환된 1-pentene으로 명명된다.

예제 5.3 ▸ 알켄의 명명

각 알켄의 IUPAC명을 써라.

(a) 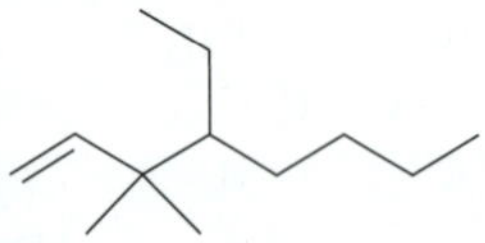 (b)

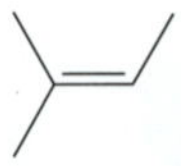

➥ **해답**

(a) 4-Ethyl-3,3-dimethyl-1-octene **(b)** 2-Methyl-2-butene

연습 문제 5.3

각 알켄의 IUPAC명을 써라.

(a) 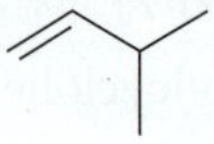 (b)

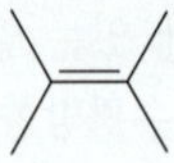

B 관용명

몇 가지 알켄 중에서 특히 분자량이 낮은 알켄은 아래에 관용명으로 나타낸 바와 같이 거의 그들의 관용명으로만 알려져 있다.

	$CH_2{=}CH_2$	$CH_3CH{=}CH_2$	$CH_3\overset{CH_3}{\overset{\vert}{C}}{=}CH_2$
IUPAC명:	**Ethene**	**Propene**	**2-Methylpropene**
관용명:	**Ethylene**	**Propylene**	**Isobutylene**

또한, 아래에 있는 알케닐(alkenyl)기들의 존재를 나타내기 위해 관용명인 **메틸렌**(methylene, CH_2기), **바이닐**(vinyl), **알릴**(allyl) 등이 종종 사용된다.

메틸렌
$CH_2{=}$ 기.

바이닐
$CH_2{=}CH_2{-}$ 기.

알릴
$CH_2{=}CHCH_2{-}$ 기.

알케닐기	IUPAC명	관용명	예	IUPAC명(관용명)
$CH_2{=}$	Methylidene	메틸렌	$H_2C{=}$(cyclopentane)	Methylidenecyclopentane (Methylenecyclopentane)
$CH_2{=}CH{-}$	Ethenyl	바이닐	$CH_2{=}CH{-}$(cyclopentane)	Ethenylcyclopentane (Vinylcyclopentane)
$CH_2{=}CHCH_2{-}$	2-Propenyl	알릴	$CH_2{=}CHCH_2{-}$(cyclopentane)	2-Propenylcyclopentane (Allylcyclopentane)

C 알켄에서의 배열을 표시하는 체계

시스, *트랜스* 체계

알켄의 배열을 표시하기 위한 가장 일반적인 방법은 접두어로 *시스*와 *트랜스*를 사용하는 것이다. 다음 이성질체를 *trans*-3-hexene과 *cis*-3-hexene으로 명명하는 것에는 논란의 여지가 없다. 더 복잡한 알켄의 경우, 모체 사슬의 원자들의 배열에 의해서 알켄이 *시스*인지 또는 *트랜스*인지를 결정한다. 다음 오른쪽은 3,4-dimethyl-2-pentene의 *시스* 이성질체의 구조식이다. 이 예에서, 주사슬(탄소 1과 4)의 탄소 원자가 이중 결합의 같은 쪽에 있기 때문에 이 알켄은 *시스*이다.

시스
시스, *트랜스*-알켄 명명법에서 주사슬의 탄소 원자들이 이중 결합의 같은 쪽에 있는 것을 의미한다.

트랜스
시스, *트랜스*-알켄 명명법에서 주사슬의 탄소 원자들이 이중 결합의 반대 쪽에 있는 것을 의미한다.

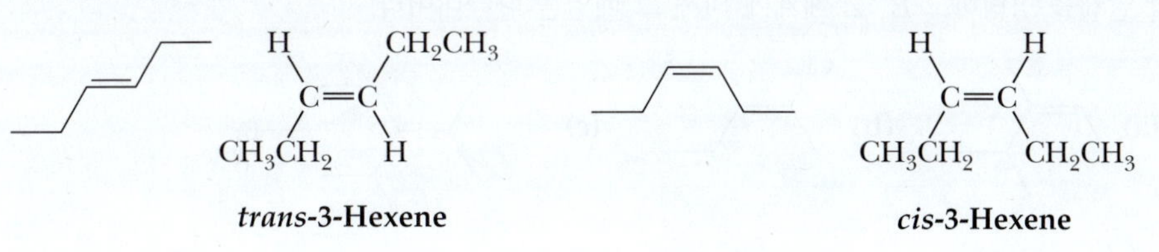

***trans*-3-Hexene** ***cis*-3-Hexene** ***cis*-3,4-Dimethy1-2-pentene**

예제 5.4 ▸ ***트랜스* 알켄 대 *시스* 알켄 명명법**

각 알켄을 명명하고, 이중 결합의 배열을 *시스*, *트랜스* 체계를 이용하여 나타내어라.

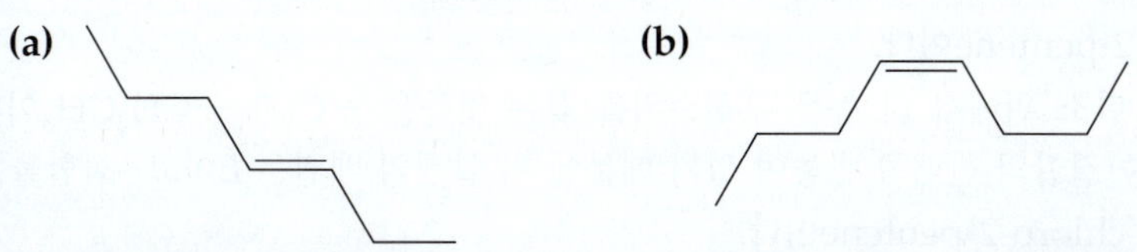

➥ 해답

(a) 사슬은 7개의 탄소 원자를 포함하고 있고 이중 결합의 첫 번째 탄소가 낮은 번호를 갖도록 끝에서부터 번호를 붙인다. 화합물의 이름은 *trans*-3-heptene이다.

(b) 가장 긴 사슬은 8개의 탄소 원자를 포함하고 이중 결합의 첫 번째 탄소가 사슬의 4번 탄소가 되도록 어느 끝에서부터 번호를 붙인다. 화합물의 이름은 *cis*-4-octene이다.

연습 문제 5.4

어느 알켄이 *시스*, *트랜스* 이성질현상을 나타내는가? 이성질 현상을 나타내는 화합물에 대하여 *트랜스* 이성질체의 구조식을 그려라.

(a) 2-Pentene **(b)** 2-Methyl-2-pentene **(c)** 3-Methyl-2-pentene

E, *Z* 체계

***E*, *Z* 체계**
탄소-탄소 이중 결합의 치환기 배열을 규정하는 체계.

Z
독일어 *zusammen*, 함께라는 어원에서 유래. 높은 우선순위를 갖는 탄소가 포함된 치환기가 이중 결합의 같은 위치에 존재할 경우.

E
독일어 *entgegen*, 반대편이라는 어원에서 유래. 높은 우선순위를 갖는 탄소가 포함된 치환기가 이중 결합의 반대 위치에 존재할 경우.

삼치환 및 사치환 알켄에 대해서 *시스*, *트랜스* 체계는 혼동이 일어나고 모든 알켄을 명명하는데 자세히 설명할 수 없기 때문에 화학자들은 ***E*, *Z* 체계**(*E*, *Z* system)를 개발하였다. *E*, *Z* 체계는 이중 결합의 각 탄소위의 치환기들의 우선순위를 할당하기 위해 *R*, *S* 체계(3.3절)의 우선순위 규칙을 사용한다. 이 규칙을 사용할 때 이중 결합 탄소 위의 어느 치환기가 더 높은 우선순위를 갖는지 결정한다. 만일 더 높은 우선순위를 갖는 치환기들이 이중 결합의 같은 쪽에 있으면, 알켄의 배열은 ***Z*** (독일어 *zusammen*, 함께)이다. 만일 더 높은 우선순위를 갖는 치환기들이 이중 결합의 반대쪽에 있으면, 알켄은 ***E*** (독일어 *entgegen*, 반대편)이다.

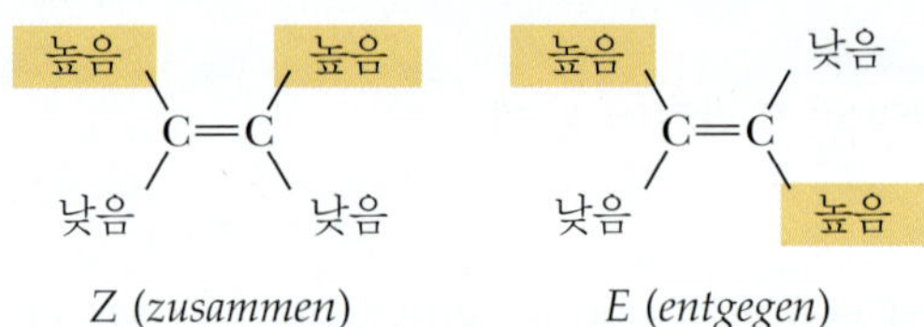

Z (*zusammen*) *E* (*entgegen*)

이 책에서는 C=C 결합의 탄소가 수소를 가지고 있는 알켄에 대해서는 *시스*, *트랜스* 체계를 적용한다. 이외의 다른 경우에는 *E*, *Z* 체계를 사용한다. 만일 명명에 혼동이 일어난다면 항상 *E*, *Z* 체계가 적용된다.

예제 5.5 ▸ *E*, *Z* 명명법

각 알켄을 명명하고 *E*, *Z* 체계에 의해 그 배열을 나타내어라.

(a) **(b)** Cl **(c)** Br

➥ 해답

(a) 2번 탄소 위에서 메틸기가 더 높은 우선순위를 갖고, 3번 탄소 위에서는 아이소프로필기가 더 높은 우선순위를 갖는다. 우선순위가 더 높은 치환기들이 이중 결합의 같은 쪽에 놓여 있기 때문에 알켄은 *Z* 배열을 갖는다. 화합물 이름은 (*Z*)-3,4-dimethyl-2-pentene이다.

(b) 2번과 3번 탄소 위에서 더 높은 우선순위를 갖는 것들은 —Cl과 —CH_2CH_3이다. 이들이 이중 결합의 반대쪽에 놓여 있기 때문에 이 알켄의 배열은 *E*이고, 화합물 이름은 (*E*)-2-chloro-2-pentene이다.

(c) 더 높은 우선순위를 갖는 치환기들이 이중 결합의 반대쪽에 놓여 있으므로 배열은 *E* 이다. 이 브로모알켄의 이름은 (*E*)-1-bromo-4-isopropyl-5-methyl-4-octene이다.

5번 탄소에서 더 높은 우선순위

4번 탄소에서 더 높은 우선순위

연습 문제 5.5

각 알켄을 명명하고, *E*, *Z* 체계에 의해 그 배열을 나타내어라.

(a) **(b)** **(c)**

D 사이클로알켄

사이클로알켄(Cycloalkene)을 명명할 때, 고리의 이중 결합 탄소에 첫 번째 나타나는 치환기가 낮은 번호가 되는 방향으로 1과 2의 번호를 붙인다.

3-Methylcyclopentene **4-Ethyl-1-methylcyclohexene** **1,6-Dimethylcyclohexene**

예제 5.6 ▸ 고리형 알켄의 명명법

다음 사이클로알켄의 IUPAC명을 써라.

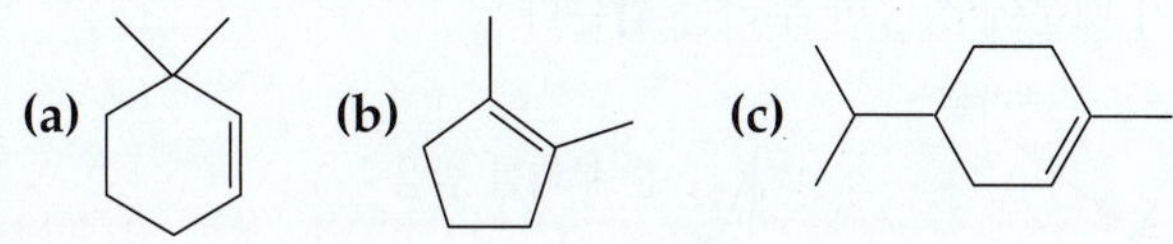

➡ 해답

(a) 3,3-Dimethylcyclohexene **(b)** 1,2-Dimethylcyclopentene
(c) 4-(1-Methylethyl)-1-methylcyclohexene

연습 문제 5.6

다음 사이클로알켄의 IUPAC명을 써라.

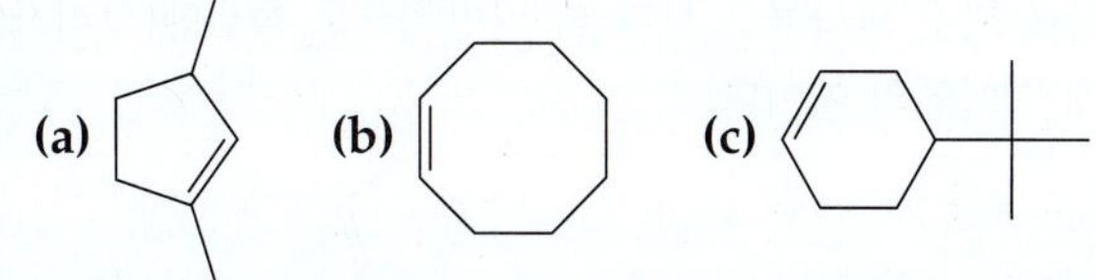

E 사이클로알켄에서 *시스*, *트랜스* 이성질 현상

다음은 4개의 사이클로알켄의 구조식이다.

Cyclopentene **Cyclohexene** **Cycloheptene** **Cyclooctene**

이러한 표현에서 각 이중 결합에 대한 원자 배열은 *시스*이다. 이러한 화합물들 또한 더 큰 사이클로알켄에서 *트랜스* 배열을 갖는 것이 가능한가? 현재까지 *trans*-cyclooctene이 상온에서 안정하고 순수한 형태로 만들어진 가장 작은 *트랜스* 사이클로알켄이다. 그러나 이러한 *트랜스* 사이클로알켄에서도 고리에 상당한 결합각 무리가 있다. 즉, 이중 결합의 2*p* 궤도함수들은 서로에 대해 44°의 각을 이룬다. *cis*-Cyclooctene은 *트랜스* 이성질체에 비해 38 kJ (9.1 kcal) 정도 더 안정하다. 또한 *트랜스* 이성질체는 카이랄 중심이 없으면서도 카이랄성을 가진다.

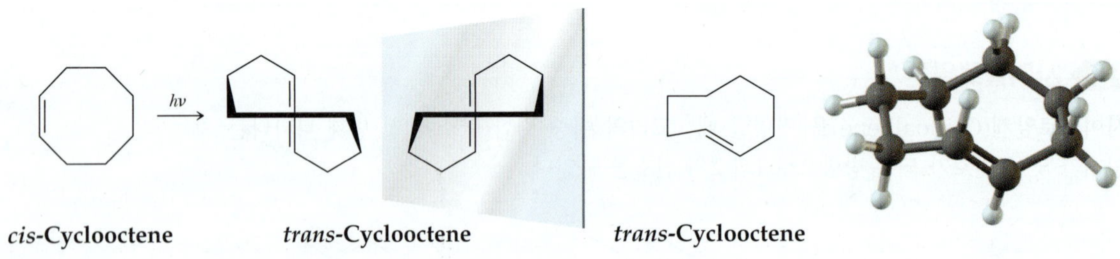

cis-Cyclooctene *trans*-Cyclooctene *trans*-Cyclooctene

F 다리목 알켄

알켄이 무리를 갖는 또 하나의 형태는 이중 결합 탄소 중의 하나가 두 고리 체계에서 다리목 탄소에 붙어 있는 경우이다. 다리목 탄소(Bridgehead carbon)란 탄화수소의 두 고리에 포함되어 있는 탄소이다. 예를 들면, 아래 화살표로 표시된 탄소가 다리목에 있는 탄소이다. Norbornene에서 이중 결합은 다리목 탄소를 포함하지 않지만 다른 구조에서는 포함하고 있다. 이러한 이중 결합 배열은 두 고리 체계에서 나머지 탄소들이 고리를 연결하고 있는 동안 알켄은 평면을 유지할 수 없기 때문에 상당한 무리를 받는다.

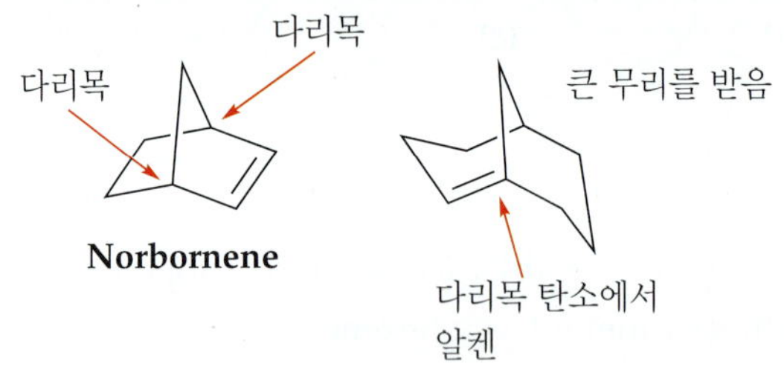

Norbornene

G 다이엔, 트라이엔, 폴리엔

둘 또는 그 이상의 이중 결합을 포함하는 알켄에 대해서는 삽입어 *-en-*을 *-adien-*, *-atrien-* 등으로 바꾼다. 여러 개의 이중 결합을 가진 화합물은 보다 더 일반적으로 폴리엔(그리스어: *poly*, 많다)으로 부른다. 다음은 3개 다이엔의 예이다.

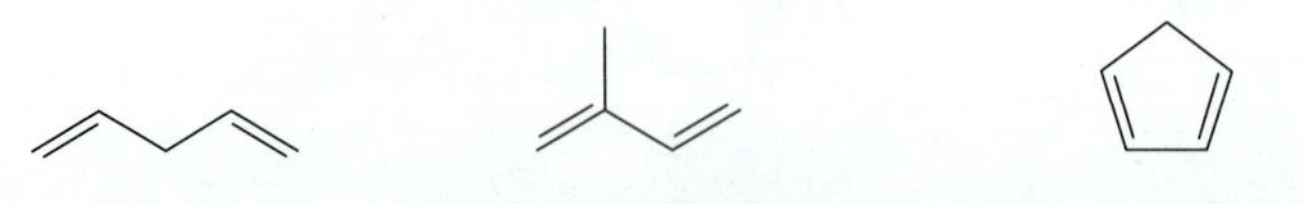

1,4-Pentadiene **2-Methyl-1,3-butadiene (Isoprene)** **1,3-Cyclopentadiene**

H 다이엔, 트라이엔, 폴리엔에서의 *시스*, *트랜스* 이성질현상

이제까지는 하나의 탄소-탄소 이중 결합을 포함하는 화합물의 *시스*, *트랜스* 이성질현상을 살펴보았다. *시스*, *트랜스* 이성질현상을 나타낼 수 있는 하나의 탄소-탄소 이중 결합을 갖는 알켄에는 두 개의 입체이성질체가 가능하다. n개의 탄소-탄소 이중 결합을 갖는 알켄에서, 각각은 *시스*, *트랜스* 이성질 현상을 나타낼 수 있고, 2^n개의 입체이성질체들이 존재할 수 있다.

예제 5.7 ▸ 폴리엔의 입체이성질체

2,4-Heptadiene에는 몇 개의 입체이성질체가 존재하는가?

➥ 해답

이 분자는 두 개의 탄소-탄소 이중 결합을 가지고 있고, 각각은 *시스*, *트랜스* 이성질 현상을 나타낸다. 이 표에 나타낸 바와 같이, $2^2 = 4$개의 입체이성질체를 갖는다. 이 입체이성질체 중에서 두 개는 아래에 그려 놓았다.

이중 결합 C2—C3	C4—C5
트랜스	*트랜스*
트랜스	*시스*
시스	*트랜스*
시스	*시스*

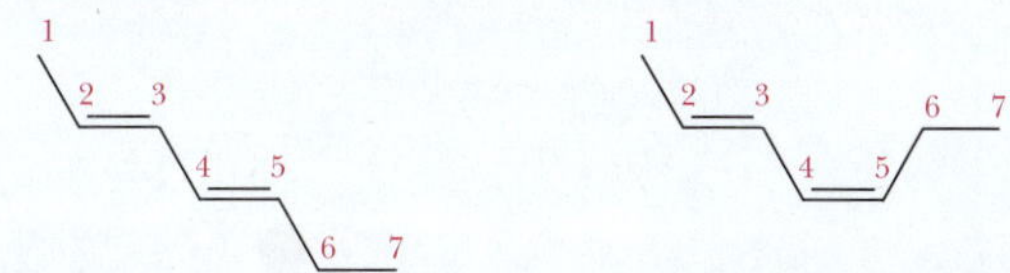

(2*E*,4*E*)-2,4-Heptadiene
***trans,trans*-2,4-Heptadiene**

(2*E*,4*Z*)-2,4-Heptadiene
***trans,cis*-2,4-Heptadiene**

연습 문제 5.7

2,4-Heptadiene의 다른 두 개의 입체이성질체의 구조를 그려라.

예제 5.8 ▸ 폴리엔의 입체이성질체

10,12-Hexadecadien-1-ol에는 몇 개의 입체이성질체가 존재하는가?

$$CH_3(CH_2)_2CH{=}CHCH{=}CH(CH_2)_8CH_2OH$$

10,12-Hexadecadien-l-ol

➥ 해답

두 개의 이중 결합에 대해 *시스*, *트랜스* 이성질 현상이 가능하므로 네 개의 입체이성질체가 가능하다.

연습 문제 5.8

누에의 성 호르몬은 (10*E*,12*Z*)-10,12-hexadecadien-1-ol이다. 이 화합물의 구조식을 그려라.

고치를 틀고 있는 누에, 일본. © *Paul Chesley/Stone/Getty Images.*

비타민 A는 생리학적으로 중요한 분자이고, 여러 개의 *시스*, *트랜스* 이성질체들이 존재한다. 네 개의 탄소-탄소 이중 결합들로 이루어진 탄소 원자 사슬이 cyclohexene 고리에 연결되어 있으며, 각각은 *시스*, *트랜스*인 이성질 현상의 가능성을 가지고 있다. 이러한 구조식은 2^4 = 16개의 *시스*, *트랜스* 입체이성질체가 가능하다. 비타민 A는 모두 *E* 이성질체이다.

Vitamin A (retinol)

5.3 알켄의 물리적 성질

알켄의 비극성 화합물이며, 분자 간의 유일한 인력은 분산력이다(2.7B절). 그러므로 알켄의 물리적 성질은 알케인의 물리적 성질과 유사하다. 2개, 3개, 4개의 탄소 원자로 구성된 알켄은 상온에서 기체이다. 5개 이상의 탄소로 구성된 알켄은 물보다 밀도가 낮은 무색의 액체이다. 알켄은 물에 녹지 않으나 다른 알켄, 비극성 유기 용매 및 에탄올에는 녹는다. 표 5.1에 몇 개의 알켄의 물리적인 성질을 나타내었다.

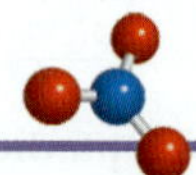

화학 관련 이야기 *Chemical Connections*

유럽산 옥수수 좀벌레의 Iowa 및 New York 변종품의 경우

동물 세계의 대다수 종족들에게는 화학 물질이 대화의 기본적인 수단이다. 종종 한 종족 간의 대화 방식은 여러 배열 이성질체 중의 한 물질을 이용한다. 예를 들어, 특정한 종족은 화학 물질의 *시스* 이성질체에게는 반응이 나타내지만, *트랜스* 이성질체에게는 반응이 없다. 또한 *시스*와 *트랜스* 이성질체의 아주 특정한 조성에는 반응을 보이고 기타 다른 조성에는 보이지 않을 수 있다.

많은 과학자들이 유럽산 옥수수 좀벌레의 Iowa 및 New York 변종의 성호르몬 성분에 관하여 연구했다. 이들과 유사한 종족들의 암컷들은 성유인물질인 11-tetradecenyl acetate를 분비한다. Iowa 변종의 수컷들은 96%의 *시스* 이성질체와 4%의 *트랜스* 이성질체의 혼합물에 최대의 반응을 보였지만, 순수한 *시스* 이성질체만을 사용하였을 경우에는 별로 반응이 없었다. New York 변종의 수컷들은 3%의 *시스* 이성질체와 97%의 *트랜스* 이성질체의 혼합물에 최대의 반응을 보이는 아주 다른 반응 양상을 보였다.

유럽산 옥수수 좀벌레, Pyrausta nubilalis. © *Scott Camazine/Photo Researchers, Inc.*

여기서 알 수 있듯이 입체이성질체에 대한 최적의 반응 조건이 자연계에 산재하여 있고, 대부분의 곤충들이 교미와 생산을 통한 종족 보존을 위하여 그들의 페로몬의 입체화학을 이용하여 종족 분리로 유지한다.

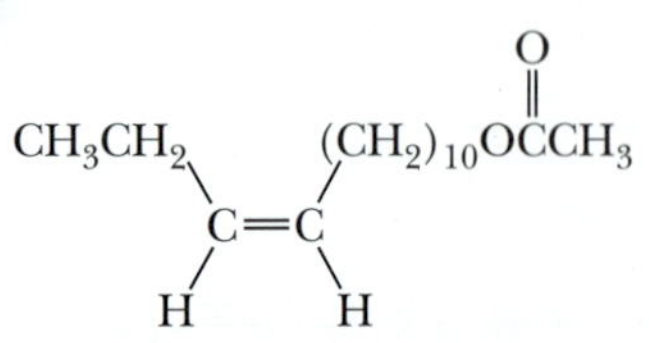

***cis*-11-Tetradecenyl acetate**

***trans*-11-Tetradecenyl acetate**

표 5.1 몇 가지 알켄의 물리적 성질

이름	구조식	mp (°C)	bp (°C)
Ethylene	$CH_2{=}CH_2$	−169	−104
Propene	$CH_3CH{=}CH_2$	−185	−47
1-Butene	$CH_3CH_2CH{=}CH_2$	−185	−6
1-Pentene	$CH_3CH_2CH_2CH{=}CH_2$	−138	30
cis-2-Pentene	(H_3C)(H)C=C(H)(CH_2CH_3)	−151	37
trans-2-Pentene	(H_3C)(H)C=C(CH_2CH_3)(H)	−156	36
2-Methyl-2-butene	$CH_3C(CH_3){=}CHCH_3$	−134	39

5.4 자연계에 존재하는 알켄: 터펜계 탄화수소

터펜(Terpene)은 isoprene 탄소 골격을 가진 두 개 또는 그 이상의 동일한 단위로 나누어질 수 있는 탄소 골격을 가진 화합물이다. Isoprene 단위의 1번 탄소를 머리(head)라고 하고 4번 탄소는 꼬리(tail)라고 한다. 터펜은 한 isoprene 단위의 꼬리와 다른 isoprene 단위의 머리와 결합에 의해 형성된다. 이것을 **isoprene 규칙**(isoprene rule)이라고 한다.

터펜
Isoprene 탄소 골격을 가지며 두 개 이상의 동일한 단위로 분리될 수 있는 탄소 골격을 가진 화합물.

$CH_2{=}C(CH_3){-}CH{=}CH_2$

2-Methyl-1,3-butadiene (Isoprene)

머리 1 2 3 4 꼬리

일련의 터펜에 관한 연구는 터펜은 자연에서 하나의 단순한 탄소 골격으로부터 생성될 수 있는 놀랄 만한 일련의 다양성을 보여준다. 터펜은 또한 분자의 논리 정연한 배열에 있어서 중요한 원리를 보여준다. 즉, 커다란 분자를 형성할 때, 작은 세부 단위가 반복적인 과정을 통하여 함께 연결되고 효소-촉매 반응에 의하여 정밀하게 변형된다. 화학자들이 실험실에서 같은 원리를 적용하지만, 이러한 방법은 생체계의 효소-촉매 반응의 정확성과 선택성을 나타내지 못하고 있다.

친숙한 냄새의 터펜은 이른바 다양한 식물로부터 증기 증류법이나 에터 추출법에 의해서 얻어진 휘발성 식물유의 성분들이다. 휘발성 식물유는 주로 특징적인 식물의 향기를 내는 상대적으로 분자량이 낮은 물질들을 함유한다. 꽃으로부터 얻어지는 많은 휘발성 식물유는 향수에 이용된다.

휘발성 식물유로부터 얻어진 터펜의 한 종류인 myrcene은 $C_{10}H_{16}$으로 월계수와 버베나의 월계수 열매 왁스와 기름의 성분이다. Myrcene은 8개의 탄소 원자 모체 사슬과 두 개의 한 개-탄소 곁사슬로 구성된 트라이엔(triene)이다[그림 5.3(a)].

Isoprene 단위 사이의 머리-꼬리 결합은 머리-머리 혹은 꼬리-꼬리 형태에 비해 자연계에서 훨씬 광범위하게 존재한다. 그림 5.4에는 2개의 isoprene 단위로부터 유도되는 4개의 터펜들을 나타내었다. Geraniol과 myrecene에 존재하는 탄소 원자는 가교 결합되어 고리형 구조를 형성한다. 가교 결합과 고리 형성 위치에 대한 이해를 돕기 위해 geraniol

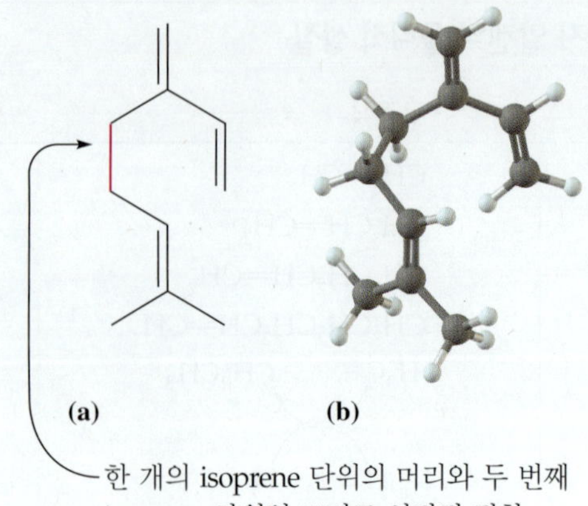

한 개의 isoprene 단위의 머리와 두 번째 isoprene 단위의 꼬리로 연결된 결합.

그림 5.3 ▸ Myrcene. (a) 구조식과 (b) 공-막대 모형.

그림 5.4 ▸ 다섯 개의 터펜류, 각각은 두 개의 isoprene 단위로 나눌 수 있다.

한 개의 isoprene 단위의 머리와 두 번째 isoprene 단위의 꼬리로 연결된 결합.

CH_2OH

Geraniol (장미와 다른 꽃들)

α-Pinene (터펜틴)

Limonene (레몬과 오렌지 오일)

O

Camphor (캠포 나무)

OH

Menthol (박하)

골격의 탄소 원자들을 1번부터 8번까지 번호를 붙인다. 이러한 번호를 붙이는 방식은 나머지 터펜들의 가교 결합 위치를 나타내기 위하여 사용된다. Limonene과 menthol에는 1번과 6번 탄소가 결합되어 있으며, *α*-Pinene에서 1~6번 탄소, 4~7번 탄소 사이에도 탄소-탄소 이중 결합이 존재한다. Camphor에서는 1~6번 탄소, 3~7번 탄소 사이에 이중 결합이 있다.

비타민 A (5.2H절)는 4개의 isoprene 단위가 머리-꼬리가 연결된 형태이고, 육원자 고리를 이루는 한 위치에서 가교 결합을 하고 있는 $C_{20}H_{30}O$의 분자식을 갖고 있는 터펜이다.

CH_2OH

Vitamin A (retinol)

생태계에 있는 물질의 합성은 연구의 매력적인 영역이자 유기 화학과 생화학의 연결 고리 중 하나이다. 그러나 자연계에서 isoprene 분자가 서로 연결되어 터펜을 합성한다고 제안할 수 있으나, 실제로는 그렇지 않다. 터펜의 생합성은 26.4B절에서 설명할 것이다.

생화학 관련 이야기 *Connections to Biological Chemistry*

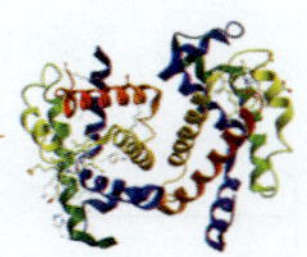

지방과 기름에서 *시스* 이중 결합의 중요성

지방과 기름은 glycerol의 트라이에스터라는 점에서 매우 유사하고, 그러므로 이름도 트라이글리세라이드(triglyceride)이다. 트라이글리세라이드를 염기성 수용액에서 가수분해한 후 산성화시키면 glycerol과 세 가지 카복실산이 생성된다. 이러한 카복실산은 지방으로부터 유도될 수 있기 때문에 지방산으로 부른다.

자연에서 산출되는 거의 모든 지방산에서 이중 결합은 *시스* 배열을 가지고 있다. 동물성 지방의 트라이글리세라이드에는 포화된 지방산이 많고, 반면에 식물성 기름(예를 들면, 옥수수 콩, 올리브, 야자유 기름 등)의 트라이글리세라이드에는 불포화된 지방산이 많다.

$$\begin{array}{c} \text{R'COCH}(\text{CH}_2\text{OCR})(\text{CH}_2\text{OCR''}) \\ \text{트라이글리세라이드 (Glycerol의 트라이에스터)} \end{array} \xrightarrow[\text{2. HCl, H}_2\text{O}]{\text{1. NaOH, H}_2\text{O}} \begin{array}{c} \text{CH}_2\text{OH} \\ | \\ \text{HOCH} \\ | \\ \text{CH}_2\text{OH} \end{array} + \begin{array}{c} \text{RCOOH} \\ \text{R'COOH} \\ \text{R''COOH} \end{array}$$

트라이글리세라이드 (Glycerol의 트라이에스터) — **1,2,3-Propanetriol (Glycerol)** — 지방산

가장 흔한 지방산은 곁사슬이 없는 사슬에 12~24개 사이의 탄소 원자를 갖는다.

지방과 기름의 주요한 차이는 녹는 온도이다. 실온 부근에서 지방은 고체나 반고체이며, 기름은 액체이다. 지방과 기름의 서로 다른 물리적 성질은 다른 지방산의 존재로부터 나온 결과이다.

포화 지방산의 탄소-탄소 단일 결합에 있는 알킬기는 주로 엇갈린, 안티 배열을 가지고 있으며, 비교적 서로 잘 포개지며 분산력으로 함께 끌어당긴다(2.7A절). 결과적으로, 분산력으로부터 유래된 포화 지방산이나 그들의 트라이글리세라이드 모두는 실온에서 고체이다. 그러나 지방산의 포개짐을 제한하는 단일불포화 지방산과 다중불포화 지방산의 사슬에 상당한 '비틀림(kink)'을 가진 *시스* 이중 결합은 접촉하는 표면적과 분산력이 감소되고 따라서 유동성이 증가된다.

Stearic acid
mp 70°C
(포화 C_{18} 지방산)

Oleic acid
mp 13°C
(단일불포화 *시스* C_{18} 지방산)

Linolenic acid
mp −17°C
(다중불포화 *시스* C_{18} 지방산)

이중 결합이 없는 지방산은 포화 지방산이라고 하며, 한 개의 이중 결합을 가지고 있으면 단일 불포화 지방산이라 부르고, 한 개 이상의 이중 결합을 가진 지방산을 다중불포화 지방산이라고 한다.

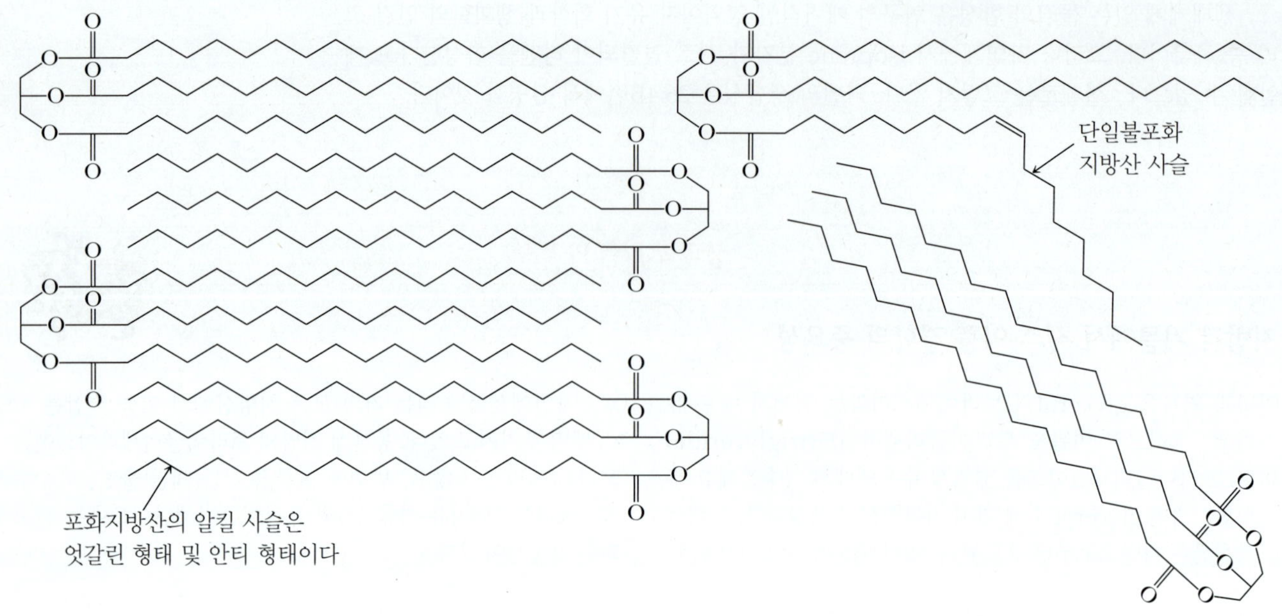

결과적으로, 단일불포화 지방산과 다중불포화 지방산 그들의 트라이글리세라이드는 실온에서 액체이다. 전체적으로 기름은 한 개 이상의 *시스* 이중 결합을 갖는 지방산이다. 지방은 *시스* 이중 결합 수가 적고 더 많은 포화 지방산을 갖는다. 예를 들면, 버터는 포화 지방산이 풍부하고 실온에서 고체이고, 반면에 식물성 지방으로 만든 샐러드 오일에는 다중 불포화 지방이 풍부하고 어는 온도에서조차도 액체이다. 단일불포화 지방산인 oleic acid가 대부분인 올리브기름은 냉장고에서 고체화된다.

사실과 개념에 대한 요약

5.1절 | 알켄의 구조

- **알켄**(Alkene)은 탄소-탄소 이중 결합을 포함하고 있는 **불포화 탄화수소**(unsaturated hydrocarbon)이다. 알켄의 일반식은 C_nH_{2n}이다.
  - 탄소-탄소 이중 결합은 sp^2 혼성 궤도함수의 겹침에 의해 형성된 하나의 σ 결합과 두 개의 평행한 $2p$ 궤도함수의 겹침에 의해 형성된 π 결합으로 구성되어 있다.
  - Ethylene의 π 결합의 상대적인 세기는 264 kJ (63 kcal)/mol이다. 이것은 탄소-탄소 σ 결합보다 상당히 약한 것이다.
  - 알켄에서 **시스, 트랜스 이성질 현상**(*cis*, *trans* isomerism)은 이중 결합의 두 탄소에 대한 회전을 제한하는 구조적인 특징 때문에 가능하다.

연습 문제: 5.9~5.12, 5.25~5.28

- **수소 결핍 지수**(Index of hydrogen deficiency)는 한 분자 내에 π 결합과 고리들의 수의 합이다.

연습 문제: 5.1, 5.2, 5.32

5.2절 | 알켄의 명명법

- IUPAC체계에 의하면 탄소-탄소 이중 결합의 존재는 탄화수소 모체의 *-an-* 대신에 *-en-*으로 삽입하여 나타낸다.
  - 2개 또는 그 이상의 이중 결합을 가진 화합물은 삽입사 *-en-*을 *-adien-*, *-atrien-* 등으로 변화시킨다.
  - **메틸렌**(Methylene), **바이닐**(vinyl), **알릴**(allyl) 등과 같은 이름은 $=CH_2$, $-CH=CH_2$, $-CH_2CH=CH_2$기를 나타내기 위하여 사용되다.

- 알켄이 ***시스***(*cis*) 또는 ***트랜스***(*trans*)인지는 이중 결합에 대한 주사슬의 배열에 의해 결정된다. 탄소-탄소 이중 결합의 원자 배열은 *R*, *S* 체계에서 사용된 ***E*, *Z* 체계**(*E*, *Z* system)에 의해서 표기된다.
  - 만일 우선순위가 높은 2개의 치환체가 이중 결합의 같은 쪽에 있으면 알켄은 ***Z*** (독일어, *zusammen*, 같은 쪽), 반대 쪽에 있으면 ***E*** (독일어, *entgegen*, 반대 쪽)로 표기된다.
- 현재까지 *trans*-cyclooctene이 상온에서 안정하고, 순수한 형태로 제조된 가장 작은 트랜스 사이클로 알켄이다.

연습 문제: 5.3

연습 문제: 5.4~5.8, 5.13~5.24

5.3절 | 알켄의 물리적 성질

- 알켄은 본질적으로 비극성이고, 분자들 사이에 작용하는 인력인 **분산력**(dispertion force)이 유일한 인력이기 때문에 그들의 물리적인 특성은 알케인과 유사하다.

연습 문제: 5.29~5.31, 5.33~5.36

5.4절 | 자연계에 존재하는 알켄: 터펜계 탄화수소

- **터펜**(Terpene)의 구조적인 특징은 2개 이상의 isoprene 단위로 분리할 수 있는 탄소 골격이다.
- 터펜은 생명체에서의 분자 배열의 원리, 즉 작은 단위가 모여서 반복적인 과정을 통하여 큰 분자들을 만들고, 정확한 효소-촉매 반응에 의해 화학적으로 변형되는 것과 같은 원리를 보여준다.

연습 문제

붉은색 번호는 응용 문제를 나타낸다.

알켄의 구조

5.9 음영 처리된 모든 탄소 원자의 결합각을 예측하여라. 이러한 예측들을 위하여 원자가 껍질 전자쌍 반발(VSEPR)을 이용한다(1.4절).

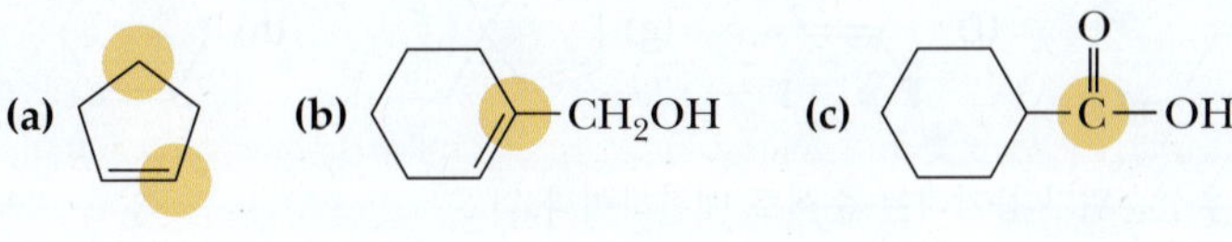

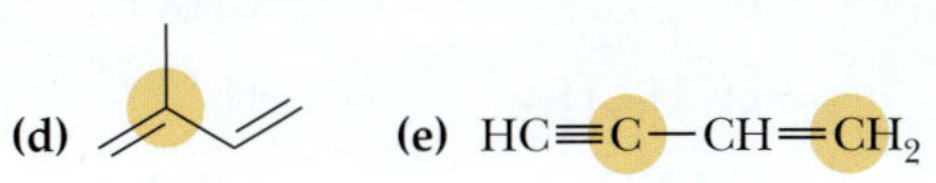

5.10 연습 문제 5.9에서 음영 처리된 탄소 원자에 대하여 σ 결합과 π 결합을 형성하기 위하여 어떤 원자 궤도함수가 사용되었는지 확인하여라.

5.11 다음은 1,2-propadiene (allene)의 구조식이다.

(a) 이 분자에서의 모든 결합각을 예측하여라.

(b) 각 탄소 원자의 혼성 궤도함수에 대하여 말하여라.

(c) 궤도함수를 이용하여 allene의 3차원 구조를 설명하여라.

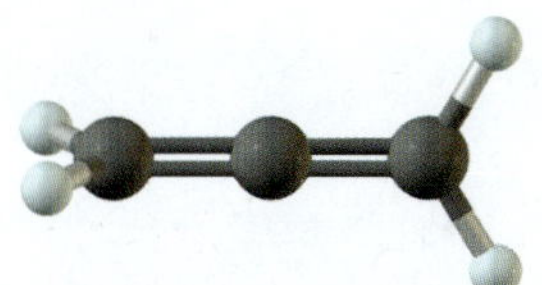

$CH_2{=}C{=}CH_2$

1,2-Propadiene (Allene)

5.12 다음은 여러 탄소-탄소 단일 결합의 길이이다. 결합 길이에 있어서의 차이를 설명하여라.

구조	탄소-탄소 단일 결합의 길이(pm)
$CH_3—CH_3$	153.7
$CH_2═CH—CH_3$	151.0
$CH_2═CH—CH═CH_2$	146.5
$HC≡C—CH_3$	145.9

알켄의 명명법

5.13 다음 알켄의의 구조식을 그려라.

(a) *trans*-2-Methyl-3-hexene
(b) 2-Methyl-2-hexene
(c) 2-Methyl-1-butene
(d) 3-Ethyl-3-methyl-1-pentene
(e) 2,3-Dimethyl-2-butene
(f) *cis*-2-Pentene
(g) (*Z*)-1-Chloropropene
(h) 3-Methylcyclohexene
(i) 1-Isopropyl-4-methylcyclohexene
(j) (*E*)-2,6-Dimethyl-2,6-octadiene
(k) 3-Cyclopropyl-1-propene
(l) Cyclopropylethene
(m) 2-Chloropropene
(n) Tetrachloroethylene
(o) 1-Chlorocyclohexene

5.14 다음 알켄과 사이클로알켄들을 명명하여라.

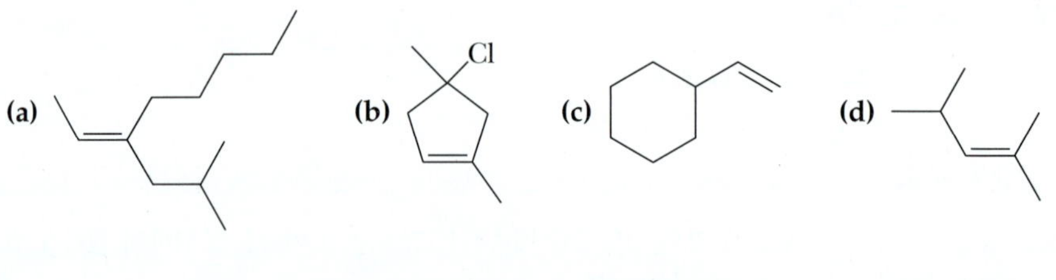

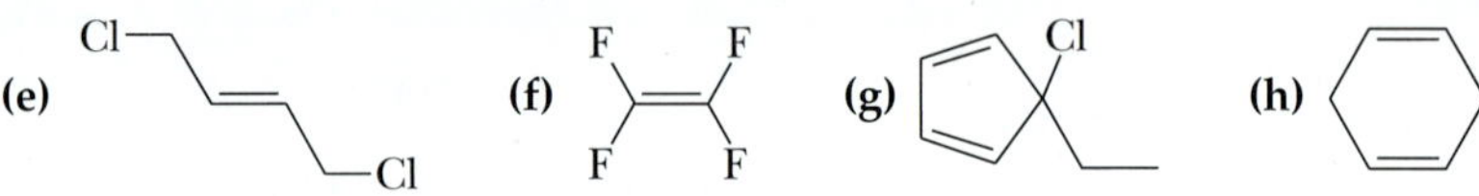

5.15 다음 치환기들을 우선순위가 증가하는 순서로 배열하여라.

(a) $—CH_3$ $—H$ $—Br$ $—CH_2CH_3$

(b) $—OCH_3$ $—CH(CH_3)_2$ $—B(CH_2CH_3)_2$ $—H$

(c) $—CH_3$ $—CH_2OH$ $—CH_2NH_2$ $—CH_2Br$

5.16 트라이카복실산 회로의 중간체인 이들 다이카복실산에 대하여 *E*, *Z* 배열을 결정하여라. 다음 각각에게 주어진 관용명이다.

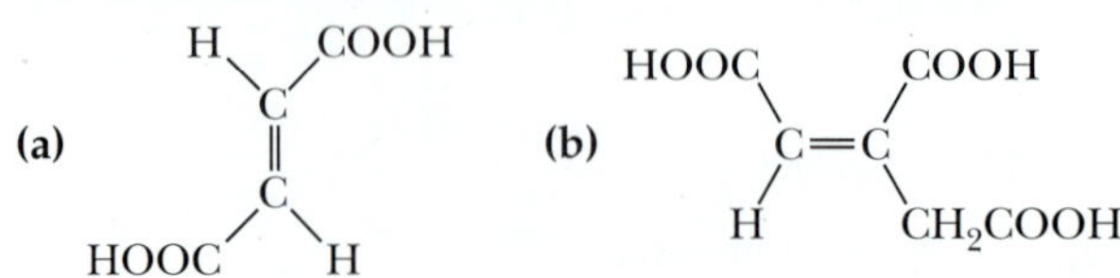

5.17 분자식이 C_5H_{10}인 모든 알켄에 대한 구조식과 이름을 써라. 이러한 알켄을 그릴 때, *시스*와 *트랜스* 이성질체는 다른 화합물이므로 구분한다.

5.18 *시스*, *트랜스* 이성질 현상을 보이는 다음 분자에 대하여 *시스* 이성질체를 그려라.

(a) 1,1-dimethylcyclohexane (CH_3, CH_3) (b) 1,2-dimethylcyclohexane (CH_3, CH_3) (c) 1,2-dimethylcyclohexene (CH_3, CH_3) (d) 4,5-dimethylcyclohexene (CH_3, CH_3)

5.19 목화꽃과 여러 종류의 휘발성 식물유의 향기에서 발견되는 트라이엔인 β-ocimene은 (*Z*)-3,7-dimethyl-1,3,6-octatriene이라는 IUPAC명을 가진다. β-Ocimene의 구조식을 그려라.

5.20 분자식이 C_5H_9Br이고, 다음과 같은 조건을 갖는 최소한 하나의 브로모알켄에 대한 구조식을 그려라.

(a) *E*, *Z* 이성질체도 아니고 카이랄성도 아니다.

(b) *E*, *Z* 이성질체이지만 카이랄성은 아니다.

(c) 카이랄성이지만 *E*, *Z* 이성질체는 아니다.

(d) *E*, *Z* 이성질체이고 카이랄성이다.

5.21 다음은 탄소-탄소 이중 결합과 다른 작용기를 포함하고 있는 4개의 분자에 대한 구조식과 관용명이다. 각각에 대하여 IUPAC명을 써라.

(a) $CH_2{=}CHCOH$ (C=O) **Acrylic acid**

(b) $CH_2{=}CHCH$ (C=O) **Acrolein**

(c) H와 COOH, H_3C와 H가 결합된 C=C **Crotonic acid**

(d) $CH_3CCH{=}CH_2$ (C=O) **Methyl vinyl ketone**

5.22 *trans*-Cyclooctene은 분할되었는데, 그 거울상 이성질체들은 상온에서 안정하다. *trans*-Cyclooctene도 또한 분할되었지만 0°C에서 라셈화되며, 반감기는 4분이다. 어떻게 이 사이클로알켄의 라셈화가 어떠한 결합도 끊어지지 않고 일어날 수 있는가? 왜 이러한 조건 하에서 *trans*-cyclooctene은 라셈화되지만, cyclooctene은 라셈화가 일어나지 않는가? 그것은 이러한 사이클로알켄들의 분자 모형을 만들 때 특히 도움이 될 것이다.

5.23 어느 알켄이 *시스*, *트랜스* 이성질체 쌍으로 존재하는가? *시스*, *트랜스* 이성질체 쌍으로 존재하는 것들에 대하여 각각의 *트랜스* 이성질체를 그려라.

(a) $CH_2{=}CHBr$ (b) $CH_3CH{=}CHBr$ (c) $BrCH{=}CHBr$

(d) $(CH_3)_2C{=}CHCH_3$ (e) $(CH_3)_2CHCH{=}CHCH_3$

5.24 3-Penten-2-ol에 대하여 4개의 입체이성질체가 존재한다.

$$CH_3-CH{=}CH-CH(OH)-CH_3$$

3-Penten-2-ol

(a) 4개의 입체이성질체가 어떻게 존재하는지 설명하여라.

(b) 탄소-탄소 이중 결합에 대하여 *E* 배열을 갖고 입체중심에 *R* 배열을 갖는 입체이성질체를 그려라.

분자 모형

이들 문제를 풀기 위해 Chem 3D나 Spartan과 같은 분자 모형 프로그램이 필요하다. 이미 만들어진 모형은 **http://www.cengage.com/chemistry/brown**에서 볼 수 있다.

5.25 *cis*-2-Butene의 에너지 최소 모형에서 CH_3, CH_3 사이의 거리를 측정하고, *trans*-butene의 에너지 최소 모형에서 CH_3, H 사이의 거리를 측정하여라. 어느 이성질체가 비결합 상호작용 무리가 더 큰가?

Carotene과 lycopene은 토마토와 당근에 들어 있는 폴리엔이다. Carotene은 비타민 A의 공급원이다. © *Cengage Learning/Charles D. Winters*

5.26 2,2,5,5-Tetramethyl-3-hexene의 *시스*와 *트랜스* 이성질체의 에너지 최소 모형에서 C═C—C 결합각을 측정하여라. 어느 것이 VSEPR 예측치보다 더 크게 벗어나는가?

5.27 Cyclohexene의 에너지 최소 모형에서 C—C—C와 C—C—H의 결합각을 측정하고, VSEPR 모형에 의하여 예측된 값과 비교하여라. 차이점을 설명하여라.

5.28 Cyclooctene의 에너지 최소 모형에서 C—C—C와 C—C—H의 결합각을 측정하고, VSEPR 모형에 의해서 예측된 값과 비교하여라. 어느 이성질체가 VSEPR 예측으로부터 오차가 더 큰가?

〉터펜

5.29 비타민 A (5.4절)는 4개의 isoprene 단위가 머리와 꼬리가 연결된 형태이고, 육원자 고리를 만들기 위해 한 지점에서 가교 결합하고 있음을 보여라.

5.30 다음은 lycopene의 구조식이다. 짙은 붉은 색을 띠는 lycopene ($C_{40}H_{56}$)은 익은 과일, 특히 토마토의 붉은 색을 띠게 하는 요소이다. 대략 20 mg의 lycopene이 1 kg의 익은 토마토로부터 얻어진다. Lycopene은 동맥경화증에서 산화로 인한 피해를 막는데 도움을 주는 중요한 항산화제이다.

Lycopene

(a) Lycopene은 머리-꼬리로 연결된 4개의 isoprene 단위가 각 세트에 존재하고, 이 4개의 isoprene 단위가 두 세트로 분리될 수 있는 탄소 골격을 가지고 있는 터펜이라는 것을 보여라.

(b) Lycopene에는 *시스*, *트랜스* 이성질현상을 나타낼 수 있는 이중 결합이 몇 개인가? 또 어느 것이 *시스*이고 어느 것이 *트랜스*인가?

5.31 비타민 A의 전구체인 β-carotene ($C_{40}H_{56}$)은 당근으로부터 처음 분리되었다. β-Carotene의 묽은 용액은 노란색이며, 식용색소로 이용된다. 이는 거의 모든 식물에 chlorophyll과 함께 존재하면서 광합성에서 생성되는 활성 물질로부터 식물을 보호한다. 낙엽에서는 점차 carotene과 그 관련 분자의 노란색, 빨간색이 녹색의 chlorophyll을 대체한다. β-Carotene과 lycopene의 탄소 골격을 비교하여라. 유사성은 무엇인가? 차이점은 무엇인가?

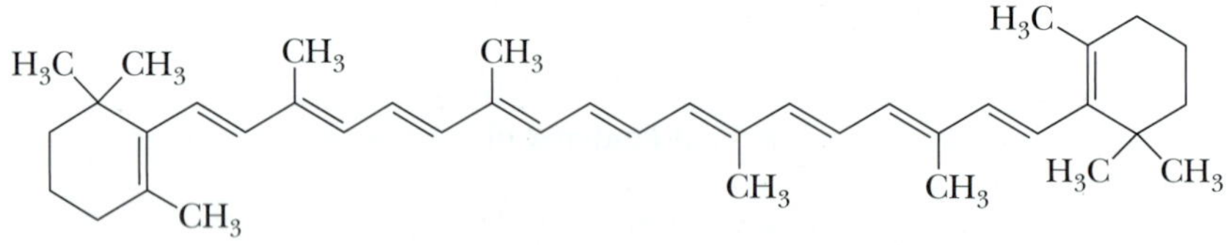

β-Carotene

5.32 β-Carotene과 lycopene의 수소 결핍 지수를 계산하여라.

5.33 특정 종류의 *Artemisia*의 두충화로부터 분리된 α-santonin은 벌레(기생충)의 집단을 제거하기 위해 사용되는 구충제이며, 60 mg의 알약으로 복용한다. 세계 인구의 3분의 1 이상이 이러한 기생 동물들을 가지고 있다고 추정된다.

α-Santonin은 wormwood 머리 꽃인 *Artemisia absinthium*로부터 분리될 수 있다. 이 식물 또한 19세기 프랑스에서 압생트 음료 제조에 널리 사용되었지만, 신경독성 때문에 사용이 금지되었다. © *Kenneth J. Stein/Phototake, NYC* α-Santonin

(a) Santonin에는 3개의 isoprene 단위가 있고, farnesol의 탄소 골격이 어떻게 뒤틀려서 가교 결합하여 santonin을 만드는지를 보여라. Farnesol의 탄소 골격의 2개의 다른 뒤틀림 현상으로부터 santonin이 만들어질 수 있다. 2개의 다른 뒤틀림 현상을 찾아보아라.

(b) Santonin 안에 존재하는 모든 입체중심을 표시하여라. 몇 개의 입체이성질체가 존재하는가?

(c) Santonin의 수소 결핍 지수를 계산하여라.

5.34 Pyrethrin II와 pyrethrosin은 국화류 식물군으로부터 분리된 2개의 천연물이다. Pyrethrin II는 천연 그대로 상품화된 천연 살충제이다.

(a) 각 분자 안에 있는 입체중심과 모든 탄소-탄소 이중 결합의 *시스*, *트랜스* 이성질 현상을 명명하여라.

(b) 각 분자에서 가능한 입체이성질체의 수를 말하여라.

(c) Pyrethrosin의 두고리계가 3개의 isoprene으로 구성되어 있다는 것을 보여라

(d) 이 천연물들의 수소 결핍 지수를 계산하여라.

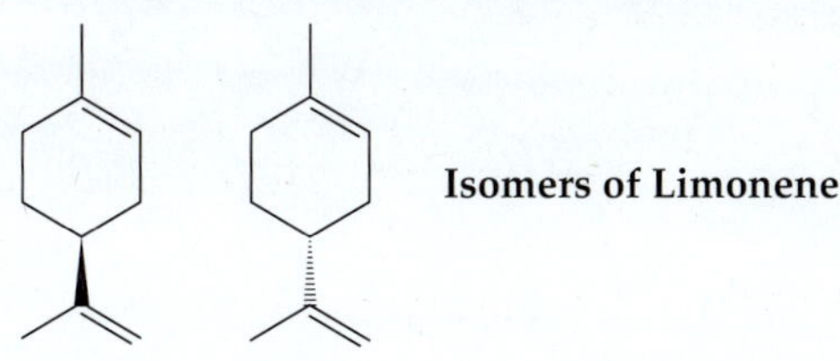

Pyrethrin II

Pyrethrosin

5.35 Limonene은 가장 흔하고 저렴한 향료 중에 하나이다. 아래 두 이성질체는 천연물로부터 분리될 수 있다. 왼쪽의 것은 레몬향, 오른쪽의 것은 오렌지향을 나타낸다.

Isomers of Limonene

(a) 이들은 서로 어떤 이성질체인가?

(b) Limonene에서 E, Z 이성질체가 가능한가?

(c) 왜 이 두 가지 이성질체들은 다른 냄새가 나는가?

5.36 Napetalactone은 개박하의 활성 성분이다. 그것은 *Nepata cataria* 식물의 기름으로 분리되었다. 그것이 하나의 터펜임을 보여라, 즉 그것의 탄소 골격이 isoprene 단위로 분리됨을 보여라. 이 분자는 카이랄인가? 몇 개의 입체이성질체가 존재하는가?

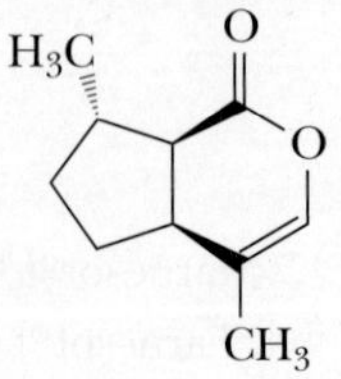

H_3C O O CH_3

Nepetalactone
(개박하 오일)

❯ 예습 문제

5.37 *cis*와 *trans*-2-Butene에 브로민을 첨가하면 서로 다른 2,3-dibromobutane의 부분입체이성질체가 생성된다. 알켄의 브로민 첨가 반응의 특이성이 있는가?

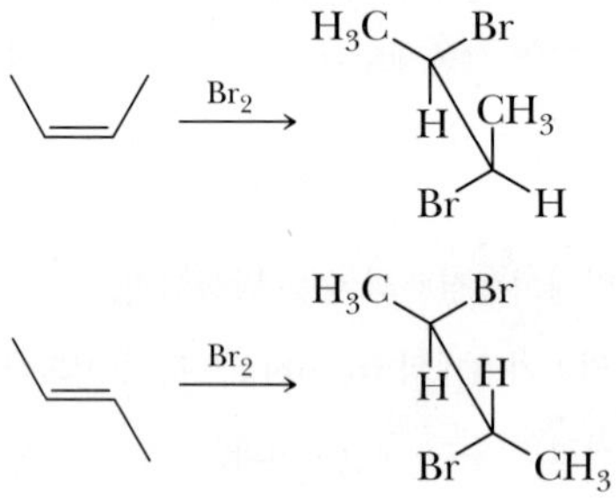

Br_2 → H_3C Br H CH_3 Br H

Br_2 → H_3C Br H H Br CH_3

알켄에 브로민의 첨가는 6장에서 설명하기로 한다.

Primer I

반응 메커니즘

Reaction Mechanisms

유기 화학에서 화학 반응을 단순히 암기하는 것이 아닌 잘 이해하기 위해서 취해야 할 아주 중요한 첫 단계가 반응 메커니즘을 완벽하게 습득하는 일이다. 몇 가지 기본적인 원리에 근거하여 반응 결과를 합리적으로 해석할 수 능력이 길러지면 반응을 일반적인 메커니즘에 따라 분류하고 더 나아가 아직 경험하지 않은 반응의 생성물도 예측할 수 있다. 이러한 기초로부터 화학자들이 화학 반응 메커니즘을 설명할 때 사용하는 공개념이 습득되고, 일상적인 실수를 하지 않는 법을 배우며, 대다수의 화학 반응에서 발견되는 네 가지 메커니즘의 근본적인 요소도 얻을 수 있다. 여기서 제공하는 정보는 유기 화학을 이해하는데 성공을 가늠할 정도로 중요하기 때문에 특별한 강조와 함께 간편한 지침서로서 이 primer에 담고 있다.

A 반응 메커니즘 발전시키기

반응 메커니즘 대한 이해를 발전시키기 위해서 화학자는 먼저 경험과 통찰력을 적절히 조합하여 전반적인 화학적 변환을 설명할 수 있는 반응 메커니즘을 제시하는 것으로부터 시작해야 한다. 다음으로 화학자는 제안된 각각 메커니즘에 대해서 실험적 관찰을 통해서 사실과 일치하지 않는 메커니즘을 배제시킬 수 있는 실험을 설계하고 수행함으로써 이들 메커니즘이 옳은지를 검증한다. 지금은 과거 어느 때보다도 현대화된 계산적인 방법을 통해서 반응 경로를 구체적으로 예측하는 것이 가능하지만, 이들 결과 확증을 위해서는 실험적 결과와 비교되어야만 한다.

하나의 메커니즘은 사실과 일치하지 않는 유사한 메커니즘을 제거해 나가면서, 가능한 모든 검증 결과와 일치한다는 것을 보여줌으로써 정립되어 간다. 물론 이것은 일반적으로 인정되고 있는 메커니즘이 모든 화학적인 현상을 완벽하게 설명할 수 있다는 것을 의미하지 않으며, 단지 화학자들이 고안해 낼 수 있는 최선의 메커니즘에 불과하다. 일반적으로 인정되고 있는 메커니즘도 새로운 실험적 증거가 얻어짐에 따라 수정되어야 할 필요가 있으며 때론 더 좋은 메커니즘이 발견된다면 폐기시킬 수 있다.

반응과 반응 메커니즘에 대해서 더 나가기 이전에 왜 화학자들은 이러한 메커니즘을 확립하기 위해 어려움을 겪으며, 우리는 메커니즘을 배우는데 시간을 투자해야만 하는가? 그 이유 중 하나는 매우 실질적인 것에서 찾을 수 있으며, 메커니즘은 방대한 양의 화학을 서술적으로 조직화할 수 있는 큰 틀을 제공하기 때문이다. 예를 들면, 반응물이 특정한 알켄에 어떻게 첨가 되는지 그 메커니즘을 알면, 동일한 반응물이 다른 알켄에 어떻게 첨가되는지를 예측하고 일반화하는 것이 가능하기 때문이다. 두 번째 이유로는 화학적 계의 거동을 정확하게 설명하는 모형을 구축함으로부터 오는 지적 만족감에서 찾을 수 있다. 마지막으로는 창의적인 화학자들에게 있어서 메커니즘은 새로운 정보와 이해를 찾는데 사용될 수 있는 도구가 되기 때문이다. 메커니즘이란 아직 알려지지 않은 화학적 상호작용에 대해 예측을 하기 위해서 사용될 수 있다. 따라서 메커니즘은 지식을 조직화할 수 있는 방법뿐만 아니라 지식의 영역을 확장시켜주는 방법 또한 제시해 준다.

B 전자의 이동을 나타내는 화살표의 올바른 사용법

유기 반응 메커니즘을 올바르게 쓸 줄 아는 능력은 유기 화학 수업에서 학생들의 성공에 중요한 열쇠가 된다. 유기 화학자는 화학 반응 동안에 전자의 흐름이나 이동을 나타내기 위해서 **전자 밀기**(electron pushing) 또는 화살표 밀기라고 부르는 기법을 사용한다. 화살표 밀기를 사용하면 결합이 형성되고 끊어짐에 따라 전자와 이와 관련된 원자가 재배열하는 경로를 추적하는데 도움이 된다. 꼭 기억해야 하는 첫 번째 필수적인 규칙은 아래와 같다.

전자 밀기
유기 화학 메커니즘에서 화살표 사용은 전자의 흐름이나 이동을 나타내기 위한 것이다.

규칙 1: 화살표는 *전자*의 이동을 나타내기 위해서 사용된다.

완전한 화살표(양쪽 화살표)는 두 개의 전자의 이동을 나타내는데 사용된다. 반쪽 화살표(종종 낚시 바늘 화살표라고도 부른다)는 8장에서 처음으로 소개되는 라디칼 반응과 관련된 한 개의 전자의 이동을 나타내는데 사용된다.

양쪽 화살표
두 개의
전자 이동

반쪽 화살표
한 개의
전자 이동

이 책에서 설명되는 대부분의 반응은 전자쌍의 이동이 포함되어 있다. 따라서 메커니즘은 양쪽 화살표에 의해서 표현될 것이다.

화살표 밀기는 공명 기여 구조를 설명하는 1.8A절에서 처음 소개되었다. 두 개 이상의 기여 구조를 비교하는데 있어서 하나의 화학 구조 내에서 두 개의 전자(선은 결합을 나타내고 점전자쌍은 비공유전자쌍을 나타낸다)가 재배열되어 다른 하나의 Lewis 선 구조로 표현될 수 있다는 것을 보여주기 위해서 화살표가 사용되었다. 관례에 따라 아래 아세트산 음이온과 benzene 분자에 나타낸 바와 같이 화살표는 두 개의 서로 다른 Lewis 선 구조의 서로 다른 위치에 있는 모든 전자쌍의 이동을 추적하기 위해서 사용된다.

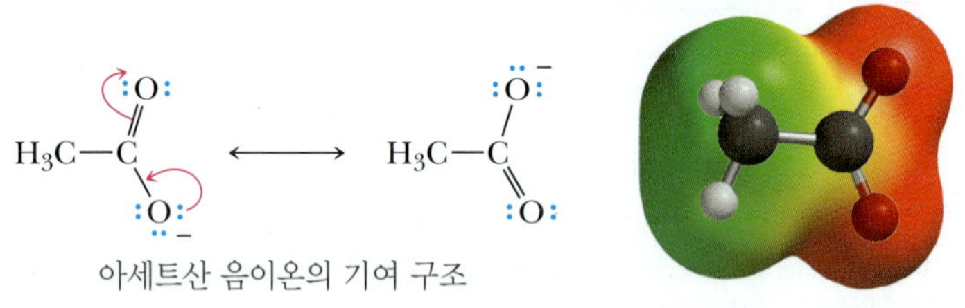

아세트산 음이온의 기여 구조

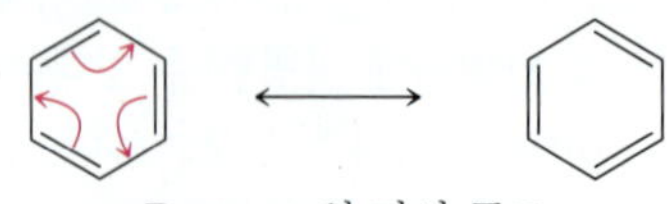
Benzene의 기여 구조

공명에 있어서 (1) 두 기여 구조 사이에서 원자의 이동이 있어서는 안 되며, (2) 전자는 실제 움직이지 않는다는 것을 기억하여야 한다. 실제 화학 구조는 기여하고 있는 Lewis 선 구조의 혼성으로 생각되어야 한다. 화살표가 기여 구조에서 사용될 때, 단지 π 결합과 비공유 전자쌍 (아세트산 음이온) 또는 π 결합(benzene)만의 상호전환 나타내며 σ 결합의 형성이나 끊어짐은 나타내지 않는다.

화학 반응에서 전자와 원자는 π 결합과 σ 결합이 형성되거나 끊어짐에 따라 위치가 변화된다. 화살표 밀기는 전체 화학 반응의 모든 단계에서 관련된 모든 전자의 이동을 추적하기 위해서 사용되고 있다. 전자는 원자를 둘러싸고 있는 궤도함수에 존재하기 때문에 결합이 형성되거나 끊어질 때 궤도함수 사이에 전자의 이동이 일어나며 이와 관련된 원자의 이동이 뒤따르게 된다. 이것이 화학 반응 메커니즘을 그릴 때 화살표 밀기의 규칙 2이다.

규칙 2: 화살표는 직접적으로 원자의 이동을 나타내기 위해서 사용되는 것이 아니라 공유결합이 형성되거나 끊어질 때 전자가 이동함으로 인해 발생하는 원자의 이동을 간접적으로 나타낸다.

이미 4장에서 양성자의 이동을 나타내기 위해서 화살표 밀기 기법이 여러 번 사용되었다. 아래 예는 비교적 산성적인 아세트산 분자로부터 비교적 염기성인 하이드록사이드 음이온으로 양성자 이동을 보여주고 있다. 우리는 이 과정을 하나의 화살표(반응식에서 'a'로 표시된)를 사용하여 나타내며, 이 화살표는 하이드록사이드 음이온의 염기성 산소에 있는 비공유전자쌍에서 시작하여 아세트산의 산성 H 원자로 향하는데 여기서 새로운 결합이 형성되는 것을 보여주고 있다. 두 번째 화살표는 끊어지고 있는 O—H 결합을 나타내는 선에서 시작하여 산소 원자로 향하는데 여기서는 새로운 비공유전자쌍의 생성을 나타낸다(화살표 'b'). 이 반응에서 양성자는 분자 사이를 이동하는 반면, 화살표는 전자가 포함된 이동을 나타낸다.

$$H_3C-C(=O)-OH + {}^-OH \rightleftharpoons H_3C-C(=O)-O^- + H-O-H$$

반응이 일어나는 동안 전자 이동을 나타내기 위한 화살표의 올바른 사용

유기 화학을 이제 막 배우기 시작한 학생이 범하기 쉬운 실수가 화살표의 방향을 잘못 표시하는 것이며, 아래 반응식에서 'a'와 같이 아세트산의 H로부터 하이드록사이드 음이온의 O 원자 쪽으로 화살표를 표시한 것은 잘못된 것이다. 왜냐하면 여기서 화살표는 전자의 이동을 나타내는 것이 아니라 H 원자의 이동을 직접적으로 나타냈기 때문이다. 전자 밀기에서 또 다른 실수들을 부록 10에 수록하였다.

$$H_3C-C(=O)-OH + {}^-OH \rightleftharpoons H_3C-C(=O)-O^- + H-O-H$$

잘못된 방향을 가르키고 있기 때문에 틀린 화살표! 원자의 직접적인 이동을 나타내기 위해 화살표를 사용해서는 절대 안된다.

C 전자 주개와 전자 받개: 유기 반응 메커니즘에서 무엇이 일어날 것인지를 어떻게 *예측*하는가?

지금까지 양쪽 화살표에 의해서 예시된 세 가지 상황을 보았다. 즉, 첫째는 π 결합 또는 비공유전자쌍의 재배열, 둘째는 새로운 σ 결합의 형성(일반적으로 비공유전자쌍이나 π 결합으로부터), 셋째로는 σ 결합의 끊어짐(일반적으로 새로운 비공유전자쌍이나 때로는 새로운 π 결합을 형성하기 위해서)이다. 종종 아세트산-하이드록사이드 이온의 반응에서처럼 주어진 메커니즘 단계에 하나 이상의 화살표가 사용되기도 한다. 지금까지 중요한 형태의 화살표 모두를 살펴봤기 때문에 이들 화살표의 중요한 특징을 알 수 있다.

규칙 3: 화살표는 항상 **전자 주개**(electron source)에서 시작하고 **전자 받개**(electron sink)에서 끝난다.

전자 주개 → 전자 받개

전자 주개(Eletron source)는 결합이나 비공유전자쌍을 말한다. 이것은 좀 더 일반적으로는 π 결합이나 비교적 높은 전자 밀도를 가진 원자의 비공유전자쌍 또는 반응하는 동안에 끊어지는 σ 결합을 말한다. **전자 받개**(Electron sink)는 새로운 결합이나 비공유전자쌍을 받을 수 있는 분자 내의 원자 또는 이온을 말한다.

서로 다른 작용기 내에 존재하는 특정한 전자 주개와 전자 받개를 구별하는 법을 배우는 것은 유기 화학 반응 메커니즘을 배우는데 아주 중요하다. 예를 들면, 두 분자 사이에 새로운 σ 결합이 형성되는 것을 나타내는 화살표에서 흔히 한 분자의 가장 전자가 풍부한 원자의 비공유전자쌍을 전자 주개라고 하고, 다른 분자나 이온의 가장 전자 밀도가 낮은 원자를 전자 받개라고 한다. 따라서 1.2절에서 소개된 원자 사이의 전기음성도 차이에 관해서 배운 지식을 통해서 여러 가지 중요한 전자 주개와 전자 받개를 예측할 수 있으며, 또한 분자 내에서 가장 전자-풍부한 또는 가장 전자-부족한 원자가 어느 것인지 쉽게 알 수 있다. 이러한 분석에 도움을 주는 것이 또 하나 있는데, 이것은 정전기 표면 지도를 이용하는 것이다. 이 책을 통해서 소개되는 정전기 표면 지도의 붉은 색은 분자의 음의 영역(전자-풍부)을 나타내며 푸른색은 분자의 양의 영역(전자-부족)을 나타낸다. 이러한 반응성 패턴에 대해서는 나중에 더 많이 설명된다.

여기서 언급할 필요가 있는 또 다른 형태의 과정이 있다. 이것은 이 책의 후반부의 여러 장에서 다루어지겠지만, 전자 받개가 새로운 결합을 하기 위해서는 동시에 받게 원자에 존재하고 있는 다른 하나의 결합이 끊어져야만 한다. 그 이유는 전자 받개 원자의 원자가 궤도함수가 8 전자를 초과하여 채워지는 것, 즉 초원자가(hypervalence)라고 부르는 상황을 피하기 위한 것이다.

규칙 4: 결합 끊어짐은 전자 받개로 작용하는 원자가 초원자가가 되는 것을 피하기 위해서 발생한다.

이들 경우에 화살표에 전자 주개는 끊어지고 있는 결합이고, 전자 받개는 비공유 전자쌍을 수용할 수 있는 원자이며, 일반적으로 산소 원자 또는 할로젠과 같은 전기음성적인 원자이다. 만일 이온이 생성되면, 그 이온은 공명 비편재화나 그 밖의 안정화 상호작용을 통해서 안정화 된다.

아세트산과 하이드록사이드 음이온 사이의 양성자 이동 반응으로 되돌아가면 간단한 한-단계 메커니즘에 대한 분석을 요약할 수 있다.

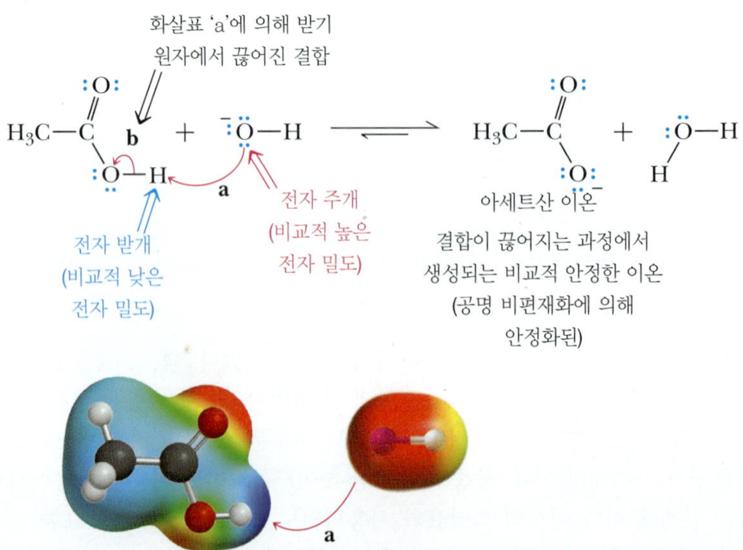

새로운 σ 결합(화살표 'a')을 만드는데 사용된 화살표를 생각해 보면, 하이드록사이드 O 원

자는 전자 주개(가장 음으로 하전된 원자)이고 아세트산의 H 원자는 전자 받개(가장 많은 부분적인 양전하를 가진 원자)이다. 위에 제시된 정전기적 분자 표면 지도를 보면, 하이드록사이드 이온의 산소는 가장 크게 편재화된 음전하를 가지고 있고 가장 강한 붉은색으로 표시되어 있다. 반면에 이동하는 아세트산의 양성자는 가장 큰 양전하를 가지고 있으며 가장 강한 푸른색으로 표시되어 있다. 반응이 일어나는 동안 H 원자의 원자가 오비탈이 초과 채워지는 것을 피하기 위해서 아세트산의 O—H 결합은 끊어져야만 한다(화살표 'b'). 이런 과정을 통해서 아세트산 이온이 생성되며, 아세트산 이온은 공명 비편재화에 의해서 안정화된다는 것에 유의하라.

양성자의 이동(소위 Brønsted 산-염기 반응)은 전자 주개(염기)와 전자 받개로서의 일반적인 반응 형태 중 아주 특별한 예라는 것을 인식해야 하며, 이것은 원자가를 만족하기 위해서 그리고 비교적 안정한 이온이 생성하기 위해서 하나의 결합이 끊어지는 것과도 관련되어 있다.

화학 반응이 일어나는 동안 양성자의 첨가와 떼어내기는 흔히 일어나는 것이고 종종 '양성자 첨가하기' 또는 '양성자 떼어내기'로 불린다.

반면에 분자의 전자-풍부한 영역과 전자-부족한 영역 사이에 새로운 σ 결합 형성되는 반응에는 보다 폭 넓은 용어가 사용된다. **친핵체**(Nucleophile: 핵을 찾는다는 의미)는 비공유전자쌍이나 비교적 전자-풍부한 π 결합을 갖는 분자이며, 새로운 결합을 만드는 화살표에서 전자 주개로 작용한다. **친전자체**(Electrophile: 전자를 찾는다는 의미)는 전자 받개로 작용하는 비교적 전자-부족한 원자를 가진 분자이다. 이와 유사하게, 화살표가 시작되는 분자는 친핵적이라고 부르고 반면에 화살표를 받아드리는 분자 또는 영역을 친전자적이라고 부른다. *친핵체*라는 용어는 Lewis 염기와 유사하고 *친전자체*는 Lewis 산과 유사하다. 어떤 용어를 선택할지는 문맥에 달려 있다. 친핵체와 친전자체는 주로 속도론을 설명할 때 사용되고, 반면에 Lewis 산이나 Lewis 염기는 반응 열역학을 설명할 때 사용된다.

친핵체
핵을 좋아한다는 의미의 그리스어에서 유래되었으며, 전자 밀도가 낮은 부분을 찾는다. 새로운 공유 결합을 형성하기 위해서 전자쌍을 줄 수 있는 전자 주개 물질. 또는 Lewis 염기.

친전자체
전자를 좋아한다는 의미의 그리스어에서 유래되었으며, 전자 밀도가 높은 부분을 찾는다. 새로운 공유 결합을 형성하기 위해서 전자쌍을 받을 수 있는 전자 받개 물질. 또는 Lewis 산.

화살표 밀기와 반응 메커니즘에 관련된 중요 용어의 적절한 사용법을 요약해 두면 도움이 된다. *주개*와 *받개* 용어는 각 반응 메커니즘 화살표의 출발과 끝을 구별하는데 사용되며, 이것은 전자쌍의 위치의 변화를 나타낸다. *친핵체*와 *친전자체*라는 용어는 (*Lewis 염기* 및 *Lewis 산*과 마찬가지로) 그들이 서로 상호작용할 때 각각 전자를 주고받는 화학적 반응성과 경향성을 바탕으로 분자를 설명하는데 사용된다. 양성자는 특정한 형태의 친전자체로 생각될 수 있으며 양성자가 이동되는 반응에서 친핵체는 염기라고 부른다.

예제 1 ▸ 화살표 밀기 실수하지 않기

아래 두 세트의 반응[(a)와 (b)]은 각 반응 단계에서 가능한 화살표 밀기를 나타낸 것이다. 어느 것이 틀렸는지를 고르고 왜 틀렸는지 설명하라. 그리고 화살표 밀기를 맞게 사용하여 어느 분자가 친핵체이고 어느 분자가 친전자체인지 표시하라.

(a)

$(CH_3)_2C{=}CH_2 + H{-}Cl \longrightarrow (CH_3)_2\overset{+}{C}{-}CH_3 + Cl^-$

$(CH_3)_2C{=}CH_2 + H{-}Cl \longrightarrow (CH_3)_2\overset{+}{C}{-}CH_3 + Cl^-$

(b)

$(CH_3)_2C{=}O + {}^-C{\equiv}N \longrightarrow (CH_3)_2C(O^-)C{\equiv}N$

$(CH_3)_2C{=}O + {}^-C{\equiv}N \longrightarrow (CH_3)_2C(O^-)C{\equiv}N$

해답

각각의 경우에서 첫 번째 화살표 밀기 시나리오가 잘못되었다. 화살표 밀기가 틀리게 표시된 것을 보면 별표가 붙여진 화살표는 전자 주개의 위치에서 출발하지 않고, 오히려 양전하를 가진 위치에서 시작하였고, 이 부분이 잘못된 것이다. 화살표 밀기가 올바른 표시된 것을 보면, 'a'로 표시된 화살표는 비교적 높은 음전하를 가진 부분(π 결합 또는 비공유전자쌍)과 다른 반응물의 비교적 높은 부분적인 양전하를 가진 원자와 상호작용을 나타내고 있다. 그러므로 σ 결합을 형성하는 화살표 'a'의 주개로서 작용하는 분자는 친핵체이고, 반면에 받개 원자가 포함된 분자는 친전자체이다.

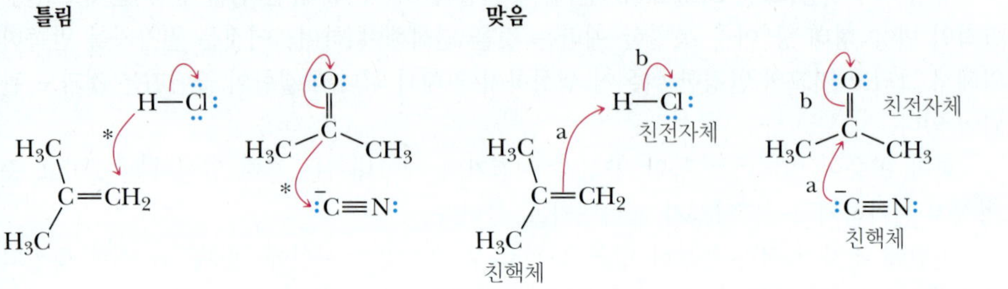

틀림 | 맞음

친전자체 / 친핵체 / 친전자체 / 친핵체

'b'로 표시된 화살표는 원자가를 만족시키기 위해서 필요하며 친핵체와 친전자체를 정의할 경우에 고려되지는 않는다.

예제 2 ▸ 화살표 밀기 실수하지 않기

아래 두 세트의 반응[(a)와 (b)]은 각 반응 단계에서 화살표 밀기에 대한 가능성을 나타낸 것이다. 어느 것이 틀렸는지를 확인하고 왜 틀렸는지 설명하라. 그리고 올바른 화살표 밀기를 사용하여 어느 분자가 친핵체이고 어느 분자가 친전자체인지 표시하라.

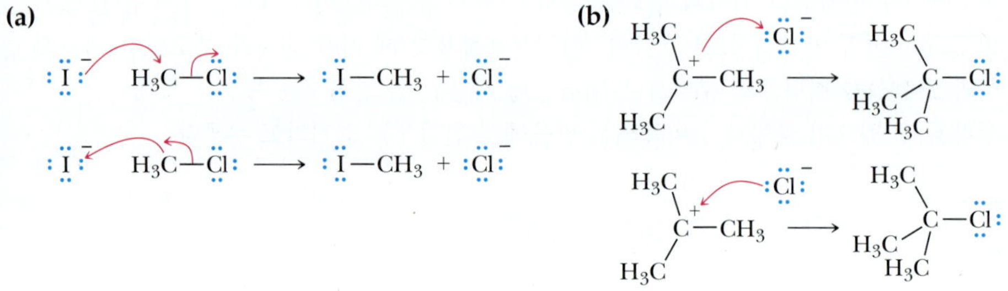

(a)

$:\ddot{I}:^- \quad H_3C-\ddot{Cl}: \longrightarrow :\ddot{I}-CH_3 + :\ddot{Cl}:^-$

$:\ddot{I}:^- \quad H_3C-\ddot{Cl}: \longrightarrow :\ddot{I}-CH_3 + :\ddot{Cl}:^-$

(b)

$(H_3C)_2\overset{+}{C}-CH_3 \quad :\ddot{Cl}:^- \longrightarrow (H_3C)_3C-\ddot{Cl}:$

$(H_3C)_2\overset{+}{C}-CH_3 \quad :\ddot{Cl}:^- \longrightarrow (H_3C)_3C-\ddot{Cl}:$

풀이

화살표 방향이 잘못된 것, 즉 화살표가 전자 받개로부터 전자 주개 쪽으로 향하게 표시된 것이 틀린 것이다.

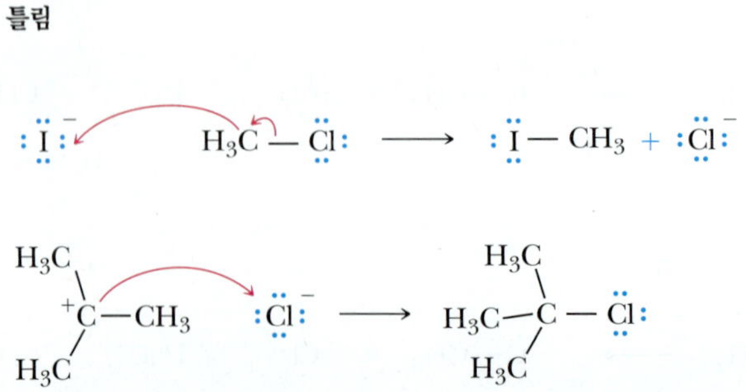

틀림

$:\ddot{I}:^- \quad H_3C-\ddot{Cl}: \longrightarrow :\ddot{I}-CH_3 + :\ddot{Cl}:^-$

$(H_3C)_2\overset{+}{C}-CH_3 \quad :\ddot{Cl}:^- \longrightarrow H_3C-C(CH_3)_2-\ddot{Cl}:$

옳은 시나리오는 화살표가 전자 주개 즉, 비교적 전자 밀도가 높은 부분으로부터 전자 받개 즉, 비교적 전자 밀도가 낮은 원자로 향하게 표시된 것이다. 각 경우에 'a'로 표시된 화살표는 할로젠 음이온(친핵체)의 비공유전자쌍과 반응하는 전체 또는 부분적인 양전하를 가진 친전자성 탄소 원자를 나타낸다. Methyl chloride의 'b'로 표시된 화살표는 원자가를 만족시키기 위해서 필요하다.

맞음

$$:\ddot{\underset{..}{I}}:^- \ (\text{친핵체}) + H_3C-\ddot{\underset{..}{Cl}}: \ (\text{친전자체}) \longrightarrow :\ddot{\underset{..}{I}}-CH_3 + :\ddot{\underset{..}{Cl}}:^-$$

$$(H_3C)_2\overset{+}{C}-CH_3 \ (\text{친전자체}) + :\ddot{\underset{..}{Cl}}:^- \ (\text{친핵체}) \longrightarrow (H_3C)_3C-\ddot{\underset{..}{Cl}}:$$

D 모두 함께 종합하기: 선다형 상황

앞으로 나올 장과 절에서 서로 다른 많은 반응 메커니즘이 단계적 형식으로 기술될 것이다. 각 화살표는 이미 배웠던 다음 세 가지 상황 중 하나로 분류될 수 있다. (1) π 결합 또는 비공유전자쌍의 재배열, (2) 비공유전자쌍 또는 π 결합으로부터 새로운 σ 결합의 형성, 그리고 (3) 새로운 비공유전자쌍 또는 π 결합을 형성하기 위해서 σ 결합의 끊어짐이다. 새로운 메커니즘을 배울 때, 일어나는 전체적인 화학 변환에 초점을 맞추어라. 원자나 작용기가 첨가될 수 있는 반응(첨가 반응), 원자나 작용기가 제거되는 반응(제거 반응), 원자나 작용기가 다른 원자나 작용기를 치환하는 반응(치환 반응), 또는 그 밖의 반응을 만나게 될 것이다. 종종 전 과정은 다단계 반응으로 이루어진다. 일단 전 과정을 기억하면서 출발 물질을 생성물로 바꾸는 각 단계를 생각하라. 완전한 다단계 메커니즘을 예측한다는 것은 각 개별 단계를 예측하는 법을 배우는 것으로부터 시작된다.

암기하는 것이 아니라 메커니즘을 이해하는 것은 유기 화학을 배우는데 있어서 아주 중요하다. 비록 이 과정을 통해서 배우게 될 메커니즘은 서로 다르게 보일지라도, 그것들은 근본적인 측면에서 실제로 서로 연관되어 있다. 앞으로 배우게 될 거의 모든 유기 반응 메커니즘은 사실상 여러 가지 조합을 통해서 구성된 아주 적은 수의 개별적인 요소(단계)로 이루어져 있다. 여러분이 해야 할 일은 이들 개별적인 메커니즘 요소를 배우고 이 요소들을 전체 반응에 대해서 하나의 올바른 메커니즘의 단계들로 조립하는 법을 배우는 것이다.

다행스럽게도 아주 복잡한 화학 반응의 개별 단계를 예측하려고 할 때 고려해야 할 서로 다른 형태의 메커니즘적 요소(화살표의 패턴)의 수는 그리 많지 않다는 것이다. 이런 이유로 유기 메커니즘에서 각 단계를 예측한다는 것은 근본적으로 *선다형*(multiple choice) 상황으로 간주해야 하며 이러한 상황에서 가장 일반적으로 선택할 수 있는 것은 다음의 네 가지이다.

1. **친핵체(화살표의 주개)와 친전자체(화살표의 받개) 사이에 새로운 결합을 만들어라.** 용액에 반응이 일어나기에 적당한 친핵체와 친전자체가 존재할 때 이 요소를 사용하라.

$$H-\ddot{\underset{..}{O}}-H + CH_3\overset{+}{C}HCH_3 \rightleftharpoons CH_3CH(\overset{+}{\ddot{O}}H_2)CH_3$$

Water (친핵체) + Isopropyl 양이온 중간체 (친전자체) ⇌ Oxonium 이온 중간체

2. **비교적 안정한 분자나 이온이 생성될 수 있도록 결합을 끊어라.** 적절한 친핵체-친전자체나 양성자 이동이 일어나는 반응이 없고, 단지 결합이 끊어져 중성 분자나 또는 비교적 안정한 이온을 또는 둘 다 생성할 수 있을 때 이 요소를 적용하라.

$$(CH_3)_3C\text{–}\ddot{\underset{..}{Br}}: \rightleftharpoons (CH_3)_3C^+ + :\ddot{\underset{..}{Br}}:^-$$

2-Bromo-2-methylpropane | ***tert*-Butyl 양이온** 중간체 (유발 효과와 하이퍼콘쥬게이션 효과에 의해 안정됨, 6.3A절 참조) | **Bromide 이온** (상대적으로 안정한 음이온)

3. **양성자를 첨가하라.** 적절한 친핵체-친전자체의 반응이 없고 단지 센산이나 센염기성 작용기를 가진 분자가 존재할 때 이 요소를 적용하라.

$$H_3C\text{–}C(=\ddot{O}:)\text{–}\ddot{O}\text{–}CH_2CH_3 + H\text{–}\ddot{O}^+(H)\text{–}H \rightleftharpoons H_3C\text{–}C(=\ddot{O}^+\text{–}H)\text{–}\ddot{O}\text{–}CH_2CH_3 + :\ddot{O}(H)\text{–}H$$

Ethyl acetate (카복실 에스터) | **Hydronium 이온** (센산) | 양성화된 중간체 | **Water**

4. **양성자를 떼어내라.** 적절한 친핵체-친전자체의 반응이 없고 단지 센산성인 양성자를 가지고 있는 분자나 센염기가 존재할 때 이 요소를 적용하라.

$$CH_3CH(\ddot{O}^+H_2)CH_3 + :\ddot{O}(H)\text{–}H \rightleftharpoons CH_3CH(H\ddot{O}:)CH_3 + H\text{–}\ddot{O}^+(H)\text{–}H$$

Oxonium 이온 중간체 (센산) | **Water** (염기로 작용할 수 있음) | **2-Propanol** | **Hydronium 이온**

1과 2는 기능적으로 서로 반대이고, 3과 4도 마찬가지기 때문에 상황은 예상했던 것보다 훨씬 더 간단해진다. 위 네 가지 중 하나 이상이 같은 메커니즘적 단계에서 동시에 발생하는 일이 자주 있다.

이들 네 가지 메커니즘 요소는 유기 반응 메커니즘의 이해를 증진시키는 반석이 된다. 앞으로 배우겠지만, 이들 요소는 단연코 가장 일반적인 것이기는 하지만 유일한 메커니즘적 요소는 아니다. 때때로 여러분은 특정한 분자에만 적용되는 고유한 메커니즘적 요소를 보게 될 것이다. 예를 들면, 6.4절에서는 수소화붕소 첨가 반응에만 적용되는 메커니즘 요소를 기술하고 있다. 더욱이, 여러 반응에서 일어나는 1,2 이동(6.3C절)과 같은 그 밖의 중요한 메커니즘적 요소도 기술될 것이다.

어떤 메커니즘의 단계에 필요한 가장 적절한 메커니즘 요소를 예측할 수 있게 된다면, 암기에 의존하지 않고 전자 밀기를 올바르게 할 수 있을 것이며, 유기 화학을 마스터하는데 장족의 발전을 할 것이다. 이 책의 나머지를 통해서 각 메커니즘적 단계가 일반적인 메커니즘적 요소 중 하나로 표시될 것이며, 복잡한 메커니즘 사이에서도 유사한 특징이 강조될 것이다.

Image Copyright Pichugin Dmitry 2010. Used under license from Shutterstock.com

카약은 polyethylene으로 만들어진 것이다.

▼ ***삽입 그림:*** 알켄 단량체인 ethylene 분자 모형. 이것으로 polyethylene을 만든다.

제 6 장

알켄의 반응

Reactions of Alkenes

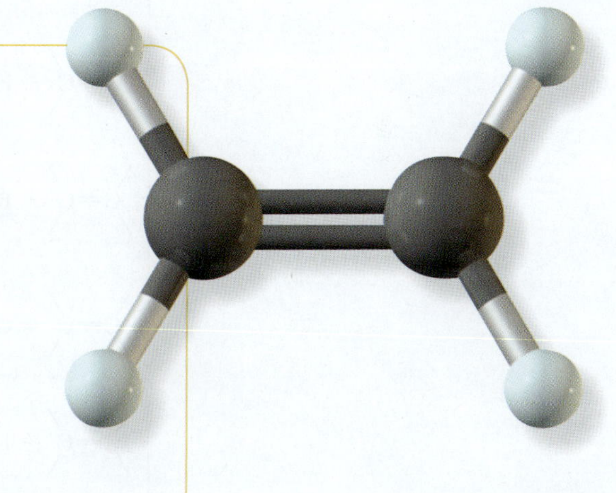

» ***이 장의 차례***

지금까지 일천만 개가 넘는 유기 화합물이 발견되었거나 만들어졌다! 이렇게 수많은 유기 화합물의 화학적인 성질을 낱낱이 공부하기란 거의 불가능한 일일 것이다. 다행스럽게도 유기 화합물을 공부한다는 것이 생각만큼 두려운 일은 아니다. 유기 화합물은 매우 다양한 반응을 일으키지만 특정 반응에서는 분자 구조의 정해진 부분만이 변화를 일으킨다. 이 장에서 공부하겠지만 동일한 작용기는 아무리 서로 다르더라도 동일한 화학 반응을 일으킨다. 따라서 천만 가지 화합물이 일으키는 세세한 반응들을 공부할 필요는 없다. 대신에 각각의 분자가 가진 작용기들의 특징을 알고, 이들이 일으키는 화학 반응을 공부하면 된다.

6.1 알켄의 반응: 개요

알켄이 일으키는 가장 특징적인 반응은 알켄의 탄소-탄소 원자 사이의 π 결합이 끊어지면서 그 자리에 새로 두 개의 σ 결합이 다른 원자나 원자단과 만들어지는 **첨가**(addition) 반응이다. 표 6.1에 탄소-탄소 이중 결합에서 일어나는 첨가 반응과 관련된 반응의 명칭을 나

이장의 동영상 강의를 보려면 **www.cengage.com/chemistry/brown/organic7e**에 접속 후 **Access Student Materials**를 클릭하라.

표 6.1 알켄의 특징적인 첨가 반응

반응	반응의 이름
$>C{=}C< + HCl\ (HX) \longrightarrow -\overset{H}{C}-\underset{Cl\ (X)}{C}-$	염화수소 첨가 반응 (할로젠화 수소 첨가 반응)
$>C{=}C< + H_2O \longrightarrow -\overset{H}{C}-\underset{OH}{C}-$	수화반응
$>C{=}C< + Br_2\ (X_2) \longrightarrow -\overset{(X)\ Br}{C}-\underset{Br\ (X)}{C}-$	브로민화 반응 (할로젠 첨가 반응)
$>C{=}C< + Br_2\ (X_2) \xrightarrow{H_2O} -\overset{HO}{C}-\underset{Br\ (X)}{C}-$	브로모(할로) 하이드린 형성 반응
$>C{=}C< + Hg(OAc)_2 \xrightarrow{H_2O} -\underset{HO}{C}-\overset{HgOAc}{C}-$	옥시수은 첨가 반응
$>C{=}C< + BH_3 \longrightarrow -\underset{H}{C}-\underset{BH_2}{C}-$	수소화붕소 첨가 반응
$>C{=}C< + OsO_4 \longrightarrow -\underset{HO}{C}-\underset{OH}{C}-$	다이올 형성 반응 (산화)
$>C{=}C< + H_2 \longrightarrow -\underset{H}{C}-\underset{H}{C}-$	수소화 반응 (환원)

타내었다. 이 반응 중에서 몇 개는 별도로 산화(6.5절)나 환원(6.6절)에서 다루게 되겠지만, 이 두 가지 반응 역시 첨가 반응이기 때문에 이 표에 포함시켰다.

다음 절에서는 알켄이 일으키는 반응이 어떻게 일어나는지에 대해 그 메커니즘과 함께 자세히 공부하게 될 것이다.

첨가 반응
원자나 이온 두 개가 이중 결합과 반응하여 원래 이중 결합을 이루고 있던 탄소와 결합을 만들고 그 결과 새로운 화합물이 형성되는 반응.

알켄이 일으키는 또 하나의 **첨가 반응**(addition reaction)은 사슬 성장 중합체 (chain-growth polymer, 그리스어 *poly*: 많다, *meros*: 부분)의 생성이다. 개시제라고 부르는 특정 촉매의 존재 하에서 대부분의 알켄은 ethylene으로부터 polyethylene이 생성되는 과정에 나타낸 바와 같이 성장하는 중합체 사슬에 단위체(monomer, 그리스어 *mono*: 한 개, *meros*: 부분)가 계속적으로 더해져서 중합체(polymer)를 형성한다.

$$n\mathrm{CH_2{=}CH_2} \xrightarrow{\text{개시제}} \mathrm{+\!\!(CH_2CH_2)\!\!+}_n$$

공업적 및 상업적으로 중요한 알켄의 중합체에서 n은 대개 수천 이상의 큰 값을 갖는데 이들에 관한 내용은 29장에서 공부할게 될 것이다.

6.2 반응 중간체를 포함하는 유기 반응

A 반응 좌표 도표

4장에서 반응 메커니즘과 반응 좌표 도표(reaction coordinate diagram)를 소개하였다. 한 화학종에 다른 화학종으로 양성자의 전달이 한 단계로 이루어지는 산-염기 화학과 관련하여 이러한 개념들을 설명하였다. 화학 변환이 한 단계로 많이 이루어지지만, 둘 이상의 단계로 이루어지는 화학 변환도 많다.

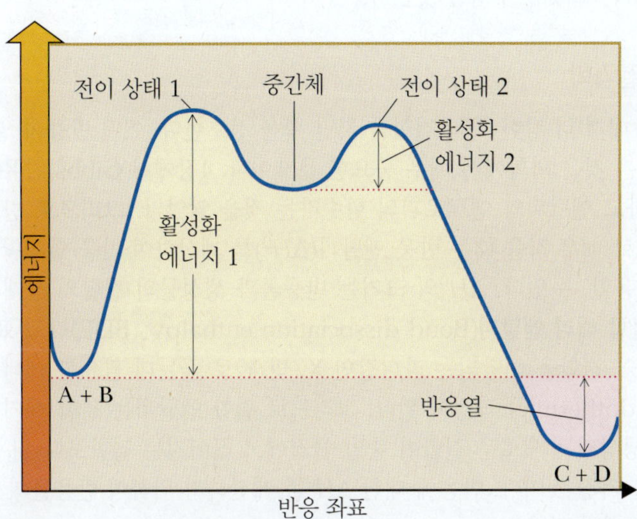

그림 6.1 ▸ 반응 중간체를 가진 두 단계 반응의 에너지 도표. 반응물의 에너지가 생성물의 에너지보다 높으므로 A + B가 C + D로 전환되면서 에너지는 방출된다.

둘 이상의 단계로 일어나는 반응에서는 각 단계별로 그 단계에 해당하는 전이 상태(transition state)와 활성화 에너지(activation energy)가 존재한다. 그림 6.1은 두 단계를 거쳐 반응물이 생성물로 전환되는 반응의 에너지 도표이다. 이 도표에서 두 전이 상태, 즉 전이 상태 1과 2 사이의 에너지 최소점이 **반응 중간체**(reactive intermediate)를 나타낸다. 이 장에서 공부하는 반응 중간체의 경우 그 에너지가 반응물이나 생성물의 에너지보다 높기 때문에 이 중간체는 반응성이 대단히 크고 분리해 낼 수 없다. 그러나 어떤 중간체는 특별한 실험 기술을 활용하여 직접 관찰할 수 있는 수명을 갖고 있다.

반응 중간체
연속된 두 반응 단계에서 두 전이 상태 사이의 에너지 최소점에 위치한 높은 에너지를 갖는 화학종.

유기 화학에서 가장 일반적인 반응성 중간체는 탄소 원자에서 비정상적인 결합을 포함하고 있다. 이 장에서 다루는 메커니즘에는 탄소에 3개의 결합과 6개의 원자가 전자 그리고 양으로 하전된(6.3A절) *탄소양이온*(carbocation) 중간체를 포함하고 있다. 다음 장에서는 탄소가 3개의 결합과 7개의 원자가 전자만을 갖는 라디칼(radical) 중간체를 공부할 것이다. 탄소가 3개의 결합을 갖지만 완전한 팔전자계를 갖고 음전하를 띠는 것을 탄소음이온(carbanion)이라고 부른다. 세 개의 중간체(탄소양이온, 라디칼, 탄소음이온)은 반응물이나 생성물보다 에너지가 매우 높기 때문에 그림 6.2와 비슷한 반응 좌표 도표가 적용된다.

탄소양이온 라디칼 탄소음이온

그림 6.2 ▸ 유기 화학 변환에서 일반적인 반응성 중간체.

여러 단계 반응에서 가장 느린 단계를 **속도 결정 단계**(rate-determining step)라고 부르며, 가장 높은 에너지 장벽을 넘어가는 단계이다. 그림 6.1에 나타낸 두 단계 반응에서 첫 번째가 더 높은 에너지 장벽을 넘는 단계이므로 속도 결정 단계가 된다.

속도 결정 단계
여러 단계로 진행되는 반응에서 에너지 장벽이 가장 높은 단계.

화학 반응의 각 단계는 에너지 도표에서 가장 에너지가 높은 점을 넘어가는 단계를 포함한다. 그 최고점은 에너지 표면(energy surface) 위의 화학 구조 즉 안정한 구조들 사이에 있는 전이 상태를 나타낸다. 반응 중간체는 에너지 표면에서 우물 혹은 홈통으로 표현된다. 에너지 표면에서 최고점을 **전이 상태**(transition state)라고 부른다(4.5A절을 상기하라).

탄소양이온과 같은 중간체와 전이 상태를 구별하는 것이 중요하다. *반응 중간체*는 어떤 결합이 진동하는 시간보다 더 긴 수명을 갖는 반면에 *전이 상태*는 대략 결합이 진동하는 시간(펨토초의 범위 내 또는 10억분의 일 초, 10^{-9} s) 정도의 수명을 갖는다. 실용적인 목적으로 전이 상태의 화학 구조는 측정할 수 없는 수명을 갖는다고 간주되는 반면에 중간체는 매우 짧지만 측정할 수 있는 뚜렷한 수명을 갖는다.

B 첨가 반응의 열역학

화학 반응에서 평형은 대개 더 강한 화학 결합을 지닌 쪽을 선호한다. 어떤 반응이 열역학적으로 가능할지 예측하는 것은 화학에서 매우 중요한 문제이다. 4장에서 Gibbs 자유 에너지가 반응 평형을 조절하고 엔탈피와 엔트로피의 함수라는 것을 알았다. 그러므로 반응 엔트로피($\Delta S°$)가 상대적으로 매우 작을 때는 반응 엔탈피(ΔH^0)를 계산하여 반응 열역학을 예측하는데 부분적으로 사용할 수 있다. ΔH^0의 크기는 반응물과 생성물의 결합의 상대적인 세기로부터 계산된다. **결합 해리 엔탈피**(Bond dissociation enthalpy, BDE)라고 표현되는 결합 세기는 어떤 X—Y 결합을 해당되는 라디칼인 X· 및 Y·로 끊는데 필요한 에너지로 정의하며, 이는 흡열(endothermic) 과정이 된다. 그러므로 결합 엔탈피는 결합 세기의 음수와 같다. 생성물에서 생성되는 새로운 결합이 출발 물질에서 끊어지는 결합보다 더 강한 반응은 ΔH^0의 음수 값을 가질 것이다. 반응에 대한 ΔH^0를 계산하기 위하여 반응물의 BDE로부터 생성물의 BDE를 빼면 된다.

결합 해리 엔탈피
25°C의 기체상에서 결합을 두 개의 라디칼로 끊어내는데 필요한 에너지의 양, A–B ⟶ A· + B·.

$$\Delta H^0_{rxn} = \text{BDEs}_R - \text{BDEs}_P$$

연습 문제 6.14에 BDE 값에 대한 표를 나타내었다. 확장된 BDE 값에 대한 표는 부록 3에 주어져 있다. 이 표를 사용하여 이 장에서 다루는 하나의 첨가 반응에 대한 반응 엔탈피를 계산해 보자. 예를 들면, 알켄에 브로민의 첨가이다.

C=C + Br—Br ⟶ (Br, Br 첨가 생성물)

351 kJ (84 kcal)/mol | 192 kJ (46 kcal)/mol | 2 × 301 kJ (144 kcal)/mol

543 kJ(130 kcal)/mol
−602 kJ(−144 kcal)/mol
−59 kJ(−14 kcal)/mol

이 반응에서 C=C π 결합 및 Br—Br σ 결합의 분해와 2개의 C—Br σ 결합의 생성이 포함되어 있다. C=C π 결합의 BDE는 $CH_2{=}CH_2$ (727 kJ/mol)의 BDE와 351 kJ/mol과 동일한 두 개의 sp^2 탄소(376 kJ/mol) 사이의 σ 결합의 세기 차이에 의해 계산될 수 있다. 이러한 계산을 위해 다른 중요한 BDE 값은 Br—Br (192 kJ/mol)과 C—Br (301 kJ/mol)이다. 그러므로 ΔH^0_{rxn}은

$$\begin{aligned}\Delta H^0_{rxn} &= (351\ \text{kJ/mol} + 192\ \text{kJ/mol}) - (301\ \text{kJ/mol} + 301\ \text{kJ/mol}) \\ &= -59\ \text{kJ/mol}\end{aligned}$$

C=C π 결합　Br—Br 결합　C—Br 결합　C—Br 결합

그러므로 이 반응은 발열(exothermic) 반응이며, 출발 물질에서 끊어지는 결합과 비교하여 생성물에서 더 강한 결합이 만들어진다. 엔트로피가 양이거나 거의 0에 가깝다면 그 반응은 자유에너지가 감소(exergonic)할 것이다. 다시 말해 이 반응은 열역학적으로 가능하며 자발적으로(상대적으로 낮은 활성화 에너지를 가정하면) 일어날 것이다.

예제 6.1 ▸ 발열도/흡열도 값 계산하기

부록 3에서 BDE 값을 사용하여 ΔH^0_{rxn} 값을 계산하고, 아래의 반응이 발열인지 또는 흡열인지 설명하라.

$$CH_2{=}CH_2 + H_2O \rightarrow CH_3CH_2OH$$

➥ 해답

반응물에서 한 개의 C—C π 결합과 한 개의 H—O 결합이 끊어지고 생성물에서 한 개의 C—H 결합과 한 개의 C—O 결합이 생성된다. 위에서 설명한 바와 같이, 한 개 π 결합의 BDE는 351 kJ/mol (84 kcal/mol)로 계산될 수 있다. C—H 결합, H—O 결합 및 C—O 결합에 대한 BDE 값은 각각 422 kJ/mol (101 kcal/mol), 439 kJ/mol (105 kcal/mol) 및 385 kJ/mol (92 kcal/mol) 이다. 그러므로, ΔH^0_{rxn} = (351 kJ/mol + 430 kJ/mol) − (422 kJ/mol + 385 kJ/mol) = −26 kJ/mol (10.3 kcal/mol). 이 반응은 발열 반응이다.

연습 문제 6.1

부록 3으로부터 BDE 값을 사용하여 ΔH^0_{rxn} 값을 계산하고 아래 반응이 발열 또는 흡열인지 설명하라.

$$CH_2{=}CH_2 + HCl \rightarrow CH_3CH_2Cl$$

6.3 친전자성 첨가 반응

대표적인 첨가 반응 다섯 가지를 공부하면서 알켄의 화학을 소개하고자 한다. 몇 가지 첨가 반응에 대한 실험적 관찰 결과와 메커니즘을 공부하다 보면, 알켄의 첨가 반응이 어떻게 진행되는지에 대한 일반적인 이해를 할 수 있게 된다.

π 결합에 첨가되는 친전자성 화학종의 전체 반응을 **친전자성 첨가 반응**(electrophilic addition)이라고 부른다. 이 메커니즘에서 중요한 단계는 결합 생성 단계에서 친전자성 화학종과 함께 친핵체로 반응하는 알켄의 π 전자가 포함되어 있다. π 결합으로부터 결합-형성 화살표가 유래한다는 것을 강조하기 위하여, 이러한 메커니즘적인 요소를 **친핵체(π 결합)와 친전자체 사이에 결합의 형성**으로 분류한다.

친전자성 첨가 반응
친전자성 화학종이 π 결합에 첨가되는 알켄의 일반적인 반응 형태.

이 시점에서 무엇이 분자 또는 이온을 친전자체로 만드는 것인가?에 대한 질문이 필요하다. 이전에 정의한 바와 같이 친전자체(electrophile)는 '전자(electron)-좋아하는(loving)' 화학종이다. 그러므로 친전자체는 전자가 풍부한 분자종인 친핵체와 반응한다. 친전자체에 대한 친핵성 공격을 통해 결합의 형성은 유기 화학의 기본적 반응 중 하나이다.

최소한 세 가지 주요 특징이 분자 또는 이온을 친전자성으로 만들어 준다. 가장 일반적인 것은 낮은 전자밀도 영역으로 부분 또는 완전한 양전하를 띤다. 완전한 또는 부분적인 양전하는 정전기적 인력에 의해 친핵체의 전자가 풍부한 영역과의 반응을 도와준다. 두 번째 특징으로는 원자에 팔전자의 부족이다. 아래에 나타낸 친전자체들은 이 기준의 하나 또는 둘을 만족한다. 우리는 이 장에서 알켄 친핵체와의 반응을 공부한다.

H_3O^+	$\overset{\delta+}{H}-\overset{\delta-}{Cl}$	$Hg^+-O-C(=O)CH_3$	BH_3	$(CH_3)_3C^+$
산성 수소를 지닌 양전하	산성 수소를 지닌 부분 양전하	Lewis 산성 mercury 원자를 지닌 양전하	팔전자를 만족 못하는 boron 원자	팔전자를 만족 못하는 탄소 원자에 양전하

분자 또는 이온을 친전자성으로 만드는 세 번째 특징은 원자에 약하게 결합되어 안정한 이온 또는 분자로 떨어질 수 있는 것이다. 이러한 친전자성 화학종은 전자를 찾는 것으로 생각되고, 친핵체와의 반응으로 더 강한 결합을 형성하여 더욱 안정한 분자를 만든다. 그러한 경우에 친전자성 원자에는 부분적인 또는 완전한 양전하를 띠지 않는다. 분자 할로젠(X_2)이 좋은 예이다. 이들의 결합은 친핵체와의 반응으로 생기는 결합과 비교하여 상대적으로 약하다. 이러한 과정은 안정한 할로젠 음이온(X^-)의 방출에 의해 도움을 받는다. 이러한 반응에 대한 친전자성인 분자의 다른 예로는 methyl iodide가 있다(9장에서 친핵체와의 반응을 공부한다). Methyl iodide에는 전하 극성이 전혀 없다. 그러나 iodine에의 결합이 약하기 때문에 탄소는 친전자성이며, 친핵체와의 반응으로 안정한 아이오딘 음이온(I^-)을 생성한다.

:C̈l—C̈l:	:B̈r—B̈r:	CH_3—Ï:
Chlorine 원자 사이에 약한 결합	Bromine 원자 사이에 약한 결합	탄소와 iodine 원자 사이에 약한 결합

A 할로젠화 수소의 첨가 반응

할로젠화 수소인 HCl, HBr, HI는 알켄에 첨가되어 할로알케인(할로젠화 알킬)을 만든다. 이 반응은 용매 없이 순수(neat)한 시약 또는 acetic acid와 같은 극성 용매의 존재 하에서 진행된다. 다른 두 할로젠화 수소와는 달리 HCl의 첨가는 느리게 반응한다. Ethylene에 HBr의 첨가는 bromoethane (ethyl bromide)을 생성한다.

$$CH_2{=}CH_2 + HBr \longrightarrow \underset{|}{\overset{H}{}}CH_2-\overset{Br}{\underset{|}{}}CH_2$$

Ethylene → **Bromoethane (Ethyl bromide)**

HBr을 propene에 첨가시키면 2-bromopropane (isoprolyl bromide)이 얻어지고, 수소가 propene의 1번 탄소에, bromine이 2번 탄소에 첨가된다. 첨가 방향이 반대로 일어난다면 1-bromopropane (propyl bromide)이 얻어질 것이다. 관찰된 실험 결과에서는 오직 2-bromopropane (propyl bromide)이 얻어질 것이다. 실험결과에 의하면 오직 2-bromopropane만 얻어지고 1-bromopropane은 실제적으로 제외된다. Propene에 HBr의 첨가는 매우 위치선택적이라고 말할 수 있다. **위치선택적 반응**(Regioselective reaction)이란 결합의 형성이나 분해가 일어나는 하나의 방향이 결합의 형성이나 분해가 일어나는 다른 모든 방향과 비교하여 선택적으로 일어나는 반응이다.

> **위치선택적 반응**
> 여러 가능성이 있는 반응 생성물 중에서 선택적으로 한 방향의 생성물이 더욱 많이 생성되는 첨가 또는 치환 반응.

$$CH_3CH{=}CH_2 + HBr \longrightarrow CH_3\overset{Br}{CH}-\overset{H}{CH_2} + CH_3\overset{H}{CH}-\overset{Br}{CH_2}$$

Propene → **2-Bromopropane** + **1-Bromopropane** (관찰되지 않음)

이와 같은 위치선택성은 **Markovnikov 규칙**(Markovnikov's rule)으로 알려진 이 규칙을 일반화시킨 Vladimir Markovnikov에 의해 알려졌다. 알켄에 H—X를 첨가시키면, 수소는 이중 결합 탄소 중에서 이미 수소가 더 많이 결합된 탄소에 첨가된다. 비록 Markovnikov 규칙은 여러 가지 알켄 첨가 반응의 생성물을 예측하는 방법을 제공하지만, 하나의 생성물이 다른 가능한 생성물보다 더 우세하게 생성되는 이유를 설명해 주지는 못한다.

> **Markovnikov 규칙**
> 알켄에 HX, H_2O, ROH의 첨가에서 수소는 수소를 더 많이 가지고 있는 이중 결합 탄소에 첨가된다.

예제 6.2 ▸ 알켄에 HX 첨가

다음 알켄의 첨가 반응 생성물에 대한 이름과 구조식을 써라.

(a) $CH_3\overset{CH_3}{\overset{|}{C}}{=}CH_2 + HI \longrightarrow$ **(b)** (1-methylcyclopentene, ring with CH_3) $+ HCl \longrightarrow$

➥ 해답

Markovnikov 규칙을 사용하면 (a)의 경우 2-iodo-2-methylpropane이 생성물이고, (b)의 경우는 1-chloro-1-methylcyclopentane이 생성물이다.

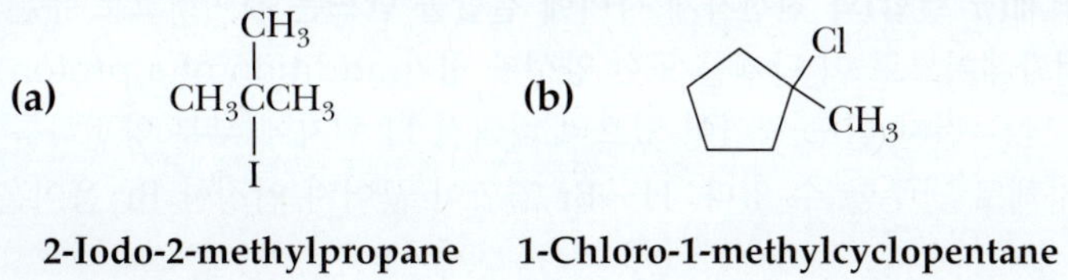

(a) $CH_3C(CH_3)(I)CH_3$ (b) 1-Cl-1-CH_3 cyclopentane

2-Iodo-2-methylpropane **1-Chloro-1-methylcyclopentane**

연습 문제 6.2

다음 알켄의 첨가 반응 생성물에 대한 이름과 구조식을 써라.

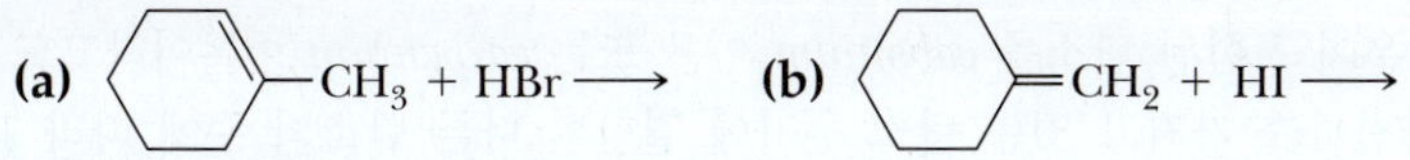

(a) 1-methylcyclohexene $—CH_3 + HBr \longrightarrow$ (b) methylenecyclohexane $=CH_2 + HI \longrightarrow$

화학자들은 알켄에 HX 첨가는 2-butene에 hydrogen bromide 반응에 의해 2-bromobutane이 생성되는 반응에서 나타난 바와 같이 2단계에 걸친 메커니즘으로 설명한다. 먼저 이러한 2단계 메커니즘의 개요를 살펴보고 되돌아가서 각 단계를 더 자세히 공부하기로 하자.

MECHANISM 2-Butene에 HBr의 친전자성 첨가

1단계: **친핵체(π 결합)와 친전자체 사이에 새로운 결합 생성—양성자가 첨가된다.** 아래 반응식 왼쪽 변에 두 개의 굽은 화살표로 나타난 바와 같이 첨가 반응은 H—Br로부터 양성자가 2-butene으로 이동하는 단계로부터 시작된다. 첫 번째의 굽은 화살표는 알켄의 π 결합이 끊어지면서 전자쌍이 H—Br의 수소 원자와 새로운 공유 결합을 만드는 과정을 나타낸다. 두 번째 굽은 화살표는 H—Br의 극성 공유 결합이 끊어지면서 전자쌍이 bromine으로 이동하여 bromide 이온을 만드는 과정을 나타낸다. 이 단계의 결과로 유기 양이온과 bromide 이온이 만들어진다.

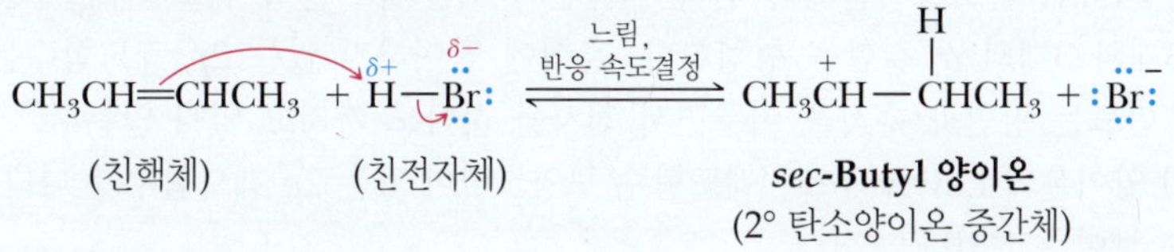

$$CH_3CH{=}CHCH_3 + \overset{\delta+}{H}{-}\overset{\delta-}{Br}: \xrightleftharpoons[\text{반응 속도결정}]{\text{느림,}} CH_3\overset{+}{C}H{-}CH(H)CH_3 + :Br:^-$$

(친핵체) (친전자체) ***sec*-Butyl 양이온** (2° 탄소양이온 중간체)

2단계: **친핵체와 친전자체 사이에 새로운 결합을 생성한다.** *sec*-뷰틸 양이온(친전자체)과 bromide 이온(친핵체)과의 반응은 탄소의 원자가 껍질을 채우면서 2-bromobutane을 생성한다.

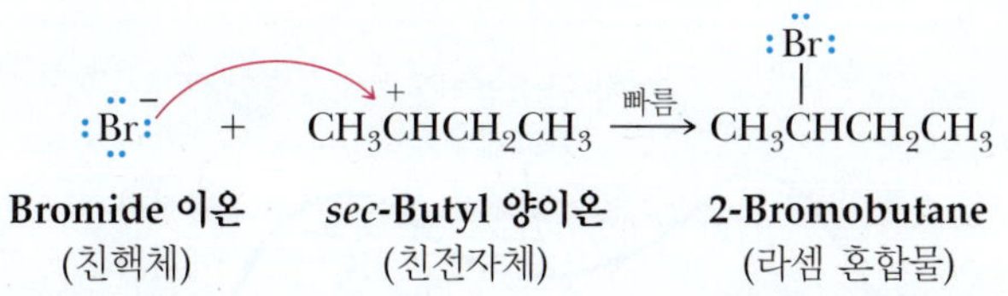

$$:Br:^- + CH_3\overset{+}{C}HCH_2CH_3 \xrightarrow{\text{빠름}} CH_3CH(Br)CH_2CH_3$$

Bromide 이온 (친핵체) ***sec*-Butyl 양이온** (친전자체) **2-Bromobutane** (라셈 혼합물)

위에서 2단계로 진행되는 메커니즘을 간략히 살펴보았다. 이제 뒤로 돌아가서 각각의 단계를 좀 더 자세히 공부하기로 하자. 유기 화학 안에는 전반적으로 아주 중요한 의미를 가지는 내용이 들어 있다.

이 반응은 전자-풍부한 알켄의 π 결합(전자 주개)이 비교적 전기적 양성인 H—Br의 H 원자(전자 받개)와 상호작용으로 새로운 결합을 형성하는 것으로부터 시작된다. π 결합 전자 밀도는 결합 축의 위와 아래에 위치하기 때문에 양으로 하전된 원자핵 사이에 위치한 σ

결합성 전자 밀도에 비해서 상대적으로 전자가 풍부하다. 이 장에서 설명되는 알켄의 거의 모든 반응은 알켄의 π 결합이 친핵체로 작용해서 다양한 형태의 친전자체와 반응하는 이러한 범주에 해당된다. 결합-생성 화살표의 주개가 알켄의 π 결합임을 강조하기 위해서 이러한 메커니즘 단계를 **친핵체(π 결합)와 친전자체 사이에 결합을 만드는 것**이라고로 부른다. 이 경우에 양성자가 친전자체이므로 이 단계를 또한 **양성자 첨가**(addition of a proton)로 생각할 수 있다. HBr은 낮은 전자 밀도 영역이 있으며 따라서 H 원자에 부분 양전하를 가지고 있기 때문에 친전자체로 간주할 수 있다. H—Br 결합이 끊어져 안정한 Br 음이온이 생성된다.

알켄에 양성자가 첨가되는 1단계에서는 양이온 중간체가 만들어진다. 이 중간체의 탄소 원자 하나는 원자가 껍질에 전자를 여섯 개밖에 가지고 있지 않으므로 +1의 전하를 띤다. 양으로 하전된 탄소 원자를 가진 화학종을 **탄소양이온**(carbocation, *carbon* + *cation*)이라고 부른다. 양이온이 포함된 탄소를 *cabonium 이온* 또는 *carbenium 이온*이라고도 한다. 탄소양이온은 양전하를 가지고 있는 탄소 원자에 결합된 다른 탄소의 수에 따라 1차(primary, 1°), 2차(secondary, 2°), 3차(tertiary, 3°)로 분류된다. 모든 탄소양이온은 친전자체이며 동시에 Lewis 산이다(4.7절).

탄소양이온
탄소의 원자가 껍질에 여섯 개의 전자만을 가지고 있고 양전하를 갖는 화학종.

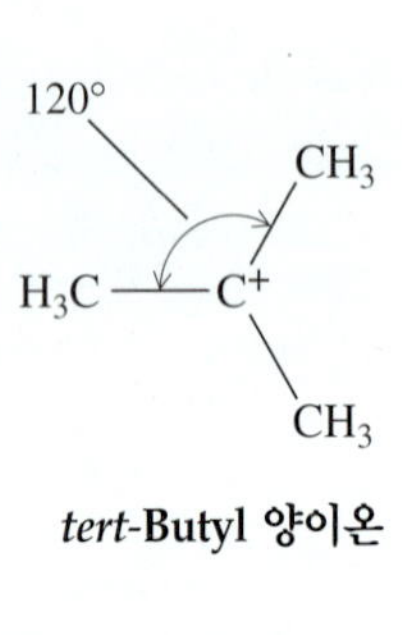

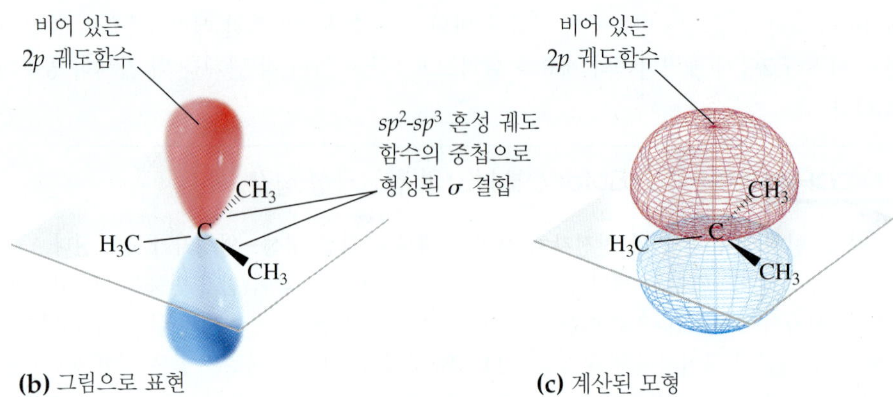

그림 6.3 ▸ *tert*-Butyl 양이온의 구조. (a) Lewis 구조, (b) 궤도함수 모양, (c) 비어 있는 2*p* 궤도함수를 나타내는 계산된 모형.

탄소양이온에서 양전하를 가지고 있는 탄소는 다른 원자 3개와 결합되어 있다. 이 3개의 결합은 VSEPR 이론에 의해 평면을 이루고 대략 120°의 각을 이룬다. 궤도함수의 혼성화 모형에 의하면 탄소양이온에서 전자-부족인 탄소는 sp^2 혼성 궤도함수를 사용하여 다른 원자 3개와 3개의 σ 결합을 형성한다. 혼성에 참여하지 않는 2*p* 궤도함수는 세 개의 σ 결합이 만드는 평면과 수직을 이루면서 전자를 하나도 가지고 있지 않는다. 그림 6.3은 *tert*-butyl 양이온의 Lewis 구조, 궤도함수 모양, 비어 있는 2*p* 궤도함수를 나타내는 계산된 구조를 보여주고 있다.

그림 6.4는 2-butene과 HBr 사이에 일어나는 2단계 반응의 에너지 도표이다. 가장 느린 속도-결정 단계(높은 에너지 장벽을 넘는 단계)가 1단계이며, 이 단계를 지나면서 2차

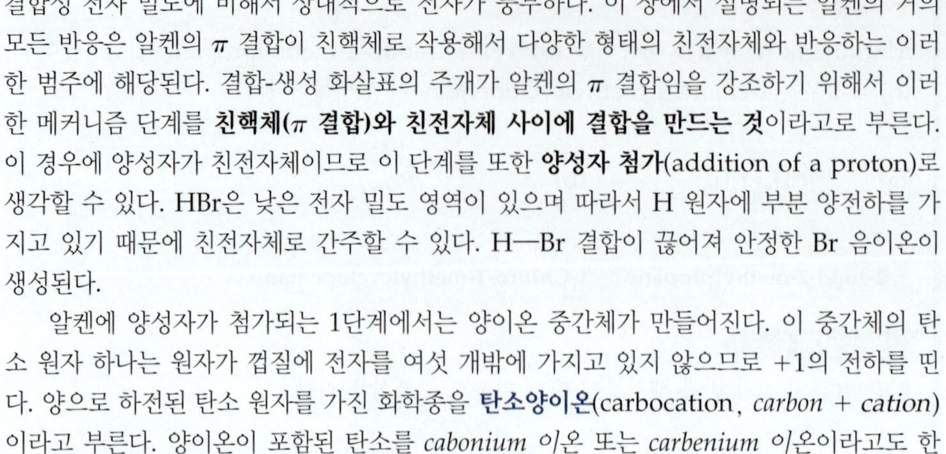

그림 6.4 ▸ 2-Butene에 HBr의 2단계 첨가 반응에 대한 에너지 도표. 반응은 자유 에너지 감소이다.

탄소양이온 중간체가 만들어진다. 이 탄소양이온 중간체는 1단계와 2단계 전이 상태 사이의 에너지 최소점에 위치한다. 친전자체인 탄소양이온 중간체는 백만분의 일 초 안에 혹은 매우 빠르게 친핵제인 bromide 이온과 친핵체-친전자체 조합을 통하여 2-bromobutane을 생성한다. 생성물인 2-bromobutane의 에너지 준위가 반응물인 2-butene 및 HBr의 에너지 준위보다 낮다는 사실에 유의하라. 즉, 이 친전자성 첨가 반응의 결과 에너지는 방출되고, 따라서 이 반응은 자유 에너지 감소(exergonic)라고 한다.

반응은 친전자체에서 알켄으로 이동하기 위해서 적절한 경로를 가진 충돌이 포함되어 있다. 일상생활에서의 충돌처럼 무리는 충돌하는 상대방에게 가해진 물리적인 변형으로부터 온다. 이 경우에 알켄의 구조가 탄소양이온의 구조가 되도록 비틀어지거나 HBr 결합을 끊을 수 있는 충분한 에너지를 가진 충돌이 일어나야만 한다. 전이 상태의 물리적인 구조는 탄소양이온 중간체로 가는 가장 낮은 에너지의 비틀린 기하학적 구조이다.

반응의 2단계는 반응물이 탄소양이온이기 때문에 1단계보다 훨씬 쉽게 진행된다. 탄소양이온은 양전하이며 탄소에 팔전자계(octet)를 만족시키지 않기 때문에 매우 반응성이 큰 친전자체이며, 일반적으로 백만분의 일 초 또는 그보다 더 낮은 수명을 갖는다. 친전자성 양이온 중간체가 매우 불안정하므로 두 번째 장벽을 넘기 위해 친핵성 bromide와 충돌에 필요한 에너지는 매우 낮다. 거시 세계에서 매우 불안정한 물체처럼(책상 가장자리에서 흔들리는 책처럼), 그 중간체를 더욱 낮은 에너지 상태(책이 떨어지도록 가볍게 치는 것처럼)로 가는 경로로 이끌기 위해서는 단지 작은 방해가 필요할 뿐이다.

위치선택성과 탄소양이온의 상대적인 안정성

HX와 알켄의 반응을 보면 양성자가 두 개의 이중 결합 탄소 중에서 어느 쪽으로도 이동할 수 있기 때문에 HBr과 propene의 반응에서 나타낸 바와 같이 원칙적으로 두 가지의 서로 다른 탄소양이온이 생성된다.

$CH_3CH{=}CH_2 + H{-}Br$ (Propene)

→ $CH_3CH_2{-}\overset{+}{C}H_2$ + Br^- → $CH_3CH_2CH_2Br$

Propyl 양이온 (1° 탄소양이온) → 1-Bromopropane (형성되지 않음)

→ $CH_3\overset{+}{C}H{-}CH_3$ + Br^- → $CH_3CH(Br)CH_3$

Isopropyl 양이온 (2° 탄소양이온) → 2-Bromopropane (형성된 생성물)

얻어진 생성물은 1° 탄소양이온 중간체보다 2° 탄소양이온 중간체가 우선적으로 생성됨을 암시해 주는 2-bromopropane이다.

마찬가지로 2-methylpropene과 HBr 사이의 반응에서 양성자는 탄소-탄소 이중 결합으로 이동하여 isobutyl 양이온(1° 탄소양이온)이거나 또는 *tert*-butyl 양이온(3° 탄소양이온)을 만들 수 있다.

$CH_3C(CH_3){=}CH_2 + H{-}Br$ (2-Methylpropene)

→ $CH_3CH(CH_3){-}\overset{+}{C}H_2$ + Br^- → $CH_3CH(CH_3)CH_2Br$

Isobutyl 양이온 (1° 탄소양이온) → 1-Bromo-2-methylpropane (형성되지 않음)

→ $CH_3\overset{+}{C}(CH_3){-}CH_3$ + Br^- → $CH_3C(CH_3)(Br)CH_3$

tert-Butyl 양이온 (3° 탄소양이온) → 2-Bromo-2-methylpropane (형성된 생성물)

이 반응에서도 얻어진 생성물은 1° 탄소양이온보다 3° 탄소양이온이 우선적으로 생성됨을 암시해 주는 2-bromo-2-methylpropane이다.

위와 같은 실험과 수많은 다른 실험적인 증거로부터 3차 탄소양이온은 2차보다 안정하며, 생성되는데 보다 더 낮은 활성화 에너지가 필요하다는 것을 알 수 있다. 마찬가지로 2차 탄소양이온은 1차 탄소양이온보다 안정하며, 생성되는데 더 낮은 활성화 에너지가 필요하다. 메틸이나 1차 탄소양이온은 매우 불안정하기 때문에 용액 중에서는 거의 관찰되지 않는다. 더욱 안정한 탄소양이온 중간체는 덜 안정한 탄소양이온보다 빠르게 생성된다. 다음은 네 가지 종류의 알킬 탄소양이온에 대한 안정성 순서이다.

$H-C^{+}(H)(H)$	$H_3C-C^{+}(H)(H)$	$H_3C-C^{+}(H)(CH_3)$	$H_3C-C^{+}(CH_3)(CH_3)$
Methyl 양이온 (Methyl)	**Ethyl 양이온** (1°)	**Isopropyl 양이온** (2°)	***tert*-Butyl 양이온** (3°)

탄소양이온 안정성 증가 →

이제 탄소양이온의 안정성을 알고 있지만, 이러한 순서를 어떻게 설명할 수 있는가? 앞의 4.5절에서 음이온 안정성을 설명하는 과정에서 알아본 바와 같이 전하(양전하이든 음전하이든)를 가지고 있는 계는 만일 전하가 비편재화된다면 더 안정해진다. 이 원리를 이용하여 탄소양이온의 안정성을 설명할 수 있다. 양전하를 가지고 있는 탄소에 결합된 알킬기가 중심 탄소에 전자 밀도를 제공한다면 결과적으로는 양이온의 양전하가 비편재화되도록 도와주게 된다. 양이온성 탄소에 결합된 알킬기의 전자-주기 능력은 알킬기의 두 가지 효과에 의해 설명된다. 즉 유발 효과(inductive effect)와 하이퍼콘쥬게이션(hyperconjugation)이다.

유발 효과

유발 효과는 다음과 같은 방법으로 작용한다. 양이온성 탄소의 전자 부족 현상은 양이온성 탄소를 향해 있는 인접한 시그마 결합으로부터 전자를 편극화시키는 전자-끌기 **유발 효과**(inductive effect)를 발휘한다. 이러한 방법으로 탄소의 양전하는 3가 탄소에 편재(고정)되어 있기 보다는 오히려 인접한 원자를 통해 비편재화되어 있다. 양전하가 비편재화되는 부피가 크면 클수록 양이온의 안정성은 보다 더 커진다. 양이온성 탄소에 결합된 알킬기의 수가 증가할수록 양이온의 안정성은 증가하게 된다. 그림 6.5에서는 양으로 하전된 탄소의 전자-끌기 유발 효과와 그 결과로 나타난 전하의 비편재화를 나타내었다. 양자역학적 계산에 의하면 메틸 양이온에서 탄소 원자의 전하는 대략 +0.645이고, 수소 원자의 전하는 각각 +0.118이다. 따라서 메틸 양이온에서조차 양전하 모두가 탄소 원자에만 편재되어 있지 않다. 오히려 이온 전체가 차지하는 공간에 비편재화되어 있다. 전하의 비편재화는 *tert*-butyl 양이온에서는 더욱 광범위하게 일어난다.

유발 효과
인접한 원자의 전기음성도 차이로 인한 공유 결합에서 전자 밀도의 편극화.

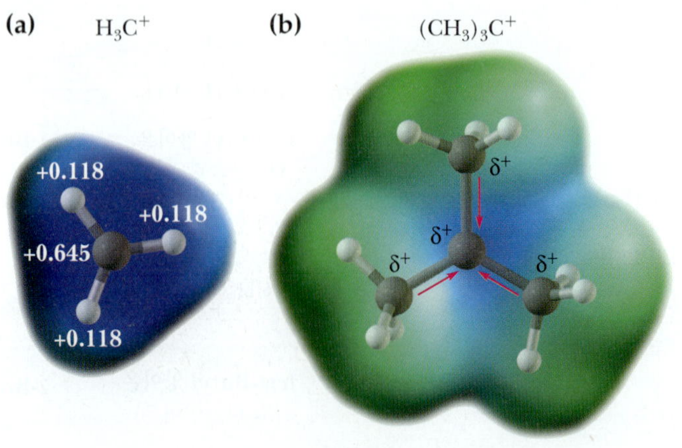

그림 6.5 ▸ (a) 메틸 양이온과 (b) *tert*-butyl 양이온에서 양전하의 분포를 보여주는 정전기 퍼텐셜 그림. 메틸기가 전자를 제공함으로써 *tert*-butyl 양이온의 중심 탄소에 있는 양전하(푸른색 부분)를 감소시킨다.

하이퍼콘쥬게이션

알킬기가 탄소양이온을 안정하게 만드는 두 번째 효과는 하이퍼콘쥬게이션이다. **하이퍼콘쥬게이션**(Hyperconjugation)에서는 양이온성 탄소의 비어 있는 2*p* 궤도함수와 인접한 알킬기의 C—H 또는 C—C 결합의 시그마-결합성 궤도함수 사이에 부분적인 겹침이 일어난다(그림 6.6). 바꾸어 말하면, 알킬기에 있는 C—H 또는 C—C 결합의 전자밀도가 2*p* 궤도함수로 섞여 들어가는 것이다. 하이퍼콘쥬게이션의 경우에 전자가 채워져 있는 궤도함수는 주로 C—H 결합(그림 6.6b)에 남아 있고, 비어 있는 궤도함수는 2*p*(그림 6.6c) 궤도에 있지만, 그림 6.6b와 c는 모두 하이퍼콘쥬게이션의 특징인 비편재화를 보여준다. 하이퍼콘쥬게이션의 전체적인 결과로 양이온성 탄소는 전자 밀도가 증가하고, 결국에는 이웃하는 알킬기로 양전하가 널리 비편재화되는 효과가 나타난다. 양이온성 탄소에 결합된 알킬기의 수가 늘어날수록 하이퍼콘쥬게이션의 효과가 강력해지고 탄소양이온은 더욱 안정해진다.

하이퍼콘쥬게이션
시그마 결합 궤도함수의 전자와 인접한 양으로 하전된 탄소의 비어 있는 2*p* 궤도함수와 상호작용.

(a)
에틸 양이온의 구조. C—H의 결합성 전자들이 양으로 하전된 탄소의 비어 있는 2*p* 궤도함수로 비편재화가 일어난다. 이 비편재화로 생기는 궤도함수는 두 개의 전자를 포함한다[**(b)** 참고].

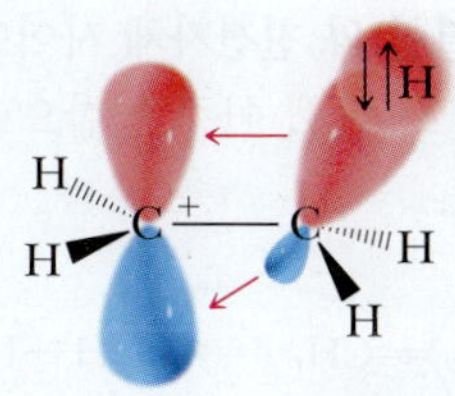

(b)
두 개의 전자가 들어 있는 계산된 궤도함수. 이 궤도함수는 C—H 결합과 에틸 양이온의 양으로 하전된 탄소의 2*p* 궤도함수에 걸쳐 비편재화되어 있다.

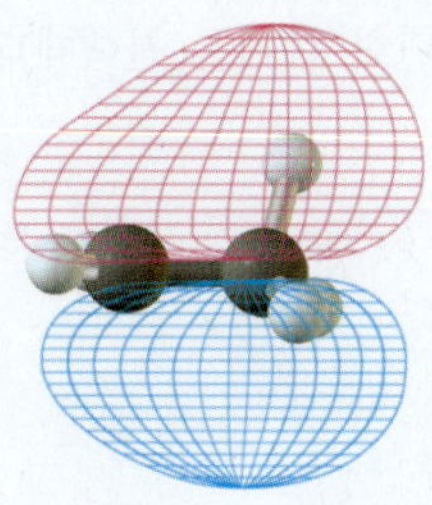

(c)
에틸 양이온의 양으로 하전된 탄소에 대부분 존재하는 계산된 비어 있는 궤도함수의 구조. 일부 비어 있는 궤도함수의 특징이 메틸기에도 존재한다.

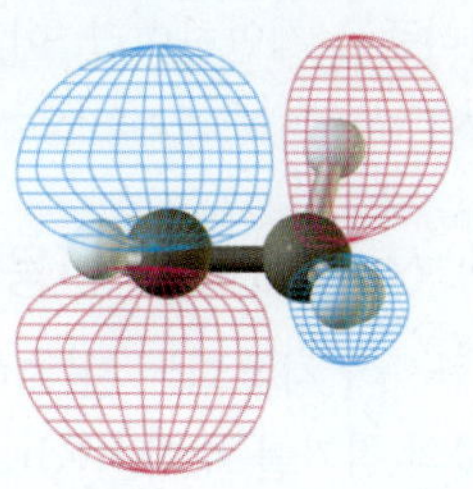

그림 6.6 ▸ 하이퍼콘쥬게이션.

예제 6.3 ▸ **탄소양이온의 안정성**

다음 탄소양이온을 안정성 증가순으로 나열하여라.

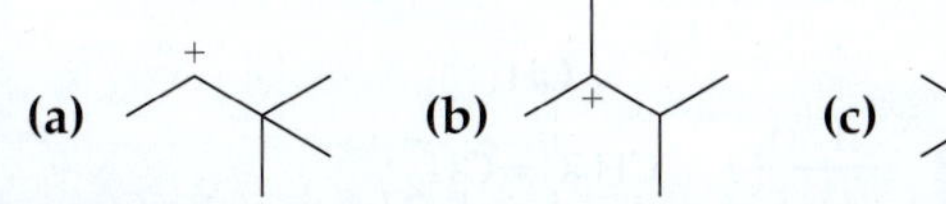

➥ **해답**

양이온 (a)는 2차, (b)는 3차, (c)는 1차이다. 안정성 증가 순서는 c < a < b이다.

연습 문제 6.3

다음 탄소양이온을 안정성 증가순으로 나열하여라.

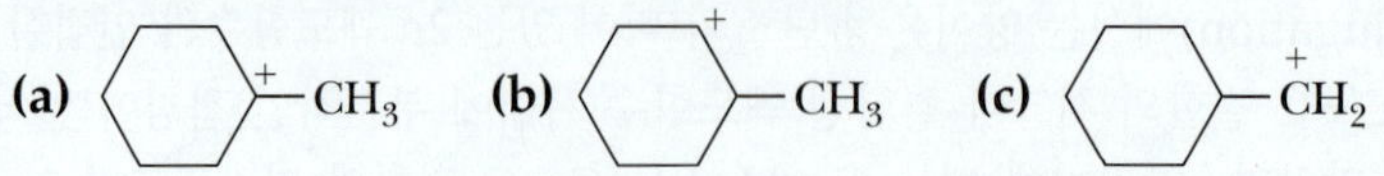

(a) cyclohexyl cation with $^{+}$ on ring carbon bearing $-CH_3$ (b) cyclohexyl cation with $^{+}$ on adjacent ring carbon, $-CH_3$ (c) cyclohexyl $-\overset{+}{C}H_2$

예제 6.4 ▸ 알켄에 HX 첨가

Methylidenecyclohexane에 HI가 첨가되어 1-iodo-1-methylcyclohexane을 만드는 반응의 메커니즘을 제안하여라. 이 메커니즘 중 어느 단계가 속도 결정 단계인가?

➡ 해답

Propene에 HBr이 첨가되는 반응에서 제안된 비슷한 2단계 메커니즘이다.

***1 단계:* 친핵체(π 결합)와 친전자체 사이에 새로운 결합 생성 – 양성자가 첨가된다.** HI로부터 양성자가 탄소-탄소 이중 결합으로 이동하여 3차 탄소양이온 중간체를 생성하는 속도 결정 단계이다.

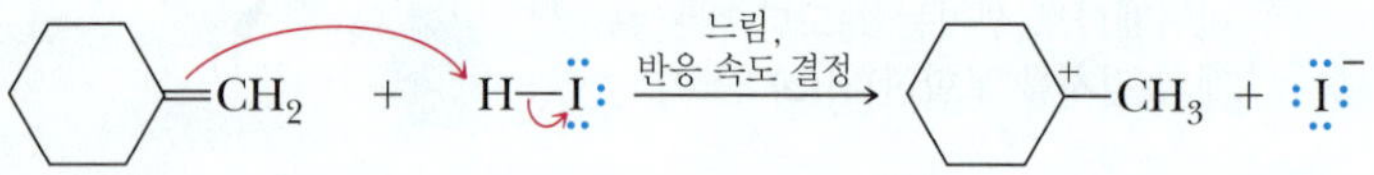

$$\text{C}_6\text{H}_{10}{=}CH_2 + H{-}\ddot{\underset{..}{I}}: \xrightarrow[\text{반응 속도 결정}]{\text{느림,}} \text{C}_6\text{H}_{10}^{+}{-}CH_3 + :\ddot{\underset{..}{I}}:^-$$

Methylidenecyclohexane
(Methylenecyclohexane)

(3° 탄소양이온 중간체)

***2 단계:* 친핵체와 친전자체 사이에 새로운 결합을 생성한다.** 3차 탄소양이온 중간체(친전자체)가 아이오딘화 음이온(친핵체)과 반응하여 탄소의 원자가 껍질을 완성하고 생성물을 만든다.

$$\text{C}_6\text{H}_{10}^{+}{-}CH_3 + :\ddot{\underset{..}{I}}:^- \xrightarrow{\text{빠름}} \text{C}_6\text{H}_{10}(I)(CH_3)$$

1-Iodo-1-methylcyclohexane

연습 문제 6.4

HI가 1-methylcyclohexene에 첨가되어 1-iodo-1-methylcyclohexane을 만들어 내는 반응의 메커니즘을 제안하여라. 이 메커니즘 중 어느 단계가 속도 결정 단계인가?

B 물의 첨가: 산-촉매 수화 반응

일반적으로 진한 황산이 사용되는 산 촉매 존재 하에, 알켄에 물이 첨가되면 알코올이 생성된다. 이와 같이 물의 첨가를 **수화**(hydration)라고 부른다.

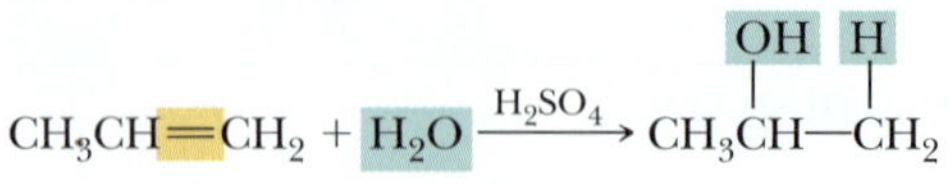

수화
물의 첨가 반응.

$$CH_3CH{=}CH_2 + H_2O \xrightarrow{H_2SO_4} CH_3\underset{}{CH}(OH){-}CH_2(H)$$

Propene → **2-Propanol**

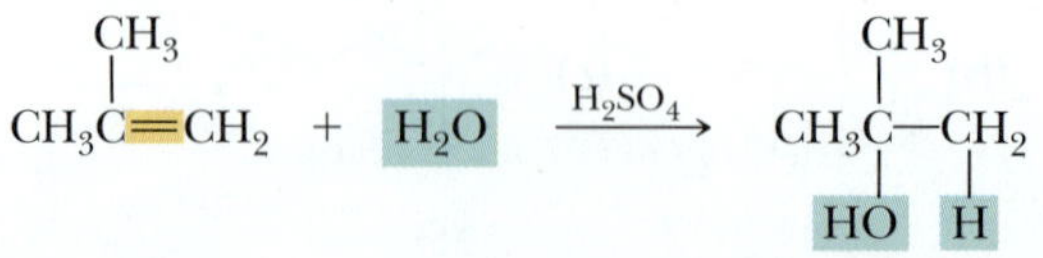

$$CH_3\overset{CH_3}{C}{=}CH_2 + H_2O \xrightarrow{H_2SO_4} CH_3\overset{CH_3}{C}(HO){-}CH_2(H)$$

2-Methylpropene → **2-Methyl-2-propanol**

간단한 알켄의 경우 수소는 이중 결합 탄소 중에서 수소를 많이 가지고 있는 쪽에 첨가되고 OH는 수소가 적게 붙어 있는 탄소와 결합한다. 즉 H—OH는 Markovnikov 규칙에 따라 알켄에 첨가된다.

예제 6.5 ▸ 알켄의 산 촉매 수화 반응

1-Methylcyclohexene의 산 촉매 수화 반응 생성물의 구조식을 그려라.

➥ **해답**

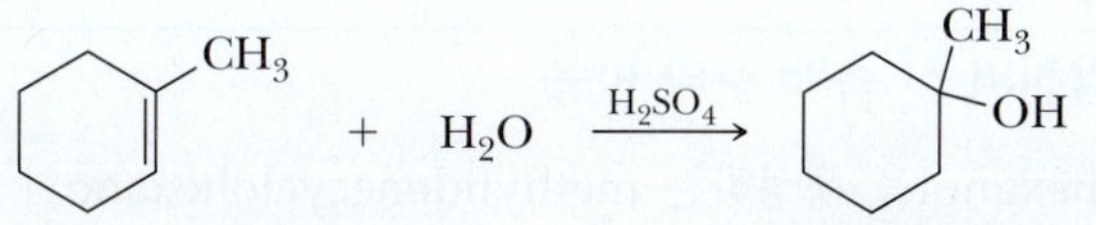

$$\text{1-Methylcyclohexene} + H_2O \xrightarrow{H_2SO_4} \text{1-Methylcyclohexanol}$$

1-Methylcyclohexene **1-Methylcyclohexanol**

연습 문제 6.5

다음 알켄의 수화 반응 생성물의 구조식을 그려라.

(a) $(CH_3)_2C{=}CHCH_3 + H_2O \xrightarrow{H_2SO_4}$ (b) $CH_2{=}C(CH_3)CH_2CH_3 + H_2O \xrightarrow{H_2SO_4}$

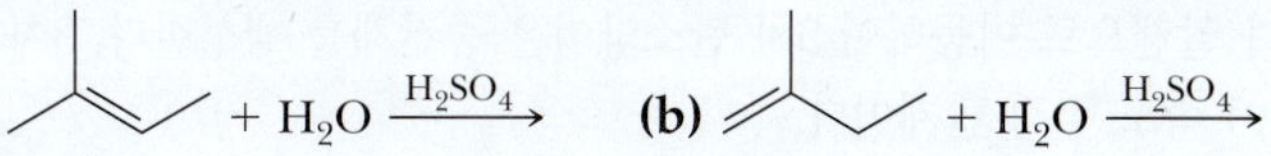

알켄의 산 촉매 수화 반응 메커니즘은 이미 제안한 바 있는 알켄에 HCl, HBr, HI가 첨가되는 반응의 메커니즘과 매우 비슷하며, propene이 2-propanol로 전환되는 예를 나타내었다. 이 메커니즘은 산이 촉매라는 사실과 일치한다는 점에 유의하라. H_3O^+가 1단계에서는 소비되어 없어지지만 다른 H_3O^+가 3단계에서 다시 재생된다.

MECHANISM Propene의 산 촉매 수화 반응

1단계: **친핵체(π 결합)와 친전자체 사이에 새로운 결합 생성—양성자가 첨가된다.** H_3O^+로부터 양성자가 propene으로 첨가하여 2차 탄소양이온 중간체를 생성한다.

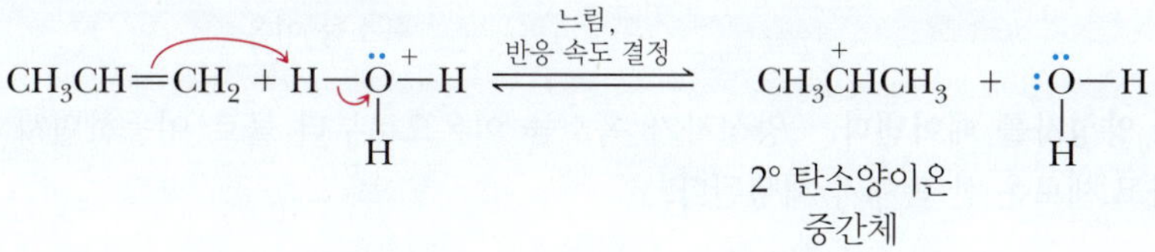

$$CH_3CH{=}CH_2 + H{-}\overset{+}{\ddot{O}}{-}H\,(H) \underset{}{\overset{\text{느림, 반응 속도 결정}}{\rightleftharpoons}} CH_3\overset{+}{C}HCH_3 + :\ddot{O}{-}H\,(H)$$

2° 탄소양이온 중간체

2단계: **친핵체와 친전자체 사이에 새로운 결합을 생성한다.** 2차 탄소양이온 중간체(친전자체)는 물(친핵체)에 있는 산소 원자의 비공유 전자쌍과 새로운 공유 결합을 만들면서 원자가 껍질을 완성시키고 **옥소늄 이온**(oxonium ion)을 생성한다.

옥소늄 이온 산소가 양전하를 띠는 이온.

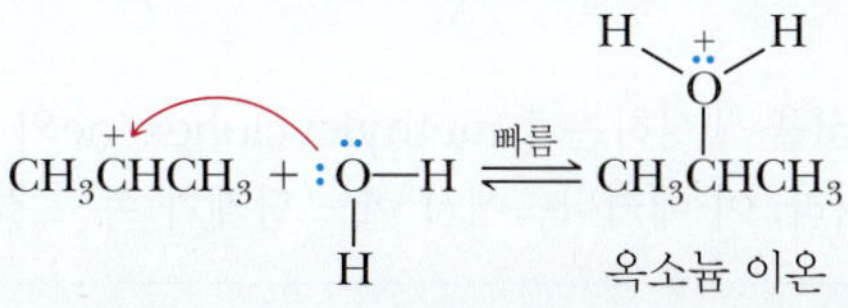

$$CH_3\overset{+}{C}HCH_3 + :\ddot{O}{-}H\,(H) \overset{\text{빠름}}{\rightleftharpoons} CH_3CH(\overset{+}{O}H_2)CH_3$$

옥소늄 이온

***3단계:* 양성자를 떼어낸다.** 상대적으로 산성인 옥소늄 이온으로부터 물로 양성자를 잃어버리면서 알코올이 생성되고 새로운 산 촉매가 재생된다.

$$CH_3CH(\overset{+}{O}H_2)CH_3 + H_2\ddot{O} \xrightleftharpoons{\text{빠름}} CH_3CH(\ddot{O}H)CH_3 + H_3O^+$$

예제 6.6 ▸ **알켄의 산 촉매 수화 반응**

1-Methylcyclohexanol을 생성하는 methylidenecyclohexane의 산 촉매 수화 반응에 대한 메커니즘을 제안하여라. 이 메커니즘에서 어느 단계가 속도 결정 단계인가?

➥ **해답**

Propene의 산 촉매 수화 반응과 유사한 세 단계의 메커니즘으로 진행된다.

***1단계:* 친핵체(π 결합)와 친전자체 사이에 새로운 결합 생성—양성자가 첨가된다.** 산 촉매로부터 양성자가 알켄으로 이동하여 3차 탄소양이온 중간체를 생성한다. 3차 탄소양이온 중간체의 생성이 속도 결정 단계이다.

$$C_6H_{10}{=}CH_2 + H{-}\overset{+}{O}H_2 \xrightleftharpoons{\text{느림, 반응 속도 결정}} C_6H_{10}^{+}{-}CH_3 + H_2\ddot{O}$$

3° 탄소양이온
중간체

***2단계:* 친핵체와 친전자체 사이에 새로운 결합을 생성한다.** 3차 탄소양이온 중간체(친전자체)가 물(친핵체)과 반응하여 탄소의 원자가 껍질을 완성하면서 옥소늄 이온을 생성한다.

$$C_6H_{10}^{+}{-}CH_3 + H_2\ddot{O} \xrightleftharpoons{\text{빠름}} C_6H_{10}(CH_3)\overset{+}{O}H_2$$

옥소늄 이온

***3단계:* 양성자를 떼어낸다.** 양성자가 옥소늄 이온으로부터 물로 이동하면서 알코올을 생성하고 새로운 산 촉매가 재생된다.

$$C_6H_{10}(CH_3)\overset{+}{O}H_2 + H_2\ddot{O} \xrightleftharpoons{\text{빠름}} C_6H_{10}(CH_3)\ddot{O}H + H{-}\overset{+}{O}H_2$$

연습 문제 6.6

1-Methylcyclohexanol을 생성하는 1-methylcyclohexene의 산 촉매 수화 반응에 대한 메커니즘을 제안하여라. 이 메커니즘에서 어느 단계가 속도 결정 단계인가?

C 탄소양이온의 자리옮김

앞 절의 설명에서 본 바와 같이, 탄소-탄소 이중 결합에 친전자성 첨가 반응에 대한 예상되는 생성물에서는 π 결합이 끊어지고 그 자리에는 두 개의 새로운 σ 결합이 만들어진다. 그러나 3,3-dimethyl-1-butene에 HCl이 첨가되는 반응에서는 예상되는 생성물인 2-chloro-3,3-dimethylbutane이 17%밖에 생성되지 않는다. 주 생성물인 2-chloro-2,3-dimethylbutane은 출발 물질 알켄과는 탄소의 연결성이 다른 화합물이다. 2-Chloro-2,3-dimethylbutane의 형성은 **자리옮김**(rearrangement)을 포함하고 있다. 전형적으로는 알킬기 혹은 수소가 각각 결합 전자들을 가지고 인접한 원자로부터 전자가 부족한 원자로 자리를 이동한다. 이 장에서 공부하는 자리옮김은 양전하를 지닌 옆에 있는 전자 부족 탄소로의 이동이다.

자리옮김
출발 물질에서 동일 원자의 연결성과 비교해서 생성물에서 원자의 연결성의 변화.

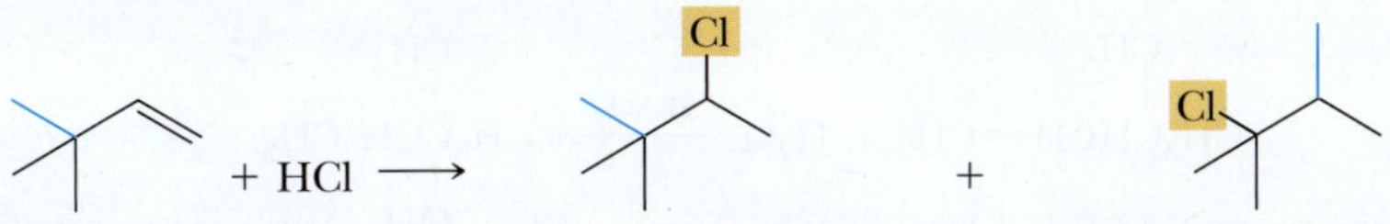

+ HCl ⟶ Cl + Cl

3,3-Dimethyl-1-butene **2-Chloro-3,3-dimethylbutane** (예상 생성물; 17%) (라셈 혼합물) **2-Chloro-2,3-dimethylbutane** (주 생성물; 83%)

위 반응에서 자리옮김 생성물의 형성은 중심 단계가 **1,2 이동**(1,2 shift)이라고 불리는 자리옮김의 형태인 다음 메커니즘에 의해 설명될 수 있다. 2단계에서 나타난 자리옮김에서 이동하는 기는 결합 전자들을 가지고 있는 메틸기이다. 1,2 이동은 'Primer I: 반응 메커니즘'에서 설명한 네 가지 선택에 더하여 새로운 선택을 나타낸다. 1,2 이동은 다른 선택들보다 훨씬 덜 일반적이다.

1,2 이동
결합 전자들을 가지고 있는 원자나 원자단이 한 원자로부터 이웃한 전자-부족한 원자로 이동하는 자리옮김의 한 종류.

MECHANISM 알켄에 HCl의 첨가 반응에서 탄소양이온의 자리옮김

1단계: **친핵체(π 결합)와 친전자체 사이에 새로운 결합 생성—양성자가 첨가된다.** 양성자가 알켄으로 이동하여 2차 탄소양이온 중간체를 만든다.

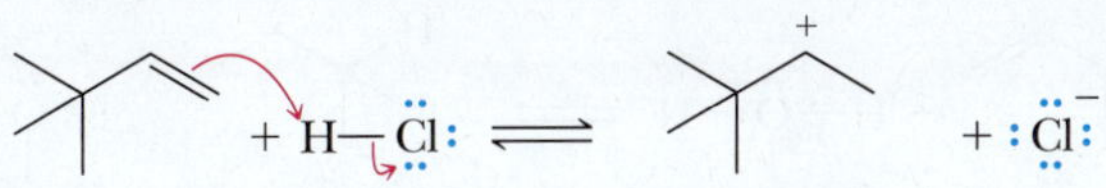

+ H—Cl: ⇌ + + :Cl:⁻

2° 탄소양이온 중간체

2단계: **1,2 이동.** 바로 이웃 탄소 원자로부터 양전하를 지닌 2차 탄소양이온으로 메틸기가 전자쌍과 함께 이동하여 더욱 안정한 3차 탄소양이온을 만든다. 자리옮김 과정에서 중요한 이동은 메틸기와 함께 전자쌍의 자리옮김이다.

+ ⟶ +

2° 탄소양이온 중간체 3° 탄소양이온 중간체

3단계: **친핵체와 친전자체 사이에 새로운 결합을 생성한다.** 3차 탄소양이온 중간체(친전자체)가 염화 이온(친핵체)과 반응하여 자리옮김 생성물을 만든다.

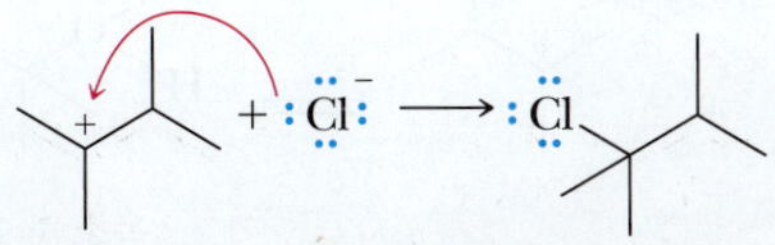

+ + :Cl:⁻ ⟶ :Cl

이와 같은 자리옮김의 추진력은 덜 안정한 2차 탄소양이온이 더 안정한 3차 탄소양이온으로 전환되기 때문에 나타난다. 위 반응 및 다른 탄소양이온의 자리옮김에 관한 연구로부터 2차 탄소양이온은 원래보다 안정한 2차나 3차 탄소양이온으로 자리옮김한다는 것을 알아냈다. 고리 무리의 완화가 추가되는 추진력을 제공하는 특별한 상황에서 이것과 반대되는 방향으로 자리옮김이 일어난다. 용액 중에서 일어나는 반응에서 1차 탄소양이온은 관찰된 적은 없다.

알켄의 산 촉매 수화 반응에서도 역시 자리옮김이 일어나며, 특히 탄소양이온이 첫 단계에서 형성되는 경우에 보다 더 안정한 탄소양이온으로 자리옮김이 일어날 수 있다. 예를 들면, 3-methyl-1-butene에 산 촉매 수화 반응에서 2-methyl-2-butanol이 생성된다. 이 예에서 이동하는 원자단은 결합 전자쌍을 가진 수소이고, 실제로 자리옮김을 한 것은 수소화 음이온(H:⁻)이다.

$$CH_3CH(CH_3)CH{=}CH_2 + H_2O \xrightarrow{H_2SO_4} CH_3C(CH_3)(OH)CH_2CH_3$$

3-Methyl-1-butene **2-Methyl-2-butanol**

예제 6.7 ▸ 알켄의 산 촉매 수화 반응

2-Methyl-2-butanol을 생성하는 3-metyl-1-butene의 산 촉매 수화 반응의 메커니즘을 제안하여라.

➥ 해답

다음은 2-methy-2-butanol을 생성하는 4단계 메커니즘이다.

***1단계:* 친핵체(π 결합)와 친전자체 사이에 새로운 결합 생성—양성자가 첨가된다.** 산 촉매인 H_3O^+로부터 알켄의 이중 결합으로 양성자가 이동하여 2차 탄소양이온 중간체를 만든다.

2° 탄소양이온 중간체

***2단계:* 1,2 이동.** 덜 안정한 2차 탄소양이온이 결합 전자쌍을 가진 수소(실제로 수소음이온)의 이동에 의해 더 안정한 3차 탄소양이온으로 자리옮김한다.

2° 탄소양이온 중간체 3° 탄소양이온 중간체

***3단계:* 친핵체와 친전자체 사이에 새로운 결합을 생성한다.** 3차 탄소양이온 중간체(친전자체)가 물(친핵체)과 반응하여 탄소의 원자가껍질을 완성하고 옥소늄 이온을 만든다.

옥소늄 이온

4단계: 양성자를 떼어낸다. 옥소늄 이온으로부터 물로 양성자가 이동하여 생성물과 새로운 H_3O^+를 만들어내면서 수화 반응이 계속된다.

2-Methyl-2-butanol

연습 문제 6.7

3,3-Dimethyl-1-butene의 산 촉매 수화 반응의 주 생성물은 2,3-dimethyl-2-butanol이다. 이 알코올이 만들어지는 메커니즘을 제안하여라.

$$+ H_2O \xrightarrow{H_2SO_4}$$

3,3-Dimethyl-1-butene 2,3-Dimethyl-2-butanol

D 브로민과 염소의 첨가

실온에서 염소(Cl_2)와 브로민(Br_2)은 알켄과 반응하여 할로젠 원자가 이중 결합의 두 개의 탄소 원자에 두 개의 새로운 탄소-할로젠 결합을 형성하면서 첨가된다. 플루오린(F_2)도 알켄에 첨가되지만 반응이 매우 빠르고 조절하기 어렵기 때문에, 이 반응은 실험실적인 방법으로 유용하지 않다. 아이오딘(I_2) 역시 이중 결합에 첨가되지만, 이 반응도 합성 방법으로 유용하지 않다. 브로민 또는 염소에 의한 할로젠화 반응은 일반적으로 순수한 시약을 사용하거나 혹은 시약을 활성이 거의 없는 CH_2Cl_2와 같은 용매와 혼합하여 진행된다.

$$CH_3CH{=}CHCH_3 + Br_2 \xrightarrow{CH_2Cl_2} CH_3CH(Br)-CH(Br)CH_3$$

2-Butene 2,3-Dibromobutane

브로민이나 염소가 사이클로알켄에 첨가되면 *trans*-dihalocycloalkane이 라셈 혼합물로 얻어진다. 예를 들면, cyclohexene에 브로민이 첨가되면 *trans*-1,2-dibromocyclohexane이 얻어진다.

$$+ Br_2 \xrightarrow{CH_2Cl_2}$$

Cyclohexene *trans*-1,2-Dibromocyclohexane (라셈 혼합물)

언뜻 보면, 두 개의 *트랜스* 거울상 이성질체는 같은 구조처럼 보인다. 그러나 각 구조 내부에는 대칭면이나 대칭 중심이 없기 때문에 각각의 구조는 카이랄이다. 각 거울상 이성질체의 분자 모형을 만들어 이 두 가지는 서로 겹쳐지지 않는 거울상이며 서로 다른 투시식을 보아서 같은 분자가 아니라는 것을 스스로 확인하여라.

6.7절에서 브로민이나 염소가 알켄에 첨가되는 경우의 입체화학을 좀 더 자세히 공부하게 될 것이다. 그러나 지금으로서는 이 반응에서 할로젠이 이중 결합에 안티(반대 방향 또는 반대 면에서)로 첨가된다는 사실만 확실히 알아두자. 즉, 할로젠의 첨가는 **안티 입체선택성**(anti stereoselectivity)을 가지고 일어난다.

입체선택성 반응
가능한 여러 입체이성질체 중 하나의 입체이성질체만이 우선적으로 생성되는 반응. 경우에 따라 입체선택성 반응은 거울상선택성(enantioselective)나 부분입체선택성(diastereoselective)일 수도 있다.

안티 입체선택성
탄소-탄소 이중 결합의 반대 면에 원자나 원자단의 첨가.

브로민과 알켄의 반응은 어떤 분자 내에 탄소-탄소 이중 결합의 유무를 가려내는 데 아주 유용한 정성적 시험법으로 활용된다. Dichloromethane에 브로민을 녹이면 용액은 붉은 색이 된다. 알켄과 dibromoalkane은 무색이다. 이제 알켄과 몇 방울의 브로민 용액을 섞으면, 붉은 색의 용액은 무색으로 변한다.

예제 6.8 ▸ 알켄에 X_2의 첨가

생성물의 입체화학을 나타내어 반응을 완결하여라.

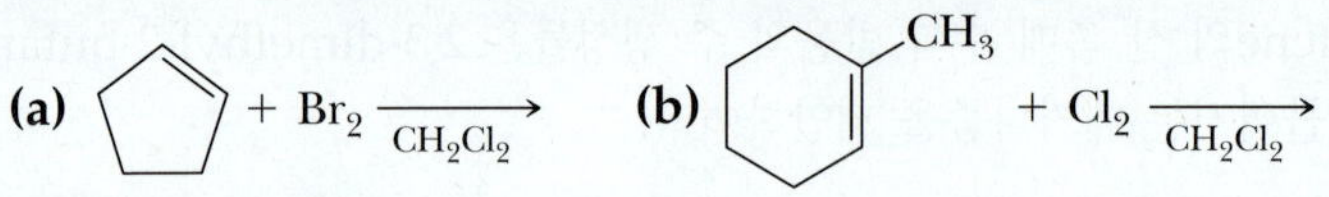

(a) cyclopentene + Br_2 $\xrightarrow{CH_2Cl_2}$ (b) 1-methylcyclohexene + Cl_2 $\xrightarrow{CH_2Cl_2}$

➥ 해답

Br_2나 Cl_2의 첨가는 할로젠 원자가 각각의 생성물에 서로 *트랜스*임을 의미하는 안티 입체선택성을 가지고 일어난다.

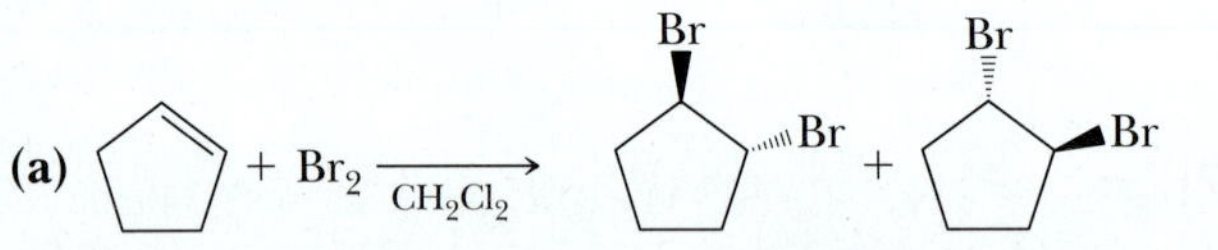

(a) cyclopentene + Br_2 $\xrightarrow{CH_2Cl_2}$ (Br, Br) + (Br, Br)

***trans*-1,2-Dibromocyclopentane**
(라셈 혼합물)

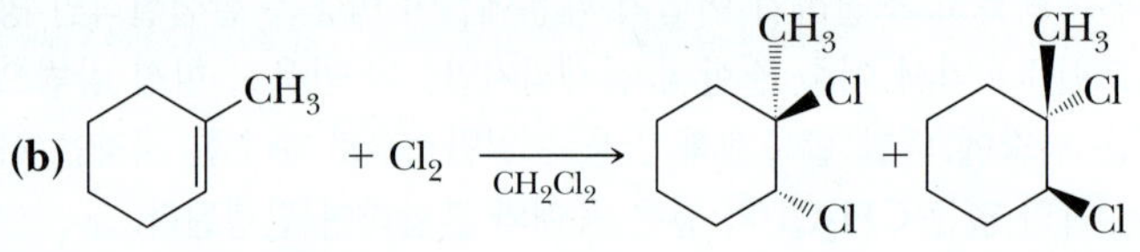

(b) 1-methylcyclohexene + Cl_2 $\xrightarrow{CH_2Cl_2}$ (CH_3, Cl, Cl) + (CH_3, Cl, Cl)

(라셈 혼합물)

연습 문제 6.8

다음 반응을 완결하여라.

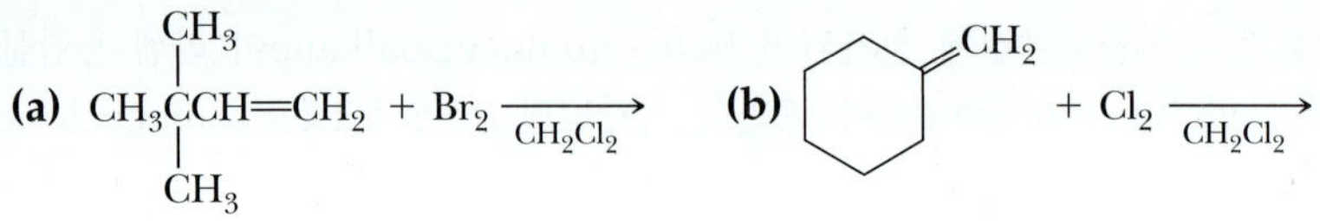

(a) $CH_3C(CH_3)_2CH{=}CH_2$ + Br_2 $\xrightarrow{CH_2Cl_2}$ (b) methylenecyclohexane ($=CH_2$) + Cl_2 $\xrightarrow{CH_2Cl_2}$

안티 입체선택성과 다리걸친 할로늄 이온 중간체

알켄에 대한 브로민과 염소의 첨가와 이 첨가의 안티 입체선택성은 다음 2단계 메커니즘으로 설명할 수 있다.

MECHANISM 브로민의 안티 입체선택성 첨가 반응

1단계: **친핵체(π 결합)와 친전자체 사이에 새로운 결합을 생성한다.** 반응은 알켄의 π 전자와 브로민(경우에 따라 염소)이 브로민 원자가 양전하를 띠는 중간체를 형성하는 상호작용에 의해 시작된다. 양전하를 가진 브로민 원자를 **브로모늄 이온**(bromonium ion)이라 부르며, **다리걸친 브로모늄 이온**(bridged bromonium ion)이라고 부르는 한 부분인 고리형 구조이다.

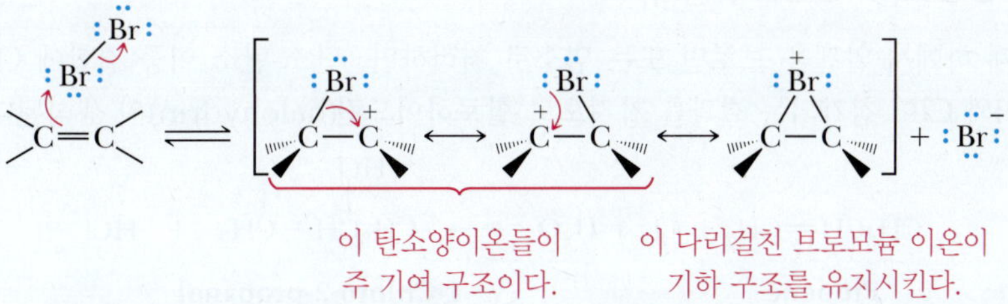

이 탄소양이온들이 주 기여 구조이다.

이 다리걸친 브로모늄 이온이 기하 구조를 유지시킨다.

다리걸친 브로모늄 이온은 브로민에 두 개의 결합을 가지고 있고, 그럼에도 불구하고 받아들여질 수 있는 Lewis 구조이기 때문에 이상하게 보일 수도 있다. 형식 전하를 계산해보면 브로민 원자에 양전하가 놓인다. 이 중간체는 세 가지 공명 기여 구조의 혼성체이다. π 결합을 형성하는 원자들의 평면성 때문에 다리걸친 브로모늄 이온은 알켄의 윗면과 아랫면에서 모두 같은 확률을 가지고 생성될 수 있다. 이 단계에서 할로젠-할로젠 결합이 약하고, 반응 결과 안정한 X^- 음이온의 이탈이 일어나기 때문에 브로민이나 염소는 친전자체로 작용한다.

***2단계:* 친핵체와 친전자체 사이에 새로운 결합을 생성.** 브로민화 음이온(친핵체)이 브로모늄 이온(친전자체)의 반대면으로부터 탄소를 공격하여 삼-원자 고리를 열고 안티 생성물을 생성한다. 두 개의 브로민은 안티일 뿐만 아니라 같은 평면(동일 평면)에 있다. 그러므로 이러한 현상을 안티-동일 평면 공격이라고 부른다. Br^-의 공격은 브로민 이온 탄소의 양쪽에서 일어날 수 있다.

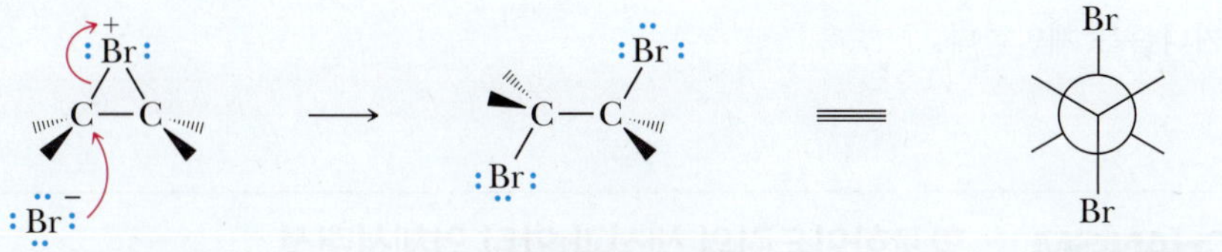

첨가된 브로민 원자의 안티(동일 평면) 배열

생성물의 Newman 투영도

Cyclohexane 및 그 유도체에 염소 혹은 브로민의 첨가는 cyclohexane 고리의 인접한 원자의 축방향 위치만이 안티 및 동일 평면이기 때문에 *트랜스* 이축방향 생성물을 생성한다. 생성물의 최초의 *트랜스* 이축방향 형태는 *트랜스* 이수평방향 형태와 평형 상태를 이루고, cyclohexane의 간단한 유도체에서 *트랜스* 이수평방향 형태가 더 안정하고 우세하다. 브로모늄 이온은 원래 이중 결합면의 양쪽에서 같은 확률로 만들어지기 때문에 *트랜스* 거울상 이성질체는 라셈 혼합물로 생성된다.

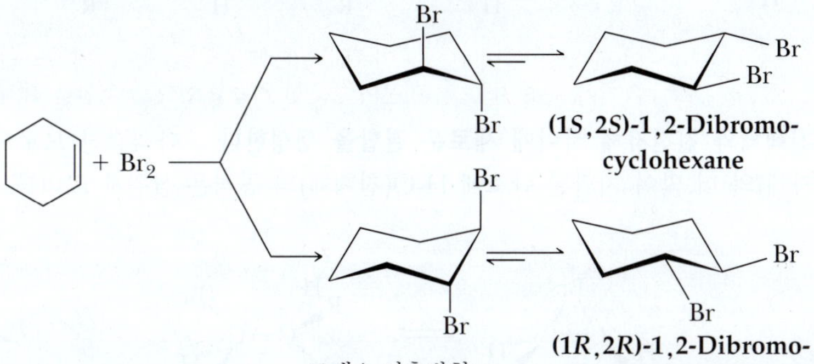

$+ Br_2$

(1*S*,2*S*)-1,2-Dibromo-cyclohexane

(1*R*,2*R*)-1,2-Dibromo-cyclohexane

트랜스 이축방향 배열(덜 안정)

트랜스 이수평방향 배열(더 안정)

E HOCl과 HOBr의 첨가

물의 존재 하에서 알켄을 브로민 또는 염소로 처리하면, 탄소-탄소 이중 결합에 OH와 Br 또는 OH와 Cl이 첨가되는 결과를 가져오고 **할로하이드린**(halohydrin)이 생성된다.

할로하이드린
할로젠 원자와 하이드록시기를 서로 이웃한 탄소에 가지고 있는 화합물. Br과 OH를 가지고 있으면 브로모하이드린이고, Cl과 OH를 가지고 있으면 클로로하이드린이라고 한다.

$$CH_3CH{=}CH_2 + Cl_2 + H_2O \longrightarrow CH_3CH(OH){-}CH_2Cl + HCl$$

Propene → **1-Chloro-2-propanol** (클로로하이드린) (라셈 혼합물)

HOCl과 HOBr의 첨가는 위치선택적(할로젠이 덜 치환된 탄소 원자에 첨가)이고 안티 입체선택적이다. 위치선택성과 안티 입체선택성은 1-methylcyclopentene에 HOBr의 첨가 반응을 예로 들어 나타내었다. 브로민과 하이드록시기는 서로 안티 관계를 가지면서 Br은 덜 치환된 탄소에 결합하고 OH는 더 많이 치환된 탄소와 결합한다. Dimethyl sulfoxide (DMSO)가 물과 함께 공동 용매로 사용되어 알켄의 용해를 도와준다.

$$\text{1-Methylcyclopentene} \xrightarrow[\text{DMSO}]{Br_2/H_2O} \text{2-Bromo-1-methylcyclopentanol (두 거울상이성질체)} + HBr$$

1-Methylcyclopentene **2-Bromo-1-methylcyclopentanol**
(라셈 혼합물)

할로하이드린 반응의 위치선택성과 안티 입체선택성을 설명하기 위해서 화학자들은 3단계 메커니즘을 제안한다.

MECHANISM 할로하이드린의 생성과 안티 입체선택성

1단계: **친핵체(π 결합)와 친전자체 사이에 새로운 결합을 생성한다.** 알켄의 π 전자와 브로민(친전자체)이 반응하여 다리걸친 브로모늄 이온 중간체가 만들어진다. 이 중간체는 약간의 탄소양이온의 성격(위치선택성을 설명하기 위하여)과 일부는 브로모늄 이온의 성격(안티 입체선택성을 설명하기 위하여)을 지니고 있다. 중간체의 혼성 구조에 2차 탄소양이온이 상당한 기여를 하고 있으며, 1차 탄소양이온은 에너지가 높아서 별다른 기여를 하지 못한다.

이 탄소양이온이 주 기여 구조이다. 이 다리걸친 브로모늄 이온이 중요한 역할을 한다. 이 구조는 거의 역할을 하지 않는다.

2단계: **친핵체와 친전자체 사이에 새로운 결합을 생성한다.** 다리걸친 브로모늄 이온(친전자체)의 더 많이 치환된 탄소에 H_2O(친핵체)의 공격은 삼원자 고리를 열리게 한다.

대칭성 알켄으로부터 유도된 브로모늄 이온의 경우, 양쪽 탄소는 H_2O에 의해서 같은 확률로 공격을 받는다. 예를 들어 2-methylpropene과 같은 비대칭성 알켄으로부터 유도된 브로모늄 이온의 경우에는 H_2O 분자가 알켄의 탄소 중 많이 치환된 탄소 원자를 선택적으로 공격하여 브로모늄 이온의 고리 열림 반응을 일으킨다. 치환기를 많이 가진 탄소는 친핵체가 접근하기 어려울 것이므로 위에 설명된 위치선택성은 언뜻 보기에는 이상한 것처럼 생각되기도 한다. 그러나 실험적으로는 많이 치환된 탄소가 공격을 당하는 것으로 관찰되었으며 이와 같은 위치선택성은 두 가지 요인이 동시에 작용한 결과로 나타난다.

탄소양이온 성격

아래 정전기 퍼텐셜 그림에 나타낸 바와 같이, 더 많이 치환된 탄소가 더 큰 탄소양이온 성격을 가지고 있고 이 탄소에 친핵체의 공격이 우선적으로 일어난다. 알킬기는 탄소양이온을 안정화시킨다는 사실이 치환기 많은 탄소가 탄소양이온의 성격을 더 많이 가진다는 점을 설명해 준다.

고리 열림 전이 상태에 필요한 활성화 에너지

아래 정전기 퍼텐셜 그림에 나타낸 바와 같이, 할로늄 이온에서 더 많이 치환된 탄소에 탄소-할로젠 결합은 덜 치환된 탄소-할로젠 결합보다 길다. 이와 같이 고리 전이 상태에서 결합 길이가 서로 다르기 때문에 고리 열림 전이 상태는 더 많이 치환된 탄소를 공격함으로써 더 쉽게 도달하게 된다.

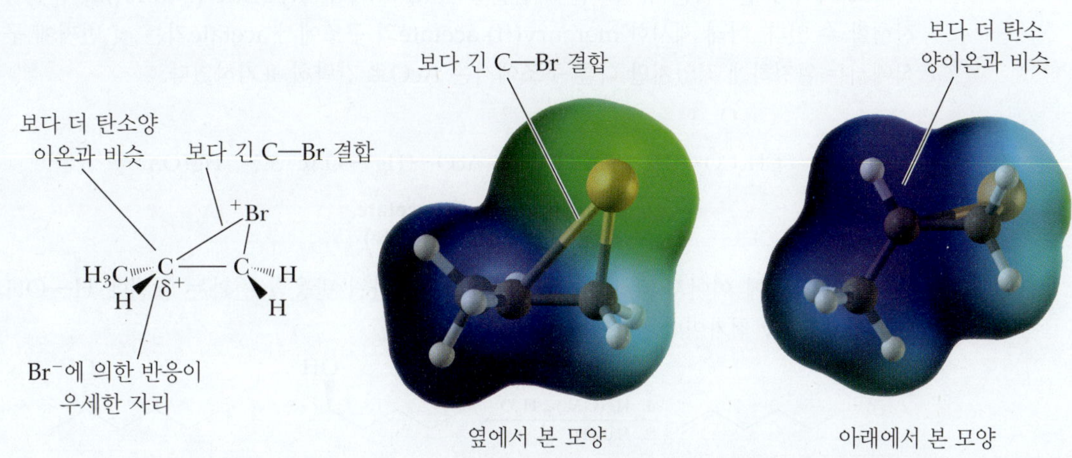

Propene에서 만들어진 다리걸친 브로모늄 모양.

***3단계:* 양성자를 떼어낸다.** 양성자가 물 분자로 이동함으로써 반응이 완결된다.

$$R(H)C(\overset{+}{O}H_2)-CH_2Br + H_2O \rightleftharpoons R(H)C(OH)-CH_2Br + H_3O^+$$

예제 6.9 ▸ 브로모하이드린 생성

2-Methylpropene을 Br_2/H_2O와 반응시켜 얻어지는 브로모하이드린의 구조를 그려라.

➡ 해답

이 첨가 반응은 위치선택적이며, —OH기는 더 많이 치환된 탄소에 첨가되고, —Br은 덜 치환된 탄소에 첨가된다.

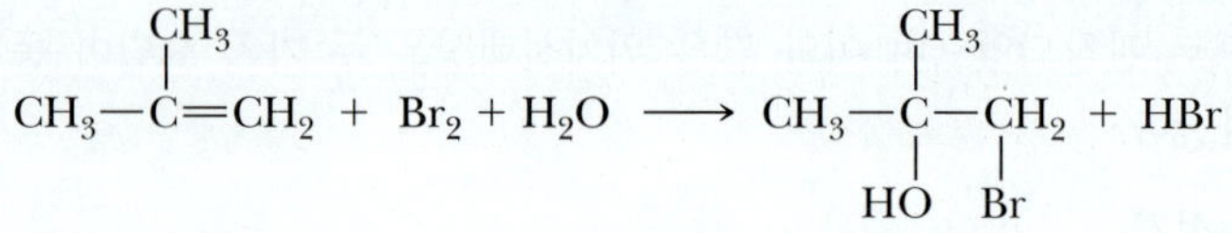

$$CH_3-\overset{\overset{CH_3}{|}}{C}=CH_2 + Br_2 + H_2O \longrightarrow CH_3-\underset{\underset{HO}{|}}{\overset{\overset{CH_3}{|}}{C}}-\underset{\underset{Br}{|}}{CH_2} + HBr$$

2-Methylpropene **1-Bromo-2-methyl-2-propanol** (비카이랄)

연습 문제 6.9

1-Methylcyclohexene을 Cl_2/H_2O와 반응시킬 때 생성되는 클로로하이드린의 구조를 그려라.

F 옥시수은 첨가-환원 반응

알켄의 수화 반응은 물의 존재 하에 알켄을 mercury(II) acetate (mercuric acetate)로 처리하고 이어서 얻어지는 유기수은 화합물을 sodium borohydride ($NaBH_4$)로 환원시켜 진행할 수 있다. 아래 제시한 mercury(II) acetate의 구조에서 acetate기는 첫 번째에 구조식에서는 완전하게 적었지만 다른 구조에서는 AcO로 간략히 표기하였다.

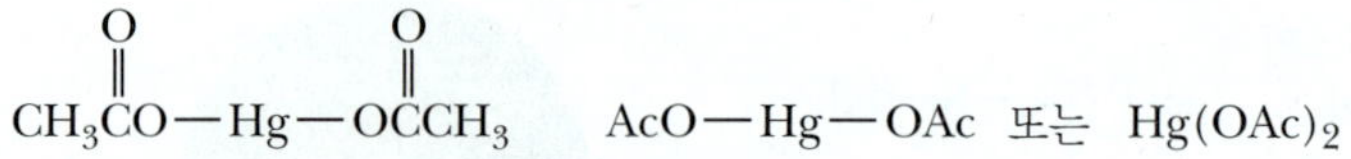

$$CH_3\overset{\overset{O}{\|}}{C}O-Hg-O\overset{\overset{O}{\|}}{C}CH_3 \qquad AcO-Hg-OAc \text{ 또는 } Hg(OAc)_2$$

Mercury(II) acetate (Mercuric acetate)

옥시수은 첨가에 이어서 sodium borohydride 환원 반응의 결과는 알켄에 H—OH의 Markovnikov 첨가이다.

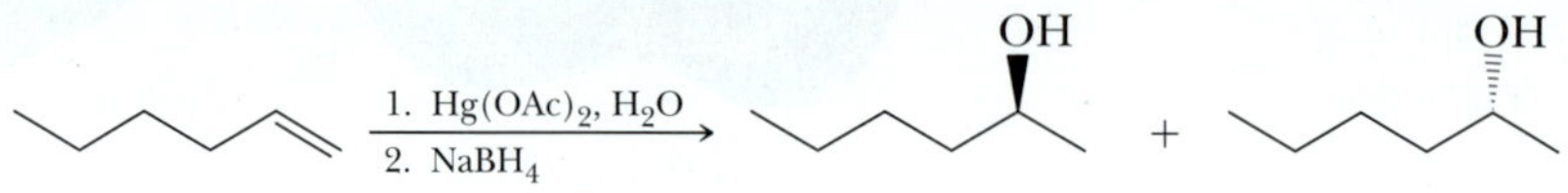

1-Hexene $\xrightarrow[2.\ NaBH_4]{1.\ Hg(OAc)_2,\ H_2O}$ (S)-2-Hexanol + (R)-2-Hexanol

1-Hexene **(*S*)-2-Hexanol** **(*R*)-2-Hexanol** (라셈 혼합물)

이 반응은 먼저 옥시수은 첨가 반응과 그 다음 환원 반응인 두 가지 단계로 설명된다.

> **옥시수은 첨가-환원 반응**
> 알켄을 알코올로 바꾸는 방법. 알켄을 mercury(II) acetate로 처리한 다음 sodium borohydride로 환원시킨다.

수은(II)이 이중 결합 탄소 중의 하나에 첨가되고 산소가 다른 탄소에 첨가되는 **옥시수은 첨가**(oxymercuration)는 1-hexene을 2-hexanol로 바꾸는 두 단계 반응 중에서 첫 단계로 설명된다. 옥시수은 첨가 반응은 위치선택적이다. HgOAc가 알켄의 덜 치환된 탄소와 결합하고 물로부터 나온 OH는 더 많이 치환된 탄소에 결합한다.

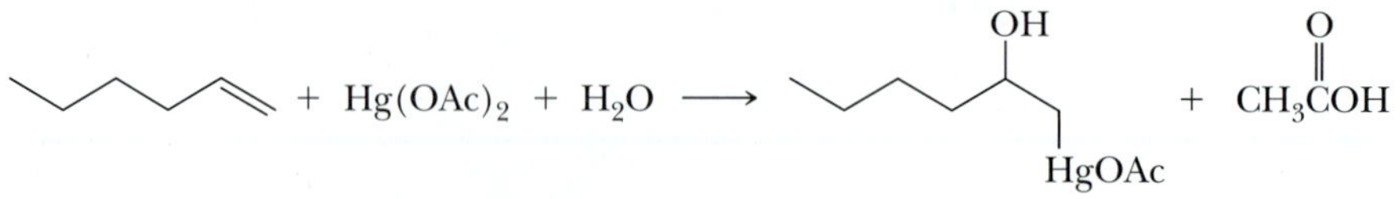

1-Hexene + $Hg(OAc)_2$ + H_2O $\longrightarrow$ 유기수은 화합물 (OH, HgOAc) + $CH_3\overset{\overset{O}{\|}}{C}OH$

1-Hexene **Mercury(II) acetate** 유기수은 화합물 (라셈 혼합물) **Acetic acid**

유기수은 화합물의 **환원**(reduction) 반응에서 sodium borohydride, $NaBH_4$에 의하여 HgOAc가 H로 바뀐다.

(라셈 혼합물) → $NaBH_4$ → 2-Hexanol (라셈 혼합물) + CH_3COOH + Hg
Acetic acid

3,3-Dimethyl-1-butene을 옥시수은 첨가하고 이어서 $NaBH_4$로 환원시키면 3,3-dimethyl-2-butanol의 라셈 혼합물만이 얻어진다. 이것은 반응 순서의 아주 중요한 특징을 나타내며 자리옮김이 일어나지 않는다.

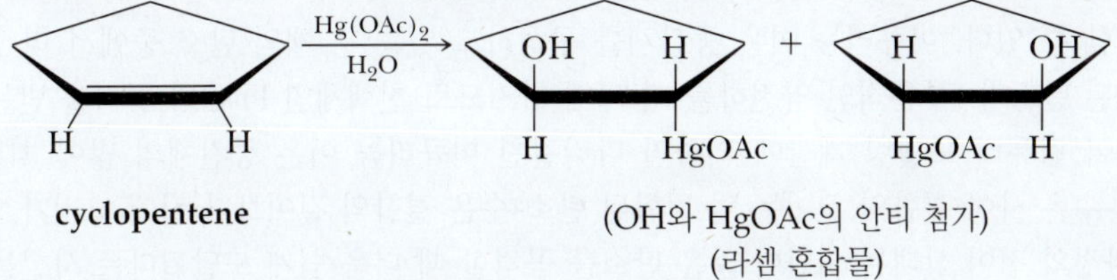

(라셈 혼합물)

3,3-Dimemyl-1-butene을 옥시수은 첨가-환원에 의해 얻어지는 생성물과 동일한 알켄을 산-촉매 수화 반응(6.3C절)에서 얻어지는 생성물을 비교해 보자. 전자의 경우 자리옮김이 일어나지 않는다. 후자의 경우 주 생성물은 자리옮김에 의해 생성된 2,3-dimethyl-2-butanol이 된다. 옥시수은 첨가-환원 동안에 자리옮김이 일어나지 않는다는 사실로부터 반응이 진행되는 도중 어느 순간에도 탄소양이온 중간체가 생성되지 않는다는 사실을 알 수 있다.

옥시수은 첨가 단계의 입체선택성은 cyclopentene과 mercury(II) acetate 반응으로 나타낼 수 있다.

cyclopentene → $Hg(OAc)_2$, H_2O → (OH와 HgOAc의 안티 첨가) (라셈 혼합물)

옥시수은 첨가 단계가 위치선택적이고 동시에 입체선택적이라는 사실로부터 화학자들은 Br_2나 Cl_2가 알켄에 첨가되는 메커니즘(6.3D절)과 매우 유사한 다음과 같은 반응 메커니즘을 제안하게 되었다.

MECHANISM 알켄의 옥시수은 첨가-환원 반응

1단계: **결합이 끊어져 안정한 분자 혹은 이온을 생성한다.** Mercury(II) acetate의 해리에 의해 $AcOHg^+$(친전자체)와 아세트산 이온이 생성된다.

$$AcO—Hg—OAc \longrightarrow AcO—Hg^+ + AcO^-$$

(친전자체)

2단계: **친핵체(π 결합)와 친전자체 사이에 새로운 결합을 생성한다.** 알켄의 π 결합이 $AcOHg^+$을 공격하여 다리걸친 머큐리늄 이온 중간체를 만든다.

열린 탄소양이온 중간체 (부 기여 구조) ⟷ 다리걸친 머큐리늄 이온 중간체 (주 기여 구조) ⟷ 열린 탄소양이온 중간체 (무시되는 기여 구조)

이러한 중간체는 다리걸친 브로모늄 이온(6.3D절)과 매우 닮았지만, 다리걸친 머큐리늄이온 중간체에서는 탄소-탄소 이중 결합에서 나온 두 개의 π 전자가 두 개의 전자에 의해 결합된 세 개의 원자를 포함하고 있는 고리를 형성한다. 2차 탄소에 양전하를 띠는 열린 사슬 모양의 양이온 구조는 공명 혼성체에 조금밖에 기여하지 아니한다. 양전하가 1차 탄소에 있는 열린 양이온 구조 기여체는 공명 혼성체에 거의 기여하지 않는다.

옥시수은 첨가 반응에서 자리옮김이 일어나지 않는다는 사실은 2단계에서 생성되는 중간체가 실질적인 탄소양이온이 아니고 오히려 주로 다리걸친 머큐리늄 이온 중간체의 특성을 지닌 공명 혼성체라는 것을 의미한다.

3단계: **친핵체와 친전자체 사이에 새로운 결합을 생성한다**. 다리걸친 머큐리늄 이온(친전자체) 중간체에 물(친핵체)의 안티 공격은 더 많이 치환된 탄소에서 일어나서 삼원자 고리를 열리게 한다.

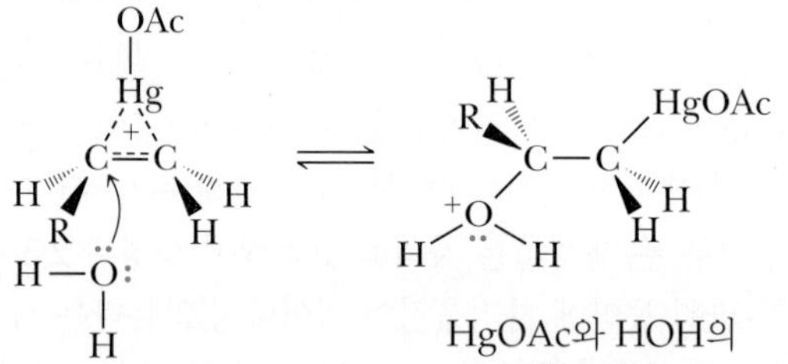

HgOAc와 HOH의 안티 첨가

이 생성물에서 물로 양성자 이동은 알켄의 옥시수은 첨가 반응을 완결시킨다. 6.3E절에서 할로하이드린 생성 반응의 위치선택성을 설명한 것처럼 이 반응의 위치선택성을 설명할 수 있다. 머큐리늄 이온 중간체를 구성하고 있는 두 개의 탄소 중에서 더 많이 치환된 탄소가 부분적인 양전하를 더 크게 가지므로 친핵체인 H_2O의 공격을 받는다. 더욱이 컴퓨터 모델링 계산에 의하면 다리걸친 머큐리늄 이온 중간체의 많이 치환된 탄소-수은 사이 결합의 길이는 덜 치환된 탄소-수은 결합의 길이보다 길어 고리가 열리는 과정의 전이 상태는 치환이 많은 탄소를 공격할 때 더욱 쉽게 도달된다는 사실을 알려준다.

4단계: C—HgOAc 결합을 C—H 결합으로 환원은 최종 생성물과 금속 수은을 생성한다. 이 단계의 메커니즘은 이 장에서 공부하는 영역 밖임으로 상세하게 설명하지 않았으며, 전자들의 이동을 나타내는 화살표를 표시하지 않았다. 이 메커니즘은 라디칼(홀전자)을 포함하는 것으로 생각된다. 중요한 관점은 수은 원자를 포함하는 카이랄 탄소의 입체화학이 이 환원 단계에서 뒤섞인다는 것이다. 그 결과 OH기와 수은 원자가 옥시수은 첨가 단계에서 안티 입체화학으로 첨가되고, 이어서 Hg가 H로 환원되며, 생성물은 H 원자와 OH기의 신과 안티 첨가의 혼합물로 나타난다.

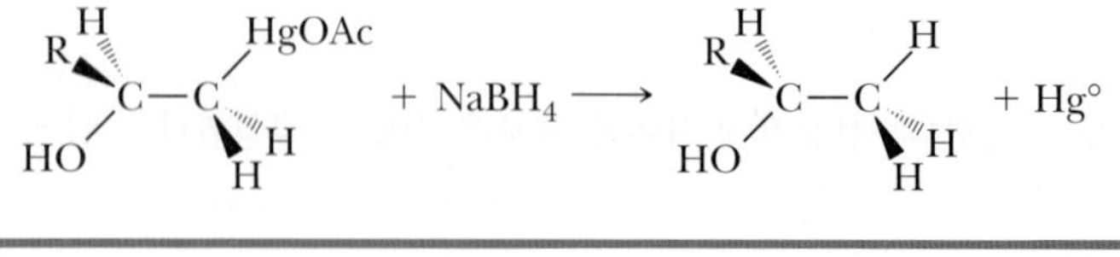

$$+ \ NaBH_4 \longrightarrow \qquad + \ Hg^{\circ}$$

6.4 수소화붕소 첨가-산화 반응

알켄에 수소화붕소 첨가에 연이은 산화 반응에 대한 전체 반응은 탄소-탄소 이중 결합의 수화 반응이다. 수소는 이중 결합의 더 많이 치환된 탄소에 첨가되고 —OH는 덜 치환된 탄소

에 첨가되므로 수소화붕소 첨가와 연이은 산화 반응의 위치선택성은 반Markovnikov 수화라고 한다

$$\text{1-Hexene} \xrightarrow[\text{2. } H_2O_2,\ NaOH]{\text{1. } BH_3} \text{1-Hexanol (OH)}$$

1-Hexene **1-Hexanol**

알켄의 수소화붕소 첨가-산화 반응은 알켄의 위치선택적 및 입체선택적인 수화 반응으로 가치 있는 실험실적인 방법이다. 더욱이 이 반응 과정에서 자리옮김이 일어나지 않는다.

수소화붕소 첨가(Hydroboration)는 알켄에 borane, BH_3의 첨가로 trialkylborane의 생성 반응이다. 전체 반응은 연속적인 세 단계로 일어난다. BH_3가 알켄 분자 하나와 반응하여 alkylborane을 만들고, 알켄의 두 번째 분자와 반응하여 dialkylborane을 만들며, 마지막으로 알켄의 세 번째 분자와 반응하여 trialkylborane을 생성한다.

수소화붕소 첨가-산화 반응
알켄을 알코올로 바꾸는 방법. 알켄을 borane (BH_3)으로 처리하면 trialkylborane이 생성되고, 이것을 알칼리성 과산화 수소로 산화시키면 알코올이 생성된다.

$$H{-}BH_2 + CH_2{=}CH_2 \longrightarrow H{-}B(H)CH_2CH_3 + CH_2{=}CH_2 \longrightarrow$$

Borane **Ethylborane** (Alkylborane)

$$H{-}B(CH_2CH_3)_2 + CH_2{=}CH_2 \longrightarrow CH_3CH_2{-}B(CH_2CH_3)_2$$

Diethylborane (Dialkylborane) **Triethylborane** (Trialkylborane)

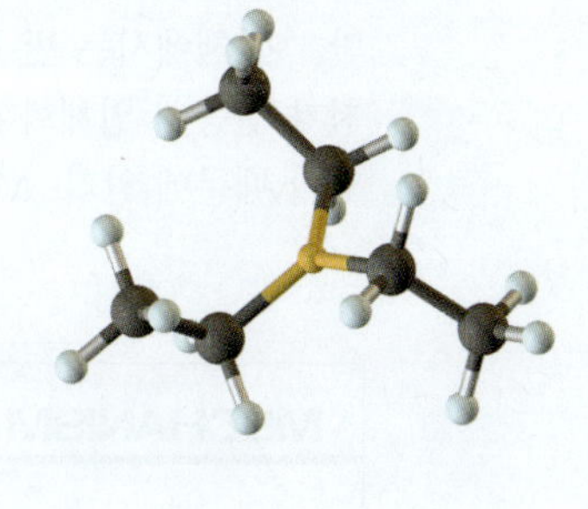

Borane은 공기 중에서 자발적으로 발화되고 독성 기체인 diborane, B_2H_6으로 이합체화되기 때문에 순수한 화합물로 만들 수 없다.

$$2\,BH_3 \rightleftharpoons B_2H_6$$

Borane **Diborane**

그러나 BH_3는 에테르와 안정한 Lewis 산-염기 착물을 형성한다. Borane은 BH_3가 THF에 녹아 있는 용액 상태로 시판되는 것이 가장 많이 사용된다.

$$2\ \text{THF} + B_2H_6 \rightleftharpoons 2\ \text{THF}\overset{+}{O}{-}\overset{-}{B}H_3$$

Tetrahydrofuran (THF) **$BH_3 \cdot$ THF**

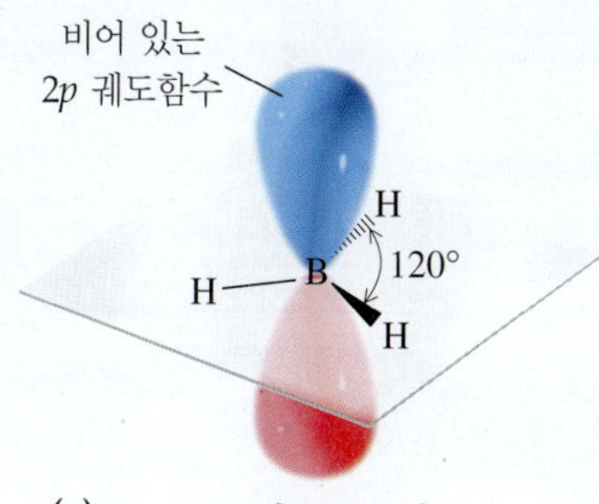

(a) 그림으로 표현

(b) 계산된 모형

BH_3에서 (a) 그림으로 표현된 궤도함수와 (b) 계산된 궤도함수 및 결합각.

원자 번호가 5인 붕소(boron)는 원자가 껍질에 전자 3개를 가지고 있다. 다른 원자 3개와 결합을 이루기 위해 붕소는 sp^2 혼성 궤도함수를 사용한다. 붕소의 비어 있는 $2p$ 궤도함수는 붕소와 3개의 다른 원자 사이에서 만들어진 결합이 이루는 평면에 수직으로 위치한다. 안정하고 삼가인 붕소 화합물의 예로는 F—B—F 결합각이 120°이고(1.2E절) 평면 분자인 boron trifluoride (BF_3)가 있다. 붕소의 원자가 껍질에 있는 비어 있는 $2p$ 궤도함수 때문에 BH_3, BF_3 및 모든 삼가인 붕소 화합물들은 친전자체이다. 이와 같은 붕소 화합물은 전기적으로 중성이라는 점만 제외하고 탄소양이온과 매우 닮은 구조이다. BH_3 역시 H—B—H 결합각이 120°인 평면형 분자이다.

알켄에 붕소의 첨가는 위치선택적이고 입체선택적이다.

- 위치선택적: 비대칭 알켄에 대한 borane의 첨가에서 붕소는 이중 결합의 덜 치환된 탄소에 우선적으로 결합한다**(반-Markovnikov)**.
- 입체선택적: 수소와 붕소는 이중 결합의 같은 면으로 첨가한다. 즉, 이 반응은 **신**(syn, 같은 쪽으로부터) **입체선택적**(stereoselective)이다.

신 입체선택성
원자나 원자단이 탄소-탄소 이중 결합의 같은 면에 첨가.

위치선택성과 신 입체선택성에 대한 두 가지 모두를 1-methylcyclopentene의 수소화붕소 첨가 반응으로 나타내었다.

1-Methylcyclopentene + BH_3 ⟶ (두 생성물)

(BH_3의 신 첨가)
(R = 2-methylcyclopentyl)
(라셈 혼합물)

다른 책에서는 수소화붕소 첨가 반응의 위치선택성을 안티-Markovnikov로 나타내지만, 이 책에서는 반-Markovnikov라는 용어를 선호함에 유의하라. 이 반응에서 관찰되는 첨가 반응의 입체화학이 안티가 아닌 신으로 일어나고, 따라서 학생들이 혼동을 일으킬 수 있기 때문에 안티- Markovnikov의 사용은 선호되지 않는다.

MECHANISM 수소화붕소 첨가 반응

1단계: 알켄에 대한 borane의 첨가는 붕소(친전자체)의 비어 있는 $2p$ 궤도함수가 π 결합(친핵체)의 전자쌍에 배위(coordination)함으로써 시작된다. 이 배위는 Lewis 산-염기 상호작용이며, 앞에서 나타낸 borane과 THF의 배위와 유사하다. 이러한 배위를 알켄으로부터 붕소로 화살표를 사용하여 나타낸다.

$$CH_3CH_2CH_2CH{=}CH_2 \underset{}{\overset{HBR_2}{\rightleftharpoons}} CH_3CH_2CH_2CH{=}CH_2 \rightarrow H{-}BR_2$$

2단계: **수소에 대한 동시 결합 생성과 함께 친핵체(π 결합)와 친전자체 사이에 새로운 결합을 생성한다.** 이 배위가 일어난 후, 붕소는 알켄의 덜 치환된 탄소에 첨가되고, 따라서 고리형 사중심(four-centered) 전이 상태를 거쳐 수소는 더 많이 치환이 탄소에 결합한다. 붕소와 수소가 이중 결합의 같은 면에서 동시에 첨가된다(신 첨가).

$$CH_3CH_2CH_2CH{=}CH_2 + \overset{\delta-}{H}{-}\overset{\delta+}{B} \longrightarrow CH_3CH_2CH_2\underset{H}{CH}{-}\underset{B}{CH_2}$$

이러한 위치선택성은 입체적인 요인과 전자적인 요인에 의해 설명된다. 입체 효과에 의하면 시약의 부피가 큰 부분인 붕소는 이중 결합의 덜 치환된 탄소에 선택적으로 첨가되고, 시약의 부피가 작은 부분인 수소는 더 많이 치환된 탄소에 첨가된다. 관찰되는 위치선택성은 주로 이러한 입체 효과에 의한 것으로 알려져 있다.

아마도 전자적 효과 역시 위치선택성에 영향을 줄 수 있다. 수소의 전기음성도(2.1)는 붕소(2.0)의 전기음성도보다 약간 크다. 따라서 붕소에 부분적인 양전하를 갖고 수소에 부분적인 음전하를 가진 각각의 B—H 결합은 작은 정도(약 5%)의 극성이 있다. 전이 상태에서 탄소양이온의 성격을 어느 정도 가지고 있고 부분적인 양전하는 더 많이 치환된 탄소에 있다는 것이 제안되었다.

$$\overset{\delta-\quad\delta+}{\text{H—B}} \quad \text{CH}_3\text{CH}_2\text{CH}_2\text{CH}{=}\text{CH}_2 \longrightarrow \text{CH}_3\text{CH}_2\text{CH}_2\overset{\delta+}{\text{CH}}\cdots\text{CH}_2 \;(\overset{\delta-}{\text{H}}\cdots\text{B})$$

출발 시약

전이 상태
(이 전이 상태에서 탄소양이온 성격이 존재한다)

Trialkylborane은 거의 분리되지 않는다. 오히려 trialkylborane은 붕소 대신에 다른 원자(H, O, N, C 혹은 할로젠)의 치환에 의해 생성된 다른 생성물로 바로 전환된다. Trialkylborane의 가장 중요한 반응 중에 하나는 sodium hydroxide 수용액에서 과산화 수소와의 반응이다. 과산화 수소는 산화제이고 이 반응 조건에서 trialkylborane을 알코올과 sodium borate (Na_3BO_3)로 산화시킨다.

MECHANISM 알칼리성 과산화 수소에 의한 trialkylborane의 산화

***1단계:* 친핵체와 친전자체 사이에 새로운 결합을 생성한다.** 과산화 수소 이온(친핵체)으로부터 trialkylborane(친전자체)의 붕소 원자로 전자쌍을 주면, 원자가 껍질 전자가 모두 채워지고 음의 형식 전하를 갖는 붕소의 중간체가 생성된다.

$$\text{HOOH} + \text{OH}^- \rightleftharpoons \text{HOO}^- + \text{HOH}$$

Hydrogen peroxide **Hydroperoxide 이온**

붕소에 음의 형식 전하

$$\text{R}_3\text{B} + {}^{-}\text{:}\ddot{\text{O}}\text{—}\ddot{\text{O}}\text{—H} \rightleftharpoons \text{R}_3\overset{-}{\text{B}}\text{—}\ddot{\text{O}}\text{—}\ddot{\text{O}}\text{—H}$$

Trialkylborane (친전자체) **Hydroperoxide 이온** (친핵체)

***2단계:* 1,2 이동.** 인접한 산소로 전자쌍을 가진 R 원자단의 자리옮김(1,2 이동)은 하이드록시 이온을 방출하는 결과를 가져온다.

$$\text{R}_3\overset{-}{\text{B}}\text{—}\ddot{\text{O}}\text{—}\ddot{\text{O}}\text{—H} \longrightarrow \text{R}_2\text{B—}\ddot{\text{O}}\text{(R):} + {}^{-}\text{:}\ddot{\text{O}}\text{—H}$$

과산화 수소 이온과의 반응이 두 번 더 진행되고, 이어서 자리옮김에 의해 trialkylborate가 생성된다.

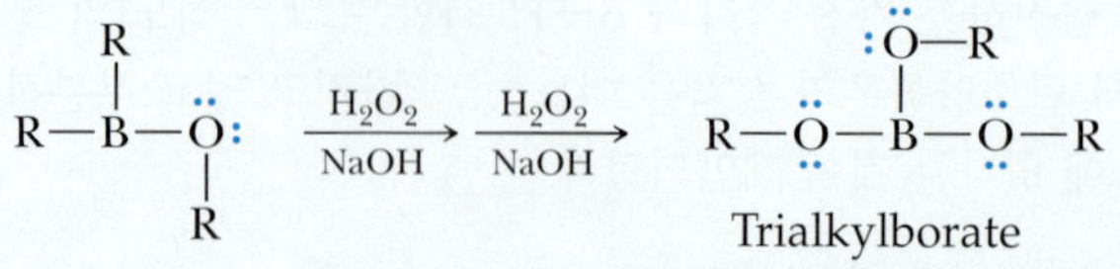

$$R_2B-\ddot{O}:(R) \xrightarrow[NaOH]{H_2O_2} \xrightarrow[NaOH]{H_2O_2} R-\ddot{O}-B(-\ddot{O}-R)-\ddot{O}-R$$

Trialkylborate
(Boric acid의 트라이에스터)

3단계: Trialkyborate가 NaOH 수용액과 반응하여 알코올과 sodium borate를 만들어 낸다.

$$(RO)_3B + 3\ NaOH \longrightarrow 3\ ROH + Na_3BO_3$$

Trialkylborate　　　　　　　　**Sodium borate**

Trialkylborane에 대한 과산화 수소의 산화는 알킬기의 배열이 유지된다는 점에서 입체선택적이다. 붕소의 trialkylborane 내에 다른 기에 대한 상대적인 위치에 상관없이 붕소가 차지하고 있던 같은 위치에 OH가 그대로 치환된다. 그러므로 알켄의 수소화붕소 첨가-산화 반응의 전체적인 결과는 탄소-탄소 이중 결합에 H와 OH의 신 입체선택적인 첨가이다.

예제 6.10 ▸ 수소화붕소 첨가-산화 반응

아래 주어진 알켄의 수소화붕소 첨가-산화 반응에 생성되는 알코올의 구조를 그려라

(a) 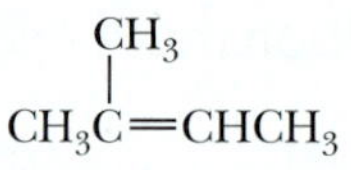 $CH_3C(CH_3){=}CHCH_3$　**(b)** 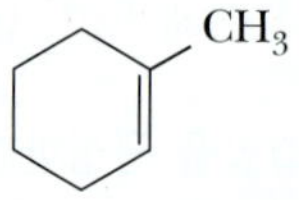 (1-methylcyclohexene, CH_3)

➥ 해답

(a) 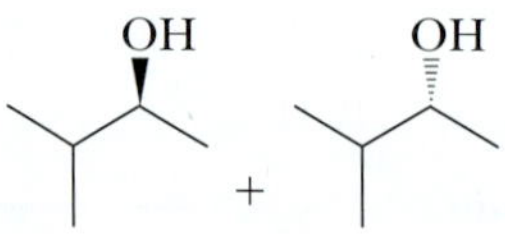 (OH 구조) + (OH 구조)　　**(b)** (CH_3, OH) + (CH_3, OH)

(라셈 혼합물)　　(라셈 혼합물)

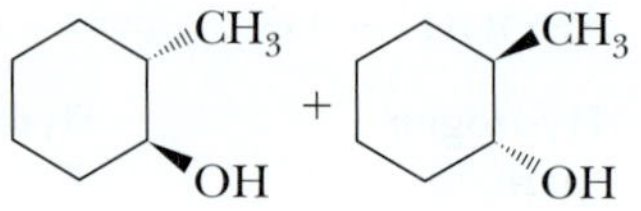

연습 문제 6.10

수소화붕소 첨가-산화 반응에 의해 다음 각각의 알코올을 생성하는 알켄의 구조를 그려라.

(a) 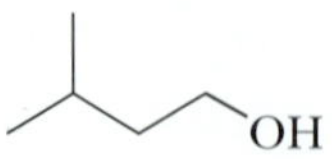 (OH)　**(b)** 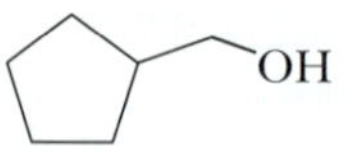 (OH)

6.5 산화

> **산화**
> 전자를 잃어버림. 또는 수소를 잃어버리거나 산소를 얻거나 이 두 가지 모두 일어나는 것도 산화이다.
>
> **환원**
> 전자를 얻음. 또는 수소를 얻거나 산소를 잃거나 이 두 가지가 모두 일어나는 것도 환원이다.

이 절을 산화와 환원의 정의에 대한 복습으로 시작하자. 그 다음에 알켄의 가장 일반적인 산화 반응 두 가지를 생각해 보기로 한다.

산화(Oxidation)란 전자를 잃어버리는 것이고 **환원**(reduction)은 전자를 얻는 것이다. 아래 반응에서 propene은 이 절과 다음 절에서 공부할 두 반응에 의해서 두 가지 다른 화합물로 전환되었다. 처음 반응은 환원이고 두 번째 반응은 산화 반응이다. 이 반응식에는

특정 전환을 일으키기 위해 어떤 시약이 필요한지 나타나 있지 않다. 그러나 생성물의 탄소 원자가 propene으로부터 유도된 것은 분명하다.

$$\underset{\text{Propene}}{CH_3CH{=}CH_2} \xrightarrow{\text{환원}} \underset{\text{Propane}}{CH_3\overset{H}{\overset{|}{C}}H{-}\overset{H}{\overset{|}{C}}H_2}$$

$$\underset{\text{Propene}}{CH_3CH{=}CH_2} \xrightarrow{\text{산화}} \underset{\text{1,2-Propanediol}}{CH_3\overset{OH}{\overset{|}{C}}H{-}\overset{OH}{\overset{|}{C}}H_2}$$

예제 6.11 ▸ **반쪽 반응**

균형 반쪽 반응을 이용하여 산화가 포함된 각 전환을 나타내어라.

(a) $CH_3CH_2CH_2OH \longrightarrow CH_3CH_2\overset{O}{\overset{\|}{C}}H$ **(b)** $CH_3CH{=}CH_2 \longrightarrow CH_3\overset{O}{\overset{\|}{C}}H + H\overset{O}{\overset{\|}{C}}H$

➥ 해답

먼저 물질의 균형을 맞춘 다음 전하 균형을 맞춘다.

(a) $CH_3CH_2CH_2OH \longrightarrow CH_3CH_2\overset{O}{\overset{\|}{C}}H + 2\,H^+ + 2e^-$

(b) $CH_3CH{=}CH_2 + 2\,H_2O \longrightarrow CH_3\overset{O}{\overset{\|}{C}}H + H\overset{O}{\overset{\|}{C}}H + 4\,H^+ + 4e^-$

첫 번째 전환은 두 개-전자 산화이고, 두 번째는 네 개-전자 산화이다. 각각의 변환을 일으키기 위해서는 산화제가 필요하다.

연습 문제 6.11

균형 반쪽 반응을 이용하여 환원이 포함된 각 전환을 나타내어라.

(a) cyclohexanone (=O) ⟶ cyclohexanol (OH) **(b)** $CH_3CH_2\overset{O}{\overset{\|}{C}}OH \longrightarrow CH_3CH_2CH_2OH$

산화/환원을 알아내는 또 다른 방법으로 일반화학 과정으로부터 산화와 환원은 산소 또는 수소를 얻거나 잃어버리는 반응으로 정의될 수 있음을 상기하여라. 유기 화합물에 대하여

산화: 탄소 원자로부터 O의 첨가 혹은 H의 제거.
환원: 탄소 원자로부터 O의 제거 혹은 H의 첨가.

예제 6.12 ▸ **산화 또는 환원**

O 또는 H의 첨가 혹은 제거를 기초로 어느 변환이 산화이고 어느 변환이 환원인지 설명하여라.

(a) $CH_3CH_2OH \longrightarrow CH_3\overset{O}{\overset{\|}{C}}H$ **(b)** $CH_3\overset{O}{\overset{\|}{C}}CH_2\overset{O}{\overset{\|}{C}}OH \longrightarrow CH_3\overset{OH}{\overset{|}{C}}HCH_2\overset{O}{\overset{\|}{C}}OH$

(c) $CH_3CH{=}CH_2 \longrightarrow CH_3CH_2CH_3$

➥ 해답

(a) 산화: 수소 두 개를 잃었다.
(b) 환원: 수소 두 개를 얻었다.
(c) 환원: 수소 두 개를 얻었다.

연습 문제 6.12

O 또는 H의 첨가 혹은 제거를 기초로 어느 변환이 산화이고 어느 변환이 환원인지를 설명하여라.

(a) $CH_3CH(=O) \longrightarrow CH_3CH_2OH$ **(b)** (cyclohexene) ⟶ (cyclohexene oxide, O)

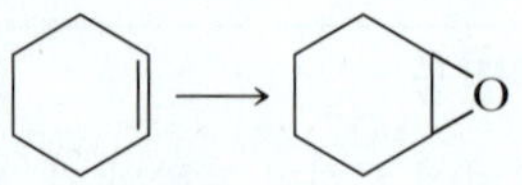

(c) HS–$CH_2CH_2CH_2CH_2$–SH ⟶ (S–S ring)

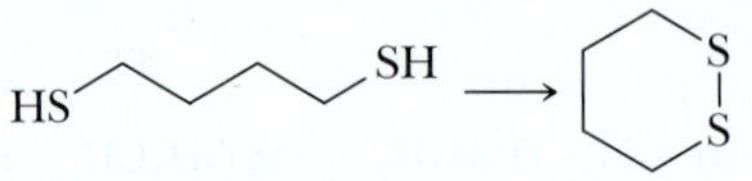

A OsO_4–알켄을 글라이콜로 산화

글라이콜, 이웃자리 다이올 서로 인접한 탄소에 하이드록시(—OH)기를 가진 화합물.

Osmium tetroxide, OsO_4 및 몇 가지 다른 전이 금속 산화물은 알켄을 1,2-다이올[**글라이콜**(glycol), 또는 **이웃자리 다이올**(vicinal diol)로 알려져 있음]로 변환시키는 효과적인 산화제이다. OsO_4는 친전자성이 매우 강하여 알켄에 한 단계로 첨가된다. OsO_4에 의한 알켄의 산화는 신 입체선택적이다. 이중 결합의 각 탄소에 OH기의 신 첨가가 포함되어 있다. 예를 들면, cyclopentene의 산화에서는 *cis*-1,2-cyclopentanediol이 생성된다. 이 글라이콜에서는 *시스*와 *트랜스* 이성질체 모두가 가능하지만 이 산화에서는 *시스* 글라이콜만이 생성됨에 유의하여라.

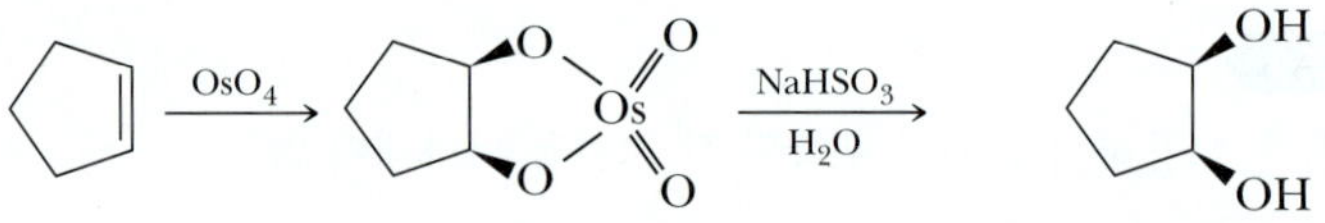

$\xrightarrow{OsO_4}$ 고리형 osmate $\xrightarrow[H_2O]{NaHSO_3}$ ***cis*-1,2-Cyclopentanediol** (*시스* 글라이콜)

알켄의 osmium tetroxide 산화에 대한 신 입체선택성은 원래의 알켄에 *시스* 배열로 결합되어 있고 osmium이 포함된 오원자와 같은 방식으로 고리형 osmate 형성으로 설명된다. Osmate는 분리 및 확인될 수 있다. 일반적으로 osmate는 $NaHSO_3$와 같은 환원제로 직접 처리되며, osmium-산소 결합이 끊어지고 *시스* 글라이콜과 osmium의 환원된 형태가 생성된다.

OsO_4의 단점은 매우 비싸고 독성이 크다는 점이다. 비싼 값을 피할 수 있는 한 가지 전략은 osmium의 환원된 형태를 재산화할 목적으로 사용되는 다른 산화제의 화학양론적인 양과 더불어 촉매량만큼 사용하는 방법이고 따라서 osmium 시약이 재활용된다. 일반적으로 이 목적을 위해 사용하는 두 번째 산화제로는 과산화수소나 *tert*-butyl hydroperoxide가 있다. 이 과정을 이용하면 $NaHSO_3$를 사용하는 환원 단계는 필요가 없다.

HOOH — **Hydrogen peroxide**

$(CH_3)_3COOH$ — ***tert*-Butyl hydroperoxide (*t*-BuOOH)**

HOW TO 반쪽 반응의 균형 맞추기

어떤 반응이 산화인지 환원인지 아니면 둘 중 어느 것도 아닌지를 설명하는 한 가지 방법은 균형 반쪽 반응의 방법을 이용하는 것이다.

반쪽 반응의 균형을 맞추기 위하여

1. 모든 유기 반응물과 생성물을 나타내는 반쪽 반응을 쓴다.
2. 물질의 균형을 맞춘다. 즉, 반쪽 반응 양쪽에 나타나는 모든 원자의 수를 맞춘다. 산성 용액에서 일어나는 반응에 대한 산소와 수소 수에 대해 균형을 맞추기 위해서는 산소에 대해서는 H_2O를 사용하고 수소에 대해서는 H^+를 사용한다. 염기성 용액에서 일어나는 반응의 경우 H_2O와 OH^-를 사용한다.
3. 전하의 균형을 맞춘다. 즉, 반쪽 반응 양쪽의 전하의 균형을 맞춘다. 전하의 균형을 맞추기 위해서는 전자 e^-를 어느 한 쪽에 넣어주어야 한다. 이 단계를 마치면 균형 반쪽 반응이 완성된다.

만일 전자가 균형 반쪽 반응의 오른쪽에 나타난다면 반응물은 전자를 내어 주고 산화된다. 만일 전자가 균형 반쪽 반응의 왼쪽에 나타난다면 반응물은 전자를 얻게 되고 환원된다. 만일 균형 반쪽 반응에서 전자가 나타나 있지 않으면 이 변화는 산화도 아니고 환원도 아니다. 이 단계를 propane으로 바뀌는 propene의 변환에 적용시켜 보자.

1단계: 반쪽 반응 $CH_3CH{=}CH_2 \longrightarrow CH_3CH_2CH_3$

2단계: 물질의 균형 $CH_3CH{=}CH_2 + 2\,H^+ \longrightarrow CH_3CH_2CH_3$

3단계: 균형 반쪽 반응 $CH_3CH{=}CH_2 + 2\,H^+ + 2e^- \longrightarrow CH_3CH_2CH_3$

균형 반쪽 반응(3단계)의 왼쪽에 전자 두 개가 나타나 있기 때문에 propane으로 propene의 전환은 두 개-전자 환원이다. 이 반응을 일으키기 위해서는 환원제의 사용이 필요하다.

Propene을 1,2-propanediol로 전환시키기 위한 균형 반쪽 반응은 반응식 양변의 전하를 맞추려면 식의 오른쪽에 전자 두 개가 필요하다. 이 변환은 전자 두 개-전자 산화이다.

균형 반쪽 반응: $CH_3CH{=}CH_2 + 2\,H_2O \longrightarrow CH_3CH(OH){-}CH_2(OH) + 2\,H^+ + 2e^-$

Propene → **1,2-Propanediol**

다음은 propene이 2-propanol로 전환되는 균형 반쪽 반응이다.

균형 반쪽 반응: $CH_3CH{=}CH_2 + H_2O \longrightarrow CH_3CH(OH)CH_3$

Propene → **2-Propanol**

위 반쪽 반응에서 반응식 양변의 전하를 같게 하는 데는 양변에 전자가 전혀 필요하지 않으므로 propene이 2-propanol로 바뀌는 반응은 산화도 아니고 환원도 아니다. 사실 이 반응은 propene의 산 촉매 수화 반응일 뿐이다.

여기서 중요한 것은 단지 산화와 환원 반응에 대한 개념적인 이야기일 뿐이라는 사실이다. 실제 산화 또는 환원 반응이 실험실에서 어떻게 일어나는지 대한 것을 나타내고자 했던 것은 아니다. 예를 들어 propene이 propane으로 변하는 균형 반쪽 반응에서는 $2H^+$와 $2e^-$가 필요하다. 그러나 propene을 propane으로 환원시키는 수많은 실험실 방법들에서는 H^+를 전혀 포함하지 않는다. 단지 반응에는 수소 분자 H_2와 전이 금속 촉매가 사용될 따름이다(6.6절).

B 오존: 탄소-탄소 이중 결합의 분해(가오존분해 반응)

알켄을 오존(O_3)으로 처리한 다음 적절한 단계를 거치면 탄소-탄소 이중 결합이 분해되고 그 자리에는 두 개의 카보닐기(C=O)가 생성된다. 이 장에서 설명한 모든 시약처럼 오존은 강한 친전자성이다. 이 반응은 탄소-탄소 결합을 끊는 흔치 않은 반응 중 하나이기 때문에 가치가 있다. 알켄을 CH_2Cl_2와 같은 비활성이 용매에 녹이고 오존을 용액 속으로 방울방울 흘려준다. 가오존분해 반응으로부터 분리된 생성물은 반응 조건에 따라 달라진다. 반응 혼합물을 물로 가수분해시키면 더 산화를 일으킬 수 있는 산화제인 과산화수소가 생성된다. 이 반응성이 큰 과산화물 중간체에 의해 일어나는 부반응을 억제하기 위하여 가장 일반적인 dimethyl sulfide, $(CH_3)_2S$와 같은 약한 환원제를 반응 마무리 단계에서 투입하여 과산화물을 물로 환원시킨다.

$$CH_3C(CH_3){=}CHCH_2CH_3 \xrightarrow[2.\ (CH_3)_2S]{1.\ O_3} CH_3C(=O)CH_3 + HC(=O)CH_2CH_3$$

2-Methyl-2-pentene → **Propanone** (케톤) + **Propanal** (알데하이드)

알켄과 오존과의 반응에서 최초 생성물은 molozonide라고 부르는 첨가 생성물이고, 이 생성물은 곧 반응 조건 하에서 ozonide라고 부르는 이성질성 화합물로 자리옮김이 일어난다. 분자량이 작은 ozonide는 폭발성이 있고 분리하기 어렵다. Ozonide를 약한 환원제로 바로 처리하면 카보닐기를 포함하는 생성물이 생성된다.

$$CH_3CH{=}CHCH_3 \xrightarrow{O_3} [\text{Molozonide}] \longrightarrow \text{Ozonide} \xrightarrow{(CH_3)_2S} 2\ CH_3CH{=}O$$

2-Butene → Molozonide → Ozonide → **Acetaldehyde**

Ozonide가 어떻게 만들어지는지를 이해하려면 오존의 구조를 먼저 알아야 한다. 오존은 다음과 같은 4개의 기여 구조의 혼성으로 쓸 수 있으며, 모두 서로 다른 전하의 분리를 나타내고 있다.

$$O{=}O^{+}{-}O^{-} \longleftrightarrow O^{+}{-}O{-}O^{-} \longleftrightarrow {}^{-}O{-}O{-}O^{+} \longleftrightarrow {}^{-}O{-}O^{+}{=}O$$

전하 분리가 없는 오존의 Lewis 구조는 그릴 수 없다.

MECHANISM Ozonide의 생성

1단계: 오존은 동시에 한 단계로 친전자성과 친핵성을 모두 가진 알켄과 반응한다.

Molozonide

2단계: **결합이 끊어져 안정한 분자 혹은 이온을 생성한다.** Molozonide에서 원자가 전자의 재배치는 한 개의 탄소-탄소 결합과 한 개의 산소-산소 결합이 끊어지는 결과를 가져온다. 이 결과로 생긴 조각들이 재결합하여 ozonide를 만든다.

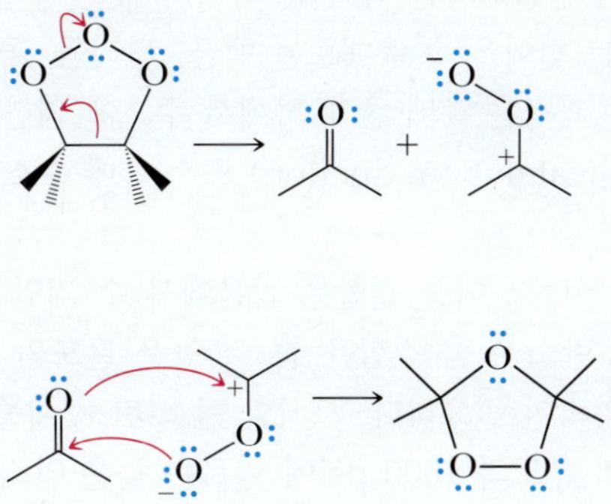

3단계: Ozonide의 환원과 분해는 최종 카보닐 조각들을 생성한다.

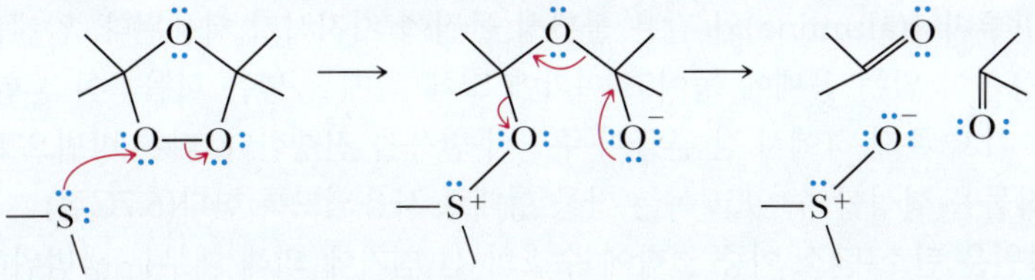

예제 6.13 ▸ 가오존분해 반응

다음 가오존분해 반응 생성물의 구조를 쓰고, 각 산화 반응에서 새로 만들어진 작용기의 이름을 써라.

(a) 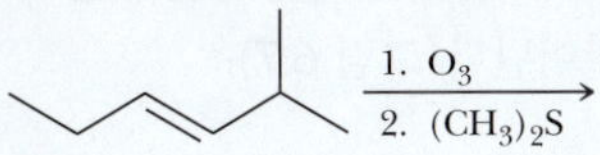 $\xrightarrow[2.\ (CH_3)_2S]{1.\ O_3}$ (b) 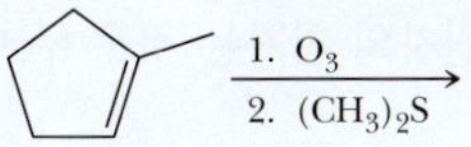 $\xrightarrow[2.\ (CH_3)_2S]{1.\ O_3}$

➡ 해답

알데하이드 케톤

(a) 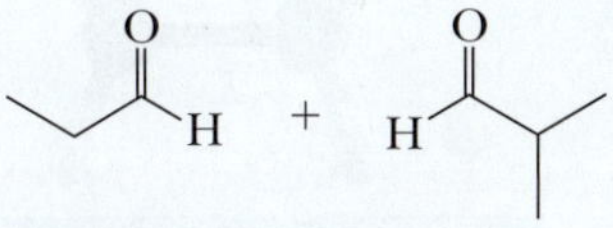 H + H (b) H

Propanal (알데하이드) **2-Methylpropanal** (알데하이드) **5-Oxohexanal** (케토알데하이드)

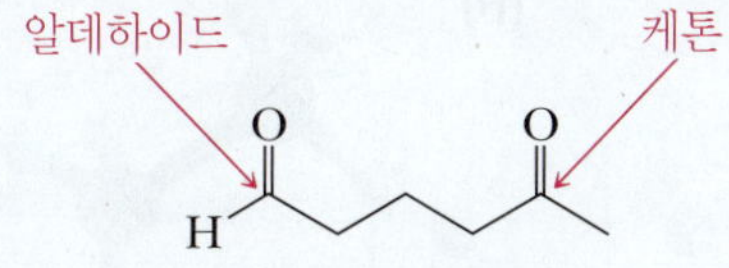

연습 문제 6.13

분자식이 C_6H_{12}인 알켄을 차례대로 오존과 dimethyl sulfide로 처리하였더니 다음과 같은 생성물을 얻었다. 이 알켄의 구조식을 써라.

(a) 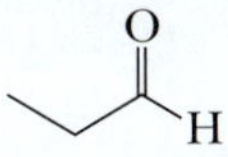 (유일한 생성물) (b) 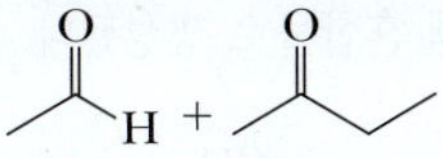 + (각각 같은 몰) (c) 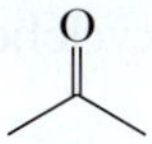 (유일한 생성물)

6.6 환원

대부분의 알켄은 전이 금속 촉매 존재 하에 분자 상태의 수소(H_2)에 의해서 정량적으로 환원되어 알케인을 생성한다. 수득률은 거의 정량적이다.

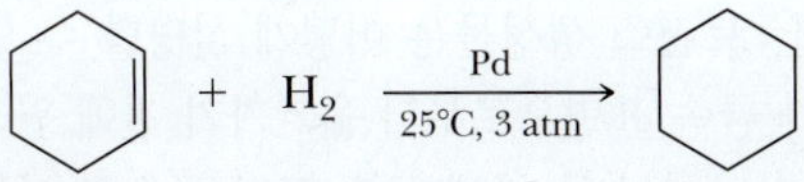

$$\text{Cyclohexene} + H_2 \xrightarrow[25°C,\ 3\ atm]{Pd} \text{Cyclohexane} \qquad \Delta H^0 = -119.5\ \text{kJ}\ (-28.6\ \text{kcal})/\text{mol}$$

비록 알켄에 수소의 첨가는 발열이지만, 환원은 촉매가 없는 상태에서 측정할 수 없을 만큼 매우 느리다. 흔히 사용되는 전이 금속 촉매로는 백금, 팔라듐, 루테늄, 니켈 등이 있다. 알켄이 알케인으로 변환되는 과정은 촉매 존재 하에서 수소에 의한 환원이 포함되어 있기 때문에, 이 과정을 **촉매 환원**(catalytic reduction) 또는 **촉매 수소화 반응**(catalytic hydrogenation)이라고 부른다.

일치환 및 이치환 탄소-탄소 이중 결합은 상온에서 수 기압 정도의 수소만 있으면 쉽게 반응한다. 삼치환 탄소-탄소 이중 결합은 좀 더 높은 온도와 약 100 psi(pounds per square inch)에 이르는 압력이 필요하다. 사치환 탄소-탄소 이중 결합은 환원시키기 힘들며 환원되는 경우 275℃의 온도와 1000 psi에 이르는 높은 압력이 필요하다. 1 atm은 약 15 psi이다.

Parr 수소화 반응 장치. *Parr Instrument Co., Moline, IL*

금속 촉매는 아주 고운 가루로 된 고체가 사용되거나 또는 고운 가루로 만든 숯(charcoal)이나 알루미나(alumina)와 같은 불활성 물질에 지지시켜 사용된다. 알켄을 에탄올이나 기타 반응성이 없는 용매에 녹이고 여기에 고체 촉매를 넣은 다음, 이 혼합물을 1~50 atm의 수소 기체 존재 하에서 잘 흔들어 주면서 반응을 진행한다. 다른 방법으로 금속은 유기 분자와 착물을 형성할 수 있고 녹는 착물 형태로 사용되도록 한다(6.7C절).

촉매 환원은 탄소-탄소 이중 결합에 수소의 신 첨가에 의해 대부분 광범위하게 진행되는 입체선택성 반응이다.

A 촉매 환원 반응의 메커니즘

촉매 수소화 반응에 사용되는 전이 금속은 금속-수소 σ 결합에 의해 많은 양의 수소를 그 표면에 흡착할 수 있다. 비슷한 방법으로 알켄도 탄소-금속 결합을 형성하면서 금속 표면에 흡착된다. 알켄에 수소 원자의 첨가는 것은 두 단계로 일어난다(그림 6.7).

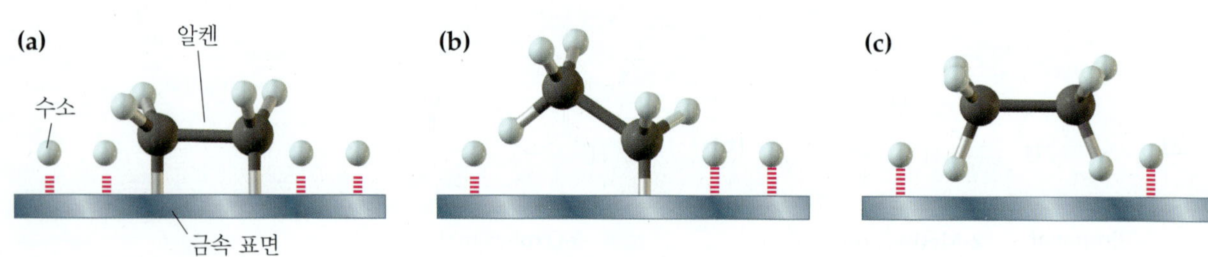

그림 6.7 ▸ 전이 금속 촉매가 들어 있는 알켄에 수소의 첨가. (a) 수소와 알켄은 금속 표면에 흡착되고 (b) 수소 원자 하나가 알켄으로 이동하여 새로운 C—H 결합을 형성한다. 다른 탄소는 금속 표면에 흡착된 상태로 남아 있다. (c) 두 번째 C—H 결합이 형성되고 알케인이 탈착된다.

특히 사치환 이중 결합을 가진 어떤 실험 조건 하에서 생성물의 몇 퍼센트는 수소의 안티 첨가가 나타날 수 있다. 예를 들어서, 1,2-dimethylcyclohexene의 촉매 환원에서 *cis*-1,2-dimethylcyclohexane이 우세하게 얻어진다. 이 *시스* 이성질체와 함께 소량의 *trans*-1,2-dimethylcyclohexane이 라셈 혼합물로 생성된다.

1,2-Dimethylcyclohexene + H_2 $\xrightarrow{Pt}$ **cis-1,2-Dimethylcyclohexane** (70% to 85%) + ***trans*-1,2-Dimethylcyclohexane** (30% to 15%) (라셈 혼합물)

만일 수소의 첨가가 신 입체선택적이라면, *트랜스* 생성물은 어떻게 설명할 수 있을까? 환원을 완결시키기 위해서는 두 번째의 수소가 금속 표면으로부터 옮겨가기 전에 원래의 이중 결합에 인접한 탄소 원자로부터 새롭게 첨가된 수소와 함께 금속 표면에 수소 이동이 있음이 알려졌다. 이 수소 이동은 실제로 첫 단계의 역반응으로 원래의 알켄과 이성질체인 새로운 알켄의 형성이다. 다음 반응식에 나타낸 바와 같이 1,2-dimethylcyclohexene은 금속 표면에서 1,6-dimethylcyclohexene으로 이성질화 반응이 일어난다. 그리고 이 알켄은 금속 표면을 벗어난다. 그 후 이것이 다시 흡착되고 환원될 때에 수소는 여전히 신 입체선택적으로 첨가되지만 원래의 수소와는 반드시 같은 면으로 첨가될 필요는 없다.

$$\text{1,2-Dimethylcyclohexene} \xrightarrow{H_2/Pt} \textit{cis}\text{-1,2-dimethylcyclohexane} \xrightarrow[-H_2]{Pt} \text{1,6-Dimethylcyclohexene} \xrightarrow{H_2/Pt} \textit{cis}\text{-1,2-dimethylcyclohexane} + \textit{trans}\text{-1,2-dimethylcyclohexane}$$

1,2-Dimethylcyclohexene **1,6-Dimethylcyclohexene**

B 수소화 반응열과 알켄의 상대적 안정성

표 6.2에는 여러 가지 알켄의 촉매 수소화 반응에 대한 반응열을 나열하였다. 이 자료로부터 세 가지 중요한 점을 알아낼 수 있다.

1. 알켄이 알케인으로 변하는 환원은 발열 과정이다. 이 관찰은 수소화 반응이 일어나는 동안에 약한 π 결합이 강한 σ 결합으로 변한다는 사실과 일치한다. 즉 σ 결합 하나(H—H)와 π 결합 하나(C═C)가 끊어지고 두개의 새로운 σ 결합(C—H)이 형성된다. σ 결합과 π 결합의 상대적 세기에 대해서는 이미 1.10절에서 공부한 바 있다.
2. 수소화 열은 탄소-탄소 이중 결합의 치환된 정도에 따라 달라진다. 치환되는 정도가 크면 클수록 수소화 반응열은 더 작아진다. 예를 들어, ethylene (치환기 없음), propene (치환기 1개), 1-butene (치환기 1개), 2-butene (치환기 2개)의 *시스*와 *트랜스* 이성질체에 대한 수소화 열을 비교하여라.

표 6.2 여러 가지 알켄의 수소화 열

이름	구조식	ΔH^0 [kJ(kcal)/mol]
Ethylene	CH_2CH_2	−137 (−32.8)
Propene	$CH_3CH{=}CH_2$	−126 (−30.1)
1-Butene	$CH_3CH_2CH{=}CH_2$	−127 (−30.3)
***cis*-2-Butene**	$(H_3C)(H)C{=}C(CH_3)(H)$	−119.7 (−28.6)
***trans*-2-Butene**	$(H_3C)(H)C{=}C(H)(CH_3)$	−115.5 (−27.6)
2-Methyl-2-butene	$(H_3C)_2C{=}C(CH_3)(H)$	−113 (−26.9)
2,3-Dimethyl-2-butene	$(H_3C)_2C{=}C(CH_3)_2$	−111 (−26.6)

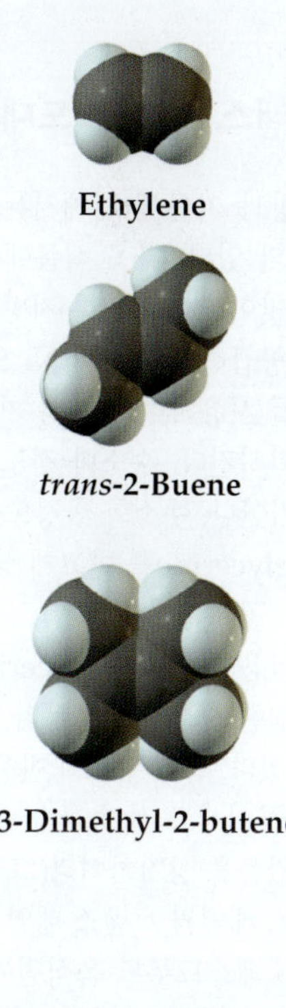
Ethylene

***trans*-2-Buene**

2,3-Dimethyl-2-butene

3. *트랜스* 알켄의 수소화 열은 이성질체인 *시스* 알켄의 수소화 열보다 낮다. 예를 들어, *cis*-2-butene과 *trans*-2-butene의 수소화 열을 비교하여라. 두 알켄의 환원은 butane을 생성하기 때문에 수소화 열의 차이는 오직 두 알켄의 상대적 에너지 차이에서 나올 뿐이다(그림 6.8). ΔH^0 값이 낮은(음의 절대치가 작은) 알켄이 더 안정하다.

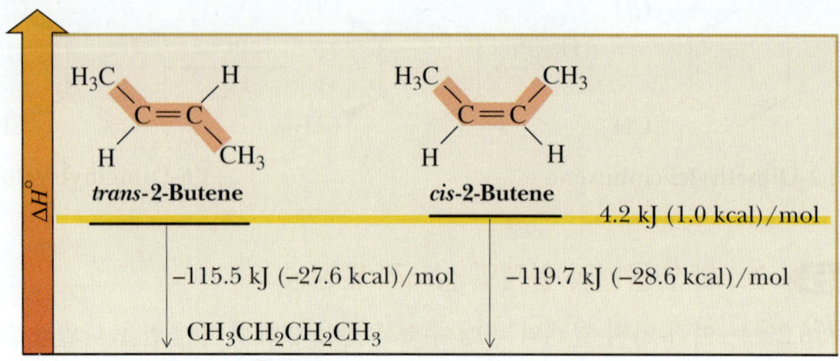

그림 6.8 ▸ *cis*-2-Butene과 *trans*-2-butene의 수소화 열. *trans*-2-Butene이 *cis*-2-butene보다 4.2 kJ (1.0 kcal)/mol 만큼 더 안정하다.

시스 알켄에 비해서 *트랜스* 알켄의 큰 안정성은 공간 채움 모형(그림 6.9)을 사용하여 나타낼 수 있는 입체 무리(steric stain, 2.5A절)로 설명할 수 있다. *cis*-2-Butene에서 두 개의 —CH_3는 서로 충분히 가깝게 놓여 있어서 두 개의 메틸기 사이에 반발에 의해 발생되는 입체 무리가 존재한다. 이 반발은 *trans*-2-butene과 비교하여 *cis*-2-butene의 큰 수소화 열(안정성 감소)에 영향을 준다[약 4.2 kJ(1.0 kcal)/mol]. 따라서 수소화 반응을 통하여 *cis*-2-butene의 무리 에너지를 직접 측정할 수 있다.

생화학 관련 이야기 *Connections to Biological Chemistry*

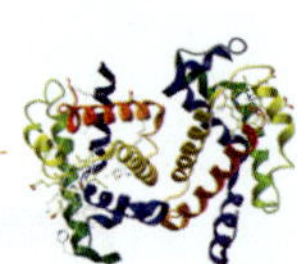

트랜스 지방산: 도대체 무엇이고 어떻게 피할 수 있을까?

지방과 기름에 대해서는 이미 5장의 생물화학 관련에서 소개한 바 있다. 가공 식품에는 어느 정도 단단하고 촉촉하며 적절한 맛이 유지되도록 지방이 첨가된다. 균일한 품질의 식용 지방을 공급하기 위하여 Ni 또는 다른 전이 금속 촉매 존재 하에 수소를 사용하여 식물성 기름의 *시스* 이중 결합을 부분적으로 수소화시킨다. 수소화 정도가 커질수록 triglyceride의 녹는점은 증가한다. 수소화의 정도를 조절함으로써 녹는점이 실온 이하인 triglyceride를 반고체 상태 또는 고체로 만들 수도 있다.

공교롭게 탄소-탄소 이중 결합과 Ni 촉매 사이의 가역적 상호작용 때문에 triglyceride에 남아 있는 이중 결합의 일부는 덜 안정한 *시스* 배열로부터 더욱 안정한 *트랜스* 배열로 이성질화될 수 있다. 촉매 수소화 반응의 중심 단계는 바로 알켄의 파이 결합이 끊어지고 전이 금속 표면에서 두 개의 탄소와 결합하는 과정이었음을 상기하여라(그림 6.7). 이 과정은 가역적이고, 따라서 *시스* 배열과 *트랜스* 배열 사이에 평형이 허용된다.

패스트푸드 음식점에서는 튀김에 사용되는 기름은 일반적으로 부분적으로 수소화된 식물성 기름이고, 따라서 음식을 튀길 때에 상당량의 *트랜스* 지방산이 음식으로 들어간다. 음식물 중에서 볼 수 있는 *트랜스* 지방산의 또 다른 주요 공급원으로는 마가린, 일부 빵 종류, 크림이 많이 들어간 과자, 감자튀김, 냉동 음식 및 케이크 가루 등을 들 수 있다.

최근 연구에 의하면 *트랜스* 지방산을 너무 많이 섭취하면 혈청 콜레스테롤 함량과 관련되는 심각한 건강 이상이 초래된다는 사실이 알려졌다. 총 혈청 콜레스테롤 수치가 낮거나 고밀도 지방 단백질(HDL) 콜레스테롤 양에 비해 상대적으로 저밀도 지방 단백질(LDL) 콜레스테롤의 비가 낮다는 것은 심혈관계 건강 상태가 양호함을 뜻한다. 총 혈청 콜레스테롤 수치가 높거나 HDL 콜레스테롤에 비해 LDL 콜레스테롤의 비가 높아진다면 심혈관계 질환, 특히 동맥경화증이 나타날 가능성이 커진다. 관련 연구에 의하면 포화 지방산이나 *트랜스* 지방산 함량이 높은 음식물을 섭취하면 HDL 콜레스테롤에 비해 혈청 LDL 콜레스테롤의 비가 증가하고 심혈관계 질환의 위험성이 현저하게 증가한다고 알려져 있다.

미국 식품의약청은 최근 가공 식품에 대해서 *트랜스* 지방산 함량을 반드시 표기하도록 할 것이라고 발표하였다. 포화 지방산이나 *트랜스* 지방산이 조금밖에 들어 있지 않은 음식을 생선, 현미, 과일, 야채 등과 함께 먹도록 권장하고 있다. 어떤 종류의 음식을 섭취하더라도 날마다 운동하도록 권장한다.

(a) 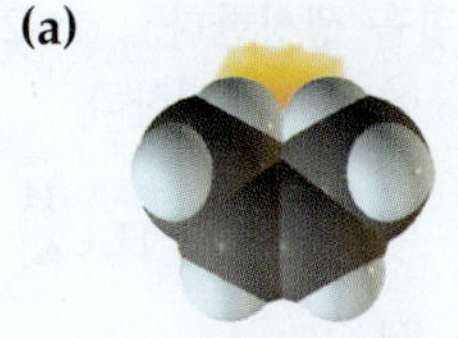

cis-2-Butene
비결합 상호작용 무리가 있음

(b) 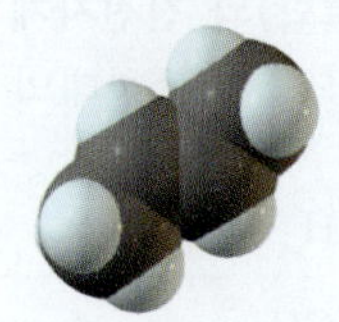

trans-2-Butene
비결합 상호작용 무리가 없음

그림 6.9 ▸ (a) *cis*-2-butene과 (b) *trans*-2-butene의 공간 채움 모형. 입체적인 충돌을 노란색 음영으로 나타내었다

트랜스 알켄을 *시스* 알켄보다 더 안정하게 만드는 입체적인 이유 이외에, 알켄에 증가된 알킬기 치환이 안정성을 가져다준다는 사실을 설명하는 전자적인 이유가 있다. 2*p* 원자 궤도함수와 비교하여 2*s* 원자 궤도함수의 낮은 에너지 때문에 sp^2 혼성 궤도함수의 증가된 *s* 성격이 sp^3 혼성 궤도함수보다 더 전자를 끌어당기게 된다. 따라서 이중 결합에 있는 탄소는 약하게 전자를 끌어당기게 된다. 알킬기에서 전자를 제공하여 탄소양이온을 안정하게 만들어주는 것처럼 알킬기 또한 알켄에 전자를 제공하고 알켄의 안정성을 증가시킨다. 알킬기 치환이 많을수록 안정성은 더 증가하게 된다.

6.7 반응물이나 생성물에 카이랄 중심이 존재하는 분자

유기 화합물의 구조가 반응 도중 바뀌게 되면, 보통 탄소에 한 개 혹은 그 이상의 카이랄 중심이 나타나거나 반전되거나 또는 없어지기도 한다. 6.7A절에서 비카이랄 환경에서 카이랄 분자가 만들어지는 알켄의 첨가 반응 두 가지를 공부할 것이다. 이 과정에서 광학적으로 활성인 화합물(즉, 거울상적으로 순수한 화합물 혹은 거울상적으로 풍부한 화합물)은 비카이랄 반응 환경에서는 비카이랄 출발 물질로부터 결코 만들어 낼 수 없다. 그리고 6.7B절에서는 비카이랄 출발 물질이 카이랄 촉매가 존재하는 카이랄 환경에서 반응하는 경우를 생각해 볼 것이다. 만일 반응이 카이랄 환경에서 일어난다면 거울상적으로 순수한 생성물이 비카이랄 시약으로부터 생성될 수 있음을 보게 될 것이다.

A 비카이랄 환경 하에서 비카이랄 출발 물질의 반응

2-Butene에 브로민이 첨가(6.3D절)는 두 개의 카이랄 중심을 갖는 2,3-dibromobutane을 생성한다. 이 화합물에 대해서 세 개의 입체이성질체가 가능하다. 메조 화합물과 한 쌍의 거울상 이성질체(3.4절)이다. 여기서 다음 질문을 해 보자.

- 생성물의 입체화학은 어떠한가? 한 개의 거울상 이성질체뿐인가, 한 쌍의 거울상 이성질체인가? 메조 화합물인가 혹은 세 가지 입체이성질체의 혼합물인가?
- 생성물은 광학 활성인가 혹은 광학 비활성인가?

부분적인 답은, 얻어진 생성물의 입체화학이 알켄 배열에 달려 있다는 점이다. 먼저 *cis*-2-butene에 브로민의 첨가를 살펴보자.

cis-2-Butene 분자 평면의 어느 쪽으로 브로민 원자가 공격을 하든지 동일한 다리걸친 브로모늄 이온 중간체를 만든다(그림 6.10). 비록 이 중간체는 두 개의 카이랄 중심을 가지고 있지만, 분자 내부에 대칭면을 가지고 있고 따라서 메조이다. 브로모늄 이온 다리의 반대 면으로부터 이 메조 중간체에 대한 Br^- 이온의 공격은 한 쌍의 거울상 이성질체를 생성한다. 2번 탄소에 대한 브로민화 음이온의 공격은 (2*S*, 3*S*) 거울상 이성질체가 생성되고, 3번 탄소를 공격하면 (2*R*, 3*R*) 거울상 이성질체가 얻어진다. 각 탄소에 대한 브로민화 음이온의 공격은 같은 속도로 일어난다. 따라서 거울상 이성질체는 같은 양이 생성되며 2,3-dibromobutane은 라셈 혼합물로 얻어진다(그림 6.10). 그러므로 생성물은 카이랄이지만 라셈 혼합물이기 때문에 광학 비활성이다.

***1단계*: 친핵체(π 결합)와 친전자체 사이에 새로운 결합을 생성한다.** *cis*-2-Butene이 브로민과 반응하여 동일한 메조 형태의 다리걸친 브로모늄 이온을 생성한다.

Br_2

cis-2-Butene
(비카이랄)

(메조 다리걸친 브로모늄 이온 중간체)

***2단계*: 친핵체와 친전자체 사이에 새로운 결합을 생성한다.** 브로민화 음이온이 2번과 3번 탄소에 같은 확률로 공격하여 라셈 혼합물인 두 거울상 이성질체인 생성물을 만든다.

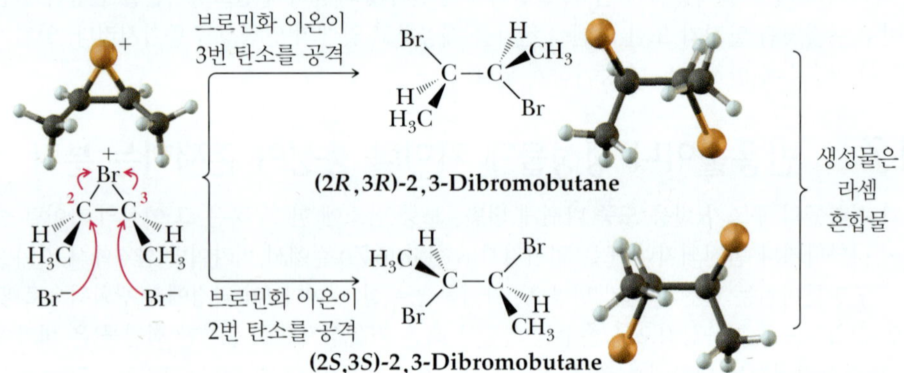

그림 6.10 ▸ *cis*-2-Butene에 브로민의 안티 입체선택성 첨가는 2,3-dibromobutane의 라셈 혼합물을 생성한다. 생성물은 카이랄이지만 라셈 혼합물로 생성되기 때문에 광학 비활성이다.

지금까지는 탄소-탄소 이중 결합의 한쪽 면으로부터 Br—Br의 공격을 설명하였다. 이중 결합의 반대쪽을 공격해서 얻어진 브로모늄 이온 중간체의 고리가 열리는 경우에도 앞의 경우와 같은 두 입체이성질체가 라셈 혼합물로 얻어진다.

trans-2-Butene에 Br_2 첨가는 거울상의 관계에 있는 다리걸친 브로모늄 이온 중간체 2개가 만들어진다. Br^- 이온이 두 가지 브로모늄 이온 중간체의 어느 탄소를 공격하더라도 메조 화합물이 얻어지며, 이 메조 화합물은 비카이랄이고 따라서 광학 비활성이다(그림 6.11).

위의 설명에서와 같이 2-butene에 브로민의 첨가에 의해 형성되는 생성물의 입체화학은 출발 알켄의 입체화학에 따라 달라진다. *cis*-2-butene에 할로젠 첨가는 라셈 혼합물이 생성되고, 반면에 *trans*-2-butene에 할로젠 첨가는 메조 화합물이 생성된다. 따라서 Br_2 또는 Cl_2의 알켄에 대한 첨가는 입체특이성이다. **입체특이성 반응**(Stereospecific reaction)이란 생성물의 입체화학이 출발 물질의 입체화학에 따라 달라지는 입체선택적 반응의 특별한 형태이다.

입체특이성 반응
생성물의 입체화학이 출발 물질의 입체화학에 의해서 결정되는 입체선택적 반응의 특별한 경우.

6.5A절에서 과산화물 존재 하에서 osmium tetroxide에 의한 알켄의 산화 반응을 공부하였다. 이 산화 반응은 글라이콜을 생성하는 알켄의 신 입체선택적 하이드록시화를 나타낸다. 사이클로알켄의 경우, 생성물은 *시스* 글라이콜이다. 산화의 첫 단계는 고리형 osmate이 포함되어 있고, 이어서 바로 물과 반응하여 글라이콜이 생성된다.

OsO_4, ROOH

cis-2-Butene
(비카이랄)

(2*S*,3*R*)-2,3-Butanediol

(2*R*,3*S*)-2,3-Butanediol

동일한 메조 화합물

$$\underset{\text{trans-2-Butene (비카이랄)}}{H_3C(H)C{=}C(H)CH_3} \xrightarrow[\text{ROOH}]{OsO_4} \text{(2S,3S)-2,3-Butanediol} + \text{(2R,3R)-2,3-Butanediol}$$

trans-2-Butene
(비카이랄)

(2S,3S)-2,3-Butanediol

(2R,3R)-2,3-Butanediol

한쌍의 거울상 이성질체, 라셈 혼합물

cis-2-Butene의 신 하이드록시화는 meso-2,3-butanediol을 생성한다. 메조 화합물은 비카이랄이기 때문에 생성물은 광학 비활성이다. *trans*-2-Butene의 신 하이드록시화는 2,3-butanediol의 라셈 혼합물을 생성한다. 라셈 혼합물로 다이올이 생성되기 때문에 *트랜스* 알켄의 산화 반응 생성물은 광학 비활성이다. 그러므로 알켄의 osmium tetroxide 산화 반응은 입체특이성이고, 생성물의 입체화학은 출발 알켄의 입체화학에 따라 결정된다.

trans-2-Butene의 osmium tetroxide에 의한 산화 반응 생성물의 입체화학은 *trans*-2-butene에 브로민의 첨가에 의해 생성되는 화합물의 입체화학과는 반대가 된다는 점에 주의해야 한다. Osmium tetroxide 산화는 라셈 혼합물을 형성하는 한 쌍의 거울상 이성질체인 글라이콜을 생성한다. *trans*-2-Butene에 브로민의 첨가는 메조 화합물인 dibromoalkane을 생성한다. *cis*-2-Butene과 위와 같은 반응의 입체화학적인 결과 사이에서 비슷한 차이가 관찰된다. 알켄의 브로민화 반응은 안티 첨가가 포함되어 있고, 반면에 osmium tetroxide의 산화는 신 첨가로 일어나기 때문에 이러한 차이가 나타난다.

이 절에서 비카이랄인 출발 물질이 카이랄 생성물을 만들어 내는 두 가지 반응 예를 공부하였다. 각각의 경우에 카이랄인 생성물이 라셈 혼합물(광학 비활성)로 얻어졌거나 혹은

***1단계*: 친핵체(π 결합)와 친전자체 사이에 새로운 결합을 생성한다.** *trans*-2-Butene이 브로민과 반응하여 거울상 이성질체인 다리걸친 브로모늄 이온을 생성한다.

$$\text{trans-2-Butene} \xrightarrow{Br_2} \text{bromonium ion} + \text{bromonium ion}$$

trans-2-Butene
(비카이랄)

(다리걸친 브로모늄 이온 중간체, 한 쌍의 거울상 이성질체)

***2단계*: 친핵체와 친전자체 사이에 새로운 결합을 생성한다.** 브로민화 음이온이 양쪽 거울상 이성질체의 어느 탄소를 공격하더라도 meso-2,3-dibromobutane을 생성한다.

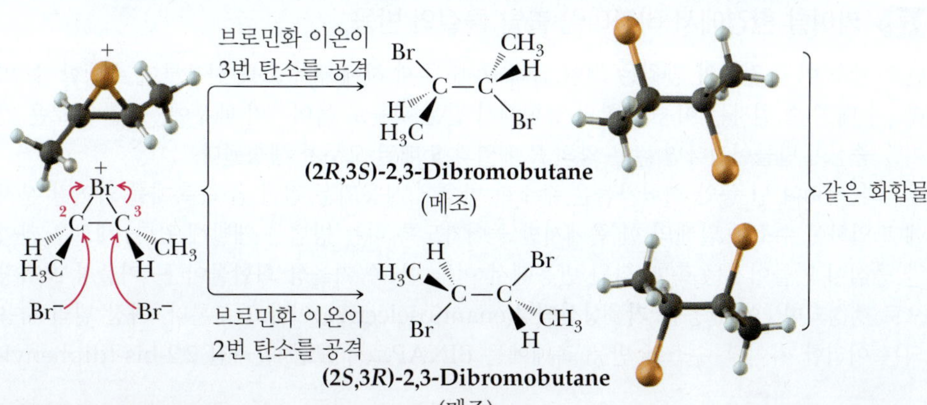

그림 6.11 ▸ *trans*-2-Butene에 브로민의 안티 입체선택성 첨가는 meso-2,3-dibromobutane을 생성한다.

메조 화합물(역시 광학 비활성)이 생성되었다. 이 결과는 카이랄 분자를 만드는 데 필요한 것이 무엇인가 하는 매우 중요한 사실을 설명해 주고 있다. 광학 활성인 생성물(즉, 거울상 이성질적으로 순수한 화합물 혹은 한 쪽 거울상 이성질체가 더 많이 들어 있는 화합물)은 비카이랄 출발 물질로부터 결코 생성될 수 없고, 비카이랄 시약은 비카이랄 반응 조건 하에 반응한다. 생성된 분자가 카이랄일 수는 있겠지만, 생성물은 항상 광학적으로 비활성이 된다(메조 또는 한 쌍의 거울상 이성질체).

비카이랄 반응 조건 하에서 비이랄 출발 물질이 카이랄 생성물로 전환되는 것을 이 과정의 나머지 부분을 통해서 많은 반응 형태로 보게 될 것이다. 편의상, 거울상 이성질성 생성물 중 한 개만 바로 그리지만, 이 실험 조건 하에서 생성물은 항상 라셈 혼합물이고 따라서 광학적으로 비활성임을 명심해야 한다.

B 비카이랄 환경에서 카이랄 출발 물질의 반응

(*R*)-4-*tert*-Butylcyclohexene의 브로민화 반응을 생각해 보자. 두 가지 의자 형태 상호 간의 변환이 불가능하거나 아주 제한적으로만 일어나는 cyclohexane 유도체에서는 *트랜스 이축방향*(*trans* diaxial) 생성물만이 얻어짐을 상기하여라. 만일 cyclohexane 고리에 *tert*-butyl기(2.6B절)와 같이 부피가 큰 알킬기가 붙어 있다면, 분자는 *tert*-butyl기가 대부분 수평 방향으로 배열한다. 거울상 이성질적으로 순수한 (*R*)-4-*tert*-butylcyclohexene에 브로민의 공격은 육원자 고리의 양쪽 면에서 일어난다. 브로민 원자는 축방향에서 첨가되어야 하기 때문에 모든 브로모늄 이온 중간체는 브로민화 음이온과 반응하여 동일한 생성물을 만들어 낸다. 이 생성물의 우세한 의자 형태에서 tert-butyl기는 수평 방향이고, 두 브로민 원자는 축방향에 그대로 남게 되므로 한 가지 부분 입체이성질체만 만들어진다.

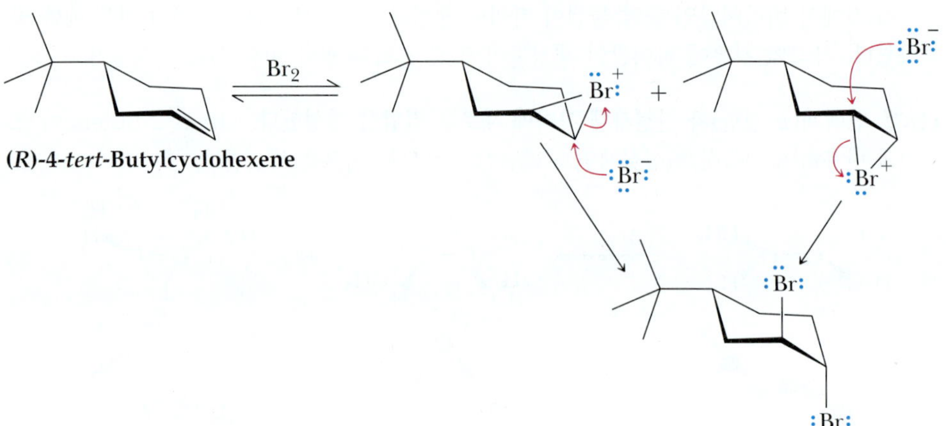

사실상, 부피 큰 *tert*-butyl기의 존재는 고리에 첨가되는 두 개의 브로민 원자의 방향을 결정한다.

C 카이랄 환경에서 비카이랄 출발 물질의 반응

탄소-탄소 이중 결합의 환원은 전이 금속 촉매 존재 하에서 수소를 사용하여 수행할 수 있다. 이 때 수소 원자는 이중 결합의 양쪽에서 같은 확률로 들어가기 때문에, 만일 새로운 카이랄 중심이 만들어진다면 같은 양의 *R* 배열과 *S* 배열 모두가 생성된다.

최근 30여 년 동안 화학자들은 수소화 반응에 사용되는 전이 금속 촉매를 카이랄 분자에 도입하여 수소를 알켄의 한 쪽에서만 들어가도록 하는 방법을 개발해 왔다. 새로운 카이랄 중심이 만들어지는 촉매 환원 반응에서 어느 한 쪽 거울상 화합물이 큰 거울상 초과량으로 생성되며, 이 반응을 **거울상선택성**(enantioselective)이라고 부른다. 가장 널리 사용되는 이러한 카이랄 수소화 반응 촉매에는 BINAP로서 보통 알려진 2,2-bis-(diphenyl-

입체선택적 반응
한 종류의 거울상 이성질체가 다른 거울상 이성질체보다 우선적으로 생성되는 반응.

phosphanyl)-1,1′-binaphthyl 카이랄 리간드가 포함되어 있다. BINAP는 *R* 거울상 이성질체 및 *S* 거울상 이성질체로 분할할 수 있다. BINAP를 분할할 수 있는 것은 두 개의 naphthalene 고리를 이어주는 단일 결합의 회전이 제한되어 있기 때문이다. BINAP의 두 거울상 이성질체는 회전장애이성질체(atropisomer, 3.2절)이다.

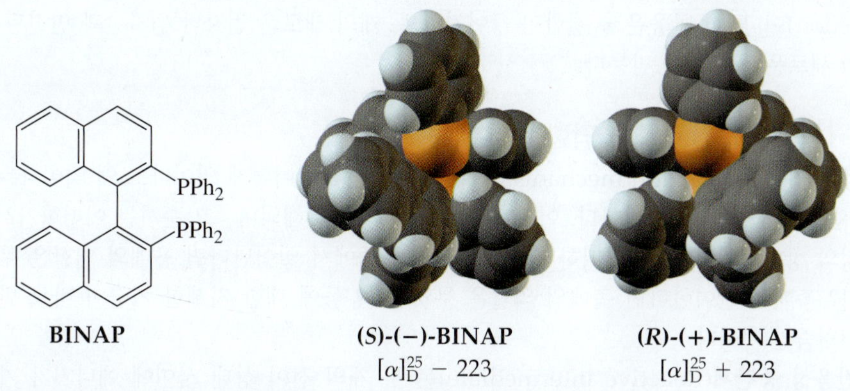

BINAP **(*S*)-(−)-BINAP** $[\alpha]_D^{25}$ − 223 **(*R*)-(+)-BINAP** $[\alpha]_D^{25}$ + 223

BINAP의 두 이성질체 중 어느 하나를 ruthenium chloride로 처리하면 ruthenium이 착이온 형태로 부피가 큰 카이랄 환경의 BINAP 분자에 결합하게 된다. 이 착물은 dichloromethane (CH_2Cl_2)에 녹으며 수소화 반응 균일 촉매로 사용된다.

$$(R)\text{-BINAP} + RuCl_3 \longrightarrow (R)\text{-BINAP-}RuCl_3$$

(*R*)-BINAP-$RuCl_3$를 수소화 촉매로 사용하여 (*S*)-naproxen이 98% 이상의 거울상 초과량으로 생성된다. (*S*)-Naproxen은 Aleve나 기타 여러 가지 의사 처방 없이 살 수 있는 소염제나 진통제이다. 이 환원 반응에서 나프틸기의 벤젠고리 또는 카복시기는 환원되지 않는다는 점에 주의해야 한다. 이 작용기의 환원에 대해서는 다음 장에서 설명하기로 한다.

CH_2 COOH H_3CO + H_2 $\xrightarrow[\text{압력}]{(R)\text{-BINAP-RuCl}_3}$ CH_3 COOH H_3CO

(*S*)-Naproxen
(ee > 98%)

BINAP-$RuCl_3$ 착물은 일부 특정한 탄소-탄소 이중 결합만을 환원시킨다. 환원시키기 위해서는 이중 결합의 이웃에 환원 반응을 유도하는 작용기가 있어야 한다. 이렇게 유도하는 가장 일반적인 작용기로는 카복실산의 카복시기, 에스터의 카복시기, 알코올의 하이드록시기를 들 수 있다. 아래 예에서 보는 바와 같이 —OH기에 가까운 탄소-탄소 이중 결합만이 환원된다. 화합물의 이름에서 알 수 있듯이 geraniol은 장미와 제라늄 오일에서 분리되는 천연물이다. Geraniol은 시트로넬라 오일 및 레몬그라스 오일에도 존재한다. 이 카이랄 촉매를 사용하면 (*S*)-BINAP-$RuCl_3$ 착물로부터는 *R* 거울상 이성질체만 형성되고, (*R*)-BINAP-$RuCl_3$ 착물로부터는 *S* 거울상 이성질체만이 만들어진다.

OH + H_2

(*E*)-3,7-Dimethyl-2,6-octadien-1-ol
(Geraniol)

(*S*)-BINAP-$RuCl_3$ → OH **(*R*)-3,7-Dimethyl-6-octen-1-ol**

(*R*)-BINAP-$RuCl_3$ → OH **(*S*)-3,7-Dimethyl-6-octen-1-ol**

사실과 개념에 대한 요약

6.1절 | 알켄의 반응: 개요

- 알켄의 가장 큰 특징적인 반응은 탄소-탄소 이중 결합에서 일어나는 **첨가 반응**(addition reaction)이다. 이 반응은 π 결합이 끊어지고 두 개의 새로운 원자나 원자단과 연결된 두 개의 새로운 σ 결합을 만든다.

6.2절 | 반응 중간체를 포함하는 유기 반응

- **반응 메커니즘**(Reaction mechanism)이란 화학 반응이 어떻게 일어나고 왜 일어나는가를 자세히 기술한 것을 말한다. 어떤 결합이 형성되고 분해되며, 그 순서는 어떠한가? 각 과정의 상대적인 속도는 어떠하며, 반응이 용액 중에서 일어난다면 용매의 역할은 무엇인가? 촉매가 관여한다면 촉매의 역할은 무엇인가? 등에 대한 자세한 기술이 바로 반응 메커니즘인 것이다.
  - **반응성 중간체**(Reactive intermediate)는 두 개의 전이 상태 사이에 에너지가 가장 낮은 점에 해당한다.
  - 여러 단계로 진행되는 반응에서 에너지가 가장 높은 장벽을 지나가는 단계를 **속도 결정 단계**(Rate-determining step)라고 한다.
- 유기화학에서 가장 일반적인 반응 중간체는 탄소에 팔전자계(octet)가 부족한 중간체 또는 탄소가 기본인 음이온이 중간체이다.
  - 특히, 일반적인 반응 중간체는 **탄소양이온**(carbocation, 여섯 개의 원자가 전자만을 가진 탄소에 양전하), **탄소 라디칼**(carbon radical, 한 개의 홀전자, 따라서 탄소에 일곱 개의 원자가 전자), **탄소음이온**(carbanion, 탄소에 세 개의 결합과 한 개의 고립 전자쌍)이 있다.
- **결합 해리 엔탈피**(Bond dissociation enthalpy, BDE)란 하나의 결합을 끊어 두 개의 라디칼을 만드는데 필요한 에너지의 양이다. BDE는 어떤 반응이 진행될 것인지(발열) 아니면 진행되지 않을 것인지(흡열)를 예측하는데 사용된다.
  - 위와 같은 해석을 할 때 반응 전체를 통해 엔트로피는 상대적으로 일정하다고 가정한다.
  - 반응 엔탈피 변화(ΔH^0)는 반응 중에 끊어진 결합의 BDE에서 생성된 결합의 BDE를 뺀 차이로 계산한다. 연습 문제 6.14
  - 생성물에서 만들어진 결합이 반응물에서 끊어진 결합보다 강하면 발열 반응이다.

6.3절 | 친전자성 첨가 반응

- 알켄의 첨가 반응은 다양한 종류의 **친전자체**(electrophile)와 함께 일어난다.
- 친핵체로 작용하는 알켄 π 결합이 친전자체와 반응하는 경우에 친전자성 첨가 반응에서 중요한 단계는 새로운 결합이 형성되는 단계이다.
  - 이것이 메커니즘에서 속도 결정 단계이다.
  - 양성자를 포함하여 다양한 종류의 친전자체가 있다.
- 이러한 결합-형성 단계에서 친전자체가 양성자일 때 **탄소양이온** 중간체가 만들어진다.
  - 탄소양이온이란 탄소의 원자가 껍질에 전자를 여섯 개 밖에 가지고 있지 아니한 양이온이다.
  - 탄소양이온은 평면 구조를 가지며 양전하를 가진 탄소 원자가 이루는 결합각은 대략 120°이다.
  - 탄소양이온의 안정성은 3° > 2° > 1° > 메틸 순서로 감소한다.
  - 탄소양이온은 전자를 내어주는 성질을 가진 알킬기에 의한 **유발 효과**(inductive effect)와 **하이퍼콘쥬게이션**(hyperconjugation)에 의해서 더욱 안정해진다. 하이퍼콘쥬게이션은 양전하를 가진 탄소의 비어 있는 2p 궤도함수와 양전하를 가진 탄소 바로 옆에 있는 알킬기의 σ 결합 궤도함수 사이에 겹침을 포함하는 상호작용으로 탄소양이온이 안정해진다.

> 탄소양이온은 **자리옮김**(rearrangement)을 할 수 있다.

  > **탄소양이온 자리옮김**(Carbocation rearrngement)의 추진력은 더욱 안정한 2차 또는 3차 탄소양이온으로 변화하려는 것이다.

  > 자리옮김은 원자나 원자단이 결합 전자쌍을 가지고 이웃한 원자로부터 전자가 부족한 원자로 옮겨가는 1,2 이동의 결과로 나타난다.

- **위치선택성 반응**(Regioselective reaction)이란 어느 한 쪽 방향의 결합 생성 또는 끊어짐이 다른 모든 방향과 비교하여 선택적으로 일어나는 반응이다.
  > **Makovnikov 규칙**에 따르면 HX나 H_2O가 비대칭 알켄에 첨가될 때 수소는 이중결합 탄소 중 수소가 많은 쪽에 첨가되고 X나 OH는 치환이 많이 된(수소 원자가 적은) 탄소에 첨가된다.

  > Makovnikov 규칙은 비대칭 알켄과 친전자체 사이에 반응으로부터 서로 다른 두 종류의 탄소양이온이 생성된다는 것을 이해하면 설명이 가능하다. 좀 더 안정한 탄소양이온의 생성이 지배적으로 일어나며, Makovnikov 규칙에 의해 예측되는 생성물이 만들어진다.

연습 문제: 6.1~6.8, 6.15~6.36, 6.44, 6.45, 6.49, 6.53

- **입체선택성 반응**(Stereoselective reaction)이란 어느 한 가지 입체이성질체가 다른 가능한 입체이성질체보다 선택적으로 많이 만들어지는 반응을 말한다.
  > 입체선택성 반응은 생성물의 입체이성질체가 거울상 이성질체(enantiomer) 또는 부분 입체이성질체(diastereomer)인가에 따라 **거울상선택성**(enantioselective)이거나 **부분입체이성질선택성**(diastereoselective) 등으로 분류한다.

  > 새로운 원자나 원자단이 이중 결합면의 반대쪽에서 첨가되면 이를 **안티 첨가**(anti addition)라고 하며 이 과정은 **안티 입체선택성**(anti stereoselectivity)이 된다. 고리형계에서 안티 첨가란 바로 같은 평면에 *트랜스*로 첨가되는 것을 뜻한다.

  > 이중 결합면의 같은 쪽에서 원자나 원자단이 첨가되는 경우에는 이를 **신 첨가**(syn addition)라고 부른다.

6.4절 | 수소화붕소 첨가-산화 반응

- **수소화붕소 첨가-산화 반응**(Hydroboration-oxidation)에 의한 알켄의 수화 반응은 Markovnikov 수화 반응과 반대로 일어나며 이 반응 과정에서 중요한 단계는 탄소양이온 중간체가 아닌 신 방향으로 첨가되는 특징을 지닌 사원자 전이 상태이다.

연습 문제: 6.9, 6.37, 6.38, 6.44, 6.45

6.5절 | 산화

- **산화**(Oxidation)는 전자의 잃음이고, **환원**(reduction)은 전자의 얻음이다.
  > 바꾸어 말하면, 산소 원자를 얻거나 수소 원자를 잃으면 산화가 된다.

연습 문제: 6.10~6.12, 6.39~6.41, 6.44, 6.45

6.6절 | 환원

- 산소 원자를 잃어버리거나 수소 원자를 얻으면 **환원**(reduction)이다.
- 여러 종류 알켄의 **수소화 열**(heats of hydrogenation)로부터 다음과 같은 결론을 이끌어 낼 수 있다.
  > 탄소-탄소 이중 결합에 치환이 많이 되어 있을수록 더욱 안정한 알켄이다.

  > *트랜스* 알켄이 *시스* 알켄보다 더 안정하다.

연습 문제: 6.42~6.45

6.7절 | 반응물이나 생성물에 카이랄 중심이 존재하는 분자

- 카이랄 중심이 만들어지는 반응일지라도 비카이랄 용매 내에서 비카이랄 반응물로부터는 라셈 혼합물만이 만들어진다.
- **입체특이성 반응**(Stereospecific reaction)이란 생성물의 입체화학이 출발 물질의 입체화학에 따라 결정되는 반응을 말한다.
  > 모든 입체특이성 반응은 입체선택성이나, 모든 입체선택성 반응이 입체특이성은 아니다. 나중에 이것에 대해 공부할 것이다.

  > 비카이랄 출발 물질을 가지고 비카이랄 환경에서 반응한다면 광학 활성을 가지는 화합물을 결코 만들지 못한다.

  > 그러나 비카이랄 출발 물질을 카이랄 환경에서 반응시키면 광학 활성이 있는 생성물이 만들어지기도 한다.

연습 문제: 6.46~6.48

입체화학 용어에 대해서는 부록 8을 참조하라.

주요 반응 *Key Reactions*

1. HX의 첨가 반응(6.3A절). HX를 사용하여 친전자성 첨가 반응에 의해 알켄을 할로알케인으로 전환시킬 수 있다. 두 단계의 메커니즘으로 진행되는데 처음에 양성자가 알켄으로 이동하여 탄소양이온을 만들며 여기에 X^- 이온이 반응하여 생성물인 할로알케인을 만든다. X 원자는 알켄의 더 많이 치환된 탄소에 결합되는 Markovnikov 위치선택성을 따른다(더욱 안정한 탄소양이온 중간체가 생성되는 방향으로). 탄소양이온 자리옮김이 일어나기도 한다.

CH3 + HCl ⟶ Cl CH3

2. 산 촉매 수화 반응(6.3B절). 산 촉매 존재 하에 알켄에 물이 첨가되어 알코올이 만들어진다. 처음에 양성자가 알켄으로 이동하여 탄소양이온을 만들며 이것은 친핵성인 물과 반응하여 두 번째 중간체를 생성한다. 이 중간체가 양성자를 잃고 알코올 생성물을 만들어 낸다. OH기는 알켄의 탄소 중 더 많이 치환된 탄소에 결합하는 Markovnikov 위치선택성을 따른다(더욱 안정한 탄소양이온 중간체가 생성되는 방향으로). 탄소양이온 자리옮김이 일어나기도 한다.

$$CH_3C(CH_3){=}CH_2 + H_2O \xrightarrow{H_2SO_4} CH_3C(CH_3)(OH)CH_3$$

3. 브로민과 염소의 첨가(6.3D절). Cl_2 또는 Br_2는 알켄을 이웃자리 이할로젠화물(vicinal dihalide)로 전환시키는데 사용된다. 반응 메커니즘은 X_2의 한 원자에 알켄 π 결합의 공격으로 다리걸친 할로늄 이온 중간체(양이온)를 만드는 과정을 포함한다. X^- 음이온이 뒷편에서 공격하여 이웃자리 이할로젠화물을 만든다. 자리옮김은 일어나지 않는다. 할로늄 이온 중간체가 관여하기 때문에 첨가 반응은 안티 입체선택적이다. *Z* 알켄이 *E* 알켄과는 다른 생성물이 만들어지므로 이 반응은 입체특이성 반응이다.

+ Br_2 $\xrightarrow{CH_2Cl_2}$ Br Br + Br Br

(라셈 혼합물)

4. HOCl과 HOBr의 첨가(6.3E절). 물의 존재 하에서 Cl_2 또는 Br_2를 알켄에 첨가시켜 할로하이드린(halohydrin)을 만드는 것이다. 반응 메커니즘은 X_2의 한 원자에 알켄 π 결합의 공격으로 다리걸친 할로늄 이온 중간체(양이온)를 만드는 과정을 포함한다. H_2O가 뒤편에서 공격하여 새로운 중간체를 만들고 이것이 양성자를 잃어 할로하이드린을 만든다. 자리옮김은 관찰되지 않는다. 할로늄 이온 중간체가 관여하기 때문에 첨가 반응은 안티 입체선택적이다. 이 반응은 Markovnikov 위치선택성을 나타내어 —OH기는 알켄의 치환이 많이된 탄소에 결합한다. 이러한 위치 특이성은 보다 많은 탄소양이온 성질을 나타낼 수 있는 할로늄 이온 중간체의 탄소에 H_2O가 공격하기 때문에 나타난다. *Z* 알켄이 이성질체인 *E* 알켄과는 다른 생성물이 만들어지므로 이 반응은 입체특이성 반응이다.

CH3 $\xrightarrow{Br_2/H_2O}$ CH3 OH Br H + CH3 OH Br H + HBr

(라셈 혼합물)

5. 옥시수은 첨가-환원 반응(6.3F절). 옥시수은 첨가-환원 반응은 알켄을 알코올로 전환시키기 위하여 사용된다. 이 반응 메커니즘은 알켄 π 결합과 $HgOAc^+$ 이온의 반응으로 다리걸친 머큐리늄 이온 중간체(양이온)를 만드는 과정을 포함한다. H_2O가 뒤편에서 공격하여 새로운 중간체를 만든 다음 양성자를 잃는다. 두 번째 단계에서 $NaBH_4$가 첨가되어 Hg 원자를 수소 원자로 치환한다. 첫 번째 단계는 HgOAc와 OH가 알켄의 반대 면으로부터 첨가되므로 안티 입체선택성이다. 그러나 $NaBH_4$에 의한 환원 단계는 수소 원자가 Hg를 치환하므로 입체화학을 뒤섞어, 전체 반응은 안티 첨가와 신 첨가가 뒤섞인 상태가 된다. 이 반응은

Markovnikov 위치선택성을 나타내어 —OH기는 치환이 많이 된 알켄 탄소에 결합한다. 이러한 위치 특이성은 보다 많은 탄소양이온 성질을 나타낼 수 있는 머큐리늄 이온 중간체의 탄소에 H_2O가 공격하기 때문에 나타난다. 자리옮김은 관찰되지 않는다.

$$CH_3CH(CH_3)CH{=}CH_2 \xrightarrow[\text{2. NaBH}_4]{\text{1. Hg(OAc)}_2\text{, H}_2\text{O}} CH_3CH(CH_3)CH(OH)CH_3$$

6. 수소화붕소 첨가-산화 반응(6.4절). BH_3에 이어 염기성 과산화 수소로 반응시키면 알켄을 알코올로 전환시킬 수 있다. 이 반응은 자리옮김이 일어나지 않는 신 입체선택적이면서 동시에 Markovnikov 규칙과 반대 방향으로 일어나서 OH는 치환이 덜된 탄소에 첨가된다. 수소화붕소 첨가-산화 반응은 *시스* 알켄이 *트랜스* 알켄과는 서로 다른 생성물이 얻어지므로 입체특이성이다. 반응 메커니즘은 알켄 π 결합이 borane의 비어 있는 $2p$ 결합 궤도에 배위한 후 사원자 고리형 전이 상태를 거쳐 수소 원자는 치환이 많이 된 탄소에 붕소는 치환이 덜 된 탄소에 동시에 첨가되는 것이다. 염기성 과산화물이 붕소를 OH로 치환한다.

$$\text{1-Methylcyclohexene} \xrightarrow[\text{2. H}_2\text{O}_2\text{, NaOH}]{\text{1. BH}_3} \text{trans-2-Methylcyclohexanol (two enantiomers)}$$

(라셈 혼합물)

7. OsO_4에 의한 이웃자리 다이올로의 산화(6.5A절). OsO_4에 이어 $NaHSO_3$로 처리하면 알켄을 자리옮김이 일어나지 않으면서 신 입체선택성을 지닌 이웃자리 다이올로 전환시킬 수 있다. 이 반응은 *시스* 알켄이 *트랜스* 알켄과는 서로 다른 생성물이 얻어지므로 입체특이성이다. 메커니즘은 고리형 osmate 에스터가 만들어지는 과정을 포함한다.

$$\text{Cyclopentene} \xrightarrow{\text{OsO}_4} \text{고리형 osmate} \xrightarrow[\text{H}_2\text{O}]{\text{NaHSO}_3} \textit{cis}\text{-1,2-Cyclopentanediol}$$

고리형 osmate

***cis*-1,2-Cyclopentanediol**
(*시스* 글라이콜)

8. 오존에 의한 산화(6.5B절). 알켄의 탄소-탄소 이중 결합을 오존과 이어서 dimethyl sulfide로 처리하면 이중 결합이 깨지고 그 자리에 카보닐기 두 개가 들어선 화합물이 만들어진다. 이 반응은 molozonide 중간체가 먼저 생성되고 이것이 자리옮김을 하여 ozonide로 바뀐 후 dimethyl sulfide로 처리하여 환원시키면 카보닐 생성물이 만들어지는 메커니즘으로 진행된다.

$$\text{1-Methylcyclohexene} \xrightarrow[\text{2. (CH}_3)_2\text{S}]{\text{1. O}_3} CH_3C(=O)CH_2CH_2CH_2CH_2CHO$$

9. 수소의 첨가, 촉매 환원(6.6절). 적절한 전이 금속 촉매 하에서 수소에 의해 알켄은 알케인으로 자리옮김없이 신 입체선택적으로 환원이 된다. Z 알켄이 이성질체인 E 알켄과는 다른 생성물이 만들어지므로 이 반응은 입체특이성 반응이다. 전이 금속에 흡착하여 알켄의 π 결합이 끊어지는 메커니즘으로 진행된다. 촉매 환원은 입체선택적이고 수소가 신으로 첨가된다. 이 단계를 거쳐 같은 면으로부터 두 개의 C—H 결합을 만들고 알케인 분자가 탈착한다.

$$\text{Cyclohexene} + H_2 \xrightarrow{\text{전이 금속 촉매}} \text{Cyclohexane}$$

10. 거울상 이성질 선택성 환원(6.7절). 가장 널리 쓰이는 카이랄 수소화 촉매는 인을 포함하는 카이랄 리간드가 ruthenium 또는 rhodium과 만든 착물이다.

$$\text{Geraniol} + H_2 \xrightarrow{(S)\text{-BINAP-RuCl}_2} (R)\text{-Citronellol}$$

연습 문제

붉은색 번호는 응용 문제를 나타낸다.

화학 반응과 에너지 변화

6.14 25℃에서의 평균 결합 해리 엔탈피 표를 사용하여, 실온에서 다음 어느 반응이 에너지적으로 바람직한지 결정하여라. $\Delta S = 0$으로 가정하여라.

결합	결합 해리 엔탈피 kJ (kcal)/mol	결합	결합 해리 엔탈피 kJ (kcal)/mol
H—H	435 (104)	C—I	238 (57)
O—H	439 (105)	C—Si	301 (72)
C—H(—CH_3)	422 (101)	C=C	727 (174)
C—H(=CH_2)	464 (111)	C=O (알데하이드)	728 (174)
C—H(≡CH)	556 (133)	C=O (CO_2)	803 (192)
N—H	391 (93)	C≡O	1075 (257)
Si—H	318 (76)	N≡N	950 (227)
C—C	376 (90)	C≡C	966 (231)
C—N	355 (85)	O=O	498 (119)
C—O	385 (92)		

(a) $CH_2{=}CH_2 + 2H_2 + N_2 \longrightarrow H_2NCH_2CH_2NH_2$

(b) $CH_2{=}CH_2 + CH_4 \longrightarrow CH_3CH_2CH_3$

(c) $CH_2{=}CH_2 + (CH_3)_3SiH \longrightarrow CH_3CH_2Si(CH_3)_3$

(d) $CH_2{=}CH_2 + CHI_3 \longrightarrow CH_3CH_2CI_3$

(e) $CH_2{=}CH_2 + CO + H_2 \longrightarrow CH_3CH_2\overset{O}{\overset{\|}{C}}H$

(f) 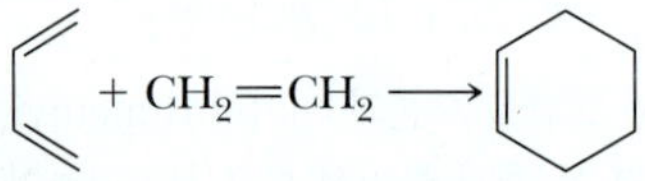 (1,3-부타다이엔) + $CH_2{=}CH_2 \longrightarrow$ (사이클로헥센)

(g) 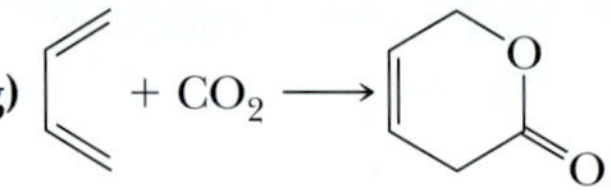 (1,3-부타다이엔) + $CO_2 \longrightarrow$ (O, O가 있는 고리 화합물)

(h) $HC{\equiv}CH + O_2 \longrightarrow H\overset{O}{\overset{\|}{C}}-\overset{O}{\overset{\|}{C}}H$

친전자성 첨가 반응

6.15 아래 알켄을 HCl로 처리했을 때 예상되는 탄소양이온 중간체의 구조를 가능한 이성질체를 포함하여 그려라. 각 탄소양이온이 1°, 2°, 3°인지를 표시하고 어느 이성질성 탄소양이온이 쉽게 생성되는지 말하여라.

(a) $CH_3CH_2\overset{CH_3}{\overset{|}{C}}{=}CHCH_3$ **(b)** $CH_3CH_2CH{=}CHCH_3$ **(c)** 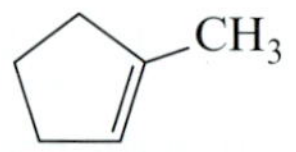 (1-메틸사이클로펜텐, CH_3) **(d)** 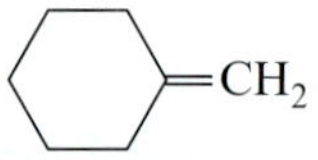 (사이클로헥산 고리)$={CH_2}$

6.16 주어진 알켄 쌍을 HI와 반응시킬 때 반응 속도가 증가하는 순서대로 나열하고 그 이유를 설명하라. 각 경우에 생성되는 주 생성물의 구조를 그려라.

(a) $CH_3CH{=}CHCH_3$ 와 $CH_3\overset{CH_3}{\overset{|}{C}}{=}CHCH_3$ **(b)** 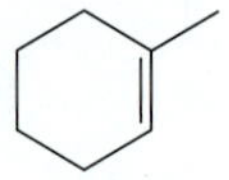 (1-메틸사이클로헥센) 와 (사이클로헥센)

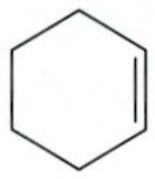

6.17 다음 각 시약과 2-Butene과의 반응에서 유기 생성물을 예측하여라.

(a) H_2O (H_2SO_4) **(b)** Br_2 **(c)** Cl_2
(d) Br_2 (H_2O) **(e)** HI **(f)** Cl_2 (H_2O)
(g) $Hg(OAc)_2$, H_2O **(h)** 생성물(g) + $NaBH_4$

6.18 산 촉매 수화 반응을 하여 다음 알코올을 주 생성물로 만들어내는 알켄의 구조식을 써라(각 알코올을 주 생성물로 만들어내는 알켄이 하나 이상일 수도 있음).

(a) 3-Hexanol **(b)** 1-Methylcyclobutanol
(c) 2-Methyl-2-butanol **(d)** 2-Propanol

6.19 2-Methyl-2-pentene과 다음 각 시약과의 반응은 위치선택적이다. 각 반응 생성물의 구조를 그리고, 관찰된 위치선택성에 대한 설명하여라.

(a) HI **(b)** HBr
(c) H_2O (H_2SO_4) **(d)** Br_2 (H_2O)
(e) $Hg(OAc)_2$ (H_2O)

6.20 아래 주어진 시약과 1-methylcyclopentene을 반응시켰을 때 관찰되는 위치선택성과 입체선택성을 설명하여라.

(a) BH_3 **(b)** Br_2 (H_2O) **(c)** $Hg(OAc)_2$ (H_2O)

6.21 아래 반응에서 출발 물질로 사용된 알켄의 구조를 그려라(하나 이상의 알켄이 동일한 화합물을 주 생성물로 만들어 낼 수 있음).

(a) $C_5H_{10} + H_2O \xrightarrow{H_2SO_4}$ OH **(b)** $C_5H_{10} + Br_2 \longrightarrow$ Br Br

(c) $C_7H_{12} + HCl \longrightarrow$ CH_3 Cl

6.22 HCl을 1-bromopropene에 첨가시키면 1-bromo-1-cyclopropane만이 얻어진다는 사실을 설명하여라.

$$CH_3CH{=}CHBr + HCl \longrightarrow CH_3CH_2CHBrCl$$

1-Bromopropene **1-Bromo-1-chloropropane**

6.23 Propeonic acid (acrylic acid)를 HCl과 반응시키면 3-chloropropanoic acid만이 얻어진다는 사실을 설명하여라.

$$CH_2{=}CH\overset{O}{\overset{\|}{C}}OH + HCl \longrightarrow ClCH_2CH_2\overset{O}{\overset{\|}{C}}OH \quad \left[CH_3\overset{Cl}{\overset{|}{C}}H\overset{O}{\overset{\|}{C}}OH \right]$$

Propenoic acid (Acrylic acid) **3-Chloropropanoic acid** **2-Chloropropanoic acid** (이 생성물은 생성되지 않음)

6.24 Br_2와 반응하여 다음 각 생성물을 생성하는 분자식이 C_5H_{10}인 알켄의 구조를 그려라.

(a) 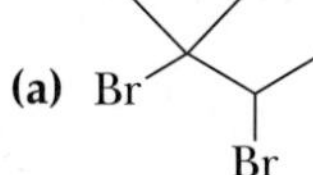

(b) Br Br **(c)** Br Br

6.25 브로민이 4-*tert*-butylcyclohexene에 첨가되어 생성되는 생성물의 가능한 의자 형태를 그려라. Cyclohexane의 수평방향과 축방향 치환기의 Gibbs 자유 에너지 차이는 *tert*-butyl기에 대해서는 21 kJ(4.9 kcal)/mol이고 브로민에 대해서는 2.0~2.6 kJ(0.48~0.62 kcal)/mol이다. 이 문제에서 그린 가능한 의자 형태의 상대적인 백분율을 계산하여라.

6.26 Cl_2와 반응하여 다음 각 생성물을 생성하는 분자식이 C_6H_{10}인 알켄의 구조를 그려라.

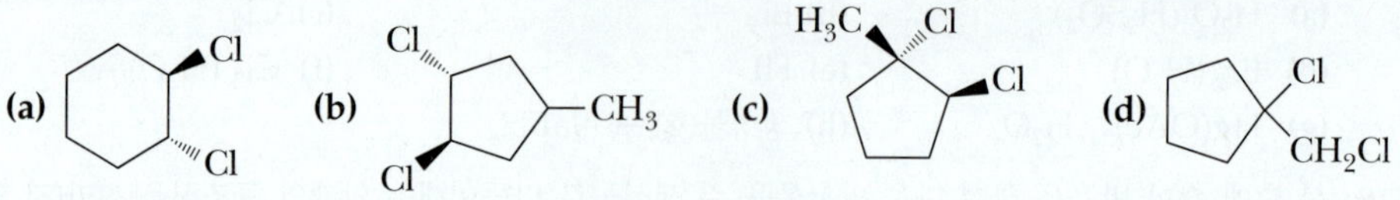

(a) (b) (c) (d)

6.27 Carbon tetrachloride 용액내 두고리알켄과 브로민의 반응은 *트랜스* 이브로민 화합물을 생성한다. 아래 (a)와 (b)에서 브로민 원자는 서로 *트랜스*이다. 그러나 이 생성물 중에서 하나만이 생성된다.

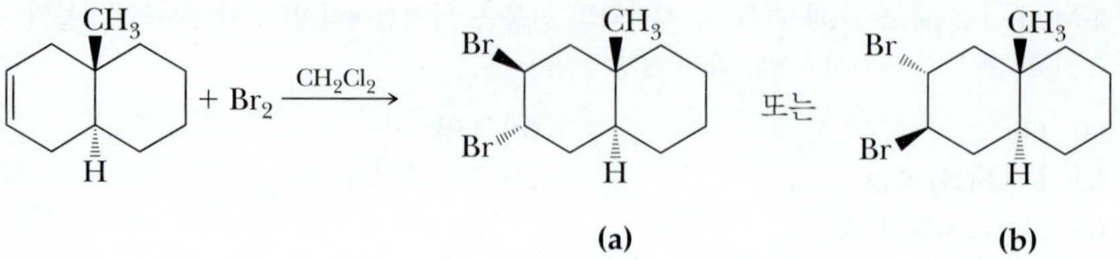

$$+ Br_2 \xrightarrow{CH_2Cl_2}$$ (a) 또는 (b)

어느 *트랜스* 이브로민 화합물이 생성되는가? 다른 *트랜스* 이성질체를 제외하고 오직 그것만이 만들어진다는 사실을 어떻게 설명할 수 있겠는가?

6.28 Limonene을 산 촉매 수화 반응하여 상업적으로 만들 수 있는 terpin은 의약적으로 담을 제거하는 거담제로 사용된다.

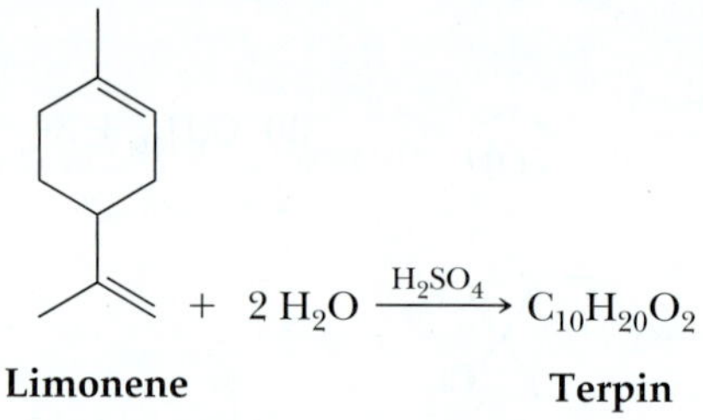

$$\text{Limonene} + 2\,H_2O \xrightarrow{H_2SO_4} C_{10}H_{20}O_2\ (\text{Terpin})$$

Limonene **Terpin**

(a) Terpin의 구조식과 이것의 생성 메커니즘을 제안하여라.

(b) 제안한 구조식에서 얼마나 많은 *시스*, *트랜스* 이성질체가 가능한가?

6.29 아래 반응에서 메커니즘을 제시하고, 위치선택성을 설명하라.

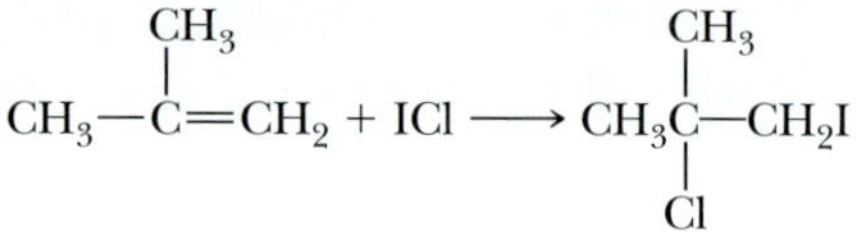

$$CH_3-\overset{CH_3}{\overset{|}{C}}=CH_2 + ICl \longrightarrow CH_3\underset{Cl}{\underset{|}{\overset{CH_3}{\overset{|}{C}}}}-CH_2I$$

6.30 황산의 존재 하에서 2-methylpropene을 methanol로 처리하면 *tert*-butyl methyl ether가 생성된다.

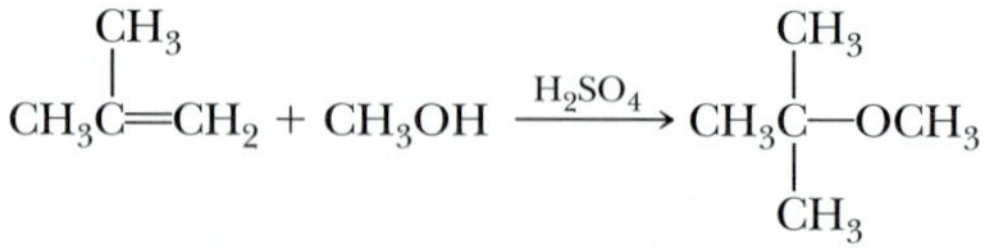

$$CH_3\overset{CH_3}{\overset{|}{C}}=CH_2 + CH_3OH \xrightarrow{H_2SO_4} CH_3\underset{CH_3}{\underset{|}{\overset{CH_3}{\overset{|}{C}}}}-OCH_3$$

이 에터의 생성 메커니즘을 제안하여라.

6.31 2-Pentene을 메탄올 중에서 Cl_2로 처리하면 세 가지 생성물이 얻어진다. 각 생성물의 생성을 설명하여라(상대적인 퍼센트는 설명할 필요 없다).

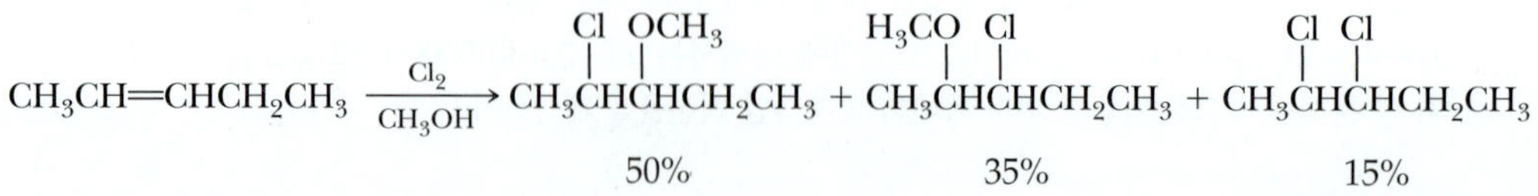

$$CH_3CH=CHCH_2CH_3 \xrightarrow[CH_3OH]{Cl_2} \underset{50\%}{CH_3\overset{Cl}{\overset{|}{C}}H\overset{OCH_3}{\overset{|}{C}}HCH_2CH_3} + \underset{35\%}{CH_3\overset{H_3CO}{\overset{|}{C}}H\overset{Cl}{\overset{|}{C}}HCH_2CH_3} + \underset{15\%}{CH_3\overset{Cl}{\overset{|}{C}}H\overset{Cl}{\overset{|}{C}}HCH_2CH_3}$$

6.32 Acetic acid 존재 하에 cyclohexene을 HBr로 처리하면 bromocyclohexane (85%)과 cyclohexyl acetate (15%)가 얻어진다.

Cyclohexene + HBr $\xrightarrow{CH_3COOH}$ Bromocyclohexane (85%) + Cyclohexyl acetate (15%)

이 반응에서 cyclohexyl acetate가 만들어지는 과정의 메커니즘을 써라.

6.33 아래 반응의 메커니즘을 써라.

1-Pentene + Br_2 + H_2O ⟶ 1-Bromo-2-pentanol (라셈 혼합물) + HBr

6.34 물에서 4-penten-1-ol을 브로민과 반응시키면 고리형 bromoether를 생성한다.

4-Penten-1-ol + Br_2 ⟶ (라셈 혼합물) + HBr

연습 문제 6.33에서 생성된 바와 같이 bromohydrin보다는 이러한 생성물이 생성됨을 설명하여라.

6.35 아래 각 반응의 메커니즘을 써라.

(a) OH $\xrightarrow[H_2O]{H_2SO_4}$ (라셈 혼합물)

(b) $\xrightarrow[NaOH]{Br_2}$ + NaBr + H_2O

6.36 1-Methyl-1-vinylcyclopentane을 HCl로 처리하면 주로 1-chloro-1,2-dimethylcyclohexane이 생성된다.

1-Methyl-1-vinylcyclopentane + HCl ⟶ 1-Chloro-1,2-dimethylcyclohexane (라셈 혼합물)

이 생성물의 생성에 대한 메커니즘을 제안하여라.

수소화붕소 첨가 반응

6.37 아래 주어진 각각의 알켄을 THF 용매 중에서 borane과 반응시킨 후 NaOH 수용액에서 과산화수소로 산화시킬 때 얻어지는 알코올의 구조를 그린 다음, 적절한 위치에 입체화학을 표시하라.

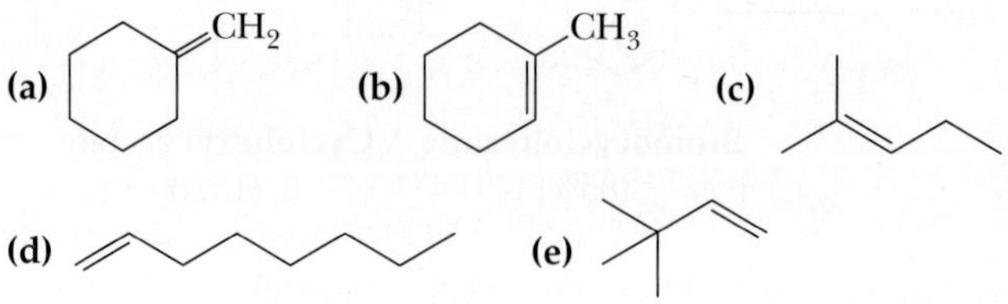

(a) CH_2 **(b)** CH_3 **(c)**

(d) **(e)**

6.38 α-Pinene을 borane과 반응시켜 얻어진 trialkylborane을 알칼리성 과산화수소로 처리하면 다음과 같은 알코올이 생성된다.

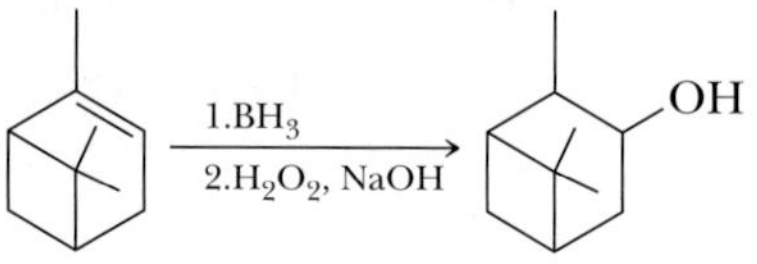

1.BH_3 / 2.H_2O_2, NaOH → OH

α-Pinene

이 반응에서는 네 가지 가능한 *시스*, *트랜스* 이성질체 중 오직 하나만이 85% 수득률로 얻어졌다.

(a) 생성물인 두고리 알코올의 가능한 네 가지 *시스*, *트랜스* 이성질체의 구조를 그려라.

(b) 이성질체는 어느 구조가 85% 수득률로 생성되는가? 이러한 생성을 어떻게 설명할 수 있는가? 이러한 예측에 도움을 주는 모형을 만들어라.

산화

6.39 1-Methylcyclohexene과 다음 각 산화제와의 반응에 의해 생성되는 유기 주생성물의 구조를 그려라.

(a) OsO_4/H_2O_2 **(b)** $O_3/(CH_3)_2S$

6.40 오존으로 산화시킨 다음 dimethyl sulfide로 처리하였을 때 아래 주어진 생성물을 생성하는 알켄의 구조를 그려라.

(a) 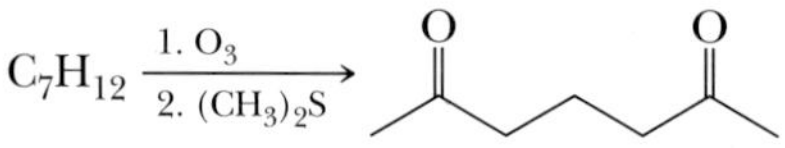 C_7H_{12} $\xrightarrow[2.\ (CH_3)_2S]{1.\ O_3}$

(b) 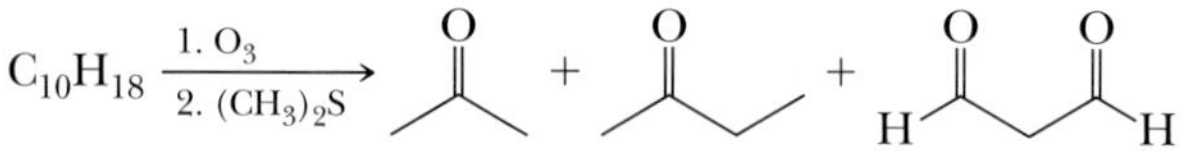 $C_{10}H_{18}$ $\xrightarrow[2.\ (CH_3)_2S]{1.\ O_3}$ + + H H

(c) $C_{10}H_{18}$ $\xrightarrow[2.\ (CH_3)_2S]{1.\ O_3}$ H

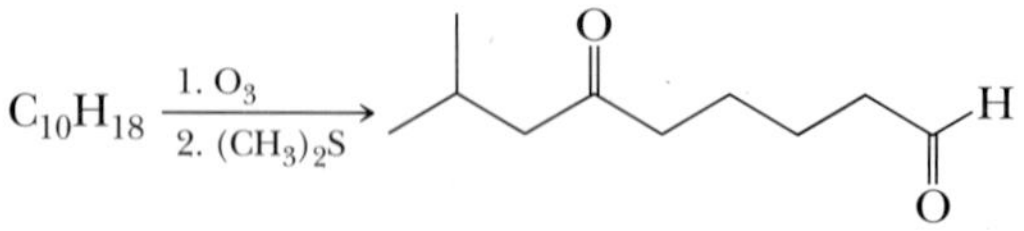

6.41 다음 반응을 생각해 보자.

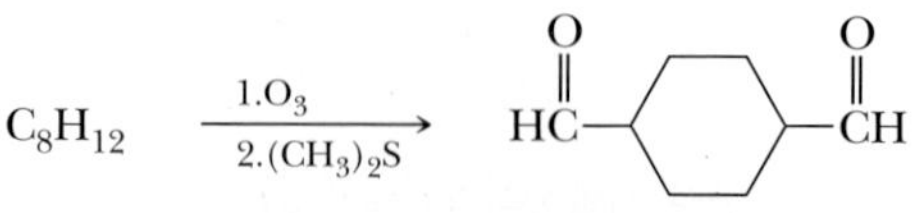

C_8H_{12} $\xrightarrow[2.(CH_3)_2S]{1.O_3}$ HC—⬡—CH (O, O)

Cyclohexane-1,4-dicarbaldehyde

(a) 분자식이 C_8H_{12}인 화합물의 구조를 그려라.

(b) 위 반응에서 생성물은 *시스* 이성질체, *트랜스* 이성질체 또는 두 이성질체의 혼합물 중 어느 것인가? 설명하여라.

(c) 위 산화 반응에서 얻어진 dicarbaldehyde의 보다 더 안정된 의자 형태에 대한 적합한 입체 표현을 그려라.

› 환원

6.42 다음 반응의 유기 주생성물을 예측하고, 적합한 입체화학도 표시하여라.

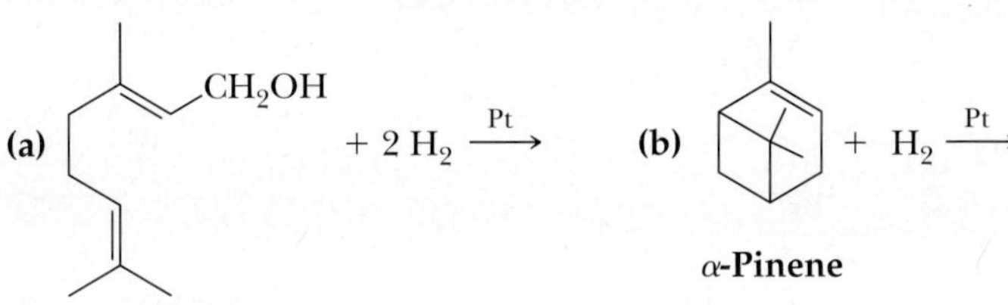

6.43 *cis*-2,2,5,5-Tetramethyl-3-hexene의 수소화 열은 −154 kJ(−36.7 kcal)/mol이고, 반면에 *트랜스* 이성질체의 경우에는 −113 kJ(−26.9 kcal)/mol이다.

(a) 왜 *시스* 이성질체의 수소화열이 *트랜스* 이성질체의 수소화 열보다 큰 값(더 음의 값)인가?

(b) 실온에서 *시스* 및 *트랜스* 이성질체 사이의 평형을 이루게 하는 촉매가 존재한다면(실제로 그러한 촉매가 있음), *트랜스* 이성질체와 *시스* 이성질체의 비율은 얼마인가?

› 합성

6.44 Ethylene을 다음 화합물로 어떻게 전환시킬 수 있는지 나타내어라.

(a) Ethane (b) Ethanol (c) Bromoethane (d) 2-Chloroethanol (e) 1,2-Dibromoethane (f) 1,2-Ethanediol (g) Chloroethane

6.45 Cyclopentene을 다음 화합물로 어떻게 전환시킬 수 있는지 나타내어라.

(a) *trans*-1,2-Dibromocyclopentane (b) *cis*-1,2-Cyclopentanediol (c) Cyclopentanol (d) Iodocyclopentane (e) Cyclopentane (f) Pentanedial

› 카이랄 화합물을 생성하는 반응

6.46 아래 주어진 (*R*)-3-methyl-1-pentene을 다음 각각의 시약과의 반응에서 생성되는 입체이성질체의 종류와 수를 나타내어라. 출발 알켄은 입체화학적으로 순수하며 광학 활성이라고 가정하여라. 각각의 생성물은 광학 활성인가 혹은 광학 비활성인가?

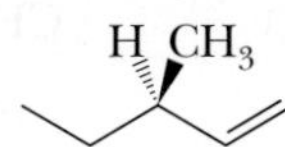

(*R*)-3-Methyl-1-pentene

(a) $Hg(OAc)_2$, H_2O 이어서 $NaBH_4$ (b) H_2/Pd (c) BH_3 이어서 NaOH 용액 내 H_2O_2 (d) CCl_4 용액 내 Br_2

6.47 다음 각 반응에서 생성된 bromohydrin의 입체화학을 나타내어라(각 반응은 입체특이성이다).

(a) *cis*-3-Hexene + Br_2/H_2O (b) *trans*-3-Hexene + Br_2/H_2O

6.48 아래 주어진 각 반응에서 유기 출발 물질은 비카이랄이다. 생성물의 구조를 제시하였다. 각각 반응에서 다음을 결정하여라.

(1) 생성물에서 얼마나 많은 입체이성질체가 가능한가?

(2) 다음 나타낸 반응에서 어느 가능한 입체이성질체가 생성되는가?

(3) 생성물은 광학 활성인가 혹은 광학 비활성인가?

(a) 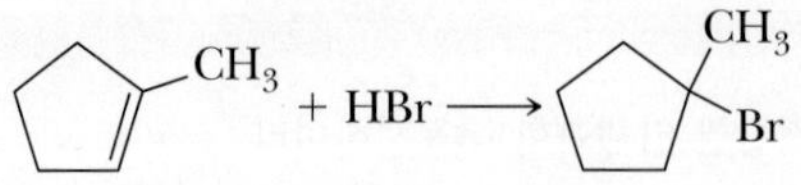 CH_3 + HBr ⟶ CH_3 Br

(b) 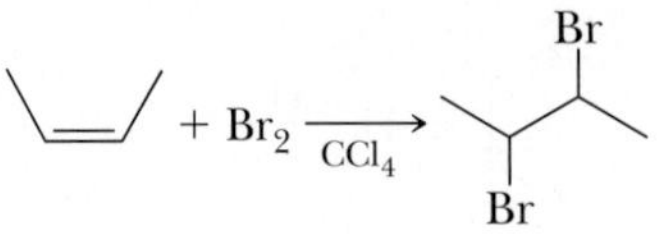 + Br_2 $\xrightarrow{CCl_4}$ Br Br

(c) 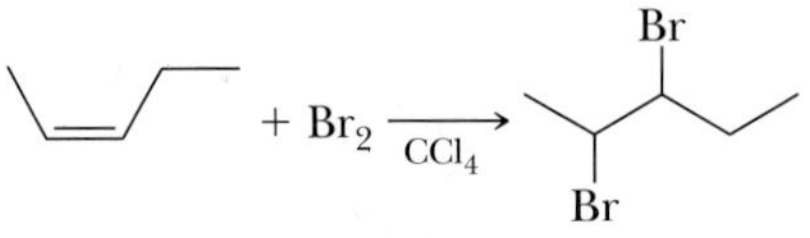 + Br_2 $\xrightarrow{CCl_4}$ Br Br

(d) 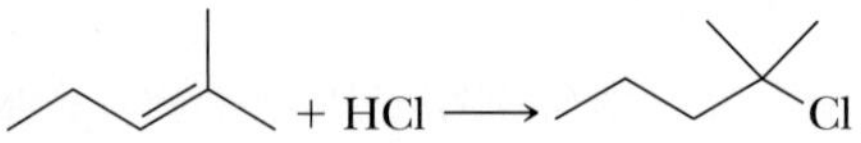 + HCl ⟶ Cl

(e) 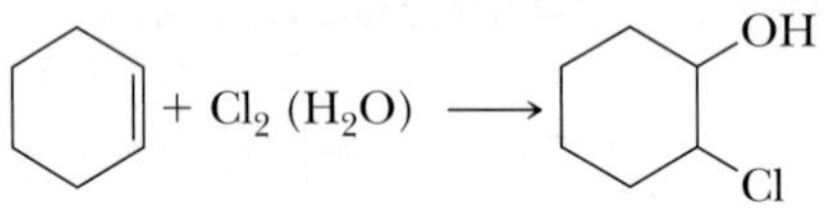 + Cl_2 (H_2O) ⟶ OH Cl

(f) 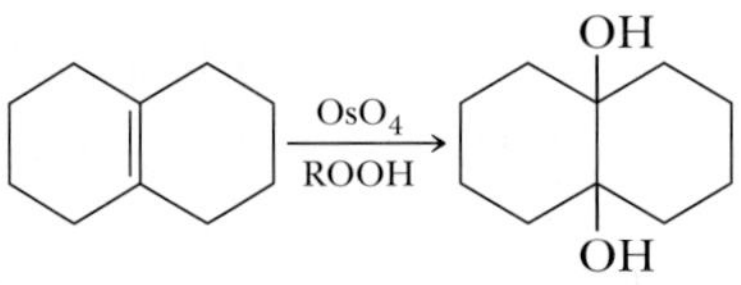 $\xrightarrow[ROOH]{OsO_4}$ OH OH

(g) 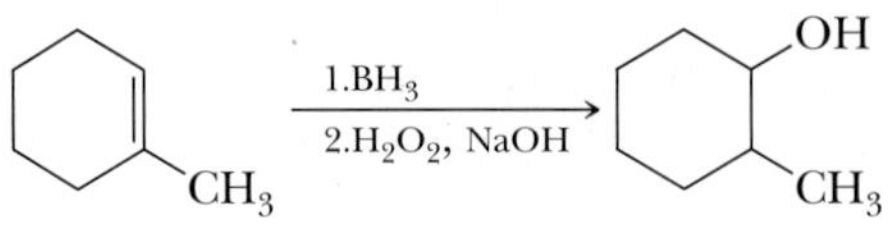 CH_3 $\xrightarrow[2.H_2O_2,\ NaOH]{1.BH_3}$ OH CH_3

예습 문제

6.49 2-Propenyl 양이온은 1차 탄소양이온처럼 보이지만, 1-propyl 양이온과 같은 1차 탄소양이온보다 훨씬 더 안정하다.

$$CH_2{=}CH{-}CH_2^+ \qquad CH_3{-}CH_2{-}CH_2^+$$

2-Propenyl 양이온 **1-Propyl 양이온**

이 두 가지 탄소양이온의 안정성 차이를 어떻게 설명할 수 있는가?

6.50 1,3-Butadiene을 1 몰의 HBr로 처리하면 두 종류의 이성질체의 혼합물이 생성된다.

$$CH_2{=}CH{-}CH{=}CH_2 + H{-}Br \longrightarrow CH_2{=}CH{-}\underset{}{\overset{Br}{CH}}{-}CH_3 + CH_3{-}CH{=}CH{-}CH_2{-}Br$$

1,3-Butadiene **3-Bromo-1-butene** (라셈 혼합물) **1-Bromo-2-butene**

이 두 가지 생성물이 만들어지는 메커니즘을 제안하여라.

6.51 이 장에서는 알켄의 산 촉매 수화 반응의 메커니즘에 대하여 공부하였다. 이 반응의 역반응은 알코올의 산 촉매 탈수 반응이다.

$$CH_3-\underset{}{\overset{OH}{\overset{|}{C}H}}-CH_3 \xrightarrow{H_2SO_4} CH_3-CH=CH_2 + H_2O$$

2-Propanol (Isopropyl alcohol) **Propene**

2-Propanol이 propene으로 바뀌는 산 촉매 탈수 반응의 메커니즘을 써라.

6.52 이 장에서 공부한 바와 같이 탄소-탄소 이중 결합은 전자가 풍부한 부분이고, 따라서 HBr과 같은 친전자체에 의하여 공격을 받는 반면에 diethylamine과 같은 친핵체에 의해서는 공격을 받지 않는다.

HBr + (1-butene) —친전자성 첨가→ (2-bromobutane, Br) (라셈 혼합물)

Et_2NH + (1-butene) ⟶ 반응이 일어나지 않음

Diethylamine (친핵체)

그러나 탄소-탄소 이중 결합이 인접한 위치에 카보닐기를 가지고 있을 때에는 이중 결합이 친핵성 첨가 반응에 의해 친핵체와 손쉽게 반응한다(19.8절).

Et_2NH + (3-buten-2-one, O) —친핵성 첨가→ Et_2N–CH_2CH_2–C(=O)–CH_3

Diethylamine (친핵체)

친핵체가 카보닐기가 인접해 있는 이중 결합에 첨가되는 사실을 설명하고 이 반응의 위치화학도 설명하여라.

6.53 다음은 Diels-Alder 반응이라고 알려진 반응의 한 예이다(20장).

(1,3-Pentadiene) + (Ethylene) ⟶ (3-Methylcyclohexene)

1,3-Pentadiene **Ethylene** **3-Methylcyclohexene** (라셈 혼합물)

다이엔과 알켄 사이에 일어나는 Diels-Alder 반응은 두 개의 탄소-탄소 결합을 단 한 번의 반응으로 만들어 낼 수 있는 몇 안 되는 화학 반응 중의 하나라는 점에서 볼 때 대단한 반응이다. 탄소-탄소 사이의 σ 결합과 π 결합 세기를 이미 알고 있는 상태에서 예측한다면, Diels-Alder 반응은 발열 반응이겠는가 아니면 흡열 반응이겠는가? 그 이유를 설명하여라.

유가 화학 반응 로드맵

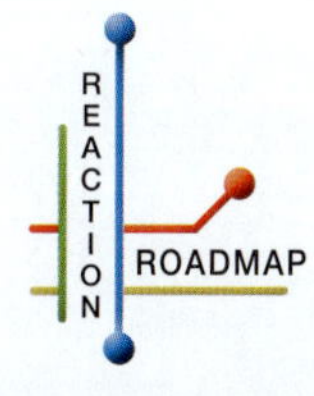

6.54 유기 화학 '로드맵'의 개념을 소개하고자 한다. 유기 화학 로드맵이란 분자 내에 작용기를 상호 전환시키는데 사용될 수 있는 서로 다른 반응들에 대한 도식적인 표현이다. 유기 화학 로드맵을 실제 로드맵과 비교하면, 작용기는 도시와 유사하고 반응은 도시 사이에 있는 도로이다. 유기 화학 로드맵의 위력은 다단계 합성 문제에서 주요 작용기가 어떻게 상호 전환되는지를 학생들이 상상할 수 있게 도와준다는 것이다. 또한 다음 장에서 부딪히는 반응을 계속 파악하는 유용

한 곳이며, 이전 장에서 배운 반응을 어떻게 보완할 것인지 이해할 수 있다. 자신만의 로드맵을 만들기 위해서는 종이 한 장을 가지고, 다음 나타낸 방향대로 작용기를 써라. 종이 전체 시트를 채우고 작용기 사이에 충분한 공간을 남겨 놓아라. 대부분 학생들은 가로 방향으로 작성된 포스터 크기의 종이 시트를 사용하는 것이 도움이 된다는 것을 알 것이다.

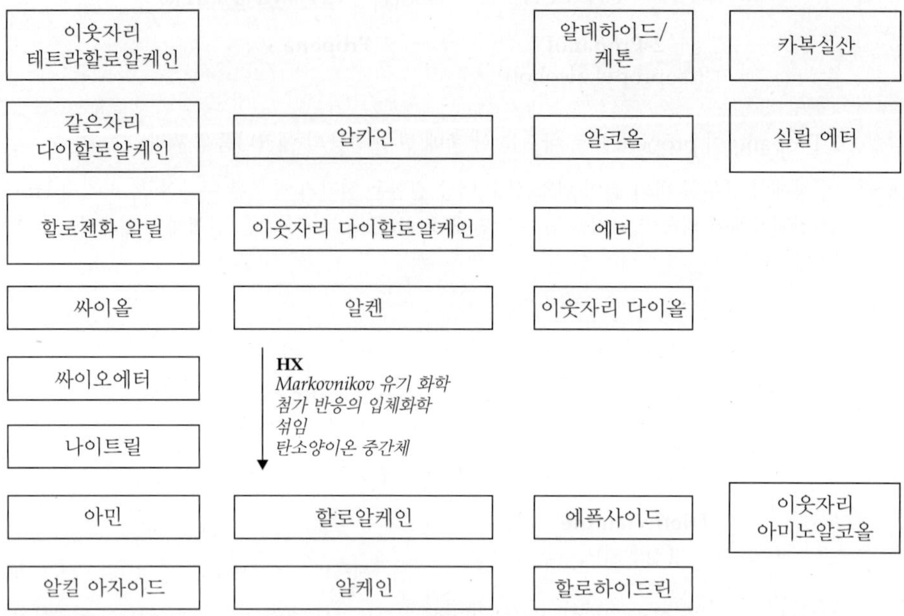

이 장의 끝부분에 나오는 '주요 반응'을 참고하여라. 각 반응에 대해 설명할 수 있는 작용기 사이에 화살표를 그려라. 화살표 바로 옆에 각 반응을 달성하기 위해 필요한 시약을 써라. 다음에 'Markovnikov 위치선택화학' 또는 '안티 첨가 입체화학'처럼 각 반응에 적절한 위치선택화학 또는 입체화학을 고려하여 기록하라. 또한 탄소양이온의 생성처럼 메커니즘의 주요 측면을 기록하여야 한다. 위 유기 화학 로드맵 틀에서 첫 번째 반응인 수소할로젠화 반응(hydrohalogenation)에 대한 정보가 첨가되어 시작하는 것을 돕도록 하였다. 초기 로드맵에서 반응 10, 즉 거울상선택성 환원 반응에 대해서는 화살표를 쓰지 않도록 하라. 그것은 매우 구체적인 특성을 지니고 있으며, 로드맵은 더 일반적으로 사용되는 반응을 정리할 예정이기 때문이다. 로드맵 틀은 6~11장에 적용된다. 그래서 11장을 끝마칠 때까지 나오는 모든 작용기에 사용하지 않을 것이다. 부록 11은 이 책의 다른 절에 해당하는 일련의 로드맵을 포함한다. 그러나 학생들은 자신만의 로드맵을 완성한 후에 오직 참고용으로 그것들을 사용해야 한다.

제 7 장

Adam Crowley/Photodisc Green/Getty Images

Oxyacetylene 토치로 절단.
▼ *삽입 그림:* Acetylene의 모형.

알카인
Alkynes

이 장의 차례

이 장에서는 알카인을 이용하여 탄소-탄소 π 결합의 화학에 대해 계속 알아보기로 한다. 알켄과 알카인은 모두 σ 결합과 π 결합을 같이 가지고 있는 다중 결합 화합물로서 그 화학 반응의 유형도 유사하다. 알카인은 X_2, HX, H_2O 등과 친전자성 첨가 반응을 한다. 또 수소붕소 첨가-산화 반응이 일어나고 탄소-탄소 삼중 결합은 먼저 이중 결합으로 환원될 수 있으며 그 다음 단일 결합으로까지 환원될 수 있다. 말단 알카인은 해당하는 알칼리 금속염으로 바뀌면 좋은 친핵체가 될 수 있으며, 이는 알켄의 전형적인 반응이 아닌 알카인만이 가지는 중요한 반응이고 따라서 탄소-탄소 결합 형성을 통해 더 큰 분자를 만들 때 가치 있는 구성 단위체가 된다.

알카인
한 개 이상의 탄소-탄소 삼중 결합을 가지는 불포화된 탄화수소.

7.1 알카인의 구조

알카인(Alkyne)의 작용기는 탄소-탄소 삼중 결합이다. 가장 간단한 알카인은 ethyne (C_2H_2)으로서 더 일반적으로는 acetylene으로 명명된다(그림 7.1). Acetylene은 선형 분자이고, 모든 결합각이 180°이다. Acetylene에서 탄소-탄소 결합의 길이는 121 pm (1.21 Å)이다 (그림 7.1).

이장의 동영상 강의를 보려면 **www.cengage.com/chemistry/brown/organic7e**에 접속 후 **Access Student Materials**를 클릭하라.

그림 7.1 ▸ Acetylene. (a) Lewis 구조, (b) 공-막대 모형, (c) 공간-채움 모형.

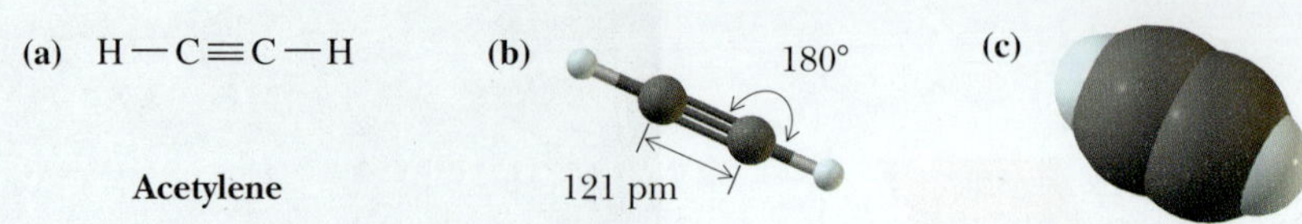

비교해 보면, ethylene에서 탄소-탄소 이중 결합의 길이는 134 pm (1.34 Å)이고, ethane에서 탄소-탄소 단일 결합의 길이는 153 pm (1.53 Å)이다. 따라서 탄소-탄소 삼중 결합은 이중 결합보다 결합 길이가 짧고, 그 다음으로 이중 결합은 단일 결합보다 더 짧다. Acetylene에서 삼중 결합의 결합 해리 엔탈피[966 kJ (231 kcal)/mol]는 ethylene에서 이중 결합의 결합 해리 엔탈피[727 kJ (174 kcal)/mol]와 ethane에서 탄소-탄소 단일 결합의 결합 해리 엔탈피[376 kJ (90 kcal)/mol]보다는 상당히 더 크다. Acetylene에서 탄소-탄소 삼중 결합의 결합 해리 엔탈피와 ethylene에서 탄소-탄소 이중 결합의 결합 해리 엔탈피 차이는 239 kJ (57 kcal)/mol이다. 이러한 차이는 알카인에서 π 결합이 알켄에서 π 결합보다 더 약하다는 것을 의미한다.

삼중 결합은 인접한 탄소 원자들의 *sp* 혼성 궤도함수가 겹침으로 이루어진 σ 결합과 평행한 $2p_y$ 궤도함수가 겹쳐서 한 개의 π 결합을 형성하고, 평행한 $2p_z$ 궤도함수 겹쳐서 두 번째 π 결합을 형성한다(그림 1.22). Acetylene에 있는 각 탄소-수소 결합은 수소의 1*s* 궤도함수가 탄소의 *sp* 궤도함수 한 개와 겹쳐져 이루어진다. Acetylene의 C—H 결합은 *s* 성격이 50%이기 때문에 특별히 강한 결합이다(표 1.11과 관련 내용 참조).

7.2 알카인의 명명법

A IUPAC 명명

IUPAC 체계의 규칙에 따라, 삽입어 *-yn-*은 탄소-탄소 삼중 결합의 존재를 나타내는 데 사용된다(2.3절). 따라서 HC≡CH은 ethyne으로 명명되고, CH_3C≡CH는 propyne으로 명명된다. IUPAC 체계는 acetylene이란 이름도 인정하며, 따라서 HC≡CH에 대해서는 ethyne과 acetylene의 두 가지 허용되는 이름이 있다. 이러한 이름 중에서 acetylene이 더 자주 사용된다.

Ethyne과 propyne에 있는 삼중 결합의 위치를 번호로 표시할 필요가 없다. 각각의 화합물에 있는 삼중 결합은 한 가지 가능한 위치만이 존재한다. 더 큰 분자들에 있어서는 삼중으로 결합된 탄소가 낮은 번호가 되도록 사슬의 맨 끝으로부터 삼중 결합이 포함된 가장 긴 탄소 사슬에 번호를 붙인다. 삼중 결합이 시작되는 첫 탄소의 번호로 삼중 결합의 위치를 나타낸다. 만일 탄화수소 사슬이 한 개 이상의 삼중 결합을 포함할 경우, 삽입어 *-adiyn-*, *-atriyn-* 등을 사용한다.

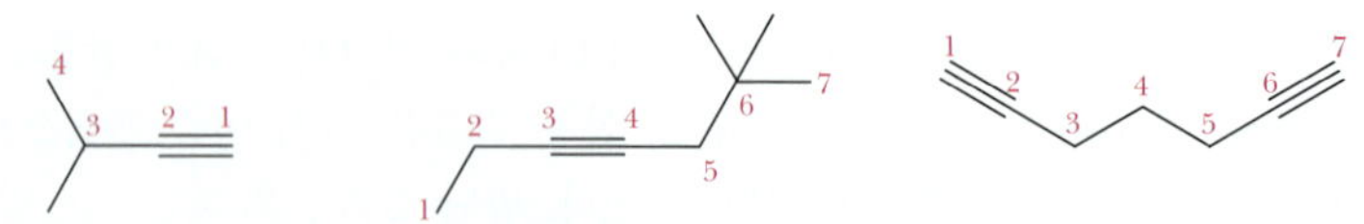

3-Methyl-1-butyne   6,6-Dimethyl-3-heptyne   1,6-Heptadiyne

예제 7.1 ▸ 알카인의 IUPAC 명명

다음 각 화합물의 IUPAC명을 써라.

(a)  **(b)** 

(c) 

➥ 해답

(a) 2-Pentyne **(b)** 3-Chloropropyne **(c)** 2,6-Octadiyne

연습 문제 7.1

다음 각 화합물의 IUPAC명을 써라.

(a) (b) (c) Br

B 관용명

알카인의 관용명은 *acetylene*이라는 단어에 탄소-수소 삼중 결합에 있는 치환기의 이름을 접두사로 붙여서 부른다. 다음 세 번째 예에서 보는 것처럼 같은 분자 내에 이중 결합(*-en-*으로 표시됨)과 삼중 결합(*-yn-*으로 표시됨)이 동시에 존재하는 경우, IUPAC 규칙은 화합물의 번호 붙임에 있어서 이중 결합의 위치가 우선순위를 갖도록 지정하고 있다.

	$CH_3C{\equiv}CH$	$CH_3C{\equiv}CCH_3$	$CH_2{=}CHC{\equiv}CH$
IUPAC명:	**Propyne**	**2-Butyne**	**1-Buten-3-yne**
관용명:	**Methylacetylene**	**Dimethylacetylene**	**Vinylacetylene**

삼중 결합이 탄소 1과 탄소 2 사이에 있는 알카인을 보통 **말단 알카인**(terminal alkyne)이라고 한다. 말단 알카인의 예로 propyne과 1-butyne이 있다.

말단 알카인
삼중 결합이 1번과 2번 탄소 사이에 있는 알카인.

예제 7.2 ▸ 알카인의 관용명 명명

각 알카인의 관용명을 써라.

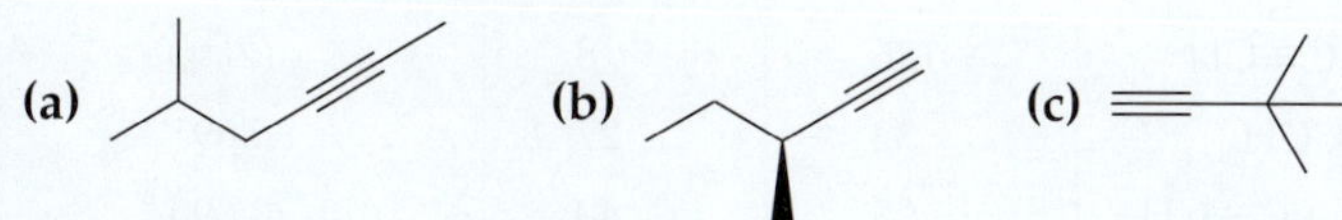

(a) (b) (c)

➡ 해답

(a) Isobutylmethylacetylene **(b)** (S)-*sec*-Butylacetylene **(c)** *tert*-Butylacetylene

연습 문제 7.2

각 알카인의 관용명을 써라.

(a) (b) (c)

지금까지 분리된 가장 작은 사이클로알카인은 cyclooctyne이다. 이 분자는 상당히 불안정하고 상온에서 빠르게 중합 반응을 일으킨다. Cyclooctyne의 $C{-}C{\equiv}C$ 결합각은 약 155°로 계산되며, 높은 결합각 무리(angle strain)를 나타낸다. Cyclononyne (그림 7.2) 역시 합성되었고 상온에서 안정하다. 이 사이클로알카인에서 계산된 $C{-}C{\equiv}C$ 결합각은 160°로 최적의 결합각 180°부터 상당히 일그러져 있음을 보여준다. 아래에 나타낸 최적화한 분자 모형에서 $C{-}C{\equiv}C$ 결합각의 일그러짐을 확인할 수 있을 것이다. 인접한 탄소의 $C{-}C$ 결합과 $C{-}H$ 결합이 엇갈린 형태를 이루고 있음을 볼 수 있으며, 따라서 비틀림 무리(torsional strain)를 최소화하고 있다.

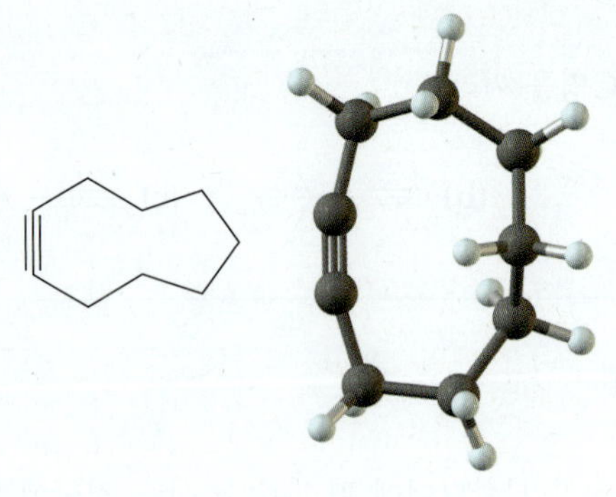

그림 7.2 ▸ Cyclononyne의 구조.

7.3 알카인의 물리적 성질

알카인의 물리적 성질은 비슷한 탄소 골격을 가진 알케인이나 알켄과 아주 비슷하다. 낮은 분자량의 알카인은 상온에서 기체이다. 상온에서 액체인 알카인들은 모두 밀도가 1.0 g/mL보다 낮다(물보다 밀도가 낮다). 여러 가지 분자량이 작은 알카인의 녹는점, 끓는점, 밀도를 표 7.1에 나타내었다. 알카인은 알케인 및 알켄처럼 비극성 화합물이기 때문에 물과 다른 극성 용매에는 녹지 않는다. 알카인은 서로 섞일 수 있고 다른 비극성 유기 용매에 녹는다.

표 7.1 몇 가지 분자량이 낮은 알카인의 물리적 성질

이름	구조식	녹는점(°C)	끓는점(°C)	20°C에서 밀도(g/mL)
Ethyne	$HC\equiv CH$	−81	−84	(기체)
Propyne	$CH_3C\equiv CH$	−102	−23	(기체)
1-Butyne	$CH_3CH_2C\equiv CH$	−126	8	(기체)
2-Butyne	$CH_3C\equiv CCH_3$	−32	27	0.691
1-Pentyne	$CH_3(CH_2)_2C\equiv CH$	−90	40	0.690
1-Hexyne	$CH_3(CH_2)_3C\equiv CH$	−132	71	0.716
1-Octyne	$CH_3(CH_2)_5C\equiv CH$	−79	125	0.746
1-Decyne	$CH_3(CH_2)_7C\equiv CH$	−36	174	0.766

7.4 1-알카인의 산도

알카인의 화학과 알켄 및 알케인의 화학 사이의 주요한 차이 중에 하나는 말단 알카인의 삼중 결합된 탄소와 결합하고 있는 수소는 충분한 산성이고 sodium amide, $NaNH_2$ (표 4.1)와 같은 센염기와 반응하여 제거될 수 있으며 아세틸라이드 음이온을 생성한다는 점이다.

$$\underset{\substack{pK_a\ 25\\(\text{센산})}}{H-C\equiv C-H} + \underset{(\text{센염기})}{:\ddot{N}H_2^-} \rightleftharpoons \underset{(\text{약한 염기})}{H-C\equiv C:^-} + \underset{\substack{pK_a\ 38\\(\text{약한 산})}}{\ddot{N}H_3} \qquad K_{eq} = 10^{13}$$

아세틸라이드 음이온을 만들기 위해 보통 사용되는 또 다른 센염기는 sodium hydride와 lithium diisopropylamide (LDA)이다.

$Na^+H:^-$ — **Sodium hydride**

$[(CH_3)_2CH]_2\ddot{N}:^-Li^+$ — **Lithium diisopropylamide (LDA)**

물은 acetylene보다 더 센산이기 때문에, 수산화 이온은 말단 알카인을 알카인 음이온으로 바꿀 수 있을 만큼 충분히 센염기가 아니다.

$$\underset{\substack{\text{p}K_a\ 25 \\ \text{(약한 산)}}}{H-C\equiv C-H} + \underset{\text{(약한 염기)}}{:\ddot{\bar{O}}H} \rightleftharpoons \underset{\text{(센염기)}}{H-C\equiv C:^-} + \underset{\substack{\text{p}K_a\ 15.7 \\ \text{(센산)}}}{H-\ddot{O}H} \qquad K_{eq} = 10^{-9.3}$$

알켄과 알카인의 수소에 대한 pK_a 값이 너무 커서(매우 약한 산성이어서) 보통 사용되는 알칼리 금속 수산화물이나 sodium hydride, sodium amide 혹은 lithium diisopropylamide 모두는 알케인 혹은 알켄으로부터 양성자를 제거할 수 없다.

7.5 알카인의 제법

A 메틸과 일차 할로알케인을 이용한 아세틸라이드 이온의 알킬화 반응

이미 살펴본 바와 같이, 아세틸라이드 음이온은 센염기이다. 아세틸라이드 음이온 또한 친핵체이기도 하다. 아세틸라이드 음이온은 다른 원자에게 줄 수 있는 비공유 전자쌍을 가지고 있어서 새로운 공유 결합을 형성한다. 다음 예에서, 아세틸라이드 음이온은 가지고 있는 비공유 전자쌍을 메틸 혹은 일차 할로 알케인에게 제공함으로써 아세틸라이드 친핵체가 할로젠 원자를 치환시킨다. 이러한 반응 형태를 친핵성 치환이라고 부른다. 예를 들면, sodium acetylide를 1-bromobutane으로 처리하면 1-hexyne이 생성된다.

$$HC\equiv C:^- Na^+ + \text{(1-Bromobutane, :Br:)} \xrightarrow{\text{친핵성 치환}} \text{(1-Hexyne)} + Na^+Br^-$$

Sodium acetylide **1-Bromobutane** **1-Hexyne**

알킬기(이 경우에는 뷰틸기)가 분자에 더해지기 때문에, 이러한 반응 형태를 또한 **알킬화 반응**(alkylation reaction)이라고 부른다. 이 장에서 친핵성 치환 반응에 대한 설명은 아세틸라이드 음이온과 메틸 혹은 일차 알케인과의 반응에 국한하기로 한다, 친핵성 치환 반응의 범위와 한계에 대해서는 9장에서 더욱 일반적인 용어로 설명할 것이다. 9장에서 설명하게 되는 이유는 아세틸라이드 음이온의 알킬화 반응은 실질적으로 메틸이나 일차 할로젠화물에만 유효한 반응이기 때문이다.

알킬화 반응
알킬기에 새로운 탄소-탄소 결합이 형성되는 반응.

Acetylene의 손쉬운 이용성과 좋은 친핵체로 전환이 쉽기 때문에 아세틸라이드 음이온의 알킬화 반응은 실험실에서 탄소 사슬의 말단에 탄소-탄소 삼중 결합이 있는 말단 알카인을 합성하는 가장 편리한 방법이 된다. 알킬화 반응 과정은 반복될 수 있고, 말단 알카인은 순서대로 탄소 사슬의 중간에 탄소-탄소 삼중 결합이 있는 알카인으로 전환될 수 있다. 이러한 알카인을 일반적으로 **내부 알카인**(internal alkyne)이라 부른다. 이 반응의 중요한 특징은 새로운 탄소-탄소 결합이 만들어지기 때문에 작은 탄소 골격의 분자로부터 더 큰 탄소 골격의 분자를 합성할 수 있게 한다는 점이다.

내부 알카인
탄소 사슬의 중간에 탄소-탄소 삼중 결합이 있는 알카인.

$$\underset{\text{Sodium butynide}}{CH_3CH_2C\equiv C^-Na^+} + \underset{\text{Bromoethane}}{CH_3CH_2-Br} \xrightarrow{\text{친핵성 치환}} \underset{\text{3-Hexyne}}{CH_3CH_2C\equiv CCH_2CH_3} + Na^+Br^-$$

B 알켄으로부터 알카인

알켄에서 알카인을 합성하기 위해서는 먼저 알켄을 브로민(Br_2)이나 염소(Cl_2) 1 mol과 반응시켜 다이할로알케인(dihaloalkane)을 만든다(6.3D절). 다이할로알케인을 액체 암모니아 [$NH_3(l)$]에서 sodium amide ($NaNH_2$)와 같은 센염기 2 mol로 처리하면 두 번의 연

할로젠화수소 이탈 반응
분자로부터 HX 제거.

속적인 **할로젠화수소 이탈 반응**(dehydrohalogenation)이 일어난다. 알켄에 HX가 첨가되는 것을 할로젠화수소 첨가 반응이라고 부른 것을 상기하라. 할로알케인으로부터 HX가 제거되는 반응은 할로젠화수소 이탈 반응이라 부른다. 인접한 탄소로부터 원자들을 떼어내어 알켄을 만드는 것을 제거 반응이라고 부르고 이에 대해서는 9장에서 자세히 설명하기로 한다. 다음 예는 2-butene을 2-butyne으로 전환을 나타내고 있다.

$$H_3C(H)C{=}C(H)CH_3 + Br_2 \xrightarrow{CH_2Cl_2} CH_3CHBr{-}CHBrCH_3$$

***trans*-2-Butene** → **2,3-Dibromobutane** (메조)

$$CH_3CHBr{-}CHBrCH_3 + 2\,NaNH_2 \xrightarrow[-33°C]{NH_3(l)} CH_3C{\equiv}CCH_3 + 2\,NaBr + 2\,NH_3$$

2,3-Dibromobutane (메조) + **Sodium amide** → **2-Butyne**

알켄을 다이할로알케인으로 쉽게 전환하고, 그 다음 알카인으로 전환이 용이하므로, 알켄은 알카인의 합성에 널리 사용되는 출발 물질이다.

Sodium amide와 같은 센염기를 사용하면 할로젠화수소 이탈 반응을 쉽게 일으킬 수 있다. 하지만, 에탄올 용매 하에서의 sodium hydroxide이나 potassium hydroxide와 같이 좀 더 약한 염기를 사용하면, 첫 번째 할로젠화수소 이탈 후 반응을 정지시킬 수 있고 할로알켄을 분리해 낼 수 있다.

$$CH_3CHBr{-}CHBrCH_3 + KOH \xrightarrow{\text{ethanol}} (H)(H_3C)C{=}C(Br)(CH_3) + KBr + H_2O$$

2,3-Dibromobutane (메조) → **(*E*)-2-Bromo-2-butne**

실제로 보다 더 센염기를 사용하는 것이 훨씬 더 일반적이고 바로 알카인을 얻게 된다.

다음 반응은 1-hexene을 1-hexyne으로 바꾸는 과정을 보여주고 있다. 여기서 3 mol의 sodium amide를 사용한 것에 주목하라. 두 번의 할로젠화수소 이탈 반응에 2 mol이 필요하며 1-hexyne을 만든다. 1-Hexyne (약한 산, pK_a 25)은 생성되는 순간 바로 sodium amide (센염기)와 반응하여 알카인 염을 생성한다. 그러므로 남아 있는 브로모알켄의 할로젠화수소 이탈 반응을 위해서는 1 mol의 sodium amide가 더 필요하다. 물(약한 산) 또는 산성 수용액의 첨가는 일련의 반응을 완결시키고 1-hexyne을 생성한다.

$$CH_3(CH_2)_3CH{=}CH_2 \xrightarrow{Br_2} CH_3(CH_2)_3CHBrCH_2Br \xrightarrow[-2\,HBr]{2\,NaNH_2} [CH_3(CH_2)_3C{\equiv}CH] \xrightarrow{NaNH_2}$$

1-Hexene → **1,2-Dibromohexane** (라셈 혼합물) → **1-Hexyne**

$$CH_3(CH_2)_3C{\equiv}C^-Na^+ \xrightarrow{H_2O} CH_3(CH_2)_3C{\equiv}CH$$

1-Hecyne의 소듐염 → **1-Hexyne**

각각 인접한 탄소에 적어도 한 개 이상의 수소를 가진 할로알켄의 할로젠화수소 이탈 반응에서는 부반응이 일어나고 알렌을 생성한다.

$$\underset{\underset{\text{(할로젠화 바이닐)}}{\text{할로알켄}}}{RC(H)(R)-C(X)=C(H)R} \xrightarrow[-HX]{NaNH_2} \begin{cases} R_2C=C=CHR & \text{알렌} \\ RC(H)(R)C\equiv CR & \text{알카인} \end{cases}$$

알렌(Allene)은 인접한 두 개의 탄소-탄소 이중 결합을 가지고 있다. 즉, C=C=C 작용기를 포함하고 있다. 가장 간단한 알렌은 1,2-propadiene으로 보통 알렌이라 부른다. 알렌의 두 말단 탄소는 sp^2 혼성이며, 가운데 탄소는 sp 혼성이다. 각 탄소-탄소 σ 결합은 sp와 sp^2 혼성 궤도함수가 겹쳐져 만들어진다. π 결합 한 개는 평행한 두 $2p_y$ 궤도함수의 겹침으로 형성되었다. 한 개의 π 결합은 평행한 두 $2p_z$ 궤도함수의 겹침으로 형성되었다. 두 개의 π 결합성 분자 궤도함수는 서로 수직인 두 평면에 속하기 때문에 두 H—C—H기가 속한 평면도 서로 수직 관계이다.

> **알렌**
> 화합물 $CH_2=C=CH_2$. 인접한 탄소-탄소 이중 결합을 가지는 화합물. (즉, C=C=C 작용기를 가지는 분자).

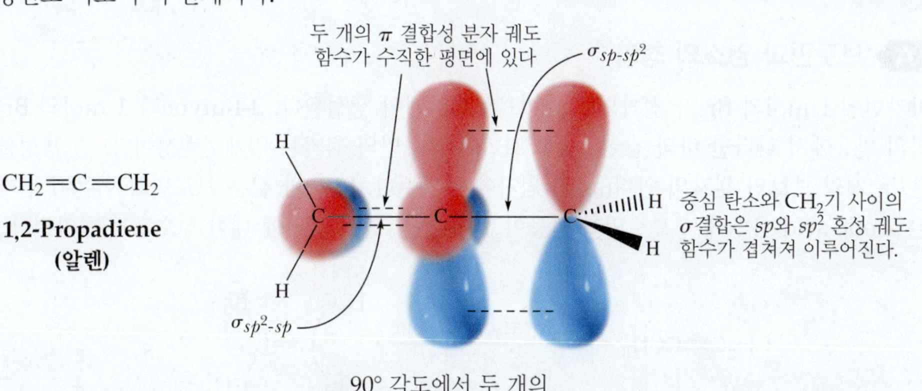

90° 각도에서 두 개의 π 결합의 그림 표현

대부분의 알렌은 상응하는 알카인 이성질체보다 덜 안정하다. 예를 들면, 알렌은 그 구조 이성질체인 propyne보다 6.7 kJ (1.6 kcal)/mol만큼 덜 안정하고, 1,2-butadiene은 2-butyne에 비해 16.7 kJ (4.0 kcal)/mol 덜 안정하다.

$$CH_2=C=CH_2 \longrightarrow CH_3C\equiv CH \qquad \Delta H^0 = -6.7\text{ kJ }(-1.6\text{ kcal})/\text{mol}$$
$$CH_2=C=CHCH_3 \longrightarrow CH_3C\equiv CCH_3 \qquad \Delta H^0 = -16.7\text{ kJ }(-4.0\text{ kcal})/\text{mol}$$

알카인 이성질체에 비해 상대적으로 낮은 안정성 때문에, 알렌은 일반적으로 알카인-형성 할로젠화수소 이탈 반응의 유일한 부생성물이다.

예제 7.3 ▸ 알카인의 합성

어떻게 1-pentene을 1-pentyne으로 전환할 수 있는지 나타내어라.

➡ 해답

이 합성은 두 단계로 이루어질 수 있다. 1-Pentene을 1 mol의 브로민과 반응시켜 1,2-dibromopentane을 얻는다. 이 다이브로모알케인을 3 mol의 sodium amide와 반응시킨 후 H_2O로 처리하여 1-pentyne을 얻는다.

$$\underset{\textbf{1-Pentene}}{} \xrightarrow{Br_2} \underset{\underset{\text{(라셈 혼합물)}}{\textbf{1,2-Dibromopentane}}}{} \xrightarrow[2.\ H_2O]{1.\ 3\ NaNH_2} \underset{\textbf{1-Pentyne}}{}$$

연습 문제 7.3

다음 각각의 일련의 반응에 의해 나타낸 알카인을 얻을 수 있고 주어진 분자식을 갖는 알켄과 다이클로로알케인의 구조식을 그려라.

(a) $C_6H_{12} \xrightarrow{Cl_2} C_6H_{12}Cl_2 \xrightarrow{2\ NaNH_2}$

(b) $C_7H_{14} \xrightarrow{Cl_2} C_7H_{14}Cl_2 \xrightarrow{2\ NaNH_2}$

7.6 알카인의 친전자성 첨가 반응

알카인은 알켄과 동일한 형태의 많은 친전자성 첨가 반응이 일어난다. 특징적인 반응은 친핵체로 작용하는 π 결합이 친전자체와 반응하여 새로운 결합을 만드는 것이다. 이 절에서 브로민, 염소, 할로젠화 수소의 첨가 반응에 대해 공부하자.

A 브로민과 염소의 첨가

알카인에 1 mol의 Br_2가 첨가되면 다이브로모알켄이 생성된다. 2-Butyne과 1 mol의 Br_2와의 반응에서 나타난 바와 같이, 삼중 결합에 브로민의 첨가는 입체선택성이다. 주 생성물은 두 개의 브로민 원자의 안티(anti) 첨가에 해당된다. **LiBr**과 같은 브로민화 이온이 첨가된 acetic acid 용액에서 브로민화 반응이 일어나면, 안티 첨가에 대한 선호도가 증가된다.

$$CH_3C{\equiv}CCH_3 + Br_2 \xrightarrow[\text{안티 첨가}]{CH_3COOH,\ LiBr} (H_3C)(Br)C{=}C(Br)(CH_3)$$

2-Butune **(*E*)-2,3-Dibromo-2-butene**

알카인도 유사하게 Cl_2의 첨가가 일어나지만, Br_2 첨가에 비해 덜 입체선택적이다.

알카인의 브로민 첨가 반응은 알켄의 경우와 거의 동일한 메커니즘으로 진행되어(6.3D 절), 다리걸친 브로모늄 이온 중간체를 만든 후, 양으로 하전된 브로민 원자가 차지하고 있는 반대쪽으로부터 브로민 이온의 공격을 받는다.

$$H_3C{-}C{\equiv}C{-}CH_3 + Br{-}Br \longrightarrow H_3C{-}C(Br){=}C^{+}{-}CH_3 \longrightarrow \text{bridged } Br^{+} \xrightarrow{Br^-} (H_3C)(Br)C{=}C(Br)(CH_3)$$

Br_2의 두 번째 mol 첨가는 테트라브로모알케인을 생성한다.

$$(H_3C)(Br)C{=}C(Br)(CH_3) + Br_2 \longrightarrow CH_3CBr_2{-}CBr_2CH_3$$

(*E*)-2,3-Dibromo-2-butene **2,2,3,3-Tetraromobutane**

B 할로젠화 수소의 첨가

알카인과 할로젠산의 혼합 비율에 따라 1 mol 혹은 2 mol의 HBr 및 HCl이 알카인에 첨가된다.

$$CH_3C{\equiv}CH \xrightarrow{HBr} CH_3C(Br){=}CH_2 \xrightarrow{HBr} CH_3CBr_2CH_3$$

Propyne **2-Bromopropene** **2,2-Dibromopropane**

이 반응식에 나타난 바와 같이 HBr의 첫 번째와 두 번째 mol의 첨가가 모두 위치선택적이다. 할로젠화 수소의 첨가는 Markovnikov 규칙을 따른다(6.3A절). 수소는 더 많은 수의 수소를 가진 탄소에 첨가된다. HX 첨가의 이러한 위치선택성을 두 단계 메커니즘에 의해 설명할 수 있다.

MECHANISM 알카인에 HBr의 첨가

1단계: **친핵체(π 결합)와 친전자체 사이의 새로운 결합 만들기—양성자 첨가.** HBr로부터 알카인으로 양성자 이동은 **바이닐 탄소양이온**(vinylic carbocation)을 생성한다. 보다 더 안정한 2차 바이닐 탄소양이온이 덜 안정한 1차 바이닐 탄소양이온보다 더 우선적으로 생성된다.

$$CH_3C{\equiv}CH + H{-}\ddot{Br}: \longrightarrow CH_3\overset{+}{C}{=}CH_2 + :\ddot{Br}:^-$$

2° 바이닐 탄소양이온

2단계: **친핵체와 친전자체 사이의 새로운 결합 만들기.** 바이닐 탄소양이온(친전자체)이 브로민화 이온(친핵체)과 반응하여 바이닐 브로모알켄을 생성한다.

$$CH_3\overset{+}{C}{=}CH_2 + :\ddot{Br}:^- \longrightarrow CH_3C(Br){=}CH_2$$

2-Bromopropene

> **바이닐 탄소양이온**
> 탄소-탄소 이중 결합의 탄소중 하나의 탄소가 양전하를 띠는 탄소양이온.

알카인은 알켄에 비해 대부분의 친전자성 첨가에 대해 반응성이 떨어진다. 이런 차이의 주된 이유는 알켄으로부터 생성된 sp^2 혼성 알킬 탄소양이온에 비해 알카인으로부터 생성된 sp 혼성 바이닐 탄소양이온 중간체의 불안정성 때문이다.

HX의 두 번째 mol 첨가에서 1 단계는 탄소양이온을 생성하기 위해서 남아 있는 π 결합의 전자쌍과 HBr과의 반응이다. 두 가능한 탄소양이온의 구조 중에서 할로젠과 결합하고 있는 탄소에 양전하를 가진 탄소양이온이 공명을 통한 양전하의 비편재화 때문에 더 유리하다.

$$CH_3C(Br){=}CH_2 + H{-}Br \xrightarrow{느림} CH_3CH(Br)\overset{+}{C}H_2$$

1° 탄소양이온

$$\xrightarrow{빠름} CH_3\overset{+}{C}(Br){-}CH_3 \longleftrightarrow CH_3C(={\overset{+}{Br}}){-}CH_3 \xrightarrow{:\ddot{Br}:^-} CH_3CBr_2CH_3$$

공명 안정화된 2° 탄소양이온

1 mol의 HCl이 acetylene에 첨가되면 공업적으로 상당히 중요한 화합물인 chloroethene (vinyl chloride)을 생성한다.

$$HC{\equiv}CH + HCl \longrightarrow CH_2{=}CHCl$$

Ethyne (Acetylene) → **Chloroethene (Vinyl chloride)**

Vinyl chloride는 약자로 PVC로 나타내는 poly (vinyl chloride) 중합체를 만드는 단위체이다.

$$n\,CH_2{=}CHCl \xrightarrow{\text{촉매}} {-}\!\!(CH_2\overset{Cl}{\overset{|}{C}}H)\!\!{-}_n$$

Vinyl chloride → **Poly(vinyl chloride) (PVC)**

PVC는 건축과 배관 설비용 플라스틱 시장에서 큰 비중을 차지하고 있다. 모든 배관, 부속품, 도관의 약 67%, 현재 건축에 사용되는 모든 플라스틱 자재의 42%가 PVC 가공품이다. 이 중합체의 합성과 성질에 대해서는 29장에서 설명하기로 한다. 여기서는 vinyl chloride의 합성에 대해 살펴보자.

한때는 acetylene의 염화수소 첨가 반응이 vinyl chloride의 주 제조법이었다. 그러나 acetylene의 제조 단가가 상승함에 따라 acetylene을 사용하지 않는 vinyl chloride의 다른 제조 방법을 찾아 ethylene을 사용하게 되었다. 출발 물질로 선택된 ethylene은 두 단계 반응을 거쳐 vinyl chloride로 전환될 수 있다. Ethylene을 염소로 처리하여 얻는 1,2-dichloroethane을 활성탄이나 혹은 다른 촉매와 같이 가열하면 HCl 한 분자를 잃고 vinyl chloride가 생성된다.

$$CH_2{=}CH_2 \xrightarrow{Cl_2} \overset{Cl}{\overset{|}{C}}H_2\overset{Cl}{\overset{|}{C}}H_2 \xrightarrow[\text{촉매}]{\text{가열}} CH_2{=}CHCl + HCl$$

Ethylene → **1,2-Dichloroethane** → **Vinyl chloride**

부생성물의 염소 원자는 공기와 혼합한 HCl을 구리(II) 촉매 위로 통과시켜 재사용되며, 반응 결과는 HCl을 Cl_2로의 산화이다.

$$4\,HCl + O_2 \xrightarrow{CuCl_2} 2\,H_2O + 2\,Cl_2$$

유기 공업 화학의 주요 관점을 설명하기 위해서 처음에는 acetylene에서 제조법과 다음으로는 ethylene에서 vinyl chloride의 제조법을 설명하였다. 쉽게 구할 수 있고 값싼 출발 물질로부터 원하는 화학물질을 생산하면서 부산물을 재사용할 수 있는 반응이라는 점이 중요하다. 모든 화학약품 회사는 원가, 폐기물, 환경 위해성을 최소화하려는 공통 목표를 추구하고 있다.

7.7 알카인의 알데하이드와 케톤으로의 수화 반응

H_2O는 알켄의 수화 반응에 사용된 두 가지 반응, 즉 수소붕소 첨가-산화 반응과 산-촉매 수화 반응과 동일한 반응으로 알카인의 탄소-탄소 삼중 결합에 첨가될 수 있다. 그러나 시약은 유사하지만, 알켄과 알카인의 수화 반응의 생성물은 전혀 다르다.

A 수소붕소 첨가-산화 반응

Borane은 3-hexyne과의 반응으로 나타낸 바와 같이 내부 알카인에 쉽게 첨가된다.

3 3-Hexyne + BH_3 $\xrightarrow{THF}$ Trialkenylborane (R = *cis*-3-hexenyl기)

내부 알카인의 수소붕소 첨가는 1 mol의 borane이 첨가된 후에는 반응이 멈추게 된다는것을 주목하라. 생성물은 trialkenylborane (삽입어 *-enyl-*은 붕소에 결합된 탄소에 탄소-탄소 이중 결합의 존재를 나타낸다)이다. 알켄의 수소붕소 첨가(6.4절)에서처럼 알카인의 수소붕소 첨가도 입체선택적이다. 수소와 붕소의 신(syn) 첨가가 포함되어 있다.

말단 알카인도 역시 borane과 위치선택적으로 반응하여 trialkenylborane을 생성한다. 그러나 실제로는 이 단계에서 반응을 멈추기가 어려우며, 그 이유는 알케닐기가 borane과 계속 반응하여 두 번째 수소붕소 첨가 반응이 일어나기 때문이다.

$$RC{\equiv}CH \xrightarrow{BH_3} \text{(H)(R)C=C(H)(B—)} \xrightarrow{BH_3} RCH_2CH(B—)_2$$

두 번째 수소붕소 첨가 단계를 막을 수 있고, 실제로 입체적으로 가려진 이치환 borane을 사용함으로써 alkenylborane 단계에서 반응을 중지시킬 수 있다. 이러한 시약 중에서 가장 널리 사용되는 것은 di-*sec*-isoamyl borane, $(sia)_2BH$이고, borane을 두 당량의 2-methyl-3-butene (amyl은 pentyl의 옛 관용명임)으로 처리하여 합성된다.

2 **2-Methyl-2-butene** + BH_3 ⟶ **Di-*sec*-isoamylborane [$(sia)_2BH$]**

이 입체적으로 가려진 dialkylborane과 말단 알카인과의 반응은 수소붕소 첨가 반응을 한 번만 진행하여 alkenylborane을 형성하는 결과를 나타낸다.

1-Octyne + $(sia)_2BH$ ⟶ Alkenylborane (H, H, $B(sia)_2$)

비대칭 알켄의 수소붕소 첨가 반응과 같이 말단 알카인의 탄소-탄소 삼중 결합에 $(sia)_2BH$의 첨가는 위치선택적이다. 붕소는 덜 치환된 탄소에 첨가된다.

Alkenylborane을 NaOH 수용액에서 과산화 수소로 처리하면 해당 알카인의 수화 반응과 동일한 생성물을 형성한다. 즉 2-butyne의 수소붕소 첨가-산화 반응에서 보는 바와 같이 한 쪽의 삼중 결합 탄소에는 H, 그리고 다른 쪽에는 OH가 첨가된다.

$K_{eq} = 6.7 \times 10^6$

1. BH_3 2. H_2O_2, NaOH

2-Butyne → **2-Buten-2-ol** (엔올) ⇌ **2-Butanone** (케톤) (케토-엔올 토토머화)

알카인의 수소붕소 첨가-산화 반응의 초기 생성물은 탄소-탄소 이중 결합 탄소에 결합된 하이드록시기를 가진 화합물인 **엔올**(enol)이다. 엔올이란 이름은 알켄(*-en-*)과 알코올(*-ol-*)을 모두 가지고 있다는 사실로부터 유래되었다. 여기까지는 알카인의 수소붕소 첨가-산화 반응과 알켄의 수소붕소 첨가-산화 반응은 동일하다(6.4절).

엔올
이중 결합 탄소에 하이드록시기를 가진 화합물.

엔올은 산소로부터 탄소로 수소 원자의 이동과 탄소-산소 이중 결합을 형성하는 탄소-탄소 이중 결합의 자리옮김에 의해 생성된 구조 이성질체와 평형을 이룬다. K_{eq} 값에서 알 수 있듯이, 2-butanone (케토형)이 엔올보다 훨씬 더 안정하다. 케토형이 엔올형에 비해 더 안정하며, 그 이유는 (1) 일반적으로 C=O π 결합이 C=C π 결합보다 더 강하고, 반면에 (2) C—H와 O—H σ 결합은 비슷한 결합 세기를 갖기 때문이다.

2-Butanone의 케토형과 엔올형을 토토머라고 부른다. **토토머**(Tautomer)는 서로 평형 상태에 있는 구조 이성질체로 헤테로 원자(대개의 경우 O, N, S)와 연결되어 있는 이중 결합과 수소 원자 혹은 다른 원자의 위치만 다르다. 이러한 형태의 이성질 현상을 토토머화 현상(tautomerism)이라고 부른다. 이 절에서 다루는 토토머화 형태는 케토형(케톤으로부터)과 엔올형이 포함되어 있기 때문에, 보통 **케토-엔올 토토머화**(keto-enol tautomerism)라 한다. 케토-엔올 토토머화에 대해서는 16.9절에서 더 자세하게 설명하기로 한다.

토토머
가장 일반적으로 O, N, S와 같은 헤테로원자와 연결되어 있는 이중 결합과 수소 원자의 위치만 다르면서 서로 평형에 있는 구조 이성질체.

케토-엔올 토토머화
케토(케톤으로부터)와 엔올 토토머의 이성질 현상.

Disiamylborane을 사용한 말단 알카인의 수소붕소 첨가 반응에 이어서 알칼리성 과산화 수소로 산화하여도 역시 엔올이 생성되며, 이 경우에는 엔올은 더 안정한 알데하이드와 평형을 이룬다. 따라서 말단 알카인의 수소붕소 첨가-산화 반응은 알데하이드를 생성한다.

1. $(sia)_2BH$ 2. H_2O_2, NaOH

1-Octyne → 엔올 ⇌ **Octanal**

예제 7.4 ▸ **수소붕소 첨가-산화 반응**

2-Pentyne의 수소붕소 첨가-산화 반응은 분자식이 $C_5H_{10}O$인 두 가지 케톤의 혼합물을 생성한다. 이 두 가지 케톤과 이들에서 각각 유도된 엔올의 구조식을 그려라.

➥ 해답

2-Pentyne에 있는 두 삼중 결합 탄소들은 각각 그 치환의 정도가 같기 때문에 수소붕소 첨가 반응이 일어나는 동안에 거의 위치선택성이 없다. 두 개의 엔올이 생성되고, 각각의 엔올에 대해 해당하는 케토 이성질체가 생성된다.

1. BH_3 2. H_2O_2, NaOH

2-Pentyne → **2-Pentene-3-ol** (엔올) + **2-Pentene-2-ol** (엔올)

⇅ **3-Pentanone** ⇅ **2-Pentanone**

연습 문제 7.4

수소붕소 첨가-산화 반응이 일어나서 제시된 생성물을 생성하고 주어진 분자식을 갖는 탄화 수소의 구조식을 그려라.

(a) C_7H_{10} $\xrightarrow[\text{2. } H_2O_2\text{, NaOH}]{\text{1. (sia)}_2\text{BH}}$ (cyclopentyl-CH_2CHO)

(b) C_7H_{12} $\xrightarrow[\text{2. } H_2O_2\text{, NaOH}]{\text{1. } BH_3}$ (cyclopentyl-CH_2CH_2OH)

B 산-촉매 수화 반응

촉매로 진한 황산 및 Hg(II) 염 존재 하에서 알카인은 알켄의 옥시수은 첨가 반응과 유사한 반응으로 물의 첨가가 일어난다(6.3F절). 이런 용도로 가장 흔히 사용되는 Hg(II)염은 HgO, $HgSO_4$, $Hg(OAc)_2$이다. 말단 알카인에 물이 첨가되는 반응은 Markovnikov 규칙을 따른다. 수소는 수소를 갖고 있는 삼중 결합 탄소에 첨가된다. 그 결과 엔올은 더 안정한 케토형과 평형을 이루고, 따라서 얻어지는 생성물은 케톤(acetylene의 경우는 알데하이드)이다.

$$CH_3C{\equiv}CH + H_2O \xrightarrow[HgSO_4]{H_2SO_4} CH_3\overset{OH}{\overset{|}{C}}{=}CH_2 \rightleftharpoons CH_3\overset{O}{\overset{\|}{C}}CH_3$$

Propyne **Propen-2-ol** (엔올) **Propanone (Acetone)**

이 반응의 메커니즘은 propanone (acetone)을 생성하는 propyne의 수화 반응을 예로 나타내었다.

MECHANISM 알카인의 $HgSO_4/H_2SO_4$ 촉매 수화 반응

1단계: **친핵체(π 결합)와 친전자체 사이의 새로운 결합을 만든다** 탄소-탄소 삼중 결합(친핵체)이 Hg^{2+}(친전자체)에의 공격은 다리걸친 머큐리늄 이온 중간체를 형성한다.

$$H_3C{-}C{\equiv}C{-}H + Hg^{2+} \longrightarrow \text{(bridged } Hg^+ \text{ over } C{\equiv}C\text{, } H_3C\text{, H)}$$

다리걸친 머큐리늄 이온 중간체

2단계: **친핵체와 친전자체 사이의 새로운 결합을 만든다** 다리 결합의 반대 쪽으로부터 다리걸친 머큐리늄 이온 중간체(친전자체)에 대한 물(친전자체)의 공격은 삼원자 고리를 열리게 한다.

$$\text{bridged } Hg^+ \text{ ion} + H_2\ddot{O}: \longrightarrow (H_3C)(H_2\overset{+}{O})C{=}C(H)(\ddot{H}g^+)$$

2차 바이닐 양이온 구조는 1차 바이닐 양이온 구조보다 혼성에 더 크기 기여하기 때문에 물의 공격이 보다 많이 치환된 탄소에 우선적으로 일어나고, 위와 같은 반응의 관찰된 위치선택성을 설명할 수 있다.

***3단계:* 양성자 제거** 용매로 양성자 이동은 유기수은 엔올을 생성한다.

$$H_2\ddot{O}: + (H_3C)(H_2\overset{+}{O})C{=}C(H)(Hg^+) \longrightarrow (H_3C)(HO)C{=}C(H)(Hg^+) + H_3O^+$$

***4단계:* 케토-엔올 토토머화** 엔올의 토토머화는 케토형을 생성한다.

$$\underset{\text{엔올형}}{(H_3C)(HO)C{=}C(H)(Hg^+)} \rightleftharpoons \underset{\text{케토형}}{CH_3{-}\overset{\overset{\displaystyle :O:}{\|}}{C}{-}CH_2{-}Hg^+}$$

***5단계:* 양성자 첨가** 케톤의 카보닐기로 양성자 이동은 옥소늄 이온을 생성한다.

$$H{-}\overset{+}{O}(H){-}H + CH_3{-}\overset{\overset{\displaystyle :O:}{\|}}{C}{-}CH_2{-}Hg^+ \longrightarrow CH_3{-}\overset{\overset{\displaystyle H{-}\overset{+}{O}:}{\|}}{C}{-}CH_2{-}Hg^+ + H_2\ddot{O}:$$

***6단계 및 7단계:* 안정한 분자 혹은 이온이 되기 위해 결합을 끊고 이어서 케토-엔올 토토머화가 일어난다** 옥소늄 이온으로부터 Hg^{2+}를 잃고 최종 생성물인 엔올이 생성된다. 엔올의 토토머화는 케톤을 생성한다.

$$CH_3{-}\overset{\overset{\displaystyle H{-}\overset{+}{O}}{\|}}{C}{-}CH_2{-}Hg^+ \longrightarrow Hg^{2+} + \underset{\text{(엔올형)}}{CH_3{-}\overset{\overset{\displaystyle H{-}\ddot{O}:}{|}}{C}{=}CH_2} \rightleftharpoons \underset{\text{(케토형)}}{CH_3{-}\overset{\overset{\displaystyle :O:}{\|}}{C}{-}CH_3}$$

예제 7.5 ▸ 알카인의 반응

다음 변환을 일으키는 시약을 나타내어라.

(a) 에타이닐사이클로헥세인 ⟶ 사이클로헥실 메틸 케톤 **(b)** 에타이닐사이클로헥세인 ⟶ 사이클로헥실아세트알데하이드

➥ 해답

(a) 수은 이온 촉매를 사용한 단일치환 알카인의 수화는 보다 더 안정한 케토형과 평형에 있는 엔올을 생성한다.

$$\text{에타이닐사이클로헥세인} + H_2O \xrightarrow[HgSO_4]{H_2SO_4} \text{엔올} \rightleftharpoons \text{케톤}$$

(b) Disiamylborane을 사용하여 수소붕소 첨가에 이어서 알칼리성 과산화 수소로 처리하면 보다 더 안정한 알데하이드와 평형에 있는 엔올을 생성한다.

$$\text{(cyclohexyl)C}\equiv\text{CH} \xrightarrow[\text{2. } H_2O_2,\ NaOH]{\text{1. } (sia)_2BH} \text{(cyclohexyl)CH=CHOH} \rightleftharpoons \text{(cyclohexyl)CH}_2\text{CHO}$$

연습 문제 7.5

2-Pentyne의 수화는 분자식이 $C_5H_{10}O$인 두 개의 케톤 혼합물을 생성한다. 이 두 개의 케톤과 각각의 케톤에서 유도된 엔올들의 구조식을 제안하여라.

7.8 알카인의 환원

다음의 세 종류의 반응이 알카인을 알켄 및 알케인으로 변환하는데 사용된다. 촉매 환원, 수소붕소 첨가-가양성자 분해, 그리고 용해 금속 환원이다.

A 촉매 환원 반응

가장 일반적으로 팔라듐, 백금 또는 니켈과 같은 전이 금속 촉매 존재 하에서 알카인을 H_2로 처리하면, 알카인에 2 mol의 H_2가 첨가되어 알카인이 알케인으로 변환되는 결과가 나타난다. 알카인의 촉매 환원 반응은 적당한 수소 기체 압력과 실온 혹은 그보다 약간 더 높은 온도에서 일어난다.

$$\underset{\textbf{2-Butyne}}{CH_3C\equiv CCH_3} + 2\,H_2 \xrightarrow[\text{3 atm}]{\text{Pd, Pt, 또는 Ni}} \underset{\textbf{Butane}}{CH_3CH_2CH_2CH_3}$$

알카인의 환원은 두 단계로 일어난다. (1) 1 mol의 수소가 첨가되어 알켄을 만든 후, (2) 이 알켄에 두 번째 1 mol의 수소가 첨가되어 알케인을 생성한다. 대부분의 경우, 환원 반응을 알켄 단계에서 멈추는 것은 불가능하다.

그러나 촉매를 잘 선택하면, 1 mol의 수소 첨가 후에 환원 반응을 멈출 수 있다. 이러한 목적으로 가장 흔히 사용되는 촉매는 납 염으로 특별히 처리한 calcium carbonate 고체 위에 미세한 가루로 만든 팔라듐을 입혀 사용한다. 이 혼합물은 **Lindlar 촉매**(Lindlar catalyst)라고 알려져 있다. Lindlar 촉매에서 알카인 환원(수소화) 반응은 입체선택성 반응이다. 탄소-탄소 삼중 결합에 두 수소 원자의 **신 첨가**(syn addition)는 *시스*-알켄을 생성한다.

Lindlar 촉매
납의 염으로 처리한 calcium carbonate 고체 위에 입힌 미세한 가루로 만든 팔라듐 금속 분말. 알카인을 *시스* 알켄으로 환원시키는 촉매로 특별히 사용.

$$\underset{\textbf{2-Butyne}}{CH_3C\equiv CCH_3} + H_2 \xrightarrow{\text{Lindlar 촉매}} \underset{\textbf{\textit{cis}-2-Butyne}}{(H_3C)(H)C=C(H)(CH_3)}$$

Lindlar 촉매 존재 하에 수소 첨가는 입체선택적 신 첨가 반응이기 때문에 환원은 금속 촉매 표면으로부터 알카인으로 두 개의 수소 원자가 동시에 혹은 거의 동시에 이동함으로써 일어난다고 제안되어 왔다. 6.6A절에서 알켄을 알케인으로 촉매 환원에 대한 비슷한 메커니즘을 나타내었다.

B 수소화붕소 첨가-가양성자 분해 반응

바로 전 7.7A절에서 본 바와 같이, 내부 알카인은 borane과 반응하여 trialkenylborane을 생성한다. Trialkenylborane을 acetic acid와 같은 카복실산으로 처리하면 수소에 의한 붕소의 입체선택적 치환이 일어난다. 붕소에 결합된 *시스*-알케닐기는 *시스*-알켄으로 변환된다.

$$\text{Trialkenylborane} + 3\,CH_3COH \longrightarrow 3\ \textit{cis}\text{-3-Hexene} + (CH_3CO)_3B$$

Trialkenylborane　　*cis*-3-Hexene

내부 알카인의 수소붕소 첨가 반응에 이어서 acetic acid로 처리한 반응의 알짜 효과는 알카인을 *시스*-알켄으로 환원시키는 것이다. 따라서 수소붕소 첨가-가양성자 분해와 Lindlar 촉매를 이용한 촉매 환원은 알카인을 *시스*-알켄으로 변환시키는 또 다른 방법이 된다.

C 용해 금속 환원 반응

알카인은 액체 암모니아 또는 저분자량의 1차 또는 2차 아민 내에 소듐이나 리튬 금속을 사용하여 알켄으로 역시 환원시킬 수 있다. 알카리 금속은 환원제이고 이 과정에서 M^+로 산화되고, 이 반응에서 용매 내에 금속염 형태로 용해된다. 액체 암모니아, $NH_3(l)$ 내의 리튬이나 소듐에 의해 알카인의 알켄으로 환원은 입체선택성이다. 삼중 결합에 두 수소 원자의 주로 **안티 첨가**(anti addition)가 포함되어 있다.

$$R-C\equiv C-R' + 2\,Na + 2\,NH_3 \xrightarrow{NH_3(l)} (E)\text{-}RCH=CHR' + 2\,NaNH_2$$

$$\text{4-Octyne} \xrightarrow[NH_3(l)]{2\,Na} \textit{trans}\text{-4-Octyne}$$

4-Octyne　　*trans*-4-Octyne

따라서 시약과 반응 조건을 적절히 선택하면, 알카인을 *시스*-알켄(촉매 환원 혹은 수소붕소 첨가-가양성자 분해) 또는 *트랜스*-알켄(용해 금속 환원) 중에서 어느 쪽으로도 환원이 가능하다.

알카인을 알켄으로 환원시키는 알칼리 금속 환원 반응의 입체선택성은 다음 메커니즘에 의해 설명될 수 있다. 이 메커니즘은 공부한 바와 같이 두 번의 한 개-전자 환원과 두 번의 양성자 이동 반응이 포함되어 있음을 주목하라. 알켄의 입체화학은 3단계에서 결정된다. 4단계 과정의 모든 식을 더하고, 반응식의 양변에 나타나는 화학종을 서로 지우면 반응에 대한 전체 반응식이 된다.

MECHANISM 액체 암모니아 내 소듐에 의한 알카인의 환원

1단계: 알카인의 한 개-전자 환원은 알케닐 라디칼 음이온을 생성한다. 즉, 한 탄소에 홀전자와 그리고 인접 탄소에 음전하를 포함하고 있는 이온이다(단일 전자의 움직임을 나타내기 위해서는 단일-머리 화살표를 사용하는 것에 유의하라).

$$R-C\equiv C-R + \cdot Na \longrightarrow R-\dot{C}=\ddot{C}^{-}-R \longleftrightarrow R-\ddot{C}^{-}=\dot{C}-R + Na^+$$

공명-안정화된 알케닐 라디칼 음이온

2단계: **양성자 첨가** 알케닐 라디칼 음이온(매우 센염기)이 암모니아(이 조건에서는 약한 산임) 분자로부터 양성자를 떼어내어 알켄일 라디칼을 생성한다.

$$R{-}\dot{C}{=}\ddot{C}^{-}{-}R + H{-}\ddot{N}H{-}H \longrightarrow \underset{\text{알켄일 라디칼}}{(R)\dot{C}{=}C(R)(H)} + \underset{\text{Amide 음이온}}{:\ddot{N}^{-}H{-}H}$$

알켄일 라디칼 　 Amide 음이온

3단계: 알켄일 라디칼의 한 개-전자 환원은 알켄일 음이온을 생성한다. *트랜스*-알켄일 음이온이 *시스* 이성질체보다 더 안정하며, 최종 생성물의 입체 화학은 이 단계에서 결정된다.

$$Na\cdot + (R)\dot{C}{=}C(R)(H) \longrightarrow Na^{+} + \underset{\text{알켄일 음이온}}{(R)\ddot{C}^{-}{=}C(R)(H)}$$

알켄일 음이온

4단계: **양성자 첨가** 두 번째 양성자-이동 반응은 환원을 완결시키고 *트랜스*-알켄을 생성한다.

$$H{-}\ddot{N}H{-}H + (R)\ddot{C}^{-}{=}C(R)(H) \longrightarrow \underset{\text{Amide 음이온}}{H{-}\ddot{N}^{-}H:} + \underset{\text{트랜스 알켄}}{(H)(R)C{=}C(R)(H)}$$

Amide 음이온 　 *트랜스* 알켄

7.9 유기 합성

지금까지 acetylene과 치환된 acetylene으로부터 어떻게 말단 알카인과 내부 알카인 모두가 합성되는지 알아보았고, 첨가(HX, X_2, H_2O), 수소붕소 첨가-산화 및 환원 등을 포함해서 알카인의 여러 가지 일반적인 반응들도 살펴보았다. 이제 여기서 한 단계 더 나아가 소위 **유기 합성**(organic synthesis)의 예술이라고 부르는 것들에 대해 고찰해 보자.

유기 합성
유기 출발 물질을 좀 더 복잡한 구조로 전환시키는 일련의 반응들.

A 역합성 분석법

유기 화학자들의 중요한 목표는 의약품, 농약, 플라스틱, 탄성중합체, 직조섬유 등으로 사용되는 화합물을 제조하기 위한 합성이다. 성공적인 합성이란 합성의 모든 단계에서 최대한의 입체화학적 조절이 가능하면서 최대한의 수득률로 원하는 생성물을 얻을 수 있어야 한다. 더욱이, 환경에 해가 되는 물질을 만들거나 부생성물로 배출하지 않는 환경 친화적인 '녹색' 합성에 대한 요구도 높아지고 있다.

이 절에서의 목표는 성공적인 합성법을 계획할 수 있는 능력의 개발이다. 최선의 전략은 원하는 생성물에서 시작하여 역으로 합성을 계획하는 것이다. 먼저, 다음과 같은 방법으로 과녁 분자를 분석한다.

1. 과녁 분자 탄소 골격에 있는 탄소 수를 확인한다. 주어진 출발 물질로부터 탄소 골격을 어떻게 만들지를 결정하는 것이 합성의 가장 어려운 부분이다. 만약 탄소 수를 늘여야만 한다면, 어떤 탄소-탄소 결합 형성 반응을 이용할 수 있을지 잘 생각해 보아야 한다. 이

과정 내 이 단계에서는, 이른바 메틸 혹은 일차 할로젠화물과 아세틸라이드 음이온의 알킬화 반응만이 유일하다(7.5절).

2. 작용기를 분석한다. 어떤 작용기를 어떻게 변화시켜 탄소 골격 구조를 쉽게 만들 수 있을까? 그런 다음 어떻게 원하는 생성물에 있는 최종 작용기로 바꿀 수 있을까? 위치선택성과 입체선택성이 중요하게 고려될 수 있다.

3. 이제 역으로 합성을 한다. 의외로 처음부터 시작하려고 시도하는 것보다 오히려 마지막 단계를 확인하는 것이 보다 더 쉽다. 이 과정을 **역합성 분석**(retrosynthetic analysis)이라 부른다. 기본 개념은 생성물의 구조로부터 출발하여 출발 물질로부터 합성 중간체를 얻을 수 있는 점에 도달될 때까지 한 번에 한 단계씩 역으로 합성하는 것이다. 첫 번째 제안된 경로를 사용하여 이 목적을 달성할 수 없으면, 다른 일련의 반응을 사용하여 역합성을 시도한다. 합성 문제는 지금까지 배운 반응과 연결되는 전혀 새로운 창조적 방법을 찾아내는 것이다. 합성을 잘 하기 위해서는 이들 반응이 새로운 분자의 합성에 어떻게 이용되는가를 포함해서 먼저 이 반응들과 친숙해져야 한다. 여러분이 배운 반응을 추적하는 가장 좋은 방법은 '유기 화학 반응 로드맵'을 사용하는 것이다. 이 장 마지막에 있는 '유기 화학 반응 로드맵'에 있는 모든 문제를 해결하는 것과 부록 11에 익숙해지는 것이 중요하다.

역합성 분석
과녁 분자로부터 적합한 출발 물질을 역으로 찾아가는 합리적 과정.

과녁 분자: *cis*-3-Hexene

쉽게 구할 수 있는 출발 물질로 acetylene과 할로알케인을 사용한다.

분석 생성물에는 여섯 개의 탄소와 acetylene에는 두 개의 탄소만 있음을 알고 있다. 총 네 개의 추가되는 탄소를 가진 할로알케인과 탄소-탄소 결합 형성 반응을 통하여 탄소 골격을 구성할 필요가 있다. 생성물에 있는 작용기는 *시스* 탄소-탄소 이중 결합이고, 이 이중 결합은 Lindlar 촉매(7.8A절)를 사용한 탄소-탄소 삼중 결합의 촉매 환원에 의해 만들 수 있다. 그리고 가능한 출발 물질로 탄소 골격을 자를 수 있고, 나중에 알려진 반응을 이용하여 다시 연결할 수 있다. 여기 예에서, 삼중 결합에 인접한 두 개의 탄소-탄소 단일 결합으로 자른다. 이들 결합은 각각 두 개의 탄소 원자(예: bromoethane)를 가진 두 개의 할로알케인 (7.5A절)을 사용하여 acetylide 이가음이온의 알킬화 반응에 의해 합성이 일어나는 동안에 형성될 수 있다. 역합성의 각 단계를 나타내기 위해 열린 화살표를 사용한다.

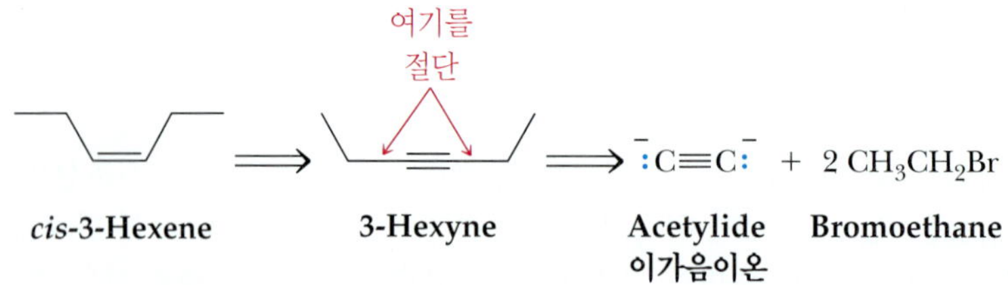

합성 이 *cis*-3-hexene 합성에 대한 출발 물질은 acetylene과 bromoethane으로 모두 쉽게 구할 수 있는 화합물들이다. 이 합성은 다음과 같은 다섯 단계로 진행된다.

HC≡CH —(1. $NaNH_2$; 2. CH_3CH_2Br)→ 1-Butyne —(3. $NaNH_2$; 4. CH_3CH_2Br)→ 3-Hexyne —(5. H_2, Lindlar 촉매)→ *cis*-3-Hexene

Acetylene   1-Butyne   3-Hexyne   *cis*-3-Hexene

과녁 분자: 2-Heptanone

2-Heptanone은 Roquefort 치즈의 매운 '후추' 맛 성분이다. 쉽게 구할 수 있는 출발 물질로 acetylene과 할로알케인을 사용한다.

과녁 분자

2-Heptanone

분석 생성물에는 일곱 개의 탄소가 있고 acetylene에는 두 개의 탄소만 가지고 있음을 알고 있다. 총 다섯 개의 탄소를 가진 할로알케인과 탄소-탄소 결합 형성 반응을 통하여 탄소 골격을 구성할 필요가 있다. 과녁 분자에 있는 작용기는 케톤으로 탄소-탄소 삼중 결합의 수화 반응으로 만들 수 있다. 1-Heptyne의 수화는 2-heptanone만 생성하고, 반면에 2-heptyne의 수화는 2-heptanone과 3-heptanone의 혼합물을 만든다. 따라서 1-heptyne으로 상호 전환될 수 있는 작용기를 선택한다.

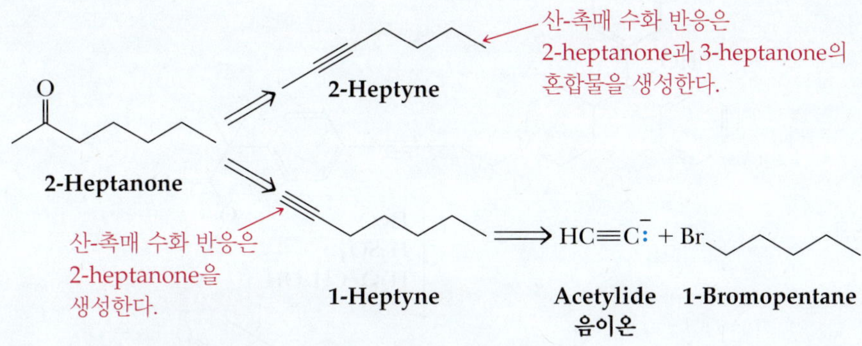

합성 이 합성은 아래와 같이 세 단계로 진행된다.

$HC{\equiv}CH \xrightarrow[\text{2. Br}]{\text{1. NaNH}_2}$ **1-Heptyne** $\xrightarrow[H_2SO_4,\ HgSO_4]{\text{3. } H_2O}$ **2-Heptanone**

예제 7.6 ▸ 알카인을 이용한 합성

Heptanal을 생성하기 위해서는 2-heptanone 합성 도표를 어떻게 수정해야 하는가?

➡ 해답

1단계와 2단계는 동일한 과정으로 1-heptyne을 생성한다. 1-Heptyne의 산-촉매 수화 반응 대신에, 1-heptyne을 $(sia)_2BH$와 반응시키고 이어서 알칼리성 과산화 수소로 처리한다(7.7절).

$HC{\equiv}CH \xrightarrow[\text{2. Br}]{\text{1. NaNH}_2}$ **1-Heptyne** $\xrightarrow[\text{4. } H_2O_2/NaOH]{\text{3. } (sia)_2BH}$ **Heptanal**

연습 문제 7.6

예제 7.6에 있는 합성 도표를 다음 화합물이 생성되도록 어떻게 수정할 수 있는지 나타내라.

(a) 1-Heptanol **(b)** 2-Heptanol

B 복잡한 분자에서 작용기의 반응

유기 화학의 명확한 특성은 작용기가 상대적으로 간단한 분자에 있거나 혹은 많은 다른 작용기를 포함한 더 복잡한 분자에 있거나에 상관없이 같은 형태로 반응한다. 그 결과 존재하는 모든 작용기의 반응성을 고려하면서 복잡한 분자의 합성을 합리적으로 달성할 수 있다.

Allegra라는 상품명으로 판매되고 있는 fexofenadine은 강력한 비진정 항히스타민제이다. Fexofenadine의 효율적 합성은 1994년 McGill 대학팀에 의해 발표되었으며, HgO (7.7B절)를 사용한 산성 용액에서 알카인의 변환이 포함되어 있다. 케톤 작용기는 중간체의 양전하가 공명 비편재화에 의해 이 위치에서 안정화되기 때문에 벤젠 고리에 인접한 탄소에 위치하게 된다. 케톤 생성물은 여기서 다루지 않는 추가되는 반응에 의해 fexofenadine으로 변환된다. McGill 합성법이 효율적이기는 하지만, 독성이 있는 HgO의 사용은 이 전체 합성을 상업적인 용도로는 부적합하게 만들고 생성물을 판매하기 위해서는 대체 방법이 사용된다. Fexofenadine은 카이랄 중심을 하나 가지고 있으며 라셈 혼합물로 판매되고 있다.

HgO
H_2SO_4
H_2O/CH_3OH

75% 수득률

Fexofenadine
(라셈 혼합물)

이 예는 어떻게 작용기 분석이 복잡한 분자의 체계적 합성의 개발에 사용되는가에 대한 두 중요한 점을 설명해 준다. 첫 번째로 알카인은 사용된 조건에서 반응할 수 있는 유일한 작용기이며, 이 장에서 다룬 단순한 분자와의 비교하여 기대되는 유사한 반응성을 갖는다. 이 과정에서 많은 작용기의 반응성을 배우게 될 것이며 각 경우에 작용기들은 그들을 포함하는 복잡한 분자에서 무엇이 일어날 것인가를 예측하는 데 사용할 수 있다. 두 번째로 그들은 직접 반응하지는 않지만 다른 작용기들은 흔히 반응의 위치화학과 입체화학에 영향을 미친다. 주어진 예에서 벤젠 고리는 HgO 시약과는 직접적으로 반응하지 않지만 생성물의 위치화학에 영향을 미친다.

사실과 개념에 대한 요약

7.1절 | 알카인의 구조

- **알카인**(Alkyne)은 하나 이상의 탄소-탄소 삼중 결합을 가지고 있다.
  - 삼중 결합은 *sp* 혼성 궤도의 중첩으로 이루어진 σ 결합 한 개와 평행한 두 쌍의 2*p* 궤도가 중첩되어 만든 π 결합 두 개로 이루어져 있다.

7.2절 | 알카인의 명명법

- IUPAC 명명법에 따라 탄소-탄소 삼중 결합을 나타내기 위하여 어간에 -아인(-*yn*-)을 사용한다.
  - 삼중 결합을 포함하는 가장 긴 사슬을 주사슬로 명명한다. 삼중 결합의 탄소 원자가 가장 낮은 번호가 되도록 한 끝에서부터 번호를 붙인다.
  - IUPAC 체계는 acetylene이라는 이름을 허용한다.
- 관용명은 *acetylene*이라는 말에 접두사로 치환기의 이름을 첨가하여 이루어진다.

연습 문제: 7.1, 7.2

7.3절 | 알카인의 물리적 성질

- 알카인의 물리적 성질은 비슷한 탄소 골격을 가진 알케인이나 알켄의 성질과 유사하다.

7.4절 | 1-알카인의 산도

- 말단 알카인의 pK_a 값은 약 25 정도로 물이나 알코올보다는 덜 산성이고 알케인이나 알켄, 암모니아보다는 산성이 더 강하다.
  - 삼중 결합 탄소에 결합되어 있는 수소는 보통 sodium amide ($NaNH_2$), sodium hydride (NaH), 혹은 lithium diisopropylamide (LDA)와 같은 센염기에 의해 제거될 수 있을 정도의 산성을 가진다.

연습 문제: 7.10

7.5절 | 알카인의 제법

- 알카인은 할로젠화 메틸 혹은 일차 할로젠화물과 아세틸라이드 음이온의 알킬화에 의해 제조된다.
  - 이 반응은 탄소-탄소 결합을 형성하기 때문에 중요하다. Acetylene에서 출발하면 비대칭 알카인도 연속적인 양성자 이탈-**알킬화**(alkylation)의 두 반응을 사용하여 제조된다.
- 알카인은 X_2와 할로젠화 반응과 이중 할로젠화수소 이탈 반응을 거쳐 알켄으로부터 제조된다.
  - **알렌**(Allene)은 이중 할로젠화수소 이탈 반응에서 부 생성물로 생성된다.

연습 문제: 7.3, 7.8, 7.9, 7.15, 7.19, 7.22, 7.26

7.6절 | 알카인의 친전자성 첨가 반응

- Br_2는 알카인에 첨가되어 안티 첨가 입체화학을 거쳐 다이브로모알켄을 형성한다.
  - 두 번째 Br_2 몰이 첨가되면 테트라브로모알케인이 형성된다.
  - Cl_2의 첨가는 Br_2의 첨가보다 입체선택성이 적다.
- 알카인은 같은 탄소에 두 할로젠이 첨가되면서 HCl 혹은 HBr 두 몰이 첨가된다.
  - 말단 알카인의 경우에는 Markovnikov 규칙에 따라 수소는 말단 탄소 원자에 결합된다.

연습 문제: 7.11, 7.16

7.7절 | 알카인의 알데하이드와 케톤으로의 수화 반응

- 알카인은 borane [BH_3 혹은 $(sia)_2BH$]과 반응한 후 염기성 과산화물로 처리하면 알데하이드 혹은 케톤을 형성한다.
  - 입체적으로 가려진 $(sia)_2BH$는 1-알카인과 위치선택적 반응으로 알데하이드를 형성한다. 반응 초기 생성물은 **엔올**(enol)이다.

- 엔올의 작용기는 이중 결합에 붙어 있는 —OH기이다.
  - 엔올형은 케토형과 평형을 이루는데 평형의 위치는 보통 케토 쪽에 많이 치우쳐 있다.
  - **토토머**(Tautomer)는 서로 평형 상태에 있는 구조 이성질체로 보통 O, N, S와 같은 헤테로 원자에 대한 이중 결합과 수소 원자의 위치만 다르다.
  - **케토-엔올 토토머화**(Keto-enol tautomerism)가 가장 흔히 보는 토토머화 현상이다.
- H_2SO_4와 Hg(II)염의 존재에서 알카인은 물과 반응하여 케톤 혹은 알데하이드를 형성한다. Acetylene의 경우에는 엔올 중간체를 거쳐 acetaldehyde를 형성한다.

7.8절 | 알카인의 환원

- 전이금속 촉매의 존재에서 알카인은 두 분자의 H_2와 반응하여 알켄 단계에서 정지되지 않고 알케인을 형성한다.
- **Lindlar 촉매**(Lindlar catalyst)는 수소화 촉매를 비활성화하여 알카인의 수소화를 알켄 단계에서 정지할 수 있다. 또한 알카인을 *시스*-알켄으로 변환시킨다. 수소화붕소 첨가 후 산처리(염기성 과산화물 대신에)를 하면 알카인으로부터 *시스*-알켄이 생성된다. 수소화 붕소 첨가-가양성자 분해 반응은 알카인에서 *시스*-알켄을 만드는 대안이 된다.
- 용해 금속 환원은 알카인으로부터 *트랜스*-알켄을 형성한다.

연습 문제: 7.17

7.9절 | 유기 합성

- 몇 개의 반응을 포함하는 **유기 합성**(organic synthesis)을 설계할 때 다음과 같은 체계적 방법을 사용하는 것이 좋다.
  1. 출발 물질에 대한 생성물의 탄소수를 계산하면 어떤 조각을 가해 주어야 하고 혹은 제거 해야 하는지를 알게 될 것이다.
  2. 작용기를 분석한다.
  3. 역방향으로 작업한다(retrosynthesis, **역합성**).

연습 문제: 7.6, 7.14, 7.20, 7.21~7.34

- **작용기**(Functional group)는 상대적으로 간단한 분자이거나 혹은 많은 다른 작용기를 포함한 더 복잡한 분자인가는 상관없이 같은 형태로 반응한다.
  - 다른 작용기는 직접 반응하지는 않아도 반응의 위치화학 혹은 입체화학에 영향을 미친다.

연습 문제: 7.35

주요 반응 *Key Reactions*

1. 말단 알카인의 산도(7.4절) 말단 알카인(pK_a 25)을 센염기, 흔히 $NaNH_2$, NaH, LDA로 처리하면 아세틸라이드 염을 형성한다.

$$HC{\equiv}CH + Na^+NH_2^- \longrightarrow HC{\equiv}C^-Na^+ + NH_3$$

2. 아세틸라이드 음이온의 알킬화 반응(7.5A절) 아세틸라이드 음이온은 친핵체로 메틸이나 1차 할로알케인의 할로젠 음이온과 치환된다.

$$HC{\equiv}C\!:^-Na^+ + \text{(1-bromohexane)} \longrightarrow \text{(1-octyne)} + Na^+Br^-$$

3. 알켄에서 알카인 합성(7.5B절) 알켄을 Br_2나 Cl_2로 처리하면 다이할로알케인을 만든다. 다이할로알케인을 $NaNH_2$나 다른 센염기로 처리하면 두 번의 연속적인 할로젠화 수소 제거가 일어나 알카인을 형성한다.

$$RCH{=}CHR \xrightarrow{Br_2} RCH(Br){-}CHR(Br) \xrightarrow[NH_3(l)]{2\ NaNH_2} RC{\equiv}CR$$

4. **Br_2와 Cl_2의 첨가(7.6A절)** 1 mol의 Br_2나 Cl_2의 첨가는 입체선택성 안티 반응으로 할로젠이 알카인에 안티 첨가하여 (*E*)-다이할로알케인을 형성한다. 두 번째 할로젠의 첨가로 테트라할로알케인을 만든다.

$$CH_3C{\equiv}CCH_3 \xrightarrow{Cl_2} (H_3C)(Cl)C{=}C(Cl)(CH_3) \xrightarrow{Cl_2} CH_3{-}CCl_2{-}CCl_2{-}CH_3$$

5. **HX의 첨가(7.6B절)** HX의 첨가는 위치선택성 반응이다. 바이닐 탄소양이온 중간체를 거치는 반응은 Markovnikov 규칙을 따른다. 2 HX 첨가는 다이할로알케인을 형성한다.

$$CH_3C{\equiv}CH \xrightarrow{HBr} CH_3C(Br){=}CH_2 \xrightarrow{HBr} CH_3CBr_2CH_3$$

6. **탄소-탄소 토토머화(7.7A절)** 케토형과 엔올형의 평형에서 보통 케토형이 더 우세하다.

$$\underset{\text{엔올형}}{CH_3CH{=}C(OH)CH_3} \rightleftharpoons \underset{\text{케토형}}{CH_3CH_2C({=}O)CH_3}$$

7. **수소붕소 첨가-산화 반응(7.7A절)** 내부 알카인의 수소화붕소 첨가는 신 입체선택성이다. H_2O_2/NaOH에 의한 trialkenylborane의 산화는 엔올을 생성하고, 케토-엔올 토토머화로 케톤을 만들어 평형을 이룬다.

$$\text{3-hexyne} \xrightarrow[2.\ H_2O_2,\ NaOH]{1.\ BH_3} \text{enol (OH)} \rightleftharpoons \text{3-hexanone}$$

입체적으로 가리워진 dialkylborane을 사용하여 말단 알카인을 수소붕소 첨가 반응시킨 후 얻은 trialkylborane을 H_2O_2/NaOH로 산화하면 케토-엔올 토토머화를 통해 알데하이드를 생성한다.

$$\text{terminal alkyne} \xrightarrow[2.\ H_2O_2,\ NaOH]{1.\ (sia)_2BH} \text{aldehyde (C(=O)H)}$$

8. **산-촉매 수화 반응(7.7B절)** Hg(II)염의 존재 하에 산-촉매를 사용한 물의 첨가 반응은 위치선택적이다. 그 결과 엔올의 케토-엔올 토토머화는 케톤을 생성한다.

$$CH_3C{\equiv}CH + H_2O \xrightarrow[HgSO_4]{H_2SO_4} CH_3C(OH){=}CH_2 \rightleftharpoons CH_3C({=}O)CH_3$$

9. **촉매 환원 반응(7.8A절)** 실온에서 전이 금속 촉매를 사용하여 2 mol의 H_2를 보통의 압력으로 알카인과 반응시키면 알케인을 생성한다.

$$\text{3-hexyne} + 2\,H_2 \xrightarrow{Pd,\ Pt,\ \text{또는}\ Ni} \text{hexane}$$

Lindlar 촉매를 이용한 알카인의 촉매 환원은 신 입체선택성 반응이다. 내부 알카인의 Lindlar 환원은 *시스*-알켄을 생성한다.

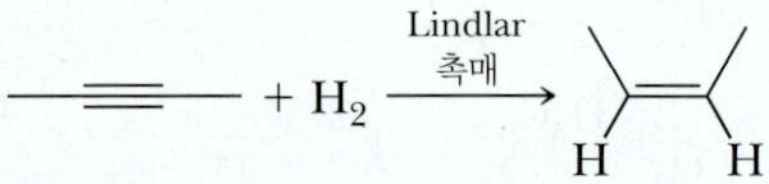

$$\text{RC}\equiv\text{CR} + H_2 \xrightarrow{\text{Lindlar 촉매}} \textit{cis}\text{-alkene (H, H)}$$

10. 수소붕소 첨가-가양성자분해 반응(7.8B절) 알카인의 수소붕소 첨가에 이어서 가양성자분해 반응은 알카인을 *시스*-알켄으로 변환시킨다.

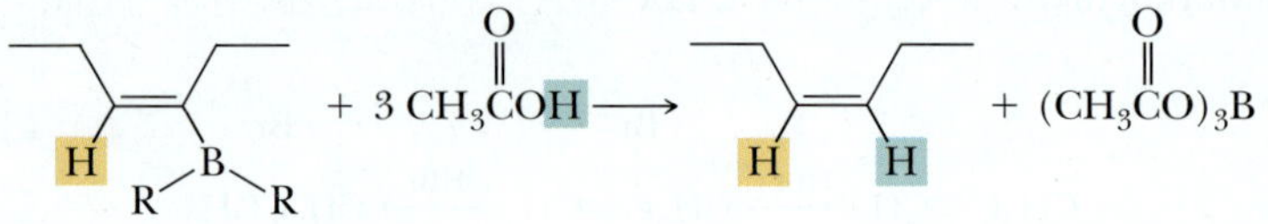

$$\text{(alkenyl)BR}_2 + 3\ CH_3COH \longrightarrow \textit{cis}\text{-alkene (H, H)} + (CH_3CO)_3B$$

11. $NH_3(l)$에서 Na나 Li 금속을 이용한 환원(7.8C절) 알칼리 금속 환원은 입체선택적이다. 내부 알카인에 수소가 안티 첨가되어 *트랜스*-알켄을 만든다. 이 반응은 두 번의 연속적인 Na 혹은 Li 금속으로부터 한 개-전자 이동과 아민 용매로부터의 양성자 제거를 포함하는 라디칼 메커니즘이다.

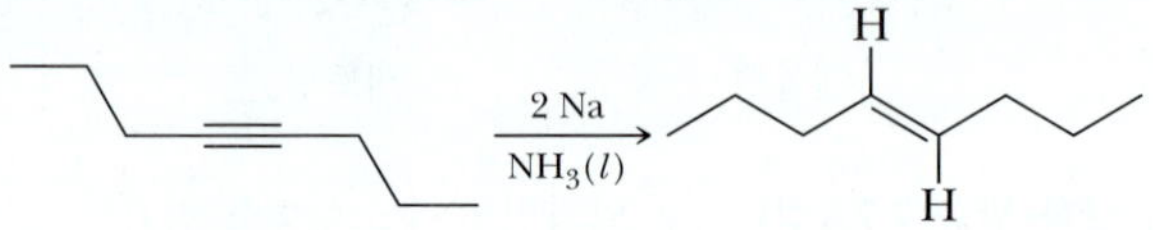

$$\xrightarrow[NH_3(l)]{2\ Na}$$

연습 문제

붉은색 번호는 응용 문제를 나타낸다.

7.7 Enanthotoxin은 영국에서 가장 강한 독초로서 악명이 높은 헴록이라는 독미나리의 맹독성 유기 화합물 성분으로 치명적 사고도 가장 많이 일으킨다. 이 식물에서 가장 독성이 많은 부분은 작고 흰 당근처럼 생긴 뿌리 부분으로 '죽음의 다섯 손가락'이라는 별명이 붙어 있다. 잎에도 독성이 있으며 이들은 꼭 파슬리와 같은 외양을 가지고 있다. Enanthotoxin은 신경세포의 Na^+ 통로를 방해하여 발작과 죽음에 이르게 하는 것으로 추정된다.

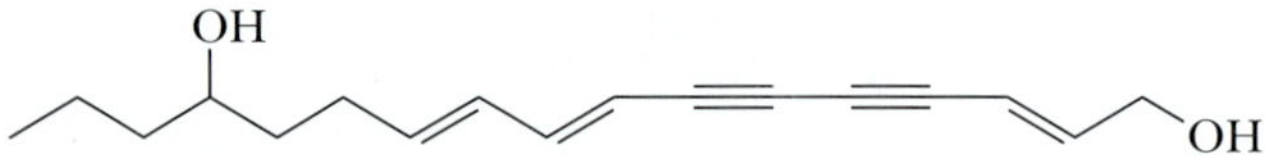

OH ... OH

Enanthotoxin에는 얼마나 많은 입체이성질체가 가능할까?

알카인의 제법

7.8 다음 출발 물질로부터 어떻게 알카인을 합성할 수 있는지를 보여라. (c)에 있는 D는 중수소를 나타낸다. BD_3, D_2O, CH_3COOD와 같이 중수소를 포함하는 시약들은 상업적으로 구입할 수 있다.

(a)  →

(b) 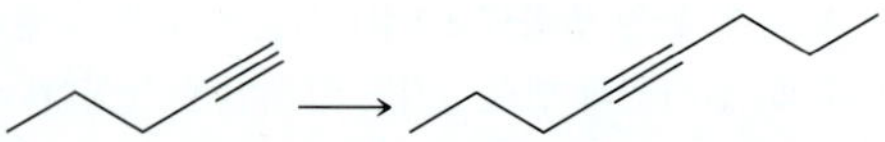 →

(c) 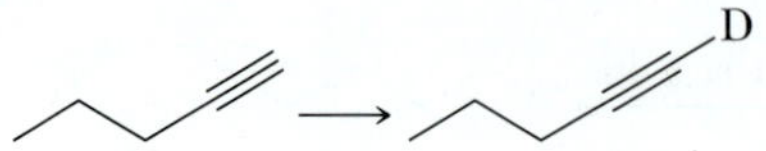 → D

7.9 1,2-Butadiene과 2-butyne 사이에서 평형을 이루게 하는 촉매가 존재한다면, 25℃에서 더 안정한 이성질체 대 덜 안정한 이성질체의 비율은 얼마나 될 것인가?

$$CH_2{=}C{=}CHCH_3 \rightleftharpoons CH_3C{\equiv}CCH_3 \qquad \Delta G^0 = -16.7\ \text{kJ}\ (-4.0\ \text{kcal})/\text{mol}$$

알카인의 반응

7.10 다음 각 산-염기 반응을 완성하고 평형이 왼쪽 또는 오른쪽 중에서 어느 위치에 놓일 지를 예측하여라.

(a) $CH_3C{\equiv}CH + CH_3CH_2O^-Na^+ \xrightleftharpoons[CH_3CH_2OH]{}$

(b) $CH_3C{\equiv}CCH_2CH_2OH + Na^+NH_2^- \xrightleftharpoons[NH_3(l)]{}$

(c) $CH_3C{\equiv}C^-Na^+ + CH_3\overset{O}{\overset{\|}{C}}OH \rightleftharpoons$

7.11 다음 각 시약과 3-hexyne과의 반응에 의해 형성되는 주생성물의 구조식을 그려라(반응이 일어나지 않을 것으로 예측되면 NR이라고 써라.)

(a) H_2 (과량)/Pt **(b)** H_2/Lindlar 촉매

(c) Na ($NH_3(l)$) **(d)** BH_3 이어서 H_2O_2/NaOH

(e) BH_3 이어서 CH_3COOH **(f)** BH_3 이어서 CH_3COOD

(g) Cl_2 (1 mol) **(h)** $NaNH_2$ ($NH_3(l)$)

(i) HBr (1 mol) **(j)** HBr (2 mol)

(k) H_2O ($H_2SO_4/HgSO_4$)

7.12 각 알카인의 수화 반응으로 형성된 엔올의 구조식을 그리고, 각각의 엔올과 평형에 있는 카보닐 화합물들의 구조식을 그려라.

(a) $CH_3(CH_2)_5C{\equiv}CH + H_2O \xrightarrow[H_2SO_4]{HgSO_4}$ (엔올) $\longrightarrow$

(b) $CH_3(CH_2)_5C{\equiv}CH \xrightarrow[2.\ NaOH/H_2O_2]{1.\ (sia)_2BH}$ (엔올) $\longrightarrow$

7.13 다음 반응의 메커니즘을 제안하여라.

$$HC{\equiv}CH + CH_3\overset{O}{\overset{\|}{C}}OH \xrightarrow[HgSO_4]{H_2SO_4} CH_3\overset{O}{\overset{\|}{C}}OCH{=}CH_2$$

Acetylene **Acetic acid** **Vinyl acetate**

Vinyl acetate는 poly (vinyl acetate) 제조용 단위체와 건축과 포장 산업의 접착제로서 주로 쓰이지만 페인트와 코팅 산업에도 사용된다.

합성

7.14 9-Octadecynoic acid를 다음 물질로 어떻게 변환시킬지를 보여라.

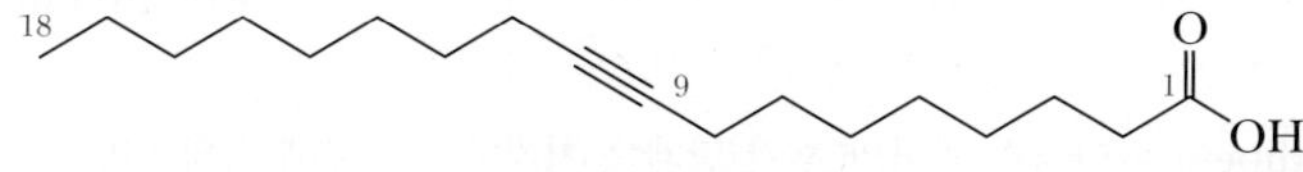

9-Octadecynoic acid

(a) (*E*)-9-Octadecenoic acid (eliadic acid) **(b)** (*Z*)-9-Octadecenoic acid (oleic acid)

(c) 9,10-Dihydroxyoctadecanoic acid **(d)** Octadecanoic acid (stearic acid)

7.15 많은 철물점에서 propyne (methylacetylene)과 1,2-propadiene (allene), 기타 탄화 수소의 혼합물인 MAAP 가스통을 소규모 용접용으로 소비자들에게 팔고 있다. 실험실에서 propene으로부터 이들 methylacetylene/allene 혼합물을 어떻게 만들 수 있을까?

7.16 Propyne을 다음 각 생성물로 바꿀 수 있는 시약과 실험 조건을 제시하여라(몇몇 경우에는 한 단계 반응으로 합성이 이루어질 수 있지만 나머지는 둘 혹은 그 이상의 합성 단계가 필요하다).

(a) $CH_3CBr_2-CHBr_2$ **(b)** $CH_3CBr_2CH_3$ **(c)** $CH_3\overset{O}{\overset{\|}{C}}CH_3$ **(d)** $CH_3CH_2\overset{O}{\overset{\|}{C}}H$

7.17 다음 각각의 출발 물질로부터 원하는 생성물들을 얻기 위한 시약과 실험 조건을 제시하여라(어떤 경우는 한 단계, 어떤 경우는 둘 이상의 합성 단계가 필요할 수도 있다).

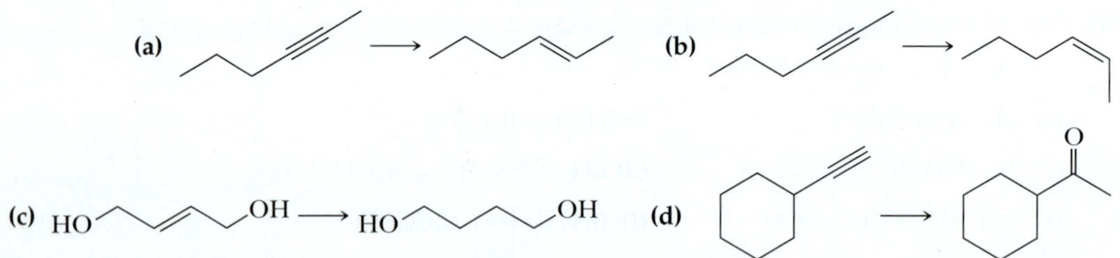

7.18 1-Butyne으로부터 다음 각 화합물들을 어떻게 합성할지 보여라.

(a) $CH_3CH_2C{\equiv}C^-Na^+$ **(b)** $CH_3CH_2C{\equiv}CD$

(c) $(CH_3CH_2)(H)C{=}C(H)(D)$ — CH_3CH_2, H / C=C / H, D

(d) $(CH_3CH_2)(D)C{=}C(H)(H)$ — CH_3CH_2, H / C=C / D, H

7.19 Rimantadine은 미국에서 인플루엔자 A 바이러스나 그로 인한 질병의 치료제로 허가 받은 최초의 항바이러스 의약품 중 하나이다. 이 의약품은 adamantane으로부터 다음의 연속된 과정으로 합성된다(1단계의 화학은 8장, 5단계의 화학은 16.8A절에서 설명할 것임).

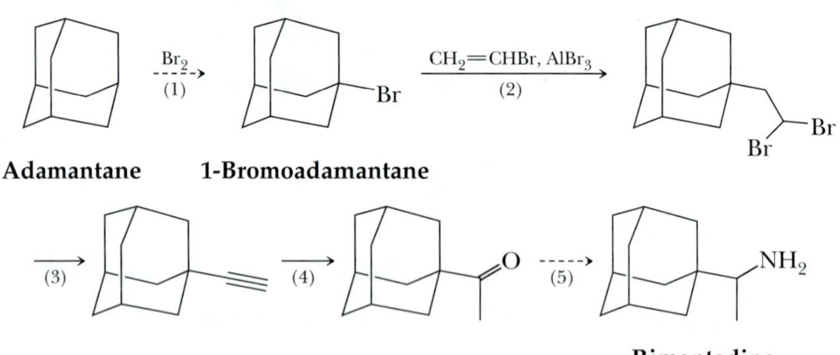

Rimantadine이 바이러스 번식의 후기 단계를 저지하기 때문에 항바이러스 효과를 나타내는 것으로 생각된다.

(a) 2단계 반응의 메커니즘을 기술하여라. (*힌트*: 21.1A절에서 알아보겠지만, 1-bromoadamantane과 같은 브로모알케인과 aluminum bromide (Lewis 산, 4.7절)의 반응은 탄소양이온과 $AlBr_4^-$를 형성한다. 2단계에서 adamantyl 양이온이 형성된다고 가정하고 메커니즘을 기술하여라.)

(b) 2단계에서 탄소-탄소 결합이 형성되는 반응의 위치선택성을 설명하여라.

(c) 3단계 반응의 실험 조건을 기술하여라.

(d) 4단계 반응의 실험 조건을 기술하여라.

7.20 다음 변환을 일으키는 데 필요한 시약과 실험 조건을 제시하여라.

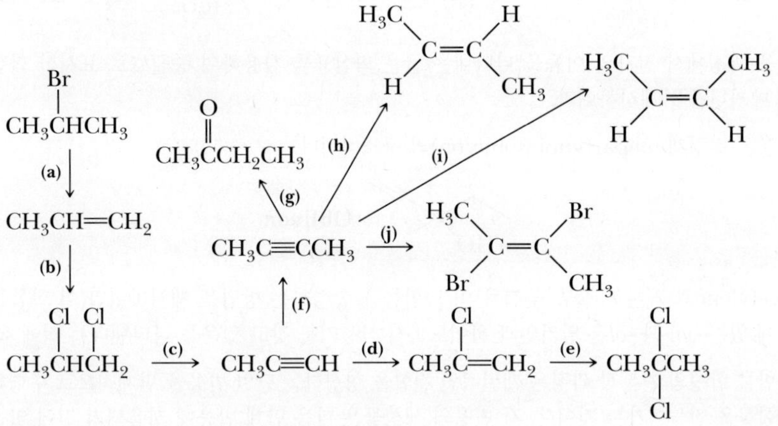

$CH_3CHBrCH_3$ —(a)→ $CH_3CH{=}CH_2$ —(b)→ $CH_3CHClCH_2Cl$ —(c)→ $CH_3C{\equiv}CH$ —(d)→ $CH_3CCl{=}CH_2$ —(e)→ $CH_3CCl_2CH_3$

$CH_3C{\equiv}CH$ —(f)→ $CH_3C{\equiv}CCH_3$

$CH_3C{\equiv}CCH_3$ —(g)→ $CH_3COCH_2CH_3$

$CH_3C{\equiv}CCH_3$ —(h)→ $(H_3C)HC{=}CH(CH_3)$ (trans)

$CH_3C{\equiv}CCH_3$ —(i)→ $(H_3C)HC{=}CH(CH_3)$ (cis)

$CH_3C{\equiv}CCH_3$ —(j)→ $(H_3C)BrC{=}CBr(CH_3)$

7.21 다음 각각의 변환을 일으키는 시약을 제시하여라.

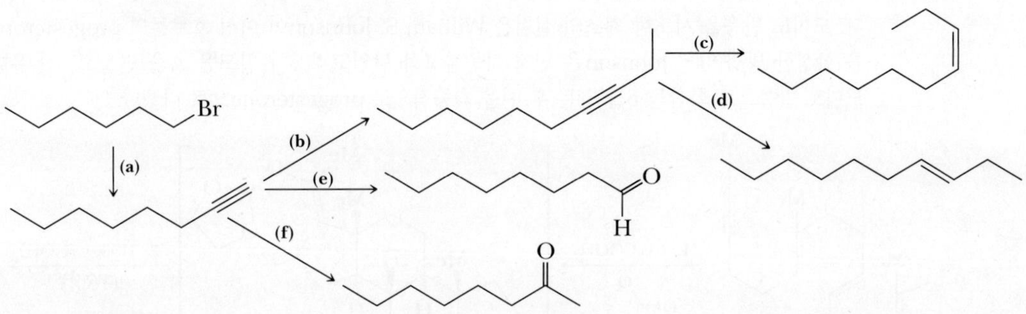

(a), (b), (c), (d), (e), (f)

Br, O, H, O

7.22 탄소 원자의 공급원으로 acetylene과 할로알케인을 출발 물질로 사용하여, 보통 집파리의 성 페로몬인 (Z)-9-tricosene (*파리약*)을 합성하는 방법을 제안하여라.

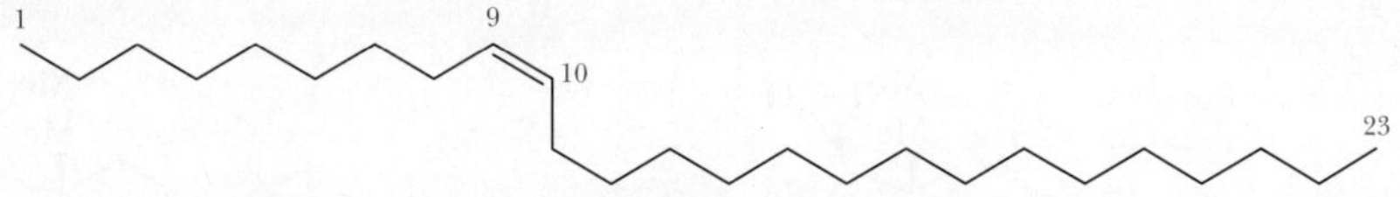

1, 9, 10, 23

7.23 Acetylene과 필요한 유기 및 무기 시약을 이용하여 다음 각 화합물을 합성하는 방법을 제시하여라.

(a) 4-Octyne **(b)** 4-Octanone **(c)** *cis*-4-Octene

(d) *trans*-**4-Octene** **(e)** 4-Octanol **(f)** meso-4,5-Octanediol

7.24 1-Heptene에서 다음 각 화합물을 합성하는 방법을 제시하여라.

(a) 1,2-Dichloroheptane **(b)** 1-Heptyne **(c)** 1-Heptanol

(d) 2-Octyne **(e)** *cis*-2-Octene **(f)** *trans*-2-Octene

7.25 다음 변환을 어떻게 일으킬 수 있는지 나타내어라.

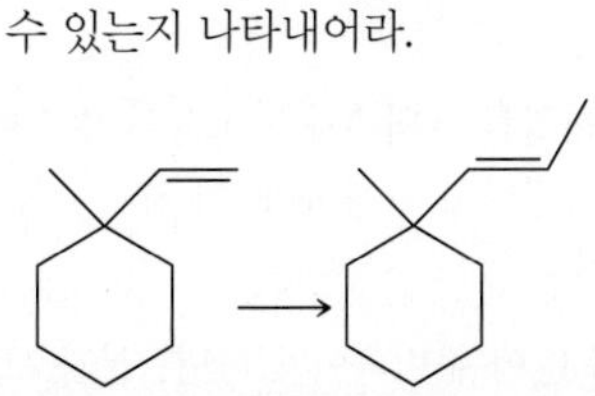

예습 문제

7.26 알카인 음이온은 알데하이드와 케톤의 카보닐기와 반응하여 다음과 같은 과정으로 알카이닐 알코올을 생성한다.

$$CH_3C{\equiv}C\overset{..}{:}^{-}Na^{+} + H{-}\overset{O}{\overset{\|}{C}}{-}H \longrightarrow [CH_3C{\equiv}C{-}CH_2O^{-}Na^{+}] \xrightarrow[H_2O]{HCl} CH_3C{\equiv}C{-}CH_2OH$$

반응 과정에서 전자의 이동을 나타내는 굽은 화살표를 사용하여 중괄호로 표시한 화합물의 형성 메커니즘을 제시하여라.

7.27 다음은 진정제 meparfynol (Oblivon)의 구조식이다.

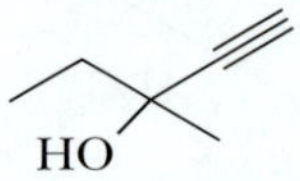

HO **Oblivon**

Acetylene과 케톤을 출발 물질로 이 화합물을 합성하는 방법을 제시하여라(이 화합물의 화학명에 있는 *-yn*-과 *-ol*은 알카인과 하이드록시 작용기를 갖고 있음을 나타낸다는 점에 유의하라).

7.28 화합물 합성의 기본적 과정은 개별적인 결합을 형성하는 단일 반응을 단계적으로 수행하여 과녁 화합물을 만들어가는 것이다. 각 반응의 생성물은 다음 단계 반응에 사용되기 전에 일반적인 분리 정제 과정을 거친다. 이러한 지루한 분리 정제 과정을 피할 수 있는 자연적인 방법의 하나는 새로운 생성물을 이미 존재하는 생성물 위에 단계적으로 만드는 도미노 과정을 이용하는 것이다. 도미노 반응을 시도한 최초의 실험은 William S. Johnson이 여성 호르몬인 progesterone을 합성한 방법이다. Johnson은 먼저 다중불포화 단일고리 3차 알코올 A을 만들고, 산-유발 도미노 반응으로 화합물 B를 만든 후 이를 최종적으로 progesterone으로 바꿨다.

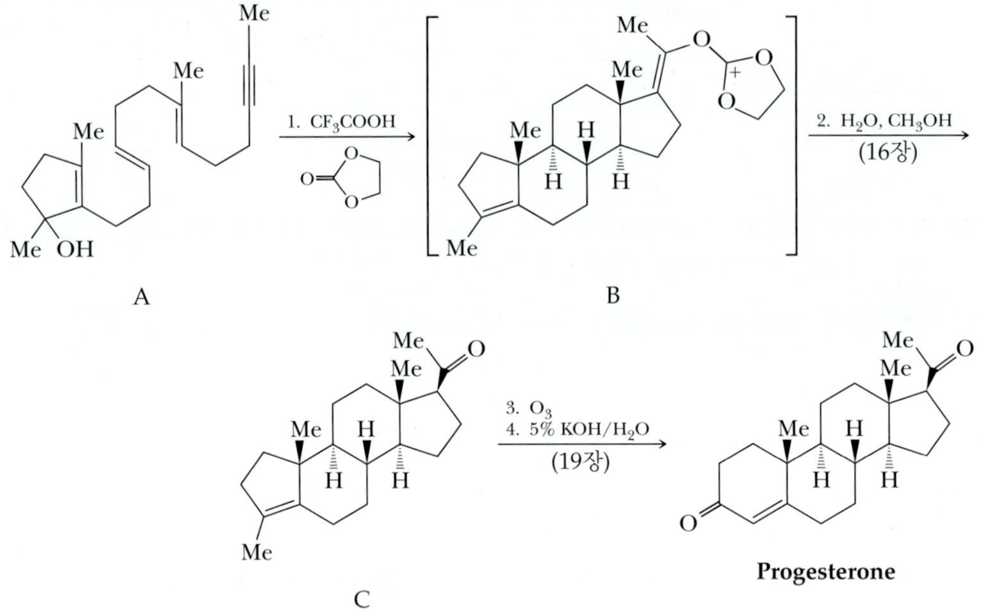

Me Me Me Me OH — 1. CF_3COOH, 에틸렌 카보네이트 → [B: Me, O, O, +, O, Me, Me, H, H, H, Me] — 2. H_2O, CH_3OH (16장) →

A B

C: Me, O, Me, Me, H, H, H, Me — 3. O_3 4. 5% KOH/H_2O (19장) → O, Me, Me, Me, H, H, H, O

C **Progesterone**

이 반응의 가장 획기적인 특징은 단 하나의 입체중심을 가진 화합물 A를 progesterone의 입체 배열에서처럼 다섯 개의 입체중심을 갖는 화합물 B로 합성한 데 있다. 2단계 과정의 화학은 16.7절에서, 3,4단계 과정의 화학은 19장에서 다시 다룰 것이고, 여기서는 1단계 과정을 집중적으로 살펴보자.

(a) 1단계의 도미노 반응은 화합물 A의 3차 알코올이 수소화된 후 H_2O가 떨어지고 3차 탄소 양이온을 형성하면서 시작된다고 가정하라. 이 양이온의 형성이 어떻게 화합물 B를 만드는지 그 일련의 과정을 보여라.

(b) 분자 모형 세트가 충분히 많이 준비되어 있다면, 분자 모형을 이용하거나 아니면 컴퓨터의 분자 모형 프로그램을 이용하여 progesterone 모형을 만들어 보고 각 고리의 형태를 기

술하여라. Progesterone의 두 고리 접합 부위에는 메틸기 두 개와 세 개의 수소 원자가 있다. 이 다섯 개의 치환기 중 수평방향의 치환기는 어떤 것들인가? 축방향 위치의 치환기는 어떤 것들인가?

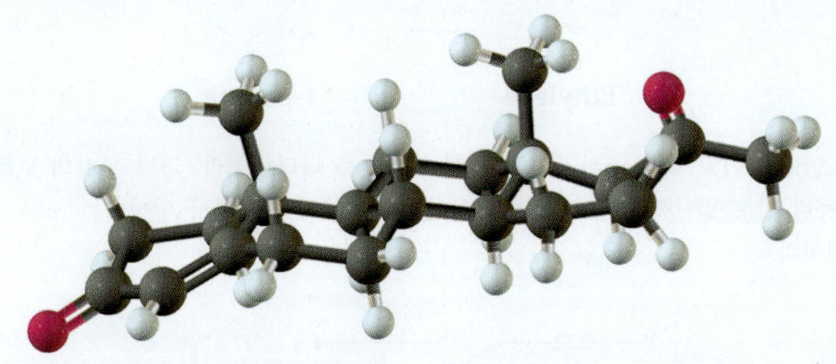

Progesterone

유기 화학 반응 로드맵

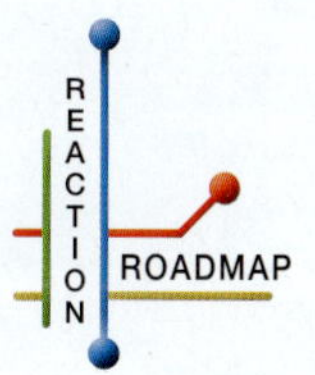

7.29 연습 문제 6.54에서 만든 로드맵을 사용하여 이 장의 '주요 반응'에 있는 반응을 포함하는 것으로 업데이트하여라. 매우 구체적인 성질에 기인하여, 여러분의 로드맵에는 이 장의 반응 1과 6은 사용하지 말아라.

7.30 다음 일련의 반응들의 생성물을 적어라. 어떻게 다양한 작용기들 사이에서 조합된 반응을 '네비게이트'할 수 있는지 여러분의 로드맵을 참고하여라. 예를 들어, 아래의 (a)에서 어떻게 일련의 반응이 알카인을 두 단계로 할로알케인으로 전환하는지를 주목하여라.

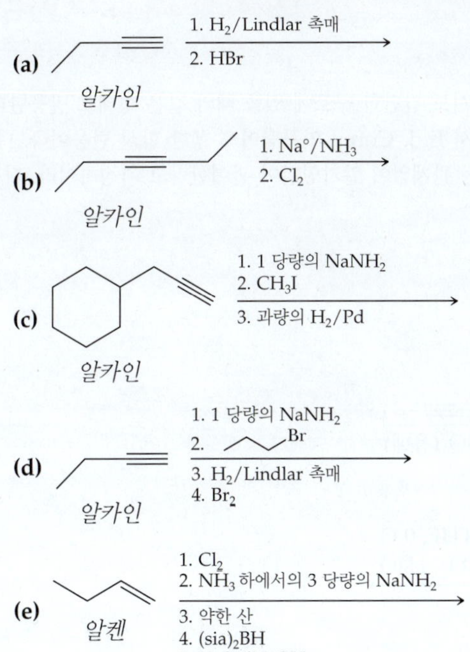

다단계 합성

7.31 Acetylene과 1-bromoethane을 어떻게 1-butene으로 변환시킬 수 있는가를 나타내어라. 과녁 분자의 모든 탄소 원자들은 출발 물질로부터 공급되어야 한다. 합성 과정에서 생성되는 모든 중간체 분자를 나타내어라.

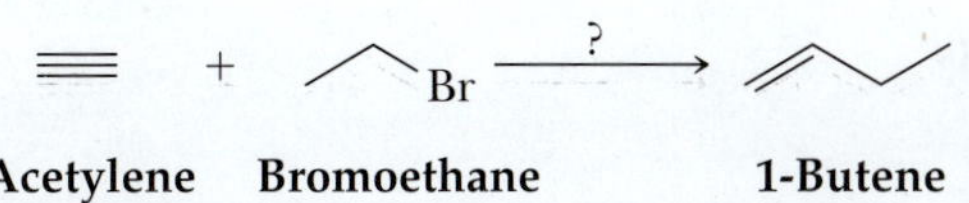

Acetylene **Bromoethane** **1-Butene**

7.32 Ethylene을 어떻게 1-butene으로 변환할 것인가를 나타내어라. 과녁 분자의 모든 탄소 원자들은 ethylene으로부터 공급되어야 한다. 합성 과정에서 생성되는 모든 중간체 분자를 나타내어라.

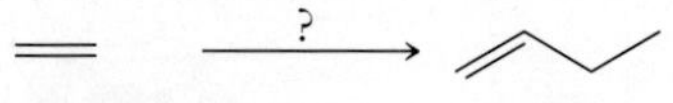

Ethylene → ? → **1-Butene**

7.33 3-Hexyne을 어떻게 propanal로 변환할 것인가를 나타내어라. 과녁 분자의 모든 탄소 원자들은 가능한 한 출발 물질로부터 공급되어야 한다. 합성 과정에서 생성되는 모든 중간체 분자를 나타내어라.

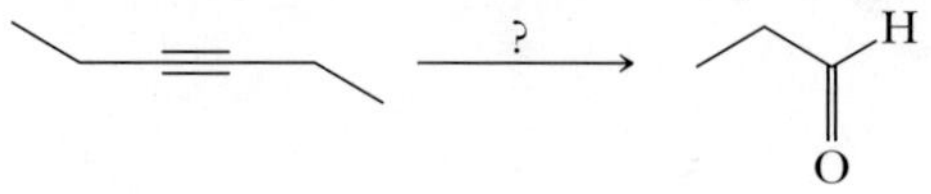

3-Hexyne → ? → **Propanal**

7.34 출발 *트랜스*-알켄을 어떻게 높은 수득률로 *시스*-알켄으로 변환할 것인가를 나타내어라. 합성 과정에서 생성되는 모든 중간체 분자를 나타내어라.

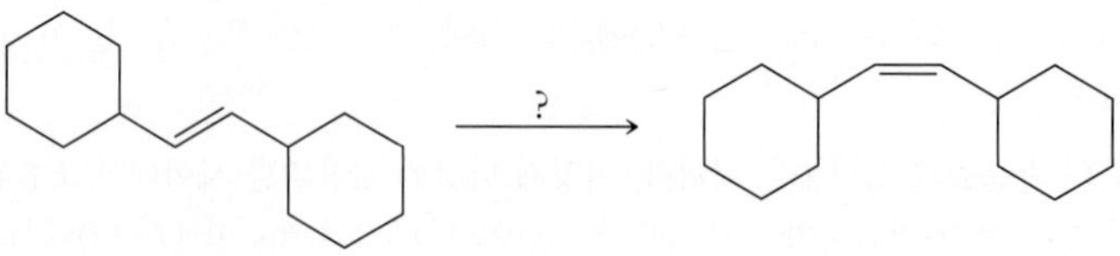

트랜스-알켄 → ? → *시스*-알켄

관련 반응

7.35 알카인과 같은 작용기는 복잡한 분자에서도 간단한 구조에 있을 때와 같은 형태로 반응한다. 다음 알카인 반응 예는 Harvard 대학에서 E. J. Corey 연구팀이 수행한 합성 반응이다. 나열된 반응은 분자 내에 있는 다른 작용기에는 관계없이 알카인만이 관여한다고 가정하여라. 다음 반응에서 기대되는 생성물을 그려라.

(a) H_3C, H_3C, CH_3, Si, O, CH_3, CH_3, Br, *, CH_3 (라셈 혼합물)

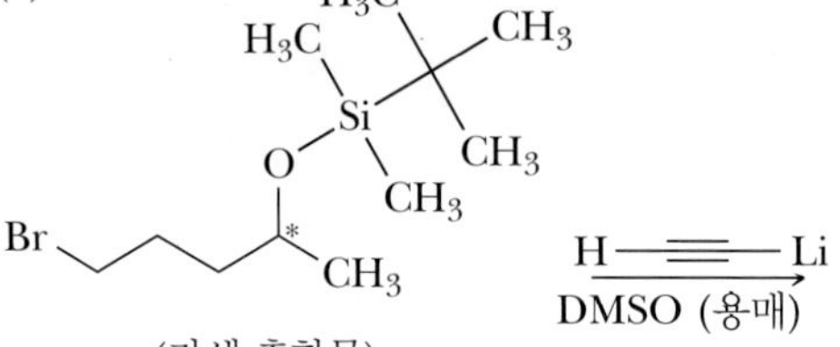

H—≡—Li / DMSO (용매) →

(b) CH_3, O

$(sia)_2BH$, THF, 0°C / K_2CO_3, H_2O_2, H_2O →

(c) O, O, CH_3, CH_3, O, H_3C, CH_3, H_3C, O, O, O, CH_3, O

H_2 / Lindlar 촉매 →

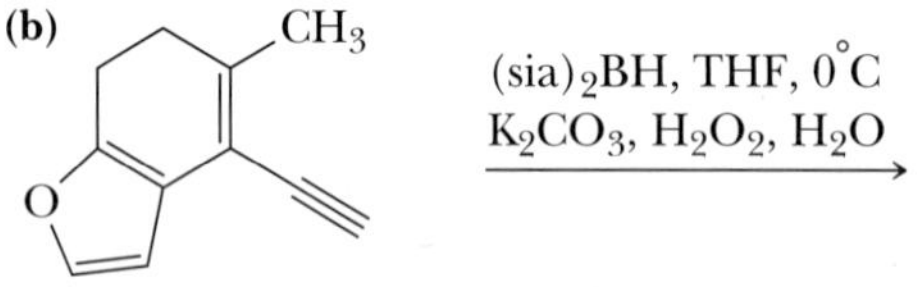

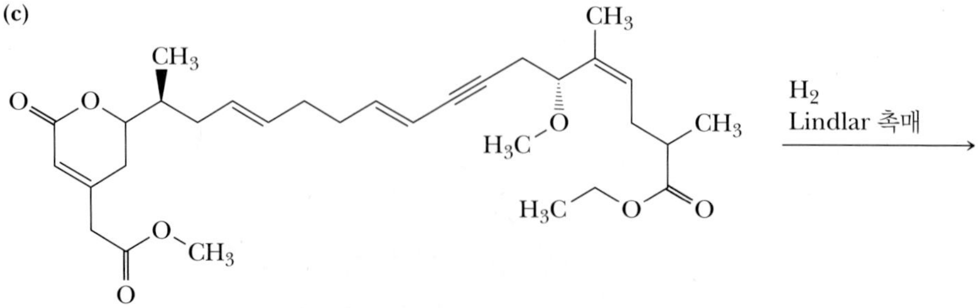

이 파이프와 같은 많은 일반적인 물체들이 poly (vinyl chloide)로 만들어진다.

▼ *삽입 그림:* Chloroethene (vinyl chloride) 모형.

할로알케인, 할로젠화 반응 및 라디칼 반응

Haloalkanes, Halogenation, and Radical Reactions

» *이 장의 차례*

sp^3 혼성화된 탄소 원자에 공유 결합된 할로젠 원소를 포함하는 화합물은 할로알케인(haloalkane) 또는 일반 명명법 체계로 할로젠화 알킬(alkyl halide)이라 명명한다. 몇 가지 할로알케인들은 중요한 실험용 또는 산업용 용매로 사용된다. 더욱이 할로알케인은 할로젠이 다양한 방법으로 다른 작용기에 의하여 치환되거나 또는 제거되어서 π 결합을 형성하기 때문에 유기 합성에 있어서 중요한 구성 단위이다.

이 장에서는 할로알케인의 구조와 물리적 성질을 먼저 다루고, 그 다음에 라디칼 연쇄 반응 메커니즘이라고 부르는 중요한 형태의 반응 메커니즘을 소개하는 수단으로서 알케인의 라디칼 할로젠화 반응에 대해 배운다. 알켄과 산소의 반응 그리고 알켄에 HBr의 첨가 반응에 대한 라디칼 메커니즘으로 이 장은 마무리된다.

이 장의 동영상 강의를 보려면 **www.cengage.com/chemistry/brown/organic7e**에 접속 후 **Access Student Materials**를 클릭하라.

8.1 구조

할로알케인(할로젠화 알킬)
sp^3 혼성화된 탄소 원자에 공유 결합되어 있는 할로젠 원자를 포함하고 있는 화합물. R—X 기호로 나타낸다.

할로알켄(할로젠화 바이닐)
탄소-탄소 이중 결합의 탄소 중에 한 개와 결합되어 있는 할로젠 원자를 포함하고 있는 화합물.

할로아렌(할로젠화 아릴)
Benzene 고리에 결합되어 있는 할로젠 원자를 포함하고 있는 화합물. Ar—X 기호로 나타낸다.

할로알케인(Haloalkane)의 일반적인 기호는 R—X이며, 여기서 —X는 —F, —Cl, —Br 또는 —I이다. 만일 할로젠 원소가 알켄의 이중 결합된 탄소에 결합되어 있다면, **할로알켄**(haloalkene)이라 부른다. 만일 할로젠이 benzene 고리에 결합되어 있다면 Ar—X라는 일반적인 기호를 가지는 **할로아렌**(haloarene)이라 부른다.

할로알케인 (할로젠화 알킬)   할로알켄 (할로젠화 바이닐)   할로아렌 (할로젠화 아릴)

8.2 명명법

A IUPAC 체계

할로알케인에 대한 IUPAC 명명법은 2.3A절에 주어진 규칙에 따라 알케인 모체 명명에 의해 유도된다.

- 모체 사슬에 붙은 치환기가 할로젠이나 알킬기에 관계없이 첫 번째 치환기가 가장 낮은 번호가 되도록 모체 사슬에 번호를 붙인다. 만약 두 개의 치환기가 사슬의 양쪽 끝에서 동일한 낮은 번호를 갖는다면 낮은 알파벳 순서를 갖는 기에 낮은 번호를 붙인다. 한 예로는 2-bromo-4-methylpentane을 들 수 있다.
- 할로젠 치환기들은 *fluoro-*, *chloro-*, *bromo-*, *iodo-* 등의 접두사로 표기하고, 다른 치환기들과 함께 알파벳 순서로 나열한다.
- 모체 사슬에서 각 할로젠 원자의 위치는 할로젠 이름 앞에 숫자로 표시한다.
- 할로알켄에서 모체 탄화수소 번호는 탄소-탄소 이중 결합의 위치에 의하여 결정된다. 이중 결합의 탄소 원자에 번호를 부여하고 치환기는 낮은 번호가 되는 방향으로 번호 붙임을 한다.

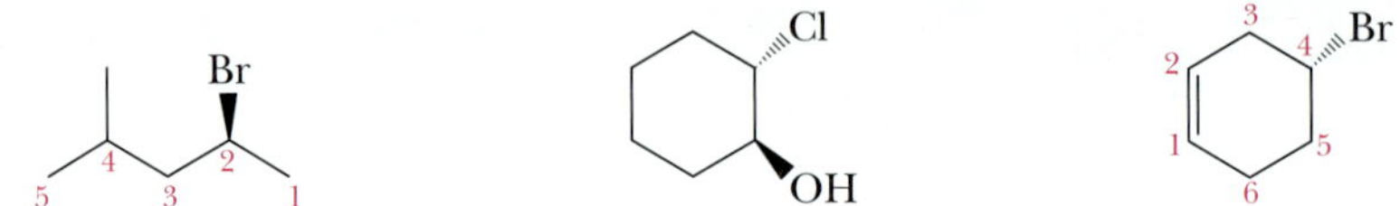

(*S*)-2-Bromo-4-methylpentane (1*S*,2*S*)-2-Chlorocyclohexanol (*R*)-4-Bromocyclohexene

B 관용명

할로알케인과 할로알켄의 관용명은 알킬기의 관용명 뒤에 할라이드 이름을 별도의 단어로 연결하여 명명한다. 즉, **할로젠화 알킬**(alkyl halide)은 이러한 화합물 부류의 관용명이다. 다음 예에서 먼저 화합물의 IUPAC 이름을 나타내었고, 이어서 괄호 안에 관용명을 나타내었다.

(*R*)-2-Bromobutane ((*R*)-*sec*-Butyl bromide)   **Chloroethene (Vinyl chloride)**   **3-Chloropropene (Allyl chloride)**

몇 가지 폴리할로알케인은 중요한 용매로서 대부분 관용명으로 명명된다. Dichloromethane (methylene chloride)은 가장 많이 사용되는 할로알케인 용매이다. CHX_3 형태의 화합물은 **할로폼**(haloform)이라고 부른다. 예를 들면, $CHCl_3$의 관용명은 chloro-

할로폼
X가 할로젠인 CHX_3 형태의 화합물.

form이다. 화합물 CH_3CCl_3의 관용명인 methyl chloroform은 이 이름에서 유래되었다. Methyl chloroform과 trichloroethylene (trichlor)은 산업용 세척 용매로 흔히 쓰였다. 이들은 약간의 독성과 환경 문제를 일으키기 때문에 점차 사용량이 줄어들고 있다.

CH_2Cl_2	$CHCl_3$	CH_3CCl_3	$CCl_2{=}CHCl$
Dichloromethane (Methylene chloride)	**Trichloromethane (Chloroform)**	**1,1,1-Trichloroethane (Methyl chloroform)**	**Trichloroethylene (Trichlor)**

모든 수소가 할로젠에 의해 치환된 탄화수소는 통상적으로 퍼할로알케인(perhaloalkane) 또는 퍼할로알켄(perhaloalkene)이라 부른다. 일반적으로 펄크(perc)로 알려져 있는 perchloroethylene은 드라이클리닝 용매로서 그 사용량이 점차 감소되고 있다.

$$Cl_3C{-}CCl_3 \qquad F_3C{-}CF_2{-}CF_3 \qquad Cl_2C{=}CCl_2$$

Perchloroethane **Perfluoropropane** **Perchloroethylene**

예제 8.1 ▸ 할로알케인의 IUPAC 명명

다음 각 화합물의 IUPAC 이름과 가능하다면 관용명을 써라. 적합한 입체 화학을 나타내어라.

(a) 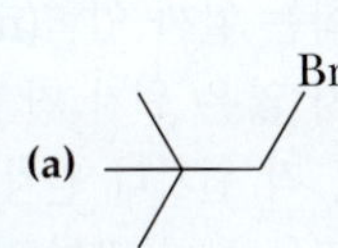

(b) 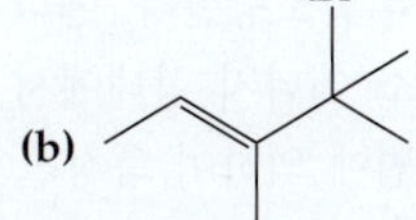

(c) Br

➥ **해답**

(a) 1-Bromo-2,2-dimethylpropane. 관용명은 neopentyl bromide이다.

(b) (*E*)-4-Bromo-3,4-methyl-2-pentene

(c) (*S*)-2-Bromooctane

연습 문제 8.1

다음 각 화합물의 IUPAC 이름과 가능하다면 관용명을 써라. 적합한 입체 화학을 나타내어라.

(a) Cl (b) Cl (c) 

(d) Cl

8.3 할로알케인의 물리적 성질

A 극성

플루오린, 염소, 브로민은 모두 탄소보다 더 전기음성적이다(표 1.5). 따라서 이들 원자들의 C—X 결합은 할로젠에 부분적인 음전하, 탄소에 부분적인 양전하가 있는 극성을 나타낸다. 표 8.1에 할로메테인의 쌍극자 모멘트를 나타내었다. Fluoromethane의 정전기 퍼텐셜 지도에서는 쌍극자에 의하여 유발된 이 화합물의 큰 전하 분리를 나타낸다.

쌍극자 모멘트의 크기는 부분 전하의 크기와 그들 사이의 거리 및 각 할로젠에 존재하는 3개의 비공유 전자쌍의 편극성에 의존한다. 할로메테인의 경우 쌍극자 모멘트는 할로젠의 전기음성도 및 결합 길이가 증가함에 따라 증가한다. 이 두 가지 경향성은 서로 반대로 작용하며, 반대되는 두 경향성의 알짜 효과로 할로메테인 계열에서 CH_3Cl의 쌍극자 모

Fluoromethane의 정전기 퍼텐셜 지도.

표 8.1 할로메테인(기체상)의 쌍극자 모멘트

할로메테인	할로젠의 전기음성도	탄소-할로젠 결합 길이(pm)	쌍극자 모멘트(debyes, D)
CH_3F	4.0	139	1.85
CH_3Cl	3.0	178	1.87
CH_3Br	2.8	193	1.81
CH_3I	2.5	214	1.62

멘트가 가장 크다. 쌍극자 모멘트의 실험 값은 여러 화합물에서 탄소의 전기음성도가 표준 Pauling 값인 2.5보다 작음을 보여주며(1.2B절에서 언급한 것처럼) 그렇지 않다면 CH_3I는 쌍극자 모멘트가 없었을 것이다.

B 끓는점

할로알케인은 액체 상태에서 쌍극자-쌍극자, 쌍극자-유발 쌍극자, 유발 쌍극자-유발 쌍극자 인력(분산력)에 의해 서로 회합되어 있다. 이러한 힘들은 19세기 네덜란드 물리학자인 J. D. van der Waals를 기념하기 위하여 **van der Waals 힘**(van der Waals force)이라는 용어로 함께 묶었다. 원자나 분자들이 서로 점점 가까워지면, van der Waals 인력은 인접한 원자의 전자 구름 사이의 반발력에 의해서 압도당한다. 에너지 최소화는 알짜 인력(net attraction)이 가장 강할 때이다. 이러한 최소 에너지 상태에서 결합하지 않은 원자 간 및 분자 간 거리는 고체 화합물 X-선 결정 분석법에 의하여 측정될 수 있고, 각 원자나 원자단은 **van der Waals 반지름**(van der Waals radius)이라 부르는 원자 또는 분자 반지름을 갖는다. 몇 가지 원자나 원자단의 van der Waals 반지름을 표 8.2에 나타내었다.

van der Waals 힘 쌍극자-쌍극자, 쌍극자-유발 쌍극자, 유발 쌍극자-유발 쌍극자(분산력) 사이의 힘 등을 포함한 분자 간 인력.

van der Waals 반지름 비결합 상호 작용 무리를 유발하지 않고 어떤 원자에 접근할 수 있는 최소 거리.

표 8.2로부터 플루오린의 van der Waals 반지름이 수소보다 약간 크고, 할로젠 중에서 아이오딘의 van der Waals 반지름만이 메틸보다 크다는 점에 유의하여라.

표 8.2 선택된 원자 및 원자단에 대한 van der Waals 반지름(pm)

H	F	Cl	Br	CH_2	CH_3	I
120	135	180	195	200	200	215

van der Waals 반지름의 증가 →

몇 가지 분자량이 작은 할로알케인과 그 화합물들이 유도된 알케인의 끓는점을 표 8.3에 나타내었다. 이들 자료로부터 몇 가지 경향을 알 수 있다.

1. 탄화수소와 마찬가지로 가지달린 구조 이성질체는 가지가 없는 이성질체보다 끓는점이 더 낮다(2.7C절). 예를 들면, 가지가 없는 사슬 구조의 1-bromobutane (butyl bromide, 끓는점 100°C)과 가지가 더 많고 밀집된 2-bromo-2-methylpropane (*tert*-butyl bromide, 끓는점 72°C)의 끓는점을 비교해 보자. 가지달린 구조 이성질체는 더욱 구형으로 되어 있어서 표면적이 작아지고, 따라서 분자 사이에 작용하는 van der Waals 힘이 감소되기 때문에 더 낮은 끓는점을 갖는다.

표 8.3 몇 가지 분자량이 작은 알케인과 할로알케인의 끓는점

알킬기	이름	끓는점(°C) H	F	Cl	Br	I
CH_3—	**Methyl**	−161	−78	−24	4	43
CH_3CH_2—	**Ethyl**	−89	−37	13	38	72
$CH_3(CH_2)_2$—	**Propyl**	−45	3	46	71	102
$(CH_3)_2CH$—	**Isopropyl**	−45	−11	35	60	89
$CH_3(CH_2)_3$—	**Butyl**	0	32	77	100	130
$CH_3CH_2(CH_3)CH$—	***sec*-Butyl**	0	25	67	90	119
$(CH_3)_2CHCH_2$—	**Isobutyl**	−1	16	68	91	120
$(CH_3)_3C$—	***tert*-Butyl**	−1	12	51	72	98
$CH_3(CH_2)_4$—	**Pentyl**	36	63	108	129	157
$CH_3(CH_2)_5$—	**Hexyl**	69	92	134	155	181

2. 비슷한 크기와 모양을 갖는 알케인과 할로알케인의 경우, 할로알케인의 끓는점이 더 높다. 예를 들어, ethane (끓는점 −89°C)과 bromomethane (끓는점 4°C)의 끓는점을 비교해 보자. 두 분자는 거의 같은 크기와 대체적으로 동일한 유효 접촉 면적을 가지지만, bromomethane의 끓는점이 ethane의 끓는점보다 상당히 더 높다. 이러한 끓는점의 차이는 bromomethane의 쌍극자 모멘트뿐만 아니라 메틸에 비해 큰 브로민의 **편극도**(polarizability)에 기인한다. 2.7A절로부터 모든 분자 간 인력 중 가장 약한 분산력의 세기는 전자들의 편극도에 의존하며, 또한 전자의 편극도는 전자들이 핵에 얼마나 강하게 붙들려 있는가에 의해서 결정된다는 것을 상기하라. 비공유 전자쌍은 공유 결합의 공유 전자쌍보다 큰 편극도를 갖는다. 게다가 전자들이 핵으로부터 멀어질수록 전자는 핵에 약하게 결합되어 있어서 전자의 편극도는 더욱 커진다. 그러므로 할로젠이 클수록 그들의 편극도가 커진다.

3. 플루오로알케인의 끓는점은 비슷한 분자량을 갖는 탄화수소와 비슷하다. 예를 들면, hexane (분자량 86.2, 끓는점 69°C), 1-fluoropentane 분자량 90.1 끓는점 63°C)의 끓는점과 2-methylpropane (분자량 58.1, 끓는점 −1°C), 2-fluoropentane (분자량 62.1 끓는점 −11°C)의 끓는점을 비교해 보자. 이러한 낮은 끓는점은 플루오린의 크기가 작고, 전자가 핵에 강하게 붙들려 있으며, 특히 낮은 편극도를 가지기 때문이다.

편극도
다른 분자 또는 이온과의 상호 작용에 의하여 어떤 원자나 원자단 주위의 전자 밀도 분포가 일그러지기 쉬운 정도의 척도. 플루오린은 높은 전기음성도를 가짐으로써 전자를 강하게 붙들고 있어서 매우 낮은 편극성을 갖는다. 아이오딘 낮은 전기음성도를 가짐으로써 전자를 느슨하게 붙들고 따라서 매우 큰 편극성을 갖는다.

C 밀도

액체상 할로알케인의 밀도는 할로젠의 부피당 무게 비(mass-to-volume ratio)가 크기 때문에 비슷한 분자량을 갖는 탄화수소의 밀도보다 크다. 브로민 원자와 메틸기는 거의 동일한 van der Waals 반지름을 가지지만, 브로민은 79.9 amu (atomic mass unit, 원자 질량 단위)이고, 메틸기의 경우 15 amu이다. 표 8.4에 25°C에서 액체로 존재하는 낮은 분자량의 할로알케인의 밀도를 나타내었다. 모든 액체상 브로모알케인과 아이오도알케인의 밀도는 물보다 크다.

비록 액체상 클로로알케인의 밀도는 물보다 작지만(표 8.4), 수소가 염소로 더 치환되면 밀도가 증가하여 다이-및 폴리클로로알케인은 물보다 더 큰 밀도를 가진다(표 8.5). 이러한 화합물은 물과 섞이지 않기 때문에 물과 혼합하면 가라앉아서 아래 층을 형성한다.

표 8.4 몇 가지 분자량이 작은 할로알케인의 밀도

알킬기	이름	25°C에서 액체의 밀도(g/mL)		
		Cl	Br	I
CH_3—	Methyl	—	—	2.279
CH_3CH_2—	Ethyl	—	1.460	1.936
$CH_3(CH_2)$—	Propyl	0.891	1.354	1.749
$(CH_3)_2CH$—	Isopropyl	0.862	1.314	1.703
$CH_3(CH_2)_3$—	Butyl	0.886	1.276	1.615
$(CH_3)_3C$—	*tert*-Butyl	0.842	1.221	1.545

표 8.5 폴리할로메테인의 밀도

할로알케인	X =	25°C에서 액체의 밀도(g/mL)		
		Cl	Br	I
CH_2X_2		1.327	2.497	3.325
CHX_3		1.483	2.890	4.008
CX_4		1.594	3.273	4.23

D 결합 길이와 결합 세기

C—F 결합을 제외한 C—X 결합은 C—H 결합보다 더 약하다는 것을 결합 세기의 척도인 결합 해리 엔탈피(BDE)를 측정하여 보면 알 수 있다. 여러 가지 결합에 대한 BDE 값이 부록 3에 나타나 있다. 결합 해리 엔탈피는 25°C 기체 상태에서 결합을 두 개의 라디칼로 균일 분해할 때 필요한 에너지 양으로 정의하였다.

$$A\text{—}B \longrightarrow A\cdot + \cdot B$$

종종 자유 라디칼이라고도 부르는 **라디칼**(radical)은 한 개나 혹은 그 이상의 홀전자를 포함하는 화학종이다. 라디칼은 **균일 결합 분해**(homolytic bond cleavage)라고 부르는 과정 즉, 결합에 참여하는 원자나 조각이 각각 하나의 전자를 가지는 방법으로 결합이 분해되는 과정에 의하여 분자로부터 생성된다. 보다 더 일반적인 **불균일 결합 분해**(heterolytic bond cleavage)에서는 화학종 중 하나가 두 개의 전자를 모두 갖는 방향으로 결합이 분해된다. 단일 전자의 위치 변화나 균일 분해 메커니즘을 표시할 때 보통 하나의 갈고리가 있고, 구부러진, 단일-머리 혹은 **낚시바늘 화살표**(fishhook arrow)를 사용한다.

라디칼
한 개 혹은 그 이상의 홀전자를 포함한 화학종.

균일 결합 분해
각 조각이 하나의 전자를 갖는 즉, 라디칼을 만드는 결합의 절단.

불균일 결합 분해
한 조각이 전자 2개를 갖고 다른 토막은 전자를 갖지 못하는 결합의 절단.

낚시바늘 화살표
단일 전자의 위치 변화를 표시하기 위하여 사용하는 갈고리가 있는 굽은 화살표.

BDE 결정에 사용되는 반응은 대부분의 경우에 실제로 일어나지 않기 때문에 '가상적인' 반응이다. 대신에 BDE에 대한 일련의 표는 연소, 수소화 및 다른 반응열에 관한 열역학적 자료로부터 수집된 것이다. 이들 자료는 그들을 더하거나 빼줌으로 실제로는 측정되지 않은 반응의 반응열을 확실히 계산 가능하게 해주기 때문에 매우 유용하다.

C—X BDE를 표 8.6에 나타내었다. 할로젠 원자의 크기가 증가함에 따라 결합 길이는 증가하며 결합 세기는 감소한다. 이러한 결합 세기와 결합 길이와의 관계는 할로알케인의 탄소-할로젠 결합 파괴의 용이함을 이해하는 데 도움을 준다. 예를 들어, 가장 강하고 가장 짧은 결합을 가진 플루오르알케인은 대부분의 조건에서 결합 파괴에 대한 저항이 매우 크다. 이러한 독특한 비활성 특성이 유용한 재료인 Teflon과 같은 퍼플루오르알케인을 만드는 요인 중에 하나이다.

표 8.6 C—H 및 C—X 결합에 대한 평균 결합 해리 엔탈피

결합	결합 길이(pm)	결합 해리 엔탈피[kJ (kcal)/mol]
C—H	109	414 (99)
C—F	142	464 (111)
C—Cl	178	355 (85)
C—Br	193	309 (78)
C—I	214	228 (57)

8.4 알케인의 할로젠화 반응에 의한 할로알케인 합성

6.3A절과 6.3D절에서 본 바와 같이 할로알케인은 알켄에 HX와 X_2를 첨가하여 합성할 수 있다. 또한, 이들은 할로젠에 의한 알코올의 —OH기의 치환을 통해서도 합성할 수 있다(10.5절). 많은 간단하면서 분자량이 작은 할로알케인은 알케인의 할로젠화 반응에 의하여 제조되며, 높은 온도에서 2-methylpropane을 브로민으로 처리함으로써 만들 수 있음을 보여주고 있다.

$$(CH_3)_2CHCH_3 + Br_2 \xrightarrow{\text{열}} (CH_3)_3CBr + HBr$$

2-Methylpropane (Isobutane) → **2-Bromo-2-methylpropane (*tert*-Butyl bromide)**

알케인의 할로젠화 반응에는 일반적으로 Br_2와 Cl_2를 사용하며, F_2는 알케인과 반응 시 매우 발열이어서 반응 조절이 어렵고 실제로 C—C 결합 절단을 유발하며 폭발 가능성이 있기 때문에 거의 사용하지 않는다. I_2는 반응이 흡열 반응이며 평형이 아이오도알케인과 HI보다는 오히려 알케인과 I_2쪽이 우세하기 때문에 거의 사용하지 않는다.

만일 methane과 염소 기체 혼합물을 상온에서 어두운 곳에 방치하면, 아무런 변화도 일어나지 않는다. 그러나 만일 혼합물을 가열하거나 또는 빛에 노출시키면, 대부분 즉시 열을 발생하면서 반응이 시작된다. 생성물은 chloromethane과 염화 수소이다. **치환**(Substitution) 반응이 일어나며, 이 경우에 methane의 수소 원자가 염소 원자로 치환되고 당량만큼의 염화 수소가 생성된다.

치환
화합물 내의 원자나 원자단이 다른 원자나 원자단으로 바뀌는 반응.

$$CH_4 + Cl_2 \xrightarrow{\text{열}} CH_3Cl + HCl$$

Methane → **Chloromethane (Methyl chloride)**

만일 chloromethane이 더 많은 염소와 반응을 하게 된다면, 염소화 반응이 더 진행되어서 dichloromethane (methylene chloride), trichloromethane (chloroform), tetrachloromethane (carbon tetrachloride)의 혼합물이 생성된다. 마지막 반응식에서 시약인 Cl_2는 반응 화살표 위에 배치하며 생성된 당량만큼의 HCl은 나타내지 않았음에 유의하여라. 반응 화살표 위에 시약을 배치하는 것과 부산물을 생략하는 것은 일반적으로 지면을 줄이기 위한 관습이다.

$$CH_3Cl + Cl_2 \xrightarrow{\text{열}} CH_2Cl_2 + HCl$$

Chloromethane (Methyl chloride) → **Dichloromethane (Methylene chloride)**

$$CH_2Cl_2 \xrightarrow[\text{열}]{Cl_2} CHCl_3 \xrightarrow[\text{열}]{Cl_2} CCl_4$$

Dichloromethane (Methylene chloride) → **Trichloromethane (Chloroform)** → **Tetrachloromethane (Carbon tetrachloride)**

이 반응에 의하여 비교적 순수한 형태의 chloromethane이나 tetrachloromethane을 합성할 수 있다. Chloromethane의 경우 과량의 methane이 사용된다. tetrachloromethane의 경우 과량의 염소가 할로젠화 반응을 완결시키도록 추진한다. 다른 염소화된 methane은 부분적으로 염소화된 혼합물을 증류하여 분리할 수 있다.

Ethane을 브로민으로 처리하면 bromoethane (ethyl bromide)이 생성된다.

$$CH_3CH_3 + Br_2 \xrightarrow{\text{열}} CH_3CH_2Br + HBr$$

Ethane → **Bromoethane (Ethyl bromide)**

모든 경우에서 ethane을 과량 사용하면 일치환 생성물을 얻을 수 있다.

A 위치선택성

Propane을 브로민으로 처리하면 대략 92%의 2-bromopropane과 8%의 1-bromoprane의 혼합물이 얻어진다.

$$CH_3CH_2CH_3 + Br_2 \xrightarrow[\text{또는 빛}]{\text{열}} CH_3CH(Br)CH_3 + CH_3CH_2CH_2Br + HBr$$

Propane → **2-Bromopropane** (92%) + **1-Bromopropane** (8%)

Propane에는 8개의 수소가 있다. 즉, 6개의 동등한 1차 수소와 2개의 동등한 2차 수소이다(2.3D절). 같은 종류의 수소들은 C—C 단일 결합 주위로 빠른 회전이 일어남으로써 동등하다. 1차 수소 하나가 브로민으로 치환되면 1-bromopropane이 생성된다. 반면, 2차 수소 하나가 브로민으로 치환되면 2-bromopropane이 생성된다. 만일 propane에 결합되어 있는 8개의 수소 중 한 개에 대한 무작위 치환이 일어난다면 75%의 1-bromopropane과 25%의 2-bromopropane, 즉 6:2 비율로 bromopropane 이성질체가 생성될 수 있음을 예측할 수 있다. 하지만 실제에서는 propane의 브로민화 반응에서 2차 수소에서의 치환이 1차 수소에 비하여 우선적이고 그 결과로 2-bromopropane이 주 생성물이며 반응은 매우 위치선택적이다.

생성물 분포	$CH_3CH_2CH_2Br$	$CH_3CH(Br)CH_3$
6개의 1차 수소와 2개의 2차 수소의 비율에 근거한 예측 값	75%	25%
실험 측정 값	8%	92%

다른 실험에 의하면 3차 수소에서의 치환이 2차 수소나 1차 수소보다 우선적이라는 것을 보여준다. 예를 들어, 2-methylpentane의 단일 브로민화 반응은 매우 위치선택적이며 거의 대부분 2-bromo-2-methylpentane을 생성한다.

H + Br_2 —(열 / 또는 빛)→ Br + HBr

2-Methylpentane **2-Bromo-2-methylpentane**

알케인과 브로민의 반응은 3° > 2° > 1° 수소의 순서로 일어난다. 알케인의 염소화 반응도 위치선택적이지만, 브로민화 반응에 비해 훨씬 덜 위치선택적이다. 예를 들면, propane의 염소화 반응은 약 57%의 2-chloropropane과 43%의 1-chloropropane의 혼합물을 생성한다.

+ Cl_2 —(열 / 또는 빛)→ Cl + Cl + HCl

Propane **2-Chloropropane** (57%) **1-Chloropropane** (43%)

따라서 비록 브로민과 염소가 모두 치환 반응에 있어서 3° > 2° > 1°의 순서로 위치선택적이지만, 위치선택성은 염소화 반응보다 브로민화 반응에서 훨씬 더 크다는 결론을 얻는다. 생성물 분포 자료로부터 브로민화 반응에서의 위치선택성은 약 1600:80:1인 반면, 염소화의 반응의 경우에는 5:4:1이다. 이러한 차이에 대한 이유를 8.5절에서 설명할 것이다.

예제 8.2 ▸ 자유-라디칼 할로젠화 반응

2-Methylpropane을 Br_2로 처리할 때 생성되는 모든 단일 브로민화 반응 생성물의 이름과 구조를 그려라. 알케인과 Br_2의 반응에서 위치선택성에 근거하여 주 생성물을 예측하여라.

+ Br_2 —(빛 또는 / 열)→ 단일 브로모알케인 + HBr

2-Methylpropane

➥ 해답

2-Methylpropane의 경우 9개의 1차 수소와 1개의 3차 수소를 가지고 있다. 1차 수소에 대한 브로민의 치환 반응은 1-bromo-2-methylpropane을 생성하며, 3차 수소에 대한 브로민의 치환 반응은 2-bromo-2-methylpropane을 생성한다. 반응에서는 3° > 2° > 1° 수소에 대한 위치선택성이 대략 1600:80:1이므로 9개의 수소 및 1개의 수소에 대하여 보정이 필요하다. 그 결과는 99.4%의 2-bromo-2-methylpropane과 0.6%의 1-bromo-2-methylpropane이 생성물이 된다.

+ Br_2 —(열 / 또는 빛)→ Br + Br + HBr

2-Methylpropane **2-Bromo-2-methylpropane** (주 생성물) **1-Bromo-2-methylpropane**

$$\text{예상되는 2-Bromo-2-methylpropane \%} = \frac{1 \times 1600}{(1 \times 1600) + (9 \times 1)} \times 100 = 99.4\%$$

연습 문제 8.2

2-Methylpropane를 Cl_2와 반응시킬 때 단일 염소화 반응에서 생성되는 모든 생성물의 구조를 그리고 이름을 붙여라. 알케인과 염소의 반응에서 위치선택성에 근거하여 주 생성물을 예측하여라.

표 8.7 몇 가지 C—H 결합에 대한 결합 해리 엔탈피

탄화수소	라디칼	라디칼 이름	라디칼 형태	$\Delta H°$ [kJ (kcal)/mol]	
$CH_2{=}CHCH_2{-}H$	$CH_2{=}CHCH_2\cdot$	Allyl	Allylic	372 (89)	라디칼 안정성 ↑
$C_6H_5CH_2{-}H$	$C_6H_5CH_2\cdot$	Benzyl	Benzylic	376 (90)	
$(CH_3)_3C{-}H$	$(CH_3)_3C\cdot$	*tert*-Butyl	3°	405 (97)	
$(CH_3)_2CH{-}H$	$(CH_3)_2CH\cdot$	Isopropyl	2°	414 (99)	
$CH_3CH_2{-}H$	$CH_3CH_2\cdot$	Ethyl	1°	422 (101)	
$CH_3{-}H$	$CH_3\cdot$	Methyl	Methyl	439 (105)	
$CH_2{=}CH{-}H$	$CH_2{=}CH\cdot$	Vinyl	Vinylic	464 (111)	

B 에너지론

우리는 각 단계의 에너지상태를 주의 깊게 고려함으로써 이러한 반응에 대하여 더 많은 것을 배울 수 있다. 표 8.7에 각각의 C—H에 대한 BDE 값을 나타내었다.

포화 탄화수소의 BDE 값은 떼어내는 수소의 종류에 의존하며 methane > 1° > 2° > 3°의 순서이다. 이 순서는 탄소양이온과 비교하면 쉽게 이해할 수 있다. 일반적으로 탄소양이온을 안정화시키는 상호 작용은 라디칼도 안정화시킨다. 그 이유는 라디칼은 라디칼을 갖는 탄소 원자의 원자가 껍질에 오직 7개의 전자만 갖기 때문이다. 따라서 탄소양이온처럼 탄소 라디칼이 더 많은 알킬 치환기를 가질수록 더 안정하다. 또한, sp^2 C—H 결합은 1.10절에서 언급한 바와 같이 특별히 강하다는 점을 유의하여라.

화학자들은 한 반응의 반응열(엔탈피 변화)을 반응물과 생성물의 결합에너지를 비교함으로써 계산한다. 반응의 반응열은 끊어진 결합들의 BDE 합에서 새로 생성된 결합들의 BDE 합을 뺀 값과 같다.

$$\Delta H^0 = \Sigma\text{BDEs(끊어짐)} - \Sigma\text{BDEs(형성됨)}$$

결합을 끊기 위해서는 에너지가 첨가되어야 하고 결합이 생성될 때는 에너지가 방출되기 때문에 이 식은 이치에 맞는다.

표 8.7과 부록 3의 자료를 이용하여 알케인의 할로젠화 반응 엔탈피 ΔH^0를 계산할 수 있다. Methane의 염소화 반응에 대한 계산에서 CH_3—H와 Cl—Cl 결합을 끊어내기 위해서는 에너지가 필요하다[각각 439와 247 kJ (105와 59 kcal)/mol]. CH_3—Cl과 H—Cl 결합이 형성되면 각각 [−351과 −431 kJ (−84와 −103 kcal)/mol]의 에너지가 방출된다. 이들 엔탈피를 기준으로 chloromethane과 염화 수소를 형성하는 methane의 염소화 반응에서 96 kJ (23 kcal)/mol의 열이 발생하는 것을 계산할 수 있다.

$$\begin{array}{lccccccc} & CH_4 & + & Cl_2 & \longrightarrow & CH_3Cl & + & HCl \\ \text{BDE, kJ/mol} & +439 & & +247 & & -351 & & -431 \end{array} \quad \Delta H^0 = -96\ \text{kJ/mol}\ (-23\ \text{kcal/mol})$$

예제 8.3 ▸ 반응의 엔탈피

부록 3에 있는 결합 해리 엔탈피의 표를 이용하여 2-bromopropane과 hydrogen bromide를 생성하는 propane의 브로민화 반응에 대한 ΔH^0를 계산하라.

➥ 해답

각각의 분자에 대한 결합 해리 및 생성 엔탈피를 이용하여 반응열을 계산하면 −71 kJ (−17 kcal)/mol이다.

$$\begin{array}{lccccccc} & CH_3CH(H)CH_3 & + & Br{-}Br & \longrightarrow & CH_3CH(Br)CH_3 & + & H{-}Br \\ \text{BDE, kJ/mol} & +414 & & +192 & & -309 & & -368 \end{array} \quad \Delta H^0 = -71\ \text{kJ/mol}\ (-17\ \text{kcal/mol})$$

연습 문제 8.3

부록 3의 결합 해리 엔탈피를 이용하여 1-bromopropane과 hydrogen bromide를 형성하는 propane의 브로민화 반응에 대한 ΔH^0를 계산하라.

8.5 알케인의 할로젠화 반응 메커니즘

알케인의 할로젠화 반응에서 반응 조건과 생성물에 대한 자세한 연구로부터 화학자들은 이 반응이 라디칼 연쇄 반응 메커니즘이라고 부르는 메커니즘 형태에 의해 일어난다고 결론지었다.

A 라디칼의 형성

다음은 균일 분해에 의하여 라디칼을 생성하는 4개의 반응이다. 처음 3개 반응의 경우 최소 2개의 비공유 전자쌍을 가진 원자 사이에 끊어지는 결합이 있음을 주목하라. 부록 3으로부터 이 반응의 BDE들을 각 반응식의 오른쪽에 나타내었다.

Dibenzoyl peroxide $\xrightarrow{75°\ C}$ 2 Benzoyl 라디칼 $\quad \Delta H^0 = +130$ kJ/mol (+31 kcal/mol)

$$CH_3CH_2\ddot{O}-\ddot{O}CH_2CH_3 \xrightarrow{80°\ C} CH_3CH_2\ddot{O}\cdot + \cdot\ddot{O}CH_2CH_3 \qquad \Delta H^0 = +159 \text{ kJ/mol } (+38 \text{ kcal/mol})$$

Diethyl peroxide → Ethoxy 라디칼

$$:\ddot{Cl}-\ddot{Cl}: \xrightarrow[\text{빛}]{\text{열 또는}} :\ddot{Cl}\cdot + \cdot\ddot{Cl}: \qquad \Delta H^0 = +247 \text{ kJ/mol } (+59 \text{ kcal/mol})$$

Chlorine → Chlorine 원자

$$CH_3-CH_3 \xrightarrow{\text{열}} CH_3\cdot + \cdot CH_3 \qquad \Delta H^0 = +376 \text{ kJ/mol } (+90 \text{ kcal/mol})$$

Ethane → Methyl 라디칼

결합 절단과 라디칼 생성을 일으키는 에너지는 빛 또는 열에 의해 공급될 수 있다. 가시광선과 자외선(파장: 200~700 nm)의 에너지는 167~585 kJ (40~140 kcal)/mol의 범위에 들어가고, 이 값은 할로젠-할로젠 공유 결합의 결합 해리 엔탈피와 같은 범위이다. Br_2와 Cl_2의 결합 해리 엔탈피는 192 kJ (46 kcal)/mol와 247 kJ (59 kcal)/mol이다. 또한, 이러한 할로젠들의 해리는 350°C 이상의 온도로 가열하였을 때도 일어난다.

과산화물(Peroxide, ROOR)과 과산화 수소(hydroperoxide, ROOH)의 산소-산소 단일 결합 해리 엔탈피는 약 146~209 kJ (35~50 kcal)/mol의 범위에 있고, 이러한 결합을 갖는 화합물들은 탄소-탄소 결합의 분해에 필요한 온도보다 더 낮은 온도에서 라디칼을 형성한다. 예를 들어, diethyl peroxide는 80°C에서 에톡시 라디칼로 해리되기 시작한다. 그렇지만 ethane은 매우 높은 온도에서만 2개의 메틸 라디칼로 해리된다.

B 라디칼 연쇄 반응 메커니즘

화학자들은 알케인의 할로젠화 반응에서 형성되는 생성물을 설명하기 위하여 (1) **연쇄 개시**(chain initiation), (2) **연쇄 전파**(chain propagation), (3) **연쇄 종결**(chain termination)의 3단계로 이루어지는 라디칼 연쇄 반응 메커니즘을 제안하였다. 여기에 ethane과 염소의 반응을 이용하여 알케인의 라디칼 할로젠화 반응을 나타내었다.

MECHANISM Ethane의 라디칼 염소화 반응

연쇄 개시는 비라디칼 화학종으로부터 라디칼을 생성하는 반응이다. 염소는 빛 또는 열에 의하여 균일하게 해리된다.

1단계:

$$:\ddot{Cl}-\ddot{Cl}: \xrightarrow[\text{또는 빛}]{\text{열}} :\ddot{Cl}\cdot + \cdot\ddot{Cl}:$$

연쇄 전파는 라디칼과 분자가 반응하여 새로운 라디칼을 생성하는 반응이다. 1단계에서 생성된 염소 원자는 또 다른 균일 분해 반응으로 수소 원자를 떼어내면서 알케인을 공격한다.

2단계:

$$CH_3CH_2-H + \cdot\ddot{Cl}: \longrightarrow CH_3CH_2\cdot + H-\ddot{Cl}:$$

3단계:

$$CH_3CH_2\cdot + :\ddot{Cl}-\ddot{Cl}: \longrightarrow CH_3CH_2-\ddot{Cl}: + \cdot\ddot{Cl}:$$

연쇄 종결은 라디칼의 파괴를 포함한다. 처음 3개의 가능한 연쇄 종결 단계는 새로운 공유결합을 형성하는 라디칼의 짝지음(coupling)이다. 4번째 연쇄 종결 단계는 불균등화 반응(disproportionation)이라 부르며, 수소 원자가 한 라디칼의 베타 위치로부터 다른 라디칼로 이동되어 알케인과 알켄을 형성한다

4단계:

$$CH_3CH_2\cdot + \cdot CH_2CH_3 \longrightarrow CH_3CH_2-CH_2CH_3$$

5단계:

$$CH_3CH_2\cdot + \cdot\ddot{Cl}: \longrightarrow CH_3CH_2-\ddot{Cl}:$$

6단계:

$$:\ddot{Cl}\cdot + \cdot\ddot{Cl}: \longrightarrow :\ddot{Cl}-\ddot{Cl}:$$

7단계:

$$CH_3CH_2\cdot + CH_2(H)-CH_2\cdot \longrightarrow CH_3CH_3 + CH_2{=}CH_2$$

연쇄 개시
비라디칼 또는 비전하 분자로부터 반응성 중간체(라디칼, 음이온 혹은 양이온)의 형성으로 특징지어지는 연쇄 반응의 한 단계.

개시

연쇄 개시(Chain initiation) 단계의 특징은 비라디칼 화합물로부터 라디칼의 생성이다. Ethane의 염소화 반응의 경우에 연쇄 개시는 열 또는 빛에 의하여 Cl—Cl 결합이 균일 분해되어 2개의 염소 라디칼을 생성하는 단계이다.

연쇄 전파
반응 중간체와 분자가 반응하여 새로운 반응성 중간체 및 새로운 분자의 형성으로 특징지어지는 연쇄 반응의 한 단계.

연쇄 길이
연쇄 반응에서 연쇄 전파 단계가 반복되는 횟수.

연쇄 전파

연쇄 전파(Chain propagation) 단계의 특징은 라디칼과 분자가 반응하여 새로운 라디칼이 생성되는 반응이다. 염소 라디칼이 2단계에서 소모되지만 에틸 라디칼이 새롭게 생성된다. 유사하게 3단계에서 에틸 라디칼은 소모되지만, 염소 라디칼이 생성된다. 2단계와 3단계는 라디칼이 서로 다른 반응에 의해서 제거될 때까지 수천 번 반복된다.

연쇄 전파 단계의 두 번째 특징은 이들이 서로 혼합될 때 화학 반응의 양론비가 관찰된다는 점이다. 2단계의 3단계를 서로 합하고, 반응식의 양쪽에서 중복되는 구조를 상쇄시키면 ethane의 라디칼 염소화 반응에 대한 균형 방정식이 얻어진다(그림 8.1).

한 주기의 연쇄 전파 단계가 반복되는 횟수를 **연쇄 길이**(chain length)라고 부른다. 연쇄 길이는 반응의 상대 속도와 다양한 화학종의 농도에 따라 몇 개에서 수천에까지 이른다.

연쇄 종결

연쇄 종결(Chain termination) 단계의 특징은 라디칼의 소멸이다. 알케인의 할로젠화 반응에서 가장 중요한 연쇄 종결 반응은 라디칼 짝지음(ethane의 할로젠화 반응 메커니즘에서의 4, 5, 6단계)과 불균등화 반응(7단계)이다. 이 종결 반응 가운데 하나(5단계)를 통해 염화 에틸을 얻기도 하지만, 여기서 에틸 라디칼과 염소 라디칼이 소멸됨으로써 두 개의 반응이 종결되고, 그로부터 이어질 수 있었던 수십 수천의 생산적인 전파 단계가 사라지게 된다.

연쇄 종결
반응성 중간체의 소멸을 포함하는 연쇄 반응의 한 단계.

연쇄 종결 단계는 라디칼 연쇄 반응에서 연쇄 전파 단계에 비하면 비교적 드물게 일어난다. 그 이유는 어느 한 시점에서 라디칼 농도가 매우 낮아서 두 개의 라디칼이 충돌할 수 있는 확률이 낮기 때문이다. 이렇게 연쇄 종결 반응이 상대적으로 드물게 일어나기 때문에 라디칼 연쇄 반응에서 연쇄 길이가 수천에 이를 수 있다.

2 + 3 단계 $CH_3CH_2 + Cl_2 \longrightarrow CH_3CH_2Cl + HCl$

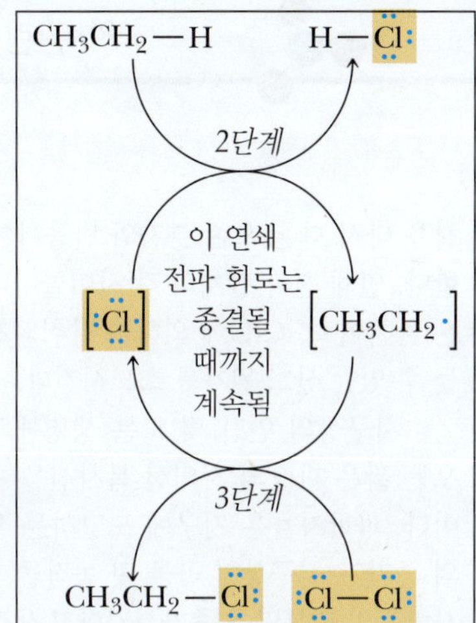

그림 8.1 ▸ Ethane의 할로젠화 라디칼 연쇄 반응 메커니즘으로부터 전파 단계의 회로.

Chlorofluorocarbon에 대한 주요한 관점은 오존층의 파괴이다(이 장의 '화학 관련 이야기: Freon'에서 언급함). 오존이 소모되는 반응은 라디칼 연쇄 반응 메커니즘에 의하여 일어나는 것으로 생각된다. CFC로부터 유도된 한 개의 라디칼 화학종의 생성은 어떠한 종결 단계가 일어나기 전에 수많은 오존 분자를 파괴할 수 있다.

단순한 알킬 라디칼의 기하학적 구조와 상대적 안정성은 알킬 탄소양이온과 유사하다. 메틸 라디칼은 평면이고 모든 다른 라디칼은 거의 평면에 가까우며, 또한 홀전자를 가지고 있는 탄소에 대하여 120°의 결합각을 갖는다. 이러한 기하학적 구조는 탄소가 sp^2 혼성화 되었고, 홀전자는 혼성화되지 않은 $2p$ 궤도함수를 차지하고 있다는 것을 의미한다. 알킬 라디칼의 안정성은 알킬 탄소양이온과 마찬가지로 3° > 2° > 1° 메틸의 순서가 된다.

C 연쇄 전파 단계에서의 에너지론

라디칼 연쇄가 개시된 후에 반응열은 전적으로 각각의 연쇄 전달 단계의 반응열로부터 유래된다. 예를 들면, ethane의 라디칼 할로젠화 반응의 2단계에서 CH_3CH_2—H 결합을 해리하기 위해서는 에너지[422 kJ (101 kcal)/mol]가 필요하지만, H—Cl 결합을 형성하면 에너지[−431 kJ (−103 kcal)/mol]는 방출된다. 마찬가지로 3단계의 Cl—Cl 결합을 해리시키기 위해서는 에너지[247 kJ (59 kcal)/mol]가 필요하지만, CH_3CH_2—Cl 결합을 형성하면 에너지[−355 kJ (−85 kcal)/mol]는 방출된다. 라디칼 할로젠화 반응에서 연쇄 전파 단계의 합으로부터 양론비를 알 수 있듯이 각 연쇄 전파 단계의 반응열의 합은 측정된 반응열과 같다.

연쇄 전파 단계의 결합 해리 엔탈피

	반응 단계							ΔH^0, kJ/mol (kcal/mol)
2단계:	CH_3CH_2—H +422	+	·Cl	⟶	CH_3CH_2·	+	H—Cl −431	−9 (−2)
3단계:	CH_3CH_2·	+	Cl—Cl +247	⟶	CH_3CH_2—Cl −355	+	·Cl	−108 (−26)
합:	CH_3CH_2—H	+	Cl—Cl	⟶	CH_3CH_2—Cl	+	H—Cl	−117 (−28)

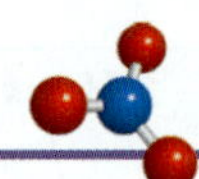

화학 관련 이야기 Chemical Connections

Freon

모든 fluoroalkane 중에서 **Freon** (프레온)이라는 상품명으로 제조된 **chlorofluorocarbon (CFC)**이 가장 잘 알려 있다. CFC는 독성이 없고, 난연성이며, 무취이고, 부식성이 없어 그 전에 냉장 시스템에서 열전달 매체로서 사용되었던 암모니아나 이산화 황 같은 유해 물질에 대한 가장 이상적인 대체 물질이다. 이러한 목적으로 가장 많이 사용되는 CFC로는 trichlorofluoromethane (CCl_3F, Freon-11)과 dichlorodifluoromethane (CCl_2F_2, Freon-12)이다. 이들은 낮은 끓는점 때문에 특별히 바람직한 냉매이다.

CFC는 또한 표면 코팅을 위한 세척, 밀링에서 절삭유 및 왁스 제거, 보호 코팅막의 제거 등 산업용으로 광범위하게 사용된다. 또한 에어로졸 스프레이의 추진제로도 사용된다.

CFC의 환경 파괴에 대한 관심은 연간 450톤 이상의 CFC가 대기 중으로 방출되었던 1970년대부터 일기 시작하였다. 그리고 1974년에 University of California, Irvine의 Sherwood Rowland 박사와 University of California, San Diego의 Mario Molina 박사는 이러한 CFC 물질에 의한 오존 파괴에 대한 이론을 발표하였다. 공기 중에 방출될 때 CFC는 대기의 하단부에 존재하지만 이들의 불활성 때문에 분해되지 않는다. 이 물질은 서서히 성층권으로 확산된다. CFC가 극히 위험한 점은 성층권의 CFC 한 분자가 라디칼 연쇄 반응 메커니즘(8.5B절)을 통하여 수천 개의 오존 분자를 파괴할 수 있다는 점이다. 성층권의 여과되지 않은 태양의 자외선이 CFC의 균일 분해를 유발하여 염소 라디칼을 만들고, 이 염소 라디칼이 최초의 연쇄 전파 단계에서 오존과 반응하여 O_2와 ClO를 만든다. ClO는 다시 산소 원자(성층권에서 자외선이 O_2나 O_3와 충돌 시 생성됨)와 반응하여 O_2와 또 다른 염소 라디칼을 만들고, 이 염소 라디칼은 다시 다른 오존 분자와 반응하여 라디칼 연쇄 반응을 계속한다. 연쇄 전파 단계의 각 사이클마다 오존 분자가 파괴되는 것은 물론이고, ClO에 의하여 탈취되지 않으면 새로운 오존을 만들 수 있는 산소 원자를 소모시킨다.

지구상의 인간 및 모든 생명체의 문제는 오존이 태양에서 오는 짧은 파장의 자외선 복사선을 차단하는 역할을 한다는 점이다. 과학자들은 지구에 도달하는 짧은 파장의 자외선 복사선의 증가가 지구상의 곡물 및 농작물 파괴를 유발하고 피부가 흰 사람들의 피부암을 증가시킨다고 생각한다.

이러한 우려의 결과 1987년에 대부분의 국가가 소위 '몬트리올 의정서(Montreal Protocol)'에 서명하였으며, 이 의정서는 오존 파괴 CFC의 생산 및 사용을 규제하고 1996년까지 모든 CFC의 사용을 완전히 금지토록 규정하고 있다. 이 CFC의 사용 금지는 막대한 비용을 초래했으며, 특히 개발도상국에서는 아직 완료되지 않았다. 특정 물질의 생산을 규제하는 환경에 관한 국제 조약이 체결될 수 있다는 사실은 실로 놀라운 일이며 지구의 건강을 위한 좋은 징조이다. Rowland, Molina와 독일의 막스플랑크 화학연구소의 네덜란드 화학자 Paul Gutgen은 이 주제에 관한 업적으로 노벨 화학상을 수상하였다.

화학 기업들은 오존 파괴의 성질이 작은 CFC 대체 물질을 개발하였으며, hydrofluorocarbon (HFC)와 hydrochlorofluorocarbon (HCFC) 등이 대표적이다. 이 화합물들은 Freon보다 대기권에서 화학적 반응이 커서 성층권에 도달하기 전에 파괴된다. 그렇지만 이 화합물들은 '온실 가스'처럼 작용하여 지구 온난화를 계속할 것이다. 이러한 이유로 이 물질들도 곧 대체될 것이다.

$$\text{H}-\underset{\text{F}}{\overset{\text{F}}{\text{C}}}-\underset{\text{F}}{\overset{\text{F}}{\text{C}}}-\text{F} \qquad \text{H}-\underset{\text{Cl}}{\overset{\text{Cl}}{\text{C}}}-\underset{\text{F}}{\overset{\text{F}}{\text{C}}}-\text{F}$$

HFC-134a **HCFC-123**

그러나 할로알케인이 인간 활동에 의해서만 환경에 유입된다고 가정해서는 안 된다. 예를 들면, 자연으로부터 생성되는 bromomethane은 매년 약 270,000톤이며, 이 중 대부분이 해양 조류, 거대 해초, 화산에서 생성된다. 더욱이 지구상의 chloromethane의 방출량은 연간 4.5백만 톤에 달하며, 이 중 대부분이 육지와 해양 생물로부터 발생된다. 그러나 이들 할로알케인은 대기 중에 존재하는 시간이 짧으며 소량만이 성층권에 도달한다. 문제는 CFC이다. 이 물질은 대기 중에 오랫동안 잔존하며 성층권에 도달하여 성층권을 파괴시키기 때문이다.

예제 8.4 ▸ 반응의 엔탈피

부록 3의 결합 해리 엔탈피 표를 사용하여 2-bromopropane과 HBr을 생성하는 propane의 라디칼 브로민화 반응의 각 연쇄 전파 단계에 대한 ΔH^0를 계산하여라.

➡ 해답

결합 해리 및 형성에 대한 결합 해리 엔탈피 값과 함께 두 개의 연쇄 전파 단계가 주어져 있다. 첫 번째 연쇄 전파 단계는 흡열이고, 두 번째 연쇄 전파 단계는 발열로서 전체 반응은 71 kJ (17 kcal)/mol만큼 발열이다.

		ΔH^0
2단계:	$CH_3\overset{H}{C}HCH_3 + Br\cdot \longrightarrow CH_3\dot{C}HCH_3 + H-Br$	+46 kJ/mol (+11 kcal/mol)
3단계:	$CH_3\dot{C}HCH_3 + Br-Br \longrightarrow CH_3\overset{Br}{C}HCH_3 + Br\cdot$	−117 kJ/mol (−28 kcal/mol)
합:	$CH_3\overset{H}{C}HCH_3 + Br-Br \longrightarrow CH_3\overset{Br}{C}HCH_3 + H-Br$	−71 kJ/mol (−17 kcal/mol)

연습 문제 8.4

1-Bromopropane을 형성하는 propane의 라디칼 브로민화 반응에 대한 두 개의 연쇄 전파 단계를 쓰고, 각 연쇄 전파 단계의 ΔH^0와 전체 반응의 ΔH^0를 계산하여라.

D 브로민화 반응과 염소화 반응의 위치선택성: Hammond 가설

알케인의 할로젠화 반응에서 위치선택성(regioselectivity)은 라디칼의 상대적 안정성 (3° > 2° > 1° > 메틸)을 이용하여 설명할 수 있다. 곧 알게 되겠지만 전이 상태의 에너지는 라디칼의 에너지를 반영하며, 보다 안정한 라디칼 생성물은 활성화 에너지가 작기 때문에 더 빨리 만들어진다. 그러나 알케인의 염소화 반응과 비교할 때 알케인의 브로민화 반응의 위치선택성이 더 크다는 것은 어떻게 설명할 수 있을까? 이를 위하여 1955년에 아이오와 주립대학의 George Hammond가 제안하였던 **Hammond 가설**(Hammond's postulate)에 대하여 고려할 필요가 있다.

Hammond 가설
발열 단계의 전이 상태 구조는 그 단계의 생성물의 구조보다는 반응물의 구조와 더 비슷하다. 반대로 흡열 단계의 전이 상태 구조는 그 단계의 반응물의 구조보다는 생성물의 구조와 더 비슷하다.

발열 반응 단계의 전이 상태의 구조는 반응에서 비교적 일찍 도달되므로 그 단계의 생성물보다 반응물의 구조와 더 닮는다. 반대로, 흡열 반응 단계의 전이 상태의 구조는 반응에서 비교적 늦게 도달되므로 그 단계의 반응물보다 생성물의 구조와 더 닮는다.

우리가 전이 상태를 직접적으로 관찰할 수 없다는 사실을 깨닫는 것이 중요하다. 최신 계산 이론이 발표되기 전까지 우리는 단지 실험에 의해서 전이 상태 존재와 구조, 그리고 안정성만을 추론할 수 있었다. Hammond 가설은 우리가 관찰할 수 있는 것들, 즉 반응물 및 생성물의 구조와 반응열을 조사함으로써 전이 상태의 구조에 대한 것을 추론해 내는 합리적인 방법을 제시한다. Hammond 가설은 또한 다단계 반응에도 동일하게 잘 적용된다. 다단계 연속 과정에서 모든 발열 단계의 전이 상태는 그 단계의 출발 물질과 유사하며, 연속 과정에서 흡열 단계의 전이 상태는 그 단계의 생성물과 유사하다. 따라서 출발 물질의 에너지의 변화는 생성 물질 에너지의 변화보다 발열 반응의 전이 상태에 더 많은 영향을 미친다. 흡열 반응에서는 그 반대로 작용한다. 오늘날에는 고차원의 계산을 수행함으로써 복잡한 전이 상태를 상세히 밝히고, 아울러서 Hammond 가설의 타당성을 강하게 뒷받침하고 있다.

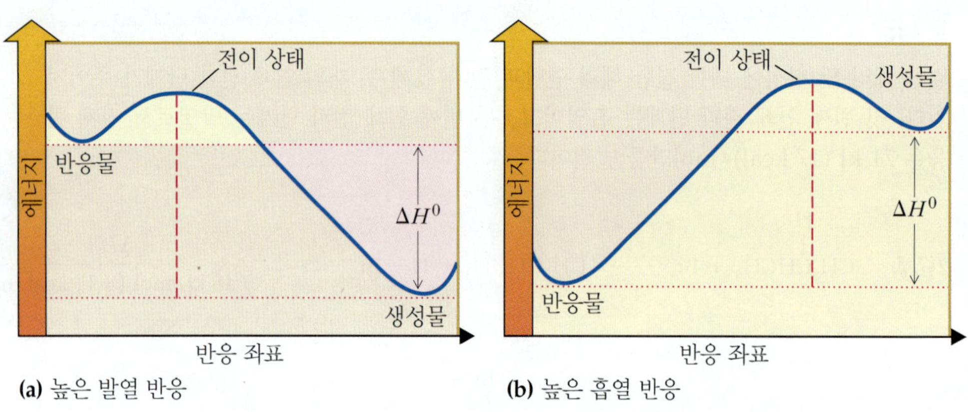

(a) 높은 발열 반응 (b) 높은 흡열 반응

그림 8.2 ▸ Hammond 가설. 두 개의 한 단계 반응에 대한 에너지 도표. 발열 반응에서 전이 상태는 일찍 도달되며, 그 구조는 반응물의 구조를 닮는다. 흡열 반응에서 전이 상태는 늦게 도달되며, 그 구조는 생성물의 구조를 닮는다.

그림 8.2는 한 단계로 일어나는 높은 발열 반응과 높은 흡열 반응의 에너지 도표이다.

이제 Hammond 가설을 알케인의 브로민화 반응과 염소화 반응의 상대적인 위치선택성의 설명에 적용해 보자. Hammond 가설을 응용하는데 있어서 알케인의 라디칼 할로젠화 반응에서 할로젠 라디칼에 의하여 수소 원자를 떼어내는 속도 결정 단계를 다룬다. 표 8.8은 2-methylpropane (isobutane)의 브로민화 반응과 염소화 반응에 있어서 서로 다른 수소 원자들의 수소 떼기 단계에 대한 반응열(ΔH^0)을 나타내고 있다. 또한 isobutane, HCl, HBr의 구조 밑 부분에 각 단계에서 절단되는 결합(1차 및 3차 C—H)과 형성되는 결합(H—Cl, H—Br)의 결합 해리 엔탈피를 나타내었다. 3차 라디칼은 1차 라디칼보다 안정하기 때문에 3차 H의 BDE는 1차 H보다 17 kJ (4 kcal/mol)만큼 낮으며 두 반응의 1차와 3차의 ΔH^0 차이는 이 양과 정확하게 일치한다.

염소에 의한 수소 떼기는 발열이며, Hammond의 가설에 의하면 Cl·에 의한 수소 떼기 반응의 전이 상태는 반응 과정에서 빨리 도달된다[그림 8.3(a)]. 따라서 이 단계의 전이 상태의 구조는 생성물인 라디칼보다 반응물인 알케인과 염소 원자를 더 닮게 되고, 그 결과 전이 상태에서 탄소가 라디칼 성질을 비교적 약하게 나타낸다. 따라서 라디칼 염소화 반응에서의 위치선택성은 라디칼 중간체의 상대적 안정성에는 낮은 영향을 받고, 염소 원자가 1차, 2차 또는 3차 H 중에서 어느 수소와 충돌하느냐에 따라 더욱 더 결정된다.

8.4A절의 염소화 반응에서 3차 H와 1차 H의 떼기는 5:1의 선택성을 나타낸다는 사실을 보았다. 이 비율은 이들 수소 원자들과 염소 원자의 상대적 반응 속도를 직접적으로 반영한다. 이와 같은 반응 속도의 비와 $\Delta G^\ddagger$ 및 속도 상수의 관계를 이용하면, 3차 H 및 1차 H 떼기에 대한 활성화 에너지 $\Delta\Delta G^\ddagger$ 차이가 약 4 kJ (1 kcal)/mol임을 계산할 수 있다. 그러나 결합 해리 엔탈피[그림 8.3(a)]로부터 두 반응의 $\Delta\Delta H^0$는 17 kJ (4 kcal)/mol임을 계산

표 8.8 2-Methylpropane의 수소 떼기에 대한 반응 엔탈피

반응 단계			ΔH^0[kJ (kcal)/mol]
염소화 반응			
H + ·Cl ⟶	· + H—Cl		−9(−2)
+422(101)	1차 라디칼	−431(−103)	17(4)
—H + ·Cl ⟶	· + H—Cl		−26(−6)
+405(97)	3차 라디칼	−431(−103)	
브로민화 반응			
H + ·Br ⟶	· + H—Br		+54(+13)
+422(101)		−368(−88)	17(4)
—H + ·Br ⟶	· + H—Br		+37(+9)
+405(97)		−368(−88)	

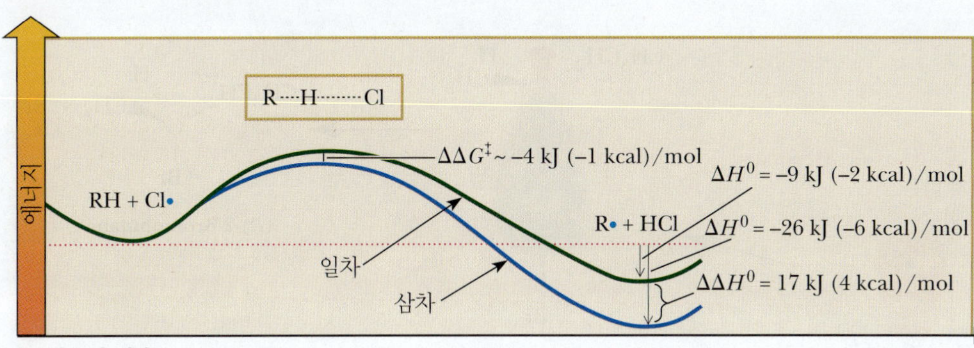

(a) 염소화 반응

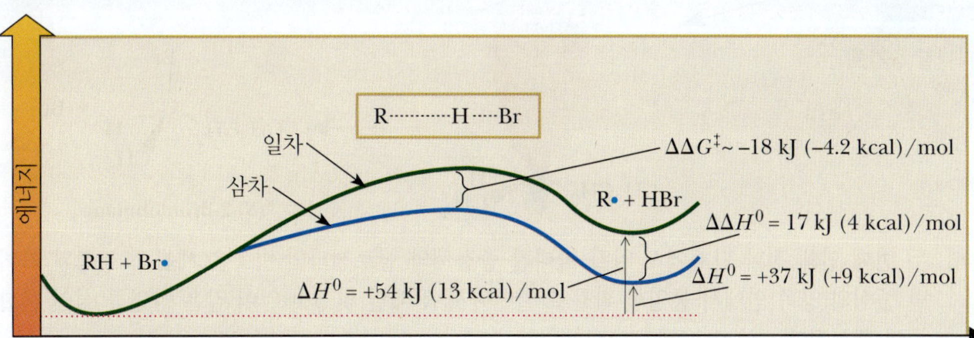

(b) 브로민화 반응

그림 8.3 ▸ 2-Methylpropane (isobutane)의 라디칼 염소화 반응과 브로민화 반응에서 수소 떼기의 전이 상태와 에너지론. 생성물은 중간체 라디칼인 R·이다.

할 수 있다. 따라서 생성물 안정성의 차이는 전이 상태와 그에 따르는 반응 속도에 약간의 영향만을 미치게 된다.

브로민화 반응은 앞의 반응과 대조적이다[그림 8.3(b)]. 브로민화 반응은 3차 H와 1차 H의 선택성은 1600:1이며, 이 값은 약 18 kJ (4.2 kcal)/mol의 $\Delta\Delta G^\ddagger$에 해당한다. 1차와

3차 라디칼의 생성에 대한 $\Delta\Delta H^0$는 브로민화 반응이나 염소화 반응에서 같다(C—H 결합의 BDE 차이와 같다). 그러나 브로민화 반응에 대한 속도 결정 단계는 흡열이므로 전이 상태가 생성된 라디칼과 훨씬 더 비슷하며 따라서 전이 상태는 1차와 3차 라디칼의 거의 모든 에너지 차를 반영한다. 늦게 형성되는 전이 상태와 따라서 더 큰 $\Delta\Delta G^‡$(큰 반응 속도 차이를 유발함)가 라디칼 염소화 반응보다 라디칼 브로민화 반응이 더 큰 위치선택성을 나타내는 이유가 된다.

BDE 값은 ΔG^0가 아닌 ΔH^0이다. $\Delta G = \Delta H - T\Delta S$임을 상기하라. 우리가 비슷한 반응을 다루기 때문에 이들 반응 사이의 엔트로피 차이는 거의 0이라 가정할 수 있다. 따라서 $\Delta\Delta G^0 \approx \Delta\Delta H^0$이고, $\Delta\Delta G^‡ \approx \Delta\Delta H^‡$이기 때문에 이러한 비교를 할 수 있다.

E 라디칼 할로젠화 반응의 입체 화학

라디칼 할로젠화 반응 생성물이 카이랄 중심을 형성하거나 기존의 카이랄 중심 위에 있는 수소 원자에서 일어날 때, 생성물은 동일한 비율의 *R*과 *S* 거울상 이성질체의 혼합물로 나타난다. 예를 들어, 2-bromobutane을 생성하는 butane의 라디칼 브로민화 반응을 생각해 보자.

$$\underset{\textbf{Butane}}{CH_3CH_2CH_2CH_3} + Br_2 \xrightarrow[\text{또는 빛}]{\text{열}} \underset{\substack{\textbf{2-Bromobutane}\\(\text{라셈 혼합물})}}{CH_3CH_2\overset{Br}{\overset{|}{C}}HCH_3} + HBr$$

이 예에서 두 출발 물질 모두 비카이랄이고, 비카이랄성 환경 속에서 비카이랄성 출발 물질부터 카이랄성 생성물이 생기는 모든 반응들처럼(6.7A절) 생성물은 라셈 혼합물이다(그림 8.4).

sec-뷰틸(sec-Butyl) 라디칼의 경우에 홀전자를 갖는 탄소는 sp^2 혼성 궤도함수를 이루고 있으며, 홀전자는 혼성화되지 않은 $2p$ 궤도함수에 놓여 있다.

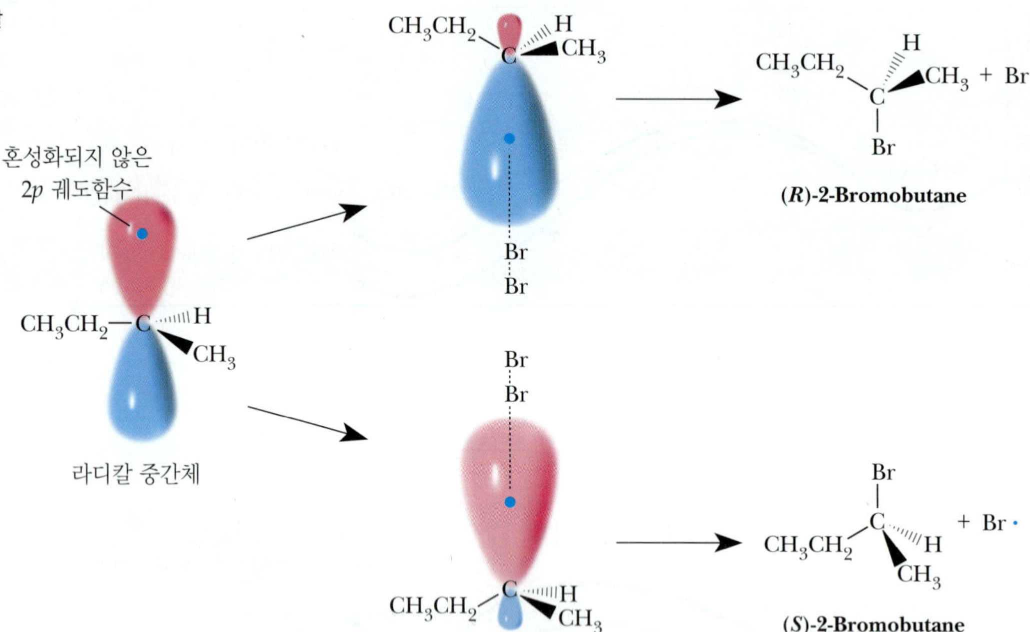

그림 8.4 ▸ Butane의 라디칼 브로민화 반응.

두 번째 연쇄 전파 단계에서 알킬 라디칼 중간체와 할로젠과의 반응은 새롭게 형성된 카이랄 중심의 양쪽 면에서 동일한 확률로 일어나서 *R* 배열 및 *S* 배열이 같은 양만큼 섞인 혼합물이 생성된다.

8.6 알릴자리 할로젠화 반응

알릴자리 탄소
탄소-탄소 이중 결합에 인접해 있는 탄소.

6.3D절에서 propene과 다른 알켄은 실온에서 Br_2 및 Cl_2와 반응하여 탄소-탄소 이중 결합에 첨가를 일으킨다는 것을 알았다. 그러나 만일 propene을 이 할로젠 중 하나와 높은 온도에서 반응시키면 **알릴자리 탄소**(allylic carbon, 탄소-탄소 이중 결합에 인접한 탄소)에

서의 할로젠 치환이라는 전혀 다른 반응이 일어난다. 높은 온도에서 propene과 염소와의 반응에 의한 **알릴자리 치환**(allylic substitution)에 대해 알아 보자.

알릴자리 치환
알릴자리 탄소의 원자나 원자단이 다른 원자 혹은 원자단으로 치환되는 반응.

$$CH_2{=}CHCH_3 + Cl_2 \xrightarrow{350°C} CH_2{=}CHCH_2Cl + HCl$$

Propene → **3-Chloropropene (Allyl chloride)**

높은 온도에서 propene을 브로민으로 처리할 때도 비슷한 반응이 일어난다.

Propene과 브로민 혹은 염소의 혼합물을 가열하였을 때 propene의 다양한 C—H 결합 중 어느 결합이 가장 잘 끊어지는지 예측하기 위하여 결합 해리 엔탈피를 알아볼 필요가 있다. Propene에서 알릴자리 C—H 결합의 결합 해리 엔탈피(표 8.7)는 대략 92 kJ (22 kcal)/mol만큼 바이닐자리(vinylic) C—H 결합 해리 엔탈피보다 작고, ethane의 C—H 결합보다 50 kJ (12 kcal)/mol만큼 작다는 것을 알 수 있다. 알릴 라디칼은 3차 라디칼보다도 안정하며, 이와 같은 특이한 안정성은 탄소양이온에도 적용된다. 알릴자리 C—H 결합이 약한 이유는 8.6B절에서 설명하기로 한다. 표 8.7에서 보는 바와 같이 벤질 라디칼 $C_6H_5CH_2$·은 알릴 라디칼과 같은 이유로 안정화되며, 벤질자리 화합물은 알릴자리 화합물처럼 여러 가지 같은 반응을 한다(21.5절).

+372 kJ/mol
+464 kJ/mol

고온에서 propene을 브로민 혹은 염소로 처리하면 유기 반응에서 매우 중요한 사실이 나타난다. 즉, 반응 조건의 변화에 따른 반응 메커니즘의 변화에 의해 생성물의 변화가 가능하다는 것이다. 이 반응에서 사용된 높은 온도에서 브로민 라디칼의 농도가 상온에서 훨씬 높아지기 때문에 라디칼 할로젠화 반응 메커니즘으로 진행되는 치환 반응을 가속화시킬 수 있다. 상온에서는 라디칼이 훨씬 적어서 친전자성 첨가 반응이 관찰된다.

$$CH_2{=}CHCH_3 + Br_2 \xrightarrow{\text{높은 온도}} CH_2{=}CHCH_2Br + HBr$$ (알릴자리 치환 반응)

Propene → **3-Bromopropane**

$$CH_2{=}CHCH_3 + Br_2 \xrightarrow[CH_2Cl_2]{\text{실온}} CH_2BrCHBrCH_3$$ (친전자성 첨가 반응)

Propene → **1,2-Dibromopropane** (라셈 혼합물)

실험실에서 실온이나 혹은 약간 더 높은 온도에서 알릴자리 브로민화 반응을 일으킬 수 있는 유용한 방법은 dichloromethane (CH_2Cl_2) 용매 속에서 *N*-bromosuccinimide (NBS) 시약을 사용하는 것이다. 알켄과 NBS와의 반응은 대부분 빛에 의해 개시된다. 이 반응에서는 전체적으로 이중 치환이 일어난다. NBS의 브로민과 알켄의 수소가 서로 자리를 바꾼다.

Cyclohexene + *N*-Bromosuccinimide (NBS) $\xrightarrow[CH_2Cl_2]{h\nu}$ 3-Bromocyclohexene (라셈 혼합물) + Succinimide

A 알릴자리 할로젠화 반응의 메커니즘

알릴자리 브로민화 반응과 염소화 반응은 알케인의 라디칼 할로젠화 반응에 포함된 연쇄 개시, 연쇄 전파, 연쇄 종결 단계가 포함된 라디칼 연쇄 반응 메커니즘에 의해 진행된다.

MECHANISM NBS를 이용한 propene의 알릴자리 브로민화 반응

연쇄 개시 연쇄 개시는 NBS의 N—Br 결합이 빛에 의하여 균일 분해되어 얻어진 라디칼의 생성이 포함되어 있다. 이 단계는 염소가 염소 라디칼로 균일 분해되는 것과 유사하다.

1단계:

$$\text{NBS (N—Br)} \xrightarrow{h\nu} \text{N}\cdot + \cdot\text{Br}$$

연쇄 전파 연쇄 전파는 생성물의 형성이 포함되어 있다. 라디칼과 비라디칼의 반응으로 새로운 라디칼이 생성된다(개시 단계에서 형성된 두 개의 라디칼 모두 수소 원자를 떼어낼 수 있다. 단지 Br 라디칼 반응만을 표시한다). 첫 번째 전파 단계에서 브로민 원자는 알릴자리 수소(propene에서 가장 약한 C—H 결합)를 떼어내고 알릴 라디칼을 생성한다. 이 알릴 라디칼은 다시 브로민 분자와 반응하여 allyl bromide와 새로운 브로민 원자를 형성한다.

2단계:

$$CH_2{=}CHCH_2{-}H + \cdot Br \longrightarrow CH_2{=}CHCH_2\cdot + H{-}Br$$

알릴자리 수소 / 알릴 라디칼

3단계:

$$CH_2{=}CHCH_2\cdot + Br{-}Br \longrightarrow CH_2{=}CHCH_2{-}Br + \cdot Br$$

여기서 주목해야 할 점은 항상 그러하듯이 연쇄 전파 단계들의 조합은 관찰되는 화학량론까지 더해진다. 이 반응은 알케인의 할로젠화 반응과 정확하게 동일하지만, 알릴자리의 약한 결합 때문에 알릴자리 수소에 대해서는 매우 위치선택적이다.

연쇄 종결: 라디칼의 소멸 연쇄 반응의 전파는 종결 단계에 의하여 비라디칼 생성물이 생성되고 더 이상의 반응이 정지될 때까지 계속된다.

4단계:

$$Br\cdot + \cdot Br \longrightarrow Br{-}Br$$

5단계:

$$CH_2{=}CHCH_2\cdot + \cdot Br \longrightarrow CH_2{=}CHCH_2{-}Br$$

6단계:

$$CH_2{=}CHCH_2\cdot + \cdot CH_2CH{=}CH_2 \longrightarrow CH_2{=}CHCH_2{-}CH_2CH{=}CH_2$$

2단계에서 필요한 Br_2는 HBr과 NBS의 반응을 통하여 생성된다.

7단계:

$$\text{NBS (N—Br)} + HBr \longrightarrow \text{N—H} + Br_2$$

이 단계에서 형성된 브로민은 알릴 라디칼과 반응하여 연쇄 전파 단계를 계속 시킨다(3단계).

NBS를 이용한 알릴자리 브로민화 반응의 메커니즘은 다음과 같은 문제점을 제기한다. NBS는 Br_2의 간접적인 원료로서 연쇄 전파 단계에 참여한다. 그러나 Br_2가 반응 혼합물에 존재하고 있다면, Br_2가 이중 결합에 친전자성 첨가로 탄소-탄소 이중 결합과 반응하지 않는 이유는 무엇인가? 다시 말하면, 이중 결합에 대한 친전자성 첨가보다 알릴자리 치환 반응이 관찰되는 이유는 무엇인가? 그에 따른 대답은 라디칼이 존재할 때 연쇄 전파 단계의 속도는 브로민의 알켄에 대한 친전자성 첨가 속도보다 훨씬 빠르기 때문이다. 게다가 Br_2의 농도는 반응 전반에 걸쳐서 매우 낮고, 따라서 친전자성 첨가 속도를 느리게 한다.

B 알릴 라디칼의 구조

알릴 라디칼은 두 개의 기여 구조의 혼성으로 나타낼 수 있다. 여기서 낚시바늘형 화살표는 기여 구조 사이의 단일 전자의 재배치를 나타낸다. 3개의 π 전자가 이와 같은 공명에 참여하는 것에 유의하여라.

$$CH_2{=}CH{-}\dot{C}H_2 \longleftrightarrow \dot{C}H_2{-}CH{=}CH_2$$

(동등한 기여 구조들)

두 기여 구조의 라디칼 전자의 위치로부터 1번과 3번 탄소만 라디칼 반응성을 가지고 2번 탄소는 반응성이 없다는 것을 예상할 수 있고, 이 결과는 실험적으로도 확인된다.

알릴 라디칼의 8개의 원자는 하나의 평면상에 놓여 있으며, 모든 결합각은 약 120°이다. 각 탄소 원자는 sp^2로 혼성화되어 있고, 라디칼의 공명 비편재화에 참여하는 3개의 $2p$ 궤도함수는 그림 8.5에 나타낸 바와 같이 서로 평행하다. 전하를 갖는 계에서 비편재화된 전하가 편재화된 전하보다 안정한 것처럼 비편재화된 홀전자 밀도는 편재화된 홀전자 밀도보다 더 안정하게 된다.

이런 전자 비편재화에 의한 라디칼 안정화 효과 때문에 알릴 C—H의 결합 해리 에너지가 1차 C—H 결합보다 훨씬 약하리라고 기대할 수 있다. 실제 결합 해리 엔탈피에 근거로, 알릴 라디칼은 3차 알킬 라디칼보다 훨씬 더 안정하다는 결론을 내릴 수 있다. sp^2 혼성 궤도함수의 큰 s 성격 때문에 바이닐 자리 C—H 결합은 어떤 sp^3 C—H 결합보다 강하며 (더 큰 결합 해리 엔탈피를 가짐) 균일 분해 반응에서 결코 떨어지지 않는다.

분자 궤도함수 표현에 의하면 알릴 라디칼의 콘쥬게이션된 계는 세 개의 $2p$ 원자 궤도함수의 겹침에 의해 형성된 세 개의 분자 궤도함수로 구성된다(그림 8.5). 가장 낮은 에너지

그림 8.5 ▸ 알릴 라디칼에 있어서 공유결합의 분자 궤도함수 모형. 세 개의 $2p$ 원자 궤도함수가 결합되어 세 개의 π 분자 궤도함수를 형성한다. 가장 낮은 에너지 상태인 π 결합성 MO는 마디를 갖지 않는다. 그 다음 단계의 에너지 준위에서 π 비결합성 MO는 하나의 마디를 가지며, 가장 높은 에너지 준위인 π 반결합성 MO에는 두 개의 마디가 존재한다.

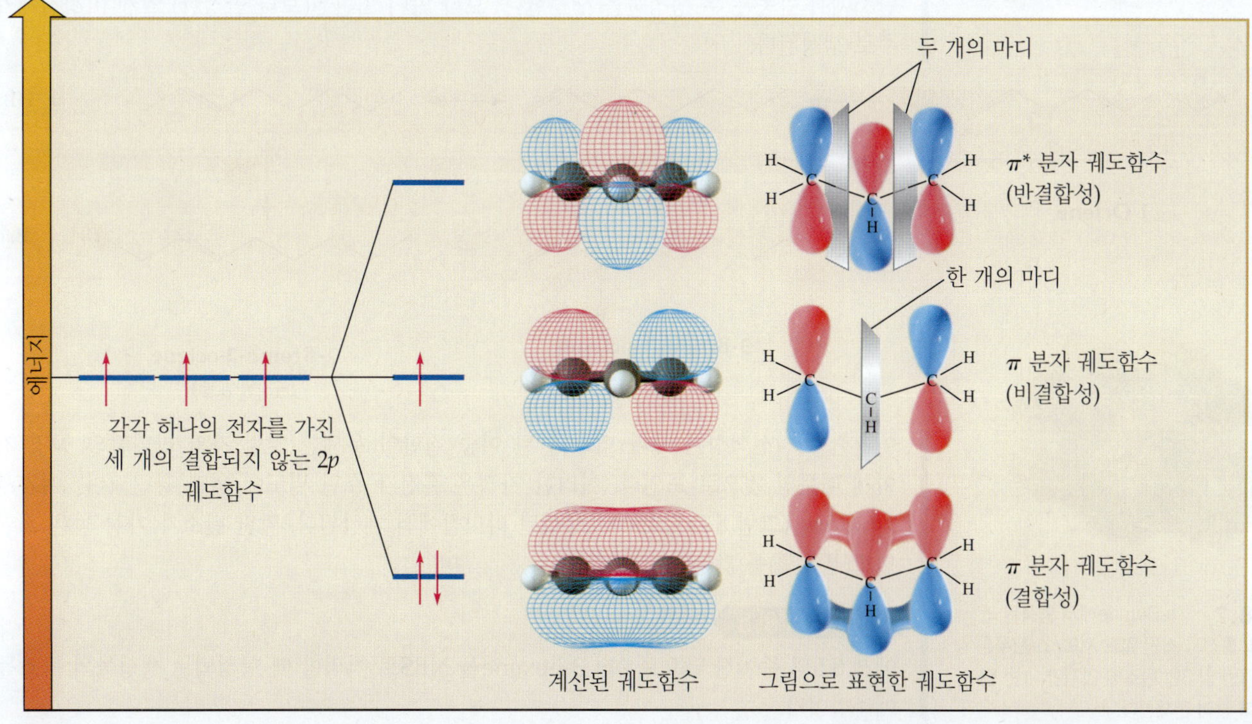

MO는 마디가 없고, 다음 MO는 하나의 마디를 가지며, 가장 큰 에너지 MO는 두 개의 마디를 갖는다. 이러한 경우에 중간 에너지의 분자 궤도함수는 전체적으로 안정성 혹은 불안정성도 주지 않으므로, 따라서 이것은 비결합성 MO라고 부른다. 가장 낮은 π MO는 고립되어 있는 $2p$ 궤도함수의 에너지보다 낮다.

알릴 라디칼의 가장 낮은 에너지(바닥) 상태에서 π계의 두 전자는 π 결합성 MO에 놓여 있고, 세 번째 전자는 π 비결합성 MO에 있다. π 반결합성 MO는 비어 있다. 가장 낮은 π MO는 고립된 $2p$ 원자 궤도함수보다 더 낮은 에너지를 갖기 때문에, 이 MO에 두 개의 전자를 배치하면 알릴 라디칼의 안정성을 설명해 줄 수 있는 상당한 에너지를 방출한다.

그림 8.6 ▸ 알릴 라디칼의 홀전자 스핀 밀도 지도. 홀전자 밀도(초록색 원뿔)는 오직 1번과 3번 탄소에서만 나타난다.

알릴 라디칼의 홀전자는 탄소-1 및 탄소-3에만 전자 밀도가 배치되어 있는 π 비결합성 MO와 관련되어 있다. 이와 같은 편재화는 그림 8.6의 홀전자 밀도 그림에 잘 나타나 있다. 따라서 공명 모형과 분자 궤도 이론 모두가 알릴 라디칼의 1번과 3번 탄소에서는 라디칼 특성이 예측되지만 2번 탄소에는 라디칼 특성이 없다는 실험 결과와 잘 일치한다. 비대칭 알릴 화합물의 경우, 보다 안정한 알켄 생성물, 바꾸어 말하면 보다 많이 치환된 이중 결합이 되도록 반응이 일어난다.

예제 8.5 ▸ 알릴자리 브로민화 반응

NBS에 의한 1-octene의 알릴자리 브로민화 반응에서 생성물이 다음과 같음을 설명하여라.

1-Octene —(NBS, CH_2Cl_2)→ **3-Bromo-1-octene** (라셈 혼합물, 17%) + **(*E*)-1-Bromo-2-octene** (83%)

➥ 해답

라디칼 연쇄 반응 메커니즘에서의 속도 결정 단계는 1-octene의 알릴자리로부터 수소를 떼어내어 2차 알릴 라디칼을 형성하는 단계이다. 이 라디칼은 두 개의 전자와 홀전자의 비편재화에 의해 안정화된다. 1번 탄소에서의 라디칼 반응은 주 생성물을 생성한다. 3번 탄소에서 반응은 부 생성물을 생성한다. 보다 많이 치환된(보다 안정한) 알켄 이성질체가 주로 생성된다.

1-Octene + ·Br → (알릴 라디칼 공명 구조) + HBr; Br_2 → **3-Bromo-1-octene** (라셈 혼합물) + **1-Bromo-2-octene** (주 생성물) + ·Br

이러한 위치선택성은 보다 더 치환된 이중 결합이 우세한 알릴 자리 라디칼의 공명 기여체 때문인 것으로 보인다. 이러한 가정은 홀전자 스핀 밀도에 의해 확인되며, 여기서 1-butene (그림 8.7)으로부터 생성된 라디칼에서 계산된다. 말단 탄소가 가장 높은 스핀 밀도(푸른색)를 갖는다.

그림 8.7 ▸ 1-Butene에서 형성된 라디칼의 홀전자 스핀 밀도 지도. 스핀(푸른색)은 1번 및 3번 탄소에 있지만, 1번 탄소에 더 많이 존재한다.

연습 문제 8.5

예제 8.5의 주어진 답으로부터 3-hexene을 NBS로 처리할 때 형성되는 생성물의 구조를 예측하여라.

8.7 라디칼 자동 산화

물질, 음식 그리고 생체계에서 가장 중요한 분해 반응 중 하나를 **자동 산화**(autoxidation, 산소만을 필요로 하는 산화 반응)라고 한다. 이 반응은 알릴자리 브로민화 반응과 매우 유사한 라디칼 연쇄 반응 메커니즘으로 일어난다. 오랫동안 방치되었던 식용유 병마개를 열 때 병에 공기가 유입되면서 쉿(hiss)하는 소리가 나는 것을 느낄 수 있다. 이것은 식용유가 자동 산화되어 산소가 소모됨으로써 병 안의 압력이 낮아졌기 때문이다.

자동 산화
불포화 지방산과 같은 물질의 공기에 의한 산화.

식용유는 **폴리불포화 지방산 에스터**(polyunsaturated fatty acid ester, 5.4절 '생화학 관련 이야기: 지방과 기름에서 *시스* 이중 결합의 중요성'과 26.1절 참조)를 포함하고 있다. 이 화합물의 가장 일반적인 구조는 1,4-다이엔 작용기가 포함된 16개 또는 18개의 탄소 사슬을 가지고 있다. (두 개의 이중 결합은 모두 *시스*이며, 여기서는 R_1과 R_2의 특성은 이 단계에서 관심을 가질 필요가 없다.) 이중 결합 사이에 존재하는 CH_2기의 수소는 이중 알릴자리(doubly allylic)로서 이 수소들은 두 개의 이중 결합에 대하여 알릴자리이다. 예상할 수 있는 바와 같이 이러한 수소 중 하나를 떼어냄으로써 형성된 라디칼은 알릴자리 라디칼보다 더 비편재화되어서(공명 기여 구조에 의하여 설명) 특별히 안정하다. 알릴의 C—H 결합은 해당되는 알케인의 C—H 결합에 비해 매우 약하며, 이중 알릴자리의 C—H 결합은 더욱 더 약하다.

식용유 안에 있는 불순물들이 빛에 의하여 활성화되거나 또는 과산화 불순물이 열분해되어 형성된 라디칼 개시제(X·)가 이중 알릴자리 수소를 떼어내어 라디칼을 생성할 경우에 자동 산화는 시작된다. 생성된 라디칼은 양쪽의 이중 결합에 의한 공명을 통하여 비편재되어 있다(다음 구조 중에서 1과 2).

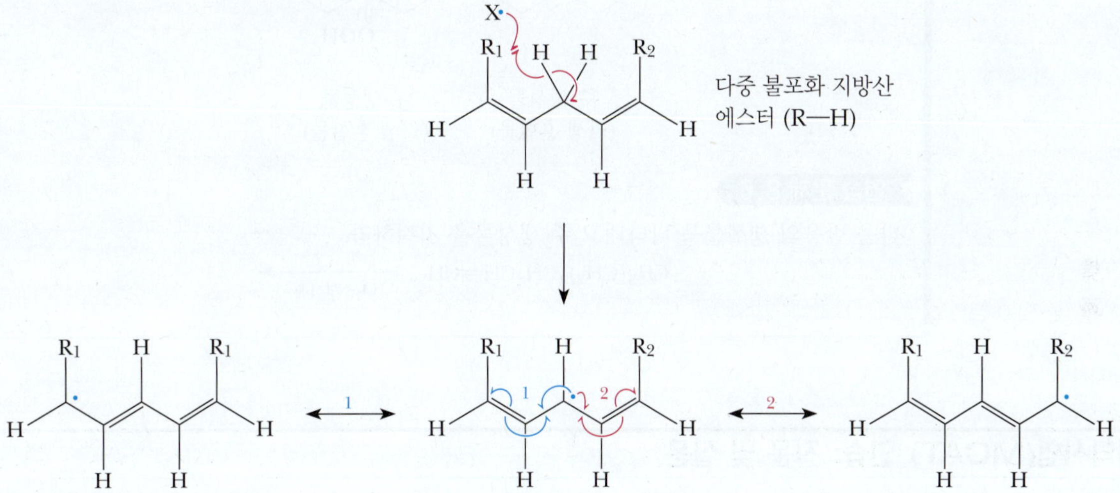

다중 불포화 지방산 에스터 (R—H)

이 라디칼은 그 자체가 반응성이 없는 이중 라디칼인 산소와 반응하여 과산화 라디칼을 형성하며, 이 과산화 라디칼은 다시 다른 1,4-다이엔 지방산 에스터(R—H)의 CH_2와 반응하여 새로운 라디칼 (R·)과 과산화 수소(hydroperoxide)를 생성한다. 과산화 수소는 공명 혼성 구조의 양쪽 끝에서 생성되지만 오직 하나만 나타내었다. 새로운 라디칼은 다시 산소와 반응하여 라디칼 연쇄 반응을 유발하며, 이 과정에서 각각의 개시 라디칼에 대해서 수백 개의 지방산 에스터 분자가 산화된다.

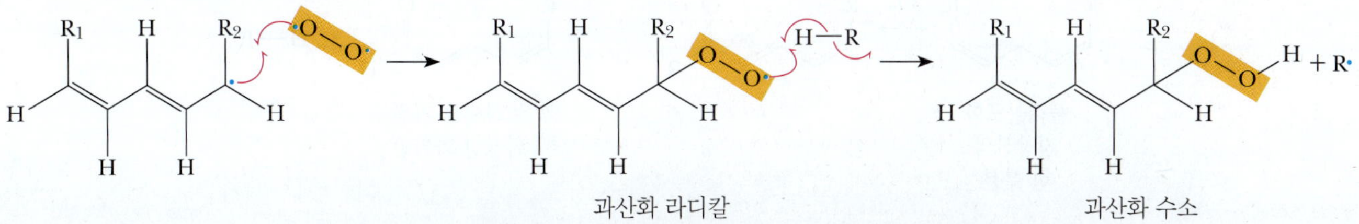

과산화 라디칼

과산화 수소

과산화물과 일부 과산화 라디칼의 마지막 소멸은 복잡하다. 어떤 자동 산화 생성물은 짧은 사슬을 가진 알데히드나 카복실산으로 분해되어 불쾌한 '썩은 냄새(rancid)'를 발산하며, 이는 폴리불포화 기름을 함유하는 식용유나 오래된 음식에서 풍기는 우리에게 친숙한 냄새와 같다. 몇 가지 오일의 자동 산화 생성물은 유독성이나 발암성이 있다고 알려져 있다. 1,4-다이엔 구조를 갖지 않는 오일은 쉽게 산화되지 않는다.

라디칼 억제제
라디칼과 선택적으로 반응하여 연쇄 반응에서 라디칼을 제거하여 연쇄 반응을 종결시키는 페놀과 같은 화합물.

많은 천연 또는 비천연 화합물들이 라디칼 연쇄 반응을 종결시킬 수 있으며 이들을 **라디칼 억제제**(radical inhibitor)라고 한다. 대부분 페놀계 화합물들이며, 의과대학 입학시험(MCAT) 연습에 나타내었다.

예제 8.6 ▸ 라디칼 자동 산화

다음 반응으로부터 기대되는 생성물은 무엇인가? 관계되는 주 생성물과 자세한 입체 화학을 나타내어라.

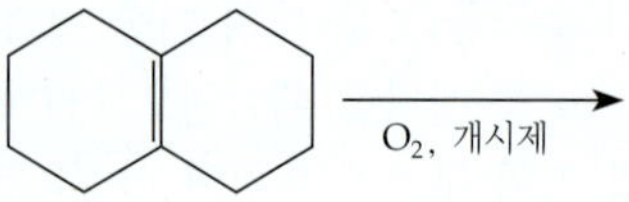

O_2, 개시제

➥ **해답**

주 생성물은 보다 치환이 많이 된 이중 결합을 갖는다(두 개 모두 라셈 혼합물).

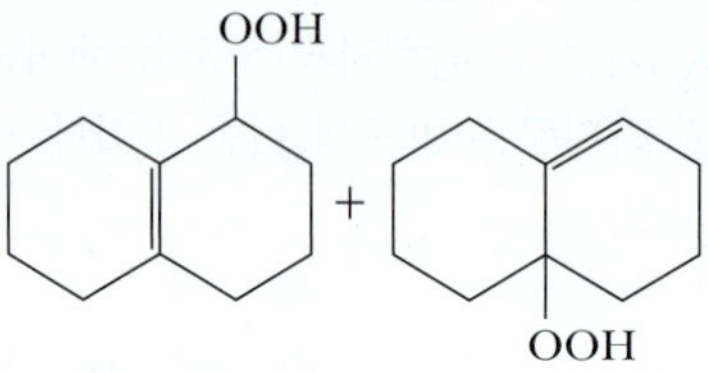

OOH + OOH

주 생성물 (라셈 혼합물)　　부 생성물 (라셈 혼합물)

연습 문제 8.6

다음 반응의 생성물을 나타내고 주 생성물을 지적하라.

$$CH_3(CH_2)_4CH_2CH{=}CH_2 \xrightarrow{O_2,\ \text{개시제}}$$

≫ 의과대학 입학시험(MCAT) 연습: 지문 및 질문

산화방지제

많은 식물의 잎과 씨앗에는 불포화 지방산 에스터가 들어 있고, 이러한 식물들로부터 만들어진 식품들에도 들어 있다. 이런 구조의 화합물은 쉽게 자동 산화를 일으켜 과산화 수소를 거쳐 휘발성 알데하이드, 케톤 그리고 탄화수소와 같은 분자량이 낮은 산화된 생성물이 된다. 이러한 생성물들은 음식이 변했음을 알려주는 지표가 되기도 하며, 오래된 식용유에서 나는 것과 같은 불쾌한 썩은 냄새가 난다.

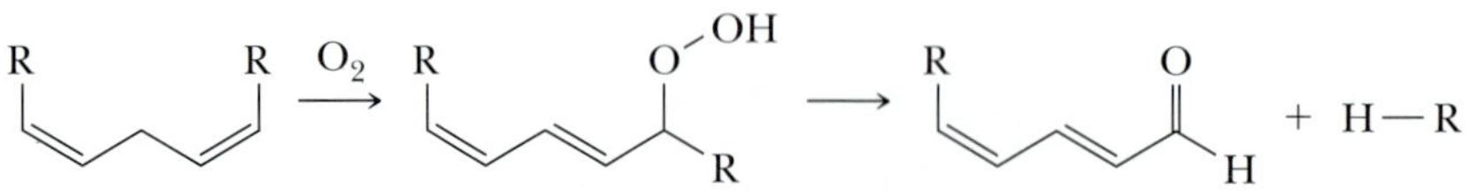

R R $\xrightarrow{O_2}$ R O–OH R $\longrightarrow$ R O H + H—R

폴리불포화 지방산의 한 부분　　썩은 냄새를 가진 더 휘발성 화학종

» 질문

A. Linoleic acid는 다음과 같다. 이 지방산이 특히 자동 산화를 잘하는 이유는 무엇인가?

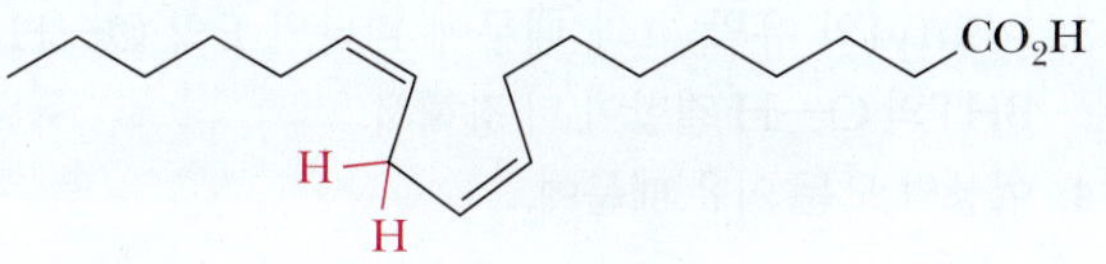

Linoleic acid

1. 붉은 C—H 결합은 이중 알릴 구조이기 때문에 낮은 결합 해리 에너지를 갖는다.

2. 붉은 C—H 결합은 이중 알릴 구조이기 때문에 높은 결합 해리 에너지를 갖는다.

3. 붉은 C—H 결합은 입체적으로 가려지지 않기 때문에 산소가 쉽게 접근할 수 있다.

4. 2번과 3번 둘 다.

B. 붉은 C—H 결합과 산소의 반응은 탄소 라디칼을 생성한다. 이 라디칼은

1. 주로 유발에 의해 안정화된다.

2. sp^2 탄소가 sp^3 탄소보다 더 안정하기 때문에 안정화된다.

3. 주로 하이퍼콘쥬게이션에 의해 안정화된다.

4. 주로 공명 비편재화에 의해 안정화된다.

자연은 다양한 물질을 사용하여 자동 산화로부터 자신을 보호하며, 가장 중요한 물질 중 하나가 α-tocopherol (비타민 E)이다. 이 화합물은 페닐 고리에 OH기로 한정된 페놀류이다. 자동 산화에 대해 보호제로 작용하는 페놀류의 특성은 폴리불포화 지방산에서 O_2에 의해 떨어져 나가는 수소를 가진 C—H 결합에 비해 훨씬 더 약한 O—H 결합에 있다. 비타민 E는 초기의 퍼옥시 라디칼과 우선적으로 반응하여 공명 안정화된 페녹시 라디칼을 생성하며, 이 페녹시 라디칼은 반응성이 작고 또한 오랫동안 생존하며 다른 과산화 라디칼을 포착한다. 비타민 E로부터 유도된 결과로 형성된 과산화물은 비교적 안정하다.

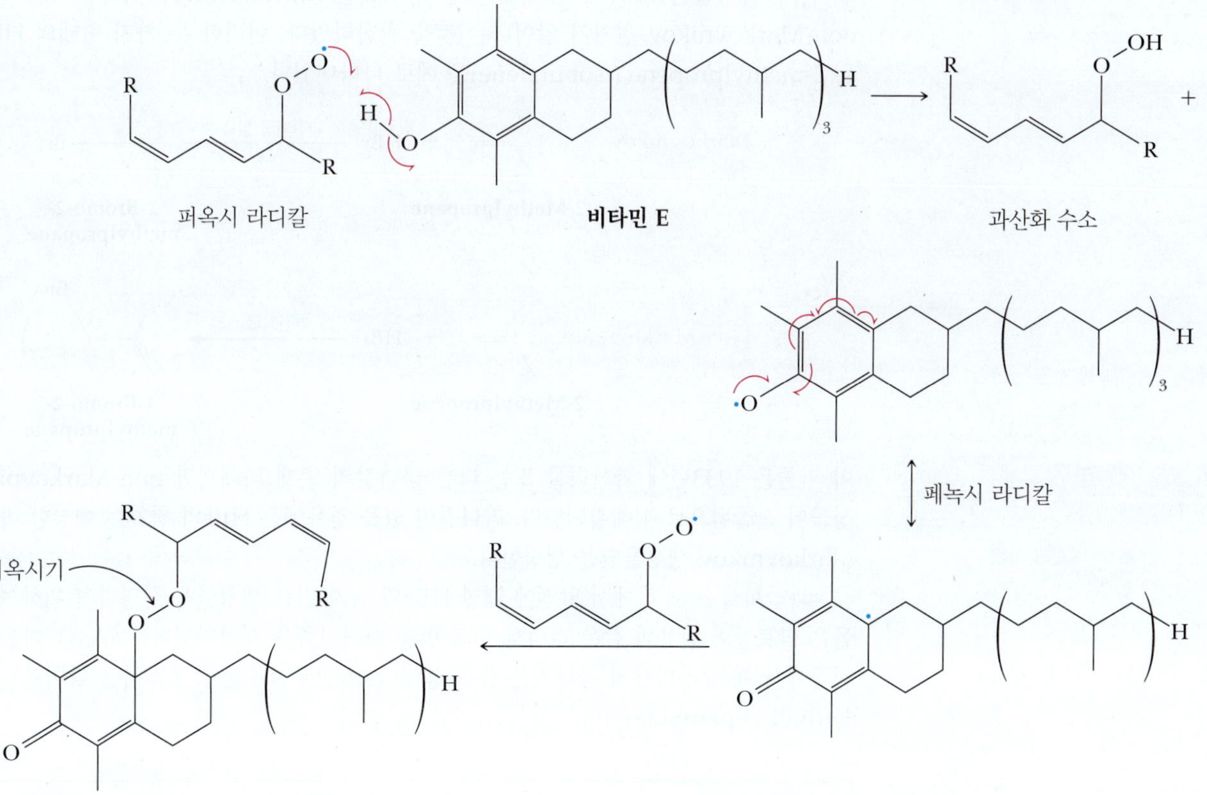

퍼옥시 라디칼 **비타민 E** 과산화 수소

페녹시 라디칼

퍼옥시기

비타민 E에서 유도된 과산화물

C. 비타민 E 분자 하나는 자동 산화 과정에서 얼마나 많은 퍼옥시 라디칼을 제거하는가?

1. 1개

2. 2개

3. 3개

4. 4개

D. 비타민 E의 H—O 결합은 지방산에서 주로 끊어지는 C—H 결합보다 약하다. 왜냐하면,

1. O—H 결합은 C—H 결합보다 항상 약하기 때문에.

2. O—H에서의 수소 제거를 통해 생성된 라디칼은 공명 비편재화를 통해 안정화되고, 많은 기여 구조들이 2차 탄소 라디칼 성질을 가지기 때문에.

3. 페닐 고리의 sp^2 혼성이 O—H 결합 내 산소의 혼성을 변화시키기 때문에.
4. O—H로부터 수소 제거를 통해 생성된 라디칼은 공명 비편재화를 통해 안정화되고, 많은 기여 구조들이 4차 탄소 라디칼 성질을 가지기 때문에.

비타민 E는 많은 식품의 가공 과정에서 제거되기 때문에 BHT와 같은 유사한 페놀이 식품의 자동 산화에 의한 부패를 방지하기 위한 방부제로 첨가된다. BHT에서 수소가 제거되면 비타민 E처럼 더 이상 퍼옥시 라디칼과 반응하지 않는 안정한 라디칼이 만들어진다.

E. BHT 라디칼은 반응성이 없는 이유는 무엇인가?
1. 입체적으로 가려져 있어서.
2. 비타민 E 라디칼보다 많은 기여 구조를 가지기 때문에.
3. *t*-Butyl의 유발 효과 때문에 비타민 E의 O—H보다 BHT의 O—H 결합이 더 강해서.
4. 이상의 모든 이유 때문에.

BHT + ROO· → BHT 라디칼 + ROOH

8.8 알켄에 대한 HBr의 라디칼 첨가

알켄에 대한 할로젠화 수소(HX)의 첨가는 1930년대에 처음으로 체계적으로 연구되었으며, 화학자들은 HBr의 첨가가 어떤 경우에는 Markovnikov 첨가, 어떤 경우에는 non-Markovnikov 첨가가 일어나는 것을 관찰하였다. 이러한 두 가지 형태의 HBr 첨가는 2-methylpropene (isobutylene)을 예로 나타내었다.

Markovnikov 첨가: **2-Methylpropene** + HBr —(과산화물 없음)→ **2-Bromo-2-methylpropane**

Non-Markovnikov 첨가: **2-Methylpropene** + HBr —(과산화물)→ **1-Bromo-2-methylpropane**

이 퍼즐은 1933년에 과산화물 또는 다른 라디칼의 존재 하에서만 non-Markovnikov 생성물이 관찰됨으로써 해결되었다. 라디칼이 없을 경우에는 HBr의 첨가는 예상한 바와 같이 Markovnikov 생성물만을 생성한다.

과산화물 존재 하에서 알켄에 대한 HBr의 첨가 반응 생성물을 설명하기 위하여 화학자들은 할로젠화 반응과 같은 라디칼 연쇄 반응 메커니즘을 제안하였다(8.6A절). 다음의 메커니즘에서 개시 라디칼의 공급원은 종종 용매나 알켄에 불순물로 존재하는 다이알킬 과산화물(dialkyl peroxide)이다.

MECHANISM 라디칼 개시에 의한 알켄에 HBr의 non-Markovnikov 첨가

연쇄 개시

빛이나 열에 의하여 다이알킬 과산화물이 균일 분해되어 두 개의 알콕시 라디칼이 형성된다. 알콕시 라디칼은 다시 HBr과 반응하여 수소를 떼어내고 알코올과 브로민 라디칼을 생성한다.

1단계: R—Ö—Ö—R ⟶ R—Ö· + ·Ö—R

다이알킬 과산화물 2개의 알콕시 라디칼

2단계: R—Ö· + H—Br: ⟶ R—Ö—H + ·Br:

브로민 라디칼

연쇄 전파

브로민 라디칼은 탄소-탄소 이중 결합에 위치선택적으로 첨가되어 치환이 많이 된(더 안정한) 탄소 라디칼을 생성한다. 탄소 라디칼은 다시 HBr 분자와 반응하여 브로모알케인과 새로운 브로민 라디칼을 생성한다. 각 전파 단계에서 하나의 라디칼이 소모되고 또 다른 라디칼이 생성됨을 주목하라.

3단계: (알켄) + ·Br: ⟶ (Br이 결합한 라디칼)

3° 라디칼

4단계: :Br—H + (라디칼) ⟶ H—(생성물, Br) + ·Br:

1-Bromo-2-methylpropane

연쇄 종결

가장 중요한 연쇄 종결 단계는 탄소 라디칼과 브로민 라디칼 그리고 두 개 브로민 라디칼 사이의 결합이다. 연쇄 과정에 각 단계에서 하나 혹은 두 종류의 라디칼 중간체가 없어진다.

5단계: :Br· + ·Br: ⟶ :Br—Br:

6단계: :Br· + (라디칼, Br) ⟶ :Br—(생성물, Br)

관찰된 HBr의 알켄에 대한 라디칼 첨가의 non-Markovnikov 위치선택성은 입체적 요인 및 전자적 요인의 조합이다. 첫째, 브로민 라디칼은 이중 결합의 덜 가리워진 탄소를 공격한다(입체적 요인). 둘째, 8.5D절에서 언급한 것처럼 라디칼의 상대적 안정성은 탄소양이온의 상대적 안정성과 유사하다(6.3A절).

3단계에서 중간체가 라디칼이기 때문에 4단계에서 나타난 입체 화학은 유지되지 않는다.

알켄에 브로민 원자 첨가 반응은 이중 결합의 어떤 탄소에서나 일어날 수 있지만, 보다 안정한 라디칼을 생성하는 쪽으로만 첨가 반응이 일어난다. 방금 기술한 메커니즘에서 1차 또는 3차 라디칼이 만들어지는 두 가지 선택의 여지가 있다. 1차 라디칼보다 3차 라디칼이 더 안정하기 때문에 non-Markovnikov 위치 화학으로 마무리된다. 알켄에 대한 HBr의 극성 첨가는 위치선택적이고(6.3A절), 브로민은 보다 더 많이 치환된 탄소에 첨가된다(Markovnikov 첨가). 이들 극성 메커니즘(6.3A절)과 라디칼 메커니즘 사이에 중요한 유사성이 있다. 각 반응의 위치 화학은 아래에 나타낸 바와 같이 두 가지 경우 모두 3차인 가장 안정한 반응 중간체를 통해 진행되는 반응에 의해 지배를 받는다. 이와 같은 두 가지 알켄 첨가는 실험 조건의 변화 및 메커니즘의 변화(이 경우에는 극성 메커니즘에서 라디칼 메커니즘으로의 변화)가 어떻게 반응 생성물을 바꿀 수 있는지를 보여 주고 있다. 할로알케인의 non-Markovnikov 생성은 유기 합성에 매우 유용할 수 있다.

라디칼 메커니즘

더 안정

주 생성물

극성 메커니즘

더 안정

주 생성물

흥미롭게도 non-Markovnikov 첨가는 오직 HBr의 경우에만 일어난다. HCl과 HI는 항상 Markovnikov의 규칙에 따라 알켄에 첨가된다. 이러한 HCl, HBr, HI 사이의 반응성 차이에 대한 이유는 결합 세기의 미묘한 균형 때문이다. 앞서 설명한 바와 같이 non-Markovnikov 첨가 메커니즘은 H—X 결합에서 수소 라디칼을 떼어내고 할로젠 라디칼을 알켄에 첨가하는 반응을 포함한다. HCl의 결합 세기는 H 원자를 떼어내기에는 너무 강하지만, 반면에 HBr과 HI 결합은 충분히 약하다. 하지만 HI의 경우 π 결합이 C—I 결합보다 강하기 때문에 아이오딘이 이중 결합에 첨가되는 반응은 일어나지 않는다. HCl과 HBr의 경우 C—X 결합 세기가 π 결합에 비해 강하기 때문에 반응이 일어난다. 그러므로 이러한 반응은 순조롭게 일어난다. 요약하면, 오직 HBr만이 라디칼 메커니즘을 통해서 알켄에 첨가될 수 있고, 반면에 모든 HX 산은 탄소양이온이 포함된 메커니즘을 통해 첨가될 수 있다(6장).

예제 8.7 ▸ 알켄에 HX의 자유 라디칼 첨가 반응

다음 반응의 생성물을 예측하여라.

HBr 과산화물

해답

HBr 과산화물

*시스*와 *트랜스*의 혼합물. 라디칼 중간체는 입체 화학을 유지하지 못함.

연습 문제 8.7

다음 반응의 주 생성물을 예측하여라.

+ HBr 과산화물

» 사실과 개념에 대한 요약

8.1절 | 구조

- **할로알케인**(Haloalkane)은 sp^3 혼성 탄소와 공유 결합된 할로젠 원자를 갖는다.

8.2절 | 명명법

- IUPAC 체계에서 할로젠 원자는 *fluoro-*, *chloro-*, *bromo-*, *iodo-*로 명명하며 다른 치환기와 함께 알파벳 순서로 나열한다. 관용명 체계에서는 **할로젠화 알킬**(alkyl halide)로 명명한다.
- **할로알켄**(Haloalkene)은 알켄의 sp^2 혼성 탄소와 공유 결합된 할로젠 원자를 갖는다.
- **할로아렌**(Haloarene)은 벤젠 고리에 공유 결합된 할로젠 원자를 갖는다.

연습 문제: 8.1, 8.8, 8.9

8.3절 | 할로알케인의 물리적 성질

- 플루오린의 **van der Waals 반지름**(van der Waals radius)은 수소 원자보다 약간 크며, 할로젠 원자 중 아이오딘만이 메틸기보다 큰 van der Waals 반지름을 가진다.
- 알케인 및 비슷한 크기와 모양을 갖는 클로로-, 브로모-, 아이오도알케인 중에서 할로알케인이 할로젠 원자에 있는 비공유 전자들의 매우 큰 **편극도**(polarizability) 때문에 끓는점이 더 높다.
  - 편극도란 다른 원자나 이온과 상호 작용하는 어떤 원자 주위의 전자 밀도 분포가 일그러짐을 말한다.
  - 더 크고 덜 전기음성인 원자의 전자 밀도는 더 작은 원자 반지름을 갖는 더 전기음성인 원자의 전자보다 편극화되기가 더 쉽다.
- 플루오르알케인의 끓는점은 플루오르의 원자가 전자가 독특하게 낮은 편극도를 가짐으로써 비슷한 크기 및 모양을 갖는 알케인의 끓는점과 일반적으로 유사하다.
- 액체 할로알케인의 밀도는 할로젠 원자가 매우 큰 질량 대 부피 비를 가짐으로써 비슷한 분자량을 갖는 탄화수소의 밀도보다 크다.

연습 문제: 8.10~8.12

8.4절 | 알케인의 할로젠화 반응에 의한 할로알케인의 합성

- 알케인의 **자유 라디칼 할로젠화 반응**(free radical halogenation)은 Cl_2 또는 Br_2와 빛 혹은 열을 사용하여 할로알케인을 합성한다.
  - 자유 라디칼 할로젠화 반응은 위치선택적이며, 알릴자리 > 3° > 2° > 1° > 메틸 순서로 할로젠 원자에 의하여 수소 원자를 치환한다.
    - 이 반응성의 순서는 이 순서와 동일한 라디칼 중간체의 안정성에 근거하여 예측이 가능하다. 라디칼 중간체는 동일한 상호 작용, 즉 공명 비편재화와 하이퍼콘쥬게이션에 의하여 안정화된다는 의미에서 탄소양이온과 유사하다.
- 할로젠화 반응의 위치선택성은 염소화 반응보다 브로민화 반응이 더 크다.
- 결합 해리 엔탈피(BDE)란 어떤 주어진 결합을 균일 분해하는데 필요한 엔탈피이다.
  - 어떤 반응의 전체적인 에너지들은 반응에서 절단되는 결합의 모든 BDE를 더하고 생성되는 결합의 BDE를 뺌으로써 계산이 가능하다.
    - 발열 반응(생성물의 형성에 유리한 반응)은 이런 식으로 계산하면 전체적으로 음의 값을 갖는다.

연습 문제: 8.2, 8.13~8.15, 8.20, 8.33~8.34

연습 문제: 8.3, 8.17, 8.27

8.5절 | 알켄의 할로젠화 반응의 메커니즘

- **라디칼 연쇄 반응 메커니즘**(Radical chain mechanism)은 연쇄 개시, 연쇄 전파, 연쇄 종결의 세 가지 형태의 단계로 구성된다.

- ➤ **연쇄 개시**(Chain initiation) 단계에서는 비라디칼 화합물에서 라디칼이 형성된다.
- ➤ **연쇄 전파**(Chain propagation) 단계에서는 라디칼과 분자가 반응하여 새로운 라디칼과 새로운 분자가 형성된다.
  - ➤ 전부 합하면, 연쇄 전파 단계는 반응의 화학량론을 제공한다.
  - ➤ **연쇄 길이**(Chain length)는 연쇄 전파 단계의 사이클이 반복되는 횟수를 말한다.
- ➤ **연쇄 종결**(Chain termination) 단계에서는 라디칼이 소멸된다.

- 단순한 알킬 라디칼은 홀전자를 가진 탄소 주위로 120°의 결합각을 가지며 평면형이거나 거의 평면형에 가깝다.

연습 문제: 8.4, 8.16, 8.21, 8.32

- 어떤 라디칼 반응과 각각의 연쇄 개시, 전파, 종결 단계의 반응열은 BDE로부터 계산할 수 있다.
- **Hammond 가설**(Hammond's postulate)에 의하면 발열 반응 단계의 전이 상태의 구조는 일찍 생성되며, 생성물보다 반응물의 구조와 더 유사하다. 따라서 반응물의 구조 변화가 반응 속도에 큰 영향을 미친다.
  - ➤ 역으로, 흡열 반응 단계의 전이 상태의 구조는 늦게 생성되며 또한 반응물보다 생성물의 구조와 더 유사하다. 따라서 생성물의 구조 변화가 반응 속도에 큰 영향을 미친다. Hammond 가설은 알케인의 브로민화 반응이 염소화 반응보다 더 위치선택적인 사실을 설명해 준다.
    - ➤ 알케인의 브로민화 및 염소화 반응의 속도 결정 단계에서는 수소를 떼어내어 알킬 라디칼을 형성한다. 브로민화 반응에서 수소 떼기는 흡열 반응인 반면 염소화 반응에서는 발열 반응이다.

연습 문제: 8.18, 8.19

8.6절 | 알릴자리 할로젠화 반응

- **알릴자리 치환**(Allyic substitution)은 탄소-탄소 이중 결합에 인접한 탄소의 원자나 원자단이 다른 원자나 원자단에 의하여 치환되는 모든 반응이다
  - ➤ **알릴자리 할로젠화 반응**(Allylic halogenation)은 라디칼 연쇄 반응 메커니즘으로 진행된다.
- 공명에 의하여 홀전자 밀도가 비편재화됨으로써 알릴 라디칼은 *tert*-뷰틸 라디칼보다 더 안정하다.

연습 문제: 8.5, 8.22~8.26

8.7절 | 라디칼 자동 산화

- 불포화 화합물의 **자동 산화**(autoxidation)는 노화 및 물질의 분해에서 중요한 과정이다.

연습 문제: 8.5, 8.29, 8.31.

8.8절 | 알켄에 대한 HBr의 라디칼 첨가

- 과산화물 존재 아래서 알켄에 대한 HBr의 첨가는 이 조건 속에서 자유 라디칼 연쇄 반응 메커니즘이 작용함으로써 non-Markovnikov 첨가를 한다.

연습 문제: 8.7, 8.30, 8.32

주요 반응 *Key Reactions*

1. 알케인의 브로민화 및 염소화 반응(8.4절) 알케인의 염소화 및 브로민화 반응은 3° H > 2° H > 1° H의 순서로 위치선택성을 갖는다. 브로민화가 염소화보다 높은 위치선택성을 갖는다. 이 메커니즘은 라디칼 연쇄 반응 과정으로 진행된다.

$$CH_3CH_2CH_3 + Br_2 \xrightarrow[\text{또는 빛}]{\text{열}} \underset{92\%}{CH_3\overset{Br}{\overset{|}{C}}HCH_3} + \underset{8\%}{CH_3CH_2CH_2{-}Br}$$

2. 알릴의 브로민화 반응(8.6절) 이 반응은 할로젠 자체를 사용하여 높은 온도(열이 라디칼 개시제이다)에서 일어난다. *N*-Bronsuccinimide (NBS)를 사용한 브로민화 반응은 빛에 의하

여 개시된다. 이 메커니즘은 공명 비편재화된 알릴 라디칼 중간체에 의하여 라디칼 연쇄 반응 과정으로 진행된다.

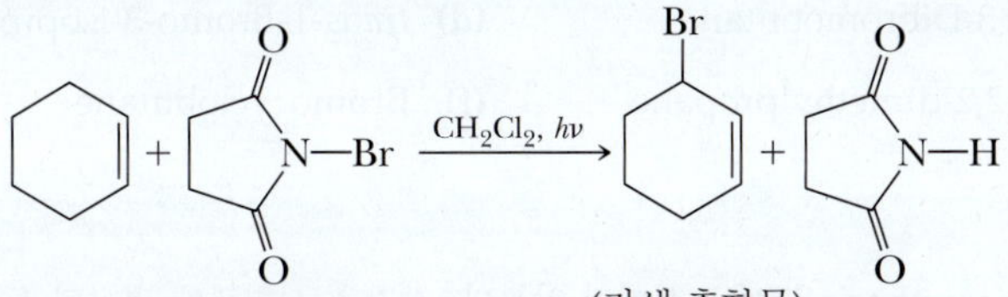

CH_2Cl_2, $h\nu$

(라셈 혼합물)

3. 자동 산화(8.7절) 자동 산화란 라디칼 개시 조건 아래서 주로 알릴자리 CH 결합이 산소와 반응하는 것이다. 초기 생성물은 과산화 수소이다. 이 메커니즘은 공명 비편재화된 알릴자리 라디칼 중간체가 산소 분자와 반응하여 라디칼 연쇄 반응을 이어주는 과산화 라디칼을 생성하는 라디칼 연쇄 반응으로 진행된다.

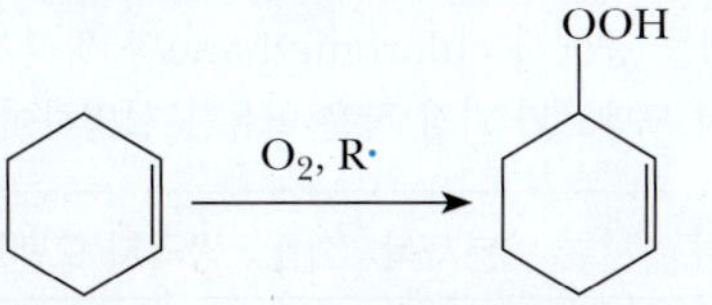

O_2, R·

(라셈 혼합물)

4. 라디칼 조건에서 알켄에 대한 HBr 첨가 알켄에 대한 HBr의 non-Markovnikov 첨가는 과산화물의 존재 하에서 라디칼 메커니즘으로 진행되며, 이 과정에서 Br·은 알켄의 π 결합과 반응하여 라디칼 중간체를 만들고 이 라디칼 중간체가 H—Br로부터 H·를 떼어내어 연쇄 과정을 계속한다. 이 생성물의 위치선택성은 극성 조건에서 형성되는 보통의 Markovnikov 첨가 생성물과 서로 상반된다.

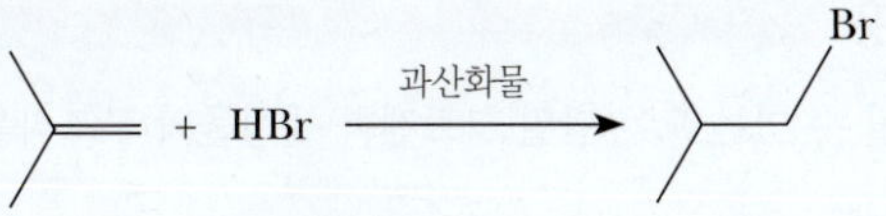

+ HBr —과산화물→

연습 문제

붉은색 번호는 응용 문제를 나타낸다.

명명법

8.8 아래 화합물들의 IUPAC명을 써라. 입체화학이 표현된 문제는 해답에 배열을 포함하여 입체화학을 나타내어라.

(a) 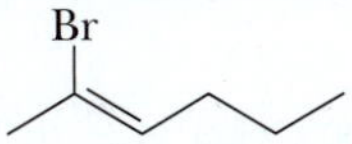 (b) 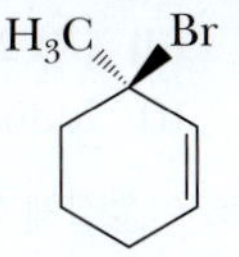 (c)

(d) 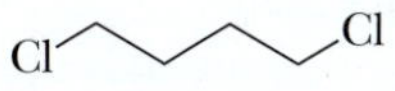 (e) 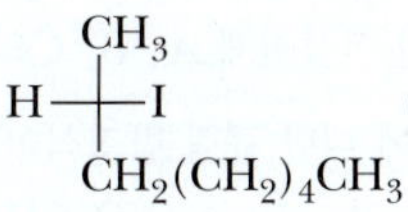 (f)

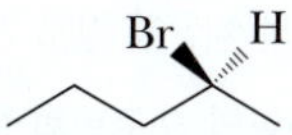

Fischer 투영도

(g) 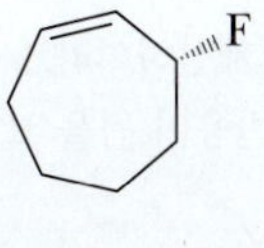 (h) 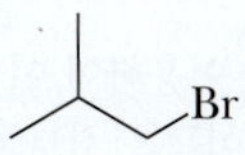 (i)

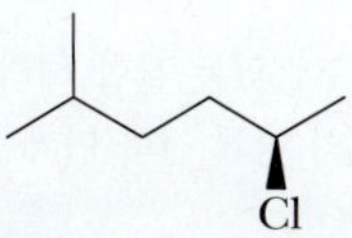

8.9 다음 화합물들의 구조식을 그려라.

(a) 3-Iodo-1-propene **(b)** (*R*)-2-Chlorobutane

(c) meso-2,3-Dibromobutane **(d)** *trans*-1-Bromo-3-isopropylcyclohexane

(e) 1-Iodo-2,2-dimethylpropane **(f)** Bromocyclobutane

물리적 특성

8.10 물과 dichloromethane은 서로 섞이지 않는다. 각각을 시험관에 넣으면 두 층이 형성된다. 이때 어떤 층이 물이고, 어떤 층이 dichloromethane인가?

8.11 Methylcyclohexane (C_7H_{14}, MW 98.2)의 끓는점은 101°C이다. Perfluoromethylcyclohexane (C_7F_{14}, MW 350)의 끓는점은 76°C이다. Perfluoromethylcyclohexane의 분자량이 methylcyclohexane의 분자량보다 3배 이상이지만, 끓는점이 더 낮다는 사실을 설명하여라.

8.12 Methane의 염소 유도체들 중에서 chloromethane의 쌍극자 모멘트가 가장 크고, tetrachloromethane의 쌍극자 모멘트가 가장 작은 이유를 설명하여라.

이름	분자식	쌍극자 모멘트(debyes, D)
Chloromethane	CH_3Cl	1.87
Dichloromethane	CH_2Cl_2	1.60
Trichloromethane	$CHCl_3$	1.01
Tetrachloromethane	CCl_4	0

알케인의 할로젠화 반응

8.13 아래 반응에서 생성될 수 있는 모든 단일 할로젠화 생성물의 구조식을 그리고, 명명하여라.

(a) (cyclopentane) + Cl_2 $\xrightarrow{\text{빛}}$

(b) (2-methylbutane) + Cl_2 $\xrightarrow{\text{빛}}$

(c) (2,3-dimethylbutane) + Br_2 $\xrightarrow{\text{빛}}$

8.14 어떤 화합물이 알케인의 할로젠화 반응에 의해 높은 수득률로 생성될 수 있는가?

(a) 2-Chloropentane **(b)** Chlorocyclopentane

(c) 2-Bromo-2-methylheptane **(d)** (*R*)-2-Bromo-3-methylbutane

(e) 2-Bromo-2,4-trimethylpentane **(f)** Iodoethane

8.15 분자식이 C_5H_{12}인 화합물에는 세 가지 구조 이성질체가 있다. 300°C에서 염소 기체로 처리할 때 A 이성질체는 네 가지 단일 염소화 반응 생성물을 생성한다. 같은 조건 하에서 이성질체 B는 세 가지 단일 염소화 반응 생성물을 생성하고, 이성질체 C는 오직 하나의 단일 염소화 반응 생성물을 생성한다. 이 정보로부터 이성질체 A, B, C의 구조식을 그려라.

8.16 다음은 toluene의 브로민화 반응에 대한 균형 방정식이다.

$$C_6H_5CH_3 + Br_2 \longrightarrow C_6H_5CH_2Br + HBr$$

Toluene **Benzyl bromide**

(a) 부록 3에 있는 결합 해리 엔탈피 값을 이용하여 이 반응의 ΔH^0를 계산하여라.

(b) 한 쌍의 연쇄 전파 단계를 제안하고, 이들을 서로 합하면 관찰된 반응이 됨을 보여라.

(c) 각 연쇄 전파 단계의 ΔH^0를 계산하여라.

(d) 어떤 전파 단계가 속도 결정 단계인가?

8.17 CH_3I와 HI를 생성하는 CH_4와 I_2의 반응에 대한 ΔH^0를 계산하고 균형 방정식을 써라. 또한 이 반응이 iodomethane의 합성에 이용될 수 없는 이유를 설명하여라.

8.18 다음은 I-fluoropropane과 2-fluoropropane의 혼합물을 생성하는 propane의 플루오르화 반응에 대한 균형 방정식이다.

$$CH_3CH_2CH_3 + F_2 \longrightarrow CH_3CH_2CH_2F + HF$$

Propane **1-Fluoropropane**

$$CH_3CH_2CH_3 + F_2 \longrightarrow CH_3\underset{}{\overset{F}{\overset{|}{C}}}HCH_3 + HF$$

Propane **2-Fluoropropane**

각 생성물은 라디칼 연쇄 반응 메커니즘에 의해 생성된다고 가정하자.

(a) 각 반응에 대한 ΔH^0를 계산하여라.

(b) 각 반응에 대하여 한 쌍의 연쇄 전파 단계를 제시하고, 각 단계의 ΔH^0를 계산하여라.

(c) Hammond 가설로부터 라디칼 염소화 반응과 브로민화 반응의 위치선택성과 비교하여 라디칼 플루오르화 반응의 위치선택성을 예측하여라.

8.19 연습 문제 8.18에서 보는 것처럼 알케인의 라디칼 플루오르화 반응은 격렬한 발열 반응이다. Hammond 가설에서처럼 라디칼 플루오르화 반응의 전이 상태는 출발 물질과 거의 동일하다고 가정하자. 이러한 가설로부터 2-methylbutane의 플루오르화 반응에서 생성되는 각각의 단일 플루오르 생성물의 분율을 계산하여라.

8.20 Cyclobutane은 브로민과 반응하여 bromocyclobutane를 생성하지만, bicyclobutane은 브로민과 반응하여 1,3-dibromocyclobutane을 생성한다. 이들 두 화합물의 반응의 차이점을 설명하여라.

Cyclobutane + Br_2 $\xrightarrow{\text{열}}$ Bromocyclobutane (—Br) + HBr

Cyclobutane **Bromocyclobutane**

Bicyclobutane + Br_2 $\xrightarrow{\text{열}}$ Br—(cyclobutane)—Br

Bicyclobutane **1,3-Dibromocyclobutane**

8.21 8.5B절에서 언급한 모든 라디칼 할로젠화 반응의 1차 연쇄 전파 단계는 다음 예와 같이 알킬 라디칼과 HX를 생성하는 할로젠 원소에 의한 수소 떼기이다.

$$CH_3CH_3 + \cdot\ddot{\underset{..}{Br}}: \longrightarrow CH_3CH_2\cdot + H\ddot{\underset{..}{Br}}:$$

그 반면에 연쇄 전파 단계에서 라디칼 할로젠화 반응이 아래와 같이 시작되는 또 다른 연쇄 전파 단계로부터 일어난다고 가정하자.

$$CH_3CH_3 + \cdot\ddot{\underset{..}{Br}}: \longrightarrow CH_3CH_2\ddot{\underset{..}{Br}}: + H\cdot$$

(a) 2차 연쇄 전파 단계를 제안하여라. 연쇄 전파 단계의 특성은 그들을 서로 합하면 관찰된 반응이 됨을 기억하여라.

(b) 각 전파 단계의 반응열 ΔH^0를 계산하여라.

(c) 여기서 제안한 것과 8.5B절에서 제시한 연쇄 전파 단계의 에너지와 상대 속도를 비교하여라.

알릴자리 할로젠화 반응

8.22 다음은 propene의 알릴자리 브로민화 반응의 균형 방정식이다.

$$CH_2{=}CHCH_3 \quad + \quad Br_2 \longrightarrow CH_2{=}CHCH_2Br \quad + \quad HBr$$

(a) 이 반응의 반응열인 ΔH^0를 계산하여라.

(b) 한 쌍의 연쇄 전파 단계를 제시하고, 이들은 서로 합하면 관찰된 화학량론이 됨을 보여라.

(c) 각 연쇄 전파 단계에 대한 ΔH^0를 계산하고, 이들을 서로 합하면 전체 반응에 대한 관측된 ΔH^0가 얻어짐을 보여라.

8.23 부록 3의 결합 해리 엔탈피를 사용하여 cyclohexene에서 나타난 각각 결합에 대한 결합 해리 엔탈피를 계산하여라.

(b) H, H, H, (a), (c)

8.24 이 반응에서 일련의 연쇄 개시, 전파, 종결 단계를 제시하고 또한 반응열을 계산하여라.

+ Br_2 —빛→ —Br + HBr

(라셈 혼합물)

8.25 Dichloromethane 용매 속에서 methylenecyclohexane을 NBS로 처리하였을 때 형성된 주 생성물은 1-(bromomethyl)-cyclohexene이다. 이 생성물의 생성을 설명하여라.

8.26 빛을 존재 하에서 CH_2Cl_2 용매 속에서 각 알켄을 1 당량의 NBS로 처리하였을 때 생성되는 생성물의 구조식을 그려라

(a) $CH_3CH{=}CHCH_2CH_3$ **(b)** **(c)** CH_2

8.27 다음 반응 단계에 대한 ΔH^0를 계산하여라. 바이닐자리 수소에서 브로민화 반응이 일어날 가능성에 대해 어떻게 말할 수 있는가?

$$CH_2{=}CH_2 \quad + \quad Br\cdot \longrightarrow CH_2{=}CH\cdot \quad + \quad HBr$$

유기 화학 반응 로드맵

8.28 연습 문제 6.54와 7.29에서 만들었던 로드맵을 사용하여 8장 '주요 반응'에 나오는 반응들을 포함하도록 업데이트하여라. 반응 3은 너무 특이적이기 때문에 이 장의 로드맵에 사용하지 말라.

8.29 다음 일련의 반응들의 생성물을 적어라. 어떻게 다양한 작용기들 사이에서 조합된 반응들을 '네비게이트'할 수 있는지 여러분의 로드맵을 참고하여라.

(a) 알카인 — 1. 과량 H_2 / Pd; 2. Br_2 와 빛 →

(b) 알카인 — 1. H_2 / Lindlar 촉매; 2. NBS와 빛 →

(c) 알카인 — 1. H_2 / Lindlar 촉매; 2. NBS 와 빛 →

(d) 알카인 — 1. $NaNH_2$ 1 당량; 2. Br; 3. 과량 H_2 / Pt; 4. Br_2 와 빛 →

(e) 알켄 — 1. Cl_2; 2. NH_3에서 $NaNH_2$ 3 당량; 3. CH_3I; 4. 과량 H_2 / Pt; 5. Br_2와 빛 →

합성

8.30 다음 반응을 진행시키기 위한 시약과 조건을 나타내어라. 어떤 것은 한 단계 이상이 필요하다.

(a) → Br

(b) $CH_3CH{=}CHCH_3 \longrightarrow CH_3CH{=}CHCH_2Br$

(c) $CH_3CH{=}CHCH_3 \longrightarrow CH_3CH(Br){-}CH(Br)CH_3$

(라셈 혼합물)

(d) → Br

(e) → Br

(f) $CH_4 \longrightarrow$ —≡— (7.5절 참조)

(g) → Br

(라셈 혼합물)

자동 산화

8.31 다음 반응물의 생성물을 예측하여라. 이성질체 생성물이 형성된다면 어떤 것이 주 생성물인지 표시하여라.

(a) $\xrightarrow{O_2,\ 개시제}$

(b) $\xrightarrow{O_2,\ 개시제}$

8.32 다음 반응의 주 생성물을 적어라.

(a) $\xrightarrow{HBr\ 과산화물}$

(b) $\xrightarrow{HBr\ 과산화물}$

❯ 예습 문제

8.33 Cumene 화합물의 주용도는 아래에 나타낸 것처럼 두 단계 과정으로 phenol과 acetone을 공업적으로 제조하는 데 있다.

$$\text{Cumene} \xrightarrow[\text{개시제}]{O_2} \text{Cumene hydroperoxide (–OOH)} \xrightarrow[\text{16장}]{H_3O^+} \text{Phenol (–OH)} + \text{Acetone (O=)}$$

Cumene **Cumene hydroperoxide** **Phenol** **Acetone**

첫 단계에 대한 메커니즘을 써라. 연습 문제 16.65에서 이 합성이 어떻게 완결되는지를 볼 수 있다.

8.34 라디칼 연쇄 반응의 중요한 이용은 ethylene이나 propene, vinyl chloride, styrene과 같은 치환된 ethylene 단위체의 중합 반응이다[이들 단위체의 제조는 poly vinyl chloride (PVC)의 합성에서의 사용과 함께 7.6절에서 언급하였다]. PVC 형성 반응에서 *n*은 반복 단위의 숫자를 나타내며 매우 큰 숫자이다.

$$R\cdot + CH_2{=}CHCl \longrightarrow \text{여러 단계} \xrightarrow[\text{사슬 종결}]{R\cdot\text{'에 의한}} R{-}(CH_2{-}\underset{\displaystyle |}{\overset{Cl}{CH}})_n{-}R'$$

Vinyl chloride **Poly(vinyl chloride)** (PVC)

(a) 이 반응의 메커니즘을 나타내라(29장 참조).

(b) Styrene으로부터 poly(styrene)의 생성에 대한 유사한 메커니즘을 써라. Styrene 이중결합의 어느 쪽을 R·이 공격할 것으로 생각하는가? 그 이유는 무엇인가?

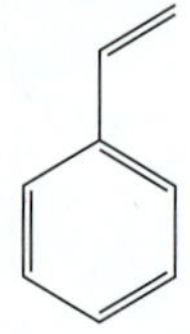

Styrene

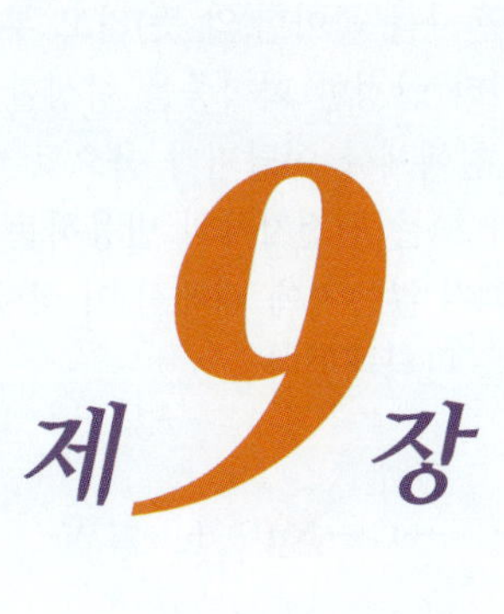

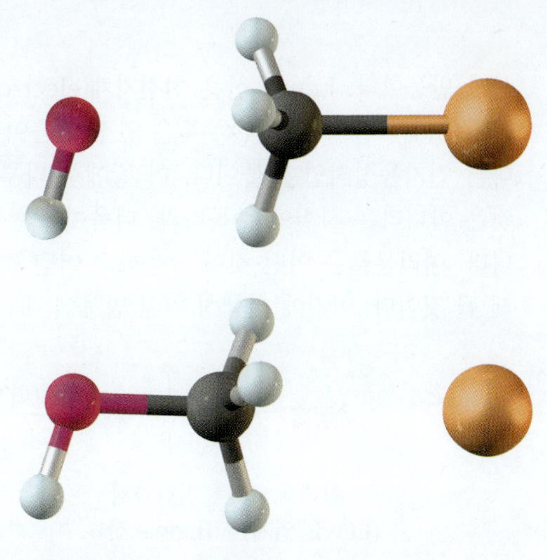

수산화 이온은 bromomethane (*위 모형*)과 S_N2 메커니즘으로 반응하여 methanol과 브로민화 이온(*아래 모형*)을 생성한다(9.3절).

제 9 장 친핵성 치환 반응과 β-제거 반응

Nucleophilic Substitution and β-Elimination

이 장의 차례

친핵성 치환 반응(Nucleophilic substitution)은 전자가 풍부한 **친핵체**(nucleophile, 핵을 좋아한다는 의미)(Nu:)가 **이탈기**(leaving group)(Lv)를 치환하는 반응이다. 6장 시작 전에 'Primer I: 반응 메커니즘'에서 언급한 메커니즘 원리의 배경에서 보여준 바와 같이, 친핵성 치환 반응은 상대적으로 안정한 분자 또는 이온을 형성하기 위해 친핵체와 친전자체 사이에 새로운 결합 형성과 결합 절단의 조합이다. 모든 친핵체는 전자의 공급원이며 Lewis 염기로 생각할 수 있다(4.7절). 라디칼 반응(8장)을 제외하고 여러분들이 공부하게 될 모든 반응은 본질적으로 Lewis 산(좋은 전자 수용체로 생각할 수 있음)과 Lewis 염기의 반응을 포함하고 있다. 이들 반응에서 전자가 풍부한 Lewis 염기는 전자가 부족한 Lewis

친핵성 치환 반응
4가의 탄소 원자에서 하나의 친핵체가 다른 것과 치환되는 반응.

이 장의 동영상 강의를 보려면 **www.cengage.com/chemistry/brown/organic7e**에 접속 후 **Access Student Materials**를 클릭하라.

산과 반응한다. Lewis 산은 **친전자체**(electrophile, '전자를 좋아함'의 뜻)라고 부른다. 이탈기(Lv)는 할로젠화물(X) 혹은 안정한 음이온이나 기타 안정한 화학종을 형성할 수 있는 다른 전기음성적인 기들이다. 이 장에서 다루는 모든 친핵체나 이탈기가 음으로 하전되는 것은 아니라는 사실에 주목하라. 더욱이 모든 친핵체가 모든 친전자체와 반응하는 것은 아니다. 여러분들은 어떤 것이 반응하고 어떤 것이 반응하지 않는지에 대해서 이 장에서 배우게 될 것이다. 여기에 친핵성 치환 반응에 대한 일반식을 나타내었다.

친핵체
그리스어로 핵을 좋아한다는 의미이다. 새로운 공유 결합을 형성하기 위하여 다른 원자 또는 이온에 전자쌍을 제공하는 분자 또는 이온이다. Lewis 염기.

이탈기(Lv)
치환 반응에서 교체되거나 제거 반응에서 잃어버리는 기.

친전자체
그리스어로 전자를 좋아한다는 의미이다. 반응에서 다른 원자나 분자로부터 전자쌍을 받는 분자나 이온이다. Lewis 산.

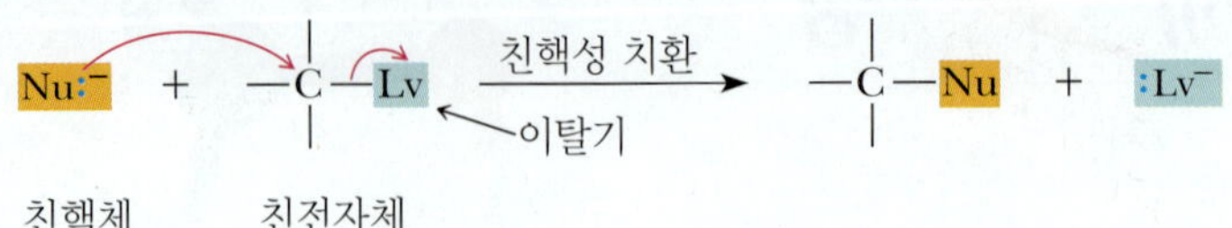

친핵체 (Lewis 염기) 친전자체 (Lewis 산)

이미 여러분이 배운 이러한 반응의 예로는 말단 알카인의 알킬화 반응이다(7.5A절). 다른 예로는 chloromethane과 수산화 이온의 반응이다. 이 반응에서 chloromethane은 친전자체이다. 염소 원자의 전기음성도 때문에 탄소 원자에도 부분적인 양전하가 있다. 정전기 퍼텐셜 지도는 HO^-(친핵체)에 있는 음전하 밀도가 메틸기의 부분적인 양전하와 상호작용하고 있음을 보여주고 있다.

정전기 퍼텐셜 지도에서 chloromethane과 수산화 이온의 반응에서 친핵체(OH^-)의 음의 말단(붉은색)이 친전자성 탄소(푸른색)와 반응함을 보여준다.

$$HO:^- + \delta^+CH_3{-}Cl:\delta^- \longrightarrow CH_3{-}OH + :Cl:^-$$

친핵체 (Lewis 염기) 친전자체 (Lewis 산)

친핵체는 또한 Brønsted 염기(4.2절)이고, 어떤 것은 매우 약한 염기이다. 센염기는 양성자를 제거할 수 있을 뿐만 아니라 탄소 중심을 공격할 수 있다. 할로젠화물과 인접한(β) 탄소에서 수소 원자가 제거되는 반응을 ***β*-제거 반응**(β-elimination)이라고 부른다. 따라서 친핵성 치환 반응과 염기-촉매 β-제거 반응은 서로 경쟁 반응이다. 예를 들면, 에톡사이드 이온은 친핵체로서 bromocyclohexane과 반응하여 ethoxycyclohexane (chclohexyl ethyl ether)를 생성하며, 또한 Brønsted 염기로 작용하여 cyclohexene과 ethanol을 형성한다.

***β*-제거 반응**
HCl, HBr, HI 또는 HOH와 같은 분자들이 쪼개져 나오거나 또는 이웃한 탄소로부터 제거되는 반응.

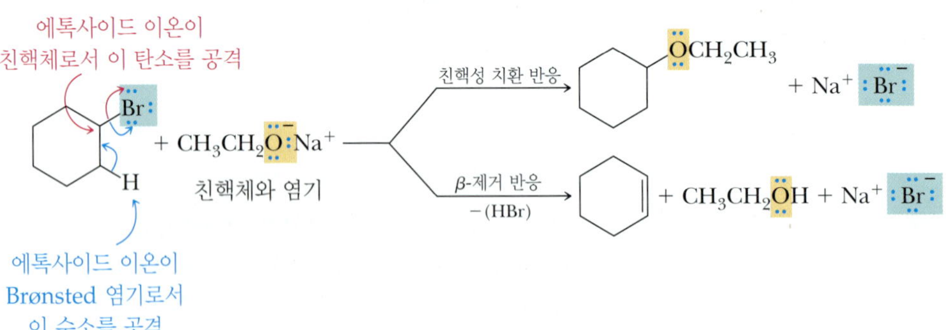

이 장에서 우리는 치환 반응과 β-제거 반응을 배웠다. 이러한 반응들을 이용하여 할로알케인을 알코올, 에터, 싸이올, 설파이드, 아민, 나이트릴, 알켄 및 알카인 등의 작용기를 가진 다른 화합물로 변환시킬 수 있다. 친핵성 치환 반응과 β-제거 반응은 아주 새로운 유기화학 분야를 열어주고 있으며 작용기를 상호 변환시키는 중요한 수단이다. 이 반응들을 공부하는데 있어서 중요한 관점은 치환 반응과 제거 반응 중 어느 것이 우세한지를 결정하는 문제이며, 이것이 이 장의 나머지 부분에서의 중요한 초점이 될 것이다.

9.1 할로알케인의 친핵성 치환 반응

친핵성 치환 반응은 할로알케인의 가장 중요한 반응 중 하나로서 아주 다양한 새로운 작용기들을 도입할 수 있으며, 이들 작용기들을 표 9.1에 나타내었다. 다음 절에서 볼 수 있듯이 이러한 반응 중에서 몇 가지는 상온에서 매끄럽게 진행되며, 다른 반응들은 오직 높은 온도에서만 일어난다. 이 표에 나타낸 항목들을 공부할 때 다음의 관점에 주목하라.

1. 예를 들어, OH^-와 $HC{\equiv}C^-$처럼 만일 친핵체가 음전하이면, 치환 반응에서 전자쌍을 주는 원자는 생성물에서 중성이 된다.
2. 예를 들어, NH_3와 CH_3OH처럼 만일 친핵체에 전하가 없다면, 치환 반응에서 전자쌍을 주는 원자는 생성물에서 양전하를 띤다.
3. 표의 중간 부분에 $N{\equiv}C^-$ 및 $HC{\equiv}C^-$ 친핵체가 관련된 두 가지 반응이 있다. 이 친핵성 치환 반응들에서 생성물은 7.5A절의 알카인 경우에서 처럼 새로운 탄소-탄소 결합을 갖는다. 새로운 탄소-탄소 결합 형성은 분자의 탄소 골격을 늘어나게 하는 방법을 제공하기 때문에 유기 화학에서 매우 중요하다.

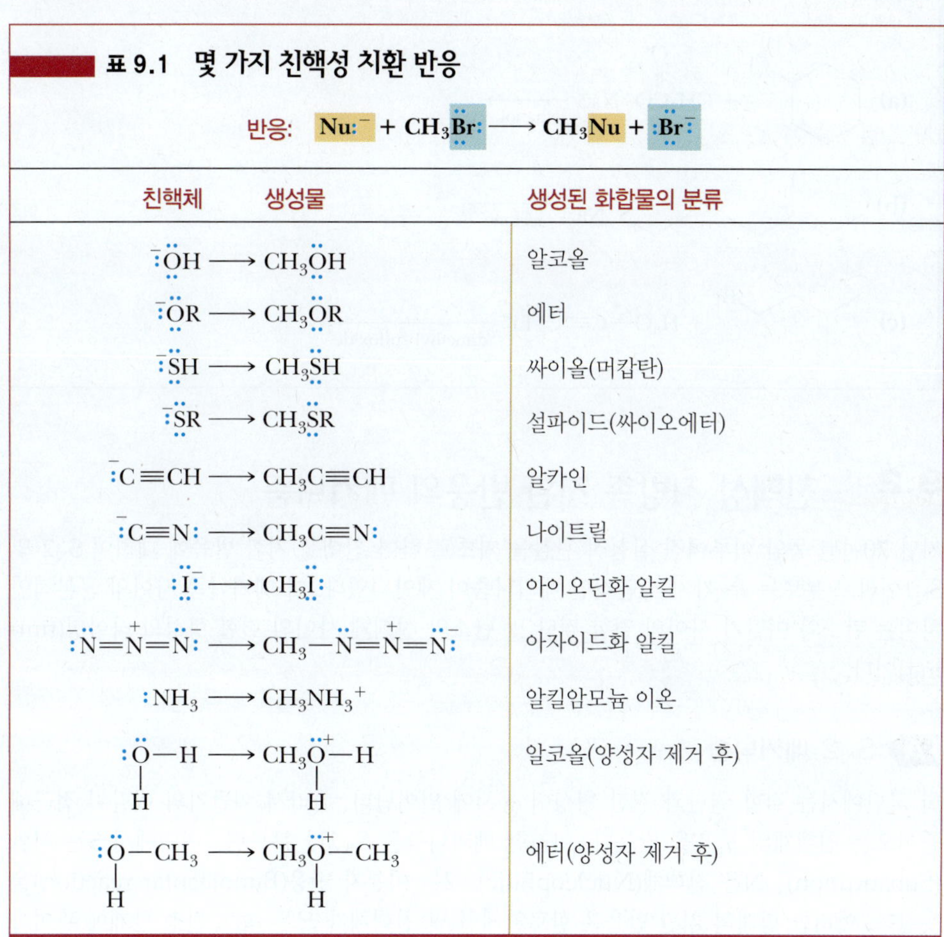

표 9.1 몇 가지 친핵성 치환 반응

반응: $Nu{:}^- + CH_3\ddot{B}r{:} \longrightarrow CH_3Nu + {:}\ddot{B}r{:}^-$

친핵체		생성물	생성된 화합물의 분류
$^-{:}\ddot{O}H$	$\longrightarrow$	$CH_3\ddot{O}H$	알코올
$^-{:}\ddot{O}R$	$\longrightarrow$	$CH_3\ddot{O}R$	에터
$^-{:}\ddot{S}H$	$\longrightarrow$	$CH_3\ddot{S}H$	싸이올(머캅탄)
$^-{:}\ddot{S}R$	$\longrightarrow$	$CH_3\ddot{S}R$	설파이드(싸이오에터)
$^-{:}C{\equiv}CH$	$\longrightarrow$	$CH_3C{\equiv}CH$	알카인
$^-{:}C{\equiv}N{:}$	$\longrightarrow$	$CH_3C{\equiv}N{:}$	나이트릴
${:}\ddot{I}{:}^-$	$\longrightarrow$	$CH_3\ddot{I}{:}$	아이오딘화 알킬
$^-{:}\ddot{N}{=}\overset{+}{N}{=}\ddot{N}{:}^-$	$\longrightarrow$	$CH_3{-}\ddot{N}{=}\overset{+}{N}{=}\ddot{N}{:}^-$	아자이드화 알킬
${:}NH_3$	$\longrightarrow$	$CH_3NH_3^+$	알킬암모늄 이온
${:}\ddot{O}{-}H$ (O에 H)	$\longrightarrow$	$CH_3\overset{+}{\ddot{O}}{-}H$ (O에 H)	알코올(양성자 제거 후)
${:}\ddot{O}{-}CH_3$ (O에 H)	$\longrightarrow$	$CH_3\overset{+}{\ddot{O}}{-}CH_3$ (O에 H)	에터(양성자 제거 후)

예제 9.1 ▸ 친핵성 치환 반응 생성물

다음 친핵성 치환 반응을 완성하라. 각 반응에서 친핵체와 이탈기의 모든 전자쌍을 표시하라.

(a) (선 구조)Br $+ CH_3O^-Na^+ \xrightarrow{\text{methanol}}$

(b) (선 구조)Cl $+ NH_3 \xrightarrow{\text{ethanol}}$

➥ 해답

(a) 메톡사이드 이온은 친핵체이고, 브로민화 이온은 이탈기이다.

$$\text{1-Bromobutane} + CH_3O^-Na^+ \xrightarrow{\text{methanol}} \text{1-Methoxybutane (Butyl methyl ether)} + Na^+Br^-$$

1-Bromobutane　Sodium methoxide　1-Methoxybutane (Butyl methyl ether)　Sodium bromide

(b) Ammonia는 친핵체이고, 염소 이온은 이탈기이다.

$$\text{1-Chlorobutane} + :NH_3 \xrightarrow{\text{ethanol}} \text{Butylammonium chloride } (NH_3^+ \; Cl^-)$$

1-Chlorobutane　Ammonia　Butylammonium chloride

연습 문제 9.1

다음 친핵성 치환 반응을 완성하라. 각 반응에서 친핵체와 이탈기의 모든 전자쌍을 표시하라.

(a) Chlorocyclohexane $+ CH_3\overset{O}{\overset{\|}{C}}O^-Na^+ \xrightarrow{\text{ethanol}}$

(b) 3-Iodopentane (I) $+$ $CH_3CH_2S^-Na^+ \xrightarrow{\text{acetone}}$

(c) 1-Bromo-3-methylbutane (Br) $+ H_3C{-}C{\equiv}C^-Li^+ \xrightarrow{\text{dimethyl sulfoxide}}$

9.2 친핵성 지방족 치환 반응의 메커니즘

지난 70여년 동안 이루어진 실험적 관찰을 기초로 하여 친핵성 치환 반응에 대하여 S_N2 및 S_N1이라고 부르는 두 가지 극단적인 메커니즘이 제안되었다. 이 메커니즘 사이의 근본적인 차이는 탄소와 이탈기 사이의 결합 절단 및 탄소와 친핵체 사이의 결합 형성의 타이밍(timing)이다.

A S_N2 메커니즘

이분자 반응
두 개의 화학종이 속도 결정 단계에 관여하는 반응.

한 극단에서는 결합 절단과 결합 형성이 동시에 일어난다. 따라서 이탈기의 이탈이 접근해 들어오는 친핵체의 도움을 받는다. 이러한 메커니즘을 **S_N2**라 부르며, 여기에서 S는 치환(Substitution), N은 친핵체(Nucleophilic), 2는 **이분자 반응**(Bimolecular reaction)을 뜻한다. 이러한 형태의 치환 반응은 할로알케인 및 친핵체가 모두 속도 결정 단계에 관여하기 때문에 이분자 반응으로 분류한다.

MECHANISM　S_N2 반응

친핵체와 친전자체 사이의 새로운 결합의 형성과 동시에 결합이 절단되어 안정한 분자 또는 이온 생성. 친핵체가 이탈기의 반대 방향으로부터 반응 중심을 공격한다. 즉,

S_N2 반응은 친핵체에 의한 뒤쪽 공격(backside attack)이 포함되어 있다. 이 그림에서 전이 상태의 점선은 부분적으로 형성되거나 또는 부분적으로 끊어지는 결합을 나타낸다.

$$HO^- + CH_3Br \longrightarrow [\overset{\delta-}{HO}\cdots CH_3 \cdots \overset{\delta-}{Br}]^{\ddagger} \longrightarrow HO-CH_3 + Br^-$$

결합 형성과 결합 절단이
동시에 일어나는 전이 상태

S_N2 반응
이분자 친핵성 치환 반응.

위의 메커니즘에서 볼 수 있듯이 친핵체는 뒤쪽으로부터 공격한다. 친핵체에 의한 뒤쪽 공격은 두 가지 방식으로 촉진된다. 첫째, C—Br 결합의 극성화로 인하여 탄소는 부분적인 양전하를 갖고 따라서 전자가 풍부한 친핵체를(이 장의 앞부분 methyl chloride에서 나타낸 바와 같이) 끌어당긴다. 둘째, 뒤쪽으로부터 들어오는 친핵체의 전자 밀도가 C—Br 결합을 절단을 도와주고, 따라서 브로민화 이온이 떨어져 나가는 것을 돕는다. 새로운 C—O σ 결합이 강해지면서 뒤쪽으로부터 공격하는 친핵체의 전자 밀도가 C—Br 결합의 반결합성 분자 궤도함수에 많이 분포하게 되고, 따라서 C—Br 결합을 약화시킨다고 생각할 수 있다. 이 반결합성 C—Br 궤도함수는 탄소 원자의 뒤쪽에 주로 존재한다. 따라서 친핵체와 충돌할 경우 이 궤도함수를 채울 수 있는 가장 효과적인 방법은 탄소의 뒤쪽에서 충돌하는 것이며, 이로 인해 탄소의 다른 쪽에 있는 C—Br 결합이 절단된다. 다른 반응 기하학인 배열들은 에너지를 더 많이 필요로 하는데, C—Lv 결합을 약화시키는 효과적인 궤도함수 겹침을 일으키지 못하기 때문이다. 9.3A절에서 볼 수 있듯이, 뒤쪽 공격은 매우 중요한 입체화학적인 결과를 갖는다.

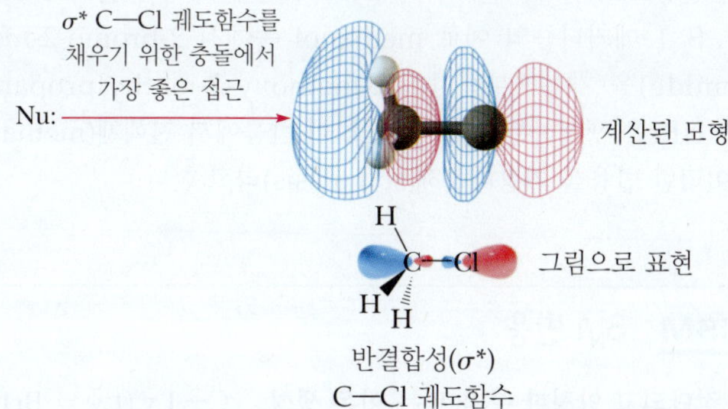

그림 9.1은 S_N2 반응에 대한 에너지 도표를 나타내고 있다. S_N2 메커니즘은 단일 단계로서, 에너지 도표는 전이 상태에 해당되는 하나의 에너지 장벽이 존재한다. 전이 상태는 실제로 존재하지 않는 순간적으로 형성되는 구조라는 것을 상기하라. 이러한 구조는 중간체와는 다르며 그림 9.1에 나타낸 바와 같이 낮은 에너지 상태에 놓여 있는 두 구조 사이의 전이 상태를 의미한다.

에너지 장벽을 넘어 반응이 일어나기 위해서는 친핵체와 친전자체가 충분한 에너지를 가지고 충돌해야 한다. 이 에너지 장벽은 전이 상태에서 발생하는 최적 결합 배열로부터의 뒤틀림 때문에 생긴다. S_N2 반응의 전이 상태에서 C는 하나의 결합이 부분적으로 형성되고 동시에 하나의 결합이 부분적으로 절단되면서 삼각쌍뿔형 기하학 구조로 변한다. 따라서 전이 상태의 구조는 반응물과 생성물에 비해 매우 긴장된 상태로 되어 있으며 반응물과 생성물 사이의 변이 과정에 있는 혼성 구조이다. 전이 상태는 충돌에 의하여 생긴 구조적 뒤틀림

그림 9.1 ▸ S_N2 반응에 대한 위치 에너지 도표. 이 도표에서는 한 개의 전이 상태가 존재(반응성 중간체는 없음).

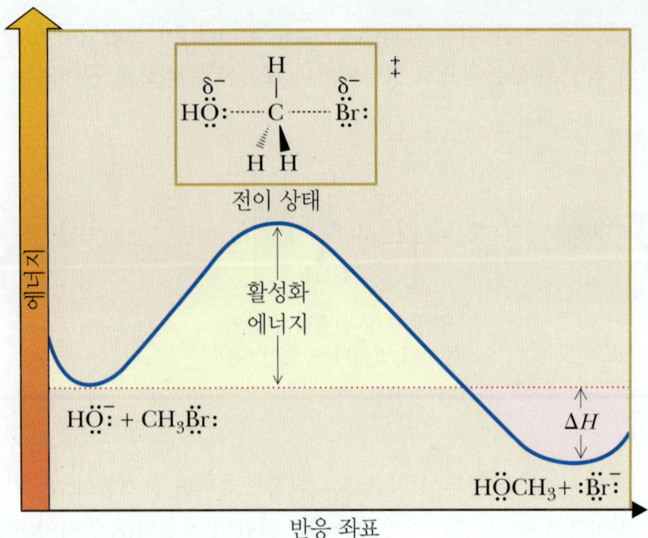

때문에 보다 높은 내부 에너지를 갖는다. 이는 마치 두 개의 고무공이 서로 충돌하여 찌그러지고, 다시 서로 반발할 때 생기는 변형과 같다. 차이점은 화학에서는 충돌은 충분한 에너지를 가지고 일어날 수 있으며 결합 절단과 형성을 유발시켜서 새로운 구조에 도달하게 한다는 것이다.

B S_N1 메커니즘

다른 하나의 제한적인 메커니즘을 **S_N1 반응**(S_N1 reaction)이라고 부른다. 이 메커니즘에서는 탄소와 친핵체 사이의 결합 형성이 시작되기 전에 탄소와 이탈기 사이의 결합 절단이 완결된다. S_N1이란 명칭에서 1은 **일분자 반응**(unimolecular reaction)을 뜻한다. 이런 형태의 반응이 일분자 반응으로 분류되는 이유는 속도 결정 단계에서 단지 할로알케인 만이 관여하기 때문이다. S_N1 메커니즘의 예로 methanol 속에서 2-bromo-2-methylpropane (*tert*-butyl bromide)을 가용매분해시켜 2-methoxy-2-methylpropane (*tert*-butyl methyl ether)과 HBr을 생성하는 반응이 있다. 이 반응에서 친핵체(methanol)는 또한 용매이고, 따라서 이러한 반응을 **가용매분해**(solvolysis)라고 한다.

S_N1 반응
일분자 친핵성 치환 반응.

일분자 반응
단지 한 개의 화학종이 속도 결정 단계에 관여하는 반응.

가용매분해
용매가 동시에 친핵체인 친핵성 치환 반응.

MECHANISM S_N1 반응

1단계: **결합이 절단되고 안정한 분자 또는 이온 생성.** C—Lv (Lv = Br) 결합이 이온화되어 탄소양이온 중간체가 생성된다. 친핵체가 할로젠화물 음이온의 이탈을 도와주지 못하기 때문에 이 반응은 상대적으로 천천히 일어나서 반응의 속도 결정 단계가 된다.

$(CH_3)_3C{-}Br \xrightarrow{\text{느림, 속도 결정 단계}} (CH_3)_3C^+ + :Br:^-$

탄소양이온 중간체;
모양은 삼각평면형

2단계: **친핵체와 친전자체 사이의 새로운 결합 형성.** 탄소양이온 중간체(친전자체)는 methanol (친핵체)과 반응하여 옥소늄 이온을 만든다. 친핵체의 공격은 평면형의 탄

소양이온 중간체의 양쪽 면에서 같은 확률로 일어난다.

$$CH_3\ddot{O}H + (CH_3)_3C^+ \xrightarrow{\text{빠름}} (CH_3)_3C\overset{+}{O}(H)CH_3$$

친핵체 (Lewis 염기) 친전자체 (Lewis 산) 옥소늄 이온

$$(CH_3)_3C^+ + H\ddot{O}CH_3 \xrightarrow{\text{빠름}} (CH_3)_3C\overset{+}{O}(H)CH_3$$

***3단계:* 양성자 제거.** 옥소늄 이온으로부터 methanol로 양성자 이동이 일어나서 반응이 완결되고 *tert*-butyl methyl ether가 생성된다.

$$(CH_3)_3C\overset{+}{O}(H)CH_3 + H\ddot{O}CH_3 \underset{}{\overset{\text{빠름}}{\rightleftharpoons}} (CH_3)_3C\ddot{O}CH_3 + H\overset{+}{O}(H)CH_3$$

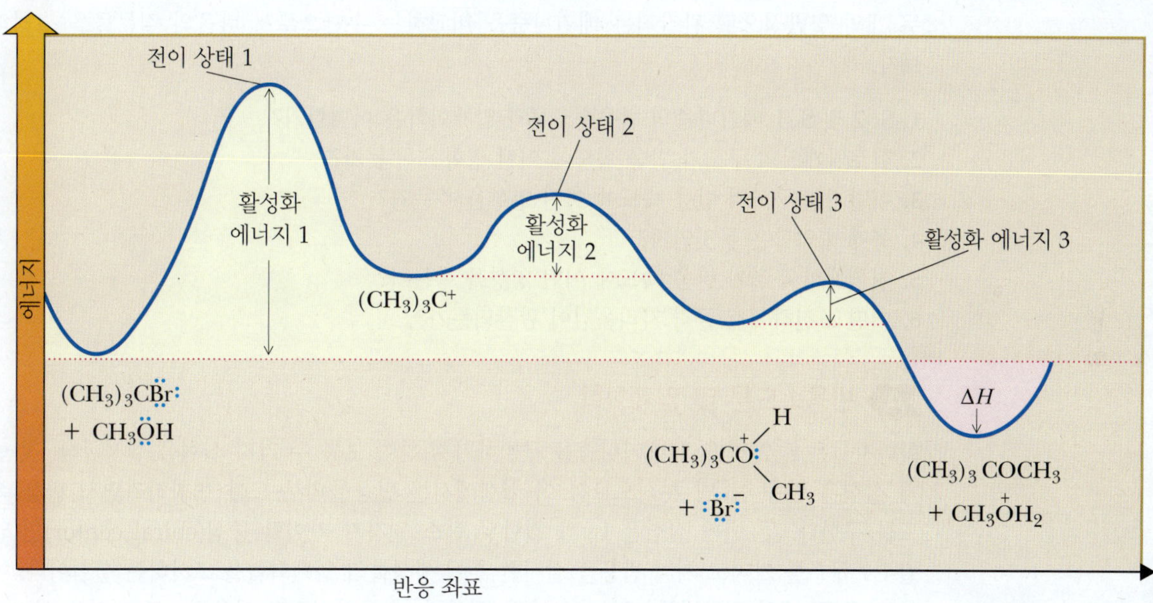

그림 9.2 ▸ S_N1 반응에 대한 에너지 도표. 1단계에서 탄소양이온 중간체 형성에 따른 첫 번째 전이 상태가 있고, 2단계에서 탄소양이온의 중간체와 methanol과의 반응에서 옥소늄 이온이 생성되는 두 번째 전이 상태가 존재한다. 1단계가 더 높은 에너지 장벽을 통과하고, 따라서 속도 결정 단계이다.

S_N1 반응에서 속도 결정 단계는 C—Lv 결합이 절단되어 탄소양이온 중간체를 만드는 것으로, 이 중간체는 그림 9.2의 두 번째 에너지 골짜기에 나타낸 구조이다. 탄소양이온은 6장에서 설명한 것처럼, 팔전자계에서 2개의 전자가 부족하며 따라서 methanol 용매와 같은 친핵체와 빠르게 반응한다. 그림 9.2의 예처럼, 탄소양이온이 methanol과 반응 후에 생성된 구조는 산소 위에 양성자를 갖는다. 각 반응 단계에 대한 전이 상태는 에너지 도표에 나타나 있다. 3단계 메커니즘의 마지막 단계는 S_N1 반응에 이어서 일어나는 양성자-이동이다.

이미 설명한 것처럼 S_N1 반응의 속도 결정 단계는 할로알케인이 탄소양이온과 할로젠화물 음이온을 생성하는 일분자 분해가 포함되어 있다. 이 분해 과정이 용매 분자와의 충돌

에 의한 것이라 생각할 수도 있다. 반응물이 용매에 녹아 있고, 반응물과 용매 분자 사이에 병진 운동과 뒹굴기(tumbling) 같은 끊임없는 열적 운동이 있음을 상기하라. 할로알케인은 용매 속에서 계속하여 밀쳐지고 모든 방향에서 용매 분자와 부딪힌다. 만약 이러한 충돌 중 하나가 충분한 에너지를 가져서 할로알케인을 뒤틀어 이탈기와의 결합이 거의 절단된다면 이탈기가 이탈되는 전이 상태에 도달할 수 있으며, 따라서 S_N1 메커니즘이 가능해진다. 이 점이 친핵체가 뒤쪽으로부터 충돌하여 반응이 시작되는 S_N2 메커니즘과 대비된다.

C S_N2 반응과 S_N1 반응 사이의 중요한 메커니즘적인 차이점

할로젠화 알킬(R—Lv) 치환 반응에 대한 두 가지 지배적인 메커니즘을 설명하는 것은 중요한 차이점을 지적하기 위해 가치가 있다. 첫째, S_N2 반응은 단일 단계가 포함되어 있고 따라서 중간체가 없다. 그러나 모든 화학적인 반응에서 전이 상태가 나타난다. 이와 대조적으로 S_N1 반응은 각각의 전이 상태와 함께 두 단계(또는 마지막 단계에서 양성자가 제거될 경우 세 단계)를 나타낸다. 더욱 중요한 차이점은 중간체인 탄소양이온이 형성된다는 것이다. S_N2 반응과 S_N1 반응 각각에 대한 두 단계 메커니즘 대비 단일 단계 메커니즘은 S_N1 반응에서 탄소양이온 중간체의 양전하와 함께 하나의 메커니즘을 선호하기 위해 영향을 주는 중요한 요소이다. 이제 이러한 두 가지 대비되는 메커니즘이 어떤 구조적 특징을 근거로 하고 있는지 실험적 증거를 통해 분석해 볼 것이다.

9.3 S_N1 및 S_N2 반응 메커니즘의 실험적 증거

두 개의 일반적으로 관찰되는 메커니즘을 비교하는 수단으로서 다음의 질문들을 고려해 보자.

1. S_N2 및 S_N1 메커니즘의 반응속도론과 입체화학은 어떠한가?
2. 할로알케인의 구조가 반응 속도에 어떤 영향을 주는가?
3. 이탈기의 구조가 반응 속도에 어떤 영향을 주는가?
4. 용매의 역할은 무엇인가?
5. 친핵체의 구조가 반응 속도에 어떤 영향을 주는가?
6. 어떤 조건하에서 골격 자리옮김이 관찰되는가?

A 반응속도론 및 입체화학

화학자들은 S_N2 및 S_N1 메커니즘을 구별하기 위하여 보통 두 가지 실험을 실시한다. 첫 번째 실험은 반응속도법 분석으로서 이 실험에서는 반응물의 농도를 변화시키면서 반응 속도를 구한다. 두 번째 실험은 Lv가 결합된 탄소 원자가 카이랄 중심(chiral center)인 알킬-Lv 구조를 가지고 치환 반응을 실시한 후에 생성물의 입체화학을 조사하는 실험이다. 이와 같은 두 개의 접근법들이 치환 반응을 연구할 때 통상적으로 사용됨으로 이것을 여기에 함께 묶어서 설명하기로 한다.

치환 반응의 반응 차수는 할로알케인과 친핵체의 농도를 변화시킬 때 반응에 대한 영향을 측정함으로써 연구할 수 있다. 반응 속도가 오직 할로알케인의 농도에만 의존하는 반응들은 S_N1으로 분류된다. 반응 속도가 할로알케인 및 친핵체의 농도에 모두 의존하는 반응들은 S_N2로 분류된다.

S_N1 반응속도론

S_N1 메커니즘에서 탄소양이온 중간체의 생성에 대한 전이 상태는 친핵체가 아니라 단지 할로알케인만 관여하며, 이 단계가 속도 결정 단계로서 일분자 과정이다. 그 결과는 1차 반응이다. 다음의 보기에서 반응 속도는 출발 물질인 2-bromo-2-methylpropane이 없어지는

속도로 표현된다. 반응 속도는 친핵체의 농도에 의존하지 않는다. 따라서 반응 속도가 [R-Lv]에만 의존하는 어떠한 반응도 S_N1 메커니즘으로 진행된다고 결론을 내릴 수 있다.

$$H_3C-C(CH_3)_2-Br \xrightleftharpoons{\text{속도 결정 단계}} H_3C-C^+(CH_3)_2 + :Br:^- \xrightleftharpoons[\text{Methanol}]{CH_3OH} H_3C-C(CH_3)_2-\overset{+}{O}(H)CH_3 \xrightleftharpoons{CH_3-\ddot{O}-H} H_3C-C(CH_3)_2-OCH_3 + H_3C-\overset{+}{O}(H)-H$$

2-Bromo-2-methylpropane
(*tert*-Butyl bromide)

2-Methoxy-2-methylpropane

$$\text{속도} = -\frac{d[(CH_3)_3CBr]}{dt} = k[(CH_3)_3CBr]$$

S_N2 반응속도론

그 반면에 S_N2 메커니즘에는 단지 한 단계만 있다. 예를 들면, OH^-와 CH_3Br의 반응에서 두 가지 화학종은 충돌해야 하고, 전이 상태에서 함께 존재함으로써 이 반응은 이분자 반응이다. CH_3Br과 NaOH가 반응하여 CH_3OH와 NaBr을 만드는 반응은 2차 반응이다. 즉, CH_3Br과 OH^- 각각에 대하여 1차 반응으로서 어느 한 물질의 농도를 두 배로 하면 반응속도가 2의 배수로 증가한다. 두 반응물 모두의 농도를 두 배로 증가시키면 반응 속도가 4의 배수로 증가한다. 따라서 치환 반응 속도가 [R-Lv] 및 $[Nu^-]$ 농도에 모두 의존하면, S_N2 메커니즘이 일어난다고 결론을 내릴 수 있다.

$$CH_3Br: + Na^+ :\ddot{O}H^- \longrightarrow CH_3OH + Na^+ :Br:^-$$

Bromomethane **Methanol**

$$\text{속도} = -\frac{d[CH_3Br]}{dt} = k[CH_3Br][OH^-]$$

예제 9.2 ▸ **S_N1 반응속도론**

Methanol에서 *tert*-butyl bromide와 azide 이온(N_3^-)의 반응은 전형적인 S_N1 반응이다. 만약 $[N_3^-]$ 농도가 두 배로 증가하면 반응 속도는 어떻게 될까?

➡ **해답**

친핵체의 농도가 S_N1 반응 속도식에 나타나지 않으므로 속도는 동일하다.

연습 문제 9.2

Methanol에서 methyl bromide와 azide 이온(N_3^-)의 반응은 전형적인 S_N2 반응이다. 만약 $[N_3^-]$ 농도가 두 배로 증가하면 반응 속도는 어떻게 될까?

S_N1 입체화학

친핵성 치환이 카이랄 중심에서 일어나는 실험들은 반응의 입체화학적 과정에 대한 정보를 제공한다. S_N1 반응의 입체화학을 결정하기 위하여 연구된 화합물들 중의 하나는 아래의 클로로알케인이다. 이 분자의 어떤 거울상 이성질체도 S_N1 경로에 의하여 친핵성 치환이 일어나면 생성물은 라셈 혼합물이다. 그 이유는 이와 같은 2차 염화물이 이온화가 되면 비카이랄성 탄소양이온을 형성한다. 친핵체 공격은 평면형 탄소양이온의 어느 쪽에서든 일어날 수 있으며, 그 결과 거울상 이성질체 생성물이 형성된다. *R*과 *S*의 거울상 이성질체들이 동일한 양으로 생성되므로, 그 생성물은 라셈 혼합물이다.

CH_3OH / $-H^+$

R 거울상 이성질체 / 평면형 탄소양이온 (비카이랄) / *S* 거울상 이성질체 *R* 거울상 이성질체 / 라셈 혼합물

바로 전에 기술한 S_N1 메커니즘은 완전한 라셈화가 결과로 나타났다. 비록 완전한 라셈화에 대한 반응 예들이 관찰되지만, 반응이 일어나는 카이랄 중심에서 배열의 반전을 가지는 생성물이 더 우세한 생성물로 얻어지는 부분적인 라셈화가 더 일반적으로 관찰된다. 비록 탄소와 이탈기 사이의 결합 절단이 완결되었다 할지라도 이탈기(여기서는 chloride 이온)는 짧은 시간 동안 이온쌍으로서 탄소양이온과 회합되어 있다.

이쪽 면에서의 친핵체의 접근이 덜 방해를 받는다.

이쪽 면에서의 친핵체의 접근은 이온 쌍으로 탄소양이온과 회합하고 있는 chloride 이온에 의하여 방해를 받는다.

이탈기가 이온 쌍인 상태로 탄소양이온과 회합되어 있는 만큼 이탈기는 탄소양이온 쪽의 방향으로부터 친핵체의 접근을 방해한다. 결과는 이탈기의 반대쪽 방향에서 탄소양이온에 대한 친핵체의 공격에 의해 대략 50% 이상인 생성물이 형성된다. 만약, 부분적으로 입체화학의 완전한 라셈화가 관찰된다면 S_N1 메커니즘이 작용한다고 결론을 내릴 수 있다.

S_N2 입체화학

모든 S_N2 반응은 친핵체의 뒤쪽 공격으로 진행되며 따라서 배열의 반전이 일어난다. 이는 영국의 화학자인 E. D. Hughes와 C. K. Ingold에 의하여 고안된 독창적인 실험에 의해서 증명되었다. 그들은 광학 활성인 2-iodooctane과 아이오딘의 방사성 동위원소인 아이오딘-131 사이의 교환 반응을 연구하였다. 자연적으로 산출되는 아이오딘의 동위원소인 아이오딘-127은 안정하고 방사성 붕괴가 일어나지 않는다. 여기서 acetone은 용매이다.

S_N2 / acetone

2-Iodooctane

Hughes와 Ingold는 이 반응이 2차 반응(2-iodooctane에 대해서 1차이고, iodide 이온에 대해서 1차)임을 처음으로 증명하였다. 따라서 반응은 S_N2 메커니즘에 의하여 진행된다. 이들은 더 나아가서 광학적으로 순수한 2-iodooctane의 라셈화 속도는 정확히 아이오딘-131이 들어오는 속도의 두 배라는 것을 관찰하였다. 이러한 관찰은 아래 식에서 나타낸 바와 같이 아이오딘-131에 의해서 아이오딘-127이 치환되는 것은 배열의 반전을 거쳐서 진행된다는 것을 의미한다고 이들은 추론하였다. 다시 입체화학 전환이 일어나는 현상과 같은

생성물로부터 더 이상의 반응을 최소화하기 위해 이 반응은 낮은 비율로 반전이 일어난다는 사실을 주목하라.

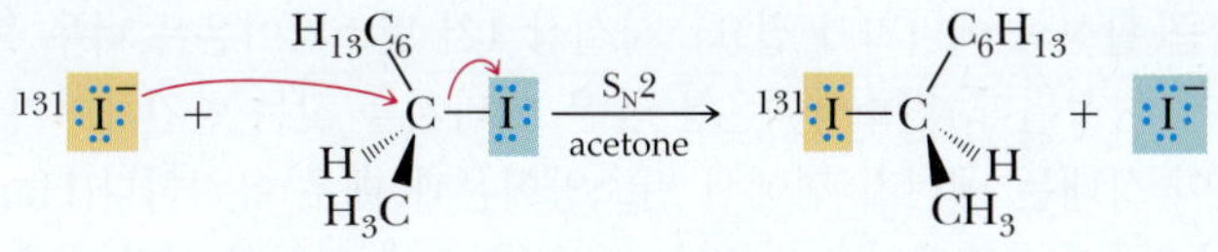

$$^{131}I^- + (S)\text{-2-Iodooctane} \xrightarrow[\text{acetone}]{S_N2} (R)\text{-2-Iodooctane} + I^-$$

(*S*)-2-Iodooctane (*R*)-2-Iodooctane

한 분자 내에서 배열의 반전이 일어나는 치환은 반응하지 않은 분자의 광회전을 상쇄시키고, 반전을 한 각 분자에 대해서 하나의 라셈 혼합물 쌍이 생성된다. 따라서 분자들의 50%가 배열의 반전을 일으키면 100% 라셈화가 일어난다. 치환 반응에서 배열의 완전한 반전이 일어날 때에는 S_N2 메커니즘이 일어났다고 결론내릴 수 있다.

예제 9.3 ▸ S_N2 반응속도론

각 생성물의 배열을 나타내는 S_N2 반응을 완성하라.

(a) (R,R)-1-bromo-3-methylcyclopentane + $CH_3COO^-Na^+$ ⟶ (b) (R)-2-bromooctane + CH_3NH_2 ⟶

➥ 해답

S_N2 반응은 카이랄 중심에서 배열의 반전을 일으킨다. (a)에서 출발 물질은 (*R*,*R*) 이성질체이고, 생성물은 (*R*,*S*) 이성질체이다. (b)에서 출발 물질은 (*R*) 거울상 이성질체이고, 생성물은 (*S*) 거울상 이성질체이다.

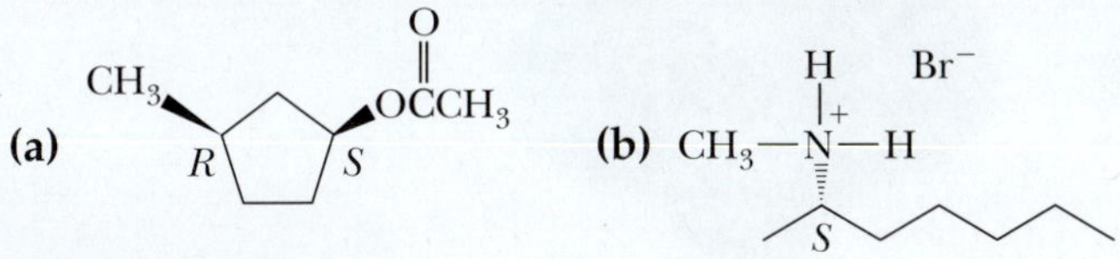

(a) CH_3 (R), $OCCH_3$ (S) 치환 cyclopentane (b) $CH_3-\overset{+}{N}H_2-$ (S) octan-2-yl, Br^-

연습 문제 9.3

S_N2 반응을 완성하고, 각 생성물의 배열을 나타내어라.

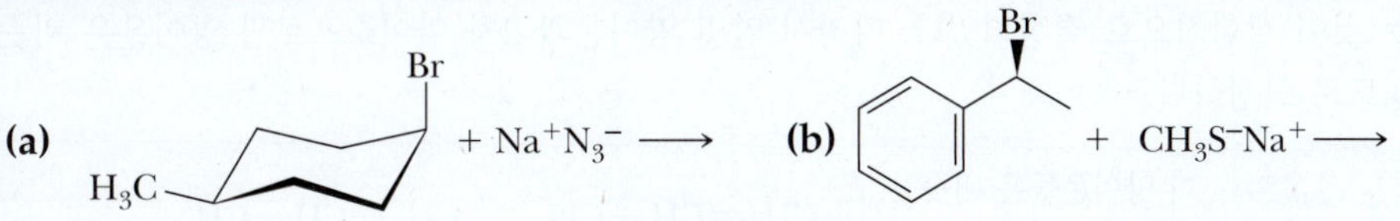

(a) H_3C–cyclohexane–Br + $Na^+N_3^-$ ⟶ (b) 1-bromoethylbenzene + $CH_3S^-Na^+$ ⟶

B 할로알케인의 알킬 부분의 구조

S_N1 반응의 속도는 주로 전자적인 요인, 즉 탄소양이온 중간체의 상대적인 안정성에 의해 지배된다. 반면에 S_N2 반응의 속도는 주로 입체적인 요인에 의하여 지배되며, 전이 상태는 반응 자리에서 *부피가 큰 치환기*(bulky group)에 대하여 특히 민감하다. 치환기의 크기 때문에 분자 내 반응 자리에 접근을 방해하는 치환기의 능력을 **입체 장애**(steric hindrance)라고 부른다.

입체 장애
크기 때문에 분자 내의 반응 자리에 접근을 방해하는 치환기의 능력.

S_N1 고찰

탄소양이온의 상대적 안정성 먼저 S_N1 반응에 대한 할로알케인의 알킬기의 영향을 생각해 보자. 이미 설명한 바와 같이 S_N1 메커니즘의 속도 결정 단계는 탄소양이온의 생성 단계이고 따라서 생성되는 탄소양이온의 안정성이 주요한 고려 사항이 된다.

6.3A절에서 알아본 바와 같이 3차 탄소양이온은 하이퍼콘쥬게이션의 결과로 가장 안정(생성에 가장 작은 활성화 에너지가 필요)한 반면에, 1차 탄소양이온은 가장 안정성이 낮다(생성에 가장 큰 활성화 에너지가 필요). 사실상 1차 탄소양이온은 너무 불안정하여 용액에서 매우 드물게 형성된다. 탄소양이온은 높은 에너지를 갖는 중간체이기 때문에 이들의 형성을 위한 전이 상태는 에너지 면에서 탄소양이온과 매우 유사하다(Hammond 가설, 8.5D절). 따라서 3차 할로알케인은 탄소양이온의 형성에 의하여 가장 반응하기 쉽고, 2차 할로알케인은 탄소양이온의 형성에 의하여 그 다음으로 반응하기 쉬우며, 메틸과 1차 할로알케인은 이들이 특별히 안정화되었을 때에만 이 방식으로 반응한다.

알릴성 탄소양이온
알릴성 탄소가 양전하를 가지는 탄소양이온.

알릴성
탄소-탄소 이중 결합의 다음 위치.

알릴성 탄소양이온(Allylic carbocation)은 알릴성 라디칼처럼(8.6절) 전자-부족한 탄소 다음에 이중 결합을 가지고 있다. 알릴 양이온은 가장 간단한 알릴성 탄소양이온이다. 알릴 양이온은 양전하를 가지는 탄소 위에 단지 하나의 치환기만 가지기 때문에 1차 **알릴성** 탄소양이온이다. 알릴성 탄소양이온은 양으로 하전된 탄소와 인접한 π 결합 사이의 공명 상호작용에 의한 비편재화 때문에 비슷하게 치환된 알킬 탄소양이온보다 훨씬 더 안정하다. 예를 들면, 알릴 양이온은 두 개의 동등한 기여 구조의 혼성으로 나타낼 수 있다. 이 결과 정전기 퍼텐셜 지도에서 보듯이 양전하는 오직 탄소 1과 3에서만 나타난다.

$$CH_2{=}CH{-}\overset{+}{C}H_2 \longleftrightarrow \overset{+}{C}H_2{-}CH{=}CH_2$$

알릴 양이온
(두 개의 동등한 기여 구조의 혼성체)

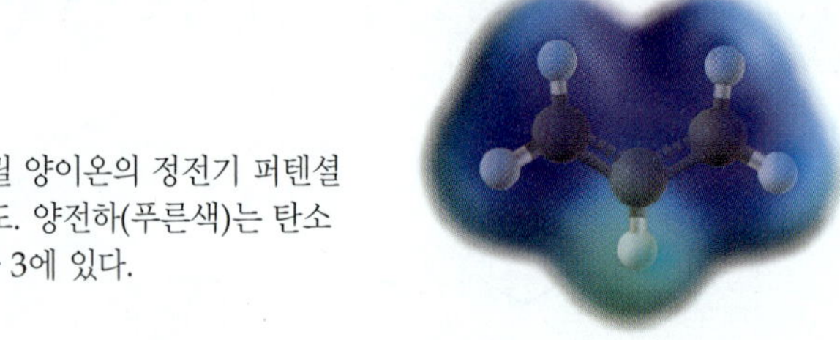

알릴 양이온의 정전기 퍼텐셜 지도. 양전하(푸른색)는 탄소 1과 3에 있다.

일반적으로 분자 내에 비편재된 전하는 보다 편재화된 전하보다 더 안정함을 기억하자. 인접한 하나의 바이닐기의 이중 결합은 대략적으로 두 개의 알킬기만큼 안정성을 줄 수 있다는 것이 실험적으로 결정되었다. 따라서 알릴 양이온과 2차 아이소프로필 양이온은 비슷한 정도로 안정하다.

이 양이온들은 비슷한 정도로 안정하다.

$CH_2{=}CH{-}\overset{+}{C}H_2$	$CH_3{-}\overset{+}{C}H{-}CH_3$
1차 알릴성 양이온	2차 알킬 양이온

알릴성 양이온을 1차, 2차 및 3차로 분류함은 더 중요한 기여 구조에서 양전하의 위치에 의하여 결정된다. 다음은 2차와 3차 알릴성 탄소양이온에 대한 예이다.

$CH_2{=}CH{-}\overset{+}{C}H{-}CH_3$	$CH_2{=}CH{-}\overset{+}{C}(CH_3){-}CH_3$
2차 알릴성 탄소양이온	3차 알릴성 탄소양이온

벤질성 탄소양이온
벤젠 고리와 연결된 탄소가 양전하를 가지는 탄소양이온.

벤질성 탄소양이온(Benzylic carbocation)은 알릴성 탄소양이온과 거의 동일한 안정성을 보여 준다. 두 화학종 모두 이웃한 π 결합에 의한 양전하의 공명 비편재화에 의해서 안정화된다. 벤질성 탄소양이온은 $C_6H_5{-}CH_2^+$와 같이 나타낼 수 있다.

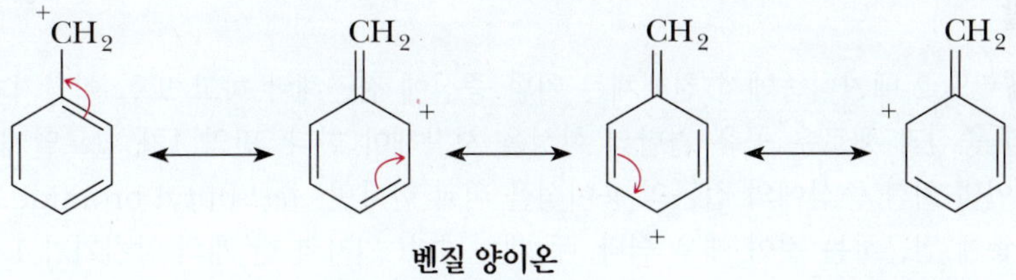

$^{+}CH_2$ ⟷ CH_2 ⟷ CH_2 ⟷ CH_2

벤질 양이온
(벤질성 탄소양이온)

6.3A절에서 탄소양이온의 안정성을 메틸, 1차, 2차, 3차의 순서로 나타내었다. 이제 우리는 1차, 2차, 3차 알릴성 탄소양이온 뿐만 아니라 1차, 2차, 3차 벤질성 탄소양이온을 포함하여 이 순서를 확장시킬 수 있다.

메틸 < 1차 알킬 < {2차 알킬, 1차 알릴성, 1차 벤질성} < {3차 알킬, 2차 알릴성, 2차 벤질성} < {3차 알릴성, 3차 벤질성}

탄소양이온의 안정성 증가 →

따라서 요약하면, 알릴 및 벤질성 할로알케인이 비록 1차 할로알케인일지라도 S_N1 메커니즘이 고려되어야 한다.

최종적으로, S_N1 반응은 sp^2 탄소에서 드물게 일어나고 sp 탄소에서는 결코 일어나지 않음을 유의하여라. sp^2 C—X 또는 sp C—X로부터 유도되는 탄소양이온은 너무 불안정하여 형성되지 않는다.

예제 9.4 ▸ 탄소양이온 공명

각 탄소양이온에 대하여 추가되는 기여 구조를 그리고, 두 개의 구조 중 어느 것이 공명 혼성에 더 큰 기여를 하는지 기술하라. 또한, 각 기여 구조를 1차, 2차 혹은 3차 알릴성 양이온으로 각각 분류하라.

(a) 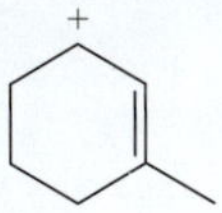 **(b)**

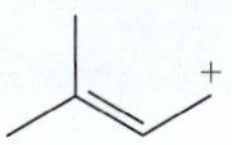

해답

각 경우에 추가되는 공명 기여 구조는 3차 알릴성 양이온이다. 양전하를 띤 탄소에 치환기를 많이 가지는 기여 구조가 혼성에 더 큰 기여를 한다.

(a) 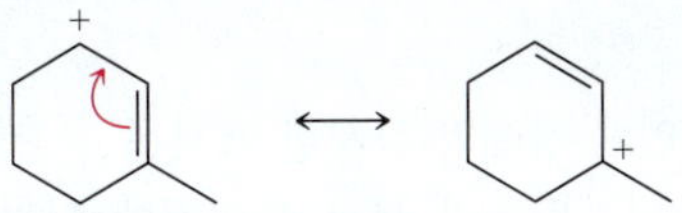 ⟷ 보다 큰 기여

(b)  ⟷ 보다 큰 기여

연습 문제 9.4

각 탄소양이온에 대하여 추가되는 공명 기여 구조를 그리고, 2개의 구조 중 어느 것이 공명 혼성에 더 큰 기여를 하는지 말하라.

(a) 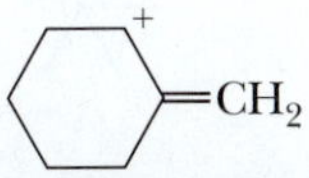 $=CH_2$ **(b)**

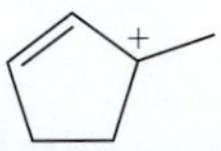

S_N2 고찰

입체 장애 S_N2 메커니즘에서 친핵체는 치환 중심에 접근해야 하고 또한 이탈기가 이탈되면서 치환 중심과 새로운 공유 결합의 형성을 시작해야 한다. 만약 1차 할로알케인과 3차 할로알케인의 치환 중심에의 접근의 용이성을 비교 한다면, *tert*-butyl bromide보다 bromoethane에 접근하는 것이 매우 쉽다. 두 개의 수소 원자와 한 개의 알킬기가 1차 할로알케인의 치환 중심의 뒤쪽을 가로막고 있다. 반면에, 세 개의 알킬기가 3차 할로알케인의 뒤쪽을 가로막고 있다.

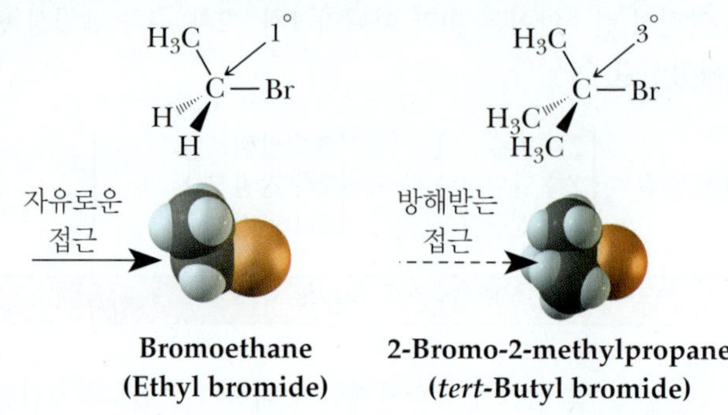

3차 할로알케인은 S_N1 메커니즘으로 반응하는데, 그 이유는 3차 탄소양이온 중간체는 상대적으로 안정하고 또한 3차 할로알케인은 뒤쪽 공격에 대하여 큰 방해를 받기 때문이다. 따라서 3차 할로알케인은 S_N2 메커니즘에 의한 반응이 결코 관찰되지 않는다. 대조적으로 할로메테인과 1차 할로알케인은 S_N1 메커니즘에 의한 반응이 결코 관찰되지 않는다. 이들은 반응 자리 주위가 별로 혼잡하지 않고 메틸과 1차 탄소양이온은 불안정하기 때문에 S_N2 메커니즘으로 반응한다. 2차 할로알케인은 친핵체와 용매에 따라서 S_N1 또는 S_N2 메커니즘에 의하여 반응이 일어난다. 입체적인 요인과 전자적인 요인 사이의 경쟁 및 할로알케인의 친핵성 치환 반응의 상대 속도에 대한 이들 요인의 영향을 그림 9.3에 요약하였다.

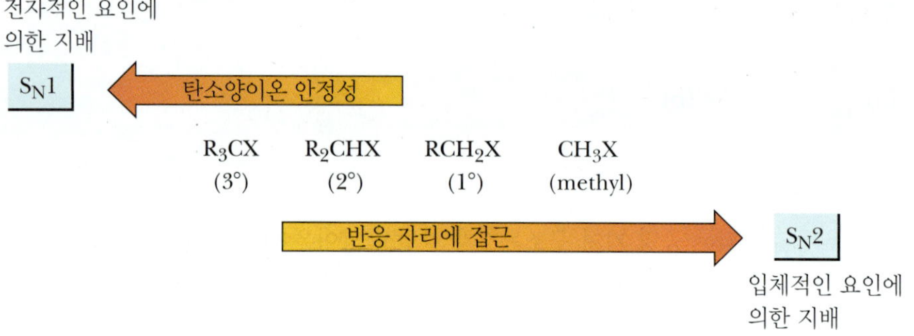

그림 9.3 ▸ 할로알케인의 S_N1 및 S_N2 반응 사이의 경쟁에서 입체적인 요인과 전자적인 요인의 영향. 메틸과 1차 할로알케인은 S_N2 메커니즘에 의해서만 반응하며, S_N1에 의해서는 반응하지 않는다. 3차 할로알케인은 S_N2 메커니즘에 의해서는 반응하지 않고, S_N1 메커니즘에 의해서만 반응한다. 2차 할로알케인은 용매와 친핵체의 선택에 의해서 S_N1 또는 S_N2 메커니즘에 의하여 반응이 일어날 수 있다.

β-탄소에 가지가 달린 분자에서 S_N2 반응의 입체 장애와 유사한 효과를 관찰할 수 있다. 할로알케인에서 할로젠을 가지고 있는 탄소를 α-탄소라 부르고 이것에 인접한 탄소를 β-탄소라고 부른다. 표 9.2에서 일련의 1차 브로모알케인에 대한 S_N2 반응의 상대 속

표 9.2 S_N2 반응 속도에 대한 β-가지의 영향

브로민화 알킬	(β)—Br	—(β)—Br	(β가지 2)—Br	(β가지 3)—Br
β-가지	0	1	2	3
상대 속도	1.0	4.1×10^{-1}	1.2×10^{-3}	1.2×10^{-5}

도를 나타내었다. 이 자료에서 bromoethane의 친핵성 치환 속도를 기준으로 정해서 1.0의 값이 주어졌다. β-탄소에 CH_3 가지가 추가될수록 상대적인 반응 속도는 감소한다. Bromoethane (β-가지가 없는)의 상대 속도와 세 개의 β-가지를 가진 1-bromo-2,2-dimethylpropane (neopentyl bromide)의 상대 속도를 비교해 보자. 이 화합물의 S_N2 치환 속도는 단지 bromoethane 속도의 10^{-5}배 정도이다. 실제적으로 세 개의 β-가지를 가진 1차 할로젠화물은 S_N2 반응을 하지 않는다.

그림 9.4에 나타낸 바와 같이, bromoethane의 C—Br 결합의 탄소는 장애를 받지 않아서 S_N2 반응에서 친핵체가 공격할 수 있도록 열려 있다. 그 반면에, neopentyl bromide에 있는 세 개의 β-메틸기가 해당되는 탄소를 가로막는다. 따라서 이탈기를 가지고 있는 탄소가 1차일지라도 친핵체의 접근은 입체 장애를 많이 받아서 neopentyl bromide의 S_N2 반응 속도는 bromoethane의 S_N2 반응 속도에 비교하여 크게 감소한다.

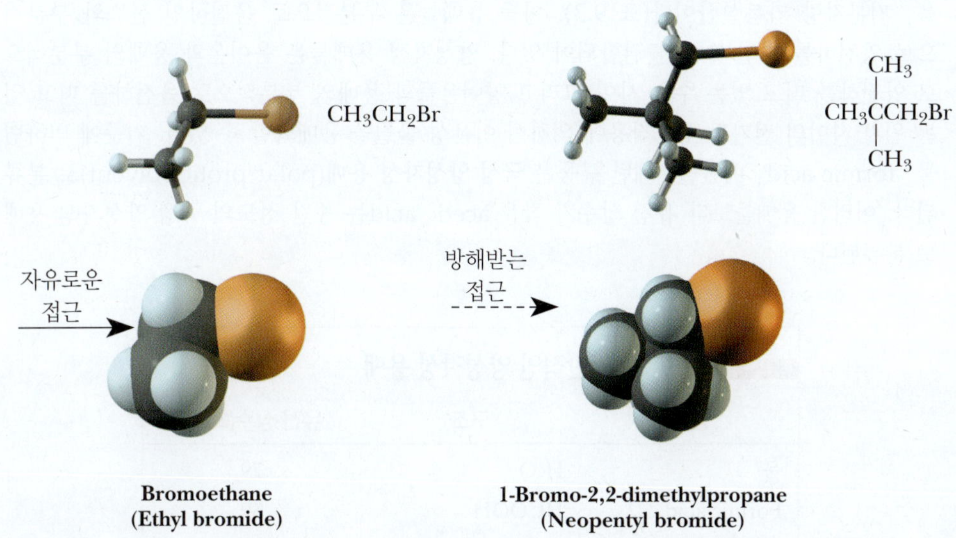

그림 9.4 ▸ 1차 할로알케인에 대한 S_N2 반응에서의 β-가지의 효과. 브로모에테인에 대하여 친핵체의 공격은 가려져 있지 않다. 1-Bromo-2,2-dimethylpropane의 경우에는 세 개의 β-가지가 친핵체의 C—Br 결합의 뒤쪽에서의 접근을 차단함으로써, 이 화합물의 S_N2 반응 속도는 매우 현저하게 감소된다.

최종적으로, S_N2 반응은 결코 sp^2나 sp 혼성화된 탄소에서는 일어나지 않는다. 따라서 바이닐 할라이드(C═C—X)나 아릴 할라이드 혹은 알카이닐 할라이드(C≡C—X)에 대하여 치환이 일어난다는 것을 결코 고려해서는 안된다.

C 이탈기

할로알케인에서 친핵성 치환의 전이 상태에서 **이탈기**(leaving)는 S_N1 및 S_N2 반응 메커니즘 모두에서 부분적인 음전하를 띤다. 그러므로 이탈기로서 작용할 수 있는 치환기의 능력은 음이온으로서 얼마나 안정한가에 달려 있다. 가장 안정한 음이온이면서 가장 좋은 이탈기는 센산의 (약한) 짝염기이다. 따라서 어떤 음이온이 가장 좋은 이탈기인지를 결정하기 위하여 표 4.1에 있는 유기 및 무기산의 상대적인 세기에 대한 정보를 이용할 수 있다.

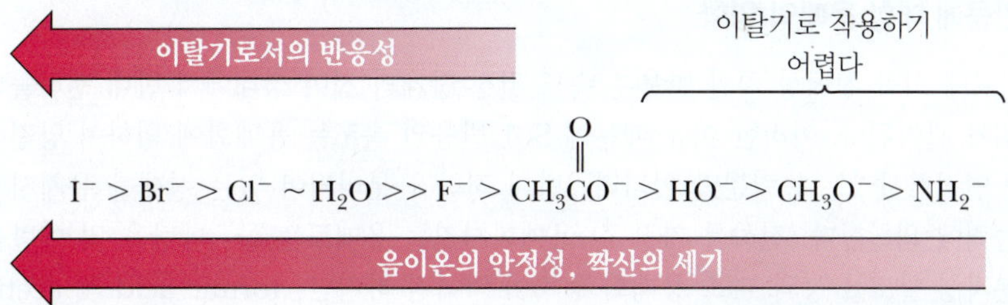

이러한 계열에서 가장 좋은 이탈기는 할로젠 이온인 I^-, Br^-, Cl^-이다. 수산화 이온(OH^-), 메톡사이드 이온(CH_3O^-), 아마이드 이온(NH_2^-)은 매우 나쁜 이탈기로서 친핵성 지방족 치환 반응에서 거의 치환되지 않는다.

D 용매

치환 반응에서 용매는 매우 중요한 역할을 한다. 용매는 S_N1 및 S_N2 반응의 속도, 상대적인 친핵성도(다음 절 참조) 및 2차 할로알케인의 경우에는 S_N1 및 S_N2 메커니즘 사이의 균형에도 영향을 미친다.

일반적인 용매들은 양성자성 및 비양성자성 용매의 두 그룹으로 분류한다. 더욱이 용매는 **유전 상수**(dielectric constant)에 따라서 극성 및 비극성 용매로 나뉜다. 용매의 유전상수가 클수록 용매화가 잘 일어나고 이러한 현상으로 인해 그 용매에 녹아 있는 반대 전하를 갖는 이온들 사이의 상호작용이 작아진다. 만일 용매의 유전 상수가 15이거나 그 보다 크면 **극성 용매**(polar solvent)라 하고, 유전 상수가 15 이하이면 **비극성 용매**(nonpolar solvent)라고 한다. 용매의 유전 상수가 5~15 사이에 있으면 경계 영역이다.

유전 상수
서로 반대인 전하를 분리시킬 수 있는 용매 능력의 척도.

친핵성 치환 반응의 일반적인 **양성자성 용매**(protic solvent)들은 물, 저분자량 알코올, 저분자량 카복실산이다(표 9.3). 이들 용매들은 부분적으로 음전하인 산소와 부분적으로 양전하를 가진 수소가 결합되어 있다. 양성자성 용매들은 음이온과 용매의 부분적으로 양전하를 띠고 있는 수소 사이 그리고 양이온들과 용매의 부분적으로 음전하를 띠고 있는 원자 사이의 전기적 상호작용에 의하여 이온성 물질을 용매화할 수 있다. 기준에 의하면 물, formic acid, 메탄올, 에탄올 등은 **극성 양성자성 용매**(polar protic solvent)로 분류된다. 이러한 용매들보다 유전 상수가 작은 acetic acid는 중간 정도의 극성 양성자성 용매로 분류된다.

양성자성 용매
수소 결합 주개인 용매로서 가장 일반적인 양성자성 용매들은 —OH기를 가진다. 일반적인 양성자성 용매는 물, 에탄올과 같은 저분자량 알코올, 저분자량 카복실산이다.

표 9.3 일반적인 양성자성 용매

용매	구조	유전 상수(25°C)
물	H_2O	79
Formic acid	$HCOOH$	59
Methanol	CH_3OH	33
Ethanol	CH_3CH_2OH	24
Acetic acid	CH_3COOH	6

친핵성 치환 반응에서 가장 일반적으로 이용되는 **비양성자성 용매**(aprotic solvent)들을 표 9.4에 나타내었다. 비양성자성 용매들 중에서 dimethyl sulfoxide (DMSO), acetonitrile, *N*,*N*-dimethylformamide (DMF) 및 acetone 등은 **극성 비양성자성 용매**(polar aprotic solvent)로 분류된다. Dichloromethane과 tetrahydrofuran (THF)은 중간 세기의 극성 비양성자성 용매이다. Diethyl ether, toluene 및 hexane 등은 비극성 비양성자성 용매로 분류된다.

비양성자성 용매
수소 결합 주개의 역할을 하지 못하는 용매로서 분자의 어느 곳에서도 전기음성도가 높은 원자와 결합된 수소 원자가 없다. 일반적인 비양성자성 용매는 dichloromethane, diethyl ether 그리고 dimethyl sulfoxide이다.

S_N1 반응에 대한 용매의 영향

S_N1 경로에 의한 친핵성 치환 반응은 속도 결정 단계의 전이 상태에서 반대 전하들의 생성과 분리가 관여된다. 이러한 이유 때문에 S_N1 반응의 속도는 용매화에 의하여 양전하와 음전하를 안정화시키는 능력뿐만 아니라, 반대 전하가 분리되어 있는 상태를 유지시키는 용매의 능력에 의존한다. 전하를 가장 잘 용매화시키는 용매로는 물, 메탄올 및 에탄올과 같은 저분자성 알코올 등과 다소 용매화 능력이 약하긴 하지만, formic acid 및 acetic acid 같은 저분자량 카복실산이다. 표 9.5에 나타난 바와 같이 2-chloro-2-methylpropane (*tert*-butyl chloride)의 가용매분해 속도는 용매가 에탄올에서 물로 바뀔 때 10^5배 증가 하며, 그 이유는 물이 탄소양이온과 염소 음이온을 보다 더 잘 용매화시키기 때문이다.

표 9.4 일반적인 비양성자성 용매

용매	구조	유전 상수
극성		
Dimethyl sulfoxide (DMSO)	$CH_3S(=O)CH_3$	48.9
Acetonitrile	$CH_3C{\equiv}N$	37.5
N,*N*-Dimethylformamide (DMF)	$HC(=O)N(CH_3)_2$	36.7
Acetone	$CH_3C(=O)CH_3$	20.7
중간 극성		
Dichloromethane	CH_2Cl_2	9.1
Tetrahydrofuran (THF)	(고리형 구조, O)	7.6
무극성		
Diethyl ether	$CH_3CH_2OCH_2CH_3$	4.3
Toluene	(벤젠 고리)$-CH_3$	2.3
Hexane	$CH_3(CH_2)_4CH_3$	1.9

용매의 극성 증가 (↑)

극성이 큰 용매에서 S_N1 반응의 반응 속도 증가는 반응 좌표 도표의 분석을 통해 또한 설명될 수 있다. 그림 9.5a는 두 가지 다른 용매에 대한 반응 곡선을 보여주고 있다. 보다 높은 극성 용매는 반응물, 중간체, 생성물을 일반적으로 보다 잘 용매화시킬 것이다. 따라서 극성 용매에서 전체적인 반응 곡선은 보다 낮은 에너지를 보인다. 용매화의 증가는 탄소양이온 중간체에 미치는 영향이 가장 크다. 즉, 중간체 형성을 위한 장벽을 낮춰줌으로 인해 반응을 촉진시킨다.

S_N2 반응에 대한 용매의 영향

S_N2 반응의 가장 일반적인 형태는 음으로 하전된 친핵체와 음으로 하전된 이탈기가 관여된다. 출발 물질 내의 중심 탄소 원자는 부분적인 양전하를 갖는다. 하지만, 전이 상태에서 이 탄소 원자는 조건에 따라서 더 작거나 더 큰 양전하를 가질 수 있지만, 친핵체로부터의 음전하는 첨가되는 친핵체와 이탈되는 이탈기를 가로질러 분산된다.

음으로 하전된 친핵체 / 음전하는 전이 상태에서 분산된다. / 음으로 하전된 이탈기

$$Nu:^- + C^{\delta+}-Lv^{\delta-} \longrightarrow \left[Nu^{\delta-}\text{---}C\text{---}X^{\delta-} \right]^- \longrightarrow Nu-C + :Lv^-$$

전이 상태

친핵체의 용매화가 강하면 강할수록 전이 상태에 도달하기 위하여 용매화 껍질로부터 친핵체를 제거하는 데 필요한 에너지가 더 커지므로 S_N2 반응 속도는 더 느려진다.

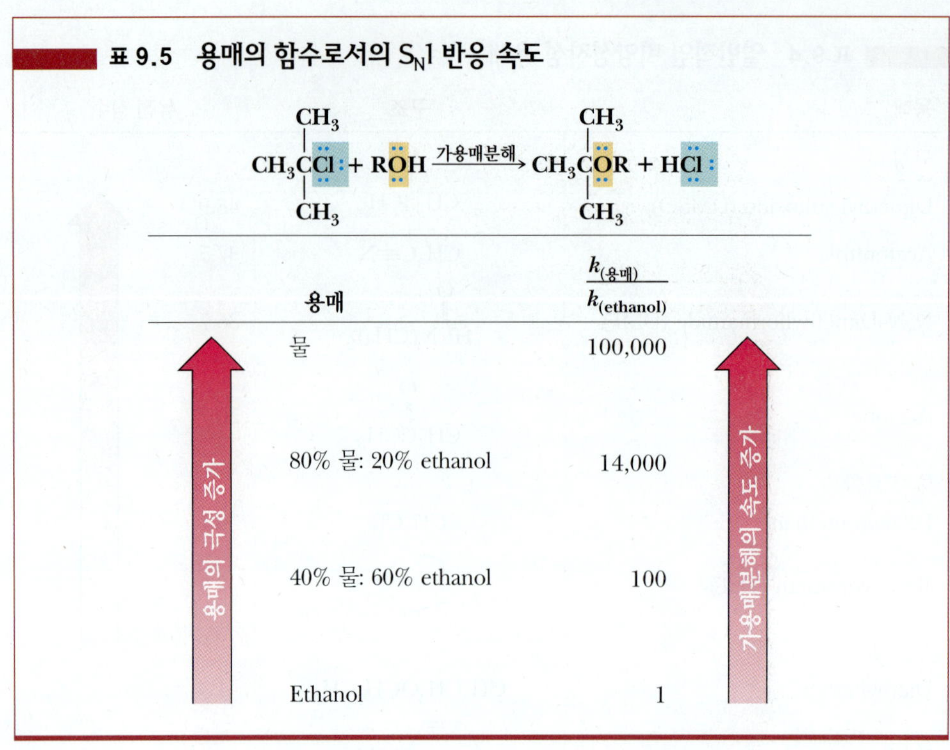

표 9.5 용매의 함수로서의 S_N1 반응 속도

$$(CH_3)_3CCl + ROH \xrightarrow{\text{가용매분해}} (CH_3)_3COR + HCl$$

용매	$\frac{k_{(용매)}}{k_{(ethanol)}}$
물	100,000
80% 물: 20% ethanol	14,000
40% 물: 60% ethanol	100
Ethanol	1

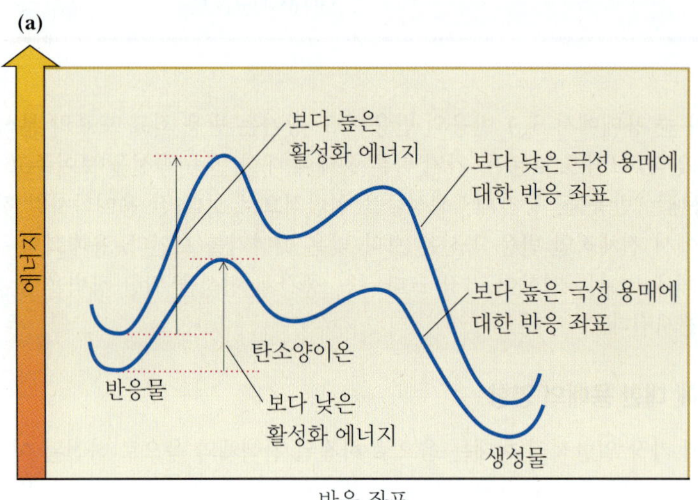

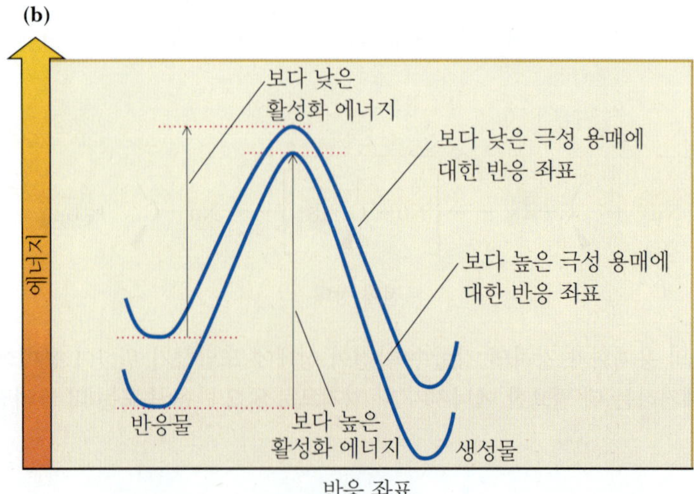

그림 9.5 ▸ 다른 극성 용매에서 치환 반응에 대한 에너지 도표. **(a)** 다른 두 종류 용매에서 S_N1 반응의 진행. 보다 높은 극성 용매는 화학종을 더 잘 용매화하지만 중간체 탄소양이온에 대해서는 큰 차이를 보인다. 따라서 반응은 보다 높은 극성 용매에서 더 빠르다. **(b)** 다른 두 종류 용매에서 S_N2 반응의 진행. 보다 높은 극성 용매는 화학종을 더 잘 용매화하지만 음이온성 친핵체 반응물에 대해서는 큰 차이를 보인다. 따라서 반응은 보다 낮은 극성 용매에서 더 빠르다.

극성 비양자성 용매는 양이온들을 매우 잘 용매화하지만, 음이온에 수소 결합을 제공할 수 없으므로 양성자성 용매처럼 음이온(친핵체)을 상대적으로 잘 용매화하지 못한다. 이러한 이유로 친핵체는 양성자성 용매보다 극성 비양성자성 용매 속에서 좀 더 자유롭고 반응성이 더 크며, 따라서 S_N2 반응 속도는 양성자성 용매 속에서 일어나는 동일한 반응보다 몇 배의 크기로 극적으로 가속된다.

이러한 현상은 다른 극성 용매에서 일어나는 S_N2 반응에 대한 반응 좌표 도표 비교를 통해 그림으로 보여질 수 있다. 그림 9.5b는 반응에 포함된 모든 화학종이 더 높은 극성 용매에서 더 잘 용매화된다는 사실을 보여준다. 그러나 음이온성 친핵체 반응물은 보다 높은 극성 용매에서 특히 잘 용매화되기 (보다 낮은 출발 에너지) 때문에 낮은 극성 용매에서 보다 반응성이 높다. 따라서 활성화 에너지는 낮은 극성 용매에서 보다 낮고 그 결과 반응은 보다 빨라진다.

표 9.6에 1-bromobutane과 sodium azide의 S_N2 반응 속도 상수를 용매의 함수로 나타내었다. 메탄올내에서 반응 속도를 기준으로 상대 속도를 1로 정하였다. 비록 화학자들이 극성 양성자성 용매를 사용할 때 보다 극성 비양성자성 용매를 사용할 때 S_N2 반응이 빨리 완결되기 때문에 극성 비양성자성 용매를 선호한다 할지라도, S_N2 메커니즘은 친핵체와 친전자체를 모두 용해시키는 용매 속에서 가능하다는 점을 인식해야 한다. 반면에, S_N1 메커니즘에서는 극성 양성자성 용매만이 사용이 가능하다.

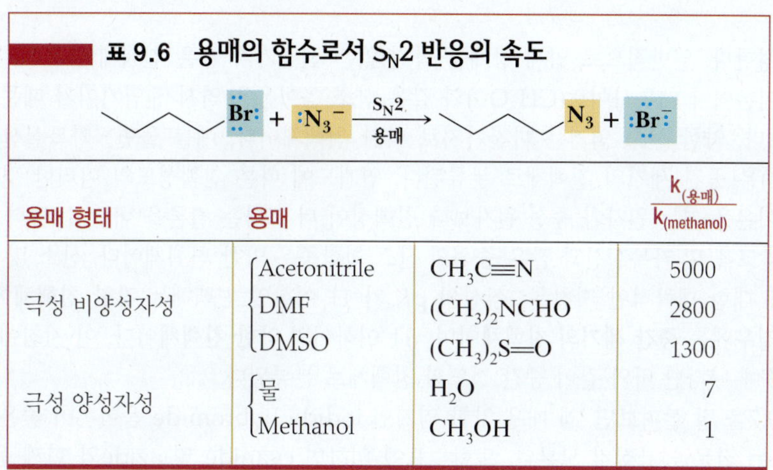

표 9.6 용매의 함수로서 S_N2 반응의 속도

$$\text{1-bromobutane (Br:)} + :N_3^- \xrightarrow[\text{용매}]{S_N2} \text{1-azidobutane (}N_3\text{)} + :Br:^-$$

용매 형태	용매		$\frac{k_{(용매)}}{k_{(methanol)}}$
극성 비양성자성	Acetonitrile	$CH_3C\equiv N$	5000
	DMF	$(CH_3)_2NCHO$	2800
	DMSO	$(CH_3)_2S{=}O$	1300
극성 양성자성	물	H_2O	7
	Methanol	CH_3OH	1

E 친핵체의 구조

친핵성도(Nucleophilicity)는 반응속도론적 특성으로서 반응의 상대 속도에 의해 측정된다. 일련의 친핵체들의 상대적인 친핵성은 각 친핵체가 할로알케인에서 이탈기를 치환하는 속도를 측정함으로써 결정된다(예를 들어, 25°C 에탄올 속에서 각 친핵체가 bromoethane의 브로민 이온을 치환하는 속도). 여기에 친핵체로 암모니아를 사용한 반응 예가 있다.

친핵성도
일련의 표준화된 실험 조건에서 친핵체가 기준 화합물에 친핵성 치환 반응을 일으키는 속도에 의하여 측정되는 반응속도론적 성질.

$$CH_3CH_2\ddot{\underset{..}{Br}}: + :NH_3 \xrightarrow[\text{Ethanol}]{25°C} CH_3CH_2\overset{+}{N}H_3 + :\ddot{\underset{..}{Br}}:^-$$

이 연구로부터 친핵체의 구조와 친핵체의 상대적인 친핵성도 사이의 상관 관계를 얻을 수 있다. 이 책에서 가장 일반적으로 다루는 친핵체들 및 이들의 알코올과 물에서의 친핵성을 표 9.7에 나열하였다. S_N2 반응에서 친핵체가 기질과 빠르게 반응하면 할수록 정의에 의해서 친핵체는 더욱 친핵성이 크다.

모든 친핵체들은 또한 Brønsted 염기(4장 참조)이므로 친핵성도와 염기도 사이의 상관 관계를 공부해 보자. **염기도**(Basicity)와 친핵성도는 모두 다른 원자와 결합을 형성하는 고립 전자쌍을 가지고 있기 때문에 서로 연관이 있다. 염기의 경우, 고립 전자쌍은 양성자와 결합을 형성하는 반면에, 친핵체는 고립 전자쌍이 대부분의 경우에 친전자성 탄소와 결

염기도
암모니아와 물 사이의 산-염기 반응과 같이 산-염기 반응에서 평형의 위치에 의하여 측정되는 평형적 성질.

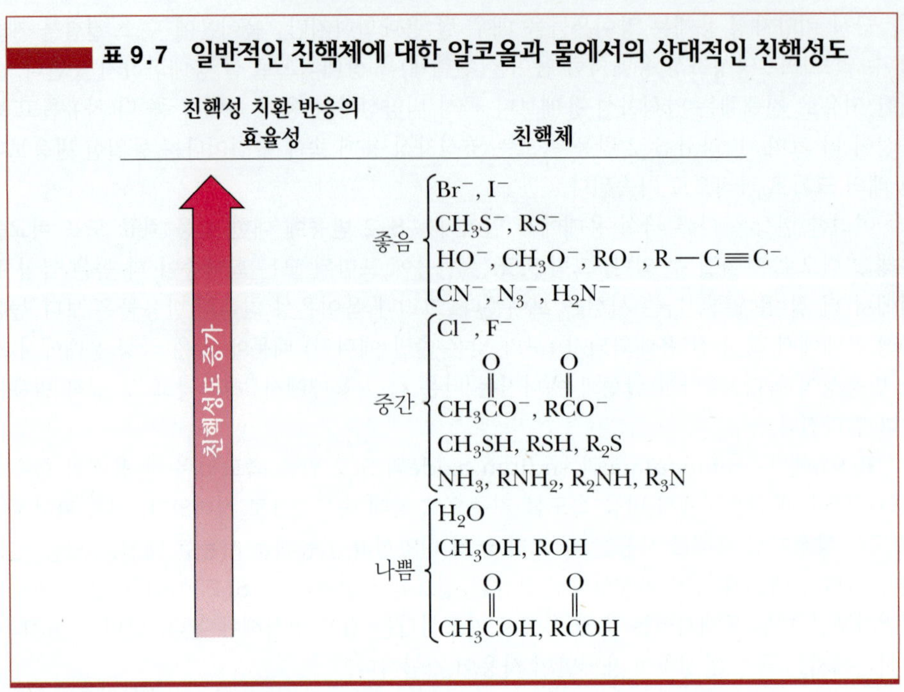

표 9.7 일반적인 친핵체에 대한 알코올과 물에서의 상대적인 친핵성도

친핵성 치환 반응의 효율성	친핵체
좋음	Br^-, I^- CH_3S^-, RS^- HO^-, CH_3O^-, RO^-, $R-C\equiv C^-$ CN^-, N_3^-, H_2N^-
중간	Cl^-, F^- CH_3CO^-(C=O), RCO^-(C=O) CH_3SH, RSH, R_2S NH_3, RNH_2, R_2NH, R_3N
나쁨	H_2O CH_3OH, ROH CH_3COH(C=O), $RCOH$(C=O)

합을 형성한다. 일반적으로 입체 장애를 받지 않는 센염기가 좋은 친핵체이다. 예를 들면, 수산화 이온이나 메톡사이드(CH_3O^-)와 같은 산소 음이온은 역시 센염기이기 때문에 좋은 친핵체이다. 약한 산소 염기는 마찬가지로 약한 친핵체이다. 예를 들면, 카복실산 음이온(RCO_2^-)은 중간 세기의 친핵체로 분류된다. 염기도에 따른 친핵성도의 이러한 경향성 때문에 음이온을 띠는 원자가 중성 원자보다 친핵성이 더 크다는 결론을 내릴 수 있다. 그러므로 물, 알코올 및 카복실산과 같은 중성의 산소 화학종은 약한 친핵체이다. 산소 및 아민 친핵성도에 대한 대략적인 지침은, 짝산의 pK_a가 11 이상인 친핵체는 **강한 친핵체**이고, 11 정도인 경우에는 **중간 세기의 친핵체**이며, 11 이하이면 **약한 친핵체**이다. 이 지침에서 아민은 표 9.7에 나타난 바와 같이 중간 정도의 친핵체로 분류된다.

표 9.7을 잘 살펴보면 '왜 매우 약한 염기인 iodide 및 bromide 음이온이 좋은 친핵체인가?'라는 질문을 가질지 모른다. 또한, 표에 의하면 cyanide 및 azide와 함께 음이온성 황(sulfur) 화학종은 특별히 센염기가 아님에도 불구하고 좋은 친핵체임을 보여준다. 우리가 지금 설명했듯이 친핵성도는 복잡하며 단지 염기도뿐만 아니라 용매의 형태에도 의존하기 때문이다.

친핵성도에 대한 용매화 효과

친핵성 치환 반응이 일어나는 용매는 상대적인 친핵성도에 대하여 매우 큰 효과를 나타낸다. 용매의 역할을 완전히 이해하기 위하여 극성 비양성자성 용매와 극성 양성자성 용매에서 일어나는 친핵성 치환 반응을 고려해 보자. 치환 반응에 대한 유기적인 원칙은 다음과 같다.

> *다른 모든 요인들이 동일하다면, 친핵체와 용매의 상호작용이 강하면 강할수록 친핵체의 친핵성도는 더 낮아진다.*

반대로, 친핵체가 용매와 약하게 상호작용 할수록 친핵체의 친핵성도는 더 커진다.

가장 일반적으로 사용되는 극성 비양성자성 용매들(DMSO, acetone, acetonitrile, DMF)은 양이온을 매우 효과적으로 용매화시키지만(쌍극자의 음의 말단에 대한 인력 외에도 산소와 질소의 비공유 전자쌍이 Lewis 염기로 작용) 음이온을 거의 용매화시키지 못한다. 예를 들어 acetone을 살펴보자. 쌍극자의 음의 말단과 산소의 비공유 전자쌍이 양이온의 양전하 중심에 가까이 접근할 수 있기 때문에 acetone은 양이온을 용매화시키는데 효과적이다. 그러나 쌍극자의 양전하 말단은 2개의 메틸기에 의하여 가려져 있어서 음이온을 용매화시키는데 효과적이지 못하다. 예를 들면, sodium iodide의 소듐 이온은 DMSO와 acetone에 의하여 효과적으로 용매화되지만, 아이오딘 이온은 거의 용매화되지 못한다. 음이온은 극성 비양성자성 용매 속에서 거의 용매화되지 않기 때문에, 이들은 더 자유롭고 따라서 친핵성 치환 반응에 빠르게 참여한다. 이런 용매 속에서 음이온들의 상대적인 친핵성도는 음이온들의 상대적인 염기도와 비례하다. 예를 들면, 극성 비양성자성 용매에서 할로젠화 이온들의 상대적인 친핵성도는 $F^- > Cl^- > Br^- > I^-$이다.

Acetone에서 NaI의 용매화

극성 양성자성 용매 속에서 할로젠화 이온들의 상대적인 친핵성도는 극성 비양성자성 용매에서의 친핵성도와 아주 다르다(표 9.8).

표 9.8 비양성자성 및 양성자성 용매 속에서 할로젠화 이온들의 상대적인 친핵성도

용매	친핵성도 증가 →
극성 비양성자성	$I^- < Br^- < Cl^- < F^-$
극성 양성자성	$F^- < Cl^- < Br^- < I^-$

극성 양성자성 용매 속에서 할로젠화 이온들 중 가장 염기도가 작은 아이오딘 이온이 가장 큰 친핵성도를 가진다. 반대로 할로젠화 이온 중에서 가장 염기도가 큰 플루오린 이온은 가장 작은 친핵성도를 가진다. 친핵성도와 염기도가 서로 상반된 상관관계를 가지는 이유는 비양성자성 용매와 비교하여 양성자성 용매에서 음이온이 용매화되는 정도에 달려 있다.

- 극성 비양성자성 용매에서 음이온은 단지 약하게 용매화되므로 비교적 자유롭게 친핵성 치환 반응에 참여하며, 따라서 염기도가 친핵성도를 결정한다.
- 극성 양성자성 용매에서 음이온들은 용매 분자들과 수소 결합에 의해 강하게 용매화되어 자유롭게 친핵성 치환 반응에 참여하지 못하며, 따라서 편극도가 친핵성도를 결정한다.

할로젠화 이온 중에서 가장 작은 플루오린 이온의 음전하는 작은 부피에 집중되어서 극성 양성자성 용매에 의하여 단단하게 붙잡힌 용매 껍질이 플루오린 이온과 기질 사이에 큰 장벽을 형성한다. 플루오린 이온이 친핵성 치환 반응에 참여하기 위해서는 단단하게 붙잡고 있는 용매 껍질로부터 부분적으로라도 제거되어야 한다. 할로젠화 이온 중 가장 크고 가장 편극화되기 쉬운 아이오딘 이온의 경우 음전하가 훨씬 덜 집중되어 있어서 용매 껍질이 느슨하게 붙들려 있으며, 따라서 아이오딘 이온은 보다 자유롭게 친핵성 치환 반응에 참여할 수 있다.

편극도의 순서가 $F^- < Cl^- < Br^- < I^-$임을 상기하라. 이 순서는 S_N2 치환과 같은 화학 반응에서 전자 구름이 섭동(perturbation)되기 쉬운 정도를 반영한다. 아이오딘 이온은 가장 편극도가 크며, 따라서 극성 양성자성 용매에서 가장 좋은 친핵체이다.

친핵성도에 대한 모양의 영향

앞서 언급한 대로 S_N2 반응에서 친핵체는 C—Lv 결합의 뒤쪽을 공격한다. 이와 같은 뒤쪽 공격은 할로알케인의 R기에 따라 입체 장애의 변화의 정도가 나타난다. 의심의 여지없이 총탄이나 창과 같은 모양을 가진 친핵체는 입체 장애를 극복하고 더 잘 침입할 수 있으며, 따라서 일반적으로 더 좋은 친핵체이다. 두 개의 대표적인 예가 azide와 cyanide이고, 이들 모두 원통 모양의 음이온이다. 이들 어느 것도 특별히 염기성이나 편극도가 크진 않지만 아주 우수한 친핵체들이다. 그 반면에, 알콕사이드와 같이 좋은 친핵체는 방대하고 부피가 커서 친핵체로서의 능력이 감소된다. 예를 들면, 에톡사이드(EtO^-)는 아주 좋은 친핵체이지만, *tert*-butoxide (t-BuO^-)는 친핵체가 아니다.

F 골격 자리옮김

6.3C절에서 보았듯이 골격 자리옮김은 좀 더 안정한 탄소양이온으로 자리옮김할 수 있는 탄소양이온 중간체가 관여하는 전형적인 반응이다. 치환 중심에서 탄소양이온의 특성이 전혀 혹은 거의 없기 때문에 S_N2 반응은 자리옮김을 할 수 없다. 이와 달리 S_N1 반응은 자주 자리옮김과 함께 진행된다. 자리옮김이 관련된 S_N1 반응의 예로는 극성 양성자성 용매이면서 약한 친핵체인 메탄올 속에서 2-chloro-3-phenylbutane의 가용매분해 반응이다. 주요한 치환 생성물은 자리옮김된 구조를 가진 에터이다. 출발 물질에서 염소 원자는 2차 탄소에 있지만, 생성물에서 메톡시기는 인접한 3차 탄소에 있다.

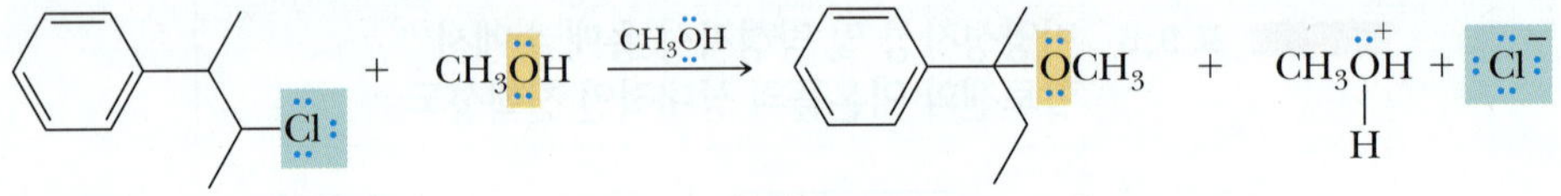

$$\text{2-Chloro-3-phenylbutane} + CH_3\ddot{O}H \xrightarrow{CH_3\ddot{O}H} \text{2-Methoxy-2-phenylbutane} + CH_3\overset{+}{O}H_2 + :\ddot{Cl}:^-$$

2-Chloro-3-phenylbutane (라셈 혼합물)

2-Methoxy-2-phenylbutane (라셈 혼합물)

아래의 메커니즘과 같이 반응은 탄소-염소 결합이 불균일 분해되어 2차 탄소양이온을 형성하여 개시되며, 이 양이온은 다시 인접한 벤질성 탄소로부터 수소가 전자 한 쌍(수소음이온, hydride ion)과 함께 이동하여 훨씬 더 안정한 3차 탄소양이온으로 자리옮김한다. 자리옮김이 일어난 탄소양이온은 3차 탄소양이온(하이퍼콘쥬게이션에 의한 안정화)일 뿐만 아니라 벤질성 탄소양이온(공명 비편재화에 의한 안정화)임을 주목하라.

MECHANISM 2-Chloro-3-phenylbutane의 가용매분해 반응에서 자리옮김

1단계: **결합의 절단으로 안정된 분자 또는 이온 형성**. C—Cl 결합의 이온화로 2차 탄소양이온 중간체를 생성한다.

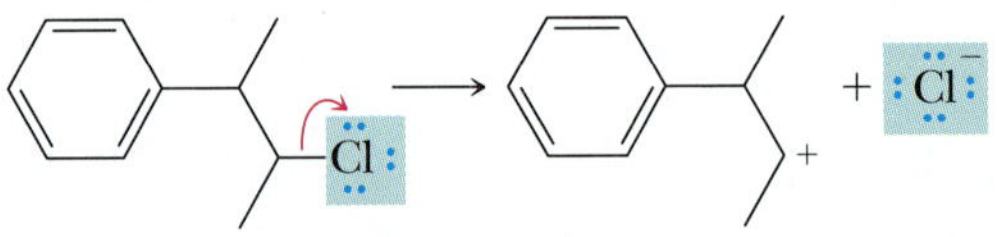

2차 탄소양이온

2단계: **1,2 이동**. 결합 전자쌍과 함께 수소 원자(hydride ion)가 이동하여 더 안정한 3차 벤질성 탄소양이온 중간체 생성한다.

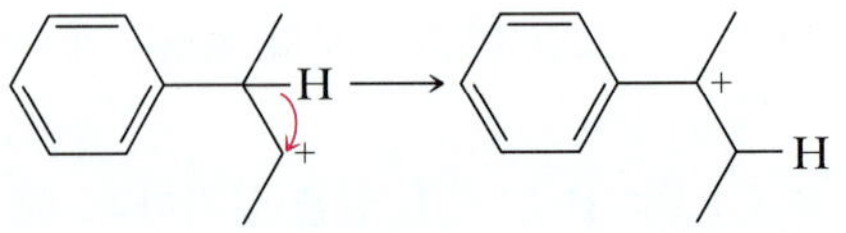

3차 벤질성 탄소양이온

3단계: **친핵체와 친전자체 사이의 새로운 결합 형성**. 3차 벤질성 탄소양이온 중간체(친전자체)가 메탄올(친핵체)과 반응하여 옥소늄 이온을 형성한다.

옥소늄 이온

4단계: **양성자 제거**. 양성자가 용매(이 경우에 메탄올)로 이동되어 최종 생성물을 생성한다.

일반적으로 좀 더 안정한 탄소양이온이 형성될 수 있을 때 수소 원자나 알킬기가 결합 전자쌍과 함께 이동한다.

이제 우리는 치환 반응에 관여하는 많은 요인들을 공부하였으며, 또한 특정한 반응 조건 아래서 지배적인 메커니즘의 종류를 예측하는데 유용한 개요를 아래에 나타내었다(표 9.9). 이 요약을 이용한 예들을 9.4절에 나타내었다.

표 9.9 할로알케인의 S_N1 대 S_N2 반응 요약

할로젠화 알킬의 형태	S_N2	S_N1
메틸 CH_3X	**S_N2 반응 선호**	**S_N1 반응 일어나지 않음**. 메틸 양이온이 매우 불안정하여 용액 중에서 결코 관찰되지 않음.
일차 RCH_2X	**S_N2 반응 선호**	**S_N1 반응이 거의 일어나지 않음**. 일차 탄소양이온이 매우 불안정하여 용액 중에서는 거의 관찰되지 않음(알릴성 및 벤질성 탄소양이온은 제외).
이차 R_2CHX	비양성자성 용매 중에서 좋은 친핵체를 사용할 때 **S_N2 반응 선호**	양성자성 용매 중에서 나쁜 친핵체를 사용할 때 **S_N1 반응 선호**. 탄소양이온 자리옮김이 일어날 수 있음.
삼차 R_3CX	반응 중심 주위의 입체 장애 때문에 **S_N2 반응이 일어나지 않음**.	삼차 탄소양이온을 쉽게 형성하기 때문에 **S_N1 반응 선호**.
카이랄 중심에서의 치환	**배열의 반전**. 친핵체가 이탈기의 반대 측면으로부터 카이랄 중심을 공격.	**라셈화가 우선적**으로 일어남. 탄소양이온 중간체는 평면이며, 친핵체의 공격이 양쪽 면에서 동일한 확률로 일어남. 종종 어느 정도 배열의 알짜 반전이 일어남.

9.4 몇 가지 친핵성 치환 반응의 분석

특정한 친핵성 치환 반응의 메커니즘에 대한 예측은 할로알케인의 구조, 친핵체, 이탈기 및 용매에 대한 고찰이 기초가 되어야 한다. 아래에 다섯 개의 친핵성 치환 반응과 각 반응에 대하여 S_N1 또는 S_N2 메커니즘 중 어느 것이 우선인지에 대한 분석 및 작동하는 메커니즘에서 얻어지는 생성물을 나타내었다. 다음 반응 예에서 경쟁적인 제거 반응은 아직 설명되지 않았기 때문에 무시하기로 한다.

친핵성 치환 반응 1

Cl

+ CH_3OH/H_2O ⟶ ?

(*R*)-2-Chlorobutane

메탄올과 물의 혼합물은 극성 양성자성 용매로서 이온화를 잘 시키는 용매이며 탄소양이온을 생성한다. 2-Chlorobutane은 이 용매에서 이온화하여 상당히 안정한 탄소양이온을 형성한다. 물과 메탄올은 모두 약한 친핵체이다. 이 분석으로부터 반응은 주로 S_N1 메커니즘으로 진행되리라 예상된다. 2차 클로로알케인이 이온화되어 탄소양이온 중간체를 형성하고, 이 중간체가 친핵체인 물 또는 메탄올과 반응하여 관찰된 생성물을 생성한다. 각 생성물들이 대략 50:50으로 섞인 *R*과 *S* 거울상 이성질체의 혼합물이 얻어진다.

Cl + CH_3OH/H_2O ⟶ OH + OCH_3 + HCl

(*R*)-2-Chlorobutane **2-Butanol** (라셈 혼합물) **2-Methoxybutane** (라셈 혼합물)

친핵성 치환 반응 2

Br + Na^+CN^- —DMSO⟶ ?

이 반응은 좋은 친핵체인 cyanide 이온의 존재 하에서 2개의 가지가 있는 1차 브로모알케인의 반응이다. 극성 비양성자성 용매인 DMSO는 양이온(이 경우에는 Na^+)을 용매화시키는 능력은 좋지만, 음이온(이 경우에는 CN^-)을 용매화시키는 능력은 좋지 않기 때문에 친핵체에 도움을 주는 치환 반응(nucleophile-assisted substitution)을 일으키는 데 특히 좋은 용매이다. 이러한 분석으로부터 이 반응은 S_N2 메커니즘에 의하여 진행되리라 예상할 수 있다.

Br + Na^+CN^- —DMSO⟶ CN + Na^+Br^-

친핵성 치환 반응 3

Br

+ $CH_3S^-Na^+$ —acetone⟶ ?

(*R*)-2-Bromobutane

브로민은 2차 탄소에 결합되어 있고 좋은 이탈기이다. Methylsulfide 이온은 좋은 친핵체이다. 극성 비양성자성 용매인 acetone은 S_N2 반응을 수행하는 데 좋은 매질이지만, S_N1

반응을 수행하는 데는 나쁜 매질이다. 이러한 분석으로부터, 이 반응은 S_N2 메커니즘에 의하여 진행되며 또한 생성물은 *S* 거울상 이성질체라 예상할 수 있다.

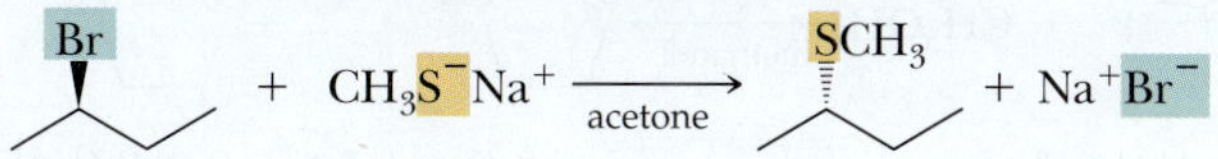

$CH_3S^-Na^+ \xrightarrow{\text{acetone}}$ + Na^+Br^-

(*R*)-2-Bromobutane **(*S*)-2-Methylsulfanylbutane**

친핵성 치환 반응 4

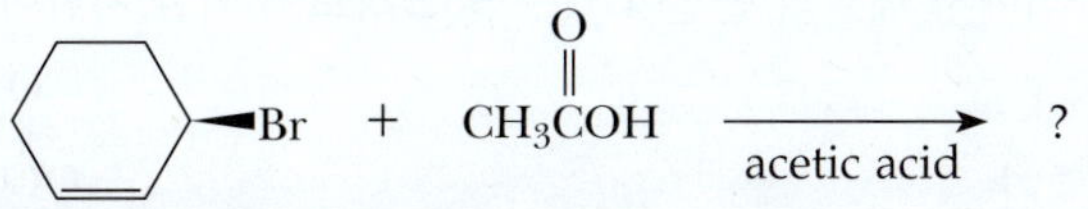

Br + CH_3COH (O) $\xrightarrow{\text{acetic acid}}$?

탄소-브로민 결합의 이온화는 공명 안정화된 2차 알릴성 탄소양이온을 생성한다. Acetic acid는 나쁜 친핵체로서 S_N2 반응이 일어날 가능성을 낮춘다. 더욱이 acetic acid는 S_N1 반응에 유리한 극성 양성자성 용매이다. 이러한 분석으로부터 이 반응은 S_N1 메커니즘으로 진행되며 또한 두 개의 거울상 이성질체 생성물이 관측되리라 예상할 수 있다.

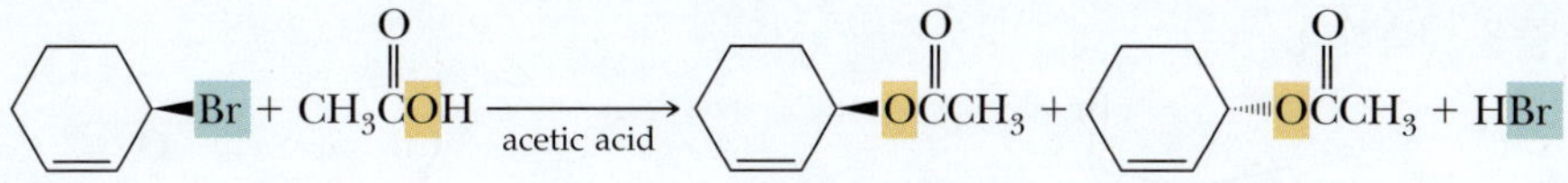

Br + CH_3COH $\xrightarrow{\text{acetic acid}}$ $OCCH_3$ + $OCCH_3$ + HBr

(*R*)-3-Bromocyclohexene **(*R*)-3-Acetoxycyclohexene** **(*S*)-3-Acetoxycyclohexene**

친핵성 치환 반응 5

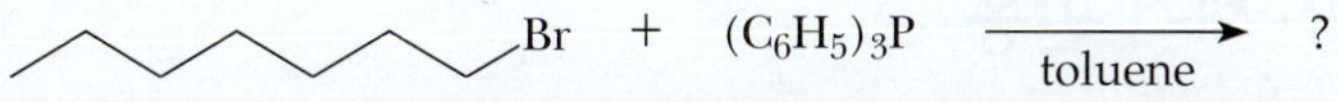

Br + $(C_6H_5)_3P$ $\xrightarrow{\text{toluene}}$?

브로모알케인은 1차이고 브로민은 좋은 이탈기이다. 3주기 원소인 인의 3가 화합물은 중간 세기의 친핵체이다. Toluene은 비극성 비양성자성 용매이다. 1차 할로젠화물, 좋은 이탈기, 중간 세기의 친핵체 및 비극성 비양성자성 용매 등의 조합이 주어졌기 때문에 이 반응은 S_N2 경로에 의하여 진행되리라 예상된다.

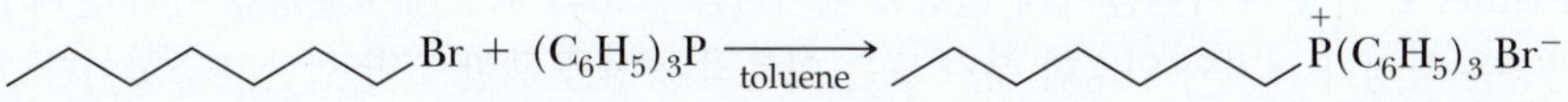

Br + $(C_6H_5)_3P$ $\xrightarrow{\text{toluene}}$ $\overset{+}{P}(C_6H_5)_3\ Br^-$

예제 9.5 ▸ **친핵성 치환 반응 생성물**

각 반응에 대하여 기대되는 치환 생성물을 나타내고 각 생성물이 생성되는 메커니즘을 예측하라.

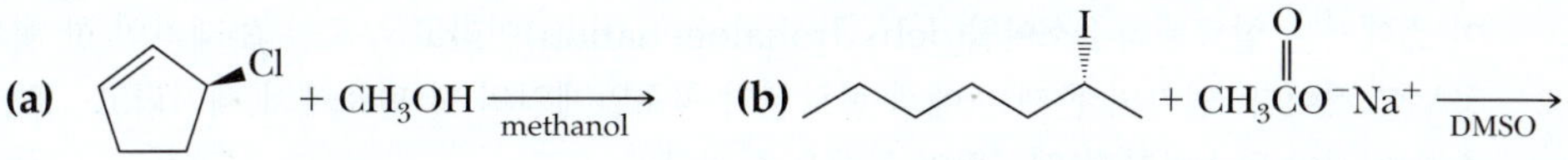

(a) Cl + CH_3OH $\xrightarrow{\text{methanol}}$ **(b)** I + $CH_3CO^-Na^+$ $\xrightarrow{\text{DMSO}}$

S 거울상 이성질체 *R* 거울상 이성질체

➡ **해답**

(a) 2차 알릴성 염화물을 나쁜 친핵체이고 극성 양성자성 용매인 메탄올로 처리하였다. 탄소-염소 결합의 이온화는 공명 비편재화에 의하여 안정화된 2차 알릴성 양이온

을 형성한다. 그러므로 S_N1 메커니즘에 의한 반응 및 라셈 혼합물의 생성물이 예상된다.

$$\text{(cyclopentenyl-Cl)} + CH_3OH \xrightarrow[\text{methanol}]{S_N1} \text{(cyclopentenyl-}OCH_3\text{)} + \text{(cyclopentenyl-}OCH_3\text{)} + HCl$$

S 거울상 이성질체 → *S* 거울상 이성질체 (~50%), *R* 거울상 이성질체 (~50%)

(b) 비교적 쉽게 접근할 수 있는 2차 탄소에 붙어 있는 아이오딘은 좋은 이탈기이다. 극성 비양성자성 용매에 녹아 있는 아세테이트 이온은 중간 세기의 친핵체이다. 따라서 카이랄 중심에서 배열의 반전이 있는 S_N2 경로에 의한 치환이 예상된다.

$$\text{(I-alkane)} + CH_3\overset{O}{\overset{\|}{C}}O^-Na^+ \xrightarrow[\text{DMSO}]{S_N2} \text{(alkane-}O\overset{O}{\overset{\|}{C}}CH_3\text{)} + Na^+I^-$$

R 거울상 이성질체 → *S* 거울상 이성질체

연습 문제 9.5

각 반응에 대하여 기대되는 치환 생성물을 나타내고 또한 각 생성물이 생성되는 메커니즘을 예측하라.

(a) (Br-cyclohexane with tert-butyl) $+ Na^+SH^- \xrightarrow{\text{acetone}}$ **(b)** (Cl-butane) $+ H\overset{O}{\overset{\|}{C}}OH \longrightarrow$

(*R*)-2-Chlorobutane

9.5 β-제거 반응

모든 친핵체는 반응에 참여할 수 있는 고립 전자쌍이나 혹은 가끔 π 결합 형태의 전자쌍을 가지고 있다. 이는 곧 모든 친핵체가 또한 염기임을 의미하며, 이는 어떤 전자쌍도 양성자를 받아들일 수 있기 때문이다. 그러므로 화학자들은 우리가 사용하는 시약들의 염기도와 친핵성도 사이의 균형에 관계되는 경쟁 반응에 종종 부딪힌다. 이 장의 머리글 부분에서 언급했듯이 **β-제거 반응**(β-elimination)은 우리가 관찰하는 치환 반응과 경쟁 과정이다. 6장 앞 'Primer I: 반응 메커니즘'에서 설명한 메커니즘 요소의 배경에서 설명한 바와 같이 β-제거 반응은 양성자 제거와 안정한 분자 또는 이온의 형성을 위한 결합 절단의 조합이다.

$$BH + {:}Lv^- + \text{C=C} \xleftarrow{\text{제거}} \underset{B:^-,\ :Nu^-}{H-\overset{\beta}{C}-\overset{\alpha}{C}-Lv} \xrightarrow{\text{치환}} H-\overset{\beta}{C}-\overset{\alpha}{C}-Nu + {:}Lv^-$$

할로젠화수소이탈
인접한 탄소들에서 —H와 —X의 제거. β-제거의 한 형태.

이 절에서는 **할로젠화수소이탈**(dehydrohalogenation)이라고 부르는 β-제거의 한 형태를 공부할 것이다. 염기의 존재 하에서 할로젠이 할로알케인의 한 탄소에서 제거되고, 또한 수소가 인접한 탄소로부터 제거되어 알켄을 형성한다.

$$H-\overset{\beta}{C}-\overset{\alpha}{C}-X + CH_3CH_2O^-Na^+ \xrightarrow{CH_3CH_2OH} \text{C=C} + CH_3CH_2OH + Na^+X^-$$

할로알케인 센염기 알켄

센염기들을 β-제거 반응을 촉진시킨다. 할로알케인의 β-제거에 있어서 효과적으로 작용하는 센염기들은 OH^-, OR^-, NH_2^- 및 아세틸라이드 음이온이다. 다음의 세 가지 예들은 염기 촉진 β-제거 반응들이다. 첫 번째 예에서 염기는 반응물로 나타내었다. 두 번째와 세 번째 예에서 염기는 반응물이지만 반응 화살표의 위에 표시하였다. 사용된 용매는 제거 과정에서 사용된 염기의 짝산임을 주목하여라.

$CH_3(CH_2)_7CH_2CH_2Br$ + t-BuO⁻K⁺ —(t-BuOH)→ $CH_3(CH_2)_7CH{=}CH_2$ + t-BuOH + K^+Br^-

1-Bromodecane **Potassium *tert*-butoxide** **1-Decene**

2-Bromo-2-methylbutane —($CH_3CH_2O^-Na^+$ / CH_3CH_2OH)→ 2-Methyl-2-butene + 2-Methyl-1-butene

2-Bromo-2-methylbutane **2-Methyl-2-butene** (주 생성물) **2-Methyl-1-butene**

1-Bromo-1-methylcyclopentane —($CH_3O^-Na^+$ / CH_3OH)→ 1-Methylcyclopentene + Methylenecyclopentane

1-Bromo-1-methylcyclopentane **1-Methylcyclopentene** (주 생성물) **Methylenecyclopentane**

두 번째와 세 번째 예에서는 두 개의 동등하지 않은 β-탄소들이 있고 이들이 각각 수소를 가지고 있으므로 두 개의 알켄 생성이 가능하다. 각 경우에 주 생성물은 이 경우 및 대부분의 β-제거 반응처럼 더 많이 치환된(따라서 더 안정한) 알켄이다(6.6B절). 제거에서 더 많이 치환된 알켄의 생성이 일반적이지만 항상 그런 것은 아니다. 보다 많이 치환된 알켄이 주 생성물일 때 반응이 Zaitsev 규칙(Zaitsev's rule)에 따른다거나 또는 **Zaitsev 제거**(Zaitsev elimination)를 거친다고 말한다.

Zaitsev 규칙
β-제거 반응의 주 생성물은 가장 안정한 알켄, 즉 탄소-탄소 이중 결합에 최대로 많은 치환기를 가진 알켄임을 말하는 규칙.

예제 9.6 ▸ β-제거 반응 생성물

각 브로모알케인을 에탄올에서 sodium ethoxide로 처리할 때 생성되는 β-제거 생성물을 예측하라. 만약 둘 혹은 그 이상의 생성물이 생성된다면 주 생성물이 어느 것인지 예측하라.

(a) 2-Bromo-3-methylbutane (라셈 혼합물) **(b)** 1-Bromo-3-methylbutane

➥ 해답

(a) 각 브로모알케인 내에 두 개의 동등하지 않은 β-탄소가 있어서 두 개의 알켄이 생성 가능하다. 보다 더 많이 치환된 알켄인 2-methyl-2-butene이 주 생성물이다.

2-Bromo-3-methylbutane —(EtO^-Na^+ / EtOH)→ 2-Methyl-2-butene + 3-Methyl-1-butene

2-Methyl-2-butene (주 생성물) **3-Methyl-1-butene**

(b) 브로모알케인에서 단지 한 개의 β-탄소가 있어서 하나의 알켄만이 생성 가능하다.

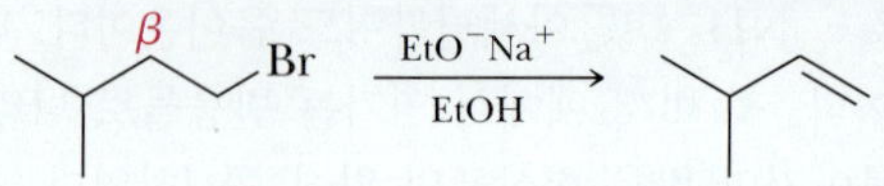

$\xrightarrow[\text{EtOH}]{\text{EtO}^-\text{Na}^+}$

3-Methyl-1-butene

연습 문제 9.6

각 클로로알케인을 에탄올에서 sodium ethoxide로 처리할 때 생성되는 β-제거 생성물을 예측하라. 만약 둘 혹은 그 이상의 생성물이 형성된다면 주 생성물이 어느 것인지 예측하라.

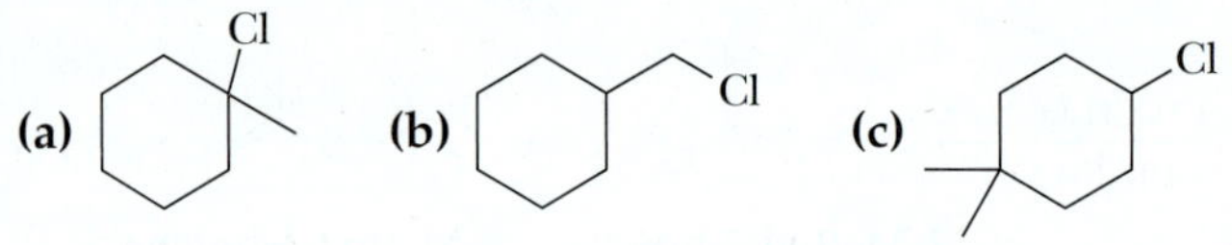

(a) Cl **(b)** Cl **(c)** Cl

9.6 β-제거 반응의 메커니즘

β-제거 반응에 대한 두 개의 극단적인 메커니즘이 있다. 두 메커니즘 사이의 근본적인 차이는 결합 절단 단계와 결합 형성 단계의 타이밍이다. 친핵성 치환 반응에 대한 두 개의 극단적인 메커니즘과 관련하여 동일한 설명을 하였던 것을 상기하라(9.3절).

A E1 메커니즘

첫 번째 극단의 경우로서 염기가 수소를 떼어내고 탄소-탄소 이중 결합이 형성되는 반응이 일어나기 전에 C—Lv 결합이 절단되어 탄소양이온의 형성이 완결되는 경우이다. 이러한 메커니즘을 **E1 반응**(E1 reaction)이라 부르며, 여기서 E는 제거를 의미하고 1은 일분자를 뜻한다. 하나의 화학종은(여기서는 할로알케인) 속도 결정 단계에 관여한다. E1 반응의 한 예로 2-bromo-2-methylpropane에서 2-methylpropene이 형성되는 반응을 나타내었다.

E1 반응
일분자 β-제거 반응.

MECHANISM 2-Bromo-2-methylpropane의 E1 반응

1단계: **결합의 절단으로 안정된 분자 또는 이온 형성**. C—Br 결합의 속도 결정 이온화에 의하여 탄소양이온 중간체가 생성된다.

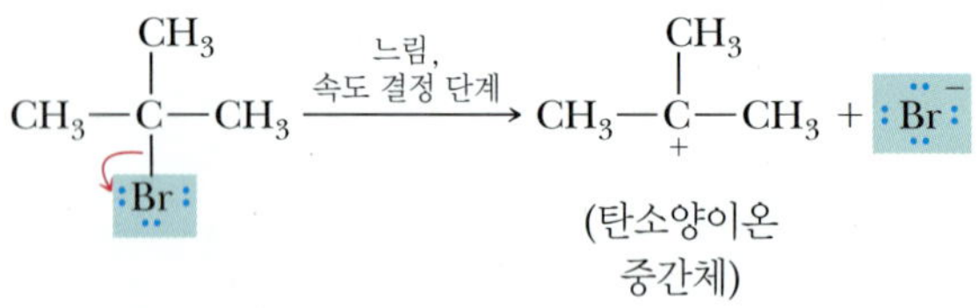

$$CH_3-\underset{\underset{:\ddot{Br}:}{|}}{\overset{CH_3}{\overset{|}{C}}}-CH_3 \xrightarrow{\text{느림, 속도 결정 단계}} CH_3-\underset{+}{\overset{CH_3}{\overset{|}{C}}}-CH_3 + :\ddot{Br}:^-$$

(탄소양이온 중간체)

2단계: **양성자 제거**. 탄소양이온 중간체에서 용매(여기서는 메탄올)로 양성자가 이동하고 알켄을 형성한다.

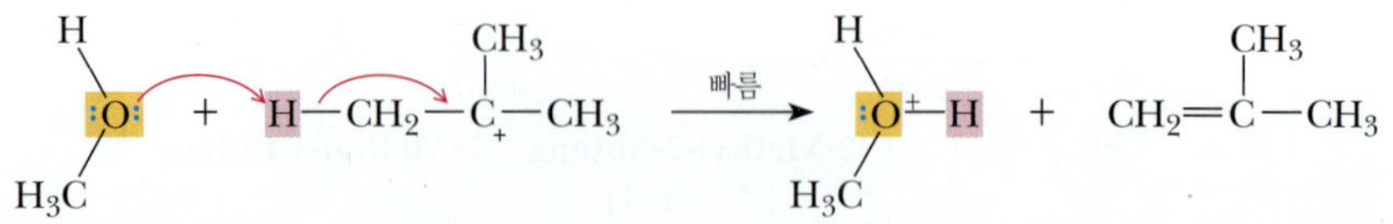

$$H_3C-\ddot{O}(H): + H-CH_2-\overset{CH_3}{\overset{|}{C^+}}-CH_3 \xrightarrow{\text{빠름}} H_3C-\overset{+}{O}(H)-H + CH_2=\overset{CH_3}{\overset{|}{C}}-CH_3$$

E1 메커니즘에서 첫 번째 전이 상태는 1단계에서 탄소양이온의 생성을 위하여 존재하고, 두 번째 전이 상태는 2단계에서 수소를 잃어버리기 위하여 존재한다(그림 9.6). 1단계에서 탄소양이온 중간체의 생성은 더 높은 활성화 에너지 장벽을 넘고 있기 때문에 속도 결정 단계이다. 이 반응은 S_N1 치환과 경쟁한다. E1과 S_N1은 거의 항상 같이 일어난다.

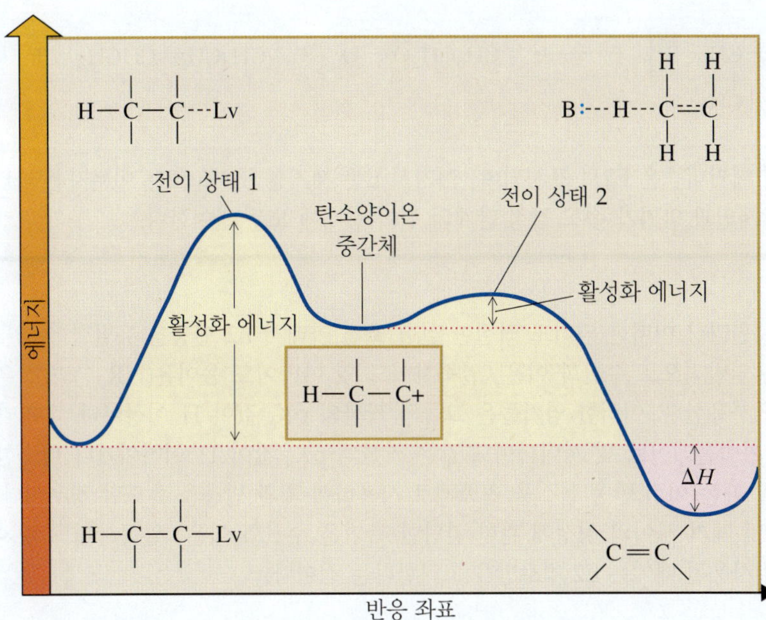

그림 9.6 ▸ 두 개의 전이 상태 및 한 개의 탄소양이온 중간체를 표시하는 E1 반응의 에너지 도표.

B E2 반응

제거 메커니즘의 두 번째 극단적인 경우로서 협동 과정이 있다. 1-Bromopropane과 sodium ethoxide의 반응으로 예시된 **E2 반응**(E2 reaction)에서는 염기로 양성자의 이동, 탄소-탄소 이중 결합의 형성, 브로민화 이온의 이탈이 동시에 일어난다. 즉, 모든 결합 절단과 결합 형성 과정이 동시에 일어난다. C—Br 결합이 끊어져서 할로젠화 이온이 형성되는 동시에 염기가 β-수소를 제거하기 때문에 전이 상태는 상당한 정도의 이중 결합 특성을 갖는다(그림 9.7).

E2 반응
이분자 β-제거 반응.

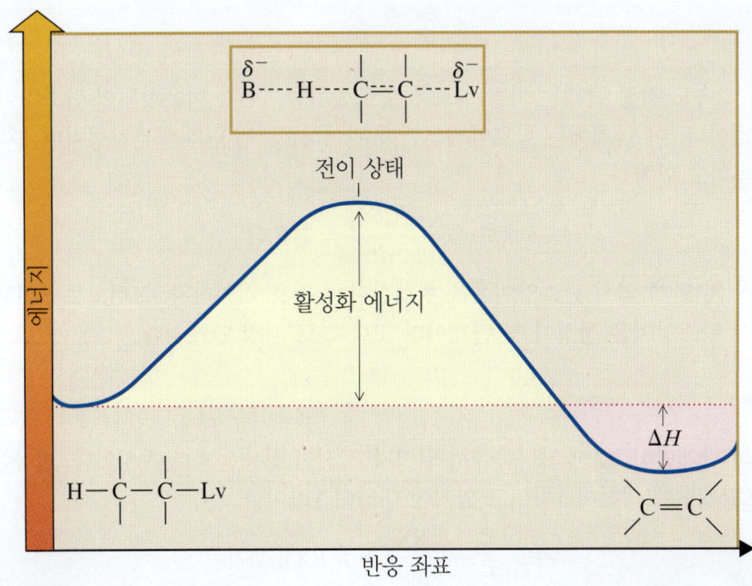

그림 9.7 ▸ E2 반응에 대한 에너지 도표. 전이 상태에서 상당한 정도의 이중 결합 특성이 있다.

MECHANISM 2-Bromobutane의 E2 반응

양성자를 제거하고 동시에 안정된 분자 또는 이온 형성을 위한 결합 절단. 결합 절단과 결합 형성이 협동적이다. 즉, 동시에 일어난다.

$$CH_3CH_2\ddot{\underset{..}{O}}{:}^- + H{-}\underset{CH_3}{\overset{CH_3}{CH{-}CH}}{-}\ddot{\underset{..}{Br}}{:} \longrightarrow CH_3CH_2\ddot{\underset{..}{O}}{-}H + CH_3CH{=}CHCH_3 + {:}\ddot{\underset{..}{Br}}{:}^-$$

이 메커니즘은 E2로 표시되며, 여기서 E는 제거를 뜻하고 2는 이분자를 나타낸다. 할로알케인과 염기가 속도 결정 단계의 전이 상태에 모두 관여한다.

비록 원리상 어떠한 염기도 적절한 실험 조건 아래서 E2 반응을 유발할 수 있으나, 화학자들은 일반적으로 수산화 이온, 알콕사이드 및 아마이드 음이온(NR_2^-)과 같은 특별히 센염기를 사용한다. 이러한 염기들은 그들의 짝산의 pK_a 값이 11 이상이다. 우리가 카복실레이트, 싸이올레이트 및 사이나이드 같은 짝산의 pK_a 값이 11 이하이거나 비슷한 염기들을 사용할 때는 이런 반응 물질을 친핵체로 사용하여 치환 반응을 유도할 경우이다. 그러므로 치환 및 제거 사이의 경쟁에 관한 간단한 측면은 수산화 이온, 알콕사이드 및 아마이드 음이온이 사용될 때에는 E2 경로만을 고려한다는 점이다.

9.7 E1 및 E2 반응 메커니즘의 실험적 증거

두 개의 대조적인 메커니즘의 기초가 되는 몇 가지 실험적 증거를 조사하면서 다음과 같은 질문들을 고려해 본다.

1. 염기-촉진 β-제거 반응의 반응속도론은 어떠한가?
2. 두 개 혹은 그 이상의 알켄이 가능할 때, 어떤 요인이 가능한 생성물의 비율을 결정하는가?
3. 입체선택성은 어떠한가?

A 반응속도론

E1 반응

E1 반응에서 속도 결정 단계는 이탈기(보통 할로젠화물, X)가 이온화되어 탄소양이온을 형성하는 단계이다. 이 단계에는 할로알케인만이 관여하고, 반응은 일분자성이며 1차 반응속도식을 따른다고 말한다.

$$\text{속도} = -\frac{d[\text{RX}]}{dt} = k[\text{RX}]$$

S_N1 반응의 첫 단계 역시 탄소양이온을 형성한다는 것을 기억하자. 그러므로 S_N1과 E1 반응 모두에서 탄소양이온 생성이 첫 단계이며 또한 속도 결정 단계이다.

E2 반응

단지 하나의 단계만이 E2 메커니즘에서 일어나고 전이 상태는 이분자성이다. 반응은 2차식이며, 할로알케인에 대하여 1차이고 염기에 대하여 1차이다.

$$\text{속도} = -\frac{d[\text{RX}]}{dt} = k[\text{RX}][\text{ 염기 }]$$

B 위치선택성

E1 반응

E1 반응에서 주 생성물은 더 안정한 알켄이다[즉, 더 많이 치환된 탄소-탄소 이중 결합을 가진 알켄(Zaitsev 규칙)]. 일단 탄소양이온이 E1 반응의 속도 결정 단계에서 생성되면, 수소를 잃고서 β-제거 반응이 완결되거나 또는 보다 더 안정한 탄소양이온으로 자리옮김 후에 수소를 잃는다.

E2 반응

센염기를 사용하는 E2 반응에서 이탈기는 할로젠화 이온이고, 생성되는 주요한 위치이성질성 생성물은 특별한 입체적 관계가 적용되지 않는 한 Zaitsev 규칙에 따른다(9.7C절). 전이 상태에서 이중 결합 성격이 매우 크게 나타나서 가능한 알켄의 상대적 안정성이 어떤 알켄이 주 생성물인지를 결정한다. 따라서 가장 낮은 에너지를 갖는 전이 상태가 보통 치환이 가장 많이 된 알켄의 생성을 유도한다. 비슷한 이유 때문에 *트랜스* 및 *시스* 생성물 형성이 가능할 경우 생성물 중에 *트랜스* 이중 결합이 *시스* 이중 결합보다 우세하다. 매우 센염기성 알콕사이드 이온을 사용할 때 2차 탄소양이온의 E2 제거가 S_N2 반응보다 우세함을 주목하라.

Br

$\xrightarrow[CH_3OH]{CH_3O^-Na^+}$ +

2-Bromohexane (라셈 혼합물) **2-Hexene** (74%) (*시스*와 *트랜스*) **1-Hexene** (26%)

하지만, 이성질성 알켄의 생성이 가능하다면 *tert*-butoxide와 같은 크고 입체 장애를 가진 염기를 사용할 경우에는 주로 가장 접근이 용이한 수소 원자에서 반응이 일어나서 주 생성물은 종종 덜 치환된 알켄이 된다. *tert*-Butoxide와 같은 입체 장애를 가진 염기들은 1차 할로젠화 알킬일지라도 입체 장애가 친핵체로 작용하는 것을 막는다는 사실에 주목하라.

C 입체선택성

E2 반응의 입체화학은 형태 효과에 의해 조절된다. E2 반응은 —Lv와 —H가 서로 안티이며 동일평면(즉, 이면각이 180°)에 놓여 있을 때 가장 낮은 에너지의 전이 상태를 갖는다. 이러한 기하학적 구조가 선호되는 이유는 염기, 제거되는 양성자 및 떨어져 나가는 이탈기 사이의 적절한 궤도함수 중첩이 허용되기 때문이다. 안티이며 동일평면의 기하학적 조건은 그것이 E2 반응에서 알켄의 입체화학, 즉 *E* 생성물인지 또는 *Z* 생성물인지에 대한 예측을 가능케 함으로써 매우 중요하다는 사실을 기억하라.

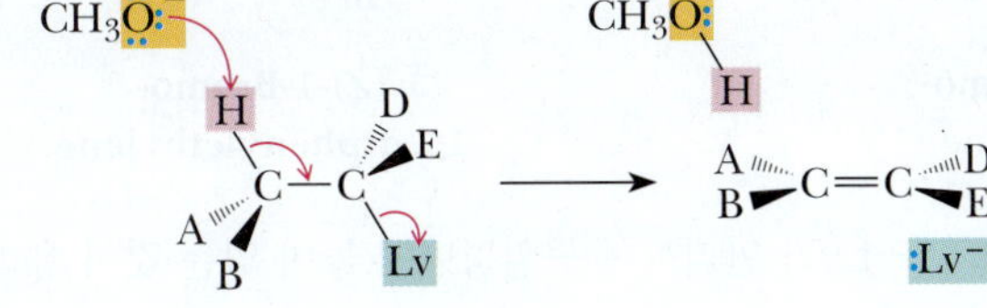

—H와 —Lv는 안티이며 동일평면에 존재 (이면각이 180°).

이러한 사실은 bromide를 이탈기로 Newman 투영도로 표시하면 보다 더 분명히 알 수 있다.

$CH_3\ddot{O}:^-$ H A E B D :Br: $\xrightarrow{E2}$ A E B D + CH_3OH + :Br:⁻

S_N2 반응에서 뒤쪽 공격이 필요한 것처럼 E2 반응에서 —H와 —Lv가 안티 및 동일평면 배열을 이루는 것에 대한 궤도함수를 근거로 이유가 있다. 다음 도표는 채워진 C—H σ 결합성 분자 궤도함수가 비어 있는 C—Lv σ 반결합성 분자 궤도함수와 일직선으로 정렬됨을 보여준다.

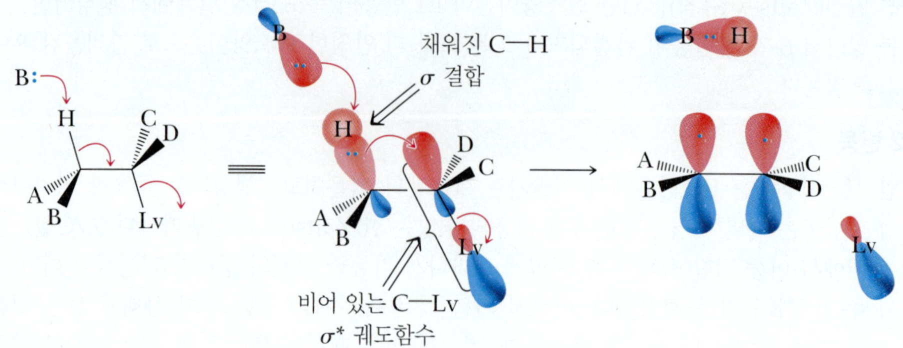

센염기가 양성자를 제거함에 따라 C—H 궤도함수에 있는 두 개의 전자가 반결합성 C—Lv 궤도함수를 채우며, 따라서 C—Lv 결합을 절단한다. C—H 및 C—Lv의 안티 및 동일평면 배열이 결과적으로 생성되는 π 결합의 적절한 상을 유도한다. H와 Lv가 그림과 같이 일직선으로 정렬되면 염기가 C—H 결합과 충돌할 때 가장 낮은-에너지의 E2 과정에 도달하게 한다.

예를 들어, 1,2-dibromo-1,2-diphenylethane을 메탄올에서 sodium methoxide와 반응시키면 1-bromo-1,2-diphenylethylene이 형성된다. 1,2-Dibromo-1,2-diphenylethane의 메조 이성질체는 (*E*)-1-bromo-1,2-diphenylethylene을 생성하지만, 1,2-dibromo-1,2-diphenylethane의 라셈 혼합물은 (*Z*)-1-bromo-1,2-diphenylethylene을 생성한다. 우리는 전이 상태의 안티 및 동일평면 조건을 이용하여 E2 β-제거 반응의 입체특이성을 설명할 수 있다.

$$C_6H_5CH(Br)-CH(Br)C_6H_5 + CH_3O^-Na^+ \xrightarrow[CH_3OH]{E2} (C_6H_5)(Br)C=C(C_6H_5)(H) + CH_3OH + Na^+Br^-$$

meso-1,2-Dibromo-1,2 diphenylethane → **(*E*)-1-Bromo-1,2 diphenylethylene**

$$C_6H_5CH(Br)-CH(Br)C_6H_5 + CH_3O^-Na^+ \xrightarrow[CH_3OH]{E2} (C_6H_5)(Br)C=C(H)(C_6H_5) + CH_3OH + Na^+Br^-$$

racemic 1,2 Dibromo-1,2 diphenylethane → **(*Z*)-1-Bromo-1,2 diphenylethylene**

E2 반응에서 —H와 —Lv가 안티이며 동일평면에 놓여 있는 것이 유리하기 때문에 출발 물질인 할로알케인의 반응성 있는 배열을 확인하는 것이 중요하다. 다음은 대칭 평면을 보여주기 위하여 메조 이성질체인 1,2-dibromo-1,2-diphenylethane의 입체적인 표현이다.

MECHANISM meso-1,2-Dibromo-1,2-diphenylethane의 E2 반응

양성자 제거와 동시에 안정된 분자 또는 이온 형성을 위해 결합의 절단. 왼쪽 탄소를 시계 방향으로 60° 회전시키면 —H와 —Br은 필요한 안티 및 동일평면 관계가 된다.

대칭면

메조 이성질체

왼쪽 탄소를 60° 회전

—H와 —Br은 이제 E2 반응에 필요한 안티 및 동일평면에 있음

E2

(*E*)-1-Bromo-1,2-diphenylethylene

아래의 Newman 투영도에 나타난 바와 같이, 이 형태에서 E2 반응은 오직 (*E*)-알켄을 생성한다. —H와 —Br은 안티이며 동일평면에 있다. 모든 결합 절단과 결합 형성 단계가 협동적이다.

CH_3O^- … E2 … (*E*)-1-Bromo-1,2-diphenylethylene + CH_3OH + Br^-

1,2-Dibromo-1,2-diphenylmethane의 라셈 혼합물의 어떤 거울상 이성질체의 E2 반응도 적절한 안티 및 동일평면 배열에 대한 분석에 의해 예측하면 오직 (*Z*)-알켄만이 생성된다.

MECHANISM 1,2-Dibromo-1,2-diphenylethane 거울상 이성질체의 E2 반응

양성자를 제거와 동시에 안정된 분자 또는 이온 형성을 위해 결합의 절단. —H와 —Br은 안티이며 동일평면에 있다. 모든 결합 절단과 결합 형성 단계가 협동적이다.

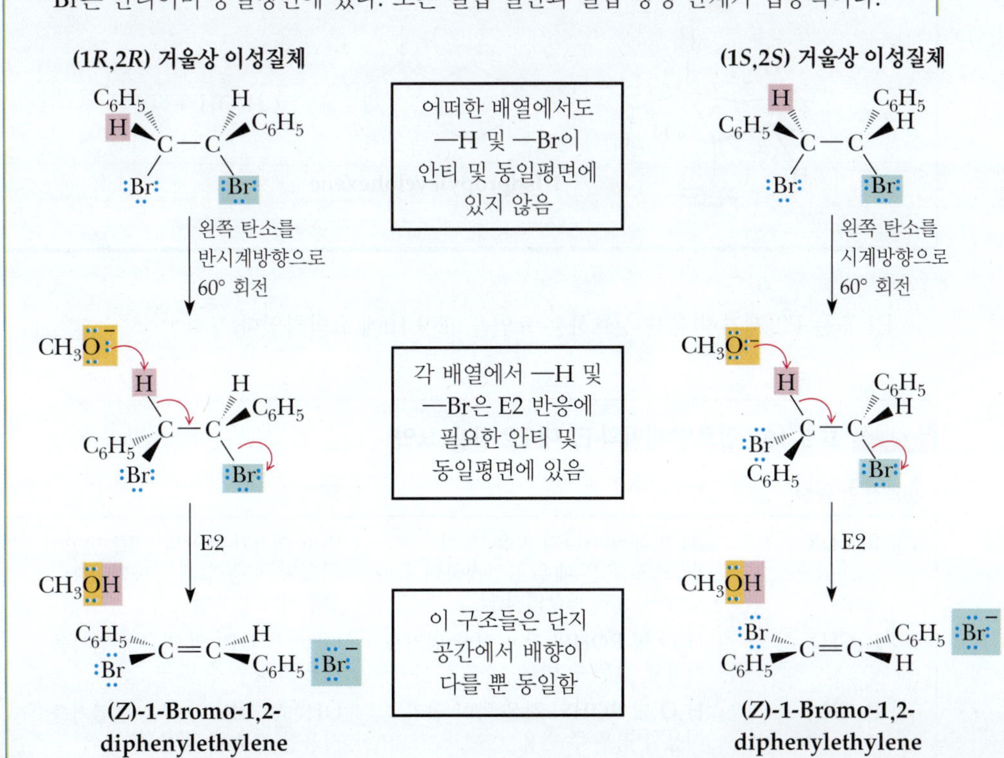

필요한 *안티* 및 동일평면 전이 상태 기하 구조는 chlorocyclohexane과 같은 할로사이클로헥세인의 E2 제거 반응의 위치화학을 예측하는데 또한 이용될 수 있다. 이 분자에서 안티이며 동일평면은 *트랜스* 및 이축방향에 해당된다. 1-Chloro-2-isopropylcyclohexane의 *시스* 이성질체에 대한 E2 반응을 생각해 보자. 주 생성물은 1-isopropylcyclohexene으로서 더 많이 치환된 사이클로알켄이다.

$CH_3O^-Na^+$ / CH_3OH

***cis*-1-Chloro-2-isopropylcyclohexane** → **1-Isopropylcyclohexene** (주 생성물) + **(*R*)-3-Isopropylcyclohexene**

MECHANISM *cis*-1-Chloro-2-isopropylcyclohexane의 E2 반응

양성자를 제거와 동시에 안정된 분자 또는 이온 형성을 위해 결합의 절단. *시스* 이성질체의 더 안정한 의자 형태에서 상당히 큰 아이소프로필기는 수평방향이고, 더 작은 염소는 축방향이다. 이 의자 형태에서 2번 탄소의 —H와 1번 탄소의 —Cl은 안티이고 동일평면에 있다. 협동 과정인 E2 제거에서 주 생성물로 삼치환 알켄인 1-isopropylcyclohexene이 생성된다. 또한, 6번 탄소의 —H 및 —Cl도 안티 및 동일평면에 있다. 이 —H 및 —Cl 조합의 할로젠화수소 이탈은 덜 안정한 이치환 알켄인 3-isopropylcyclohexene을 형성한다. 주 생성물로서 1-이성질체의 생성은 Zaitsev 규칙에 일치한다. 하지만, Zaitsev 규칙은 —H와 —Lv의 안티 및 동일평면 배열에 의해 반대로 작용할 수도 있다(예제 9.7).

CH_3O^- ... E2 → **1-Isopropylcyclohexene** + CH_3OH + Cl^-

E1 또는 E2 제거 반응을 선호하는 요인을 표 9.10에 요약하였다.

표 9.10 할로알케인의 E1 대 E2 반응 요약

할로젠화 알킬	E1	E2
1차 RCH_2X	E1 반응 일어나지 않음. 일차 탄소양이온은 매우 불안정하여 용액 중에서 결코 관찰되지 않음.	만일 제거가 관찰되면 E2 반응이 선호됨. 보통 입체 장애가 있는 센염기가 필요함.
2차 R_2CHX	H_2O 및 ROH와 같은 약한 염기를 사용할 경우 주 반응	OH^- 및 OR^-와 같은 센염기를 사용할 경우 주 반응
3차 R_3CX	H_2O 및 ROH와 같은 약한 염기 사용할 경우 주 반응	OH^- 및 OR^-와 같은 센염기를 사용할 경우 주 반응

예제 9.7 ▸ E2 반응에서 안티 및 동일평면 배열

trans-1-Chloro-2-isopropylcyclohexane에서 덜 치환된 알켄인 3-isopropylcyclohexene만이 생성된다. 형태 해석을 이용하여 왜 이 생성물만이 얻어지는지 설명하라. 또한, *trans*-1-chloro-2-isopropylcyclohexane 및 *cis*-1-chloro-2 -isopropylcyclohexane 중 어느 것이 동일한 염기 조건에서 E2 반응이 더 빨리 진행되겠는가?

Cl

$\xrightarrow[CH_3OH]{CH_3O^-Na^+}$

***trans*-1-Chloro-2 isopropylcyclohexane** **(*R*)-3-Isopropylcyclohexene**

➥ 해답

1단계: *트랜스* 이성질체의 더 안정한 의자 형태에서 아이소프로필기와 염소는 수평방향이다. 이 의자 형태에서 2번 탄소의 수소 원자는 염소 원자에 대하여 *시스*이다. 6번 탄소의 수소 원자들 중 하나는 —Cl에 대하여 *트랜스*이지만 안티 및 동일평면에 있지 않다. 따라서 이 형태에서 반응은 유리하지 않다. 그 반면에 아이소프로필기와 염소가 축방향인 *트랜스* 이성질체의 덜 안정한 의자 형태가 존재한다. 이 형태에서 6번 탄소의 축방향 수소는 염소에 대하여 안티이고 동일평면에 있으므로 E2 β-제거 반응이 일어나서 3-isopropylcyclohexene이 생성된다. 비록 이축방향 형태가 덜 안정하더라도 반응은 이 형태를 통하여 일어나는데, 그 이유는 이 형태만이 Cl과 β-H가 안티이고 동일평면 배열을 갖기 때문이다. 결과적으로 non-Zaitsev 생성물이 얻어진다.

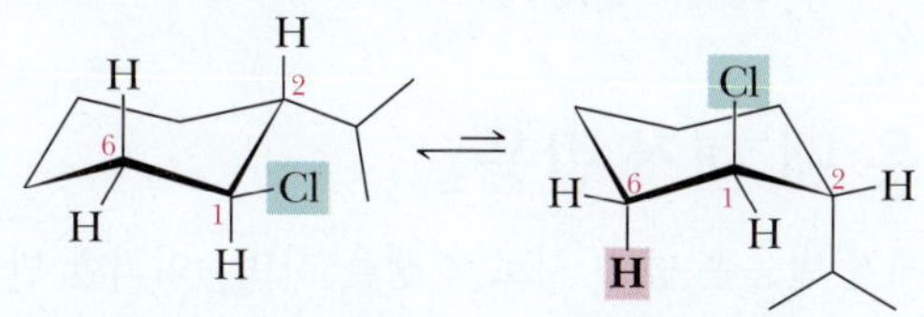

더 안정한 의자형 (어떤 H도 Cl에 대하여 안티 및 동일평면이 아님) | 덜 안정한 의자형 (6번 탄소의 H가 Cl에 대하여 안티 및 동일평면임)

2단계: —H와 —Cl이 안티이고 동일평면으로 E2 반응이 일어날 수 있다. 반응 메커니즘이 안티 배열을 요구하기 때문에 이 반응은 Zaitsev 규칙을 따르지 않는다.

$CH_3\ddot{O}^-$ ... E2 → + CH_3OH + $:\ddot{Cl}:^-$

(*R*)-3-Isopropylcyclohexene

시스 이성질체의 E2 반응 속도가 *트랜스* 이성질체의 속도보다 훨씬 더 크다. 다음과 같은 방식으로 이런 현상을 설명할 수 있다. *시스* 이성질체의 더 안정한 의자 형태는 —H와 —Cl이 안티 및 동일평면에 있으며, 반응의 활성화 에너지는 E2 전이 상태 도달에 필요한 에너지이다. 그러나 *트랜스* 이성질체의 더 안정한 의자 형태는 안티 제거를 일으킬 수 없다. 따라서 반응이 일어나려면 *트랜스* 이성질체는 덜 안정한 의자 형태로 먼저 변환되어야 하며, 또한 제거 반응에 대한 전이 상태는 축방향 아이소프로필기 때문에 더 높은 에너지를 갖는다.

연습 문제 9.7

1-Chloro-4-isopropylcyclohexane은 *시스*와 *트랜스*의 두 개 입체 이성질체로 존재한다. 각 이성질체를 에탄올에서 sodium ethoxide로 처리하면 E2 반응에 의해서 4-isopropylcyclohexene이 얻어진다.

$$\text{1-Chloro-4-isopropylcyclohexane} \xrightarrow[CH_3CH_2OH]{CH_3CH_2O^-Na^+} \text{4-Isopropylcyclohexene}$$

1-Chloro-4-isopropylcyclohexane **4-Isopropylcyclohexene**

시스 이성질체는 *트랜스* 이성질체보다 몇 천배 더 빠르게 진행한다. 이러한 실험적 관찰에 대하여 어떻게 설명할 것인가?

E2 반응에서 C—H와 C—Lv 결합의 안티 및 동일평면 배열보다는 비록 반응성은 떨어지지만 이들 결합의 신 및 동일평면 배열도 E2 반응이 일어날 수 있다. 이러한 배열은 C—H와 C—Lv 결합이 가리워져 있다는 것을 의미한다. 따라서 확실하게 경직된 고리 구조만이 이러한 기하 구조를 갖는다. 예를 들어, 다음 반응은 C—H_b 결합이 C—Cl 결합에 대해 60°의 이면각으로 되어있는 고쉬 결합인 반면 C—H_a 결합은 C—Cl 결합과 같은 방향으로 배열되어 있기 때문에 H_b보다는 오히려 H_a 제거 반응이 일어난다.

$$\xrightarrow{EtO^-\ Na^+/EtOH} \quad + \ EtOH \ + \ :Cl^-$$

H_a, H_b, Cl — 신 및 동일평면

9.8 치환 반응 대 제거 반응

친핵성 치환 반응과 β-제거 반응은 종종 서로 경쟁을 하며, 이러한 반응들을 통해 형성된 생성물의 비율은 두 반응의 상대 속도에 의존한다. 이 절에서는 이러한 경쟁에 영향을 주는 요인들에 대하여 생각해 보기로 한다.

H—C—C—Lv + :Nu⁻ → (친핵성 치환 반응) H—C—C—Nu + :Lv⁻

H—C—C—Lv + :Nu⁻ → (β-제거 반응) C=C + H—Nu + :Lv⁻

A S_N1 반응 대 E1 반응

극성 양성자성 용매 속의 2차 및 3차 할로알케인의 반응에서는 치환 및 제거 생성물의 혼합물이 얻어진다. 두 반응의 첫 번째 단계는 탄소양이온 중간체의 형성이다. 이 반응 뒤에 하나 혹은 그 이상의 특징적인 탄소양이온의 반응이 이어져 일어난다. (1) E1에서는 탄소양이온이 수소를 잃고 알켄을 형성하며, (2) S_N1에서는 용매와 반응하여 치환 생성물을 생성하거나, (3) 자리옮김이 일어난 후에 (1) 또는 (2)가 진행된다. 극성 양성자성 용매 속에서 형성된 생성물들은 오직 탄소양이온의 구조에만 의존한다. 예를 들면, 80%의 수용성 에탄올에서 *tert*-butyl chloride와 *tert*-butyl iodide는 용매와 반응하여 동일한 치환 및 제거 생성물의 혼합물이 얻어진다. 아이오딘 이온은 염소 이온보다 더 좋은 이탈기이기 때문에 *tert*-butyl iodide는 *tert*-butyl chloride보다 100배 더 빠르게 반응한다. 하지만, 중간체인 *tert*-butyl 양이온이 동일하기 때문에 생성물 비율은 동일하다.

$$(CH_3)_3C{-}I \xrightarrow{-I^-} (CH_3)_3C^+ \xleftarrow{-Cl^-} (CH_3)_3C{-}Cl$$

$$(CH_3)_3C^+ \xrightarrow[H_2O]{E1} CH_2{=}C(CH_3)_2 + H_3O^+$$

$$(CH_3)_3C^+ \xrightarrow[H_2O]{S_N1} (CH_3)_3C{-}OH + H_3O^+$$

$$(CH_3)_3C^+ \xrightarrow[CH_3CH_2OH]{S_N1} (CH_3)_3C{-}OCH_2CH_3 + CH_3CH_2\overset{+}{O}H_2$$

할로알케인의 1차 반응에 대한 치환 반응과 제거 반응 생성물의 비율을 예측하기는 어렵다. 그러나 대부분의 경우에 약한 염기가 사용된다면 S_N1이 E1보다 더 우세하게 일어난다.

B S_N2 반응 대 E2 반응

할로알케인과 친핵체 및 염기로 작용하는 시약들과의 2차 반응에서는 치환 반응과 제거 반응 생성물의 비율을 예측하기는 상당히 쉽다. 기준이 되는 원리는 다음과 같다:

1. α-탄소 혹은 β-탄소에 가지가 있으면 α-탄소에 대한 입체 장애가 증가하여 S_N2 반응이 상당히 느려진다. 달리 말하면, α-탄소 또는 β-탄소에 가지가 있으면 알켄 생성물의 안정성이 증가하기 때문에 E2 반응의 속도가 증가된다.

2. 공격하는 시약의 친핵성이 커질수록 E2에 비해 S_N2 비율은 더 커진다. 반대로, 공격하는 시약의 염기도가 커질수록 S_N2에 비해 E2 비율이 커진다.

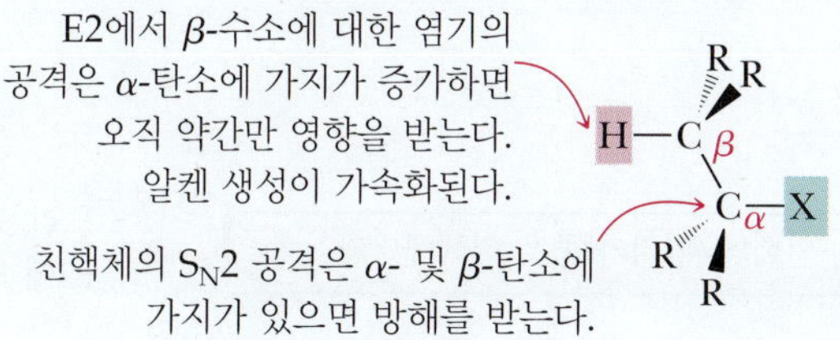

두 번째 주안점은 염기도에 대한 친핵성도의 상대적인 비교이다. 때로는 친핵성도가 염기도를 경쟁에서 이길 수 있을지를 미리 명확하게 예측하는 것이 어렵다. 이러한 예측은 E2에 대한 S_N2의 선호도를 알 수 있다. 이러한 경쟁은 2차 할로알케인에서 특히 중요하다(아래 참조). 그러나 2차 할로알케인에 대해 합리적으로 예측이 가능한 일반적인 지침서가 있다. 만약 친핵체/염기가 pK_a 값이 11 이하인 짝산을 가지고 있으면 좋은 친핵체로 작용하고 S_N2 반응이 우세할 것이다. 만약 친핵체/염기의 짝산에 대한 pK_a 값이 11 이상이면 일반적으로 염기의 성질이 친핵체의 성질을 경쟁에서 이기게 되고 E2 반응이 우세하게 될 것이다. 이러한 현상의 좋은 예는 싸이올산염 음이온과 알콕사이드 음이온 사이의 경쟁 반응이다. 싸이올산염은 극성 양성자성 용매에서 좋은 친핵체이고 이들의 짝산(싸이올, RSH)에 대한 pK_a 값은 11~12 사이에 있다. 그러나 알콕사이드 또한 좋은 친핵체이지만 이들의 짝산(알코올, ROH)에 대한 pK_a 값은 16~18 범위로 매우 높다. 따라서 같은 극성 양성자성 용매에서 같은 할로알케인과의 반응에서 알콕사이드 친핵체/염기와 반응이 진행될 경우 E2 비율이 우세한 반면 싸이올산염 친핵체/염기의 경우 S_N2 비율이 우세할 것이다.

온도는 S_N2와 E2 사이의 평형에 영향을 주는 또 다른 요소이다. 일반적으로 높은 온도는 치환 반응에서 제거 반응의 비율을 늘리는 결과를 초래한다. 이러한 이유는 반응물 수에 비하여 생성물 수의 차이로부터 유래된다. 염기와 R—Lv의 반응이 염기의 짝산, 알켄 및 자유 이탈기를 생성하기 때문에 제거 반응은 분자의 수가 증가된다. 대조적으로 치환 반응은 친핵체와 R—Lv의 반응이 치환된 생성물과 자유 이탈기를 생성하기 때문에 분자 수의 변화가 없다. 반응에서 보다 많은 입자의 형성은 엔트로피적으로 보다 유리하다. 따라서 제거 반응은 치환 반응보다 더 많은 입자를 형성하기 때문에 엔트로피적으로 보다 유리하다. $\Delta G = \Delta H - T\Delta S$를 상기하라. 여기에서 $T\Delta S$ 항은 더욱더 중요한 요소이기 때문에 엔트로피 효과는 높은 온도에서 더욱 커지게 된다. 따라서 둘 또는 그 이상의 반응이 높은 온도에서 경쟁할 경우, 보다 유리한 엔트로피로 일어나는 반응이 증가할 것이다. S_N2와 E2 사이의 경쟁과 더불어 제거 반응에 대한 보다 유리한 엔트로피는 높은 온도에서 결과적으로 제거 반응을 증가시킨다.

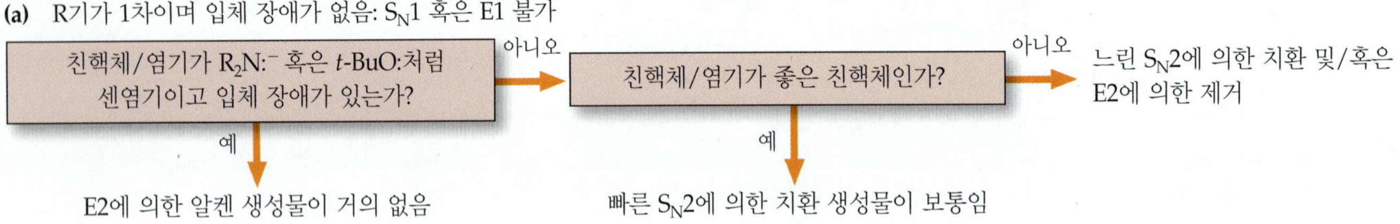

C 종합적인 설명

이 장에서 우리는 S_N2, S_N1, E2 및 E1 메커니즘에 대하여 살펴 보았고, 또한 알킬기, 이탈기, 용매 및 친핵체에 따라서 이들 메커니즘들이 어떻게 경쟁하는지를 알아보았다. 또한, 친핵성도에 대한 용매 효과도 공부하였다. 자연은 언제나 명확하게 구별되는 규칙을 갖지 않지만, 여기에 화학자들이 할로알케인과 여러 친핵체 및 염기 사이의 반응의 결과를 예측할 수 있는 지침서를 요약하였다.

그림 9.8에 치환 반응 및 제거 반응의 주 생성물을 예측할 수 있는 흐름도를 나타내었다. 아래의 설명에 대한 지침으로 이 표를 사용하여라. 대신으로, 표 9.11을 참고하여 설명을 따를 수도 있다.

그림 9.8 ▸ S_N2, S_N1, E2 및 E1 반응에 유리한 실험 조건 및 시약의 선택을 결정하는 흐름도.

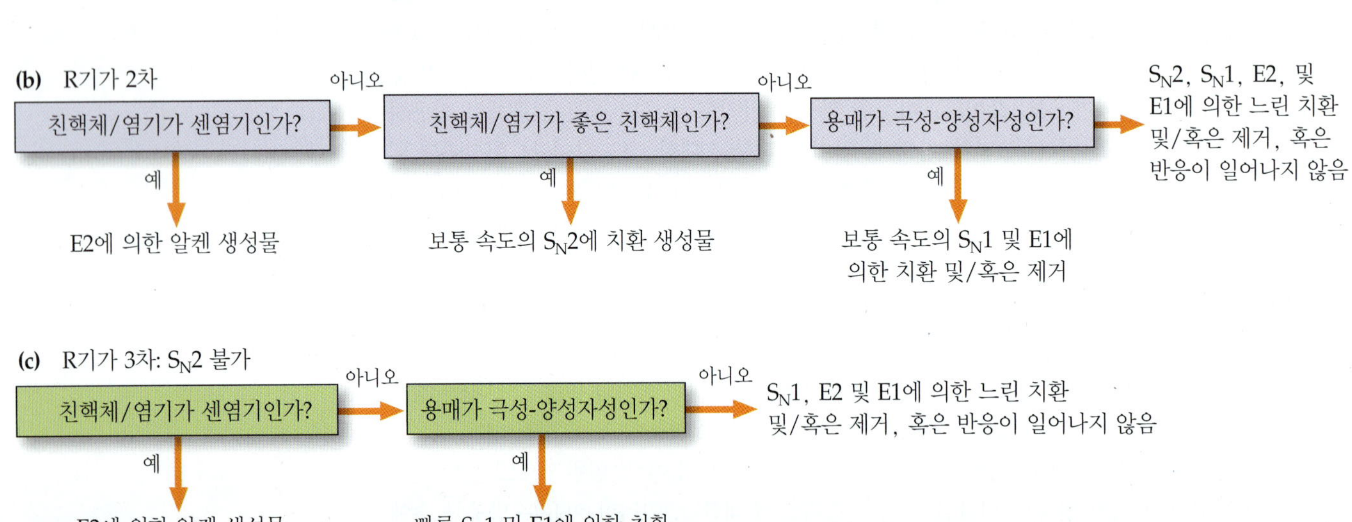

표 9.11 할로알케인의 제거 반응 대 치환 반응의 요약

할로겐 화합물	반응	설명
메틸 CH_3X	S_N2	메틸 할로젠화합물의 S_N1 반응은 결코 일어나지 않는다. 메틸 양이온은 매우 불안정하기 때문에 일반 용매에서는 관측되지 않는다.
1차 RCH_2X	S_N2	I^- 및 CH_3COO^-와 같은 좋은 친핵체/약한 염기와의 반응
	E2	$(CH_3)_3CO^-$와 같은 강하고 부피가 큰 염기와의 반응
	S_N1/E1	용매에서 1차 양이온은 매우 드물게 형성된다. 따라서 1차 할로젠화합물의 S_N1 및 E1 반응은 거의 일어나지 않는다.
2차 R_2CHX	S_N2	짝산의 pK_a 값이 11 또는 그 이하인 염기/친핵체(I^- 및 CH_3COO^-)와의 반응
	E2	짝산의 pK_a 값이 11 또는 그 이상인 염기/친핵체(OH^- 및 $CH_3CH_2O^-$)와의 반응
	S_N1/E1	물, 메탄올, 에탄올과 같은 극성 양성자성 용매에서 약한 친핵체와의 반응
3차 R_3CX	E2	OH^- 및 RO^-와 같은 센염기와의 반응
	S_N1/E1	극성 양성자성 용매에서 약한 친핵체/약한 염기와의 반응
	S_N2	3차 탄소 주위는 매우 혼잡하기 때문에 3차 할로젠화합물에서 S_N2 반응은 결코 일어나지 않는다.

먼저 할로알케인을 (a) 1차(RCH_2X), (b) 2차(R_2CHX), (c) 3차(R_3CX)로 분류한다. (a)에서 대부분의 1차의 경우를 다루기 때문에 입체 장애를 받지 않는 1차 탄소를 고려하자. 만일 네오펜틸기[R = $(CH_3)_3CCH_2X$, 9.3B절 참조]처럼 1차 탄소가 입체 장애를 가지면 제거 반응이 일어날 수 없는 2차 탄소(b)인 것처럼 취급한다. 이 흐름도에는 알킬기가 메틸(CH_3X)인 경우에 어떤 결과가 있을 것인지를 나타내지 않았는데, 그 이유는 친핵체, 이탈기 및 용매의 구조와 상관없이 오직 가능한 결과는 S_N2 반응이기 때문이다. 메틸 양이온은 너무 불안정하여 형성되지 못하며(S_N1 반응에서 제외됨), 또한 오직 한 개의 탄소만 있어서 이중 결합을 형성할 제거 반응이 불가능(E1 및 E2에서 제외됨)하다는 사실을 상기하라.

다음으로 친핵체의 구조를 분석한다. 모든 친핵체가 동시에 염기이므로 친핵체를 친핵체/염기로 표시하였다.

(a) 1차 알킬기:

- 1차 탄소양이온은 너무 불안정하여 형성되지 못하며, 따라서 S_N1 혹은 E1 메커니즘은 불가능하다.
- 만약 친핵체/염기가 센염기이고 입체 장애를 가지면 좋은 친핵체가 되지 *못하며*, 따라서 E2가 주 반응 경로가 된다. 대표적인 예가 *tert*-butoxide를 친핵체/염기로 사용하는 경우이다. 아마이드 염기는 예외로서, 비록 입체 장애는 없지만 너무 센염기로서 E2 반응이 주로 일어난다.
- 만약 친핵체/염기가 센염기이고 입체 장애가 없다면, 다음으로 좋은 친핵체인지 여부를 고려해야 한다. 센염기임과 동시에 좋은 친핵체는 수산화이온, 아세틸라이드 및 메톡사이드이다. 약한 염기는 짝산의 pK_a' 값이 11 이하인 염기로 정의한다. 약한 염기임과 동시에 좋은 친핵체는 싸이올레이트(RS^-), 사이나이드(NC^-), 아이오다이드(I^-) 및 아자이

드(N_3^-) 음이온이다. 입체 장애가 없는 아민(NR_3) 및 포스파인(PR_3) 같은 약한 염기이면서 중간 세기의 친핵체들조차도 효과적으로 S_N2 반응에 참여한다. 어떠한 염기성 또는 약한 염기성이면서 동시에 좋은 또는 중간 세기의 친핵체도 S_N2 경로로 생성물을 형성한다. 그렇지만 센염기를 사용할 경우에는 어느 정도 E2 메커니즘이 동반하여 일어난다.

- 마지막으로 친핵체/염기가 좋은 또는 중간 세기의 친핵체가 아닌 경우에는 S_N2 및 E2 반응이 동시에 일어나지만, 그 비율은 예측하기 어렵거나 혹은 반응이 일어나지 않을 수도 있다. 이러한 예로는 물, 알코올 및 카복실산이 있다.

(b) 2차 알킬기:

- 만약 친핵체/염기가 입체 장애가 있든 없든 간에 센염기이면 E2가 지배적으로 일어난다. 센염기는 수산화이온, 알콕사이드, 아세틸라이드 및 H_2N^-로서 짝산의 pK_a가 11 이상이다.
- 약한 염기임과 동시에 좋은 혹은 중간 세기의 친핵체이면 S_N2가 지배적으로 일어난다. 예로는 짝산의 pK_a가 11 이하인 친핵체들이다. 하지만, 알킬기가 2차이므로 S_N2 반응은 느리게 일어나고, S_N1 및 E2/E1 제거 경로가 어느 정도 경쟁적으로 일어날 수 있다.
- 만약, 친핵체가 좋지 않다면 용매를 살펴볼 필요가 있다. 극성 양성자성 용매 속에서 보통은 약간만 가열하면 S_N1 및 E1 과정을 유도할 수 있다. 치환 반응 및 제거 반응이 일어나는 정도를 예측하기는 매우 어렵다.
- 마지막으로, 만약 용매가 극성 혹은 양성자성도 아니며 동시에 친핵체/염기도가 센염기이거나 좋은 친핵체가 아니면 네 개의 반응 경로가 모두 가능하지만, 어느 반응이 지배적으로 일어날지 또한 어느 반응이 일어날지 여부를 예측하기는 매우 어렵다.

(c) 3차 알킬기:

- 먼저 S_N2 메커니즘이 3차 알킬기에서는 일어나지 않는다는 사실을 유의하자.
- 만약 친핵체/염기가 센염기이면 E2가 지배적으로 일어난다.
- S_N2가 불가능함으로 친핵체/염기가 센 혹은 약한 친핵체인지를 고려할 필요는 없다. 그러므로 이러한 질문은 어느 경로가 지배적으로 일어나는지 예측하는 것과 관계가 없다. 그러므로 대신에 용매를 확인하자.
- 만약 용매가 극성이고 양성자성이면, 종종 가열함으로써 S_N1 및 E1 반응을 유도할 수 있다. 치환 반응 및 제거 반응 중에서 어느 반응이 지배적인지 예측하기는 어렵다.
- 마지막으로 친핵체/염기가 센염기가 아니고 또한 용매가 극성이 아니고 양성자성이면, S_N1, E2 및 E1 반응 경로가 가능하지만, 어느 반응이 지배적으로 일어나고 혹은 어느 반응이 일어날지 여부를 예측하기는 매우 어렵다.

9.9 치환 반응과 제거 반응 사이의 몇 가지 경쟁 분석

S_N2, S_N1, E2 및 E1 메커니즘의 상대적인 한계를 예측할 수 있는 과정을 단계적으로 서술하였다. 따라서 9.4절과 같이 특정 예를 들어 설명하고자 한다. 다음은 특정 용매에서 메커니즘의 방향을 결정하는 요인의 분석과 함께 할로알케인과 친핵체/염기 사이의 반응에 대한 5가지 예를 나타낸 것이다. 먼저 명확히 예측이 가능한 예를 들어 설명하고 다음으로 보다 도전적인 예를 들어 설명할 것이다. 때로는 약간 다른 실험 조건 하에서의 반응에 대한 예측을 또한 다룰 것이다.

경쟁 1

$$\text{(butyl)Br} \xrightarrow[CH_3CH_2OH]{CH_3CH_2ONa} ?$$

할로알케인이 1차이다. 따라서 S_N1 및 E1은 일어날 수 없다. 짝산의 pK_a 값이 11 이상(pK_a HOEt = 15.9)이기 때문에 친핵체/염기는 센염기이다. 그러나 염기도와 입체적으로 가리워져 있지 않기 때문에 ethoxide 또한 좋은 친핵체이다. 따라서 S_N2가 E2보다 우세하다.

CH_3CH_2ONa / CH_3CH_2OH

주 생성물 + 부 생성물

경쟁 2

CH_3CH_2OH, Δ → ?

할로알케인이 3차이다. 따라서 S_N2는 일어날 수 없다. 친핵체/염기는 약한 염기이다. 용매는 극성 양성자성이다. 따라서 S_N1 및 E1 메커니즘이 일어날 것이다. S_N1 또는 E1이 우세하다.

CH_3CH_2OH, Δ → OEt (주 생성물) + 부 생성물

만약 같은 반응이 에탄올 용매 하에서 NaOEt와 함께 반응이 진행된다면, ethoxide가 센염기이기 때문에 E2가 우세하다.

경쟁 3

Br → NaOAc / HOAc → ?

할로알케인이 2차이다. 친핵체/염기는 11보다도 훨씬 낮은 pK_a (HOAc의 pK_a = 4.7)를 가지고 있기 때문에 약한 염기이다. 따라서 E2는 거의 일어나지 않는다. 그러나 아세트산염은 온화한 친핵체이다. 따라서 S_N2가 가장 예상된다.

Br → NaOAc / HOAc → OAc (주 생성물) + (거의 없음)

용매가 극성 양성자성이기 때문에 작은 정도의 $S_N1/E1$이 일어날 수 있다. 만약 sodium aceate를 반응으로부터 제거하고 가열하게 되면 $S_N1/E1$이 예상된다.

경쟁 4

Br → NaCN / DMF → ?

할로알케인이 2차이다. 친핵체/염기는 11 부근 또는 이보다 약간 낮은 pK_a (HCN, pK_a = 9.3)를 가지고 있기 때문에 온화한 약한 염기이다. 그러나 사이안화물 음이온은 매우 좋은 친핵체이다. 결과적으로 S_N2가 E2보다 우세하다. 또한 DMF (dimethylforamide) 용매는 극성 비양성자성이기 때문에 S_N2 또는 E2를 지지하지만, S_N1 또는 E1 반응을 도와주지는 않는다. 반응물이 카이랄이기 때문에 S_N2는 배열이 반전된다.

Br → NaCN / DMF → CN (주 생성물) + (거의 없음)

경쟁 5

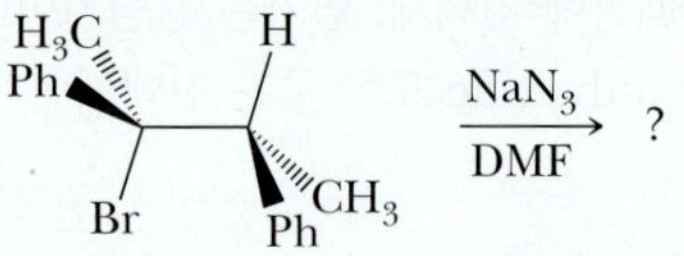

할로알케인이 3차이다. 따라서 S_N2는 일어날 수 없다. 친핵체/염기는 약한 염기(HN_3, pK_a = 4.9)이다. 따라서 E2가 명확하지 않다. 그러나 용매는 양성자성이 아닐 뿐만 아니라 극성이다. 따라서 S_N1 및 E1은 유리하지 않다. 이러한 실례는 그림 9.8 또는 표 9.11을 이용하여 예측하기가 어려운 경우이다.

그러나 극성 양성자성이 부족한 용매는 약한 염기에서도 E2를 유리하게 한다. E2는 Br 및 H의 안티 및 동일평면 배열에서 제거 반응으로 일어나며 그 결과 *E* 알켄이 형성된다. S_N1 진행으로 일어나는 치환 반응은 이탈기를 가지고 있는 카이랄 중심의 라셈화가 일어난다.

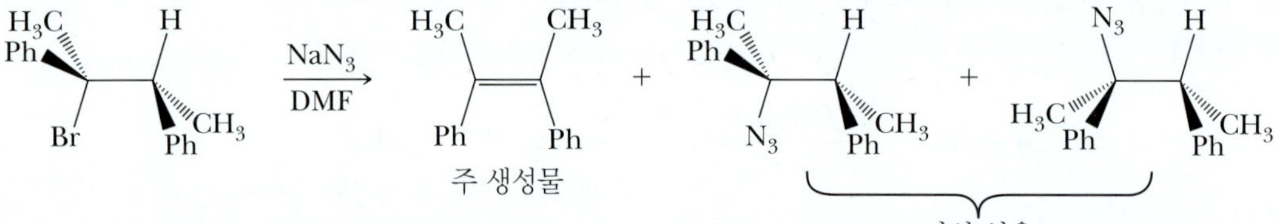

주 생성물

거의 없음

예제 9.8 ▸ S_N1 또는 S_N2, E1 또는 E2

각 반응이 치환 반응(S_N1 혹은 S_N2) 또는 제거 반응(E1 혹은 E2) 중에서 어느 것에 의하여 지배적으로 진행되는지 또는 두 반응이 경쟁적으로 일어나는지를 예측하라. 주요한 유기 생성물의 구조식을 그려라.

(a) 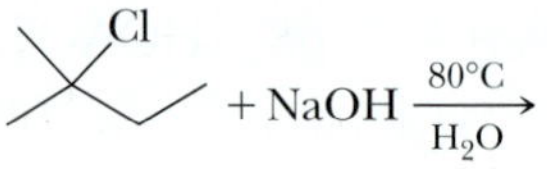 + NaOH $\xrightarrow[H_2O]{80°C}$ **(b)** 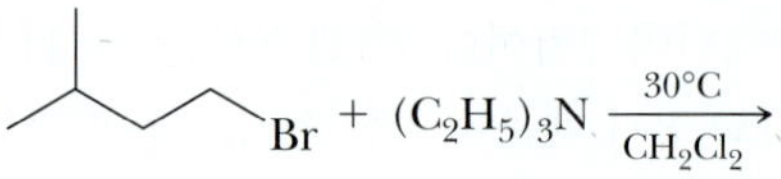 + $(C_2H_5)_3N$ $\xrightarrow[CH_2Cl_2]{30°C}$

➥ 해답

(a) 3차 할로젠화물을 센염기/좋은 친핵체와 함께 가열하였다. E2 반응에 의한 제거가 주로 일어나서 주 생성물로서 2-methyl-2-butene이 생성된다.

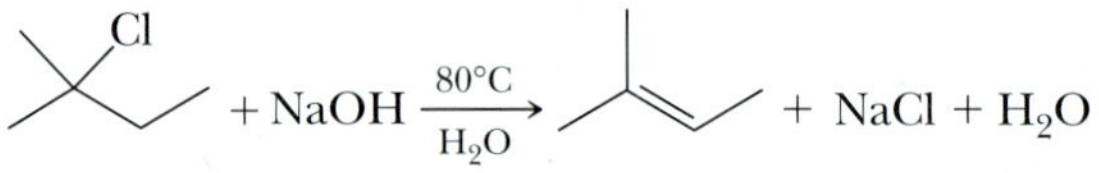

+ NaOH $\xrightarrow[H_2O]{80°C}$ + NaCl + H_2O

(b) 1차 할로젠화물과 중간 세기의 친핵체/약한 염기 사이의 반응은 S_N2 반응에 의한 치환이 일어난다.

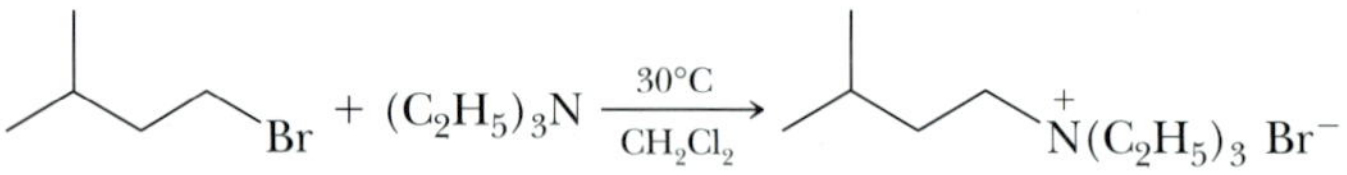

+ $(C_2H_5)_3N$ $\xrightarrow[CH_2Cl_2]{30°C}$ $\overset{+}{N}(C_2H_5)_3$ Br^-

연습 문제 9.8

각 반응이 치환(S_N1 혹은 S_N2) 또는 제거(E1 혹은 E2) 중 어느 것이 지배적으로 일어나는지 또는 두 반응이 경쟁적으로 일어나는지를 예측하라. 주요한 유기 생성물의 구조식을 그려라.

(a) 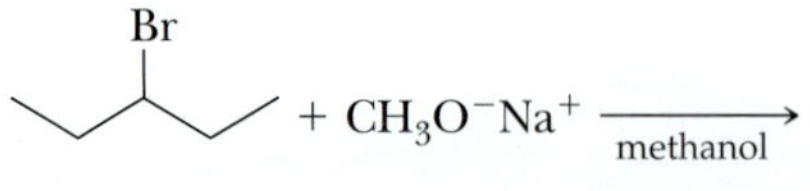 + $CH_3O^-Na^+$ $\xrightarrow[\text{methanol}]{}$ **(b)** 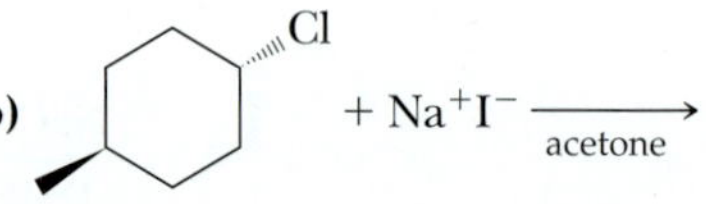 + Na^+I^- $\xrightarrow[\text{acetone}]{}$

(c) 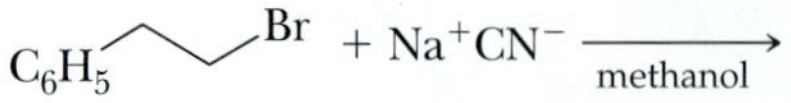 C_6H_5 + Na^+CN^- $\xrightarrow[\text{methanol}]{}$

의과대학 입학시험(MCAT) 연습: 지문 및 질문

용매 및 용매화

화학 반응을 위한 가장 좋은 용매를 선택하는 것은 유기 화학 측면에서 매우 중요하다. 용매를 선택할 때 화학자는 반응의 메커니즘과 중간체의 용매화뿐만 아니라 반응물과 생성물의 용해도를 고려한다. 용매는 가용매분해와 같은 시약으로 사용되어지는 경우를 제외하고 반드시 비활성이어야 한다.

질문

A. S_N1 가용매분해를 실행할 때, 다음 용매 중 *tert*-butyl iodide에 대해 적당하지 않은 것은? ['건조된(dried)'은 수분이 제거되었다는 것을 의미한다.]

1. 80% 물, 20% ethanol
2. 순수한 물
3. 건조된 acetonitrile
4. 건조된 acetic acid

B. Ethylamine ($EtNH_2$) 친핵체에 의해 S_N2 치환 반응의 정도를 증가시키고자 할 때, 다음 용매 중 *sec*-butyl iodide에 대해 적당하지 않은 것은?

1. 순수한 물
2. Acetonitrile
3. DMSO
4. *tert*-Butyl alcohol

C. 친핵체로서 NaCN을 사용하여 *n*-butyl iodide와 함께 S_N2 반응을 실행할 때 다음 용매 중 가장 나쁜 선택은?

1. DMSO
2. DMF
3. Acetonitrile
4. Toluene

D. Diethylamine (Et_2NH)과 *sec*-butyl iodide의 반응은 가열이 필요하지만, E2보다 S_N2 반응을 최적화하기 위해서는 온도가 너무 높아서는 안된다. 다음 용매 중 이 반응을 환류시키기 위해 가장 적절한 용매는?

1. Diphenyl ether
2. Diethyl ether
3. THF
4. DMSO

이 장에서 배운 중요한 주제는 전이 상태의 상대적인 에너지와 함께 주요한 전이 상태 혹은 반응성 중간체의 기하학적 구조를 이해하면 생성물의 입체화학 및 위치화학을 예측할 수 있다는 점이다. S_N2 반응에서의 뒤쪽 공격, E2 반응에서 수소 원자와 이탈기의 안티 및 동일평면 기하 구조, S_N1 반응에서의 탄소양이온 중간체의 존재 등은 입체화학을 결정하는 주요한 반응 기하 구조의 예이다. 또 다른 가능한 전이 상태의 상대적인 에너지를 이해하는 것도 중요하다. β-제거 반응의 경우에 상대적인 전이 상태의 에너지는 위치화학에 대한 Zaitsev 규칙에 대한 이론적 설명을 제공한다. 이 책의 나머지 부분을 공부하면서 반응 생성물의 입체화학과 위치화학을 결정하는 반응 메커니즘의 결정적인 특징을 배우도록 노력하라. 여러분은 단지 화살표로 전자의 흐름을 나타내는 것 이상으로 메커니즘에 대하여 생각해 보아야 한다. 메커니즘은 생성물의 형성을 좌우하는 상대적인 에너지와 연관된 3차원 분자 반응과 관련되어 있다.

9.10 이웃 원자단 참여

지금까지는 이탈기가 이탈하는 동안에 친핵체와 치환 중심 사이에서 형성되는 공유 결합의 정도에 초점을 맞추어 친핵성 치환에 대한 두 가지 극단적인 메커니즘을 고려하였다. S_N2 메커니즘에서 이탈기는 이탈할 때 친핵체의 도움을 받는다. S_N1 메커니즘에서 이탈기는 이탈할 때 이러한 방식의 도움을 받지 않는다. 이러한 두 가지 경로를 구분하는 본질적인 기준은 반응 차수이다. 친핵체의 도움을 받는 치환은 2차로서, RX에 대하여 1차이고 친핵체에 대하여 1차이다. 친핵체의 도움을 받지 않는 치환은 1차로서, RX에 대하여 1차이고 친핵체에 대하여 0차이다.

화학자들은 어떤 친핵성 치환 반응들은 1차 치환 반응(S_N1)의 반응 속도 특성을 가지지만, 사실상 2개의 연속적인 치환 반응이 관여됨을 알고 있다. 이러한 많은 친핵성 치환의 특징은 이탈기의 베타 위치의 탄소 원자에 내부 친핵체(대부분 황, 질소 또는 산소)가 존재한다는 점이다. 이러한 이웃한 친핵체는 이탈기의 이탈에 참여하여 중간체를 형성하고, 이 중간체가 외부 친핵체와 반응하여 반응을 완결시킨다.

겨자 가스(Mustard gas)는 이웃 원자단 참여에 의하여 반응하는 화합물들 중 하나이다. 겨자 가스의 구조적 특징은 두 개의 탄소 사슬로서 한 탄소에는 할로젠, 또 다른 탄소에는 2가의 황 또는 3가의 질소(S-C-C-Lv 또는 N-C-C-Lv)를 가진다. 겨자 가스의 한 가지 예로는 bis(2-chloroethyl)sulfide로서 제1차 세계대전에서 광범위하게 사용되었으며, 한때는 이라크에서도 제조되었다. 이 화합물은 치명적인 수포작용제(물집을 일으키는 물질)로서 빠르게 결막염을 일으키며 눈을 멀게 한다.

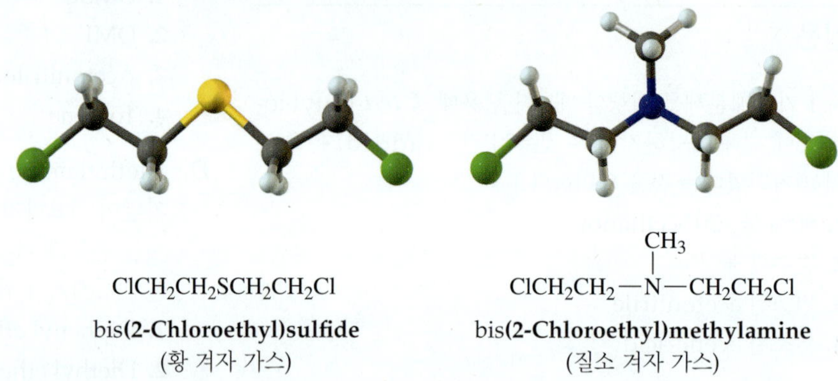

$ClCH_2CH_2SCH_2CH_2Cl$
bis**(2-Chloroethyl)sulfide**
(황 겨자 가스)

$ClCH_2CH_2-N(CH_3)-CH_2CH_2Cl$
bis**(2-Chloroethyl)methylamine**
(질소 겨자 가스)

Bis(2-Chloroethyl)sulfide와 bis(2-chloroethyl)methylamine은 전혀 기체가 아닌 기름과 같은 액체지만, 높은 증기압을 가졌기 때문에 '가스'로 표현한다. 질소와 황의 겨자 가스들은 공기 중 또는 눈, 코, 목 등의 점막의 습기와 매우 빠르게 반응하여 HCl을 형성하며, 이 HCl이 민감한 조직에 화상을 입히고 물집을 생기게 한다. 겨자 가스의 반응성 중 특이한 점은 겨자 가스는 매우 약한 친핵체인 물과 매우 빠르게 반응한다는 사실이다.

$$ClCH_2CH_2SCH_2CH_2Cl + 2\,H_2O \longrightarrow HOCH_2CH_2SCH_2CH_2OH + 2\,HCl$$

겨자 가스는 또한 생물학적 분자에서의 친핵체들과 빠르게 반응함으로서 특별히 위험한 화합물이다. 황 겨자 가스의 가수분해 메커니즘의 두 단계 중에서 첫 번째 단계가 느리며 속도 결정 단계이다. 결과적으로 반응 속도는 겨자 가스의 농도에 비례하지만 외부 친핵체의 농도와는 무관하다. 따라서 이 반응은 S_N1 반응의 속도론적 특성을 가지지만 실제로는 두 개의 연속적인 S_N2 치환 반응이 관련되어 있다.

MECHANISM 황 겨자의 가수분해–이웃 원자단 참여

1단계: **친핵체와 친전자체 사이의 새로운 결합을 만들고 동시에 안정한 분자 또는 이온 형성을 위해 결합 절단**. 황 겨자 가스가 대단히 빠르게 가수분해되는 이유는 탄소-염소 결합의 이온화에 황에 의한 이웃기 참여가 일어나서 고리형 설포늄 이온이 형성되기 때문이다. 이 단계가 속도 결정 단계이다. 비록 이 단계의 속도가 가장 느린 단계이지만, 전형적인 1차 chloride와 물과의 반응보다 훨씬 빨리 진행된다. 여기에서 여러분들은 알켄의 할로젠화반응(6.3D 및 6.3F절)을 복습하고, 거기에서 생성된 고리형 할로늄 이온과 여기에서 생성된 고리형 설포늄 이온을 비교해 보아라.

$$:\ddot{Cl}CH_2CH_2\ddot{S}CH_2CH_2\ddot{Cl}: \xrightarrow[\text{내부 } S_N2 \text{ 반응}]{\text{느린 속도 결정 단계}} :\ddot{Cl}CH_2CH_2\overset{+}{S}(CH_2)_2 + :\ddot{Cl}:^-$$

고리형
설포늄 이온

***2단계:* 친핵체와 친전자체 사이의 새로운 결합 형성.** 고리형 설포늄 이온은 매우 변형된 삼각형 고리를 가지며, 외부 친핵체와 빠르게 반응하여 고리가 열리고 이어서 H_2O에 양성자 이동이 일어나서 H_3O^+를 형성한다. 이 S_N2 반응에서 H_2O는 친핵체이고 황은 이탈기이다.

빠름
두 번째
S_N2 반응

***3단계:* 양성자 제거.** 물 분자로 양성자 이동이 일어나서 반응이 완결된다.

빠름
양성자
이동

이 반응들의 알짜효과는 OH에 의한 Cl의 친핵성 치환이다.

친핵성 치환 반응을 기술하기 위하여 S_N2 와 S_N1이라는 용어를 계속하여 사용한다. 그러나 이러한 용어들이 모든 친핵성 치환 반응을 적절하게 표현하지 않는다는 것을 알아야 한다.

예제 9.9 ▸ 질소 겨자 가스의 가수분해

질소 겨자 가스인 bis(2-chloroethyl)methylamine의 가수분해 메커니즘을 나타내어라.

➥ 해답

다음은 3단계의 메커니즘이다.

***1단계:* 친핵체와 친전자체 사이의 새로운 결합을 만들고 동시에 안정한 분자 또는 이온 형성을 위해 결합 절단.** 이웃한 질소 원자의 도움을 받는 C—Cl 결합의 이온화가 일어나는 내부 S_N2 반응에 의하여 매우 변형된 삼원자 고리를 형성한다.

느린 속도 결정
내부 S_N2 반응

고리형 암모늄 이온

***2단계:* 친핵체와 친전자체 사이의 새로운 결합 형성.** 고리형 암모늄 이온이 물과 반응하여 삼원자 고리가 열린다. 이 S_N2 반응에서 H_2O는 친핵체이고 질소는 이탈기이다.

빠름
두 번째 S_N2 반응

***3단계:* 양성자 제거.** 염기성 질소에 양성자 이동이 일어나서 반응이 완결된다.

빠름
양성자 이동

연습 문제 9.9

S_N2 반응의 위치선택성을 고려하여 다음 화합물의 가수분해 생성물을 예측하라.

$$\text{(CH}_3)_2\text{N–CH}_2\text{–CH(Cl)–CH}_3 + H_2O \longrightarrow$$

생화학 관련 이야기 *Connections to Biological Chemistry*

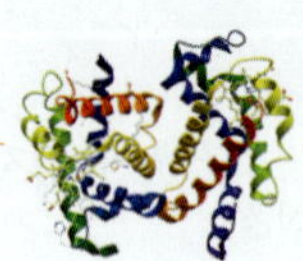

겨자 가스와 종양성 질병의 치료

제1차 세계 대전에서 황 겨자 가스로 전사한 병사들의 신체를 해부해 보니 여러 가지 다른 사실 중에서 백혈구 수가 적고 뼈 속 골수의 손상이 있었다. 이러한 관찰로부터 황 겨자 가스는 빠르게 분열하는 세포에 큰 영향을 준다는 사실을 알게 되었다. 이 관찰로 부터 급속히 세포 분열하는 암의 치료용으로 독성이 약한 나, 이 화합물은 정맥주사 용도로 쓸 수 있을 만큼 물에 대한 용해도가 충분하지 않았다. 이러한 용해도 문제는 카복시기를 첨가함으로써 해결되었다. 그러나 카복시기가 방향족 고리에 직접적으로 첨가되면 그 화합물은 지나치게 안정하여서 생물학적인 활성이 없었다.

$$H_3C–N(CH_2CH_2Cl)_2 \xrightarrow[\text{(내부 } S_N2)]{} \text{[Aziridinium ion]}\ Cl^- \xrightarrow[(S_N2)]{-H^+} H_3C–N(CH_2CH_2Nu)(CH_2CH_2Cl) + HCl$$

Mechlorethamine　　(Aziridinium 이온 중간체)

알킬화제에 대한 연구에 박차를 가하게 되었으며, 따라서 반응성이 작은 질소 겨자 가스에 관심이 집중되었다. 실험한 초기의 화합물 중 하나가 mechlorethamine이다. 다른 종의 겨자와 마찬가지로 mechlorethamine과 친핵체의 반응은 aziridinium 이온을 형성함으로써 매우 빠르게 진행된다.

방향족 고리와 카복시기 사이에 프로필 다리(chlorambucil) 혹은 아미노에틸 다리(melphalan)를 첨가하여 용해도와 반응성의 문제를 동시에 해결하였다. 여기에서 melphalan은 카이랄이다. *R* 거울상 이성질체와 *S* 거울상 이성질체가 거의 동일한 치료 효능을 나타내었다. 이 질소 겨자의 임상적 가치는 이 질

$C_6H_5–N(CH_2CH_2Cl)_2$

질소의 친핵성도는 수용할 만 하지만, 이 화합물은 정맥주사용으로 쓰기에는 물에 거의 녹지 않는다.

$HOOC–C_6H_4–N(CH_2CH_2Cl)_2$

물에 대한 용해도는 수용할 만 하지만, 질소의 친핵성도가 줄어들어서 이 화합물은 반응성이 없다.

Mechlorethamine은 물(가수분해) 및 다른 친핵체와의 반응이 매우 빠르게 일어나며, 신체에 주사 후 수분 내에 반응이 완전하게 진행되었다. 그러면 화학자의 역할은 물에 대한 적절한 용해도를 유지하면서 질소의 친핵성도를 감소시키는 방법을 찾는 것이었다. 메틸기를 페닐기로 치환하면 친핵성도는 감소되었으

소 겨자가 DNA 내에 헤테로고리(heterocyclic) 방향족 아민 염기상의 어떤 친핵성 부분과 반응한다는 사실에 있다(28장 참조). DNA의 경우에 가장 반응성이 큰 친핵성 자리는 guanine의 N-7이다. 그 다음 반응성은 adenine의 N-3이고, 이어서 cytosine의 N-3이다.

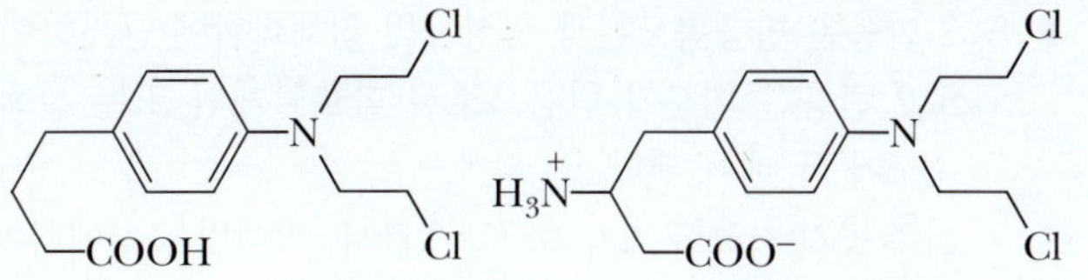

Chlorambucil

Melphalan
(라셈 혼합물)

이 질소 겨자는 이작용기성(bifunctional) 알킬화제이다. 질소 겨자 한 분자는 친핵체 두 분자와 반응한다. Guanine 알킬화는 다른 염기와 반응할 수 있는 한 개의 자유로운 반응성이 있는 알킬기를 남기며, 따라서 DNA 복제가 일어나는 동안 잘못된 유전 암호를 유발하는 가교 결합을 한다. 질소 겨자의 치료적 가치는 질소 겨자들이 정상적인 염기의 짝짓기를 방해하는 능력에 있다. 이는 세포들의 복제를 막으며, 또한 빠르게 분해하는 암세포들이 정상세포보다 이러한 약제에 더 민감하게 반응한다.

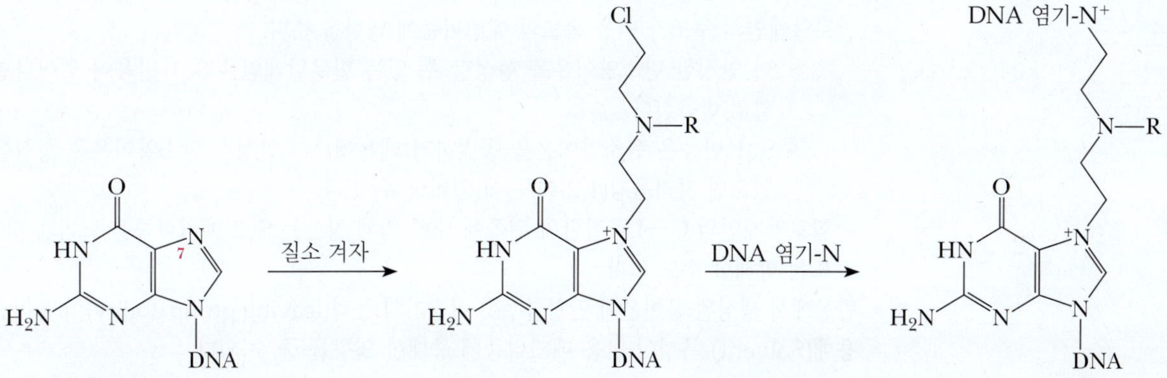

Guanine —질소 겨자→ —DNA 염기-N→

사실과 개념에 대한 요약

9.1절 | 할로알케인의 친핵성 치환 반응

- **친핵성 치환 반응**(Nuclecphilic substitution)이란 친핵체가 **이탈기**(leaving group, Lv)라고 부르는 전자가 풍부한 기를 대체하는 반응이다.
  - 친핵체($Nu:^-$)란 다른 원자나 이온에 전자쌍을 제공하여 새로운 공유 결합을 형성하는 전자가 풍부한 분자나 이온이다.

연습 문제: 9.1

9.2절 | 친핵성 지방족 치환 반응의 메커니즘

- 친핵성 치환 반응에는 한 개의 극단적인 메커니즘($\mathbf{S_N2}$, $\mathbf{S_N1}$)이 있다.
  - S_N2 메커니즘에서는 결합 형성과 결합 절단이 동시에 일어난다.
    - S_N2 반응은 친핵체와 할로알케인의 농도가 모두 반응 속도에 영향을 미치기 때문에 이분자 반응이다.
    - 친핵체는 C—Lv의 반결합 궤도함수를 채우고 반응이 일어나게 하기 위하여 탄소-이탈기(C—Lv) 결합의 뒤쪽에서 접근해야 한다.
  - S_N1 메커니즘에서는 이탈기가 속도 결정 단계에서 먼저 이탈하여 탄소양이온 중간체를 남기고, 이 탄소양이온이 두 번째 단계에서 친핵체와 반응한다.
    - S_N1 반응은 할로알케인의 농도만이 반응 속도에 영향을 주기 때문에 일분자 반응이다.

9.3절 | S_N1 및 S_N2 반응 메커니즘의 실험적 증거

- S_N2 반응은 반응속도론과 생성물의 입체화학에 근거하여 확인할 수 있다.
  - S_N2 반응은 이분자 반응으로서 할로알케인 또는 친핵체의 농도를 두 배로 하면 반응 속도가 두 배가 된다.
  - 뒤쪽 공격 기하 구조가 요구됨으로서, 카이랄 중심에서의 반응은 배열의 반전이 일어난다.
  - S_N1 반응도 역시 반응 속도론과 생성물의 입체화학에 근거하여 확인할 수 있다.
  - S_N1 반응은 일분자 반응으로서, 오직 할로알케인 농도를 두 배로 할 때만 반응 속도가 두 배가 된다.
  - 평면형의 비카이랄성 탄소양이온 중간체가 형성된 후 양쪽 면에서 대략적으로 동일한 확률로 공격을 받을 수 있기 때문에, 입체중심에서의 반응은 입체화학의 라셈화가 일어난다.
    - 카이랄 중심이 종종 완전하게 라셈화가 되지 않는데, 그 이유는 이탈기가 탄소양이온 중간체와 이온 쌍을 형성하여 부분적으로 한 면을 가로막기 때문이다.
- 할로알케인의 구조가 반응 속도와 메커니즘에 영향을 준다.
    - 더 안정한 탄소양이온을 형성할 수 있는 할로알케인은 S_N1 반응이 일어나면 더 빨리 반응한다.
    - S_N1 반응은 탄소양이온을 동반하기 때문에, 더 안정한 탄소양이온을 형성할 수 있으면 자리옮김(1,2 이동)이 일어날 수 있다.
  - 할로알케인의 C—Lv 결합의 뒤쪽에 대한 입체 장애는 S_N2 메커니즘을 느리게 하거나 또는 방해할 수도 있다.
- 반응에서 생성된 음이온이 안정할수록 **이탈기의 능력**(leaving group ability)이 좋아진다.
- **용매**(Solvent) 특성이 반응 메커니즘에 중대한 영향을 줄 수 있다.
  - **양성자성 용매**(Protic solvent)는 수소-결합 주개이다. 가장 일반적인 양성자성 용매는 —OH기를 가진 용매이다.
  - **비양성자성 용매**(Aprotic solvent)는 수소-결합 주개로 작용할 수 없다. 일반적인 비양성자성 용매는 acetone, diethyl ether, dimethyl sulfoxide 및 *N*,*N*-dimethylformamide이다.
  - **극성 용매**(Polar solvent)는 이온이나 극성 분자와 강력하게 상호작용한다.
  - **비극성 용매**(Nonpolar solvent)는 이온이나 극성 용매와 강력하게 상호작용하지 않는다.
  - **유전 상수**(Dielectric constant)는 용매의 극성도를 측정하는 가장 일반적인 척도이다.
  - **가용매분해**(Solvolysis)란 용매가 친핵체인 친핵성 치환 반응이다.
  - **극성 양성자성 용매**(Polar protic solvent)는 하전된 탄소양이온 중간체를 안정화시킴으로서 S_N1 반응을 촉진시킨다.
  - **극성 비양성자성 용매**(Polar aprotic solvent)는 친핵체와 강력하게 상호작용하지 않음으로서 S_N2 반응을 촉진시킨다.
- **친핵체**(Nucleophile)는 좋은, 중간 세기의, 혹은 나쁜 친핵체로 분류된다.
  - **좋은 친핵체**는 일반적으로 음이온이다. **중간 세기의 친핵체**는 일반적으로 하나 또는 그이상의 고립 전자쌍을 갖는 중성 분자이다. **나쁜 친핵체**는 일반적으로 극성 양성자성 용매이다.
  - 다른 모든 것이 동일하다면, 친핵체와 용매의 상호작용이 강할수록 친핵성도가 낮아진다.
  - 입체 장애가 매우 적은 작은 친핵체가 S_N2 반응에는 더 좋은 친핵체이다.

연습 문제: 9.2~9.4, 9.10~9.13, 9.15~9.22, 9.24~9.36

9.4절 | 몇 가지 친핵성 치환 반응의 분석

- 메틸이나 1차 할로알케인은 입체 장애가 없고, 또한 탄소양이온의 안정성이 부족함으로 S_N2 메커니즘으로 반응한다.

- 2차 할로알케인은 비양성자성 용매 속에서 좋은 친핵체와 S_N2 메커니즘으로 반응하지만, 양성자성 용매 속에서 나쁜 친핵체와는 S_N1 메커니즘으로 반응한다.
- 3차 할로알케인은 입체 장애가 S_N2의 뒤쪽 공격을 불리하게 하고, 또한 결합된 알킬기가 탄소양이온을 안정화시킴으로써 S_N1 메커니즘으로 반응한다.

연습 문제: 9.5, 9.14, 9.23

9.5절 | β-제거 반응

β-제거 반응(β-Elimination reaction)은 이웃한 탄소 원자로부터 원자나 원자단의 제거를 수반한다.

- **할로젠화수소이탈**(Dehydrohalogenation)은 할로알케인에서 알켄을 생성하기 위하여 이웃한 탄소들로부터 수소 및 할로젠의 제거를 수반하는 β-제거 반응이다.
- 더 많이 치환된 알켄을 생성하는 β-제거를 **Zaitsev 제거**(Zaitsev elimination)라 부른다.

연습 문제: 9.6

9.6절 | β-제거 반응의 메커니즘

- β-제거 반응의 두 개의 극단적인 메커니즘은 **E1** 및 **E2** 메커니즘이다.
  - E1 메커니즘에서는 이탈기가 이탈되어 탄소양이온이 생성되고 이어서 염기가 이웃한 탄소 원자로부터 양성자를 떼어내고 알켄 생성물을 형성한다.
    - E1 반응은 할로알케인의 농도만이 반응 속도에 영향을 주므로 일분자 반응이다.
  - E2 메커니즘에서는 이웃한 탄소 원자로부터 염기에 의하여 수소 원자가 제거되는 동시에 할로젠이 이탈되어 알켄 생성물이 생성된다.
    - E2 반응은 할로알케인 및 염기의 농도가 모두 반응 속도에 영향을 주므로 이분자 반응이다.

9.7절 | E1 및 E2 반응 메커니즘의 실험적 증거

- E2 반응은 이탈기와 이탈되는 수소 원자가 동일평면의 안티 위치에 있는 가장 낮은 전이 상태를 가짐으로써 입체선택적이다.
  - 이와 같은 안티 및 동일평면 조건이 *E* 혹은 *Z* 알켄이 형성되는가를 결정한다.
- E1 및 E2 반응 모두 위치선택적으로서 더 안정한 알켄(Zaitsev) 생성물의 형성을 선호한다(Lv와 H가 안티 및 동일평면으로 지향될 수 있는 한).
  - 더 안정한 알켄은 일반적으로 더 많이 치환된 알켄이다.

연습 문제: 9.7, 9.37~9.42

9.8절 | 치환 반응 대 제거 반응

- 치환 반응 또는 제거 반응 메커니즘 중 어느 것이 반응을 지배할 것인지 결정할 때 할로알케인의 구조, 용매의 선택 및 친핵체의 상대적인 염기도를 분석하라.
- 메틸이나 1차 할로알케인은 E1이나 S_N1 메커니즘으로 반응하지 않는다.
  - E2 반응이 우세하게 만드는 특별히 센염기(H_2N^-) 혹은 입체 장애를 가지고 있는 염기(*tert*-butoxide) 외의 모든 친핵체에 대하여 S_N2 반응이 유리하다.
- 2차 할로알케인은 어떤 메커니즘으로도 반응할 수 있다.
  - 친핵체가 센염기인 경우(짝산의 pK_a 값이 11 이상인 수산화이온, 알콕사이드, 아세틸라이드 및 H_2N^-), E2가 우세하다.
  - 좋은 또는 중간 세기의 친핵체로서 약한 염기(짝산의 pK_a 값이 11 이하)인 경우에, 반응은 S_N2 메커니즘이 우세하게 일어난다.
  - 나쁜 친핵체(극성 양성자성 용매)는 S_N1/E1 경로의 조합으로 반응하지만, 정확한 조합 비율은 예측하기 어렵다.
- 3차 할로알케인은 S_N2 메커니즘으로 반응할 수 없다.
  - 친핵체가 센염기(짝산의 pK_a 값이 11 이상인 수산화이온, 알콕사이드, 아세틸라이드 및 H_2N^-)인 경우에, E2 반응이 우세하다.

연습 문제: 9.8, 9.43~9.62

- 극성 양성자성 용매 속에서 모든 친핵체에 대하여 반응은 $S_N1/E1$ 경로의 조합으로 반응하지만 정확한 조합 비율은 예측하기 어렵다.

9.9절 | 치환 반응과 제거 반응 사이의 몇 가지 경쟁 분석

- 치환 반응 또는 제거 반응 중 어느 것이 우세할지를 예측하는 것은 9.8절에서 언급한 다음 논리의 문제이다.
  - 표 9.11 또는 그림 9.8에 주어진 흐름도는 유기화학자들이 수행하는 반응의 방향을 성공적으로 분석할 수 있도록 선도할 것이다.

9.10절 | 이웃 원자단 참여

연습 문제: 9.9

- S_N1 반응의 속도론적 특성(할로알케인에 대하여 1차 및 친핵체에 대하여 0차)을 갖는 어떤 친핵성 치환은 두 개의 연속적인 S_N2 반응을 포함한다.
  - 많은 이러한 반응들은 이웃한 친핵체의 참여를 포함한다.
  - 겨자 가스는 친핵성 치환 반응에서 이웃 원자단의 참여가 포함되는 한 가지 화합물이다.

주요 반응 *Key Reactions*

1. **친핵성 지방족 치환: S_N2(9.3절)** S_N2 반응은 한 단계로 일어난다. 이탈기의 이탈은 들어오는 친핵체의 도움을 받으며, 친핵체와 이탈기 모두 전이 상태에 관여한다. 친핵체는 아마도 첫 번째 예처럼 음전하 또는 두 번째 예처럼 중성일 수 있다.

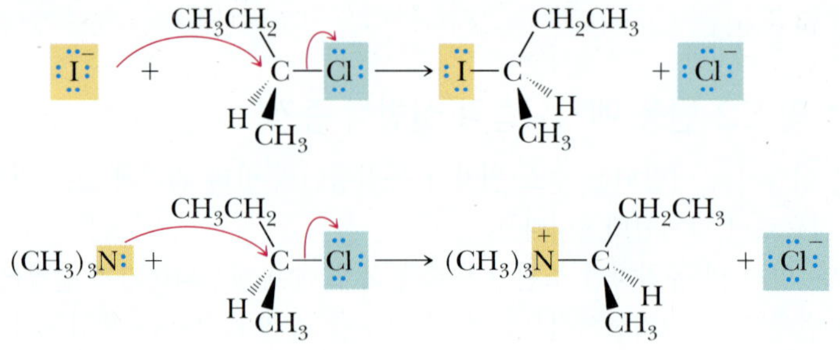

   S_N2 반응은 반응 중심에서 배열의 반전을 유발한다. S_N2 반응은 극성 양성자성 용매보다는 극성 비양성자성 용매 속에서 더 가속화된다. S_N2 반응의 상대 속도는 입체적인 요인, 즉 반응 자리에서의 혼잡함의 정도에 의한 지배를 받는다.

2. **친핵성 지방족 치환: S_N1(9.3절)** S_N1 반응은 두 단계로 일어난다. 1단계에서는 C—Lv 결합의 느린 속도 결정 이온화에 의하여 탄소양이온 중간체를 형성하며, 이어지는 2단계에서는 탄소양이온 중간체가 빠르게 친핵체와 반응하여 반응을 완결한다. 입체중심에서의 반응은 대부분이 라셈화가 일어나지만, 종종 배열의 반전이 약간 더 많이 동반된다. 반응은 종종 탄소양이온의 자리옮김을 수반하며, 또한 극성 양성자성 용매에 의하여 가속화된다. S_N1 반응은 전자적인 요인, 즉 탄소양이온 중간체의 상대적 안정성에 의하여 지배된다. 아래 반응은 수소음이온 이동이 일어나는 S_N1 반응이다.

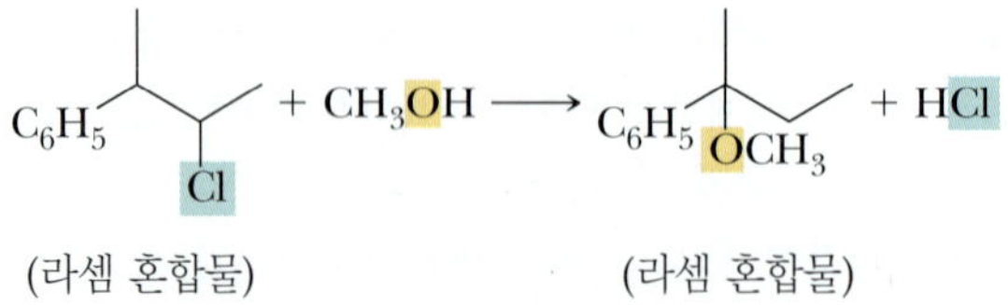

   (라셈 혼합물) (라셈 혼합물)

3. ***β*-제거 반응: E1(9.6, 9.7절)** E1 반응은 두 단계로 일어난다. C—Lv 결합이 느린 속도 결정 절단에 의하여 탄소양이온 중간체를 형성하고, 이어서 용매 분자로 빠른 양성자 이동이 일어나서 알켄을 형성한다. E1 반응은 할로알케인에 대하여 1차, 염기에 대하여 0차이다. 골격의 자리옮김이 일반적이다.

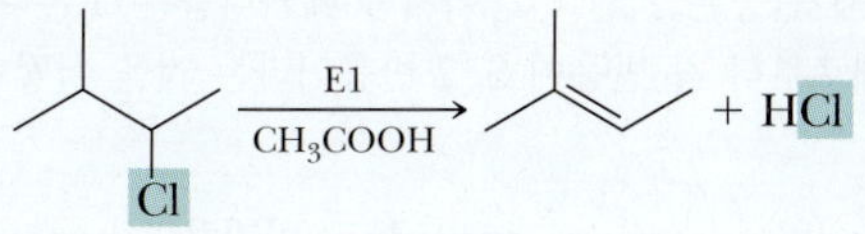

$$\xrightarrow[\text{CH}_3\text{COOH}]{\text{E1}} + \text{HCl}$$

(라셈 혼합물)

4. β-제거 반응: E2(9.6, 9.7절) E2 반응은 한 단계로 일어난다. 이탈기의 이탈과 동시에 염기가 수소 원자를 제거하여 알켄을 형성한다. 제거는 제거될 기들의 안티 및 동일평면 배치가 요구되며 입체선택적이다.

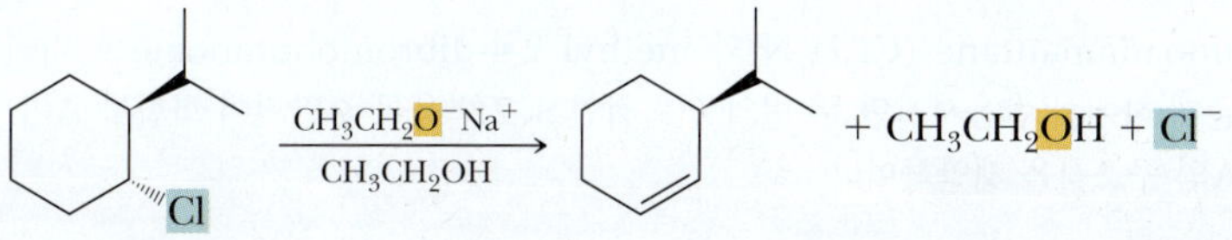

$$\xrightarrow[\text{CH}_3\text{CH}_2\text{OH}]{\text{CH}_3\text{CH}_2\text{O}^-\text{Na}^+} + \text{CH}_3\text{CH}_2\text{OH} + \text{Cl}^-$$

5. 이웃 원자단 참여(9.10절) 이웃 원자단 참여는 황 또는 질소 겨자 가스의 가수분해처럼 1차 반응 속도식과 이탈기의 이탈에 내부 친핵체가 참여하는 특징이 있다. 이들의 가용매분해의 메커니즘은 두 개의 연속적인 친핵성 치환 반응이 수반된다.

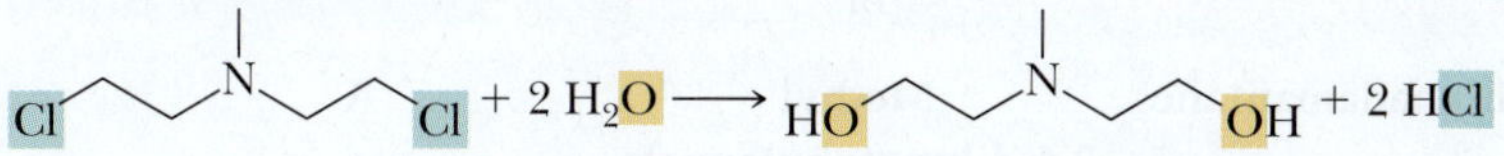

$$\text{Cl}\diagup\diagdown\text{N}\diagup\diagdown\text{Cl} + 2\,\text{H}_2\text{O} \longrightarrow \text{HO}\diagup\diagdown\text{N}\diagup\diagdown\text{OH} + 2\,\text{HCl}$$

연습 문제

붉은색 번호는 응용 문제를 나타낸다.

친핵성 지방족 치환 반응

9.10 각 분자식의 가장 안정한 탄소양이온의 구조식을 그려라.

(a) $C_4H_9^+$ **(b)** $C_3H_7^+$ **(c)** $C_5H_{11}^+$ **(d)** $C_3H_7O^+$

9.11 에탄올에서 1-bromopropane과 sodium hydroxide의 반응은 S_N2 메커니즘을 따른다. 다음 조건에서 이 반응의 속도는 어떻게 될 것인가?

(a) NaOH 농도가 두 배가 된다.
(b) NaOH와 1-bromopropane의 농도가 두 배가 된다.
(c) 반응이 진행되는 용액의 부피가 두 배로 된다.

9.12 각 쌍에서 더 강한 친핵체를 선택하라.

(a) H_2O 또는 OH^- **(b)** CH_3COO^- 또는 OH^-
(c) CH_3SH 또는 CH_3S^- **(d)** DMSO 속에서 Cl^- 또는 I^-
(e) 메탄올 속에서 Cl^- 또는 I^- **(f)** CH_3OCH_3 또는 CH_3SCH_3

9.13 다음 S_N2 반응의 생성물의 구조식을 그려라. 출발 물질의 배열이 주어졌으면 생성물의 배열도 나타내어라.

(a) $CH_3CH_2CH_2Cl + CH_3CH_2O^-Na^+ \xrightarrow{\text{ethanol}}$ **(b)** $(CH_3)_3N + CH_3I \xrightarrow{\text{acetone}}$

(c) 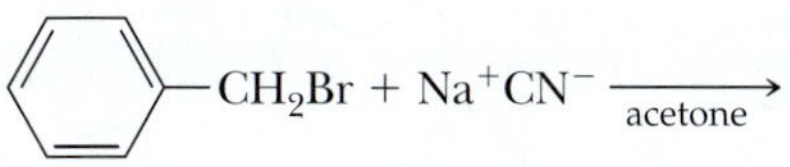 (benzene ring)$-CH_2Br + Na^+CN^- \xrightarrow{\text{acetone}}$ **(d)** 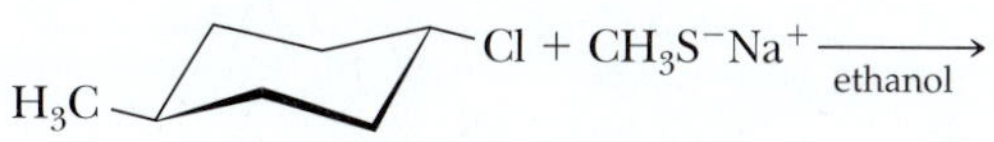 H_3C–(cyclohexane chair)–$Cl + CH_3S^-Na^+ \xrightarrow{\text{ethanol}}$

(e) $CH_3CH_2CH_2Cl + CH_3C{\equiv}C^-Li^+ \xrightarrow{\text{diethyl erther}}$ **(f)** 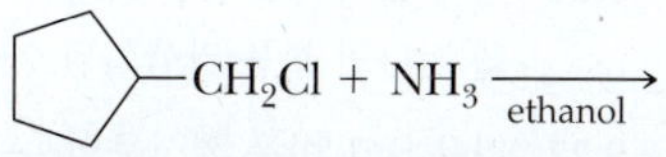 (cyclopentane)$-CH_2Cl + NH_3 \xrightarrow{\text{ethanol}}$

(g) 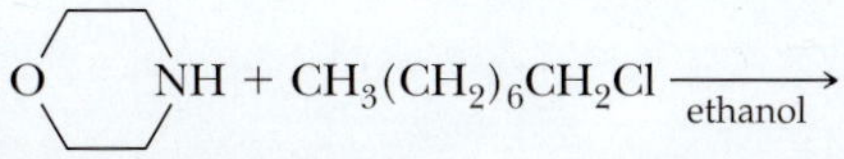 O(morpholine ring)NH $+ CH_3(CH_2)_6CH_2Cl \xrightarrow{\text{ethanol}}$ **(h)** $CH_3CH_2CH_2Br + Na^+CN^- \xrightarrow{\text{acetone}}$

9.14 연습 문제 9.13에서 각 반응은 치환 반응이지만 메커니즘은 모른다고 가정하자. 할로알케인의 구조, 친핵체 및 용매로부터 각 반응이 S_N2 반응이라는 것을 어떻게 결론 내릴수 있는지 설명하여라.

9.15 1,3-Dichloropropane을 potassium cyanide로 처리하면 pentanedinitrile이 생성된다. 이 반응의 속도는 에탄올보다 DMSO에서 1000배 더 빠르다. 이 속도의 차이를 설명하여라.

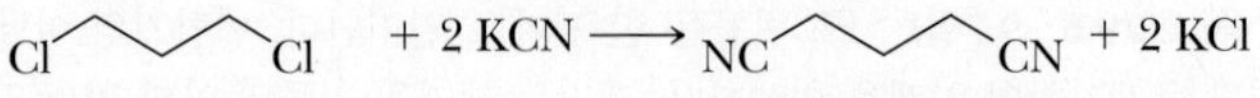

Cl⁀⁀⁀Cl + 2 KCN ⟶ NC⁀⁀⁀CN + 2 KCl

1,3-Dichloropropane **Pentanedinitrile**

9.16 1-Aminoadamantane ($C_{10}H_7N$)와 methyl 2,4-dibromobutanoate를 비친핵성 염기인 R_3N 존재 하에서 반응시키면 두 번의 연속적인 S_N2 반응이 수반되어 화합물 A가 생성된다. 화합물 A의 구조식을 제안하여라.

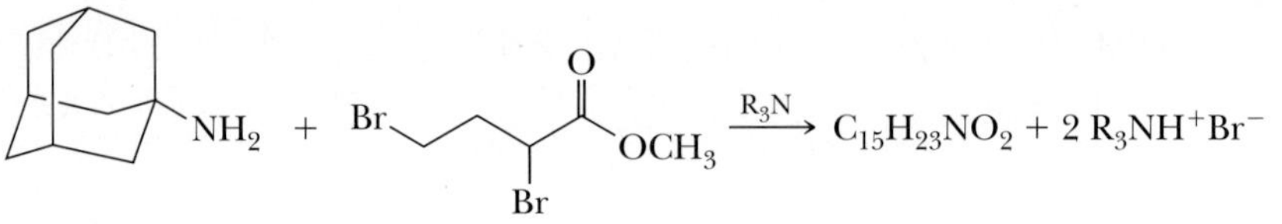

NH_2 + Br, O, OCH_3, Br $\xrightarrow{R_3N}$ $C_{15}H_{23}NO_2 + 2\ R_3NH^+Br^-$

1-Aminoadamantane **Methyl 2,4-dibromobutanoate** **A**

9.17 다음 각 쌍의 물질 중 acetone 속에서 KI와 S_N2 반응을 시킬 때 반응 속도가 큰 화합물을 선택하여라.

(a) Cl 와 Cl (b) Cl 와 Br

(c) Cl 와 Cl (d) Br 와 Br

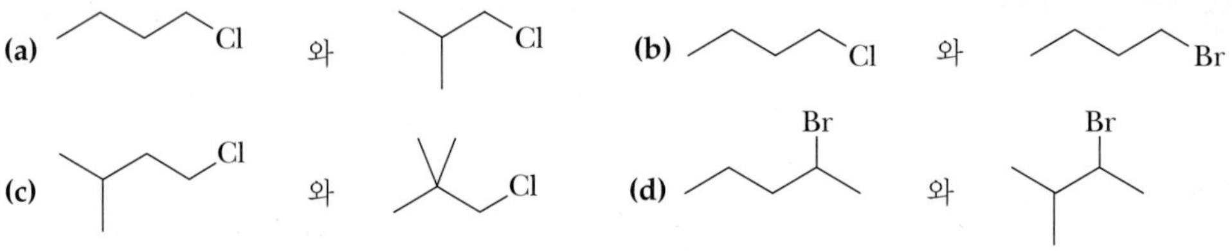

9.18 다음 각 쌍의 물질 중 acetone 속에서 KN_3와 S_N2 반응을 시킬 때 반응 속도가 큰 화합물을 선택하여라.

(a) Br 와 Br (b) Br 와 Br

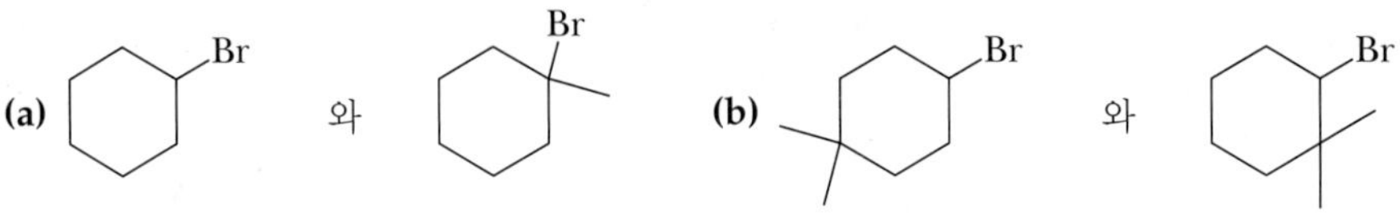

9.19 어떤 혼성화가 S_N2 전이 상태에서 반응하는 탄소를 가장 잘 기술할 수 있는가?

9.20 탄소양이온은 더 안정한 탄소양이온으로 자리옮김이 가능하다. 한 번의 1,2-이동에 의하여 자리옮김된 탄소양이온의 구조를 예측하여라.

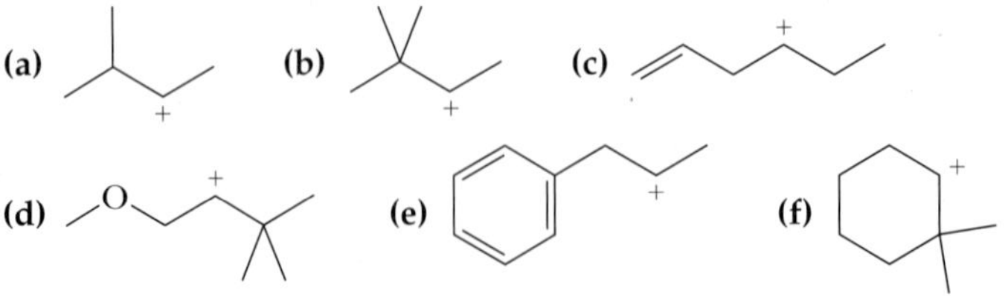

(a) + (b) + (c) +

(d) O + (e) + (f) +

9.21 광학 활성인 브로민 화합물에 I^-로 친핵성 치환을 시켜 광학 활성인 아이오딘을 얻기 위한 시도를 한다면 보통 라셈화된 아이오도알케인이 생성된다. 왜 아이오도알케인이 라셈 혼합물인가?

9.22 다음 S_N1 반응 생성물의 구조식을 그려라. 출발 물질의 배열이 주어졌으면 생성물의 배열도 나타내어라.

(a) 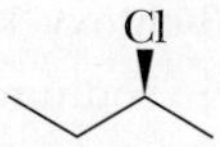 [S 거울상 이성질체 chlorobutane] + CH_3CH_2OH $\xrightarrow{\text{ethanol}}$ (b) 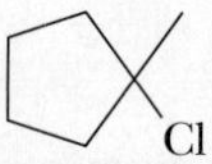 [1-chloro-1-methylcyclopentane] + CH_3OH $\xrightarrow{\text{methanol}}$

S 거울상 이성질체

(c) $CH_3CCl(CH_3)_2$ + CH_3COOH $\xrightarrow{\text{acetic acid}}$ (d) 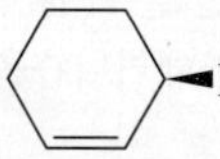 [3-bromocyclohexene] + CH_3OH $\xrightarrow{\text{methanol}}$

9.23 연습 문제 9.22에서 각 반응은 치환 반응이지만 메커니즘은 모른다고 가정하자. 할로알케인 혹은 사이클로알켄의 구조, 친핵체 그리고 용매로부터 각 반응이 S_N1 반응이라는 것을 어떻게 결론 내릴 수 있는지 설명하여라.

9.24 Vinyl bromide ($CH_2{=}CHBr$)와 같은 alkenyl halide는 S_N1 반응과 S_N2 반응을 일으키지 않는다. 어떤 요인으로 vinyl bromide가 반응성이 없다는 것을 설명할 수 있는가?

9.25 각 쌍의 물질 중 에탄올 수용액 속에서 S_N1 가용매분해가 더 빠르게 진행되는 것을 선택하여라.

(a) 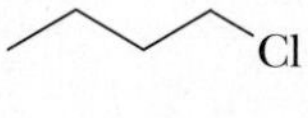 [1-chlorobutane] 와 [tert-butyl chloride] (b) 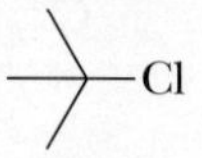 [tert-butyl chloride] 와 [tert-butyl bromide]

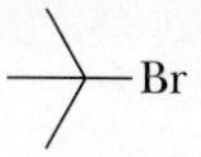

(c) 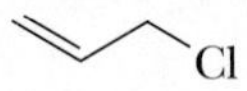 [allyl chloride] 와 [1-chloropropane] (d) 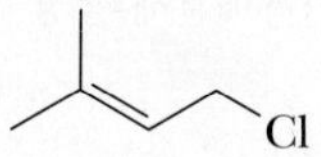 [1-chloro-3-methyl-2-butene] 와 [allyl chloride]

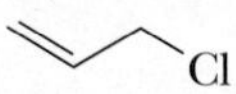

(e) 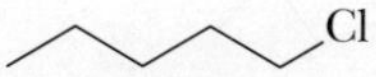 [1-chloropentane] 와 [2-chloropentane] (f) 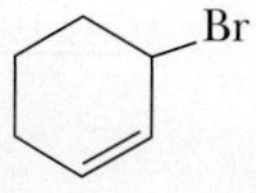 [3-bromocyclohexene] 와 [1-bromocyclohexene]

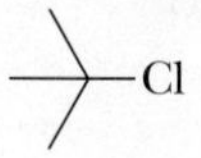

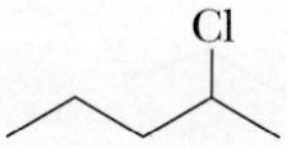

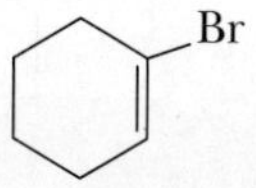

9.26 S_N1 반응에 유리한 실험 조건 하에서 다음과 같은 가용매분해의 상대 속도를 설명하여라.

	 $CH_3OCH_2CH_2Cl$	 $CH_3CH_2CH_2CH_2Cl$	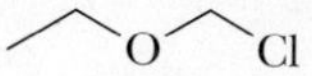 $CH_3CH_2OCH_2Cl$
가용매분해(S_N1)의 상대 속도	0.2	1	10^9

9.27 모든 3차 할로알케인이 S_N1 반응을 쉽게 일으키지는 않는다. 예를 들면, 아래와 같은 두고리 화합물은 S_N1 조건 하에서 반응성이 없다. 이 분자의 어떤 특징이 이러한 반응성 부족함의 원인이 되는지 설명하여라. 이 화합물의 모형을 살펴보면 도움이 된다.

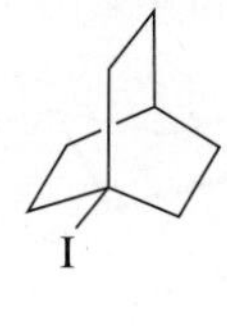

1-Iodobicyclooctane

9.28 할로알케인과 친핵체로부터 이들 화합물을 어떻게 합성하였는가를 보여라.

(a) 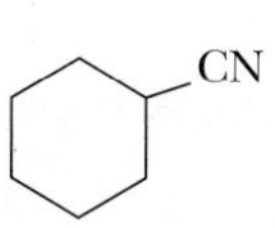 [cyclohexyl–CN] (b) 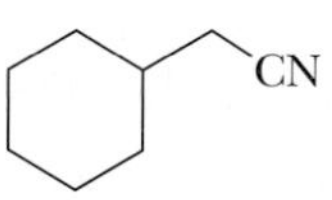 [cyclohexyl–CH_2CN] (c) 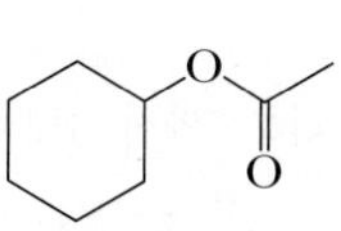 [cyclohexyl acetate] (d) 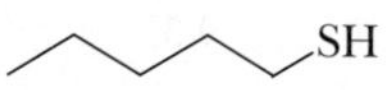 [pentane-1-thiol, SH]

(e) 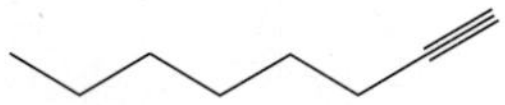 [oct-1-yne] (f) 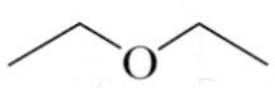 [diethyl ether, O] (g) 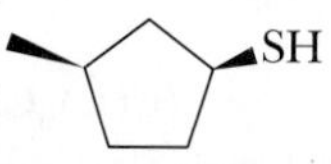 [3-methylcyclopentanethiol, SH]

9.29 3-Chloro-1-butene은 에탄올 속에서 sodium ethoxide와 반응하여 3-ehtoxy-1-butene을 생성한다. 이 반응의 속도는 2차로서, 3-chloro-1-butene에 대하여 1차, sodium ethoxide에 대하여 1차이다. sodium ethoxide가 없다면 3-chloro-1-butene은 에탄올과 반응하여 3-ethoxy-1-butene과 1-ethoxy-2-butene이 얻어진다. 이 결과들을 설명하여라.

9.30 1-Chloro-2-butene은 따뜻한 물 속에서 가수분해가 일어나 알릴 알코올의 혼합물이 얻어진다. 알릴 알코올들의 생성에 대한 메커니즘을 제안하여라.

$$CH_3CH{=}CHCH_2Cl \xrightarrow{H_2O} CH_3CH{=}CHCH_2OH + CH_3\overset{\displaystyle OH}{\overset{|}{C}}HCH{=}CH_2$$

1-Chloro-2-butene **2-Buten-1-ol** **3-Buten-2-ol** (라셈 혼합물)

9.31 다음 친핵성 치환은 자리옮김과 함께 일어난다. 관찰된 생성물의 형성에 대한 메커니즘을 제안하여라. 만일 출발 물질이 *S* 배열이라면 생성물에서 입체중심의 배열은 무엇인가?

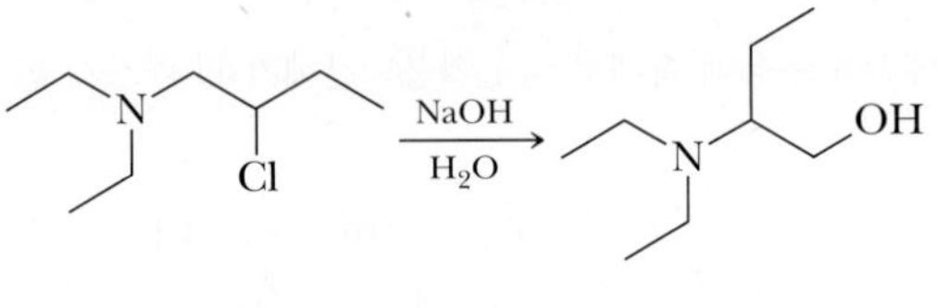

NaOH, H_2O

9.32 브로모알케인의 가용매분해 생성물에 대한 메커니즘을 제안하여라.

CH_3CH_2OH, 가열 ; OCH_2CH_3 ; + HBr

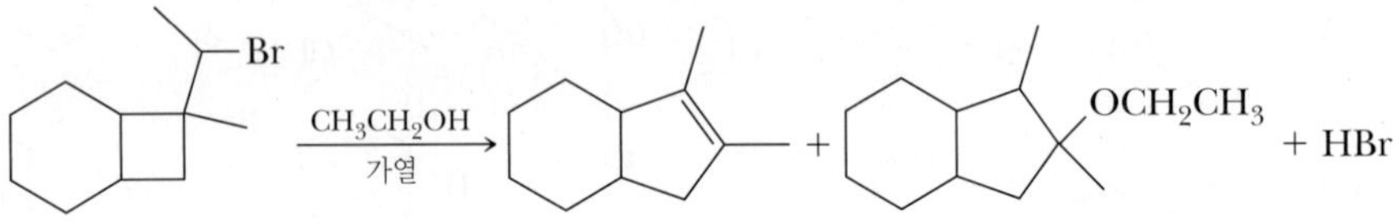

9.33 Acetic acid에서 다음의 두고리 화합물을 가용매분해시키면 아래에 나타낸 두 개의 혼합물이 생성물로 얻어진다. 이탈기는 설폰산($ArSO_3H$)의 음이온이다. 설폰산은 센산이고, 이것의 음이온인 $ArSO_3^-$은 약한 염기이면서 좋은 이탈기이다. 이 반응에 대한 메커니즘을 제안하여라.

OSO_2Ar ; $CH_3\overset{O}{\overset{\|}{C}}OH$; $O\overset{O}{\overset{\|}{C}}CH_3$

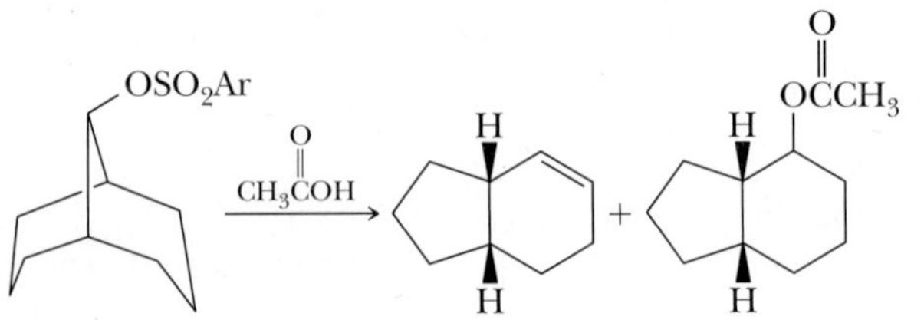

9.34 각 쌍 중에서 어느 화합물이 에탄올 속에서 가열할 때 더 빨리 가용매분해가 일어나는가? 반응성이 더 큰 화합물로부터 생성된 주 생성물을 나타내어라.

(a) 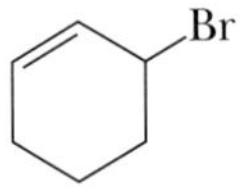 Br 와 Br
(b)  Cl 와 Br
(c) 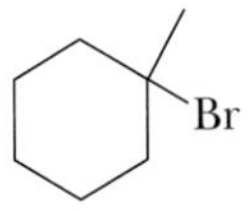 Br 와 Br
(d) 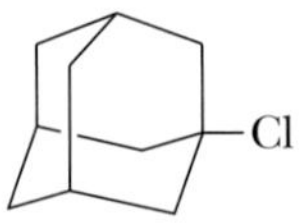 Cl 와 Cl

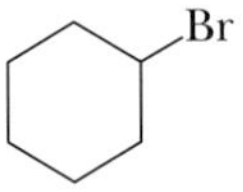

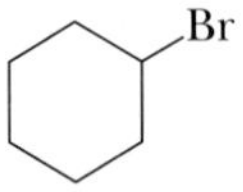

9.35 수용성 acetic acid 속에서 아래 화합물들의 가용매분해에 대한 상대 속도를 설명하여라.

$(CH_3)_3CBr$	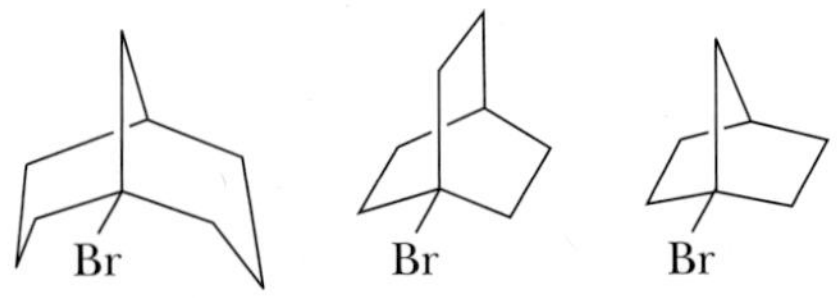 Br	Br	Br
1	10^{-2}	10^{-7}	10^{-12}

9.36 Acetic acid 속에서 두고리 화합물 (1)과 (2)의 S_N1 가용매분해의 속도를 비교하면 화합물 (1)은 화합물 (2)보다 10^{11}배 더 빠르게 반응한다는 것을 알 수 있다. 더욱이 (1)의 가용매분해에서는 완전한 배열의 보존이 일어난다. 친핵체는 이탈하는 $—OSO_2Ar$기와 같이 하나의 탄소 다리의 같은 위치를 차지한다.

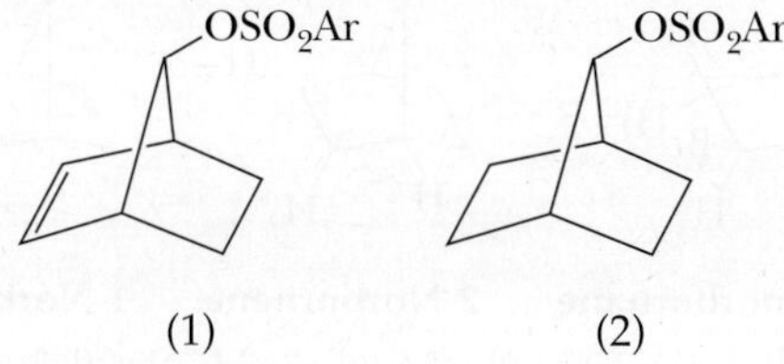

(a) 각 화합물의 가용매분해의 생성물의 구조식을 그려라.
(b) (1)과 (2) 사이의 가용매분해 속도의 차이를 설명하여라.
(c) (1)의 가용매분해에서 완전한 배열의 보존에 대하여 설명하여라.

› β-제거 반응

9.37 에탄올 속에서 각 할로알케인 또는 할로사이클로알케인을 sodium ethoxide으로 처리할 때 생성되는 알켄들의 구조식을 그려라. 제거 반응은 E2 메커니즘에 의하여 일어난다고 가정한다.

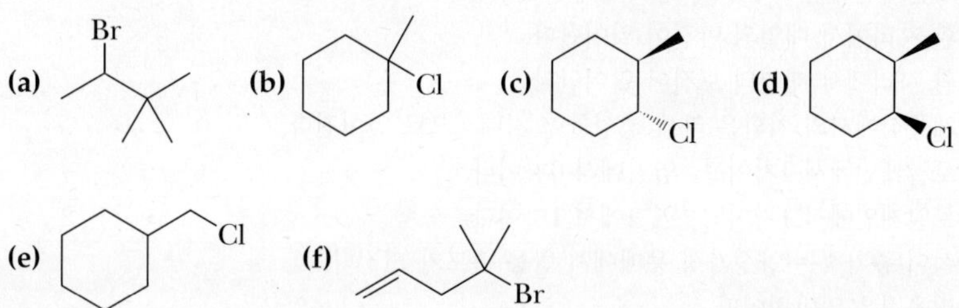

9.38 다음 알켄을 주 생성물로 얻기 위하여 KOH로 처리할 때 할로젠화수소이탈을 진행하는 모든 클로로알케인들의 구조식을 그려라. 어떤 것은 단지 하나의 클로로알케인만이 원하는 알켄을 주 생성물로 형성한다. 또 다른 것들은 두 개의 클로로알케인이 원하는 알켄을 형성할 수 있다.

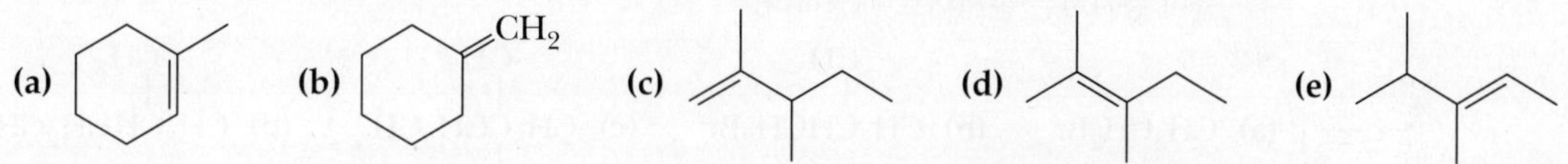

9.39 다음은 3-bromo-3,4-dimethylhexane의 부분입체 이성질체 (A)와 (B)이다. 에탄올 속에서 sodium ethoxide로 처리하면 각각은 주 생성물로 3,4-dimethyl-3-hexene을 생성한다. 부분입체 이성질체 중 하나는 *E* 알켄을 생성하고, 다른 하나는 *Z* 알켄을 생성한다. 어느 부분입체 이성질체가 어느 알켄을 생성할 것인가? 각 β-제거 반응에 대한 입체선택성을 설명하여라.

Me Me Br H C—C Et Et   H Me Br Me C—C Et Et

(A)   (B)

9.40 입체 이성질체인 1-bromo-1,2-diphenylpropane을 에탄올 속에서 sodium ethoxide로 처리하면 하나의 입체 이성질체인 1,2-diphenylpropene이 얻어진다. 생성물이 *E* 배열 또는 *Z* 배열을 가지는지 예측하여라.

H_3C, H C_6H_5, Br, H C_6H_5 $\xrightarrow[CH_3CH_2OH]{CH_3CH_2O^-Na^+}$ $C_6H_5CH{=}C(CH_3)C_6H_5$

1-Bromo-1,2-diphenylpropane   **1,2-Diphenylpropene**

9.41 2-Bromonorbornane에서 HBr을 제거하면 1-norbornene은 생기지 않고 단지 2-norbornene만 얻어진다. 이러한 할로젠화수소이탈의 위치선택성을 어떻게 설명할 것인가? 이 질문의 답을 쓰는데 1-norbornene과 2-norbornene의 분자 모형을 만들고, 각각의 무리를 분석하면 도움이 된다.

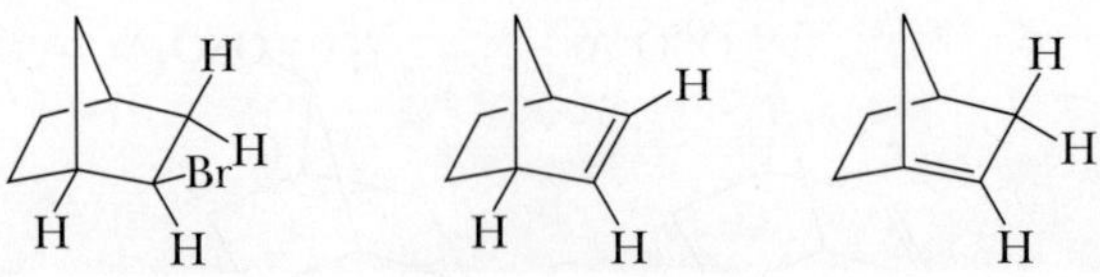

2-Bromonorbornane **2-Norbornene** **1-Norbornene**

9.42 1-Bromo-3-isopropylcyclohexane의 *시스* 및 *트랜스* 이성질체 중 potassium *tert*-butoxide와 가열하여 반응시켰을 때 어느 것이 더 빠르게 반응하는가? 더 빠르게 반응하는 이성질체로 기대되는 화합물의 구조를 그려라.

치환 반응 대 제거 반응

9.43 할로알케인의 S_N1, S_N2, E1, E2 반응을 참고로 하여 다음 문항을 고려해 보자. 각 문항이 어떤 메커니즘에 적용되는가?

(a) 탄소양이온 중간체가 관여한다.
(b) 할로알케인에서 1차이고, 친핵체에서 1차이다.
(c) 치환 자리에서 배열의 반전이 일어난다.
(d) 치환 자리에서 배열의 보전이 일어난다.
(e) 입체중심에서의 치환은 라셈 생성물이 지배적으로 얻어진다.
(f) 할로알케인에서 1차이고, 염기에서 0차이다.
(g) 할로알케인에서 1차이고, 염기에서 1차이다.
(h) 극성이 증가하는 양성자성 용매에서 반응 속도가 커진다.
(i) 자리옮김은 일반적이다.
(j) 할로알케인의 반응성의 순서는 3차 > 2차 > 1차.
(k) 할로알케인의 반응성의 순서는 메틸 > 1차 > 2차 > 3차.

9.44 각 할로알케인을 에탄올 속에서 sodium ethoxide로 처리하는 반응에서 S_N2에 대한 E2의 비율이 증가하는 순서대로 배열하라.

(a) CH_3CH_2Br **(b)** $CH_3CH(CH_3)CH_2Br$ **(c)** $CH_3C(CH_3)(Cl)CH_2CH_3$ **(d)** $CH_3CH(CH_3)CH_2CH_2Br$

9.45 각 반응의 주요 유기 생성물의 구조식을 그리고, 그러한 생성물이 형성되는 가장 알맞은 메커니즘을 밝혀라.

(a) (cyclohexene)–Br + CH_3OH $\xrightarrow{\text{methanol}}$ **(b)** $CH_3C(CH_3)(Cl)CH_2CH_3$ + NaOH $\xrightarrow[H_2O]{80°C}$

(c) (Cl) + $CH_3CO^-Na^+$ (C=O) $\xrightarrow{\text{DMSO}}$

(R)-2-Chlorobutane

(d) (Cl) + $CH_3O^-Na^+$ $\xrightarrow{\text{methanol}}$ **(e)** (Cl) + NaI $\xrightarrow{\text{acetone}}$

R 거울상 이성질체

(f) $CH_3CH(Cl)CH_2CH_3$ + HCOH (C=O) $\xrightarrow{\text{formic acid}}$ **(g)** $CH_3CH_2O^-Na^+$ + $CH_2{=}CHCH_2Cl$ $\xrightarrow{\text{ethanol}}$

R 거울상 이성질체

9.46 *cis*-4-Chlorocyclohexanol을 에탄올 속에서 sodium hydroxide로 처리하였을 때 주로 치환 생성물인 *trans*-1,4-cyclohexanediol (1)이 얻어진다. 같은 반응 조건 하에서 *trans*-4-chloro-cyclohexanol은 3-cyclohexenol (2)과 두고리 에터(3)를 생성한다.

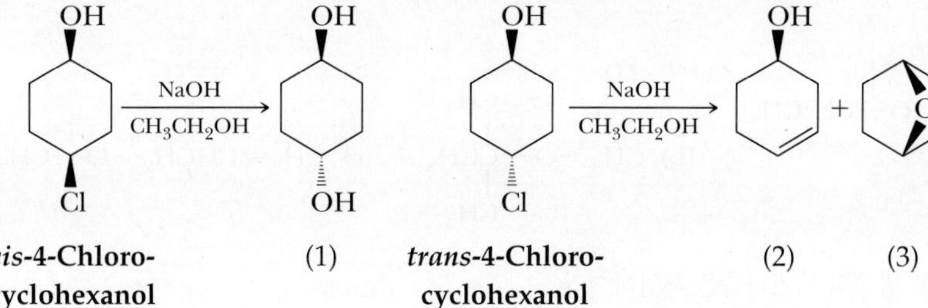

***cis*-4-Chloro-cyclohexanol** (1) ***trans*-4-Chloro-cyclohexanol** (2) (3)

(a) 생성물(1)의 형성에 대한 메커니즘을 제안하고, 또 생성물의 배열을 설명하여라.

(b) 생성물(2)의 형성에 대한 메커니즘을 제안하여라.

(c) 두고리 에터(3)가 *트랜스* 이성질체로부터 생성되지만, *시스* 이성질체에서는 생성되지 않는다는 사실을 설명하여라.

합성

9.47 주어진 출발 물질을 원하는 생성물로 변환시키는 방법을 보여라. 단지 어느 것은 한 단계의 합성이 필요하지만, 다른 것은 두 단계 또는 그 이상이 필요하다.

(a) Cl ⟶

(b) ⟶ Br

(c) Cl ⟶ OH

(d) Br ⟶ OH

(e) Br ⟶ OH, OH

(f) Br ⟶ Br, Br

(g) ⟶ Br

(h) ⟶

(i) Br ⟶ H, O, O, H

9.48 Williamson 에터 합성은 할로알케인을 금속 alkoxide로 처리가 포함된다. 아래의 두 반응은 benzyl *tert*-butyl ether를 합성하기 위한 반응이다. 한 반응은 좋은 수득률로 에터를 생성하지만, 다른 한 반응은 그렇지 못하다. 어떤 반응이 에터를 생성하는가? 또, 다른 반응의 생성물은 무엇이고, 그 생성에 대하여 어떻게 설명할 수 있는가?

(a) $(CH_3)_3CO^-K^+ + C_6H_5CH_2Cl \xrightarrow{DMSO} (CH_3)_3COCH_2C_6H_5 + KCl$

(b) $C_6H_5CH_2O^-K^+ + (CH_3)_3CCl \xrightarrow{DMSO} (CH_3)_3COCH_2C_6H_5 + KCl$

9.49 아래의 에터들은 원칙적으로 할로알케인 또는 할로사이클로알케인과 금속 alkoxide의 두 개의 다른 결합에 의하여 합성된다. 에터 결합(1)과 (2)를 형성하는 할로알케인과 알콕사이드의 결합을 각각 보여라. 그리고 어느 조합이 더 높은 수득률의 에터를 얻는가?

(a) cyclohex-2-enyl–(1)–O–(2)–CH_2CH_3 (b) CH_3–(1)–O–(2)–$C(CH_3)_3$ (c) $CH_2{=}CHCH_2$–(1)–O–(2)–$CH_2C(CH_3)_3$

9.50 다음 반응의 메커니즘을 제안하여라.

$$ClCH_2CH_2OH \xrightarrow{Na_2CO_3,\ H_2O} H_2C\overset{O}{—}CH_2$$

9.51 이 화합물들은 S_N2 반응에 의하여 합성된다. 각 화합물이 얻어질 수 있는 할로알케인과 친핵체의 조합을 제안하여라.

(a) CH_3OCH_3 **(b)** CH_3SH
(c) $CH_3CH_2CH_2PH_2$ **(d)** CH_3CH_2CN
(e) $CH_3SCH_2C(CH_3)_3$ **(f)** $(CH_3)_3NH^+\ Cl^-$
(g) $C_6H_5\overset{O}{\overset{\|}{C}}OCH_2C_6H_5$ **(h)** (*R*)-$CH_3\overset{N_3}{\overset{|}{C}}HCH_2CH_2CH_3$
(i) $CH_2{=}CHCH_2OCH(CH_3)_2$ **(j)** $CH_2{=}CHCH_2OCH_2CH{=}CH_2$
(k) pyrrolidinium ($^+NH_2$) Cl^- **(i)** 1,4-dioxane (O, O ring)

예습 문제

9.52 수산화 이온은 매우 나쁜 이탈기이다. 그러나 많은 알코올은 alkyl 또는 aryl sulfonyl chloride와 반응하여 셀포네이트 에스터를 형성한다.

$$R—OH + R—\overset{O}{\overset{\|}{\underset{O}{\underset{\|}{S}}}}—Cl \xrightarrow{R_3N} R—O—\overset{O}{\overset{\|}{\underset{O}{\underset{\|}{S}}}}—R' + HCl$$

(a) 이 변화가 치환기의 이탈기 능력에 어떻게 영향을 주는지 설명하여라.

(b) 다음 반응의 생성물을 제안하여라.

$$CH_3CH_2—O—\overset{O}{\overset{\|}{\underset{O}{\underset{\|}{S}}}}—C_6H_5 + CH_3S^-Na^+ \xrightarrow[DMSO]{}$$

9.53 다음 반응의 생성물을 제안하여라. HI는 센산이다.

$$CH_3CH_2OCH_2CH_3 + 2HI \longrightarrow$$

유기 화학 반응 로드맵

9.54 연습 문제 6.54, 7.29, 8.28에 대해 만든 로드맵을 사용해서 이 장의 표 9.1뿐만 아니라 '주요 반응'에 있는 반응들을 포함할 수 있도록 로드맵을 업데이트하여라. 매우 특수한 성질 때문에 표 9.1의 반응 3과 4 또는 7을 로드맵에 사용하지 마라.

9.55 다음 일련의 반응들의 생성물을 나타내어라. 서로 다른 작용기 사이를 '네비게이트'할 수 있도록 어떻게 반응이 조합되는지를 알아보기 위해 로드맵을 참고하여라.

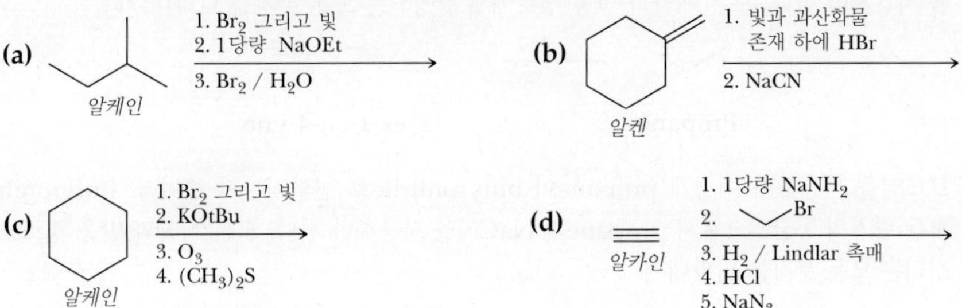

다단계 합성 문제

몇 가지 연속 반응은 유기 합성에서 다른것보다 유용하다. 지금까지 배운 반응 중에서 특별히 유용한 연속 반응은 알케인을 자유라디칼 할로젠화시켜서 할로알케인을 생성하고, 이를 다시 E2 제거시켜서 알켄을 합성하는 반응 조합이다. 알켄은 다시 다양한 가능한 작용기로 변환된다. 자유라디칼 할로젠화 만이 알케인을 출발 물질로 사용하는 유일한 반응이다.

9.56 로드맵을 사용하여 어떻게 butane이 2-butyne으로 변환되는지 보여라. 모든 시약과 아울러 반응 과정에서 생성되는 모든 분자를 보여라.

?

Butane **2-Butyne**

9.57 로드맵을 사용하여 어떻게 2-methylbutane이 3-bromo-2-methyl-2-butanol 라셈 혼합물으로 변환되는지 보여라. 모든 시약과 아울러 반응 과정에서 생성되는 모든 분자를 보여라.

? Br HO Br HO

2-Methylbutane **3-Bromo-2-methyl-2-butanol**
(라셈 혼합물)

9.58 로드맵을 사용하여 어떻게 cyclohexane이 hexanedial로 변환되는지 보여라. 모든 시약과 아울러 반응 과정에서 생성되는 모든 분자를 보여라.

? O H H O

Cyclohexane **Hexanedial**

9.59 로드맵을 사용하여 어떻게 cyclohexane이 3-bromocyclohexane 라셈 혼합물으로 변환되는지 보여라. 모든 시약과 아울러 반응 과정에서 생성되는 모든 분자를 보여라.

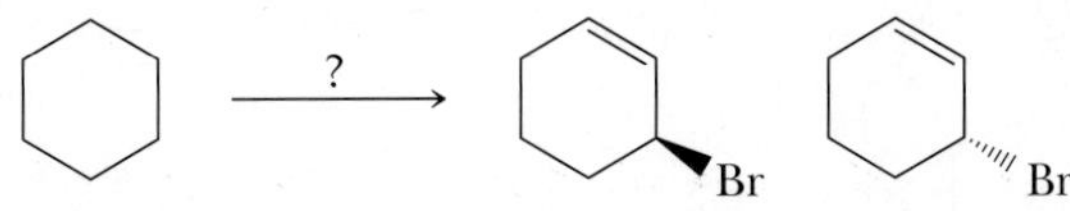

Cyclohexane **3-Bromocyclohexene**
(라셈 혼합물)

9.60 유기 합성에서 또 하나의 중요한 형태는 C—C 결합의 형성이다. 어떻게 propane이 hex-1-en-4-yne으로 변환되는지 보여라. Hex-1-en-4-yne의 모든 탄소 원자의 공급원으로 propane을 사용해야 한다. 모든 시약과 반응 경로에서 합성되는 모든 분자를 나타내어라.

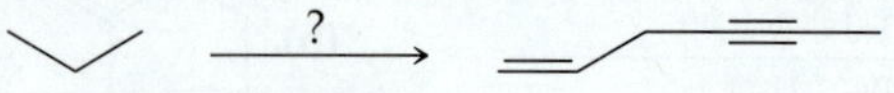

Propane → ? → Hex-1-en-4-yne

9.61 로드맵을 사용하여 어떻게 propane이 butyronilrile로 변환되는지 보여라. Butyronilrile의 모든 탄소의 공급원으로서 propane과 NaCN을 사용해야 한다. 모든 시약과 반응 경로에서 합성되는 모든 분자를 나타내어라.

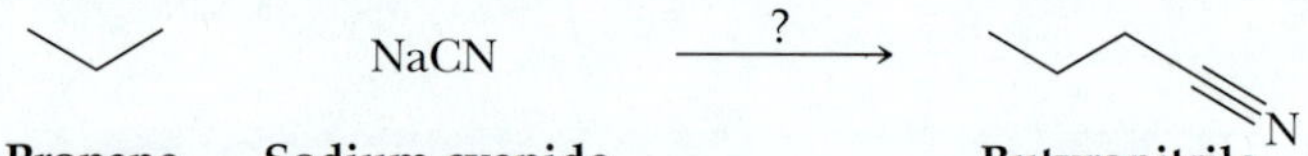

Propane + NaCN (Sodium cyanide) → ? → Butyronitrile

관련된 반응

9.62 Fluticasone은 천식 치료에 사용되는 glucocorticoid 의약품이다. Fluticasone의 합성에서 소량의 sodium iodide를 필요로 하는 아래의 변환 과정이 이용된다. 이 장에서 배운 화학을 활용하여 구조를 분석하고, 또한 반응 생성물의 구조를 그려라.

NaI / acetone →

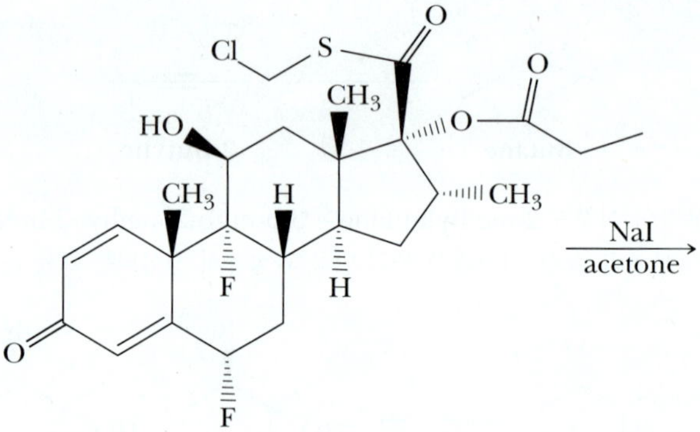

9.63 다음 일련의 반응은 prostaglandin C2의 여러 가지 유도체 합성에 사용되었다. 이 장에서 배운 화학을 활용하여 구조를 분석하고, 또한 반응 중간체인 A와 B의 구조를 그려라.

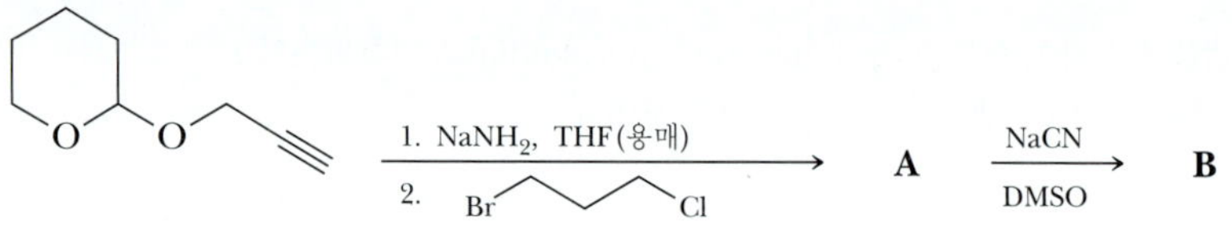

(라셈 혼합물) → 1. $NaNH_2$, THF(용매) 2. Br~~Cl → A (라셈 혼합물) → NaCN / DMSO → B (라셈 혼합물)

9.64 다양한 prostaglandin 유도체의 합성에 다음 반응이 사용되었다. 이 장에서 배운 화학을 활용하여 구조를 분석하고, 또한 반응 생성물의 구조를 그려라.

과량의 *t*BuOK / *t*BuOH →

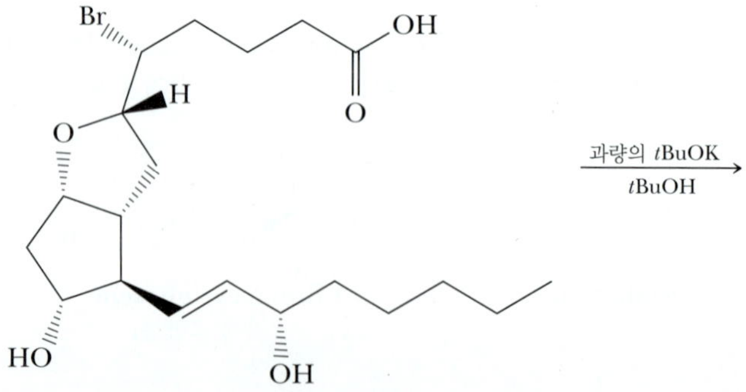

제 10 장

© Cephas Picture Library/Alamy

California, Beaulieu Vineyards 포도원에 있는 포도주 발효통.
▼ *삽입 그림:* Ethanol의 모형.

알코올
Alcohols

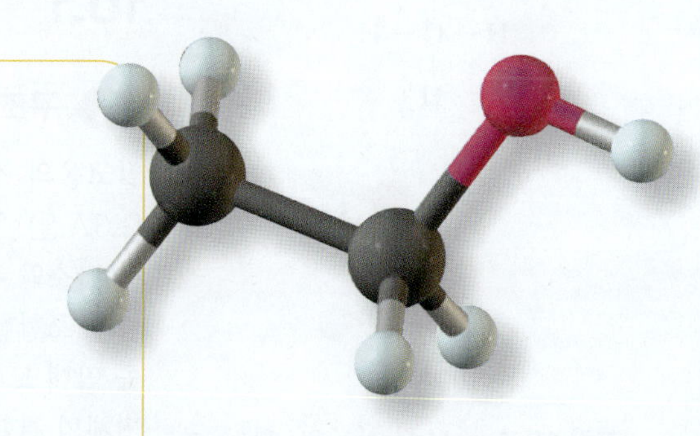

이 장의 차례

이 장에서는 —OH(하이드록시)기를 포함하는 화합물인 알코올의 물리적, 화학적 특성을 공부한다. 또한 —SH(설프하이드릴)기를 포함하는 싸이올도 공부한다.

CH_3CH_2OH	CH_3CH_2SH
Ethanol	**Ethanethiol**
(알코올)	(싸이올)

Ethanol은 가소홀(E85)에서 연료 첨가제로, 알코올 음료에서는 알코올로, 그리고 중요한 공업적 용매로 사용된다. 모든 다른 낮은 분자량 싸이올에서처럼 ethanethiol은 스컹크의 냄새, 썩은 달걀 냄새 및 싸이올이나 H_2S가 원인이 되는 하수구 등과 같은 악취를 풍긴다.

알코올은 알켄 및 할로알케인, 알데하이드, 케톤, 카복실산, 에스터 등을 포함한 많은 다른 화합물로 전환될 수 있기 때문에 중요하다. 알코올은 이러한 화합물로 전환될 수 있을 뿐만 아니라 이러한 화합물도 알코올로 역시 전환될 수 있다. 따라서 알코올은 유기 작용기의 상호변환에서 중심적인 역할을 한다.

하이드록시기는 탄수화물이나 아미노산에 들어 있다. 자연에서 가장 풍부한 유기 화합물인 glucose는 다음과 같이 두 가지 형태의 표시법이 있다. 왼쪽은 모든 카이랄 중심의 구

이 장의 동영상 강의를 보려면 **www.cengage.com/chemistry/brown/organic7e**에 접속 후 **Access Student Materials**를 클릭하라.

조를 보여 주는 Fischer 투영도이다. 오른쪽은 이 분자가 고체 형태나 용액에 녹아 있을 때 존재할 수 있는 우세한 형태의 고리형 구조이다. 아미노산인 L-serine은 단백질의 구성 요소인 20개의 아미노산 중의 하나이다.

D-Glucose (Fischer 투영도) **β-D-Glucopyranose** **L-Serine**

황 원자와 산소 원자는 둘 다 6족 원소이기 때문에 알코올과 싸이올은 많은 동일한 형태의 반응을 일으킨다. 그러나 3주기 원소인 황은 알코올에서 불가능한 몇 가지 반응을 일으킬 수 있다. 또한 황의 전기음성도와 염기도는 산소의 전기음성도와 염기도에 비해 작다.

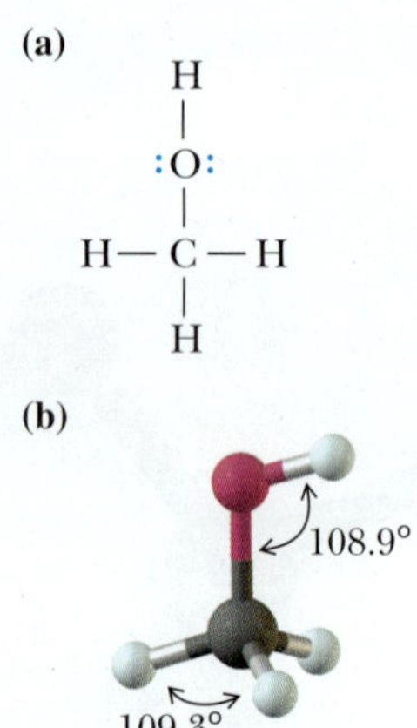

그림 10.1 ▸ Methanol, CH_3OH. (a) Lewis 구조와 (b) 공-막대 모형.

10.1 알코올의 구조와 명명법

A 구조

알코올의 작용기는 sp^3 혼성화된 탄소에 결합된 **—OH(하이드록시, hydroxyl)기**이다(1.3A절). 알코올의 산소 원자도 역시 sp^3로 혼성화되어 있다. 산소의 두 sp^3 혼성 궤도함수는 탄소와 수소 원자와 σ 결합을 형성하고, 남은 두 sp^3 혼성 궤도함수는 각각 비공유 전자쌍을 포함한다. 그림 10.1은 가장 간단한 알코올인 methanol (CH_3OH)의 Lewis 구조와 공-막대 모형을 나타내고 있다. Methanol에서 측정된 C—O—H 결합각은 108.9°로 정사면체의 결합각인 109.5°와 매우 유사하다.

B 명명법

IUPAC 규칙에서는 —OH기를 포함하는 가장 긴 탄소 사슬을 모체 알케인으로 선택하고, —OH에 가까운 쪽부터 번호를 매긴다. 화합물이 알코올인 것을 나타내기 위해 모체 알케인의 접미사 *-e*를 *-ol*로 바꾸며(2.3절) —OH기의 위치를 나타내는 번호를 사용한다. —OH기는 모체 사슬에 번호를 매길 때 알킬기나 할로젠 원자보다 우선순위를 부여한다. 고리형 알코올에 있어서 번호 매김은 —OH기를 포함하는 탄소부터 시작한다. 왜냐하면 —OH기는 고리의 1번 탄소에 있다는 것이 이해되기 때문에 —OH기의 위치 번호를 붙일 필요가 없다. 복잡한 알코올에서는 —OH기의 번호 붙임은 어간과 접미사 사이에 위치한다. 예를 들면, 2-methyl-1-propanol이나 2-methylpropan-1-ol 둘 다 사용할 수 있는 이름이다.

알코올의 관용명은 —OH기에 결합된 알킬기의 이름에서 유래하며, *알코올*(alcohol)이라는 단어를 붙인다. 몇 가지 분자량이 작은 알코올에 대해 IUPAC명과 괄호 안에 관용명을 나타내었다.

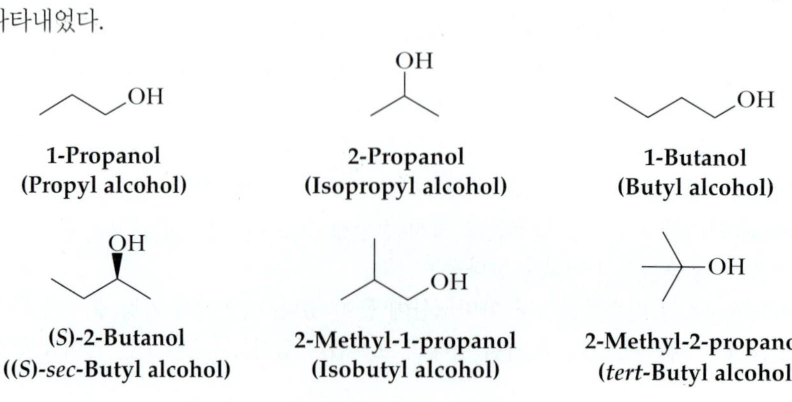

예제 10.1 ▸ 알코올 명명법

다음 알코올들의 IUPAC명을 써라.

(a) 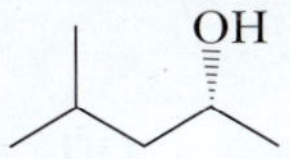 (b)

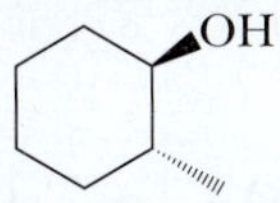

➡ 해답

(a) (R)-4-Methyl-2-pentanol.

(b) (1R,2R)-2-Methylcyclohexanol. 각 카이랄 중심의 절대 배열뿐만 아니라 —CH_3와 —OH기가 고리 위에 서로 *트랜스*로 있어서 절대 배열을 R,R로 명시하는 것을 주의하라. 알코올은 역시 *trans*-2-methylcyclohexanol로 명명될 수 있으며, 반면에 이 이름은 각각의 절대 배열을 명시하는 것이 아니다. 하이드록시기와 메틸기가 서로 *트랜스*로 있다는 것을 명시한다.

연습 문제 10.1

화합물 (a)에 대한 배열을 포함하여 다음 알코올에 대한 IUPAC명을 써라.

(a) 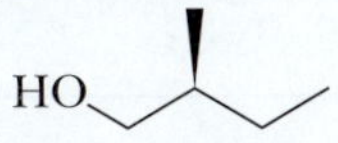 (b)

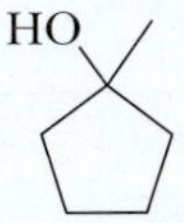

—OH기가 1차, 2차 혹은 3차 탄소에 결합된 경우에 따라 알코올은 **1차**(primary, 1°), **2차**(secondary, 2°) 혹은 **3차**(tertiary, 3°)로 구분한다.

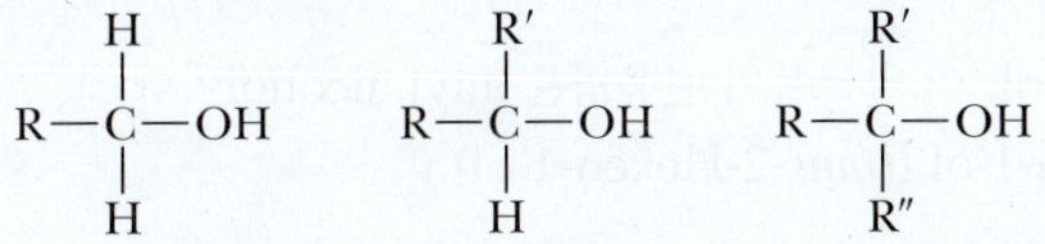

1차(1°) 2차(2°) 3차(3°)

예제 10.2 ▸ 알코올의 분류

각 알코올을 1차, 2차, 3차로 구분하여라.

(a) 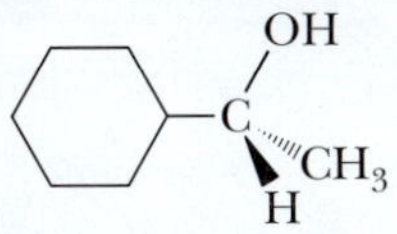 (b) 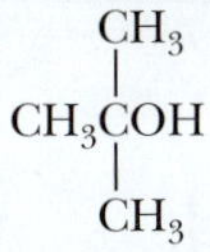 CH_3COH (c)

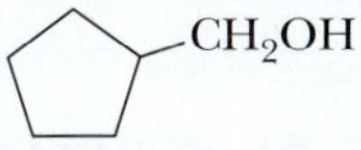

➡ 해답

(a) 2차(2°) **(b)** 3차(3°) **(c)** 1차(1°)

연습 문제 10.2

각 알코올을 1차, 2차, 3차로 구분하여라.

(a) 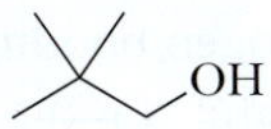 (b) 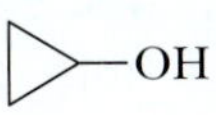 (c) 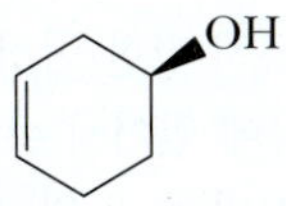 (d)

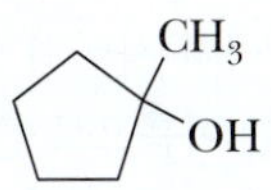

IUPAC 규칙에서는 2개의 하이드록시기를 갖는 화합물을 **다이올**(diol)로 명명하고, 3개의 하이드록시기를 갖는 화합물을 **트라이올**(triol)이라 한다. 다이올, 트라이올 그리고 그 이상의 화합물의 IUPAC명은 예를 들어 1,2-ethanediol에서처럼 모체 알케인명의 최

다이올
두 개의 하이드록시기가 포함된 화합물.

트라이올
세 개의 하이드록시기가 포함된 화합물.

종 -*e* (접미사)를 유지한다. 많은 유기 화합물처럼 어떤 다이올과 트라이올의 관용명은 그대로 유지되고 있다. 이웃하는 탄소들에 2개의 하이드록시기를 포함하는 화합물은 **glycol**(글라이콜)이라고도 부른다(6.5절). Ethylene glycol과 propylene glycol은 ethylene과 propylene으로부터 각각 합성되었으며, 여기서 관용명이 유래되었다.

1,2-Ethanediol (Ethylene glycol)	1,2-Propanediol (Propylene glycol)	1,3-Propanediol	1,2,3-Propanetriol (Glycerol, glycerine)

—OH기와 C═C기들을 포함하는 화합물은 탄소-탄소 이중 결합이 존재하기 때문에 종종 **불포화 알코올**(unsaturated alcohol)이라고 한다. IUPAC 규칙에서는 이중 결합은 모체 알케인의 삽입 음절인 -*an*-을 -*en*-으로 변화시켜 나타내고(2.3절) 하이드록시기는 모체 알케인의 접미사 -*e*를 -*ol*로 변화시켜 나타낸다. 숫자는 탄소-탄소 이중 결합과 하이드록시기 두 가지 위치를 모두 나타내는 데 사용되어야 한다. 모체 알케인은 —OH기가 가장 낮은 숫자를 가지도록 번호를 붙여야 한다. 즉, 접미사(이 경우, -*ol*)로 나타난 기는 삽입사(이 경우, -*en*-)로 나타낸 기보다 우선권을 갖는다.

예제 10.3 ▸ 알코올의 명명

다음 불포화 알코올의 IUPAC명을 써라.

(a) $CH_2{=}CHCH_2OH$ (b) HO

➡ 해답

(a) 2-Propen-1-ol. 이 알코올의 관용명은 allyl alcohol이다.
(b) (*E*)-2-Hexen-1-ol (*trans*-2-Hexen-1-ol)

연습 문제 10.3

다음 불포화 알코올의 IUPAC명을 써라.

(a) OH (b) OH

쌍극자-쌍극자 상호작용
한 쌍극자의 양전하 끝과 또 다른 쌍극자의 음전하 끝 사이의 인력.

수소 결합
높은 전기음성도의 원자(주로 N 또는 O)에 결합된 수소 원자와 높은 전기음성도를 가진 또 다른 원자 (또 다시, 주로 N 또는 O)의 비공유 전자쌍 사이에서 형성되는 끌어당기는 상호작용.

10.2 알코올의 물리적인 성질

극성 —OH기를 가지고 있기 때문에 알코올은 탄소와 수소에 부분적인 양전하를 갖고 산소에 부분적인 음전하를 가지는 극성 화합물이다(그림 10.2).

한 쌍극자의 양전하 끝과 다른 쌍극자의 음전하 끝 사이의 인력은 **쌍극자-쌍극자 상호작용**(dipole-dipole interaction)이라고 부른다. 한 쌍극자의 양전하 끝인 수소 원자는 O 혹은 N(큰 전기음성도의 원자들)에 결합되고, 다른 쌍극자의 음전하 끝은 O나 N 원자가 되며, 쌍극자 사이의 인력이 특히 강한 이러한 결합은 **수소 결합**(hydrogen bonding)이라는 특별한 이름으로 불린다. 물에 있어서 수소 결합의 길이는 177 pm이며, O—H 공유 결합보다 80% 정도 길다. 물에서의 수소 결합의 세기는 대략 21 kJ (5 kcal)/mol이다. 예를 들면, 물에서의 O—H 공유 결합의 세기는 대략 498 kJ (118 kcal)/mol이다. 이러한 숫자를 비교하여 알 수 있듯이 O—H 수소 결합은 O—H 공유 결합에 비해 상당히 약하다. 그러나 액체 상태 물에서의 상당히 많은 양의 수소 결합의 존재는 물의 물리적 성질에 중요한

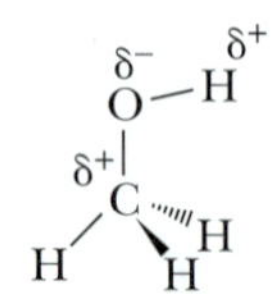

그림 10.2 ▸ 알코올에서 C—O—H 결합의 극성.

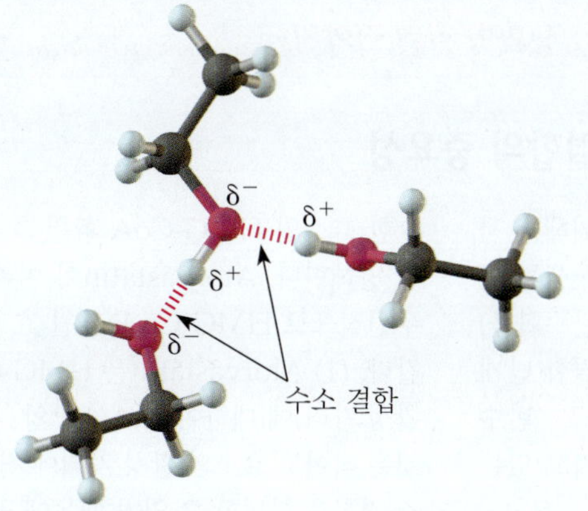

그림 10.3 ▸ 액체 상태에서의 수소 결합에 의한 ethanol의 회합. 각각의 O—H는 3개의 수소 결합까지 참여할 수 있다(하나는 수소 원자를 통해서이고, 두 개는 산소 원자를 통해서다). 분자 당 세 개의 가능한 수소 결합 중에서 단지 두 개만 나타내었다.

영향을 준다. 수소 결합 때문에 물 분자를 이웃하는 분자로부터 각각의 물로 분리할 때 여분의 에너지가 필요하고, 그러므로 물이 상대적으로 높은 끓는점을 가진다.

유사하게, 순수한 액체 상태의 알코올 사이에서도 여러 개의 수소 결합이 있다. 그림 10.3은 한 ethanol 분자의 음으로 하전된 산소 원자와 또 다른 ethanol 분자의 부분적으로 양으로 하전된 수소 원자 사이의 수소 결합에 의한 ethanol 분자의 회합을 보여 주고 있다.

표 10.1은 몇 그룹의 알코올과 비슷한 분자량을 갖는 탄화수소의 끓는점과 물에 대한 용해도를 나타낸 도표이다. 비교된 화합물의 각 그룹에서 알코올은 높은 끓는점을 가지며, 이것은 극성 —OH기 사이의 수소 결합의 인력을 극복하기 위해 더 많은 에너지가 필요하기 때문이다. Hexane (bp 69°C), 1-pentanol (bp 138°C), 1,4-butanediol (bp 230°C)의 끓는점을 비교함으로써 한 분자에서 여분의 하이드록시기의 존재는 대략 유사한 분자량을 가졌음에도 불구하고 수소 결합이 어느 정도 끓는점을 더 증가시키는지 알 수 있다. 분자들 사이의 분산력의 증가 때문에, 알코올을 포함한 모든 종류의 화합물의 끓는점은 분자량이 증가함에 따라 높아진다. 예를 들어, ethanol (bp 78°C), 1-propanol (bp 97°C), 1-butanol (bp 117°C), 1-pentanol (bp 138°C)의 끓는점을 비교해 보자.

표 10.1 비슷한 분자량을 가지는 다섯 그룹의 알코올과 탄화수소의 끓는점과 물에 대한 용해도

구조식	이름	분자량 (g/mol)	끓는점 (°C)	물에 대한 용해도
CH_3OH	Methanol	32	65	무한대
CH_3CH_3	Ethane	30	−89	불용
CH_3CH_2OH	Ethanol	46	78	무한대
$CH_3CH_2CH_3$	Propane	44	−42	불용
$CH_3CH_2CH_2OH$	1-Propanol	60	97	무한대
$CH_3CH_2CH_2CH_3$	Butane	58	0	불용
$CH_3CH_2CH_2CH_2OH$	1-Butanol	74	117	8 g/100 g
$CH_3CH_2CH_2CH_2CH_3$	Pentane	72	36	불용
$HOCH_2CH_2CH_2CH_2OH$	1,4-Butanediol	90	230	무한대
$CH_3CH_2CH_2CH_2CH_2OH$	1-Pentanol	88	138	2.3 g/100 g
$CH_3CH_2CH_2CH_2CH_3CH_3$	Hexane	86	69	불용

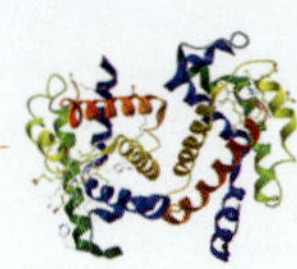

의약품-수용체 상호작용에 있어서 수소 결합의 중요성

수소 결합은 주개와 받개 기가 수소 결합을 형성하기 위해서 서로에 대해서 적절하게 배향하는 방향성을 가지고 있다. 생물 분자 속에서 중요한 수소 결합 주개는 —OH기(단백질, 탄수화물)와 —NH기(단백질, 핵산)를 포함한다. 중요한 수소 결합 받개는 C═O기(단백질, 탄수화물, 핵산), —OH기(단백질, 탄수화물), COO^-기(단백질)와 같은 비공유 전자쌍을 가지고 있는 N 또는 O이다.

생물 분자를 둘러싸는 것부터 의약품과 수용체 사이의 특별한 결합과 인식의 많은 변화에서 분자들을 조직화하는 수소 결합의 잠재력은 방향성으로부터 나온다. 의약품인 atorvastatin (Lipitor)은 높은 콜레스테롤을 치료하는데 사용된다. 콜레스테롤은 아세틸 코엔자임 A (acetyl-CoA)의 탄소 2개로 된 아세틸기로부터 간에서 합성된다. 콜레스테롤을 합성할 때, 반응 순서에서 중요한 중간체는 mevalonate (26.4B절)로 명명되는 탄소 6개로 된 분자이다. Atorvastain은 mevalonate 생합성에 중요한 효소인 HMG-CoA 환원 효소에 특별히 결합하거나 작용을 방해한다. Atorvastatin이 여러 가지 다른 활성 효소보다는 우선적으로 HMG-CoA 환원 효소에 결합하는 이유는 다음과 같다. (1) Atorvastatin은 HMG-CoA 환원 효소의 촉매 공동(활성 자리)에 대하여 상보성 모양을 가지고 있고(그림 1), (2) 그것은 적어도 효소의 활성 자리에 작용기를 가진 9개의 특별한 수소 결합을 형성할 수 있기 때문에 많은 수의 다른 활성이 있는 효소보다 우선적으로 결합한다(그림 2).

수소 결합의 상보성 모양과 형태는 atorvastatin이 HMG-CoA 환원 효소에 결합하거나 mevalonate의 형성을 촉매 하는 그의 능력을 제어하는 것을 확실하게 보여주고 있다. 이것의 인식과 그리고 다른 효과적인 의약품은 그들이 계획된 과녁(target) 분자에 강하게 결합하는 능력을 가진 반면에, 원하지 않는 부효과를 낼 수 있는 다른 분자와는 상호작용을 하지 않는다.

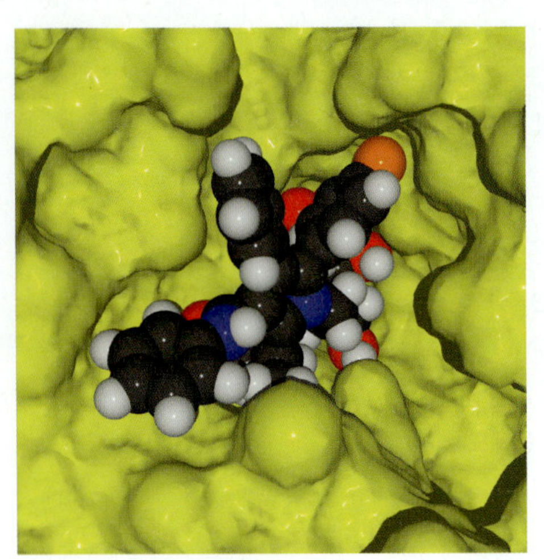

그림 1 ▲
효소인 과녁 HMG-CoA 환원 효소(노란색 표면으로 나타냄)의 활성 자리에 결합된 콜레스테롤을 낮추는 의약품인 atorvastain (Lipitor)의 공간-채움 모형. 의약품의 모양이 효소의 활성 자리에 상보적이다.

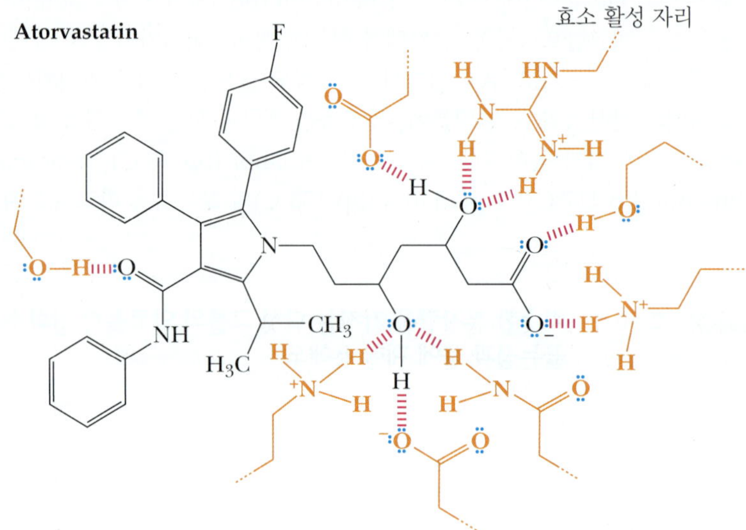

그림 2 ▲
Atorvastatin과 효소인 HMG-CoA 환원 효소의 활성 자리에 있는 작용기 사이의 수소 결합(붉은 색으로 나타냄). Atorvastatin 혹은 효소 표면 위의 OH기가 포함된 아홉 개의 수소 결합은(붉은 색으로 나타냄) 과녁 효소에 대한 의약품의 결합을 이끌어내는 특이성을 제공하는 데 도움을 준다.

알코올에서 수소 결합의 영향은 ethanol (bp 78°C)과 그 구조 이성질체인 dimethyl ether (bp −24°C)의 끓는점을 비교할 때 극적으로 나타난다. 이러한 두 화합물 사이에 끓는점의 차이는 알코올에서 분자 간 수소 결합을 형성할 수 있는 극성 O—H기가 존재하기 때문이다. 이러한 수소 결합은 ethanol 분자들 사이의 인력을 증가시키고, 따라서 ethanol은 dimethyl ether보다 높은 끓는점을 갖는다.

CH_3CH_2OH CH_3OCH_3

Ethanol **Dimethyl ether**
bp 78°C bp −24°C

알코올은 물과 수소 결합에 의해 상호작용을 할 수 있기 때문에 비슷한 분자량을 가지는 알케인이나 알켄보다 물에서 훨씬 용해가 잘된다. Methanol, ethanol, 1-propanol은 모든 비율로 물에 잘 용해된다. 분자량이 증가함에 따라 알코올의 물리적 성질은 비슷한 분자량을 갖는 탄화수소의 성질과 거의 같게 된다. 높은 분자량을 갖는 알코올은 분자 내에 탄화수소 부분의 크기가 증가하기 때문에 물에서 아주 적게 녹는다.

예제 10.4 ▸ 알코올과 끓는점

다음은 분자식 $C_4H_{10}O$를 갖는 3개의 알코올이다. 이들의 끓는점은 82.3°C, 99.5°C, 117°C이다. 어떤 알코올이 어떤 끓는점을 가지겠는가?

OH OH OH

1-Butanol **2-Butanol** **2-Methyl-2-propanol**

➥ 해답

이들 구조 이성질체들의 끓는점은 분자 간 수소 결합의 세기에 달려 있다. 1-Butanol의 1차 —OH기는 분자 간 수소 결합을 이루기 위해 가장 잘 접근할 수 있고, 이 알코올이 가장 높은 끓는점인 117°C를 가진다. 2-Methyl-2-propanol의 3차 —OH기는 분자 간 수소 결합을 이루기 위해 가장 접근하기 어렵고, 이 알코올은 가장 낮은 끓는점인 82.3°C를 가진다.

연습 문제 10.4

끓는점이 증가하는 순서대로 다음 화합물을 나열하여라.

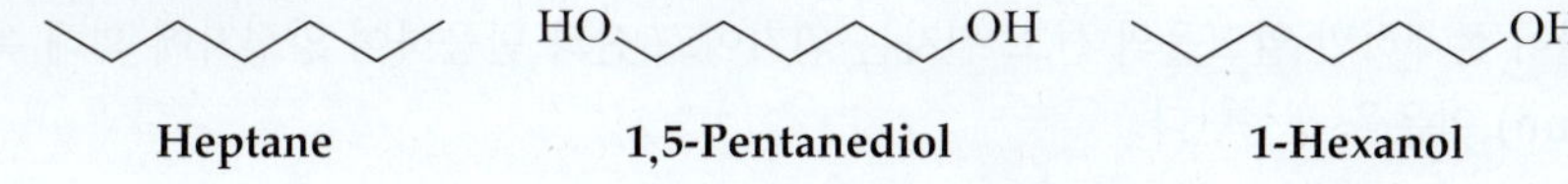

Heptane **1,5-Pentanediol** **1-Hexanol**

예제 10.5 ▸ 알코올의 용해도

물에 대한 용해도가 증가하는 순서대로 다음 화합물을 나열하여라.

HO OH OH

Hexane **1,4-Butanediol** **1-Pentanol**

➥ 해답

비극성 탄화수소인 hexane (C_6H_{14})은 물에 대해 가장 낮은 용해도를 가진다. 1-Pentanol과 1,4-butanediol 두 가지 화합물 모두 —OH기가 존재하기 때문에 극성 화합물이며, 각각은 수소 결합에 의해 물 분자와 상호작용한다. 1,4-Butanediol은 1-pentanol에 비해서 분자 내에 수소 결합을 할 수 있는 자리를 더 많이 가지고 있기 때문에 1-pentanol보다 물에 더 많이 용해된다. 이러한 화합물의 물에 대한 용해도를 표 10.1에 나타내었다.

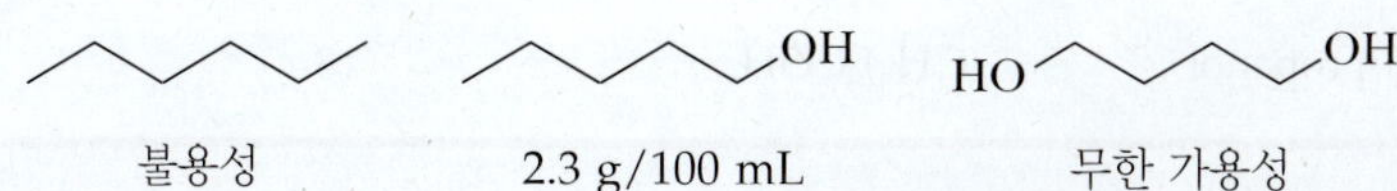

불용성 2.3 g/100 mL 무한 가용성

연습 문제 10.5

물에 대한 용해도가 큰 순서대로 다음 화합물을 나열하여라.

1-Butanol **1-Propanol** **1,2-Dichloroethane**

10.3 알코올의 산도와 염기도

알코올은 약한 산(양성자 주개)과 약한 염기(양성자 받개)의 두 가지로 작용할 수 있다. 표 10.2 는 몇몇 분자량이 작은 알코올의 산 이온화 상수를 나타내고 있다.

묽은 수용액에서 methanol (pK_a 15.5)만이 물보다 더 산성이다.

$$CH_3\ddot{O}-H + H-\ddot{O}-H \rightleftharpoons CH_3\ddot{O}^- + H-\ddot{O}^+(H)-H \qquad K_a = \frac{[CH_3O^-][H_3O^+]}{[CH_3OH]} = 10^{-15.5}$$

$$pK_a = 15.5$$

Ethanol은 물과 같은 정도의 산도를 나타낸다. 분자량이 커짐에 따라 물에 녹는 알코올은 물보다 비교적 약한 산이다. 따라서 알코올이 약간의 산도를 갖더라도 sodium bicarbonate나 sodium carbonate와 같은 약한 염기와 반응할 만큼 충분히 센산은 아니다(여기서 산-염기 반응에서 평형의 위치를 설명한 4.4절을 복습하는 것이 좋다).

Methanol, ethanol과 같은 간단한 알코올에 있어서 산도는 물 분자에 의한 알콕사이드 이온의 용매화와 안정도에 주로 의존한다. 메톡사이드와 에톡사이드 이온들의 음전하의 산소 원자들은 하이드록시 이온처럼 거의 동등하게 용매화를 위해 접근하고, 이러한 알코올은 물과 거의 같은 산도를 가진다. 산소 원자에 붙어 있는 알킬기의 크기가 증가함에 따라서 알콕사이드 이온으로 용매화시키는 물 분자의 능력은 감소한다. 2-Methyl-2-propanol (*tert*-butyl alcohol)은 methanol이나 ethanol에 비하여 더 약한 산이다. 왜냐하면, *tert*-뷰틸기의 부피가 커서 물 분자에 의해 둘러싸일 때에 *tert*-뷰톡사이드 음이온의 용매화를 감소시키기 때문이다.

센산이 존재하면 알코올의 산소 원자는 염기이고 산과 반응하여 양성자에 의해 옥소늄(oxonium) 이온을 생성한다.

$$CH_3CH_2-\ddot{O}-H + H-\ddot{O}^+(H)-H \xrightleftharpoons{H_2SO_4} CH_3CH_2-\ddot{O}^+(H)-H + :\ddot{O}(H)-H$$

Ethanol — **Hydronium 이온** pK_a −1.7 (약한 산) — **Ethyloxonium 이온** pK_a −2.4 (센산)

표 10.2 묽은 수용액에서 선택된 몇 가지 알코올들의 pK_a 값*

화합물	구조식	pK_a	
Hydrogen chloride	HCl	−7	센산 ↑
Acetic acid	CH_3COOH	4.8	
Methanol	CH_3OH	15.5	
Water	H_2O	15.7	
Ethanol	CH_3CH_2OH	15.9	
2-Propanol	$(CH_3)_2CHOH$	17	약한 산
2-Methyl-2-propanol	$(CH_3)_3COH$	18	

*비교하기 위하여 물, acetic acid, hydrogen chloride의 pK_a 값도 나타내었다.

요약하면, 하이드록시기가 포함된 반응의 메커니즘을 예측할 경우에 하이드록시기의 약한 산과 약한 염기로서 두 가지를 고려할 필요가 있다. 그러므로 센산과 센염기가 각각 존재할 때에 메커니즘의 초기 단계에서 양성자 첨가 혹은 양성자 떼어내기를 생각해야 한다. 더욱이 알코올의 대부분 반응에서 중요한 메커니즘적인 근거는 나쁜 이탈기인 —OH기가 양성자 또는 여러 가지 강한 친전자체와 반응하여 연속적인 치환 반응이나 제거 반응이 일어날 수 있도록 훨씬 더 좋은 이탈기인 $—\overset{+}{O}H_2$ 혹은 이와 유사한 기를 만드는 것이다.

10.4 활성 금속과 알코올의 반응

알코올은 Li, Na, K 및 다른 활성 금속과 반응하여 수소를 발생시키고, 금속 알콕사이드를 생성한다. 이 산화/환원 반응에서 Na는 Na^+로 산화되고, H^+는 H_2로 환원된다.

$$2\,CH_3OH + 2\,Na \longrightarrow 2\,CH_3O^-Na^+ + H_2$$

Sodium methoxide
(MeO^-Na^+)

금속 알콕사이드를 영어로 명명할 때 양이온을 먼저 명명하고 이어서 음이온을 명명한다. 음이온의 명명은 탄소 원자의 수와 그들의 배열(*meth*-, *eth*-, *isoprop*-, tert-*but*-, 등등)을 나타내는 접두사와 이어서 접미사 *-oxide*를 쓴다.

알콕사이드 이온은 하이드록시 이온과 거의 같거나 때로는 다소 더 센염기이다. Sodium methoxide와 더불어 아래의 알코올의 금속염들은 비수용성 용매에서 센염기를 필요로 하는 유기 반응에 사용된다. 예를 들면, sodium ethoxide는 ethanol에서 potassium *tert*-butoxide는 2-methyl-2-propanol (*tert*-butyl alcohol) 중에서 사용된다.

$$CH_3CH_2O^-Na^+ \qquad CH_3\underset{\displaystyle CH_3}{\overset{\displaystyle CH_3}{\underset{|}{\overset{|}{C}}}}O^-K^+$$

Sodium ethoxide **(EtO^-Na^+)**　　**Potassium *tert*-butoxide** **(t-BuO^-K^+)**

알코올은 알콕사이드 이온보다 더 센염기와 반응하여 염으로 전환될 수 있다. 이러한 염기로 sodium hydride (NaH)가 있다. 수소화 이온($H:^-$, H_2의 짝염기)은 아주 센염기이다.

$$CH_3CH_2OH \;+\; Na^+H^- \;\longrightarrow\; CH_3CH_2O^-Na^+ \;+\; H_2$$

Ethanol　　**Sodium hydride**　　**Sodium ethoxide**

Sodium hydride 와 산성 수소를 포함하는 화합물과의 반응은 비가역적이며, 기체로 방출되는 수소의 생성에 의해 종결된다.

예제 10.6 ▸ 알코올의 반응

Cyclohexanol과 sodium 금속과의 균형 방정식을 써라.

➡ 해답

$$2\,C_6H_{11}\text{—}OH + 2\,Na \longrightarrow 2\,C_6H_{11}\text{—}O^-Na^+ + H_2$$

연습 문제 10.6

산-염기 반응에서 평형의 위치를 예측하여라.

$$CH_3CH_2O^-Na^+ + CH_3\overset{\overset{\displaystyle O}{\|}}{C}OH \rightleftharpoons CH_3CH_2OH + CH_3\overset{\overset{\displaystyle O}{\|}}{C}O^-Na^+$$

10.5 알코올의 할로알케인과 설포네이트로의 전환

알코올을 할로알케인으로 전환은 포화된 탄소에 결합된 —OH를 할로젠으로 치환이 포함되어 있다. 이러한 전환을 위한 가장 일반적으로 사용하는 시약은 할로젠산(HCl, HBr, HI)과 몇 가지 무기 할로젠화물(PBr_3, $SOCl_2$, $SOBr_2$)이다.

A HCl, HBr, HI와의 반응

3차 알코올은 HCl, HBr, HI와 빠르게 반응한다. 낮은 분자량을 가지며, 물에 녹는 3차 알코올을 진한 염산과 상온에서 몇 분 동안 혼합하면 알코올이 클로로알케인으로 전환된다.

$$(CH_3)_3C{-}OH + HCl \xrightarrow{25°C} (CH_3)_3C{-}Cl + H_2O$$

2-Methyl-2-propanol **2-Chloro-2-methylpropane**

반응은 수용액 층에서 분리된 물에 녹지 않는 클로로알케인의 생성에 의해 확인된다. 분자량이 낮고 물에 녹는 1차와 2차 알코올은 이러한 조건 하에서는 반응성이 없다.

물에 녹지 않는 3차 알코올은 diethyl ether 또는 tetrahydrofuran (THF)에 녹아 있는 알코올 용액에 HX 기체를 통과시킴으로써 3차 할로젠화물로 전환된다.

$$\text{1-Methylcyclohexanol} + HCl \xrightarrow[\text{ether}]{0°C} \text{1-Chloro-1-methylcyclohexane} + H_2O$$

1-Methylcyclohexanol **1-Chloro-1-methyl-cyclohexane**

물에 녹지 않는 1차와 2차 알코올은 이러한 조건 하에서는 단지 느리게 반응한다.

1차와 2차 알코올은 HBr과 HI로 처리함으로써 브로모알케인이나 아이오도알케인으로 전환된다. 예를 들어, 진한 HBr과 가열하여 환류시킬 때 1-butanol은 1-bromobutane으로 서서히 전환된다.

$$CH_3CH_2CH_2CH_2OH + HBr \xrightarrow[\text{환류}]{H_2O} CH_3CH_2CH_2CH_2Br + H_2O$$

1-Butanol **1-Bromobutane**

많은 2차 알코올은 적어도 몇 가지 자리옮김된 생성물이 얻어지며, 이것은 반응이 일어나는 동안에 탄소양이온 중간체의 생성에 대한 증거가 된다. 예를 들어, 3-pentanol을 HBr로 처리하면 약간의 2-bromopentane과 함께 주 생성물로 3-bromopentane이 생성된다.

$$CH_3CH_2CH(OH)CH_2CH_3 + HBr \xrightarrow{\text{가열}} CH_3CH_2CH(Br)CH_2CH_3 + CH_3CH_2CH_2CH(Br)CH_3 + H_2O$$

3-Pentanol **3-Bromopentane** (주 생성물) **2-Bromopentane** (자리옮김 반응의 생성물, 라셈 혼합물)

큰 β-곁가지를 가지고 있는 1차 알코올은 대부분 자리옮김 반응에 의해서 만들어진 생성물만 생성된다. 예를 들어, 2,2-dimethyl-1-propanol (neopentyl alcohol)을 HBr과 함께 처리하면 오로지 자리옮김 생성물만이 생성된다.

OH + HBr ⟶ Br + H_2O

2,2-Dimethyl-1-propanol **2-Bromo-2-methylbutane** (자리옮김 생성물)

알코올과 HX (3° > 2° > 1°)와의 반응에서 상대적인 용이성과 자리옮김된 생성물의 관찰을 근거로 하여, 화학자들은 진한 HX를 이용하여 3차와 2차 알코올을 할로알케인으로 전환하는 반응은 탄소양이온 중간체가 생성되는 S_N1 메커니즘으로 제안하였다.

MECHANISM 3차 알코올과 HBr의 반응: S_N1 반응

1단계: **양성자 첨가.** 흔히 HBr을 용액 속에 존재하는 산으로 나타내지만, 이 반응에 들어 있는 실제적인 산은 수용액에서 HBr의 해리에 의해 생성되는 H_3O^+이다.

$$H_2O + H{-}Br \longrightarrow H_3O^+ + Br^-$$

H_3O^+로부터 알코올의 —OH기로 빠르고 가역적으로 양성자가 이동되어 나쁜 이탈기인 —OH를 좋은 이탈기인 H_2O로 전환시키는 옥소늄 이온이 생성된다.

$$(CH_3)_3C{-}OH + H_3O^+ \xrightleftharpoons{\text{빠름, 가역적}} (CH_3)_3C{-}OH_2^+ + H_2O$$

2-Methyl-2-propanol (*tert*-**Butyl alcohol**) **옥소늄 이온**

2단계: **결합이 끊어지고 안정한 분자 또는 이온이 생성된다.** 물을 잃어버리고 3차 탄소양이온 중간체가 만들어진다.

$$(CH_3)_3C{-}OH_2^+ \xrightarrow[S_N1]{\text{느림, 속도 결정 단계}} (CH_3)_3C^+ + H_2O$$

3차 탄소양이온 중간체

3단계: **친핵체와 친전자체 사이에 새로운 결합이 형성된다.** 3차 탄소양이온(친전자체)과 브로민 이온(친핵체)의 반응으로 할로젠화 알킬이 얻어진다.

$$(CH_3)_3C^+ + Br^- \xrightarrow{\text{빠름}} (CH_3)_3C{-}Br$$

2-Bromo-2-methylpropane (*tert*-**Butyl bromide**)

1차 알코올은 S_N2 메커니즘에 의해 HX와 반응한다. 반응 속도 결정 단계에서 할로젠화 이온은 옥소늄 이온을 갖는 탄소와 반응하여 H_2O를 치환시켜 C—X 결합을 생성한다.

MECHANISM 1차 알코올과 HBr의 반응: S_N2 반응

1단계: **양성자 첨가.** 빠르고 가역적인 양성자 이동은 옥소늄 이온을 생성한다. 이 단계에서 나쁜 이탈기인 —OH는 더 좋은 이탈기인 $—OH_2$로 전환된다.

빠름, 가역적

옥소늄 이온

2단계: **친핵체와 친전자체 사이에 새로운 결합이 만들어지고 동시에 결합이 끊어져 안정한 분자 또는 이온을 생성한다.** Br^-에 의한 H_2O의 친핵성 치환은 브로모알케인을 생성한다.

느림, 속도 결정 단계 S_N2

2,2-Dimethyl-1-propanol (neopentyl alcohol)과 같이 큰 β-가지를 가지고 있는 1차 알코올은 1차 탄소로부터 직접 H_2O가 치환되는 반응이 일어나는 것이 불가능하지는 않지만 어렵다. 더욱이 1차 탄소양이온의 생성은 불가능하지는 않지만 역시 어렵다. 대신에 큰 β-가지를 갖는 1차 알코올은 2,2-dimethyl-1-propanol을 2-chloro-2-methylbutane으로의 전환에서 나타낸 바와 같이, 물의 이탈과 알킬기의 이동이 동시에 일어남으로써 3차 탄소양이온 중간체의 형성이 포함된 메커니즘에 의해 반응이 진행된다. 이 전환에서 반응 속도 결정 단계는 양성자 첨가된 알코올로 부르는 단지 한 가지 반응 물질이 포함되어 있고, S_N1 반응으로 분류된다.

MECHANISM Neopentyl alcohol과 HCl의 반응에 의한 자리옮김

1단계: **양성자 첨가.** 빠르고 가역적인 양성자 이동은 옥소늄 이온을 형성한다. 이 단계에서 나쁜 이탈기인 —OH는 더 좋은 이탈기인 $—OH_2$로 전환된다.

빠름, 가역적

2,2-Dimethyl-1-propanol

옥소늄 이온

2단계: **1,2 이동과 동시에 결합이 끊어지고 안정한 분자 또는 이온이 생성된다.** 이 단계에서 두 가지 변화가 동시에 일어난다. C—O 결합이 끊어지고 한 쌍의 결합 전자를 가진 메틸기가 떨어져 나가서 H_2O가 있던 자리로 이동한다. 이 변화의 결과로 H_2O의 잃음과 3차 탄소양이온이 생성된다.

느림, 속도 결정 단계 (동시)

3차 탄소양이온 중간체

3단계: **친핵체와 친전자체 사이에 새로운 결합을 형성한다.** 3차 탄소양이온(친전자체)과 염화 이온(친핵체)의 반응은 3차 할로젠화 알킬을 생성한다.

$:\ddot{Cl}:^- + (CH_3)_2\overset{+}{C}CH_2CH_3 \xrightarrow{\text{빠름}}$ 2-Chloro-2-methylbutane

2-Chloro-2-methylbutane

요약하면, ROH를 HX로 처리하는 할로알케인의 제법은 1차나 3차 알코올에 매우 유용하다. 이 모든 반응의 중요한 근거는 할로젠화물과 함께 S_N1 또는 S_N2 반응이 일어날 수 있도록 아주 나쁜 이탈기인 —OH에 양성자 첨가하여 더 좋은 이탈기인 $—\overset{+}{O}H_2$로 변환시키는 데 있다. 자리옮김의 가능성 때문에 이 과정은 β-탄소에 큰 가지를 가지는 1차 알코올과 2차 알코올(간단한 cycloalkanol은 제외)에 덜 유용하다.

B Phosphorous tribromide와의 반응

1차와 2차 알코올로부터 브로모알케인을 합성하는 다른 방법으로는 phosphorous tribromide (PBr_3)를 이용하는 것이다.

$$3\ (CH_3)_2CHCH_2OH + PBr_3 \xrightarrow{0°C} 3\ (CH_3)_2CHCH_2Br + H_3PO_3$$

2-Methyl-1-propanol (Isobutyl alcohol)	Phosphorus tribromide	1-Bromo-2-methylpropane (Isobutyl bromide)	Phosphorous acid

브로모알케인을 제조하는 이 방법은 HBr과 함께 처리하는 방법보다 더 온화한 반응 조건에서 일어난다. 비록 PBr_3와의 반응할 때도 자리옮김이 가끔 일어나지만, 그 정도는 HBr과의 반응에 비해 자리옮김 정도가 적으며, 특히 반응 혼합물이 0°C 혹은 그 이하의 경우는 더욱 자리옮김이 드물다.

MECHANISM 일차 알코올과 PBr_3의 반응

알코올을 브로모알케인으로 전환하는 반응은 두 단계로 일어난다.

1단계: **친핵체와 친전자체 사이에 새로운 결합을 형성하고 동시에 결합이 끊어지면서 안정한 분자 또는 이온이 생성된다.** 알코올의 산소 원자에 의해 인에 대한 친핵성 치환은 나쁜 이탈기인 —OH를 좋은 이탈기로 바꾸어 양성자 첨가된 dibromophosphite기를 생성한다.

$$R—CH_2—\ddot{O}—H + :\ddot{Br}—\underset{\underset{:\ddot{Br}:}{|}}{\ddot{P}}—\ddot{Br}: \longrightarrow R—CH_2—\underset{\underset{H}{|}}{\overset{+}{O}}—PBr_2 + :\ddot{Br}:^-$$

좋은 이탈기

2단계: **친핵체와 친전자체 사이에 새로운 결합을 형성하고 동시에 결합이 끊어지면서 안정한 분자 또는 이온이 생성된다.** 브로민화 이온에 의한 양성자 첨가된 dibromophosphite기의 친핵성 치환은 브로모알케인을 생성한다.

$$:\ddot{Br}:^- + R—CH_2—\underset{\underset{H}{|}}{\overset{+}{O}}—PBr_2 \xrightarrow{S_N2} R—CH_2—\ddot{Br}: + H\ddot{O}—PBr_2$$

인 속에 들어 있는 다른 두 브로민 원자도 똑같은 반응으로 치환이 일어나 3 mol의 RBr과 1 mol의 인산(H_3PO_3)을 생성한다.

C Thionyl chloride 및 Thionyl bromide와의 반응

1차 알코올과 2차 알코올을 클로로알케인으로 전환하는 데 가장 널리 사용하는 시약은 thionyl chloride ($SOCl_2$)이다. 수득률이 높고 자리옮김은 거의 관찰되지 않는다. 이 전환에서 부 생성물은 HCl과 SO_2이다.

$$\text{1-Heptanol} + \underset{\text{Thionyl chloride}}{SOCl_2} \xrightarrow{\text{pyridine}} \text{1-Chloroheptane} + SO_2 + HCl$$

유사하게 thionyl bromide ($SOBr_2$)도 알코올을 브로모알케인으로 전환시키는 데 사용할 수 있다.

반응들은 주로 pyridine (23.1절) 혹은 triethylamine (Et_3N)과 같은 3차 아민의 존재 하에서 가장 일반적으로 진행된다. 아민(약한 염기)의 기능은 두 가지이다. 첫째, 아민은 평형에서 적은 양의 알콕사이드를 생성함으로써 반응을 촉진시킨다. 알콕사이드는 알코올보다 친핵체로서 더 반응성이 크다. 또한 아민은 반응 도중에 생성되는 HCl 혹은 HBr을 중화시키며, 이러한 방법으로 원하지 않는 부 반응을 막아준다.

3° 아민은 알콕사이드의 생성을 촉진시킨다

$$R-\ddot{O}-H + :NEt_3 \rightleftharpoons R-\ddot{O}:^- + H-\overset{+}{N}Et_3$$

3° 아민은 반응중 생성된 HCl을 중화시킨다

$$Et_3N: + H-\ddot{Cl}: \longrightarrow Et_3\overset{+}{N}-H \; :\ddot{Cl}:^-$$

Triethylammonium chloride

Thionyl halide의 특별한 가치는 알코올과의 반응이 입체선택성을 가진다는 점이다. 이때 배열의 반전이 일어난다. 예를 들어, thionyl chloride와 (*S*)-2-octanol과의 반응은 3차 아민의 존재 하에서 배열의 반전이 일어나며 (*R*)-2-chlorooctane을 생성한다.

$$(S)\text{-2-Octanol} + \underset{\text{Thionyl chloride}}{SOCl_2} \xrightarrow{3°\text{ 아민}} (R)\text{-2-Chlorooctane} + SO_2 + HCl$$

알코올과 thionyl chloride의 반응에서 중요한 특정은 나쁜 이탈기인 OH^-를 좋은 이탈기인 chlorosulfite로 전환한 alkyl chlorosulfite의 생성이다. 만약 알코올과 thionyl chloride와의 반응이 0°C 이하에서 일어난다면 alkyl chlorosulfite를 분리할 수 있다.

$$R_1R_2HC-\ddot{O}-H + :\ddot{Cl}-S(=O)-\ddot{Cl}: \longrightarrow R_1R_2HC-\ddot{O}-S(=O)-Cl + H-\ddot{Cl}:$$

Alkyl chlorosulfite

염화 이온에 의하여 이 이탈기의 친핵성 치환에서는 생성물이 생성된다.

$$:\ddot{Cl}:^- + R_1R_2HC-\ddot{O}-S(=O)Cl \xrightarrow{S_N2} :\ddot{Cl}-CR_1R_2H + \ddot{O}=S=\ddot{O} + :\ddot{Cl}:^-$$

D 아릴 및 알킬 설포네이트의 생성

앞에서 설명한 것처럼 알코올은 thionyl chloride와 반응하여 alkyl chlorosulfite를 생성한다. 알코올은 역시 sulfonyl chloride라고 불리는 화합물과 반응하여 alkyl sulfonate를 생성한다. Sulfonyl chloride는 황산의 세기와 비교되는 매우 센산인 설폰산(sulfonic acid)으로부터 만들어진다.

$$R-\overset{\overset{O}{\|}}{\underset{\underset{O}{\|}}{S}}-Cl \qquad R-\overset{\overset{O}{\|}}{\underset{\underset{O}{\|}}{S}}-OH \qquad R-\overset{\overset{O}{\|}}{\underset{\underset{O}{\|}}{S}}-O^-$$

설포닐 클로라이드 　　설폰 산(매우 센산) 　　Sulfonate 음이온(약한 산이면서 안정한 음이온, 좋은 이탈기)

중요한 것은 sulfonate 음이온이 매우 약한 염기이고, 안정한 음이온이며, 따라서 친핵성 치환 반응에서 아주 좋은 이탈기라는 점이다.

가장 흔히 사용되는 sulfonyl chloride 중에서 2개는 *p*-toluenesulfonyl chloride (약어로 tosyl chloride, TsCl)와 methanesulfonyl chloride (약어로 MsCl)이다. Pyridine 존재 하에서 ethanol을 *p*-toluenesulfonyl chloride로 처리하면 ethyl *p*-toluenesulfonate (ethyl tosylate)가 생성된다. Pyridine은 반응을 촉매화하고, 부 생성물로 생성되는 HCl를 중화시키기 위해 첨가된다. Cyclohexanol을 methanesulfonyl chloride와 반응시키면, 유사한 반응에 의해 cyclohexyl methanesulfonate (cyclohexyl mesylate)로 전환된다.

$$CH_3CH_2OH + Cl-SO_2-C_6H_4-CH_3 \xrightarrow{\text{pyridine}} CH_3CH_2O-SO_2-C_6H_4-CH_3 + HCl$$

Ethanol 　**p-Toluenesulfonyl chloride** 　**Ethyl p-toluenesulfonate (Ethyl tosylate)**

$$C_6H_{11}-OH + Cl-SO_2-CH_3 \xrightarrow{\text{pyridine}} C_6H_{11}-O-SO_2-CH_3 + HCl$$

Cyclohexanol 　**Methanesulfonyl chloride** 　**Cyclohexyl methanesulfonate (Cyclohexyl mesylate)**

Tosylate나 mesylate의 생성 반응에서 알코올의 O—H 결합의 끊어짐이 포함되며, 어떤 경우에도 C—O 결합은 영향을 받지 않는다. 만약 —OH기를 갖는 탄소가 카이랄 중심이라면 sulfonate ester 생성은 배열이 보존된 형태로 일어난다.

Sulfonate ester의 특이한 이점은 그들의 사용을 통해서 나쁜 이탈기인 하이드록시기를 친핵성 치환에 의해 쉽게 치환되는 좋은 이탈기인(흔히 OTs나 OMs로 표시되는) tosylate나 mesylate로 전환할 수 있다는 것이다. Tosylate나 mesylate는 모두 친핵성 치환 반응에서 쉽게 치환되는 좋은 이탈기들이다.

$$I^- + CH_3CH_2-O-SO_2-C_6H_4-CH_3 \xrightarrow[\text{acetone}]{S_N2} CH_3CH_2-I + {}^-O-SO_2-C_6H_4-CH_3$$

Ethyl p-toluenesulfonate 　**p-Toluenesulfonate 음이온** (좋은 이탈기)

다음은 (*S*)-2-octanol이 tosylate를 거쳐 (*R*)-2-octyl acetate로 전환되는 두 단계 과정이다. 첫 번째 단계는 O—H 결합이 끊어지고, 카이랄 중심에서 구조 배열이 보존되면서 진행된다. 두 번째 단계는 acetate 이온에 의해 tosylate의 S_N2 친핵성 치환을 포함하고, 카이랄 중심에서 배열의 반전을 일으키면서 진행된다.

$$(S)\text{-2-Octanol (OH)} + TsCl \xrightarrow{\text{pyridine}} (S)\text{-2-Octyl tosylate (OTs)} + HCl$$

(S)-2-Octanol 　**Tosyl chloride** 　**(S)-2-Octyl tosylate**

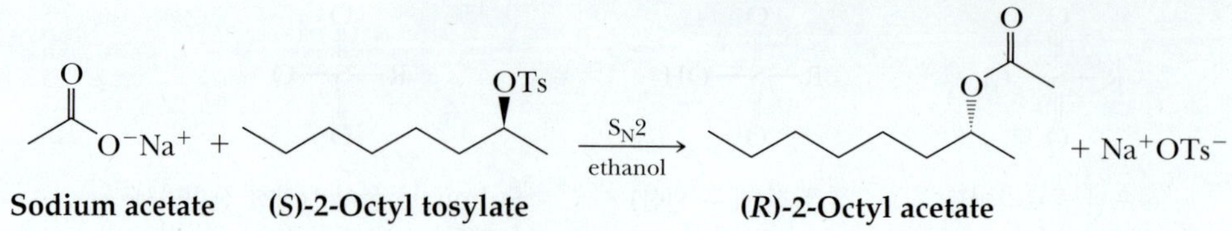

Sodium acetate + (S)-2-Octyl tosylate $\xrightarrow[\text{ethanol}]{S_N2}$ (R)-2-Octyl acetate + Na^+OTs^-

Sodium acetate **(S)-2-Octyl tosylate** **(R)-2-Octyl acetate**

예제 10.7 ▸ Tosylate를 거치는 반응

trans-4-Methylcyclohexanol이 tosylate를 거쳐서 *cis*-1-iodo-4-methylcyclohexane으로 어떻게 전환되는가를 보여라.

➡ 해답

배열이 보존되는 tosylate를 만들기 위해 pyridine 내에서 알코올을 *p*-toluenesulfonyl chloride로 처리한다. 그 다음 acetone 내에서 tosylate를 sodium iodide로 처리한다. 배열의 반전이 일어나는 S_N2 반응이 생성물을 만든다. 친핵체인 I^-에 의한 뒤쪽 공격의 필요성 때문에 tosylate기는 반응할 수 있도록 축방향으로 놓여야 한다. 뒤쪽 공격은 cyclohexane 고리 위에 수평방향 이탈기에서는 가능하지 않다. I^- 치환 반응이 일어나기 전에 고리 뒤집기가 일어나야만 한다.

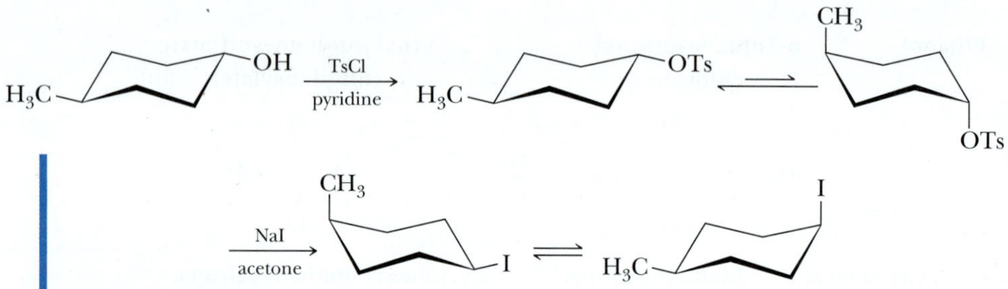

H_3C–(cyclohexane)–OH $\xrightarrow[\text{pyridine}]{\text{TsCl}}$ H_3C–(cyclohexane)–OTs ⇌ (CH_3, OTs axial)

$\xrightarrow[\text{acetone}]{\text{NaI}}$ (CH_3 axial)–I ⇌ H_3C–(cyclohexane)–I

연습 문제 10.7

(*R*)-2-Pentanol이 tosylate를 거쳐 (*S*)-2-pentanethiol로 어떻게 전환되는지를 보여라.

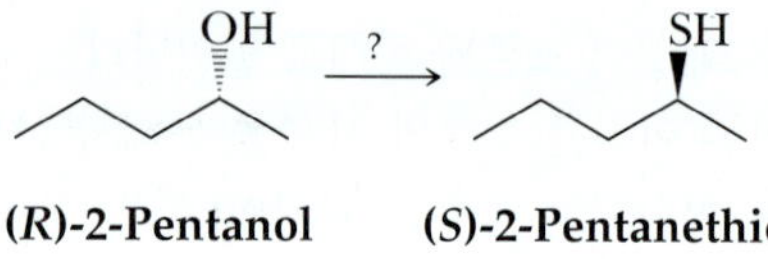

OH $\xrightarrow{?}$ SH

(R)-2-Pentanol **(S)-2-Pentanethiol**

10.6 알코올의 산-촉매 탈수 반응

탈수 반응
물의 제거 반응.

알코올은 인접한 탄소 원자로부터 물 분자의 제거인 **탈수 반응**(dehydration)에 의해 알켄으로 전환될 수 있다. 가장 흔히 사용되는 탈수 반응은 알코올을 85% 인산이나 고농도 황산을 사용하여 가열하는 방법이다. 1차 알코올은 탈수 반응이 일어나기 가장 어렵고, 일반적으로 180°C 이상의 온도에서 고농도 황산을 가하여 가열해야 가능하다. 2차 알코올은 다소 낮은 온도에서 산-촉매 탈수 반응이 일어난다. 3차 알코올의 산-촉매 탈수 반응은 가끔 상온보다 조금 높은 온도가 필요하기도 한다.

$$CH_3CH_2OH \xrightarrow[180°C]{H_2SO_4} CH_2{=}CH_2 + H_2O$$

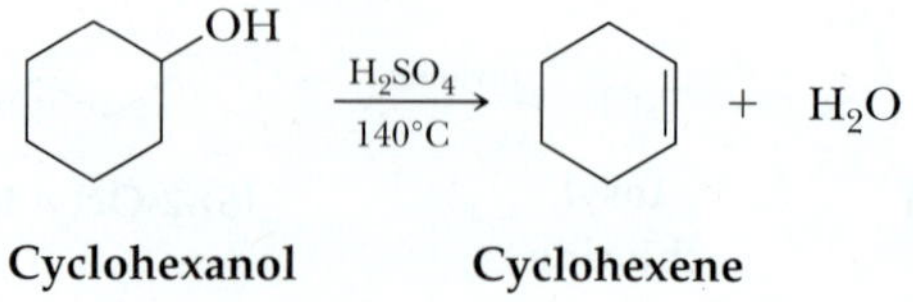

$$\text{Cyclohexanol} \xrightarrow[140°C]{H_2SO_4} \text{Cyclohexene} + H_2O$$

Cyclohexanol **Cyclohexene**

$$\mathrm{CH_3\overset{\displaystyle CH_3}{\underset{\displaystyle CH_3}{C}}OH \xrightarrow[50°C]{H_2SO_4} CH_3\overset{\displaystyle CH_3}{C}{=}CH_2 + H_2O}$$

2-Methyl-2-propanol **(*tert*-Butyl alcohol)** → **2-Methylpropene** **(Isobutylene)**

따라서 알코올의 산-촉매 탈수 반응이 일어나기 쉬운 순서는 다음과 같다.

1° 알코올 < 2° 알코올 < 3° 알코올

알코올이 탈수가 일어나기 쉬운 정도 →

알코올의 산-촉매 탈수 반응에서 알켄의 이성질체가 생성될 때, 이중 결합에 치환기 수가 많은 알켄(더 안정한 알켄)이 일반적으로 우세하게 생성된다(Zaitsev 규칙, 9.5절).

$$\mathrm{CH_3CH_2\overset{\displaystyle OH}{C}HCH_3 \xrightarrow[\text{가열}]{85\%\ H_3PO_4} CH_3CH{=}CHCH_3 + CH_3CH_2CH{=}CH_2 + H_2O}$$

2-Butanol (라셈 혼합물) → **(*E*와 *Z*)-2-Butene** (80%) + **1-Butene** (20%)

예제 10.8 ▸ 알켄으로 알코올의 전환

각 알코올의 산-촉매 탈수 반응에서 형성되는 알켄의 구조식을 그려라. 이성질 알켄이 가능한 위치에서는 어떤 알켄이 주 생성물인지 예측하여라.

(a) 3-Methyl-2-butanol (라셈 혼합물) **(b)** 2-Methylcyclopentanol (라셈 혼합물)

➥ 해답

(a) 탄소 2~3으로부터 H_2O의 제거 반응이 일어나 2-methyl-2-butene이 생성된다. 탄소 1~2에서 제거되면 3-methyl-1-butene이 된다. 이중 결합 위에 3개의 알킬기(3개의 메틸기)를 가진 2-methyl-2-butene이 주 생성물이다(Zaitsev 규칙). 이중 결합 위에 1개의 알킬기(이소프로필기)를 갖는 3-methyl-1-butene은 부생성물이다. 소량의 2-methyl-1-butene이 자리옮김에 의해 생성된다.

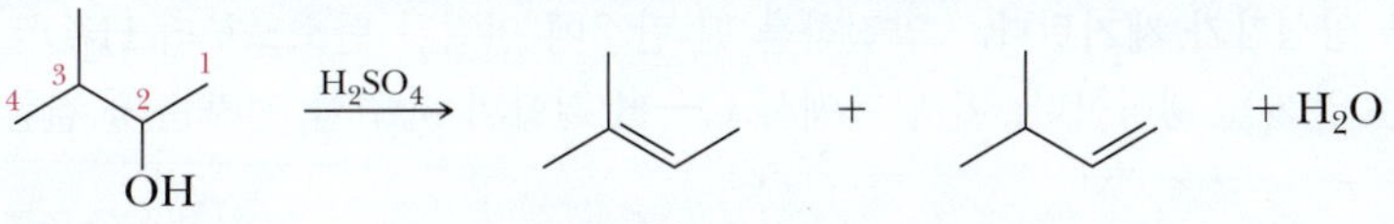

4 3 2 1 OH $\xrightarrow{H_2SO_4}$ + + H_2O

3-Methyl-2-butanol (라셈 혼합물) **2-Methyl-2-butene** (주 생성물) **3-Methyl-1-butene**

(b) 주 생성물인 1-methylcyclopentene은 이중 결합 위에 3개의 알킬 치환기를 가진다. 3-Methylcyclopentene은 이중 결합에 단지 2개의 치환기를 갖는다.

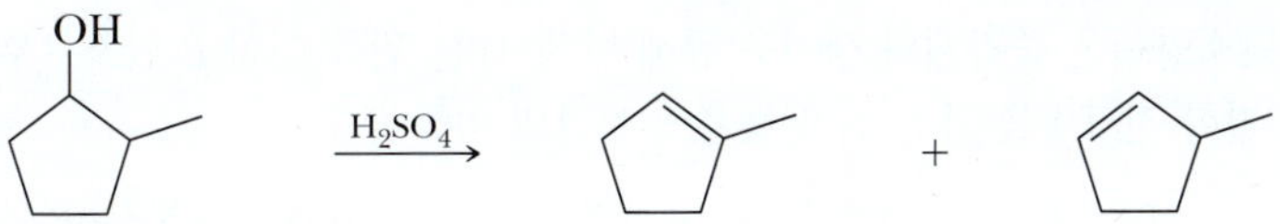

OH $\xrightarrow{H_2SO_4}$ +

2-Methylcyclopentanol (라셈 혼합물) **1-Methylcyclopentene** (주 생성물) **3-Methylcyclopentene** (라셈 혼합물)

연습 문제 10.8

각 알코올의 산-촉매 탈수 반응에 의해 생성되는 알켄의 구조식을 그려라. 이성질 알켄이 가능한 위치에서 어떤 알켄이 주 생성물인지 예측하여라.

(a) 2-Methyl-2-butanol **(b)** 1-Methylcyclopentanol

1차와 2차 알코올의 탈수 반응은 가끔 자리옮김이 함께 일어난다. 예를 들어서, 3,3-dimethyl-2-butanol의 산-촉매 탈수 반응은 자리옮김의 결과로 인해서 각각 2개의 알켄 혼합물이 얻어진다.

H_2SO_4, 140°~170°C

3,3-Dimethyl-2-butanol (라셈 혼합물) → **2,3-Dimethyl-2-butene** (80%) + **2,3-Dimethyl-1-butene** (20%)

1차 알코올과 2차 알코올 가운데서 알코올의 탈수 반응(3° > 2° > 1°)의 상대적인 속도와 자리옮김이 일어남을 기초로 하여 화학자들은 2차와 3차 알코올의 산-촉매 탈수 반응에 대해 3단계 메커니즘을 제안하였다. 이 메커니즘은 속도 결정 단계에서 탄소양이온의 형성을 포함하고 있기 때문에 E1 메커니즘으로 구분된다.

MECHANISM 2-Butanol의 산 촉매 탈수 반응: E1 반응

***1단계:* 양성자 첨가.** H_3O^+로부터 알코올의 OH기에 양성자가 이동되어 옥소늄 이온이 만들어진다.나쁜 이탈기인 —OH는 좋은 이탈기인 —$\overset{+}{O}H_2$로 전환된다.

빠름, 가역적

***2단계:* 결합이 끊어지고 안정한 분자 또는 이온이 생성된다.** C—O 결합이 끊어지고 H_2O의 이탈로 탄소양이온의 중간체가 만들어진다.

느림, 속도 결정 단계

2° 탄소양이온 중간체

***3단계:* 양성자가 제거된다.** 양전하를 띤 탄소에 인접한 탄소로부터 H_2O로의 양성자 이동은 알켄을 생성한다. 이 단계에서 C—H 결합의 σ 결합 전자는 π 결합의 전자로 된다.

빠름, 가역적

자리옮김은 탄소양이온 중간체의 생성을 통해 발생하며, 뒤를 이어 β-탄소로부터 양전하를 가진 탄소로 결합 전자쌍을 가진 원자 혹은 원자단의 이동이다.

3,3-Dimethyl-2-butanol (라셈 혼합물) —H^+, $-H_2O$→ 2° 탄소양이온 중간체 → 3° 탄소양이온 중간체 —H_2O→ **2,3-Dimethyl-2-butene** + H_3O^+ ; —H_2O→ **2,3-Dimethyl-1-butene** + H_3O^+

이러한 형태의 자리옮김의 추진력은 덜 안정된 탄소양이온으로부터 더 안정된 탄소양이온으로의 전환이다. H_2O로 양성자 이동은 알켄이 생성된다. 다른 알켄의 산-촉매 탈수 반응에서 보았듯이 Zaitsev 규칙이 적용되며, 더 많이 치환된 알켄이 우선적으로 생성된다.

β-곁가지가 없거나 거의 없는 1차 알코올은 산-촉매 탈수 반응에 의해 말단 알켄과 자리옮김으로 일어난 알켄이 생성된다. 예를 들면, 1-butenol의 산-촉매 탈수 반응으로는 단지 12%의 1-butene을 얻게 된다. 주 생성물은 2-butene의 *시스*와 *트랜스* 이성질체의 혼합물이다.

1-Butanol →(H_2SO_4, 140°–170°C) *trans*-2-Butene (56%) + *cis*-2-Butene (32%) + 1-Butene (12%)

이들 생성물의 생성은 E1 반응과 E2 반응 메커니즘의 조합에 의해 설명이 가능하다.

MECHANISM 가지 없는 1차 알코올의 산-촉매 탈수 반응

1단계: **양성자 첨가.** H_3O^+로부터 OH기로 양성자 이동은 옥소늄 이온을 생성한다.

1-Butanol + H_3O^+ ⇌(빠름, 가역적) 옥소늄 이온 + H_2O

2단계: **결합이 끊어지고 안정한 분자 또는 이온이 생성된다.** 용매에 대한 양성자 이동과 물의 이탈이 동시에 일어나 말단 알켄의 탄소-탄소 이중 결합을 만든다.

H_2O + 옥소늄 이온 →(E2) H_3O^+ + 1-Butene + H_2O

3단계: **1,2 이동과 동시에 결합이 끊어지고 안정한 분자 또는 이온이 생성된다.** β-탄소로부터 α-탄소로 수소 음이온의 이동 및 물의 이탈이 동시에 일어나 탄소양이온의 중간체를 만든다.

옥소늄 이온 →(수소 음이온의 1,2-이동) 2° 탄소양이온 + H_2O

4단계: **양성자가 제거된다.** 탄소양이온에 이웃한 탄소로부터 용매로 양성자 이동이 일어나 자리옮김된 알켄이 얻어진다.

H_2O + 2° 탄소양이온 →(E1) *trans*-2-Butene + *cis*-2-Butene + H_3O^+

예제 10.9 ▸ 산 촉매에 의한 탈수 반응

다음 산-촉매 탈수 반응을 설명할 수 있는 메커니즘을 제안하여라.

$$\text{(2,2-dimethylcyclohexanol)} \xrightarrow[\text{가열}]{H_2SO_4} \text{(1,2-dimethylcyclohexene)} + H_2O$$

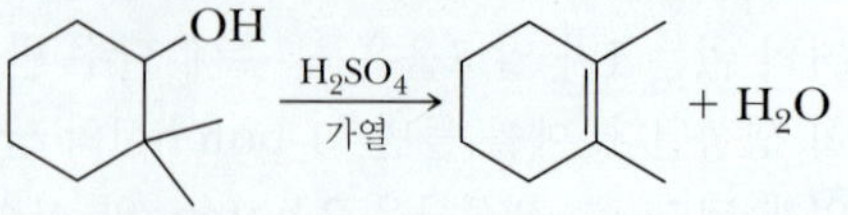

(라셈 혼합물)

➥ 해답

OH기로 양성자가 이동되어 옥소늄 이온이 형성되고(**양성자 첨가**), 이어서 H_2O가 이탈되어 2차 탄소양이온 중간체가 만들어진다(**결합이 끊어지고 안정한 분자 또는 이온이 생성된다**). 이웃 탄소 원자로부터 양전하를 띤 탄소로 결합 전자쌍을 가진 메틸기가 이동하여 더 안정한 3차 탄소양이온이 형성된다(**1,2 이동**). 이 중간체로부터 염기(여기서는 H_2O로 나타냄)로 양성자가 이동되어 예상된 생성물이 얻어진다(**양성자가 제거된다**).

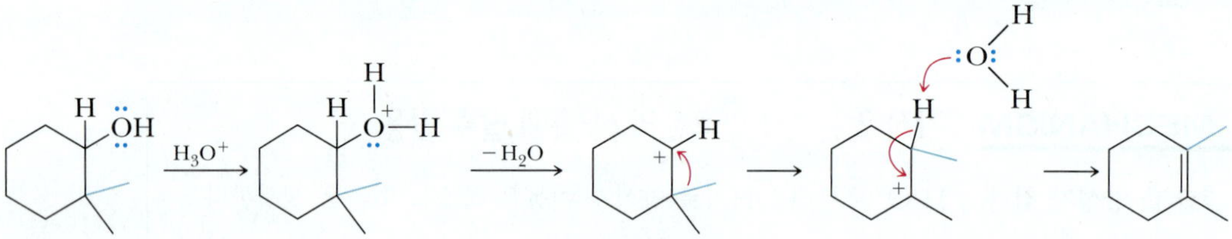

$$\xrightarrow{H_3O^+} \quad \xrightarrow{-\,H_2O} \quad \longrightarrow \quad \longrightarrow$$

2° 탄소양이온 중간체   3° 탄소양이온 중간체

연습 문제 10.9

다음 산-촉매 탈수 반응을 설명할 수 있는 메커니즘을 제안하여라.

$$\xrightarrow[\text{가열}]{H_2SO_4} + H_2O$$

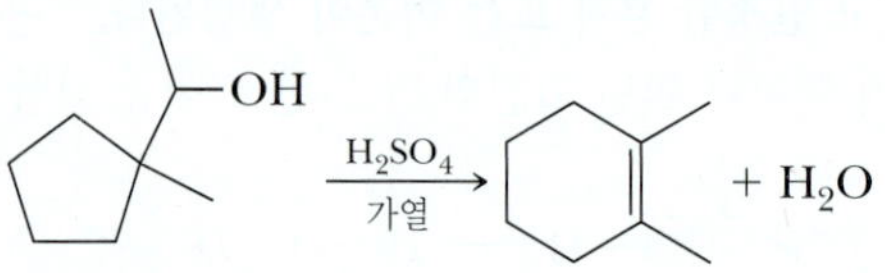

(라셈 혼합물)

6.3B절에서 알코올을 만들기 위한 알켄의 산-촉매 수화 반응에 대해 설명하였다. 이 절에서는 알켄의 생성을 위한 알코올의 산-촉매 탈수 반응을 설명하고자 한다. 사실 알켄 수화 반응과 알코올 탈수 반응 둘 다 가역 반응이며, 같은 과정을 서로 다른 방향으로 나타낸다. 이들 반응은 다음과 같은 평형 상태로 존재한다.

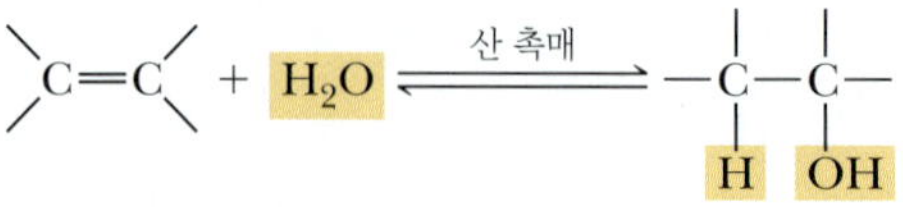

$$>C{=}C< + H_2O \underset{}{\overset{\text{산 촉매}}{\rightleftharpoons}} -\overset{|}{\underset{H}{C}}-\overset{|}{\underset{OH}{C}}-$$

알켄   알코올

과량의 물의 존재(묽은 산 수용액의 사용)는 알코올의 생성이 우세하고, 반면 물이 제거(반응 혼합물을 100°C 이상에서 가열)되거나, 물이 소량 있는(진한 산 용액의 사용) 실험 조건은 알켄의 생성이 우세하다. 따라서 실험 조건에 따라 높은 수득률로 알코올이나 알켄을 제조할 때는 수화-탈수 평형을 사용하는 것이 가능하다.

이 수화-탈수 평형은 반응 메커니즘을 연구하는 하나의 방법인 **미시적 가역성 원리**(principle of microscopic reversibility)에서 아주 중요한 원리로 예시된다. 이 원리에 따르면, 어떤 가역 반응에서 전이 상태와 반응 중간체의 순서(즉, 메커니즘)가 똑같아야 하지만, 역반응이 되는 경우에는 정반응에 대한 메커니즘의 순서가 역이어야 한다.

미시적 가역성 원리
어떠한 경우든 가역 반응의 메커니즘에서 전이 상태와 반응 중간체의 순서는 동일해야 하며, 역반응이 되는 경우에는 정반응에 대한 메커니즘의 순서가 역이어야 한다는 원리.

미시적 가역성 원리의 예로서, 이 절에서 제안한 2-butanol이 2-butene을 생성하기 위한 산 촉매 탈수 반응은 6.3B절에 나타낸 2-butene이 2-butanol을 생성하는 산 촉매 수화반응의 메커니즘과 정확히 반대인 것을 주목하라.

10.7 피나콜 자리옮김 반응

두 인접한 탄소 원자에 하이드록시 기를 포함하는 화합물은 이웃자리(vicinal) *다이올*(diol) 혹은 다른말로 *글라이콜*(glycol)이라고 부른다. 그러한 화합물은 알켄을 OsO_4로 산화시키는 반응(6.5A절)을 포함하여 여러 가지 방법으로 합성된다. 글라이콜의 산-촉매 탈수 반응에 의한 생성물은 알코올의 산-촉매 탈수 반응에 의해 얻어지는 생성물과는 아주 다르다. 예를 들면, 2,3-dimethyl-2,3-butanediol (일반적으로 피나콜, pinacol이라 부른다)을 진한 황산으로 처리하면 3,3-dimethyl-2-butanone (일반적으로 피나콜론, pinacolone이라 부른다)을 생성한다.

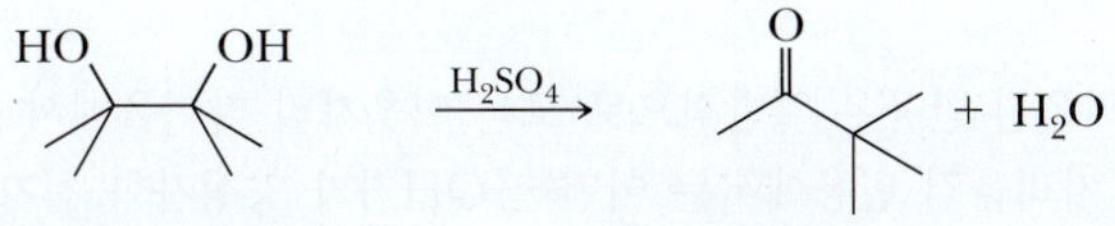

HO OH —H_2SO_4→ O + H_2O

2,3-Dimethyl-2,3-butanediol (Pinacol) **3,3-Dimethyl-2-butanone (Pinacolone)**

이 반응은 두 가지 특징이 있다. (1) 케톤을 생성하기 위한 글라이콜의 탈수 반응과 (2) 한 탄소 원자로부터 이웃한 탄소로 메틸기의 이동을 포함한다. 피나콜에서 피나콜론으로의 산-촉매 전환은 **피나콜 자리옮김 반응**(pinacol rearrangement)이라고 부르는 반응 중의 한 예이다. 우리는 피나콜에서 피나콜론의 전환을 4단계 메커니즘으로 설명한다.

MECHANISM 2,3-Dimethyl-2,3-butanediol (피나콜)의 피나콜 자리옮김 반응

***1단계:* 양성자 첨가.** 산 촉매로부터 —OH기 중의 하나로 양성자 이동은 나쁜 이탈기인 —OH를 좋은 이탈기인 $—\overset{+}{O}H_2$로 전환시켜 옥소늄 이온을 생성한다.

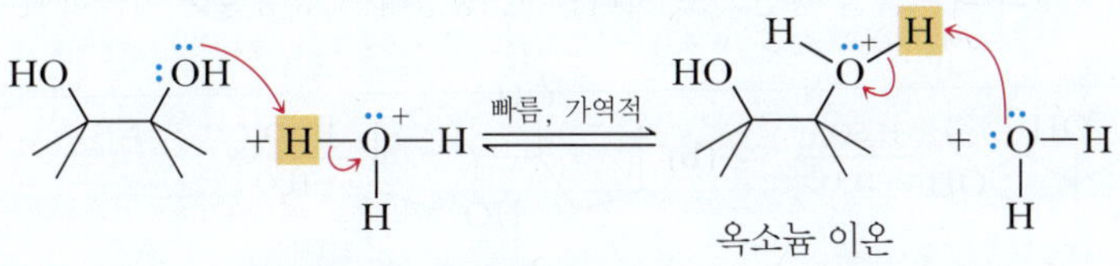

HO :OH + H—$\overset{+}{O}$—H (H) ⇌(빠름, 가역적) HO, H—$\overset{+}{O}$—H + :O—H (H)

옥소늄 이온

***2단계:* 결합이 끊어지고 안정한 분자 또는 이온이 생성된다.** 옥소늄 이온으로부터 H_2O가 이탈되어 탄소양이온 중간체가 생성된다.

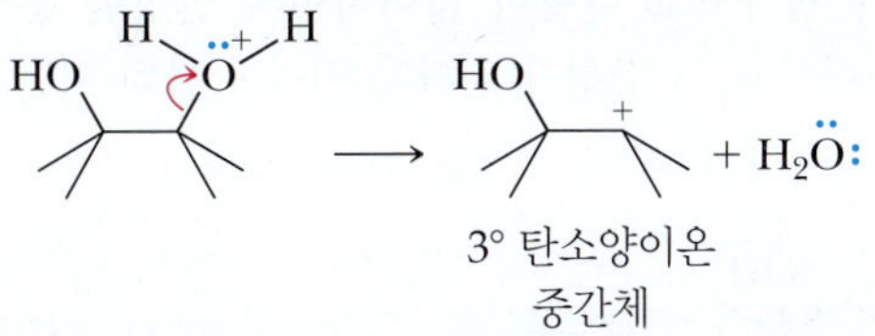

HO, H—$\overset{+}{O}$—H → HO, + + $H_2\ddot{O}$:

3° 탄소양이온 중간체

***3단계:* 1,2 이동.** 결합 전자쌍을 가지고 이웃한 탄소로 메틸기의 이동은 새롭고 보다 안정한 공명-안정화된 양이온을 생성된다. 그릴 수 있는 두 개의 기여 구조 중에서 오른쪽에 있는 구조가 탄소 및 산소가 완전한 팔전자 옥테트(1.8절)를 완성하고 있기 때문에 더 큰 기여 구조가 된다.

전하의 비편재화로 공명-안정화된 양이온 중간체

4단계: **양성자가 이탈된다.** 용매로 양성자 이동이 일어나 피나콜론이 생성된다.

피나콜 자리옮김 반응은 일반적으로 모든 이웃자리 다이올에서 일어난다. 대칭성 다이올인 피나콜의 자리옮김 반응에서는 어떤 —OH기가 양성자화 첨가되어 이탈되더라도 동일한 탄소양이온이 생성된다. 비대칭성 이웃자리 다이올의 연구에서는 양성자 첨가된 다음 이탈되는 —OH기는 더 안정된 탄소양이온을 형성하는 탄소에 결합된 —OH라는 사실이 드러났다. 예를 들면, 2-methyl-1,2-propanediol을 차가운 진한 황산으로 처리하면 3차 탄소양이온이 생성된다. 연속적인 수소 음이온(H:$^-$)의 이동에 이어서 새로운 양이온으로부터 용매로 양성자 이동에 의해 2-methylpropanal을 생성한다.

2-Methyl-1,2-propanediol 3° 탄소양이온 중간체 **2-Methylpropanal**

예제 10.10 ▸ **다이올의 반응**

각각의 이웃자리 다이올을 황산으로 처리할 때 생성되는 생성물을 예측하여라.

(a) **(b)**

(라셈 혼합물)

➥ 해답

(a) *1단계:* **양성자가 첨가되고 결합이 끊어지면서 안정한 분자 또는 이온이 생성된다.** 3차 하이드록시 기의 양성자 첨가에 이어서 물의 이탈로 3차 탄소양이온 중간체가 형성된다.

(라셈 혼합물) 3° 탄소양이온 중간체

2단계: **1,2 이동.** 이웃한 탄소로부터 수소 음이온이 이동하여 공명-안정화된 탄소양이온 중간체를 생성한다.

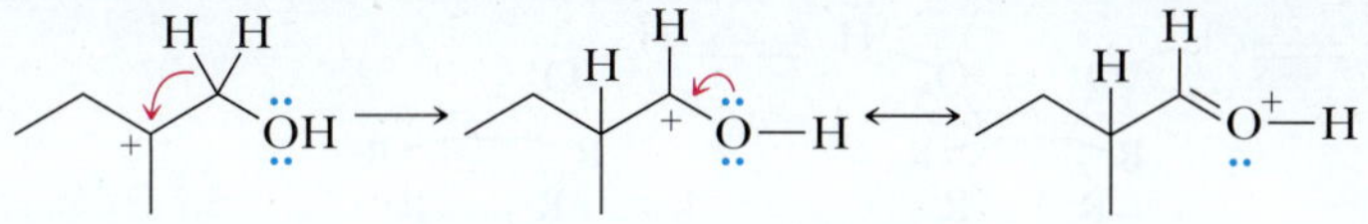

공명-안정화된 양이온 중간체

오른쪽의 기여 구조는 탄소와 산소 두 원자 모두 원자가 껍질을 다 채워서 혼성에 더 큰 기여를 한다.

3단계: **양성자가 이탈된다.** 공명-안정화된 양이온 중간체로부터 물로 양성자 이동으로 반응이 완결되어 2-methylbutanal이 생성된다.

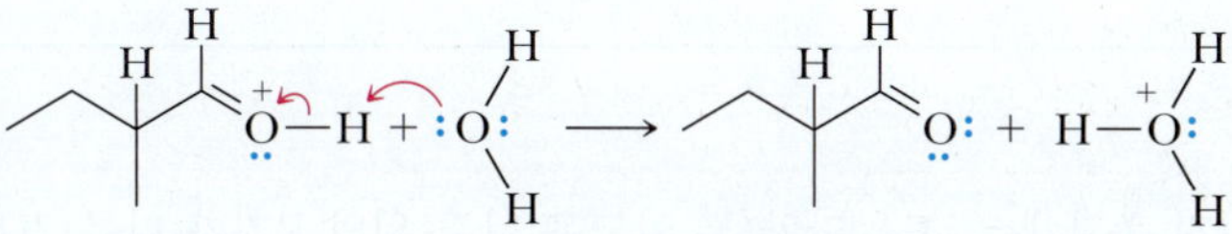

2-Methylbutanal
(라셈 혼합물)

(b) 하이드록시 기의 양성자 첨가에 이어서 물 분자의 이탈로 3차 탄소양이온이 된다. 이때 이동하는 기는 오원자 고리 CH_2기이며, 생성물은 두 고리형(bicyclic) 케톤이다.

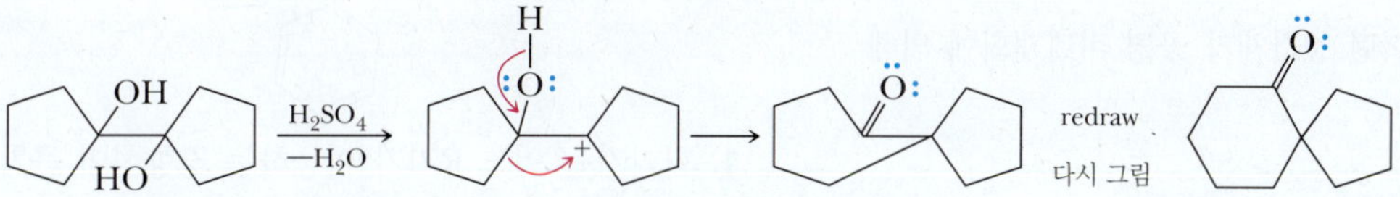

H_2SO_4 / $-H_2O$ redraw 다시 그림

(라셈 혼합물) 3차 탄소양이온 중간체 **Spiro[4.5]decan-6-one**

이 생성물은 단지 한 개의 탄소 원자에 두 개의 고리를 공유하고 있는 스피로(spiro) 화합물이라고 부른다.

연습 문제 10.10

다음 변환을 설명할 수 있는 메커니즘을 제안하여라.

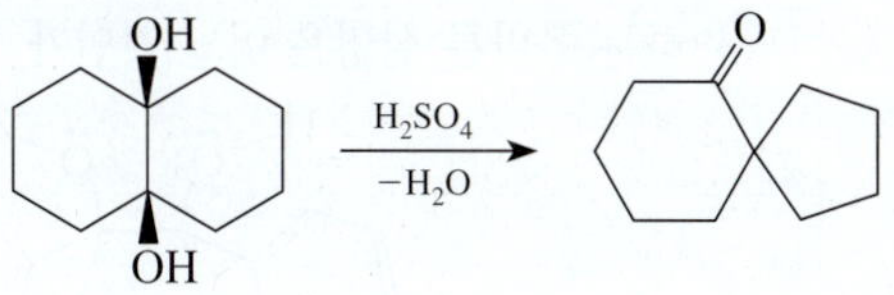

H_2SO_4 / $-H_2O$

의과대학 입학시험(MCAT) 연습: 지문 및 질문

피나콜 자리옮김 반응

피나콜 자리옮김 반응은 이웃자리 다이올이 산성 조건에 노출되면 일어난다. 반응은 하나의 —OH기가 양성자화되면서 시작된다. 이어서 물이 이탈되고 탄소 위에 양전하를 가진 중간체가 생성된다. 이 반응에서 흥미로운 부분은 이웃한 알킬 또는 H 원자가 양으로 하전된 탄소로 이동하여 더 안정한 탄소를 만든다는 것이다. 양성자의 잃음은 카보닐 생성물을 생성한다.

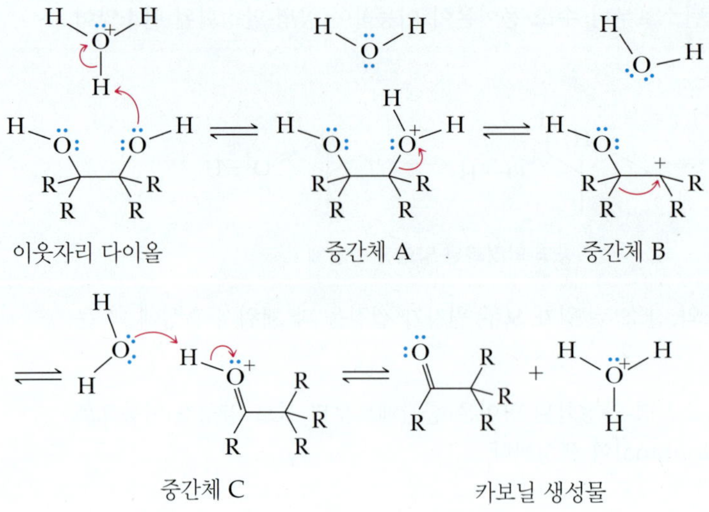

이웃자리 다이올　　중간체 A　　중간체 B

중간체 C　　카보닐 생성물

» 질문

A. 피나콜 자리옮김 반응에서 탄소가 양전하를 가진 중간체의 이름은 무엇인가?

1. 카보늄 이온
2. 탄소음이온
3. 카브릴륨 이온
4. 탄소양이온

B. 이 반응에서 다음의 어떤 중간체가 공명 비편재화에 의해 안정화되는가?

1. 중간체 A
2. 중간체 B
3. 중간체 C
4. 중간체 B와 C

C. 반응은 산성 용액에서 일어난다. 이 반응에서 산의 역할을 가장 잘 기술한 것은?

1. 산은 촉매로서 작용한다.
2. 산은 반응이 일어나는 동안 참여하지 않는다.
3. 반응에서 1 당량의 산이 소모된다.
4. 반응에서 1 당량의 산이 생성된다.

D. 질문 C에 대한 답을 기초로 올바른 설명을 확인하라.

1. 시간에 따라서 용액의 pH가 감소된다.
2. 시간에 따라서 용액의 pH가 증가된다.
3. 처음에는 시간에 따라서 용액의 pH가 증가하다가 감소된다.
4. 용액의 pH는 일정하다.

E. 반응에서 어느 단계가 속도 결정 단계인가?

1. 이웃자리 다이올로부터 중간체 A 생성.
2. 중간체 A로부터 중간체 B 생성.
3. 중간체 B로부터 중간체 C 생성.
4. 중간체 C로부터 카보닐 생성.

F. 만약 두 알코올 탄소 위의 R기가 다를 경우(다음 그림처럼), 화학자가 이 반응을 수행하여 시험하는 올바른 설명은 어느 것인가?

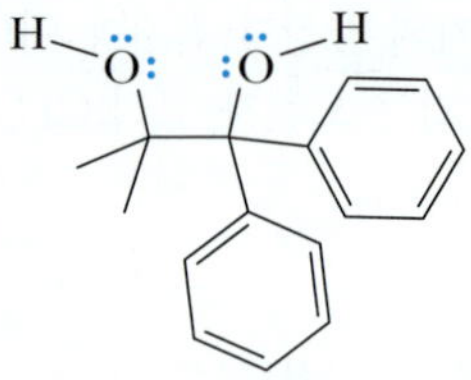

1. 화학자는 어느 R기가 이동하는 경향성이 큰가를 조사한다.
2. 화학자는 어느 R기가 결합된 두 알코올을 가장 염기성으로 만드는가를 조사한다.
3. 화학자는 어느 R기가 탄소 위의 양전하를 가장 안정화시키는가를 조사한다.
4. 화학자는 산이 촉매인가를 조사한다.

G. 두 개의 알코올에 결합된 탄소 위의 두 개의 R기가 다르다면(다음 그림처럼), 화학자가 이 반응을 수행하여 시험하는 올바른 설명은 어느 것인가

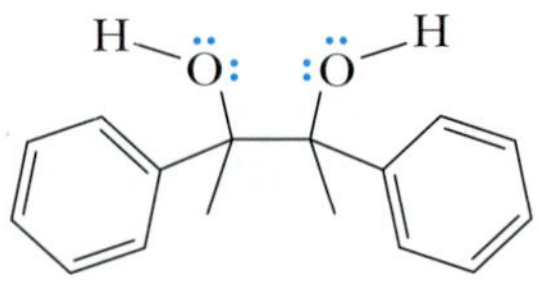

1. 화학자는 어느 R기가 이동하는 경향성이 큰가를 조사한다.
2. 화학자는 어느 R기가 결합된 두 알코올을 가장 염기성으로 만드는가를 조사한다.
3. 화학자는 어느 R기가 탄소 위의 양전하를 가장 안정화시키는가를 조사한다.
4. 화학자는 산이 촉매인가를 조사한다.

10.8 알코올의 산화 반응

1차 알코올의 산화는 실험 조건에 따라 알데하이드와 카복실산을 생성한다. 2차 알코올은 케톤으로 산화된다. 3차 알코올은 산화되지 않는다. 다음은 1차 알코올이 먼저 알데하이드로 산화되고, 이어 카복실산으로 산화되는 일련의 전환 반응이다. 각 전환 반응이 산화 반응을 포함한다는 사실은 반응 화살표 위에 괄호 안에 기호 O로 나타낸다.

$$CH_3-CH(OH)-H \xrightarrow{[O]} CH_3-C(=O)-H \xrightarrow{[O]} CH_3-C(=O)-OH$$

1차 알코올   알데하이드   카복실산

A Chromic acid

1차 알코올을 카복실산으로 산화시킬 때, 실험실에서 사용하는 한 가지 시약이 chromic acid, H_2CrO_4이다. Chromic acid의 황산 수용액은 **Jones 시약**(Jones reagent)으로 알려져 있다.

물에서 대부분 유기 화합물의 낮은 용해도 때문에 chromic acid에 의한 산화는 흔히 유기 화합물을 아세톤에 녹여 반응시키며, 이 때 완전히 산화시키기 위해서는 화학양론적인 양에 해당되는 Jones 시약을 넣어 주어야 한다.

예를 들면, 황산 수용액과 아세톤의 혼합 용매 속에서 chromic acid을 사용하여 1-hexanol을 산화시키면 높은 수득률로 hexanoic acid가 얻어진다.

$$\text{1-Hexanol} \xrightarrow[H_2O,\ \text{acetone}]{H_2CrO_4} [\text{Hexanal}] \longrightarrow \text{Hexanoic acid}$$

1-Hexanol   **Hexanal** (분리되지 않음)   **Hexanoic acid**

이러한 실험 조건은 중간체인 알데하이드를 카복실산으로 산화시키기에 충분하다.

2차 알코올은 chromic acid에 의해 케톤으로 산화된다

$$\text{Menthol} + H_2CrO_4 \xrightarrow{\text{acetone}} \text{Menthone} + Cr^{3+}$$

2-Isopropyl-5-methyl-cyclohexanol (Menthol)   **2-Isopropyl-5-methyl-cyclohexanone (Menthone)**

3차 알코올은 —OH기가 결합된 탄소에 이미 세 개의 탄소 원자가 결합되어 있고, 따라서 추가적인 탄소-산소 결합이 형성될 수 없기 때문에 산화가 일어나지 않는다.

$$\text{1-Methylcyclopentanol} + H_2CrO_4 \xrightarrow{H_2O,\ \text{acetone}} \text{(산화가 일어나지 않음)}$$

1-Methylcyclopentanol

따라서 알코올을 알데하이드나 케톤으로 산화시키기 위한 필요 조건은 OH기를 포함하는 탄소에 적어도 하나의 H가 있어야 한다.

MECHANISM Chromic acid에 의한 알코올의 산화

1단계: 알코올과 chromic acid의 반응으로 카복시산 에스터의 생성과 유사한 메커니즘(17.7절)에 의해 alkyl chromate가 생성된다. 이 단계에서는 탄소 또는 크로뮴의 산화 수는 변화가 없다.

Cyclohexanol + $HO-CrO_2-OH$ ⇌(빠름, 가역적) Alkyl chromate + H_2O

2단계: **양성자가 이탈되고 동시에 결합이 끊어지고 안정한 분자 또는 이온을 생성한다.** Alkyl chromate와 여기서 물 분자로 나타낸 염기와의 반응은 C—H 결합을 끊고, 카보닐기를 생성하며, Cr(VI)에서 Cr(IV)로 환원이 일어나는 결과를 가져온다.

chromiun(VI) → (느림, 속도 결정 단계) Cyclohexanone + H_3O^+ + chromiun(IV)

이 단계는 산화-환원 단계이다. 탄소는 2-전자 산화 상태로 되고 Cr(VI)은 Cr(IV)로 2-전자 환원 상태로 된다. Cr(IV)는 같은 메커니즘으로 특히 더 산화가 일어나 결국은 Cr(III)으로 전환된다.

Chromic acid 수용액 속에서 1차 알코올이 먼저 알데하이드로 산화되고, 이어서 카복실산으로 산화되는 것을 보았다. 두 번째 단계에서 산화되는 것은 알데하이드라기보다는 오히려 알데하이드 카보닐기에 물 분자가 첨가(수화)되어 생성된 알데하이드 수화물이다. 알데하이드 수화물의 —OH가 chromic acid와 반응하여 최종적으로 알데하이드가 카복실산으로 산화된다.

수화 단계는 알데하이드 카보닐이 두 개의 하이드록시기로 전환되므로 매우 중요하다. Chromic acid는 오직 하나의 —OH기와 반응하여 카보닐이 아닌 크로뮴 에스터(chromate ester)를 생성한다. 비록 평형에서 알데하이드가 우세하지만, 수화 단계는 산에 의해 촉매되며 충분한 수화는 반응을 완결시킨다. 알데하이드와 케톤의 수화에 대한 공부는 16.7절에서 더 자세하게 배울 것이다.

$R-CHO + H_2O$ ⇌(빠름, 가역적) $R-CH(OH)_2$ →(H_2CrO_4) $R-CH(OH)-O-CrO_3H$ → $R-COOH + HCrO_3^- + H_3O^+$

알데하이드 　 알데하이드 수화물 　 크로뮴 알킬 에스터 　 카복실산

B Pyridinium Chlorochromate

1차 알코올을 알데하이드로 산화시킬 때 가장 흔히 사용되는 Cr(VI) 형태는 HCl 수용액에 CrO_3를 용해시키고 pyridine을 첨가하여 고체 상태로 침전된 **pyridinium chlorochromate (PCC)**으로 제조된다.

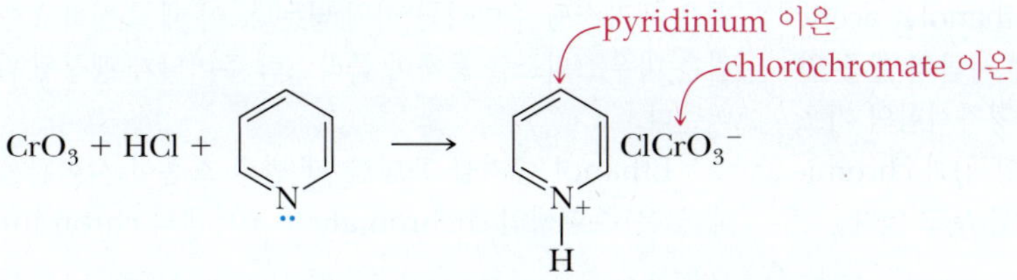

pyridinium 이온
chlorochromate 이온

CrO_3 + HCl + [Pyridine] ⟶ [Pyridinium] $ClCrO_3^-$

Pyridine **Pyridinium chlorochromate (PCC)**

PCC는 1차 알코올을 알데하이드로 산화시키는데 선택적일 뿐만 아니라 탄소-탄소 이중 결합 또는 아주 쉽게 산화되는 다른 작용기에 거의 영향을 미치지 않는다. 다음의 예는 1차 터펜 알코올인 geraniol이 탄소-탄소 이중 결합에 영향을 미치지 않고 geranial로 산화되는 것을 보여준다.

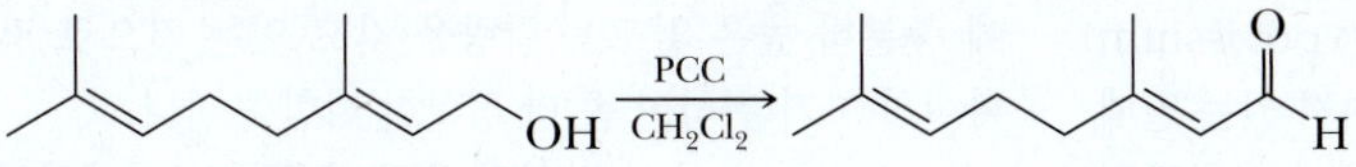

Geraniol —PCC, CH_2Cl_2→ Geranial

Geraniol **Geranial**

PCC 시약은 물에서 사용되지 않고 주로 CH_2Cl_2와 같은 유기 용매에서 사용되기 때문에 알데하이드가 더 이상 산화되지 않는다. 첨가되는 물 없이는 알데하이드 수화물이 생성되지 않는다. 알데하이드의 카보닐이 아닌 알데하이드 수화물의 OH만 Cr(VI)에 의해 더 산화되기가 쉽다는 사실을 명심하라. PCC와 H_2CrO_4 둘다 2차 알코올을 케톤으로 산화시키는데 사용된다.

예제 10.11 ▸ 반응 생성물 예측

다음의 각 알코올을 PCC로 처리한 생성물을 나타내어라.

(a) 1-Hexanol **(b)** 2-Hexanol **(c)** Cyclohexanol

➡ 해답

1차 알코올인 1-hexanol은 hexanal로 산화된다. 2차 알코올인 2-hexanol은 2-hexanone으로 산화된다. 2차 알코올인 cyclohexanol은 cyclohexanone으로 산화된다.

(a) **Hexanal** **(b)** **2-Hexanone** **(c)** **Cyclohexanone**

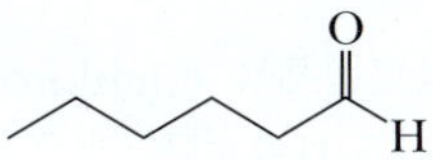

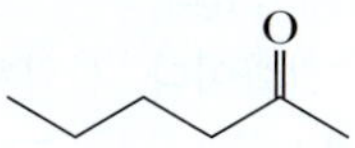

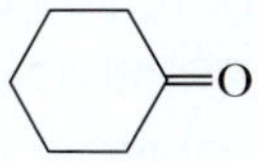

연습 문제 10.11

예제 10.11에 있는 각 알코올을 chromic acid로 처리한 생성물을 나타내어라.

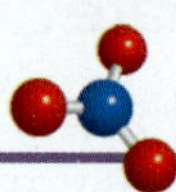

혈중 알코올 측정

Potassium dichromate ($K_2Cr_2O_7$)에 의해 ethanol을 acetic acid로 산화시키는 반응은 법 집행기관에 의해 사람의 혈중 알코올 함량 측정에 사용되는 초기 혈중 알코올 평가시험의 기초가 된다. 이 측정은 dichromate 이온(붉은 주황색)과 chromium(III) 이온(초록색) 사이의 색깔 차이에 기초를 두고 있다.

끝은 플라스틱 주머니를 끼워 넣는다. 이 때 측정하고자 하는 사람은 마우스피스를 통하여 플라스틱 주머니가 팽창될 때까지 불어준다.

Ethanol 증기를 포함한 한 번의 호흡이 시험관을 통과할 때 붉은 주황색인 dichromate가 초록색의 chromium(III)으로 환원된다. 이때 호흡 기체 내에 있는 ethanol의 농도는 초록색이 시험관의 길이에 따라서 어느 정도로 확장되는지 길이를 측정하여 평가한다. 초록색이 절반 이상 확장될 때 호흡 기체 내에 충분히 높은 알코올 함량을 갖고 있는 것으로 평가되고, 더 확실히 하기 위하여 좀 더 정확한 시험을 한다.

$$CH_3CH_2OH + Cr_2O_7^{2-} \xrightarrow[H_2O]{H_2SO_4} CH_3\overset{O}{\overset{\|}{C}}OH + Cr^{3+}$$

Ethanol **Dichromate 이온** (붉은 주황색) **Acetic acid** **Chromium(III) 이온** (초록색)

따라서 붉은 주황색에서 초록색으로 변화되는 색깔의 정도가 사람이 숨 쉬는 시료 속에 있는 ethanol의 함량의 척도로 사용된다.

가장 간단한 형태의 혈중 알코올 평가 측정기는 potassium dichromate-sulfuric acid가 실리카 젤 위에 입혀져 있는 밀폐 유리관으로 이루어져 있다. 시험을 시작하기 위해서 시험관의 한쪽 끝을 마우스피스(mouthpiece)를 한쪽 끝에 끼우고, 다른 끝은 플라스틱 주머니를 끼워 넣는다.

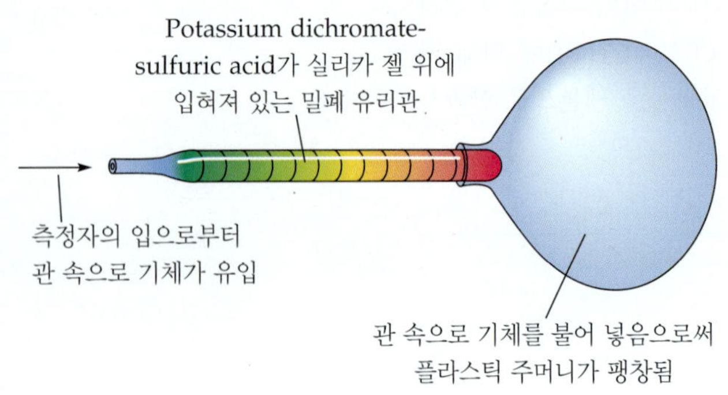

더 정확한 측정 장치인 음주 측정기는 간단한 호흡 측정기와 같은 원리로 작동된다. 음주 측정에서 측정된 호흡 기체를 황산 수용액에 용해된 potassium dichromate 용액을 통해 거품을 내며 통과시킨 후 색깔의 변화를 분광 광도계로 측정한다.

이러한 시험을 통해서 호흡 기체 내의 알코올 함량이 측정된다. 그러나 알코올의 영향 내에 있는 법률적인 정의는 호흡 기체 내의 알코올의 함량이 아니라 혈중 내 알코올 함량을 기준으로 한다. 이러한 두 가지 측정 사이의 화학적인 보정은 폐 속에 있는 공기는 폐동맥을 지나는 혈액과 평형 상태에 있으며, 혈중 알코올과 호흡 기체 내 알코올 사이는 평형을 이루어지고 있다. 한 개인의 알코올 음주량의 시험에서 2100 mL의 호흡 기체는 혈액 내 1.00 mL의 알코올과 동일한 양을 갖는다는 것이 측정되었다.

C Swern 산화

크로뮴 화합물의 독성 때문에 대체 물질로 Jones 시약과 PCC가 개발되었다. 이들은 좀 더 현대적인 방법인 H_2CrO_4와 PCC로 대체되었다.

그 대체 방법 중의 하나가 Swern 산화이다. 산화제는 클로로설포늄 염(chlorosulfonium salt)으로서 DMSO와 oxalyl chloride를 −78°C에서 반응시켜 만든다(이 반응을 일반적인 온도에서 수행하면 폭발할 수 있다!). 낮은 온도에서 알코올을 천천히 가하고 뒤이어 triethylamine (Et_3N)과 같은 3차 아민을 가하면 생성물이 얻어진다.

$$\text{ClC(=O)C(=O)Cl} + (CH_3)_2S^+\text{–}O^- \longrightarrow Cl\text{–}S^+(CH_3)_2 \xrightarrow[\text{그 다음 } Et_3N]{R_2CHOH} R_2C{=}O$$

Oxalyl chloride $(COCl)_2$ **Dimethyl sulfoxide,** DMSO Chlorosulfonium 염

일차 알코올은 깨끗하게 알데하이드로 산화되며(Jones 시약처럼 카복실산이 아님), 이차 알코올은 케톤으로 산화되지만 삼차 알코올은 반응하지 않는다. 따라서 Swern 산화는 PCC와 같은 전환을 일으킨다. 따라서 예제 10.11에서는 PCC를 사용하는 것처럼 Swern 산화에서도 같은 생성물이 얻어진다.

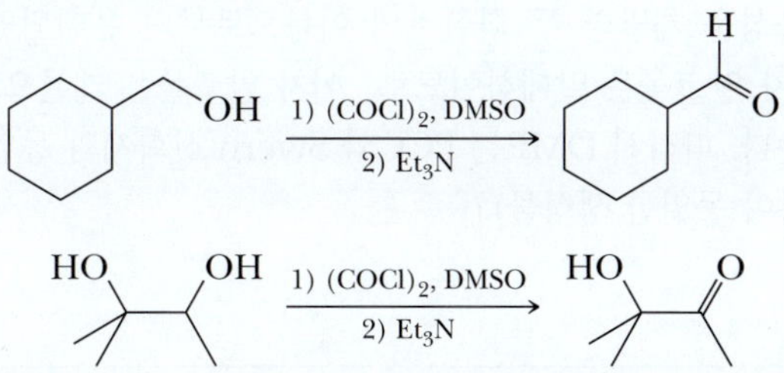

1) $(COCl)_2$, DMSO
2) Et_3N

1) $(COCl)_2$, DMSO
2) Et_3N

MECHANISM Swern 산화, Chlorosulfonium 이온에서 시작

1단계: Chlorosulfonium과 알코올의 반응으로 알킬 설포늄 이온과 HCl을 생성한다. 이 전환에 포함된 정확한 단계의 순서는 아직도 확인 중이다.

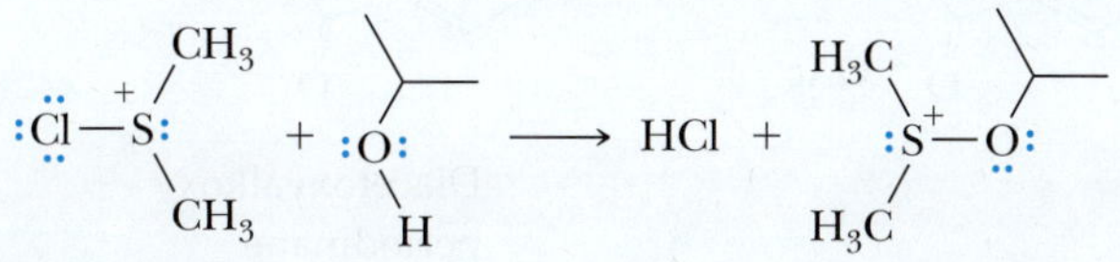

클로로설포늄 알킬설포늄

***2단계:* 양성자가 이탈된다.** Triethyl amine과 같은 3차 아민을 가하여 양이온성 황에 이웃한 메틸기로부터 양성자를 떼어내어 알콕시설포늄 일라이드(alkoxysulfonium ylide)가 얻어진다.

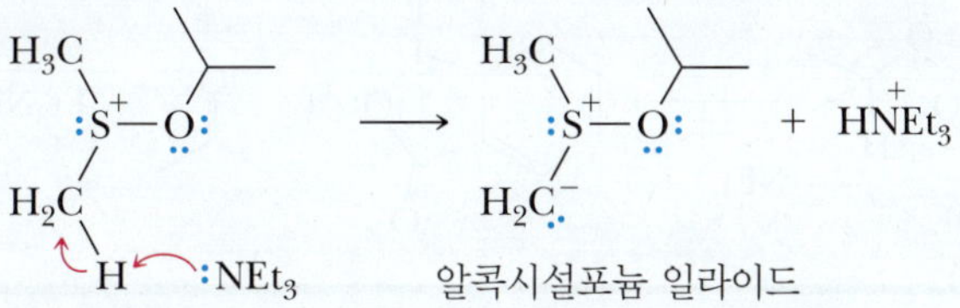

알콕시설포늄 일라이드

***3단계:* 양성자를 이탈시키고 동시에 결합이 끊어지고 안정한 분자 또는 이온이 생성된다.** 탄소음이온이 분자 내 양성자 전이를 수행하면 알콕시설포늄 일라이드의 분해가 일어나 dimethyl sulfide와 산화 생성물이 얻어진다.

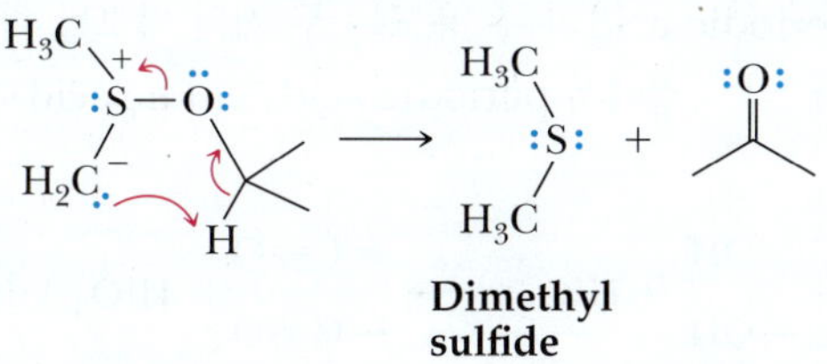

Dimethyl sulfide

D Dess-Martin 산화

크롬 화합물보다 더 친환경적인 다른 계열의 산화제가 일반적으로 Dess-Martin periodinane (DMP) 시약으로 알려진 초원자가성(hypervalent) 아이오딘 화합물이 있다. 초원자가성은 옥텟 규칙에서 예측하는 것보다 더 많은 전자 수를 가진 화합물을 의미한다. DMP는 시약의 반응성을 개발한 두 화학자의 이름으로부터 유래되었으며 Dess-Martin 산화라고 부른다. 일차 알코올은 알데하이드로, 이차 알코올은 케톤으로 산화되며 삼차 알코올은 반응하지 않는다. 따라서 DMP는 PCC와 Swern 산화제와 동일한 전환을 일으킨다(예제 10.11에서와 같이 동일한 생성물).

MECHANISM Dess-Martin 산화

1단계: 알코올과 DMP의 반응은 Jones 산화 반응의 첫 단계에서 생성되는 알킬 크로메이트의 형성과 유사한 diacetoxyalkoxy periodinane을 생성한다($^{-}$OAc = acetate).

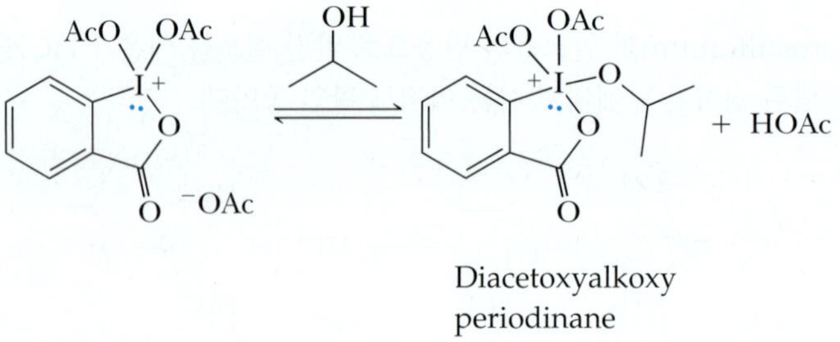

AcO OAc I+ O O $^{-}$OAc ⇌ (OH) AcO OAc +I O O + HOAc

Diacetoxyalkoxy periodinane

2단계: **양성자를 이탈시키고 동시에 결합이 끊어지면서 안정한 분자 또는 이온이 생성된다.** 배위된 알콕 시기에 수소가 양성자 이탈되면서 아이오딘이 환원되고 아세테이트가 떨어져 나가면서 산화된 알데하이드 또는 케톤이 생성된다.

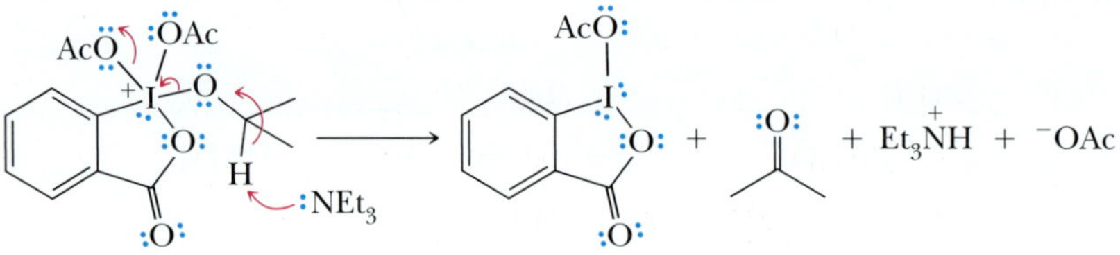

AcO :OAc +I O O: O: H :NEt$_3$ ⟶ AcO: I O: O: + :O: + $Et_3\overset{+}{N}H$ + $^{-}$OAc

E 글라이콜의 Periodic acid 산화

Periodic acid, H_5IO_6 (혹은 대신에 $HIO_4{\cdot}2H_2O$)은 흰 결정성 고체로, 녹는점은 122°C이다. 유기 화학에서 periodic acid의 주 용도는 두 개의 카보닐 화합물을 얻기 위해 글라이콜의 분해에 사용된다. 이 과정에서 periodic acid는 iodic acid로 환원된다.

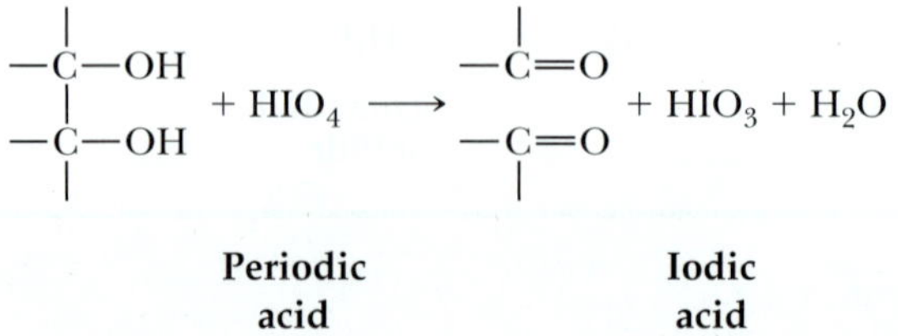

$$\begin{array}{l} -\overset{|}{C}-OH \\ -\underset{|}{C}-OH \end{array} + HIO_4 \longrightarrow \begin{array}{l} -\overset{|}{C}=O \\ -\underset{|}{C}=O \end{array} + HIO_3 + H_2O$$

Periodic acid **Iodic acid**

예를 들면, periodic acid는 *cis*-1,2-cyclohexanediol을 hexanedial로 산화시킨다.

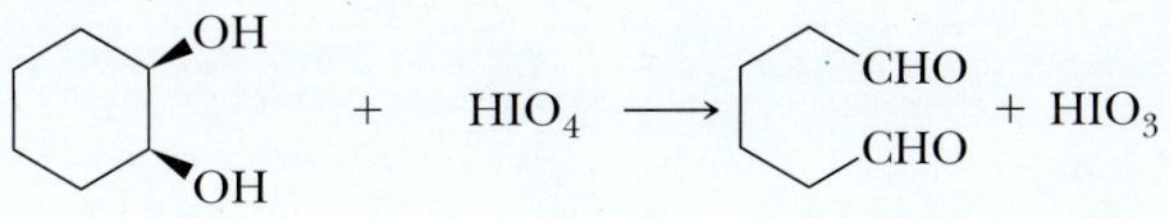

cis-1,2-Cyclohexanediol + Periodic acid (HIO_4) ⟶ Hexanedial + Iodic acid (HIO_3)

MECHANISM Periodic acid에 의한 글라이콜 산화

1단계: Periodic acid와 글라이콜과 반응은 오원자 고리형 periodate를 생성한다.

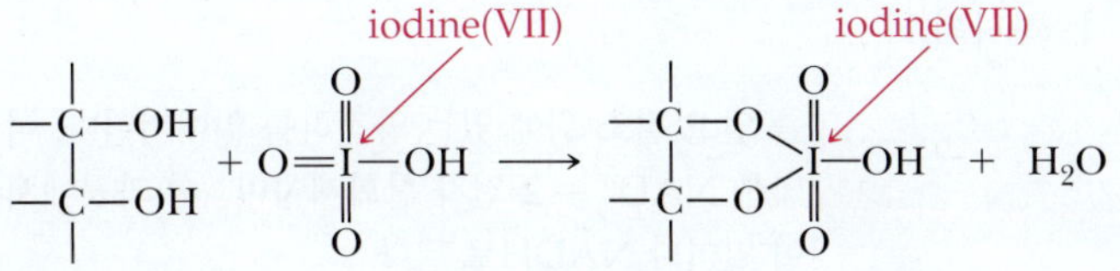

iodine(VII)

iodine(VII)

$$-C-OH,\ -C-OH + O{=}IO_2{-}OH \longrightarrow \text{고리형 periodate} + H_2O$$

고리형 periodate

고리형 periodate를 생성하는 데는 아이오딘이나 글라이콜의 어느 것도 산화 상태의 변화가 없다.

2단계: **결합이 끊어지고 안정한 분자 또는 이온이 생성된다.** 고리형 periodate에 들어 있는 원자가 전자들의 재분배를 통해 HIO_3와 두 개의 카보닐기를 만든다. 이 전자의 재분배 결과로 유기 성분은 산화되고, 아이오딘이 포함된 성분은 환원이 된다.

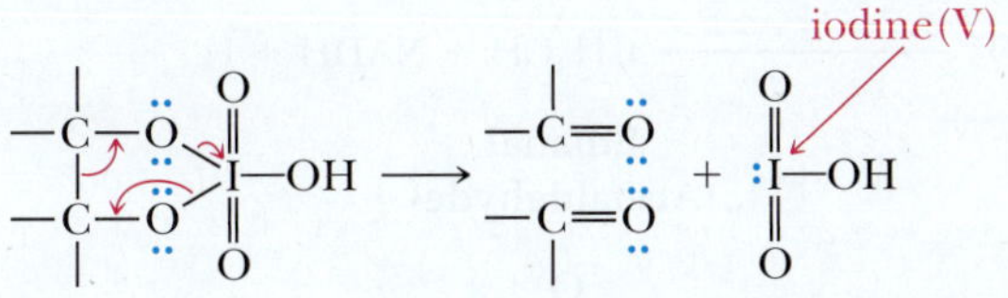

iodine(V)

$$\text{고리형 periodate} \longrightarrow 2\ {-}C{=}O + HIO_3$$

HIO_3
(Iodic acid)

이 메커니즘은 HIO_4 산화 반응이 오원자 고리형 periodate를 생성시킬 수 있는 글라이콜에 제한되어 있다는 사실과 일치한다. 그러한 고리형 periodate를 생성할 수 없는 구조의 글리콜은 periodic acid에 의해 산화될 수 없다. 다음은 decalindiol의 두 가지 이성질체의 구조식이다. 단지 *시스* 글라이콜만이 periodic acid에 의해 고리형 periodate를 형성할 수 있으므로 *시스* 글리콜만이 이 시약에 의해 산화된다.

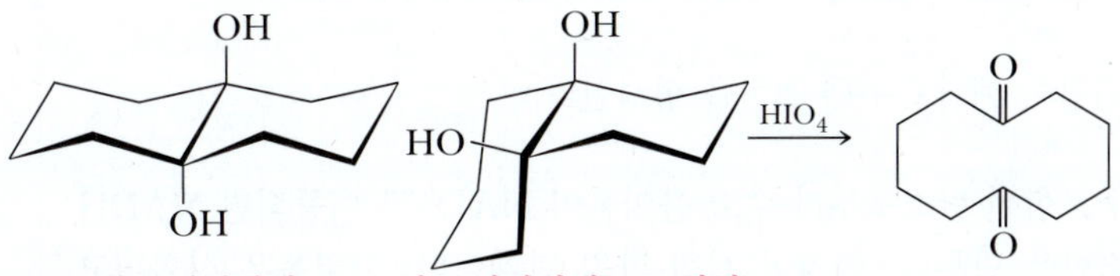

OH, OH, HO, OH, HIO_4, O, O

트랜스 이성질체는 periodic acid에 대하여 반응성이 없다

시스 이성질체는 고리형 periodate를 만들며 끊어진다

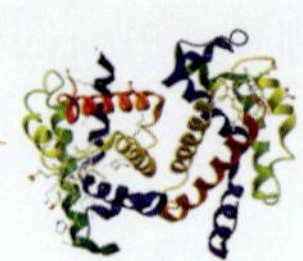

NAD^+에 의한 알코올의 산화

생물학적인 계에서 알코올을 알데하이드나 케톤으로 또는 알데하이드를 카복실산으로 산화시키기 위하여 potassium dichromate나 전이 금속 산화제와 같은 시약이 사용되지 않는다는 것은 놀라운 일이 아니다. 생물학적인 계에서 대신에 사용되는 것은 NAD^+ (AD = adenine과 ribose의 조합이다)이다. 분자 내 AD 부분의 기능은 산화되려는 분자에 대하여 적절하게 배향된 효소 표면 위에 NAD^+의 위치에 있다.

NAD^+ (산화된 형태) **NADH** (환원된 형태)

NAD^+가 생물학적인 산화제로서 기능을 가질 때, NADH로 환원된다. 이러한 전환에 있어 NAD^+는 하나의 H를 얻고 질소 위에 있는 양전하를 잃어버린다. 여기서 중요한 개념은 NAD^+는 2-전자 산화제이며, 이 과정에서 2-전자가 환원이 일어나 NADH로 된다.

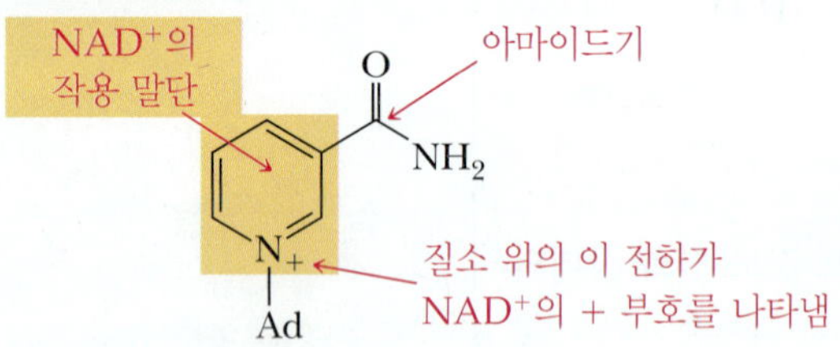

Nicotinamide adenine dinucleotide (NAD^+)

NAD^+는 여러 종류의 효소-촉매 반응에 산화제로 쓰이고 있으며, 두 가지 경우를 여기에 나타내었다. Acetaldehyde로의 ethanol의 산화는 간이 ethanol을 해독하는 반응의 첫 단계이다. Lactate에서 pyruvate로의 산화는 인체가 탄수화물의 산화에 의해 에너지를 얻는 과정의 한 단계이다. Lactate는 염기성(산소 없이) 해당 작용의 최종 생성물이다.

$$\underset{\text{Ethanol}}{CH_3CH_2OH} + NAD^+ \xrightarrow{\text{알코올 탈수소효소}} \underset{\text{Ethanal (Acetaldehyde)}}{CH_3\overset{\overset{O}{\|}}{C}H} + NADH + H^+$$

$$\underset{\text{Lactate}}{CH_3\overset{\overset{OH}{|}}{C}HCOO^-} + NAD^+ \xrightarrow{\text{Lactate 탈수소효소}} \underset{\text{Pyruvate}}{CH_3\overset{\overset{O}{\|}}{C}COO^-} + NADH + H^+$$

다음은 알코올 탈수소효소와 NAD^+에 의한 알코올 산화에 대한 메커니즘이다.

MECHANISM NAD^+에 의한 알코올의 산화

화살표 ①: 효소 위에 있는 기본기인 B^-가 —OH기로부터 H^+를 제거한다.

화살표 ②: H—O σ 결합이 깨져 C=O 결합을 형성한다.

화살표 ③: —OH기가 포함된 탄소로부터 수소 음이온이 NAD^+로 이동되면 NADH 내에 새로운 C—H 결합을 만든다. 이것이 산화-환원 단계이다: 알코올은 산화되고 NAD^+는 환원된다.

화살표 ④–⑤: 고리 안에 전자들이 양전하를 띤 질소 쪽으로 이동한다.

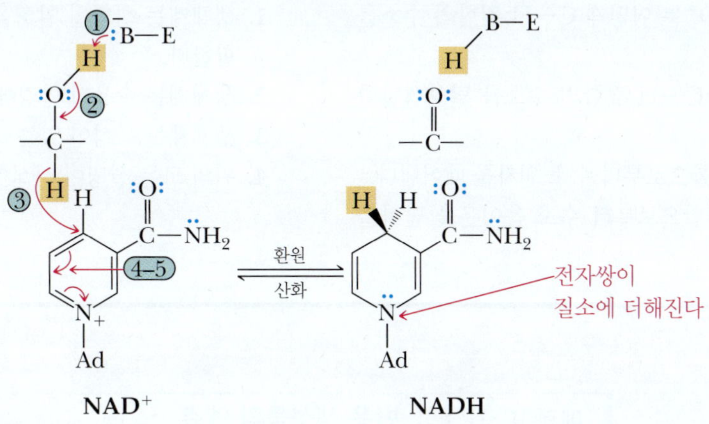

①:B—E ② ③ ④–⑤ NAD⁺ ⇌ NADH (환원 / 산화) 전자쌍이 질소에 더해진다

NAD⁺

NADH

효소는 카이랄 촉매이기 때문에 수소 음이온이 NAD^+로 이동되는 결과를 나타내며 카이랄 환경에서 일어나는 NAD^+ 산화는 입체선택적이다. 어떤 효소는 NAD^+의 윗면에서 수소 음이온의 첨가를 촉매화하고, 다른 효소는 아랫면에서 촉매화한다. 알코올 탈수소효소의 경우에는 수소 음이온이 윗면에서 이동된다.

16.11절에서 볼 수 있듯이 NADH는 차례로 과정이 역으로 진행될 수 있으며 알데하이드나 케톤의 카보닐기에 입체선택적으로 수소 음이온을 이동시키고, 따라서 이러한 유형의 분자들을 각각 1차 알코올이나 2차 알코올로 환원시킨다.

의과대학 입학시험(MCAT) 연습: 지문 및 질문

알코올 산화

다양한 시약에 의한 알코올의 산화 메커니즘은 일반적으로 다양한 측면이 가진다. 오른쪽에 전자 이동 화살표와 함께 산화 반응에서의 다양한 단계를 나타냈다.

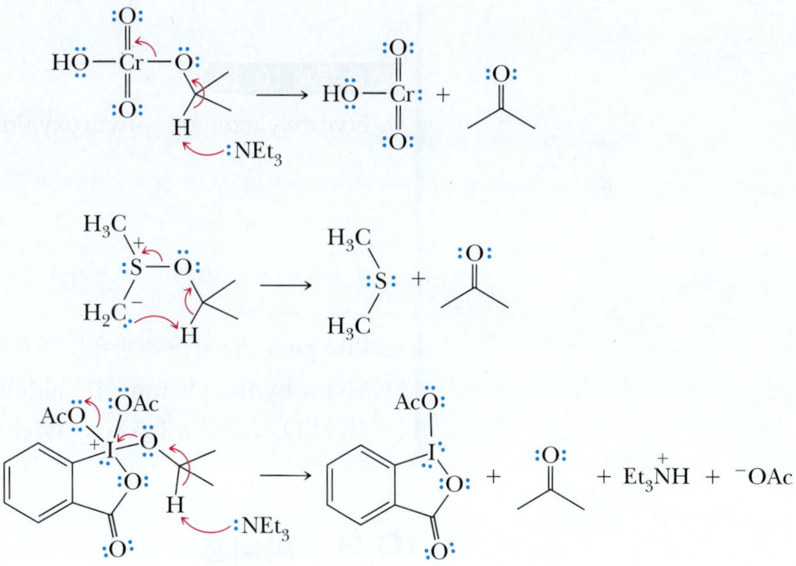

질문

A. 이러한 반응에서 크롬을 함유하는 물질, periodonane 및 dimethylsulfide의 공통적인 역할은 무엇인가?

1. 이들 화합물들은 친핵체로 작용한다.
2. 이들 화합물들은 이탈기로 작용한다.
3. 이들 화합물들은 Lewis 염기로 작용한다.
4. 이들 화합물들은 Brønsted 염기로 작용한다.

B. 나타낸 각 반응에서 탈양성자화 반응과 결합의 끊어짐이 동시에 일어나 두 개의 분자를 만들며, 그 중의 하나는 π 결합을 형성한다. 각 반응을 메커니즘으로 가장 잘 나타내는 용어는 무엇인가?

1. E2
2. E1
3. S_N2
4. S_N1

생체계 시약인 nicotinamide adenine dinucleotide (NAD^+)에 의한 알코올 산화의 주요 단계는 위에 메커니즘으로 나타냈다. NAD^+의 환원에 대한 반응을 이용하여 다음의 질문에 답하라.

C. 실험실에서의 산화 메커니즘에서는 염기가 C—H 결합

으로부터 수소를 제거하는 것과는 달리 생체계 시약을 이용한 알코올의 산화 반응에서는 염기가 O—H로부터 양성자를 제거한다. NAD^+는 어떻게 C—H 결합의 수소를 제거하는가?

1. NAD^+는 알코올의 C—H 결합의 수소를 탈양성자화시킨다.
2. NAD^+는 C—H 결합으로부터 수소 원자를 떼어낸다.
3. NAD^+는 C—H 결합으로부터 수소 음이온을 받아들인다.

D. 왜 생체계는 산화시킬 때 NAD^+와 같은 착물을 사용하는가?

1. 생체계는 산화될 알코올에 인접한 효소 내 산화제와 결합한다.
2. 생체계는 수용성 환경에서 센염기를 사용할 수 없다.
3. 생체계는 독성이 있는 중금속을 사용할 수 없다.
4. 위의 모든 설명이 사실이다.

예제 10.12 ▸ 반응 생성물의 예측

각 글라이콜을 HIO_4로 처리할 때 어떤 생성물이 생성되는가?

(a) 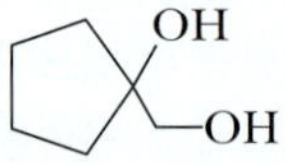 (구조식) **(b)** 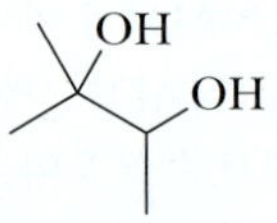 (구조식)

(라셈 혼합물)

해답

—OH기를 갖는 탄소들 사이의 결합이 끊어지고, 각각의 —OH기는 카보닐기로 전환된다.

(a) 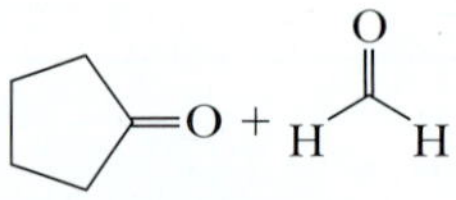 (구조식) **(b)** 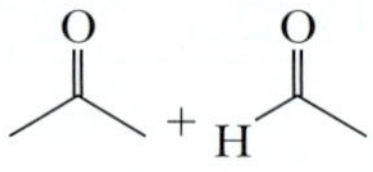 (구조식)

연습 문제 10.12

α-Hydroxyketone과 α-hydroxyaldehyde는 periodic acid로 처리하면 산화된다.

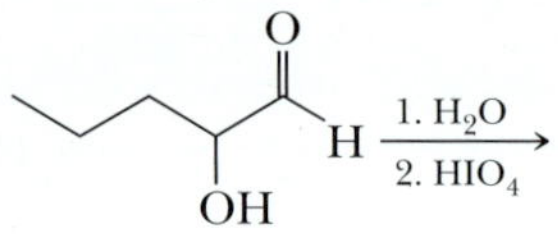

1. H_2O
2. HIO_4

(라셈 혼합물)

그러나 periodic acid와 반응을 일으키는 것은 α-hydroxyketone 또는 α-aldehyde가 아니라 α-hydroxyketone이나 aldehyde의 카보닐기에 물 첨가에 의해 형성된 수화물이다. HIO_4에 의한 α-hydroxyaldehyde의 산화 메커니즘을 적어라.

10.9 싸이올

A 구조

싸이올
sp^3 혼성 탄소에 결합된 —SH (sulfhydryl)기를 가지고 있는 화합물.

싸이올(Thiol)의 작용기는 sp^3 혼성 탄소에 결합된 **—SH** (sulfhydryl)기이다. 그림 10.4는 가장 간단한 싸이올인 methanethiol, CH_3SH의 Lewis 구조식과 공-막대 모형을 나타내고 있다. Methanethiol의 C—S—H 결합각은 100.3°이다. 비교되는 H_2S 내의 H—S—H 결합각은 93.3°이다. 만약 *S* 원자가 완전하게 혼성화된 sp^3 혼성 궤도함수에 의해 두 다른 원자 사이에 결합되었다면 *S*에 대한 결합각은 대략적으로 109.5°이다. 대신에 만약 *S* 원자가 혼성화되지 않은 3*p* 궤도함수에 의해 두 개의 다른 원자와 결합되어 있다면 결합각은 대략 90°가 된다. Methanethiol의 C—S—H 결합각이 100.3°이며, H_2S 내에서의 H—S—H 결합각이 93.3°라는 사실은 2가 산소의 결합성 궤도함수보다 2가 황의 결합성 궤도함수가 상당히 큰 *p*-성격(적은 *s*-성격)을 가진다는 것을 나타낸다.

B 명명법

오래된 문헌에서는 싸이올을 **머캅탄**(mercaptan)이라 자주 언급했으며, 뜻은 '수은을 잡는'이라는 의미이다. 싸이올은 수용액에서 Hg^{2+}와 반응하여 불용성 침전물로 황화물염을 생성한다. 예를 들면, thiophenol인 C_6H_5SH는 $(C_6H_5S)_2Hg$를 생성한다.

IUPAC 체계에서 싸이올은 —SH기를 포함한 가장 긴 탄소 원자를 갖는 사슬을 모체 알케인으로 선택하여 명명한다. 화합물이 싸이올인 것을 나타내기 위해 모체 알케인의 이름 끝에 *-e*를 포함하고, 접미사 *-thiol*를 붙인다. —SH기의 위치는 모체 사슬 번호 붙임에서 알킬기와 할로젠보다 우선권을 갖는다.

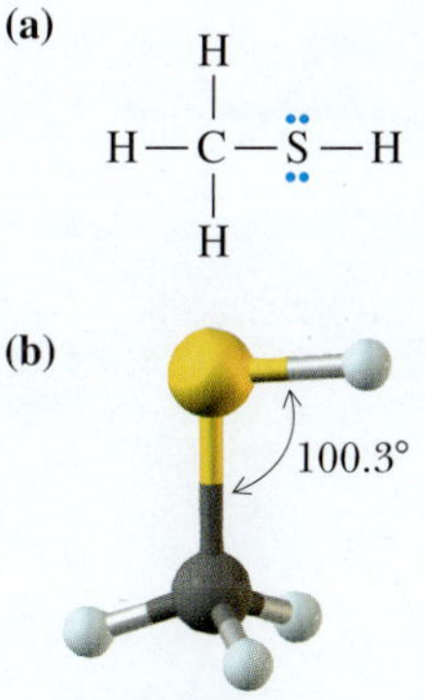

IUPAC 체계에서 —OH기는 번호를 부여하거나 이름을 붙일 때 —SH보다 우선한다. 이러한 두 작용기를 포함하는 화합물에서 —SH기는 IUPAC 명명에서 접두사 *sulfanyl*-로 나타낸다. 대신에 관용명에서는 접두사 *mercapto*-를 사용하여 나타낸다.

간단한 싸이올의 관용명은 —SH기에 결합된 알킬기의 이름에 의해 나타나며, *mercaptan*이라는 단어를 첨가한다.

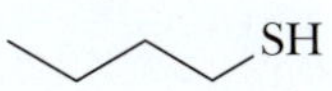

1-Butanethiol (Butyl mercaptan) **2-Methyl-1-propanethiol (Isobutyl mercaptan)** **2-Sulfanylethanol (β-Mercaptoethanol)**

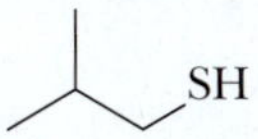

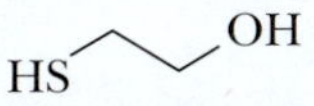

머캅탄
싸이올의 관용명 즉, —SH (sulfhydryl)기를 포함한 화합물.

(a) Lewis 구조 (b) 공-막대 모형, 100.3°

그림 10.4 ▸ Methanethiol, CH_3SH. (a) Lewis 구조, (b) 공-막대 모형.

예제 10.13 ▸ 싸이올 명명법

다음 싸이올의 이름을 써라.

(a)  (b)

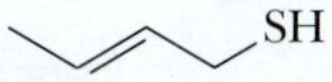

➡ **해답**

(a) 1-Pentanethiol (pentyl mercaptan)

(b) (*E*)-2-Butene-1-thiol (*trans*-2-butene-1-thiol)

연습 문제 10.13

다음 싸이올의 IUPAC명을 써라.

(a) 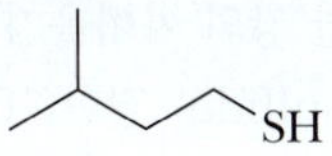 (b)

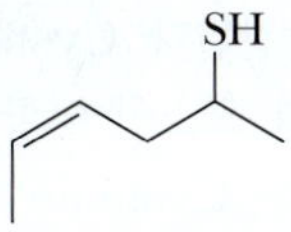

C 물리적인 성질

분자량이 낮은 싸이올의 가장 뛰어난 물리적 특성은 악취이다. 스컹크의 냄새는 다음 2개의 싸이올에 주로 기인한다.

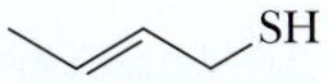

2-Butene-1-thiol 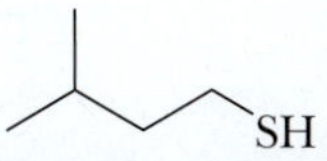 **3-Methyl-1-butanethiol (Isopentyl mercaptan)**

분자량이 낮은 싸이올의 혼합물은 천연 가스에 냄새를 풍기는 물질로 첨가된다. 이런 물질 중 가장 일반적인 것은 2-methyl-2-propanethiol (*tert*-butyl mercaptan)이다. 왜냐하면 산화 반응에 가장 저항성이 크고 가장 큰 침투력을 가지고 있기 때문이다. 2-Propanethiol도 역시 이 목적을 위해 사용되며, 보통은 2-methyl-2-propanethiol과 같이 혼합하여 사용된다.

2-Methyl-2-propanethiol (*tert*-Butyl mercaptan)

2-Propanethiol (Isopropyl mercaptan)

S—H 결합의 매우 낮은 극성 때문에 싸이올은 수소 결합에 의한 분자 회합이 거의 나타나지 않는다. 결과적으로, 그것은 비교 가능한 분자량을 갖는 알코올보다 낮은 끓는점과 물이나 다른 극성 용매에서보다 더 낮은 용해도를 가진다. 표 10.3은 3개의 분자량이 낮은 싸이올의 이름과 끓는점을 나타내고 있다. 같은 탄소 원자의 수를 갖는 알코올의 끓는점과 비교하여 나타내었다.

10.2절에서 이미 우리는 ethanol (bp 78°C)과 구조 이성질체인 dimethyl ether (bp −24°C)의 끓는점을 비교함으로써 알코올의 수소 결합의 중요성을 설명하였다. 비교해 보면, ethanethiol의 끓는점은 35°C이고, 그것의 구조 이성질체인 dimethyl sulfide는 37°C이다.

CH_3CH_2SH
Ethanethiol
bp 35°C

CH_3SCH_3
Dimethyl sulfide
bp 37°C

이러한 구조 이성질체의 끓는점이 거의 동일하다는 사실은 싸이올 분자 사이에 생기는 수소 결합에 의한 회합이 없거나 거의 발생하지 않는 것을 의미한다.

표 10.3 같은 수의 탄소 원자를 가지는 싸이올과 알코올의 끓는점

싸이올	끓는점(°C)	알코올	끓는점(°C)
Methanethiol	6	Methanol	65
Ethanethiol	35	Ethanol	78
1-Butanethiol	98	1-Butanol	117

D 생체계 분자에서 싸이올

싸이올기는 아미노산인 L-cysteine 내에서 발견된다. Cysteine의 한 쌍의 싸이올기가 단백질 분자의 3차원 구조를 안정화시키는 중요한 요소인 이황화물(disulfide) 결합(10.9G절)으로 산화되기 때문에 L-cysteine은 중요하다. Cysteine 싸이올기는 특정 효소 메커니즘 내에서 친핵체로서 작용한다. 더구나 싸이올기는 금속을 포함하고 있는 효소 내에서 금속과 결합한다.

HS, COO^-, NH_3^+

(R)-2-Amino-3-mercaptopropanoic acid (L-Cysteine)

E 제법

싸이올인 RSH의 가장 일반적인 제법은 hydrosulfide 이온인 HS^-의 높은 친핵성도에 의해 좌우된다(9.3E절). Sodium hydrosulfide는 물이나 ethanol 수용액 내에서 NaOH 용액 속으로 H_2S를 통과시켜 제조된다. HS^-와 할로알케인을 반응시켜 싸이올을 제조한다.

$$CH_3(CH_2)_8CH_2I + Na^+SH^- \xrightarrow[\text{ethanol}]{S_N2} CH_3(CH_2)_8CH_2SH + Na^+I^-$$

1-Iododecane **Sodium hydrosulfide** **1-Decanethiol**

실제로 이 반응의 범위와 한계는 S_N2 반응의 제한성이나 치환 반응과 β-제거 반응(9.8절) 사이의 경쟁에 의해 지배를 받는다. 이 반응은 1차 할로젠화물로부터 싸이올을 제조하는데 가장 유용하다. β-제거 반응(E2)의 경쟁 때문에 수득률은 2차 할로젠화물에서는 낮다. 3차 할로젠화물에서는 β-제거 반응(E2)이 우세하고 할로젠화 수소 이탈 반응에 의해 알켄이 주 생성물로 얻어진다.

친핵성 치환 반응에 의해 싸이올을 생성하는 방법을 상업적으로 응용하여 thioglycolic acid의 소듐염을 sodium hydrosulfide와 sodium iodoacetate의 반응으로 제조한다.

$$Na^+\,SH^- + ICH_2\overset{\overset{\displaystyle O}{\|}}{C}O^-\,Na^+ \xrightarrow{S_N2} HSCH_2\overset{\overset{\displaystyle O}{\|}}{C}O^-\,Na^+ + Na^+\,I^-$$

Sodium hydrosulfide **Sodium iodoacetate** **Sodium mercaptoacetate (Sodium thioglycolate)**

Thioglycolic acid의 소듐염과 암모늄염은 머리카락을 낮은 온도에서 물결 모양을 내는 데 사용된다. 이러한 화합물은 머리카락 단백질의 이황화물 결합을 깨뜨리는 작용을 하며, 그런 이유로 머리카락의 원래 모양을 유지시킨다(27.6C절). 이황화물 결합은 두 번째 단계에서 산화 반응(10.9G절)에 의해 다시 형성된다. Thioglycolic acid의 칼슘염은 탈모제, 즉 몸의 털을 제거하는데 사용된다.

$$(HSCH_2COO^-)_2Ca^{2+}$$

Calcium mercaptoacetate
(Calcium thioglycolate)

F 산도

Hydrogen sulfide는 물보다 훨씬 더 산성이다.

$$H_2O + H_2O \rightleftharpoons HO^- + H_3O^+ \qquad pK_a = 15.7$$

$$H_2S + H_2O \rightleftharpoons HS^- + H_3O^+ \qquad pK_a = 7.0$$

유사하게, 싸이올은 알코올보다 더 센산이다. 예를 들어, 묽은 수용액 속에서 ethanol과 ethanethiol의 pK_a 값을 비교해 보자.

$$CH_3CH_2OH + H_2O \rightleftharpoons CH_3CH_2O^- + H_3O^+ \qquad pK_a = 15.9$$

$$CH_3CH_2SH + H_2O \rightleftharpoons CH_3CH_2S^- + H_3O^+ \qquad pK_a = 10.5$$

알코올과 비교되는 싸이올의 더 큰 산도는 황(3주기 원소)이 산소(2주기 원소)보다 크기가 더 크다는 사실에 의해 설명될 수 있다. Alkylsulfide 이온(RS^-) 위의 음전하가 alkoxide 이온(RO^-) 위의 음전하에 비해 더 넓은 영역에 비편재화되어 있고 따라서 alkoxide 이온보다 더 안정하다.

싸이올은 충분히 센산이며, 따라서 NaOH 수용액에 녹았을 때 완전하게 alkylsulfide 염으로 전환된다.

$$CH_3CH_2SH + Na^+OH^- \longrightarrow CH_3CH_2S^-Na^+ + H_2O$$

$pK_a = 10.5$ (센산) (센염기) (약한 염기) $pK_a = 15.7$ (약한 산)

싸이올의 염을 명명하기 위해서는 먼저 양이온의 이름을 명명하고, 접미사 *-sulfide*가 붙어 있는 알킬기의 이름을 명명한다. 예를 들어, ethanethiol로부터 유도된 소듐염은 sodium ethylsulfide라고 명명한다.

G 산화 반응

싸이올의 많은 화학적 성질은 싸이올의 황 원자가 쉽게 더 높은 산화 상태로 산화된다는 사실에서 유래되며, 그 중에서도 가장 흔한 것은 다음 그림에 나타나 있다.

$$R{-}S{-}H \xrightarrow{[O]} R{-}S{-}S{-}R \quad \text{(이황화물)}$$

$$R{-}S{-}H \xrightarrow{[O]} R{-}\overset{O}{\overset{\|}{S}}{-}OH \xrightarrow{[O]} R{-}\overset{O}{\overset{\|}{\underset{\underset{O}{\|}}{S}}}{-}OH$$

싸이올 이황화물 Sulfinic acid Sulfonic acid

각 산화 반응에서 과산화를 막기 위해서는 특별한 산화제가 필요하다. 역시 다른 산화 상태가 있을 수 있지만, 그것들은 안정하지 않다. 싸이올이나 이황화물에 있는 황의 원자가 껍질에는 8개의 전자가 포함되며, sulfinic acid에는 10개의 전자가 sulfonic acid에는 12개의 전자가 포함되는 것에 주목하라. 아직도 논쟁 중에 있는 문제이긴 하지만, 최근 sulfinic acid과 sulfonic acid의 전자들을 계산한 결과에 의하면, 각각의 S—O의 결합은 음전하가 O 원자 위에 있고 한 개 혹은 두 개의 양전하가 S 원자 위에 각각 있는 S—O 단일 결합으로 생각하는 것이 가장 좋다(1.7C절).

생체계에서 황 화합물의 가장 일반적인 산화-환원 반응은 싸이올과 이황화물 사이의 상호전환이다. 이황화물의 작용기는 —S—S—기이다

$$\underset{\text{싸이올}}{2\ RSH} + I_2 \longrightarrow \underset{\text{이황화물}}{RSSR} + 2\ HI$$

싸이올 또한 산소 분자에 의해 이황화물로 산화된다.

$$\underset{\text{싸이올}}{2\ RSH} + \tfrac{1}{2}O_2 \longrightarrow \underset{\text{이황화물}}{RSSR} + H_2O$$

실제로, 싸이올은 산화되기 쉽기 때문에 보관 중에 공기와의 접촉을 막아야 한다.

이황화물 결합은 많은 단백질(27.6C절)의 3차 구조를 안정화시키는 데 중요한 구조적인 형태이다.

표 9.7에서 공부한 바에 의하면 싸이올은 일반적인 친핵체이며 싸이올레이트(thiolates)는 좋은 친핵체이다. 중성과 음이온 상태에서 친핵성도를 알코올과 알콕사이드와 비교해 보면 더 좋은 친핵체로 평가된다. 싸이올과 싸이올레이트가 더 좋은 친핵체인 이유는 황 원자가 산소 원자보다 더 편극화 될 수 있으므로 편극도의 증가는 친핵성도를 증가시킨다. 싸이올의 pK_a 값은 11 이하이기 때문에, 싸이올레이트는 이차 할로젠화 알킬과의 반응에서 E2 제거 반응보다는 주로 S_N2 치환 반응의 메커니즘을 통해 반응한다. 염기성이 확실하게 큰 알콕사이드의 반응은 역이다.

사실과 개념에 대한 요약

10.1절 | 알코올의 구조와 명명법

- 알코올의 작용기는 sp^3 혼성 탄소에 결합된 —OH(**하이드록시)기**이다.
- 알코올은 —OH기가 **1°**, **2°**, **3°** 탄소에 붙어 있는지에 따라서, **1° 알코올**, **2° 알코올**, **3° 알코올**로 분류된다.
- 알코올의 IUPAC명은 모체 알케인의 접미사 *-e*를 *-ol*로 바꿈으로써 유도된다.

➤ 사슬은 —OH기를 갖는 탄소 원자의 숫자를 가장 낮게 하는 순서로 번호를 붙인다.

➤ 높은 우선권을 가지는 다른 작용기를 포함하는 화합물에서 —OH기 존재는 접두사 *hydroxy*-로 나타낸다.

- 알코올의 관용명은 —OH에 붙어 있는 알킬기를 명명하고, *alcohol*이라는 단어를 붙인다.

연습 문제: 10.1~10.3, 10.14~10.17

10.2절 | 알코올의 물리적인 성질

- 알코올은 부분적으로 음전하를 갖는 산소 원자와 부분적으로 양전하를 갖는 탄소와 하이드록시 수소 원자를 갖는 극성 화합물이다.

➤ **수소 결합**(Hydrogen bonding)에 의한 분자 간 회합 때문에 알코올의 끓는점은 유사한 분자량을 갖는 탄화수소의 끓는점보다 더 높다.

➤ 증가된 분산력 때문에 알코올의 끓는점은 분자량의 증가에 따라 증가한다.

➤ 알코올은 물과 수소 결합에 의해 상호작용을 하고, 따라서 유사한 분자량을 갖는 탄화수소 화합물보다 물에서 더 잘 용해된다.

연습 문제: 10.4~10.5, 10.18~10.24, 10.47, 10.48

10.3절 | 알코올의 산도와 염기도

- 알코올은 약한 산(양성자 주개)과 약한 염기(양성자 받개) 두 기능을 모두 가진다.

➤ 대부분의 알코올들은 pK_a 값이 물과 유사한 16~18 정도이다. 알코올이 양성자를 잃으면 상대적으로 센염기인 알콕사이드 음이온을 생성한다.

➤ 센산이 존재할 경우 OH기는 양성자가 첨가된다. OH기에 양성자가 첨가되면 좋은 이탈기인 H_2O를 생성하며 이러한 반응은 알코올의 공통적인 메커니즘적인 주제이다.

연습 문제: 10.25~10.28, 10.49

10.4절 | 활성 금속과 알코올의 반응

- 알코올은 Li, Na, K와 같은 활성 금속과 반응하여 H_2를 방출하고 금속 알콕사이드를 생성한다.

연습 문제: 10.6, 10.29, 10.30

10.5절 | 알코올의 할로알케인과 설포네이트로의 전환

- 알코올을 HCl, HBr, HI 또는 PBr_3, $SOCl_2$ 및 $SOBr_2$와 반응시키면 할로알케인으로 전환된다.

➤ HX와 3차 알코올의 반응이 가장 잘 일어나며 이때 탄소양이온 중간체를 경유한다.

➤ PBr_3, $SOCl_2$, $SOBr_2$는 일차 알코올 또는 이차 알코올과도 잘 반응한다. 이 경우 S_N2 치환 반응 메커니즘을 경유하며, 따라서 OH가 카이랄 중심에 결합되어 있으면 입체화학의 반전이 일어난다.

- 알코올이 설포닐 클로라이드와 반응하면 알킬 설포네이트가 생성된다. 설포네이트 기는 할로젠 원자처럼 좋은 이탈기이다.

연습 문제: 10.7, 10.29~10.31, 110.33, 10.35, 10.40, 10.43~10.45, 10.50~10.59

10.6절 | 알코올의 산 촉매 탈수 반응

- 알코올을 센산으로 처리하면 **탈수**(dehydration)되며 이것은 이웃한 탄소의 수소와 함께 물이 이탈되어 알켄을 생성한다.

➤ 물의 이탈은 Zaitsev 규칙을 따르며, 가장 안전한 알켄이 우선적으로 생성된다. 메커니즘은 산 촉매화된 알켄의 수화 반응의 역반응이다.

- **미시적 가역성 원리**(Principle of microscopic reversibility)에 따라 어떠한 가역 반응에 있어서 전이 상태의 순서와 반응 중간체는 동일해야만 하지만, 정반응이 역반응이 되는 것이므로 반응의 순서는 역이 되어야 한다.

연습 문제: 10.8, 10.9, 10.29~10.35, 10.37, 10.40, 10.42, 10.45, 10.46, 10.50

10.7절 | 피나콜 자리옮김 반응

연습 문제: 10.10, 10.36, 10.50

- 이웃하고 있는 탄소가 각각의 OH기를 하나씩 가지고 있으면(흔히 글라이콜이라고 함) 산 속에서 독특한 자리옮김 반응이 일어나 알데하이드나 케톤을 생성한다.

10.8절 | 알코올의 산화 반응

- 1차 알코올은 H_2CrO_4 수용액 속에서 처음에 알데하이드가 생성되고 이어서 알데하이드 수화물로된 다음 카복실산으로 산화된다.
- 1차 알코올은 물 속에서 사용하지 않는 PCC에 의해 산화되며 따라서 수화물 형성을 거치지 않는 다른 산화 반응이다.
- 1차 알코올은 DMSO와 oxalyl chloride 그리고 3차 아민을 차례로 가하여 알데하이드로 산화시키며 이를 Swern 산화 반응이라고 한다.
- 1차 알코올은 Dess-Martin periodinane (DMP)에 의하여 알데하이드로 산화된다.
- 2차 알코올은 PCC 또는 H_2CrO_4를 사용하여 케톤으로 산화될 수 있다.
- 2차 알코올은 DMSO와 oxalyl chloride 그리고 3차 아민을 차례로 가하여 케톤으로 산화시키며 이를 Swern 산화 반응이라고 한다.
- 2차 알코올은 Dess-Martin periodinane (DMP)에 의하여 알데하이드로 산화된다.
- 3차 알코올은 산화되지 않는다.
- Glycol을 periodic acid로 산화시키면 O—H기 사이의 **C—C** 결합의 절단에 따라서 2가지 카보닐 화합물이 생성된다.

연습 문제: 10.11, 10.12, 10.29~10.31, 10.35, 10.40, 10.41, 10.45, 10.50, 10.51, 10.53, 10.54. 10.56

10.9절 | 싸이올

- **싸이올**(Thiol)은 알코올의 —OH기 대신에 **—SH (sulfhydryl)기**를 포함한 알코올의 황유사 화합물이다.
- 싸이올은 알코올과 같은 방법으로 명명되지만, 모체 알케인에 접미사 *-e*를 유지하고 *-thiol*이 더해진다.
  - ➤ 더 높은 우선권을 가지는 다른 작용기를 포함하는 화합물에 있어서 —SH기의 존재는 접두사 *mercapto*-로 나타낸다.
- 싸이올의 관용명은 —SH에 붙은 알킬기의 명명에 따르고, *mercaptan*이라는 단어를 붙인다.
- S—H 결합이 거의 비극성이기 때문에 싸이올의 물리적인 성질은 유사한 분자량을 갖는 탄화수소의 성질과 거의 유사하다.
- 싸이올은 알코올보다 훨씬 더 산성이다.
- 싸이올이 산화되면 이황화물, sulfinic acid, sulfonic acid를 생성한다.

연습 문제: 10.13

주요 반응 *Key Reactions*

1. **알코올의 산도(10.3절).** 묽은 수용액 속에서 메탄올과 에탄올은 물에 대한 산도를 서로 비교해 볼만 하다. 2차와 3차 알코올은 다소 약한 산이다.

$$CH_3OH + H_2O \rightleftharpoons CH_3O^- + H_3O^+ \qquad pK_a = 15.5$$

2. **활성 금속과의 반응(10.4절).** 알코올은 Li, Na, K 그리고 다른 활성 금속과 반응하여 금속 알콕사이드를 생성하며, 이것은 NaOH나 KOH와 같은 알칼리 금속 수산화물과 거의 같거나, 그보다 다소 센염기이다.

$$2\,CH_3OH + 2\,Na \longrightarrow 2\,CH_3O^-Na^+ \quad + \quad H_2$$

3. **HCl, HBr, HI와 반응(10.5A절).** 1차 알코올은 S_N2 메커니즘으로 반응한다. 센산은 —OH기에 양성자 첨가시켜 좋은 이탈기인 H_2O로 전환하고 S_N2 혹은 S_N1 반응 중에 하나가 일어난다.

$$\text{OH} + \text{HBr} \xrightarrow{\text{환류}} \text{Br} + H_2O$$

3차 알코올은 탄소양이온 중간체를 형성하면서 S_N1 메커니즘에 의해 반응한다.

$$\text{OH} + \text{HCl} \xrightarrow{25°C} \text{Cl} + H_2O$$

2차 알코올은 알코올의 종류와 실험 조건에 따라 S_N2 혹은 S_N1 메커니즘으로 반응한다. 큰 β-가지를 가진 1차 알코올은 자리옮김이 일어난 탄소양이온의 생성이 포함된 S_N1 메커니즘으로 반응한다.

$$\text{OH} + \text{HBr} \longrightarrow \text{Br} + H_2O$$

4. **PBr_3와의 반응(10.5B절).** 알코올은 PBr_3와 반응하여 먼저 Br^-가 치환되어 양성자 첨가된 dibromophosphite 중간체를 생성하고, 이 중간체가 Br^-의 뒤쪽 공격에 의해 치환되어 브로모알케인을 생성한다. 이 시약을 사용할 때 몇몇 자리옮김 반응이 일어나지만 알코올과 HBr의 반응에서는 거의 일어나지 않는다.

$$3\ CH_3\overset{\text{OH}}{\overset{|}{C}}HCH_3 + PBr_3 \longrightarrow 3\ CH_3\overset{\text{Br}}{\overset{|}{C}}HCH_3 + H_3PO_3$$

5. **$SOCl_2$와 $SOBr_2$ 반응(10.5C절).** 알코올은 $SOCl_2$와 반응하여 먼저 alkyl chlorosulfite 중간체를 생성하고, 이 중간체가 Cl^-의 뒤쪽 공격에 의해 치환되어 클로로알케인을 생성한다. 이것은 1차 또는 2차 알코올을 alkyl chloride나 alkyl bromide로 전환시키는데 자주 선택되는 방법이다.

$$\text{OH} + SOCl_2 \xrightarrow{\text{pyridine}} \text{Cl} + SO_2 + \text{HCl}$$

6. **산 촉매 탈수 반응(10.6절).** 이성질 알켄이 가능할 때 일반적으로 주 생성물은 더 치환된 알켄(Zaitsev 규칙)이다. 자리옮김은 2차 알코올에서는 일반적이고, 큰 β-가지를 가진 1차 알코올에서도 역시 일반적이다. 메커니즘은 먼저 —OH기에 양성자 첨가와 이어서 물을 잃고 탄소양이온이 생성되고, 이 양이온에서 양성자를 잃고 알켄이 생성되는 알켄의 산-촉매 수화 반응의 역반응이다.

$$CH_3CH_2\overset{\text{OH}}{\overset{|}{C}}HCH_3 \xrightarrow[\text{가열}]{85\%\ H_3PO_4} CH_3CH{=}CHCH_3 + CH_3CH_2CH{=}CH_2 + H_2O$$

2-Butanol | **2-Butene** (80%) | **1-Butene** (20%)

7. **피나콜 자리옮김 반응(10.7절).** 글라이콜의 탈수 반응은 탄소양이온 중간체의 형성, 자리옮김 반응, H^+의 이탈이 포함되어 있고 알데하이드 또는 케톤을 만든다.

$$\text{HO}\quad\text{OH} \xrightarrow{H_2SO_4} \text{O} + H_2O$$

8. **카복실산이 생성되는 1차 알코올의 산화 반응(10.8A절).** 1차 알코올은 chromic acid에 의해 카복실산으로 산화된다. 메커니즘은 먼저 alkyl chromate가 형성되고 이어서 염기에 의한 양성자 제거에 의해서 알데하이드의 카보닐기를 생성하고 동시에 chromium(VI)를 chromium(IV)로 환원시킨다. 최초에 생성된 알데하이드에 물이 첨가되어 알데하이드 수화물을 생성하고, 이 수화물이 동일한 메커니즘으로 산화되어 카복실산을 생성한다.

$$\text{OH} + H_2CrO_4 \xrightarrow[\text{acetone}]{H_2O} \overset{\text{O}}{\overset{\|}{C}}\text{OH} + Cr^{3+}$$

9. 케톤 생성을 위한 2차 알코올의 산화 반응(10.8A절과 10.8D절). 2차 알코올은 chromic acid, CO_2Cl_2, DMSO, Et_3N (Swern 산화), DMP (Dess-Martin periodinane)에 의해 케톤으로 산화된다.

$$\text{2-hexanol (라셈 혼합물)} + H_2CrO_4 \xrightarrow[\text{acetone}]{H_2O} \text{2-hexanone} + Cr^{+3}$$

$$\text{cyclopentanol} \xrightarrow[\text{2) } Et_3N]{\text{1) ClCOCOCl, DMSO}} \text{cyclopentanone}$$

$$\text{2-cyclohexen-1-ol} \xrightarrow{\text{DMP}} \text{2-cyclohexen-1-one}$$

10. 알데하이드 생성을 위한 1차 알코올의 산화 반응(10.8B절). 알데하이드 생성을 위한 1차 알코올의 산화는 가장 편리하게 PCC를 사용하여 수행된다. 물이 없는 상태에서 알데하이드는 수화물을 생성하지 못하고 산화 반응은 알데하이드 단계에서 멈춘다. 또 다른 방법으로 Swern 산화와 Dess-Martin 시약이 사용될 수 있다.

$$\text{cyclopentylmethanol} \xrightarrow{\text{PCC}} \text{cyclopentanecarbaldehyde}$$

$$\text{2-methyl-2-propen-1-ol} \xrightarrow[\text{2) } Et_3N]{\text{1) ClCOCOCl, DMSO}} \text{2-methylpropenal}$$

$$\text{benzyl alcohol} \xrightarrow{\text{DMP}} \text{benzaldehyde}$$

11. 글라이콜의 산화성 분해(10.8E절). HIO_4는 글라이콜과 반응하여 오원자 고리형 periodate 중간체를 생성한 후 탄소-탄소 결합을 끊어져 두 개의 카보닐기를 만든다.

$$\text{cis-1,2-cyclohexanediol} + HIO_4 \longrightarrow \text{OHC(CH}_2)_4\text{CHO} + HIO_3 + H_2O$$

12. 싸이올의 산도(10.9F절). 싸이올은 약한 산(pK_a 10~11)이지만, 알코올(pK_a 15.5~18)보다는 더 센산이다.

$$CH_3CH_2SH + H_2O \rightleftharpoons CH_3CH_2S^- + H_3O^+ \qquad pK_a = 10.5$$

13. 이황화물 생성을 위한 싸이올의 산화 반응(10.9G절). O_2나 I_2와 같은 약한 산화제를 이용한 산화로 이황화물이 생성된다.

$$2\,RSH + \tfrac{1}{2}O_2 \longrightarrow RSSR + H_2O$$

연습 문제

붉은색 번호는 응용 문제를 나타낸다.

구조식과 명명법

10.14 어느 것이 2차 알코올인가?

(a) 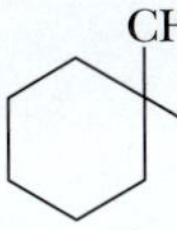 [1-methylcyclohexanol: CH_3, OH] (b) $(CH_3)_3COH$ (c) 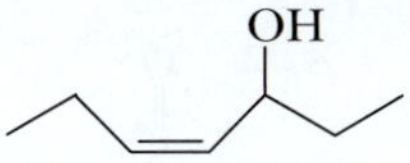 [OH] (d) [cyclopentyl–OH]

(라셈 혼합물)

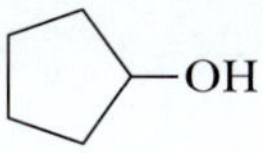

10.15 각 화합물을 명명하여라.

(a) 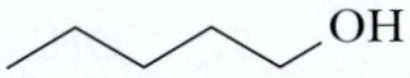 OH (b) 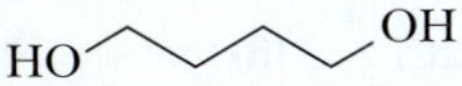 HO, OH (c) 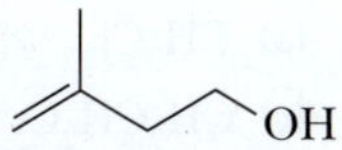 OH

(d) 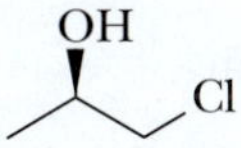 OH, Cl (e) 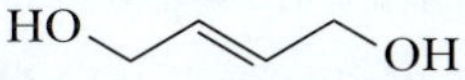 HO, OH (f) 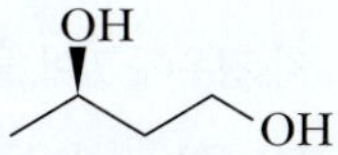 OH, OH

(g) 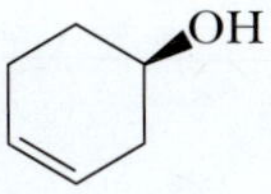 OH (h) 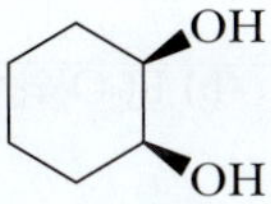 OH, OH (i) 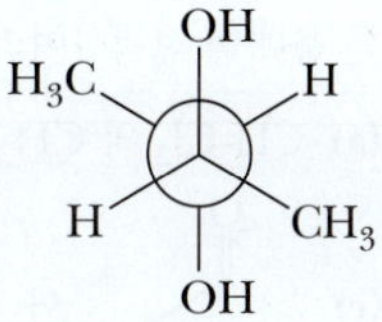 OH, H_3C, H, H, CH_3, OH

(j) 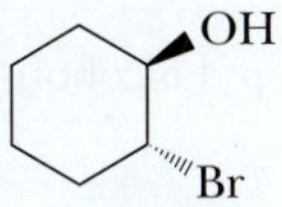 OH, Br (k)  SH (l) 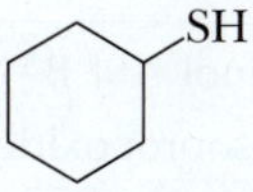 SH

(m) 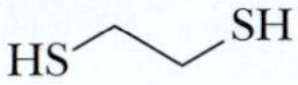 HS, SH (n) 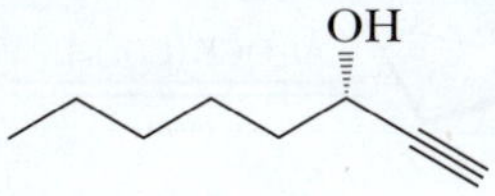 OH (o) 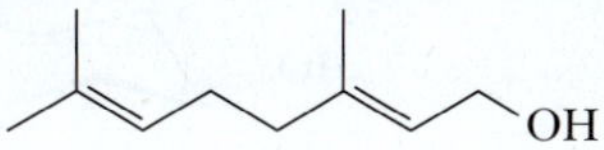 OH

10.16 각 화합물에 대한 구조식을 그려라.

(a) Isopropyl alcohol
(b) Propylene glycol
(c) 5-Methyl-2-hexanol
(d) 2-Methyl-2-propyl-1,3-propanediol
(e) 1-Chloro-2-hex anol
(f) *cis*-3-Isobutylcyclohexanol
(g) 2,2-Dimethyl-1-propanol
(h) 2-Mercaptoethanol
(i) Allyl alcohol
(j) *trans*-2-Vinylcyclohexanol
(k) (Z)-5-Methyl-2-hexen-1-ol
(L) 2-Propyn-1-ol
(m) 3-Chloro-1,2-propanediol
(n) *cis*-3-Penten-1-ol

10.17 분자식 $C_5H_{12}O$인 8개의 알코올 구조 이성질체에 대해 이름을 쓰고, 구조식을 그려라. 각 알코올에 대해 일차, 이차, 삼차로 구분하여라. 어떤 것이 카이랄인가?

알코올의 물리적인 성질

10.18 끓는점이 증가하는 순서로 이 화합물들을 나열하여라(°C 값은 −42, 78, 138, 198).

(a) 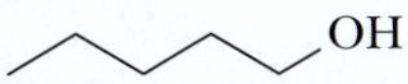 OH (b) 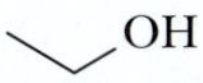 OH (c) 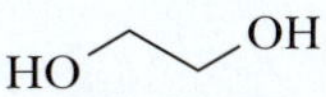 HO, OH (d)

10.19 끓는점이 증가하는 순서대로 이 화합물들을 나열하여라(°C 값은 −42, 224, 78, 118).

(a) CH_3CH_2OH **(b)** CH_3OCH_3 **(c)** $CH_3CH_2CH_3$ **(d)** CH_3COOH

10.20 어느 화합물이 물과의 수소 결합에 참여하겠는가? 어떤 화합물이 수소 결합 주개로, 어떤 화합물이 수소 결합 받개로, 그리고 어떤 화합물이 수소 결합 주개와 받개로 동시에 작용하는지 설명하여라.

(a) O, OH **(b)** H, N **(c)**

(d) O **(e)** O, S **(f)** O, OH

10.21 각 쌍의 화합물로부터 물에 더 잘 용해되는 것 하나를 선택하여라.

(a) CH_2Cl_2 와 CH_3OH **(b)** $CH_3\overset{O}{\overset{\|}{C}}CH_3$ 와 $CH_3\overset{CH_2}{\overset{\|}{C}}CH_3$

(c) CH_3CH_2Cl 와 NaCl **(d)** SH 와 OH

(e) 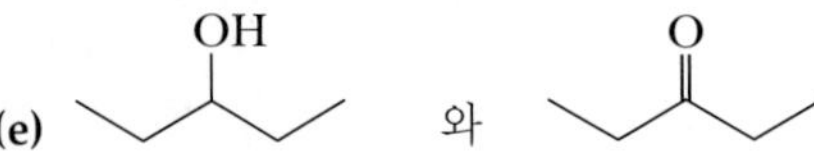

10.22 각 경우에 있어 물에 대한 용해도 감소되는 순서로 화합물을 나열하여라.

(a) Ethanol, butane, diethyl ether **(b)** 1-Hexanol, 1,2-hexanediol, hexane

10.23 이 문제에 주어진 각 화합물은 일반적인 유기 용매이다. 각 쌍으로부터 물에 대한 용해도가 더 큰 용매를 선택하여라.

(a) CH_2Cl_2 와 CH_3CH_2OH **(b)** Et_2O 와 EtOH

(c) 

(d) 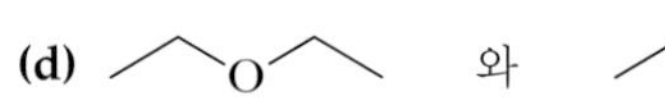

10.24 Decalinol A와 B는 소량의 아세톤이 포함된 2-propanol (isopropyl alcohol)에서 aluminum isopropoxide를 사용하여 평형화시킬 수 있다.

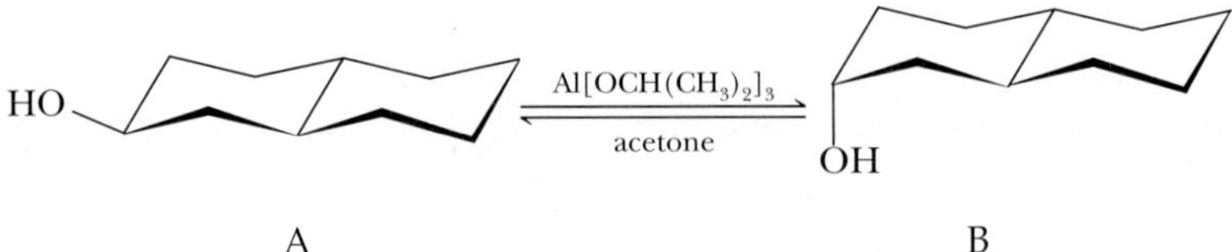

Cyclohexanol에 대한 ΔG^0(수평 대 축)의 값을 4.0 kJ (0.95 kcal)/mol이라고 가정한다. 25°C의 평형 혼합물에서 각 이성질체의 백분율을 계산하여라.

알코올의 산-염기 반응

10.25 다음 산-염기 반응을 완성시켜라. 상호작용하는 원자가 전자를 보이고, 각 반응에서 굽은 화살표를 사용하여 전자의 흐름을 나타내어라.

(a) $CH_3CH_2OH + H_3O^+ \longrightarrow$ **(b)** $CH_3CH_2OCH_2CH_3 + HOSOH \longrightarrow$ (S에 =O 두 개)

(c) OH + HI $\longrightarrow$ **(d)** O, OH + HOSOH $\longrightarrow$ (S에 =O 두 개)

(e) —OH + $BF_3 \longrightarrow$ **(f)** + + $H_2O \longrightarrow$

10.26 각 쌍으로부터 더 센산을 선택하고, 그 이유를 설명하여라. 더 센산에 대한 짝염기의 구조식을 그려라.

(a) H_2O 또는 H_2CO_3 **(b)** CH_3OH 또는 CH_3COOH

(c) CH_3CH_2OH 또는 $CH_3C \equiv CH$ **(d)** CH_3CH_2OH 또는 CH_3CH_2SH

10.27 각 쌍으로부터 더 센염기를 선택하여라. 각 센염기에 대한 짝산의 분자 구조식을 써라.

(a) OH^- 또는 CH_3O^- (각각 H_2O에서) **(b)** $CH_3CH_2O^-$ 또는 $CH_3C \equiv C^-$

(c) $CH_3CH_2S^-$ 또는 $CH_3CH_2O^-$ **(d)** $CH_3CH_2O^-$ 또는 NH_2^-

10.28 각 평형에서 더 센산, 더 센염기, 더 약한 산 그리고 더 약한 염기를 표시하여라. 또한 각 평형 상태의 위치를 예측하여라.

(a) $CH_3CH_2O^- + CH_3C \equiv CH \rightleftharpoons CH_3CH_2OH + CH_3C \equiv C^-$

(b) $CH_3CH_2O^- + HCl \rightleftharpoons CH_3CH_2OH + Cl^-$

(c) $CH_3COOH + CH_3CH_2O^- \rightleftharpoons CH_3COO^- + CH_3CH_2OH$

알코올의 반응

10.29 각 시약과 1-butanol의 반응에 대한 반응식을 써라. 반응이 일어나지 않는다고 생각되면 NR로 표기하여라.

(a) Na 금속 **(b)** HBr, 가열 **(c)** HI, 가열

(d) PBr_3 **(e)** $SOCl_2$, pyridine **(f)** $K_2Cr_2O_7$, H_2SO_4, H_2O, 가열

(g) HIO_4 **(h)** PCC **(i)** CH_3SO_2Cl, pyridine

(j) CO_2Cl_2, DMSO 이어서 triethylamine **(k)** DMP

(l) triethylamine

10.30 연습 문제 10.29에 나열한 각 시약과 2-butanol의 반응에 대한 반응식을 써라. 반응이 일어나지 않는다고 생각되면 NR로 표기하여라.

10.31 각 반응의 주 생성물에 대한 구조식을 그려라.

(a) OH + H_2CrO_4 ⟶ **(b)** OH + $SOCl_2$ ⟶

(c) OH + HCl ⟶ **(d)** HO OH + HBr ⟶ (과량)

(e) OH + H_2CrO_4 ⟶ **(f)** OH OH + HIO_4 ⟶

(g) 1.OsO_4, H_2O_2 2.HIO_4 ⟶ **(h)** OH + $SOCl_2$ ⟶

(i)
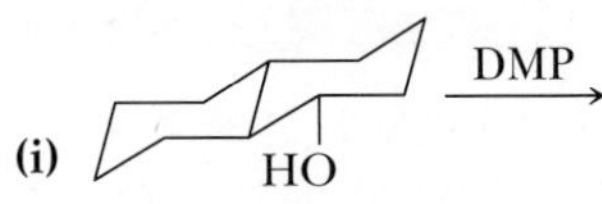

(j) OH 1.CO_2Cl_2, DMSO 2.$(Et)_3N$ ⟶

10.32 (*R*)-2-Butanol이 수용성 산 속에서 있을 때 광학 활성을 서서히 잃어버린다. 이 관찰을 설명하여라.

10.33 3-Bromo-2-butanol에는 거울상 이성질체, A/B 그리고 C/D의 두 부분 입체 이성질체가 존재한다.

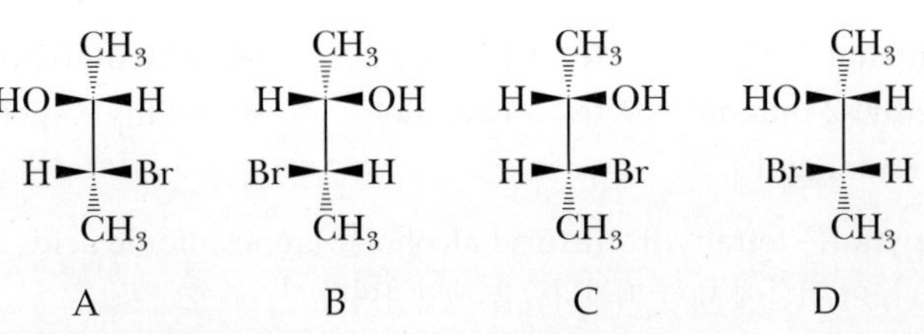

거울상 이성질체인 A 또는 B를 HBr로 처리하면, 2,3-dibromobutane 라셈 혼합물만이 생성된다. 메조 화합물은 생성되지 않는다. 거울상 이성질체인 C 또는 D를 HBr로 처리하면, 메조 2,3-dibromobutane만이 생성된다; 어떠한 2,3-dibromobutane의 라셈 혼합물도 생성되지 않는다. 이 관찰을 설명하여라.

10.34 3-Methyl-2-butanol의 산-촉매 탈수 반응은 세 종류의 알켄을 생성한다. 2-methyl-2-butene, 3-methyl-1-butene, 2-methyl-1-butene, 각 생성물의 생성을 설명할 수 있는 메커니즘을 제안하여라.

10.35 다음의 전환이 어떻게 일어나는지를 보여라. 어떠한 전환도 한 단계 이상이 포함되어 있으며, 각 중간체 화합물을 나타내어라.

(a) 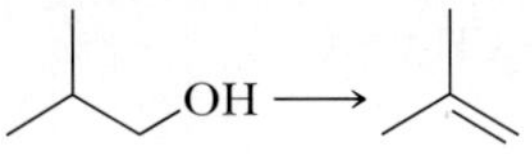 OH →

(b) 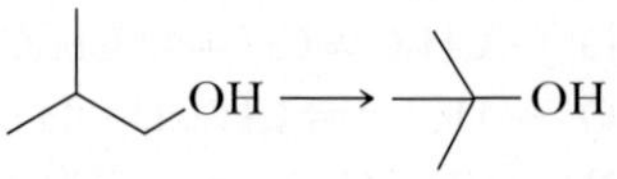 OH → OH

(c) 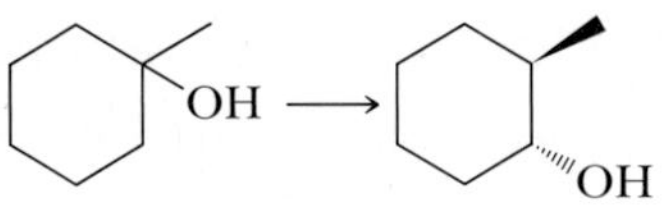 OH → OH

(d) 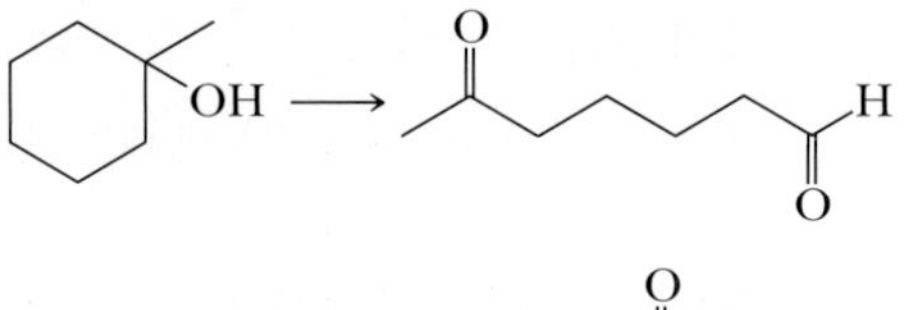 OH → O H O

(e) 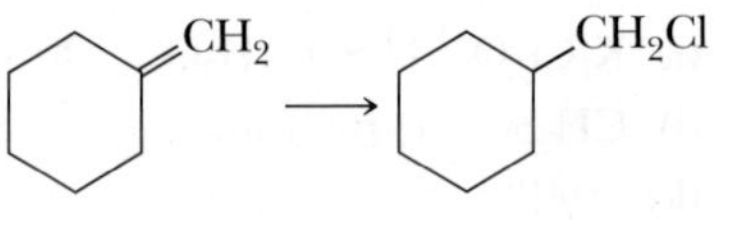 CH_2 → CH_2Cl

(f) 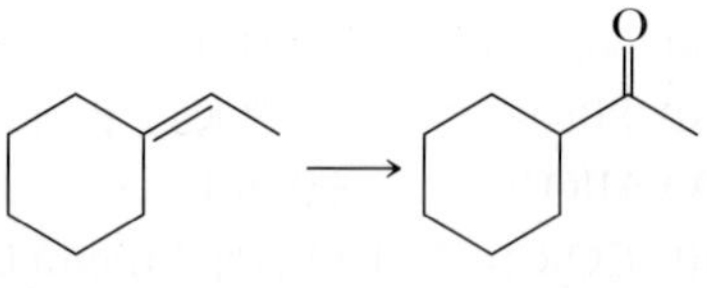 → O

(g) 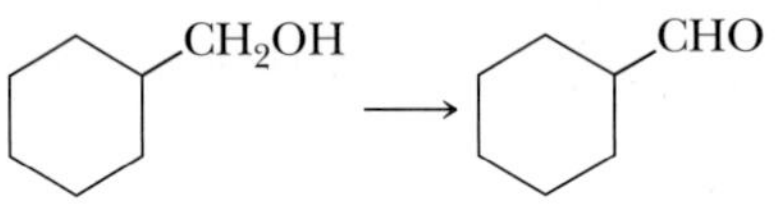 CH_2OH → CHO

(h) OH → OH OH

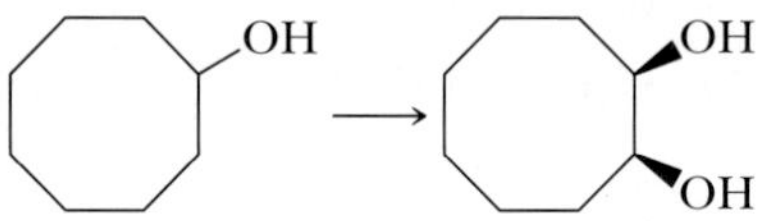

(i) 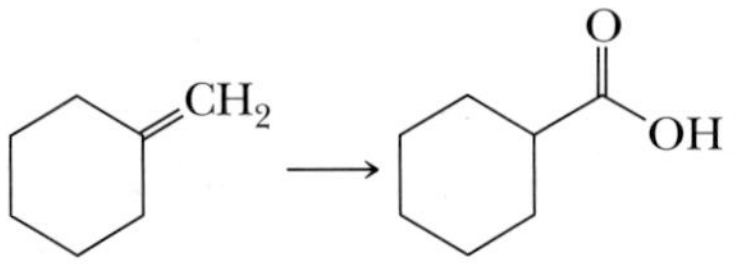 CH_2 → O OH

〉 피나콜 자리옮김 반응

10.36 Boron trifluoride etherate에 촉매화된 다음의 피나콜 자리옮김 반응에 대한 메커니즘을 제안하여라.

HO OH $\xrightarrow{BF_3 \cdot Et_2O}$ O $+ H_2O$

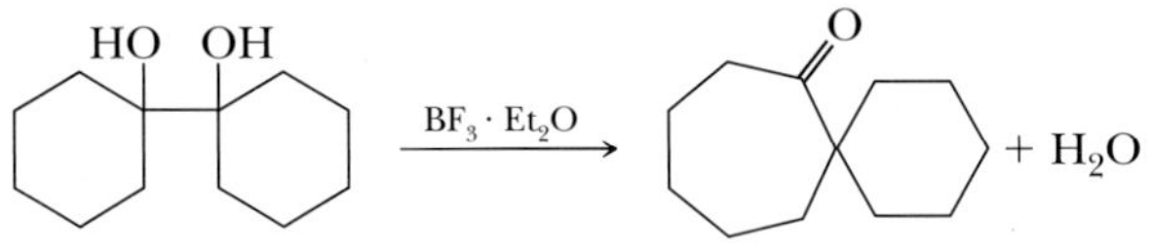

〉 합성

10.37 알켄은 (1) 수소화붕소 첨가 반응과 알칼리성 H_2O_2의 산화 반응과 (2) 산-촉매 수화 반응에 의해 알코올로 수화될 수 있다. 각 알켄으로부터 (1)에 의해 생성된 생성물과 (2)에 의해 생성된 생성물을 비교하여라.

(a) Propene **(b)** *cis*-2-Butene **(c)** *trans*-2-Butene
(d) Cyclopentene **(e)** 1-Methylcyclohexene

10.38 다음 각 알코올과 다이올이 알켄으로부터 어떻게 만들어질 수 있는지 나타내어라.

(a) 2-Pentanol **(b)** 1-Pentanol **(c)** 2-Methyl-2-pentanol
(d) 2-Methyl-2-butanol **(e)** 3-Pentanol **(f)** 3-Ethyl-3-pentanol
(g) 1,2-Hexanediol

10.39 Dihydropyran은 tetrahydrofurfuryl alcohol을 arenesulfonic acid, $ArSO_3H$로 처리하여 합성된다. 이 전환에 대한 메커니즘을 제안하여라.

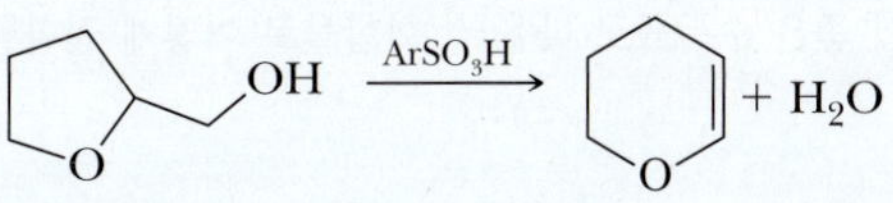

Tetrahydrofurfuryl alcohol $\xrightarrow{ArSO_3H}$ Dihydropyran + H_2O

Tetrahydrofurfuryl alcohol **Dihydropyran**

10.40 필요하다면 무기 시약을 사용하여 propene이 이러한 화합물로 어떻게 전환되는지를 보여라.

(a) Propane **(b)** 1,2-Propanediol **(c)** 1-Propanol
(d) 2-Propanol **(e)** Propanal **(f)** Propanone
(g) Propanoic acid **(h)** 1-Bromo-2-propanol **(i)** 3-Chloropropene
(j) 1,2,3-Trichloropropane **(k)** 1-Chloropropane **(L)** 2-Chloropropane
(m) 2-Propen-l-ol **(n)** Propenal

10.41 **(a)** 4-Methyl-1,2-cyclohexanediol에는 얼마나 많은 입체 이성질체가 가능한가?
(b) (*S*)-4-Methylcyclohexene과 OsO_4의 산화에 의해 어떤 가능한 입체 이성질체가 생성되는가?
(c) (b)에서 광학 활성 또는 광학 비활성인 생성물이 생성되는가?

10.42 어떻게 좋은 수득률로 이 전환이 일어나는지를 보여라.

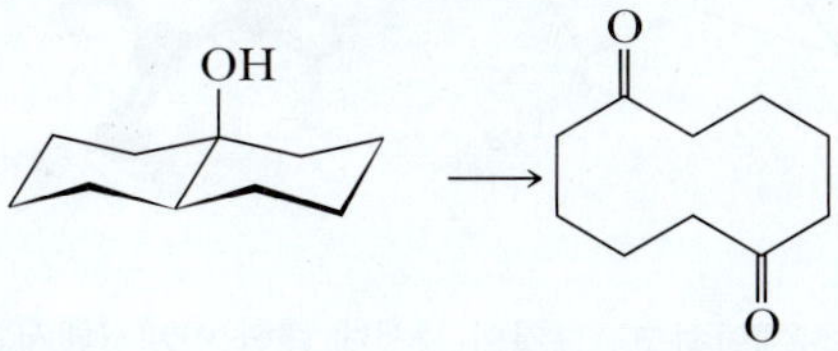

OH → O, O

10.43 1차 알코올의 tosylate는 NaOH와 S_N2 반응을 일으켜 1차 알코올을 생성한다. 그러나 이 tosylate의 반응으로 $C_7H_{12}O$ 분자식을 가진 화합물이 만들어진다.

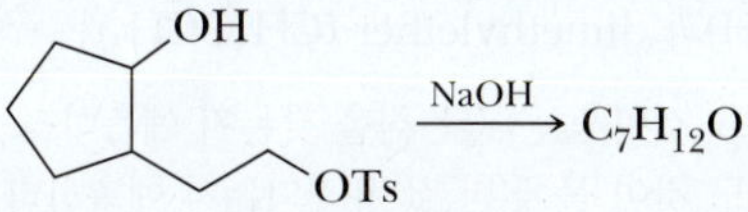

OH, OTs $\xrightarrow{NaOH}$ $C_7H_{12}O$

이 화합물의 구조식과 생성에 대한 메커니즘을 제안하여라.

10.44 Chrysanthemic acid는 chrysanthemum (pyrethrum)과의 꽃 속에서 에스터의 혼합물로 얻어진다. Chrysanthemic acid의 알코올로 전환(17.6A절)과 이어서 알코올을 그의 tosylate로의 전환은 chrysanthemyl tosylate를 생성한다. Tosylate의 가용매분해(9.2절)는 artemesia와 yomogi 알코올의 혼합물을 생성한다.

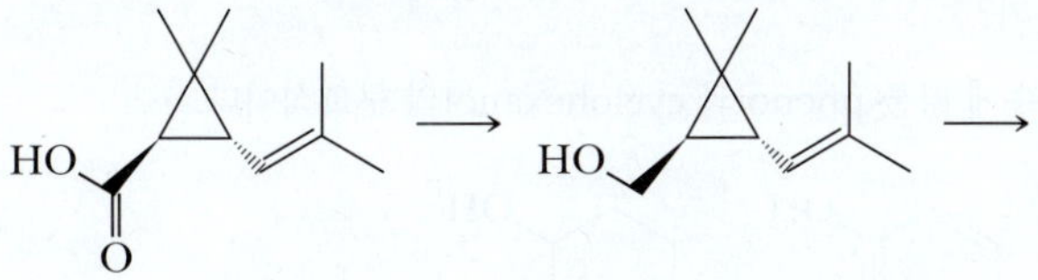

HO, O → HO →

Chrysanthemic acid **Chrysanthemyl alcohol**

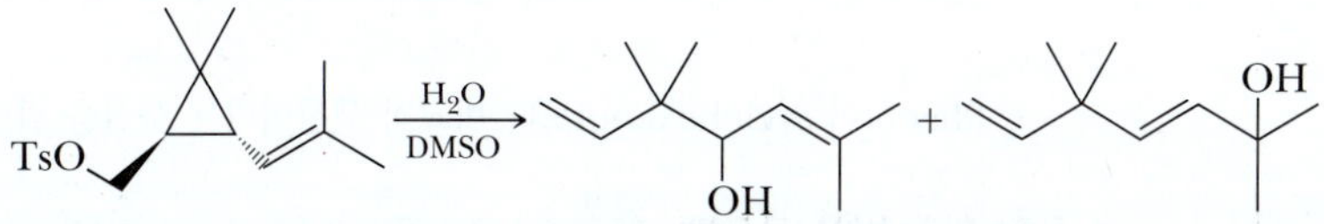

TsO $\xrightarrow[DMSO]{H_2O}$ OH + OH

Chrysanthemyl tosylate **Artemesia alcohol** **Yomogi alcohol**

Chrysanthemyl tosylate로부터 이러한 알코올의 생성에 관한 메커니즘을 제안하여라.

10.45 Cyclohexene에서 좋은 수득률로 다음 각 화합물로 어떻게 전환할 수 있는지 나타내어라.

10.46 다음 bicycloalkene의 수소화붕소 첨가 반응과 알칼리성 H_2O_2 속에서의 산화 반응은 입체선택성과 위치선택성을 모두 나타낸다. 이 생성물은 95% 이상의 단일 알코올이다.

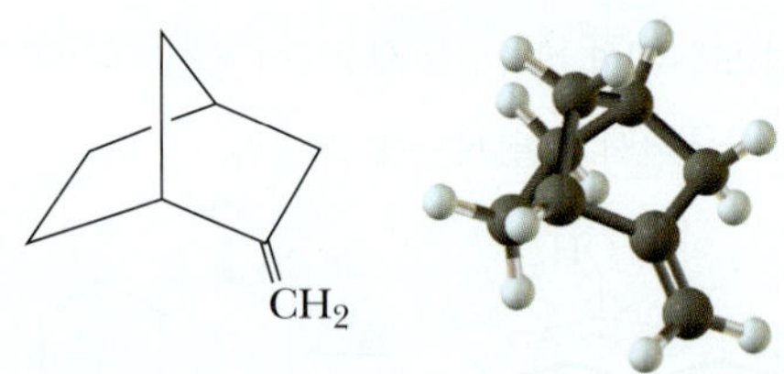

이 알코올의 구조식을 제안하고, 그것의 생성에 대한 입체선택성과 위치선택성을 설명하여라. (*힌트*: 이 알켄의 분자 모형을 조사하고 수소화붕소 첨가 반응이 이중 결합의 어느 쪽에 더 쉽게 접근이 가능한가를 결정할 수 있는지를 확인하여라.)

10.47 Ethanol (CH_3CH_2OH)과 dimethylether (CH_3OCH_3)는 구조 이성질체이다.

(a) 두 물질 중에서 어느 것이 높은 끓는점을 갖는지 예측하라.

(b) 두 물질 중에서 어느 것이 물에 더 잘 용해되는지 예측하라.

예습 문제

10.48 N—H기를 포함한 화합물들은 수소 결합에 의해 회합한다.

(a) 이러한 회합이 O—H기를 포함하는 화합물보다 더 강한지, 약한지 어떻게 예상하는가?

(b) (a)의 답에 근거하여, 1-butanol이나 1-butanamine 중 어느 것이 더 높은 끓는점을 가질 것으로 예상하는가?

10.49 다음은 각각 산 해리 상수에 따른 phenol과 cyclohexanol의 구조식이다.

Phenol pK_a 9.96

Cyclohexanol pK_a 18

Phenol이 cyclohexanol보다 비교적 센산이라는 사실을 설명하여라.

유기 화학 반응 로드맵

10.50 연습 문제 6.54, 7.29. 8.28, 9.54에서 만든 로드맵을 사용하고 이 장의 '주요 반응' 부분에 들어 있는 반응을 포함하여 업데이트하라. 반응의 큰 특성으로 인해 로드맵에 반응 1, 2, 7, 12, 13을 사용하지 말라. 그러나 주요 반응 9와 10에 주어진 모든 산화제는 포함시켜야 한다.

10.51 다음 연속 반응의 생성물을 적어라. 서로 다른 작용기 사이에서 복합 반응이 어떻게 일어나는가 '네비게이트'를 위해 로드맵을 활용하여라.

(a) 알코올 (OH) → 1. PBr_3 2. NaOEt의 1 당량

(b) 알코올 (OH) → 1. PBr_3 2. NaN_3

(c) 알코올 (OH) → 1. H_3PO_4 2. OsO_4 3. $NaHSO_3$

(d) 알코올 (OH) → 1. $SOCl_2$ 2. NaOEt의 1 당량 3. Br_2 4. NH_3에서 $NaNH_2$의 2 당량 5. H_2/Lindlar 촉매

(e) 알케인 → 1. Br_2, 빛 2. KOtBu의 1 당량 3. BH_3 4. H_2O_2/NaOH 5. PCC

혼합 합성

알코올은 유기 합성에서 특히 알켄이 포함된 상황에서는 대단히 중요하다. 알코올 그 자체가 원하는 생성물도 될 수 있지만 할로젠화 반응, 산화 반응에 의하여 OH기를 전환하여 다른 작용기로 전환하거나 또는 설폰산 에스터 유도체로 전환할 수 있다. 알코올로부터 알켄을 만드는 방법은 비대칭 알켄으로부터 Markovnikov 또는 non-Markovnikov 생성물 중에서 어느 것이나 방법을 선택하여 할 수 있으므로 아주 좋은 방법이다.

10.52 주어진 로드맵을 이용하여 4-methyl-1-pentene이 5-methylhexanenitrile로 어떻게 전환되는지 나타내라. 합성하고자 하는 과녁 분자의 모든 탄소 원자의 원료로서 4-methyl-1-pentene과 sodium cyanide를 사용해야 한다. 합성 중에 이용되는 모든 필요한 시약과 합성에서 생성되는 분자들을 나타내어라.

+ NaCN ?→ N

4-Methyl-pentene **5-Methylhexanenitrile**

10.53 주어진 로드맵을 이용하여 butane을 2-butanone으로 전환하는 방법을 제시하여라. 합성 중에 이용되는 모든 필요한 시약과 합성에서 생성되는 분자들을 나타내어라.

?→ O

Butane **2-Butanone**

10.54 주어진 로드맵을 이용하여 butane을 2-butanal로 전환하는 방법을 제시하여라. 합성 중에 이용되는 모든 필요한 시약과 합성에서 생성되는 분자들을 나타내어라.

?→ H O

Butane **Butanal**

10.55 주어진 로드맵을 이용하여 1-propanol을 2-hexyne으로 전환하는 방법을 제시하여라. 과녁 분자의 모든 탄소 원자의 원료로서 1-propanol을 사용하라. 합성 중에 이용되는 모든 필요한 시약과 합성에서 생성되는 분자들을 나타내어라.

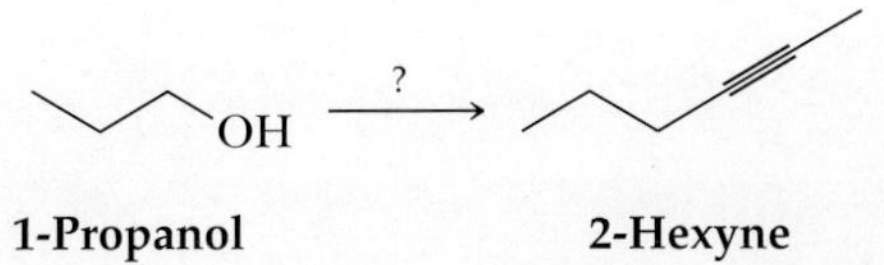

1-Propanol **2-Hexyne**

10.56 주어진 로드맵을 이용하여 2-methylpentane을 2-methyl-3-pentanone으로 전환하는 방법을 제시하여라. 합성 중에 이용되는 모든 필요한 시약과 합성에서 생성되는 분자들을 나타내어라.

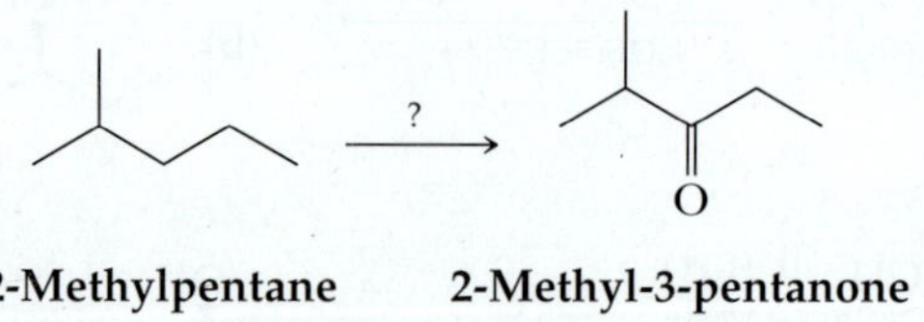

2-Methylpentane → ? → **2-Methyl-3-pentanone**

› 관련 반응

10.57 Atorvistatin (Lipitor)는 혈청 콜레스테롤 수치가 높은 환자에게 콜레스테롤 수치를 낮추는데 사용된다. 이 화합물은 HMG-CoA 환원 효소의 역할을 저해한다. Atorvistatin의 작용에 대하여 좀 더 많은 것을 알고자 하면 10.2절에 있는 '생화학 관련 이야기'를 참조하여라. Atorvistatin을 합성하는 한 가지 방법 중에서 다음의 화합물을 이용하여 최종 생성물로 한 가지 거울상 이성질체만을 얻을 수 있다. 합성 중간체인 화합물 A와 B의 구조를 그려라.

HO … (Cl–C₆H₄–SO₂–Cl, Pyridine) → **A** (**NaCN**, **DMSO**) → **B**

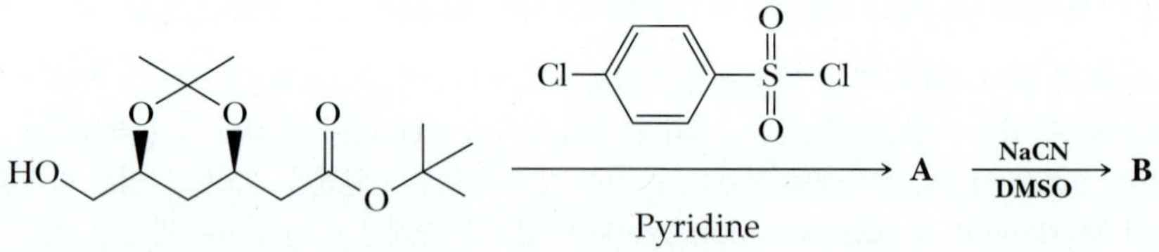

10.58 Paroxetine (Paxil)은 *선택적 serotonin 재흡수 저해제*(SSRIs)로서 알려진 약품들 중의 하나로서 항울증 약품이다. Fluoxetine (Prozac)과 sertraline (Zoloft)도 이러한 약품 중의 하나이다. SSRIs는 각 신경세포들이 흥분하는 동안 serotonin을 방출하는 중추신경계의 시냅스에서 신경전달물질인 serotonin의 재흡수를 저해하는 역할을 한다. 점화가 되는 사이에 serotonin은 다시 점화를 준비하는 신경 세포에 의하여 재흡수가 된다. 재흡수의 저해는 흥분을 이어가게 하는 시냅스에서 serotonin 분자가 남아 있는 시간을 증가시키는 효과를 가져 오며 이러한 효과는 곧 치료로 이어진다. Paroxetine의 합성하는 한 가지 방법에서 다음의 시약을 사용하였다. 합성 중간체인 화합물 A와 B의 구조를 그려라.

F … OH, N (**$SOCl_2$**, Pyridine) → **A** (HO–) → **B**

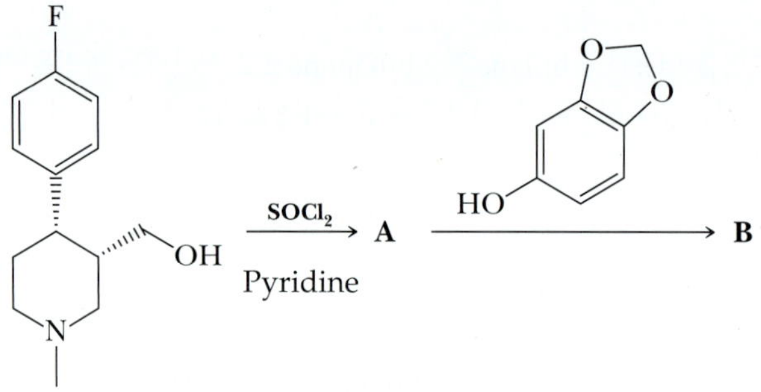

10.59 Tartaric acid는 카이랄 분자를 합성하는 경우 카이랄 출발 물질로서 값이 싸고 쉽게 구할 수 있다. 잘 알려진 prostaglandin 합성 방법에서 (*S*,*S*)-tartaric acid가 몇 단계를 거쳐서 카이랄 다이올을 합성하는데 사용되었다. 이 카이랄 다이올은 합성 중간체로서 분리되었으며 다음의 시약이 사용되었다. 합성 중간체인 화합물 A와 B의 구조를 그려라.

(*S*,*S*)-Tartaric acid (여러 단계) → HO … OH (H_3C–C₆H₄–SO₂–Cl, Pyridine) → **A** (NaI, Acetone) → **B**

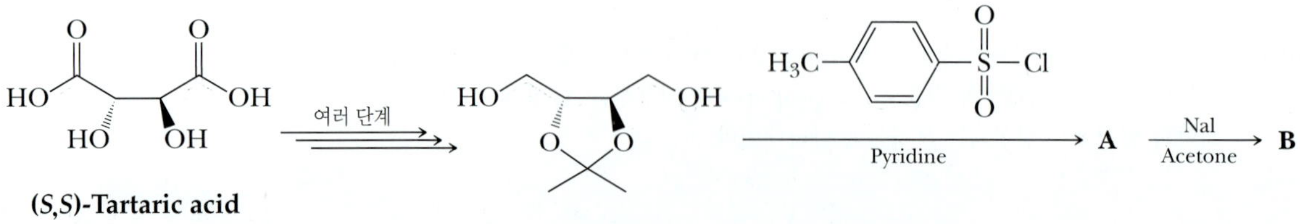

제 11 장

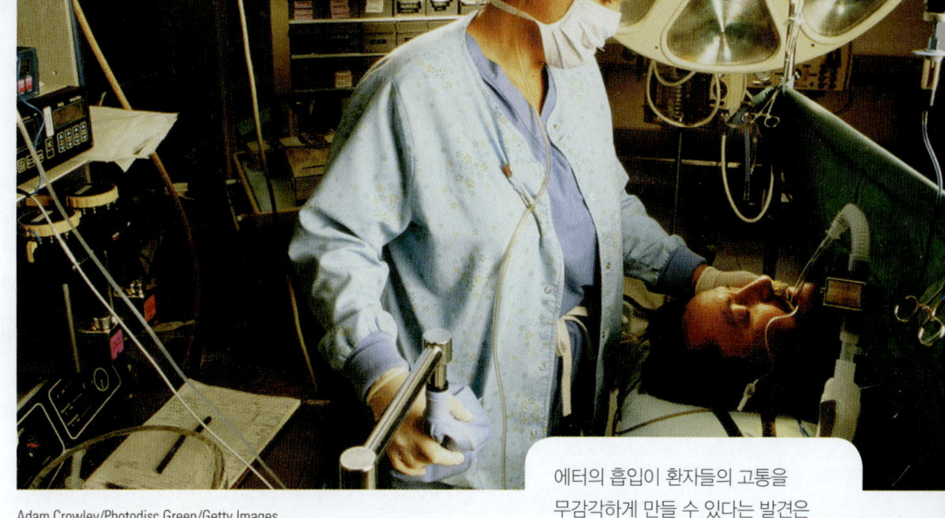

Adam Crowley/Photodisc Green/Getty Images

에터의 흡입이 환자들의 고통을 무감각하게 만들 수 있다는 발견은 약물의 실용화를 가져왔다.
▼ ***삽입 그림:*** 인간이나 동물의 약에서 흡입마취제로 널리 사용되는 할로젠화된 에터인 isoflurane, $CF_3CHClOCHF_2$ 모형.

에터, 에폭사이드, 설파이드

Ethers, Epoxides, and Sulfides

» *이 장의 차례*

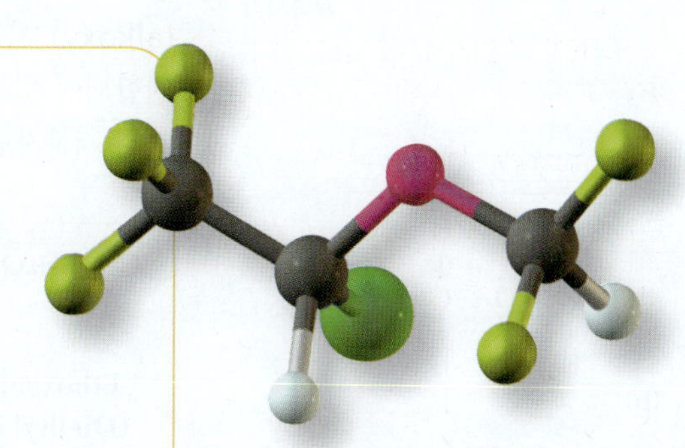

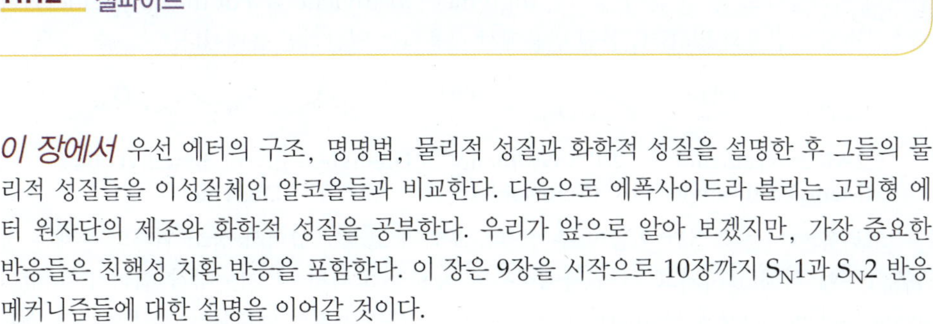

이 장에서 우선 에터의 구조, 명명법, 물리적 성질과 화학적 성질을 설명한 후 그들의 물리적 성질들을 이성질체인 알코올들과 비교한다. 다음으로 에폭사이드라 불리는 고리형 에터 원자단의 제조와 화학적 성질을 공부한다. 우리가 앞으로 알아 보겠지만, 가장 중요한 반응들은 친핵성 치환 반응을 포함한다. 이 장은 9장을 시작으로 10장까지 S_N1과 S_N2 반응 메커니즘들에 대한 설명을 이어갈 것이다.

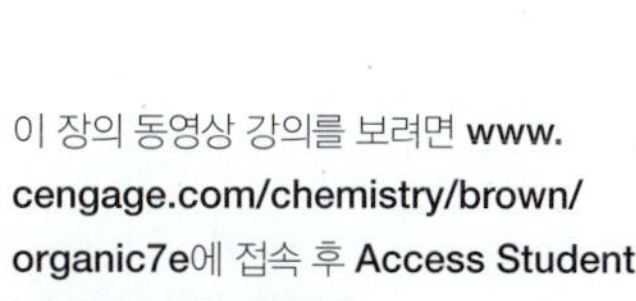

이 장의 동영상 강의를 보려면 **www.cengage.com/chemistry/brown/organic7e**에 접속 후 **Access Student Materials**를 클릭하라.

11.1 에테르의 구조

에테르
2개 탄소 원자에 결합된 하나의 산소 원자를 포함하는 화합물.

에테르(Ether) 작용기는 두 개의 탄소 원자에 한 개의 산소 원자가 결합되어 있다. 그림 11.1은 가장 간단한 에테르인 dimethyl ether, CH_3OCH_3의 Lewis 구조와 공-막대 모형을 보여주고 있다. Dimethyl ether에서 산소의 2개 sp^3 혼성 궤도함수가 2개의 탄소 원자와 σ 결합을 형성한다. 산소의 다른 2개 sp^3 혼성 궤도함수는 각각 한 개의 비공유 전자쌍을 포함한다. Dimethyl ether에서 C—O—C 결합각은 110.3°이며, 이는 정사면체 결합각의 109.5°와 근사한 값이다.

어떤 다른 에테르에 있어서 에테르의 산소는 sp^2로 혼성화된 탄소와 결합한다. 예를 들면, ethoxyethene (ethyl vinyl ether)에서 에테르 산소는 하나의 sp^3와 하나의 sp^2로 혼성화된 각각의 탄소와 결합한다.

$$CH_3CH_2—O—CH═CH_2$$

Ethoxyethene
(Ethyl vinyl ether)

11.2 에테르의 명명법

알콕시기
—OR기이며, 여기서 R은 알킬기이다.

IUPAC 체계에서 에테르는 모체 알케인으로서 가장 긴 탄소 사슬을 선택하고, **알콕시**(alkoxy) 치환체로서 그 모체에 결합된 —OR기 이름을 붙여 명명한다. 관용명은 산소에 결합되어 있는 알킬기들을 알파벳 순서로 나열하고 *ether* 단어를 붙여 유도된다. 다음은 3개의 저분자량 에테르에 대한 IUPAC명이고 괄호 안은 관용명이다.

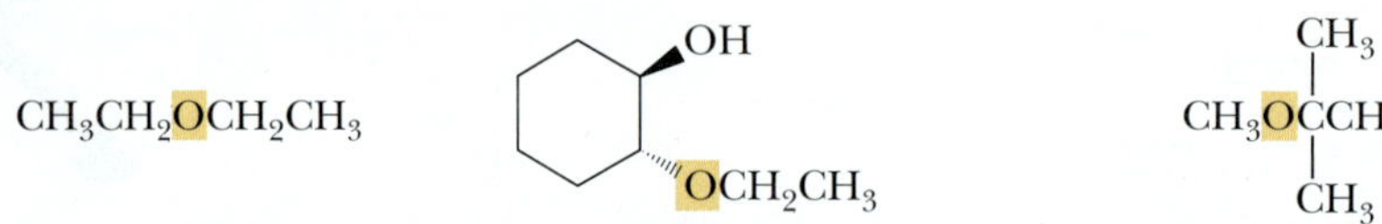

Ethoxyethane **(Diethyl ether)** | **(1*R*,2*R*)-2-Ethoxycyclohexanol** **(*trans*-2-Ethoxycyclohexanol)** | **2-Methoxy-2-methylpropane** **(*tert*-Butyl methyl ether)**

(a)

(b)

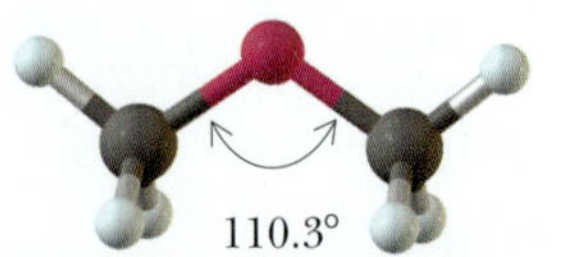

그림 11.1 ▸ Dimethyl ether, CH_3OCH_3. (a) Lewis 구조, (b) 공-막대 모형.

화학자들은 거의 예외 없이 저분자량 에테르에 대해서는 관용명을 사용한다. 예를 들면, ethoxyethane은 $CH_3CH_2OCH_2CH_3$의 IUPAC명이지만 거의 불리지 않고, 오히려 diethyl ether, ethyl ether 또는 대부분 간단히 ether라고 명명된다. *tert*-Butyl methyl ether에 대한 약어는 MTBE(알 수 있는 바와 같이 부정확한 알파벳 순서 배열임)로서 관용명 methyl *tert*-butyl ether로부터 온 것이다.

다음 세 개의 에테르는 특별히 언급할 필요가 있다. 좀 더 일반적으로 Methyl Cellosolve와 Cellosolve로 알려져 있는 2-methoxyethanol과 2-ethoxyethanol은 좋은 극성 양성자성 용매로 유기 반응에 사용되며, 또한 페인트 제거제로서 상업적으로도 사용된다. 단어의 머리글자로 좀 더 흔히 알려진 diglyme은 *di*ethylene *gly*col di*m*ethyl *e*ther이며 수소붕소첨가 반응과 $NaBH_4$ 환원 반응에서 사용되는 일반적인 용매이다.

2-Methoxyethanol **(Methyl cellosolve)** | **2-Ethoxyethanol** **(Cellosolve)** | **Diethylene glycol dimethyl ether** **(Diglyme)**

헤테로 고리 화합물
고리가 두 종류 이상의 원자들을 포함하는 고리형 화합물. 예를 들어, oxirane (ethylene oxide)은 2개의 탄소 원자와 하나의 산소 원자가 고리 내에 포함되어 있는 헤테로 고리 화합물이다.

고리형 에테르는 특별한 이름이 주어진다. 포화된 고리에 있어서 산소 원자의 존재는 접두사 *ox*-에 의해 표시되고, 삼원자에서부터 육원자 고리의 크기는 각각 접미사 *-irane*, *-etane*, *-olane*, *-ane*에 의해 나타낸다. 이와 같은 작은 고리형 에테르들 중에서 여기서 괄호 안에 나타낸 것처럼 몇몇은 자주 관용명에 의해 언급된다. 고리 원자의 번호는 산소 원자로부터 시작된다. 이들 화합물과 고리에 헤테로 원자(탄소 이외의 원자)가 있는 화합물을 **헤테로 고리 화합물**(heterocycle)라고 부른다. O 또는 N 원자를 포함하는 헤테로 고리들은 유기 화학에서 매우 흔하며, 임상적으로 중요한 몇몇의 의약품은 헤테로 고리 화합물이다.

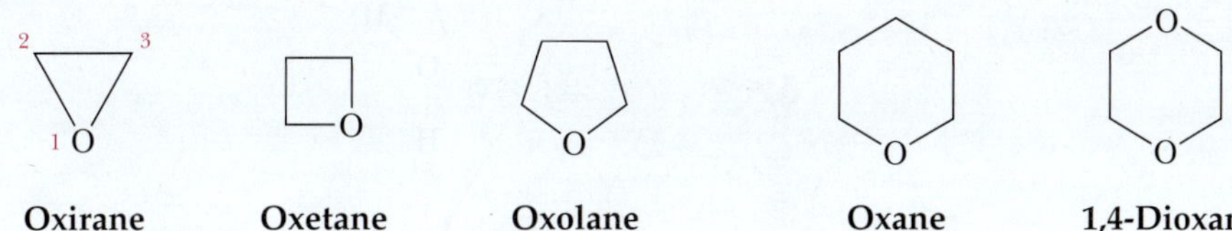

Oxirane (Ethylene oxide) **Oxetane** **Oxolane (Tetrahydrofuran)** **Oxane (Tetrahydropyran)** **1,4-Dioxane**

예제 11.1 ▸ 에터 명명

다음의 에터에 대한 IUPAC명과 관용명을 써라.

(a) $CH_3\overset{CH_3}{\underset{CH_3}{C}}OCH_2CH_3$ **(b)** (cyclohexyl–O–cyclohexyl) **(c)** $CH_2{=}CHOCH_3$

➡ 해답

(a) 2-Ethoxy-2-methylpropane. 관용명은 *tert*-butyl ethyl ether이다.

(b) Cyclohexoxycyclohexane. 관용명은 dicyclohexyl ether이다.

(c) Methoxyethene. 관용명은 methyl vinyl ether이다.

연습 문제 11.1

다음의 에터에 대한 IUPAC명과 관용명을 써라.

(a) O **(b)** O O **(c)** OEt OEt

11.3 에터의 물리적 성질

에터는 부분적 음전하를 띠는 산소 원자와 여기에 결합된 각각 부분적인 양전하를 띠는 탄소 원자로 이루어진 극성 분자이다(그림 11.2). 그러나 액체 상태에서 약한 쌍극자-쌍극자 상호작용만이 에터 분자 사이에 존재한다. 따라서 에터의 끓는점은 분자량이 비슷한 알코올보다 훨씬 낮으며(표 11.1), 분자량이 비슷한 탄화수소의 끓는점과는 가깝다(표 2.5).

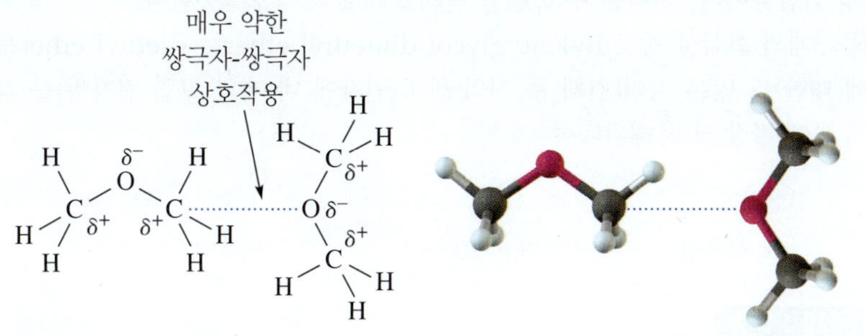

그림 11.2 ▸ 비록 에터는 극성 화합물일지라도 액체 상태에서 그들 분자 사이에는 단지 약한 쌍극자-쌍극자 상호작용만이 존재한다.

에터는 수소 결합 주개로 작용할 수 없기 때문에 알코올보다 물에 덜 용해된다. 그러나 수소 결합 받개로는 작용할 수 있어서 분자량과 모양이 비슷한 분자인 탄화수소보다 좀 더 수용성이다(표 2.5와 표 11.1의 자료를 비교하라).

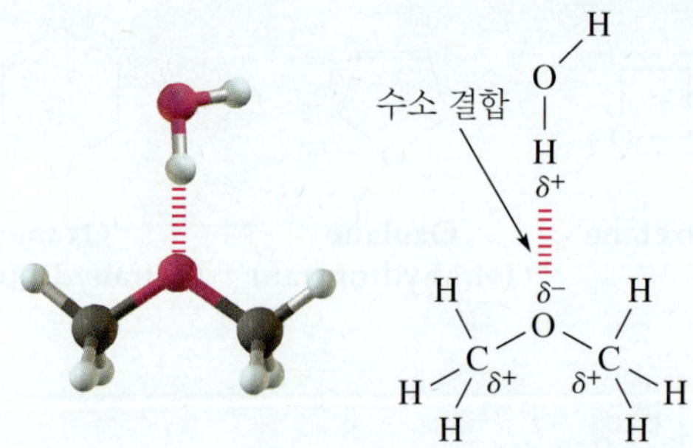

그림 11.3 ▸ 에터는 수소 결합 받개이다. 그들은 수소 결합 주개가 아니다.

표 11.1 유사한 분자량을 갖는 알코올과 에터의 물에 대한 용해도와 끓는점

구조식	이름	분자량	끓는점(°C)	물에서의 용해도
CH_3CH_2OH	Ethanol	46	78	무한대
CH_3OCH_3	Dimethyl ether	46	−24	7.8 g/100 g
$CH_3CH_2CH_2CH_2OH$	1-Butanol	74	117	7.4 g/100 g
$CH_3CH_2OCH_2CH_3$	Diethyl ether	74	35	8.0 g/100 g
$HOCH_2CH_2CH_2CH_2OH$	1,4-Butanediol	90	230	무한대
$CH_3CH_2CH_2CH_2CH_2OH$	1-Pentanol	88	138	2.3 g/100 g
$CH_3OCH_2CH_2OCH_3$	Ethylene glycol dimethyl ether	90	84	무한대
$CH_3CH_2CH_2CH_2OCH_3$	Butyl methyl ether	88	71	약간 녹음

예제 11.2

물에서 용해도가 증가하는 순서대로 다음 화합물들을 나열하라.

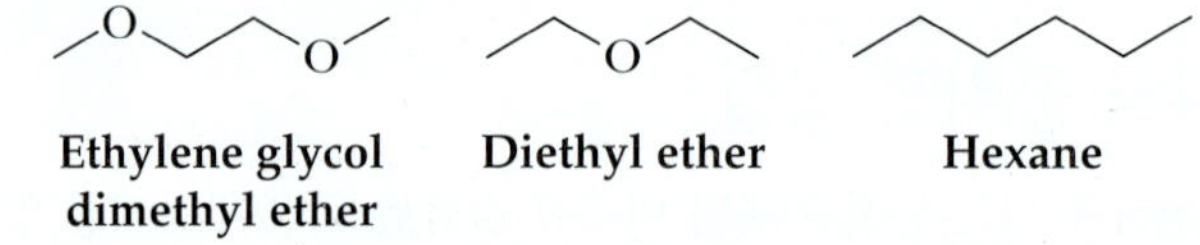

➥ 해답

물은 극성 용매이다. 비극성 탄화수소인 hexane은 물에서 가장 낮은 용해도를 갖는다. Diethyl ether와 ethylene glycol dimetyl ether는 극성 C—O—C 결합의 존재 때문에 극성 화합물이며, 각각은 수소 결합 받개로서 물과 상호작용한다.

이들 3개의 화합물 중 ethylene glycol dimethyl ether는 diethyl ether보다 수소 결합에 대한 더 많은 자리(전체 두 개의 산소 원자에 네 개의 고립 전자쌍)를 갖고 있기 때문에 물에 가장 잘 용해된다.

불용성 — 8 g/100 g 물 — 모든 비율에서의 가용성

연습 문제 11.2

다음 화합물을 끓는점이 증가하는 순으로 나열하라.

O O — HO OH — O OH

11.4 에터의 제조

A Williamson 에터 합성법

에터 합성에 대한 가장 일반적인 방법인 **Williamson 에터 합성법**(Williamson ether synthesis)은 알콕사이드 이온에 의한 할로젠화 이온 또는 좋은 이탈기의 친핵성 치환을 포함한다.

Williamson 에터 합성법
할로젠화 알킬과 알콕사이드 이온 사이의 S_N2 반응을 통한 dialkyl ether 합성에 대한 일반적인 방법.

$$\underset{\textbf{Sodium isopropoxide}}{CH_3CH(CH_3)O^-Na^+} + \underset{\textbf{Iodomethane (Methyl iodide)}}{CH_3I} \xrightarrow{S_N2} \underset{\textbf{2-Methoxypropane (Isopropyl methyl ether)}}{CH_3CH(CH_3)OCH_3} + Na^+I^-$$

Williamson 에터 합성법을 계획할 때 친핵성 치환 반응을 최대화하고 경쟁적인 β-제거 반응을 최소화하는 반응물들의 조합을 사용하는 것이 필수적이다(E2, 9.6B절). 에터의 수득률은 치환되는 할로젠이 메틸기나 1차 탄소에 붙어 있는 경우에 가장 높다. 2차 할로젠화물의 치환에서는 에터의 수득률이 낮다(경쟁적인 β-제거 반응 때문에). 그리고 Williamson 에터 합성법은 3차 할로젠화물과는 대체로 이루어지지 않는다(왜냐하면 E2 메커니즘에 의한 β-제거 반응만이 일어난다). 예를 들면, *tert*-butyl methyl ether는 potassium *tert*-butoxide와 bromomethane과의 반응에 의해서 제조될 수 있다. Bromomethane은 입체 장애가 큰 potassium *tert*-butoxide와 반응할 수 있는 입체 장애가 거의 없는 유일한 할로젠화물이라는 점에 유의해야 한다. 1차 할로젠화물조차도 높은 수득률로 해당되는 *tert*-butyl ether를 생성하지 않는다.

$$\underset{\textbf{Potassium } \textbf{\textit{tert}}\textbf{-butoxide}}{CH_3C(CH_3)_2O^-K^+} + \underset{\textbf{Bromomethane (Methyl bromide)}}{CH_3Br} \xrightarrow{S_N2} \underset{\textbf{2-Methoxy-2-methylpropane (}\textbf{\textit{tert}}\textbf{-Butyl methyl ether)}}{CH_3C(CH_3)_2OCH_3} + K^+Br^-$$

Sodium methoxide와 2-bromo-2-methyl propane의 어떤 조합에서도 에터는 형성되지 않는다. 할로젠화 수소 이탈 반응에 의해 형성된 2-methylpropene이 유일한 생성물이다.

$$\underset{\textbf{2-Bromo-2-methylpropane}}{CH_3C(CH_3)_2Br} + \underset{\textbf{Sodium methoxide}}{CH_3O^-Na^+} \xrightarrow{E2} \underset{\textbf{2-Methylpropene}}{CH_3C(CH_3){=}CH_2} + CH_3OH + Na^+Br^-$$

예제 11.3

Williamson 에터 합성법에 의해 각각의 에터를 제조하는데 최상으로 사용될 수 있는 알코올과 할로알케인의 조합을 보여라.

(a) (butyl isopropyl ether 구조) **(b)** (OEt 치환 구조)

해답

(a) 2-Propanol과 sodium 금속을 반응시켜 sodium isopropoxide를 생성시킨 다음 이 금속 알콕사이드를 1-bromobutane으로 처리한다.

$$\underset{\textbf{1-Bromobutane}}{CH_3CH_2CH_2CH_2Br} + \underset{\textbf{Sodium isopropoxide}}{Na^+\ {}^-OCH(CH_3)_2} \xrightarrow{S_N2} CH_3CH_2CH_2CH_2OCH(CH_3)_2 + Na^+Br^-$$

Sdium butoxide와 2-bromopropane의 또 다른 조합은 상당히 더 많은 제거 반응 생성물을 만든다.

(b) (*S*)-2-Butanol과 sodium 금속을 처리하여 sodium alkoxide를 생성시킨다. 이 반응은 단지 O—H 결합을 포함하고 카이랄 중심에는 영향을 주지 않는다. 다음에 sodium alkoxide를 haloethane [예를 들어, ethyl iodide (EtI)]으로 처리하여 원하는 생성물을 만든다.

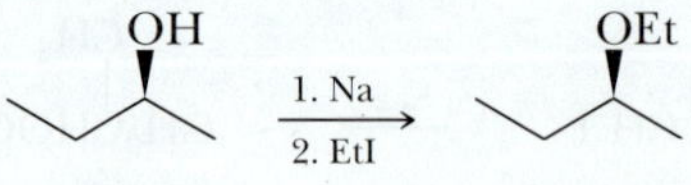

OH → (1. Na, 2. EtI) → OEt

(*S*)-2-Butanol **(*S*)-2-Ethoxyethane**

또 다른 합성은 (*R*)-2-butanol를 tosylate (10.5D절)로 전환시킨 다음 sodium ethoxide로 처리하는 방법이다.

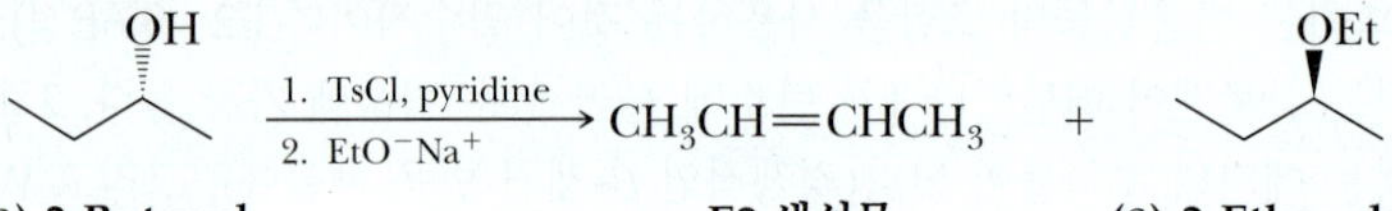

OH → (1. TsCl, pyridine; 2. EtO^-Na^+) → $CH_3CH{=}CHCH_3$ + OEt

(*R*)-2-Butanol **E2 생성물** (주 생성물) **(*S*)-2-Ethoxybutane** (S_N2 반응의 생성물, 부 생성물)

그러나 이 합성법은 원하는 생성물이 낮은 수득률로 얻어진다. 2차 할로젠화물 또는 tosylate가 센염기/좋은 친핵체로 처리되었을 때 E2가 주 반응이라는 것을 9.8C절을 통해 상기하라.

연습 문제 11.3

각각의 에터를 제조하기 위해서 Williamson 에터 합성법을 어떻게 이용할 것인지를 보여라.

(a) 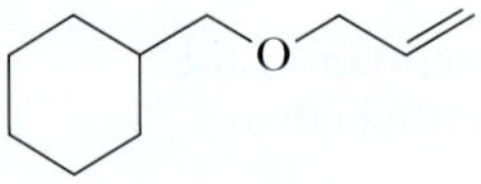 O **(b)** 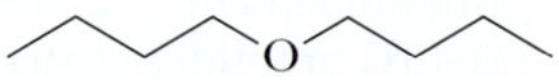 O

B 알코올의 산-촉매 탈수 반응

Diethyl ether와 몇몇의 다른 상업적으로 사용되는 에터들은 일차 알코올의 산 촉매 탈수 반응에 의해 공업적인 규모로 합성된다. 예를 들면, ethanol의 분자 간 탈수 반응은 diethyl ether를 생성한다.

$$2\ CH_3CH_2OH \xrightarrow[140°C]{H_2SO_4} CH_3CH_2OCH_2CH_3 + H_2O$$

Ethanol **Diethyl ether**

MECHANISM 일차 알코올의 산-촉매 분자 간 탈수 반응

1단계: **양성자를 첨가한다.** 산 촉매로부터 하이드록시기로의 양성자 이동은 옥소늄 이온을 생성하며, 여기서 나쁜 이탈기인 —OH기가 더 좋은 이탈기인 —O^+H_2로 전환된다.

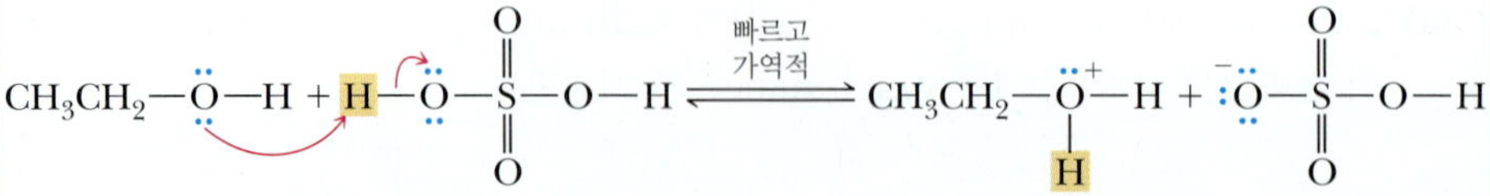

$$CH_3CH_2-\ddot{O}-H + H-\ddot{O}-\overset{O}{\underset{O}{S}}-O-H \underset{\text{가역적}}{\overset{\text{빠르고}}{\rightleftharpoons}} CH_3CH_2-\overset{+}{\underset{H}{O}}-H + :\ddot{O}^--\overset{O}{\underset{O}{S}}-O-H$$

옥소늄 이온

***2단계:* 친핵체와 친전자체 사이에 결합이 생성되고 끊어지는 과정을 동시에 진행하여 안정한 분자나 이온을 생성한다.** 두 번째 알코올 분자의 OH기에 의한 H_2O의 친핵성 치환은 새로운 옥소늄 이온을 생성한다.

$$CH_3CH_2-\ddot{\underset{\cdot\cdot}{O}}-H + CH_3CH_2-\overset{+}{\underset{H}{\ddot{O}}}-H \xrightarrow{S_N2} CH_3CH_2-\overset{+}{\underset{H}{\ddot{O}}}-CH_2CH_3 + :\underset{H}{\ddot{O}}-H$$

새로운 옥소늄 이온

***3단계:* 양성자를 제거한다.** 새로운 옥소늄 이온으로부터 양성자가 H_2O로 이동되어 반응이 종결된다.

$$CH_3CH_2-\overset{+}{\underset{H}{\ddot{O}}}-CH_2CH_3 + :\underset{H}{\ddot{O}}-H \xrightleftharpoons{\text{양성자 이동}} CH_3CH_2-\ddot{\underset{\cdot\cdot}{O}}-CH_2CH_3 + H-\overset{+}{\underset{H}{\ddot{O}}}-H$$

이 반응에서 산이 촉매임을 주목하라. 하나의 양성자가 1단계에서 사용되지만, 또 다른 양성자가 3단계에서 다시 재생된다.

알코올의 산 촉매 분자 간 탈수 반응으로부터 만들어지는 에터의 수득률은 가지가 없는 1차 알코올로부터 생성되는 대칭 에터에 대해 가장 높다. 이 반응에 의해 좋은 수득률로 생성된 대칭 에터의 예는 dimethyl ether, diethyl ether, dibutyl ether이다. 2차 알코올로부터 형성되는 에터의 수득률은 산 촉매 탈수 반응 과정에서 일어나는 경쟁 때문에 좀 더 낮다(10.6절). 3차 알코올의 경우에서는 알켄으로의 탈수 반응이 유일한 반응이다.

예제 11.4

다음 반응이 ethyl hexyl ether를 왜 좋은 수득률로 만들지 못하는지 그 이유를 설명하라.

$$\text{hexanol (OH)} + \text{HO-ethyl} \xrightarrow[\text{열}]{H_2SO_4} \text{hexyl–O–ethyl} + H_2O$$

➡ 해답

우리는 이 반응으로부터 3개의 에터 혼합물을 예상한다. Diethyl ether, ethyl hexyl ether, dihexyl ether이다.

연습 문제 11.4

어떻게 ethyl hexyl ether가 Williamson 에터 합성법에 의해 제조될 수 있는지 보여라.

C 알켄에 알코올의 산-촉매 첨가 반응

적절한 조건 하에서 알코올은 알켄의 탄소-탄소 이중 결합에 첨가되어 에터를 형성할 수 있다. 에터 합성에 대한 이 방법의 유용성은 안정한 탄소양이온을 형성하는 알켄과 메탄올 혹은 1차 알코올과의 상호작용에 한정된다. *tert*-Butyl methyl ether (MTBE)의 상업적 합성이 한 예이다. 2-Methylpropene과 메탄올은 산 촉매를 통해서 에터를 생성한다.

$$CH_3\overset{CH_3}{\overset{|}{C}}=CH_2 + CH_3OH \xrightarrow{\text{산 촉매}} CH_3\underset{CH_3}{\underset{|}{\overset{CH_3}{\overset{|}{C}}}}OCH_3$$

2-Methoxy-2-methylpropane
(*tert*-Butyl methyl ether)

MECHANISM 알켄에 알코올의 산-촉매 첨가 반응

1단계: **π 결합 친전자체 사이에 새로운 결합을 만들기 위하여 양성자를 첨가한다.** 산 촉매로부터 알켄으로 양성자 이동은 탄소양이온 중간체를 생성한다.

$$CH_3\overset{\displaystyle CH_3}{\overset{|}{C}}{=}CH_2 + H{-}\underset{\displaystyle H}{\underset{|}{\overset{..+}{O}}}{-}CH_3 \rightleftharpoons CH_3\overset{\displaystyle CH_3}{\overset{|}{\underset{+}{C}}}CH_3 + :\underset{\displaystyle H}{\underset{|}{\overset{..}{O}}}{-}CH_3$$

2단계: **친핵체와 친전자체 사이에 새로운 결합을 형성한다.** 탄소양이온 중간체(친전자체와 Lewis 산)와 알코올(친핵체와 Lewis 염기)의 반응은 옥소늄 이온을 생성한다.

$$CH_3\overset{\displaystyle CH_3}{\overset{|}{\underset{+}{C}}}CH_3 + H\ddot{O}CH_3 \rightleftharpoons CH_3\overset{\displaystyle CH_3}{\overset{|}{C}}CH_3 \text{ (with } {-}\overset{+}{O}(H)CH_3 \text{ on C)}$$

3단계: **양성자를 제거한다.** 용매로의 양성자 이동(이 경우에 methanol)이 반응을 종결시킨다.

$$CH_3{-}\ddot{O}{-}H + CH_3\overset{\displaystyle CH_3}{\overset{|}{C}}CH_3(\overset{+}{O}(H)CH_3) \rightleftharpoons CH_3{-}\overset{..+}{O}(H){-}H + CH_3\overset{\displaystyle CH_3}{\overset{|}{C}}CH_3(\ddot{O}CH_3)$$

한 때 MTBE는 가솔린을 좀 더 부드럽게 태우고(이 화합물은 옥탄가를 증가시킨다) 더 낮은 배기 가스 방출을 만드는 '산소 공급'을 증대시키기 위한 환경보호협회 지시에 의해 가솔린에 첨가되었다. 옥탄가 상승 첨가제로서 MTBE는 에탄올(E10과 E85 같은 에탄올 혼합 연료에 있어서 첨가제)보다 우수하다. 가솔린에 15%의 MTBE 혼합은 대략 5 단위만큼 옥탄가를 상승시킨다. 불행하게도 MTBE가 가솔린보다 물에서 훨씬 더 잘 용해되기 때문에 누수되는 가솔린 저장 탱크의 경우에 있어서 많은 곳에 있는 물 층으로 흡수된다. 이 MTBE는 호수, 저수지, 상수도에서 검출되어 왔고, 어떤 경우에서는 맛이나 냄새, 사람의 건강을 위한 한계를 초과한 농도로 검출되었다. 결과적으로 가솔린의 첨가제로서의 MTBE 사용은 점차적으로 중단되고 있다.

11.5 에터의 반응

에터는 화학 반응에 대한 저항성에 있어서는 탄화수소와 유사하다. 에터는 potassium dichromate 또는 potassium permanganate 같은 산화제와 반응하지 않는다. 에터는 매우 센염기에서조차 안정하며, 3차 알킬 에터를 제외하고 적절한 온도에서 대부분의 약한 산에 영향을 받지 않는다. 좋은 용해성 성질과 화학 반응에 대한 일반적인 비활성 때문에 에터는 많은 유기 반응을 수행하는데 있어서 우수한 용매이다.

A 진한 농도의 HX에 의한 산-촉매 분해

Dialkyl ether의 분해는 센산과 좋은 친핵체를 필요하며, 따라서 진한 농도의 수용성 HI (57%) 또는 HBr (48%)이 사용된다. 예를 들어 dibutyl ether를 뜨겁고 진한 농도의 HBr과 가열하면 두 분자의 1-bromobutane이 생성된다.

$$\text{Dibutyl ether} + 2\,HBr \xrightarrow[\text{열}]{} 2\ \text{1-Bromobutane} + H_2O$$

Dibutyl ether **1-Bromobutane**

진한 농도의 HCl (38%)은 dialkyl ether 분해에 있어 훨씬 덜 효과적이며, 그 이유는 기본적으로 Cl^-가 I^- 혹은 Br^-보다 물에서 좀 더 약한 친핵체이기 때문이다.

Dialkyl ether의 산 촉매 분해에 대한 메커니즘은 산소와 결합해 있는 탄소 본래의 성질에 의존한다. 만약 두 탄소가 1차이면, 분해는 할로젠화 이온이 친핵체로 작용하는 S_N2 반응을 포함한다. 그렇지 않으면 분해는 S_N1 반응에 의해 진행된다.

MECHANISM Dialkyl ether의 산-촉매 분해

***1단계:* 양성자 첨가.** 산 촉매로부터 에터 산소 원자로의 양성자 이동이 옥소늄 이온을 형성한다.

$$CH_3CH_2-\ddot{O}-CH_2CH_3 + H-\overset{+}{O}(H)-H \overset{\text{빠르고 가역적}}{\rightleftharpoons} CH_3CH_2-\overset{+}{O}(H)-CH_2CH_3 + :\ddot{O}(H)-H$$

옥소늄 이온

***2단계:* 친핵체와 친전자체 사이에 결합이 생성되고 끊어지는 과정이 동시에 진행되어 안정한 분자 혹은 이온을 생성한다.** 1차 탄소에서 할로젠화물 이온에 의한 친핵성 치환은 C—O 결합을 분해한다. 이탈기는 약한 염기이고 나쁜 친핵체인 CH_3CH_2OH이다.

$$:\ddot{Br}:^- + CH_3CH_2-\overset{+}{O}(H)-CH_2CH_3 \xrightarrow{S_N2} CH_3CH_2-\ddot{Br}: + :\ddot{O}(H)-CH_2CH_3$$

이러한 분해는 한 분자의 bromoalkane과 한 분자의 알코올을 생성한다. 과량의 진한 HBr 존재 하에서 알코올은 또 다른 S_N2 과정에 의해 bromoalkane의 두 번째 분자로 전환된다(9.2절).

3차, 알릴자리, 벤질자리 에터들은 종종 매우 온화한 조건 하에서 산에 의한 분해 반응에 특별히 민감하다. 예를 들면, 3차 butyl ether는 실온에서 수용성 HCl에 의해 분해된다. 산으로부터 에터 산소 원자로의 양성자 이동이 옥소늄 이온을 형성하고, 이 이온은 분해되어 특별히 안정한 3차, 알릴자리, 또는 벤질자리 탄소양이온을 생성한다. 탄소양이온과 Cl^-의 반응이 이 반응을 종결시킨다.

tert-Butyl ether + HCl → cyclohexanol (OH) + 3° 탄소양이온 중간체 $\xrightarrow[S_N1]{+\,Cl^-}$ Cl–C(CH_3)_3

tert-Butyl ether

3° 탄소양이온 중간체

예제 11.5

다음 반응에 나타낸 바와 같이, 대부분의 methyl ether는 진한 농도의 HI로 처리되면, 초기 주요 생성물로 CH_3OH와 RI보다는 CH_3I와 ROH가 생성된다는 사실을 설명하라.

$$R-O-CH_3 + HI \longrightarrow R-OH + CH_3I$$

➡ 해답

첫 단계는 에터 산소에 양성자가 첨가되어 옥소늄 이온을 생성한다. 분해 반응은 입체적으로 덜 방해받는 메틸기의 탄소에서 S_N2 경로에 의해 이루어진다.

$R-\overset{+}{O}(H)-CH_3$ — 친핵체에 의한 공격 자리

연습 문제 11.5

tert-Butyl methyl ether는 제한된 양의 진한 HI와 반응하여 methyl iodide와 *tert*-butyl alcohol보다는 오히려 methanol과 *tert*-butyl iodide를 생성한다는 사실을 설명하라.

예제 11.6

각 반응의 주 생성물에 대한 구조식을 그려라.

(a) + HBr (과량) ⟶ (b) + HBr (1.0 mol)

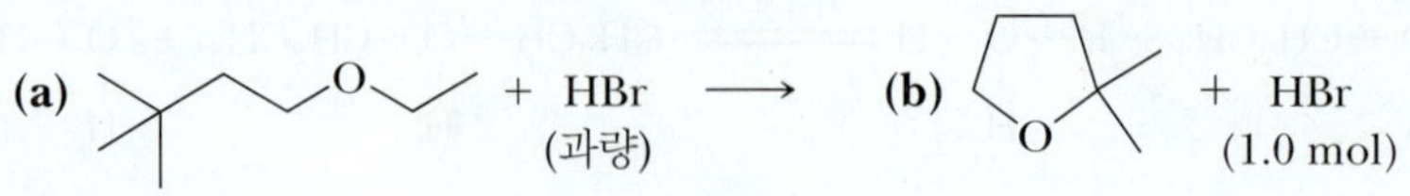

해답

(a) 에터 산소의 S_N2 메커니즘에 의한 어느 한 쪽의 분해 반응은 알코올과 bromoalkane을 형성한다. 그 다음 알코올과의 반응은 alkyl bromide의 두 번째 분자를 생성한다.

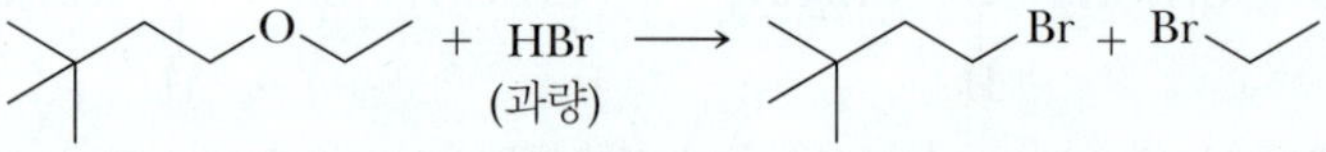

+ HBr (과량) ⟶ Br + Br

(b) 에터 산소에 양성자가 이동된 후 이어진 분해 반응은 3차 탄소양이온 중간체를 형성하며, 그 다음 이 중간체는 (1) 브로모 이온과 반응하여 bromo alcohol를 생성하거나, (2) 하나의 양성자를 잃어 불포화 알코올을 생성할 수 있다.

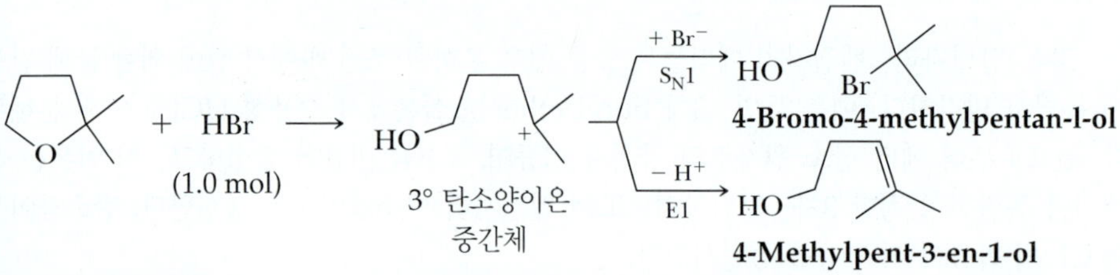

+ HBr (1.0 mol) ⟶ HO (3° 탄소양이온 중간체) —($+ Br^-$, S_N1)→ HO ... Br **4-Bromo-4-methylpentan-1-ol**; —($- H^+$, E1)→ HO **4-Methylpent-3-en-1-ol**

연습 문제 11.6

각 반응의 주 생성물에 대한 구조식을 그려라.

(a) $CH_3C(CH_3)_2OCH_3$ + HBr (과량) ⟶ (b) + HBr (과량) ⟶

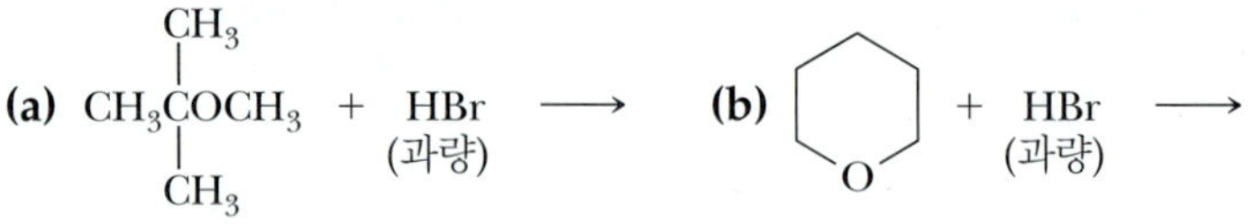

B 에터 안정성 경보: 인화성과 과산화 수소의 형성

Diethyl ether와 다른 저분자량 에터를 사용할 때 두 가지 위험 요소를 피해야만 한다. 첫째로 널리 사용되고 있는 에터는 낮은 끓는점을 가지며, 높은 인화성의 위험한 화합물이다. 따라서 에터를 사용하는 곳에서는 위험한 불길이나 스파크를 발생하는 전기기구를 피해야만 한다(실험실 냉장고와 오븐은 종종 발화의 원인이 된다). Dietyl ether는 휘발성이 강하기 때문에(끓는점 35℃), 그 증기 형성과 폭발 가능성을 막기 위해서 환기 후드 내에서 사용되어야 한다. 두 번째로, 무수 에터는 에터 산소에 인접한 C—H 결합 부위에서 산소 분자와 반응하여 **과산화 수소**(hydroperoxide)를 형성하며, 이 과산화 수소들은 폭발성이 있기 때문에 위험하다.

과산화 수소 —OOH기를 포함하는 화합물.

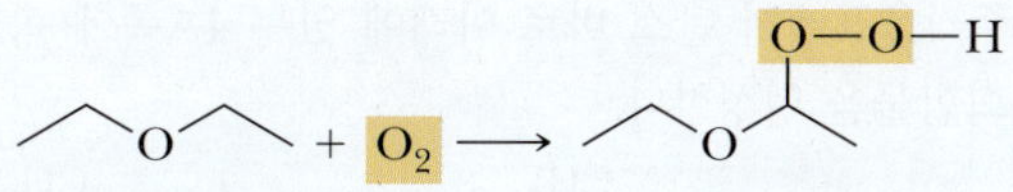

Diethyl ether + O_2 ⟶ 과산화 수소

과산화 수소화 반응(Hydroperoxidation)은 라디칼 연쇄 메커니즘에 의해 진행된다. 과산화 수소 형성 속도는 산소에 인접한 C—H 결합이 2차 탄소인 경우 급속히 증가하며, 이는 diisopropyl ether에서와 같이 산소에 인접하고 있는 안정한 3차 라디칼 중간체 생성이 유리하기 때문이다.

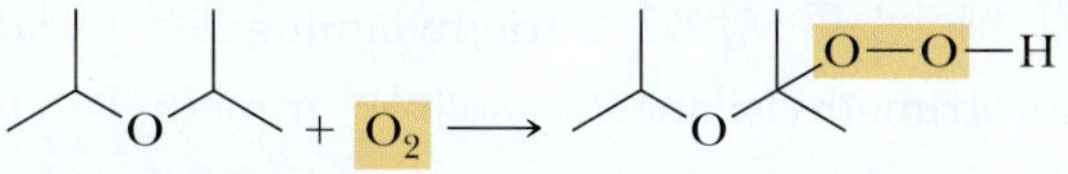

Diisopropyl ether + O_2 ⟶ 과산화 수소

이 과산화 수소는 왁스와 같은 고체로서 용액으로부터 침전되고, 특히 위험하다.

에터에 존재하는 과산화 수소는 적은 양의 에터에 10% potassium iodide (KI) 산성 수용액을 첨가하여 흔들면 검출될 수 있고, 또한 한 방울의 acetic acid를 떨어뜨린 녹말 아이오딘 종이의 사용에 의해서도 검출될 수 있다. 과산화물은 요오드화 이온을 아이오딘(I_2)으로 산화시키며, 이것은 노란색을 나타낸다. 과산화 수소는 환원제로 처리하여 제거될 수 있다. 하나의 효과적인 방법은 과산화 수소로 오염된 에터에 iron(II) sulfate의 묽은 황산 수용액을 첨가하여 흔들어 주는 것이다. 사용 기간이 지난 에터는 결코 사용해서는 안되며, 사용 기간이 만료되기 전에 에터를 적절히 폐기시켜야 한다.

11.6 보호기로서의 실릴 에터

두 개 이상의 작용기를 포함한 유기 화합물을 다룰 때, 한 작용기를 보호하면서(반응이 일어나지 않도록) 다른 작용기에 반응을 수행할 필요가 가끔씩 있다. 예를 들어, 4-pentyn-1-ol을 4-heptyn-1-ol으로 전환한다고 가정하자.

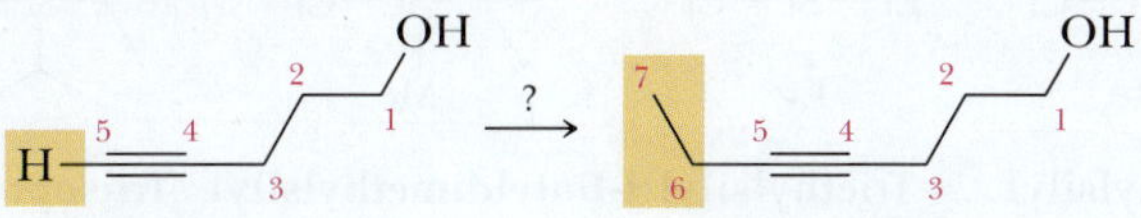

4-Pentyn-1-ol ⟶(?) 4-Heptyn-1-ol

새로운 탄소-탄소 결합은 4-pentyn-1-ol의 acetylide 음이온(7.5절)과 bromoethane를 처리함으로서 형성될 수 있다. 그러나 4-pentyn-1-ol은 2개의 산성 수소를 가지고 있으며, 하나는 하이드록시기(pK_a 16~18)에 있고, 다른 하나는 탄소-탄소 삼중 결합(pK_a 25)에 있다. 이 화합물을 1당량의 $NaNH_2$로 처리면 acetylide 음이온보다는 오히려 알콕사이드 음이온(—OH기가 더 센산이다)을 형성한다.

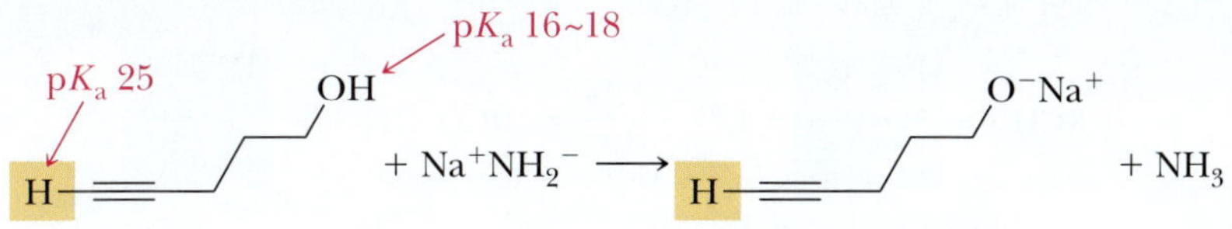

pK_a 25, pK_a 16~18: 4-pentyn-1-ol + $Na^+NH_2^-$ ⟶ 알콕사이드 음이온 (O^-Na^+) + NH_3

4-Pentyn-1-ol의 합성을 수행하기 위해서, 먼저 —OH기와 sodium amide와의 반응을 막아주기 위해 —OH기를 보호해야만 한다. 좋은 **보호기**(protecting group)는

- 반응에 민감한 작용기에 용이하게 첨가되어야 한다.
- 보호되지 않은 작용기를 변형시키는데 사용되는 시약에 대해 저항성이 있어야 한다.
- 본래의 작용기로 재생되기 위해 쉽게 제거되어야만 한다.

화학자들은 대부분의 작용기에 대한 보호기를 고안해 왔으며, 우리는 이 본문에서 그들 중 몇 개의 보호기를 접할 것이다. 이 절에서는 하이드록시 보호기의 가장 일반적인 형태인 실릴 에터에 대해 중점을 두고자 한다.

보호기
생성물 또는 원하지 않는 생성물들을 만들 수 있는 잠재적인 반응으로부터 작용기 보호의 목적을 위해서 가역적으로 만들어지는 반응성이 없는 기.

규소(Silicon)는 주기율표에서 탄소 바로 아래에 있는 4A족에 속한다. 다음과 같이 규소는 탄소처럼 4가의 화합물을 형성한다.

$$\mathrm{SiH_4}\qquad \mathrm{(CH_3)_4Si}\qquad \mathrm{(CH_3)_3SiCl}$$

Silane **Tetramethylsilane** **Chlorotrimethylsilane**

—OH기는 아민 염기의 존재 하에서 trialkylsilyl chloride로 처리함으로써 실릴 에터로 전환될 수 있다. 예를 들면, 알코올을 triethylamine 또는 pyridine과 같은 3차 아민의 존재 하에서 chlorotrimethylsilane으로 처리하면 trimethylsilyl ether를 생성한다.

$$\mathrm{RCH_2OH + Cl{-}Si(CH_3)_3 + Et_3N \longrightarrow RCH_2O{-}Si(CH_3)_3 + Et_3NH^+Cl^-}$$

Chlorotrimethylsilane Trimethylsilyl ether **Triethylammonium chloride**

3차 아민의 작용은 좀 더 친핵적인 알콕사이드 이온을 형성시켜 반응을 촉매하고, 반응이 일어나는 동안에 형성된 HCl를 중화시키는 것이다. 3차 아민은 결합되어 있는 3개의 알킬기가 입체 장애를 제공하기 때문에 친핵성을 나타내지 않는다. 3차 아민은 양성자와 반응하여 염기로서 작용할 수 있지만, chlorotrimethylsilane 같은 친전자체와는 반응하지 않는다.

Trimethylsilyl기에서 *tert*-뷰틸에 의한 메틸기 하나의 치환은 *tert*-butyldimethylsilyl (TBDMS)기를 생성하며, 이것은 trimethylsilyl기보다 훨씬 더 안정하다. 다른 흔한 실릴 보호기로는 triethylsilyl (TES)기와 triisopropylsilyl (TIPS)기가 있다.

$$\mathrm{Me_3Si{-}Cl}\qquad \mathrm{Et_3Si{-}Cl}\qquad \mathrm{\mathit{t}\text{-}Bu(Me)_2Si{-}Cl}\qquad \mathrm{(\mathit{i}\text{-}Pr)_3Si{-}Cl}$$

Trimethylsilyl chloride (TMSCl) **Triethylsilyl chloride (TESCl)** ***t*-Butyldimethylsilyl chloride (TBDMSCl)** **Triisopropylsilyl chloride (TIPSCl)**

실릴 에터는 대부분의 산화제나 환원제에 의해 영향을 받지 않고, 대부분의 비수용액성 산이나 염기에도 안정하다. TBDMS기는 pH 2~12 범위 이내의 수용액에서 안정하기 때문에 가장 널리 사용되는 —OH 보호기 중 하나이다. 실릴 에터 막음 원자단(blocking group)은 일반적으로 tetrabutylammonium fluoride ($Bu_4N^+F^-$) 형태내에 있는 플루오르화 이온의 처리에 의해 쉽게 제거된다.

$$\mathrm{RCH_2O{-}Si(CH_3)_2C(CH_3)_3 + F^- \xrightarrow[\text{THF (용매)}]{Bu_4N^+F^-} RCH_2OH + F{-}Si(CH_3)_2C(CH_3)_3}$$

TBDMS으로 보호된 알코올

이 보호기의 분해는 Si—F σ 결합(582 kJ/mol)이 Si—O σ 결합(368 kJ/mol)보다 상당히 더 강하다는 사실에 의존한다. 사실상 Si—F σ 결합은 알려진 가장 강한 σ 결합 중의 하나이다. Si—O와 Si—F 결합 사이에서 결합 세기의 큰 차이가 실릴 에터 분해 반응을 종결되도록 유도한다.

우리는 4-pentyn-1-ol을 4-heptyn-1-ol으로 전환하기 위해 다음 방법으로 실릴 에터를 사용할 수 있다. Triethylamine의 존재 하에서 4-pentyn-1-ol과 chlorotrimethylsilane을 처리하면 trimethylsilyl ether가 생성된다. 말단 알카인을 sodium amide로 처

리한 후 bromoethane으로 연이어 처리하면 새로운 탄소-탄소 결합이 생성된다. 계속해서 tetrabutylammonium fluoride를 이용하여 TMS 보호기를 제거하면 원하는 4-heptyn-1-ol이 생성된다.

4-Pentyn-1-ol $\xrightarrow[\text{Et}_3\text{N}]{1.\ (CH_3)_3SiCl}$ $\xrightarrow[3.\ \text{CH}_3\text{CH}_2\text{Br}]{2.\ Na^+NH_2^-}$ $\xrightarrow{4.\ Bu_4N^+F^-}$ 4-Heptyn-1-ol + $F-Si(CH_3)_3$

> 예제 11.7
>
> $(CH_3)_3C—Cl$에서 C—Cl 결합과 $(CH_3)_3Si—Cl$에서 Si—Cl 결합의 극성을 비교하라.
>
> **➥ 해답**
>
> 탄소와 염소 사이의 전기음성도 차이는 3.0 − 2.5 = 0.5이다. 규소와 염소 사이는 3.0 − 1.8 = 1.2이기 때문에 Si—Cl 결합이 C—Cl 결합보다 더 극성이다.
>
> **연습 문제 11.7**
>
> Trimethylsilyl 보호기는 소량의 산을 포함한 수용액에서 쉽게 제거된다. 이 반응의 메커니즘을 제안하라(TBDMS 보호기는 *tert*-뷰틸기에 의해 규소 주위의 더 큰 입체 장애를 가지고 있기 때문에 이 조건 아래서 안정하다는 점에 주의하라).

11.7 에폭사이드: 구조와 명명법

에폭사이드(Epoxide)는 기술적으로 에터로 분류되지만, 그들의 예외적인 화학적 반응성이 다른 에터와 비교되기 때문에 분리하여 설명된다. 간단한 에폭사이드는 모체 에폭사이드인 옥시란(oxirane)의 유도체로서 명명된다. 에폭사이드가 다른 고리계의 한 부분인 경우 접두사 *epoxy*를 사용하여 명명한다.

에폭사이드
삼원자 고리의 한 원자가 산소인 고리형 에터.

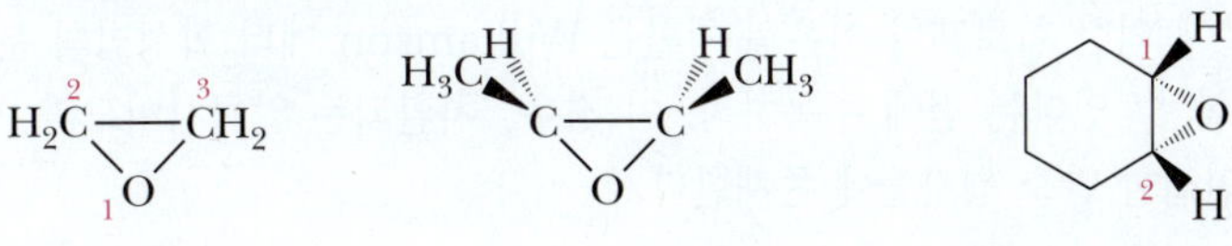

Oxirane (Ethylene oxide) | ***cis*-2,3-Dimethyloxirane (*cis*-2-Butene oxide)** | **1,2-Epoxycyclohexane (Cyclohexene oxide)**

에폭사이드의 관용명은 그 에폭사이드로 유도된 알켄의 이름을 주고, 이어서 *oxide*란 단어를 붙여 명명되며; 한 예로 *cis*-2-butene oxide가 있다.

11.8 에폭사이드의 합성

A Ethylene oxide

산업적 규모에서 합성되는 몇 개의 에폭사이드 중 하나인 ethylene oxide는 ethylene과 공기(또는 산소)의 혼합물을 은 촉매에 통과시킴으로써 제조된다.

$$2\,CH_2{=}CH_2 + O_2 \xrightarrow{Ag} 2\,H_2C\overset{O}{—}CH_2$$

Oxirane
(Ethylene oxide)

이 방법은 ethylene으로부터 옥시란의 제조에만 잘 적용된다. 그러므로 다른 종류의 에폭사이드 제조를 위하여 다양한 방법들이 개발되었다.

B Halohydrin의 내부 친핵성 치환 반응

알켄으로부터 에폭사이드의 제조을 위한 하나의 방법은 (1) 알켄을 물에서 염소나 브로민으로 처리하여 chlorohydrin이나 bromohydrin을 생성하고, 이어서 (2) Cl^-의 분자 내 치환이 일어나도록 halohydrin을 염기로 처리하는 것이다. 이러한 단계들에 의해서 propene이 먼저 1-chloro-2-propanol로 전환된 다음 methyloxirane (propylene oxide)이 된다.

$$CH_3CH{=}CH_2 \xrightarrow{Cl_2,\ H_2O} CH_3\overset{OH}{CH}-\underset{Cl}{CH_2} \xrightarrow{NaOH,\ H_2O} CH_3CH\overset{O}{—}CH_2$$

Propene **1-Chloro-2-propanol** (chlorohydrin) (라셈 혼합물) **Methyloxirane** **(Propylene oxide)** (라셈 혼합물)

우리는 6.3E절에서 halohydrin을 형성하기 위해 물에서의 알켄과 염소 또는 브로민과의 반응에 대해 공부하였다. 그리고 이 반응은 위치선택적이고 입체선택적임을 보았다(*시스-트랜스* 이성질 현상을 보여주는 알켄에 대해서는 입체특이성을 보인다). Halohydrin을 염기로 처리하면 에폭사이드로 전환되며, 이 반응도 마찬가지로 입체선택적이며, 내부 S_N2 반응으로 볼 수 있다. 수산화 이온이나 다른 염기가 halohydrin의 하이드록시기로부터 양성자를 떼어내어 좋은 친핵체인 알콕사이드 이온을 형성하고, 이것은 인접한 탄소의 할로젠을 치환한다. 모든 S_N2 반응에서와 마찬가지로 친핵체의 공격은 C—X 결합의 뒤쪽으로부터 일어나고, 치환이 일어나는 자리에서 배열의 반전을 일으키는 원인이 된다.

$$:\ddot{O}:^- \text{—C—C—}:\ddot{Cl}: \xrightarrow{\text{내부 } S_N2} \text{C}\overset{:O:}{—}\text{C} + :\ddot{Cl}:^-$$

에폭사이드

알콕사이드 이온에 의한 할로젠화 이온의 치환은 Williamson 에터 합성법의 분자 내 변형(11.4A절)으로 볼 수 있다는 점에 주목하라. 이 경우, 치환되는 알콕사이드와 이탈하는 할로젠화 이온은 인접한 탄소 원자들에 존재한다.

예제 11.8

알켄의 halohydrin으로의 전환 반응과 알콕사이드 이온에 의한 할로젠화 이온의 내부 치환 반응은 둘 다 입체선택적이다. 이 정보를 사용하여 알켄의 자리 배열이 에폭사이드 내에서 보존된다는 것을 증명하라. 한 예로서, *cis*-2-butene이 두 단계 반응에 의해 *cis*-2,3-dimethyloxirane (*cis*-2-butene oxide)을 생성하는 것을 보여라.

➥ 해답

알켄에서 HOCl의 첨가 반응은 이중 결합에 —OH와 —Cl의 입체선택적인 안티 첨가 반응에 의해 일어난다(6.3E절). 이 생성물의 형태는 또한 알콕사이드 이온에 의한 할로젠화 이온이 입체선택적으로 뒤쪽에서 치환되어 생긴 필연적인 형태이다. 따라서 *시스*-알켄은 *시스*-이치환옥시란을 생성하고, 알켄에서 에폭사이드로의 전환은 입체특이성이다.

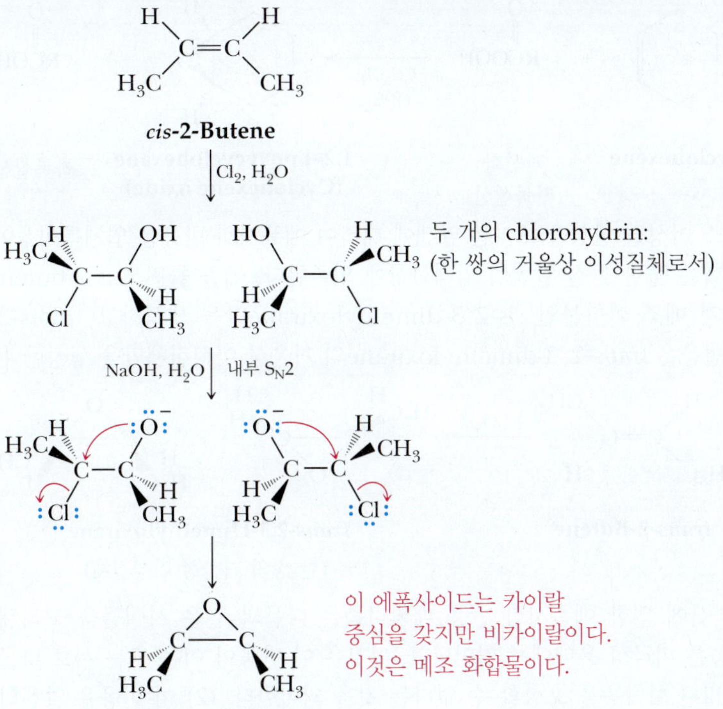

***cis*-2-Butene**

Cl_2, H_2O

두 개의 chlorohydrin:
(한 쌍의 거울상 이성질체로서)

NaOH, H_2O 내부 S_N2

이 에폭사이드는 카이랄 중심을 갖지만 비카이랄이다. 이것은 메조 화합물이다.

***cis*-2,3-Dimethyloxirane**
(비카이랄, 메조 화합물)

연습 문제 11.8

trans-2-Butene으로부터 생성된 bromohydrin과 에폭사이드의 입체 이성질 현상에 대한 가능성을 고려해 보아라.

(a) Bromohydrin에 대해 얼마나 많은 입체 이성질체들이 가능한가? 물에서 *trans*-2-butene을 브로민으로 처리할 때, 가능한 bromohydrin 입체 이성질체 중 어느 것이 생성되는가?

(b) 이 에폭사이드에 대해 얼마나 많은 입체 이성질체가 가능한가? 이 연속적인 두 단계 반응에서 가능한 입체 이성질체 중 어느 것(들)이 생성되는가?

C 과산화카복실산에 의한 알켄의 산화

실험실에서 사용되는 알켄으로부터 에폭사이드 합성에 대한 가장 흔한 방법은 과산화카복실산[peroxycarboxylic acid, 과산화산(peracid)]을 이용한 산화 반응이다. 가장 널리 사용되는 세 가지 과산화산은 *meta*-chloroperoxybenzoic acid (MCPBA), monoperoxyphthalic acid의 마그네슘염(MMPP), peroxyacetic acid이다.

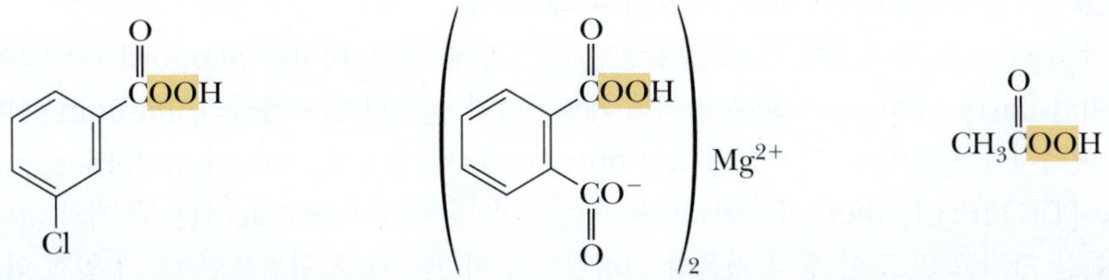

***meta*-Chloroperoxybenzoic acid (MCPBA)**

Magnesium monoperoxyphthalate (MMPP)

Peroxyacetic acid (Peracetic acid)

다음은 과산화카복실산(RCO_3H)에 의한 cyclohexene의 에폭시화 반응의 균형 방정식이다. 이 과정에서 과산화카복실산은 카복실산으로 환원된다.

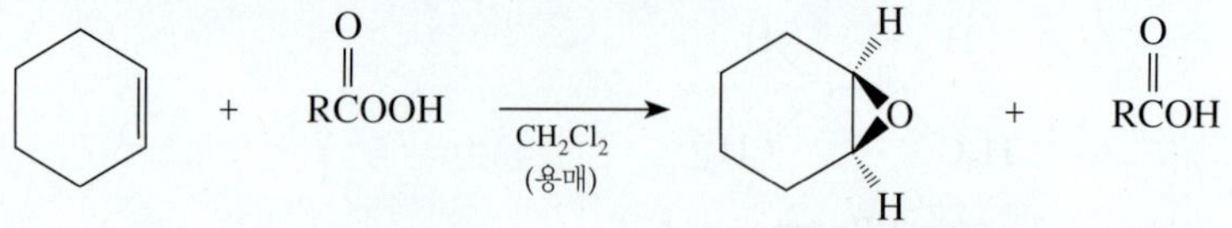

Cyclohexene + 과산화카복실산 ($RCOOH$, with O above) —CH_2Cl_2 (용매)→ 1,2-Epoxycyclohexane (Cyclohexene oxide) + 카복실산 ($RCOH$, with O above)

시스-트랜스 이성질 현상을 보이는 알켄에 대하여 에폭시화 반응은 입체특이성이다. 생성물의 입체화학은 출발 물질 알켄의 입체화학에 의존한다. 예를 들면, *cis*-2-butene 에폭시화 반응은 단지 메조 화합물인 *cis*-2,3-dimethyloxirane만을 생성하고, *trans*-2-butene의 에폭시화 반응은 *trans*-2,3-dimethyloxirane의 거울상 이성질체만을 생성한다.

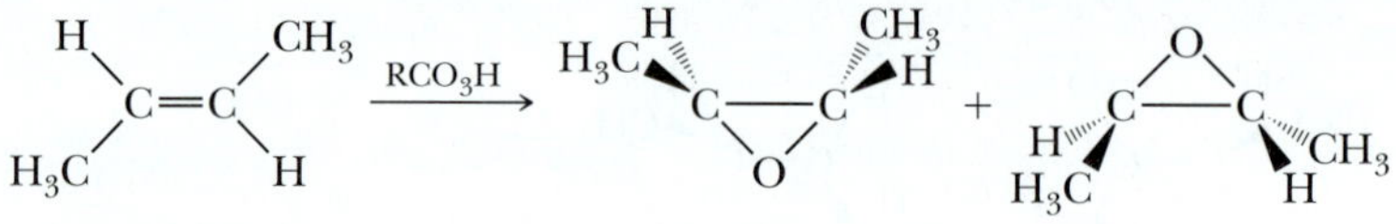

***trans*-2-Butene** —RCO_3H→ ***trans*-2,3-Dimethyloxirane**
(한 쌍의 거울상 이성질체)

과산화산에 의한 에폭시화 반응 메커니즘은 다음과 같은 사실들을 고려해야만 한다. (1) 이 반응은 비극성 용매에서 일어난다. 이것은 이 반응이 이온 또는 서로 다른 전하가 뚜렷하게 분리된 화학종을 포함할 수 없다는 것을 의미한다. (2) 이 반응은 알켄의 배열을 완벽하게 유지하는 입체특이성을 보인다. 이것은 비록 탄소-탄소 이중 결합의 π 결합이 분해된다 할지라도 남아 있는 σ 결합이 결코 자유 회전이 되지 않는다는 것을 의미한다. 다음은 이런 관찰과 일치하는 메커니즘이다.

MECHANISM RCO_3H에 의한 알켄의 에폭시화 반응

결합-형성과 결합-해리 단계들은 서로 협동과정으로 이루어지거나 거의 동시에 이루어진다고 생각할 수 있다.

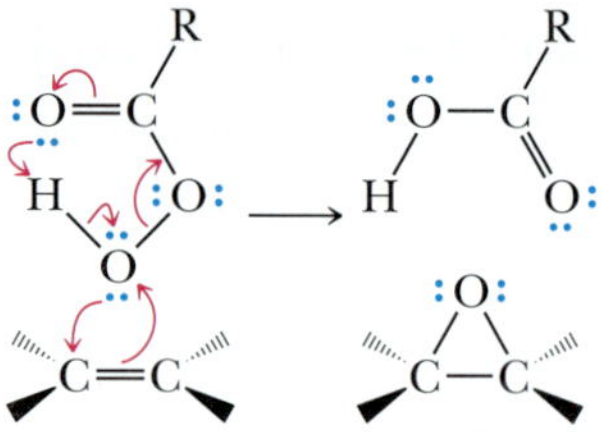

에폭사이드의 두 C—O 결합의 동시에 형성은 이 반응이 입체특이적이라는 것을 확인해준다. 즉 *시스*-알켄은 *시스*-에폭사이드를 *트랜스*-알켄은 *트랜스*-에폭사이드를 생성한다.

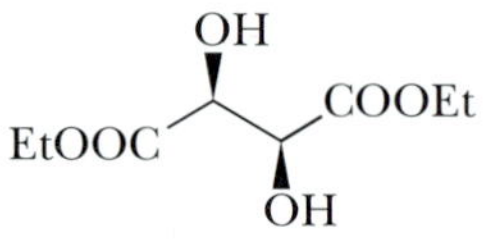

D Sharpless 비대칭 에폭시화 반응

지난 수십 년에 걸쳐 발견된 가장 유용한 유기 반응 중의 하나는 Stanford 대학교에 재직중이던 Barry Sharpless 교수에 의해 개발된 1차 알릴성 알코올들의 titanium 촉매 비대칭 에폭시화 반응이다. 이 시약은 *tert*-butyl hydroperoxide, titanium tetraisopropoxide [Ti(O-iPr)$_4$], diethyl tartrate로 구성되어 있다. Tartaric acid는 두 개의 카이랄 중심들을 가지고 있고 한 쌍의 거울상 이성질체와 하나의 메조 화합물인 세 개 입체 이성질체들로 존재한다는 3.4B절의 내용을 상기하라. Sharpless 에폭시화 반응에서 사용된 tartaric acid의 형태는 순수한 (+)-diethyl tartrate이거나 또는 거울상 이성질체인(−)-diethyl tartrate이다. *tert*-Butyl hydroperoxide는 산화제이며 정량적으로 사용되어야 한다. Ti-

(2*S*,3*S*)-(−)-Diethyl tartrate

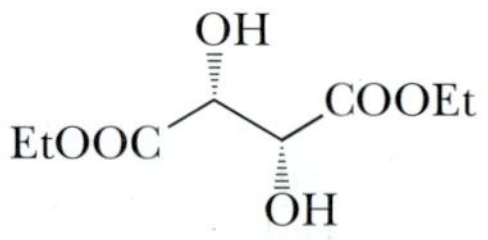

(2*R*,3*R*)-(+)-Diethyl tartrate

tanium tetraisopropoxide와 diethyl tartrate는 결합하여 활성 촉매를 만들고, 일반적으로 더 적은 양인 5~10 mol%가 사용된다.

Sharpless 에폭시화 반응에 대해 주목할 만한 점은 이 반응이 사용되는 diethyl tartrate에 의존하여 입체특이성이 된다는 것이다. 에폭사이드의 거울상 이성질체 중 어느 하나가 사용되는 diethyl tartrate의 거울상 이성질체에 좌우되어 형성될 수 있다. 만약(−)-거울상 이성질체가 사용되면, 생성물은 거울상 이성질체 A가 된다. 만일 (+)-거울상 이성질체가 사용되면, 생성물은 거울상 이성질체 B가 된다.

Sharpless 에폭시화 반응 생성물의 입체화학을 예측할 때, 위 예의 왼쪽에 나타낸 것처럼 알릴성 알코올을 언제나 같은 방향으로 그리는 것이 도움이 된다는 것을 알게 될 것이다.

이와 같은 방법으로 그려질 때, (−)-tartrate는 그 알릴성 알코올의 이중 결합 위쪽 면으로 부터 에폭사이드 산소의 전달을 촉매하고, (+)-tartrate는 아래쪽 면으로부터 산소의 전달을 촉매 하게 된다.

(−)-Diethyl tartrate 존재 하에서 산소는 위쪽 면으로 전달된다.

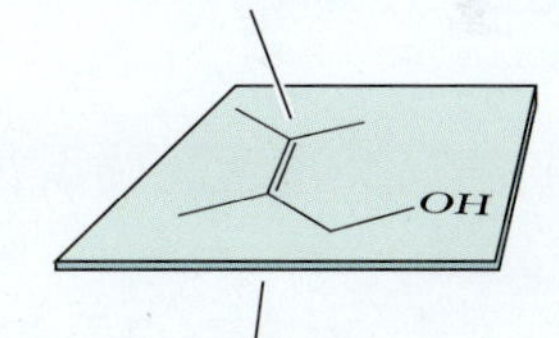

(+)-Diethyl tartrate 존재 하에서 산소는 아래쪽 면으로 전달된다.

이 촉매화된 에폭시화 반응 메커니즘은 상세히 연구되어 왔으며, diethyl tartrate의 카보닐 산소가 titanium상에서 isopropoxide기 중 하나로 치환되는 카이랄 착물의 생성을 포함한다. R—OOH 산화제가 첨가되었을 때, 두 번째 isopropoxide기가 치환된다. 마지막으로 알릴성 알코올의 산소가 세 번째 isopropoxide기를 치환한다. 따라서 비록 알켄이나 ROOH 산화제가 카이랄이 아닐지라도 이 둘 모두는 이제 diethyl tartrate-titanium 착물에 의해서 생성된 카이랄 환경 속에서 서로 고정된 입체화학적 관계가 유지된다. 이런 카이랄 환경 안에서 산소는 diethyl tartrate의 어느 거울상 이성질체가 존재하느냐에 따라 알켄의 위쪽 면 아니면 아래쪽 면에 전달된다.

거울상선택적 합성 분야의 선구적인 업적으로 Sharpless (William Knowles와 Ryoji Noyori와 함께)는 2001년 화학 부문에서 노벨상을 수상하였다.

예제 11.9

카이랄 촉매로서 (+)-diethyl tartrate를 사용한 각각의 알릴성 알코올의 Sharpless 에폭시화 반응에 대한 예상된 생성물을 그려라.

➥ 해답

(b) 이 문제 해결에 있어서 알릴성 알코올의 탄소 골격은 그 주형에 있는 방향에 일치되도록 재배치되고 에폭시화 반응이 완결된 후, 그 탄소 골격이 본래 그림으로 재배치된다.

연습 문제 11.9

카이랄 촉매로서, (+)-diethyl tartrate를 사용한 각각의 알릴성 알코올의 Sharpless 에폭시화 반응에 대한 예상된 생성물을 그려라.

(a) HO— (allylic alcohol) (b) HO—CH=CH—OCH$_3$

11.9 에폭사이드의 반응

삼원자 고리에 관련된 무리 때문에 에폭사이드는 다양한 고리 열림 반응을 한다. 이들 반응의 특징은 에폭사이드 고리의 탄소 중 이탈기로서 산소 원자를 갖는 탄소에 친핵성 치환 반응이 일어난다는 것이다.

에폭사이드의 특징적인 반응: C—C(O) + HNu: —(입체선택적)→ Nu—C—C—HO

A 산-촉매 고리 열림

황산과 같은 산 촉매 하에서 에폭사이드는 glycol로 가수분해 된다. 한 예로서 oxirane의 산-촉매 가수분해는 1,2-ethanediol (ethylene glycol)을 생성한다.

$$H_2C\text{—}CH_2(O) + H_2O \xrightarrow{H^+} HOCH_2CH_2OH$$

Oxirane (Ethylene oxide) **1,2-Ethanediol (Ethylene glycol)**

MECHANISM 에폭사이드의 산-촉매 가수분해

***1단계:* 양성자 첨가.** 산-촉매로부터 에폭사이드의 산소 원자로의 양성자 이동은 다리 걸친 옥소늄이온 중간체를 생성한다.

$$H_2C\text{—}CH_2(:O:) + H\text{—}\ddot{O}^+(H)\text{—}H \rightleftharpoons H_2C\text{—}CH_2(:O^+\text{—}H) + H\text{—}\ddot{O}\text{—}H$$

***2단계:* 친핵체와 친전자체 사이에 결합이 생성되고 끊어지는 과정이 동시에 진행되어 안정한 분자 혹은 이온 생성.** 양성자가 첨가된 에폭사이드(다리걸친 옥소늄 이온)에 대한 H_2O의 뒤쪽 공격이 삼원자 고리를 열리게 한다.

$$H_2C\text{—}CH_2(:O^+\text{—}H) + H\text{—}\ddot{O}\text{—}H \longrightarrow H_2C(:OH)\text{—}CH_2(\ddot{O}^+H_2)$$

***3단계:* 양성자 제거.** 용매로 양성자 이동이 일어나면서 glycol 형성이 완결된다.

$$H_2C(:OH)\text{—}CH_2(\ddot{O}^+H_2) + H\text{—}\ddot{O}\text{—}H \rightleftharpoons H_2C(:OH)\text{—}CH_2(\ddot{O}H) + H\text{—}\ddot{O}^+(H)\text{—}H$$

양성자가 첨가된 에폭사이드에 대한 친핵체 공격은 S_N2 반응의 전형적인 안티(anti) 입체선택성을 보인다. 친핵체가 이탈하는 —OH기 반대편을 공격하고, 형성된 glycol에서는 —OH기가 안티로 존재한다. 결과적으로 epoxycycloalkane의 가수분해는 *trans*-1,2-cycloalkanediol을 생성한다.

1,2-Epoxycyclopentane (Cyclopentene oxide)
(비카이랄)

$+ H_2O \xrightarrow{H^+}$

***trans*-1,2-Cyclopentanediol**
(라셈 혼합물)

알켄에 할로젠 또는 X_2/H_2O의 친전자성 첨가 반응에서 다리 걸친 할로늄 이온 중간체와 다리 걸친 옥소늄 이온 중간체의 고리 열림 반응에 있어서 유사성을 주목하라(6.3D와 6.3E절). 각 경우에서 중간체는 양전하를 가진 하나의 헤테로 원자를 포함하고 있는 삼원자 고리이고, 친핵체의 공격은 이탈기 반대 면에서 일어난다.

산-촉매 에폭사이드 고리 열림 반응에 대한 전이 상태에서 탄소양이온의 성격이 어느 정도 나타나기 때문에 비대칭 에폭사이드 상에서의 친핵체 공격은 부분적인 양전하를 좀 더 잘 수용할 수 있는 탄소에서 우선적으로 일어난다.

1-Methyl-1,2-epoxycyclohexane $+ CH_3OH \xrightarrow{H_2SO_4}$ **2-Methoxy-2-methylcyclohexanol**

산-촉매 고리 열림 반응의 입체화학은 다리걸친 옥소늄 이온 중간체의 반대 면을 친핵체가 공격한다는 점에서 S_N2 반응과 유사하다. 그러나 그 위치화학은 S_N1 반응과 유사하다. 전이 상태의 부분적인 탄소양이온 성격으로 인하여 옥소늄 이온 중간체에 친핵체의 공격이 좀 더 많이 치환된 탄소에서 우선적으로 일어난다. 즉, 다리걸친 브로모늄(bromonium) 이온에 대한 공격에서의 전이 상태와 유사한 전이 상태에 있는 탄소에 나타나는 부분적인 양전하를 더 잘 수용할 수 있는 자리에서 공격이 일어난다.

이제 에폭사이드의 산-촉매 가수분해에 의해 생성되는 glycol과 osmium tetoxide (O_sO_4)에 의한 알켄의 산화 반응에서(6.5A절) 형성된 생성물과의 입체화학을 비교해 보자. 각 반응은 입체선택적이지만 다른 입체 이성질체를 생성한다. Cyclopentene oxide의 산-촉매 가수분해는 *trans*-1,2-cyclopentanediol를 생성한다. Cyclopentene의 osmium tetroxide 산화 반응은 *cis*-1,2-cyclopentanediol를 생성한다. 즉, 사이클로알켄은 적절한 시약의 선택에 의해 *cis*-glycol 또는 *trans*-glycol로 전환될 수 있다.

RCO_3H; $\xrightarrow[H_2O]{H^+}$; OsO_4, *t*-BuOOH

***trans*-1,2-Cyclopentanediol**
(라셈 혼합물로서 형성된)

***cis*-1,2-Cyclopentanediol**
(비카이랄)

B 친핵성 고리 열림

에터는 정상적으로 친핵체와의 반응에 민감하지 못하다. 그러나 에폭사이드는 다른 점이 있다. 삼원자 고리에 의한 무리(strain) 때문에 에폭사이드는 다양한 친핵체에 의해서 고리 열림 반응이 일어난다. 좋은 친핵체는 S_N2 메커니즘에 의해서 에폭사이드 고리를 공격하며, S_N2와 유사한 위치선택성을 보인다. 즉, 친핵체는 입체 장애를 적게 받는 탄소를 공격한다. 다음은 메탄올에서 sodium methoxide와 metyloxirane (propylene oxide)의 반응에 대한 반응식이다.

$$CH_3CH\overset{O}{-}CH_2 + CH_3OH \xrightarrow[S_N2]{CH_3O^-Na^+} CH_3\underset{OH}{CH}-CH_2-OCH_3$$

MECHANISM 에폭사이드 고리의 친핵성 고리 열림

1단계: **친핵체와 친전자체 사이에 결합이 생성되고 끊어지는 과정이 동시에 진행되어 안정한 분자 혹은 이온 생성.** 많은 무리를 가진 에폭사이드의 덜 가리어진 탄소에 대한 친핵체의 뒤쪽 공격은 에폭사이드의 고리를 열고 O^-를 치환한다.

$$CH_3CH\overset{:O:}{-}CH_2 + CH_3\ddot{O}\!:^-Na^+ \xrightarrow{S_N2} CH_3\underset{:\ddot{O}:^-Na^+}{CH}CH_2\ddot{O}CH_3$$

2단계: **양성자 첨가.** 양성자 이동이 반응을 완결한다.

$$CH_3\ddot{O}-H + CH_3\underset{:\ddot{O}:^-Na^+}{CH}CH_2\ddot{O}CH_3 \longrightarrow CH_3\ddot{O}\!:^-Na^+ + CH_3\underset{:\ddot{O}H}{CH}CH_2\ddot{O}CH_3$$

에폭사이드의 친핵성 고리 열림 반응은 또한 입체선택적이다. S_N2 반응에서 예상된 바와 같이 친핵체의 공격은 이탈기에 대해 반대 방향에서 일어난다. 아래 보기는 methanol 용액 내에서 *trans*-2-methoxycyclohexanol을 생성하는 sodium methoxide와 cyclohexene oxide의 반응이다.

$$\text{Cyclohexene oxide} + CH_3OH \xrightarrow{CH_3O^-Na^+} \textit{trans}\text{-2-Methoxycyclohexanol}$$

Cyclohexene oxide **_trans_-2-Methoxycyclohexanol**
(라셈 혼합물)

에폭사이드에 가치는 고리 열림 반응을 일으키는 많은 친핵체와 이들을 이용하여 제조될 수 있는 작용기들의 조합에 있다. 이들 고리 열림 반응 중 가장 중요한 것들이 다음 도표에 요약되어 있다.

Methyloxirane ($H_2C\overset{O}{-}CH-CH_3$):

- Na^+SH^-/H_2O → $HSCH_2CH(CH_3)OH$ — β-Mercaptoalcohol
- H_2O/H_3O^+ → $HOCH_2CH(CH_3)OH$ — Glycol
- 1. $HC{\equiv}C^-Na^+$ 2. H_2O → $HC{\equiv}CCH_2CH(CH_3)OH$ — β-Alkynylalcohol
- $N{\equiv}C^-Na^+/H_2O$ → $N{\equiv}CCH_2CH(CH_3)OH$ — β-Hydroxynitrile
- NH_3 → $H_2NCH_2CH(CH_3)OH$ — β-Aminoalcohol

말단 알카인 음이온 혹은 사이안화물 음이온과의 반응들은 각 반응에서 새로운 탄소-탄소 결합이 형성되기 때문에 특별히 주목할 만하다.

마지막으로, $LiAlH_4$의 처리는 에폭사이드를 알코올로 환원시킨다. Lithium aluminum hydride는 센염기이면서 동시에 좋은 친핵체인 수소화 이온, $H:^-$ 주개라는 점에서 sodium borohydride ($NaBH_4$)와 유사하다. $LiAlH_4$에 의한 치환된 에폭사이드의 환원 반응에서 수소화 이온의 공격은 S_N2 반응성과 일치하게 관찰되며 에폭사이드의 입체적으로 덜 가리어진 탄소에서 우선적으로 일어난다.

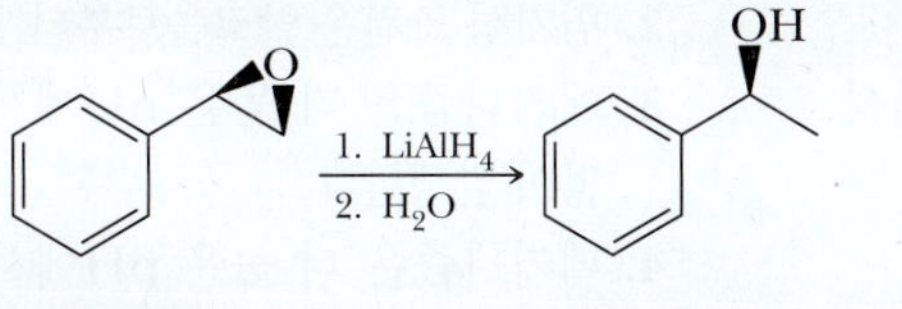

1. $LiAlH_4$
2. H_2O

(*R*)-Phenyloxirane ((*R*)-Styrene oxide) → **(*S*)-1-Phenylethanol**

의과대학 입학시험(MCAT) 연습: 지문 및 질문

Benzo[a]pyrene

Benzo[a]pyrene은 유기 물질의 불완전 연소 생성물이다. 이 물질은 다양한 암을 발생시키는 콜타르의 한 구성 성분으로 처음에 알려졌다. 이 물질은 담배연기, 자동차 배기 가스, 숯불로 구운 고기에도 들어 있다.

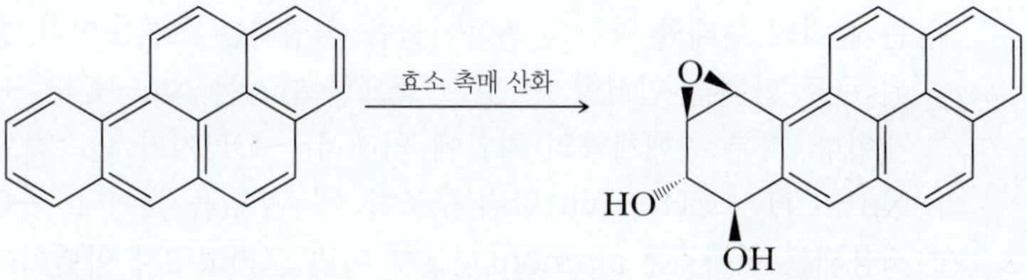

효소 촉매 산화

Benzo[a]pyrene → Diol epoxide

Benzo[a]pyrene의 인체 대사작용은 용이한 배출을 위하여 물에 녹는 다이올 에폭사이드(diol epoxide) 대사물로 전환한다. 그러나 이 대사물은 DNA의 아민기와 반응하여 암 발생 변이를 일으킨다.

물에서 다이올 에폭사이드의 반응이 연구되었고, 3개의 생성물이 알려져 있다. 생성물의 분포는 2개의 다른 pH 영역에서 아래와 같다.

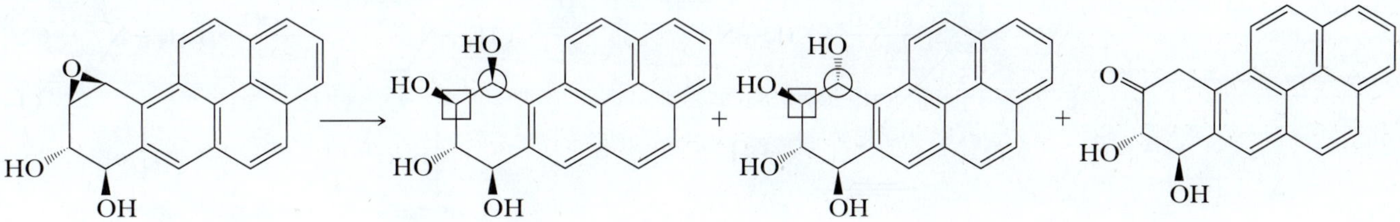

Diol epoxide → *cis* Tetrol + (생성물 2) + (생성물 3)

	cis Tetrol		
pH = 3	89	11	0
pH = 12	11	5	84

질문

A. 반응물과 비교하여 원과 사각형으로 표시된 탄소에서 반응의 입체화학적인 결과는 무엇인가?

1. 2개의 탄소는 뒤섞여진 입체화학을 보여준다.

2. 2개의 탄소는 반전된 입체화학을 보여준다.

3. 사각형으로 표시된 탄소는 입체화학이 반전되었지만 원으로 표시된 탄소는 뒤섞여진 입체화학을 보여준다.

4. 원으로 표시된 탄소는 뒤섞여진 입체화학을 보여주지만 사각형으로 표시된 탄소는 배열이 보존되었다.

B. 생성물의 분포는 화학자에게 산-촉매 에폭사이드 고리 열림 반응에 대하여 무엇을 설명하는가?

1. 반응은 라디칼 반응 메커니즘으로 진행.
2. 고리가 열리기 전에 인접한 하이드록시기에 양성자 첨가 발생.
3. 반응은 S_N2 메커니즘으로 완전히 진행.
4. 반응은 탄소양이온의 한쪽 면에 물이 우선적으로 첨가하는 S_N1 메커니즘으로 대부분 진행.

C. 세 번째 생성물에서 카보닐기를 생성하기 위하여 염기성 조건에서 무엇이 일어나야 하는가?

1. 염기는 중간체로부터 양성자를 제거한다.
2. 다른 2개의 생성물 중에 하나로부터 물이 제거된다.
3. 수산화 이온은 S_N2 반응에 의하여 OH기를 치환한다.
4. 2와 3번 반응 모두 일어난다.

D. *trans*-Tetrol과 *cis*-Tetrol의 상대적 양이 pH 3(0.12 비율)에서보다 pH 12(0.45 비율)에서 더 큰 이유는 무엇인가?

1. 이웃자리 다이올의 *트랜스* 배열이 더 높은 pH에서 더 안정하다.
2. 염기성 조건은 알코올로부터 알콕사이드를 생성시킨다.
3. 메커니즘은 더 높은 pH에서 S_N1 고리 열림 반응이 많이 발생한다.
4. 메커니즘은 더 높은 pH에서 S_N2 고리 열림 반응이 많이 발생한다.

11.10 Ethylene oxide와 epichlorohydrin: 유기 합성에서의 구성 단위

Ethylene oxide는 두 탄소 골격의 각 탄소가 하나의 작용기를 가지고 있기 때문에 유기 합성에서 귀중한 구성 단위이다. 다음의 그림은 이 구성 단위로부터 만들어질 수 있는 분자의 형태와 약간의 작용기들을 설명하는 흐름도이다. Ethylene oxide로부터 유도된 구조 단위를 인식할 수 있는 중요한 단서는 Nu—CH_2—CH_2—OH 단위 구조의 존재이다. 다른 친핵체와의 치환에 의해서 —OH기가 연속적으로 변형되는 경우에 있어서 Nu—CH_2—CH_2—Nu 단위 구조를 볼 수 있을 것이다. —OH기의 변형에서 가장 널리 사용되는 친핵체는 ammonia, 1차 아민 그리고 2차 아민이다(1.3B절). 우리는 이러한 형태는 아니지만 이전에 이와 같은 반응들을 모두 다루었다.

위 흐름도를 공부할 때, 다음 사항에 주의하라.

- 반응 (1)과 (8)은 삼원자 고리를 열기 위해서 탄소 친핵체를 사용하며, 새로운 탄소-탄소 결합을 형성한다.
- 반응 (2)는 탄소-질소 삼중 결합이 1차 아민으로 되는 촉매를 통한 환원 반응이다. 탄소-탄소 삼중 결합이 전이 금속 촉매 존재 하에서 수소에 의해 탄소-탄소 단일 결합으로 환원 될 수 있는 것과 같이 탄소-질소 삼중 결합도 유사하게 환원될 수 있다.

- 반응 (3)과 (4)는 질소 친핵체에 의한 에폭사이드 고리의 열림 반응이다.
- 반응 (5)는 1,5-다이올의 분자 내 산-촉매 탈수 반응으로 고리형 에터를 생성한다.
- 반응 (7)은 두 개의 연속적인 S_N2 반응을 포함하며, 질소를 포함하는 고리 화합물을 형성 한다.

화합물의 한 예로는 국소 마취제인 procaine이 있다. 이 화합물은 한 부분에서 ethylene oxide의 두 탄소 골격으로부터 유도된 구조를 포함한다. 다음은 procaine의 역합성 분석이다.

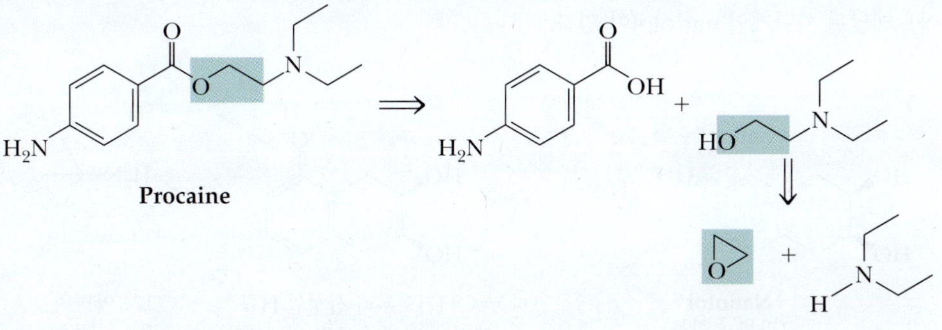

Procaine ⟹ H_2N-C₆H₄-COOH + HO-CH₂CH₂-N(Et)₂ ⟹ Ethylene oxide + Diethylamine

Procaine **Ethylene oxide** **Diethylamine**

Procaine의 hydrochloride 염은 Novocaine이라는 상품명으로 판매되고 있다. 우리는 18장에서 카복실산의 유도체를 공부할 때, procaine의 합성을 어떻게 완결하는지 볼 것이다.

Epoxide epichlorohydrin은 각 세 개의 탄소가 반응성이 있는 작용기를 포함하기 때문에 또한 중요한 합성 구성 단위이다.

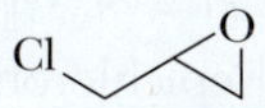

Epichlorohydrin

Epichlorohydrin는 끓는점이 118°C인 기름성의 액체이다. 이것은 물과 비극성 탄화수소 용매에 불용성이지만, diethyl ether와 dichloromethane과 같은 극성 비양성자성 용매에는 가용성이다. Epichlorohydrin은 다음 일련의 세 반응에 의해 공업적으로 합성된다.

1단계: 라디칼 연쇄 메커니즘에 의한 알릴자리 할로젠화 반응(8.6A절).

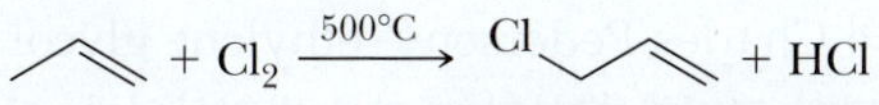

$$\text{Propene} + Cl_2 \xrightarrow{500°C} \text{3-Chloropropene} + HCl$$

Propene **3-Chloropropene (Allyl chloride)**

2단계: 물에서 염소와 할로알켄을 처리하면 chlorohydrin이 생성된다(6.3E절).

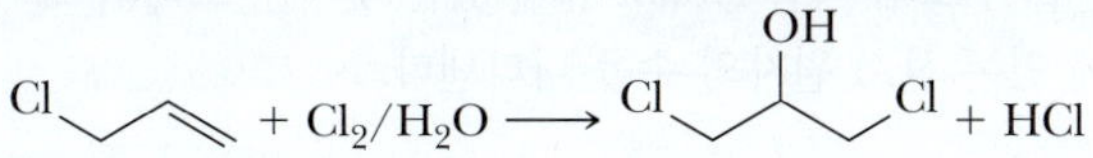

$$ClCH_2CH{=}CH_2 + Cl_2/H_2O \longrightarrow ClCH_2CH(OH)CH_2Cl + HCl$$

3단계: Calcium hydroxide와 chlorohydrin의 처리는 내부 S_N2 반응을 일으키고, epichlorohydrin을 생성한다.

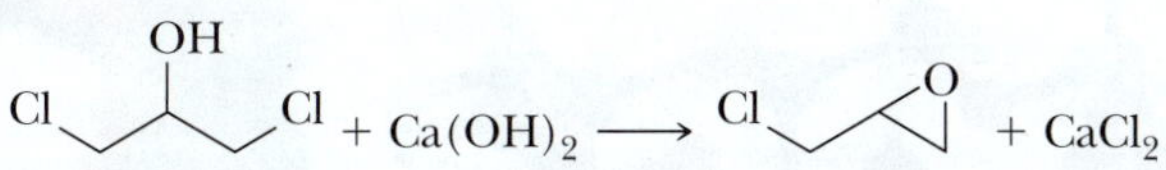

$$ClCH_2CH(OH)CH_2Cl + Ca(OH)_2 \longrightarrow \text{Epichlorohydrin} + CaCl_2$$

3-Chloro-1,2-epoxypropane
(Epichlorohydrin)
(라셈 혼합물)

Epichlorohydrin으로부터 유도된 생성물의 특징적인 구조적 특성은 중간 탄소 위에 —OH를 가진 3-탄소 단위이고 탄소, 질소, 산소 그리고 황 친핵체가 두 개의 끝에 있는 탄소에 결합된다.

Epichlorohydrin

Epichlorohydrin의 3-탄소 골격을 포함한 화합물의 한 예로는 혈관 확장 활성이 있고 β-아드레날린 차단제인 nadolol이 있다.

Nadolol
(라셈 혼합물)

—OH기로부터 산성인 H를 제거에 의해 유도된 친핵체

1차 아민의 질소 친핵체

이러한 종류의 화합물들은 고혈압, 편두통, 녹내장, 국소빈혈 심장병 및 특정 심장 부정맥 등의 치료에 효과적이기 때문에 매우 큰 임상적 관심을 받아 왔다. 이 역합성 분석에서 nadolol의 합성에 사용된 두 개의 친핵체가 나타난다. 우리는 21장과 22장에서 benzene의 화학과 그의 유도체를 공부할 때, nadolol의 합성이 어떻게 완결되는지 볼 것이다.

우리는 이 단계에서 어떻게 이 친핵체들이 형성되는지, 또는 사용된 두 개의 친핵체가 있다면, 어느 친핵체가 먼저 첨가되고, 어느 자리에서 반응하는지에 대해서는 다루지 않았다. 물론 이 시점에서 ethylene oxide와 epichlorohydrin에 대한 우리들의 관심은 이들 구성 단위로부터 유도될지도 모르는 과녁 분자에 있어서 그 구조적인 특징을 인식하는 것에 있다. 할 수 있다면 그것에 대한 인식 방식을 생각해 보라. 나중에 우리는 다른 작용기의 화학을 공부한 후 과녁 분자들이 실험실에서 어떻게 합성되는지에 관하여 자세히 설명할 것이다.

11.11 크라운 에터

1960년 초, Dupont사의 Charles Pedersen은 ethylene glycol과 치환된 ethylene glycol로부터 유도된 한 집단의 고리형 고분자 에터를 발견하였다. 이 구조의 화합물은 그들의 가장 안전한 형태들 중의 하나가 왕관 모양과 유사하기 때문에 **크라운 에터**(crown ether)라 명명된다. 이러한 에터는 Pedersen에 의해 고안된 체계에 의해 명명된다. 예를 들어, 18-crown-6에서와 같이 모체 이름 *crown* 앞에 있는 숫자는 고리의 크기를 나타내고, 다음에 숫자는 고리 안에 있는 산소 원자의 수를 나타낸다.

크라운 에터
치환된 ethylene glycol과 ethylene glycol로부터 유도된 고리형 폴리에터.

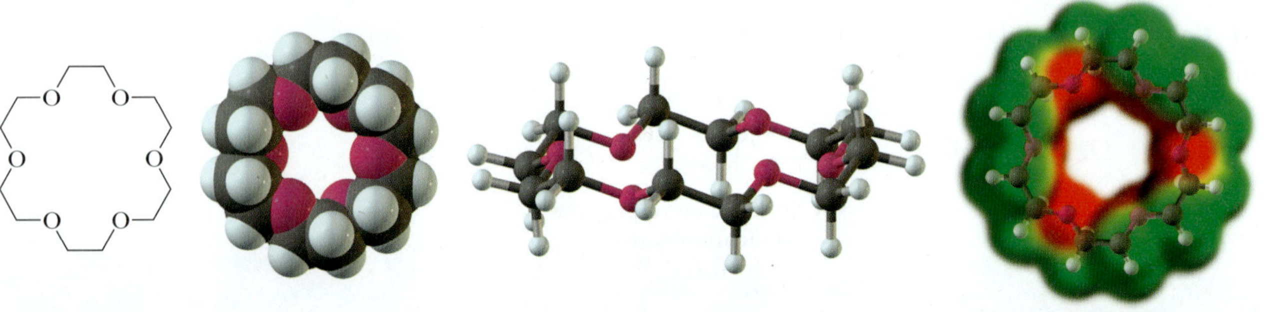

18-Crown-6
고리형 육량체

위에서 본 공간-채움 모형

가장자리를 통해서 본 공-막대 모형

전자가 풍부한 내부와 비극성 외부를 보여주는 정전기 퍼텐셜 지도

이러한 업적에 대해서 Pedersen은 미국의 Donald J. Crame과 프랑스의 Jean-Maric Lehn과 함께 1987년 화학 부문 노벨상을 수상하였다.

크라운 에터의 가장 중요한 구조적인 특징은 고리의 산소 원자들의 반복에 의해 생성된 공동의 직경으로 알칼리 금속 이온들의 직경과 비슷하다. 예를 들면, 18-crown-6에서 그 공동의 직경은 거의 칼륨 이온의 직경에 해당한다. 칼륨 이온이 18-crown-6 공간 속으로 삽입될 때, 크라운 에터의 여섯 개 산소 원자에 있는 비공유 전자쌍들은 칼륨 이온에 충분히 가까워서 K^+에 대한 매우 효과적인 용매화를 제공한다.

6개 산소 원자에 의해 생성된 공동의 직경은 대략 260~320 pm이다

K^+의 직경은 266 pm이다

이온	직경 (pm)
Li^+	136
Na^+	194
K^+	266
Rb^+	294
Mg^{2+}	164
Ca^{2+}	286

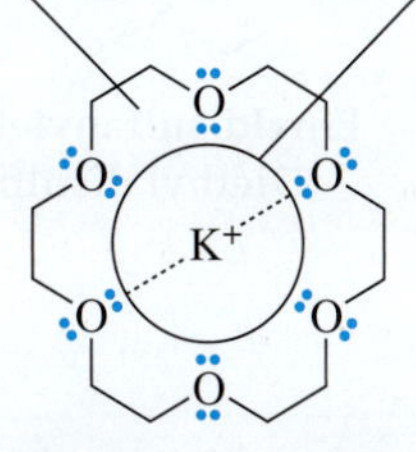

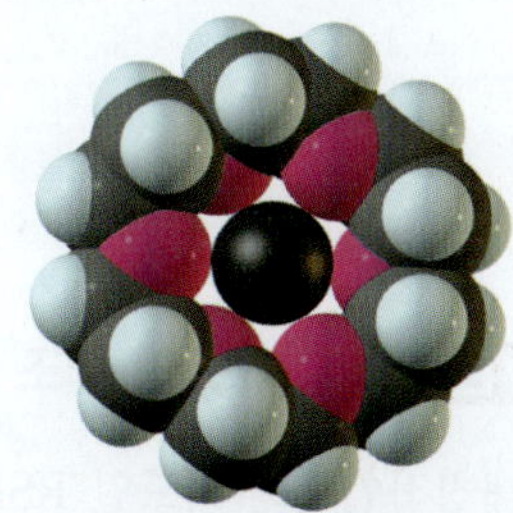

K^+와 18-crown-6의 착물

18-Crown-6는 소듐 이온(약간 더 작은 이온) 그리고 루비듐 이온(약간 더 큰 이온)과 다소 약한 착물을 형성하고, 리튬 이온(상당히 작은 이온)과는 인지할 수 있는 정도로는 배위하지 않는다. 그러나 좀 더 작은 공동을 갖는 12-crown-4는 리튬 이온과 강한 착물을 형성한다.

크라운 에터의 공동은 극성 영역에 해당하고, 그 공동 배열 상에 있는 산소 원자의 비공유 전자쌍들이 알칼리 금속 이온에 대해 효과적인 용매화를 제공한다. 크라운 화합물의 외부 표면은 비극성이고 탄화수소와 같아서 크라운 에터와 알칼리 금속 이온과의 착물들은 비극성 유기 용매에서 쉽게 용해된다.

크라운 에터 화합물들은 무기 염들을 methylene chloride, hexane, benzene과 같은 비극성 비양성자성 유기 용매에 녹게 할 수 있는 능력 때문에 특별히 가치 있는 것으로 증명되어 왔다. 예를 들면, potassium permanganate은 benzene에 용해되지 않는다. 만약 18-crown-6가 benzene에 첨가되면, 그 용액은 potassium permanganate 이온의 특징적인 자주색을 띄게 된다. 크라운-칼륨 이온 착물이 benzene에 녹게 되어, potassium permanganate를 함께 용액 속으로 이동시키게 된다. 이 결과로서 생성되는 '자주색 benzene'은 물에 녹지 않는 유기 화합물을 산화시키는데 유용한 시약이다.

크라운 에터는 또한 친핵성 치환 반응에서도 유용한 것으로 증명되었다. KF, KCN, KN_3와 같은 칼륨 염의 양이온들은 18-crown-6들의 용매화 공동 내에서 매우 강하게 결합된다. 그러나 이 음이온들은 단지 약하게 용매화되고, 크라운 화합물의 공동 내에서 결합하고 있는 양이온들의 기하학적 구조 때문에 양이온과 음이온 사이에서 단지 느슨한 이온 쌍이 발생한다. 즉, 비공유 비양성자성 용매에서 이들 음이온은 인지할 수 있을 정도의 용매 껍질로 둘러싸여 있지 않아서 친핵체로서 높은 반응성을 갖는다. 18-crown-6를 포함하고 있는 비극성 비양성자성 용매에서 F^-,CN^-,N_3^- 그리고 다른 음이온들의 친핵성도는 DMSO와 acetonitrile과 같은 극성의 비양성자성 용매에서의 친핵성도와 같거나 종종 우세한 경우가 있다.

11.12 설파이드

A 명명법

설파이드(Sulfide, **싸이오에터** thioether라고도 함)의 IUPAC명을 나타내기 위해서 모체 알케인으로서 가장 긴 탄소 사슬을 선택하고 황을 포함한 치환기들을 *alkylsulfanyl*기로 명명한다. 관용명을 나타내기 위해서는 황에 결합된 기들을 나열하고, —S—기의 존재를 나타내기 위해서 설파이드(sulfide)라는 단어를 붙인다.

설파이드
에터의 황 유사체. 두 개의 탄소 원자에 결합된 황 원자를 포함하고 있는 분자. 설파이드 또한 싸이오에터로 명명된다.

Ethylsulfanylethane (Diethyl sulfide) **2-Ethylsulfanylpropane (Ethyl isopropyl sulfide)**

이황화물
—S—S—기를 포함하는 분자.

이황화물(Disulfide)의 작용기는 —S—S—기이다. 이황화물의 IUPAC명은 모체 알켄으로서 가장 긴 탄소 사슬을 선택하고, 이황화물을 포함하는 치환기들을 *alkyldisulfanyl*기로 표시함으로써 명명된다. 이황화물의 관용명은 황과 결합된 작용기의 이름을 나열하고, *disulfide* 단어를 붙여 만들어진다.

Ethyldisulfanylethane (Diethyl disulfide)

B 설파이드의 제조

대칭적인 설파이드인 RSR(또한, 대칭적인 싸이오에터라 부른다)은 1 몰의 Na_2S(여기서 S^{2-}가 친핵체)를 2 몰의 할로알케인으로 처리하여 제조된다.

$$2\ RX + Na_2S \rightarrow \underset{\text{설파이드}}{RSR} + 2\ NaX$$

똑같은 반응이 오원자와 육원자 고리형 설파이드를 제조하기 위하여 사용될 수 있다. 1,4-dihaloalkane을 Na_2S로 처리하면 오원자 고리의 설파이드가 생성된다. 1,5-dihaloalkane의 Na_2S로의 처리는 육원자 고리를 생성한다.

$$\text{Cl}(CH_2)_4\text{Cl} + Na_2S \xrightarrow{S_N2} \text{Thiolane} + 2\ Na^+Cl^-$$

1,4-Dichlorobutane → **Thiolane (Tetrahydrothiophene)**

$$\text{Cl}(CH_2)_5\text{Cl} + Na_2S \xrightarrow{S_N2} \text{Thiane} + 2\ Na^+Cl^-$$

1,5-Dichloropentane → **Thiane (Tetrahydrothiopyran)**

비대칭적인 설파이드인 **RSR'**는 싸이올을 sodium hydroxide나 sodium ethoxide로 사용하여 소듐 염으로 전환시킨 다음, 그 염을 할로알케인과 반응시켜 제조된다.

$$CH_3(CH_2)_8CH_2S^-Na^+ + CH_3I \xrightarrow{S_N2} CH_3(CH_2)_8CH_2SCH_3 + Na^+I^-$$

Sodium 1-decanethiolate → **1-Methylsulfanyldecane (Decyl methyl sulfide)**

이 같은 싸이오에터를 만드는 방법은 Williamson 에터 합성법의 황 유사체이다(11.4A절).

설파이드(싸이오에터)를 만드는 이와 같은 모든 반응들은 친핵성 치환 반응의 직접적인 응용임을 유의하라(9장).

C 설파이드의 산화 반응

설파이드의 성질 중 많은 것들이 2가의 황이 환원제라는 사실로부터 나타난다. 설파이드는 두 단계의 더 높은 산화 상태로 쉽게 산화된다. 설파이드와 1 몰의 30% 과산화 수소 수용액을 상온에서 처리하면, methyl phenyl sulfide를 methyl phenyl sulfoxide로의 산화 반응에 의해 설명된 바와 같이 설폭사이드를 생성한다. Sodium periodate ($NaIO_4$)를 포함하는 몇 가지 다른 산화제들은 위와 똑같은 변환을 일으킨다. 설폭사이드를 $NaIO_4$로 처리하면 설폰으로의 산화 반응이 일어난다.

$$C_6H_5{-}S{-}CH_3 \xrightarrow[25°C]{H_2O_2} C_6H_5{-}\overset{O}{\overset{\|}{S}}{-}CH_3 \xrightarrow[25°C]{NaIO_4} C_6H_5{-}\overset{O}{\overset{\|}{S}}(=O){-}CH_3$$

Methyl phenyl sulfide **Methyl phenyl sulfoxide** **Methyl phenyl sulfone**

DMSO는 질소의 산화물 존재 하에서 dimethyl sulfide의 공기 산화에 의해 공업적인 규모로 생산된다.

$$2\ CH_3{-}S{-}CH_3 + O_2 \xrightarrow{\text{질소의 산화물}} 2\ CH_3{-}\overset{O}{\overset{\|}{S}}{-}CH_3$$

Dimethyl sulfide **Dimethyl sulfoxide**

사실과 개념에 대한 요약

11.1절 | 에테르의 구조

- **에터**(Ether)는 두 탄소 원자에 결합된 하나의 산소 원자를 포함한다.

11.2절 | 에테르의 명명법

- IUPAC명에 있어서는 모체 사슬의 이름이 붙여지고, —OR기는 알콕시 치환기로서 명명된다.
- 에터에 대한 관용명은 산소에 결합된 두 개의 원자단을 명명한 후, *에터* 단어를 붙여 만들어진다. 헤테로 고리 에터는 고리 구성원의 하나로서 산소 원자를 갖는다.

연습 문제: 11.1, 11.10, 11.11

11.3절 | 에테르의 물리적 성질

- 에터는 약한 극성의 화합물이고, 약한 쌍극자-쌍극자 상호작용과 분산력에 의해 회합된다.
  - 에터의 끓는점은 그와 유사한 분자량을 갖은 탄화수소와 비슷하지만 그에 상응하는 알코 올보다는 훨씬 더 낮다.
  - 에터는 수소 결합 받개이기 때문에 분자량이 비슷한 탄화수소보다 물에서 더 가용성이다.

연습 문제: 11.2, 11.12~11.14

11.4절 | 에테르의 제조

- 에터는 **Williamson 에터 합성법**(Williamson ether synthesis)으로 제조된다. 이것은 알콕사이드와 메틸 또는 1차 할로젠화 알킬과의 S_N2 반응이다(2차 또는 3차 할로젠화 알킬은 원하지 않는 E2 제거 반응을 너무 많이 일으킨다.)
- 대칭적인 에터는 센산 존재 하에서 알코올의 탈수 반응을 통해 제조될 수 있다.
- 에터는 산-촉매 알켄의 수화 반응과 유사한 메커니즘을 거쳐 양성자 첨가 반응으로 안정한 탄소양이온을 형성할 수 있는 알켄에 메틸 또는 1차 알코올의 산-촉매 첨가 반응을 통해서 제조될 수 있다.

연습 문제: 11.3, 11.4, 11.15, 11.16, 11.41, 11.42, 11.43

11.5절 | 에테르의 반응

- 에터는 진한 HX에 의해서 에터 산소에 양성자 첨가 반응이 일어나고, 이어서 X^-와의 S_N1 또는 S_N2 치환 반응을 포함하는 메커니즘을 경유하여 분해된다. 정확한 메커니즘은 에터의 구조에 의해 결정된다.

연습 문제: 11.5, 11.6

- 에터를 취급할 때 특별한 주의가 필요하다.
  - 일반적인 에터는 높은 휘발성과 가연성을 갖는다. 에터는 O_2 존재 하에서 폭발성이 있는 과산화 수소로 산화되기 때문에 유효기간 만료 이전에 폐기되어야만 한다.

11.6절 | 보호기로서의 실릴 에터

- **보호기**(Protecting group)는 한 작용기가 반응하는 것을 일시적으로 억제하기 위해서 사용된다.
- 실릴 에터는 알코올기를 보호하기 위해서 사용된다.
  - 실릴 에터는 알코올과 silyl chloride로부터 제조된다.
  - 실릴 에터는 산화, 환원, 비수용성 산, 비수용성 염기에 안정하다.
  - 실릴 에터는 특별히 강한 Si-F 결합을 이용하는 반응인 tetrabutylammoniun fluoride의 처리에 의해 제거된다.

연습 문제: 11.7, 11.38, 11.44

11.7절 | 에폭사이드: 구조와 명명법

- **에폭사이드**(Epoxide)는 삼원자 고리형 에터이다.
  - IUPAC 명명법에서 에폭사이드는 다른 고리 체계의 한 부분이어서 접두사 *epoxy*-로 주어지지 않는 한 oxirane 유도체로서 명명된다.
  - 관용명 명명법에서 에폭사이드는 그들이 유도된 알켄과 '*oxide*' 단어를 붙여 명명된다.

연습 문제: 11.10, 11.11

11.8절 | 에폭사이드의 합성

- 에폭사이드는 peroxycarboxylic acid (RCO_3H)를 사용하여 알켄으로부터 합성되며, 이 과정은 동시에 일어나는 오원자 고리 전이 상태를 포함하는 반응이다.
- 에폭사이드는 알켄의 수소 할로젠화 반응으로부터 만들어질 수 있는 halohydrin의 내부 친핵성 치환 반응으로부터 합성될 수 있다.
  - 이 반응은 알코올의 양성자 이탈 반응에 이어서 인접한 C—X 결합상에 알콕사이드 음이온에 의한 뒤쪽 공격을 포함한다.
- 지난 수십 년에 걸쳐 발견된 가장 유용한 반응 중 하나는 예측할 수 있는 방식에서 카이랄 에폭사이드 중 하나의 거울상 이성질체를 생성하는 1차 알릴성 알코올의 **Sharpless 에폭시화 반응**(Sharpless expoxidation)이다.
  - 이 반응에서는 타이타늄 촉매, peroxide, diethyl tartrate의 거울상 이성질체들을 사용된다.
  - 알켄에 붙어 있는 그룹들에 의해서 발생되는 입체적인 환경의 분석을 통해서 diethyl tartrate의 어느 한 거울상 이성질체가 사용되었을 때, 우선되는 거울상 이성질체의 생성물을 예견할 수 있다.

연습 문제: 11.8, 11.9, 11.27~11.29, 11.45

11.9절 | 에폭사이드의 반응

- 에폭사이드는 산-촉매 고리 열림 반응이 일어나고, 물과 알코올 같은 약한 친핵체가 첨가되며 각각 안티(anti) 입체화학을 가진 다이올이나 에터-알코올을 생성한다.
  - 이 메커니즘은 탄소양이온 중간체(다리걸친 할로늄 이온과 유사한)를 생성하는 에폭사이드 산소의 양성자첨가 반응과 이어서 양전하(비대칭 에폭사이드에서)를 좀 더 잘 수용할 수 있는 탄소의 뒤쪽 친핵체 공격을 포함한다.
- 에폭사이드는 비대칭 에폭사이드의 입체적으로 덜 방해받는 탄소에서 S_N2 메커니즘을 경유하는 하이드록사이드, 알콕사이드, 암모니아 또는 아민과 같은 강한 친핵체와 반응한다.
  - 그 공격은 C—O 결합의 뒤쪽으로부터 일어난다.
  - 관찰된 위치화학은 비대칭 에폭사이드의 두 위치 이성질체 생성물을 제공하는 산-촉매 고리 열림 반응에서 보여진 것과 종종 반대이다.

연습 문제: 11.19~11.26, 11.30~11.38, 11.43

11.10절 | Ethylene oxide와 epichlorohydrin: 유기 합성에서의 구성 단위

- **Ethylene oxide**는 합성에서 유용한 2-탄소 구성 단위이다. 왜냐하면 친핵체의 공격 후, 두 탄소 모두가 하나의 작용기를 가지기 때문이다.
  - 암모니아, 1차, 2차 아민이 흔히 사용되는 친핵체이지만 다른 황이나 산소 친핵체들도 또한 이 반응에서 사용될 수 있다.
  - 좀 더 복잡한 분자들에서 ethylene oxide 구성 단위는 Nu—CH_2—CH_2—OH 형태이거나, 만약 OH기가 또 다른 친핵체 의해서 치환된다면 Nu—CH_2—CH_2—Nu 형태에 의해서 인지될 수 있다.
- **Epichlorohydrin**은 합성에서 유용한 3-탄소 구성 단위이다. 왜냐하면 친핵체 공격 후 이 모든 세 개의 탄소가 한 작용기를 포함하기 때문이다.
  - 좀 더 복잡한 분자들에서 epichlorohydrin 구성 단위는 Nu—CH_2—CHOH—CH_2—Nu 형태에 의해서 인지될 수 있다.
  - 암모니아, 1차, 2차 아민이 흔히 사용되는 친핵체이지만, 다른 황 또는 산소 친핵체가 또한 사용될 수 있다.

연습 문제: 11.19~11.23, 11.39~11.40

11.11절 | 크라운 에테르

- **크라운 에테르**(Crown ether)는 고리형 고분자 에테르로 고리에 12개 또는 그 이상의 원자를 갖는다.
  - 크라운 에테르의 공동은 극성 영역이고, 에테르 산소 원자상의 비공유 전자쌍들은 알칼리 금속 이온을 용매화시킬 수 있다.
  - 예를 들어, **18-crown-6**의 공동은 대략 칼륨 이온과 같은 직경을 가지고 있으며, 이로 인해 이들 사이의 강한 상호작용이 존재한다.
  - 크라운 에테르의 외부 표면은 비극성이고 탄화수소와 유사하다.
  - 크라운 에테르는 이온 결합 화합물을 비극성 유기 용매에 용해시킬 수 있는 능력 때문에 유용하다.

연습 문제: 11.22

11.12절 | 설파이드

- **설파이드**(Sulfide, **싸이오에터** thioether)는 alkylsulfanyl 알케인으로서 명명된다. 설파이드에 대한 관용명은 황에 결합된 두 그룹을 명명하고, 단어 *sulfide*를 붙여 만들어진다.
- **이황화물**(R−S−S−R)은 모체 사슬로서 좀 더 긴 알킬 그룹을 선택하고, alkyldisulfanyl기로서 이 황화물 부분을 표시함으로써 명명된다. 관용명은 각 황에 결합된 두 기를 명명하고, 이어서 단어 *disulfide*를 붙여 만들어진다.
- 대칭 설파이드는 Na_2S와 2 몰의 할로알케인과의 반응에 의해서 만들어진다. 비대칭 설파이드는 싸이올의 소듐 염과 할로알케인의 반응에 의해서 합성된다.
- 설파이드는 H_2O_2로 산화되어 황에 하나의 산소 원자가 첨가되고 설폭사이드를 만든다. $NaIO_4$로 더 산화되어 황 원자에 두 개의 산소 원자가 첨가되고, 설폰을 만든다.

주요 반응 *Key Reactions*

1. **Williamson 에터 합성법(11.4A절)**. Williamson 에터 합성법은 할로젠화 알킬과 알콕사이드 이온 사이에서 S_N2 반응에 의해 다이알킬 에터를 합성하는 일반적인 방법이다.

$$CH_3\overset{\displaystyle CH_3}{\underset{\displaystyle CH_3}{\overset{|}{\underset{|}{C}}}}O^-K^+ + CH_3Br \xrightarrow{S_N2} CH_3\overset{\displaystyle CH_3}{\underset{\displaystyle CH_3}{\overset{|}{\underset{|}{C}}}}OCH_3 + K^+Br^-$$

반응의 수득률은 메틸, 1차 할로젠화 알킬, 1차 알릴성 할로젠화물에서 가장 높고, 2차 할로젠화물에서는 E2 제거 반응과의 경쟁 때문에 매우 낮다. Williamson 에터 합성 반응은 3차 할로젠화물에서는 일어나지 않는다.

2. **알코올의 산-촉매 탈수 반응(11.4B절)**. 수득률은 가지가 없는 1차 알코올로부터 대칭적인 에터 형태를 만들 때 가장 높다. 그 메커니즘은 —OH기에 양성자 첨가 반응이 일어나고, 이어서 친핵체로서 작용하는 2번째 알코올 분자에 의해서 H_2O 이탈기가 치환된 다음, 양성자를 잃고 에터가 생성된다.

$$2\,CH_3CH_2OH \xrightarrow[140°C]{H_2SO_4} CH_3CH_2OCH_2CH_3 + H_2O$$

3. **알켄에 알코올의 산-촉매 첨가 반응(11.4C절)**. 알켄으로의 양성자 이동은 탄소양이온을 만든다. 그 탄소양이온에 알코올의 친핵성 첨가 반응과 이어지는 용매로의 양성자 이동은 에터를 생성한다.

$$CH_3\overset{\overset{\displaystyle CH_3}{|}}{C}{=}CH_2 + CH_3OH \xrightarrow{\text{산 촉매}} CH_3\underset{\underset{\displaystyle CH_3}{|}}{\overset{\overset{\displaystyle CH_3}{|}}{C}}OCH_3$$

4. **다이알킬 에터의 산-촉매 분해(11.5A절)**. 에터의 분해는 센산과 좋은 친핵체가 필요하며, 따라서 진한 HBr과 HI가 사용된다.

$$\text{(cyclohexyl)}{-}OCH_3 + HI\ (\text{과량}) \longrightarrow \text{(cyclohexyl)}{-}I + CH_3I + H_2O$$

이 메커니즘은 먼저 에터 산소에 양성자 첨가 반응을 포함한다.
1차와 2차 알킬 에터의 분해는 S_N2 경로에 의해서 진행된다. 3차 알킬 에터는 S_N1 경로에 의해서 진행된다.

5. **알코올과 chloro-*tert*-butyldimethylsilane의 반응(11.6절)**. *tert*-Butyldimethylsilyl(t-$BuMe_2Si$—)기는 1차와 2차 알코올을 보호하기 위해 사용된다.

$$RCH_2OH + Cl{-}Si(CH_3)_2{-}C(CH_3)_3 \xrightarrow{\text{pyridine}} RCH_2OSi(CH_3)_2{-}C(CH_3)_3$$

Chloro-*tert*-butyl dimethylsilane — ***tert*-Butyldimethylsilyl ether**

보호기는 silyl ether를 fluoride 이온으로 처리하여 제거되고, 본래 알코올로 재생된다.

6. **Peroxycarboxylic acid에 의한 알켄의 산화반응(11.8C절)**. 일반적으로 사용되는 3개의 peroxycarboxylic acid 산화제들은 *meta*-chloroperoxybenzoic acid, monoperoxyphthalic acid, peroxyacetic acid들이다. 각 시약은 알켄을 에폭사이드로 산화시킨다. 메커니즘은 알켄의 오원자 고리 π 결합과 peroxyacid의 말단 산소 원자에 포함되고 있는 전자들의 협동 과정인 자리옮김으로 진행되며, 에폭사이드와 카복실산을 생성한다.

$$\text{(cyclohexene)} + R\overset{O}{\overset{\|}{C}}OOH \longrightarrow \text{(cyclohexene oxide)} + R\overset{O}{\overset{\|}{C}}OH$$

7. **할로하이드린으로부터 에폭사이드의 합성(11.8C절)**. 할로하이드린의 형성과 이어지는 분자 내 S_N2 반응은 입체선택적(알켄의 배열은 에폭사이드에서 유지된다)이고, 입체특이적(*시스*, *트랜스* 이성질 현상을 보이는 알켄에 대해서 에폭사이드의 배열은 알켄의 배열에 좌우된다.)이다.

H₃C(H)C=C(H)CH₃ $\xrightarrow{Cl_2,\ H_2O}$ chlorohydrin $\xrightarrow{NaOH,\ H_2O}$ epoxide

8. Sharpless 비대칭 에폭시화 반응(11.8D절). Titanium tetraisopropoxide와 (+) 또는 (−)-diethyl tartrate 중의 어느 하나를 포함하는 카이랄 촉매 존재 하에서 *tert*-butyl hydroperoxide에 의한 1차 알릴성 알코올의 탄소-탄소 이중 결합의 산화 반응은 순수한 하나의 거울상 이성질체를 생성한다. 형성되는 거울상 이성질체는 diethyl tartrate의 어떤 거울상 이성질체가 촉매로 사용되느냐에 따라 결정된다.

1° 알릴성 알코올 + **tert-Butyl hydroperoxide** $\xrightarrow[(+)\text{-Diethyl tartrate}]{Ti(OiPr)_4}$ epoxy alcohol + tert-butyl alcohol

9. 에폭사이드의 산-촉매 가수분해(11.9A절). 사이클로알켄으로부터 유도된 에폭사이드의 가수분해는 *트랜스* glycol을 생성한다. 이 반응은 먼저 에폭사이드 산소 원자의 양성자 첨가 반응과 이어지는 물의 친핵성 공격을 포함하며, 이후 양성자를 잃어 *트랜스* 다이올을 생성한다. 이 반응은 또한 알코올 친핵체와도 반응한다. 그리고 두 탄소가 다를 경우, 이 친핵체의 반응은 양성자가 첨가된 에폭사이드의 좀 더 치환이 많이 된 탄소에서 우세하게 일어난다.

cyclopentene oxide $\xrightarrow[H_2O]{H^+}$ trans-1,2-cyclopentanediol (both enantiomers)

(라셈 혼합물)

10. 에폭사이드의 친핵성 고리 열림(11.9B절). 친핵체의 에폭사이드에 대한 공격은 에폭 사이드의 덜 치환된 탄소를 공격하는 위치선택적이다.

1-methylcyclohexene oxide + NH_3 ⟶ trans-2-amino-1-methylcyclohexanol

11. 에폭사이드의 알코올로의 환원(11.9B절). 에폭사이드의 입체적으로 덜 방해받는 탄소에 $LiAlH_4$로부터 위치선택적인 수소화 이온 이동은 알코올을 생성한다.

$C_6H_5CH(O)CH_2$ $\xrightarrow[2.\ H_2O]{1.\ LiAlH_4}$ $C_6H_5CH(OH)CH_3$

(라셈 혼합물) (라셈 혼합물)

12. 설파이드의 산화(11.12C절). 설파이드의 산화는 사용되는 산화제와 실험적 조건에 좌우되어 설폭사이드나 설폰을 생성한다. Dimethyl sulfide의 공기에 의한 산화는 극성 비양성자성 용매인 dimethyl sulfoxide의 상업적 제조 방법이다.

$CH_3{-}S{-}CH_3 + O_2 \xrightarrow{\text{질소의 산화}} CH_3{-}S(=O){-}CH_3$

연습 문제

붉은색 번호는 응용 문제를 나타낸다.

구조와 명명법

11.10 다음 화합물에 대한 이름을 써라. 가능한 경우 IUPAC명과 관용명을 써라.

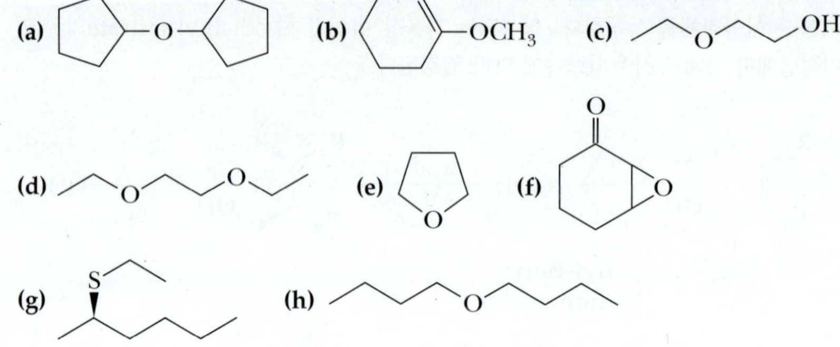

11.11 다음 화합물의 구조식을 그려라.

(a) 2-(1-Methylethoxy)propane
(b) *trans*-2,3-Diethyloxirane
(c) *trans*-2-Ethoxycyclopentanol
(d) Ethenyloxyethene
(e) Cyclohexene oxide
(f) 3-Cyclopropyloxy-1-propene
(g) (*R*)-2-Methyloxirane
(h) 1,1-Dimethoxycyclohexane

물리적 성질

11.12 이 문제에서 주어진 각 화합물들은 흔한 유기 용매로 쓰인다. 각 화합물의 쌍으로부터 물에서 더 큰 용해도를 갖는 용매를 선택하라.

(a) CH_2Cl_2 그리고 EtOH **(b)** Et_2O 그리고 EtOH

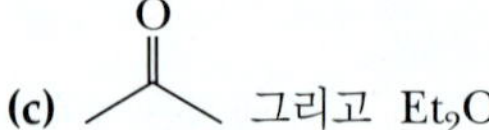

(c) 그리고 Et_2O **(d)** Et_2O 그리고

11.13 THF는 물에 잘 용해되는 반면, diethyl ether의 물에 대한 용해도는 단지 8 g/100 mL인 이유를 설명하라.

11.14 에터 산소 원자의 Lewis 염기 성질 때문에 크라운 에터는 Na^+, K^+, NH_4^+에 대한 뛰어난 착화제이다. 어떤 종류의 분자가 Cl^- 또는 Br^-에 대한 착화제로서 사용되겠는가?

에터의 제조

11.15 각 에터를 제조하기 위한 반응물들의 조합을 나타내는 식을 써라. 어떤 에터가 Williamson 에터 합성에 의해 좋은 수득률로 제조될 수 있는가? 만약에 Williamson 에터 합성법에 의해서 제조될 수 없는 것이 있다면, 안되는 이유를 설명하라.

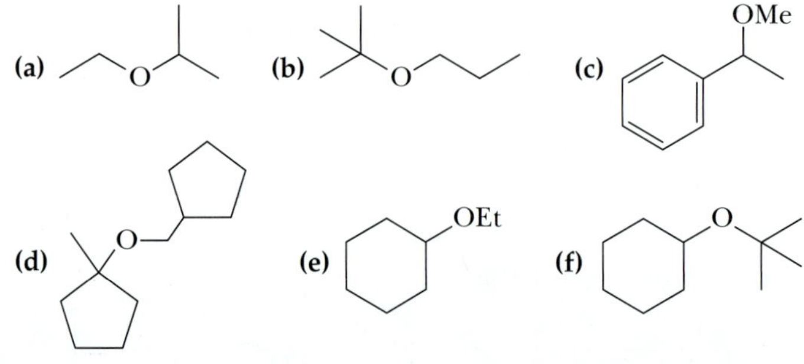

11.16 다음 반응에 대한 메커니즘을 제안하라.

$$\text{styrene} + MeOH \xrightarrow{H_2SO_4} \text{PhCH(OMe)CH}_3$$

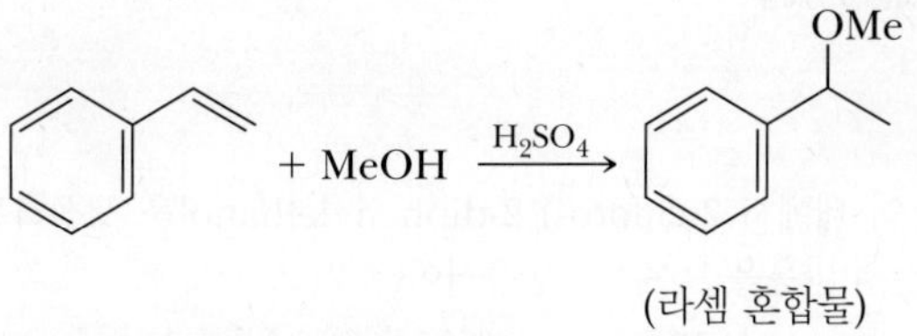

(라셈 혼합물)

에터의 반응

11.17 다음 각 화합물이 진한 HI에서 환류하여 가열될 때 형성되는 생성물에 대한 구조식을 그려라.

(a) 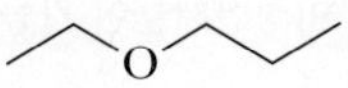 **(b)** 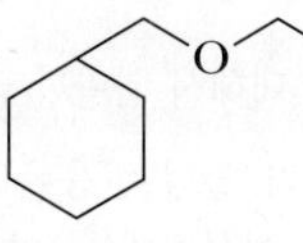 **(c)** 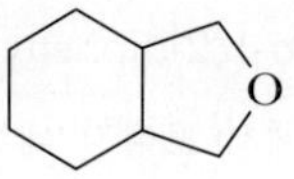 **(d)**

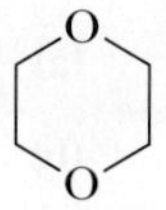

11.18 다음은 과산화 수소를 생성하기 위한 diisopropyl ether와 산소의 반응에 대한 반응식이다.

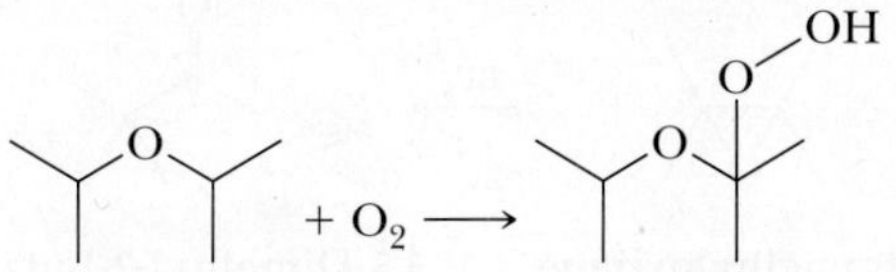

$$+ O_2 \longrightarrow$$

Diisopropyl ether 과산화물

Ether hydroperoxide의 생성은 라디칼 연쇄 반응이다.

(a) 이 ether hydroperoxide 형성을 설명해 주는 한 쌍의 연쇄 전파 단계들을 써라. 개시 단계는 라디칼 R·에 의해 개시 된다고 가정하라.

(b) 에터의 과산화 수소화 반응은 위치선택적이라는 사실을 설명하라. 즉, 이 반응은 에터 산소 원자에 인접한 탄소에서 우선적으로 일어난다.

에폭사이드의 합성과 반응

11.19 Triethanolamine, $(HOCH_2CH_2)_3N$은 pH 7.8에서 최대 완충 효과를 갖는 널리 사용되는 생물학적 완충 용액이다. Ethylene oxide와 암모니아로부터 이 화합물의 합성을 제안하라.

11.20 Ethylene oxide는 공업적으로 중요한 용매인 Cellosolve 합성에 대한 출발 물질이다. 이 반응에 대한 메커니즘을 제안하라.

$$H_2C\text{—}CH_2 \text{ (O) } + CH_3CH_2OH \xrightarrow{H_2SO_4} CH_3CH_2OCH_2CH_2OH$$

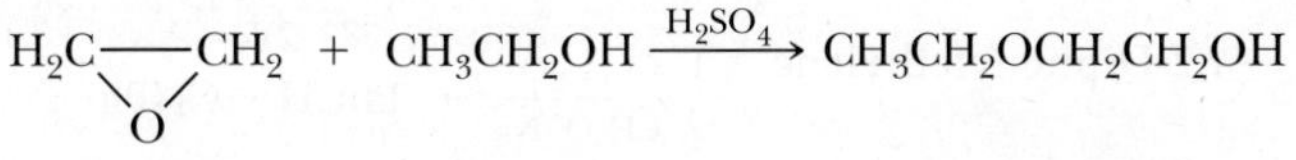

Oxirane (Ethylene oxide) **2-Ethoxyethanol (Cellosolve)**

11.21 Ethylene oxide는 1,4-dioxane의 합성을 위한 출발 물질이다. 이 합성에서 각 단계에 대한 메커니즘을 제안하라.

$$\text{ethylene oxide} + HO\text{CH}_2\text{CH}_2OH \xrightarrow{H^+} HO\text{CH}_2\text{CH}_2\text{O}\text{CH}_2\text{CH}_2OH \xrightarrow{H^+}$$

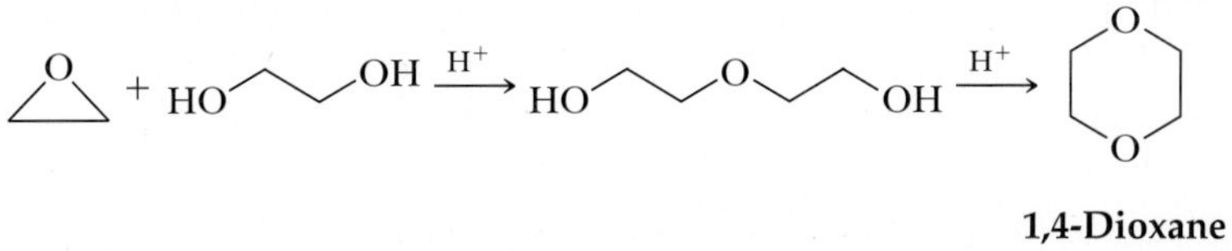

1,4-Dioxane

11.22 18-Crown-6에 대한 합성을 제안하라. 만약 염기가 사용된다면 lithium hydroxide 또는 potassium hydroxide에 따라 차이가 있겠는가?

11.23 2,2,3-Trimethyloxirane과 각 세트 시약들의 반응에서 주요 생성물의 구조식을 예측하라.

(a) $MeOH/MeO^-Na^+$

(b) $MeOH/H^+$

(c) Me_2NH

11.24 다음은 벤젠 용액 내에서 2-chloro-1,2-diphenylethanol을 생성하는 *trans*-2,3-diphenyloxirane과 염산의 반응을 보여주는 반응식이다.

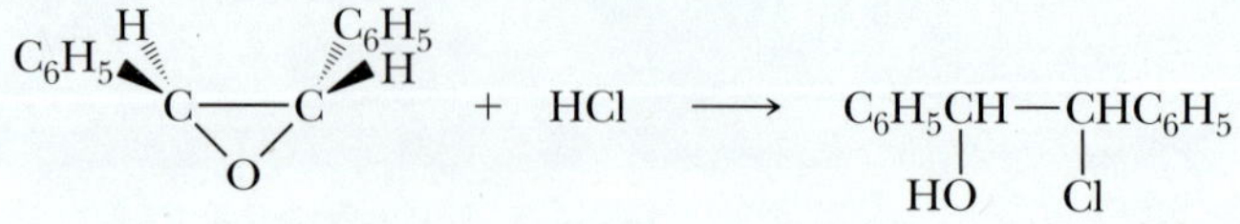

trans-2,3-Diphenyloxirane + HCl ⟶ $C_6H_5CH(OH)-CH(Cl)C_6H_5$

trans-2,3-Diphenyloxirane **2-Chloro-1,2-diphenylethanol**

(a) 2-Chloro-1,2-diphenylethanol에 대해서 얼마나 많은 입체 이성질체들이 가능한가?

(b) 이 반응에서 보여진 에폭사이드 고리 열림 반응은 입체선택적이다. 2-Chloro-1,2-diphenylethanol의 어느 가능한 입체 이성질체(들)이 이 반응에서 형성되는지 예측하라.

11.25 다음 자리옮김 반응을 설명하는 메커니즘을 제안하라.

Tetramethyloxirane $\xrightarrow{BF_3}$ 3,3-Dimethyl-2-butanone

Tetramethyloxirane **3,3-Dimethyl-2-butanone**

11.26 에폭사이드의 산-촉매 가수분해는 *트랜스* 다이올을 생성한다.

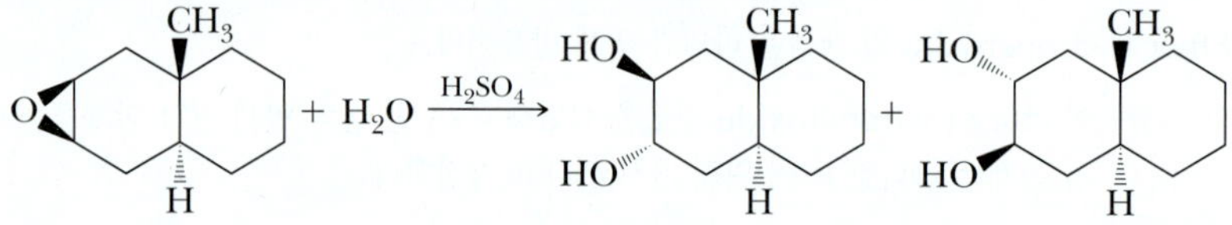

epoxide + H_2O $\xrightarrow{H_2SO_4}$ diol + diol

단지 이 glycol만이 형성된다

이 glycol은 형성되지 않는다

두 개의 가능한 *트랜스* 다이올 중 단지 하나만 형성된다. 이 입체선택성을 어떻게 설명하겠는가?

11.27 다음은 1,2-diphenylethylene을 2,3-diphenyloxirane으로 전환하는 두 가지 반응이다.

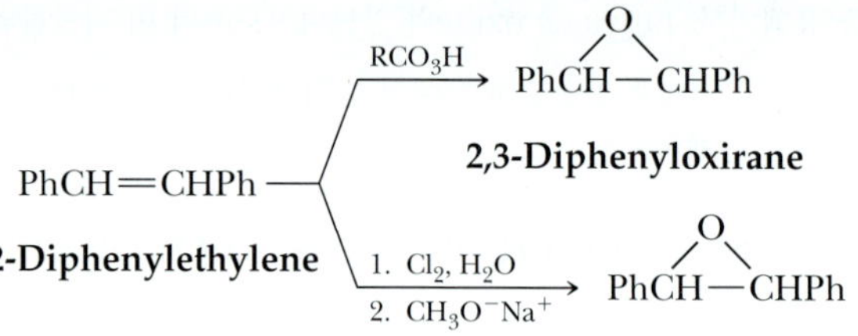

PhCH=CHPh $\xrightarrow{RCO_3H}$ PhCH—CHPh (O bridged)
2,3-Diphenyloxirane

1,2-Diphenylethylene

PhCH=CHPh $\xrightarrow[2.\ CH_3O^-Na^+]{1.\ Cl_2,\ H_2O}$ PhCH—CHPh (O bridged)
2,3-Diphenyloxirane

출발 물질인 알켄이 *trans*-1,2-diphenylethylene이라고 가정하자.

(a) 각 반응에서 형성되는 옥시란의 위치 배열은 무엇인가?

(b) 두 반응 중 어느 반응에서 형성된 옥시란이 편광면을 회전시키는가? 설명하라.

11.28 카이랄 에폭사이드의 다음 거울상 이성질체는 곤충 페르몬 frontalin 합성의 중간체이다.

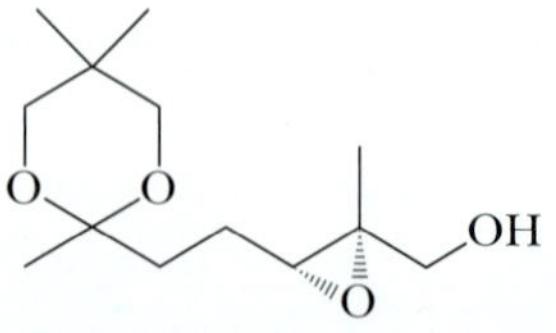

OH, O, O, O

어떻게 이 거울상 이성질체가 Sharpless 에폭시화 반응을 사용하여 알릴성 알코올로부터 제조될 수 있지 보여라.

11.29 인간의 백혈구는 myeloperoxidase라고 부르는 효소를 생산한다. 이 효소는 과산화 수소와 chloride 이온 사이의 반응을 촉매하여 마치 Cl^+OH^-인 것처럼 반응하는 hypochlorous acid, HOCl을 생성한다. Chlolesterol은 백혈구에 의해 공격받을 때, 주요 생성물로서 chlorohydrin을 생성한다.

Me, Me, R, HO — 백혈구 세포 → Me, Me, OH, R, HO, Cl

Cholesterol **Cholesterol chlorohydrin**

(a) 이 반응에 대한 메커니즘을 제안하라. 이 반응의 위치선택성과 입체선택성에 대해 설명하라.

(b) 방치되거나 염기로 처리되었을 때(훨씬 더 빠르게) chlorohydrin은 에폭사이드로 전환된다. 이 에폭사이드 형성에 대한 메커니즘과 그 구조를 보여라. 이 에폭사이드는 특정한 암을 일으키는데 관여하는 것으로 여겨진다.

11.30 다음 산-촉매 자리옮김 반응에 대한 메커니즘을 제안하라.

O — H_2SO_4, THF → O

› 합성

11.31 1-Propanol로부터 다음 화합물을 합성하기 위한 시약과 실험적인 조건을 나타내어라(아래의 한 문제에서 제조된 1-propanol의 어느 유도체는 다른 문제의 합성을 위해서 사용될 수 있다).

(a) Propanal **(b)** Propanoic acid
(c) Propene **(d)** 2-Propanol
(e) 2-Bromopropane **(f)** 1-Chloropropane
(g) 1,2-Dibromopropane **(h)** Propyne
(i) 2-Propanone **(j)** 1-Chloro-2-propanol
(k) Methyloxirane **(l)** Dipropyl ether
(m) Isopropyl propyl ether **(n)** 1-Mercapto-2-propanol
(o) 1-Amino-2-propanol **(p)** 1,2-Propanediol

11.32 *cis*-3-Hexene을 출발 물질로 하여 다음 다이올들을 어떻게 제조하는지를 보여라.

(a) Meso 3,4-hexanediol **(b)** Racemic 3,4-hexanediol

11.33 Cycloheptene을 다음의 각 화합물로 전환시키기 위한 시약들을 나타내어라.

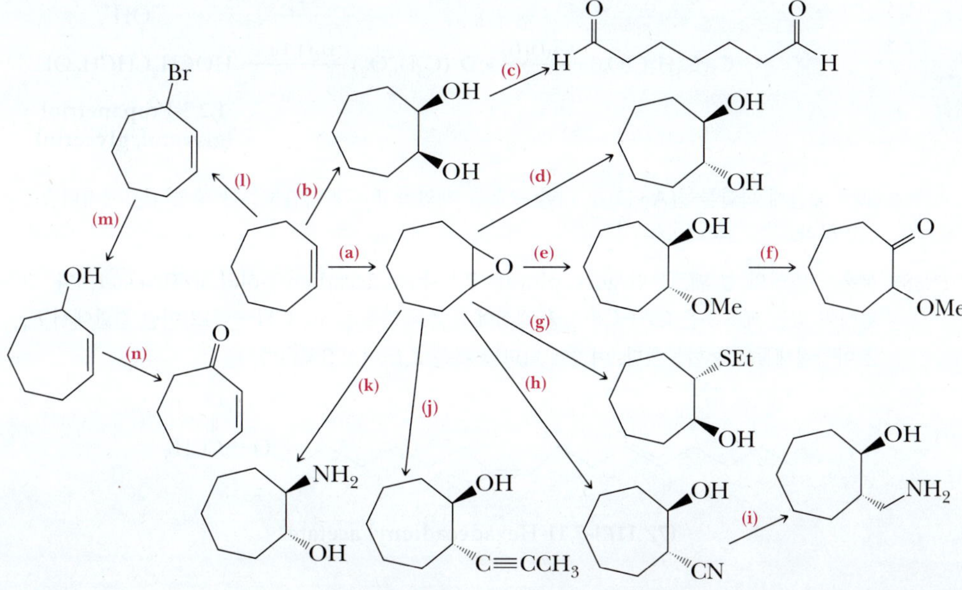

11.34 Bromocyclopentane을 다음의 각 화합물로 전환시키기 위한 시약들을 나타내어라.

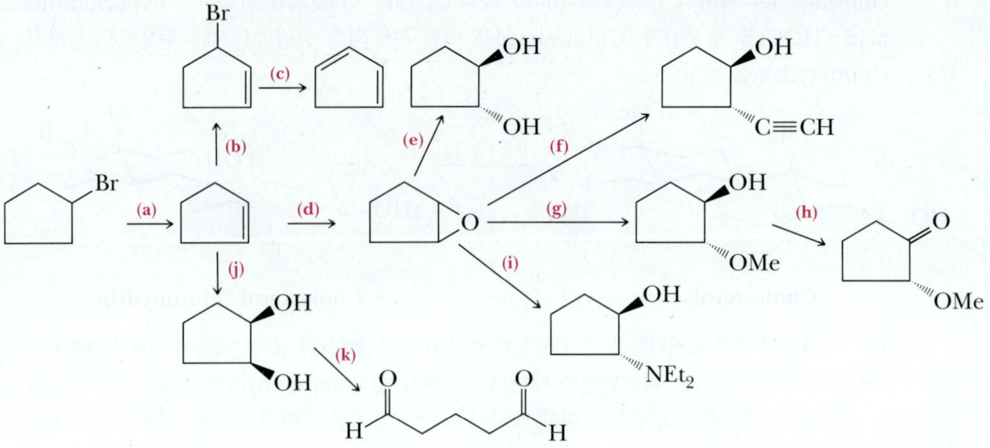

(a) (b) (c) (d) (e) (f) (g) (h) (i) (j) (k)

11.35 주어진 다음의 역합성 분석을 통하여 styrene과 1-chloro-3-methyl-2-butene로부터 과녁 분자를 어떻게 합성하는지를 나타내어라.

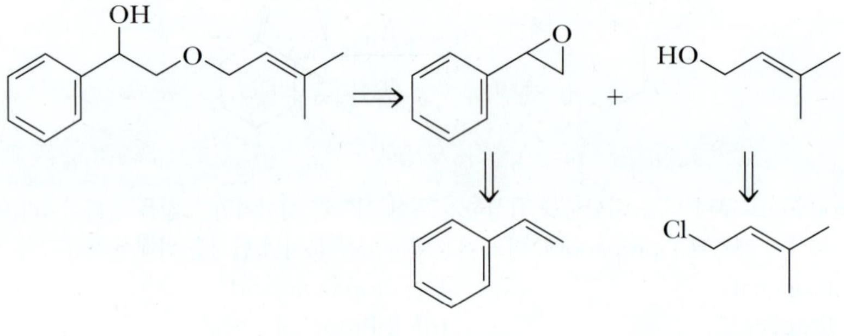

Styrene **1-Chloro-3-methyl-2-butene**

11.36 탄소 원자의 유일한 공급원으로서 acetylene과 ethylene oxide를 출발 물질로 하여, 다음 화합물들을 어떻게 제조하는지 나타내어라.

(a) 3-Butyn-1-ol **(b)** 3-Hexyn-1,6-diol **(c)** 1,6-Hexanediol
(d) (*Z*)-3-Hexen-1,6-diol **(e)** (*E*)-3-Hexen-1,6-diol **(f)** Hexanedial

11.37 다음은 glycerin의 공업적 합성에 대한 단계들이다.

$$CH_2{=}CHCH_3 \xrightarrow[\text{열}]{Cl_2} \text{A } (C_3H_5Cl) \xrightarrow{NaOH,\ H_2O} \text{B } (C_3H_6O) \xrightarrow{Cl_2,\ H_2O}$$

Propene

$$\text{C } (C_3H_7ClO_2) \xrightarrow[\text{열}]{Ca(OH)_2} \text{D } (C_3H_6O_2) \xrightarrow{H_2O,\ HCl} HOCH_2CH(OH)CH_2OH$$

1,2,3-Propanetriol (glycerol, glycerin)

모든 중간체 화합물들(A~D)에 대한 구조를 제안하고, 각 화합물들이 형성되는 메커니즘을 설명하라.

11.38 분홍 솜벌레의 성 페르몬인 gossyplure는 7,11-hexadecadien-1-ol의 acetic ester이다. 그 활성이 있는 페르몬은 C7—C8 이중 결합에서 *Z* 배열을 갖고, C11—C12 이중 결합에서 *E*, *Z* 이성질체들의 혼합물이다. 여기에 나타낸 것은 *Z*,*E* 이성질체이다.

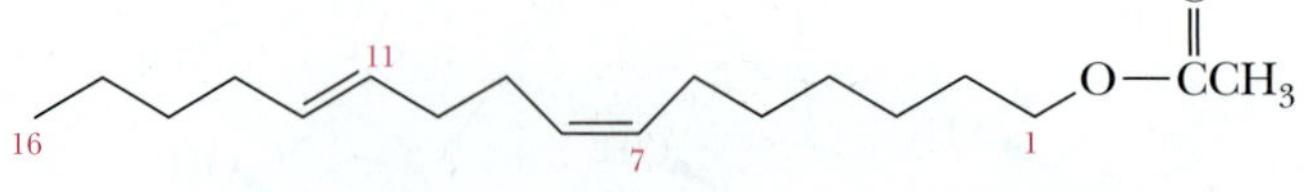

(7*Z*,11*E*)-7,11-Hexadecadienyl acetate

다음은 (7Z,11E)-7,11-hexadecadien-1-ol에 대한 역합성 분석으로서 성공적인 gossyplure의 합성에 이르게 한다.

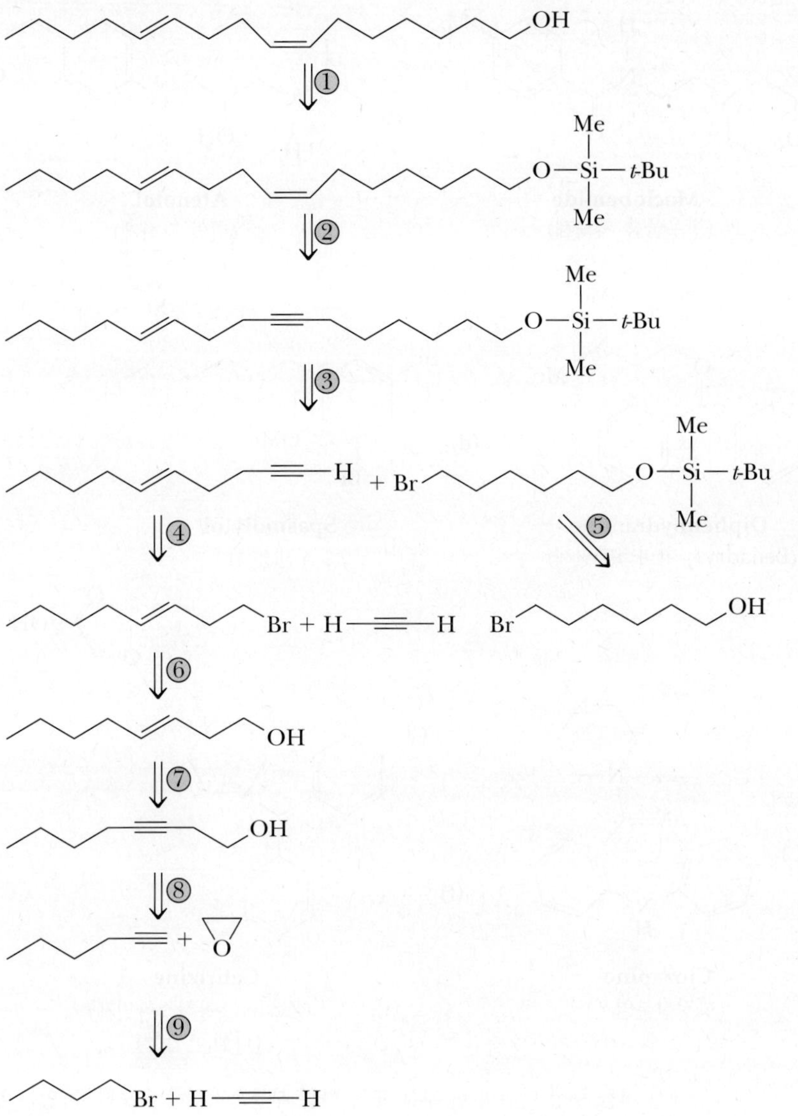

(a) 이 합성에 있어서 각 단계에 대한 시약과 실험 조건을 제안하라.

(b) 6-bromo-1-hexnol의 —OH기 보호가 필요한 이유는 무엇인가?

(c) Gossyplure의 7Z, 11Z 이성질체를 제조하기 위해서 이 합성을 어떻게 수정하겠는가?

11.39 Epichlorohydrin (11.10절)은 각각 3개의 탄소가 반응성 작용기를 포함하기 때문에 유용한 합성 중간체이다. 다음은 propene으로부터 epichlorohydrin의 합성에 대한 첫 번째 단계이다. 이 단계에 대한 메커니즘을 제안하라.

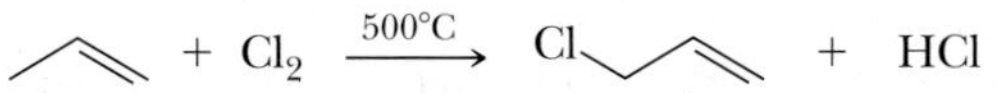

$$\text{Propene} + Cl_2 \xrightarrow{500°C} \text{3-Chloropropene (Allyl chloride)} + HCl$$

Propene **3-Chloropropene (Allyl chloride)**

11.40 아래 각각의 의약품들은 ethylene oxide 또는 epichlorohydrin으로부터 유도된 하나 또는 그 이상의 구성 단위를 포함한다.

(a) **Moclobemide**
(항우울증 치료제)

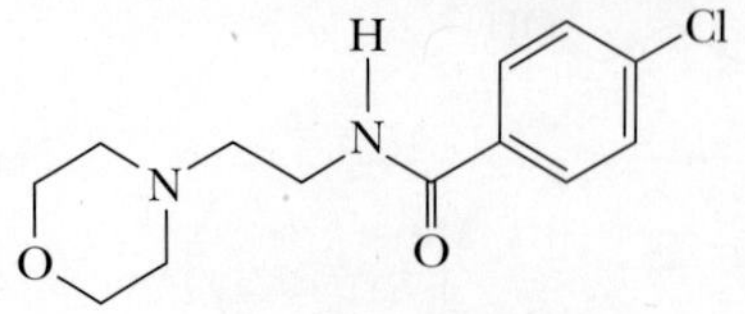

(b) **Atenolol**
(혈압 강하제)

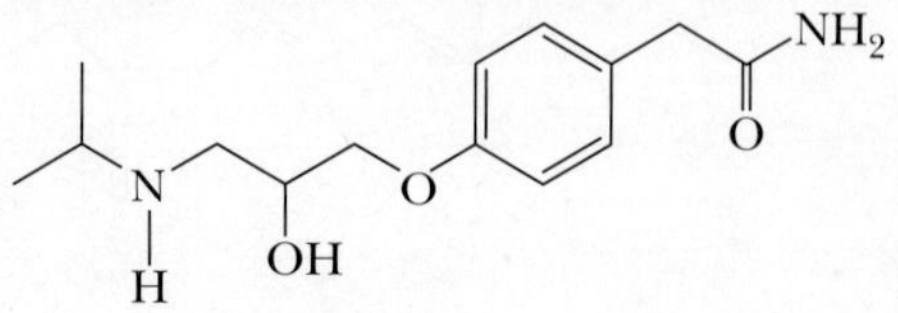

(c) **Diphenhydramine**
(Benadryl, 항히스타민제)

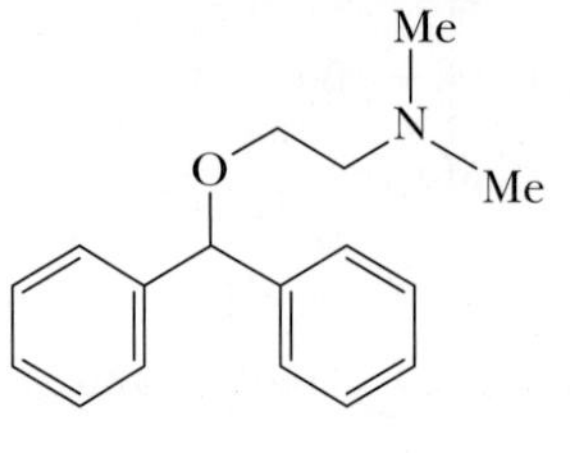

(d) **Spasmolytol**
(진경제)

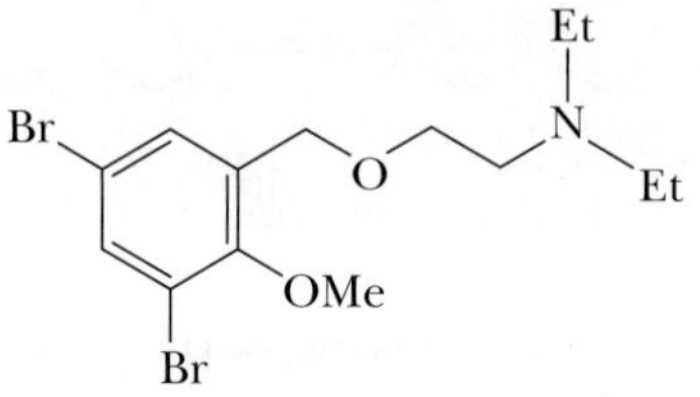

(e) **Clozapine**
(항정신분열제)

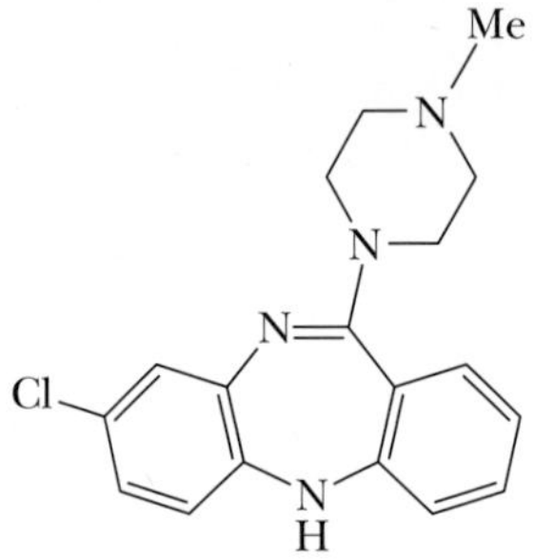

(f) **Cetirizine**
(Zyrtec, 항히스타민제)
(라셈 혼합물)

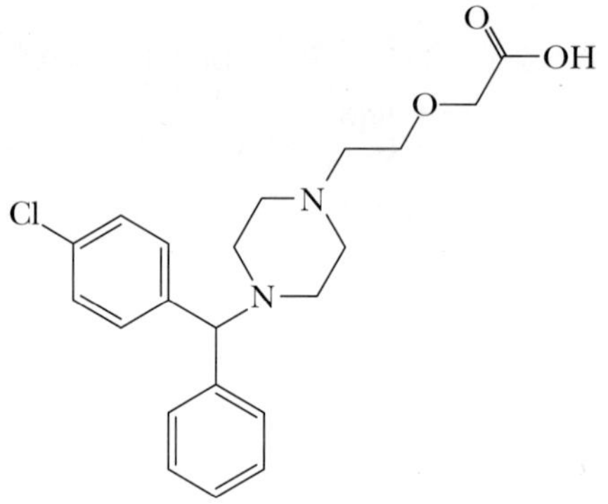

각 분자들에서 이들 구성 단위의 한 부분 또는 다른 부분으로부터 유도될 수 있는 부분을 확인하고, 각 분자들을 합성하기 위해서 ethylene oxide나 epichlorohydrin과 함께 사용될 수 있는 친핵체에 대한 구조식을 제안하라. 우리는 뒷장에서 각 분자들의 실제 합성에 대해 배울 것이다.

예습 문제

11.41 알데히드와 케톤은 한 분자의 알코올과 반응하여 하나의 하이드록시기와 하나의 에터 유사기를 포함한 헤미아세탈(hemiacetal)로 불리는 화합물을 형성한다. 헤미아세탈과 두 번째 분자의 알코올과의 반응은 아세탈(acetal)과 물을 형성한다. 우리는 16장에서 이 반응을 공부할 것이다.

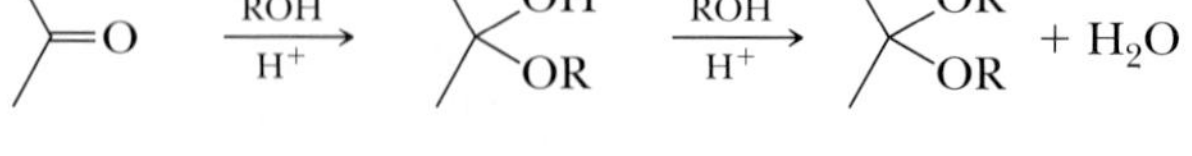

$\xrightarrow[H^+]{ROH}$ $\xrightarrow[H^+]{ROH}$ + H_2O

알데하이드 또는 케톤의 카보닐기

헤미아세탈 (같은 탄소에 —OH와 —OR기를 갖는다)

아세탈 (같은 탄소에 두 개의 —OR기를 갖는다)

이들 시약으로부터 형성되는 헤미아세탈과 아세탈의 구조식을 그려라. 이 문제에서 각 반응의 화학양론은 주어진다.

(a) Cyclohexanone $=O + 2\ CH_3CH_2OH \xrightarrow{H^+}$

Cyclohexanone **Ethanol**

(b) Cyclohexanone $=O\ +\ HOCH_2CH_2OH \xrightarrow{H^+}$

Cyclohexanone **Ethylene glycol**

(c) (OH, OH) + (O) $\xrightarrow{H^+}$

***cis*-1,2-Cyclohexanediol** **Acetone**

유기 화학 반응 로드맵

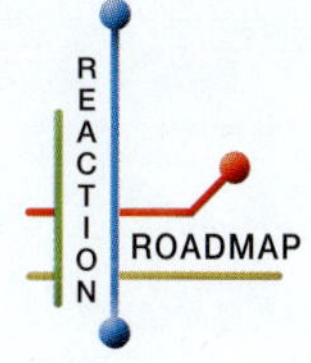

11.42 연습 문제 6.54, 7.29, 8.28, 9.54, 10.50을 해결하기 위하여 로드맵을 작성하고 이 장의 주요 반응 부문의 반응들이 포함되도록 로드맵을 업데이트하라. '주요 반응'에 나타나는 반응들의 매우 특정한 성질 때문에 반응 2, 8, 10은 로드맵에 사용하지 말아라.

11.43 다음 일련의 반응에 대하여 생성물을 써라. 서로 다른 작용이 사이에서 복합 반응이 어떻게 일어나는가 '네비게이트'를 위해 로드맵을 활용하여라.

(a) OH 알코올 $\xrightarrow[2.\ \text{(Br)}]{1.\ Na^{\circ}}$

(b) Cl 할로알케인 $\longrightarrow$ 1. KOtBu의 1 당량 2. MCPBA 3. H_3O^+/H_2O

(c) 알켄 $\longrightarrow$ 1. BH_3 2. $H_2O_2/NaOH$ 3. PBr_3 4. NaOEt의 1 당량

(d) 알카인 $\longrightarrow$ 1. Br_2, 빛 2. KOtBu의 1 당량 3. MCPBA 4. NH_3

혼합된 합성

11.44 안내 지침으로 로드맵을 이용하여 1-butene을 dibutyl ether로 어떻게 전환시키는지 나타내어라. 여러분은 그 dibutyl ether에서 모든 탄소 원자들의 공급원으로서 1-butene을 사용해야만 한다. 모든 필요한 시약과 경로에 따라 합성되는 모든 분자들을 나타내어라.

$\xrightarrow{?}$ O

1-Butene **Dibutyl ether**

11.45 안내 지침으로 로드맵을 이용하여 cyclohexnol을 라셈 혼합물인 *trans*-1,2-cyclohexanediol로 어떻게 전환하는지를 보여라. 모든 필요한 시약과 경로에 따라 합성되는 모든 분자들을 보여라.

OH $\xrightarrow{?}$ OH, OH   OH, OH

Cyclohexanol ***Trans*-1,2-cyclohexanediol**
(라셈 혼합물)

11.46 안내 지침으로 로드맵을 이용하여 1-butanol과 ethanol을 라셈 혼합물인 2-ethoxy-1-butanol로 어떻게 전환시키는지를 나타내어라. 여러분은 그 에터 생성물에서 모든 탄소 원자의 공급원으로서 1-butanol과 ethanol을 사용해야만 한다. 모든 필요한 시약과 경로에 따라 합성되는 모든 분자들을 나타내어라.

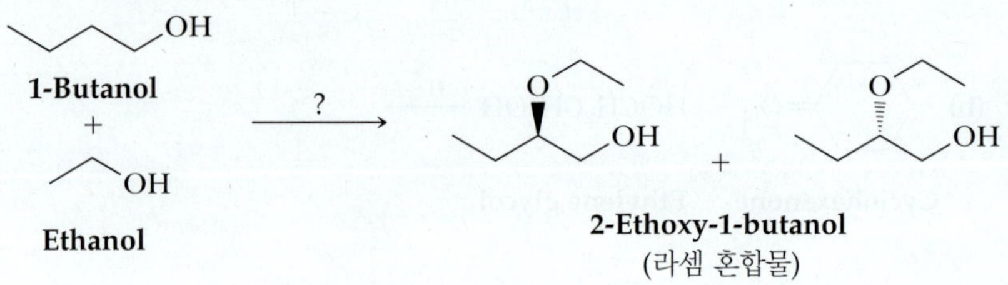

OH
1-Butanol
\+
OH
Ethanol
?
O OH + O OH
2-Ethoxy-1-butanol
(라셈 혼합물)

관련 반응

11.47 천식치료제인 montelukast (Singulair)을 합성하는 동안에 실릴 에터 보호기가 한 —OH기의 반응성을 억제하기 위해 사용된다. 선택된 실릴 기는 *tert*-butyldimethylsilyl (TBDMS) 기이다. TBDMS—Cl 시약이 아래 출발 물질과 단지 한번만 반응한다는 가정 하에서 다음 전환 과정 반응의 생성물을 그려라. 여러분의 대답을 간단하게 설명하라.

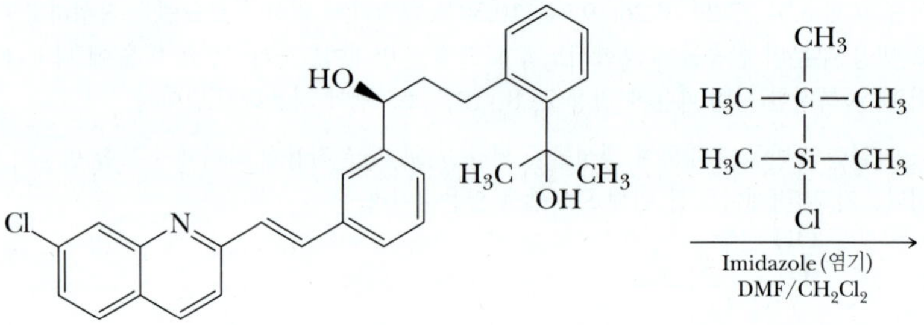

HO
Cl N
H_3C CH_3
OH
CH_3
$H_3C-C-CH_3$
$H_3C-Si-CH_3$
Cl
Imidazole (염기)
DMF/CH_2Cl_2

11.48 Sharpless 에폭시화 반응은 하나의 거울상 이성질체가 필요할 때 사용된다. 다음 전환 반응의 우세한 생성물에 대한 구조를 예측하라.

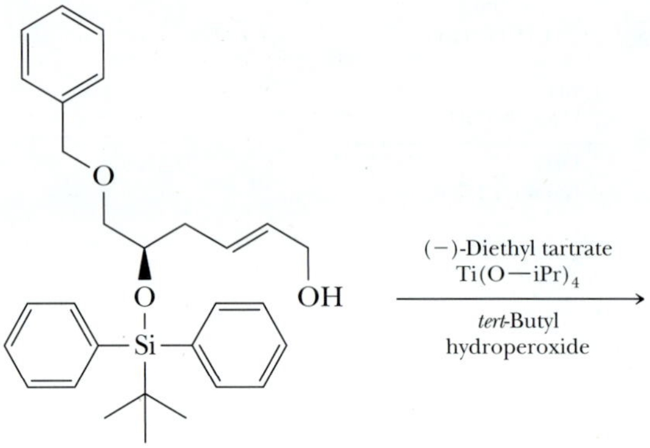

O
O
Si
OH
(−)-Diethyl tartrate
$Ti(O-iPr)_4$
tert-Butyl
hydroperoxide

제 12 장

© Emilio Ereza/Alamy

Fourier 변환(Fourier transform) 적외선 분광기로 연구하는 과학자.

▼ *삽입 그림:* 3-Methyl-2-butanone의 분자 모형. 이 화합물의 IR 스펙트럼은 그림 12.2를 참조.

적외선 분광학

Infrared Spectroscopy

이 장의 차례

*분자 구조의 결정*은 유기 화학 있어 중심 주제의 하나이다. 분자 구조를 결정하기 위해 오늘날 화학자들은 거의 절대적으로 기기 분석법에 의존하고 있으며, 그 중 4가지 방법을 이 책에서 다루고 있다. 이 장에서 적외선(IR) 분광학을 다루고, 13장과 14장에서 각각 핵자기공명(NMR) 분광학과 질량 분석법(MS)을 소개할 것이다. 또한, 콘쥬게이션계를 다룰 20장에서는 자외선-가시광선 분광법에 대해 간단히 소개하기로 한다.

12.1 전자기 복사선

감마선, X-선, 자외선, 가시광선, 적외선, 마이크로파 그리고 라디오파는 모두 **전자기 복사선**(electromagnetic radiation)의 한 형태이다. 전자기 복사선은 빛의 속도로 진행하는 파동이므로 파장과 진동수로 나타낼 수 있다.

표 12.1에 전자기 스펙트럼의 각 영역별 **파장**(wavelength, λ), **진동수**(frequency), 에너지를 요약하였다. 가시광선은 400~700 nm의 파장에 해당하고, 적외선(보이지 않는 열로 감지된다)은 0.7~300 μm 범위에 속해 있다.

진동수, ν (그리스어로 'nu')는 1초 당 진행 거리에 존재하는 파동수로서 **헤르츠**(hertz, Hz), s^{-1} 단위로 표시된다. 파장과 진동수는 서로 반비례하며 다음 식으로 나타낸다.

$$\lambda\nu = c$$

전자기 복사선
빛과 복사 에너지의 다른 형태.

파장(λ)
파동에 있는 피크 사이의 거리.

진동수
1초간 진행 거리에 있는 파동수로, 그리스어 ν(nu)로 표시되며 s^{-1} 단위를 가진 헤르츠(Hz)로 나타낸다.

헤르츠(Hz)
진동수 단위: s^{-1}('per second'로 읽음).

이 장의 동영상 강의를 보려면 **www.cengage.com/chemistry/brown/organic7e**에 접속 후 **Access Student Materials**를 클릭하라.

표 12.1 전자기 스펙트럼의 영역별 파장, 진동수, 에너지

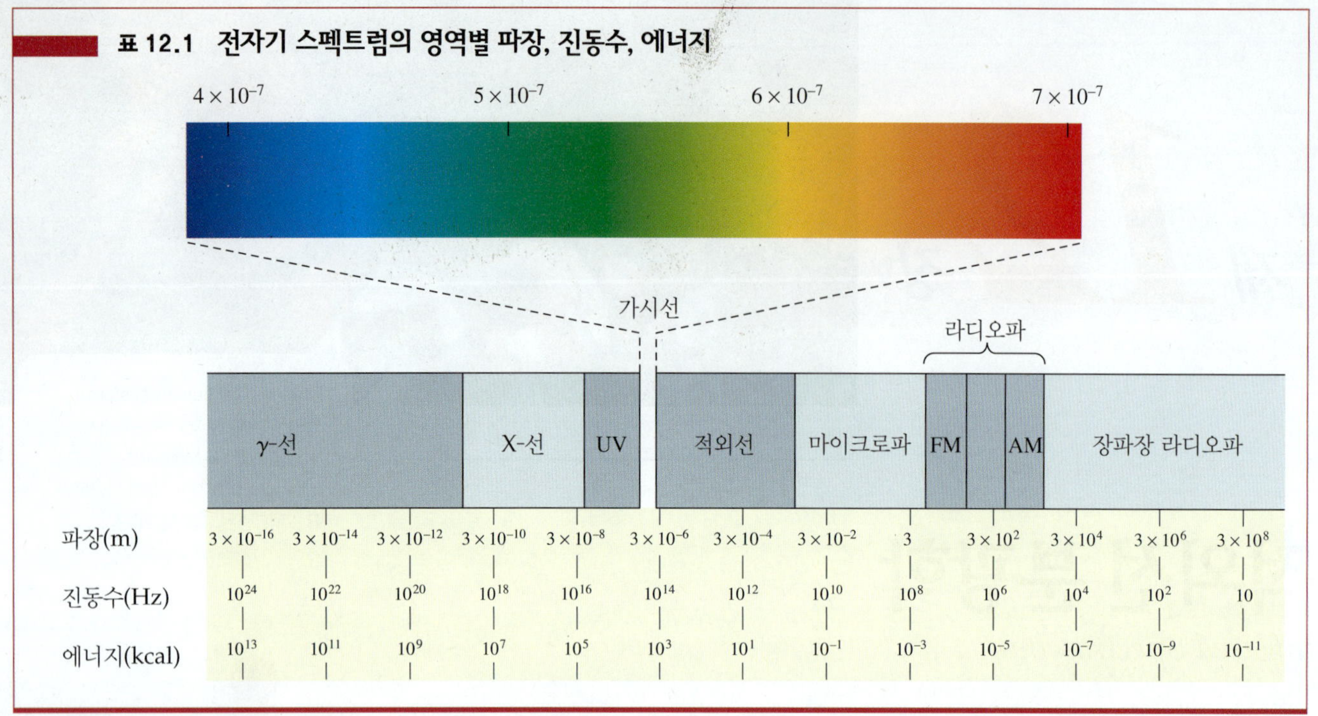

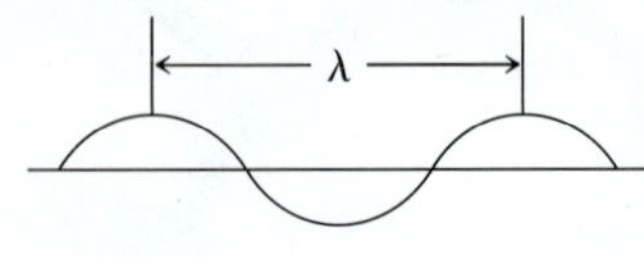

여기서 c는 빛의 속도, 3.00×10^8 m/s이다. 예를 들면, 파장 1.5×10^{-5} m(15 μm)인 적외선을 고려해 보자. 이 복사선의 진동수는 2.0×10^{13} Hz이다.

$$\nu = \frac{3 \times 10^8\,\text{m}}{\text{s} \cdot 1.5 \times 10^{-5}\,\text{m}} = 2.0 \times 10^{13}\,\text{Hz}$$

전자기 복사선을 기술하는 또 다른 방법은 **광자**(photon)라 부르는 입자의 흐름으로 복사선의 특성을 나타내는 것이다. 1 mol의 광자 에너지는 복사선의 진동수와 다음과 같은 방정식과 같은 관계가 있다.

$$E = h\nu = h\frac{c}{\lambda}$$

여기서 E는 kJ (kcal)/mol) 단위의 에너지이고, h는 Planck 상수로서 3.99×10^{-13} kJ (9.537×10^{-14} kcal) · s · mol^{-1}이다.

파장은 흔히 미터법(SI 기준 단위)으로 표시된다. 기타 다른 단위는 표 12.2에 나타내었다.

표 12.2 파장(λ)을 나타내는 단위

단위	미터와의 관계
Meter (m)	—
Millimeter (mm)	1 mm = 10^{-3} m
Micrometer (μm)	1 μm = 10^{-6} m
Nanometer (nm)	1 nm = 10^{-9} m
Angstrom (Å)	1 Å = 10^{-10} m

12.2 분자 분광학

그림 12.1에 도식적으로 나타낸 바와 같이 상태 E_1과 상태 E_2 사이에 에너지 차이에 해당되는 전자기 복사선을 가진 원자나 분자의 조사에 의해 에너지 상태 E_1으로부터 더 높은 에너지 상태인 E_2까지 전이된다. 원자나 분자가 E_2 상태에서 E_1 상태로 되돌아갈 때는 흡수된 에너지와 동일한 양이 방출된다.

분자 분광학
한 물질이 흡수하거나 방출한 복사선의 진동수를 측정하여 분자 구조에 대한 정보를 얻는 연구 분야.

분자 분광학(Molecular spectroscopy)은 한 분자가 흡수하거나 방출한 복사선의 진동수를 측정하는 실험법으로 이 진동수로 분자 구조에 대한 정보를 얻을 수 있다. 표 12.3에는 전자기 스펙트럼의 영역과 이에 해당하는 원자나 분자의 에너지 준위의 변화를 요약하였다.

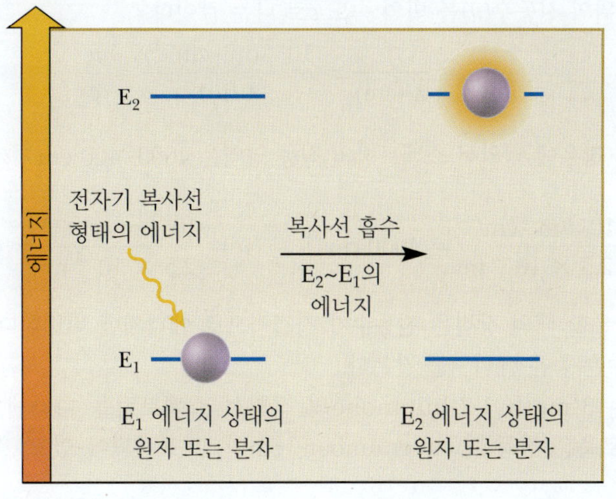

그림 12.1 ▸ 전자기 복사선 형태로 에너지를 흡수하면 원자나 분자가 E_1 에너지 상태에서 더 높은 에너지 상태인 E_2로 전이된다.

표 12.3 세 영역의 전자기 스펙트럼으로부터 에너지를 흡수하였을 때 이루어지는 전이 상태

전자기 스펙트럼의 영역	진동수(hertz)	분광학 형태	전이 사이에서 결과에 따른 전자기 복사선의 흡수
라디오 진동수	3×10^7~9×10^8	핵자기 공명	핵 스핀 수준
적외선	3×10^{11}~1×10^{14}	적외선	진동 에너지 수준
자외선-가시선	2.5×10^{14}~1.5×10^{15}	자외선-가시선	전자기 에너지 수준

12.3 적외선 분광학

적외선 분광학은 분자 내에 있는 어떤 작용기를 검출하는 직접적인 방법을 제공해 준다. 이 장에서는 먼저 적외선 분광학 이론을 이해하고, 이어서 분자 구조에 대해 자세한 내용을 제공할 수 있는 정보와 스펙트럼의 해석에 집중한다. 적외선 분광학은 분자 내의 결합이 진동하면서 흡수하는 에너지를 다루는데, 그 범위는 2.5×10^{-6} ~ 2.5×10^{-5} m이다. 적외선 분광학은 유기 화학자들에게 분자 구조의 측정에서 뿐만 아니라 여러 가지 응용에도 유용하다. 예를 들면, 범죄 수사 과학에서는 불법 물질의 확인에 사용되며, 또한 우주 탐험에서 대기 조성이나 광물 조성을 알아내는 데도 이용된다.

A 진동 적외선 스펙트럼

유기 분자는 유연성이 있다. 2장에서 설명한 바와 같이 원자나 원자단은 단일 공유 결합 주위를 회전할 수 있다. 더욱이 공유 결합으로 결합된 원자들을 유연한 스프링으로 연결된 것처럼 신축 운동이나 굽힘 운동을 한다. **IR 분광학**이라고 부르기도 하는 **적외선 분광학**(infrared spectroscopy)은 유기 분자의 신축 및 굽힘 진동을 측정한다.

파장이 2.5×10^{-6} ~ 2.5×10^{-5} m 범위인 **진동 적외선 영역**(vibrational infrared region)은 적외선 분광학에 사용된다. 이 영역의 복사선은 가장 일반적으로 복사선의 진동수를 cm^{-1}(reciprocal centimeter로 읽음) 단위를 가진 **파수**(wavenumber, ν)로 표시하며, cm당 파동의 수를 의미한다. 파수로 표시된 진동수는 cm 단위로 나타낸 파장의 역수

적외선(IR) 분광학
화합물에 적외선을 조사하였을 때 적외선을 흡수하여 공유 결합이 낮은 진동 에너지 상태에서 높은 진동 에너지 상태로 변하게 되는데, 이를 이용하는 분광학적 방법으로서 유기 분자 내에 존재하는 작용기의 종류를 확인하는데 매우 유용하다.

진동 적외선 영역
4000~400 cm^{-1}까지의 적외선 영역 부분.

파수 $\bar{\nu}$
cm^{-1} (reciprocal centimeter로 읽음) 단위를 가진 전자기 복사선의 진동수.

이며, 헤르츠 단위의 진동수(ν)를 빛의 속도 c로 나눈 값이다.

$$\bar{\nu} = \frac{1}{\lambda\ (\text{cm})} = \frac{10^{-2}\ (\text{m} \cdot \text{cm}^{-1})}{\lambda\ (\text{m})} = \frac{\nu}{c}$$

진동수를 나타낼 경우에 적외선 스펙트럼의 진동 영역은 4000~400 cm^{-1}까지의 범위이다.

$$\bar{\nu} = \frac{10^{-2}\ \text{m} \cdot \text{cm}^{-1}}{2.5 \times 10^{-6}\ \text{m}} = 4000\ \text{cm}^{-1} \qquad \bar{\nu} = \frac{10^{-1}\ \text{m} \cdot \text{cm}^{-1}}{2.5 \times 10^{-5}\ \text{m}} = 400\ \text{cm}^{-1}$$

진동수를 사용할 때의 장점은 진동수가 직접적으로 에너지에 비례한다는 것이다. 복사선의 높은 진동수는 높은 에너지를 갖는다.

그림 12.2는 3-methyl-2-butanone의 적외선 스펙트럼을 나타낸 것이다. 도표지의 아래쪽에 가로축은 진동수(wavenumber, cm^{-1})로 표시되어 있고, 위쪽은 파장(mi-

그림 12.2 ▸ 3-Methyl-2-butanone의 적외선 스펙트럼.

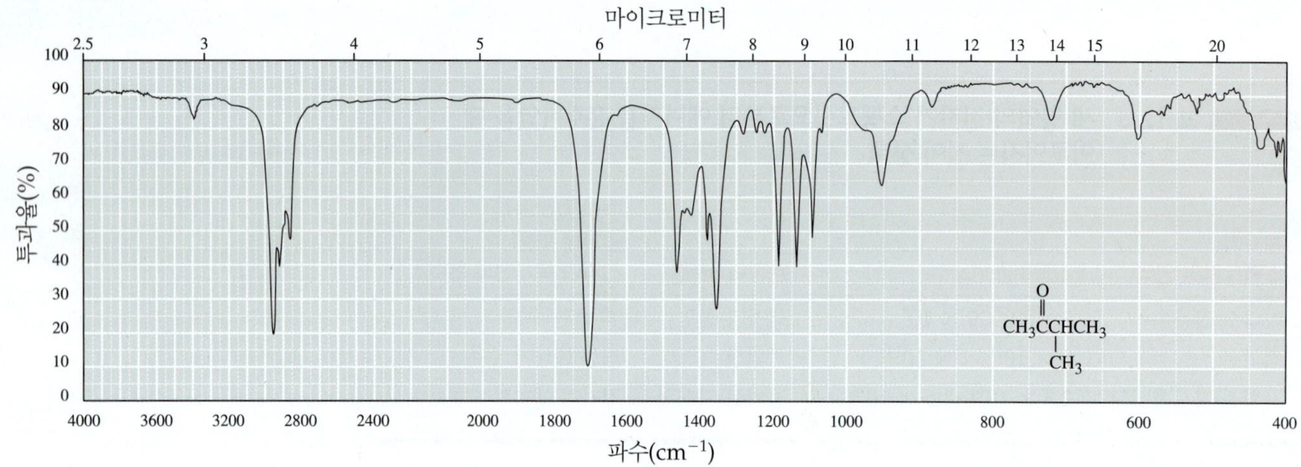

crometer, μm)으로 표시되어 있다. 진동수의 척도는 대개 두 개 또는 그 이상의 영역으로 나누어진다. 이 책에서 사용된 모든 스펙트럼은 4000~2200 cm^{-1}, 2200~1000 cm^{-1}, 1000~400 cm^{-1}의 3개 선형 영역으로 나눠어져 있다. 세로축은 윗부분의 100%에서 아래의 0%까지 투과율(trasmittance)을 나타낸다. 그러므로 적외선 스펙트럼에 대한 바탕선은 도표지의 맨 위쪽(시료를 통한 복사선의 100% 투과 또는 0% 흡수)이며, 빛의 흡수는 골 또는 계곡에 해당된다. 조금 이상하게 보일지 모르겠지만, 흡수되는 부분이 기준선보다 아래에 있음에도 불구하고 적외선 흡수를 피크(peak)라고 부른다.

그림 12.2의 스펙트럼은 순수한 액체라는 의미의 순(neat) 시료로서 측정된 것이다. 몇 방울 액체를 적외선 복사선이 통과할 투명한 염 디스크 사이로 압착한다. 적외선 분광법에 사용할 기체, 액체, 고체 시료를 제조하는 여러 가지 방법이 있다. NaCl과 KBr은 이온성 고체이고 적외선 복사선을 흡수할 공유 결합이 없기 때문에 시료를 제조하는데 자주 사용된다. 시료는 항상 건조된 상태를 유지하도록 주의해야 한다. NaCl과 KBr은 염이면서 흡습성이 있다.

예제 12.1 ▸ 단위 환산

어떤 적외선 분광 측정기는 파장(μm)으로 그 스펙트럼으로 표시하는 반면, 다른 적외선 분광기는 파수(cm^{-1})로 표시되어 있다. 다음을 환산하여라(μm와 cm^{-1} 사이에 환산하는 편리한 식은 $\bar{\nu}\lambda = 10^4$임을 유의하라).

(a) 7.05 μm를 cm^{-1}로 **(b)** 3.35 μm를 cm^{-1}로 **(c)** 3280 cm^{-1}를 μm로

➡ 해답

(a) 1418 cm^{-1} **(b)** 2985 cm^{-1} **(c)** 3.05 μm

연습 문제 12.1

어느 것이 높은 에너지를 갖는가?

(a) 1715 cm^{-1}의 적외선과 2800 cm^{-1}의 적외선

(b) 300 MHz의 라디오파-진동수 복사선과 60 MHz의 라디오파-진동수 복사선

B 분자 진동

공유 결합에 의해 결합된 원자들은 한 위치에 고정되어 있기 보다는 서로에 대해 계속적으로 진동하고 있다. 이들 진동과 관련된 에너지는 양자화(분자 내에서 특정한 에너지 준위만 허용된다는 의미임)되어 있다. 대부분의 공유 분자에 있어서 두 개의 허용된 진동 에너지 준위 사이의 에너지 차이는 적외선 영역의 진동수에 해당되는 4000~400 cm^{-1} 범위에 있다.

한 분자가 이 복사선을 흡수하면, 분자의 진동은 *결합 쌍극자 모멘트의 실질적인 변화*를 일으킨다. 만일 두 전하가 스프링으로 연결되어 있다고 가정하면, 두 전하 사이의 거리의 변화는 쌍극자 모멘트 변화에 해당된다. 일반적으로 결합 쌍극자가 커질수록 진동에 의해서 발생되는 쌍극자 모멘트의 변화가 커진다. 쌍극자 모멘트의 변화를 일으키는 진동을 **적외선 활성**(infrared active)이라 한다. 결합의 쌍극자 모멘트 변화가 커질수록 강한 적외선 흡수가 일어난다. 결합 쌍극자 모멘트의 변화를 일으키지 않는 진동을 나타내는 공유 결합 예를 들면, 분자 내 나타나는 대칭성은 적외선 비활성이라고 말한다. 대칭적으로 치환된 알켄이나 알카인에서 탄소-탄소 이중 결합과 탄소-탄소 삼중 결합(예를 들어, 2,3-dimethyl-2-butene과 2-butyne)은 실질적인 결합 쌍극자 변화가 없고 진동이 일어나지 않기 때문에 적외선 복사선을 흡수하지 않는다.

적외선 활성
IR 스펙트럼에서 관찰되는 쌍극자 모멘트의 실질적인 변화를 가져오는 분자의 진동.

$$(H_3C)_2C{=}C(CH_3)_2 \qquad H_3C{-}C{\equiv}C{-}CH_3$$

2,3-Dimethyl-2-butene **2-Butyne**

n개의 원자를 포함하는 비선형 분자에서 $3n - 6$개의 허용된 기본 진동이 있다. Ethanol, CH_3CH_2OH와 같은 간단한 분자에 대해서 21개의 기본 진동이 있고, hexanoic acid, $CH_3(CH_2)_4COOH$에 대해서는 54개의 기본 진동이 존재한다. 그러므로 상대적으로 간단한 분자라 할지라도 많은 진동 에너지 준위가 존재하며 이러한 분자에 대한 에너지 흡수 방식도 매우 복잡하게 된다. n개의 원자를 포함하는 선형 분자에서 $3n - 5$개의 허용된 기본 진동이 있다.

적외선 흡수를 일으키는 분자에서 가장 간단한 진동 운동은 신축(stretching) 운동과

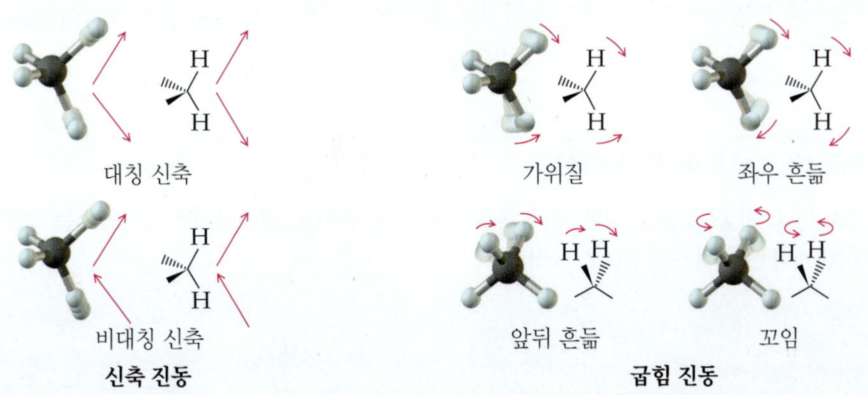

그림 12.3 ▸ 메틸렌기에 대한 기본적인 신축 진동과 굽힘 진동.

굽힘(bending) 운동이다. 그림 12.3은 메틸렌기의 기본적인 신축 운동과 굽힘 운동을 나타내고 있다.

Raman 분광법
적외선 비활성 진동을 Raman 스펙트럼에서 볼 수 있는 적외선(IR) 분광학에 상보적인 진동성 분자 분광학이다.

Raman 분광학(Raman spectroscopy)이라 부르는 또 다른 기술은 적외선 분광학과 상호 보완적이다. 즉, 적외선-비활성 진동이 Raman 스펙트럼에는 나타나고 Raman 비활성-진동이 적외선 활성이 된다. Raman 분광학에 관한 더 완전한 설명은 이 책의 범위 밖이지만, 특정 분자를 연구하는데 매우 유용한 기술이다.

C 특징적인 흡수 방식

한 분자에서 모든 원자들이 진동 방식에 영향을 주기 때문에 그 진동 방식의 분석은 매우 복잡하다. 그러나 분자에서 각각의 결합을 고려하거나 다른 결합을 무시함으로써 특별한 진동 방식에 의한 적외선 스펙트럼에서의 흡수가 어디에서 일어나는지에 대해서 일반화할 수 있다. 단순한 가정으로 두 개의 공유 결합을 이루고 있는 원자를 스프링에 의해 연결되어 진동하고 있는 물체라고 생각하자. 전체 에너지는 진동의 진동수에 비례한다. 신축 진동의 진동수는 진동하는 스프링에 대한 Hooke의 법칙으로부터 유도된 다음 식에 의해 주어진다.

$$\bar{\nu} = 4.12\sqrt{\frac{K}{\mu}}$$

여기서 $\bar{\nu}$는 파수(cm^{-1})로 표시된 진동의 진동수, K는 결합의 힘 상수로서 dynes/cm 단위의 결합 세기이며, μ는 $(m_1 m_2)/(m_1 + m_2)$로 나타내는 두 원자 사이의 '환산 질량'이고, 여기서 m은 원자의 질량이다.

단일, 이중, 삼중 결합에 대한 힘 상수는 대략 5, 10, 15 × 10^5 dynes/cm이고, 따라서 거의 1 : 2 : 3의 비율이다. 단일 결합에 대한 이 힘 상수 값을 사용하여 ^{12}C와 ^{1}H 사이의 단일 결합에 대한 신축 진동의 진동수를 구하면 아래와 같다.

그리고 $^{12}C—^{1}H$ 신축에 대해서:

$$\text{환산 질량} = 12 \times 1/(12 + 1) = 0.923 \text{ g/원자}$$

$$\bar{\nu} = 4.12\sqrt{\frac{K}{\mu}} = 4.12\sqrt{\frac{5 \times 10^5}{0.923}} = 3032 \text{ cm}^{-1}$$

알킬기의 C—H 신축 진동의 진동수에 대해 실험적으로 결정된 값은 약 3000 cm^{-1}이다. 이 계산에서 간단한 가정과 단일 결합에 대한 힘 상수의 하나의 평균값으로 표시함으로써 계산 값과 실험 값이 잘 일치하는 것을 알 수 있다. 이러한 방법으로 계산된 진동수가 실험 값에 가까울 수 있지만, 일반적으로 분자 구조를 결정에 충분히 정확하지는 않다.

실질적인 면에서 Hooke의 법칙은 IR 스펙트럼에서 신축 진동의 흡수 *위치*가 진동하는 결합의 강도와 원자의 질량에 의존한다는 것을 의미하고 있다. 결합 강도가 클수록, 원자가 가벼울수록 신축 진동의 진동수는 높아진다. 앞에서 보아온 바와 같이 *흡수 세기*(intensity)는 본질적으로 진동하는 결합의 극성 변화에 의존한다.

예제 12.2 ▸ IR 파수 계산

탄소-탄소 이중 결합에 대한 신축 진동수를 파수 단위로 계산하여라. 각 탄소는 가장 많이 존재하는 동위원소 ^{12}C로 가정한다.

➥ 해답

C=C에 대한 힘 상수를 10×10^5 dynes/cm로 가정한다. 계산된 진동수는 1628 cm^{-1}이고, 이는 실험 값인 1650 cm^{-1}에 가까운 값이다.

$$\bar{\nu} = 4.12 = \sqrt{\frac{10 \times 10^5}{12 \times 12/(12 + 12)}} = 1682 \text{ cm}^{-1}$$

연습 문제 12.2

계산을 하지 않고, 아래 각 쌍의 결합 중 어느 것이 높은 진동수에서 일어나리라 예측되는가?

(a) C=O 혹은 C=C 신축 **(b)** C=O 혹은 C—O 신축

(c) C≡C 혹은 C=O 신축 **(d)** C—H 혹은 C—Cl 신축

진동 방식의 복잡성 때문에 대부분 적외선 스펙트럼의 자세한 해석은 쉬운 일이 아니다. 앞서 설명한 기본적 진동 방식 이외에, 일반적으로 상당히 약한 세기의 배진동(overtone)이나 짝지음 피크(coupling peak) 등 다른 형태의 흡수도 나타난다.

적외선 스펙트럼을 잘 해석하는 사람은 흡수 형태로부터 화학적 구조에 대한 많은 양의 정보를 얻을 수 있다. 그러나 학부 과정에서 이런 정도의 수준에 도달할 필요성이 없으며 그럴 시간도 없다. 학부생의 수준에서 필요한 것은 적외선 스펙트럼을 보고 어떤 작용기가 존재하는지 판단할 수 있는 것이다. 예를 들면, 일반적으로 카보닐기는 약 1630~1820 cm^{-1}에서 강한 흡수를 나타낸다. 특정 카보닐기에 대한 흡수 위치는 그것이 알데하이드, 케톤, 카복실산, 에스터 등 어떤 작용기의 카보닐인지, 고리를 포함하고 있는지, 고리를 가지고 있다면 그 크기에 따라 달라진다. 이 장에서는 고리의 크기 또는 이 값에 영향을 주는 다른 요인이 어떻게 구조적인 변화에 영향을 미치는지에 대해 배울 것이다.

D 상관 도표

작용기의 흡수 방식에 관한 자료를 모아 놓은 표를 **상관 도표**(correlation table)라 한다. 표 12.4는 우리가 가장 많이 다루는 결합과 작용기의 특징적인 적외선 흡수 스펙트럼을 나타낸 것이다. 모든 작용기에 대한 적외선 흡수띠는 부록 6에 요약되어 있다. 이 표에서 흡수 세기에 따라 강함(s), 중간(m), 또는 약함(w)으로 표시된다. 일반적으로 C와 O 사이의 결합은 전기음성도 차이가 매우 커서 큰 쌍극자 모멘트로 갖고 있기 때문에 강한 적외선 흡수를 나타낸다.

표 12.4 몇 가지 작용기의 적외선 신축 진동수

결합	신축 진동수(cm^{-1})	세기
O—H	3200~3650	약하고 강함(수소 결합일 때 가장 강함)
N—H	3100~3550	중간
C—H	2700~3300	약하고 중간
C=C	1600~1680	약하고 중간
C=O	1630~1820	강함
C—O	1000~1250	강함

일반적으로 대부분의 작용기의 특징적인 신축 진동과 굽힘 진동이 3500~1500 cm^{-1}까지의 영역에서 나타나기 때문에 유기 화학자들은 이 영역에 대해 가장 주의를 기울이고 있다. 1500~400 cm^{-1}까지 영역에서의 진동은 매우 복잡하고 해석하기 힘들다. 이 영역에서는 분자 구조나 흡수 양상의 조그마한 변화도 구분되므로 **지문 영역**(fingerprint region)이라고 부르기도 한다. 만약 두 화합물이 구조에서 아주 작은 차이를 가질 때에도 이 영역에서의 적외선 스펙트럼은 분명한 차이를 보인다.

지문 영역
IR 스펙트럼의 1500 cm^{-1}에서 400 cm^{-1} 사이의 진동은 복잡하고 해석하기 어렵지만 서로 다른 분자에서 특징적이다.

예제 12.3 ▸ 작용기 진동수

만일 화합물이 다음 진동수에서 IR 흡수를 나타낸다면 어떠한 작용기를 가지고 있다고 예상되는가?

(a) 1705 cm^{-1} **(b)** 2950 cm^{-1}

해답

(a) C=O 기 **(b)** 지방족 C—H 기

연습 문제 12.3

어떤 화합물이 3300~3600 cm^{-1}의 영역에서 매우 넓고 강한 IR 흡수를 나타내고, 1715 cm^{-1}에서 뾰족한 흡수를 나타낸다. 어떤 작용기가 이 두 종류의 흡수를 설명할 수 있는가?

예제 12.4 ▸ 서로 다른 작용기 구별

Propanone과 2-propen-1-ol은 구조 이성질체이다. IR 분광법에 의해 이 화합물들을 어떻게 구별할 수 있는지 나타내어라.

$$CH_3-\overset{\overset{O}{\|}}{C}-CH_3 \qquad CH_2{=}CH-CH_2-OH$$

Propanone (Acetone) **2-Propen-1-ol (Allyl alcohol)**

해답

Propanone만이 1630~1820 cm^{-1}의 C=O 신축 영역에서 강한 흡수를 나타낸다. 2-Propen-1-ol만이 3200~3650 cm^{-1}의 O—H 신축 영역에서 강한 흡수를 나타낸다.

연습 문제 12.4

Propanoic acid와 methyl ethanoate는 구조 이성질체이다. IR 분광법에 의해 이 화합물들을 어떻게 구별할 수 있는지 나타내어라.

$$CH_3CH_2\overset{\overset{O}{\|}}{C}OH \qquad CH_3\overset{\overset{O}{\|}}{C}OCH_3$$

Propanoic acid **Methyl ethanoate (Methyl acetate)**

12.4 적외선 스펙트럼의 해석

A 알케인

일반적으로 알케인의 적외선 스펙트럼은 간단하며 몇 개의 흡수만 나타난다. 표 12.5는 알케인의 일반적인 흡수를 나타낸 것이다.

그림 12.4는 decane의 적외선 스펙트럼이다. 2850~3000 cm^{-1} 사이의 강한 다중 흡

표 12.5 알케인, 알켄, 알카인 및 아렌의 적외선 흡수

탄화수소	진동	진동수(cm^{-1})	세기
알케인			
C—H	신축	2850~3000	중간
CH_2	굽힘	1450~1475	중간
CH_3	굽힘	1375, 1450	약하고 중간
C—C	(너무 많은 띠—해석에 유용하지 않음)		
알켄			
C—H	신축	3000~3100	약하고 중간
C═C	신축	1600~1680	약하고 중간
알카인			
C—H	신축	3300	강하고 중간
C≡C	신축	2100~2250	약함
아렌			
C—H	신축	3030	약하고 중간
C═C	신축	1450~1600	중간
C—H	굽힘	690~900	강함

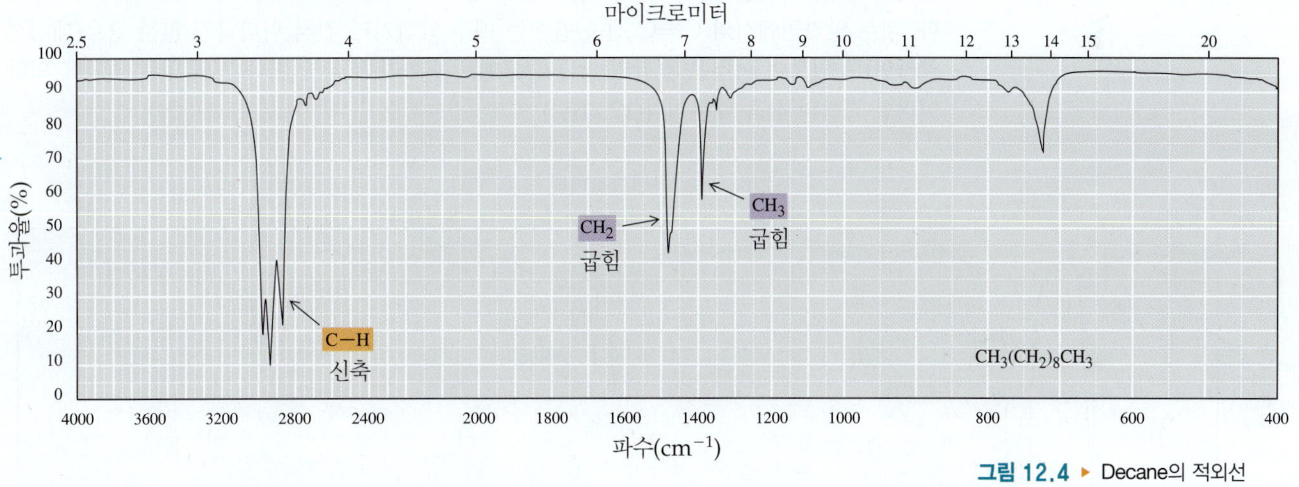

그림 12.4 ▸ Decane의 적외선 스펙트럼.

수는 C—H 신축의 특징적인 흡수이다. 또 다른 명확한 피크는 1465 cm^{-1}의 메틸렌 굽힘 진동과 1380 cm^{-1}의 메틸 굽힘 진동에 해당된다.

B 알켄

쉽게 알아볼 수 있는 알켄의 흡수는 3000 cm^{-1}의 약간 왼쪽(높은 진동수)에서 나타나는 바이닐 C—H 신축 진동이다. 또 다른 알켄의 특성은 1600~1680 cm^{-1}에서의 C═C 신축 진동이다. 그러나 이 진동은 종종 세기가 너무 미약하여 관찰하기 어렵고, 보다 더 대칭적인 알켄일수록 더욱 약한 흡수를 나타낸다. 그림 12.5의 cyclohexene의 적외선 스펙트럼에서 바이닐 C—H 신축과 C═C 신축을 관찰할 수 있다. 또한 2900 cm^{-1} 근처에서 지방족 C—H 신축과 1475 cm^{-1} 근처에서 메틸렌 굽힘 진동을 보여주고 있다.

C 알카인

알카인 ≡C—H 신축 진동은 알킬 —C—H 혹은 바이닐 ≡C—H 신축 진동보다 높은 진동수인 3300 cm^{-1} 근처에서 나타난다. 이 피크는 일반적으로 날카롭고 강하다. (sp-1s) C—H 결합은 대단히 강하고 따라서 알켄 (sp^2-1s) C—H 결합보다 강한 힘 상수를 가지고

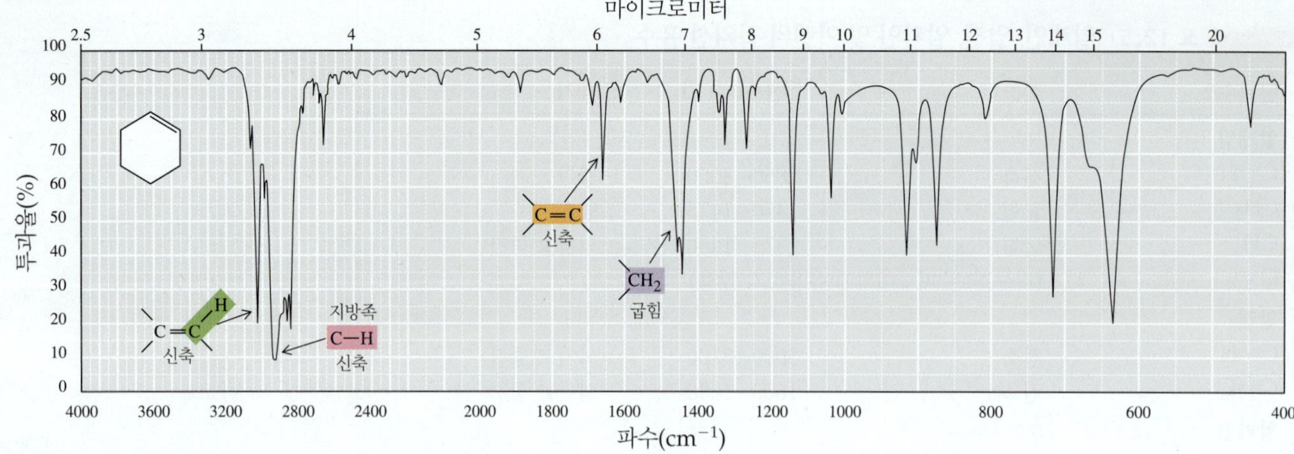

그림 12.5 ▸ Cyclohexene의 적외선 스펙트럼.

있어 보다 약한 알케인 (sp^3-1s) C—H 결합보다 더 높은 진동수에서 흡수한다. 원자의 혼성화에 s 성격이 커질수록 전자가 더 단단히 붙들려 있고, 이에 따라 H와 같은 원자와 더 강하게(더 짧게) 결합되어 있다. 따라서 sp-1s C—H 결합(탄소가 50% s 성격)이 가장 강하고, sp^3-1s C—H 결합(탄소가 25% s 성격)이 가장 약하고, sp^2-1s C—H 결합을 가진 탄소가 중간이 된다. 또한 말단 알카인에서 나타나는 2150 cm^{-1} 근처에서 흡수는 C≡C 신축에 해당한다. 이 두 종류의 피크는 1-octyne의 적외선 스펙트럼(그림 12.6)에서 볼 수 있다. 내부 알카인에서의 C≡C 신축 흡수는 매우 약하거나 전혀 나타나지 않는 경우(대칭성 알카인)도 있으며 이것은 결합의 쌍극자 모멘트 변화가 조금 있거나 거의 없는 결과에 의한 이러한 결합의 신축 때문이다(12.3B절).

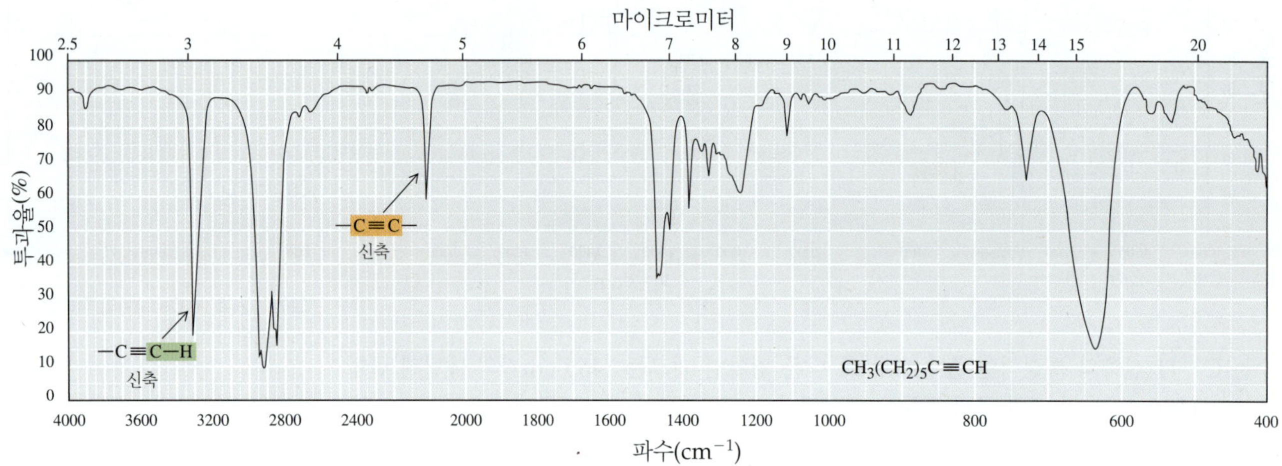

그림 12.6 ▸ 1-Octyne의 적외선 스펙트럼.

D 아렌(벤젠과 그 유도체)

방향족 고리는 대략 3030 cm^{-1} 부근에서 (sp^2-1s) =C—H 결합의 특성을 보여주는 중간이나 약한 C—H 신축 영역을 나타낸다. 그리고 방향족 고리는 면외(out-of-plane) C—H 굽힘 진동의 결과로 690~900 cm^{-1} 영역에서 강한 흡수를 나타낸다. 마지막으로 이들 화합물은 1450과 1600 cm^{-1} 사이에서 C=C 신축 진동에 의한 여러 개의 흡수를 나타낸다. 실제로 이들 스펙트럼은 전체 고리의 복잡한 진동 방식이다. 몇 가지 진동은 모든 원자가 안과 밖으로 움직임을 포함하고 있고, 반면에 어떤 원자는 안쪽으로 움직이고 다른 원자는 바깥쪽으로 움직인다. 이러한 피크의 세기는 고리 치환기 형태의 대칭성에 따라 변화한다. 이들 특징적인 흡수 형태를 toluene의 적외선 스펙트럼에서 볼 수 있다(그림 12.7).

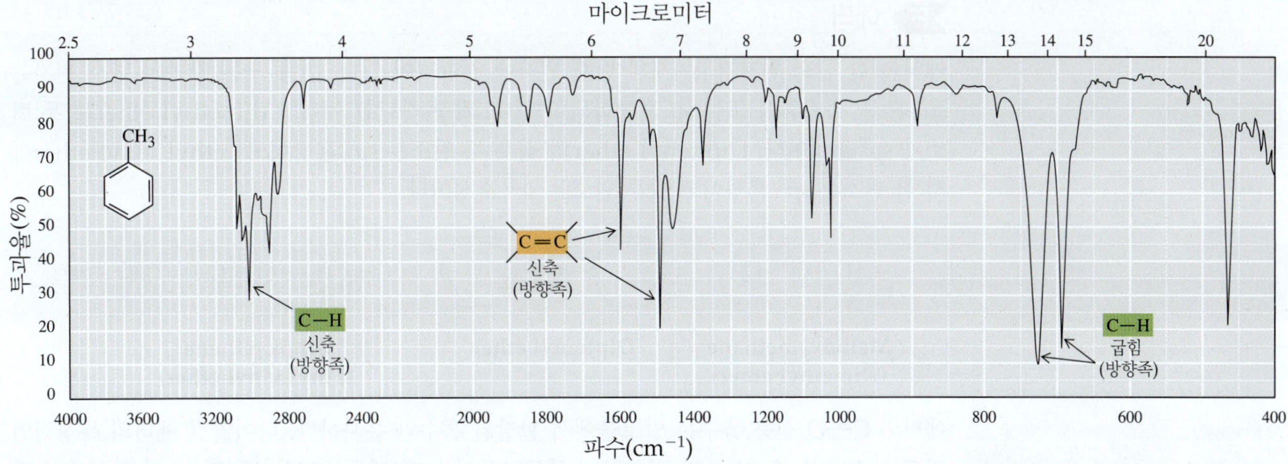

그림 12.7 ▸ Toluene의 적외선 스펙트럼.

E 알코올

O—H 신축 흡수의 위치와 그 세기는 수소 결합의 정도에 달려 있다. 알코올 분자 간에 광범위한 수소 결합이 있는 경우(순수 알코올이나 진한 알코올 용액에서), O—H 신축 흡수는 3200~3500 cm^{-1}에서 넓은 피크로 나타난다. 서로 다른 분자 내에 수소 결합 상태의 다양성은 이러한 피크의 넓어짐을 가져온다. 3650 cm^{-1}에서 '유리(free)' O—H 신축은 묽은 비수소 결합 용액에서만이 볼 수 있다. C—O 신축 흡수는 1000~1250 cm^{-1} 범위에서 나타난다(표 12.6).

표 12.6 알코올의 적외선 흡수

결합	진동수(cm^{-1})	세기
O—H(유리)	3600~3650	약함
O—H(수소 결합)	3200~3500	중간, 넓음
C—O	1000~1250	중간

그림 12.8은 1-hexanol 순물질의 적외선 스펙트럼이다. 수소 결합된 O—H 신축이 3340 cm^{-1}에서 강한 세기의 넓은 띠로 나타난다. C—O 신축은 1058 cm^{-1}에서 나타나고, 이는 일차 알코올의 특징적인 값이다.

그림 12.8 ▸ 1-Hexanol의 적외선 스펙트럼(순수 액체, 염 디스크).

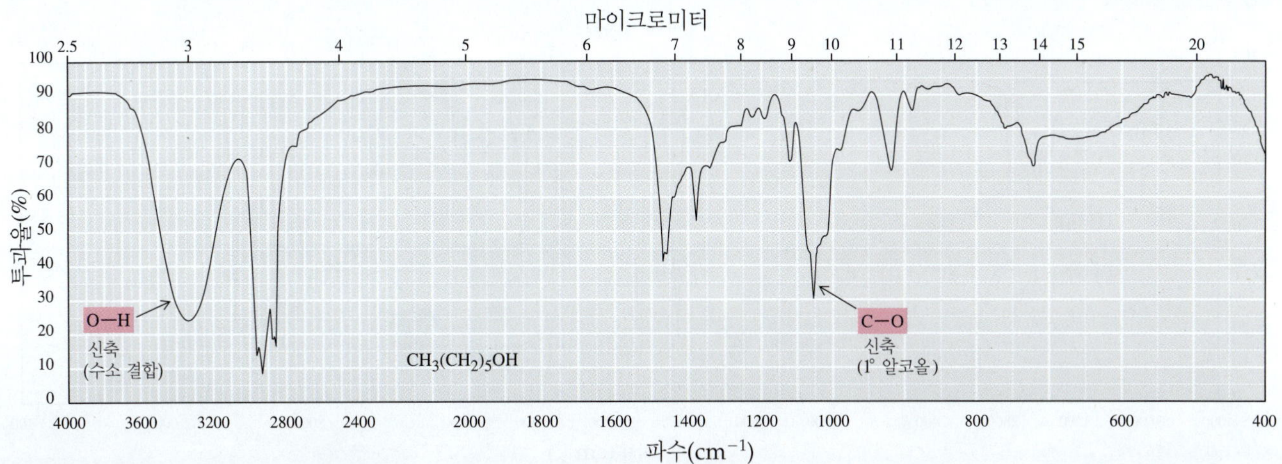

F 에터

에터는 한 산소 원자가 두 개의 탄소 원자에 결합되어 있다. 한쪽 또는 양쪽의 탄소 원자는 sp^3 혼성, sp^2 혼성 또는 sp 혼성화되어 있다. 가장 간단한 에터인 dimethyl ether는 두 탄소가 sp^3 혼성이다. Diphenyl ether의 경우 두 탄소는 sp^2 혼성이고, ethyl vinyl ether에서 한 탄소는 sp^3 혼성이고 다른 탄소는 sp^2 혼성이다.

$CH_3{-}O{-}CH_3$ **Methoxymethane (Dimethyl ether)**

Diphenyl ether

$CH_3CH_2{-}O{-}CH{=}CH_2$ **Ethoxyethene (Ethyl vinyl ether)**

에터의 C—O 신축 흡수는 알코올에서 관찰된 흡수와 유사하다. 다이알킬 에터의 특징적인 피크는 dibuthyl ether의 적외선 스펙트럼에서 보게 되는 1000~1250 cm^{-1} 영역에서 단일 흡수로 나타난다(그림 12.9).

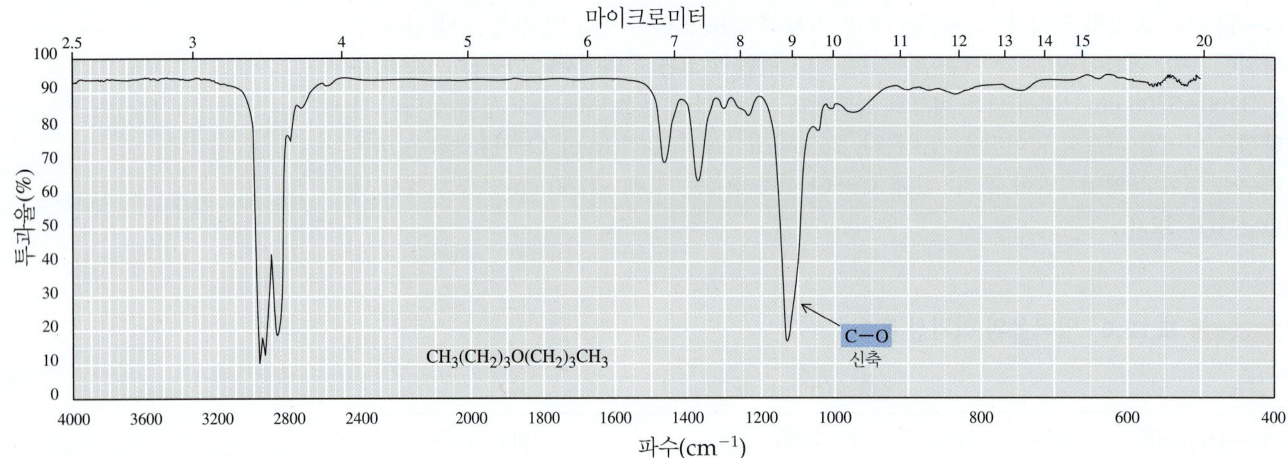

그림 12.9 ▸ Dibutyl ether의 적외선 스펙트럼.

방향족 에터(에터 산소가 하나 이상의 벤젠 고리와 결합된 화합물)와 vinyl ether(에터 산소가 하나 이상의 C=C 결합의 sp^2 혼성 탄소와 결합되어 있는 화합물)는 특징적인 두 개의 C—O 신축 진동을 나타낸다. 예를 들면, anisole (그림 12.10)은 1050 cm^{-1}(sp^3 C—O)와 1250 cm^{-1}(sp^2 C—O)에서 C—O 신축 진동을 나타내고 있다. 두 개의 결합 중 하나가 sp^2 혼성 탄소에 결합되어 있는 에터는 특징적으로 1200~1250 cm^{-1} 범위에서 하나의 흡수 띠를 나타낸다.

그림 12.10 ▸ Anisole의 적외선 스펙트럼.

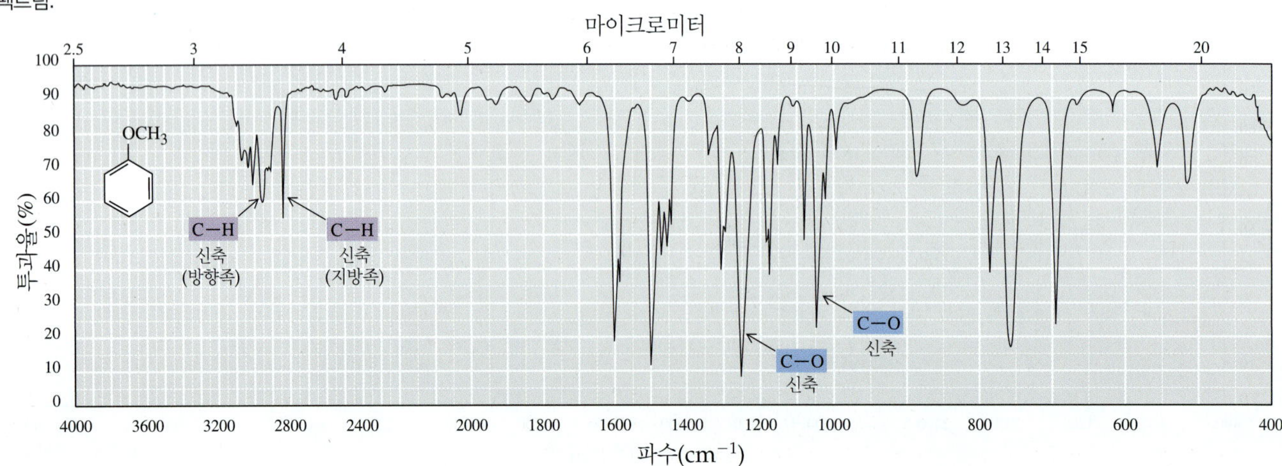

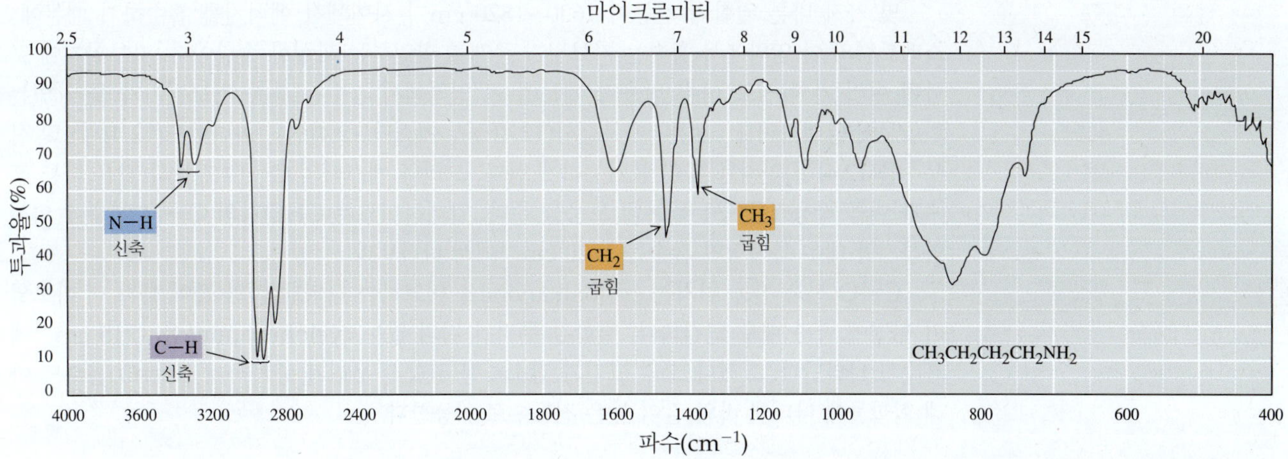

그림 12.11 ▸ 1차 아민인 1-butanamine의 적외선 스펙트럼.

3200~3500 cm^{-1}에서 O—H 수소 결합을 동반한 신축 흡수가 존재하는지 여부에 따라 에터 및 에터와 이성질체인 알코올을 구분할 수 있다. C—O 신축 흡수는 에스터에도 존재하지만(12.4J절 참조), 이 경우 C═O 신축 흡수 존재 여부에 따라 에터와 에스터를 구분하는데 사용될 수 있다.

G 아민

일차 및 아민에서 가장 중요하고 쉽게 관찰되는 적외선 흡수는 3300~3500 cm^{-1} 영역에서 나타나는 N—H 신축 진동이다. O—H 결합의 경우와 마찬가지로, N—H 결합도 수소 결합의 정도에 따라 피크가 넓어지고 장 파장 쪽으로 이동한다. 일차 아민은 이 영역에서 두 개의 흡수띠를 나타낸다. 하나는 대칭 신축에 의한 것이고 또 하나는 비대칭 신축에 의한 것이다. 일차 아민의 특징적인 두 개의 N—H 신축 흡수는 1-butanamine의 IR 스펙트럼에서 볼 수 있다(그림 12.11). 이차 아민은 이 영역에 한 개의 흡수만 나타낸다. 삼차 아민은 N—H가 존재하지 않고, 따라서 적외선 스펙트럼의 이 영역에서 투명하게 나타난다.

H 알데하이드와 케톤

알데하이드와 케톤은 탄소-산소 이중 결합 신축 진동과 연관된 1630~1820 cm^{-1} 사이에 특징적인 강한 흡수를 나타낸다. Menthone의 카보닐기 신축 진동은 1705 cm^{-1}에서 일어난다(그림 12.12). 탄소와 산소 원자 사이의 큰 전기음성도 차이 때문에 카보닐기에서는 쌍극자 모멘트의 큰 변화를 동반하게 되므로 적외선 흡수 강도도 커지게 된다.

그림 12.12 ▸ Menthone의 적외선 스펙트럼.

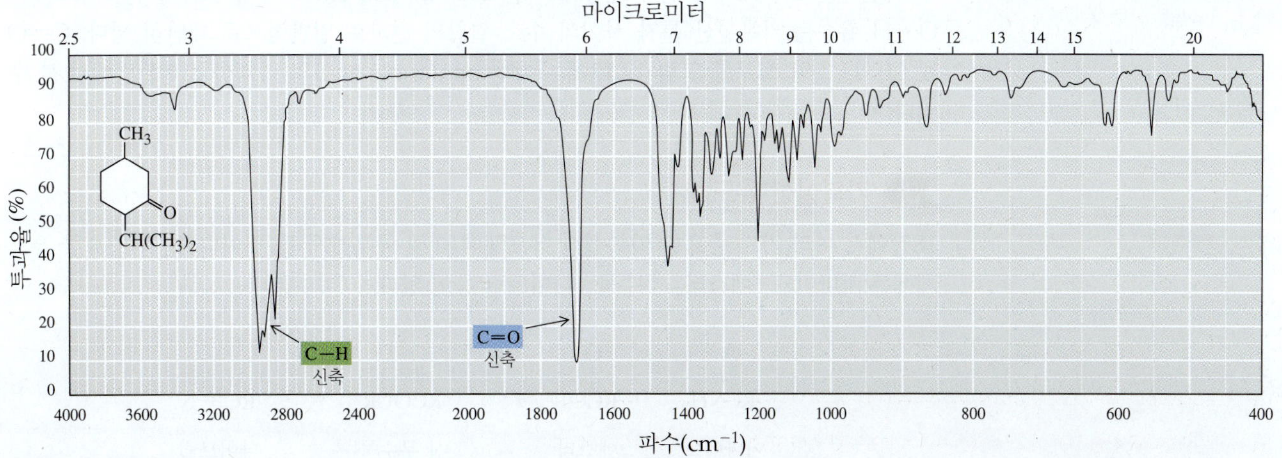

몇 가지 다른 결합의 진동이 1630~1820 cm^{-1} 사이에서 에너지를 흡수하기 때문에, 스펙트럼의 이 영역에서 흡수는 카보닐기 존재를 확인하는 확실한 수단이다. 카보닐기에 포함된 여러 가지 서로 다른 작용기 때문에 이 영역에서 흡수는 종종 카보닐기가 들어 있는 화합물이 알데하이드, 케톤, 카복실산(12.4I절), 에스터(12.4J절), 아마이드(12.4J절) 및 산 무수물(12.4J절)인지를 확인 불가능하게 한다. 그러나 에스터의 C—O 진동과 같은 다른 흡수가 이들 작용기를 구분하는데 도움을 준다. 알데하이드는 CHO기의 C—H 신축에 의해 약하지만 매우 특징적인 흡수를 2720 cm^{-1}에서 나타낸다.

C═O 신축 진동 위치는 cycloalkanone을 비교하여 나타낸 바와 같이 분자 내 카보닐기 환경에 따라 매우 민감하다. 결합각 무리가 거의 없는 cyclohexanone은 1715 cm^{-1}에 흡수가 나타난다. 그러나 고리 크기가 감소하면 결합각 무리가 증가하며, C═O 흡수도 아래 화합물에 나타낸 바와 같이 높은 진동수로 이동한다.

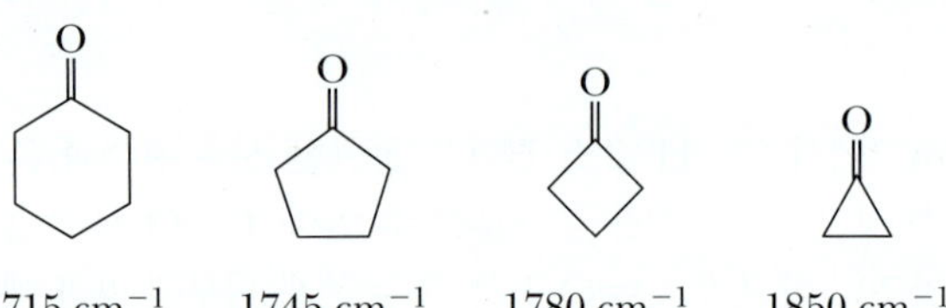

콘쥬게이션
두 개의 다중 결합이 단일 결합에 의해 분리된 상태. 대신에 일련의 $2p$ 궤도함수의 겹침이다. 예를 들면, 1,3-butadiene은 콘쥬게이션 다이엔 화합물이고, 3-butene-2-one은 콘쥬게이션 케톤 화합물이다.

인접한 위치에 카보닐기와 **콘쥬게이션**(conjugation)을 이루는 탄소-탄소 이중 결합 또는 벤젠 고리가 존재하면 C═O 흡수가 아래 분자들의 카보닐 신축 진동수를 비교하여 나타낸 바와 같이 낮은 진동수로 이동한다. 콘쥬게이션은 이웃해 있는 π 결합의 π 전자에 혼성되지 않은 $2p$ 궤도함수의 겹침에 의한 상호작용에 의해 나타나고 확장된 π계의 독특한 성질의 결과이다(20장). 콘쥬게이션 또한 C═C 신축을 오른쪽(낮은 진동수)으로 이동시키고 그 세기를 증가시킨다.

O　　O　　O H

1717 cm^{-1}　　1690 cm^{-1}　　1700 cm^{-1}

I 카복실산

카복시기는 적외선 스펙트럼에서 두 개의 독특한 흡수를 나타낸다. 이들 중에서 하나는 1700~1725 cm^{-1} 영역에서 일어나고 카보닐기의 신축 진동과 관계가 있다. 이 흡수 범위는 알데하이드나 케톤의 카보닐기의 경우와 같지만, 분자 간 수소 결합 때문에 카복실 카보닐의 경우가 보통 더 넓다. 다른 카보닐기의 특징적인 적외선 흡수는 가끔 C—H 신축 흡수와 겹치는 O—H기의 신축 진동에 의한 2500과 3300 cm^{-1} 사이에 나타나는 피크이다. O—H 흡수는 카복실산 분자 사이의 수소 결합의 결과로 일반적으로 대단히 넓다. C═O 및 O—H 신축 모두를 그림 12.13에 나타낸 pentanoic acid의 적외선 스펙트럼에서 볼 수 있다.

J 카복실산 유도체

18장에서 여러 가지 중요한 카복실산 유도체에 대해 공부하게 될 것이다. 가장 중요한 유도체에는 아마이드, 에스터, 무수물, 나이트릴 등이 있다.

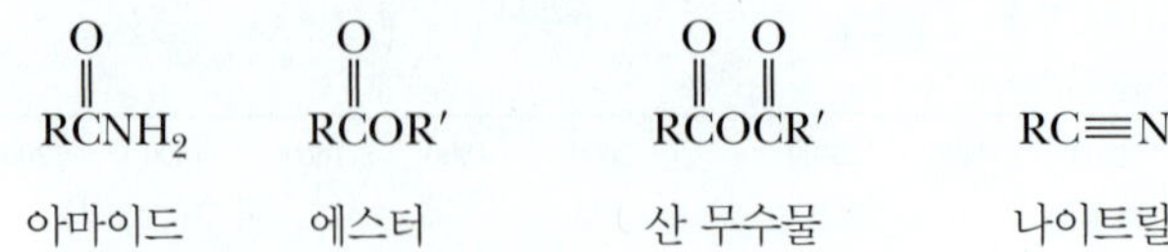

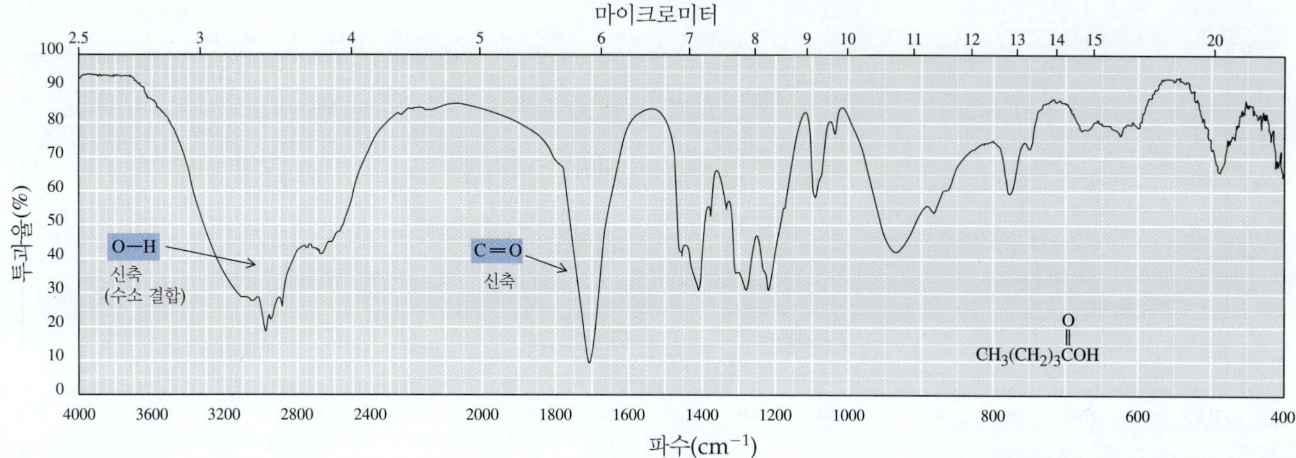

그림 12.13 ▸ Pentanoic acid의 적외선 스펙트럼.

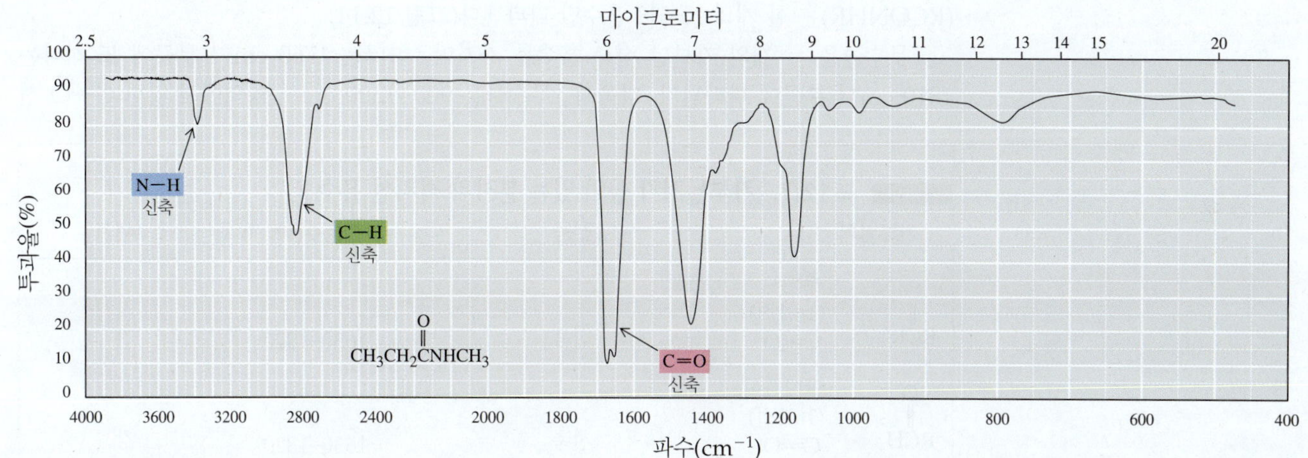

그림 12.14 ▸ *N*-Methylpropanamide (이차 아마이드)의 적외선 스펙트럼.

가장 일반적으로 단순 에스터라고 부르는 카복실산 에스터의 작용기는 —OR기에 결합된 카보닐기이다.

$$\underset{\textbf{Ethyl ethanoate (Ethyl acetate)}}{CH_3\overset{O}{\overset{\|}{C}}-OCH_2CH_3} \qquad \underset{\textbf{Isopropyl pentanoate}}{CH_3(CH_2)_3\overset{O}{\overset{\|}{C}}-OCH(CH_3)_2}$$

C—O—C기에 있는 탄소 중 하나는 sp^2 혼성화되어 있고 다른 탄소는 sp^3 혼성화되어 있음에 유의하여라.

에스터는 1735와 1800 cm^{-1} 사이의 영역에서 강한 C=O 신축 흡수를 나타낸다. 케톤에서와 마찬가지로, 이 흡수 띠는 작은 고리에 속해 있으면 높은 진동수로 이동하고 인접한 이중 결합에 의해서 낮은 진동수로 이동한다. 더욱이, 에스터 또한 sp^3 C—O 신축에 의한 1000~1100 cm^{-1} 영역과 sp^2 C—O 신축에 의한 1200~1250 cm^{-1} 영역에서 강한 C—O 신축 흡수를 나타낸다(그림 12.15). 탄소 중에서 한 개가 산소와 결합하고 있는 에터는 sp^2 혼성이고 역시 이 흡수 띠가 나타난다.

카복실산과 그 유도체의 가장 중요한 적외선 흡수는 바로 C=O 신축 진동의 결과로부터 나타난다. 이러한 유도체와 카보닐기가 포함된 다른 화합물에 대한 적외선 분광학적인 자료를 표 12.7에 요약하였다.

아마이드의 카보닐 진동은 다른 카보닐 화합물에 비해서 낮은 진동수인 1630~1680 cm^{-1}에서 일어난다. 일차 및 이차 아마이드는 3200~3400 cm^{-1}에서 일어나고, 일차

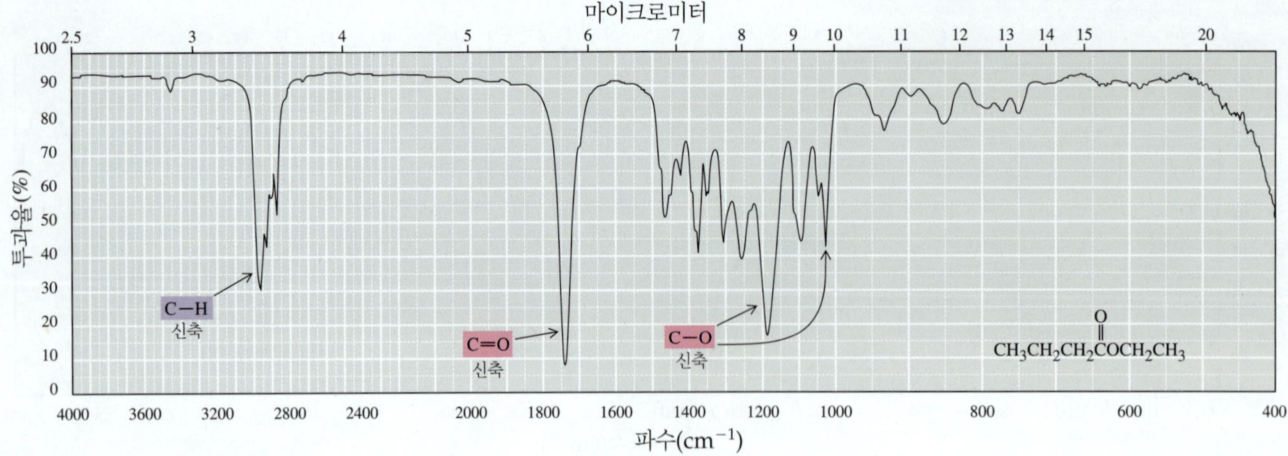

그림 12.15 ▸ Ethyl butanoate의 적외선 스펙트럼.

아마이드($RCONH_2$)는 보통 두 개의 N—H 흡수를 나타내고, 반면에 이차 아마이드(RCONHR)는 한 개의 N—H 흡수만 나타낸다(그림 12.14).

무수물은 두 개의 카보닐 신축 흡수를 가지며, 하나는 1760 cm^{-1} 부근에 또 하나는 1810 cm^{-1} 부근에 나타난다. 더욱이, 무수물은 900~1300 cm^{-1} 영역에서 강한 C—O 신

표 12.7 카보닐기가 들어 있는 분자의 적외선 흡수

카보닐기		진동	진동수(cm^{-1})	세기
$R\overset{O}{\overset{\|}{C}}R'$	케톤 (16.1절)			
	C=O	신축	1630~1820	강
$R\overset{O}{\overset{\|}{C}}H$	알데하이드 (16.1절)			
	C=O	신축	1630~1820	강
	C—H	신축	2720	약
$R\overset{O}{\overset{\|}{C}}OH$	카복실산 (17.1절)			
	C=O	신축	1700~1725	강
	O—H	신축	2500~3300	강(넓음)
$R\overset{O}{\overset{\|}{C}}NH_2$	아마이드 (18.1D절)			
	C=O	신축	1630~1680	강
	N—H	신축	3200, 3400	중간
	(1°아마이드는 두 개의 N—H 신축을 갖는다)			
	(2°아마이드는 한 개의 N—H 신축을 갖는다)			
$R\overset{O}{\overset{\|}{C}}OR'$	카복실산 에스터 (18.1C절)			
	C=O	신축	1735~1800	강
	sp^2 C—O	신축	1200~1250	강
	sp^3 C—O	신축	1000~1100	강
$R\overset{O}{\overset{\|}{C}}O\overset{O}{\overset{\|}{C}}R$	산 무수물 (18.1B절)			
	C=O	신축	1740~1760, 1800~1850	강
	C—O	신축	900~1300	강
RC≡N	나이트릴 (18.1E절)			
	C≡N	신축	2200~2250	중간

축 흡수를 보인다. 나이트릴은 2200~2250 cm^{-1}에서 강한 C≡N 신축 흡수에 의해 구별할 수 있다.

12.5 적외선 스펙트럼 문제 풀이

다음 단계들은 IR 문제를 풀기 위한 계통적인 접근을 제공한다.

1단계: 3000 cm^{-1} 부근 영역을 확인하여라. 이 영역에서 흡수는 C—H 신축에 의한 것이다. 흡수는 일반적으로 알케인의 sp^3 C—H 신축의 경우 3000 cm^{-1} 오른쪽에서 나타나고 알켄과 방향족 고리의 sp^2 C—H 신축의 경우 왼쪽에서 나타난다.

2단계: 3500 cm^{-1} 영역에서 강하고 넓은 흡수 띠가 있는가? 만일 있다면, 이 분자는 알코올이나 카복실산의 —OH기를 가지고 있다. 만일 1700 cm^{-1}(카보닐기에 의한) 부근에 흡수가 없다면, 작용기는 알코올의 —OH기이다. 만일 1700 cm^{-1} 부근에 흡수가 있다면, 아마도 작용기는 카복시기일 것이다. 3500 cm^{-1} 영역에서 —OH에 비해 약간 낮은 피크를 한 개 혹은 두 개를 가지고 있으면 각각 일차 혹은 이차 아민을 나타낸다.

3단계: 1630~1820 cm^{-1} 영역에서 날카로운 피크가 있는가? 만일 있다면, C═O기가 존재한다. 이 피크는 아마도 스펙트럼에서 가장 강한 피크일 것이다. 만일 이 영역에서 피크가 없다면, C═O기가 존재하지 않는다. 이러한 형태의 카보닐기가 포함된 작용기는 2720 cm^{-1}에서 알데하이드 C—H 신축, 3500 cm^{-1} 부근에서 카복시 O—H 신축, 1000~1250 cm^{-1} 부근에서 C—O 신축 등의 존재 유무를 살펴봄으로써 결정될 수 있다.

마지막으로, 적외선 스펙트럼 해석에 주의해야 할 점이 있다. 비록 화합물의 적외선 스펙트럼으로부터 화합물에 대한 많은 가치 있는 정보를 얻을 수 있을지라도 이 정보만을 기초로 화합물의 구조를 결정하는데 가끔 어려움이 있고, 따라서 다른 형태의 정보를 찾아야 한다.

사실과 개념에 대한 요약

12.1절 | 전자기 복사선

- 빛의 속도로 진행하는 파동과 같이 행동하는 **전자기 복사선**(electromagnetic radiation)은 **파장**(wavelength)과 **진동수**(frequency)로 표현될 수 있다.
  - 가시광선의 파장은 400~700 nm 범위이다.
  - 적외선의 파장은 0.7~300 μm 범위이다.
  - 파장과 진동수는 반비례한다.

12.2절 | 분자 분광학

- 원자나 분자에 적절한 에너지를 갖는 전자기 복사선을 조사하면 E_1 에너지 상태에서 E_2 에너지 상태로 전이된다.
- **분자 분광학**(Molecular spectroscopy)은 특정 물질에 의해 흡수 또는 방출되는 복사선의 파장을 측정한 후, 이 결과와 자세한 분자 구조와의 상관관계를 연구한다.

12.3절 | 적외선 분광학

- **적외선 분광학**(Infrared spectroscopy)은 분자가 갖는 작용기의 종류를 확인하는 직접적인 방법을 제공한다.
  - 적외선 분광학에서 에너지의 흡수는 분자 내 작용기만의 독특한 신축과 굽힘 진동과 상관관계가 있다.
  - 진동 적외선 영역의 복사선에서 진동수는 흔히 **파수**(wavenumber) 혹은 1 cm당 파의 수(cm^{-1})로 표시된다.
  - 진동 적외선 스펙트럼은 4000~400 cm^{-1}에서 나타나게 된다.

- **적외선 활성**(Infrared active)이기 위해서는 결합이 극성을 띠어, 진동할 경우에 쌍극자 모멘트의 변화를 동반하여야 한다.
  - 일반적으로 결합의 쌍극자 모멘트가 클수록 적외선 스펙트럼의 흡수가 강하게 된다.
  - n개의 원자로 구성된 비선형분자에서 기본 진동 수는 $3n-6$개가 허용된다.
  - 적외선 복사선 흡수를 동반하는 가장 간단한 진동으로 신축과 굽힘 진동을 들 수 있으며 신축은 대칭적, 비대칭적 신축 진동으로 나눌 수 있다.
  - 적외선에 활성인 결합의 진동수는 간단한 조화 진동자의 진동에 대한 **Hooke**의 법칙(Hooke's law)으로부터 유도될 수 있다. 이 식으로부터 (1) 결합 세기가 증가할수록, (2) 진동계의 환산 질량이 감소할수록 진동수는 증가한다는 것을 알 수 있다.

연습 문제: 12.1~12.4 12.8 12.9

- **상관 도표**(Correlation table)는 전형적인 작용기의 흡수 양상을 나타낸 것이다.
  - 피크의 강도는 강함(s), 중간(m), 또는 약함(w)으로 표시된다.
  - 대부분의 작용기에 대한 굽힘과 신축 진동은 3500~1500 cm^{-1}의 영역에서 나타난다.
  - 1500~400 cm^{-1}의 영역을 **지문 영역**(fingerprint region)이라 부르며, 이 영역에서는 작용기에 관한 정보를 얻기는 어렵다.

12.4절 | 적외선 분광학의 해석

- **알케인**(Alkane)의 적외선 스펙트럼은 비교적 단순하다. C—H 신축(2850~3000 cm^{-1})과 굽힘(1375~1450, 1450~1475 cm^{-1})에 해당하는 피크가 구조 해석에 유용하다.
- C—H 신축의 피크로 **알켄**(alkene)(3000~3100 cm^{-1})과 말단 **알카인**(alkyne)(3300 cm^{-1})을 구별할 수 있다.
  - 비록 강한 피크는 아니지만 C═C 신축(1600~1680 cm^{-1})과 C≡C 신축(2100~2250 cm^{-1})의 차이로 두 작용기를 구별할 수 있다.
- **아렌**(Arene)에서는 C—H 굽힘(3030 cm^{-1}), —C═C— 신축(1450~1600 cm^{-1}), C—H 굽힘(690~900 cm^{-1}) 피크가 특징적이다.
- **알코올**(Alcohol)에서는 O—H(3200~3650 cm^{-1}, 수소 결합의 정도에 따라 차이남)와 C—O 신축 (1000~1250 cm^{-1}) 피크가 확인에 가장 유용하며, **에터**(ether)의 경우 C—O 신축(1000~1250 cm^{-1}) 피크만 관찰할 수 있다.
- **아민**(Amine)의 경우 N—H 신축 피크(3300~3500 cm^{-1})가 유용하며, 일차 아민의 경우 두 개의 피크, 이차 아민의 경우는 한 개의 피크가 관찰된다.
- 카보닐기의 경우 강한 C═O 신축 피크(1600~1850 cm^{-1})가 다음과 같이 특징적으로 관찰된다. **알데하이드**(aldehyde)(1630~1820 cm^{-1}), **케톤**(ketone)(1630~1820 cm^{-1}), **카복실산**(carboxylic acid)(1700~1725 cm^{-1}), **아마이드**(amide)(1630~1680 cm^{-1}), **에스터**(carboxylic ester)(1735~1800 cm^{-1}), **산무수물**(acid anhydride)(1740~1760 cm^{-1}).
  - 이들을 구별하는 또 다른 피크로서 C—O 신축: 에스터(1000~1100 cm^{-1}, 1200~1250 cm^{-1}), 무수물(900~1300 cm^{-1}), C—H 신축: 알데하이드(2720 cm^{-1}), O—H 신축: 카복실산(2500~3300 cm^{-1}), N—H 신축: 아마이드(3200, 3400 cm^{-1}) 등을 들 수 있다.

연습 문제: 12.10,12.11

- **나이트릴**(Nitrile)의 경우 C≡N 신축 피크(2200~2250 cm^{-1})가 특징적이다.

12.5절 | 적외선 스펙트럼 문제 풀이

- **IR** 문제 풀이의 체계적 접근 방법
  - 3000 cm^{-1} 부근에서 C—H 신축 진동의 확인(3000 cm^{-1}보다 오른쪽 피크: 알케인, 3000 cm^{-1}보다 왼쪽 피크: 알켄 또는 아렌).
  - 3500 cm^{-1} 부근에서 특징적인 N—H 또는 넓은 O—H 피크의 존재 확인.
  - 1630~1820 cm^{-1} 사이의 강한 카보닐 피크를 확인한 후 C—O 피크(1000~1250 cm^{-1}) 또는 기타 카보닐기와 동반되는 특정 작용기 피크의 확인.

연습 문제: 12.5~12.7

» 연습 문제

붉은색 번호는 응용 문제를 나타낸다.

12.5 아래의 그림은 methylenecyclopentane과 2,3-dimethyl-2-butene의 적외선 스펙트럼이다. 각각의 화합물의 올바른 스펙트럼을 지정하여라.

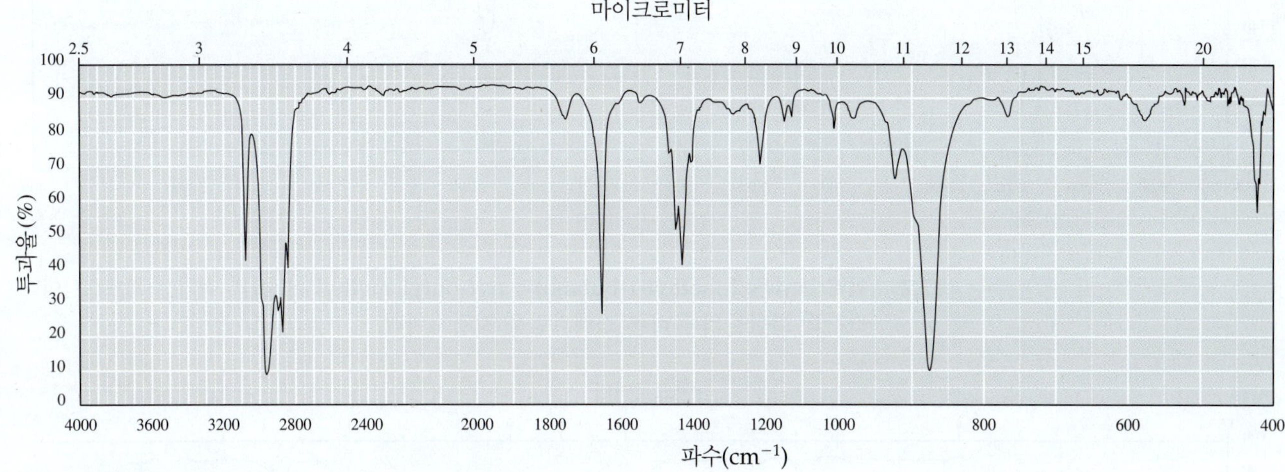

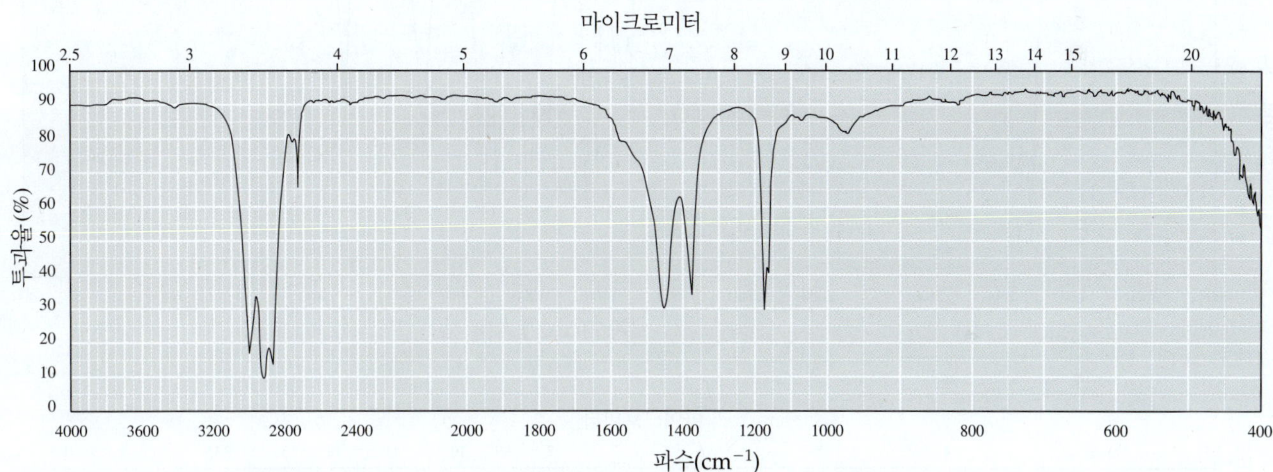

12.6 아래 그림은 nonane과 1-hexanol의 적외선 스펙트럼이다. 각각의 화합물의 올바른 스펙트럼을 지정하여라.

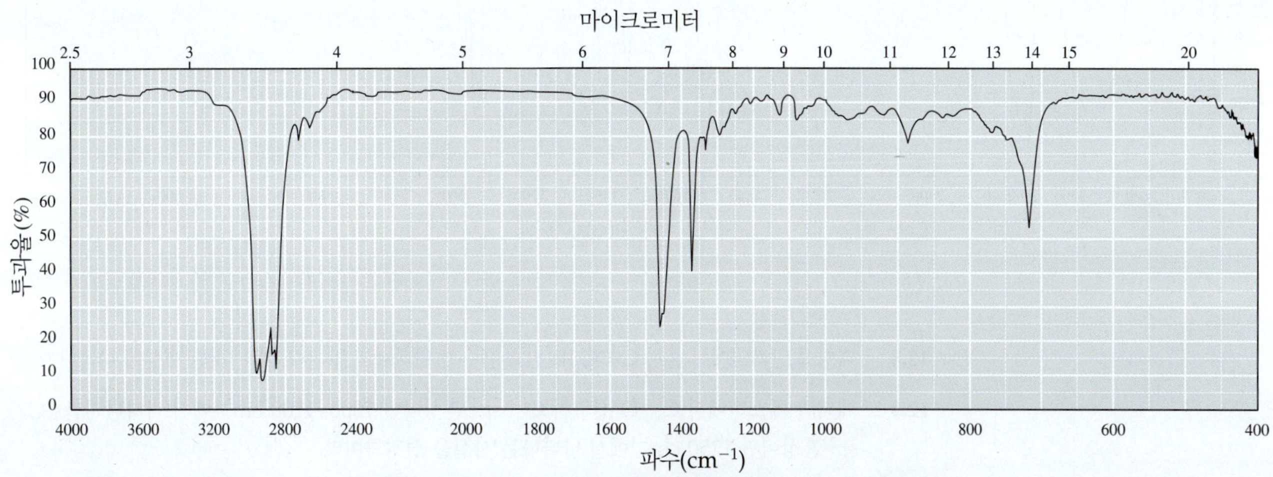

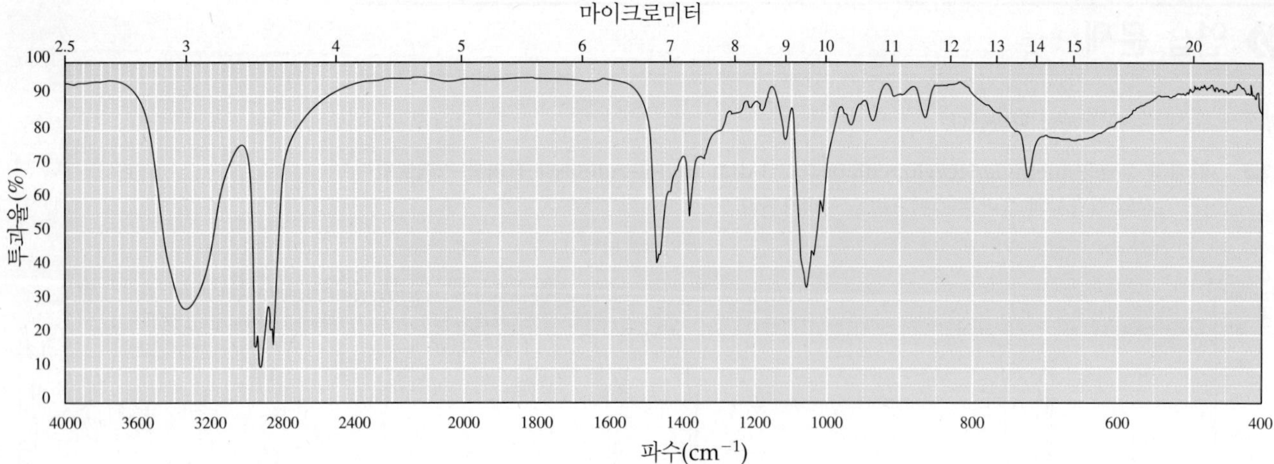

12.7 아래 그림은 2-methyl-1-butanol과 *tert*-butyl methyl ether의 적외선 스펙트럼이다. 각각의 화합물의 올바른 스펙트럼을 지정하여라.

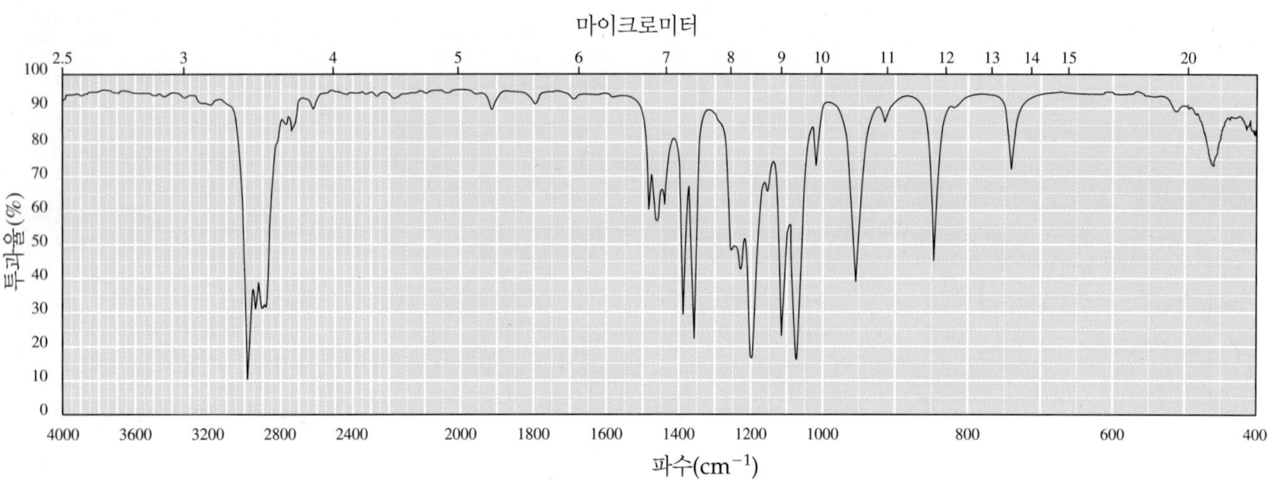

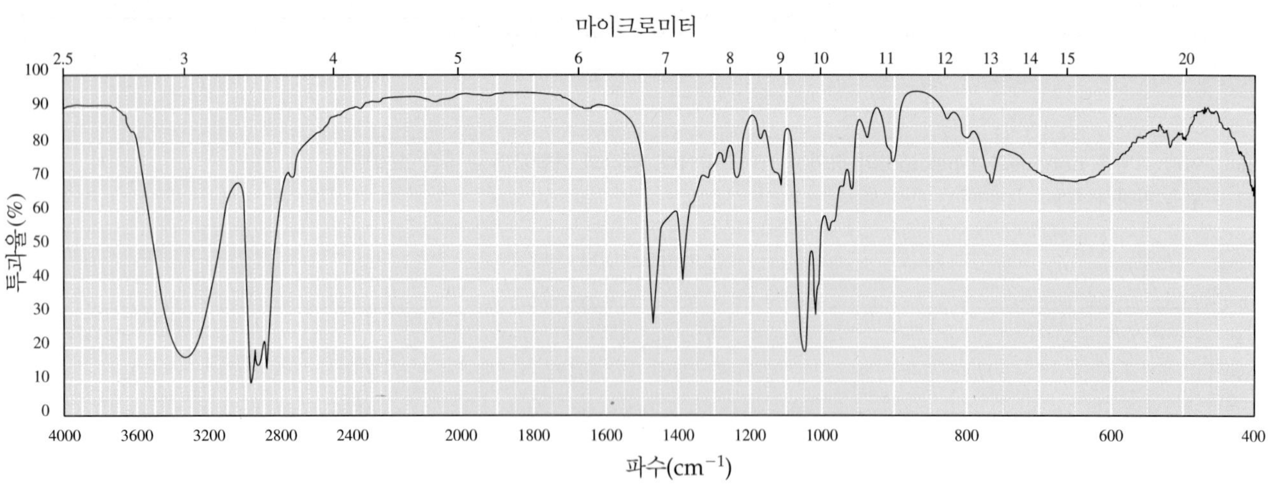

12.8 대칭성 알카인에서 흔히 C≡C IR 신축 흡수가 나타나지 않는다. 왜 이러한 현상이 나타나는가?

12.9 에터와 에스터에서 C—O 신축이 C가 sp^3 혼성이면 1000~1100 cm^{-1}에서 나타나지만, C가 sp^2 혼성이면 1250 cm^{-1}에서 나타나는 사실을 설명하여라.

12.10 아래와 같은 진동수에서 적외선 흡수를 나타내는 화합물이 있다. 화합물 내에 존재할 수 있는 작용기를 제안하여라.

(a) 1735, 1250, 1100 cm^{-1}

(b) 1745 cm^{-1}이지만 1000~1250 cm^{-1} 아님

(c) 1710, 2500~3400 (넓음) cm^{-1}

(d) 3300 cm^{-1} 부근에서 단일 결합

(e) 3600, 1050 cm^{-1}

(f) 1100 cm^{-1}이지만 3300~3650 cm^{-1} 아님

12.11 어떻게 IR 분광법이 다음 각 쌍의 화합물을 구별하는데 사용될 수 있는지 나타내어라.

(a)  OH 그리고 O

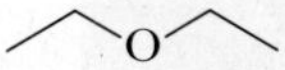

(b) 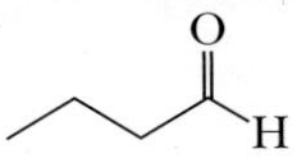 O H 그리고

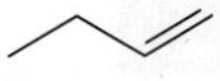

(c) 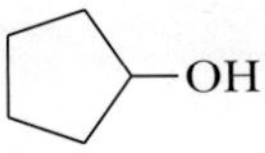 OH 그리고

(d) 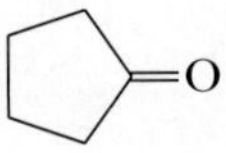 O 그리고 OCH_3

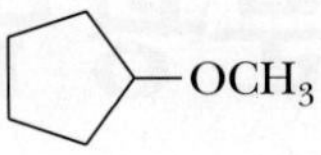

(e) 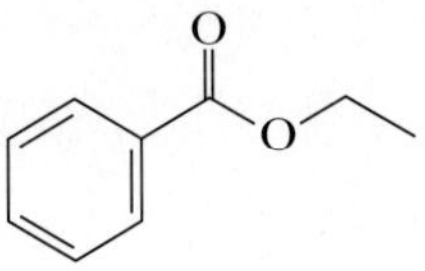 O O 그리고 O OH O

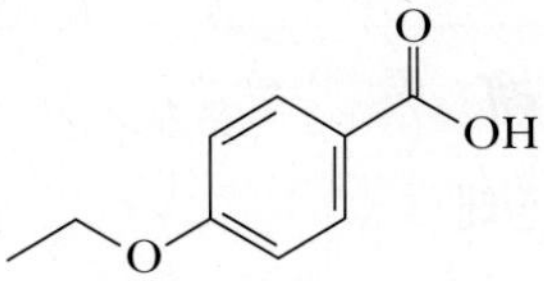

(f)  그리고 O

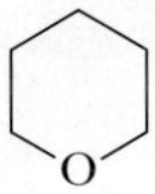

(g) 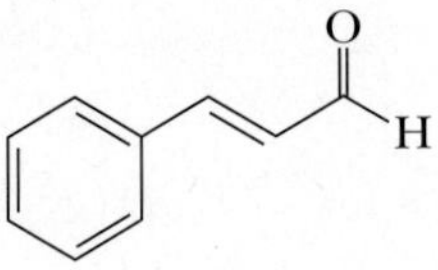 O H 그리고 O OH

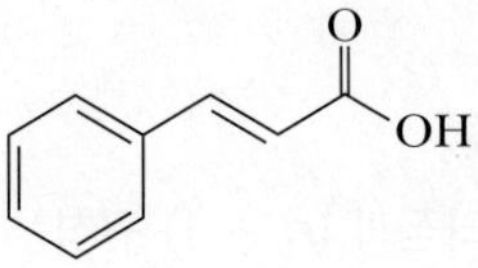

(h)  그리고

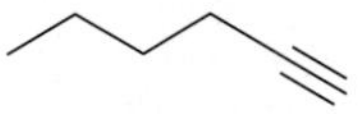

(i) 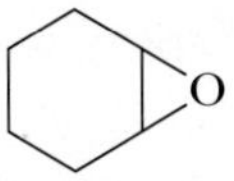 O 그리고 OH

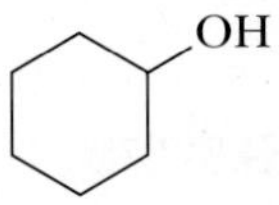

(j) 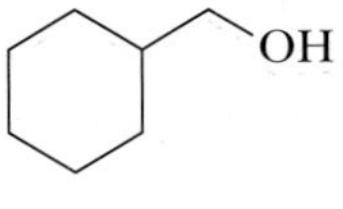 OH 그리고 O OH

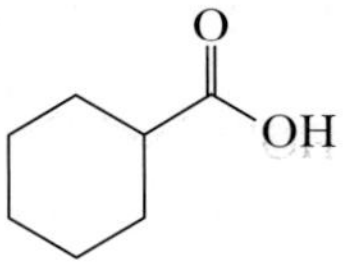

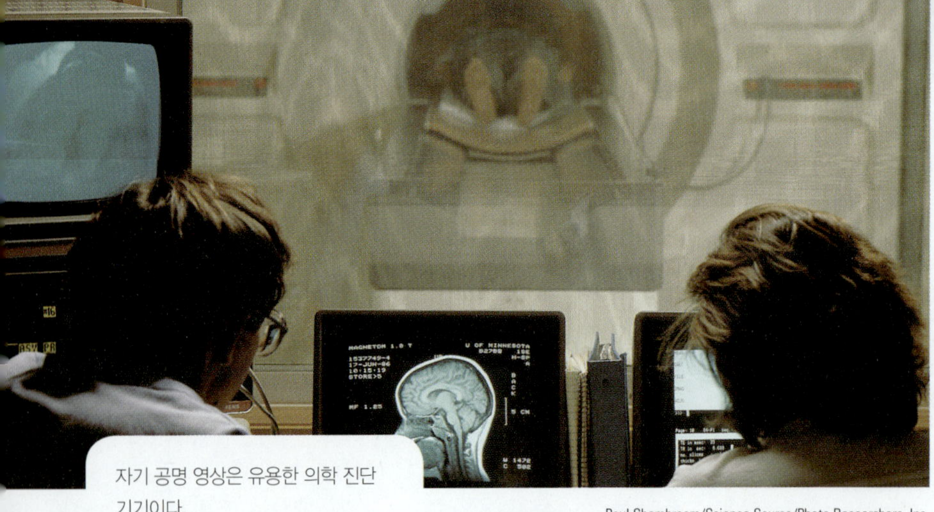

자기 공명 영상은 유용한 의학 진단 기기이다.

▼ ***삽입 그림:*** Methyl acetate의 모형. Methyl acetate의 ^{1}H-NMR 스펙트럼은 그림 13.5를 참조.

Paul Shambroom/Science Source/Photo Researchers, Inc.

제 13 장

핵자기 공명 분광법

Nuclear Magnetic Resonance Spectroscopy

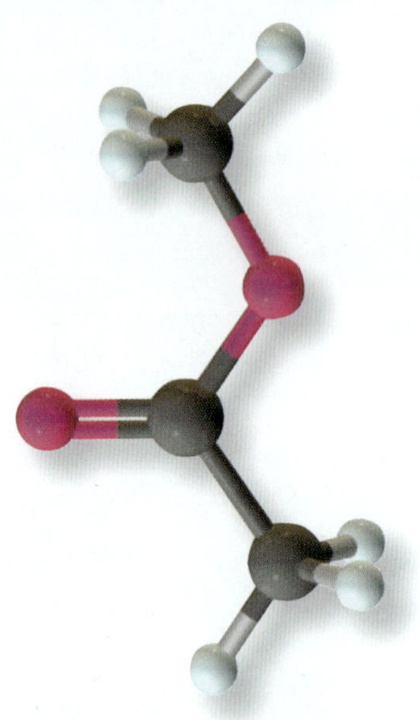

이 장의 차례

이 장의 동영상 강의를 보려면 **www.cengage.com/chemistry/brown/organic7e**에 접속 후 **Access Student Materials**를 클릭하라.

이 장에서는 **핵자기 공명**(nuclear magnetic resonance, NMR) **분광학**으로 더 알려진 핵에 의한 라디오-진동수 복사선 흡수와 그 결과 에너지 준위 사이의 전이에 집중할 것이다. 1946년에 Felix Bloch와 Edward Purcell 두 미국인이 핵자기 공명 현상을 처음 발견하였고, 1952년에 노벨 물리학상을 수상했다. NMR 분광학은 1950년 후반에 발전하였으며 10년 이내에 분자의 구조를 결정하는 화학자에게 유용한 아주 중요한 기술이 되었다. 핵자기 공명 분광학은 분자 안의 원자의 종류와 수에 대한 정보를 제공한다. 예를 들면, ^{1}H-NMR

분광학은 수소에 대한 정보, ^{13}C-NMR 분광학은 탄소에 대한 정보를 준다. 그것은 또한 원소들의 연결에 대한 실질적인 정보를 주고, 많은 경우에 추가적인 정보 없이 분자의 구조 결정을 할 수 있도록 한다.

13.1 핵스핀 상태

여러분은 전자가 $+\frac{1}{2}$과 $-\frac{1}{2}$ 허용된 값을 갖는 $\frac{1}{2}$의 스핀 양자수를 갖는다는 개념과 움직이는 전하는 관련된 자기장을 갖는다는 개념들을 일반 화학으로부터 알고 있다. 사실상 전자는 작은 막대자석처럼 행동하고 자기 모멘트를 갖는다. 똑같은 효과는 어떤 원자핵에서도 유효하다.

홀수 질량수나 홀수 원자 번호 또는 두 가지 모두가 홀수인 어떤 원자핵은 스핀을 갖고 그 결과 핵자기 모멘트를 갖는다. 허용된 핵스핀 상태는 핵스핀 양자수 I에 의해서 결정된다. 스핀 양자수 I를 갖는 핵은 $2I + 1$ 스핀 상태를 갖는다. 이 장의 초점은 유기 화합물에 대부분 공통인 두 원소의 동위원소 ^{1}H와 ^{13}C의 핵이다. 두 원소는 $\frac{1}{2}$인 **핵스핀 양자수**(nuclear spin quantum number)를 갖기 때문에 $2(\frac{1}{2}) + 1 = 2$인 허용된 스핀 상태를 갖는다. 그 두 핵과 유기 화합물에 공통되는 다른 원소들의 양자수와 허용된 핵스핀 상태를 표 13.1에 나타내었다. ^{12}C, ^{16}O, ^{32}S는 0의 스핀 양자수를 갖고 단지 한 개의 허용된 핵스핀 상태임을 유의하여라. 이러한 핵들은 NMR 분광학에 비활성이다.

표 13.1 스핀 상태와 유기 화합물에 포함된 몇 개의 동위 원소들의 허용된 핵스핀 상태

원소	^{1}H	^{2}H	^{12}C	^{13}C	^{14}N	^{15}N	^{16}O	^{19}N	^{31}P	^{32}S
핵스핀 양자수(I)	$\frac{1}{2}$	1	0	$\frac{1}{2}$	1	$\frac{1}{2}$	0	$\frac{1}{2}$	$\frac{1}{2}$	0
스핀 상태 수	2	3	1	2	3	2	1	2	2	1

13.2 외부 자기장에서의 핵스핀 배열

^{1}H와 ^{13}C 원소가 포함된 시료에서는 핵스핀과 연관된 핵자기 모멘트의 배열은 완전히 무질서하다. 핵스핀과 외부 자기장 사이의 상호 작용이 양자화되어 있는 강력한 자기장의 세기가 B_0인 극 사이에 놓였을 때 그 결과 핵자기 모멘트의 어떤 배열만이 허용된다. ^{1}H와 ^{13}C의 핵은 그림 13.1에 나타낸 것처럼 단지 두 배열만이 허용된다. 관례에 의하면 $+\frac{1}{2}$인 스핀을 갖는 핵은 외부 자기장에 나란하고 낮은 에너지 상태이며, $-\frac{1}{2}$인 스핀을 갖는 핵은 외부 자기장에 반대이고 높은 에너지 상태이다.

주의: 자기장 세기의 SI 단위는 **tesla (T)**이다. 그러나 보통 사용되는 단위는 gauss (G)이다. T와 G의 값은 $1\ T = 10^4\ G$ 관계가 있다.

분자 구조 결정 관점에서 가장 중요한 NMR의 물리학적 개념은 **주어진 핵에 대한 핵스핀 상태 사이의 에너지의 차이는 핵에 의해서 감지된 자기장의 세기에 비례한다(그림 13.2)**. 우리는 이 장에서 여러 번 이 개념으로 되돌아올 것이다. 현재 쉽게 사용할 수 있는 초전도 전자석, 7.05 T 세기의 외부 자기장에서는 ^{1}H의 핵스핀 상태의 에너지 차이는

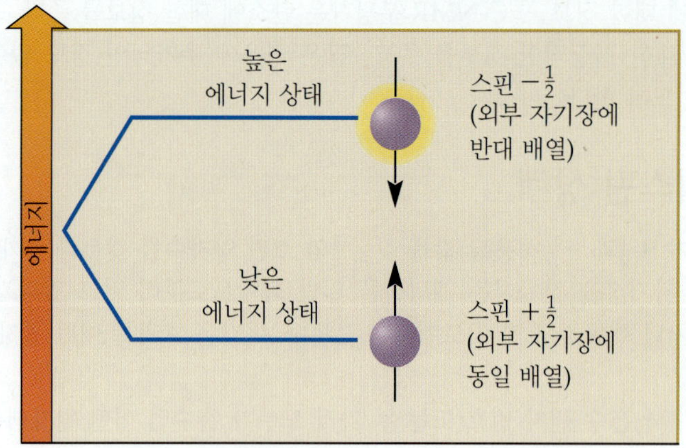

그림 13.1 ▸ $+\frac{1}{2}$인 스핀을 갖는 ^{1}H과 ^{13}C 핵은 외부 자기장 B_0에 나란하고 낮은 스핀 에너지 상태이며, $-\frac{1}{2}$인 스핀을 갖는 ^{1}H과 ^{13}C 핵은 외부 자기장 B_0에 반대이고 높은 스핀 에너지 상태이다.

0.120 J (0.0286 cal)/mol이다(300 MHz 전자기 복사선에 해당). 7.05 T에서는 ^{13}C의 핵 스핀 상태의 에너지 차이는 0.030 J (0.00715 cal) /mol이다(75 MHz 전자기 복사선에 해당). 지금 더 상업적인 기기는 그 값의 3배 이상 되는 장에서 적용된다. 작동되는 진동수는 장에 비례하고, 감도는 비례적으로 높아진다.

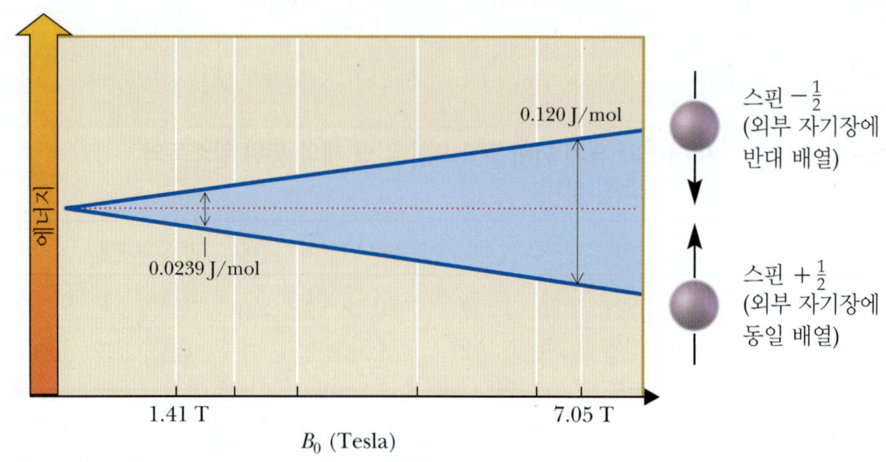

그림 13.2 ▸ 허용된 핵스핀 사이의 에너지 차이는 외부 자기장 세기에 직선으로 증가한다. 여기에 나타낸 값은 ^{1}H 핵에 대한 것이다.

핵스핀 에너지 준위에 대한 값을 명료하게 하기 위해 적외선(IR) 분광기에서 흡수된 진동 에너지 준위 사이의 전이 에너지는 8~63 kJ (2~15 kcal)/mol이고, 자외선-가시광선 분광기의 전자 에너지 준위의 값은 167~585 kJ (40~140 kcal)/mol 이다. 핵 전이는 아주 적은 수백 칼로리 에너지에 속한다.

예제 13.1 ▸ 스핀 상태 수

25°C, 7.05 T 외부 자기장에서 ^{1}H에 대한 높은 스핀 상태와 낮은 스핀 상태에서 N_h/N_l의 핵 비율을 계산하여라.

➥ 해답

에너지 상태의 차이와 평형 상수 관계에 대해서 2.5 B절에 주어진 아래 방정식을 사용하여라. 이 문제에서 이러한 관계는 다음 형태를 갖는다.

$$\Delta G^0 = -RT \ln \frac{N_h}{N_l}$$

7.05 T 외부 장에서 높은 핵스핀 상태와 낮은 핵스핀 상태 에너지 차이는 약 0.120 J/mol이고, 온도는 25 + 273 = 298 K이다. 방정식에 그 값을 대입하면

$$\ln\frac{N_h}{N_l} = \frac{-\Delta G^0}{RT} = \frac{-0.120\text{J}\cdot\text{mol}^{-1}}{8.314\text{J}\cdot\text{K}^{-1}\cdot\text{mol}^{-1}\times 298\text{K}} = -4.843\times 10^{-5}$$

$$\frac{N_h}{N_l} = 0.9999516 = \frac{1.000000}{1.000048}$$

위의 계산으로부터 이 외부 자기장에서 높은 에너지 상태에 있는 1,000,000개의 수소 원자당 낮은 에너지 상태에 있는 1,000,048개의 수소 원자로 결정할 수 있다. 이 조건에서 낮은 에너지 상태에 놓인 여분의 수소는 백만 개 중에서 단지 48개뿐이다. 이 숫자의 중요성은 NMR 신호의 세기는 점유도의 차이에 비례한다는 점이다. 다음에 알 수 있는 것처럼 더 많은 스핀이 바뀌기 때문에 점유도의 차이가 크면 클수록 신호의 세기도 커진다.

연습 문제 13.1

외부 자기장의 세기가 7.05 T이고, 25°C에서 ^{13}C에 대한 높은 스핀 상태와 낮은 스핀 상태에서 N_h/N_l의 핵 비율을 계산하여라. 이 외부 자기장에서 높은 핵스핀 상태와 낮은 핵스핀 상태의 에너지 차이는 약 0.030 J (0.00715 cal)/mol이다.

13.3 핵자기 '공명'

스핀 양자수가 $\frac{1}{2}$인 핵이 외부 자기장에 놓일 때, 핵스핀의 과반수는 낮은 에너지 상태인 외부 자기장에 나란하다. 낮은 에너지 스핀 상태의 핵은 적당한 에너지의 라디오 진동수에 놓이면, 에너지를 흡수하고 핵스핀은 낮은 에너지 상태로부터 다른 유일한 높은 에너지 상태, 다른 허용된 스핀 상태로 핵스핀이 바뀐다.

스핀하는 핵의 에너지 흡수와 이러한 상황에서 공명의 의미에 의한 메커니즘을 상상하기 위하여 실제적으로 스핀하는 핵을 생각해 보자. B_0인 외부 자기장을 가했을 때 핵은 허용된 스핀 에너지 상태에서 외부 자기장과 같은 방향이 된다. 그 때 핵은 그림 13.3(a)에 나타낸 바와 같이 **세차**(precess) 운동이 시작된다. 스핀하는 팽이나 혹은 자이로스코프가 중력장에서 세차 운동하는 것처럼 세차 운동을 하고 원추형 종류의 표면 윤곽을 그리는 것처럼 원추형 종류의 표면 윤곽을 그린다. 세차 속도를 헤르츠 단위의 진동수로서 표현할 수 있다.

만약 세차 운동하는 핵이 정확하게 세차 진동수에서 전자기 복사선을 조사 받으면, 그 때 두 개의 진동수는 서로 작용하고 에너지는 흡수되며 그리고 그림 13.3(b)에 나타낸 바와 같이 핵스핀은 $+\frac{1}{2}$ 스핀 상태에서(외부 자기장과 같은 방향) $-\frac{1}{2}$ 상태(외부 자기장과 반대 방향)로 '젖혀짐(flip)'이 일어난다. 7.05 T 외부 장에서 ^{1}H의 세차 진동수는 약 300 MHz이다. 똑같은 장에서 ^{13}C는 약 75 MHz이다. 이러한 상황에서 **공명**(resonance)은 세차 운동하는 핵에 의해서 전자기 복사선을 흡수하고 그 결과 낮은 에너지 상태에서 높은 에너지 상태로 핵스핀이 젖혀진다. 분광기는 전자기 복사선의 그 흡수를 탐지하여 **신호**(signal)로서 기록한다. 그 과정은 양자화되어 있으므로 정확한 진동수의 정밀한 전자기 복사선만이 핵스핀을 젖혀지게 한다. 너무 낮은 진동수나 너무 높은 진동수의 전자기 복사선은 흡수되지 않는다.

만약 다른 원자나 전자들과 분리된 ^{1}H 핵을 다룬다면, 하나의 수소 핵에 하나의 신호를 만들어 내는 외부 장과 전자기 복사선의 어떤 조합도 모든 수소 핵에 대해 하나의 신호를 만들어 낼 것이다. 바꾸어 말하면, 수소들을 서로 구별할 수 없을 것이다. 그러나 유기분자 내의 수소들은 분리할 수 없고, 수소들은 전자 밀도에 의해 둘러싸여 있다.

NMR 분광학에서 공명
세차 운동하는 핵에 의해 전자기 복사선의 흡수와 그 결과 핵스핀이 낮은 에너지 상태에서 높은 에너지 상태로 핵스핀 '젖혀짐'이 일어난다.

신호
핵자기 공명을 NMR 스펙트럼에 기록하는 것.

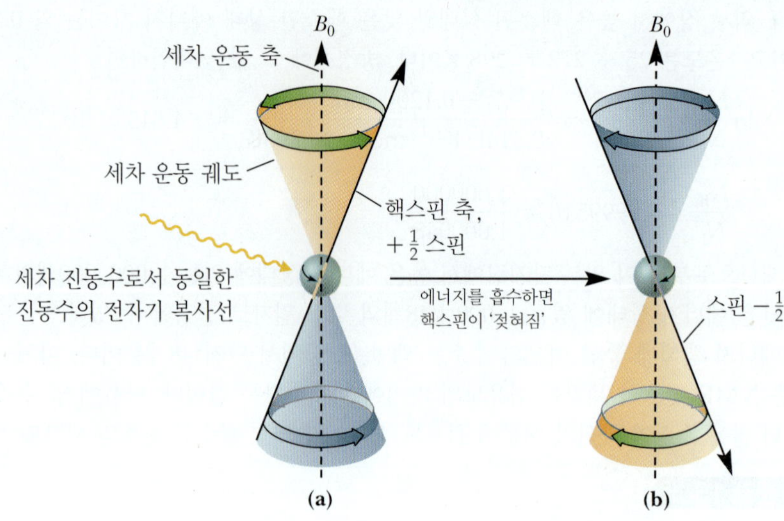

그림 13.3 ▸ 핵자기 '공명'의 기원. (a) 외부 자기장에서 스핀하는 핵의 세차 운동, (b) 복사선의 진동수가 세차 진동수와 같을 때 전자기 복사선의 흡수가 발생.

NMR의 주요한 물리적 원리는 순환하고 있는 전자는 자기장을 유발한다는 것이다. 그것은 전자석과 전기 모터의 원리이다. 전자 운동 방향은 유도 자기장의 배향을 지시한다. NMR에도 똑같이 중요하고 그 역도 진실이다. 외부 자기장은 전자를 순환시킨다. 그리고 장의 배향은 순환의 방향을 지시한다. 우리의 목적의 중요한 점은 외부 자기장은 한 분자안의 전자 밀도를 순환시킨다는 것이다. 원래 핵의 스핀 상태는 작은 영향을 받지만 유도된 전자 밀도의 순환에 의해 만들어진 자기장에 의해서 측정될 정도이다. 한 분자 안의 순환하는 전자 밀도를 **반자기성 전류**(diamagnetic current)라 한다.

NMR에서 반자기성 전류
외부 자기장에서 한 분자 안의 전자 밀도의 순환.

분자의 σ 결합성 전자 밀도는 외부 자기장과 *반대*이고 아주 작은 자기장을 만들어 내는 방향으로 순환을 유발한다는 것이 밝혀진 바 있다. 반대 방향의 자기장에 의해 순환하는 전자 밀도 안의 핵은 실제적인 외부 자기장보다 약간 *작은* 자기장를 느낀다. 바꾸어 말하면, 순환하는 σ 결합성 전자 밀도에 놓여 있는 핵은 외부 자기장으로부터 어느 정도 *가리어져* 있다. 이러한 핵의 **가림**(shielding)을 **반자기성 가림**(diamagnetic shielding)이라 한다. 순환하는 전자 밀도에 의해서 만들어진 반자기성 가림은 NMR 분광기에서 사용한 외부 자기장보다 일반적으로 크기가 약함에도 불구하고 측정에 있어서는 충분한 의미를 갖고 있다.

NMR에서 가림
또한 반자기성 가림이라고 부른다. 분자가 강한 자기장에 놓였을 때 순환을 유발하는 전자 밀도에 놓여 있는 핵에 의해서 감지되는 자기장의 강도에서 감소를 의미하는 용어이다.

다음에 설명하겠지만 가림의 정도는 몇 개의 요인들에 의존한다. 가림이 커졌을 때 한 핵에 전해지는 순수한 자기장은 작아진다. 그래서 핵의 공명(즉, 스핀의 젖혀짐)을 일으키는데 필요한 전자기 복사선의 에너지는 또한 감소한다. 에너지는 전자기 복사선의 진동수에 비례하고 공명 진동수는 NMR 스펙트럼에 나타난다. 더 많이 가려진 핵은 덜 가려진 핵보다 낮은 진동수에서 공명하게 된다. **벗김**(Deshielding)은 덜 가려진 개념을 나타내는데 사용되는 용어이다. 큰 가려막기가 낮은 진동수에서 공명한다는 이러한 상관관계는 NMR 스펙트럼을 이해하는 기본이며, 학생들은 이 점을 보다 정확히 이해할 필요가 있다.

가림의 차이에 의해서 나타나는 공명 진동수의 차이를 **화학적 이동**(chemical shift)이라고 부른다. 한 분자 안의 가림과 벗김에 기여할 수 있는 다양한 수소들의 공명 진동수의 차이는 일반적으로 대단히 작다. 예를 들면, 7.05 T 외부 자기장에서 fluoromethane 수소와 chloromethane 수소의 공명 진동수 차이는 단지 360 MHz이다. 이 외부 자기장에 사용된 라디오 진동수가 약 300 MHz 정도임을 고려하면, 이 두 종류 수소들의 공명 진동수

화학적 이동(δ)
TMS 신호에 대한 NMR 신호의 백만분의 일로 이동.

차이는 조사되는 진동수와 비교해서 **백만분의 일**[1 part per million (1 ppm)]보다 단지 약간 크다.

$$\frac{360\ \text{Hz}}{300 \times 10^6\ \text{Hz}} = \frac{1.2}{10^6} = 1.2\ \text{ppm}$$

기준 화합물 핵의 공명 진동수와 개개의 핵의 공명 진동수를 비교해서 측정하는 것이 일반적이다. ^{1}H-NMR과 ^{13}C-NMR 분광법에 일반적으로 사용되는 기준 화합물은 규약에 의해 화학적 이동을 0.00 ppm으로 지정한 tetramethylsilane (TMS)이다.

$$\begin{array}{c} CH_3 \\ | \\ H_3C-Si-CH_3 \\ | \\ CH_3 \end{array}$$

Tetramethylsilane (TMS)

^{1}H과 ^{13}C의 스펙트럼에 대한 NMR 자료의 기록을 표준화하기 위해 백만분의 일인 화학적 이동(σ)은 분광기의 작동 진동수에 의해 나누어지는 TMS의 수소나 탄소로부터 이동 진동수로 정의된다. 따라서 정의에 따른 화학적 이동은 스펙트럼 기기의 작동 진동수와 무관하다. NMR 스펙트럼 기록에 사용되는 도표지 위에 화학적 이동 값이 TMS 신호의 왼쪽으로 증가되는 순서로 나타난다. 왼쪽으로 증가되는 값을 갖는 것은 우리가 일반적으로 볼 수 있는 도시된 과학적인 값을 나타내는(큰 값을 오른쪽으로 나타내는) 방식과 비교해서 반대이고, 따라서 이러한 생소한 NMR 스펙트럼 형태를 알아볼 수 있도록 확인하여야 한다.

13.4 NMR 분광기

NMR 분광기의 필수적인 요소는 강한 자석, 라디오-진동수 발전기, 라디오-진동수 검출기 그리고 시료관이다(그림 13.4).

시료는 가장 일반적으로는 carbon tetrachloride (CCl_4), deuterochloroform ($CDCl_3$) 혹은 deuterium oxide (D_2O)와 같은 ^{1}H 원자가 없거나 ^{1}H 스펙트럼을 방해하지 않는 용매에 녹여 사용한다. 시료 용기는 자기장에서 뜨는 작은 유리관으로서 긴축을 따라 시료의 모든 부분이 동일한 외부 자기장을 감지할 수 있도록 회전하게 되어 있다. ^{1}H-NMR 실험에서 가장 간단한 형태는 전자기 복사선의 흡수는 서로 다른 ^{1}H 핵이 $+\frac{1}{2}$ 스핀 상태로부터 $-\frac{1}{2}$ 스핀 상태로 들뜨게 됨으로써 측정된다. 흡수가 일어나는 진동수는 전자기 스펙트럼의 라디오-진동수 영역에 있다. 관찰된 흡수 진동수는 ppm 단위로 TMS 표준과 비교해서 피크로 도시된다.

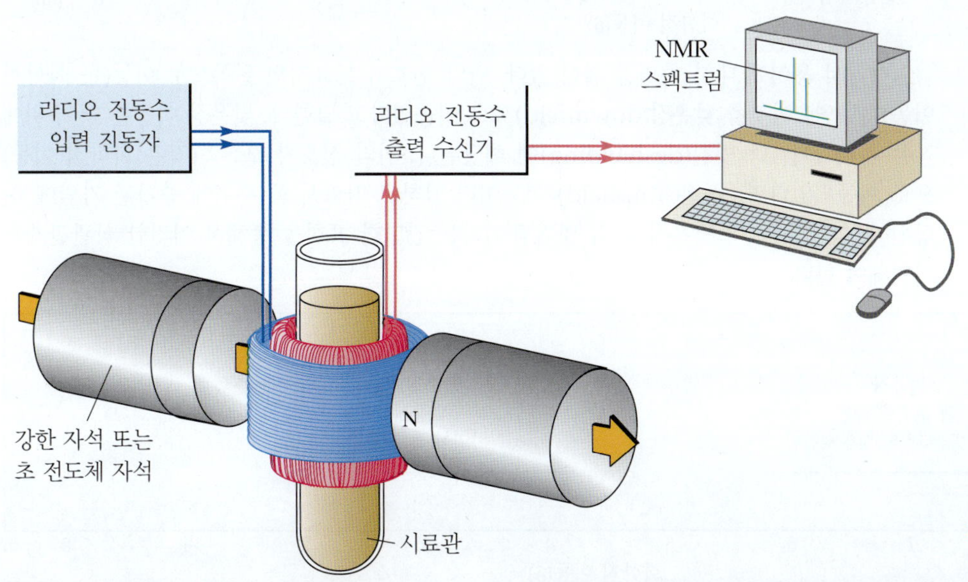

그림 13.4 ▸ 핵자기 공명 분광기의 계통도.

현대식 Fourier 전환 NMR (FT-NMR) 분광기는 NMR 기술력을 크게 향상시킬 수 있다. FT-NMR 분광기는 다음과 같은 방식으로 작동된다. 자기장을 일정하게 유지하면서 동시에 모든 수소 핵의 스핀을 젖힐 수 있는 라디오-진동수 에너지를 짧은 펄스(약 10^{-5} s)로 시료에 조사한다. 각각의 핵이 평형 상태로 되돌아올 때 그 공명 진동수에서 사인(sine) 파를 방출한다. 사인 파의 세기는 시간이 지남에 따라 감소되고 핵이 평형 상태로 되돌아오면 0으로 떨어진다. 컴퓨터는 이러한 세기-대-시간의 정보로 기록하고 Fourier 변환(FT)이라고 부르는 수학적 연산을 사용하여 세기-대-진동수의 정보로 바꾸어 준다. FT-NMR 스펙트럼은 2초 이내로 기록될 수 있다. FT-NMR 분광기의 특별한 장점은 많은 스펙트럼(한 시료에 대해서 수천 번까지도)을 기록할 수 있고 디지털로 이들을 모아서 시간-평균 스펙트럼으로 나타낸다. 기계적 전자 잡음(noise)은 불규칙하여 스펙트럼의 시간-평균일 경우에 부분적으로 소멸될 수 있지만, 시료의 신호가 축적되어 한 번 스펙트럼을 찍을 때보다 신호가 잡음에 비해서 훨씬 강하게 나타난다. 이러한 현상의 알짜 결과는 소량의 시료로 좋은 NMR 스펙트럼이 얻어지게 만든다. 이 책에서 볼 수 있는 모든 NMR 스펙트럼은 FT 기술을 사용해서 기록하여 나타낸 것이다.

그림 13.5는 methyl acetate의 300 MHz ^{1}H-NMR 스펙트럼을 나타내고 있다. 아래 축은 백만분의 일인, 델타(δ)이다. 델타(δ) 0에서 작은 신호는 시료에 소량 첨가한 기준 화합물인 TMS의 수소에 의한 신호이다. 나머지 스펙트럼은 2개의 신호로 구성되어 있다. 하나는 산소 옆의 3개의 메틸 수소에 의한 신호이고 다른 하나는 카보닐기 옆의 3개의 메틸 수소에 의한 신호이다. 지금은 어느 수소가 어느 신호에 해당되는지를 알아내는 것이 목적이 아니고, NMR 스펙트럼이 기록되고 보정을 표시하는 원인이 어떻게 이루어 졌는가를 이해하는데 목적을 두었다.

그림 13.5 ▸ Methyl acetate의 ^{1}H-NMR 스펙트럼.

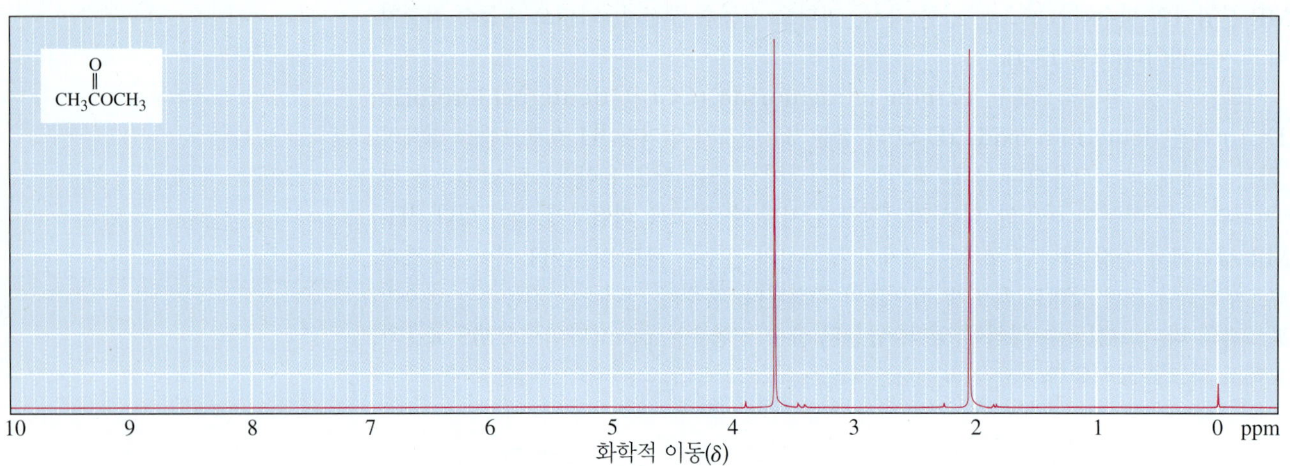

낮은장
도표지에 왼쪽으로 이동한(큰 화학적 이동) NMR 스펙트럼의 신호.

높은장
도표지에 오른쪽으로 이동한(작은 화학적 이동) NMR 스펙트럼의 신호.

여기서 용어에 대한 주의할 점이 있다. 만약 신호가 도표지의 왼쪽으로 이동(큰 화학적 이동)한다면, 이것을 **낮은장**(downfield)으로 이동었다고 말한다. 낮은장 이동은 핵 주위에 작은 가려막기, 즉 벗김(deshielding)에 해당된다. 만약 신호가 오른쪽(작은 화학적 이동)으로 이동되었다면, **높은장**(upfield) 이동이라 말하고 따라서 핵 주위에 증가된 가림에 해당된다. 학생들은 '더 낮은장 = 더 벗겨짐'이라는 간단한 표현을 통해서 이러한 상관관계를 기억해야 한다.

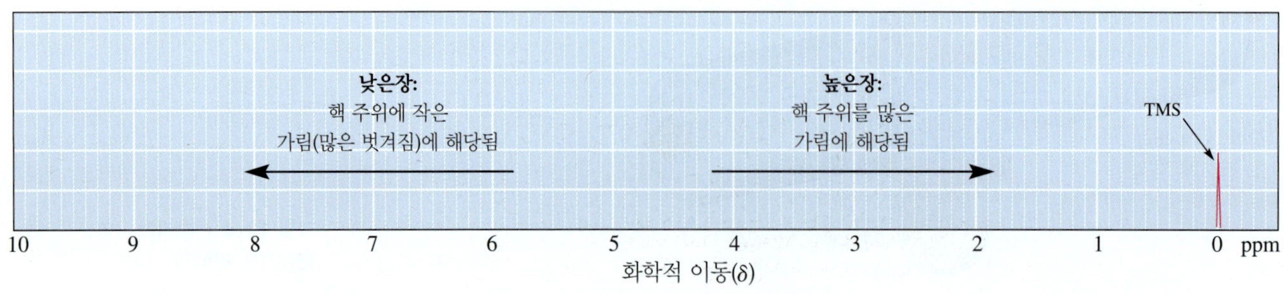

13.5 동등한 수소들

한 화합물의 구조식이 주어졌을 때 ^{1}H-NMR 스펙트럼에 얼마나 많은 신호가 나타날지 어떻게 알 수 있을까? 그 해답은 동등한 수소들은 같은 ^{1}H-NMR 신호로 나타나고 동등하지 않은 수소들은 다른 ^{1}H-NMR 신호로 나타난다. **동등한 수소**(Equivalent hydrogen)들은 같은 화학적 환경을 갖는다. 만약 아래 조건의 어느 하나가 존재하면 H 원자는 동등(같은 화학적 환경)하다.

동등한 수소들
같은 화학적 환경을 갖는 수소들.

1. 동등한 수소는 같은 sp^3 혼성된 탄소에 결합되어 있고, 탄소 원자는 실온에서 자유롭게 회전할 수 있다. 결합의 빠른 회전은 평균적으로 같은 탄소 원자에 결합된 H 원자들이 동일한 화학적 환경에 놓여 있기 때문에 따라서 동등하다는 의미이다. 예를 들면, 자유롭게 회전하는 —CH_3기의 3개의 H 원자들은 동등하고, 비록 13.10절에서 본 바와 같이 —CH_2—기가 카이랄 중심 근처에 있을 때 일어날 수 있는 예외를 볼 수 있지만, 자유롭게 회전하는 —CH_2—기의 2개의 H 원자들은 항상 동등하다.
2. 동등한 수소는 한 분자 안에서 주로 면 대칭 혹은 점 대칭에 관계되어 있다.

예를 들면, 2-chloropropane에서 메틸기의 6개의 수소 원자들은 동등하다. 메틸기들은 자유롭게 회전할 수 있고 그림 13.6에서 볼 수 있는 것처럼 면 대칭과 관계되어 있다. 수소 원자들이 동등한가 동등하지 않는가를 결정하는 편리한 방법은 여러분 마음 속에 실험 원자(예로 염소)를 가지고 문제의 그 수소 원자 서로를 바꾸는 치환법을 이용하는 것이다. 만약 치환을 통해서 같은 화합물이 생성된다면, 원래의 수소 원자들은 동등하다.

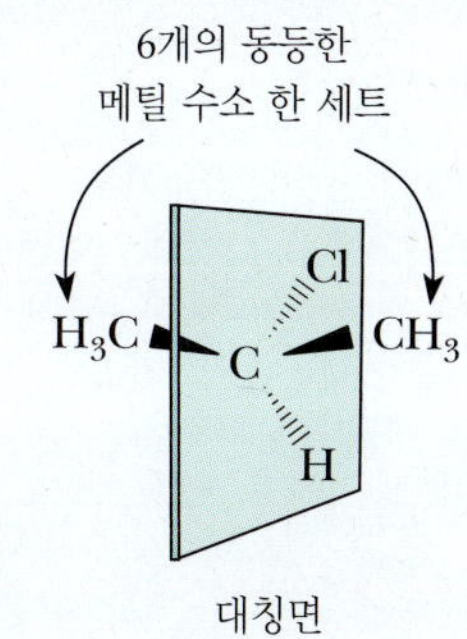

그림 13.6 ▸ 두개의 메틸기가 형성하는 면 대칭을 나타내는 2-chloropropane의 구조(따라서 메틸기의 6개 수소들은 동등하다).

예제 13.2 ▸ **동등한 수소들**

각 화합물에서 동등한 수소 종류의 수를 설명하고 각 세트에서 수소 수를 설명하라.

(a) 2-Methylpropane **(b)** 2-Methylbutane

해답

(a) 2-Methylpropane은 두 가지 세트의 동등한 수소를 포함하고 있다. 9개의 동등한 1차 수소 한 세트와 1개의 3차 수소가 있다.

(b) 2-Methylbutane은 네 가지 세트의 동등한 수소를 포함하고 있다. 이 분자 안에 9개의 1차 수소(한 세트에 3개, 다른 한 세트에 6개)가 있다. 3개의 세트에 있는 어느 수소 1개를 염소로 치환시키면 1-chloro-3-methylbutane이 생성됨을 유의하여라. 6개의 세트에 있는 어느 수소 1개를 염소로 치환시키면 1-chloro-2-methylbutane이 생성된다. 이 밖에도 이 분자는 2개의 동등한 2차 수소 한 세트와 1개의 3차 수소를 포함하고 있다.

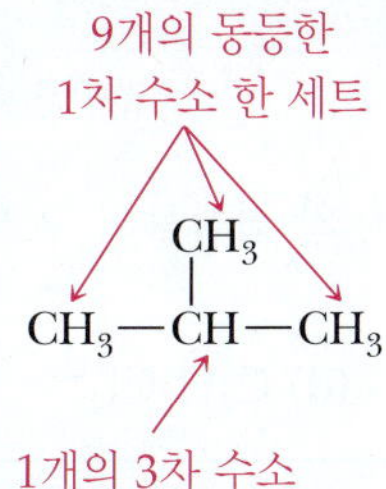

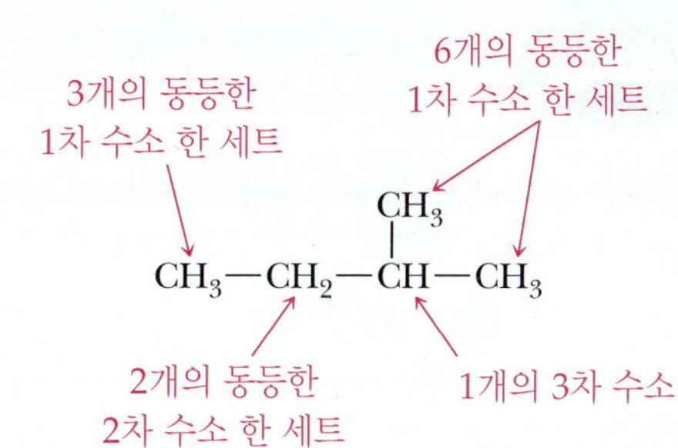

연습 문제 13.2

각 화합물에서 동등한 수소의 세트 수와 각 세트 안에 있는 수소의 수를 말하여라.

(a) 3-Methylpentane **(b)** 2,2,4-Trimethylpentane

동등한 수소 한 세트를 가지고 있고 ^{1}H-NMR 스펙트럼에서 1개의 신호를 나타내는 네 가지 유기 화합물들이 있다.

CH_3COCH_3 — **Propanone (Acetone)**

$ClCH_2CH_2Cl$ — **1,2-Dichloroethane**

Cyclopentane

$(H_3C)_2C{=}C(CH_3)_2$ — **2,3-Dimethyl-2-butene**

아래 4개의 화합물들의 예처럼 동등한 수소를 두 가지 또는 그 이상의 세트를 갖는 분자는 각 세트마다 서로 다른 공명 신호를 나타낸다.

CH_3CHCl_2 — **1,1-Dichloroethane** (2개 신호)

Cyclopentanone (2개 신호)

(*Z*)-1-Chloropropene (3개 신호)

Cyclohexene (3개 신호)

분자 구조에 대한 유용한 정보는 한 화합물의 ^{1}H-NMR 스펙트럼 신호 수를 계산에 의해 간단히 얻어질 수 있다는 것을 곧 알게 될 것이다. 예를 들면, 분자식이 $C_2H_4Cl_2$인 화합물의 2개의 구조 이성질체를 생각해 보자. 화합물 1,2-dichloroethane은 동등한 수소 한 세트를 갖고 ^{1}H-NMR 스펙트럼에서 1개의 신호를 갖는다. 이 화합물의 구조 이성질체인 1,1-dichloroethane은 동등한 수소 두 세트를 갖고 ^{1}H-NMR 스펙트럼 2개의 신호를 갖는다. 따라서 신호의 수를 간단히 세어보기만 하여도 이러한 두 화합물을 구별할 수 있다.

예제 13.3 ▸ 구조적인 예측

아래 각 화합물은 단지 1개의 ^{1}H-NMR 스펙트럼 신호를 나타낸다. 각 화합물의 구조식을 제안하여라.

(a) C_2H_6O **(b)** $C_3H_6Cl_2$ **(c)** C_6H_{12} **(d)** C_4H_6

➡ 해답

(a) CH_3OCH_3 **(b)** $CH_3CCl_2CH_3$ **(c)** cyclohexane 또는 $(H_3C)_2C{=}C(CH_3)_2$

(d) $CH_3C{\equiv}CCH_3$

연습 문제 13.3

아래 각 화합물은 단지 1개의 ^{1}H-NMR 스펙트럼 신호를 나타낸다. 각 화합물의 구조식을 제안하여라.

(a) C_3H_6O **(b)** C_5H_{10} **(c)** C_5H_{12} **(d)** $C_4H_6Cl_4$

13.6 신호 면적

^{1}H-NMR 스펙트럼 신호의 수가 동등한 수소의 세트 수에 대한 정보를 준다는 것을 알았다. 이러한 신호의 상대적인 면적은 추가적인 정보를 제공한다. 스펙트럼이 진행될 때 기계적인 컴퓨터는 각 신호 아래 면적을 숫자상으로 측정한다. 이 책에서 보여준 스펙트럼에서

그러한 정보는 원래의 스펙트럼 상에 포개놓은 적분한 선의 종류로 나타냈다. 각 신호 위의 적분한 선의 수직 눈금은 그 신호 아래의 면적에 비례하고 그 신호를 만들어 내는 동등한 수소 수에 비례한다. 그림 13.7은 *tert*-butyl acetate ($C_6H_{12}O_2$)의 적분된 ^{1}H-NMR 스펙트럼을 나타낸 것이다. 스펙트럼은 δ 1.44와 δ 1.95에서 신호를 보여준다. 적분된 신호의 높이는 23 + 67, 즉 90 도표 눈금을 나타내고, 이것은 12개의 수소에 해당된다. 이 숫자로부터 (23/90) × 12 혹은 3개의 수소가 한 세트이고, (67/90) × 12 혹은 9개의 수소가 두 번째 세트로 계산된다. 제시된 적분의 다른 방법은 각 신호가 나타내는 것을 숫자상으로 읽은 것이고 ^{1}H-NMR 스펙트럼에서 쉽게 보게 될 것이다.

그림 13.7 ▸ 적분을 보여주는 *tert*-butyl acetate의 ^{1}H-NMR 스펙트럼. 수직 적분선을 모두 합한 90 도표 눈금은 한 세트에 9개의 수소와 다른 세트에 3개의 수소로 구성된 12개의 수소에 해당된다.

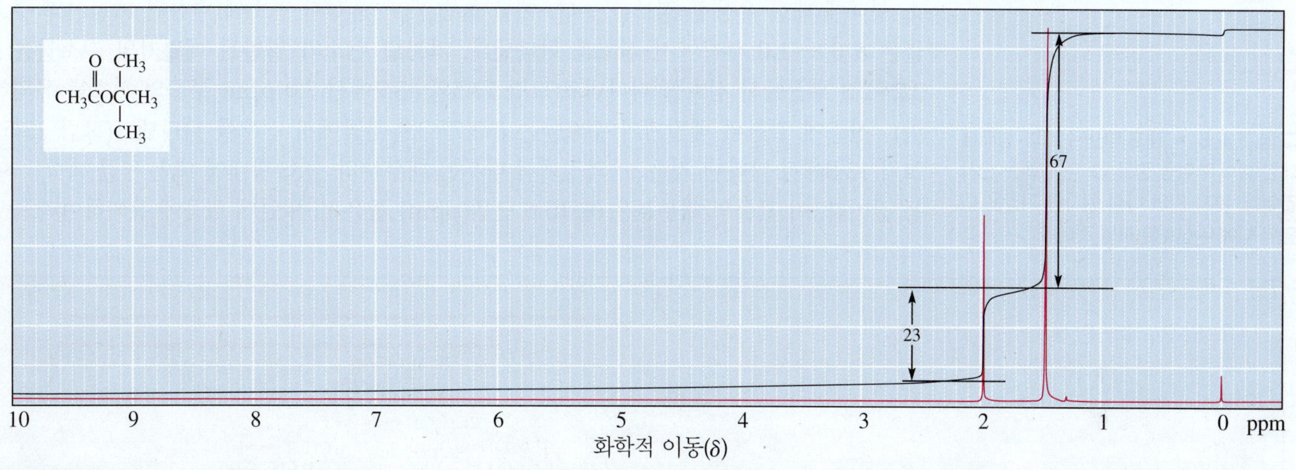

예제 13.4 ▸ 구조적인 예측

다음은 $C_9H_{10}O_2$ 분자식을 갖는 화합물의 ^{1}H-NMR 스펙트럼이다. 적분으로부터 각 신호를 나타내는 수소 수를 계산하여라.

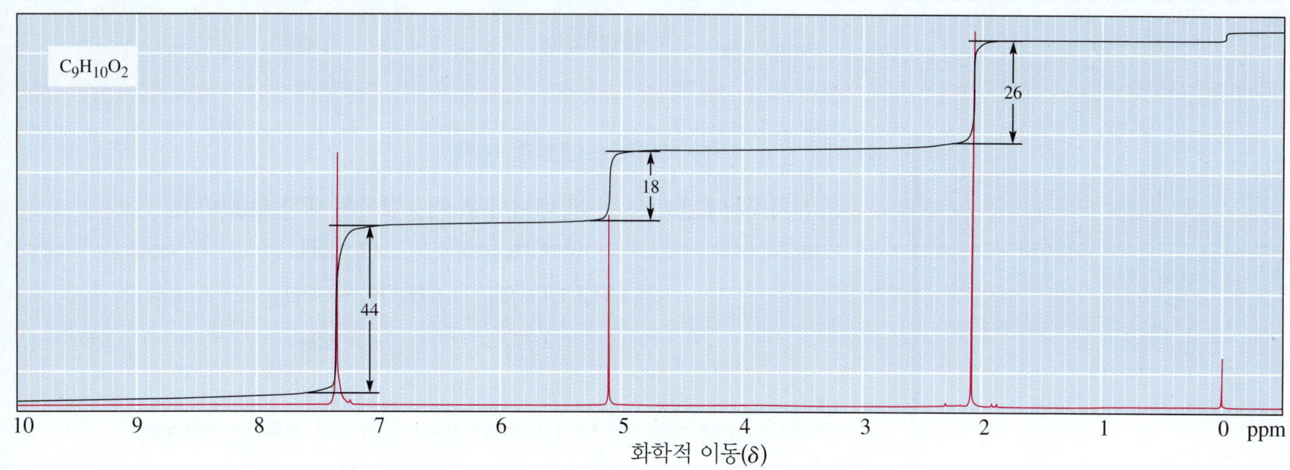

➥ 해답

적분선의 전체 높이는 88 도표 눈금이고 10개의 수소에 해당된다. 이 수로부터 δ 7.34에서 신호를 나타내는 수소의 수는 44/88 × 10 또는 5로 계산된다. 비슷한 계산에 의해 δ 5.08과 δ 2.06의 신호는 각각 2개와 3개의 수소에 해당된다.

연습 문제 13.4

분자식이 $C_7H_{14}O$인 케톤의 ^{1}H-NMR 스펙트럼에서 2개의 신호의 적분은 각각 62와 10의 도표 눈금으로 되어 있다. 각 신호를 만드는 수소 수를 계산하고 이 케톤의 구조식을 제안하여라.

13.7 화학적 이동

^{1}H-NMR 스펙트럼에서 신호에 대한 **화학적 이동**(chemical shift)은 신호를 나타내는 수소 형태에 대한 유용한 정보를 준다. 예를 들면, sp^3 혼성화 탄소에 결합된 메틸기의 수소들은 δ 0.8~1.0 부근에서 신호를 나타낸다. 카보닐 탄소와 결합된 메틸기의 수소들은 δ 2.2~2.3 부근에서 신호를 나타내고(그림 13.5와 13.7에서 2.0 ppm 부근의 신호를 유의하라), 산소에 결합된 메틸기의 수소들은 δ 3.7~3.9 부근에서 신호를 나타낸다(그림 13.5). 그림 13.8에서 나타낸 것은 이 과정에서 다루는 대부분의 수소 형태에 대한 평균 화학적 이동 값이다. 이 값들의 대부분은 0~10 δ 단위(ppm) 좁은 범위 안에 있음에 유의하여라.

그림 13.8 ▸ 대표적인 수소의 형태에 대한 화학적 이동 평균 값. 이 값들은 근사값이다. 분자 안의 다른 원자와 기들은 이 영역 밖에서 신호를 보일 것이다.

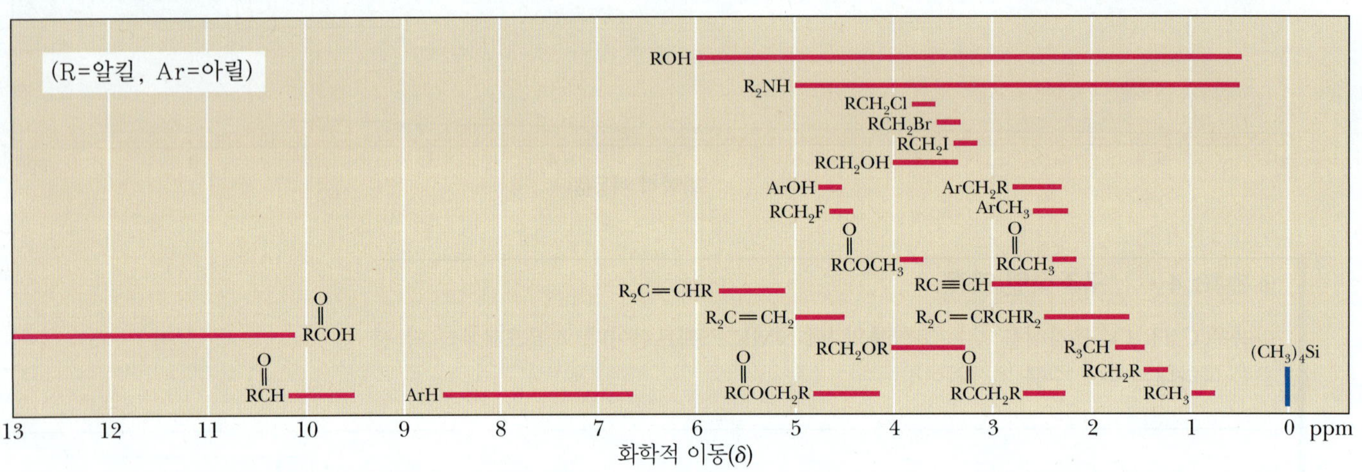

예제 13.5 ▸ **^{1}H-NMR 스펙트럼 예측**

다음은 분자식이 $C_6H_{12}O_2$인 두 개의 구조 이성질체에 대한 구조이다.

$$\underset{(1)}{CH_3\overset{O}{\overset{\|}{C}}O\underset{CH_3}{\underset{|}{\overset{CH_3}{\overset{|}{C}}}}CH_3} \qquad \underset{(2)}{CH_3O\overset{O}{\overset{\|}{C}}{-}\underset{CH_3}{\underset{|}{\overset{CH_3}{\overset{|}{C}}}}CH_3}$$

(a) 각 이성질체에 대한 ^{1}H-NMR 스펙트럼에서 신호의 수를 예측하여라.
(b) 각 스펙트럼에서 신호의 면적의 비를 예측하여라.
(c) 화학적 이동을 근거하여 이 이성질체를 어떻게 구별할 수 있는지 나타내어라.

➡ **해답**

(a) 각 ^{1}H-NMR 스펙트럼은 두개의 신호로 구성되어 있다. **(b)** 9:3 또는 3:1의 비로 나타난다. **(c)** 한 개의 $-CH_3$기의 화학적 이동 값에 의해서 구조 이성질체를 구별할 수 있다. CH_3O의 수소들은 $CH_3C{=}O$ 수소들보다 더 벗겨져 있다(더 낮은 장에서 나타남). 각 화학적 이동 값은 그림 13.8을 보아라. 실험적으로 측정된 값은 붉은색

으로 나타내었다.

δ 1.95 → O CH₃ ...

$$\underset{(1)}{\overset{\delta\,1.95\;\;\; \delta\,1.44}{CH_3\overset{O}{\overset{\|}{C}}O\underset{CH_3}{\overset{CH_3}{C}}CH_3}} \qquad \underset{(2)}{\overset{\delta\,3.67\;\;\; \delta\,1.20}{CH_3O\overset{O}{\overset{\|}{C}}-\underset{CH_3}{\overset{CH_3}{C}}CH_3}}$$

tert-Butyl acetate (1)의 스펙트럼은 그림 13.7을 참조하여라.

연습 문제 13.5

다음은 분자식이 $C_4H_8O_{12}$인 두 개의 구조 이성질체의 구조식이다.

$$\underset{(1)}{CH_3CH_2O\overset{O}{\overset{\|}{C}}CH_3} \qquad \underset{(2)}{CH_3CH_2\overset{O}{\overset{\|}{C}}OCH_3}$$

(a) 각 이성질체에 대한 ^{1}H-NMR 스펙트럼에서 신호의 수를 예측하여라.

(b) 각 스펙트럼에서 신호의 면적의 비를 예측하여라.

(c) 화학적 이동을 근거하여 이 이성질체를 어떻게 구별할 수 있는지 나타내어라.

특별한 형태의 화학적 이동은 일차적으로 수소가 느끼는 가림 정도에 따라 다르다. 가림은 다음 세 가지 요인에 달려 있다. (1) 이웃한 원자들의 전기음성도, (2) 인접 원자들의 혼성화, (3) 인접한 π 결합 안의 자기유도 효과이다. 이러한 요인들을 동시에 고려해 보자.

A 이웃한 원자의 전기음성도

일련의 CH_3—X에서 메틸 수소들의 화학적 이동에 대해 표 13.2에 나타낸 바와 같이 X의 전기음성도가 크면 클수록 화학적 이동도 커지게 된다. 전기음성적인 치환기의 효과는 거리에 따라 빠르게 감소한다. 전기음성적인 치환기의 효과는 두 원자가 떨어져 있으면 인접에 있을 때보다 10% 정도 영향력을 미친다. 세 원자가 떨어진 전기음성적인 치환기의 효과는 거의 무시된다.

표 13.2 X의 전기음성도에 따른 CH_3X의 화학적 이동의 의존도

CH_3—X	X의 전기음성도	메틸 수소의 화학적 이동(δ)
CH_3F	4.0	4.26
CH_3OH	3.5	3.47
CH_3Cl	3.1	3.05
CH_3Br	2.8	2.68
CH_3I	2.5	2.16
$(CH_3)_4C$	2.1	0.86
$(CH_3)_4Si$	1.8	0.00(정의에 의해)

전기음성도와 화학적 이동은 다음과 같은 연관성이 있다. 전기적 음성인 원자나 기의 존재는 그 원자와 결합하고 있는 원자의 전자 밀도를 감소시키고 따라서 가려 막혀 있다. 이 효과는 인접한 핵을 벗기고 그들을 더 낮은 장에서 공명을 일으키게 하며, 즉 큰 화학적 이동을 갖게 한다.

B 이웃한 원자의 혼성화

전형적으로 sp^3 혼성화된 탄소와 결합된 수소들은 δ 0.8~1.7에서 신호를 갖는다. 바이닐 수소들은(탄소-탄소 이중 결합 탄소에 결합된 수소) 약간 벗겨져 있고 신호는 δ 4.6~5.7에서 나타난다(표 13.3). 알킬 수소와 비교해서 바이닐 수소들의 큰 벗김에 대한 부분적인 설명은 탄소의 혼성화에 있다. sp^2 혼성화된 탄소의 δ-결합성 궤도함수는 sp^3 혼성화된 탄소의 σ 결합성 궤도함수 보다 s 성격을 많이 가지고 있기 때문에(25%와 비교해서 33%), sp^2 혼성화된 탄소 원자가 더 전기음성적이다. 바이닐 수소들은 이 전기음성적인 효과에 의해서 벗겨져 있고, 바이닐 수소 핵은 알킬 수소에 비해서 낮은 장에서 공명한다. 마찬가지로 아세틸렌 수소와 알데하이드의 수소의 신호는 알킬 수소에 비해서 역시 더 낮은 장에서 나타난다.

표 13.3 화학적 이동에 대한 혼성화 효과

수소 형태(R = 알킬)	수소 이름	화학적 이동(δ)
RCH_3, R_2CH_2, R_3CH	알킬	0.8~1.7
$R_2C{=}C(R)CHR_2$	알릴	1.6~2.6
$RC{\equiv}CH$	아세틸렌	2.0~3.0
$R_2C{=}CHR$, $R_2C{=}CH_2$	바이닐	4.6~5.7
$RCHO$	알데하이드	9.5~10.1

그러나 바이닐 수소와 아세틸렌 수소의 화학적 이동의 차이는 탄소의 혼성화만을 기본으로 설명할 수 없다. 만약 바이닐 수소들의 화학적 이동(δ 4.6~5.7)은 완전히 탄소의 혼성화 변화에만 의한 것이라면, 아세틸렌 수소의 화학적 이동은 바이닐 수소의 화학적 이동보다 훨씬 커야 한다. 그렇지만 아세틸렌 수소의 화학적 이동은 단지 δ 2.0~3.0이다. 아세틸렌 수소의 화학적 이동이 비정상적으로 작거나 바이닐 수소의 화학적 이동이 비정상적으로 큰 것이다. 이론과 실험적 증거는 π 결합을 이루는 탄소에 결합된 수소의 화학적 이동은 sp^2 및 sp 혼성화된 탄소의 상대적인 전기음성도뿐만 아니라 π 결합을 통한 자기 유도에 의해서도 영향을 받는다는 것을 암시하고 있다.

C π 결합으로부터 반자기성 효과

아세틸렌 수소의 화학적 이동에 대한 π 결합 영향을 이해하기 위해서는 그림 13.9에 나타낸 외부 자기장에 대한 탄소-탄소 삼중 결합의 배열을 상상해야 한다. 자기 유도법칙 때문에 외부 자기장은 π 전자의 순환을 유도하고, 이어서 유도 자기장을 만든다. 주어진 알카인의 기하 구조와 π 전자 구름의 원통형 성격은 유도 자기장이 아세틸렌 수소의 부근을 가려 막고 있다. 따라서 아세틸렌 수소 핵을 공명하는데 더 낮은 진동수의 전자기 복사선이 필요하다. π 결합에 의해 유도된 국부 자기장은 아세틸렌 수소의 신호를 더 작은 δ 값을 갖는 높은 장으로 이동시킨다.

바이닐 수소(그림 13.10)에서 π 전자들의 유도된 순환 효과는 아세틸렌 수소와는 반대이다. 탄소-탄소 이중 결합의 π 결합에서 유도된 자기장의 방향은 바이닐 수소들의 영역에서 외부 자기장과 평행하다. 유도 자기장은 바이닐 수소를 벗기고 따라서 더 큰 δ 값을 갖는

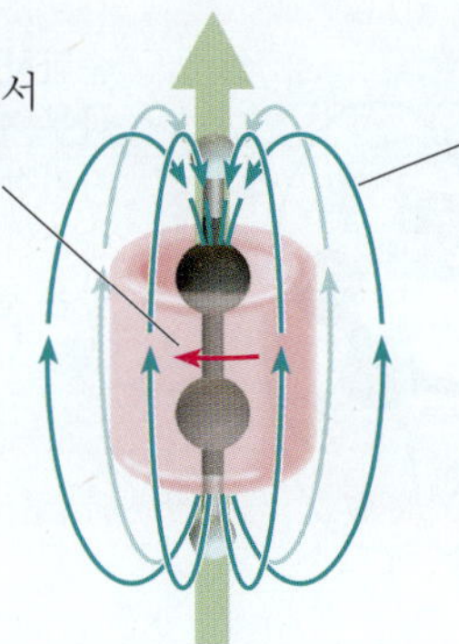

그림 13.9 ▸ 탄소-탄소 삼중 결합에 π 결합에 의한 유도 자기장은 아세틸렌 수소를 가려막고 신호를 높은 장으로 이동시킨다.

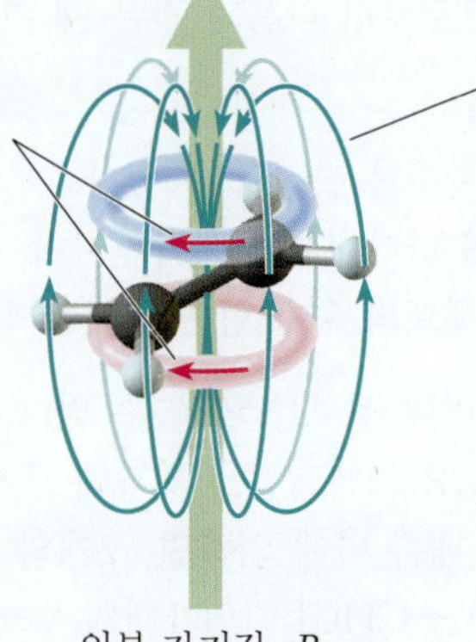

그림 13.10 ▸ 탄소-탄소 이중 결합의 π 결합에 유도된 자기장은 바이닐 수소를 벗기고 그들의 신호를 낮은 장으로 이동시킨다.

낮은장으로 이동시킨다. 카보닐기에 존재하는 π 전자도 알데하이드기 수소의 화학적 이동과 비슷한 효과를 갖는다.

아세틸렌 수소와 바이닐 수소의 바탕 선을 비교할 때에 아세틸렌 수소에 대해 큰 화학적 이동(보다 크게 벗김)을 예상하는 혼성화 효과는 원통 모양으로 배향된 알카인 π 결합의 강한 가림 반자기성 효과와 알켄 π 결합의 벗김 반자기성 효과에 의해 훨씬 더 극복이 된다. 알짜 결과는 아세틸렌 수소가 바이닐 수소의 신호와 비교해서 TMS로부터 덜 낮은장에서 나타나는 신호를 갖게 된다.

벤젠에서 π 전자 효과는 알켄보다 훨씬 더 큰 차이가 있다. 벤젠에 결합된 6개의 수소는 모두 동등하다. 이러한 수소의 ^{1}H-NMR 스펙트럼은 δ 7.27에서 예리한 단일선으로 나타난다. 치환된 벤젠 고리에 결합된 수소들은 δ 6.5~8.5 영역에서 나타난다. 몇 개의 다른 수소들도 이 영역에서 흡수를 나타낸다. 아릴성 수소들은 비교할 수 있는 치환된 알켄보다 2 ppm만큼 높은 화학적 이동에 의해서 아주 쉽게 확인된다.

바이닐 수소보다 낮은장에서 흡수하는 그러한 아릴성 수소는 방향족 고리의 특별한 성질인 **고리 전류**(ring current)의 존재에 의해 설명될 수 있다(그림 13.11). 방향족 고리의 평면에 외부 자기장이 가해지면 외부 자기장은 π 전자가 고리 주위를 순환하도록 소위 고리 전류를 일으킨다. 이러한 유도 고리 전류는 고리 중심에 있는 외부 자기장에 반대 방향으로 작용하지만, 고리 밖에서는 외부 자기장을 강화시킨다. 방향족 수소의 위치는 유도 고리 전류와 관계가 있고, 이러한 수소는 벗겨져 있고 보다 더 큰 화학적 이동에서 공명이 일어난다.

고리 전류
외부 자기장은 방향족 고리의 π 전자들을 순환시켜 소위 고리 전류를 일으키고, 고리 중심에 있는 외부 자기장에 반대인 자기장과 연관되어 있고 고리 밖에 있는 외부 자기장은 강화된다.

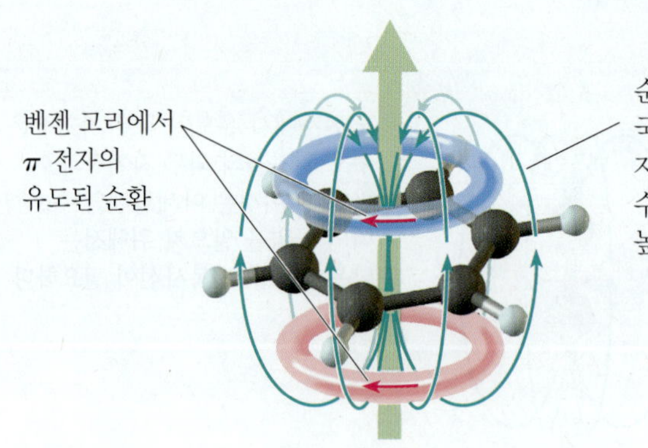

그림 13.11 ▸ 방향족 고리에서 π 전자의 순환에 의해 유도된 자기장은 방향족 고리의 수소를 벗겨지게 하고 그 신호를 낮은 장 쪽으로 이동시킨다.

13.8 신호의 갈라짐과 (n + 1) 규칙

지금까지 우리는 ^{1}H-NMR 스펙트럼으로부터 다음과 같은 세 가지 종류의 정보를 얻을 수 있다는 사실을 알았다.

1. 신호의 수로부터 동등한 수소의 세트 수를 결정할 수 있다.
2. 신호 면적의 적분으로부터 각 신호를 나타내는 상대적인 수소 수를 결정할 수 있다.
3. 각 신호의 화학적 이동으로부터 각 세트의 수소 형태에 대한 정보를 얻을 수 있다.

각 신호의 갈라짐 형태로부터 네 번째 정보를 얻을 수 있다. 예를 들어, 그림 13.12에 나타낸 1,1-dichloroethane의 ^{1}H-NMR 스펙트럼을 생각해 보자. 이 분자는 두 세트의 동등한 수소를 포함하고 있다. 지금까지 배운 바에 의하면, 2개의 신호에 대한 3:1인 상대적인 면적비는 $—CH_3$기의 3개의 수소와 $—CHCl_2$기의 1개의 수소에 각각 해당된다. 그러나 실제로 스펙트럼에는 6개의 피크가 나타남을 알 수 있다. 이러한 피크는 신호가 어떻게 분리되는가에 따라 명명된다. 2개의 피크는 이중선, 3개의 피크는 삼중선 등이다. δ 2.0인 2개의 피크 묶음은 $—CH_3$기의 3개의 수소에 대한 신호이고 δ 5.9에서 4개의 피크 묶음은 $—CHCl_2$기의 1개의 수소에 대한 신호이다. δ 2.1에서 CH_3 공명이 이중선으로 갈라졌고 δ 5.9에서 CH 공명은 사중선으로 갈라졌다고 말한다.

(n + 1) 규칙
만약 1개의 수소가 같은 원자나 혹은 인접 원자에 동등한 수소가 아닌 n개의 비동등한 수소를 갖는다면 ^{1}H-NMR 신호는 (n + 1)개의 피크로 갈라진다.

많은 경우에 **신호의 갈라짐**(signal splitting) 정도는 **(n + 1) 규칙**을 근거로 예측할 수 있다. 이 규칙에 의하면, 만약 어떤 수소가 이웃한 원자에 n개의 동등하지 않은 수소를 가지고 있거나 같은 원자에 동등한 수소들이지만 이웃한 원자에 n개의 동등하지 않은 수소를 갖는다면 ^{1}H-NMR 신호는 (n + 1)개의 피크로 갈라진다.

그림 13.12 ▸ 1,1-Dichloroethane의 ^{1}H-NMR 스펙트럼.

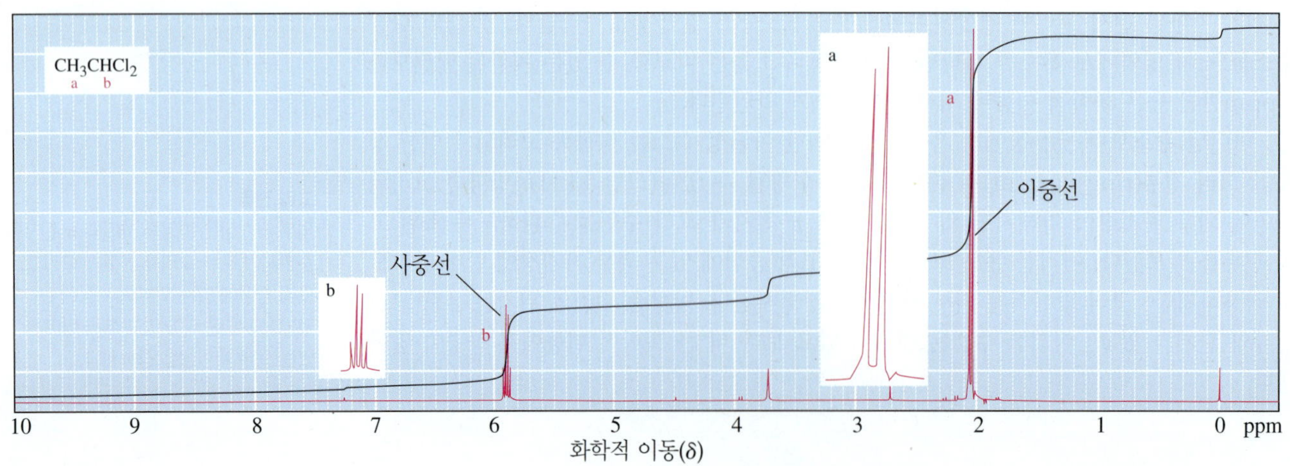

1,1-Dichloroethane의 ¹H-NMR 스펙트럼 분석에 $(n + 1)$ 규칙을 적용해 보자. $—CH_3$기의 3개 수소는 이웃에 동등하지 않은 1개($n = 1$)의 수소를 갖는다면, 이 신호는 이중선으로 갈라진다. $—CHCl_2$기의 1개의 수소는 동등하지 않은 3개의 이웃한 수소를 가지고 있고, 이 신호는 사중선으로 갈라진다.

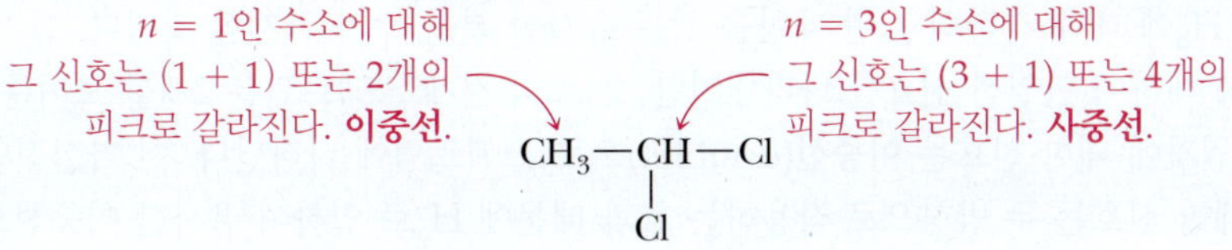

예제 13.6 ▸ ¹H−NMR 스펙트럼 예측

각 분자에 대한 ¹H-NMR 스펙트럼에서 각 신호의 수와 각 신호의 갈라짐 형태를 예측하라.

(a) $CH_3\overset{O}{\overset{\|}{C}}CH_2CH_3$ **(b)** $CH_3CH_2\overset{O}{\overset{\|}{C}}CH_2CH_3$ **(c)** $CH_3\overset{O}{\overset{\|}{C}}CH(CH_3)_2$

➥ 해답

각 분자에서 동등한 수소의 세트에 a, b, c를 표시하였다. 분자 (a)는 세 세트의 동등한 수소를 가지고 있고, 이 분자의 ¹H-NMR 스펙트럼은 단일선과 사중선과 삼중선이 3:2:3 비율로 나타난다. 분자 (b)는 두 세트의 동등한 수소를 가지고 있고, 이 분자의 ¹H-NMR 스펙트럼은 삼중선과 사중선이 3:2의 비율로 나타난다. 분자 (c)는 동등한 수소 세 세트를 가지고 있고, 이 분자의 ¹H-NMR 스펙트럼은 단일선, 칠중선, 이중선이 3:1:6의 비율로 나타난다.

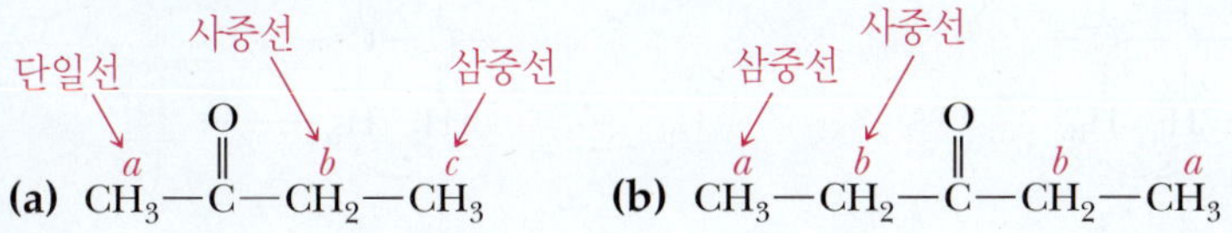

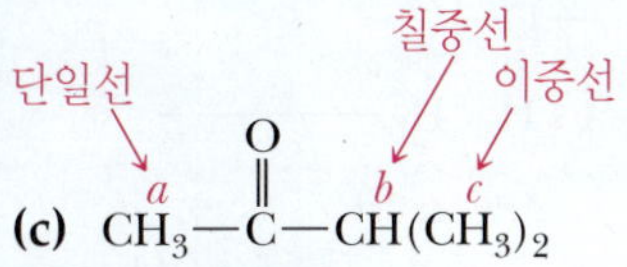

연습 문제 13.6

다음은 구조 이성질체 쌍이다. 각 이성질체에 대한 ¹H-NMR 스펙트럼에서 신호의 수와 각 신호의 갈라짐 형태를 예측하여라.

13.9 신호 갈라짐의 기원

¹H-NMR 신호 갈라짐은 서로 영향을 주는 인접한 원자의 핵스핀 상호작용인 ¹H 핵 사이 **스핀-스핀 짝지음**(spin-spin coupling)을 고려함으로써 이해될 수 있다. 스핀-스핀 짝지음의 가장 일반적인 형태는 서로 결합되어 있는 2개의 C 원자에 있는 H 원자가 관여한다. 이러한 H 원자들은 세 결합 떨어져 있고 **이웃자리 수소**(vicinal hydrogen)라고 부른다. 이웃자리 수소 사이에 짝지음을 그림 13.13에 나타낸 바와 같이 **이웃자리 짝지음**(vicinal coupling)이라고 부른다. **짝지음 상수**(coupling constant, J)는 갈라지는 신호에 인접한 피크들 사이에 NMR 스펙트럼에 대한 간격이고 인접한 핵의 영향에 대한 정량적인 크기이다. 짝지음 상수의 크기는 헤르쯔(Hz)로 나타낸다. ¹H-NMR 분광기에서 양성자에 대하여 짝지음 상수는 일반적으로 0~18 Hz이다. J 값은 분자 내에 다른 핵에 의해 유발된 장에 의존하고 따라서 외부 자기장의 세기와는 무관하다.

스핀-스핀 짝지음
인접 원자의 핵의 스핀의 서로 영향을 주는 상호작용으로 NMR 스펙트럼에서 신호의 갈라짐을 가져온다.

이웃자리 수소
2개의 C 원자에 서로 결합되어 있는 H 원자.

이웃자리 짝지음
이웃한 H 원자 사이의 짝지음.

짝지음 상수(J)
다중선에서 인접 피크들 사이의 NMR 스펙트럼(Hz)에서의 간격이고 인접 핵과 스핀-스핀 짝지음 영향에 대한 정량적인 크기.

그림 13.14에서 H_a로 표기된 원자의 핵스핀과 화학적 이동은 ^{1}H-NMR 분광기의 외부 자기장과 같은 방향이거나 혹은 반대 방향인 인접 원자 H_b의 영향을 받는다. 스핀-스핀 짝지음 때문에 외부 자기장과 같은 방향의 H_b 핵스핀은 외부 자기장과 반대 방향의 H_b 핵스핀과 비교해서 H_a 신호의 화학적 이동이 약간 다르게 나타난다. 시료 중의 분자수에 관계없이 H_b에 대해 각각의 스핀 배향을 갖는 유사한 분자 수가 존재할 것이다. 한 개의 분자는 H_a에 대하여 단일선 신호를 나타내지만, 시료의 전체 스펙트럼은 2개를 보여준다. 그 결과 H_a 원자에 대한 신호는 **이중선**(doublet)으로 스펙트럼에 나타난다. 이 가설적인 예에서 H_b에 대한 신호는 두 방향으로 작용하는 효과 때문에 H_a로 인하여 유사한 이중선으로 나누어질 것이다.

인접한 sp^3로 혼성화된 탄소 원자에 있는 2개의 수소에 대한 짝지음 상수는 약 7 Hz이다. 300 MHz로 작동되는 분광기에서 7 Hz의 짝지음 상수는 단지 0.023 ppm에 해당된다. 이와 비슷한 *J* 값을 가진 피크들은 너무 좁기 때문에 300 MHz 스펙트럼에서는 그 갈라

그림 13.13 ▸ 이웃자리 H 원자 사이에 생기는 이웃자리 스핀-스핀 짝지음.

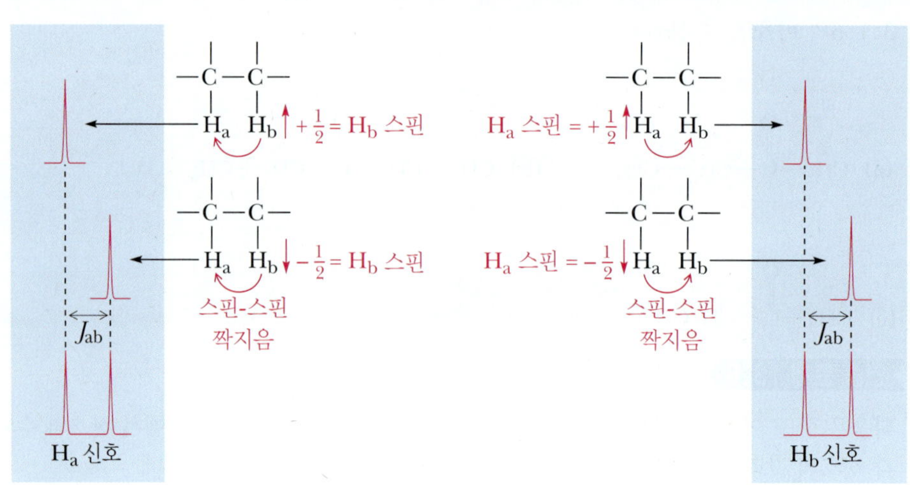

그림 13.14 ▸ ^{1}H-NMR에서 신호 갈라짐을 일으키는 스핀-스핀 짝지음의 그림.

그림 13.15 ▸ 3-Pentanone의 원래의 사중선-삼중선 ^{1}H-NMR 신호와 더 분명하게 신호의 갈라짐 양식을 보여주는 눈금의 확장.

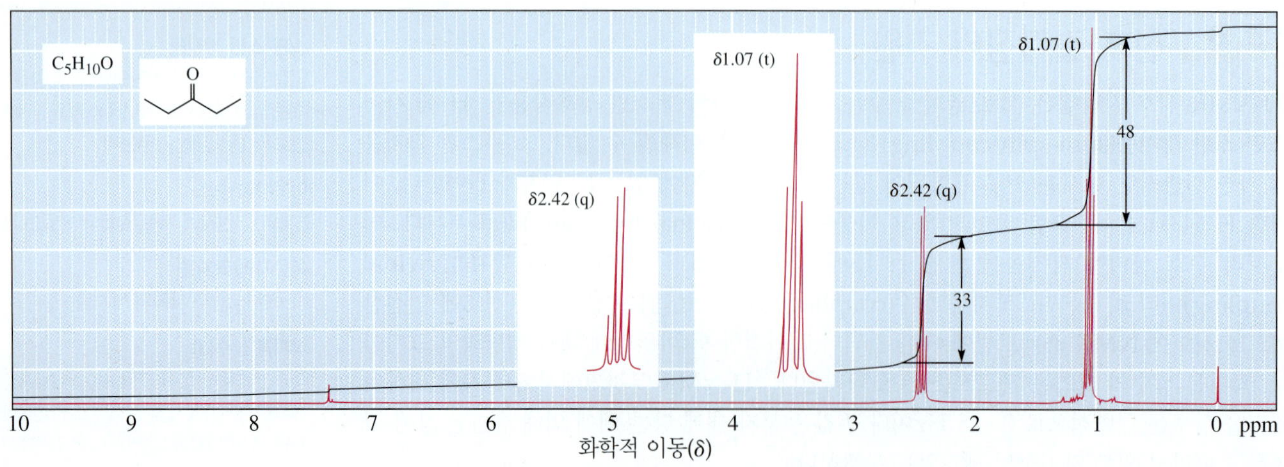

짐 형태를 측정하기가 어려울 때가 많다. 따라서 원하는 신호들을 확장할 수 있으며, 이로 인해 갈라짐 양식을 관찰하기 쉬워진다(그림 13.15).

표 13.4는 다른 형태의 수소들에 대한 대략적인 짝지음 상수 값들이다.

표 13.4 알킬과 알켄일 기가 포함된 화합물에 대한 대략적인 J 값

6~8 Hz	8~14 Hz	0~5 Hz	0~5 Hz
11~18 Hz	5~10 Hz	0~5 Hz	8~11 Hz

A 예측되는 피크의 세기

앞서 설명한 바와 같이 일반적인 경우에 동등한 n개의 H 원자는 $n + 1$ 피크로 신호가 갈라질 것이다. 이러한 피크들의 상대적인 세기는 모든 가능한 스핀 상태의 조합을 분석함으로써 예측할 수 있다. 외부 자기장에 같은 방향 또는 반대 방향인 n개 스핀의 조합은 $n + 1$의 다른 스핀 상태가 있다. 주어진 스핀 세트를 갖는 분자의 확률은 스핀 상태를 일으키게 하는 가능한 스핀 배향의 수에 비례한다. 그림 13.16에서 1개의 ^{1}H 핵에 스핀의 나란함을 나타내는 각 화살표를 갖는 것을 이해하는데 실질적으로 도움을 주는 아주 중요한 개념이다. 만약 1개의 H_b 핵을 고려해 보면, 거기는 2개의 가능성(↑ 혹은 ↓)이 있고, H_a(왼쪽) 신호에 대

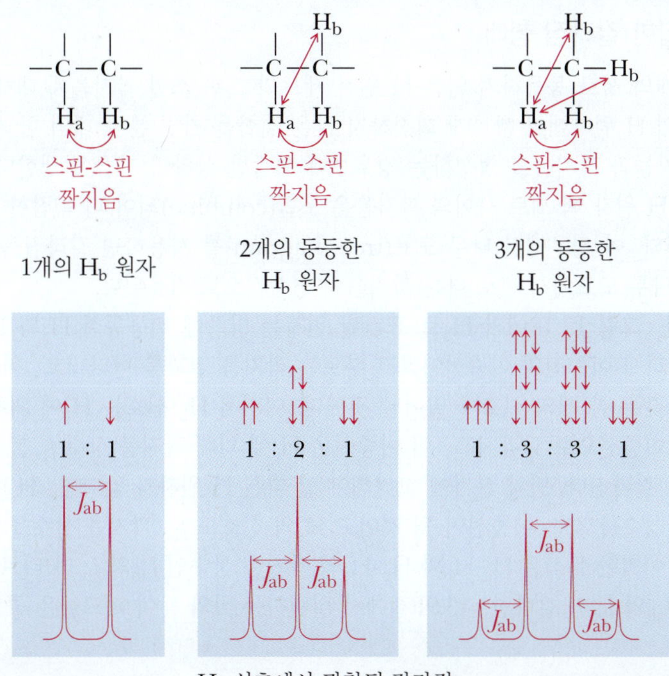

그림 13.16 ▶ **신호 갈라짐 양식의 근원.** 각 화살표는 H_b 핵스핀의 배향을 나타낸다.

한 1:1의 피크 비율을 갖는 이중선에 이르게 하는 거의 같은 확률을 나타낸다. 2개의 동등한 H_b 핵은 1:2:1의 비율을 만드는(중앙) 3개의 가능한 조합을 가질 수 있고, 반면 3개의 동등한 H_b 핵은 1:3:3:1 비율(오른쪽)을 생성하는 4개의 가능한 조합을 가질 수 있다.

대신에 피크 넓이의 비율을 **파스칼의 삼각형**(Pascal's triangle)이라 부르는 수학적 기억술로부터 유도할 수 있다(그림 13.17). 이곳에 다중선에서 피크의 수를 계산하는 하는데 주의할 점이 있다. 만일 어떤 특정 수소의 신호가 스펙트럼상의 다른 신호에 비하여 매우 낮은 세기로 나타난다면 기준선에 있는 전자적인 잡음 때문에 곁에 있는 작은 피크들과 구별하는데 불가능할 수 있다.

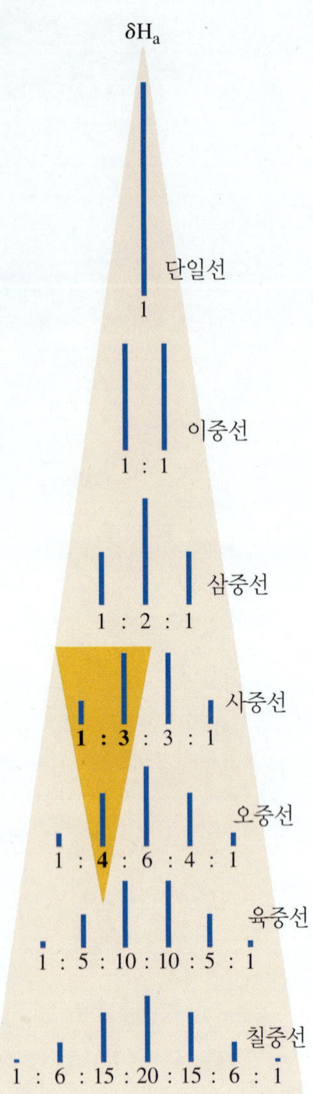

그림 13.17 ▸ 파스칼의 삼각형. 짙은 색으로 표시한 항들에서 보는 바와 같이 각 항은 바로 위의 왼쪽 항과 오른쪽 항의 합이다.

B (*n* + 1) 규칙에 대한 물리적 기초

핵스핀의 짝지음은 사이에 있는 결합을 통한 전달이다. 짝지음 정도는 수소 원자들 사이의 결합수가 포함된 요인들의 수와 관계된다. 3개 이상의 결합 거리에 있는 H 원자들은 어떤 경우에는 장거리 짝지음을 볼 수도 있지만, 일반적으로 그들 사이에 주목할 만한 짝지음이 관찰되지 않는다. 앞에서 자세히 설명한 바와 같이 짝지음의 가장 일반적인 형태는 이웃한 H 원자 사이의 짝지음이다.

이웃자리 짝지음의 중요한 요인은 C—H σ 결합 사이가 고정되어 있든 아니든 이면각 α에 있다. Martin Karpuls의 이름을 따서 붙인 Karpuls 방정식에 의해 정량적으로 기술되는 바와 같이, 짝지음은 각도 α가 0°나 180°일 때 최대가 되고 α가 90°일 때 최소가 된다.

실온에서 빠르게 회전하는 결합은 인접한 C—H 결합 사이에 고정된 각도가 형성되지 않고, 평균 각도와 평균 짝지음이 관찰된다. 후자의 개념은 알케인이나 다른 유연성을 갖는 분자의 ^{1}H-NMR 스펙트럼 해석에 중요하다.

여기에서 모든 이웃한 수소 핵들은 짝지음을 한다는 점에 유의해야 한다. 신호의 갈라짐을 나타내는 동등하지 않은 수소 사이의 짝지음 경우이다. 같은 탄소 또는 이웃 탄소에 결합된 동등한 수소 사이의 짝지음은 신호 갈라짐이 일어나지 않는다.

C 더 복잡한 갈라짐 형태

지금까지 한 개의 서로 동등하지 않은 H 원자 세트의 스핀-스핀 짝지음에 대해 보았다. 그러나 한 세트의 H 원자핵이 빠르게 회전하지 않은 결합을 가진 분자 내의 한 세트 이상 비동등한 H 원자들과 짝지음을 형성하는 경우보다 복잡한 상황이 가끔 발생한다. 이러한 경우, 비동등한 H 원자 핵 세트 사이의 짝지음은 *조합*(combine)되어 더 복잡한 신호 갈라짐 형태를 생성한다. 이 경우에서 나무 도표(tree diagram)를 사용하면 갈라짐을 이해하는데 도움이 된다. 나무 도표에서 서로 다른 짝지음이 연속적으로 적용된다.

예를 들면, 그림 13.18에서 H_b로 표기된 원자는 양쪽에 비동등한 H_a와 H_c가 이웃하고 있으며, 따라서 이중선의 이중선이라고 부르는 짝지음 결과를 나타내고, 바꾸어 말하면 4개의 피크를 갖는 한 개의 신호가 일어날 것이다. 여기서 H_b 신호는 H_a에 의해 짝지음 상수 J_{ab}를 갖는 이중선으로 갈라지고, 이 이중선은 H_c에 의해 짝지음 상수 J_{bc}를 갖는 이중선의 이중선으로 갈라진다. 만약 분자에 고려해야 할 다른 H 원자가 없다면, H_a에 대한 신호는 J_{ab} 짝지음 상수를 갖는 이중선이 될 것이고 H_c의 신호도 J_{bc} 짝지음 상수를 갖는 이중선이 될 것이다. 이러한 분석은 H_a-H_b와 H_b-H_c의 짝지음 상수인 J_{ab}와 J_{bc}가 다르다고 가정한 것이다. 만약 J_{ab}와 J_{bc}가 같다면, 13.9F절에서 설명하는 바와 같이 피크들은 중첩된다.

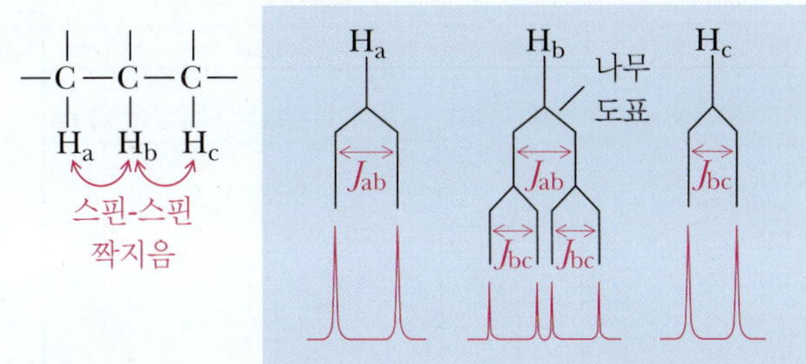

그림 13.18 ▸ H_b가 두 개의 다른 비동등한 H 원자인 H_a와 H_c에 의해 갈라질 때 일어나는 짝지음. 이러한 분석은 $J_{ab} \neq J_{bc}$ 분자에서 다른 짝지음이 없는 것을 가정한 것이다.

만약 H_c가 한 세트의 2개의 동등한 수소이고 H_a가 1개의 수소라면, 관찰된 짝지음은 삼중선의 이중선이고, 바꾸어 말하면 6개의 피크를 갖는 1개의 신호이다. 다시 $J_{ab} \neq J_{bc}$을 가정해 보자. 그림 13.19에 나무 도표는 이러한 형태의 갈라짐 결과로부터 복잡한 형태를 나타낸다. 만일 분자 내에 고려해야 할 다른 수소 원자가 없다면, H_a 신호는 J_{ab} 짝지음 상수를 갖는 이중선이 될 것이고, H_c의 신호도 J_{bc} 짝지음 상수를 갖는 이중선이 될 것이다. H_a와 H_c의 피크는 1개의 H 원자에 대한 상대적인 값으로 적분될 것이고, 반면 H_c의 신호는 2개의 H 원자의 상대적인 값으로 적분될 것이다.

일반적인 경우에 하나의 짝지음 상수를 갖는 한 세트의 n개의 H 원자와 다른 짝지음 상수를 갖는 m개의 H 원자는 $(n + 1) \times (m + 1)$ 피크로 갈라진다. 나무 도표에서 다른 2개의 짝지음 상수 분석이 어떤 순서이든 똑같은 갈라짐 형태가 얻어짐을 유의하라.

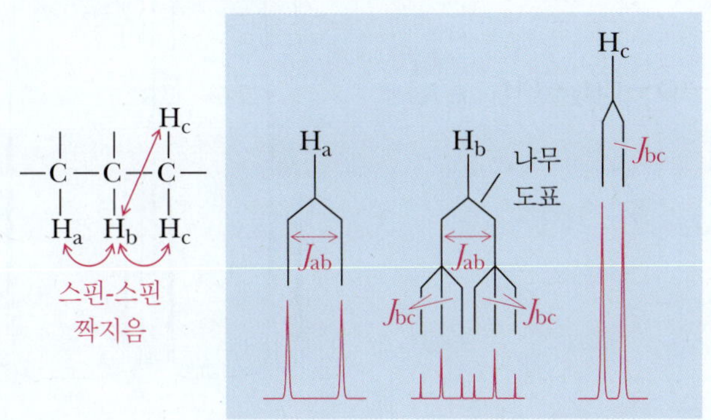

그림 13.19 ▸ H_b가 H_a에 의해서 갈라지고 똑같은 두 개의 수소 H_c에 의해서 갈라지는 복잡한 짝지음. 이러한 분석은 분자내에 다른 짝지음이 없고 $J_{ab} \neq J_{bc}$를 가정한 것이다.

D 결합의 회전

C—H 결합 사이의 각이 분자에서 짝지음 정도를 결정하기 때문에 결합 회전은 중요한 변수로 작용한다. 알켄인이나 C—C σ 결합이 상대적으로 자유 회전을 갖는 다른 분자에서 $—CH_2—$기나 $—CH_3$기에서 똑같은 C 원자와 결합된 H 원자들은 결합의 빠른 회전 때문에 일반적으로 동등하다. 예외는 하나의 $—CH_2—$ 카이랄 중심에 이웃하고 있을 때이고 13.10절에서 설명하기로 한다. 그러나 알켄이나 고리형 구조처럼 결합 회전이 제한될 때, 특히, 만약 분자가 대칭이 아니라면 같은 탄소에 결합된 수소 원자는 동등하지 않다. 똑같은 탄소 원자의 비동등한 ^{1}H 핵은 서로가 짝지음할 것이고 갈라질 것이다. 이것은 **같은자리 짝지음**(geminal coupling)이라 한다(그림 13.20). 같은자리 짝지음 상수는 일반적으로 작고 0~5 Hz 정도다.

C═C 결합의 회전이 제한되기 때문에 비대칭 알켄의 알켄일(바이닐) H 원자는 동등하지 않다. 바꾸어 말하면, 그들은 독특한 화학적 환경에 놓여 있다. 예를 들면, ethyl propenoate (ethyl acrylate)는 비대칭성 말단 알켄이고, 그러므로 3개의 알켄일 수소 원자는 동등하지 않다(그림 13.21). 결과적으로 그들 핵은 서로 짝지음을 한다. 알켄에서는 일반적으로 *트랜스* 짝지음(J_{trans} = 11~18 Hz)은 *시스* 짝지음(J_{cis} = 5~10 Hz)보다 짝지음 상수가 훨씬 크다. 그리고 같은자리 짝지음(J_{gem} = 0~5 Hz)은 *시스* 짝지음보다 훨씬 작은 값을 보인다. 고분해능 스펙트럼을 사용하지 않으면 같은자리 짝지음 상수는 아주 작기 때문에 가끔 말단 알켄의 신호에서 인식하기 어려운 경우가 있다. Ethyl propenoate 스펙트럼에

R_1, R_2 C=C H_a, H_b — 같은자리 짝지음

그림 13.20 ▸ 같은자리 짝지음은 동등하지 않는 동일한 탄소 원자에 결합된 두 개의 수소 원자에서 일어난다. 이러한 현상은 비대칭 알켄과 고리형 분자에서 가장 일반적이다.

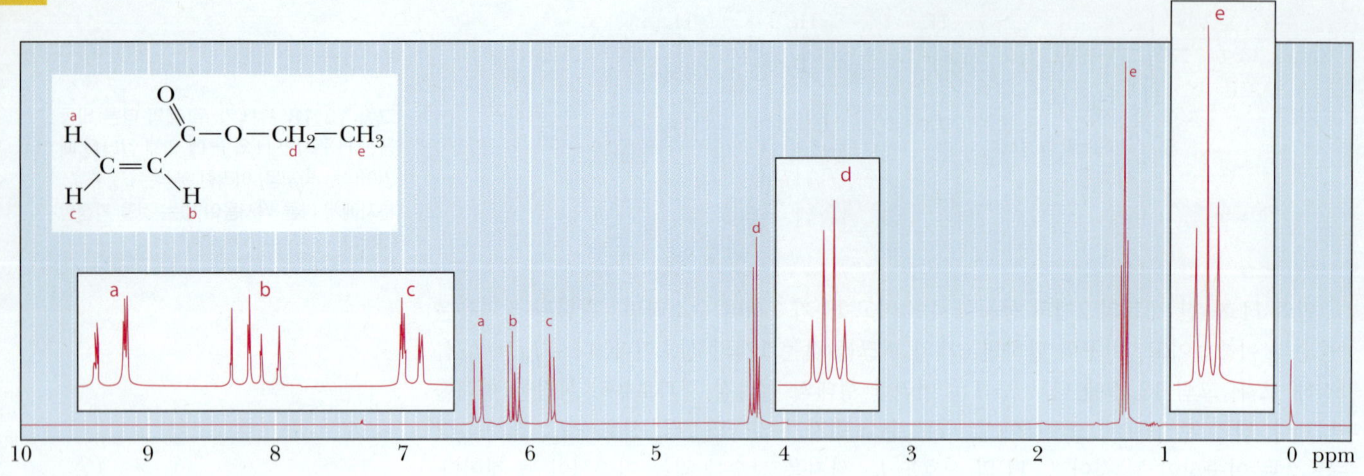

그림 13.21 ▸ Ethyl propenoate의 300 MHz ^{1}H-NMR 스펙트럼.

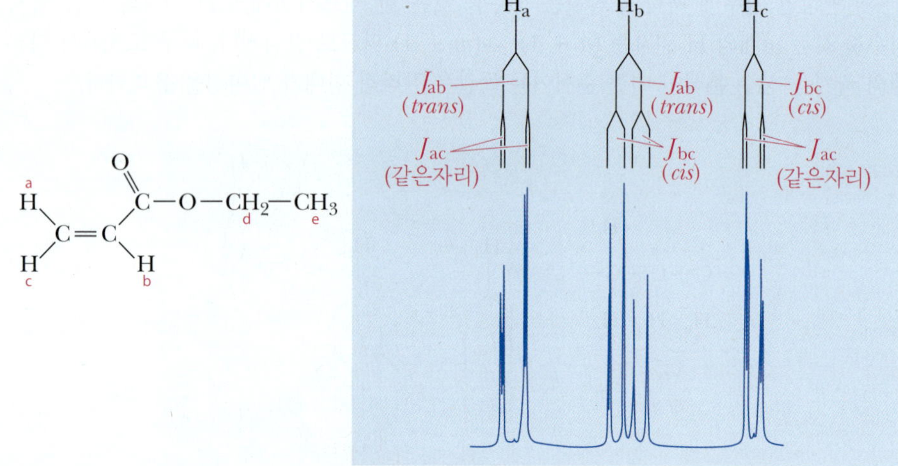

그림 13.22 ▸ Ethyl propenoate의 ^{1}H-NMR 스펙트럼에서 알켄일 H 원자에 대해 보여준 복잡한 짝지음에 대한 나무 도표.

서 같은자리 짝지음은 *a*와 *c*로 표기된 신호를 자세히 관찰해야 인식할 수 있다. 2개의 H 원자(—CH_2—, H_d)의 사중선 적분과 3개의 H 원자(—CH_3, H_c)의 삼중선 적분인 에틸기의 특정 형태를 알아볼 수 있어야 한다. 나무 도표는 알켄일 신호 형태를 해석하는데 도움을 주는 그림 13.22로 나타내었다.

고리형 구조도 C—C σ 결합에 제한된 회전을 가끔 나타내며, 무리한 형태를 취할 수 있다. 그 결과 고리형 분자의 —CH_2—기에 결합된 2개의 수소 원자는 동등하지 않는 수소일 수 있으며 복잡한 스핀-스핀 짝지음을 가져온다. 2-Methyl-2-vinyloxirane 같은 치환된 에폭사이드가 좋은 예이다(그림 13.23). 삼원자 고리 에폭사이드에 결합된 2개의 수소 원자는 동등하지 않다. H_d는 바이닐기에 *시스*이고 메틸기에 *트랜스*이고, 반면 H_e는 그와 반대이다. 그들은 다른 화학적 환경에 놓여 있기 때문에 그들은 비동등성이고 같은자리 짝지음을 나타낸다(그림 13.24). 같은자리 짝지음 상수는 작지만, H_d와 H_e의 신호는 2개 모두 이중선이기 때문에 스펙트럼상에서는 구별이 가능하다. 바이닐 수소 원자 H_a는 2개의 H_b(*트랜스* 짝지음)와 H_c(*시스* 짝지음)에 의해 갈라짐을 보이며, 이중선의 이중선 즉 4개의 피크를 나타낸다. H_b는 H_a(*트랜스* 짝지음)와 Hc에 의하여 갈라지고, 후자의 같은자리 짝지음 상수가 아주 작기 때문에 이러한 분해능에서는 거의 구별할 수 없다. H_c는 H_b(같은자리 짝지음)뿐만 아니라 H_a(*시스* 짝지음)에 의해서 갈라진다. 3개의 수소 원자로 적분된 1.5 ppm 근방의 단일선은 *f*로 표시된 메틸기이다.

E 동시에 발생하는 겹침

매우 자주 발생하는 주의해야 할 사항이 있다. 피크들이 동시성에 의하여 겹칠 수 있기 때문

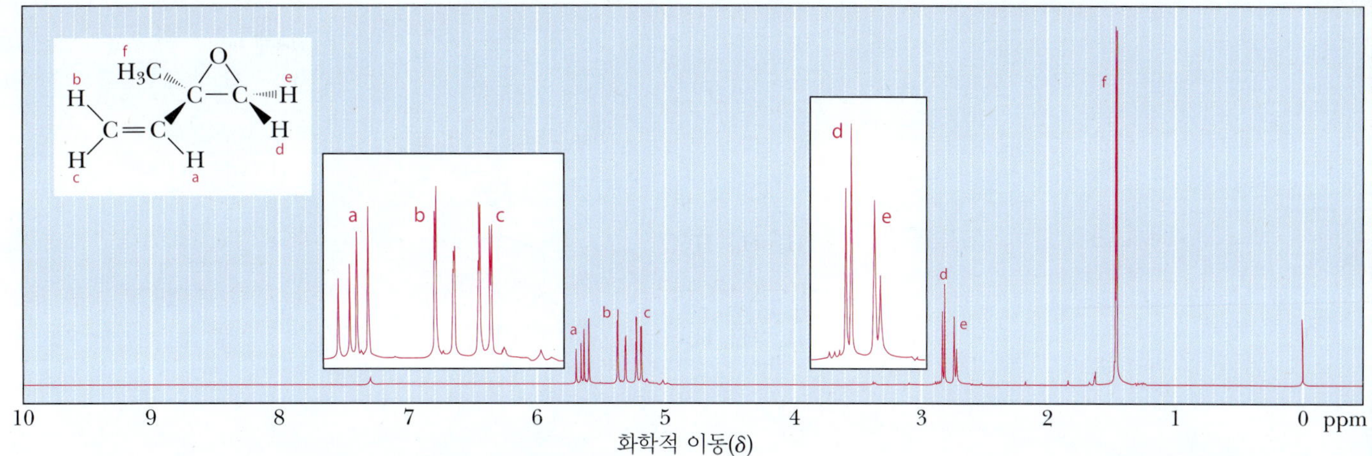

그림 13.23 ▸ 2-Methyl-2-vinyl oxirane의 300 MHz ^{1}H-NMR 스펙트럼. Oxirane 고리의 2개의 수소는 비동등성이고, 따라서 그들은 같은자리 짝지음을 나타낸다.

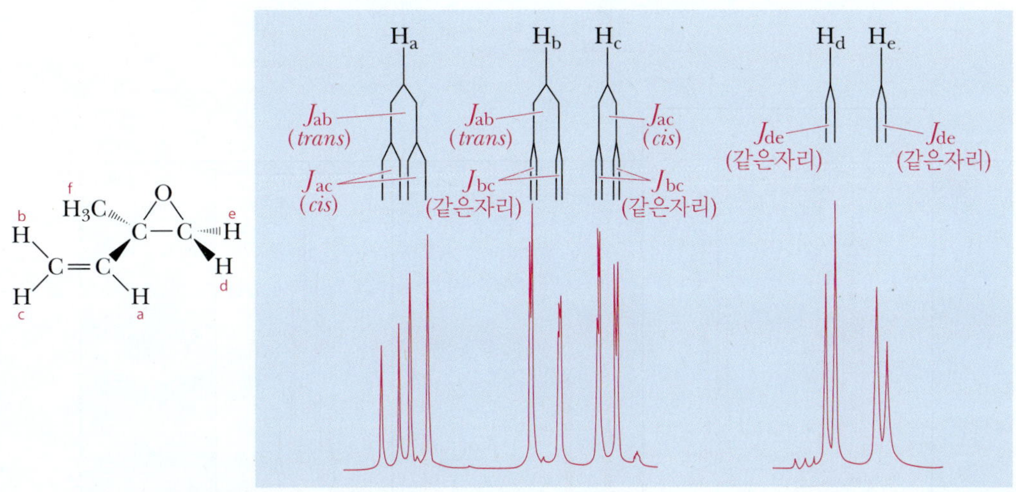

그림 13.24 ▸ 2-Methyl-2-vinyloxirane의 바이닐기와 oxirane 고리 수소 원자에 대한 ^{1}H-NMR 신호에서 보여준 복잡한 짝지음을 나타내는 나무 도표.

에 예상했던 것보다 신호가 훨씬 더 *구분하기* 어려운 피크로 나타날 수 있다. 동시성에 의한 피크 겹침은 어떤 분자에서도 발생될 수 있으나 유연성 있는 알킬 사슬에서 특히 흔하게 나타난다. 더욱이 어떤 짝지음 상수는 아주 작기 때문에 피크의 갈라짐은 스펙트럼에서는 보기가 어렵다. 따라서 $(n + 1) \times (m + 1)$ 규칙을 사용한 예측되는 피크의 수는 관찰될 수 있는 최대의 수라고 생각해야 한다. 아주 고분해능의 스펙트럼 분석기를 사용한 자세한 분석이 가끔 넓게 갈라진 신호에서 모든 피크들을 구별하는데 필요하다. 앞서 설명한 짝지음 상수에 비해 훨씬 더 큰 짝지음 신호 사이에 분리가 있을 때에만 적용되는 갈라짐 양식을 유의해야 한다. 이러한 경우가 아닐 때에는 스펙트럼은 복잡해진다.

F 유연성 있는 분자에서 복잡한 짝지음

회전이 제한되지 않는 결합을 가진 분자의 짝지음은 예상되는 $(n + 1) \times (m + 1)$이 아니고 단지 $m + n + 1$ 피크로 단순화되는 경우가 있다. 바꾸어 말면, 신호에 대해서 실질적으로 관찰된 피크 수는 인접 수소의 수 +1이고, 아무리 많은 서로 다른 동등한 수소 원자의 세트일지라도 그렇게 표현된다. 자유로운 결합 회전이 가능한 분자들은 평균적인 짝지음 상수를 갖게 되며, sp^3 혼성화 탄소 원자에 결합된 수소들에 대해, 6~8 Hz 범위 내에서 매우 유사한 짝지음 상수를 보이는 경향이 있다.

매우 유사하거나 동등한 짝지음 상수는 갈라짐 형태를 단순화시킨다. 예를 들면, 그림 13.25에 나타낸 가상적인 비대칭성 분자는 중앙의 H_b는 H_c 원자뿐만 아니라 H_a 원자 모두와 짝지음한다. 만약 $J_{ab} \neq J_{bc}$라면 H_b에 대한 신호는 삼중선의 삼중선, 즉 9개의 피크가 될 것이다. 그러나 만약 짝지음 상수가 $J_{ab} = J_{bc}$로 동일하다면 갈라짐 형태는 H_b에 대한 신호에서 5개의 피크가 만들어지고 상당 부분이 겹칠 것이다. 일반적인 경우에 J 값이 유사하거나 동일하기 때문에 단순하게 동일 형태를 무시하고 인접 수소의 수 +1과 같은 피크로 나타난다.

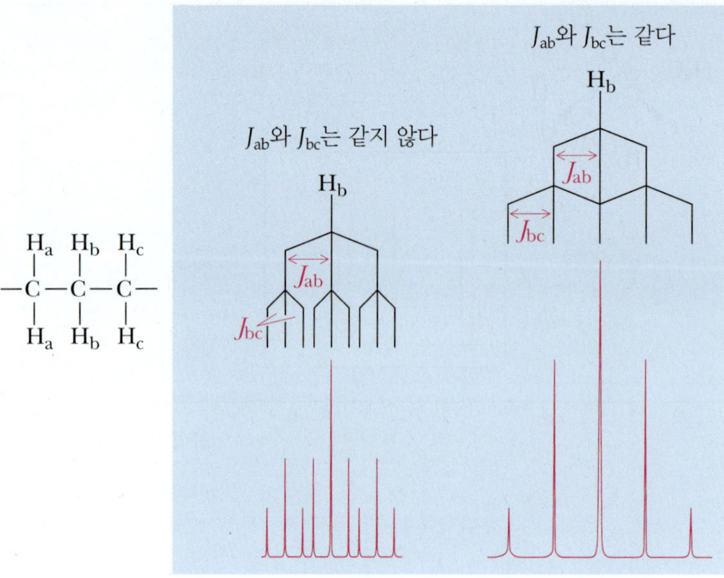

그림 13.25 ▸ 짝지음 상수가 같을 때 일어나는 신호 갈라짐의 단순화.

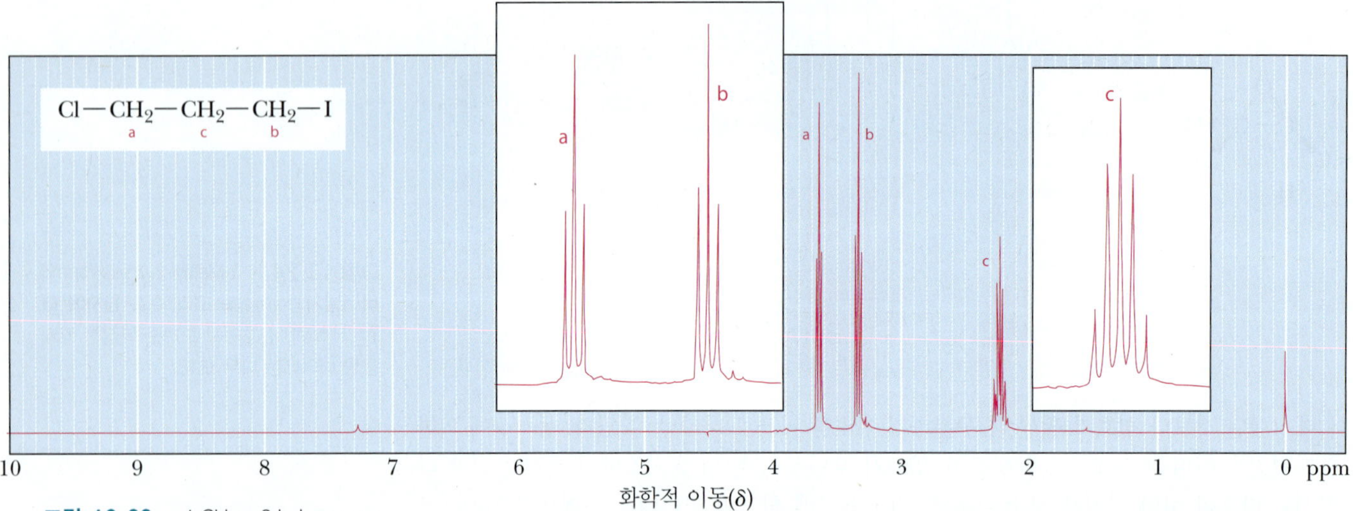

그림 13.26 ▸ 1-Chloro-3-iodopropane의 300 MHz ^{1}H-NMR 스펙트럼.

피크 겹침에 대한 좋은 예는 1-chloro-3-iodopropane (그림 13.26)의 스펙트럼에서 볼 수 있다. 중앙에 있는 —CH_2—기(스펙트럼에서 *c*로 표기된)의 수소 원자에 대한 신호는 다른 두 —CH_2—기의 수소 원자에 의해 3 × 3 = 9개 피크로 갈라질 가능성이 있다. 그러나 J_{ab}와 J_{bc} 값이 유사하기 때문에 피크들의 겹침에 의해 H_c 신호에 대한 스펙트럼에서는 단지 4 + 1 = 5개 피크들만이 나타나서 쉽게 구별이 가능하다.

또 다른 일반적인 예는 1-chloropropane, Cl—CH_2—CH_2—CH_3 분자에서 나타날 수 있는 것처럼 —CH_2—CH_2—CH_3기에서 중앙에 있는 —CH_2—에 대한 신호의 갈라짐 종류이다(그림 13.27). 중앙의 —CH_2—(그림 13.27에서 *b*라고 표기)에서 3 × 4 = 12개의 최대 피크가 가능하지만, 짝지음 상수가 아주 비슷하여 단지 5 + 1 = 6개의 피크로 구별될 뿐이다.

G 빠른 교환

산소나 질소 원자에 결합된 수소 원자는 ^{1}H-NMR 스펙트럼이 얻어지는 시간보다 빠르게 상호 교환될 수 있다. 이 과정은 시료에 아주 미량의 산이나 염기에 의해서도 쉽게 일어난다. 영향을 받는 중요한 작용기들은 카복실산, 알코올, 아민 등이다. 빠른 교환은 두 가지 중요한 의미를 갖는다. 첫 번째, 치환되는 수소 원자의 신호는 일반적으로 폭이 넓은 단일선으로 나타나고 다른 신호들과 갈라짐 현상을 보이지 않는다. 두 번째, D_2O나 중수소화

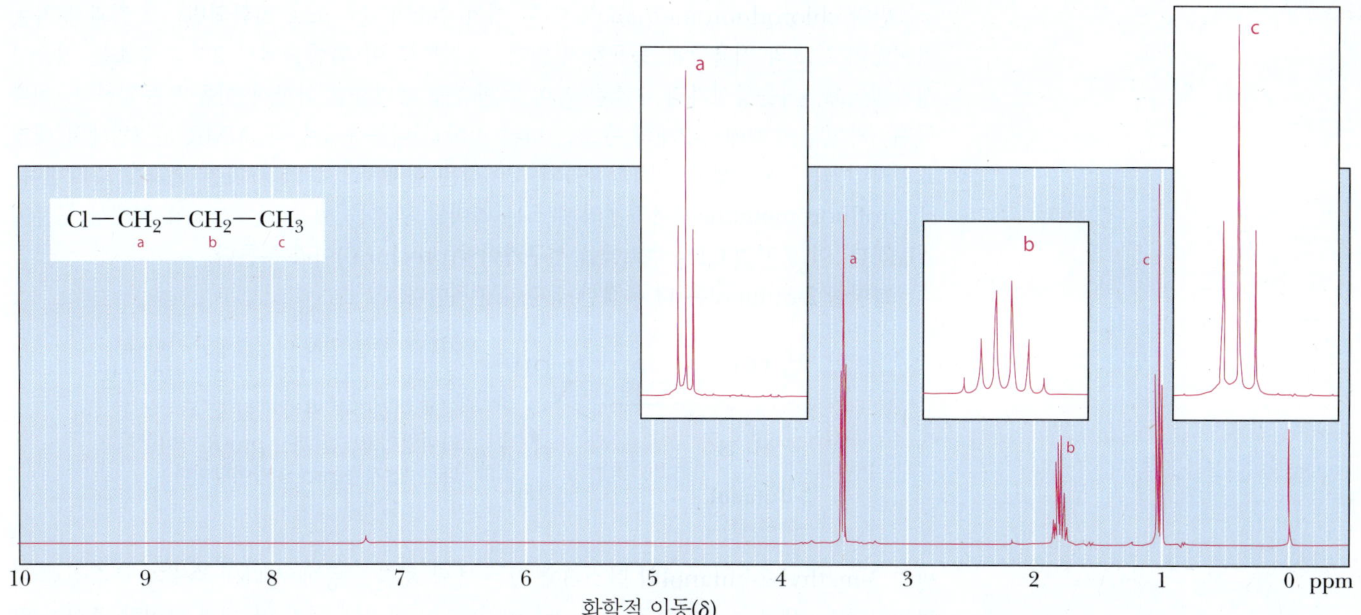

그림 13.27 ▸ 1-Chloropropane의 300 MHz ^{1}H-NMR 스펙트럼.

된 알코올을 시료에 가하면 그 신호는 모두 사라지며, 그것은 ^{1}H-NMR 침묵이라고 하는 H 원자가 D 원자로 치환되었기 때문이다. 후자의 현상은 D_2O를 첨가하거나 첨가하지 않은 스펙트럼을 분석함으로써 분자 내의 수소가 교환 가능한지를 확인하는데 사용될 수 있다. 이와 같이 교환 가능한 수소들은 수소 결합을 형성할 수 있으며, 농도에 따라 화학적 이동이 변화될 수 있음을 유의해야 한다.

13.10 입체화학과 유발성

이 장의 시작 부분에서 동등한 수소의 수에 대한 설명을 입체화학이 화학적 이동에 영향을 줄 수 있기 때문에 약간 간소화하였다. 분자의 대칭성에 의해서 동등한 원자는 **대칭 교환자리**(homotopic), **거울상성자리**(enantiotopic), **부분 입체 이성질성자리**(diastreotopic)가 될 수도 있다. 어떤 분자의 입체화학 유발성(topicity)을 구분할 수 있는 간단한 방법은 마음 속으로 한 원자 또는 원자들의 치환기를 동위 원소로 치환하고, 그 치환된 화합물과 (a) 같은지, (b) 그 거울상과 다른지, (c) 부분 입체 이성질체가 가능한지를 결정하는 것이다. 이러한 시험의 결과에 의해서 원자나 치환기들을 각각 대칭 교환자리, 거울상성자리 혹은 부분 입체 이성질성자리라 한다.

다음 분자들을 생각해 보자.

H₂CCl₂ — 1개의 H를 D로 치환 → HDCCl₂

치환은 카이랄 중심을 만들지 못함. 그러므로 수소는 대칭 교환자리이다.

Dichloromethane (비카이랄) — 비카이랄

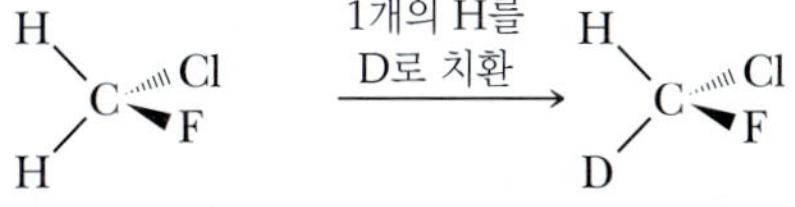

치환은 카이랄 중심을 만든다. 그러므로 수소는 거울상성자리다. 두 수소는 선구 카이랄이다. 1개는 pro-*R*-카이랄이고 다른 것은 pro-*S*-카이랄이다.

Chlorofluoromethane (비카이랄) — 카이랄

만약 dichloromethane에서 1개의 수소가 1개의 중수소로 치환되었다면, 그 결과 비카이랄 화합물이 된다. 이 분자는 그 화합물의 거울상과 같고 dichloromethane에서 2개의 수소는 동등하고 대칭 교환자리이다. 대칭 교환성 치환기들은 모든 환경에서 같은 화학적 이동을 갖는다.

대칭 교환자리 치환기
한 개의 치환기를 동위 원소로 치환할 경우에 비카이랄 분자를 만드는 원자의 원자나 치환기. 예를 들면 propane의 CH_2기의 그 수소는 대칭 교환자리라 한다. 그중 한 개를 중수소로 치환해도 비카이랄인 2-deuteropropane이 된다. 대칭 교환자리 기는 모든 조건에서 동일한 화학적 이동을 갖는다.

거울상성자리 치환기
한 개의 치환기를 동위원소로 치환할 경우에 카이랄 중심의 분자를 만드는 원자의 원자나 치환기. 그 결과로 한 쌍의 거울상 이성질체가 형성된다. 예를 들면, 에탄올의 CH_2기의 그 수소는 거울상성자리이다. 그들 중 한 개를 중수소로 치환하여 (*R*)-1-deuteroethanol 또는 (*S*)-1-deuteroethanol이 된다. 거울상성자리 치환기는 비카이랄성 환경에서는 동일한 화학적 이동을 갖지만 카이랄성 환경에서는 다른 화학적 이동을 갖는다.

부분 입체 이성질성자리 치환기
두 개의 똑같지 않은 치환기가 결합되고 카이랄 중심이 포함된 원자와 결합된 원자의 원자들이나 치환기들. 그중 한 개의 원자나 치환기를 동위 원소로 치환할 경우에 새로운 카이랄 중심이 형성되고 그 결과 한쌍의 거울상 이성질체가 만들어진다. 예를 들면, 2-butanol의 CH_2기의 그 수소는 부분 입체 이성질성자리이다. 부분 입체 이성질성자리 치환기는 모든 조건 하에서 다른 화학적 이동을 보이지만 그 차이는 카이랄 중심과 매우 가까운 부분 입체 이성질성자리 수소들에 대해서만 관찰된다.

만약 chlorofluoromethane에서 한 개의 수소가 중수소로 치환되면, 그 결과 분자는 카이랄이고 그의 거울상과 동등하지 않다. 그러므로 이 화합물에서 2개의 수소는 거울상성자리이고, 거울상성자리 수소는 *카이랄 환경을 제외하고* 화학적 이동은 동일하다. 예를 들면, 카이랄 용매에서 2개의 수소는 다른 화학적 이동을 갖는다. NMR 분광법에서 대칭 교환자리 및 거울상성자리 화합물들의 차이점은 실제적으로 약간 다른 결과를 나타내며, chlorofluoromethane에서 2개의 수소는 카이랄 환경을 제공하는 효소에 의해서 구분이 가능하다. 이 분자의 CH_2 수소들을 **선구카이랄**(prochiral)이라 부른다.

화합물 2-butanol은 더 복잡한 상황이 존재한다.

H OH
Pro-*R* H H Pro-*S*
2-Butanol
(카이랄)

CH_2의 수소 1개를 D로 치환 →

H OH
D H
카이랄

치환은 부분 입체 이성질성인 카이랄 중심을 만든다. 그러므로 수소들은 부분 입체 이성질성 자리가 된다. 두 수소는 선구 카이랄이고, 한 개는 pro-*R*-카이랄이고 다른 한 개는 pro-*S*-카이랄이다.

만일 3-methyl-2-butanol의 탄소-3에 있는 메틸 치환기 중에 하나의 수소가 중수소로 치환되었다면, 새로운 카이랄 중심이 만들어진다. 이 분자에 이미 한 개의 카이랄 중심이 있기 때문에 부분 입체 이성질체가 가능해진다. 따라서 3-methyl-2-butanol의 탄소-3의 메틸기는 부분 입체 이성질성자리이다. 부분 입체 이성질성자리 수소는 모든 조건에서 다른 화학적 이동을 갖는다. 간단한 화합물 스펙트럼에서 의외로 복잡한 결과를 보이기도 한다. 그림 13.28에 3-methyl-2-butanol의 ^{1}H-NMR 스펙트럼을 나타내었다. 탄소-3의 메틸기는 비동등성이고 세기가 두 배인 한 개의 이중선이라기 보다는 두 개의 이중선을 나타낸다.

세 번째 치환기로서 두 개의 동일한 기가 치환된 한 탄소 부근에 카이랄 중심을 갖는 어떤 분자는 부분 입체 이성질성자리의 가능성을 갖는다. 물론 어떤 다른 비동등성 기와 같이 부분 입체 이성질성자리 기는 거의 유사하거나 또는 우연히 동일한 화학적 이동을 나타낼 수 있다. 일반적으로 화학적 이동의 차이는 카이랄 중심으로부터 거리가 멀수록 급격히 감소한다.

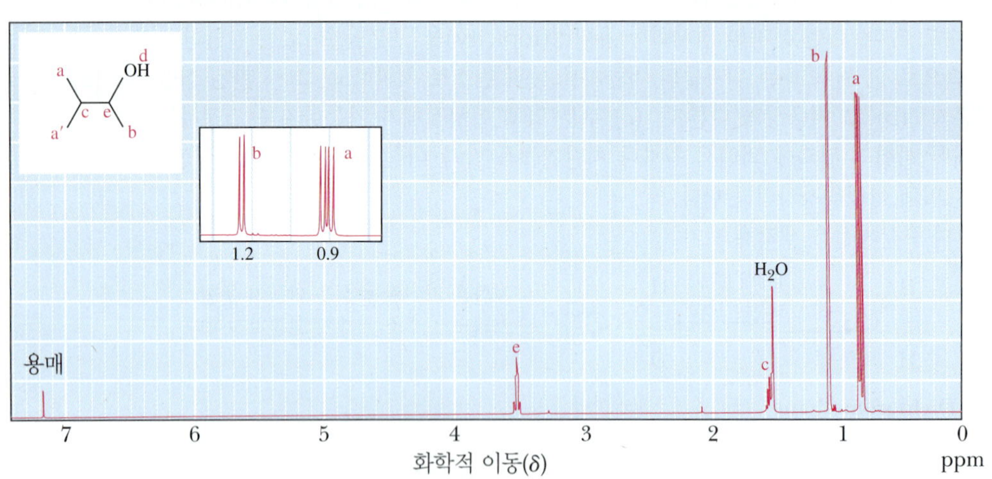

그림 13.28 ▸ 3-Methyl-2-butanol의 ^{1}H-NMR 스펙트럼(500 MHz). 탄소-3(c)의 메틸기는 부분 입체 이성질성자리이고 따라서 비동등성이다. 그들은 두 개의 이중선을 나타낸다.

예제 13.7 ▸ 입체화학과 화학적 이동

아래 화합물에서 노란색으로 강조한 수소들이 대칭 교환자리, 거울상성자리 혹은 부분 입체 이성질성자리로 나타내어라.

(a) CH_3 H H CH_3 **(b)** CH_3CH_2Br **(c)** H H

➥ 해답

(a) 부분 입체 이성질성자리(거의 카이랄 중심). 이 수소들은 다른 화학적 이동을 보일 것이다.

(b) 거울상성자리. 이 수소들은 카이랄 환경을 제외하고 같은 화학적 이동을 보일 것이다.

(c) 거울상성자리 [(b) 부분 참조].

연습 문제 13.7

다음은 2-butanol의 ^{1}H-NMR 스펙트럼이다. 왜 CH_2 양성자가 간단한 오중선보다 오히려 복잡한 다중선으로 나타나는가 설명하여라.

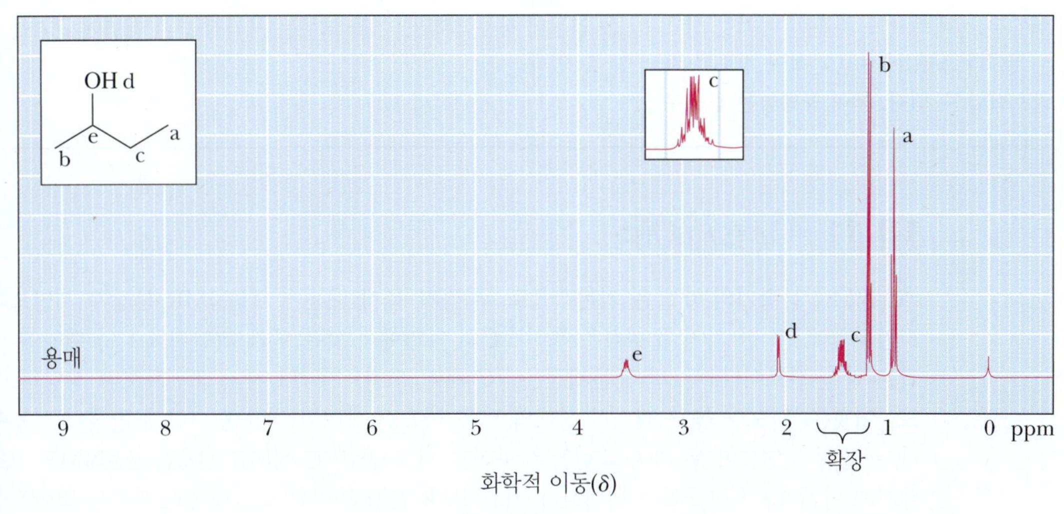

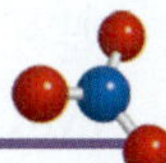

화학 관련 이야기 *Chemical Connections*

자기 공명 영상

NMR 현상은 1950년대에 물리학자들에 의해 발견되어 설명되었고 1960년대에 화학자들에게 매우 귀중한 분석 수단이 되었다. 1970년이 되어서야 과학자들은 NMR을 사용한 신체 일부를 영상화하는 것이 진단 의학에 귀중한 자료가 된다는 것을 깨닫게 되었다. *핵 자기 공명*(Nuclear magnetic resonance)이란 단어가 마치 이 기술이 방사선 물질이 포함된 것처럼 많은 사람들에게 인식되었기 때문에 건강을 걱정하는 사람들은 이 기술을 자기 공명 영상(magnetic resonance imaging, MRI)이라 불렀다. Paul Lauterbur과 Peter Mansfield는 MRI를 실용화시킨 공로로 2003년에 노벨 의학상과 생리학상을 수상함으로써 MRI의 중요성이 더욱 인식되었다.

원리적으로 보면 신체는 MRI에 사용할 수 있는 몇 개의 핵이 포함되어 있다. 이 핵 중에서 대부분 물, 트라이글리세라이드(26.1절), 그리고 인산지질 막(26.5절)에 있는 수소가 가장 유용한 신호를 나타낸다. 인 MRI는 또한 진단 의학에 사용된다.

MRI 분광학에서 라디오 진동 복사선 형태의 에너지는 시료에 있는 핵에 의해서 흡수된다는 것을 기억하자. 이완 시간(relaxation time)은 들뜬 상태의 핵이 그의 에너지를 방출하고 바닥 상태로 완화되는데 걸리는 특성 시간이다.

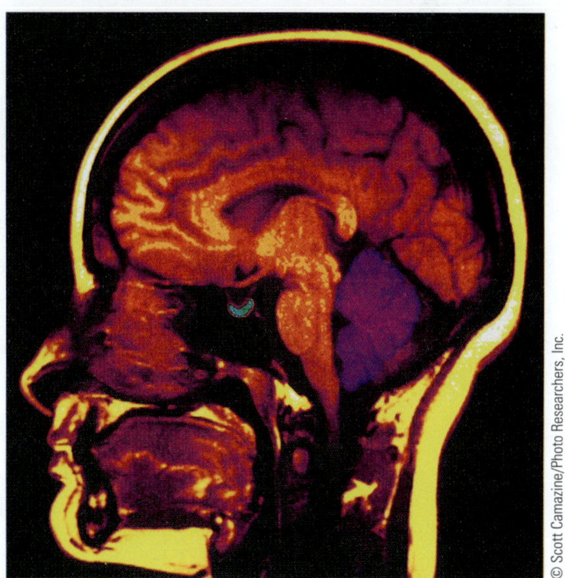

밝은 부분으로 나타난 정상적인 사람 뇌의 뇌하수체에 대한 컴퓨터 MRI 스캔.

1971에 어떤 암 종양에서 물의 이완은 정상 세포에서의 물의 이완보다 훨씬 길다는 것이 발견되었다. 따라서 만일 신체의 이완 영상을 얻을 수 있다면 초기 단계에서 종양을 확인할 수 있는 가능성이 있었다. 계속적인 연구가 많은 종양들이 그런 방법에 의해 확인할 수 있음을 확인하였다. MRI의 다른 중요한 적용은 두뇌와 척추의 조사이다. 희고 회색인 물질은 유용한 MRI에 의해서 쉽게 구별될 수 있고, 다발성 경화증과 같은 질병 연구에도 유용하다. 많은 경우에 자기 공명 영상과 X-선 영상은 상호보완적이다. 뼈의 밖에 층이 단단하면 단단할수록 필연적으로 MRI가 잘 보이지 않지만, X-선 상에서는 아주 잘 보인다. 반면 연한 조직은 X-선은 거의 투과하지만 MRI에서는 잘 보이기 때문이다.

의료 영상 기술의 핵심은 신체의 어느 부분이 어떠한 신호를 발생시키는지를 아는 것이다. MRI에서 공간적인 정보는 자기장 변화를 사용하여 암호화할 수 있다. 핵이 공명하는 진동수와 자기장의 세기 사이에 선형 관계가 있다는 것을 기억하여라. ^{1}H-NMR 분광학에서 균일한 자기장을 사용하며, 이 때 모든 동일한 수소는 똑같은 라디오 진동수를 흡수하여 똑같은 화학적 이동을 갖는다. MRI에서 환자를 위치에 따라 변화시킬 수 있는 가변 자기장에 놓는다. 약한 자기장에 있는 핵은 낮은 진동수에서 흡수한다. 어느 곳에서든 강한 자기장에 놓인 핵은 높은 진동수에서 흡수한다. 가변 자기장에서 핵의 흡수 진동수와 공간에서 핵의 위치 사이의 상관관계가 존재한다. 기울기를 따라 한 개의 축은 한 평면에 영상을 그린다. 두 개가 서로 직각인 변환은 한 점을 상으로 그린다. 실제로 더 복잡한 과정은 자기공명 영상을 얻는데 사용하지만, 이들 모두는 자기장 변환 개념에 근거를 두고 있다.

13.11 ^{13}C-NMR

^{13}C-NMR 분광기의 개발은 기본적으로 두 가지 문제 때문에 ^{1}H-NMR 분광기 개발보다 지연되었다. 그 한 가지 문제점은 특히 ^{13}C의 자연에서 낮은 존재량(단지 1.1%) 때문에 생기는 약한 신호이다. 두 번째 문제점은 ^{13}C 자기 모멘트가 ^{1}H 자기 모멘트보다 상당히 작고, 이것은 ^{1}H보다 높은 핵스핀 상태와 낮은 핵스핀 상태의 점유를 다르게 만들기 때문이다. 종합해 보면, 이 두 가지 요인들은 자연의 시료에서 ^{13}C-NMR 신호는 ^{1}H-NMR 신호 세기의 단지 10^{-4} 정도임을 의미한다. ^{1}H-NMR 분광법이 1960년대 중반까지는 일반적인 분석법이었지만, 20년이 지나지 않고 FT-NMR 기술이 개발됨으로써 ^{13}C-NMR 분광기가 일상적인 분석 기기로 폭넓게 이용될 수 있었다.

^{1}H-NMR 스펙트럼처럼 ^{13}C-NMR 스펙트럼에서 갈라짐 현상은 $(n + 1)$ 규칙에 의해서 설명된다. 자연에 존재하는 탄소의 1.1%가 ^{13}C이기 때문에 분자 안의 거의 모든 ^{13}C 원자들은 그들 거의가 인접한 ^{12}C에 자기적으로 불활성을 갖는다. 그러므로 ^{13}C—^{13}C 신호의 갈라짐은 거의 정상적으로 관찰되지 않는다. 그러나 ^{13}C 핵의 신호는 그것에 결합된 수소에 의해서 갈라진다. 3개의 수소가 붙어 있는 ^{13}C에 대한 신호는 사중선으로 갈라지며, 2개의 수소가 붙어 있는 ^{13}C에 대한 신호는 삼중선 등으로 갈라진다. ^{13}C—H 신호 갈라짐은 탄소에 결합된 수소 수에 대한 중요한 정보를 제공한다. ^{13}C—H 신호 갈라짐의 단점은 짝지음 상수가 100~250 Hz 사이가 일반적이라는 것이다. 이 정도의 짝지음 상수는 75 MHz에서 1.33~3.33 ppm에 해당되며, 이것은 신호와 갈라짐 형태와의 사이에 상당한 겹침이 일어나 짝지음 형태를 측정하기가 매우 어렵게 된다. 또한 탄소와 직접 결합되지 않은 2개나 3개 결합이 떨어진 수소로부터의 확실한 짝지음은 있지만 매우 작다. 이러한 넓은 범위에서 짝지음은 잡음(noise) 신호에 묻힐 정도로 작은 많은 피크들로 갈라지는 ^{13}C의 약한 신호가 된다. 이러한 이유 때문에 ^{13}C-NMR 분광기의 가장 일반적인 작동 방식은 수소-짝풀림 방식이다(궤도함수 혼성을 결정하는데 짝지음 상수를 사용하는 흥미 있는 문제는 연습 문제 13.25를 참조하라).

수소 짝풀림 방식에서 시료를 2개의 다른 라디오 진동수로의 조사한다. 첫 번째 라디오 진동수는 ^{13}C 핵의 들뜸에 사용된다. 두 번째는 분자 안의 모든 수소가 그들의 핵스핀 상태 사이에서 빠른 전이를 일으키게 하는 넓은 영역의 진동수이다. ^{13}C-NMR 스펙트럼 시간 범위에서 각 수소는 ^{1}H—^{13}C 스핀-스핀 상호작용이 관찰되지 않은 결과를 갖는 두 상태의 평균시간 안에 있다. 이러한 과정의 용어는 *스핀-스핀 짝풀림*(spin-spin decoupling)이다. 수소 짝풀림 스펙트럼에서 모든 ^{13}C 신호는 단일선으로 나타난다. 1-Bromobutane의 수소 짝풀림 ^{13}C-NMR 스펙트럼(그림 13.29)은 4개의 단일선으로 구성된다.

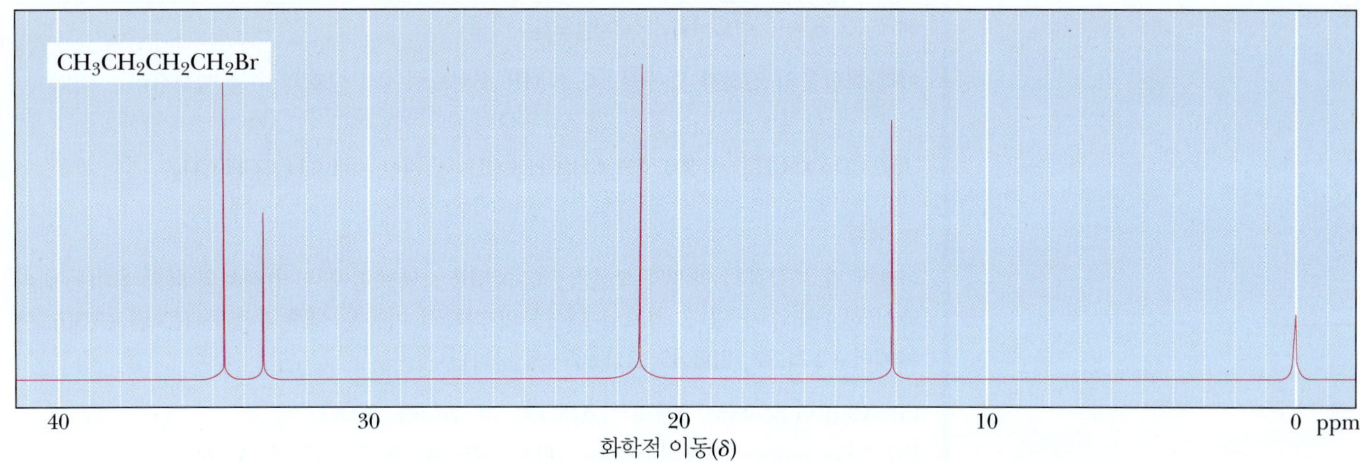

그림 13.29 ▸ 1-Bromobutane의 수소 짝풀림 ^{13}C-NMR 스펙트럼.

그림 13.30에 ^{13}C-NMR에 대한 대략적인 화학적 이동을 나타냈다. ^{1}H-NMR보다 ^{13}C-NMR의 화학적 이동이 얼마나 폭넓은가에 유의하라. ^{1}H-NMR의 대부분 화학적 이동은 0~10 ppm의 비교적 좁은 영역이지만, 그러나 ^{13}C-NMR의 화학적 이동은 0~220 ppm의 훨씬 넓은 영역의 값을 갖는다. 이러한 넓은 범위 때문에 같은 분자 내에서 어떤 동등하지 않는 탄소가 같은 화학적 이동을 갖는 경우는 거의 없다. 대부분 한 분자 안에 서로 다른 형태의 탄소는 서로 분리되어 명확한 피크로 나타나게 된다.

카보닐 탄소의 화학적 이동은 sp^3 혼성화된 탄소와 sp^2 혼성화된 탄소의 형태와는 아주 다르다는 점에 유의하라. ^{13}C-NMR 스펙트럼에서 카보닐 탄소의 존재 유무는 아주 쉽게 확인할 수 있다. sp^2 혼성화된 탄소의 신호는 100~160 ppm인 분명한 영역에서 나타난다는 점을 알아둘 필요가 있다.

^{13}C-NMR 분광법의 큰 장점은 일반적으로 분자에 탄소가 몇 종류가 있는지를 알 수 있다는 것이다. 그러나 한 가지 주의 사항이 있다. ^{13}C 핵의 긴 이완 시간이 포함된 어떤 복잡성 때문에 신호 영역의 적분에 의해서 각 형태의 탄소의 개수를 결정하는 것은 일반적으로 불가능하다.

그림 13.30 ▸ 대표적인 작용기들의 ^{13}C-NMR 화학적 이동. 이 값들은 근사치이다. 분자 내의 다른 원자나 원자단은 이 영역을 벗어나 신호를 나타낼 것이다.

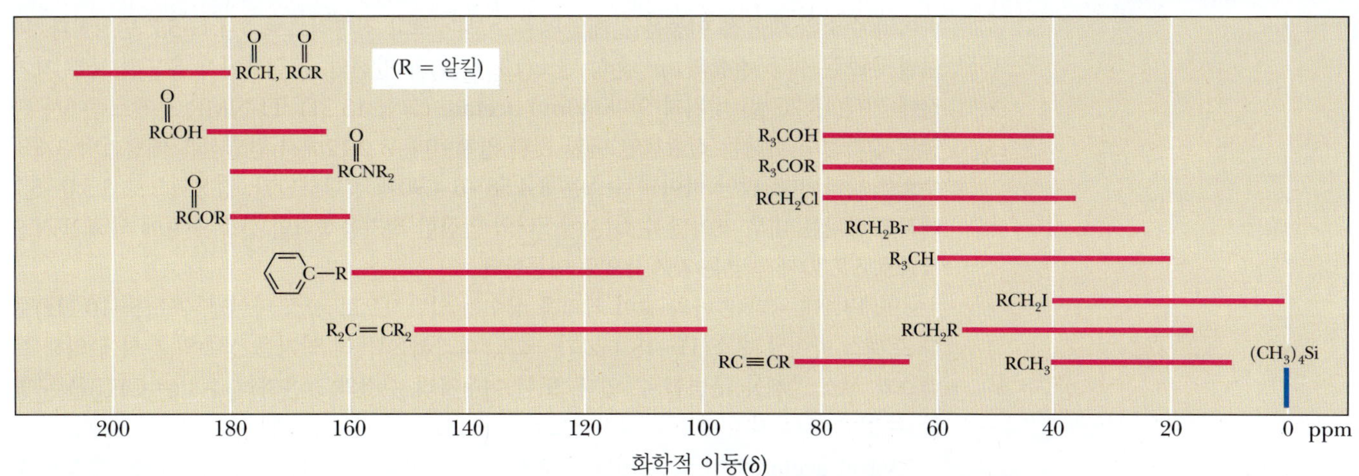

예제 13.8 ▸ | ^{13}C-NMR 스펙트럼 예측

아래 화합물의 양성자 짝풀림 ^{13}C-NMR 스펙트럼에서 신호의 수를 예측하라.

(a) $CH_3C(=O)OCH_3$ **(b)** $CH_3CH_2CH_2C(=O)CH_3$ **(c)** $CH_3CH_2C(=O)CH_2CH_3$

➡ 해답

아래에 각 화합물의 양성자 짝풀림 ^{13}C-NMR 스펙트럼에서 각 신호의 화학적 이동에 따라서 신호의 수가 있다. 카보닐 화합물의 화학적 이동은 아주 분명하다(그림 13.30). 이 예에서 δ 171.37, 208.85, 211.97에서 나타난다.

(a) Methyl acetate: 3개의 신호(δ 171.37, 51.53, 20.63)
(b) 2-Pentanone: 5개의 신호(δ 208.85, 45.68, 29.79, 17.35, 13.68)
(c) 3-Pentanone: 3개의 신호(δ 211.97, 35.45, 7.92)

연습 문제 13.8

양성자 짝풀림 ^{13}C-NMR 스펙트럼에서 각 신호의 수를 근거로 구조 이성질체의 각 쌍의 수 사이를 어떻게 구별할 수 있는지 설명하라.

(a) (CH_2=cyclohexane) 와 (CH_3-cyclohexene)

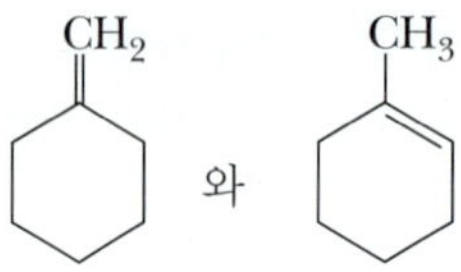

(b) $H_3C(H)C=C(H)CH_2CH_2CH_3$ 와 $CH_3CH_2(H)C=C(H)CH_2CH_3$

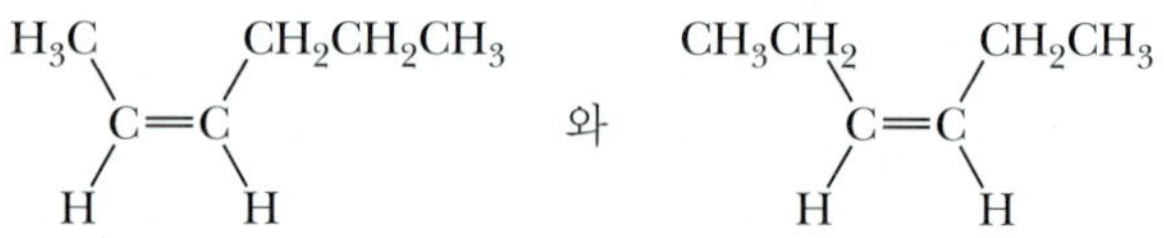

13.12 NMR 스펙트럼 해석

A 알케인

알케인의 모든 수소는 화학적 환경이 매우 비슷하다. 그러므로 알케인의 ^{1}H-NMR 화학적 이동은 δ 0.8~1.7 범위의 좁은 영역이다. ^{13}C-NMR 스펙트럼 분광기에서 알케인 탄소의 화학적 이동은 상당히 넓은 범위인 δ 10~60에 있다.

B 알켄

바이닐 수소의 화학적 이동은 알케인의 수소보다 크고 전형적으로 δ 4.4~5.7 범위이다. 바이닐 수소는 이중 결합의 sp^2 혼성 탄소(13.7C절)와 알켄의 π 결합에서 유도된 국부 자기장에 의해(13.7C절) 벗겨져 있다. Vinyl acetate (그림 13.31) ^{1}H-NMR 스펙트럼에서 관찰된 갈라짐의 형태는 전형적인 단일 치환 알켄이다. δ 2.12에서 단일선은 메틸기의 3개의 수소를 나타낸다. 말단 바이닐 수소는 δ 4.58~δ 4.90에서 나타난다. 정상적으로 δ 5.0~5.7에서 나타나는 내부 바이닐 수소는 에스터의 인접한 전기음성적인 산소 원자에 의해 벗겨진 결과로 δ 7.30까지 낮은 자기장으로 이동한다.

표 13.4에 나타낸 바와 같이 짝지음 상수는 일반적으로 *시스* 바이닐 수소(5~10 Hz)보다 *트랜스* 바이닐 수소(11~18 Hz)가 크고, 따라서 이들의 짝지음 상수의 분석에 의해 *트랜스*와 *시스* 알켄을 구별할 수 있다. 또한 이웃자리 수소와 같은자리 수소(=CH_2)를 구별할 수 있고, 같은자리 수소는 일반적으로 0~5 Hz 범위의 작은 짝지음 상수를 갖는다.

Vinyl acetate에서 각 바이닐 수소의 신호는 이중선의 이중선이 되는 것을 예측할 수 있다. 예를 들면, H_c에 대한 신호는 H_a와 짝지음에 의해 이중선으로 갈라지고 H_b와의 짝지음에 의해 이중선의 이중선으로 더 갈라진다. H_a와 H_b에 대한 같은자리 짝지음은 아주

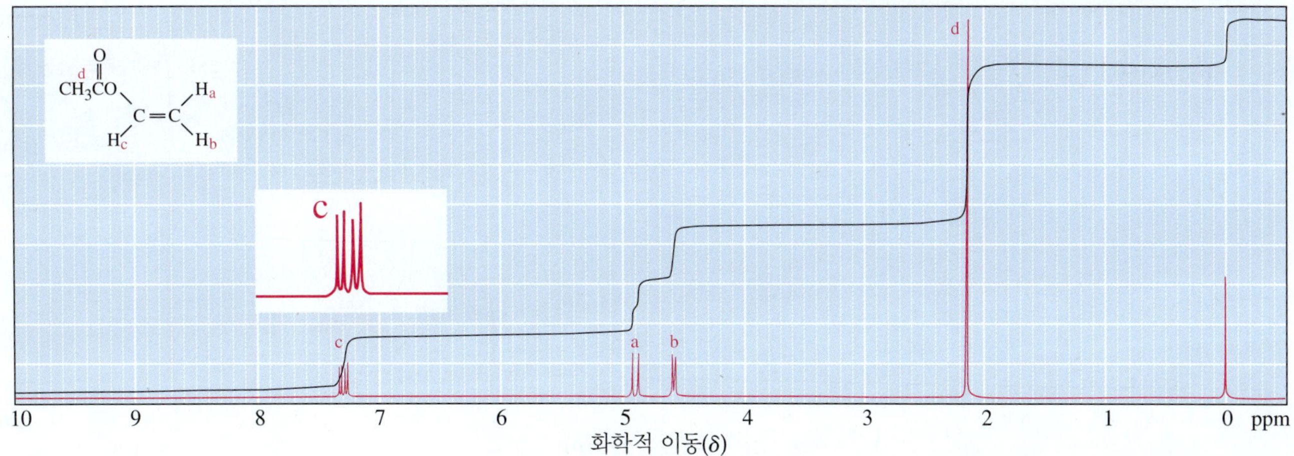

그림 13.31 ▸ Vinyl acetate의 ^{1}H-NMR 스펙트럼.

작기 때문에 이러한 분해능에서는 볼 수 없고 그들의 신호는 이중선으로서 나타난다.

이중 결합의 sp^2 혼성 탄소는 δ 100~150 ppm (그림 13.30) 범위에서 ^{13}C-NMR 신호를 나타내고, 이 값은 sp^3 혼성 탄소보다 상당히 낮은 장이다.

C 알코올

^{1}H-NMR 스펙트럼에서 하이드록시 수소의 화학적 이동은 변화가 크고 시료의 순도, 용매, 농도 및 온도에 따라 다르다. 보통 δ 3.0~4.0 범위에서 나타나지만 실험 조건에 따라 다르며, δ 0.5만큼 높은 장에서 나타나기도 한다. —OH기를 갖는 탄소에 결합된 수소는 산소 원자의 전자를 끌어당기는 유발 효과에 의해 벗겨져 있고, 그의 전형적인 흡수는 δ 3.4~4.0 영역에서 나타난다. 그림 13.32에 나타낸 것은 1-propanol의 ^{1}H-NMR 스펙트럼이다.

O—H의 수소와 인접 —CH_2—의 수소 사이에 신호의 갈라짐은 1-propanol의 ^{1}H-NMR 스펙트럼에서 볼 수 있다. 그러나 대부분의 스펙트럼에서 이러한 갈라짐은 거의 볼 수 없다. 그 이유는 대부분의 알코올 시료에는 한 알코올 분자의 산소로부터 하이드록시 양성자를 다른 알코올 분자의 산소로 이동을 촉진시키는 미량의 산과 염기 또는 불순물이 포함되어 있기 때문이다. 그런 빠른 교환은 분자 안에서 모든 다른 핵으로부터 하이드록시 양성자를 짝풀리게 한다(13.9G절). 같은 이유로 하이드록시 양성자는 어떤 α-수소의 신호를 갈라지게 하지 않는다.

R R R ⇌ R R R
O δ+ H O δ− δ+ H O δ− H — O δ− δ+ H O δ− δ+ H O

수소 결합 이 양성자는 교환되었다

D 에터

에터의 ^{1}H-NMR 스펙트럼에서 가장 특징적인 모양은 에터의 산소에 결합된 탄소에 있는 수소의 화학적 이동이다. 이러한 형태의 수소에 대한 신호는 δ 3.3~4.0 범위에서 나타나고, 이것은 알케인의 정상적인 위치와 비교해서 약 2.4만큼 낮은 장으로 이동한 값에 해당된다. 에터의 H—C—O— 수소의 화학적 이동은 알코올의 H—C—OH 수소와 비교하여 거의 비슷하다.

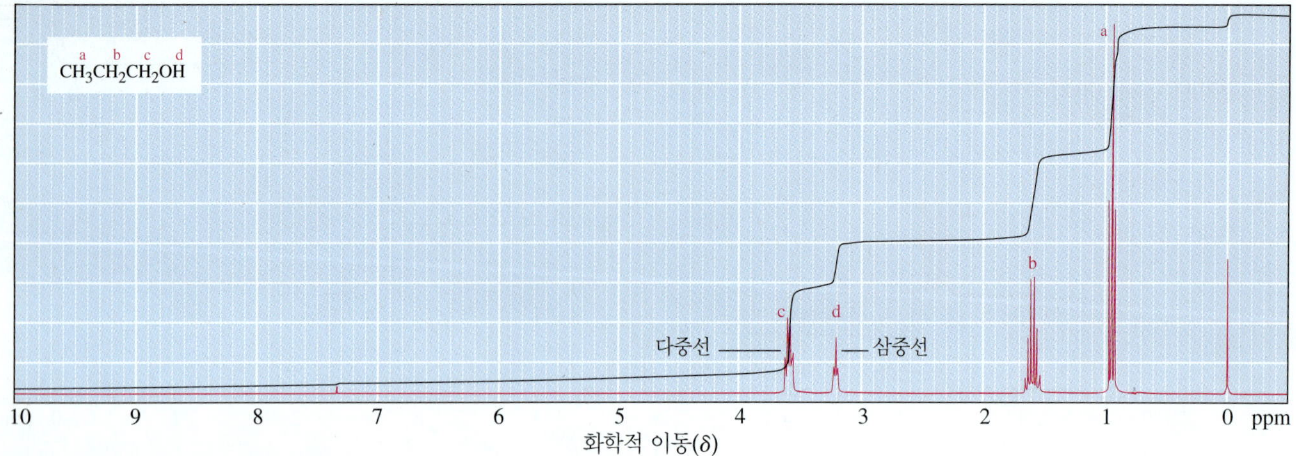

그림 13.32 ▸ 1-Propanol의 ^{1}H-NMR 스펙트럼. 하이드록시 수소는 좁은 삼중선으로 δ 3.18에서 나타난다. 1-Propanol 탄소에 있는 수소의 신호는 사중선(스펙트럼에서 다중선으로 표기)으로 δ 3.56에서 나타난다(CH_2의 2개의 수소와 1개의 OH 수소에 의해 갈라졌다).

E 알데하이드와 케톤

알데하이드 수소의 신호는 ^{1}H-NMR 스펙트럼에서 전형적으로 δ 9.5~10.1 사이에서 나타난다. 이 영역에서 대부분 다른 흡수는 없기 때문에 확인을 위해 대단히 유용하다. 알데하이드나 케톤의 α-탄소(카보닐에 바로 인접한 탄소)의 수소는 δ 2.2~2.6 부근에서 나타난다. 알데하이드나 케톤의 카보닐 탄소는 ^{13}C-NMR에서 δ 180~215 사이에서 특징적인 위치를 갖는다(더 높은 장에서 흡수되는 카복시산의 유도체와 구별할 수 있다).

F 카복실산과 에스터

산에서 카복시기의 α-탄소에 있는 수소나 에터의 수소에 대한 신호는 ^{1}H-NMR 스펙트럼에서 δ 2.0~2.6 범위에 나타난다. 카복시기 수소는 δ 10~13 범위에서 매우 특이한 신호를 나타내며, 다른 형태의 수소나 알데하이드 수소보다도 더 낮은 장에서 나타나고, 이것은 카복시 수소를 대부분 다른 형태의 수소와 구별하는 역할을 한다. 예를 들면, 2-methyl propanoic acid의 카복시 수소에 대한 ^{1}H-NMR 신호는 δ 13.2에서 나타나고, 그림 13.33의 왼쪽에서 볼 수 있다.

산과 에스터의 카복시 탄소에 대한 ^{13}C 공명은 δ 165~185 범위에서 나타나고, 케톤보다 분명하게 더 높은 장에서 나타난다. 에스터 산소의 α-수소는 강하게 벗겨져 있고 알코올과 에터보다 더 낮은 장인 δ 3.7~4.7 사이에서 공명을 일으킨다.

그림 13.33 ▸ 2-Methylpropanoic acid (isobutyric acid)의 ^{1}H-NMR 스펙트럼.

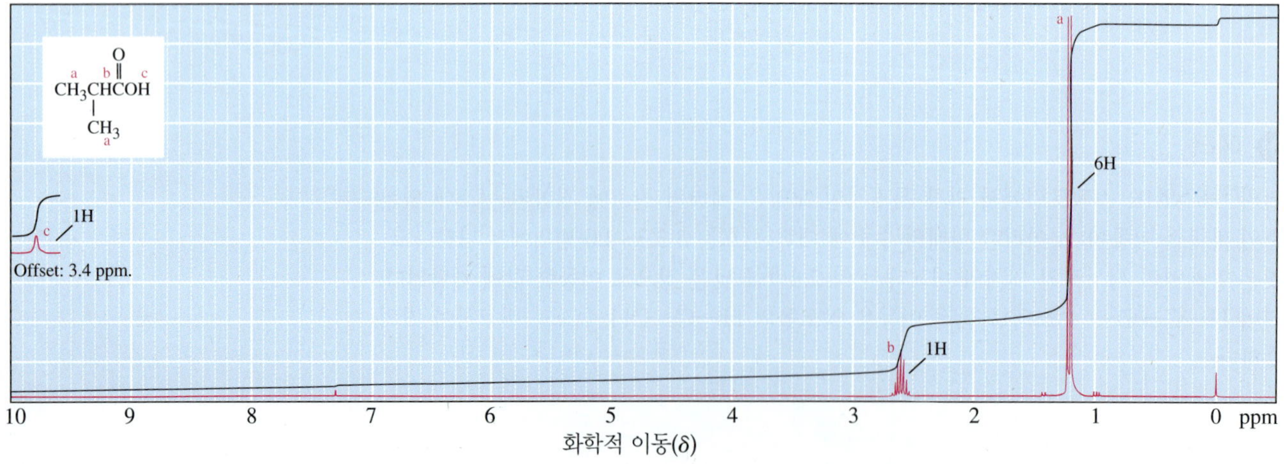

G 아민

아민 수소의 화학적 이동은 하이드록시 수소(13.12C절)의 화학적 이동처럼 δ 0.5와 δ 5.0 사이에서 변하고, 실험적 조건에 따라 달라진다. 알코올에서처럼 아민 수소와 인접한 α-탄소에 있는 수소와의 스핀-스핀 갈라짐을 평균해서 교환은 충분히 빠르다. 따라서 아민 수소는 일반적으로 폭넓은 단일선으로 나타난다. 이들 신호가 넓게 나타나는 것은 ^{14}N의 짝지음(이 책의 영역을 벗어남) 때문이다. 아민 질소의 α-수소는 δ 2.5 ppm 부근에서 나타나고, 이것은 에터나 알코올에서 산소에 결합된 α-수소보다 1 ppm 정도 높다.

^{13}C-NMR 스펙트럼에서 질소에 결합된 탄소는 알케인과 비교해서 약 20 ppm 낮지만, 에터나 알코올의 산소에 결합된 탄소보다 약 20 ppm 높다.

H 맺음말

다음은 맺음말이다. NMR로 무엇을 할 수 있는지에 대해 대략적인 내용만을 기술하였다. 오버하우저 핵 증가(Nuclear Overhauser Enhancement, NOE)라 부르는 방법은 분자 안에서 세 결합 이상 거리에 분리되어 있어도, 삼차원적인 공간에서 서로가 가까이 있는 원자 사이의 거리를 측정할 수 있다. 더욱이 현대 기술을 사용하여 다중 인자를 동시에 조사할 수 있는 스펙트럼들은 아주 복잡한 분자일지라도 막대한 양의 정보를 산출하기 위해 제작될 수 있다. 그러한 스펙트럼들은 일차원 이상의 자료들을 얻을 수 있어 다차원적인 스펙트럼이라 한다. 다차원 스펙트럼들은 작은 유기 분자로부터 단백질, DNA, RNA와 같은 큰 생물학적 거대 분자까지 구조나 형태를 유추하는데 이용된다.

HOW TO 어떻게 NMR 스펙트럼 문제들을 풀 것인가

분자 구조를 결정하는 첫 번째 단계 중 하나는 분자식을 만드는 것이다. 과거에는 이러한 일은 대부분 보통 원소 분석, 조성 백분율을 결정하기 위한 연소 분석, 분자량 결정, 등을 수행해 왔다. 오늘날에는 분자량과 분자식은 질량 분석기(14장)를 사용하여 결정한다. 예를 들면, 어떤 미지의 화합물의 분자식은 이미 측정되었다고 가정하고, 구조식을 결정하기 위해 분광학적 분석을 사용한다고 가정하자.

A. 분자식

어떤 미지 화합물의 구조식에 관한 가치 있는 정보는 그 분자식을 검토함으로써 얻을 수 있으며, 그 분자식으로부터 수소 결핍 지수를 알 수 있다. 이러한 기법은 5장을 참조하라. 분자식은 가끔 질량 스펙트럼(14장 참조)으로부터 얻어질 수 있다.

B. ^1H-NMR 스펙트럼에서 구조식으로

아래 단계는 스펙트럼 문제를 푸는데 체계적인 접근으로 도움을 줄 것이다.

1단계: 분자식과 수소 결핍 지수. 분자식을 조사하고 수소 결핍 지수를 계산한 후 고리나 π 결합의 존재 여부의 정보로부터 추론한다.

2단계: 신호의 수. 화합물에 존재하는 동등한 수소의 세트 수를 결정하기 위해 신호 수를 계산한다.

3단계: 적분. 각 세트에 존재하는 수소 수를 결정하기 위해 분자식과 적분을 사용.

4단계: 화학적 이동의 형태. 작용기 존재 여부를 확인하기 위해서 참고 표를 이용하여 신호의 화학적 이동을 비교한다. 이것들은 넓은 영역을 나타낸 것이며 자세한 분자 구조에 따라 각 유형의 수소들은 훨씬 더 높은 장 쪽으로 혹은 더 낮은 장 쪽으로 이동될 수 있다는 것을 명심하여라.

수소 형태	수소에 대한 이름	화학적 이동(δ)
RCH_3 RCH_2R R_3CH	알킬 수소	0.8~1.7
$R_2C{=}CRCHR_2$	알릴성 수소	1.6~2.6
RCH_2CR (C=O)	카보닐기에 인접한 sp^3 탄소에 있는 수소	2.2~2.6
RCH_2OH RCH_2OR	카보닐기에 인접한 sp^3 탄소에 있는 수소	3.3~4.0
$R_2C{=}CH_2$ $R_2C{=}CHR$	바이닐 수소	4.6~5.7
ArH	아릴 수소	6.5~8.5
RCH (C=O)	알데하이드 수소	9.5~10.1
RCOH (C=O)	카복실 수소	10~13

5단계: 신호 갈라짐 형태. 인접한 가장 가까운 비동등한 수소의 수에 관한 갈라짐의 형태를 조사한다.

6단계: 구조식. 존재하는 작용기, 신호의 상대적인 적분, 특별히 분자식과 다른 스펙트럼에서 나타나는 다른 정보로부터 가능한 분자를 설계한다. 모든 가능한 정보와 비교하여 정확한 구조를 확인한다.

스펙트럼 문제 1: 분자식 $C_5H_{10}O$

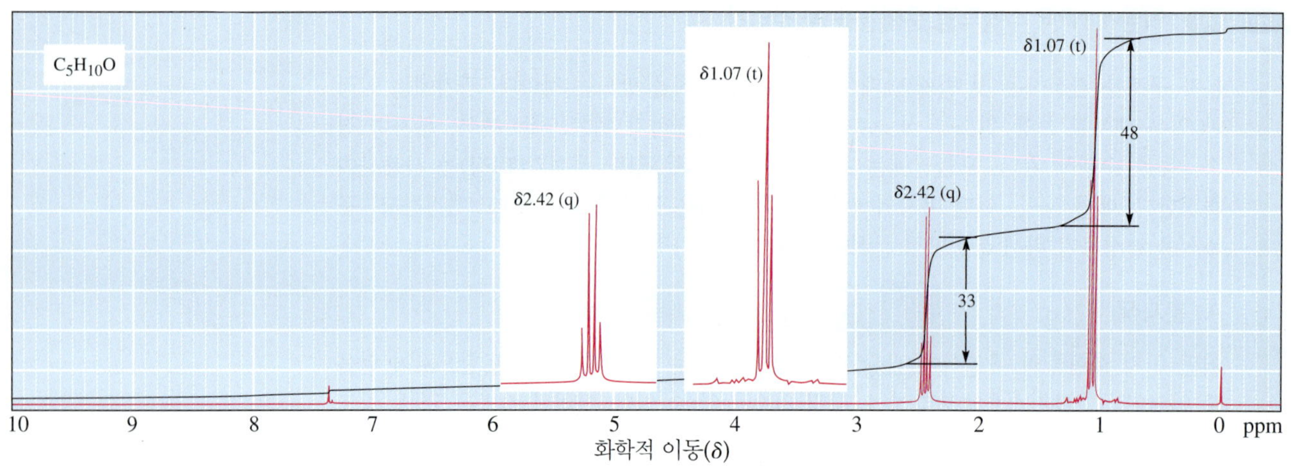

스펙트럼 문제 1의 분석

1단계: 분자식과 수소 결핍 지수. 기준 화합물은 C_5H_{12}이고, 따라서 수소 결핍 지수는 1이며 분자 내에는 한 개의 고리나 한 개의 π 결합을 포함한다.

2단계: 신호의 수. 두 개의 신호(삼중선과 사중선)가 있고, 따라서 두 세트의 동등한 수소가 있음을 의미한다.

3단계: 적분. 적분으로부터 각 세트에 해당하는 수소 수의 비는 3:2로 계산된다. 10개의 수소가 있기 때문에 δ 1.07의 신호는 6H에 해당되고 δ 2.42의 신호는 4H에 해당된다.

4단계: 화학적 이동 형태. δ 1.07의 신호는 알킬 영역이고, 그의 화학적 이동에 근거하여 아마도 메틸기일 것이다. δ 4.6~5.7 사이는 신호가 없으므로 바이닐 수소는 없다. 만약 이 분자에 탄소-탄소 이중 결합이 있다면 거기에는 수소가 없다(즉, 사치환임을 의미). δ 2.42에서 4개의 양성자의 화학적 이동은 인접한 카보닐기를 갖는 2개의 CH_2 기와 일치한다.

5단계: 신호 갈라짐 형태. δ 1.07의 메틸 신호는 삼중선(t)으로 갈라지고, 이것은 $—CH_2CH_3$을 나타내는 두 개의 이웃 수소가 있음을 뜻한다. δ 2.42의 신호는 사중선(q)으로 갈라진다. 이것은 세 개의 이웃 수소가 있음을 뜻한다. 에틸기는 이 두 개의 신호를 설명해 준다. 이 스펙트럼에는 더 이상의 다른 신호가 없으므로 분자에 다른 수소는 존재하지 않는다.

6단계: 구조식. 아래 구조식에 도달하는 정보들을 모아 보자. δ 2.42에서 메틸렌($—CH_2—$)기의 화학적 이동은 카보닐기에 인접한 알킬기와 일치한다.

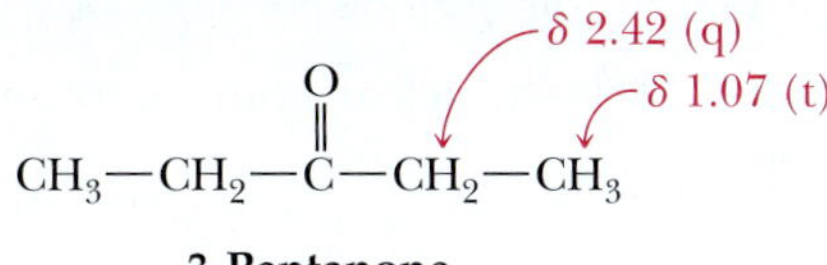

3-Pentanone

스펙트럼 문제 2: 분자식 $C_7H_{14}O$

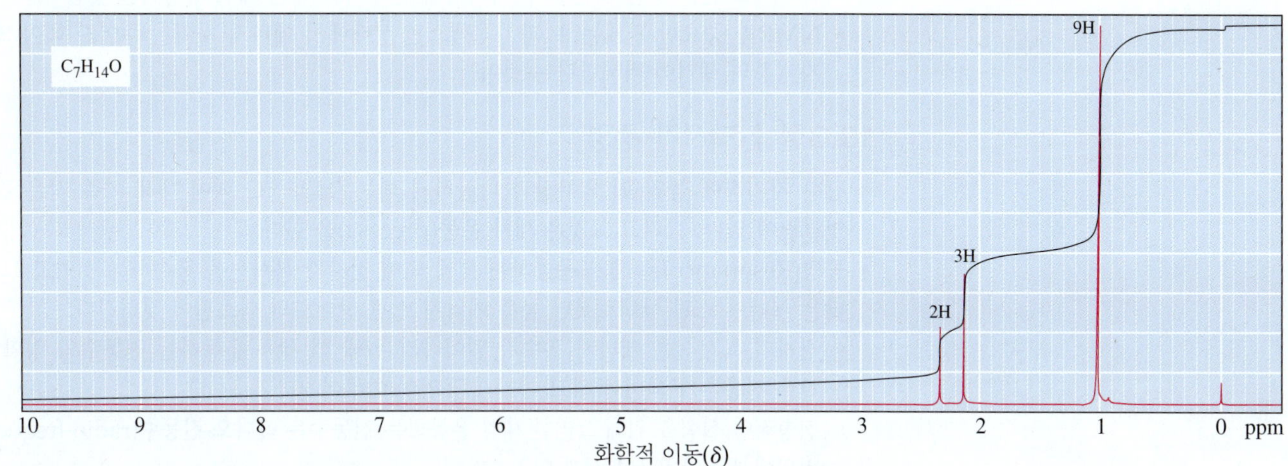

스펙트럼 문제 2의 분석

1단계: 분자식과 수소 결핍 지수. 수소 결핍 지수는 1이다. 이 화합물은 한 개의 고리나 한 개의 π 결합이 들어 있다.

2단계: 신호의 수. 세 개의 신호가 있고 따라서 세 세트의 동등한 수소가 있다.

3단계: 적분. 오른쪽에서 왼쪽으로 읽으면 그 신호는 9, 3, 2개의 수소이다.

4단계: 화학적 이동 형태. δ 1.01에서 신호는 sp^3 혼성 탄소에 인접된 메틸기의 특성이다. δ 2.11과 δ 2.32의 신호는 카보닐기에 인접한 알킬기의 특성이다.

5단계: 신호 갈라짐 형태. 모든 신호는 단일선(*s*)이다. 그러므로 인접한 탄소에 수소를 갖는 기는 없다.

6단계: 구조식. 이 화합물은 4,4-dimethyl-2-pentanone이다.

δ 1.01 (s) δ 2.32 (s) δ 2.11 (s)

$$CH_3—\overset{\displaystyle CH_3}{\underset{\displaystyle CH_3}{\overset{|}{\underset{|}{C}}}}—CH_2—\overset{\displaystyle O}{\overset{\|}{C}}—CH_3$$

4,4-Dimethyl-2-pentanone

사실과 개념에 대한 요약

13.1절 | 핵스핀 상태

- 전자기 에너지의 흡수는 유기 분자의 구조를 결정하는 중요한 분광학적 수단으로 이용된다.
  - 그 흡수는 전자 전이를 일으킬 수 있다. 자외선-가시선 분광학(20.3절). 진동(IR 스펙트럼, 12장), 그리고 핵자기 스핀 전이(라디오 진동수에서 NMR 스펙트럼).
- ^{1}H과 ^{13}C의 핵은 $\frac{1}{2}$ **핵스핀 양자 수**(nuclear spin quantum number)를 갖고 허용된 $+\frac{1}{2}$과 $-\frac{1}{2}$의 핵스핀 상태를 갖는다.

13.2절 | 외부 자기장에서 핵스핀 배열

- B_0의 외부 자기장의 존재에서 $+\frac{1}{2}$ 스핀을 갖는 핵은 외부 자기장과 나란하고 낮은 에너지이다. $-\frac{1}{2}$ 스핀을 갖는 핵은 외부 자기장과 반대이고 높은 에너지 상태를 갖는다.
  - NMR과 중요한 관계는 $+\frac{1}{2}$과 $-\frac{1}{2}$ 핵스핀 상태에서 에너지 차이는 주어진 핵이 느끼는 자기장의 세기에 비례한다는 것이다.

연습 문제: 13.1

13.3절 | 핵자기 '공명'

- 강한 자기장에 놓일 때 외부장과 나란하게 되는 ^{1}H과 ^{13}C 핵에 대해 아주 작은 점유의 엇갈림이 있다. 그리고 그것은 **세차 운동**(precess)을 한다.
- **공명**(Resonance)은 세차 운동하는 핵에 의해 전자기 복사선을 흡수하는 것이고 그 결과 낮은 에너지 스핀 상태로부터 높은 에너지 스핀 상태로의 핵스핀이 젖혀진다.
  - 전자기 복사선은 에너지 흡수가 일어나기 위해 핵 세차 운동하는 진동수와 정확히 똑같은 진동수가 되어야 하고 따라서 공명이 이루어진다.
  - 전형적인 실험을 위해 그러한 세차 운동하는 진동수는 **라디오-진동수**(radio-frequency) 범위에서 전자기 복사선과 일치한다.
- 핵이 공명을 일으키는데 필요한 실험 조건은 국부적 화학적 환경과 자기적 환경에 의해 영향을 받는다.
  - 수소나 혹은 탄소 주위의 전자들은 외부 자기장으로부터 그 원자의 핵을 가려막는 국부적 자기장을 만들어 낸다.
    - 외부 장에 핵의 노출을 증가시키는 인자를 **벗겨져**(deshield) 있다고 말하고 그들의 신호를 큰 δ 값을 갖는 낮은 장으로 이동시킨다.
    - 역으로 외부 장에 핵의 노출을 감소시키는 인자를 **가려막혀**(shield) 있다고 말하고 그들의 신호를 적은 δ 값을 갖는 높은 장으로 이동시킨다.

연습 문제: 13.10, 13.11

13.4절 | NMR 분광기

- NMR 분광기는 **신호**(signal)로서 공명을 기록하고 **백만분의 일**(parts per million, ppm) 단위를 사용하여 외부 자기장의 강도에 의해 흡수가 일어나는 눈금에 조사 진동수를 그린다.
  - ^{1}H-NMR에서 ppm은 분자안의 다른 ^{1}H 핵에 대한 공명 진동수의 차이가 공명을 일으키는데 사용된 전자기 진동수의 모든 진동수의 약 백만 분의 일 차이이기 때문에 편리한 눈금이다.

13.5절 | 동등한 수소들

- 분자 안의 **동등한 수소**(equivalent hydrogen)는 동일한 화학적 환경에 있다.
  - 분자에서 만약 똑같은 sp^3 탄소 원자에 결합되어 있거나 탄소 원자가 포함되어 있는 결합 회전이 자유스럽다면 수소들은 동등하다.

- 작은 고리나 알켄에서 일어날 수 있는 것처럼 결합 회전이 자유스럽지 못하면 똑같은 탄소 원자에 결합된 수소를 비동등으로 만든다.
- 수소들을 동등하게 만드는 분자에서는 전체적으로 대칭이다.

연습 문제: 13.2, 13.3

13.6절 | 신호 면적

- ^{1}H-NMR 신호의 면적은 그 신호를 일으키는 동등한 수소의 수에 비례한다.

연습 문제: 13.4

13.7절 | 화학적 이동

- **화학적 이동**(Chemical shift), δ는 분광기에 작용하는 진동수로 나눈 tetramethylsilane (TMS)로부터 진동수의 이동으로 정의된다.
  - ^{1}H-NMR 스펙트럼에서 공명 신호는 TMS의 12개의 수소 공명 신호로부터 얼마나 멀리 이동하는 것에 따라 기록되는 것이다.
  - ^{13}C-NMR 스펙트럼에서 공명 신호는 TMS의 4개의 동일 탄소 공명 신호로부터 얼마나 멀리 이동하는 것에 따라 기록되는 것이다.
- 동일한 수소의 특별한 종류의 화학적 이동은 일차적으로 3개의 요인에 의존한다.
  - 인접한 전기음성적인 원자들은 벗겨짐 효과를 갖는다.
  - 일반적으로 혼성 궤도함수에서 *s* 성격이 크면 클수록 그 자신과 인접 원자에 벗겨짐 효과 크다.
  - π 결합에서 유도된 국부 자기장을 외부 자기장에 더하거나 빼는 것은 원자에 관계된 유도된 전자 밀도 회전의 기하학적인 구조에 의존한다.

연습 문제: 13.6

13.8절 | 신호 갈라짐과 (n + 1) 규칙

- **(n + 1) 규칙**에 따라 만약 수소가 같은 원자나 인접 원자에 그들이 동등하지 않은 n개의 비동등한 수소를 갖는다면 그의 ^{1}H-NMR 신호는 (n + 1)로 갈라질 것이다.
  - 갈라짐의 형태는 보통 단일선(s), 이중선(d), 삼중선(t), 사중선(q), 오중선 그리고 다중선(m)으로 나타낸다.
  - 다중선에서 피크의 상대적인 크기는 인접 수소 스핀의 조합의 분석과 **파스칼의 삼각형**(Pascal's triangle)이라 부르는 수학적 기억술로부터 예측할 수 있다.
  - **짝지음 상수**(Coupling constant, J)는 다중선에서 인접 피크 사이의 거리이고 헤르츠(Hz)로 나타낸다. J 값은 단지 원자 안의 내부 장에 의존되고 분광기 장에는 무관하다.

연습 문제: 13.26

13.9절 | 신호 갈라짐의 기원

- ^{1}H-NMR 신호는 세 결합 정도 떨어진 비동등한 수소들의 핵스핀 상태($+\frac{1}{2}$과 $-\frac{1}{2}$)가 주어진 핵에 의해 느끼는 **스핀-스핀 짝지음**(spin-spin coupling)으로 알려진 상호작용이 순수한 자기장에 영향을 주기 때문에 갈라진다.
- 수소 핵이 한 종류 이상의 인접 수소 핵과 짝지음할 경우에 짝지음은 서로 합쳐진다.
  - 일반적인 경우에 만약 수소 핵이 한 쪽의 한 종류의 n개의 수소와 짝지음하고 다른 쪽 m개 수소의 한 종류와 짝지음한다면, 신호는 최대 $(n + 1) \times (m + 1)$ 피크로 갈라질 것이다.
  - 경직된 분자(예, 알켄과 고리형 분자)에서 모든 $(n + 1) \times (m + 1)$ 피크를 종종 볼 수 있다.
    - 그러나 짝지음 상수가 유사하거나 특히 유연성이 있는 분자에서는 그 갈라짐의 동일한 형태는 무시되고 인접 수소 원자 + 1의 수와 같은 관찰된 피크 수로 단순화할 수 있다.

연습 문제: 13.7, 13.27

13.10절 | 입체화학과 유발성

- 한 원자에 동위 원소에 의해 치환된 원소의 원자단은 **대칭 교환자리**(homotopic)이라 부르는 비카이랄 분자를 만든다.
  - 대칭교환자리 원자단은 항상 같은 화학적 이동을 갖는다. 카이랄 분자를 만드는 그런 치환의 원자의 원자단을 **거울상성자리**(enantimertopic)라 한다. 거울상성자리 원자단은 카이랄 환경을 제외하고 동일한 화학적 이동을 갖는다.
- 부분 입체이성질체를 만드는 그런 치환의 분자를 **부분 입체 이성질성자리**(diastereotopic)라 한다.
  - 부분 입체이성질성 자리 원자는 모든 환경에서 비동등이다. 따라서 그들은 다른 화학적 이동을 갖는다. 그 차이는 특히 카이랄 중심에 인접된 부분 입체 이성질성자리 수소 원자의 신호를 복잡하게 갈라지게 할 수 있다.

13.11절 | ^{13}C-NMR

- **^{13}C-NMR**은 ^{13}C 핵의 핵스핀이 분석된다는 것을 제외하고 ^{1}H-NMR과 같다.
  - ^{13}C-NMR 스펙트럼은 보통 수소 짝풀림 기기 형태로 기록된다. 그러한 형태에서는 모든 ^{13}C 신호는 단일선으로 나타난다.
  - ^{13}C-NMR 스펙트럼에서 다른 신호의 수는 분자 안에 얼마나 다른 비동등한 탄소가 있는가를 말해준다.
  - ^{13}C-NMR 화학적 이동은 어떤 종류의 탄소가 있는가를 말해준다.

연습 문제: 13.8, 13.27

13.12절 | NMR 스펙트럼 해석

- 구조 정보에 대한 네 개의 중요한 형태는 ^{1}H-NMR 스펙트럼으로부터 얻을 수 있다.
  - 신호의 수로부터 동일한 수소의 종류의 수를 결정할 수 있다.
  - 신호 면적의 적분으로부터 각 종류에 포함된 상대적인 수소 수를 결정할 수 있다.
  - 각 신호의 화학적 이동으로부터 각 종류에 있는 수소의 화학적 환경에 대한 정보를 알아낼 수 있다.
  - 각 신호의 갈라짐 형태로부터 같은 탄소나 다른 탄소의 수소에 대한 화학적 동등성이나 수에 관한 정보를 추론할 수 있다(바꾸어 말하면, 분자 내 서로 다른 기 사이에 연결성이다).

연습 문제: 13.09, 13.12~13.13, 13.15~13.24, 13.28.

연습 문제

붉은색 번호는 응용 문제를 나타낸다.

13.9 다음 화합물에 대한 수소 결핍 지수를 계산하라.

(a) Aspirin, $C_9H_8O_4$
(b) Ascorbic acid (vitamin C), $C_6H_8O_6$
(c) Pyridine, C_5H_5N
(d) Urea, CH_4N_2O
(e) Cholesterol, $C_{27}H_{46}O$
(f) Dopamine, $C_8H_{11}NO_2$

^{1}H-NMR과 ^{13}C-NMR 스펙트럼의 해석

13.10 아래 표를 완성하라. 어떤 핵이 그 외부 자기장에서 그 스핀이 젖혀지는데 가장 작은 에너지가 필요한가?

핵	외부 자기장 (tesla, T)	라디오 진동수 (MHz)	에너지 (J/mol)
^{1}H	7.05	300	______
^{13}C	7.05	75.5	______
^{19}F	7.05	282	______

13.11 자연계에 ^{13}C의 존재량은 단지 1.1%이다. 더욱이 NMR 분광기에서 ^{13}C의 민감도는(외부 자기장에 나란하거나 또는 반대인 스핀 사이의 에너지 차이 측정) ^1H의 1.6%이다. 같은 $Si(CH_3)_4$ 시료의 ^1H-NMR과 ^{13}C-NMR 스펙트럼에 대한 기대했던 상대적인 신호의 크기는 얼마이냐?

13.12 아래 $C_7H_{16}O$ 분자식을 갖는 세 개의 구조 이성질체와 세 개의 ^{13}C-NMR 스펙트럼 자료에 대한 구조식이다. 이런 정확한 스펙트럼 자료에 대한 각 구조 이성질체를 배정하여라.

(a) $CH_3CH_2CH_2CH_2CH_2CH_2CH_2OH$

(b) $CH_3C(OH)(CH_3)CH_2CH_2CH_2CH_3$

(c) $CH_3CH_2C(OH)(CH_2CH_3)CH_2CH_3$

스펙트럼 1	스펙트럼 2	스펙트럼 3
74.66	70.97	62.93
30.54	43.74	32.79
7.73	29.21	31.86
	26.60	29.14
	23.27	25.75
	14.09	22.63
		14.08

13.13 아래 1,2-,1,3-,1,4-dimethylcyclohexane의 *시스* 이성질체에 대한 구조 이성질체와 ^{13}C-NMR 스펙트럼 자료에 대한 구조식이다. 이런 정확한 스펙트럼 자료에 대한 각 구조 이성질체를 지정하라.

(a) CH_3 CH_3 **(b)** CH_3 CH_3 **(c)** CH_3 CH_3

스펙트럼 1	스펙트럼 2	스펙트럼 3
31.35	34.20	44.60
30.67	31.30	35.14
20.85	23.56	32.88
	15.97	26.54
		23.01

13.14 다음은 acetonitrile, fluoromethane, chloromethane의 구조식, 쌍극자 모멘트, ^1H-NMR 화학적 이동이다.

$CH_3C{\equiv}N$	CH_3F	CH_3Cl
Acetonitrile	Fluoromethane	Chloromethane
3.92 D	1.85 D	1.87 D
δ 1.97	δ 4.26	δ 3.05

(a) 플루오린이 염소보다 상당히 전기음성적임에도 불구하고 fluoromethane과 chloromethane의 쌍극자 모멘트가 거의 같다는 사실을 어떻게 설명할 것인가?

(b) Acetonitrile의 쌍극자 모멘트가 fluoromethane이나 chloromethane보다 상당히 크다는 사실을 어떻게 설명할 것인가?

(c) Acetonitrile의 메틸 수소의 화학적 이동이 fluoromethane과 chloromethane의 수소보다 상당히 작다는 사실을 어떻게 설명할 것인가?

13.15 다음은 $C_4H_{18}O$ 분자식을 갖는 세 개의 화합물과 세 개의 ^1H-NMR 스펙트럼이다. 각 화합물에 대한 정확한 스펙트럼을 표시하고 화합물 내 해당되는 수소에 모든 신호를 표시하라.

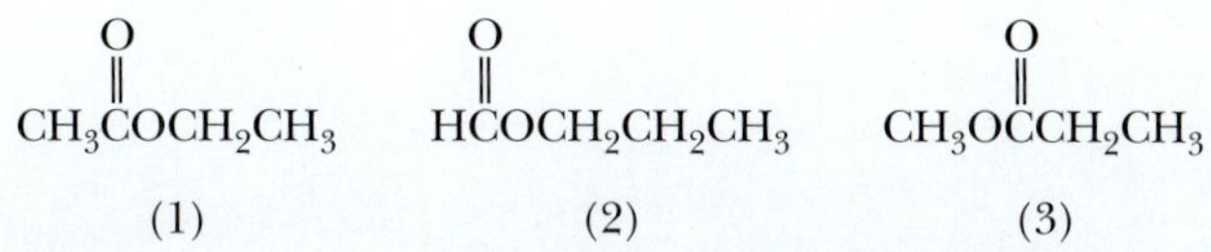

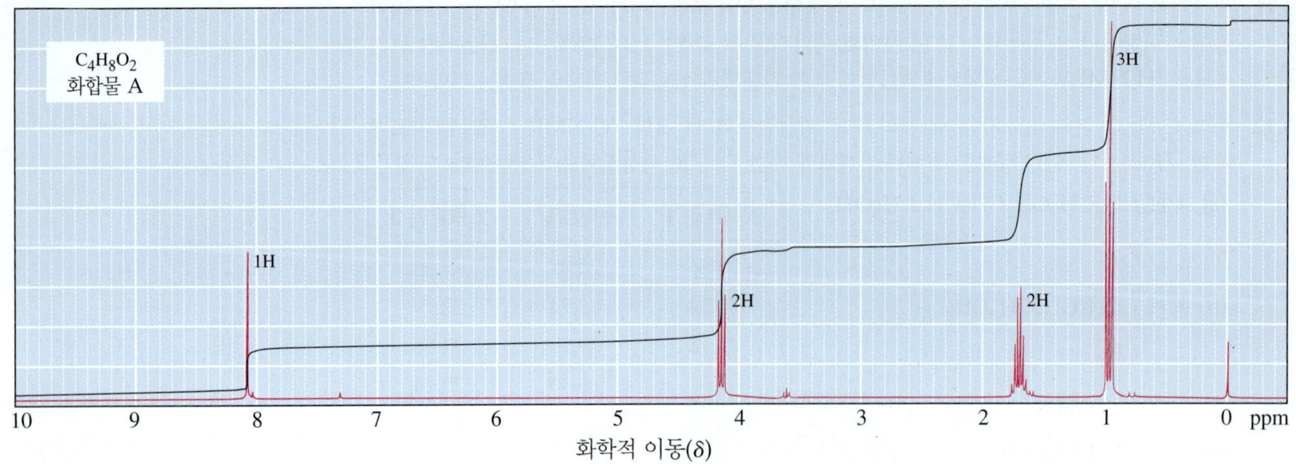

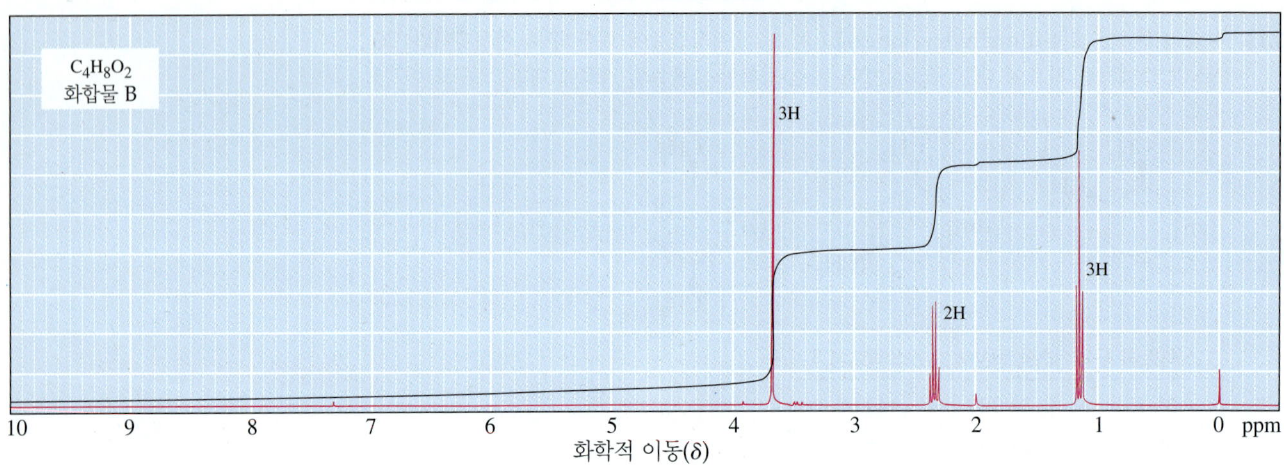

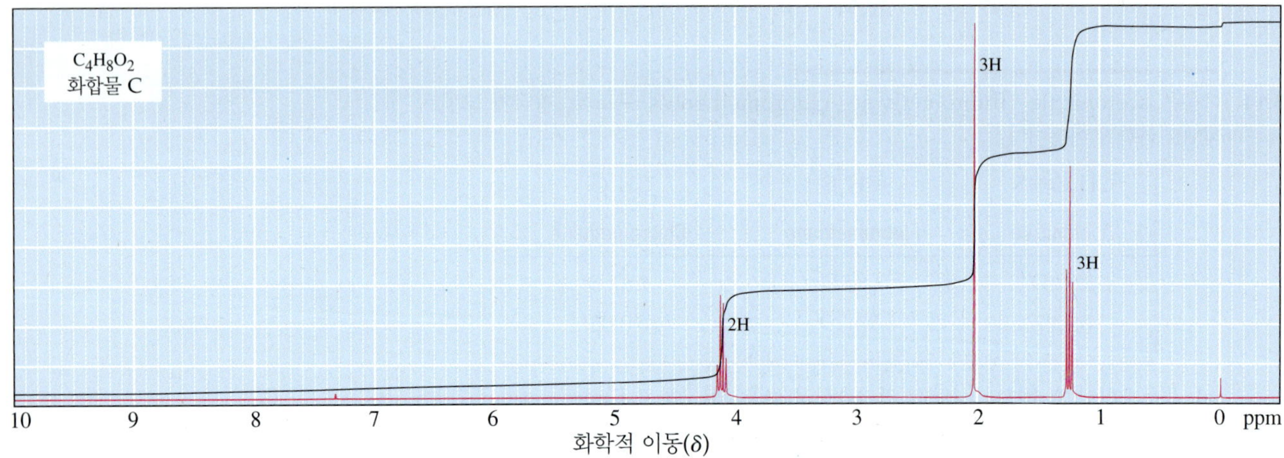

13.16 다음은 모두 C_6H_{12} 분자식을 갖는 화합물 D, E, F에 대한 ^{1}H-NMR 스펙트럼이다. $CC1_4$ 용액에서 Br_2가 모두 쉽게 탈색된다. 화합물 D, E, F에 대한 구조식을 제안하고 신호의 갈라짐 형태를 설명하라.

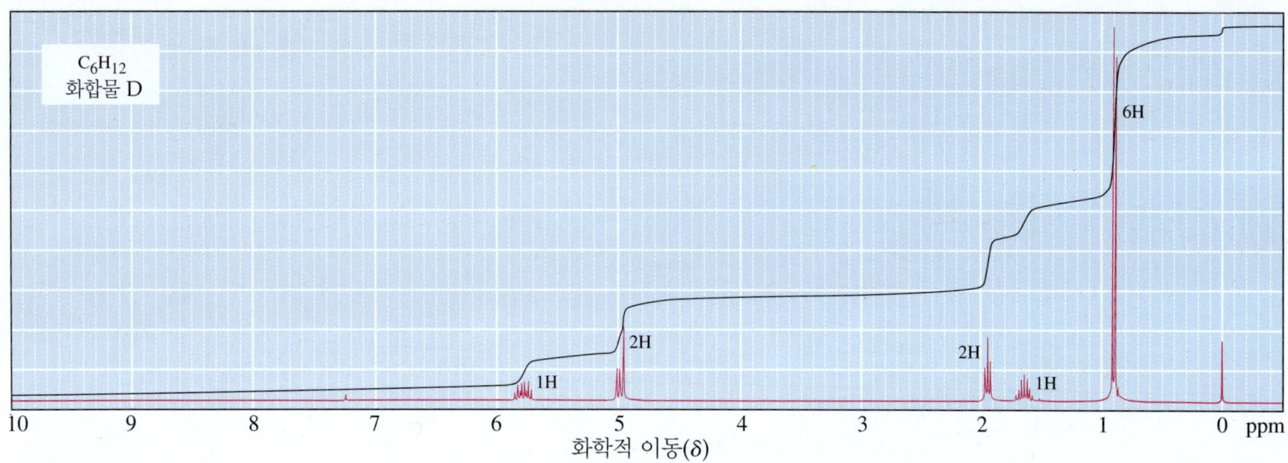

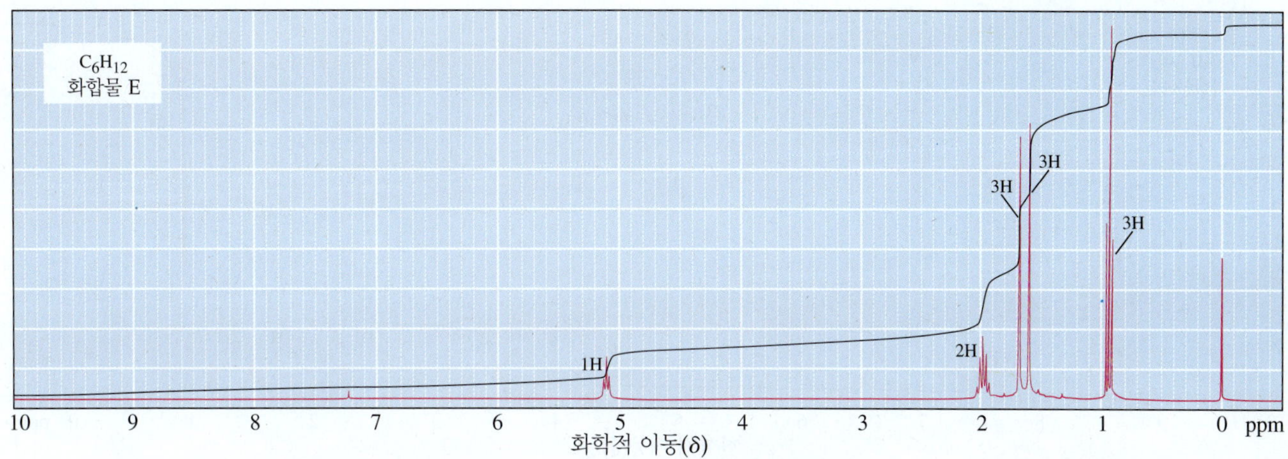

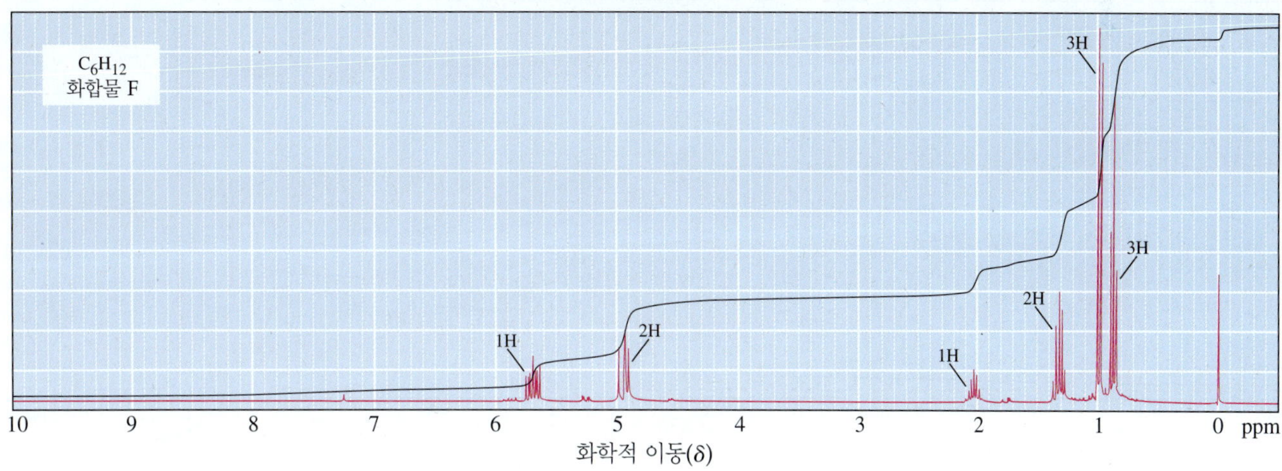

13.17 다음은 모두 $C_5H_{12}O$ 분자식을 갖는 화합물 G, H, I에 대한 ^{1}H-NMR 스펙트럼이다. 모두 실온에서 액체이고, 물에 약간 녹으며, 기체를 방출하면서 금속 소듐과 반응한다.

(a) 화합물 G, H, I에 대한 구조식을 제안하라.

(b) 왜 화합물 G는 δ 0.86과 0.90 사이에 4개의 선이 있는지 설명하라.

(c) 왜 화합물 H는 δ 1.5와 3.5에서 2H 다중선이 그렇게 복잡한지 설명하라.

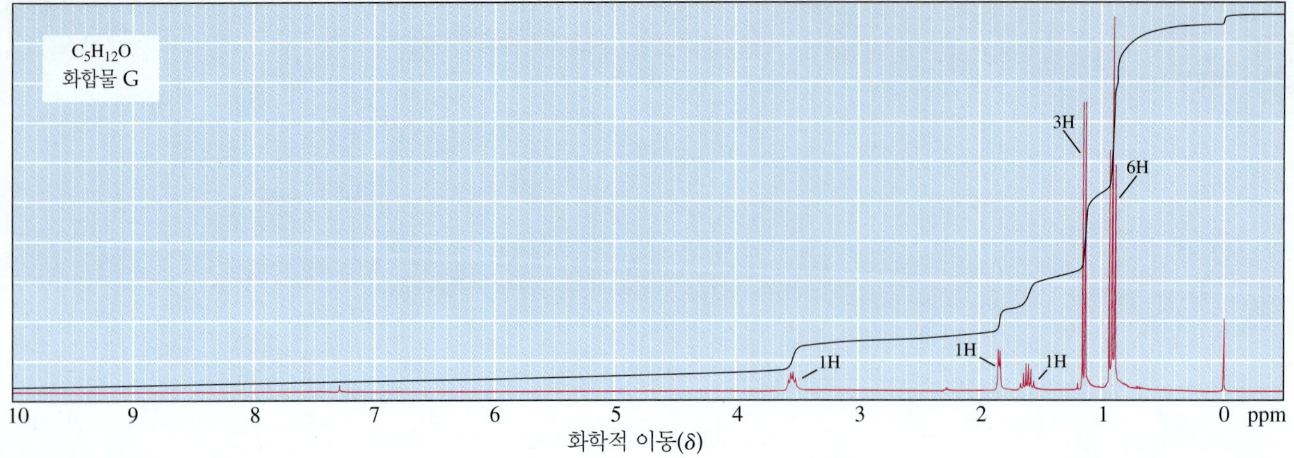

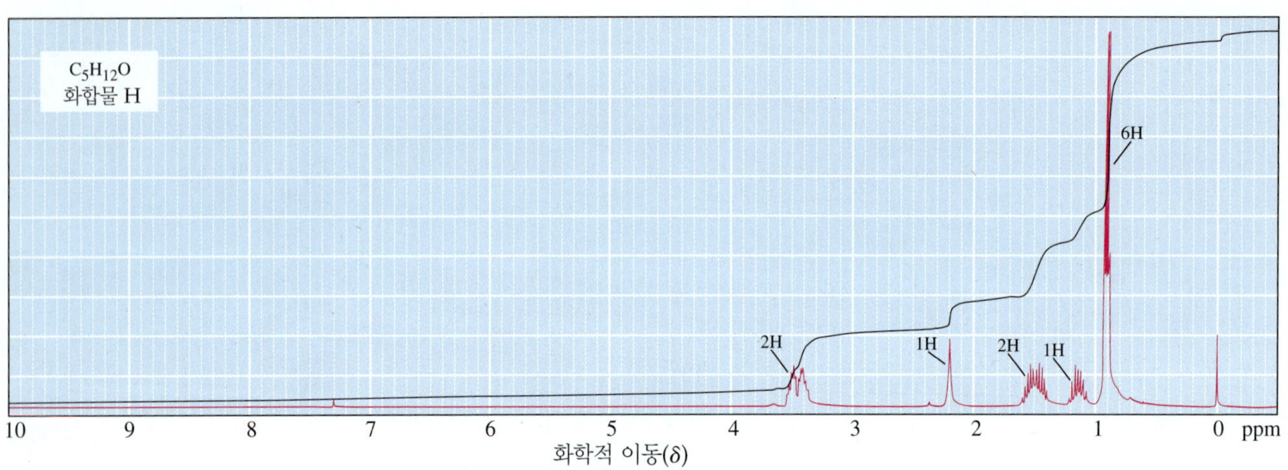

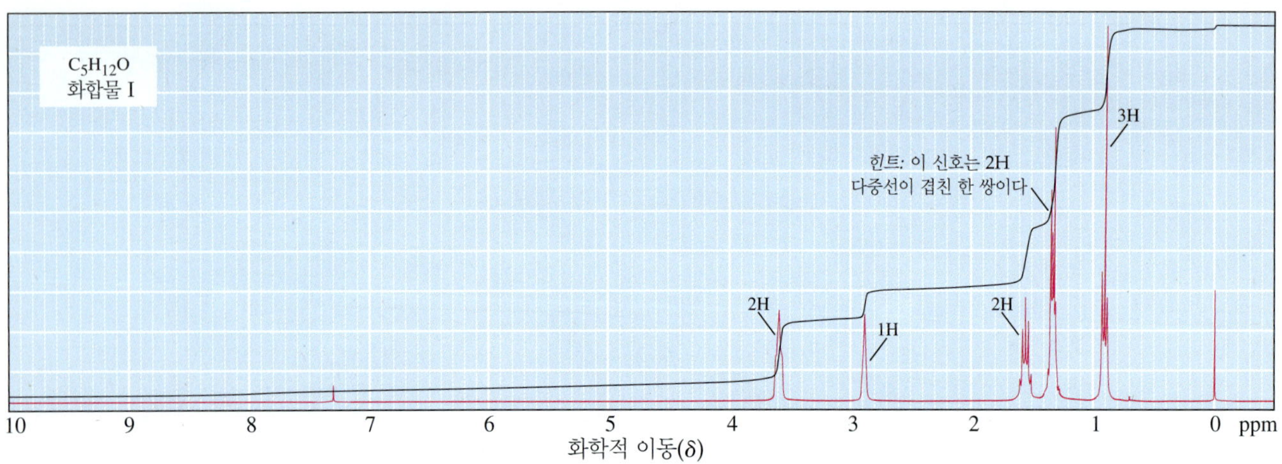

13.18 분자식 C_3H_6O이고 아래 ^{1}H-NMR 스펙트럼과 일치하는 화합물 J의 구조식을 제안하라.

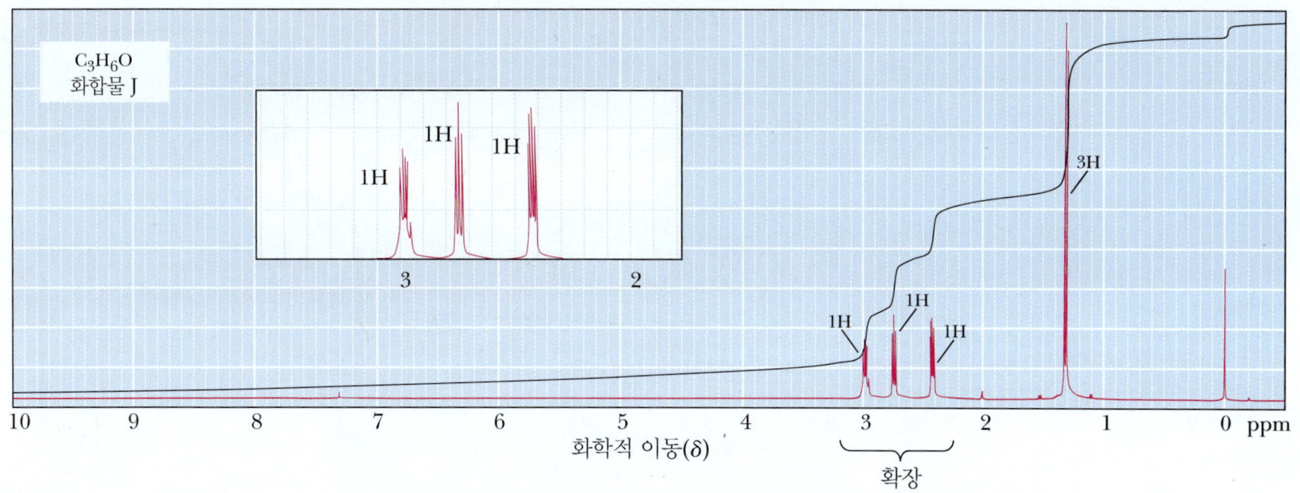

13.19 분자식이 $C_6H_{14}O$인 화합물 K는 따뜻한 인산과 산 촉매화에서 쉽게 탈수하여 분자식이 C_6H_{12}인 주요한 유기 생성물 L이 된다. 화합물 K의 ^{1}H-NMR 스펙트럼은 δ 0.90 (t, 6H), 1.12 (s, 3H), 1.38 (s, 1H), 1.48 (q, 4H)에서 신호를 나타낸다. 화합물 K의 ^{13}C-NMR 스펙트럼은 δ 72.98, 33.72, 25.85, 8.16 신호를 나타내었다. 화합물 K와 L의 구조식을 추론하라.

13.20 분자식이 $C_5H_{10}O$인 화합물 M은 CCl_4 용액 내에서 Br_2를 탈색시키고 H_2/Ni에 의해서 분자식이 $C_5H_{12}O$인 N으로 변한다. 다음은 화합물 M에 대한 ^{1}H-NMR 스펙트럼이고, 화합물 M의 ^{13}C-NMR 스펙트럼은 δ 146.12, 110.75, 71.05, 29.38에서 신호를 나타낸다. 화합물 M과 N의 구조식을 추론하라.

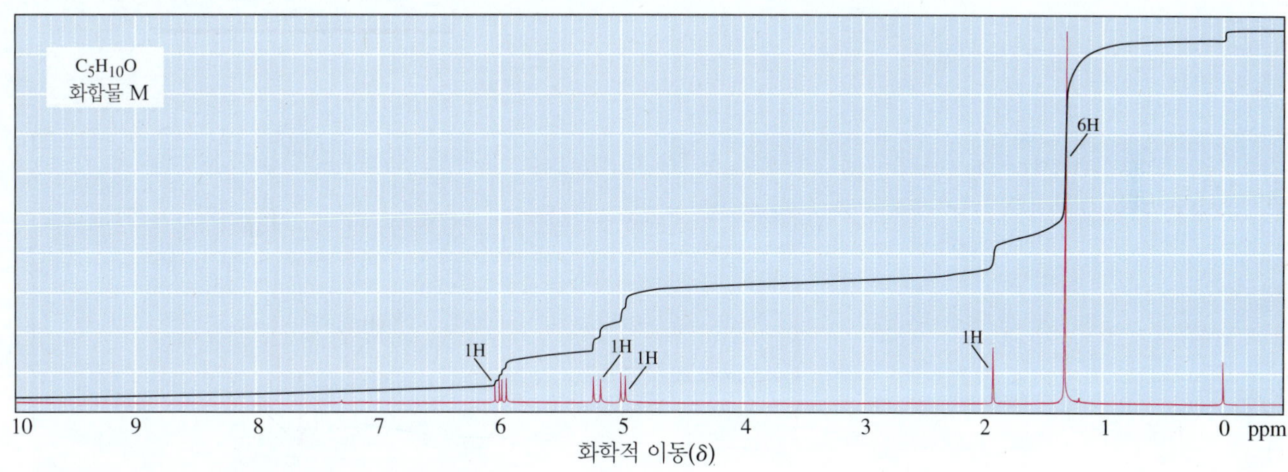

13.21 다음은 분자식이 C_7H_{12}인 화합물 O의 ^{1}H-NMR 스펙트럼이다. 화합물 O는 CCl_4 용액 내에서 Br_2와 반응하여 분자식이 $C_7H_{12}Br_2$인 화합물을 만든다. 화합물 O의 ^{13}C-NMR 스펙트럼은 δ 150.12, 106.43, 35.44, 28.36, 26.36에서 신호를 나타낸다. 화합물 O의 구조를 추론하라.

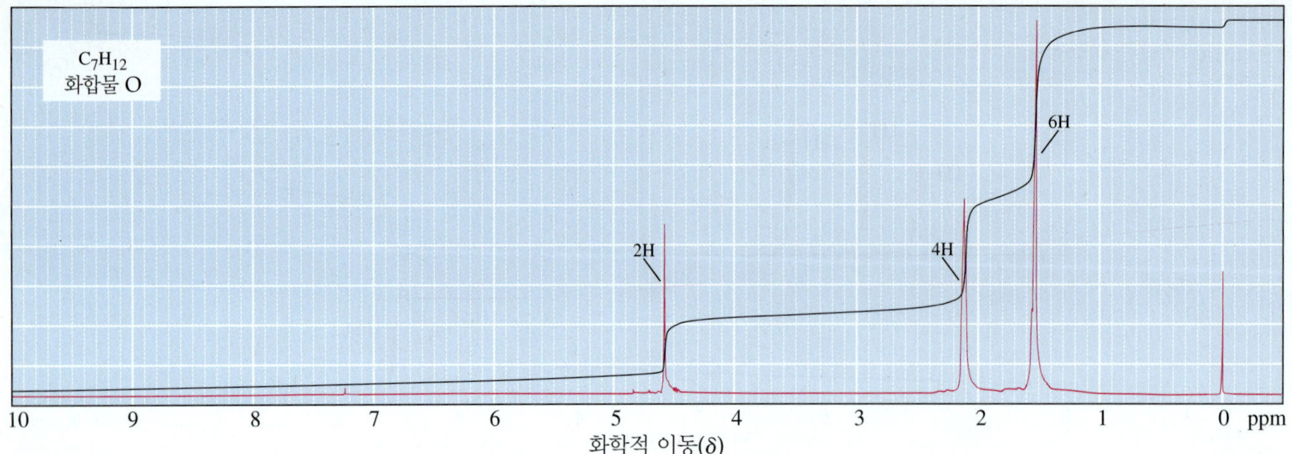

13.22 화합물 P는 BH_3와 반응 후 H_2O_2/NaOH로 처리하면 화합물 Q가 된다. 다음은 화합물 P와 Q의 ¹H-NMR 스펙트럼과 ¹³C-NMR 스펙트럼 자료이다. 이 정보로부터 P와 Q의 구조를 추론하라.

$$\underset{(P)}{C_7H_{12}} \xrightarrow[2.\ H_2O_2,\ NaOH]{1.BH_3} \underset{(Q)}{C_7H_{14}O}$$

¹³C-NMR	
(P)	(Q)
132.38	72.71
32.12	37.59
29.14	28.13
27.45	22.68

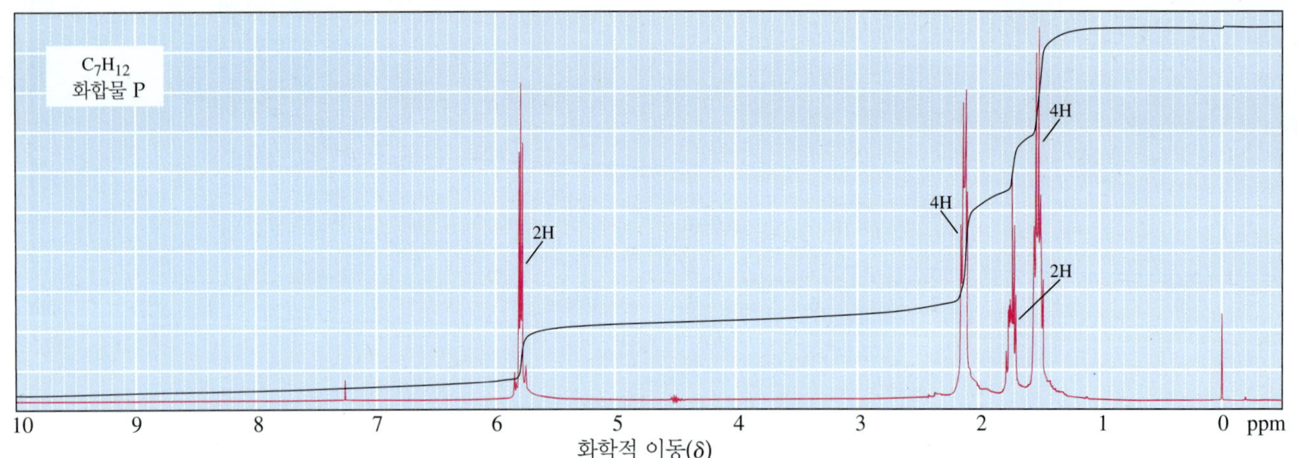

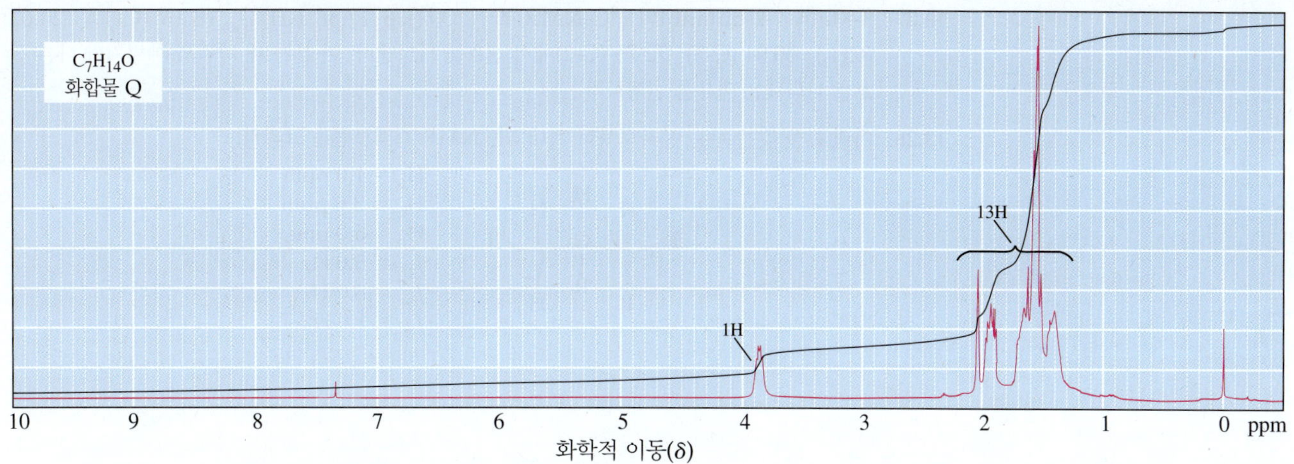

13.23 화합물 R, $C_6H_{14}O$의 ^{1}H-NMR은 δ 1.1(이중선), δ 3.6(칠중선)에서 두 개의 신호가 6:1의 비율로 이루어져 있다. 이 정보와 일치하는 화합물 R의 구조식을 제안하라.

13.24 다음 화합물의 구조식을 써라.

(a) $C_2H_4Br_2$: δ 2.5 (d, 3H), 5.9 (q, 1H)

(b) $C_4H_8Cl_2$: δ 1.60 (d, 3H), 2.15 (m, 2H), 3.72 (t, 2H), 4.27 (m, 1H)

(c) $C_5H_8Br_4$: δ 3.9 (s, 8H)

(d) C_4H_8O: δ 1.0 (t, 3H), 2.1 (s, 3H), 2.4 (q, 2H)

(e) $C_4H_8O_2$: δ 1.2 (t, 3H), 2.1 (s, 3H), 4.1 (q, 2H), 에스터 포함

(f) $C_4H_8O_2$: δ 1.2 (t, 3H), 2.3 (q, 2H), 3.6 (s, 3H), 에스터 포함

(g) C_4H_9Br: δ 1.1 (d, 6H), 1.9 (m, 1H), 3.4 (d, 2H)

(h) $C_6H_{12}O_2$: δ 1.5 (s, 9H), 2.0(s, 3H)

(i) $C_7H_{14}O$: δ 0.9 (t, 6H), 1.6 (육중선, 4H), 2.4 (t, 4H)

(j) $C_5H_{10}O_2$: δ 1.2 (d, 6H), 2.0 (s, 3H), 5.0 (칠중선, 1H)

(k) $C_5H_{11}Br$: δ 1.1 (s, 9H), 3.2 (s, 2H)

(l) $C_7H_{15}Cl$: δ 1.1 (s, 9H), 1.6 (s, 6H)

13.25 C—H 결합에 참여하는 탄소의 *s*-성격 비율은 ^{13}C—^{1}H 짝지음 상수를 측정하여 아래의 관계식에 대입하여 계산하면 알 수 있다.

$$s\text{-성격 퍼센트} = 0.2J\,(^{13}\text{C—}^{1}\text{H})$$

예를 들면 methane의 관찰된 ^{13}C—^{1}H 짝지음 상수는 125 Hz 이다. 이것은 *s*-성격이 25%이고 sp^3 혼성된 탄소에서 기대했던 값이다.

(a) Ethylene과 acetylene에서 예상되는 ^{13}C—^{1}H 짝지음 상수를 계산하라.

(b) Cyclopropane에서 ^{13}C—^{1}H 짝지음 상수는 160 Hz이다. Cyclopropane에서 탄소의 혼성은 무엇인가?

13.26 Ascaridole은 회충의 치료에 사용되는 천연물이다. Ascaridole에서 아이소프로필기에 두 개의 메틸기는 왜 두 개가 각각 7 Hz만큼 분리된 두 종류를 갖고 크기가 동등한 세기를 갖는 신호가 ^{1}H-NMR 스펙트럼에 나타나는가를 설명하라.

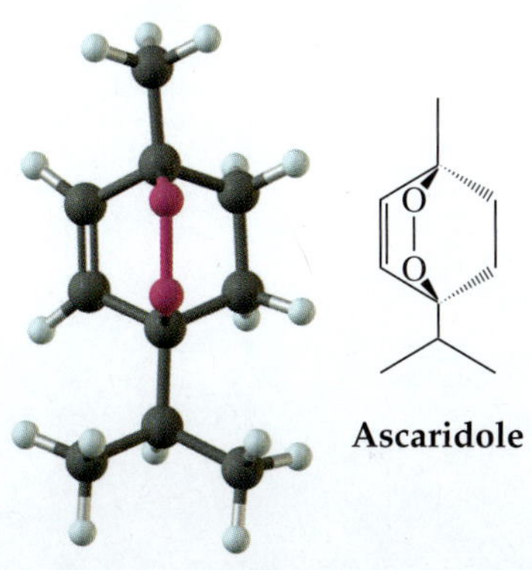

Ascaridole

13.27 3-Methyl-2-butanol의 ^{13}C-NMR 스펙트럼은 δ 17.88 (CH_3), 18.16 (CH_3), 20.01 (CH_3), 35.04 (C-3), 72.75 (C-2)에서 신호를 나타낸다. 이 분자 내 각각의 메틸기가 다른 신호를 나타내는 이유를 설명하라.

13.28 아래 값을 갖는 부분 분자로부터 기대되는 NMR 스펙트럼을 그려라.

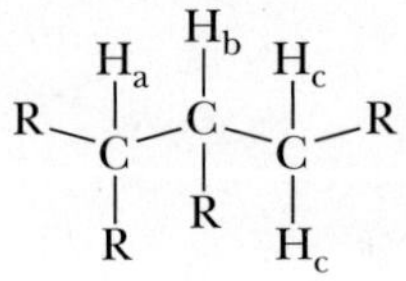

H_a = 1.0 ppm
H_b = 3.0 ppm
H_c = 6.0 ppm
J_{ab} = 5.0 Hz
J_{bc} = 8.0 Hz
J_{ac} = 1.0 Hz

제 14 장

Courtesy of DOE Photos

어떤 질량 분석기는 위에 나타낸 바와 같이 아주 복잡하게 보일 수 있다. 신경전달물질인 dopamine의 질량 스펙트럼의 일부는 그림 14.2 참조.

▼ *삽입 그림:* Dopamine의 모형.

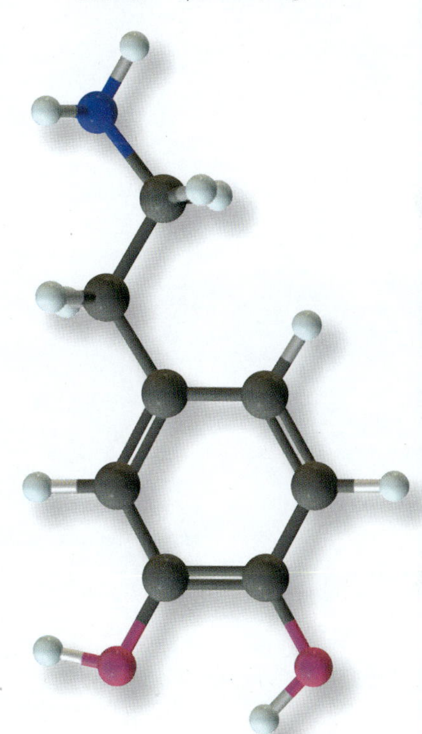

질량 분석법

Mass Spectrometry

이 장의 차례

질량 분석법(Mass spectrometry)은 원래 양이온들의 질량 대 전하(m/z) 비율을 측정하는 분석 방법이며, 현재는 양이온 및 음이온 모두 분석할 수 있다. 질량 분석법의 원리는 1898년에 최초로 알려졌다. 1911년에 J. J. Thomson은 neon의 질량 스펙트럼을 처음으로 기록하였고, 자연계 빈도가 많은 동위원소 ^{20}Ne와 자연계 빈도가 적은 동위원소 ^{22}Ne를 분리할 수 있음을 발견하였다. 좀 더 개량된 기기를 사용하여 F. W. Aston은 자연에 존재하는 원소들의 대부분이 동위원소의 혼합물이라는 것을 밝혔다. 예를 들면, 자연에 있는 염소의 약 75%는 ^{35}Cl이고, 25%는 ^{37}Cl이라는 것을 알았다. 그러나 유지비가 상대적으로 적게 들고 신뢰성이 높은 고분해능을 가진 기기가 상품화된 1950년대까지는 질량 분석법이 일반화되지 않았다. 오늘날 질량 분석법은 정확한 분자량을 알아내는 가장 가치 있는 분석 도구가 되었고, 나아가서 물질의 분자식과 구조에 대한 광범위한 정보도 질량 스펙트럼의 분석에서 얻을 수 있게 되었다. 특히 생화학에서도 질량 분석법은 활용되며, 단백질 서열 분석은 이를 통해 단세포 수준에서도 가능할 것으로 간주되고 있다.

14.1 질량 분석계

질량 분석계(그림 14.1)는 다음의 세 가지 일을 하도록 디자인되었다.

1. 중성 원자나 분자를 양이나 음이온들의 빛살(beam)로 변환.
2. 이온들을 질량 대 전하(m/z)의 비율에 의한 분리.
3. 각 이온의 상대적 존재비의 측정.

이 장의 동영상 강의를 보려면 **www.cengage.com/chemistry/brown/organic7e**에 접속 후 **Access Student Materials**를 클릭하라.

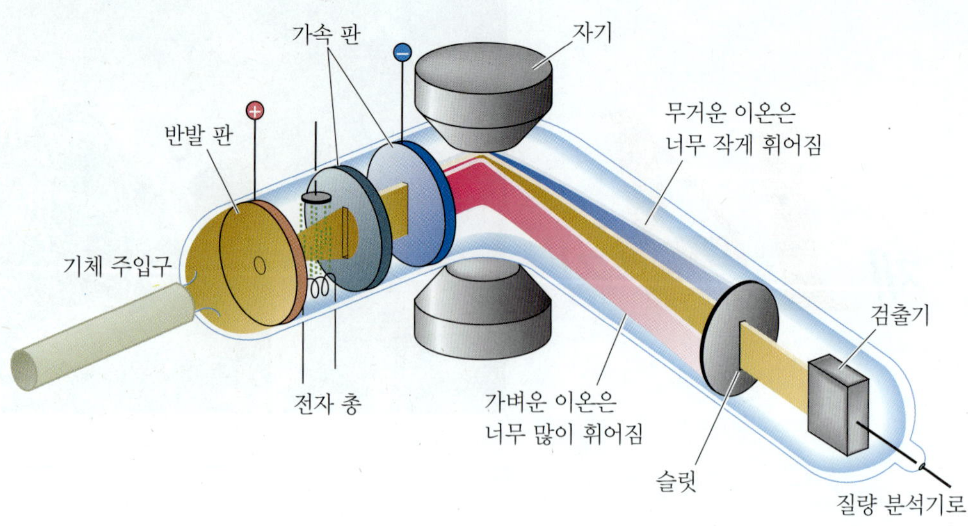

그림 14.1 ▸ 전자 이온화 질량 분석계(EI-MS)의 간략한 도면.

이 정보로부터 미지 화합물의 분자량과 분자식을 결정할 수 있다. 더욱이 그 화합물의 분자 구조에 대한 가치 있는 실마리도 얻을 수 있다.

많은 형태의 질량 분석계가 있다. 이 책에서는 가장 간단한 질량 분석계를 설명하도록 한다. 제1세대 분석계에서는 이온화함에서 기화된 시료가 고에너지 전자들과 충돌하여 전자를 잃게 된다. 결과적으로 생긴 양이온들은 음으로 하전된 일련의 가속관에 가속되어 이온 빛살 흐름의 방향에 수직이 되게 자기장이 놓여 있는 분석실로 들어간다. 자기장은 이온 빛살의 경로를 휘게 하고 이온 빛살 속의 각 이온들의 곡선 반경은 이온의 전하(z), 이온의 질량(m), 가속 전압 그리고 자기장의 세기에 의존한다. **질량 스펙트럼**(Mass spectrum)은 상대적 이온의 존재비 대 m/z 비율을 도시한다.

기체나 휘발성의 액체 시료는 이온화함으로 직접 주입시키고 고체나 비휘발성의 시료는 가열된 탐침 끝에 놓고 직접 이온화함으로 삽입된다. 질량 분석계의 내부는 고진공으로 유지되므로 액체나 고체 시료라 할지라도 곧 기화된다. 이온화함에 시료를 주입하는 또 다른 가장 유용한 방법은 기체 크로마토그래프(GC) 또는 액체 크로마토그래프(LC)를 직접 질량 분석계에 연결하는 것이다. 크로마토그래프에서 용출된 각 부분은 기록된 뒤 곧바로 질량 분석계의 이온화함으로 통과되도록 한다.

이온화함 속의 시료 분자는 가열된 필라멘트에서 방출된 뒤에 전기장에서 가속된 약 70 eV [1 eV = 96.49 kJ/mol(23.05 kcal/mol)의 에너지를 가진 일련의 고에너지 전자 다발과 충돌한다. 시료 분자와 고에너지 분자 사이의 충돌로 시료 분자는 전자를 잃고 양이온이 된다. **분자 이온 $M^{\dot{+}}$** (Molecular ion)은 분자에서 전자 한 개가 제거된 것으로 이 부류의 분자 이온들을 **라디칼 양이온**(radical cation)이라 한다. 라디칼 양이온은 중성 분자에서 전자 하나를 잃었을 때 생기는 이온으로서 홀수의 전자를 갖고 양으로 하전되어 있다. 예를 들면, methane이 고에너지 전자와 충돌하면 분자로부터 전자가 제거되어 m/z가 16인 분자 이온으로 된다.

분자 이온($M^{\dot{+}}$)
질량 분석계의 어미 분자에서 전자 하나가 제거되면서 형성된 라디칼 양이온.

라디칼 양이온
중성 분자에서 한 개의 전자를 잃어버릴 때 생성된 화학종. 홀수개의 전자와 양으로 하전되어 있다.

$$\begin{array}{c}H\\|\\H-C-H\\|\\H\end{array} + e^- \longrightarrow \left[\begin{array}{c}H\\|\\H-C-H\\|\\H\end{array}\right]^{\dot{+}} + 2e^-$$

분자 이온
(라디칼 양이온)

분자 이온이 생성되는 경우에 어떤 전자를 잃는가는 원자나 분자의 **이온화 전위**(ionization potential)에 의하여 결정된다. 대부분 유기 분자들의 이온화 전위는 8 eV에서 15 eV 사이이다. 산소와 질소의 비공유 전자들, 알켄, 알카인 그리고 방향족 탄화수소와 같은 불포화 화합물에 π 전자들은 이 범위의 낮은 끝 쪽에 있다. C—C, C—H, C—O 결합의 σ 전자들의 이온화 전위는 이 범위의 높은 끝 쪽에 위치한다.

이온화 전위(IP)
이온과 전자 사이에 정전기적 인력이 없는 거리에서 원자 또는 분자로부터 전자 제거에 필요한 최소 에너지.

일반적으로 라디칼 양이온의 성질은 분자 전체에 비편재화되어 있기 때문에 분자 이온이 만들어질 때 어떤 전자가 제거되는가는 문제가 되지 않는다. 그러므로 대괄호 안에 모체 분자의 분자식을 쓰고 양이온을 나타내는 + 부호와 홀수의 전자를 보여주는 점을 사용한다. 예를 들어, 아래 왼쪽에 나타낸 ethyl isopropyl ether의 분자 이온을 보자. 그러나 때때로 라디칼 반응을 더 잘 이해하기 위하여 특정한 위치에 라디칼 양이온을 표시하는 것이 유용할 수도 있다.

$$[CH_3CH_2OCH(CH_3)_2]^{\dot{+}} \qquad CH_3CH_2\overset{\cdot +}{\underset{\cdot\cdot}{O}}CH(CH_3)_2$$

14.2D절에서 보게 되겠지만, 분자 이온은 라디칼 및 작은 분자뿐만 아니라 다양한 더 작은 양이온(이들 양이온 자체도 조각내기가 더 일어날 수 있음)을 생성하는 조각내기가 일어날 수 있다. 이러한 작은 조각들 중에서 전하를 가진 조각들만이 검출된다.

분자 이온과 이러한 조각이 생성된 후에 이온은 양으로 하전된 반발판을 지나 빠르게 이동하는 이온 빛살을 만들면서 음으로 하전된 일련의 가속판으로 향한다. 그리고 이 이온 빛살은 하나 이상의 초점 슬릿에 의해 집합된 상태로 이온 빛살의 방향에 대해 수직인 자기장에 들어 있는 질량 분석 장치로 들어간다. 큰 값의 m/z 값을 가진 양이온은 작은 m/z 값을 가진 이온보다 적게 휘어지게 된다. 질량 분석계의 질량 분석 장치는 고정 반경을 갖는 구조로 되어 있다. 따라서 자기장의 크기나 가속 전압을 변화시켜 이온 전류가 측정되는 검출기에 같은 m/z 비를 가진 이온들의 초점을 맞출 수 있다. 개량된 이온 전류 검출기들은 단일 이온들을 측정할 수 있고 일초의 몇 십분의 일 혹은 그보다 짧은 시간에 질량 대 전하 영역을 주사할 수 있다.

질량 스펙트럼(Mass spectrum)은 질량 대 전하비에 대한 각 이온의 상대적인 존재비를 나타낸 것이다. 가장 많이 존재하는 양이온으로부터 얻어진 피크를 **주 피크**(base peak)라고 하고 임의적으로 그 세기를 100으로 정한다. 질량 스펙트럼에서 모든 다른 양이온의 상대적인 존재비는 주 피크에 대한 백분율로 기록된다. 그림 14.2는 미세 근육의 운동을 통합하고 조정하는데 관련된 중심체인 뇌의 꼬리 모양인 핵의 신경전달물질인 dopamine의 질량 스펙트럼의 일부이다. Dopamine의 부족은 Parkinson병의 주된 생화학적 원인이 된다.

질량 스펙트럼
질량 대 전하(m/z) 비에 대한 각 이온의 상대적인 존재 비율을 도시한 것.

주 피크
질량 스펙트럼에서 가장 많이 존재하는 이온에 의한 피크. 가장 세기가 큰 피크. 임의적으로 그 크기를 100으로 정함.

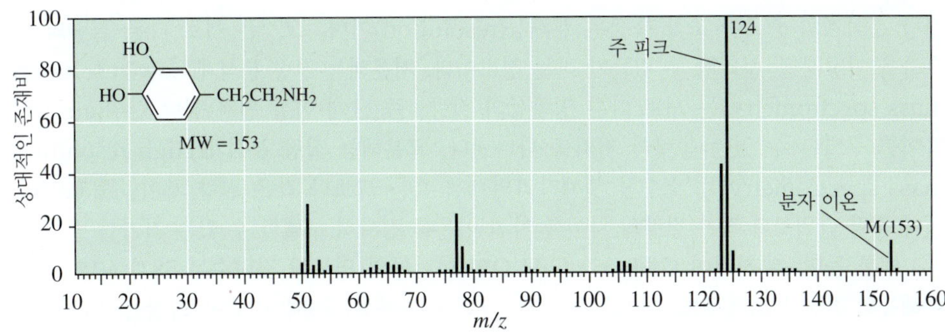

그림 14.2 ▸ 주 피크의 0.5%보다 크거나 같은 세기의 모든 피크를 보여주는 dopamine의 질량 스펙트럼의 일부.

표 14.1에서 볼 수 있듯이 피크의 수는 검출기의 감도에 따라 기록된다. 만약 주 피크의 0.5%보다 크거나 같은 세기의 피크를 모두 기록한다면, 그림 14.2에서와 같이 dopamine에 대해 45개의 피크를 볼 수 있을 것이다. 주 피크의 0.05%보다 크거나 같은 세기의 피크를 기록한다면 120개의 피크들을 볼 수 있다.

표 14.1 Dopamine의 질량 스펙트럼에서 기록된 피크의 수

주 피크에 대한 상대적 피크 세기(%)	기록된 피크 수
>5	8
>1	31
>0.5	45
>0.05	120

지금까지 언급한 질량 분석 기술을 **전자 이온화 질량 분석법**(electron ionization mass spectrometry, EI-MS)이라 한다. 이 기술은 처음으로 개발되었고 한동안 가장 많이 사용되었다. 그러나 진공 하의 이온화함에서 쉽게 기화하는 상대적으로 작은 분자량을 가지는 화합물의 분석에만 이용되고 있다. 최근에는 쉽게 기화될 수 없는 고분자의 분자를 기화시키는 기화 기술이 개발되고 있는데, 이 새로운 기술 중에는 xenon 원자와 같은 고에너지 입자를 상용하여 비휘발성 분자에 분산 폭격하여 화합물의 이온들을 발생시킨 뒤 그들을 기체 상태로 쫓아내는 빠른 원자 폭격(fast-atom bombardment, FAB)법이 있다. 두 번째 기술은 고에너지 레이저의 양자를 사용하는 기질-보조 레이저 탈착 이온화법(matrix-assisted laser desorption ionization, MALDI)이 있다. 세 번째 기술은 기체 상태에서 산-염기 반응으로 생성된 이온들, 이것은 특히 염기(Brønsted-Lowry 혹은 Lewis)의 분자 질량을 그것의 짝산, MH^+로 알아낼 수 있는 화학 이온화법(CI)이 있다. 또한 전기분무 이온화 질량 분석법(ESI-MS)도 널리 사용된다.

ESI-MS에서는 보통 LC를 통해 나온 분석 용액을 곧 바로 전하를 띤 미세관을 통해 초진공함으로 주입한다. 진공함에서 용매가 증발하면서 전하가 분석 대상에 모이게 되며 m/z 비율을 측정할 수 있다. ESI는 진공에서 전하를 띤 분자를 생성하는 부드러운 방법이며, 생체 거대분자를 효율적으로 이온화시킬 수 있어서 다당류(25장), 단백질(27장), 핵산(28장) 등의 거대분자를 과도하게 조각내지 않고도 이온화시켜 질량 분석을 할 수 있게 된다. MALDI도 부드럽게 이온화시키는 방법이며, 생체 거대분자의 질량 분석에 이용된다.

현대 질량 분석기는 사중 극자 질량 분석계를 사용하는데, 이는 네 개의 평형한 막대로 구성되며, 이에 고정된 직류 전류(DC)와 변동 무선 진동수(RF) 전압을 걸어 준다. 시료는 이온화되고, 이 막대의 축방향으로 막대 사이에서 가속된다. 이온은 변동 진동수 전압에 의하여 나선형 궤적을 가지게 되며, 진동수를 조절하여 적합한 m/z 비율을 측정하여 전체 스펙트럼을 구하게 된다. 여러 개의 사중 극자 검출기를 연결하면 정확도와 정밀도를 높일 수 있으며, 첫째 검출 기기에서 분리된 각 피크를 다음 검출기로 보낸 후 조각을 내어 조각을 관찰한다. 조각의 확인은 종종 직렬 질량 분석법이라고 부르는 이러한 배열에 의해 점차 개선되고 있다.

14.2 질량 스펙트럼의 특성

질량 스펙트럼의 복잡성을 이해하기 위해서는 질량 스펙트럼과 분해능, 동위원소의 존재, 이온화함과 분석함에서의 분자 및 분자 이온의 조각내기와의 상호관계를 이해할 필요가 있다.

A 분해능

질량 분석계의 중요한 조작 특성은 **분해능**(resolution)이며, 그것은 서로 다른 질량의 이온들을 어떻게 잘 분리할 수 있는가 하는 정도이다. **저분해능 질량 분석계**(Low-resolution mass spectrometry)는 서로 다른 명목상의 질량, 즉, 1개 이상 원자 질량 단위(amu)의 차이를 구별할 수 있는 능력의 기기를 나타낸다. **고분해능 질량 분석계**(High-resolution mass spectrometry)는 소수점 셋째자리의 1개 혹은 그보다 작은 질량 차이, 즉 0.0001 원자 질량 단위보다 작은 질량의 차이를 가진 이온을 정확히 구별할 수 있는 기기를 말한다.

예를 들면, 분자식이 C_3H_6O와 C_3H_8O인 화합물의 명목상 질량수는 58과 60으로 저분해능의 질량 분석계로도 분리할 수 있다. 그러나 명목상 질량수가 같은 화합물인 C_3H_8O와 $C_2H_4O_2$는 저분해능 질량 분석계로는 구별할 수 없다. 표 14.2의 정확한 질량의 각 수치를 사용하여 계산하면, 그들이 0.03642 원자 질량 단위만큼 차이 남을 알 수 있고 고분해능의 질량 분석계로 구별할 수 있다. 분자 이온의 질량이 60.058 혹은 60.021을 관찰하여 미지 화합물의 분자식을 확정할 수 있다.

분해능
질량 분석법에 있어서 질량 분석기가 서로 다른 질량을 갖는 이온들을 얼마나 잘 분리해서 측정하는 정도.

저분해능 질량 분석계
1 혹은 그 이상의 원자 질량 단위로 차이가 나는 이온들을 분리 가능한 질량 분석계.

고분해능 질량 분석계
0.0001 원자 질량 단위 정도의 차이가 나는 이온들을 분리 가능한 질량 분석계.

분자식	명목 질량	정확한 질량
C_3H_8O	60	60.05754
$C_2H_4O_2$	60	60.02112

B 동위원소의 존재

Dopamine의 질량 스펙트럼(그림 14.2)에서 분자 이온은 m/z 153에서 나타난다. 이 질량 스펙트럼을 자세히 보면 dopamine의 분자 이온보다 1 원자 질량 단위(amu)가 무거운 m/z 154에서 작은 피크를 볼 수 있다. 이 피크는 4개의 서로 다른 피크들의 합이며 154 원자 질량 단위의 각각은 dopamine에 있는 수소, 탄소, 질소, 산소의 1개가 무거운 동위원소의 존재에 각각 해당한다. 분자 이온보다 1 원자 질량 단위가 더 무거운 이온에 대한 피크이므로 이것은 M + 1 피크라고 부른다. 이 절에서는 주로 M + 1와 M + 2 피크에 대하여 설명한다.

H, C, N, O, S, Cl, Br을 포함하여 유기 화합물들의 일반적인 원소들은 사실상 동위원소와 혼합물이다. 플루오린, 인, 아이오딘은 예외적으로 자연에서 ^{19}F, ^{31}P, ^{127}I로만 존재한다. 표 14.2에 유기 화합물들의 가장 일반적인 원소의 원자량을 자연에 존재하는 안정한 동위원소들의 상대적인 존재비와 질량으로 보여주고 있다. 이 표에서 상대적 존재비는 가장 흔한 동위원소 100 원자 당 무거운 동위원소 원자의 개수에 따라 표를 만들었다. 예를 들면, 자연에 존재하는 탄소는 98.90%가 ^{12}C이고, 1.10%가 ^{13}C로 되어 있다. 그러므로 탄소-12의 100 원자에 대하여 자연에는 탄소-13 원자가 1.11 원자 존재한다.

$$1.10 \times \frac{100}{98.90} = {}^{12}\text{C 100 원자 당 }{}^{13}\text{C 1.11 원자}$$

표 14.2 가장 흔한 동위원소 100 원자에 상대적인 동위원소의 정확한 질량과 자연 존재비

원소	원자량	동위원소	정확한 질량(amu)	상대적 존재비
Hydrogen	1.0079	^{1}H	1.00783	100
		^{2}H	2.01410	0.016
Carbon	12.011	^{12}C	12.0000	100
		^{13}C	13.0034	1.11
Nitrogen	14.007	^{14}N	14.0031	100
		^{15}N	15.0001	0.38
Oxygen	15.999	^{16}O	15.9949	100
		^{17}O	16.9991	0.04
		^{18}O	17.9992	0.20
Sulfur	32.066	^{32}S	31.9721	100
		^{33}S	32.9715	0.78
		^{34}S	33.9679	4.40
Chlorine	35.453	^{35}Cl	34.9689	100
		^{37}Cl	36.9659	31.98
Bromine	79.904	^{79}Br	78.9183	100
		^{81}Br	80.9163	98.0

예제 14.1 ▸ **정확한 질량 계산**

다음 이온들을 유효 숫자 5자리로 정확한 질량을 계산하여라. 다른 표시가 없으면, 각 원소의 존재비가 가장 많은 동위원소의 질량을 사용하여라.

(a) $[CH_2Cl_2]^{+\cdot}$ **(b)** $[^{13}CH_2Cl_2]^{+\cdot}$ **(c)** $[CH_2Cl^{37}Cl]^{+\cdot}$

➥ **해답**

(a) 12.0000 + 2(1.00783) + 2(34.9689) = 83.953 **(b)** 84.957 **(c)** 85.951

연습 문제 14.1

다음 이온들의 명목 질량을 계산하여라. 다른 표시가 없으면 각 원소의 존재비가 가장 많은 동위원소의 질량을 사용하여라.

(a) $[CH_3Br]^{+\cdot}$ **(b)** $[CH_3{}^{81}Br]^{+\cdot}$ **(c)** $[^{13}CH_3Br]^{+\cdot}$

C M, M + 2, M + 1 피크의 상대적 존재비

특징적인 M + 2 피크를 나타내는 가장 일반적인 원소는 염소, 브로민, 산소이다. 자연 중에 염소는 75.77%의 ^{35}Cl와 24.23%의 ^{37}Cl로 되어 있다. 그러므로 M과 M + 2 피크의 상대적인 비가 3:1일 때 화합물 중에 한 개의 염소 원자가 있음을 나타낸다. 비슷하게 자연계에 브로민은 50.5%가 ^{79}Br이고 49.5%가 ^{81}Br이며 M과 M + 2의 비가 약 1:1일 때 화합물에 한 개의 브로민 원자가 있음을 나타낸다. ^{18}O의 기여는 0.2%이지만, 그것은 단지 C, H, N, O가 포함된 화합물 M + 2 피크에 주 기여를 한다. 황은 유기 화합물에 특징적인 M + 2 피크를 나타내는 또 다른 원소이다.

Pentane, C_5H_{12}를 예로 들어 M과 M + 1 피크 사이의 관계를 설명해 보자. Pentane은 명목상 질량이 72이고 분자 이온은 m/z 72에 나타난다. Pentane의 시료 중에 자연에 존재하는 무거운 탄소 동위원소 ^{13}C이 분자에 있을 확률이 있다. 이 분자는 명목상 질량이 73이며 m/z 73에 분자 이온이 나타난다. 비슷하게 분자 중 수소 원자의 하나가 무거운 동위원소인 중수소, ^2H일 가능성도 있다. 이러한 각 동위원소의 치환이 일어날 확률은 다음 방법에 의하여 각 동위원소의 자연 존재비에 관련이 있다

$$\%(M + 1) = \Sigma(\text{무거운 동위원소의 \% 존재비} \times \text{화학식의 원자의 수})$$

이 식을 이용하여 pentane에 대한 M + 1 피크의 상대적인 세기를 계산하면

$$(M + 1) = (1.11 \times 5C + 0.016 \times 12H) = 5.55 + 0.19 = \text{분자 이온 피크의 } 5.74\%$$

Pentane의 M + 1의 피크는 거의 ^{13}C에 의한 것이다. 탄소와 수소만 포함하는 다른 일반 화합물의 경우에도 똑같다. M + 1 피크는 분자 이온에 비교하여 상대적으로 세기가 약하므로 정확성을 가지고 측정하기가 어렵고, 분자식을 정확히 결정하는 데는 일반적으로 유용하지 않다. 그러나 M + 1과 M + 2 피크는 탄소, 산소, 황, 할로젠 원자 개수를 파악하는데 유용하다. 예를 들면, chloroethane의 스펙트럼은 m/z 64와 66 피크($C_2H_5{}^{35}Cl$과 $C_2H_5{}^{37}Cl$에 해당되는)를 가지며 3:1의 특징적인 세기를 나타낸다. 그림 14.3과 14.4에 염소 화합물과 브로민 화합물에 대해 나타내었다.

이와 대조적으로 1-bromopropane은 $C_3H_7{}^{79}Br$과 $C_3H_7{}^{81}Br$의 피크를 122와 124에서 약 1:1 비율로 나타낸다. M과 M + 2 피크의 상대 비율은 단일 브로민 화합물의 특징이다. 각각 3:1과 1:1 비율인 염소 화합물과 브로민 화합물의 M과 M + 2 피크는 매우 분명하고 단일 염소 혹은 단일 브로민 화합물임을 바로 알 수 있게 한다.

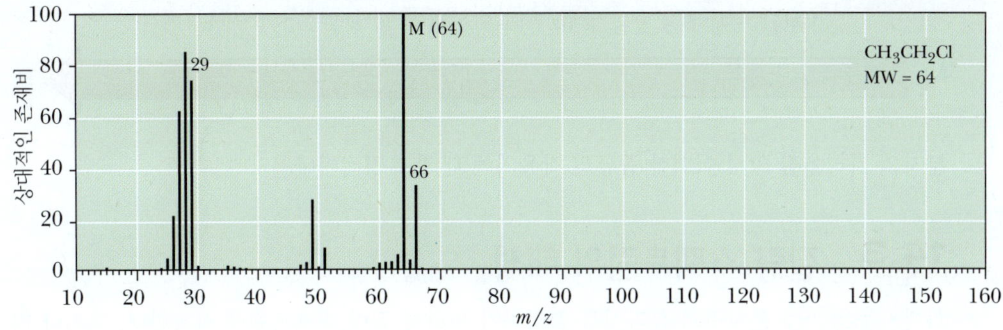

그림 14.3 ▸ Chloroethane의 질량 스펙트럼.

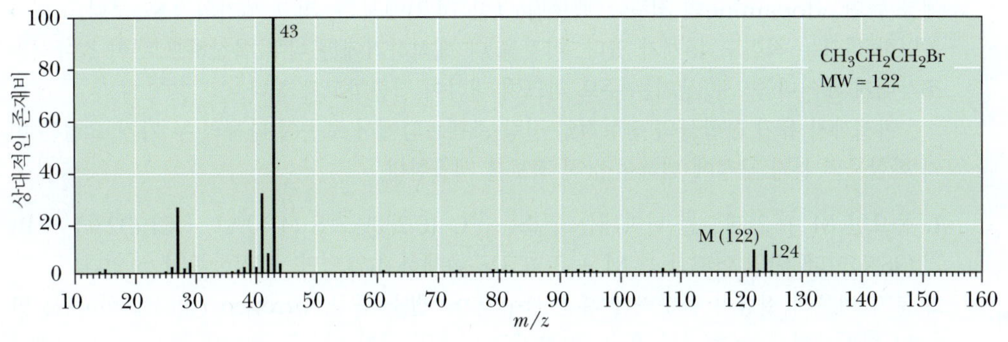

그림 14.4 ▸ 1-Bromopropane의 질량 스펙트럼.

D 분자 이온들의 조각내기

분자 이온 형성을 고효율로 얻고 재현성이 있는 질량 스펙트럼을 얻기 위하여 EI에서 일반적으로 70 eV [약 6750 kJ (1600 kcal)/mol]의 에너지를 가진 전자를 사용한다. 이 에너지는 분자로부터 1개 이상의 전자를 떼어낼 수 있을 뿐만 아니라 유기 화합물에서 결합 해리 엔탈피를 초과하기 때문에 광범위한 조각내기에 충분하다. 더욱이 이 조각들은 불안정하여 차례로 더 작은 조각들로 쪼개진다.

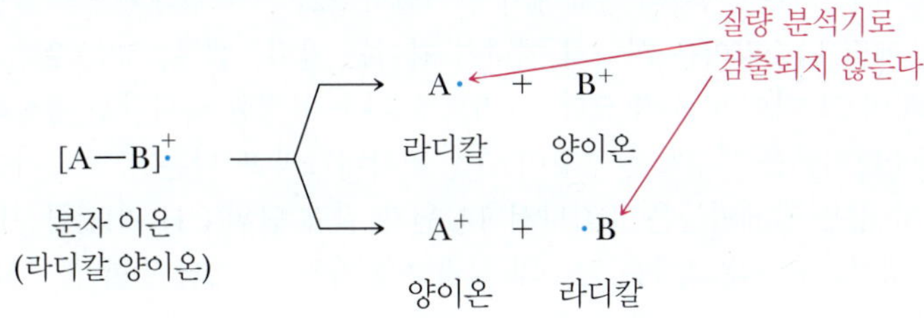

어떤 화합물들의 분자 이온은 분석함에서 충분히 긴 수명을 가지고 있어 질량 스펙트럼에서 관찰되지만, 주 피크(가장 세기가 큰)로서 관찰되기도 한다. 짧은 수명을 가진 다른 분자들의 분자 이온들은 단지 낮은 존재비로 관찰되거나 전혀 나타나지 않는다. 나아가서, 많은 조각 이온들이 더 많은 조각들로 쪼개진다. 결과적으로 화합물의 질량 스펙트럼은 일반적으로(항상 그렇지는 않다) 일련의 조각 이온들의 피크와 분자 이온의 피크로 이루어져 있다. 조각내기 방식과 피크들의 상대적인 존재비는 각 화합물의 독특하고 고유한 특성이므로 조각내기 방식은 분자 구조에 대한 중요한 정보를 제공한다.

조각 이온에 대한 대부분의 화학은 용액 중에 탄소양이온의 생성과 상대적인 안정성이라는 용어로 이해할 수 있다. 조각내기가 발생하여 새로운 탄소양이온이 생성될 때, 조각내기의 방법은 가장 안정한 탄소양이온이 생성되는 방향으로 이루어진다. 그러므로 새로운 탄소양이온이 형성되는 조각내기의 확률은 다음 순서로 증가한다.

$CH_3^+ < 1° < 2° \cong 1°$ 알릴/벤질 $< 3° \cong 2°$ 알릴/벤질 $< 3°$ 알릴/벤질

탄화수소 탄소양이온 안정성 증가

분자의 자리옮김 역시 어떠한 종류의 작용기에 대해 특징적이다.

14.3 질량 스펙트럼의 해석

화학자들은 자주 분자량과 분자식을 결정하기 위하여 질량 스펙트럼을 사용한다. 그러나 많은 시간이 소요되고 어려운 질량 스펙트럼의 완전한 해석을 시도하는 경우는 매우 드물다. 예를 들면, dopamine의 질량 스펙트럼(그림 14.2)에서 주 피크 세기의 0.5%보다 크거나 동일한 피크는 적어도 45개가 있다. 이것을 다 해석하기에는 너무 복잡하므로 이 절에서는 조각내기 메커니즘으로 생기는 주요 피크에 대하여 집중하고자 한다.

이제까지 유기 화합물의 전형적인 질량 스펙트럼에서 보듯이 다음의 두 가지 요점은 미지 화합물의 분자 구성에 대하여 값진 정보를 제공한다.

질소 규칙
홀수 개의 질소 원자를 가지고 있는 분자 이온은 홀수의 *m/z* 비율을 나타낸다는 것을 설명하는 규칙. 만일 분자 이온에 질소 원자가 없거나 짝수 개이면, 분자 이온은 짝수의 *m/z* 비율을 나타낸다.

1. 중요한 M + 2 피크를 나타내는 원소는 ^{18}O (0.2%), ^{34}S (4.40%), ^{37}Cl (32%), ^{81}Br (98%)이다. 만일 어떠한 큰 M + 2 피크도 존재하지 않으면, 이러한 원소는 없다.
2. 분자 이온의 질량이 홀수인가 혹은 짝수인가? **질소 규칙**(Nitrogen rule)에 의하면, 만일 화합물이 질소 원자를 홀수 개 가지고 있으면 분자 이온은 홀수의 m/z 값을 나타낸다. 반대로, 만일 분자에 질소 원자가 없는 경우를 포함해서 짝수 개의 질소 원자를 가지고 있다면 그 분자 이온은 짝수의 m/z 값이 나타날 것이다. 이 규칙은 홀수 개의 질소를 가지고 있을 때 가장 유용하다. 짝수 개의 질소가 있는 경우 그들 존재를 입증하기 위하여 많은 실험 정보를 필요로 한다.

A 알케인

알케인의 질량 스펙트럼을 해석하려면 두 가지 규칙이 도움이 된다. (1) 조각내기는 사슬의 끝 부분보다는 가지가 없는 사슬의 중간에서 일어난다. (2) 기체 상태에서의 알릴, 벤질, 3차, 2차, 1차, 메틸 탄소양이온 사이의 에너지 차이는 알릴, 벤질, 3차, 2차, 1차, 메틸 라디칼과 비교하여 그 차이가 훨씬 크다. 그러므로 더욱 안정한 라디칼을 형성하기 보다는 더욱 안정한 탄소양이온을 생성하는 경향이 있는 조각내기의 또 다른 방법도 가능하다.

가지가 나지 않은 알케인들은 조각나서 14 원자 질량 단위(CH_2기)만큼 차이 나는 일련의 양이온을 생성하고, 각 조각은 짝수의 질량수를 가진 한 개의 결합 끊어짐에 의해 생성된다. 예를 들면, octane의 질량 스펙트럼(그림 14.5)은 분자 이온(m/z 114)의 피크뿐만 아니라 $C_6H_{13}^+$ (m/z 85), $C_5H_{11}^+$ (m/z 71), $C_4H_9^+$ (m/z 57), $C_3H_7^+$ (m/z 43), $C_2H_5^+$ (m/z 29)의 피크를 나타낸다. 이 피크들은 에틸, 프로필, 뷰틸을 잃어버리는 것에 해당된다. $CH_2—CH_3$ 결합의 조각내기는 보이지 않는다. 메틸 양이온(m/z 15)이나, 헵틸 양이온(m/z 99)에 해당하는 피크는 없다. 질량 분석법에서 조각내기는 조각에 전하가 들어 있도록 끊어지는 결합을 통해서 선으로 나타낸다.

가지가 있는 알케인들의 조각내기는 2차, 3차 탄소양이온 생성이 주로 일어나며, 이것은 이 양이온들이 메틸이나 1차 탄소양이온보다 더 쉽게 형성되기 때문이다. 이러한 이유로 가지가 있는 탄화수소의 분자 이온은 매우 약하거나 전혀 나타나지 않는 경우가 많다. 예를 들면, 가지를 많이 가지고 있는 2,2,4-trimethylpentane (그림 14.6)의 질량 스펙트럼에서 분자 이온에 해당하는 m/z 114는 관찰되지 않는다. 이 탄화수소의 주 피크는 3차 뷰틸 양이온($C_4H_9^+$)에 해당되는 m/z 57이다. 또 다른 큰 피크인 m/z 43은 아이소프로필 양이온이고, m/z 41은 알릴 양이온($CH_2═CHCH_2^+$)이다.

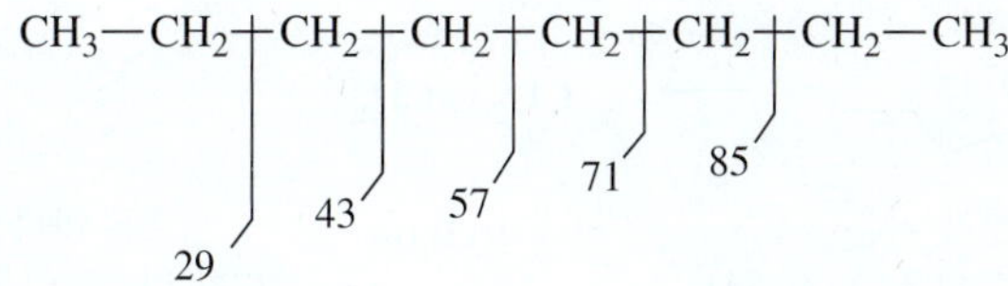

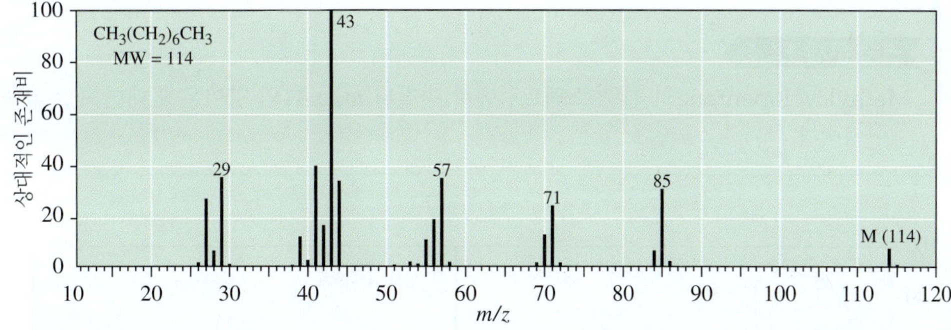

그림 14.5 ▸ Octane의 질량 스펙트럼.

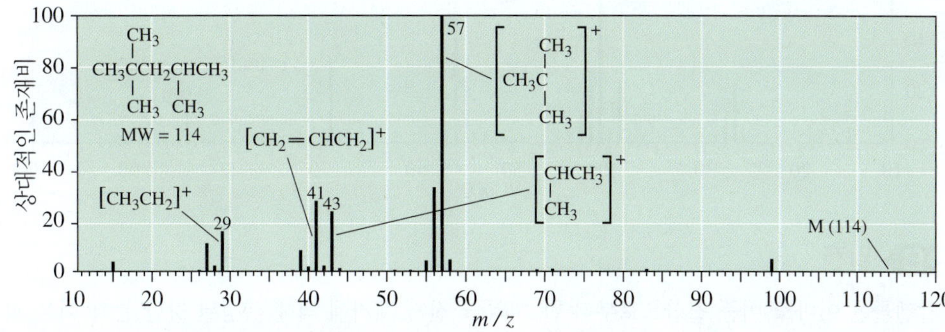

그림 14.6 ▸ 2,2,4-Trimethylpentane의 질량 스펙트럼. 분자 이온의 피크는 세기가 낮고 이 스펙트럼에는 나타나지 않는다.

가끔 질량 스펙트럼에 나타나는 피크들이 우리가 이제까지 보아왔던 분자 조각내기의 논리에 반대되는 것처럼 보일 경우도 있다. 예를 들면, 2,2,4-trimethylpentane (그림 14.6)의 질량 스펙트럼에서 m/z 29의 큰 피크는 에틸 양이온($CH_3CH_2^+$)에 해당한다. 그러나 모체 분자에는 에틸기가 없다. 우리는 이 양이온이 이제까지 보아왔던 것보다 아주 다른 자리옮김과 조각내기의 조합으로 생성되었다고 결론지을 수밖에 없다. 이러한 자리옮김은 전자-충격 질량 스펙트럼의 높은 에너지에서 일반적이다. 이러한 관점에 대한 설명은 이 책 범위에서 벗어난다.

사이클로알케인의 가장 일반적인 조각내기의 방식은 곁가지를 잃거나 ethylene, $CH_2{=}CH_2$를 잃는 것이다. Methylcyclopentane (그림 14.7)의 질량 스펙트럼에서 m/z 69는 하나의 탄소 곁사슬을 잃고 생긴 cyclopentyl 양이온($C_5H_9^+$)의 피크이다. m/z 56의 주 피크는 ethylene을 잃고 생긴 분자식 $C_4H_8^+$ 양이온에 해당한다. 알케인과 사이클로알케인에서 한 개-탄소 끊어짐은 질량수가 짝수인 조각을 생성하고, 두 개-탄소 끊어짐은 짝수의 질량수를 가진 조각을 생성한다는 것을 유의하여라.

예제 14.2 ▸ **질량 스펙트럼으로부터 구조 예측**

Methylcyclopentane의 질량 스펙트럼에서 m/z 56의 주 피크는 ethylene을 잃고 생긴 분자식 $C_4H_8^{+\cdot}$의 라디칼 양이온에 해당한다. 이 라디칼 양이온의 구조식과 어떻게 생성되었는지 제안하여라.

➥ 해답

다음은 이온화함에서 생성될 수 있는 두 가지 라디칼 양이온의 구조식이다. 단일 전자는 1차 라디칼과 2차 탄소양이온으로 주어진 탄소-탄소 단일 결합에서 이동하였다. 이 라디칼 양이온들의 결합 전자의 자리옮김은 ethylene과 새로운 라디칼 양이온을 생성한다.

$\longrightarrow$ $CH_2{=}CH_2$ +

분자 이온
(라디칼 양이온, m/z 84)

Ethylene

새로운 라디칼 양이온
(2차 탄소양이온, m/z 56)

연습 문제 14.2

Methylcyclopentane의 질량 스펙트럼에서 관찰된 m/z 41의 양이온에 대한 구조식을 제안하여라.

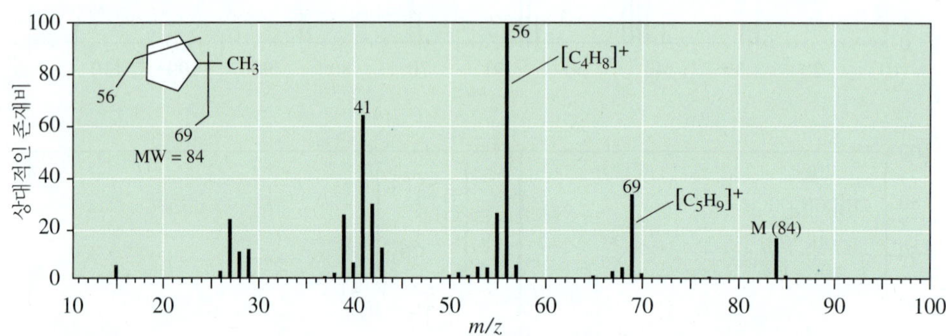

그림 14.7 ▸ Methylcyclopentane의 질량 스펙트럼.

B 알켄

알켄들은 아마도 이중 결합으로부터 한 개의 π 전자 제거에 의해 생성된 강한 분자 이온 피크를 특징적으로 나타낸다. 나아가서, 이 분자 이온은 쉽게 끊어져 1-butene (그림 14.8)의 질량 스펙트럼에서 m/z 41에 나타난 알릴 양이온과 같은 상대적으로 공명 안정한 알릴성 양이온을 생성한다.

Cyclohexene은 Diels-Alder 반응(20.5절)의 역으로 조각내기가 일어나 1,3-다이엔과 알켄을 생성한다. 예를 들면, 이치환 cyclohexene인 터펜 limonene은 역 Diels-Alder 반응으로 조각내기가 일어나 2-methyl-1,3-butadiene (isoprene) 두 분자를 생성한다. 하나는 중성 다이엔이 형성되고 다른 하나는 다이엔 라디칼 양이온이 형성된다. 이 탄화수소의 두 개-결합 끊어짐은 질량수가 짝수인 조각을 생성함에 유의하여라.

CH_3 H_3C CH_2 $\longrightarrow$ H_3C CH_2 + CH_3

Limonene
m/z 136

중성 다이엔

라디칼 양이온
m/z 68

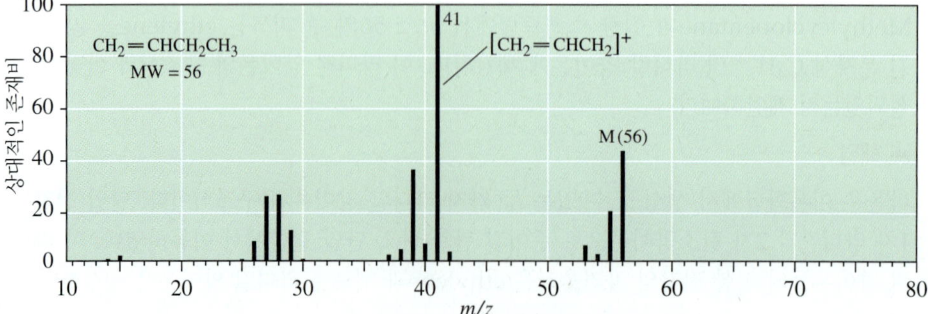

그림 14.8 ▸ 1-Butene의 질량 스펙트럼.

C 알카인

알켄과 같이 알카인은 분자 이온에 해당되는 강한 피크를 나타낸다. 그들의 조각내기 방식은 알켄의 조각내기와 비슷하다. 대부분의 알카인 질량 스펙트럼에서 가장 독특한 피크 중 하나는 비편재화에 의해 안정화된 3-propynyl (propargyl) 양이온(m/z 39) 혹은 치환된 propargyl 양이온이다.

$$HC{\equiv}C{-}CH_2^+ \longleftrightarrow H\overset{+}{C}{=}C{=}CH_2$$

3-Propynyl 양이온
(Propynyl 양이온)

분자 이온 m/z 68과 propargyl 양이온 m/z 39는 1-pentyne (그림 14.9)의 질량 스펙트럼에서 나타난다. 또한 에틸 양이온 m/z 29도 함께 나타난다.

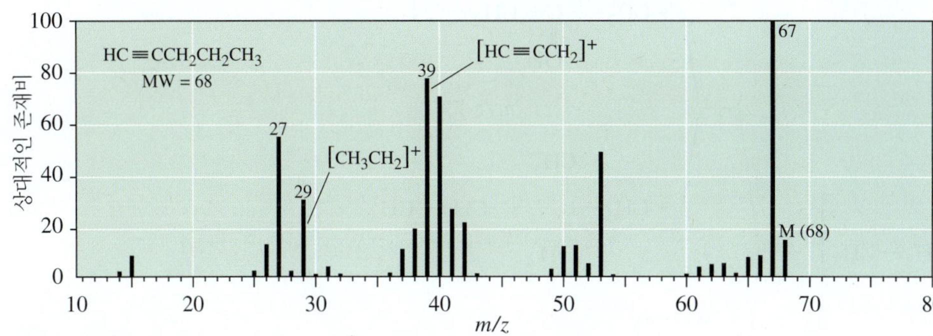

그림 14.9 ▸ 1-Pentyne의 질량 스펙트럼.

D 알코올

1차와 2차 알코올들의 분자 이온의 세기는 일반적으로 약하고 3차 알코올의 분자 이온은 보통 검출되지 않는다. 알코올의 가장 일반적인 조각내기 방식 중에 하나는 물 분자를 잃고 분자 이온에 18을 제외한(M − 18) 것에 해당하는 피크를 생성한다. 또 다른 일반적인 방식은 —OH기가 있는 탄소로부터 알킬기를 잃고 비편재화에 의해 안정화된 옥소늄 이온과 알킬 라디칼을 생성한다. 옥소늄 이온은 전하의 비편재화 때문에 특히 안정하다.

$$R'{-}\underset{R''}{\overset{R}{C}}{-}\dot{\ddot{O}}^{+}{-}H \longrightarrow R\cdot + R'{-}\underset{R''}{C}{=}\overset{+}{\ddot{O}}{-}H \longleftrightarrow R'{-}\underset{R''}{\overset{+}{C}}{-}\ddot{O}{-}H$$

분자 이온 (라디칼 양이온)   라디칼   공명-안정화된 옥소늄 이온

이러한 각 방식은 1-butanol의 질량 스펙트럼(그림 14.10)에서 볼 수 있다. 분자 이온은 m/z 74에서 나타난다. m/z 56의 큰 피크는 분자 이온에서 물 분자를 잃은(M − 18) 것에 해당한다. 주 피크(m/z 31)는 —OH기를 포함하고 있는 탄소로부터 프로필기(M − 43)의 끊어짐에 해당한다. 이 프로필기는 m/z 43에서 볼 수 있다.

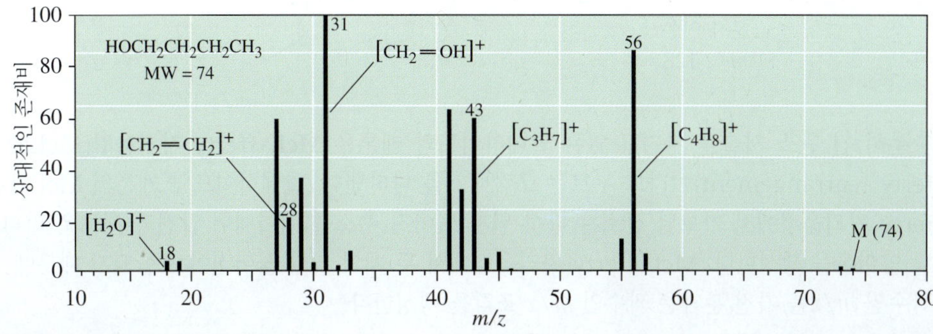

그림 14.10 ▸ 1-Butanol의 질량 스펙트럼.

예제 14.3 ▸ 질량 스펙트럼에서 피크 해석

2-Methyl-2-butanol (MW 88)의 저분해능 질량 스펙트럼은 16개의 피크를 나타낸다. 분자 이온은 나타나지 않는다. m/z 73, 70, 59, 55에서 피크의 생성을 설명하고 각 양이온들의 구조식을 제안하여라.

➥ 해답

m/z 73 (M − 15)에서 피크는 분자 이온에서 메틸 라디칼을 잃은 것에 해당한다. m/z 59 (M − 29)에서 피크는 에틸 라디칼을 잃은 것에 해당한다. 분자 이온에서 중성 분자의 물을 잃고 라디칼 양이온으로 m/z 70 (M − 18)의 알켄을 생성한다. 이 라디칼 양이온에서 메틸을 잃으면 m/z 55의 알릴성 탄소양이온이 된다.

$$[CH_3-C(CH_3)(OH)-CH_2-CH_3]^{+\cdot} \text{ (분자 이온, } m/z\ 88)$$

$$\rightarrow CH_3\cdot + CH_3-C(=\overset{+}{O}H)-CH_2-CH_3 \quad (m/z\ 73)$$

$$\rightarrow CH_3-C(CH_3)=\overset{+}{O}H + \cdot CH_2-CH_3 \quad (m/z\ 59)$$

$$\rightarrow H_2O + [CH_2=C(CH_3)-CH_2-CH_3]^{+\cdot}\ (m/z\ 70) \longrightarrow CH_2=C(CH_3)-CH_2^{+} + CH_3\cdot\ (m/z\ 55)$$

분자 이온 m/z 88

연습 문제 14.3

2-Pentanol의 저분해능 질량 스펙트럼은 15개의 피크를 나타낸다. m/z 73, 70, 55, 45, 43, 41에서 피크 생성을 설명하여라.

E 알데하이드와 케톤

지방족 알데하이드와 케톤의 특징적인 조각내기 방식은 카보닐기에 연결된 결합의 끊어짐 (α-분해)이다. 예를 들면, 2-octanone의 α-분해는 m/z 43과 113인 카보닐-포함된 이온의 생성이다. 알데하이드 양성자의 경우에 α-분해는 M − 1 피크를 생성하며, 이 피크는 매우 독특하고 알데하이드와 케톤 사이를 구별할 수 있는 유용한 방법을 제공한다.

분자 이온 m/z 128 —α-분해→ $CH_3C{\equiv}O^+$ + ·(hexyl) (m/z 43); $CH_3\cdot$ + $^+O{\equiv}C$-(hexyl) (m/z 113)

충분히 긴 탄소 사슬을 가지고 있는 알데하이드와 케톤은 **McLafferty 자리옮김**(McLafferty rearrangement)이라고 부르는 조각내기를 나타낸다. 알데하이드와 케톤의 McLafferty 자리옮김에서 카보닐 산소는 다섯 원자 떨어진 수소를 떼어내어 알켄과 새로운 라디칼 양이온을 생성한다. McLafferty 자리옮김에서 두 개의 결합 끊어짐이 포함되기 때문에, 짝수인 m/z를 가진 분자는 짝수인 m/z 조각을 생성한다.

MECHANISM 케톤의 McLafferty 자리옮김

반응은 육원자 고리 전이 상태를 통해서 일어난다.

분자 이온 m/z 86 —McLafferty 자리옮김→ m/z 58

예를 들면, 2-octanone의 McLafferty 자리옮김은 1-pentene과 m/z 58의 라디칼 양이온이 생성되며, 이는 acetone의 엔올 형태이다(16.9절).

분자 이온 m/z 128 —McLafferty 자리옮김→ m/z 58

α-분해와 McLafferty 자리옮김 모두 나타나는 결과를 2-octanone의 질량 스펙트럼에서 볼 수 있다(그림 14.11).

F 카복실산, 에스터, 아마이드

카복실산으로부터 분자 이온 피크는 매우 미약하지만 일반적으로 관찰된다. 가장 일반적인 조각내기는 m/z 45의 $[COOH]^+$ 이온을 생성하는 α-분해와 McLafferty 자리옮김이다. 주 피크는 종종 McLafferty 자리옮김의 결과이다.

분자 이온 m/z 88 —α-분해→ + $[O{=}C{-}O{-}H]^+$ m/z 45

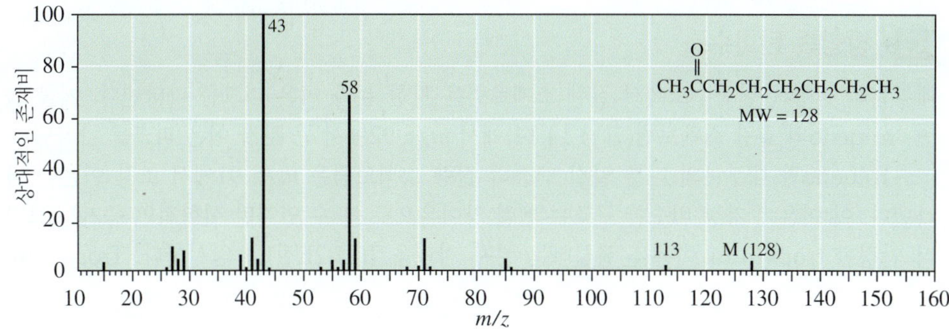

그림 14.11 ▸ 2-Octanone의 질량 스펙트럼. m/z 43과 113 이온은 α-분해의 결과이다. m/z 58 이온은 McLafferty 자리옮김의 결과이다.

MECHANISM 카복실산의 McLafferty 자리옮김

분자 이온 m/z 88 —McLafferty 자리옮김→ m/z 60

이러한 방식은 butanoic acid의 질량 스펙트럼에서 관찰된다(그림 14.12).

그림 14.12 ▸ Butanoic acid의 질량 스펙트럼. 카복실산의 일반적인 조각내기 방식은 m/z 45의 $[COOH]^+$ 이온을 생성하는 α-분해이고 McLafferty 자리옮김이다.

$CH_3CH_2CH_2COH$ (O)
MW = 88
60
45
M (88)
상대적인 존재비
m/z

에스터와 아마이드 역시 일반적으로 분자 이온 판별할 수 있게 나타난다. 카복실산과 마찬가지로 가장 특징적인 조각내기 방식은 α-분해와 McLafferty 자리옮김이고, 이 두 가지 모두 methyl butanoate의 스펙트럼에서 볼 수 있다(그림 14.13). m/z 71과 59에서 피크는 α-분해의 결과이다.

분자 이온 m/z 102 —α-분해→ m/z 71 + $\cdot OCH_3$; + m/z 59

m/z 74에서 피크는 McLafferty 자리옮김의 결과이다.

분자 이온 m/z 102 —McLafferty 자리옮김→ + m/z 74

G 방향족 탄화수소

대부분의 방향족 탄화수소에서 질량 스펙트럼은 강한 분자 이온 피크를 나타낸다. 예를 들면, toluene의 질량 스펙트럼(그림 14.14)에서 m/z 92에서 큰 분자 이온 피크를 나타낸다.

Toluene과 대부분의 다른 알킬 벤젠의 질량 스펙트럼은 m/z 91에서 조각 이온을 나타낸다. 이 이온에 가장 비슷한 구조는 벤질 양이온으로 볼 수 있지만 실험적인 증거는 보다 더 안정한 tropylium 이온을 생성하는 분자 자리옮김(21.2E절)을 암시한다. Tropylium

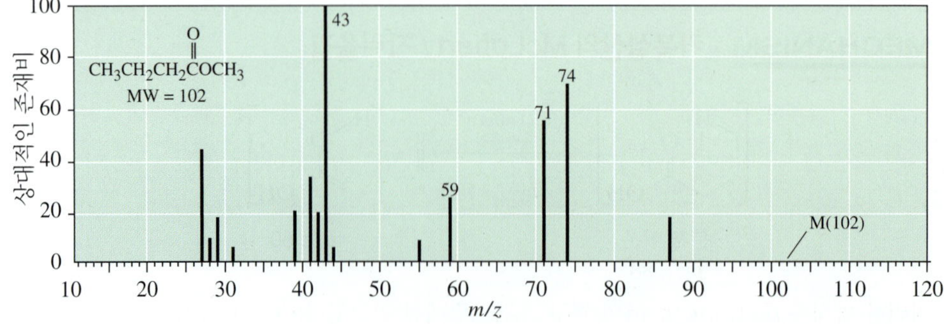

그림 14.13 ▸ Methyl butanoate의 질량 스펙트럼. 에스터의 특징적인 조각내기 방식은 α-분해와 McLafferty 자리옮김이다.

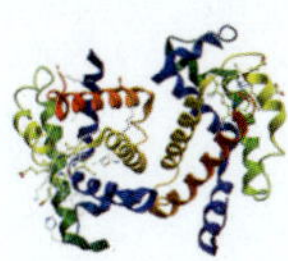

생체 거대분자의 질량 분석법

지난 수년 간 분석기기에 큰 발전이 있었으며, 그 중에서 질량 분석법은 생체 거대분자 특히 단백질과 DNA의 분석에 중요한 역할을 하고 있다. 2002년 노벨 화학상은 J. B Fenn과 Koichi Tanaka에게 수여되었으며, 이들이 개발한 전기분무 이온화법(ESI)과 MALDI법은 생체 거대분자의 구조 분석에 획기적인 발전을 가져왔다. 질량 분석법이 단백질과 핵산 분석에서 특히 유용하다는 것은 이 방법은 자동화가 가능하여 방대한 분량의 분자를 빠르게 처리할 수 있기 때문이다. 게놈 단계의 DNA 서열 분석 결과가 증가하고 있으며, 고속처리법으로 단백질의 서열 정보가 얻고자 하는 많은 노력을 하고 있다. 이러한 연구에 질량 분석법이 큰 역할을 하고 있다.

이제는 상당한 길이의 폴리펩타이드(단백질, 27장 참조)의 아미노산 서열을 결정할 수 있게 되었다. 질량 분석계는 폴리펩타이드를 절단하여 적당한 크기로 자르며, 특히 펩타이드(아마이드) 결합이 주로 잘려진다. *N*-말단과 *C*-말단은 구별이 가능하며, 분석 장치는 각 조각의 정확한 질량을 결정한다. 아미노산은 서로 질량이 다르므로(두 가지 이성질성 아미노산인 leucine과 isoleucine을 제외하고) 정확한 아미노산 구분과 개수를 파악할 수 있고, 최종적으로 컴퓨터를 통해 조각의 겹침을 고려하여 정확한 서열을 결정한다.

거대 단백질의 경우에는 효소 절단을 실시한 후에 질량 분석법을 적용하지만, 최근에는 직렬식 질량 분석계(MS-MS)를 이용하여 효소 절단 없이 분석할 수 있으며, 이 경우 첫 번째 조각을 분리하고 이 조각들은 2차로 절단하는 방법이다. 각 단계에서 아미노산 서열을 결정할 수 있다. 이 MS-MS는 다양한 단백질을 피코몰 혹은 그 이하의 농도에서 분석할 수 있고, 혼합물의 분석이 가능하여 궁극적으로는 세포 내용물 전체를 분석할 수 있게 될 것으로 기대하고 있다. 유사한 방법으로 유전 물질 DNA의 서열을 결정할 수 있으며, 더 자세한 내용은 27장과 28장에서 알아볼 것이다.

이온에서 방향족 양이온은 양전하가 cycloheptatrienyl 고리의 일곱 개 탄소 원자에 동등하게 비편재화되어 있다.

Toluene 라디칼 양이온 → (−H·) → **Tropylium 양이온** (m/z 91)

H 아민

C, H, N, O 그리고 할로젠을 포함하는 화합물 중에서 홀수 개의 질소 원자를 가지는 화합물은 홀수의 m/z 비율인 분자 이온을 갖는다. 그러므로 질량 스펙트럼은 아민을 확인하는 가치 있는 수단이 된다. 그러나 지방족 아민에서 분자 이온은 아주 약하다. 아민에서 특징적인 조각내기 방식과 주 피크를 생성하는 것은 β-분해이다. β-분해가 여러 곳에서 가능할 경우에는 보통 가장 큰 알킬기의 잃어버림이다. 질소가 없는 분자와는 다르게 한 개나 홀수 개의 질소를 가지는 화합물에서 분해가 한번 진행되면 짝수 질량을 가지는 조각이 관찰된다.

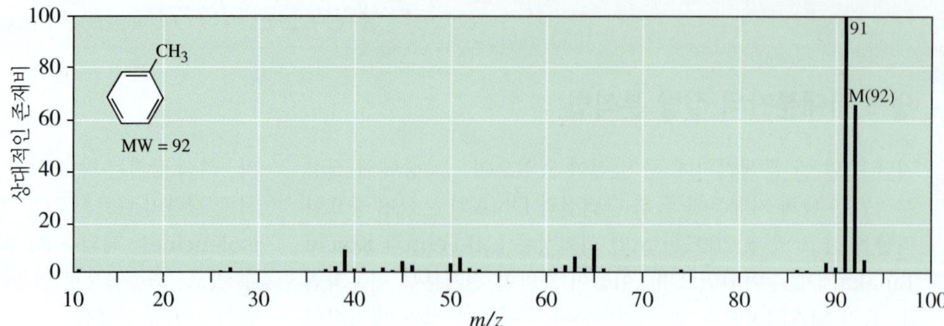

그림 14.14 ▸ Toluene의 질량 스펙트럼. m/z 92에서 분자 이온 피크와 m/z 91에서 tropylium 양이온의 피크가 나타난다.

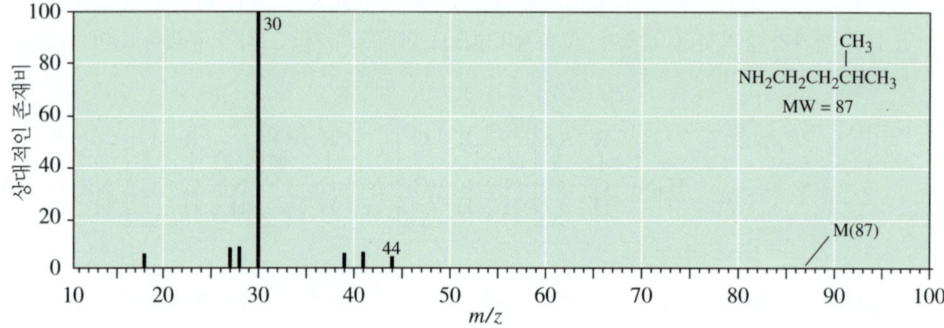

그림 14.15 ▸ 3-Methyl-1-butanamine (isopentylamine)의 질량 스펙트럼. 지방족 아민의 가장 특징적인 조각내기 방식은 β-분해이다.

3-Methyl-1-butanamine의 질량 스펙트럼에서 독특한 피크는 m/z 30 이며 β-분해에 의한 $[CH_2{=}NH_2]^+$를 나타낸다. β-분해는 2차와 3차 아민에서도 특징적으로 나타난다. 복잡한 자리옮김과 조각내기 과정은 2차 및 3차 아민에서조차도 m/z 30에서 주 피크를 생성한다.

$$CH_3-\underset{}{\overset{CH_3}{\overset{|}{C}H}}-CH_2-CH_2-\overset{\cdot +}{N}H_2 \xrightarrow{\beta\text{-분해}} CH_3-\overset{CH_3}{\overset{|}{C}H}-CH_2\cdot + \underset{(m/z\ 30)}{CH_2{=}\overset{+}{N}H_2}$$

14.4 유기 합성 실험에서 질량 분석법과 다른 응용

질량 분석법은 다른 분리 방법과 함께 강력한 분석법이 되며, 기체 크로마토그래피(GC-MS)나 액체 크로마토그래피(LC-MS)와 함께 반응 생성물의 확인에 이용된다. 이들 GC-MS와 LC-MS는 산업체나 연구소의 유기 합성 실험에서 중요한 분석법이며 생성물의 확인에 통상적으로 이용된다.

질량 분석법은 실용적인 응용에 널리 이용되고 있다. 공항에서 수화물을 검색하는 몇몇 기기는 질량 분석법을 이용하여 미량의 폭발물을 추적한다. 운동 선수나 법적 근거를 위한 약품 검사에서도 질량 분석법을 이용하여 혈액의 의약 품질과 미량의 불법 물질을 추적한다. 향후 질량 분석법이 진보하게 되면 강력한 신형 질량 분석계가 소형화되고 저렴한 값에 이용 가능해질 것이며, 연구실에서 뿐만 아니라 실생활에서도 분자를 분석할 수 있게 되어 그 용도가 급격하게 증가할 것이다.

사실과 개념에 대한 요약

14.1절 | 질량 분석계

- **질량 스펙트럼**(Mass spectrum)은 질량 대 전하(m/z)와 상대적인 이온 존재비의 도시이다. **주 피크**(Base peak)는 질량 스펙트럼에서 가장 세기가 큰 피크이다.
- 전자 충격(EI), 빠른 원자 폭격(FAB), 화학 이온화법(CI), 기질-보조 레이저 탈락 이온화법(MALDI) 그리고 전기분무 이온화법(ESI) 등을 포함해서 많은 이온화 방법이 있다.
- **분자 이온**(Molecular ion) $M^{+\cdot}$은 모체 분자에서 전자 하나를 잃고 생긴 라디칼 양이온이다.

연습 문제: 14.1, 14.5, 14.8, 14.9, 14.11, 14.12, 14.19~14.23

14.2절 | 질량 스펙트럼의 특성

- **저분해능 질량 분석계**(Low-resolution mass spectrometry)는 이온을 정수의 질량, 즉 1원자 질량 단위의 차이만 구별할 수 있다.
- **고분해능 질량 분석계**(High-resolution mass spectrometry)는 이온들을 0.0001 원자 질량 단위 혹은 더 작은 차이도 구별할 수 있다.
- 질량 스펙트럼에서 M + 1이나 더 큰 피크는 무거운 동위원소 때문이다.
  - 이러한 분자 이온에 상대적으로 더 큰 질량 대 전하의 피크는 분자 이온의 원소 구성에 대한 정보를 제공한다.
    - 예를 들어, 염소 원자 하나가 존재하면 M과 M + 2 피크의 비는 3:1로 나타난다.
- 한 화합물의 질량 스펙트럼은 분자 이온 피크와 여러 분해 조각의 피크로 나타난다.
  - 분해의 경향과 상대적 빈도는 해당 물질의 특징에 따라 각각 다르다.
    - 한 결합의 분해로 생성되고 질소 원자를 포함하지 않은 조각은 홀수 값 질량을 가진다. 또한 두 결합의 분해로 생성된 조각은 짝수 값 질량을 가진다.
  - 관찰되는 조각의 결합은 탄소양이온의 상대적 안정도에 따라 생성됨을 알 수 있다.
    - 여러 분해 조각이 가능할 경우, 더 안정적인 탄소양이온이 더 많이 생성된다.

14.3절 | 질량 스펙트럼의 해석

- 각각의 작용기는 질량 스펙트럼에서 특징적인 조각내기 방식을 나타낸다.
  - **알케인**(Alkane) 질량 스펙트럼에서 조각내기는 곁가지 없는 연결의 중앙부에서 진행되고, 연속적으로 14 amu의 차이가 나는 조각을 보인다.
    - 곁가지의 연결에서는 곁가지 부위에서 조각내기가 진행되어 2차, 3차 양이온이 관측된다.
  - **알켄**(Alkene)은 강한 분자 이온 피크와 알릴 양이온으로 분해된다.
  - **알카인**(Alkyne)은 강한 분자 이온 피크와 propargyl 양이온으로 분해된다.
  - **알코올**(Alcohol)은 약한 분자 이온(특히 2차, 3차 알코올에서)과 물 분자를 잃게 되고, 혹은 OH기를 가진 탄소에 연결된 알킬기도 잃을 수 있다.
  - **알데하이드**(Aldehyde)와 케톤(ketone)은 두 가지 특징적 끊어짐이 관측된다.
    - **α-끊어짐**(α-Cleave)은 카보닐기에 연결된 결합 중 하나가 끊어진다.
    - **McLafferty 자리옮김**(McLafferty rearrangement)은 육원자 고리 전이 상태를 거쳐 알켄과 새로운 라디칼 양이온을 생성한다.
  - **카복실산**(Carboxylic acid), **에스터**(Ester), **아마이드**(Amide)는 α-끊어짐과 McLafferty 자리옮김을 보여준다.
  - **방향족 탄화수소**(Aromatic hydrocarbon)는 강한 분자 이온을, 알킬 벤젠은 tropylium 이온 조각을 보인다.

연습 문제: 14.2~14.4, 14.6, 14.7, 14.10, 14.13~14.18, 14.24~14.37

- **질소 규칙**(Nitrogen rule)에 따르면 만약 화합물이 홀수의 질소 원자를 가지고 있다면 그것의 분자 이온은 홀수의 m/z를 가진다.

14.4절 | 유기 합성 실험에서 질량 분석법과 다른 응용

- 질량 분석법은 법의학 실험실에서 널리 이용된다.
- 질량 분석 기법은 단백질과 DNA의 서열 결정에서도 사용될 수 있다.

≫ 연습 문제

붉은색 번호는 응용 문제를 나타낸다.

14.4 질량 분석계에서 다음의 분자들의 고에너지 전자와 충돌할 때 생기는 분자 이온(라디칼 양이온)의 합당한 Lewis 구조를 그려라.

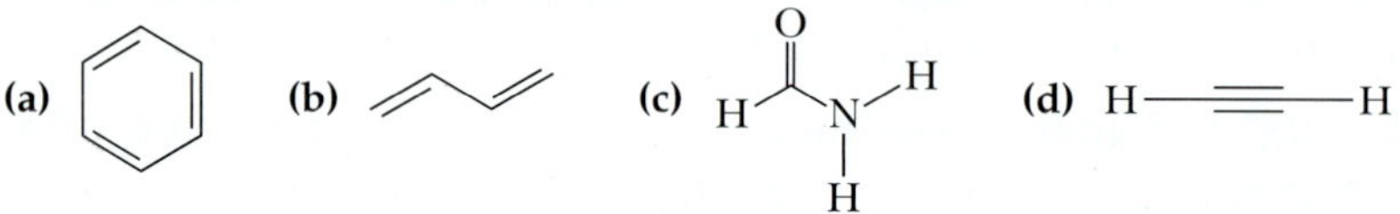

14.5 C, H, O만을 가지고 있는 화합물의 분자 이온은 언제나 짝수의 질량/전하 값이다. 이유를 설명하라. 분자 이온에서 1개의 결합이 조각나서 생기는 이온의 질량/전하 값에 대하여 설명하라. 분자 이온에서 2개의 결합이 조각나서 생기는 이온의 질량/전하 값에 대하여 설명하라.

14.6 어떤 헤테로 원자(탄소나 수소가 아닌 원자)를 가진 화합물의 분자 이온이 짝수의 질량을 갖는가? 그리고 어떤 헤테로 화합물의 분자 이온이 홀수의 질량을 갖는가?

(a) 분자식이 $C_nH_{2n+1}Cl$인 클로로알케인
(b) 분자식이 $C_nH_{2n+1}Br$인 브로모알케인
(c) 분자식이 $C_nH_{2n+1}OH$인 알코올
(d) 분자식이 $C_nH_{2n-1}NH_2$인 1차 아민
(e) 분자식이 $C_nH_{2n+1}SH$인 싸이올

14.7 소위 '질소 규칙'이란 만약 홀수의 질소 원자를 가지는 화합물은 분자 이온의 m/z 값은 홀수가 된다는 것이다. 이유를 설명하라.

14.8 $C_6H_{10}O$와 C_7H_{14}는 같은 명목상의 질량 98이다. 고분해능 질량 분석계에서 그들 분자 이온의 m/z 비에 의하여 그 화합물들을 구별할 수 있음을 설명하여라.

14.9 분자식이 C_6H_9N와 C_5H_5NO인 화합물들이 고분해능 질량 분석계에서 그들의 분자 이온의 m/z 비에 의하여 구별될 수 있음을 보여라.

14.10 홀수의 질소 원자를 가진 화합물의 한 결합이 끊어져서 생긴 조각 이온들의 m/z 값에 대하여 무슨 규칙을 기대하는가?

14.11 자연에 존재하는 ethane 시료에 대한 다음 경우의 확률은?

(a) Ethane 분자의 한 탄소가 ^{13}C이다.
(b) Ethane 분자에서의 양쪽 탄소가 ^{13}C이다.
(c) Ethane 분자에서의 두 수소가 중수소로 치환된다.

14.12 $C_5H_{10}S$와 $C_6H_{14}O$의 분자 이온은 저분해능 질량 분석계에서 m/z 102에서 나타난다. 각 화합물의 M + 2 피크의 상대적인 세기와 모양으로부터 어떻게 정확한 분자식을 결정할 수 있는지 설명하여라.

14.13 14.3절에서 분자 이온의 공명 안정화된 양이온으로 조각나는 몇 가지 예를 보았다. 이런 공명-안정화된 양이온을 나열하고 이 이온들의 중요한 공명 구조를 그려라. 각 세트에서 기여 구조의 상대적 중요성을 평가하여라.

14.14 카복실산은 종종 m/z (M − 17)에서 강한 조각 이온을 생성한다. 이 이온의 구조는 무엇인가? 공명에 의해 안정화되는 기여 구조를 그려서 나타내어라.

14.15 질소가 포함된 탄소에 곁사슬이 없는 일차 아민에 대해 주 피크는 m/z 30에서 나타났다. 이 피크는 어떠한 양이온을 나타내는가? 그리고 어떻게 생성되었을까? 이 양이온이 공명에 의하여 안정화됨을 기여 구조를 그려서 나타내어라.

14.16 Propanone (acetone)의 질량 스펙트럼에서 주 피크는 m/z 43에서 나타난다. 이 피크는 어떠한 양이온을 나타내는가?

14.17 대부분의 알데하이드 질량 스펙트럼에서 특징적인 피크는 m/z 29에서 나타난다. 이 피크는 어떠한 양이온을 나타내는가? (에틸 양이온 $CH_3CH_2^+$는 아니다.)

14.18 다음 화합물들의 M과 M + 2 피크들의 상대적인 세기를 예측하여라.

(a) CH_3CH_2Cl **(b)** CH_3CH_2Br **(c)** $BrCH_2CH_2Br$ **(d)** CH_3CH_2SH

14.19 화합물 A의 질량 스펙트럼에서 분자 이온은 m/z 85와 M에 대한 상대적 존재비가 약 6%인 m/z 86의 M + 1 피크 그리고 M에 대한 상대적 존재비가 0.1%보다 적은 m/z 87의 M + 2 피크를 보인다.

(a) 화합물 A의 분자식을 제안하여라.
(b) 이 분자식에서 적어도 10가지의 가능한 분자식을 그려라.

14.20 무색 액체인 화합물 B의 질량 스펙트럼은 다음의 피크들을 보인다. 화합물 B의 분자식을 결정하고 그것의 구조식을 제안하여라.

m/z	상대적인 존재비
43	100 (기준)
78	23.6 (M)
79	1.00
80	7.55
81	0.25

14.21 C, H, N, O 원소를 포함하며 m/z 값이 88인 5개의 가능한 분자 이온을 갖는 화합물의 분자식을 써라.

14.22 C, H, N, O 원소를 포함하는 m/z 100의 6개의 가능한 분자 이온의 분자식을 써라.

14.23 2-Methyl-1-pentene의 질량 스펙트럼은 m/z 84에서 분자 이온이 나타난다. m/z 69, 55, 41, 29에서의 독특한 피크들의 구조식을 제안하여라.

14.24 다음은 1,2-dichloroethane의 질량 스펙트럼이다.

(a) 분자 이온 피크의 약 2/3 세기를 가지고 나타난 M + 2 피크에 대하여 설명하여라.
(b) M + 4 피크의 세기를 예측하여라.
(c) 양이온 m/z 64, 63, 62, 51, 49, 27, 26의 구조식을 제안하여라.

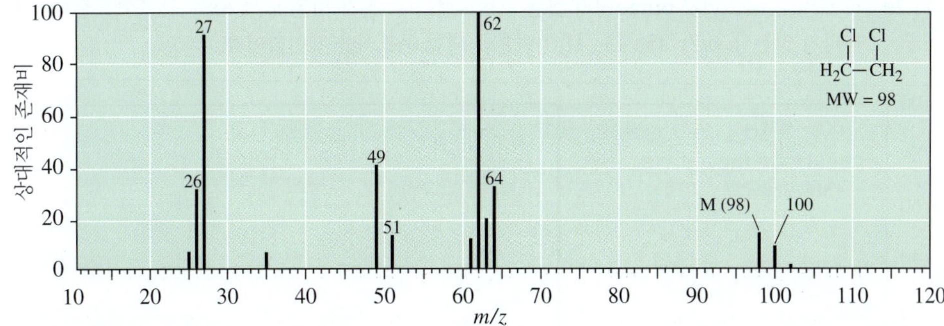

14.25 다음은 1-bromobutane의 질량 스펙트럼이다.

(a) 분자 이온 피크의 약 95% 세기로 나타난 M + 2 피크에 대하여 설명하여라.
(b) m/z 57, 41, 29에 나타난 양이온의 구조식을 제안하여라.

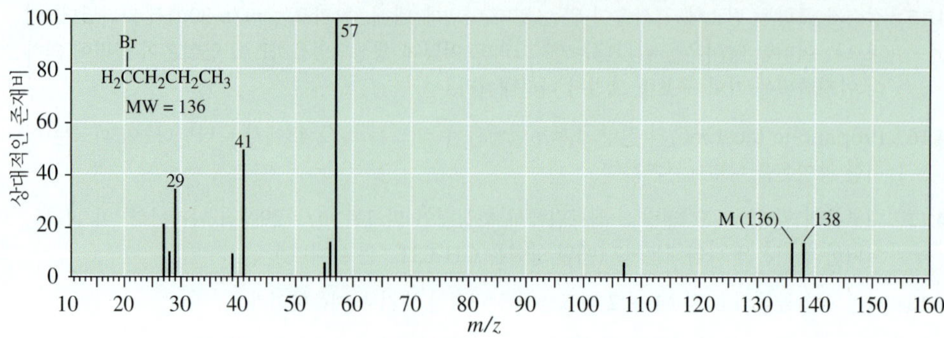

14.26 다음은 bromocyclopentane의 질량 스펙트럼이다. 분자 이온은 m/z 148로 이 스펙트럼에서는 세기가 약하여 나타나지 않았다. m/z 69와 41에 나타난 양이온의 구조식을 제안하여라.

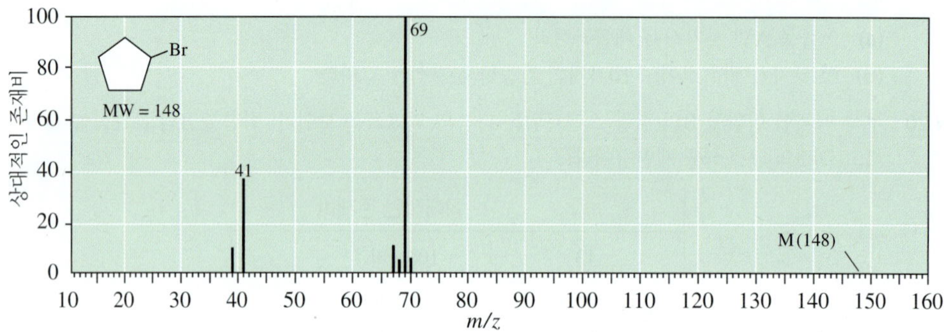

14.27 다음은 미지 화합물의 질량 스펙트럼이다. 가장 큰 두 가지 피크는 m/z 120과 122이다. 이 화합물의 구조를 제안하여라. (Data from http://webbook.nist.gov/chemistry/).

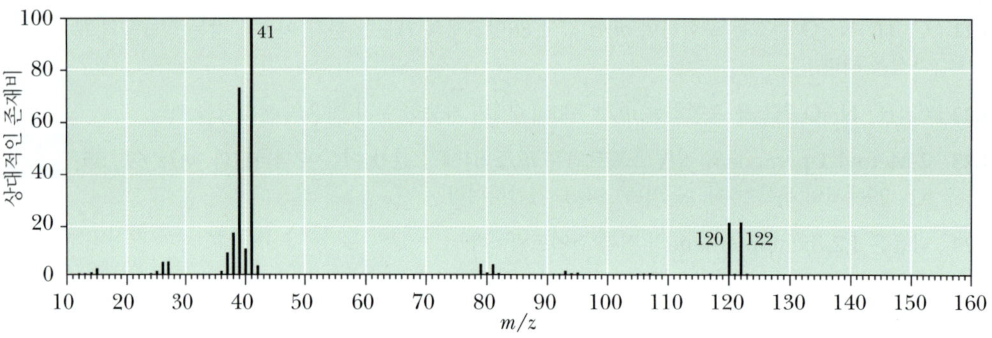

14.28 다음은 3-methyl-2-butanol의 질량 스펙트럼이다. 분자 이온 m/z 88은 이 스펙트럼에서 나타나지 않는다. m/z 45, 43, 41 양이온에 대한 구조식을 제안하여라.

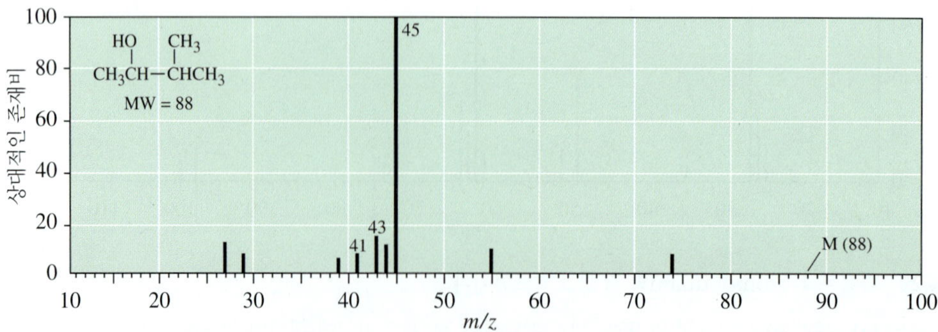

14.29 다음은 화합물 C, C_3H_8O의 질량 스펙트럼이다. 화합물 C는 물에 무한대로 녹고, 금속 소듐과 반응하여 기체를 발생한다. 그리고 thionyl chloride와 반응하여 물에 녹지 않는 클로로알케인을 만든다. 화합물 C의 구조식을 제안하고 각 반응식을 써라.

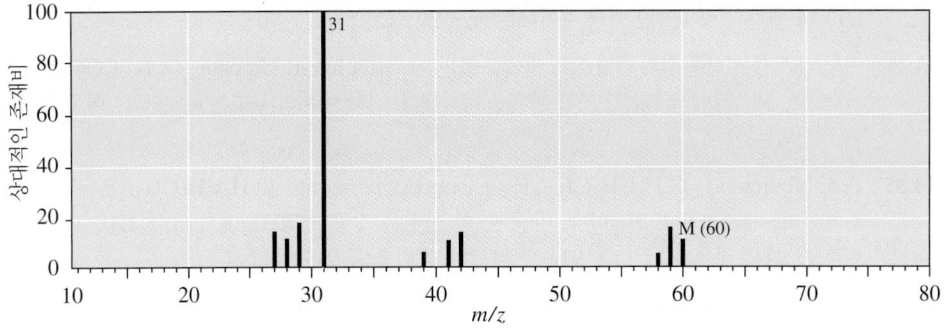

14.30 다음은 구조 이성질체 2-pentanol과 2-methyl-2-butanol의 질량 스펙트럼이다. 각 이성질체의 올바른 스펙트럼을 표시하여라.

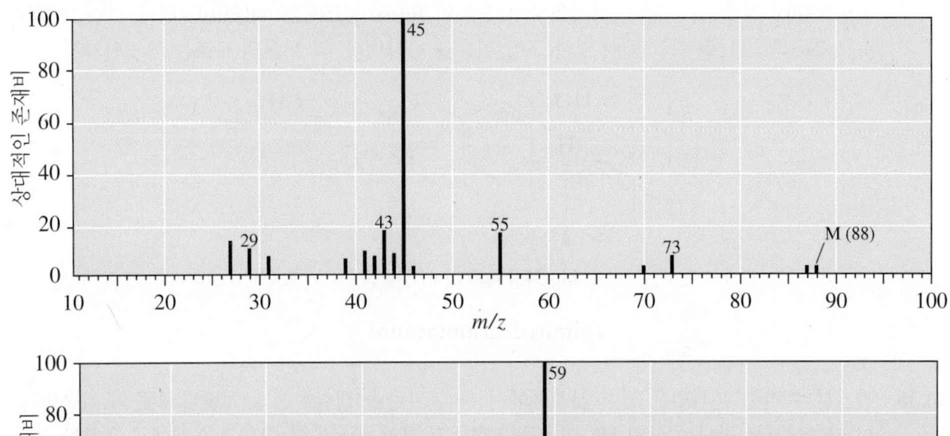

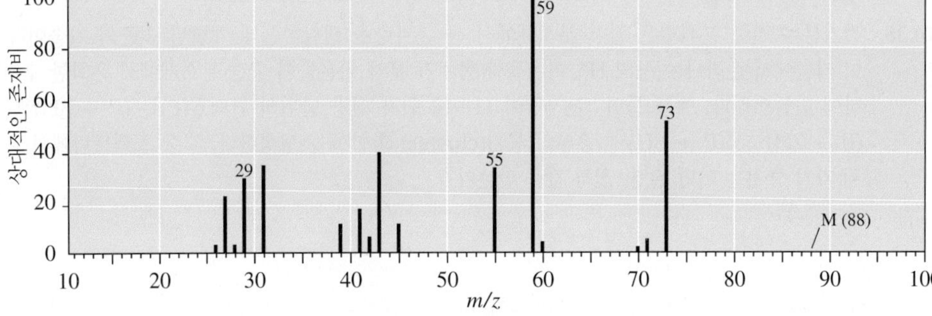

14.31 2-Methylpentanal과 4-methyl-2-pentanone은 분자식이 $C_6H_{12}O$이며 구조 이성질체이다. 각각은 질량 스펙트럼에서 분자 이온은 m/z 100에서 나타난다. 스펙트럼 A에서 주요 피크는 m/z 85, 58, 57, 43, 42이다. 스펙트럼 B에서 주요 피크는 m/z 71, 58, 57, 43, 29이다. 위 두 이성질체와 스펙트럼을 일치시켜라.

O H O

2-Methylpentanal **4-Methyl-2-pentanone**

14.32 4-Methoxybenzoic acid (p-anisic acid)의 질량 스펙트럼에서 m/z 135와 107 피크를 설명하여라.

O
H_3CO— —COH

4-Methoxybenzoic acid

14.33 Hexanoic acid, $CH_3(CH_2)_4COOH$의 질량 스펙트럼에 다음 피크를 설명하여라.

(a) m/z 60

(b) 14 원자 질량 단위만큼씩 차이나는 m/z 45, 59, 73, 87 피크

(c) 14 원자 질량 단위만큼씩 차이나는 m/z 29, 43, 57, 71 피크

14.34 여러 긴 사슬 지방족 산의 메틸 에스터(예를 들면, methyl tetradecanoate, $C_{13}H_{27}COOCH_3$)는 m/z 74, 59, 31에서 확실한 조각 이온을 나타낸다. 각각 이온의 구조는 무엇인가? 이들은 어떻게 생성되는가?

14.35 Propylbenzene, $C_6H_5CH_2CH_2CH_3$와 isopropybenzene, $C_6H_5CH(CH_3)_2$는 구조 이성질체이며, 분자식은 C_9H_{12}이다. 이들 중 한 물질은 질량 스펙트럼에서 m/z 120, 105를 보여주고, 다른 것은 m/z 120, 91을 나타낸다. 각각을 구분하여라.

14.36 각각의 주 피크의 생성을 설명하여라.

(a) Isobutylamine, m/z 30 **(b)** Diethylamine, m/z 58

14.37 질량 스펙트럼의 높은 정밀도 때문에 혈액, 소변 그리고 다른 체액에 포함되어 있는 마약을 검출하는데 자주 사용된다. 마리화나의 성분인 tetrahydrocannabinol (명목 질량 314)은 m/z 246과 231(주 피크)에서 강한 조각 이온을 나타낸다. 각 이온의 구조는 무엇인가?

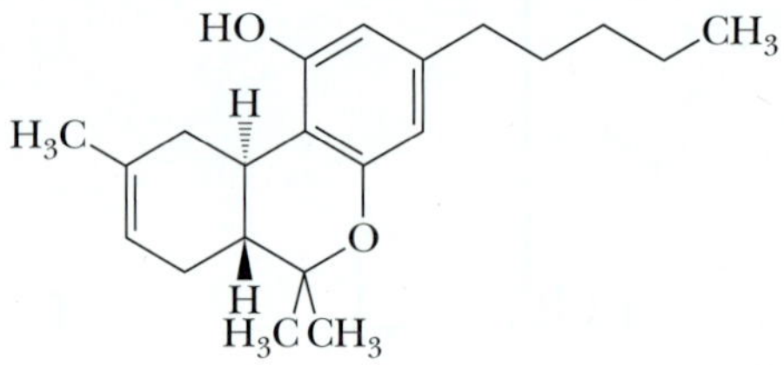

Tetrahydrocannabinol

14.38 전기분무 질량 분석법은 질량 분석계에서 큰 분자량을 관찰하는데 개발된 최근의 기술이다. 이 기술에서는 하나 이상의 H^+ 이온들과 합쳐진 분자 이온들이 질량 분석계에서 온화한 조건하에 만들어진다. 예를 들면, 분자량이 11,812 원자 질량 단위의 단백질(P)는 $(P + 8H)^{8+}$, $(P + 7H)^{7+}$, $(P + 6H)^{6+}$ 종류의 뭉치(cluster) 화합물을 생성한다. 질량 스펙트럼에서 이 세 가지 뭉치는 어떤 질량/전하 값을 갖는가?

제 15 장

© Clive Druett: Papilio/CORBIS

보통의 집파리(*Musca domestica*). Muscalure (유기금속 화합물을 이용하여 합성됨)에 독약을 배합한 덫은 집파리를 유인하여 죽이는데 효과적이다(15.2B절).

유기금속 화합물 입문

An Introduction to Organometallic Compounds

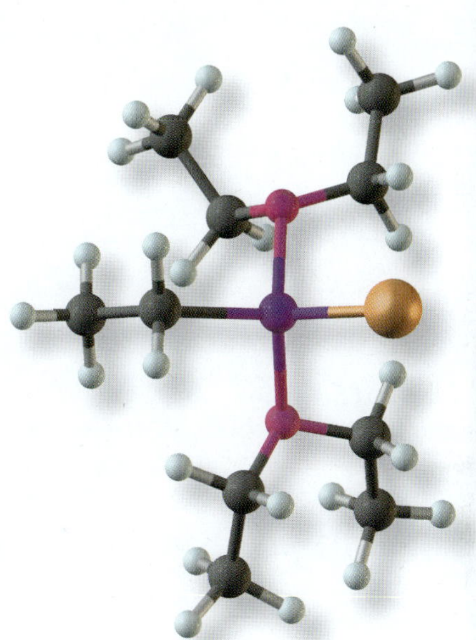

이 장의 차례

*이 장에서*는 탄소-금속 결합을 포함하는 화합물인 **유기금속 화합물**(organometallic compound)이라고 부르는 넓은 부류의 유기 화합물을 설명하고자 한다. 최근에 특히 유기 합성을 위한 입체특이성(stereospecific 또는 거울상선택성) 시약으로 유기금속 화합물을 이해하는데 폭발적인 노력이 있어 왔다. 우리는 이미 알켄의 Sharpless 거울상선택성(enantioselective) 에폭시화 반응에서 한 가지 예를 살펴보았다(11.8D절).

이 장에서 유기 합성 화학을 위해 지난 10년 동안 개발된 유기금속 시약과 촉매들을 풍부하게 다루지는 못한다. 따라서 우리는 합성 화학의 기본적인 변환에 초점을 맞출 것이다. 유기마그네슘, 리튬 및 구리 시약은 역사적 중요성을 가지고 있고, 현대 유기 합성에서 지속적으로 이용되고 있으므로 이 장에서 알아 보고자 한다. 이 시약들은 이후 몇몇 장들의 주제이기도 한 카보닐 화합물과의 반응에서 특히 중요한 역할을 한다. 여러 가지 최신의 유기금속 화합물의 반응은 C—C 결합 생성 및 유기 합성에 관한 장에서 설명할 것이다(24장).

유기금속 화합물
탄소-금속 결합을 포함하는 화합물.

15.1 유기마그네슘과 유기리튬 화합물

유기마그네슘과 유기리튬 화합물로 시작하여 그 합성법과 염기도(basicity)에 중점을 두고자 한다. 유기 합성에서 이들 화합물의 용도는 이후의 장, 특히 16장과 18장에서 더 자세히 설명하기로 한다.

이 장에 관한 동영상 강의를 보기 위해 **www.cengage.com/chemistry/brown/organic7e**에 가서 **Access Student Materials**를 클릭하라.

RMgX	RLi
유기마그네슘 화합물 (Grignard 시약)	유기리튬 화합물

A 제조와 구조

유기마그네슘 화합물은 가장 쉽게 이용, 제조 및 취급되는 유기금속 화합물에 속한다. 이 화합물은 프랑스 화학자인 Victor Grignard (1871~1935)의 이름을 따서 흔히 Grignard 시약이라 부른다. Victor Grignard는 이 시약을 발견하고 유기 합성에 응용한 공로로 1912년에 노벨상을 수상하였다.

Grignard 시약은 전형적으로 diethyl ether 혹은 tetrahydrofuran (THF)과 같은 ether 용매에 약간 과량의 마그네슘 금속을 현탁시킨 용액에 알킬, 아릴 혹은 알케닐 할라이드(alkenyl halide)를 서서히 첨가하여 제조된다. 이러한 조건에서 대부분의 유기 염화물(chloride)은 느리게 반응하는 반면, 유기 아이오딘화물(iodide)과 브로민화물(bromide)은 빠르게 반응한다. 브로민화물은 Grignard 시약을 제조하는데 사용되는 가장 흔한 출발 물질이다. 반응성이 약한 유기 할로젠화물로부터 Grignard 시약을 제조하기 위해서는 흔히 끓는점이 더 높은 THF (bp 67°C)를 사용한다. 일반적으로 반응 초기에는 미량의 습기와 마그네슘 표면의 산화막 때문에 유발 기간(induction period)이 있게 된다. 반응이 시작되면 발열 반응이므로 나머지 유기 할로젠화물을 에터 용매가 온화하게 환류될 정도의 속도로 첨가해준다.

예를 들면, butylmagnesium bromide는 diethyl ether 용매에서 1-bromobutane을 마그네슘 금속으로 처리하여 제조한다. Phenylmagnesium bromide와 같은 아릴 Grignard 시약도 똑같은 방법으로 제조한다. 이러한 반응에서 마그네슘의 형식 산화수는 Mg(0)으로부터 Mg(II)까지 2가 증가하기 때문에 산화성 첨가 반응(oxidative addition)으로 분류된다.

Br + Mg →(ether) MgBr

1-Bromobutane → **Butylmagnesium bromide** (알킬 Grignard 시약)

Br + Mg →(ether) MgBr

Bromobenzene → **Phenylmagnesium bromide** (아릴 Grignard 시약)

Grignard 시약의 제조 반응식은 간단하게 보일지 모르지만, 메커니즘은 상당히 복잡하며 라디칼을 포함한다. 이번 학습 과정에서 그 생성 메커니즘을 논의할 필요는 없다. 그러나 우리는 많은 Grignard 시약들이 아래에 나타낸 바와 같이 단일 알킬 마그네슘과 이중 알킬 마그네슘 착물의 평형 상태로 존재한다는 것에 주목해야 한다.

$$2\,RMgX \rightleftharpoons R_2Mg + MgX_2$$

Grignard 시약은 금속 표면 위에서 생성되며 에터에 의해 용매화된 배위 착물로 녹아 있다. 이러한 에터에 녹아 있는 착물에서 마그네슘은 Lewis 산으로 작용하며 에터는 Lewis 염기로 작용한다(그림 15.1).

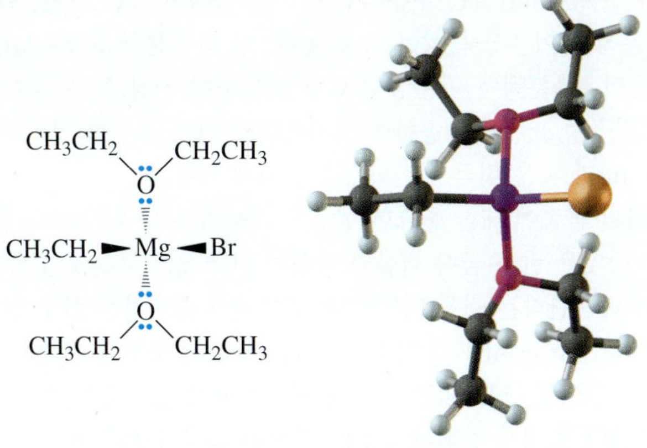

Ethylmagnesium bromide dietherate

그림 15.1 ▸ Ethylmagnesium bromide dietherate, 에테르에 의하여 용매화된 Grignard 시약.

유기리튬 시약은 butyllithium의 제조에서 설명한 바와 같이 알킬, 아릴 혹은 알케닐 할라이드를 2 당량의 리튬 금속으로 처리하여 제조된다. 이 반응에서 pentane에 용해된 1-chlorobutane을 −10℃에서 리튬 선(wire)에 첨가한다.

$$\text{Cl} + 2\,\text{Li} \xrightarrow{\text{pentane}} \text{Li} + \text{LiCl}$$

1-Chlorobutane **Butyllithium**

유기리튬 화합물은 심지어 매우 낮은 온도에서도 카보닐 첨가 반응을 일으키는 친핵체로서 반응성이 매우 크다. 이 시약은 또한 강력하고 효과적인 염기이므로 현대 합성 화학에서 널리 사용되고 있다. 그러나 유기리튬 시약은 대기 중의 산소 및 습기와 매우 빠르게 반응하므로 N_2 혹은 Ar과 같은 비활성 분위기 하에서만 사용해야 하므로 그 편의성은 떨어진다.

Grignard 시약과 유기리튬 시약에서 탄소-금속의 결합은 탄소가 부분적인 음전하를 띠고 금속에 부분적인 양전하를 띤 극성 공유 결합으로 가장 잘 설명된다. 이 반응에서 Grignard 시약과 유기리튬 시약은 탄소에 비공유 전자쌍을 가지고 있고 음전하를 띤 이온인 **탄소음이온**(carbanion)처럼 작용한다. 표 15.1에 탄소와 여러 종류의 금속 사이의 전기음성도 차이(Pauling 척도, 표 1.5 참조)를 나타내었다. 이 차이로부터 우리는 각 탄소-금속 결합의 이온성 특성 백분율을 계산할 수 있다.

탄소음이온
탄소가 비공유 전자쌍을 가지게 되어 음전하를 띠는 이온.

표 15.1 몇 가지 C—M 결합의 이온성 특성 백분율

δ− δ+ C—M 결합	전기음성도 차이	이온성 특성 백분율*
C—Li	2.5 − 1.0 = 1.5	60
C—Mg	2.5 − 1.2 = 1.3	52
C—Al	2.5 − 1.5 = 1.0	40
C—Zn	2.5 − 1.6 = 0.9	36
C—Sn	2.5 − 1.8 = 0.7	28
C—Cu	2.5 − 1.9 = 0.6	24
C—Hg	2.5 − 1.9 = 0.6	24

*이온성 특성 백분율 = $\frac{E_C - E_M}{E_C} \times 100$

유기구리와 유기수은 화합물은 부분적인 이온성 특성이 낮은 반면, 유기리튬과 유기마그네슘 결합은 부분적인 이온성 특성이 가장 높다. 이 화합물들은 염(slat)으로서 작용하지는 않는다. 예를 들어, 부분적인 이온성 특성의 백분율이 가장 높은 유기리튬 시약은 둘러싸고 있는 용매에 비극성 표면을 제공하여 자신들끼리 질서 정연한 집합체인 $(RLi)_x$로 모여 있게 되므로 pentane과 같은 비극성 탄화수소 용매에 녹는다.

표 15.1에 나열된 금속에 대한 중요한 현상은 그들이 모두 탄소보다 전기음성도가 상당히 낮다는 점이다. 이것은 탄소-금속 결합의 극성이 탄소에는 부분적인 음전하가, 금속에는 부분적인 양전하가 나타난다는 것을 의미한다. 부분적인 음전하는 탄소 원자를 염기성과 친핵성으로 만들어 준다. Grignard 시약과 유기리튬 시약이 제조될 때 할로젠과 결합하고 있는 탄소 원자는 할로알케인, 할로알켄 또는 할로아렌에서 친전자성 중심(부분적인 양전하)으로부터 유기금속 화합물에서 친핵성 중심(부분적인 음전하)으로 바뀐다. 오른쪽에 butylmagnesium bromide의 구조식에서 탄소-마그네슘 결합은 그 친핵성 성질을 강조하기 위해 이온성으로 표시되었다.

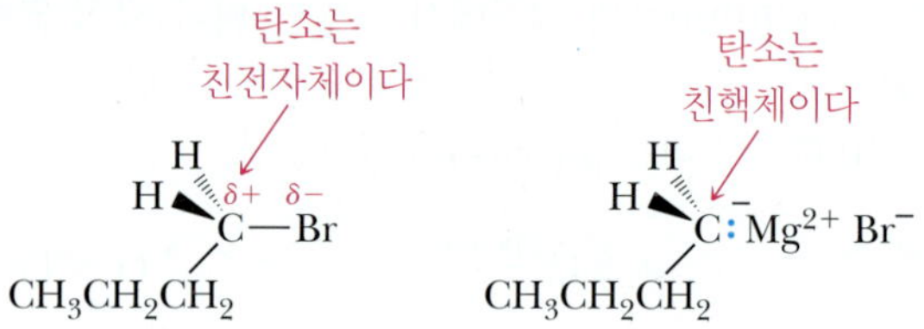

탄소는 친전자체이다: $CH_3CH_2CH_2CH_2{}^{\delta+}C-Br^{\delta-}$ (H, H)

탄소는 친핵체이다: $CH_3CH_2CH_2CH_2\overset{-}{C}{:}\ Mg^{2+}\ Br^-$ (H, H)

이 화합물들은 친핵체로서 알데하이드, 케톤(16장), 카복실 에스터와 산 염화물(18장)의 친전자성 탄소 원자와 반응한다. 여기에서 유기마그네슘과 유기리튬 시약의 가치는 이 화합물들이 탄소-중심 친핵체로서 유기 합성 화학에서 새로운 탄소-탄소 결합의 형성을 가능하게 해준다는 점이다.

B 양성자 산과의 반응

Grignard 시약과 유기리튬 화합물은 모두 매우 센염기이고, 자신이 유도된 알케인보다 더 센산(양성자 주개)과는 쉽게 반응한다. 예를 들면, ethylmagnesium bromide는 물과 즉시 반응하며, 물은 양성자를 내어주고 ethane과 마그네슘염이 생성된다. 이 반응은 훨씬 더 센산과 센염기가 반응하여 약한 산과 약한 염기를 생성하는 한 예이다(4.4절). Ethane은 반응 혼합물로부터 기체로 발생된다.

$$\underset{\text{센염기}}{\overset{\delta-}{CH_3CH_2}}-\overset{\delta+}{MgBr} + \underset{\substack{pK_a\ 15.7\\ \text{센산}}}{\overset{\delta+}{H}-\overset{\delta-}{OH}} \longrightarrow \underset{\substack{pK_a\ 51\\ \text{약한 산}}}{CH_3CH_2-H} + \underbrace{Mg^{2+} + OH^- + Br^-}_{\text{약한 염기}} \qquad pK_{eq} = -35,\ K_{eq} = 10^{35}$$

다음은 Grignard 및 유기리튬 시약과 잘 반응하는 여러 가지 양성자 주개를 분류한 것이다. 이 시약들은 이러한 종류의 화합물과 쉽게 반응하기 때문에, 이러한 작용기들 중의 하나라도 포함된 유기할로젠 화합물로부터 Grignard 시약 및 유기리튬 시약은 제조될 수 없다. Grignard 시약 및 유기리튬 시약 역시 나이트로 혹은 카보닐 작용기를 가진 화합물과 반응하기 때문에 이러한 작용기가 포함된 어떠한 유기할로젠 화합물로부터도 이러한 시약들을 제조할 수 없다.

R_2NH	$RC{\equiv}CH$	ROH	HOH	ArOH	RSH	RCOOH
pK_a 38~40	pK_a 25	pK_a 16~18	pK_a 15.7	pK_a 9~10	pK_a 8~9	pK_a 4~5
1° 및 2° 아민	말단 알카인	알코올	물	페놀	싸이올	카복실산

예제 15.1 ▸ 센염기로서의 Grignard 시약

Ethylmagnesium iodide와 알코올 사이의 산-염기 반응식을 써라. 이 반응의 전자 이동을 나타내는 굽은 화살표를 사용하라. 이외에도 대략의 pK_a 값을 사용하여 이 반응이 센산과 센염기가 반응하여 약한 산과 약한 염기를 생성하는 반응의 한 예를 나타내어라.

➡ 해답

알코올은 센산이며, 부분적인 음전하로 하전된 에틸기는 센염기이다.

$$CH_3CH_2{-}MgI + H{-}\ddot{\underset{..}{O}}R \longrightarrow CH_3CH_2{-}H + MgI^{+}\,{}^{-}{:}\ddot{\underset{..}{O}}R$$

Grignard 시약 (센염기)	알코올 pK_a 16–18 (센산)	알케인 pK_a 51 (약한 산)	마그네슘 알콕사이드 (약한 염기)

연습 문제 15.1

아래의 Grignard 시약이 자기 자신과 반응하여 어떻게 '자체-분해(self-destruct)'되는지를 설명하라.

(a) HO⁀⁀MgBr

(b) ≡⁀⁀⁀MgBr

C Oxirane과의 반응

11.9절에서 기술한 바와 같이 oxirane 고리는 매우 변형(strain)되어 있으므로 다양한 친핵체와 고리 열림 반응을 일으킨다. 우리는 Grignard 시약 및 유기리튬 시약을 반응성이 큰 친핵체 목록에 추가할 수 있다. 예를 들면, butylmagnesium bromide는 oxirane과 반응하여 magnesium alkoxide를 생성하며, 이것을 산성 수용액으로 처리하면 1-hexanol이 얻어진다.

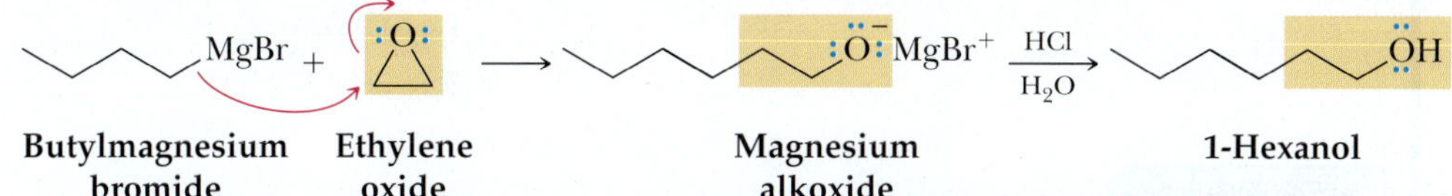

이 예에서 나타낸 바와 같이 oxirane을 Grignard 시약으로 처리하여 얻어진 알콕사이드를 양성자 첨가(protonation)한 생성물은 원래의 사슬보다 탄소 사슬이 2개 늘어난 일차 알코올이다. 치환된 oxirane과의 반응에서 주 생성물은 Grignard 시약이 S_N2 유사 반응으로 삼원자 고리의 덜 가리어진 탄소를 공격하여 얻어진다. 예를 들면, methyl oxirane (propylene oxide)의 라셈 혼합물을 phenylmagnesium bromide로 처리한 후, 이어서 산성 수용액으로 마무리하면 1-phenyl-2-propanol의 라셈 혼합물이 얻어진다. 이 반응은 oxirane 탄소 중의 1개 이상이 사차(quaternary)일 때는 잘 일어나지 않는다.

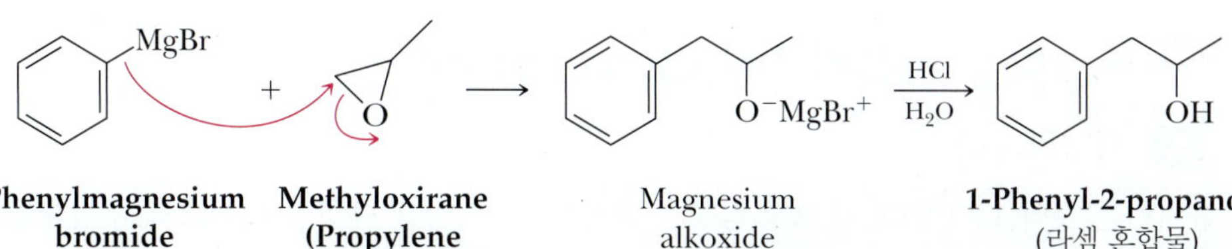

예제 15.2 ▸ **알코올의 제조**

다음의 각 알코올이 유기할로젠 화합물과 oxirane으로부터 어떻게 제조되는지를 제시하라.

(a) 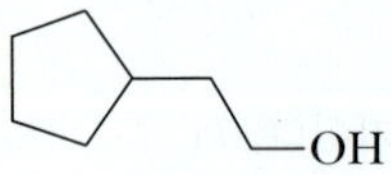 (b)

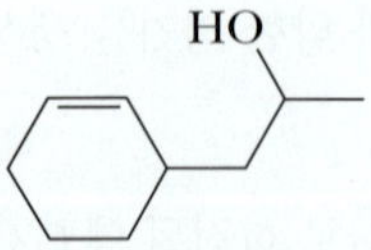

(거울상 이성질체 두 쌍의 라셈 혼합물)

➡ 해답

각 화합물에 대한 역합성 분석과 합성 과정이 제시되어 있다.

(a)

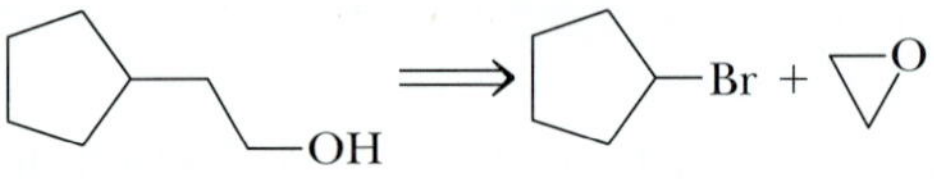

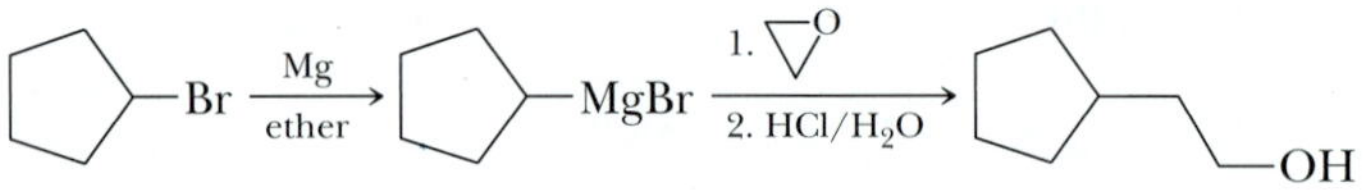

Mg / ether → MgBr → 1. oxirane 2. HCl/H_2O → OH

(b)

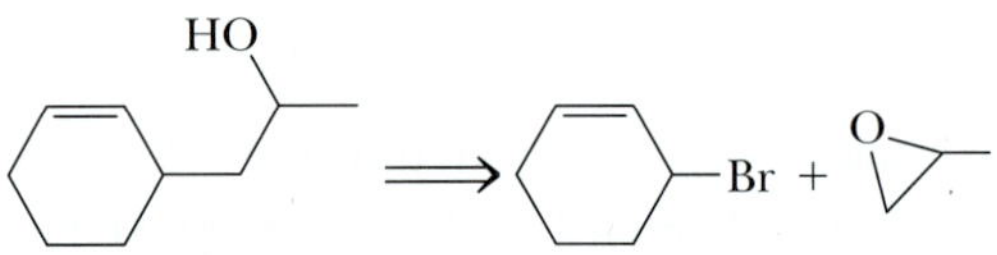

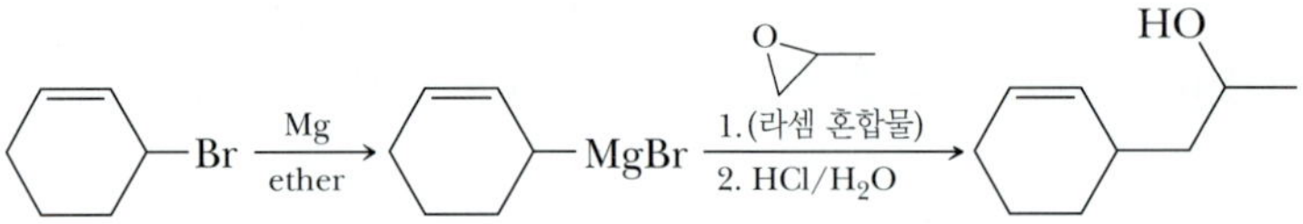

Mg / ether → MgBr → 1. (라셈 혼합물) 2. HCl/H_2O → HO

(거울상 이성질체 두 쌍의 라셈 혼합물)

연습 문제 15.2

10장의 알코올의 반응을 생각하면서 다음의 각 화합물이 유기할로젠 화합물과 oxirane의 반응으로 얻어진 하이드록시기를 연속하여 산소를 포함하는 원하는 작용기로 어떻게 전환되는지 그 합성 과정을 제시하라.

(a) 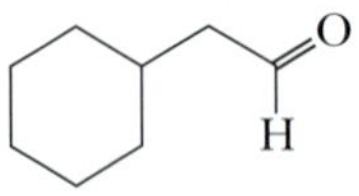 (b)

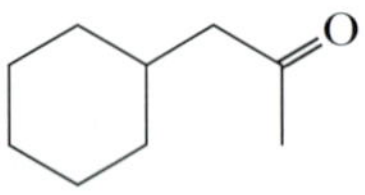

15.2 리튬 이유기구리(Gilman) 시약

A 제법과 구조

유기리튬 시약(15.1절)의 중요한 용도는 처음에 이 시약을 개발한 아이오와 주립대학의 Henry Gilman (1893~1986)의 이름을 따서 Gilman 시약이라고 불리는 이유기구리(diorganocopper) 시약을 제조하는 것이다. 이 시약은 butyllithium으로부터 lithium dibutylcopper의 제조에 나타낸 것처럼 알킬, 아릴 또는 알케닐리튬 화합물을 copper(I) iodide로 처리하여 쉽게 제조된다.

$$2\ CH_3CH_2CH_2CH_2Li + CuI \xrightarrow[\text{혹은 THF}]{\text{diethyl ether}} (CH_3CH_2CH_2CH_2)_2CuLi + LiI$$

Butyllithium **Copper(I) iodide** **Lithium dibutylcopper** (Gilman 시약)

Gilman 시약은 탄소 친핵체의 공급원으로서 음으로 하전된 두 개의 유기 작용기가 copper(I)에 결합된 구조이다. 리튬 이온은 상대 이온으로서 음으로 하전된 화학종에 결합되어 있다.

B 유기할로젠 화합물과의 짝지음

Gilman 시약은 다음의 2-methyl-1-dodecene의 제조에 나타난 바와 같이 염화 알킬, 브로민화 알킬, 아이오딘화 알킬(플루오린화 알킬은 이러한 조건에서는 반응하지 않음)과 짝지음(coupling) 반응에 의하여 새로운 탄소-탄소 결합을 형성하는데 특히 가치가 있다. Gilman 시약에서 알킬기들 중의 단지 한 개만이 반응에 참여함에 주목하라. Gilman 시약은 궁극적으로 할로젠화물로부터 제조되기 때문에 이것은 결국 두 개의 할로젠화물을 효과적으로 짝지음한 것이 된다.

2 **1-Iododecane**

1. Li, pentane
2. CuI

Lithium didecylcopper + **2-Bromopropene** —(diethyl ether, 혹은 THF)→ **2-Methyl-1-dodecene**

이 예는 친핵체인 Gilman 시약과 친전자체인 바이닐성 할로젠화물의 짝지음을 나타내고 있다. 바이닐성 할로젠화물은 대개 친핵성 치환 반응을 일으키지 않는다. 따라서 여기에 제시된 리튬 이유기구리 시약의 반응은 특이하다.

짝지음 생성물의 가장 좋은 수득률을 제공하는 Gilman 시약은 해당되는 유기리튬 화합물을 통하여 메틸, 일차 알킬, 알릴성, 바이닐성, 아릴 할로젠화물로부터 제조된 시약들이다. 이차와 삼차 할로알케인과의 반응에서 수득률은 낮다.

바이닐성 할로젠화물과의 짝지음은 입체특이성이다. *trans*-5-Tridecene의 합성에 나타난 바와 같이 탄소-탄소 이중 결합의 배열은 보존된다.

(*E*)-1-Iodo-1-nonene + **Lithium dibutylcopper** —(diethyl ether, 혹은 THF)→ **(*E*)-5-Tridecene**

Gilman 시약의 다른 제조 방법은 촉매 양의 Cu(I) 존재 하에서 Grignard 시약을 사용하는 것이다. Zoecon 회사는 촉매량의 Cu(I) 존재 하에서 (Z)-1-bromo-9-octadecene을 phenylmagnesium bromide로 처리하여 150 kg의 용량으로 집파리성 유인제인 muscalure의 합성법을 개발하였다. 출발 물질인 브로모알켄은 쉽게 얻을 수 있는 (Z)-9-octadecenoic acid (oleic acid, 26.1절)로부터 쉽게 제조된다. Muscalure의 수득률은 거의 정량적이다.

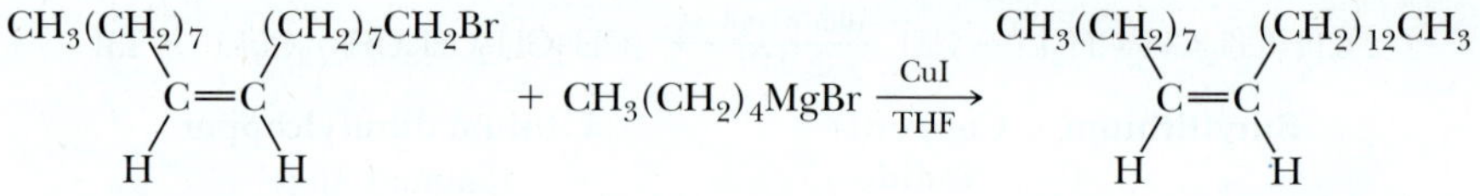

$$CH_3(CH_2)_7CH{=}CH(CH_2)_7CH_2Br + CH_3(CH_2)_4MgBr \xrightarrow[THF]{CuI} CH_3(CH_2)_7CH{=}CH(CH_2)_{12}CH_3$$

(Z)-1-Bromo-9-octadecene → **(Z)-9-Tricosene (Muscalure)**

이 짝지음 반응의 메커니즘은 완전히 밝혀지지 않았으며, 활발하게 연구 중인 주제이다.

예제 15.3 ▸ 리튬 이유기구리 시약과의 반응

리튬 이유기구리 시약을 사용하여 다음의 각 전환 반응이 어떻게 일어나는지를 제시하라.

(a) 1-Bromocyclohexene을 1-methylcyclohexene으로 전환

(b) 탄소의 공급원으로 브로모알케인을 사용하여 1-bromo-2-methylpropane을 2,5-dimethylhexane으로 전환

해답

(a) 1-Bromocyclohexene을 lithium dimethylcopper로 처리한다.

$$C_6H_9Br + (CH_3)_2CuLi \longrightarrow C_6H_9CH_3 + CH_3Cu + LiBr$$

1-Bromocyclohexene + **Lithium dimethylcopper** → **1-Methylcyclohexene**

(b) 1-Bromo-2-methylpropane을 1-bromo-2-methylpropane으로부터 제조된 lithium diisobutylcopper로 처리한다.

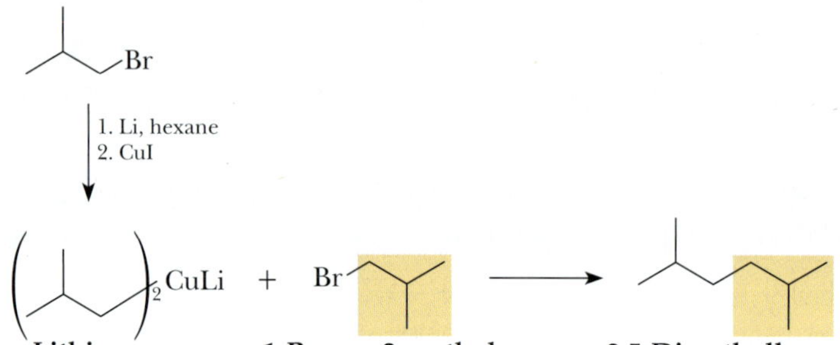

Br (isobutyl bromide) → 1. Li, hexane 2. CuI

Lithium diisobutylcopper + Br **1-Bromo-2-methylpropane (Isobutyl bromide)** → **2,5-Dimethylhexane**

(CuLi, 2)

연습 문제 15.3

리튬 이유기구리 시약을 사용하여 다음의 각 전환 반응이 어떻게 일어나는지를 제시하라.

(a) 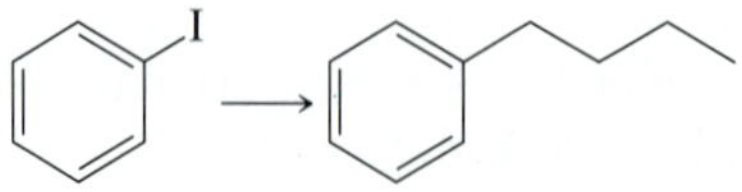 I (iodobenzene) ⟶ (butylbenzene)

(b) 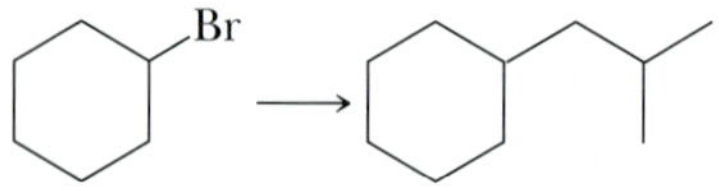 Br (bromocyclohexane) ⟶ (isobutylcyclohexane)

C Oxirane과의 반응

Gilman 시약과 에폭사이드의 반응은 새로운 탄소-탄소 결합을 형성하는 중요한 방법이다. 유기리튬 화합물 및 Grignard 시약과 마찬가지로 유기구리 시약은 치환된 에폭사이드의 덜 치환된 탄소를 위치선택적으로 공격하여 고리 열림에 의하여 알코올을 생성한다. 예를 들면, styrene oxide의 라셈 혼합물을 lithium divinylcopper로 처리한 후, 이어서 산성

수용액으로 마무리하면 1-phenyl-3-buten-1-ol의 라셈 혼합물이 얻어진다.

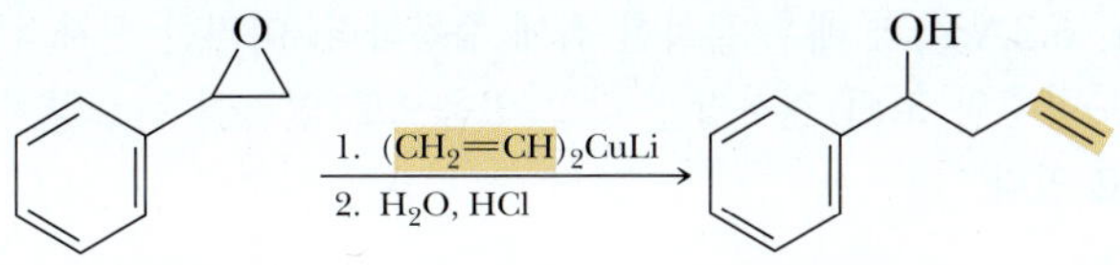

$$\text{Styrene oxide} \xrightarrow[\text{2. } H_2O,\ HCl]{\text{1. } (CH_2{=}CH)_2CuLi} \text{1-Phenyl-3-buten-1-ol}$$

Styrene oxide
(라셈 혼합물)

1-Phenyl-3-buten-1-ol
(라셈 혼합물)

예제 15.4 ▸ **Oxirane 반응**

1-Phenyl-3-hexanol의 라셈 혼합물을 제조하는데 사용될 수 있는 에폭사이드와 Gilman 시약의 두 가지 조합 방법을 제시하라.

해답

하이드록시(OH) 작용기에 결합된 탄소는 에폭사이드 고리의 탄소 원자들 중의 하나이어야 한다. 에폭사이드의 두 번째 탄소는 —OH에 결합된 탄소의 오른쪽에 있거나 왼쪽에 있게 된다. 이 해답에서 페닐기는 C_6H_5—로 표기된다. 어느 합성 과정도 모두 만족스럽다.

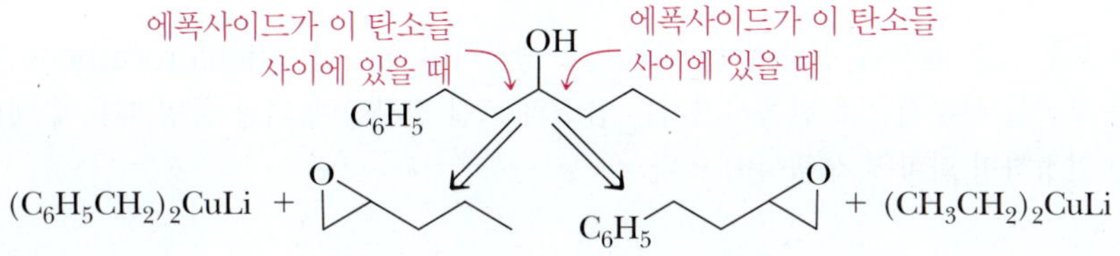

(라셈 혼합물)

에폭사이드가 이 탄소들 사이에 있을 때 / 에폭사이드가 이 탄소들 사이에 있을 때

$(C_6H_5CH_2)_2CuLi$ + (epoxide) (라셈 혼합물)

C_6H_5(epoxide) (라셈 혼합물) + $(CH_3CH_2)_2CuLi$

연습 문제 15.4

예제 15.4의 각 Gilman 시약이 적절한 할로젠화 알킬로부터, 그리고 각 에폭사이드가 적절한 알켄으로부터 각각 어떻게 제조되는지를 제시하라.

15.3 카벤과 카벤류

카벤(Carbene, R_2C:)은 탄소 원자가 단지 6개의 원자가 전자로 둘러싸인 중성 분자이다. 카벤은 전자가 부족하기 때문에 반응성이 매우 크며 친전자체로 작용한다. 앞으로 다루겠지만, 카벤의 가장 중요한 반응 형태 중의 하나는 알켄(친핵체)과 반응하여 cyclopropane을 생성하는 것이다.

카벤
단지 6개의 원자가 전자로 둘러싸인 탄소 원자가 포함된 중성 분자 (R_2C:).

A 메틸렌

가장 간단한 카벤은 폭발성 독가스인 diazomethane (CH_2N_2)을 **광분해**(photolysis, 빛에 의한 분해)하거나 **열분해**(thermolysis, 열에 의한 분해)하여 제조된 메틸렌(methylene, CH_2)이다.

광분해
빛에 의한 분해.

열분해
열에 의한 분해.

$$H_2C{=}\overset{+}{N}{=}\overset{-}{\ddot{N}}: \longleftrightarrow H_2\overset{-}{\ddot{C}}{-}\overset{+}{N}{\equiv}N: \xrightarrow{h\nu} H_2C: \ + \ :N{\equiv}N:$$

Methylene
(가장 간단한 카벤)

대부분의 카벤의 가장 낮은 전자 상태에서 탄소는 세 번째 sp^2 궤도함수에 비공유 전자쌍이 들어 있고 sp^2로 혼성화되어 있다. 혼성화되지 않은 $2p$ 궤도함수는 3개의 sp^2 궤도함수

에 의하여 만들어진 평면에 수직으로 놓여 있다. 메틸렌의 이러한 궤도함수 모양은 탄소양이온(carbocation, 6.3A절)과 매우 흡사한 점에 주목하라. 이러한 전자적인 상태의 메틸렌은 비어있는 *p* 궤도함수와 고립 전자쌍을 갖고 있음으로 인하여 탄소양이온과 탄소음이온의 특성을 겸비하고 있다.

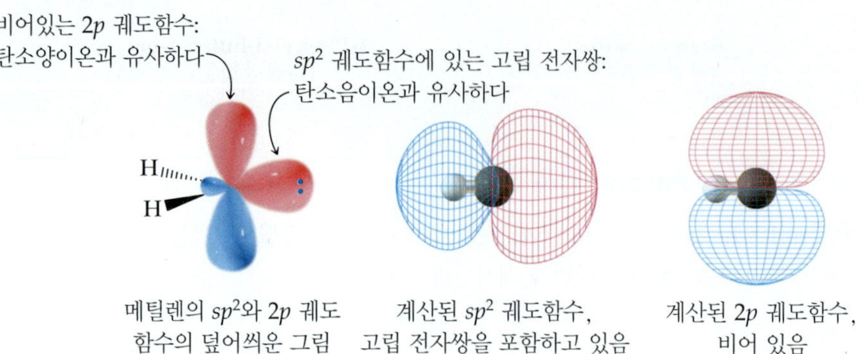

메틸렌의 sp^2와 $2p$ 궤도함수의 덮어씌운 그림   계산된 sp^2 궤도함수, 고립 전자쌍을 포함하고 있음   계산된 $2p$ 궤도함수, 비어 있음

이러한 방식으로 생성된 메틸렌은 모든 C—H 및 C═C 결합과 반응하며, 선택성이 없기 때문에 합성상의 유용성은 떨어진다.

B Dichlorocarbene

우리는 종종 염소 원자를 전자 끄는 치환기로 생각하고 있지만, dichlorocarbene은 탄소의 전자 부족을 부분적으로 만족시키기는 염소의 고립 전자쌍에 의한 공명 때문에 메틸렌보다 훨씬 안정하며 화학적 선택성이 크다.

$$:\ddot{\text{Cl}}-\ddot{\text{C}}-\ddot{\text{Cl}}: \;\longleftrightarrow\; :\ddot{\text{Cl}}-\ddot{\text{C}}^{-}=\text{Cl}^{+} \;\longleftrightarrow\; :\text{Cl}^{+}=\ddot{\text{C}}^{-}-\ddot{\text{Cl}}:$$

Dichlorocarbene은 chloroform을 potassium *tert*-butoxide로 처리하여 HCl을 제거함으로써 제조된다. 반응 결과로 생성된 카벤은 알켄과 깨끗하게 반응하여 dichlorocyclopropane을 생성한다. 알켄에 대한 다이할로카벤의 첨가는 신(syn) 입체선택성을 나타낸다.

$$\underset{\textbf{Trichloromethane (Chloroform)}}{CHCl_3} + \underset{\textbf{Potassium }\textit{tert}\textbf{-butoxide}}{(CH_3)_3CO^-K^+} \longrightarrow \underset{\textbf{Dichlorocarbene}}{Cl_2C:} + \underset{\textit{tert}\textbf{-Butyl alcohol}}{(CH_3)_3COH} + K^+Cl^-$$

$$\underset{\textbf{Dichlorocarbene}}{Cl_2C:} + \text{cyclohexene} \longrightarrow \underset{\text{Dichlorocyclopropane}}{\text{(H, H, CCl}_2\text{ bicyclic)}}$$

다음에 예시된 *cis*-3-hexene과 dichlorocarbene의 반응에서처럼 *시스* 알켄과 다이할로카벤의 반응은 *cis*-dihalocyclopropane만을 유일하게 생성한다. 마찬가지로 *트랜스* 알켄의 반응은 *trans*-dihalocyclopropane만을 유일하게 생성한다.

$$\underset{\textbf{(Z)-3-Hexene}}{\text{(Z)-3-hexene}} + CHCl_3 \xrightarrow{(CH_3)_3CO^-K^+} \underset{\textbf{\textit{cis}-1,1-Dichlo-2,3-diethylcyclopropane}}{\text{product}}$$

MECHANISM Dichlorocarbene의 생성과 cyclohexene과의 반응

1단계와 2단계를 합쳐서 H와 Cl의 α 제거가 일어난다. 즉, 두 개의 원자가 같은 탄소로부터 제거된다. 우리는 이웃한 탄소로부터 수소와 이탈기가 제거되는 β 제거 반응의 많은 예를 보아왔다. α 제거 반응의 예는 매우 적고, 이러한 반응은 β 수소가 존재하지 않을 경우에만 일어난다.

***1단계:* 양성자 제거**. 세 개의 전자 끄는 염소 원자 때문에 어느 정도 산성인 chloroform을 potassium *tert*-butoxide로 처리하면 trichloromethide 음이온이 생성된다.

$$(CH_3)_3CO^- + H{-}CCl_3 \rightleftharpoons (CH_3)_3COH + {}^-:CCl_3$$

Trichloromethide 음이온

***2단계:* 결합이 끊어지면서 안정한 분자 혹은 이온의 생성**. CCl_3^-로부터 Cl^-이 제거되어 dichlorocarbene을 생성한다.

$$^-:CCl_3 \longrightarrow :CCl_2 + :Cl:^-$$

Dichlorocarbene

***3단계:* 친핵체(π 결합)와 친전자체 사이의 결합 형성**. Dichlorocarbene이 cyclohexene에 신 첨가 반응하여 dichlorocyclopropane을 생성한다. 이 단계의 반응을 6.3D 절에서 처음으로 설명하였던 브로민(Br_2)과 염소(Cl_2)의 알켄에 대한 친전자성 첨가 반응과 비교해 보라.

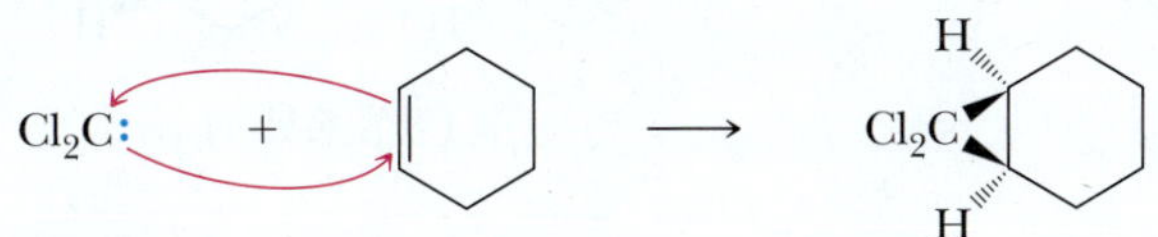

Dichlorocarbene (친전자체) **Cyclohexene** (친핵체) Dichlorocyclopropane

예제 15.5 ▸ Dibromocarbene의 생성

다음 반응의 생성물을 예측하라.

$$CHBr_3 + (CH_3)_3CO^-K^+ + \text{(Z)-3-Methyl-2-pentene} \longrightarrow$$

(*Z*)-3-Methyl-2-pentene

➡ 해답

Bromoform은 dibromocarbene을 생성하며, 이것은 알켄과 입체 특이성으로 반응하여 dibromocyclopropane을 생성한다.

$$CHBr_3 + (CH_3)_3CO^-K^+ + \text{alkene} \longrightarrow \text{dibromocyclopropane}$$

(라셈 혼합물)

연습 문제 15.5

다음 반응의 생성물을 예측하라.

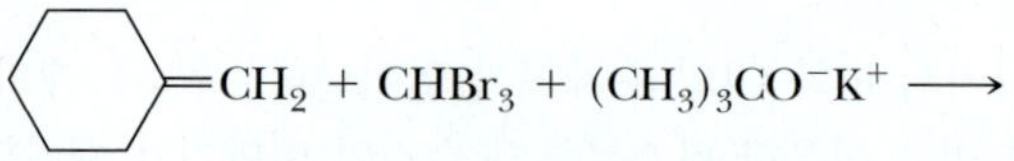

$$\text{(cyclohexylidene)}{=}CH_2 + CHBr_3 + (CH_3)_3CO^-K^+ \longrightarrow$$

C Simmons-Smith 반응

Diazomethane으로부터 제조된 메틸렌 그 자체는 합성상 유용하지 않지만, 알켄에 대한 메틸렌의 첨가 반응은 미국 화학자 Howard Simmons와 Ronald Smith에 의하여 처음 보고된 반응을 이용하여 완결될 수 있다. Simmons-Smith 반응에서는 iodomethylzinc iodide를 생성하기 위하여 diiodomethane과 소량의 구리(소위 '아연-구리 쌍')로 활성화된 아연 분말을 사용한다. 우리는 여기에서 **Simmons-Smith 시약**을 ICH_2ZnI로 표기하지만, 그 구조는 상당히 복잡하며 아직 완전히 밝혀지지 않았다.

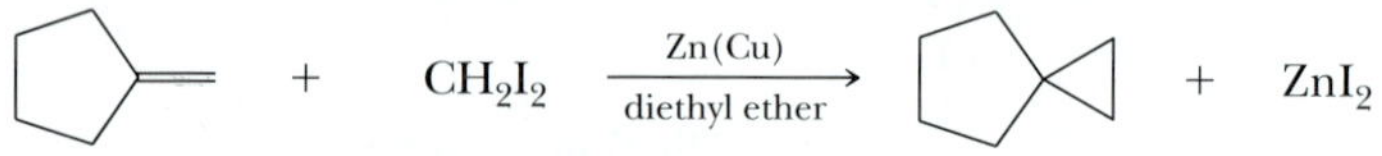

$$CH_2I_2 + Zn(Cu) \xrightarrow[\text{diethyl ether}]{} ICH_2ZnI$$

Diiodomethane **Zinc-copper couple** **Iodomethylzinc iodide** (Simmons-Smith 시약)

이러한 유기아연 화합물은 다양한 알켄과 반응하여 cyclopropane을 생성한다.

$$\text{Methylenecyclopentane} + CH_2I_2 \xrightarrow[\text{diethyl ether}]{Zn(Cu)} \text{Spiro[4.2]heptane} + ZnI_2$$

Methylenecyclopentane **Spiro[4.2]heptane**

$$\text{2-Cyclohexenone} + CH_2I_2 \xrightarrow[\text{diethyl ether}]{Zn(Cu)} \text{bicyclic ketone (H, } CH_2\text{, H)} + \text{enantiomer (H, } CH_2\text{, H)} + ZnI_2$$

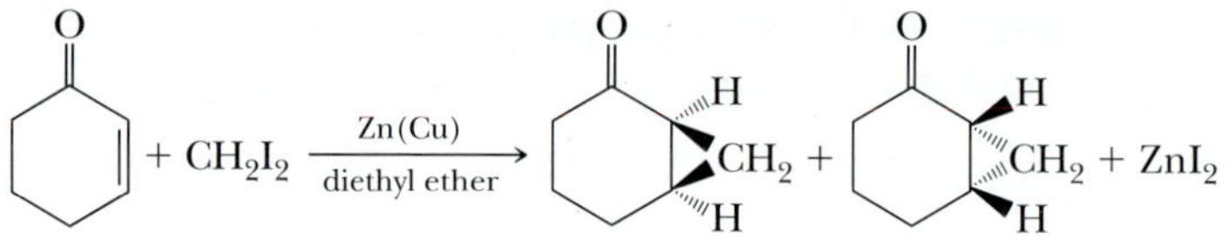

(라셈 혼합물)

MECHANISM 알켄과의 Simmons-Smith 반응

Simmons-Smith 시약으로부터 α 제거 반응에 의하여 원칙적으로 메틸렌의 생성이 가능하지만, 이 시약은 유리(free) 메틸렌보다 훨씬 선택성이 크다. 대신에, 유기아연 화합물은 협동(concerted) 메커니즘에 의하여 알켄과 직접 반응하여 cyclopropane을 포함하는 생성물을 만든다. Simmons-Smith 시약은 실제로 유리(free) 카벤을 생성하지 않으면서 카벤의 요소들을 전달하는 **카벤류**(carbenoid)의 한 예이다.

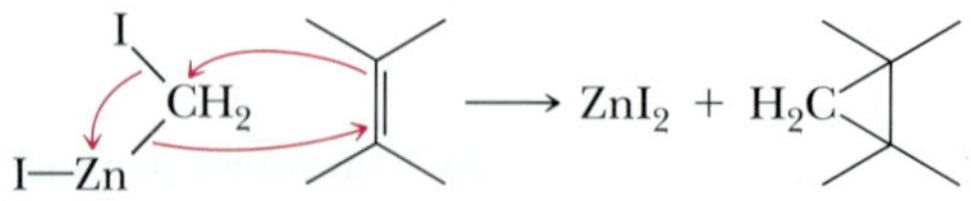

$$I{-}CH_2{-}Zn{-}I + C{=}C \longrightarrow ZnI_2 + H_2C\text{(cyclopropane)}$$

카벤류
유리 카벤을 실제적으로 생성하지 않으면서 카벤의 요소를 전달하는 화합물.

예제 15.6 ▸ Simmons-Smith 시약

각 알켄을 Simmons-Smith 시약으로 처리하여 얻어지는 생성물의 구조식을 그려라.

(a) 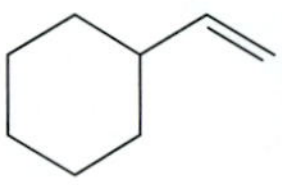 (vinylcyclohexane) **(b)** 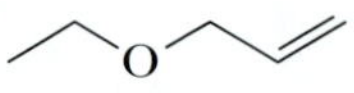 (ethyl allyl ether, O)

➡ 해답

각 탄소-탄소 이중 결합에서 반응이 일어나 cyclopropane 고리가 생성된다.

(a) 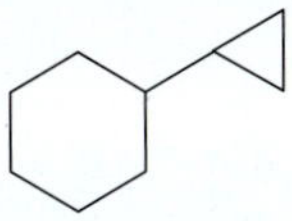 (b)

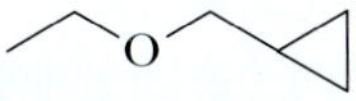

연습 문제 15.6

다음의 화합물이 탄소수가 10개 혹은 그 이하인 화합물로부터 어떻게 제조될 수 있는지를 제시하라.

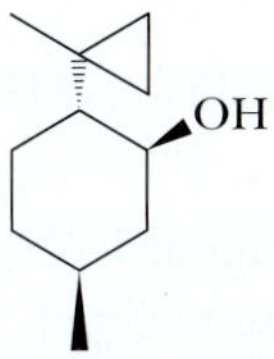

OH

의과대학 입학시험(MCAT) 연습: 지문 및 질문

무기 배위 화합물

무기 배위 화합물은 리간드라고 부르는 분자 주위에 금속 원자 혹은 이온 결합을 포함하고 있다. 만일 리간드가 금속이 직접 결합된 탄소를 가지면, 이 착물은 유기금속 화합물이라고 부른다. 유기금속 화학은 탄소와 금속 사이의 결합을 포함하는 화합물을 연구하는 분야이다. 탄소-금속 결합(C—M)은 높은 이온성로부터 공유성까지 특성을 가진다. 일차적으로 이온 결합은 1족 또는 2족 금속과 같은 전기적으로 양성인 금속에서 볼 수 있다. 주기율표를 살펴보면, C—M 결합은 주기의 왼쪽에서 오른쪽으로 갈수록 일반적으로 공유성이 증가한다. 탄소 원자의 전하의 안정성과 같은 다른 요소도 또한 이온 혹은 공유 결합의 크기에 영향을 미칠 수 있다.

질문

A. 많은 무기 배위 화합물의 예는 자연계에 존재한다. 예를 들어, chlorophyll은 chlorin 고리의 중심에 마그네슘을 가지고 있는 반면, hemoglobin은 porphyrin 리간드에 배위된 철을 포함하고 있다. 극히 소수인 유기금속 화합물 중의 하나인 methylcobalamin ($R{=}CH_3$)은 corrin 고리와 메틸기에 결합된 코발트를 가지고 있다. 다음 설명 중 어느 것이 거짓인가?

1. Porphrin, chlorin, corrin 고리는 모두 금속에 배위된 4개의 질소를 가지고 있으며, 고리 주위의 단일과 이중 결합의 교대 정도는 다르다.
2. 이 구조에 나타난 산화수(금속의 전하)는 탄소에 이중으로 결합되지 않으면서 금속에 결합된 질소 원자의 수에 해당한다.

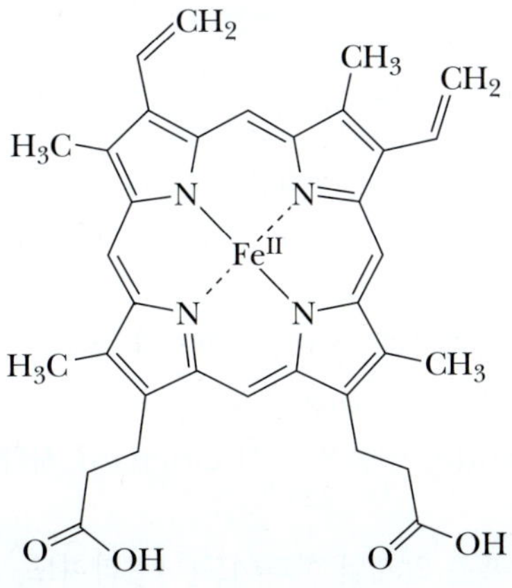

CH_2 CH_3 CH_2 H_3C N N Fe^{II} N N H_3C CH_3 O OH O OH

Hemoglobin

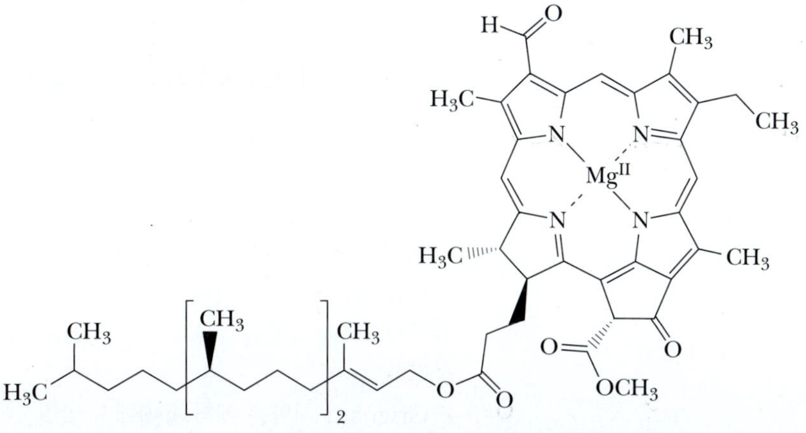

H O CH_3 H_3C CH_3 N N Mg^{II} N N H_3C CH_3 CH_3 CH_3 CH_3 H_3C 2 O O O O OCH_3

Chlorophyll

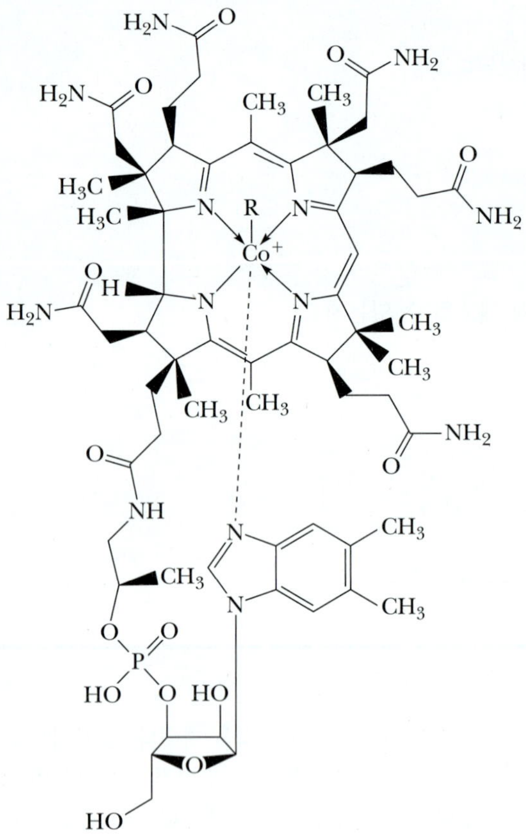

Methylcobalamin

3. Porphyrin과 chlorin 고리는 거의 평면형인 반면, corrin 고리는 꺽인(puckered) 것으로 예상된다.
4. 세 가지 구조의 총 전하는 pH 7.3에서 중성이어야 한다.

B. Methylcobalamin은 아미노산인 methionine의 생합성에 포함되어 있다. 여러분이 수용성 매체에서 유기 중간체의 안정성과 반응성을 알고 있다면, methylcobalamin의 메틸은 효소 활성 자리에 대해 어떤 중간체로 반응할 것으로 예상하는가?

1. 탄소양이온으로.
2. 라디칼로.
3. 탄소음이온으로.

C. 유기금속 화학종은 자연계에서 드물지만, 이들은 유기화학 변환에서 널리 사용되고 있다. 이 화학종은 Grignard 시약과 리튬 시약과 같은 1족 및 2족의 유기 화합물의 경우이다. Grignard 시약이 생화학 조성에 공존할 수 없는 이유를 설명한 것 중에서 그 이유가 되지 않는 2가지는 어느 것인가?

1. 마그네슘은 너무 희귀하여 생물학에 이용하기 어려운 원소이다.
2. Grignard 시약은 천연물에 포함된 케톤 및 알데하이드와 반응한다.
3. Grignard 시약은 마그네슘의 Lewis 염기도 때문에 물로부터 양성자 첨가에 의해 빠르게 분해된다.
4. Grignard 시약은 알킬 기의 Brønsted 염기도 때문에 물로부터의 양성자 첨가에 의해 빠르게 분해된다.

D. 다음 중 탄소에 대한 공유 결합의 크기를 증가시키는 경향을 나타낸 것은 어느 것인가?

1. Ca—C, Fe—C, Zn—C, Ge—C
2. C—C, N—C, O—C, F—C
3. H—C, Ti—C, Pd—C, Br—C
4. C═C, C═N, C═O

E. 다음 중 C—M 결합의 이온 결합 성질을 증가시키는 경향을 설명하는 2가지는 어느 것인가?

1. C—M 결합의 탄소 혼성화에서 *s*-성격이 증가할수록.
2. C—M 결합의 탄소 혼성화에서 *s*-성격이 감소할수록.
3. C—M 결합의 탄소에 전자 주는 기가 있을 경우.
4. C—M 결합의 탄소에 전자 끄는 기가 있을 경우.

사실과 개념에 대한 요약

15.1절 | 유기마그네슘과 유기리튬 화합물

- **유기금속 화합물**(Organometallic compound)은 탄소-금속 결합을 포함하는 화합물이다.
  - 이러한 많은 시약들의 주요한 특징은 탄소-금속 결합의 탄소가 부분 음전하를 지니고 있다는 점이다.
  - 이 시약은 탄소의 부분적인 음전하로 인하여 염기성과 친핵성을 가진다. 후자의 성질(친핵성)은 유기 합성에서 탄소-탄소 결합을 형성하는데 이용될 수 있 다.
- 유기마그네슘 화합물은 발견자인 Victor Grignard의 이름을 따서 Grignard **시약**이라 불린다.
  - Grignard 시약은 에터 용매에서 알킬, 아릴 혹은 알케닐 할라이드(클로라이드, 브로마이드, 아이오다이드, 플루오라이드는 안됨)와 약간 과량의 마그네슘 금속을 반응시켜 제조된다.

- Grignard 시약의 탄소-마그네슘 결합은 Grignard 시약을 친핵성과 염기성으로 만들어 주는 탄소에 부분적인 음전하를 가진 극성 공유 결합이다.

연습 문제: 15.1, 15.2, 15.11, 15.12, 15.17~15.19, 15.20, 15.23~15.25

- **유기리튬 시약**(Organolithium reagent)은 알킬, 아릴 혹은 알케닐 할라이드를 2 당량의 리튬 금속과 반응시켜 제조된다.
  - 유기리튬 화합물의 탄소-리튬 결합은 유기리튬 화합물을 친핵성과 염기성으로 만들어 주는 탄소에 부분적인 음전하를 가진 극성 공유 결합이다.
- Grignard 시약과 유기리튬 화합물은 에폭사이드와 뒤에 다루게 될 많은 카보닐 화학종을 포함하는 넓은 범위의 친전자성 작용기에 **탄소 친핵체**(carbon nucleophile)로 반응한다.
  - 비대칭성 에폭사이드에서의 반응은 입체 장애가 적은 탄소에서 일어난다.
  - 새로운 탄소-탄소 결합을 형성하는 이러한 반응은 합성에서 매우 유용하다.
  - 초기에 생성된 생성물은 알콕사이드이며, 이것은 수용성 산성 처리 후에 알코올로 전환된다.
- Grignard 시약과 유기리튬 시약은 **염기성이 강하므로** 아민, 말단 알카인, 알코올, 싸이올, 카복실산과 같은 작용기로부터 양성자를 떼어낸다.

15.2절 | 리튬 이유기구리(Gilman) 시약

- 2 당량의 유기리튬 화합물은 1 당량의 Cu(I) 염, 대개 CuI와 반응하여 **Gilman 시약**이라는 유용한 시약을 생성한다.
  - Gilman 시약은 할로알케인 및 할로알켄과 반응하여 새로운 탄소-탄소 결합을 형성한다.
  - Gilman 시약은 또한 oxirane과 반응하여 탄소-탄소 결합을 형성하면서 수용성 산성 마무리 후에 알코올을 생성한다.

연습 문제: 15.3, 15.4, 15.7~15.11, 15.19, 15.20, 15.21~15.24

15.3절 | 카벤과 카벤류

- **카벤**(Carbene)은 탄소에 단지 6개의 원자가 전자(valence electron)를 가진 중성 분자이며, 이것의 유기금속-착물 동등체를 **카벤류**(carbenoid)라 한다.
  - 카벤은 비어 있는 2*p* 궤도함수와 한 개의 sp^2 혼성 궤도함수에 고립 전자쌍을 가져 sp^2로 혼성화되어 있다.
  - 카벤은 diazomethane과 같은 diazo 화학종의 **광분해**(photolysis) 혹은 **열분해**(thermolysis)에 의하여 제조된다.
  - Dichlorocarbene은 chloroform과 센염기의 반응에 의하여 제조된다.
  - 유용한 카벤류는 diiodomethane과 Zn(Cu)로부터 제조된 **Simmons-Smith 시약**이다.
  - 메틸렌과 같은 카벤은 반응성이 너무 크므로 합성에 사용되지 않는다.
  - Dichlorocarbene과 Simmons-Smith 시약은 알켄과 입체특이성으로 반응하여 cyclopropane을 생성한다.

연습 문제: 15.5, 15.6, 5.12~15.16, 15.23

주요 반응 *Key Reactions*

1. **유기마그네슘(Grignard)과 유기리튬 화합물의 제조(15.1A절).** 유기마그네슘 화합물은 diethyl ether 또는 THF 용매에서 알킬, 아릴, 또는 알케닐(바이닐) 할라이드를 마그네슘으로 처리하여 제조된다. 유기리튬 화합물은 pentane이나 다른 탄화수소 용매에서 알킬, 아릴, 또는 알케닐 할라이드를 리튬으로 처리하여 제조된다.

$$\text{Br} + \text{Mg} \xrightarrow{\text{ether}} \text{MgBr}$$

$$\text{Cl} + 2\text{Li} \xrightarrow{\text{pentane}} \text{Li} + \text{LiCl}$$

2. **RMgX, RLi과 양성자 주개와의 반응(15.1B절).** 유기마그네슘과 유기리튬 화합물은 모두 센염기이며, 유기마그네슘과 유기리튬 화합물이 유도되는 알케인보다 더 강한 어떤 양

성자 주개와도 반응한다. 이러한 시약을 제조하거나 반응시키는 동안 물이나 다른 양성자 주개는 완전히 제거되어야 한다.

$$CH_3CH_2MgBr + H_2O \longrightarrow CH_3CH_2\text{—}H + Mg(OH)Br$$

3. **Grignard 시약과 에폭사이드의 반응(15.1C절).** 에폭사이드를 Grignard 시약으로 처리하여 얻어진 마그네슘 알콕사이드 염을 산성 수용액으로 양성자첨가하면 탄소 사슬의 탄소수가 2개 늘어난 알코올이 생성된다.

MgBr —(1. 에폭사이드, 2. HCl, H_2O)→ OH

4. **Gilman 시약의 제조(15.2A절).** 리튬 이유기구리(Gilman) 시약은 유기리튬 화합물을 copper(I) iodide로 처리하여 제조된다.

$$2\ CH_3CH_2CH_2CH_2Li + CuI \xrightarrow[\text{또는 THF}]{\text{ether}} (CH_3CH_2CH_2CH_2)_2CuLi + LiI$$

5. **Gilman 시약과 알킬, 아릴, 혹은 알케닐 할로젠화물의 반응(15.2B절).** Gilman 시약을 알킬, 알케닐, 혹은 아릴 할로젠화물과 반응시키면 새로운 탄소-탄소 결합이 형성된다.

$$\text{(cyclohexenyl)}\text{—Br} + (CH_3)_2CuLi \longrightarrow \text{(cyclohexenyl)}\text{—}CH_3 + CH_3Cu + LiBr$$

6. **다이클로로- 혹은 다이브로모카벤과 알켄의 반응(15.3B절).** 다이할로카벤은 $CHCl_3$ 혹은 $CHBr_3$을 potassium *tert*-butoxide와 같은 센염기로 처리하여 생성된다. 알켄에 대한 다이할로카벤의 첨가 반응은 신 입체특이성을 나타낸다.

$$CHBr_3 + \text{(alkene)} \xrightarrow{(CH_3)_3CO^-K^+} \text{(dibromocyclopropane)}$$

(라셈 혼합물)

7. **Simmons-Smith 반응(15.3C절).** CH_2I_2를 아연-구리 쌍으로 처리하면 Simmons-Smith 시약으로 알려진 유기아연 화합물이 생성되며, 이 시약은 알켄과 반응하여 cyclopropane을 생성한다.

$$\text{(cyclohexenone)} + CH_2I_2 \xrightarrow[\text{diethyl ether}]{Zn(Cu)} \text{(bicyclic, H, } CH_2\text{, H)} + \text{(enantiomer)} + ZnI_2$$

(라셈 혼합물)

연습 문제

붉은색 번호는 응용 문제를 나타낸다.

15.7 리튬 이유기구리(Gilman) 시약을 포함하는 다음 반응을 완결하라.

(a) (cyclohexyl)—Br + (isopropenyl)$_2$CuLi $\xrightarrow{\text{ether}}$

(b) (1-bromocyclohexene) + (pentyl)$_2$CuLi $\xrightarrow{\text{ether}}$

(c) 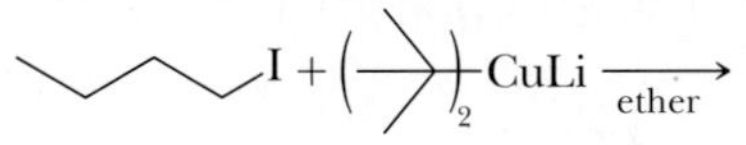 $\wedge\!\!\wedge$I + $\left(-\!\!\!\!\times\right)_2$CuLi $\xrightarrow[\text{ether}]{}$

(d) 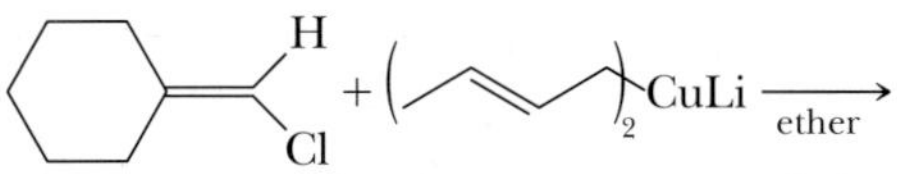 (cyclohexylidene)=C(H)(Cl) + $\left(\wedge\!\!\!=\!\!\wedge\right)_2$CuLi $\xrightarrow[\text{ether}]{}$

15.8 리튬 이유기구리(Gilman) 시약을 사용하여 1-bromopentane이 다음의 각 화합물로 어떻게 전환되는지를 제시하라. 각 합성에서 구조식이 포함된 반응식을 써라.

(a) Nonane **(b)** 3-Methyloctane **(c)** 2,2-Dimethylheptane
(d) 1-Heptene **(e)** 1-Octene

15.9 연습 문제 15.8에서 여러 가지 리튬 이유기구리(Gilman) 시약을 사용하였다. 이러한 Gilman 시약이 적절한 알킬 혹은 바이닐 할로젠화물로부터 어떻게 제조되는지를 제시하라.

15.10 주어진 출발 물질로부터 리튬 이유기구리(Gilman) 시약에 의하여 다음의 각 화합물이 어떻게 제조되는지를 제시하라.

(a) 4-Bromocyclopentene으로부터 4-methylcyclopentene
(b) (Z)-1-Bromopropene으로부터 (Z)-2-undecene
(c) 1-Iodocyclohexene으로부터 1-butylcyclohexene
(d) 1-Iodooctane으로부터 1-decene
(e) 1,5-Dibromopentane으로부터 1,8-nonadiene

15.11 다음은 *trans*-2-allylcyclohexanol을 제조하는 역합성 과정이다. Cyclohexane으로부터 이 화합물을 합성하는 시약을 제시하라.

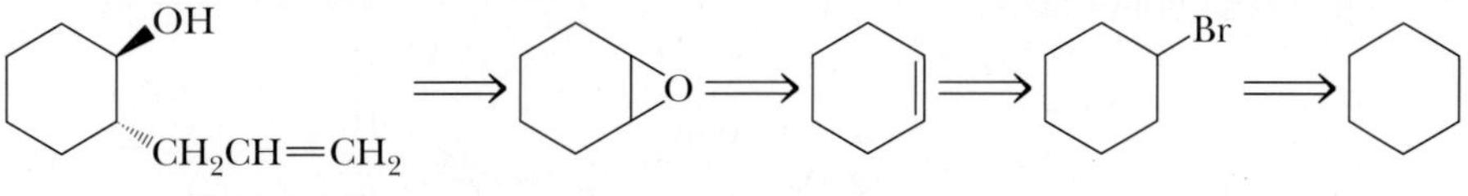

OH / $CH_2CH{=}CH_2$ (cyclohexane ring) $\Longrightarrow$ (epoxide, O) $\Longrightarrow$ (cyclohexene) $\Longrightarrow$ (bromocyclohexane, Br) $\Longrightarrow$ (cyclohexane)

(라셈 혼합물)

15.12 다음 반응식을 완결하라.

(a) $CH_3CH_2CH_2C{\equiv}CH + CH_3CH_2MgBr \xrightarrow[\text{diethyl ether}]{}$

(b) 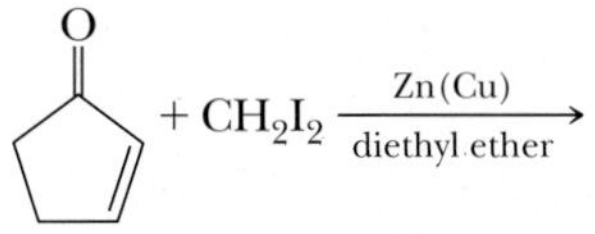 (2-cyclopentenone, O) $+ CH_2I_2 \xrightarrow[\text{diethyl ether}]{\text{Zn(Cu)}}$

(c) 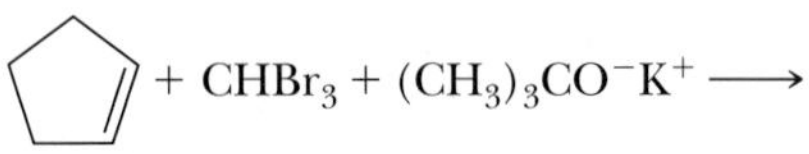 (cyclopentene) $+ CHBr_3 + (CH_3)_3CO^-K^+ \longrightarrow$

(d) 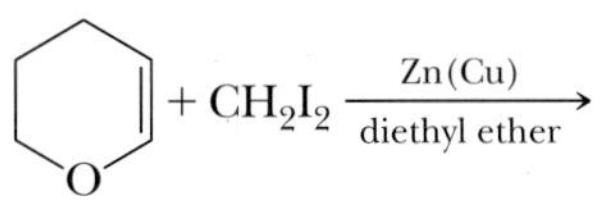 (dihydropyran, O) $+ CH_2I_2 \xrightarrow[\text{diethyl ether}]{\text{Zn(Cu)}}$

(e) 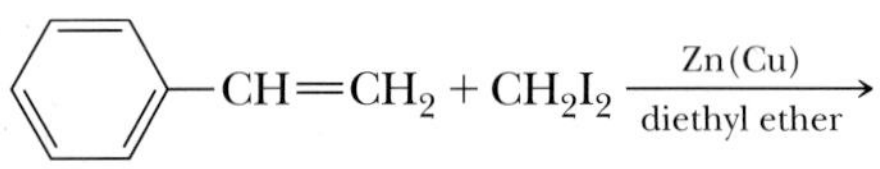 (benzene ring)$-CH{=}CH_2 + CH_2I_2 \xrightarrow[\text{diethyl ether}]{\text{Zn(Cu)}}$

15.13 다음의 사이클로알켄과 Simmons-Smith 시약의 반응은 입체특이성으로 일어나 제시된 이성질체만을 유일하게 생성한다. 이러한 입체특이성에 대한 이유를 제안하라.

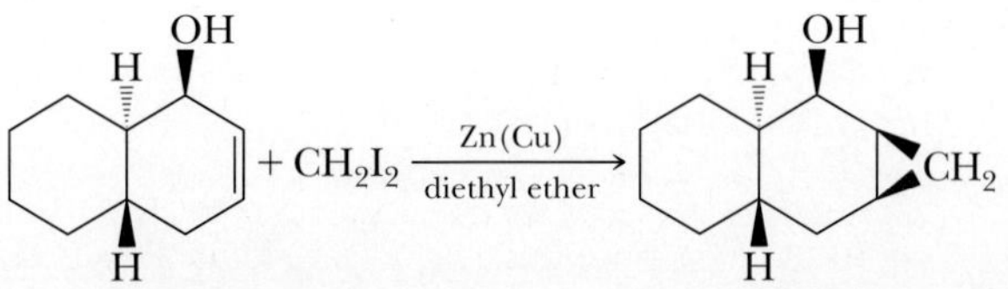

(bicyclic alkene with OH, H, H) $+ CH_2I_2 \xrightarrow[\text{diethyl ether}]{\text{Zn(Cu)}}$ (product with OH, H, H, CH_2)

15.14 다음 화합물이 좋은 수득률로 어떻게 제조될 수 있는지를 제시하라.

CCl_2

15.15 다음 반응의 생성물을 제시하라(고리의 어느 쪽이 공격받는지에 관심을 두지 말아라).

H H + CH_2I_2 (과량) $\xrightarrow{Zn(Cu)}$

Caryophyllene

15.16 Spiro[2.2]pentane이 탄소수가 3개 혹은 그 이하인 유기 화합물과 필요한 무기 시약 또는 용매로부터 어떻게 제조될 수 있는지를 제시하라.

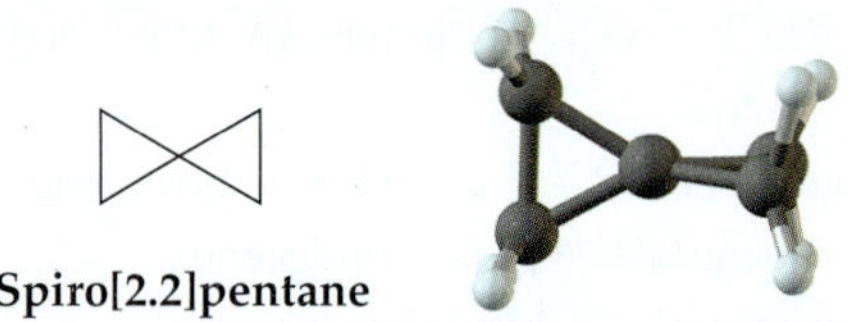

Spiro[2.2]pentane

예습 문제

15.17 Grignard 시약의 가장 중요한 용도 중의 하나는 카보닐 화합물에 첨가하여 새로운 탄소-탄소 결합을 형성한다는 점이다(16.5절). 이 반응에서 유기금속 시약의 탄소는 친핵체로서 카보닐기의 양전하 탄소에 첨가한다.

O $\xrightarrow[2.\ H_3O^+]{1.\ C_6H_5MgBr}$ OH C_6H_5

(라셈 혼합물)

(a) 이 반응의 첫 단계의 메커니즘을 제시하라.

(b) 두 번째 단계에서 산의 기능을 설명하라.

15.18 유기리튬 화합물은 Grignard 반응과 유사한 방식으로 카보닐 화합물과 반응한다. 다음 화학 반응의 생성물을 제시하라.

C_6H_5 O $\xrightarrow[2.\ H_3O^+]{1.\ CH_3Li}$?

유기 화학 반응 로드맵

15.19 우리는 이제 유기 화학 로드맵 도입을 계속한다. 많은 새로운 작용기들은 다음 장들에서 소개되므로 15~18장에 있는 반응들을 포괄하는 새로운 로드맵을 만들어 보기 바란다.

15~18장에 대한 로드맵을 작성하기 위하여 빈 종이에 다음 작용기들을 제시된 방향으로 써라. 종이를 완전히 채우고 작용기 사이에는 충분한 여백을 두어라. 대부분의 학생들은 가로 방향의 포스터 크기의 종이를 사용하는 것이 도움이 될 것이다.

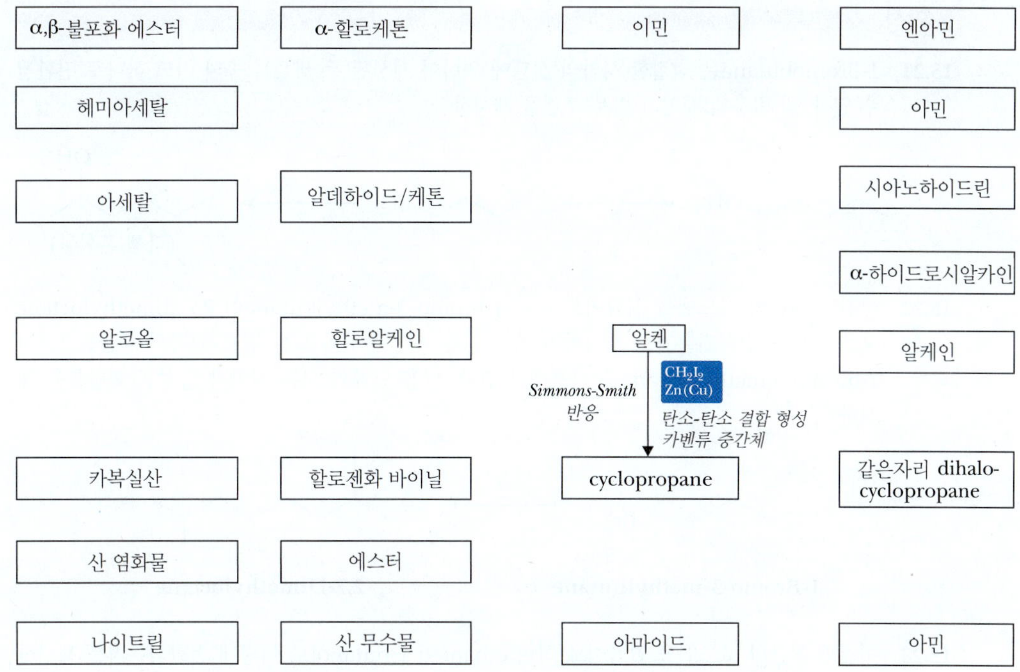

이 장의 '주요 반응'을 찾아보라. 작용기 사이의 각 반응을 설명하는 화살표를 그려라. 화살표 옆에 각 반응을 일으키는 시약을 작성하라. 그리고 반응에 관련된 위치화학과 입체화학을 기록하라. 여러분은 또한 도움이 될 만한 것으로서 탄소양이온 중간체 생성과 같은 메커니즘의 주요 현상을 기록해야 한다. 탄소-탄소 결합을 형성하는 반응들은 작은 단위로부터 큰 분자를 설계하는데 도움이 되므로 이러한 반응의 경로를 계속 유지하는 것이 중요하다.

여러분이 시작하는 것을 도와주도록 위 유기 화학 로드맵 견본에 '주요 반응' 요약의 7번째 반응인 Simmons-Smith 반응이 제시되었다. 이 로드맵에 반응 1, 2, 4에 대한 화살표는 쓰지 말라. 왜냐하면 이것들은 사용하기 전에 이미 제조된 시약으로 간주되기 때문이다. 로드맵은 분자를 더 안정한 작용기로 상호전환됨을 나타내는데 사용된다. 부록 11은 이 책의 다른 절의 일련의 로드맵을 포함하고 있다. 자신의 로드맵을 완성한 후에 이것을 참고로 사용하라.

15.20 다음 연속적인 반응의 생성물을 써라. 조합된 반응들이 다른 작용기 사이에서 여러분을 어떻게 '네비게이트'하도록 하였는지 로드맵에 표시해 보라. 이를 위하여 6~11장에 대한 로드맵과 15장에 대한 새로운 로드맵이 필요하다는 것에 주목하라.

(a) 알켄 → 1. Cl_2, $h\nu$ 2. NaOH, H_2O 3. CH_2I_2, Zn(Cu)

(b) 알코올 (OH) → 1. PBr_3 2. NaOH, H_2O 3. $CHCl_3$, $(CH_3)_3CO^-K^+$

(c) 알켄 → 1. HBr, peroxides 2. 2 Li 3. CuI 4. (vinyl) Br

(d) 알켄 → 1. HBr 2. Mg, ether 3. (O, epoxide) 4. HCl, H_2O

합성

15.21 1-Bromobutane은 적절한 시약의 선택에 의하여 제시된 두 생성물 중의 어느 하나로 전환될 수 있다. 각 반응의 시약과 반응 조건을 제시하라.

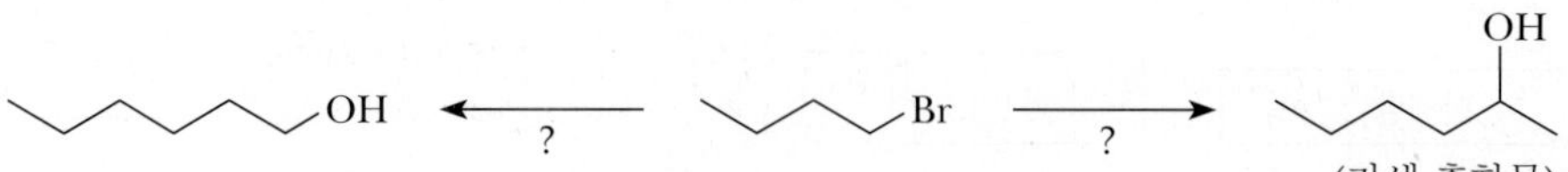

OH ← ? — Br — ? → OH (라셈 혼합물)

15.22 이전과 최근의 로드맵을 길잡이로 하여 1-bromo-3-methylbutane이 2,7-dimethyloctane으로 어떻게 전환되는지를 제시하라. 여러분은 과녁 분자의 모든 탄소 원자의 공급원으로서 1-bromo-3-methylbutane을 사용해야 한다. 반응 단계의 모든 시약과 합성된 화합물을 제시하라.

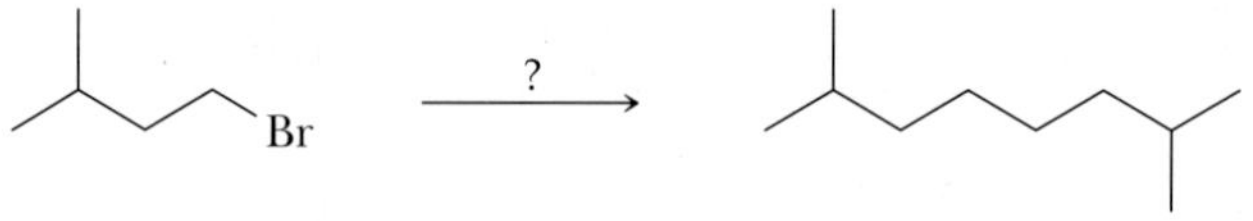

Br —?→

1-Bromo-3-methylbutane **2,7-Dimethyloctane**

15.23 이전과 최근의 로드맵을 길잡이로 하여 ethane이 1-butanol로 어떻게 전환되는지를 제시하라. 여러분은 과녁 분자의 모든 탄소 원자의 공급원으로서 ethane을 사용해야 한다. 반응 단계의 모든 시약과 합성된 화합물을 제시하라.

—?→ OH

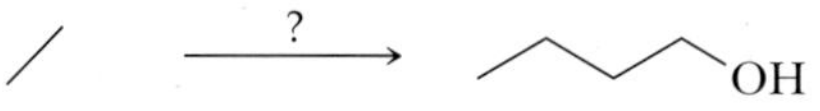

Ethane **1-Butanol**

15.24 이전과 최근의 로드맵을 길잡이로 하여 1-propanol과 diiodomethane이 *trans*-1-methyl-2-propylcyclopropane의 라셈 혼합물로 어떻게 전환되는지를 제시하라. 여러분은 과녁 분자의 모든 탄소 원자의 공급원으로서 1-propanol과 diiodomethane을 사용해야 한다. 반응 단계에서 합성된 화합물을 모두 제시하라.

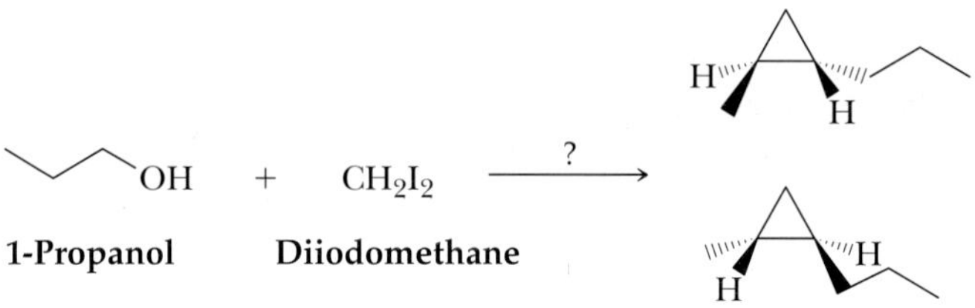

OH + CH_2I_2 —?→

H H

H H

1-Propanol **Diiodomethane**

***trans*-1-Methyl-2-propylcyclopropane**
(라셈 혼합물)

관련 반응

15.25 탄수화물의 합성은 카이랄 중심과 OH 작용기가 많이 존재하기 때문에 특히 어렵다. 에폭사이드는 탄수화물 합성에서 유용한 중간체가 될 수 있다. Gilman 시약과 각 에폭사이드의 다음 반응의 생성물을 그려라.

(a)

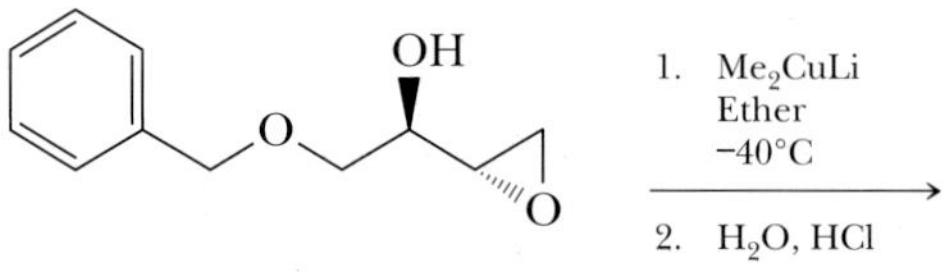

OH O O

1. Me_2CuLi
Ether
−40°C

2. H_2O, HCl

(b)

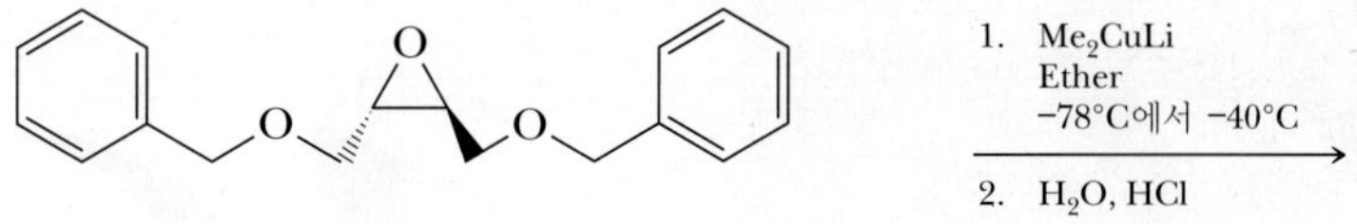

1. Me_2CuLi Ether −78°C에서 −40°C
2. H_2O, HCl

15.26 Gilman 시약은 새로운 탄소-탄소 결합을 형성하는 용도가 넓은 시약이다. Gilman 시약을 사용하는 다음 반응을 완결하라.

(a)

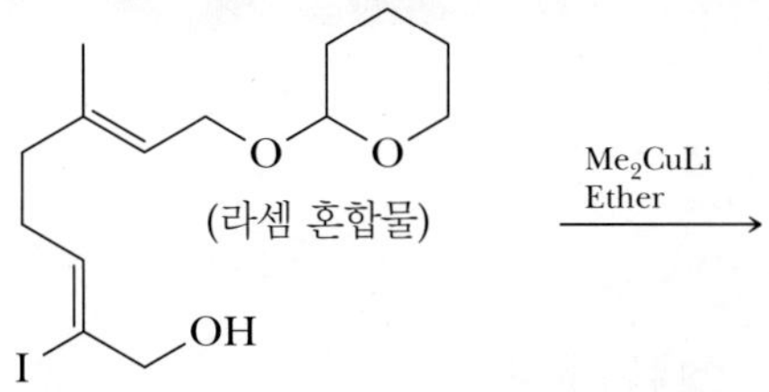

(라셈 혼합물)

Me_2CuLi Ether

(b)

Me_2CuLi Ether −78에서 −40°C

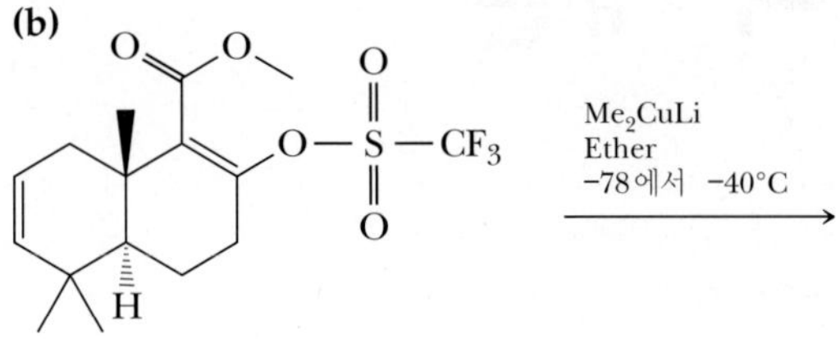

제 16 장

사람의 눈 안에 있는 간상 세포.
▼ *삽입 그림:* 비타민 A의 산화된 형태인 11-*cis*-retinal의 모형. 시홍을 생성하는 11-*cis*-retinal과 opsin과의 반응은 16.8A절 참조.

© Omikron/Photo Researchers, Inc.

알데하이드와 케톤

Aldehydes and Ketones

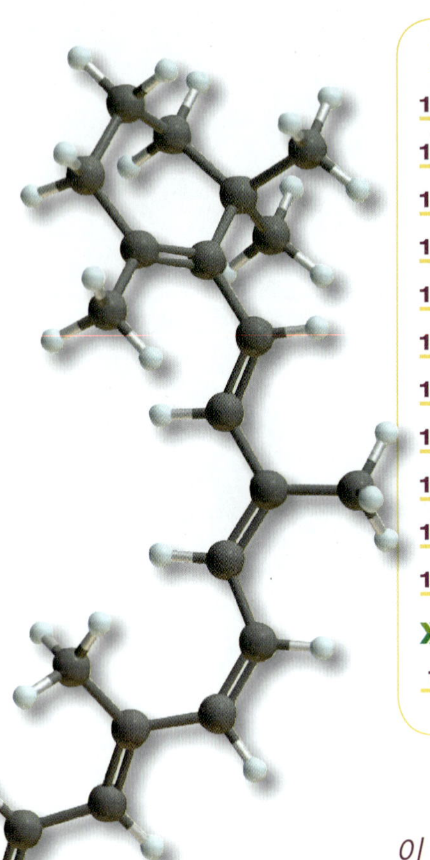

이 장의 차례

이 장과 다음의 여러 장에서는 카보닐기인 C═O를 포함하는 화합물의 물리적 화학적 성질을 공부할 것이다. 카보닐기는 알데하이드, 케톤, 카복실산, 카복실산 유도체의 작용기이기 때문에 유기 화학에서 가장 중요한 작용기 중의 하나이다. 이 작용기의 화학적인 성질은 간단하며, 몇몇 특징적인 반응을 이해하면 넓고 다양한 유기 반응을 대단히 빠르게 이해할 수 있게 된다.

16.1 구조와 결합

알데하이드(Aldehyde)의 작용기는 수소 원자 및 탄소 원자에 결합된 카보닐기이다(1.3C절). 가장 간단한 알데하이드인 methanal (항상 formaldehyde라고 부름)의 경우, 카보닐기는 두 개의 수소 원자에 결합되어 있다. 다른 알데하이드에서는 카보닐기는 한 개

이 장의 동영상 강의를 보려면 **www.cengage.com/chemistry/brown/organic7e**에 접속 후 **Access Student Materials**를 클릭하라.

의 탄소 원자와 한 개의 수소 원자에 결합되어 있다. 다음은 formaldehyde와 ethanal (항상 acetaldehyde라고 부름)의 Lewis 구조이다.

:O: ‖ HCH — **Methanal (Formaldehyde)**

:O: ‖ CH_3CH — **Ethanal (Acetaldehyde)**

:O: ‖ CH_3CCH_3 — **Propanone (Acetone)**

케톤(Ketone)의 작용기는 두 개의 탄소 원자에 결합된 카보닐기이다(1.3C절). 가장 간단한 케톤은 항상 acetone이라 부르는 propanone이다.

원자가 결합 이론에 따르면 탄소-산소 이중 결합은 탄소 및 산소의 sp^2 혼성 궤도함수의 겹침에 의해 형성된 하나의 σ 결합과 서로 평행인 $2p$ 궤도함수의 겹침에 의해 형성된 하나의 π 결합으로 구성되어 있다. 산소에 있는 두 비공유 전자쌍은 남아 있는 sp^2 혼성 궤도함수에 존재한다(그림 1.25).

16.2 명명법

A IUPAC 명명법

알데하이드와 케톤의 IUPAC 명명법은 작용기를 포함하는 가장 긴 탄소 원자를 모체 알케인으로 선택하는 친숙한 방식을 따른다. 알데하이드기는 모체 알케인의 접미사 *-e*를 *-al*로 변화시켜 표시한다(2.3절). 알데하이드의 카보닐기는 모체의 끝 부분에만 나타나며 번호 매김은 이 탄소를 1번 탄소로 시작하여 번호를 붙이기 때문에 그 위치가 명확하고 그 위치를 나타내기 위해 번호를 사용할 필요가 없다.

불포화 알데하이드의 경우에는 다음의 예에서 나타난 대로 삽입어(infix) *-en-* 혹은 *-yn-*을 사용하며 탄소-탄소 이중 결합 혹은 삼중 결합의 존재를 표시한다. 삽입어와 접미어를 모두 갖고 있는 다른 분자의 경우와 마찬가지로 접미어에 해당되는 원자단의 위치가 번호 매김 방식을 결정한다.

3-Methylbutanal **2-Propenal (Acrolein)** **(2*E*)-3,7-Dimethyl-2,6-octadienal (Geranial)**

—CHO가 고리에 직접 붙어 있는 고리형 분자의 경우에는 접미어 *-carbaldehyde*를 고리의 이름에 더하여 명명된다. 알데하이드 기가 붙은 고리의 원자에 1번을 붙인다.

Cyclopentane-carbaldehyde ***trans*-4-Hydroxycyclo-hexanecarbaldehyde**

IUPAC 체계에서 관용명에 남아 있는 알데하이드의 중에는 formaldehyde와 acetaldehyde뿐만 아니라 benzaldehyde와 cinnamaldehyde도 있다. 여기서 페닐기를 포함하는 또 다른 방법이 있음을 주의하여야 한다. Benzaldehyde에서 페닐기의 선과 각을 이용하여 나타낼 수도 있고, cinnamaldehyde에서처럼 C_6H_5—로도 나타낼 수 있다.

Benzaldehyde ***trans*-3-Phenyl-2-propenal (Cinnamaldehyde)**

Benzaldehyde는 비터아몬드의 열매에서 발견된다. Cinnamaldehyde는 스리랑카와 중국의 계피 기름에서 발견된다.

IUPAC 체계에서 케톤은 카보닐기를 포함하는 가장 긴 모체 알케인을 선택하여 명명되고, 카보닐기의 존재를 *-e*에서 *-one*으로 접미어를 변화시켜 표시한다(2.3절). 모체 사슬은 카보닐기의 탄소에 가장 낮은 번호가 부여되는 방향으로 번호가 붙여진다. IUPAC 체계에 관용명으로 남아 있는 것에는 acetone, acetophenone, benzophenone 등이 있다.

Propanone (Acetone) 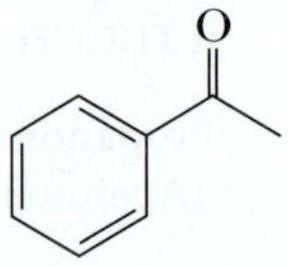 **Acetophenone** 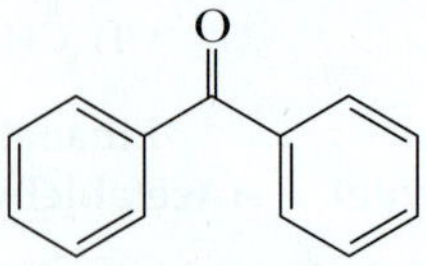 **Benzophenone** 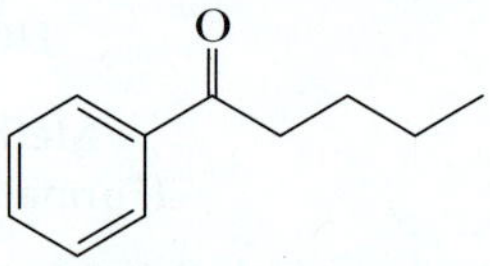 **1-Phenyl-1-pentanone**

예제 16.1 ▸ **알데하이드와 케톤의 명명**

다음 화합물의 IUPAC명을 써라. (a)와 (c)에서 모든 카이랄 중심의 배열을 나타내어라.

(a) 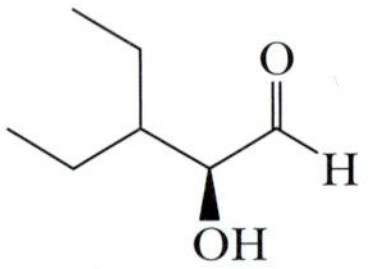 H, OH **(b)** 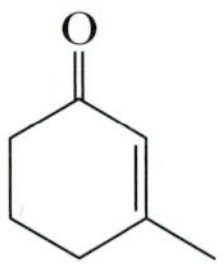 **(c)**

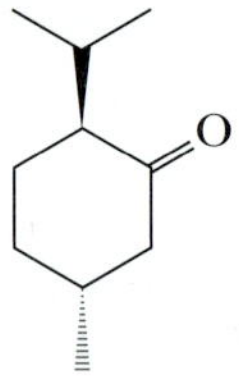

➡ **해답**

(a) 모체 사슬은 pentane이다. 이 화합물의 이름은 (*S*)-3-ethyl-2-hydroxypentanal이다.

(b) 카보닐 탄소에서 시작하여 육원자 고리에 번호를 붙인다. IUPAC명은 3-methyl-2-cyclohexenone이다.

(c) (2*S*,5*R*)-2-Isopropyl-5-methylcyclohexanone이라는 명명은 각 카이랄 중심의 완전한 배열뿐만 아니라 아이소프로필기와 메틸기 사이의 *트랜스* 관계도 나타내고 있다. 이 화합물의 관용명은 menthone이다.

연습 문제 16.1

다음 화합물의 IUPAC명을 써라. (c)의 경우 입체 배열을 나타내어라.

(a) 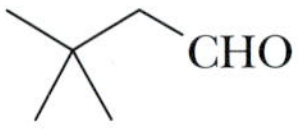 CHO **(b)** 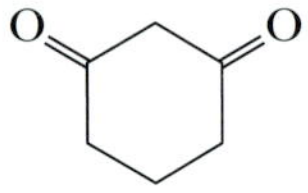 **(c)** 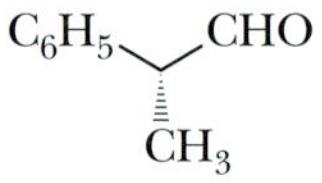 C_6H_5, CHO, CH_3

예제 16.2 ▸ **알데하이드와 케톤의 명명**

$C_6H_{12}O$의 분자식을 갖는 모든 케톤의 구조식을 나타내고, 각각의 IUPAC명을 써라. 이들 중 어느 케톤이 카이랄인가?

➡ **해답**

다음에 선과 각을 이용하여 구조식들과 이 분자식을 갖는 여섯 개의 케톤에 대한 IUPAC명을 나타내었다. 이중 3-methyl-2-pentanone만이 카이랄이고, 거울상 이성질체인 *R*은 여기에 나타내었다.

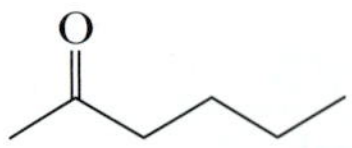

2-Hexanone 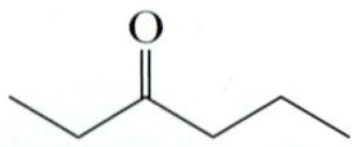 **3-Hexanone** 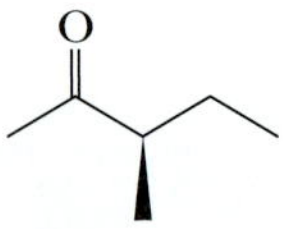 **(*R*)-3-Methyl-2-pentanone**

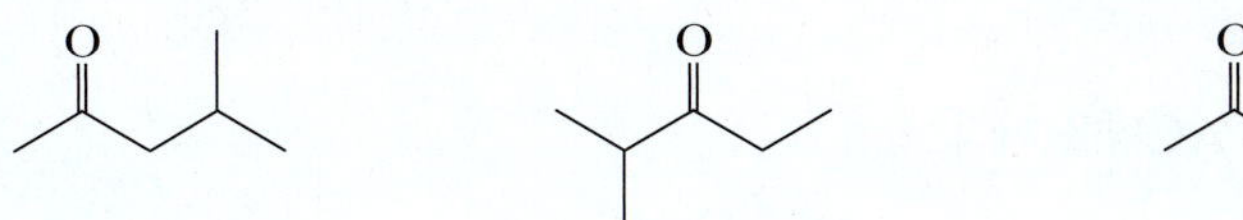

4-Methyl-2-pentanone 2-Methyl-3-pentanone 3,3-Dimethyl-2-butanone

연습 문제 16.2

$C_6H_{12}O$의 분자식을 갖는 모든 알데하이드의 구조식을 나타내고, 각각의 IUPAC명을 써라. 이들 중 어느 알데하이드가 카이랄인가?

B 보다 복잡한 알데하이드와 케톤의 IUPAC명

접미어로 표시될 수 있는 작용기를 하나 이상 갖는 화합물의 명명에서 IUPAC 체계는 **작용기의 우선순위**를 제정하였다. 표 16.1은 지금까지 우리가 공부한 작용기의 우선순위를 나타내고 있다.

작용기의 우선순위
IUPAC 명명 체계를 따를 목적으로 작용기의 우선순위를 결정하는 법.

표 16.1 여섯 가지 작용기의 우선순위

(우선 순위 증가)	작용기	높은 우선순위의 접미어	낮은 우선순위의 접두어	작용기가 낮은 우선순위를 가지는 예	
	카복실	-oic acid	—		
	알데하이드	-al	oxo-	3-Oxopropanoic acid	
	케톤	-one	oxo-	3-Oxobutanoic acid	
	알코올	-ol	hydroxyl-	4-Hydroxybutanoic acid	HO⁀⁀COOH
	아미노	-amine	amino-	3-Aminobutanoic acid	
	설프하이드릴	-thiol	mercapto-	2-Mercaptoethanol	HS⁀OH

예제 16.3 ▸ 알데하이드와 케톤의 명명

다음 화합물의 IUPAC명을 쓰고, 정확하게 여기에 적합한 배열을 나타내어라.

(a) (b) HO, CHO, OH (c) OH, O

➥ 해답

(a) 3-Oxobutanal. 알데하이드가 케톤보다 우선순위가 높다. 케톤의 카보닐기의 존재는 접두어 *oxo*-로 표시된다(표 16.1).

(b) (*R*)-2,3-Dihydoxypropanal. 관용명은 glyceraldehyde이다. Glyceraldehyde는 가장 간단한 탄수화물이다(25.1절).

(c) (*R*)-6-Hydoxy-2-heptanone.

연습 문제 16.3

다음 화합물의 IUPAC명을 써라.

(a) HO–CH₂–C(=O)–CH₂–OH (b) 1,2-cyclohexanedione structure (c) H_2N–CH₂CH₂CH₂–CHO

C 관용명

알데하이드의 관용명은 이에 대응하는 카복실산의 관용명으로 산(acid)이라는 단어를 떼어내고, 접미어 *-ic* 혹은 *-oic*을 *-aldehyde*로 바꾸어 명명한다. 지금까지 카복실산의 관용명에 대해 공부하지 않았기 때문에 알데하이드의 관용명에 관해 논의할 단계는 아니지만, 친숙한 몇몇 관용명을 참고로 하여 그들이 어떻게 유도되었는지를 나타낼 수 있다. *Formaldehyde*라는 이름은 formic acid에서 유도되었고, *acetaldehyde*라는 이름은 acetic acid로부터 유도되었다.

HCH (C=O)	$HCOH$ (C=O)	CH_3CH (C=O)	CH_3COH (C=O)
Formaldehyde	**Formic acid**	**Acetaldehyde**	**Acetic acid**

케톤의 관용명은 카보닐기에 결합된 두 개의 알킬기 혹은 아릴기를 분리된 단어로 명명하고, 이어서 *ketone*이란 단어에 의해 유도된다.

Ethyl isopropyl ketone **Diethyl ketone** **Dicyclohexyl ketone**

16.3 물리적 성질

산소는 탄소보다 더 전기음성적이다(2.5와 비교하여 3.5). 따라서 탄소-산소 이중 결합은 부분적인 음전하를 띠는 산소와 부분적인 양전하를 띠는 탄소를 가진 극성 결합이다. 더욱이 오른쪽에 나타낸 공명 구조는 Lewis 염기로서 카보닐 산소와 Lewis 산으로 카보닐 탄소의 반응성을 강조한다. 카보닐기의 쌍극자 모멘트는 2.3D이다(표 1.7).

Acetone의 정전기 퍼텐셜 지도. 큰 범위의 음전하(붉은색)가 카보닐 산소에 있고, 3개의 탄소 위에 양전하(푸른색)가 있음을 유의하라.

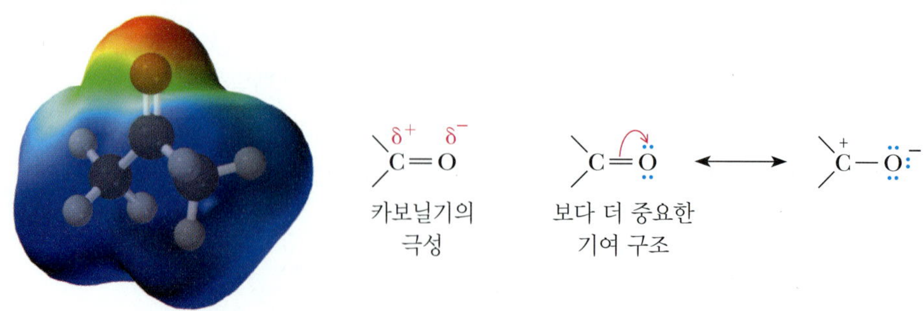

카보닐기의 극성 때문에 알데하이드와 케톤은 극성 화합물이고, 순수한 액체 상태에서 쌍극자-쌍극자 상호작용을 한다. 그들은 유사한 분자량을 갖는 비극성 화합물보다 높은 끓는점을 갖는다(표 16.2).

표 16.2 비슷한 분자량을 갖는 여섯 개 화합물의 끓는점

이름	구조식	분자량(g/mol)	끓는점(°C)
Diethyl ether	$CH_3CH_2OCH_2CH_3$	74	34
Pentane	$CH_3CH_2CH_2CH_2CH_3$	72	36
Butanal	$CH_3CH_2CH_2CHO$	72	76
2-Butanone	$CH_3CH_2COCH_3$	72	80
1-Butanol	$CH_3CH_2CH_2CH_2OH$	74	117
Propanoic acid	CH_3CH_2COOH	74	141

표 16.2에 나열한 화합물 중에서, pentane과 diethyl ether는 가장 낮은 끓는점을 갖는다. Diethyl ether는 극성 분자이지만, 입체 장애 때문에 분자 간에 약한 쌍극자-쌍극자 상호작용만이 존재한다(11.3절). Butanal과 2-butanone은 둘 다 극성 화합물이고 카보닐기 사이의 분자 간 인력 때문에 이들의 끓는점은 pentane과 diethyl ether의 끓는점보다 높다. 알코올(10.2절)이나 카복실산(17.3절)은 극성 분자이며, 강한 분자 간에 인력인 수소 결합에 의해 회합할 수 있다. 1-Butanol과 propanoic acid의 끓는점은 수소 결합에 의해 회합을 할 수 없는 화합물인 butanol과 2-butanone의 끓는점에 비해 월등이 높다.

알데하이드와 케톤의 카보닐기의 산소는 물 분자와 함께 수소 결합 받개로서 작용하고, 따라서 저분자량 알데하이드와 케톤은 비슷한 분자량을 갖는 비극성 화합물보다 물에 더 많이 녹는다. 표 16.3에 몇몇 저분자량 알데하이드와 케톤의 끓는점과 물에 대한 용해도를 나열하였다.

표 16.3 몇 가지 저분자량 알데하이드와 케톤의 물리적 성질

IUPAC명	관용명	구조식	끓는점(°C)	용해도(g/100 g 물)
Methanal	Formaldehyde	HCHO	−21	무한대
Ethanal	Acetaldehyde	CH_3CHO	20	무한대
Propanal	Propionaldehyde	CH_3CH_2CHO	49	16
Butanal	Butyraldehyde	$CH_3CH_2CH_2CHO$	76	7
Hexanal	Caproaldehyde	$CH_3(CH_2)_4CHO$	129	약간 높음
Propanone	Acetone	CH_3COCH_3	56	무한대
2-Butanone	Ethyl methyl ketone	$CH_3COCH_2CH_3$	80	26
3-Pentanone	Diethyl ketone	$CH_3CH_2COCH_2CH_3$	101	5

16.4 반응

카보닐기의 가장 일반적인 반응 중에 하나는 정사면체형 카보닐 첨가 생성물을 형성하는 친핵체의 첨가이다. 카보닐 탄소 원자는 확실한 부분적인 양전하뿐만 아니라 π 결합을 정사면체 카보닐 첨가 생성물 산소에 있는 고립 전자쌍으로 전환을 통해 새로운 결합을 만들 수 있는 능력 때문에 매우 친전자성이다. 이러한 반응을 종종 **친핵성 아실 첨가**(nucleophilic acyl addition)라고 부른다. 다음의 일반적인 반응에서 친핵성 시약은 친핵체에 비공유 전자쌍이 있다는 것을 강조하기 위해 $Nu:^-$로 표기된다. 친핵체 공격에 따라 정사면체 카보닐

친핵성 아실 첨가
친핵체가 친전자성 카보닐 탄소 원자에 새로운 결합을 만드는 알데하이드와 케톤과 같은 카보닐 포함된 화합물에 특징적인 반응 메커니즘이다.

첨가 화합물에 있는 탄소에 네 개의 결합이 유지되는 동안 탄소의 혼성 상태가 변하면서 카보닐기의 π 결합이 어떻게 끊어지는지 유의하여라.

$$Nu:^- + R_2C^{\delta+}=O^{\delta-} \longrightarrow Nu-CR_2-O^-$$

정사면체 카보닐
첨가 화합물

다음으로 흔한 카보닐기의 반응은 양성자 또는 다른 Lewis 산과 반응해서 공명 안정화된 양이온을 생성하는 것이다. 양성자 첨가는 카보닐 탄소의 전자 부족을 증가시키고 친핵체에 대한 더 반응성을 갖도록 만들어 준다. 그 다음 이 양이온은 친핵체와 반응하고, 이어서 양성자 제거에 의해 정사면체 카보닐 첨가 화합물을 생성한다.

$$R_2C^{\delta+}=O^{\delta-} + H-\overset{+}{O}H_2 \underset{}{\overset{\text{빠름}}{\rightleftharpoons}} H_2O + R_2C=\overset{+}{O}-H \longleftrightarrow R_2\overset{+}{C}-O-H$$

$$H-Nu: + R_2C=\overset{+}{O}-H \xrightarrow{\text{느림}} H-\overset{+}{Nu}-CR_2-O-H$$

$$H_2O + H-\overset{+}{Nu}-CR_2-OH \overset{\text{빠름}}{\rightleftharpoons} :Nu-CR_2-OH + H_3O^+$$

정사면체 카보닐
첨가 화합물

이러한 두 가지 반응성은 모두 카보닐기의 큰 결합 쌍극자를 기초로 예측할 수 있다. Acetaldehyde를 예로 들면, 양성자와 같은 Lewis 산은 카보닐 산소의 부분적인 음으로 하전된(정전기 퍼텐셜 지도에서 붉은색) 곳에 이끌리고, 반면에 전자가 풍부한 친핵체는 카보닐 탄소의 부분적인 양으로 하전된(정전기 퍼텐셜 지도에서 푸른색) 곳에 이끌리게 된다.

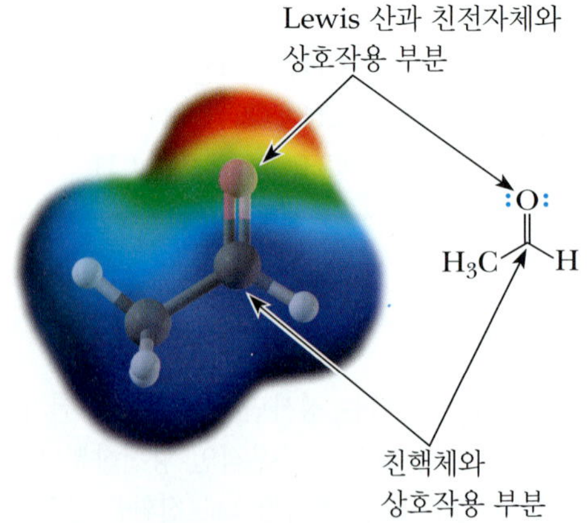

알데하이드와 케톤과 같은 카보닐 화합물은 친핵성 아실 첨가 반응을 포함해 중요한 반응을 광범위하게 진행한다. 이들 반응에 대한 메커니즘은 거의 모든 단계에서 앞서 'Primer: 반응 메커니즘'에서 첫 번째로 언급된 네 가지 메커니즘적 원소 중의 하나로서 나타나기 때문에 비슷하다. 각각의 메커니즘을 시작하기 위해 네 가지 중 하나를 선택할 때, 산 또는 강염

기가 존재하는지를 살펴보아라. 만일 산 또는 염기가 없이 친핵체가 존재한다면 반응 메커니즘은 친핵체가 친전자체인 카보닐 탄소를 공격해 친핵체와 친전자체 사이에 새로운 결합이 생성되는 과정부터 시작될 것이다. 이때 카보닐의 π 결합은 친핵체가 첨가되면서 끊어진다. 산이 존재한다면, 먼저 양성자가 카보닐 산소 원자에 첨가되어 카보닐기의 친전자성을 증가시키는 과정이 진행되고, 이후 친핵체가 카보닐 탄소 원자를 공격하는 단계가 진행된다. 센염기가 존재한다면, 카보닐 화합물은 양성자를 빼앗겨 엔올 음이온이라 불리는 매우 중요한 화학종을 형성시키는 세 번째 특징적인 반응이 나타난다(이 반응은 19장에서 설명한다).

종종 카보닐에 친핵성 첨가된 정사면체 생성물은 새로운 카이랄 중심을 갖는다. 만일 출발 물질 중에서 어떤 것도 카이랄이 아닌 경우, 두 개의 거울상 이성질체가 동일한 양만큼 생성되며, 이는 친핵체가 카보닐을 양쪽에서 같은 확률로 접근하기 때문이다. 결과적으로 카보닐 첨가 생성물은 라셈 혼합물로 구성된다.

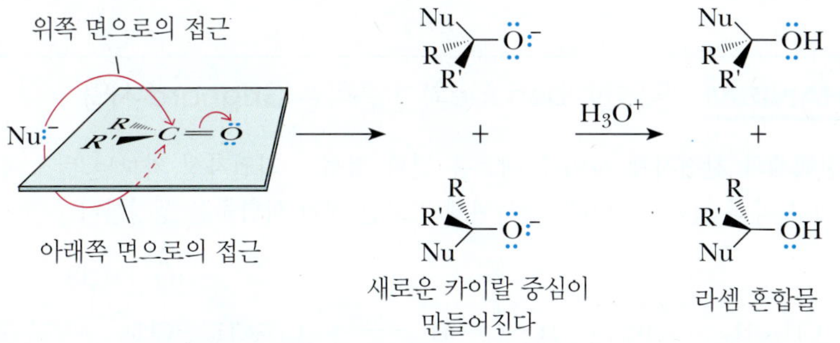

16.5 탄소 친핵체의 첨가

이 절에서는 다음 형태의 탄소 친핵체와 알데하이드 및 케톤과의 반응을 살펴보자.

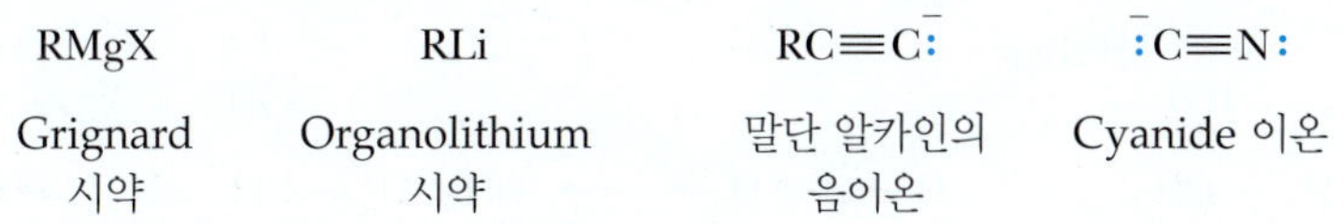

RMgX	RLi	$RC{\equiv}C:^-$	$^-:C{\equiv}N:$
Grignard 시약	Organolithium 시약	말단 알카인의 음이온	Cyanide 이온

유기 화학자의 관점에서 보면 탄소 친핵체의 첨가는 이 과정에서 새로운 탄소-탄소 결합이 형성되기 때문에 카보닐 첨가 반응의 가장 중요한 형태이다. 이러한 반응들은 정사면체의 카보닐 첨가 화합물을 주기 위해 탄소 **친핵체와 친전자성 카보닐 탄소 원자 사이에 결합을 만들고**, 이어서 **양성자가 첨가**되어 생성물에 —OH기가 형성되는 두 단계 패턴의 같은 메커니즘을 따른다.

A Grignard 시약의 첨가

Grignard 시약(15.1절)의 특별한 가치는 새로운 탄소-탄소 결합을 형성하는데 있어서 뛰어난 방법을 제공한다는 점이다. 탄소와 마그네슘 사이의 전기음성도 차이(2.5 − 1.2 = 1.3)에 의하면 Grignard 시약 중의 탄소-마그네슘 결합은 부분적인 음전하를 띠는 탄소와 부분적인 양전하를 띠는 마그네슘 사이에서 극성 공유 결합의 성격을 띤다. 따라서 Grignard 시약은 좋은 친핵체이고 알데하이드 혹은 케톤의 카보닐기에 첨가되어 정사면체 카보닐 첨가 화합물을 생성한다. 이 반응은 유기금속 화합물의 탄소에 부분적인 음전하와 카보닐기의 탄소에 부분적인 양전하 사이의 인력에 의해 도움을 받는다. 이 반응에서 생성된 알콕사이드 이온은 센염기이고(10.4절) 반응이 마무리되는 동안에 HCl 또는 NH_4Cl 수용액과 같은 산 수용액으로 처리하면 알코올이 만들어진다. 다음 예에서 마그네슘-산소 결합은 그의 이온성 특징을 강조하기 위해 $—O^-[MgBr]^+$로 나타낸다.

주의: 알데하이드나 케톤을 Grignard 시약과 반응시키면 종종 새로운 카이랄 중심이 만들어진다. 알데하이드/케톤이나 Grignard 시약 그 어느 것도 카이랄이 아니지만 생성물은 새로운 카이랄 중심을 갖게 되고 라셈 혼합물이 생성된다.

Formaldehyde에 첨가하여 1차 알코올을 생성

Formaldehyde를 Grignard 시약으로 처리하고 이어서 산 수용액에 의해 양성자 첨가되면 1차 알코올이 만들어진다.

$$CH_3CH_2{-}MgBr + H{-}\overset{\overset{:O:}{\|}}{C}{-}H \xrightarrow{\text{ether}} CH_3CH_2{-}\overset{\overset{:\ddot{O}:^{-}[MgBr]^{+}}{|}}{CH_2} \xrightarrow[H_2O]{HCl} CH_3CH_2{-}\overset{\overset{:\ddot{O}H}{|}}{CH_2} + Mg^{2+}$$

Formaldehyde — Magnesium alkoxide — **1-Propanol** (1차 알코올)

MECHANISM Formaldehyde와 반응하는 Grignard 시약

1단계: **친핵체와 친전자체 사이에 새로운 결합 형성**. 친전자성 카보닐 탄소 원자에 Grignard 시약의 친핵성 첨가는 정사면체 카보닐 첨가 화합물을 생성한다.

$$\overset{\delta-}{CH_3CH_2}{-}\overset{\delta+}{MgBr} + H{-}\overset{\overset{:\ddot{O}:^{\delta-}}{\|}}{C^{\delta+}}{-}H \xrightarrow{\text{ether}} CH_3CH_2{-}\overset{\overset{:\ddot{O}:^{-}[MgBr]^{+}}{|}}{CH_2}$$

2단계: **양성자 첨가**. 두 번째 단계에서 화학자는 정사면체 카보닐 첨가 화합물의 알콕사이드를 양성자화시키기 위해 묽은 산 용액을 첨가해 1차 알코올 생성물을 형성시킨다.

$$CH_3CH_2{-}\overset{\overset{:\ddot{O}:^{-}[MgBr]^{+}}{|}}{CH_2} + H{-}\underset{\underset{H}{|}}{\overset{+}{\ddot{O}}}{-}H \longrightarrow CH_3CH_2{-}\overset{\overset{:\ddot{O}H}{|}}{CH_2} + H{-}\ddot{\underset{..}{O}}{-}H$$

이 두 번째 단계가 화학자들이 정사면체 카보닐 첨가 화합물 생성 이후에 산을 첨가하는 것이 필요하다는 것을 기억하는 것이 중요하다. 만일 산이 단일 단계에서 Grignard 시약에 첨가되었다면, 산은 다음 반응이 일어나기 전에 즉시 Grignard 시약을 양성자화시킬 것이다.

알데하이드(formaldehyde를 제외한)에 첨가하여 2차 알코올을 생성

다른 알데하이드를 Grignard 시약으로 처리하고 가수분해시키면 2차 알코올이 만들어진다.

$$C_6H_{11}{-}MgBr + CH_3CHO \xrightarrow{\text{ether}} C_6H_{11}{-}CH(CH_3){-}\ddot{O}:^{-}[MgBr]^{+} \xrightarrow[H_2O]{HCl} C_6H_{11}{-}CH(CH_3){-}\ddot{O}H + Mg^{2+}$$

Acetaldehyde (알데하이드) — Magnesium alkoxide — **1-Cyclohexylethanol** (2차 알코올, 라셈 혼합물)

이 예에서 생성물은 카이랄이고, 라셈 혼합물이 만들어진다.

케톤에 첨가하여 3차 알코올을 생성

케톤을 Grignard 시약으로 처리하고 산 수용액으로 가수분해시키면 3차 알코올이 만들어진다.

$$\text{Ph—MgBr} + (\text{CH}_3)_2\text{C=O} \xrightarrow{\text{ether}} \text{Ph}(\text{CH}_3)_2\text{C—O}^-\,[\text{MgBr}]^+ \xrightarrow[\text{H}_2\text{O}]{\text{HCl}} \text{Ph}(\text{CH}_3)_2\text{C—OH} + \text{Mg}^{2+}$$

Phenylmagnesium bromide — **Acetone** (케톤) — Magnesium alkoxide — **2-Phenyl-2-propanol** (3차 알코올)

> **예제 16.4 ▸ Grignard 시약의 반응**
>
> 2-Phenyl-2-butanol의 라셈 혼합물은 세 가지 다른 Grignard 시약과 케톤의 조합에 의해 합성될 수 있다. 각 조합을 나타내어라.
>
> **➥ 해답**
>
> 각 해답에서 굽은 화살표는 새로운 탄소-탄소 결합과 알콕사이드 이온의 형성을 나타낸다. 각 시약의 조합에 의해 형성된 새로운 탄소-탄소 결합은 최종 생성물에 표시되어 있다.
>
> (a) $\text{Ph—MgBr} + \text{CH}_3\text{C(=O)CH}_2\text{CH}_3$
>
> (b) $\text{Ph—C(=O)—CH}_3 + \text{CH}_3\text{CH}_2\text{MgBr}$
>
> (c) $\text{Ph—C(=O)CH}_2\text{CH}_3 + \text{CH}_3\text{MgBr}$
>
> $$\longrightarrow \text{Ph—C(CH}_3\text{)(O}^-[\text{MgBr}]^+\text{)—CH}_2\text{CH}_3 \xrightarrow[\text{H}_2\text{O}]{\text{HCl}} \text{Ph—C(CH}_3\text{)(OH)—CH}_2\text{CH}_3$$
>
> (a), (b), (c): 각 조합에서 형성된 새로운 탄소-탄소 결합
>
> **2-Phenyl-2-butanol**
> (생성된 라셈 혼합물)
>
> **연습 문제 16.4**
>
> 아래에 나타낸 네 가지 생성물이 동일한 Grignard 시약으로부터 어떻게 합성되는지를 나타내어라.
>
> (a) OH (라셈 혼합물)
>
> (b) OH (라셈 혼합물)
>
> (c) HO (라셈 혼합물)
>
> (d) OH (라셈 혼합물)

B 유기리튬 화합물의 첨가

유기리튬 화합물은 일반적으로 카보닐 첨가 반응에서 유기마그네슘 화합물보다 더욱 반응성이 좋고, 더 높은 수득률로 생성물을 얻을 수 있다. 그러나 이들은 질소 또는 다른 비활성 기체 분위기 하에서 제조되고 사용되어야 하기 때문에 사용하는데 있어서 다루기 힘들게 된다. 다음 합성은 입체적으로 가리워진 3차 알코올을 생성하는 유기리튬 화합물의 사용을 나타내고 있다.

Phenyllithium 3,3-Dimethyl-2-butanone Lithium alkoxide (라셈 혼합물) 3,3-Dimethyl-2-phenyl-2-butanol (라셈 혼합물)

MECHANISM 케톤과 반응하는 유기리튬 시약

1단계: **친핵체와 친전자체 사이에 새로운 결합 형성.** 친전자성 카보닐 탄소 원자에 유기리튬 시약의 친핵성 첨가는 정사면체 카보닐 첨가 화합물을 생성한다.

2단계: **양성자 첨가.** 두 번째 단계에서 화학자는 정사면체 카보닐 첨가 화합물의 알콕사이드를 양성자화시키기 위해 묽은 산 용액을 첨가해 3차 알코올 생성물을 형성시킨다.

다시 한번 화학자는 정사면체 탄소 화합물이 생성된 이후에 산을 첨가해야만 한다. 만일 산이 단일 단계에서 유기리튬 시약에 첨가되었다면, 산은 다음 반응이 일어나기 전에 즉시 유기리튬 시약을 양성자화 시킬 것이다.

C 말단 알카인 음이온의 첨가

말단 알카인 음이온은 친핵체이고(7.5절), 알데하이드나 케톤의 카보닐기에 첨가되어 정사면체 카보닐 첨가 화합물을 형성한다. 다음의 예에서 cyclohexanone에 sodium acetylide의 첨가에 이어 산 수용액에서 가수분해하면 1-ethynylcyclohexanol이 형성된다.

Sodium acetylide Cyclohexanone Sodium alkoxide 1-Ethynylcyclohexanol

MECHANISM 케톤과 반응하는 알카인 음이온

1단계: **친핵체와 친전자체 사이에 새로운 결합 형성.** 친전자성 카보닐 탄소 원자에 알카인 음이온의 친핵성 첨가는 정사면체 카보닐 첨가 화합물을 생성한다.

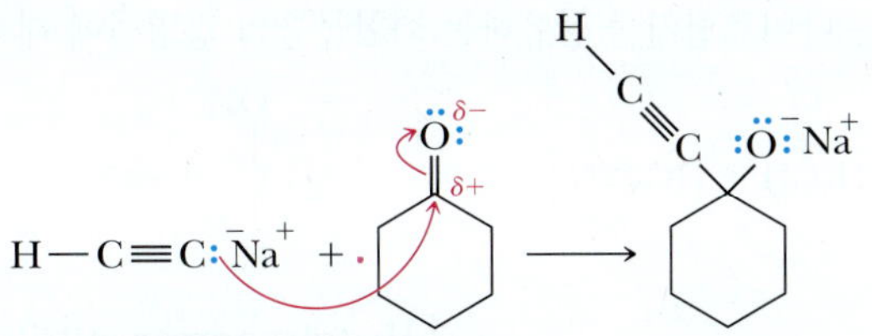

2단계: 양성자 첨가. 두 번째 단계에서 화학자는 정사면체 카보닐 첨가 화합물의 알콕사이드를 양성자화시키기 위해 묽은 산 용액을 첨가해 3차 알코올 생성물을 형성시킨다.

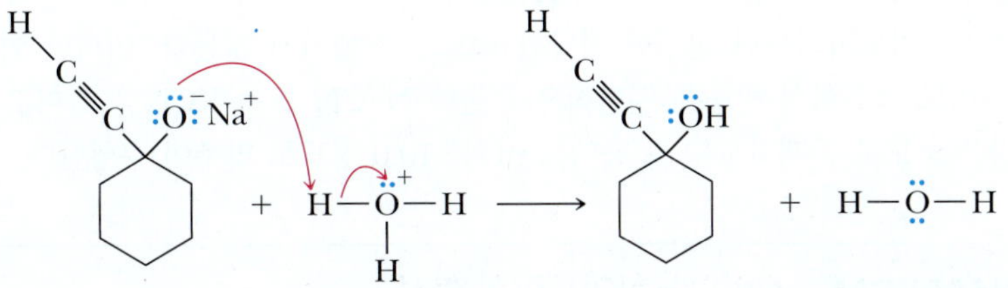

다시 한번 이 두 번째 단계가 화학자들이 정사면체 카보닐 첨가 화합물 생성 이후에 산을 첨가하는 것이 필요하다는 것을 기억하는 것이 중요하다. 만일 산이 단일 딘계에서 알카인 음이온 시약에 첨가되었다면, 산은 다음 반응이 일어나기 전에 즉시 알카인 음이온 시약을 양성자화시킬 것이다.

이러한 첨가 화합물(알카이닐 알코올)은 하이드록실기와 탄소-탄소 삼중 결합을 갖게 되며, 각각 그 이상 다음 반응으로 더 변형될 수 있다.

1-Ethynylcyclohexanol의 산 촉매 수화 반응(7.7B절)으로 α-hydroxyketone이 생성된다. 대신, 수소붕소 첨가에 이어서 알칼리성 과산화 수소로 산화시키면(7.7A절) β-hydroxyaldehyde가 생성된다.

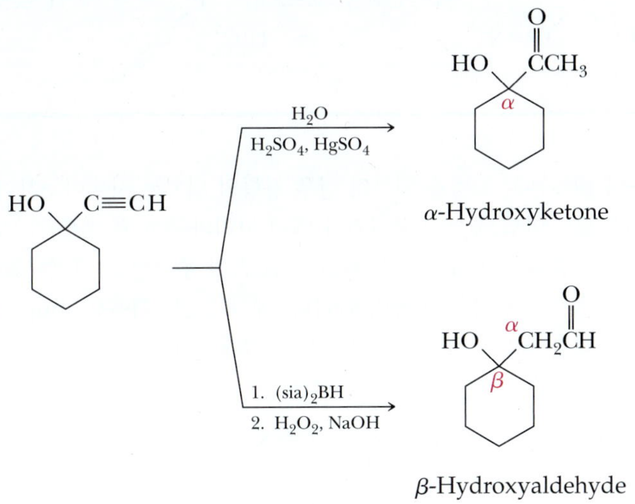

α-Hydroxyketone

β-Hydroxyaldehyde

이 예는 알카인의 가장 가치 있는 반응 두 가지를 보여주고 있다. (1) 알데하이드 혹은 케톤의 카보닐기에 말단 알카인 음이온의 첨가는 알카이닐 알코올을 생성하고, (2) 말단 알카인의 수화는 알카인 및 수화 방법에 따라 알데하이드 혹은 케톤을 생성한다.

D Hydrogen cyanide의 첨가

Hydrogen cyanide, HCN는 알데하이드나 케톤의 카보닐기에 첨가되어 **사이아노하이드린**(cyanohydrin)이라고 부르는 정사면체 카보닐 첨가 화합물을 형성한다. 예를 들면,

사이아노하이드린
—OH기와 —CN기를 동일한 탄소에 함께 갖는 분자.

HCN은 acetaldehyde에 첨가되어 acetaldehyde cyanohydrin을 75%의 수득률로 형성한다. 18.1E절에서는 나이트릴기를 함유하는 화합물들의 명명법에 대해서 공부할 것이다.

$$CH_3CH(=O) + HC{\equiv}N \rightleftharpoons CH_3CH(OH){-}C{\equiv}N$$

2-Hydroxypropanenitrile
(Acetaldehyde cyanohydrin,
라셈 혼합물로 생성)

Hydrogen cyanide의 첨가는 사이아나이드(cyanide) 이온에 의해 진행된다. HCN은 pK_a 값이 9.31인 약한 산이기 때문에 HCN 수용액에서 사이아나이드 이온의 농도가 너무 낮으면 사이아노하이드린 형성이 적당한 속도로 진행되지 않는다. 이러한 이유로 인해 사이아노하이드린의 형성 반응은 일반적으로 물에 NaCN 또는 KCN을 녹이고, HCN과 CN^-가 같은 농도로 존재하도록 그 용액의 pH를 10.0 정도로 맞추어 수행한다.

MECHANISM 사이아노하이드린의 형성

1단계: **친핵체와 친전자체 사이에 새로운 결합 형성.** 카보닐 탄소에 사이아나이드 이온의 친핵성 첨가는 정사면체 카보닐 첨가 화합물을 생성한다.

$$(H_3C)_2C^{\delta+}{=}O^{\delta-} + {}^-{:}C{\equiv}N{:} \rightleftharpoons (H_3C)_2C(O^-)(C{\equiv}N)$$

2단계: **양성자 첨가.** HCN로부터 양성자가 이동되어 사이아노하이드린을 만들고, 새로운 사이아나이드 이온을 생성한다.

$$(H_3C)_2C(O^-)(C{\equiv}N) + H{-}C{\equiv}N{:} \rightleftharpoons (H_3C)_2C(OH)(C{\equiv}N) + {}^-{:}C{\equiv}N{:}$$

알데하이드나 대부분의 지방족 케톤의 경우 평형의 위치는 사이아노하이드린의 형성이 우세하다. 그러나 많은 아릴 케톤(카보닐기가 벤젠 고리와 결합된 케톤)과 입체적으로 가리워진 지방족 케톤의 경우 평형의 위치는 출발 물질 쪽이 우세하고 이러한 화합물 형태에서 사이아노하이드린 형성은 유용한 반응이 아니다. 예를 들면, 다음의 ibuprofen 합성은 사이아노하이드린이 낮은 수득률로 형성되기 때문에 실패하게 된다.

4-Isobutylacetophenone —(HCN, ✗)→ 사이아노하이드린 —(여러 단계)→ **Ibuprofen** (라셈 혼합물)

Benzaldehyde cyanohydrin (mandelonitrile)은 생물학적인 세계에서 흥미로운 화학적 방어 메커니즘의 예로 제공된다. 이 물질은 *노래기(Apheloria corrugata)*에 의해 합성되어 특수 선(gland)에 저장된다. 노래기는 공격을 받으면 사이아노하이드린이 저장 선에서 분비되고 사이아노하이드린 형성의 효소 촉매 역반응이 일어나 HCN을 생성하며, 이 HCN이 포식자의 공격으로부터 벗어나게 해준다. 한 마리의 노래기로부터 방출되는 HCN

의 양은 작은 쥐를 죽일 만큼 충분하다. Mandelonitrile은 비터아몬드(bitter almond)와 복숭아 씨에서도 발견된다. 어떻게 노래기가 HCN에 노출되어도 죽지 않고 살아남는가 하는 것처럼 이들의 작용도 알려지지 않고 있다.

$$C_6H_5\text{-}\underset{}{\overset{OH}{|}}{CH}C{\equiv}N \xrightarrow{\text{(효소 촉매)}} C_6H_5\text{-}\overset{O}{\overset{\|}{C}}H + HC{\equiv}N$$

Benzaldehyde cyanohydrin (Mandelonitrile) **Benzaldehyde**

합성 중간체로 사이아노하이드린의 가치는 사이아노하이드린이 변화되어 형성되는 새로운 작용기에 있다. 첫 번째로, 사이아노하이드린의 이차 혹은 삼차 하이드록시기는 산 촉매 탈수 반응이 일어나 불포화 나이트릴을 형성할 수 있다. 예를 들면, acetaldehyde cyanohydrin의 산 촉매 탈수 반응으로 polyacrylonitrile (Orlon, 표 29.1)의 단량체인 acrylonitrile이 만들어진다.

$$CH_3\overset{OH}{\overset{|}{C}}HC{\equiv}N \xrightarrow{\text{산 촉매}} CH_2{=}CHC{\equiv}N + H_2O$$

2-Hydroxypropanenitrile (Acetaldehyde cyanohydrin) **Propenenitrile (Acrylonitrile)**

두 번째로, 나이트릴은 니켈 혹은 다른 전이 금속 촉매(18.10C절) 존재 하에서 수소에 의해 일차 아민으로 환원된다. 예를 들면, benzaldehyde cyanohydrin의 촉매 환원은 2-amino-1-phenylethanol을 생성한다.

$$C_6H_5\text{-}\overset{OH}{\overset{|}{C}}HC{\equiv}N + 2\,H_2 \xrightarrow{Ni} C_6H_5\text{-}\overset{OH}{\overset{|}{C}}HCH_2NH_2$$

Benzaldehyde cyanohydrin **2-Amino-1-phenylethanol**

18.4E절에서 본 바와 같이 산 촉매 존재 하에서 나이트릴의 가수분해는 카복실산을 만든다. 따라서 나이트릴 자체는 많이 사용되지 않지만, 다른 작용기를 합성하는 가치 있는 중간체가 되고 있다.

16.6 Wittig 반응

1954년 Georg Wittig는 phosphonium ylide라고 부르는 화합물을 사용하여 알데하이드와 케톤으로부터 알켄을 합성하는 방법을 발표하였다. Wittig 교수는 그의 개척자적인 연구와 이 반응을 주된 합성 기법으로 발전시킨 공로로 1979년 화학 부분 노벨상을 수상하였다. (또 다른 수상자는 수소붕소 첨가 반응과 유기붕소 화합물의 화학에 관한 연구로 Herbert C. Brown이었다.) Wittig 합성은 cyclohexanone에서 methylenecyclohexane으로 전환되는 예로 잘 설명될 수 있다. 이 반응에서 C=O 이중 결합은 C=C 이중 결합으로 전환된다. 이 반응의 중요한 점은 phosphine oxide 생성물에서 매우 강한 P—O 결합 상호작용의 형성이 강력한 열역학적 추진력을 만들었다는 것이다.

일라이드
서로 이웃한 원자에 양전하와 음전하를 갖는 중성 분자.

$$C_6H_{10}{=}O + Ph_3\overset{+}{P}{-}\overset{-}{C}H_2 \longrightarrow C_6H_{10}{=}CH_2 + Ph_3P{=}O$$

Cyclohexanone Phosphonium ylide **Methylenecyclohexane** **Triphenylphosphine oxide**

우리는 **Wittig 반응**(Wittig reaction)을 두 단계로 공부한다. 첫째, phosphonium ylide의 형성과 구조이고, 둘째, 알데하이드 또는 케톤의 카보닐기와 phosphonium ylide의 반응으로 알켄의 형성이다. Wittig 반응은 온화한 반응 조건에서 일어나고 탄소-탄소 결합의 위치를 분명히 알 수 있기 때문에 합성 방법으로써 특히 가치가 있다. Wittig 반응의 유일하게 불리한 점은 입체 장애를 받는 것이다. 일반적으로 수득률은 입체적으로 작게 가리워진 카보닐기를 가지고 있는 알데하이드에서 가장 크고 카보닐기가 입체적으로 더 가리워진 케톤에서보다 더 낮다.

인은 주기율표상에서 질소와 같은 족인 5A족의 두 번째 원소이고, 원자가 껍질에 다섯 개의 전자를 갖고 있다. 3가인 화합물의 예로는 phosphine (PH_3)와 triphenylphosphine (Ph_3P)가 있다. Phosphine은 맹독의 가연성 기체이다. Triphenylphosphine은 무색, 무취의 고체이다. 인은 주기율표상에서 질소보다 아래에 있어서 phosphine은 아민보다 약염기이고, 또한 더 좋은 친핵체이다(9.3E절). Phosphine을 일차 혹은 이차 할로젠화 알킬 화합물로 처리하면 S_N2 경로를 거쳐 포스포늄 염이 생성된다.

$$Ph_3P: + CH_3{-}I: \xrightarrow{S_N2} Ph_3\overset{+}{P}{-}CH_3 \;\; :I:^-$$

Triphenylphosphine → **Methyltriphenylphosphonium iodide** (Alkyltriphenylphosphonium 염)

또한 phosphine은 약염기이므로 3가 할로젠 화합물을 phosphine으로 처리하면 E2 경로를 통해서 주로 알켄이 생성된다.

알킬트라이페닐포스포늄 이온의 알킬기에 존재하는 α-수소 원자는 약한 산성이므로 대표적으로 butyllithium (BuLi), sodium hydride (NaH) 혹은 sodium amide ($NaNH_2$)와 같은 매우 센염기와의 반응에 의해 제거될 수 있다.

$$CH_3CH_2CH_2\overset{-}{C}H_2\!:\ Li^+ + H{-}CH_2{-}\overset{+}{P}Ph_3\ I^- \longrightarrow CH_3CH_2CH_2CH_3 + \overset{-}{:}CH_2{-}\overset{+}{P}Ph_3 + LiI$$

Butyllithium + Alkyltriphenylphosphonium iodide → **Butane** + Phosphonium ylide

알킬트라이페닐포스포늄 이온으로부터 수소가 제거된 생성물은 포스포늄 일라이드이다. 포스포늄 일라이드의 중요한 특징은 수소가 제거된 탄소 원자가 부분적으로 음전하를 띠게 되고, 이는 Grignard 시약 및 유기리튬 시약과 유사한 화학종으로써 강한 탄소-기반 친핵체를 만들 수 있다는 점이다. Grignard 시약 및 유기리튬 시약에서와 마찬가지로 포스포늄 일라이드의 탈수소화된 탄소는 알데하이드와 케톤 카보닐기의 친전자성 탄소와 쉽게 반응한다.

MECHANISM Wittig 반응

1단계: **친핵체와 친전자체 사이에 새로운 결합 형성.** 친핵성 포스포늄 일라이드는 알데하이드 혹은 케톤의 친전자성 카보닐 탄소와 반응하여 **베테인**(betaine)이라고 부르는 쌍극자성 중간체를 생성한다.

$$R_2C{=}\ddot{O}: + Ph_3\overset{+}{P}{-}\overset{-}{\ddot{C}}H_2 \longrightarrow \begin{matrix} ^{-}:\ddot{O}{-}CR_2 \\ | \quad\;\; | \\ Ph_3\overset{+}{P}{-}CH_2 \end{matrix}$$

베테인

2단계: **베테인은 사원자 옥사포스페테인(oxaphosphetane) 고리를 형성.** 이 사원자 고리계의 이름은 다음 단위들이 합쳐져서 만들어졌다. oxa-는 산소, *-phosph-*는 인, *-et-*는 사원자 고리, *-ane*는 고리 속에 탄소-탄소 단일 결합이 있음을 나타낸다. 옥사포스페테인은 낮은 온도에서 분리될 수 있다.

$$\begin{matrix} ^{-}:\ddot{O}{-}CR_2 \\ | \\ Ph_3\overset{+}{P}{-}CH_2 \end{matrix} \longrightarrow \begin{matrix} :\ddot{O}{-}CR_2 \\ | \quad\;\; | \\ Ph_3P{-}CH_2 \end{matrix}$$

옥사포스페테인

베테인
인접하지 않은 위치에 양전하와 음전하를 가진 중성 분자. 베테인의 예는 알데하이드 혹은 케톤에 Wittig 시약의 첨가에 의해 생성된 중간체이다.

3단계: 안정한 분자나 이온을 생성하기 위한 결합이 끊어짐. 옥사포스페테인의 분해는 triphenylphosphine oxide와 알켄을 만든다.

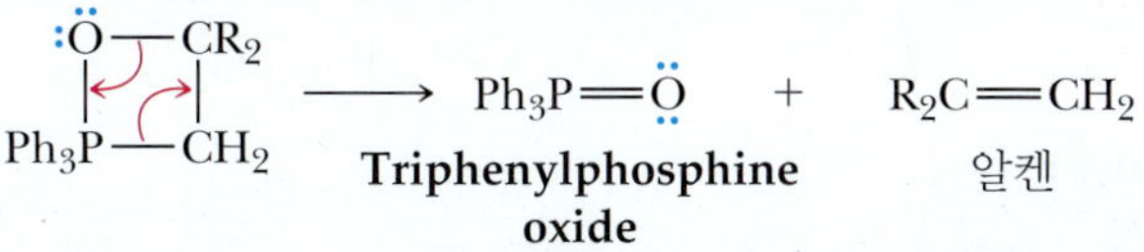

$Ph_3P=\ddot{O}$ + $R_2C=CH_2$

Triphenylphosphine oxide 알켄

Wittig 반응의 추진력은 triphenylphosphine oxide 내에서 강한 인-산소 결합의 형성에 있다.

Wittig 반응은 다음의 예에서 보는 바와 같이 여러 종류의 알데하이드 및 케톤과 다양한 일차, 이차 및 알릴 할로젠화물로부터 만들어진 일라이드와의 반응에 효과적이다.

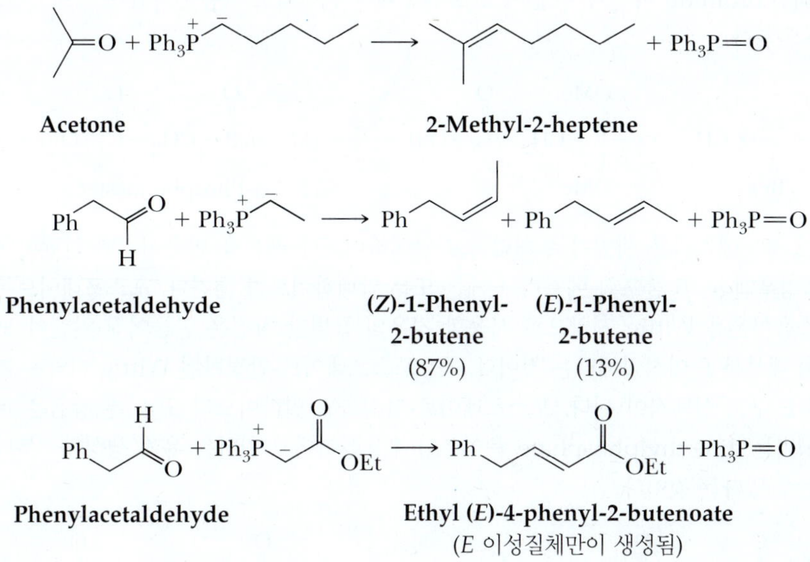

$+ Ph_3P=O$

Acetone **2-Methyl-2-heptene**

$+ Ph_3P=O$

Phenylacetaldehyde **(*Z*)-1-Phenyl-2-butene** (87%) **(*E*)-1-Phenyl-2-butene** (13%)

$+ Ph_3P=O$

Phenylacetaldehyde **Ethyl (*E*)-4-phenyl-2-butenoate**
(*E* 이성질체만이 생성됨)

두 번째와 세 번째 예에서 본 것처럼 어떤 Wittig 반응은 *Z* 구조 선택적이고, 반면에 다른 반응은 *E* 구조 선택적이다. 일반적인 법칙으로 카보닐기처럼 음전하 옆에 음이온을 안정화시키는 치환기가 붙어 있는 Wittig 시약은 *E* 구조 선택적이다. 이러한 일라이드는 안정화되어 있다고 말한다. 옆에 음이온 안정화 치환기가 없는 일라이드는 불안정하다고 말하며, 불안정한 일라이드는 *Z* 구조 선택적이다. 카보닐-안정화된 일라이드에 대한 공명 기여 구조를 다음과 같이 그릴 수 있다.

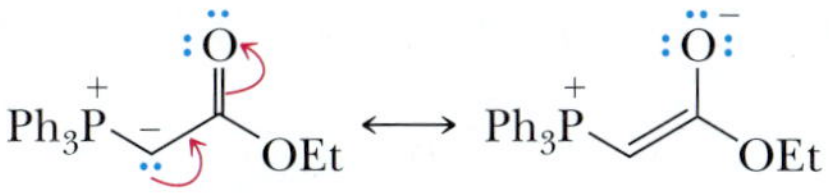

인접한 카보닐기에 의해 안정화된
일라이드에 대한 공명 기여 구조

공명을 통한 일라이드의 안정화는 일라이드의 반응성을 감소시키고, 생성물-결정 단계에서 형성된 평형이 보다 안정된 *E* 이성질체가 더 우세하게 한다.

Wittig 반응은 알켄을 만드는데 유용하므로 화학자들은 이 반응의 다양한 변형 반응을 연구해왔다. 이들 중 가장 유용한 것 중의 하나는 Horner-Emmons-Wadsworth 반응으로, α-할로에스터(haloester) 혹은 케톤으로부터 유도된 포스포네이트 에스터(phosphonate ester)를 사용하여 Wittig 탄소음이온을 생성하는 방법이다.

$$(MeO)_3P: \xrightarrow{\underset{\alpha\text{-브로모에스터}}{Br-CH_2-\overset{O}{\overset{\|}{C}}-OEt}} (MeO)_2\overset{O}{\overset{\|}{P}}-CH_2-\overset{O}{\overset{\|}{C}}-OEt + MeBr$$

α-Phosphonoester

Trimethylphosphite

$$(MeO)_3P: \xrightarrow{\underset{\alpha\text{-브로모케톤}}{Br-CH_2-\overset{O}{\overset{\|}{C}}-R}} (MeO)_2\overset{O}{\overset{\|}{P}}-CH_2-\overset{O}{\overset{\|}{C}}-R + MeBr$$

α-Phosphonoketone

Wittig 반응의 변형 반응으로 사용되는 α-포스포노에스터(α-phosphonoester) 혹은 케톤은 두 번의 연속적인 S_N2 반응으로 만들어진다. Trimethylphosphite는 매우 좋은 친핵체로, S_N2 반응에 의해 α-브로모에스터 혹은 α-브로모케톤으로부터 브로민을 쉽게 치환시킨다. 그러면 bromide 이온이 두 번째 S_N2 반응에서 친핵체로 작용하여 α-포스포노에스터를 생성하게 된다.

$$(MeO)_3P: + \underset{:\ddot{Br}:}{\underset{|}{CH_2}}-\overset{O}{\overset{\|}{C}}-OEt \xrightarrow{S_N2} CH_3-O-\overset{+}{\underset{OMe}{\overset{OMe}{P}}}-CH_2-\overset{O}{\overset{\|}{C}}-OEt \;\; :\ddot{Br}:^- \xrightarrow{S_N2} (MeO)_2\overset{O}{\overset{\|}{P}}-CH_2-\overset{O}{\overset{\|}{C}}-OEt + MeBr$$

α-Phosphonoester

포스포노에스터를 센염기로 처리하고 알데하이드나 케톤을 반응시키면 알켄이 생성되고, 이 경우엔 α, β-불포화 에스터나 케톤 또는 알데하이드가 생긴다. 포스포네이트-안정화된 탄소음이온을 Wittig 시약으로 사용할 경우의 특별한 장점은 만들어진 알켄이 모두 또는 거의 대부분 *E* 이성질체라는 것이다. 즉, 포스포네이트-안정화된 Wittig 시약은 거의 전적으로 *E* 구조 선택적이 된다. 포스포네이트-안정화된 일라이드의 또 다른 장점은 부 생성물로 생기는 dimethylphosphate 음이온이 수용성이어서 원하는 유기 생성물로부터 쉽게 분리할 수 있다는 것이다.

$$(MeO)_2\overset{O}{\overset{\|}{P}}-CH_2-\overset{O}{\overset{\|}{C}}-OEt \xrightarrow[2.\ (CH_3)_2CHCHO]{1.\ \text{센염기}} (CH_3)_2CH-CH{=}CH-\overset{O}{\overset{\|}{C}}-OEt + MeO-\underset{OMe}{\underset{|}{\overset{O}{\overset{\|}{P}}}}-O^-$$

단지 *E* 이성질체만 형성된다

Dimethylphosphate 음이온

예제 16.5 ▸ Wittig 시약의 반응

Wittig 반응에 의해 다음 알켄이 어떻게 합성될 수 있는지 나타내어라.

$$\text{(cyclopentylidene)}{=}CHCH_3$$

➥ 해답

출발 물질은 cyclopentanone과 bromoethane 혹은 acetaldehyde로부터 유도된 트라이페닐포스포늄 일라이드이거나 chlorocyclopentane으로부터 유도된 트라이페닐포스포늄 일라이드이다. 두 가지 경로 모두 이용 가능하다.

$$BrCH_2CH_3 \xrightarrow[2.\ BuLi]{1.\ Ph_3P} Ph_3\overset{+}{P}-\overset{-}{C}HCH_3 \xrightarrow{\text{cyclopentanone}} \text{(cyclopentylidene)}{=}CHCH_3 + Ph_3P{=}O$$

Bromoethane

$$\text{Chlorocyclopentane (cyclopentyl–Cl)} \xrightarrow[\text{2. NaH}]{\text{1. }Ph_3P} \text{cyclopentylidene}^{-}\text{–}\overset{+}{P}Ph_3 \xrightarrow{CH_3\overset{O}{\overset{\|}{C}}H} \text{cyclopentylidene}{=}CHCH_3 + Ph_3P{=}O$$

Chlorocyclopentane

연습 문제 16.5

Wittig 반응으로 다음 알켄이 어떻게 합성될 수 있는지 나타내어라(각각의 경우 두 가지 경로가 있다).

(a) (2-methyl-2-pentene 구조) **(b)** (4-tert-butyl-methylenecyclohexane 구조, $=CH_2$)

16.7 산소 친핵체의 첨가

A 물의 첨가: 카보닐 수화물의 생성

알데하이드와 케톤의 카보닐기에 물의 친핵성 아실 첨가(수화)되면, 일반적으로 약어로 gem-diol로 나타내는 같은자리 다이올(geminal diol)이 생성된다.

$$>C{=}O + H_2O \xrightleftharpoons{\text{산 또는 염기}} >C(OH)(OH)$$

알데하이드 또는 케톤의 카보닐기 　　 수화물 (같은자리 다이올)

같은자리 다이올은 보통 해당되는 알데하이드나 케톤이 수화된 것으로 간주된다. 이런 화합물은 불안정하여 분리되지 아니한다. 이 반응은 산이나 염기 촉매에 의해 일어난다. 그 메커니즘은 다음에 논의될 알코올의 첨가와 같다.

알데하이드나 케톤에 수화되는 것은 가역적으로 잘 일어나며, 생성된 다이올은 물이 제거되면서 알데하이드나 케톤이 재생된다. 대부분의 경우, 평형 상태는 카보닐기의 생성 쪽으로 많이 치우쳐져 있다. 그러나 몇몇 간단한 알데하이드의 경우에는 수화물 쪽이 우세하다. 예를 들면, formaldehyde가 20°C에서 물에 녹아 있을 경우, 평형의 위치는 99% 이상이 수화된 상태이다.

$$H_2C{=}O + H_2O \rightleftharpoons H_2C(OH)_2$$

Formaldehyde 　　 **Formaldehyde hydrate** (>99%)

Formaldehyde의 37% 수용액은 formalin이라 부르며 주로 생체 시편을 보존하는데 사용된다.

이에 반해서 acetone 수용액은 평형에서 0.1% 이하만이 수화물 형태로 존재한다.

$$(CH_3)_2C{=}O + H_2O \rightleftharpoons (CH_3)_2C(OH)_2$$

Acetone (99.9%) 　　 **2,2-Propanediol** (0.1%)

B 알코올의 첨가: 아세탈의 형성

헤미아세탈
동일 탄소에 결합된 —OH기와 —OR기 혹은 —OAr기를 포함하고 있는 분자.

알코올은 물의 경우에서 설명된 것과 같은 방식으로 알데하이드와 케톤에 첨가된다. 알코올 한 분자가 알데하이드나 케톤의 카보닐기에 첨가되어 **헤미아세탈**(hemiacetal, half-acetal, 반-아세탈)이 생성된다.

$$\text{>C=O} + \text{H—OEt} \underset{}{\overset{\text{산 또는 염기}}{\rightleftharpoons}} \text{>C(OH)(OEt)}$$

헤미아세탈

헤미아세탈의 작용기는 —OH기 또는 —OR기가 결합된 탄소이다.

알데하이드로부터 R—C(OH)(H)—OR′   케톤으로부터 R—C(OH)(R″)—OR′

헤미아세탈

헤미아세탈은 일반적으로 불안정하며 매우 중요한 한 가지 형태의 분자를 제외하고는 평형 혼합물의 단지 미량 성분이다. 하이드록시기가 카보닐기가 있는 분자의 일부분이 되어 오원자 혹은 육원자 고리를 만들 수 있으면, 이러한 화합물은 거의 모두가 고리형 헤미아세탈 형태로 존재한다. 오원자 또는 육원자 고리는 상대적으로 고리 무리가 적다는 사실을 상기하여라(6.6B절). 다음 예에서 (*S*)-4-hydroxypentanal은 이미 카이랄 중심을 가지고 있고, 헤미아세탈을 형성하면서 새로운 카이랄 중심이 하나 더 생겨났다.

(*S*)-4-Hydroxypentanal ⇌ 고리형 헤미아세탈 (평형에서 존재하는 주요한 형태)

원래의 카이랄 중심 때문에 이 예에서 생성물인 헤미아세탈은 거울상 이성질체가 아니고 부분 입체 이성질체이며, 같은 양이 만들어질 필요는 없다.

간단한 탄수화물은 모두 폴리하이드록시알데하이드 또는 폴리하이드록시케톤으로 용액 상에서 주로 고리형 헤미아세탈로 존재한다. 탄수화물은 여러 개의 하이드록시기를 갖고 있기 때문에 다양한 크기의 고리를 만들 수 있는 잠재력이 있다. 일반적으로 오원자 또는 육원자 고리형 헤미아세탈(가장 고리 무리가 없는 형태)이 잘 만들어진다. 탄수화물 고리형 헤미아세탈에서 만들어지는 새로운 카이랄 중심은 *R* 또는 *S* 배열을 가질 수 있다. 탄수화물 고리형 헤미아세탈에서 생긴 새로운 카이랄 중심에 있는 탄소는 **아노머성 탄소**(anomeric carbon)라는 특별한 이름이 주어지고, 열린 사슬 형태에서는 카보닐 탄소 원자에 해당한다. 두 개의 서로 다른 고리형 헤미아세탈은 **아노머**(anomer)라고 부르며, 헤미아세탈의 —OH기가 맨끝 —CH_2OH 치환기와 같은 쪽(β 아노머)에 있는지 혹은 반대 쪽(α 아노머)에 있는지에 따라 α 또는 β를 붙인다. 여러 개의 카이랄 중심 때문에 아노머는 거울상 이성질체가 아니라 부분 입체 이성질체임에 유의하여라.

포유동물 대사 과정에서 가장 중요한 탄수화물인 D-glucose는 α 아노머와 β 아노머 둘 다 있는 육원자 고리 헤미아세탈로 존재한다.

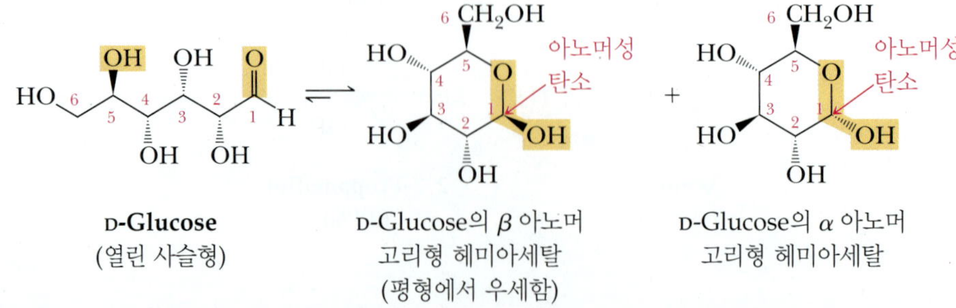

D-Glucose (열린 사슬형) ⇌ D-Glucose의 β 아노머 고리형 헤미아세탈 (평형에서 우세함) + D-Glucose의 α 아노머 고리형 헤미아세탈

평형에서는 D-glucose의 β 아노머가 우세하며, 그 이유는 아노머성 탄소의 —OH기가 더 안정된 상태인 의자 형태에서 더 안정한 수평방향 위치에 있기 때문이다. α-D-Glucose에서는 아노머성 탄소에 있는 —OH기가 축방향에 위치한다. D-glucose 아노머의 이름을 기억할 때, 몇몇 학생들은 *alpha is axial*과 같은 문구 연상을 통해 기억하는 방법을 적용한다.

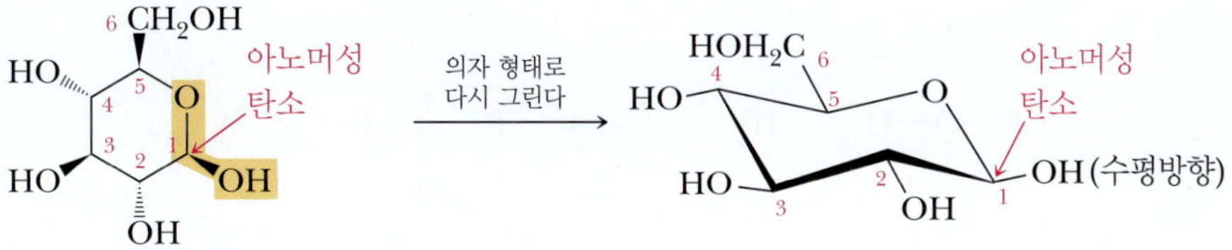

아노머성 탄소 — 의자 형태로 다시 그린다 → 아노머성 탄소, OH(수평방향)

D-Glucose의 β 아노머
고리형 헤미아세탈

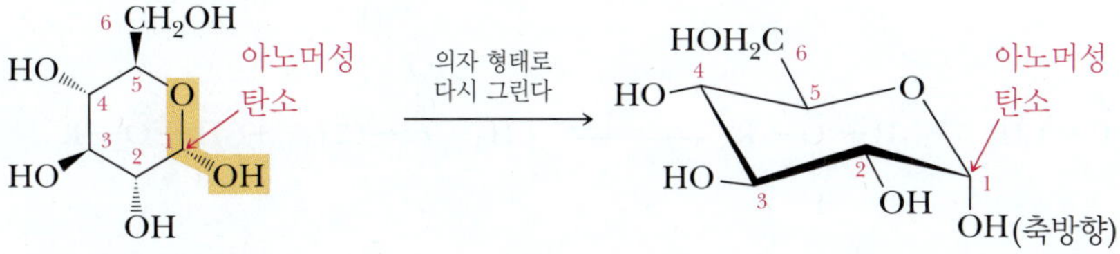

아노머성 탄소 — 의자 형태로 다시 그린다 → 아노머성 탄소, OH(축방향)

D-Glucose의 α 아노머
고리형 헤미아세탈

25장에서는 탄수화물 고리형 헤미아세탈 화학을 보다 더 자세하게 설명한다.

헤미아세탈의 생성 반응은 가장 흔하기로는 하이드록사이드 또는 알콕사이드와 같은 염기 촉매에 의해 반응이 일어난다. 촉매의 역할은 알코올로부터 양성자를 제거하여 보다 좋은 친핵체로 만들어 주는 것이다.

MECHANISM 염기-촉매에 의한 헤미아세탈의 형성

***1단계:* 양성자 이동.** HOR로부터 염기로 양성자 이동은 알콕사이드를 생성한다.

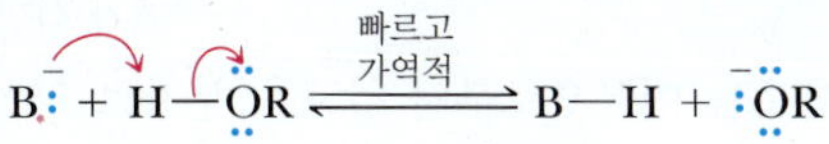

$$B:^{-} + H-\ddot{O}R \underset{\text{가역적}}{\overset{\text{빠르고}}{\rightleftharpoons}} B-H + :\ddot{O}R^{-}$$

***2단계:* 친핵체와 친전자체 사이에 새로운 결합 형성.** 카보닐 탄소에 RO^-의 공격은 정사면체 카보닐 첨가 화합물을 생성한다.

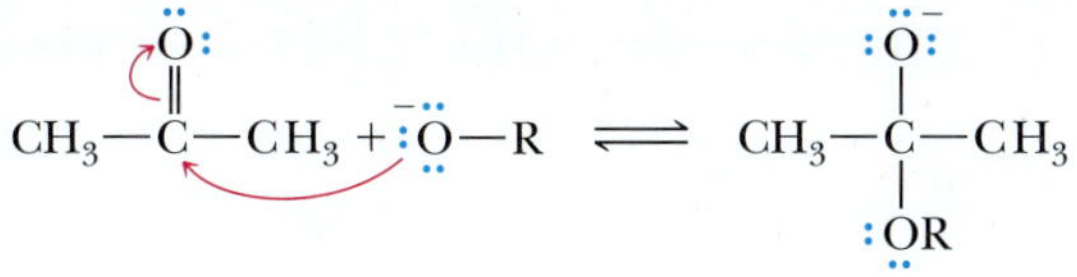

$$CH_3-\overset{\overset{\ddot{O}:}{\|}}{C}-CH_3 + :\ddot{O}^{-}-R \rightleftharpoons CH_3-\overset{:\ddot{O}:^{-}}{\underset{:\ddot{O}R}{C}}-CH_3$$

정사면체 카보닐
첨가 화합물

***3단계:* 양성자 첨가.** 알코올로부터 O^-로 양성자 이동은 헤미아세탈을 생성하고 염기 촉매를 재생시킨다.

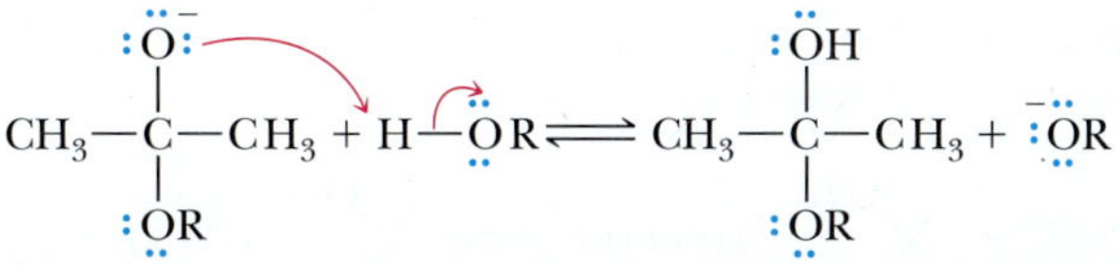

$$CH_3-\overset{:\ddot{O}:^{-}}{\underset{:\ddot{O}R}{C}}-CH_3 + H-\ddot{O}R \rightleftharpoons CH_3-\overset{:\ddot{O}H}{\underset{:\ddot{O}R}{C}}-CH_3 + :\ddot{O}R^{-}$$

헤미아세탈 생성은 산에 의해 또한 촉매될 수 있으며, 가장 흔히 사용되는 촉매는 황산, *p*-톨루엔설폰산(*p*-toluenesulfonic acid) 또는 염산 등이다.

MECHANISM 산-촉매에 의한 헤미아세탈의 형성

1단계: **양성자 첨가.** 염산 또는 황산과 같은 센산의 사용은 평형이 양성자화된 알코올에 좀 더 치우친다. 그러므로 양성자화된 알코올은 이어지는 헤미아세탈 형성 반응에서 양성자 공급원이 된다.

$$R-\ddot{O}-H + H-A \rightleftharpoons R-\overset{+}{\ddot{O}}(H)-H + {}^{-}{:}A$$

H—A: $pK_a = -7$ 에서 -10; $R-\overset{+}{O}H_2$: $pK_a = -2$ 에서 -3

2단계: **양성자 첨가.** 양성자화된 알코올로부터 양성자 카보닐 산소로 양성자 이동은 알데하이드나 케톤의 짝산을 생성한다.

$$CH_3-\overset{:O:}{\overset{\|}{C}}-CH_3 + H-\overset{+}{\ddot{O}}(H)-R \xrightleftharpoons[\text{가역적}]{\text{빠르고}} CH_3-\overset{\overset{+}{O}-H}{\overset{\|}{C}}-CH_3 + H-\ddot{O}-R$$

이 과정에서 산 촉매의 기능은 카보닐 산소에 양성자 첨가시키고, 따라서 카보닐 탄소가 보다 친전자성이 되게 함으로써 알코올의 친핵성 산소 원자의 공격을 쉽게 받도록 한다.

3단계: **친핵체와 친전자체 사이에 새로운 결합 형성.** 카보닐 탄소에 ROH 공격은 정사면체 카보닐 첨가 화합물을 생성한다.

$$CH_3-\overset{\overset{+}{O}-H}{\overset{\|}{C}}-CH_3 + H-\ddot{O}-R \rightleftharpoons CH_3-\underset{H-\overset{+}{O}-R}{\overset{:\ddot{O}-H}{C}}-CH_3$$

정사면체 카보닐 첨가 화합물

4단계: **양성자 이동.** 옥소늄 이온으로부터 알코올 분자로 양성자가 이동하여 헤미아세탈을 생성하고 산 촉매를 재생시킨다.

$$CH_3-\underset{H-\overset{+}{O}-R}{\overset{:\ddot{O}-H}{C}}-CH_3 \;(+\; R-\ddot{O}-H) \rightleftharpoons CH_3-\underset{:\ddot{O}-R}{\overset{:\ddot{O}-H}{C}}-CH_3 + R-\overset{+}{\ddot{O}}(H)-H$$

헤미아세탈

헤미아세탈은 출발 물질로는 상대적으로 안정하지 못하지만 알코올과 한 단계 더 반응하여 **아세탈**(acetal)과 물 분자 하나를 생성한다. 아세탈은 헤미아세탈보다는 보다 더 안정하고 적절한 조건에서 좋은 수득률로 얻을 수 있다.

아세탈
동일 탄소에 결합된 두 개의 —OR기 또는 두 개의 —OAr가 포함된 분자.

$$>C(OH)(OEt) + H-OEt \overset{H^+}{\rightleftharpoons} >C(OEt)(OEt) + H_2O$$

헤미아세탈 다이에틸 아세탈

아세탈의 생성과 그 가역 반응은 산 촉매로 이루어지며, OH기는 친핵체에 의해 떨어져 나갈 수 없기 때문에 염기 촉매에 의해서 일어나지는 않는다.

아세탈의 작용기는 두 개의 —OR기가 결합된 탄소이다.

알데하이드로부터 / 케톤으로부터

$$\text{R—C(OR')(H)—OR'} \qquad \text{R—C(OR')(R'')—OR'}$$

아세탈

산 촉매에 의한 헤미아세탈의 아세탈로의 전환 메커니즘은 네 단계로 나뉜다. 이 메커니즘을 공부하면서 산 H—A는 이 반응에서 순수한 촉매라는 것에 유의하여라. 1단계에서 양성자 첨가된 알코올이 양성자 첨가에 사용되지만, 또 다른 양성자 첨가된 알코올이 4단계에서 생성된다. 이 메커니즘의 후반부 단계는 헤미아세탈 형성 단계 메커니즘과 매우 유사하다.

MECHANISM 산-촉매에 의한 아세탈의 형성

***1단계:* 양성자 첨가.** 양성자화된 알코올로부터 헤미아세탈의 OH기로의 양성자 이동은 옥소늄 이온을 생성한다.

$$\text{R—CH(OH)—OCH}_3 + \text{H—}\overset{+}{\text{O}}\text{H—CH}_3 \rightleftharpoons \text{R—CH(}\overset{+}{\text{O}}\text{H}_2\text{)—OCH}_3 + \text{H—O—CH}_3$$

헤미아세탈 옥소늄 이온

***2단계:* 안정한 분자 또는 이온을 생성하기 위해 결합이 끊어짐.** 물을 잃고 새로운 공명 안정화된 양이온을 생성한다.

$$\text{R—CH(}\overset{+}{\text{O}}\text{H}_2\text{)—OCH}_3 \rightleftharpoons \text{R—CH=}\overset{+}{\text{O}}\text{CH}_3 \longleftrightarrow \text{R—}\overset{+}{\text{C}}\text{H—OCH}_3 + \text{H}_2\text{O}$$

공명 안정화된 양이온

***3단계:* 친핵체와 친전자체 사이에 새로운 결합 형성.** 공명 안정화된 양이온(친전자체)가 methanol (친핵체)과 반응하여 아세탈의 짝산을 생성한다.

$$\text{CH}_3\text{—OH} + \text{R—CH=}\overset{+}{\text{O}}\text{CH}_3 \rightleftharpoons \text{R—CH(}\overset{+}{\text{O}}\text{(H)CH}_3\text{)—OCH}_3$$

양성자 첨가된 아세탈

***4단계:* 양성자 이동.** 양성자가 첨가된 아세탈로부터 알코올로 양성자 이동은 아세탈을 생성하고 새로운 산 촉매 분자를 재생한다.

$$\text{H}_3\text{C—O—H} + \text{R—CH(}\overset{+}{\text{O}}\text{(H)CH}_3\text{)—OCH}_3 \rightleftharpoons \text{R—CH(OCH}_3\text{)—OCH}_3 + \text{H}_3\text{C—}\overset{+}{\text{O}}\text{H—H}$$

아세탈

아세탈의 형성은 종종 알코올을 용매로 사용하여 건조된 HCl(기체)이나 *p*-톨루엔설폰산을 알코올에 녹여 진행한다. 알코올은 반응물뿐만 아니라 용매이므로 과량의 몰 농도로 존재하고, 이는 평형 위치를 오른쪽으로 이동시켜 아세탈 형성을 도와준다. 이 반응은 완전히 가역적임을 유의하여라. 과량의 물을 가하면 가수분해가 일어나 케톤이 생성된다.

과량의 알코올은 평형 위치를 이동시켜 아세탈 형성을 도와준다.

$$\mathrm{R{-}\overset{O}{\overset{\|}{C}}{-}R + 2\,EtOH \xrightleftharpoons{H^+} R{-}\underset{R}{\underset{|}{\overset{OEt}{\overset{|}{C}}}}{-}OEt + H_2O}$$

물의 제거는 아세탈 형성을 도와준다.

다이에틸 아세탈

반응의 평형을 오른쪽으로 이동시키기 위한 또 다른 실험 기법으로써 **Dean-Stark 포착기**(Dean-Stark trap, 그림 16.1)를 사용한 증류법에 의해 **불변 끓음 혼합물**(azeotrope)로서 반응 용기로부터 물을 제거하는 방법이다. 아세탈을 합성하기 위한 이 방법에서 알데하이드 혹은 케톤, 알코올, 산 촉매, 벤젠은 환류된다. 가장 낮은 끓는점을 가진 이 혼합물의 성분은 91%의 벤젠과 9%의 물로 구성되고, 끓는점이 69°C인 불변 끓음 혼합물이다. 이 증기는 응축되어 옆의 포착기에서 모아져 두 층으로 분리된다. 상온에서 밀도가 낮은 위층의 성분은 99.94% 벤젠과 0.06% 물이다. 보다 더 밀도가 높은 아랫층의 성분은 거의 반대인 0.07% 벤젠과 99.93% 물이다. 환류가 진행됨에 따라 위층의 벤젠은 환류되고 있는 혼합물로 되돌아오고, 물은 잠금 꼭지를 통해 바닥으로 배출된다. Dean-Stark 포착기는 반응 혼합물로부터 물을 퍼내어, 그 결과 반응 평형을 오른쪽으로 이동시킨다. 동일한 장치가 물의 제거가 필요한 엔아민(enamine)의 제조와 같은 반응들에 사용된다(19.5A절).

불변 끓음 혼합물
혼합물의 어떠한 성분의 끓는점과도 다른 끓는점을 가진 일정한 성분비의 액체 혼합물.

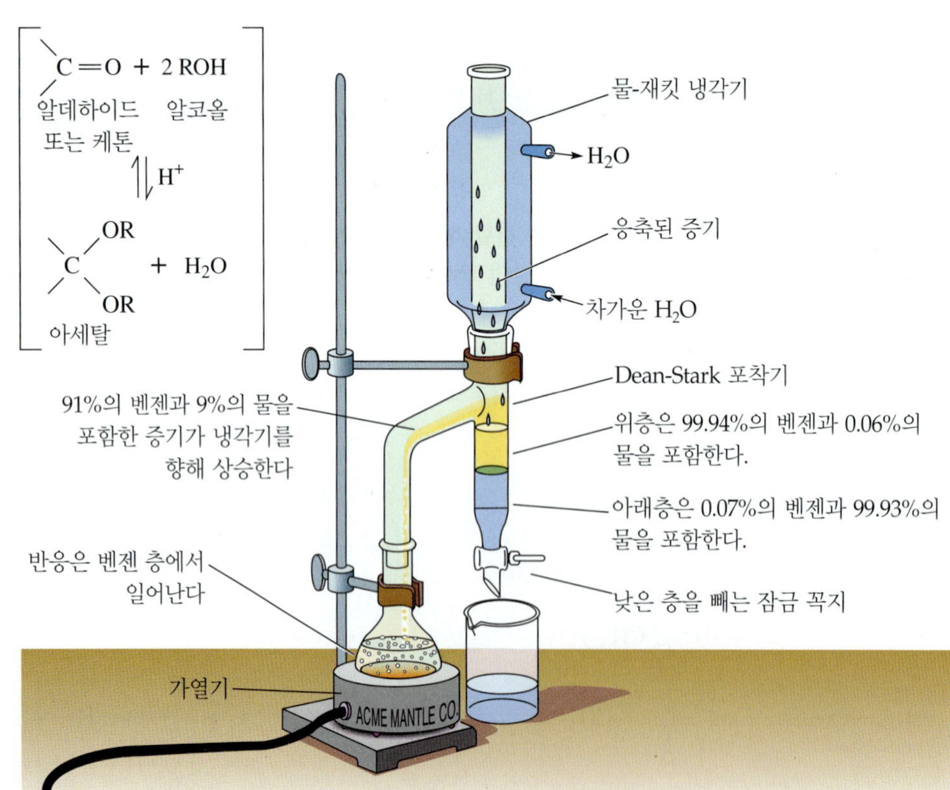

그림 16.1 ▸ 벤젠과 함께 불변 끓음 혼합물 증류로 물의 제거가 가능한 Dean-Stark 포착기. 만일 보다 높은 반응 온도가 요구되면 toluene이나 xylene이 사용될 수도 있다.

예제 16.6 ▸ 아세탈의 생성

알데하이드나 케톤의 카보닐기와 알코올 한 분자가 헤미아세탈을 형성한 후, 두 번째 알코올 분자와 아세탈을 생성하는 반응을 나타내어라.

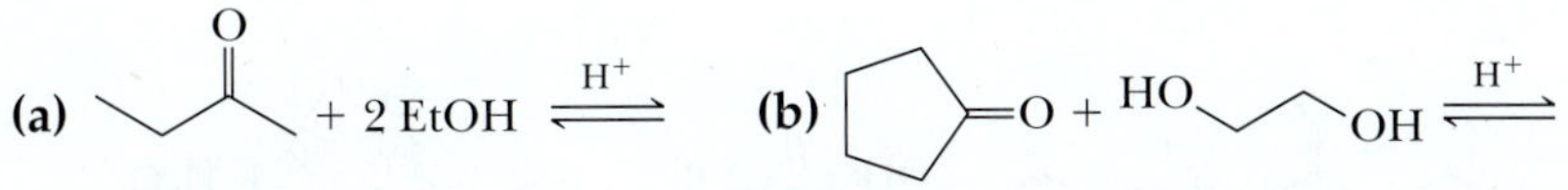

(a) + 2 EtOH $\underset{}{\overset{H^+}{\rightleftharpoons}}$ (b) =O + HO⁀OH $\overset{H^+}{\rightleftharpoons}$

(b)에서 ethylene glycol은 다이올(diol)이어서 한 분자가 두 개의 —OH기 모두를 제공함에 유의하여라.

➡ 해답

헤미아세탈 구조식과 그 다음 아세탈의 구조식은 아래와 같다.

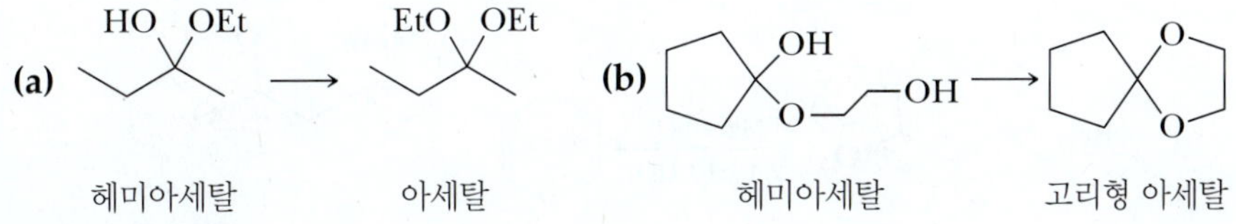

(a) HO OEt → EtO OEt (b) OH, O—OH → O, O

헤미아세탈 아세탈 헤미아세탈 고리형 아세탈

연습 문제 16.6

산 수용액에서 아세탈의 가수분해는 알데하이드 또는 케톤과 두 분자의 알코올 또는 한 분자의 다이올을 생성한다. 산 수용액에서 다음 아세탈의 가수분해 생성물에 대한 구조식을 그려라.

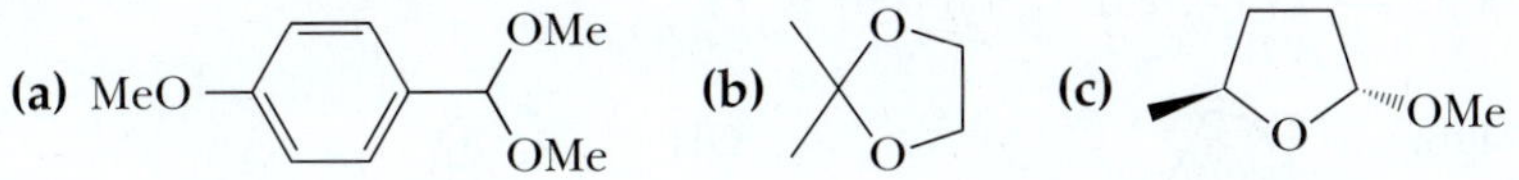

(a) MeO— OMe, OMe (b) O, O (c) O, OMe

에터(11.5절)에서와 마찬가지로, 아세탈은 $LiAlH_4$ 및 $NaBH_4$와 같은 수소 음이온-환원제, Grignard 시약과 또 다른 유기금속 시약, 산화제(물론 수용성 산을 제외한) 및 촉매성 환원 등과 같은 조건에서는 반응하지 않는다. 이러한 반응성의 부족은 아세탈이 친핵체와 반응할 sp^2 혼성화된 친전자성 탄소 원자를 가지고 있지 않기 때문이다. 위와 같은 시약들에 대한 반응성 부족과 산 수용액에서 빠른 가수분해 때문에, 분자 내의 다른 작용기가 반응을 일으키는 동안 아세탈은 종종 알데하이드나 케톤의 카보닐기의 '보호 (protect)'에 사용된다.

C 카보닐 보호기로서의 아세탈

카보닐 보호기로서 아세탈의 이용에 대한 한 예는 benzaldehyde와 4-bromobutanal로부터 5-hydroxy-5-phenylpentanal의 합성에 나타낸 바와 같다.

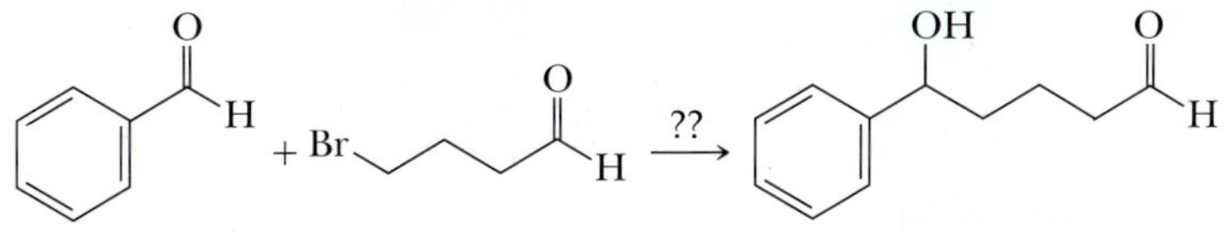

O, H + Br⁀⁀H, O $\overset{??}{\longrightarrow}$ OH, O, H

Benzaldehyde **4-Bromobutanal** **5-Hydroxy-5-phenylpentanal** (라셈 혼합물)

이러한 두 분자로부터 새로운 탄소-탄소 결합을 형성하는 확실한 한 가지 방법은 benzaldehyde를 4-bromobutanal로부터 생성된 Grignard 시약으로 처리하는 것이다. 그러나 4-bromobutanal로부터 생성된 어떤 종류의 Grignard 시약도 합성되는 동안에

4-bromobutanal의 다른 분자의 카보닐기와 즉시 반응한다. 결과적으로 어떠한 확실한 양의 Grignard 시약도 만들어지지 않는다. 이런 문제점을 피할 수 있는 방법은 4-bromobutanal을 아세탈로 전환시켜 카보닐기를 보호하는 것이다. 고리형 아세탈들은 특히 쉽게 만들 수 있기 때문에 자주 사용된다.

Br, O, H, HO, OH, H^+, Br, O, O, H_2O

고리형 아세탈

Diethyl ether 용액에서 보호된 bromoaldehyde를 마그네슘으로 처리하고 이어서 benzaldehyde의 첨가에 의해 카이랄 마그네슘 알콕사이드가 라셈 혼합물로 생성된다.

Br, O, O, 1.Mg, ether, 2. C_6H_5CHO, O^-MgBr^+, O, O

고리형 아세탈

카이랄성 magnesium alkoxide
(라셈 혼합물로 생성됨)

마그네슘 알콕사이드를 산 수용액으로 처리하면 두 가지 일이 일어난다. 먼저 알콕사이드 음이온의 양성자 첨가로 원하는 2° 하이드록시기가 생성되고, 두 번째로 고리형 아세탈의 가수분해로 알데하이드의 카보닐기가 재생된다.

O^-MgBr^+, O, O, HCl, H_2O, OH, O, H, HO, OH

5-Hydroxy-5-phenylpentanal
(라셈 혼합물로 생성됨)

D Tetrahydropyranyl Ethers: 아세탈로서 알코올을 보호

16.7C절에서 알데하이드와 케톤은 아세탈로 변환에 의해 보호될 수 있음을 보았다. 일차 혹은 이차 알코올의 보호에 유사한 방법이 사용될 수 있다. 일반적으로 무수 HCl 또는 설폰산, RSO_3H와 같은 산 촉매 존재 하에서 알코올을 dihydropyran으로 처리하면, 알코올은 **tetrahydropyranyl** (THP) **ether**로 바뀐다.

RCH_2OH + O, H^+, RCH_2O, O, Tetrahydropyranyl기

Dihydropyran Tetrahydropyranyl ether

THP기는 아세탈이기 때문에 중성 및 염기 용액과 대부분의 산화제나 환원제에 안정하다. THP기는 묽은 산 수용액의 처리에 의해 쉽게 제거되어 원래의 일차나 이차 알코올로 재생된다.

예제 16.7 ▸ THP ether의 생성

설폰산 $ArSO_3H$ 촉매를 사용하여 일차 알코올 RCH_2OH로부터 THP ether의 생성에 대한 메커니즘을 써라.

➡ 해답

1 단계: **친핵체(π 결합)와 친전자체 사이에 새로운 결합 형성—양성자 첨가.** Dihydropyran (바이닐 또는 엔올 에터)은 약염기로서 양성자 첨가되어 공명 안정화된 양이온을 만든다.

공명 안정화된 양이온

2 단계: **친핵체와 친전자체 사이에 새로운 결합 형성.** 공명 안정화된 양이온(친전자체)이 알코올(친핵체)과 반응하여 옥소늄 이온을 만든다.

3 단계: **양성자 이동.** 옥소늄 이온으로부터 $ArSO_3^-$로 양성자 이동하여 반응이 완결된다.

(라셈 혼합물)

연습 문제 16.7

THP ether의 산 촉매 가수분해로 원래의 알코올이 재생되는 메커니즘을 적어라. THP 기는 어떤 화합물로 변환되는가?

16.8 질소 친핵체의 첨가

A 암모니아와 그 유도체들

암모니아, 일차 지방족 아민(RNH_2), 일차 방향족 아민($ArNH_2$)은 알데하이드나 케톤의 카보닐기와 반응하여 가끔 **Schiff 염기**(Schiff base)라고 부르는 **이민**(imine)을 생성한다. 이민은 만일 C=N기가 확장된 콘쥬게이션계(예를 들면, rhodospin)의 일부가 아니면 보통 불안정하고, 일반적으로 분리되지 않는다.

$$CH_3CH{=}O + H_2N{-}C_6H_5 \overset{H^+}{\rightleftharpoons} CH_3CH{=}N{-}C_6H_5 + H_2O$$

Acetaldehyde **Aniline** 이민 (Schiff 염기)

$$C_6H_{10}{=}O + NH_3 \overset{H^+}{\rightleftharpoons} C_6H_{10}{=}NH + H_2O$$

Cyclohexanone **Ammonia** 이민

이민
탄소-질소 이중 결합을 가진 화합물 $R_2C{=}NR$ 또한 Schiff 염기라고도 부른다.

Schiff 염기
이민의 또 다른 이름이다.

MECHANISM 알데하이드 혹은 케톤으로부터 이민의 생성

1단계: **친핵체와 친전자체 사이에 새로운 결합 형성.** 암모니아 혹은 일차 아민의 친핵성 첨가는 질소에 양전하와 산소에 음전하를 가지는 정사면체 카보닐 첨가 화합물을 생성한다.

2단계: **양성자 이동.** 또 다른 아민 또는 암모니아 분자가 질소를 중성화하기 위해 양성자를 제거한다.

3단계: **양성자 첨가.** 양성자가 산소 원자에 첨가되어 중성의 아미날(aminal) 중간체가 생성된다.

아미날 중간체

2단계와 3단계는 동시다발적으로 일어나게 된다. 이들 두 단계에 포함되는 다른 종의 원소들 때문에 양성자가 이동하는 것처럼 보이지 않을 지라도 이들의 결과는 중간체의 한 원자로부터 같은 중간체의 다른 곳으로 양성자가 이동하는 것과 같다.

4단계: **양성자 첨가.** 아미날 중간체가 하이드록시기에 양성자화된다. 이 양성자화가 선호되지는 않지만 생성물로 진행하기 위한 메커니즘에 필요한 과정이다.

5단계: 안정한 분자 또는 이온을 생성하기 위해 결합 끊어짐. $—O^+H_2$기는 물로 떨어지고 보다 공명 비편재화에 의해 안정화된 이미늄(imminium) 이온이 생성된다.

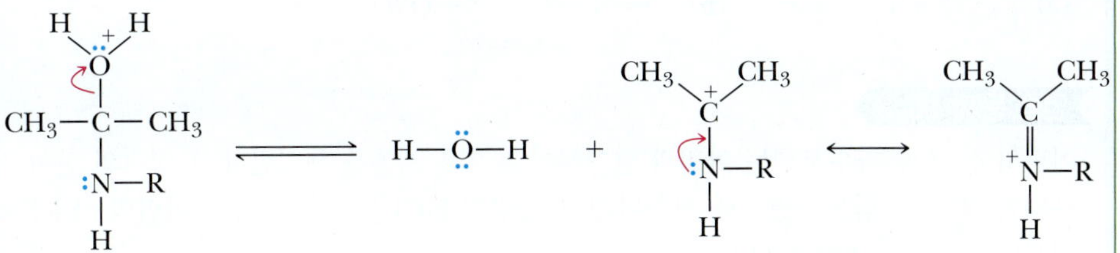

공명 비편재화에 의해 안정화된 이미늄 이온

6단계: 양성자 이동. 이미늄 이온은 양성자 이탈되어 이민 생성물을 생성한다.

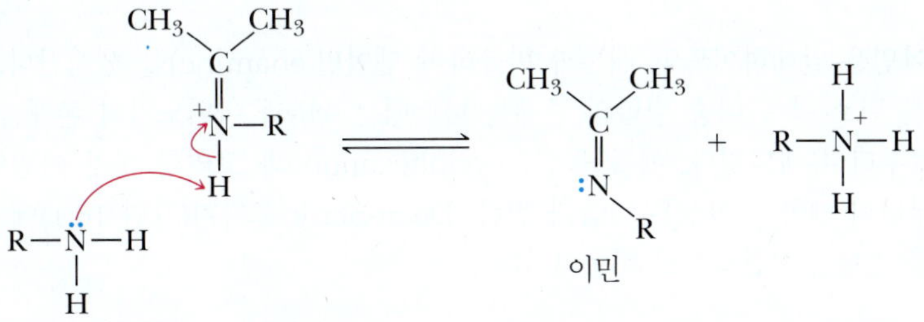

이민

이민 형성은 산의 양에 민감하다. 산은 4단계에서 아마날 중간체의 양성자화에 필요하지만, 너무 많은 양의 산은 모든 아민을 양성자화 시키므로 1단계의 아민의 친핵체로서 작용하는 것을 막는다. pH가 4는 이 반응을 일으키기 위한 최적의 조건으로 알려져 있다.

생체계에서 이민의 중요성을 보여주는 한 예로서 비타민 A 알데하이드(retinal)는 인체의 망막 내 이민 형태로 단백질 옵신(opsin)에 결합되어 있다. 이 반응에서 옵신의 일차 아미노기는 아미노산의 일종인 lysine (27.1절)의 곁사슬에 의해 제공된다. 이 이민을 rhodopsin 혹은 시홍(visual purple)이라고 부른다.

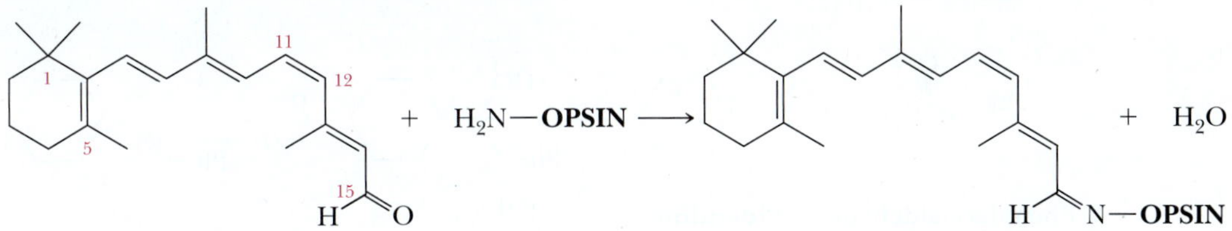

$$\text{11-}cis\text{-Retinal} + H_2N—\textbf{OPSIN} \longrightarrow \text{Rhodopsin} + H_2O$$

11-*cis*-Retinal

Rhodopsin
(시홍)

Rhodopsin에 의해 광자가 흡수되어 11번째 탄소의 이중 결합이 *시스*에서 *트랜스*로 이성질화가 일어나게 하며, 그 결과 분자 모양의 변화는 신경 자극을 일으키게 되고 포유동물의 시력이 만들어지는 기초를 제공하게 된다.

예제 16.8 ▸ **이민 화학**

다음 반응에서 생성되는 이민의 구조식을 써라.

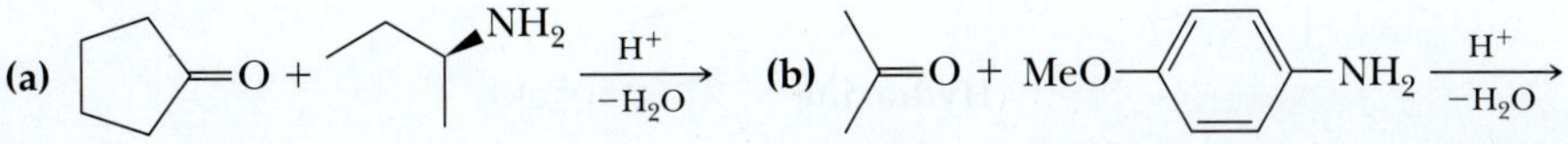

(a) cyclopentanone + (S)-2-butanamine $\xrightarrow[-H_2O]{H^+}$ **(b)** acetone + MeO—C₆H₄—NH_2 $\xrightarrow[-H_2O]{H^+}$

➥ 해답

각 이민의 구조식은 다음과 같다.

(a) 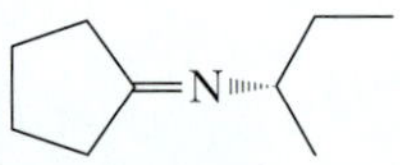 (b) 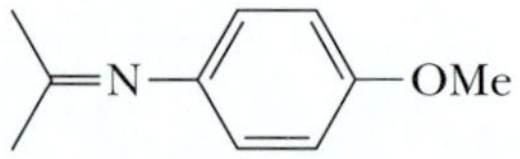 OMe

연습 문제 16.8

이민의 산 촉매 가수분해는 아민과 알데하이드 혹은 케톤을 생성한다. 1 당량의 산이 사용되면, 아민은 암모늄염으로 전환된다. 1 당량의 HCl을 사용한 다음 이민의 가수분해 생성물에 대한 구조식을 써라.

(a) 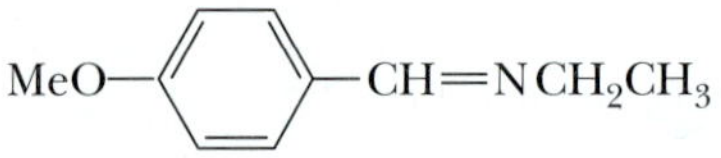 MeO— —$CH{=}NCH_2CH_3$ (b) 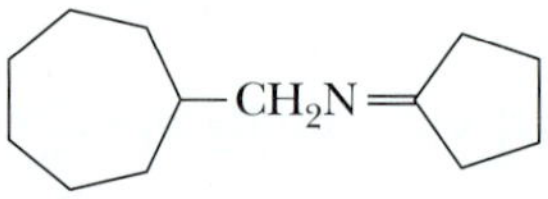 —$CH_2N{=}$

엔아민
알데하이드 혹은 케톤과 이차 아민의 반응에 이어 H_2O 이탈에 의해 유도된 불포화 화합물, $R_2C{=}CR{-}NR_2$.

이차 아민은 알데하이드와 케톤과 반응하여 **엔아민**(enamine)을 생성한다. 엔아민이라는 명칭은 탄소-탄소 이중 결합의 존재를 나타내는 *-en*-과 아미노기의 존재를 나타내는 *-amine*으로부터 유래되었다. 예를 들면, cyclohexanone과 고리형 이차 아민인 piperidine으로부터의 엔아민 형성은 다음과 같다. Dean-Stark 포착기(그림 16.1)에 의한 물의 제거는 반응 평형을 오른쪽으로 이동시킨다.

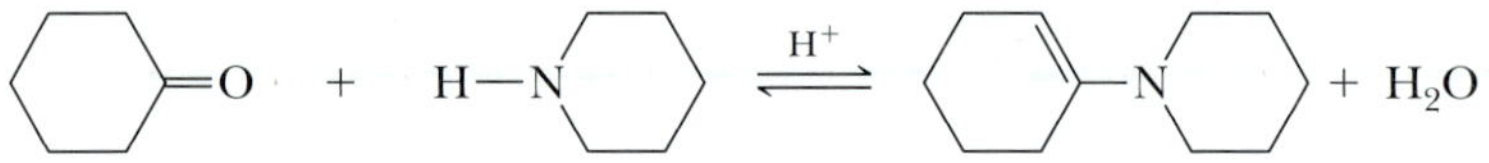

$$\text{Cyclohexanone} + \text{Piperidine (H–N)} \overset{H^+}{\rightleftharpoons} \text{엔아민} + H_2O$$

Cyclohexanone **Piperidine** (이차 아민) 엔아민

간략히, 엔아민 형성의 메커니즘은 이민 형성의 메커니즘과 매우 유사하다. 1단계에서 이차 아민이 알데하이드나 케톤의 카보닐 탄소에 친핵성 첨가되고, 이어서 질소로부터 산소로 양성자 이동에 의해 정사면체 카보닐 첨가 화합물이 생성된다. 산 촉매 탈수 반응으로 엔아민이 형성된다. 엔아민 형성이 아민 형성과 다른 단계가 바로 이 단계이다. 질소는 잃어버릴 수 있는 양성자가 없다. 대신에 양성자는 케톤이나 알데하이드의 α-탄소로부터 제거 반응에 의해 떨어진다.

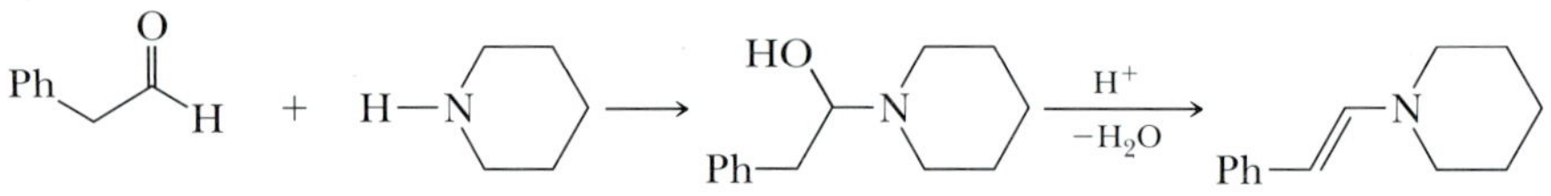

$$\text{Phenylacetaldehyde} + \text{Piperidine} \longrightarrow \text{정사면체 카보닐 첨가 화합물} \xrightarrow[-H_2O]{H^+} \text{엔아민}$$

Phenylacetaldehyde **Piperidine** 정사면체 카보닐 첨가 화합물 엔아민 (*E*, *Z* 이성질체 혼합물)

19.5절에서 엔아민 화학과 이들의 합성에서의 이용에 관해 다시 설명하게 될 것이다.

B Hydrazine과 관련 화합물

알데하이드나 케톤이 **hydrazine**과 반응하면 cyclopentanone을 hydrazine과 반응시키는 다음 예와 같이 하이드라존(hydrozone)이라 부르는 화합물을 생성한다.

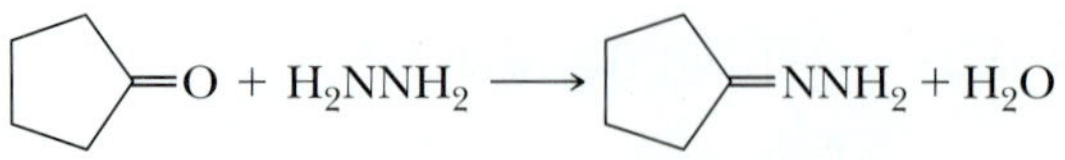

$$\text{C}_5\text{H}_8{=}O + H_2NNH_2 \longrightarrow \text{C}_5\text{H}_8{=}NNH_2 + H_2O$$

Hydrazine 하이드라존

Pyridoxine (비타민 B_6): 아미노기의 운반자

아민 전달 반응(Transamination)은 아미노기와 카보닐의 운반을 포함한다. 그리고 아미노산의 생합성에서 마지막 반응이다. 아민 전달 반응에서 아미노기 주개는 α-아미노산으로부터 이민 중간체를 거쳐 α-케토산 받개에 전달된다. 이 과정에서 α-케토산은 새로운 α-아미노산으로 바뀌게 된다.

아민 전달 반응은 **아민 전달 효소**(transaminase)로 불리는 효소의 특이기에 의해 촉매화된다. 아민 전달 반응은 모든 세포에서 발견되는데, 그들의 농도는 심장과 간 조직에서 특별히 높다. 이들 조직에 손상은 아민 전달 효소를 혈액으로 내보내게 하고, 임상학자는 이 효소의 세럼 수치를 통해 심장 또는 간 손상의 확장에 관한 정보를 알게 된다.

아민 전달 효소는 두 가지 생리 역할을 한다. 먼저, 그들은 조직의 특정 수요를 맞추기 위해 아미노산의 상대적 양을 조절하는데 관여한다. 두 번째는, 그들은 모든 아미노산의 질소 원자를 glutamate로 수집한다. Glutamate는 생합성에 질소 원소의 중추적 공급원이기 때문이다. Glutamate 아민 전달 효소에 의해 촉매화된 반응의 예는 다음과 같다.

Glutamate 아민 전달 효소:

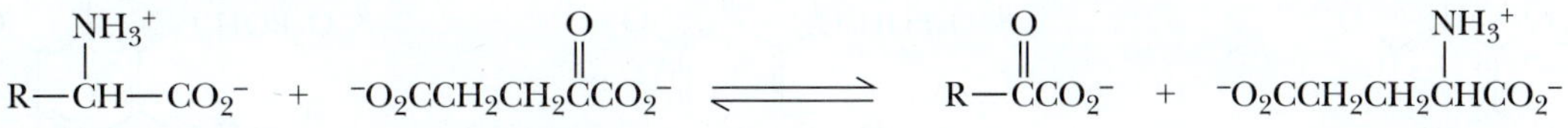

$$\underset{\text{주개 아미노산}}{R-\overset{NH_3^+}{\overset{|}{C}}H-CO_2^-} + \underset{\boldsymbol{\alpha}\textbf{-ketoglutamate}}{^-O_2CCH_2CH_2\overset{O}{\overset{\|}{C}}CO_2^-} \rightleftharpoons \underset{\text{새로운 케토산}}{R-\overset{O}{\overset{\|}{C}}CO_2^-} + \underset{\textbf{L-Glutamate}}{^-O_2CCH_2CH_2\overset{NH_3^+}{\overset{|}{C}}HCO_2^-}$$

아미노기와 카보닐로부터 이민의 가역적인 생성은 아민 전달 반응 반응의 핵심 메커니즘적 단계이다. 이민을 만들기 위해 모든 아민 전달 효소는 pyridoxal phosphate (PLP)와 pyridoxine (비티민 B_6)로부터 유도된 보조효소를 필요로 한다. 이 보조효소는 알데하이드의 일차 아민(pyridoxamine phosphate, PMP)으로 가역적 변화를 수행한다. PLP는 효소, 피리디늄 고리, 아미노산의 아민과 먼저 반응하는 알데하이드와 결합된 인산염(phosphate)을 포함한다.

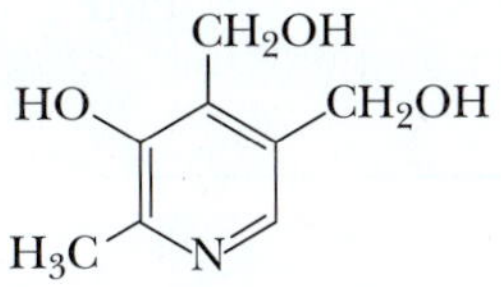

Pyridoxine (비타민 B_6)	Pyridoxal phosphate (PLP)	Pyridoxine phosphate (PMP)
피리딘 고리: CH_2OH, HO, CH_2OH, H_3C, N	피리딘 고리: $\overset{O}{\|}$C—H, HO, $CH_2OPO_3^{2-}$, H_3C, N	피리딘 고리: NH_3^+—CH_2, HO, $CH_2OPO_3^{2-}$, H_3C, N

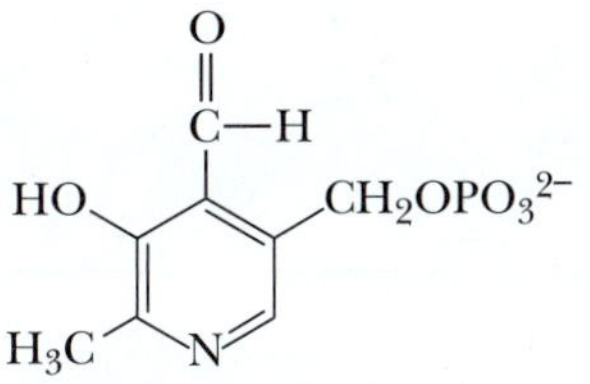

Pyridoxine (비타민 B_6)　**Pyridoxal phosphate (PLP)**　**Pyridoxine phosphate (PMP)**

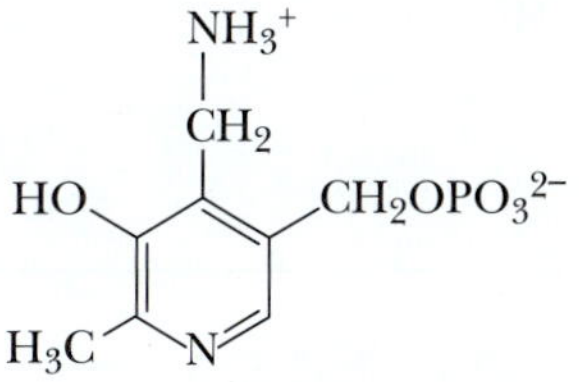

아민 전달 반응의 메커니즘은 적절한 전자 흐름 화살표로 자세히 기술된다. 양성자 이동, 친핵성 첨가, 이탈기의 떨어짐의 과정은 PLP가 PMP로 자발적으로 전환되는 동안 아미노산을 케토산으로 가져가는 것을 포함한다. 실제 반응에서 그러한 기들이 포함될지라도 아민 전달 효소(HB-Enz)로부터 단일 잔기가 양성자 이동이 수월하게 일어나는 것처럼 보인다.

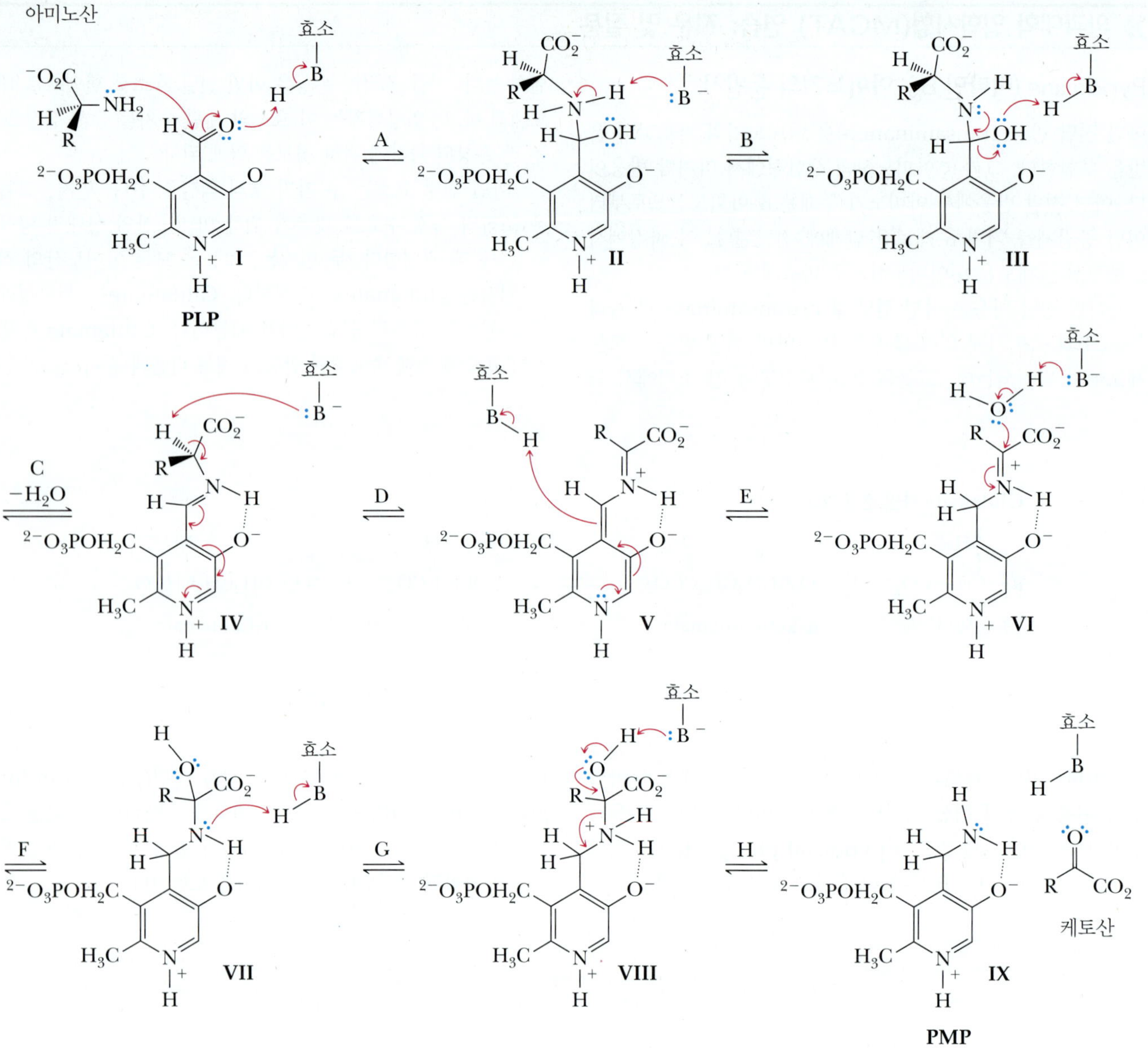

아미노산 PLP I II III IV V VI VII VIII IX PMP 케토산

효소

A ⇌ B ⇌ C $-H_2O$ ⇌ D ⇌ E ⇌ F ⇌ G ⇌ H ⇌

» 질문

A. 어느 구조가 이민 또는 이미늄 중간체인가?

1. I, III, V **2.** VII, VIII

3. IV, VII **4.** IV, V, VI

B. 어느 구조가 첨가 반응으로부터 나온 정사면체 중간체로 분류될 수 있는가?

1. II, III, VII, VIII **2.** IV, V, VI

3. II, IV, VIII **4.** II, VI

C. D 단계에서 피리디늄기의 역할은 무엇인가?

1. 그것은 효소에 의해 아미노산의 탈양성자화를 증가시키기 위한 전자 주는 기(공급원)로 작용한다.

2. 그것은 아미노산의 탈양성자화를 쉽게 하기 위한 전자 끄는 기로 작용한다.

3. 그것은 아미노산을 배위하기 위한 Lewis 염기로 작용한다.

4. 2와 3 모두 참이다.

D. 어느 단계에서 친핵성 첨가가 일어나는가?

1. A, F, G 단계
2. C, D, E 단계
3. A, F 단계
4. A, D, F 단계

E. 이민/이미늄의 가수분해가 일어나는 세 가지 연속 단계는 어느 과정인가?

1. D, E, F **2.** C, D, E
3. E, F, G **4.** F, G, H

F. 아미노기와 카보닐의 운송을 완료하기 위해서는 PMP가 PLP로 거꾸로 전환되어야만 한다. 이것이 일어나는 것으로 어떻게 예측할 수 있는가.

1. 분리 반응은 PMP의 아민기를 알데하이드로 산화시킨다.
2. 분리 반응은 PMP의 아민기를 알데하이드로 가수분해시킨다.
3. 다른 케토산이 PMP의 아민기와 반응하고, 전체 과정을 되돌린다.
4. 2 또는 3이 일어날 수 있다.

표 16.4에 알데하이드나 케톤과 반응하여 이민을 생성하는 여러 가지 서로 다른 암모니아 유도체와 hydrazine을 나열하였다.

표 16.4에 나열한 질소 친핵체의 주된 가치는 대부분의 알데하이드나 케톤이 이들과 반응하여 뚜렷한 녹는점을 갖는 결정성 고체를 생성한다는 점이다. 역사적으로 이러한 알데하이드나 케톤의 유도체는 종종 액체 알데하이드나 케톤을 확인하는 편리한 방법으로 제공되었다. 현재 이러한 화합물들은 IR 또는 NMR 분광법에 의해 보다 더 쉽게 확인된다.

표 16.4 이민 생성에 사용되는 암모니아와 hydrazine 유도체

시약($H_2N—R$)	시약의 이름	생성된 유도체의 이름
$H_2N—OH$	Hydroxylamine	Oxime
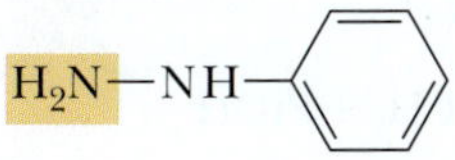 $H_2N—NH—C_6H_5$	Phenylhydrazine	Phenylhydrazone
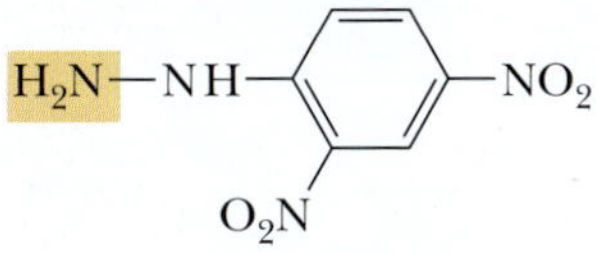 $H_2N—NH—C_6H_3(NO_2)_2$ (2-O_2N, 4-NO_2)	2,4-Dinitrophenylhydrazine	2,4-Dinitrophenylhydrazone
 $H_2N—NHCNH_2$ (C=O)	Semicarbazide	Semicarbazone

16.9 케토-엔올 토토머화

A α-수소의 산도

카보닐기에 인접한 탄소 원자는 ***α*-탄소**(α-carbon)로 부르고, 여기에 붙은 수소 원자는 ***α*-수소**(α-hydrogen)라고 부른다.

$$CH_3—\overset{O}{\overset{\|}{C}}—CH_2—CH_3$$

α-탄소
α-수소

***α*-탄소**
카보닐기에 인접한 탄소 원자.

***α*-수소**
카보닐기에 인접한 탄소에 있는 수소 원자.

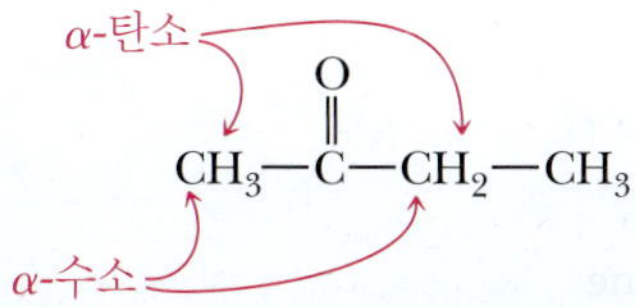

표 16.5

결합 형태	pK_a
CH_3CH_2O-**H**	16
$CH_3\overset{O}{\overset{\Vert}{C}}CH_2-$**H**	20
$CH_3C\equiv C-$**H**	25
$CH_2=CH-$**H**	44
CH_3CH_2-**H**	51

탄소와 수소는 비슷한 전기음성도를 갖고 있어 보통 C—H 결합은 극성이 아주 작다. 추가적으로 탄소는 높은 전기음성도를 갖고 있지 않아서(예를 들어, 산소의 전기음성도가 3.5인 것과 비교해 보라) 탄소를 기본으로 하는 음이온은 비교적 불안정하다. 결과적으로 탄소에 결합되어 있는 수소는 매우 낮은 산도를 나타낸다. 그러나 카보닐기에 α-수소의 경우는 상황이 달라진다. α-수소는 아세틸렌 수소, 바이닐 수소, 알케인 수소보다 더 산성이지만 알코올의 —OH 수소에 비해 덜 산성이다(표 16.5).

α-수소의 큰 산도는 결과적으로 생겨난 **엔올 음이온**(enolate anion)에 있는 음전하가 공명에 의해 비편재화되기 때문에 나타나며, 이러한 안정화는 알케인, 알켄, 알카인의 음이온과 비교된다.

$$CH_3-\overset{:O:}{\overset{\Vert}{C}}-CH_2-H + :B^- \rightleftharpoons CH_3-\overset{:\ddot{O}:}{\overset{\Vert}{C}}-\ddot{C}H_2^- \longleftrightarrow CH_3-\overset{:\ddot{O}:^-}{\overset{|}{C}}=CH_2 + H-B$$

공명 안정화된 엔올 음이온

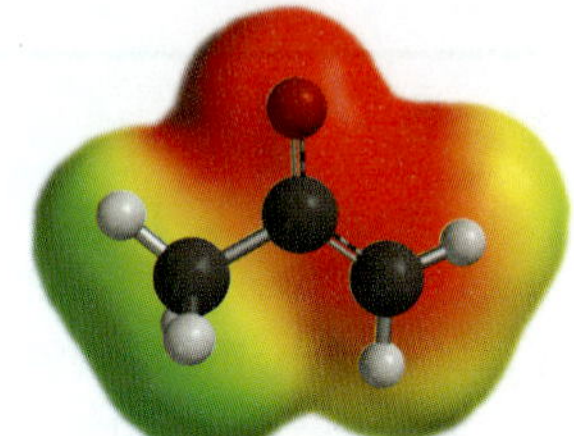

엔올 음이온의 정전기적 퍼텐셜 지도

엔올 음이온
카보닐기의 α-탄소로부터 수소를 잃음으로써 유도된 음이온. 엔올의 음이온.

엔올 음이온은 전기음성도가 큰 산소의 전자 끌기 유도 효과에 의해서도 안정화된다. 알코올과 비교하여 카복실산의 더 큰 산도를 설명하는데 사용한 4.6C절의 동일한 요인을 상기하여라.

예제 16.9 ▸ 엔올 형성 반응

다음 평형의 위치를 예측하여라.

$$C_6H_5-\overset{O}{\overset{\Vert}{C}}-CH_3 + EtO^-Na^+ \underset{}{\overset{\text{ethanol}}{\rightleftharpoons}} C_6H_5-\overset{O^-Na^+}{\overset{|}{C}}=CH_2 + EtOH$$

Acetophenone

➥ 해답

Ethanol의 pK_a 값은 약 16(표 4.1)이다. Acetophenone의 pK_a 값은 acetone의 pK_a 값과 거의 같다고 가정하라. 즉, 약 20이다. Ethanol은 보다 더 센산이고, 따라서 반응 평형은 왼쪽에 있다.

$$C_6H_5-\overset{O}{\overset{\Vert}{C}}-CH_3 + EtO^-Na^+ \rightleftharpoons C_6H_5-\overset{O^-Na^+}{\overset{|}{C}}=CH_2 + EtOH$$

약한 산 pK_a 20　　　　센산 pK_a 16

연습 문제 16.9

다음 평형의 위치를 예측하여라.

$$C_6H_5-\overset{O}{\overset{\Vert}{C}}-CH_3 + Na^+NH_2^- \rightleftharpoons C_6H_5-\overset{O^-Na^+}{\overset{|}{C}}=CH_2 + NH_3$$

Acetophenone

엔올 음이온이 양성자 주개와 반응하면, 산소 혹은 α-탄소와 작용할 것이다. α-탄소에서의 엔올 음이온의 양성자 첨가는 α-탄소에 일어나면 소위 케토형(keto form)이라 부르는 원래의 분자를 생성한다. 산소에 양성자 첨가는 엔올형(enol form)을 생성한다. 음이온은 엔올형으로부터 양성자를 잃어버림으로써 유도될 수 있기 때문에 엔올 음이온이라 부른다.

MECHANISM 케토와 엔올 토토머의 염기 촉매 평형

***1단계:* 양성자 제거.** 염기인 B^-는 α-수소를 제거하고 음전하의 공명 비편재화에 의해 안정화되는 엔올 음이온 중간체를 만든다.

$$CH_3-C(=O)-CH_2-H + :B^- \rightleftharpoons H-B + CH_3-C(=O)-\bar{C}H_2 \longleftrightarrow CH_3-C(-O^-)=CH-H$$

케토형

공명 비편재화에 의해 안정화된 엔올 음이온

***2단계:* 양성자 첨가.** 양성자는 엔올을 형성하기 위해 엔올 산소 음이온에 첨가된다.

$$CH_3-C(-O^-)=CH-H + H-B \rightleftharpoons CH_3-C(-OH)=CH-H + :B^-$$

엔올형

엔올의 형성은 산 촉매에 의해 일어날 수도 있다. 염기 촉매 반응과 산 촉매 반응의 유일한 차이점은 양성자의 첨가 및 제거 반응의 순서이다. 산 촉매 반응에서는 양성자가 먼저 첨가되고, 염기 촉매 반응에서는 양성자가 먼저 제거된다. 이 과정에서 알데하이드 혹은 케톤의 케토형은 염기 촉매에 의해 엔올로 전환된다.

MECHANISM 케토와 엔올 토토머의 산 촉매 평형

***1단계:* 양성자 첨가.** 산 촉매인 H—A로부터 카보닐 산소로의 빠르면서도 가역적인 양성자 이동은 케톤의 짝산으로 공명 안정화된 옥소늄 이온을 생성한다.

$$CH_3-C(=O)-CH_3 + H-A \xrightleftharpoons{\text{빠르고 가역적}} CH_3-C(=O^+H)-CH_3 + :A^-$$

케토형

케톤의 콘쥬게이션 산

***2단계:* 양성자 이동.** α-탄소로부터 염기인 A^-로 양성자 이동은 엔올을 생성하고, 새로운 산 촉매한 분자가 재생된다.

$$CH_3-C(=O^+H)-CH_2-H + :A^- \xrightleftharpoons{\text{느림}} CH_3-C(-OH)=CH-H + H-A$$

엔올형

B 케토-엔올 토토머화의 평형 위치

적어도 하나의 α-수소를 갖고 있는 모든 알데하이드와 케톤은 그들의 엔올형과 평형을 이루고 있다. 7.7절에서 수소붕소 첨가-산화 반응과 알카인의 산 촉매에 의한 수화 반응을 설명하면서 이런 형태의 평형 형태를 처음으로 보았다. 표 16.6에서 나타낸 바와 같이 간단한 알데하이드나 케톤의 케토-엔올 평형의 위치는 케토형 쪽으로 치우치게 되며, 이는 탄소-산소 이중 결합이 탄소-탄소 이중 결합보다 더 강하지만 근본적으로 탄소-수소 단일 결합이 산소-수소 단일 결합만큼 강하기 때문이다.

표 16.6 몇몇 간단한 알데하이드와 케톤에 있어서의 케토-엔올 평형 위치*

케토형	엔올형	평형에서의 엔올(%)
CH_3CHO	$CH_2=CHOH$	6×10^{-5}
CH_3COCH_3	$CH_3C(OH)=CH_2$	6×10^{-7}
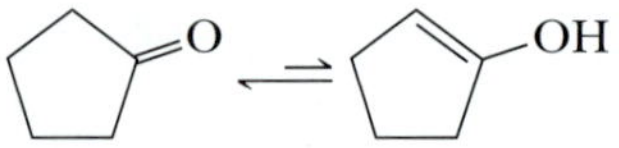 Cyclopentanone	1-Cyclopentenol	1×10^{-6}
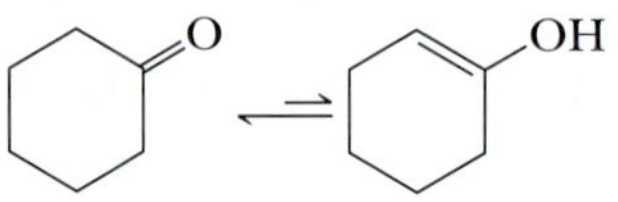 Cyclohexanone	1-Cyclohexenol	4×10^{-5}

*자료 출처. J. March, *Advanced Organic Chemistry*, 4th ed., Interscience, New York: Wiley 1992, p. 70.

어떤 형태의 분자의 경우 엔올형이 주된 형이 되고, 어떤 경우에는 평형에서 하나의 형태만 존재한다. α-탄소가 두 카보닐기 사이에 놓여 있는 1,3-cyclohexanedione과 2,4-pentanedione과 같은 β-다이케톤은 평형 위치가 엔올형 쪽으로 우세하게 이동한다. 이러한 엔올은 탄소-탄소 이중 결합과 카보닐기의 **콘쥬게이션**(conjugation)에 의해 안정화된다. 열린 사슬 형태의 β-다이케톤인 2,4-pentanedione의 엔올은 분자 내 수소 결합으로 더욱 안정화된다.

콘쥬게이션
인접한 π 결합의 전자가 서로 작용할 때에 일어나는 상황. 즉, 두 개의 이중 결합이 한 개의 단일 결합에 의해 분리된 경우이다.

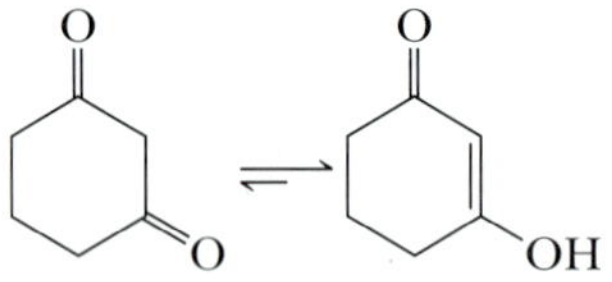

수소 결합
$\delta-$ $\delta+$
O OH
20% 80%

1,3-Cyclohexanedione

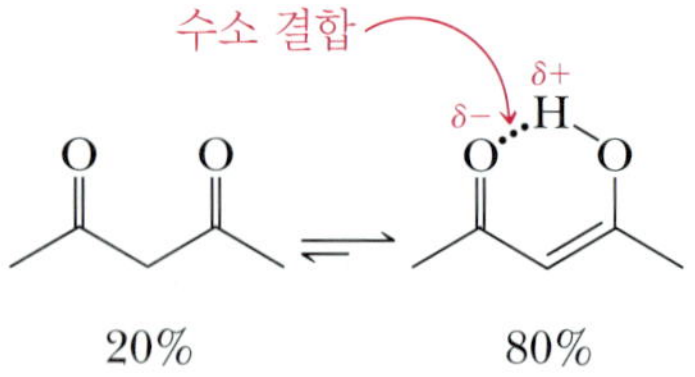

2,4-Pentanedione (Acetylacetone)

예제 16.10 ▸ **케토-엔올 평형**

다음 각 화합물에 대해 두 종류의 엔올형을 써라. 어떤 엔올이 평형에서 주로 존재한다고 예측되는가?

(a) 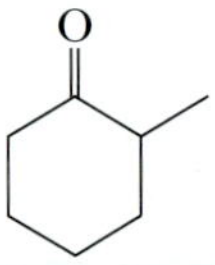 **(b)**

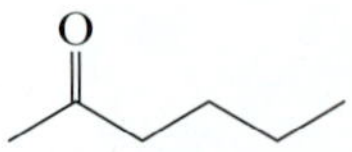

➥ 해답

각각의 경우, 주된 엔올형은 더 많이 치환된(더 안정한) 이중 결합을 갖는다.

(a) 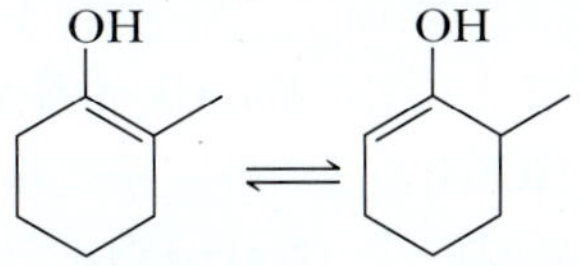 주 엔올 ⇌ (b) 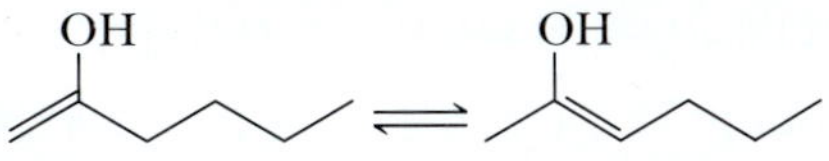 ⇌ 주 엔올

연습 문제 16.10

각 엔올에 대해 케토형 구조식을 그려라.

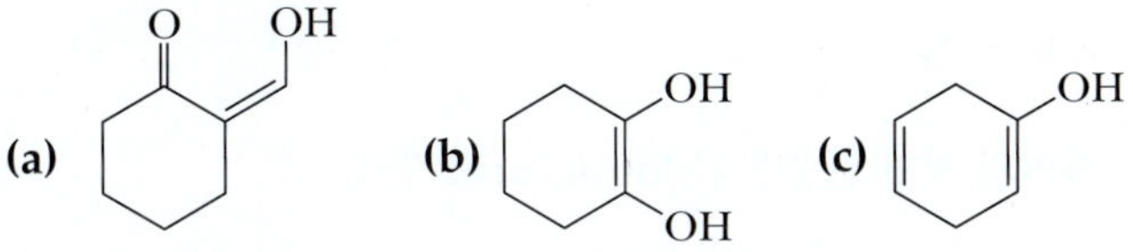

(a) (b) (c)

16.10 산화

A 알데하이드의 산화

알데하이드는 모든 작용기 중에서 가장 쉽게 산화되는 작용기 중에 하나이다. Chromic acid에 의한 산화의 예로 hexanal의 hexanoic acid로의 전환을 나타내었다(이 산화 반응의 메커니즘은 10.8A절을 복습하라).

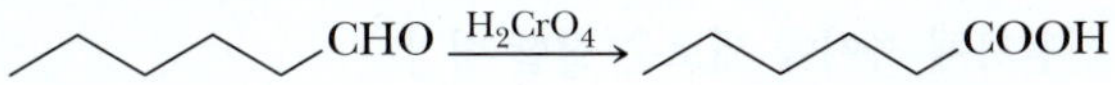

$$\text{CHO} \xrightarrow{H_2CrO_4} \text{COOH}$$

Hexanal **Hexanoic acid**

알데하이드는 또한 Ag(I) 이온에 의해 카복실산으로 산화된다. 실험실에서 사용되는 한 방법은 ethanol 수용액이나 tetrahydrofuran에 녹아 있는 알데하이드를 Ag_2O 곤죽(slurry)과 함께 흔들어 주는 것이다.

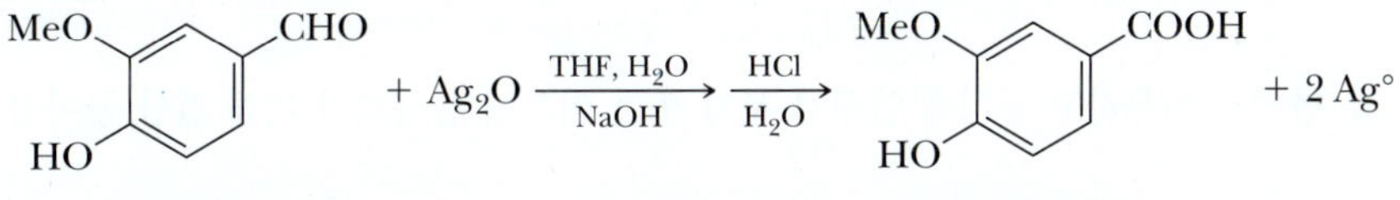

$$\text{Vanillin} + Ag_2O \xrightarrow[\text{NaOH}]{\text{THF, } H_2O} \xrightarrow[H_2O]{\text{HCl}} \text{Vanillic acid} + 2\,Ag°$$

Vanillin **Vanillic acid**

Ag(I)의 또다른 형태인 Tollens 시약(Tollens' reagent)은 silver nitrate를 물에 녹여 만들고, sodium hydroxide를 넣어 Ag(I)을 Ag_2O의 형으로 침전시킨 후, 암모니아 수용액을 첨가하여 Ag(I)을 은-암모니아 착이온으로 다시 녹인다.

$$Ag^+NO_3^- + 2\,NH_3 \xrightleftharpoons{NH_3,\ H_2O} Ag(NH_3)_2{}^+NO_3^-$$

Tollens 시약
Ag_2O를 수용성 암모니아에 녹여 만든 용액. 카복실산을 만드는 알데하이드의 선택적 산화 반응에 사용된다.

Tollens 시약이 알데하이드에 첨가되면, 알데하이드는 카복실산 음이온으로 산화되고, Ag(I)은 금속 은으로 환원된다. 만일 이 반응이 적절히 진행되면, 은이 반질반질한 거울상으로 석출된다. Ag(I)은 가격이 높아 오늘날에는 알데하이드의 산화에 자주 이용되지는 않고 있다. 그러나 이 반응은 거울을 포함하여 유리제품에 은을 장식할 때에 아직도 사용되고 있다.

알데하이드는 산소 분자나 과산화 수소에 의해 카복실산으로 역시 산화된다.

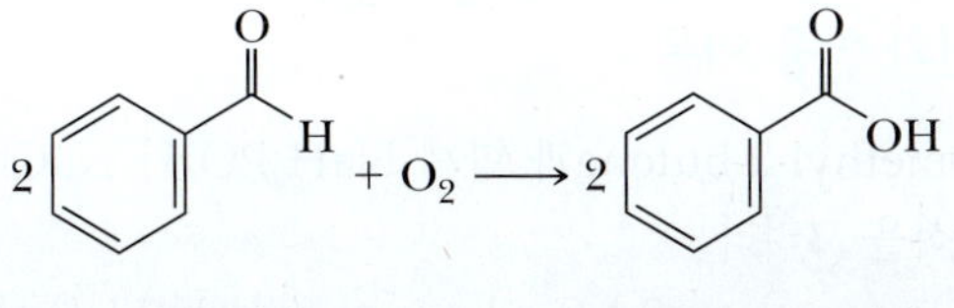

$$2\,\text{C}_6\text{H}_5\text{CHO} + O_2 \longrightarrow 2\,\text{C}_6\text{H}_5\text{COOH}$$

Benzaldehyde **Benzoic acid**

산소와의 반응은 라디칼 사슬 반응이다(8.7절). 산소 분자는 가장 저렴하고 쉽게 얻을 수 있는 산화제 중의 하나이다. 공업적 규모로 알데하이드를 포함한 유기 화합물을 공기 산화시키는 방법은 매우 흔한 방법이다.

은으로 입힌 거울은 Tollens 시약과 알데하이드와의 반응에 의해 이러한 플라스크 안쪽에 침전시켜 왔다.

알데하이드를 카복실산으로 산화시키는 또 다른 저렴한 방법은 **Pinnik 산화**(Pinnick oxidation)이다. 이 반응은 부 생성물로 하이퍼염소산(HOCl)을 포착하는 구조와 함께 염소산을 만들기 위해 sodium chlorite ($NaClO_2$)와 포스페이트 (NaH_2PO_4) 완충 용액을 사용한다(아래 메커니즘 참조). 다양한 포착제(scavenger) 중에서 가장 일반적인 것은 2-methyl-2-butene이다. 이것은 매우 선택적인 방법이다. 알코올을 산화시키지 않기 때문에 보호기가 필요 없다.

MECHANISM Pinnik 산화

1단계: **$H_2PO_4^-$와 ClO_2^- 사이의 평형 반응은 chlorous acid 생성.**

$$H_2PO_4^- + ClO_2^- \rightleftharpoons HPO_4^{-2} + HClO_2$$

Chlorous acid

2단계: **양성자 첨가.**

3단계: **친핵체와 친전자체 사이에 새로운 결합 형성.**

4단계: **양성자 이동하고 동시에 안정한 분자 또는 이온이 생성되기 위해 결합 끊어짐.**

Hypochlorous acid

5단계: **Hypochlorous acid 포착(예로 알켄에 친전자성 첨가를 이용, 6.3절).**

2-Methyl-2-butene

예제 16.11 ▸ **산화 반응 이용**

다음 화합물들을 2-methyl-2-butene과 함께 NaH_2PO_4와 $NaClO_2$로 처리할 때 생성되는 생성물의 구조식을 그려라.

(a) Pentanal **(b)** Cyclopentanecarbaldehyde

➡ 해답

각각의 화합물에 알데하이드기는 카복실기로 산화된다.

(a) 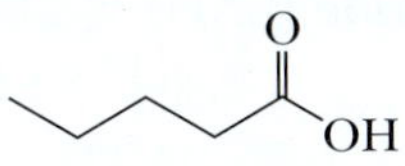 Pentanoic acid (b) 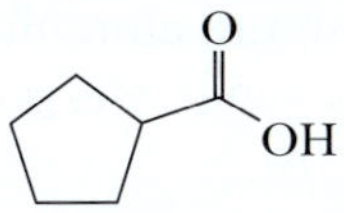 Cyclopentane carboxylic acid

연습 문제 16.11

다음의 산화 반응을 완결하여라.

(a) Hexanal + H_2O_2 ⟶ **(b)** 3-Phenylpropanal + Tollens 시약 ⟶

B 케톤의 산화

케톤은 보다 특수한 조건 하에서만 산화된다. 케톤은 chromic acid 또는 potassium permanganate에 의해 일반적으로 산화되지 않는다. 오히려 chromic acid는 이차 알코올을 케톤으로 높은 수득률(10.8A절)로 산화시키는 데 일상적으로 사용된다.

케톤은 또한 고온에서 potassium dichromate, potassium permanganate 및 다른 센산화제와 높은 농도의 산 혹은 염기에 의해 엔올형을 거쳐서 산화성 분해가 일어난다. 엔올의 탄소-탄소 이중 결합은 원래 케톤의 치환 형태에 따라 분해되어 두 개의 카복시기 혹은 케톤기를 만든다. 이 반응의 중요한 산업적 용도는 cyclohexanone을 질산을 이용하여 나일론 66(29.5A절) 고분자를 합성하는 데 필요한 두 단량체 중의 하나인 hexanedioic (adipic) acid로 산화하는 것이다.

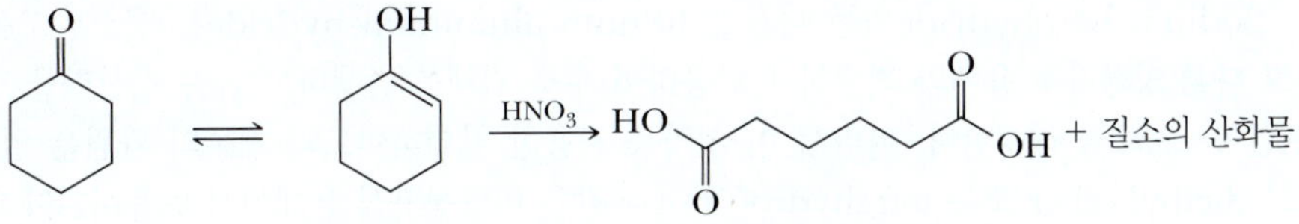

Cyclohexanone (케토형) ⇌ **Cyclohexanone** (엔올형) $\xrightarrow{HNO_3}$ **Hexanedioic acid (Adipic acid)** + 질소의 산화물

위의 cyclohexanone의 산화에서 알 수 있듯이 대칭형 cycloalkanone의 산화 반응에 매우 유용하며, 이 반응은 한 가지 화합물만 얻어지기 때문이다. 대부분 다른 케톤은 혼합물을 생성하며, 그 이유는 엔올이 카복시기의 양쪽에 만들어질 수 있기 때문이다.

16.11 환 원

알데하이드는 일차 알코올로 환원되고, 케톤은 이차 알코올로 환원된다. 더욱이 알데하이드와 케톤의 카보닐기는 메틸렌기(—CH_2—)로 환원될 수 있다.

알데하이드	환원될 수 있음	케톤	환원될 수 있음
RCH(=O)	RCH_2OH RCH_3	RCR′(=O)	RCH(OH)R′ RCH_2R'

A 금속 수소화물에 의한 환원

현재 알데하이드나 케톤의 카보닐기를 하이드록시기로 환원시킬 수 있는 가장 일반적인 실험실 시약은 sodium borohydride, lithium aluminum hydride (LAH) 및 그 유도체이다. 이런 화합물들은 친핵성 아실 치환 반응에 참여하는 매우 강한 친핵체인 **수소화 이온**(hydride ion)의 공급원으로 작용한다.

수소화 이온
원자가 껍질에 두 개의 전자를 가진 수소 원자, H:⁻.

$$Na^+ \; H{-}\overset{\overset{H}{|}}{\underset{\underset{H}{|}}{B^-}}{-}H \qquad Li^+ \; H{-}\overset{\overset{H}{|}}{\underset{\underset{H}{|}}{Al^-}}{-}H \qquad H{:}^-$$

Sodium borohydride **Lithium aluminum hydride (LAH)** **수소화 이온**

Lithium aluminum hydride는 매우 강력한 환원제이므로 알데하이드나 케톤의 카보닐기를 빠르게 환원시킬 뿐만 아니라 카복실산(17.6A절) 및 카복실산 유도체(18.10절) 또한 환원시킨다. Sodium borohydride는 반응성이 약하고, 따라서 훨씬 더 선택적인 시약으로써 알데하이드와 케톤만을 빠르게 환원시킨다. 어떤 것도 알켄이나 알카인을 알케인으로 환원시키지는 못한다.

Sodium borohydride를 이용한 환원 반응은 주로 수용성 메탄올이나 순수한 메탄올 또는 에탄올에서 일어난다. 환원의 초기 생성물은 테트라알킬 보레이트(tetraalkyl borate)이며, 이것을 물로 가열하여 처리하면 알코올과 붕산염으로 전환된다. 1 몰의 sodium borohydride는 4 몰의 알데하이드나 케톤을 환원시킨다.

$$4\,R\overset{\overset{O}{\|}}{C}H + NaBH_4 \xrightarrow{\text{methanol}} \underset{\text{Tetraalkyl borate}}{(RCH_2O)_4B^-Na^+} \xrightarrow{H_2O} 4\,RCH_2OH + \text{붕산 염}$$

Sodium borohydride와는 다르게 lithium aluminum hydride는 물, 알코올 그리고 다른 양성자성 용매와 격렬하게 반응하여 수소 기체를 발생하고 금속 수산화물 및 금속 알콕사이드를 생성한다. 따라서 이 시약을 사용한 알데하이드와 케톤의 환원은 일반적으로 diethyl ether 또는 tetrahydrofuran과 같은 비양성자성 용매에서 반응시켜야 한다. lithium aluminum hydride 환원에 대한 화학량론은 sodium borohydride 환원에서의 화학량론과 동일하다. 1 몰의 lithium aluminum hydride에 대해 4 몰의 알데하이드 또는 케톤. 젤라틴 모양의 알루미늄 염을 생성하기 때문에 산 또는 염기 수용액을 사용한 마무리가 이러한 염을 녹이는데 일반적으로 사용된다.

$$4\,R\overset{\overset{O}{\|}}{C}R + LiAlH_4 \xrightarrow{\text{ether}} \underset{\text{Tetraalkyl aluminate}}{(R_2CHO)_4Al^-Li^+} \xrightarrow[H^+ \text{ 또는 } OH^-]{H_2O} 4\,R\overset{\overset{OH}{|}}{C}HR + \text{알루미늄 염}$$

MECHANISM 알데하이드나 케톤의 Sodium Borohydride 환원

1단계: **친핵체와 친전자체 사이에 새로운 결합 형성.** 친전자성 카보닐 탄소 원자에 수소화 이온의 친핵성 첨가는 정사면체 카보닐 첨가 화합물을 생성한다.

$$Na^+ \; H{-}\overset{\overset{H}{|}}{\underset{\underset{H}{|}}{B^-}}{-}H + R{-}\overset{\overset{:O:}{\|}}{C}{-}R' \longrightarrow R{-}\overset{\overset{:\ddot{O}{-}\bar{B}H_3\;Na^+}{|}}{\underset{\underset{H}{|}}{C}}{-}R'$$

2단계: 양성자 첨가. 두 번째 단계에서 화학자는 플라스크를 열고 물을 부어 알코올 생성물을 만든다.

$$\text{R}-\underset{\text{H}}{\overset{:\ddot{\text{O}}-\bar{\text{B}}\text{H}_3\ \text{Na}^+}{\text{C}}}-\text{R}' \xrightarrow{\text{H}_2\text{O}} \text{R}-\underset{\text{H}}{\overset{:\ddot{\text{O}}-\text{H}}{\text{C}}}-\text{R}'$$

이 H는 가수분해가 일어나는 동안 물로부터 온다.

이 H는 수소화 이온 환원제로부터 온다.

알코올 생성물에서 탄소와 결합되어 있는 수소 원자만이 수소화물 환원제로부터 오고 산소와 결합되어 있는 수소 원자는 금속 알콕사이드 염의 가수분해가 일어나는 동안에 물로부터 온다.

B 촉매 환원

알데하이드나 케톤의 카보닐기는 가장 일반적으로 미세하게 분쇄된 백금 혹은 니켈과 같은 전이 금속 촉매 존재 하에서 수소에 의해 하이드록시기로 환원된다. 환원은 보통 25°C부터 100°C 사이의 온도와 수소 압력이 1 기압에서 5 기압까지 사이에서 수행된다. 이러한 조건 하에서 cyclohexanone은 cyclohexanol로 환원된다.

$$\text{Cyclohexanone} + \text{H}_2 \xrightarrow[25°\text{C, 2 atm}]{\text{Pt}} \text{Cyclohexanol}$$

Cyclohexanone **Cyclohexanol**

알데하이드나 케톤의 촉매 환원은 실행시키기가 간단하고, 반응 수득률이 높고, 최종 생성물 분리가 쉽다. 단점은 이러한 반응 조건에서 탄소-탄소 이중 결합이나 삼중 결합 등의 다른 작용기가 또한 환원될 수 있다는 것이다.

$$\text{trans-2-Butenal} \xrightarrow[\text{Ni}]{2\ \text{H}_2} \text{1-Butanol}$$

***trans*-2-Butenal (Crotonaldehyde)** **1-Butanol**

C 선택적 환원

금속 수소화물 환원을 이용하여 동일한 분자에 존재할 수 있는 C═C 이중 결합의 환원 없이 알데하이드나 케톤의 카보닐기를 환원시키는 것이 가능하다. $LiAlH_4$와 $NaBH_4$와 같은 금속 수소화물 환원제들은 친핵성 시약이다. 알켄에서의 C═C 결합과 같은 친전자성이 아닌 작용기들은 반응하지 않는다.

다음 반응식들은 탄소-탄소 이중 결합의 존재 하에서 카보닐기가 선택적으로 환원됨을 보여주며, 대신으로 숯가루 위에 로듐을 놓은 촉매를 사용하여 카보닐기의 존재 하에서 탄소-탄소 이중 결합이 선택적으로 환원됨을 보여준다.

카보닐기의 선택적 환원:

$$\text{RCH}{=}\text{CH}\overset{\text{O}}{\overset{\|}{\text{C}}}\text{R}' \xrightarrow[2.\ \text{H}_2\text{O}]{1.\ \text{LiAlH}_4} \text{RCH}{=}\text{CH}\overset{\text{OH}}{\overset{|}{\text{C}}}\text{HR}'$$

탄소-탄소 이중 결합의 선택적 환원:

$$\mathrm{RCH{=}CH\overset{O}{\overset{\|}{C}}R' + H_2 \xrightarrow{Rh} RCH_2CH_2\overset{O}{\overset{\|}{C}}R'}$$

예제 16.12 ▸ 알데하이드와 케톤의 환원 반응

다음의 환원을 완결하여라.

(a) 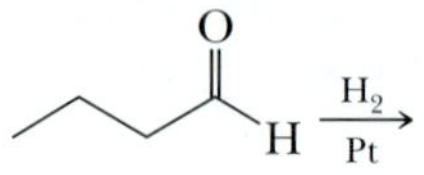 (butanal) $\xrightarrow[Pt]{H_2}$ (b) 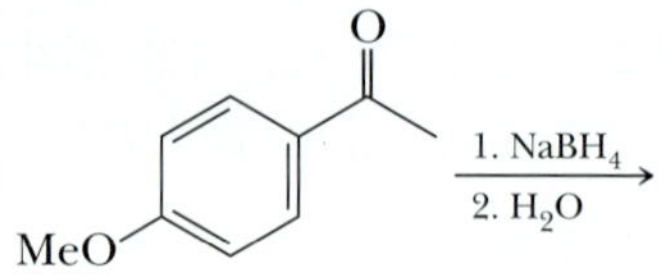 (MeO-phenyl methyl ketone) $\xrightarrow[2.\ H_2O]{1.\ NaBH_4}$

➥ 해답

(a)에 있는 알데하이드의 카보닐기는 일차 알코올로 환원되고, 케톤인 (b)의 카보닐기는 이차 알코올로 환원된다.

(a)  OH (b) 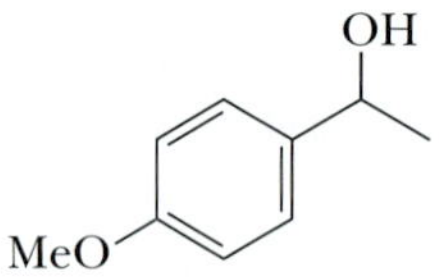 OH, MeO

(라셈 혼합물)

연습 문제 16.12

어떤 알데하이드 혹은 케톤이 $NaBH_4$의 환원에 의해 다음의 알코올을 만드는가?

(a) 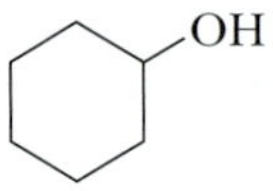 OH (b) 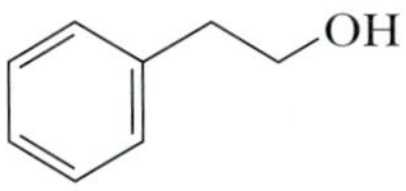 OH (c) 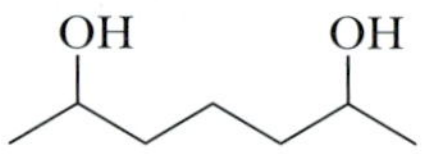 OH OH

(세 개의 입체 이성질체의 혼합물)

D 환원성 아민화 반응

환원성 아민화 반응
알데하이드 혹은 케톤을 환원제 존재 하에서 아민으로 처리함으로써 치환된 아민을 만드는 방법.

이민의 중요한 가치 중의 하나는 탄소-질소 이중 결합이 니켈이나 다른 전이 금속 촉매의 존재 하에서 수소에 의해 탄소-질소 단일 결합으로 환원될 수 있다는 점이다. **환원성 아민화 반응**(reductive amination)이라고 부르는 이러한 두 단계 반응은 cyclohexylamine을 dicyclohexylamine으로의 전환에 나타낸 바와 같이 일차 아민을 이민을 거쳐 이차 아민으로 전환시킨다.

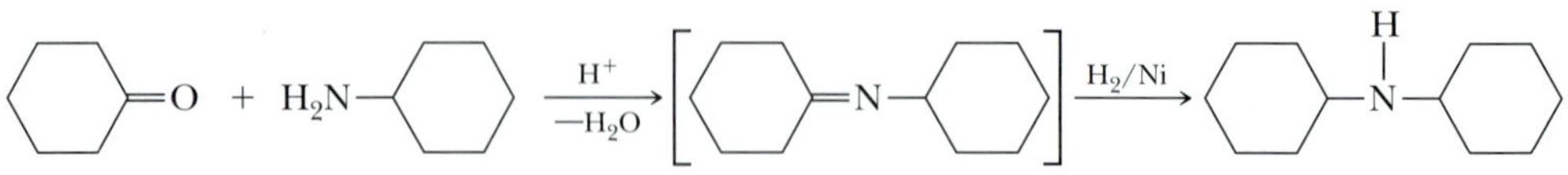

Cyclohexanone + Cyclohexylamine $\xrightarrow[-H_2O]{H^+}$ [(이민 중간체)] $\xrightarrow{H_2/Ni}$ Dicyclohexylamine

출발 물질인 알데하이드나 케톤을 환원시키기에 충분히 강력하지는 않지만, 생성된 더 쉽게 환원되는 이민을 환원시키기에는 충분한 세기를 가진 환원제를 사용하여 환원성 아민화 반응을 단일 단계로 일으킬 수 있다. 이러한 목적으로 보통 사용되는 환원제는 sodium cyanoborohydride ($NaBH_3CN$)이다.

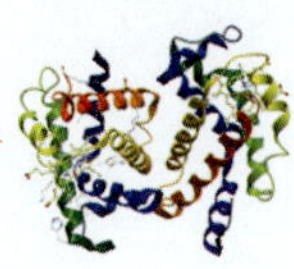

NADH: 수소화물 환원제의 생물학적 동등성

알데하이드와 케톤을 알코올로 환원시키기 위해서 생체계는 일반 실험실에서 수소화물 환원제와 동등한 결과를 가져오는 시약인 NADH를 사용한다. 예를 들면, 알코올 발효(효모가 glucose 같은 탄수화물을 에탄올과 이산화탄소로 변환시키는 과정)의 마지막 단계는 acetaldehyde를 에탄올로 효소 촉매 환원시키는 과정이다.

$$CH_3-\overset{O}{\overset{\|}{C}}-H + NADH + H_3O^+ \xrightarrow[\text{dehydrogenase}]{\text{alcohol}} CH_3CH_2OH + NAD^+ + H_2O$$

Acetaldehyde **Ethanol**

알코올 발효는 맥주 양조와 포도의 당분을 와인으로 발효시키는 기본이 된다.

또 다른 예로 해당 작용의 최종 산물은 pyruvate와 환원된 보조 효소 NADH다. 적당한 산도가 없는 상태에서(염기성 대사) NADH를 NAD^+로 재산화시키기 위해, 또 그렇게 함으로써 해당 작용이 지속될 수 있게 하기 위해 세포는 pyruvate를 lactate로 환원시키는 방법을 사용해 NAD^+를 재생시킨다.

$$\text{Pyruvate } (CH_3COCOO^-) + NADH \xrightarrow[\text{dehydrogenase}]{\text{lactate}} (S)\text{-Lactate } (CH_3CH(OH)COO^-) + NAD^+$$

Pyruvate **(*S*)-Lactate**

사용 가능한 모든 산소를 모두 소비해 버릴 때까지 운동을 한 사람은 누구든 근육 내에 lactate가 증가함에 따라 경련과 피로가 온다는 것을 알고 있다. 휴식을 취하고 산소를 재공급 받으면 lactate 농도가 빠르게 감소하고, 근육의 경련은 풀리게 된다. 발효 중 혐기성 미생물에 의해 생산되는 lactate는 신우유맛과 사우어크라우트(sauerkraut, 발효시킨 양배추 절임)의 독특한 맛과 향의 주 성분이다.

다른 알데하이드나 케톤 환원에는 생체는 NADPH를 환원제로 사용한다. 이 물질은 NADH의 포스페이트 에스터인데 NADH와 같은 방법으로 생체 환원제 기능을 하고 있다.

알데하이드 혹은 케톤의 카보닐기에 대한 NADH 환원 메커니즘은 다음과 같다. 먼저 카보닐기가 포함된 화합물과 NADH는 효소 표면에 서로 매우 특별한 관계를 갖는 위치에 놓이게 된다. 그 다음 원자가 전자의 재배치가 일어나 NADH로부터 카보닐 화합물로 한 쌍의 전자(수소화 이온과 같은 효과)를 가진 수소가 이동하게 된다.

화살표 1과 2: 고리 안의 전자가 질소로부터 움직인다.

화살표 3: 육원자고리 화합물의 $-CH_2-$로부터 수소화 이온이 카보닐 탄소 중심으로 이동하여 카보닐 탄소에 새로운 C—H 결합을 만든다.

화살표 4: 새로운 C—H 결합이 생기면서 C=O π 결합이 끊어진다.

화살표 5: 효소 표면에 있는 산성기인 —BH가 양성자를 새로 만들어진 알콕사이드 이온으로 이동하여 생성물의 하이드록시기 형성을 완결시킨다.

Pyruvate의 효소 촉매 환원은 완벽하게 입체선택적이어서 근육 조직 내에서 lactate *S* 거울상 이성질체만 생성된다. 이러한 입체선택성은 환원 반응이 효소에 의해 만들어지는 카이랄 환경에서 일어나기 때문이다. 실제적인 환원 관계에서 pyruvate와 NADH 모두 효소의 카이랄 표면에 정확히 놓여, 그 결과 NADH로부터 수소화 이온이 pyruvate의 한쪽 면으로만 옮겨져 이 경우엔 *S* 거울상 이성질체만 만들어지게 되는 것이다.

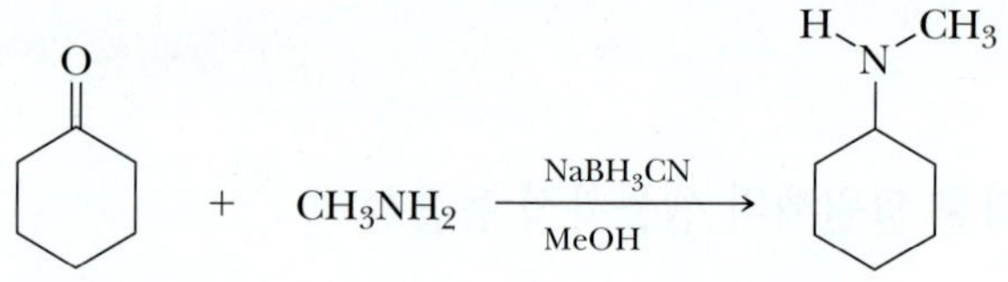

O

$+ \quad CH_3NH_2 \xrightarrow[\text{MeOH}]{NaBH_3CN}$

H N CH_3

Cyclohexanone **N-Methylcyclohexylamine**

HOW TO 환원성 아민화 반응에 대한 적절한 출발 물질로 아민을 역합성적으로 절단하는 방법

몇몇 예외를 제외하고 어떤 아민도 환원성 아민화 반응으로부터 만들 수 있게 설계할 수 있다. 역합성의 흐름에서 질소에 붙은 각각의 알킬 탄소는 아민에서 떨어져, 탄소가 두개의 다른 탄소를 가지거나 하나의 다른 탄소가 붙어 있는지에 따라 케톤 또는 알데하이드로 산화된다. 아래에서 볼 수 있듯이 일차 아민은 하나의 가능성만 가지는 반면, 이차 아민은 두 개 그리고 삼차 아민은 세 개의 가능한 합성 전구체를 가진다.

일차 아민

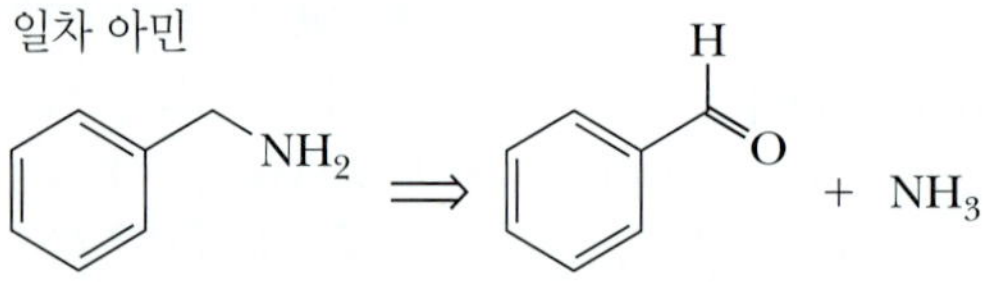

$NH_2 \Rightarrow$ H O $+ NH_3$

이차 아민

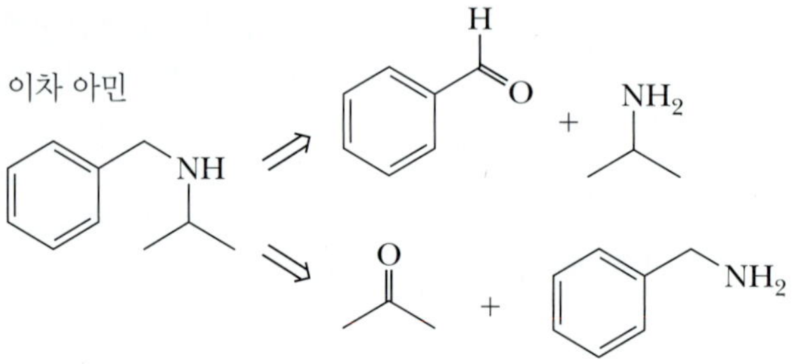

NH ⇒ H O + NH_2

⇒ O + NH_2

삼차 아민

N ⇒ H O + HN

⇒ O + N H

⇒ H O + NH

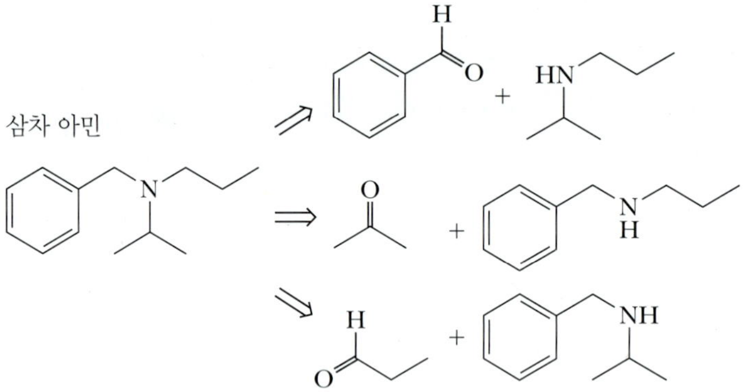

아민에 직접 붙은 페닐이나 삼차 탄소와 같이 케톤이나 알데하이드의 산화 수준에 이를 수 없는 탄소를 가지 아민은 예외이다. 아래와 같이 환원성 아민화 반응을 고려할 때 탄소에 다섯 개의 결합이 형성되는 두 가지 실수가 나타난다.

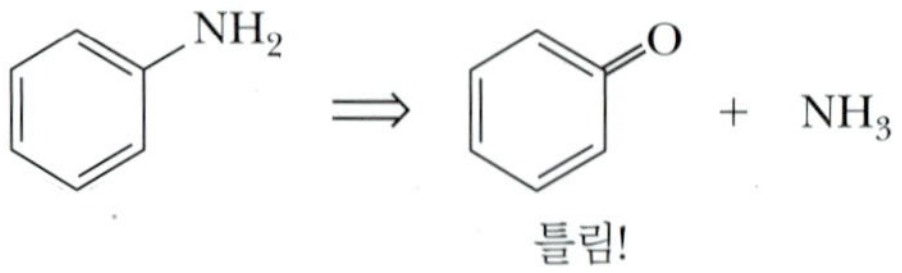

$NH_2 \Rightarrow$ O $+ NH_3$

틀림!

$NH_2 \Rightarrow$ O $+ NH_3$

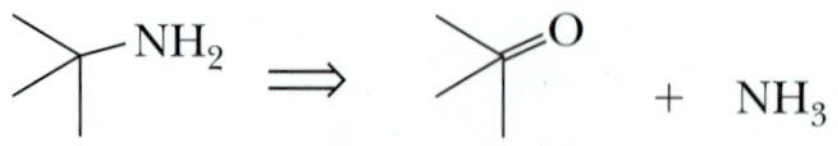

틀림!

E 카보닐기의 메틸렌기로의 환원

여러 가지 방법이 알데하이드나 케톤의 카보닐기를 메틸렌기(—CH_2—)로 환원에 유용하다. 가장 먼저 발견된 방법 중의 하나는 알데하이드나 케톤을 아연 아말감(표면이 수은으로 덮힌 아연)과 함께 진한 HCl에서 환류시키는 방법이다.

OH O → Zn(Hg), HCl → OH

이 방법은 1912년 이 방법을 개발한 독일 화학자 E. Clemmensen의 이름을 따서 **Clemmensen 환원**(Clemmensen reduction)으로 알려져 있다.

Clemmensen 환원
Zn(Hg)와 HCl을 사용하여 알데하이드 혹은 케톤의 C═O기를 CH_2기로의 환원.

Clemmensen 환원은 진한 농도의 HCl 사용이 필요하기 때문에 탈수가 될 수 있는 삼차 알코올 및 가수분해되어 생성된 카보닐기가 역시 환원될 수 있는 아세탈 화합물 등과 같은 산에 민감한 작용기를 갖는 화합물의 환원에는 사용될 수 없다.

1912년 L.Wolff와 1911년 Kishner에 의해 독립적으로 발견되고, Clemmensen의 발견 후 몇 십일 이내에 발표된 **Wolff-Kishner 환원**(Wolff-Kishner reduction)은 카보닐기를 메틸렌기로 환원시킬 수 있는 대체 방법이다. 이 환원 방법에서 알데하이드나 케톤, hydrazine, 진한 potassium hydroxide의 혼합물을 diethylene glycol (bp 245°C)과 같은 높은 끓는점을 갖는 용매에서 환류시킨다.

Wolff-Kishner 환원
Hydrazine과 염기를 사용하여 알데하이드 혹은 케톤의 C═O기를 CH_2기로의 환원.

O + H_2NNH_2 (**Hydrazine**) —KOH, diethylene glycol (환류)→ + N_2 + H_2O

MECHANISM Wolff-Kishner 환원

1단계: 알데하이드 혹은 케톤의 카보닐기가 hydrazine과 반응하여 하이드라존을 생성(16.8B절).

R—C(═:O:)—R' + $H_2\ddot{N}—\ddot{N}H_2$ (**Hydrazine**) —여러 단계→ R(R')C═N̈—N̈H_2 (하이드라존) + H—Ö—H

2단계: **양성자 제거.** 하이드록사이드 이온은 하이드라존의 말단 아민의 양성자를 제거한다.

R(R')C═N̈—N̈(H)—H + ⁻:Ö—H ⇌ H—Ö—H + R(R')C═N̈—N̈⁻—H ⟷ R(R')C̈⁻—N̈═N̈—H

3단계: **양성자 첨가.** 양성자 첨가는 토토머와 과정을 완성하기 위해 탄소 원자에서 일어난다(케토-엔올 토토머화와 비교할 것, 16.9절).

R(R')C̈⁻—N̈═N̈—H + H—Ö—H ⇌ R—C(H)(R')—N̈═N̈—H + ⁻:Ö—H

***4단계:* 양성자 제거**. 하이드록사이드 이온은 다시 말단 질소의 양성자를 제거한다.

$$\mathrm{R{-}\underset{R'}{\overset{H}{C}}{-}\ddot{N}{=}\ddot{N}{-}H} + {}^{-}\!:\!\ddot{O}{-}H \rightleftharpoons \mathrm{R{-}\underset{R'}{\overset{H}{C}}{-}\ddot{N}{=}\ddot{N}^{-}} + H{-}\ddot{O}{-}H$$

***5단계:* 안정한 분자 또는 이온을 생성하기 위해 결합 끊어짐**. 안정한 분자인 질소가 떨어지고 가장 염기성인 탄소음이온을 생성한다.

$$\mathrm{R{-}\underset{R'}{\overset{H}{C}}{-}\ddot{N}{=}\ddot{N}^{-}} \longrightarrow \mathrm{R{-}\underset{R'}{\overset{H}{C}}\!:^{-}} + :N{\equiv}N:$$

질소

탄소음이온

***6단계:* 양성자 첨가**. 가장 염기성인 탄소음이온의 양성자 첨가는 카보닐 O 원자가 두 개의 H 원자로 치환되는 최종 환원된 생성물을 생성한다.

$$\mathrm{R{-}\underset{R'}{\overset{H}{C}}\!:^{-}} + H{-}\ddot{O}{-}H \longrightarrow \mathrm{R{-}\underset{R'}{\overset{H}{C}}{-}H} + {}^{-}\!:\!\ddot{O}{-}H$$

각 환원 방법은 그 특유의 반응 조건, 장점 및 단점을 가지고 있다. Clemmensen 환원은 진한 산에 민감한 작용기가 존재하면 사용될 수 없고, Wolff-Kishner 환원은 진한 염기에 민감한 작용기가 있으면 사용될 수 없다. 그러나 대부분의 알데하이드나 케톤의 카보닐기는 이런 방법 중의 하나를 사용하여 메틸렌기로 환원시킬 수 있다.

예제 16.13 ▸ 환원 반응

다음의 반응을 완결하여라.

(a) Vanillin (CHO, OCH_3, OH 치환 벤젠) $\xrightarrow[\text{가열}]{\text{Zn(Hg), HCl}}$

Vanillin

(바닐라 콩으로부터 추출 가능)

(b) **Camphor** $\xrightarrow[\text{diethylene glycol, 가열}]{N_2H_4\text{, KOH}}$

➥ 해답

반응 (a)는 Clemmensen 환원이고, 반응 (b)는 Wolff-Kishner 환원이다.

(a) CH_3, OCH_3, OH 치환 벤젠

(b) (카보닐기가 메틸렌기로 환원된 camphor 골격)

연습 문제 16.13

다음의 반응을 완결하여라.

(a) 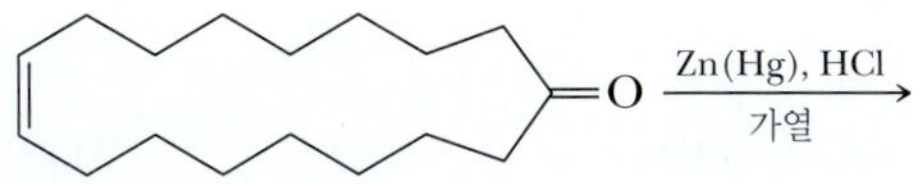 Civetone $\xrightarrow[\text{가열}]{Zn(Hg),\ HCl}$

Civetone
(사향 고양이로부터 추출 가능, 향료로 사용)

(b) 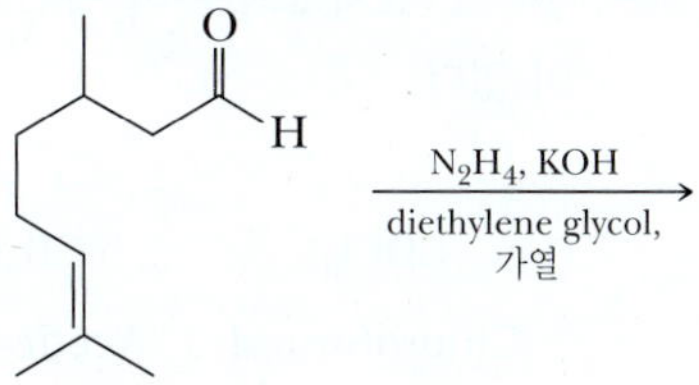 Citronellal $\xrightarrow[\text{diethylene glycol, 가열}]{N_2H_4,\ KOH}$

Citronellal
(시트로넬라와 레몬그라스유에서 추출 가능)

16.12 α-탄소에서 반응

A 라셈화

거울상 이성질적으로 순수한(*R*이든 또는 *S*이든) 3-phenyl-2-butanone을 에탄올에 녹이면, 시간이 지나도 용액의 광학 활성은 변하지 않는다. 그러나 적은 양의 산(예를 들면, 염산 용액 혹은 가스)이나 염기(예를 들면, sodium ethoxide)를 가하면 용액의 광학 활성은 서서히 감소하여 결국 0에 도달한다. 3-Phenyl-2-butanone을 이 용액에서 분리해 보면, 라셈 혼합물이 된 것을 알 수 있다. 더욱이 라셈화의 속도는 산이나 염기의 농도에 비례함도 알 수 있다. 이러한 관찰은 산 촉매 혹은 염기 촉매로 비카이랄성 엔올 중간체를 형성하는 속도 결정 단계에 의한 것으로 설명될 수 있다. 비카이랄성 엔올이 카이랄성 케토형으로 토토머화하여 *R*이나 *S* 거울상 이성질체가 같은 비율로 만들어지게 되는 것이다.

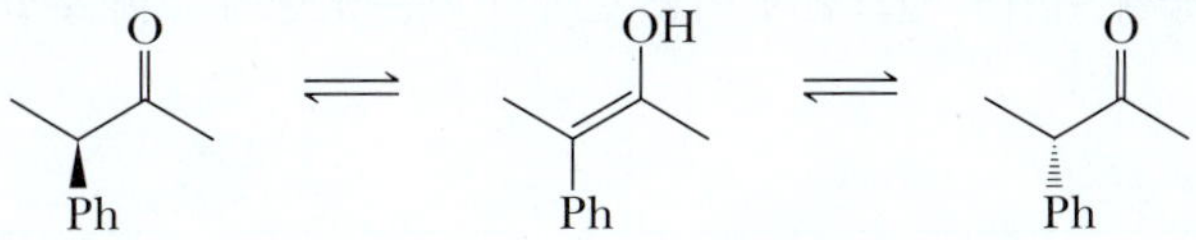

(*R*)-3-Phenyl-2-butanone ⇌ 비카이랄 엔올 ⇌ **(*S*)-3-Phenyl-2-butanone**

이러한 메커니즘에 의한 라셈화는 최소한 하나의 α-수소를 갖고 있는 α-탄소 카이랄 중심에서만 일어난다.

B 중수소 교환

하나 이상의 α-수소를 갖고 있는 알데하이드나 케톤을 D_2O가 풍부한 수용액에 녹이고, D^+나 OD^-를 촉매량만큼 가하면 산과 염기의 농도에 비례하는 속도로 α-수소의 교환이 일어난다. 이는 제안된 속도 결정의 산 촉매 혹은 염기 촉매 엔올화에 이어서 엔올형이 케토형으로 변환될 때 중수소의 혼입이 일어나는 것으로 설명할 수 있다.

$$CH_3\overset{O}{\overset{\|}{C}}CH_3 + 6\,D_2O \xrightleftharpoons{D^+ \text{ 혹은 } OD^-} CD_3\overset{O}{\overset{\|}{C}}CD_3 + 6\,HOD$$

Acetone **Acetone-d_6**

중수소 교환은 두 종류의 가치가 있다. 첫째, 중수소 교환 이전과 이후의 수소 비율을 관찰하면, 분자 내 교환 가능한 α-수소의 개수를 결정할 수 있다. 둘째, α-수소의 교환을 분자 내에 동위원소 표지를 할 수 있는 간편한 방법이다.

화합물 명명에서 중수소의 존재를 '*d*'라는 기호에 의해 나타내고 중수소의 개수를 아래 첨자로 나타낸다. Acetone-d_6 이외에도 99.8%까지의 동위원소가 농축된 225 종류 이상의 중수소-표지 화합물이 상업적으로 이용 가능하다. 그러한 화합물 중에 다음과 같은 화합물이 있다.

$CDCl_3$	CD_3COD (C=O)	CH_3COD (C=O)	$NaBD_4$	CH_3CH_2OD
Chloroform-*d*	**Acetic-d_3 acid-*d***	**Acetic acid-*d***	**Sodium borodeuteride**	**Ethanol-*d***

$CDCl_3$, acetone-d_6, benzene-d_6와 같은 중수소화 용매는 ^{1}H-NMR 분광학용 용매로 사용되며, 그 이유는 양성자가 없어 관심 있는 화합물의 스펙트럼을 깨끗하게 볼 수 있도록 해주기 때문이다.

C α-할로젠화

최소한 하나 이상의 α-수소를 갖고 있는 알데하이드나 케톤은 α-탄소에서 브로민이나 염소와 반응하여 acetophenone의 브로민화 반응에서 나타낸 바와 같이 α-할로알데하이드 또는 α-할로케톤을 생성한다.

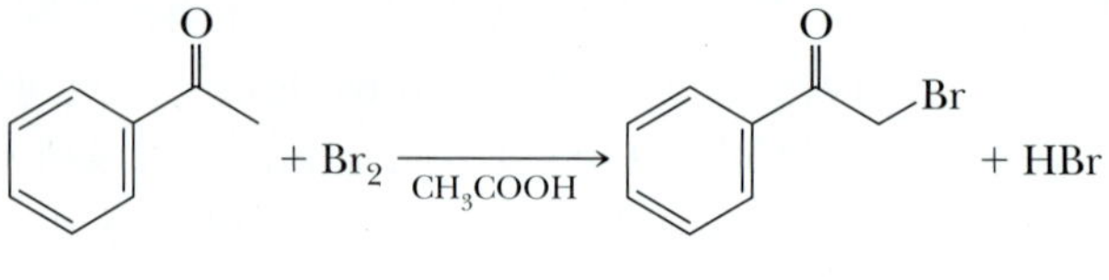

$$\text{Acetophenone} + Br_2 \xrightarrow{CH_3COOH} \alpha\text{-Bromoacetophenone} + HBr$$

Acetophenone **α-Bromoacetophenone**

α-탄소에서 브로민화 혹은 염소화는 산 및 염기 촉매로 일어난다. 산 촉매 할로젠화는 반응에 의해 재생된 산이 더욱 반응을 촉매화한다. 산 촉매 할로젠화 반응의 느린 단계는 엔올을 생성한다. 이 반응에 이어서 할로젠과 이중 결합의 빠른 반응에 의해 α-할로케톤을 만들게 된다.

MECHANISM 케톤의 산 촉매 α-할로젠화

1단계: **케토-엔올 토토머화.** 산 촉매 케토-엔올 토토머화로 엔올 생성.

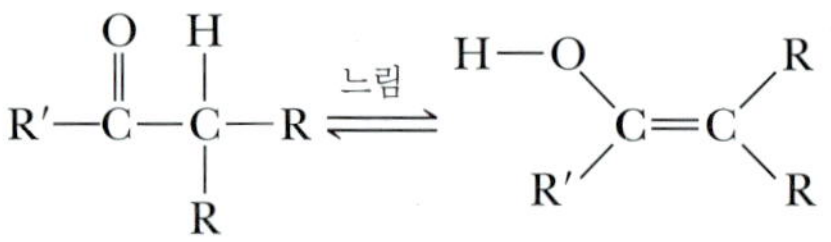

$$R'-C(=O)-CH(R)-R \underset{}{\overset{\text{느림}}{\rightleftharpoons}} (H-O)(R')C=CR_2$$

2단계: **π 결합과 친전자체 사이에 새로운 결합 형성.** 할로젠 분자인 X_2에 엔올의 친핵성 공격이 일어나 α-할로케톤의 짝산을 생성.

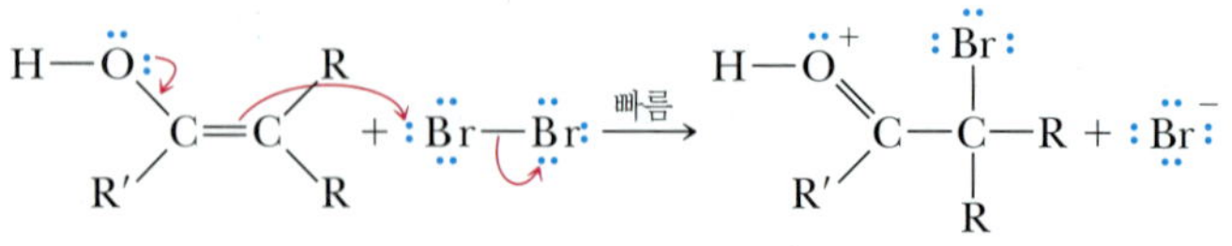

$$(H-\ddot{O}:)(R')C=CR_2 + :\ddot{Br}-\ddot{Br}: \xrightarrow{\text{빠름}} (H-\ddot{O}^+=)(R')C-C(Br)(R)-R + :\ddot{Br}:^-$$

3단계: **양성자 제거.** 염기(이 경우에는 acetic acid 분자)로 양성자가 이동하여 α-할로케톤을 생성.

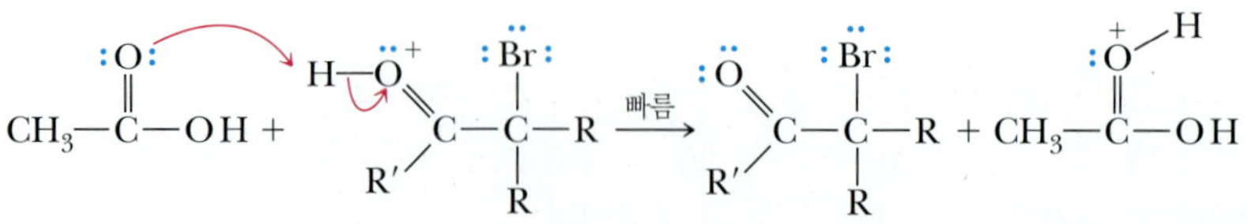

$$CH_3-C(=\ddot{O}:)-OH + (H-\ddot{O}^+=)(R')C-C(Br)(R)-R \xrightarrow{\text{빠름}} (:\ddot{O}=)(R')C-C(Br)(R)-R + CH_3-C(=O^+-H)-OH$$

α-브로모케톤

염기 촉진 α-할로젠화에서의 느린 반응 단계는 염기에 의해 α-수소가 제거되어 엔올 음이온을 만들고, 이것이 친핵성 치환으로 할로젠과 반응하여 최종 생성물을 생성하는 것이다. α-할로젠화에서의 이 과정은 부생성물로 HX를 만들어 내며, 용액을 염기성으로 유지하기 위해서 알데하이드나 케톤 몰 당 조금 더 많은 몰의 염기를 가하는 것이 필요하다. 염기는 같은 몰의 양으로 요구되는 반응 물질이기 때문에, 이 반응을 염기 촉매 반응이라고 하기 보다는 염기 촉진 반응이라고 부른다.

MECHANISM 케톤의 염기 촉진 α-할로젠화

***1단계:* 양성자 제거.** α-탄소로부터 염기로 양성자가 이동하여 공명 안정화된 엔올 음이온을 형성.

$$R'-C(=O)-CHR-R + {}^{-}OH \underset{}{\overset{\text{느림}}{\rightleftharpoons}} R'C(=O)-C^{-}R_2 \longleftrightarrow R'C(O^{-})=CR_2 + H_2O$$

공명 안정화된 엔올 음이온

***2단계:* 친핵체(π 결합)와 친전자체 사이에 새로운 결합 형성.** 엔올 음이온이 할로젠에 친핵성 공격을 하여 α-브로모케톤을 형성.

$$R'C(O^{-})=CR_2 + Br-Br \xrightarrow{\text{빠름}} R'C(=O)-CBrR-R + Br^{-}$$

산 촉매와 염기 촉진 α-할로젠화 사이에는 주요한 차이점이 있다. 원칙적으로 둘 다 다중 할로젠화가 일어나게 한다. 실제적으로는 두 번째 할로젠의 산 촉매 유입 속도는 첫 번째 할로젠화 속도보다 상당히 느리며, 그 이유는 전기음성적인 α-할로젠이 양성자 첨가에 대한 카보닐 산소의 염기도를 감소시키기 때문이다. 그러므로 일반적으로 산-촉매 할로젠화는 단일 치환에서 멈출 수가 있다. 염기 촉진 할로젠화에서는 각각의 다음 단계 할로젠화는 이전 할로젠화보다 훨씬 빠르며, 그 이유는 α-탄소에 전기음성적인 할로젠의 유입은 남아 있는 α-수소의 산도를 더욱 증가시키기 때문이다. 그러므로 이어지는 α-수소는 이전 것보다 훨씬 빨리 제거된다. 이런 이유로 염기-촉진 할로젠화는 일반적으로 유용한 합성 반응이라고 할 수 없다.

사실과 개념에 대한 요약

16.1절 | 구조와 결합

- **알데하이드**(Aldehyde)는 수소 원자가 탄소 원자에 결합되어 있는 카보닐기를 갖는다.
- **케톤**(Ketone)은 두 개의 탄소 원자에 결합된 카보닐기를 갖는다.

16.2절 | 명명법

- 알데하이드는 모체 알케인의 *-e* 를 *-al*로 바꾸어 명명된다.
- 케톤은 모체 알케인의 *-e* 를 *-one*으로 바꾸어 명명되고, 카보닐기 위치를 번호를 사용한다.

연습 문제: 16.1~16.3, 16.14, 16.15

- 둘 이상의 작용기를 갖는 화합물의 명명에 있어서는 작용기 우선순위의 IUPAC 체계가 제정되어 있다.
  - ➤ 우선순위에서 가장 높은 순위에서 가장 낮은 순위까지의 작용기들: 카복실산(가장 높음), 알데하이드, 케톤, 알코올, 아민, 싸이올(가장 낮음).
  - ➤ 알데하이드 혹은 케톤의 카보닐기가 분자 내의 다른 작용기에 비해 우선순위가 낮으면 삽입사 *-oxo-*를 사용한다.

16.3절 | 물리적 성질

연습 문제: 16.16, 16.17

- 알데하이드와 케톤은 극성 화합물이고, 순수한 상태에서는 쌍극자-쌍극자 상호작용에 의해 서로 작용한다.
  - ➤ 이들은 높은 끓는점을 갖고 비슷한 분자량을 갖는 비극성 화합물보다 물에 더 잘 녹는다.

16.4절 | 반응

- 카보닐기의 가장 중요한 특징은 산소에서의 부분적 음전하와 탄소에서의 부분적 양전하로 이루어진 강한 쌍극자 모멘트이다.
  - ➤ 양성자와 같은 Lewis 산들은 카보닐기의 산소 원자와 반응한다.
  - ➤ 친핵체들은 카보닐기의 탄소 원자와 반응한다.
  - ➤ 알데하이드와 케톤에서 가장 일반적인 반응 중의 하나는 카보닐기에 친핵체의 첨가에 의해 정사면체형의 카보닐 첨가 화합물이 생성되는 것이다.
  - ➤ 종종 이러한 반응으로 새로운 카이랄 중심이 생겨나기도 한다.
  - ➤ 출발 물질 중 어떤 것도 카이랄이 아닌 경우 라셈 혼합물이 만들어진다.
  - ➤ 이들 반응으로 새로운 탄소-탄소 결합이 생기며, 이로써 유기 합성에서 매우 중요한 반응 종류들을 만들어 낸다.

16.5절 | 탄소 친핵체의 첨가

- **Grignard 시약**(Grignard reagent)은 formaldehyde, 알데하이드, 케톤에 첨가되어 일차, 이차, 삼차 알코올을 각각 생성한다.

연습 문제: 16.4, 16.18~16.22, 16.51, 16.52, 16.59, 16.62, 16.68, 16.69, 16.72~16.74, 16.78, 16.81

- **유기리튬**(Organolithium) **화합물**과 **말단 알카인 음이온**(terminal alkyne anion)들은 알데하이드와 케톤의 카보닐기에 첨가되어 Grignard 시약의 첨가와 유사한 메커니즘으로 알코올을 생성한다.
- **Hydrogen cyanide (HCN)**는 알데하이드와 케톤의 카보닐기에 첨가되어 사이아노하이드린을 생성한다.

16.6절 | Wittig 반응

연습 문제: 16.5, 16.23~16.28, 16.51, 16.52, 16.53, 16.60, 16.61, 16.72, 16.73, 16.79

- **Wittig 반응**(Witting reaction)은 알데하이드와 케톤에 포스포늄 **일라이드**(ylide, 탈양성자된 포스포늄 염)가 첨가되어 알켄을 생성하는 반응을 포함한다
  - ➤ *E* 와 *Z* 생성물들은 일반적으로 함께 형성된다.
  - ➤ 음으로 하전된 탄소 바로 옆에 음이온 안정화기(카보닐기와 같은)를 갖는 Wittig 시약들은 더 *E* 선택적이다.

16.7절 | 산소 친핵체의 첨가

연습 문제: 16.6, 16.29~16.37

- 물은 알데하이드와 케톤에 첨가하여 같은자리 다이올과 같은 수화물을 생성한다.
  - ➤ 이 반응은 간단한 알데하이드, 특히, formaldehyde에서만 잘 일어난다.
- 알코올은 알데하이드와 케톤에 첨가하여 **헤미아세탈**(hemiacetal, 하나의 알코올이 첨가됨)을 만들고 그 다음 **아세탈**(acetal, 두개의 알코올이 첨가됨)을 생성한다.
  - ➤ 헤미아세탈은 동일 분자에 있는 카보닐기와 OH기로부터 형성된 오원자 고리 및 육원자 고리일때에만 안정하다.
  - ➤ 헤미아세탈의 형성은 산 또는 염기 촉매 중 하나에 의해서 촉진될 수 있다.
  - ➤ 아세탈의 형성은 산 촉매에 의해서만 일어날 수 있다.

- ➤ 알코올와 알데하이드 또는 케톤의 반응으로부터 아세탈 형성의 전과정은 산 촉매 반응이며 가역적이다.
- ➤ 그 반응에서 알코올과 물의 상대적 비율은 평형상태에서 존재하는 카보닐과 아세탈종의 비율을 결정한다.
- ➤ 물은 아세탈형성을 유리하게 하기 위하여 **Dean-Stark 포착기**(Dean-Stark trap)를 사용하여 제거된다.

- 탄수화물은 고리 형태의 헤미아세탈 형태로 주로 발견된다.
  - ➤ **아노머성 탄소**(Anomeric carbon)는 두 개의 산소 원자와 결합되어 있는 탄소이다.
  - ➤ 아노머성 탄소는 **α 아노머**(α anomer) 혹은 **β 아노머**(β anomer)이다.

연습 문제: 16.67, 16.70, 16.71

- 오원자 고리 또는 육원자 고리 아세탈은 때때로 **카보닐 보호기**(protecting group)로 사용된다.
  - ➤ 보호기는 가역적으로 원하지 않는 부 반응을 억제할 수 있도록 분자의 반응성을 가린다.
  - ➤ Grignard 시약들은 카보닐기가 고리형 아세탈로 보호되는 조건에서 카보닐기가 포함된 분자로부터 만들어질 수 있다.
  - ➤ 고리형 아세탈 보호기는 과량의 산 수용액을 첨가함으로써 제거된다.
  - ➤ 고리형 헤미아세탈인 **tetrahydropyranyl ether**는 알코올에 대한 보호기로 사용될 수 있다.

연습 문제: 16.67, 16.63, 16.64

16.8절 | 질소 친핵체의 첨가

- 암모니아와 일차 아민은 알데하이드와 케톤에 첨가되어 때때로 **Schiff 염기**(Schiff base)라고 부르는 탄소-질소 이중 결합을 갖는 **이민**(imine)을 생성한다.
- 이차 아민, 특히 piperidine과 같은 고리형 이차 아민은 알데하이드와 케톤과 반응하여 **엔아민**(emanine)을 생성한다.
  - ➤ 엔아민은 탄소-탄소 이중 결합 바로 옆에 탄소-질소 이중 결합을 갖는다.
- **Hydrazine**과 관련 화합물은 알데하이드와 케톤과 반응하여 탄소-질소 이중 결합을 갖는 유사한 생성물들을 생성한다.

연습 문제: 16.8, 16.38~16.40, 16.43, 16.44

16.9절 | 케토-엔올 토토머화

- 카보닐기에 인접한 탄소는 **α-탄소**(α-carbon)라 부르고, 여기에 붙어 있는 수소는 **α-수소**(α-hydrogen)라 부른다.
  - ➤ 알데하이드나 케톤의 α-수소의 pK_a 값은 약 20이며, 이는 알코올보다는 약한 산이지만 말단 알카인기에 비해서는 센산이다
  - ➤ α-수소는 탈양성자화된 엔올 음이온이 공명을 통한 전하의 비편재화에 의해 안정화되기 때문에 산성이다.
- 알데하이드와 케톤은 **케토형**(keto form)과 **엔올형**(enol form)과 사이의 평형이다.
  - ➤ 케토-엔올 평형은 산과 염기 촉매 모두에 의해 촉진된다.
  - ➤ 케토-엔올 평형의 염기 촉매 반응은 엔올 음이온 중간체를 포함한다.
  - ➤ 케토형은 대부분의 알데하이드와 케톤에서 더 많이 존재한다.
  - ➤ 평형에서 엔올형이 우세한 분자는 일반적으로 콘쥬게이션 엔올을 갖는다.

연습 문제: 16.9, 16.10, 16.41, 16.42, 16.57, 16.58, 16.65

16.10절 | 산화

- 알데하이드는 chromic acid, 은의 염, 과산화물, 산소 분자와 같은 다양한 산화제에 의해 쉽게 산화되어 카복실산이 된다. 알데하이드 또한 알코올이 존재할지라도 2-methyl-2-butene과 함께 $NaClO_2$와 NaH_2PO_4로 처리함으로써 카복실산으로 선택적인 산화가 된다.
- 케톤은 쉽게 산화되지 않으며, 강력한 산화제와 고온이 함께 요구된다.

16.11절 | 환원

- 알데하이드와 케톤은 각각 일차와 이차 알코올로 환원된다.
  - ➤ $LiAlH_4$와 $NaBH_4$와 같은 **금속 수소화물**(metal hydride) 환원제들은 알데하이드와 케톤을 환원시키는데 효과적이다.

연습 문제: 16.11, 16.43, 16.44, 16.72, 16.73

연습 문제:16.12, 16.13, 16.43, 16.44, 16.51, 16.52, 16.59

- 금속 수소화물 환원제들은 탄소-탄소 이중 결합을 환원시키지 않는다.
- 수소와 전이 금속 촉매를 사용한 수소화는 한 분자에서 탄소-탄소 이중 결합을 환원시킬 수 있지만 알데하이드와 케톤의 카보닐을 환원시키는데 사용될 수 있다.
- 수소화 반응을 이용하는 경우 탄소-탄소 이중 결합은 카보닐기보다 쉽게 환원된다. 알데하이드나 케톤 카보닐기의 존재 하에 탄소-탄소 이중 결합만을 환원시킬 수 있는 조건들이 가끔 알려지기도 한다.
- 반대로, 금속 수소화물 시약을 이용하여 탄소-탄소 이중 결합의 환원없이 카보닐기를 환원시킬 수 있다.

• **환원성 아민화 반응**(Reductive amination)에서 케톤 또는 알데하이드는 $NaBH_3CN$과 같은 적절한 환원제의 존재 하에서 아민과 반응하여 치환된 아민을 생성한다.
• 알데하이드와 케톤 카보닐기는 두 서로 다른 상보적인 반응을 이용하여 메틸기 또는 메틸렌기로 각각 환원될 수 있다.
  - **Clemmensen 환원**(Clemmensen reduction)은 센산에서 아말감화된 아연 Zn(Hg)를 사용한다.
  - **Wolff-Kishner 환원**(Wolff-Kishner reduction)은 hydrazine과 염기를 사용한다.
  - Clemmensen 환원은 분자가 센산에서 안정할 때 사용되고, Wolff-Kishner 환원은 분자가 센염기에서 안정할 때 사용된다.

16.12절 | α-탄소에서 일어나는 반응

연습 문제: 16.45~16.50, 16.66

• 알데하이드와 케톤의 α-탄소는 산 또는 염기에서 일어나는 케토-엔올 평형[**토토머화**(tautomerization)라고 부름]으로부터 유도되는 특이한 반응성을 갖는다.
  - 알데하이드와 케톤의 α-탄소는 카이랄 중심은 케토-엔올 토토머화 과정에서 비카이랄성 엔올의 형성을 거쳐 산 또는 염기의 존재 하에서 라셈화된다.
  - 중수소는 케토-엔올 토토머화 과정에서 엔올의 형성을 거쳐 산 또는 염기 촉매 반응에 의해 α-수소와 교환될 수 있다.
• 최소 한 개의 α-수소를 갖는 알데하이드나 케톤은 산 또는 염기에서 할로젠과 반응하여 α-할로알데하이드와 α-할로케톤을 생성한다.

주요 반응 *Key Reactions*

1. Grignard 시약과의 반응(16.5A절). Formaldehyde를 Grignard 시약과 반응시킨 후 가수분해시키면 일차 알코올이 형성된다. 다른 알데하이드에 이와 유사한 반응을 시키면 이차 알코올이 형성된다. 케톤에 대해 이와 같은 반응을 시키면 삼차 알코올이 얻어진다. 친전자성 카보닐 탄소에 Grignard 시약의 친핵성 탄소의 최초 공격은 알콕사이드 Mg 염을 생성한다. 반응 플라스크 내에 산을 첨가하면 알콕사이드에 양성자 첨가가 일어나고 알코올이 생성된다.

$$\text{O} \xrightarrow[\text{2.HCl, } H_2O]{\text{1.} C_6H_5MgBr} C_6H_5 \text{ OH}$$

2. 유기리튬 시약과의 반응(16.5B절). 알데하이드나 케톤을 유기리튬 시약과 반응시키는 것은 Grignard 시약과의 반응과 유사하다.

$$\text{O} \xrightarrow[\text{2.HCl, } H_2O]{\text{1.} C_6H_5Li} C_6H_5 \text{ OH}$$

(라셈 혼합물로 생성됨)

메커니즘은 친전자성 카보닐 탄소에 유기리튬 시약의 친핵성 탄소가 최초 공격하여 알콕사이드 Li 염을 생성한다. 플라스크를 열고 산을 넣어 주면 알콕사이드에 양성자 첨가가 일어나고, 따라서 알코올 생성물이 생성된다.

3. **말단 알카인의 음이온과의 반응(16.5C절).** 알데하이드나 케톤을 말단 알카인의 알카리금속 염과 반응시키고 가수분해시키면 α-알카이닐알코올이 생성된다.

$$\text{cyclohexanone}{=}O \xrightarrow[\text{2.HCl, H}_2\text{O}]{\text{1.HC}\equiv\text{C}^-\text{Na}^+} \text{1-ethynylcyclohexanol (OH, C}\equiv\text{CH)}$$

4. **사이아노하이드린을 형성하는 HCN과의 반응(16.5D절).** 알데하이드와 입체 장애를 받지 않는 대부분의 지방족 케톤에 대해서는 평형이 사이아노하이드린의 형성 쪽으로 치우쳐 있다. 아릴 케톤에 대해서는 평형이 출발 물질 쪽에 치우쳐 있어 사이아노하이드린이 거의 얻어지지 않는다. 메커니즘은 카보닐 탄소에 CN 음이온의 첨가와 이어서 알콕사이드에 양성자 첨가가 포함되어 있다.

$$C_6H_5\overset{O}{\overset{\|}{C}}H + HC{\equiv}N \xrightarrow{\text{NaCN}} C_6H_5\overset{OH}{\overset{|}{C}}HC{\equiv}N$$

(라셈 혼합물로 생성됨)

5. **Wittig 반응(16.6절).** 알데하이드나 케톤을 triphenylphosphonium ylide로 처리하면 베테인 중간체를 생성하고, 이것이 옥사포스페테인(oxaphosphetane) 중간체로 자리옮김한 후 이러한 토막들이 차례차례 triphenylphosphine oxide와 알켄을 생성한다.

$$\text{cyclohexanone}{=}O + Ph_3\overset{+}{P}{-}\overset{-}{C}H_2 \longrightarrow \text{cyclohexane}{=}CH_2 + Ph_3P{=}O$$

6. **Wittig 반응의 변형인 Horner-Emmons-Wadsworth 반응(16.6절).** 원래의 Wittig 반응을 변형한 이 반응은 α-할로에스터, 알데하이드 또는 케톤으로부터 유도된 포스포네이트 에스터를 사용하여 Wittig 탄소음이온을 만들고, 매우 높은 E 선택성을 나타낸다.

$$(MeO)_2\overset{O}{\overset{\|}{P}}{-}CH_2{-}\overset{O}{\overset{\|}{C}}{-}OEt \xrightarrow[\text{2. (CH}_3)_2\text{CHCHO}]{\text{1. 센염기}} (CH_3)_2CHCH{=}CHCOEt\ (E) + MeO{-}\overset{O}{\overset{\|}{P}}(OMe){-}O^-$$

7. **수화(16.7A절).** 수화의 정도는 케톤에 비해 알데하이드가 더 크다.

$$H\overset{O}{\overset{\|}{C}}H + H_2O \rightleftharpoons H\overset{OH}{\overset{|}{C}}OH\ (\text{H})$$

(>99%)

8. **헤미아세탈을 형성하는 알코올의 첨가(16.7B절).** —OH나 C—O기가 같은 분자에 존재하여 오원자 고리 혹은 육원자 고리가 형성될 수 있는 경우를 제외하고, 헤미아세탈은 알데하이드나 케톤이 알코올과 혼합되어 평형을 이루고 있을 경우에 미량 성분으로 존재한다. 반응은 산 혹은 염기 촉매를 받는다. 메커니즘은 카보닐 탄소에 알코올에 의해 쉽게 공격을 받도록 만들어 주는 카보닐 산소에 양성자 첨가가 포함되어 있고, 이어서 양성자를 잃으면 헤미아세탈을 생성한다.

$$\text{4-hydroxypentanal (OH, O, H)} \rightleftharpoons \text{cyclic hemiacetal (O, OH)} + \text{cyclic hemiacetal (O, OH, epimer)}$$

9. **아세탈을 형성하는 알코올의 첨가(16.7B절).** 아세탈의 형성은 산에 의해 촉매를 받는다. 아세탈은 물과 염기성 수용액에 대해서는 안정하지만, 산 수용액에서는 가수분해된다. 아세탈은 카보닐 보호기로서 가치가 있다. 헤미아세탈을 아세탈로 전환하는 메커니즘은 헤미아세탈

의 OH기에 양성자 첨가가 포함되어 있고 이어서 물을 잃고 공명 안정화된 양이온을 생성하며, 이 양이온이 두 번째 알코올 분자에 의해 공격을 받는다.

$$\text{cyclopentanone} + HOCH_2CH_2OH \underset{}{\overset{H^+}{\rightleftharpoons}} \text{ketal} + H_2O$$

10. 암모니아와 그 유도체의 첨가: 이민의 형성(16.8A절). 암모니아와 일차 아민이 알데하이드나 케톤의 카보닐기에 첨가되어 정사면체형 카보닐 첨가 화합물이 형성된다. 이 중간체로부터 물을 잃고 이민이 생성된다. 이민 형성 메커니즘은 카보닐 탄소 원자에 친핵성 질소 원자의 최초의 공격이 포함되어 있고, OH에 양성자가 이동하여 H_2O기를 생성한 다음 물이 떨어져 나간다.

$$\text{cyclopentanone} + H_2NCH_3 \overset{H^+}{\rightleftharpoons} \text{C}_5\text{H}_8{=}NCH_3 + H_2O$$

11. 이차 아민의 첨가: 엔아민의 형성(16.8A절). 이차 아민이 알데하이드나 케톤의 카보닐기에 첨가되어 정사면체형 카보닐 첨가 중간체가 형성된다. 이 중간체를 산 촉매에 의해 탈수시키면 엔아민이 생성된다.

$$\text{cyclohexanone} + H{-}N(\text{piperidine}) \overset{H^+}{\rightleftharpoons} \text{1-piperidinocyclohexene} + H_2O$$

12. Hydrazine과 그 유도체의 첨가(16.8B절). 알데하이드나 케톤을 hydrazine으로 처리하면 하이드라존이 생성된다.

$$\text{cyclopentanone} + H_2N{-}NH_2 \longrightarrow \text{C}_5\text{H}_8{=}N{-}NH_2 + H_2O$$

Hydrazine의 유도체도 유사하게 반응한다.

13. 케토-엔올 토토머화(16.9B절). 엔올이 공명 또는 수소 결합에 의해 안정화될 수 있는 알데하이드나 케톤의 경우를 제외하고는 평형에서 케토형이 우세하다.

$$\underset{\substack{\text{케토형}\\(\text{대략 }99.9\%)}}{CH_3\overset{O}{\overset{\|}{C}}CH_3} \rightleftharpoons \underset{\text{엔올형}}{CH_3\overset{OH}{\overset{|}{C}}{=}CH_2}$$

14. 알데하이드의 카복실산으로의 산화(16.10A절). 알데하이드는 가장 쉽게 산화되는 작용기에 속한다. 산화제에는 H_2CrO_4, $KMnO_4$, Ag_2O, Tollens 시약, H_2O_2, O_2가 포함된다.

$$\text{2-HOC}_6\text{H}_4\text{CHO} + Ag_2O \xrightarrow[\text{2. } H_2O,\ HCl]{\text{1. THF, } H_2O,\ NaOH} \text{2-HOC}_6\text{H}_4\text{COOH} + Ag$$

$$HOCH_2CH_2CH_2CHO \xrightarrow[\text{2-methyl-2-butene}]{NaClO_2,\ NaH_2PO_4} HOCH_2CH_2CH_2COOH$$

15. 금속 수소화물 환원(16.11A절). $LiAlH_4$와 $NaBH_4$는 모두 고립된 탄소-탄소 이중 결합과 삼중 결합을 환원시킬 수 없다는 점에서 선택성이 있다. 금속 수소화물 환원제의 메커니즘은 H^- 동등체에 의한 최초의 친핵성 공격이 포함되어 있고, 이어서 알콕사이드의 양성자 첨가에 의해 알코올이 생성된다.

$$\text{2-cyclohexenone} \xrightarrow[2.\,H_2O]{1.\,NaBH_4} \text{2-cyclohexen-1-ol}$$

(라셈 혼합물)

16. 촉매 환원(16.11B절). 알데하이드나 케톤에 존재하는 카보닐기를 알코올로 만드는 촉매 환원은 반응시키기가 간단하고 알코올의 수득률이 높다. 이 방법은 탄소-탄소 이중 결합이나 삼중 결합이 들어 있는 몇 가지 다른 작용기도 역시 환원될 수 있다는 단점이 있다.

$$\text{cyclohexanone} + H_2 \xrightarrow[25°C,\ 2\ atm]{Pt} \text{cyclohexanol}$$

17. 환원성 아민화 반응(16.11D절). 케톤이나 알데하이드는 $NaBH_3CN$과 같은 적당한 환원제의 존재 하에서 아민과 반응하여 치환된 아민을 생성한다. 이 반응의 메커니즘은 카보닐과 아민의 최초의 반응으로 이민 중간체 형성이 포함되어 있고 이 중간체가 $NaBH_3CN$에 의해 환원되어 치환된 아민을 생성한다.

$$\text{cyclohexanone} + CH_3NH_2 \xrightarrow[MeOH]{NaBH_3CN} \text{N-methylcyclohexylamine}$$

18. Clemmensen 환원(16.11E절). 진한 염산 존재 하에서 아연 아말감을 이용한 알데하이드나 케톤의 카보닐기 환원은 메틸렌기를 생성한다.

$$\text{1-(2-hydroxyphenyl)hexan-1-one} \xrightarrow{Zn(Hg),\ HCl} \text{2-hexylphenol}$$

19. Wolff-Kishner 환원(16.11E절). 하이드라존의 형성에 이어서 일반적으로 KOH/diethylene glycol 또는 potassium *tert*-butoxide/dimethyl sulfoxide와 같은 염기로 처리하면 알데하이드 또는 케톤의 카보닐기가 메틸렌기로 환원된다. 이 메커니즘은 처음에 하이드라존이 형성되고, 염기 촉매에 의한 토토머화, 탈양성자화, N_2의 잃음, 탄소음이온 중간체의 재양성자화가 뒤를 이어 일어남으로써 완전히 환원된 생성물이 생성된다.

$$\text{acetophenone} + \underset{\textbf{Hydrazine}}{H_2NNH_2} \xrightarrow[\text{diethylene glycol (환류)}]{KOH} \text{ethylbenzene} + N_2 + H_2O$$

20. α-탄소에서의 중수소 교환(16.12B절). α-탄소에서의 산 혹은 염기 촉매에 의한 중수소 교환은 엔올이나 엔올 음이온 중간체의 형성을 포함한다.

$$CH_3\overset{O}{\overset{\|}{C}}CH_3 + 6D_2O \overset{DCl}{\rightleftharpoons} CD_3\overset{O}{\overset{\|}{C}}CD_3 + 6HOD$$

21. α-탄소에서의 할로젠화(16.12C절). 산 촉매에 의한 α-할로젠화 반응에서의 속도 결정 단계는 엔올의 형성 단계이다. 염기 촉매에 의한 α-할로젠화 반응에서는 속도 결정 단계는 엔올 음이온의 형성 단계이다. 산 촉매에 의한 α-할로젠화 반응은 카보닐 화합물에서 엔올형과 할로젠의 반응을 포함한다. 염기 촉매에 의한 α-할로젠화 반응은 엔올 음이온 중간체와 할로젠의 반응을 포함한다.

$$\text{4-bromoacetophenone} + Br_2 \xrightarrow[CH_3COOH]{} \text{2-bromo-1-(4-bromophenyl)ethanone} + HBr$$

연습 문제

붉은색 번호는 응용 문제를 나타낸다.

구조와 명명법

16.14 다음 화합물을 명명하고 입체 화학이 있으면 나타내어라.

(a) O

(b) O

(c) CHO

(d) CHO, H, C, CH_2OH, CH_3

(e) O

(f) O, OH

(g) O, O

(h) OHC, CHO

(i) O, Br

16.15 다음 화합물의 구조식을 그려라.

(a) 1-Chloro-2-propanone
(b) 3-Hydroxybutanal
(c) 4-Hydroxy-4-methyl-2-pentanone
(d) 3-Methyl-3-phenylbutanal
(e) 1,3-Cyclohexanedione
(f) 3-Methyl-3-buten-2-one
(g) 5-Oxohexanal
(h) 2,2-Dimethylcyclohexanecarbaldehyde
(i) 3-Oxobutanoic acid

16.16 화합물 A($C_6H_{12}O$)는 IR 스펙트럼에서 강하고도 날카로운 피크가 1724 cm^{-1}에서 나타난다. 이 정보와 아래의 ^{1}H-NMR 스펙트럼으로부터 화합물 A의 구조를 추측하여라.

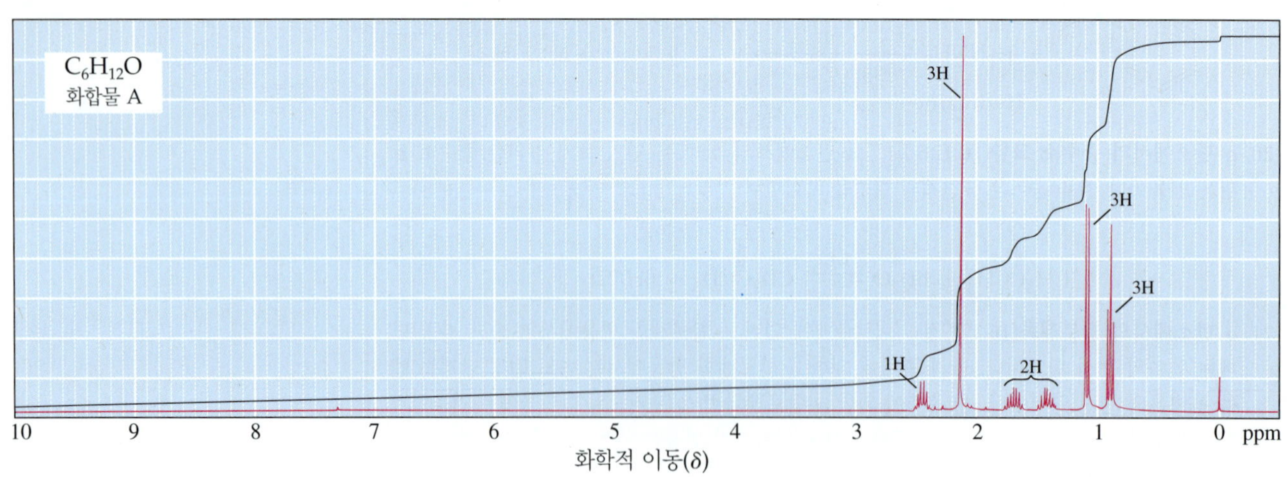

16.17 다음은 화합물 B ($C_6H_{12}O_2$)와 화합물 C ($C_6H_{10}O$)의 ^{1}H-NMR 스펙트럼이다. 화합물 B를 묽은 산 용액에서 가열하면 화합물 C로 전환된다. 화합물 B와 C의 구조식을 추측하여라.

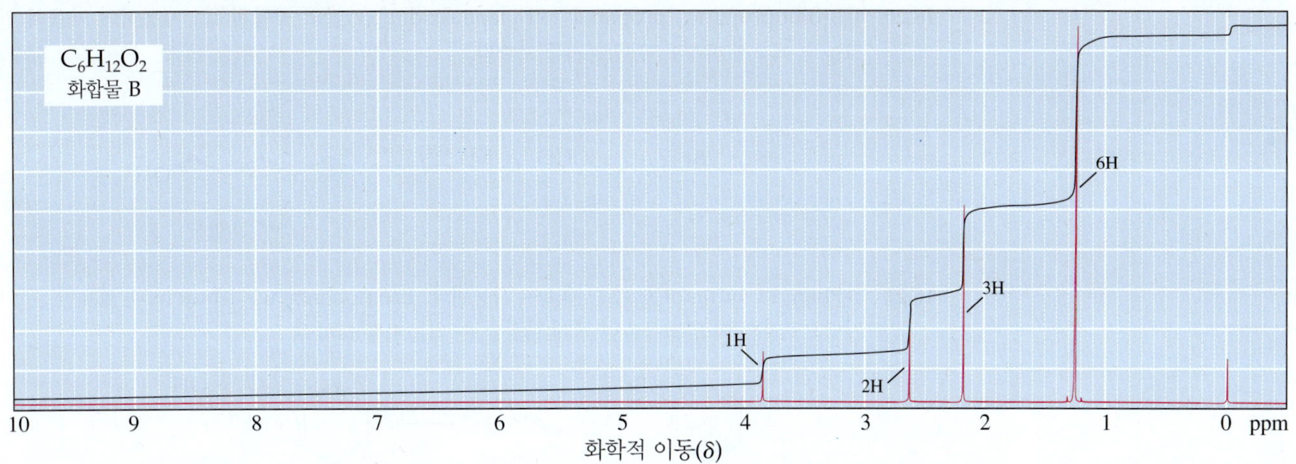

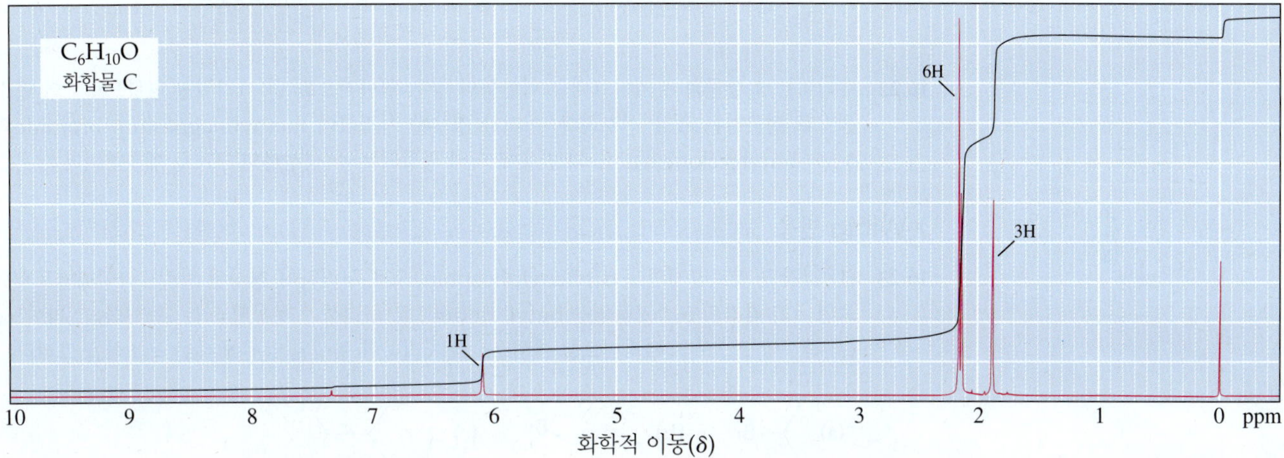

탄소 친핵체의 첨가

16.18 다음 화합물들을 propylmagnesium bromide와 이어서 HCl 수용액의 처리에 의해 생성되는 생성물의 구조식을 그려라.

(a) CH_2O **(b)** O **(c)** O **(d)** O

16.19 알데하이드 혹은 케톤과 적당한 Grignard 시약을 출발 물질로 하여 다음 알코올을 합성하기 위한 방법을 제안하여라. 각각의 과녁 분자 아래 부분은 사용될 수 있는 Grignard 시약과 알데하이드 혹은 케톤의 조합 수이다.

(a) OH
3개 조합
(라셈 혼합물)

(b) OH
2개 조합
(라셈 혼합물)

(c) OH OCH_3
2개 조합
(라셈 혼합물)

16.20 1-Bromopropane, propanal, ethylene oxide만을 탄소 공급원으로 사용하여 다음의 알코올을 어떻게 합성할 수 있는지를 보여라.

Br + CHO + O —여러 단계→ OH

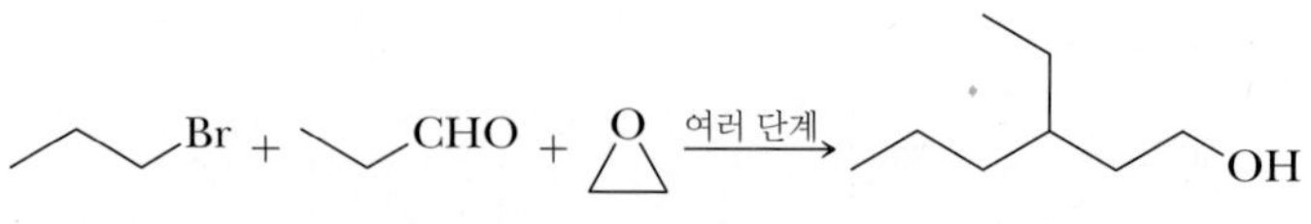

(라셈 혼합물)

16.21 1-Phenyl-2-butanol은 향수 제조에 사용된다. Bromobenzene, 1-butene과 필요한 무기 시약으로부터 이 알코올을 어떻게 합성할 수 있는지를 보여라.

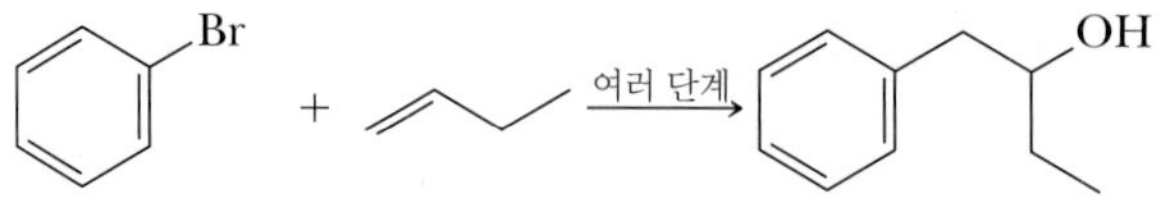

Br + —여러 단계→ OH

Bromobenzene **1-Butene** **1-Phenyl-2-butanol**
(라셈 혼합물)

16.22 유기리튬 화합물과 유기마그네슘 화합물의 경우 일반적으로 덜 가리워진 방향으로부터 탄소 원자로 접근하는 것을 선호한다. 이러한 경우를 가정하여 methylmagnesium bromide와 4-*tert*-butylcyclohexanone의 반응에 의해 형성되는 주 생성물의 구조를 예측하여라.

〉Wittig 반응

16.23 (1) 각각의 할로알케인을 triphenylphosphine으로 처리하여 형성된 알킬트라이페닐포스포늄염, (2) 각각의 포스포늄염을 butyllithium으로 처리하여 형성된 되는 포스포늄 일라이드, (3) 각각의 포스포늄 일라이드를 아세톤으로 처리하여 형성된 알켄에 대한 구조식을 그려라.

(a)  Br **(b)** 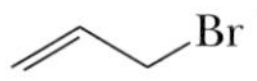 Br **(c)** 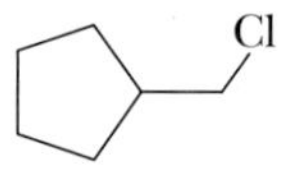 Cl

(d) 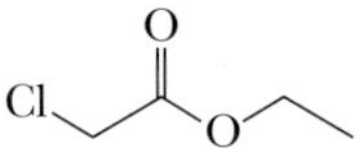 Cl O O **(e)** 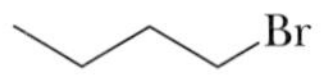 Br **(f)** 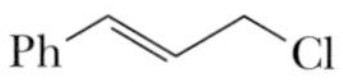 Ph Cl

16.24 Wittig 반응으로 어떻게 다음의 전환을 일으키게 하는지 보여라.

(a) 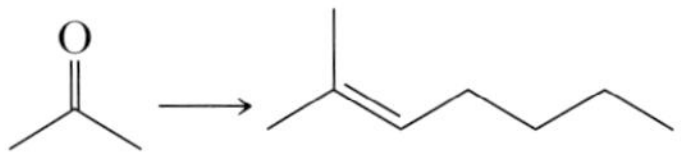 O ⟶ **(b)** 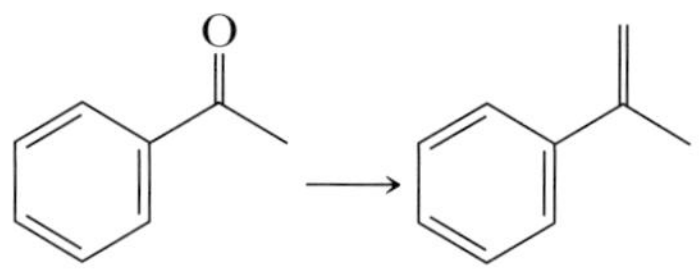 O ⟶

(c) 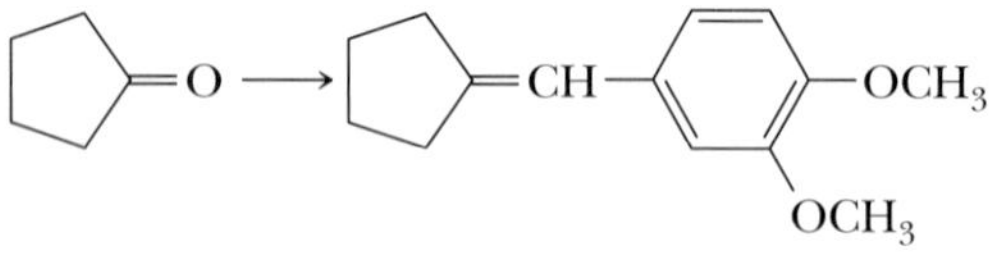 =O ⟶ =CH— —OCH_3 OCH_3

16.25 Wittig 반응은 콘쥬게이션 다이엔, 예를 들면, 1-phenyl-1,3-pentadiene을 합성하는데 이용될 수 있다.

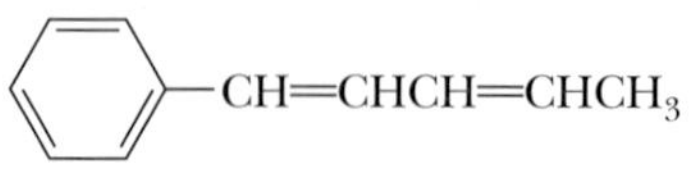

—CH=CHCH=$CHCH_3$

1-Phenyl-1,3-pentadiene

이러한 콘쥬게이션 다이엔을 생성하는 Wittig 반응에서 함께 조합될 수 있는 두 세트의 시약을 제안하여라.

16.26 다음 α-클로로에터와의 Wittig 반응은 알데하이드와 케톤의 합성에 이용할 수 있다.

$ClCH_2OCH_3$ (A)　　$ClCH(CH_3)OCH_3$ (B)

(a) 트라이페닐포스포늄 염의 구조를 그리고, 각각의 클로로에터로부터 얻어지는 Wittig 시약을 그려라.

(b) 각각의 Wittig 시약을 cyclopentanone으로 처리하여 형성된 생성물의 구조식을 그려라. 작용기는 엔올 에터, 혹은 그에 상응하는 바이닐 에터임을 유의하라.

(c) (b)에서 합성된 각각 엔올 에터의 산 촉매 가수분해 반응으로 형성된 생성물의 구조식을 그려라.

16.27 포스포늄 일라이드를 만들 때 이용되는 방법과 유사한 방법으로 황 일라이드를 만들 수 있다. 예를 들어, 설포늄 염을 센염기로 처리하면 황 일라이드가 생성된다.

$$Ph_2S^+{-}CH(CH_3)_2\ Br^- \xrightarrow{\text{센염기}} Ph_2S^+{-}C^-(CH_3)_2$$

설포늄 브로민화 염　　황 일라이드

황 일라이드는 케톤과 반응하여 에폭사이드를 생성한다. 이 반응의 메커니즘을 제안하라.

$$\text{Cyclohexanone} + Ph_2S^+{-}C^-(CH_3)_2 \longrightarrow \text{2,2-dimethyl-1-oxaspiro[2.5]octane} + Ph_2S$$

16.28 다음과 같은 일련의 반응에서 얻어지는 화합물 D와 최종 생성물인 $C_9H_{14}O$의 구조식을 제안하여라.

$$\text{Cyclopropyl-}S^+(C_6H_5)_2\ Br^- \xrightarrow{BuLi} D \xrightarrow{\text{cyclohexanone}} C_9H_{14}O$$

› 산소 친핵체의 첨가

16.29 5-Hydroxyhexanal은 수용액에서 평형이 우세한 육원자 고리형 헤미아세탈을 형성한다.

$$\text{5-Hydroxyhexanal} \overset{H^+}{\rightleftharpoons} \text{고리형 헤미아세탈}$$

5-Hydroxyhexanal

(a) 이 고리형 헤미아세탈의 구조식을 그려라.

(b) 5-Hydroxyhexanal에 대해서 몇 개의 입체 이성질체가 가능한가?

(c) 이 고리형 헤미아세탈에 대해서 몇 개의 입체 이성질체가 가능한가?

(d) 각 고리형 헤미아세탈의 입체 이성질체에 대해 두 의자 형태를 그려서 작용기에 축방향인지 수평방향인지 표시하여라. 또한 각 입체 이성질체의 두 의자 형태 중 어떤 것이 더 안정한지 예측하여라.

16.30 산 촉매 하에서 헤미아세탈과 각 반응물의 쌍으로부터 형성된 아세탈의 구조식을 그려라.

(a) 2-Cyclohexen-1-one + EtOH　**(b)** cis-1,2-Cyclohexanediol (OH, OH) + acetone　**(c)** Butanal + MeOH

16.31 HCl 수용액에서 다음 아세탈의 가수분해 생성물에 대해 구조식을 그려라.

(a) MeO OMe (b) OMe H (c) CHO O O

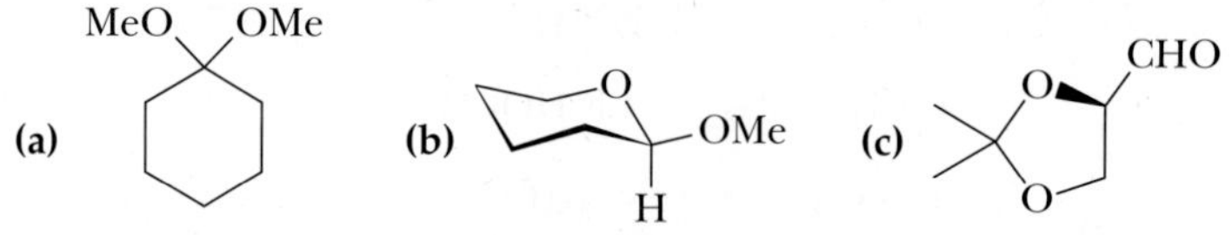

16.32 4-Hydroxypentanal과 1 몰의 메탄올로부터 고리형 아세탈의 형성을 설명할 수 있는 메커니즘을 제안하여라. 만약 4-hydroxypentanal의 카보닐 산소에 ^{18}O이 풍부하다면 표지된 산소는 고리형 아세탈에 나타나겠는가 또는 물에서 나타나겠는가?

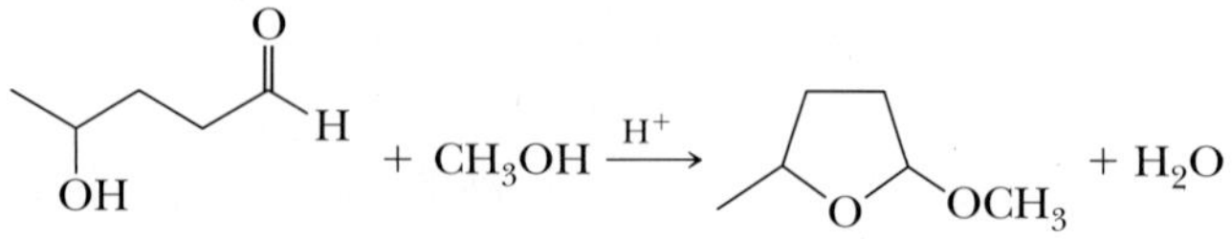

$$\text{4-Hydroxypentanal} + CH_3OH \xrightarrow{H^+} \text{고리형 아세탈 (라셈 혼합물)} + H_2O$$

4-Hydroxypentanal 고리형 아세탈 (라셈 혼합물)

16.33 다음의 산 촉매 가수분해에 대한 메커니즘을 제안하라.

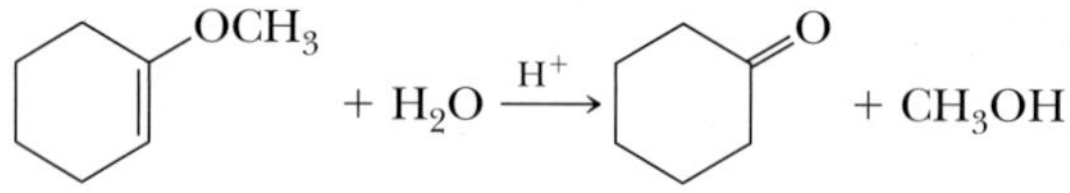

$$\text{(1-methoxycyclohexene)} + H_2O \xrightarrow{H^+} \text{(cyclohexanone)} + CH_3OH$$

16.34 11.5절에서 diethyl ether나 tetrahydrofuran과 같은 에터는 뜨겁고 진한 HI나 HBr과 같은 산을 제외한 모든 산에 대해 상당한 내성이 있다는 사실을 알았다. 하지만, 두 에터기가 동일한 탄소에 연결된 아세탈은 묽은 산 수용액에서조차도 쉽게 가수분해된다. 묽은 산 수용액에 대한 에터와 아세탈 사이의 뚜렷하게 큰 화학적인 반응성의 차이를 어떻게 설명할 것인가?

16.35 다음 변환을 어떻게 진행시킬 것인가?

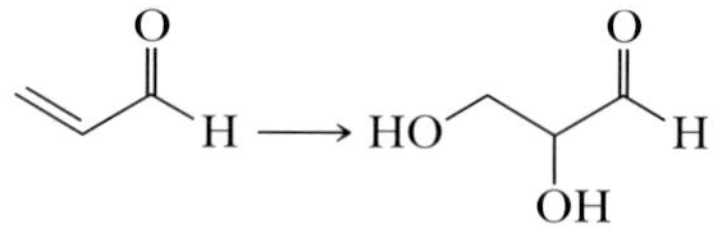

$$\text{(acrolein)} \longrightarrow \text{(glyceraldehyde)}$$

(라셈 혼합물)

16.36 일차 및 이차 알코올은 tetrahydropyranyl ether (THP)로의 전환에 의해 보호될 수 있다. 왜 일차 및 이차 알코올에 국한되는 이 반응에 의해서만 THP가 생성되는가?

16.37 다음 분자 중 어떤 것이 고리화하여 곤충 페로몬인 frontalin을 생성할 수 있는가?

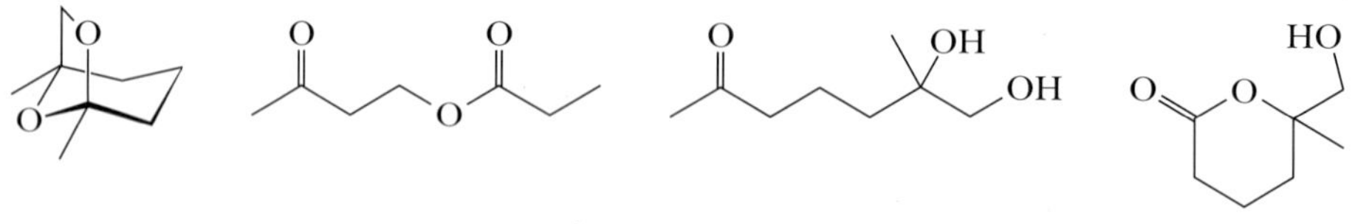

Frontalin (A) (B) (C)

질소 친핵체의 첨가

16.38 다음의 산 촉매 반응의 생성물에 대해 구조식을 그려라.

(a) Phenylacetaldehyde + hydrazine ⟶
(b) Cyclopentanone + semicarbazide ⟶
(c) Acetophenone + 2,4-dinitrophenylhydrazine ⟶
(d) Benzaldehyde + hydroxylamine ⟶

16.39 다음은 amphetamine과 methamphetamine에 대한 구조식이다.

(a) **Amphetamine** (라셈 혼합물)　　(b) **Methamphetamine** (라셈 혼합물)

중요한 중추 신경계에 영향을 끼치는 amphetamine과 amphetamine-유사 의약품은 보행 자극, 도취감과 흥분, 고정된 행동 및 식욕 부진과 관련된 물질이다. 각 화합물을 적당한 알데하이드나 케톤을 환원성 아미노화 반응을 이용하여 합성하는 방법을 나타내어라. 추가적인 식욕 부진제의 구조식은 연습 문제 23.64와 23.65를 참조하여라.

16.40 다음은 항바이러스제 Rimantidine의 마지막 합성 단계이다(연습 문제 7.19).

(a) 이 전환을 일으키는 실험 조건을 나타내어라.

(b) Rimantidine은 카이랄인가? 몇 개의 입체 이성질체가 가능하겠는가?

케토-엔올 토토머화

16.41 다음 분자는 엔다이올이라고 부르는 화합물 계열에 속한다. 이중 결합의 각 탄소는 —OH기를 갖고 있다. 엔다이올과 평형을 이루고 있는 α-하이드록시 케톤과 α-하이드록시알데하이드에 대해 구조식을 그려라.

α-Hydroxyaldehyde ⇌ CH—OH ‖ C—OH (CH$_3$) ⇌ α-Hydroxyketone

엔다이올

16.42 *cis*-2-Decalone은 미량의 HCl이 들어 있는 에터에 녹이는 경우에 *trans*-2-decalone과 평형을 이룬다. 후자의 케톤이 평형 혼합물 내에서 더 우세하다.

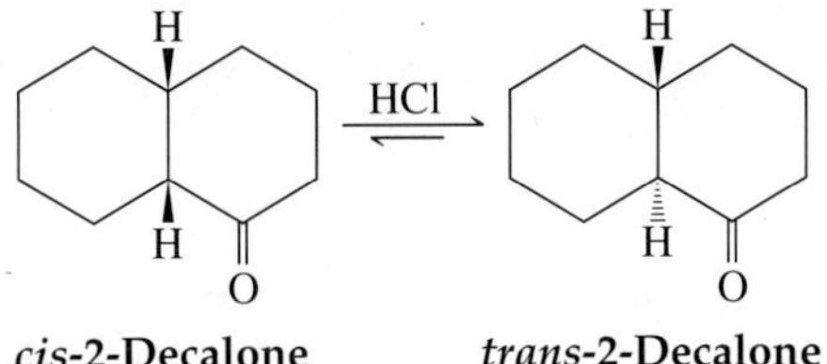

***cis*-2-Decalone**　　***trans*-2-Decalone**

이러한 이성질화 반응의 메커니즘을 제안하고 평형에서 트랜스 이성질체가 우세하다는 사실을 설명하여라.

알데하이드나 케톤의 산화/환원

16.43 Butanal을 다음의 시약으로 처리하여 형성된 생성물에 대한 구조식을 그려라.

(a) $LiAlH_4$ 이어서 H_2O　　**(b)** $NaBH_4$ CH_3OH/H_2O 용액

(c) H_2/Pt　　**(d)** $Ag(NH_3)_2^+$ NH_3/H_2O 용액

(e) H_2CrO_4, 가열　　**(f)** $HOCH_2CH_2OH$, HCl

(g) Zn(Hg)/HCl　　**(h)** N_2H_4, KOH, 250°C 에서

(i) $C_6H_5NH_2$　　**(j)** $C_6H_5NHNH_2$

(k) $NaClO_2$, NaH_2PO_4, 2-methyl-2-butene

16.44 Acetophenone과 연습 문제 16.43에서 주어진 시약과의 반응 생성물에 대해 구조식을 그려라.

16.45 다음에 나타난 두고리형 케톤은 두 개의 α-탄소와 세 개의 α-수소를 가지고 있다. 이 물질을 산 촉매 존재 하에서 D_2O로 처리하면, 세 개의 α-수소 중에서 단지 두 개의 α-수소만이 중수소로 치환된다. 다리목(bridgehead)에 있는 α-수소는 교환되지 않는다.

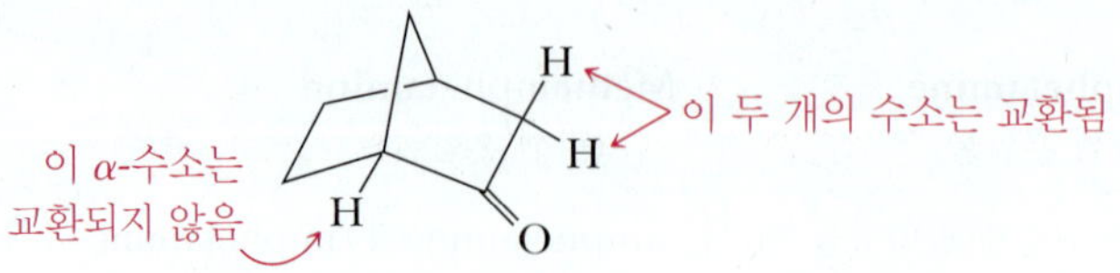

이 두 개의 수소는 교환됨

이 α-수소는 교환되지 않음

두 개의 α-수소는 교환되지만, 제3의 수소는 교환되지 않는 사실을 어떻게 설명할 수 있는가? α-수소의 교환이 일어나는 엔올의 모형을 만들어 보면 도움이 될 것이다.

16.46 다음 반응의 메커니즘을 제안하여라.

$$+\ Cl_2 \xrightarrow{CH_3COOH} \quad + \ HCl$$

(라셈 혼합물)

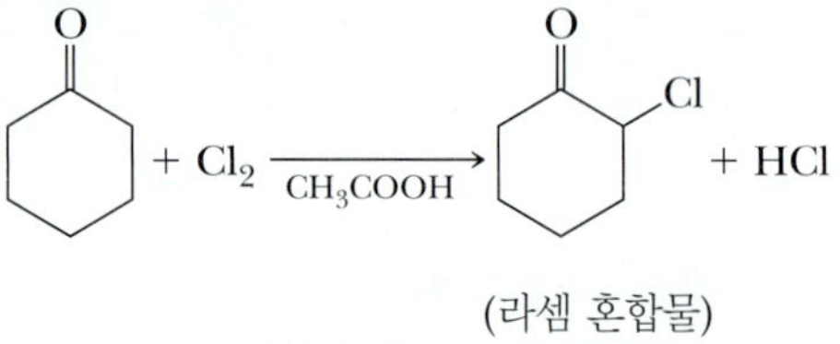

16.47 Favorskii 자리옮김으로 알려져 있는 α-할로케톤이 카복실산으로 자리옮김하는 반응은 아래에 2-chlorocyclohexanone이 cyclopentanecarboxylic acid로 전환되는 반응으로 나타내었다.

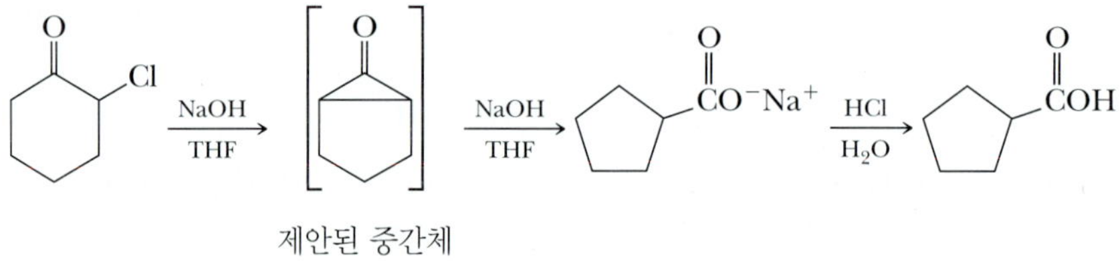

NaOH / THF → NaOH / THF → CO^-Na^+ → HCl / H_2O → COH

제안된 중간체

먼저 NaOH가 α-할로케톤을 괄호 속에 나타낸 바와 같은 치환된 cyclopropanone으로 변환시키고, 이어서 cyclopentanecarboxylic acid의 염으로 전환시킨다.

(a) 2-Chlorocyclohexanone이 제안된 중간체로 염기-촉진 전환되는 메커니즘을 제안하여라.

(b) 제안된 중간체가 sodium cyclopentanecarboxylate로 염기-촉진 전환되는 메커니즘을 제안하여라.

16.48 만일 2-chlorocyclohexanone의 Favorskii 자리옮김 반응이 에탄올에서 sodium ethoxide를 사용하여 진행된다면, 반응 생성물은 ethyl cyclopentanecarboxylate가 될 것이다.

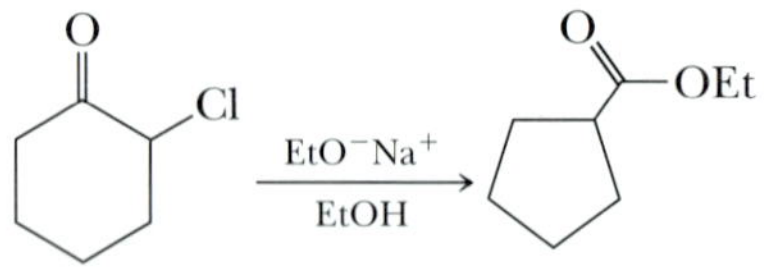

EtO^-Na^+ / EtOH → OEt

이 반응의 메커니즘을 제안하여라.

16.49 페니로열(pennyroyal, 박하류 속 허브) 오일로부터 쉽게 얻을 수 있는 (*R*)-pulegone은 유기 합성에 있어서 중요한 거울상적으로 순수한 구성 단위이다. 이러한 pulegone의 변환에서 각 단계에 대한 메커니즘을 제안하라.

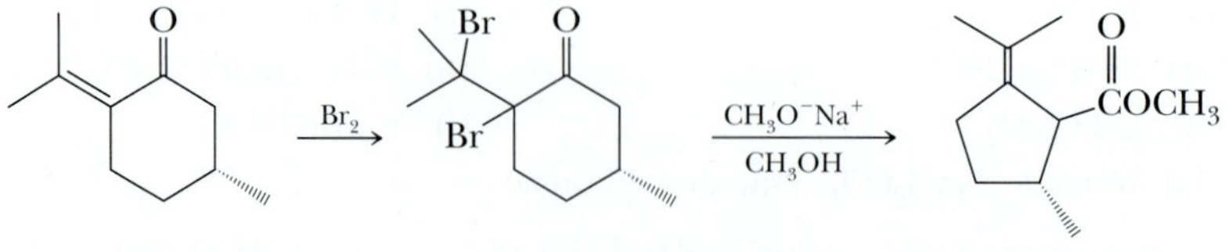

Br_2 → Br, Br → $CH_3O^-Na^+$ / CH_3OH → $COCH_3$

(*R*)-(+)-Pulegone

16.50 (*R*)-Pulegone은 HCl을 가하고 이어서 NaOH로 처리하면 (*R*)-citronellic acid로 전환된다.

HCl → ; 1. NaOH 2. HCl →

(*R*)-Pulegone **(*R*)-Citronellic acid**

이러한 전환에서 각 단계에 해당되는 메커니즘을 제안하고 HCl의 위치선택성을 설명하여라.

합성

16.51 Cyclohexanone에서 출발하여 다음의 화합물들을 어떻게 합성할 수 있는지 나타내어라. 주어진 출발 물질 이외에 필요하다면 다른 유기 혹은 무기 시약을 사용하여라.

(a) Cyclohexanol **(b)** Cyclohexene
(c) *cis*-1,2-Cyclohexanediol **(d)** 1-Methylcyclohexanol
(e) 1-Methylcyclohexene **(f)** 1-Phenylcyclohexanol
(g) 1-Phenylcyclohexene **(h)** Cyclohexene oxide
(i) *trans*-1,2-Cyclohexanediol

16.52 Cyclopentanone에서 다음의 화합물들을 어떻게 합성할 수 있는지 나타내어라. Cyclopentanone 이외에 필요하다면 다른 유기 혹은 무기 시약을 사용하여라.

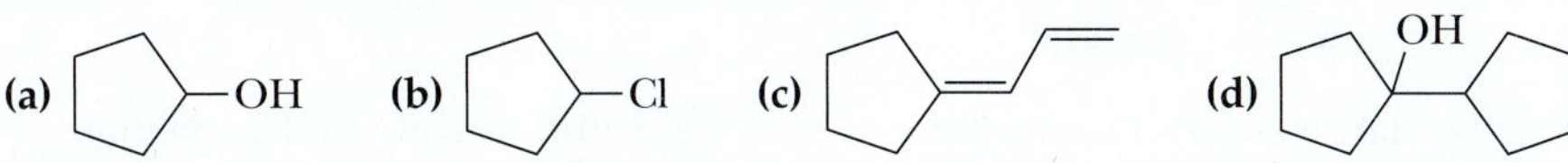

16.53 Disparlure는 집시나방(*Porthetria dispar*)의 성 유인 물질이다. 이것은 실험실에서 다음의 (Z)-알켄으로부터 합성된다.

(*Z*)-2-Methyl-7-octadecene → **Disparlure**

(a) Wittig 반응에 함께 사용하여 제시된 (Z)-알켄을 만들 수 있는 두 세트의 시약을 제안하여라.
(b) (Z)-알켄이 어떻게 disparlure로 전환될 수 있는가?
(c) Disparlure에는 몇 개의 입체 이성질체가 존재하는가? 여러분이 선택한 합성 과정에는 몇 개의 입체 이성질체가 생성되는가?

16.54 다음 전환에서 화합물 A, B, C의 구조식을 제안하여라. 또한, Wittig 반응으로 화합물 C를 어떻게 합성할 수 있는지를 보여라.

Cyclopentanone $\xrightarrow[\text{2.} H_2O]{\text{1.} HC{\equiv}CH,\ NaNH_2}$ $C_7H_{10}O$ (A) $\xrightarrow[\text{Lindlar 촉매}]{H_2}$ $C_7H_{12}O$ (B) $\xrightarrow[\text{가열}]{KHSO_4}$ C_7H_{10} (C)

16.55 다음은 *cis*-3-penten-2-ol의 합성에 대한 역합성 과정이다.

(라셈 혼합물) ⟹ (라셈 혼합물) ⟹ $H{-}C{\equiv}C{-}H$ + CH_3CHO + CH_3I

Acetylene **Acetaldehyde** **Iodomethane**

Acetylene, acetaldehyde, iodomethane으로부터 이 화합물의 합성하는 방법을 기술하여라.

16.56 다음은 거품제거용 계면활성제 Surfynol의 구조식이다. Acetylene과 케톤으로부터 이 화합물의 합성을 기술하여라. Surfynol에는 몇 개의 입체 이성질체가 가능할까?

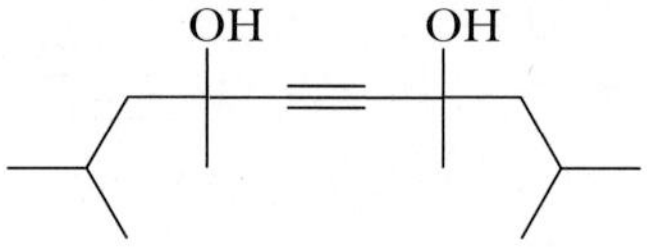

OH OH

Surfynol

16.57 다음의 이성질화 반응의 메커니즘을 제안하여라.

H^+

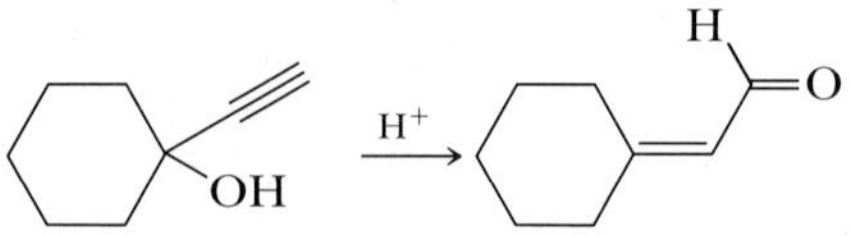

16.58 다음의 이성질화 반응의 메커니즘을 제안하여라.

$ArSO_3H$

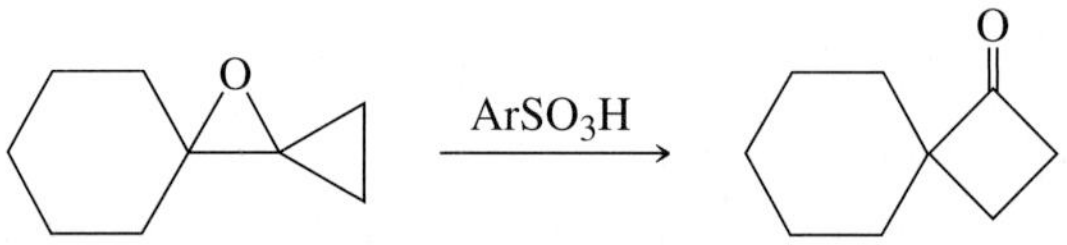

16.59 Acetylene과 1-bromobutane을 유일한 탄소 원자의 공급원으로 하여 다음을 어떻게 합성할 수 있는지를 보여라.

(a) meso-5,6-Decanediol
(b) racemic 5,6-Decanediol
(c) 5-Decanone
(d) 5,6-Epoxydecane
(e) 5-Decanol
(f) Decane
(g) 6-Methyl-5-decanol
(h) 6-Methyl-5-decanone

16.60 다음은 비타민 A 아세테이트의 공업적 합성의 마지막 단계이다.

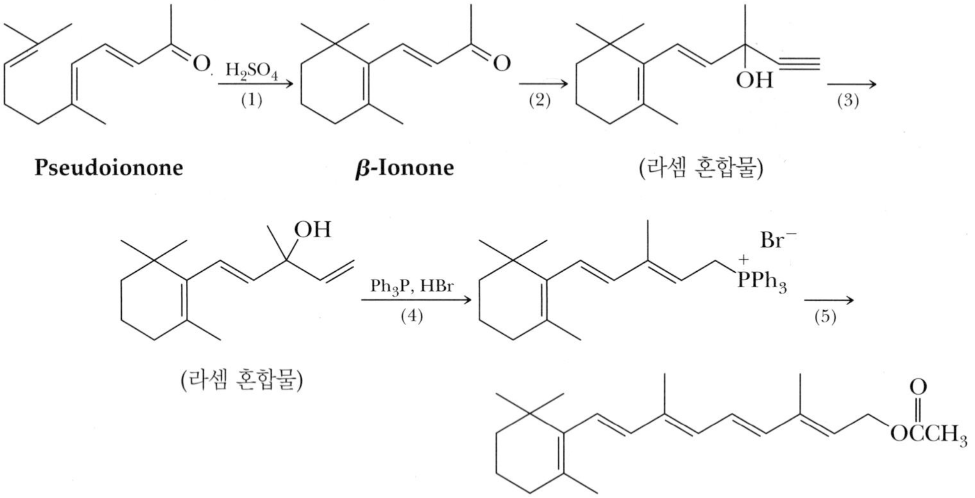

H_2SO_4 (1) (2) (3)

Pseudoionone **β-Ionone** (라셈 혼합물)

Ph_3P, HBr (4) (5)

(라셈 혼합물)

Vitamin A acetate

(a) 1단계에서 산 촉매 고리화 반응에 대한 메커니즘을 제안하여라.
(b) 2단계를 일어나게 할 수 있는 시약을 제안하여라.
(c) 3단계를 일어나게 할 수 있는 시약을 제안하여라.
(d) 4단계에서 포스포늄 염을 형성하는 메커니즘을 제안하여라.
(e) Wittig 반응에 의해 5단계가 어떻게 완결될 수 있는지를 보여라.

16.61 다음은 미북서부 미송나무를 말라 죽게 하는 미송독나방(*Orgyia psuedotsugata*)의 주요한 성 페로몬의 구조식이다.

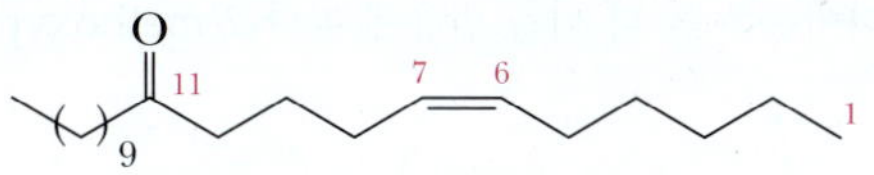

(*Z*)-6-Heneicosene-11-one

이 화합물의 여러 가지 합성법이 발표되었고, 합성의 출발 물질은 다음과 같다.

(a)

(b)

(c)

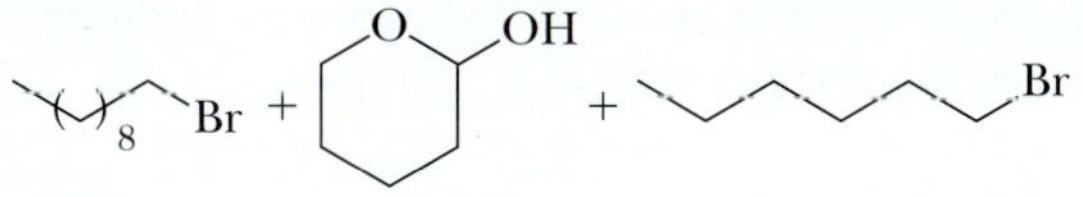

각각의 출발 물질 세트를 이용하여 과녁 분자로 전환시킬 수 있는 각 단계들을 제시하여라.

16.62 (*S*)-Citronellal과 isopulegol은 두 가지 모두 천연에서 산출되는 터펜이다(5.4절). (*S*)-Citronellal을 tin(IV) chloride (Lewis 산)으로 처리한 후 이어서 ammonium chloride 수용액으로 중화시키면 isopulegol이 85% 수득률로 얻어진다.

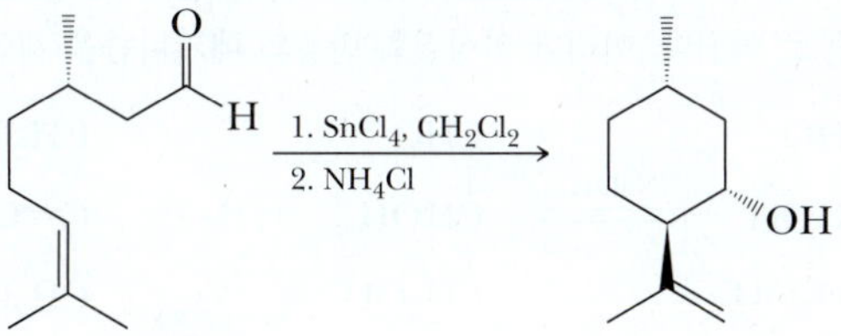

1. $SnCl_4$, CH_2Cl_2
2. NH_4Cl

(*S*)-Citronellal ($C_{10}H_{18}O$)

Isopulegol ($C_{10}H_{18}O$)

(a) 두 화합물이 모두 터펜임을 보여라.

(b) (*S*)-Citronellal이 isopulegol로 전환되는 메커니즘을 제안하여라.

(c) Isopulegol에는 몇 개의 입체중심이 있는가? 그 숫자만큼의 입체중심이 있는 경우 가능한 입체 이성질체 수는 몇 개인가?

(d) Isopulegol은 하나의 입체 이성질체만 얻어진다. 단 하나의 입체 이성질체가 생성된다는 사실을 설명하여라.

16.63 과녁 분자의 합성에 있어서 어느 지점에서는 —OH기를 보호해야 할 필요가 생긴다(즉, 작용기의 반응을 막는다). Trimethylsilyl, *tert*-butyl-dimethylsilyl 및 다른 trialkylsilyl기가 11.6절에서 설명되었고 tetrahydropyranyl기는 16.7D절에서 언급하였으며, ethoxyethyl기도 보호기로 역시 사용될 수 있다.

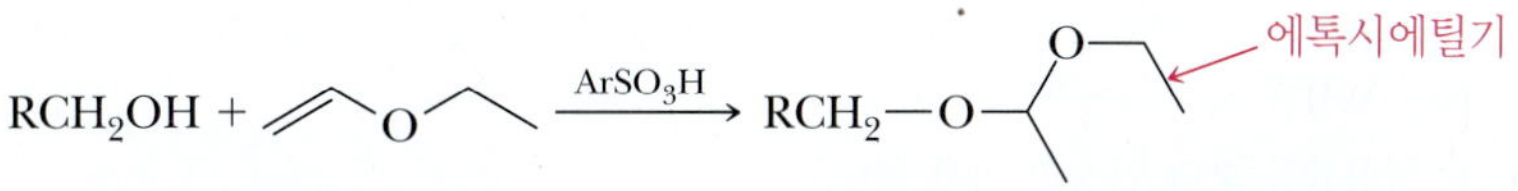

RCH_2OH + Ethyl vinyl ether $\xrightarrow{ArSO_3H}$ RCH_2—O—(에톡시에틸기)

Ethyl vinyl ether

(a) Ethoxethyl 보호기의 형성에 대한 메커니즘을 제안하여라.
(b) 이 보호기가 제거되면서 비보호된 알코올이 재생될 수 있는 실험 과정을 제안하여라.

16.64 1,2-다이올과 1,3-다이올은 둘 다 다음 반응에 따라 2-methoxypropene으로 처리하여 보호할 수 있다.

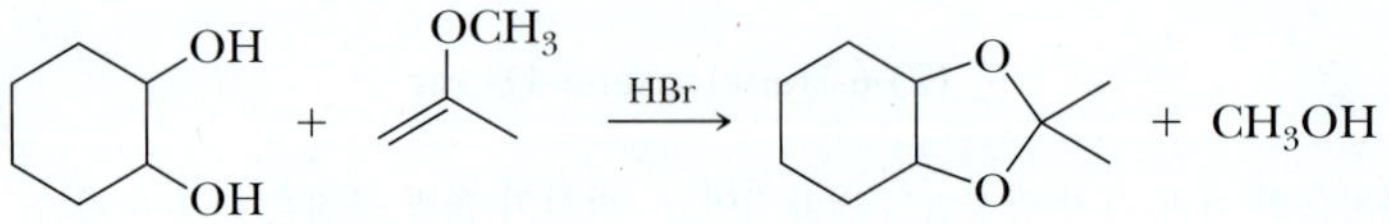

1,2-cyclohexanediol + 2-Methoxypropene (OCH_3) —HBr→ 보호된 1,2-다이올 + CH_3OH

2-Methoxypropene 보호된 1,2-다이올

(a) 이들 보호된 다이올이 생성되는 메커니즘을 제안하여라.
(b) 이 보호기가 제거되면서 비보호된 다이올이 재생될 수 있는 실험 과정을 제안하여라.

예습 문제

16.65 지금까지 설명한 모든 자리옮김 반응은 전자-부족 탄소의 생성이 포함되어 있고 이어서 원자나 원자단이 이웃 원자에서 전자-부족 탄소로 1,2-이동이 일어난다. 1,2-이동에 의한 자리옮김은 다음의 전자-부족 산소의 생성을 또한 일으킬 수 있다. Cumene hydroperoxide가 phenol과 acetone으로 산 촉매 자리옮김하는 메커니즘을 제안하여라.

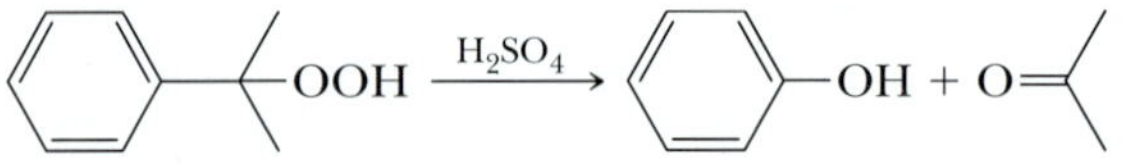

Cumene hydroperoxide (—OOH) —H_2SO_4→ Phenol (—OH) + Acetone (O=)

Cumene hydroperoxide **Phenol** **Acetone**

16.66 묽은 염기 수용액에서 (*R*)-glyceraldehyde는 (*R*,*S*)-glyceraldehyde와 dihydroxyacetone 평형 혼합물로 바뀐다. 이러한 이성질화 반응의 메커니즘을 제안하여라.

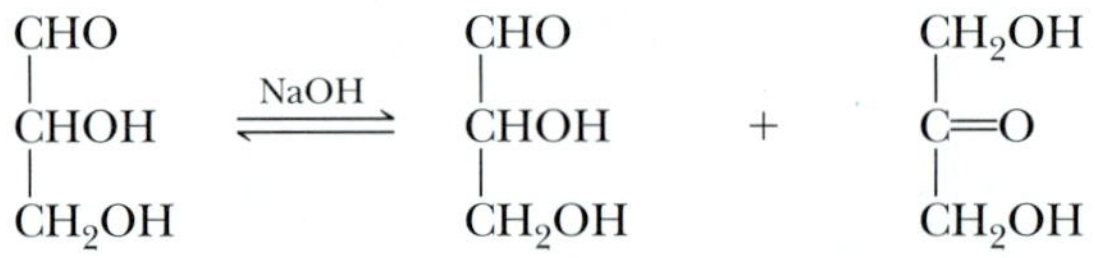

CHO–CHOH–CH_2OH ⇌(NaOH) CHO–CHOH–CH_2OH + CH_2OH–C=O–CH_2OH

(*R*)-Glyceraldehyde **(*R*,*S*)-Glyceraldehyde** **Dihydroxyacetone**

16.67 *β*-D-Glucose를 산 촉매 하에서 메탄올과 반응시키면 methyl glucoside (25.3A절)라고 부르는 두 화합물의 혼합물로 전환된다.

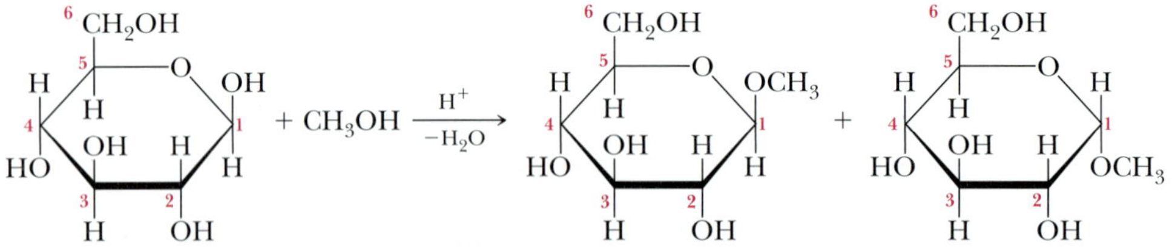

β-D-Glucose + CH_3OH —H^+, $-H_2O$→ Methyl *β*-D-glucoside + Methyl *α*-D-glucoside

β-D-Glucose **Methyl β-D-glucoside** **Methyl α-D-glucoside**

이 표현에서 육원자 고리는 평면의 육각형으로 표시되었다.

(a) 이 전환에 대한 메커니즘을 제안하고, 첫 번째 탄소에 있는 —OH기만이 —OCH_3로 바뀌는 사실을 설명하여라.
(b) 각 생성물을 보다 안정한 의자 형태로 그려라.
(c) 의자 형태로 그린 두 화합물 중 어느 것이 더 안정한가? 설명하여라.

16.68 Grignard 시약을 이산화 탄소로 처리하고 이어서 HCl 수용액으로 처리하면 카복실산이 얻어진다.

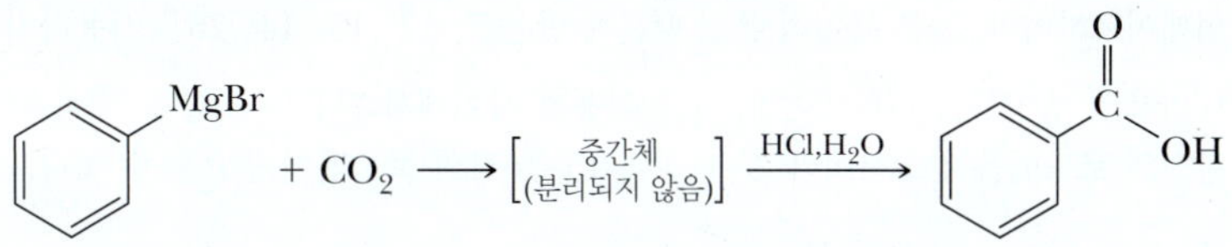

$$C_6H_5MgBr + CO_2 \longrightarrow \left[\begin{array}{c}\text{중간체}\\ \text{(분리되지 않음)}\end{array}\right] \xrightarrow{HCl, H_2O} C_6H_5COOH$$

괄호 안의 중간체에 대한 구조식과 그 화합물이 만들어지는 메커니즘을 제안하여라.

16.69 6장에서 본 바와 같이 탄소-탄소 이중 결합은 친전자체에 의해 공격을 받지만 친핵체에 의해서는 공격을 받지 않는다. 이러한 일반화에 대한 예외는 친핵체에 대한 α,β-불포화 알데하이드나 케톤의 반응성이다. 고립된 탄소-탄소 이중 결합이라 할지라도 dimethylamine과 같은 이차 아민과 반응하지 않지만, 3-buten-2-one은 위치선택성 첨가에 의해 쉽게 반응한다.

$$Et_2NH + CH_2{=}CH{-}CH_2{-}CH_3 \longrightarrow \text{반응이 일어나지 않음}$$

$$Et_2NH + CH_2{=}CH{-}\overset{O}{\overset{\|}{C}}{-}CH_3 \longrightarrow Et_2N{-}CH_2{-}CH_2{-}\overset{O}{\overset{\|}{C}}{-}CH_3$$

Diethylamine **3-Buten-2-one**
(Methyl vinyl ketone)

α,β-불포화 알데하이드나 케톤의 탄소-탄소 이중 결합에 친핵체의 첨가와 이 첨가 반응의 위치선택성을 설명하여라.

16.70 다음에 나타낸 구조식을 가진 ribose는 원칙적으로 사원자 고리, 오원자 고리 또는 육원자 고리를 포함한 고리형 헤미아세탈을 생성한다. 산 촉매 존재 하에서 D-ribose를 메탄올로 처리하면, 분자식이 모두 $C_6H_{12}O_5$인 두 종류의 고리형 아세탈인 A와 B가 생성된다. 이들은 분리가 가능하고, 분리된 각각의 화합물을 sodium periodate (10.8C절)와 반응시킨 후 묽은 염산으로 처리하면 A와 B는 세 종류의 생성물을 같은 비율로 생성된다.

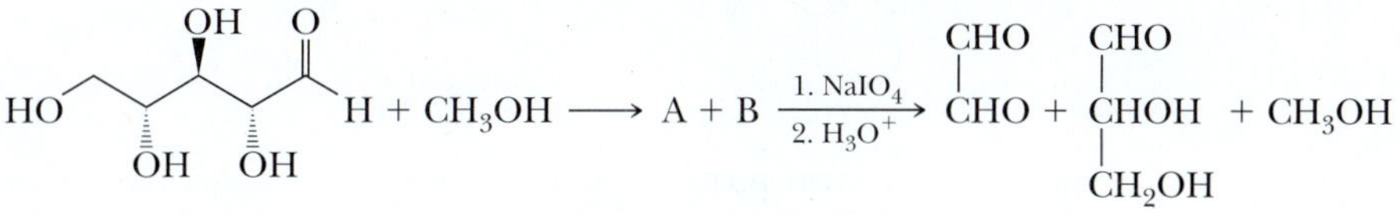

$$\text{D-Ribose} + CH_3OH \longrightarrow A + B \xrightarrow[2.\ H_3O^+]{1.\ NaIO_4} \underset{CHO}{\overset{CHO}{|}} + \begin{array}{c}CHO\\|\\CHOH\\|\\CH_2OH\end{array} + CH_3OH$$

D-Ribose
($C_5H_{10}O_5$)

분자식이 $C_6H_{12}O_5$인
고리형 아세탈
이성질체

이러한 정보로부터 D-ribose에서 만들어진 고리형 헤미아세탈이 사원자 고리인지 오원자 고리인지 아니면 육원자 고리인지 추측하라.

16.71 Glucose 대사를 추적하는 양전자 방출 단층촬영(PET 스캔)에 사용되는 적절한 핵종은 플루오린-18이며, 이는 양전자 방출로 산소-18로 붕괴되며, 반감기는 110분이다. 플루오린-18은 fludeoxyglucose F-18의 형태로 주입되며, 이 분자가 붕괴되어 생기는 생성물은 glucose이다.

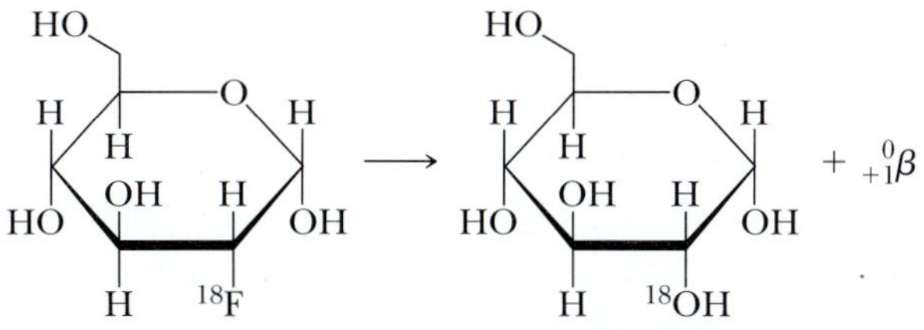

$$\text{Fludeoxyglucose F-18} \longrightarrow \text{D-Glucose} + {}^{0}_{+1}\beta$$

Fludeoxyglucose F-18 **D-Glucose** **양전자**

Fludeoxyglucose F-18의 의자 형태를 그리고, 둘 중 어느 것이 더 안정한지 선택하여라.

REACTION ROADMAP

유기 화학 반응 로드맵

16.72 연습 문제 15.19에서 만들었던 로드맵을 사용하여 이 장의 '주요 반응'의 반응을 포함해 그것을 업데이트하여라. 높은 특이적 본질 때문에 반응 7, 12 ,13, 14, 26은 사용하지 말라.

16.73 다음 반응의 생성물을 나타내어라. 다른 작용기 사이에서 반응의 조합을 '네비게이트'하기 위해 당신의 로드맵을 참고하여라. 6~11장과 15~16장의 로드맵이 필요할 수 있다.

(a) 에폭사이드 → 1. (propyl)MgBr 2. HCl, H_2O 3. PCC 4. (propyl)MgBr 5. HCl, H_2O

(b) 알켄 → 1. O_3 2. $(CH_3)_2S$ 3. 2 당량 $Ph_3\overset{+}{P}-\overset{-}{C}H_2$ 4. 과량 H_2, Pd

(c) $CH_3-C\equiv C-H$ 알카인 → 1. 1 당량 $NaNH_2$ 2. (aldehyde) 3. H_2CrO_4 4. (isopropyl)MgBr 5. HCl, H_2O

(d) 알켄 → 1. H_2O, 촉매 H_2SO_4 2. H_2CrO_4 3. CH_3NH_2 4. $NaBH_3CN$ 5. (benzyl bromide)

(e) Br 할로알케인 → 1. NaOH, H_2O 2. OsO_4 3. $NaHSO_3$ 4. (acetone), 촉매 H_2SO_4

(f) 알케인 → 1. Cl_2, $h\nu$ 2. NaOH/H_2O 3. BH_3 4. H_2O_2 5. PCC 6. (allyl)MgBr 7. HCl, H_2O

합성

16.74 지침으로 로드맵을 사용하여 1-butanol을 어떻게 4-octanol의 라셈 혼합물로 전환시킬 수 있는지 보여라. 과녁 분자에 모든 탄소의 공급원으로 1-butanol만을 사용하여라. 모든 시약과 모든 분자가 반응 경로에 따라 합성됨을 보여라.

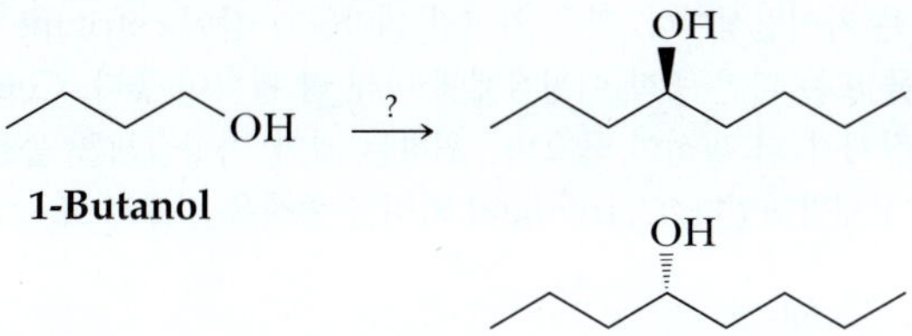

OH

OH ? →

1-Butanol

OH

4-Octanol
(라셈 혼합물)

16.75 지침으로 로드맵을 사용하여 ethylene을 어떻게 2-methyl-1,3-dioxolane으로 전환시킬 수 있는지 보여라. 과녁 분자에 모든 탄소의 공급원으로 ethylene만을 사용하여라. 모든 시약과 모든 분자가 반응 경로에 따라 합성됨을 보여라.

? →

O

O

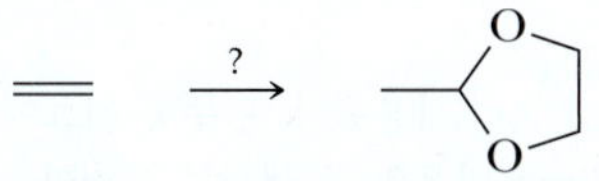

Ethylene **2-Methyl-1,3-dioxolane**

16.76 지침으로 로드맵을 사용하여 (2-Bromoethyl) benzene을 어떻게 2-chloro-1-phenylethanone으로 전환 시킬 수 있는지 보여라. 모든 시약과 모든 분자가 반응 경로에 따라 합성됨을 보여라.

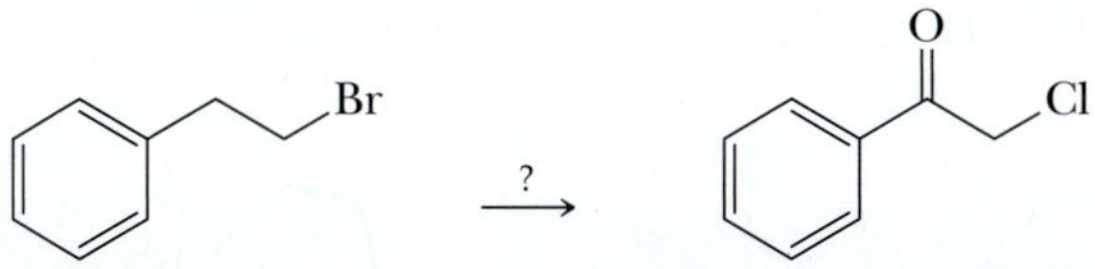

Br ? → O Cl

2-Bromoethylbenzene **2-Chloro-1-phenylethanone**

16.77 지침으로 로드맵을 사용하여 Acetaldehyde를 어떻게 라셈 3-hydroxybutanal로 전환시킬 수 있는지 보여라. 과녁 분자에 모든 탄소의 공급원으로써 acetaldehyde만을 사용하여라. 모든 시약과 모든 분자가 반응 경로에 따라 합성됨을 보여라.

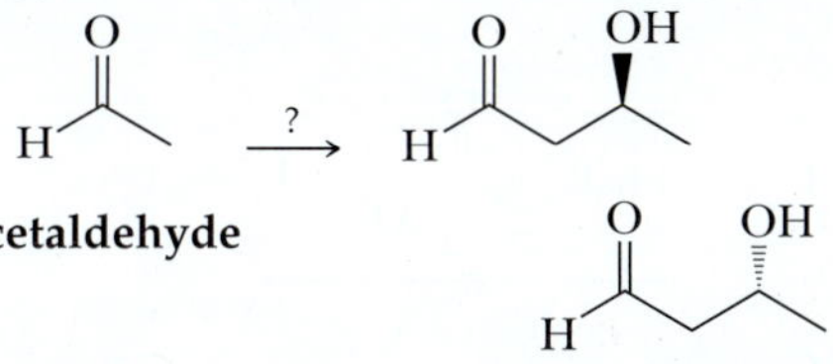

O H ? → O OH H

Acetaldehyde

O OH H

3-Hydroxybutanal
(라셈 혼합물)

관련된 반응

16.78 Cetrizine은 비진정성(nonsedating) 항히스타민제이다. Cetrizine 합성의 첫 번째 단계는 다음과 같은 Grignard 반응을 포함한다.

(a) 다음의 Grignard 반응의 생성물을 그려라.

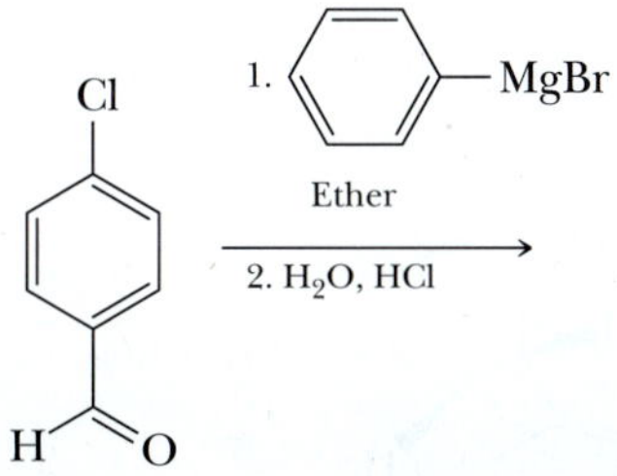

Cl

1. MgBr
Ether
2. H_2O, HCl

H O

(b) Cetrizine은 카이랄성이다. 많은 카이랄 의약품과 같이 cetrizine의 한 광학 이성질체는 라셈 혼합물 또는 다른 광학 이성질체에 비해 더 활성이 좋다. Cetrizine의 좌회전성 (*S*) 광학 이성질체가 더 활성이 좋으며, 원하는 광학 이성질체를 높은 수득률로 얻기 위한 합성 방법이 개발되었다. Cetrizine의 카이랄 중심을 별표로 표시하여라.

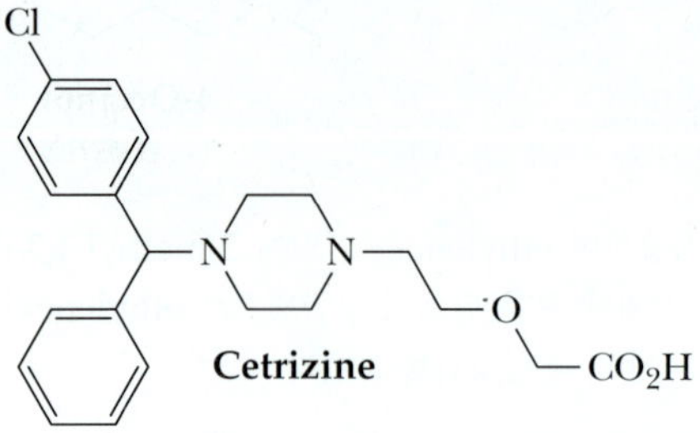

Cl

N N O CO_2H

Cetrizine

16.79 Wittig 반응은 의약품의 합성에 널리 사용된다. 편두통 치료에 사용되는 elitriptan 합성에 첫 번째 단계에 사용되는 다음 Wittig 반응의 주 생성물을 써라.

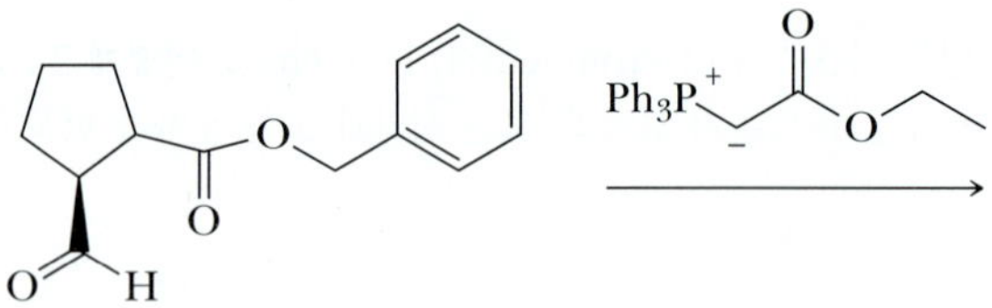

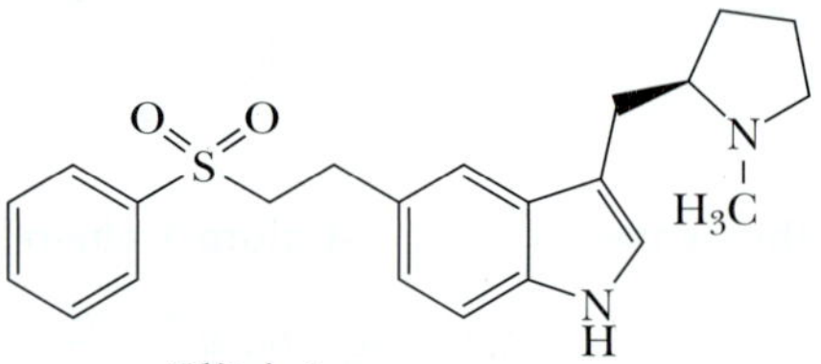

O O O H

$Ph_3\overset{+}{P}\overset{-}{C}H$–C(=O)–O–Et

O O S N H_3C N H

Elitriptan

16.80 다음 Wittig 반응을 완성하여라.

(a)

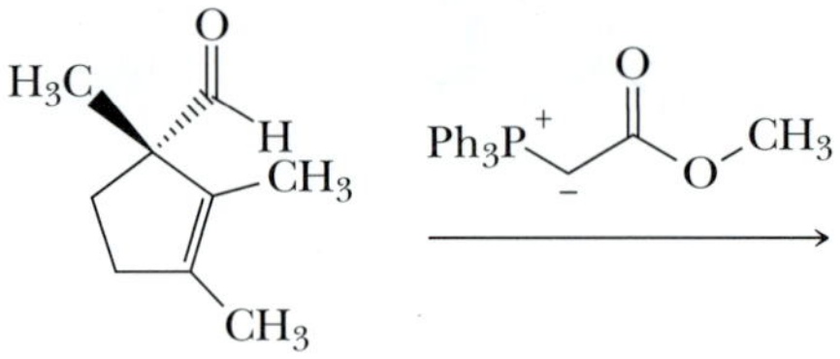

H_3C O H CH_3 CH_3

$Ph_3\overset{+}{P}\overset{-}{C}H$–C(=O)–O–$CH_3$

(b)

O CH_3 CH_3 CH_3

$Ph_3\overset{+}{P}—\overset{-}{C}H_2$

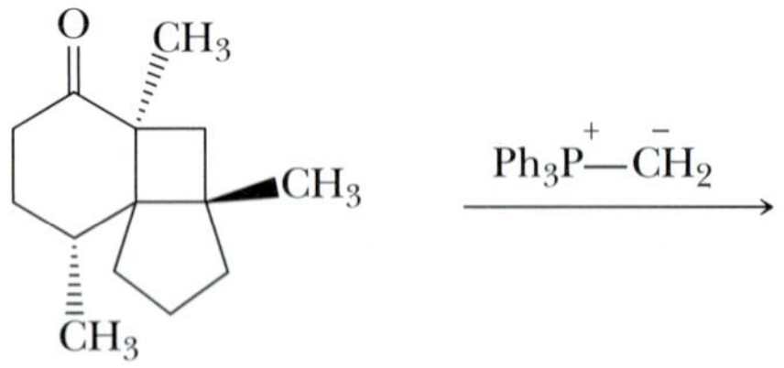

16.81 다음 Grignard 반응을 완성하여라. 출발 물질은 카이랄이며, 단일 광학 이성질체로 존재한다. 모형을 사용하여 입체화학적 예상을 포함시켜 어떤 광학 이성질체 생성물이 주로 얻어지는지를 예측하여라.

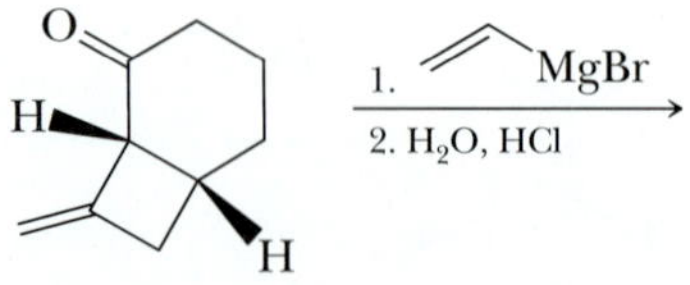

O H H

1. MgBr
2. H_2O, HCl

제 17 장

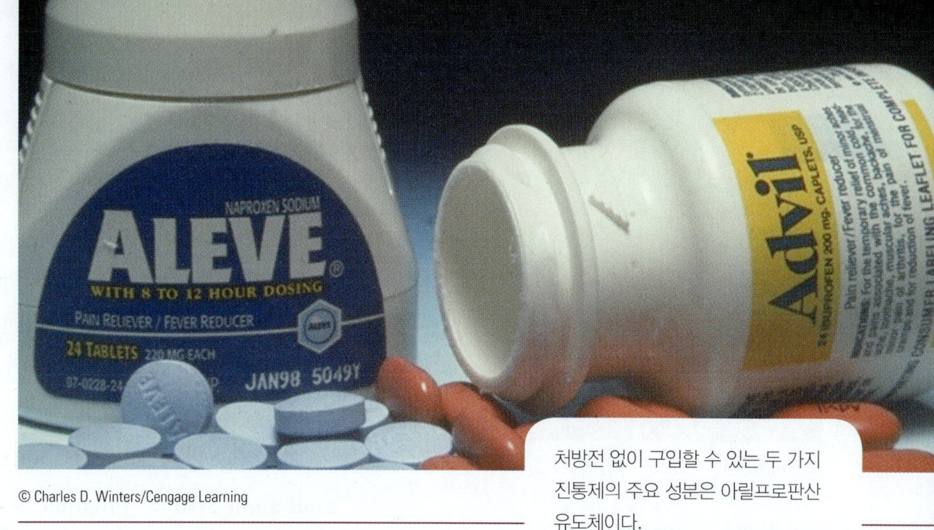

© Charles D. Winters/Cengage Learning

처방전 없이 구입할 수 있는 두 가지 진통제의 주요 성분은 아릴프로판산 유도체이다.

▼ ***삽입 그림:*** (S)-Ibuprofen의 모형. 화학 관련 이야기 '버드나무 껍질로부터 aspirin까지 그리고 그 이후' 참조.

카복실산

Carboxylic Acids

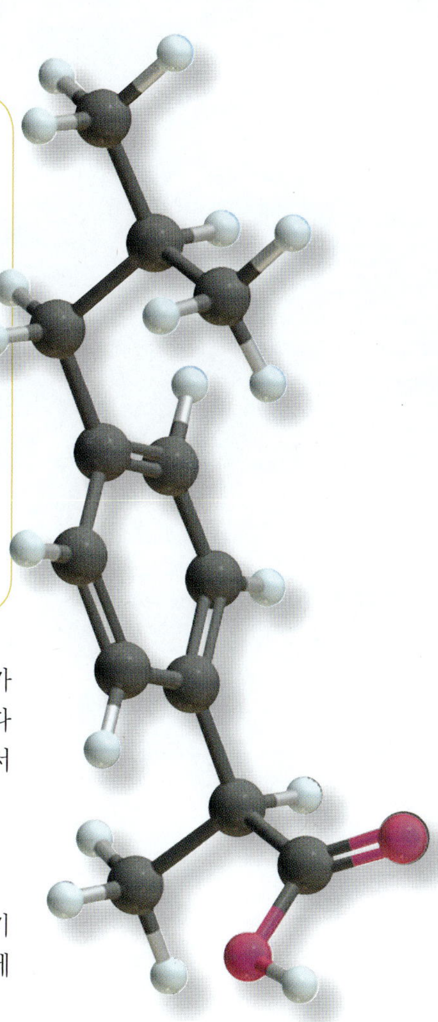

이 장의 차례

*카보닐기*를 갖는 유기 화합물의 또 다른 부류인 카복실산의 가장 중요한 화학적 성질은 카복실산의 산도이다. 더욱이 카복실산은 에스터, 아마이드, 산 무수물, 산 할로젠화물 등 다양하고, 중요한 유도체를 형성한다. 이 장에서는 카복실산에 관하여 설명하고, 18장에서 카복실산의 유도체에 관하여 다루기로 한다.

17.1 구 조

카복실산의 작용기는 **카복시기**(carboxyl group)이며(1.3D절), 이는 카보닐(carbonyl)기와 하이드록시(hydroxyl)기로 이루어졌기 때문에 붙여진 이름이다. 다음은 카복시기의 세 가지 표기법과 함께 카복시기의 Lewis 구조를 나타낸 것이다.

$$-\overset{\overset{\ddot{O}:}{\|}}{C}-\ddot{O}-H \qquad -\overset{\overset{O}{\|}}{C}-O-H \qquad -COOH \qquad -CO_2H$$

카복시를 나타내는 여러 가지 표현법

지방족 카복실산의 일반적인 화학식은 RCOOH이며, 방향족 카복실산의 일반적인 화학식은 ArCOOH이다.

이 장의 동영상 강의를 보려면 www.cengage.com/chemistry/brown/organic7e에 접속 후 Access Student Materials를 클릭하라.

17.2 명명법

A IUPAC 체계

Formic acid는 1670년 라틴어로 *Formica*인 개미의 분해 증류로부터 처음 얻었다. Formic acid는 개미가 뿜어내는 독극물 성분이다.

카복실산의 IUPAC명은 카복시기가 포함된 가장 긴 탄소 사슬의 이름으로부터 유도되며, 모체 알케인의 이름에서 *-e*를 빼고 접미사 *–oic*을 첨가하고 뒤에 *acid*란 단어를 붙인다(2.3C절). 사슬은 카복시기의 탄소에서부터 번호를 붙인다. 카복시기 탄소는 1번 탄소로 이해되기 때문에 그 탄소에 번호를 붙일 필요는 없다. IUPAC 명명법에서는 formic acid 및 acetic acid와 같은 관용명의 사용을 허용하고 있다.

HCOOH — **Methanoic acid (Formic acid)**

CH_3COOH — **Ethanoic acid (Acetic acid)**

3-Methylbutanoic acid (Isovaleric acid)

만약 카복실산이 탄소-탄소 이중 결합이나 삼중 결합을 포함할 때에는 이름 중의 *-an-*을 *-en-*이나 *-yn-*으로 바꾸어 다중 결합의 존재를 나타내며, 번호로써 다중 결합의 위치를 나타낸다.

Propenoic acid (Acrylic acid) — ***trans*-2-Butenoic acid (Crotonic acid)** — ***trans*-3-Phenylpropenoic acid (Cinnamic acid)**

IUPAC 명명법에서 카복시기는 알데하이드와 케톤의 카보닐기뿐만 아니라 하이드록시기와 아미노기를 포함한 대부분 다른 작용기(표 16.1)에 비해 우선순위가 높다. 다음의 예에서와 같이 분자 내에 카복시기가 있을 경우 —OH기는 *hydroxy-*, $—NH_2$기는 *amino-*, 알데하이드와 케톤의 C═O기는 *oxo-*라는 접두어를 붙여서 나타낸다.

(*R*)-5-Hydroxyhexanoic acid — **5-Oxohexanoic acid** — **4-Aminobutanoic acid** (H_2N)

다이카복실산(Dicarboxylic acid)은 두 개의 카복시기를 갖는 탄소 사슬의 이름에 접미사 *-dioic acid*를 붙여 명명한다. 카복시기 탄소는 알케인 사슬의 맨 끝에만 있기 때문에 번호를 나타내지 않는다. 다음은 몇 가지 중요한 지방족 다이카복실산의 IUPAC명과 관용명을 나타낸 것이다.

Ethanedioic acid (Oxalic acid) — **Propanedioic acid (Malonic acid)**

Butanedioic acid (Succinic acid) — **Pentanedioic acid (Glutaric acid)** — **Hexanedioic acid (Adipic acid)**

*Oxalic acid*는 생물계 공급원으로 유래한 것으로, 대황(rhubarb)의 일종인 *옥살리스(oxalis)* 식물에서 추출되어 이 이름이 붙여졌다. Adipic acid는 나일론 66을 합성하는 데 필요한 두 단위체 중의 하나이다(29.5A절). 다이카복실산인 oxalic acid부터 adipic acid까지의 관용명을 기억하기 위해 '*Oh my, such good apples*'라는 암기법 문구가 있다.

사이클로알케인 고리에 하나의 카복시를 갖는 카복실산은 고리명에 접미사인 *-carboxylic acid*를 붙여 명명한다. 고리의 원자 위치는 —COOH기와 결합된 탄소부터 번호를 붙인다.

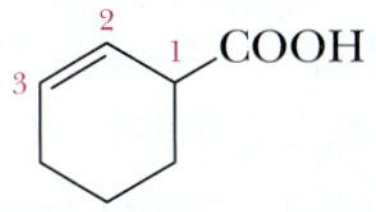

2-Cyclohexenecarboxylic acid 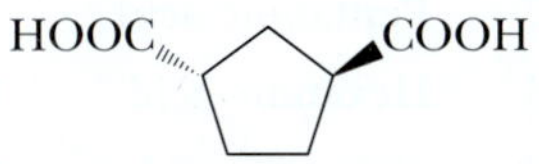 **trans-1,3-Cyclopentanedicarboxylic acid**

가장 간단한 방향족 카복실산은 benzoic acid이다. 유도체의 이름은 치환기의 존재와 카복시에 대한 상대적인 위치를 나타내는 번호와 접두어를 사용하여 명명한다. 어떤 방향족 카복실산은 관용명을 갖고 있으며, 이 관용명이 보다 더 잘 알려져 있다. 예를 들면, 2-hydroxybenzoic acid는 보통 salicylic acid로 부르고 있으며, 이는 *버들(Salix)*속인 버드나무의 껍질에서 맨 처음 분리된 것에서 유래된 이름이다.

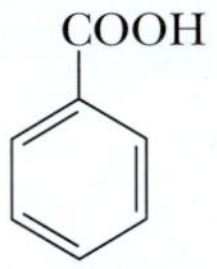

Benzoic acid 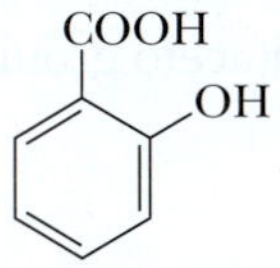 **2-Hydroxybenzoic acid (Salicylic acid)** 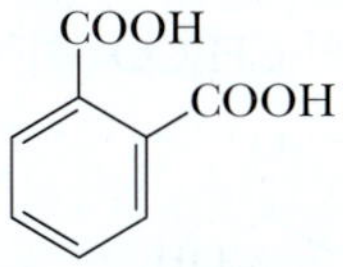 **1,2-Benzenedicarboxylic acid (Phthalic acid)** 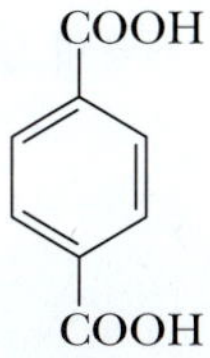 **1,4-Benzenedicarboxylic acid (Terephthalic acid)**

방향족 다이카복실산은 *benzene*에 *dicarboxylic acid*란 단어를 붙여서 명명된다(예를 들어, 1,2-benzenedicarboxylic aicd와 1,4-benzenedicarboxylic acid). 이들 각각은 phthalic acid와 terephthalic acid라는 관용명으로 더욱 잘 알려져 있다. Terephthalic acid는 Dacron 폴리에스터 또는 Dacron (29.5B절)으로 알려진 섬유의 합성에 필요한 두 가지 유기 화합물 성분 중의 하나이다.

B 관용명

지방족 카복실산 중에서 다수는 구조 이론과 IUPAC 명명법의 발전이 이루어지기 오래 전부터 알려져 왔으며, 출처 또는 몇 가지 특징적인 성질에 따라 명명되었다. 표 17.1에 생물계에서 발견된 몇몇의 가지 없는 지방족 카복실산을 라틴어 혹은 그리스어로부터 유래된 관용명과 함께 나타내었다. 탄소수가 16, 18, 20인 지방족 카복실산은 특히 지방과 기름에 풍부하고(26.1절), 생체막의 인산 지질 구성 성분들이다(26.5절).

관용명이 사용될 경우 치환기의 위치를 나타내기 위해 그리스 문자인 α, β, γ, δ 등이 흔히 사용된다. 카복실산의 α-위치는 카복시 바로 옆을 뜻하며, 관용명에서 α-치환체를 IUPAC명으로 하면 2-치환체에 해당된다. GABA는 인체 중추 신경계에 있는 신경 전달 저해 물질 중 하나이다. Alanine은 단백질에서 유래한 20여종의 아미노산 중의 하나이다.

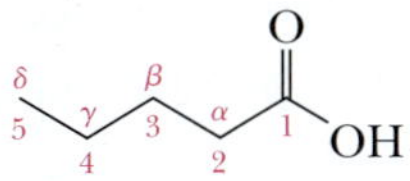

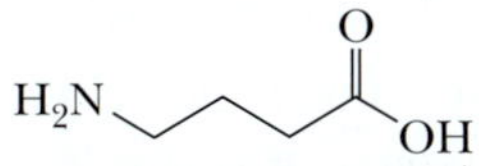

4-Aminobutanoic acid (γ-Aminobutyric acid, GABA) **(S)-2-Aminopropanoic acid [(S)-α-Aminopropionic acid; L-Alanine]**

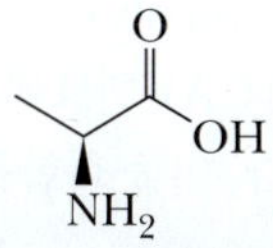

표 17.1 몇 가지 지방족 카복실산의 관용명과 어원

구조식	IUPAC명	관용명	어원
HCOOH	**Methanoic acid**	**Formic acid**	라틴어: *formica*, 개미
CH_3COOH	**Ethanoic acid**	**Acetic acid**	라틴어: *acetum*, 식초
CH_3CH_2COOH	**Propanoic acid**	**Propionic acid**	그리스어: *propion*, 제일지방
$CH_3(CH_2)_2COOH$	**Butanoic acid**	**Butyric acid**	라틴어: *butyrum*, 버터
$CH_3(CH_2)_3COOH$	**Pentanoic acid**	**Valeric acid**	라틴어: *valeriana*, 현화식물
$CH_3(CH_2)_4COOH$	**Hexanoic acid**	**Caproic acid**	라틴어: *caper*, 염소
$CH_3(CH_2)_6COOH$	**Octanoic acid**	**Caprylic acid**	라틴어: *caper*, 염소
$CH_3(CH_2)_8COOH$	**Decanoic acid**	**Capric acid**	라틴어: *caper*, 염소
$CH_3(CH_2)_{10}COOH$	**Dodecanoic acid**	**Lauric acid**	라틴어: *laurus*, 월계수

관용명에서 치환된 카복실산에서의 케톤 카보닐 치환기는 β-ketobutyric acid의 관용명에 나타낸 바와 같이 *keto*-라는 접두어로 나타낸다. 이러한 치환된 카복실산은 acetoacetic acid로도 명명된다. 이와 같은 이름에서 3-oxobutanoic acid는 치환된 acetic acid로 간주된다. 관용명 명명에서 치환기인 $CH_3CO—$기는 **아세토기**(aceto group)로 부른다.

아세토 기
$CH_3CO—$기이며 acetyl 기라고도 한다.

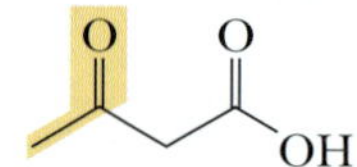

3-Oxobutanoic acid (β-Ketobutyric acid; Acetoacetic acid)

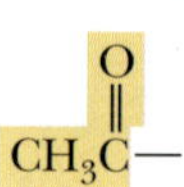

Acetyl 기
(아세토 기)

예제 17.1 ▸ 카복실산 명명

다음 카복실산의 IUPAC명을 써라.

(a) COOH (b) COOH, OH (라셈 혼합물) (c) O, OH, OH (d) Cl, O, OH

➡ 해답

(a) (*Z*)-9-Octadecenoic acid (oleic acid)
(b) *trans*-2-Hydroxycyclohexanecarboxylic acid
(c) (*R*)-2-Hydroxypropanoic acid [(*R*)-lactic acid]
(d) Chloroacetic acid

연습 문제 17.1

다음 카복실산들은 잘 알려진 관용명을 가지고 있다. Glyceric acid의 한 유도체는 해당작용(glycolysis)에서의 중간체이다. Maleic acid는 트라이카복실산(tricarboxylic acid, TCA) 회로에서의 중간체이다. Mevalonic acid는 스테로이드 생합성에서의 중간체이다. 이들 화합물의 IUPAC명을 써라. 특정 배열을 표시하라.

(a) Glyceric acid (b) Maleic acid (c) Mevalonic acid

17.3 물리적 성질

액체나 고체 상태에서 카복실산은 액체 상태의 acetic acid에서 나타난 바와 같이 수소 결합에 의해 이합체(dimer)로 회합(associate)되어 있다.

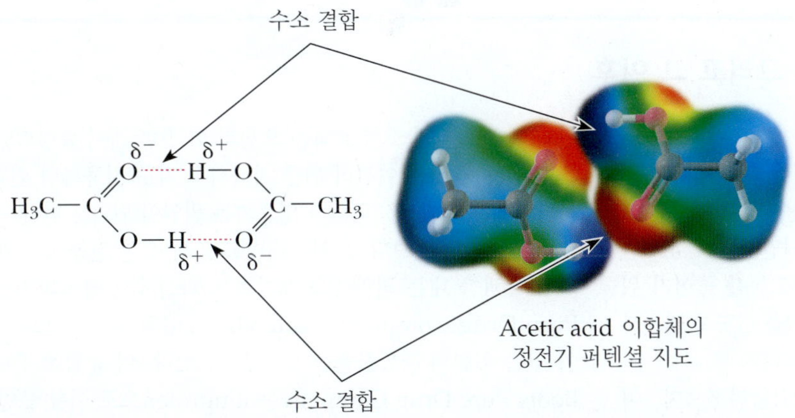

카복실산은 알코올, 알데하이드 및 케톤과 같은 유사한 분자량을 갖는 다른 형태의 유기 화합물보다 상당히 높은 끓는점을 갖는다. 예를 들어, butanoic acid (표 17.2)은 1-pentanol이나 pentanal에 비해 끓는점이 높다. 이와 같은 카복실산의 높은 끓는점은 그들의 극성과 대단히 강한 분자 간 수소 결합을 형성한다는 사실로부터 나타난 결과이다.

또한, 카복실산은 카보닐기와 하이드록시기 사이의 수소 결합에 의해 물 분자와 상호작용을 한다. 이와 같은 수소 결합에 의한 상호작용 때문에 비슷한 분자량을 갖는 알코올, 에터, 알데하이드 그리고 케톤 화합물보다 물에 잘 녹는다. 물에서의 카복실산의 용해도는 분자량이 증가함에 따라 감소한다. 이러한 현상을 다음과 같이 설명할 수 있다. 카복실산

표 17.2 몇 가지 유사한 분자량을 갖는 카복실산, 알코올, 알데하이드의 끓는점과 물에서의 용해도

구조식	이름	분자량 (g/mol)	끓는점 (°C)	용해도 (g/100 g 물)
CH_3COOH	**Acetic acid**	60.1	118	무한대
$CH_3CH_2CH_2OH$	**1-Propanol**	60.1	97	무한대
CH_3CH_2CHO	**Propanal**	58.1	48	16.0
$CH_3(CH_2)_2COOH$	**Butanoic acid**	88.1	163	무한대
$CH_3(CH_2)_3CH_2OH$	**1-Pentanol**	88.1	137	2.3
$CH_3(CH_2)_3CHO$	**Pentanal**	86.1	103	아주 적음
$CH_3(CH_2)_4COOH$	**Hexanoic acid**	116.2	205	1.0
$CH_3(CH_2)_5CH_2OH$	**1-Heptanol**	116.2	176	0.2
$CH_3(CH_2)_5CHO$	**Heptanal**	114.1	153	0.1

친수성
물을 좋아한다는 그리스어로부터 유래됨.

소수성
물을 싫어한다는 그리스어로부터 유래됨.

은 극성인 **친수성**(hydrophilic)의 카복시기와 formic acid를 제외하고 비극성인 **소수성**(hydrophobic)의 탄화수소 사슬을 가짐으로써 명확히 서로 다른 극성을 갖는 두 영역으로 구성되어 있다. 친수성의 카복시기는 물에 대한 용해도를 증가시키고, 소수성 탄화수소 사슬은 물에 대한 용해도를 감소시킨다.

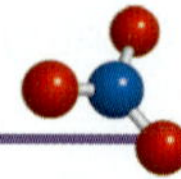

화학 관련 이야기 *Chemical Connections*

버드나무 껍질로부터 aspirin까지 그리고 그 이후

전 세계적으로 널리 사용되는 약으로 최초 개발된 것은 aspirin으로 오늘날 진통제로 가장 흔히 사용되고 있다. 미국에서만 연간 약 800억 정의 aspirin이 소비되고 있다. 현대의 진통제인 이 약의 개발 이야기는 2,000년 이상 거슬러 올라간다. B.C 400년 그리스의 의사였던 Hippocrates는 출산 시 고통을 줄이기 위해, 또 감염된 눈의 치료를 위해 버드나무 껍질을 씹도록 권유하였다.

버드나무 껍질의 활성 성분은 salicin으로 알려졌으며, 이는 saylicyl alcohol이 β-D-glucose (25.1절) 단위와 결합되어 있는 화합물이다. Salicin은 산성 용액에서 가수분해되어 salicyl alcohol이 되며, 이는 salicylic acid로 산화될 수 있다. Salicylic acid는 salicin보다 훨씬 강력하게 통증 완화, 해열, 소염 효과를 나타내고, 원래의 매우 쓴맛도 없다. 그러나 안타깝게도 salicylic acid가 위 점막을 심하게 자극하여 염증을 일으키는 것을 알게 되었다.

Salicin **Salicyl alcohol** **Salicylic acid**

염증을 완화시키면서 효과는 그대로 있는 salicylic acid 유도체를 찾는 과정에서 1883년 독일의 화학회사 I. G, Farben의 한 부서인 Bayer의 화학자들은 acetylsalicylic acid를 합성하여 aspirin이라는 이름을 붙였다.

$\xrightarrow{Ac_2O}$

Salicylic acid **Acetylsalicylic acid (Aspirin)**

Aspirin은 salicylic acid보다 위에 훨씬 덜 자극적이면서 통증 완화 및 관절염의 소염 효과는 오히려 더 강한 것이 증명되었다. 그러나 aspirin은 여전히 위를 자극하고 자주 사용하면 민감한 사람에게는 십이지장 궤양을 일으키는 원인이 되기도 한다.

1960년대에 보다 덜 자극적이고 훨씬 강한 진통 효과와 항소염 효과를 내는 의약품을 개발하는 과정에서 영국의 Boots Pure Drug Company는 salicylic acid와 구조적으로 관련이 있는 일련의 화합물들을 합성한 바 있다. 이 화합물 중에서 Boots Pure Drug Company는 ibuprofen으로 이름 붙인 보다 더 강력한 화합물을 개발하였다. 그 이후 곧 미국의 Syntex Corporation은 Aleve에서 활성 성분인 naproxen을 개발하였다. 이들 화합물은 하나씩의 카이랄 중심을 갖고 있어 한 쌍씩의 거울상 이성질체가 있을 수 있다. 이들 각각의 의약품에서 생리적으로 활성인 형태는 *S* 거울상 이성질체이다.

(*R*)-Ibuprofen **(*R*)-Naproxen**

1960년대 aspirin은 arachidonic acid를 prostaglandin (26.3절)으로 변화시키는 핵심 효소인 cyclooxygenase (COX) 저해제임이 발견되었다. 이 발견으로 ibuprofen과 naproxen의 한가지 거울상 이성질체만이 활성이 있음이 확실하게 되었다. 이들 각각의 *S* 거울상 이성질체만이 COX와 결합하는 올바른 손잡이성을 가지고 있고 COX의 활성을 저해시킨다.

최근 들어 두 가지의 cyclooxygenase가 있음을 알게 되었다. 그 중 하나는 염증 경로에서 더 중요하고 다른 하나는 혈관의 안정화에 영향을 준다. Aspirin과 다른 비스테로이드계 항염증제(NSAIDs)는 두 cyclooxygenase를 모두 저해하지만 또한 이 의약품들은 위벽 출혈을 유발할 수도 있다. 위벽에 부작용이 없이 염증 효소 경로만 저해하는 새로운 의약품(예를 들어, Celebrex)과 위장에 부작용이 없이 염증(예를 들면, 관절염에서) 억제에 뚜렷하게 효과적인 새로운 의약품이 개발되었다.

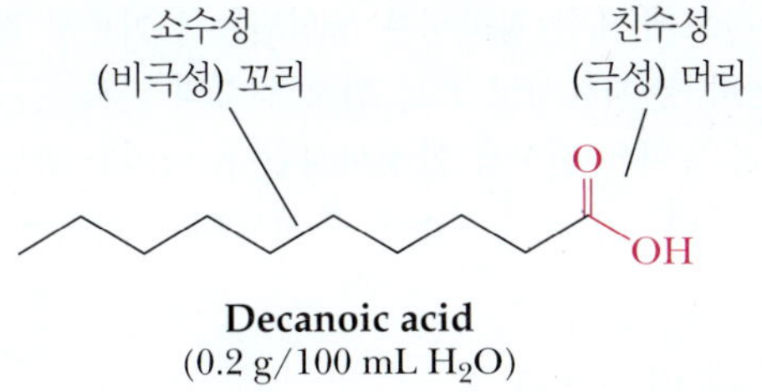

Decanoic acid의 정전기 퍼텐셜 지도

처음 네 개의 지방족 카복실산(formic, acetic, propanoic, butanoic acid)은 탄화수소 사슬의 소수성이 카복시기의 더 큰 친수성에 의해서 상쇄되기 때문에 물에 잘 녹는다. 탄화수소 사슬의 크기가 친수성 기의 크기에 비해 상대적으로 증가하면, 물에 대한 용해도는 감소한다. Hexanoic acid의 용해도는 1.0 g/100 g H_2O이며, decanoic acid의 용해도는 단지 0.2 g/100 g H_2O이다.

카복실산의 또 다른 물리적 특성을 언급할 필요가 있다. Propanoic acid에서 decanoic acid까지의 액체 카복실산은 좀 다르긴 하지만 싸이올(thiol)에서의 나쁜 냄새처럼 매우 불쾌한 악취를 가지고 있다. 퀴퀴한 땀에서 나타나는 butanoic acid는 '락카룸 냄새(locker room odor)'의 주성분이고 토한 우유의 독특한 냄새이다. Pentanoic acid 냄새는 더욱 지독하며, C_6, C_8, C_{10} 카복실산을 분비하는 염소는 불쾌한 냄새로 악명이 높다.

17.4 산 도

A 산 이온화 상수

카복실산은 약한 산이다, 대부분의 치환되지 않은 지방족 카복실산과 방향족 카복실산의 K_a 값은 10^{-4}~10^{-5}의 범위 내에 있다. 예를 들면, acetic acid의 K_a 값은 1.74×10^{-5}이고 pK_a 값은 4.76이다.

$$CH_3COOH + H_2O \rightleftharpoons CH_3COO^- + H_3O^+ \quad K_a = \frac{[CH_3COO^-][H_3O^+]}{[CH_3COOH]} = 1.74 \times 10^{-5}$$

$$pK_a = 4.76$$

4.6C절과 4.6D절에서 설명한 바와 같이 알코올(pK_a 16~18)과 비교하여 카복실산(pK_a 4~5)이 훨씬 큰 산도를 갖는 이유는 카복실산 음이온이 공명으로 비편재화되기 때문이고, 카보닐기의 전자 끌기 유발 효과 때문이다. 알콕사이드(Alkoxide) 이온에는 이와 비교되는 공명 또는 유발에 의한 안정화 효과가 없다.

4.6D절에서 탄소보다 더 센 전기음성도를 갖는 원자나 원자들의 집합체가 α 탄소에 치환되어 있으면 유발 효과에 의해 카복실산의 산도가 증가된다는 것을 알았다. 예를 들어, acetic acid (pK_a 4.76)와 chloroacetic acid (pK_a 2.86)의 산도를 비교해 보라. 할로젠 치환의 개수에 대한 효과를 알아보기 위하여 1, 2, 3개의 염소가 치환된 acetic acid의 pK_a 값을 비교해 보자. 염소 하나가 치환되면 산도는 약 100배 정도 증가한다. 세 종류의 산 중에서 가장 강한 trichloroacetic acid는 H_3PO_4보다도 더 센산이다.

식:	CH_3COOH	$ClCH_2COOH$	$Cl_2CHCOOH$	Cl_3CCOOH
이름:	Acetic acid	Chloroacetic acid	Dichloroacetic acid	Trichloroacetic acid
pK_a	4.76	2.86	1.48	0.70

산 세기 증가 →

위 차트에서 나타나는 치환된 카복실산의 산도에 대한 경향성은 생성되는 음이온성 짝염기의 안정도를 분석함으로써 잘 이해될 수 있다. 전기음성도가 큰 염소 원자의 전자 끌기 능력은 σ 결합을 통한 전자 끌기에 의해 주변의 음이온 전하를 안정화시킨다. 이러한 유발 효과의 세기는 존재하는 염소 원자의 수와 비례하며, 이 계열 화합물 중에서 왜 trichloroacetic acid가 가장 센산인지를 설명해 준다.

$$CCl_3COOH + H_2O \rightleftharpoons CCl_3COO^- + H_3O^+$$

유발 효과는 염소 원자들로 음전하를 분산시킨다

Benzoic acid와 acetic acid의 상대적인 산도를 비교해 보면 유발 효과의 한 예를 또 볼 수 있다. 벤젠 고리의 sp^2로 혼성된 탄소의 전자 끌기 유발 효과가 메틸기의 sp^3로 혼성된 탄소에 비하여 강하기 때문에 benzoic acid는 acetic acid보다 더 센산이다; K_a 값은 acetic acid보다 약 4배 정도 크다.

C_6H_5—C(=O)—OH　　CH_3—C(=O)—OH

Benzoic acid pK_a 4.19　　**Acetic acid** pK_a 4.76

예제 17.2 ▸ 산 세기의 예측

다음 짝들 중에서 어느 것이 더 센산인가?

(a) C_6H_5COOH 또는 O_2N–C_6H_4–COOH

Benzoic acid　　**4-Nitrobenzoic acid**

(b) $CH_3CH(OH)COOH$ 또는 CH_3CH_2COOH

2-Hydroxypropanoic acid (Lactic acid)　　**Propanoic acid**

➥ 해답

(a) 4-Nitrobenzoic acid (pK_a 3.42)는 나이트로기의 전자 끌기 유발 효과 때문에 benzoic accid (pK_a 4.19)보다 더 센산이다. 이 유발 효과는 4-nitrobenzoic acid의 음이온성 짝염기를 benzoic acid의 짝염기보다 더 안정화시켜 더 센산으로 만들어 준다.

(b) 2-Hydroxypropanoic acid (pK_a 3.08)는 인접한 하이드록시기에 있는 산소의 전자 끌기 유발 효과 때문에 propanoic acid (pK_a 4.87)보다 더 센산이다. 이 효과는 2-hydroxypropionic acid의 음이온성 짝염기를 안정화시킨다.

연습 문제 17.2

다음 각 짝들 중에서 어느 것이 더 센산인가?

(a) CH_3COOH 또는 CH_3SO_3H

Acetic acid　　**Methanesulfonic acid**

(b) $CH_3COCOOH$ 또는 CH_3CH_2COOH

2-Oxopropanoic acid (Pyruvic acid)　　**Propanoic acid**

끝으로 카복실산에 대해 하나 더 언급할 것이 있다. 카복실산이 수용액에 용해될 때 존재하게 되는 카복실산의 형태는 그것이 녹아 있는 용액의 pH에 의존한다. pK_a 값이 4.0~5.0 사이인 전형적인 카복실산을 생각해 보자. 용액의 pH가 카복실산의 pK_a와 같으면(즉, 용액의 pH가 4.0~5.0 범위이면) 산과 음이온(산의 짝염기)이 같은 농도로 존재한다. 만일 용액의 pH가 센산의 첨가로 2.0이나 그 이하로 조절되는 경우 카복실산은 거의 모두 용액에서 RCOOH로 존재한다. 반면에 만일 용액이 pH가 7.0이나 그 이상으로 조절되면 카복실산은 거의 모두 음이온 상태로 존재한다. 그러므로 중성 용액(pH 7.0)에서라도 카복실산은 주로 음이온 상태로 존재하게 된다.

$$\mathrm{R-\overset{O}{\overset{\|}{C}}-OH} \underset{H^+}{\overset{OH^-}{\rightleftharpoons}} \mathrm{R-\overset{O}{\overset{\|}{C}}-OH} + \mathrm{R-\overset{O}{\overset{\|}{C}}-O^-} \underset{H^+}{\overset{OH^-}{\rightleftharpoons}} \mathrm{R-\overset{O}{\overset{\|}{C}}-O^-}$$

용액의 pH가 2.0 이하일 때 우세한 화학종	용액의 pH가 산의 pH와 같을 때 두 화학종이 같은 농도로 존재	용액의 pH가 7.0 이상일 때 우세한 화학종

카복실산염(Carboxylate) 음이온은 음전하를 가지고 있어서 생명체 내에서 카복실산염 음이온 수가 많은 분자는 음전하를 띠게 된다. 카복시산염 음이온의 친수성 때문에 그 분자의 대부분은 물에 매우 잘 녹게 된다.

B 염기와의 반응

수용성이든지 비수용성이든지 관계없이 모든 카복실산은 NaOH, KOH 등의 센염기와 반응하여 수용성 염을 생성한다.

$$C_6H_5\text{-COOH} + \text{NaOH} \xrightarrow[H_2O]{} C_6H_5\text{-COO}^-\ \text{Na}^+ + H_2O$$

Benzoic acid (물에 약간 녹음) → **Sodium benzoate** (물 100 mL에 60 g 녹음)

카복실산은 ammonia 또는 아민과 반응하여 역시 수용성 염을 생성한다.

$$C_6H_5\text{-COOH} + NH_3 \xrightarrow[H_2O]{} C_6H_5\text{-COO}^-\ NH_4^+$$

Benzoic acid (물에 약간 녹음) → **Ammonium benzoate** (물 100 mL에 20 g녹음)

카복실산은 sodium bicarbonate나 sodium carbonate와 반응하여 수용성 소듐염과 carbonic acid (H_2CO_3; 약한 산)을 생성한다. Carbonic acid은 차례로 물과 이산화탄소로 분해되며, 가스를 발생한다.

$$CH_3COOH + NaHCO_3 \longrightarrow CH_3COO^-Na^+ + H_2CO_3$$
$$H_2CO_3 \longrightarrow CO_2 + H_2O$$
$$CH_3COOH + NaHCO_3 \longrightarrow CH_3COO^-Na^+ + CO_2 + H_2O$$

카복실산의 염은 무기산의 염과 같은 방법으로 명명하며, 먼저 양이온을 명명하고 뒤에 음이온을 붙인다. 음이온의 이름은 카복실산의 접미어 *-ic acid*를 없애고 접미어로 *-ate*를 붙여 카복실산의 이름으로부터 유도된다.

예제 17.3 ▸ 카복실산의 염

다음의 산-염기 반응을 완성하고 생성된 카복실산 염의 이름을 써라.

(a) $CH_3CH_2CH_2COOH + NaOH \longrightarrow$ (b) (S)-Lactic acid $+ NaHCO_3 \longrightarrow$

(S)-Lactic acid

➡ 해답

각 카복실산은 소듐 염으로 바뀐다. (b)에서는 carbonic acid가 만들어지고, carbonic acid는 이산화탄소와 물로 분해된다.

(a) $CH_3CH_2CH_2COOH + NaOH \longrightarrow CH_3CH_2CH_2COO^-Na^+ + H_2O$

Butanoic acid **Sodium butanoate**

(b) (S)-Lactic acid $+ NaHCO_3 \longrightarrow$ Sodium (S)-lactate $(COO^-Na^+) + H_2O + CO_2$

(S)-Lactic acid **Sodium (S)-lactate**

연습 문제 17.3

예제 17.3에서의 각각의 산과 ammonia와의 반응식을 쓰고 형성된 카복실산 염의 이름을 써라.

카복실산 염의 물에 대한 용해성 때문에 물에 불용인 카복실산은 수용성 암모늄염 또는 알칼리 금속염으로 전환시킬 수 있고 수용성 용액으로 추출할 수 있게 된다. 이들 염은 HCl, H_2SO_4 및 다른 센산의 첨가에 의해 유리(free) 카복실산으로 전환될 수 있다. 이러한 반응은 물에 불용성 비산성 화합물로부터 카복실산을 쉽게 분리할 수 있도록 한다.

그림 17.1 ▸ Benzyl alcohol로부터 benzoic acid를 분리하기 위한 흐름도.

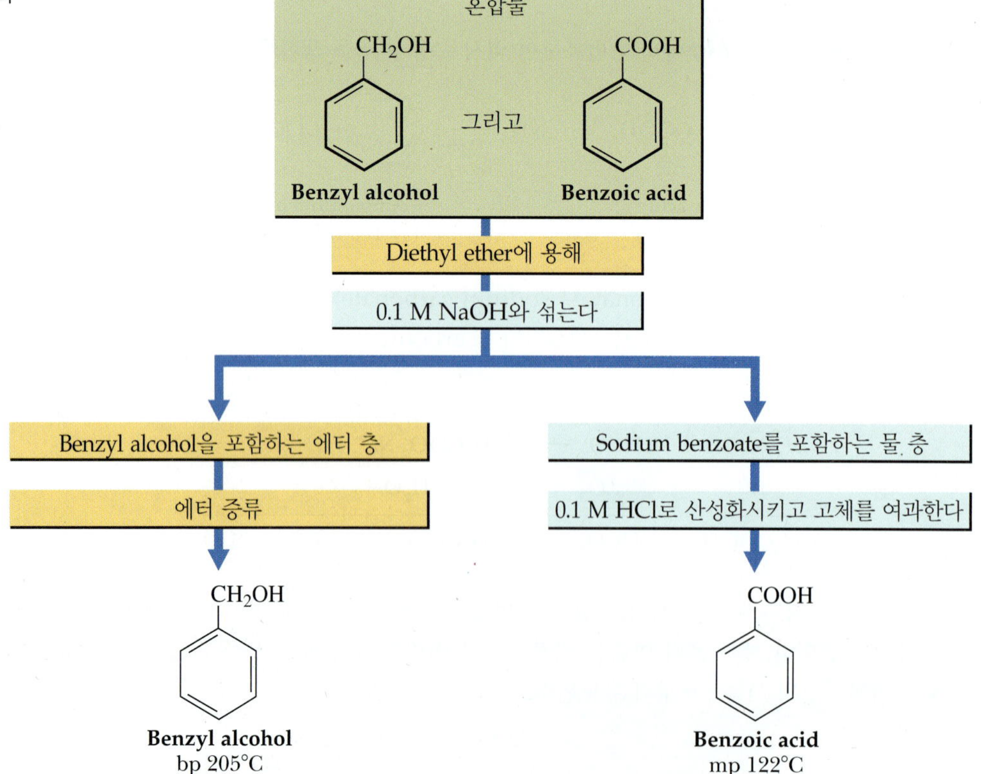

그림 17.1은 비산성 화합물인 benzyl alcohol로부터 물에 불용인 카복실산인 benzoic acid의 분리를 위한 흐름도이다. 먼저 benzoic acid와 benzyl alcohol의 혼합물을 diethyl ether에 녹인다. 에터 용액을 수용성 NaOH 또는 다른 센염기와 함께 흔들어 주면 benzoic acid는 물에 녹을 수 있는 소듐 염으로 변한다. 그런 다음 에터 층과 수용액 층을 분리한다. 에터 층을 증류하면, 먼저 diethyl ether (bp 35 ℃)가 얻어지고 그 다음에 benzyl alcohol (bp 205 ℃)이 얻어진다. 수용액 층을 HCl로 산성화시키면 결정성 고체(녹는점 122 ℃)로서 benzoic acid가 침전되고 이를 여과하여 회수한다.

17.5 카복실산의 제조

앞에서 이미 일차 알코올(10.8절)과 알데하이드(16.10A절)의 산화 반응으로 어떻게 카복실산이 제조되는가를 알아본 바 있다. 여기서 Grignard 시약을 포함하는 추가적인 방법을 언급하고자 한다.

Grignard 시약을 이산화 탄소에 반응시키면 카복실산의 마그네슘염이 생성되고 여기에 산성 용액에서 양성자가 첨가되어 카복실산이 만들어진다.

$$\text{C}_5\text{H}_9\text{-MgBr} + \text{O=C=O} \longrightarrow \text{C}_5\text{H}_9\text{-C(=O)-O}^-[\text{MgBr}]^+ \xrightarrow[\text{H}_2\text{O}]{\text{HCl}} \text{C}_5\text{H}_9\text{-C(=O)-OH} + \text{Mg}^{2+}$$

Carbon dioxide 마그네슘 카복시산염 **Cyclopentanecarboxylic acid**

따라서 Grignard 시약의 탄산화반응(carbonation)은 할로젠화 알킬이나 할로젠화 아릴을 카복실산으로 변환시키는 편리한 방법이다.

17.6 환 원

카복시는 환원이 가장 어려운 유기 작용기 중의 하나이다. 환원은 알데하이드나 케톤을 알코올로 쉽게 환원시키며 알켄과 알카인을 알케인으로 환원시키는 촉매 수소화 반응 조건에 영향을 받지 않는다. 카복실산을 1차 알코올로 환원시키는 가장 일반적인 시약은 매우 강력한 환원제인 litium aluminium hydride이다(16.11A절).

A Litium Aluminium Hydride

$LiAlH_4$ (Litium aluminium hydride, LAH)는 비록 가열을 필요로 하지만, 카복실산을 높은 수득률로 1차 알코올로 환원시킨다. LAH는 일반적으로 diethyl ether나 tetrahydrofuran (THF) 용매에 녹인다. 카복실산이 $LiAlH_4$와 반응할 때에 초기 생성물은 tetraalkoxy aluminate이며, 이것을 물로 처리하면 일차 알코올, lithium, aluminium hydroxide로 된다. 이들 수산화물은 diethyl ether나 THF에는 불용성이기 때문에 여과에 의해 제거된다. 용매를 증발시키면 일차 알코올이 생성된다.

$$\text{C}_5\text{H}_7\text{-COOH} \xrightarrow[\text{2. H}_2\text{O}]{\text{1. LiAlH}_4\text{, ether}} \text{C}_5\text{H}_7\text{-CH}_2\text{OH} + \text{LiOH} + \text{Al(OH)}_3$$

3-Cyclopentenecarboxylic acid **4-Hydroxymethylcyclopentene**

알켄은 일반적으로 금속 수소화물인 환원제에 영향을 받지 않는다. 이들 시약은 수소 음이온(hydride) 주개(예로 친핵체로) 작용하고, 알켄은 친핵체에 의해 공격을 받지 않는다.

Acetic acid의 공업적 합성: 전이 금속 촉매

미국 내에서 연간 acetic acid 생산량은 거의 10^7 kg으로 미국 화학회사의 유기화학물질 생산량 중 최고에 이른다. Acetic acid의 최초의 공업적인 합성은 acetylene을 공급 원료로 사용하여 1916년 캐나다와 독일에서 상업화하였다. 공정은 두 단계로 이루어져 있다. (1) 먼저 acetylene의 수화 반응에 의해 acetaldehyde를 만들고, 이어서 (2) cobalt (III) acetate 촉매 하에서 산소 분자에 의해 acetaldehyde를 acetic acid로 산화시킨다.

Acetylene으로부터 acetic acid을 제조하는 기술은 간단하며, 수득률도 높아서 이러한 요인들이 지난 50여 년간 acetic acid을 제조하는 대표적인 방법으로 만들었다. Acetylene은 calcium carbide와 물의 반응으로 제조된다. Calcium carbide는 calcium oxide (석회석, $CaCO_3$로부터)와 코크(석탄으로부터 생성됨)를 전기로에서 2000~2500°C 사이에서 가열에 의해 제조된다.

$$\underset{\textbf{Acetylene}}{HC{\equiv}CH} + H_2O \xrightarrow[HgSO_4]{H_2SO_4} \underset{\text{Acetaldehyde의 엔올}}{\left[\begin{matrix} & OH \\ CH_2{=} & CH \end{matrix}\right]} \longrightarrow \underset{\textbf{Acetaldehyde}}{CH_3\overset{O}{\overset{\|}{C}}H} \xrightarrow[Co^{3+}]{O_2} \underset{\textbf{Acetic acid}}{CH_3\overset{O}{\overset{\|}{C}}OH}$$

$$\underset{\textbf{Calcium oxide}}{CaO} + 2\,C \xrightarrow{2500°C} \underset{\textbf{Calcium carbide}}{CaC_2} \xrightarrow{2\,H_2O} \underset{\textbf{Acetylene}}{HC{\equiv}CH} + Ca(OH)_2$$

이 calcium carbide 제조 방법은 상당히 많은 에너지를 필요로 하며, 이에 따라 에너지 비용이 증가하게 되어 acetylene을 이용한 acetic acid 제조법은 경제적인 이유로 더 이상 사용되지 않게 되었다.

Acetylene에 대한 대체 원료로서 화학자들은 천연 가스나 원유의 정제로부터 상당히 많은 양이 이미 공급 가능한 ethylene을 선택하였다. Ethylene으로부터 acetic acid을 제조하는 공정은 사실상 1894년부터 알려져 있으며, ethylene은 Pd^{2+}와 Cu^{2+} 염 촉매량 존재 하에서 산소 분자에 의해 acetaldehyde로 산화된다.

$$2\,CH_2{=}CH_2 + O_2 \xrightarrow[\text{(Wacker 공정)}]{Pd^{2+},\ Cu^{2+}} 2\,CH_3\overset{O}{\overset{\|}{C}}H$$

Ethylene을 산화하여 acetaldehyde를 제조하는 최초의 화학공장은 1959년에 독일의 Wacker-Chemie사에 의하여 처음으로 세워졌으며, **Wacker 공정**(Wacker process)으로 알려져 있다.

Acetic acid 제조의 또 다른 방법으로 화학자들은 원료로 쉽게 구할 수 있는 일산화탄소를 이용하는 방법을 찾았다. Methanol의 카보닐화 반응(carbonylation)은 발열 반응이다. 목표는 이 반응을 일으키는 촉매 시스템을 찾는 일이다.

1973년에 미국의 Monsanto Company는 소량의 수용성 rhodium(III)염, HI, 물의 존재 하에서 methanol의 카보닐화 반응을 개발하였다.

$$CH_3OH + CO \xrightarrow[HI,\ H_2O]{Rh(CO)_2I_2^-} CH_3\overset{O}{\overset{\|}{C}}OH \qquad \Delta H^0 = -138\ kJ(33\ kcal)/mol$$

Lithium aluminum hydride에 의한 카복시의 환원은 먼저 수소 음이온이 카복실 수소와 반응하여 H_2를 만든다. 생성된 카복실산염 음이온의 카보닐 탄소 원자가 수소 음이온과 반응하며, 대체로 Lewis 산으로 작용하는 Li^+와 Al 착물의 도움을 받는다. 다음 수소 음이온 반응에서 산소가 aluminium oxide 형태로 떨어져 나가고 중간체인 알데하이드기가 생성된다. 이 알데하이드는 이 반응 조건에서(16.11A절) 즉시 반응하여 tetraalkoxy aluminate 이온이 되고, 이것이 수용액에서 가수분해에 의해 마무리되면 최종 생성물인 알코올을 생성한다. 다음은 카복실산을 $LiAlH_4$로 처리하여 tetraalkoxy aluminate 이온을 형성하고, 이어서 물에서 가수분해를 일으키는 균형 반응식이다.

$$4\,\mathrm{RCOOH} + 3\,\mathrm{LiAlH_4} \longrightarrow \left[4\,\mathrm{RCHO}\right] \longrightarrow [(\mathrm{RCH_2O})_4\mathrm{Al}]\mathrm{Li} + 2\,\mathrm{LiAlO_2} + 4\,\mathrm{H_2} \xrightarrow{4\mathrm{H_2O}} 4\,\mathrm{RCH_2OH} + \mathrm{LiOH} + \mathrm{Al(OH)_3}$$

카복시의 환원 반응에서, $LiAlH_4$로부터 2개의 수소가 카보닐기로 이동된다. 생성물에 하이드록시기의 수소는 마무리가 이루어지는 동안에 물 혹은 산 수용액으로부터 공급된다. 카복실 유도체의 lithium aluminum hydride 환원 반응의 메커니즘을 18.10절에 나타내었다.

B 다른 작용기의 선택적 환원 반응

카복시는 일반적으로 알데하이드, 케톤, 알켄, 알카인을 환원시키는 촉매 수소화 반응 조건에 의해 영향 받지 않기 때문에 카복시기의 존재 하에서 이러한 작용기들을 알코올 또는 알케인으로 선택적으로 환원시키는 것이 가능하다.

$$\text{5-Oxohexanoic acid} + \mathrm{H_2} \xrightarrow[25°\mathrm{C},\ 2\ \mathrm{atm}]{\mathrm{Pt}} \text{5-Hydroxyhexanoic acid (라셈 혼합물)}$$

5-Oxohexanoic acid → **5-Hydroxyhexanoic acid**
(라셈 혼합물)

16.11A절에서 $LiAlH_4$와 $NaBH_4$에 의해 알데하이드와 케톤이 알코올로 환원된다는 것을 설명한 바 있다. 그러나 오직 $LiAlH_4$만이 카복시를 환원시킨다. 따라서 환원제로서 반응성이 보다 작은 $NaBH_4$를 사용하면 카복시기 존재 하에서 선택적으로 알데하이드나 케톤의 카보닐기를 환원시키는 것이 가능하다. 한 가지 예로 다음 반응식에서 케토산(keto-acid)을 하이드록시산(hydroxyacid)으로 선택적으로 환원시키는 것을 나타냈다.

$$\text{5-Oxo-5-phenylpentanoic acid } (\mathrm{C_6H_5}) \xrightarrow[2.\ \mathrm{H_2O}]{1.\ \mathrm{NaBH_4}} \text{5-Hydroxy-5-phenylpentanoic acid}$$

5-Oxo-5-phenylpentanoic acid → **5-Hydroxy-5-phenylpentanoic acid**
(라셈 혼합물)

17.7 에스터화 반응

A Fischer 에스터화 반응

에스터는 가장 일반적인 H_2SO_4, $ArSO_3H$ 또는 기체상 HCl 등과 같은 산 촉매 존재 하에서 카복실산을 알코올로 처리하여 얻을 수 있다. 카복실산 및 알코올을 에스터로의 전환 반응은 독일의 화학자인 Emil Fischer (1852~1919)의 이름을 따라서 **Fischer 에스터화 반응**(Fischer esterification)이라는 특별한 이름이 붙여졌다. Fischer 에스터화 반응의 예로서, 진한 황산의 존재 하에서 acetic acid을 ethanol로 처리하면 ethyl acetate와 물이 생성되는 반응이다.

> **Fischer 에스터화 반응**
> 카복실산과 알코올을 일반적으로 H_2SO_4, $ArSO_3H$, HCl 등의 산 촉매 존재 하에서 환류 조건으로 가열하면 에스터가 생성되는 과정이다.

$$\mathrm{CH_3COOH} + \mathrm{HOCH_2CH_3} \overset{\mathrm{H_2SO_4}}{\rightleftharpoons} \mathrm{CH_3COOCH_2CH_3} + \mathrm{H_2O}$$

Ethanoic acid (Acetic acid) + **Ethanol (Ethyl alcohol)** ⇌ **Ethyl ethanoate (Ethyl acetate)**

산-촉매 에스터화 반응은 가역 반응이며, 일반적으로 평형 상태에서 카복실산과 알코올은 어느 정도 남아 있게 된다. 예를 들면, 60.1 g (1.00 mol)의 acetic acid와 60.1 g (1.00 mol)의 1-propanol을 몇 방울의 황산 존재 하에서 환류 조건으로 평형에 도달할 때까지 가열하면, 반응물 혼합물에는 약 0.67 mol의 propyl acetate와 물, 0.33 mol의 acetic acid와 1-propanol이 포함되어 있다. 따라서 약 67%의 카복실산과 알코올이 평형 상태에서 원하는 에스터로 전환된다. Fischer 에스터화 반응의 메커니즘은 다음 장에 주로 다룰 친핵성 아실 첨가반응에 포함된다. 이 반응의 자세한 메커니즘은 18장에서 다루도록 하겠다.

$$CH_3COOH + HOCH_2CH_2CH_3 \overset{H_2SO_4}{\rightleftharpoons} CH_3COOCH_2CH_2CH_3 + H_2O$$

	Acetic acid	1-Propanol	Propyl acetate	H_2O
초기 상태:	1.00 mol	1.00 mol	0.00 mol	0.00 mol
평형 상태:	0.33 mol	0.33 mol	0.67 mol	0.67 mol

반응 조건을 조절하면, 높은 수득률의 에스터 제조에 Fischer 에스터화 반응을 이용할 수 있다. 만일 카복실산과 비교하여 알코올의 값이 싸면, 이를 과량 사용하여 평형을 정방향 쪽으로 이동시켜 높은 수득률로 에스터를 얻을 수 있다. 또 다른 방법으로, 불변 끓음 증류(azeotropic distillation)나 Dean-Stark 포착기(그림 16.1)를 사용하여 물을 제거하여 평형을 정방향 쪽으로 이동시킬 수도 있다.

예제 17.4 ▸ Fischer 에스터화 반응 이용

다음의 Fischer 에스터화 반응을 완성하라.

(a) C_6H_5COOH + MeOH (과량) $\overset{H^+}{\rightleftharpoons}$

(b) $HOOCCH_2CH_2COOH$ + EtOH (과량) $\overset{H^+}{\rightleftharpoons}$

➥ 해답

다음은 각 반응에서 생성된 에스터의 구조식이다.

(a) C_6H_5COOMe (b) $EtOOCCH_2CH_2COOEt$

연습 문제 17.4

다음의 Fischer 에스터화 반응을 완성하라.

(a) $(CH_3)_2CHCOOH$ + HO–cyclohexane $\overset{H^+}{\rightleftharpoons}$

(b) $HOCH_2CH_2CH_2COOH$ $\overset{H^+}{\rightleftharpoons}$ (고리형 에스터)

B Diazomethane을 이용한 메틸 에스터의 제조

일반적으로 에터 용액에서 카복실산을 diazomethane으로 처리하면, 온화한 조건과 아주 높은 수득률로 카복실산이 메틸 에스터로 전환된다.

$$RCOH(=O) + CH_2N_2 \xrightarrow{ether} RCOCH_3(=O) + N_2$$

Diazomethane　　　메틸 에스터

Diazomethane은 폭발성이 매우 강하며, 독성이 있는 **노란 기체**(yellow gas)로 다음과 같이 두 가지 구조의 공명 혼성체로 나타낼 수 있다.

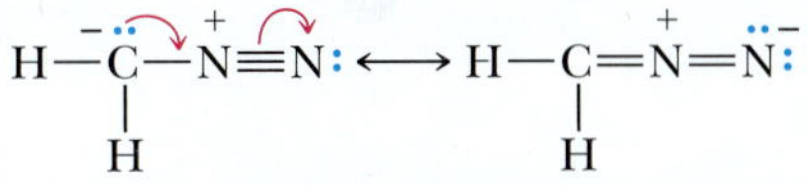

$$H-\overset{-}{\ddot{C}}(H)-\overset{+}{N}\equiv N: \longleftrightarrow H-C(H)=\overset{+}{N}=\overset{-}{\ddot{N}}:$$

Diazomethane
(두 가지 중요한 기여
구조의 공명 혼성체)

Diazomethane의 사용에는 위험이 수반되기 때문에 제조 조건이 아주 나쁜 메틸 에스터를 만들 경우 이용되며, 아주 소량인 경우에만 사용된다.

MECHANISM Diazomethane을 이용한 메틸 에스터의 생성

카복실산과 diazomethane의 반응은 두 단계로 일어난다.

1단계: **양성자 제거.** 카보닐기로부터 diazomethane으로 양성자 이동은 카복실산염 음이온과 methyldiazonium 양이온이 생성된다.

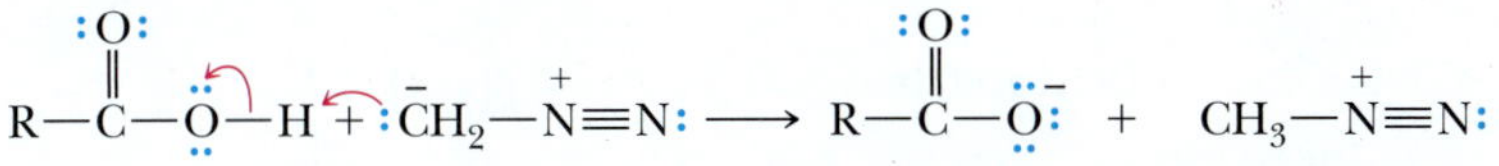

$$R-\overset{\overset{:O:}{\|}}{C}-\ddot{\underset{..}{O}}-H + :\overset{-}{C}H_2-\overset{+}{N}\equiv N: \longrightarrow R-\overset{\overset{:O:}{\|}}{C}-\ddot{\underset{..}{O}}:^- + CH_3-\overset{+}{N}\equiv N:$$

카복실산염 음이온 **Methyldiazonium 양이온**

2단계: **친핵체와 친전자체 사이의 새로운 결합 생성.** 좋은 이탈기인 N_2 분자의 친핵성 치환 반응으로 메틸 에스터가 생성된다.

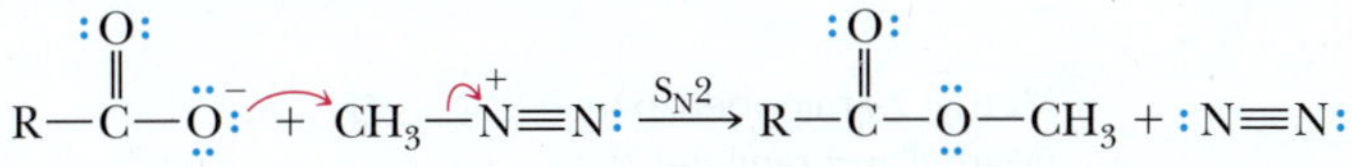

$$R-\overset{\overset{:O:}{\|}}{C}-\ddot{\underset{..}{O}}:^- + CH_3-\overset{+}{N}\equiv N: \xrightarrow{S_N2} R-\overset{\overset{:O:}{\|}}{C}-\ddot{\underset{..}{O}}-CH_3 + :N\equiv N:$$

17.8 산 염화물로의 전환

산 할로젠화물의 작용기는 할로젠 원자에 결합된 카보닐기이다. 산 할로젠화물 중에서 산 염화물은 실험실에서나 유기 화학공업에서 가장 많이 사용된다.

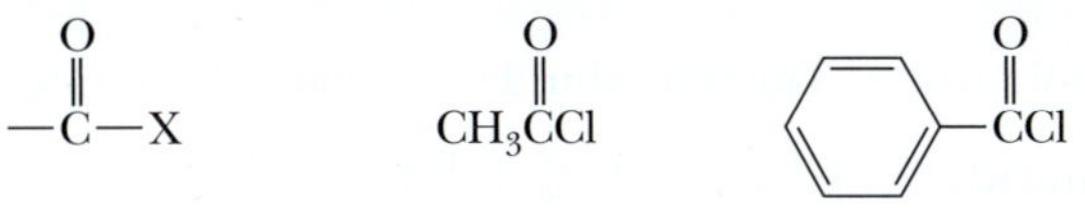

$$-\overset{\overset{O}{\|}}{C}-X \qquad CH_3\overset{\overset{O}{\|}}{C}Cl \qquad C_6H_5-\overset{\overset{O}{\|}}{C}Cl$$

산 할로젠화물의 작용기 **Acetyl chloride** **Benzoyl chloride**

산 할로젠화물의 명명법, 구조 및 특징적인 반응에 관해서는 18장에서 다루기로 한다. 이 장에서는 카복실산으로부터 산 할로젠화물의 합성에 관해서만 설명하기로 한다.

향료제로서의 에스터

향료는 식품 첨가물의 가장 커다란 부류를 이루고 있다. 현재는 천여 가지 이상의 합성 및 천연 향료가 사용되고 있다. 이들의 대부분은 원하는 향을 내는 물질로부터 농축한 것이거나 추출한 것들이다. 이러한 향료들은 약 수십 가지에서부터 수백 가지의 화합물들의 혼합물로 이루어져 있다. 수많은 향료들은 대부분이 에스터이며 공업적으로 합성된다. 합성된 향료의 대부분은 천연 향료의 주요 구성 성분이며, 단지 한 방울이나 아주 소량만을 첨가 하더라도 천연의 맛을 내는 아이스크림, 청량음료, 사탕 등을 만드는데 충분하다.

구조식	이름	향
$HCOOEt$	Ethyl formate	럼 향
$CH_3COOCH_2CH_2CH(CH_3)_2$	(3-Methyl)butyl acetate (Isopentyl acetate)	바나나 향
$CH_3COO(CH_2)_7CH_3$	Octyl acetate	오렌지 향
$CH_3CH_2CH_2COOMe$	Methyl butanoate	사과 향
$CH_3CH_2CH_2COOEt$	Ethyl butanoate	파인애플 향
$2\text{-}H_2NC_6H_4COOMe$	Methyl 2-aminobenzoate (Methyl anthranilate)	포도 향

산 염화물은 카복실산을 대부분 알코올에서 클로로알케인으로 전환시키는 데 사용하는 동일한 시약인 thionyl chloride로 처리함으로써 가장 일반적으로 제조된다(10.5C절).

$$CH_3CH_2CH_2COOH + SOCl_2 \longrightarrow CH_3CH_2CH_2COCl + SO_2 + HCl$$

Butanoic acid **Thionyl chloride** **Butanoyl chloride**

Thionyl chloride와 카복실산이 반응하여 산 염화물로 전환되는 메커니즘은 10.5C절에 나타낸 것처럼, 알코올이 클로로알케인으로 전환되는 것과 유사하며 시작 단계에서 chlorosulfite의 형성 후 chloride 이온의 카보닐 탄소에 친핵성 첨가 반응을 일으켜 정사면체의 중간체를 형성하고, 이 중간체가 분해하여 산 염화물, SO_2, 염소 이온을 형성하는 단계를 포함한다.

예제 17.5 ▸ 산 염화물 만들기

다음 각 반응의 반응식을 완성하라.

(a) $CH_3(CH_2)_4COOH + SOCl_2 \longrightarrow$

(b) $CH_3CH{=}CHCOOH + SOCl_2 \longrightarrow$

해답

각 반응의 생성물은 다음과 같다.

(a) O Cl + SO_2 + HCl (b) O Cl + SO_2 + HCl

연습 문제 17.5

다음 각 반응의 반응식을 완성하라.

(a) COOH OCH$_3$ + $SOCl_2$ ⟶ (b) OH + $SOCl_2$ ⟶

의과대학 입학시험(MCAT) 연습: 지문 및 질문

Permethrin과 Bifenthrin

Pyrethrin은 *Chrysanthemum* (국화류)의 다양한 종에 꽃가루로부터 얻어지는 천연 살충제이다. 활성 성분이 주로 pyrethrin I과 II인 pyrethrum은 곤충이나 냉혈 척추동물의 접촉성 독을 나타낸다. 비록 *Chrysanthemum* 추출물로부터 만들어진 분말이 효과적인 살충제이기는 하지만, 그 속에 있는 주 활성성분은 자연환경에서 매우 빠르게 분해된다. 따라서 이들 천연 살충제만큼 효과적이며 보다 큰 생물학적 안정성을 갖는 효과적인 합성 성분으로 개발하려는 노력으로 화학자들은 chrysanthemic acid 구조와 관련된 여러 가지 에스터를 합성하여 왔다. 합성 pyrethrenoid 중에서 현재 가정이나 농산물에 가장 흔히 사용되는 물질은 permethrin과 bifenthrin이다.

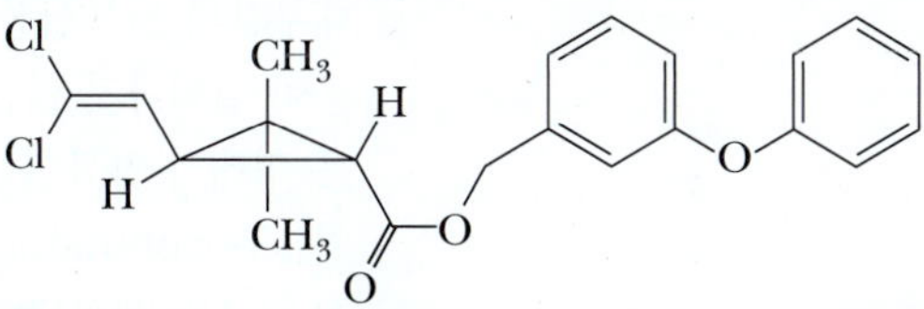

Permethrin

Cl H CH_3 H F_3C H CH_3 O O

Bifenthrin

질문

A. 다음중 permethrin과 bifenthrin 구조에서의 알켄에 대한 입체 화학을 기술한 것은 무엇인가?

1. Permethrin은 *Z* bifenthrin은 *E*.
2. Permethrin은 *E* bifenthrin은 *Z*.
3. 두 구조 모두 입체 화학적 기술이 필요하지 않다.
4. Permethrin에 대해서 적용하기엔 입체 화학적 표기가 적당하지 않으며 bifenthrin은 표기가 가능하다. Bifenthrin의 입체 화학은 *E*이다.
5. Bifenthrin에 대해서 적용하기엔 입체 화학적 표기가 적당하지 않으며 permethrin은 표기가 가능하다. Permethrin의 입체 화학은 *Z*이다.

B. 다음중 permethrin과 bifenthrin 구조에서의 cyclopropane 고리의 치환 양식에 대한 입체 화학을 기술한 것은 무엇인가?

1. Permethrin과 bifenthrin은 *트랜스*.
2. Permethrin과 bifenthrin은 *시스*.
3. Permethrin은 *시스*, bifenthrin은 *트랜스*.
4. Permethrin은 *트랜스*, bifenthrin은 *시스*.

C. 위의 두 살충제에서의 에스터 결합의 생성은 이들의 합성에 마지막 단계이다. 다음 중 에스터 생성에 사용되는 가능한 반응 조건은 무엇인가?

1. 분자의 왼쪽 영역의 카복실산 부분과 오른쪽 영역의 benzylic alcohol 부분을 염기성 조건에서 반응.
2. 분자의 왼쪽 영역의 카복실산 부분과 오른쪽 영역의 benzylic alcohol 부분을 산성 수용액 조건에서 반응.
3. 분자의 왼쪽 영역의 카복실산 부분을 thionyl chloride ($SOCl_2$)와 반응 시킨 후 분자에서 오른쪽 영역의 구조에 해당되는 benzylic alcohol 부분을 첨가.
4. 1번과 3번 조건 모두.
5. 위 모든 조건.

D. 위에서 기술한 바와 같이 천연생성물인 pyrethrins I과 II (그림을 나타내지 않았음)은 자연환경에서 빠르게 분해된다. Pyrethrin과 연관된 permethrin과 bifethrin의 주요한 구조적 변화는 자연에서 발견되는 methyl기를 chlorine과 trifluoromethyl기와 같은 전자 끄는기(electron withdrawing group, EWG)로 치환한 것이다. Methyl기를 EWG로 치환하였을 때 알켄의 어떤 반응을 저하 시키는가?

1. 이중 결합의 산화 반응.
2. 친전자성 첨가 반응.
3. 친핵성 첨가 반응.
4. 1번과 2번 반응
5. 위 반응 모두.

17.9 카복시이탈 반응

A β-케토산

카복시이탈 반응
카복실기로부터 CO_2를 잃어버리는 반응.

카복시이탈 반응(Decarboxylation)은 분자의 카복시로부터 CO_2를 잃어버리는 반응이다. 대부분의 카복실산은 매우 높은 온도로 가열하면, 열에 의한 카복시이탈 반응이 일어난다.

$$\mathrm{RCOH}\ (\mathrm{R{-}C(=O){-}OH}) \xrightarrow[\text{가열}]{\text{카복시이탈 반응}} \mathrm{RH} + \mathrm{CO_2}$$

대부분의 카복실산은 적당하게 열을 가하거나 녹이거나 심지어 끓이더라도 카복시이탈 반응이 일어나지 않는다. 그러나 카복시의 β-탄소에 카보닐기가 있는 것은 예외이다. 이와 같은 형태의 카복실산은 온화한 가열 조건에서도 쉽게 카복시이탈 반응이 진행된다. 예를 들어, 3-oxobutanoic acid에 적당히 열을 가하면 카복시이탈 반응이 일어나 acetone과 이산화 탄소가 생성된다.

3-Oxobutanoic acid (Acetoacetic acid) —가열→ Acetone + CO_2

적당한 가열에 의한 카복시이탈 반응은 3-oxocarboxylic acid (β-케토산)의 독특한 성질이며, 다른 부류의 케토산에서는 관찰되지 않는다.

카복시 수소 원자와 β-카보닐 산소 사이의 수소 결합은 반응 과정에서 구조를 육원자 고리 전이 상태가 되도록 만들어 반응을 촉진시킨다. 이러한 구조적인 안정화를 통해서 이 분자들은 반응이 일어날 확률을 높여주고, 적당한 온도에서도 반응이 빠르게 일어나도록 해 준다.

MECHANISM β-케토카복실산의 카복시이탈 반응

1단계: 육원자 고리형 전이 상태에서 여섯 전자가 재배치되어 이산화 탄소와 엔올을 생성한다.

2단계: 엔올의 케토-엔올 토토머화 현상(16.9B절)으로 보다 더 안정한 케토형 생성물을 만든다.

육원자 고리형 전이 상태 —(1)→ 케톤의 엔올형 + $O{=}C{=}O$ ⇌(2) 케톤 + CO_2

수소 결합

반응성 형태

생물계에 있어서 β-케토산의 카복시이탈 반응이 일어나는 중요한 예는 트라이카복실산(TCA) 회로에서 음식물이 산화되는 과정에서 일어난다. 이 회로에서 중간 대사 물질의 하나인 oxalosuccinic acid는 자발적으로 카복시이탈 반응이 일어나 α-ketoglutaric acid가 된다. Oxalosuccinic acid가 갖는 세 개의 카복시 중에서 단지 한 개만이 β 위치에 카보닐기를 갖으며, 이 카복시가 CO_2를 잃어버린다.

단지 이 탄소만이 β 위치에 C=O 기를 갖는다

Oxalosuccinic acid → **α-Ketoglutaric acid** + CO_2

B Malonic acid와 치환된 malonic acid

카복시에 β 탄소 위치에 케톤 또는 알데하이드의 카보닐기가 있으면 카복시이탈 반응이 쉽게 일어난다. 보다 일반적인 반응에서, β 위치에 카복시나 에스터까지 포함하여 어떤 카보닐기가 있어도 카복시이탈 반응이 촉진된다. 예를 들어, malonic acid와 치환된 malonic acid는 다음의 예에서처럼 가열하면 카복시이탈 반응이 일어나며, malonic acid의 녹는점인 135~137℃보다 약간 높은 온도로 가열할 경우에 카복시이탈 반응이 일어난다.

$$HOCCH_2COH \xrightarrow{140°\text{~}150°C} CH_3COH + CO_2$$

Propanedioic acid
(Malonic acid)

생화학 관련 이야기 Connections to Biological Chemistry

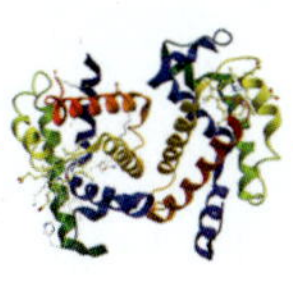

케톤체와 당뇨병

3-Oxobutanoic acid (acetoacetic acid)와 이 화합물의 환원 생성물인 3-hydroxybutanoic acid는 지방산과 아미노산 대사 생성물인 acetyl-CoA로부터 간에서 합성된다. 3-Hydroxybutanoic acid와 3-oxobutanoic acid을 합해 총체적으로 케톤체(ketone body)로 알려져 있다.

3-Oxobutanoic acid (Acetoacetic acid)　**3-Hydroxybutanoic acid (β-Hydroxybutyric acid)**

건강한 사람에 있어서 케톤체의 혈중 농도는 0.01 mmol/L이다. 그러나 기아 상태에 있거나 당뇨병 환자인 경우, 케톤체의 농도는 500배 이상 증가하게 된다. 이러한 상황 하에서는 acetoacetic acid의 농도가 증가하여, 자발적으로 acetone과 이산화탄소로 카복시이탈 반응이 일어난다. 사람의 체내 대사 과정에서 acetone은 대사가 되지 않으며, 신장이나 허파를 통해 배출된다. 배출된 acetone은 심한 당뇨병 환자의 호흡에서 맡을 수 있는 '달콤한 냄새'의 주 원인으로 작용한다.

Malonic acid의 카복시이탈 반응에 대한 메커니즘은 β-케토산의 카복시이탈 반응에서 공부했던 것과 매우 유사하다. 각각의 경우에 세 개 전자쌍의 재배치를 일으키는 육원자 고리 전이 상태 구조로부터 엔올형 카복실산으로 되고, 다시 케토형 카복실산으로 토토머화 된다.

MECHANISM β-다이카복실산의 카복시이탈 반응

1단계: 고리형 육원자 전이 상태에서 여섯 개 전자가 재배치되어 이산화탄소와 카복시의 엔올형을 생성한다.

2단계: 엔올의 케토-엔올 토토머화(16.9B절)로 카복시가 보다 안정한 케토형을 생성한다.

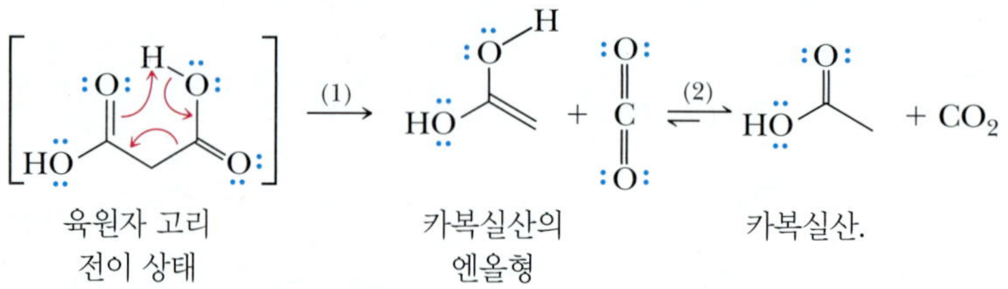

육원자 고리 전이 상태 —(1)→ 카복실산의 엔올형 + O=C=O ⇌(2) 카복실산. + CO_2

예제 17.6 ▸ 카복시이탈 반응

다음 각각의 카복실산은 가열에 의해 카복시이탈 반응이 일어난다.

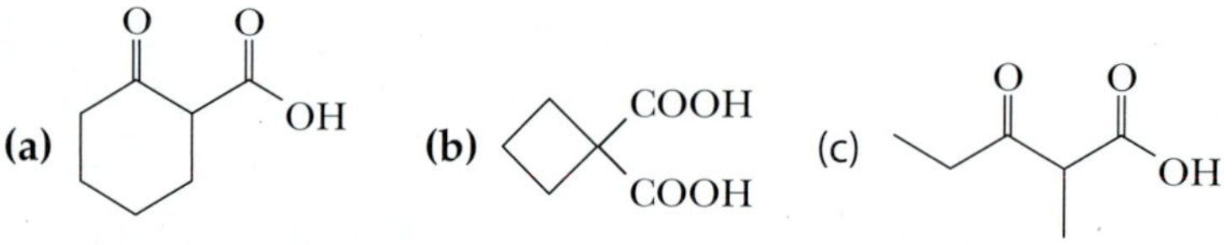

(a) (b) COOH COOH (c) OH

각각의 반응에 의해 만들어지는 엔올 중간체와 최종 생성물의 구조식을 그려라.

➥ 해답

다음은 엔올 중간체의 구조식과 각 카복시이탈 반응의 생성물이다.

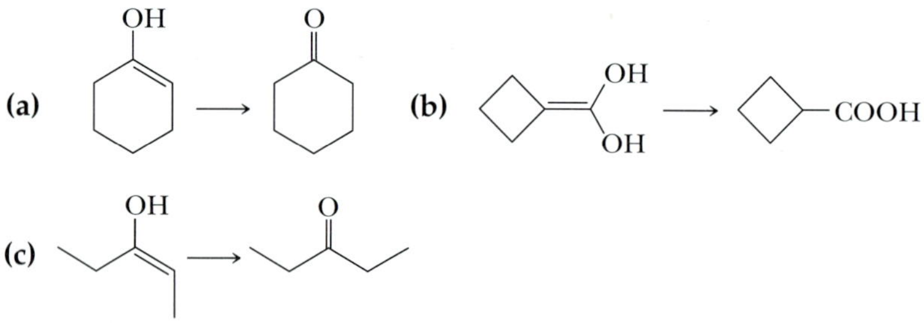

(a) OH → O (b) OH OH → COOH

(c) OH → O

연습 문제 17.6

다음 β-케토산을 녹는점 이상으로 오랫동안 가열해도 카복시이탈 반응이 일어나지 않는 이유를 설명하라.

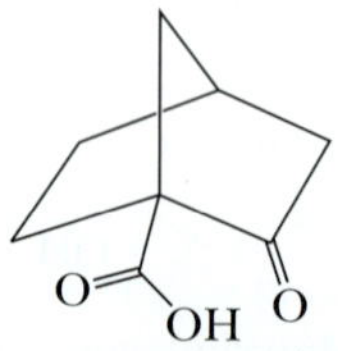

사실과 개념에 대한 요약

17.1절 | 구조

- **카복실산**(Carboxylic aicd, —COOH)은 —OH기에 결합된 카보닐기를 포함하고 있다.

17.2절 | 명명법

- 카복실산의 IUPAC명은 모체 알케인의 접미사 *-e*를 없애고, *-oic acid*를 붙인다.
  - 카복시기 탄소를 1번으로 생각한다. 그러므로 탄소에 번호를 붙일 필요가 없다.
  - 카복시기는 모든 작용기에서 최우선권을 갖는다.
  - **다이카복실산**(Dicarboxylic acid)은 *-dioic acid*로 명명하고, 주 사슬에 두 개의 카복시를 갖는 화합물이다.

연습 문제:17.1, 17.7~17.14

17.3절 | 물리적 성질

- 카복시기는 극성이고, 액체 및 고체 상태에서 카복실산은 수소 결합에 의한 이합체에 의해 회합되어 있다.
  - 카복실산은 비슷한 분자량을 갖는 알코올, 알데하이드, 케톤, 에터에 비해 물에 더 잘 녹고 높은 끓는점을 갖는다.
- 카복실산은 뚜렷하게 다른 극성을 갖는 두 부분으로 이루어져 있고, 물에서 용해도를 증가 시키는 극성인 **친수성**(hydrophilic) 카복시기와 물에서 용해도를 감소시키는 비극성인 **소수성**(hydrophobic) 탄화수소 사슬이다.
  - 분자량이 작은 카복실산은 소수성 탄화수소 사슬을 친수성의 키복시기가 훨씬 더 상쇄시키기 때문에 물에 잘 녹는다.
  - 그러나 탄소 사슬의 크기가 증가함에 따라 소수성 기가 우세해지고, 물에 대한 용해도는 감소한다.

연습 문제:17.15~17.17

17.4절 | 산도

- 지방족 카복실산의 pK_a 값은 4.0~5.0 정도이다.
  - 알코올과 비교한 카복실산의 큰 산도는 카보닐기의 전자-끌기 유발 효과 및 알콕사이드 음이온에 비해 카복실산염 음이온의 공명을 통한 전하의 비편재화에 의해 설명된다.
  - 카복시기에 인접한 전자-끄는 치환기는 산도를 증가시킨다.

연습 문제:17.2, 17.3, 17.25~17.32

17.5절 | 카복실산의 제조

- 카복실산은 일차 알코올 또는 알데하이드를 산화시켜 만든다.
- Grignard 시약을 이산화탄소(CO_2)로 처리하면, 산성 용액에서 양성자 첨가되어 카복실산을 생성하는 카복실산의 마그네슘 염이 얻어진다.

연습 문제:17.18~17.24, 17.42, 17.48

17.6절 | 환원

- Lithium aluminum hydride ($LiAlH_4$)는 비록 가열이 필요하지만, 카복실산을 일차 알코올로 환원시킨다.
  - 촉매 수소화 반응이나 $NaBH_4$ 같은 다른 환원제는 카복실산을 환원시킬 수 없고, 따라서 같은 분자 내에서 카복시에 영향을 주지 않고 다른 작용기를 환원시키는데 사용될 수 있다.

연습 문제:17.32, 17.33, 17.34, 17.51

17.7절 | 에스터화 반응

연습 문제:17.4, 17.32, 17.35~17.39, 17.43~17.45

- **Fischer 에스터화 반응**(Fischer esterification)은 sulfuric acid와 같은 산 촉매 존재하에서 카복실산을 알코올로 처리하여 에스터를 제조하는 방법이다. Fischer 에스터화 반응은 가역적이다.
- 카복실산을 diazomethane (CH_2N_2)으로 처리하면 높은 수득률로 메틸 에스터가 생성된다.

17.8절 | 산 염화물로의 변환

연습 문제:17.5, 17.32, 17.47, 17.49

- 산 염화물은 카복시를 thionyl chloride ($SOCl_2$)로 처리하여 만들 수 있다.

17.9절 | 카복시이탈 반응

연습 문제:17.6, 17.40, 17.41

- β-카보닐을 가진 카복실산의 카복시는 가열하면 **카복시이탈 반응**(decarboxylation)을 일으킨다.
  - 이 반응은 malonic acid 유도체 같은 β-케토산에서 중요한 반응이다.

주요 반응 *Key Reactions*

1. 카복실산의 산도(17.4A절). 대부분의 치환되지 않은 지방족과 방향족 카복실산의 pK_a 값은 4~5 범위 내에 있다.

$$CH_3\overset{O}{\overset{\|}{C}}OH + H_2O \rightleftharpoons CH_3\overset{O}{\overset{\|}{C}}O^- + H_3O^+ \qquad K_a = 1.74 \times 10^{-5}$$

전자-끄는 기가 존재하면 pK_a는 감소한다(산도의 증가).

2. 카복실산과 염기와의 반응(17.4B절). 카복실산은 알칼리 금속 수산화물, 탄산염(carbonate), 중탄산염(bicarbonate)뿐만 아니라 암모니아, 지방족 또는 방향족 아민 등과 반응하여 수용성 염을 형성한다.

$$C_6H_5COOH + NaOH \xrightarrow[H_2O]{} C_6H_5COO^-\ Na^+ + H_2O$$

$$C_6H_5COOH + NH_3 \xrightarrow[H_2O]{} C_6H_5COO^-\ NH_4^+$$

3. Grignard 시약의 탄산화(17.5절). CO_2를 Grignard 시약에 가하고 산성화시키는 과정은 카복실산을 만드는 유용한 방법이다.

$$C_5H_9MgBr \xrightarrow[2.\ HCl/H_2O]{1.\ CO_2} C_5H_9COOH + Mg^{2+}$$

Cyclopentane-carboxylic acid

4. Methanol의 카보닐화에 의한 acetic acid의 공업적인 제법(17.6절).

$$CO + 2\,H_2 \xrightarrow{\text{촉매}} CH_3OH \xrightarrow[\text{rhodium(III)},\ HI,\ H_2O]{CO} CH_3\overset{O}{\overset{\|}{C}}OH$$

5. **Lithium Aluminum hydride에 의한 환원 반응(17.6A절).** Lithium aluminum hydride는 카복시기를 일차 알코올로 환원시킨다.

$$\text{(cyclopentenyl)}-\overset{O}{\overset{\|}{C}}OH \xrightarrow[2.\ H_2O]{1.\ LiAlH_4} \text{(cyclopentenyl)}-CH_2OH$$

6. **Fischer 에스터화 반응(17.7A절).** 카복실산과 산촉매 존재 하에서 알코올과 반응시키면 에스터를 제조할 수 있다.

$$CH_3\overset{O}{\overset{\|}{C}}OH + HOCH_2CH_2CH_3 \overset{H_2SO_4}{\rightleftharpoons} CH_3\overset{O}{\overset{\|}{C}}OCH_2CH_2CH_3 + H_2O$$

Fischer 에스터화 반응은 가역적이다. 에스터의 수득률을 증가시키기 위해서는 평형을 정반응 쪽으로 유도하여야 한다. 이를 완성시키기 위해서는 과량의 알코올을 사용하거나, Dean-Stark 포착기를 이용한 불변 끓는 증류에 의하여 물을 제거하면 된다.

7. **Diazomethane과의 반응(17.7B절).** Diazomethane은 카복실산으로부터 메틸 에스터의 합성에 사용된다. 이 반응의 메커니즘에는 카복실산에 의해 diazomethane 탄소가 양성자 첨가되어 methyldiazonium 양이온이 형성되고 이 양이온을 카복실산염 이온이 공격하여 N_2와 메틸 에스터를 생성하는 것이 포함된다.

$$CH_3(CH_2)_4\overset{O}{\overset{\|}{C}}OH + CH_2N_2 \xrightarrow{ether} CH_3(CH_2)_4\overset{O}{\overset{\|}{C}}OCH_3 + N_2$$

Diazomethane은 폭발성이며 독극물이므로 다른 방법으로는 메틸 에스터를 제조할 수 없을 때만 사용한다.

8. **산 할로젠화물로의 변환(17.8절).** 가장 보편적으로 많이 사용되는 산 할로젠화물인 산염화물은 카복실산과 thionyl chloride와의 반응에 의하여 제조된다. 이 반응의 메커니즘은 알코올을 클로로알케인으로 변환시킬 때와 유사하며, 시작 단계에서 chlorosulfite의 형성 후 chloride 이온의 카보닐 탄소에 친핵성 첨가 반응을 하여 정사면체의 중간체를 형성하고 이 중간체가 분해하여 산 염화물, SO_2, chloride 이온을 형성하는 단계를 포함한다.

$$CH_3(CH_2)_4\overset{O}{\overset{\|}{C}}OH + SOCl_2 \xrightarrow{ether} CH_3(CH_2)_4\overset{O}{\overset{\|}{C}}Cl + SO_2 + HCl$$

9. **β-케토산의 카복시이탈 반응(17.9A절).** β-케토산을 가열하면 카복시이탈 반응이 일어난다. 이 반응의 메커니즘은 육원자 고리 모양의 전이 상태에서 전자가 재배치되어 CO_2와 케톤의 엔올이 형성되고 이 엔올은 케톤으로 토토머화된다. 이 반응은 카복시 수소와 β-카보닐기의 산소 원자 간의 수소 결합에 의해 촉진된다.

$$\text{2-oxocyclohexane-}\overset{O}{\overset{\|}{C}}OH \xrightarrow{\text{가열}} \text{cyclohexanone} + CO_2$$

10. **β-다이카복실산의 카복시이탈 반응(17.9B절).** β-다이카복실산의 카복시이탈 반응의 메커니즘은 β-케토산의 카복시이탈 반응과 유사하다.

$$HO\overset{O}{\overset{\|}{C}}CH_2\overset{O}{\overset{\|}{C}}OH \xrightarrow{\text{가열}} CH_3\overset{O}{\overset{\|}{C}}OH + CO_2$$

연습 문제

붉은색 번호는 응용 문제를 나타낸다.

구조와 명명법

17.7 다음에 각 화합물의 IUPAC명을 쓰고, 관련된 입체화학을 나타내라.

(a) —COOH (b) OH, COOH **(c)** COOH

(d) COOH (e) $COO^-NH_4^+$ **(f)** HO, COOH, COOH

17.8 다음 화합물의 구조식을 그려라.

(a) Phenylacetic acid
(b) 4-Aminobutanoic acid
(c) 3-Chloro-4-phenylbutanoic acid
(d) Propenoic acid (acrylic acid)
(e) (*Z*)-3-Hexenedioic acid
(f) 2-Pentynoic acid
(g) Potassium phenylacetate
(h) Sodium oxalate
(i) 2-Oxocyclohexanecarboxylic acid
(j) 2,2-Dimethylpropanoic acid

17.9 검정 숫 지렁이의 수컷이 내뿜는 암컷 유인제인 megatomoic acid는 다음과 같은 구조를 갖는다.

COOH

(a) IUPAC명을 써라.
(b) 이 화합물에서 가능한 입체 이성질체의 수를 써라.

17.10 다음 염들의 구조식을 그려라.

(a) Sodium benzoate
(b) Lithium acetate
(c) Ammonium acetate
(d) Disodium adipate
(e) Sodium salicylate
(f) Calcium butanoate

17.11 Oxalic acid의 monopotassium 염은 대황과 같은 잎사귀 채소에서 발견된다. Oxalic acid나 그 염은 모두 높은 농도에서 매우 큰 독성을 나타낸다. Monopotassium oxalate의 구조를 그려라.

17.12 Potassium sorbate는 음식의 저장 기간을 연장시키고, 음식물 변질의 주원인 박테리아와 곰팡이의 번식을 억제하기 위한 방부제로 음식물에 첨가된다. Potassium sorbate의 IUPAC명은 (2*E*,4*E*)-2,4-hexadienoate이다. 이 화합물의 구조식을 그려라.

17.13 Zinc 10-undecenoate는 곰팡이에 의한 감염, 특히 무좀균인 *Tinea pedis*를 방지하는 데 사용된다. 이 zinc 염의 구조식을 그려라.

17.14 Cyclohexane 고리에 있어서 축방향의 카복시기는 수평방향의 카복시기에 비해서 5.9 kJ (1.4 kcal)/mol의 형태 에너지를 갖는다. *trans*-1,4-Cyclohexanedicarboxylic acid의 의자 형태에 있어서 평형 관계를 고려하여 보다 덜 안정한 의자 형태를 평형 화살표의 안쪽에 그리고, 더 안정한 쪽을 오른쪽에 그려라. 평형 상태에서의 ΔG^0를 계산하고, 25°C에서 안정한 쪽과 덜 안정한 쪽의 존재 비를 계산하라.

물리적 성질

17.15 다음 각 문제에 있는 화합물들에 대해서 끓는점 증가 순서대로 나열하라.

(a) $CH_3(CH_2)_5COOH$ $CH_3(CH_2)_6CHO$ $CH_3(CH_2)_6CH_2OH$

(b)

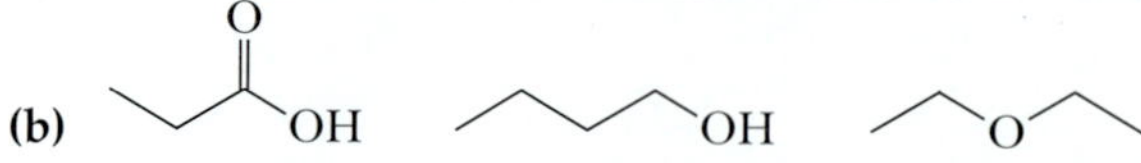

17.16 Acetic acid의 끓는점은 118°C이고, 반면에 acetic acid의 메틸 에스터는 57°C의 끓는점을 갖는다. Acetic acid의 분자량이 작음에도 불구하고 acetic acid의 끓는점이 acetic acid의 메틸 에스터에 비해 높은 이유를 설명하라.

17.17 아래의 9개의 화합물에 관한 ^{1}H-NMR과 ^{13}C-NMR의 분석 값을 나타내었다. 각각의 화합물은 1720과 1700 cm^{-1}에서 강한 흡수 띠를 나타내며, 2500~3300 cm^{-1}에서 강하고 넓은 흡수띠를 나타낸다. 각각의 화합물들에 대한 구조식을 제안하라. 스펙트럼 상호 관계 표를 나타낸 부록 4, 5, 6을 참고하라.

(a) $C_5H_{10}O_2$

^{1}H-NMR	^{13}C-NMR
0.94 (t, 3H)	180.71
1.39 (m, 2H)	33.89
1.62 (m, 2H)	26.76
2.35 (t, 2H)	22.21
12.0 (s, 1H)	13.69

(b) $C_6H_{12}O_2$

^{1}H-NMR	^{13}C-NMR
1.08 (s, 9H)	179.29
2.23 (s, 2H)	47.82
12.1 (s, 1H)	30.62
	29.57

(d)

(c) $C_5H_8O_4$

^{1}H-NMR	^{13}C-NMR
0.93 (t, 3H)	170.94
1.80 (m, 2H)	53.28
3.10 (t, 1H)	21.90
12.7 (s, 2H)	11.81

(d) $C_5H_8O_4$

^{1}H-NMR	^{13}C-NMR
1.29 (s, 6H)	174.01
12.8 (s, 2H)	48.77
	22.56

(e) $C_4H_6O_2$

^{1}H-NMR	^{13}C-NMR
1.91 (d, 3H)	172.26
5.86 (d, 1H)	147.53
7.10 (m, 1H)	122.24
12.4 (s, 1H)	18.11

(f) $C_3H_4Cl_2O_2$

^{1}H-NMR	^{13}C-NMR
2.34 (s, 3H)	171.82
11.3 (s, 1H)	79.36
	34.02

(g) $C_5H_8Cl_2O_2$

^{1}H-NMR	^{13}C-NMR
1.42 (s, 6H)	180.15
6.10 (s, 1H)	77.78
12.4 (s, 1H)	51.88
	20.71

(h) $C_5H_9BrO_2$

^{1}H-NMR	^{13}C-NMR
0.97 (t, 3H)	176.36
1.50 (m, 2H)	45.08
2.05 (m, 2H)	36.49
4.25 (t, 1H)	20.48
12.1 (s, 1H)	13.24

(i) $C_4H_8O_3$

^{1}H-NMR	^{13}C-NMR
2.62 (t, 2H)	177.33
3.38 (s, 3H)	67.55
3.68 (s, 2H)	58.72
11.5 (s, 1H)	34.75

17.18 다음의 반응을 완결하라.

(a) (cyclopentyl)$-CH_2OH$ $\xrightarrow[H_2O,\ acetone]{K_2Cr_2O_7,\ H_2SO_4}$

(b) $HOCH_2CH(OH)CHO$ $\xrightarrow[2.\ H_2O,\ HCl]{1.\ Ag(NH_3)_2^+}$

(c) $(CH_3)_2C{=}CHCOCH_3$ $\xrightarrow[2.\ HCl,\ H_2O]{1.\ Cl_2,\ KOH\ 수용액/dioxane}$

(d) 4-Br-C_6H_4-OCH_3 $\xrightarrow[3.\ HCl,\ H_2O]{1.\ Mg,\ ether;\ 2.\ CO_2}$

17.19 다음의 반응식으로 나타낸 화합물들을 좋은 수득률로 얻는 방법을 설명하라.

(a) 3-chlorocyclohexene (Cl) $\longrightarrow$ cyclohex-2-ene-1-COOH

(b) 4-(hydroxymethyl)cyclohexanol (OH, CH_2OH) $\longrightarrow$ 4-oxocyclohexane-COOH (O, $COOH$)

(c) $C_6H_5CH_2CH_2OH \longrightarrow C_6H_5CH_2COOH$

17.20 다음 화합물들로부터 pentanoic acid를 합성하는 방법을 설명하라.

(a) 1-Pentanol (b) Pentanal (c) 1-Pentene
(d) 1-Butanol (e) 1-Bromopropane (f) 1-Hexene

17.21 황산 수용액에서 potassium dichromate로 산화시키면, 주어진 카복실산 혹은 다이 카복실산이 얻어진다. 주어진 분자식을 가지는 출발 물질의 구조를 제시하라.

(a) $C_6H_{14}O \xrightarrow{산화}$ $CH_3(CH_2)_4COOH$ (O, OH)

(b) $C_6H_{12}O \xrightarrow{산화}$ $CH_3(CH_2)_4COOH$ (O, OH)

(c) $C_6H_{14}O_2 \xrightarrow{산화}$ $HOOC(CH_2)_4COOH$ (HO, O, O, OH)

17.22 다음에 나타낸 반응에서 생성물이 좋은 수득률로 얻어질 수 있도록 반응 시약들과 반응 조건을 나타내어라.

(a) cyclopentyl$-OH \longrightarrow$ cyclopentyl$-COOH$

(b) $(CH_3)_3COH \longrightarrow (CH_3)_3CCOOH$

(c) $(CH_3)_3COH \longrightarrow (CH_3)_2CHCOOH$

(d) $(CH_3)_3COH \longrightarrow (CH_3)_2CHCH_2COOH$

(e) $CH_3CH{=}CHCH_3 \longrightarrow CH_3CH{=}CHCH_2COOH$

17.23 Succinic acid는 acetylene으로부터 다음에 나타낸 일련의 반응을 거쳐 합성된다. 생성물이 좋은 수득률로 얻어질 수 있도록 반응 시약들과 반응 조건을 나타내어라.

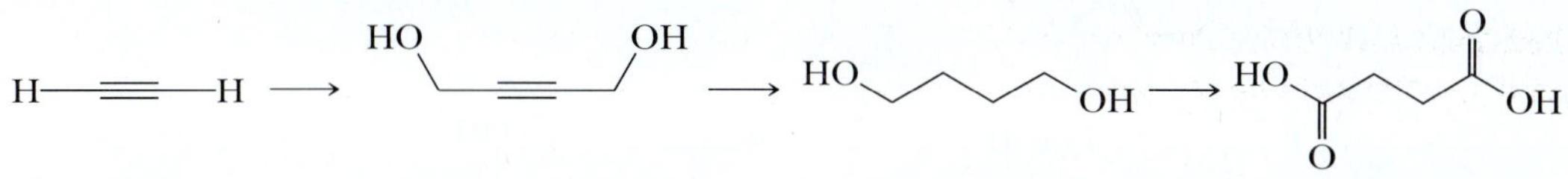

$$\mathrm{H{-}C{\equiv}C{-}H} \longrightarrow \mathrm{HOCH_2C{\equiv}CCH_2OH} \longrightarrow \mathrm{HO(CH_2)_4OH} \longrightarrow \mathrm{HOOC(CH_2)_2COOH}$$

Acetylene **2-Butyne-1,4-diol** **1,4-Butanediol** **Butanedioic acid (Succinic acid)**

17.24 α-다이케톤을 진한 sodium hydroxide 혹은 potassium hydroxide로 반응시켜, α-hydroxyacid 염을 얻는 반응은 benzil-benzilic acid 자리옮김 반응으로 부른다. 다음에 benzil로부터 sodium benzilate를 거쳐 benzilic acid로 전환되는 과정을 나타내었다. 이 자리옮김에 대한 메커니즘을 제안하라.

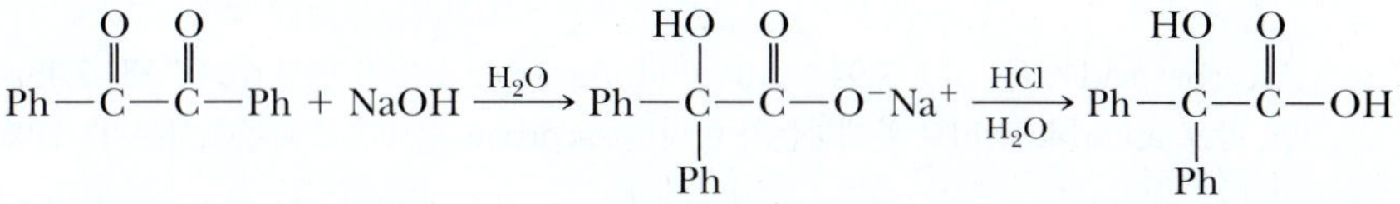

$$\mathrm{PhCOCOPh} + \mathrm{NaOH} \xrightarrow{H_2O} \mathrm{Ph_2C(OH)COO^-Na^+} \xrightarrow[H_2O]{HCl} \mathrm{Ph_2C(OH)COOH}$$

Benzil (α-Diketone) **Sodium benzilate** **Benzilic acid**

카복실산의 산도

17.25 다음 각각에서 더 센산을 선택하라.

(a) Phenol (pK_a 9.95)과 benzoic acid (pK_a 4.19)

(b) Lactic acid (K_a 8.4×10^{-4})와 ascorbic acid (K_a 7.9×10^{-5})

17.26 다음 각 항에 있는 산에 알맞은 pK_a 값을 선택하라.

(a) 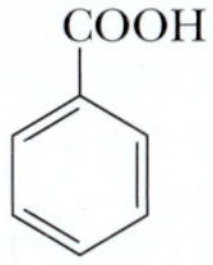 C_6H_5COOH 와 $C_6H_5SO_3H$ (pK_a 4.19와 0.70)

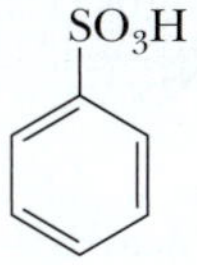

(b) 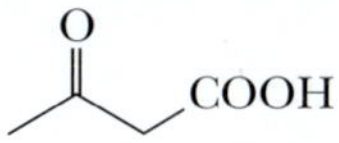 CH_3COCH_2COOH 와 $CH_3COCOOH$ (pK_a 3.58과 2.49)

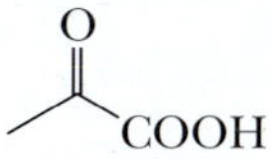

(c) CH_3CH_2COOH 와 $N{\equiv}CCH_2COOH$ (pK_a 4.78과 2.45)

17.27 저 분자량의 다이카복실산은 2개의 서로 다른 pK_a 값을 갖는다. 첫 번째 카복시의 이온화는 두 번째 카복시에 비해서 쉽게 일어난다. 이러한 효과는 분자 크기의 증가와 더불어 감소되며, 예를 들면 adipic acid와 긴 알킬 사슬을 갖는 다이카복실산에서 2개의 산 이온화 상수는 대략 pK 값 한 단위 정도의 차이를 나타낸다.

다이카복실산	구조식	pK_{a1}	pK_{a2}
Oxalic	HOOCCOOH	1.23	4.19
Malonic	$HOOCCH_2COOH$	2.83	5.69
Succinic	$HOOC(CH_2)_2COOH$	4.16	5.61
Glutaric	$HOOC(CH_2)_3COOH$	4.31	5.41
Adipic	$HOOC(CH_2)_4COOH$	4.43	5.41

짧은 사슬 다이카복실산에서의 pK_a 값 차이가 긴 사슬 다이카복실산의 경우에 비해 큰 이유를 설명하라.

17.28 다음 산-염기 반응을 완결하라.

(a) $C_6H_5CH_2COOH + NaOH \longrightarrow$ (b) $CH_3CH{=}CHCH_2COOH + NaHCO_3 \longrightarrow$

(c) 2-methoxybenzoic acid (COOH, OCH_3) $+ NaHCO_3 \longrightarrow$ (d) $CH_3CH(OH)COOH + H_2NCH_2CH_2OH \longrightarrow$

(e) $CH_3CH{=}CHCH_2COO^- Na^+ + HCl \longrightarrow$

(f) $CH_3CH_2CH_2CH_2Li + CH_3COOH \longrightarrow$

(g) $CH_3CH_2CH_2CH_2MgBr + CH_3CH_2OH \longrightarrow$

17.29 혈청의 정상적인 pH는 7.35~7.45이다. 이러한 조건 하에서 lactic acid (pK_a 3.08)의 카복시기는 주로 카복시기로 존재하는가 아니면 카복실산염 음이온으로 존재하는가? 설명하여라.

17.30 Ascorbic acid의 K_{a1} 값은 7.94×10^{-5}이다. Ascorbic acid가 혈청 (pH 7.35~7.45)에 용해되면, 주로 ascorbic acid로 존재하는가 아니면 ascorbate 음이온으로 존재하는가? 설명하라.

17.31 여분의 ascorbic acid는 소변으로 배출되며, 정상적인 소변의 pH 범위는 4.8~8.4이다. pH 8.4인 소변에 존재하는 ascorbic acid는 유리 ascorbic acid 형태인가, 아니면 ascorbate 음이온 형태인가? 설명하라.

카복실산의 반응

17.32 Phenylacetic acid ($PhCH_2COOH$)를 다음의 각 시약으로 처리할 경우에 기대되는 유기 생성물을 나타내어라.

(a) $SOCl_2$ (b) $NaHCO_3$, H_2O

(c) $NaOH$, H_2O (d) CH_3MgBr (1 당량)

(e) $LiAlH_4$ 이어서 H_2O (f) CH_2N_2

(g) $CH_3OH + H_2SO_4$ (촉매)

17.33 *trans*-3-Phenyl-2-propenoic acid (cinnamic acid)를 다음 각 화합물로 전환시킬 수 있는 방법을 나타내어라.

(a) $C_6H_5CH{=}CHCH_2OH$ (b) $C_6H_5CH_2CH_2COOH$ (c) $C_6H_5CH_2CH_2CH_2OH$

17.34 5-Oxobutanoic acid (acetoacetic acid)를 다음 화합물로 전환시킬 수 있는 방법을 나타내어라.

(a) $CH_3CH(OH)CH_2COOH$ (라셈 혼합물) (b) $CH_3CH(OH)CH_2CH_2OH$ (라셈 혼합물) (c) $CH_3CH{=}CHCOOH$

17.35 알코올이 과량 존재한다고 가정하고, 다음의 Fischer 에스터화 반응을 완결하라.

(a) $CH_3COOH + HOCH_2CH_2CH(CH_3)_2 \overset{H^+}{\rightleftharpoons}$ (b) phthalic acid (1,2-benzenedicarboxylic acid, COOH, COOH) $+ CH_3OH \overset{H^+}{\rightleftharpoons}$

(c) $HOOCCH_2CH_2COOH + CH_3CH_2OH \overset{H^+}{\rightleftharpoons}$

17.36 국부마취제인 benzocaine은 4-aminobenzoic acid와 ethanol을 산 촉매와 함께 반응시키고, 중화 과정을 거쳐 얻어진다. Benzocaine의 화학적 구조를 그려라.

17.37 다음의 에스터 화합물로부터 유도되는 카복실산과 알코올을 명명하라.

(a) 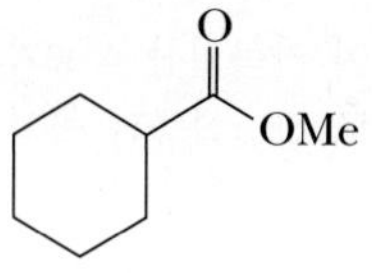 (b)

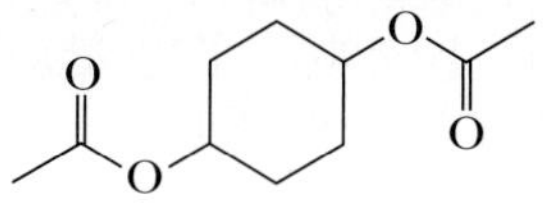

(c) 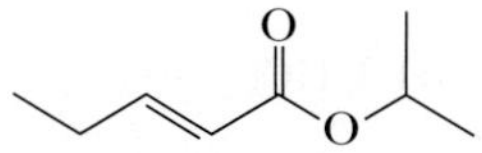 (d)

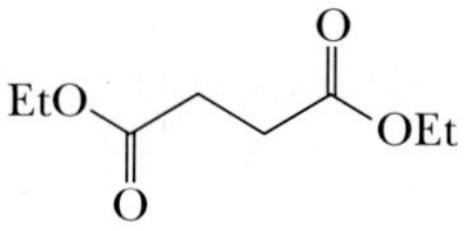

17.38 4-Hydroxybutanoic acid가 산 촉매로 처리되면 락톤(고리형 에스터)을 형성한다. 이 락톤의 화학 구조를 그리고, 이 반응의 메커니즘을 제안하라.

17.39 Fischer 에스터화 반응은 *tert*-butyl ester의 합성에는 적용할 수 없다. 대신에, 카복실산을 산 촉매 존재 하에서 2-methylpropene으로 처리하면 얻을 수 있다.

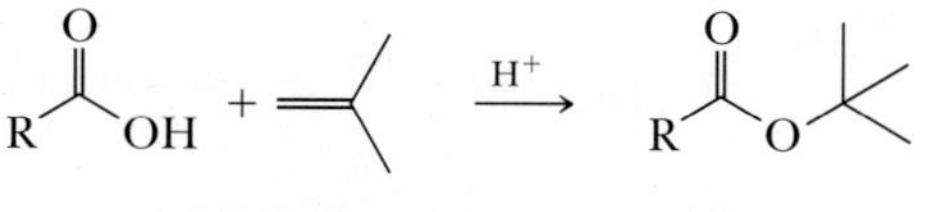

$$RCOOH + (CH_3)_2C{=}CH_2 \xrightarrow{H^+} RCOOC(CH_3)_3$$

2-Methylpropene (Isobutylene) *tert*-Butyl ester

(a) 왜 Fischer 에스터화 반응으로 *tert*-butyl ester를 합성할 수 없는가?

(b) 2-Methylpropene 방법의 메커니즘을 제안하라.

17.40 다음 화합물의 열에 의한 카복시이탈 반응 생성물을 그려라.

(a) $C_6H_5COCH_2COOH$ **(b)** $C_6H_5CH_2CH(COOH)COOH$ **(c)** 1-acetylcyclopentane-1-carboxylic acid ($COCH_3$, $COOH$)

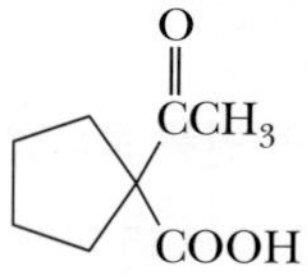

17.41 Carboxylate의 β 위치 탄소에 좋은 이탈기를 갖는 카복실산 염(carboxylic salt)을 가열하면, 카복시이탈 반응/제거 반응이 일어나 알켄을 형성한다.

(a) 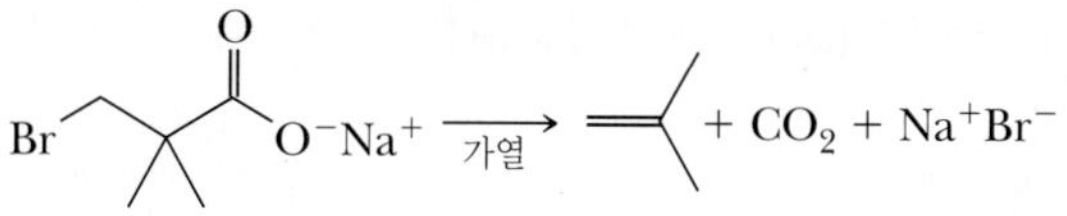 $BrCH_2C(CH_3)_2COO^-Na^+ \xrightarrow{\text{가열}} (CH_3)_2C{=}CH_2 + CO_2 + Na^+Br^-$

(b) 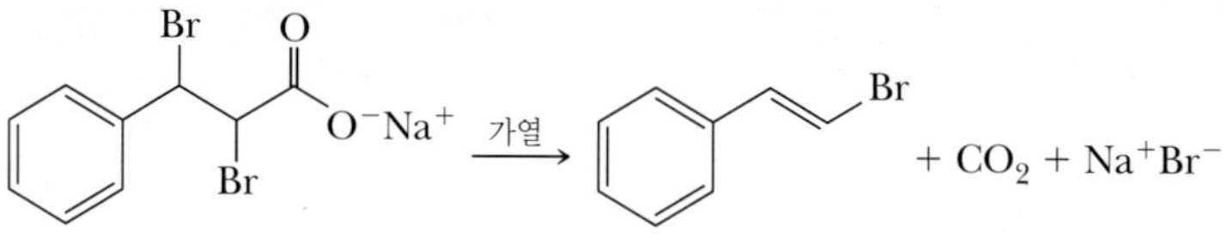 $C_6H_5CHBrCHBrCOO^-Na^+ \xrightarrow{\text{가열}} C_6H_5CH{=}CHBr + CO_2 + Na^+Br^-$

이러한 카복시이탈 반응/제거 반응의 메커니즘을 제안하라. 앞서 설명한 카복시이탈 반응의 메커니즘과 β-케토산의 카복시이탈 반응 메커니즘과 비교해 보고, 이들 메커니즘의 유사성에 대해 설명하라.

17.42 Cyclohexanecarboxylic acid을 cyclohexane으로부터 좋은 수득률로 얻을 수 있는 방법을 나타내어라.

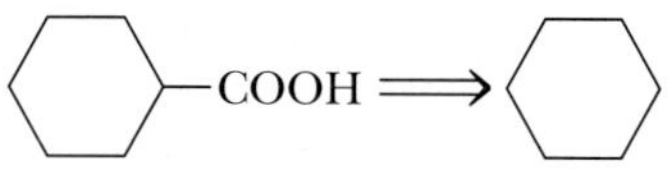

Cyclohexane–COOH ⟹ Cyclohexane

예습 문제

17.43 17.7B절에서 카복실산의 Fischer 에스터화 반응 메커니즘이 카복실산 작용기의 유도체화 반응에 대한 모형이라고 제안하였다. 이러한 반응의 한 예로 산염화물과 물과의 반응이다(18.4A절). 이 반응의 메커니즘을 제안하라.

$$\mathrm{R{-}\overset{O}{\overset{\|}{C}}{-}Cl + H_2O \longrightarrow R{-}\overset{O}{\overset{\|}{C}}{-}OH + HCl}$$

17.44 Fischer 에스터화 반응은 카복실산을 산 촉매 하에서 알코올과 반응시켜 에스터를 만드는 반응이라는 것을 배웠다. Terephthalic acid처럼 다이카복실산과 ethylene glycol과 같은 다이올을 반응시킨다고 가정하자. 이 경우 출발 물질보다 수천 배나 큰 분자량을 갖는 거대분자가 Fischer 에스터화로 어떻게 만들어질 수 있는지 설명하라.

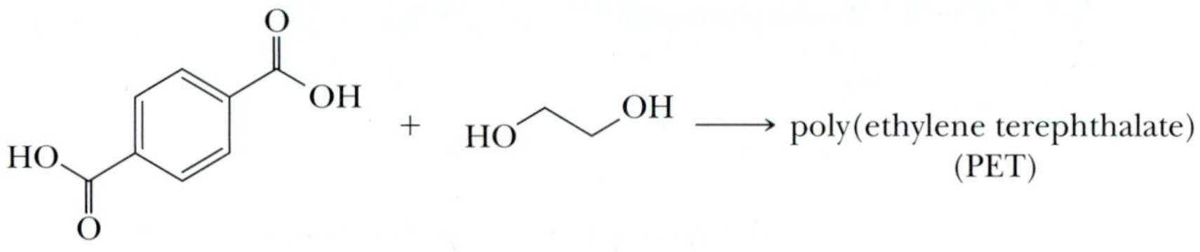

HO, O, OH + HO, OH ⟶ poly(ethylene terephthalate) (PET)

1,4-Benzenedicarboxylic acid (Terephthalic acid) **1,2-Ethanediol (Ethylene glycol)**

29.5B절에서 공부하겠지만 이러한 반응으로 만들어지는 물질을 고분자 물질이라고 하며, 이를 가공하여 Mylar 필름이나 Dacron 폴리에스터라는 섬유를 만들 수 있다.

유기 화학 반응 로드맵

REACTION ROADMAP

17.45 연습 문제 15.19와 16.72에서 만들었던 로드맵을 사용하여 이장의 '주요 반응'의 반응들이 포함되도록 로드맵을 업데이트하여라. 로드맵에 반응 1, 2, 4, 9, 10은 사용하지 말아라.

17.46 다음의 연속적인 반응의 생성물을 적어라. 여러분들이 만든 어떻게 반응을 조합할 것인가를 보여주는 로드맵을 인용하면 서로 다른 작용기 사이의 '네비게이트'가 허용될 것이다. 6~11장의 지난 로드맵과 15~17장의 새로운 로드맵이 필요함에 유의하라.

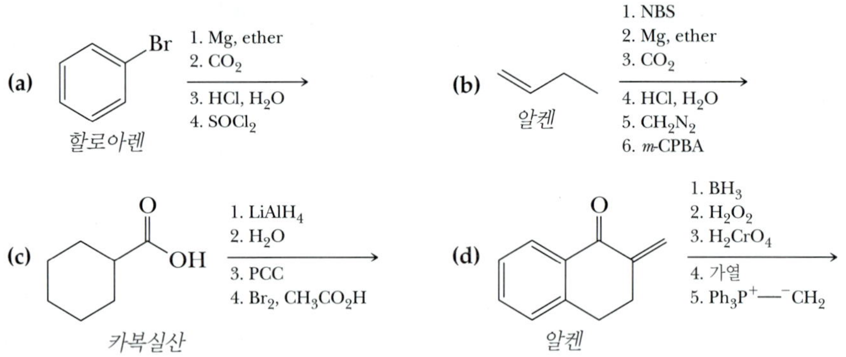

(a) Br (할로아렌) —— 1. Mg, ether 2. CO_2 3. HCl, H_2O 4. $SOCl_2$ ⟶

(b) 알켄 —— 1. NBS 2. Mg, ether 3. CO_2 4. HCl, H_2O 5. CH_2N_2 6. *m*-CPBA ⟶

(c) O, OH (카복실산) —— 1. $LiAlH_4$ 2. H_2O 3. PCC 4. Br_2, CH_3CO_2H ⟶

(d) O (알켄) —— 1. BH_3 2. H_2O_2 3. H_2CrO_4 4. 가열 5. $Ph_3P^+{-}^-CH_2$ ⟶

합성

17.47 로드맵을 지침으로 활용하여 propane을 propyl propanoate로 변환시키는 방법을 나타내어라. 최종 목표 분자의 모든 탄소 공급원으로 propane을 사용하라. 또, 필요한 모든 시약과 과정에서 만들어지는 모든 분자를 제시하라.

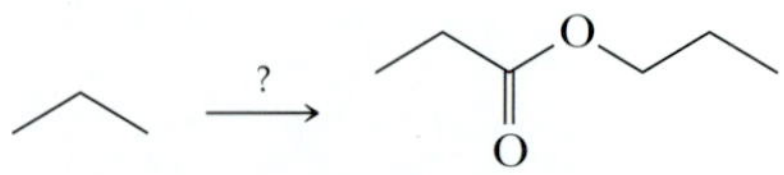

Propane —?⟶ **Propyl propanoate**

17.48 로드맵을 지침으로 활용하여 4-methyl-1-pentene과 carbon dioxide를 5-methylhexanoic acid로 변환하는 방법을 제시하라. 최종 목표 분자의 탄소 공급원으로 4-methyl-1-pentene과 carbon dioxide를 사용하라. 필요한 모든 시약과 과정에서 만들어지는 모든 분자를 제시하라.

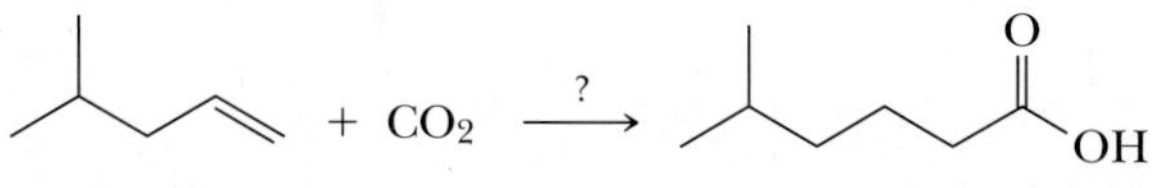

+ CO_2 →?

4-Methyl-1-pentene **5-Methylhexanoic acid**

17.49 로드맵을 지침으로 활용하여 cyclohexane을 adipoyl dichloride로 변환하는 방법을 제시하라. 필요한 모든 시약과 과정에서 만들어지는 모든 분자를 제시하라.

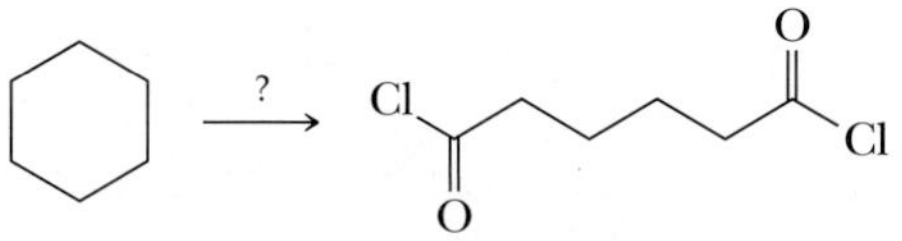

→?

Cyclohexane **Adipoyl dichloride**

17.50 로드맵을 지침으로 활용하여 5-chloro-2-pentanone과 carbon dioxide를 라셈 혼합물인 tetrahydro-6-methyl-2-pyranone으로 변환시키는 방법을 제시하라. 5-Chloro-2-pentanone과 carbon dioxide를 라셈 혼합물인 최종 목표 분자의 탄소 공급원으로 사용하라. 필요한 모든 시약과 과정에서 만들어지는 모든 분자를 제시하라.

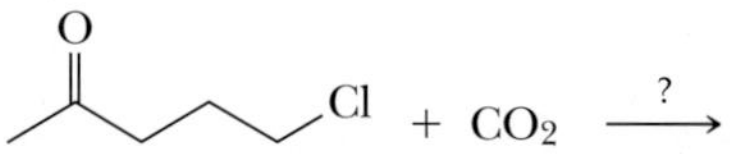

+ CO_2 →?

5-Chloro-2-pentanone

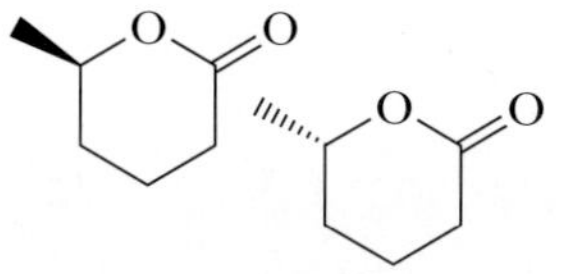

Tetrahydro-6-methyl-2-pyranone
(라셈 혼합물)

관련 반응

17.51 Diazomethane (CH_2N_2)이 카복실산과 선택적으로 반응하여 높은 수득률을 보이므로 위험하지만 유기실험실에서 이용된다. 다음 반응의 생성물을 제시하라.

(a)

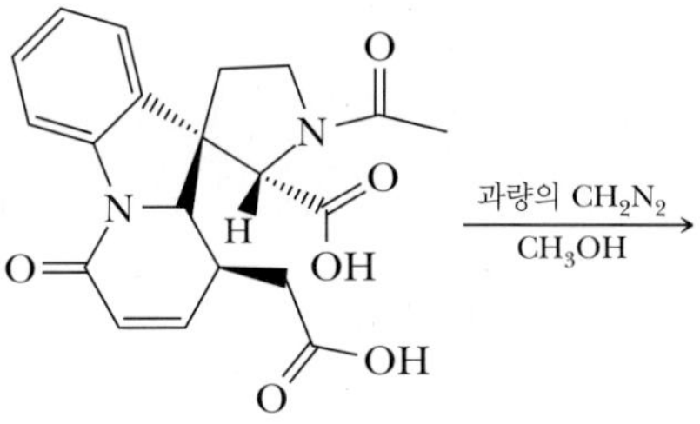

과량의 CH_2N_2 / CH_3OH →

(b)

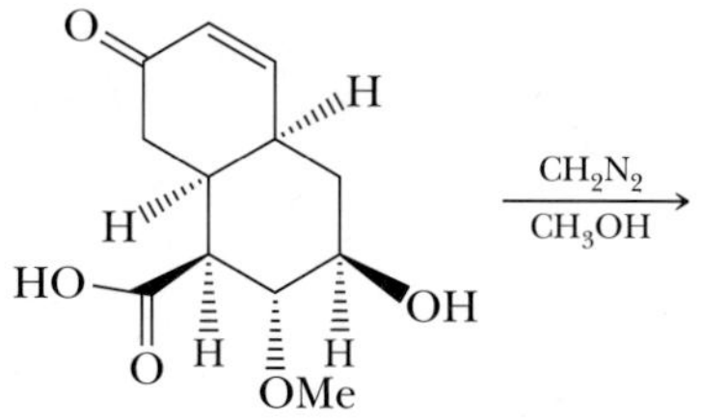

CH_2N_2 / CH_3OH →

(c)

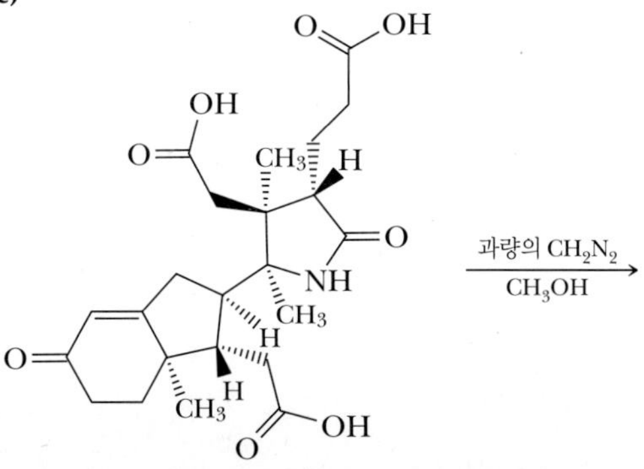

과량의 CH_2N_2 / CH_3OH →

17.52 다음의 Fischer 에스터화 반응을 완결하라.

(a)

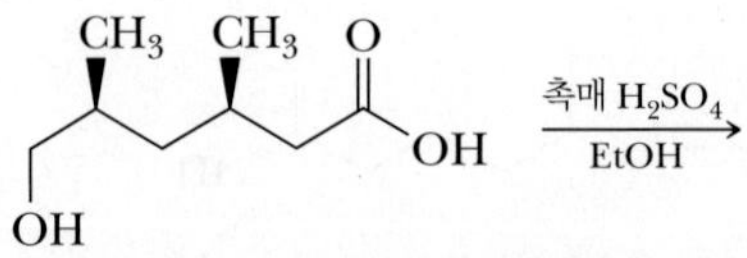

촉매 H_2SO_4, EtOH

(b)

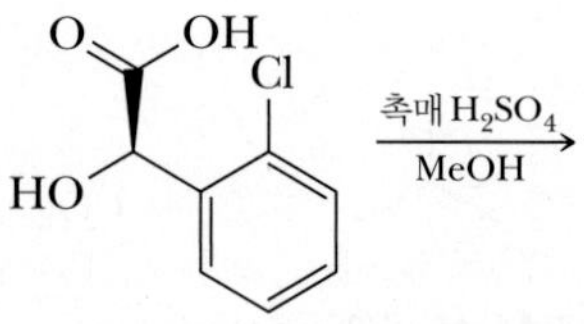

촉매 H_2SO_4, MeOH

17.53 반응에 수많은 환원제가 사용된다. 작용기들은 이들 각 환원제들과 각기 다르게 반응한다. Allegra라는 이름으로 판매되는 비진정제성 항히스타민제인 fexofenadine 합성 마지막 단계인 다음 단계를 완결하라.

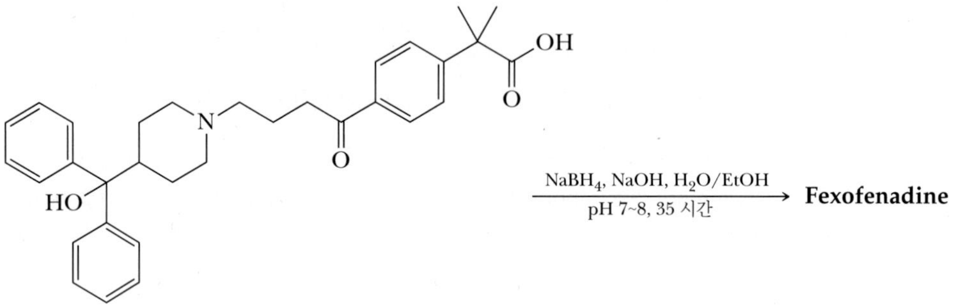

$NaBH_4$, NaOH, H_2O/EtOH, pH 7~8, 35 시간 → **Fexofenadine**

Primer II

카복실산 유도체 반응 메커니즘

Carboxylic Acid Derivative Reaction Mechanisms

*카복실산 유도체*의 반응 메커니즘들은 4개부터 7개의 개별 단계로 이루어져 있어 난해하게 보일 수도 있다. 각각의 메커니즘들을 암기하는 것이 불가능하지는 않겠지만 이들은 주제별로 미세한 변화들이 종종 비슷하여 우리를 힘들게 만든다. 이러한 메커니즘들을 완전히 익히는 가장 좋은 방법은 암기에 의존하기보다는 각 반응의 단계를 정확히 예측할 수 있게 직관적 이해력을 발달시키는 것이다. Primer II는 카복실산 유도체들을 심도 있게 공부하기 전에 메카니즘적 직관력을 발달시키는데 필요한 배경지식을 가르쳐 줄 것이다.

다음 장에서 우리는 산 염화물들의 물, 카복실산, 알코올, 아민과의 반응들에 대해 살펴볼 것이다. 무수물들은 물, 알코올, 아민과 반응한다. 에스터는 물, 아민과 반응하며 마지막으로 아마이드는 물과 반응한다. 이 10개의 반응이 각각 산 혹은 염기의 첨가에 의해 수행되는 것을 고려하면(산 염화물과 무수물은 산 혹은 염기가 필요하지 않다) 카복실산들과 그 유도체의 상호 교환에는 대략 20가지의 서로 다른 반응이 존재하게 된다. 이 책을 통해서 살펴보았던 다음의 가장 공통적인 4개의 메커니즘적 요소들을 조합하면 단순한 암기 없이 각 메커니즘을 예측하고 적을 수 있을 것이다.

1. 친핵체와 친전자체 간의 새로운 결합 형성.
2. 안정한 분자 혹은 이온의 형성을 위한 결합의 끊어짐.
3. 양성자 첨가.
4. 양성자 제거.

이 장에서 논의될 많은 반응들에 해당되는 메커니즘들은 상대적으로 길기 때문에 이 단계들은 반복적으로 사용될 것이다. 각 단계들을 알맞은 순서로 조합하기 위해서 다음 세 가지 원리들에 관해 각 반응을 연습해 볼 것을 추천한다.

I. 메커니즘을 통해서 어떤 결합이 생성되고 끊어질 것인지를 파악하라.

II. **혼합된 매질 오류**(Mixed media error)를 피하라. 다시 말하면, 센염기성 분위기(수산화 이온 혹은 알콕사이드를 포함하는)에서 일어나는 반응에 대한 메커니즘을 적을 때에는 센산(양성자화 때문에 양전하로 하전된 카보닐 혹은 알코올과 같은)에 해당되는 어떤 중간체도 생성하지 말아라. 유사하게 센산성 분위기(하이드로늄 이온 혹은 양성자화된 알코올, **ROH**$_2^+$가 포함된)에서 일어나는 반응에 대한 메커니즘을 적을 때에는 센염기(수산화 이온, 알콕사이드 혹은 아마이드 음이온과 같은)에 해당되는 어떤 중간체도 생성하지 말아라(혼합된 매질 오류의 자세한 논의는 부록 10 참조). 경험적으로 얻어진 좋은 규칙은 센산 조건에서는 모든 중간체가 양으로 하전되었거나 중성인 반면 센염기성 조건에선 모든 중간체가 음으로 하전되었거나 중성이라는 것이다.

III. 발생할 확률이 가장 높은 다음 단계가 친핵체의 첨가, 이탈기의 이탈, 양성자 첨가 혹은 양성자 제거인지 아닌지 결정하기 위해서 메커니즘에서 각 중간체를 분석하라.

Fischer 에스터화 반응 다시 보기

위 논리를 지난 장에서 보았던 Fischer 에스터화 반응의 메커니즘을 구성하는데 적용해 보도록 하자. 전체 반응의 수행 후 카복실 산의 OH기는 OR′기로 치환된 것을 보여준다. 따라서 OH기는 안정한 분자 혹은 이온의 형태로 끊어져야만 하고 OR′기는 메커니즘 중간 어느 지점에선 친핵체로 작용해야만 한다(원리 I). 이러한 사실을 고려하여 각 단계를 4개의 메커니즘적 요소를 다양하게 선택할 수 있는 상황으로 생각하여 가능한 단계를 적고 시작한다.

$$RCOOH + R'OH \xrightleftharpoons{H_2SO_4} RCOOR' + H_2O$$

1단계: 만약 알코올이 바로 카보닐에 첨가된다면(결합 형성) 에스터 카보닐에 음이온성 산소가 생성될 것이다. 반응은 산성 조건에서 일어나고 음이온성 산소는 염기성이기 때문에 혼합된 매질 오류가 발생하게 되고 이는 맞지 않다(원리 II). 산성 조건에서 수산화 이온으로 이탈하기 때문에 OH기는 sp^2 탄소로부터 떨어져(결합 끊어짐) 나가지 못한다(원리 II). 떨어져 나갈 수 있는 양성자들은 존재하지 않는다(양성자 제거, 원리 III). 그러므로 제거 과정에 의해 첫 번째 단계는 구조 II를 만들기 위한 카보닐 산소의 양성자화여야 한다. 따라서 **양성자 첨가**이다.

I: R–C(=O:)–ÖH + H–Ö⁺(H)–R′ ⇌ II: R–C(=Ö⁺–H)–ÖH + H–Ö–R′

(*주의:* 카보닐 산소에 양성자화를 시키는 화학종은 알코올 용매의 짝산이다. 이 산은 황산을 알콜올에 첨가하면 생성된다.)

2단계: 구조 II에서는 주어진 산성 조건에서 떨어져 나갈 수 있는(결합 끊어짐) 이탈기가 여전히 존재하지 않는다. 재차 양성자화(양성자 첨가)를 시키게 되면 이양성자가 생성될 것이기 때문에 양성자화 반응을 두 번 시키지 못하며, 만약 양성자를 제거(양성자 제거)한다면 단순히 원래의 구조인 I로 돌아가게 된다. 따라서 제거 과정에 의해 구조 III을 얻기 위해선 친핵성 첨가 반응이 일어나야만 한다는 것을 예측할 수 있다. 따라서 **친핵체와 친전자체 사이의 결합 형성**이다.

II + H–Ö–R′ ⇌ III: R–C(OH)(OH)(Ö⁺(H)R′)

3단계: 구조 III으로부터 알코올이 이탈기로 떨어져(결합 끊어짐) 나갈 수 있으나 이는 단순히 원래의 구조 II로 돌아가는 것이다. 탄소는 4차 탄소(S_N2 공격이 일어나지 못한다)

이기 때문에 구조 III에서는 친핵성 첨가(결합 형성)가 가능하지 않으며 이양성자를 생성하기 때문에 또 다른 양성자를 첨가(양성자 첨가)할 수도 없다. 따라서 제거 과정에 의해 구조 IV를 얻기 위해 양성자를 제거해야만 한다. 그러므로 **양성자 제거**이다.

III IV

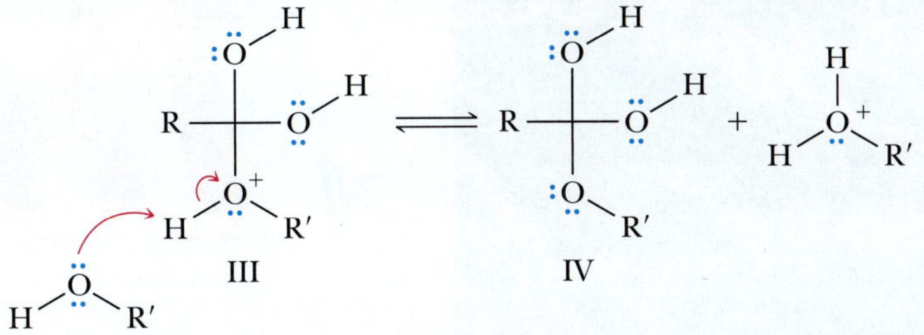

4단계: IV 구조에선 제거될 수 있는(양성자 제거) 산성의 양성자가 존재하지 않는다. 친핵체에 의해 공격(결합 형성)받을 수 있는 친전자성 자리도 구조 IV에는 존재하지 않는다. 산성 조건에서 수산화 이온이나 알콕사이드가 형성되기 때문에 구조 IV로부터 바로 이탈기가 떨어져(결합 끊어짐) 나올 수도 없다(원리 II). 따라서 이탈기가 먼저 양성자화되어 구조 V를 형성하여야 한다. 그러므로 **양성자 첨가**이다.

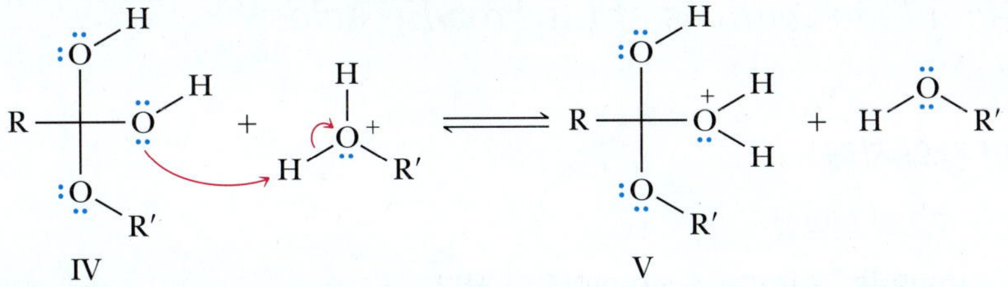

IV V

5단계: 4단계에서의 양성자 첨가는 좋은 이탈기인 물을 형성한다. 따라서 **안정한 분자나 이온을 형성하기 위한 결합이 끊어진다**.

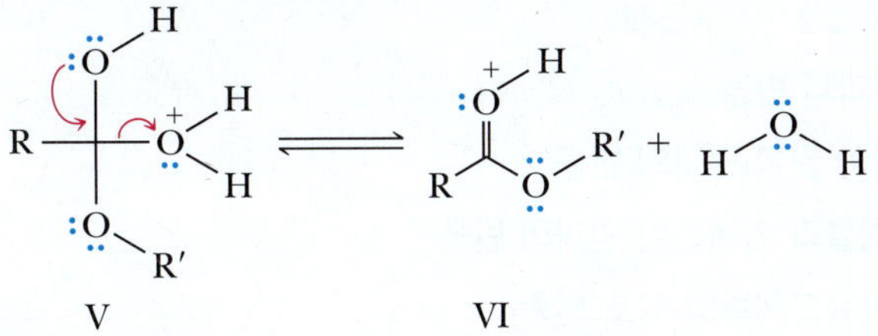

V VI

6단계: 마지막으로 구조 VI에서 에스터 생성물 VII를 만들기 위해선 양성자 제거가 필요하다. 그러므로 **양성자 제거**이다.

VI VII

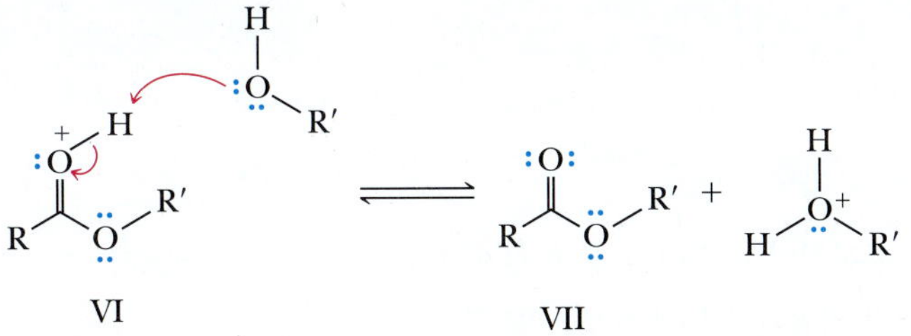

여기서 제시된 세 가지 논리적 원리와 네 가지 가능한 메커니즘적 요소들의 사용을 통해서 다음 장에서 다룰 모든 카복실산과 이의 유도체 사이의 상호전환 뿐만 아니라 다른 장에서의 많은 다른 반응의 메커니즘에 대한 합리적인 기술이 가능할 것이다.

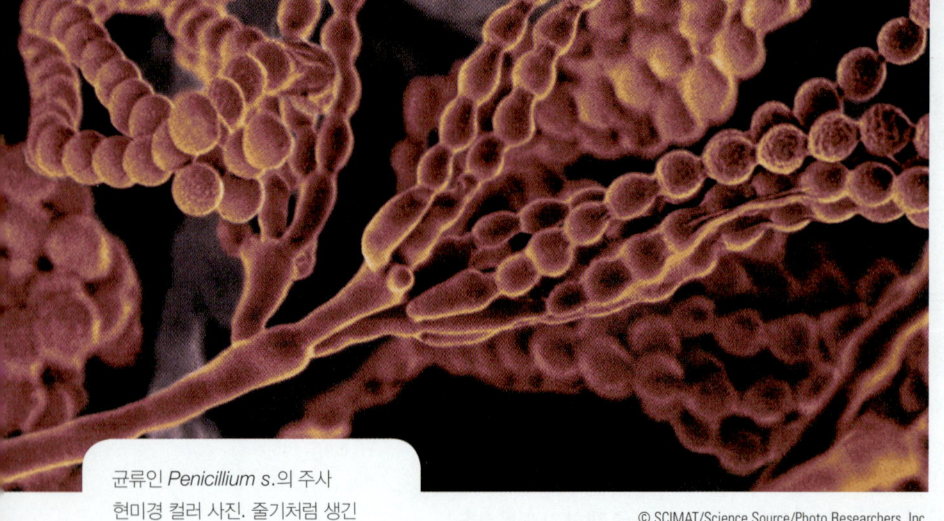

© SCIMAT/Science Source/Photo Researchers, Inc.

균류인 *Penicillium s.*의 주사 현미경 컬러 사진. 줄기처럼 생긴 물체는 수많은 분생자가 붙어 있는 분생자 자루이다. 분생자는 균류의 자실체이다.

▼ ***삽입 그림:*** Amoxicillin의 모형.

제 18 장

카복실산의 작용기 유도체

Functional Derivatives of Carboxylic Acids

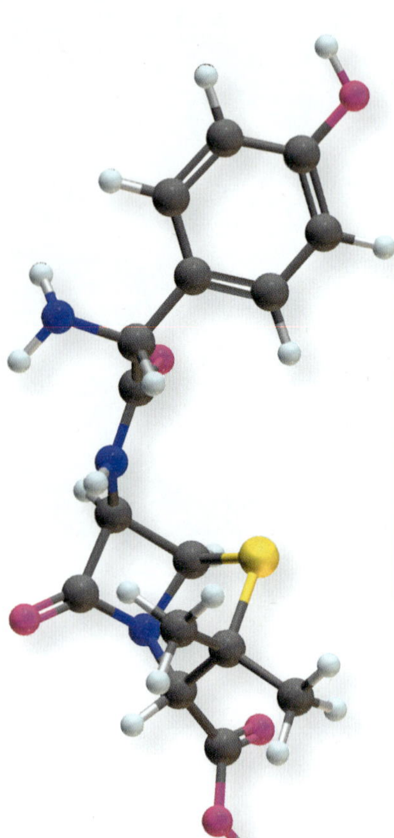

이 장의 차례

이장의 동영상 강의를 보려면 **www.cengage.com/chemistry/brown/organic7e**에 접속 후 **Access Student Materials**를 클릭하라.

이 장에서는 카복시기와 관련된 산 할로젠화물, 산 무수물, 에스터, 아마이드, 나이트릴 다섯 종류의 유기 화합물에 대해서 공부할 것이다.

각 작용기에 대한 일반식을 보면 이들이 카복실산과 어떻게 관련되어 있는지 알 수 있다. 예를 들면, 카복시기로부터 —OH와 H—Cl로부터 H—를 잃어버리면 산 염화물이 형성되고, 카복시기로부터 —OH와 암모니아로부터 H—를 잃어버리면 아마이드가 형성된다. 여기서는 편의상 물 분자를 잃어버리는 반응만을 나타내었다. 그러나 이 장에서 보게 되겠지만 H_2O 분자를 잃어버리는 단계를 포함하지 않는 메커니즘도 있다.

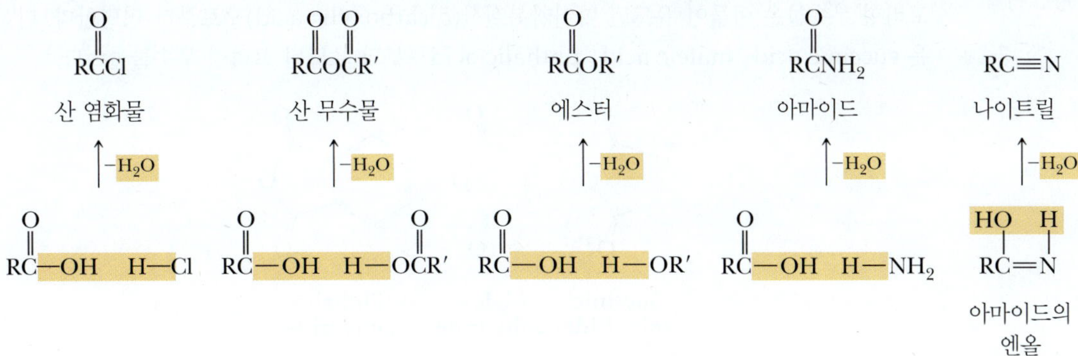

18.1 구조와 명명법

A 산 할로젠화물

산 할로젠화물(Acid halide 또는 acyl halide)의 작용기란 할로젠 원자가 붙어 있는 **아실기**(acyl group, RCO—)를 말한다. 산 염화물(Acid chloride)은 가장 흔한 산 할로젠화물이다.

아실기
RCO— 또는 ArCO—기

$RC-$ (O 이중결합)	CH_3CCl	(벤젠 고리)–C(=O)Cl	Cl–C(=O)(CH$_2$)$_4$C(=O)–Cl
아실기	**Ethanoyl chloride (Acetyl chloride)**	**Benzoyl chloride**	**Hexanedioyl chloride (Adipoyl dichloride)**

산 할로젠화물은 모체 카복실산 이름의 접미사 *–ic acid*를 *–yl halide*로 바꾸어 명명한다.

이와 유사하게 설폰산(sulfonic acid)의 —OH를 염소로 바꿔 주면 **sulfonyl chloride**라 부르는 유도체가 된다. 다음은 두 가지 설폰산과 여기서 유도된 설폰산 염화물의 구조식을 나타낸 것이다.

CH_3SO_2OH	CH_3SO_2Cl	$H_3C-C_6H_4-SO_2OH$	$H_3C-C_6H_4-SO_2Cl$
Methanesulfonic acid	**Methanesulfonyl chloride (MsCl)**	***p*-Toluenesulfonic acid**	***p*-Toluenesulfonyl chloride (Tosyl chloride, TsCl)**

B 산 무수물

카복실산 무수물

카복실산 무수물(Carboxylic anhydride)의 작용기란 두 개의 아실기가 산소 원자에 결합된 형태를 말한다. 이들 화합물은 두 개의 카복실산 분자가 물을 잃고 형성되기 때문에 **산 무수물**(acid anhydride)이라 부른다. 무수물은 대칭적(두 아실기가 같음)일 수도 있고, 혼합형(두 아실기가 다름)일 수도 있다. 무수물은 모체 카복실산의 이름에 있는 *acid*를 *anhydride*로 바꾸어 명명한다.

CH_3COCCH_3 (O O)	$C_6H_5COCC_6H_5$ (O O)
Acetic anhydride	**Benzoic anhydride**

고리형 무수물은 이들이 유도된 다이카복실산(dicarboxylic acid)으로부터 명명한다. 다음은 succinic acid, maleic acid, phthalic acid로부터 유도된 고리형 무수물들이다.

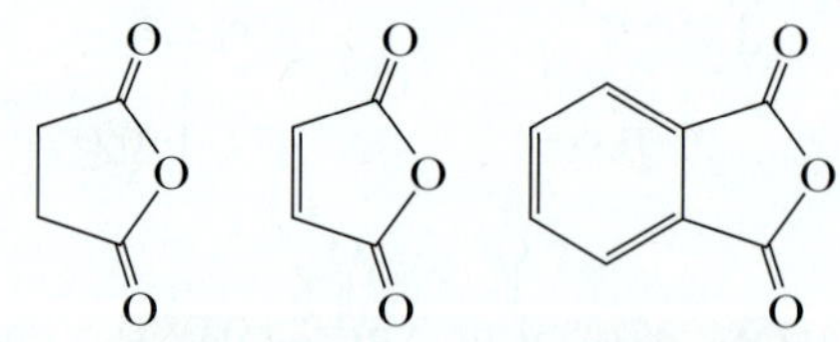

Succinic anhydride **Maleic anhydride** **Phthalic anhydride**

인산 무수물

생물화학에서 인산의 무수물은 매우 중요하기 때문에 이들과 카복실산 무수물과의 유사성을 나타내기 위하여 여기에 포함시켰다. **인산 무수물**(Phosphoric anhydride)의 작용기란 두 개의 인산기가 산소 원자에 결합된 형태를 말한다. 두 개의 인산 무수물과 각각의 산성 수소가 이온화하여 형성된 이온들의 구조식을 아래에 나타내었다.

Diphosphoric acid (Pyrophosphoric acid) **Diphosphate 이온 (Pyrophosphate 이온)** **Triphosphoric acid** **Triphosphate 이온**

C 에스터

카복실산의 에스터

카복실산 에스터(Carboxylic ester)의 작용기란 아실기가 —OR 또는 —OAr에 결합된 형태를 말한다. 에스터의 IUPAC명과 관용명은 모두 모체 카복실산의 이름으로부터 유도된다. 산소에 결합된 알킬기 또는 아릴기를 먼저 명명한 다음 그 산의 이름에 있는 접미사 *–ic acid*를 *–ate*로 바꾸어 명명한다.

$CH_3COCH_2CH_3$ EtO OEt

Ethyl ethanoate (Ethyl acetate) **Diethyl propanedioate (Diethyl malonate)**

락톤: 고리형 에스터

락톤 고리형 에스터.

고리형 에스터는 **락톤**(lactone)이라 부른다. IUPAC 체계는 이들 화합물들을 명명하기 위한 규칙을 개발하였다. 그렇지만 간단한 락톤의 경우에는 아직도 모체 카복실산의 접미사인 *–ic acid* 또는 *–oic acid* 대신에 *–olactone*을 접미사로 붙여 부르고 있다. 고리에 있는 산소 원자의 위치는 IUPAC명인 경우에는 숫자로, 관용명인 경우에는 그리스 문자 α, β, γ, δ, ε 등으로 나타낸다.

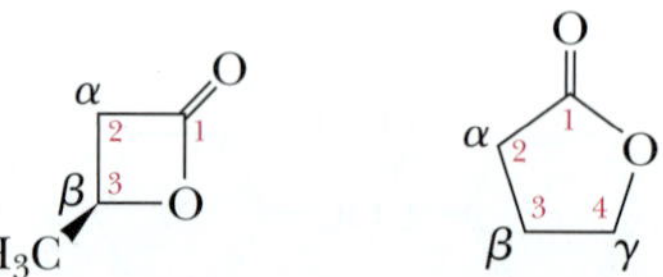

(*S*)-3-Butanolactone ((*S*)-β-Butyrolactone) **4-Butanolactone (γ-Butyrolactone)** **6-Hexanolactone (ε-Caprolactone)**

Cocaine에서 Procaine까지 그리고 그 이후

Cocaine은 남미의 코카나무 *Erythroxylon coca*의 잎에 들어 있는 알칼로이드이다. 이 물질은 1880년에 처음으로 분리되었는데, 얼마 지나지 않아 국부 마취 효과가 있다는 사실이 밝혀졌다. Cocaine은 1884년에 비엔나의 두 젊은 내과의사인 Sigmund Freud와 Karl Koller에 의해서 의학 및 치의학 분야에 도입되었다. 불행하게도 cocaine을 사용하면 이 약물에 대한 의존성이 나타날 수 있는데, Freud는 한 동료가 morphine을 끊도록 유도하기 위하여 cocaine을 사용하였을 때 관찰한 결과로부터 cocaine 중독에 대한 최초의 사례를 기록으로 남겼다.

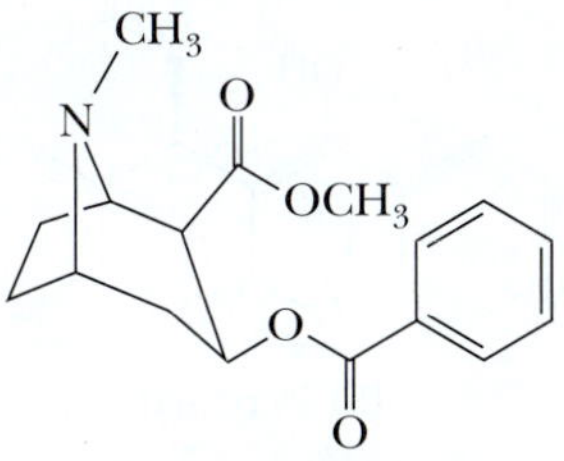

Cocaine

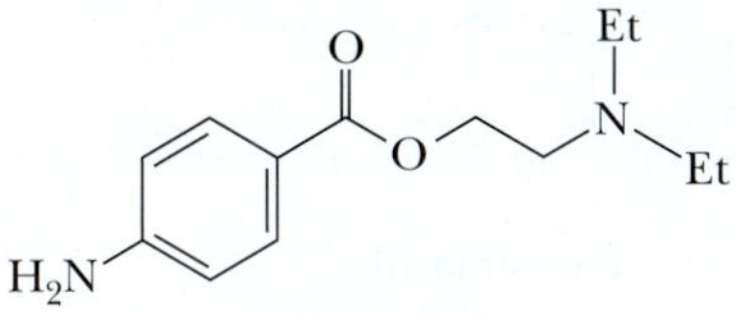

Cocaine의 구조가 밝혀진 후 화학자들은 다음과 같은 질문했다. 'Cocaine의 구조와 마취 효과는 어떤 관계가 있는가? 마취 효과는 습관화 영향과 분리될 수 있는가?' 이러한 질문에 답할 수 있다면 바람직하지 않은 효과는 나타내지 않으면서 마취 활성을 보이는데 필수적인 구조적 특성을 가진 합성 의약품을 만드는 것이 가능할 것이다. 화학자들은 cocaine 분자의 benzoic ester, 염기성인 질소 원자, 탄소 골격의 세 가지 구조적 특징에 초점을 맞추었다. 그 결과 procaine이 합성되어 치과와 외과수술에서 사용하던 cocaine을 대체하게 되었다. 1948년에는 lidocaine이 소개되었는데, 이 물질은 오늘날 가장 널리 사용되는 국부마취제 중에 하나이다. 최근에는 또 다른 계열의 'caine'계 국부 마취제인 etidocaine이 소개되었다. 이들 국부 마취제는 모두 수용성을 띠는 염산염의 형태로 투여한다.

Procaine (Novocain)   **Lidocaine (Xylocaine)**   **Etidocaine (Duranest; 라셈 혼합물)**

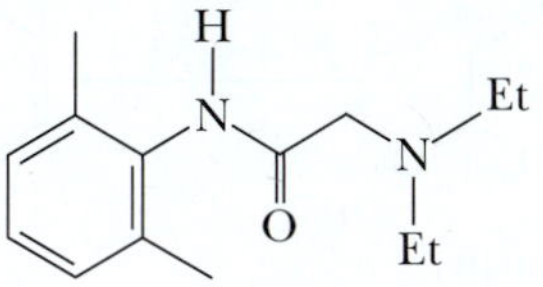

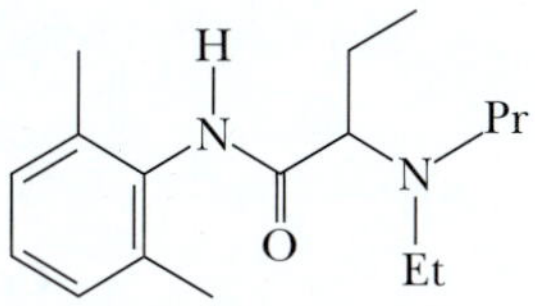

Cocaine은 피로를 감소시키고, 신체 지구력을 증대시키며, 엄청난 자신감과 힘을 느끼게 해준다. Sherlock Holmes 이야기를 보면, 훌륭한 탐정은 권태를 극복하기 위해서 cocaine 7% 용액을 자신에게 주사한다고 했다.

이처럼 자연에 의해 제공된 단서를 이해하게 됨으로써 화학자들은 자연이 만든 그 어떤 것보다 훨씬 더 특정한 기능을 가진 의약품을 합성할 수 있었다.

인산의 에스터

인산은 세 개의 —OH기를 가지고 있으며, 모노-, 다이-, 트라이에스터를 형성하는데, 이들은 산소에 결합된 알킬기 또는 아릴기의 이름에 *phosphate*란 단어를 붙여 명명하며, 한 예로 dimethyl phosphate가 있다. 좀 더 복잡한 인산 에스터의 경우, 유기 분자를 명명하고 나서 '*phosphate*' 또는 접두사 '*phospho-*'를 사용하여 인산 에스터임을 나타낸다.

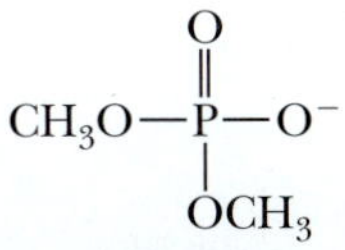

Dimethyl phosphate 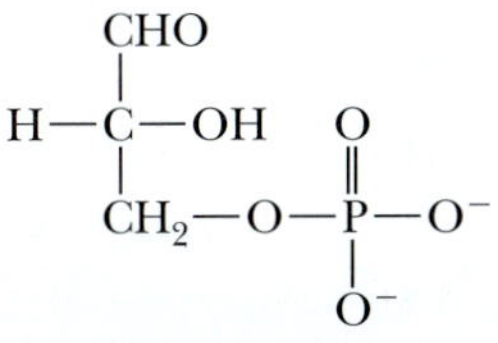   **Glyceraldehyde 3-phosphate** 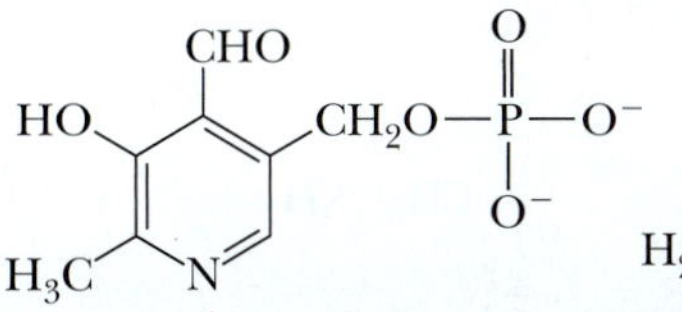   **Pyridoxal 5-phosphate**   **Phosphoenolpyruvate**

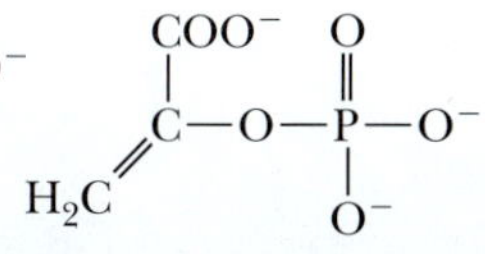

곰팡이가 생긴 클로버에서 혈액 희석제로

1933년에 기분이 상한 한 농부가 위스콘신 대학의 Karl Link 박사 실험실로 한 통의 응고되지 않은 피와 함께 작은 상처가 나서 피를 흘리며 죽은 소에 대한 이야기를 보내 왔다. 몇 년 후, Link와 그의 동료들은 소가 곰팡이가 생긴 클로버를 먹으면 소의 혈액 응고가 억제되어 조금만 베거나 긁혀도 출혈이 멎지 않아 죽게 된다는 사실을 발견하였다. 그들은 곰팡이가 생긴 클로버에서 혈액 응고를 지연하거나 방해하는 물질인 dicoumarol이라는 항응혈제를 분리하였다. Dicoumarol은 비타민 K의 활성을 방해함으로써 항응혈 작용을 나타낸다. 이것이 발견되고 몇 년이 지나지 않아 dicoumarol은 심장마미 환자나 혈액 응고의 위험에 처한 사람들을 치료하는데 널리 사용되게 되었다.

Dicoumarol은 전동싸리(sweet clover)가 기분 좋은 냄새를 갖게 하는 락톤인 coumarin 유도체이다. Coumarin은 혈액 응고를 방해하지 않지만 전동싸리에 곰팡이가 생김에 따라 dicoumarol로 변환된다.

보다 효능이 있는 항응혈제를 찾기 위한 연구에서 Link는 warfarin (Wisconsin Alumni Research Foundation의 이름을 따서 명명)을 개발하였고, 현재 주로 쥐약으로 사용되고 있다. 쥐들이 이 물질을 먹으면 피가 응고하지 않고 피를 흘리게 되어 죽게 된다. Warfarin은 인간에게도 항응혈제로 사용된다. 아래에 나타낸 *S* 거울상 이성질체가 *R* 거울상 이성질체보다 효력이 더 있다. 상용화된 제품은 라셈 혼합물로 시판되고 있다. 라셈 혼합물로서의 warfarin의 합성은 연습 문제 19.59에 기술되어 있다.

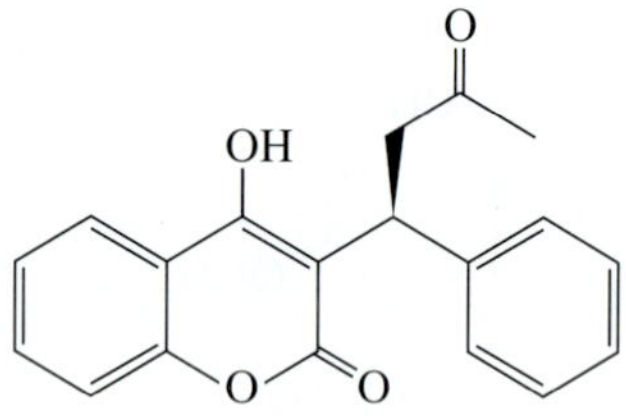

(*S*)-Warfarin
(합성 항응혈제)

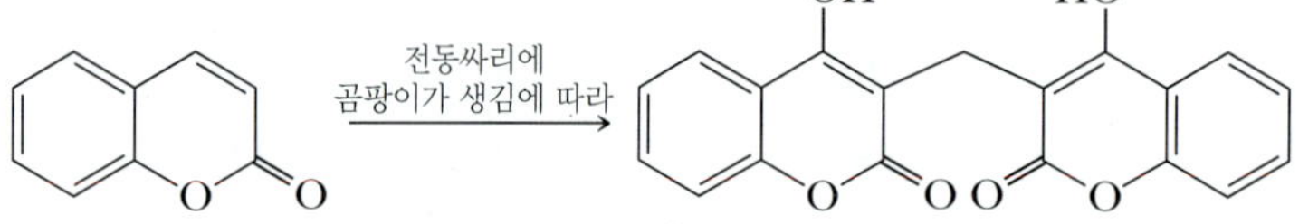

전동싸리에 곰팡이가 생김에 따라

Coumarin
(전동싸리로부터)

Dicoumarol
(항응혈제)

Glyceraldehyde 3-phosphate는 glucose가 pyruvate로 전환되는 대사 경로인 해당 작용(glycolysis)에서 생기는 중간체이다. Pyidoxal phosphate는 비타민 B_6가 대사적으로 활성화된 형태 중의 하나이다. 이들 에스터 각각은 혈장의 pH인 pH = 7.4에서 다음과 같은 형태로 이온화되어 있다. 인산기 내의 두 하이드록시기는 이온화되어 있고 인산기는 −2의 전하를 띤다. DNA와 RNA의 주 골격은 모두 각 반복 단위에 phosphoric diester를 가지고 있다.

D 아마이드와 이미드

아마이드(Amide)의 작용기는 아실기가 질소 원자와 결합한 형태를 하고 있다. 아마이드는 모체 산의 IUPAC명의 접미사인 *-oic acid*나 관용명의 *-ic acid*를 제거하고 *-amide*를 붙여서 명명한다. 아마이드의 질소 원자가 알킬기 또는 아릴기에 결합되어 있다면, 그 작용기를 명명하고 그 작용기가 질소에 붙어 있다는 것을 *N*-으로 나타낸다. 알킬기 또는 아릴기 두 개가 질소에 붙어 있다면 *N*,*N*-di-로 나타낸다. *N*,*N*-Dimethylformamide (DMF)는 널리 사용되고 있는 극성의 비양성자성 용매이다(9.3D절).

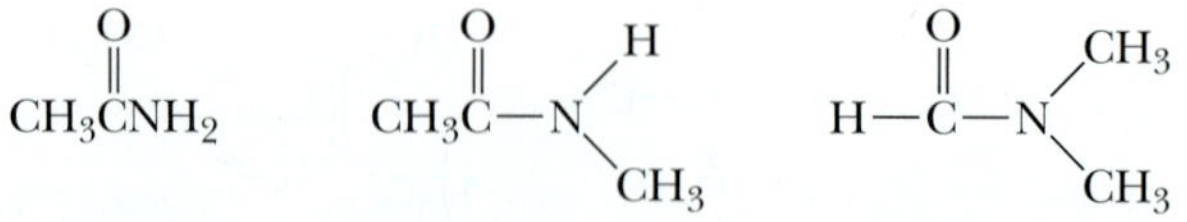

$CH_3C(=O)NH_2$ — **Acetamide** (1° 아마이드)

$CH_3C(=O)-N(H)CH_3$ — ***N*-Methylacetamide** (2° 아마이드)

$H-C(=O)-N(CH_3)_2$ — ***N*,*N*-Dimethylformamide (DMF)** (3° 아마이드)

고리형 아마이드에는 **락탐**(lactam)이라는 특별한 이름을 사용한다. 락탐의 이름은 락톤의 경우와 유사한 방법으로 명명하며, 다만 차이는 어미 *-lactone*이 *-lactam*으로 대체되었다는 점이다.

락탐
고리형 아마이드.

(*S*)-3-Butanolactam ((*S*)-*β*-Butyrolactam) **6-Hexanolactam (*ε*-Caprolactam)**

이미드(Imide)의 작용기는 질소에 두 아실기가 결합된 형태를 하고 있다. Succinimide와 phthalimide는 모두 고리형 이미드이다.

이미드
아실기(RCO— 또는 ArCO—) 두 개가 질소 원자에 결합되어 있는 작용기.

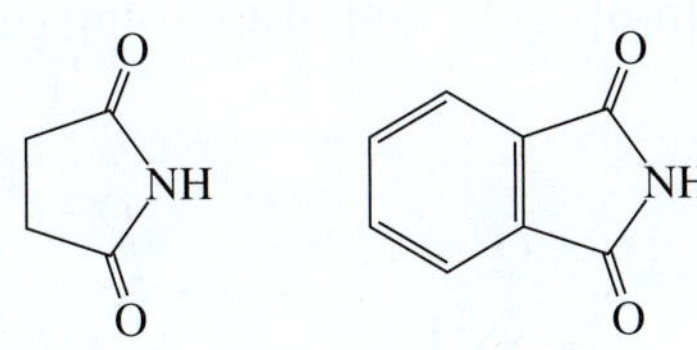

Succinimide Phthalimide

예제 18.1 ▸ **카복실산 유도체 명명하기**

다음 각 화합물의 IUPAC명을 써라.

(a) OMe (b) OEt (c) H_2N … NH_2 (d) Ph … O … Ph

➥ 해답

먼저 IUPAC명을 나타내었고 관용명은 그 다음에 괄호 안에 나타내었다.

(a) Methyl 3-methylbutanoate (methyl isovalerate, isovaleric acid로부터)

(b) Ethyl 3-oxobutanoate (ethyl *β*-ketobutyrate, *β*-ketobutyric acid로부터)

(c) Hexanediamide (adipamide, adipic acid로부터)

(d) Phenylethanoic anhydride (phenylacetic anhydride, phenylacetic acid로부터)

연습 문제 18.1

다음 각 화합물의 구조식을 그려라.

(a) *N*-Cyclohexylacetamide

(b) 1-Methylpropyl methanoate

(c) Cyclobutyl butanoate

(d) *N*-(1-Methylheptyl) succinimide

(e) Diethyl adipate

(f) 2-Aminopropanamide

E 나이트릴

나이트릴
탄소 원자에 결합된 —C≡N(사이아노)기를 포함하는 화합물.

나이트릴(Nitrile) 작용기는 탄소 원자에 결합된 사이아노기(C≡N)로 되어 있다. IUPAC 명은 alkanenitrile의 형식을 따른다(예, ethanenitrile). 관용명은 모체 카복실산의 접미사인 *-ic acid* 또는 *-oic acid*를 빼고 접미사 *-onitrile*을 붙여서 명명한다.

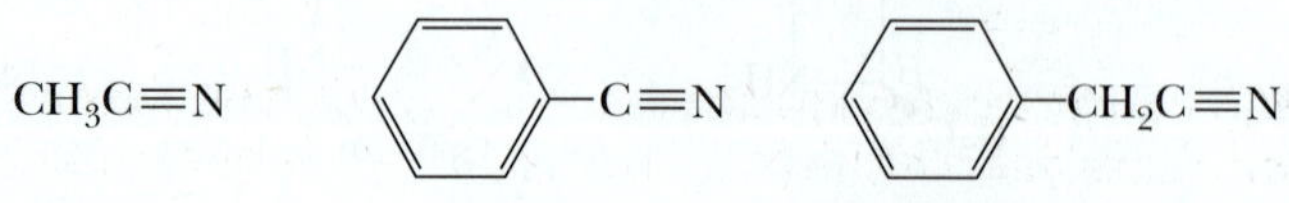

$CH_3C{\equiv}N$ — **Ethanenitrile (Acetonitrile)**

$C_6H_5{-}C{\equiv}N$ — **Benzonitrile**

$C_6H_5{-}CH_2C{\equiv}N$ — **Phenylethanenitrile (Phenylacetonitrile)**

18.2 아마이드, 이미드, 설폰아마이드의 산도

다음은 1차 아마이드, 설폰아마이드, 두 개의 고리형 이미드의 구조식과 각각의 pK_a 값을 나타낸 것이다.

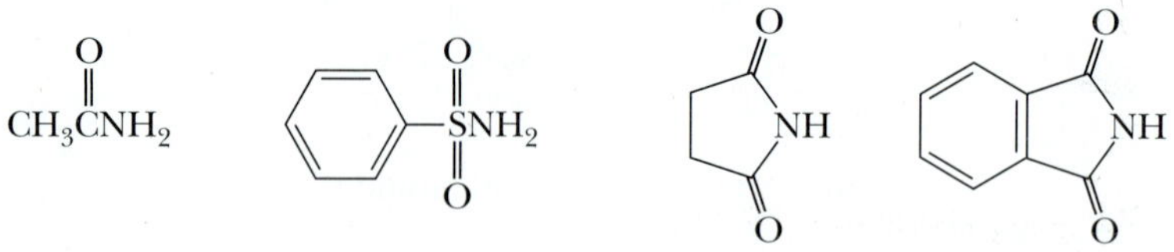

CH_3CNH_2 (C=O)	$C_6H_5SO_2NH_2$	(고리형 이미드)	(고리형 이미드)
Acetamide	**Benzenesulfonamide**	**Succinimide**	**Phthalimide**
pK_a 15~17	pK_a 10	pK_a 9.7	pK_a 8.3

카복실산의 아미이드의 pK_a 값은 15~17의 범위에 있는데, 이는 알코올의 산도와 비슷함을 의미한다. 아마이드는 수용액에서 산도의 증거를 보이지 않는다. 즉, 물에 녹지 않는 아마이드는 NaOH 또는 다른 알칼리 금속의 하이드록사이드의 수용액과 반응하여 수용성 염을 형성하지 않는다.

이미드(pK_a 8~10)는 아마이드보다 훨씬 더 산성이고, 5% NaOH 수용액에 쉽게 녹아 수용성 염을 형성한다. 이미드의 산도는 카복실산의 산도에 대해서 설명한 것과 동일한 방식으로 설명할 수 있다(17.4절). 즉, 이미드 음이온은 음전하의 비편재화로 안정화되어 있다. 이미드의 이온화에 의해서 형성된 음이온에 대해서 보다 더 중요한 기여 구조들을 보면 질소와 두 카보닐기에 있는 음전하가 비편재화되어 있음을 알 수 있다.

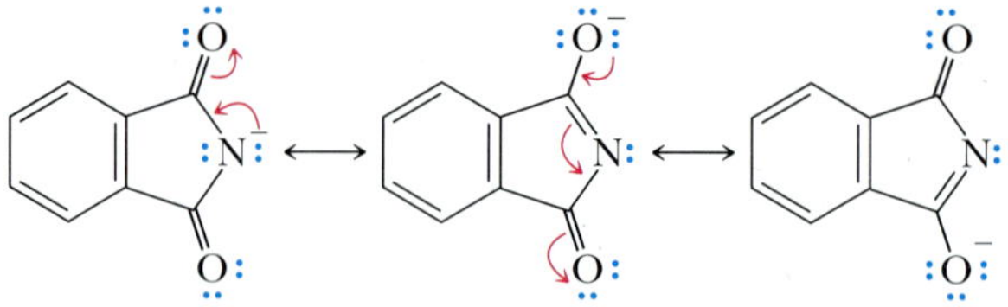

공명-안정화된 음이온

암모니아와 1차 아민으로부터 유도된 설폰아마이드는 수용성 염을 형성함으로써 NaOH 또는 다른 알칼리 금속 하이드록사이드의 수용액에 녹을 만큼 충분히 산성을 띤다. Benzenesulfonamide의 pK_a 값은 대략 10이다. 설폰아마이드의 산도는 이미드에 대해서 설명한 것과 동일한 방식, 즉 음이온의 공명 안정화로 설명할 수 있다.

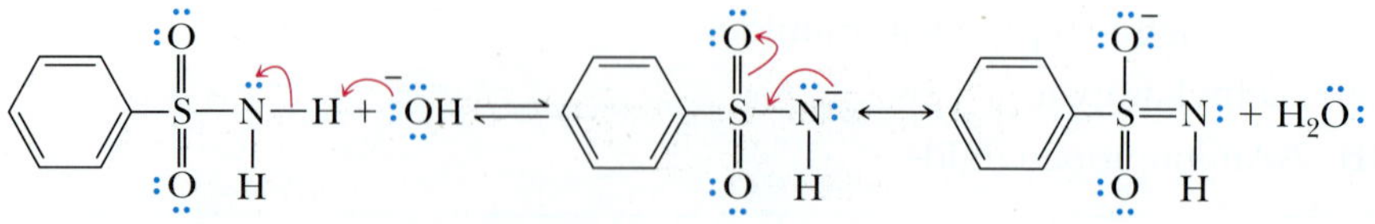

$C_6H_5SO_2NH{-}H + {}^-OH \rightleftharpoons C_6H_5SO_2NH^- \longleftrightarrow C_6H_5S(O)(O^-){=}NH + H_2O$

Benzenesulfonamide 공명-안정화된 음이온

예제 18.2 ▸ **Phthalimide의 성질**

Phthalimide는 물에 녹지 않는다. Phthalimide는 NaOH 수용액에 녹을까?

➡ 해답

Phthalimide는 더 센산이고, NaOH는 더 센염기이다. 따라서 평형의 위치는 오른쪽으로 치우쳐 있다. Phthalimide는 NaOH 수용액에 녹아 수용성 소듐 염을 형성한다.

Phthalimide (NH) + NaOH ⇌ Phthalimide N^-Na^+ + H_2O $\quad pK_{eq} = -7.4$, $K_{eq} = 2.5 \times 10^7$

pK_a 8.3 (더 센산) (더 센염기) (더 약한 염기) pK_a 15.7 (더 약한 산)

연습 문제 18.2

Phthalimide는 sodium bicarbonate 수용액에 녹을까?

생화학 관련 이야기 *Connections to Biological Chemistry*

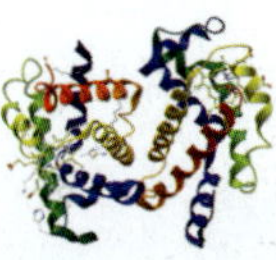

아마이드 결합의 특이한 구조

아마이드는 카복실산 유도체들 중에서도 특이한 구조적 특징을 가지고 있다. 1930년대 말에 Linus Pauling은 아마이드 결합의 질소 원자 주위의 결합각이 120°에 가깝다는 사실을 발견하였다. 즉, 아마이드의 질소는 평면 삼각형이고 sp^2 혼성화되어 있다. 우리는 아마이드가 세 개의 공명 기여 구조의 혼성체라는 것을 알고 있다(1.9C절).

R–C(=O)–NH–H ⟷ R–C⁺(–O⁻)–NH–H ⟷ R–C(–O⁻)=N⁺H–H

이 기여 구조는 C와 N 사이에 이중 결합이 있다

아마이드 결합에 있는 6개의 원자들이 120°의 결합각을 가진다는 사실은 오른쪽의 공명 구조가 혼성체에 중요한 기여를 한다는 것을 의미하며 혼성체가 세 번째 구조와 매우 닮아 있음을 의미한다. 세 번째 기여 구조를 포함시킴으로써 아마이드 질소가 sp^2 혼성화되어 있고 따라서 평면 삼각형 구조를 하고 있음을 설명할 수 있다. 또한, 공명 혼성체에 부분적인 이중 결합(π 결합)이 존재한다는 것은 C—N 결합 주위로의 회전이 제한을 받고 있음을 의미한다. 아마이드의 C—N 결합의 회전 장벽 에너지 측정값은 대략 63~84 kJ (15~20 kcal)/mol인데, 이 값은 실온에서 C—N 결합 주위로의 회전을 제한할 수 있을 만큼 충분히 크다. 또한, 질소의 고립 전자쌍이 결합 속으로 비편재화되어 양성자 또는 다른 Lewis 산과의 상호작용을 불가능하게 한다. 따라서 아마이드의 질소는 염기성이 아니다. 실제로 산성 용액에서 아마이드는 질소보다는 카보닐 산소 원자에서 양성자화된다(예제 4.2 참조). 마지막으로, 질소의 고립 전자쌍의 비편재화는 카보닐 탄소에서의 친전자성(부분적인 양전하)을 감소시켜, 결과적으로 친핵체의 공격에 대한 아마이드의 반응성을 감소시킨다.

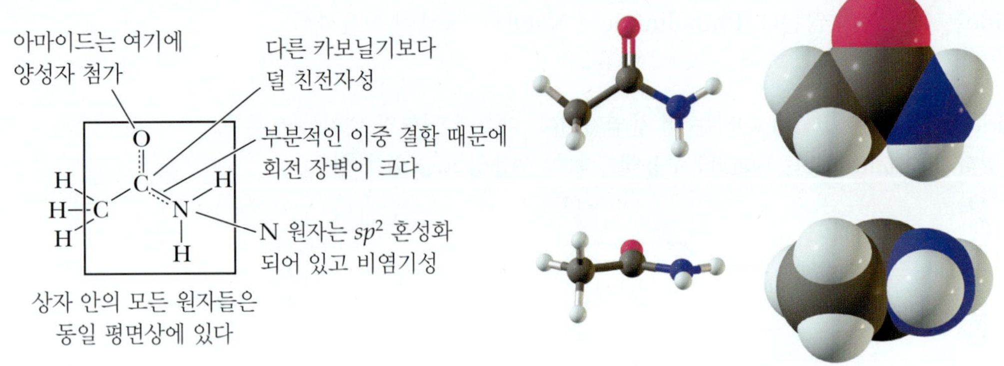

아마이드의 —NH기는 좋은 수소 결합 주개이고, 반면에 아마이드의 카보닐은 좋은 수소 결합 받개이므로 1차와 2차 아마이드는 모두 강한 수소 결합을 형성할 수 있다.

27장에서 다루겠지만 아마이드가 분자 간 및 분자 내 수소 결합에 참여할 수 있는 능력은 폴리펩타이드와 단백질의 3차원 구조를 결정할 때 고려해야 하는 중요한 요인이다.

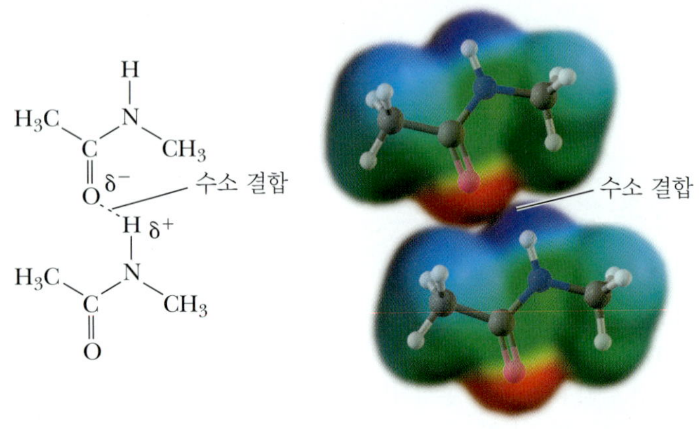

18.3 특징적인 반응들

이 절과 다음 절에서 우리는 다양한 카복실산 유도체들의 상호 변환에 대하여 살펴볼 것이다. 이 모든 반응은 정사면체 카보닐 첨가 중간체의 형성으로 시작된다(친핵체와 친전자체 사이에 새로운 결합 형성).

A 친핵성 아실 치환

이 반응의 첫 번째 단계는 알데하이드 또는 케톤에 대한 알코올의 첨가 반응과 매우 유사하다(16.7B절). 이 반응은 염기 조건 하에서 수행될 수 있으며, 음전하를 띤 친핵체는 카보닐 탄소에 직접 첨가된다. 형성된 정사면체 카보닐 첨가 중간체에 양성자 주개인 HA로부터 양성자가 첨가된다. 이 반응의 결과는 친핵성 아실 첨가이다.

친핵성 아실 첨가 (염기성 조건):

$$\mathrm{RC(=O)Y} + :\mathrm{Nu}^- \rightleftharpoons \left[\mathrm{R(Y)C(O^-)Nu}\right] \xrightarrow{\mathrm{H{-}A}} \mathrm{R(Y)C(OH)Nu} + :\mathrm{A}^-$$

카복실산 유도체 — 정사면체 카보닐 첨가 중간체 — 첨가 생성물 또는 이 반응은 알데하이드 케톤의 반응처럼 산에 의해서도 촉매화될 수 있는데, 이 경우 카보닐 산소에 양성자가 첨가된 다음에 친핵체가 카보닐기를 공격한다.

친핵성 아실 첨가 (산성 조건):

카복실산 유도체   정사면체 카보닐 첨가 중간체

B 친핵성 아실 치환

카복실산의 유도체에 대해서 정사면체 카보닐 첨가 중간체의 운명은 알데하이드나 케톤의 경우와는 아주 다르다. 즉, 중간체에서 이탈기(Lv)가 떨어져 나가면서 카보닐기를 다시 형성한다(결합이 깨져 안정한 분자 또는 이온을 형성). 이러한 첨가-제거 반응의 결과는 **친핵성 아실 치환**(nucleophilic acyl substitution)이다.

> **친핵성 아실 치환**
> 아실기 탄소에 결합된 친핵체가 다른 친핵체에 의해 대체되는 반응.

친핵성 아실 치환 (염기성 조건):

정사면체 카보닐 첨가 중간체   치환 생성물

친핵성 아실 첨가와 친핵성 아실 치환 사이의 중요한 차이점은 알데하이드와 케톤이 비교적 안정한 음이온으로 떨어져 나갈 수 있는 이탈기를 갖고 있지 않다는 점이다. 알데하이드와 케톤은 친핵성 첨가 반응만 일어난다. 이 장에서 다루는 네 종류의 카복실산 유도체는 비교적 안정한 음이온 또는 중성인 화학종으로 떨어질 수 있는 이탈기 Lv를 가지고 있다. 이 반응에서 중성 분자들은 흔히 친핵체로 작용하는데, 주로 산-촉매 조건에서 일어날 때 친핵체로 작용한다. 이들 반응이 산에 의해서 촉매화될 때에는 양성자가 먼저 붙고 나서 친핵성 공격이 이어진다. 마찬가지로 양성자가 먼저 붙고 나서 이탈기가 떨어져 나간다. 이 장에서는 이러한 반응을 여러 차례 보게 될 것이다.

친핵성 아실 치환 (산성 조건):

C 상대적인 반응성

이 장의 핵심인 네 종류의 카복실산 유도체들은 친핵성 아실 치환반응에 대해서 다음과 같은 상대적 반응성을 가지고 있다. 이러한 경향의 차이는 극적이다. 예를 들면, 통상적인 주위 온도와 중성의 pH에서 산 염화물은 물과 수 초에서 수 분 안에 반응하는데 반하여 무수물은 수 분에서 수 시간이 소요된다. 그러나 에스터는 이러한 조건에서는 주목할 만한 속도로 반응하지 않는다. 에스터가 가수분해하는 데에는 수년이 소요되며, 아마이드의 경우에는 수세기가 소요된다. 그러므로 산 염화물과 산 무수물은 반응성이 너무 커서 자연에서 발견되지 않는 반면, 에스터와 아마이드는 도처에 널리 존재한다.

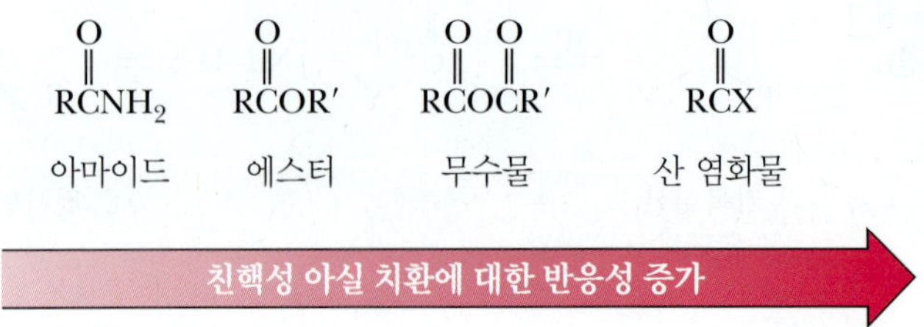

이러한 경향은 다음과 같은 두 효과로 설명할 수 있다. 첫 번째 효과는 상대적인 이탈기 능력이다. 한 가지 중요한 점을 설명하기 위하여 다음과 같은 음이온 이탈기들을 제시하였다. 약한 염기일수록(안정한 음이온일수록) 더 좋은 이탈기이다(그림 18.1). 여기서 가장 약한 염기이자 가장 좋은 이탈기는 할로젠화 이온이다. 산 할로젠화물은 친핵성 아실 치환 반응에 대해서 가장 반응성이 크다. 가장 센염기이자 가장 약한 이탈기는 아마이드 이온이다. 아마이드는 친핵성 아실 치환 반응에 대한 반응성이 가장 작다.

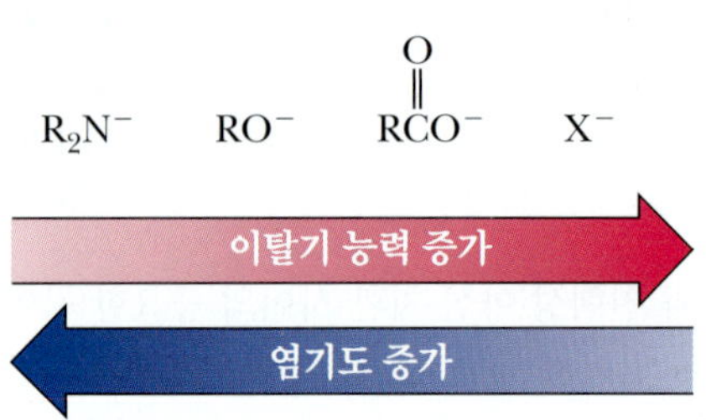

그림 18.1 ▸ 음이온의 이탈기 능력과 염기도.

두 번째 효과는 카복실산 유도체의 상대적인 공명 안정화에서 유래한다. 다음과 같이 각 유도체는 어느 정도 안정화되는 기여 구조로 나타낼 수 있다. 각각의 카복실산 유도체에 대해서 나타낸 두 번째 기여 구조는 카보닐 탄소에 양전하를 가지고 있다. 이러한 구조는 탄소가 친전자성을 띤다는 사실을 나타낸다. 그러나 이 구조는 유도체들의 상대적 공명 안정화를 반영하는 또 다른 기여 구조이다.

먼저 산 염화물을 분석해 보자. 산 염화물의 세 번째 기여 구조에는 탄소-염소 이중 결합이 있는데, 두 원자에 있는 크기가 다른 p 궤도함수 사이의 궤도함수 겹침이 약하기 때문에 π 결합은 약하다. 게다가 전기음성도가 큰 염소 원자에 양전하가 있다. 따라서 세 번째 구조는 산 염화물에 대한 기여도가 낮다. 산 무수물에는 5개의 기여 구조가 있다. 마지막 두 구조에는 중앙의 산소에 양전하가 있다. 그러나 이 양전하 옆에는 전자를 잡아당기는 카보닐기가 있다. 따라서 마지막 두 구조는 산 무수물의 기여 구조가 아니다. 그러나 에스터의 유사한 기여 구조에는 양전하를 띤 산소가 전자를 주는 알킬기 옆에 있어서 양전하를 안정화시키고 있다. 따라서 이 구조는 에스터의 기여 구조이다. 즉 안정하므로 카보닐 탄소의 친핵성 공격에 대한 반응성은 감소한다. 마지막으로 아마이드에 대한 세 번째 기여 구조는 전기 음성도가 덜한 질소(에스터의 산소와 비교)에 양전하가 있으므로 보다 기여하는 구조이고 따라서 더욱 안정화되어 있다. 사실 아마이드의 C═N 이중 결합 성격은 중요한 의미를 갖는다. 아마이드의 안정성 증가로 인해 친전자성 공격에 대한 아마이드의 반응성은 가장 낮다.

산 염화물의 기여 구조

산 무수물의 기여 구조

에스터의 기여 구조

아마이드의 기여 구조

이를 종합해 보면 이탈기 능력과 친핵성 공격에 대한 반응성의 두 효과를 결합하면 서로를 강화시키는 결과를 나타낸다. 따라서 반응성의 순서는 다음과 같이 주어진다.

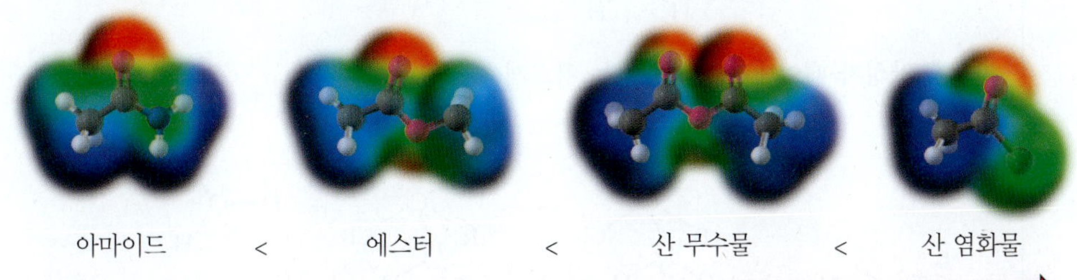

D 촉매 작용

산 염화물과 산 무수물의 반응성은 충분히 크기 때문에 카복실산 유도체들을 상호 전환시키기 위해 사용하는 보통의 친핵체는 촉매의 도움 없이도 이들과 직접 반응할 것이다. 그러나 에스터와 아마이드는 너무 안정하기 때문에 산 또는 염기 촉매가 필요하다. 산 촉매 반응은 카복실 산 유도체의 친전자성을 증대시키고 이탈기가 잘 떨어져 나가도록 하기 위해 사용된다. 카보닐 기에 양성가가 첨가하면 카보닐 탄소의 양전하를 크게 증가시켜 친핵성 공격을 훨씬 용이하게 한다. 또한, 이탈기에 있는 양성자는 더 쉽게 안정한 분자로 떨어져 나가도록 해 준다.

염기는 중성의 친핵체를 음이온성 친핵체로 바꿔줌으로써(예, 에탄올을 소듐에톡사이드로) 친핵성을 증대시키는 데 사용된다. 또한, 염기성 조건 하에서는 정사면체 첨가 중간체가 음전하를 띠므로 음전하를 띤 이탈기를 보다 쉽게 떼어낼 수 있다. 이 장에서는 산과 염기를 포함하는 상세한 메커니즘을 보게 될 것이다. 각 메커니즘에는 전자의 이동을 보여주는 화살표가 사용된다. 메커니즘과 화살표 밀기(arrow pushing)의 의미를 배우기 전에 메커니즘을 쓸 때 흔히 범하기 쉬운 오류 목록(부록 10)을 참고하기 바란다.

18.4 물과의 반응: 가수분해

A 산 염화물

분자량이 작은 산 염화물들은 물과 매우 빠르게 반응하여 카복실산과 HCl을 형성한다.

$$CH_3\overset{O}{\overset{\|}{C}}Cl + H_2O \longrightarrow CH_3\overset{O}{\overset{\|}{C}}OH + HCl$$

Acetyl chloride

분자량이 큰 산 염화물들은 물에 잘 녹지 않으며, 따라서 물과 빠르게 반응하지 않는다.

MECHANISM 산 염화물의 가수분해

산 염화물은 반응성이 너무 커서 가수분해할 때 산 또는 염기 촉매가 필요 없다. 따라서 메커니즘에서는 친핵체가 공격하고 이탈기가 떨어져 나가기 전에 양성자가 붙고 떨어지는 단계가 필요 없다.

1단계: **친핵체와 친전자체 사이에 새로운 결합 형성.** 물이 카보닐 탄소를 직접 공격하여 정사면체 첨가 중간체가 생성된다.

2단계: **양성자 떼어내기.** 양성자는 빠르게 제거된다.

3단계: **결합이 깨져 안정한 분자 또는 이온 생성.** 염화 음이온 이탈기가 떨어져 나가 카복실산 생성물이 얻어진다.

이 반응은 매우 센산 HCl (H_3O^+와 Cl_2)을 생성한다. 화학자들은 보통 pyridine과 같은 약한 염기를 첨가하여 생성되는 산을 중화한다.

B 산 무수물

산 무수물은 일반적으로 산 염화물보다 반응성이 더 작다. 그러나 분자량이 작은 산 무수물은 물과 반응하여 두 분자의 카복실산을 형성한다.

$$CH_3\overset{O}{\overset{\|}{C}}O\overset{O}{\overset{\|}{C}}CH_3 + H_2O \longrightarrow CH_3\overset{O}{\overset{\|}{C}}OH + HO\overset{O}{\overset{\|}{C}}CH_3$$

Acetic anhydride

산 염화물의 가수분해와 마찬가지로 산 무수물의 가수분해는 산 또는 염기 촉매를 가하지 않고도 일어날 것이다(때로는 산이 사용되기는 하지만). 따라서 메커니즘은 위에 주어진 것과 유사하다. 산-촉매 메커니즘은 다음 절에 있는 에스터의 경우와 유사하다.

C 에스터

에스터는 중성의 pH에서는 끓는 물에서조차도 매우 천천히 가수분해된다. 그러나 에스터를 산 또는 염기 수용액에서 가열 환류시키면 가수분해가 상당히 빠르게 일어난다. 산-촉매 가수분해의 메커니즘은 이 장에서 논의하는 여러 메커니즘에 포함된 논리와 핵심 단계를 강조하고 있다.

MECHANISM 산-촉매 에스터 가수분해

1단계: **양성자 첨가.** 반응은 양성자가 첨가되면서 시작되는데, 이는 에스터 카보닐 탄소의 친전자성을 증대시킨다.

$$RC(=O)OR' \ (A) + H_3O^+ \rightleftharpoons RC(=O^+H)OR' \ (B) + H_2O$$

2단계: **친핵체와 친전자체 사이에 새로운 결합 형성.** 물이 카보닐 탄소 원자에 첨가된다.

$$RC(=O^+H)OR' \ (B) + H_2O \rightleftharpoons RC(OH)(OR')(O^+H_2) \ (C)$$

3단계: **양성자 떼어내기.** 양성자가 떨어져 나가 정사면체 첨가 중간체가 생성된다.

$$RC(OH)(OR')(O^+H_2) \ (C) + H_2O \rightleftharpoons RC(OH)_2(OR') \ (D) + H_3O^+$$

4단계: **양성자 첨가**. —OR′에 양성자가 붙어 —O⁺HR로 전환되는데, 이렇게 되면 그 다음 단계에서 더 좋은 이탈기인 R′OH로 떨어져 나갈 수 있게 된다.

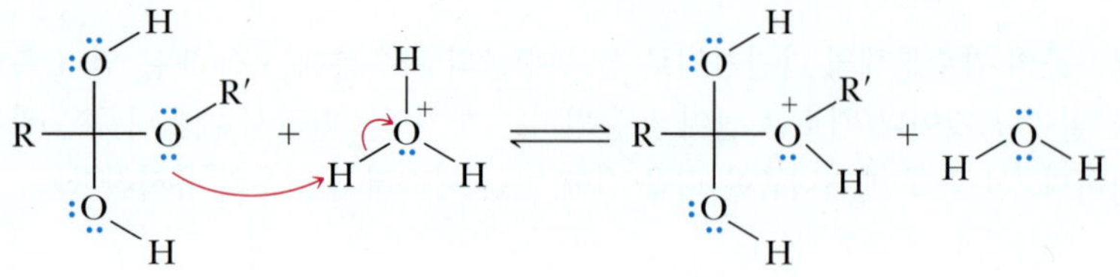

D ⇌ E

5단계: **결합이 깨져 안정한 분자 또는 이온 형성**. R′OH가 이탈기로 떨어져 나간다.

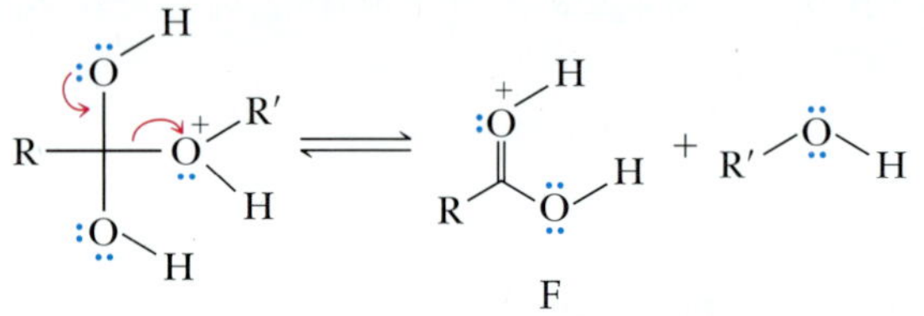

E ⇌ F

6단계: **양성자 떼어내기**. 마지막으로 양성자가 이탈되면 생성물로 에스터가 형성되고 산 촉매가 재생된다.

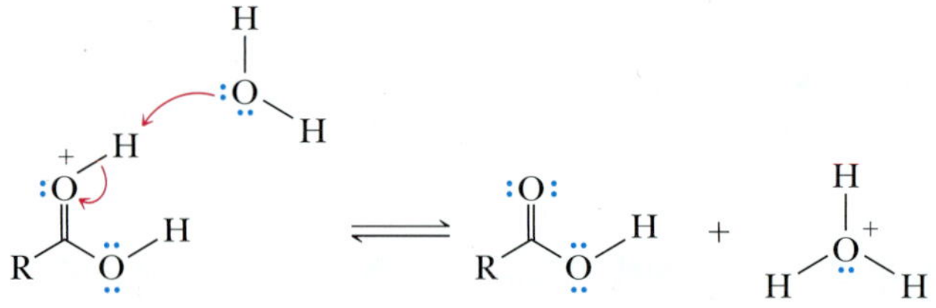

F ⇌ G

미시적 가역성

우리는 알코올의 산성 용액에서 에스터가 형성되는 Fischer 에스터화 반응(Fischer esterification)과 산성 수용액에서 에스터의 가수분해에 대해서 논하였다. Fischer 에스터화 반응을 다룰 때 우리는 이 반응이 평형 반응임을 언급하였다. 산성 수용액에서 에스터의 가수분해 역시 평형 반응이다. 이 두 반응은 동일한 친핵성 첨가/제거 메커니즘으로 진행되며, 이 둘은 단지 서로 반대 반응이라는 점만 다르다. 10.6절에서 처음으로 소개한 바와 같이 미시적 가역성(microscopic reversibility)의 원리는 어떤 가역 반응에 대해서 정반응과 역반의 중간체와 전이 상태의 순서는 같지만 역순이다. 일반적으로 양성자가 붙는 양성자 첨가 반응의 역은 양성자가 떨어져 나가는 양성자 이탈 반응이다. 친핵체가 공격하는 과정(친핵체와 친전자체 사이에 결합의 형성)의 역은 이탈기가 떨어져 나가는 과정(결합이 깨져 안정한 분자 또는 이온을 형성)이다.

우리는 Fischer 에스터화 반응과 에스터 가수분해 반응의 메커니즘을 비교해 봄으로써 미시적 가역성의 원리를 이해할 수 있다(Primer II와 바로 위에 있는 에스터 가수분해 메커니즘을 참조하라.) 먼저, 이 두 반응은 전체적으로 6단계 반응이다. 이제 해당 단계들을 검토해 보자. 다음의 비교 분석에서 Primer II에 있는 Fischer 에스터화 반응 메커니즘은 로마 숫자로 에스터 가수분해 메커니즘은 대문자로 나타내어 비교할 것이다.

에스터화 반응은 카보닐 산소의 양성자 첨가 반응으로 시작하며, 가수분해 반응은 카보닐 산소의 양성자 이탈 반응으로 끝이 난다(I = G). 에스터화 반응의 두 번째 단계는 카보닐 탄소에서의 친핵성 공격이며, 가수분해 반응의 마지막에서 두 번째 단계는 이탈기가 떨어져 나가 카보닐을 형성하는 반응이다(II = F). 에스터화 반응의 세 번째 단계는 첨가된 친핵체의 양성자가 떨어져 나가는 반응이며, 가수분해 반응의 마지막에서 세 번째 단계는 양성자가 붙는 반응이다(이것은 그 다음 단계에서 이탈기가 될 것이다)(III = E). 에스터화 반응의 네 번째 단계는 양성자가 첨가되는 반응인데 이것은 그 다음 단계에서 이탈기가 될 것이다. 가수분해 반응의 세 번째 단계는 친핵체 부분에서 양성자가 이탈되는 반응이다(IV = D). 이 시점에서 에스터화 반응의 세 번째 단계에서는 양성자 이탈 반응에 의해서 중성의 정사면체 중간체를 형성하며, 가수분해의 세 번째 단계에서는 양성자가 첨가된다는 것을 언급하는 것은 중요하다. 에스터화 반응의 다섯 번째 단계에서는 이탈기가 떨어져 나가는 반응이며, 가수 분해의 두 번째 단계는 친핵체가 공격하는 반응이다(V = C). 에스터화 반응의 마지막 단계는 카보닐 산소에서 양성자가 이탈되는 반응이며, 가수분해의 첫 번째 단계는 양성자가 카보닐 산소에 첨가되는 반응이다(VI = B). 미시적 가역성의 원리를 이용함으로써, 우리가 알고 있는 어떠한 역반응의 메커니즘을 쓸 줄 알고 또한 정반응을 이해할 수 있어야 한다.

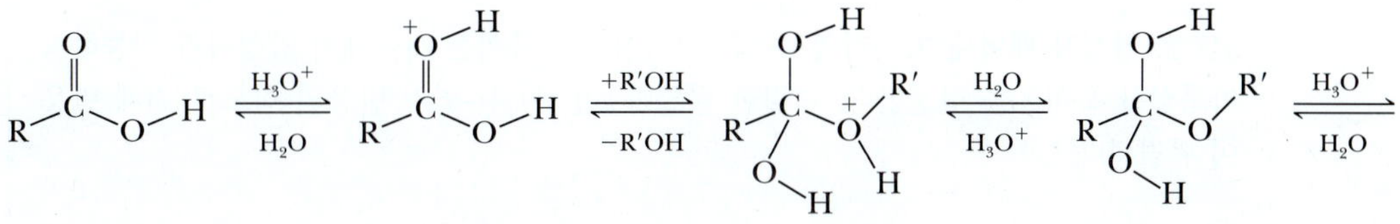

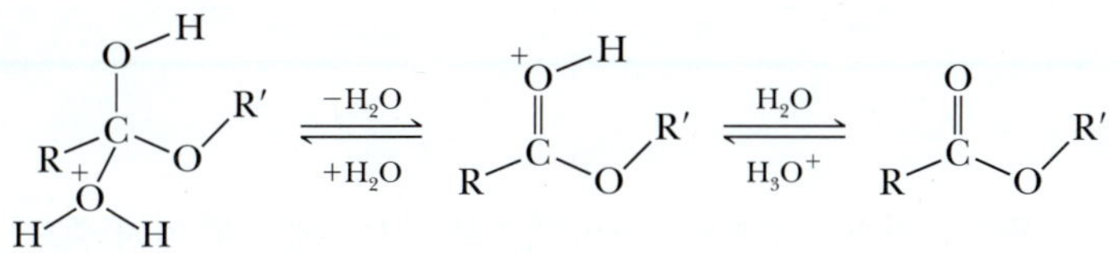

I = G $\underset{H_2O}{\overset{H_3O^+}{\rightleftharpoons}}$ II = F $\underset{-R'OH}{\overset{+R'OH}{\rightleftharpoons}}$ III = E $\underset{H_3O^+}{\overset{H_2O}{\rightleftharpoons}}$ IV = D $\underset{H_2O}{\overset{H_3O^+}{\rightleftharpoons}}$

V = C $\underset{+H_2O}{\overset{-H_2O}{\rightleftharpoons}}$ VI = B $\underset{H_3O^+}{\overset{H_2O}{\rightleftharpoons}}$ VII = A

비누화 반응

에스터의 가수분해는 NaOH 수용액과 같은 뜨거운 염기성 수용액을 사용해도 일어날 수 있다.

$$\mathrm{R\overset{O}{\overset{\|}{C}}OCH_3 + NaOH \xrightarrow{H_2O} R\overset{O}{\overset{\|}{C}}O^-Na^+ + CH_3OH}$$

염기성 수용액에서의 에스터 가수분해는 종종 **비누화 반응**(saponification)이라 부르는데, 이는 트라이글리세라이드 에스터기의 가수분해를 통해서 비누(26.2A절)를 제조할 때 이 반응을 이용하기 때문이다. 비록 에스터의 카보닐 탄소는 친전자성이 크지 않지만, 수산화 이온은 좋은 친핵체이므로 카보닐 탄소에 첨가되어 정사면체 카보닐 첨가 중간체를 형성한다. 이 중간체 구조는 차례로 붕괴되어 카복실산과 알콕사이드 이온을 생성한다. 이 카복실산은 알콕사이드 이온 또는 반응 용액 중에 존재하는 다른 염기와 반응하여 카복실산의 음이온을 형성한다. 그러므로 에스터 1 몰을 가수분해하기 위해서는 같은 몰의 염기가 필요하다.

비누화 반응
NaOH 또는 KOH의 수용액에서 에스터가 가수분해하여 알코올과 카복실산의 소듐 또는 포타슘 염을 생성하는 반응.

MECHANISM 염기성 수용액에서 에스터의 가수분해(비누화 반응)

1단계: **친핵체와 친전자체 사이에 새로운 결합 형성.** 수산화 이온이 에스터의 카보닐 탄소에 첨가되어 정사면체 카보닐 첨가 중간체를 형성한다.

$$R-C(=O)-O-CH_2CH_3 + {}^{-}O-H \rightleftharpoons R-C(O^{-})(OH)-O-CH_2CH_3$$

정사면체 카보닐 첨가 중간체

2단계: **결합이 깨져 안정한 분자 또는 이온 형성.** 이 중간체가 붕괴하여 카복실산과 알콕사이드 이온을 형성한다.

$$R-C(O^{-})(OH)-O-CH_2CH_3 \rightleftharpoons R-C(=O)-O-H + {}^{-}O-CH_2CH_3$$

3단계: **양성자 떼어내기.** 카복시기와 알콕사이드 음이온 사이에서 양성자가 이동하여 카복실산 음이온을 형성한다. 격렬한 발열반응인 이 산-염기 반응의 힘으로 전체 반응이 완결된다.

$$R-C(=O)-O-H + {}^{-}O-CH_2CH_3 \longrightarrow R-C(=O)-O^{-} + H-O-CH_2CH_3$$

산성 수용액과 염기성 수용액에서의 가수분해 사이에는 두 가지 중요한 차이점이 있다.

1. 산성 수용액에서 에스터의 가수분해의 경우, 산은 촉매량만 필요하다. 염기성 수용액에서의 가수분해의 경우, 염기는 촉매가 아니라 반응물이기 때문에 화학량론적인 양이 필요하다.
2. 산성 수용액에서 에스터의 가수분해는 가역적이지만, 염기성 수용에서의 가수분해는 카복 실산 음이온(친전자성이 있긴 하지만 약함)이 ROH(약한 친핵체)에 의해서 공격을 받지 않기 때문에 비가역적이다.

다른 카복실산 유도체도 에스터와 동일한 방식으로 염기와 반응한다.

예제 18.3 ▸ 에스터 가수분해 반응

NaOH 수용액에서 다음 각각의 에스터 가수분해 반응을 완결하고 균형반응식을 써라. 이 조건에서 이온화된 상태로 모든 생성물을 보여라.

(a) $PhC(=O)OCH(CH_3)_2 + NaOH \xrightarrow{H_2O}$ **(b)** $CH_3C(=O)OCH_2CH_2OC(=O)CH_3 + NaOH \xrightarrow{H_2O}$

➥ 해답

(a)의 가수분해 생성물은 benzoic acid와 2-propanol이다. NaOH 수용액에서 benzoic acid는 소듐 염으로 전환된다. 따라서 이 에스터 1 몰을 가수분해시키기 위해서는 NaOH 1 몰이 필요하다. 화합물 (b)는 ethylene glycol의 다이에스터이다. 이것을 가수분해시키기 위해서는 NaOH 2 몰이 필요하다.

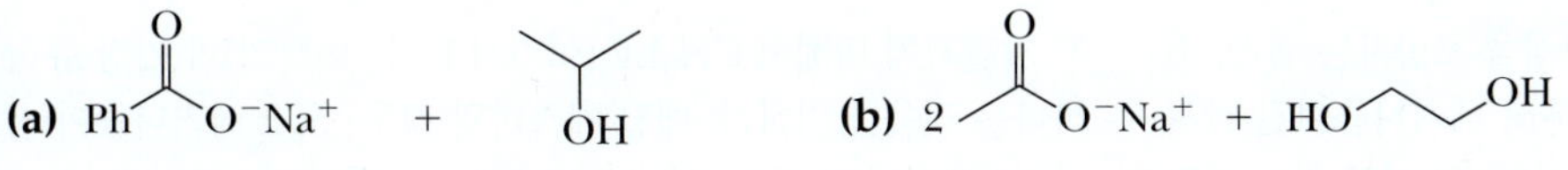

(a) $PhCO^{}O^-Na^+$ + $(CH_3)_2CHOH$ (b) $2\ CH_3COO^-Na^+$ + $HOCH_2CH_2OH$

Sodium benzoate **2-Propanol (Isoproptl alcohol)** **Sodium acetate** **1,2-Ethanediol (Ethylene glycol)**

연습 문제 18.3

수용액에서 다음 각각의 에스터 가수분해 반응을 완결하고 균형 반응식을 써라. 표시된 실험 조건에서 이온화된 상태로 생성물을 보여라.

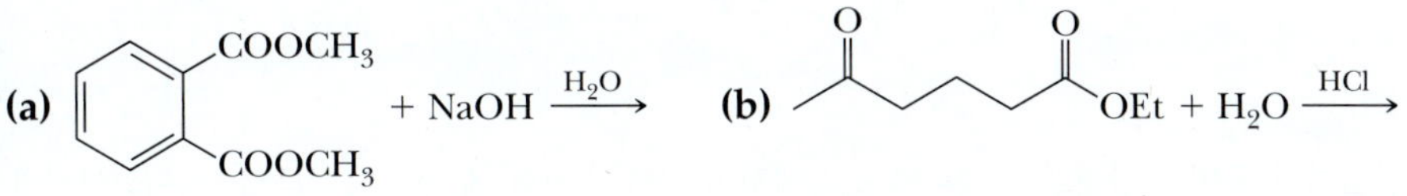

(a) $C_6H_4(COOCH_3)_2 + NaOH \xrightarrow{H_2O}$ (b) $CH_3CO(CH_2)_3COOEt + H_2O \xrightarrow{HCl}$

D 아마이드

에스터와 비교하면 아마이드는 산이나 염기 조건 모두에서 가수분해하는데 훨씬 더 격렬한 조건이 필요하다. 아마이드는 뜨거운 산성 수용액에서 가수분해하여 카복실산과 암모늄 이온을 생성한다. 가수분해는 암모니아 또는 아민과 산 사이의 산-염기 반응에 의하여 암모늄 염이 생성됨으로써 완결된다. 아마이드 1 몰 당 1 몰의 산이 필요하다.

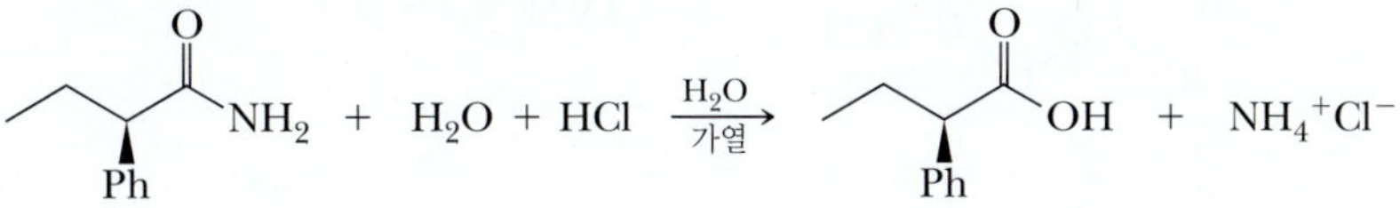

$$CH_3CH_2CH(Ph)CONH_2 + H_2O + HCl \xrightarrow[\text{가열}]{H_2O} CH_3CH_2CH(Ph)COOH + NH_4^+Cl^-$$

(*R*)-2-Phenylbutanamide **(*R*)-2-Phenylbutanoic acid**

염기성 수용액에서 아마이드의 가수분해 생성물은 카복실산 염과 암모니아 또는 아민이다. 염기성 수용액에서의 가수분해 반응은 생성된 카복실산과 염기 사이의 산-염기 반응에 의해 염을 생성함으로써 완결된다. 아마이드 1 몰 당 1 몰의 염기가 필요하다.

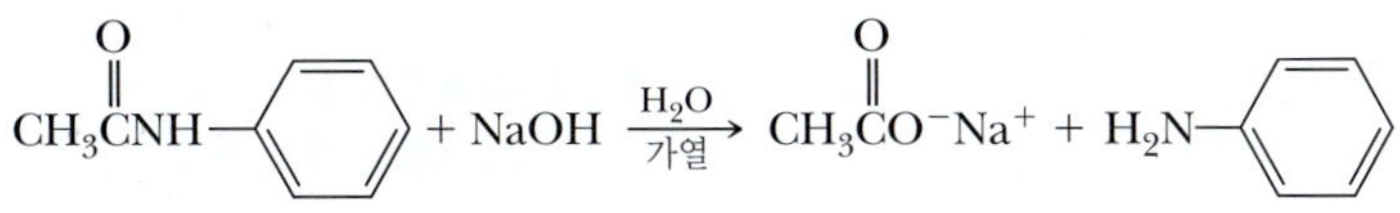

$$CH_3CNH-C_6H_5 + NaOH \xrightarrow[\text{가열}]{H_2O} CH_3CO^-Na^+ + H_2N-C_6H_5$$

N-Phenylethanamide (N-Phenylacetamide, Acetamide) **Sodium acetate** **Aniline**

산성 수용액에서 아마이드의 가수분해 메커니즘의 각 단계는 산성 수용액에서 에스터의 가수분해 메커니즘과 유사하다.

에스터 가수분해에 대한 또 다른 메커니즘: S_N2와 S_N1 가능성

S_N2

비록 정사면체 카보닐 첨가 중간체의 형성을 포함하는 첨가/제거 수순이 가장 보편적인 에스터 가수분해 메커니즘이긴 하지만, 특별한 경우에는 또 다른 경로를 따른다. 한 예로 염기 조건에서 메틸에스터의 가수분해 반응이 있다. S_N2 반응은 1°, 2°, 3° 알킬기에 비해서 CH_3Lv (여기서 Lv는 이탈기)가 가장 유리하다는 것을 상기하라. 메틸 에스터의 경우, S_N2 메커니즘이 첨가/제거 수순을 포함하는 메커니즘보다 전이 상태의 에너지가 더 낮다. 따라서 이 반응은 S_N2 경로로 진행된다고 할 수 있다.

$$RC(=O)OCH_3 + {}^-OH \xrightarrow{S_N2} RC(=O)O^- + H_3C{-}O{-}H$$

친핵체와 친전자체 사이에 새로운 결합이 형성되는 동시에 결합이 깨져 안정한 분자와 이온이 생성된다.

S_N1

또 다른 특별한 경우는 산소에 결합된 알킬기가 특별히 안정한 탄소양이온을 형성할 수 있는 산성 조건에서 일어난다. 이 경우, 카보닐 산소에 양성자가 붙고 나서 O—C 결합이 깨져 카복실산과 탄소양이온이 생성된다. Benzyl 에스터와 *tert*-butyl 에스터는 산 조건에서 이러한 유형의 에스터 가수분해 반응을 거친다. 탄소양이온은 곧 이어 물과 반응하여 알코올을 생성한다. 이 반응은 이탈기가 카복실산인 S_N1 반응이다.

$$RC(=O)OC(CH_3)_3 + H_3O^+ \rightleftharpoons RC(=O^+H)OC(CH_3)_3 + H_2O$$

1단계: 양성자 첨가

$$RC(=O^+H)OC(CH_3)_3 \rightleftharpoons RC(OH)=O + (CH_3)_3C^+$$

2단계: 결합이 깨져 안정한 분자 또는 이온이 생성

$$(CH_3)_3C^+ + H_2O \rightleftharpoons (CH_3)_3C{-}O^+H_2$$

3단계: 친핵체와 친전자체 사이에 결합이 형성

$$(CH_3)_3C{-}O^+H_2 + H_2O \rightleftharpoons (CH_3)_3C{-}OH + H_3O^+$$

4단계: 양성자 떼어내기

MECHANISM 산성 수용액에서 아마이드의 가수분해

1단계: **양성자 첨가**. 카보닐 산소에 양성자가 첨가되어 공명-안정화된 양이온 중간체를 생성한다.

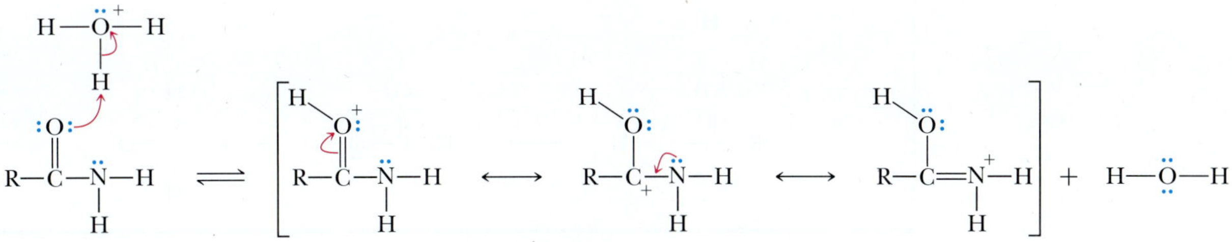

공명 비편재화에 의해 안정화된 양이온

이 단계에서 양성자의 역할은 카보닐 산소에 붙어 카보닐 탄소의 친전자성을 증가시키는 것이다.

2단계: **친핵체와 친전자체 사이에 새로운 결합 형성**. 카보닐 탄소에 물이 첨가된다.

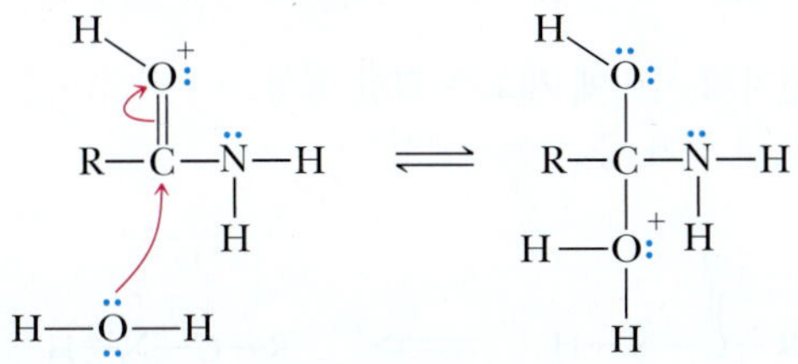

3단계: **양성자 떼어내기 및 양성자 첨가**. O와 N 원자 사이의 양성자 이동으로 카보닐 첨가 중간체를 생성한다. 용매 분자가 O 원자에 있는 산성의 양성자를 빼앗고 하이드로늄 이온이 N 원자에 양성자를 주는 것으로 생각할 수 있다. 물론 이러한 경우의 정확한 타이밍은 분자마다 다를 수 있다.

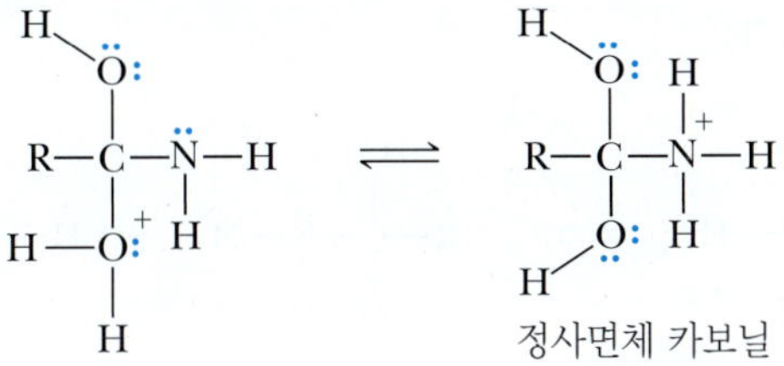

정사면체 카보닐 첨가 중간체

4단계: **결합이 깨져 안정한 분자 또는 이온 생성**. 이 단계에서 이탈기는 중성의 아민(더 약한 염기)인데, 이것은 아마이드 이온(훨씬 더 센염기)보다 더 좋은 이탈기이다.

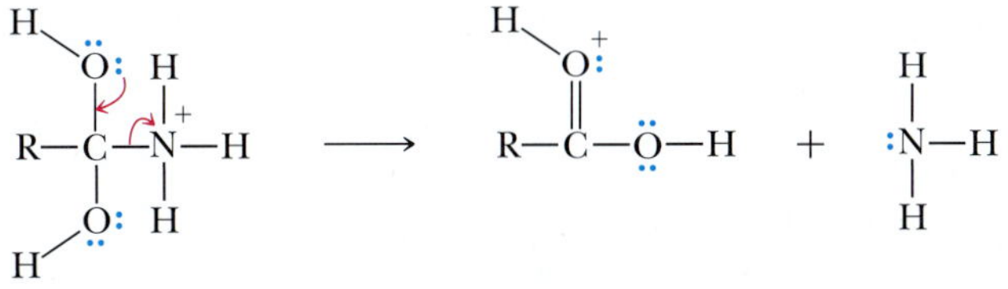

5단계: **양성자 떼어내기**. 센산성을 띠는 양성자화된 카보닐과 비교적 염기성인 아민 사이의 양성자 이동으로 카복실산과 암모늄 이온을 생성한다.

$$R-C(=\overset{+}{O}H)-OH + NH_3 \longrightarrow R-C(=O)-OH + NH_4^+$$

염기성 수용액에서 아마이드의 가수분해 메커니즘은 염기성 수용액에서 에스터의 가수분해 메커니즘보다 더 복잡한데, 그 이유는 아마이드 음이온이 매우 약한 이탈기이기 때문이다.

MECHANISM 염기성 수용액에서 아마이드의 가수분해

1단계: **친핵체와 친전자체 사이에 새로운 결합 형성**. 수산화 이온이 카보닐 탄소에 첨가되어 정사면체 카보닐 첨가 중간체를 생성한다.

$$R-C(=O)-NH-H + {}^{-}OH \rightleftharpoons R-C(O^-)(OH)-NH-H$$

정사면체 카보닐 첨가 중간체

2단계: **양성자 떼어내기**. 널리 받아들여진 메커니즘은 이가음이온성(dianionic) 정사면체 중간체의 형성인데, 이 중간체는 아마이드 음이온을 밀어낼 수 있을 만큼 충분히 큰 음전하를 가지고 있다.

$$R-C(O^-)(OH)-NH-H + {}^{-}OH \rightleftharpoons R-C(O^-)(O^-)-NH-H + H-O-H$$

3단계: **결합이 깨져 안정한 분자 또는 이온을 생성하고 양성자가 첨가됨**. 아마이드 음이온은 센염기성을 띠기 때문에 물에서의 수명이 극히 짧다. 따라서 이 중간체는 다음 반응식에 나타낸 바와 같이 형성된 즉시(아니면 떨어져 나가는 도중에) 물 분자로부터 양성자를 얻어 암모니아로 된다.

$$R-C(O^-)(O^-)-NH-H + H-O-H \longrightarrow R-C(=O)-O^- + H-N(H)-H + {}^{-}O-H$$

예제 18.4 ▸ 아마이드의 가수분해 반응

진한 HCl 수용액에서 다음 아마이드의 가수분해 반응에 대한 반응식을 써라. HCl 수용액에서 존재하는 대로 모든 생성물을 보이고 각 아마이드를 가수분해하는 데 필요한 HCl의 몰수는 얼마인지 말하라.

(a) $CH_3\overset{O}{\overset{\|}{C}}N(CH_3)_2$ **(b)** (2-piperidinone: six-membered ring with C=O and NH)

➥ 해답

(a) *N*,*N*-Dimethylacetamide가 가수분해하면 acetic acid와 dimethylamine이 생성된다. 염기인 dimethylamine은 HCl에 의해 양성자화되어 dimethylammonium 이온을 생성하며, 균형 반응식에서는 dimethylammonium chloride로 나타낸다. 아마이드 1 몰 당 HCl 1 몰이 필요하다.

$$CH_3\overset{O}{\overset{\|}{C}}N(CH_3)_2 + H_2O + HCl \xrightarrow{\text{가열}} CH_3\overset{O}{\overset{\|}{C}}OH + (CH_3)_2NH_2^+Cl^-$$

(b) δ-락탐이 가수분해하면 5-aminopentanoic acid에 양성자가 첨가된 생성물이 얻어진다. 아마이드 1 몰 당 HCl 1 몰이 필요하다.

$$\text{(2-piperidinone)} + H_2O + HCl \xrightarrow[\text{가열}]{} HO\overset{O}{\overset{\|}{C}}CH_2CH_2CH_2CH_2NH_3^+Cl^-$$

연습 문제 18.4

진한 NaOH 수용액에서 예제 18.4에 있는 아마이드들의 가수분해에 대한 반응식을 완결하라. NaOH 수용액에서 존재하는 대로 모든 생성물을 보이고 각각의 아미아드를 가수분해 시키는 데 필요한 NaOH의 몰수를 나타내라.

E 나이트릴

나이트릴의 사이아노기는 다음 반응에 나타낸 바와 같이 산성 수용액에서 가수분해하여 카복시기와 암모늄 이온으로 된다.

$$C_6H_5CH_2C{\equiv}N + 2\,H_2O + H_2SO_4 \xrightarrow[\text{가열}]{H_2O} C_6H_5CH_2\overset{O}{\overset{\|}{C}}OH + NH_4^+HSO_4^-$$

Phenylacetonitrile **Phenylacetic acid** **Ammonium hydrogen sulfate**

산성 수용액에서 사이아노기가 가수분해하면, 질소 원자에 양성자가 첨가되어 양이온이 생성되는데 이것은 물과 반응하여 이미드산(imidic acid, 아마이드의 엔올)을 생성한다. 이미드산은 케토-엔올 토토머화되어 아마이드를 생성한다. 생성된 아마이드는 전술한 바와 같이 가수분해하여 카복실산과 암모늄 이온으로 된다.

$$R{-}C{\equiv}N + H_2O \xrightarrow{H^+} R{-}\overset{OH}{\overset{|}{C}}{=}NH \rightleftharpoons R{-}\overset{O}{\overset{\|}{C}}{-}NH_2$$

이미드 산 (아마이드의 엔올) 아마이드

사이아노기의 산-촉매 가수분해에 필요한 반응 조건은 아마이드의 가수분해에 필요한 조건보다 훨씬 더 격렬하며, 과량의 물 존재 하에서 사이아노기는 먼저 아마이드로 가수분해하고 이어서 카복실 산으로 된다. 황산을 촉매로 사용하고 나이트릴 1 몰 당 1 몰의 물을 사용하면 아마이드에서 반응을 멈추게 할 수 있다. 그러나 나이트릴을 아마이드로 선택적인 가수분해를 하는 것은 아마이드를 합성하는 좋은 방법이 아니다. 아마이드는 산 염화물, 산 무수물, 또는 에스터로부터 얻는 것이 더 좋다.

염기성 수용액에서 사이아노기를 가수분해하면 카복실산 음이온과 암모니아를 생성한다. 이 반응은 카복실산과 염기 사이의 산-염기 반응에 의해서 카복실산 음이온을 형성하면서 반응이 완결된다. 반응이 끝난 후에 반응 혼합물을 산으로 처리하면 카복실산 음이온은 카복실산으로 전환된다.

$$CH_3(CH_2)_9C{\equiv}N + H_2O + NaOH \xrightarrow[\text{가열}]{H_2O} CH_3(CH_2)_9\overset{O}{\overset{\|}{C}}O^-Na^+ + NH_3 \xrightarrow[H_2O]{HCl} CH_3(CH_2)_9\overset{O}{\overset{\|}{C}}OH + NaCl + NH_4Cl$$

Undecanenitrile **Sodium undecanoate** **Undecanoic acid**

MECHANISM 염기성 수용액에서 사이아노기를 아마이드로 가수분해하기

염기성 수용액에서 사이아노기를 가수분해하면 이미드 산의 음이온이 먼저 생성되는데, 이 음이온은 물로부터 양성자를 받은 후에 케토-엔올 토토머화가 일어나 아마이드를 생성한다. 앞서 알아본 바와 같이 아마이드는 염기성 수용액에 의해 가수분해하여 카복실산 음이온과 암모니아를 생성한다.

1단계: **친핵체와 친전자체 사이에 새로운 결합 형성.** 수산화 이온이 사이아노기의 친전자성 C 원자에 첨가된다.

$$R{-}C{\equiv}N: \;+\; {}^-:\ddot{O}{-}H \;\rightleftharpoons\; R{-}\underset{}{\overset{:\ddot{O}{-}H}{\overset{|}{C}}}{=}\ddot{N}:^-$$

나이트릴

2단계: **양성자 첨가.** 물로부터 양성자가 이동하여 이미드산을 생성한다.

$$R{-}\overset{:\ddot{O}{-}H}{\overset{|}{C}}{=}\ddot{N}:^- \;+\; H{-}\ddot{O}{-}H \;\rightleftharpoons\; R{-}\overset{:\ddot{O}{-}H}{\overset{|}{C}}{=}\ddot{N}{-}H \;+\; {}^-:\ddot{O}{-}H$$

이미드 산

3단계: **케토-엔올 토토머화.** 이미드 산이 토토머화되면 아마이드를 생성한다.

$$R{-}\overset{:\ddot{O}{-}H}{\overset{|}{C}}{=}\ddot{N}{-}H \;\longrightarrow\; R{-}\overset{:O:}{\overset{\|}{C}}{-}\underset{H}{\underset{|}{\ddot{N}}}{-}H$$

이미드 산 → 아마이드

산-촉매 반응도 유사한 방식으로 진행된다. 유일한 차이점은 양성자 이동 순서가 다르다는 것이다.

나이트릴의 가수분해는 1차 또는 2차 할로젠화 알킬로부터 카복실산을 합성하는 유용한 방법이다. 이 방법에서는 사이아노기(표 8.1)의 형태로 탄소 하나를 탄소 사슬에 붙인 후 카복실기로 전환시킨다.

$$CH_3(CH_2)_8CH_2Cl \xrightarrow[\text{ethanol, 물}]{KCN} CH_3(CH_2)_9C{\equiv}N \xrightarrow[\text{가열}]{H_2SO_4,\ H_2O} CH_3(CH_2)_9COOH$$

1-Chlorodecane **Undecanenitrile** **Undecanoic acid**

알데하이드 또는 케톤에 HCN을 첨가하여(16.5D절) 만들어지는 cyanohydrine을 가수분해하는 반응은 mandelic acid의 합성에서 나타낸 바와 같이 α-하이드록시카복실산을 만드는 유용한 합성법이다.

$$C_6H_5CHO \xrightarrow[\text{ethanol, 물}]{HCN,\ KCN} C_6H_5CH(OH)CN \xrightarrow[\text{가열}]{H_2SO_4,\ H_2O} C_6H_5CH(OH)COOH$$

Benzaldehyde **Benzaldehyde cyanohydrin (Mandelonitrile)** (라셈 혼합물) **2-Hydroxyphenylacetic acid (Mandelic acid)** (라셈 혼합물)

예제 18.5 ▸ 나이트릴의 가수분해 반응

한 단계로 사이아노기를 가수분해하여 다음과 같은 변환 방법을 제시하라.

(a) 4-Chloroheptane → 2-Propylpentanoic acid (Valproic acid)

4-Chloroheptane **2-Propylpentanoic acid (Valproic acid)**

(b) Cyclohexanone (=O) → 1-hydroxycyclohexanecarboxylic acid (COOH, OH)

➥ 해답

(a) 에탄올 수용액에서 4-chloroheptane을 KCN으로 처리하면 나이트릴이 생성된다. 황산 수용액에서 사이아노기를 가수분해하면 생성물이 얻어진다.

$$\text{4-Chloroheptane (Cl)} \xrightarrow[\text{ethanol, 물}]{KCN} \text{(CN)} \xrightarrow[\text{가열}]{H_2SO_4,\ H_2O} \text{(COOH)}$$

이 방법 대신 클로로알케인을 Grignard 시약으로 전환시키고 나서 탄산화(carbonation)시킨 후 산성 수용액에서 가수분해하여 생성물을 얻을 수도 있다.

(b) 에탄올 수용액에서 cyclohexanone을 HCN/KCN으로 처리하면 cyanohydrin이 생성된다. 진한 황산에서 사이아노기를 가수분해하면 카복실기를 가진 생성물이 얻어진다.

$$\text{Cyclohexanone (=O)} \xrightarrow[\text{ethanol, 물}]{HCN/KCN} \text{(C}{\equiv}\text{N, OH)} \xrightarrow[\text{가열}]{H_2SO_4,\ H_2O} \text{(COOH, OH)}$$

연습 문제 18.5

할로젠화 알킬로부터 할로젠화물의 친핵성 치환 반응으로 나이트릴을 합성하는 방법은 1차나 2차 할로젠화 알킬의 경우에만 가능하다. 3차 할로젠화 알킬을 사용해서는 합성할 수 없다. 이유는 무엇인가? 다음 반응의 주 생성물은 무엇인가?

$$\text{1-Chloro-1-methylcyclopentane } (CH_3,\ Cl) \xrightarrow[\text{ethanol, 물}]{KCN}$$

18.5 알코올과의 반응

A 산 할로젠화물

산 할로젠화물은 알코올과 반응하여 에스터를 생성한다.

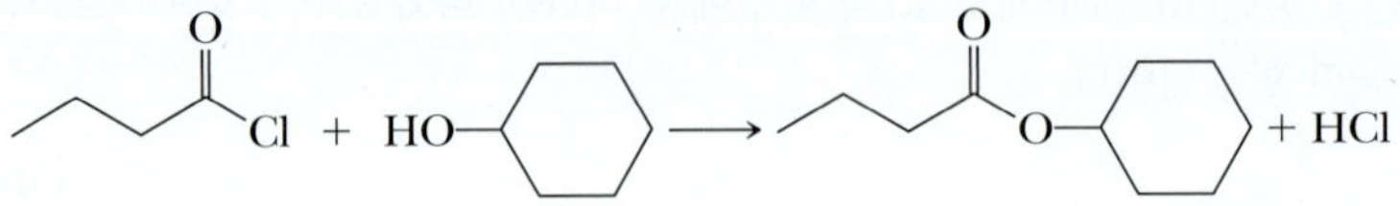

Butanoyl chloride + Cyclohexanol ⟶ Cyclohexyl butanoate + HCl

산 할로젠화물은 알코올 같은 약한 친핵체에 대해서조차도 반응성이 매우 크기 때문에, 이 반응에서는 촉매가 필요 없다.

알코올 또는 생성된 에스터가 산에 민감한 경우에는 생성된 HCl을 중화시키기 위하여 3차 아민의 존재 하에서 반응시킨다. 이러한 목적으로 가장 흔히 사용되는 아민은 pyridine과 triethylamine이다.

Et_3N

Pyridine　Triethylamine

이러한 목적을 위해 사용되는 각 아민은 그들의 염산염으로 전환된다. 예를 들면, 다음과 같이 isoamyl benzoate의 합성에서 사용된 pyridine은 pyridinium chloride로 전환된다.

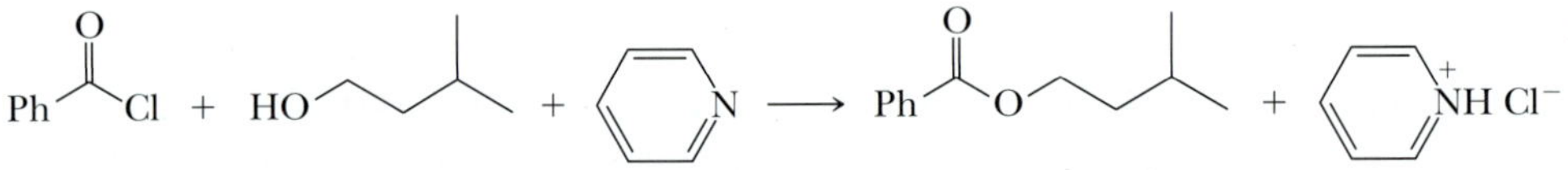

Benzoyl chloride + 3-Methyl-1-butanol (Isoamyl alcohol) + Pyridine ⟶ 3-Methylbutyl benzoate (Isoamyl benzoate) + Pyridinium chloride

설폰산 에스터는 알케인- 또는 arenesulfonyl chloride를 알코올 또는 페놀과 반응시켜 얻는다. 두 가지의 가장 흔한 sulfonyl chloride로는 *p*-toluenesulfonyl chloride (TsCl로 줄여 씀)와 methanesulfonyl chloride (MsCl로 줄여 씀)가 있다(18.1A절).

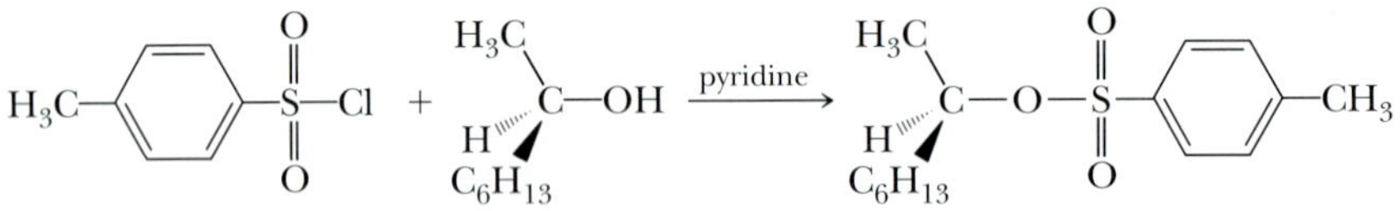

p-Toluenesulfonyl chloride (Tosyl chloride, TsCl) + (*R*)-2-Octanol —pyridine⟶ (*R*)-2-Octyl *p*-toluenesulfonate (*R*)-2-Octyl tosylate

10.5D절에서 설명한 바와 같이 *p*-toluenesulfonic (tosylate) 에스터와 methanesulfonic (mesylate) 에스터의 특별한 가치는 친핵성 치환 반응에서 좋지 않은 이탈기(수산화 이온)를 아주 좋은 이탈기인 *p*-toluenesulfonate (tosylate) 또는 methanesulfonate (mesylate) 음이온으로 전환시킨다는 것이다.

B 산 무수물

산 무수물은 알코올과 반응하여 1 몰의 에스터와 1 몰의 카복실산을 생성한다.

$$CH_3\overset{O}{\overset{\|}{C}}O\overset{O}{\overset{\|}{C}}CH_3 + HOCH_2CH_3 \longrightarrow CH_3\overset{O}{\overset{\|}{C}}OCH_2CH_3 + CH_3\overset{O}{\overset{\|}{C}}OH$$

Acetic anhydride **Ethanol** **Ethyl acetate** **Acetic acid**

Phthalic anhydride + **2-Butanol (*sec*-Butyl alcohol)** (라셈 혼합물) ⟶ **1-methylpropyl hydrogen phthalate (*sec*-Butyl hydrogen phthalate)** (라셈 혼합물)

그러므로 알코올과 산 무수물과의 반응은 에스터를 합성하는 유용한 방법이다. 이 반응은 산과 3차 아민에 의해서 촉매 작용을 받는다.

Aspirin은 acetic anhydride와 salicylic acid의 반응에 의해 공업적인 규모로 합성된다.

2-Hydroxybenzoic acid (Salicylic acid) + $CH_3\overset{O}{\overset{\|}{C}}O\overset{O}{\overset{\|}{C}}CH_3$ **Acetic anhydride** ⟶ **Acetylsalicylic acid (Aspirin)** + $CH_3\overset{O}{\overset{\|}{C}}OH$ **Acetic acid**

C 에스터

에스터는 알코올과 산-촉매 반응을 하는데, 이를 **에스터교환 반응**(transesterification)이라 한다. 예를 들어, methyl acrylate를 1-butanol과 산 촉매 존재 하에서 가열하면 methyl acrylate를 butyl acrylate로 전환시킬 수 있다.

에스터교환 반응
에스터의 —OR 또는 —OAr기가 다른 형태의—OR 또는 —OAr기로 교환되는 반응.

Methyl propenoate (Methyl acrylate) (bp 81°C) + **1-Butanol** (bp 117°C) $\overset{HCl}{\rightleftharpoons}$ **Butyl propenate (Butyl acrylate)** (bp 147°C) + CH_3OH **Methanol** (bp 65°C)

에스터교환 반응에서 가장 흔히 사용되는 산 촉매는 기체 상태로 불어 넣는 HCl과 *p*-toluenesulfonic acid이다.

에스터교환 반응은 평형 반응이고 실험 조건을 조절하여 어느 한 방향(정반응 또는 역반응)으로 유도할 수 있다. 예를 들면, methyl acrylate와 1-butanol의 에스터교환 반응은 메탄올(반응 혼합물 중에서 끓는점이 가장 낮음)의 끓는점보다 조금 높은 온도에서 반응시킨다. 메탄올은 증류되어 반응 혼합물로부터 제거되고, 따라서 평형은 butyl acrylate 쪽으로 이동한다. 반대로, butyl acrylate와 과량의 메탄올과의 반응에서는 평형이 methyl acrylate 쪽으로 이동한다.

예제 18.6 ▸ **에스터교환 반응**

다음 에스터교환 반응을 완성하라(각 반응의 화학량론은 문제에 주어져 있음).

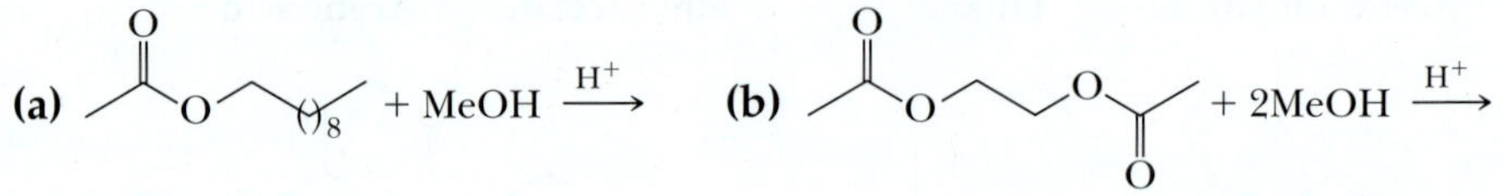

(a) + MeOH $\xrightarrow{H^+}$ (b) + 2MeOH $\xrightarrow{H^+}$

➥ 해답

(a) OMe + HO $)_8$ (b) 2 OMe + HO OH

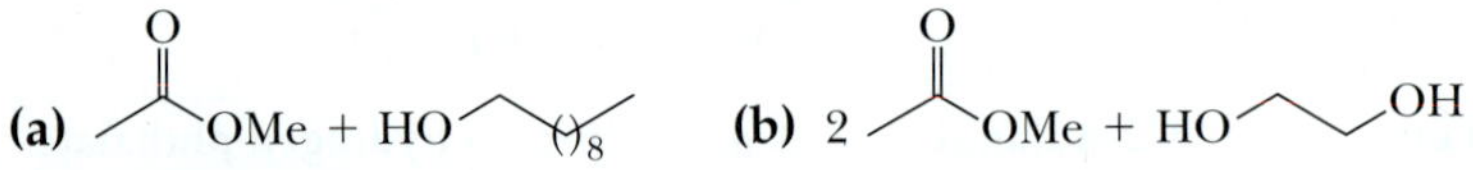

연습 문제 18.6

다음 에스터교환 반응을 완성하라(화학량론은 식에 주어져 있음).

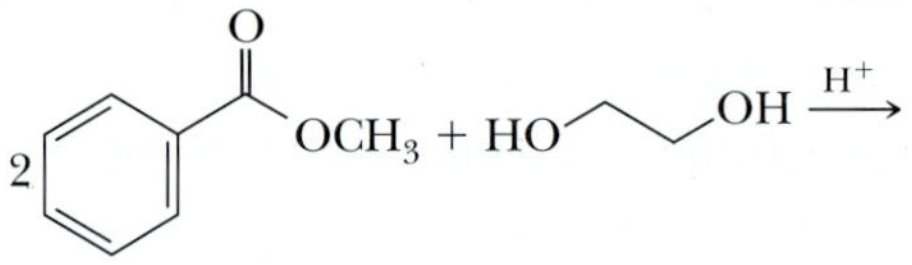

2 OCH_3 + HO OH $\xrightarrow{H^+}$

D 아마이드

카복실산 유도체 중에서 반응성이 가장 낮은 아마이드는 알코올과 반응하지 않는다. 따라서 아마이드와 알코올의 반응은 에스터의 합성에 이용될 수 없다.

18.6 암모니아 및 아민과의 반응

A 산 할로젠화물

산 할로젠화물은 암모니아, 1차 아민, 2차 아민과 쉽게 반응하여 아마이드를 생성한다. 산 할로젠화물을 아마이드로 완전히 전환시키기 위해서는 2 당량의 암모니아 또는 아민을 사용하는데, 1 당량은 아마이드를 만들고 다른 1 당량은 생성되는 할로젠화 수소를 중화시킨다.

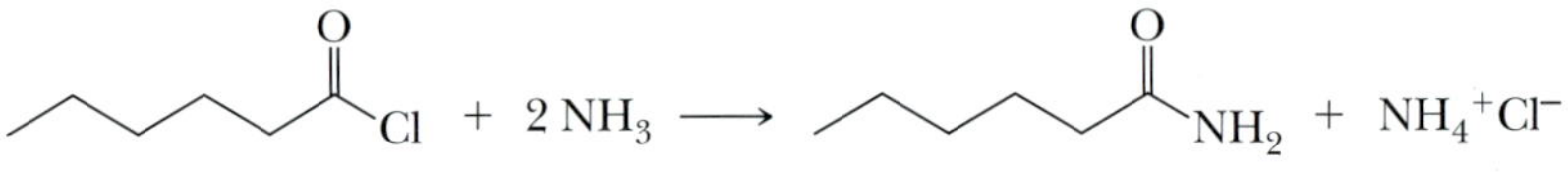

Cl + 2 NH_3 ⟶ NH_2 + $NH_4^+Cl^-$

Hexanoyl chloride **Ammonia** **Hexanamide** **Ammonium chloride**

MECHANISM **산 염화물과 암모니아의 반응**

1단계: **친핵체와 친전자체 사이에 새로운 결합 형성.** 암모니아가 카보닐 탄소에 첨가된다.

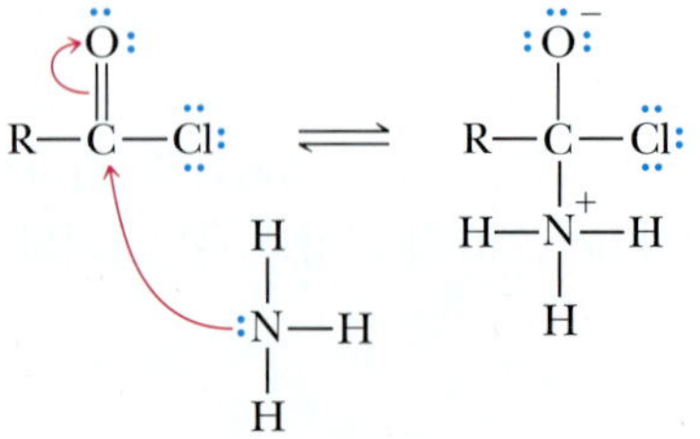

R—C(=O:)—Cl: + :NH₃ ⇌ R—C(—O:⁻)(—Cl:)—N⁺H₃

2단계: **양성자 떼어내기.** 양성자 교환으로 정사면체 카보닐 첨가 중간체가 생성된다.

정사면체 카보닐 첨가 중간체

3단계: **결합이 깨져 안정한 분자 또는 이온 형성.** 정사면체 카보닐 첨가 중간체로부터 이탈기인 염화 이온이 이탈된다.

$$R-C(O^-)(Cl)-NH_2^+ \rightleftharpoons R-CONH-H \; (\text{amide}) + :Cl:^-$$

B 산 무수물

산 무수물은 암모니아, 1차 아민, 2차 아민과 반응하여 아마이드를 생성한다. 산 할로젠화물의 경우와 마찬가지로 2 몰의 아민이 필요하다. 1 몰은 아마이드의 생성에, 1 몰은 부 생성물인 카복실산의 중화에 사용된다.

$$CH_3COCCH_3 \;(\text{O, O}) + 2\,NH_3 \longrightarrow CH_3CNH_2 + CH_3CO^-NH_4^+$$

Acetic anhydride **Ammonia** **Ethanamide (Acetamide)** **Ammonium acetate**

만일 아마이드를 만드는 데 사용하는 아민이 비싸다면, 그 대신에 triethylamine과 같은 3차 아민을 사용하여 카복실산을 중화시킬 수 있다.

C 에스터

에스터는 암모니아, 1차 아민, 2차 아민과 반응하여 아마이드를 생성한다.

$$PhCH_2COOEt + NH_3 \longrightarrow PhCH_2CONH_2 + EtOH$$

Ethyl phenylacetate **Phenylacetamide** **Ethanol**

알콕사이드 음이온은 할로젠화 이온 또는 카복실산 음이온에 비해 좋지 않은 이탈기이므로 에스터는 산 할로젠화물이나 산 무수물보다 암모니아, 1차 및 2차 아민에 대한 반응성이 더 낮다. 에스터를 반응시키기 위해서는 가열하거나 아민의 농도를 높이거나 아니면 높은 아민 농도에서 가열해야 한다.

D 아마이드

아마이드는 암모니아, 1차 아민, 또는 2차 아민과 반응하지 않는다.

예제 18.7 ▸ **아마이드 생성 반응**

다음 반응을 완결하라(각 반응의 화학량론은 반응식에 주어져 있음).

(a) $CH_3CH_2CH_2C(=O)OEt + NH_3 \longrightarrow$ (b) $EtOC(=O)OEt + 2\,NH_3 \longrightarrow$

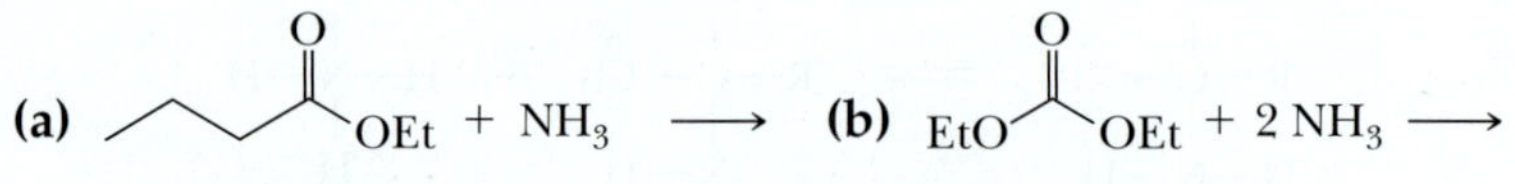

Ethyl butanoate　　Diethyl carbonate

➥ 해답

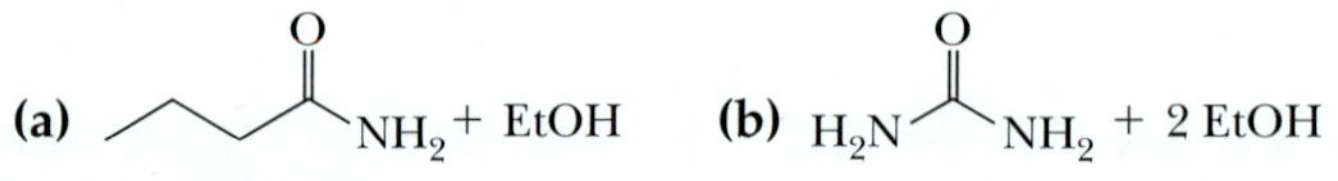

(a) $CH_3CH_2CH_2C(=O)NH_2 + EtOH$　(b) $H_2NC(=O)NH_2 + 2\,EtOH$

Butanamide　　Urea

연습 문제 18.7

다음 반응을 완결하고 균형 반응식을 써라(각 반응의 화학량론은 반응식에 주어져 있음).

(a) $CH_3\overset{O}{\overset{\|}{C}}O-C_6H_4-O\overset{O}{\overset{\|}{C}}CH_3 + 2\,NH_3 \longrightarrow$　(b) (δ-valerolactone) $+ NH_3 \longrightarrow$

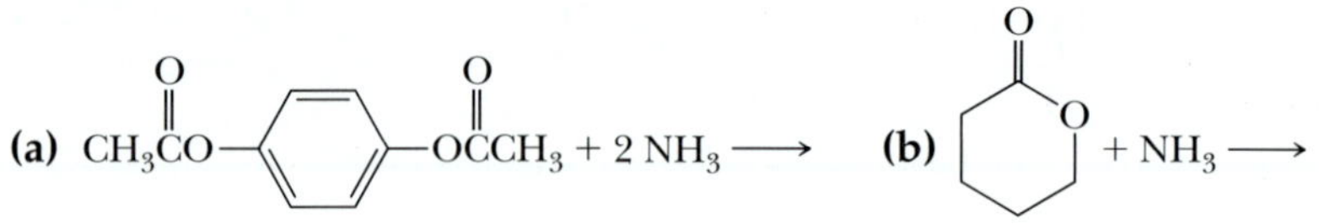

18.7 산 염화물과 카복실산 염과의 반응

산 염화물은 카복실산 염과 반응하여 산 무수물을 생성한다. 가장 흔히 사용되는 것은 소듐 염 또는 포타슘 염이다.

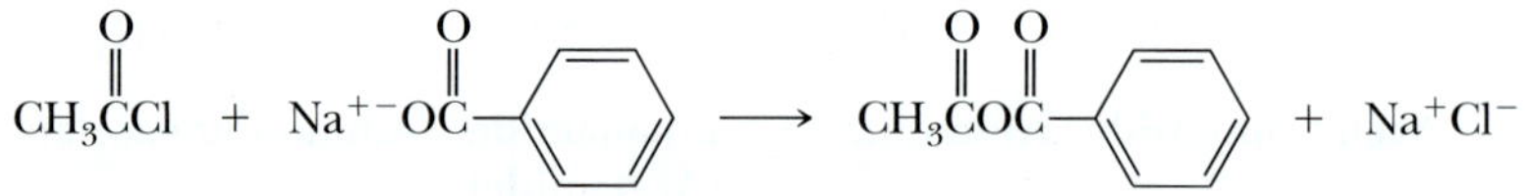

$$CH_3\overset{O}{\overset{\|}{C}}Cl + Na^{+\,-}O\overset{O}{\overset{\|}{C}}-C_6H_5 \longrightarrow CH_3\overset{O}{\overset{\|}{C}}O\overset{O}{\overset{\|}{C}}-C_6H_5 + Na^+Cl^-$$

Acetyl chloride　Sodium benzoate　Acetic benzoic anhydride

산 할로젠화물과 카복실산 음이온과의 반응은 혼합 산 무수물(mixed anhydride)을 합성하는 데 특히 유용한 방법이다.

18.8 작용기 유도체들의 상호 변환

앞의 몇 절에서 살펴본 바와 같이 친핵성 아실 치환에 대한 반응성은 산 염화물이 가장 크고, 이어서 산 무수물과 에스터의 순으로 작아지며 아마이드가 가장 작다. 카복실산 음이온은 음전하를 띠고 있으므로 친핵체를 밀쳐낸다. 카복실산 음이온은 공명 안정화되어 있다. 카복실산 작용기 유도체의 반응에 대해서 생각해 보는 또 다른 유용한 방법이 그림 18.2에 요약되어 있다.

이 그림의 아래에 있는 어떤 작용기는 이보다 위에 있는 다른 작용기를 적당한 산소 친핵체 또는 질소 친핵체로 처리하여 만들 수 있다. 예를 들면, 산 염화물은 산 무수물, 에스터, 아마이드 또는 카복실산으로 전환될 수 있다. 그러나 산 무수물, 에스터, 아마이드는 염소 이온과 반응하지 않으며 산 염화물을 생성할 수 없다.

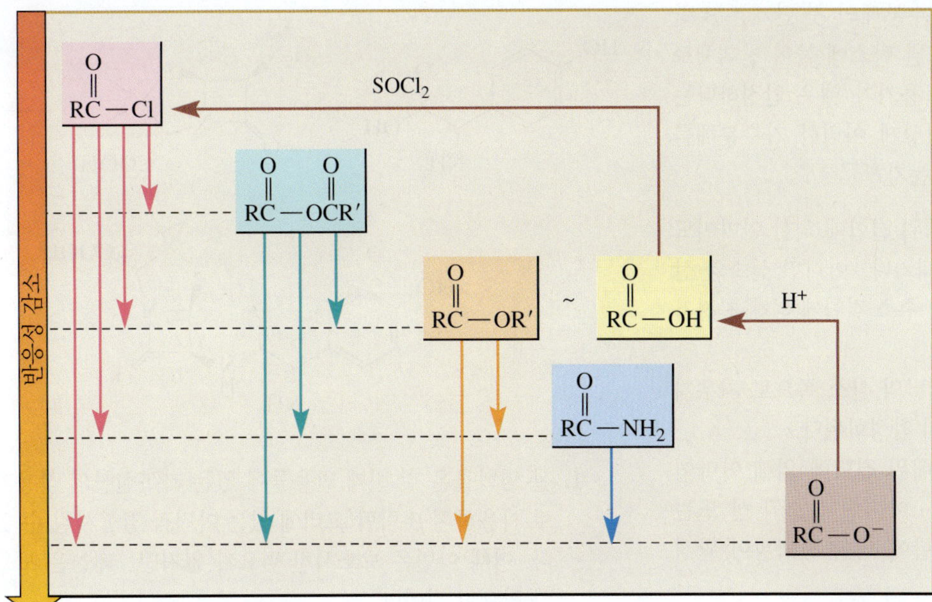

그림 18.2 ▸ 친핵성 아실 치환에 대한 카복실산 유도체들의 반응성. 반응성이 더 큰 유도체는 적절한 시약으로 처리하여 반응성이 덜한 유도체로 전환된다. 카복실산을 thionyl chloride (sulfurous acid의 산 염화물)로 처리하면 반응성이 더 큰 산 염화물이 된다. 카복실산은 산성 조건에서 에스터와 반응성이 비슷하지만, 염기성 조건에서는 반응성이 없는 카복실레이트로 전환된다.

≫ 의과대학 입학시험(MCAT) 연습: 지문 및 질문

β-락탐 항생제

페니실린은 1928년에 스코틀랜드의 세균학자 Alexander Fleming에 의해서 발견되었다. 그 후 호주의 병리학자 Howard Florey와 나치 독일을 피해 망명한 독일의 화학자 Ernst Chain이 수행한 뛰어난 실험 덕분에 페니실린 G는 1943년에 약물로 사용하게 되었다. 항생제의 발견으로 화학 및 의학 분야의 다른 어떤 발견보다도 전 세계적으로 많은 생명을 구할 수 있게 된 것은 틀림없는 사실이다. 역사상 가장 효능이 있는 항생제 중의 하나를 개발한 선구적인 업적으로 Fleming, Florey, Chain은 1945년에 노벨 생리의학상을 수상했다.

모든 페니실린에 공통적인 구조적 특징은 5각형의 thiazolidine 고리에 β-락탐(β-lactam) 고리가 접합되어 있다는 것이다. 페니실린이 항균성을 갖는 것은 박테리아 세포벽의 필수적인 부분의 생합성을 억제하는 메커니즘 때문이다.

페니실린은 아실 탄소에 결합된 작용기가 다르다

HO, O, NH, H, H, S, NH_2, N, O, COOH

β-락탐

Amoxicillin
(β-락탐 항생제)

페니실린이 사용된 지 얼마 되지 않아 페니실린에 내성을 가진 박테리아가 나타나 널리 퍼져 나갔다. 이에 대처하는 한 가지 접근법은 ampicillin, methicillin, amoxicillin과 같이 β-락탐 항생제보다 더 새롭고 효과적인 페니실린을 합성하는 것이다. 오늘날 가장 효과적인 항생제는 *Cephalosporium acremonium* 균에서 분리된 cephalosporin이다. 비록 cephalosporin에 대한 내성이 널리 퍼지고 있지만, 이 항생제는 페니실린보다 더 광범위한 항균 활성을 보이며 페니실린 내성을 가진 많은 박테리아에 대해 효과적이다.

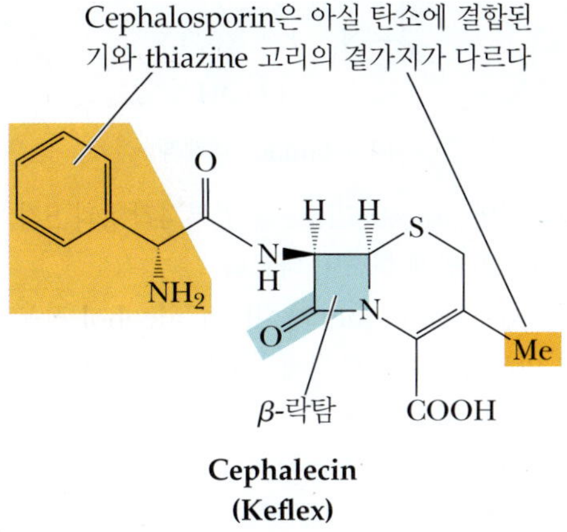

Cephalecin
(Keflex)

≫ 질문

A. 박테리아가 저항성을 갖게 되는 이유는 β-lactamase 효소가 발현하여 모든 penicillin과 cephalosporin에 공통적으로 들어있는 β-락탐 고리의 가수분해를 촉매화하는

메커니즘으로 흔히 설명된다. 가수분해의 첫 단계는 β-락탐 고리에 있는 아마이드의 카보닐 탄소에 물이 친핵체로 접근하는 과정이다. 아마이드 작용기가 매우 안정하다는 사실에 비추어 볼 때 효소가 어떻게 이러한 가수분해를 촉매화한다는 것을 예상할 수 있는가?

1. 산소와 양전하를 띤 금속의 배위 결합에 의한 아마이드 카보닐의 친전자성이 활성화되거나, 아니면 산소와 산 또는 수소 결합 공여체 사이의 수소 결합에 의해 친전자성이 활성화된다.
2. 결합 쌍극자의 음전하가 카보닐의 산소 쪽으로 치우쳐 있어서 아마이드의 친전자성이 활성화된다.
3. 산소와 양전하를 띤 금속의 배위 결합에 의해 아마이드의 친핵성이 활성화되거나, 아니면 산소와 산 또는 수소 결합 공여체의 수소 결합에 의한 친핵성이 활성화된다.
4. 결합 쌍극자의 음전하가 카보닐의 산소 쪽으로 치우쳐 있어서 아마이드의 친핵성이 활성화된다.

B. 여러 화합물들이 β-lactamase를 억제하는 것으로 밝혀졌다. 따라서 내성이 문제가 되었을 때 약의 효능을 회복시키기 위해서는 이들 화합물에 기초한 의약품을 기존의 penicillin과 cephalosporin과 함께 사용하는 것도 한 방편일 수 있다. 흔히 처방하는 것으로 Augmentin이라 불리는 약이 있는데 이것은 아래에 나타낸 β-lactamase 억제제와 앞에서 나타낸 바 있는 amoxicillin을 혼합한 것이다. 어린이 귀 감염 치료에 사용되는 이 약을 많은 어린이들은 바나나 맛이 나는 흰색 액체로 알고 있다. 다음 진술 중 어느 것이 옳은 진술인가?

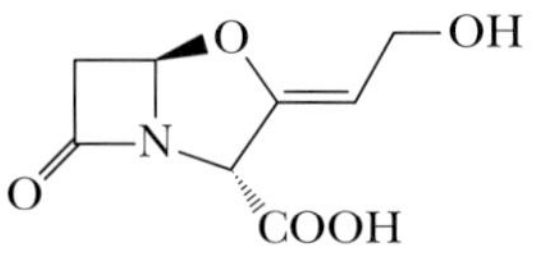

O OH N O COOH

β-Lactamase 억제제

1. 억제제와 amoxicilline에 있는 4각형과 5각형 고리의 접합부의 입체 화학이 다르다.
2. 억제제는 enol ether와 allylic alcohol 작용기를 가지고 있는 반면에, 항생제는 phenol과 2차 아마이드 작용기를 가지고 있다.
3. 억제제나 항생제 모두 무리를 받는 고리를 갖고 있지 않다.
4. 1과 2 모두 맞다.

C. β-락탐 고리의 부분이 아닌 아마이드는 penicillin과 cephalosporin 합성 단계의 마지막 부근에서 결합시킨다. 다음 각 진술이 옳은지 그른지 답하라.

HO O OH NH_2 + H_2N S N O COOH ⟶

COOH S HO O N N H O NH_2

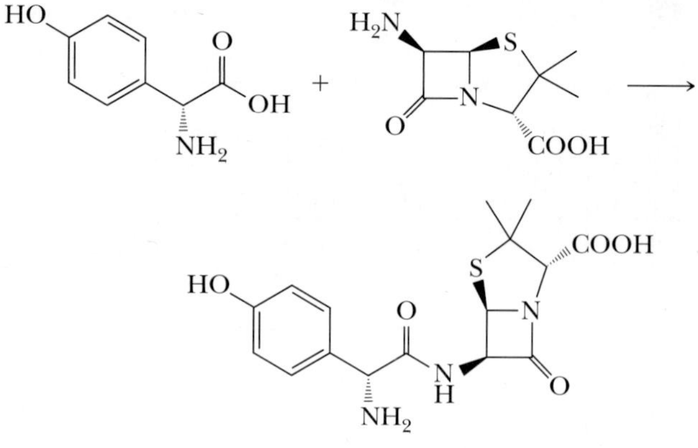

1. 산 염화물은 첫 번째 반응물에 있는 카복실산의 작용기로 사용하여 β-락탐 고리에 있는 아민과 결합시킬 수 있다. 이때 아민은 보호시킬 필요가 없지만, 페놀은 보호가 필요할 것이다.
2. 산 무수물은 첫 번째 반응물에 있는 카복실산의 작용기로 사용하여 β-락탐 고리에 있는 아민과 결합시킬 수 있다. 이때 페놀은 보호시킬 필요가 없지만, 아민은 보호가 필요할 것이다.
3. 위 반응을 수행하기 전에 첫 번째 반응물에 있는 카복실산의 어떤 작용기가 생성되는가에 관계없이, 두 번째 반응에서 카복실산은 보호시킬 필요가 없다.
4. Thioether는 아마이드 생성 단계를 방해할 수 있을 만큼 충분한 친핵성을 띠고 있지 않다. 따라서 보호시킬 필요가 없다.

D. 다음 반응은 첫 번째 반응물로 사용될 수 있는 카복실산을 합성하는 데 사용된다. 여기서 X는 다양한 작용기일 수 있다. 다음 각 진술이 옳은지 그른지 답하라.

CHO X —1) NH_3 2) NaCN 3) H_3O^+/H_2O→ H_2N CO_2H X —4)→ H_2N CO_2H X

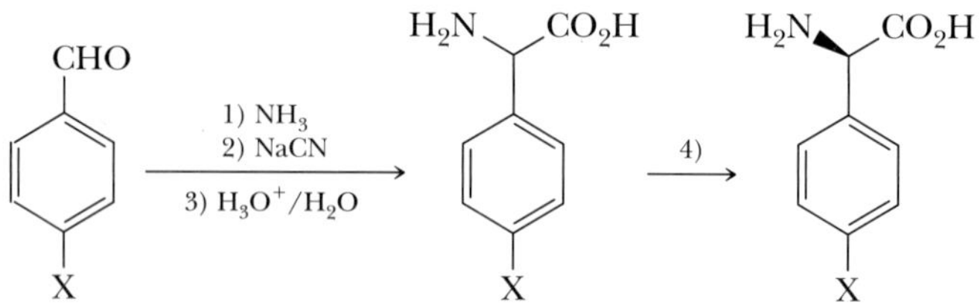

1. 1단계는 ammonium의 pK_a보다 낮은 pH에서 가장 잘 수행될 수 있을 것이다.
2. 1단계에서는 이민(imine)이 생성되는데, 이것은 2단계에서 사이아나이드에 의한 친핵성 공격을 받을 것이다.
3. 2단계에서 생성된 나이트릴의 가수분해는 위에 나타낸 산보다는 염기에서 더 잘 일어날수 있을 것이다.
4. 4단계는 1~3단계에서 얻어진 라셈 혼합물을 분할하는 과정인데, 이때는 카이랄 시약이 필요하지 않다.

18.9 유기금속 화합물과의 반응

A Grignard 시약

Formic ester를 Grignard 시약 2 몰로 처리한 후, 마그네슘 알콕사이드 염을 산성 수용액에서 가수분해하면 2차 알코올이 생성된다.

$$\underset{\text{Formic acid의 에스터}}{\overset{O}{\overset{\|}{HCOCH_3}}} + 2\,RMgX \longrightarrow \text{마그네슘 알콕사이드 염} \xrightarrow{H_2O,\ HCl} \underset{\text{2° 알코올}}{HC(OH)(R)-R} + CH_3OH$$

Formic ester 외에 다른 에스터를 Grignard 시약 2 몰로 처리하면 —OH기를 가진 탄소에 같은 치환기 2개가 결합된 3차 알코올이 생성된다.

$$\underset{\text{Formic acid 이외의 다른 산의 에스터}}{\overset{O}{\overset{\|}{CH_3COCH_3}}} + 2\,RMgX \longrightarrow \text{마그네슘 알콕사이드 염} \xrightarrow{H_2O,\ HCl} \underset{\text{3° 알코올}}{CH_3C(OH)(R)-R} + CH_3OH$$

에스터와 Grignard 시약의 반응은 두 개의 연속된 정사면체 카보닐 첨가 중간체가 생성되면서 일어나는 반응이다.

MECHANISM 에스터와 Grignard 시약의 반응

1단계: **친핵체와 친전자체 사이에 새로운 결합 형성.** 이 반응은 1 몰의 Grignard 시약이 카보닐 탄소에 첨가되어 정사면체 카보닐 첨가 중간체를 형성하는 것으로 시작된다.

$$H_3C-\overset{:O:}{\overset{\|}{C}}-\ddot{O}-CH_3 + R-MgX \longrightarrow \underset{\text{정사면체 카보닐 첨가 중간체}}{H_3C-\overset{:\ddot{O}:^-[MgX]^+}{\underset{R}{C}}-\ddot{O}-CH_3}$$

2단계: **결합이 깨져 안정한 분자 또는 이온 형성.** 알콕사이드 이온은 정사면체 중간체로부터 떨어져 나갈 수 있는 적당하게 좋은 이탈기이기 때문에, 이 중간체는 붕괴되어 케톤과 마그네슘 알콕사이드 염을 형성한다. 여기까지의 반응은 친핵성 아실 치환 반응이다.

$$H_3C-\overset{:\ddot{O}:^-[MgX]^+}{\underset{R}{C}}-\ddot{O}-CH_3 \longrightarrow \underset{\text{케톤}}{H_3C-\overset{:O:}{\overset{\|}{C}}-R} + H_3C-\ddot{O}:^-[MgX]^+$$

3단계: **친핵체와 친전자체 사이에 새로운 결합 형성.** 케톤은 두 번째 1 몰의 Grignard 시약과 반응하여 두 번째 정사면체 카보닐 첨가 중간체를 형성한다.

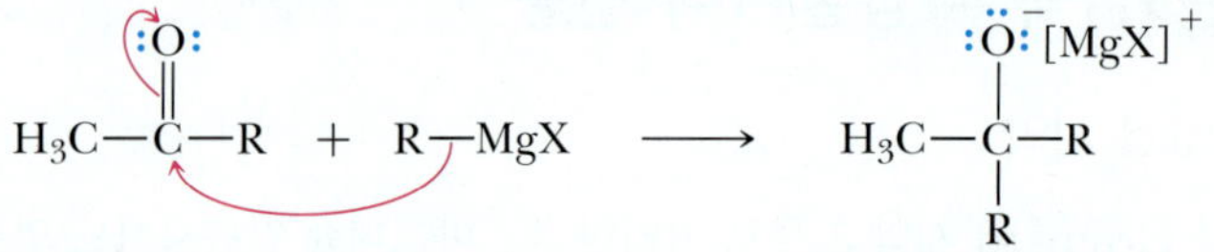

$$H_3C-\overset{\overset{\large :O:}{\|}}{C}-R \; + \; R-MgX \longrightarrow H_3C-\overset{\overset{:\ddot{O}:^{-}[MgX]^{+}}{|}}{\underset{\underset{R}{|}}{C}}-R$$

케톤 → 정사면체 카보닐 첨가 중간체

4단계: **양성자 첨가.** 산성 수용액을 가하면 가수분해하여 3차 알코올이 생성된다. 마지막 두 단계는 친핵성 아실 첨가 반응이다.

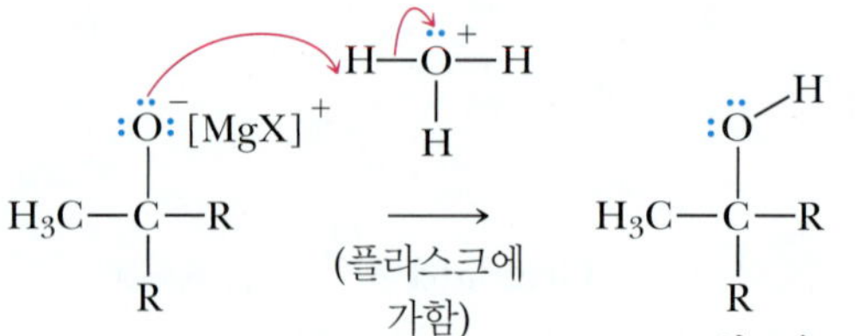

$$H_3C-\overset{\overset{:\ddot{O}:^{-}[MgX]^{+}}{|}}{\underset{\underset{R}{|}}{C}}-R \xrightarrow[\text{(플라스크에 가함)}]{H-\ddot{O}^{+}(H)-H} H_3C-\overset{\overset{:\ddot{O}-H}{|}}{\underset{\underset{R}{|}}{C}}-R$$

3° 알코올

RMgX와 에스터를 사용하여 케톤을 합성하는 것이 가능하지 않다는 점을 깨닫는 것이 중요하다. 중간체 케톤은 에스터보다 반응성이 더 크므로 즉시 Grignard 시약과 반응하여 3차 알코올을 생성한다.

예제 18.8 ▸ 에스터를 Grignard 시약과 반응시키기

다음 각 Grignard 반응을 완결하라.

(a) 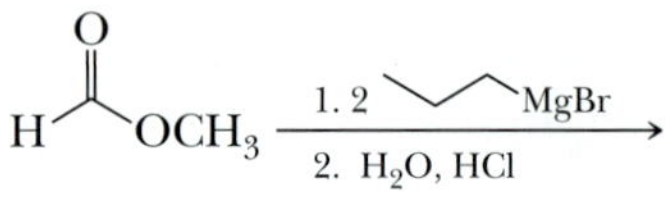 $HCOOCH_3$ (H–C(=O)–OCH$_3$) $\xrightarrow[\text{2. } H_2O, \text{ HCl}]{\text{1. 2 CH}_3\text{CH}_2\text{CH}_2\text{MgBr}}$

(b) 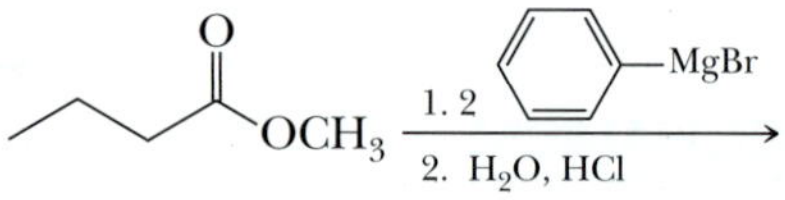 $CH_3CH_2CH_2COOCH_3$ $\xrightarrow[\text{2. } H_2O, \text{ HCl}]{\text{1. 2 } C_6H_5MgBr}$

➥ 해답

반응 (a)는 2차 알코올을 생성하고 반응 (b)는 3차 알코올을 생성한다.

(a) 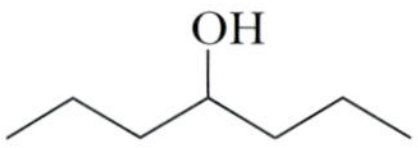 $CH_3CH_2CH_2CH(OH)CH_2CH_2CH_3$

(b) 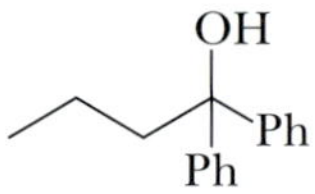 $CH_3CH_2CH_2C(OH)Ph_2$

연습 문제 18.8

에스터를 Grignard 시약으로 처리하여 다음의 각 알코올을 합성하는 방법을 제시하라.

(a) 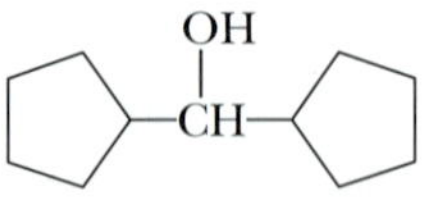 (cyclopentyl)–CH(OH)–(cyclopentyl)

(b) 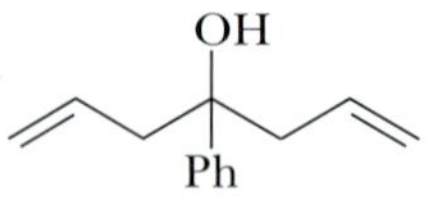 $CH_2{=}CHCH_2C(OH)(Ph)CH_2CH{=}CH_2$

B 유기리튬 화합물

유기리튬 화합물은 Grignard 시약보다 훨씬 더 강력한 친핵체이고, Grignard 시약에 대해서 나타낸 바와 같이 에스터와 반응하여 같은 형태의 2차 또는 3차 알코올을 만들며, 종종 수득률이 더 높다.

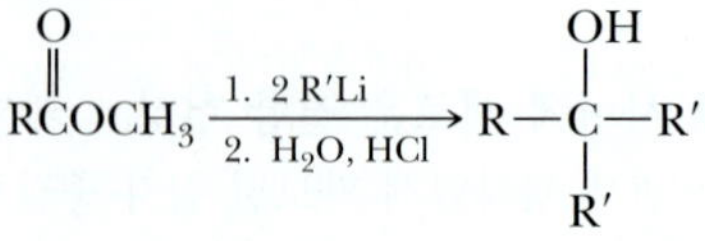

$$R\overset{\overset{O}{\|}}{C}OCH_3 \xrightarrow[\text{2. } H_2O, \text{ HCl}]{\text{1. 2 R'Li}} R-\overset{\overset{OH}{|}}{\underset{\underset{R'}{|}}{C}}-R'$$

C 리튬 이유기구리산

산 염화물은 리튬 이유기구리 시약(lithium diorganocopper, Gilman 시약, 15.2절)과 쉽게 반응하여 pentanoyl chloride가 2-hexanone으로 전환되는 다음 반응에서처럼 케톤을 생성한다. 이 반응은 diethyl ether 또는 tetrahydrofuran 같은 용매에서 −78°C에서 수행한다. 이어서 산성 수용액에서 가수분해하면 케톤이 좋은 수득률로 얻어진다.

$$\text{Pentanoyl chloride} \xrightarrow[\text{2. } H_2O]{\text{1. } (CH_3)_2CuLi\text{, ether, } -78°C} \text{2-Hexanone}$$

Pentanoyl chloride **2-Hexanone**

이 반응 조건에서는 케톤이 더 이상 반응하지 않는다는 사실을 주목하라. 이는 중간체인 케톤이 유기금속 화합물의 두 번째 몰과 반응하여 알코올을 생성하는 반응 즉, 에스터와 Grignard 시약 또는 유기리튬 화합물과의 반응과 대조를 이룬다. 이처럼 반응성이 차이가 나는 이유는 이유기구리 반응에서의 정사면체 카보닐 첨가 중간체가 −78°C에서 안정하기 때문이다. 이 첨가 중간체는 마무리 과정 때까지 그대로 남아 있다가 분해되어 케톤으로 되고, 이 시점에서 Gilman 시약은 분해된다.

R_2CuLi 시약은 오직 반응성이 큰 산 염화물과만 쉽게 반응한다. 이 시약은 알데하이드, 케톤, 에스터, 아마이드, 산 무수물 또는 나이트릴과는 반응하지 않는다. 다음 화합물은 한 분자 내에 산 염화물과 에스터 기를 다 가지고 있다. Lithium dimethylcopper로 처리하면 산 염화물만 반응한다.

$$H_3CO_2C(CH_2)_2COCl \xrightarrow[\text{2. } H_2O]{\text{1. } (CH_3)_2CuLi\text{, ether, } -78°C} H_3CO_2C(CH_2)_2COCH_3$$

예제 18.9 ▸ 카복실산 유도체의 반응

다음 각 전환을 높은 수득률로 수행하는 방법을 제시하라.

(a) $C_6H_{11}CCl(=O) \longrightarrow C_6H_{11}CCH_3(=O)$ **(b)** $PhCH=CHCOOH \longrightarrow PhCH=CHCOCH_2CH=CH_2$

➥ **해답**

(a) 산 염화물을 lithium dimethylcopper로 처리한 다음 물로 처리한다.

$$C_6H_{11}CCl(=O) \xrightarrow[\text{ether, } -78°C]{\text{1. } (CH_3)_2CuLi} \xrightarrow{\text{2. } H_2O} C_6H_{11}CCH_3(=O)$$

(b) 카복실산을 thionyl chloride로 처리하여 산 염화물을 만들고, 이어서 lithium dialkylcopper로 처리하고 나서 산성 수용액으로 처리한다.

$$PhCH=CHCOOH \xrightarrow[\text{3. } H_2O]{\text{1. } SOCl_2 \text{; 2. } (CH_2=CHCH_2)_2CuLi} PhCH=CHCOCH_2CH=CH_2$$

연습 문제 18.9

다음 각 전환을 높은 수득률로 수행하는 방법을 제시하라.

(a) $PhCOOH \longrightarrow PhCO(CH_2)_5CH_3$ **(b)** $CH_2=CHCl \longrightarrow CH_2=CHCO(CH_2)_4CH_3$

18.10 환원

알데하이드 또는 케톤을 포함한 카보닐 화합물의 환원 반응은 대부분 boron 또는 aluminum hydride로부터 수소화물(hydride) 이온의 이동에 의해 이루어진다. 우리는 이미 sodium borohydride를 사용하여 카보닐기 또는 알데하이드를 하이드록시기로 환원시키고(16.11A절), lithium aluminum hydride를 사용하여 알데하이드나 케톤 카보닐기뿐만 아니라 카복실기도 하이드록시기로 환원시킬 수 있음을 보았다(17.6A절).

A 에스터

Lithium aluminum hydride는 에스터를 두 가지 알코올로 환원시킨다. 아실기에서 얻어진 알코올은 1차이며 보통은 이 알코올을 얻는 것이 환원의 목적이다.

Ph, O, OCH_3 —(1. $LiAlH_4$, ether; 2. H_2O, HCl)→ Ph, OH + CH_3OH

Methyl (*S*)-2-phenylpropanoate **(*S*)-2-Phenyl-1-propanol** **Methanol**

MECHANISM **Lithium Aluminum Hydride에 의한 에스터의 환원**

이 메커니즘을 공부한 바와 같이 1단계와 3단계는 탄소음이온 대신에 수소화 이온이 카보닐 탄소로 이동한다는 것만을 제외한다면 Grignard 시약과 에스터의 반응과 매우 유사하다.

1단계: **친핵체와 친전자체 사이에 새로운 결합 형성.** 수소화 이온이 카보닐 탄소로 친핵성 첨가되면 정사면체 카보닐 첨가 중간체가 형성된다. 수소화 이온은 자유로운 상태로 존재하는 것이 아니라 AlH_4^- 이온에 의해 제공된다.

$$R{-}C({=}O){-}O{-}CH_3 + H{-}AlH_3^- \longrightarrow R{-}C(O^-)(H){-}O{-}CH_3 + AlH_3$$

정사면체 카보닐 첨가 중간체

2단계: **결합이 깨져 안정한 분자 또는 이온 형성.** 이 중간체는 알콕사이드 이온을 잃고 붕괴하여 새로운 카보닐 화합물을 생성한다.

$$R{-}C(O^-)(H){-}O{-}CH_3 \longrightarrow R{-}C({=}O){-}H + {}^-O{-}CH_3$$

알데하이드

3단계: **친핵체와 친전자체 사이에서 새로운 결합 형성.** 두 번째 수소화 이온이 새롭게 형성된 카보닐기에 친핵성 첨가하여 알콕사이드 이온을 생성한다.

$$R{-}C({=}O){-}H + H{-}AlH_3^- \longrightarrow R{-}C(O^-)(H){-}H + AlH_3$$

정사면체 카보닐 첨가 중간체

4단계: **양성자 첨가.** 알콕사이드 이온에 물이 첨가되면 가수분해하여 1차 알코올을 생성한다.

$$R{-}CH_2{-}\ddot{O}{:}^{-} \xrightarrow[\text{(플라스크에 가함)}]{H{-}\ddot{O}{-}H} R{-}CH_2{-}\ddot{O}{-}H + {}^{-}{:}\ddot{O}{-}H$$

1° 알코올

Sodium borohydride는 반응이 매우 느리기 때문에 에스터를 환원하는 데에는 보통 사용되지 않는다. 이처럼 sodium borohydride의 에스터에 대한 반응성이 낮기 때문에, 한 분자 내에 있는 에스터나 카복실기는 환원시키지 않고 알데하이드나 케톤의 카보닐기를 하이드록시기로 환원하는 것이 가능하다.

$$CH_3COCH_2COOEt \xrightarrow[EtOH]{NaBH_4} CH_3CH(OH)CH_2COOEt$$

(라셈 혼합물)

에스터를 1차 알코올로 환원시키는 것은 앞에서 제시된 메커니즘에서 본 바와 같이 연속적인 두 번의 수소화 이온의 이동으로 생각할 수 있다. 화학자들은 에스터를 알데하이드로 환원시키고 더 이상은 환원되지 않도록 환원제의 구조를 변화시키는 것이 가능한지 생각하였다. 이러한 목적으로 개발된 유용한 환원제가 diisobutylaluminum hydride (DIBALH)이다.

$[(CH_3)_2CHCH_2]_2AlH$

Diisobutylaluminum hydride (DIBALH)

DIBALH 환원은 보통 −78℃(드라이 아이스/아세톤 온도)에서 톨루엔 또는 헥세인 용매 하에서 진행시킨 다음 실온까지 온도를 올리고 산성 수용액을 첨가하여 알루미늄 염을 가수분해하여 알데하이드를 얻는다. DIBALH를 이용한 에스터의 환원은 알데하이드를 합성하기 위한 유용한 방법인데, 한 예로 methyl hexanoate를 hexanal로 전환하는 반응을 아래에 나타내었다.

$$CH_3(CH_2)_4COOCH_3 \xrightarrow[\text{2. } H_2O,\ HCl]{\text{1. DIBALH, toluene, } -78°C} CH_3(CH_2)_4CHO + CH_3OH$$

Methyl hexanoate → **Hexanal**

에스터의 DIBALH 환원을 실온에서 시키면 에스터는 1차 알코올로 환원된다. 낮은 온도에서는 정사면체 카보닐 첨가 중간체에서 알콕사이드 이온이 제거되지 않고, 반응성이 더 큰 알데하이드는 반응 마무리(처리) 이후에도 생성되지 않으며, 수소화 이온은 이때 분해되어 버린다. 따라서 에스터를 알데하이드로 선택적으로 환원시킬 때에는 온도 조절이 매우 중요하다.

B 아마이드

Lithium aluminum hydride에 의한 아마이드의 환원 반응은 아마이드의 치환 정도에 따라 1차, 2차, 3차 아민을 합성하는 데 사용될 수 있다.

Octanamide → (1. $LiAlH_4$ 2. H_2O) → 1-Octanamine

N,*N*-Dimethylbenzamide → (1. $LiAlH_4$ 2. H_2O) → *N*,*N*-Dimethylbenzylamine

아마이드를 아민으로 환원하는 메커니즘은 다음과 같이 네 단계로 나누어진다.

MECHANISM Lithium Aluminum Hydride에 의한 아마이드의 환원

1단계: **친핵체와 친전자체 사이에서 새로운 결합 형성.** 수소화 이온이 카보닐 탄소에 첨가된다.

정사면체 카보닐 첨가 중간체

2단계: **친핵체와 친전자체 사이에 새로운 결합 형성.** —O^-(Lewis 염기)와 AlH_3 (Lewis 산) 사이의 Lewis 산-염기 반응으로 oxygen-aluminum 결합을 형성한다.

3단계: **결합이 깨져 안정한 분자 또는 이온 형성.** 전자쌍이 자리옮김으로 H_3AlO^{2-}가 떨어져 나가 이미늄(iminium) 이온이 생성된다. Aluminum hydroxide는 다소 산성이기 때문에, H_3AlO^{2-}는 상당히 좋은 이탈기이다.

이미늄 이온

4단계: **친핵체와 친전자체 사이에 새로운 결합 형성.** 마지막 단계에서 이미늄 이온에 두 번째 수소화 이온이 첨가하여 환원 반응이 종결된다.

1° 아민

예제 18.10 ▸ 카복실산 유도체의 반응

다음 각 전환이 어떻게 일어나는지 나타내어라.

(a) C_6H_5COH (C=O) ⟶ $C_6H_5CH_2$—N(pyrrolidine)　　(b) cyclohexyl—COH (C=O) ⟶ cyclohexyl—CH_2NHCH_3

➥ 해답

각 반응의 핵심은 카복실산을 아마이드로 전환하고 나서 아마이드를 $LiAlH_4$로 환원시키는 것이다. 아마이드는 카복실산을 $SOCl_2$로 처리하여 산 염화물(17.8절)을 얻고 나서 산 염화물을 아민으로 처리(18.6A절)하여 합성할 수 있다. 또 다른 방법은, 카복실산을 Fischer 에스터화 반응에 의해 에틸 에스터로 전환하고, 이 에스터를 아민과 반응시켜 아마이드를 얻는 것이다. 해답 (a)는 산 염화물을 사용하는 경로이고, 해답 (b)는 에스터를 사용하는 경로이다.

(a) C_6H_5COH —($SOCl_2$)→ C_6H_5CCl —(HN pyrrolidine)→ C_6H_5C(=O)—N(pyrrolidine) —(1. $LiAlH_4$ 2. H_2O)→ $C_6H_5CH_2$—N(pyrrolidine)

(b) cyclohexyl—COH —(1. CH_3CH_2OH, H^+ 2. CH_3NH_2)→ cyclohexyl—$CNHCH_3$ (C=O) —(3. $LiAlH_4$ 4. H_2O)→ cyclohexyl—CH_2NHCH_3

연습 문제 18.10

Hexanoic acid를 각각의 아민으로 전환시키는 방법을 나타내어라.

(a) hexyl—NMe_2　　(b) hexyl—NH—CH(CH_3)$_2$

예제 18.11 ▸ 카복실산 유도체의 반응

Phenylacetic acid를 각각의 화합물로 전환시키는 방법을 나타내어라.

(a) PhCH_2C(=O)OMe　(b) PhCH_2C(=O)NH_2　(c) Ph$CH_2CH_2NH_2$　(d) PhCH_2CH_2OH

➥ 해답

Phenylacetic acid와 methanol의 Fischer 에스터화 반응으로 메틸 에스터(a)를 합성한다. 그런 다음에 이 에스터를 암모니아로 처리하여 아마이드(b)를 합성한다. 또 다른 방법으로는, phenylacetic acid를 thionyl chloride (17.8절)로 처리하여 산 염화물을 합성한다. 그런 다음에 이 산 염화물을 암모니아로 처리하여 아마이드(b)를 합성한다. 아마이드(b)를 $LiAlH_4$로 환원시켜 1차 아민(c)을 얻는다. Phenylacetic acid 또는 에스터(a)를 비슷한 방법으로 환원하면 알코올(d)가 생성된다.

PhCH_2C(=O)OH —($SOCl_2$)→ PhCH_2C(=O)Cl

PhCH_2C(=O)Cl —(CH_3OH)→ PhCH_2C(=O)OMe (a)

PhCH_2C(=O)Cl —(NH_3)→ PhCH_2C(=O)NH_2 (b)

PhCH_2C(=O)OH —(MeOH, H_2SO_4, Fischer 에스터화 반응)→ PhCH_2C(=O)OMe (a) —(NH_3)→ PhCH_2C(=O)NH_2 (b)

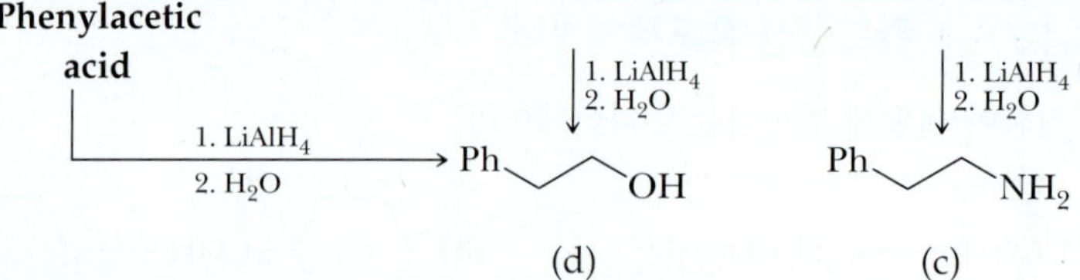

연습 문제 18.11

(*R*)-2-Phenylpropanoic acid를 각각의 화합물로 전환시키는 방법을 나타내어라.

(a) Ph–CH(CH_3)–CH_2OH **(R)-2-Phenyl-1-propanol**

(b) Ph–CH(CH_3)–CH_2NH_2 **(R)-2-Phenyl-1-propanamine**

C 나이트릴

Lithium aluminum hydride는 나이트릴의 사이아노기를 1차 아미노기로 환원한다.

$$CH_3CH{=}CH(CH_2)_4C{\equiv}N \xrightarrow[2.\ H_2O]{1.\ LiAlH_4} CH_3CH{=}CH(CH_2)_4CH_2NH_2$$

6-Octenenitrile **6-Octen-1-amine**

사이아노기의 환원은 오직 1차 아민만을 합성하는 데 유용하다.

사실과 개념에 대한 요약

18.1절 | 구조와 명명법

- **아실기**(Acyl group)는 $R{-}\overset{\overset{\displaystyle O}{\|}}{C}{-}$이다.
- 가장 중요한 카복실산 유도체는 산 염화물, 산 무수물, 에스터, 아마이드, 나이트릴이다.
- **산 할로젠화물**(Acid halide)은 할로젠(보통 Cl)에 붙어 있는 아실기를 가지고 있다.
  - 산 염화물은 모체 산의 *-ic acid*를 *-yl halide*로 바꾸어 명명한다.
- **산 무수물**(Acid anhydride)은 O 원자에 결합된 두 개의 아실기를 가지고 있다.
  - 산 무수물은 모체 산의 *acid*를 *anhydride*로 바꾸어 명명한다.
- **에스터**(Ester)는 —OR기에 결합된 아실기를 가지고 있다.
  - O 원자에 결합된 알킬기 또는 아릴기를 먼저 명명하고, 이어서 모체 산 이름의 *–ic acid*를 *–ate*로 바꾸어 명명한다.
  - **락톤**(Lactone)은 아실 탄소와 O 원자가 고리로 연결된 고리형 에스터이다.
- **아마이드**(Amide)는 N 원자에 결합된 아실기를 가지고 있다.
  - 만일 N 원자가 한 개 또는 두 개의 작용기를 가지고 있으면, 그 작용기를 *N*- 뒤에 나타낸 다음 모체 산의 *-ic acid*를 *-amide*로 바꾸어 명명한다.
  - **락탐**(Lactam)은 아실 탄소와 N 원자가 고리의 일부를 이루는 고리형 아마이드이다.
  - 아마이드에서 N 원자는 sp^2 혼성화되어 있는데, 그 이유는 아실 C와 N 원자 사이에 이중 결합이 있는 형태를 하고 있는 세 번째 중요한 공명 기여 구조 때문이다.
  - 아실 C—N 결합은 부분적인 이중 결합을 가지고 있으므로 회전 장벽 에너지가 크다.

연습 문제: 18.1, 18.12~18.18

- 아마이드의 아실 C 원자는 다른 카복실산 유도체의 C 원자에 비해 친전자성이 약하다.
- 아마이드의 N원자는 염기성이 아니다.

- **나이트릴**(Nitrile)은 탄소에 결합된 사이아노기를 가지고 있다.
  - 나이트릴은 모체 산의 *-oic acid*를 *-onitrile*로 바꾸어 명명한다.

18.2절 | 아마이드, 이미드, 설폰아마이드의 산도

- **이미드**(Imide)는 같은 N 원자에 결합된 두 아실기를 가지고 있다.
- 이미드는 양쪽 카보닐기를 통해서 *N*-양성자이탈된 음이온의 음전하가 비편재화되어 있기 때문에 아마이드보다 훨씬 더 산성이다.

18.3절 | 특징적인 반응들

- 카복실산 유도체의 특징적인 반응은 **친핵성 아실 치환 반응**(nucleophilic acyl substitution)이다.
  - 강한 친핵체는 친전자성 아실 탄소에 직접 첨가되어 C=O π 결합이 깨져 정사면체 첨가 중간체를 형성한다.
  - 약한 친핵체와의 반응은 친핵체에 의해서 촉매화되는데, 이 경우에는 먼저 아실 O 원자에 양성자가 첨가된다.
  - 정사면체 중간체는 이탈기가 떨어져 나가고 C—O π 결합이 다시 형성되면서 붕괴한다.
    - 더 안정한 음이온이 더 좋은 음이온성 이탈기이다.
    - 이탈기의 능력은 다음 순서로 증가한다. $H_2N^- < RO^- < R-\overset{O}{\overset{\|}{C}}-O^- < Cl^-$
    - 공명에 의한 안정화는 다음 순서로 증가한다. 산 할로젠화물 < 산 무수물 < 에스터 < 아마이드.
    - 카복실산 유도체의 반응성은 다음 순서로 증가한다. 아마이드 < 에스터 < 산 무수물 < 산 염화물.

연습 문제: 18.19

18.4절 | 물과의 반응: 가수분해

- 산 염화물과 산 무수물은 물과 자발적으로 반응하여 각각 카복실산과 HCl을 생성하거나 두 분자의 카복실산을 생성한다.
  - 이 반응은 산에 의해서 촉매화되지만, 반응에서 생성된 산이 촉매로 작용하기 때문에 산을 가하지 않아도 반응이 일어난다.
- 에스터와 아마이드의 가수분해 시에는 산 또는 염기 촉매가 필요하지만, 산 할로젠화물이나 산 무수물의 경우에는 촉매가 필요 없다.
  - 산의 역할은 카보닐의 친전자성을 증대시키고 이탈기에 양성자 첨가를 유도하여 좋은 이탈기로 만들어 잘 떨어져 나가게 하기 위함이다.
  - 염기의 역할은 친핵성을 증대시키고 음이온성 정사면체 중간체를 형성하게 하여 이탈기가 잘 떨어져 나가게 하기 위함이다.
- 에스터는 산 촉매 존재 하에서 물과 반응하여 카복실산과 알코올을 생성한다. 메커니즘은 정확히 Fischer 에스터화 반응의 역 과정이므로 Fischer 에스터화 반응이 평형 과정인 이유를 설명해 준다.
- 미시적 가역성의 원리(Principle of microscopic reversibility)는 평형 반응의 정반응과 역반응이 중간체와 전이상태의 수순이 서로 반대라는 것 이외에는 같다는 것이다.
- 에스터는 **비누화**(saponification)라 부르는 과정으로 염기 존재 하에서 가수분해하는데, 비누화라고 부르는 이유는 이 반응이 비누 제조에서 triglyceride ester를 가수분해하는데 사용되어 왔기 때문이다.
- 아마이드는 산 또는 염기 존재 하에서 가수분해하는데, 두 경우 모두 화학량론적으로 일어나며 촉매 반응이 아니고 에스터의 가수분해보다 더 격렬한 조건이 필요하다.
- 나이트릴은 센산 존재 하에서 가수분해하여 카복실산과 암모늄 이온을 생성한다. 나이트릴이 센염기 조건 하에서 가수분해하면 카복실산 음이온과 아민을 생성한다.

연습 문제: 18.21~18.24, 18.27

18.5절 | 알코올과의 반응

- 산 염화물은 알코올과 반응하여 에스터와 HCl을 생성한다. 이 반응은 10.5D절에서 다룬 바 있는 설폰산 에스터의 생성 반응과 유사하다. 생성물인 에스터가 산에 민감한 경우에는 3차 아민과 같은 염기를 사용하여 생성된 HCl을 중화시킨다.
- 산 무수물은 알코올과 반응하여 1몰의 에스터와 1몰의 카복실산을 생성한다.
- 에스터는 **에스터교환 반응**(transterification)이라 부르는 산-촉매 반응으로 알코올과 반응한다. 에스터교환 반응은 일종의 평형 과정으로서 한 에스터의 —OR기가 다른 에스터의 —OR기(역자 주)와 서로 교환된다.
- 아마이드는 알코올과 반응할 만큼 반응성이 크지 않다.

연습 문제: 18.6, 18.19, 18.20, 18.27~18.30, 18.30~18.38, 18.40, 18.42, 18.48, 18.53. 18.56, 18.60~18.62, 18.68, 18.69

18.6절 | 암모니아및 아민과의 반응

- 산 염화물은 2 당량의 암모니아 그리고 1차 및 2차 아민과 반응하여 아마이드와 1 당량의 염화암모늄을 생성한다.
- 산 무수물은 2 당량의 암모니아 그리고 1차 및 2차 아민과 반응하여 아마이드와 1 당량의 카복실화 암모늄 염을 생성한다.
- 에스터는 암모니아 그리고 1차 및 2차 아민과 천천히 반응하여 아마이드와 알코올을 생성한다.

18.7절 | 산 염화물과 카복실산 염과의 반응

- 산 염화물은 카복실산 음이온과 반응하여 산 무수물과 염화이온 염을 생성한다.

18.8절 | 작용기 유도체들의 상호 변환

- 일반적인 규칙은 반응성이 큰 카복실산 유도체와 적당한 산소 또는 질소 친핵체로부터 반응성이 작은 카복실산 유도체가 생성된다는 것이다.
  - 산 염화물은 다른 카복실산 유도체를 합성하는 데 사용될 수 있다.
  - 산 염화물은 $SOCl_2$를 사용하여 카복실산으로부터 만들 수 있고 모든 카복실산 유도체들은 가수분해될 수 있기 때문에, 어느 카복실산 유도체를 다른 카복실산 유도체로 상호 변환하는 것이 가능하다.
- 이 장에서 보여준 메커니즘은 다음 네 단계의 조합이다.
  - 양성자 붙이기(양성자 첨가)
  - 양성자 떼어내기(양성자 이탈)
  - sp^2 탄소에 친핵체가 공격하여 정사면체 첨가 중간체 형성하기(친핵체와 친전자체 사이에 새로운 결합 형성).
  - sp^3 탄소 원자로부터 이탈기 떨어지기(결합이 깨져 안정한 분자와 이온을 생성).
- 반응 메커니즘에서 매체가 뒤섞이지 않도록 하라(부록 10).
  - 산에서의 반응에서는 센염기가 생기지 않도록 하라.
  - 염기에서의 반응에서는 센산이 생기지 않도록 하라.

18.9절 | 유기금속 화합물과의 반응

- 에스터는 2 몰의 Grignard 시약에 첨가된다. 이어서 산성 수용액으로 처리하면 생성물로 알코올이 생성되는데, 여기서 —OH기가 붙어 있는 탄소에 결합된 두 작용기는 같다.
  - Formic acid 에스터는 2차 알코올을 생성하고 다른 에스터는 모두 3차 알코올을 생성한다.
  - 유기리튬 시약은 Grignard 시약의 반응과 동일한 형태의 반응을 한다.
- 산 염화물은 Gilman 시약과 반응하여 케톤을 생성한다.

연습 문제: 18.8, 18.9, 18.19, 18.20, 18.32, 18.41

18.10절 | 환원

- 에스터를 lithium aluminum hydride와 반응시킨 후에 산성 수용액으로 처리하면 두 종류의 알코올이 생성된다.
  - Sodium borohydride는 에스터와 천천히 반응하므로 알코올을 제조할 목적으로는 사용되지 않는다.
- Diisobutylaluminum hydride (DIBALH)는 낮은 온도에서 에스터와 반응하여 알데하이드를 생성한다. 높은 온도에서는 끝까지 반응하여 알코올로 된다.
- 아마이드는 lithium aluminum hydride와 반응하여 아민을 생성한다.
- Lithium aluminum hydride는 나이트릴의 사이아노기를 1차 아민으로 환원시킨다.

연습 문제: 18.10, 18.11, 18.19, 18.20, 18.23~18.27, 18.32, 18.33, 18.43, 18.48, 18.52~18.54

주요 반응 *Key Reactions*

1. 이미드의 산도(18.2절). 이미드(pK_a 8~10)는 NaOH 수용액에 녹아 수용성 소듐 염을 형성한다.

$$\text{Phthalimide (NH)} + NaOH \longrightarrow \text{Phthalimide } N^{-}Na^{+} + H_2O$$

물에 불용 / 수용성 소듐 염

이미드는 아마이드보다 더 센산인데, 그 이유는 이미드 음이온의 음전하가 두 카보닐 산소 위로 비편재화되어 안정한 상태로 존재하기 때문이다.

2. 설폰아마이드의 산도(18.2절). 설폰아마이드(pK_a 9~10)는 NaOH 수용액에 녹아 수용성 염을 형성한다. 설폰아마이드 음이온은 음전하가 두 산소 원자 위로 비편재화되어 안정한 상태로 존재한다.

$$C_6H_5SO_2NH(CH_2)_4CH_3 + NaOH \longrightarrow C_6H_5SO_2\overset{-}{N}(CH_2)_4CH_3\ Na^{+} + H_2O$$

물에 불용 / 수용성 염

3. 산 염화물의 가수분해(18.4A절). 분자량이 작은 산 염화물은 물과 격렬하게 반응한다.

$$CH_3\overset{O}{\overset{\|}{C}}Cl + H_2O \longrightarrow CH_3\overset{O}{\overset{\|}{C}}OH + HCl$$

분자량이 큰 산 염화물은 덜 빠르게 반응한다.

4. 산 무수물의 가수분해(18.4B절). 산 무수물은 물과 쉽게 반응한다.

$$CH_3\overset{O}{\overset{\|}{C}}O\overset{O}{\overset{\|}{C}}CH_3 + H_2O \longrightarrow CH_3\overset{O}{\overset{\|}{C}}OH + HO\overset{O}{\overset{\|}{C}}CH_3$$

메커니즘은 아실 산소의 양성자 첨가를 포함하며, 양성자가 첨가된 아실 탄소 원자는 물의 공격을 받아 정사면체 첨가 중간체를 생성한 후, 양성자가 이탈기의 아실 산소로 이동하여 카복실산이 떨어져 나간다.

5. **에스터의 가수분해(18.4C절).** 에스터는 산 또는 염기 존재 하에서만 가수분해된다. 산은 촉매이다. 염기는 같은 당량이 필요하다. 산에서의 메커니즘은 양성자가 아실 산소에 첨가되고, 물이 공격하여 정사면체 첨가 중간체가 생성되며, 이어서 양성자가 —OR기의 산소로 이동하고 알코올이 이탈되는 과정을 포함한다.

$$CH_3\overset{O}{\overset{\|}{C}}O\text{—cyclohexyl} + NaOH \xrightarrow{H_2O} CH_3\overset{O}{\overset{\|}{C}}O^-Na^+ + HO\text{—cyclohexyl}$$

염기에서의 메커니즘은 강한 친핵체인 HO^-가 직접 첨가되어 정사면체 첨가 중간체가 생성되는 과정을 포함한다. 이어서 중간체가 붕괴하여 카복실산과 알콕사이드가 얻어진다. 비교적 산성인 카복실산으로부터 비교적 염기성인 알콕사이드로 양성자가 이동하여 최종 생성물로 카복실산 음이온과 알코올이 생성된다.

6. **아마이드의 가수분해(18.4D절).** 아마이드를 가수분해하기 위해서는 같은 당량의 산 또는 염기가 필요하다. 산에서의 메커니즘은 이탈되는 아민이 염기성이어서 양성자와 반응하여 암모늄 염 생성물이 얻어진다는 것을 제외하고는 에스터의 메커니즘과 유사하다. 마지막 단계에서 양성자가 소모되는 것은 이 반응이 산 촉매 반응이 아니라는 것을 설명해 준다.

$$\text{(Ph)}\text{—}\overset{O}{\overset{\|}{C}}NH_2 + H_2O + HCl \xrightarrow[\text{가열}]{H_2O} \text{(Ph)}\text{—}\overset{O}{\overset{\|}{C}}OH + NH_4{}^+Cl^-$$

$$CH_3\overset{O}{\overset{\|}{C}}NH\text{—}C_6H_5 + NaOH \xrightarrow[\text{가열}]{H_2O} CH_3\overset{O}{\overset{\|}{C}}O^-Na^+ + H_2N\text{—}C_6H_5$$

염기에서 아마이드의 가수분해 메커니즘은 에스터의 가수분해의 경우보다 훨씬 복잡하다. 먼저 HO^-가 공격하고 양성자가 이탈하여 이음이온성 정사면체 중간체를 형성한 후 아마이드 이온을 잃는데, 이는 곧바로 양성자화되어 아민 생성물이 얻어진다.

7. **나이트릴의 가수분해(18.4E절).** 나이트릴의 가수분해 반응은 같은 당량의 산 또는 염기가 필요하다. 산에서의 메커니즘은 먼저 나이트릴 N 원자에 양성자가 첨가되고, 이어서 물이 공격하여 이미드 산이 생성되는데, 이는 토토머화하여 아마이드가 생성된다. 나머지 진행 과정은 산에서 아마이드의 가수분해 반응과 같다.

$$C_6H_5\text{—}CH_2C{\equiv}N + 2\,H_2O + H_2SO_4 \xrightarrow[\text{가열}]{H_2O} C_6H_5\text{—}CH_2\overset{O}{\overset{\|}{C}}OH + NH_4{}^+HSO_4{}^-$$

$$CH_3(CH_2)_9C{\equiv}N + H_2O + NaOH \xrightarrow[\text{가열}]{H_2O} CH_3(CH_2)_9\overset{O}{\overset{\|}{C}}O^-Na^+ + NH_3$$

염기에서의 메커니즘은 먼저 HO^-가 나이트릴의 C 원자를 공격하여 이미드산의 음이온을 형성하고 양성자를 얻어 이미드 이온 중간체를 형성하는 과정을 포함한다. 이 중간체는 토토머화하여 아마이드로 된다. 나머지 과정은 염기에서 아마이드의 가수분해 반응과 같다.

8. **산 염화물과 알코올의 반응(18.5A절).** 산 염화물을 알코올로 처리하면 에스터와 HCl이 생성된다.

$$CH_3CH_2CH_2\overset{O}{\overset{\|}{C}}Cl + HO\text{—cyclohexyl} \longrightarrow CH_3CH_2CH_2\overset{O}{\overset{\|}{C}}O\text{—cyclohexyl} + HCl$$

산에 민감한 에스터의 합성은 HCl을 중화하기 위해서 같은 당량의 triethylamine 또는 pyridine을 사용하여 수행한다.

9. **산 무수물과 알코올의 반응(18.5B절).** 산 무수물을 알코올로 처리하면 1 몰의 에스터와 1 몰의 카복실산이 생성된다.

$$CH_3\overset{O}{\overset{\|}{C}}O\overset{O}{\overset{\|}{C}}CH_3 + HOEt \longrightarrow CH_3\overset{O}{\overset{\|}{C}}OEt + CH_3\overset{O}{\overset{\|}{C}}OH$$

10. **에스터와 알코올의 반응: 에스터교환 반응(18.5C절).** 에스터교환 반응은 산 촉매와 과량의 알코올을 사용해야만 반응을 완결할 수 있다.

$$CH_2{=}CHCOOCH_3 + HO(CH_2)_3CH_3 \underset{}{\overset{HCl}{\rightleftharpoons}} CH_2{=}CHCOO(CH_2)_3CH_3 + CH_3OH$$

11. **산 염화물과 암모니아 또는 아민과의 반응(18.6A절).** 이 반응은 2 몰의 암모니아 또는 아민을 필요로 한다. 1 몰은 아마이드를 합성하고, 1 몰은 부생성물인 HCl을 중화하는 데 필요하다. 이 반응의 메커니즘은 암모니아 또는 아민이 카보닐 탄소에 친핵성 첨가되고 나서 양성자 이동이 일어나 정사면체 첨가 중간체를 생성하는 과정을 포함한다. 이 중간체에서 직접 염화 이온이 제거된 후에 양성자를 잃고 생성물이 얻어진다.

$$CH_3(CH_2)_4\overset{O}{\overset{\|}{C}}Cl + 2\,NH_3 \longrightarrow CH_3(CH_2)_4\overset{O}{\overset{\|}{C}}NH_2 + NH_4Cl$$

12. **산 무수물과 암모니아 또는 아민과의 반응(18.6B절).** 이 반응은 2 몰의 암모니아 또는 아민을 필요로 한다. 1 몰은 아마이드를 합성하고, 1 몰은 부생성물인 카복실산을 중화하는 데 필요하다. 이 메커니즘은 산 염화물과 암모니아 또는 아민과의 반응과 유사하다.

$$CH_3\overset{O}{\overset{\|}{C}}O\overset{O}{\overset{\|}{C}}CH_3 + 2\,NH_3 \longrightarrow CH_3\overset{O}{\overset{\|}{C}}NH_2 + CH_3\overset{O}{\overset{\|}{C}}O^-NH_4^+$$

13. **에스터와 암모니아 또는 아민과의 반응(18.6C절).** 에스터를 암모니아나 1차 아민 또는 2차 아민으로 처리하면 아마이드가 생성된다. 이 메커니즘은 암모니아 또는 아민이 카보닐 탄소에 친핵성 첨가되고 나서 양성자 이동이 일어나 정사면체 첨가 중간체가 생성되는 과정을 포함한다. 이 중간체에서 직접 알콕사이드가 제거된 후에 알콕사이드에 양성자를 잃고 생성물이 얻어진다.

$$PhCH_2\overset{O}{\overset{\|}{C}}OEt + NH_3 \longrightarrow PhCH_2\overset{O}{\overset{\|}{C}}NH_2 + EtOH$$

14. **산 염화물과 카복실산 염과의 반응(18.7절).** 산 염화물을 카복실산의 염으로 처리하는 것은 혼합 산 무수물을 합성하는 유용한 방법이다.

$$CH_3\overset{O}{\overset{\|}{C}}Cl + Na^{+-}O\overset{O}{\overset{\|}{C}}C_6H_5 \longrightarrow CH_3\overset{O}{\overset{\|}{C}}O\overset{O}{\overset{\|}{C}}C_6H_5 + Na^+Cl^-$$

15. **에스터와 Gignard 시약의 반응(18.9A절).** Formic acid 에스터를 Grignard 시약으로 처리하고 나서 가수분해하면 2차 알코올이 생성된다. 다른 에스터를 Grignard 시약으로 처리하면 3차 알코올이 생성된다. 이 반응의 메커니즘은 Grignard 시약이 카보닐 탄소 원자를 친핵성 공격하여 정사면체 첨가 중간체가 형성되는 과정을 포함한다. 이 중간체는 알콕사이드 이온의 이탈로 붕괴하여 케톤 중간체가 생성되며(formic acid 에스터의 경우에는 알데하이드), 이 중간체는 두 번째 1 몰의 Grignard 시약과 반응한다.

$$C_6H_{11}\overset{O}{\overset{\|}{C}}OMe \xrightarrow[2.\ H_2O,\ HCl]{1.\ 2\ EtMgBr} C_6H_{11}C(OH)Et_2 + MeOH$$

16. 산 염화물과 리튬 이유기구리산과의 반응(18.9C절). −78°C에서 산 염화물은 리튬 이유기구리산과 쉽게 반응하여 케톤을 생성한다.

Cl → 1. $(CH_3)_2CuLi$, ether, −78°C; 2. H_2O

17. 에스터의 환원(18.10A절). 에스터를 lithium aluminum hydride로 환원하면 두 종류의 알코올이 생성된다. 이 반응의 메커니즘은 수소화 음이온이 카보닐 탄소에 친핵성 공격을 하여 정사면체 첨가 중간체를 형성하는 과정을 포함한다. 이 중간체는 알콕사이드를 잃고 붕괴하여 알데하이드로 된다. 이 알데하이드는 두 번째 수소화 음이온과 반응하여 생성물인 알코올을 생성한다.

Ph, OCH_3 → 1. $LiAlH_4$, ether; 2. H_2O, HCl → Ph, OH + CH_3OH

낮은 온도에서 diisobutylaluminum hydride (DIBALH)로 환원하면 알데하이드와 알코올이 생성된다.

OCH_3 → 1. DIBALH, toluene, −78°C; 2. H_2O, HCl → H + CH_3OH

18. 아마이드의 환원(18.10B절). 아마이드를 lithium aluminum hydride로 환원하면 아민이 생성된다. 이 반응의 메커니즘은 먼저 같은 당량의 수소화 음이온이 카보닐 탄소와 친핵성 반응을 하여 정사면체 첨가 중간체를 형성하는 과정을 포함한다. 이 중간체는 Lewis 산-염기 반응을 하여 산소-알루미늄 결합이 생성된다. 전자쌍의 자리옮김으로 Al-O 화학종이 떨어져서 친전자성 이미늄 이온이 얻어진다. 이 이온은 또 다른 1당량의 수소화 음이온과 반응하여 생성물인 아민을 생성한다.

NH_2 → 1. $LiAlH_4$; 2. H_2O → NH_2

19. 나이트릴의 환원(18.10C절). 사이아노기를 lithium aluminum hydride로 환원하면 1차 아미노기가 생성된다.

CN, Br, Br → 1. $LiAlH_4$, ether; 2. H_2O → CH_2NH_2, Br, Br

연습 문제

붉은색 번호는 응용 문제를 나타낸다.

구조와 명명법

18.12 다음 각 화합물들의 구조를 그려라.

(a) Dimethyl carbonate
(b) Benzonitrile
(c) Isopropyl 3-methylhexanoate
(d) Diethyl oxalate
(e) Ethyl (Z)-2-pentenoate
(f) Butanoic anhydride
(g) Dodecanamide
(h) Ethyl 3-hydroxybutanoate
(i) Octanoyl chloride
(j) Diethyl *cis*-1,2-cyclohexanedicarboxylate
(k) Methanesulfonyl chloride
(l) *p*-Toluenesulfonyl chloride

18.13 다음 각 화합물의 IUPAC명을 써라.

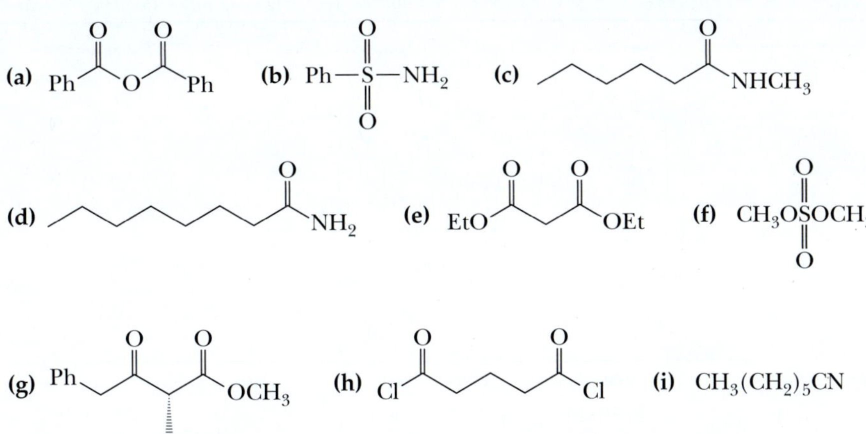

물리적 성질

18.14 Acetamide의 녹는점과 끓는점은 모두 *N*,*N*-dimethyl 유도체보다 더 높다. 이런 차이점을 어떻게 설명하겠는가?

$CH_3C(=O)NH_2$	$CH_3C(=O)N(CH_3)_2$
Acetamide	***N*,*N*-Dimethylacetamide**
녹는점 82.3°C, 끓는점 221.2°C	녹는점 −20°C, 끓는점 165°C

분광학

18.15 1차 아마이드의 두 수소는 별개의 ^{1}H-NMR 공명을 보인다. 예를 들면 propanamide의 두 아마이드 수소는 δ 6.22와 δ 6.58에서 따로 관찰된다. 게다가 *N*,*N*-dimethylformamide의 두 메틸기도 별개의 공명 피크(δ 3.88과 δ 3.98)를 보인다. 이러한 관찰 결과를 어떻게 설명하겠는가?

18.16 다음의 ^{1}H-NMR 및 IR 스펙트럼과 일치하는 화합물 A ($C_7H_{14}O_2$)의 구조를 제안하라.

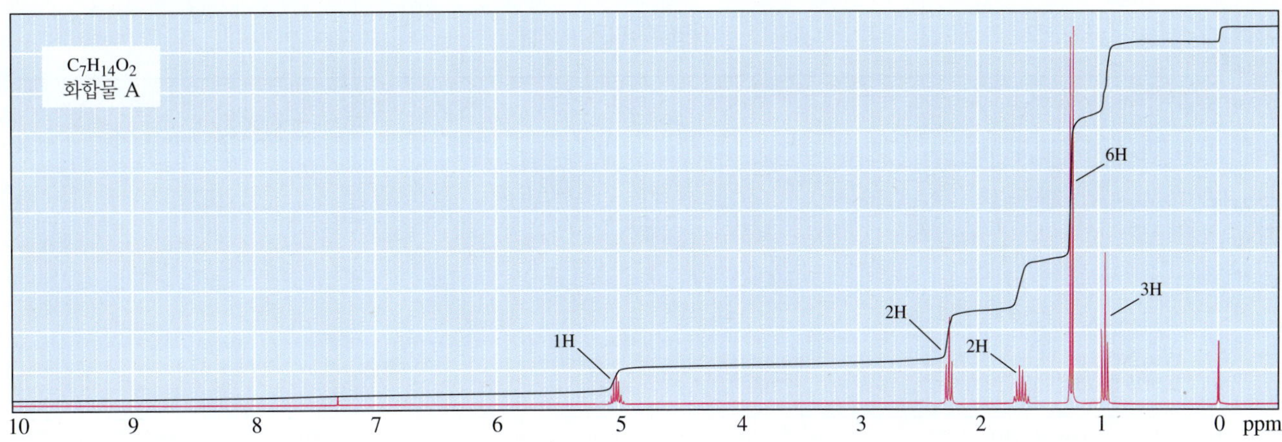

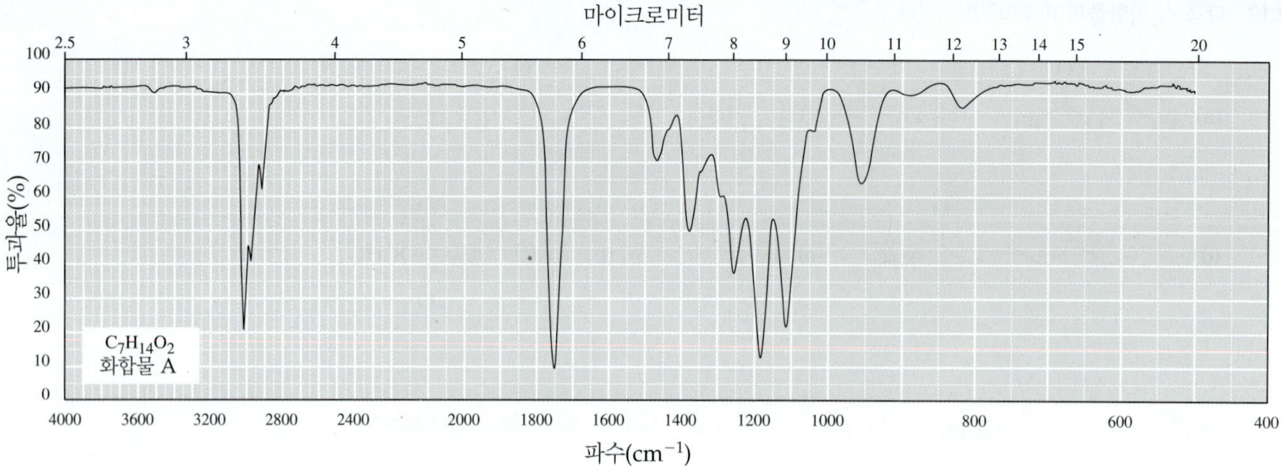

18.17 다음의 ^{1}H-NMR 및 IR 스펙트럼과 일치하는 화합물 B ($C_6H_{13}NO$)의 구조를 제안하라.

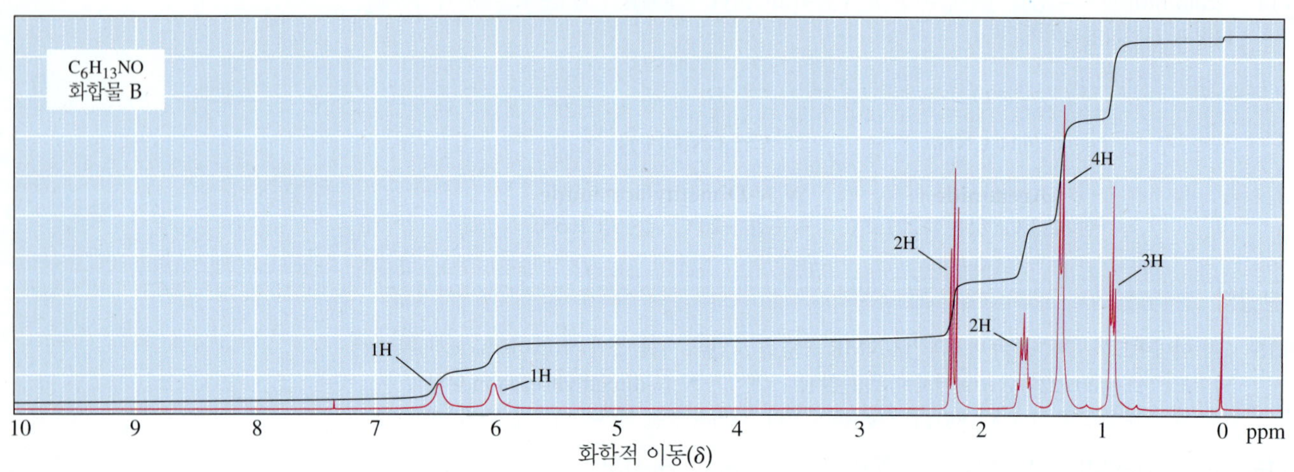

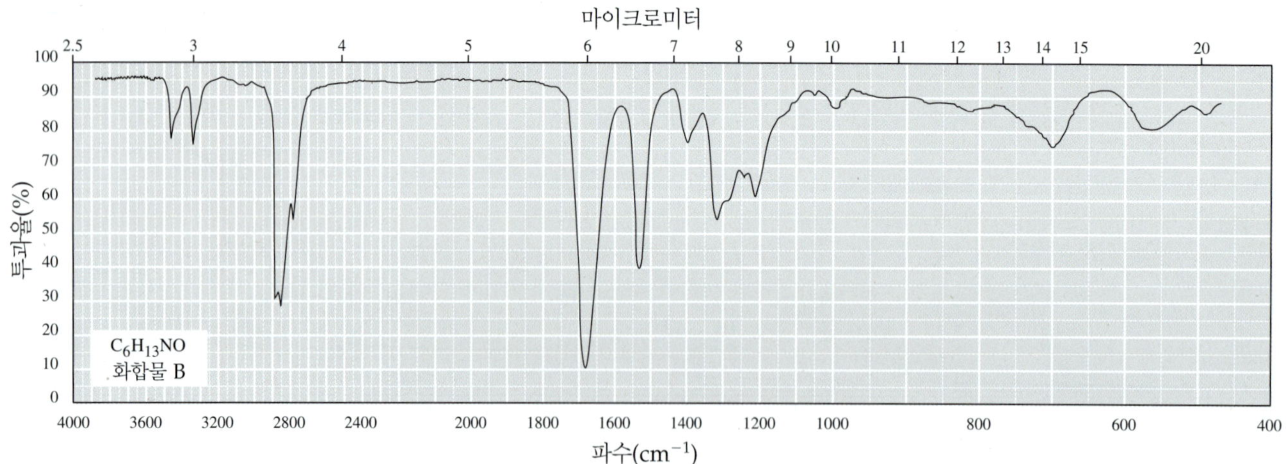

18.18 각각의 ^{1}H-NMR 및 ^{13}C-NMR 스펙트럼과 일치하는 화합물의 구조를 제안하라.

(a) $C_5H_{10}O_2$

^{1}H-NMR	^{13}C-NMR
0.96 (d, 6H)	161.11
1.96 (m, 1H)	70.01
3.95 (d, 2H)	27.71
8.08 (s, 1H)	19.00

(b) $C_7H_{14}O_2$

^{1}H-NMR	^{13}C-NMR
0.92 (d, 6H)	171.15
1.52 (m, 2H)	63.12
1.70 (m, 1H)	37.31
2.09 (s, 3H)	25.05
4.10 (t, 2H)	22.45
	21.06

(c) $C_6H_{12}O_2$

^{1}H-NMR	^{13}C-NMR
1.18 (d, 6H)	177.16
1.26 (t, 3H)	60.17
2.51 (m, 1H)	34.04
4.13 (q, 2H)	19.01
	14.25

(d) $C_7H_{12}O_4$

^{1}H-NMR	^{13}C-NMR
1.28 (t, 6H)	166.52
3.36 (s, 2H)	61.43
4.21 (q, 4H)	41.69
	14.07

(e) $C_4H_7ClO_2$

^{1}H-NMR	^{13}C-NMR
1.68 (d, 3H)	170.51
3.80 (s, 3H)	52.92
4.42 (q, 1H)	52.32
	21.52

(f) $C_4H_6O_2$

^{1}H-NMR	^{13}C-NMR
2.29 (m, 2H)	177.81
2.50 (t, 2H)	68.58
4.36 (t, 2H)	27.79
	22.17

› 반응

18.19 Benzoyl chloride와 다음 각 시약을 반응시킬 때 얻어지는 주 생성물의 구조식을 써라.

(a) 

(b) OH, pyridine

(c) SH, pyridine

(d) NH_2 (2 당량)

(e) O, O^-Na^+

(f) $(CH_3)_2CuLi$, 그 다음에 H_3O^+

(g) CH_3O–(benzene ring)–NH_2, pyridine

(h) C_6H_5MgBr (2 당량), 그 다음에 H_3O^+

18.20 Ethyl benzoate를 다음의 각 시약과 반응시킬 때 얻어지는 주 생성물의 구조식을 써라.

(a) H_2O, NaOH, 가열

(b) H_2O, H_2SO_4, 가열

(c) $CH_3CH_2CH_2CH_2NH_2$

(d) DIBALH (−78℃), 그 다음에 H_2O

(e) $LiAlH_4$, 그 다음에 H_2O

(f) C_6H_5MgBr (2 당량), 그 다음에 HCl/H_2O

18.21 산성 수용액에서 에스터의 가수분해 메커니즘은 정사면체 카보닐 첨가 중간체의 형성을 포함한다. 이 메커니즘을 뒷받침할 증거는 Myron Bender에 의해 고안된 실험으로 얻어진다. 그는 먼저 카보닐 산소가 O-18 동위원소로 농축된 ethyl benzoate를 합성하고 나서, O-18로 농축하지 않은 물속에서 이 에스터의 산-촉매 가수분해를 시켰다. 만일 그가 가수분해를 도중에서 멈춘 후에 남아 있는 에스터를 분리한다면, 회수한 ethyl benzoate에는 O-18로 농축된 부분이 떨어져 나갔을 것이다. 다시 말하면, 어느 정도의 에스터의 O-18과 물의 O-16 사이의 교환이 일어났다. 이러한 관찰이 에스터의 산-촉매 가수분해 중에 정사면체 카보닐 첨가 중간체가 생성되는 것과 어떤 관계가 있는지 보여라.

18.22 에톡시 산소에 표지된 ethyl benzoate를 가수분해하는 경우에 대해서 다음 각각의 조건에서 얻어지는 생성물의 O-18의 분포를 예상하라.

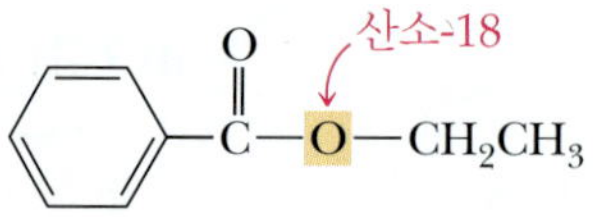

산소-18

$C_6H_5-C(=O)-O-CH_2CH_3$

(a) NaOH 수용액에서 **(b)** HCl 수용액에서

(c) 만일 이 반응이 HCl 수용액에서 *tert*-뷰틸 에스터와 일어난다면 어떤 분포를 예상하는가?

18.23 Benzamide를 다음 각각의 시약으로 처리할 때 얻어지는 주 생성물의 구조식을 그려라.

(a) H_2O, HCl, 가열 **(b)** NaOH, H_2O, 가열 **(c)** $LiAlH_4$, 그 다음에 H_2O

18.24 Benzonitrile을 다음 각각의 시약으로 처리할 때 얻어지는 주 생성물의 구조식을 그려라.

(a) H_2O(1 당량), H_2SO_4, 가열 **(b)** H_2O(과량), H_2SO_4, 가열

(c) NaOH, H_2O, 가열 **(d)** $LiAlH_4$, 그 다음에 H_2O

18.25 다음의 불포화 δ-ketoester를 다음 각각의 시약으로 처리할 때 예상되는 생성물을 보여라.

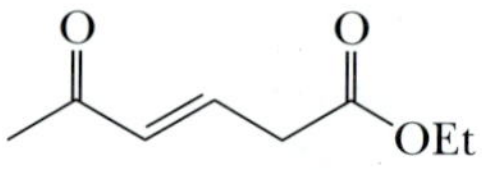

O O OEt

(a) $\xrightarrow[\text{Pd, EtOH}]{H_2\text{ (1 mol)}}$ **(b)** $\xrightarrow[CH_3OH]{NaBH_4}$ **(c)** $\xrightarrow[\text{2. } H_2O]{\text{1. } LiAlH_4\text{, THF}}$ **(d)** $\xrightarrow[\text{2. } H_2O]{\text{1. DIBALH, }-78°}$

18.26 Diisobutylaluminum hydride (DIBALH) 시약은 에스터를 알데하이드로 환원시킨다. 나이트릴을 DIBALH로 처리하고 나서 온화한 조건에서 산으로 가수분해해도 생성물은 역시 알데하이드이다. 이 환원 반응의 메커니즘을 제안하라.

18.27 다음의 무수물을 각각의 시약으로 처리할 때 얻어지는 생성물을 보여라.

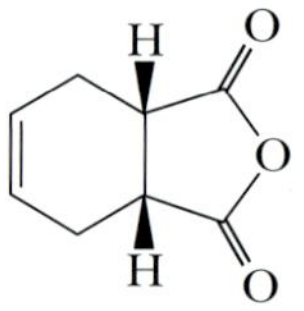

H O O H O

(a) $\xrightarrow[\text{가열}]{H_2O\text{, HCl}}$ **(b)** $\xrightarrow[\text{가열}]{H_2O\text{, NaOH}}$ **(c)** $\xrightarrow[\text{2. } H_2O]{\text{1. } LiAlH_4}$

(d) $\xrightarrow{CH_3OH}$ **(e)** $\xrightarrow{NH_3\text{ (2 몰)}}$

18.28 진통제인 acetaminophen은 4-aminophenol을 1 당량의 아세트산 무수물로 처리하여 합성한다. Acetaminophen의 구조식을 그려라.

18.29 Choline을 아세트산 무수물로 처리하면 신경전달 물질인 아세틸콜린(acetylcholine)이얻어진다. 아세틸콜린 생성에 대한 반응식을 써라.

$(CH_3)_3\overset{+}{N}CH_2CH_2OH$

Choline

18.30 흔히 niacin이라 불리는 nicotinic acid는 비타민 B의 일종이다. Nicotinic acid가 어떻게 (a) ethyl nicotinate로 전환되며, 이어서 다시 (b) nicotinamide로 전환되는지 보여라.

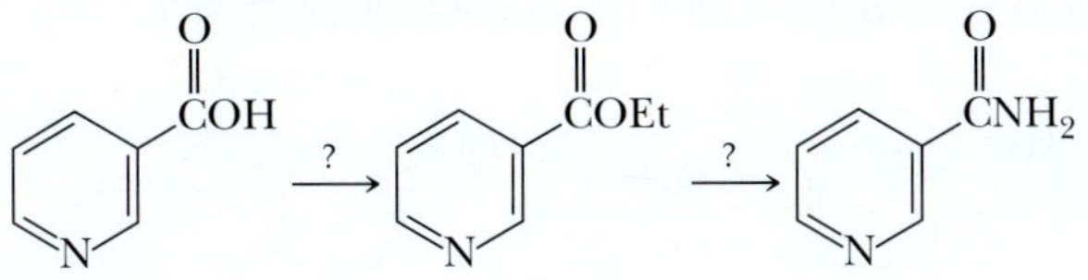

Nicotinic acid (Niacin) → ? → **Ethyl nicotinate** → ? → **Nicotinamide**

18.31 다음 각 반응을 완성하라.

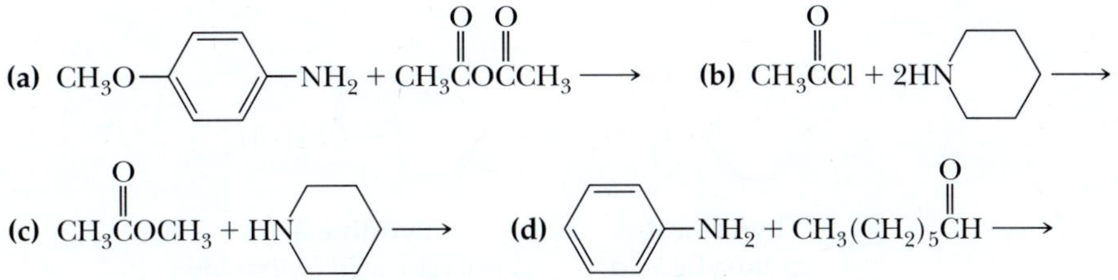

(a) $CH_3O-C_6H_4-NH_2 + CH_3COCCH_3$ (O O) ⟶ **(b)** CH_3CCl (O) + 2HN(piperidine) ⟶

(c) CH_3COCH_3 (O) + HN(piperidine) ⟶ **(d)** $C_6H_5-NH_2 + CH_3(CH_2)_5CH$ (O) ⟶

18.32 γ-Butyrolactone을 다음 각각의 시약으로 처리할 때 얻어지는 생성물을 보여라.

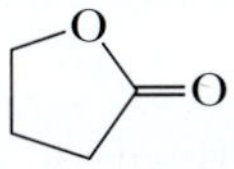

(a) NH_3 ⟶ **(b)** 1. $LiAlH_4$ 2. H_2O ⟶ **(c)** 1. 2 PhMgBr, ether 2. H_2O, HCl ⟶

(d) $NaOH/H_2O$, 가열 ⟶ **(e)** 1. 2 CH_3Li, ether 2. H_2O, HCl ⟶ **(f)** 1. DIBALH, ether, −78°C 2. H_2O, HCl ⟶

18.33 다음의 γ-lactam을 각각의 시약으로 처리할 때 얻어지는 생성물을 보여라.

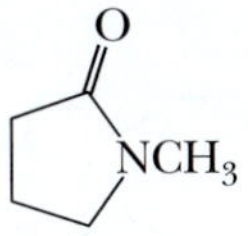

NCH_3 **(a)** H_2O, HCl, 가열 ⟶ **(b)** H_2O, NaOH, 가열 ⟶ **(c)** 1. $LiAlH_4$ 2. H_2O ⟶

18.34 Meprobamate, phenobarbital, pentobarbital을 뜨거운 산성 수용액에서 완전히 가수분해할 때 얻어지는 생성물의 구조식을 그려라.

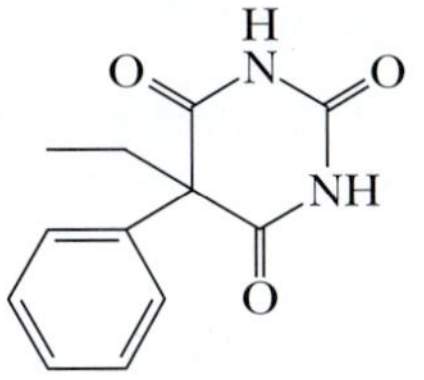

(a) H_2N … O … O … NH_2 **(b)** **(c)**

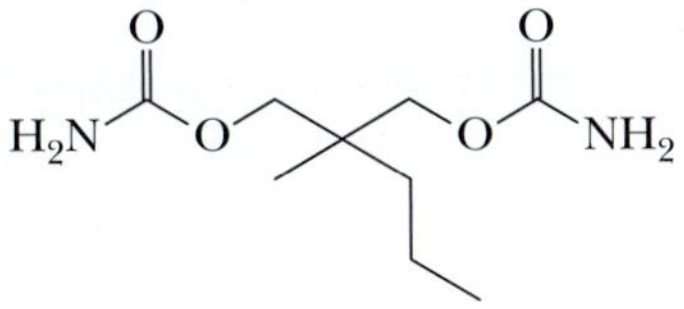

Meprobamate (라셈 혼합물) **Phenobarbital** (라셈 혼합물) **Pentobarbital** (라셈 혼합물)

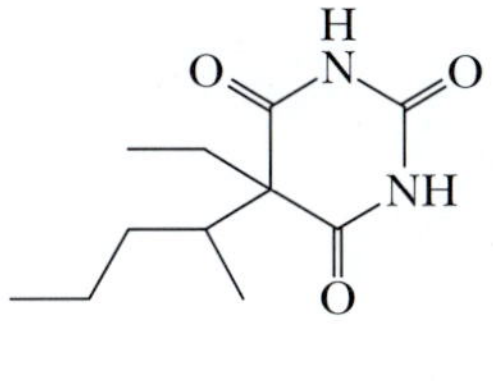

Meprobamate는 Equanil과 Miltown을 포함하여 58가지의 다른 상품명으로 처방되는 진정제이다. Phenobarbital은 약효가 오래 지속되는 진정제이자 최면제이며 항경련제이다. Luminal은 처방되는 10여 가지 이름 중의 하나이다. Pentobarbital은 짧게 지속되는 진정제이자 최면제이며 항경련제이다. Nembutal은 처방되는 여러 상품명 중의 하나이다.

› 합성

18.35 *N*,*N*-Diethyl-*m*-toluamide (DEET)는 흔히 사용되는 다양한 방충제의 활성 성분이다. 3-Methylbenzoic acid로부터 DEET를 합성하는 반응식을 써라.

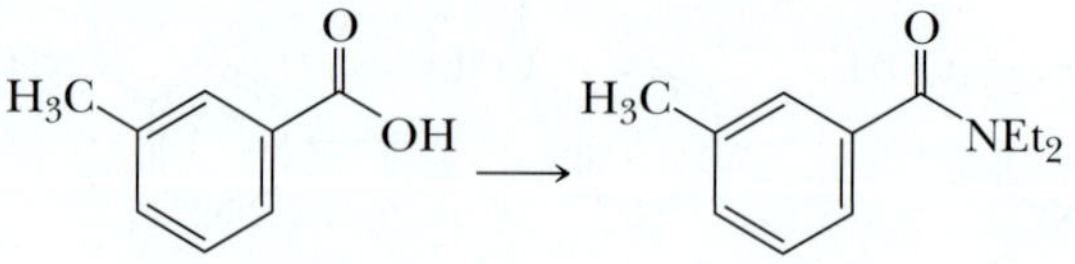

3-Methylbenzoic acid (*m*-Toluic acid) → ***N*,*N*-Diethyl-*m*-toluamide (DEET)**

18.36 결핵 치료에 사용되는 약물인 isoniazid를 pyridine-4-carboxylic acid로부터 합성하는 방법을 보여라.

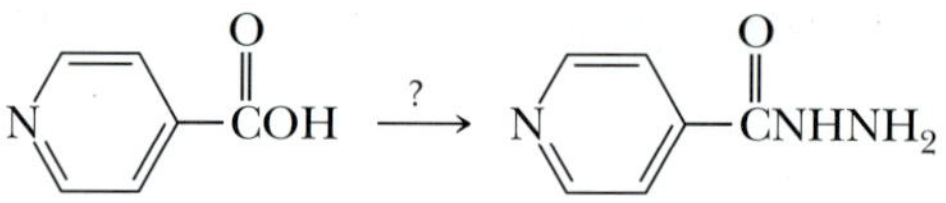

Pyridine-4-carboxylic acid $\xrightarrow{?}$ **Pyridine-4-carboxylic acid hydrazide (Isoniazid)**

18.37 Phenylacetylene을 allyl phenylacetate로 전환하는 방법을 보여라.

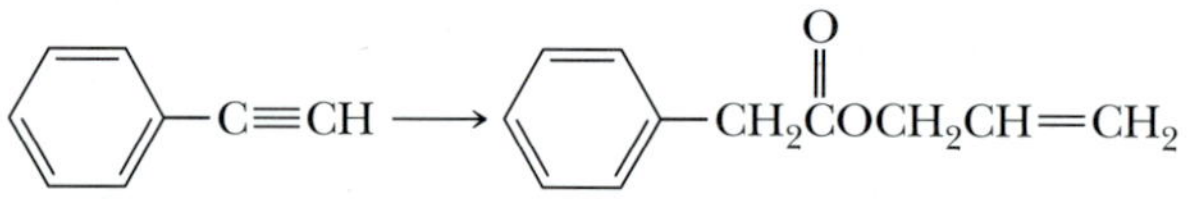

$C_6H_5C{\equiv}CH \longrightarrow C_6H_5CH_2COCH_2CH{=}CH_2$

Phenylacetylene → **Allyl phenylacetate**

18.38 PGE_1 (prostaglandin E_1, alprostadil)의 합성 단계 중 한 단계는 삼치환된 cyclohexene을 브로민과 반응시켜 bromoacetone을 얻는 것이다. 이 bromoacetone 의 생성 메커니즘을 제안하고 cyclohexane 고리에 있는 각 치환기의 입체화학에 대하여 설명하라.

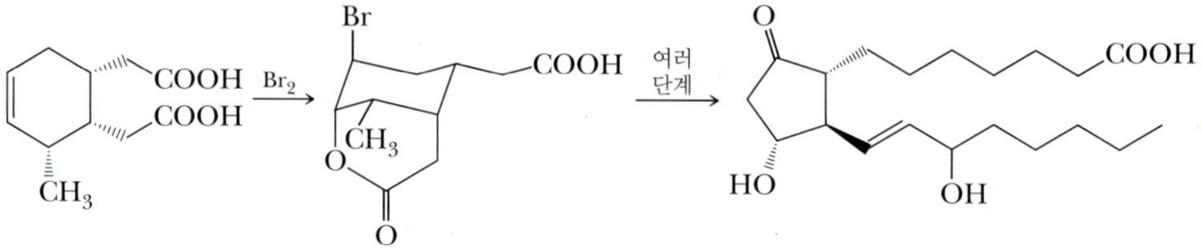

$\xrightarrow{Br_2}$ 브로모락톤 $\xrightarrow{\text{여러 단계}}$ **PGE_1 (Alprostadil)**

Alprostadil은 폐 혈류를 방해하는 선천적 심장 결함을 가지고 태어난 유아를 위한 임시적인 치료법에 사용된다. 이 약물은 동맥 혈관을 확장시켜 폐 속으로의 혈류와 혈액의 산소화를 증가시켜 준다.

18.39 Barbiturate는 sodium ethoxide 촉매 존재 하에서 diethyl malonate의 유도체를 urea와 반응시켜 합성한다. 다음은 약효가 오래 지속되는 최면제이자 진정제인 barbital을 diethyl diethylmalonate와 urea로부터 합성하는 반응식이다.

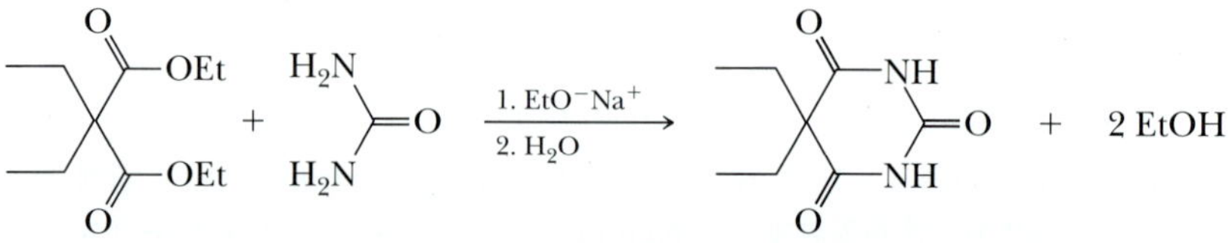

Diethyl diethylmalonate + **Urea** $\xrightarrow[2.\ H_2O]{1.\ EtO^-Na^+}$ **5,5-Diethylbarbituric acid (Barbital)** + 2 EtOH

Barbital은 10여 가지 상품명 중의 하나로 처방되고 있다.

(a) 이 반응에 대한 메커니즘을 제안하라.

(b) Barbital의 pK_a는 7.4이다. 이 분자에 있는 수소 중에서 산성이 가장 큰 것 어느 것인가? 산도가 큰 이유를 어떻게 설명하겠는가?

18.40 다음 화합물은 β-chloroamine 계열 중의 하나인데, 이 중 많은 화합물은 항암 활성을 갖고 있다. Anthranilic acid와 ethylene oxide로부터 이 화합물을 합성하는 방법을 제시하라.

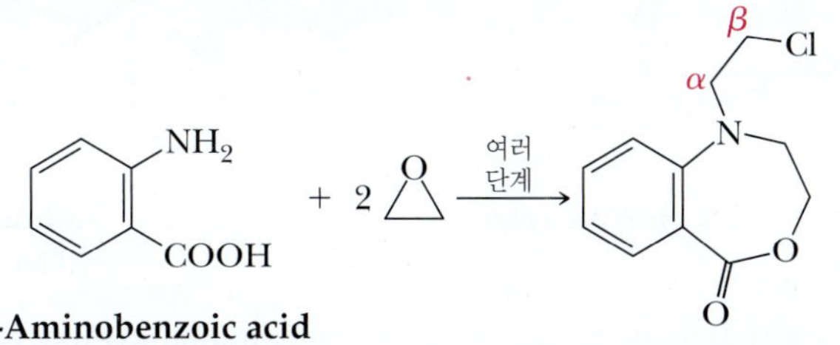

NH_2 COOH + 2 (여러 단계) → β α N Cl O O

2-Aminobenzoic acid
(Anthranilic acid)

β-Chloramine

18.41 유기 출발 물질로는 오직 1-bromobutane만을 사용하여 5-nonanone을 합성하는 방법을 보여라.

18.42 Procaine (이 물질의 염산염이 Novocain으로 시판되고 있음)은 최초의 국부 마취제 중의 하나이다. '화학 관련 이야기: Cocaine에서 Procaine 그리고 그 이후'를 참조하라. 다음의 역합성 도표에 따르면 procaine은 4-aminobenzoic acid, ethylene oxide, diethylamine을 원료로 하여 합성할 수 있다.

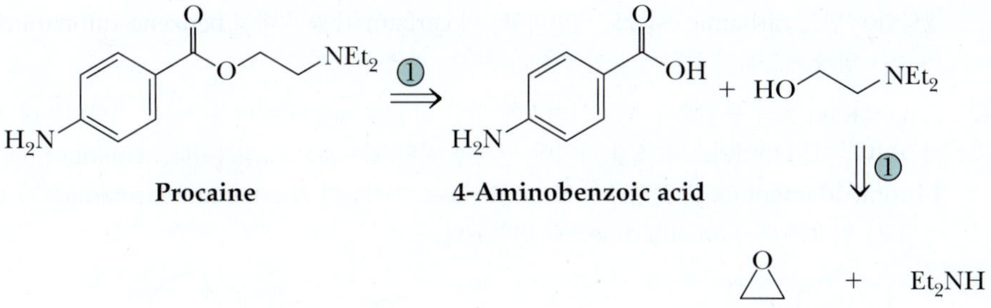

H_2N O O NEt_2 ① ⟹ H_2N O OH + HO NEt_2 ⟹ ① O + Et_2NH

Procaine **4-Aminobenzoic acid**

Ethylene oxide **Diethylamine**

이 세 가지 화합물로부터 procaine을 합성하는 데 필요한 시약들과 실험 조건을 제시하라.

18.43 (*R*)-2-Octanol은 다음의 몇 단계 반응을 거쳐 (*S*)-2-octanol로 전환된다.

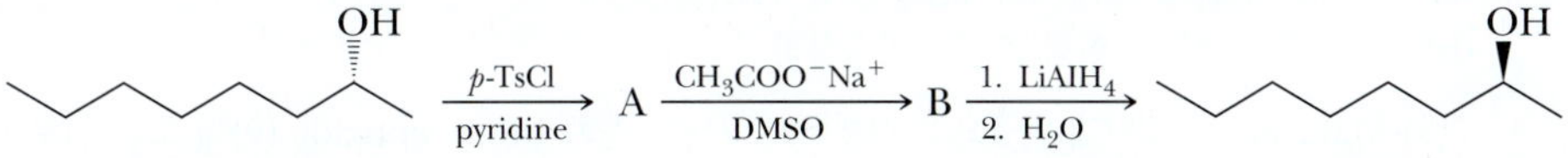

OH $\xrightarrow[\text{pyridine}]{p\text{-TsCl}}$ A $\xrightarrow[\text{DMSO}]{CH_3COO^-Na^+}$ B $\xrightarrow[\text{2. } H_2O]{\text{1. } LiAlH_4}$ OH

(*R*)-2-Octanol **(*S*)-2-Octanol**

중간체 A와 B의 구조를 제안하고, 각각의 절대 배열을 정하고, 이 반응 결과 배열이 반전되는 것을 설명하라.

18.44 1차 또는 2차 아민을 조절된 조건에서 diethyl carbonate와 반응시키면 carbamic ester가 생성된다.

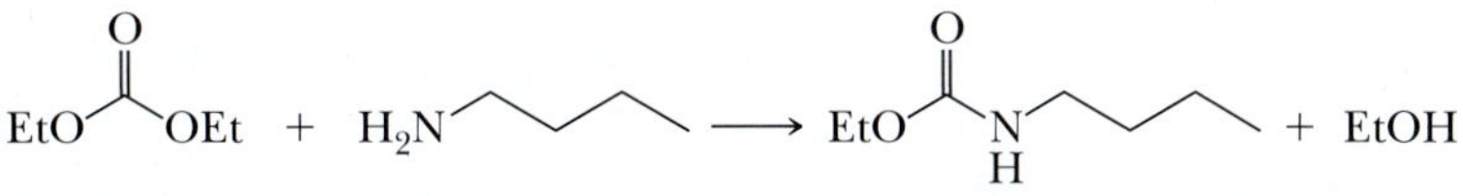

EtO (C=O) OEt + H_2N ⟶ EtO (C=O) N(H) + EtOH

Diethyl carbonate **Butylamine** **Ethyl *N*-butylcarbamate**

이 반응의 메커니즘을 제안하라.

18.45 $RSO_2NHCONHR$을 포함하는 화합물 계열인 몇몇 sulfonylurea는 성인 당뇨병 환자에게 주사용 인슐린 대신 경구용 대체품으로 사용하는 유용한 약물이다. Sulfonylurea는 췌장의 β 세포를 자극하여 인슐린을 분비하도록 하고 말초 조직에 있는 인슐린 수용체의 인슐린 자극에 대한 감도를 증가시킴으로써 혈당 농도를 낮춘다. Tolbutamide는 *p*-toluenesulfonamide의 소듐 염과 *N*-butylcarbamate를 반응시켜 합성한다(이 carbamic ester의 합성에 대해서는 연습 문제 18.44절 참조). 이 단계에 대한 메커니즘을 제안하라.

NH^-Na^+ + EtO ... N H → ... N H ... N H

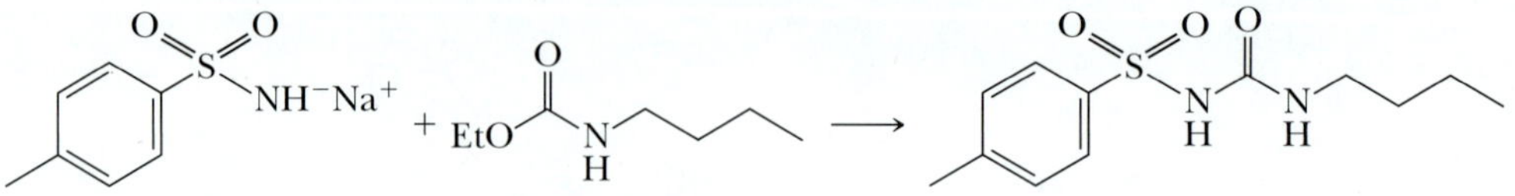

Sodium salt of *p*-toluenesulfonamide — Carbamic ester — **Tolbutamide (Orinase)**

18.46 다음은 가장 흔히 사용되는 두 가지 혈당강하제인 sulfonylurea의 구조이다.

(a) **Tolazamide (Tolinase)**

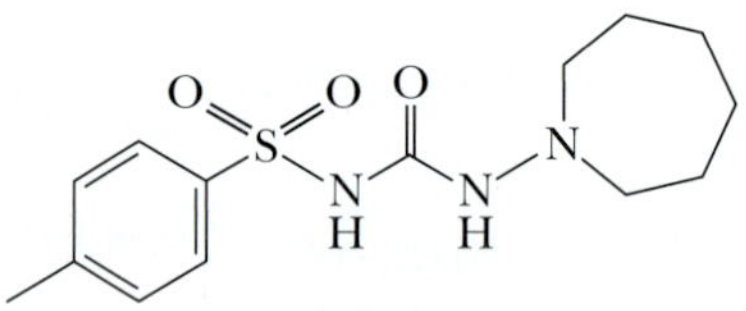

(b) **Gliclazide (Diamicron)**

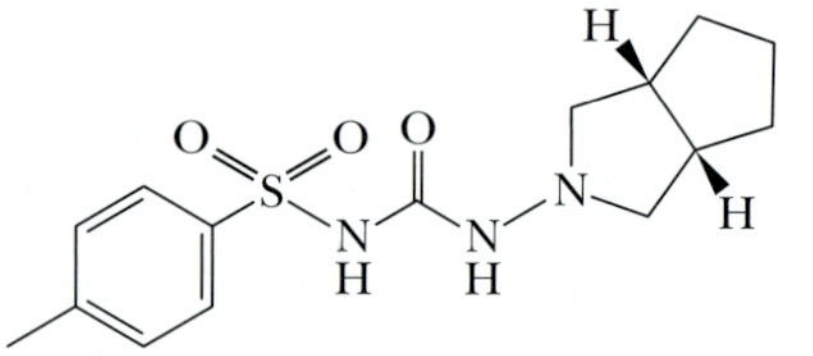

적당한 아민을 carbamic ester로 전환하고, 이 carbamate를 치환된 benzenesulfonamide의 소듐 염과 반응시켜 각각의 화합물을 합성하는 방법을 보여라.

18.47 Amantadine은 인플루엔자 A 바이러스에 의한 감염을 예방하고 만성질환을 치료하는데 효과적이다. 이는 바이러스의 조립 마지막 단계를 차단하는 것으로 생각된다. Amantadine은 1-bromoadamantane을 황산에서 acetonitrile로 처리하면 *N*-adamantylacetamide가 생성되고, 이것은 다시 amantadine으로 전환된다.

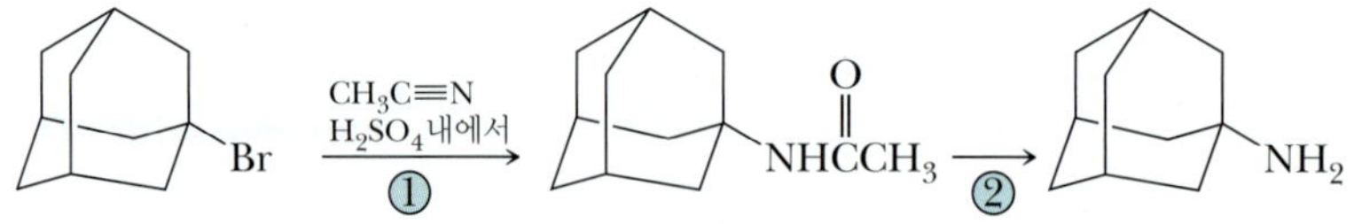

Br —($CH_3C{\equiv}N$, H_2SO_4 내에서, ①)→ $NHCCH_3$ (C=O) —②→ NH_2

1-Bromoadamantane **Amantadine**

(a) 1단계의 전환에 대한 메커니즘을 제안하라.
(b) 2단계를 수행하는 실험 조건을 기술하라.

18.48 (*S*)-Malic acid는 7단계 반응으로 전체 50%의 수득률로 bromoepoxide (아래 오른쪽)로 전환된다. 이 합성은 거울상 이성질체 선택적이다. 즉 bromoepoxide의 가능한 입체 이성질체들 중에서 하나만 생성된다.

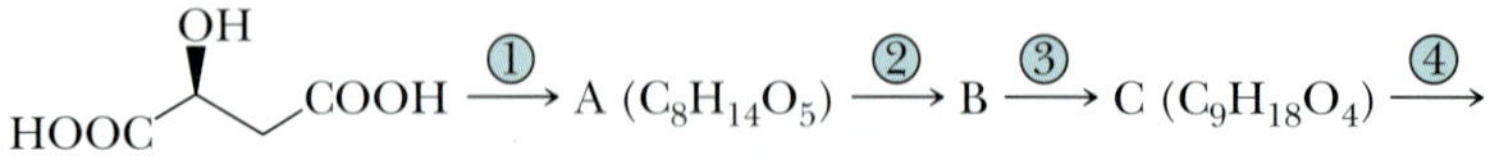

HOOC(OH)COOH —①→ A ($C_8H_{14}O_5$) —②→ B —③→ C ($C_9H_{18}O_4$) —④→

(S)-Malic acid

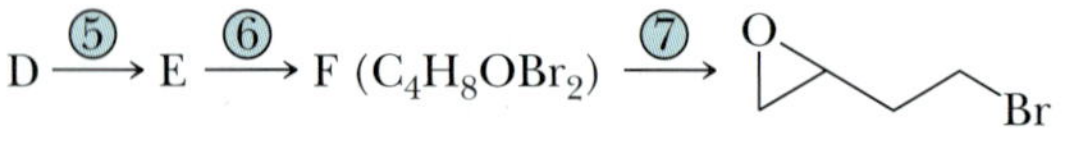

D —⑤→ E —⑥→ F ($C_4H_8OBr_2$) —⑦→ Br (epoxide)

Bromoepoxide

단계/시약:
1. CH_3CH_2OH, H^+
2. 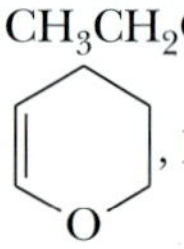 (dihydropyran), H^+
3. $LiAlH_4$, 그 다음에 H_2O
4. TsCl, pyridine
5. NaBr, DMSO
6. H_2O, CH_3COOH
7. KOH

이 반응에 대한 화학을 생각해 보려면, —OH 보호기로서 dihydropyran을 사용하는 것(16.7D절)과 *p*-toluenesulfonyl chloride를 사용하여 나쁜 이탈기인 —OH를 좋은 이탈기인 tosylate로 변환하는 과정(10.5D절)을 복습하는 것이 좋다.

(a) A에서 B까지의 중간체들에 대한 구조식을 제안하고 각 카이랄 중심에서의 배열을 명시하라.

(b) Bromoepoxide의 카이랄 중심의 배열은 무엇인가? 이 7단계의 전환에 대한 입체선택성을 어떻게 설명하겠는가?

18.49 다음은 2-ethyl-6-methylaniline, chloroacetic acid, acetone, methanol로부터 제초제인 (*S*)-metolachlor를 합성하기 위한 역합성 분석이다.

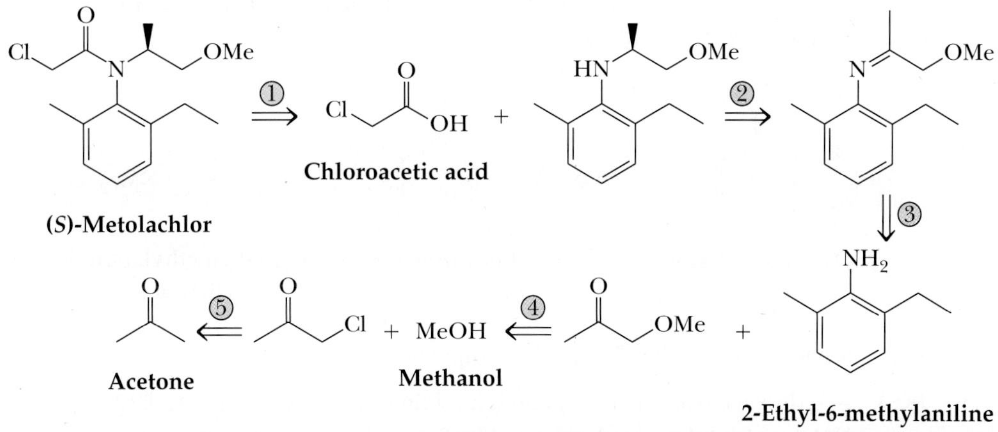

(*S*)-Metolachlor ①⟹ **Chloroacetic acid** + (amine) ②⟹ (imine) ③⟹ **2-Ethyl-6-methylaniline** + (methoxyacetone) ④⟹ Cl-acetone + MeOH (**Methanol**) ⑤⟹ **Acetone**

이들 네 가지 유기물질을 출발 물질로 하여 metolachlor를 합성하기 위한 시약 및 실험 조건을 보여라. 이 합성에서는 거의 라셈 혼합물이 생긴다. 2단계에서 환원을 위해 Novartis에 의해서 사용된 카이랄 촉매를 쓰면 *S* 거울상 이성질체를 80%의 거울상 초과량으로 얻을 수 있다.

18.50 다음은 구충제인 diethylcarbamazine의 역합성 분석이다.

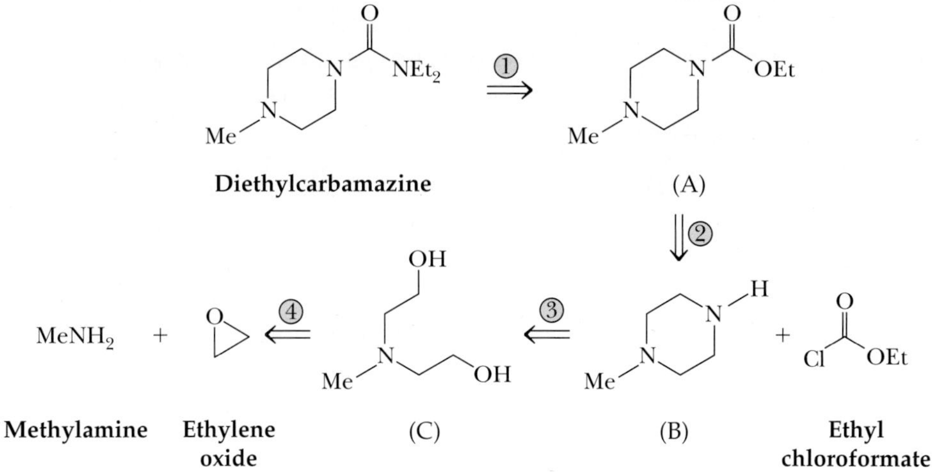

Diethylcarbamazine ①⟹ (A) ②⟹ (B) + **Ethyl chloroformate** ③⟹ (C) ④⟹ **Methylamine** ($MeNH_2$) + **Ethylene oxide**

Diethylcarbamazine은 동물이나 식물에 기생하는 회충 같은 선충류나 작은 원통형 혹은 가느다란 실 같은 기생충을 구제하는 데 사용된다. 주어진 역합성 분석을 토대로 하여 세 가지 출발 물질로부터 diethylcarbamazine을 합성하는 방법을 제안하라.

18.51 다음의 역합성 분석을 토대로 하여 우울증 치료제인 moclobemide를 합성하는 방법을 제안하라.

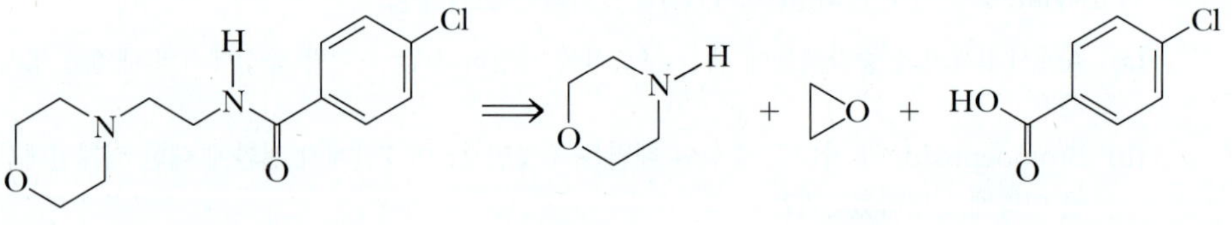

Moclobemide ⟹ **Morpholine** + **Ethylene oxide** + ***p*-Chlorobenzoic acid**

18.52 Benzophenone, benzoic acid, 2-(*N*,*N*-dimethylamino)ethanol로부터 diphenhydramine을 합성하는 방법을 제안하라.

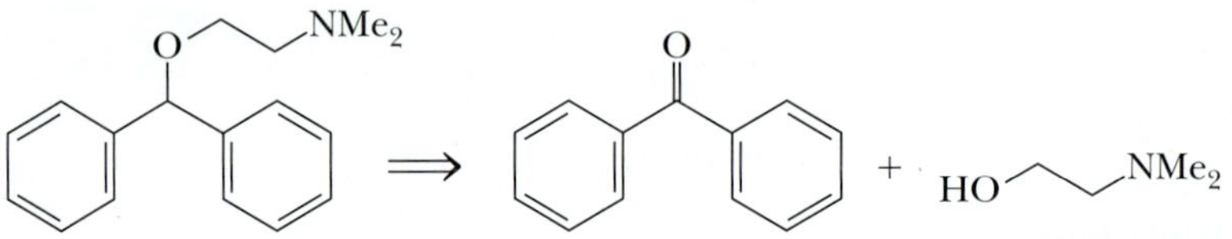

Diphenhydramine ⟹ **Benzophenone** + **2-(*N*,*N*-Dimethylamino)-ethanol**

Benadryl이라는 상품명으로 잘 알려진 diphenhydramine의 염산염은 항히스타민제이다.

18.53 4-Hydroxybenzoic acid, 2-methylpiperidine 그리고 필요한 다른 시약으로부터 국부마취제인 cyclomethycaine을 합성하는 방법을 제안하라.

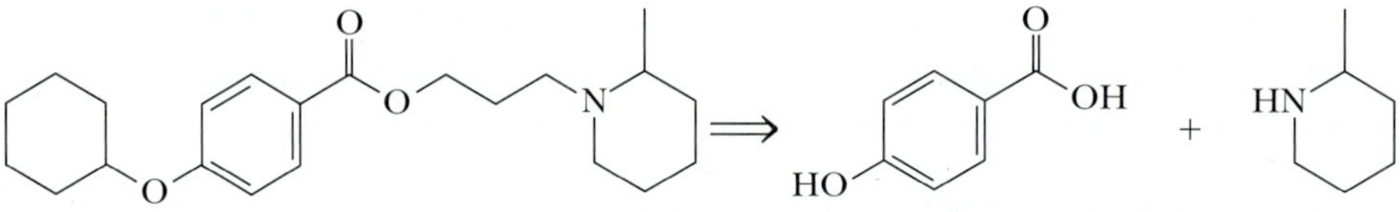

Cyclomethycaine ⟹ **4-Hydroxybenzoic acid** + **2-Methylpiperidine**

18.54 다음은 수컷 누에의 성 유인 물질인 bombykol의 합성 개요이다. 이 콘쥬게이션 다이엔의 가능한 네 가지 입체 이성질체 중 10-*trans*-12-*cis* 이성질체는 다른 세 입체 이성질체보다 10^6배 이상 더 강한 성 유인물이다.

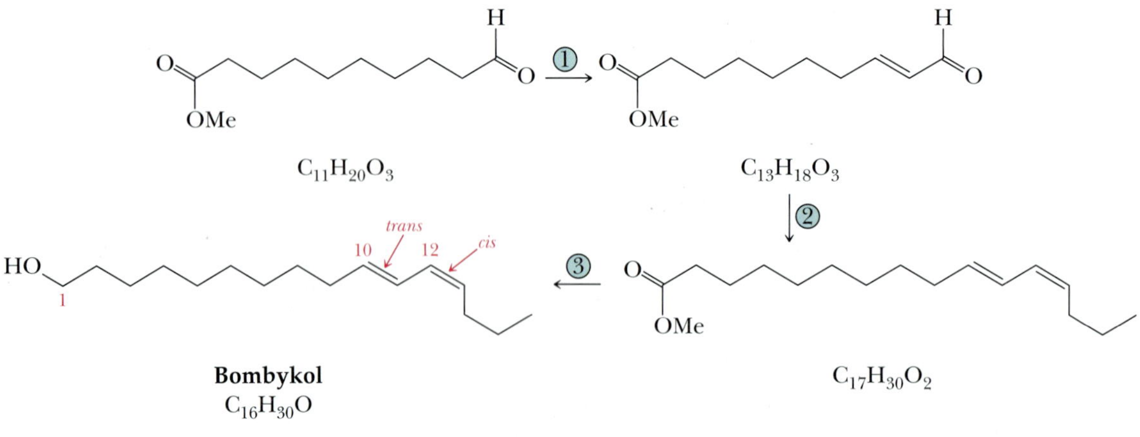

$C_{11}H_{20}O_3$ —①→ $C_{13}H_{18}O_3$ —②→ $C_{17}H_{30}O_2$ —③→ **Bombykol** $C_{16}H_{30}O$

어떻게 이 합성을 수행할 것인지 보이고, 또 어떤 방법으로 10-*trans*-12-*cis* 이성질체를 선택적으로 합성할 것인지 설명하라.

18.55 연습 문제 7.28에서 우리는 스테로이드 호르몬인 progesterone의 Johnson 합성에서 다음 단계를 보았다.

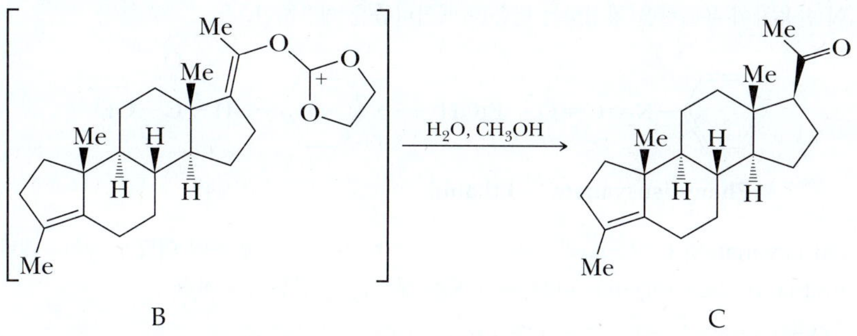

H_2O, CH_3OH

B C

이 합성 단계에 대한 메커니즘을 제안하라.

메커니즘

18.56 메커니즘 쓰기와 네 단계에 대한 원리를 이용하여, 다음 반응에 대한 메커니즘을 모든 전자 이동 화살표로 나타내어 적어라.

(a) 산성 수용액에서 *N,N*-dimethylacetamide의 가수분해 반응

(b) 염기성 수용액에서 acetic anhydride의 가수분해 반응

(c) 산성 에탄올에서 acetic acid의 에스터화 반응

(d) 물에서 diethylamine과 acetic anhydride의 반응은 *N,N*-dimethylacetamide를 생성한다.

(e) 산성 수용액에서 acetonitrile의 부분적인 가수분해 반응은 acetamide를 생성한다.

18.57 다음의 진술은 올바른 실험적 관찰이다. 각 관찰에 숨어 있는 이유를 설명하라.

(a) 물에서 acetic acid와 암모니아의 반응에서는 어떤 아마이드 생성물도 얻어지지 않는다.

(b) Acetyl chloride와 물의 반응은 pH 감소를 야기한다.

(c) 중성의 pH에서 아마이드의 가수분해는 실온에서 7년이 걸리는 반면에 산 염화물의 가수분해는 수분이 걸린다.

예습 문제

18.58 우리는 카복실산과 아민을 아마이드로 전환하는 두 가지 방법을 배웠다. Hexanedioic acid와 같은 다이카복실산과 1,6-hexanediamine과 같은 다이아민을 출발 물질로 사용한다고 가정하자. 이 경우에 아마이드의 형성이 어떻게 중합체(출발 물질의 수천 배의 분자량을 가진 거대분자)의 생성으로 이어지는지 보여라.

HO(O)C–(CH₂)₄–C(O)OH + H_2N–(CH₂)₆–NH_2 ⟶ **Nylon 66**

Hexanedioic acid (Adipic acid) **1,6-Hexanediamine (Hexamethylenediamine)**

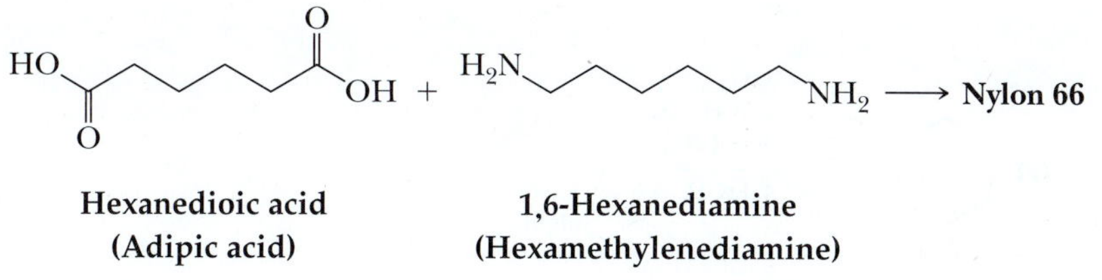

29.5A절에서 알아보겠지만 이 반응에서는 큰 분자량을 갖는 중합체인 나일론-66이 만들어진다. 나일론-66은 여섯 개의 탄소를 가진 두 개의 출발 물질로부터 합성되었기 때문에 붙여진 이름이다.

18.59 연습 문제 18.58에서와 같은 논리를 이용하여 다이카복실산과 다이아민 사이에서의 아마이드 형성이 어떻게 중합체(여기서는 Kevlar)의 형성으로 이어지는지 보여라.

HOOC–C_6H_4–COOH + H_2N–C_6H_4–NH_2 ⟶ **Kevlar**

1,4-Benzenedicarboxylic acid (Terephthalic acid) **1,4-Benzenediamine**

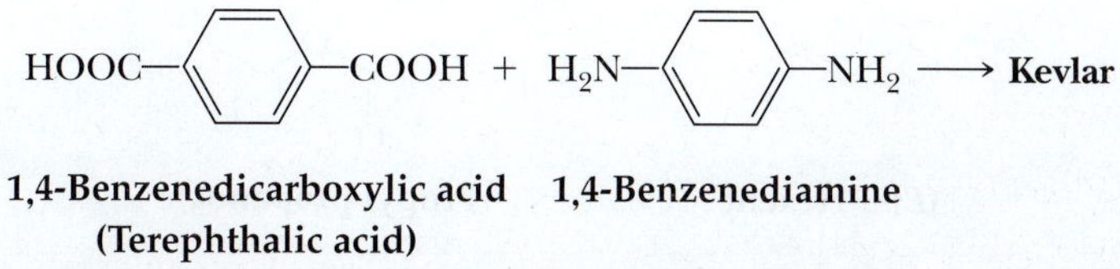

18.60 우레탄(Urethane)은 카보닐기가 에스터의 한 부분이자 아마이드의 한 부분이기도 한 분자이다(한쪽 방향에서 보면 아마이드이고 다른 쪽 방향에서 보면 에스터임). Isocyanate와 알코올이 반응하여 우레탄을 형성하는 반응의 메커니즘을 제안하라.

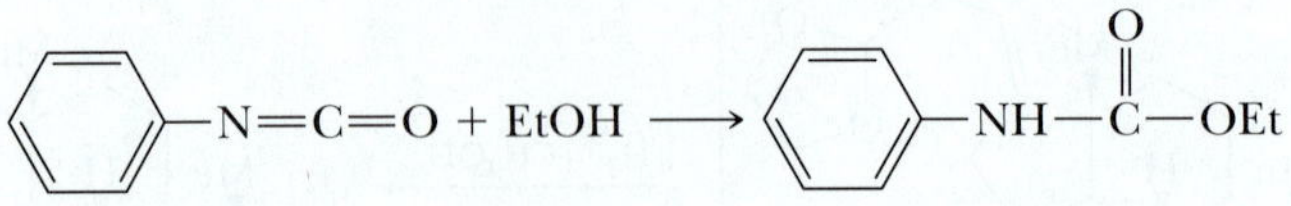

$$C_6H_5-N{=}C{=}O + EtOH \longrightarrow C_6H_5-NH-\overset{\overset{\large O}{\|}}{C}-OEt$$

Phenylisocyanate **Ethanol** 우레탄

18.61 Diisocyanate와 다이올로 반응을 시작했다고 가정하자. 이 반응이 어떻게 폴리우레탄(polyurethane, 29.5D절)이라 불리는 중합체를 생성할 수 있는지 보여라.

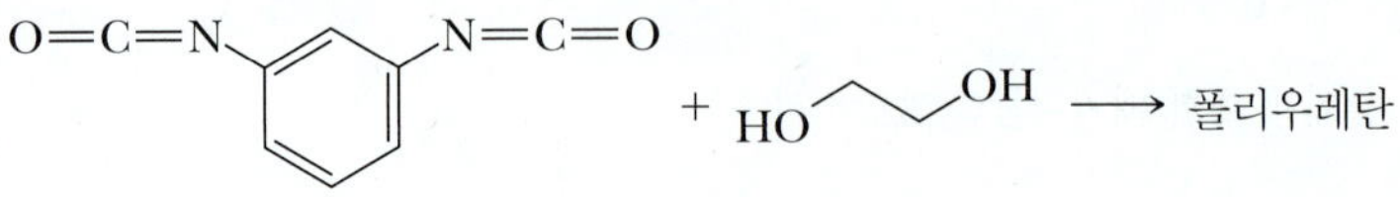

O=C=N–(benzene)–N=C=O + HO⁄⁄OH ⟶ 폴리우레탄

Diisocyanate **Ethylene glycol**

유기 화학 로드맵

18.62 연습 문제 15.19, 16.72, 17.45를 위해 만든 로드맵을 이용하고, 이것을 이 장의 '주요 반응' 부분에 있는 반응을 포함하도록 업데이트하라. 이들의 특이한 성질 때문에 로드맵에 있는 반응 1, 2, 10은 사용하지 말라.

18.63 다음 각 반응 단계의 생성물을 써라. 로드맵을 참고하여 합친 반응이 어떻게 다른 작용기들 사이에서 원하는 길을 '네비게이트'해 주는지 보여라. 이를 위해서는 6~11장의 로드맵과 15~18장의 로드맵이 필요하게 될 것이다.

(a) 알켄 → 1. BH_3 2. H_2O_2 3. H_2CrO_4 4. $SOCl_2$ 5. Me_2NH

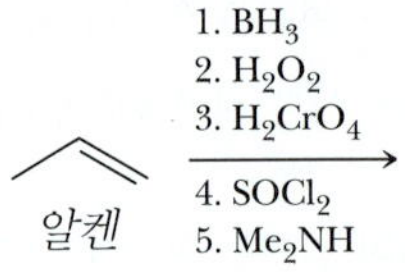

(b) 알켄 → 1. $Hg(OAc)_2$, H_2O 2. $NaBH_4$ 3. PCC 4. NaCN/HCN 5. HCl, H_2O, 가열

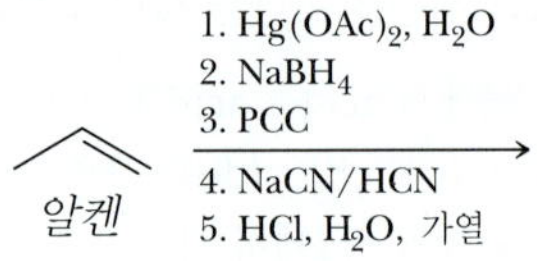

(c) 알켄 → 1. NBS 2. Mg, ether 3. (epoxide, ethylene oxide) 4. HCl, H_2O 5. H_2CrO_4 6. $SOCl_2$ 7. (cyclohexanol, OH)

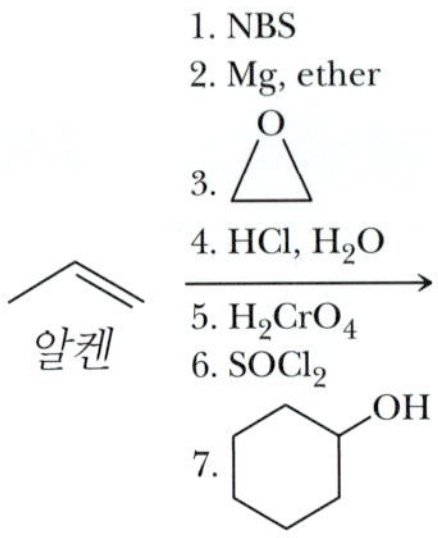

(d) 알코올 (OH) → 1. H_2CrO_4 2. $SOCl_2$ 3. Me_2CuLi 4. H_2O 5. Me_2NH 6. $NaBH_3CN$

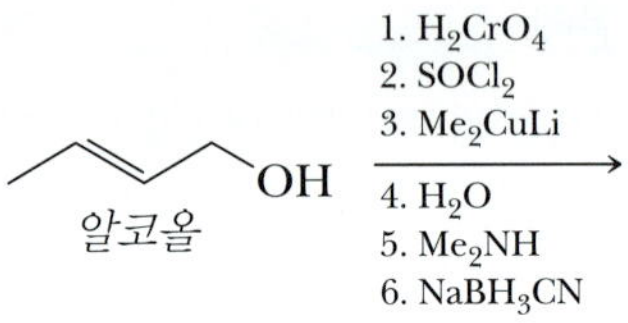

(e) 알켄 → 1. O_3 2. $(CH_3)_2S$ 3. H_2CrO_4 4. EtOH, 촉매량의 H_2SO_4 5. 과량의 MgBr 6. HCl, H_2O

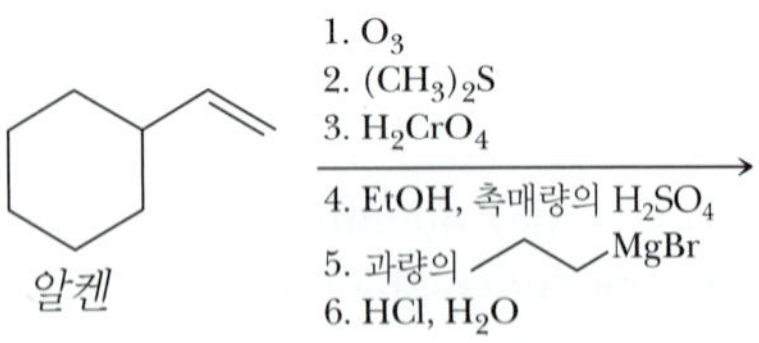

합성

18.64 로드맵을 이용하여, (*E*)-3-hexene을 propyl propionate로 변환하는 방법을 보여라. 목표 분자에 있는 모든 탄소 원자들의 공급원으로서 (*E*)-3-hexene을 사용해야 한다. 합성 과정의 모든 시약과 분자를 보여라.

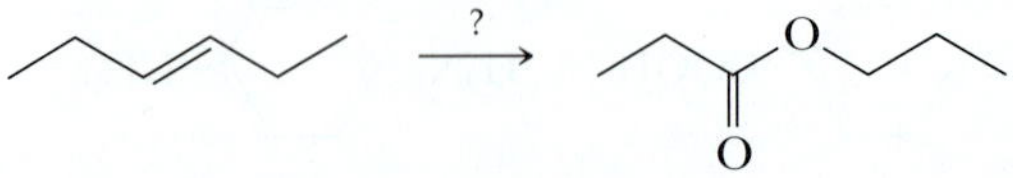

(*E*)-3-Hexene →? Propyl propanoate

(*E*)-3-Hexene **Propyl propanoate**

18.65 로드맵을 이용하여 1-bromopentane과 sodium cyanide를 *N*-hexylhexanamide로 전환하는 방법을 보여라. 목표 분자에 있는 모든 탄소 원자의 공급원으로서 1-bromopentane과 sodium cyanide를 사용해야 한다. 합성 과정의 모든 시약과 분자를 보여라.

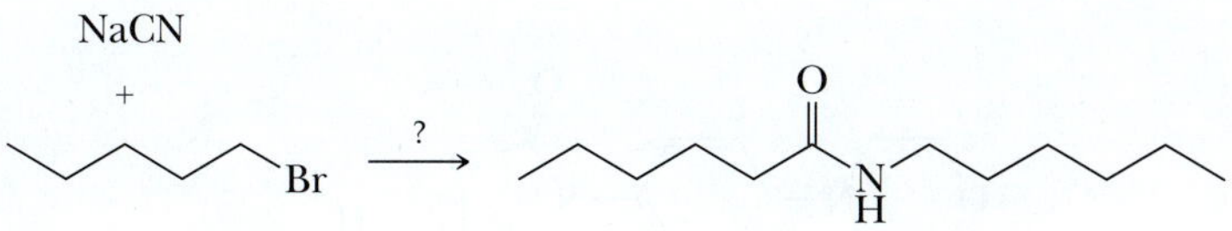

NaCN + 1-Bromopentane → ? → *N*-Hexylhexanamide

1-Bromopentane **N-Hexylhexanamide**

18.66 로드맵을 이용하여 1-bromopropane과 이산화 탄소를 4-propyl-4-heptanol로 전환하는 방법을 보여라. 목표 분자에 있는 모든 탄소 원자의 공급원으로서 1-bromopropane과 이산화탄소를 사용해야 한다. 합성 과정의 모든 시약과 분자를 보여라.

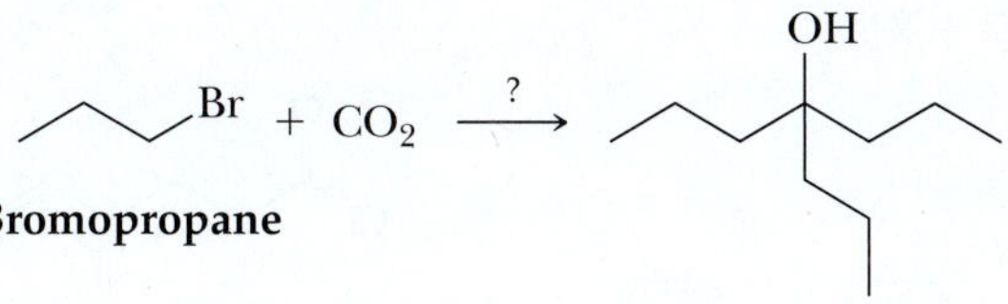

1-Bromopropane + CO_2 → ? → 4-Propyl-4-heptanol

1-Bromopropane **4-Propyl-4-heptanol**

18.67 로드맵을 이용하여 1-bromopropane과 이산화 탄소를 4-heptanone으로 전환하는 방법을 보여라. 목표 분자에 있는 모든 탄소 원자의 공급원으로서 1-bromopropane과 이산화 탄소를 사용해야 한다. 합성 과정의 모든 시약과 분자를 보여라.

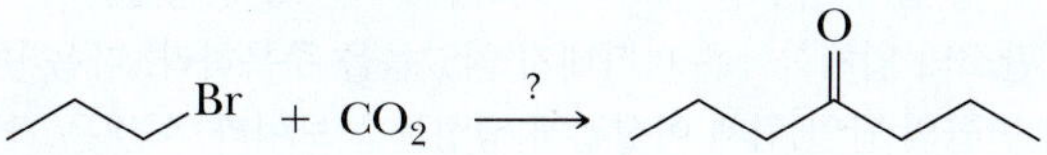

1-Bromopropane + CO_2 → ? → 4-Heptanone

1-Bromopropane **4-Heptanone**

상황에 따른 반응

18.68 Minoxidil은 사람의 머리털을 자라게 하는 원인이 되는 분자이다. 이 물질은 처음에는 고혈압 치료를 위한 혈관확장제로 만들어졌다. 고혈압 때문에 약을 섭취하는 환자들 대부분은 몸에 털이 자라나는 현상이 발견되었다. 이러한 부작용 때문에 이 약을 사용하지 않게 되었지만, 그 대신 머리털의 성장을 촉진하는 국소 크림으로 인기를 끌게 되었다.

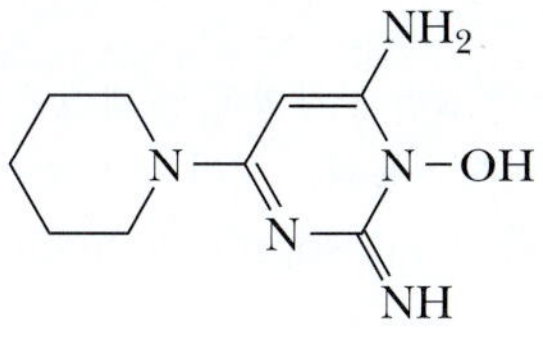

Minoxidil

Minoxidil을 합성하는 첫 번째 핵심 반응은 다음과 같다. 이 반응의 생성물을 그려라.

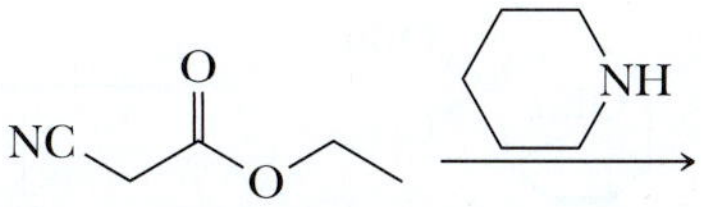

NC–CH₂–C(=O)–O–CH₂CH₃ + piperidine (NH) →

18.69 Chloroformate는 R−O−C(=O)−Cl 작용기를 가지고 있는데, 여기서 R은 종종 *tert*-butyl 또는 benzyl기이다. Chloroformate는 다음과 같이 항균제인 linezolid (Zyvox)의 합성에 사용된다.

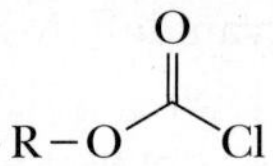

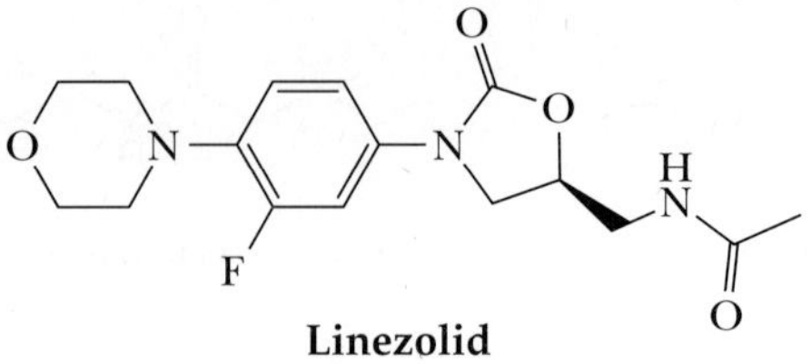

Linezolid
(Zyvox®)

여러분이 가진 카복실산 유도체에 대한 지식을 바탕으로 linezolid (Zyvox)의 합성에 이용되는 다음의 변환에 대한 생성물을 예측하라. Carbamate는 종종 복잡한 합성 중에 아민기에 대한 보호기로 사용된다.

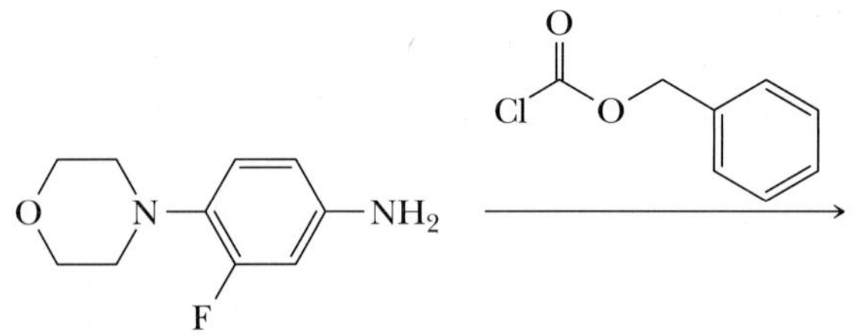

18.70 산 무수물은 산 염화물을 대신해서 사용되는데, 그 이유는 반응의 부산물이 훨씬 더 센산인 HCl이 아니라 덜 산성인 카복실산이기 때문이다. 다음과 같은 탄수화물 유도체의 반응에서 산 무수물은 단일 입체 이성질체로서 99%의 수득률로 생성물을 얻기 위해서 사용된다. 출발물인 아노머 탄소의 입체화학은 나타내지 않았음을 주목하라. 다음 변환의 생성물을 의자형으로 그리고 이 변환의 단일 입체 이성질체 생성물을 보여라. 이것은 가장 안정한 의자형 화합물이다.

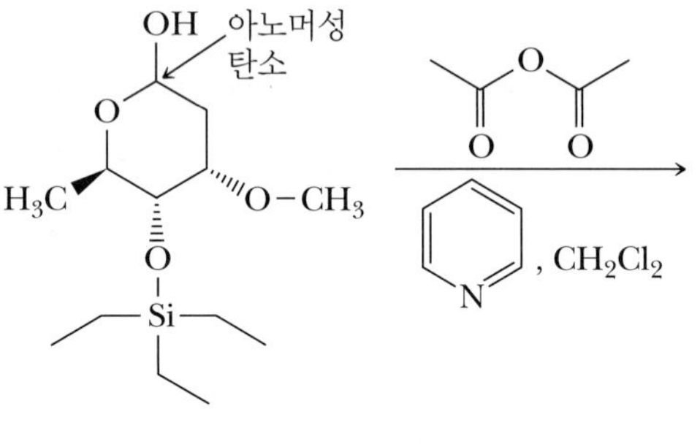

아노머성 탄소

CH_2Cl_2

18.71 Benzyl ether기 (—OBn)는 복잡한 분자의 합성 과정에서 OH기의 보호기로 종종 사용된다. 다음 구조는 이러한 목적을 위해 사용되는 여러 개의 benzyl ether기를 가지고 있다. 다음 전환의 생성물을 그려라. 이 반응에서 diisopropylethylamine의 역할은 무엇인가?

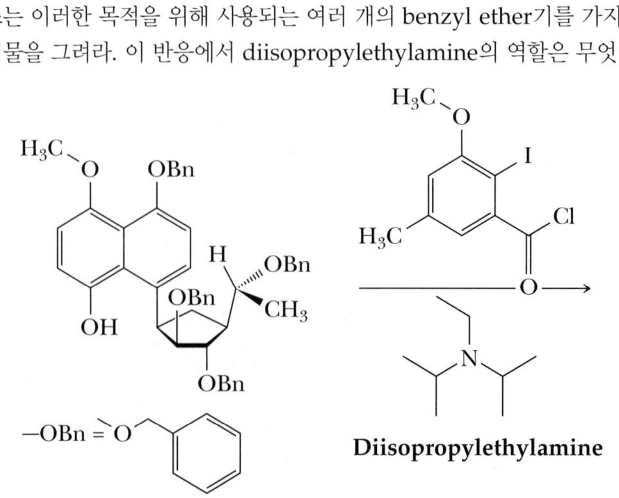

Diisopropylethylamine

제 19 장

© Michael W. Davidson/Florida State University

평면 편광으로 관찰한 tamoxifen의 결정(연습 문제: 19.42, 21.63, 21.64 참조)

▼ ***삽입 그림:*** Tamoxifen의 모형.

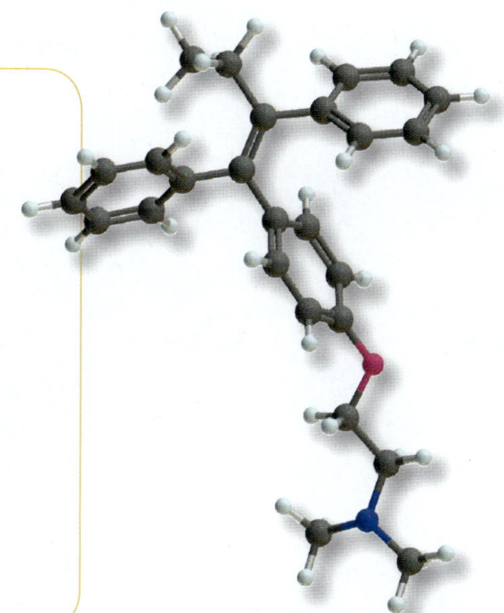

엔올 음이온과 엔아민

Enolate Anions and Enamines

» *이 장의 차례*

이 장에서는 카보닐 화합물의 화학을 계속해서 알아보겠다. 16장부터 18장까지는 카보닐 화합물 그 자체에 대해, 사면체 카보닐 첨가 중간체를 생성하는 카보닐 탄소에 대한 친핵성 첨가, 중간체의 양성자화 반응이나 분해로부터 유도된 생성물에 대해서 집중적으로 공부하였다. 이 장에서는 카보닐을 함유하고 있는 화합물의 화학으로 더욱 확장하여 공부하고, α-수소의 산도의 결과와 엔올 음이온의 형성에 대해 알아보기로 한다.

19.1 엔올 음이온의 형성과 반응: 개요

다음 페이지에는 아세트알데하이드(acetaldehyde)를 염기로 처리하여 생성된 공명 안정화된 **엔올 음이온**(enolate anion, 16.9A절)이 있다. 이 음이온은 두 개의 기여 구조의 혼성으로 가장 잘 표현된다. 그 중에서 전기음성도가 더 큰 산소 원자에 음전하를 갖는 구조가

이장의 동영상 강의를 보려면 **www.cengage.com/chemistry/brown/organic7e**에 접속 후 **Access Student Materials**를 클릭하라.

혼성 구조에 더 크게 기여한다. 음전하의 대부분이 카보닐 산소 위에 있지만, 알파 탄소에도 여전히 부분적인 음전하가 상당히 있음을 유의하라.

혼성화 구조에서 음전하의 대부분은 산소에 분포한다.

$$CH_3-\overset{\overset{\ddot{O}}{\|}}{C}-H + NaOH \rightleftharpoons H-\overset{..}{\underset{H}{C}}-\overset{\overset{\ddot{O}}{\|}}{C}-H \longleftrightarrow H-\underset{H}{C}=\overset{\overset{\ddot{O}^-}{|}}{C}-H + H_2O$$

엔올 음이온

엔올 음이온은 탄소에 반응하여 두 가지 형태의 반응으로 새로운 탄소-탄소 결합을 생성하기 때문에 중요한 합성 시약이다. 첫째는 아래의 일반적인 반응에 나타낸 바와 같이 엔올 음이온이 S_N2 반응에서 친핵체로 작용할 수 있다.

친핵성 치환, S_N2

엔올 음이온 + 1차 할로알케인 또는 설폰산염 → 생성물 + $:\ddot{Br}:^-$

둘째는 엔올 음이온은 카보닐 첨가 반응에서 친핵체로 작용한다. 여기서는 알데하이드의 카보닐 탄소에 대한 엔올 음이온의 친핵성 아실 첨가 반응을 나타내었다.

엔올 음이온 + 알데하이드 —친핵성 아실 첨가→ 사면체 카보닐 첨가 중간체

엔올 음이온은 케톤과 에스터의 카보닐기에도 이와 같은 방법으로 첨가된다.

정전기 퍼텐셜 지도에서의 전하 분포에 의해 보여지는 바와 같이 엔올 음이온의 음전하의 대부분은 카보닐 산소 위에 있다. 만일 반응이 카보닐 산소에서 일어난다면, 생성물은 바이닐 에터(vinyl ether)일 것이고, 반면에 α-탄소에서 반응한다면 알킬화 반응(alkylation)이 일어난다.

엔올 음이온 + R′CH₂Br

산소에서의 반응 → 바이닐 에터 (생성물은 C=C π 결합을 가지므로 덜 안정하다)

탄소에서의 반응 → (생성물은 C=O π 결합을 가지므로 더 안정하다)

이러한 전하 분포에도 불구하고 엔올 음이온은 두 가지 이유 때문에 주로 탄소에서 반응이 일어난다. 첫째는 항상 엔올 음이온과 결합하는 Li^+나 Na^+와 같은 상대 이온이 있다. 이들 상대 이온들은 알파 탄소보다는 산소 원자와 더 단단히 결합한다. 그 결과로 상대 이온은 가까이 오는 친전자체를 어느 정도 가로막아서 산소와의 생산적인 충돌을 감소시킨다. 사실상 엔올 음이온은 여러 개의 엔올 음이온 산소 원자들과 결합된 여러 개의 상대 이온 및 이러한 효과를 효과적으로 증폭시키는 용매들을 포함한 더 큰 응집체로 용액에 존재한다고 생각된다.

용매 THF와 lithium enolate의 응집체의 예

엔올 음이온이 탄소에 반응하는 두 번째 이유는 생성물의 열역학에 근거한다. 다른 요인들이 같다면 평형에서의 반응은 더 강한 결합을 갖는 생성물을 선호한다는 것을 우리는 이미 알고 있다. 엔올 음이온이 알파 탄소에서 반응한다면 생성물은 C═O π 결합을 포함하게 된다. 엔올 음이온이 카보닐 산소에서 반응한다면 생성물은 C═C π 결합을 포함하게 된다. 일반적으로 C═O 결합은 C═C 결합보다 더 강하다(예를 들어, 단순한 구조의 알데하이드와 케톤의 평형에서 존재하는 케토 형태와 엔올 형태의 상대적인 퍼센트 비율을 상기해 보라. 16.9B절). 그러므로 엔올 음이온은 주로 알파 탄소에 반응하여 새로운 탄소-탄소 결합을 형성한다.

19.2 알돌 반응

의심할 여지없이 알데하이드와 케톤으로부터 유도된 엔올 음이온의 가장 중요한 반응은 다음의 반응에 나타낸 바와 같이 다른 화합물 또는 같은 화합물의 다른 분자의 카보닐기에 대한 친핵성 첨가 반응이다.

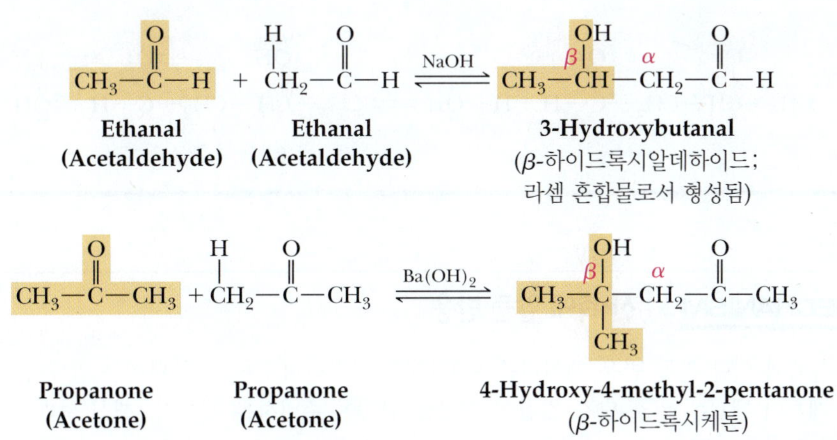

염기에서 acetaldehyde의 반응으로부터 얻어진 생성물의 관용명은 *alde*hyde와 alco*hol*을 둘 다 가지고 있기 때문에 알돌(aldol)이다. 알돌은 또한 이와 같은 형태의 반응에서 생성된 어떠한 생성물에도 주어지는 일반명이기도 하다. **알돌 반응**(Aldol reaction)의 생성물은 β-하이드록시알데하이드 또는 β-하이드록시케톤이다.

A 메커니즘

그러한 반응들은 산이나 염기 둘 중 어느 것을 사용하여도 촉진될 수 있지만, 염기 촉매가 보다 보편적이다. 염기 촉매 알돌 반응에서 중요한 단계는 하나의 카보닐기를 포함하고 있는 분자의 엔올 음이온이 다른 분자의 카보닐기에 친핵성 첨가 반응하여 사면체 카보닐 첨가 중간체를 형성하는 것이다. 이 메커니즘은 두 분자의 acetaldehyde 사이의 알돌 반응으로 설명된다. OH^-가 촉매인 이러한 3단계 메커니즘에 주목하라. 하나의 OH^-는 1단계에서 사용되었고, 또 다른 OH^-는 3단계에서 생성되었다.

MECHANISM 염기-촉매 알돌 반응

1단계: **양성자 떼어내기**. 염기에 의한 α-수소의 제거는 공명 안정화된 엔올 음이온을 생성한다.

$$\mathrm{H{-}\ddot{O}{:}^{-} + H{-}CH_2{-}\overset{\overset{\displaystyle \ddot{O}{:}}{\|}}{C}{-}H \rightleftharpoons H{-}\ddot{O}{-}H + \left[{:}\overset{-}{C}H_2{-}\overset{\overset{\displaystyle \ddot{O}{:}}{\|}}{C}{-}H \longleftrightarrow CH_2{=}\overset{\overset{\displaystyle {:}\ddot{O}{:}^{-}}{|}}{C}{-}H \right]}$$

pK_a 20 (더 약한 산) pK_a 15.7 (더 센산) 엔올 음이온

평형을 이루고 있는 두 가지 산의 상대적인 산도를 비교해 보면, 이 평형의 위치는 상당히 왼쪽으로 치우쳐 있다.

2단계: **친핵체와 친전자체 사이에 새로운 결합 생성**. 엔올 음이온이 다른 알데하이드나 케톤의 카보닐 탄소에 친핵성 첨가되어 사면체 카보닐 첨가 중간체를 생성한다.

$$\mathrm{CH_3{-}\overset{\overset{\displaystyle \ddot{O}{:}}{\|}}{C}{-}H + {:}\overset{-}{C}H_2{-}\overset{\overset{\displaystyle {:}O{:}}{\|}}{C}{-}H \rightleftharpoons CH_3{-}\overset{\overset{\displaystyle {:}\ddot{O}{:}^{-}}{|}}{C}H{-}CH_2{-}\overset{\overset{\displaystyle {:}O{:}}{\|}}{C}{-}H}$$

사면체 카보닐 첨가 중간체

3단계: **양성자 첨가**. 사면체 카보닐 첨가 중간체가 양성자 주개와 반응하여 라셈 혼합물로서 알돌 생성물이 생성되고, 새로운 염기 촉매가 재생된다.

$$\mathrm{CH_3{-}\overset{\overset{\displaystyle {:}\ddot{O}{:}^{-}}{|}}{C}H{-}CH_2{-}\overset{\overset{\displaystyle {:}O{:}}{\|}}{C}{-}H + H{-}\ddot{O}H \rightleftharpoons CH_3{-}\overset{\overset{\displaystyle {:}\ddot{O}H}{|}}{C}H{-}CH_2{-}\overset{\overset{\displaystyle {:}O{:}}{\|}}{C}{-}H + {:}\ddot{O}H^{-}}$$

(라셈 혼합물)

MECHANISM 산-촉매 알돌 반응

산-촉매에 의한 알돌 반응 메커니즘은 3단계를 포함하며, 처음 두 단계는 알데하이드나 케톤이 새로운 탄소-탄소 결합의 형성을 위하여 준비하는 것이다. 핵심 단계는 한 분자의 엔올이 두 번째 분자의 양성자화된 카보닐기를 공격하는 것이다.

1단계: **케토-엔올 토토머화**. 한 분자의 알데하이드나 케톤의 케토 형태 및 엔올 형태가 산 촉매에 의해 평형 반응을 수행한다(16.9B절).

$$\mathrm{CH_3{-}\overset{\overset{\displaystyle O}{\|}}{C}{-}H \overset{HA}{\rightleftharpoons} CH_2{=}\overset{\overset{\displaystyle OH}{|}}{C}{-}H}$$

2단계: **양성자 첨가**. 산(HA)으로부터 알데하이드나 케톤의 두 번째 분자의 카보닐 산소로 양성자가 이동하여 옥소늄 이온을 생성한다.

$$\mathrm{CH_3{-}\overset{\overset{\displaystyle {:}O{:}}{\|}}{C}{-}H + H{-}A \longrightarrow CH_3{-}\overset{\overset{\displaystyle {}^{+}{:}O{:}{-}H}{\|}}{C}{-}H + {:}A^{-}}$$

3단계: **친핵체와 친전자체 사이에 새로운 결합 생성.** 한 분자의 엔올이 다른 분자의 양성자화된 카보닐기를 공격하여 새로운 탄소-탄소 결합을 형성한다.

$$H_3C-\overset{\overset{+}{O}-H}{\overset{\|}{C}}-H + H_2C=\overset{\ddot{O}-H}{\overset{|}{C}}-H \rightleftharpoons H_3C-\underset{H}{\overset{\ddot{O}-H}{C}}-CH_2-\overset{\overset{+}{O}-H}{\overset{\|}{C}}-H$$

(라셈 혼합물)

4단계: **양성자 떼어내기.** 양성자가 A^-로 이동하여 산 촉매가 재생되고, 라셈 혼합물 알돌 생성물이 생성된다.

$$H_3C-\underset{H}{\overset{\ddot{O}-H}{C}}-CH_2-\overset{\overset{+}{O}-H}{\overset{\|}{C}}-H + :A^- \rightleftharpoons H_3C-\underset{H}{\overset{\ddot{O}-H}{C}}-CH_2-\overset{:O:}{\overset{\|}{C}}-H + H-A$$

(라셈 혼합물) (라셈 혼합물)

산-촉매 알돌 반응과 염기-촉매 알돌 반응의 메커니즘을 비교해 보자. 염기 촉매 하에서 탄소-탄소 결합이 형성되는 단계는 엔올 음이온(친핵체)이 알데하이드나 케톤의 두 번째 분자의 전하를 띠지 않은 카보닐 탄소(친전자체)를 공격하는 것을 포함한다. 산 촉매 하에서 탄소-탄소 결합이 형성되는 단계는 한 분자의 엔올(친핵체)이 두 번째 분자의 양성자화된 카보닐기(친전자체)를 공격하는 것을 포함한다.

이 장에서 다루는 다른 엔올 음이온 반응뿐만 아니라 알돌 반응이 일어나는 동안에 카이랄 생성물이 얻어지는 것은 매우 일반적이다. 반응물 중 하나가 카이랄이고 단일 거울상 이성질체로서 존재하는 것이 아니라면 생성물은 라셈 혼합물로 얻어질 것이다. 반응에서 두 개의 카이랄 중심이 형성되는 경우에는 두 개의 거울상 이성질체의 1:1 혼합물이 두 가지로 얻어져서 총 4개의 입체 이성질체가 생성된다. 단일 거울상 이성질체 생성물을 우세하게 생성하는 알돌 반응 및 다른 엔올 음이온 반응을 수행하는 방법을 알아내기 위해 수많은 연구가 진행되고 있지만, 그 연구는 이 책의 범위를 벗어나는 것이다.

예제 19.1 ▸ 알돌 반응

다음 화합물의 염기-촉매 알돌 반응의 생성물을 그려라.

(a) Butanal **(b)** Cyclohexanone

➡ 해답

알돌 생성물은 한 분자의 α-탄소가 다른 분자의 카보닐 탄소에 친핵성 첨가됨으로써 생성된다.

(a) OH, CHO; 새로운 C—C 결합

(4개의 입체 이성질체; 2가지 라셈 혼합물)

(b) OH, O; 새로운 C—C 결합

(라셈 혼합물)

연습 문제 19.1

다음 화합물의 염기 촉매 알돌 반응의 생성물을 그려라.

(a) Phenylacetaldehyde **(b)** Cyclopentanone

β-하이드록시알데하이드와 β-하이드록시케톤은 매우 쉽게 탈수되고, 종종 알돌 반응이 일어나며 필요한 조건이 탈수 반응을 일으키는데 충분한 조건이다. 탈수는 산 촉매 알돌 반응의 경우에 특히 쉽게 일어난다. 다른 방법으로, 묽은 산에서 알돌 생성물을 가열함으로써 탈수 반응을 일으킬 수도 있다. 알돌의 탈수 반응으로 인한 주 생성물은 탄소-탄소 이중결합이 카보닐기와 콘쥬게이션된 형태이다. 즉, 생성물은 α,β-불포화 알데하이드 또는 케톤이다.

$$CH_3CH(OH)CH_2CH(=O) \xrightarrow[\text{가열}]{\text{산 또는 염기에서}} CH_3\overset{\beta}{C}H=\overset{\alpha}{C}HCH(=O) + H_2O$$

α,β-불포화 알데하이드

알돌 반응은 염기에 의해 촉매화될 때 특히 쉽게 가역적으로 일어나며, 일반적으로 알돌 생성물은 특히 케톤의 알돌 반응에서는 평형에서 거의 존재하지 않는다. 그러나 탈수 반응의 평형 상수는 일반적으로 크므로 반응 조건이 탈수를 일으킬 정도로 충분히 격렬하다면 생성물이 높은 수득률로 얻어질 수 있다. 어떤 경우에는 아래와 같이 E 알켄이 상당히 더욱 안정하므로 우세한 생성물이기는 하지만, 알켄은 일반적으로 E,Z 혼합물로 생성된다.

MECHANISM 알돌 생성물의 산-촉매 탈수 반응

1단계: **케토-엔올 토토머화 반응.** 산은 알데하이드의 케토 형태와 엔올 형태의 상호전환을 촉매화한다.

$$H_3C-CH(OH)-CH_2-C(=O)-H \rightleftharpoons H_3C-CH(OH)-CH=C(OH)-H$$

(라셈 혼합물) 알데하이드의 엔올 (라셈 혼합물)

2단계: **양성자 첨가.** 산 촉매(여기에서는 H_3O^+로 나타냄)로부터 엔올로의 양성자 이동은 옥소늄 이온 중간체를 생성한다. 이 단계는 나쁜 이탈기 —OH를 더 좋은 이탈기 —O^+H_2로 바꾸는 효과를 갖는다.

$$H_3O^+ + H_3C-CH(OH)-CH=C(OH)-H \rightleftharpoons H_3C-CH(O^+H_2)-CH=C(OH)-H + H-\ddot{O}-H$$

알데하이드의 엔올 (라셈 혼합물) (라셈 혼합물)

3단계: **결합이 끊어지고 안정한 분자 이온을 생성.** 옥소늄 이온 중간체로부터 물을 잃고 마지막 생성물의 짝산을 생성한다. 이 경우에 이중 결합이 생성되어 더 안정한 *E* 알켄이 주로 얻어진다.

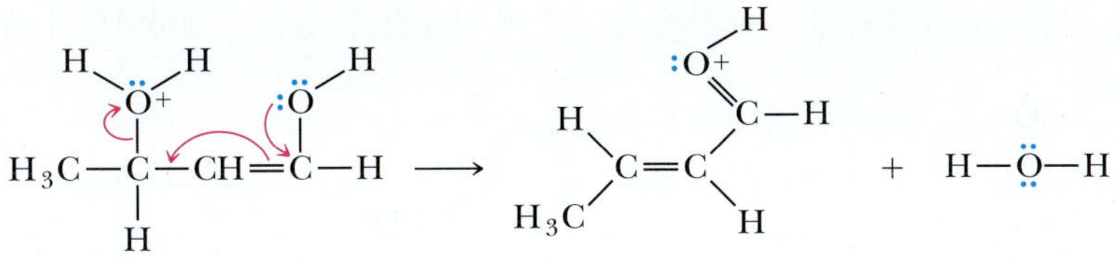

H₃C—C(H)(O⁺H₂)—CH=C(H)—O:H ⟶ (H)(H₃C)C=C(H)—CH=O⁺H + H—Ö—H

4단계: **양성자 떼어내기.** 마지막 생성물의 짝산으로부터 물로 양성자가 이동하여 반응이 완결된다.

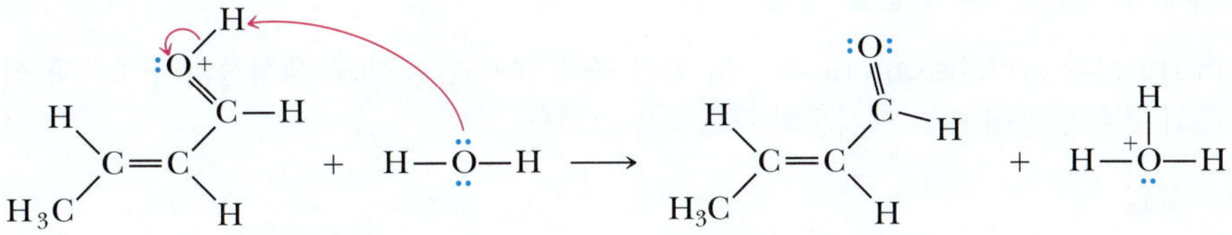

(H)(H₃C)C=C(H)—CH=O⁺H + H—Ö—H ⟶ (H)(H₃C)C=C(H)—CH=O + H_3O^+

α,β-불포화 알데하이드

예제 19.2 ▸ **알돌 생성물의 탈수 반응**

예제 19.1에서 각 알돌 생성물의 탈수 반응의 생성물을 그려라.

➥ 해답

알돌 생성물 (a)로부터 H_2O가 제거되면 α,β-불포화 알데하이드가 생성된다. (b)로부터 H_2O가 제거되면 α,β-불포화 케톤이 생성된다.

(a) 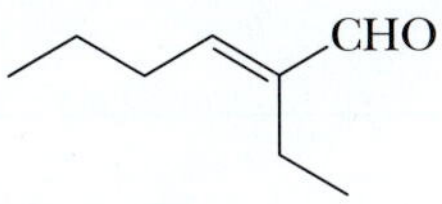 CHO (b) 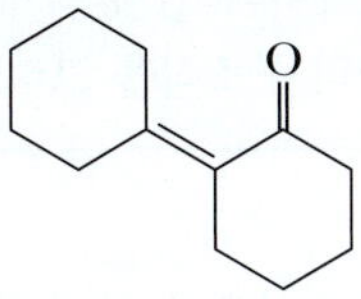 O

연습 문제 19.2

연습 문제 19.1에서 각 알돌 생성물의 탈수 반응의 생성물을 그려라.

B 교차 알돌 반응 및 분자내 알돌 반응

알돌 반응의 중요 단계에서 반응물은 엔올 음이온과 엔올 음이온 받개이다. 자체 반응에서는 한 종류의 분자가 두 가지 역할을 수행한다. 예를 들어 acetone과 formaldehyde 사이의 교차 알돌 반응과 같이 **교차 알돌 반응**(crossed aldol reaction) 또한 가능하다. Formaldehyde는 α-수소가 없기 때문에 엔올 음이온을 생성할 수 없지만, 카보닐기의 입체 장애가 작기 때문에 특히 좋은 엔올 음이온 받개로서 작용할 수 있다. Acetone은 엔올 음이온을 생성하지만, 두 개의 알킬기가 결합되어 있는 카보닐기는 formaldehyde의 카보닐기에 비해 반응성이 낮다. 결과적으로 acetone과 formaldehyde 사이의 교차 알돌 반응으로 4-hydroxy-2-butanone이 생성된다.

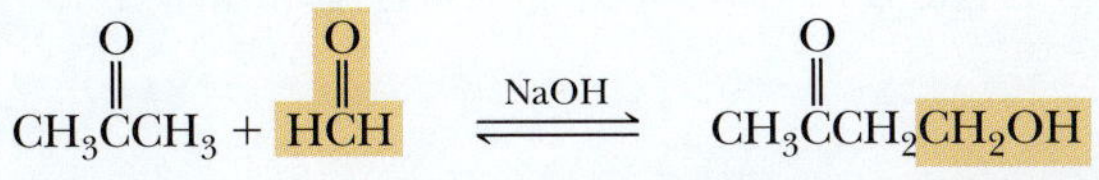

$$CH_3\overset{O}{\overset{\|}{C}}CH_3 + H\overset{O}{\overset{\|}{C}}H \xrightleftharpoons{NaOH} CH_3\overset{O}{\overset{\|}{C}}CH_2CH_2OH$$

4-Hydroxy-2-butanone

앞에서 보인 예에서 알 수 있듯이 교차 알돌 반응이 성공적으로 일어나려면, 두 반응물 중의 하나는 α-수소를 가지고 있지 않아서 엔올 음이온이 형성되지 않아야 한다. 만약 α-수소가 없는 화합물이 반응성이 더 큰 카보닐기를 가지고 있다면(예를 들면, 알데하이드) 교차 알돌 반응이 성공적으로 일어난다. 만일 이러한 조건이 충족되지 않으면 복잡한 혼합물이 생성된다. 다음은 α-수소가 없고 교차 알돌 반응에 사용될 수 있는 알데하이드의 예들이다.

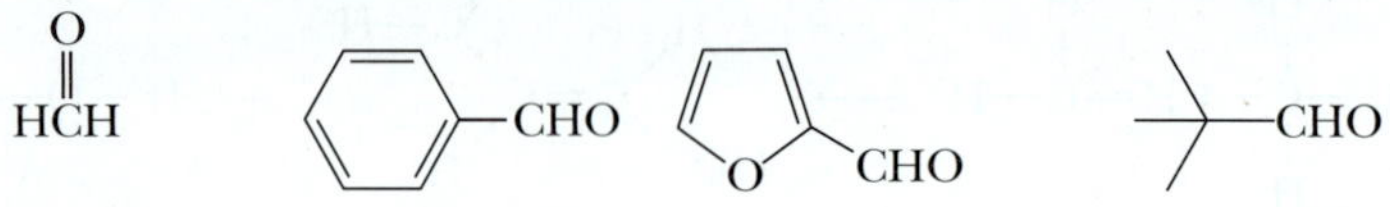

HCHO (O=CH₂) · C₆H₅–CHO · Furan–CHO · (CH₃)₃C–CHO

Formaldehyde **Benzaldehyde** **Furfural** **2,2-Dimethylpropanal**

예제 19.3 ▸ **교차 알돌 반응**

Furfural과 cyclohexanone 사이의 염기 촉매 교차 알돌 반응 생성물의 구조식과 생성물의 탈수 반응에 대한 생성물의 구조식을 그려라.

➥ **해답**

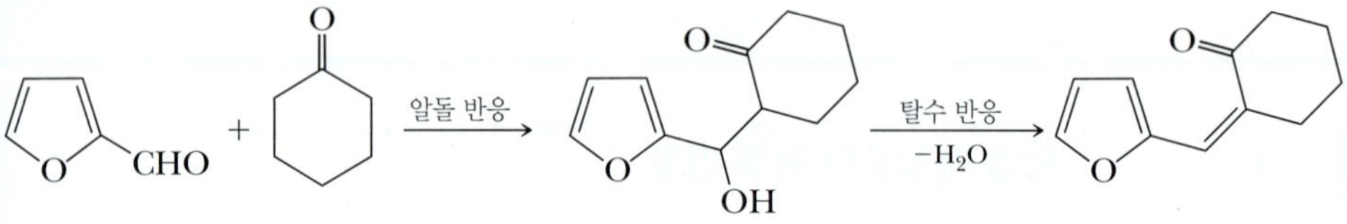

Furfural + Cyclohexanone —(알돌 반응)→ 알돌 생성물 (라셈 혼합물) —(탈수 반응, $-H_2O$)→

Furfural **Cyclohexanone**

알돌 생성물
(라셈 혼합물)

연습 문제 19.3

Benzaldehyde와 3-pentanone 사이의 염기 촉매 교차 알돌 반응 생성물의 구조식과 생성물의 탈수 반응에 대한 생성물의 구조식을 그려라.

나이트로기는 나이트로알케인의 음이온과 알데하이드 혹은 케톤과의 알돌 반응에 의하여 지방족 화합물에 도입될 수 있다. 나이트로알케인의 α-수소들은 충분히 산성이어서 NaOH나 KOH 수용액과 같은 염기에 의하여 제거된다. 예를 들어, nitromethane의 pK_a는 10.2이다. 나이트로알케인의 α-수소가 산성인 이유는 음전하가 나이트로기로 비편재화되어 생성된 음이온이 안정해지기 때문이다.

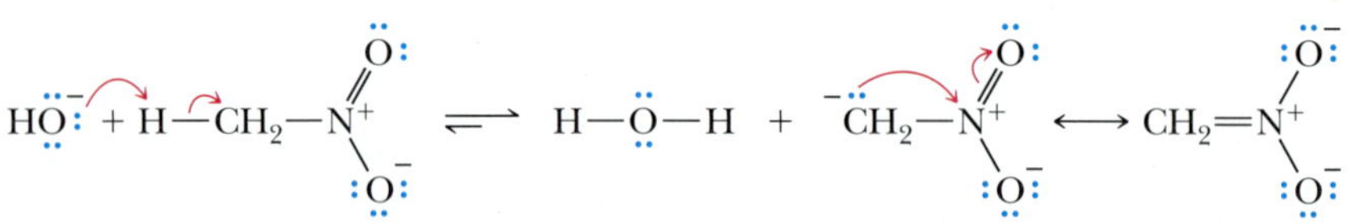

$$HO^- + H{-}CH_2{-}N^+(=O)O^- \rightleftharpoons H{-}O{-}H + {}^-CH_2{-}N^+(=O)O^- \longleftrightarrow CH_2{=}N^+(O^-)O^-$$

Nitromethane
pK_a 10.2
(더 센산)

물
pK_a 15.7
(더 약한 산)

전하 비편재화에 의해
안정화된 음이온

다음은 nitromethane과 cyclohexanone 사이의 알돌 반응이다. 형성된 알돌 생성물에 있는 나이트로기의 환원은 β-아미노알코올의 편리한 합성 경로이다.

Cyclohexanone + Nitromethane (CH_3NO_2) —NaOH (알돌)→ 1-(Nitromethyl)cyclohexanol —H_2, Ni→ 1-(Aminomethyl)cyclohexanol

엔올 음이온과 엔올 음이온이 첨가되는 카보닐기 두 가지 모두 같은 분자내에 존재할 경우에 알돌 반응의 결과로 고리가 형성된다. 이러한 형태의 **분자내 알돌 반응**(intramolecular aldol reaction)은 오원자 고리나 육원자 고리를 만들 때 특히 유용하다. 오원자 고리나 육원자 고리가 가장 안정한 고리이므로 사원자 고리, 칠원자 고리, 혹은 더 큰 고리보다 훨씬 더 쉽게 형성된다. 예를 들면, 2,7-octanedione의 분자내 알돌 반응은 엔올 음이온 α_3를 경유하여 오원자 고리를 만든다. 같은 화합물의 분자내 알돌 반응이 엔올 음이온 α_1을 경유하여 일어나면 칠원자 고리가 만들어진다. 2,7-Octanedione의 경우에 오원자 고리의 생성이 칠원자 고리보다 더 선호된다.

2,7-Octanedione —KOH→ (via α_3) → $-H_2O$ → (생성됨)

(via α_1) → $-H_2O$ → (생성되지 않음)

일반적으로 더 작은 고리가 반응기들이 서로 더 가깝기 때문에 더 큰 고리보다 더 빠르게 생성된다. 그러나 삼원자 고리와 사원자 고리는 이들 고리의 무리 때문에 잘 생성되지 않는다.

다음은 사원자 고리(α_3 위치의 엔올 음이온을 경유하여 생성)나 육원자 고리(α_1 위치의 엔올 음이온을 경유하여 생성) 둘 중 어느 것이든 생성될 수 있는 또 다른 예이다. 육원자 고리가 사원자 고리에 비해 훨씬 더 안정하기 때문에 이러한 분자내 알돌 반응에서는 오로지 육원자 고리만이 생성된다.

(라셈 혼합물) —KOH→ (2가지 라셈 혼합물로서 4개의 입체 이성질체) → (라셈 혼합물) + H_2O

C 역합성 분석

알돌 반응에 의해 생성되는 작용기는 β-하이드록시 카보닐 또는 α,β-불포화 카보닐이다. 목표 화합물에서 이러한 작용기에 마주칠 때마다 그것을 만들 때 알돌 반응을 사용하는 것을 고려해야 한다. 역합성 분석(7.9절)을 사용하여 알돌 생성물은 적절한 반응물로 나눌 수 있다. 만일 치환기 R_1, R_2, R_3가 너무 크면, 입체적 요인 때문에 반응은 실패할 수 있다는 것을 명심하라. 더욱이, β-하이드록시 카보닐 생성물을 생성하는 알돌 반응은 두 개의 케톤의 경우에 일반적으로 선호되지 않는다.

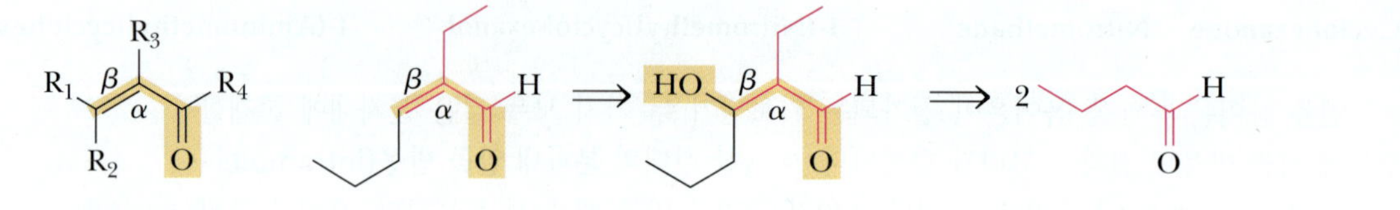

R_3, β, α, R_1, R_4, R_2, O — H, O ⟹ HO, H, O ⟹ 2 H, O

***α,β*-불포화 카보닐**
R_1~R_4 = 알킬기, 아릴기, H 원자

목표 생성물 (라셈 혼합물) 반응물

HO, R_3, R_4, R_1, R_2, O — O ⟹ OH, O ⟹ O, H + O

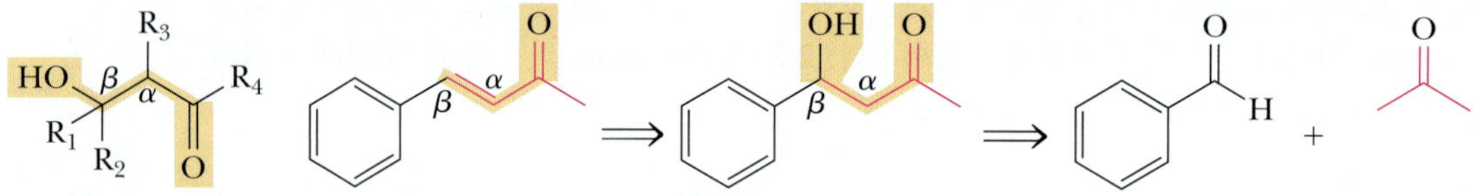

***β*-하이드록시 카보닐**
알돌 반응 생성물 인지 요소

목표 생성물 (라셈 혼합물) 반응물

19.3 Claisen 축합 반응과 Dieckmann 축합 반응

A Claisen 축합 반응

18장에서 카보닐 탄소에서 일어나는 에스터의 모든 반응들과 첨가/제거에 의한 친핵성 아실 치환을 포함하는 에스터의 반응들을 설명하였다. 이 절에서는 에스터의 두 번째 특징적인 반응, 즉 엔올 음이온의 생성과 엔올 음이온이 친핵성 아실 치환에 참여하는 것을 포함하는 반응을 다루고자 한다. 이러한 반응들 중에서 처음 발견된 것이 독일의 화학자 Ludwig Claisen (1851~1930)의 이름을 딴 **Claisen 축합 반응**(Claisen condensation)이다. Claisen 축합 반응은 sodium ethoxide 존재 하에서 두 분자의 ethyl acetate를 반응시킨 후 산성화하여 ethyl acetoacetate를 생성하는 반응으로 설명된다.

$$2\,CH_3\overset{O}{\overset{\|}{C}}OEt \xrightarrow[2.\ H_2O,\ HCl]{1.\ EtO^-Na^+} CH_3\overset{O}{\overset{\|}{C}}CH_2\overset{O}{\overset{\|}{C}}OEt + EtOH$$

Ethyl ethanoate (Ethyl acetate) **Ethyl 3-oxobutanoate (Ethyl acetoacetate)** **Ethanol**

이 예에서 나타난 바와 같이 Claisen 축합 반응의 생성물은 **β-케토에스터**(β-ketoester)이다.

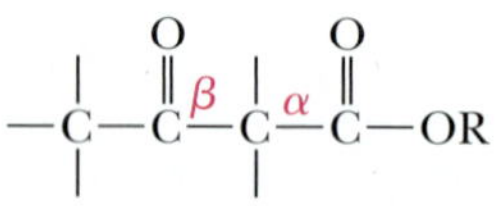

$$-\overset{|}{\underset{|}{C}}-\overset{O}{\overset{\|}{C}}-\overset{|}{\underset{|}{C}}-\overset{O}{\overset{\|}{C}}-OR$$

β, α

β-케토에스터

알돌 반응과 같이 Claisen 축합 반응은 염기를 필요로 한다. 그러나 NaOH와 같은 염기 수용액은 에스터의 가수분해를 일으킬 수 있기 때문에 Claisen 축합 반응에서 사용할 수 없다. 대신에 Claisen 축합 반응에서 가장 흔히 사용되는 염기는 에탄올에 녹인 sodium ethoxide나 메탄올에 녹인 sodium methoxide와 같은 비수용성 염기들이다.

두 분자의 ethyl propanoate를 Claisen 축합 반응하면 다음과 같은 β-케토에스터가 라셈 혼합물로 생성된다.

Ethyl propanoate + Ethyl propanoate —(1. EtO^-Na^+ 2. H_2O, HCl)→ Ethyl 2-methyl-3-oxopentanoate (라셈 혼합물) + EtOH

Claisen 축합 반응의 첫 단계는 알돌 반응(19.2절)의 첫 단계와 매우 유사하다. 각 반응에서 탄소-탄소 결합 생성 단계는 엔올 음이온이 다른 분자의 카보닐 기에 친핵성 첨가하는 과정을 포함한다.

MECHANISM Claisen 축합 반응

***1단계:* 양성자 떼어내기.** 염기에 의하여 α-수소가 제거되면 공명 안정화된 엔올 음이온이 생성된다.

$$EtO^- + H{-}CH_2{-}\overset{O}{\overset{\|}{C}}OEt \rightleftharpoons EtO{-}H + {}^-CH_2{-}\overset{O}{\overset{\|}{C}}OEt \longleftrightarrow CH_2{=}\overset{O^-}{\overset{|}{C}}OEt$$

pK_a 22 (더 약한 산) — pK_a 15.9 (더 센산) — 공명 안정화된 엔올 음이온 (더 센염기)

에스터의 α-수소는 약한 산이고 ethoxide 이온은 약한 염기이므로 이 단계의 평형 위치는 왼쪽으로 매우 치우쳐 있다. 엔올 음이온의 농도는 ethoxide 이온 및 에스터의 농도에 비하여 매우 낮다. 따라서 과량의 에스터가 생성된 소량의 엔올 음이온과 반응하게 된다.

***2단계:* 친핵체와 친전자체 사이에 새로운 결합 생성.** 한 에스터의 엔올 음이온이 다른 에스터의 카보닐 탄소를 공격하여 사면체 카보닐 첨가 중간체를 생성한다.

$$CH_3{-}\overset{O}{\overset{\|}{C}}{-}OEt + {}^-CH_2{-}\overset{O}{\overset{\|}{C}}OEt \rightleftharpoons \left[CH_3{-}\underset{OEt}{\overset{O^-}{C}}{-}CH_2{-}\overset{O}{\overset{\|}{C}}{-}OEt\right]$$

사면체 카보닐 첨가 중간체

알돌 반응의 중간체와는 다르게, 이 중간체(헤미아세탈 음이온)는 에톡시 이탈기를 갖고 있다.

***3단계:* 결합이 끊어지고 안정한 분자나 이온을 생성.** 사면체 카보닐 첨가 중간체가 ethoxide 이온을 방출하면서 분해되면 β-케토에스터가 생성된다.

$$CH_3{-}\underset{OEt}{\overset{O^-}{C}}{-}CH_2{-}\overset{O}{\overset{\|}{C}}{-}OEt \rightleftharpoons CH_3{-}\overset{O}{\overset{\|}{C}}{-}CH_2{-}\overset{O}{\overset{\|}{C}}{-}OEt + EtO^-$$

***4단계:* 양성자 떼어내기.** 1~3단계의 평형 위치는 출발 물질 쪽으로 매우 치우쳐 있다. 그러나 전체 축합 반응은 β-케토에스터(더 센산)와 ethoxide 이온(더 센염기) 사이

의 산-염기 반응에 의해 에탄올(더 약한 산)과 β-케토에스터의 음이온(더 약한 염기)을 형성하는 쪽으로 완결된다.

$$EtO^- + CH_3-\overset{\overset{O}{\|}}{C}-\underset{\underset{H}{|}}{CH}-\overset{\overset{O}{\|}}{C}-OEt \rightleftharpoons CH_3-\overset{\overset{O}{\|}}{C}-\overset{-}{C}H-\overset{\overset{O}{\|}}{C}-OEt + EtOH$$

pK_a 10.7 (더 센산) (더 약한 염기) pK_a 15.9 (더 약한 산)

전체적으로 Claisen 축합 반응에서 더 센염기(이 경우에 ethoxide)가 소모되고 더 약한 염기인 β-케토에스터의 공명 안정화된 엔올 음이온이 생성된다. 두 분자의 에스터가 반응할 때마다 한 분자의 염기가 소모된다. 이것은 염기가 촉매인(소모되지 않는) 알돌 반응과 대비된다.

5단계: **양성자 첨가하기.** 화학자는 종종 플라스크를 열고 너무 강하지 않은 산을 첨가하여 엔올 음이온을 양성자화하여 β-케토에스터를 생성한다.

$$CH_3-\overset{\overset{O}{\|}}{C}-\overset{-}{C}H-\overset{\overset{O}{\|}}{C}OEt + H_3O^+ \xrightarrow{HCl,\ H_2O} CH_3-\overset{\overset{O}{\|}}{C}-CH_2-\overset{\overset{O}{\|}}{C}OEt + H_2O$$

이러한 메커니즘 분석으로 볼 때, Claisen 축합 반응이 성공적으로 일어나려면 두 개의 α-수소를 갖는 에스터를 사용해야 한다는 것을 알 수 있다. 두 개의 α-수소 중 하나는 처음의 엔올 음이온을 형성하고, 두 번째는 생성물인 β-케토에스터의 엔올 음이온을 형성한다.

예제 19.4 ▸ Claisen 축합 반응

Sodium ethoxide 존재 하에서 ethyl butanoate를 Claisen 축합 반응시키고 이어서 HCl 수용액으로 산성화하여 얻어지는 생성물을 나타내어라.

해답

Claisen 축합 반응에서는 한 에스터 분자의 카보닐기와 다른 에스터 분자의 α-탄소 사이에 새로운 결합이 형성된다.

새로운 C—C 결합

Ethyl 2-ethyl-3-oxohexanoate
(라셈 혼합물)

연습 문제 19.4

Sodium ethoxide 존재 하에서 ethyl 3-methy-butanoate를 Claisen 축합 반응시키고 이어서 HCl 수용액으로 산성화하여 얻어지는 생성물을 나타내어라.

B Dieckmann 축합 반응

오원자 고리 혹은 육원자 고리를 생성하는 다이카복실산 에스터의 분자내 Claisen 축합 반응을 **Dieckmann 축합 반응**(Dieckmann condensation)이라는 특별한 이름으로 부른다. 예를 들면, 1 당량의 sodium ethoxide 존재 하에서 diethyl hexanedioate (diethyl adipate)는 분자내 축합 반응으로 오원자 고리를 생성한다.

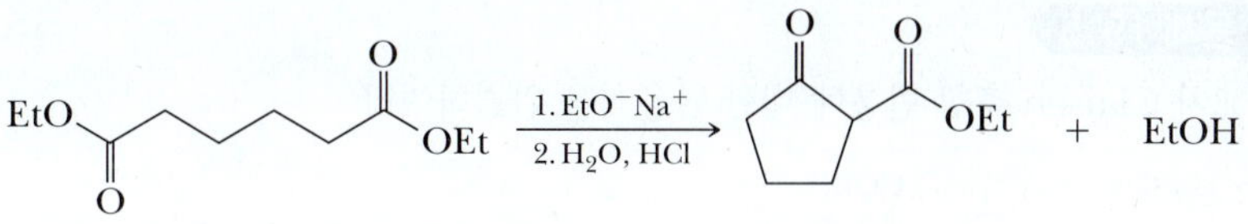

Diethyl hexanedioate (Diethyl adipate) → (1. EtO^-Na^+ 2. H_2O, HCl) → Ethyl 2-oxocyclopentanecarboxylate (라셈 혼합물) + EtOH

Dieckmann 축합 반응의 메커니즘은 Claisen 축합 반응에서 설명했던 메커니즘과 동일하다. 한 에스터기의 α-탄소에서 형성된 음이온이 다른 에스터기의 카보닐에 첨가되어 사면체 카보닐 첨가 중간체를 생성한다(친핵체와 친전자체 사이에 새로운 결합 생성). 이 중간체가 ethoxide 이온을 방출하여 카보닐기가 재생된다(결합이 끊어지고 안정한 분자나 이온을 생성). 고리화에 이어서 Claisen 축합 반응에서처럼 β-케토에스터의 짝염기가 형성된다(양성자 떼어내기). 산성 수용액으로 산성화하면 β-케토에스터가 얻어진다(양성자 첨가하기).

C 교차 Claisen 축합 반응

각각 두 개의 α-수소를 가진 두 개의 서로 다른 에스터 사이에 **교차 Claisen 축합 반응**(crossed Claisen condensation)에서는 4개의 β-케토에스터의 혼합물이 가능하다. 따라서 이러한 형태의 교차 Claisen 축합 반응은 합성적으로 유용하지 않다. 그러나 만약 두 에스터 사이의 반응성이 뚜렷하게 차이가 난다면, 예를 들어 에스터 중 하나가 α-수소를 갖고 있지 않아 엔올 음이온 받개로만 작용한다면, 그러한 축합 반응은 유용하다. 다음은 α-수소를 갖고 있지 않은 에스터의 네 가지 예들이다.

HCOEt (Ethyl formate), EtOCOEt (Diethyl carbonate), EtOC—COEt (Diethyl ethanedioate (Diethyl oxalate)), C_6H_5COEt (Ethyl benzoate)

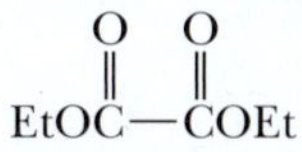

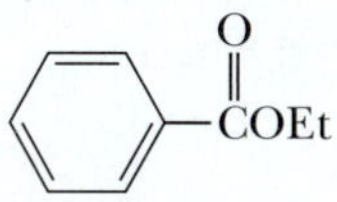

이러한 형태의 교차 Claisen 축합 반응은 대개 α-수소가 없는 에스터를 과량으로 사용하여 수행된다. 다음의 예에서 methyl benzoate가 과량으로 사용된다.

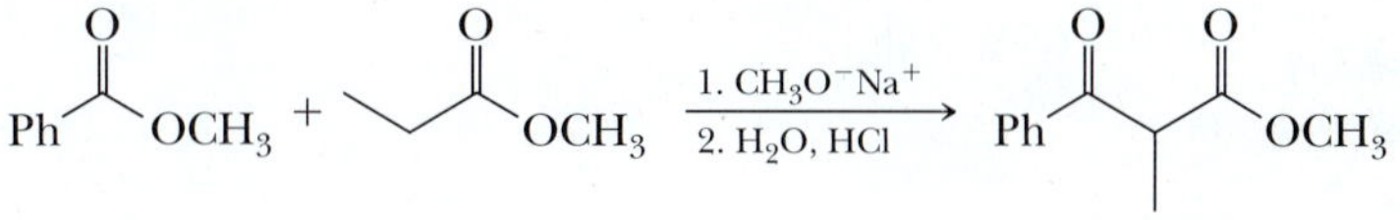

Methyl benzoate + Methyl propanoate → (1. $CH_3O^-Na^+$ 2. H_2O, HCl) → Methyl 2-methyl-3-oxo-3-phenylpropanoate (라셈 혼합물)

예제 19.5 ▸ 교차 Claisen 축합 반응

다음 교차 Claisen 축합 반응에 대한 반응식을 완결하여라.

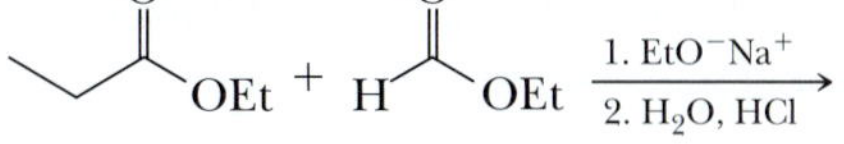

Ethyl propanoate + Ethyl formate (H–C(=O)–OEt) → (1. EtO^-Na^+ 2. H_2O, HCl) →

➥ 해답

H–C(=O)–CH(CH_3)–C(=O)–OEt + EtOH

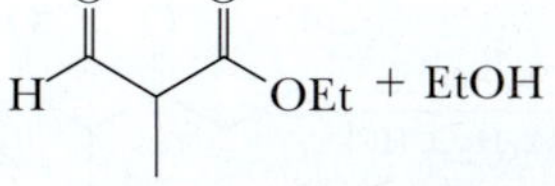

(라셈 혼합물)

연습 문제 19.5

다음 교차 Claisen 축합 반응에 대한 반응식을 완결하여라.

D 역합성 분석

Claisen, 교차 Claisen 또는 Dieckmann 축합 반응에 의해 생성되는 작용기 형태는 β-케토에스터이다. 역합성 분석을 사용하여 원하는 β-케토에스터 목표 화합물을 해당하는 에스터 분자로 분할한다. Dieckmann 축합에서 β-케토에스터는 해당되는 다이에스터로부터 유도된 고리(일반적으로 오원자 고리나 육원자 고리) 안에 포함된다.

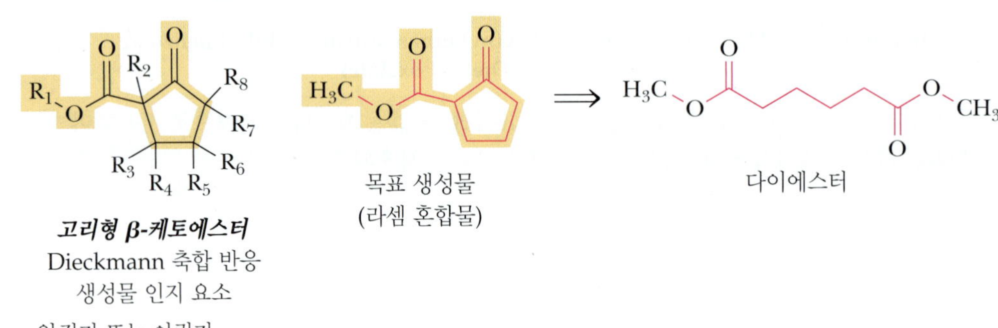

E β-케토에스터의 가수분해와 카복시이탈 반응

18.4C절을 상기해 보면 에스터를 NaOH 수용액에서 가수분해(비누화, saponification)한 후 반응 혼합물을 HCl 수용액으로 산성화하면 에스터가 카복실산으로 전환된다. 17.9절을 상기해 보면 β-케토산과 β-다이카복실산(치환된 malonic acid)을 가열하면 카복시이탈(decarboxylation, CO_2를 잃음)이 쉽게 일어난다. Claisen 축합 반응과 Dieckmann 축합 반응은 모두 β-케토산의 에스터를 생성한다. 다음 반응식들은 Claisen 축합 반응에 이어서 에스터의 가수분해, 산성화, 카복시이탈 반응이 일어난 결과를 나타내고 있다.

Claisen 축합 반응:

비누화 반응에 이어서 산성화:

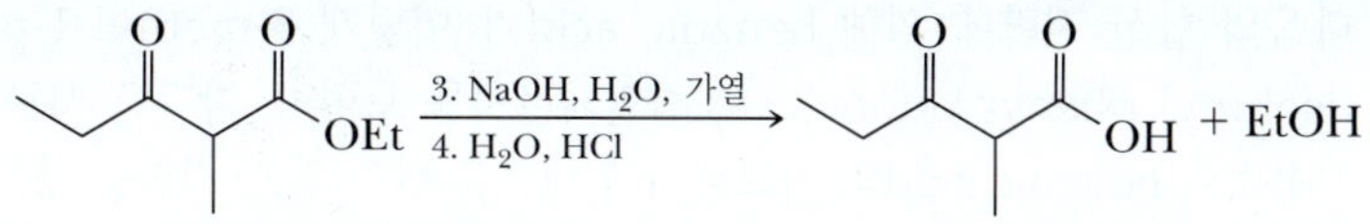

$$\text{(라셈 혼합물) } \xrightarrow[\text{4. } H_2O,\ HCl]{\text{3. NaOH, } H_2O,\text{ 가열}} \text{(라셈 혼합물)} + EtOH$$

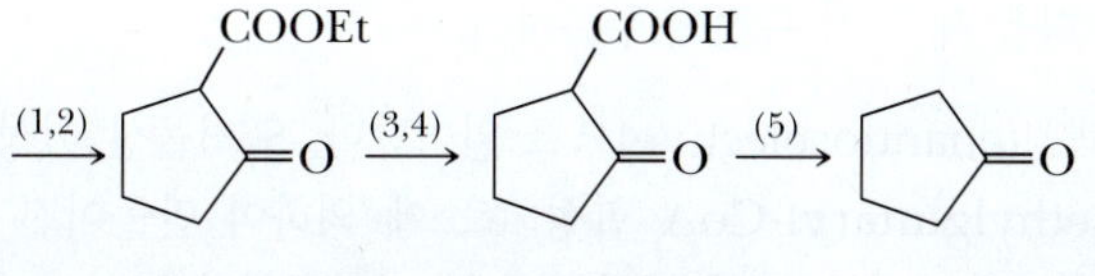

(라셈 혼합물) (라셈 혼합물)

카복시이탈 반응:

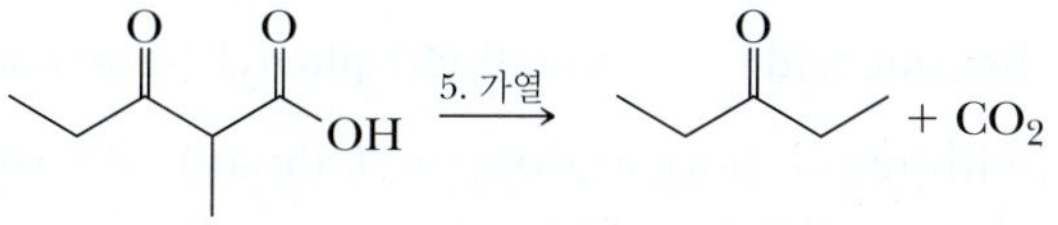

$$\xrightarrow{\text{5. 가열}} + CO_2$$

(라셈 혼합물)

이러한 다섯 단계의 결과는 에스터 두 분자 사이의 반응으로(한 에스터는 카보닐기를 제공하고 다른 에스터는 엔올 음이온을 제공한다) 케톤과 이산화탄소를 생성하는 것이다. 일반적인 반응에서는 두 개의 에스터 분자가 같으므로 그 생성물은 대칭 구조의 케톤이 된다.

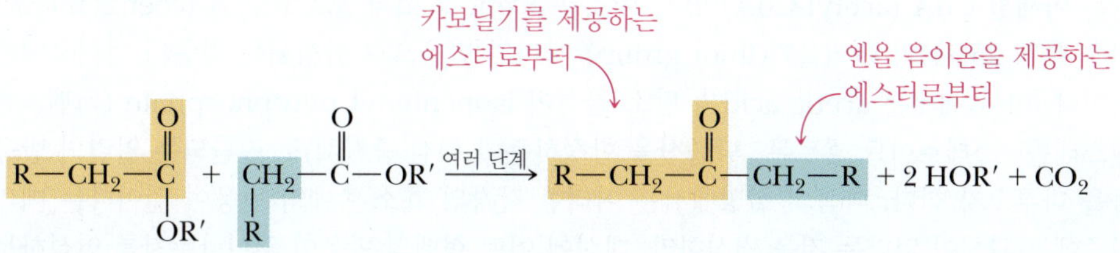

카보닐기를 제공하는 에스터로부터

엔올 음이온을 제공하는 에스터로부터

$$R-CH_2-\overset{O}{\overset{\|}{C}}-OR' + \underset{R}{\underset{|}{CH_2}}-\overset{O}{\overset{\|}{C}}-OR' \xrightarrow{\text{여러 단계}} R-CH_2-\overset{O}{\overset{\|}{C}}-CH_2-R + 2\,HOR' + CO_2$$

교차 Claisen 축합 반응으로 시작하는 같은 순서의 반응으로는 비대칭 케톤이 생성된다.

예제 19.6 ▸ Claisen 축합 반응, 가수분해, 카복시이탈 반응

각각의 화합물들은 Claisen 축합 반응 혹은 Dieckmann 축합 반응 후 산성화, 비누화, 산성화, 열에 의한 카복시이탈 반응이 일어난다.

(a) $Ph\overset{O}{\overset{\|}{C}}OEt + CH_3\overset{O}{\overset{\|}{C}}OEt$ **(b)** $EtO\overset{O}{\overset{\|}{C}}(CH_2)_4\overset{O}{\overset{\|}{C}}OEt$

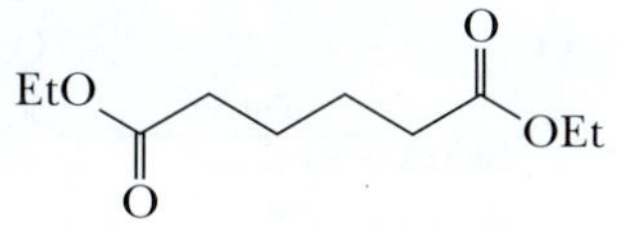

이러한 일련의 반응이 완결된 후 분리된 생성물의 구조식을 그려라.

➥ 해답

1단계와 2단계에서는 교차 Claisen 축합 반응 혹은 Dieckmann 축합 반응에 의하여 β-케토에스터가 생성된다. 3단계와 4단계에서는 β-케토에스터의 가수분해가 일어나 β-케토산이 생성되고, 5단계에서는 카복시이탈 반응이 일어나 케톤이 생성된다.

(a) $\xrightarrow{(1,2)} Ph\overset{O}{\overset{\|}{C}}CH_2\overset{O}{\overset{\|}{C}}OEt \xrightarrow{(3,4)} Ph\overset{O}{\overset{\|}{C}}CH_2\overset{O}{\overset{\|}{C}}OH \xrightarrow{(5)} Ph\overset{O}{\overset{\|}{C}}CH_3$

(b) $\xrightarrow{(1,2)}$ 2-(COOEt)사이클로펜탄온 $\xrightarrow{(3,4)}$ 2-(COOH)사이클로펜탄온 $\xrightarrow{(5)}$ 사이클로펜탄온

COOEt, =O (라셈 혼합물) COOH, =O (라셈 혼합물) =O

연습 문제 19.6

다음의 합성 전략에 의해 benzoic acid가 어떻게 3-methyl-1-phenyl-1-butanone (isobutyl phenyl ketone)으로 전환되는지를 보여라. 각각은 서로 다른 형태의 반응을 사용하여 benzoic acid의 카보닐기에 새로운 탄소-탄소 결합을 생성한다.

COOH → ? → O

Benzoic acid **3-Methyl-1-phenyl-1-butanone**

(a) 리튬 이유기구리(lithium diorganocopper, Gilman) 시약 **(b)** Claisen 축합 반응

19.4 생물학적 세계에서 Claisen 축합 반응과 알돌 축합 반응

카보닐 축합 반응은 새로운 탄소-탄소 결합으로 이루어진 집합체를 만들기 위하여 생물학적 세계에서 가장 널리 사용되는 반응이다. 생체 분자를 합성하기 위한 탄소 원자의 원료 중 하나는 **아세틸-CoA** (acetyl-CoA)이며, 이것은 acetic acid와 보조효소 A (coenzyme A, 연습 문제 25.34)의 싸이올기(thiol group) 사이의 반응으로 합성되는 일종의 싸이오에스터이다. 이 절에서는 acetic acid의 탄소 골격이 isopentenyl pyrophosphate (터펜, 콜레스테롤, 스테로이드 호르몬, 담즙산을 합성하는데 핵심 중간체)로 전환되는 일련의 반응들을 다루고자 한다. 다음의 설명에서는 이러한 각각의 효소-촉매화 반응이 일어나는 메커니즘에는 관심이 없다는 것을 명심하라. 대신에 어떤 형태의 반응이 일어나는지를 인식하는데 관심을 두고자 한다.

효소 thiolase에 의해 촉진되는 Claisen 축합 반응에서 아세틸-CoA가 엔올 음이온으로 전환되고, 이것은 두 번째 아세틸-CoA 분자의 카보닐기에 첨가되어 사면체 카보닐 첨가 중간체를 생성한다. 이 중간체는 보조효소 A 음이온($CoAS^-$)의 제거에 의해 분해되어 아세토아세틸-CoA를 생성한다. 연속하여 보조효소 A 음이온으로 양성자가 이동하여 보조효소 A가 생성된다. 이러한 반응 메커니즘은 Claisen 축합 반응의 메커니즘과 동일하다 (19.3A절).

O SCoA + O SCoA —thiolase / Claisen 축합 반응→ O O SCoA + CoASH

Acetyl-CoA **Acetoacetyl-CoA** **Coenzyme A**

세 번째 아세틸-CoA 분자가 아세토아세틸-CoA의 케톤 카보닐기와 효소-촉매화 알돌 반응하면 (*S*)-3-hydroxy-3-methylglutaryl-CoA가 생성된다.

두 번째 카보닐 축합 반응은 이 카보닐에서 일어난다

O O SCoA + O SCoA —3-hydroxy-3-methylglutaryl-CoA 합성 효소 (CoASH)→ $^-$O O OH O SCoA

(*S*)-3-Hydroxy-3-methylglutaryl-CoA

이 두 번째 카보닐 축합 반응의 다음 세 가지 특징에 주목하라.

- 이 반응은 완전히 거울상선택성(enantioselective)으로 일어난다. *S* 거울상 이성질체만 생성된다. 3-Hydroxy-3-methylglutaryl-CoA 합성 효소에 의하여 만들어진 카이랄 환경에서 축합 반응이 일어나므로 생성물로 한 개의 거울상 이성질체만 얻어지며, 다른 거울상 이성질체는 배제된다.

혈장 콜레스테롤 수치를 낮추는 의약품

관상동맥 질환은 미국과 서구에서 사망의 주요한 원인이며, 사망의 절반가량은 동맥경화증에 기인한다. 동맥경화증은 동맥의 내부 벽에 플라크(plaque)라고 하는 지방 축적물이 생기기 때문에 발생된다. 플라크의 주요 성분은 혈액 혈장 속을 순환하는 저밀도 지질단백질(low-density lipoprotein, LDL)로부터 유도된 콜레스테롤(cholesterol)이다. 인간의 몸속에 있는 총 콜레스테롤의 절반 이상은 간에서 아세틸-CoA로부터 합성되기 때문에, 이러한 합성을 억제하기 위한 방법을 찾는 쪽으로 집중적인 노력이 이루어져 왔다. 콜레스테롤 생합성에서 속도 결정 단계는 (*S*)-3-hydroxy-3-methylglutaryl CoA가 (*R*)-2-mevalonic acid로 환원되는 단계이다. 이러한 환원 반응은 효소 HMG-CoA 환원 효소에 의해 촉매화되며 HMG-CoA 1 mol 당 2 mol의 NADPH가 필요하다.

(*S*)-3-Hydroxy-3-methyl-glutary-CoA (HMG-CoA) —NADPH→ [첫 번째 NADPH 환원에 의하여 생성된 헤미싸이오아세탈 (hemithioacetal) 중간체] → (−CoASH) → —NADPH→ **(*R*)-Mevalonate**

1970년대 초부터 시작하여 도쿄의 Sankyo 회사의 연구진들은 8000종 이상의 미생물을 검사하여 *Penicillium citrinum* 곰팡이를 배양액으로부터 HMG-CoA 환원 효소의 강력한 억제제인 mevastatin을 분리하였다고 1976년에 발표하였다. 영국의 Beecham 제약회사 연구진이 *Penicillium brevicompactum*의 배양액에서 같은 화합물을 분리하였다. 곧이어 Sankyo 회사에서는 *Monascus ruber* 곰팡이로부터, Merck Sharpe & Dohme 회사에서는 *Aspergillus terreus* 곰팡이로부터 lovastatin이라 불리는 두 번째의 활성이 더 강한 화합물이 분리되었다. 두 개의 곰팡이 대사 산물은 모두 LDL의 혈장 농도를 낮추는데 대단히 효과적이다. 각각의 활성 형태는 δ-락톤의 가수분해에 의해 생성된 5-하이드록시카복실산이다.

곧이어 Merck 회사는 1980년대 후반에 시장에 출시되어 혈장 콜레스테롤 수치를 조절하는데 여전히 세계적으로 사용되는 simvastatin (Zocor)의 합성법을 개발하였다. 이들 의약품과 현재 사용되는 여러 가지 변형 합성 의약품들은 효소의 촉매 작용을 막아주는 효소-억제제 착물을 형성함으로써 HMG-CoA 환원 효소를 방해하는데 현재 이용되고 있다. 이러한 효과는 각 의약품의 3,5-다이하이드록시카복실산 부분이 HMG-CoA가 처음에 환원될 때 생성되는 헤미싸이오아세탈(hemithioacetal) 중간체와 유사하여 효소에 단단하게 결합되기 때문인 것으로 추론된다.

체계적인 연구로 효능을 갖는 의약품의 각 부분의 중요성을 알게 되었다. 예를 들어, 3-OH기, 5-OH기와 같이 카복시화 음이온(—COO^-)도 필수적인 것으로 나타났다. 5번 탄소와 2개의 접합된 육원자 고리 사이에 —CH_2—CH_2— 이외의 다른 연결 단위를 삽입하면 육원자 고리와 치환 형태를 변형하는 것과 마찬가지로 효력이 감소된다.

—δ-락톤의 가수분해→

$R_1 = R_2 = H$, mevastatin
$R_1 = H$, $R_2 = CH_3$, lovastatin (Mevacor)
$R_1 = R_2 = CH_3$, simvastatin (Zocor)

각 의약품의 활성 형태

- 아세틸-CoA의 싸이오에스터기의 가수분해는 알돌 반응과 짝지어진다.
- 카복시기는 혈액 혈장과 많은 세포질 용액의 pH와 유사한 pH 7.4에서 이온화하는 것으로 보인다.

3-Hydroxy-3-methylglutaryl-CoA의 싸이오에스터기가 NADPH (NADH의 인산화된 형태)에 의한 효소-촉매 환원 반응으로 1차 알코올로 환원되어 아래에서 음이온 형태로 나타낸 mevalonic acid를 생성한다.

3-hydroxy-3-methyl-glutaryl-CoA 환원 효소
2 NADPH → 2 $NADP^+$

(S)-3-Hydroxy-3-methylglutaryl-CoA → **(R)-Mevalonate**

이러한 환원 반응에서 카이랄 중심에서의 배열의 변화 때문이 아니라 환원 반응의 결과로 우선순위 2와 3이 바뀌기 때문에, 배열 표시가 *S*에서 *R*로 변한다는 것을 주목하라.

효소-촉매화 이동에 의하여 인산기가 adenosine triphosphate (ATP)로부터 mevalonate의 3-하이드록시기로 옮겨져 3번 탄소 위치에 인산 에스터를 생성한다. 효소-촉매화 이동에 의하여 pyrophosphate기가 두 번째 ATP 분자로부터 이동하여 5번 탄소 위치에서 pyrophophoric ester를 생성한다. 이 분자로부터 효소-촉매화 β-제거 반응이 일어나면 둘 다 좋은 이탈기인 CO_2와 PO_4^{3-}가 떨어져 나가게 된다.

인산 에스터 / Pyrophophoric ester

(R)-3-Phospho-5-pyrophosphomevalonate —β-제거 반응→ **Isopentyl pyrophosphate** + CO_2 + PO_4^{3-}

Isopentenyl pyrophosphate는 터펜(terpene)이 나누어질 수 있는 단위인 isoprene 탄소 골격을 갖고 있다(5.4절). 실제로 이 화합물은 콜레스테롤과 스테로이드 호르몬뿐만 아니라 터펜 합성에서 핵심 중간체이다. 26.4B절에 있는 isopentenyl pyrophosphate의 화학을 다시 한 번 살펴보고, 이 화합물이 콜레스테롤과 터펜으로 전환되는 것을 논의해 보자.

Isopentenyl pyrophosphate → 콜레스테롤 → 스테로이드 호르몬, 담즙산; → 터펜

19.5 엔아민

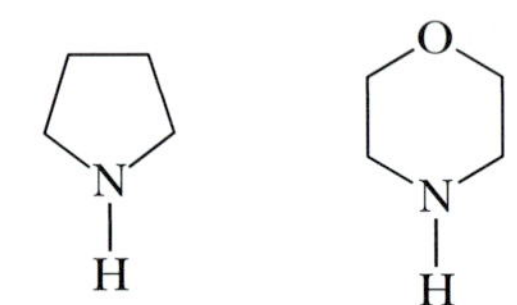

Pyrrolidine **Morpholine**

그림 19.1 ▸ 엔아민 생성에 사용되는 2차 아민.

엔아민(Enamine)은 알데하이드 또는 케톤(16.8A절)과 2차 아민과의 반응에 의하여 생성된다(16.8A절). 엔아민을 합성하기 위하여 가장 흔하게 사용되는 2차 아민은 pyrrolidine과 morpholine (그림 19.1)이다.

예제 19.7 ▸ **엔아민의 반응**

다음의 반응으로 생성되는 아미노알코올과 엔아민의 구조식을 그려라.

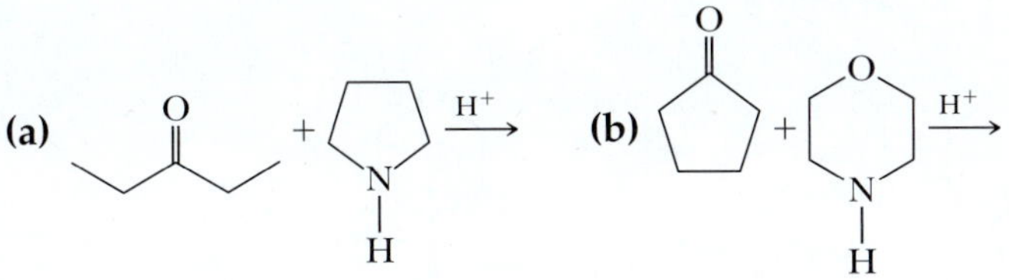

(a) 3-펜탄온 + 피롤리딘 $\xrightarrow{H^+}$ (b) 사이클로펜탄온 + 모르폴린 $\xrightarrow{H^+}$

➥ 해답

(a) 아미노알코올 $\xrightarrow{H^+}$ 엔아민 $+ H_2O$

(b) 아미노알코올 $\xrightarrow{H^+}$ 엔아민 $+ H_2O$

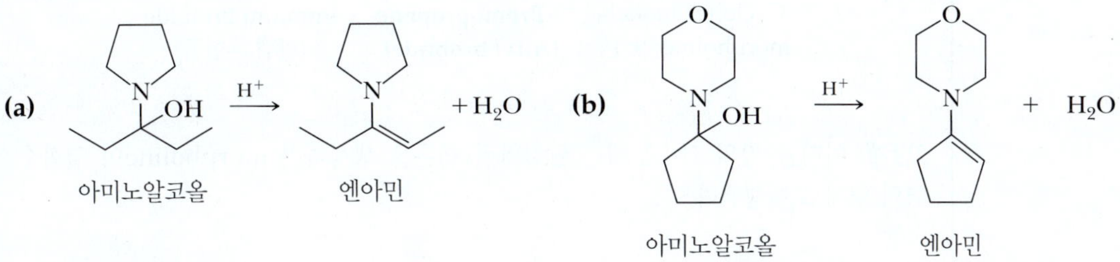

연습 문제 19.7

다음은 두가지 엔아민의 구조식이다.

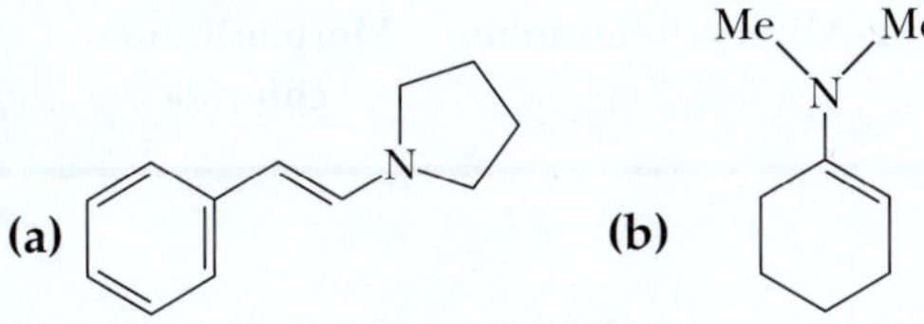

(a) (b) Me, Me, N

각각의 엔아민이 유도되는 2차 아민과 카보닐 화합물에 대한 구조식을 그려라.

유기 합성 화학에서 엔아민의 특별한 가치는 엔아민의 β-탄소가 탄소-탄소 이중 결합과 질소 전자쌍과의 콘쥬게이션 효과에 의해 친핵체 역할을 한다는 사실이다. 엔아민은 반응에서 엔올 및 엔올 음이온과 유사한 역할을 한다.

알데하이드와 케톤의 α-탄소에서의 알킬화 반응과 아실화 반응에서 합성 중간체로서 엔아민을 사용하는 것은 Columbia 대학의 Gilbert Stork에 의해서 개척되었다. 엔아민을 사용하는 이러한 반응을 Stork 엔아민 반응이라 부른다.

A 엔아민의 알킬화 반응

엔아민은 메틸 할로젠화물과 1차 알킬 할로젠화물, α-할로케톤, α-할로에스터와 S_N2 반응을 쉽게 일으킨다. 이러한 반응에서 엔아민은 덜 염기성이어서 제거 반응 생성물보다는 치환 반응 생성물의 비율이 높기 때문에 엔올 음이온보다 더 효과적이다. 더구나 엔아민은 또한 엔올 음이온보다 탄소에서의 알킬화 반응을 더 잘 일으킨다.

MECHANISM 엔아민의 알킬화 반응

1단계: **친핵체와 친전자체 사이에 새로운 결합 생성.** 엔아민을 1 당량의 알킬화 시약으로 처리하면 이미늄 할로젠화물이 생성된다.

Cyclohexanone의 morpholine 엔아민 + **3-Bromopropene (Allyl bromide)** $\xrightarrow{S_N2}$ Iminium bromide (라셈 혼합물)

2단계: 이미늄 염의 가수분해는 알킬화된 케톤을 생성하며 morpholine이 염화수소 염의 형태로 재생된다.

(라셈 혼합물) + HCl/H_2O ⟶ **2-Allylcyclohexanone** (라셈 혼합물) + **Morpholinium chloride**

예제 19.8 ▸ 엔아민 사용하기

엔아민을 사용하여 다음 합성을 어떻게 일으킬 수 있는지 나타내어라.

(라셈 혼합물)

➥ 해답

케톤을 morpholine이나 pyrrolidine으로 처리함으로써 엔아민을 합성하라. 중간체인 아미노알코올은 두 가지 방향으로 탈수 반응을 일으킬 수 있다. 방향족 고리와 엔아민의 탄소-탄소 이중 결합의 콘쥬게이션에 의해 얻어지는 안정화 때문에 아래에 나타낸 방향이 선호된다. 엔아민을 ethyl 2-chloroacetate로 처리하여 얻어진 이미늄 염화물을 염산 수용액에서 가수분해시키면 생성물이 얻어진다.

morpholine, H^+ / $-H_2O$ ⟶ 1. Cl⌄COOEt 2. HCl, H_2O ⟶ 생성물

연습 문제 19.8

HCl 수용액에서 아래의 이미늄 염화물의 가수분해 반응에 대한 메커니즘을 써라.

(라셈 혼합물) + HCl/H_2O ⟶ (라셈 혼합물) + Cl^-

B 엔아민의 아실화 반응

엔아민을 산 염화물과 산 무수물로 처리하면 아실화 반응이 일어난다. 이 반응은 cyclohexanone이 pyrrolidine enamine을 거쳐 2-acetylcyclohexanone으로 전환되는 반응에서 나타난 바와 같이 친핵성 아실 치환 반응이다.

Cyclohexanone의 pyrrolidine 엔아민 + **Acetyl chloride** (CH_3CCl) ⟶ Iminium chloride (라셈 혼합물) $\xrightarrow{HCl/H_2O}$ **2-Acetylcyclohexanone** (라셈 혼합물) + Cl^-

그러므로 중간체로서 엔아민을 사용하여 알데하이드나 케톤의 α-탄소에 아실기를 붙일 수 있다. 아실기를 유기 분자에 도입하는 과정을 **아실화 반응**(acylation)이라고 부른다.

아실화 반응
아실기(RCO— 또는 ArCO—)를 유기 분자에 도입하는 과정.

예제 19.9 ▸ 엔아민 사용하기

엔아민을 사용하여 다음 합성을 어떻게 일으킬 수 있는지 나타내어라.

(라셈 혼합물)

➥ 해답

Cyclohexanone을 pyrrolidine으로 처리하면 엔아민이 생성된다. 엔아민을 hexanoyl chloride로 처리한 후 HCl 수용액에서 가수분해하면 원하는 β-다이케톤이 얻어진다.

1. pyrrolidine, H^+; 2. hexanoyl chloride; 3. H_2O, HCl

(라셈 혼합물)

연습 문제 19.9

엔아민의 알킬화 반응 또는 아실화 반응을 사용하여 acetophenone이 다음 화합물로 어떻게 전환될 수 있는지 나타내어라.

(a) (b) (c)

C 역합성 분석

엔아민은 알킬화 반응과 아실화 반응을 둘 다 일으킬 수 있음을 배웠다. 엔아민 알킬화 반응에 의해 생성되는 특징적인 작용기는 S_N2 반응(메틸 할로젠화물, 일차 알킬 할로젠화물, 이차 알킬 할로젠화물도 가능, 그러나 삼차 할로젠화물은 아님)으로부터 유도될 수 있는 치환기가 있는 α-탄소를 갖는 카보닐 화합물이다. 엔아민 아실화 반응에 의해 생성되는 특징적인 작용기는 β-다이카보닐(알데하이드 또는 케톤)이다. 그러므로 역합성 분석에서, 원하는 알킬화 반응 생성물은 α-수소를 가진 카보닐 반응물, 이차 아민(일반적으로 pyrrolidine), 이탈기(Lv)와 결합된 새로운 R기로부터 유도될 수 있다. 원하는 아실화 반응 생성물은 α-수소를 가진 카보닐 반응물, 이차 아민(또 다시 일반적으로 pyrrolidine), 적당한 산 염화물로부터 유도될 수 있다.

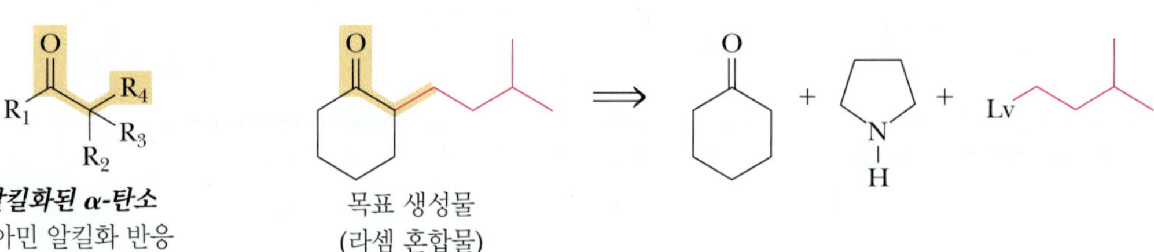

알킬화된 α-탄소
엔아민 알킬화 반응
생성물 인지 요소

R_1~R_3 = 알킬기, 아릴기, H 원자
R_4 = 메틸, 일차 알킬기 또는
이차 알킬기도 가능

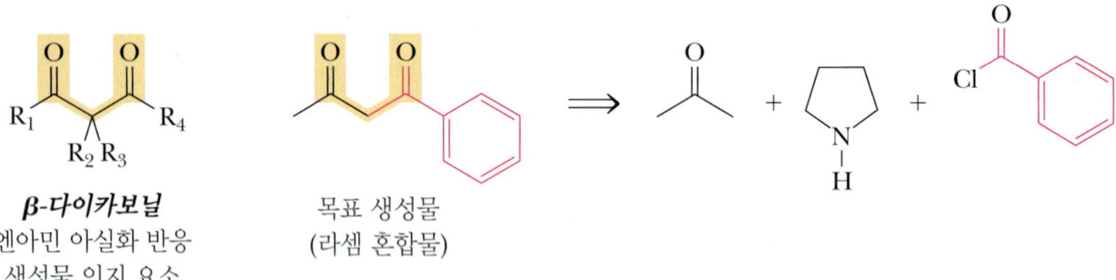

β-다이카보닐
엔아민 아실화 반응
생성물 인지 요소

R_1~R_4 = 알킬기, 아릴기 또는 H 원자

19.6 아세토아세트산 에스터 합성

아세토아세트산 에스터 및 다른 β-케토에스터는 다음과 같은 이유로 새로운 탄소-탄소 결합의 형성을 위한 다목적 출발 물질이다.

1. 두 카보닐기 사이에 있는 α-수소의 산도(pK_a 10~11).
2. α-수소 제거에 의해 생성되는 엔올 음이온의 친핵성도.
3. 에스터의 가수분해 후에 카복시이탈 반응을 일으키는 생성물의 능력.

아세토아세트산 에스터 합성(Acetoacetic acid synthesis)은 다음과 같은 형태의 단일 치환 및 이중 치환 acetone의 합성에 유용하다.

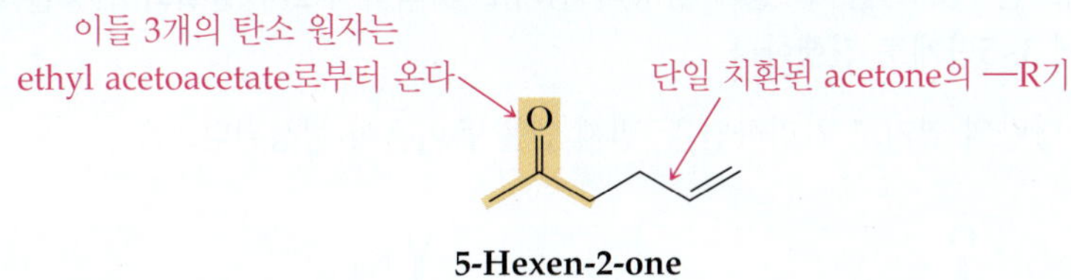

우리는 이러한 합성에서 개별적인 단계들의 화학을 이미 보았지만, 이 단계들을 연속적으로 종합하여 함께 보지는 않았다. 5-Hexen-2-one을 목표 분자로 선택하여 아세토아세트산 에스터 합성을 설명해 보자. 색으로 나타낸 세 개의 탄소 원자는 ethyl acetoacetate에 의해 제공된다. 나머지 세 개의 탄소 원자는 치환된 acetone의 —R기를 나타낸다.

이들 3개의 탄소 원자는 ethyl acetoacetate로부터 온다

단일 치환된 acetone의 —R기

5-Hexen-2-one

A 5단계 연속 반응

1. Ethyl acetoacetate (pK_a 10.7)의 메틸렌 수소는 ethanol(pK_a 15.9)의 하이드록시기보다 상당히 더 산성이다. 그러므로 ethyl acetoacetate는 sodium ethoxide나 다른 알칼리 금속 알콕사이드에 의해 음이온으로 완전히 전환된다.

COOEt + EtO^-Na^+ ⟶ Na^+ COOEt + EtOH

Ethyl acetoacetate	**Sodium ethoxide**	Ethyl acetoacetate	**Ethanol**
pK_a 10.7	(더 센염기)	의 소듐 염	pK_a 15.9
(더 센산)		(더 약한 염기)	(더 약한 산)

2. Ethyl acetoacetate의 엔올 음이온은 친핵체이며, 메틸 할로젠화물, 일차 알킬 할로젠화물, α-할로케톤 및 α-할로에스터와 S_N2 경로로 반응한다. 이차 알킬 할로젠화물은 수득률이 낮으며, 삼차 알킬 할로젠화물은 오로지 E2 제거 반응만 일으킨다. 다음 예에서 ethyl acetoacetate의 음이온은 allyl bromide와 반응하여 알킬화된다.

Na^+ COOEt + :Br: $\xrightarrow{S_N2}$ COOEt + NaBr

3-Bromopropene
(Allyl bromide)

(라셈 혼합물)

3,4. NaOH 수용액에서 알킬화된 아세토아세트산 에스터를 가수분해한 후, HCl 수용액으로 산성화하면(18.4C절) β-케토산이 생성된다.

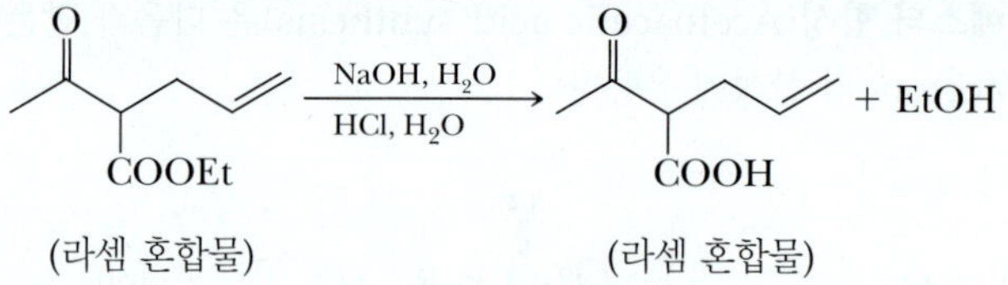
NaOH, H2O
HCl, H2O
COOEt
COOH
+ EtOH
(라셈 혼합물)
(라셈 혼합물)

5. β-케토산을 가열하면 카복시이탈 반응(17.9A절)이 일어나서 5-hexen-2-one이 생성된다.

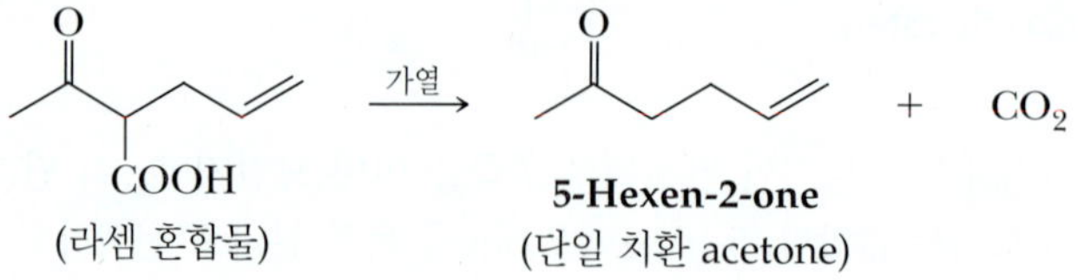
가열
COOH
+ CO2
(라셈 혼합물)
5-Hexen-2-one
(단일 치환 acetone)

이중 치환 acetone은 2단계 후에 다음의 순서가 끼어들어 제조된다. 즉, 단일 치환된 아세토아세트산 에스터를 두 번째 당량의 염기로 처리하여 2차 알킬화 반응을 일으키고, 그 다음에 3~5단계로 진행한다.

1′. 두 번째 당량의 염기로 처리하면 두 번째 엔올 음이온이 형성된다.

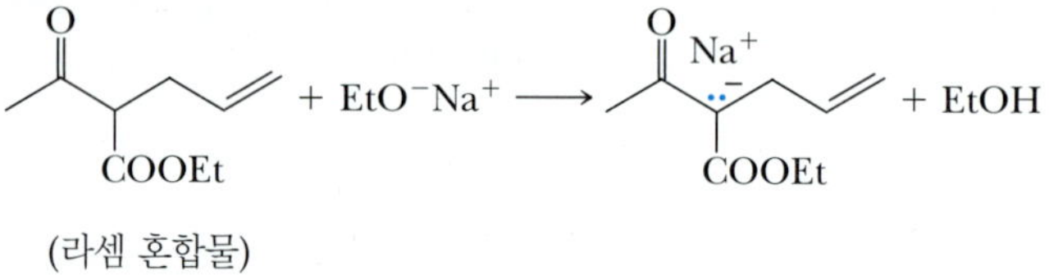
+ EtO−Na+
Na+
+ EtOH
COOEt
COOEt
(라셈 혼합물)

2′. 이 엔올 음이온을 알킬 할로젠화물로 처리하면 두 번째 알킬화가 일어난다. 이 알킬 할로젠화물은 입체적 고려에 기인하여 메틸 할로젠화물이나 일차 알킬 할로젠화물이어야 가장 좋은 수득률이 얻어진다.

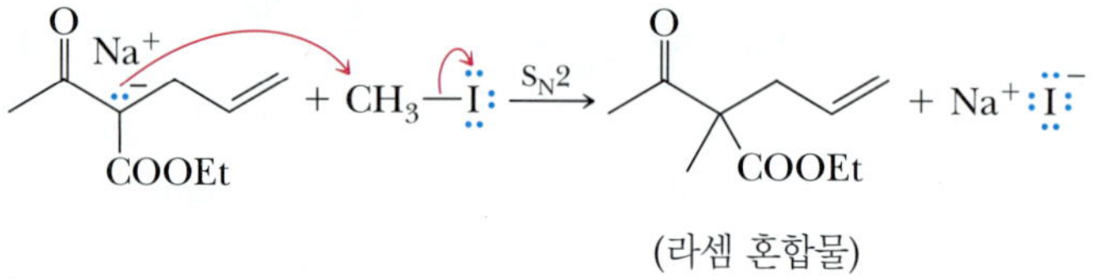
Na+
+ CH3—I
SN2
+ Na+ :I:−
COOEt
COOEt
(라셈 혼합물)

3′, 4′, 5′. 염기 수용액에서 에스터를 가수분해하고, 산성화한 후 가열하면 케톤이 생성된다.

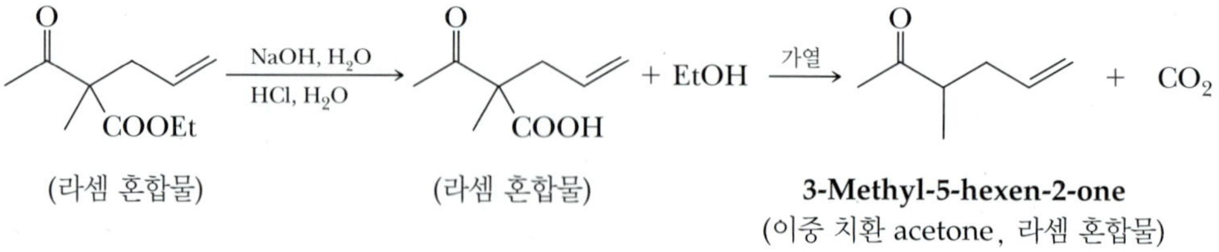
NaOH, H2O
HCl, H2O
+ EtOH
가열
+ CO2
COOEt
COOH
(라셈 혼합물)
(라셈 혼합물)
3-Methyl-5-hexen-2-one
(이중 치환 acetone, 라셈 혼합물)

B 역합성 분석

아세토아세트산 에스터의 합성에 사용된 5단계 과정은 일반적으로 S_N2 치환 반응에서 유도되는 메틸, 1차 혹은 2차 알킬기 등의 하나 혹은 두 개의 치환기를 갖는 α-탄소를 가진 카보닐 화합물을 생성한다. 이것은 복잡한 케톤을 합성하는 편리하고 다양한 방법이다. 역합성 분석을 이용하여 β-케토에스터와 알킬화 시약(R-Lv)으로부터 원하는 복잡한 케톤을 합성할 수 있다. Ethyl acetoacetate 이외의 다른 β-케토에스터들도 사용될 수 있음을 유의하라.

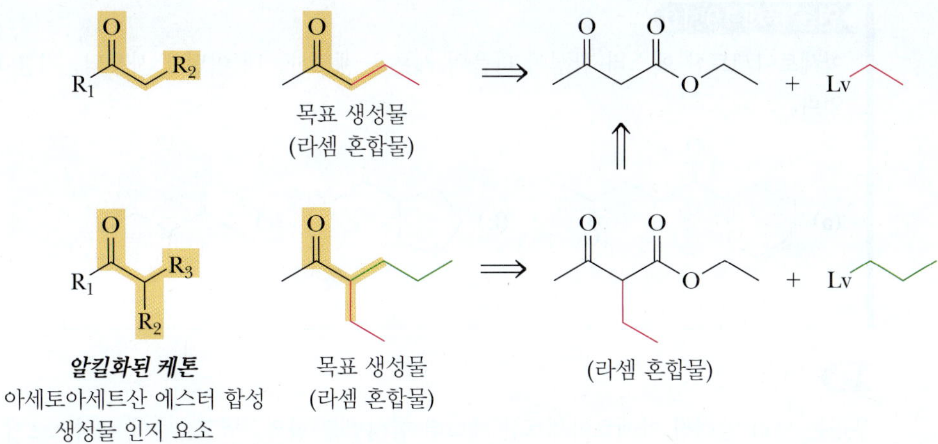

R_1 = 알킬기, 아릴기, H 원자
R_2, R_3 = 메틸, 일차 또는 이차 알킬기

예제 19.10 ▸ 아세토아세트산 에스터 합성

아세토아세트산 에스터 합성이 다음의 케톤을 제조하는데 어떻게 사용되는지를 나타내어라.

O, Ph

4-Phenyl-2-butanone

➥ 해답

먼저 ethyl acetoacetate로부터 시작되는 생성물의 세 개의 탄소가 어느 것인지를 결정한다. 그리고 카복시이탈 반응에서 —COOH를 잃어버리는 탄소 사슬의 위치를 확인하고, 그리고 마지막으로 알킬화 단계에서 형성되는 결합을 확인한다. 이러한 분석에 근거하여 출발 물질은 ethyl acetoacetate와 benzyl halide임을 결정한다.

아세토아세트산 에스터에서 온 탄소

알킬화에 의해 이 결합이 형성

O, Ph ⟹ O, Ph, COOH ⟹ O, −, COOEt + Br, Ph

카복시이탈에 의해 이 탄소를 잃음

Ethyl acetoacetate 엔올 음이온   **Benzyl bromide**

이제 원하는 케톤을 제조하기 위하여 다음과 같은 방법으로 시약을 조합한다.

O O, OEt $\xrightarrow[\text{2. PhCH}_2\text{Br}]{\text{1. EtO}^-\text{Na}^+}$ O O, OEt, Ph (라셈 혼합물) $\xrightarrow[\text{4. HCl, H}_2\text{O}]{\text{3. NaOH, H}_2\text{O}}$ O O, OH, Ph (라셈 혼합물) $\xrightarrow{\text{5. 가열}}$ O, Ph + CO_2

4-Phenyl-2-butanone

연습 문제 19.10

아세토아세트산 에스터 합성이 다음의 케톤을 제조하는데 어떻게 사용되는지를 나타내어라.

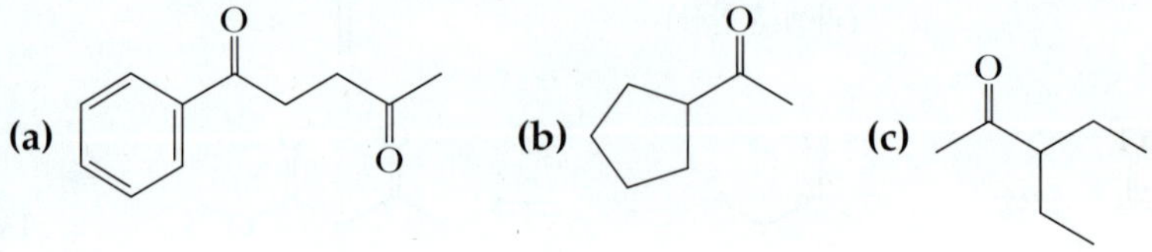

(a) (b) (c)

C 변형

우리는 널리 알려진 아세토아세트산 에스터 합성법을 설명하였고, 출발 시약으로서 ethyl acetoacetate를 사용하는 방법을 나타내었다. 이와 동일한 합성 전략은 어떠한 β-케토에스터에도 적용할 수 있는데, 예를 들어 이 전략은 Claisen 축합 반응(19.3A절)과 Dieckmann 축합 반응(19.3B절)에도 유용하다. 다음은 (1) 엔올 음이온의 형성, (2) 알킬화 반응 또는 아실화 반응, (3) 가수분해에 이어서, (4) 산성화, 마지막 단계로 (5) ethyl acetoacetate에서 보여 주었던 카복시이탈 반응을 일으킬 수 있는 Claisen 축합 반응과 Dieckmann 축합 반응으로부터 유용한 두 가지 β-케토에스터의 구조식이다.

OEt OEt

Ethyl 2- oxocyclopentanecarboxylate (라셈 혼합물)

Ethyl 2-methyl-3-oxopentanoate (라셈 혼합물)

예제 19.11 ▸ 아세토아세트산 에스터 합성의 변형

Ethyl 2-oxocyclopentanecarboxylate의 라셈 혼합물을 2-allylcyclopentanone의 라셈 혼합물로 어떻게 전환되는지를 나타내어라.

➥ 해답

이러한 β-케토에스터를 1 당량의 sodium ethoxide로 처리하면 음이온을 생성하고 이어서 1 당량의 allyl halide와 음이온의 알킬화 반응이 일어난다. 연속하여 염기성 수용액에서 에스터를 가수분해하고, 산성화한 후 가열하여 카복시이탈에 의해 원하는 생성물이 얻어진다.

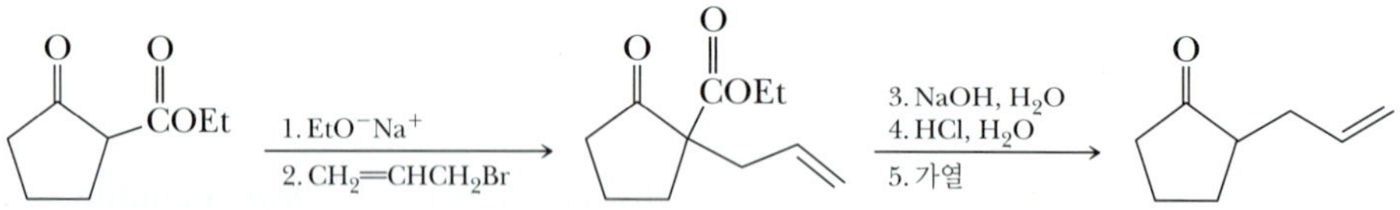

COEt —1. EtO^-Na^+ / 2. $CH_2{=}CHCH_2Br$→ COEt —3. NaOH, H_2O / 4. HCl, H_2O / 5. 가열→

Ethyl 2-oxocyclopentanecarboxylate (라셈 혼합물)

2-Allylcyclopentanone (라셈 혼합물)

연습 문제 19.11

Ethyl 2-oxocyclopentanecarboxylate의 라셈 혼합물이 어떻게 다음의 화합물로 전환되는지를 나타내어라.

COOH

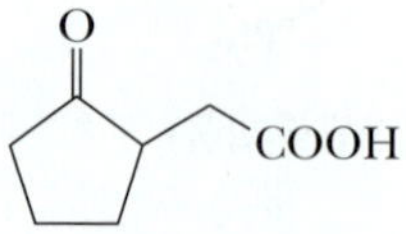

(라셈 혼합물)

19.7 말론산 에스터 합성

새로운 탄소-탄소 결합 형성을 위한 다양한 출발 물질인 말론산 에스터와 β-다이에스터를 제조하는 요인들은 이미 아세토아세트산 에스터의 합성에서 살펴본 바와 동일하다. 즉,

1. 두 카보닐기 사이의 α-수소의 산도(pK_a 13~14).
2. α-수소의 이탈로 생기는 엔올 음이온의 친핵성도.
3. 에스터의 가수분해 후 카복시이탈할 수 있는 에스터의 능력이다.

말론산 에스터 합성(Malonic ester synthesis)은 다음 형태의 일치환 및 이치환된 acetic acid를 제조하는데 유용하다.

$$EtOC(=O)CH_2C(=O)OEt \longrightarrow RCH_2C(=O)OH \text{ (일치환 acetic acid)}, \quad RCH(R)C(=O)OH \text{ (이치환 acetic acid)}$$

Diethyl malonate
(Malonic acid)

A 5단계 연속 반응

아세토아세트산 에스터 합성에서와 같이 우리는 이미 말론산 에스터 합성에서 중요한 화학을 접해 왔다. 목표 분자로서 5-methoxypentanoic acid을 선택하여 이러한 합성을 살펴보자. 색으로 나타낸 두 개의 탄소는 diethyl malonate에서 제공된 것이며, 나머지 세 개의 탄소와 메톡시기는 일치환된 acetic acid의 —R기를 나타낸다.

Diethyl malonate으로부터 두 개의 탄소

MeO～～C(=O)OH

5-Methoxypentanoic acid

1. Diethyl malonate의 α-수소(pK_a 13.3)는 ethanol의 수소(pK_a 15.9)보다 더 산성이다. 따라서 diethyl malonate는 sodium ethoxide나 다른 알칼리 금속 알콕사이드에 의해 음이온으로 완전히 전환된다.

$$CH_2(COOEt)_2 + EtO^-Na^+ \longrightarrow Na^+\,^-:CH(COOEt)_2 + EtOH$$

Diethyl malonate	Sodium ethoxide	Diethyl malonate의 소듐염	Ethanol
pK_a 13.3 (더 센산)	(더 센염기)	(더 약한 염기)	pK_a 15.9 (더 약한 산)

2. Diethyl malonate의 엔올 음이온은 친핵체이고 S_N2 경로에 의해 할로젠화 메틸, 할로젠화 일차 알킬, α-할로케톤, α-할로에스터 등과 반응한다. 다음은 diethyl malonate 음이온이 1-bromo-3-methoxypropane으로 알킬화된 예이다.

$$MeO(CH_2)_3Br + Na^+\,^-:CH(COOEt)_2 \xrightarrow{S_N2} MeO(CH_2)_3CH(COOEt)_2 + Na^+Br^-$$

3, 4. NaOH 수용액에서 알킬화된 말론산 에스터를 가수분해한 후 HCl 수용액으로 산성화 하면 β-다이카복실산이 생성된다.

MeO∼∼CH(COOEt)(COOEt) $\xrightarrow[\text{HCl, } H_2O]{\text{NaOH, } H_2O}$ MeO∼∼CH(COOH)(COOH) + 2 EtOH

5. 녹는점보다 약간 높게 β-다이카복실산을 가열하면 카복시이탈 반응이 일어나 5-methoxypentanoic acid가 생성된다.

MeO∼∼CH(COOH)(COOH) $\xrightarrow{\text{가열}}$ MeO∼∼∼COOH + CO_2

5-Methoxypentanoic acid

이치환 acetic acid는 2단계 이후 이러한 일련의 과정을 거쳐서 제조된다. 즉, 일치환된 diethyl malonate를 두 번째 당량의 염기로 처리하여 2차 알킬화 반응을 일으키고, 그리고 나서 3~5단계 반응을 거쳐 제조된다.

B 역합성 분석

Malonic acid 합성에 의해 생성되는 특징적인 작용기는 하나 혹은 두 개의 메틸기, 일차 혹은 2차 알킬기를 갖고 α-탄소가 있는 카복실산이다. 역합성 분석을 이용하여 malonic acid의 다이에스터에서 원하는 카복실산 및 S_N2 반응을 일으킬 수 있는 이탈기를 가진 하나 혹은 두 개의 적당한 메틸, 1차 혹은 2차 알킬기를 유도한다.

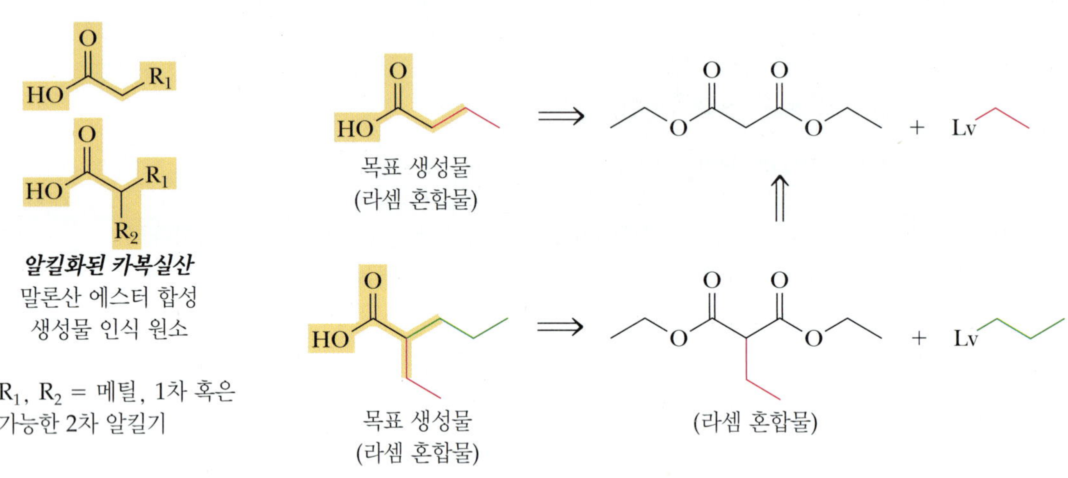

예제 19.12 ▸ 말론산 에스터 합성

3-Phenylpropanoic acid을 제조하는데 말론산 에스터 합성이 어떻게 사용될 수 있는지 나타내어라.

➡ 해답

생성물의 어느 탄소 두 개가 diethyl malonate로부터 온 것인지를 결정하고, 카복시이탈 반응에서 —OOH를 잃어버린 탄소 사슬의 위치와 알킬화 단계에서 형성된 결합을 결정한다. 이러한 분석에 기초하여 출발 물질은 diethyl malonate와 benzyl halide로 결정한다.

말론산 에스터에서 온 두 개의 탄소

이 결합은 알킬화에 의해 생성

이 탄소는 카복시 이탈에 의해 잃음

Ph⌒COOH ⟹ Ph⌒CH(COOH)COOH ⟹ Ph⌒Br + Na^+ $^-$CH(COOEt)COOEt

Benzyl bromide Diethyl malonate의 엔올 음이온

이제 원하는 생성물을 얻기 위하여 다음의 시약들을 조합한다.

$$\text{CH}_2(\text{COOEt})_2 \xrightarrow[\text{2. PhCH}_2\text{Br}]{\text{1. EtO}^-\text{Na}^+} \text{PhCH}_2\text{CH(COOEt)}_2 \xrightarrow[\text{4. HCl, H}_2\text{O}]{\text{3. NaOH, H}_2\text{O}} \text{PhCH}_2\text{CH(COOH)}_2 \xrightarrow{\text{5. 가열}} \text{PhCH}_2\text{CH}_2\text{COOH} + \text{CO}_2$$

3-Phenylpropanoic acid

연습 문제 19.12

다음 치환된 acetic acid를 합성하기 위하여 말론산 에스터가 어떻게 사용되는지를 나타내어라.

(a) $C_6H_5COCH_2CH_2COOH$ (b) $(CH_3CH_2)_2CHCOOH$ (c) cyclopentyl–COOH

19.8 α,β-불포화 카보닐 화합물에 대한 콘쥬게이션 첨가 반응

지금까지는 새로운 탄소-탄소 결합을 형성하기 위해 매우 다양한 탄소 친핵체를 사용하였다.

1. 말단 알카인의 음이온(7.5절)과 사이아나이드 이온
2. 유기마그네슘(Grignard) 시약, 유기리튬 시약, 리튬 이유기구리(Gilman) 시약
3. 알데하이드나 케톤(알돌 반응), 에스터(Claisen과 Dieckmann 축합 반응), β-다이에스터(말론산 에스터 합성), β-케토에스터(아세토아세트산 에스터 합성)로부터 유도된 엔올 음이온.
4. 엔아민(합성에서 엔올 음이온과 동등함)

이러한 종류의 시약들은 두 가지 합성 전략에 의하여 새로운 탄소 탄소 결합을 형성하기 위해 사용되어 왔다. (1) S_N2 반응에서 탄소 친핵체에 의한 치환 반응, (2) 카보닐 탄소에 탄소 친핵체의 첨가 반응.

콘쥬게이션 첨가(Conjugate addition)는 잘 알려진 바와 같이 제3의 합성 전략이다. 즉, 탄소 친핵체가 카보닐이나 다른 전자 끄는 기로 콘쥬게이션된 친전자성의 탄소-탄소 이중 결합이나 삼중 결합에 첨가를 일으킨다. 이 절에서 친전자성 이중 결합에 대한 두 가지 콘쥬게이션 첨가 반응을 공부하자. 즉, 엔올 음이온의 첨가 반응(Michael 반응)과 리튬 이유기구리(Gilman) 시약의 첨가 반응이다.

콘쥬게이션 첨가
α,β-불포화 카보닐 화합물의 β-탄소에 대한 친핵체의 첨가.

A 엔올 음이온의 Michael 첨가 반응

α,β-불포화 카보닐 화합물에 엔올 음이온의 첨가는 1887년 미국의 화학자 Arthur Michael에 의해서 처음 보고되었다. 다음은 **Michael 반응**(Michael reaction)의 두 가지 예이다. 첫 번째 예에서 콘쥬게이션 계에 첨가하는 친핵체는 diethyl malonate의 엔올 음이온이다. 두 번째 예에서 친핵체는 ethyl acetoacetate의 엔올 음이온이다.

EtOOC–CH₂–COOEt + 3-Buten-2-one $\xrightarrow[\text{EtOH}]{\text{EtO}^-\text{Na}^+}$ EtOOC–CH(COOEt)–CH₂CH₂C(=O)CH₃

Diethyl propanedioate (Diethyl malonate) **3-Buten-2-one (Methyl vinyl ketone)**

Ethyl acetoacetate + 2-Cyclohexenenone $\xrightarrow[\text{EtOH}]{\text{EtO}^-\text{Na}^+}$ COOEt

Ethyl 3-oxobutanoate (Ethyl acetoacetate) **2-Cyclohexenenone** (4개의 입체 이성질체가 가능하다. 라셈 혼합물)

여러분들은 친핵체가 보통의 π 결합에는 첨가하지 않는다는 것을 기억하고 있을 것이다. π 결합은 친핵체에 의하여 공격받는 것이 아니라 친전자체에 의하여 공격받는다(6.3절). Michael 반응에서 탄소-탄소 이중 결합이 친핵성 공격을 받기 위해 활성화되려면 인접한 카보닐기가 존재해야 한다. α,β-불포화 카보닐 화합물에서 하나의 중요한 공명 구조는 이중 결합의 끝(이 경우에는 β-탄소)에 양전하가 발달되어 있어 카보닐의 반응성을 닮고 있다. 그러므로 친핵체는 이러한 형태의 이중 결합에 첨가를 일으킬 수 있고 이러한 이유 때문에 '활성화(activated)'되었다고 말한다.

α,β-불포화 카보닐의 elpot.

β, α ⟷ β, α, + ⟷ β+, α

α,β-불포화 알데하이드나 케톤에서 대부분의 부분 양전하(푸른색)는 카보닐 탄소에 존재하지만, β-탄소에도 중요한 양전하가 존재한다.

알돌, Claisen, Dieckmann 축합 반응에서 생성된 모든 화합물은 1,3 관계에 산소를 가지고 있음을 유의하라. 엔올 음이온을 이용한 Michael 반응의 생성물에서는 산소가 1,5 관계에 있다. 이러한 관계는 시약의 편극의 중요성 때문이다. 알돌, Claisen, Dieckmann 축합 반응에서 카보닐 탄소는 양전하를 띠며, α-위치는 음전하를 띤다.

알돌 반응: 주개 α-탄소, 받개 카보닐 탄소 → 새로운 결합 (1, 3)

Michael 반응에서 카보닐 탄소의 편극화된 양전하는 이중 결합에 의하여 두 개의 탄소에 걸쳐 분산된다.

Michael 반응 [reaction scheme: 주개 α-탄소 + 받개 β-탄소 → 새로운 결합 (1, 5)]

새로운 결합
주개 α-탄소
받개 β-탄소

Michael 반응은 α,β-불포화 카보닐 화합물뿐만 아니라 α,β-불포화 나이트릴, 나이트로 화합물과도 광범위하게 일어난다. Michael 반응에서 가장 흔하게 사용되는 친핵체의 형태는 표 19.1에 요약되어 있다. 가장 흔히 사용되는 염기는 금속 알콕사이드, pyridine, piperidine이다. 다른 친핵체 예를 들면 아민, 알코올, 물도 불포화 카보닐 화합물의 β-탄소에 유사한 첨가 반응을 일으킨다는 점을 아는 일이 매우 중요하다.

다음은 Michael 반응의 일반적인 메커니즘이다. 3단계에서 염기, B^-가 재생되는 점에 주목해야 하며, 생성물에 추가적인 산성 H 원자가 없다면 Michael 반응이 1 당량의 염기가 필요한 것이 아니라 단지 촉매량이 필요하다는 실험 사실과도 일치한다.

표 19.1 효과적인 Michael 반응을 위한 시약의 조합

이 형태의 α,β-불포화 화합물은 Michael 반응에서 친핵체 받개이다		이 형태의 화합물은 Michael 반응에서 효과적인 친핵체를 제공한다	
$CH_2{=}CHCH{=}O$ (CH₂=CHC(=O)H)	알데하이드	$CH_3C(=O)CH_2C(=O)CH_3$	β-다이케톤
$CH_2{=}CHC(=O)CH_3$	케톤	$CH_3C(=O)CH_2C(=O)OEt$	β-케토에스터
$CH_2{=}CHC(=O)OEt$	에스터	$CH_3C(=O)CH_2CN$	β-케토나이트릴
$CH_2{=}CHC(=O)NH_2$	아마이드	$EtOC(=O)CH_2C(=O)OEt$	β-다이에스터
$CH_2{=}CHC{\equiv}N$	나이트릴	$CH_3C(=CH_2)N$ (pyrrolidine)	엔아민
$CH_2{=}CHNO_2$	나이트로 화합물	NH_3, RNH_2, R_2NH	아민

MECHANISM **Michael 반응: 엔올 음이온의 콘쥬게이션 첨가**

1단계: **양성자 제거.** H—Nu를 염기로 처리하면 친핵체, $Nu:^-$가 생성된다.

$$Nu{-}H + :B^- \rightleftharpoons Nu:^- + H{-}B$$

염기

2단계: **친핵체와 친전자체 사이에 새로운 결합 생성.** Nu:⁻가 콘쥬게이션계의 β-탄소에 친핵성 첨가하면 공명 안정화된 엔올 음이온이 생성된다.

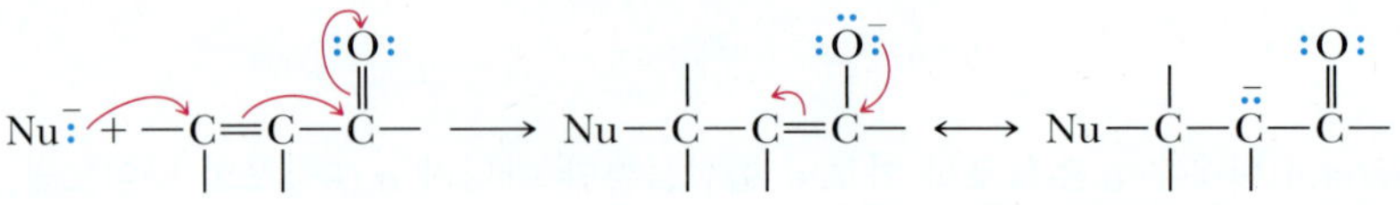

공명 안정화된 엔올 음이온

3단계: **양성자 첨가.** H—B로부터 양성자가 이동하여 엔올이 생성된다.

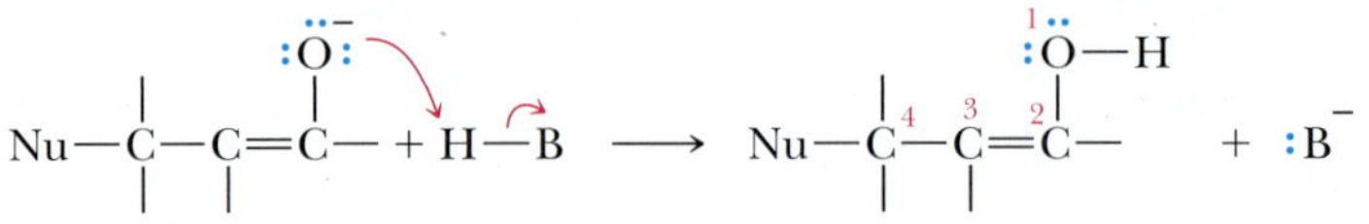

엔올
(1,4-첨가 반응의 생성물)

3단계에서 생성된 엔올은 α,β-불포화 카보닐 화합물의 콘쥬게이션계에서 1,4-첨가 반응에 해당한다. Michael 반응이 1,4- 혹은 콘쥬게이션 첨가 반응으로 분류되는 것은 이러한 중간체가 생성되기 때문이다.

4단계: **케토-엔올 토토머화.** 덜 안정한 엔올이 토토머화하여 더 안정한 케토 형태(16.9B절)로 전환된다.

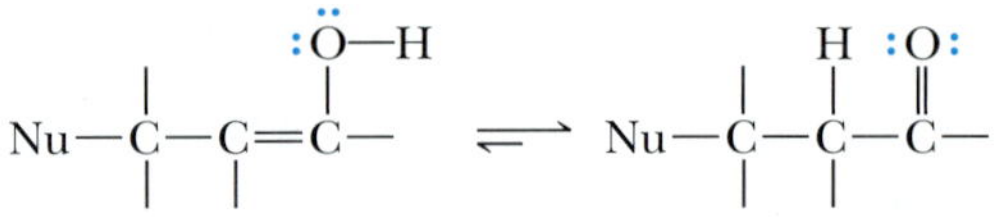

덜 안정한 엔올형 　　　 더 안정한 엔올형

예제 19.13 ▸ Michael 반응

다음의 각 반응물을 Michael 반응 조건 하에서 에탄올 용액 내 sodium ethoxide로 처리할 때 얻어지는 생성물의 구조식을 그려라.

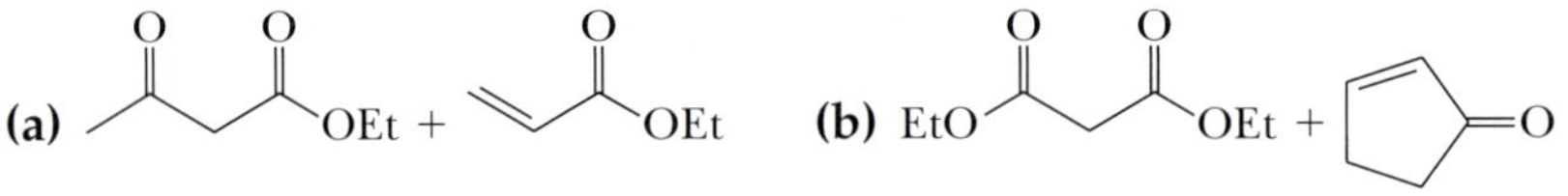

(a) 　　 OEt + 　　 OEt 　　 **(b)** EtO 　　 OEt + 　　 =O

➥ 해답

(a) 　　 OEt 　 COOEt 　　 **(b)** EtOOC 　 COOEt 　 =O

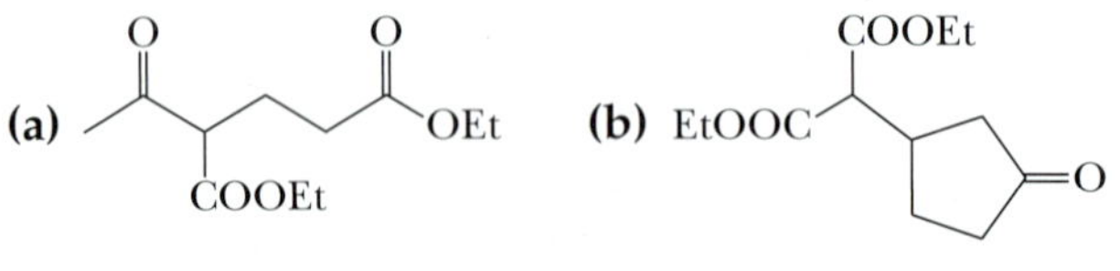

(라셈 혼합물) 　　 (라셈 혼합물)

연습 문제 19.13

예제 19.13의 해답에 있는 Michael 생성물을 (1) NaOH 수용액으로 가수분해, (2) 산성화, (3) 각각의 β-케토산 혹은 β-다이카복실산을 가열하여 카복시이탈한 후에 얻어지는 생성물의 구조를 나타내어라. 이러한 반응은 Michael 반응이 1,5-다이카보닐 화합물을 합성할 때 유용함을 나타낸다.

표 19.1에 나타난 바와 같이 엔아민은 Michael 반응을 일으킨다. 다음의 예는 cyclohexanone의 엔아민이 acrylonitrile, $CH_2{=}CHCN$에 첨가하는 Michael 반응이다.

1. $CH_2{=}CHCN$
2. H_2O, HCl

CN

+ Cl^-

H H

Cyclohexanone의 pyrrolidine 엔아민

(라셈 혼합물)

α,β-불포화 카보닐 화합물에 친핵체의 첨가 반응에 대한 마지막 설명이다. Michael 반응은 α,β-불포화 카보닐 화합물에 대한 1,4-첨가(콘쥬게이션 첨가) 반응의 예이다. 일반적으로 공명 안정화된 엔올 음이온과 엔아민은 약염기이며, 느리게 반응하여 1,4-첨가 생성물을 만든다. 반면에 유기리튬과 유기마그네슘 화합물은 센염기이며, 빠르게 반응하여 1,2-첨가 생성물을 만든다. 즉, 이 시약들은 카보닐 탄소에 직접 첨가하여 생성물을 만든다.

PhLi + → Ph O^-Li^+ $\xrightarrow[HCl]{H_2O}$ Ph OH

Phenyl-lithium **4-Methyl-3-penten-2-one** **4-Methyl-2-phenyl-3-penten-2-ol** (라셈 혼합물)

표 19.1에 나열한 친핵체들은 왜 1,2-첨가 반응보다는 1,4-첨가 반응에 의하여 콘쥬게이션된 카보닐 화합물과 반응하는가? 그 대답은 생성물이 얻어질 때 **속도론적 지배**(kinetic control) 및 **열역학적 지배**(thermodynamic control)와 관련이 있다. α,β-불포화 카보닐 화합물의 카보닐 탄소에 대한 친핵체의 1,2-첨가 반응은 콘쥬케이션 첨가 반응보다 빠르게 일어남을 보았다. 만약 1,2-첨가 반응이 비가역적으로 일어난다면, 그 생성물이 관찰된다. 그러나 1,2-첨가 반응이 가역적으로 일어난다면, 덜 안정하지만 빠르게 생성되는 1,2-첨가 반응 생성물과 더 안정하지만 느리게 생성되는 1,4-첨가 반응 생성물과의 사이에 평형이 성립된다. 이 장의 앞부분에서도 언급했듯이 탄소-산소 이중 결합은 탄소-탄소 이중 결합보다 더 강하다. 따라서 열역학적(평형) 지배 조건에서는 더 안정한 1,4-Michael 첨가 반응 생성물이 얻어진다.

속도론적 지배
혼합 생성물의 조성이 각 생성물의 상대적인 생성 속도에 의해 결정되는 실험 조건.

열역학적 지배
두 개 혹은 그 이상의 반응 생성물 사이에 평형이 이루어지도록 허용되는 실험 조건. 혼합 생성물의 조성이 생성물의 상대적인 안정성에 의해 결정된다.

$$\mathrm{Nu}:^- + \mathrm{C{=}C{-}C({=}O){-}} \xrightleftharpoons{\text{느림}} \mathrm{C{=}C{-}C(O^-)(Nu){-}} \xrightleftharpoons{ROH} \mathrm{C{=}C{-}C(OH)(Nu){-}} + RO^-$$

1,2-첨가
(덜 안정한 생성물)

$$\mathrm{Nu}:^- + \mathrm{C{=}C{-}C({=}O){-}} \xrightleftharpoons{\text{빠름}} \mathrm{Nu{-}C{-}C{=}C(O^-){-}} \xrightleftharpoons{ROH} \mathrm{Nu{-}C{-}C(H){-}C({=}O){-}} + RO^-$$

1,4-첨가
(더 안정한 생성물)

B 역합성 분석

α,β-불포화 카보닐과 표 19.1에 수록된 친핵체들과의 Michael 첨가 반응은 케톤, 나이트릴 및 δ-케톤을 가진 카복실산을 포함하는 다양한 구조를 생성한다. Michael 첨가 반응의 역합성 분석의 한 예로서 δ-다이케톤을 조사해 보자. 그러한 구조는 β-케토에스터와 α,β-불포화 카보닐로부터 유도될 수 있다. 생성물을 나누어 보면, α-탄소는 β-케토에스터로부터 유도되고, 반면에 β-와 γ-탄소는 Michael 받개인 알켄으로부터 온다는 것을 알게 된다. 이 예에서 에스터기는 연속되는 가수분해/카복시이탈에 의해 제거된다는 것에 유의하여라. 한편, α-탄소는 사실상 엔아민으로부터 유래하며 친핵성이고, 여기서 수소는 출발 케톤에서 이 위치에 존재한다. 하나의 경로 보다 더 많은 경로를 사용하여 복잡한 분자를 합성하는 화학자의 능력은 유기 합성을 흥미 있고 도전적인 학문으로 만들어 준다.

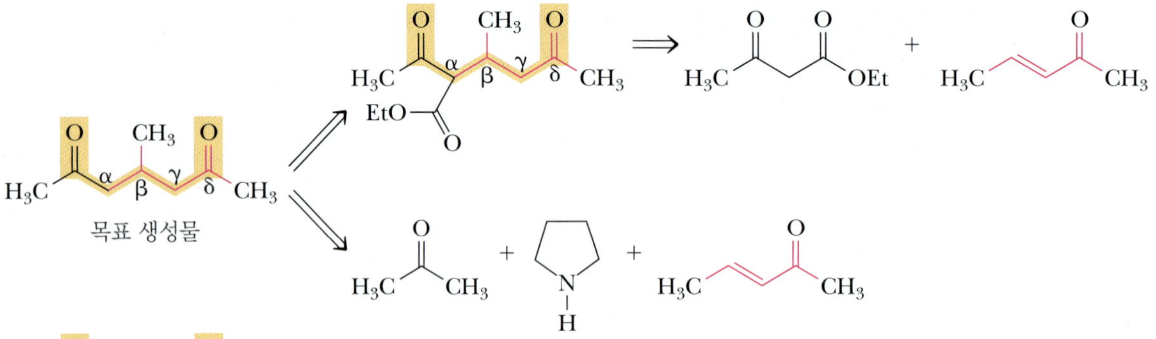

목표 생성물

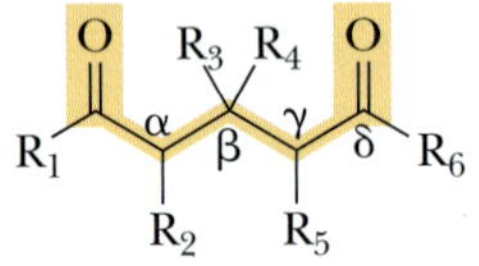

δ-다이케톤
Michael 첨가
생성물 인지 요소
R_1~R_6 = 알킬기, 아릴기 혹은 H 원자

예제 19.14 ▸ 역합성 분석

예제 19.13과 연습 문제 19.13(Michael 반응, 가수분해, 산성화, 가열에 의한 카복시이탈)의 일련의 반응들은 2,6-heptanedione을 제조하는데 어떻게 사용되는지를 나타내어라.

해답

다음의 역합성 분석에 나타낸 바와 같이 이 분자는 ethyl acetoacetate와 methyl vinyl ketone의 탄소 골격으로부터 만들어질 수 있다.

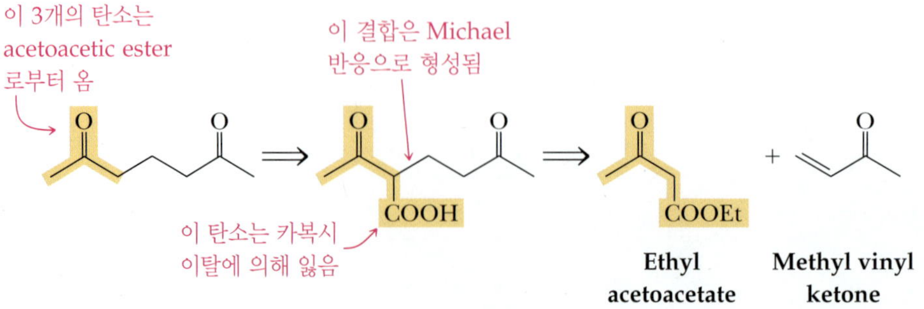

이 3개의 탄소는 acetoacetic ester 로부터 옴

이 결합은 Michael 반응으로 형성됨

이 탄소는 카복시 이탈에 의해 잃음

Ethyl acetoacetate

Methyl vinyl ketone

다음은 2,6-heptanedione으로 전환되는 단계들이다.

COOEt + → (1. EtO^-Na^+, EtOH) → COOEt (2. H_2O, NaOH; 3. H_2O, HCl) →

(라셈 혼합물)

COOH → (4. 가열) → **2,6-Heptanedione**

(라셈 혼합물)

연습 문제 19.14

Michael 반응, 가수분해, 산성화, 가열에 의한 카복시이탈의 연속 반응이 pentanedioic acid (glutaric acid)을 제조하는데 어떻게 사용되는지 나타내어라.

C Robinson 고리화 반응

분자내 알돌 반응으로 이어지는 α,β-불포화 케톤과의 Michael 반응은 2-cyclohexanone의 합성에 대해 가치 있는 방법임이 입증되었다. Michael-aldol의 연속 반응의 중요한 예는 **Robinson 고리화 반응**(Robinson annulation)으로, 이 반응에서는 고리형 케톤, β-케토에스터, β-다이케톤을 염기 촉매 하에서 α,β-불포화 케톤으로 처리하면 본래의 고리에 접합된 cyclohexanone 고리를 생성한다. 예를 들면, 다음과 같은 β-케토에스터 라셈 혼합물을 에탄올 용액 내 sodium ethoxide 존재 하에서 methyl vinyl ketone으로 처리하면 Michael 첨가 생성물이 얻어지며, 연속하여 sodium ethoxide 존재 하에서 염기 촉매에 의한 분자내 알돌 반응을 일으킨 후 탈수시키면 치환된 cyclohexanone의 라셈 혼합물이 생성된다.

COOEt + → (1. NaOEt, EtOH (Michael 반응)) → COOEt

Ethyl 2-oxocyclohexanecarboxylate (라셈 혼합물) | **3-Buten-2-one (Methyl vinyl ketone)** | (라셈 혼합물)

→ (2. NaOEt, EtOH (알돌 반응)) → OH, COOEt → (3. $-H_2O$) → COOEt

(2개의 라셈 혼합물인 4개의 입체 이성질체) | (라셈 혼합물)

예제 19.15 ▸ Robinson 고리화 반응

다음의 연속 합성에서 (A)와 (B)로 표시된 화합물의 구조식을 그려라.

+ → (KOH, CH_3OH) → **(A)**$C_{11}H_{16}O_3$ → (가열) → **(B)**$C_{11}H_{14}O_2$

➥ 해답

생성물은 α,β-불포화 케톤에 Michael 첨가 반응에 이어서 염기 촉매에 의한 알돌 반응과 탈수 반응의 결과이다.

Michael → (A) → aldol → −H_2O → (B) (라셈 혼합물)

연습 문제 19.15

다음과 같은 전환이 어떻게 일어나는지를 나타내어라.

CH_3O … →? … CH_3O

D 역합성 분석

Robinson 고리화 반응의 생성물에 존재하는 작용기는 α,β-불포화 케톤을 포함하는 육원자 고리이다. 종종, 고리에 인접한 탄소에는 카보닐기가 있고, 두 탄소는 α,β-불포화 케톤의 β-탄소로부터 떨어져 있다. Robinson 고리화 반응의 역합성 분석은 Michael 첨가 반응과 알돌 반응에 대해 설명했던 역합성 분석의 조합이다. 고리의 탄소-탄소 이중 결합은 알돌 반응으로부터 유도되고, 반면에 다른 새로운 결합은 Michael 반응에 의해 생성된다. 문제는 이러한 결합 연결성에 기초하여 적당한 엔올 음이온-생성 β-카보닐과 α,β-불포화 케톤 유도체를 선택하는 것이다.

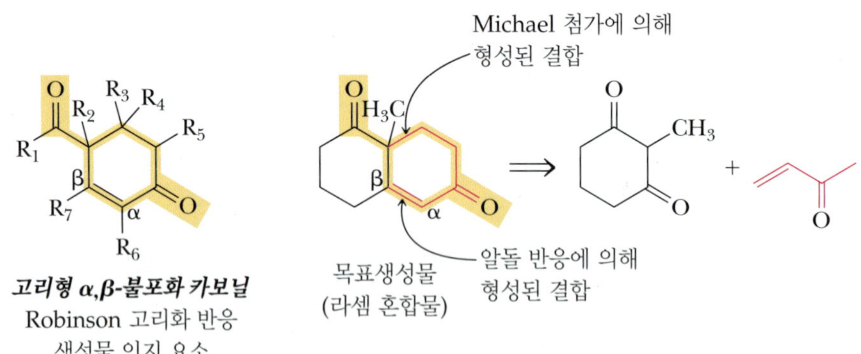

E 리튬 이유기구리 시약의 콘쥬게이션 첨가

리튬 이유기구리 시약은 α,β-불포화 알데하이드와 케톤에 1,4-첨가 반응을 일으키고 Michael 반응과 밀접한 관계가 있는 반응이다. 수득률은 1차 알킬, 알릴, 바이닐, 아릴 유기구리 시약일 때 가장 높다.

1. $(CH_3)_2CuLi$, ether, −78°C
2. H_2O, HCl

3-Methyl-2-cyclohexenone → **3,3-Dimethylcyclohexanone**

1. $(C_6H_5)_2CuLi$, ether, −78°C
2. H_2O, HCl

2-Cyclohexenone → **3-Phenylcyclohexanone** (라셈 혼합물)

Grignard 시약은 기본적으로 α,β-불포화 카보닐의 카보닐기에 첨가 반응할 수 있다 (1,2-첨가). 실제로 리튬 이유기구리 시약은 유기금속 화합물 중에서 거의 유일하게 지배적으로 1,4-첨가 반응을 일으키는 특성을 나타내므로, 유기 합성 화학에서 매우 가치 있는 시약이다. 리튬 이유기구리 시약의 콘쥬게이션 첨가 반응의 메커니즘을 완전히 이해할 수는 없다.

예제 19.16 ▸ 역합성 분석

리튬 이유기구리 시약의 콘쥬게이션 첨가 반응으로 일어나는 4-octanone의 두 가지 합성법을 제안하여라.

➥ 해답

리튬 이유기구리 시약는 α,β-불포화 알데하이드 혹은 케톤의 β-탄소에 첨가한다. 따라서 이 목표 분자에서 카보닐기의 β-탄소가 위치한 부분을 끊는다.

합성 1:

첫 번째 합성에서 여기를 끊는다

4-Octanone ⟹ **1-Hexen-3-one** + **Bromoethane**

이러한 합성을 위해 lithium diethylcopper를 1-hexen-3-one에 첨가한다.

1. $(CH_3CH_2)_2CuLi$, ether, −78°C
2. H_2O, HCl

1-Hexen-3-one → **4-Octanone**

합성 2:

두 번째 합성에서 여기를 끊는다

4-Octanone ⟹ **1-Hepten-3-one** + CH_3Br **Bromomethane**

이러한 합성을 위해 lithium dimethylcopper를 1-hexen-3-one에 첨가한다.

$$\text{1-Hepten-3-one} \xrightarrow[\text{2. } H_2O,\ HCl]{\text{1. } (CH_3)_2CuLi,\ \text{ether},\ -78°C} \text{4-Octanone}$$

1-Hepten-3-one **4-Octanone**

연습 문제 19.16

리튬 이유기구리 시약의 콘쥬게이션 첨가 반응으로 일어나는 4-phenyl-2-pentanone의 두 가지 합성법을 제안하여라.

19.9 LDA를 이용한 교차 엔올 음이온 반응

A 산-염기 고찰

이 장에서 설명한 바와 같이 엔올 음이온은 α-수소를 포함하고 있는 카보닐 화합물이 수산화 이온이나 알콕사이드 이온과 같은 염기로 처리할 경우에 생성된다. 우리는 앞서 α-수소는 물이나 알코올보다 일반적으로 상당히 덜 산성이라는 것을 알고 있고, 그래서 이 산-염기 반응에서 평형의 위치는 엔올 음이온 생성물보다는 오히려 반응물 쪽에 상당히 유리하다.

$$CH_3\overset{O}{\overset{\|}{C}}CH_3 + NaOH \rightleftharpoons CH_2{=}\overset{O^-Na^+}{\overset{|}{C}}CH_3 + H_2O \qquad K_{eq} = 5 \times 10^{-5}$$

CH_3COCH_3: pK_a 20 (약한 산); NaOH (약한 염기); Sodium 엔올 음이온 (센염기); H_2O: pK_a 15.7 (센산)

$$CH_3\overset{O}{\overset{\|}{C}}OC_2H_5 + C_2H_5O^-Na^+ \rightleftharpoons CH_2{=}\overset{O^-Na^+}{\overset{|}{C}}OC_2H_5 + C_2H_5OH \qquad K_{eq} = 10^{-7}$$

$CH_3COOC_2H_5$: pK_a 23 (약한 산); $C_2H_5O^-Na^+$ (약한 염기); Sodium 엔올 음이온 (센염기); C_2H_5OH: pK_a 16 (센산)

대신에, 만일 ethyl acetoacetate 혹은 diethyl malonate에서처럼 카보닐기와 같은 두 번째 전자를 끄는 작용기가 존재한다면, pK_a는 평형이 엔올 음이온 생성물 쪽으로 향하도록 이동된다. 아세토아세트산 에스터와 말론산 에스터 5단계 순서 동안에 에스터 카보닐 탄소는 CO_2로서 제거된다. 그러므로 제거된 에스터의 첫째 역할은 α-수소를 더 산성으로 만들어 알콕사이드 이온과 같은 염기에 의한 효과적인 양성자 이탈이 가능하게 한다.

$$EtO^- + CH_3-\overset{O}{\overset{\|}{C}}-\underset{H}{\underset{|}{C}}H-\overset{O}{\overset{\|}{C}}-OEt \rightleftharpoons CH_3-\overset{O}{\overset{\|}{C}}-\overset{-}{C}H-\overset{O}{\overset{\|}{C}}-OEt + EtOH \qquad K_{eq} = 1.6 \times 10^5$$

ethyl acetoacetate: pK_a 10.7 (센산); 엔올 음이온 (약한 염기); EtOH: pK_a 15.9 (약한 산)

대체로 더 센염기와의 알데히드, 케톤 혹은 에스터로부터의 엔올 음이온의 생성은 추가적인 전자를 끄는 작용기 필요 없이 완전하게 일어난다. 이러한 목적에 일반적으로 사용되는 염기는 lithium diisopropylamide (LDA)이다.

$$[(CH_3)_2CH]_2N^-Li^+$$

Lithium diisopropylamide

LDA는 tetrahydrofuran에 diisopropylamine을 녹이고 이 용액을 butyllithium으로 처리하여 만든다.

$$[(CH_3)_2CH]_2NH + CH_3(CH_2)_3Li \longrightarrow [(CH_3)_2CH]_2N^-Li^+ + CH_3(CH_2)_2CH_3 \quad K_{eq} = 10^{10}$$

Diisopropylamide	**Butyllithium**	**Lithium diisopropylamide**	**Butane**
pK_a 40 (센산)	(센염기)	(약한 염기)	pK_a 50 (약한 산)

비록 LDA가 매우 센염기이지만 카보닐기에 첨가를 방해하는 질소 주위의 입체적 장애 때문에 약한 친핵체이다. 그러므로 LDA는 카보닐을 포함하는 화합물로부터 엔올 음이온을 발생시키는데 이상적이다. LDA 몰 당량을 사용하여 알데히드, 케톤 혹은 에스터를 해당하는 lithium 엔올 음이온으로 완전히 전환시킬 수 있다.

$$CH_3\overset{O}{\overset{\|}{C}}OC_2H_5 + [(CH_3)_2CH]_2N^-Li^+ \longrightarrow CH_2{=}\overset{O^-Li^+}{\overset{|}{C}}OC_2H_5 + [(CH_3)_2CH]_2NH \quad K_{eq} = 10^{17}$$

pK_a 23 (센산)	**LDA** (센염기)	Lithium 엔올 음이온 (약한 염기)	pK_a 40 (약한 산)

B 염기 화학양론

이제 엔올 음이온 반응이 일어날 때 필요한 염기의 화학양론을 고려하자. 알데하이드와 수산화이온과의 알돌 반응에서 사용된 수산화 이온의 양은 반응의 수득률에 거의 영향을 미치지 않는다. 이것은 알돌 반응에서 촉매인 수산화 이온의 사용이 첫 양성자 이탈 단계에서 확립된 평형에서 거의 엔올 음이온을 생성하지 않기 때문이다(약 1,000개 중에서 하나). 수산화 이온을 더 첨가하면 다소 더 많은 엔올 음이온 중간체가 생성되고(1,000개 중에서 몇 개까지) 전체 알돌 반응의 속도가 증가하나 반응의 결과는 변하지 않는다. 핵심은 과량의 수산화 이온을 사용하더라도 미반응의 알데하이드가 아직도 반응 과정에서 과량으로 존재한다는 것이다. 그러므로 당량 이상의 수산화 이온의 사용은 알돌 반응의 수득률을 대체로 변화시키지 않는다.

그러나 LDA는 알데하이드, 케톤 혹은 에스터와 완전히 양성자이탈을 수행하기 때문에 사용되는 LDA의 양은 중요하다. 알돌 반응에서 사용하는 적당한 LDA의 양은 0.5 당량이다. 그것은 50%의 엔올 음이온을 생성하기에 충분하고 그런 다음 효과적이고 빠른 알돌 반응을 위해서 남아 있는 50%의 알데하이드와 반응한다. 만일 여러분이 1 당량의 LDA를 사용한다면 모든 알데히드가 양성자이탈되어 엔올 음이온으로 존재하고 용액 속에는 반응을 위해 남아 있는 알데하이드가 하나도 없게 된다. 이러한 경우에는 어떠한 알돌 생성물도 얻을 수 없게 된다.

C LDA를 사용한 교차 엔올 음이온 반응

LDA의 사용은 직접적인 교차 알돌과 교차 Claisen 반응을 가능하게 한다. 예를 들어, 다음 반응이 어떻게 일어나는가를 고려해 보자.

$$C_6H_5CH_2CHO + CH_3COCH_3 \xrightarrow{?} C_6H_5CH_2CH(OH)CH_2COCH_3$$

Phenylacetaldehyde **Acetone** **4-Hydroxy-5-phenyl-2-pentanone** (라셈 혼합물)

이러한 acetone과 알데하이드 사이의 교차 알돌 반응은 그것을 완전히 엔올 음이온으로 전환시키기 위해서 1당량의 LDA를 acetone과 반응시켜 성공적으로 수행할 수 있다. 생성된 엔올 음이온은 그 다음 알데하이드와 반응시켜 물속에서 마무리하면 교차 알돌 축합 반응 생성물이 얻어진다.

$$CH_3COCH_3 \xrightarrow[-78°C]{LDA} CH_2{=}C(O^-Li^+)CH_3 \xrightarrow[2.\ H_2O]{1.\ C_6H_5CH_2CHO} C_6H_5CH_2CH(OH)CH_2COCH_3$$

Lithium 엔올 음이온 **4-Hydroxy-5-phenyl-2-pentanone** (라셈 혼합물)

예제 19.17 ▸ **LDA 사용**

교차 알돌 반응을 이용하여 어떻게 5-hydroxy-4-methyl-3-hexanone을 만들 수 있는지 나타내어라.

해답

우선 알돌 반응에서 결합되어 있는 두 카보닐 화합물은 3-pentanone과 acetaldehyde라는 것을 알 수 있다. LDA와 대칭적인 케톤을 처리하면 리튬 엔올 음이온을 얻는다. 이 엔올 음이온과 acetaldehyde를 반응시켜 물 처리하면 원하는 알돌 생성물을 얻게 된다.

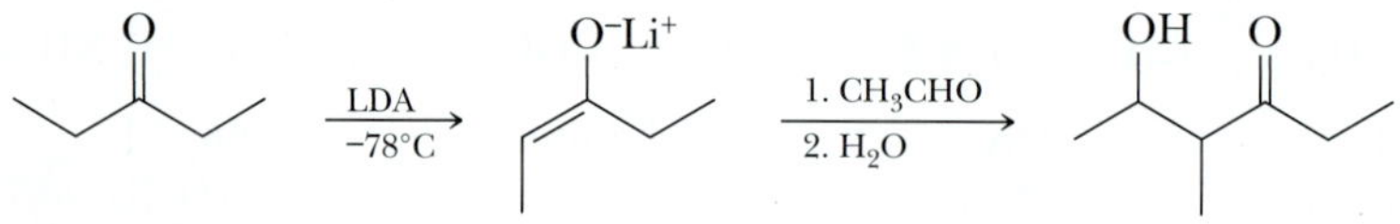

LDA, −78°C → O^-Li^+ → 1. CH_3CHO 2. H_2O → OH O

연습 문제 19.17

직접 알돌 반응을 사용하여 다음 화합물을 어떻게 합성할 수 있는지 나타내어라.

(a) (b)

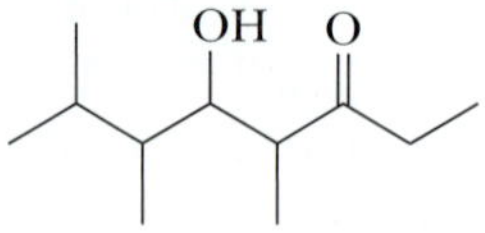

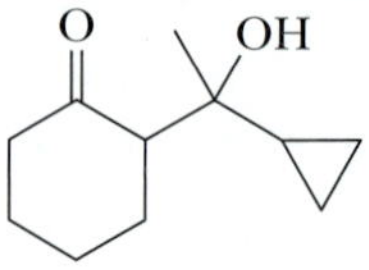

이 장에서는 알돌 반응, Claisen 축합 반응 및 Michael 첨가 반응, 알킬화 반응 및 아실화 반응 등의 여러 가지 반응에서 친핵체로서 엔올 음이온 혹은 엔아민을 사용하는 방법을 소개했다. 우리는 cyclohexanone과 여기에 나타낸 몇 가지 특수한 친전자체를 사용하여 같은 반응을 수행하고 엔올 음이온을 만들기 위해 LDA를 사용할 수 있다. 비슷한 반응은 α-수소를 가진 알데하이드나 에스터에서도 가능하다. 이 다양한 합성적 접근법 때문에 LDA는 현대 합성 유기 화학에서 매우 인기가 있고 중요한 시약이 되었다.

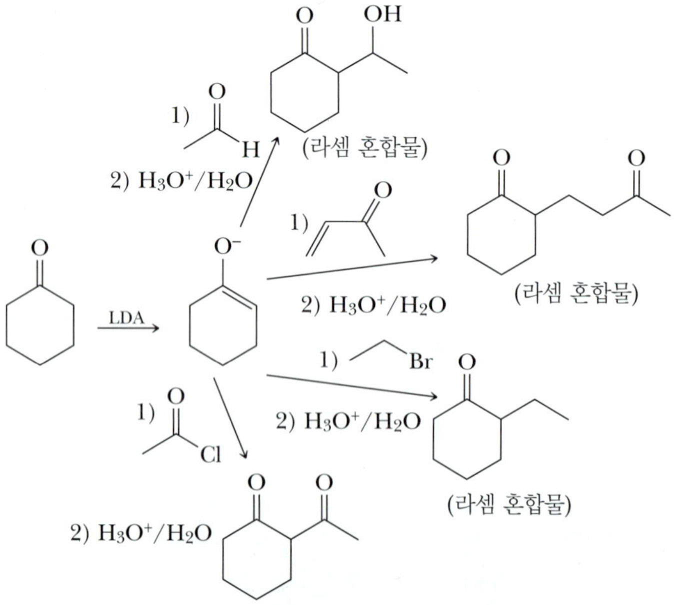

LDA → O^-
1) (acetaldehyde) 2) H_3O^+/H_2O → (라셈 혼합물)
1) (methyl vinyl ketone) 2) H_3O^+/H_2O → (라셈 혼합물)
1) (ethyl bromide, Br) 2) H_3O^+/H_2O → (라셈 혼합물)
1) (acetyl chloride, Cl) 2) H_3O^+/H_2O → (라셈 혼합물)

속도론적 대 열역학적 엔올 음이온

두 종류의 동등하지 않은 α-수소를 가진 케톤에 대해서 다음의 질문이 생긴다. 즉, 엔올 음이온의 생성이 위치선택성인가? 만일 그렇다면 어떠한 요소가 위치선택성의 정도를 결정하는가? 종종 높은 위치선택성의 정도는 실험적으로 결정되며 그 발생은 실험적인 조건에 의존한다. 예를 들면, 2-methylcyclohexanone에 약간 과량의 LDA가 첨가되면 케톤은 그것의 리튬 엔올 음이온로 전환되고 그것은 거의 전적으로 덜 치환된 엔올 음이온의 염이다.

약간 과량의 염기

2-Methylcyclohexanone (라셈 혼합물) + LDA $\xrightarrow{0°C}$ O^-Li^+ (라셈 혼합물) 99% + O^-Li^+ 1% + $[(CH_3)_2CH]_2NH$

케톤이 약간 과량인 조건 하에서 2-methylcyclohexanone을 LDA로 처리할 때, 생성물의 조성은 아주 달라진다. 즉, 더 많이 치환된 엔올 음이온이 많이 생성된다.

약간 과량의 케톤

2-Methylcyclohexanone (라셈 혼합물) + LDA $\xrightarrow{0°C}$ O^-Li^+ (라셈 혼합물) 10% + O^-Li^+ 90% + $[(CH_3)_2CH]_2NH$

엔올 음이온 혼합물의 조성을 결정하는 가장 중요한 요소는 그 반응이 속도론적(반응 속도) 지배인가 또는 열역학적(반응 평형) 지배인가의 문제이다. **열역학적 지배**(Thermodynamic control) 하의 반응은

- 반응 조건은 양쪽 생성물의 평형을 허용하고,
- 생성물 혼합물의 조성은 양쪽 생성물의 상대적인 안정성에 의하여 결정된다.

열역학적 지배
두 개 혹은 그 이상의 반응 생성물 사이에 평형이 이루어지도록 허용되는 실험 조건. 혼합 생성물의 조성이 생성물의 상대적인 안정성에 의해 결정된다.

엔올 음이온 사이의 평형은 케톤이 다소 과량일 때 일어나고, 그러한 조건에서 엔올 음이온과 미반응 케톤의 α-수소 사이에 일어나는 양성자-이동 반응이 가능하다. 이렇게 평형은 두 가지 엔올 음이온 사이에서 일어나게 된다.

(라셈 혼합물) + 덜 안정한 엔올 음이온 (라셈 혼합물) ⇌ 더 안정한 엔올 음이온 + (라셈 혼합물)

이러한 조건 하에서 더 안정한 엔올 음이온이 우세하다. 엔올 음이온의 상대적 안정성을 결정하는 요인은 알켄의 상대적 안정성을 결정하는 요인과 동일하다. 즉, 엔올 음이온의 이중결합이 더 많이 치환될수록 그것의 안정성은 더 크다. 이렇게 열역학적 지배 조건 하에서 생성되는 엔올 음이온의 조성은 개개의 엔올 음이온의 상대적 안정성을 반영한다.

속도론적 지배

혼합 생성물의 조성이 각 생성물의 상대적인 생성 속도에 의해 결정되는 실험 조건.

속도론적 지배(Kinetic control) 하의 반응에서 생성 혼합물의 조성은 각 생성물의 상대적 생성 속도에 의하여 결정된다. 가능한 여러 구조들 사이의 평형은 일어나지 않는다. 엔올 음이온의 생성의 경우에서 속도론적 지배는 각각의 α-수소들이 제거되는 상대적 속도를 나타낸다. 입체 장애가 작은 α-수소가 더 빠르게 제거되고 따라서 주 생성물은 덜 치환된 엔올 음이온이다. 약간 과량의 염기가 사용되기 때문에 양성자 주개로서 역할을 하는 케톤이 없고, 덜 안정한 엔올 음이온이 더 안정한 것과 평형을 이룰 수 없다.

의과대학 입학시험(MCAT) 연습: 지문 및 질문

Ibuprofen: 공업적인 합성의 발전

어떤 공업적인 합성에서 고려해야 할 주요 사항은 원자의 효율성이다. 그 원자가 마지막 생성물에 나타나는 시약을 사용하는 것이 가장 효과적이다. 원자의 효율성이 큰 합성 발전의 예는 ibuprofen의 공업적인 합성이다.

합성 I: Ibuprofen의 공업적인 최초의 합성은 4-isobutylphenylacetic acid의 카복시 곁사슬에 있는 메틸기를 도입하기 위하여 사용된 다음의 연속 과정이다.

합성 I은 아주 좋은 수득률로 ibuprofen을 생성하지만 탄소를 소모하게 된다. 중간체 C에 있는 18개의 탄소 중에서 단지 13개가 ibuprofen에 나타난다.

합성 II: 원자 효율성이 더 큰 다른 합성 경로는 4-isobutylacetophenone으로 시작하는 것이다(아래).

합성 II는 합성 I보다 원자의 효율성이 크지만, 사용된 시아노 작용기는 마지막 생성물에 나타나지 않는다.

합성 III: Ibuprofen의 합성에서 원자 효율성이 가장 좋은 방법은 다음의 합성이다. 일산화 탄소를 통하여 도입된 한 개의 탄소 원자는 최종 생성물에 나타난다.

COOH; EtOH, H_2SO_4; COOEt; EtO(C=O)OEt, EtONa

4-Isobutylphenylacetic acid A

COOEt, $-$ Na^+, COOEt; CH_3I; COOEt, COOEt; 1. KOH, H_2O 2. HCl, H_2O

B C

COOH, COOH; 가열; COOH

D **Ibuprofen** (라셈 혼합물)

합성 I

O; $ClCH_2C{\equiv}N$, EtONa; O, CN; $Li^+ClO_4^-$

4-Isobutylacetophenone E (라셈 혼합물)

CN, O; H_2O; COOH

F (라셈 혼합물) **Ibuprofen** (라셈 혼합물)

합성 II

H_2/M → OH → CO, H_2O / Pd 촉매 → COOH

4-Isobutylacetophenone — G (라셈 혼합물) — Ibuprofen (라셈 혼합물)

합성 III

» 질문

A. 합성 I에서의 첫 번째 반응은 다음 중 어떤 반응인가?

1. 카복실산의 환원.
2. 카복실산의 산화.
3. Michael 첨가 반응.
4. Fischer 에스터화 반응.

B. 구조 A를 구조 B로 변환하는 합성 I에서의 두 번째 반응은 다음 중 어떤 반응인가?

1. 알돌 반응.
2. Dieckmann 축합 반응.
3. 교차 Claisen 축합 반응.
4. 엔아민 알킬화 반응.

C. 구조 B를 ibuprofen으로 변환하는 합성 I에서의 반응 순서는 다음 중 어떤 반응과 유사한가?

1. Michael 반응.
2. 아세토아세트산 에스터 합성.
3. 말론산 에스터 합성.
4. Robinson 고리화 반응.

D. 합성 II에서의 첫 번째 반응은 다음 중 어떤 반응 단계를 포함하는가?

1. 에톡사이드가 케톤의 α-탄소의 수소를 제거하여 엔올 음이온을 만들고, 엔올 음이온의 탄소 원자가 chloroacetonitrile의 염소 원자를 치환하는 S_N2 반응을 한다. 이어서 분자내 친핵성 반응에 의해 구조 E의 에폭사이드 고리가 형성된다.

2. 에톡사이드가 케톤의 α-탄소의 수소를 제거하여 엔올 음이온을 만들고, 이 엔올 음이온의 산소 원자가 chloroacetonitrile의 염소 원자를 치환하는 S_N2 반응을 한다. 이어서 분자내 친전자성 반응에 의해 구조 E의 에폭사이드 고리가 형성된다.

3. 에톡사이드가 chloroacetonitrile의 수소를 제거하여 탄소음이온이 생성된다. 이 탄소음이온은 케톤의 α-탄소로부터 수소를 제거하고, 이 α-탄소가 나이트릴(nitrile) 탄소와의 친핵성 첨가 반응을 거쳐 구조 E의 에폭사이드 고리가 형성된다.

4. 에톡사이드가 chloroacetonitrile의 수소를 제거하여 탄소음이온이 생성된다. 이 탄소음이온은 케톤의 탄소에 친핵적으로 첨가되어 알콕사이드를 생성하며, 생성된 알콕사이드가 분자내 S_N2 반응에 의해 염소를 치환하여 구조 E의 에폭사이드 고리를 형성한다.

E. 합성 II에서 lithium perchlorate에 의해 구조 E를 구조 F로 변환하는 반응은 다음 중 어떤 반응 단계를 반드시 포함하는가?

1. Perchlorate가 나이트릴의 α-탄소의 수소를 제거하는 반응을 하고, 이어서 분자내 자리옮김이 일어난다.

2. Lewis 산인 리튬에 의해 에폭사이드의 고리 열림이 일어남으로써 벤질 탄소양이온(benzylic carbocation)이 생성되며, 이 탄소양이온이 나이트릴의 α-탄소를 탈수소화시킨다.

3. Lithium perchlorate에 의해 물 분자에 의한 에폭사이드 고리 열림 반응이 촉진되고 이어서 탈수 반응이 일어난다.

4. Perchlorate에 의해 친핵성 에폭사이드의 고리 열림이 일어나고 이어서 perchloric acid가 제거된다.

F. 합성 II의 마지막 단계에서는 물 분자가 첨가된다. 이 메커니즘을 다음과 같이 부른다.

1. 첨가 반응.
2. 첨가 반응/제거 반응.
3. S_N2 또는 S_N1 중 하나.
4. 라디칼 연쇄 반응.

G. 합성 III의 첫 번째 단계는 다음 반응을 포함하지 않는다.

1. 케톤의 금속 매개성 환원 반응.
2. 케톤의 금속 매개성 가수분해 반응.
3. 케톤의 금속 매개성 수소화 반응.
4. 금속 C—H 결합 생성 반응.

H. 합성 III의 중간체 G가 라셈 혼합물로 만들어지는 이유는 다음 중 어느 것인가?

1. 화학자에 의해 카이랄 금속 촉매가 아직 개발되어 있지 않다.
2. 4-Isobutylacetophenone이 카이랄이긴 하지만 우연히도 이 경우에는 특정한 거울상 이성질체에 대한 선호도가 거의 없다.
3. 반응물 중에 카이랄 화합물이 없다.
4. 답 1과 3이 정답이다.

I. 합성 III의 마지막 단계에 대한 설명 중 맞지 않는 것은?

1. 상대적으로 안정한 벤질(benzylic) 탄소양이온 중간체를 포함한다.
2. 유기금속 중간체를 포함한다.
3. Pd 촉매가 반응을 가속시킨다.
4. 일산화 탄소는 유독 가스이므로 주의해서 사용해야 한다.

J. 마지막 반응은 발열 반응이다. 왜냐하면

1. 물이 관여하는 반응에서는 생성물에 강한 결합이 형성된다.

2. Pd-촉매 반응은 일상적으로 안정한 화합물을 생성한다.

3. 반응 중 끊어지는 반응물의 CO의 π 결합과 C—O σ 결합은 생성되는 C—C와 C—O σ 결합보다 약하다.

4. CO 결합의 세기는 중요하지 않다. 이것은 알코올에서의 결합이 카복실산에서의 결합보다 강하다는 단순한 이유 때문이다.

사실과 개념에 대한 요약

19.1절 | 엔올 음이온의 형성과 반응: 개요

- 카보닐기에 바로 인접한 탄소 원자는 ***α*-탄소**라고 하고, *α*-탄소에 결합된 수소를 ***α*-수소**라고 한다.
  - 알데하이드, 케톤, 에스터와 같은 화합물을 포함하는 카보닐의 *α*-위치는 pK_a 값이 21~25 범위이고 비교적 산성이 크다.
  - 탄소에 결합된 H 원자의 상대적 산도는 주로 양성자이탈에 의해 생성되는 **엔올 음이온**(enolate anion)이라 부르는 공명-안정화된 음이온의 안정성에 기인한다.
- 엔올 음이온은 두 기여 구조의 혼성체로서 가장 잘 나타낼 수 있다.
  - 한 기여구조는 *α*-탄소 원자에 음전하가 있고, 카보닐 π 결합을 포함한다.
  - 다른 기여구조는 음전하가 산소 원자에 있고 C=C π 결합을 포함한다.
  - O 원자에 음전하를 가진 기여 구조는 혼성체의 주 기여 구조이다. 왜냐하면, O 원자가 C 원자보다 더 전기음성도가 크고 음전하를 더 잘 수용하기 때문이다.
- 그들의 전하 분포에도 불구하고 엔올 음이온은 탄소 친핵체로서 반응하고 새로운 탄소-탄소 결합을 생성하므로 엔올 음이온은 유기 합성에서 중요하다.
  - 엔올 음이온은 S_N2 반응에서 할로젠화 알킬과 반응한다.
  - 엔올 음이온은 카보닐 첨가 반응에서 알데하이드, 케톤, 에스터와 반응한다.
    - 친전자체와의 반응에서 엔올 음이온은 적어도 두 가지 이유 때문에 O보다는 오히려 C에 먼저 반응한다.
    - C에서의 반응은 비교적 강한 C=O π 결합을 포함하는 더 안정한 생성물을 준다. O에서의 반응은 더 약한 C=C π 결합을 가지는 생성물을 생성한다.
    - 공명 혼성체의 음전하의 대부분을 갖는 엔올 음이온 O 원자는 Na^+ 혹은 Li^+와 같은 상대 이온과 더 강하게 결합되어 있다. 상대 이온은 친전자체와의 반응을 방해하는 가림 효과(shielding effect)를 가진다. 그 효과는 용액 속에서 엔올 음이온의 결합 구조에 의해 더 확대된다.

19.2절 | 알돌 반응

- **알돌 반응**(Aldol reaction)은 알데하이드나 케톤으로부터 생성된 엔올 음이온이 다른 알데하이드나 케톤과 카보닐 첨가 반응에 의해 새로운 탄소-탄소 결합을 만드는 반응이다.
  - 염기 촉매 하에서의 알돌 반응의 메커니즘은 다음과 같다. 우선, 염기성 조건에서 *α*-수소가 떨어져 나가면서 엔올 음이온을 생성한다. 엔올 음이온은 강한 친핵체로 다른 알데하이드나 케톤을 공격하여 카보닐 첨가 반응 중간체를 생성하며, 이 중간체는 물과 반응하여 *β*-히드록시 알데하이드나 케톤을 생성하면서 본래의 염기를 다시 내놓는다.
    - 반응의 맨 마지막에 염기를 다시 내놓기 때문에 알돌 반응은 염기 촉매 반응이라고 부른다.
- 알돌 반응은 산 촉매 하에서도 일어날 수 있다.
  - 산 촉매 하에서의 알돌 반응의 메커니즘은 다음과 같다. 우선 산 촉매 반응인 케토-엔올 토토머화에 의해 엔올이 생성된다. 한편 이것과 반응할 다른 분자의 카보닐 산소에

수소가 첨가되어 친전자체인 옥소늄 이온이 생성된다. 이 옥소늄 이온을 친핵성인 엔올이 공격하여 β-하이드록시 알데하이드나 케톤을 생성하면서 수소를 다시 내놓는다.

  - 반응의 맨 마지막에 수소를 다시 내놓기 때문에 이 알돌 반응은 산 촉매 반응이라고 부른다.

- 산-과 염기-촉매에 의한 알돌 반응에서는 때때로 하나 또는 둘의 카이랄 중심이 생성된다. 이때, 반응에 참여했던 알데하이드나 케톤 또는 촉매가 카이랄하지 않거나 하나의 거울상 이성질체로만 존재하지 않는다면 알돌 반응에 의해 생성된 물질들은 라셈 혼합물로 존재하게 된다.

연습 문제: 19.1~19.3, 19.18~19.28, 19.53~19.56, 19.58, 19.59, 19.62, 19.64, 19.70, 19.72, 19.74, 19.77

- 알돌 반응은 특히 염기성에서 가역적이다.
  - 알데하이드의 경우에는 알돌 반응의 평형은 생성물 쪽에 치우쳐 있다. 그러나 케톤의 경우에는 종종 알돌 반응에서 생성물이 거의 만들어지지 않는다.
- 알돌 반응의 생성물인 β-하이드록시 알데하이드나 케톤에서는 쉽게 물 분자가 빠져나가서(탈수) α,β-불포화 알데히드나 케톤이 생성된다.
  - 탈수 반응은 알돌 반응 조건에서도 일어나며, 때로는 산에서 가열할 때도 일어난다. 후자의 경우에는 우선 카보닐이 토토머화하여 엔올이 생성되고 또 다른(엔올이 아닌) OH기에 수소가 첨가되어 생성되는 H_2O가 수소와 함께 떨어져 나가면서 α,β-불포화 알데하이드나 케톤이 생성된다.
- 원하는 생성물을 높은 수득률로 얻을 수 있는 **교차 알돌 반응**(crossed aldol reaction)은 일반적으로 두 가지 서로 다른 알데하이드들이나 케톤들 존재 하에서는 일어날 수 없다.
  - 교차 알돌 반응에서는 수산화 이온 촉매와 서로 다른 알데하이드들이나 케톤들을 사용하여서는 일반적으로 원하는 생성물을 높은 수득률로 만들 수 *없는데*, 이는 통계학적 혼합물이 만들어지기 때문이다.
  - 원하는 생성물 한가지만을 높은 수득률로 얻는 것은 염기성 조건에서 α-수소를 갖고 있지 않은 반응성이 좋은 카보닐(보통, 알데하이드)이 존재하여 상대적으로 반응성이 작은 카보닐(보통, 케톤)만이 엔올 음이온을 만들 수 있을 때 가능하다.
- 나이트로알케인 음이온과 알데하이드 또는 케톤 카보닐과의 알돌 반응에 의해서 유기 화합물에 **나이트로기**(nitro group)가 도입될 수 있다.
- **분자내 알돌 반응**(Intramolecular Aldol reaction)은 두 개의 카보닐기를 가지고 있는 화합물(알데하이드 또는 케톤)에서 오원자 고리 혹은 육원자 고리 화합물을 만들 때 이용되며, 이때 오원자 고리나 육원자 고리는 그보다 더 작거나 큰 각을 갖는 고리들보다 우선적으로 만들어진다.
- 역합성 분석을 잘 하려면, α,β-불포화 카보닐기와 β-하이드록시 카보닐기가 알돌 반응에서의 특징적인 생성물이라는 것을 잘 알고 있어야 한다.

19.3절 | Claisen 축합 반응과 Dieckmann 축합 반응

- **Claisen 축합 반응**(Claisen condesation)은 두 개의 에스터 분자가 반응하여 β-케토에스터를 생성하는 반응이다.
  - Claisen 축합 반응에서는 하나의 에스터 분자가 염기와 반응하여 엔올 음이온을 생성한다. 친핵체인 이 엔올 음이온은 또 다른 에스터 분자와 반응하여 카보닐 첨가 중간체를 생성하며, 이때 —OR기가 떨어져나가 β-케토에스터가 생성된다. β-케토에스터의 α-위치에 있는 수소는 RO^-에 의해 제거된다.
    - Claisen 축합 반응에서 사용되는 염기는 RO^-이다. 이때 R은 반응물 에스터가 갖고 있는 알콕시기에서와 같은 것을 선택한다.
    - 산-염기의 상대적인 세기에 따라 RO^-가 염기로 사용되었을 때에는 초기에 엔올 음이온이 생성되는 반응 단계는 평형이 반응물 쪽으로 많이 치우쳐 있다. 따라서 아주 적은 양의 엔올 음이온만 만들어져도 이것과 반응할 에스터의 양이 충분하다.

연습 문제: 19.4~19.6, 19.29~19.38, 19.53, 19.73~19.78

    - 염기성에서는 이 반응은 염기 촉매 반응이 아니다. 이는 수소가 제거된 생성물인 β-케토에스터(β-케토에스터 pK_a = 10~11)가 반응에 사용된 RO^-보다 훨씬 약한 염기성이기 때문이다.
    - 반응에서 사용해야 하는 염기의 최소량은 반응물 에스터의 1/2 당량이다.
  - 반응을 종결시키기 위해서는 산을 첨가해서 중성 β-케토에스터를 만든다.

- **Dieckmann 축합 반응**(Diekmann condeasation)은 다이에스터 분자내 Claisen 축합 반응이다.
  - 오원자 고리나 육원자 고리 생성물이 우선적으로 생성된다.
  - 반응에 사용되는 다이에스터와 동일한 당량의 염기가 사용된다.
- 두 개의 에스터가 반응할 때, 그 중 α-수소가 없는 한 개의 에스터(엔올 음이온 생성 불가)가 과량으로 사용되는 경우에 교차 Claisen 반응을 이용하면 원하는 생성물을 높은 수득률로 얻을 수 있다.
- 역합성 분석에서 β-케토에스터기는 Claisen 축합 반응이나 Dieckmann 축합 반응의 특징적인 생성물이다.
- Claisen 축합 반응이나 Dieckmann 축합 반응의 생성물을 염기성 수용액으로 처리(비누화)하고 이어서 산성화시켜 β-케토에스터기를 β-케토산으로 만들 수 있다. 그리고 이 물질을 가열하면 카복시기가 제거되어 케톤류와 CO_2가 얻어진다.
  - Claisen 축합 반응 후 비누화, 산성화, 그리고 계속해서 카복시기를 제거하면 대칭인 케톤 생성물을 얻을 수 있다.

19.4절 | 생물학적 세계에서 Claisen 축합 반응과 알돌 축합 반응

- 생물 분자는 이 장에서 언급되었던 것과 같은 유기 전환과 비슷하게 간단한 기본 단위가 효소 촉매 반응을 함으로써 만들어진다.
  - Claisen 축합 반응과 알돌 반응은 흔히 볼 수 있는 반응이며, 이러한 반응에서 흔히 쓰이는 출발 물질은 **acetyl-CoA**이다.

19.5절 | 엔아민

연습 문제: 19.7~19.9, 19.39~19.43, 19.57, 19.76

- **엔아민**(Enamine)은 C—N 결합 옆에 C=C π 결합을 가진 화합물이다. 엔아민은 알데하이드나 케톤이 pyrrolidine이나 morpholine과 같은 2차 아민과 반응하여 생성된다.
  - 엔아민은 합성에서 중요하며, 이는 질소에 있는 전자쌍과 C=C π 결합이 콘쥬게이션함으로써 β-탄소가 친핵체가 되기 때문이다.
  - 엔아민은 반응에서 엔올이나 엔올 음이온과 유사한데 그것들과 같은 격렬한 반응 조건(센산이나 센염기)을 필요로 하지는 않는다.
    - 엔아민은 할로젠화 메틸 또는 할로젠화 1차 알킬과의 S_N2 반응에 의해 β-탄소 위치가 알킬화될 수 있다.
    - 엔아민을 산 염화물이나 산 무수물로 처리하면 β-탄소 위치가 아실화된다.
    - 알킬화나 아실화가 된 엔아민을 산 수용액으로 처리하면 다시 카보닐이 된다.
- 역합성 분석에서는 비대칭 알데하이드/케톤과 β-다이카보닐이 각각 엔아민 알킬화와 아실화에서의 특징적인 생성물이다.

19.6절 | 아세토아세트산 에스터 합성

- 두 개의 카보닐기 사이에 위치해 있는 α-수소는 특히 더 쉽게 제거되는데(pK_a 10~14), 이는 수소 제거에 의해 만들어지는 음이온이 양쪽에 있는 카보닐기와 비편재화 됨으로써 안정화되기 때문이다.
- **아세토아세트산 에스터 합성**(Acetoacetic ester synthesis)은 5단계 반응에 의해 합성된다.
  - Ethyl acetoacetate (pK_a = 10.7)는 sodium alkoxide와 같은 염기 1 당량에 의해 엔올 음이온으로 완전히 전환된다.
  - 엔올 음이온은 S_N2 반응에서 친핵체로 사용되어, 할로젠화 메틸이나 할로젠화 1차 알킬, α-할로케톤, α-할로에스터와 반응한다.
    - 알킬화가 두 개 되어 있는 생성물을 원할 경우에는 위의 처음 두 단계 반응을 반복한다.
  - 이렇게 하여 알킬화된 아세토아세트산 에스터는 OH^-에 의해 가수분해된다.
  - 산성화시키면 알킬화된 acetoacetic acid가 얻어진다.
  - 가열하면 카복시이탈되어 알킬화된 케톤 생성물이 얻어진다.

- 똑같은 반응 순서를 ethyl acetoacetate뿐만 아니라 다른 β-케토산들과의 반응에도 사용할 수 있다.
  - β-케토에스터는 Claisen 축합 반응의 생성물이다. 즉, Claisen 축합 반응의 생성물은 여기서 설명한 합성 순서에 따라 더욱 반응을 진행시킬 수 있다.
- 역합성 분석에서 ethyl acetoacetate를 아세토아세트산 에스터 합성의 출발 물질로 사용했을 때는 메틸 케톤이 특징적인 생성물인 반면, 다른 β-케토에스터를 출발 물질로 사용하면 다른 복잡한 케톤을 합성할 수 있다.

연습 문제: 19.10, 19.11, 19.46, 19.53, 19.73

19.7절 | 말론산 에스터 합성

- **말론산 에스터 합성**(Malonic ester synthesis)도 아세토아세트산 에스터 합성에서와 유사한 5단계 합성 과정을 거친다.
  - Diethyl malonate (pK_a = 13.3)는 sodium ethoxide 1 당량에 의해 엔올 음이온으로 완전히 전환된다.
  - 엔올 음이온은 S_N2 반응에서 친핵체로 사용되어 할로젠화 메틸이나 할로젠화 1차 알킬, α-할로케톤, α-할로에스터와 반응한다.
    - 알킬화가 두 개 되어 있는 생성물을 원할 경우에는 위의 처음 두 단계 반응을 반복한다.
  - 이렇게 하여 알킬화된 아세토아세트산 에스터는 OH^-에 의해 가수분해된다.
  - 산성화시키면 알킬화된 acetoacetic acid가 얻어진다.
  - 가열하면 카복시이탈되어 알킬화된 카복실산 생성물이 얻어진다.
- 역합성 분석에서 diethyl malonate를 아세토아세트산 에스터 합성의 출발 물질로 사용했을 때의 특징적인 생성물은 하나 또는 두 개의 알킬기가 α-탄소와 결합되어 있는 카복실산이다.

연습 문제: 19.12, 19.44~19.48, 19.53, 19.61~19.64, 19.69

19.8절 | α,β-불포화 카보닐 화합물에 대한 콘쥬게이션 첨가 반응

- **Michael 반응**(michael reaction)에서 β-탄소와 α,β-불포화 카보닐 화학종은 친전자체로서 엔올 음이온과 같은 친핵체와 반응한다.
  - 공명 구조에 의해 양전하가 β-탄소와 α,β-불포화 카보닐 화학종 위에 형성되며, 이로 인하여 이 위치에서 친핵체와 반응하는 것이다.
  - Michael 반응에서 엔올 음이온은 α,β-불포화 카보닐 화학종과 반응하여 1,5-위치에 산소가 있는 생성물을 만드는데, 이는 1,3-위치에 산소가 위치하는 알돌 반응이나 Claisen 반응과 비교된다.
  - Michael 반응은 α,β-불포화 나이트로 화합물과 나이트릴 화합물뿐만 아니라 다양한 종류의 α,β-불포화 카보닐 화합물(알데하이드, 케톤, 에스터, 아마이드)에서 일어난다.
    - Michael 반응에서의 친전자체들은 Michael 받개라고도 부른다.
  - Michael 반응에서는 먼저 염기 내에서 엔올 음이온이 생성된다. 이 엔올 음이온 친핵체는 Michael 받개의 β-탄소를 공격하여 공명 안정화된 엔올 음이온 중간체를 만든다. 그리고 이 중간체의 산소 위치가 수소화되면서 엔올을 생성시키면서 염기를 다시 내놓는다. 이어서 토토머화에 의해 케토 형태가 되면서 반응이 종결된다.
    - Michael 반응에서의 염기는 촉매 작용을 한다.
    - 이런 형태의 첨가 반응 메커니즘을 콘쥬게이션 첨가 혹은 1,4-첨가라고 한다.
- **Robinson 고리화 반응**(Robinson annulation)은 α,β-불포화 케톤이 Michael 반응을 거친 후 이어서 분자내 알돌 반응을 함으로써 고리 화합물을 생성하는 반응이다.
  - 이 방법을 사용하면 육원자 고리 화합물이 높은 수득률로 얻어진다.
- Gilman 시약은 α,β-불포화 카보닐 화합물와 Michael 반응과 매우 유사한 콘쥬게이션 첨가 반응을 한다.

연습 문제: 19.13~19.16, 19.49, 19.50, 19.53, 19.54~19.56, 19.59, 19.60, 19.64, 19.68, 19.70, 19.74, 19.80

19.9절 | LDA를 이용한 교차 엔올 음이온 반응

- **Lithium diisopropylamide (LDA)**은 매우 센염기이나 입체 장애에 의해 친핵성은 띠지 않는다.
  - 1 몰 당량의 LDA는 알데하이드나 케톤이나 에스터를 엔올 음이온으로 완전히 전환시킬 수 있다.
  - LDA에 의해 만들어진 엔올 음이온은 알돌 반응, Claisen 축합 반응, Michael 반응, 알킬화 및 아실화 등 다양한 종류의 교차 엔올 음이온 반응에 사용될 수 있다.
  - 카보닐 화학종을 약간 과량으로 사용하면 화학 반응의 평형은 더 안정한 엔올 음이온이 많이 생성되는 쪽으로 움직인다. 이러한 현상을 **열역학적 지배**(thermodynamic control)라고 한다.
    - 가장 많이 치환된(가장 많은 치환기를 가지고 있는) 엔올 음이온이 우세하게 생성된다.
  - LDA를 약간 과량으로 사용하면 위에서와 같은 엔올 음이온 사이의 평형은 이루어지지 않으며, 이때는 더 빨리 생성되는 엔올 음이온이 우세하게 된다(제거되는 수소에 대한 접근성이 더 용이한 형태).
    - 이러한 현상을 **속도론적 지배**(kinetic control)라고 한다.
    - 가장 적게 치환된(치환기를 가장 적게 가지고 있는) 엔올 음이온이 우세하게 생성된다.

연습 문제: 19.17, 19.51~19.53, 19.65~19.67, 19.71, 19.78

주요 반응 *Key Reactions*

1. 알돌 반응(19.2절). 알돌 반응은 한 알데하이드 혹은 케톤의 엔올 음이온이 다른 알데하이드나 케톤의 카보닐기에 친핵성 첨가 반응으로 일어난다. 알돌 반응의 생성물은 β-하이드록시 알데하이드 혹은 β-하이드록시 케톤이다. 알돌 반응은 염기 또는 산 촉매에 의해 일어날 수 있다. 만일 반응 후에 염기가 재생된다면 염기 촉매 반응이고, 산이 재생된다면 산 촉매 반응이다. 두 반응에서 하나 또는 두 개의 카이랄 센터가 종종 만들어지는데, 만일 출발 물질인 알데히드나 케톤 또는 촉매가 카이랄하지 않거나 한 가지 이성질체로 존재하지 않는다면 라셈 혼합물이 생성된다.

2 (butanal) $\xrightleftharpoons{\text{NaOH}}$ 2-ethyl-3-hydroxyhexanal

(네 개 입체 이성질체의 라셈 혼합물)

2. 알돌 반응 생성물의 탈수 반응(19.2절). 알돌 반응으로부터 얻어진 β-하이드록시 알데하이드 혹은 케톤의 탈수는 산성이나 염기성 조건에서 쉽게 일어나 α, β-불포화 알데하이드 혹은 케톤을 생성한다.

3-hydroxybutanal $\xrightarrow{H^+}$ 2-butenal + H_2O

(라셈 혼합물)

3. Claisen 축합 반응(19.3A절). Claisen 축합 반응의 생성물은 β-케토에스터이다. 축합 반응은 에스터의 엔올 음이온의 친핵성 공격에 의한 친핵성 아실 치환 반응으로 일어난다. Claisen 축합 반응 메커니즘은 한 에스터 분자와 염기가 반응하여 생긴 엔올 음이온이 친핵체로 작용하여 다른 에스터 분자와 반응하여 정사면체 카보닐 첨가 중간체가 생성되고, 이 중간체의 RO^-기가 떨어져 나가고, 다시 RO^-가 α 위치에서 수소를 제거하는 반응이다.

ethyl propanoate (OEt) $\xrightarrow[\text{2. } H_2O, \text{ HCl}]{\text{1. } EtO^-Na^+}$ ethyl 2-methyl-3-oxopentanoate (OEt) + EtOH

(라셈 혼합물)

4. Dieckmann 축합 반응(19.3B절). 분자내 Claisen 축합 반응을 Dieckmann 축합 반응이라 한다.

1. EtO^-Na^+
2. H_2O, HCl

+ EtOH

(라셈 혼합물)

5. 가수분해를 동반한 엔아민의 알킬화 반응(19.5A절). 엔아민은 할로젠화 메틸 및 할로젠화 1차 알킬, α-할로케톤, α-할로에스터와 반응하는 친핵체이다.

S_N2 / Br^- / H_2O, HCl

(라셈 혼합물)

6. 가수분해를 동반한 엔아민의 아실화 반응(19.5B절).

CH_3CCl / Cl^- / H_2O, HCl

(라셈 혼합물) (라셈 혼합물)

7. 아세토아세트산 에스터 합성(19.6절). 이러한 연속 반응은 일치환 및 이치환된 acetone을 합성하는 데 유용하다.

1. EtO^-Na^+
2. $CH_2{=}CHCH_2Br$
3. NaOH, H_2O
4. HCl, H_2O
5. 가열

Ethyl acetoacetate 단일 치환 acetone

8. 말론산 에스터 합성(19.7절). 이러한 연속 반응은 일치환 및 이치환된 acetic acid를 합성하는데 유용하다.

1. EtO^-Na^+
2. $CH_2{=}CHCH_2Br$
3. NaOH, H_2O
4. HCl, H_2O
5. 가열

Diethyl malonate 단일 치환 acetic acid

9. Michael 반응(19.8A절). 염기성이 약한 친핵체가 알데하이드, 케톤, 에스터 혹은 나이트로, 사이아노기와 콘쥬게이션을 이루고 있는 친전자성 탄소-탄소 이중 결합에 첨가하는 반응이다. Michael 반응의 메커니즘은 처음에 염기 하에서 엔올 음이온이 형성되고, 엔올 음이온 친핵체가 Michael-받개의 β-탄소를 공격하여 새로운 공명 안정화된 엔올 음이온 중간체가 생성된 후 산소가 양성자첨가되면 엔올과 염기가 다시 생성된다. 그리고 토토머화에 의해 케토형이 되면 반응이 완결된다. Michael 반응에서 염기는 촉매량만큼 필요하다.

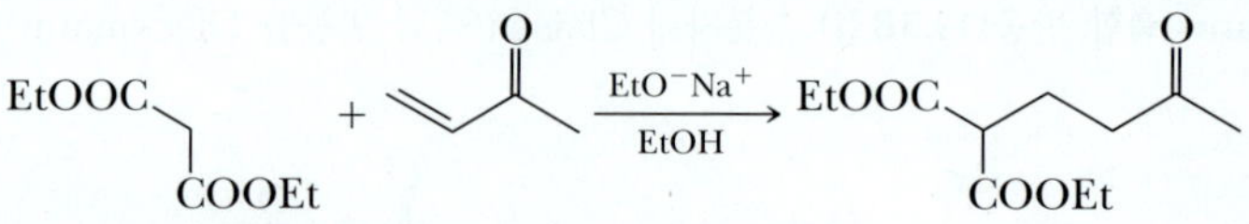

10. **Robinson 고리화 반응(19.8C절).** Robinson 고리화 반응은 Michael 반응 후, 분자내 알돌 반응과 탈수가 일어나서 치환된 2-cyclohexenone을 생성하는 반응으로 이루어져 있다.

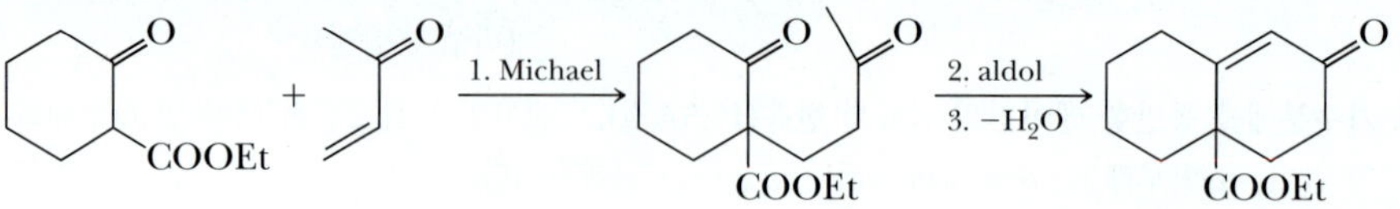

(라셈 혼합물)

11. **리튬 이유기구리(lithium diorganocuprate) 시약의 콘쥬게이션 첨가(19.8E절).** Mchael 반응과 밀접한 반응으로서 리튬 이유기구리 시약은 α,β-불포화 알데하이드와 케톤의 친전자성 이중 결합에 콘쥬게이션 첨가 반응을 일으킨다.

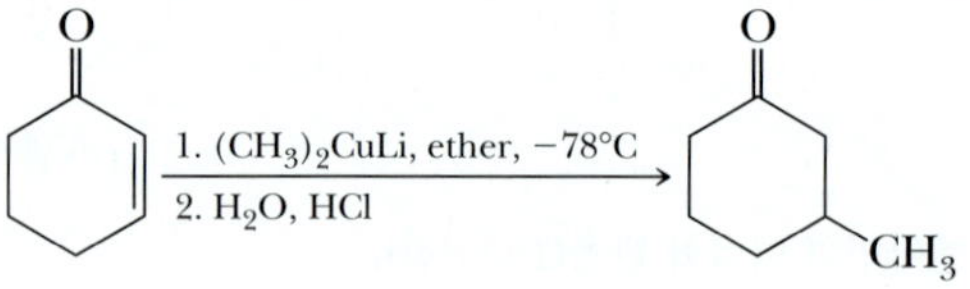

1. $(CH_3)_2CuLi$, ether, $-78°C$
2. H_2O, HCl

(라셈 혼합물)

연습 문제

붉은색 번호는 응용 문제를 나타낸다.

알돌 반응

19.18 각 화합물의 알돌 반응에 대한 생성물의 구조식과 각 알돌 생성물의 탈수 반응으로 생성된 α, β-불포화 알데하이드 혹은 케톤의 구조식을 그려라.

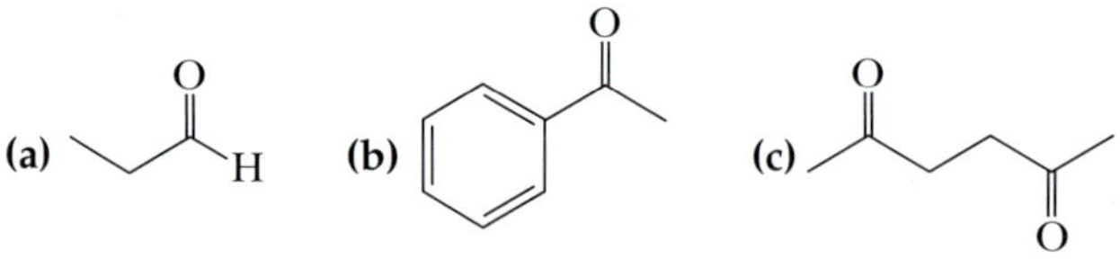

(a) **(b)** **(c)**

19.19 각 교차 알돌 반응에 대한 생성물의 구조식과 각 알돌 생성물의 탈수 반응에 의하여 얻어진 생성물의 구조를 그려라.

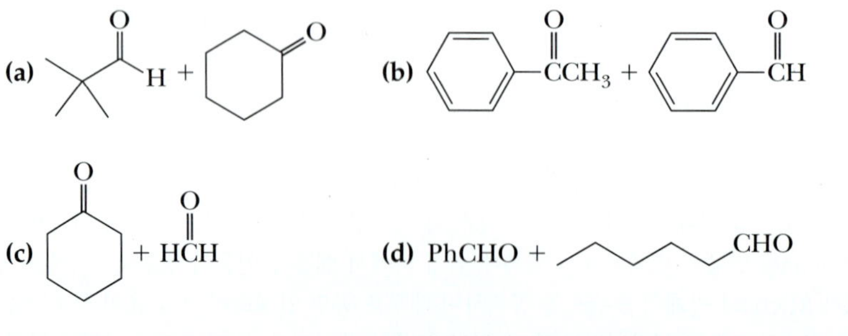

(a) **(b)** **(c)** + HCH **(d)** PhCHO +

19.20 Acetone과 2-butanone의 1:1 혼합물을 염기로 처리하면 6가지의 알돌 생성물이 가능하다. 이러한 6가지 알돌 생성물에 대한 구조를 그려라.

19.21 알돌 반응과 알돌 생성물의 탈수 반응에 의하여 다음의 각 α,β-불포화 케톤을 어떻게 제조할 수 있는지를 나타내어라.

(a) 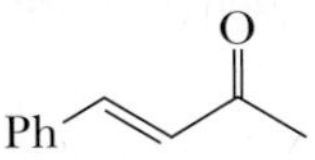 Ph (b)

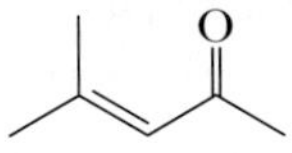

19.22 알돌 반응과 알돌 생성물의 탈수 반응으로 다음의 각 α,β-불포화 알데하이드를 어떻게 제조할 수 있는지를 나타내어라.

(a) 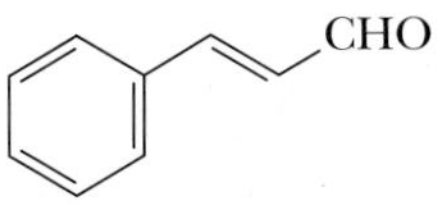 CHO (b) 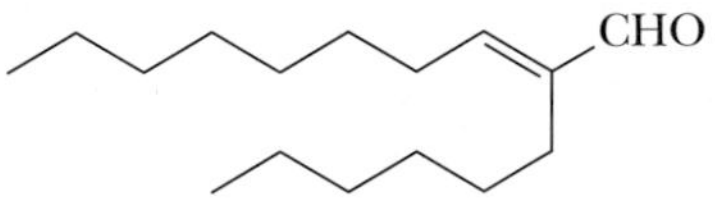 CHO

19.23 다음과 같은 화합물을 염기로 처리했을 때, 분자내 알돌 반응으로 고리를 갖는 생성물이 생성된다(수득률 78%).

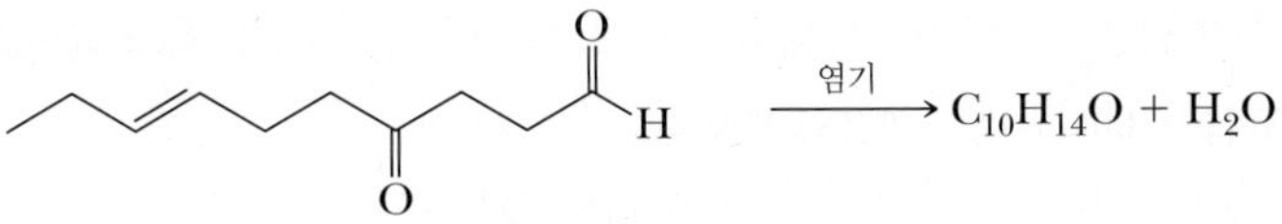

$$\xrightarrow{\text{염기}} C_{10}H_{14}O + H_2O$$

이 생성물의 구조식을 제안하여라.

19.24 Cyclohexene은 다음에 나타낸 일련의 반응으로 1-cyclopentenecarbaldehyde로 전환된다.

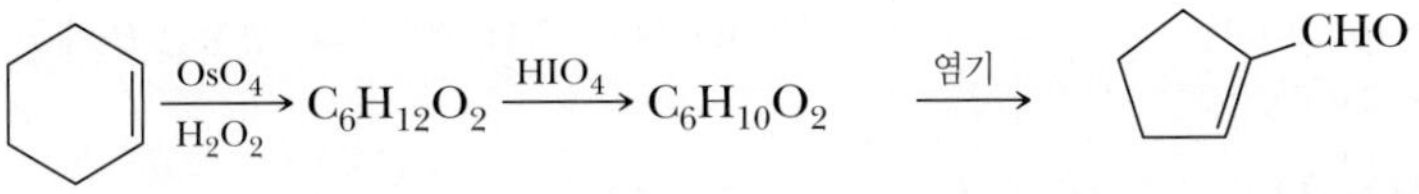

$$\xrightarrow[H_2O_2]{OsO_4} C_6H_{12}O_2 \xrightarrow{HIO_4} C_6H_{10}O_2 \xrightarrow{\text{염기}}$$

1-Cyclopentenecarbaldehyde

각각의 중간체 화합물에 대한 구조식을 제안하여라.

19.25 분자식으로 표시된 화합물에 대한 구조식을 제안하여라.

$$\xrightarrow[\text{pyridine}]{CrO_3} \textbf{A}\ (C_{11}H_{18}O_2) \xrightarrow[\text{EtOH}]{EtO^-Na^+} \textbf{B}\ (C_{11}H_{16}O)$$

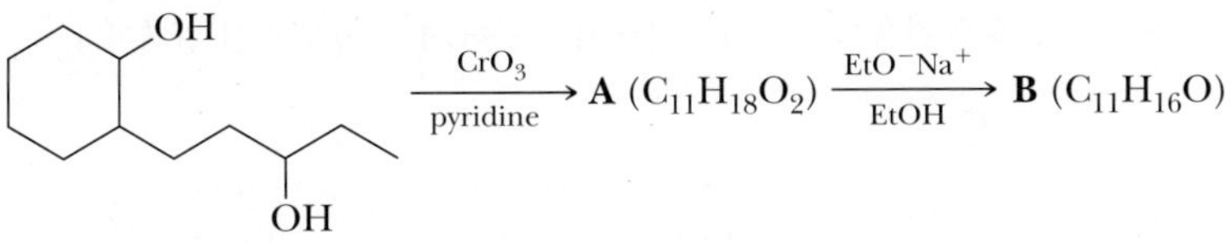

(라셈 혼합물)

19.26 아래와 같은 전환 반응이 어떻게 일어나는가?

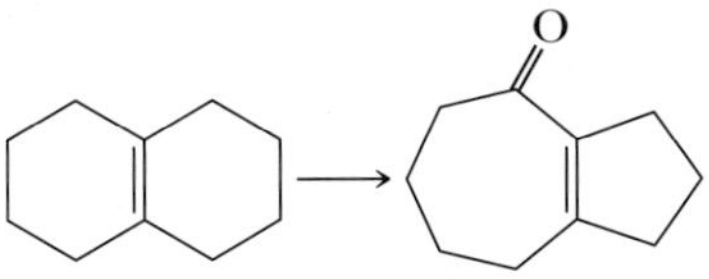

19.27 Pulegone ($C_{10}H_{16}O$)은 pennyroyal의 오일로부터 얻어진 화합물로서 박하와 장뇌의 중간 향을 띤다. Pulegone을 증기로 처리하면 acetone과 3-metylcyclohexanone이 생성된다.

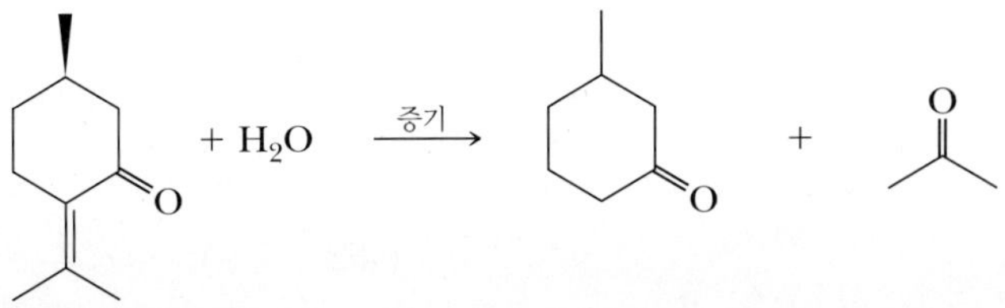

$$+ H_2O \xrightarrow{\text{증기}} \quad + $$

Pulegone **3-Methylcyclohexanone** **Acetone**

(a) 천연 pulegone은 위의 배열을 갖는다. 카이랄 중심의 배열을 *R* 혹은 *S*로 지정하여라.

(b) Pulegone을 증기로 가수분해하여 의 화합물을 생성하는 반응 메커니즘을 제안하여라.

(c) 이러한 증기 가수분해가 pulegone의 카이랄 중심의 배열에 어떠한 식으로 영향을 미치는가? 이 반응에서 생성된 3-methylcyclohexanone의 *R* 혹은 *S* 배열로 지정하여라.

19.28 산-촉매에 의한 알돌 반응과 알돌 생성물의 탈수 반응에 대한 메커니즘을 제안하여라.

$ArSO_3H$ → $+ H_2O$

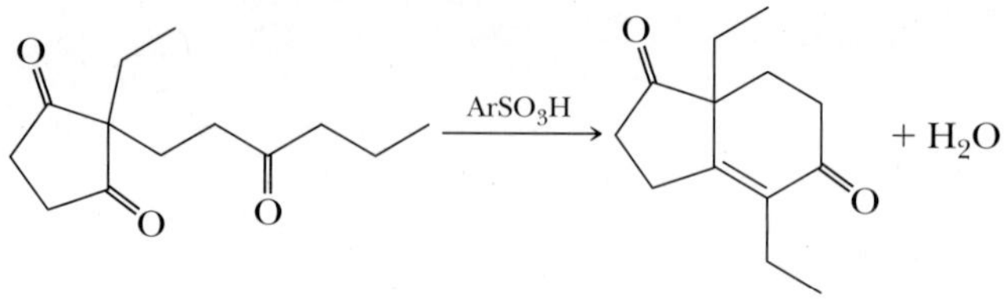

(라셈 혼합물)

Claisen 축합 반응

19.29 각 에스터의 Claisen 축합 반응의 생성물을 나타내어라.

(a) Sodium ethoxide 존재 하에서 ethyl phenylacetate

(b) Sodium methoxide 존재 하에서 methyl hexanoate

19.30 Ethyl propanoate와 ethyl butanoate를 1:1로 혼합하여 sodium ethoxide로 처리했을 때 4개의 Claisen 축합 반응 생성물이 가능하다. 이 4가지 생성물의 구조식을 그려라.

19.31 Ethyl propanonate와 다음의 각 에스터의 Claisen 축합 반응으로 생성된 *β*-케토에스터의 구조식을 그려라.

(a) EtOC(=O)—C(=O)OEt **(b)** PhC(=O)OEt **(c)** HC(=O)OEt

19.32 연습 문제 19.31에서 생성된 각 *β*-케토에스터를 비누화, 산성화, 카복시이탈 생성물의 구조식을 그려라.

19.33 Claisen 축합 반응은 다음의 일련의 반응에서 보듯이 케톤 합성의 한 단계이다.

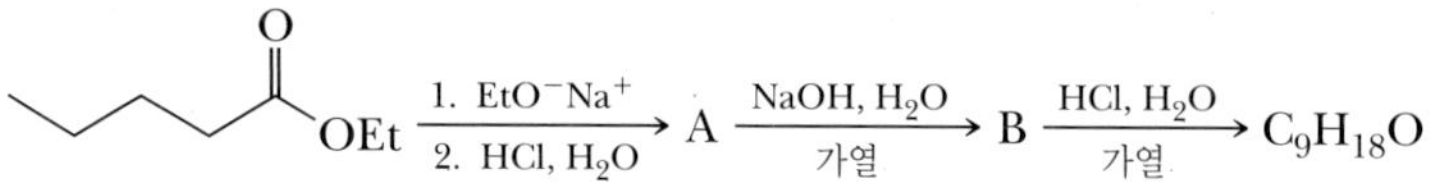

OEt $\xrightarrow[\text{2. HCl, } H_2O]{\text{1. EtO}^-\text{Na}^+}$ A $\xrightarrow[\text{가열}]{\text{NaOH, } H_2O}$ B $\xrightarrow[\text{가열}]{\text{HCl, } H_2O}$ $C_9H_{18}O$

화합물 A, B, 그리고 이 반응에서 생성된 케톤의 구조식을 제안하여라.

19.34 Claisen 축합 반응 순서와 연습 문제 19.33에 예시된 반응 순서를 이용하여 다음의 각 케톤을 합성하는 방법을 제안하여라.

(a) 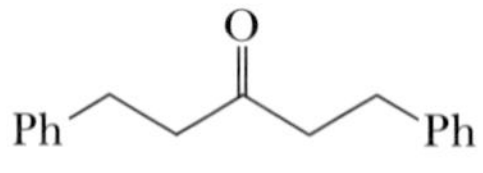 Ph ... Ph **(b)** 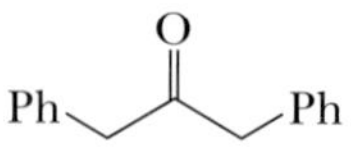 Ph ... Ph **(c)** 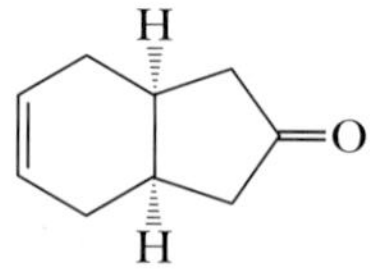 H, H

19.35 다음의 전환 반응에 대한 메커니즘을 제안하여라.

OEt $\xrightarrow[\text{2. epoxide}]{\text{1. NaH}}$ + EtOH

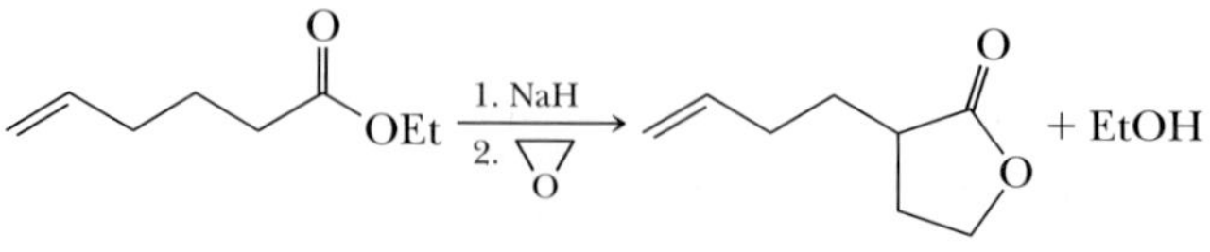

(라셈 혼합물)

19.36 Diethyl phthalate와 ethyl acetate를 Claisen 축합 반응한 후 비누화, 산성화, 카복시이탈하면 다이케톤($C_9H_6O_2$)이 생성된다.

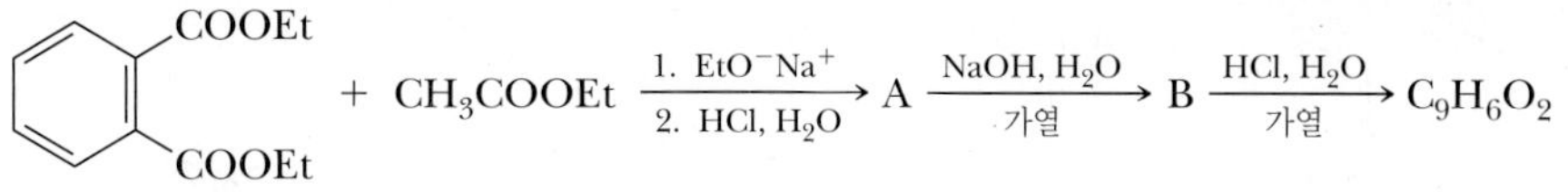

$$\text{Diethyl phthalate} + CH_3COOEt \xrightarrow[\text{2. HCl, }H_2O]{\text{1. EtO}^-\text{Na}^+} A \xrightarrow[\text{가열}]{\text{NaOH, }H_2O} B \xrightarrow[\text{가열}]{\text{HCl, }H_2O} C_9H_6O_2$$

Diethyl phthalate **Ethyl acetate**

화합물 A, B 그리고 다이케톤의 구조식을 제안하여라.

19.37 1887년 러시아 화학자인 Sergei Reformatsky는 Kiev 대학에서 알데하이드나 케톤 존재 하에서 α-할로에스터를 아연 금속으로 처리하고, 산성 수용액으로 가수분해하면 β-하이드록시에스터 화합물이 생성되는 것을 발견하였다. 이 반응은 주요 중간체가 에스터 엔올 음이온의 아연염인 유기금속 화합물이므로 Grignard 반응과 유사하다. 그러나 Grignard 시약은 반응성이 너무 커서 에스터와 자체 축합 반응(self-condensation)을 일으킨다.

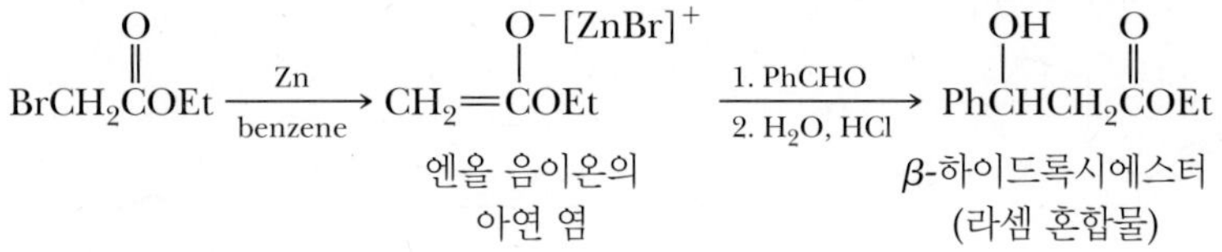

$$BrCH_2COEt \xrightarrow[\text{benzene}]{\text{Zn}} CH_2{=}C(O^-[ZnBr]^+)OEt \xrightarrow[\text{2. }H_2O,\text{ HCl}]{\text{1. PhCHO}} PhCH(OH)CH_2COEt$$

엔올 음이온의 아연 염

β-하이드록시에스터 (라셈 혼합물)

알데하이드나 케톤과 α-할로에스터로부터 다음의 각 화합물들을 합성하는데 Reformatsky 반응이 어떻게 이용되는지를 나타내어라.

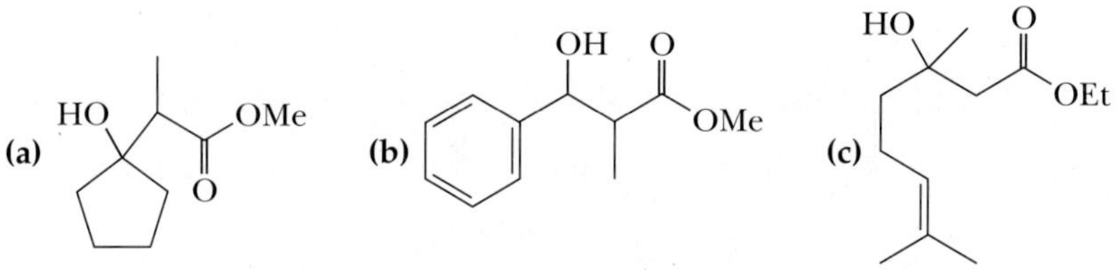

(a) HO, OMe, O (4개의 입체 이성질체의 2개 라셈 혼합물)

(b) OH, O, OMe (4개의 입체 이성질체의 2개 라셈 혼합물)

(c) HO, O, OEt (라셈 혼합물)

19.38 19세기 이후 유기 화학자들이 맨 처음 연구한 많은 형태의 카보닐 축합 반응들은 특별한 이름을 얻게 되었다. 다음 이름의 축합 반응의 메커니즘을 제시하여라.

(a) Perkin 축합 반응: 방향족 알데하이드와 산 무수물의 축합 반응

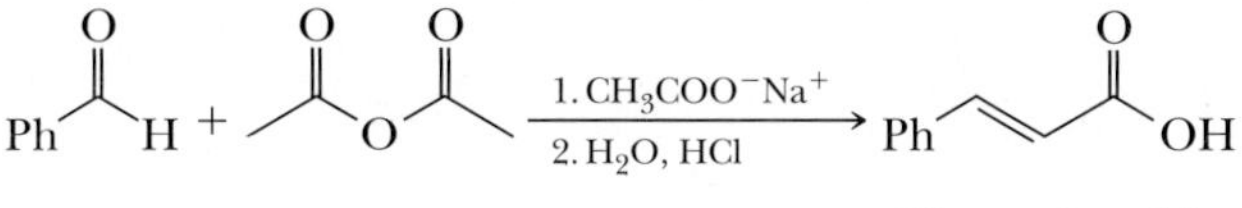

$$PhCHO + (CH_3CO)_2O \xrightarrow[\text{2. }H_2O,\text{ HCl}]{\text{1. }CH_3COO^-Na^+} PhCH{=}CHCOOH$$

Cinnamic acid

(b) Darzens 축합 반응: 케톤이나 방향족 알데하이드와 α-할로에스터의 축합 반응

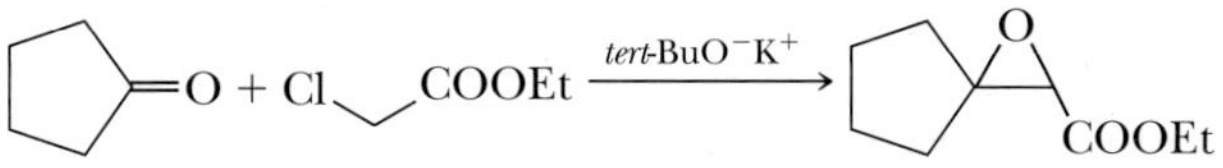

$$\text{Cyclopentanone} + Cl\text{-}CH_2\text{-}COOEt \xrightarrow{tert\text{-BuO}^-K^+} \text{epoxide (COOEt)}$$

엔아민

19.39 2-Methylcyclohexanone을 pyrrolidine으로 처리하면 2개의 엔아민 이성질체가 생성된다.

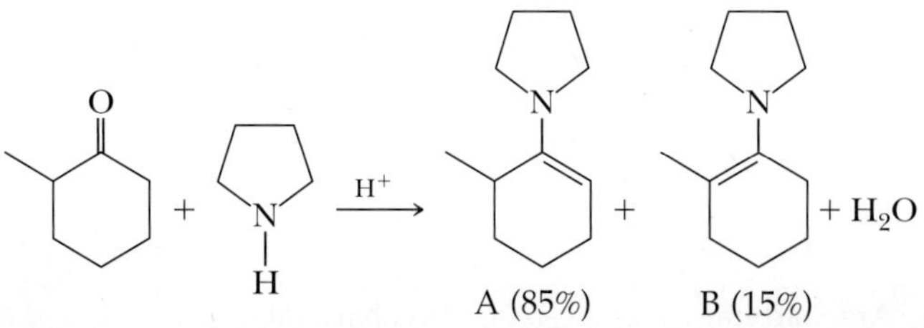

$$\text{2-Methylcyclohexanone} + \text{pyrrolidine (N–H)} \xrightarrow{H^+} A\ (85\%) + B\ (15\%) + H_2O$$

덜 치환된 이중 결합의 엔아민 A가 열역학적으로 선호되는 생성물인 이유는 무엇인가? (두 가지 엔아민의 모형을 살펴보면 도움이 될 것이다.)

19.40 엔아민은 methyl iodide와 정상적으로 반응하여 두 가지 생성물을 생성한다. 하나는 질소에 알킬화가 일어난 것이고, 두 번째는 탄소에 알킬화가 일어난 것이다. 예를 들면,

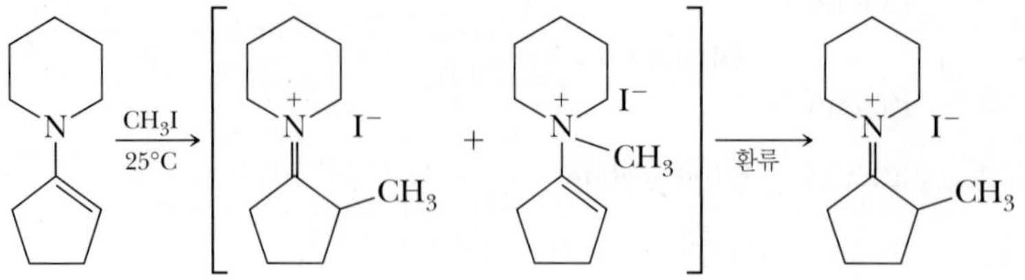

CH_3I, 25°C → [C-알킬화 생성물 + N-알킬화 생성물] 환류 → (라셈 혼합물)

C-알킬화와 *N*-알킬화 생성물의 혼합물을 가열하면 *C*-알킬화 생성물만 얻어진다. 이러한 이성질화 반응의 메커니즘을 제안하여라.

19.41 다음의 전환 반응에 대한 메커니즘을 제안하여라.

+ Br, Br —COOMe 1. Et_3N, 가열 2. H_3O^+ → MeOOC, O

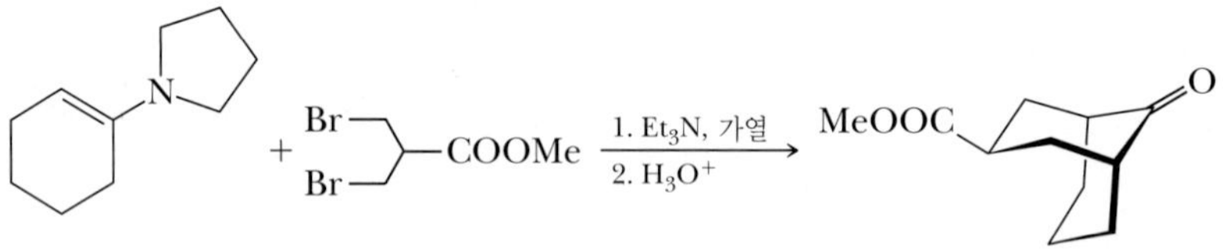

19.42 다음 중간체 화합물은 유방암 및 난소암과 같이 에스트로젠에 의존하는 암을 치료하는 항에스트로젠 의약으로 널리 사용되는 tamoxifen의 합성에 필요하다.

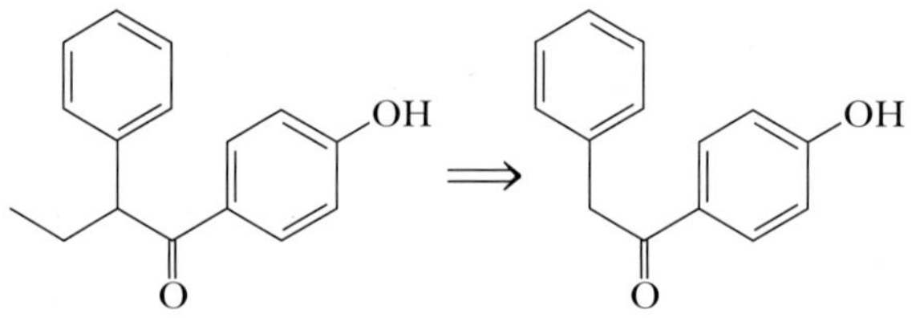

OH ⟹ OH

Tamoxifen
합성에 필요함

(A)

화합물 A로부터 이 중간체의 합성 과정을 제안하여라.

19.43 다음 반응의 메커니즘을 제안하여라.

HC(=O) CH(=O) + CH_3NH_2 —산→ N–CH_3 + $2H_2O$

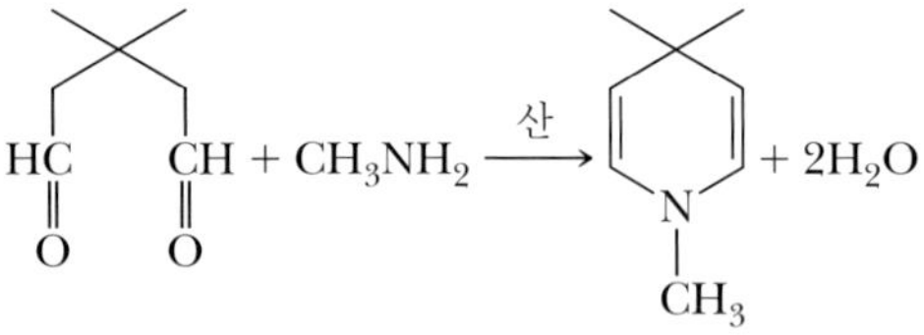

아세토아세트산 에스터와 말론산 에스터 합성

19.44 Diethyl malonate의 다음과 같은 유도체의 합성 과정을 제안하여라. 이 유도체들은 barbiturate 합성의 출발 물질로 사용된다.

(a) COOEt, COOEt

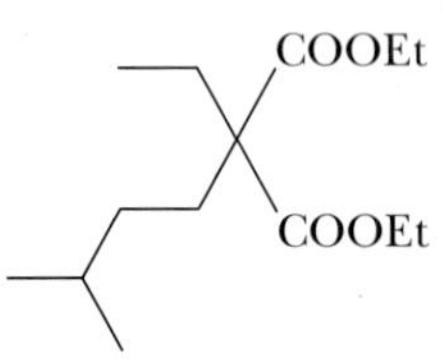

Amobarbital
합성에 필요함

(b) COOEt, COOEt

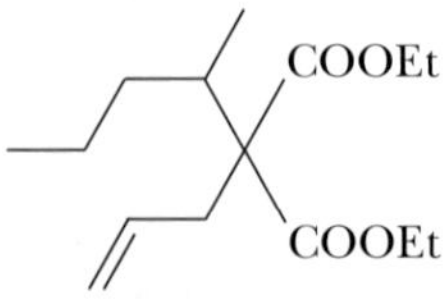

Secobarbital
합성에 필요함

19.45 2-Propylpentanoic acid (valproic acid)은 짧은 시간에 갑작스럽게 의식을 잃는 간질을 치료하는 데 효과적인 의약품이다. Dimethyl malonate를 출발 물질로 하여 valproic acid 합성 과정을 제안하여라.

19.46 말론산 에스터 합성이나 혹은 아세토아세트산 에스터 합성을 이용하여 다음의 화합물을 어떻게 합성하는지를 나타내어라.

(a) 4-Phenyl-2-butanone **(b)** 2-Methylhexanoic acid
(c) 3-Ethyl-2-pentanone **(d)** 2-Propyl-1,3-propanediol
(e) 4-Oxopentanoic acid **(f)** 3-Benzyl-5-hexene-2-one
(g) Cyclopropanecarboxylic acid **(h)** Cyclobutyl methyl ketone

19.47 다음의 일련의 반응에서 2-carbethoxy-4-butanolactone과 4-butanolactone (γ-butyrolactone)의 생성에 관한 메커니즘을 제안하여라.

EtO(C=O)CH2(C=O)OEt —(1. EtO^-Na^+, 2. ethylene oxide)→ 2-carbethoxy-4-butanolactone —(3. NaOH, H_2O, 가열; 4. HCl 가열)→ 4-butanolactone

2-Carbethoxy-4-butanolactone **4-Butanolactone (γ-Butyrolactone)**

19.48 연습 문제 19.47에 있는 4-butanolactone의 합성 과정이 다음에 제시된 락톤 (a)와 (b)의 합성에 어떻게 이용되는지를 나타내어라. 락톤 (a)와 (b)는 복숭아 향을 띠며, 향료로 사용된다. 이러한 합성을 하기 위하여 탄소 원자의 원료로서 diethyl malonate, ethylene oxide, 1-bromoheptane, 1-nonene을 사용하여라.

(a) (라셈 혼합물) **(b)** (라셈 혼합물)

› Michael 반응

19.49 다음에 제시된 합성 과정은 항 콜린 작용성 의약품인 benzilonium bromide의 전합성 과정에서 중간체 제조에 이용된다.

$EtNH_2$ + $CH_2=CHCO_2CH_3$ → (A) —(1. $BrCH_2CO_2Me$)→ (B) —(2. MeO^-Na^+, 3. H_3O^+)→ (C) —(4. NaOH, H_2O; 5. H_3O^+, 가열)→ (D) —(6. $NaBH_4$)→ 1-ethyl-3-pyrrolidinol (라셈 혼합물)

중간체 A, B, C, D의 구조식을 제안하여라.

19.50 다음의 일련의 반응 과정에서 괄호 안의 중간체와 두 고리(bicyclic) 케톤의 생성에 대한 메커니즘을 제안하여라.

1-pyrrolidinylcyclopentene + methyl vinyl ketone → [반응 중간체 (분리되지 않음)] —(1. H_3O^+, 2. KOH)→ bicyclic enone (라셈 혼합물)

직접 알돌과 알킬화반응

19.51 다음에 나타낸 것과 같은 주 생성물과 부 생성물의 분포를 주는 실험 조건에 대해 설명하여라.

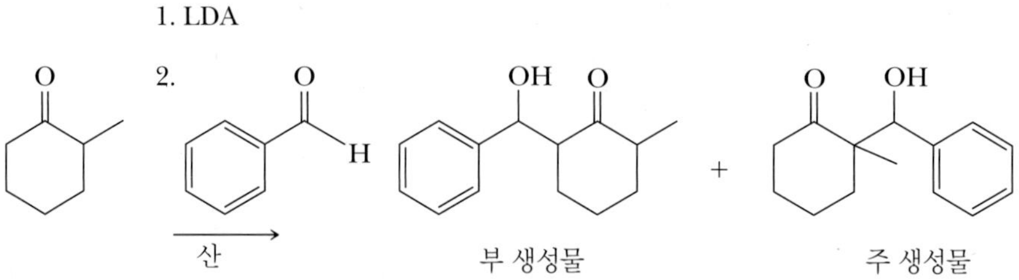

1. LDA
2. (benzaldehyde)
산

주 생성물 + 부 생성물

1. LDA
2. (benzaldehyde)
산

부 생성물 + 주 생성물

19.52 첫 번째 반응 단계에서 케톤에 비해 0.95 당량의 LDA를 사용하였을 경우 왜 다음 반응의 주 생성물로 생성되는가?

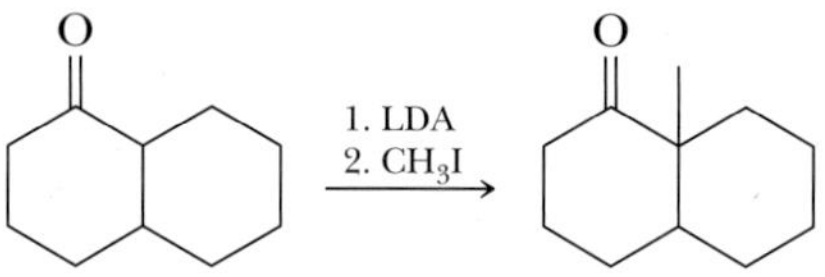

1. LDA
2. CH_3I

역합성 분석

19.53 이 장의 한 가지 반응을 이용하여 각각의 구조(a~f)를 생성에 필요한 올바른 출발 물질(A~L)을 나타내어라. 사용된 반응의 형태를 말하여라.

(a) 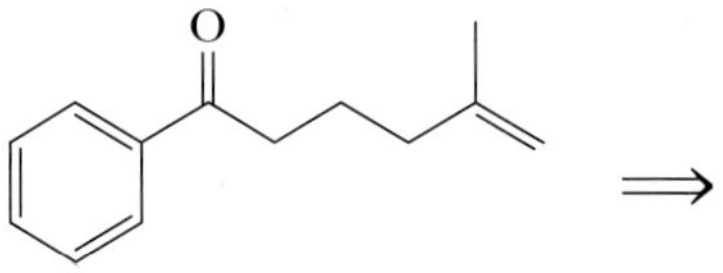 ⟹

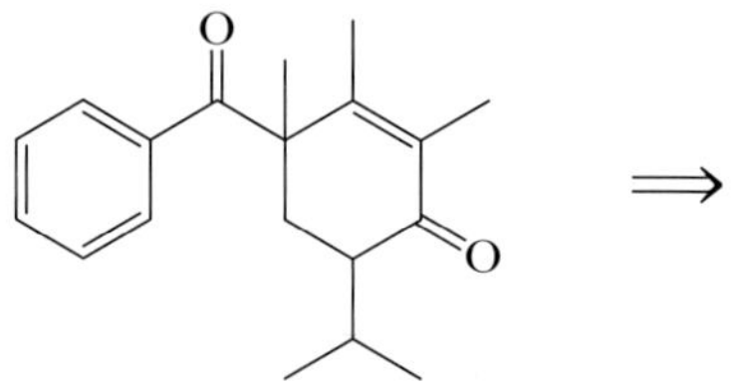

(b) 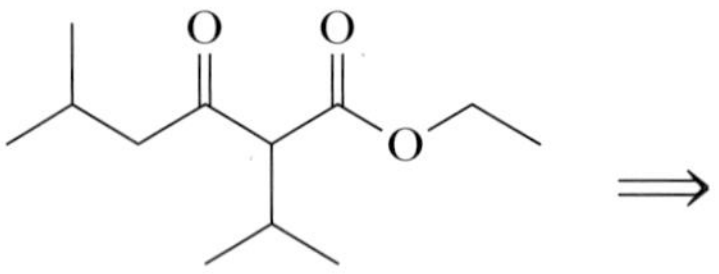 ⟹

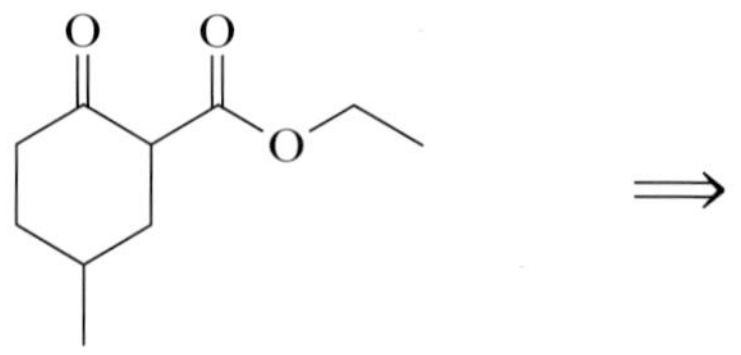

(c) 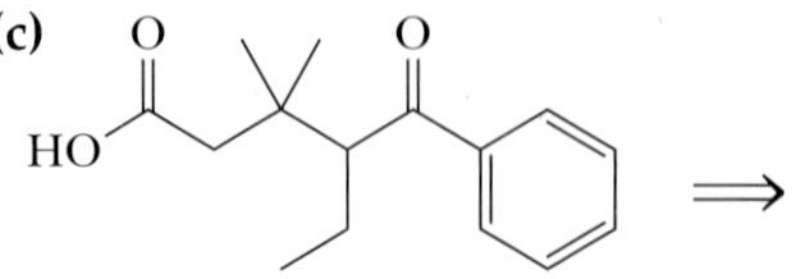 ⟹

(d) ⟹

(e) ⟹

(f) 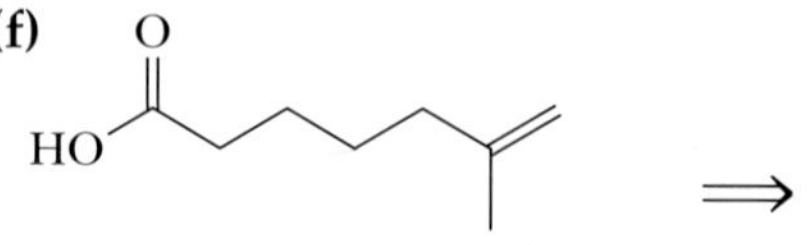 ⟹

Br

A

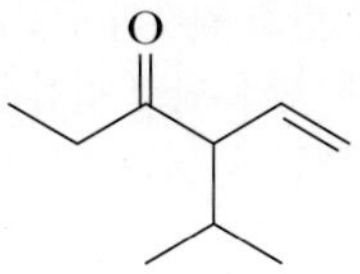

B

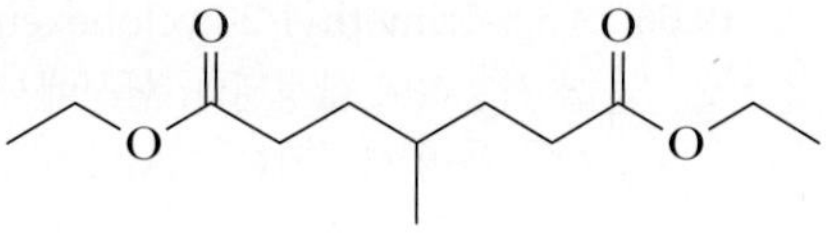

C

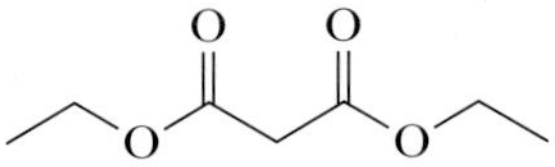

D

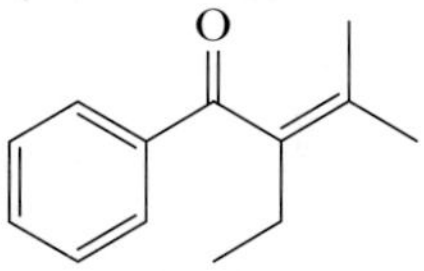

E

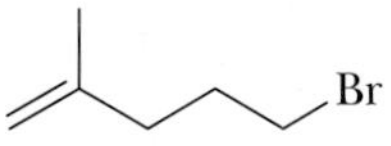

Br

F

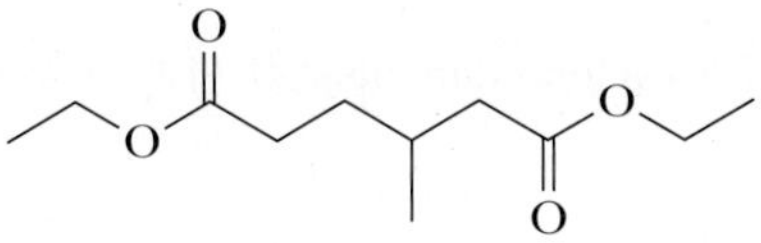

G

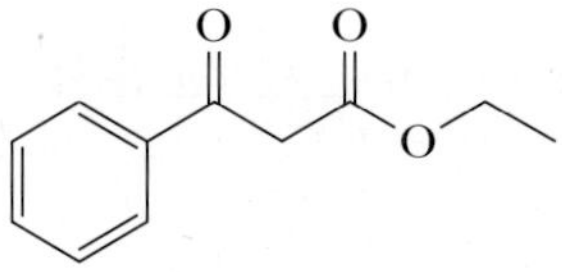

H

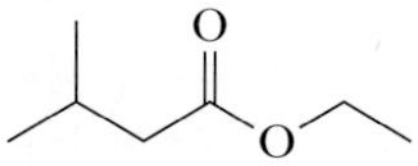

I

Br

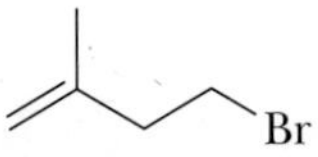

J

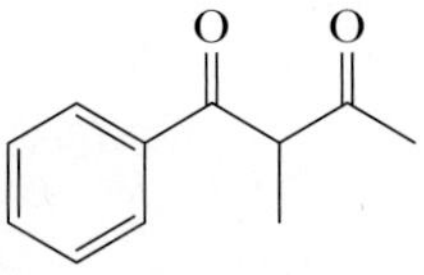

K

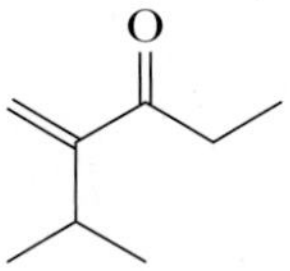

L

합성

19.54 다음의 합성을 시행할 수 있는 실험 조건을 제시하여라.

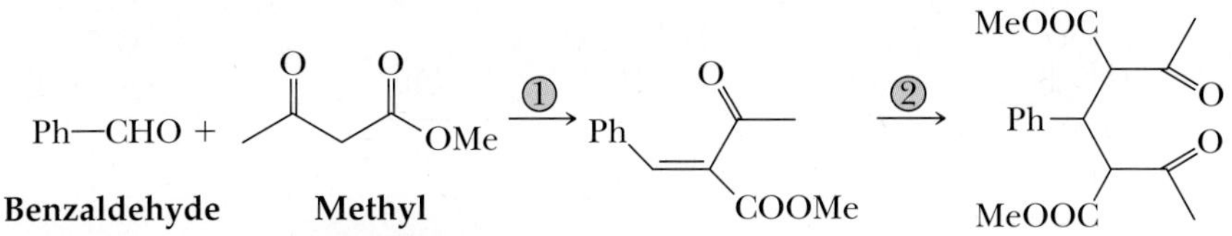

Ph—CHO + (Methyl acetoacetate, OMe) —①→ Ph, COOMe —②→ MeOOC, Ph, MeOOC

Benzaldehyde **Methyl acetoacetate**

19.55 Nifedipine (Procardia, Adalat)은 칼슘 통로 차단제로 불리는 의약품의 일종으로서 운동에 의해서 일어나는 협심증을 포함한 다양한 형태의 심장 질환을 치료하는 데 효과가 있다. 2-Nitrobenzaldehyde, methyl acetoacetate, 암모니아로부터 어떻게 nifedipine이 합성되는지를 나타내어라. [*힌트*: 연습 문제 19.43과 19.54의 해답을 복습하여 이 문제 풀이에 활용한다.]

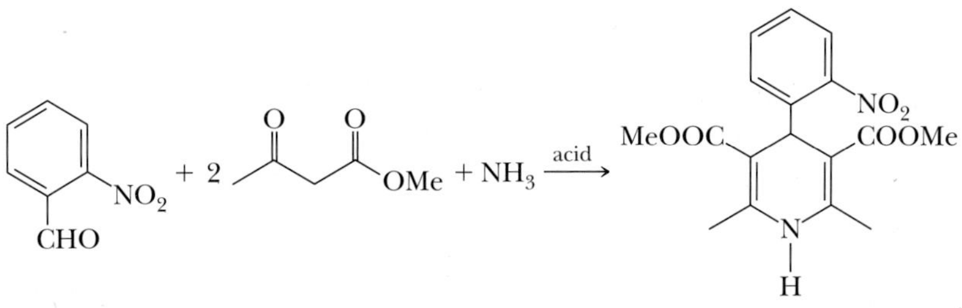

(NO_2, CHO) + 2 (OMe) + NH_3 —acid→ (MeOOC, NO_2, COOMe, N, H)

Nifedipine

19.56 3,5,5-Trimethyl-2-cyclohexenone은 탄소 원자의 원료로서 acetone과 ethyl acetoacetate를 사용하여 합성된다. 합성에서 새로운 탄소-탄소 결합은 알돌 반응과 Michael 반응의 조합에 의하여 형성된다. 이러한 합성이 수행될 수 있는 시약과 반응 조건을 나타내어라.

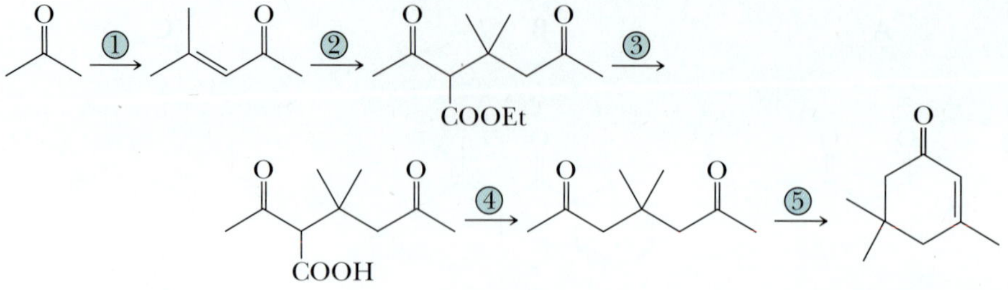

COOEt

COOH

3,5,5-Trimethyl-2-cyclohexenone

19.57 다음에 제시된 β-다이케톤은 엔아민 반응을 사용하여 cyclopentanone과 산 염화물로부터 합성될 수 있다.

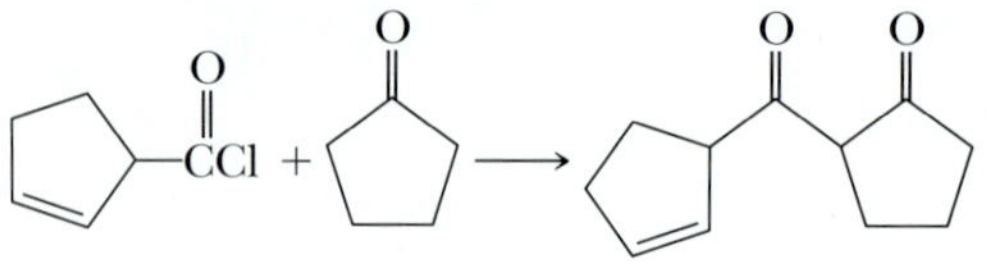

CCl

(라셈 혼합물)

(a) Cyclopentene으로부터 산 염화물 출발 물질의 합성을 제안하여라.

(b) Morpholine 엔아민을 사용하여 β-다이케톤 합성 과정의 반응 단계를 나타내어라.

19.58 Oxanamide는 약한 진정제이다. 아래의 역합성 과정에서 보듯이 oxanamide를 합성하기 위한 탄소 원자의 원료는 butanal이다.

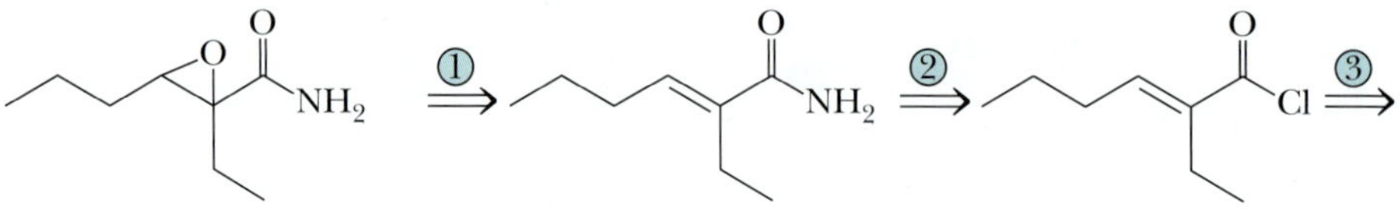

NH_2 NH_2 Cl

Oxanamide

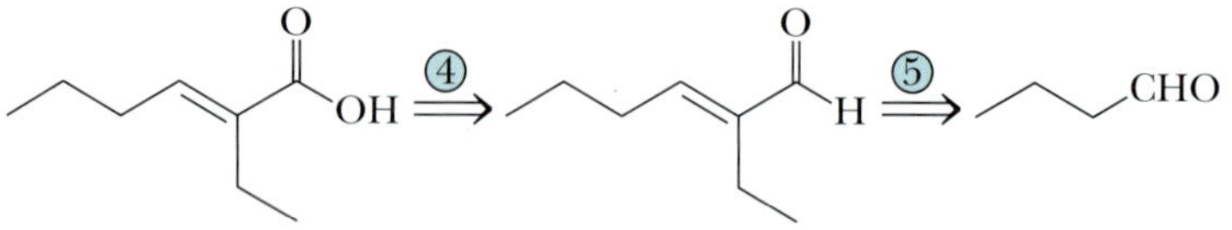

OH H CHO

Butanal

(a) Butanal로부터 oxanamide 합성에 대한 시약과 실험 조건을 제시하여라.

(b) Oxanamide에는 몇 개의 카이랄 중심이 있는가? 이 화합물에 가능한 입체 이성질체는 몇 개인가?

19.59 항응혈제로 널리 사용되는 warfarin (18장의 화학 관련 이야기 '곰팡이가 생긴 클로버에서 혈액 희석제로' 참조)은 아래의 역합성에서 보듯이 4-hydoxycoumarin, benzaldehyde 및 acetone으로부터 합성된다. 이 시약들로부터 warfarin이 어떻게 합성되는지를 나타내어라.

Warfarin
(합성 항응혈제,
라셈 혼합물)

4-Hydroxy-
coumarin

Acetone

Benzaldehyde

19.60 다음은 비타민 A의 공업적인 합성에서의 중간체에 대한 역합성 분석이다.

(비타민 A 합성에 필요)

Ethyl acetoacetate

+ HCl

2-Methyl-1,3-butadiene
(Isoprene)

(a) HCl 1 몰을 isoprene에 첨가하면 4-chloro-2-methly-2-butene이 주 생성물로 얻어진다. 이러한 첨가 반응의 메커니즘을 제시하고, 위치선택성을 설명하여라.

(b) 이러한 allylic chloride와 ethyl acetoacetate로부터 비타민 A 선구 물질의 합성 과정을 제시하여라.

19.61 다음의 합성 단계는 서구 소나무좀(western pine beetle)의 페로몬(pheromone)인 frontalin을 합성하는 여러 가지 방법들 중의 하나이다.

Diethyl
malonate

조건(8)에 의해
고리화

(라셈 혼합물)　(라셈 혼합물)

Frontalin
(라셈 혼합물)

(a) 1~8단계에 대한 시약을 제시하여라.

(b) 8단계로부터 frontalin까지 케토다이올(ketodiol)의 고리화 반응에 대한 메커니즘을 제안하여라.

19.62 2-Ethyl-1-hexanol은 자외선을 방지하는 octyl *p*-methylcinnamate를 합성하는 데 필요하다. 이 알코올이 (a) butanal 알돌 반응에 의하여, (b) diethyl malonate로 시작하는 말론산 에스터 합성에 의하여 어떻게 만들 수 있는지 나타내어라.

19.63 Gabapentin은 간질을 치료하는 데 사용되는 항경련제이며, 신경전달물질인 4-aminobutanoic acid (GABA)과 구조적으로 관련이 있다.

NH_2 COOH γ β α

Gabapentin **4-Aminobutanoic acid (γ-Aminobutyric acid, GABA)**

Gabapentin은 GABA보다 더 친지질성으로 고안되었으므로, 수동 확산(passive diffusion)에 의하여 친수성 화합물이 뇌로 들어오는 것을 억제하고 뇌에서 모세관 계(capillary system)를 둘러싼 지질과 비슷한 성격을 가진 보호막인 혈액뇌장벽(blood brain barrier)을 더 잘 통과할 수 있을 것이다. 다음의 역합성 분석을 참고로 gabapentin의 합성법을 제안하여라.

NH_2 COOH ① ⟹ NH_2 COOEt ② ⟹ CN COOEt ③ ⟹

Gabapentin

COOEt COOEt ④ ⟹ =O + COOEt COOEt

Cyclohexanone **Diethyl malonate**

19.64 다음의 세 가지 succinimide 유도체는 간질(특히 가벼운 발작증) 치료에 사용되는 것으로 알려져 있다.

Ph O N O CH_3 — **Methsuximide** (라셈 혼합물)

O N O H — **Ethosuximide** (라셈 혼합물)

Ph O N O CH_3 — **Phensuximide** (라셈 혼합물)

다음은 phensuximide의 합성 과정이다.

Ph—CHO + CN COOEt —NaOEt→ Ph CN H COOEt —KCN→ Ph CN NC COOEt —1. NaOH, H_2O 2. HCl, H_2O 3. 가열→

Benzaldehyde **Ethyl cyanoacetate** (A) (B) (라셈 혼합물)

Ph HOOC COOH ⟶ Ph EtOOC COOEt —CH_3NH_2→ Ph O N O CH_3

(C) (라셈 혼합물) (D) (라셈 혼합물) **Phensuximide** (라셈 혼합물)

(a) (A)의 생성에 대한 메커니즘을 제안하여라.
(b) (A)를 (B)로 전환에 사용된 반응 형태는 어떤 인명(사람의) 반응인가?
(c) (B)를 (C)로 전환에 사용된 화학을 설명하여라. 여러분은 상세한 메커니즘을 제시할 필요는 없으며, 처음에 (B)를 NaOH로 처리했을 때와 연속하여 HCl로 처리한 후 가열했을 때 일어난 것을 설명하면 된다.
(d) (C)를 (D)로 전환하는 반응의 실험 조건을 제시하여라.
(e) (D)를 phensuximide로 전환하는 반응의 메커니즘을 제시하여라.
(f) Ethosuximide와 methsuximide를 제조할 수 있는 이와 똑같은 합성 전략을 제시하여라.
(g) 이 세 가지 항경련제 가운데 한 개는 다른 두 개보다 더 산성이다. pK_a를 추정해 보고, 산도를 설명하여라. 이 산도를 phenol 및 acetic acid의 산도와 비교하여라.

19.65 진통제인 meperidine (Demerol)은 morphine의 습관성 효과를 갖지 않는 진통제를 찾던 중 개발되었다. 이러한 구조식에서 보듯이 이 구조는 morphine의 구조를 단순화한 것이다.

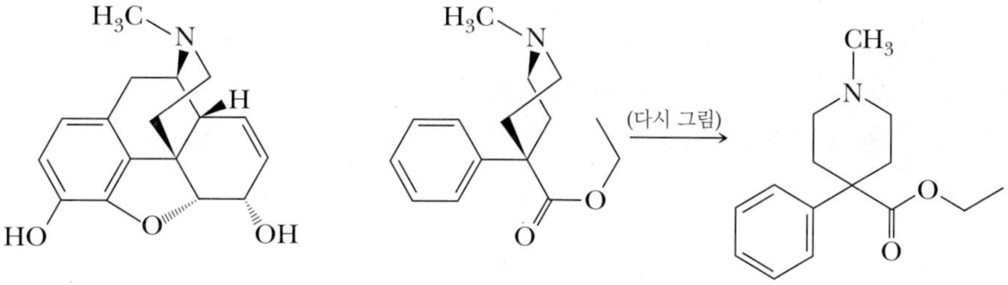

H_3C N H HO O OH

Morphine

H_3C N O O (다시 그림) CH_3 N O O

Meperidine

Meperidine은 phenylacetonitrile을 2 몰의 sodium hydride (NaH) 존재 하에 1 몰의 bis (*N*-2-chloroethyl) methlyamine으로 처리하여 생성된 (A)에 의해 합성된다. (A)를 진한 sodium hydoxide (NaOH)로 환류시킨 후, 반응 혼합물을 묽은 HCl로 중화하면 (B)가 생성된다. (B)를 1 당량의 HCl 존재 하에서 에탄올로 처리하면 hydrochloride 염 형태의 meperidine이 합성된다.

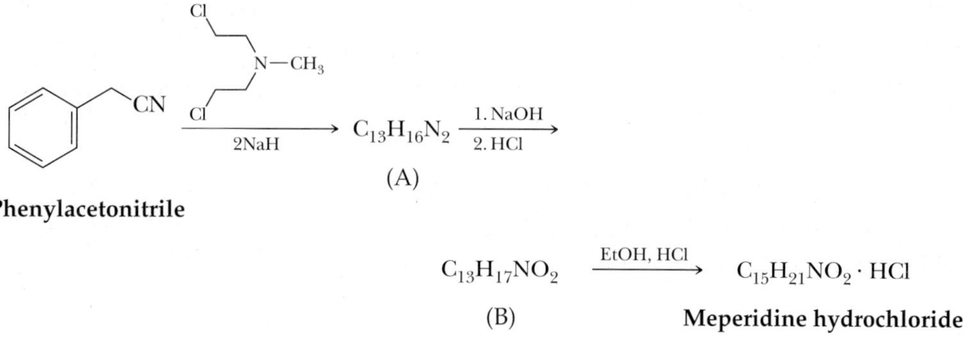

Cl N—CH_3 Cl CN

$\xrightarrow{2NaH}$ $C_{13}H_{16}N_2$ $\xrightarrow[2.\ HCl]{1.\ NaOH}$

(A)

Phenylacetonitrile

$C_{13}H_{17}NO_2$ $\xrightarrow{EtOH,\ HCl}$ $C_{15}H_{21}NO_2 \cdot HCl$

(B) **Meperidine hydrochloride**

(a) (A)와 (B)의 구조식을 제시하여라.
(b) (A)생성에 대한 메커니즘을 제안하여라.

19.66 관상동맥 혈관 확장제인 verapamil (Effexor)은 심근으로 혈액이 충분히 흐르지 못해 야기된 협심증을 치료하는 데 사용된다. 관상동맥 혈관에 대한 그 효과는 지난 30년 넘게 인식되어 왔지만, 최근에는 이 화합물이 칼슘 통로 차단제 역할을 한다고 이해되고 있다. 다음에 수렴 합성(convergent synthesis)으로 이루어진 역합성 분석이 제시되었다. 이 합성은 A와 B가 독립적으로 만들어진 후 결합하여 마지막 생성물을 생성하므로 수렴 합성이다. 일반적으로 수렴 합성은 골격 구조를 단계적으로 증가시켜 나가는 합성보다 더 효과적이다.

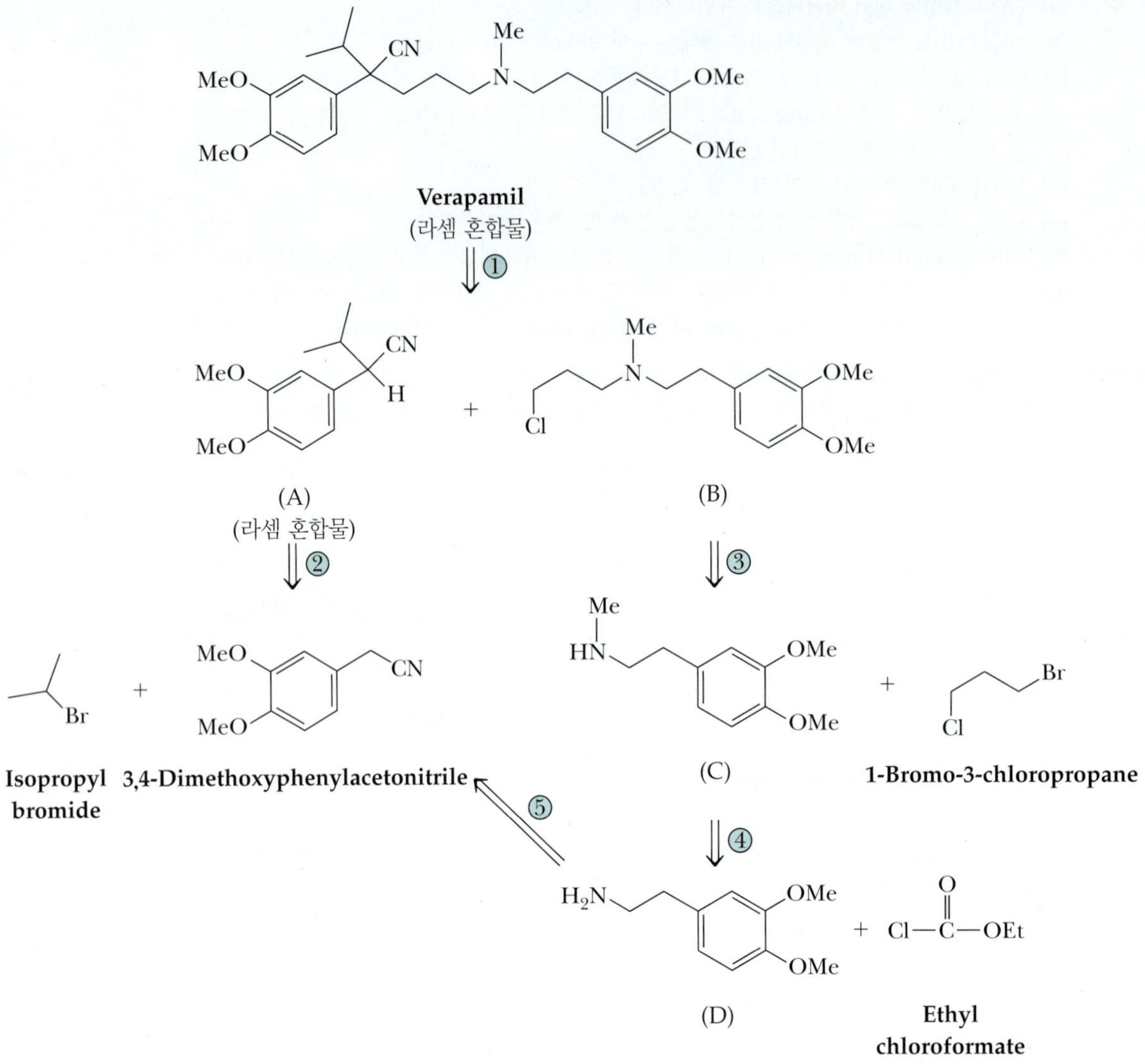

Verapamil
(라셈 혼합물)

⇓ ①

(A)
(라셈 혼합물)

(B)

⇓ ②

⇓ ③

Isopropyl bromide 3,4-Dimethoxyphenylacetonitrile

(C)

1-Bromo-3-chloropropane

⑤

⇓ ④

(D)

Ethyl chloroformate

(a) 이러한 역합성에서 4개의 명명된 출발 물질로부터 verapamil의 합성 과정을 제시하여라.

(b) (D)를 (C)로 전환하려면 두 단계가 필요하다. 첫 단계는 (D)를 ethyl chloroformate로 처리하는 것이다. 이 첫 단계의 생성물은 무엇인가? 이 생성물을 (C)로 전환하려면 무슨 시약이 사용되는가?

(c) (C)를 (B)로 전환시키는 친핵성 치환 반응의 위치선택성을 어떻게 설명할 수 있는가?

19.67 다음의 역합성 분석에 기초하여 항응혈제(혈액의 응혈 억제)인 diphenadione의 합성 과정을 제시하여라.

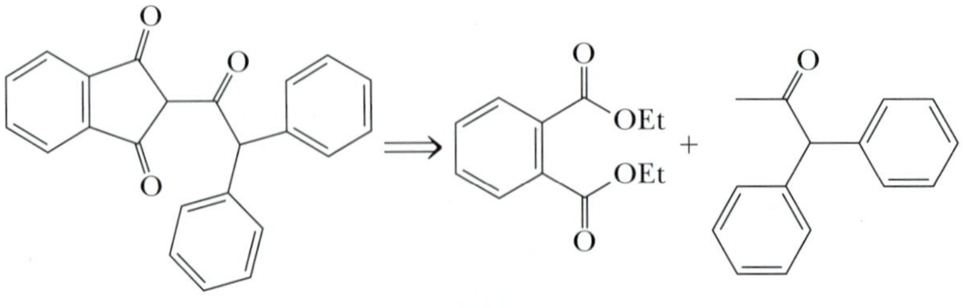

Diphenadione ⟹ Diethyl phthalate +

이 화합물은 이러한 혈액의 항응고성 활성 때문에 쥐약으로도 사용된다. 항응혈제 dicoumarin의 발견에 대한 이야기를 알아보기 위해서는 18장의 화학 관련 이야기 '곰팡이가 생긴 클로버에서 혈액 희석제로'를 참조한다.

19.68 다음은 항콜린성 의약품인 cycrimine에 대한 두 가지 가능한 역합성 분석이다. 각각의 가능한 합성 과정을 상세하게 제시하여라.

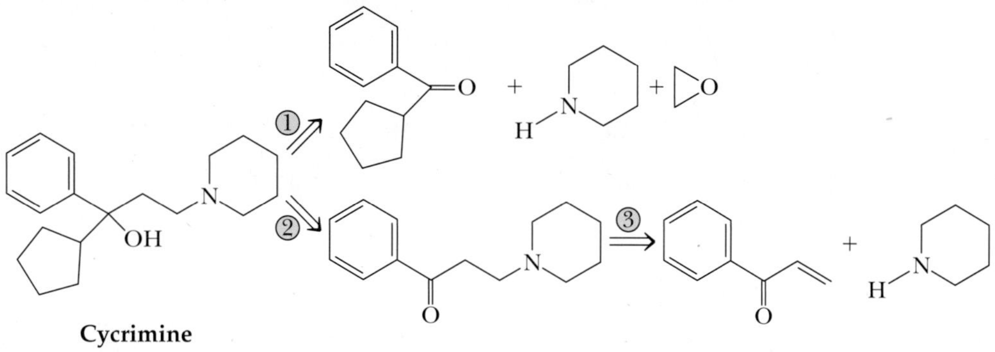

Cycrimine
(라셈 혼합물)

19.69 진정제인 valnoctamide가 carboxamide의 공급원으로서 diethyl malonate를 사용하여 어떻게 합성될 수 있는지를 나타내어라.

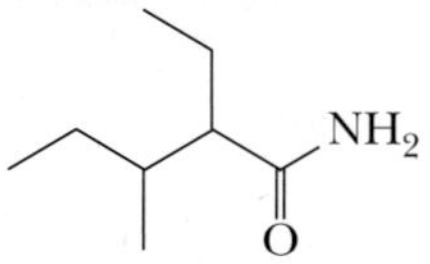

2-Ethyl-3-methylpentanamide
(**Valnoctamide**; 라셈 혼합물)

19.70 연습 문제 7.28에서 스테로이드 호르몬인 progesterone에 대한 Johnson의 두 단계 합성을 보았다. 3단계에서 생성된 중간체의 구조식과 4단계에서 이 화합물이 progesterone으로 전환되는 메커니즘을 제시하여라.

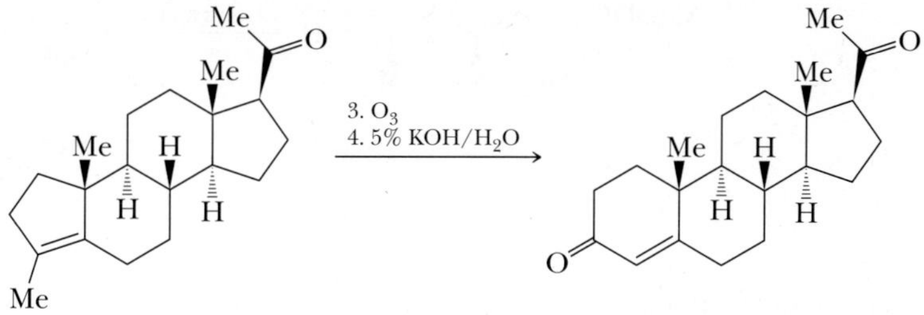

3. O_3
4. 5% KOH/H_2O

C

Progesterone

19.71 폴리에터 항생제인 Monensin은 1967년에 *Streptomyces cinamonensis*의 품종에서 추출되었으며, 구조는 이후에 결정되었다.

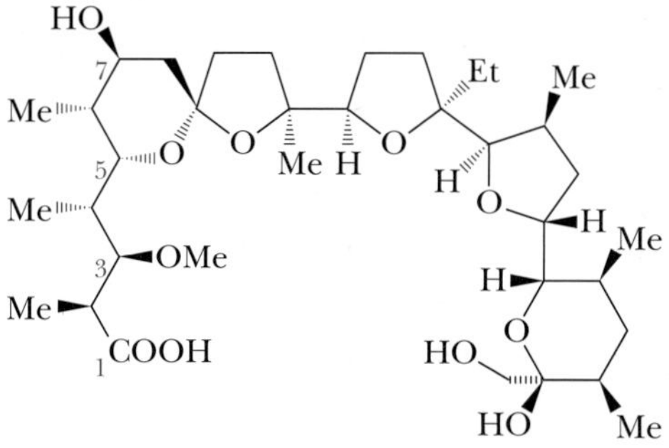

Monensin

이 화합물은 anticoccidial 활성에 널리 효과가 있는 것으로 나타났으며, 1971년에 도입된 후로 가금류의 coccidal 감염을 치료하거나 가축 사료의 첨가제로 사용되어 왔다. Y. Kishi는

Monensin의 합성에서 분절의 분자를 고안하고, 이들을 결합시켜 목표 분자를 합성하였다. 다음은 그가 Monensin의 왼쪽에 있는 7개의 탄소 사슬의 분자 구조를 합성한 과정이다.

1~14단계의 시약을 제시하여라. 이 분자는 5개의 카이랄 중심을 포함하고 있음을 주목하라. 여러분들은 각 단계의 입체 화학을 설명할 필요는 없으며, 각 단계에서 필요한 시약만을 제시하면 된다.

유기 화학 반응 로드맵

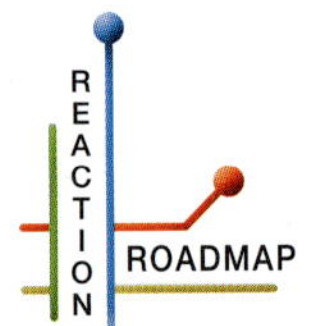

19.72 이제 우리는 계속하여 유기 화학 로드맵을 사용한다. 현재까지 탄소-탄소 결합 형성 반응의 새롭고 독특한 성질 때문에 19장에서는 하나의 새로운 로드맵을 사용할 것을 제안한다. 19장에서는 여러분만의 로드맵을 만들기 위하여 빈 종이를 준비한 후, 나타낸 배향으로 다음의 작용기를 그려라.

여기서 생성물의 구조는 이러한 반응의 생성물이 일반적으로 복잡한 형태의 작용기들을 가지므로 이름과 함께 사용하였음을 유의하라. 강조된 결합들은 주어진 반응의 특징인 작용기들의 중요한 결합을 나타내기 위하여 사용하였다. 전체 종이를 채우고 작용기들 사이에 충분한 공간을 남겨라. 가로 방향의 포스터 크기 종이가 유용할 것이다.

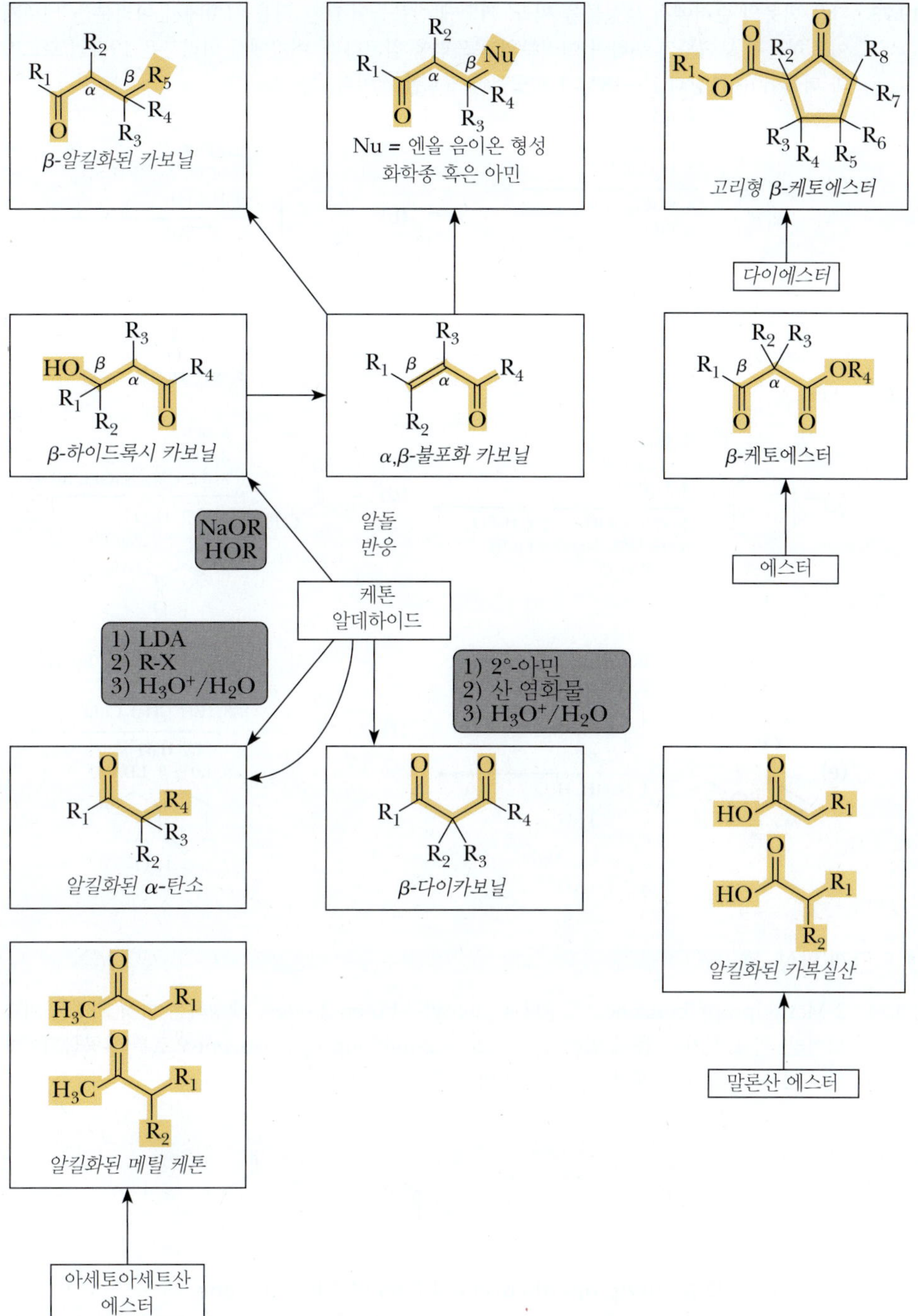

전과 같이 이 장의 '주요 반응'을 참고하라. 각 반응이 화살표 방향으로 일어날 때 필요한 시약을 써라. 다음에 반응과 관련되는 위치화학과 입체화학을 기록하라. 또한, 중요한 중간체의 형성과 같은 주요 메커니즘의 양상을 기록해야 한다. 여러분이 작은 조각으로부터 큰 분자를 형성하는데 도움이 되므로 탄소-탄소 결합을 만드는 모든 반응의 궤적을 기억하고자 할 것이다. 이것은 특히 19장 반응들에 적용된다.

위의 유기 화학 로드맵 템플릿에서 알돌 반응에 대한 정보는 여러분의 출발을 돕기 위하여 추가되었다. 부록 11에는 다른 절에 대한 여러 로드맵을 포함하고 있다. 하지만 여러분 자신의 것을 완성한 후에 이것을 참고해야 한다.

19.73 다음 반응의 순서에서 생성물을 써라. 어떻게 반응들이 다른 작용 사이에서 여러분을 '네비게이트'하는지 보여주기 위하여 여러분의 로드맵을 참고하라. 여기에서 여러분은 19장의 로드맵과 더불어 6~11장과 15~18장의 로드맵이 필요할 것이다.

(a) 알켄 — 1. BH_3 2. H_2O_2 3. H_2CrO_4 4. $SOCl_2$ 5. EtOH 6. 0.5 당량. NaOEt/EtOH 7. 약한 H_3O^+

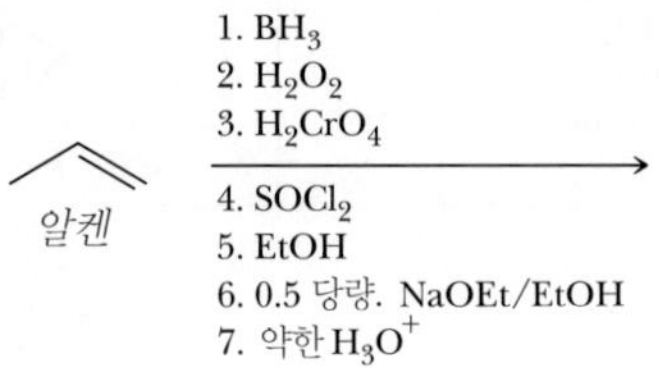

(b) 알케인 — 1. $Cl_2/h\nu$ 2. KOtBu 3. H_2O, 촉매성 H_2SO_4 4. H_2CrO_4 5. (pyrrolidine, N-H) 6. (propanoyl chloride, Cl, O) 7. 약한 H_3O^+

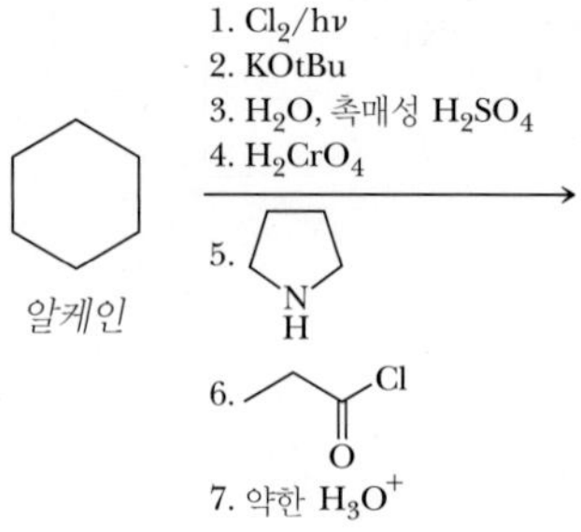

(c) 알켄 — 1. O_3 2. $(CH_3)_2S$ 3. H_2CrO_4 4. 과량 EtOH, 촉매성 H_2SO_4 5. 0.5 당량. NaOEt/EtOH 6. 약한 H_3O^+

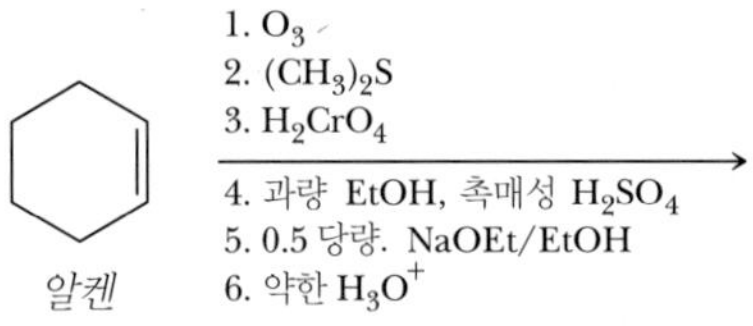

(d) 카복실산 (O, OH) — 1. $SOCl_2$ 2. EtOH 3. 0.5 당량. NaOEt/EtOH 4. 약한 H_3O^+ 5. 1.0 당량. NaOEt 6. (acrylamide, NH_2, O)

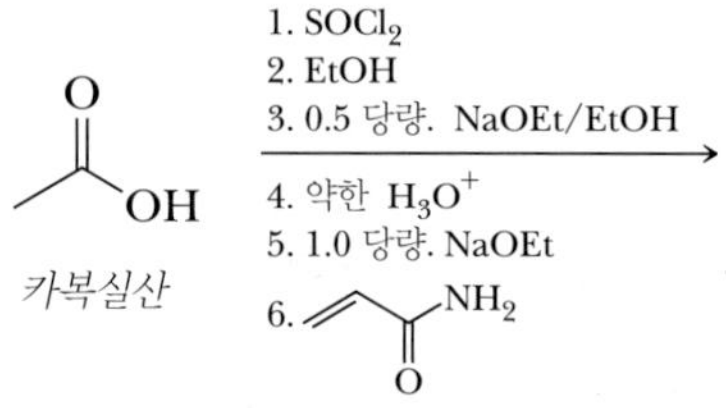

(e) 에스터 (O, O) — 1. 0.5 당량. NaOEt/EtOH 2. 약한 H_3O^+ 3. (benzyl bromide, Br) 4. NaOH, H_2O 5. 약한 H_3O^+ 6. 가열 7. (propyl MgBr) 8. 약한 H_3O^+

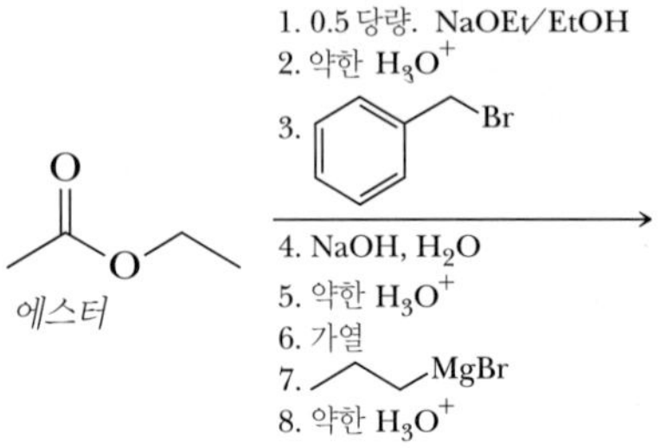

(f) 알데하이드 (O, H) — 1. 촉매성 NaOEt/EtOH 2. H_3O^+, 가열 3. $(CH_3CH_2)_2CuLi$ 4. 약한 H_3O^+ 5. 1.0당량. LDA 6. (benzyl bromide, Br) 7. 약한 H_3O^+

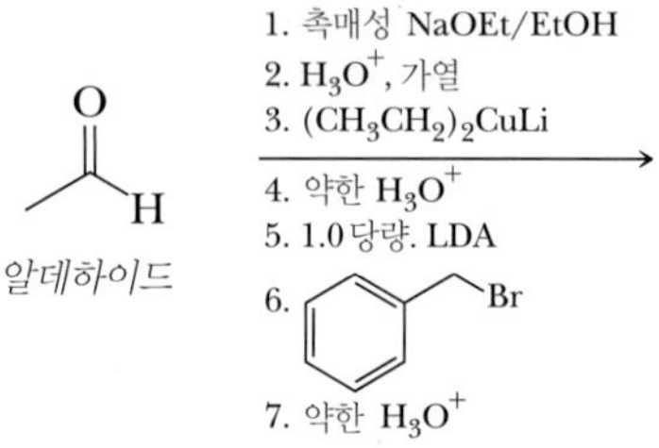

다단계 합성

19.74 2-Methylpropylbenzene으로부터 4-phenyl-3-buten-2-one을 생성하는 합성 과정을 기술하여라. 목표 분자에 들어 있는 탄소는 모두 2-methylpropylbenzene으로부터 공급되어야 한다. 합성 과정 중에 생성되는 모든 시약과 분자들을 표시하여라.

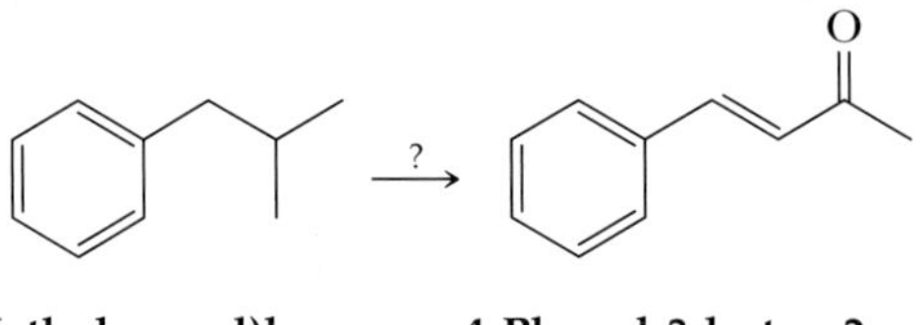

(2-Methylpropyl)benzene $\xrightarrow{?}$ **4-Phenyl-3-buten-2-one**
(E,Z 혼합물)

19.75 Ethanol로부터 2-pentanone을 합성하는 과정을 기술하여라. 목표 분자에 들어 있는 탄소는 모두 ethanol로부터 공급되어야 한다. 합성 과정 중에 생성되는 모든 시약과 분자들을 표시하여라.

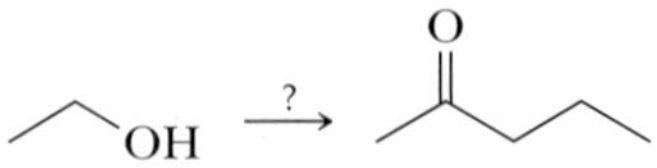

Ethanol (OH) $\xrightarrow{?}$ **2-Pentanone** (O)

19.76 Ethanol과 formaldehyde, acetone으로부터 ethyl 2-acetyl-5-oxohexanoate의 라셈 혼합물을 합성하는 과정을 기술하여라. 목표 분자에 들어 있는 탄소는 모두 ethanol, formaldehyde, acetone으로부터 공급되어야 한다. 합성 과정 중에 생성되는 모든 시약과 분자들을 표시하여라.

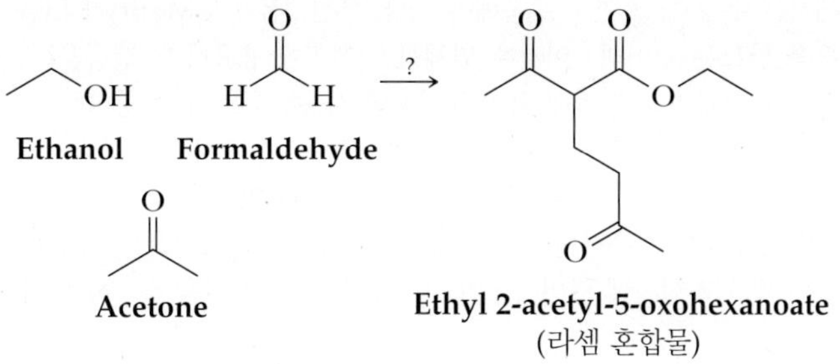

Ethanol Formaldehyde

Acetone

Ethyl 2-acetyl-5-oxohexanoate
(라셈 혼합물)

19.77 Cyclohexane과 ethanol로부터 2-oxocyclopentanecarboxylate의 라셈 혼합물을 합성하는 과정을 기술하여라. 목표 분자에 들어 있는 탄소는 모두 cyclohexane과 ethanol로부터 공급되어야 한다. 합성 과정 중에 생성되는 모든 시약과 분자들을 표시하여라.

Cyclohexane Ethanol

Ethyl 2-oxocyclopentanecarboxylate
(라셈 혼합물)

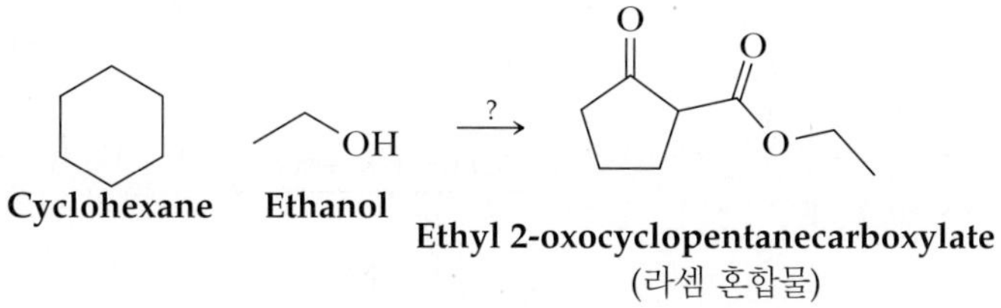

19.78 Cyclohexane과 ethanol로부터 2-acetylcyclohexanone의 라셈 혼합물을 합성하는 과정을 기술하여라. 목표 분자에 들어 있는 탄소는 모두 cyclohexane과 ethanol로부터 공급되어야 한다. 합성 과정 중에 생성되는 모든 시약과 분자들을 표시하여라.

Cyclohexane Ethanol

2-Acetylcyclohexanone
(라셈 혼합물)

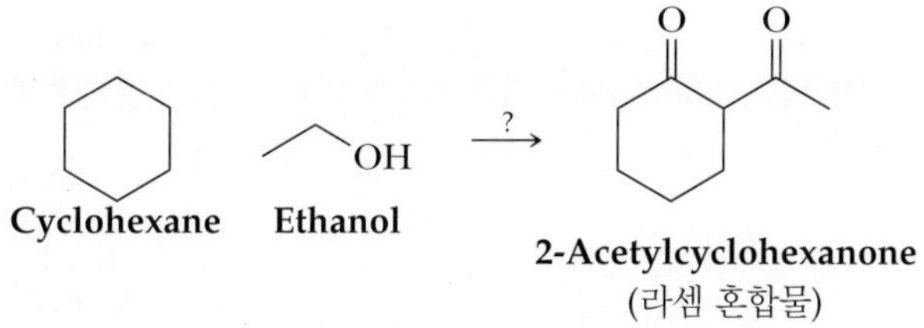

19.79 2-Oxepene과 ethanol로부터 1-cyclopentenecarbaldehyde를 합성하는 과정을 기술하여라. 목표 분자에 들어있는 탄소는 모두 2-oxepene으로부터 공급되어야 한다. 합성 과정 중에 생성되는 모든 시약과 분자들을 표시하여라.

2-Oxepane + EtOH → 1-Cyclopentenecarbaldehyde

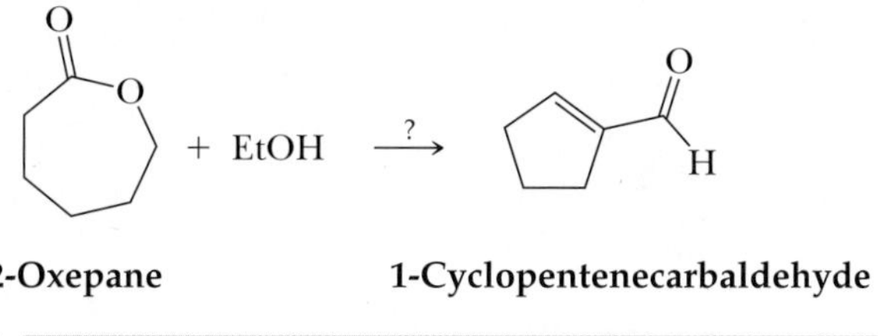

상황에 따른 반응

19.80 Atorvastain (Lipitor)은 높은 콜레스테롤 치료제로 널리 사용되는 물질이다. Atorvastain에 대한 보다 자세한 정보는 10장의 '의약품-수용체 상호작용에 있어서 수소 결합의 중요성'을 참고하라. Atorvastain의 합성 방법 중의 하나는 아래와 같은 엔올 음이온 반응이다. 이 반응에서 90% 이상의 수득률을 나타내는 주요 생성물을 그려라.

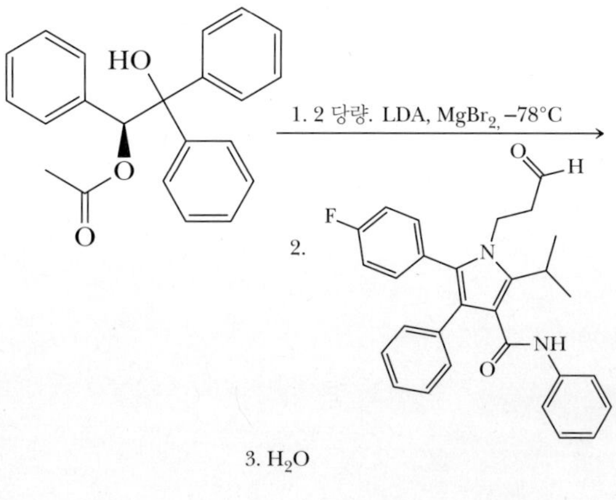

1. 2 당량. LDA, $MgBr_2$, −78°C

2.

3. H_2O

이 반응에서는 두 가지 측면에 주목해야 한다. 우선, 첨가된 $MgBr_2$가 Li을 치환하여 Mg 엔올 음이온을 만드는 것이며, 이것은 입체화학 제어에 중요하다. 반응을 시작할 때 사용되는 출발 물질이 카이랄이고 한 종류의 이성질체만 사용된다는 것을 명심하라. 이 반응의 생성물은 라셈 혼합물이 아닌, 97:3 (94% ee)의 비를 갖는 두 가지 이성질체의 혼합물이다. 여러분은 어느 이성질체가 주요 생성물인가를 생각할 필요가 없다. 그러나 카이랄 출발 물질의 오직 한 종류의 이성질체만 사용하면 입체화학적으로 특정한 생성물만을 얻을 수 있다는 점이 카이랄 의약품의 대규모 합성에 있어서 얼마나 많은 시간과 자원을 절약해 줄 수 있는지는 알아야 한다.

19.81 E. J. Corey는 thromboxane B_2를 합성하는데 아래와 같은 반응을 이용하였다. 이 반응의 주 생성물을 예측하여라. 이 반응에는 두 가지 가능한 생성물이 있다. 반응 조건 하에서 여러분이 예측한 생성물이 주 생성물이 되는 반응 경로로 우선적으로 반응이 일어난다고 생각하는 이유를 기술하여라.

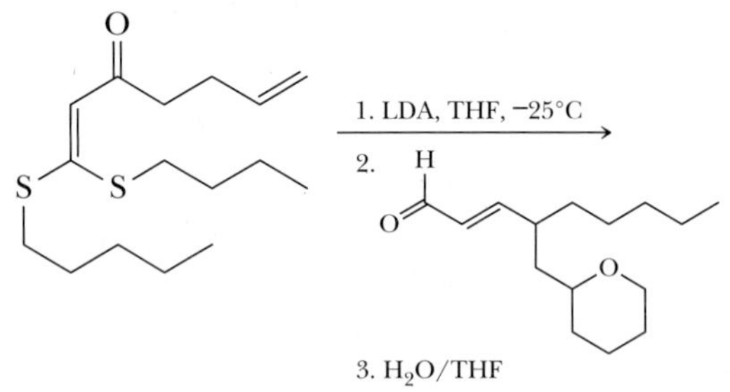

O S S 1. LDA, THF, −25°C 2. H O O 3. H_2O/THF

19.82 아래 분자는 pyrrolidine의 양성자 첨가 형태인 pyrrolidium acetate 존재 하에 분자내 반응을 거친다. 탈수 반응이 일어난다고 가정하고 이 반응의 생성물을 그려라.

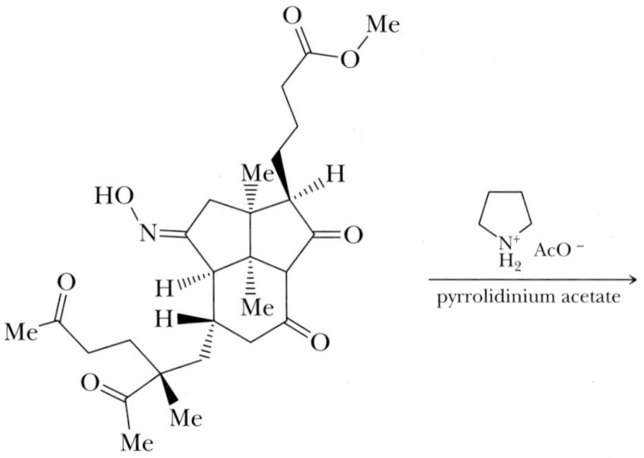

O Me O HO N Me H O H Me H O Me O Me O Me N^+ H_2 AcO⁻ pyrrolidinium acetate

19.83 Organocuprate는 α,β-불포화 카보닐 화학종과 반응하여 주로 1,4-첨가 생성물을 생성한다. 반면 Grignard 시약은 카보닐과 반응하여 1,2-첨가라고 부르는 과정을 거친다. 1,4-첨가 생성물의 수득률을 높이려면, 손쉽게 만들어진 Grignard 시약에 CuI를 첨가하여 *반응 중에* organocuprate 시약으로 바꿔준다. 상대적으로 더 안정한 의자형 생성물이 주 생성물이라고 가정하고 다음 반응의 주요 생성물과 입체화학을 예측하여라.

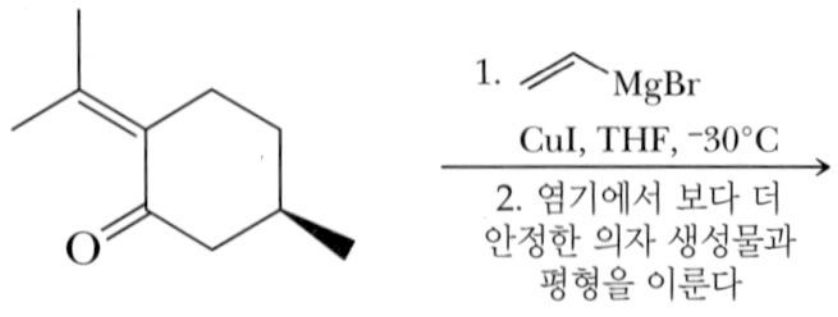

O 1. MgBr CuI, THF, −30°C 2. 염기에서 보다 더 안정한 의자 생성물과 평형을 이룬다

제 20 장

© Kevin Schafer/CORBIS

심황 꽃. 심황으로부터 분리되고 오렌지-황색 분말인 curcumin은 카레의 색상을 나타나게 하며 최근에는 악성 종양의 성장을 억제하는 것으로 알려져 있다. 이 장의 '화학 관련 이야기: 카레와 암' 참조.

▼ *삽입 그림:* Curcumin의 모형.

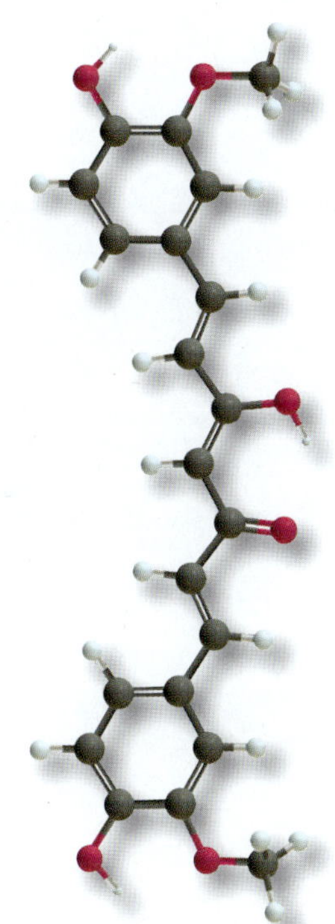

다이엔, 콘쥬게이션계와 페리 고리 협동 반응

Dienes, Conjugated systems, and Pericyclic Reactions

이 장의 차례

5장과 6장에서 우리는 알켄의 구조 및 특징적인 반응들에 대해 공부하였다. 5장과 6장에서는 고립된 이중 결합을 포함하는 분자에 한정하여 공부하였다. 이 장에서는 우리의 학습 영역을 π 결합을 갖는 분자에서 두 개 이상의 인접한 이중 결합을 갖는 분자로 확장하여 다루기로 한다. 이러한 화합물을 **콘쥬게이션**(conjugated)되어 있다고 말한다. 콘쥬게이션계의 주요 특성은 인접한 $2p$ 궤도함수들이 서로 결합한다는 사실이다. 이러한 결과는 π 전자들이 두 탄소 원자 사이에 편재화되어 있지 않다. 대신에 그들은 전체 콘쥬게이션 π 궤도함수에 걸쳐 *비편재화*(delocalize)를 이루는 것으로 생각하는 것이 가장 좋다.

20.1 콘쥬게이션 다이엔의 안정성

다이엔은 두 개의 탄소-탄소 이중 결합을 가진 화합물이다. 다이엔은 비콘쥬게이션 다이엔, 콘쥬게이션 다이엔 및 연이은 다이엔의 세 가지 부류로 나눌 수 있다. **비콘쥬게이션 다이엔**(Unconjugated diene)은 이중 결합이 두 개 또는 그 이상의 단일 결합으로 분리된 것이다. **콘쥬게이션 다이엔**(Conjugated diene)은 이중 결합이 하나의 단일 결합으로 분리된 것이다. **연이은 다이엔**(Cumulated diene)은 두 개의 이중 결합이 sp 혼성 탄소 하나를 공유한다. 이 탄소의 기하 구조 때문에 연이은 다이엔에서 두 개의 이중 결합의 $2p$ 궤도함수는 겹쳐지지 않아 콘쥬게이션이 이루어지지 않는다.

콘쥬게이션
콘쥬게이션 다이엔 혹은 카보닐은 두 이중 결합이 하나의 단일 결합에 의해 분리된 것이다.

연이은
연이은 다이엔은 두 이중 결합이 하나의 sp 혼성 탄소를 공유하는 것이다.

이 장의 동영상 강의를 보려면 www.cengage.com/chemistry/brown/organic7e에 접속 후 Access Student Materials를 클릭하라.

1,4-Pentadiene
(비콘쥬게이션 다이엔)

1,3-Pentadiene
(콘쥬게이션 다이엔)

1,2-Pentadiene
(연이은 다이엔)

예제 20.1 ▸ 콘쥬게이션

다음 어느 분자가 콘쥬게이션 이중 결합을 포함하고 있는가?

(a) 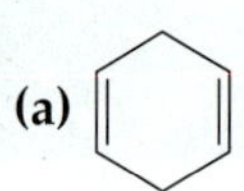 **(b)** 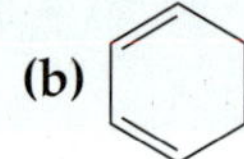 **(c)** 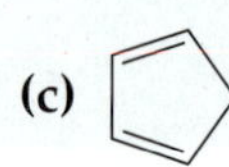 **(d)** 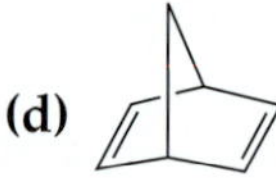

➥ 해답

화합물 (b)와 (c)는 콘쥬게이션 이중 결합을 포함한다. 화합물 (a)와 (d)에서 이중 결합은 콘쥬게이션되어 있지 않다.

연습 문제 20.1

다음의 터펜 화합물(5.4절) 중에서 어느 것이 콘쥬게이션 이중 결합을 포함하고 있는가?

(a) OH
Geraniol

(b)
Limonene

(c) HO
나무껍질 딱정벌레의 페로몬 응집체

표 20.1에 여러 종류의 알켄과 콘쥬게이션 다이엔의 수소화 열을 나타내었다. 이 자료를 이용해서 우리는 콘쥬게이션 및 비콘쥬게이션 다이엔의 상대적 안정성을 비교할 수 있다.

가장 간단한 콘쥬게이션 다이엔은 1,3-butadiene이지만, 이 분자는 단지 네 개의 탄소 원자를 갖고 있어 비콘쥬게이션 구조 이성질체를 갖고 있지 않다. 하지만, 우리는 이 분자에 있는 두 이중 결합의 콘쥬게이션 효과를 다음의 방법으로 예측해 볼 수 있다. 1-Butene의 수소화 열은 −127 kJ (−30.3 kcal)/mol이다. 1,3-Butadiene 분자는 두 말단 이중 결

표 20.1 여러 종류의 알켄과 콘쥬게이션 다이엔의 수소화 열

이름	구조식	ΔH^0 kJ (kcal)/mol
1-Butene		−127 (−30.3)
1-Pentene		−126 (−30.1)
***cis*-2-Butene**		−120 (−28.6)
***trans*-2-Butene**		−115 (−27.6)
1,3-Butadiene		−237 (−56.5)
***trans*-1,3-Pentadiene**		−226 (−54.1)
1,4-Pentadiene		−254 (−60.8)

합을 갖고 있고, 이 두 이중 결합은 1-butene의 이중 결합과 동일한 치환 정도를 나타낸다. 따라서 우리는 1,3-butadiene의 수소화 열은 2(−127 kJ/mol) 즉, −254 kJ (−60.6 kcal)/mol이 될 것으로 추측해 볼 수 있다. 그러나 1,3-butadiene의 수소화 열은 예측치보다 17 kJ (4.1 kcal)/mol이나 낮은 −237 kJ (−56.5 kcal)/mol이 된다.

$$2\ \text{(1-butene)} + 2\,H_2 \xrightarrow{\text{촉매}} 2\ \text{(butane)} \qquad \Delta H^0 = 2(-127\ \text{kJ/mol}) = -254\ \text{kJ/mol}$$

$$\text{(1,3-butadiene)} + 2\,H_2 \xrightarrow{\text{촉매}} \text{(butane)} \qquad \Delta H^0 = -237\ \text{kJ/mol}$$

두 반응은 발열 반응이고 동일한 생성물을 생성한다. 보다 더 안정한 화합물(더 낮은 엔탈피)은 수소화 반응에서 적은 열을 방출한다. 결론적으로 1,3-butadiene의 두 콘쥬게이션 이중 결합은 2개의 비콘쥬게이션 이중 결합에 비교하여 17 kJ (4.1 kcal)/mol 정도 여분의 안정성을 나타낸다. 이러한 에너지 연관성은 그림 20.1에 도식화되어 있다.

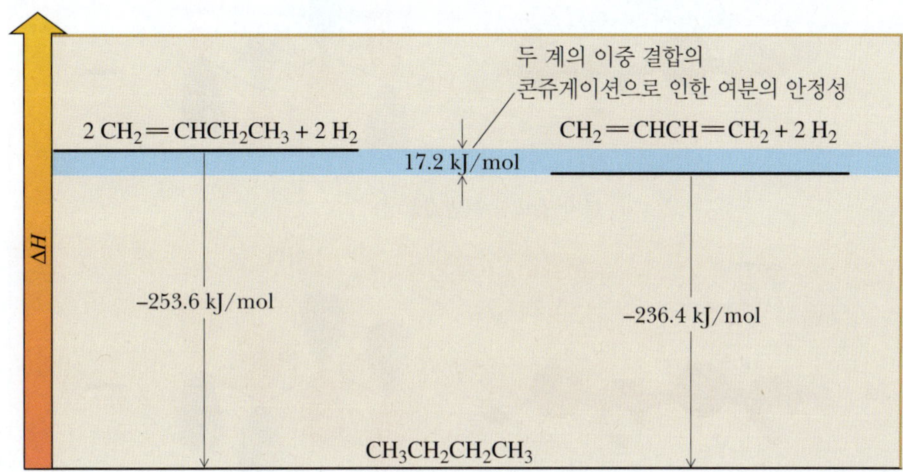

그림 20.1 ▸ Butadiene의 콘쥬게이션 이중 결합은 butadiene 분자에 약 17 kJ (4.1 kcal)/mol의 여분의 안정성을 부여한다.

다른 콘쥬게이션 및 비콘쥬게이션 다이엔에 대한 이런 종류의 계산은 비슷한 결과를 보여준다. 콘쥬게이션 다이엔은 비콘쥬게이션 다이엔보다 대략 14.5~17 kJ (3.5~4.1 kcal)/mol 더 안정하다. 안전성에 대한 콘쥬게이션 효과가 일반적인 현상이다. 다이엔에서의 이중 결합이 아니라 콘쥬게이션 결합을 포함하는 화합물은 비콘쥬게이션 이중 결합을 포함하는 이성질체보다 안정하다. 예를 들면, 2-cyclohexanone이 3-cyclohexanone 이성질체보다 더 안정하다.

2-Cyclohexenone ⇌ **3-Cyclohexenone**

(더 안정) (덜 안정)

비콘쥬게이션 다이엔에 비해서 콘쥬게이션 다이엔의 상대적인 안정성은 콘쥬게이션 다이엔의 전자 밀도의 비편재화로부터 발생된다. 두 개의 비콘쥬게이션 이중 결합에서 각 π 전자쌍은 두 탄소 원자 사이에 편재화되어 있다. 하지만, 콘쥬게이션 다이엔에서는 네 개의 π 전자가 네 개의 평행한 $2p$ 궤도함수 전체에 걸쳐 비편재화되어 있다. 앞에서 이미 여러 차례 보아온 바와 같이 비편재화는 안정성을 증가시킨다.

분자 궤도함수 모형에 의하면 다이엔의 콘쥬게이션계는 네 개의 $2p$ 원자 궤도함수의 조합에서 생겨나는 네 개의 π 분자 궤도함수로 설명된다. 여기서 중심 내용은 콘쥬게이션계에서 인접한 $2p$ 궤도함수는 공간상에서 심지어 butadiene의 C2 및 C3상의 $2p$ 궤도함수

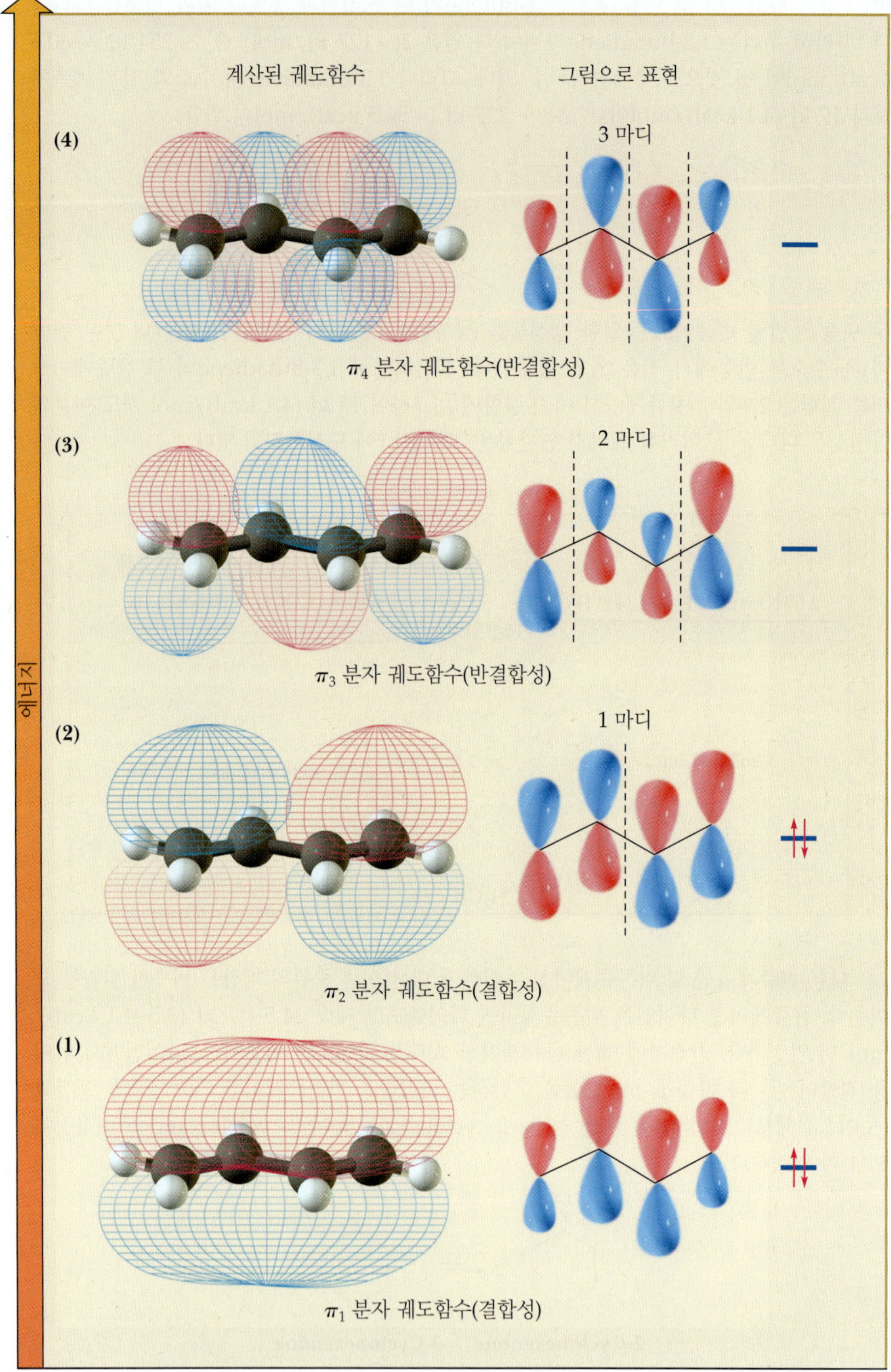

그림 20.2 ▸ 1,3-Butadiene의 구조-분자 궤도함수 모형. 평행한 네 개의 2*p* 원자 궤도함수의 조합으로 두 개의 π 결합성 분자 궤도함수와 두 개의 π 반결합성 분자 궤도함수가 형성된다. 바닥 상태에서 각 π 결합성 분자 궤도함수는 두 개의 스핀이 짝을 이룬 전자로 채워진다. π 반결합성 분자 궤도함수는 채워지지 않는다.

사이에서 서로 겹쳐진다는 점이다. 그 결과 그들은 모두 결합하여 콘쥬게이션계의 모든 원자를 포함하는 π 분자 궤도함수를 형성한다(여기서는 네 개의 탄소 원자). 이러한 분자 궤도함수들은 그림 20.2에 나타난 바와 같이 각각 0, 1, 2, 3개의 마디를 갖고 있다. 바닥 상태에서 네 개의 모든 π 전자는 π 결합성 분자 궤도함수에 있다. 두 개의 가장 낮은 분자 궤도함수가 고립된 π 결합보다 에너지가 낮으므로 이러한 궤도함수를 채움으로써 발생되는 알짜 열은 고립된 두 π 결합의 경우보다 클 것이다. 이러한 채워진 분자 궤도함수에 있는 전자는 전체 π 궤도함수계에 걸쳐 비편재화되어 있다. 이러한 π 전자 비편재화는 콘쥬게이션계의 특징이며 분광학이나 콘쥬게이션 분자의 반응성을 설명하는데 활용된다. 끝으로 콘쥬게이션계에 4개의 sp^2 혼성 궤도함수는 평면형 기하 구조로 제한되고, $2p$ 궤도함수는 평행해야만 하며, 궤도함수의 최대 겹침 순서로 나타내는 것이 바람직하다.

예제 20.2 ▸ 콘쥬게이션계의 안정성

표 20.1에 있는 자료를 이용하여 *trans*-1,3-pentadiene 내의 이중 결합 콘쥬게이션에서 나타나는 여분의 안정성을 계산하라.

➡ 해답

1-Pentene과 *trans*-2-butene의 수소화 열의 합과 *trans*-1,3-pentadiene의 수소화 열을 비교하라. *trans*-1,3-Butadiene 이중 결합 콘쥬게이션 구조의 안정성은 약 15 kJ (3.6 kcal)/mol이다.

연습 문제 20.2

1,4-Pentadiene이 *trans*-1,3-pentadiene으로 변환될 때 콘쥬게이션 결과로 얻어지는 안정성을 계산하여라. 그 해답은 1,4-pentadiene과 *trans*-1,3-pentadiene의 수소화 열을 비교하는 것 같이 간단하지 않음에 유의하라. 비록 이중 결합이 비콘쥬게이션에서 콘쥬게이션으로 이동되나 두 이중 결합 중 하나의 이중 결합의 치환된 정도가 일치환 이중 결합에서 이치환 이중 결합으로 바뀐다. 이 문제의 해답을 알기 위해서 치환된 정도의 변화에 기인한 효과와 콘쥬게이션에 의한 효과를 분리해야 한다.

20.2 콘쥬게이션 다이엔의 친전자성 첨가 반응

콘쥬게이션 다이엔은 단순한 알켄과 같이 두 단계의 친전자성 첨가 반응을 일으킨다(6.3절). 하지만 어떤 형태는 콘쥬게이션 다이엔 반응의 고유한 특성이 된다.

A 1,2-첨가와 1,4-첨가

−78°C에서 1 몰의 HBr과 1,3-butadiene의 첨가 반응은 3-bromo-1-butene과 1-bromo-2-butene의 구조 이성질체 혼합물을 생성한다.

$$\underset{\textbf{1,3-Butadiene}}{CH_2{=}CH{-}CH{=}CH_2} + HBr \xrightarrow{-78°C} \underset{\substack{\textbf{3-Bromo-1-butene}\\(90\%)\\(1,2\text{-첨가})}}{CH_2{=}CH{-}\overset{Br}{\overset{|}{C}H}{-}\overset{H}{\overset{|}{C}H_2}} + \underset{\substack{\textbf{1-Bromo-2-butene}\\(10\%)\\(1,4\text{-첨가})}}{\overset{Br}{\overset{|}{C}H_2}{-}CH{=}CH{-}\overset{H}{\overset{|}{C}H_2}}$$

여기서 '1,2-'와 '1,4-' 표시는 콘쥬게이션 다이엔과 다른 계의 첨가 반응을 설명하기 위해 사용되며 IUPAC 명명법을 의미하지는 아니한다. 그것은 두 콘쥬게이션 이중 결합의 네 원자 계를 나타내며 첨가 반응이 1과 2 탄소 또는 1과 4 탄소에서 일어남을 나타낸다. 예를 들어, Michael 반응(19.8A절)은 1,4-첨가 반응에 해당된다. Butadiene에 한 분자의 HBr이 첨가되어 형성된 bromobutene은 다시 다른 분자의 HBr이 첨가되어 dibromobutane 혼합물을 형성한다. 이 시점에서 우리의 관심은 첫 번째 반응의 생성물에 있다.

−15°C에서 1 몰의 Br_2의 첨가 반응으로 1,2-첨가 및 1,4-첨가 반응 생성물이 얻어진다.

$$\underset{\textbf{1,3-Butadiene}}{CH_2{=}CH{-}CH{=}CH_2} + Br_2 \xrightarrow{-15°C} \underset{\substack{\textbf{3,4-Dibromo-1-butene}\\(54\%\ \text{라셈 혼합물})\\(1,2\text{-첨가})}}{\overset{Br}{\overset{|}{C}H_2}{-}\overset{Br}{\overset{|}{C}H}{-}CH{=}CH_2} + \underset{\substack{\textbf{1,4-Dibromo-2-butene}\\(46\%)\\(1,4\text{-첨가})}}{\overset{Br}{\overset{|}{C}H_2}{-}CH{=}CH{-}\overset{Br}{\overset{|}{C}H_2}}$$

우리는 HBr과 Br_2의 첨가 반응에 의한 이성질체 반응 생성물의 형성을 다음과 같은 메커니즘으로 설명할 수 있다.

MECHANISM 콘쥬게이션 다이엔에서 1,2-첨가 및 1,4-첨가

1단계: **친핵체(π 결합)와 친전자체 사이에 새로운 결합 형성—양성자 첨가.** 친전자성 첨가 반응이 하나의 이중 결합의 말단 탄소 원자와 HBr과의 반응으로 개시되어 알릴 탄소양이온 중간체(9.3B절)를 형성하며, 이는 공명에 참여하는 두 구조의 공명 혼성 구조로 표시된다. 매우 안정된 이 양이온의 형성이 반응 속도 결정 단계이다.

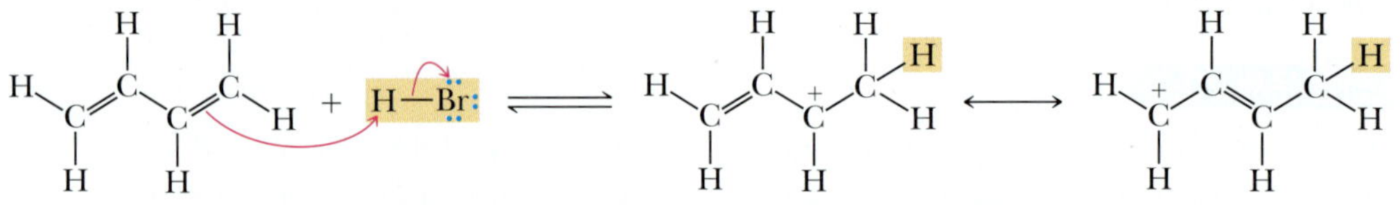

공명에 의해 안정화된 알릴 탄소양이온

2단계: **친핵체와 친전자체 사이에 새로운 결합 형성.** 브로민화 음이온이 부분적인 양전하를 갖는 탄소 중 하나와 반응하여 1,2-첨가생성물을 형성한다. 다른 탄소와의 반응은 1,4-첨가생성물을 형성한다.

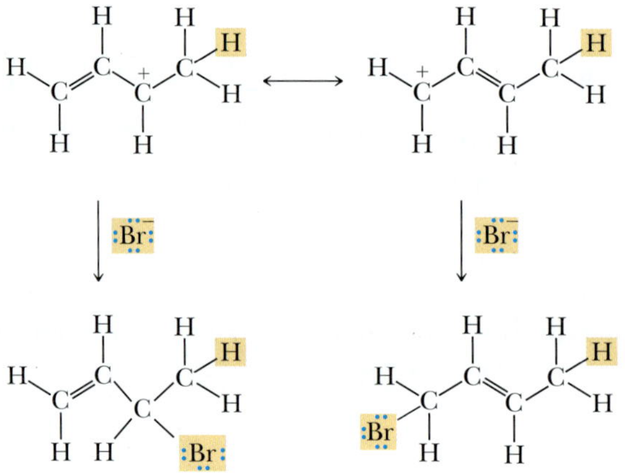

(1,2-첨가, 라셈 혼합물) (1,4-첨가)

예제 20.3 ▸ 콘쥬게이션 다이엔에 첨가

1 몰의 HBr이 2,4-hexadiene에 첨가되면 4-bromo-2-hexene과 2-bromo-3-hexene의 혼합물이 형성된다. 5-Bromo-2-hexene은 형성되지 않는다. 첫 번째 두 가지 브로모알켄은 생성되지만 세 번째 브로모알켄은 생성되지 않는다는 사실을 설명하여라.

해답

2,4-Hexadiene은 콘쥬게이션 다이엔이며, 1,2-첨가 및 1,4-첨가로부터 생성물을 예측할 수 있다. 1단계는 반응 속도 결정 단계로서 다이엔의 C2에서 HBr과 반응하여 공명 안정화된 2차 알릴 탄소양이온 중간체를 형성한다. 2단계에서는 이 중간체가 부분적인 양전하를 갖는 탄소의 각각에서 4-bromo-2-hexene 즉, 1,2-첨가생성물과 1,4-첨가생성물인 2-bromo-3-hexene을 형성한다.

$CH_3CH{=}CH{-}CH{=}CHCH_3 \; + \; H{-}Br: \longrightarrow$

$CH_3CH{=}CH{-}\overset{+}{C}H{-}CH(H)CH_3 \longleftrightarrow CH_3\overset{+}{C}H{-}CH{=}CH{-}CH(H)CH_3$

전하 비편재화에 의해 안정화된 2차 알릴성 탄소양이온

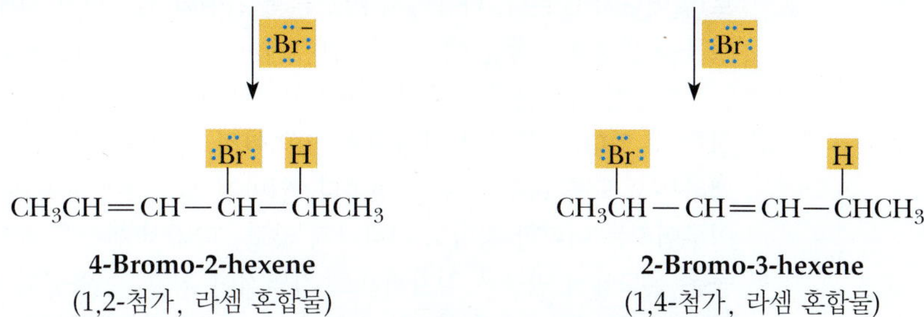

5-Bromo-2-hexene의 형성은 다이엔과 HBr의 반응이 요구되며 C3에서 양성자 첨가에 의해 2차 비알릴 탄소양이온이 생성되어야 한다. 이 덜 안정한 탄소양이온 생성 반응의 활성화 에너지는 공명 안정화된 2차 알릴 탄소양이온 형성 반응의 활성화 에너지보다 훨씬 높다. 그러므로 이 탄소양이온의 생성과 그 결과물인 5-bromo-2-hexene은 4-bromo-2-hexene 과 2-bromo-3-hexene과 비교하여 거의 생성되지 않는다.

$CH_3CH{=}CH{-}CH{=}CHCH_3 + H{-}Br: \longrightarrow CH_3CH{=}CH{-}CH(H){-}\overset{+}{C}HCH_3 \xrightarrow{:Br:^-} CH_3CH{=}CH{-}CH(H){-}CH(Br)CH_3$

2차 비알릴 탄소양이온

5-Bromo-2-hexene
(형성 안됨)

연습 문제 20.3

2,4-Hexadiene에 1 몰의 Br_2가 첨가될 때 생성물을 예측하라.

B 친전자성 첨가 반응의 속도론적 지배와 열역학적 지배

콘쥬게이션 다이엔의 HBr 첨가에 대한 위치화학은 반응의 속도론적 및 열역학적이라는 색다른 의존성을 나타낸다. 이러한 의존성을 알아보기 전에 기준이 되는 알켄의 HBr 첨가에 대한 위치화학을 복습해 보자.

6.3절에서 설명한 바와 같이 알켄에 H—X의 첨가는 Markovnikov 규칙을 따른다. 수소는 이중 결합에 이미 결합되어 있는 가장 많은 탄소수가 결합된 이중 결합 탄소에 첨가된다(다음 propene 예와 그림 6.4 참조). Markovnikov 생성물 형성에서 반응 속도 결정 단계에 대한 속도론적 장벽은 낮다. 이것은 형성된 양이온이 2차이고 1차 탄소양이온에 비해 안정하기 때문이다. 따라서 2차 탄소양이온으로부터 생성물은 훨씬 빠르게 생성된다. 생성물의 분포는 각각 형성되는 상대적인 비에 의해 결정될 경우에 반응은 **속도론적 (반응 속도) 지배**[kinetic (rate) control] 하에 있다는 것을 19.9D절에서 보았다.

HBr / rds

2° 탄소양이온 (더 안정적) ⟶ 주 생성물 Br — 속도론적 지배 생성물과 열역학적 지배 생성물

\+

1° 탄소양이온 (덜 안정적) ⟶ Br 부 생성물

Propene과 같은 기준이 되는 알켄의 친전자성 첨가에서 Markovnikov 규칙에 의해 예상되는 생성물은 역시 더 안정하다. **열역학적 (평형) 지배**[Thermodynamic (equilibrium) control] 하에 있는 반응에서 생성물의 분포는 각각의 상대적인 안정도에 의해 결정된다. 따라서 기준이 되는 알켄에 속도론적 지배와 열역학적 지배를 받는 H—X의 첨가는 똑같은 지배적인 생성물이 얻어진다. 이것은 여러 가지 반응에서 일어나는 경우이다. 가장 빠르게 생성되는 생성물 역시 가장 안정하다. 더욱이 다른 많은 반응들에서는 이러한 방식으로 일어나지 않는다. 다음에서 속도론적 지배와 열역학적 지배를 통해 서로 다른 우세한 생성물을 생성하는 좋은 예가 되는 콘쥬게이션 다이엔에 HBr의 첨가를 보게 될 것이다.

반응이 속도론적 지배인지 혹은 열역학적 지배인지는 반응 조건을 변화시킴으로써 조절할 수 있다. 속도론적 지배 또는 열역학적 지배를 변화시키는 일반적인 방법은 반응에 선택하는 온도를 바꾸어 주는 것이다. 일반적으로 낮은 온도에서는 반응물과 생성물 사이에 이루어지는 어떠한 평형도 나타나지 않고, 따라서 반응은 속도론적 지배 하에 놓이게 된다. 높은 온도에서 반응은 점차적으로 가역적이 되고, 반응물과 생성물 사이에 평형이 이루어지고 열역학적 지배에 도달하게 된다. Propene과 같은 기준이 되는 알켄에 HBr의 친전자성 첨가는 비록 지배되는 정도는 온도에 따라 다를지라도 모든 온도에서 동일한 지배적인 생성물을 생성한다. 이제 콘쥬게이션 다이엔에 HBr의 첨가로 되돌아가 보자.

우리는 20.2A절에서 콘쥬게이션 다이엔의 친전자성 첨가 반응이 1,2-첨가와 1,4-첨가 혼합 생성물이 생성됨을 알았다. 다음은 1,3-butadiene의 친전자성 첨가 반응 생성물에 대한 여러 실험적인 관찰이다.

1. −78°C에서 HBr 첨가와 −15°C에서의 Br_2 첨가 반응의 경우, 1,2-첨가 반응 생성물은 1,4-첨가 반응 생성물보다 많이 형성된다. 일반적으로 낮은 온도에서 1,2-첨가 반응 생성물은 1,4-첨가 반응 생성물보다 많이 형성된다.
2. 높은 온도(일반적으로 40~60°C)에서 HBr과 Br_2의 첨가 반응의 경우 1,4-첨가 반응 생성물이 우세하다.
3. 만일 낮은 온도 첨가생성물을 용액 상태에서 높은 온도로 가열하면 시간에 따라 생성물의 조성이 변화하여 높은 온도에서 첨가 반응이 일어났을 때와 같은 조성이 된다. 따라서 이러한 높은 온도 조건 하에서는 1,2-첨가 및 1,4-첨가생성물 중 1,4-첨가생성물이 훨씬 많은 평형에 도달된다.

이러한 실험적인 관찰은 각각 더 낮은 온도와 더 높은 온도에서 지배를 받는 속도론적 생성물과 열역학적 생성물을 고려함으로써 설명될 수 있다. 낮은 온도에서는 1,2-첨가 및 1,4-첨가생성물 사이의 어떠한 평형도 이루어지지 않는다. 이러한 조건 하에서 1,2-첨가생성물이 우세하기 때문에, 이 생성물은 속도론적 지배(예로 1,2-첨가가 1,4-첨가에 비해 더 빠르다)에 의해 형성된 생성물임에 틀림없다. 대신에 높은 온도에서는 1,4-첨가생성물이 우세하다. 따라서 1,2-첨가생성물과 1,4-첨가생성물 사이에 평형이 이루어지고 1,4-첨가생성물이 1,2-첨가생성물보다 열역학적으로 더 안정하다고 결론지을 수 있다.

1,3-Butadiene에서 HBr의 친전자성 첨가 반응의 경우 속도론적 지배 및 열역학적 지배 사이의 관계는 그림 20.3에 도식화되어 있다. 그림 20.3의 중심 부위에 위치한 우물 모양 Gibbs 자유 에너지에 나타낸 구조는 HBr로부터 1,3-butadiene의 C1으로의 양성자 이동에 의해 형성된 공명 안정화된 알릴 양이온 중간체이다. 이 중간체의 점선 부분은 공명 혼성 구조의 C2와 C3 사이 및 C3와 C4 사이의 부분적인 이중 결합 특성을 보여준다. 이 중간체의 왼쪽 부분은 브로민화 이온과의 반응으로 덜 안정한 1,2-첨가생성물이 형성되는 반응의 활성화 에너지이고, 오른쪽은 브로민화 이온과 반응하여 더 안정한 1,4-첨가생성물을 형성하는 반응에 대한 활성화 에너지이다. 그림 20.3에서 나타낸 바와 같이 1,2-첨가에 대한 활

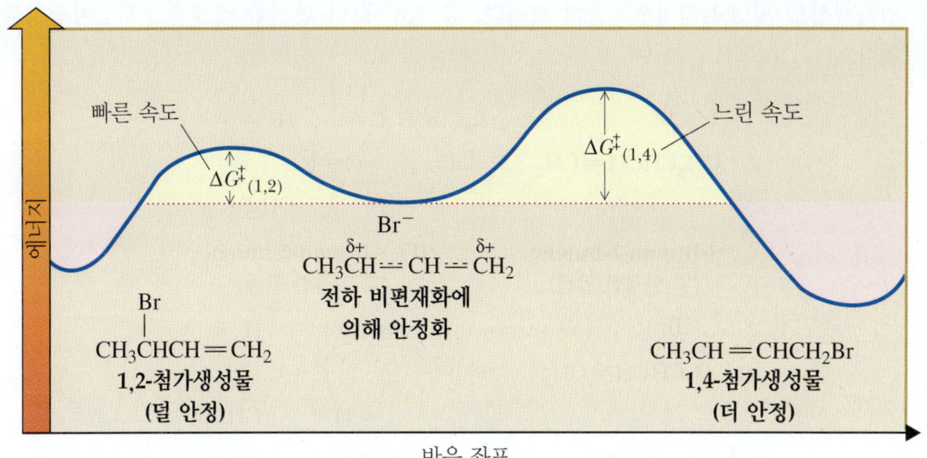

그림 20.3 ▸ 속도론적 지배와 열역학적 지배의 비교. 1,3-Butadiene에서 HBr의 친전자성 첨가 반응의 두 번째 단계에 대한 Gibbs 자유 에너지에 대한 반응 좌표의 도시. 공명 안정화된 알릴 탄소양이온 중간체는 브로민화 이온과 왼쪽의 전이 상태를 경유해서 1,2-첨가생성물을 형성하며 오른쪽의 다른 전이 상태를 경유해서 1,4-첨가생성물을 형성한다.

성화 에너지는 1,4-첨가에 대한 활성화 에너지보다 작고, 따라서 1,2-첨가 반응 생성물은 속도론적 지배에 의해 선호된다. 1,4-첨가 반응 생성물은 더 안정하여 열역학적 지배 반응의 경우 선호된다.

우리는 콘쥬게이션 다이엔의 친전자성 첨가 반응에 대한 논의와 속도론적 지배와 열역학적 지배의 비교에 대한 논의를 마무리 짓기 위해 다음의 질문에 답할 필요가 있다.

1. 왜 덜 안정한 1,2-첨가생성물이 낮은 온도에서 더 빨리 형성되는가? 우선 우리는 공명 안정화된 알릴 탄소양이온 중간체를 관찰하여 어떤 Lewis 구조가 그 혼성 구조에 더 많이 기여하는가를 알아야 한다. 우리는 혼성 구조에 기여하는 각 구조의 양전하의 탄소와 탄소-탄소 이중 결합의 치환된 정도를 고려해야 한다.

$$CH_2{=}CH{-}\overset{+}{C}H{-}CH_3 \longleftrightarrow \overset{+}{C}H_2{-}CH{=}CH{-}CH_3$$

덜 치환된 이중 결합 / 2차 탄소양이온 — 더 치환된 이중 결합 / 1차 탄소양이온

2차 탄소양이온은 1차 탄소양이온보다 더 안정하다. 만일 양전하를 띄는 탄소의 치환된 정도가 더 중요한 요인이라면 왼쪽의 Lewis 구조가 공명 혼성 구조에 더 큰 영향을 미칠 것이다. 하지만 더 치환된 이중 결합이 덜 치환된 이중 결합보다 더 안정하다면 (6.6B절), 오른쪽의 Lewis 구조가 공명 혼성 구조에 더 많이 기여할 것이다.

우리는 다른 실험적 증거로부터 알릴 탄소양이온의 양전하 위치가 이중 결합의 위치보다 더 중요하다고 알고 있다. 그러므로 혼성 구조에서 더 많은 양의 양전하가 2차 탄소 위에 있다. 단순히 더 많은 양의 양전하 밀도를 갖는다는 이유로 브로민화 이온과의 반응이 이 탄소에서 더 빨리 일어나 1,2 첨가생성물을 형성한다. 정전기적 퍼텐셜 지도가 양전하(푸른색)가 2차 탄소 위에서 더 강하다는 사실을 보여준다.

1,3-Butadiene의 양성자 첨가로 형성된 알릴 탄소양이온의 정전기 퍼텐셜 지도.

2. 1,4-첨가생성물이 높은 온도에서 주 생성물이지만, 1,2-첨가생성물 역시 높은 온도에서도 더 빠르게 형성되는가? 그 해답은 '그렇다'이다. 공명 안정화 알릴 탄소양이온 중간체의 안정성에 영향을 미치는 요인과 이러한 중간체와 친핵체와의 반응은 온도 변화에 큰 영향을 받지 아니한다.

3. 왜 1,4-첨가생성물이 열역학적으로 더 안정한 생성물인가? 이 질문에 대한 해답은 이중 결합의 상대적 치환된 정도와 관련이 있다. 일반적으로 탄소-탄소 이중 결합의 치환된 정도가 클수록 그 화합물 또는 그것을 포함하는 이온의 안정성은 커진다. 다음은 1,2-

첨가생성물 및 1,4-첨가생성물의 짝이다. 각 경우에 더 안정한 알켄은 1,4-첨가생성물이다.

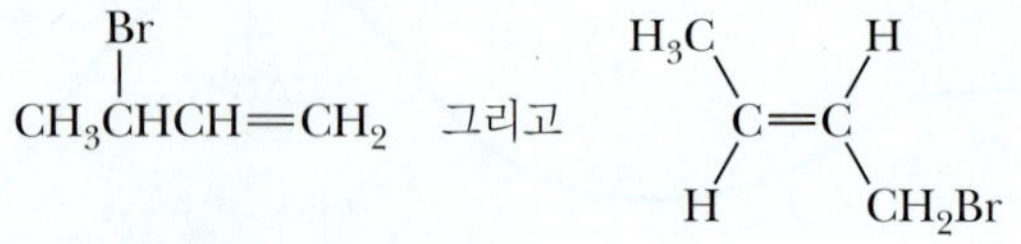

$CH_3CH(Br)CH{=}CH_2$ 그리고 $H_3C(H)C{=}C(H)CH_2Br$

3-Bromo-1-butene
(덜 안정한 알켄)

(*E*)-1-Bromo-2-butene
(더 안정한 알켄)

$BrCH_2CH(Br)CH{=}CH_2$ 그리고 $BrCH_2(H)C{=}C(H)CH_2Br$

3,4-Dibromo-1-butene
(덜 안정한 알켄)

(*E*)-1,4-Dibromo-2-butene
(더 안정한 알켄)

하지만 1,2-첨가생성물이 더 안정한 경우가 있으며, 이 경우에는 그 화합물이 열역학적 지배를 받은 생성물이다. 예를 들면 1,4-dimethyl-1,3-cyclohexadiene에 Br_2가 열역학적 지배 조건 하에서 첨가될 때 그것의 1,4-첨가생성물의 이치환 이중 결합보다 삼치환 이중 결합이 더 안정하므로 3,4-dibromo-1,4-dimethylcyclohexene이 생성된다.

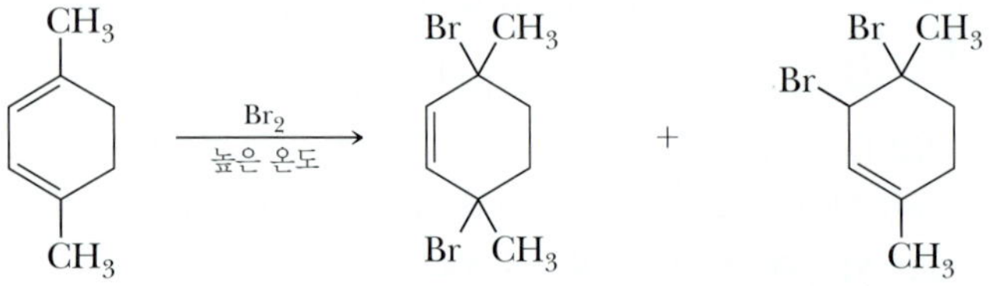

Br_2, 높은 온도

1,4-첨가생성물
(덜 안정한 알켄)

1,2-첨가생성물
(더 안정한 알켄)

4. 열역학적으로 덜 안정한 생성물이 높은 온도에서 열역학적으로 더 안정한 생성물로 전환되는 메커니즘은 무엇인가? 콘쥬게이션 다이엔에 HBr과 Br_2의 친전자성 첨가 반응에서 사용된 높은 온도는 용매와 함께 1,2-첨가생성물 및 1,4-첨가생성물 사이에 충돌이 C—Br 결합의 이온화를 통해서 공명 안정화된 알릴 탄소양이온을 다시 생성하기 위해 충분한 에너지이다. 1,2-첨가생성물이 이러한 알릴 탄소양이온으로 되돌아가면 브로민화 이온의 재첨가는 더 안정한 1,4-첨가생성물을 생성할 수 있다. 그러나 낮은 온도에서는 충돌에 필요한 생성물의 퍼텐셜 에너지 증가는 C—Br 결합의 이온화에 필요한 활성화 에너지를 극복하기에 충분하지 않다. 그러므로 반응은 가역적이지 않다.

요약하면, 비록 열역학적으로 가장 안정한 생성물이 종종 가장 빠르게 생성되는 생성물일지라도 항상 그렇지는 않는다. 반응물 혹은 일반적인 중간체로부터 열역학적으로 더 안정한 생성물이 더 빠른 속도로 생성되는지 아닌지는 특정 반응, 반응 메커니즘, 반응 조건에 달려 있다.

20.3 자외선-가시광선 분광법

콘쥬게이션계의 중요한 특성은 그들이 스펙트럼의 자외선 영역에서 전자 전이의 결과로 에너지를 흡수한다는 것이다(표 12.3 참조). 이 절에서 우리는 이 흡수가 우리에게 주는 탄소-탄소 및 탄소-산소 이중 결합의 콘쥬게이션 구조 및 그들의 치환에 관한 정보를 공부할 것이다.

A 서론

대부분의 자외선 분광법에 의해 포함되는 전자기 스펙트럼의 영역은 **근자외선**(near ultra-violet) 영역이라 일컬어지는 200~400 nm에 해당된다. 200 nm보다 작은 파장은 특수 기기 장치가 요구되며 흔히 사용되지 아니한다. 대부분의 가시광선 분광법에 포함되는 영역은 400 nm(보라색)~700 nm(붉은색)이나 대부분의 기기는 근적외선 영역인 800 nm 혹은 1000 nm까지의 빛을 이용한다.

예제 20.4 ▸ UV-VIS 복사선

근자외선 스펙트럼의 어느 한 끝 점에서, 즉 200 nm와 400 nm에서 복사 에너지를 계산하라(12.1절 참조).

➥ 해답

관계식 $E = hc/\lambda$를 이용하라. 반드시 길이 단위를 일치하여 표현하라.

$$E = \frac{hc}{\lambda} = 3.99 \times 10^{-13}\,\frac{\text{kJ} \times \text{s}}{\text{mol}} \times 3.00 \times 10^{8}\,\frac{\text{m}}{\text{s}} \times \frac{1}{200 \times 10^{-9}\,\text{m}} = 598\ \text{kJ (143 kcal)/mol}$$

유사한 계산으로 파장이 400 nm의 복사 에너지는 299 kJ (71.5 kcal)/mol로 구해진다.

연습 문제 20.4

자외선-가시광선 분광법에서 파장은 통상 나노미터로 표시된다. 적외선 분광법에서 파장은 마이크로미터로 표시된다. 다음을 전환하라.

(a) 2.5 μm를 나노미터로 **(b)** 200 nm를 마이크로미터로

근자외선과 가시광선 복사의 파장과 그에 해당되는 에너지를 표 20.2에 요약하였다.

표 20.2 근자외선과 가시광선 복사의 파장과 그에 해당되는 에너지

스펙트럼 영역	파장(nm)	에너지	
		kJ/mol	kcal/mol
근자외선	200~400	299~598	71.5~143
가시광선	400~700	171~299	40.9~71.5

자외선과 가시광선의 스펙트럼 자료는 수직 좌표에 **흡광도**(absorbance, A)로 수평 좌표에 파장으로 도시되어 기록된다.

$$\text{흡광도(A)} = \log\frac{I_0}{I}$$

여기서 I_0는 시료에 입사되는 복사선의 세기, I는 시료를 투과하는 복사선의 세기이다. $(I/I_0) \times 100$에 해당되는 양은 **퍼센트 투과율**(percent transmittance)이라고 한다. 대부분의 분광기는 이 척도로 읽는다.

흡광도(A)
화합물이 특정 파장의 복사선을 흡수하는 정도를 가늠하는 척도이다. $A = \log(I_0/I)$이고, 여기서 I_0는 시료에 입사되는 복사선의 세기, I는 시료를 투과하는 복사선의 세기를 나타낸다.

전형적으로 자외선-가시광선 스펙트럼은 몇 개의, 때에 따라서는 하나의 넓은 흡수 띠로 구성되어 있다. 그림 20.4는 2,5-dimethyl-2,4-hexadiene의 자외선 흡수 스펙트럼이다. 이 콘쥬게이션 다이엔에 의한 자외선 흡수는 200 nm 이하의 파장에서 시작하여 거의 270 nm까지 계속되고 242 nm에서 최대의 흡광도를 보여준다. 이 스펙트럼은 λ_{max} 242 nm라는 표시의 단일 흡수 피크로 나타낸다.

자외선-가시광선 복사의 흡수 정도는 해당되는 전자 전이를 할 수 있는 분자수에 비례한다. 따라서 자외선-가시광선 분광법은 시료의 정량 분석에 이용될 수 있다. 흡광도, 농도

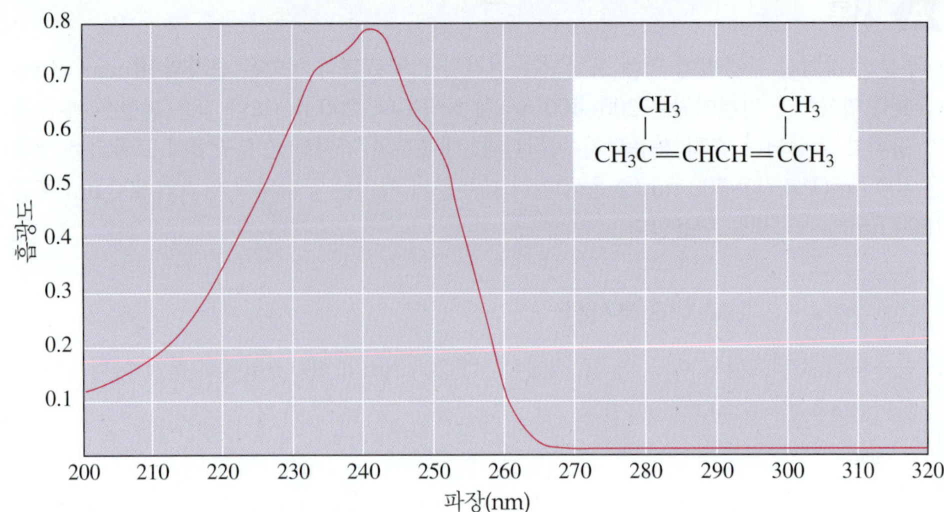

그림 20.4 ▸ 2,5-Dimethyl-2,4-hexadiene (메탄올 용매)의 자외선 분광 스펙트럼.

몰 흡광 계수(ε) 화합물 1 *M* 용액의 흡광도.

및 시료 셀(큐벳)의 길이와의 관계는 **Beer-Lambert 법칙**(Beer-Lambert law)으로 알려져 있다. 이 식에서 비례 상수는 **몰흡광 계수**(ε)(molar absorptivity 혹은 extinction coefficient)라고 한다.

$$\text{Beer-Lambert 법칙:} \qquad A = \varepsilon c l$$

여기서 *A*는 단위가 없는 **흡광도**(absorbance), ε은 몰흡광 계수(mole당 liter당 cm당 흡광계수, $M^{-1}\text{cm}^{-1}$), c는 용질이 농도(리터당 몰수, *M*) l은 시료 셀(큐벳)의 길이(cm 단위)이다.

몰흡광 계수는 화합물의 특성이며 농도 및 빛의 경로 길이에 영향을 받지 않으며 0~10^6 $M^{-1}\text{cm}^{-1}$의 값을 갖는다. 10^4 $M^{-1}\text{cm}^{-1}$ 이상의 값은 높은-세기의 흡수, 10^4 $M^{-1}\text{cm}^{-1}$ 이하의 값은 낮은-세기의 흡수에 해당된다. 예를 들면, 2,5-dimethyl-2,4-hexadiene의 몰흡광 계수는 높은-세기의 흡수인 13,100 $M^{-1}\text{cm}^{-1}$이다.

가시광선 영역에서 분자에 의한 흡수의 흥미로운 면은 시료가 우리 눈에 반사된 파장과 흡수의 조합으로 보인다는 사실이다. 백색광은 가시광선 영역(400~740 nm)에서 모든 파장의 빛이 거의 동일한 세기로 구성되어 있다. 각각의 파장의 빛은 그림 20.5a의 분광색에서 지적된 바와 같은 각각의 색을 가진다. 주어진 파장의 빛은 우리 눈에 각각의 색으로 나타난다. 예를 들면, 400 nm의 단색광은 자주색으로 보이며 700 nm의 단색광은 붉은색으로 보인다.

물질에 의해 흡수는 백색광에서 흡수가 일어난 파장을 제거하는 것이며 흡수되지 않은 남은 파장이 반사된다. 이러한 흡수와 반사의 조합이 우리 눈이 보는 색을 결정하게 된다. 그림 20.5b는 물질에서 단일 파장이 흡수될 때, 물질이 나타내는 색의 근사치를 보여준다. 예를 들면, 분자가 500 nm (밝은 푸른색)의 빛만 강하게 흡수한다면 남아서 반사되는 빛은

그림 20.5 ▸ (a) 가시광선의 색-파장 관계. (b) 단파장(*x*축에 놓여 있는 숫자가 파장임)이 흡수되었을 때 물질(반사된 빛)의 대략적인 색. (c) 색생환(color wheel)에서의 보색.

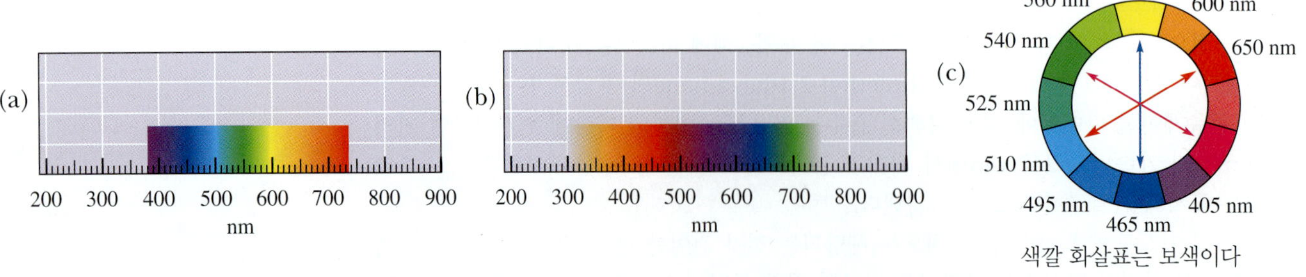

적색으로 보이므로 우리 눈에는 적색으로 보이게 된다. 유사하게 600 nm (오렌지색) 부근의 빛을 흡수하는 분자는 반사된 빛에서 오렌지색만 제거되고 남아 있는 반사 파장은 푸른색만 있으므로 우리 눈에는 푸른색으로 보이게 된다.

흡수된 파장과 반사 파장 사이의 관계는 예술가들이 사용하는 색상환(color wheel, 그림 20.5c)에서 묘사되는 보색의 개념을 사용하여 설명될 수 있다. 스펙트럼의 한 영역에서 빛을 흡수하는 분자는 흡수되지 않은 파장의 빛을 반사한다. 반사되는 빛은 흡수된 빛의 보색으로 나타난다고 생각하면 쉽게 이해될 수 있을 것이다. 첫 번째로 하나의 색을 흡수하는 분자는 색도계에서 반대편의 색으로 우리 눈에 보이게 된다. 색도계는 비교하기 위해 제시된 단색광의 대략적인 파장을 나타내게 된다.

단일 분자에 의한 두 개 또는 두 개 이상의 강한 흡수를 나타내는 보다 복잡한 흡수의 경우에는 반사되는 색깔은 보다 복잡한 해석이 필요하나 개념은 동일하다. 화합물의 빛은 반사된 즉 흡수되지 않은 빛의 합으로서 우리 눈에 나타나게 된다.

예제 20.5 ▸ Beer 법칙

2,5-Dimethyl-2,4-hexadiene의 몰흡광 계수는 13,100 $M^{-1}cm^{-1}$이다. 흡광도가 1.6이기 위해서는 이 다이엔의 메탄올 용액의 농도가 얼마이어야 하는가? 경로 길이는 1.00 cm이라고 가정하라. 농도를 단위를 계산하라.

(a) mol/L **(b)** mg/mL

➥ 해답

농도에 대한 Beer-Lambert식을 풀고 길이, 흡광도, 몰흡광 계수에 대한 적당한 값을 치환하라.

(a) $$c = \frac{A}{l \times \varepsilon} = \frac{1.6}{1.00\ \text{cm} \times 13{,}100\ \text{L} \cdot \text{mol}^{-1} \cdot \text{cm}^{-1}} = 1.22 \cdot 10^{-4}\ \text{mol/L}$$

(b) 2,5-Dimethyl-2,4-hexadiene의 분자량이 110 g/mol이다. 시료의 농도(mg/mL)는 아래와 같다.

$$1.22 \times 10^{-4}\ \frac{\text{mol}}{\text{L}} \times \frac{110\ \text{g}}{\text{mol}} \times \frac{1\ \text{L}}{1000\ \text{mL}} \times \frac{1000\ \text{mg}}{\text{g}} = 1.34 \times 10^{-2}\ \text{mg/mL}$$

연습 문제 20.5

β-Carotene ($C_{40}H_{50}$, MW 536.89, 당근의 오렌지색)의 hexane 용액의 가시광선 스펙트럼은 463 nm와 494 nm에서 강한 최대 흡수를 나타내며 이들은 푸른색-초록색 영역이다. 이러한 빛의 파장이 β-carotene에 의해 흡수되므로 우리는 이 화합물의 색을 푸른색-초록색의 보색 즉, 적색-오렌지색으로 인식한다.

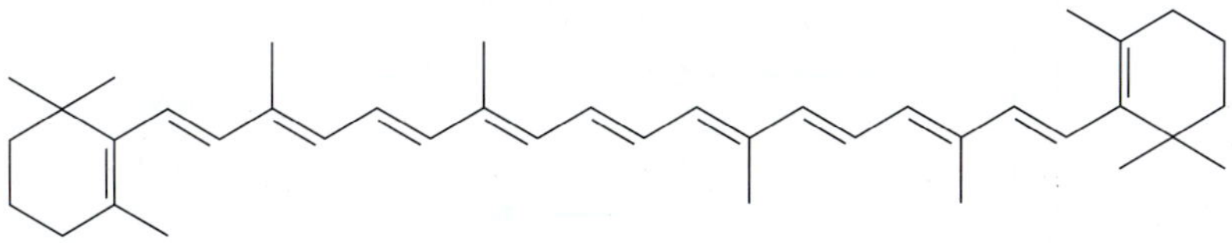

β-Carotene

λ_{max} 463 nm (log ε 5.10); 494 nm (log ε 4.77)

463 nm에서 1.8의 흡광도를 나타내는 β-carotene 농도를 mg/mL 단위로 계산하라.

B 전자 에너지 준위 사이의 전이의 기원

자외선-가시선 영역에서 전자기 복사선의 흡수는 낮은 에너지 준위인 채워진 MO로부터 높은 에너지 준위인 비어 있는 MO로 전자가 이동하는 결과를 나타낸다. 이 복사선의 에너지는 일반적으로 훨씬 더 낮은 에너지 준위인 σ 결합성 분자 궤도함수에 들어 있는 전자에 영향을 주기에 충분하지 않다. 그러나 비결합성(고립 전자쌍) 혹은 π 궤도함수에 있는 전자가 반결합성 π^* 궤도함수($n \rightarrow \pi^*$ 전이 및 $\pi \rightarrow \pi^*$ 전이라고 부른다)로 이동하기에 충분하다. 콘쥬게이션 π계는 특히 주목할 만한 $\pi \rightarrow \pi^*$ 전이를 갖는다. 다음은 콘쥬게이션의 세 가지 예이다.

$CH_2{=}CH{-}CH{=}CH_2$ **1,3-Butadiene**

$CH_2{=}CH{-}C({=}O){-}CH_3$ **3-Buten-2-one**

$C_6H_5{-}CH{=}O$ **Benzaldehyde**

그림 20.6 ▸ Ethylene의 들뜬 상태에서의 $\pi \rightarrow \pi^*$ 전이. 자외선 흡수는 바닥 상태의 π 결합성 분자 궤도함수로부터 들뜬 상태의 π 반결합성 분자 궤도함수로 전자의 전이가 일어나게 한다. 전자 스핀의 변화는 없다.

$\pi \rightarrow \pi^*$전이의 예로서 etylene을 생각해 보자. Ethylene의 이중 결합은 sp^2 궤도함수의 조합으로 형성된 하나의 σ 결합과 $2p$ 궤도함수의 조합으로 형성된 하나의 π 결합으로 구성되어 있다. π 결합성 분자 궤도함수와 π 반결합성 분자 궤도함수의 상대적 에너지는 그림 20.6에 도식화되어 있다. 간단하고 비콘쥬게이션 알켄의 경우 $\pi \rightarrow \pi^*$ 전이가 200 nm (etylene의 경우 165 nm) 이하에서 일어난다. 이런 전이는 극히 짧은 파장에서 일어나므로 통상의 자외선 분광법에서 관측되지 않으며 분자의 구조 결정에 사용하기에는 적합하지 않다.

1,3-Butadiene의 경우, 최고 점유(highest occupied) π 분자 궤도함수와 최저 비점유(lowest unoccupied) π 반결합성 분자 궤도함수 사이의 에너지 차이는 etylene보다 적어 $\pi \rightarrow \pi^*$ 전이는 etylene보다 적은 에너지를 필요로 한다(더 긴 파장에서 일어난다). 1,3-Butadiene의 경우 이 전이는 217 nm에 해당한다.

분자의 전자 들뜸은 신축 혹은 회전 에너지 준위의 변화를 수반한다. 이러한 신축, 회전의 에너지 준위 차는 전자 에너지 준위 차보다 훨씬 작으며 종류 또한 많다. 이러한 전이들은 전자 들뜸 상에 포개어지므로 분광기가 분해할 수 없는 아주 촘촘한 수많은 흡수 피크를 나타낸다. 이러한 이유로 자외선-가시광선 흡수대는 통상 적외선 흡수 피크보다 훨씬 넓다.

간단한 알데하이드와 케톤은 카보닐기의 $n \rightarrow \pi^*$ 전이로 인해 스펙트럼의 자외선 영역에서 약한 흡수만을 나타낸다. 그러나 만일 카보닐기가 한 개 혹은 그 이상의 탄소-탄소 이중 결합과 콘쥬게이션되어 있으면 $\pi \rightarrow \pi^*$ 전이로 인해서 강한 흡수(ε = 8,000 − 20,000 $M^{-1}cm^{-1}$)가 일어난다. 폴리엔에서도 흡수 위치는 장파장으로 이동하고 최대 흡수

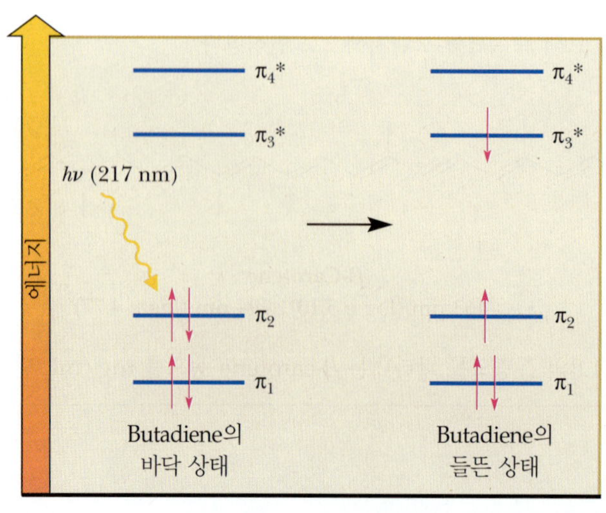

그림 20.7 ▸ 1,3-Butadiene의 전자 전이, $\pi \rightarrow \pi^*$ 전이.

의 몰 흡광계수 ε은 예리하게 증가한다. 예를 들면, α,β-불포화 케톤인 3-penten-2-one의 λ_{max}는 224 nm (log ε 4.10)이다.

2-Pentanone
λ_{max} 180 nm (ε 900)

3-Penten-2-one
λ_{max} 224 nm (ε 12,590)

Acetophenone
λ_{max} 246 nm (ε 9,800)

카보닐기와의 불포화 콘쥬게이션 정도가 크면 클수록 최대 흡수는 스펙트럼의 가시광선 영역으로 더 이동하게 된다.

간단한 알데히드나 케톤의 카보닐기처럼 카보닐기는 탄소-탄소 이중 결합이나 방향족 고리와 콘쥬게이션되지 않는다면 자외선 스펙트럼에서 약한 흡수만을 나타낸다.

가장 중요한 점은 콘쥬게이션이 구조가 채워진 π 궤도함수와 채워지지 않은 π 궤도함수 사이의 에너지 간격을 감소시킨다는 것이다. 따라서 일반적으로 콘쥬게이션에 참여한 이중 결합의 수가 증가할수록 더 긴파장의 자외선이 흡수된다. 표 20.3에 몇 종류의 콘쥬게이션된 알켄에서 $\pi \rightarrow \pi^*$ 전이에 필요한 파장과 에너지를 나타내었다.

표 20.3 Ethylene과 세 종류의 콘쥬게이션 폴리엔의 $\pi \rightarrow \pi^*$ 전이에 필요한 파장과 에너지

명명	화학식	λ_{max} (nm)	에너지[kJ (kcal)/mol]
Ethylene	$CH_2{=}CH_2$	165	724 (173)
1,3-Butadiene	$CH_2{=}CHCH{=}CH_2$	217	552 (132)
(3*E*)-1,3,5-Hexatriene	$CH_2{=}CHCH{=}CHCH{=}CH_2$	268	448 (107)
(3*E*,5*E*)-1,3,5,7-Octatetraene	$CH_2{=}CH(CH{=}CH)_2CH{=}CH_2$	290	385 (92)

20.4 페리 고리 협동 반응 이론

지금까지 이 책에서 반응 메커니즘을 이해하기 위해서 S_N2 (9.2A절)와 E2 (9.7C절)의 예에서처럼 반응물의 궤도함수를 분석하는 경우는 매우 드물었다. 우리는 종종 궤도함수 분석을 이끌어내기도 하지만 궤도함수의 상호 작용이 실제적으로 화학 반응을 지시한다. 실제적으로 페리 고리 협동(pericyclic)이라고 부르는 반응의 종류가 메커니즘을 기본적으로 이해하기 위해 중요하기도 한다. **페리 고리 협동 반응**(Pericyclic reaction)은 궤도함수의 닫힌 고리계를 이루면서 단일 단계로 일어난다. 즉, 반응의 전이 상태에서 고리형으로 궤도함수 상호 작용을 그려낼 수 있다. 더욱이 반응이 단일 단계로 일어나기 때문에 라디칼 혹은 이온 중간체가 존재하지 않는다. 아래에 주어진 예는 이러한 특성을 분명하게 나타낸다. 이러한 반응의 대부분은 콘쥬게이션 및 비콘쥬게이션 다이엔을 포함하기 때문에 이 장에서 설명하기로 한다. 페리 고리 협동 반응의 특징 중에 하나는 반응의 입체화학에 대한 정확한 제어이고 아래 주어진 예는 이러한 특징을 강조하고 있다.

페리 고리 협동 반응은 전이 상태에서 특정 구조에 대해 보통 '허용(allowed)' 또는 '금지(forbidden)'로 분류된다. 실제로 이러한 분류는 반응에 대한 한 가지 기하 구조는 낮은 에너지 전이 상태(허용)를 갖고 또는 서로 다른 기하 구조는 매우 높은 에너지 전이 상태(금지)를 갖는다는 것을 의미한다. 반응이 허용 또는 금지인지를 결정하기 위해서는 한 가지 접근하는 방법이 있다. 한 가지 접근 방법인 경계 분자 궤도함수 이론을 알아보기로 한다.

페리 고리 협동 반응
중간체 없이 단일 단계 반응으로 일어나는 반응으로 궤도함수의 고리형 분포가 포함되어 있다.

비록 페리 고리 협동 반응을 이해하기 위해서 한 가지 접근 방법을 다루지만 수년에 걸쳐 이루어진 다양한 접근 방법이 우리의 이해를 돕기 위해서 중요한 서로 른 논문으로 발표된 바 있다. R. B. Woodward (Harvard 대학), Roald Hoffmann (Harvard 대학 근무 후 현재 Cornell 대학), Kenichi Fukui (Kyoto 대학) 그리고 Howard Zimmerman (Wisconsin 대학) 등은 페리 고리 협동 반응 메커니즘을 통찰할 수 있는 중요성을 제공하였다. Hoffmann과 Fukui는 이러한 연구로 1981년(Woodward 사망 이후) 노벨상을 수상하였다.

카레와 암

Curcumin은 *curcuma longa* L (강황)의 뿌리에서 얻어지는 천연 염료이다. 순수한 형태로 그것은 카레의 주요 성분인 심황으로부터 분리된 오렌지-황색의 결정성 분말이다. 이 색깔은 curcumin에서의 많은 콘쥬게이션의 결과이다(이 분자는 아래에 나타낸 바와 같이 실제로 엔올화되어 있다). Curcumin은 새로운 암이 성장(신생 혈관 형성)하기 위해 필요한 혈관의 형성을 잠시 억제하여 암의 성장을 늦추는 것으로 알려져 있었다. 최근에 한국의 생화학자는 curcumin이 신생 혈관 형성에 있어서 중요한 효소를 억제하는 것임을 보여주었다. 그러므로 카레는 암에 좋은 화합물이다.

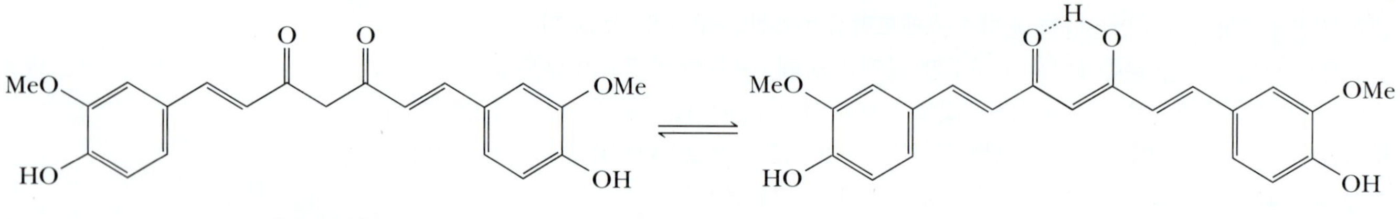

Curcumin
(천연 황색-3, 심황 황색)

A 프론티어 분자 궤도함수 이론(FMOT)

고리화 첨가 반응
두 가지 반응물이 단일 단계로 첨가되어 고리형 생성물을 형성하는 반응

다섯 종류의 페리 고리 협동 반응이 있지만, 이 책에서는 두 가지 종류인 고리화 첨가 반응과 시그마 결합 자리옮김 반응을 다루기로 한다. 비록 알켄과 알켄의 반응을 살펴보지만 가장 일반적인 **고리화 첨가 반응**(cycloaddition)에는 콘쥬게이션 다이엔과 알켄의 반응이 포함되어 있다. 지금부터 무엇을 4 + 2와 2 + 2 고리화 첨가로 부르는지 반응에 포함된 π 전자수를 따라 각각 살펴보기로 한다.

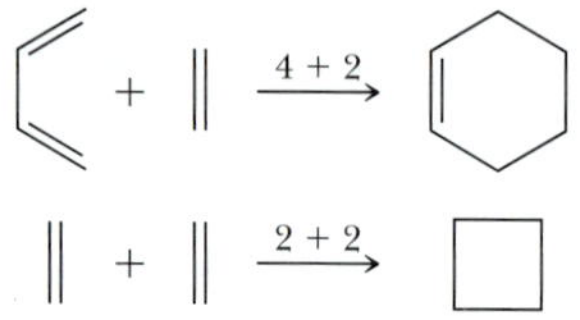

4 + 2

2 + 2

HOMO
최고 점유 분자 궤도함수

LUMO
최저 비점유 분자 궤도함수

이 반응이 허용인지 금지인지를 분석하기 위해서 화학자들은 반응물의 프론티어 분자 궤도함수에 초점을 맞춘다. 프론티어 분자 궤도함수는 **최고 점유 분자 궤도함수**(highest occupied molecular orbital, HOMO)과 **최저 비점유 분자 궤도함수**(lowest unoccupied molecular orbital, LUMO)로 구성되어 있다. *최고*(highest)와 *최저*(lowest)라는 용어는 궤도함수의 에너지를 말하며, *점유*(occupied)와 *비점유*(unoccupied)라는 용어는 궤도함수에 2개의 전자가 채워져 있는지 혹은 비어 있는지를 의미한다. 예를 들면, butadiene의 HOMO와 LUMO는 그림 20.2에서 각각 궤도함수 2와 3이다. Ethylene의 HOMO와 LUMO는 그림 1.21에서와 같이 간단히 나타낸 π와 π^*이다.

반응물의 프론티어 분자 궤도함수를 확인한 후, 화학자들은 반응 기하 구조를 예측한다. 이러한 목적은 예측한 기하 구조가 반응에 대해 허용인지 금지인지를 결정하는데 있다. 분석에서 우리는 반응물에서 한 가지 HOMO와 다른 LUMO를 조사한다. 해답은 동일하기 때문에 분석에서 반응물의 HOMO 또는 LUMO를 지정하는 것은 문제가 되지 않는다. 궤도함수의 상 변화가 서로 일치(0으로 상 변화)되도록 합쳐질 경우에 반응은 허용된다. 그러나 만일 상 변화가 일치되지 않도록 궤도함수 사이의 합쳐짐이 한 가지(또는 홀수 개)만 존재하면 반응은 금지이다.

프론티어 분자 궤도함수를 나타내기 위해서 각각의 반응물에서 동일면이라고 부르는 butadiene과 ethylene에 대한 충돌하는 기하 구조를 분석해 보자. 충돌이 일어나는 각각의 반응물의 π계에서 같은 면(또는 쪽) 충돌이 나타날 때에 **동일면**(suprafacial) 상호 작용이 일어난다[또 다른 상호 작용은 예제 20.6에 나타낸 바와 같이 **반대면**(antarafacial)이라고 부른다]. 그림 20.8(a)에서 반응이 일어나는 탄소 1과 탄소 4에 p 궤도함수의 아래 부분(같은 면)과 ethylene p 궤도함수의 윗부분(역시 같은 면)이 반응한다. 그러므로 각 반응물이 동일면 방식으로 상호 작용한다. 동일면 충돌 기하 구조는 그림 20.8에 있는 4 + 2 반응과 2 + 2 반응 모두에서 나타난다.

동일면
π 결합의 같은 면에서 반응이 일어날 때.

반대면
π 결합의 다른 면에서 반응이 일어날 때.

4 + 2 반응은 반응물의 HOMO와 LUMO가 붉은색과 붉은색 및 푸른색과 푸른색 같이 서로 상이 일치하면서 만나기 때문에 허용 반응임을 유의하라. 2 + 2 반응은 하나의 붉은색과 하나의 푸른색이 만나기 때문에 금지 반응이다.

프론티어 분자 궤도함수 분석은 만일 butadiene과 ethylene 양쪽 모두가 동일면 방식으로 충돌하면 butadiene은 ethylene과 반응할 것이고 cyclohexene을 생성한다는 결론에 도달한다. 하지만 ethylene은 ethylene과 이러한 유사한 방식으로 반응하지 않을 것이다. 우리는 이러한 결론을 하나의 콘쥬게이션 다이엔과 하나의 알켄 및 하나의 알켄과 또 다른 하나의 알켄과의 반응으로 넓힐 수 있다. 아래에는 여러 가지 반응 예와 허용된 4 + 2 반응(Diels-Alder 반응)의 실제적인 적용을 나타내었다. 두 가지 반응물의 동일면 접근은 Diels-Alder 반응의 입체화학에 중요한 결과를 가져온다.

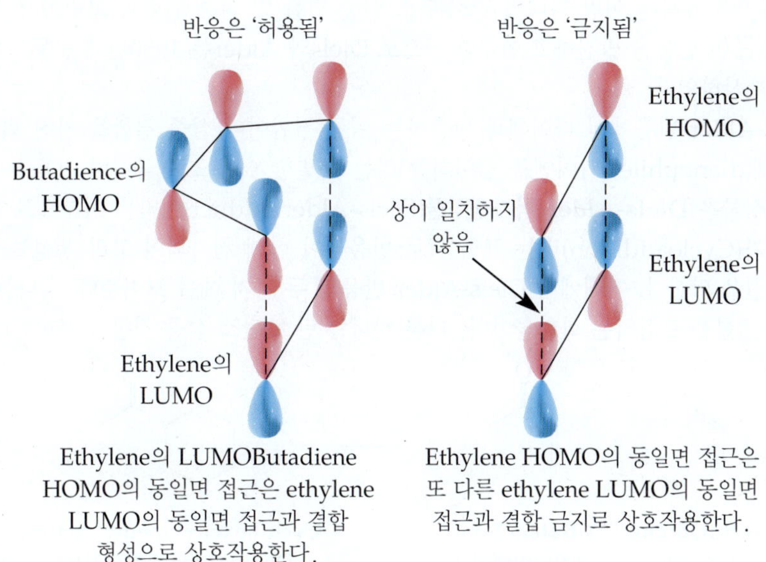

그림 20.8 ▸ (a) Butadiene과 ethylene의 4 + 2 고리화 첨가 반응에 대한 프론티어 분자 궤도함수 분석. 상과 상이 서로 충돌할 때에 butadiene의 HOMO와 ethylene의 LUMO 사이에 일치함을 알 수 있고, 반응을 허용한다.
(b) Ethylene 두 분자의 2 + 2 고리화 첨가 반응에 대한 프론티어 분자 궤도함수 분석. HOMO와 LUMO가 결합할 때에 한 지점에서 상이 일치하지 않기 때문에 반응은 금지로 나타난다.

예제 20.6 ▸ FMOT

4 + 2 반응에 대한 또 다른 충돌 기하 구조를 살펴보자. 반대면 상호 작용에서는 하나의 반응물이 상호 작용하는 π 결합에 있는 p 궤도함수의 반대면에 똑같은 방식으로 충돌한다. Butadiene 반대면 방식으로 상호 작용할 때에 4 + 2 고리화 첨가 반응이 반응 금지임을 보여라.

➡ 해답

아래에 나타낸 것은 ethylene이 butadiene과 비스듬한 각도로 충돌한다는 점을 제외하고 butadiene과 ethylene의 반응이다. 반응 플라스크에 들어 있는 분자들은 용매와 함께 모든 가능한 방향에서 서로 끊임없이 충돌하지만, 특정한 배향만이 화학 반응을 일으킨다는 점을 상기하여라. Butadiene의 반대면 기하 구조에서 butadiene과 ethylene 사이의 상이 서로 일치하지 않는 한 가지 만나는 방법이 있다. 그러므로 두 가지 반응물 사이에 충돌을 위한 이러한 기하 구조는 생성물을 형성하지 못하고 금지 반응으로 간주된다.

반응은 '금지됨'

Butadience의 HOMO

Ethylene의 LUMO

Butadiene HOMO의 동일면 접근은 ethylene LUMO의 동일면 접근과 결합 금지로 상호작용한다.

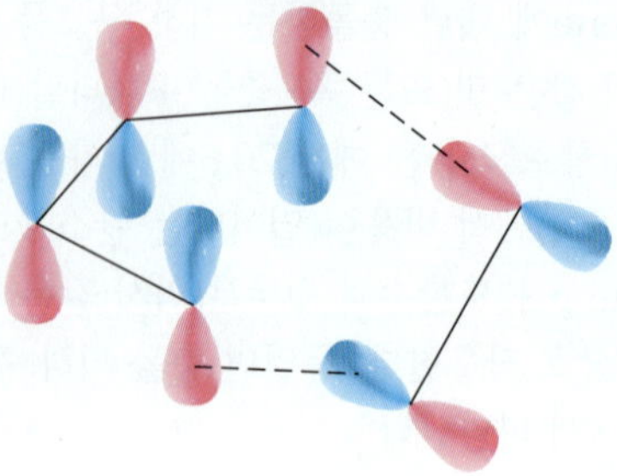

연습 문제 20.6

하나의 동일면과 하나의 반대면을 가진 2 + 2 고리화 첨가 반응은 허용된다. 프론티어 분자 궤도함수 분석을 이용하여 이러한 결론을 나타내어라. 비록 반응은 허용되지만 좀처럼 보기 어렵다. 이러한 반응이 왜 어려운지에 대해 궤도함수 분석을 기초로 하지 않고 이유를 생각할 수 있는가?

20.5 Diels-Alder 반응

1928년, 독일의 Otto Diels와 Kurt Alder는 콘쥬게이션된 다이엔의 독특한 반응을 발견하였다. 이 반응에서는 어떤 형태의 탄소-탄소 이중 결합 및 삼중 결합과 고리화 첨가 반응이 일어난다. 이 반응을 발견하고 연구한 공으로 Diels와 Alder는 1950년에 공동으로 노벨 화학상을 수상하였다.

친다이엔체
콘쥬게이션된 다이엔과 반응하여 Diels-Alder 첨가물을 생성할 수 있는 이중 결합을 포함하는 화합물(하나 또는 두 개의 C, N, O 원자로 구성된).

Diels-Alder 첨가생성물
다이엔과 친다이엔체의 고리화 첨가 반응으로 생성된 cyclohexene.

Diels-Alder 반응에서 다이엔과 반응하는 이중 결합이나 삼중 결합을 가진 화합물은 **친다이엔체**(dienophile)(다이엔을 좋아하는)라는 특별한 이름으로 불리며, Diels-Alder 반응의 생성물은 **Diels-Alder 첨가생성물**(Diels-Alder adduct)이라는 이름으로 부른다. **고리화 첨가**(Cycloaddition)라는 표현은 두 반응물이 함께 첨가되어 고리 생성물을 생성한다는 사실을 말한다. 아래에서 Diels-Alder 반응의 두 가지 예를 보여준다. 하나는 탄소-탄소 이중 결합을 포함하는 화합물이며, 다른 하나는 탄소-탄소 삼중 결합을 포함한다.

O O

+ ⟶

1,3-Butadiene (다이엔) **3-Buten-2-one** (친다이엔체) **4-Cyclohexenyl methyl ketone** (Diels-Alder 첨가생성물) (라셈 혼합물)

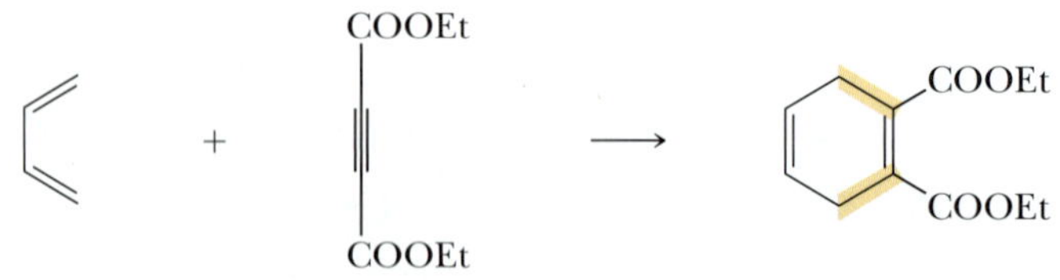

COOEt

+ ⟶ COOEt COOEt

COOEt

1,3-Butadiene (다이엔) **Diethyl 2-butynedioate** (친다이엔체) **Diethyl 1,4-cyclohexadiene-1,2-dicarboxylate** (Diels-Alder 첨가생성물)

다이엔의 네 개의 탄소 원자와 친다이엔체의 두 개의 탄소 원자가 합쳐져 육원자 고리를 형성함을 유의하여라. 반응물보다 생성물에서 σ 결합이 두 개 더 많고 π 결합이 두 개 더 적음에 유의하라. 두 개의 (더 약한) π 결합이 두 개의 (더 강한) σ 결합과 교환되는 것이 Diels-Alder 반응에서 중요한 추진력이다.

우리는 Diels-Alder 반응을 다이엔과 친다이엔체의 탄소 골격만으로 보여 주는 다음의 방식으로 쓸 수 있다. 이러한 표현에서 굽은 화살표는 두 개의 새로운 σ 결합이 형성되고, 세 개의 π 결합이 깨지고, 하나의 새로운 π 결합이 형성됨을 보여주기 위해 사용된다. 이러한 특별한 경우에 아래 그림의 굽은 화살표는 메커니즘을 보여주는 것을 의미하는 것이 아니라는 것을 여기에서 강조한다. 오히려, 굽은 화살표가 의미하는 것은 어떤 결합이 깨지고, 어떤 새로운 결합이 생성되며, 얼마나 많은 전자(이 경우에는 여섯 개)가 참여하는지를 보여주는 것이다. 실제 메커니즘은 페리 고리 협동이고 20.4절에 나타낸 바와 같이 4 + 2 고리화 첨가 반응이다.

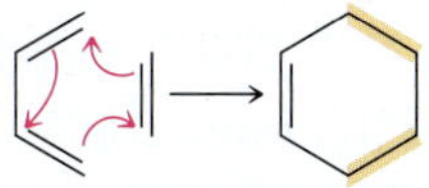

Diels-Alder 반응

Diels와 Alder에 의해 발견된 이 반응의 특별한 가치는 (1) 이 반응은 육원자 고리를 형성하는데 사용될 수 있는 가장 간단한 반응 중의 하나이며, (2) 동시에 두 개의 새로운 탄소-탄소 결합을 형성하는데 사용될 수 있는 드문 반응 중의 하나이고, 이 장의 후반에서 볼 것이다. (3) 이 반응은 완전히 입체특이적이며, 아주 위치선택적이라는 것이다. 이러한 이유 때문에 Diels-Alder 반응은 합성 유기 화학에서 엄청나게 가치 있는 것으로 판명되어 왔다.

예제 20.7 ▸ Diels-Alder 반응

각각의 다이엔과 친다이엔체 쌍 사이의 반응에 의해 생성된 Diels-Alder 첨가생성물에 대한 구조식을 그려라.

(a) 1,3-Butadiene과 propenal

(b) 2,3-Dimethyl-1,3-butadiene과 3-buten-2-one

➡ 해답

먼저, 각각의 분자가 육원자 고리를 형성하기에 적절하게 배열되도록 다이엔과 친다이엔체를 그려라. 그 다음에 육원자 고리 Diels-Alder 첨가생성물을 생성하도록 반응을 완결하여라.

(a) 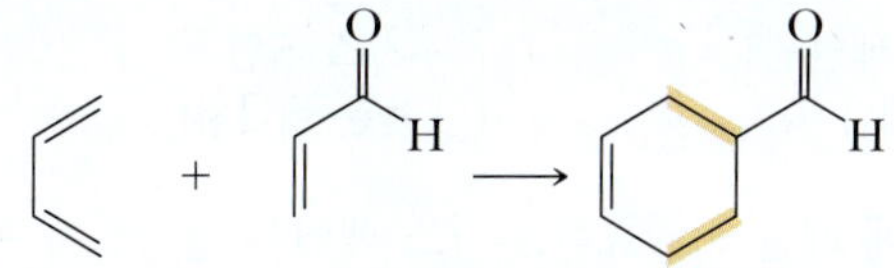 **1,3-Butadiene** + **Propenal (Acrolein)** ⟶ (라셈 혼합물)

(b) 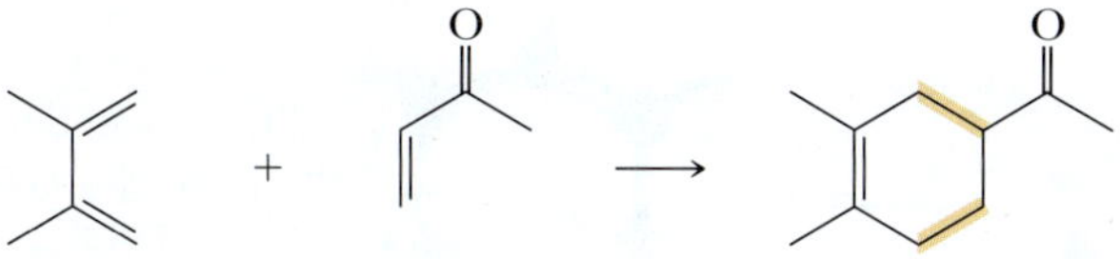 **2,3-Dimethyl-1,3-butadiene** + **3-Buten-2-one (Methyl vinyl ketone)** ⟶ (라셈 혼합물)

연습 문제 20.7

다이엔과 친다이엔체를 어떻게 조합해야 Diels-Alder 반응이 일어나 각각의 첨가생성물을 생성하는가?

(a) 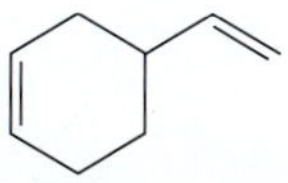 (라셈 혼합물) **(b)** 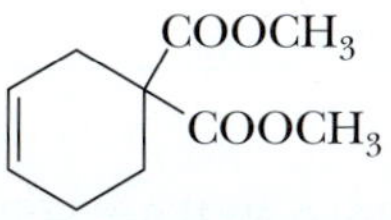 $COOCH_3$, $COOCH_3$ **(c)** 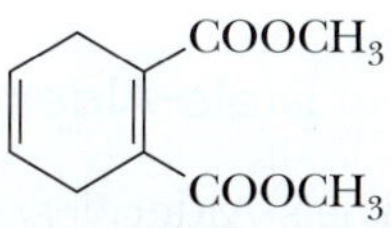 $COOCH_3$, $COOCH_3$

이제 Diels-Alder 반응의 범위와 한계, 입체화학 및 메커니즘을 좀 더 자세히 살펴보도록 하자.

A 다이엔은 반드시 *s-시스* 배열이어야 한다

1,3-Butadiene을 참고하여 다이엔의 배열의 중요성을 설명할 수 있다. 콘쥬게이션된 다이엔이 최대로 안정하려면 π계를 구성하는 4개의 혼성화되지 않은 $2p$ 궤도함수가 완전히 겹쳐져야 하며, 이러한 조건은 다이엔의 모든 4개의 탄소 원자가 같은 평면에 있을 때만이 가능하다. 1,3-Butadiene의 탄소 골격이 평면이면 다이엔 골격에 결합된 여섯 개의 원자도 같은 평면에 포함된다. 콘쥬게이션 때문에 결합 회전은 중심 단일 결합 주위에서 실제로 다소 제한된다. 원자들이 같은 평면에 있지 않다면 콘쥬게이션은 불완전하거나 완전히 깨진다. 1,3-Butadiene에는 ***s*-트랜스 배열**(s-*trans* conformation)과 ***s*-시스 배열**(s-*cis* conformation)이라 불리는 두 개의 평면 배열이 있다, 여기서 *s*의 의미는 다이엔의 탄소-탄소 단일 결합을 나타낸다. 이들 중에서 *s-트랜스* 배열이 에너지가 약간 낮으므로 약간 더 안정하다.

s-trans-1,3-Butadiene이 더 안정한 배열이라 해도 *s-cis*-1,3-butadiene이 Diels-Alder 반응에서 반응성이 큰 배열이다. *s-시스* 배열에서는 콘쥬게이션계의 탄소 원자 1번과 4번이 탄소-탄소 이중 결합이나 삼중 결합과 반응하여 육원자 고리를 생성하기에 충분할 만큼 가까이 있다. *s-트랜스* 배열에서는 이러한 반응이 일어나기에는 너무 멀리 떨어져 있다.

1,3-Butadiene에서 *s-트랜스*와 *s-시스* 배열의 상호 전환에 대한 에너지 장벽은 약 11.7 kJ (2.8 kcal/mol) 정도로 낮다. 그 결과로 1,3-butadiene은 여전히 Diels-Alder 반응에서 반응성이 큰 다이엔이다.

s-트랜스 배열
(더 낮은 에너지)

s-시스 배열
(더 높은 에너지)

(2Z,4Z)-2,4-Hexadiene은 입체 장애 때문에 필요한 *s-시스* 배열을 형성하지 못하기 때문에 Diels-Alder 반응에서 반응이 일어나지 않는다.

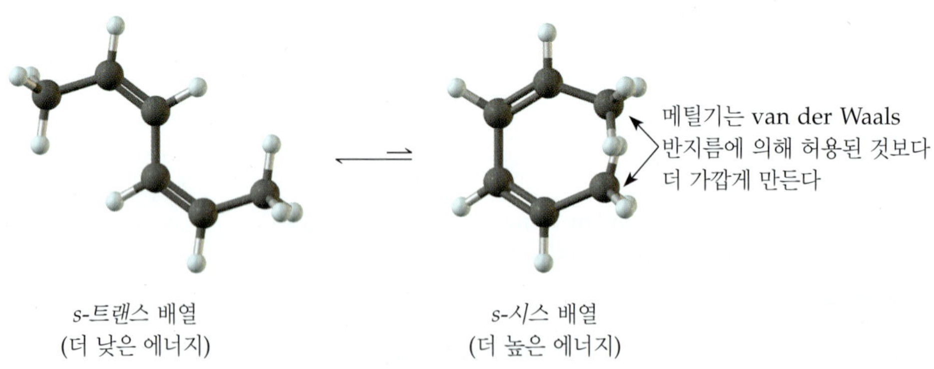

(2Z,4Z)-2,4-Hexadiene

예제 20.8 ▸ Diels-Alder 반응

어느 분자가 Diels-Alder 반응에서 다이엔으로 작용하는가?

(a) CH_2 **(b)** **(c)** CH_2 CH_2

➥ 해답

(a)와 (b)에서 다이엔은 *s-트랜스* 배열로 고정되어 있으므로 Diels-Alder 반응에 참여할 수 없다. (c)에서 다이엔은 *s-시스* 배열로 고정되어 있으므로 Diels-Alder 반응에 참여하기에 적당한 배향을 갖는다.

연습 문제 20.8

어느 분자가 Diels-Alder 반응에서 다이엔으로 작용하는가?

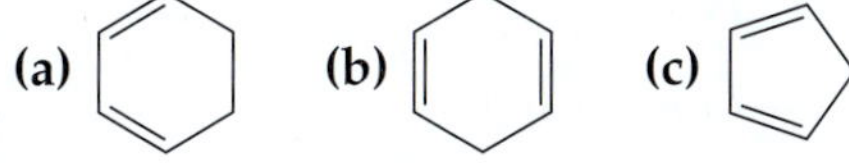

B 반응 속도에 대한 치환기 효과

Diels-Alder 반응의 가장 간단한 예는 둘 다 실온에서 기체인 1,3-butadiene과 ethylene 사이의 반응이다. 비록 이 반응은 일어난다 할지라도 매우 느리며, 반응물들은 압력 하에서 200°C로 가열할 때에만 일어난다.

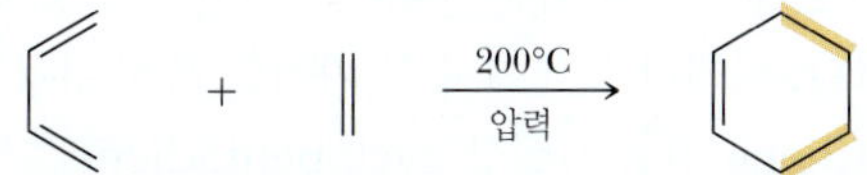

1,3-Butadiene **Ethylene** **Cyclohexene**

Diels-Alder 반응은 반응물 중의 하나에 전자를 끄는 치환기를 도입하고, 다른 반응물에 전자를 주는 치환기를 도입하는 조합에 의해 쉽게 일어난다. 가장 흔한 것은 친다이엔체에 카보닐기(탄소 위의 부분적인 양전하 때문에 전자를 끄는 기)를 치환시키면 반응이 쉽게 일어난다. 1,3-Butadiene과 3-buten-2-one은 140°C로 가열할 때 Diels-Alder 첨가생성물을 형성한다.

140°C

1,3-Butadiene **3-Buten-2-one** (라셈 혼합물)

다이엔에 전자를 주는 메틸기가 치환되면 반응이 더욱 쉽게 일어난다. 2,3-Dimethyl-1,3-butadiene과 3-buten-2-one은 30°C에서 Diels-Alder 첨가물을 형성한다.

30°C

2,3-Dimethyl-1,3-butadiene **3-Buten-2-one** (라셈 혼합물)

Diels-Alder 반응에서 가장 흔히 볼 수 있는 여러 가지 전자-주는 기와 전자-끄는 기가 표 20.4에 나와 있다. 에스터기는 이중 결합에 산소가 또는 카보닐이 연결되어 있는지에 따라 전자-주는 기 또는 전자-끄는 기가 될 수 있다는 것을 유의하여라.

표 20.4 전자-주는 기와 전자-끄는 기

전자-주는 기	전자-끄는 기
$-CH_3$	$-\overset{O}{\overset{\Vert}{C}}H$ (알데하이드)
$-CH_2CH_3$	$-\overset{O}{\overset{\Vert}{C}}R$ (케톤)
$-CH(CH_3)_2$	$-\overset{O}{\overset{\Vert}{C}}OH$ (카복실)
$-C(CH_3)_3$	$-\overset{O}{\overset{\Vert}{C}}OR$ (에스터)
$-R$ (다른 알킬기)	$-NO_2$ (나이트로)
$-OR$ (에터)	$-C{\equiv}N$ (사이아노)
$-O\overset{O}{\overset{\Vert}{C}}R$ (에스터)	

C Diels-Alder 반응은 두고리 계 합성에 사용될 수 있다

이중 결합이 *s-시스* 배열로 고정되어 있는 콘쥬게이션된 고리형 다이엔은 Diels-Alder 반응에서 매우 반응성이 크다. 이러한 목적에서 두 가지의 특히 유용한 다이엔은 cyclopentadiene과 1,3-cyclohexadiene이다. 사실상 cyclopentadiene은 다이엔으로서도 친다이엔체에서도 반응성이 크며, 실온에 놓아 두면 dicyclopentadiene이라는 관용명으로 알려진 Diels-Alder 자체-첨가생성물을 생성한다. Dicyclopentadiene을 170°C로 가열할 때, 역 Diels-Alder 반응이 일어나고, cyclopentadiene이 다시 생성된다.

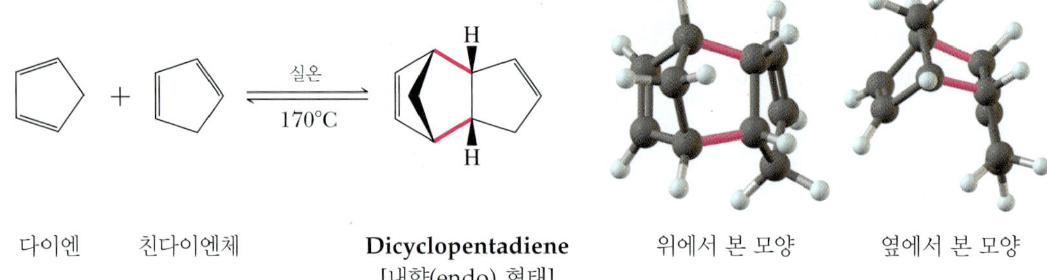

다이엔 친다이엔체 **Dicyclopentadiene** [내향(endo) 형태] 위에서 본 모양 옆에서 본 모양

'내향(endo)'과 '외향(exo)'이라는 용어는 다이엔에 의해 유도된 두 개의 탄소로 이루어진 다리(bridge)와 관련하여 친다이엔체의 치환기의 배향을 설명하기 위해 두고리 Diels-Alder 첨가생성물에 대해 사용한다. **외향**(exo, 그리스어로 바깥쪽이라는 뜻) 치환기는 다이엔에 의해 유도된 다리의 반대쪽에 있는 것이고, **내향**(endo, 그리스어로 안쪽이라는 뜻) 치환기는 다이엔에 의해 유도된 다리와 같은 쪽에 있는 것이다.

다이엔에 의해 유도된 이중 결합
외향(exo, 바깥쪽) 이중 결합에 대해
내향(endo, 안쪽) 이중 결합에 대해

속도론적 조절 하에 수행되는 Diels-Alder 반응에서 친다이엔체의 내향 배향이 선호된다(그림 20.9). Cyclopentadiene과 methyl propenoate (methyl acrylate)와의 반응은 거의 전적으로 내향 첨가생성물만 생성한다. 외향 첨가생성물은 형성되지 않는다. Diels-Alder 반응이 항상 입체선택적인 것만은 아니다.

O, OCH_3, $COOCH_3$, 다시 그림, H, $COOCH_3$

Cyclopentadiene **Methyl propenoate** 내향 첨가생성물(라셈 혼합물)

D 친다이엔체의 배열은 보존된다

반응은 친다이엔체 쪽에서는 완전히 입체특이적이다. 만일 친다이엔체가 *시스* 이성질체이면, 친다이엔체에서 서로 *시스* 치환기들은 Diels-Alder 첨가생성물에서 *시스*이다. 역으로 친다이엔체가 *트랜스* 이성질체이면, 친다이엔체에서 서로 *트랜스*인 치환기들은 Diels-Alder 첨가물에서 *트랜스*이다.

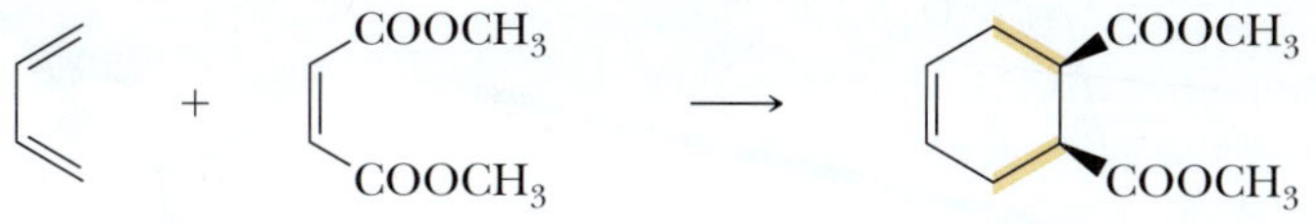

Dimethyl *cis*-2-butenedioate (*시스* 친다이엔체) → **Dimethyl *cis*-4-cyclohexene-1,2-dicarboxylate**

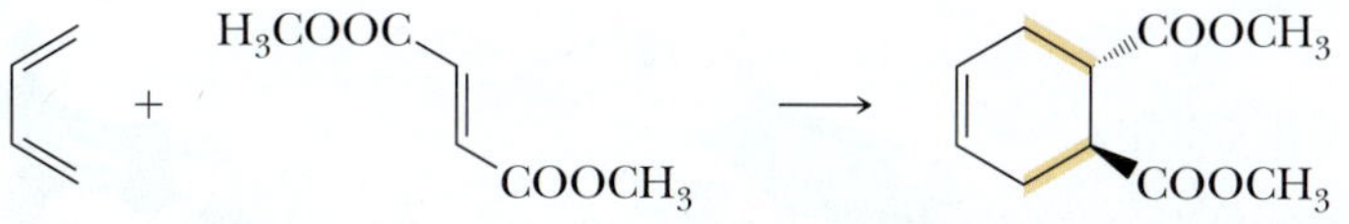

Dimethyl *trans*-2-butenedioate (*트랜스* 친다이엔체) → **Dimethyl *trans*-4-cyclohexene-1,2-dicarboxylate** (라셈 혼합물)

E 다이엔의 배열은 보존된다

반응은 다이엔 쪽에서도 완전히 입체특이적이다. 다이엔의 1과 4 위치에 있는 기들은 상대적 배향이 보존된다.

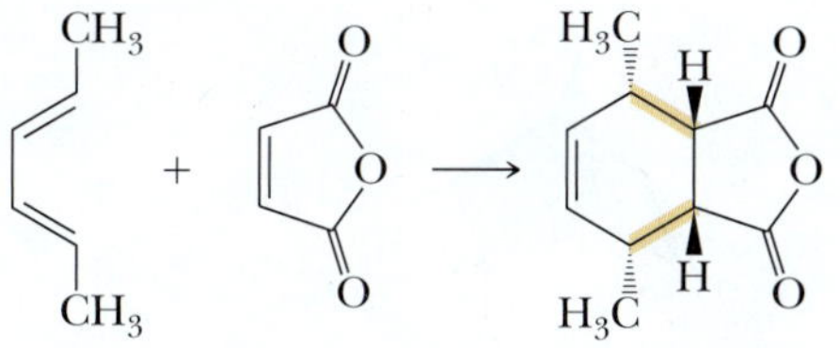

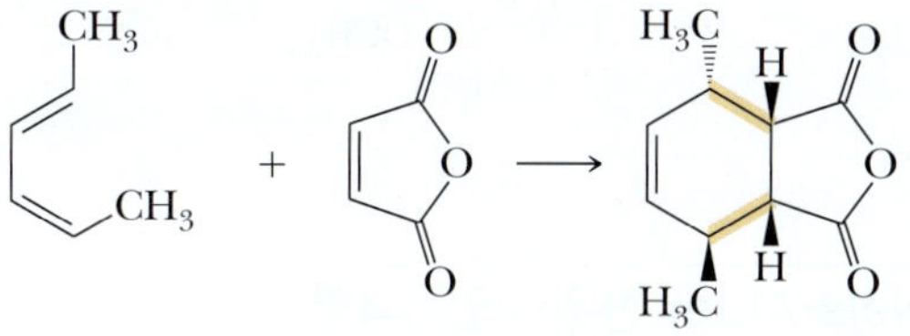

(라셈 혼합물)

전이 상태의 그림은 이러한 이유를 명확히 하는데 도움을 줄 것이다. 전이 상태에서 형성되는 결합은 붉은색 점선으로 나타내었다. 끊어지는 결합은 푸른색 점선으로 나타내었다. 다이엔에서 안쪽에 있는 기는 친다이엔체의 반대쪽에서 끝난다.

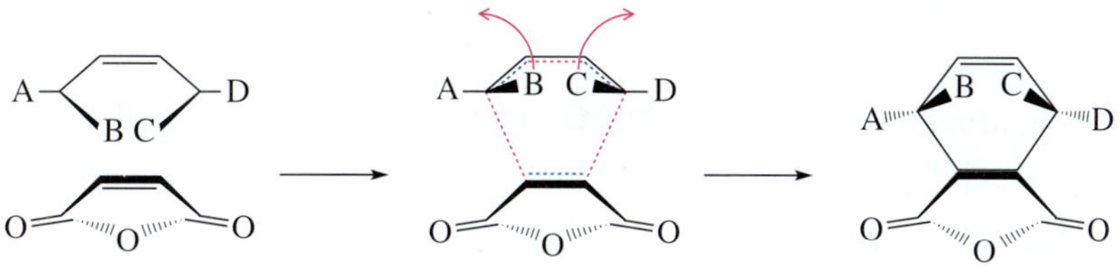

전이 상태

내향 첨가생성물

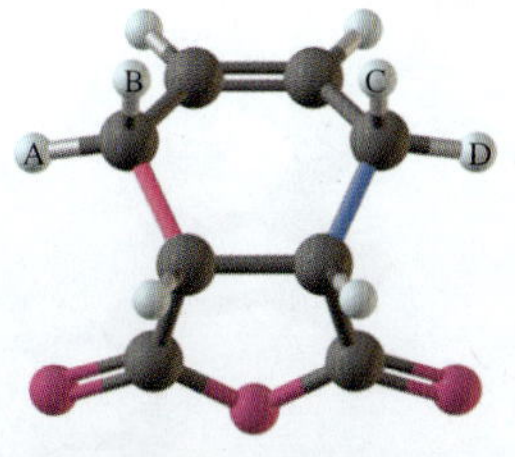

앞에서 본 생성물의 모양

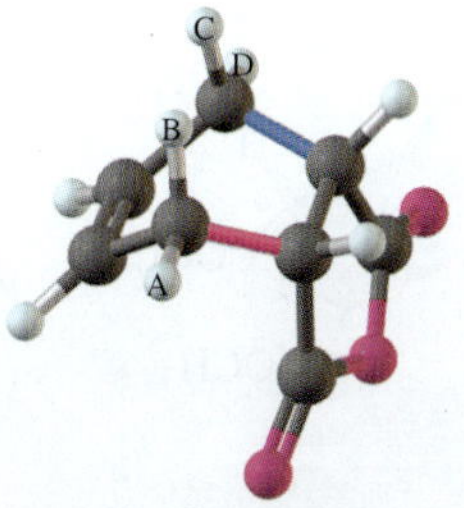

옆에서 본 생성물의 모양

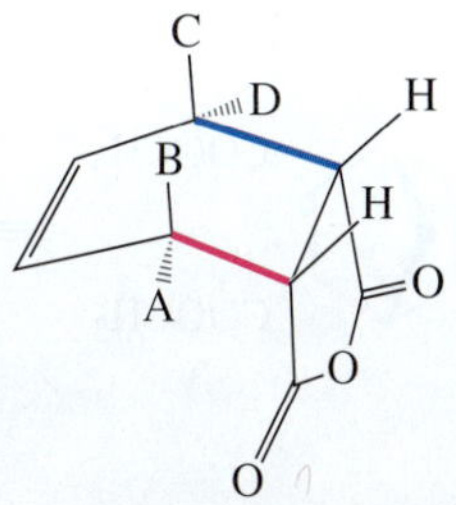

그림 20.9 ▸ Diels-Alder 반응의 메커니즘. 다이엔과 친다이엔체의 한 평면이 다른 평면 위로, 친다이엔체 위의 치환기가 다이엔에 내향으로 배열되어 서로 평형한 면으로 접근한다. 각 분자의 π 궤도가 겹쳐지고 각각의 분자가 다른 분자에 대해 신첨가된다. (1) 새로운 σ 결합이 전이 상태에서 생성되고, (2) 다이엔의 $—CH_2—$가 위쪽으로 회전하며, (3) 친다이엔체의 수소 원자가 외향이 되고 에스터기가 내향이 된다.

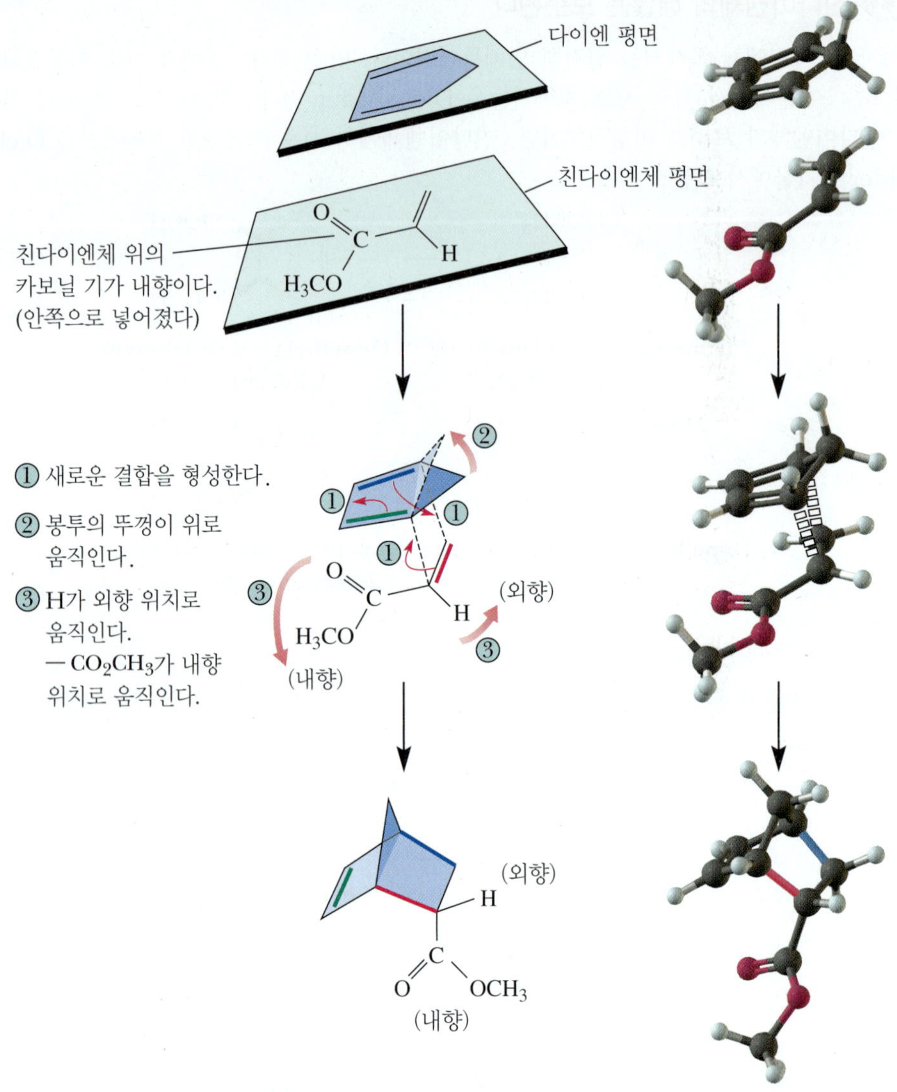

예제 20.9 ▸ Diels-Alder 반응의 입체화학

다음 Diels-Alder 반응을 완결하고, 생성물의 입체화학을 표시하여라.

$$\text{(cyclopentadiene)} + \text{cis-}CH(COOCH_3)=CH(COOCH_3) \longrightarrow$$

➥ 해답

Cyclopentadiene과 위의 친다이엔체와의 반응은 이치환된 두고리 생성물을 생성한다. 두 개의 에스터기는 친다이엔체에서 *시스*이고, Diels-Alder 반응에서 입체선택성으로 되며 생성물에서는 에스터기는 *시스*이고 내향이다.

COOCH₃ / COOCH₃ ≡ H, COOCH₃, H, COOCH₃

연습 문제 20.9

다음의 Diels-Alder 첨가생성물의 라셈 혼합물을 합성하는데 어떤 다이엔과 친다이엔체를 사용하겠는가?

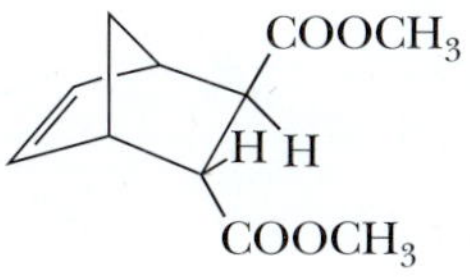

COOCH$_3$ H H COOCH$_3$

F Diels-Alder 반응의 입체화학적 활용

이 책에서 여러 차례 언급한 것처럼 비카이랄 환경 하에서 비카이랄성 출발 물질로부터 카이랄 생성물의 합성은 항상 라셈 혼합물을 생성한다. 자연은 효소를 이용하여 하나의 거울상 이성질체를 합성하며, 이것은 그 반응이 일어나는 카이랄 환경을 만든다. 사실 효소는 효소 촉매 반응의 결과가 항상 모든 가능한 입체 이성질체 중에서 하나만 생성되도록 아주 높은 거울상 이성질체와 부분 입체 이성질체의 선택성을 나타낸다. 화학자들은 카이랄 생성물을 생성하는 카이랄 촉매를 개발하여 왔다. 그러나 비록 최근에 이 분야에서 커다란 진보가 있었지만 이러한 촉매는 종종 자연의 촉매보다 훨씬 작은 선택성을 가지고 있다. 그렇다면 화학자들은 어떻게 그들의 거울상에 의하여 오염되지 않은 하나의 거울상 이성질체의 합성을 달성할 수 있을까?

그들이 사용하는 하나의 방법은 거울상 이성질체를 분리하여 각각 순수한 형태로 분리하는 분할(3.9절)이다. 분할을 위한 가장 일반적인 방법은 (1) 다른 물리적 성질을 가진 부분 입체 이성질체 염, (2) 분리 시약으로서 효소의 사용, (3) 카이랄 기질을 이용한 크로마토그래피법이다. 비록 이 분할법이 순수한 거울상 이성질체를 합성하는 데 효과적이지만 이 과정에서 분할 시점까지 합성한 모든 생성물의 절반 즉, 원하지 않는 거울상 이성질체를 잃게 된다. 이렇게 단 하나의 거울상 이성질체를 합성하기 위한 이 방법은 출발 물질과 시약을 낭비하게 된다.

우리는 다른 방법 즉, E. J. Corey의 prostaglandin의 합성에서 중요한 중간체 합성을 준비하는 **비대칭 유발**(asymmetric induction)를 설명하고자 한다. 비대칭 유발에서 비카이랄 분자의 반응성이 큰 작용기는 **카이랄 보조물**(chiral auxiliary)과 반응하여 카이랄 환경으로 바뀐다. 이 방법은 카이랄 보조물이 원하는 반응의 입체선택성을 조절하는데 쓰인다는 것이다. Corey가 선택한 카이랄 보조물은 8-phenylmenthol이었다. 이 분자는 세 개의 카이랄 중심을 가지고 있고 $2^3 = 8$ 개의 가능한 입체 이성질체로서 존재할 수 있다. 그것은 자연에서 존재하는 순수한 거울상 이성질체인 menthol로부터 순수한 거울상 이성질체 형태로 만들어졌다.

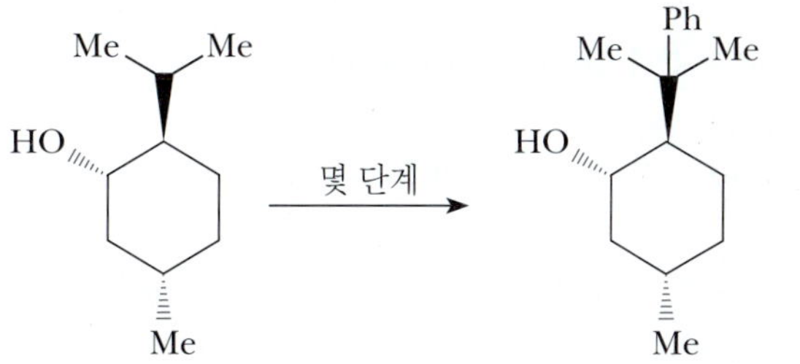

Me Me HO Me — 몇 단계 → Ph Me Me HO Me

Menthol
(순수한 거울상 이성질체)

8-Phenylmenthol
(카이랄 보조물)

Corey의 prostaglandin의 합성의 첫 단계는 치환된 cyclopentadiene과 acrylate ester의 이중 결합 사이에 Diels-Alder 반응이었다. Corey는 카이랄 환경에서 비카이랄 acrylate 반응물이 순수한 거울상 이성질체인 8-phenylmenthol에 결합하여 친다이엔체의 탄소-탄소 이중 결합을 만들었다. 결과는 다이엔이 acrylate의 탄소-탄소 이중 결합에 한 방향에서 우선적으로 접근했다는 것이다.

비카이랄 + 순수한 거울상 이성질체 —Diels-Alder, 89%→ 97% + 3%

이 반응의 주목할 만한 특징은 세 개의 카이랄 중심이 만들어지고 있다. 카이랄 중심 중 두 고리 접합 부분에 있는 두 개의 카이랄 중심은 Diels-Alder 반응에 의하여 만들어졌다. 세 번째 즉, 에스터기의 내향 위치 역시 Diels-Alder 반응에 의하여 만들어졌다. 여덟 개의 가능한 입체 이성질체 중에서 두 개는 카이랄 보조물 8-phenylmenthyl기 없이 거울상 이성질체의 쌍으로 생성된다. 비록 두고리 생성물 중에서 두 거울상 이성질체가 Corey의 과정에 의하여 생성되지만 그들은 97:3의 비율로 생성되었고, 원하는 거울상 이성질체는 순수한 형태로 분리될 수 있다. 다음 단계에서는 8-phenylmenthyl ester이 가수분해되어 이 순수한 거울상 이성질체는 이른바 Corey lactone으로 불리는 것으로 전환되면서, 순수한 거울상 이성질체인 prostaglandin F_{2a}로 된다.

G 전자 밀기에 대한 주의할 용어

우리는 Diels-Alder 반응의 메커니즘을 개발하였고 결합 끊어짐과 결합 형성의 과정에서 일어나는 전자의 흐름을 보여주는 굽은 화살표를 사용하였다. Diels-Alder 반응은 네 개의 탄소로 된 다이엔과 두 개의 탄소로 된 친다이엔체가 참여하며, [4 + 2] 고리화 첨가라고 부른다. [2 + 2] 고리화 첨가에 의해 ethylene이 cyclobutane으로 이합체화(dimerization)하는 반응과 [4 + 4] 고리화 첨가에 의해 butadiene이 1,5-cyclooctadiene으로 이합체화하는 반응에 대해서 비슷한 전자 밀기 메커니즘을 쓸 수 있다.

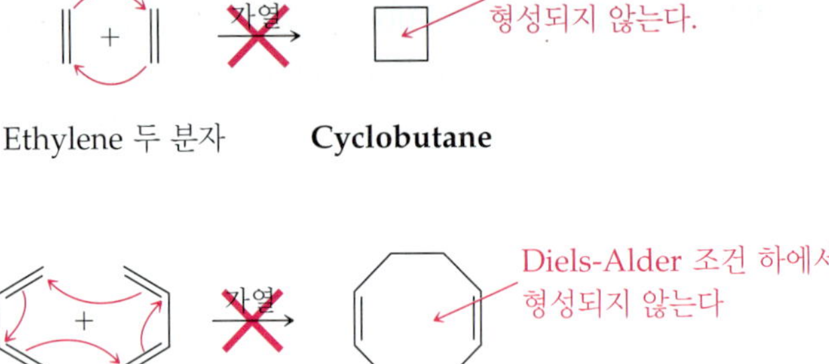

Butadiene 두 분자 **1,5-Cyclooctadiene**

비록 [2 + 2] 및 [4 + 4] 고리화 첨가가 Diels-Alder 반응에 대해 형식적 관계를 가질지라도 사실상 Diels-Alder 반응에 필요한(20.4절 참조) 열적 조건 하에서 두 반응 중 어느 것도 일어나지 않는다. 이러한 반응은 프론티어 분자 궤도함수 분석에 의해 결정되는 바와 같이 금지 반응이기 때문이다.

20.6 시그마 결합 이동

시그마 결합 이동
한 개 또는 그 이상의 π 결합의 면을 가로질러 σ 결합이 이동하는 반응.

앞으로 살펴볼 페리 고리 협동 반응의 두 번째 종류는 **시그마 결합 이동**(sigmatropic shift)이다. 이러한 반응들은 한 개 혹은 그 이상의 π 결합면을 가로질러 σ 결합의 이동으로 이루어져 있다. 비록 이러한 반응에 대한 많은 예가 알려져 있지만, [3,3]-이동으로 알려진 반응만을 알아보고자 한다. 이동의 명명에 대한 번호 붙임 체계는 이동하는 σ 결합의 맨 끝을 번호 1로 지정하고 σ 결합이 옮겨가는 원자의 수를 표시하여 반응을 명명한다. 이러한 반응의 가장 일반적인 두 가지 형태는 Claisen 자리옮김과 Cope 자리옮김으로 알려져 있다.

[3,3] 이동 — Claisen 자리옮김

[3,3] 이동 — Cope 자리옮김

어떤 [3,3]-이동에 대한 프론티어 분자 궤도함수 분석을 이끌어내기 위해서는 Diels-Alder 반응의 프론티어 분자 궤도함수 분석에서 butadiene과 ethylene을 모델로 사용한 것처럼 1,5-hexatriene을 사용한다. 항상 프론티어 분자 궤도함수 분석에서는 반응에 대한 제안된 기하 구조를 먼저 확인한다. 의자의 맨 끝에 있는 탄소가 위에 있는 한 개의 π 결합으로부터 아래에 있는 다른 한 개의 π 결합으로 반응하는 의자형 유사한 전이 상태를 제안해 보자.

프론티어 분자 궤도함수 분석의 그 다음 단계는 HOMO와 LUMO의 확인과 HOMO와 LUMO의 상이 들어맞게 상호 작용(그림 20.10)할 수 있는지를 알아보기 위해 대조하는 것이다. 이 경우에 HOMO가 되어 이동하는 σ 결합을 지정한다. 따라서 이러한 이동은 두 개의 혼성 궤도함수의 겹침처럼 나타낸다(그림 1.18 참조). LUMO는 알켄 끝이 서로 가깝게 근접하고[그림 20.10(a)] 전이 상태의 의자형 유사한 구조와 일치하는 방식으로 반응하는 궤적을 가진 두 개의 혼합된 분자 궤도함수로 지정된다. 두 개의 분리된 알켄의 섞임 결과로 나타난 분자 궤도함수는 butadiene에서 볼 수 있는 분자 궤도함수와 유사하다. 그러므로 [3,3]-이동을 위한 LUMO는 butadiene의 LUMO [그림 20.2에 있는 궤도함수 3과 그림 20.10(a)에 나타낸 LUMO와 비교]와 동일한 상을 갖는다. 그러나 여기에 중요한 한 가지 차이점이 있다. 20.2의 궤도함수 3에서 두 개의 가운데 p 궤도함수의 상은 평행하다.

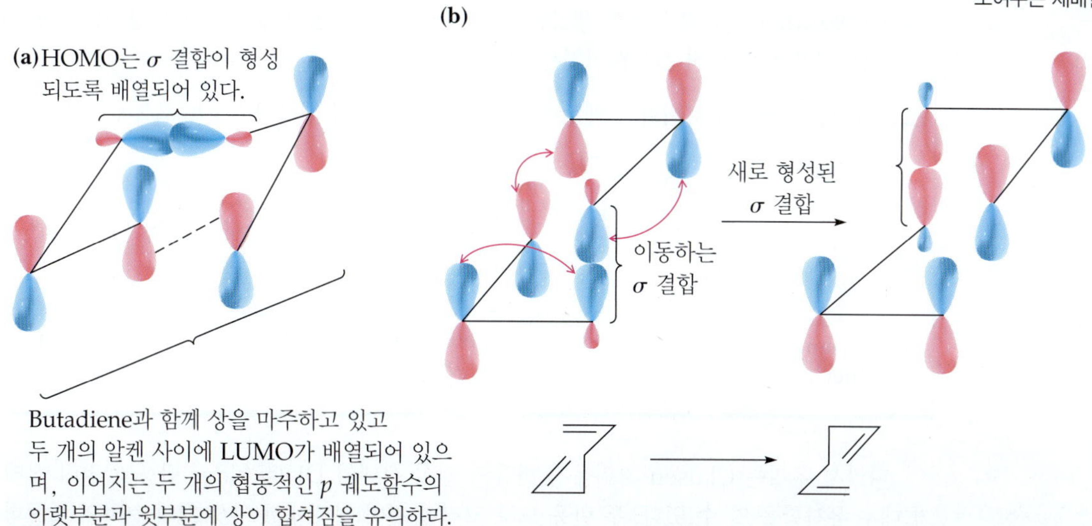

그림 20.10 ▸ (a) [3,3]-σ 결합 이동의 프론티어 분자 결합함수 분석에 대한 궤도함수의 적합한 상. 한 개의 π 결합 윗부분이 다른 π 결합의 아랫부분과 상 안에서 상호작용할 때에 말단 탄소 사이에 상 상호작용에 유의하라.
(b) 어떻게 의자 형태가 [3,3]-이동을 통해 상 안에 상호작용에 도달하는지를 보여주는 재배열.

그러나 Cope 반응의 분석에서는 분석하려는 상호 작용 기하 구조 때문에 가운데 하나의 *p* 궤도함수의 윗 부분이 다른 *p* 궤도함수의 아랫 부분과 상이 일치하도록 놓여 있다.

이제 HOMO와 LUMO 상이 일치하는지를 알아보기 위해 대조할 수 있다. 그림 20.10(b)에서 명확하게 하기 위해서 위 아래로 σ 결합을 가진 의자를 다시 그린다. 화살표는 한 개의 σ 결합과 두 개의 π 결합이 모든 상이 일치하고 결합으로 나타나는 일치된 상을 나타낸다. 그러므로 반응은 허용된다.

요약하면, 프론티어 분자 궤도함수 시도는 의자형 유사한 전이 상태를 가진 Cope 자리옮김(또는 유사한 Claisen 자리옮김)에서 1,5-다이엔의 π 결합 끝 부분의 반응을 위해 허용된 기하 구조를 알아보는 것이다. 흥미롭게도 형태적으로 덜 안정하지만 보트형 유사한 전이 상태 역시 허용된다(연습 문제 20.48 참조).

A Claisen 자리옮김 반응

Claisen 자리옮김 반응은 allyl phenyl ether를 *o*-allylphenol로 변환시키는 한 예이다. 예를 들면, 이러한 부류의 화합물의 가장 간단한 예인 allyl phenyl ether를 200~250°C에서 가열하면 Claisen 자리옮김 반응이 일어나 *o*-allylphenol이 생성된다. 이 자리옮김 반응에서 알릴기는 phenol의 산소로부터 오쏘 위치의 탄소 원자로 이동한다. 여기서 색깔로 나타낸 탄소-14의 표지는 Claisen 자리옮김 반응이 진행되는 동안에 알릴기의 탄소 3번이 phenol의 산소로부터 고리 탄소의 오쏘 위치에 결합되는 것을 보여주고 있다.

200~250°C

Allyl phenyl ether **2-Allylphenol**

Claisen 자리옮김 반응의 메커니즘은 고리형 전이 상태에서 여섯 개의 전자의 협동형 재분배를 포함하고 있다. 이 자리옮김 반응의 생성물은 치환된 cyclohexadienone이고, 이것은 케토-엔올 토토머화가 일어나 방향족 고리를 재형성한다. 이 과정에서 새로운 탄소-탄소 결합이 생성된다.

MECHANISM Claisen 자리옮김 반응

1단계: **시그마 결합 이동.** 고리형 전이 상태에서 여섯 개의 전자의 재분배에 의하여 cyclohexadienone 중간체를 생성한다. 붉은색 점선은 전이 상태에서 생성되는 결합을 나타내고 푸른색 점선은 끊어지는 결합을 나타낸다.

2단계: **케토-엔올 토토머화.** 케토-엔올 토토머화가 고리의 방향족성을 회복시킨다.

가열 ‡ 케토-엔올 토토머화 전이 상태

Allyl phenyl ether 전이 상태 Cyclohexadienone 중간체 **2-Allylphenol**

따라서 우리는 Claisen 자리옮김 반응의 전이 상태와 Diels-Alder 반응의 전이 상태가 매우 유사함을 알 수 있다. 두 반응 모두 고리형 전이 상태에서 여섯 개의 전자의 협동형 재분배를 포함하고 있다.

예제 20.10 ▸ Claisen 자리옮김

trans-2-Butenyl phenyl ether의 Claisen 자리옮김 반응의 생성물을 예측하여라.

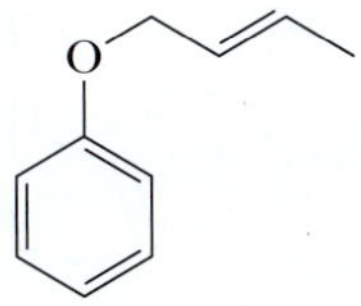

***trans*-2-Butenyl phenyl ether**

➥ 해답

이러한 자리옮김 반응에 대한 육원자 고리 전이 상태에서 알릴기의 탄소 3은 고리의 오쏘 위치에 결합된다.

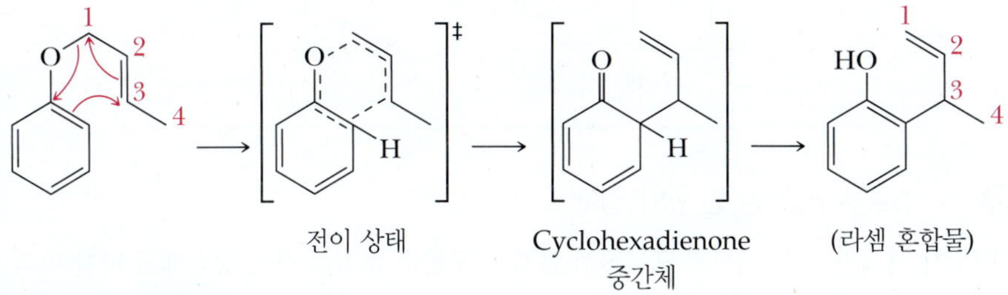

전이 상태 Cyclohexadienone 중간체 (라셈 혼합물)

연습 문제 20.10

Phenol과 적당한 alkenyl halide로부터 allyl phenyl ether와 2-butenyl phenyl ether를 어떻게 합성할 수 있는지를 설명하여라.

B Cope 자리옮김 반응

1,5-다이엔의 Cope 자리옮김 반응 역시 고리형 여섯-전자 전이 상태를 경유하여 일어난다. 이 예에서 생성물은 다이엔 이성질체 혼합물들의 평형이다. 유리한 생성물은 오른쪽에 있는 보다 많이 치환된 이중 결합을 가지고 있는 다이엔이다.

MECHANISM Cope 자리옮김 반응

페리 고리 협동 반응. 고리형 전이 상태에서 여섯 개 전자의 재분배는 1,5-다이엔을 1,5-다이엔의 이성질체로 전환시킨다.

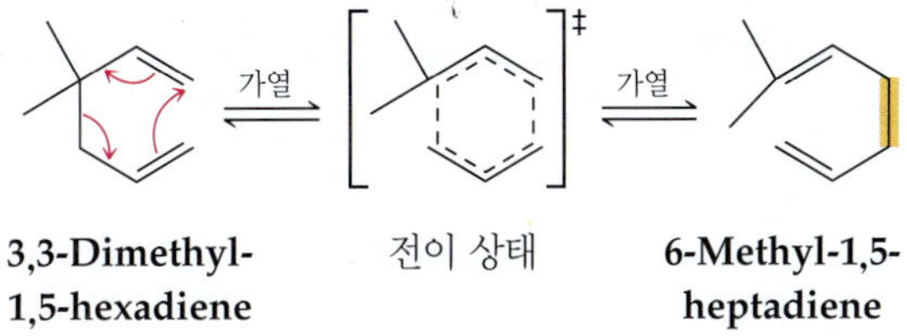

가열 가열

3,3-Dimethyl-1,5-hexadiene 전이 상태 **6-Methyl-1,5-heptadiene**

예제 20.11 ▸ Cope 자리옮김 반응

다음의 Cope 자리옮김 반응에 대한 메커니즘을 제안하여라.

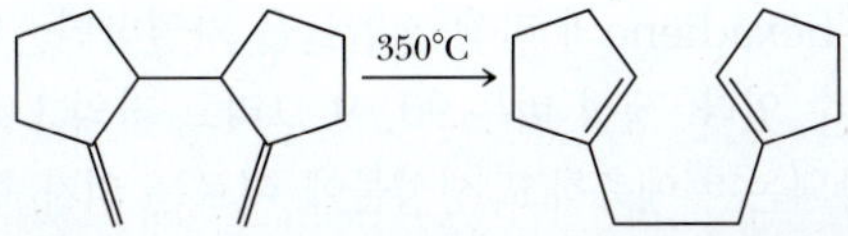

350°C

➥ 해답

고리형 전이 상태에서 여섯 개 전자의 재분배에 의하여 관찰되는 생성물을 생성한다.

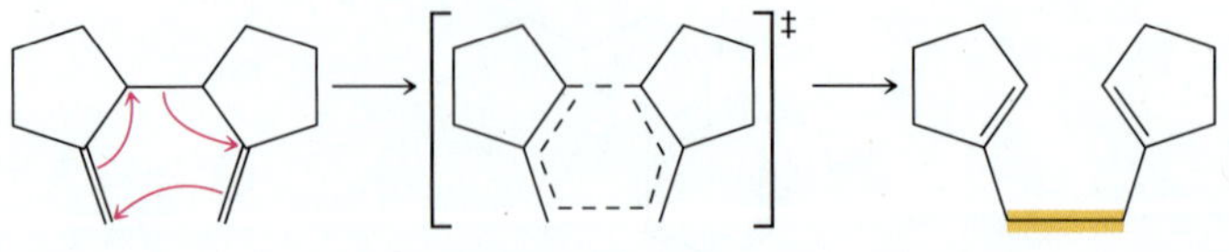

전이 상태

연습 문제 20.11

다음의 Cope 자리옮김 반응에 대한 메커니즘을 제안하여라.

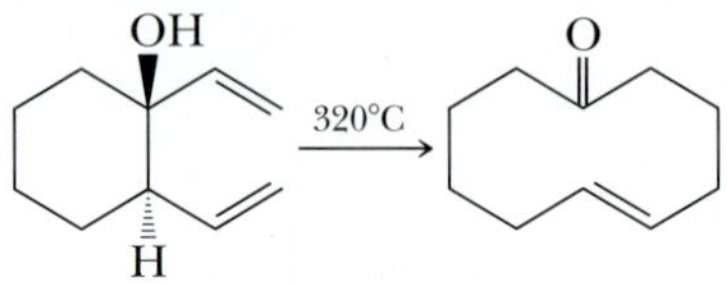

OH, 320°C, O, H

C Cope 자리옮김 반응의 입체화학

앞선 [3,3] 시그마 결합 이동의 프론티어 분자 궤도함수 분석을 하는 동안에 설명한 바와 같이 이러한 반응에서 의자형 유사한 전이 상태가 허용된다. 연습 문제 20.48에서 보겠지만 프론티어 분자 궤도함수 분석에 의해 보트형 유사한 전이 상태도 허용된다. 하지만 의자 형태가 보트 형태에 비해 육-원자 고리형에 더 바람직하다(2.5A절을 상기하라). 이런 이동에서 입체화학의 우세한 영향을 예와 함께 알아보도록 한다.

예제 20.12 ▸ **입체화학, Cope 자리옮김**

3,4-Dimethyl-1,5-hexadiene의 메조 형태를 가열하면 Cope 자리옮김으로부터 입체화학이 서로 다른 세 가지 생성물이 가능하지만 두 가지 생성물을 볼 수 있고, 그 중 한 가지가 크게 선호된다. 세 가지 가능한 생성물을 나타내고 분포에서 선호도를 예측하라.

➥ 해답

생성물과 *시스-트랜스* 알켄에 대한 선호도는 의자형 및 보트형 유사한 형태를 다시 그려 설명될 수 있다. 이러한 그림은 의자형 유사한 전이 상태로부터 생길 수 있는 선호된 생성물을 나타낸다.

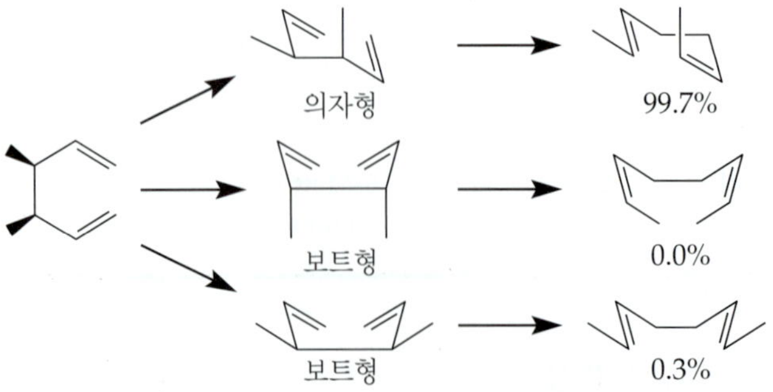

의자형 → 99.7% *시스-트랜스* 이중 결합

보트형 → 0.0% 2개의 *시스* 이중 결합

보트형 → 0.3% 2개의 *트랜스* 이중 결합

연습 문제 20.12

d,*l*-3,4-Dimethyl-1,5-hexadiene의 라셈 혼합물을 가열하면, 세 가지 생성물이 가능하고 세 가지를 모두 볼 수 있다. 생성 비는 90, 9 그리고 거의 1 퍼센트이다. 어떤 퍼센트가 어떤 생성물에 해당되는지 예측하고 생성물에 이르는 의자 형태와 보트 형태를 나타내는 비율을 설명하라.

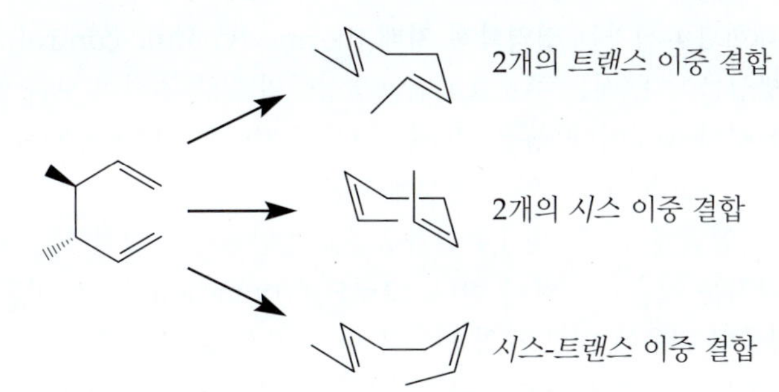

사실과 개념에 대한 요약

20.1절 | 콘쥬게이션 다이엔의 안정성

- **콘쥬게이션 다이엔**(Conjugated diene)은 이중 결합이 하나의 단일 결합으로 분리되어 있는 이중 결합으로 인접한 *p* 결합의 2*p* 궤도함수들이 겹쳐지게 된다.
  - **비콘쥬게이션 다이엔**(Unconjugated diene)은 이중 결합이 2개 이상의 단일 결합으로 분리되어 있는 이중 결합이다.
  - **연이은 다이엔**(Cumulated diene)은 2개의 이중 결합이 하나의 *sp*-혼성 탄소를 공유하는 이중 결합이다. 연이은 다이엔에서는 π 결합의 2*p* 궤도함수들이 겹쳐지지 않기 때문에 콘쥬게이션 구조를 형성하지 않는다.
- 콘쥬게이션 다이엔에서 콘쥬게이션 이중 결합은 그들의 이성질체인 비콘쥬게이션 다이엔보다 14.5~17 kJ (3.5~4.1 kcal)/mol 정도 더 안정하다. 이러한 개념은 단순한 다이엔뿐만 아니라 모든 콘쥬게이션 이중 결합에 적용할 수 있다.
  - 콘쥬게이션 이중 결합의 증가된 안정성은 4개의 π 전자가 4개의 평행한 2*p* 궤도함수 전체에 비편재화되어 있기 때문이다.
  - 분자 궤도함수 이론에 따르면 2개의 콘쥬게이션 이중 결합은 평행한 4개의 2*p* 궤도함수가 공간상에서 겹쳐지고 심지어 콘쥬게이션 이중 결합 사이의 단일 결합의 2*p* 궤도함수조차도 서로 겹쳐지기 때문에 4개의 π 분자 궤도함수로부터 유도된다.
  - 가장 낮은 π 분자 궤도함수는 각각 0과 1개의 마디를 가지고 있는 결합성 분자 궤도함수이다. 그리고 2개의 전자들이 각각 채워져 있다.
  - 이러한 가장 낮고 2개의 채워진 π 분자 궤도함수 각각은 에너지 면에서 고립된 π 결합보다 낮고 콘쥬게이션 π계의 '여분'의 안정성으로 설명된다.
  - 에너지가 낮고 채워진 π 분자궤도함수는 모든 4개의 원자를 통해 퍼져 있는 큰 로브를 가지고 있고 콘쥬게이션 π계의 전자 밀도의 비편재화로 나타낸다.
  - 최대의 겹침이 일어나기 위해서 2*p* 궤도함수는 평행해야 하고, 그러므로 콘쥬게이션계의 sp^2 원자는 같은 평면에 있어야 한다.

연습 문제: 20.1, 20.2, 20.6, 20.14, 20.15

20.2절 | 콘쥬게이션 다이엔의 친전자성 첨가 반응

- 콘쥬게이션 다이엔은 친전자체와 반응하여 1,2- 및 1,4-첨가 반응을 일으키며 대개 두 가지 종류의 생성물의 혼합물이 만들어진다.
- 1,2-첨가와 1,4-첨가의 비율은 온도에 의존하며 낮은 온도에서는 1,2-첨가, 높은 온도에서는 1,4-첨가가 지배적으로 일어난다.
  - Butadine에 대한 1,2-첨가는 **속도론적 지배**[kinetic (rate) control] 하의 낮은 온도에서의 주 생성물이다. 이는 알릴 양이온 중간체의 C2 위치에서 C4 위치보다 큰 양전하가 존재하고 이 양전하 크기가 반응의 활성화 장벽을 낮추기 때문에 C2 위치에서 반응이 빨리 일어난다. 낮은 온도는 생성물 사이의 평형을 방해하므로 생성물의 상대적인 안정성은 생성물의 비율을 결정하는데 중요하지 않다.

- Butadine에 대한 1,4-첨가는 **열역학적 지배**(thermodynamic control) 하의 높은 온도에서의 주 생성물이다. 이는 주로 1,4-첨가생성물의 이중 결합이 보다 많이 치환되어 낮은 에너지를 갖기 때문이다. 높은 온도는 생성물 사이의 평형을 가능하게 하므로 생성물의 비율은 생성물의 상대적인 안정성에 의존하게 된다.

연습 문제: 20.3, 20.16~20.22

- 콘쥬게이션 다이엔엔에서 1,2- 및 1,4-첨가생성물의 안정성을 결정하는 요인은 세부 구조에 따라 달라지는 것을 기억해야 한다. 그러므로 butadiene 첨가 반응의 속도론 및 열역학적 생성물의 비율에 대한 앞의 언급은 단지 지침으로만 고려되어야 하며 새로운 화합물에 대하여는 안정성에 미치는 구조의 영향을 주의 깊게 분석해야 한다.

20.3절 | 자외선-가시광선 분광법

- 전자기 스펙트럼의 자외선 영역은 200 nm와 400 nm 사이의 파장을 가지며 가시광선 영역은 400 nm와 700 nm 사이의 파장을 가진다.
- 자외선 및 가시광선 스펙트럼은 파장에 따른 **흡광도**(absorbance, A)를 그림으로 나타낸 것이다. 여기서 흡광도는 입사광의 강도(I_0)와 시료를 투과한 빛의 강도(I)의 비율(I_0/I)의 상용 로그로 계산된다.
  - **퍼센트 투과도**(Percent transmittance)는 $(I_0/I) \times 100$의 값이다.
  - 흡수도, 농도, 시료 셀(cuvette)의 상관 관계는 **Beer-Lambert 법칙**(Beer-Lambert Law,), $A = \varepsilon cl$로 잘 알려져 있다. 여기서 A는 흡광도, ε는 몰 흡광계수(the molar absorptivity) 또는 시료에서 분자의 흡광계수이며 몰 당, 리터 당, 센티미터 당의 단위($M^{-1}cm^{-1}$)로 나타낸다. c는 리터 당 몰(M) 단위의 농도이며 l은 cm 단위의 시료 셀(cuvette)의 길이이다.

연습 문제: 20.4, 20.5, 20.23~20.27

    - 몰 흡광계수는 파장의 함수로서 한 분자에 대한 흡수 특성이며 분자 내의 작용기에 의존한다. 주어진 분자에 대해 몰 흡광계수가 알려져 있으면 Beer-Lambert 법칙을 사용하여 용액의 농도를 계산할 수 있다.
- 분자에 의한 흡수는 백색광에서 흡수된 파장을 제거한 것과 같으므로 우리 눈에 보이는 시료는 반사된 파장의 합으로 색을 나타내게 된다.
  - 흡수되지 않은 파장만 반사되어진다.
  - 합해진 반사 파장의 색은 대략적으로 흡수된 색의 보색이다. 보색 관계는 미술가의 표준 색상환을 사용하여 쉽게 설명된다.
- 자외선-가시광선 영역에서 전자기파의 흡수는 전자를 낮은 에너지 준위, 즉 채워진 분자 궤도함수에서 높은 에너지 준위, 즉 채워지지 않은 분자 궤도함수로 들뜨게 한다.
  - 자외선-가시광선 영역의 에너지의 크기는 비결합(비공유 전자쌍) 또는 π 결합성 궤도함수의 전자를 π^* 반결합성 궤도함수로 들뜨게 하며, 이는 각각 $n \rightarrow \pi^*$ 또는 $\pi \rightarrow \pi^*$ 전이로 알려져 있다.
  - 일반적으로 σ 결합 전자는 너무 낮은 에너지를 가지므로 자외선이나 가시광선 흡수를 일으킬 수는 없다.
  - 비콘쥬게이션 알켄에서의 $\pi \rightarrow \pi^*$ 전이는 에너지가 너무 높기 때문에(파장이 너무 짧기 때문에) 자외선 스펙트럼에서 관찰할 수 없다.
  - 전자 콘쥬게이션계는 자외선이나 심지어는 가시광선 흡수 영역에서의 $\pi \rightarrow \pi^*$ 전이를 나타낸다. 이는 채워진 π 궤도함수와 채워지지 않은 π 궤도함수 사이의 에너지 간격을 콘쥬게이션 구조가 감소시키기 때문이다.
    - 콘쥬게이션 π 결합의 수가 증가할수록 $\pi \rightarrow \pi^*$ 에너지 간격도 작아지고 따라서 흡수되는 빛의 파장도 더 길어진다.
    - 카보닐기도 탄소-탄소 이중 결합을 따르는 콘쥬게이션 구조에 참여할 수 있다.

20.4절 | 페리 고리 협동 반응 이론

- **페리 고리 협동 반응**(Pericyclic reaction)은 궤도함수의 닫힌 고리계를 이루면서 전이 상태가 포함된 단일 단계로 일어난다.

- 이러한 반응을 이해하기 위해서 여러 가지 방법이 존재하지만 **프론티어 분자 궤도함수 이론**(frontier molecular orbital theory)이 가장 일반적이고 쉬운 접근 방법이다. 이 접근 방법에서 반응이 허용인지 혹은 금지인지를 예측하기 위해서 일련의 단계를 따른다.
  - 첫째, 반응의 기하 구조가 제안된다.
  - 둘째, 반응 파트너의 HOMO와 LUMO를 쓴다.
  - 셋째, 파트너의 HOMO와 LUMO 사이의 상호 작용이 상호 작용하는 점에서 짝수의 상 변화(가장 일반적으로 0)가 있는지 혹은 홀수 상 변화(가장 일반적으로 하나)가 있는지를 나타내기 위해 점검된다.
  - 만일 상 변화의 수가 짝수이면 반응은 허용되고, 만일 홀수이면 반응은 금지되며 일반적으로 관찰되지 않는다.
- 프론티어 분자 궤도함수 이론은 반응물 상호 작용이 동일면 방식으로 일어나는 **4 + 2 고리화 첨가**는 허용되지만 **2 + 2 고리화 첨가**는 금지된다는 것을 예측한다.

연습 문제: 20.11, 20.28, 20.29.

20.5절 | Diels-Alder 반응

- 콘쥬게이션된 다이엔이 이중 결합 또는 삼중 결합을 가진 형태의 분자와 반응하여 고리형 첨가 반응의 예인 Diels-Alder 반응이라고 불리는 반응에서 두 개의 새로운 σ 결합과 고리 구조를 생성한다.
  - 다이엔과 반응하는 이중 또는 삼중 결합을 가지는 화합물은 **친다이엔체**(dienophile)라 불린다. 그리고 그 반응으로 생성된 고리형 생성물을 보통 **Diels-Alder 첨가생성물**(Diels-Alder adduct)이라고 부른다.
    - 3개의 π 결합이 깨지고, 2개의 더 강한 새로운 σ 결합 이외에 1개의 새로운 π 결합이 생성되는 것이 반응에서의 추진력이다.
- Diels-Alder 반응은 한 반응물(보통 다이엔체)에는 카보닐기와 같은 전자 당기는 기를 가지고 다른 반응물(보통 다이엔)에는 전자 주는 기를 가짐으로써 쉽게 반응이 일어나게 된다.
- 다이엔은 반응을 위해서 ***s-cis* 배열**(s-*cis* conformation)이어야 하고, 배열에서 억지로 고정된 cyclopentadiene과 같은 형태의 다이엔은 특히 반응성이 좋다.
  - 고리형 다이엔이 사용될 때, 이중고리 Diels-Alder 첨가생성물이 생성된다.
  - **외향**(exo)과 **내향**(endo)이라는 용어는 두고리 Diels-Alder 첨가생성물에 대해서 사용된다. 외향 치환기는 다이엔에 의해 유도된 두 개의 탄소로 된 다리로부터 새로 생성된 고리의 반대쪽에 있는 것이고, 내향 치환기는 같은 쪽에 있는 것이다. 속도론적 생성물(평형 상태가 아닌)을 주는 반응에서는 친다이엔체의 내향 배향이 선호된다.
- 다이엔에서 기들의 상대적 배향이 보존되듯이 친다이엔체의 배열(즉, *E* 또는 *Z*)도 Diels-Alder 반응에서 보존되며 매우 협동적인 반응 메커니즘을 나타낸다.
- 반응 메커니즘은 협동적이다. 즉, 한 개의 육원자 고리형 전이 상태를 거치면서 세 개의 π 결합이 깨지는 동시에 두 개의 새로운 σ 결합과 한 개의 π 결합이 생성된다.
- Diels-Alder 반응은 큰 입체선택성을 갖는다. 거울상 이성질적으로 순수한 목표 분자를 만드는 한 가지 방법은 카이랄 보조물을 사용하는 것이고, 카이랄 보조물은 출발 물질에 결합된 하나의 거울상 이성질체로서 이용 가능한 카이랄 분자이다. 카이랄 보조물의 사용은 원하는 거울상 이성질체를 과량으로 생성하는 Diels-Alder 반응의 입체화학적인 결과에 영향을 줄 수 있다. 반응 후 카이랄 보조물은 제거된다.
- 고리화 첨가 반응에서 화살표 밀기는 2 + 2, 4 + 2, 4 + 4 등의 특정 반응이 허용인지 금지인지에 대해 정확히 영향을 주지 못한다. 이러한 반응들의 메커니즘을 적절하게 이해하기 위해서는 프론티어 분자 궤도함수 방법에 의존해야 한다.

연습 문제: 20.12~20.14, 20.30~20.47

20.6절 | 시그마 결합 이동

- **시그마 결합 이동**(Sigmatropic shift)은 한 개 혹은 그 이상의 π 계를 가로질러 σ 결합의 이동이 포함되어 있다.

- 가장 일반적인 이동 중에 하나는 옆에 있는 두 개의 π 결합을 가로질러 σ 결합의 이동이 포함되어 있다.
- 프론티어 분자 궤도함수 분석은 보트형 유사한 전이 상태가 생길 수 있지만, 의자형 유사한 전이 상태를 만드는 기하 구조에서 반응이 허용된다.
- 고리형 전이 상태에서 여섯 개 전자의 재분배를 통해서 phenol ether가 *o*-allylphenol로 전환되는 Claisen 자리옮김이 한 예이다.
- 1,5-다이엔의 Cope 자리옮김은 고리형 전이 상태에서 여섯 개 전자의 재분배를 통해서 이성질성 1,5-다이엔의 평형 혼합물을 생성한다.
- Cope 자리옮김에 대한 가능한 의자형 유사한 전이 상태와 보트형 유사한 전이 상태를 분석하고 의자 형태의 낮은 에너지를 고려함으로써 생성물의 우선적인 입체화학을 예측할 수 있다.

연습 문제: 20.15, 20.16, 20.48~20.54

주요 반응 *Key Reactions*

1. 콘쥬게이션 다이엔으로의 친전자성 첨가 반응(20.2절). 1,2-첨가생성물과 1,4-첨가생성물의 생성비는 반응이 속도론적 지배 조건 하에 있는지 혹은 열역학적 지배 조건 하에 있는가에 달려 있다. 콘쥬게이션 다이엔이 HBr과 반응할 때, 첫 단계는 이중 결합의 양성자 첨가 반응으로 공명-안정화된 알릴 양이온을 생성한다. 이 알릴 양이온과 브로민화 음이온과의 반응은 1,2-첨가생성물과 1,4-첨가생성물을 만든다.

$$CH_2{=}CHCH{=}CH_2 + HBr \longrightarrow CH_3\underset{}{C}(Br)HCH{=}CH_2 + CH_3CH{=}CHCH_2Br$$

−78°C에서 생성물(속도론적 지배):	90%	10%
40°C에서 생성물(열역학적 지배):	15%	85%

2. Diels-Alder 반응: 페리 고리 협동 반응(20.5절). Diels-Alder 반응은 중간체 없이 한 단계로 일어나고 고리형 전이 상태에서 여섯 개 π 전자의 재분배를 경유하여 일어난다. 다이엔과 친다이엔체의 배열은 보존된다. 내향 첨가생성물의 생성이 유리하다.

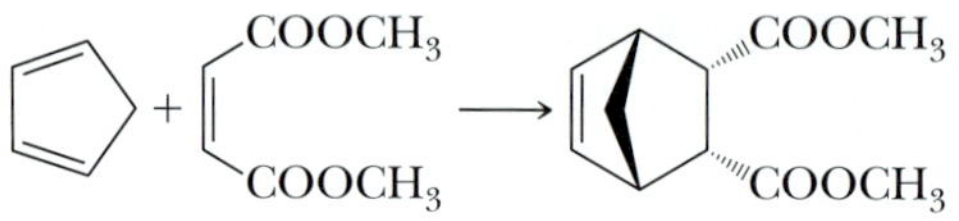

$COOCH_3$ $COOCH_3$ ⟶ $COOCH_3$ $COOCH_3$

3. Claisen 자리옮김 반응: 페리 고리 협동 반응(20.6A절). Claisen 자리옮김 반응은 allyl phenyl ether가 *o*-allylphenol으로 전환된다. 반응은 한 단계로 일어나고, 고리형 전이 상태에서 여섯 개 π 전자가 재분배되고 있다.

O ⟶ (200~250°C) OH

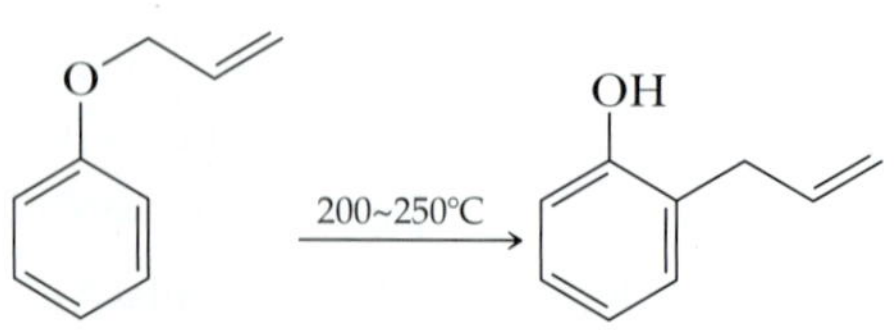

4. Cope 자리옮김 반응: 페리 고리 협동 반응(20.6B절). Cope 자리옮김 반응은 1,5-다이엔이 1,5-다이엔의 이성질체로 전환된다. 반응은 한 단계로 일어나고, 고리형 전이 상태에서 여섯 개의 π 전자가 재분배되고 있다.

가열 ⟶

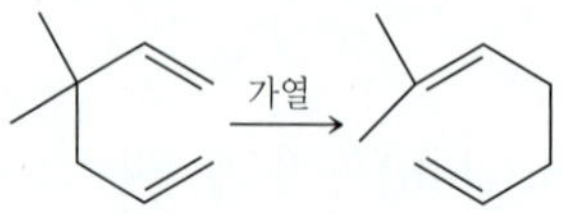

» 연습 문제

붉은색 번호는 응용 문제를 나타낸다.

구조와 안정성

20.14 만일 1,3-butadiene에 전자가 첨가되면 그것은 어떤 분자 궤도함수에 첨가되는가? 만일 1,3-butadiene으로부터 전자가 제거되면 그것은 어떤 분자 궤도함수로부터 제거되는가?

20.15 다음 알릴성 탄소양이온에 대해 공명 안정화에 기여하는 중요한 모든 기여 구조를 그려라. 그리고 각 공명 혼성체 구조에 기여하는 구조를 상대적 기여도에 따라 그 순서를 정하여라.

(a) CH_2^+ (cyclohexene ring) **(b)** $CH_2{=}CHCH{=}CHCH_2^+$ **(c)** $CH_3\overset{+}{C}(CH_3)CH{=}CH_2$

콘쥬게이션 다이엔에 친전자성 첨가

20.16 2-Methyl-1,3-butadiene (isoprene)에 HCl이 1,2-첨가될 때 주 생성물의 구조를 예측하여라.

20.17 Isoprene에 HCl이 1,4-첨가될 때 주 생성물을 예측하여라.

20.18 Isoprene과 1 몰의 Br_2의 반응으로 형성되는 주된 1,2-첨가생성물의 구조를 예측하여라. 이러한 조건 하에서 형성되는 주된 1,4-첨가생성물의 구조를 예측하여라.

20.19 다음 두 분자 중 cyclopentadiene에 HCl이 1,2-첨가될 때 형성되는 주 생성물이 무엇이라고 예측하는가? 설명하여라.

Cyclopentadiene + HCl ⟶ **3-Chlorocyclopentene** (라셈 혼합물) 혹은 **4-Chlorocyclopentene** (라셈 혼합물)

20.20 Cyclopentadiene에 HCl이 1,2-첨가되어 형성되는 주 생성물을 예측하여라.

20.21 Cyclopentadiene에 Br_2 1 몰이 첨가되어 형성되는 분자식이 $C_5H_6Br_2$인 두 구조 이성질체에 대해 구조식을 그려라.

20.22 다음의 다이엔에 1 몰의 Br_2가 첨가될 때 속도론적 지배와 열역학적 지배에 의한 생성물이 무엇이라 예측하는가?

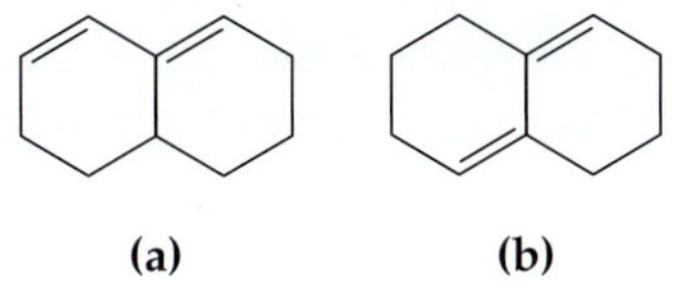

(a) **(b)**

자외선-가시광선 스펙트럼

20.23 자외선 분광법에 의해 1,3-cyclohexadiene과 1,4-cyclohexadiene을 어떻게 구분할 수 있는지 나타내어라.

1,3-Cyclohexadiene **1,4-Cyclohexadiene**

20.24 Pyridine은 270 nm에서 $n \rightarrow \pi^*$ 형태의 자외선 전이를 보인다. 이 전이에서 질소의 비공유 전자쌍 중 하나가 비결합성 분자 궤도함수에서 *p*-반결합성 분자 궤도함수로 들뜨게 된다. 만일 pyrinine에 양성자가 첨가되면 이는 자외선 피크에 어떤 영향을 미치는가?

$+ \; H^+ \rightleftharpoons$

Pyridine **Pyridinium 이온**

20.25 용액 내에 단백질 혹은 핵산의 무게는 일반적으로 Beer-Lambert 법칙을 이용하여 자외선 분광법으로 측정된다. 예를 들면, 이중 나선 구조로 된 DNA의 ε은 260 nm에서 6670 $M^{-1}cm^{-1}$이다. DNA (650 Dalton)의 반복 단위의 화학식량은 그 분자량으로 이용될 수 있다. 만일 1 cm 큐벳에서 측정된 흡광도가 0.75라면 2.0 mL 완충 수용액에서 DNA의 무게는 얼마인가?

20.26 Adenosine triphosphate (ATP) (MW 507, 257 nm에서 ε = 14,700 $M^{-1}cm^{-1}$) 시료가 5.0 mL의 완충 용액에 녹아있다. 이 용액에서 A 250 μL의 분취량이 채취되어 총 부피가 2.0 mL이 되게 충분한 완충액과 함께 1 cm 큐벳에 놓인다. 257 nm에서 그 시료의 흡광도가 1.15이다. 원래의 5.0 mL 시료에 있는 APT의 무게를 계산하여라.

20.27 다음의 평형은 20.1절에서 설명되었다.

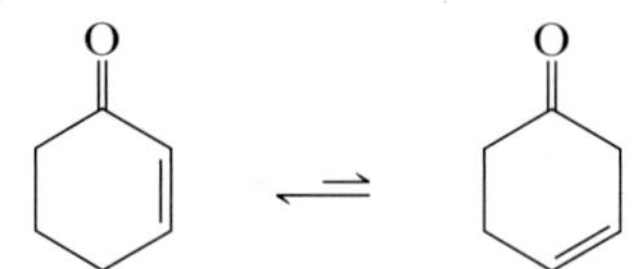

2-Cyclohexenone (더 안정) **3-Cyclohexenone** (덜 안정)

(a) 산성 혹은 염기성 조건 하에서 이 반응의 메커니즘을 제시하여라.

(b) 평형의 위치를 설명하여라.

프론티어 분자 궤도함수 이론

20.28 Butadiene과 butadiene이 동일면 방식으로 상호 작용하는 고리화 첨가 반응에 대한 프론티어 분자 궤도함수 분석을 써라.

20.29 전이 상태에 대한 보트형 유사한 배열에 이르는 기하 구조를 사용하는 것을 제외하고 이 장에서 나타낸 일련의 방식으로 [3,3]-시그마 결합 이동에 대한 프론티어 분자 궤도함수 분석을 써라.

Diels-Alder 반응

20.30 Cyclopentadiene과 다음 각각의 친다이엔체와의 반응에서 생성물의 구조식을 그려라.

(a) $CH_2{=}CHCl$ **(b)** $CH_2{=}CH\overset{O}{\overset{\|}{C}}OCH_3$ **(c)** $HC{\equiv}CH$ **(d)** $CH_3O\overset{O}{\overset{\|}{C}}C{\equiv}C\overset{O}{\overset{\|}{C}}OCH_3$

20.31 화합물 A와 B의 구조식을 제시하고 화합물 B의 배열을 정하여라.

$$+ \; CH_2{=}CH_2 \xrightarrow{200°C} C_7H_{10} \xrightarrow[2.\ (CH_3)_2S]{1.\ O_3} C_7H_{10}O_2$$

(A) (B)

20.32 어떤 조건 하에서 1,3-butadiene은 다이엔과 친다이엔체로 각각 작용할 수 있다. 1,3-Butadiene과 그 자체의 반응에 의해 생성되는 Diels-Alder 첨가생성물의 구조식을 그려라.

20.33 1,3-Butadiene은 실온에서 기체이며 Diels-Alder 반응에 사용하기 위해서는 기체 취급 장치가 필요하다. Butadiene sulfone은 기체인 1,3-butadiene의 편리한 대용품이다. 이 sulfone은 실온에서 고체(mp 66°C)이고 그것의 끓는점인 110°C 이상으로 가열하면 역 Diels-Alder 반응에 의해 분해되어 *s-cis*-1,3-butadiene과 이산화 황을 생성한다. Butadiene sulfone과 이산화 황의 Lewis 구조식을 그리고, 이 반응의 경로를 굽은 화살표로 나타내어라. 이 반응은 역 Diels-Alder 반응과 유사하다.

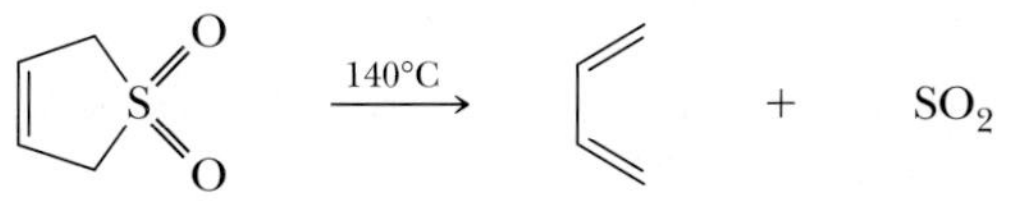

140°C → + SO_2

Butadiene sulfone **1,3-Butadiene** **Sulfur dioxide**

20.34 다음의 트라이엔은 분자 내 Diels-Alder 반응에 의해 아래의 생성물을 생성한다. 트라이엔의 골격이 생성물이 생성되기 위하여 어떻게 구부러지는지를 나타내고, 생성물이 생성되는 전자쌍의 재분포를 굽은 화살표로 표시하여라.

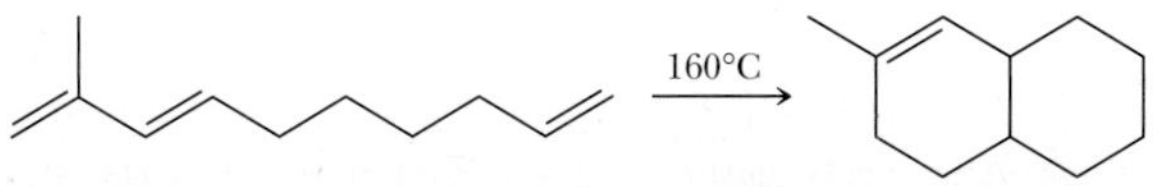

160°C →

20.35 다음의 트라이엔은 분자 내 Diels-Alder 반응에 의해 두고리 생성물을 생성한다. 생성물의 구조식을 제시하여라. 이 연습 문제에 주어진 Diels-Alder 반응이 연습 문제 20.34의 유사한 Diels-Alder 반응보다 더 온화한 조건(더 낮은 온도)에서 일어남이 관찰되었는데 이것을 설명하여라.

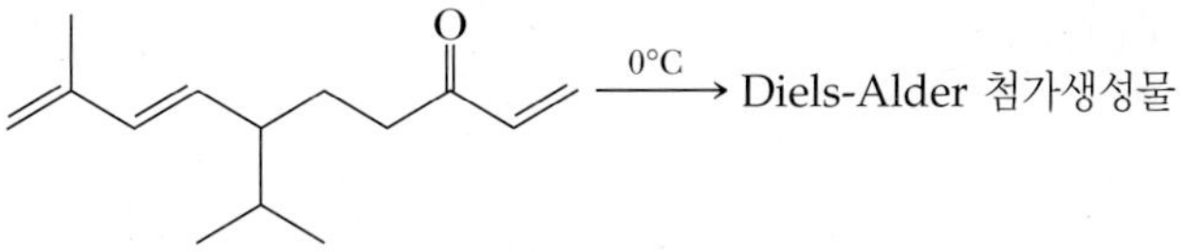

O 0°C → Diels-Alder 첨가생성물

20.36 다음의 화합물은 분자 내 Diels-Alder 반응에 의해 두고리 생성물을 생성한다. 생성물의 구조식을 제시하여라.

가열 → 분자 내 Diels-Alder 첨가생성물

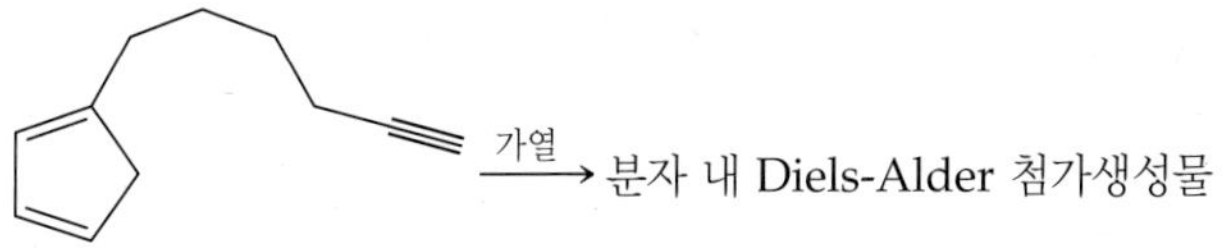

20.37 다음 Diels-Alder 반응의 생성물의 입체화학을 포함하여 구조식을 제시하여라.

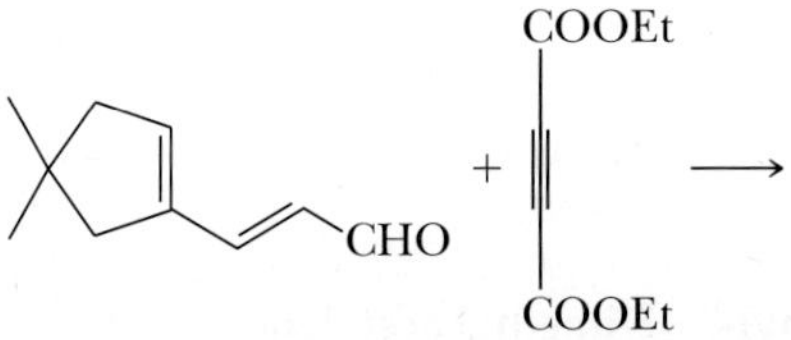

CHO + COOEt COOEt →

20.38 다음은 왼쪽에 보여준 다이카복실산에 대한 역합성 분석이다.

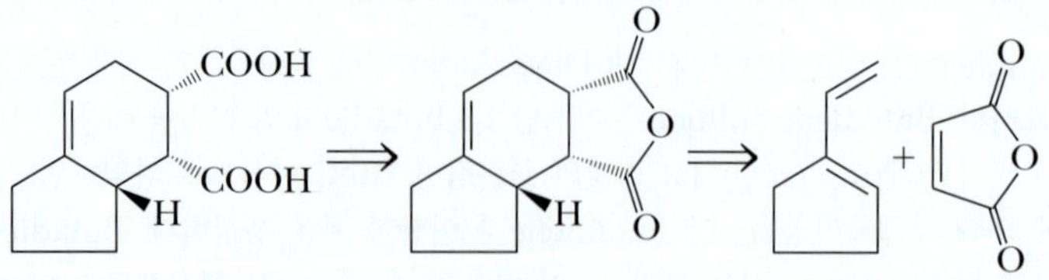

(a) Cyclopentanone과 acetylene으로부터 다이엔의 합성 과정을 제시하여라.

(b) 목표 물질인 다이카복실산의 입체화학을 타당하게 설명하여라.

20.39 보고되어 있는 warburganal의 합성법 중의 하나는 다음의 Diels-Alder 반응에서 시작한다. 화합물 **A**에 대한 구조를 제시하여라.

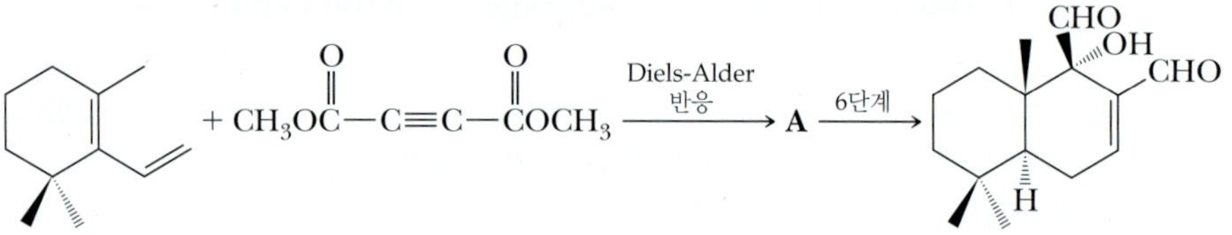

$$+ CH_3OC(=O)-C\equiv C-C(=O)OCH_3 \xrightarrow{\text{Diels-Alder 반응}} \mathbf{A} \xrightarrow{\text{6단계}}$$

Warburganal
(라셈 혼합물)

20.40 Diels-Alder 반응은 탄소 원자만의 육원자 고리를 만드는데 국한되지 않는다. 탄소 원자 이외의 다른 원자를 가진 고리를 생성하는 다음 반응의 생성물을 제시하여라.

(a)

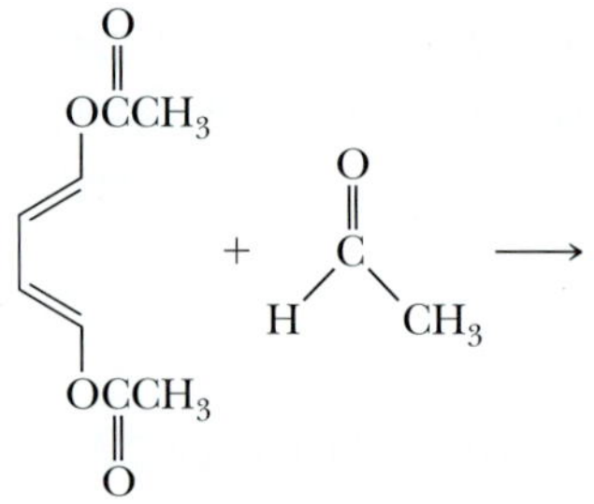

(b)

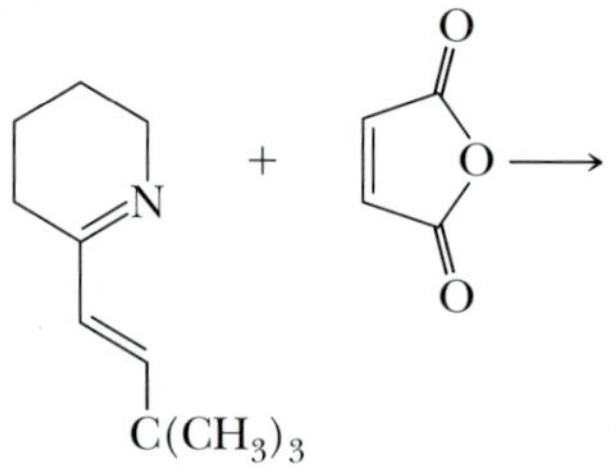

(c)

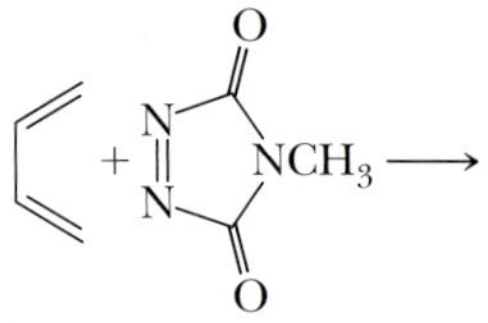

(d) $+ CH_2{=}CHCH_3 \longrightarrow$

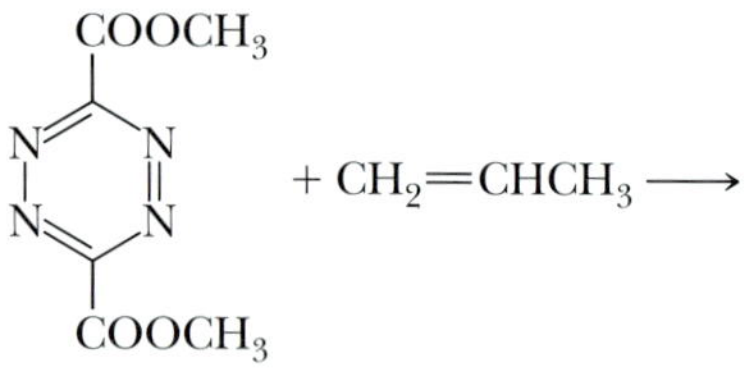

(e)

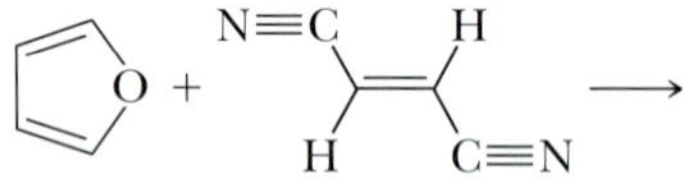

20.41 Dodecahedrane 합성의 첫 단계는 (1) cyclopentadiene 유도체과 (2) dimethyl acetylenedicarboxylate 사이의 Diels-Alder 반응이다. 이 두 분자들이 반응하여 어떻게 dodecahedrane 합성의 중간체 (3)을 생성하는지 설명하여라.

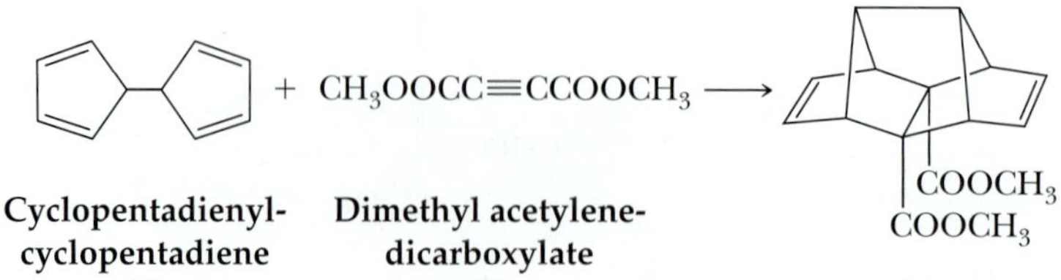

$$+ CH_3OOCC\equiv CCOOCH_3 \longrightarrow$$

Cyclopentadienyl-cyclopentadiene (1)

Dimethyl acetylene-dicarboxylate (2)

(3)

20.42 Bicyclo-2,5-heptadiene은 cyclopentadiene과 vinyl chloride로부터 두 단계의 반응에 의해 만들 수 있다. 각 단계의 메커니즘을 제시하여라.

+ $CH_2{=}CHCl$ →(가열) ... →(C_2H_5ONa, C_2H_5OH) ...

H

Cl

Bicyclo-2,5-heptadiene

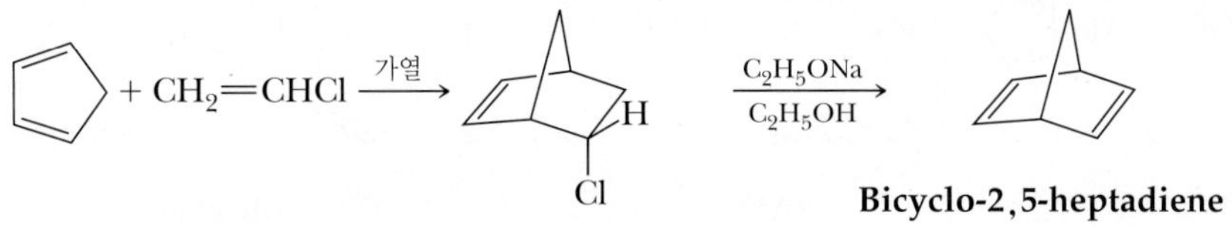

20.43 Anthranilic acid와 nitrous acid를 반응시키면 다이아조늄 이온과 카복시기를 포함하는 중간체 **A**를 생성한다. 이 중간체를 furan 존재 하에서 가열하면 두고리 화합물이 생성된다. 화합물 A에 대한 구조식을 제시하고 두고리 생성물의 생성메커니즘을 제시하여라.

COOH

NH_2

→($NaNO_2$, HCl) **A** → O + CO_2 + N_2

Anthranilic acid

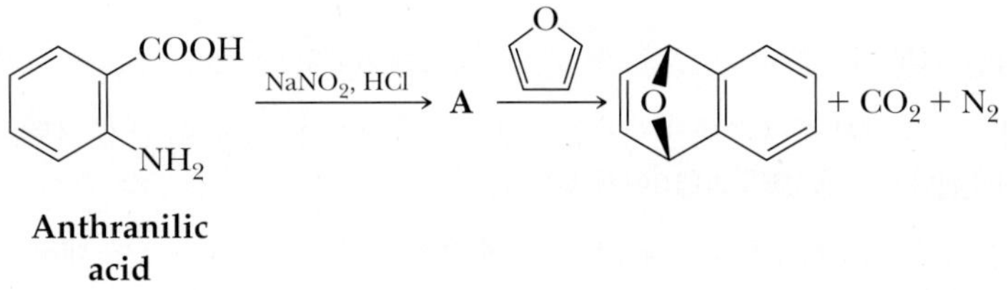

20.44 Cyclopentadienone을 합성하기 위한 모든 시도에서는 오로지 Diels-Alder 첨가생성물을 생성한다. 그러나 Cycloheptatrienone은 몇 가지 방법으로 합성되었고 안정하다. (*힌트*: 중요한 공명 기여 구조를 고려하라.)

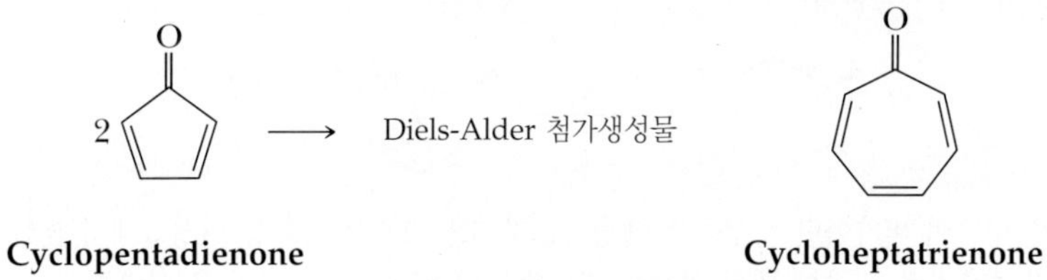

O

2 → Diels-Alder 첨가생성물

O

Cyclopentadienone **Cycloheptatrienone**

(a) Cyclopentadienone에 의해 생성된 Diels-Alder 첨가생성물의 구조식을 그려라.

(b) 이러한 두 케톤들의 안정도가 현저한 차이를 나타내는 이유를 무엇인가?

20.45 다음은 왼쪽에 있는 tricyclic diene의 합성에 대한 역합성 도표이다. 2-Bromopropane, cyclopentadiene, 2-cyclohexenone으로부터 어떻게 이 합성을 완성하겠는가?

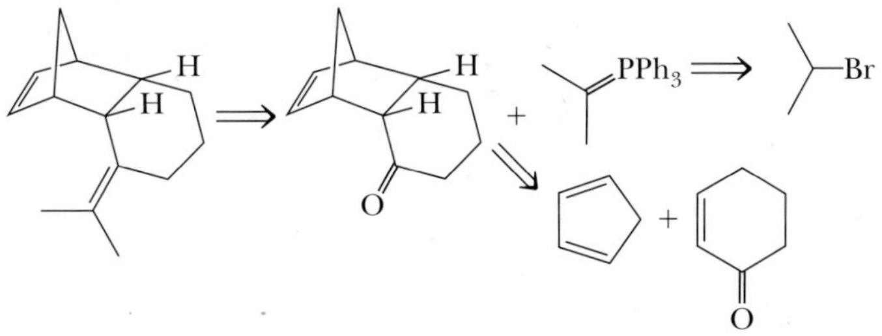

H H ⟹ H H O + PPh_3 ⟹ Br

⟹ + O

20.46 입체화학을 포함해서 다음 반응의 생성물을 나타내어라.

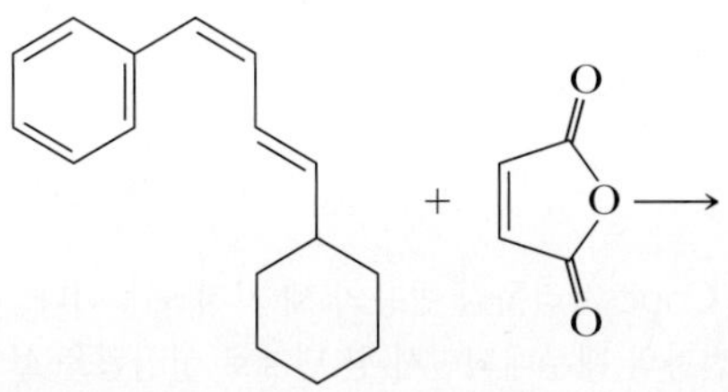

+ O O O →

20.47 다음은 항진균제인 tolciclate에 대한 합성이다.

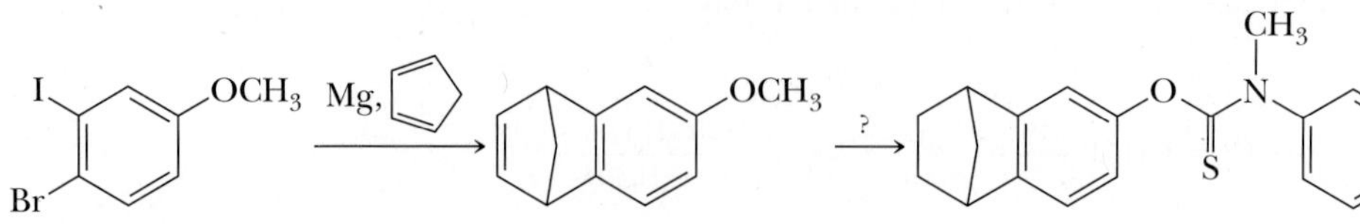

4-Bromo-3-iodoanisole —(Mg, cyclopentadiene)→ (A) —?→ Tolciclate

(a) **(A)** 생성에 대한 메커니즘을 제안하라.

(b) **(A)**가 어떻게 tolciclate로 전환될 수 있는지 나타내어라. 아민 질소의 공급원으로 3-methyl-*N*-methylaniline과 C═S기의 공급원으로 $Cl_2C{=}S$를 사용하여라.

시그마 결합 이동

20.48 [3.3]-시그마 결합 이동에 대한 의자형 유사한 전이 상태가 프론티어 분자 궤도함수 이론을 통해 허용된다는 것을 그림 20.10에서 보았다.

(a) 보트형 또한 허용됨을 나타내는 보트형 유사한 반응의 기하 구조에 대해 일련의 그림을 그려라.

(b) 이 반응의 기하 구조로부터 생성된 생성물이 왜 의자형 유사한 전이 상태를 통해 진행된 기하 구조에 비해 훨씬 더 낮게 생성되는가?

20.49 다음 Cope 자리옮김 반응 생성물을 써라. 특히 생성물의 입체화학에 유의하라. 어느 것이 더 선호되는지 예측하라.

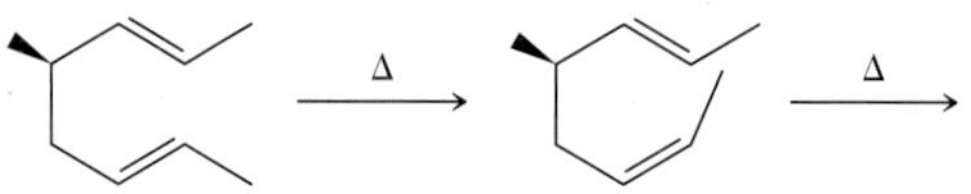

20.50 다음 반응이 비카이랄 생성물을 생성하는지 또는 2개의 거울상 이성질체의 혼합물을 생성하는지 예측하라. 반응에 대한 의자형 유사한 전이 상태를 그려서 답을 설명하라.

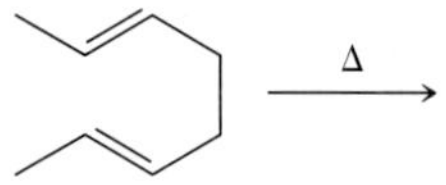

20.51 이 장에서 설명한 어떠한 반응이 다음 반응식처럼 일어나는가? 반응에서 얻어지는 입체화학적인 결과를 설명하라.

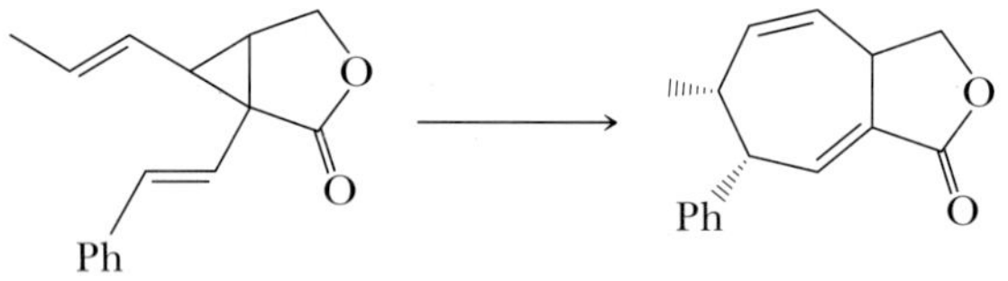

20.52 두 오쏘 위치에 치환기를 가진 allyl phenyl ether의 Claisen 자리옮김 반응은 파라-치환 생성물을 생성한다. 다음의 자리옮김 반응에 대한 메커니즘을 제시하여라.

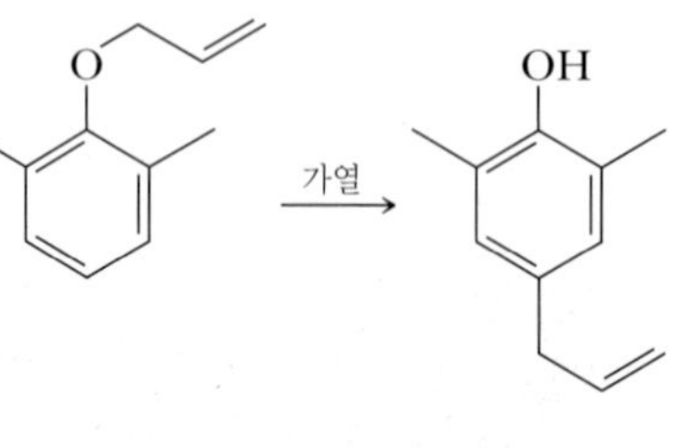

20.53 다음은 1,5-다이엔의 Cope 자리옮김 반응의 세 가지 예들이다. 각각의 생성물이 고리형 전이 상태에서 여섯 개의 전자의 재분배되면서 한 단계로 생성됨을 설명하여라.

(a) CH_3O OH $\xrightarrow[\text{THF}]{\text{가열}}$ H, OH, CH_3O, H $\longrightarrow$ H, O, CH_3O, H

(b) $COOCH_3$, O $\xrightarrow{\text{가열}}$ $COOCH_3$, O

(c) HO, H, OCH_3 $\xrightarrow{\text{가열}}$ OH, OCH_3, H $\longrightarrow$ O, OCH_3, H

20.54 아래의 전환 반응은 처음으로 이 반응을 보고한 영국의 화학자 M. F. Carroll의 이름을 딴 Carroll 반응의 예이다. 이 반응에 대한 메커니즘을 제시하여라.

O, O, O $\xrightarrow{\text{가열}}$ O + CO_2

6-Methyl-5-hepten-2-one

유기 화학 반응 로드맵

20.55 이제 유기 화학 로드맵의 사용을 계속해 보자. 새로운 반응의 독특한 특성 때문에 20~23장에서만 이용할 새로운 로드맵의 작성을 추천한다.

20~23장용 로드맵을 만들기 위해서 종이의 비어 있는 면을 택하고 배열로 나타낸 아래의 작용기를 적는다. 대부분의 학생들은 펼쳐진 배열에 채워 넣을 가로로 긴 포스터 크기의 종이를 사용하는 것이 도움이 될 것이다.

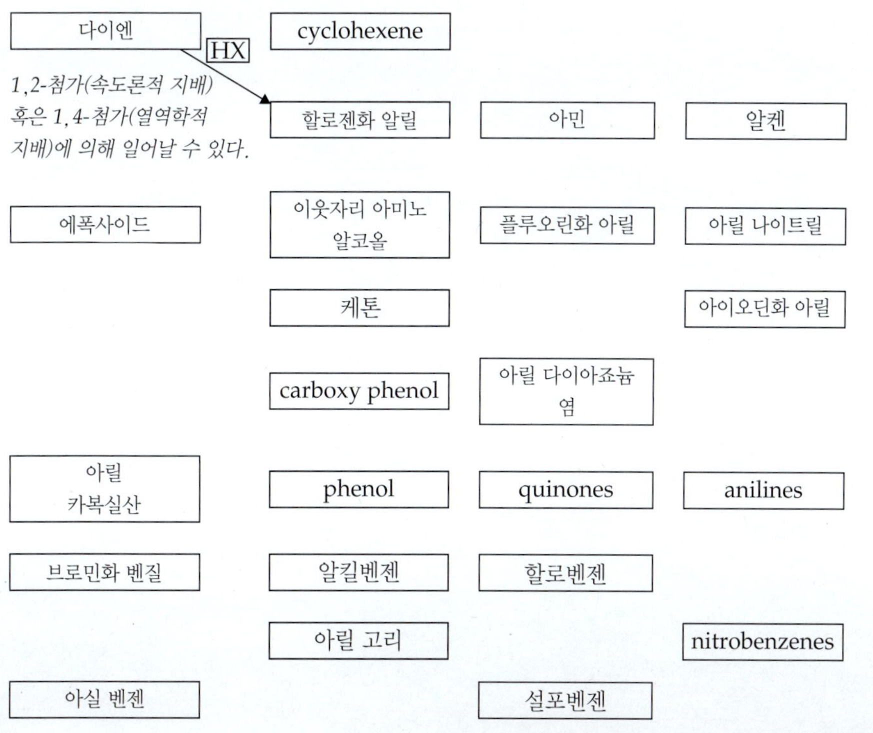

앞서와 같이 이 장의 '주요 반응'을 참고한다. 화살표 다음에 각 반응을 일으키는데 필요한 시약을 적는다. 다음으로 반응과 관련된 위치화학 혹은 입체화학 관계를 적는다. 나머지 사항에 도움이 되는 중요한 중간체 생성과 같은 메커니즘적인 어떠한 주요 관점을 기록해야 한다. 이러한 사항이 바로 작은 조각으로부터 큰 분자를 만드는데 도움을 주기 때문에 탄소-탄소 결합을 만드는 모든 반응의 과정이 유지되도록 해야 한다.

위의 유기 화학 로드맵 템플릿에서는 다이엔에 HX의 첨가 내용이 반응의 시작에 도움을 준다. 부록 11에는 책의 서로 다른 절에 대한 일련의 로드맵을 포함하고 있지만, 여러분 자신의 로드맵 완결 후에 참고용으로 이러한 자료를 이용해야만 한다.

20.56 다음 일련에 반응의 생성물을 적어라. 서로 다른 작용기 사이에 연결되는 반응들이 어떻게 '네비게이트'가 되도록 허용되는지를 알아보기 위해 로드맵을 참고하라. 이러한 과정을 위해 새로운 20장 로드맵과 함께 6~11장, 15~18장, 19장의 알려진 로드맵이 필요함에 유의하라.

(a) 알켄 — 1. NBS 2. KOtBu 3. HBr (저온) →

(a) HO, OH 알켄과 다이올 — 1. H_2CrO_4 2. $SOCl_2$ 3. EtOH 4. (cyclopentadiene) →

(c) 알켄 — 1. BH_3 2. H_2O_2 3. PCC 4. $H_2C^- - P^+Ph_3$ 5. NBS 6. KOtBu 7. HBr (고온) →

제 21 장

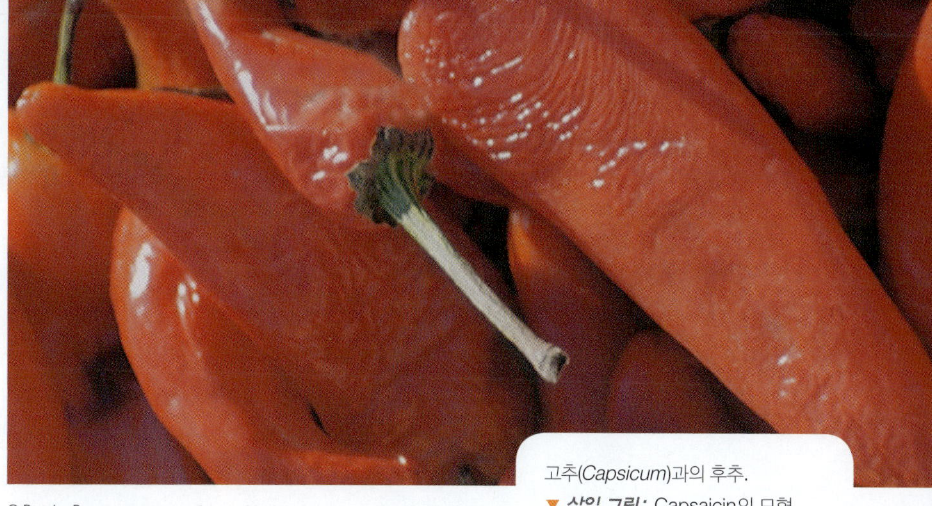
© Douglas Brown

고추(*Capsicum*)과의 후추.
▼ ***삽입 그림:*** Capsaicin의 모형.

Benzene과 방향족성의 개념

Benzene and the Concept of Aromaticity

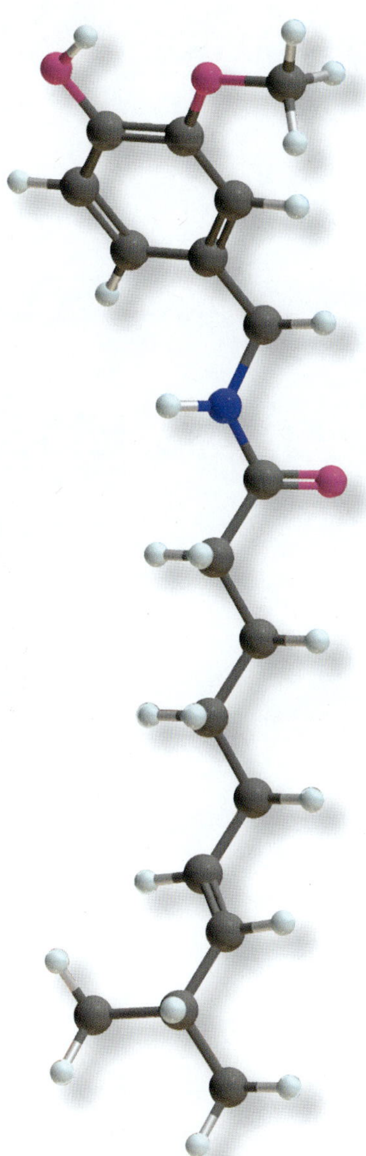

이 장의 차례

Benzene은 녹는점이 6°C이고 끓는점이 80°C인 무색의 화합물로서 London의 조명 가스관에 응집된 기름 찌꺼기로부터 1825년에 Michael Faraday에 의해 최초로 분리되었다. Benzene의 분자식은 C_6H_6이며, 이는 benzene 분자가 고도로 불포화되어 있음을 의미한다. 같은 수의 탄화수소를 갖는 포화 알케인 C_6H_{14}와 비교할 때 benzene은 고리 구조, 이중 결합, 삼중 결합들의 적절한 조합에 의하여 만족할 수 있는 네 개의 수소 겹핍 지수를 가진다. 예를 들면, C_6H_6의 화학식을 갖는 화합물은 네 개의 이중 결합 또는 세 개의 이중 결합과 하나의 고리 또는 두 개의 이중 결합과 두 개의 고리 혹은 하나의 삼중 결합과 두 개의 고리 등을 가질 수 있다.

Benzene의 높은 불포화도를 고려하면, benzene은 알켄과 알카인이 나타내는 많은 특성적인 반응들을 보일 것이 예상된다. 그러나 benzene은 상당히 안정하다. 알켄과 알카인에서 볼 수 있는 첨가, 산화, 환원 반응들이 일어나지 않는다. 예를 들면, benzene은 탄소-탄소 이중 결합 및 삼중 결합에 첨가 가능한 bromine, hydrogen bromide 또는 다른 시약들과 반응하지 않는다. Benzene은 알켄과 알카인을 산화시킬 수 있는 chromic acid의 반응 조건에서도 산화되지 않는다. Benzene에서는 주로 수소 원자가 다른 원자 또는 원자단에 의하여 치환되는 반응이 일어난다.

5장에서 설명한 것과 같이 **방향족**(aromatic)이란 용어는 처음에는 benzene과 그 유도체들을 분류하기 위하여 사용되었는데, 그 이유는 이들의 대부분이 고유의 독특한 냄새를 가지고 있기 때문이다. 하지만 현재 사용하고 있는 방향족이란 말은 이 화합물들이 불포화가 많이 되어 있으며 알켄 및 알카인과 반응하는 시약들에 대하여 의외로 안정하다는 사실에 의미를 두고 있다. 알케인, 알켄, 알카인과 비슷하게 **아렌**(arene)이란 용어는 방향족 탄

이 장의 동영상 강의를 보려면 **www.cengage.com/chemistry/brown/organic7e**에 접속 후 **Access Student Materials**를 클릭하라.

방향족 화합물
Benzene과 그 유도체를 분류하는데 초기에 사용된 용어이다. 보다 더 정확하게는 방향족성에 대한 Hückel의 기준을 충족하는 화합물을 분류하는데 사용된다(21.2A절).

화수소를 나타내기 위하여 사용하는 용어이다. Benzene은 아렌의 모체이다. 알케인으로부터 한 개의 수소를 제거함으로써 유도된 기를 알킬기라 하고 R–로 표현하는 것처럼, 아렌에서 한 개의 수소를 제거하여 유도된 기를 **아릴기**(aryl group)라고 부르며 Ar–이라는 기호를 사용한다.

21.1 Benzene의 구조

19세기 중반으로 돌아가서 화학자들이 benzene의 구조에 대한 모형을 세우기 위한 노력들을 살펴보도록 하자. 첫째, benzene의 화학식은 C_6H_6이므로 이 분자는 매우 불포화되어 있음이 확실해 보였다. 하지만 benzene은 알켄의 화학적 성질을 보여 주지 않는 그 당시에 알려진 유일한 불포화 탄화수소였다. Benzene은 반응을 하지만 알켄의 특성인 첨가 반응을 하지 않고 치환 반응을 한다. Benzene은 ferric chloride의 존재 하에 bromine과 반응하여 C_6H_5Br의 화학식을 갖는 단일 화합물을 생성한다.

$$C_6H_6 + Br_2 \xrightarrow{FeCl_3} C_6H_5Br + HBr$$

Benzene **Bromobenzene**

여기서 화학자들은 benzene의 여섯 개의 수소가 모두 동등하다고 결론지었다. Bromobenzene을 촉매인 ferric chloride의 존재 하에 bromine으로 처리하면, dibromobenzene의 세 가지 이성질체가 생성된다.

$$C_6H_5Br + Br_2 \xrightarrow{FeCl_3} C_6H_4Br_2 + HBr$$

Bromobenzene Dibromobenzene의 세 가지 이성질체

19세기 중반의 화학자들에게 있어서 문제는 탄소가 항상 네 개의 결합을 이룬다는 전제 하에서 관찰된 사실들을 종합하여 benzene의 구조식을 도출하려는 것이었다. 여러 화학자들의 제안을 살펴보기 전에 benzene 및 다른 방향족 화합물들의 구조를 밝히려는 화학자들의 노력은 약 100년 가량이나 지속되어 왔음을 알아야 한다. 1930년대에 이르러 비로소 화학자들은 이 문제를 보편적으로 이해하게 되었다.

A Benzene의 Kekulé 모형

Benzene의 구조는 1865년에 August Kekulé에 의하여 처음으로 제안되었고 제안된 구조는 benzene의 각 탄소에 하나의 수소가 결합된 육각형 고리 구조를 이루고 있다. Kekulé의 원래의 구조식은 C—H와 C—C 결합을 동등하게 나타내었고, 모든 탄소 원자들이 세 개의 결합만을 이루고 있기 때문에 적합하지 못하였다. 1872년에 Kekulé는 탄소가 네 개의 결합을 유지하기 위하여, benzene은 세 개의 이중 결합들이 빠르게 이동할 수 있는 고리로 구성되어 있으므로 두 개의 고리는 상호 분리될 수 없다고 제안하였다. Kekulé는 고리 구조의 변환을 평형으로 보았고, 각각의 고리 구조는 **Kekulé 구조**(Kekulé structure)로 알려지게 되었다(그림 21.1).

Kekulé의 시대로부터 150년이 지난 오늘날 우리는 당시의 과학자들이 알았던 내용과 알지 못했던 내용들을 잘못 이해하기 쉽다. 예를 들면, 공유 결합은 한 쌍 이상의 공유 전자쌍으로 구성되어 있다는 것은 잘 알려진 사실이다. 그러나 이 사실은 1897년 Cambridge 대학의 Cavendish 실험실에서 연구하던 물리학 교수인 J. J. Thomson이 전자를 발견할 때까지는 아무도 몰랐다는 것을 기억하여야 할 것이다. Thomson은 1906년에 물리학 분야에서 노벨상을 수상하였다. 화학 결합에서 전자의 역할은 그 후 30년 동안이나 확실하지 않았다. 그러므로 Kekulé가 benzene의 구조에 대하여 제안했던 당시에는 전자의 존재와 화학 결합에 있어서 전자의 역할도 전혀 알 수 없었다.

Kekulé의 제안은 benzene의 브로민화 반응(bromination)에서 bromobenzene만이 유일한 생성물이며, bromobenzene을 브로민화 반응시키면 dibromobenzene의 세 가지 이성질체들을 생성시킨다는 사실을 잘 설명할 수 있었다.

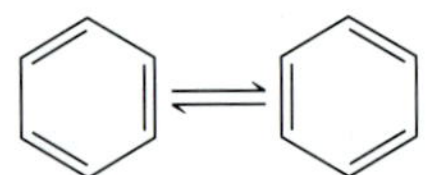

그림 21.1 ▸ Benzene에 대한 Kekulé 구조.

Bromobenzene Dibromobenzene의 세 가지 이성질체

Kekulé의 제안은 실험적으로 관찰한 많은 사실들과 일치하였지만, 문제를 완전히 해결할 수는 없었고, 수 년에 걸쳐 논쟁의 대상이 되었다. 주된 반론은 그의 제안이 benzene의 화학적 특성에 대하여 완전하게 설명할 수 없었다는 것이었다. Kekulé의 비판가들은 '만약 benzene이 세 개의 이중 결합을 포함하고 있으면 왜 알켄의 전형적인 반응들을 보이지 않는가? 예를 들면, benzene에 bromine 3 몰을 가하면 왜 1,2,3,4,5,6-hexabromocyclohexane이 생성되지 않는가?'라고 반문하였다. 우리들은 이제 분자 궤도함수 모형과 공명 이론 두 가지의 설명을 기본으로 benzene의 놀라운 비반응성을 이해하려고 한다.

B Benzene의 분자 궤도함수 모형

Benzene의 탄소 골격은 정육각형으로 되어 있으며 C—C—C와 H—C—C는 120°의 결합각을 형성한다. 이런 형태의 결합에서 탄소 원자는 sp^2 혼성 궤도함수를 사용한다. 각 탄소는 sp^2-sp^2 혼성 궤도함수의 겹침(overlap)에 의하여 두 개의 이웃한 탄소와 σ 결합을 이루고 sp^2-1s 궤도함수의 겹침에 의해 수소와 σ 결합을 형성한다. 실험적으로 측정된 모든 탄소-탄소 결합 길이는 139 pm이며, 이 길이는 sp^3로 혼성화된 탄소로 이루어진 단일 결합의 길이(154 pm)와 sp^2로 혼성화된 탄소로 이루어진 이중 결합 길이(133 pm) 사이의 거의 중간 값이다.

각 탄소는 정육각형 고리의 평면에 수직으로 위치한 한 개의 2p 궤도함수를 가지며 한 개의 전자를 가지고 있다. 분자 궤도함수 이론에 따르면, 여섯 개의 평행한 2p 원자 궤도함수의 결합은 세 개의 π 결합성 분자 궤도함수와 세 개의 π 반결합성 분자 궤도함수가 결합한 6개의 π 분자 궤도함수 한 세트를 생성한다. 여섯 개의 분자 궤도함수와 그들의 상대적인 에너지를 그림 21.2에 나타내었다. π_2와 π_3 MO(분자 궤도함수)는 중첩(degenerate, 그것들은 같은 에너지를 갖는다)된 결합성 궤도함수임을 유의하라. 마찬가지로 π_4^*와 π_5^*도 π 반결합성 분자 궤도함수에서 중첩된 쌍으로 되어 있다.

Benzene의 바닥 상태의 전자 배치에서 π계의 여섯 개 전자는 세 개의 결합성 분자 궤도함수를 차지한다(그림 21.2). 분자 궤도함수 계산에 따르면 benzene의 안정성은 이러한 세 개의 결합성 분자 궤도함수가 여섯 개의 결합하지 않은 2p 원자 궤도함수에 비교하여 훨씬 낮은 에너지를 갖는다는 것에 기인한다.

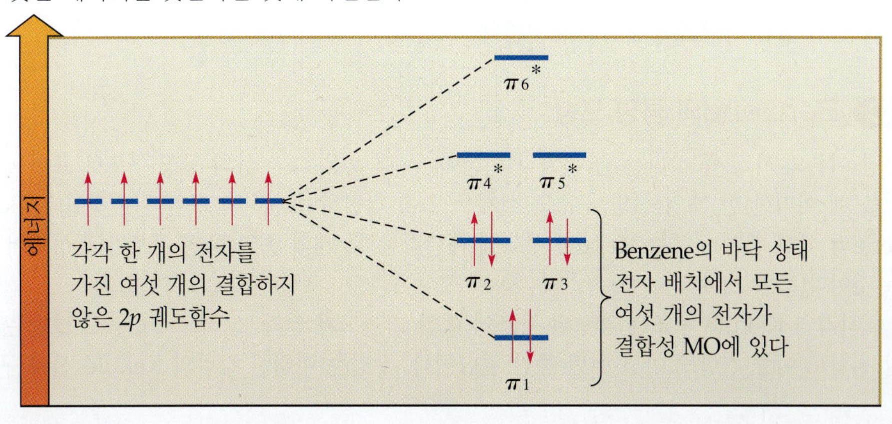

그림 21.2 ▸ Benzene에서 π 결합을 이루는 분자 궤도함수.

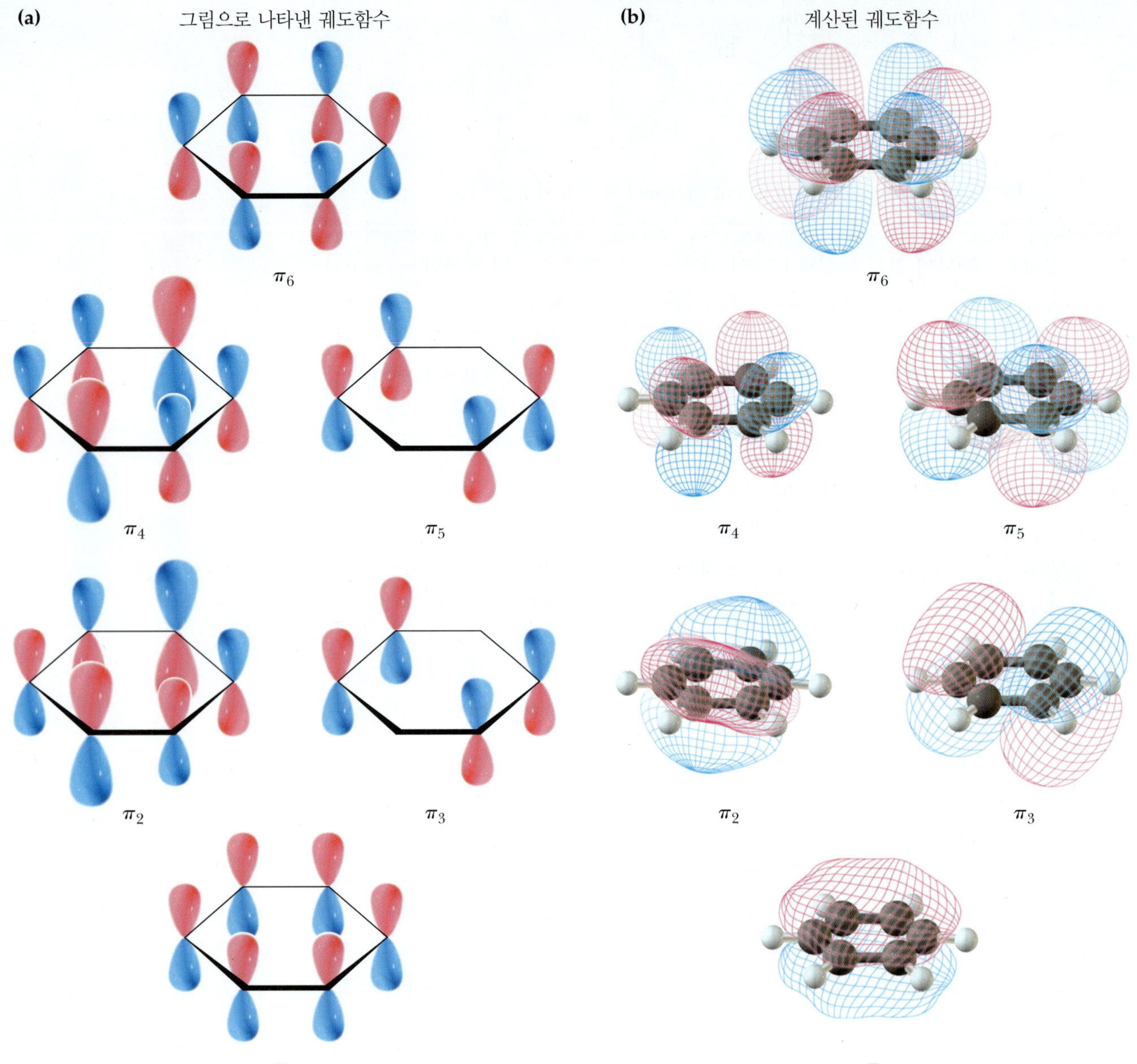

그림 21.3 ▸ Benzene의 π계에 대한 궤도함수. (a) 화학자들이 일상적으로 그리는 여섯 개의 계산된 궤도함수의 그림에 관한 표현. 이러한 그림에서는 benzene의 π계를 이루는 평행한 2*p* 궤도함수의 여러 가지 조합을 강조하였다. (b) 계산된 궤도함수. 에너지가 낮은 세 개는 전자로 채워져 있다(그림 21.2 참조). 에너지가 낮은 세 가지 궤도함수는 대부분 화학자들이 benzene의 π계에 사용하는 모양이다. 고리 위와 아래에 원형체 전자 밀도이다.

Benzene의 π 궤도함수를 그림 21.3에 나타내었다. Benzene의 계는 그림 21.3의 π_1에 나타낸 바와 같이 고리의 평면 위에 하나의 원형체(도넛 모양 영역)와 고리의 평면 아래에 두 번째 원형체로 표현하는 것이 일반적이다.

이 그림은 π계 전자 밀도의 비편재화와 모든 여섯 개의 탄소 원자의 동등성을 강조하였기 때문에 유용하다. 그러나 이것은 전체를 나타낸 것은 아니다. 다른 두 개의 채워진 궤도함수(π_2와 π_3)는 각각 두 개의 마디를 가지고 있고, 탄소 원자 사이에 결합 차수는 이중 결합과 단일 결합 사이의 중간임을 보여준다.

C Benzene의 공명 모형

공명 이론의 가정 중 하나는 한 분자나 이온이 두 개 혹은 그 이상의 공명 구조로 표현될 수 있을 때 어떠한 한 개의 공명 구조도 실제 구조를 적절히 표현하지 못한다는 것이다. Benzene의 실제 전자 구조는 Kekulé 구조에 해당하는 두 개의 동일 공명 구조가 혼성되어 있는 것이다(그림 21.4).

각각의 Kekulé 구조는 혼성된 구조에 대한 기여도가 같다. 그러므로 C—C 결합은 단일 결합도 이중 결합도 아닌 어떤 중간 결합이다. 우리는 이러한 각각의 Kekulé 전자 구조들이 따로 존재하지 않는다는 것을 잘 알고 있다(이것들은 단지 한 형태가 다른 형태보다 우선할 이유가 없이 2p 궤도함수를 짝짓는 별도의 방법인 것이다). 실질적인 구조는 양쪽의 겹침에 의한 구조이다. 그럼에도 불구하고 화학자들은 고전적인 원자가 결합 구조와 탄소가 네 개의 원자가를 가져야 한다는 고정 관념 속에서 되도록 정확한 구조를 나타내야 하기 때문에 이러한 분자를 표현하기 위한 방편으로 한 종류의 Kekulé 전자 구조를 사용하기도 한다.

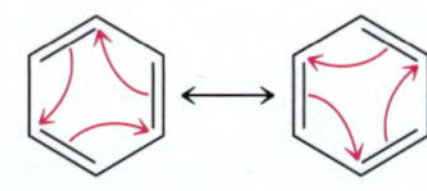

그림 21.4 ▸ 두 개의 동등한 기여 구조 혼성으로서의 benzene.

공명 에너지
어느 전자가 특정 원자와 특정 결합에서 편재화될 때, 공명 혼성과 이것의 가장 안정적인 기여 구조 사이의 에너지 차이.

Benzene의 **공명 에너지**(resonance energy)를 측정하는 한 가지 방법은 benzene과 cyclohexene의 수소화 열을 비교하는 것이다. Cyclohexene은 전이 금속 촉매(6.6A절)를 사용하면 수소와 쉽게 반응하여 cyclohexane으로 환원된다.

Cyclohexene + H_2 $\xrightarrow[\text{1~2 atm}]{\text{Ni}}$ Cyclohexane $\qquad \Delta H^0 = -119.7$ kJ (-28.6 kcal)/mol

이러한 조건에서 benzene은 매우 천천히 cyclohexane으로 환원된다. 수백 기압의 수소 압력 하에서 열을 가해 주면 더욱 빨리 환원된다.

Benzene + 3 H_2 $\xrightarrow[\text{200~300 atm}]{\text{Ni}}$ Cyclohexane $\qquad \Delta H^0 = -208$ kJ (-49.8 kcal)/mol

알켄의 촉매 수소화 반응은 발열 반응이다(6.6B절). 이중 결합 당 수소화 열은 특정한 알켄의 치환된 정도에 따라 어느 정도 변화한다. Cyclohexene의 경우에는 $\Delta H^0 = -119.7$ kJ (-28.6 kcal)/mol이다. 만약 benzene이 단일 결합과 이중 결합이 번갈아 연결되어 있는 가상적인 불포화 화합물인 1,3,5-cyclohexatriene이라면, $\Delta H^0 = 3\ (-119.7$ kJ/mol$) = -359$ kJ (-85.8 kcal)/mol로 계산할 수 있다. Benzene을 cyclohexane으로 환원하는 것에 대한 ΔH^0는 -208 kJ (-49.8 kcal)/mol이며, 이 값은 1,3,5-cyclohexatriene에 대해 계산한 것보다 매우 작은 값이다. 이러한 값들의 차이인 151 kJ (36.0 kcal)/mol이 **benzene의 공명 에너지**(resonance energy of benzene)이다. 두 가지 환원 반응의 생성물이 모두 cyclohexane이고, 두 환원 반응 모두가 발열 반응임을 주목하라. 그러므로 benzene의 낮은 수소화 열은 benzene이 1,3,5-cyclohexatriene보다 더 안정함을 확인해 준다. 이러한 실험 결과를 그림 21.5에 나타내었다.

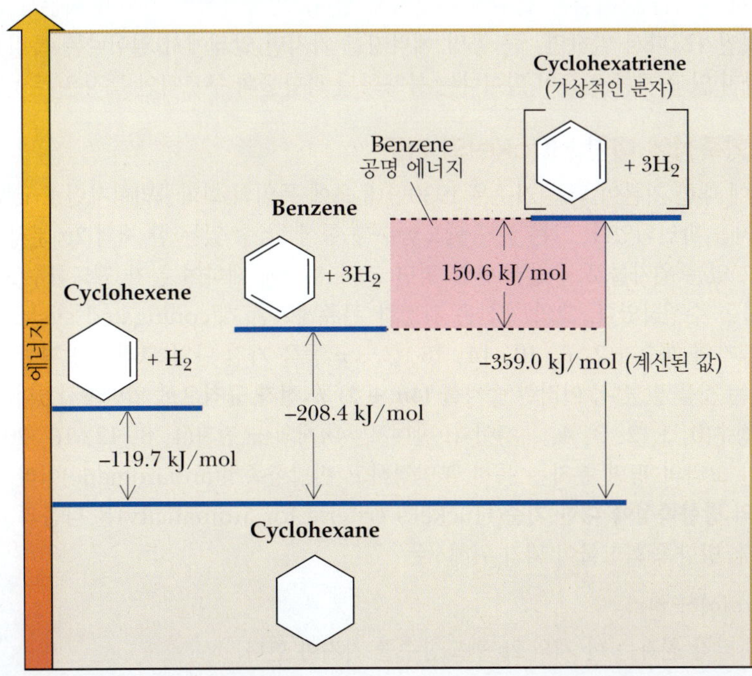

그림 21.5 ▸ Cyclohexene, benzene, 가상적인 분자인 1,3,5-cyclohexatriene의 수소화 열 비교에 의해 측정된 benzene의 공명 에너지.

다른 모형 화합물을 이용하여 benzene의 공명 에너지를 결정하는 여러 가지 다른 실험들에서도 실험적인 결론들은 결과에서 다소 차이가 있긴 하지만, 'benzene의 공명 에너지는 크다'라는 결론에는 모두 일치한다. 몇몇 다른 방향족 탄화수소에 대한 공명 에너지는 다음과 같다.

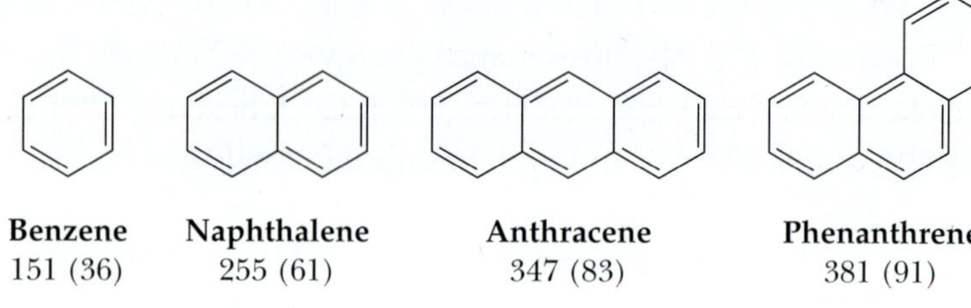

	Benzene	Naphthalene	Anthracene	Phenanthrene
공명 에너지 [kJ (kcal)/mol]	151 (36)	255 (61)	347 (83)	381 (91)

21.2 방향족성의 개념

분자 궤도함수와 공명 에너지 이론은 화학자들이 benzene과 그 유도체들의 특이한 안정성을 이해할 수 있는 매우 중요한 도구가 된다. 공명 이론에 의하면 benzene은 두 개의 동일한 구조의 혼성으로서 가장 잘 표현할 수 있다. 같은 방법으로 cyclobuadiene과 cyclooctatetraene도 두 개 구조의 혼성으로 그릴 수 있다. 이 화합물들이 방향족일까?

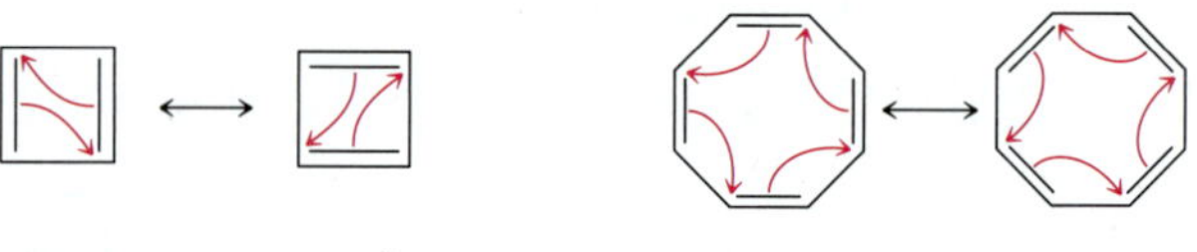

Cyclobutadiene의 두 개의 동등한 기여 구조 혼성체

Cyclooctatetraene의 두 개의 동등한 기여 구조 혼성체

두 화합물들에 대한 답은 '방향족이 아니다'이다. Cyclobutadiene을 합성하기 위한 여러 가지 시도들은 실패하였다. 1965년이 되어서야 합성이 되었으나 40 K (−269°C)로 유지되어야만 확인될 수 있다. Cyclobutadiene은 매우 불안정한 화합물이며 방향족 화합물들이 갖고 있는 화학적, 물리적 성질들을 나타내지 못한다. Cyclooctatetraene은 전형적인 알켄의 화학적 성질을 가지고 있다. Cyclooctatetraene은 할로젠이나 할로젠 산과 반응할 뿐만 아니라 약한 산화제나 환원제와도 반응한다.

여기서 우리들은 폭넓은 질문에 부딪치게 된다. '방향족성의 기본이 되는 근본적인 원리는 무엇인가?' 다시 말하면, 큰 공명 에너지를 가지면 알켄에서 일어나는 특징적인 반응이 일어나지 않고 치환 반응이 일어나는 불포화된 화합물의 구조적인 특징은 무엇인가?

A 방향족성에 대한 Hückel의 기준

방향족성에 대한 기본이 되는 기준은 1930년대 초에 독일의 화학물리학자인 Erich Hückel에 의해 처음 확인되었다. 그는 분자 궤도함수를 형성 할 수 있는 한 개의 $2p$ 분자 궤도함수를 가지고 있는 원자들로 구성된 단일 평면 고리 분자에 대하여 분자 궤도함수(MO)의 에너지 계산을 수행하였다. 그의 계산은 완전한 콘쥬게이션 계(conjugated system)를 이루면서 π 전자의 개수가 2, 6, 10, 14, 18, . . . π 등을 가진 단일 고리형의 평면 분자는 방향족이라는 것을 밝혔다. 이러한 숫자를 **$(4n + 2)$ π 전자 규칙**으로 일반화시켰다. 여기서 n은 양의 정수(0, 1, 2, 3, 4, . . .)이다. 반대로, $4n$개의 π 전자(4, 8, 12, 16, 20, . . .)를 갖는 단일 고리의 평면 분자는 특히 불안정하고 반방향족성(antiaromatic)이라고 말한다. **Hückel의 방향족성에 대한 기준**(Hückel's criteria for aromaticity)은 다음과 같이 요약할 수 있다. 방향족 화합물이 되기 위해서는

방향족성에 대한 Hückel 기준
방향족성이 되기 위해서는 단일 고리 화합물은 고리의 각각 원자에 대하여 한 개의 $2p$ 궤도함수를 가져야만 하고, 평면이거나 거의 평면이어야 하고 $2p$ 궤도함수의 고리형 배열에서 $(4n + 2)$ π 전자를 가져야 한다.

1. 고리형이어야 한다.
2. 고리의 각각 원자는 한 개의 $2p$ 궤도함수를 가져야 한다.

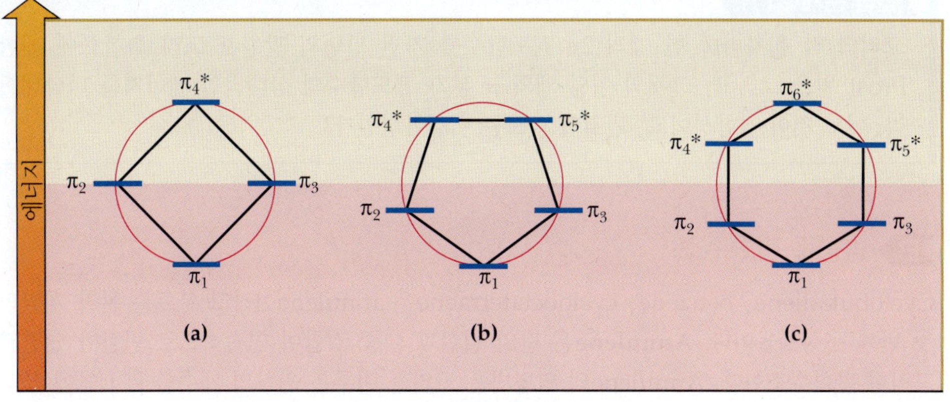

그림 21.6 ▸ Frost 원은 평면이면서 완전히 콘쥬게이션된 사원자, 오원자, 육원자 고리 화합물에 대한 분자 궤도함수의 수와 상대적인 에너지를 나타낸다.

3. 평면이거나 거의 평면이어서 고리의 모든 $2p$ 궤도함수가 연속적으로 혹은 거의 연속적으로 겹쳐져야 한다.

4. $2p$ 궤도함수의 고리형 배열에서 $(4n + 2)$ π 전자의 닫힌 고리를 가져야만 한다.

어떤 화합물이 방향족인지 반방향족인지를 결정하기 위해서는 이 장과 다음 장에서 고려할 분자나 이온에 대해 MO 에너지 도표를 그리는 것이 필요하다. 평면 단일 고리이며, 완전히 콘쥬게이션 계에 대한 π 분자 궤도함수의 상대적인 에너지는 **Frost 원**(Frost circle), 즉 내접 다각형 방법을 사용하면 매우 쉽게 그릴 수 있다. 이러한 도표를 그리기 위해서는 원을 그리고 원하는 고리 화합물의 원자수만큼 같은 수의 꼭지점을 갖는 다각형을 원 안에 그려야 한다. 다각형의 한 꼭지점이 원의 바닥 부분에 오도록 그린다. 원에서 분자 궤도함수의 상대적인 에너지는 다각형이 원과 만나는 점이다. 원의 중심을 지나가는 평행선 아래의 분자 궤도함수들은 결합성 분자 궤도함수들이다. 평행선에 있는 것은 비결합성 분자 궤도함수이고, 평행선 위에 있는 것들은 반결합성 분자 궤도함수들이다.

Frost 원
평면이면서 완전히 콘쥬게이션 단일 고리 화합물에 대한 π 분자 궤도함수의 상대적인 에너지를 결정하는 그래픽 방법.

그림 21.6은 고리형, 평면이고 콘쥬게이션된 사원자, 오원자, 육원자 고리 화합물의 분자 궤도함수를 표시하는 Frost 원을 나타내고 있다. 이와 같이 분명한 방법은 파동 방정식에 수학적 해석을 기하학적으로 나타내기 때문이다.

예제 21.1 ▸ Frost 원

고리의 각 원자마다 한 개의 $2p$ 궤도함수를 가진 평면의 칠원자 고리 화합물에 대한 Frost 원을 그리고, 일곱 개의 π 분자 궤도함수의 상대적인 에너지를 나타내어라. 어느 것이 결합성이고, 반결합성 또는 비결합성인가?

➥ 해답

일곱 개의 π 분자 궤도함수 중에서 세 개는 결합성이고, 네 개는 반결합성이다.

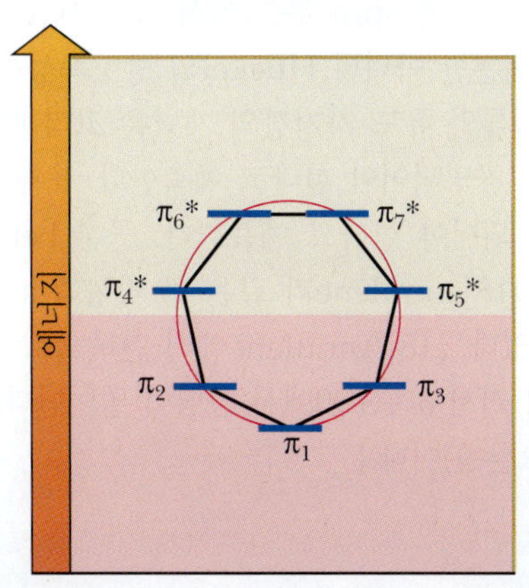

연습 문제 21.1

고리의 각 원자마다 한 개의 $2p$ 궤도함수를 가진 평면의 팔원자 고리 화합물에 대한 Frost 원을 그리고, 그것의 여덟 개의 π 분자 궤도함수의 상대적인 에너지를 나타내어라. 어느 것이 결합성이고, 반결합성 또는 비결합성인가?

B 방향족 탄화수소

Annulene
단일 결합과 이중 결합이 번갈아 있는 고리형 탄화수소.

Cyclobutadiene, benzene, cyclooctatetraene은 annulene이라고 부르는 분자 계열의 첫 번째 구성원들이다. **Annulene**은 단일 결합과 이중 결합이 연속적으로 번갈아 연결된 고리형 탄화수소이다. Annulene의 명명법은 고리를 이루는 원자의 개수를 [ ] 안에 쓰고 뒤에 *annulene*이라는 단어를 써서 표기한다. Cyclobutadiene, benzene, cyclooctatetraene을 annulene으로 표기하면 각각 [4]annulene, [6]annulene, [8]annulene으로 된다. 그러나 이러한 화합물에는 annulene이라는 이름을 잘 사용하지 않는다.

1960년대 초에 이스라엘에 있는 Weizmann Institute에 근무하였고, 후에 런던 대학교에 있었던 Franz Sondheimer와 그의 동료들은 방향족성에 대한 Hückel의 기준을 검증하기 위하여 많은 수의 annulene을 합성하였다. 예를 들면, [14]annulene과 [18]annulene은 Hückel에 의해 예측된 것과 같이 두 화합물 모두 방향족인 것을 발견하였다. [18]Annulene은 약 418 kJ (100 kcal)/mol의 공명 에너지를 갖는다. 평면형을 유지하기 위하여 각 분자에 있는 몇몇의 탄소-탄소 이중 결합은 *트랜스* 배열을 가져야만 한다는 것에 유의하여야 한다.

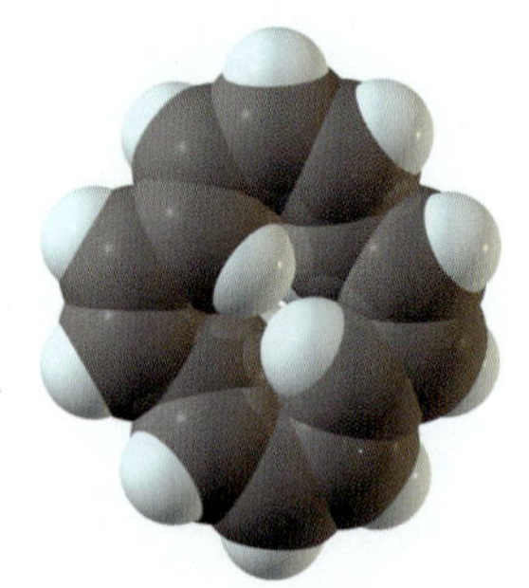

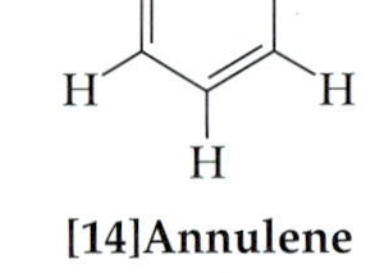

[14]Annulene
(방향족)

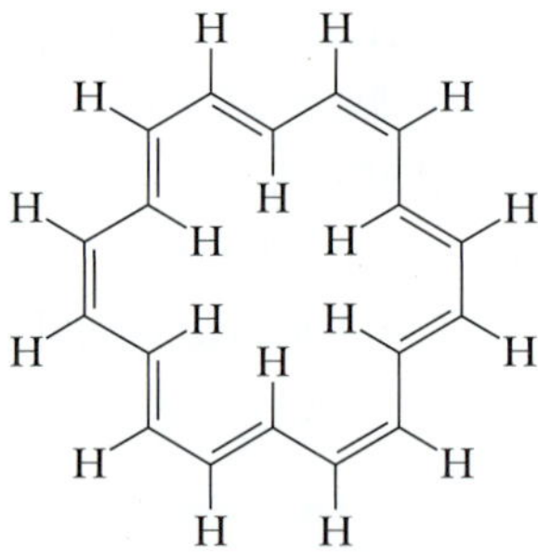

[18]Annulene
(방향족)

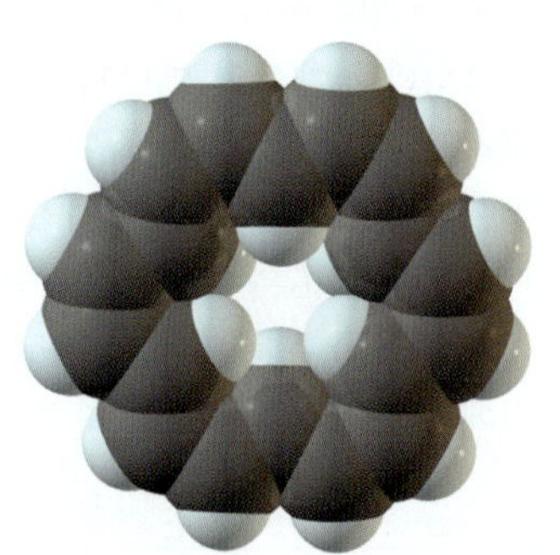

이러한 큰 annulene은 고리의 바깥쪽 방향을 향하고 있는 수소와 고리의 안쪽을 향하는 수소, 즉 동등한 수소 두 세트가 있다. 이러한 두 세트의 동일한 수소는 서로 다른 ^{1}H-NMR 화학적 이동값을 갖는다.

Benzene과 다른 arene에 있는 양성자는 방향족 분자에서 생기는 유도 고리 전류 때문에 벗겨져 있고 낮은 장(보통 7~8 ppm 부근)에서 나타난다(13.7C절). 유도 고리 전류 효과는 benzene 및 그 유도체뿐만 아니라 Hückel의 방향족성을 만족하는 모든 화합물에서 나타난다. 순환하는 고리 전류와 유도 자기장의 개념은 고리 바깥쪽으로 향하고 있는 수소들은 낮은 장으로 움직여서 공명되어야 한다고 예측한다. 또한 고리 안쪽으로 향하고 있는 수소들은 높은 장에서 공명되어야 한다고 예측한다. 물론 benzene에는 안쪽으로 향하는 수소가 없지만, 예를 들면 [18]annulene과 같은 큰 방향족 annulene은 '안쪽' 수소와 '바깥쪽' 수소를 모두 가지고 있다. [18]Annulene에서 안쪽으로 향하는 수소들의 높은 장 화학적 이동의 정도는 대단히 커서 δ −3.00에서 공명이 일어난다[표준 물질인 TMS보다 즉, 3.00 δ 단위만큼 높은 장(오른쪽)이다.]

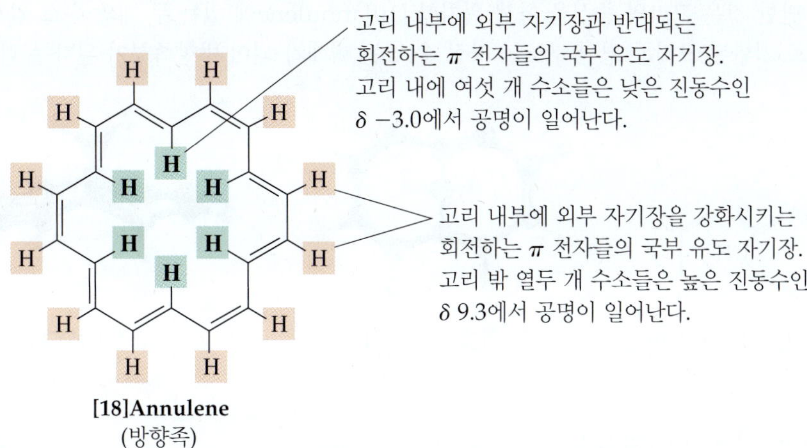

[18]Annulene
(방향족)

예제 21.2 ▸ 화학적 이동

Benzene의 여섯 개의 수소와 cyclooctatetraene의 여덟 개 수소 중에서 어느 수소가 더 큰 화학적 이동을 갖는가? 설명하라.

➥ 해답

Benzene은 방향족 화합물이다. Benzene의 여섯 개의 동등한 수소는 δ 7.27에서 날카로운 단일선을 나타낸다. Cyclooctatetraene은 $4n$개의 π 전자를 가지고 있고 평면이 아니기 때문에 Hückel의 방향족성에 대한 기준에 맞지 않는다. 그러므로 cyclooctatetraene 고리의 여덟 개의 수소는 바이닐성 수소의 영역(δ 4.6~δ 5.7)인 δ 5.8에서 단일선으로 나타난다.

연습 문제 21.2

Furan과 cyclopentadiene 중에서 ^{1}H-NMR 스펙트럼에서 더 큰 화학적 이동을 나타내는 화합물은 어느 것인가? 그 이유를 설명하라.

Hückel의 기준에 따르면, [10]annulene은 방향족이어야 한다. 이 화합물은 고리형이고, 고리의 각 탄소는 $2p$ 궤도함수를 가지고 있을 뿐 아니라 π계 내에서 4(2) + 2 = 10개의 전자를 갖는다. 그러나 이 화합물은 알켄의 전형적인 반응을 나타내고 따라서 반방향족으로 분류된다. 방향족성 부족에 대한 이유는 십원자 고리가 너무 작아 두 개의 수소가 고리의 가운데에 놓여 있지 못하게 된다는 사실에 있다. 이 두 수소들 사이에 비결합 상호작용이 10개의 모든 $2p$ 궤도함수의 겹침이 더 이상 이루어지지 않도록 비평면 형태로 만든다. 따라서, [10]annulene은 평면 구조가 아니며, 방향족도 아니다.

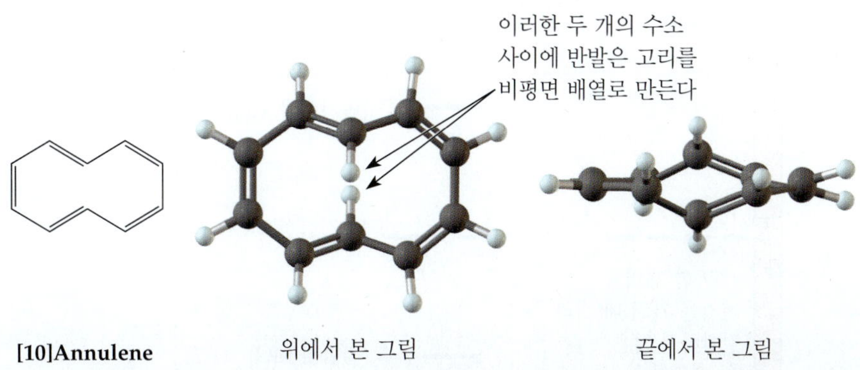

[10]Annulene 위에서 본 그림 끝에서 본 그림

주목할 만한 것은 고리의 중심을 향해 위치한 [10]annulene에 있는 두 개의 수소 원자들을 CH_2기로 치환된 고리는 평면 구조를 가질 수 있는 형태가 되어 방향족성이 된다는 점이다.

다리걸친 [10]annulene　　위에서 본 그림　　끝에서 본 그림

C 반방향족성 탄화수소

Hückel의 기준에 따르면 4*n*개의 π 전자(4, 8, 12, 16, 20, . . .)를 갖는 단일 고리의 평면 분자는 매우 불안정하며, **반방향족성**(antiaromatic)이라고 말한다. 이 기준에 따르면 네 개의 π 전자를 갖는 cyclobutadiene은 반방향족성이다. 그림 21.6으로부터 Frost 원의 에너지 도표를 사용하면, cyclobutadiene에 대한 분자 궤도함수 에너지 도표를 그릴 수 있다(그림 21.7).

반방향족성 화합물

평면이나 거의 평면을 이루면서 고리를 이루는 각각 원자가 한 개의 2*p* 궤도함수를 가지고 있어야 한다. 2*p* 궤도함수들은 원형으로 배열되면서 중첩되어야 하며 4*n*개의 π 전자를 갖는다(*n*은 정수). 반방향족성 화합물은 매우 불안정하다.

Cyclobutadiene의 바닥 상태의 전자 배열에서 두 개의 π 전자는 π_1 결합성 MO를 채운다. 세 번째와 네 번째의 π 전자들은 짝을 이루지는 못하고 π_2-와 π_3- 비결합성 MO에 있게 된다. 평면형 cyclobutadiene에서 이러한 두 개의 비공유 전자들이 있어 콘쥬게이션된 두 개의 이중 결합을 갖는 비고리 분자인 butadiene과 비교하면, 이 분자는 매우 불안정하고 반응성이 크다는 것을 알게 된다. Cyclobutadiene은 평면이 아니고 두 개의 짧은 결합과 두 개의 긴 결합으로 이루어져 약간 꺽인(puckered) 모양을 가지면서 두 개의 중합된 궤도함수는 더 이상 동등하지 않다. 그럼에도 불구하고 cyclobutadiene은 두 개의 라디칼 성질을 가지고 있다.

Cyclooctatetraene은 전형적인 알켄의 반응을 나타내며 비방향족으로 분류된다. X-선 연구에서 이 화합물에 대한 가장 안정한 형태가 평면이 아닌 다른 형태인 두 종류의 탄소-탄소 결합(네 개의 긴 단일 결합과 네 개의 짧은 탄소-탄소 이중 결합)을 갖는 '욕조(tub)' 형태의 모양을 갖는다는 것이 알려졌다. 네 개의 단일 결합은 sp^2 혼성화된 탄소 사이의 단일 결합과 동일하고(약 146 pm), 네 개의 이중 결합은 알켄에서의 이중 결합 길이(약 133 pm)와 동일하다. 욕조 형태에서 이중 결합을 형성하는 2*p* 궤도 함수의 겹침은 매우 잘 되지만, 탄소-탄소 단일 결합의 양끝에서 존재하는 2*p* 궤도함수가 평행하지 않으므로 2*p* 궤도의 겹침이 일어나지 않는다. 따라서 sp^2 혼성화된 탄소가 연속적으로 존재함에도 불구하고 cyclooctatetraene은 콘쥬게이션되어 있지 않다.

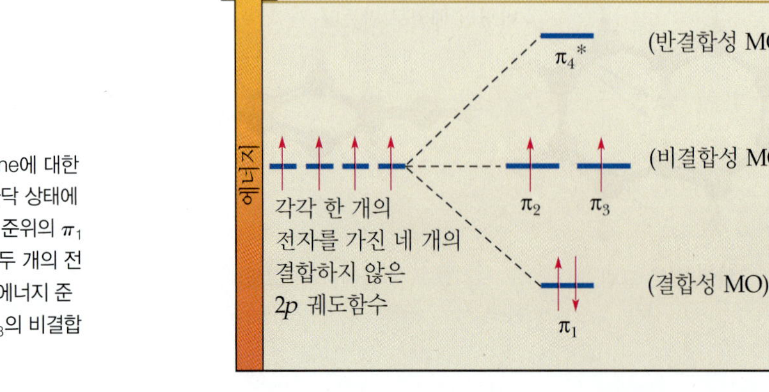

그림 21.7 ▸ Cyclobutadiene에 대한 분자 궤도 함수 에너지 도표. 바닥 상태에서 두 개의 전자는 낮은 에너지 준위의 π_1 결합성 MO에 있다. 남아 있는 두 개의 전자는 짝을 이루지 못하고 같은 에너지 준위를 갖는 중첩 상태인 π_2와 π_3의 비결합성 MO를 차지한다.

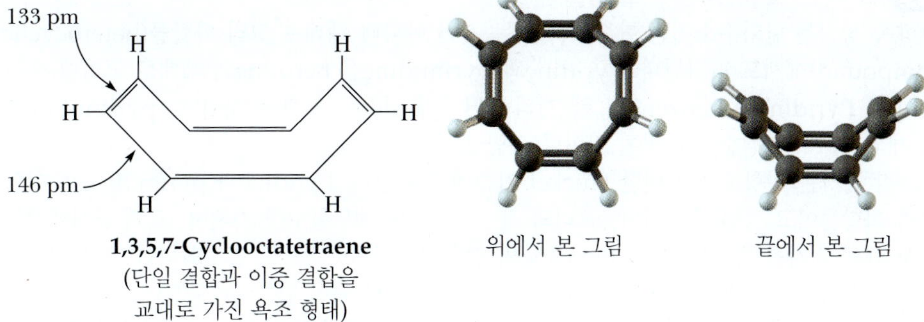

평면의 cyclooctatetraene이 반방향족성으로 분류되는지 이해하기 위해서는 여덟 개의 π 전자를 가지며 완전하게 콘쥬게이션된 여덟 원자 고리 화합물의 MO 에너지 도표를 살펴볼 필요가 있다. 여러분들은 연습 문제 21.1의 해답으로 고리에 대한 Frost 원을 그렸다. Cyclooctatetraene의 가장 안정한 형태는 평면이 아니지만, 평면으로 가정한다면 cyclooctatetraene의 분자 궤도함수 에너지 도표는 그림 21.8처럼 나타낼 수 있다. 평면의 cyclooctatetraene은 바닥 상태에서 여섯 개의 π 전자들이 세 개의 낮은 에너지 준위의 π_1, π_2, π_3 결합성 MO를 차지한다. 두 개의 π 전자들은 짝을 이루지 못하고 같은 에너지 준위를 갖는 π_4와 π_5 비결합성 MO에 있게 된다. 짝을 이루지 못하는 전자 때문에 평면의 cyclooctatetraene은 존재한다고 할지라도 반방향족성이라고 분류되는 것이다. Cyclooctatetraene은 큰 화합물이어서 주름잡힌 구조이고 평면으로부터 벗어난 형태를 가질 수 있고 비방향족이 된다.

만일 [16]annulene이 평면이면, 이것은 반방향족이다. 고리의 크기는 충분히 커서 이중 결합이 더 이상 완전하게 콘쥬게이션되지 않는 비평면 형태로 될 수 있다. 그러므로 [16]annulene은 비방향족이다.

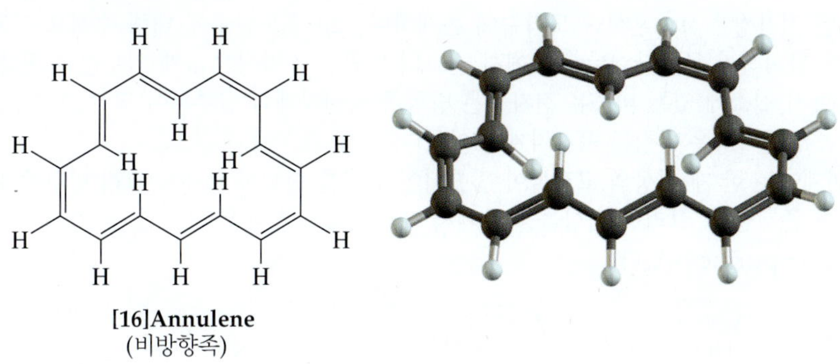

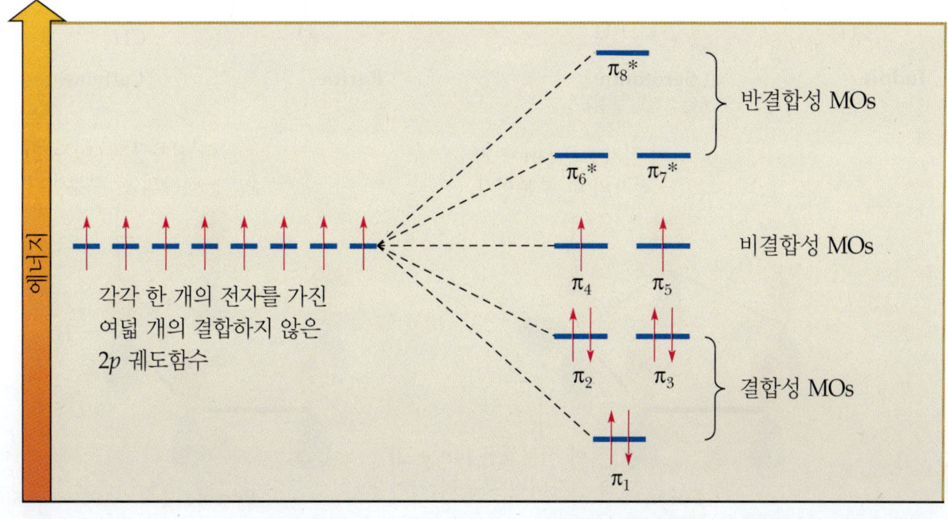

그림 21.8 ▸ 평면 형태의 cyclo-ocatatetraene에 대한 분자 궤도함수 에너지 도표. 세 쌍의 전자들은 세 개의 낮은 에너지 준위의 π 결합성 분자 궤도함수를 채운다. 두 개의 전자는 동일한 에너지 준위를 가지는 중첩 상태의 π 비결합성 분자 궤도함수를 한 개씩 차지하여 짝을 이루지 못한다.

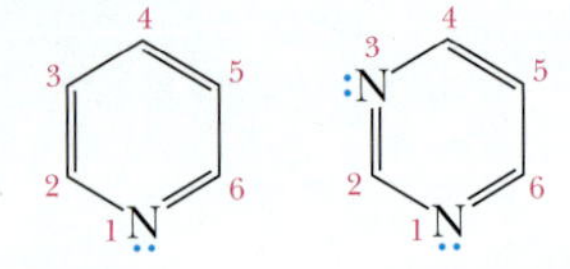

그림 21.9 ▸ 두 가지 헤테로 고리 방향족 화합물.

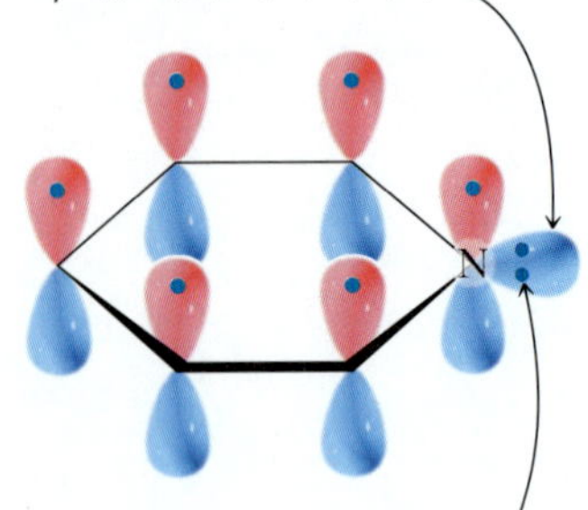

그림 21.10 ▸ Pyridine.

D 헤테로 고리 방향족 화합물

방향족 성질은 탄화수소에만 한정되어 있는 것이 아니라 **헤테로 고리 화합물**(heterocyclic compound)에서도 나타난다. Pyridine과 pyrimidine은 benzene의 헤테로 고리형 유사체이다. Pyridine은 benzene의 한 개의 CH기가 질소로 치환된 것이고, pyrimidine은 두 개의 CH기가 질소로 치환된 것이다(그림 21.9).

각 분자는 방향족성에 대한 Hückel 기준에 일치한다. Pyridine과 pyrimidine은 단일 고리 화합물이고 평면 구조이며, 고리의 각 원자는 $2p$ 궤도함수를 가지며, 각각 π계에서는 여섯 개의 전자를 가지고 있다. Pyridine의 경우에는 질소는 sp^2로 혼성화되어 있고 질소의 공유되지 않은 전자쌍은 π계의 $2p$ 궤도 함수에 수직으로 되어 있는 sp^2 궤도에 존재한다. 따라서 pyridine의 질소에 있는 공유되지 않은 전자쌍은 π계의 한 부분이 아니다(그림 21.10).

Pyrimidine에서는 질소 비공유 전자쌍의 어느 것도 π계에 속하지 않는다. Pyridine의 공명 에너지는 benzene의 공명 에너지보다 약간 작은 134 kJ (32 kcal)/mol로 측정되었다. Pyrimidine의 공명 에너지는 benzene보다 약간 작은 108 kJ (26 kcal)/mol로 측정되었다.

오원자 고리 헤테로 고리 화합물에는 furan, thiophene, pyrrole, imidazole 등이 있고 이들은 모두 방향족이다.

Furan **Thiophene** **Pyrrole** **Imidazole**

이러한 평면형 화합물에서 각각의 헤테로 원자들은 sp^2로 혼성화되어 있고, 혼성화되어 있지 않은 $2p$ 궤도함수는 고리 형태의 연속적인 모양으로 다섯 개의 $2p$ 궤도함수의 일부분이 된다. Furan과 thiophene의 경우에 있어 헤테로 원자에서 공유되지 않은 한 개의 전자쌍은 혼성화되지 않은 $2p$ 궤도함수에 있고, π계의 일부분이 된다(그림 21.11). 다른 공유되지 않은 전자쌍은 sp^2 혼성 궤도함수에 존재하며, $2p$ 궤도함수에 대해 수직으로 위치하여 π계에 참여하지 못한다. Pyrrole에서 질소의 비공유 전자쌍은 π계 일부분이 된다. Imidazole에서 질소에 있는 비공유 전자쌍은 방향족 육전자계의 일부분이 되고, 다른 질소에 있는 비공유 전자쌍은 방향족 육전자계가 아니다.

자연계에는 한 개 이상의 고리들이 접합되어 고리를 형성한 헤테로 고리 방향족 화합물들이 많이 존재한다. 그러한 화합물들 중에서 생물학적으로 매우 중요한 두 가지 화합물로는 indole과 purine이 있다.

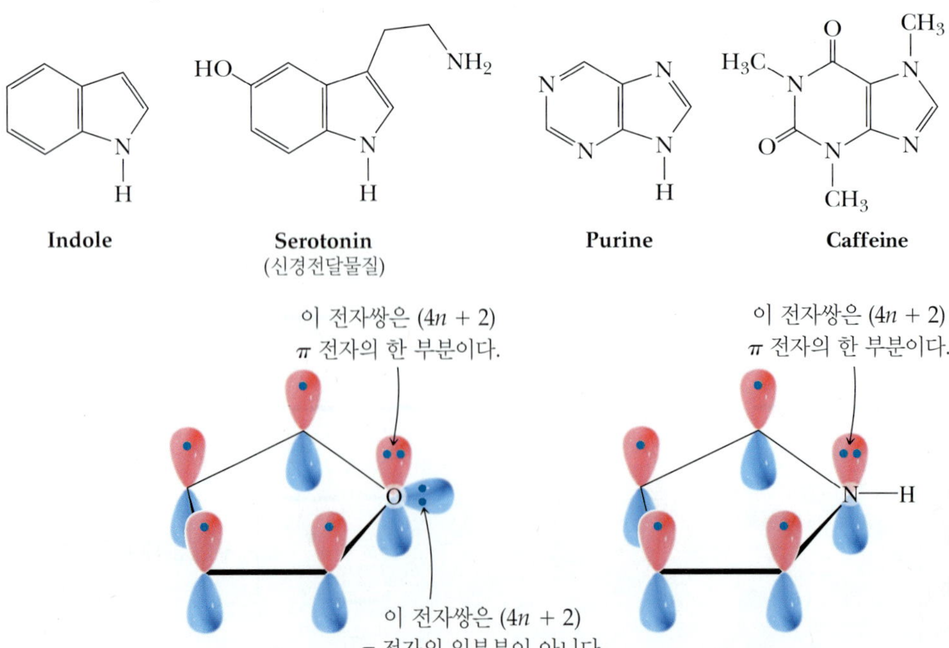

그림 21.11 ▸ Furan과 pyrrole에서 $(4n+2)$ π 전자의 기원. Furan의 공명 에너지는 67 kJ (16 kcal)/mol, pyrrole의 공명 에너지는 88 kJ (21 kcal)/mol이다.

Indole은 benzene 고리와 접합된 pyrrole 고리를 포함하고 있다. Indole로부터 유도된 화합물 중에는 필수 아미노산인 L-tryptophan (27.1C절)과 신경전달물질인 serotonin 등이 있다. Purine은 오원자 imidazole 고리와 접합된 육원자 pyrimidine 고리를 포함하고 있다. Caffeine은 산화된 purine의 trimethyl 유도체이다. Purine과 pyrimidine으로부터 유도된 화합물은 deoxyribonucleic acid (DNA)와 ribonucleic acid (RNA, 28장)의 구성단위가 된다.

E 방향족 탄화수소 이온

고리에 홀수 개의 탄소를 갖는 중성의 단일고리 불포화 탄화수소는 필수적으로 고리 안에 적어도 한 개의 CH_2기를 가져야만 하다. 그러므로 이러한 탄화수소는 방향족 화합물이 될 수 없다. 이러한 탄화수소의 예로는 cyclopropene, cyclopentadiene과 cycloheptatriene 등이다.

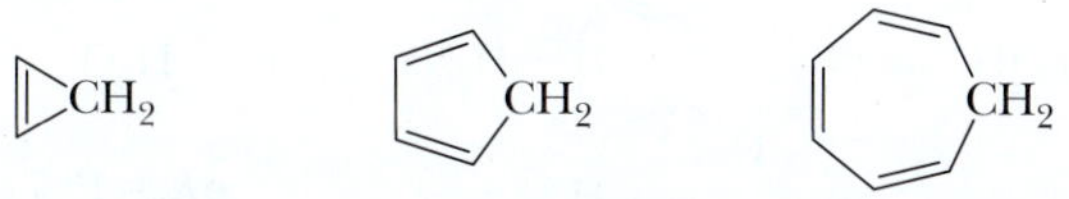

Cyclopropene **Cyclopentadiene** **Cycloheptatriene**

Cyclopropene은 방향족이 될 수 있는, 이른바 4(0) + 2 = 2의 올바른 π 전자 수를 가지고 있지만. 그러나 연속적인 2p 궤도함수의 중첩이 없다. 만약 CH_2기가 sp^2로 혼성화되어 있고, 비어 있는 2p 궤도함수를 갖는 양이온 CH^+기가 된다면 궤도함수들의 중첩이 연속적으로 된다. 분자 궤도함수 이론에 따라 **cyclopropenyl 양이온**(cyclopropenyl cation)은 방향족이어야만 한다. Cyclopropenyl 양이온은 세 종류의 동등한 기여 구조의 혼성으로서 그려질 수 있다. 세 종류의 동등한 기여 구조가 이 양이온의 방향족성에 대한 열쇠는 아닌 것에 유의하여야 한다. 열쇠는 방향족성에 대한 Hückel 기준에 맞아야 된다는 것이다.

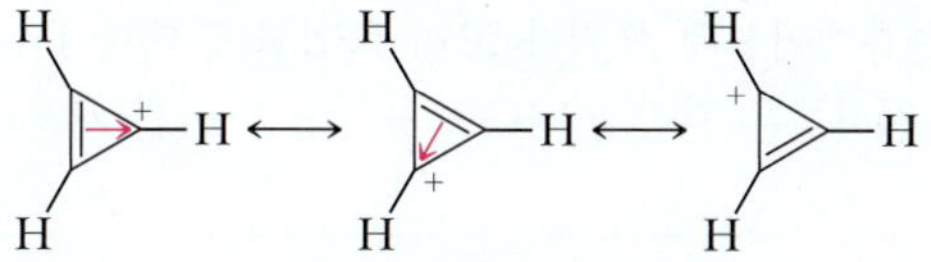

Cyclopropenyl 양이온
(세 가지 동등한 기여 구조의 혼성체)

이러한 양이온의 방향족 안정화에 대한 예는, 3-chlorocyclopropene이 antimony(V) chloride와 쉽게 반응하여 안정한 염을 형성하는 것이다.

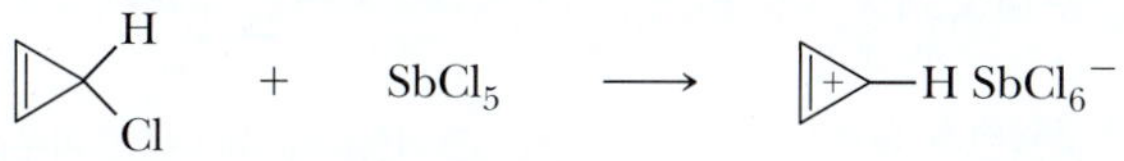

$$\text{3-Chlorocyclopropene} + SbCl_5 \longrightarrow \text{Cyclopropenyl hexachloroantimonate } (C_3H_3^+\ SbCl_6^-)$$

3-Chloro-cyclopropene **Antimony(V) chloride** (Lewis 산) **Cyclopropenyl hexachloroantimonate**

이러한 화학적 거동은 같은 조건 하에서 안정한 염을 형성하지 못하는 5-chloro-1,3-cyclopentadiene과는 상반된다.

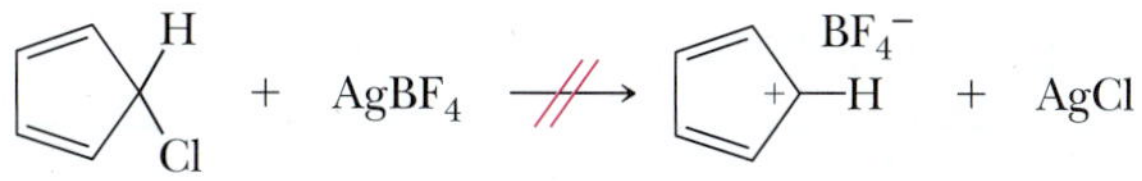

$$\text{5-Chloro-1,3-cyclopentadiene} + AgBF_4 \not\longrightarrow \text{Cyclopentadienyl tetrafluoroborate } (BF_4^-) + AgCl$$

5-Chloro-1,3-cyclopentadiene **Cyclopentadienyl tetrafluoroborate**

실제로 고리이면서 평면 구조이고, 콘쥬게이션된 cyclopentadienyl 양이온은 네 개의 π 전자를 가지고 있어서 만일 이 화합물이 합성된다면 반방향족 화합물이 될 것이다. Cyclopentadienyl 양이온에 대해 다섯 종류의 동등한 기여 구조를 그리는 것이 가능하다는 것을 주목하라. 그러나 이 양이온은 방향족에 필요한 $(4n + 2)\ \pi$ 전자가 아닌 $4n\ \pi$ 전자만을 가지기 때문에 방향족이 아니다.

Cyclopentadiene을 방향족 이온으로 만들기 위해서는 CH_2기를 sp^2로 혼성화되어 있고 혼성화되지 않은 $2p$ 궤도함수에 두 개의 전자를 갖는 CH_2기로 변환시킬 필요가 있다. 그 결과적으로 생성된 **cyclopentadienyl 음이온**은 방향족이다. 이것의 방향족 성질은 삼각형 안에 원과 마이너스 기호로 표시할 수 있다(그림 21.12).

Cyclopentadienyl 음이온

그림 21.12 ▸ Cyclopentadienyl 음이온(방향족).

이 음이온의 안정성에 대한 증거로써 cyclopentadiene은 약 16.0의 pK_a 값을 가지며 가장 산성인 탄화수소로 알려져 있다는 것이다. Cyclopentadiene의 산도는 물의 산도(pK_a 15.7)나 에탄올(pK_a 15.9)의 산도와 비교할 만하다. 결과적으로, cyclopentadiene을 NaOH 수용액으로 처리하면 탄화수소가 방향족 음이온으로 변화하는 평형이 일어나며, 이 평형에 대한 K_{eq}는 약 0.5이다.

$$\text{C}_5\text{H}_4\text{CH}_2 + \text{NaOH} \rightleftharpoons \text{C}_5\text{H}_5^-\,\text{Na}^+ + \text{H}_2\text{O} \qquad pK_{eq} = -0.3,\ K_{eq} = 0.50$$

$pK_a = 16.0$ $\qquad$ $pK_a = 15.7$

Cyclopentadiene을 sodium amide로 처리하면 음이온으로 완전하게 바뀐다.

예제 21.3 ▸ **MO 에너지 도표**

Cyclopentadienyl 음이온에 대한 MO 에너지 도표를 그리고, 바닥 상태의 전자 배치를 표시하라.

➥ 해답

평면이고 완전하게 콘쥬게이션된 오원자 고리 화합물에 대한 Frost 원(그림 21.6)을 참조하라. 여섯 개의 π 전자들은 결합성 MO인 π_1, π_2, π_3를 채운다.

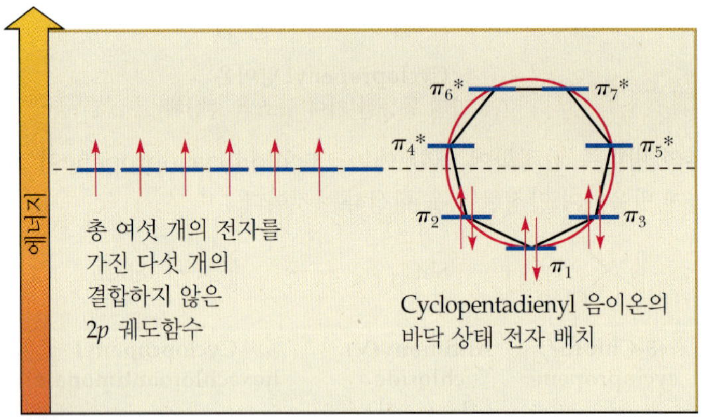

연습 문제 21.3

Cyclopentadienyl 양이온과 라디칼의 바닥상태의 전자 배치를 나타내어라. 각 화학종은 평면이라고 가정하고 방향족인지 반방향족인지를 예측하라.

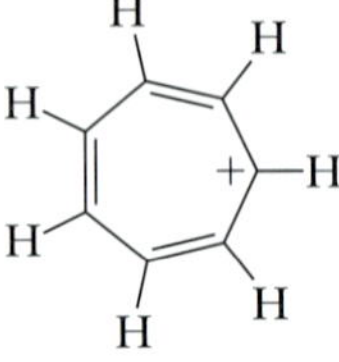

Cycloheptatrienyl 양이온

그림 21.13 ▸ Cycloheptatrienyl 양이온(tropylium 이온) (방향족).

Cycloheptatriene의 경우에 CH_2기를 비어 있는 $2p$ 원자 궤도함수를 갖는 sp^2로 혼성화된 탄소인 CH^+기로 치환하면 방향족 양이온이 된다. **Cycloheptarienyl (tropylium) 양이온**은 평면 구조를 가지며, 고리에 있는 각 원자에서 한 개씩의 일곱 개의 $2p$ 궤도함수에 여섯 개의 전자를 갖는다. 그 구조는 일곱 종류의 동등한 전자 기여 구조의 혼성으로서 그릴 수 있다(그림 21.13).

예제 21.4 ▸ MO 에너지 도표

Cycloheptatrienyl 양이온에 대한 MO 에너지 도표를 그리고 바닥 상태의 전자 배치를 나타내라.

➥ 해답

예제 21.1의 해답에 나타낸 Frost 원을 참조하라. Cycloheptatrienyl 양이온의 바닥상태의 전자 배치에서는 여섯 개의 π 전자가 결합성 MO인 π_1, π_2, π_3를 차지한다.

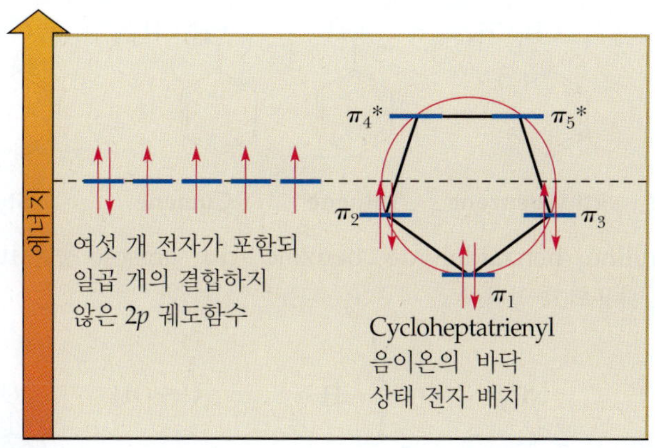

연습 문제 21.4

Cycloheptatrienyl 라디칼과 음이온의 바닥 상태의 전자 배치를 나타내어라. 각 화학종이 평면이라고 가정하면, 방향족이 될 것인지 또는 반방향족이 될 것인지를 예측하라.

HOW TO 방향족 화합물을 어떻게 인지하는가: 기준과 절차

방향족성을 어떻게 인지하는지 재현하는 것은 가치 있으며 이는 곧 탄화수소, 헤테로고리, 고리 양이온, 고리 음이온과 관련하여 설명되고 있다. 방향족성의 Hückel 기준은 다음과 같이 요약된다. 평행한 π 궤도함수의 고리형 배열을 이루는 $4n + 2$ 전자들을 찾아라. 즉, 분자는 평면이거나 거의 평면이다. Benzene (C_6H_6)은 전형적인 탄화수소의 예이다. 하지만, $4n$이라는 요인에 의해 π 궤도함수에서 전자의 수를 증가시키는 다른 평면 탄화수소들 또한 방향족성이다{즉, 다리걸친-[10]-annulene ($C_{10}H_{10}$), [14]-annulene ($C_{14}H_{14}$)}.

또한 p 궤도함수의 개수는 상관없다는 것을 기억하라. 오히려 p 궤도함수에 있는 전자의 개수가 중요하다. 예를 들어, cyclopropenyl 양이온과 cycloheptatrienyl 양이온들은 방향족성이지만 각각 세 개와 일곱 개의 평행 p 궤도함수이다. 더욱이, cyclopentadienyl 양이온은 방향족이지만 다섯 개의 평행 p 궤도함수이다.

마지막으로, 헤테로 고리를 살펴볼 경우에 p 궤도함수에 있는 단일 전자 쌍이 다른 p 궤도함수와 평행한지 아니면 단일 전자쌍이 p 궤도함수의 고리 정렬에 수직인지를 기술하는 것이 중요하다. 단일 전자쌍은 다른 p 궤도함수와 평행일 때 전자를 계산해야만 한다. 예를 들어, pyridine에서 단일 전자쌍은 계산되지 않으나 pyrrole은 단일 전자쌍이 계산된다. 앞서 설명한 절차에 따라 마음 속으로 일차적인 Hückel 기준을 지키는 것이 보다 더 복잡한 상황에서 방향족성을 알아낼 수 있게 할 것이다.

21.3 명명법

A 일치환 benzene

일치환 알킬벤젠은 benzene의 유도체로서 명명되며 ethylbenzene을 예로 들 수 있다. IUPAC 체계는 여러 종류의 간단한 일치환 알킬벤젠에 대해 관용명을 사용하기도 한다. 예를 들면, toluene (methylbenzene이라기 보다는), cumene (isopropylbenzene이라기 보다는), styrene (vinylbenzene이라기 보다는) 등이 이에 해당한다.

CH_2CH_3 CH_3 $CH(CH_3)_2$ $CH{=}CH_2$

Benzene **Ethylbenzene** **Toluene** **Cumene** **Styrene**

또한 phenol, aniline, benzaldehyde, benzoic acid, anisole 등은 IUPAC 체계에서도 관용명 그대로 사용되고 있다.

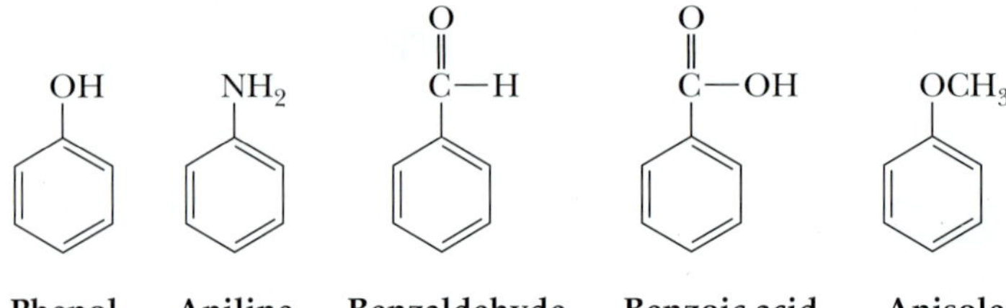

Phenol **Aniline** **Benzaldehyde** **Benzoic acid** **Anisole**

벤질기, $C_6H_5CH_2$—
Toluene의 메틸기로부터 수소가 하나 제거된 기

5장에서 기술한 것처럼, benzene으로부터 한 개의 수소를 제거함으로써 유도된 치환기는 약자로 Ph–로 나타내는 페닐기(phenyl group)이다. Toluene의 메틸기로부터 한 개의 수소를 제거하여 유도된 치환기는 약자로 Bn–으로 나타내는 **벤질기**(benzyl group)이다.

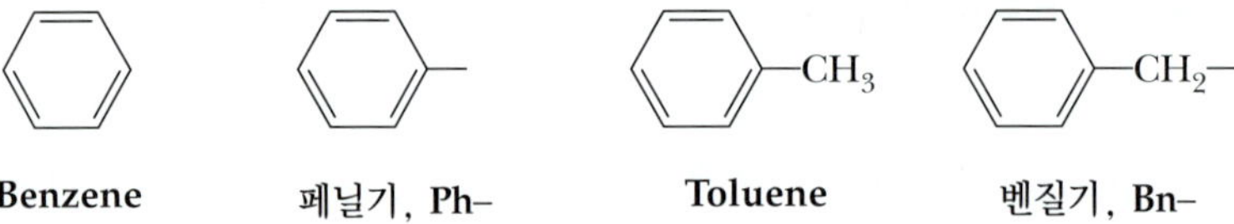

Benzene **페닐기, Ph–** **Toluene** **벤질기, Bn–**

다른 작용기를 갖는 분자에서는 페닐기와 그 유도체들은 치환기로서 명명된다.

O MeO O Ph

1-Phenyl-1-pentanone **4-(3-Methoxyphenyl)-2-butanone** **(Z)-2-Phenyl-2-butene**

B 이치환 benzene

오쏘(ortho, *o*)
Benzene 고리에서 1,2번 위치를 차지하는 작용기들을 가리킨다.

메타(meta, *m*)
Benzene 고리에서 1,3번 위치를 차지하는 작용기들을 가리킨다.

파라(para, *p*)
Benzene 고리에서 1,4번 위치를 차지하는 작용기들을 가리킨다.

두 개의 치환기가 benzene 고리에 있을 때는 세 개의 구조 이성질체가 가능하다. 치환기는 benzene 고리의 원자에 번호를 붙여 위치를 나타내거나, 위치를 나타내는 접두사인 오쏘(ortho), 메타(meta)와 파라(para)라는 용어를 사용한다. 1,2-는 **오쏘**(그리스어: straight 혹은 correct)와 동등하고, 1,3-은 **메타**(그리스어: middle, between)와 동등하며, 1,4-는 **파라**(그리스어: beyond)와 동등하다.

고리에 치환된 두 개의 치환기 중에서 하나가 toluene, cumene, phenol, aniline과 같이 특별한 이름을 가질 때, 이 화합물은 모체 분자의 유도체로 명명한다. 모체의 치환기는 고리의 1번 위치를 차지한다고 가정한다. IUPAC 체계는 dimethylbenzene의 세 종류 이성질체에 대해 xylene이라는 관용명을 사용한다.

4-Bromotoluene (*p*-Bromotoluene) **3-Chloroaniline (*m*-Chloroaniline)** **2-Nitrobenzoic acid (*o*-Nitrobenzoic acid)** ***m*-Xylene**

특정한 이름을 가진 치환기가 없을 때는 두 종류의 치환기를 알파벳 순서로 쓰고 *-benzene*으로 끝내면서 명명한다. 알파벳 순서가 빠른 치환기를 갖는 benzene 고리의 탄소가 C-1이 되도록 번호를 붙인다.

1-Chloro-4-ethylbenzene (*p*-Chloroethylbenzene) **1-Bromo-2-nitrobenzene (*o*-Bromonitrobenzene)** **1,3-Dinitrobenzene (*m*-Dinitrobenzene)**

C 다치환 benzene

고리에 세 개 이상의 치환기가 있으면, 그들의 위치는 숫자로 표기된다. 만일 한 개의 치환기가 특정한 이름을 가지고 있으면, 화합물의 이름은 모체의 유도체로서 명명한다. 만일 치환기의 어떠한 것도 특정한 이름을 가지고 있지 않으면, 치환기는 숫자의 합이 가장 작은 수가되도록 번호를 붙이고 *-benzene*으로 끝나는 단어 앞에 알파벳 순서로 나열한다. 다음의 예에서와 같이 처음의 화합물은 toluene의 유도체이고, 두 번째는 phenol의 유도체이다. 세 번째의 화합물에서는 특정한 이름을 지니고 있지 않으므로 세 종류의 치환기의 알파벳 순서를 정하고, 원자에 가능한 작은 숫자를 사용하여 번호를 붙인다.

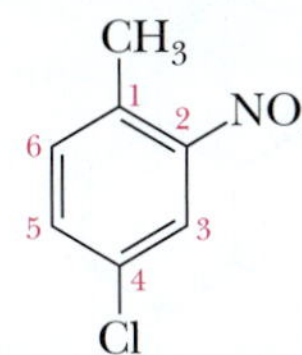

4-Chloro-2-nitrotoluene

2,4,6-Tribromophenol

2-Bromo-1-ethyl-4-nitrobenzene

예제 21.5 ▸ Benzene 명명법

다음 분자들을 명명하라.

(a) (b) (c) (d) Ph

➥ 해답

(a) Ethyl 4-aminobenzoate (ethyl *p*-aminobenzoate)
(b) 3,4-Dimethoxybenzaldehyde
(c) 4-Nitrophenyl ethanoate (*p*-nitrophenyl acetate)
(d) 3-Phenylpropene (allyl benzene)

연습 문제 21.5

다음 화합물들을 명명하라

(a) 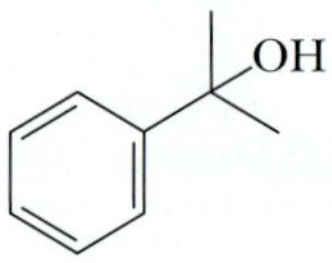 (b) 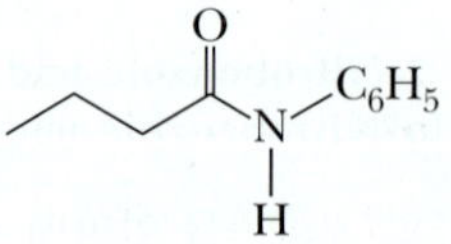 (c) 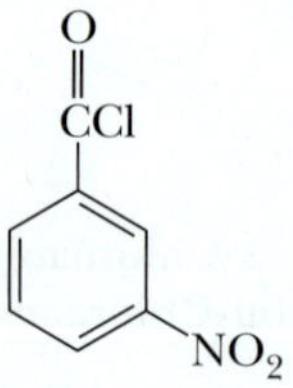 (d)

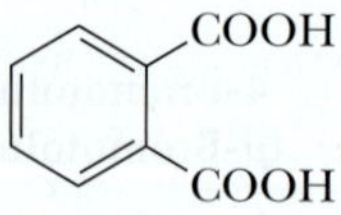

OH; O, N, C_6H_5, H; O, CCl, NO_2; COOH, COOH

다핵성 방향족 탄화수소(PAH)
둘 또는 그 이상의 접합된 benzene 고리를 가지고 있는 탄화수소.

다핵성 방향족 탄화수소(Polynuclear aromatic hydrocarbon, PAH)는 둘 또는 그 이상의 benzene 고리로 되어 있으며, 두 개의 benzene 고리에 동시에 속해 있는 공통적인 탄소의 쌍을 가지고 있다. 가장 일반적인 PAH인 naphthalene, anthracene, phenanthrene 등과 이런 화합물들의 유도체들은 콜타르나 높은 끓는점을 갖는 석유 잔유물에서 발견된다.

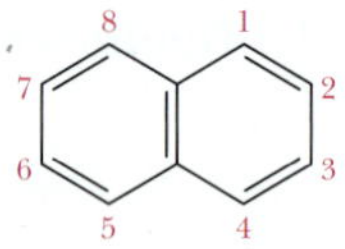

Naphthalene 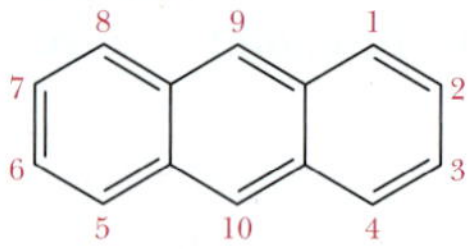 **Anthracene** 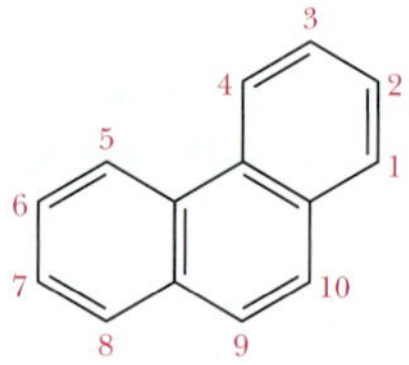 **Phenanthrene**

한 때는 naphthalene이 나방 퇴치제와 순모와 모피를 보호하는 살충제로 사용되었지만, *p*-dichlorobenzene과 같은 염소가 치환된 탄화수소가 알려지면서 naphthalene의 사용은 감소되고 있다. PAH에 번호를 붙일 때 둘 또는 그 이상의 고리에 공통으로 속해 있는 탄소의 원자에는 치환될 수 있는 수소가 없으므로 번호를 붙이지 않는다.

다음과 같은 PAH들도 적은 양이지만 석유와 콜타르에 함유되어 있다.

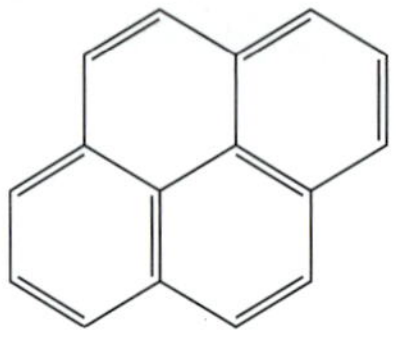

Pyrene 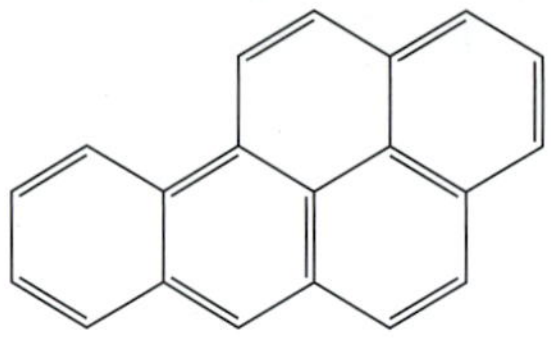 **Benzo[a]pyrene** 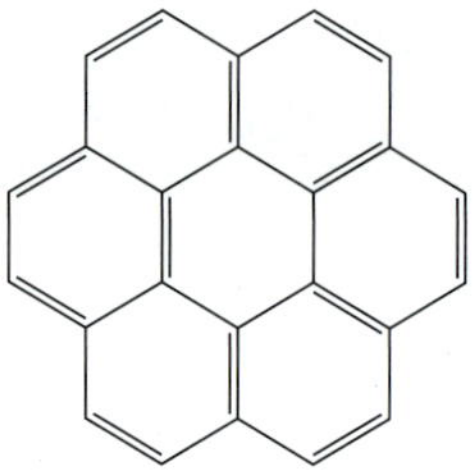 **Coronene**

이러한 화합물들은 휘발유 내연 기관(예를 들면, 자동차 엔진)의 배기 가스와 담배 연기에서 발견된다. Benzo[a]pyrene은 아주 독한 발암 물질이면서 돌연변이를 일으키는 물질(mutagen)이기 때문에 특별한 관심을 끌고 있다.

21.4 Phenol

A 구조와 명명법

Phenol
Benzene 고리에 결합된 —OH를 함유하는 화합물. Benzenol.

Phenol의 작용기는 benzene 고리에 직접 연결된 하이드록시기이다. 치환된 phenol들은 phenol의 유도체나 benzenol, 또는 관용명으로써 명명된다.

Phenol	3-Methylphenol (*m*-Cresol)	1,2-Benzenediol (Catechol)	1,3-Benzenediol (Resorcinol)	1,4-Benzenediol (Hydroquinone)

Thymol은 정원용 백리향의 성분이다(*Thymus vulgaris*).

Phenol은 자연계에 많이 존재하는 화합물이다. Phenol 그 자체와 이성질체 형태의 cresol (*o*-, *m*-, *p*-cresol)은 콜타르나 석유에서 발견된다. Thymol과 vanillin은 식물인 백리향과 바닐라 열매의 중요한 성분이다.

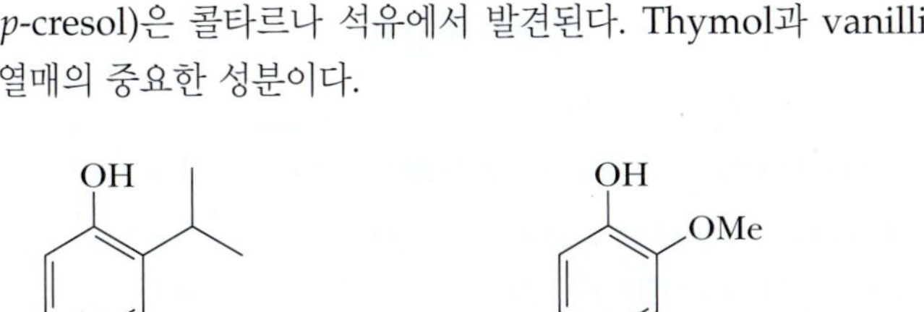

2-Isopropyl-5-methylphenol (Thymol) **4-Hydroxy-3-methoxybenzaldehyde (Vanillin)**

한때 carbolic acid (탄산)로 부르기도 하였던 phenol은 물에 녹는 낮은 녹는점을 갖는 고체이다. 고농도의 phenol 용액은 모든 종류의 세포를 파괴한다. 묽은 용액은 어느 정도의 살균성을 가지고 있어 1865년에 University of Glasgow School of Medicine의 외과 수술 장에서 Joseph Lister는 phenol을 이용한 무균 외과 수술을 시연해 보이기도 했다. Phenol을 의약용으로 사용하는 것은 지금은 제한되어 있으며 더 강력하고 부작용이 없는 살균제에 의해 대치되었다. 이러한 것들 중에서 hexylresorcinol은 순한 방부제와 살균제로서 처방전 없이 준비하여 사용할 수 있어 널리 이용되고 있다. Eugenol은 *Eugenia aromatica*의 꽃봉오리(clove, 정향나무)에서 분리되는데, 이것은 치과용 방부제와 진통제로 사용된다. Urushiol은 피부를 따끔거리게 하는 덩굴옻나무(poison ivy)의 주요 성분이다.

서인도의 바닐라(*Vanilla pompona*).

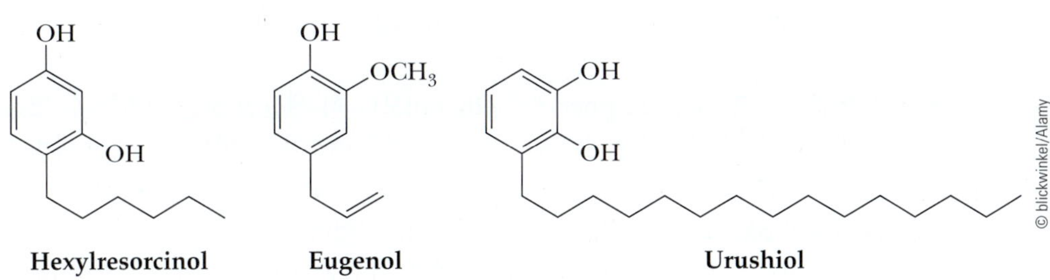

Hexylresorcinol **Eugenol** **Urushiol**

B Phenol의 산도

Phenol과 알코올은 하이드록시기를 가지고 있다. 그러나 phenol은 일반 알코올과 매우 다른 화학적 성질을 가지고 있기 때문에 다른 종류의 화합물로서 분류된다. 이러한 차이에서 가장 중요한 것은 phenol이 다른 알코올보다 매우 산성이라는 것이다. Phenol에 대한 산 이온화 상수는 ethanol보다 10^6 배만큼 크다.

$$C_6H_5OH + H_2O \rightleftharpoons C_6H_5O^- + H_3O^+ \quad K_a = 1.1 \times 10^{-10} \quad pK_a = 9.95$$

$$CH_3CH_2OH + H_2O \rightleftharpoons CH_3CH_2O^- + H_3O^+ \quad K_a = 1.3 \times 10^{-16} \quad pK_a = 15.9$$

덩굴옻나무(poison ivy).

Ethanol과 phenol의 상대적인 산도를 비교하는 다른 방법은 각각의 0.1 *M* 수용액의 수소 이온 농도와 pH를 조사하는 것이다(표 21.1). 비교를 위해 0.1 *M* HCl의 수소 이온 농도와 pH를 표에 같이 포함시켰다.

수용액에서 알코올은 중성의 물질이고 0.1 *M* ethanol의 수소 이온 농도는 순수한 물의 수소 이온 농도와 같다. 0.1 *M* phenol 용액은 약한 산성이며, 5.4의 pH 값을 갖는다. 0.1 *M* HCl의 경우는 센산(수용액에서 완전히 해리됨)이며, 1.0의 pH 값을 갖는다.

표 21.1 0.1 *M* Ethanol, phenol, HCl 수용액의 상대적인 산도

산 이온화 방정식	$[H^+]$	pH
$CH_3CH_2OH + H_2O \rightleftharpoons CH_3CH_2O^- + H_3O^+$	1×10^{-7}	7.0
$C_6H_5OH + H_2O \rightleftharpoons C_6H_5O^- + H_3O^+$	3.3×10^{-6}	5.4
$HCl + H_2O \rightleftharpoons Cl^- + H_3O^+$	0.1	1.0

Phenol의 산도가 큰 것은 페녹사이드 이온이 알콕사이드 이온보다 안정성이 크기 때문이다. 페녹사이드 이온의 음전하는 공명에 의해 비편재화된다. 다음의 그림에서 왼쪽 두 개의 기여 구조는 음전하가 산소에 존재한다. 오른쪽 세 개의 기여 구조는 고리의 오쏘와 파라 위치에 음전하가 존재한다. 이러한 구조들로부터 페녹사이드 이온의 음전하는 네 개의 원자에 분산되어 비편재화된다. 알콕사이드 이온은 이러한 전하의 비편재화에 대한 가능성이 없다.

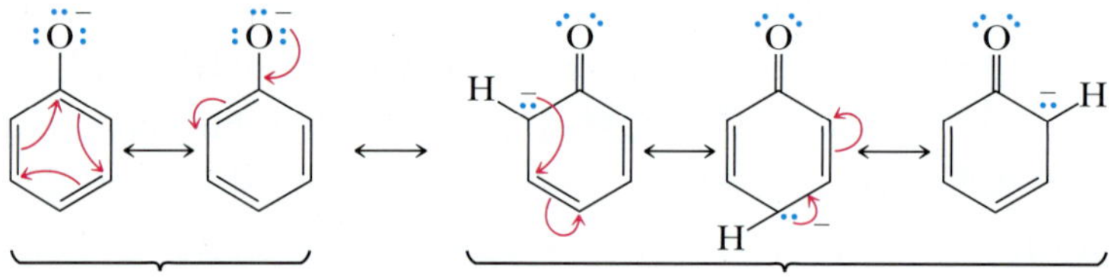

이 2개의 Kekulé 구조는 동등하다.

이 3개의 기여 구조는 고리의 탄소 위에 음전하를 비편재화시킨다.

전자-비편재화 공명 모형으로 phenol이 ethanol보다 더 센산인 것을 설명할 수 있음에도 불구하고, 그것들의 산성이 얼마나 될 것이라는 것을 예측할 수 있는 정량적인 방법은 제공되지 않는다는 점에 주목하여야 한다. 산이 다른 산과 비교될 때 얼마나 센산인가를 알기 위해서는 그들의 pK_a 값을 실험적으로 결정하여 비교하여야 한다.

할로젠 및 나이트로기와 같은 고리 치환기는 유발 효과와 공명 효과의 조합으로 phenol의 산도에 뚜렷하게 영향을 미친다. *m*-Cresol과 *p*-cresol은 phenol보다 약한 산이고 *m*-chlorophenol과 *p*-chlorophenol은 phenol보다 더 센산이다.

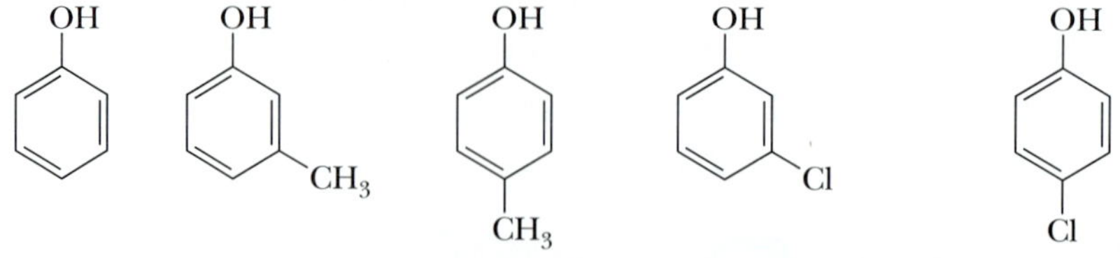

Phenol pK_a 9.95　**_m_-Cresol** pK_a 10.01　**_p_-Cresol** pK_a 10.17　**_m_-Chlorophenol** pK_a 8.85　**_p_-Chlorophenol** pK_a 9.18

알킬 치환된 phenol의 산도가 약해지는 효과는 다음과 같이 설명할 수 있다. sp^2로 혼성화되어 있는 benzene 고리의 탄소는 sp^3로 혼성화되어 있는 알킬 치환기의 탄소보다 전기음성도가 더 크다. 따라서 알킬 치환기는 benzene 고리 쪽으로 전자를 방출하게 된다. 알킬 치환기의 전자 방출 때문에 페녹사이드 이온은 불안정해지게 되고, 산도는 떨어지게 된다.

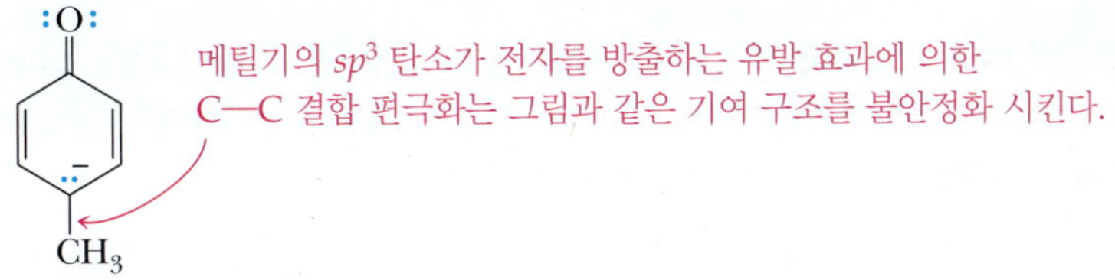

메틸기의 sp^3 탄소가 전자를 방출하는 유발 효과에 의한 C—C 결합 편극화는 그림과 같은 기여 구조를 불안정화 시킨다.

할로젠의 유발 효과는 알킬 치환기와 반대이다. 할로젠은 탄소보다 전기음성도가 크기 때문에 할로젠은 benzene 고리로부터 전자를 끌게 되어 페녹사이드 이온을 안정화시킨다. 가장 큰 전기음성도를 갖는 플루오린은 halophenol 중에 가장 강한 산도를 갖게 하며, 이 효과는 chlorophenol에 대해서는 약간 감소하고, bromophenol에서 더욱 감소하게 된다.

Nitrophenol의 유발 효과와 공명 효과를 살펴보자

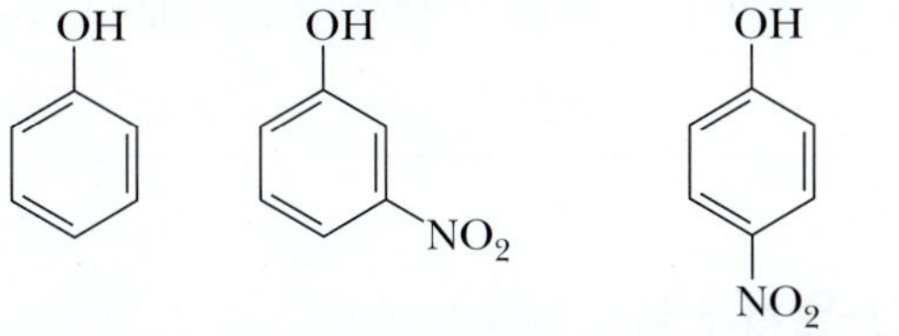

Phenol pK_a 9.95 **m-Nitrophenol** pK_a 8.28 **p-Nitrophenol** pK_a 7.15

m-Nitrophenol과 *p*-nitrophenol은 phenol보다 센산이다. 나이트로기에 의한 산-세기 증가 효과는 —OH기가 가장 멀리 떨어져 있음에도 불구하고 파라 위치에서 가장 크다. 나이트로기에 의한 산-세기 증가 특성 중 일부분은 나이트로기의 전자-끌기 유발 효과의 결과이다. 더욱이 오쏘와 파라 위치에 있는 나이트로 치환기는 페녹사이드 이온의 음전하가 오른쪽의 기여 구조에 나타낸 바와 같이 나이트로기의 산소에까지 비편재화되기 때문에 산도를 증가시킨다.

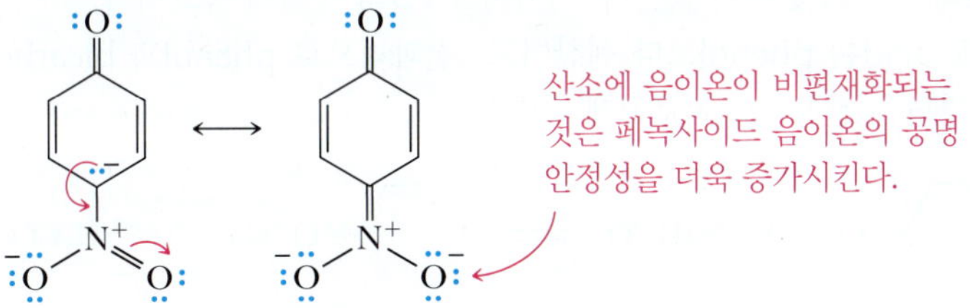

산소에 음이온이 비편재화되는 것은 페녹사이드 음이온의 공명 안정성을 더욱 증가시킨다.

나이트로기의 유발 효과와 공명 효과의 조합으로 인하여 2,4,6-trinitrophenol (picric acid)은 phosphoric acid나 hydrogen sulfate 이온보다 더 센산이다.

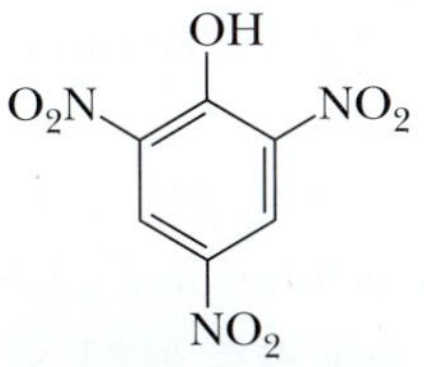

H_3PO_4 HSO_4^-

2,4,6-Trinitrophenol (Picric acid) pK_a 0.38 **Phosphoric acid** pK_a 2.1 **Hydrogen sulfate 이온** pK_a 1.92

예제 21.6 ▸ **Phenol의 산도**

다음 화합물을 산도가 증가하는 순서로 나열하라. 2,4-Dinitrophenol, phenol, benzyl alcohol.

➡ **해답**

1차 알코올인 benzyl alcohol은 약 16~18의 pK_a 값을 가지며(10.3절), phenol의 pK_a 값은 9.95이다. 나이트로기는 전자 끄는기이고 phenol의 —OH기의 산도를 증가시킨다. 산도가 증가되는 순서로 나열하면 다음과 같다.

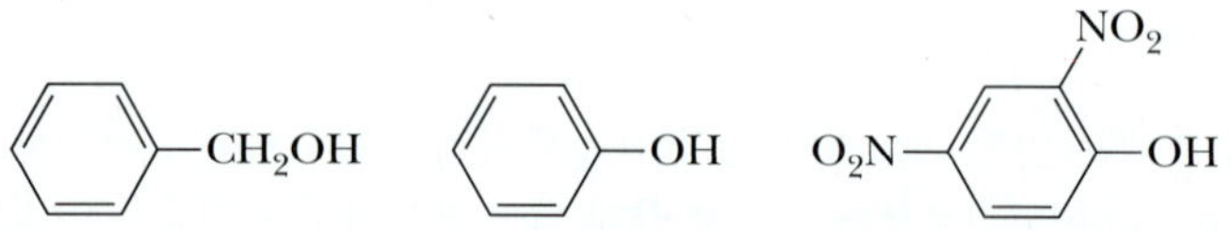

Benzyl alcohol pK_a 16~18   **Phenol** pK_a 9.95   **2,4-Dinitrophenol** pK_a 3.96

연습 문제 21.6

다음 화합물을 산도가 증가하는 순서로 나열하라. 2,4-Dichlorophenol, phenol, cyclohexanol.

C Phenol의 산-염기 반응

Phenol은 약한 산이고, NaOH와 같은 센염기와 반응하여 물에 녹는 염을 형성한다.

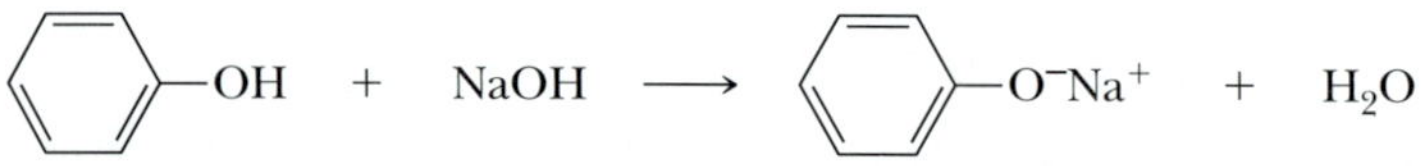

$$\text{C}_6\text{H}_5\text{–OH} + \text{NaOH} \longrightarrow \text{C}_6\text{H}_5\text{–O}^-\text{Na}^+ + H_2O$$

Phenol pK_a 9.95 (센산)   **Sodium hydroxide**   **Sodium phenoxide**   **Water** pK_a 15.7 (약한 산)

대부분의 phenol은 sodium bicarbonate와 같은 약한 염기와 반응하지 않으며, sodium bicarbonate의 수용액에 녹지 않는다. 여기서 4.4절의 복습이 중요하다.

Carbonic acid는 phenol보다 센산이고, 결과적으로 phenol과 bicarbonate 이온의 반응에 대한 평형은 왼쪽으로 치우치게 된다.

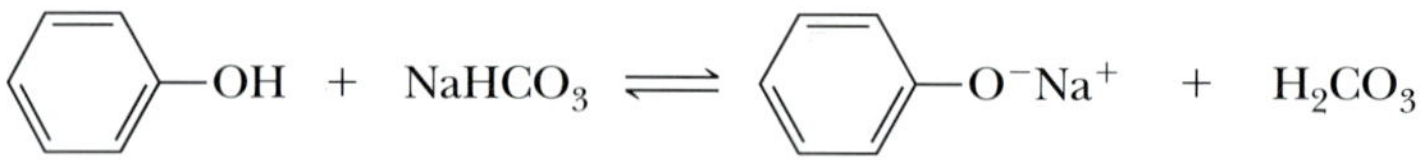

$$\text{C}_6\text{H}_5\text{–OH} + NaHCO_3 \rightleftharpoons \text{C}_6\text{H}_5\text{–O}^-\text{Na}^+ + H_2CO_3$$

Phenol pK_a 9.95 (약한 산)   **Sodium bicarbonate**   **Sodium phenoxide**   **Carbonic acid** pK_a 6.36 (센산)

그러나 대부분의 phenol은 sodium bicarbonate보다 더 센염기인 sodium carbonate와 반응하여 물에 녹는 염을 형성한다.

Phenol이 약한 산이고 알코올은 중성이라는 것은 물에 녹지 않는 알코올로부터 물에 녹지 않는 phenol을 분리하는 편리한 방법을 제공한다. Cyclohexanol로부터 4-methlyphenol (*p*-cresol)을 분리하려 한다고 가정하자. 각각은 물에 약간 녹으므로 그들의 물에 대한 용해도의 차이로 분리할 수는 없으나, 그들의 산도의 차이를 이용하면 분리할 수 있다. 첫째로 두 혼합물을 에터 또는 물과 섞이지 않는 다른 용매에 녹인다. 그리고 에터 용액을 분별 깔때기에 옮기고 묽은 NaOH 수용액을 넣어 흔들어준다. 이 조건에서 4-methylphenol은 NaOH와 반응하고 물에 녹는 페녹사이드 염으로 바뀌게 된다. 분별 깔때기의 윗층은 cyclohexanol만 녹아 있는 에터(밀도 0.74 g/cm^3)층이다. 아래층은 수용액 층이며, 녹아 있는 페녹사이드 염이 존재한다. 두 층을 분리하고 에터(bp 35°C)를 증류로 제거하면 순수한 cyclohexanol (bp 161°C)만 남는다. 0.1 *M* HCl이나 다른 센산으로 수용액 층을 산성화하면 페녹사이드 염이 물보다 에터에 더 잘 녹는 4-methylphenol로 바뀌고, 이를 에터로부터 추출하면 순수한 형태의 phenol을 얻을 수 있다. 이러한 실험 단계를 그림 21.14에 요약하였다.

» 의과대학 입학시험(MCAT) 연습: 지문 및 질문

Capsaicin: '뜨거운 것이 좋아(Some Like It Hot)'

Capsaicin은 여러 종류의 고추로부터 생성되는 천연물이다. Capsaicin은 1876년에 최초로 분리되었고, 1919년에 구조가 밝혀졌다. 칠리 고추가 들어 있는 음식에 capsaicin은 타는 듯한 느낌과 눈물에 원인이 된다. 5 L의 물에 capsaicin을 한 방울 정도만 떨어뜨려도 사람의 혀로 알아차릴 수 있다.

Capsaicin
(여러 종류의 고추로부터)

건조시키고 있는 붉은 칠리고추.

» 질문

A. Phenol 이외에 capsaicin 구조에서 어떤 다른 작용기가 있는가?

1. 에터와 알켄
2. 아마이드
3. 알켄과 카복실산
4. 1과 2 모두

B. Phenol 자신의 pK_a와 관련하여 capsaicin 내 phenol의 pK_a는?

1. 이웃한 —OCH_3기의 전자-끌기 성질 때문에 더 높다.
2. 이웃한 —OCH_3기의 전자-주기 성질 때문에 더 높다.
3. 이웃한 —OCH_3기의 전자-끌기 성질 때문에 더 낮다.
4. 이웃한 —OCH_3기의 전자-주기 성질 때문에 더 낮다.

C. Capsaicin은 열과 마모에 의하여 세포막을 교차하는 양이온의 운반을 조절하는 이온-채널(channel) 단백질을 활성화시킨다. 이런 이유로 capsaicin의 매운 맛은 조직에 직접적인 피해가 없을지라도 자극적인 성질이다. 만약 아마이드가 가수분해되면, 각각의 capsaicin 구성 요소는 더 이상 타는 듯한 느낌을 끌어내지 않는다. 어떤 종류의 capsaicin 상호작용이 생물학 수용기를 만들어내는지 추측하여라.

1. 오른쪽의 9개 탄소는 물속에서 매달려 있을 것이고 페닐 고리와 연관된 작용기들은 단백질 결합 자리 내에 존재할 것이다.
2. 오른쪽의 9개 탄소 꼬리는 소수성 효과를 통하여 단백질과 상호작용할 것이고 phenol과 다른 작용기들은 단백질과 함께 수소 결합을 만들 것이다.
3. 페닐 고리와 결합된 작용기들은 물속에서 매달려 있을 것이고 오른쪽의 9개의 탄소 사슬은 광범위한 수소 결합에 의해 단백질과 결합할 것이다.

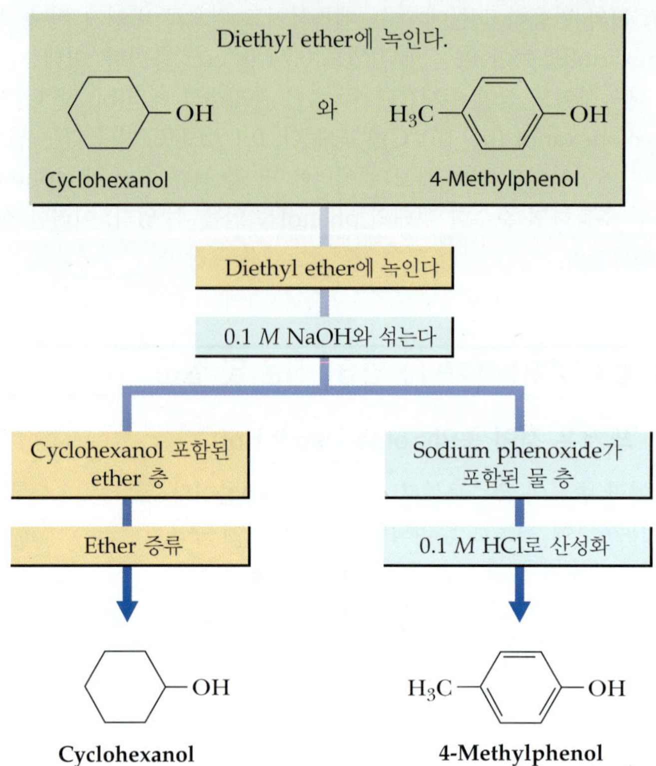

그림 21.14 ▸ 물에 불용성인 phenol을 물에 불용성인 알코올로부터 분리하는 실험 단계.

D 알킬-아릴 에터의 제조

알킬-아릴 에터는 페녹사이드 염과 할로젠화 알킬로부터 만들 수 있다(Williamson 합성법, 11.4A절). 그러나 할로젠화 아릴은 Williamson 합성법 조건 하에서 반응성이 없기 때문에 할로젠화 아릴과 알콕사이드 염으로부터는 만들 수 없다. 할로젠화 아릴은 S_N1 혹은 S_N2 메커니즘에 의하여 친핵성 치환반응이 일어나지 않는다.

알킬-아릴 에터는 일반적으로 잘 조절된 용해도에 의해 합성된다. 할로젠화 알킬과 phenol을 dichloromethane에 녹인 후 용액을 NaOH의 수용액과 섞는다. 약한 친핵체인 phenol은 수용액 상에서 NaOH와 반응하여 강한 친핵체인 페녹사이드 이온이 된다. 알킬-아릴 에터는 phenol의 sodium염을 할로젠화 알킬로 처리하여 합성할 수 있다. 다음의 예들은 알킬-아릴 에터의 Williamson 합성법을 나타내고 있다. $Bu_4N^+Br^-$가 혼합 용매에서 소수성인 할로젠화 알킬과 극성인 페녹사이드 염 사이의 반응을 촉진시키기 위해 사용되었다.

$$C_6H_5OH + CH_2{=}CHCH_2Cl \xrightarrow[Bu_4N^+Br^-]{NaOH,\ H_2O,\ CH_2Cl_2} C_6H_5OCH_2CH{=}CH_2$$

Phenol **3-Chloropropene (Allyl chloride)** **Phenyl 2-propenyl ether (Allyl phenyl ether)**

Anisole을 합성하기 위하여 메틸화 시약으로 dimethyl sulfate를 사용하는 예를 나타내었다.

$$2\,C_6H_5OH + CH_3OS(=O)_2OCH_3 \xrightarrow[Bu_4N^+Br^-]{NaOH,\ H_2O,\ CH_2Cl_2} 2\,C_6H_5OCH_3 + Na_2SO_4$$

Phenol **Dimethyl sulfate** **Methyl phenyl ether (Anisole)**

알킬-아릴 에터인 ArOR은 HX와 같은 hydrohalic acid에 의해 분해되어 할로젠화 알킬과 phenol을 생성한다.

2-Phenoxypropane (Isopropyl phenyl ether) + HI ⟶ **Phenol** + **2-Iodopropane (Isopropyl iodide)**

이와 같은 분해는 친핵성 치환 반응이 방향족 탄소에서는 일어나지 않으며 진한 HCl, HBr 혹은 HI로 처리함으로써 일반 알코올과는 다르게 phenol은 할로젠화 아릴로 전환되지 않는다는 사실을 나타내고 있다.

E Kolbe 카복실화 반응: Salicylic acid의 합성

페녹사이드 이온은 이산화 탄소와 반응하여 asprin 생성의 출발 물질(18.5B절)인 salicylic acid의 공업적인 합성법에 나타난 바와 같이 카복실산 염을 생성한다. Phenol을 NaOH 수용액에 녹이고 가압 하에서 CO_2로 포화시키면 sodium salicylate가 생성된다.

Phenol —($NaOH$, H_2O)→ **Sodium phenoxide** —(CO_2, H_2O)→ **Sodium salicylate** —(HCl, H_2O)→ **Salicylic acid**

이 과정은 sodium phenoxide의 고압 Kolbe 카복실화 반응(carboxylation)이라고 부른다. 알칼리 용액을 산성화하면 salicylic acid는 mp 157~159°C인 고체로 분리된다.

공업 유기 화학에서 salicylic acid의 중요성은 무려 6×10^6 kg의 asprin이 해마다 미국에서 합성되고 있다는 사실에서도 알 수 있다.

MECHANISM 페놀의 Kolbe 카복실화 반응

1단계: **친핵체(아렌 고리)와 친전자체 사이에 새로운 결합을 만든다.** 페녹사이드 이온은 강한 친핵체인 엔올 음이온처럼 반응한다. 페녹사이드 음이온이 이산화 탄소의 카보닐기를 공격하여 치환된 cyclohexadienone 중간체를 생성한다.

Sodium phenoxide + CO_2 ⟶ Cyclohexadienone 중간체

2단계: **케토-엔올 토토머화.** Cyclohexadienone 중간체의 케톤-엔올 토토머화는 salycylate 음이온을 생성한다. 이 경우에는 방향족 특성 때문에 두 가지 토토머 중에서 엔올이 더 안정한 토토머이다.

Cyclohexadienone 중간체 ⇌ Salicylate 음이온

F Quinone으로의 산화

Phenol은 고리에 전자-주기 —OH기가 있어 여러 종류의 강한 산화제에 의해 산화되기 쉽다. 예를 들면, potassium dichromate에 의한 phenol 자체의 산화는 1,4-benzoquinone (*p*-quinone)을 생성한다.

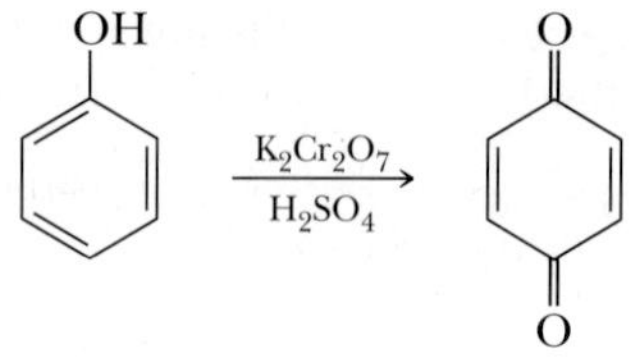

OH — $K_2Cr_2O_7$, H_2SO_4 → O, O

Phenol **1,4-Benzoquinone (*p*-Quinone)**

정의에 따르면 quinone은 cyclohexadienedione이다. 카보닐기가 서로 오쏘 위치에 있으면 *o*-quinone이라 부르며, 카보닐기가 서로 파라 위치에 있으면 *p*-quinone이라고 부른다.

Quinone은 1,2-benzenediol (catechol) 혹은 1,4-benzenediol (hydroquinone)을 산화시켜도 얻을 수 있다.

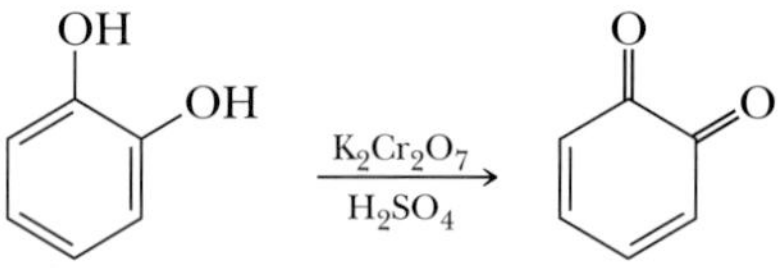

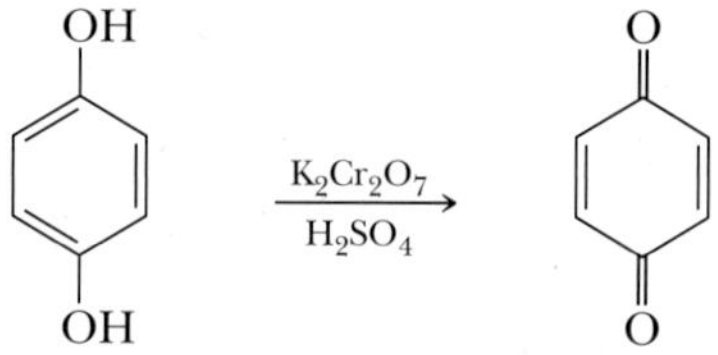

OH, OH — $K_2Cr_2O_7$, H_2SO_4 → O, O; OH, OH — $K_2Cr_2O_7$, H_2SO_4 → O, O

1,2-Benzenediol (Catechol) **1,2-Benzoquinone (*o*-Quinone)** **1,4-Benzenediol (Hydroquinone)** **1,4-Benzoquinone (*p*-Quinone)**

Quinone의 가장 중요한 화학적 성질은 아마도 quinone이 쉽게 benzenediol로 환원될 수 있다는 것이다. 예를 들면, *p*-quinone은 중성이나 염기성 용액에서 sodium dithionite에 의해 쉽게 hydroquinone으로 환원될 수 있다. 이러한 환원 반응을 수행하는 여러 가지 방법이 있으며, hydroquinone으로 산화되는 것과 마찬가지로 환원도 쉽게 이루어질 수 있다.

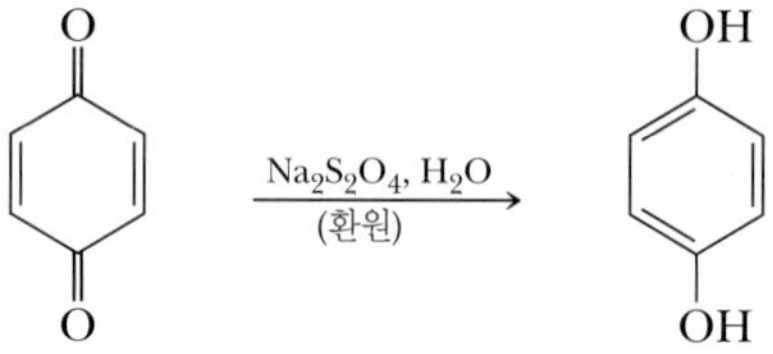

O, O — $Na_2S_2O_4$, H_2O (환원) → OH, OH

1,4-Benzoquinone (*p*-Quinone) **1,4-Benzenediol (Hydroquinone)**

Quinone과 hydroquinone의 가역적인 산화/환원 반응이 화학 및 생물 분야에서 모두 중요하다는 여러 가지 예들이 있다. 이러한 한 가지 예는 ubiquinone으로도 알려진 coenzyme Q의 경우이다. 이 중요한 생체 분자의 이름은 라틴어의 *ubique*(어디에나) + quinone으로부터 유도된 것이다.

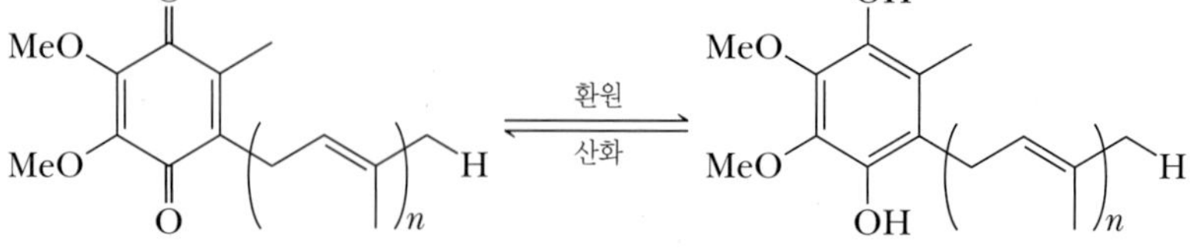

O, MeO, MeO, O, H, *n* ⇌ (환원 / 산화) OH, MeO, MeO, OH, H, *n*

Coenzyme Q (환원된 형태) **Coenzyme Q** (산화된 형태)

Coenzyme Q는 연쇄 호흡 반응에서 전자들의 운반체로서 미토콘드리아의 내부 막의 비극성 환경에서 자신이 잘 고정될 수 있도록 여섯 개로부터 열 개의 isoprene 단위를 포함하는 탄화수소이다. Coenzyme Q의 산화된 형태는 2전자 산화제이다. 연쇄 호흡 반응의 다음 단계에서 coenzyme Q의 환원된 형태는 두 개의 전자들을 다음 단계로 전달하며, 마지막 단계에서 두 전자들은 한 분자의 산소로 전달되어 산소를 물로 변환시킨다.

생물계에서 중요한 또 다른 quinone은 비타민 K_2이다. 이 화합물은 혈액이 천천히 응고되는 치명적인 질병을 가진 갓 부화된 병아리를 연구한 결과로부터 1935년에 발견되었다. 혈액이 천천히 응고되는 이유는 prothrombin의 부족 때문이라는 것이 나중에 발견되었으며, 비타민 K_2가 간에서 prothrombin의 합성에 필수적인 비타민 K_2의 부족에 의해 prothrombin 부족이 생긴다는 것이 알려졌다. 비타민 K_2의 천연 형태는 1,4-naphthoquinone 고리에 다섯 개에서 여덟 개 단위의 isoprene 사슬을 가지고 있다. 그림 21.15는 곁사슬에 일곱 개의 isoprene을 가진 구조를 나타내고 있다.

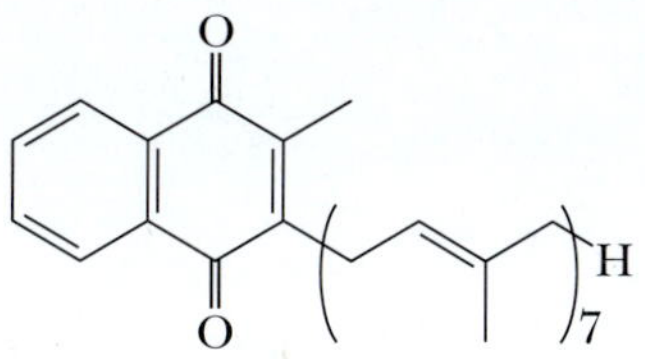

비타민 K_2

그림 21.15 ▸ 일곱 개의 isoprene 단위를 가진 비타민 K_2.

K 계열의 천연 비타민은 대부분 합성에 의하며 대치되고 있다. 이러한 합성 물질 중 하나인 menadione은 긴 알킬 곁사슬 대신에 수소만을 가지고 있다. Menadione은 격렬하지 않은 조건에서 2-methylnaphthalene을 chromic acid로 산화시켜 얻을 수 있다.

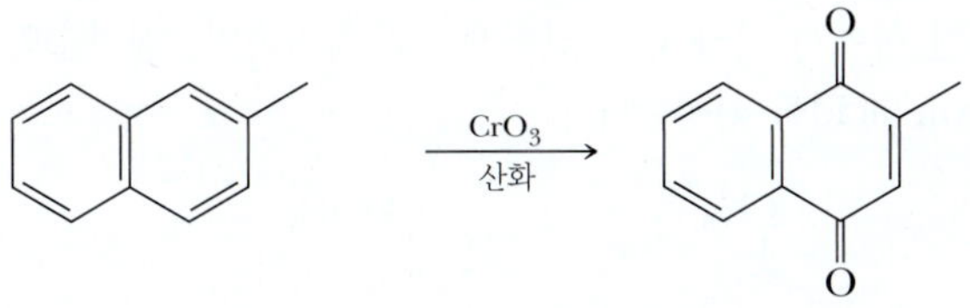

CrO_3 산화

2-Methylnaphthalene **2-Methyl-1,4-naphthoquinone (Menadione)**

Quinone을 이용한 상업적인 과정은 흑백 사진술이다. 흑백 필름은 silver bromide나 silver idodide 결정이 들어 있는 에멀젼(emulsion)으로 코팅하여, 이것이 빛에 노출되면 활성화된다. 활성화된 은 이온은 현상 단계에서 hydroquinone에 의해 금속 은으로 환원되고, hydroquinone은 동시에 quinone으로 산화된다. 다음은 이러한 화학종 사이에 관계를 보여 주는 화학 반응식이다.

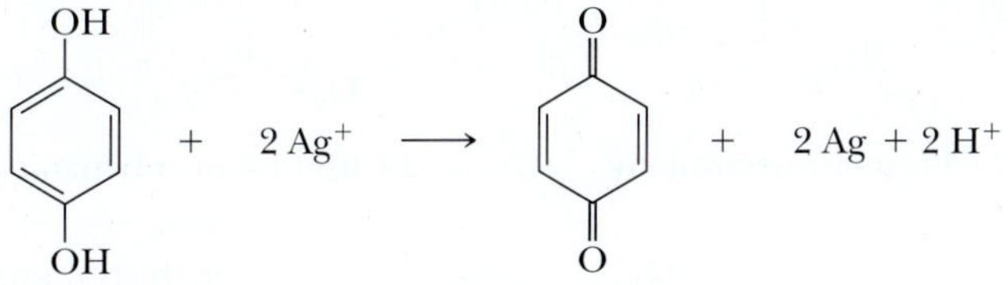

$$+ \; 2\,Ag^+ \longrightarrow \; + \; 2\,Ag + 2\,H^+$$

1,4-Benzenediol (Hydroquinone) **1,4-Benzoquinone (*p*-Quinone)**

빛에 의해 활성화되지 않고 hydroquinone과 상호작용에 의해 환원되지 않은 silver halide는 정착 단계에서 모두 제거된다. 이런 결과는 필름이 빛에 노출될 때 침적된 금속 은이 검은 영상(negative)으로 변화된다. 현재는 다른 화합물들이 '빛에 활성화되는' silver bromide를 환원시키기 위하여 사용되는데, 결국 필름을 빛에 노출시켜 금속 은을 침적시키는 결과는 동일하다.

21.5 벤질자리 위치에서의 반응

이 절에서는 **벤질자리 위치**(benzylic position)에서 우선적으로 일어나는 치환된 방향족 탄화수소의 두 가지 반응을 살펴보자.

벤질자리 위치
Benzene 고리에 sp^3 혼성화된 탄소 결합.

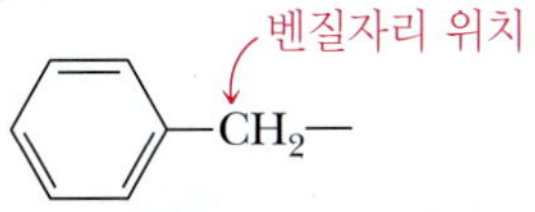

벤질자리 위치

$-CH_2-$

벤질기

이 반응들은 두 가지 이유로 벤질자리 위치에서 우선적으로 일어난다. 첫째로, benzene 고리는 보통 알케인을 공격하는 많은 시약들과는 반응하지 않는다. 둘째는, 벤질 양이온과 벤질 라디칼이 공명 안정화 때문에 쉽게 만들어진다. 벤질 양이온과 라디칼은 다섯 개의 공명 구조의 혼성체이다. 두 개의 Kekulé 구조와 양전하 혹은 홀 전자가 방향족 고리의 탄소에 비편재화되는 세 개의 구조들이다. 다음 그림은 벤질 양이온에 대한 기여 구조를 표시하였다. 벤질 라디칼과 벤질 음이온에 대하여 비슷한 공명 구조를 그릴 수 있다. 벤질 공명 구조는 안정화된 알릴 양이온, 라디칼, 음이온들 공명 구조와 매우 비슷하다.

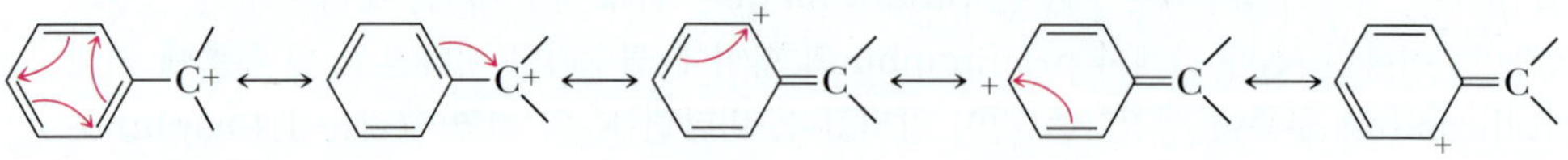

다섯 가지 기여 구조의 혼성화된 벤질 양이온

A 산화

Benzene은 H_2CrO_4 및 $KMnO_4$와 같은 강한 산화제에 영향을 받지 않는다. 하지만 toluene을 매우 격렬한 조건 하에서 이와 같은 산화제들로 처리하면, 곁사슬인 메틸기는 카복시기로 산화되어 benzoic acid를 생성한다.

CH_3 $\xrightarrow{H_2CrO_4}$ COOH

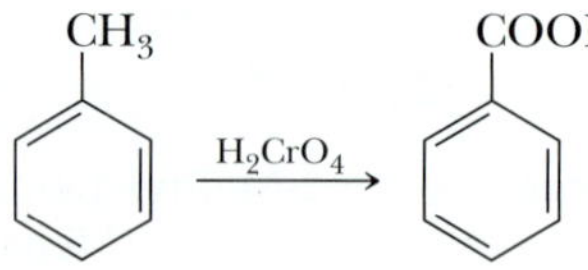

Toluene **Benzoic acid**

방향족 고리의 할로젠과 나이트로 치환기는 이러한 산화에 의해 영향을 받지 않는다. 예를 들면, 2-chloro-4-nitrotoluene은 2-chloro-4-nitrobenzoic acid로 산화된다.

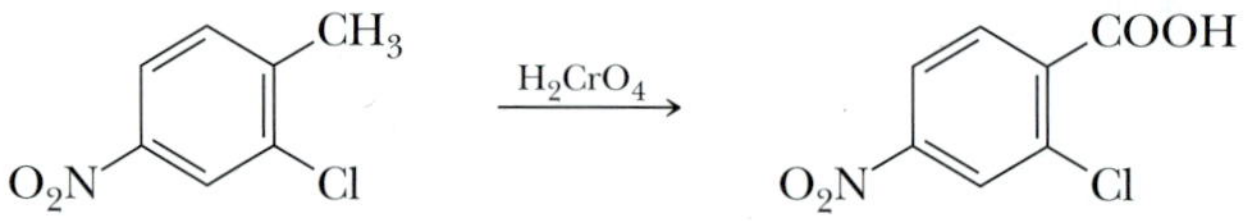

CH_3, O_2N, Cl $\xrightarrow{H_2CrO_4}$ COOH, O_2N, Cl

2-Chloro-4-nitrotoluene **2-Chloro-4-nitrobenzoic acid**

에틸과 아이소프로필 곁사슬도 카복기로 산화된다. 그러나 *tert*-butylbenzene의 곁사슬은 산화되지 않는다.

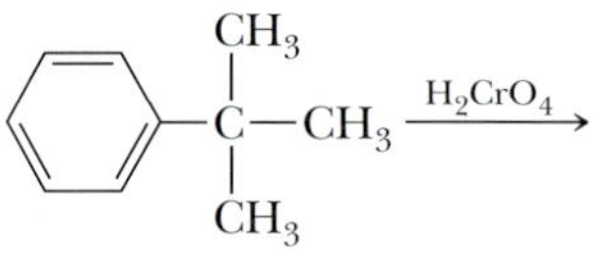

$C_6H_5-C(CH_3)_3$ $\xrightarrow{H_2CrO_4}$ 산화가 일어나지 않음

***tert*-Butylbenzene**

이러한 관찰로부터 벤질자리 수소가 존재하면 벤질 탄소는 카복시기로 산화되고 곁사슬의 다른 모든 탄소는 CO_2로 제거된다. *tert*-Butylbenzene의 경우에서처럼 벤질자리 수소가 존재하지 않으면 곁사슬의 산화가 일어나지 않는다.

한 개 이상의 알킬 곁사슬이 있으면, 각각 —COOH로 산화된다. *m*-Xylene의 산화는 isophthalic acid라고 부르는 1,3-benzenedicarboxylic acid를 생성한다.

CH_3, CH_3 $\xrightarrow{H_2CrO_4}$ COOH, COOH

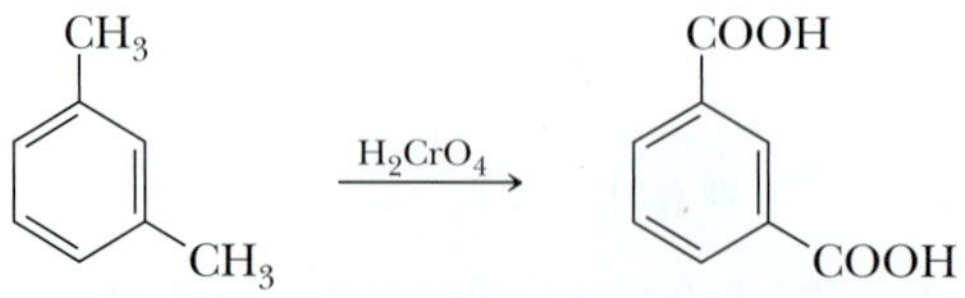

***m*-Xylene** **1,3-Benzenedicarboxylic acid (Isophthalic acid)**

예제 21.7 ▸ **벤질자리 산화**

H_2CrO_4를 사용하여 1,4-dimethylbenzene (*p*-xylene)의 격렬한 산화 반응 생성물에 대한 구조식을 그려라.

➥ 해답

두 개의 알킬기 모두 —COOH기로 산화된다. 생성물은 terephthalic acid이고, Dacron 폴리에스터와 Mylar의 합성에 필요한 두 단위체 중의 한 원료이다(29.5B절).

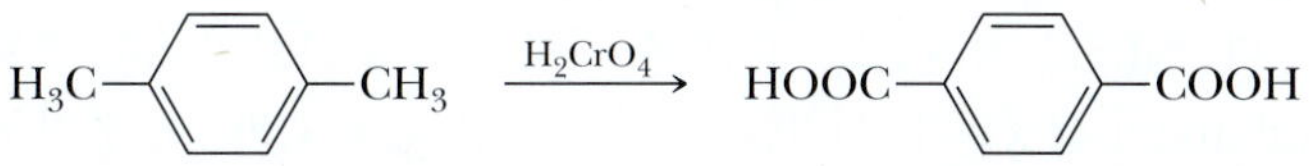

H_3C—⟨benzene⟩—CH_3 $\xrightarrow{H_2CrO_4}$ HOOC—⟨benzene⟩—COOH

1,4-Dimethylbenzene (*p*-Xylene) **1,4-Benzenedicarboxylic acid (Terephthalic acid)**

연습 문제 21.7

H_2CrO_4에 의한 다음 화합물의 격렬한 산화 반응에 대한 생성물의 구조식을 예측하라.

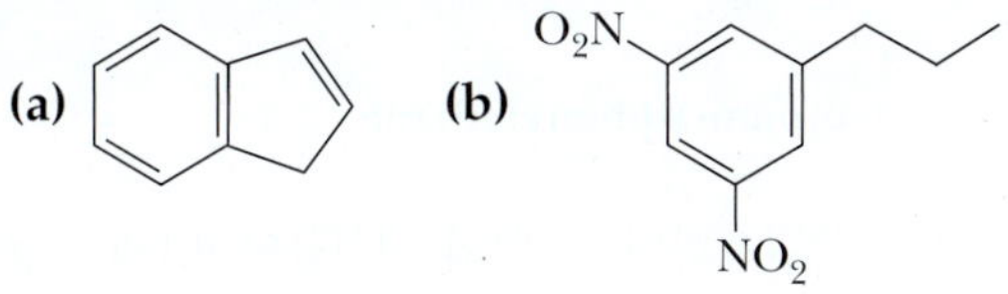

(a) **(b)** O_2N NO_2

이러한 곁사슬들의 산화를 연구하는 것과 이들에 대한 메커니즘을 화학식으로 표현하기는 매우 어렵다. 그러나 유용한 증거는 벤질 라디칼이나 벤질 탄소양이온과 같은 불안정한 중간체를 형성한다는 것을 지지하고 있다.

Naphthalene은 vanadium(V) oxide (vanadium pentoxide) 촉매 존재 하에서 산소 분자들에 의해 phthalic acid로 산화된다.

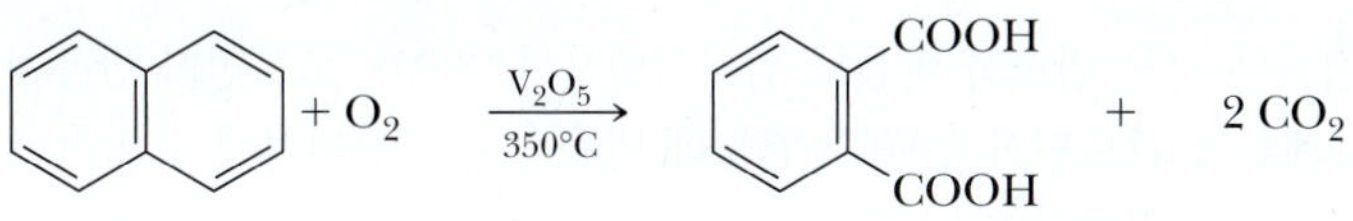

$$\text{Naphthalene} + O_2 \xrightarrow[350°C]{V_2O_5} \text{(COOH, COOH)} + 2\,CO_2$$

Naphthalene **1,2-Benzenedicarboxylic acid (Phthalic acid)**

이러한 변환은 방향족 다이카복실산의 공업적인 합성법에 기본이 되며, benzene 자체와 비교하여 축합된 benzene 고리의 산화가 용이함을 설명해 준다.

B 할로젠화 반응

Toluene을 열이나 빛의 존재 하에서 염소와 반응시키면 chloromethylbenzene과 HCl이 생성된다.

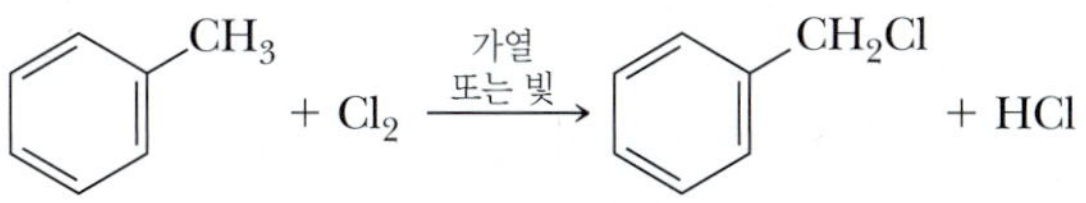

$$\text{(}CH_3\text{)} + Cl_2 \xrightarrow{\text{가열 또는 빛}} \text{(}CH_2Cl\text{)} + HCl$$

Toluene **Chloromethylbenzene (Benzyl chloride)**

브로민화 반응은 과산화물 촉매의 존재 하에 *N*-bromosuccinimide (NBS)를 사용하면 쉽게 일어난다.

$$C_6H_5CH_3 + \text{NBS} \xrightarrow[CCl_4]{(PhCO_2)_2} C_6H_5CH_2Br + \text{Succinimide (N—H)}$$

Toluene **N-Bromosuccinimide (NBS)** **Bromomethylbenzene (Benzyl bromide)** **Succinimide**

조금 큰 알킬 곁사슬의 할로젠화 반응은 ethylbenzene의 할로젠화 반응에서 보듯이 매우 위치선택적이다. NBS로 처리했을 때, 오직 하나의 단일 브로민 유기 화합물인 1-bromo-1-phenylethane이 생성된다. 이러한 위치선택성은 공명 효과, 즉 벤질 라디칼 중간체의 공명 안정화에 의해 예측할 수 있다. 벤질자리 위치에서 라디칼 브로민화 반응의 메커니즘은 알릴 브로민화 반응(8.6A절)의 메커니즘과 같다.

$$\text{Ethylbenzene} \xrightarrow[(PhCO_2)_2,\ CCl_4]{NBS} \text{1-Bromo-1-phenylethane}$$

Ethylbenzene **1-Bromo-1-phenylethane** (라셈 혼합물)

Ethylbenzene이 라디칼 반응 조건에서 염소와 반응하면 두 개의 생성물이 9:1의 비율로 얻어진다.

$$\text{Ethylbenzene} + Cl_2 \xrightarrow{\text{가열 또는 빛}} \text{1-Chloro-1-phenylethane} + \text{1-Chloro-2-phenylethane} + HCl$$

Ethylbenzene **1-Chloro-1-phenylethane** (90%) (라셈 혼합물) **1-Chloro-2-phenylethane** (10%)

그러므로 알킬 곁사슬의 염소화 반응도 위치선택성이 있으나 브로민화 반응처럼 높은 정도는 아니다. 알케인이 브로민화 반응과 염소화 반응의 위치선택성에서 이러한 같은 형태를 관찰하였다는 점을 기억하라(8.4A절).

탄화수소의 브로민화 반응과 염소화 반응에서 생성물의 분포에 대한 정보를 종합하면, 라디칼 안정성의 순서를 다음과 같이 결론내릴 수 있다.

메틸 $< 1° < 2° < 3° <$ 알릴 $\cong$ 벤질

라디칼 안정성 증가 →

이 순서는 이들 라디칼을 형성하는 C—H의 결합 해리 엔탈피(bond dissociation enthalpy, BDE)를 반영한다(부록 3).

C 벤질 에터의 가수소분해 반응

가수소분해
수소에 의해 단일 결합이 끊어지는 반응으로, 전이 금속 촉매의 존재 하에서 수소와 화합물을 반응시켜 진행한다.

에터 중에서 벤질 에터는 benzyl hexyl ether의 **가수소분해**(hydrogenolysis) 반응의 예처럼 촉매 수소화 반응의 조건 하에서 결합이 끊어진다는 것이 특이하다. 이 경우에서 벤질기는 toluene으로 알킬기는 알코올로 전환된다.

이 결합이 끊어짐 (O—CH₂ 결합)

$$\text{Benzyl hexyl ether} + H_2 \xrightarrow{Pd/C} \text{1-Hexanol (OH)} + \text{Toluene (Me)}$$

Benzyl hexyl ether **1-Hexanol** **Toluene**

가수소분해 반응은 수소에 의해 단일 결합이 끊어지는 것이다. 벤질 에터의 가수소분해 반응에서는 벤질 탄소와 산소의 단일 결합이 끊어지고 탄소-수소 결합으로 바뀐다.

벤질 에터는 염기인 triethylamine 혹은 pyridine 존재 하에서 benzyl chloride와 알코올 또는 phenol을 반응시켜 만든다. 벤질 에터의 중요한 가치는 이들이 phenol과 알코올의 —OH기에 대한 보호기로서 작용하는 것이다.

OH

1. $ClCH_2Ph$
Et_3N

O Ph

2. $BH_3 \cdot THF$
3. $H_2O_2/NaOH$

2-(2-Propenyl)phenol
(2-Allylphenol)

OH
O Ph

4. H_2
Pd/C

OH
OH

2-(3-Hydroxypropyl)phenol

사실과 개념에 대한 요약

21.1절 | Benzene의 구조

- Benzene과 benzene의 알킬 유도체는 **방향족**(aromatic)으로 분류한다.
  - 방향족 분자는 알켄이나 알킨 같은 불포화종의 공격에 의해 일어나는 첨가 반응이 일어 나지 않고 특별한 안정성을 보여준다.
  - **방향족성**(Aromaticity)이라는 것은 benzene과 유도체의 안정성에 대한 용어이고 **아렌**(arene)이라는 용어는 방향족 탄화수소를 말한다.
- Kekulé는 benzene의 구조가 여섯 개의 탄소 원자가 고리에 연결되어 각 탄소에 하나의 수소가 결합된 구조라고 제안하였다.
  - 고리의 여섯 탄소 원자는 동등하고 탄소-탄소 결합 길이는 단일과 이중 결합 길이의 중간이다.
  - Benzene이 안정되게 교차하며 단일과 이중 결합을 이루는 것으로 표현하는 것은 옳지 않다. 왜냐하면 이 결합들은 길거나 짧은 탄소-탄소 결합으로 표현 된다.
- 분자 궤도함수 모형에 따르며 benzene의 구조는 아래와 같이 표현 된다.
  - 고리의 각 탄소 원자는 sp^2 혼성이다.
  - 고리의 각 탄소 원자로 두 개의 인접한 탄소 원자와 sp^2-sp^2 중첩에 의해 σ 결합을 하고 sp^2-1s로 수소와 중첩된다.
  - 각 탄소 원자는 한 전자를 함유하는 혼성되지 않은 2p 궤도를 가지고 있다.
  - 여섯 개의 2p 궤도는 여섯 개의 π 분자 궤도를 형성하기 위해 중첩된다.
    - 이러한 분자 궤도들은 에너지에 따라 1:2:2:1 양상으로 정렬된다.
    - 여섯 개의 π 전자들은 세 개의 π 결합 분자 궤도를 채우고 이들은 여섯 개의 분리된 2p 궤도보다 낮은 에너지 상태이다. 이러한 이유로 benzene의 π계는 안정적이다.
    - 가장 낮게 채워진 분자 궤도는 고리의 평면 위와 아래에 두 개의 원통 모양의 돌출부를 갖는데 π계의 비편재화성을 나타내준다.
    - 다른 두 개의 채워진 분자 궤도는 각각 마디를 가지며, 이는 탄소 사이의 결합 차수가 단일과 이중 결합의 중간인 것을 강조한 것이다.

연습 문제: 21.12~21.14

- Benzene은 이중 결합이 반대로 위치해서 그려진 두 개의 공명 형태로 구성된 공명 혼성으로 표현되는 것이 가장 적절하다. 간단히 표현하면 benzene은 하나의 구조로 표현할 때는 육각형의 안쪽에 원을 그려 나타내기도 한다.
- **공명 에너지**(Resonance energy)는 전자 밀도가 특정 원자와 결합에 편재한 가장 안정한 가상적인 구조와 공명 혼성 사이의 에너지 차이를 말한다.
  - Benzene의 공명 에너지는 36.0 kcal/mol로 크며 benzene의 π계는 수소첨가 촉매 작용에서 알케인보다 극도로 안정하며 반응성이 작다.

21.2절 | 방향족성의 개념

- 모든 교차 이중 결합을 가진 고리형 탄화수소가 방향족성을 갖는 것은 아니다. Hückel이 방향족성에 대한 일련의 요구 사항을 정의하는 분자 궤도함수 계산법을 사용했다.
  - 분자는 고리여야 한다.
  - 고리의 각 원자에는 $2p$ 궤도여야 한다(고리 내에 어떤 sp^3 혼성 원자도 없어야 함).
  - 분자는 평면이거나 평면처럼 되어 $2p$ 궤도의 중첩이 될 수 있어야 한다.
  - 방향족 계에는 $(4n + 2)$ π 전자가 있어야 한다. 이때 n은 0, 1, 2, 3, 4, 5, …로서 전체 π 전자는 2, 6, 10, 14, …가 된다.
- 몇몇 탄화수소는 반방향족성이며, 이는 동일한 수의 π 전자를 가진 비고리 유사체보다 덜 안정하다.
  - 반방향족 탄화수소는 $4n$ π 전자를 가지고 있다.
  - 반방향족 탄화수소 또한 평면 계에서 고리의 각 원자에 $2p$ 궤도함수를 갖는다.
  - Cyclobutadiene 같은 반방향족 탄화수소의 불안정성은 분자 궤도함수 이론으로 설명된다.
    - Cyclobutadiene은 네 개의 π계의 $2p$ 궤도함수가 1:2:1 양상으로 네 개의 분자 궤도 함수를 이룬다.
    - 네 개의 π 전자가 이들 궤도함수를 채우는데 하나의 채워진 결합 π 분자 궤도함수와 두 개의 절반이 채워진 중첩된 결합 분자 궤도함수로 이루어진다.
    - 두 개의 쌍을 이루지 않는 전자의 존재는 cyclobutadiene이 반응성을 갖게 하고 방향족 탄화수소에 비해 불안정하게 한다.
  - 반방향족성을 피하기 위해 cyclooctatetraene 같은 큰 반방향족 구조들은 비평면 형태를 취하여 이중과 단일 결합이 교대를 이룬다. 그 결과 두 다른 탄소-수소 결합 길이는 해당되는 단일과 이중 결합을 관찰된다.

연습 문제: 21.12~21.14, 21.15~21.18

- 분자 궤도함수 에너지 도표의 분자 궤도함수의 양상을 예측하기 위하여 내접 다각형법을 사용하는 것이 좋다(**Frost 원**).
  - 분석된 다면체의 형태가(예를 들면, benzene에 대해 육각형) 하나의 분자 궤도함수의 상대적 에너지가 원에 닿는 다면체의 하나의 정점은 아래로 고리형으로 그려지고 정점에 의해 표시된다.
  - 수평 원이 그림의 중앙을 통해 그려진다.
  - 결합성 분자 궤도함수가 원의 아래쪽에, 비결합성 분자 궤도함수(만약 있다면)가 선상에, 반결합성 분자 궤도함수는 선의 위쪽에 둔다.
- **Annulene**은 평면, $2p$ 궤도함수가 연속적으로 중첩된 것을 포함하는 고리형 탄화수소이고 *annulene*의 앞쪽에 중괄호로 고리의 원자의 숫자를 적어 넣어 표시한다.
  - Cyclobutadiene과 benzene은 annulene이고 [4]annulene과 [6]annulene으로 명명한다.
  - 더 큰 annulene, 즉 [14]annulene과 [18]annulene은 평면이고 Hückel의 수인 $(4n + 2)$ π 전자를 가지므로 방향족이다.
  - [10]Annulene은 상대적으로 작은 고리이고 평면 형태를 가지고 있지 않아 방향족이 아니다.

- **헤테로 고리 화합물**(Heterocyclic compound)은 고리 내에 한 층 이상의 원자를 가지고 있는 것을 말한다. 어떤 헤테로 고리 화합물은 Hückel 기준에 맞으면 방향족이 될 수 있다.
  - 자연계에는 indole, purine, pyrimidine 등 방향족 탄화수소로 가득하다.
- 방향족 헤테로 고리를 유지하는 중요한 인자로는 비공유 전자쌍이 방향족 π계의 부분인지 또는 아닌지이다.
  - Pyridine (C_5H_5N)에서 질소의 비공유 전자쌍이 sp^2 혼성궤도를 이루고 방향족 6 π 전자계의 여섯 개의 $2p$ 궤도함수에 수직일 경우이다. 이 비공유 전자쌍은 방향족 π 계의 부분이 아니고 다른 화학종과의 상호작용에 자유롭게 참여한다.
  - Pyrrole (C_4H_5N)에서 질소의 비공유 전자쌍이 $2p$ 궤도에 있고 π계의 부분으로 여섯 π 전자를 이루게 하고 방향족성을 갖는다. 이 비공유 전자쌍은 다른 종과의 상호작용에 참여할 수 없다.
- 전하를 띤 고리계는 방향족 성에 대한 Hückel 기준을 만족하기 때문에 다른 비방향족 양이온이나 음이온에 비해 안정성이 아주 높다. 한 예로 사이클로 프로페닐 양이온, 사이클로헵타트리에닐 양이온, 사이클로펜타디에닐 음이온이 포함되어 있다.

21.3절 | 명명법

- Toluene, cumene, styrene, xylene, phenol, aniline, benzoic acid, anisole 등 간단한 benzene 유도체들에 대한 관용명을 유지하는 IUPAC 체계를 가지고 있다.
  - 이 관용명은 만약 그들의 특징적인 작용기가 benzene 유도체에 존재한다면 모체로서 사용된다.
- 다른 작용기를 가진 분자들에서는 benzene 고리는 모체인에 치환체로 명명한다.
  - C_6H_5기는 **페닐**(phenyl)이라고 명명하며 약어로는 Ph로 쓴다.
  - $C_6H_5CH_2$기는 특징적인 반응성을 가지고 있고 **벤질**(benzyl)이라고 명명하며 약어로는 Bn으로 쓴다.

연습 문제: 21.15, 21.8~21.11

- 두 개의 치환체를 갖는 benzene 고리에 대해서는 세 가지 가능한 구조 이성질체로 **오쏘**(otho, 1,2-치환), **메타**(meta, 1,3-치환), **파라**(para, 1,4-치환)을 쓰고 약어로는 ***o***, ***m***, ***p***로 각각 쓴다.
  - 이 화학종들은 숫자로 위치를 나타낼 수도 있다(1,2-, 1,3-).
  - 하나의 치환체가 특별한 이름을 가지고 있을 때(만약 NH_2가 있으면 분자는 aniline 등), 분자는 모체 분자와 주요 작용기에 번호를 1로 지정하고 명명한다.
  - 모든 작용기가 일반적일 때 치환체는 *benzene* 앞에 알파벳 순서로 붙여서 명명한다. 예를 들면, 같은 분자에 대해 1-chloro-4-ethylbenzene, *p*-chloroethylbenzene의 명명이 가능하다.
- **다핵성 방향족 탄화수소**(Polynuclear aromatic hydrocarbon, PAH)는 두 개 이상으로 접합된 benzene 고리를 포함한다.
  - Naphthalene은 두 개의 benzene 고리가 접합된 것이고, anthracene은 세 개의 benzene 고리가 일정하게 접합된 것이다. 다른 일반적인 다핵성 방향족 탄화수소에는 phenanthrene, pyrene, coronene, benzo[a]pyrene 등이 있다.

21.4절 | Phenol

- **Phenol**의 특징은 benzene 고리에 —OH기가 결합되어 있는 것이다.
- Phenol (pK_a 10 부근)은 공명 구조에 의해 방향족 고리에 비편재화된 페녹사이드 이온의 음전하 때문에 간단한 알코올보다 더 산성이다.

- 치환체가 페녹사이드 음이온의 안정도를 높여주면 phenol의 산도가 증가하고 치환체가 페녹사이드 음이온의 안정도를 낮게 해주면 phenol의 산도는 감소한다.
- 유발 효과에 따르면 할로젠 같은 전자-끄는 기(sp^2 혼성 탄소보다 더 전기음성)는 음이온들을 흡수함으로써 페녹사이드를 안정하게 하여 phenol의 산성이 증가하게 만든다. 그리고 알킬기 같은 전자-주는 기(sp^2 혼성 탄소보다 덜 전기음성)는 고리에 전자 밀도를 더 많게 만들어 페녹사이드를 불안정하게 하여 phenol을 덜 산성으로 만든다.
- 공명 효과에 따르면 나이트로기 같은 작용기는 음이온의 부가적인 공명 비편재화를 통해 페녹사이드 음이온을 안정화시켜(특히 오쏘나 파라 위치에서) phenol의 산성도를 높여준다.

연습 문제: 21.6, 21.7, 21.32~21.40

- Phenol은 혼합물로부터 그들을 분리하는데 유용한 과정인 수용성 염을 만들면서 센염기와 반응한다.
- 페녹사이드는 알킬-아릴 에터를 만들기 위해 할로젠화 알킬(S_N2)과 반응하는 Williamson 에터 합성에 사용될 수 있다.
- Kolbe 반응에서 페녹사이드 이온은 CO_2와 반응하여 salicylic acid를 만든다. 이때 페녹사이드 이온은 엔올산 음이온처럼 반응하여 CO_2의 친전자성 탄소를 공격하며 양성자를 잃고 케토-엔올 토토머화를 통해 살리실산 음이온을 만든다.
- Benzenediol (**hydroquinone**)류의 phenol은 quinone으로 쉽게 산화되고 **quinone**은 benzenediol로 쉽게 환원된다. 이 과정은 중요한 생물학적 과정에 기본이 되는 가역 산화/환원 쌍이다.

21.5절 | 벤질자리 위치에서의 반응

- 벤질 양이온과 라디칼 중간체들은 방향족 고리의 비편재화를 통해 안정하기 때문에 방향족 탄화수소의 벤질 탄소에서 몇몇 특징적인 반응들이 일어난다.
- 적어도 한 개의 벤질 수소를 가진 화합물이 염기 용액이나 H_2CrO_4 ($Na_2Cr_2O_7$)의 황산 용액)에서 $KMnO_4$와 반응하여 benzoic acid를 만든다. 벤질 탄소에 결합된 다른 그룹은 반응 중에 제거된다.
- 벤질자리 수소는 빛이나 열에 의해 염소나 브로민으로 치환될 수 있다.
  - Toluene은 과량의 할로젠이 사용될 때는 하나 이상의 벤질자리 수소가 치환될 수 있다.
  - 벤질 탄소에 결합된 메틸보다 큰 알킬기를 가진 분자들의 반응에서도 벤질자리 수소의 치환은 선택적이며, 그 이유는 벤질 라디칼이 다른 가능한 라디칼보다 더 안정하기 때문이다.
  - 염소보다 브로민이 더 선택적이고, NBS가 가끔 브롬화 시약으로 사용된다.
- 벤질 에터는 독특한 에터이고 촉매 수소화에 의해(H_2와 Pd) 분해되어 toluene과 알코올을 만들며 이 과정을 **가수소분해**(hydrogenolysis)라고 한다.
  - 벤질 에터의 가수소분해 반응은 알코올 보호기로서 유용하게 사용된다.

연습 문제: 21.41~21.62

주요 반응 *Key Reactions*

1. **Phenol의 산도(21.4B절)**. Phenol은 pK_a 값이 약 10 정도인 약한 산이다. 고리의 치환기는 공명 효과와 유발 효과의 조합에 의하며 산도를 증가시키거나 감소시킬 수 있다.

$$C_6H_5\text{—OH} + H_2O \rightleftharpoons C_6H_5\text{—O}^- + H_3O^+ \qquad K_a = 1.1 \times 10^{-10} \qquad pK_a = 9.95$$

2. **Phenol과 센염기와의 반응(21.4C절).** 물에 용해되지 않는 phenol은 정량적으로 센염기와 반응하여 물에 용해되는 염을 형성한다.

Phenol + NaOH ⟶ Sodium phenoxide + H_2O

Phenol pK_a 9.95 (센산) | **Sodium hydroxide** | **Sodium phenoxide** | **Water** pK_a 15.7 (약한 산)

3. **Kolbe 합성법: Phenol의 카복시화 반응(21.4E절).** 페녹사이드 이온은 이산화 탄소와 친핵성 첨가 반응으로 케토-엔올 토토머화를 거쳐 방향족 고리를 다시 생성시켜 치환된 cyclohexadienone을 형성한다.

$$\text{4-}CH_3C_6H_4O^-Na^+ \xrightarrow[H_2O]{CO_2} \text{2-OH-5-}CH_3C_6H_3COO^-Na^+ \xrightarrow[H_2O]{HCl} \text{2-OH-5-}CH_3C_6H_3COOH$$

4. **Phenol에서 quinone의 산화(21.4F절).** H_2CrO_4로 산화시키면, phenol의 구조에 따라 1,2-quinone (*o*-quinone) 또는 1,4-quinone (*p*-quinone)이 된다.

Phenol $\xrightarrow{H_2CrO_4}$ 1,4-Benzoquinone

Phenol | **1,4-Benzoquinone (*p*-Quinone)**

5. **벤질자리 위치의 산화(21.5A절).** 적어도 한 개의 수소가 결합되어 있는 벤질 탄소는 카복시기로 산화된다.

$$\text{4-isopropyltoluene} \xrightarrow{H_2CrO_4} HOOC-C_6H_4-COOH$$

6. **벤질자리 위치의 할로젠화 반응(21.5B절).** 할로젠화 반응은 벤질자리 위치에서 위치선택적이고 라디칼 사슬 반응 메커니즘에 의해 일어난다. 벤질자리 위치에서의 브로민화 반응은 염소의 경우보다 더욱 큰 위치선택성을 보여준다. 반응은 X_2가 X·로 라디칼 연쇄 메커니즘으로 될 때 일어나서 X·이 공명 안정된 벤질 라디칼을 만드는 벤질 수소를 떼어내어 다른 X_2 분자와 반응하고 할로젠화 생성물과 새로운 X·라디칼이 연쇄 반응을 하도록 한다. NBS는 Br_2의 공급원으로서 사용된다.

$$C_6H_5CH_2CH_3 \xrightarrow[(PhCO_2)_2,\ CCl_4]{NBS} C_6H_5CHBrCH_3$$

(라셈 혼합물)

7. **벤질 에터의 가수소분해 반응(21.5C절).** 벤질 에터는 촉매 가수소분해 반응의 조건에서 끊어진다.

$$CH_3(CH_2)_5-O-CH_2Ph + H_2 \xrightarrow{Pd/C} CH_3(CH_2)_5OH + CH_3-Ph$$

≫ 연습 문제

붉은색 번호는 응용 문제를 나타낸다.

명명법과 구조식

21.8 다음 화합물과 이온을 명명하라.

(a) NO_2, Cl **(b)** CH_3, Br **(c)** OH **(d)** NO_2, NO_2

(e) OH **(f)** O_2N **(g)** OH, Ph

(h) CH_3O—⟨benzene⟩—$CH_2{}^+$ **(i)** C_6H_5, H, C=C, H, C_6H_5 **(j)** C_6H_5, C_6H_5, +, C_6H_5

21.9 다음 화합물의 구조식을 그려라.

(a) 1-Bromo-2-chloro-4-ethylbenzene
(b) *m*-Nitrocumene
(c) 4-Chloro-1,2-dimethylbenzene
(d) 3,5-Dinitrotoluene
(e) 2,4,6-Trinitrotoluene
(f) (2*S*,4*R*)-4-Phenyl-2-pentanol
(g) *p*-Cresol
(h) Pentachlorophenol
(i) 1-Phenylcyclopropanol
(j) Triphenylmethane
(k) Phenylethylene (styrene)
(l) Benzyl bromide
(m) 1-Phenyl-1-butyne
(n) (*E*)-3-Phenyl-2-propen-1-ol

21.10 다음 화합물의 구조식을 그려라.

(a) 1-Nitronaphthalene
(b) 1,6-Dichloronaphthalene
(c) 9-Bromoanthracene
(d) 2-Methylphenanthrene

21.11 6,6′-Dinitrobiphenyl-2,2′-dicarboxylic acid는 카이랄 중심이 없다. 그럼에도 불구하고 이 화합물은 거울상 이성질체의 쌍으로 분리 될 수 있다. 이 화합물의 카이랄성을 설명하라.

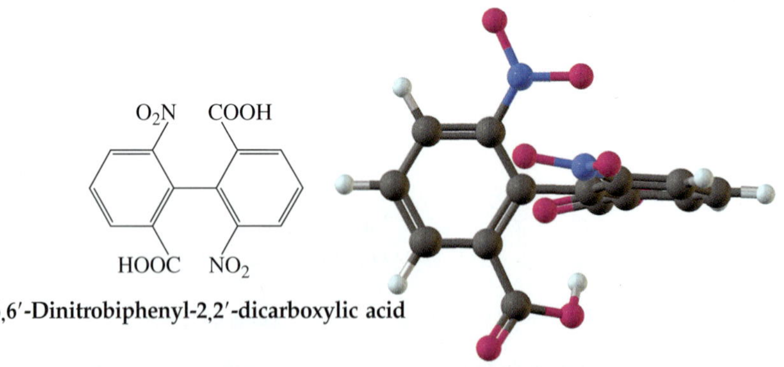

6,6′-Dinitrobiphenyl-2,2′-dicarboxylic acid

방향족 화합물에서 공명

21.12 다음은 각 화합물에서 숫자는 그릴 수 있는 Kekulé 구조의 수이다. 가능한 Kekulé 구조를 그리고, 굽은 화살표를 이용하여 각 분자에 대한 기여 구조가 어떻게 다음의 구조들로 전환될 수 있는지 전자의 이동을 표시하라.

(a) Naphthalene (3)
(b) Phenanthrene (5)

21.13 아래의 각 분자들은 두 개의 Kekulé 구조와 서로 다른 전하의 생성과 분리를 갖는 세 개의 구조로 구성되는 다섯 개의 공명 구조로 그려질 수 있다. 각 분자들에 대한 다섯 개의 공명 구조를 그려라.

(a) Chlorobenzene **(b)** Phenol **(c)** Nitrobenzene

21.14 다음은 furan과 pyridine의 구조식이다.

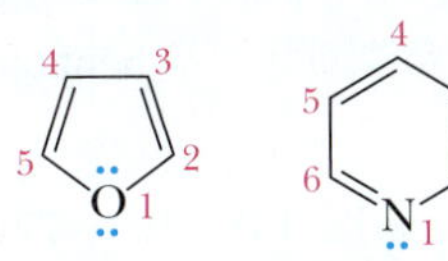

Furan **Pyridine**

(a) 산소 원자에 양전하가 위치하고 고리의 3번 탄소에 음전하가 위치하는 구조와 고리의 다른 탄소에도 전하가 표시되는 furan의 네 개의 공명 구조를 그려라.

(b) 질소 원자에 음이온이 위치하고 양전하를 2번 탄소, 4번 탄소, 6번 탄소에 위치하도록 하는 pyridine의 공명 구조를 그려라

방향족의 개념

21.15 아래의 분자 또는 이온에 대해 각각의 2p 궤도함수의 전자수를 써라.

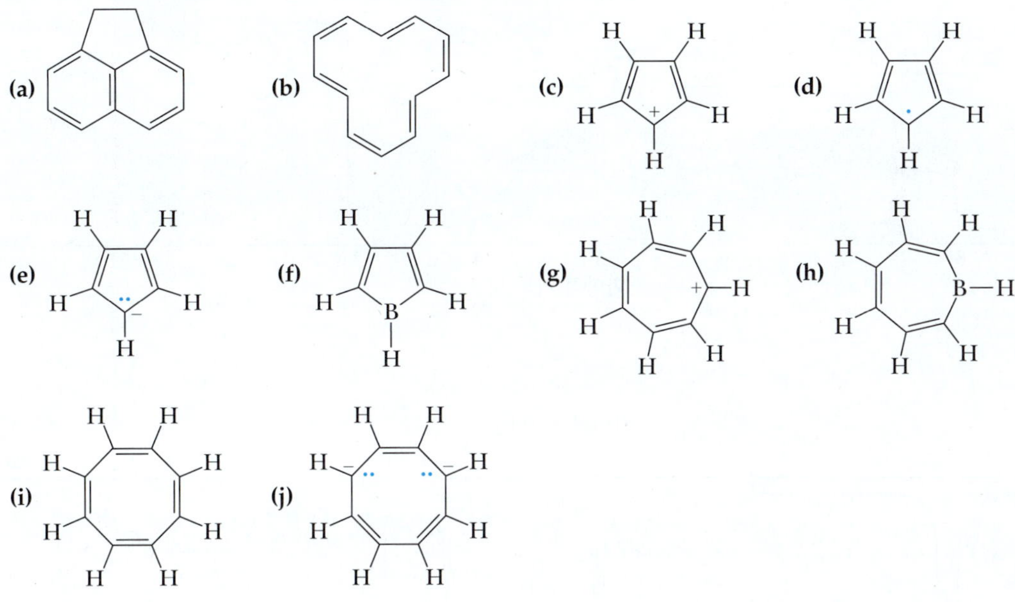

21.16 연습 문제 21.15에서 주어진 분자와 이온들 중 어느 것이 Hückel의 기준에 따른 방향족인가? 만약 이들이 평면이라면 어떤 것이 반방향족인가?

21.17 Cyclopropenyl 양이온, 라디칼과 음이온에 대한 MO 에너지 도표를 그려라. 이 화학종 중에서 어느 것이 Hückel의 기준에 따라 방향족인가?

21.18 Naphthalene과 azulene은 $C_{10}H_8$의 분자식을 갖는 구조 이성질체이다.

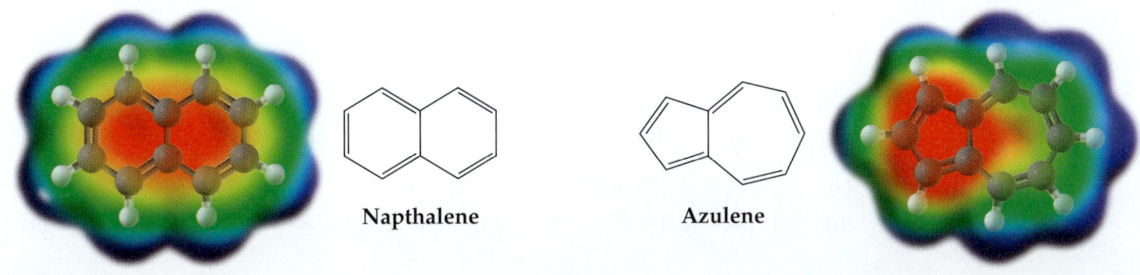

Napthalene **Azulene**

Naphthalene은 쌍극자 모멘트가 없는 무색의 고체이다. Azulene은 진한 푸른색을 갖는 고체이고, 쌍극자 모멘트가 1.0 D이다. 이 구조 이성질체들의 쌍극자 모멘트의 차이를 설명하라.

분광학

21.19 분자식 C_9H_{12}을 갖는 화합물 A는 질량 스펙트럼이 m/z 120과 105에서 주된 피크를 보여 준다. 화합물 B도 분자식 C_9H_{12}를 가지며 m/z 120과 91에서 주된 피크를 보여 준다. Chromic acid로 완전히 산화시키면 두 화합물 모두 benzoic acid가 된다. 이 정보에서부터 화합물 A와 B의 구조식을 유추하라.

21.20 화합물 C는 질량 스펙트럼에서 m/z 148, 105, 77에서 강한 피크를 보여준다. 다음은 ^{1}H-NMR 스펙트럼과 IR 스펙트럼이다.

(a) 화합물 C의 구조식을 유추하라.

(b) 질량 스펙트럼에서는 m/z 105와 77에서 피크가 나타나는 이유를 설명하라.

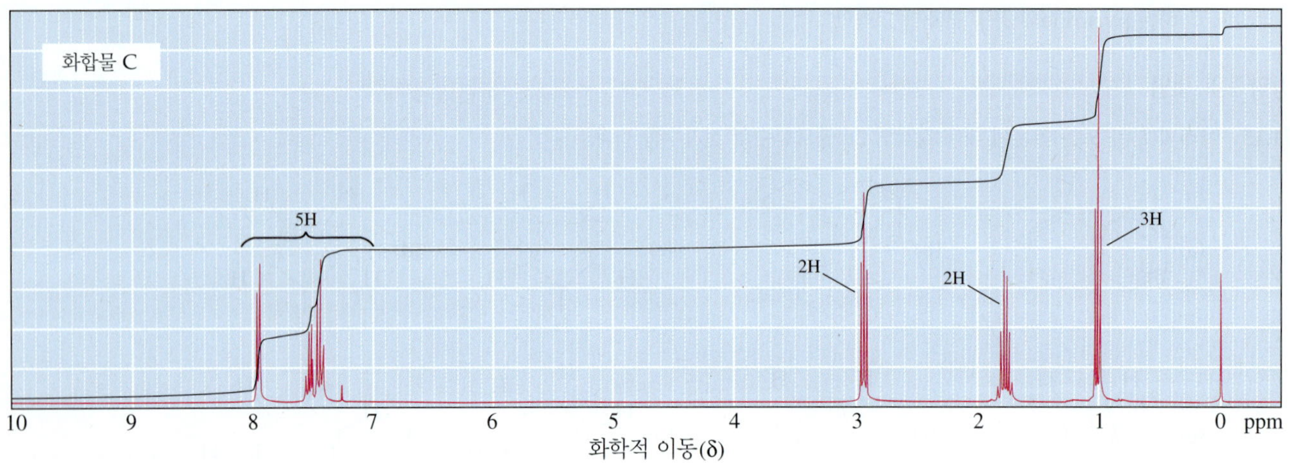

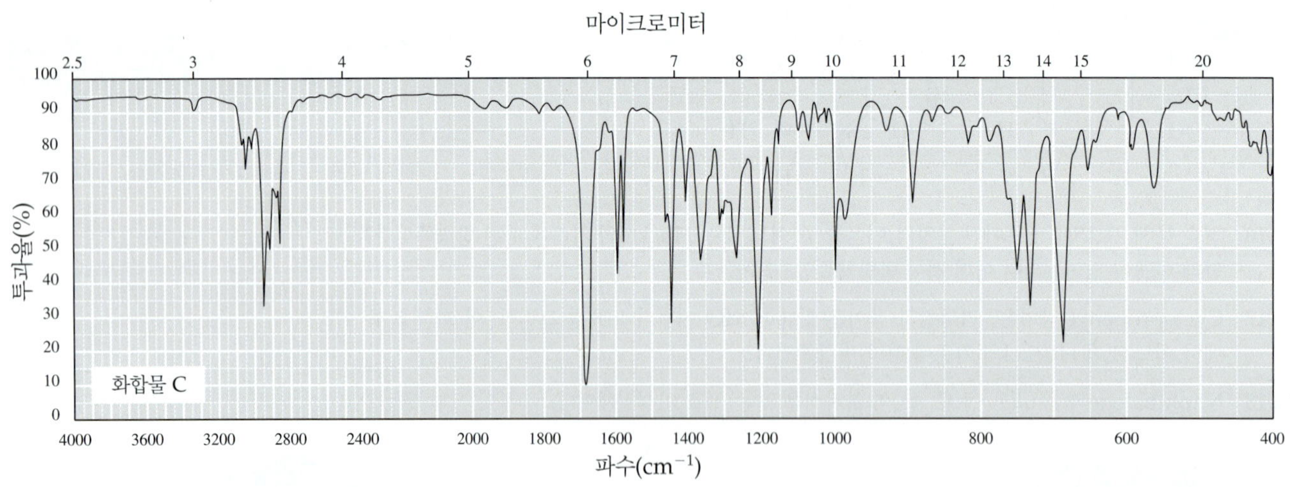

21.21 다음은 화합물 D의 IR과 ^{1}H-NMR 스펙트럼이다. 화합물 D의 질량 스펙트럼은 분자 이온 피크가 m/z 136, 주 피크가 107, 다른 주된 피크가 118과 59에서 보인다.

(a) 주어진 정보에 의해 화합물 D의 구조식을 제안하라.

(b) 질량 스펙트럼에서 m/z 118, 107, 59에 나타나는 이온들에 대한 구조식을 제안하라.

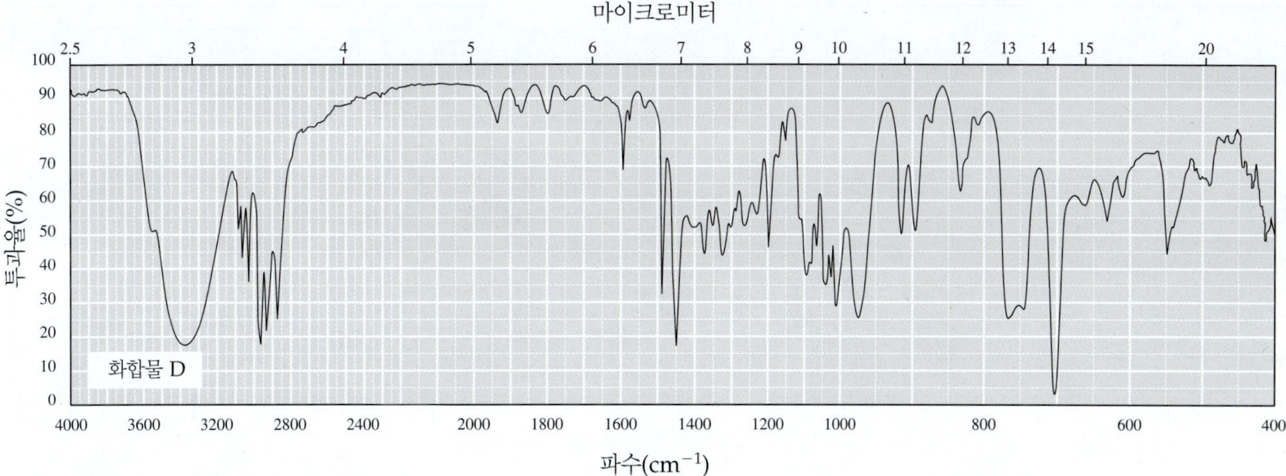

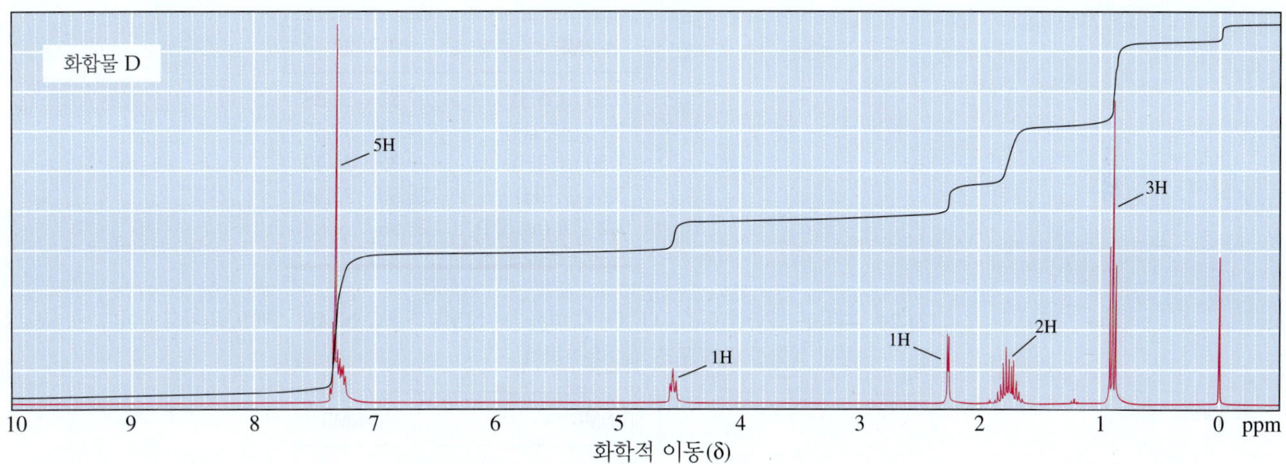

21.22 화합물 E는 분자식이 $C_8H_{10}O_2$인 중성의 고체이다. 이것의 질량 스펙트럼은 m/z 138에서 분자 이온과 M-1과 M-17에서 주된 피크를 보여 준다. 다음은 화합물 E의 IR과 ^{1}H-NMR 스펙트럼이다. 화합물 E의 구조를 유추하라.

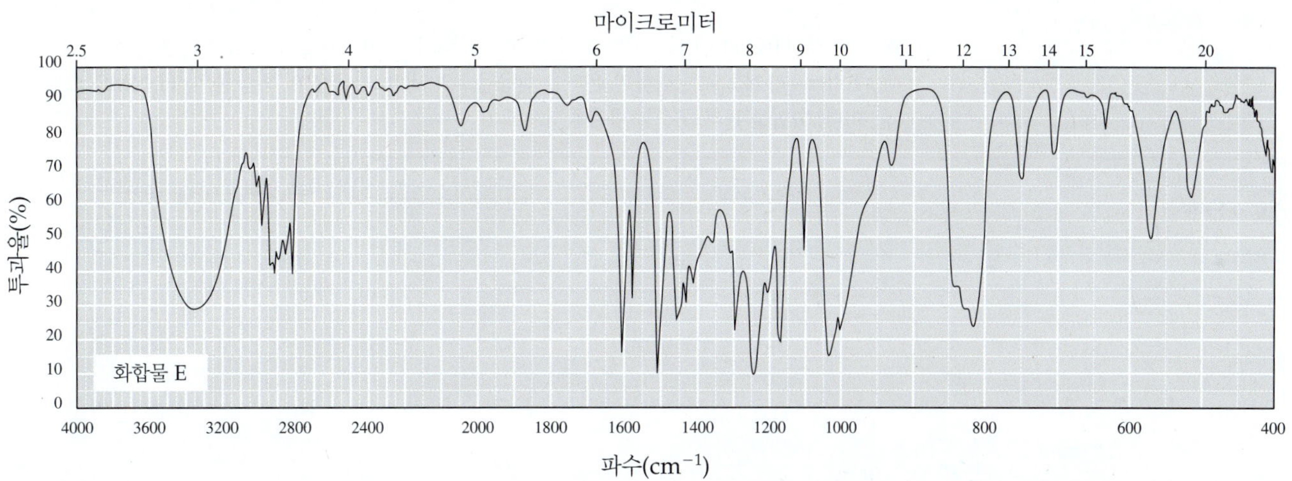

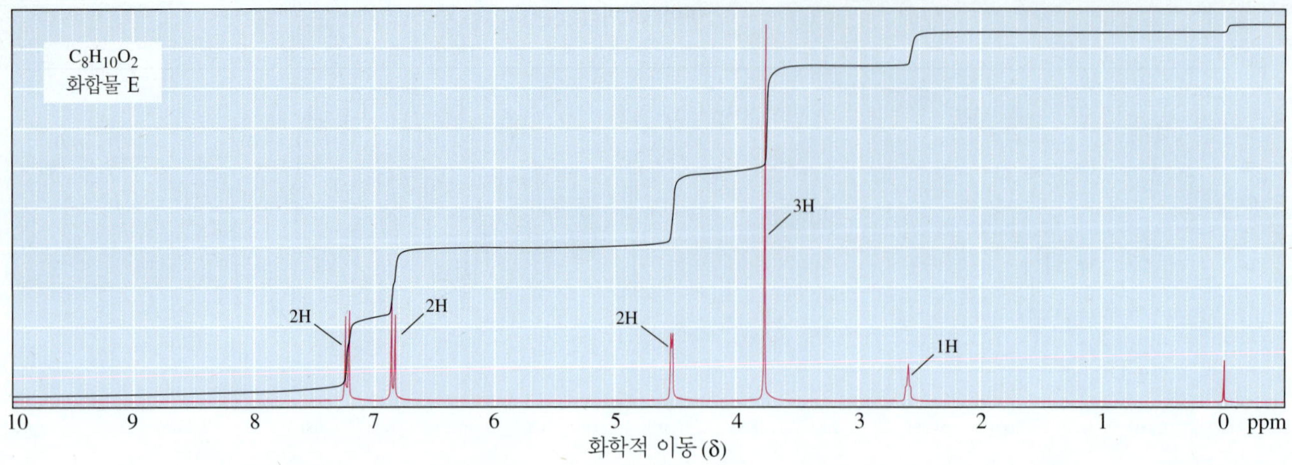

21.23 다음은 화합물 F($C_{12}H_{16}O$)에 대한 ^{1}H-NMR과 ^{13}C-NMR 스펙트럼 자료들이다. 이 정보로부터 화합물 F의 구조식을 유추하라.

^{1}H-NMR	^{13}C-NMR	
0.83 (d, 6H)	207.82	50.88
2.11 (m, 1H)	134.24	50.57
2.30 (d, 2H)	129.36	24.43
3.64 (s, 2H)	128.60	22.48
7.2–7.4 (m, 5H)	126.86	

21.24 다음은 화합물 G($C_{10}H_{10}O$)에 대한 ^{1}H-NMR과 ^{13}C-NMR 스펙트럼 자료들이다. 이 정보로부터 화합물 G의 구조식을 유추하라.

^{1}H-NMR	^{13}C-NMR	
2.50 (t, 2H)	210.19	126.82
3.05 (t, 2H)	136.64	126.75
3.58 (s, 2H)	133.25	45.02
7.1–7.3 (m, 4H)	128.14	38.11
	127.75	28.34

21.25 화합물 H($C_8H_6O_3$)는 에탄올 수용액에서 hydroxylamine으로 처리하면 침전이 생기고, Tollens 용액으로 처리하면 은거울 반응을 나타낸다. 다음은 이 화합물의 ^{1}H-NMR 스펙트럼이다. 화합물 H의 구조를 유추하라.

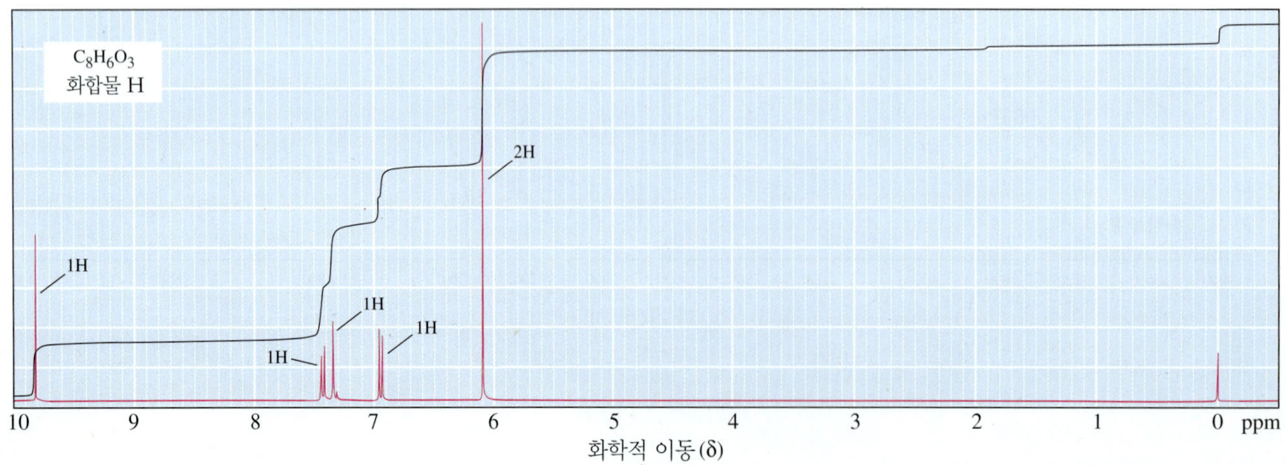

21.26 화합물 I ($C_{11}H_{14}O_2$)는 물, 산 및 $NaHCO_3$의 수용액들에 녹지 않는다. 그러나 10% Na_2CO_3와 10% NaOH 수용액에서는 잘 녹는다. 이러한 알칼리 용액을 10% HCl로 산성화하면 화합물 I는 변형되지 않고 그대로 회수된다. 주어진 정보와 ^{1}H-NMR 스펙트럼으로부터 화합물 I의 구조를 유추하라.

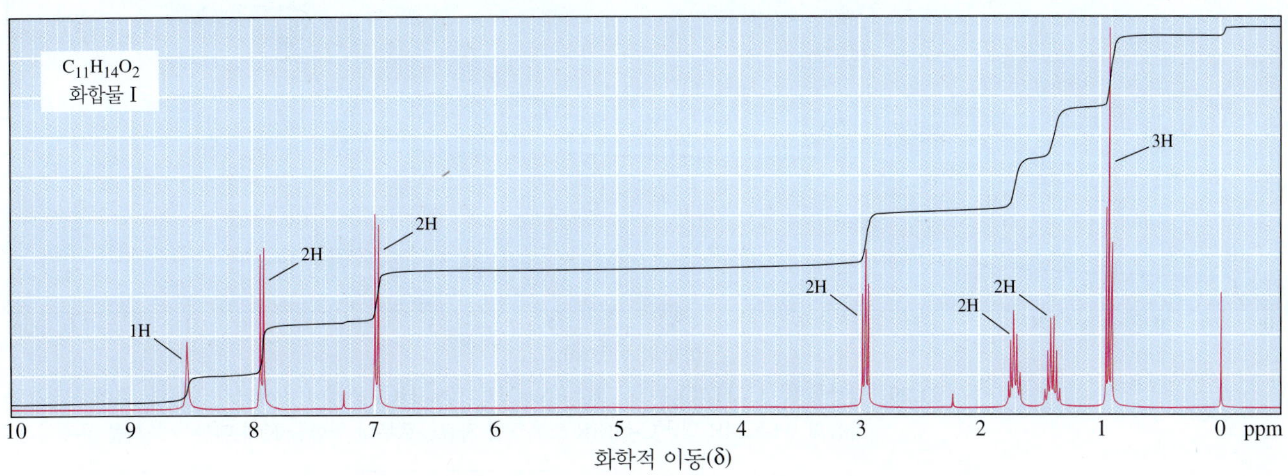

21.27 ^{1}H-NMR 및 IR 스펙트럼과 일치하는 화합물 J ($C_{11}H_{14}O_3$)의 구조식을 제안하라.

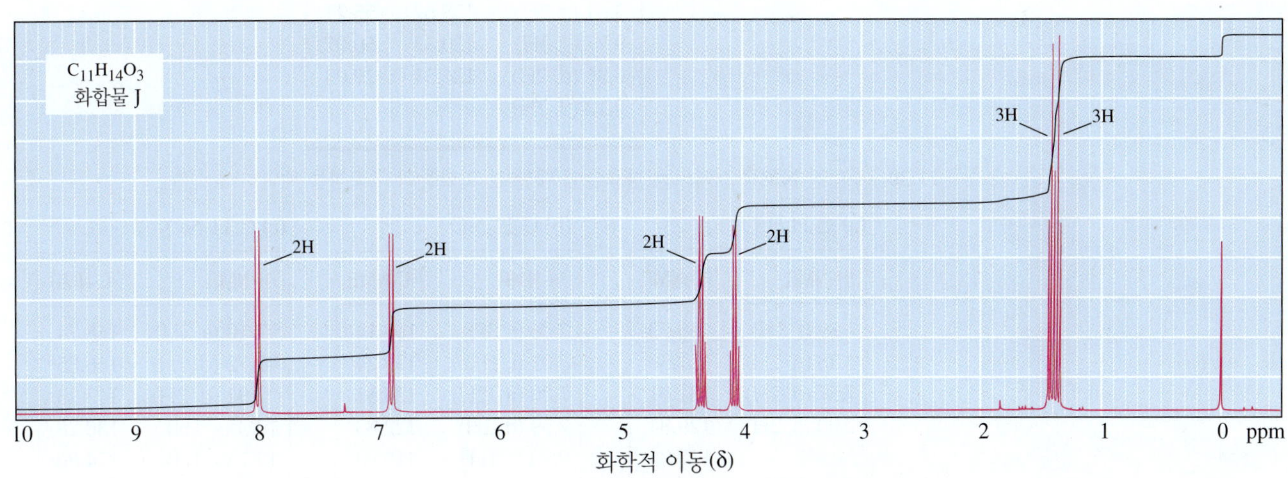

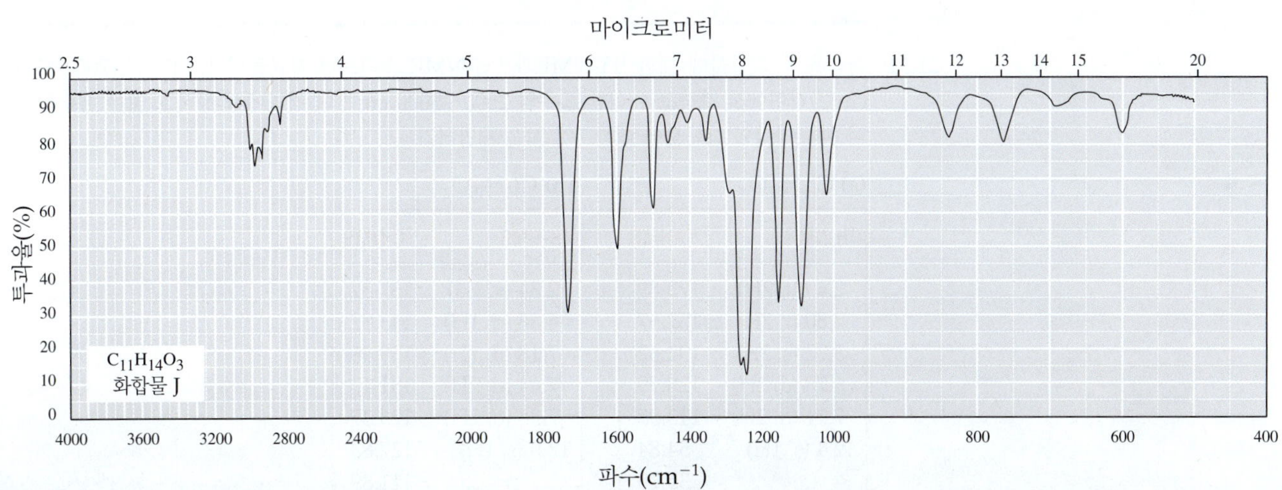

21.28 ^{1}H-NMR 스펙트럼을 기본으로 분자식 $C_{10}H_{13}NO_2$인 진통제, phenacetin에 대한 구조식을 제안하라.

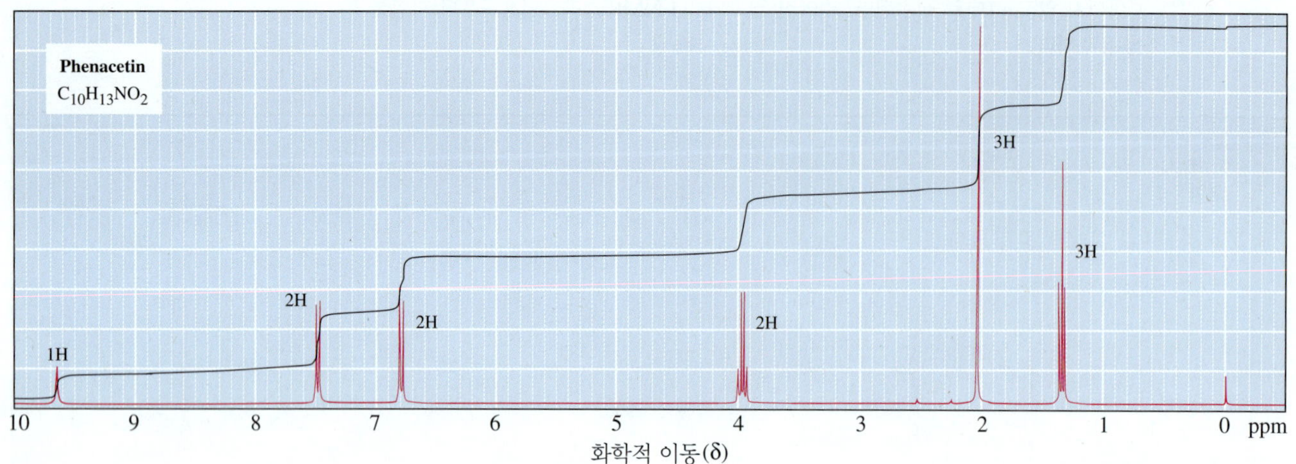

21.29 화합물 K, $C_{10}H_{12}O_2$는 물, 10% NaOH, 10% HCl 용액에 용해되지 않는다. 주어진 정보와 다음의 ^{1}H-NMR 및 ^{13}C-NMR 스펙트럼 자료들로부터 화합물 K에 대한 구조식을 유추하라.

^{1}H-NMR	^{13}C-NMR	
2.10 (s, 3H)	206.51	114.17
3.61 (s, 2H)	158.67	55.21
3.77 (s, 3H)	130.33	50.07
6.86 (d, 2H)	126.31	29.03
7.12 (d, 2H)		

21.30 주어진 NMR 스펙트럼 자료들에 대한 각 화합물의 구조식을 제안하라.

(a) C_9H_9BrO

^{1}H-NMR	^{13}C-NMR
1.39 (t, 3H)	165.73
4.38 (q, 2H)	131.56
7.57 (d, 2H)	131.01
7.90 (d, 2H)	129.84
	127.81
	61.18
	14.18

(b) C_8H_9NO

^{1}H-NMR	^{13}C-NMR
2.06 (s, 3H)	168.14
7.01 (t, 1H)	139.24
7.30 (m, 2H)	128.51
7.59 (d, 2H)	122.83
9.90 (s, 1H)	118.90
	23.93

(c) $C_9H_9NO_3$

^{1}H-NMR	^{13}C-NMR
2.10 (s, 3H)	168.74
7.72 (d, 2H)	166.85
7.91 (d, 2H)	143.23
10.3 (s, 1H)	130.28
12.7 (s, 1H)	124.80
	118.09
	24.09

21.31 다음은 두 화합물에 대한 ^{1}H-NMR과 ^{13}C-NMR 스펙트럼 자료들이다. 각각은 1700~1720 cm^{-1} 사이에서 강하고 예리한 흡수와 2500~3000 cm^{-1}의 영역에서 강하고 넓은 흡수를 보여준다. 각각의 화합물에 대한 구조식을 제안하라.

(a) $C_{10}H_{12}O_3$

^{1}H-NMR	^{13}C-NMR
2.49 (t, 2H)	173.89
2.80 (t, 2H)	157.57
3.72 (s, 3H)	132.62
6.78 (d, 2H)	128.99
7.11 (d, 2H)	113.55
12.4 (s, 1H)	54.84
	35.75
	29.20

(b) $C_{10}H_{10}O_2$

^{1}H-NMR	^{13}C-NMR
2.34 (s, 3H)	167.82
6.38 (d, 1H)	143.82
7.18 (d, 1H)	139.96
7.44 (d, 2H)	131.45
7.56 (d, 2H)	129.37
12.0 (s, 1H)	127.83
	111.89
	21.13

Phenol의 산도

21.32 *p*-Nitrophenol (K_a 7.0 × 10^{-8})이 phenol (K_a 1.1 × 10^{-10})보다 더 센산이라는 사실을 설명하라.

21.33 물에 녹지 않는 카복실산(pK_a 4~5)은 10% sodium bicarbonate 수용액(pH 8.5)에서는 기체를 발생시키면서 녹는다. 그러나 물에 녹지 않는 phenol (pK_a 9.5~10.5)은 10% sodium bicarbonate에는 녹지 않는다는 사실을 설명하라.

21.34 각 화합물을 적당한 pK_a 값에 대응시켜라.

(a) 4-Nitrobenzoic acid, benzoic acid, 4-chlorobenzoic acid
pK_a = 4.19, 3.98, 3.41

(b) Benzoic acid, cyclohexanol, phenol
pK_a = 18.0, 9.95, 4.19

(c) 4-Nitrobenzoic acid, 4-nitrophenol, 4-nitrophenylacetic acid
pK_a = 7.15, 3.85, 3.41

21.35 산도가 증가하는 순서로 분자와 이온들을 나열하라(가장 작은 산성에서 큰 산성의 순서로).

(a) 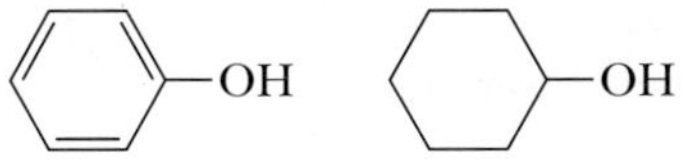 C_6H_5—OH C_6H_{11}—OH CH_3COOH

(b) 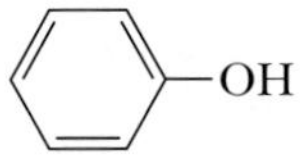 C_6H_5—OH HCO_3^- H_2O

(c) 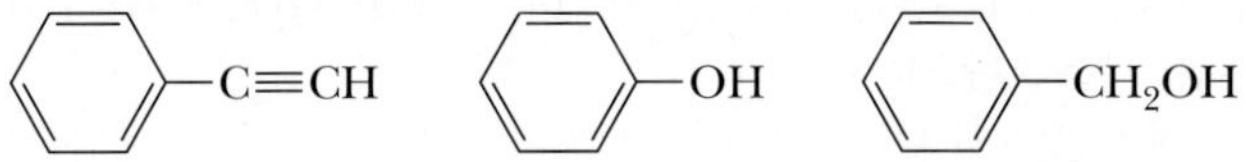 C_6H_5—C≡CH C_6H_5—OH C_6H_5—CH_2OH

21.36 Phenol과 치환된 phenol 유도체의 산도의 경향을 설명하라.

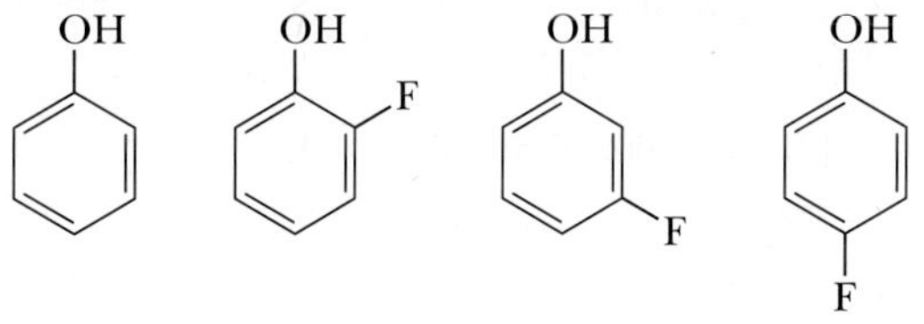

Phenol	2-Fluorophenol	3-Fluorophenol	4-Fluorophenol
pK_a 10.0	pK_a 8.81	pK_a 9.28	pK_a 9.81

21.37 Cl, Br, CN, COOH, C_6H_5 등과 같은 여러 가지 작용기들의 유발 효과를 결정하고자 한다. 오쏘-, 메타-, 파라- 치환된 phenol 중 어느 계열을 사용하는 것이 가장 좋은 지와 그 이유를 설명하라.

21.38 각 쌍 중에서 더 센염기를 선택하라.

(a) 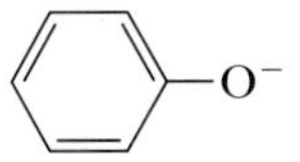 C_6H_5—O^- 혹은 OH^- **(b)** 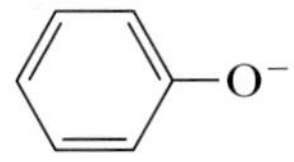 C_6H_5—O^- 혹은 C_6H_{11}—O^-

(c) C_6H_5—O^- 혹은 HCO_3^- **(d)** 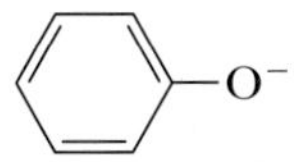 C_6H_5—O^- 혹은 CH_3COO^-

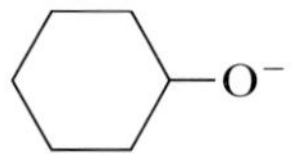

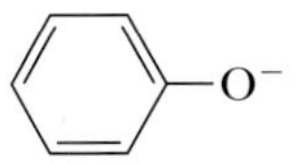

21.39 Benzyl alcohol과 *o*-cresol의 혼합물을 분리, 회수할 수 있는 화학적 방법을 기술하라.

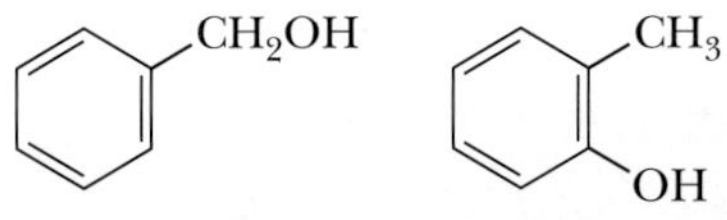

Benzyl alcohol ($C_6H_5CH_2OH$) ***o*-Cresol** (CH_3, OH)

21.40 Pyridine의 유도체인 2-hydroxypyridine은 2-pyridone과 평형을 이루고 있다. 2-Hydroxypyridine은 방향족이다. 2-Pyridone은 이와 비교할 만한 방향족 성질을 갖는지 설명하라.

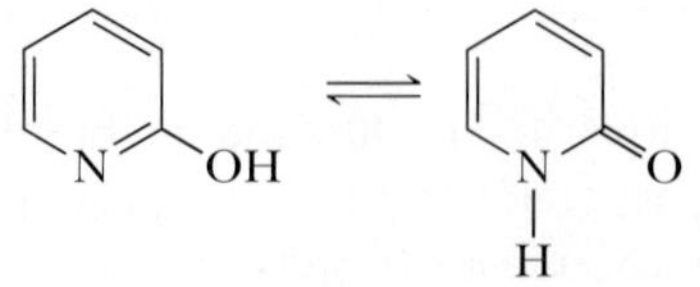

2-Hydroxypyridine ⇌ **2-Pyridone**

벤질자리 위치에서의 반응들

21.41 *p*-Xylene을 산성 수용액에서 potassium dichromate를 이용하여 1,4-benzenedicarboxylic acid (terephthalic acid)로 산화시키는 균형 방정식을 완성하라. 250 mg의 *p*-xylene을 terephthalic acid로 산화시키는 데 필요한 H_2CrO_4의 무게는 몇 밀리그램인가?

21.42 다음의 각 반응은 라디칼 연쇄 반응 메커니즘에 의해 진행된다.

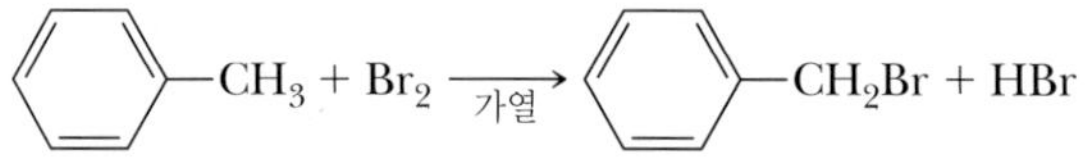

$$C_6H_5{-}CH_3 + Br_2 \xrightarrow[\text{가열}]{} C_6H_5{-}CH_2Br + HBr$$

Toluene **Benzyl bromide**

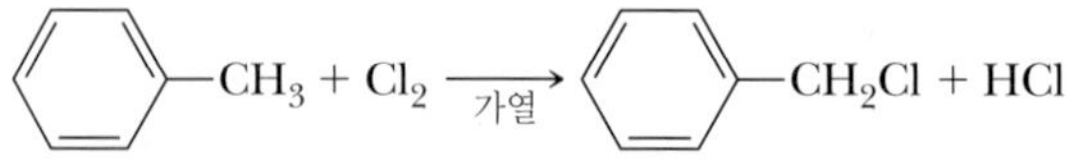

$$C_6H_5{-}CH_3 + Cl_2 \xrightarrow[\text{가열}]{} C_6H_5{-}CH_2Cl + HCl$$

Toluene **Benzyl chloride**

(a) 각 반응에 대한 반응열, ΔH^0를 몰당 킬로칼로리 단위로 계산하라(관계되는 결합 해리 엔탈피에 대한 자료는 부록 3 참조).

(b) 각 메커니즘에 대해 연쇄 전파 단계를 쓰고 이 단계의 알짜 결과가 관찰된 반응인지를 보여라.

(c) 각 연쇄 전파 단계에 대한 ΔH^0를 계산하라. 그리고 각 쌍의 연쇄 성장 단계들에 대한 합이 문제 **(a)**에서 계산된 ΔH^0의 값과 일치하는지를 보여라.

21.43 다음은 toluene의 아이오딘화 반응(iodination)이다.

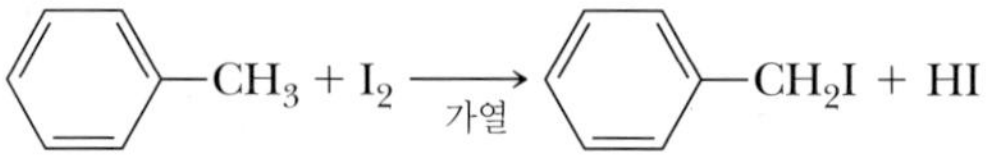

$$C_6H_5{-}CH_3 + I_2 \xrightarrow[\text{가열}]{} C_6H_5{-}CH_2I + HI$$

Toluene **Benzyl iodide**

이 반응은 일어나지 않는다. 실험 조건하에서 일어나는 반응은 개시 반응을 통하여 아이오딘 라디칼 I·가 생성되고, I_2가 다시 생성되면서 반응이 종료된다. 이러한 현상을 어떻게 설명할 수 있는가?

21.44 대부분의 알케인은 빛이나 열에 의하여 개시되면 라디칼 연쇄 반응 메커니즘에 의해 염소와 반응하지만, benzene은 같은 조건에서 반응이 일어나지 않는다. Benzene은 빛이나 열의 존재하에서 염소와 반응시켜 chlorobenzene으로 바꿀 수 없다.

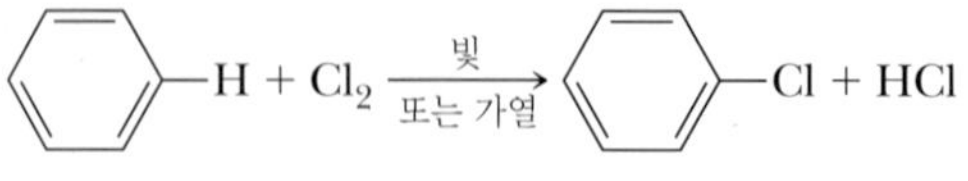

$$C_6H_5{-}H + Cl_2 \xrightarrow[\text{또는 가열}]{\text{빛}} C_6H_5{-}Cl + HCl$$

(a) 이러한 조건 하에서 benzene이 반응하지 않는 이유를 설명하라(관계되는 결합 해리 엔탈피에 대한 자료는 부록 3 참조).

(b) Benzene에서 C—H 결합의 결합 해리 엔탈피가 알케인의 것보다 매우 큰 이유를 설명하라.

21.45 다음의 cumene의 과산화 수소화 반응이다.

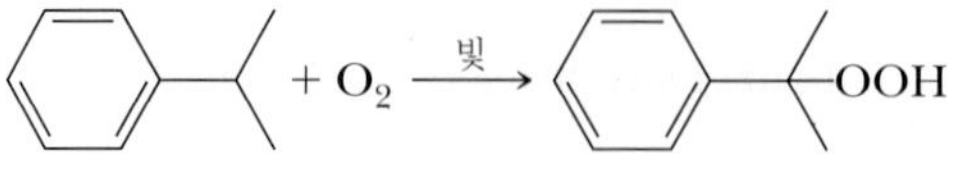

$$\text{Cumene} + O_2 \xrightarrow{\text{빛}} \text{Cumene hydroperoxide (–OOH)}$$

Cumene **Cumene hydroperoxide**

이 반응에 대한 라디칼 연쇄 반응 메커니즘을 제안하라. 반응은 특정하지 않은 라디칼 R·에 의해 개시된다고 가정하라.

21.46 파라 위치로 치환된 할로젠화 벤질은 S_N1 메커니즘으로 methanol과 반응하여 벤질 에터가 된다. 이러한 조건에서 다음의 반응성 순서를 설명하라.

$$R-C_6H_4-CH_2Br + CH_3OH \xrightarrow[\text{methanol}]{} R-C_6H_4-CH_2OCH_3 + HBr$$

S_N1 반응 속도: $R = CH_3O > CH_3 > H > NO_2$

21.47 1-Phenyl-1,2-propanediol을 묽은 황산에서 따뜻하게 가열하면 탈수되고 자리옮김 반응이 일어나 2-phenylpropanal이 생성된다.

$$\text{1-Phenyl-1,2-propanediol} \xrightarrow{H_2SO_4} \text{2-Phenylpropanal} + H_2O$$

1-Phenyl-1,2-propanediol (라셈 혼합물)

2-Phenylpropanal (라셈 혼합물)

(a) 이 예에 대한 pinacol 자리옮김(10.7절)의 메커니즘을 제안하라.

(b) 2-Phenylpropanal이 구조 이성질체인 1-phenyl-1-propanone보다 더 잘 형성되는 이유를 설명하라.

21.48 DNA와 RNA의 화학적 합성에서 하이드록시기는 다른 시약과의 반응으로부터 보호하기 위하여 일반적으로 triphenylmethyl (trityl) ether로 치환한다.

$$RCH_2OH + Ph_3CCl \xrightarrow{\text{3차 아민}} RCH_2OCPh_3 + HCl$$

(HCl: 3차 아민에 의해 중화됨)

Triphenylmethyl chloride (Trityl chloride) — Triphenylmethyl ether (Trityl ether)

Triphenylmethyl ether는 염기성 수용액에 안정하지만 산성 수용액에서는 매우 빠르게 분해된다.

$$RCH_2OCPh_3 + H_2O \xrightarrow{H^+} RCH_2OH + Ph_3COH$$

(a) Triphenylmethyl ether가 왜 산성 수용액에서는 매우 빠르게 가수분해 되는가?

(b) 산성 조건에서의 반응성을 증가 또는 감소시키는 위하여 triphenylmethyl기의 구조를 어떻게 바꾸어야 할 것인가?

유기 화학 반응 로드맵

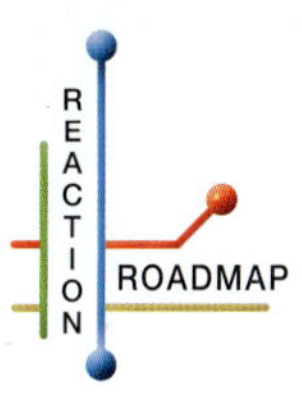

21.49 연습 문제 20.55에서 만든 로드맵을 사용하고 이 장의 '주요 반응' 부분에 들어 있는 반응을 포함하여 업데이트하라. 반응의 큰 특성으로 인해 로드맵에 반응 1, 2, 7을 사용하지 말라.

21.50 다음과 같은 반응 결과의 생성물을 써라. 각각 다른 작용기 사이에서 결합된 반응들이 어떻게 '네비게이트'하는가를 보기 위하여 로드맵을 참조하라. 그리고 6~11장, 15~18장, 19장의 로드맵과 더불어 새로운 20~21장의 로드맵도 필요하다는 점을 주목하라.

(a)

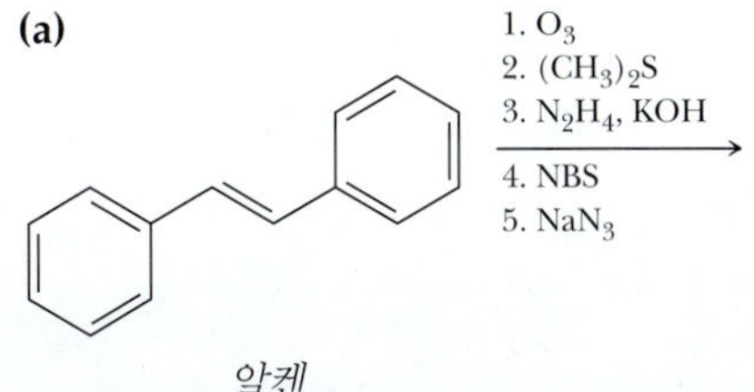

(b) 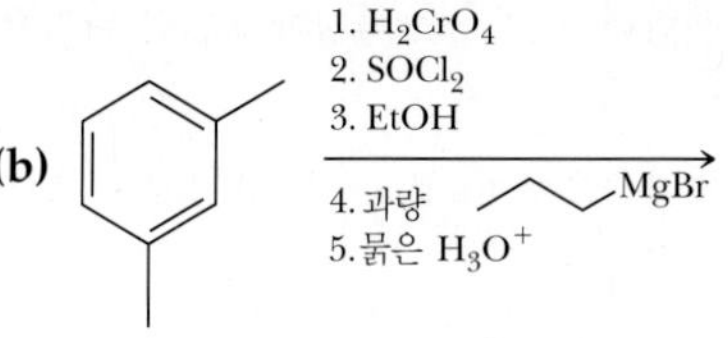 알킬 벤젠

1. H_2CrO_4
2. $SOCl_2$
3. EtOH
4. 과량 MgBr
5. 묽은 H_3O^+

(c) 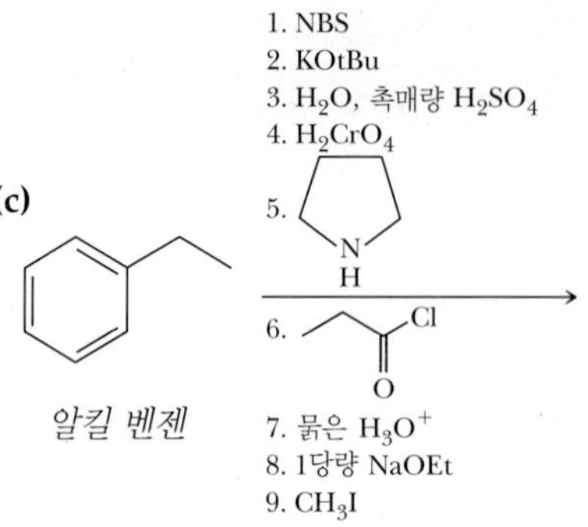 알킬 벤젠

1. NBS
2. KOtBu
3. H_2O, 촉매량 H_2SO_4
4. H_2CrO_4
5. N H
6. Cl O
7. 묽은 H_3O^+
8. 1당량 NaOEt
9. CH_3I

합성

21.51 방향족 출발 물질로 ethylbenzene만을 사용하여 다음의 화합물을 어떻게 합성할 수 있는지를 보여라. 주어진 출발 물질 외에도 다른 필요한 유기 혹은 무기 시약을 사용하라. 이 문제에서 이미 합성된 화합물은 문제 안에서 다른 화합물을 만드는 데 사용될 수 있다.

(a) 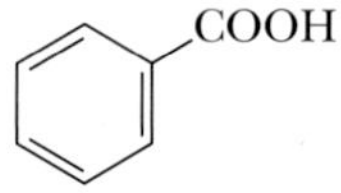 COOH (b) 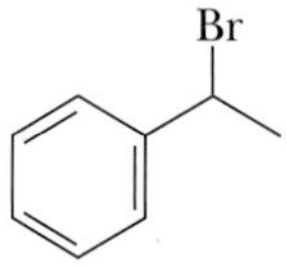 Br (라셈 혼합물) (c) 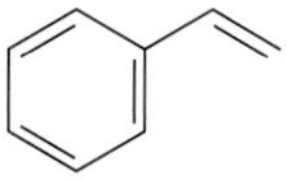 (d) 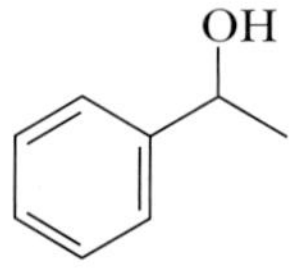 OH (라셈 혼합물)

(e) 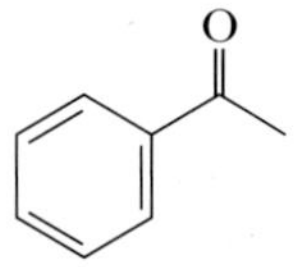 O (f) 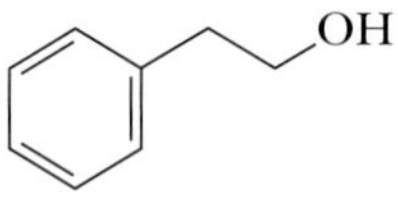 OH (g) 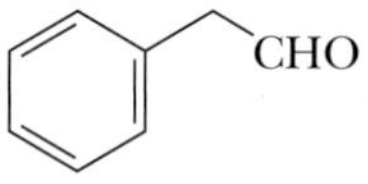 CHO (h) 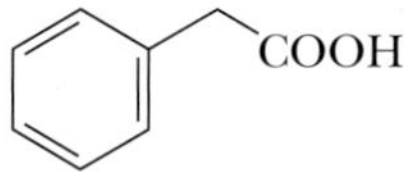 COOH

(i) 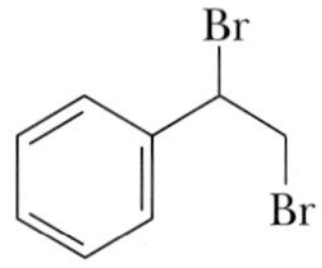 Br Br (라셈 혼합물) (j) 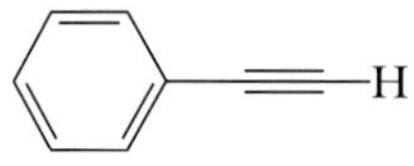 H (k)

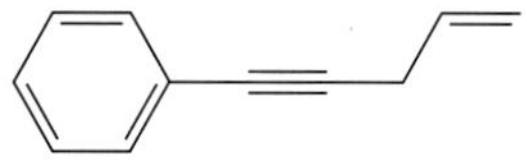

(l) 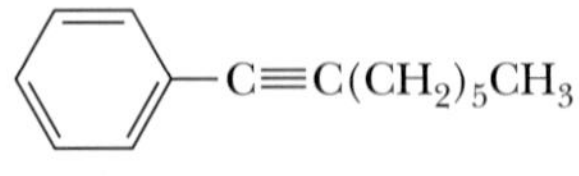 C≡C$(CH_2)_5CH_3$ (m) 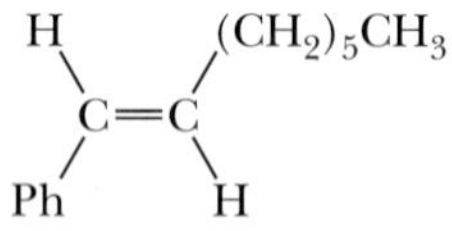 H, $(CH_2)_5CH_3$, C=C, Ph, H (n) 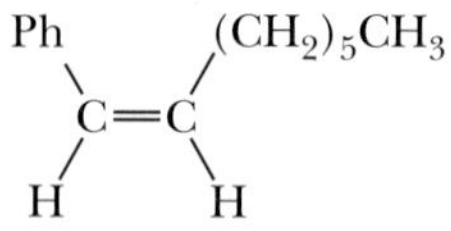 Ph, $(CH_2)_5CH_3$, C=C, H, H

21.52 1-Phenylpropane을 어떻게 아래의 화합물로 전환할 수 있는지를 보여라. 이 출발 물질과 필요한 무기 시약들을 사용하라. 이 문제에서 이미 합성된 화합물은 문제 안에서 다른 화합물을 만드는데 사용될 수 있다.

(a) 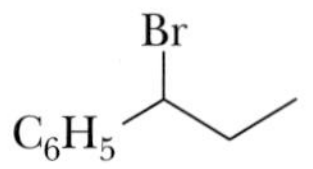 C_6H_5 Br (라셈 혼합물) (b) 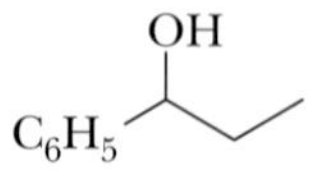 C_6H_5 OH (라셈 혼합물) (c) 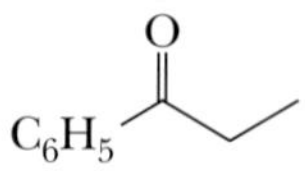 C_6H_5 O

(d) 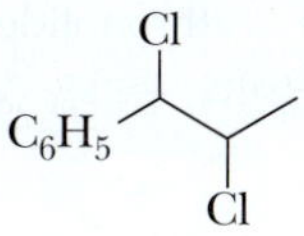 C_6H_5 (Cl, Cl) (라셈 혼합물) **(e)** 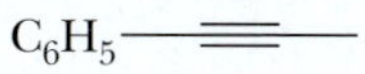 C_6H_5 **(f)** 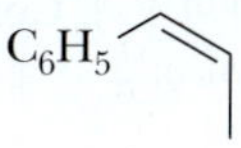 C_6H_5

(g) 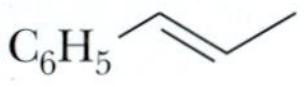 C_6H_5 **(h)** 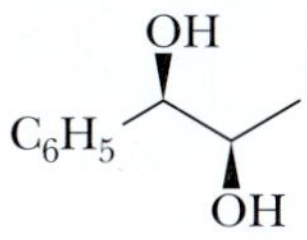 C_6H_5 (OH, OH) (라셈 혼합물) **(i)** 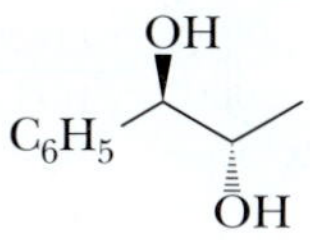 C_6H_5 (OH, OH) (라셈 혼합물)

21.53 Carbinoxamine은 히스타민 길항체이며, 특히 H_1-길항체이다. Maleic acid 염의 좌회전 이성질체는 처방 의약품인 Rotoxamine이란 이름으로 시판되고 있다.

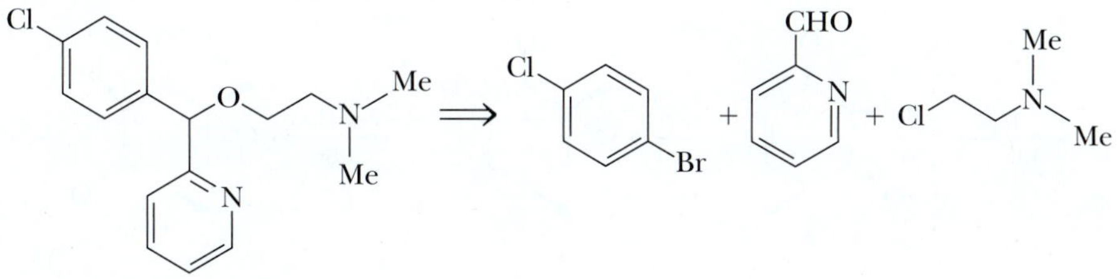

Cl, O, N, Me, Me, N ⟹ Cl, Br + CHO, N + Cl, N, Me, Me

Carbinoxamine

(a) Carbinoxamine의 합성을 제안하라(*주의*: Aryl bromide가 aryl chloride에 비해서 Grignard 시약을 훨씬 쉽게 생성한다).

(b) Carbinoxamine은 카이랄인가? 카이랄이라면, 가능한 입체 이성질체의 수는? 합성 중 생성되는 입체 이성질체들은 어떤 것인가?

21.54 1960년대에 개발된 Cromolyn sodium은 운동에 의하여 유발되는 기종과 같이 폐에 주로 영향을 미치는 알레르기성 반응을 방지하는 데 사용한다. Gromolyn sodium은 histamine의 분비를 막아준다고 생각되며, 붓기, 가려움과 기관지를 수축하는 과정을 억제한다. Gromolyn sodium은 다음의 여러 단계로 합성된다. 1 mol의 epichlorohydrin (11.10절)과 2 mol의 2,6-dihydroxyacetophenone을 염기의 존재 하에서 반응시키면 화합물 I이 얻어진다. 화합물 I을 sodium ethoxide 존재 하에서 2 mol의 diethyl oxalate로 처리하면 다이에스터 II가 얻어진다. 다이에스터의 NaOH 수용액에 의한 비누화 반응에서 cromolyn sodium이 얻어진다.

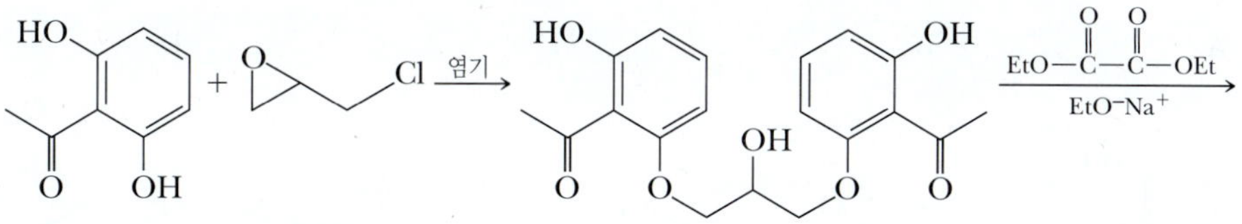

HO, O, OH + O, Cl —염기→ HO, OH, O, O, OH, O, O (I) —EtO–C(=O)–C(=O)–OEt, EtO^-Na^+→

2,6-Dihydroxy-acetophenone **Epichloro-hydrin** I

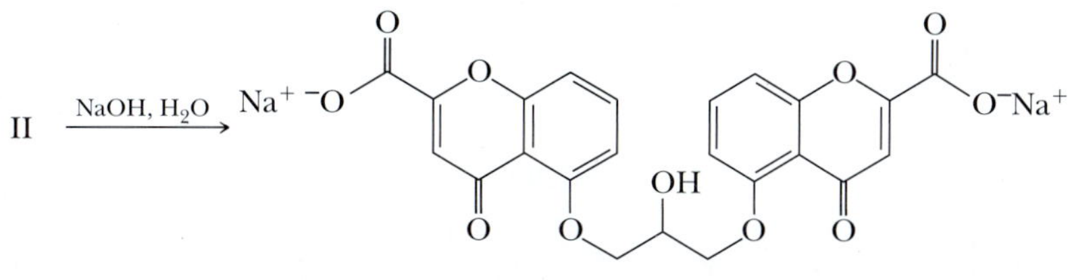

II —NaOH, H_2O→ Na^+ ^-O, O, O, O, O, OH, O, O, O, O, O^-Na^+

Cromolyn sodium

(a) 화합물 I의 형성에 대한 메커니즘을 제안하라.

(b) 화합물 II에 대한 구조식과 그것이 형성되는 메커니즘을 제안하라.

(c) Cromolyn sodium은 카이랄인가? 카이랄이라면, 합성 도중 생기는 입체 이성질체들은 어떤 것들인가?

21.55 다음의 입체 특이성 반응은 erthromycin 항생제의 선구 물질인 erythronolide B의 합성에서 Harvard 대학 E. J. Corey 교수가 사용한 반응 과정의 일부분이다. 놀라울 정도로 간단한 아래의 연속적인 반응 중에 다섯 개의 카이랄 중심이 생긴다.

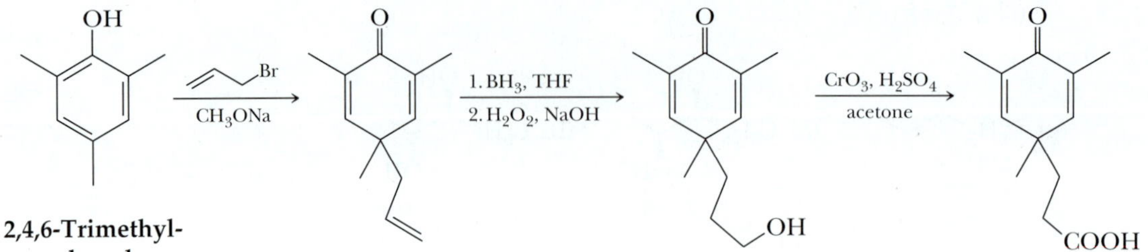

2,4,6-Trimethylphenol → (allyl bromide, CH_3ONa) → A → (1. BH_3, THF; 2. H_2O_2, NaOH) → B → (CrO_3, H_2SO_4, acetone) → C

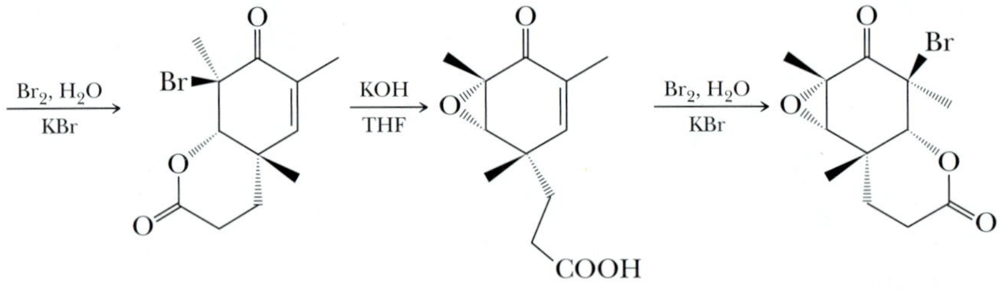

→ (Br_2, H_2O, KBr) → D → (KOH, THF) → E → (Br_2, H_2O, KBr) → F

(a) 2,4,6-Trimethylphenol이 화합물 A로 전환되는 메커니즘을 써라.

(b) 화합물 C를 화합물 F로 바꾸는 세 단계의 반응에 대한 입체선택성과 위치선택성에 대하여 설명하라.

(c) 화합물 F는 단일 거울상 이성질체 또는 라셈 혼합물 중 어떤 형태로 생성되는가를 설명하라.

21.56 다음은 항우울증제인 fluoxetine (Prozac)의 최초 합성법에 대한 개요이다.

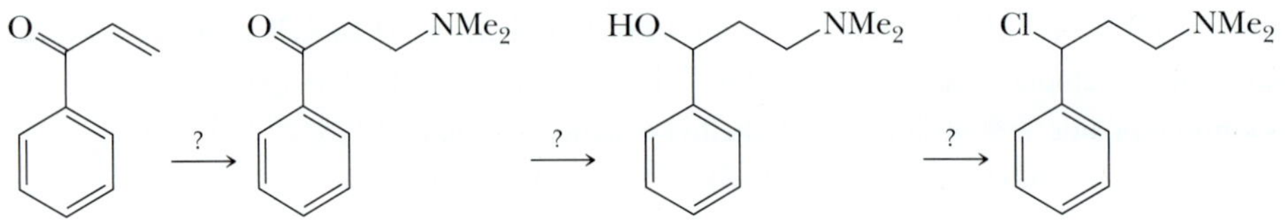

A → (?) → B → (?) → C → (?) → D

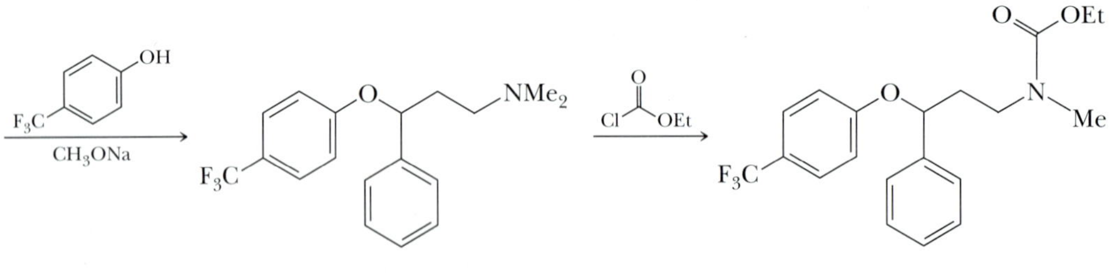

→ (4-F_3C-phenol, CH_3ONa) → E → (ClCOOEt) → F

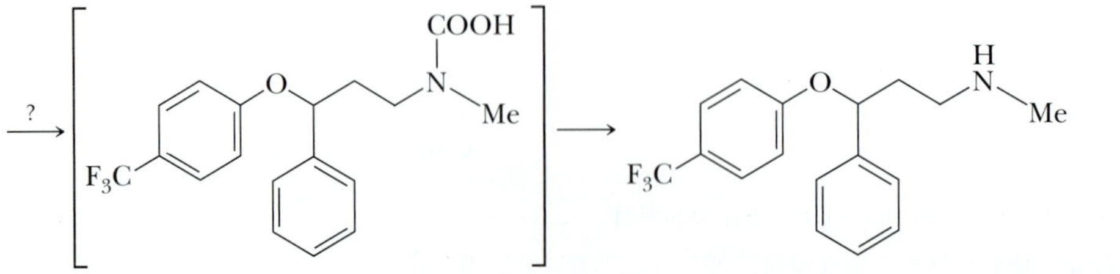

→ (?) → [*N*-치환된 carbamic acid] → **Fluoxetine**

(a) A에서 B로 전환에 필요한 반응 시약을 제안하라.
(b) B에서 C로 전환에 필요한 반응 시약을 제안하라.
(c) C에서 D로 전환에 필요한 반응 시약을 제안하라.
(d) E에서 F로 전환에 필요한 반응 시약을 제안하라. 이 합성에 사용되는 시약은 ethyl chloroformate이다. 이 반응의 부산물은 chloromethane (CH_3Cl)이다. 메커니즘에서 CH_3Cl이 어떻게 생성되는지 나타내어야 한다.
(e) F가 fluoxetine으로 전환될 때 필요한 시약을 제안하라. 이 과정에서 생성되는 대괄호 안의 중간체는 *N*-치환된 carbamic acid이다. 이런 중간체는 불안정하여 이산화 탄소와 아민으로 분해된다.
(f) Fluoxetine은 카이랄인가? 카이랄이라면, 이 합성에서 생성되는 가능한 입체 이성질체들은 어떤 것들이 있는가?

21.57 다음은 부정맥 치료제 bidisomide의 합성법이다. Bn은 벤질기, $C_6H_5CH_2$—의 약어이다.

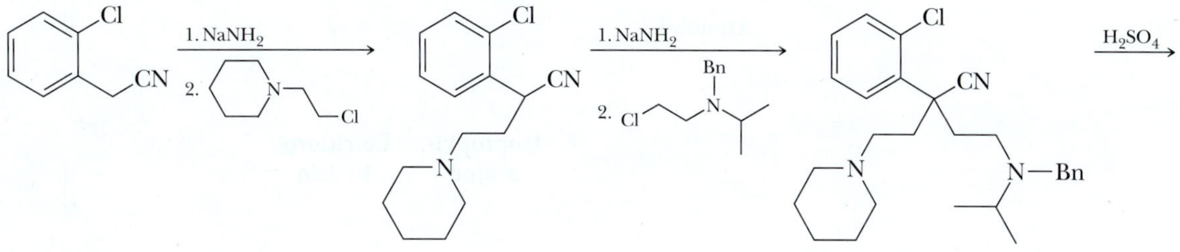

1. $NaNH_2$ 2. (piperidine)N–CH_2CH_2–Cl
1. $NaNH_2$ 2. Cl–CH_2CH_2–N(Bn)(isopropyl)
H_2SO_4

A B C

? ?

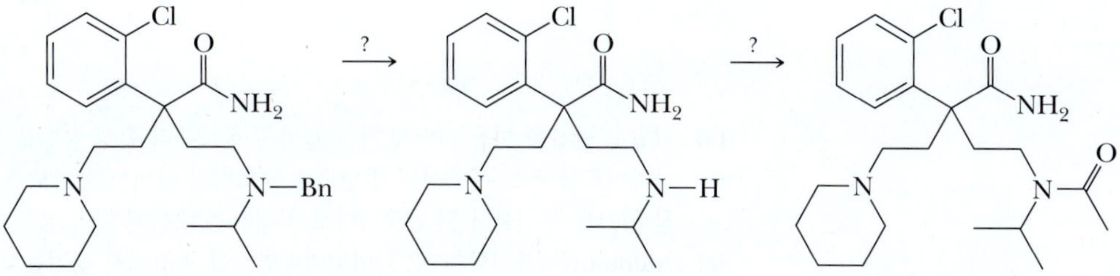

D E **Bidisomide**

(a) A에서 B로, B에서 C로 변환되는 메커니즘을 써라. 이 반응에서 sodium amide의 작용은 무엇인가?
(b) B를 C로 전환할 때 chloroamine에 벤질기를 도입하는 이유는 무엇인가?
(c) D에서 E로 전환할 때 벤질기를 제거하기 위한 시약을 제안하라.
(d) E에서 bidisomide로 전환할 때 시약을 제안하라.
(e) Bidisomide는 카이랄인가? 카이랄이라면, 이 과정에서 생기는 가능한 입체 이성질체들은 어떤 것들이 있는가?

21.58 *β*-차단제를 만들 수 있는 길을 연 것은 산소 원자가 방향족 고리와 곁사슬 사이에 끼워 넣어졌을 때 *β*-차단 효과가 생긴다는 것을 알고 난 이후부터이다. 연습 문제 22.57의 labetalol의 구조와 propranolol의 구조를 비교하여 차이점을 확인하라. 페녹사이드를 알킬화하여 곁사슬을 도입할 수 있다. 곁사슬을 도입한 첫 화합물은 propranolol이다.

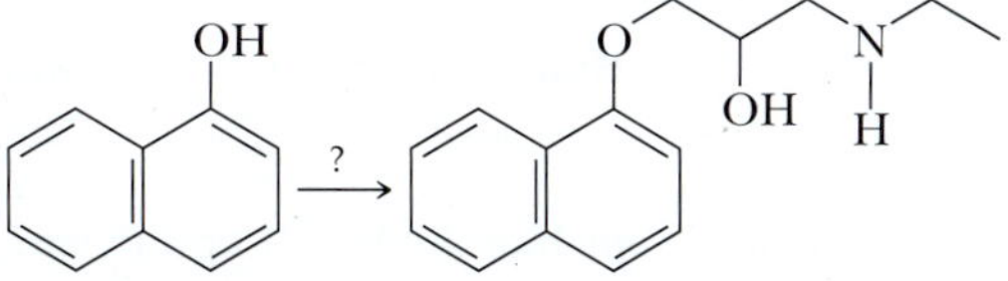

OH ? O OH N H

1-Napthol
(*β*-Naphthol)

Propranolol

(a) 1-Naphthol, epichlorohydrin (11.10절)과 isopropylamine부터 propranolol이 어떻게 합성될 수 있는지 보여라.
(b) Propranolol은 카이랄인가? 카이랄이라면, 이 과정에서 생기는 가능한 입체 이성질체들은 어떤 것들이 있는가?

21.59 Propranolol (연습 문제 21.58)의 부작용은 피로, 수면장애(불면과 악몽을 포함) 및 우울증과 같은 중추 신경계(CNS)의 방해이다. 제약회사들은 이 약의 이러한 부작용을 최소한으로 감소시키거나 없애기 위하여 다시 디자인하려고 하였다. Propranolol은 naphthalene 고리의 친지질 성질 때문에 확산에 의하여 중추 신경계에 들어간다고 생각된다. 문제는 친수성이 더 강한 화합물로 디자인하여 화합물이 수동적 확산으로 뇌에 들어오지 못하게 하여 혈액-뇌 사이의 장막을 통과하지 못하게 하고 β-adrenergic 수용체의 길항체 성질은 유지하도록 하는 것이다. 이러한 연구의 결과는 오직 작은 양만이 혈액-뇌 장벽을 통과할 정도의 친수성이 좋은 β-adrenergic 차단제인 atenolol이다. Atenolol은 가장 많이 사용되는 β-차단제이다.

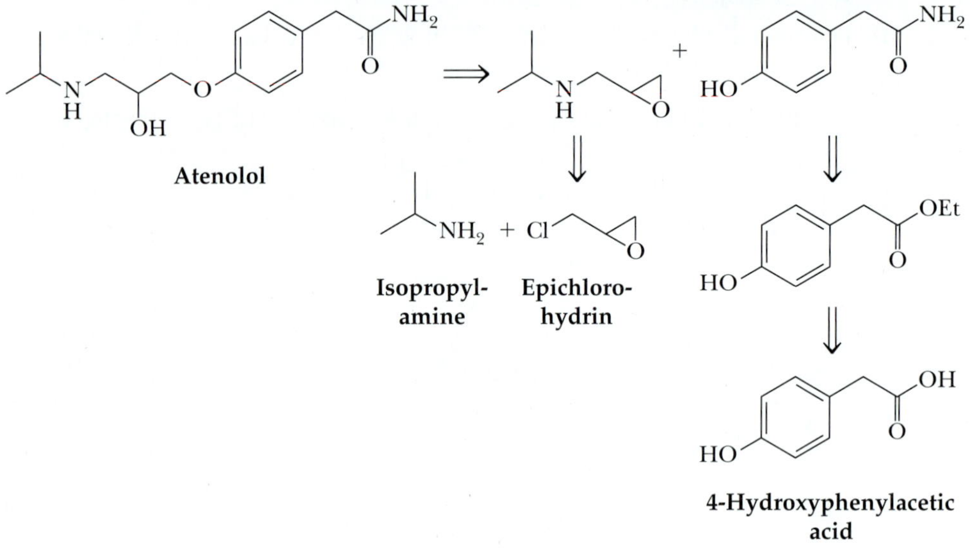

Atenolol

Isopropyl-amine **Epichloro-hydrin**

4-Hydroxyphenylacetic acid

(a) 역합성 방법을 이용하여 세 가지 출발 물질로부터 합성 방법을 제안하라.

(b) 아마이드를 만드는 최상의 방법으로 에스터의 아미노화 방법을 사용하였다. 카복실 산을 산 염화물로 전환한 뒤 암모니아로 처리하는 대신에 이 방법을 사용한 이유는 무엇인가?

(c) Atenolol은 카이랄인가? 카이랄이라면, 이 과정에서 생기는 가능한 입체 이성질체들은 어떤 것들이 있는가?

21.60 어떤 임상 조건 하에서는 생물학적인 반감기가 짧은 주입이 가능한 β-차단제가 필요하다. 그러한 약을 개발하는 데 필요한 단서는 atenolol의 구조로부터 얻어졌다. 왜냐하면 atenolol의 카복실산 형태(아마이드의 가수 분해로부터 얻어진다)는 β-차단 효과가 없기 때문이다. 에스터를 아마이드기를 바꾸고 탄소 사슬을 하나 더 늘리면 esmolol이 얻어진다. 에스터기는 serum esterase에 의해 매우 빨리 카복시기로 가수분해된다. 이 가수분해 생성물은 β-차단 효과가 없다. 4-Hydroxycinnamic acid, epichlorohydrin, isopropylamine으로부터 esmolol의 합성 과정을 보여라.

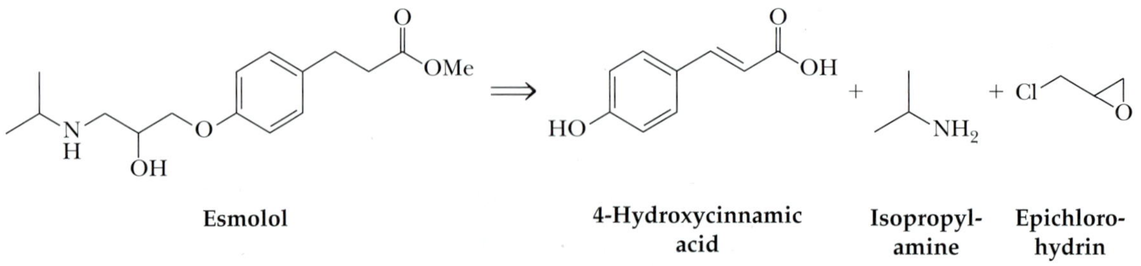

Esmolol

4-Hydroxycinnamic acid **Isopropyl-amine** **Epichloro-hydrin**

(a) 4-Hydroxycinnamic acid, epichlorohydrin, isopropylamine으로부터 esmolol의 합성 과정을 제안하라.

(b) Esmolol은 카이랄인가? 카이랄이라면, 이 과정에서 생기는 가능한 입체 이성질체들은 어떤 것들이 있는가?

21.61 다음은 기관지 확장제인 carbuterol (기도 평활근 받개를 위해 높은 선택성이 있는 β-2 교감 신경 차단제)의 합성 과정이다.

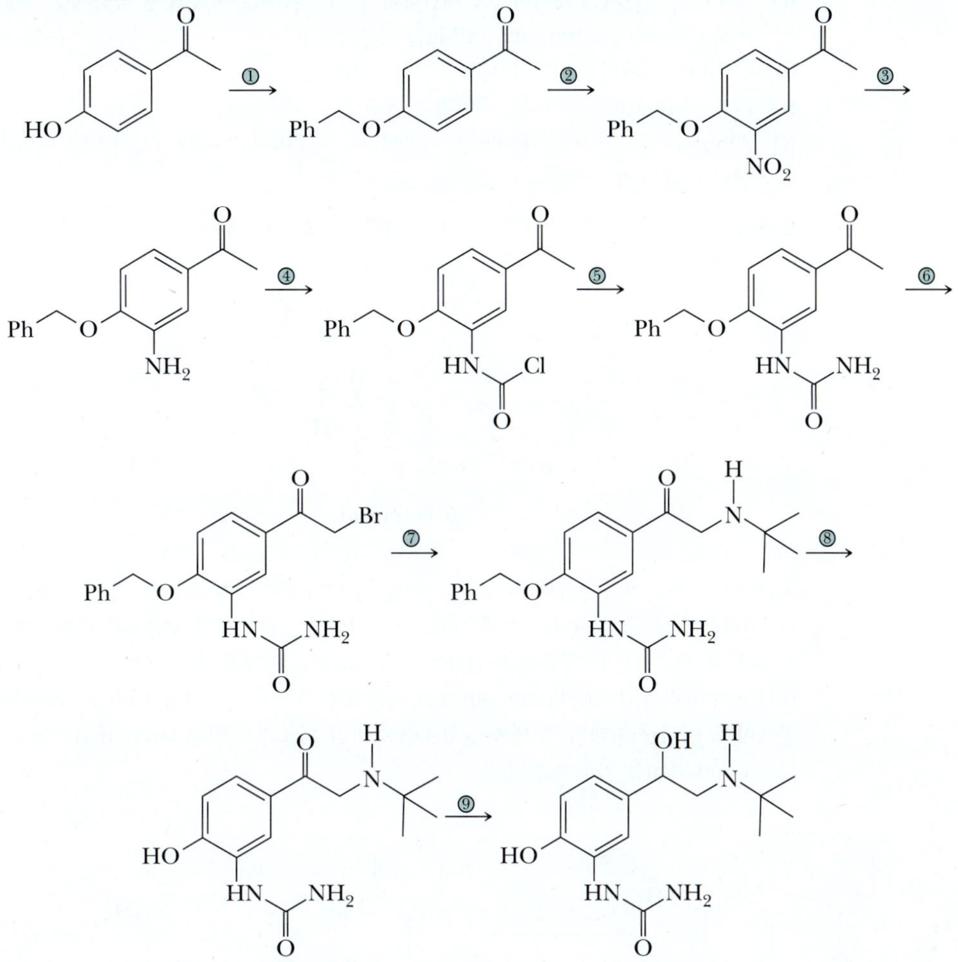

Carbuterol

(a) 각 단계의 시약을 제시하라.

(b) 단계 1에서 보호기로 벤질기($PhCH_2$—)가 필요한 이유는 무엇인가?

(c) Carbuterol과 ephedrine 구조 사이의 관계를 보여라.

(d) Carbuterol은 카이랄인가? 카이랄이라면, 이 과정에서 생기는 가능한 입체 이성질체들은 어떤 것들이 있는가?

21.62 다음은 가장 많이 쓰이는 흡인 기관지 확장제인 albuterol (Proventil)의 합성이다.

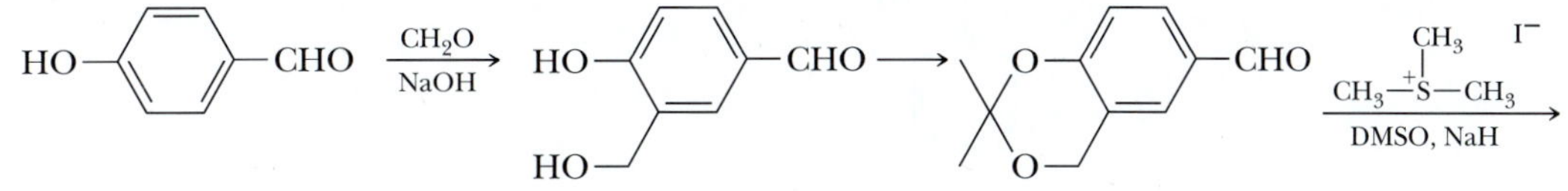

4-Hydroxybenzaldehyde A B 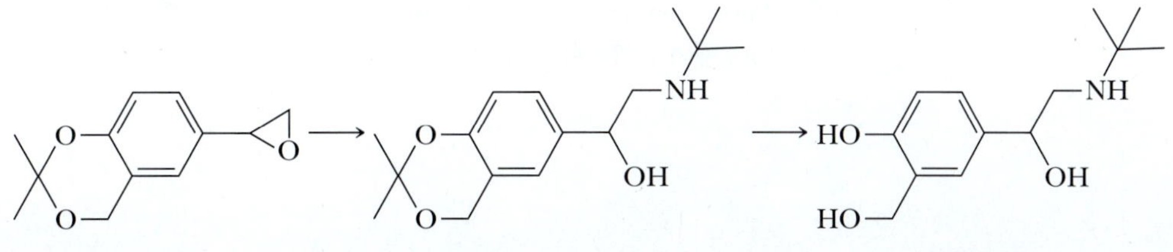 C D Albuterol

(a) 4-Hydroxylbenzaldehyde가 A로 전환되는 메커니즘을 제안하라.

(b) A를 B로 전환시키는 시약과 실험 조건을 제안하라.

(c) B가 C로 전환되는 메커니즘을 제안하라. [*힌트*: Wittig 시약의 황 동등체를 생성하는 것으로 trimethylsulfonium iodide를 사용하라.]

(d) C가 D로 전환되는 시약과 실험 조건을 제안하라.

(e) D가 albuterol로 전환되는 시약과 실험 조건을 제안하라.

(f) Albuterol은 카이랄인가? 카이랄이라면, 이 과정에서 생기는 가능한 입체 이성질체들은 어떤 것들이 있는가?

21.63 Estrogen은 여성 성 호르몬으로서, 그 중 가장 강력한 것은 β-estradiol이 있다.

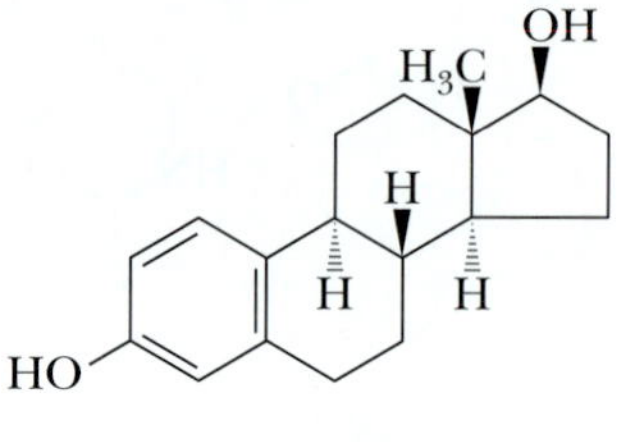

β-Estradiol

최근에 에스트로겐 수용체에 결합하는 분자들을 디자인하고 합성하려는 많은 노력이 있어 왔다. 이러한 연구 중의 하나는 스테로이드가 아니면서 에스트로겐 수용체와 작용하여 내부 또는 외부의 에스트로겐 작용을 차단하는 에스트로겐 길항체를 찾는 것이다. 그 중의 하나가 benzene 고리에 dialkylaminoethoxyl 치환체를 가지고 있는 1,2-diphenylethylene기의 존재이다. 이러한 형태의 첫 번째 길항체는 유방암 치료에 쓰이는 tamoxifen이다. *Z* 구조를 가진 tamoxifen을 아래에 보였다.

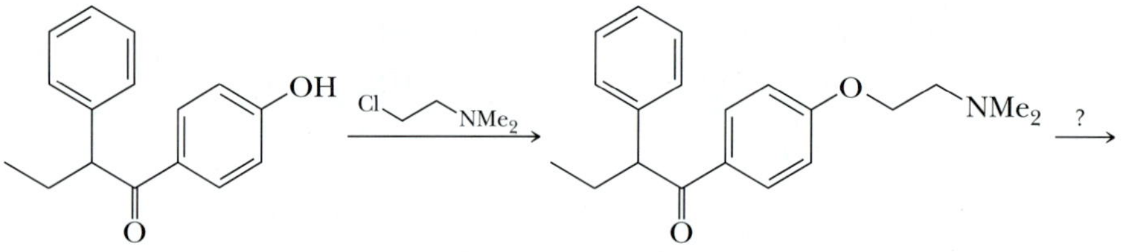

A B

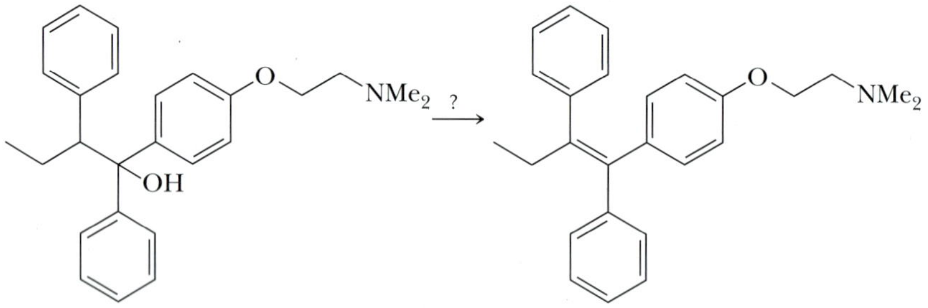

C **Tamoxifen**

A부터 tamoxifen까지의 변환에 필요한 시약을 제안하라(*주의*: 합성의 마지막 단계에서는 *E*와 *Z* 이성질체의 혼합물이 생긴다).

21.64 다음은 그 구조가 tamoxifen과 매우 유사한 비스테로이드성 에스트로겐 길항체인 toremifene의 합성이다.

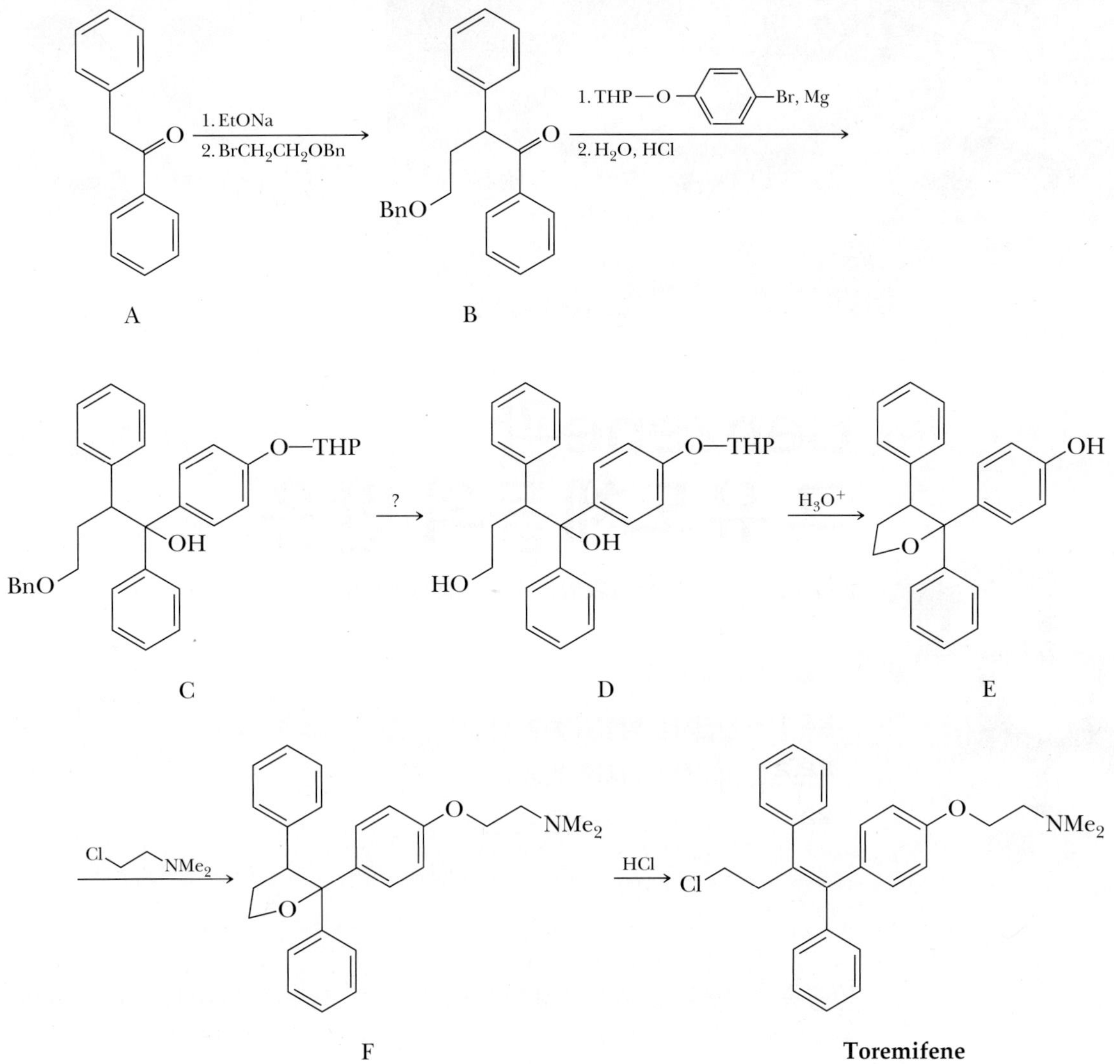

A — 1. EtONa, 2. $BrCH_2CH_2OBn$ → B — 1. THP—O—C_6H_4—Br, Mg, 2. H_2O, HCl →

C — ? → D — H_3O^+ → E

— $Cl\diagup\diagdown NMe_2$ → F — HCl → **Toremifene**

(a) 이 합성은 벤질(Bn)기와 tetrahydropyranyl (THP)기를 보호기로 사용한다. 각 기의 구조와 이들을 붙이고 제거하는 실험 조건에 대하여 기술하라.

(b) 이 합성에서 보호기를 사용하는 이유에 대하여 설명하라.

(c) D를 E로 전환할 때의 메커니즘을 써라.

(d) F를 toremifene으로 전환할 때의 메커니즘을 써라.

(e) Toremifene은 카이랄인가? 카이랄이라면, 이 과정에서 생기는 가능한 입체 이성질체들은 어떤 것들이 있는가?

© Niloo/Shutterstock

Butylated hydroxytoluene 또는 BHT로서 알려진 2,6-di-*tert*-butyl-4-methylphenol (연습 문제 22.23 참조)은 부패를 지연시키는 산화방지제로 흔히 사용된다. ▼ ***삽입 그림:*** BHT의 모형.

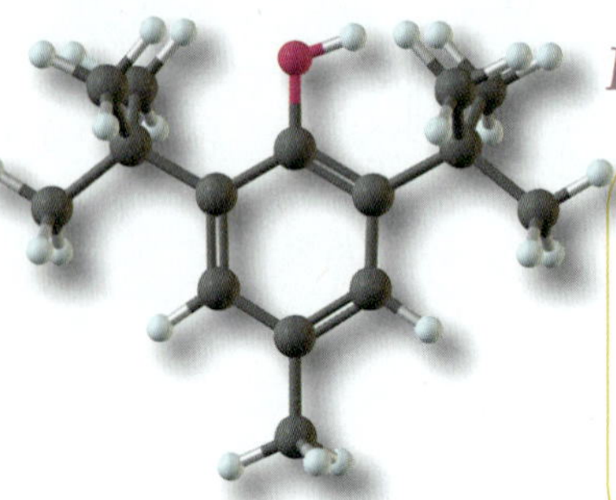

제 22 장

Benzene과 그 유도체들의 반응

Reactions of Benzene and Its Derivatives

이 장의 차례

방향족 화합물들 중 가장 특징적인 반응은 탄소 고리에서 일어나는 치환 반응이다. 이 반응에서 고리 수소 중의 하나가 다른 원자나 원자단에 의해 치환된다. 고리에 직접 치환될 수 있는 기들에는 할로젠 원소들, 나이트로(—NO_2)기, 설폰산(—SO_3H)기, 알킬(—R)기, 아실(RCO—)기 등이 있다. 이들 치환 반응은 다음과 같은 반응식들로 표현된다.

할로젠화 반응:

$$C_6H_5\text{—H} + Cl_2 \xrightarrow{FeCl_3} C_6H_5\text{—Cl} + HCl$$

Chlorobenzene

나이트로화 반응:

$$C_6H_5\text{—H} + HNO_3 \xrightarrow{H_2SO_4} C_6H_5\text{—}NO_2 + H_2O$$

Nitrobenzene

이 장의 동영상 강의를 보려면 **www.cengage.com/chemistry/brown/organic7e**에 접속 후 **Access Student Materials**를 클릭하라.

설폰화 반응:

$$C_6H_5\text{-}H + SO_3 \xrightarrow{H_2SO_4} C_6H_5\text{-}SO_3H$$

Benzenesulfonic acid

알킬화 반응:

$$C_6H_5\text{-}H + RX \xrightarrow{AlX_3} C_6H_5\text{-}R + HX$$

Alkylbenzene

아실화 반응:

$$C_6H_5\text{-}H + RCX(=O) \xrightarrow{AlX_3} C_6H_5\text{-}CR(=O) + HX$$

Acylbenzene

이 반응들을 동시에 하나로 선택하여 공통적인 메커니즘을 살펴보도록 하겠다.

22.1 친전자성 방향족 치환 반응

친전자성 방향족 치환 반응(Electrophilic aromatic substitution)에서는 방향족 고리의 수소 원자가 친전자체(electrophile)인 E^+에 의해서 치환된다.

친전자성 방향족 치환 반응
방향족 고리에 위치한 수소를 친전자체(E^+)로 치환하는 반응.

$$C_6H_5\text{-}H + E^+ \longrightarrow C_6H_5\text{-}E + H^+$$

여러 가지 공통적인 친전자체의 형태와 각각의 친전자체가 어떻게 생성되며, 방향족 고리에 위치한 수소를 치환하는 메커니즘에 대해 공부하기로 한다.

A 염소화 반응과 브로민화 반응

염소는 cyclohexene에 매우 빠르게 첨가 반응이 일어나는 반면에 benzene과는 단독으로 반응하지 않는다. 그러나 ferric chloride 또는 aluminum chloride와 같은 Lewis 산 촉매(4.7절 참조)의 존재 하에서 benzene은 염소와 반응하여 chlorobenzene과 HCl을 생성한다. 다음의 메커니즘에서 보는 바와 같이 이 반응은 일련의 Lewis 산/염기 반응이 포함되어 있다.

MECHANISM 친전자성 방향족 치환 반응: 염소화 반응

1단계: **Lewis 산-Lewis 염기 반응.** 염소와 Lewis 산 촉매 사이의 반응은 염소에 양전하를, 철(iron)에 음전하를 가지는 분자 착물(complex)를 만든다. 이러한 착물에서 전자들의 재분포는 이온쌍의 한 부분으로서 매우 강한 친전자체인 염소 양이온(chloronium ion, Cl^+)을 생성한다.

$$:\ddot{Cl}-\ddot{Cl}: + FeCl_3 \rightleftharpoons :\ddot{Cl}-\overset{+}{Cl}-Fe^{-}Cl_3 \rightleftharpoons :\ddot{Cl}^+ \; FeCl_4^-$$

염소(Chlorine) (Lewis 염기) **Ferric chloride** (Lewis 산) 염소에 양전하와 철에 음전하를 갖는 분자 착물 염소 양이온이 포함된 이온쌍

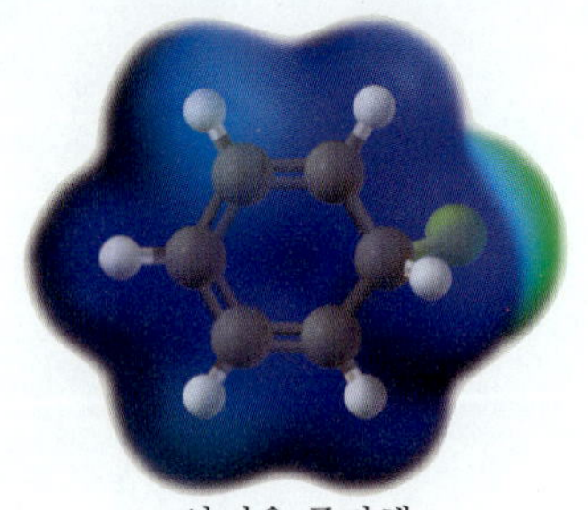

양이온 중간체

2단계: **친핵체(아렌 고리)와 친전체와 새로운 결합 형성.** 염소 양이온 이온(강한 친전자체)은 방향족 고리의 π계(약한 친핵체)를 공격하여 세 개의 공명 구조의 혼성으로 인해 공명 안정화된 양이온 중간체를 만든다. 양전하는 공명 안정화된 양이온 중간체의 오쏘 위치와 파라 위치에 주로 분포함을 주목하라. 이 양전하의 분포는 양이온 중간체의 정전기 퍼텐셜 표면에서 오쏘와 파라 위치에서 진한 푸른색으로 선명하게 보인다.

느림, 속도 결정

3단계: **양성자 제거.** 양이온 중간체로부터 양성자를 $FeCl_4^-$로 이동시켜 HCl을 생성하고, Lewis 산 촉매를 재생시키며, chlorobenzene을 생성한다.

빠름

양이온 중간체 **Chlorobenzene**

Ferric chloride 또는 aluminum chloride 존재 하에서 브로민으로 benzene을 처리하면 bromobenzene과 HBr이 생성된다. 이 반응의 메커니즘은 benzene의 염소화 반응 메커니즘과 같다.

친전자성 방향족 치환 반응을 위한 일반적인 두 단계 메커니즘을 다음과 같이 쓸 수 있다. 첫 번째인 속도 결정 단계에서는 방향족 고리상의 약한 친핵성 π 전자들에 의한 친전자체인 E^+의 공격으로 공명 안정화된 양이온 중간체를 생성한다. 두 번째 단계인 빠른 단계에서는 양이온 중간체로부터 H^+를 잃어버리고 고리의 방향족성을 다시 찾으면서 생성물이 생성된다.

1단계: 느림, 속도 결정

친전자체 공명 안정화된 양이온 중간체

2단계: 빠름

알켄에 할로젠의 첨가와 방향족 고리에의 할로젠의 치환 사이에서의 중요한 차이는 각 반응의 첫 번째 단계에서 형성되는 양이온 중간체가 어떤 길을 가게 되는 가에 달려 있다. 6.3D절을 상기해 보면 염소나 브로민의 알켄에 대한 첨가 반응은 두 단계 과정이며, 첫 번째 단계에서 다리걸친(bridged) 할로늄 이온 중간체가 형성된다. 이 양이온 중간체가 염소 음이온이나 브로민 음이온과 반응하여 첨가 반응이 완결된다. 방향족 화합물에서는 양이온 중간체가 H^+를 잃어 방향족 고리를 재생시키고, 공명 안정화 정도가 크다. 알켄의 경우 이러한 공명 안정화가 거의 없다. 그림 22.1의 에너지 도표는 benzene의 첨가 반응과 치환 반응을 모두 보여주고 있다. 첨가 반응은 방향족성의 공명 에너지를 잃게 하고, 매우 극한 조건이 아니면 일어나지 않는다.

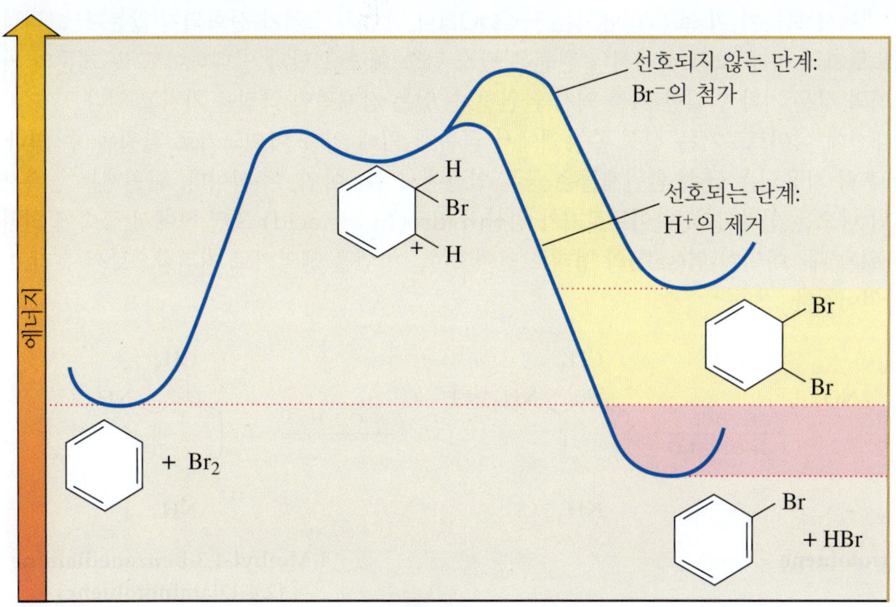

그림 22.1 ▸ Benzene과 브로민과의 반응에 관한 에너지 도표. 첨가 반응 생성물의 형성은 방향족 고리에서 공명 안정화의 손실을 가져오게 된다. 치환 반응 생성물의 형성은 공명 안정화된 방향족 고리를 재생시킨다.

B 나이트로화 반응과 설폰화 반응

Benzene의 나이트로화 반응과 설폰화 반응 단계의 순서는 염소화 반응과 브로민화 반응 단계의 순서와 유사하다. 나이트로화 반응에서는 매우 강한 친전자체인 **나이트로늄 이온**(nitronium ion), 즉 NO_2^+가 질산과 황산의 반응에 의해서 생성된다.

MECHANISM 나이트로늄 이온의 생성

***1단계:* 양성자 첨가.** 황산으로부터 양성자가 질산의 OH기로 이동되어 질산의 짝산을 생성한다.

$$HO_3S-\ddot{O}-H + H-\ddot{O}-N^+(=O)-O^- \rightleftharpoons HSO_4^- + H_2O^+-N^+(=O)-O^-$$

Sulfuric acid **Nitric acid** 질산의 짝산

***2단계:* 결합 끊어지고 안정한 분자나 이온 형성.** 생성된 질산의 짝산으로부터 물이 제거되어 매우 강한 친전자체인 나이트로늄 이온이 생성된다.

$$H_2O^+-N^+(=O)-O^- \longrightarrow H_2\ddot{O}: + \ddot{O}=\overset{+}{N}=\ddot{O}$$

나이트로늄 이온

나이트로화 반응의 중요한 특징은 반응 결과로 얻어진 나이트로기(—NO_2)가 온화한 조건하에서 니켈, 팔라듐, 백금과 같은 전이 금속 촉매 존재 하에 수소화 반응에 의해 일차 아미노기(—NH_2)로 환원될 수 있다는 것이다.

$$O_2N-C_6H_4-COOH + 3\,H_2 \xrightarrow[(3\ atm)]{Ni} H_2N-C_6H_4-COOH + 2\,H_2O$$

4-Nitrobenzoic acid **4-Aminobenzoic acid**

위의 예에서 보듯이 이 조건 하에서는 —COOH나 방향족 고리가 산화되지 않는다. 그러나 나이트로기의 촉매 조건 하에서의 환원은 탄소-탄소 이중 결합과 알데하이드 및 케톤의 카보닐기와 같은 기타 민감한 기들 역시 환원될 수 있는 잠재적인 약점을 가지고 있다.

대신에 나이트로기는 산성 수용액에서 금속에 의해 일차 아미노기로 환원될 수 있다. 가장 흔히 사용되는 금속 환원제들은 묽은 염산에서 철, 아연, 주석이다. 환원제는 금속으로부터 나오는 전자이다. 나이트로기가 염산(hydrochloric acid) 조건 하에서 금속에 의하여 환원될 때, 아민이 염(salt)의 형태로 얻어지며, 이 염을 센염기로 처리함으로써 유리 아민이 얻어진다.

CH_3, NO_2, NO_2 —(Fe, HCl / C_2H_5OH, H_2O)→ CH_3, $NH_3^+\ Cl^-$, $NH_3^+\ Cl^-$ —(NaOH, H_2O)→ CH_3, NH_2, NH_2

2,4-Dinitrotoluene **4-Methyl-1,3-benzenediamine (2,4-Diaminotoluene)**

방향족 고리에 아미노기를 직접 치환시킬 수 없기 때문에 나이트로기를 아미노기로 환원시키는 간접적인 방법은 중요하다.

Benzene의 설폰화 반응은 용해된 삼산화 황(sulfur trioxide)이 함유된 농축 황산(발연 황산)을 사용하여 수행된다. 실험 조건에 따라 SO_3 또는 HSO_3^+가 친전자체가 된다.

:Ö, S=Ö, :Ö   :Ö, +S—Ö—H, :Ö

다음 반응식에서는 sulfur trioxide가 설폰화 시약으로 역할을 한다.

Benzene + SO_3 —(H_2SO_4)→ SO_3H

Benzene **Benzenesulfonic acid**

예제 22.1 ▸ **Benzene의 나이트로화**

Benzene의 나이트로화 반응에 대한 단계적 메커니즘을 써라.

➡ **해답**

1단계에서 나이트로늄 이온(강한 친전자체)은 benzene 고리(약한 친핵체)에 의해 공격을 받아 공명 안정화된 양이온 중간체를 이룬다. 2단계에서 양성자가 이 중간체로부터 H_2O 혹은 HSO_4^-로 이동하여 방향족 고리를 재생시켜 nitrobenzene을 생성한다.

***1단계:* 친핵체(아렌 고리)와 친전자체와 새로운 결합 형성.**

+ Ö=N⁺=Ö ⟶ [H, N⁺, :O:, Ö:⁻ ⟷ H, NO_2 ⟷ H, NO_2]

공명 안정화된 양이온 중간체

2단계: **양성자 제거.**

$$H_2\ddot{O}: + [\text{arenium ion with H and } NO_2] \longrightarrow \text{nitrobenzene} + H_3O^+$$

연습 문제 22.1

뜨거운 진한 황산 존재 하에서 진행되는 benzene의 설폰화 반응 메커니즘을 단계적으로 써라. 이 반응에서 친전자체는 다음 식에 표시된 바와 같이 생성된 SO_3이다.

$$H_2SO_4 \rightleftharpoons SO_3 + H_2O$$

C Friedel-Crafts 알킬화 반응과 아실화 반응

방향족 탄화수소에서의 알킬화 반응은 1877년에 프랑스 화학자 Charles Friedel과 프랑스를 방문 중이었던 미국 화학자 James Crafts에 의해서 발견되었다. 그들은 benzene, 할로젠화 알킬, 염화 알루미늄(aluminium chloride)을 혼합하면 알킬 벤젠과 할로젠화 수소(HX)가 생성되는 것을 발견하였다. 방향족 고리에 새로운 탄소-탄소 결합을 생성하는 중요한 방법 중의 하나인 **Friedel-Crafts 알킬화 반응**(Friedel-Crafts alkylation)은 aluminium chloride의 존재 하에 benzene과 2-chloropropane의 반응으로 예를 들었다.

> **Friedel-Crafts reaction**
> 방향족 고리의 수소가 알킬기 또는 아실기로 교체되는 친전자성 방향족 치환 반응.

$$\text{Benzene} + \text{2-Chloropropane (Isopropyl chloride)} \xrightarrow{AlCl_3} \text{Cumene (Isopropylbenzene)} + HCl$$

Benzene **2-Chloropropane (Isopropyl chloride)** **Cumene (Isopropylbenzene)**

할로젠화 반응, 나이트로화 반응, 설폰화 반응과 같이 Friedel-Crafts 알킬화 반응 메커니즘은 강한 친전자체에 대한 방향족 고리의 공격이 포함되어 있으며, 이 경우에 할로젠화 알킬과 Lewis 산 촉매 사이의 반응에 의하여 탄소양이온이 생성된다.

MECHANISM Friedel-Crafts 알킬화 반응

1단계: **Lewis 산-Lewis 염기 반응.** 할로젠화 알킬(Lewis 염기)와 aluminum chloride (Lewis 산)가 반응하여 알루미늄은 음이온을, 할로젠화 알킬의 할로젠은 양이온을 가지는 착물이 생성된다. 알킬기는 탄소양이온으로 표기할 수 있다. 그러나 유리 탄소양이온이 실제로 생성되기는 것 같지는 않다. 특히 일차 탄소양이온과 이차 탄소양이온은 불안정하기 때문이다. 그럼에도 불구하고 반응 메커니즘의 표기를 단순화하기 위하여 그 반응 중간체를 탄소양이온으로 종종 나타낸다.

$$R-\ddot{Cl}: + AlCl_3 \rightleftharpoons R-\overset{+}{Cl}-\overset{-}{Al}Cl_3 \rightleftharpoons R^+ \; AlCl_4^-$$

염소에 양이온과 알루미늄에 음이온을 가진 분자 착물

탄소양이온이 포함된 이온쌍

2단계: 친핵체(아렌 고리)와 친전자체와의 새로운 결합 형성. 탄소양이온(강한 친전자체)이 방향족 고리의 π 전자들(약한 친핵체)과 반응하여 공명으로 안정화된 양이온 중간체를 생성한다.

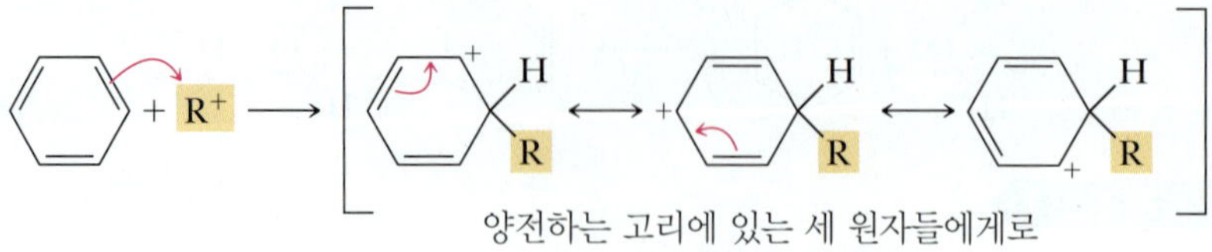

양전하는 고리에 있는 세 원자들에게로 비편재화되어 있다.

3단계: 양성자 제거. 양성자가 이동하여 고리의 방향족성을 회복한다.

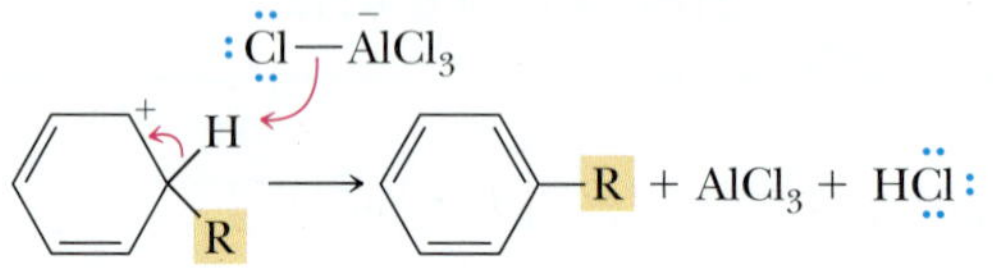

할로젠화 바이닐 또는 할로젠화 아릴의 경우에 sp^2 혼성화된 탄소에 있는 할로젠 원소는 Friedel-Crafts 알킬화 반응 조건 하에서 친전자체를 만들기 위하여 반응하지 않는다. 왜냐하면 이들 탄소양이온을 형성하기 위해서는 높은 활성화 에너지가 요구되기 때문이다.

Friedel-Crafts 알킬화 반응에는 세 가지 중요한 한계점들이 있다. 첫 번째 한계점은 알킬기의 자리옮김 반응이 일어날 수 있다는 가능성이다. 이는 다음과 같은 방법으로 일어난다. Friedel-Crafts 알킬화 반응은 6.3C절에서 이미 살펴보았듯이 탄소양이온의 생성을 필요로 하며, 탄소양이온은 더욱 안정된 탄소양이온으로 자리옮김이 일어날 수 있다. 탄소양이온 자리옮김은 Friedel-Crafts 알킬화 반응에서 흔히 일어난다. 예를 들면, benzene이 1-chloro-2-methylpropane (isobutyl chloride)과 반응하면 2-methyl-2-phenylpropane (*tert*-butylbenzene)만을 생성한다.

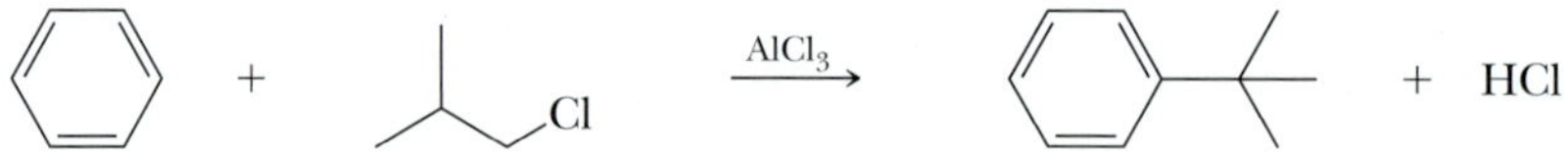

1-Chloro-2-methylpropane (Isobutyl chloride) **2-Methyl-2-phenylpropane (*tert*-Butylbenzene)**

이 경우에 isobutyl chloride/$AlCl_3$ 착물은 직접 *tert*-butyl 양이온/$AlCl_4^-$의 이온쌍으로 자리옮김하고, 자리옮김한 이온쌍은 Friedel-Crafts 알킬화 반응의 예에 나타난 바와 같이 친전자체로 작용한다.

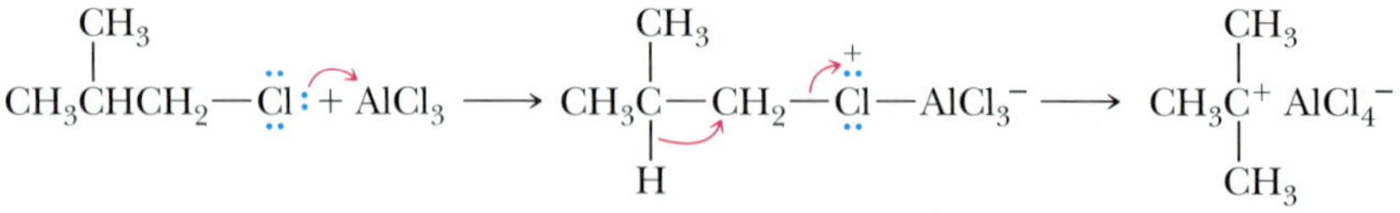

Isobutyl chloride **Isobutyl chloride/aluminum chloride complex** ***tert*-butyl 양이온/$AlCl_4^-$의 이온쌍**

실제로 일차 할로젠화물은 알킬화 반응에 사용되지 않고, —CH_2CH_3(에틸) 이외의 다른 일차 알킬기를 가진 알킬 벤젠은 다른 방법으로 합성하여 사용해야 한다. 알킬화 반응은 아이소프로필(isopropyl), *tert*-butyl 및 다른 알킬기 등과 같이 자리옮김하기 어려운 양이온들을 도입하는데 적절한 반응이다.

Friedel-Crafts 알킬화 반응에서 두 번째 한계는 하나 이상의 강한 전자를 끄는 기를 갖는 benzene 고리에서는 반응이 일어나지 않는다는 것이다. 다음 장에서 알아보겠지만 아래 표에서 보여주는 유형의 치환체들은 benzene 고리 반응성인 친전자성 방향족 치환 반응에 큰 영향을 미친다.

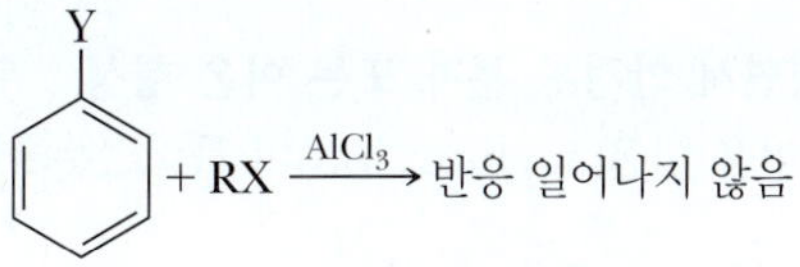

$$\text{Y-C}_6\text{H}_5 + \text{RX} \xrightarrow{\text{AlCl}_3} \text{반응 일어나지 않음}$$

Y가 이 작용기들 중의 어떤 작용기와 같을 경우, benzene 고리는 Friedel-Crafts 알킬화 반응을 일으키지 않는다.				
$-\overset{O}{\overset{\|}{C}}H$	$-\overset{O}{\overset{\|}{C}}R$	$-\overset{O}{\overset{\|}{C}}OH$	$-\overset{O}{\overset{\|}{C}}OR$	$-\overset{O}{\overset{\|}{C}}NH_2$
$-SO_3H$	$-C\equiv N$	$-NO_2$	$-NR_3^+$	
$-CF_3$	$-CCl_3$			

Friedel-Crafts 알킬화 반응에서 세 번째 한계는 알킬화된 생성물이 benzene보다 반응성이 더 크기 때문에 단일 알킬화 반응에서 반응을 멈추기가 쉽지 않다는 것이다. 22.2절에서 반응성에 대하여 자세히 다루겠지만, 일반적으로 알킬화된 benzene은 치환되지 않은 benzene보다 반응성이 강하다. 이 한계는 용매로서 그리고 반응물로서 benzene을 과량으로 사용함으로써 극복될 수 있다.

Friedel-Crafts는 또한 aluminum chloride의 존재 하에서 방향족 탄화수소를 할로젠화 아실(acyl halide, 18.1A절)로 처리하면 케톤이 생성됨을 알게 되었다. RCO—기는 아실기로 알려져 있기 때문에 할로젠화 아실과 방향족 탄화수소의 반응은, aluminum chloride의 존재 하에 benzene과 acetyl chloride가 반응하여 acetophenone을 생성하는 반응에서 설명된 바와 같이 Friedel-Crafts 아실화 반응으로 알려져 있다.

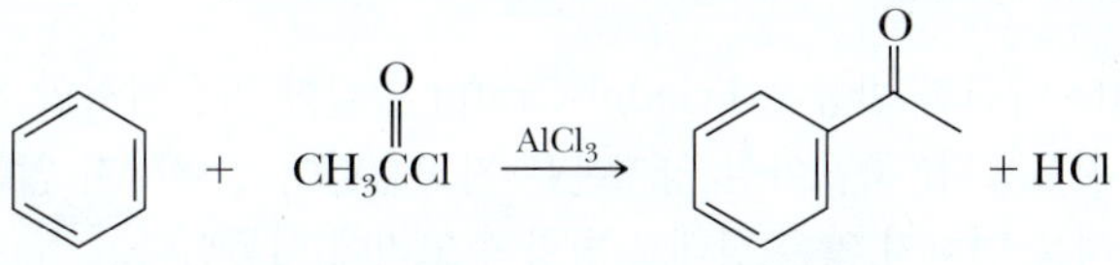

$$\text{C}_6\text{H}_6 + \text{CH}_3\overset{O}{\overset{\|}{C}}\text{Cl} \xrightarrow{\text{AlCl}_3} \text{C}_6\text{H}_5\text{COCH}_3 + \text{HCl}$$

Benzene **Acetyl chloride** (할로젠화 아실) **Acetophenone** (케톤)

Acylbenzene이 출발 물질(대부분의 경우 반응성이 없음)보다 반응성이 낮다는 사실이 알킬화 반응의 세 번째 한계를 극복하게 한다.

친전자성 방향족 치환 반응의 다음 예는 육원자 고리를 형성하기 위하여 분자 내의 아실화 반응이 포함되어 있다.

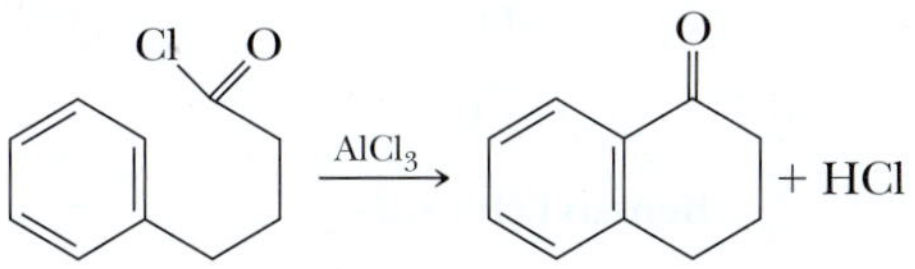

$$\text{4-Phenylbutanoyl chloride} \xrightarrow{\text{AlCl}_3} \alpha\text{-Tetralone} + \text{HCl}$$

4-Phenylbutanoyl chloride **α-Tetralone**

MECHANISM **Friedel-Crafts 아실화 반응: 아실리움 이온의 생성**

1단계: **Lewis 산-Lewis 염기 반응.** Friedel-Crafts 아실화 반응은 할로젠화 아실의 할로젠으로부터 aluminum chloride로 전자쌍을 주어 Friedel-Crafts 알킬화 반응처럼 분자 착물을 만드는 것으로 시작된다. 이 착물에서 할로젠은 양의 형식 전하를, 알루미늄은 음의 형식 전하를 갖는다.

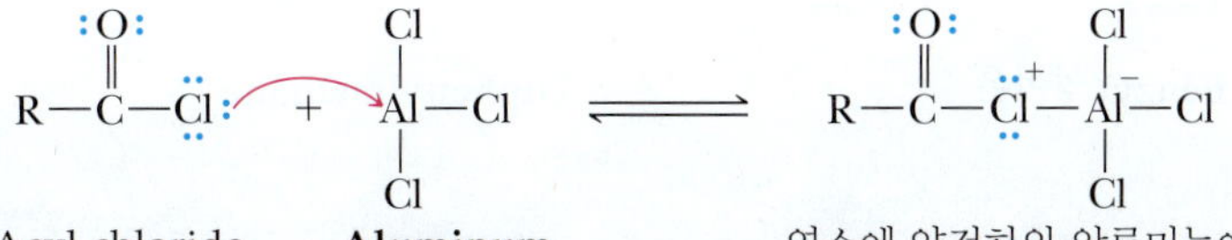

$$\text{R}-\overset{:O:}{\overset{\|}{C}}-\ddot{\text{Cl}}: + \text{AlCl}_3 \rightleftharpoons \text{R}-\overset{:O:}{\overset{\|}{C}}-\overset{+}{\ddot{\text{Cl}}}-\overset{-}{\text{Al}}\text{Cl}_3$$

Acyl chloride (Lewis 염기) **Aluminum chloride** (Lewis 산) 염소에 양전하와 알루미늄에 음전하를 가진 분자 착물

아실리움 이온

$[RC{\equiv}O]^+$ 또는 $[ArC{\equiv}O]^+$ 구조를 가진 공명 안정화된 양이온. 양전하는 카보닐기의 탄소와 카보닐 산소에 모두에 비편재화되어 있다.

***2단계:* 결합이 끊어지면서 안정된 분자 또는 이온 형성.** 탄소와 염소 사이의 전자를 재배치함으로써 **아실리움 이온**(acylium ion)이 들어있는 이온쌍을 생성한다.

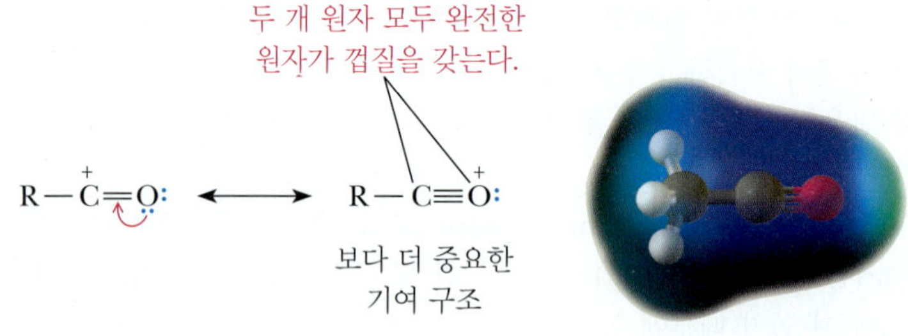

아실리움 이온에 대하여 그릴 수 있는 두 개의 중요한 구조 중에서 탄소와 산소 양쪽 모두에 최외각 전자를 완전히 채우는 구조가 그 혼성체에 더 크게 기여한다.

두 개 원자 모두 완전한 원자가 껍질을 갖는다.

$$R-\overset{+}{C}=\ddot{O}: \longleftrightarrow R-C\equiv\overset{+}{O}:$$

보다 더 중요한 기여 구조

Friedel-Crafts 아실화 반응은 Friedel-Crafts 알킬화 반응에서의 두 번째 중요한 제약 조건으로부터 자유롭다. 즉, 아실 양이온은 자리옮김이 일어나지 않는다. 따라서 acyl halide의 탄소 골격은 변하지 않은 상태로 방향족 고리에 이동된다.

예제 22.2 ▸ Friedel-Crafts 반응

아래 각 화합물들과 benzene과의 Friedel-Crafts 알킬화 반응 혹은 아실화 반응 생성물에 대한 구조식을 써라.

(a) $C_6H_5CH_2Cl$ **Benzyl chloride**

(b) $C_6H_5\overset{O}{\overset{\|}{C}}Cl$ **Benzoyl chloride**

해답

(a) Lewis 산 촉매 하에서 benzyl chloride는 벤질 양이온(친전자체)을 생성하고, 그 다음에 benzene (약한 친핵체)을 공격한 뒤 양성자 이동에 의해 diphenylmethane이 생성된다. 이 예에서 벤질 양이온은 비록 일차일지라도 자리옮김 반응을 할 수 없다.

$$C_6H_5-CH_2^+ + C_6H_6 \longrightarrow C_6H_5-CH_2-C_6H_5 + H^+$$

Benzyl 양이온 **Diphenylmethane**

(b) Benzoyl chloride를 aluminum chloride로 처리하면 아실리움 이온(친전자체)이 생성된다. 이 양이온과 방향족 고리의 π 전자(약한 친핵체)들이 반응한 다음에 양성자 이동에 의하여 benzophenone을 생성한다.

$$C_6H_5-\overset{\overset{O}{\|}}{C}^{+} + C_6H_6 \longrightarrow C_6H_5-\overset{\overset{O}{\|}}{C}-C_6H_5 + H^+$$

Benzoyl 양이온 **Benzophenone**

연습 문제 22.2

아래 각 화합물들과 benzene과의 Friedel-Crafts 알킬화 반응 혹은 아실화 반응 생성물에 대한 구조식을 써라.

(a) $(CH_3)_3C-\overset{\overset{O}{\|}}{C}-Cl$ **(b)** $CH_3CH_2CH_2Cl$ **(c)** Ph–CH(CH_3)–Cl

합성 과정에서 Friedel-Crafts 아실화 반응의 가치는 isobutylbenzene의 합성에 나타난 바와 같이 자리옮김이 일어나지 않은 alkylbenzene을 만들 수 있다는 것이다.

$$C_6H_6 + Cl-\overset{\overset{O}{\|}}{C}-CH(CH_3)_2 \xrightarrow{AlCl_3} C_6H_5-\overset{\overset{O}{\|}}{C}-CH(CH_3)_2 \xrightarrow[\text{diethylene glycol}]{N_2H_4,\ KOH} C_6H_5CH_2CH(CH_3)_2$$

2-Methyl-propanoyl chloride **2-Methyl-1-phenyl-1-propanone** **Isobutylbenzene**

Benzene을 aluminum chloride의 존재 하에서 2-methylpropanoyl chloride로 처리하면 2-methyl-1-phenyl-1-propanone이 생성된다. 카보닐기를 Wolff-Kishner 또는 Clemmensen 환원에 의해 메틸렌기로 환원하면(16.11C절) isobutylbenzene이 생성된다.

D 기타 친전자성 방향족 알킬화 반응

Friedel-Crafts의 알킬화 반응과 아실화 반응에 양이온성 친전자체들이 관여함을 발견한 후에 시약들과 촉매들의 다른 조합에 의해서도 같은 반응들이 이루어질 수 있음을 알게 되었다. 알켄과 알코올로부터 각각 탄소양이온들이 발생되는 두 가지 반응을 살펴보자.

6.3절에서 본 바와 같이 HX, H_2SO_4, H_3PO_4, HF/BF_3와 같은 센산으로 알켄을 처리하면 탄소양이온이 생성된다. Acetone과 phenol의 공업적 합성에서 사용되는 중간체인 cumene (연습 문제 16.65)은 인산 촉매의 존재 하에 benzene과 propene을 반응시킴으로써 공업적으로 합성된다.

$$C_6H_6 + CH_3CH{=}CH_2 \xrightarrow{H_3PO_4} C_6H_5CH(CH_3)_2$$

Benzene **Propene** **Cumene**

알켄의 알킬화 반응은 Lewis 산 촉매 하에서 일어날 수 있다. Aluminum chloride의 존재 하에서 benzene을 cyclohexene으로 처리하면 phenylcylohexane이 생성된다.

Benzene + Cyclohexene $\xrightarrow{AlCl_3}$ Phenylcyclohexane

탄소양이온들은 또한 알코올을 H_2SO_4, H_3PO_4 또는 HF(10.5절)로 처리하면 얻을 수 있다.

Benzene + 2-Methyl-2-propanol (*tert*-Butyl alcohol) $\xrightarrow{H_3PO_4}$ 2-Methyl-2-phenylpropane (*tert*-Butylbenzene) + H_2O

예제 22.3 ▸ **탄소양이온의 친전자성 첨가**

인산의 존재 하에서 benzene과 propene으로부터 isopropylbenzene (cumene)의 생성에 관한 메커니즘을 써라.

➥ 해답

***1단계:* 친핵체(π 결합)과 친전자체와의 새로운 결합 형성**. 인산으로부터 propene으로의 양성자 이동에 의하여 isopropyl 양이온이 생성된다.

Propene + H—O—P(=O)(OH)—O—H $\xrightleftharpoons{\text{빠르고 가역적}}$ Isopropyl 양이온 + $^-$O—P(=O)(OH)—O—H

***2단계:* 친핵체(아렌 고리)와 친전자체와의 새로운 결합 형성**. Isopropyl 양이온은 benzene 고리의 π 전자들과 반응하여 공명 안정화된 탄소양이온 중간체를 만든다.

Benzene + isopropyl 양이온 $\xrightleftharpoons{\text{느림, 속도 결정}}$ 탄소양이온 중간체

***3단계:* 양성자 제거**. Dihydrogen phosphate로 양성자 이동이 일어나서 cumene이 생성된다.

탄소양이온 중간체 + $^-$O—P(=O)(OH)—O—H $\xrightarrow{\text{빠름}}$ Cumene + H—O—P(=O)(OH)—O—H

연습 문제 22.3

인산 존재 하에서 benzene과 *tert*-butyl alcohol로부터 *tert*-butylbenzene이 생성되는 메커니즘을 써라.

22.2 이치환과 다치환 반응

A 추가 치환에 대한 치환기의 효과

일치환 benzene의 친전자성 방향족 치환에는 세 가지 생성물이 가능하다. 새로운 치환기는 현재 존재하는 치환기에 대해서 오쏘, 메타 또는 파라 위치에 배향이 가능하다. 표 22.1은 일치환 benzene 계열의 나이트로화 반응에 대한 배향을 나타내고 있다.

표 22.1과 다른 연구들의 결과를 종합하여 현재 존재하는 치환기들이 추가로 일어나는 치환 반응에 미치는 영향에 대하여 다음과 같이 정리할 수 있다.

1. *치환기들은 새로 도입되는 치환기의 배향에 영향을 준다.* 어떤 치환기들은(예를 들면, $—OCH_3$와 —Cl) 새로 도입되는 치환기를 오쏘와 파라의 위치에 우선적으로 들어오게 하며, 다른 치환기들은 (예를 들면, $—NO_2$와 —COOH) 새로 도입되는 치환기를 메타 위치에 우선적으로 들어오게 한다. 바꾸어 말하면 benzene 고리상에 있는 치환기들은 **오쏘-파라 지향성**(ortho-para directing) 또는 **메타 지향성**(meta directing)으로 분류될 수 있다.
2. *치환기들은 추가로 일어나는 치환 반응 속도에 영향을 준다.* 어떤 치환기들은 두 번째 치환 반응의 속도를 benzene 자체가 일으키는 치환 반응보다 빠르게 일어나게 하고, 반면에 어떤 치환기들은 두 번째 치환 반응의 속도를 benzene 자체가 일으키는 치환 반응보다 느리게 일어나게 한다. 다시 말하면, benzene 고리에 있는 치환기들은 추가로 일어나는 치환 반응에 대해 **활성화**(activating) 또는 **활성 감소**(deactivating)로 분류될 수 있다.

활성화기
친전자성 방향족 치환 반응의 속도를 benzene이 일으키는 치환 반응 속도보다 더 빠르게 하는 benzene 고리에 있는 치환기.

활성 감소기
친전자성 방향족 치환 반응의 속도를 benzene이 일으키는 치환 반응 속도보다 더 느리게 하는 benzene 고리에 있는 치환기.

이 지향성과 활성화-활성 감소 효과들은 anisole의 나이트로화 반응과 benzoic acid의 나이트로화 반응에 대한 생성물들과 반응 속도들을 비교함으로써 확인할 수 있다. Anisole의 나이트로화 반응은 benzene의 나이트로화 반응보다 상당히 더 빠른 속도로 일어나며(메톡시기는 활성화기임), 그 생성물은 *o*-nitroanisole과 *p*-nitroanisole의 혼합물이다(메톡시기는 오쏘-파라 지향성이다).

OCH_3 / OCH_3, NO_2 / OCH_3, NO_2

Anisole + HNO_3 $\xrightarrow{CH_3COOH}$ *o*-Nitroanisole (44%) + *p*-Nitroanisole (55%) + H_2O

Anisole **o-Nitroanisole** (44%) **p-Nitroanisole** (55%)

Benzoid acid의 나이트로화 반응에서는 아주 다른 상황이 나타난다. 첫째, 이 반응은 benzene에 비해 보다 더 큰 반응성을 갖는 발연성의 질산과 보다 높은 온도를 필요로 한다. Benzoic acid의 나이트로화 반응은 benzene 자체의 나이트로화 반응보다 훨씬 더 느

표 22.1 일치환 benzene의 나이트로화 반응 배향

치환기	오쏘	메타	파라	오쏘 + 파라	메타
$—OCH_3$	44	—	55	99	소량
$—CH_3$	58	4	38	96	4
—Cl	70	—	30	100	소량
—Br	37	1	62	99	1
—COOH	18	80	2	20	80
—CN	19	80	1	20	80
$—NO_2$	6.4	93.2	0.3	6.7	93.2

리게 진행되기 때문에 카복시기는 강한 활성 감소기임을 알 수 있다. 둘째, 생성물은 메타 이성질체가 약 80%를 오쏘 및 파라 이성질체가 20%를 구성하고 있는 혼합물이다. 따라서 카복시기는 메타 지향성이라고 말한다.

$$\text{Benzoic acid} + HNO_3 \xrightarrow[100°C]{H_2SO_4} \text{o-Nitrobenzoic acid (18\%)} + \text{m-Nitrobenzoic acid (80\%)} + \text{p-Nitrobenzoic acid (2\%)} + H_2O$$

Benzoic acid · ***o*-Nitrobenzoic acid** (18%) · ***m*-Nitrobenzoic acid** (80%) · ***p*-Nitrobenzoic acid** (2%)

이 책에서 나오는 주요 작용기들의 지향성과 활성화-활성 감소 효과들에 대하여 표 22.2에 나열하였다. 오쏘-파라 지향성기와 메타 지향성기의 구조적 유사성과 차이점을 비교하면 다음과 같이 일반화할 수 있다.

1. 알킬기, 페닐기, 비공유 전자쌍을 가지고 있는 원자가 고리에 연결되어 있는 치환기는 오쏘-파라 지향성이다. 그 외의 모든 다른 치환기는 메타 지향성이다.

2. 모든 오쏘-파라 지향성기들은 활성화기이다. 이러한 일반화에서 예외적인 치환기는 할로젠으로 약한 활성 감소기이다.

알킬기들이 약한 활성화기이기 때문에 Friedel-Crafts 알킬화 반응이 단일 알킬화에서 멈추지 않는 이유가 된다. 첫 번째 알킬기가 방향족 고리에 도입될 때 그 방향족 고리는 반응 조건을 매우 주의 깊게 조절하지 않는 한 알킬화 반응이 추가적으로 진행되도록 활성화되어 다이-, 트라이- 그리고 폴리알킬화 반응에 의한 혼합물이 생성된다. 반면에 아실기는 추가로 일어나는 치환 반응에 대해 활성 감소기이기 때문에, Friedel-Crafts 아실화 반응은 단일 아실화 반응이 일어난 이후 계속해서 아실화 반응이 진행되지 않는다.

우리는 두 가지 서로 다른 이치환 benzene 유도체들의 합성을 고려하면서 이 일반적인 개념의 유용성을 설명한다. Benzene으로부터 *m*-bromonitrobenzene을 합성할 경우

표 22.2 추가로 일어나는 치환 반응에서 치환기의 지향성 효과

지향성	효과	치환기						
오쏘-파라 지향성	강한 활성화	$-\ddot{N}H_2$	$-\ddot{N}HR$	$-\ddot{N}R_2$	$-\ddot{O}H$	$-\ddot{O}R$		
	중간 활성화	$-\ddot{N}HC(=O)R$	$-\ddot{N}HC(=O)Ar$	$-\ddot{O}C(=O)R$	$-\ddot{O}C(=O)Ar$			
	약한 활성화	$-R$	$-C_6H_5$					
	약한 활성 감소	$-\ddot{F}:$	$-\ddot{Cl}:$	$-\ddot{Br}:$	$-\ddot{I}:$			
메타 지향성	중간 활성 감소	$-C(=O)H$	$-C(=O)R$	$-C(=O)OH$	$-C(=O)OR$	$-C(=O)NH_2$	$-S(=O)_2OH$	$-C\equiv N$
	강한 활성 감소	$-NO_2$	$-NH_3^+$	$-CF_3$	$-CCl_3$			

더 진행되는 치환 반응의 지향성에 대한 상대적인 중요성 (↑)

를 생각해 보자. 이 반응은 두 단계, 즉 나이트로화 반응과 브로민화 반응으로 진행될 수 있다. 만일 반응이 나이트로화 반응과 브로민화 반응 순서대로 진행된다면, 주 생성물은 실제로 *m*-bromonitrobenzene이 된다. 나이트로기는 메타 지향성기이기 때문에 메타 위치에서 브로민화 반응이 진행된다.

$$\text{Benzene} \xrightarrow[H_2SO_4]{HNO_3} \text{Nitrobenzene} \xrightarrow[FeBr_3]{Br_2} m\text{-Bromonitrobenzene}$$

Nitrobenzene **m-Bromonitro-benzene**

만일 반응 순서를 바꾸어서 bromobenzene을 먼저 생성되게 하면, benzene 고리는 오쏘-파라 지향성기를 가지게 되며, 나이트로화 반응이 오쏘와 파라 위치에서 우선적으로 일어나게 된다.

$$\text{Benzene} \xrightarrow[FeBr_3]{Br_2} \text{Bromobenzene} \xrightarrow[H_2SO_4]{HNO_3} o\text{-Bromonitrobenzene} + p\text{-Bromonitrobenzene}$$

Bromobenzene ***o*-Bromonitro-benzene** ***p*-Bromonitro-benzene**

친전자성 방향족 치환 반응에서 반응 순서의 중요성에 대한 다른 예로 toluene이 *p*-nitrobenzoic acid로 변환되는 과정을 생각해 보자. 나이트로기는 질산과 황산의 나이트로화 혼합물로부터 도입될 수 있다. 카복시기는 toluene에 있는 메틸기가 산화됨으로써 생성될 수 있다(21.5A절). Toluene의 나이트로화 반응은 두 개의 치환기들이 서로가 파라-위치 관계인 생성물을 만든다. 반면에, benzoic acid의 나이트로화 반응은 서로 메타 치환기를 갖는 생성물을 만든다.

$$\text{Toluene} \xrightarrow[H_2SO_4]{HNO_3} p\text{-Nitrotoluene} \xrightarrow[H_2SO_4]{K_2Cr_2O_7} p\text{-Nitrobenzoic acid}$$

$$\text{Toluene} \xrightarrow[H_2SO_4]{K_2Cr_2O_7} \text{Benzoic acid} \xrightarrow[H_2SO_4]{HNO_3} m\text{-Nitrobenzoic acid}$$

***p*-Nitrobenzoic acid**

***m*-Nitrobenzoic acid**

다시 말해서 우리는 반응이 일어나는 순서가 매우 중요하다는 것을 알 수 있다.

바로 전 예에서 본 파라 이성질체만 생성하는 toluene의 나이트로화 반응을 주목하라. 메틸기는 오쏘-파라 지향성기이므로 오쏘 이성질체와 파라 이성질체가 모두 생성된다(표 22.1). 파라 이성질체만 만들어지도록 하는 이런 유형의 문제에서는 오쏘와 파라 이성질체가 모두 생성되지만, 두 이성질체를 분리하여 원하는 이성질체만 얻을 수 있는 물리적인 방법이 있음을 생각하여라.

예제 22.4 ▸ 친전자성 방향족 치환 반응: 지향성 효과

친전자성 방향족 치환 반응들을 완결하여라. 메타 치환이 예상되면 메타 생성물만 쓰고, 오쏘-파라 치환이 예상되면 두 가지 생성물을 모두 표시하여라.

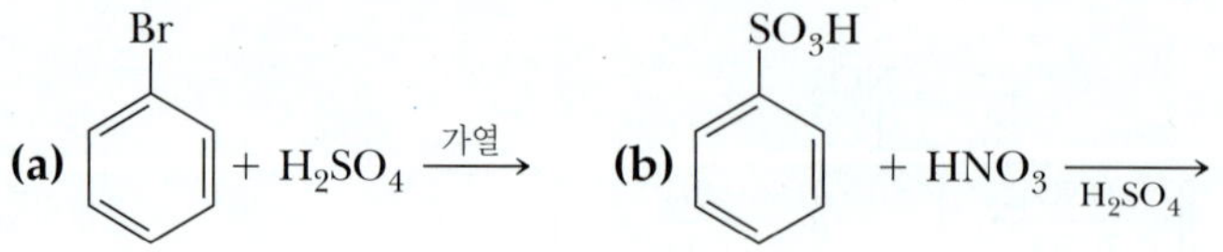

(a) Br-benzene + H_2SO_4 $\xrightarrow{\text{가열}}$ (b) SO_3H-benzene + HNO_3 $\xrightarrow[H_2SO_4]{}$

➥ 해답

(a)에서 브로민은 오쏘-파라 지향성이고 약한 활성 감소기이다. (b)에서 설폰산기는 메타 지향성이고 중간 정도의 활성 감소기이다.

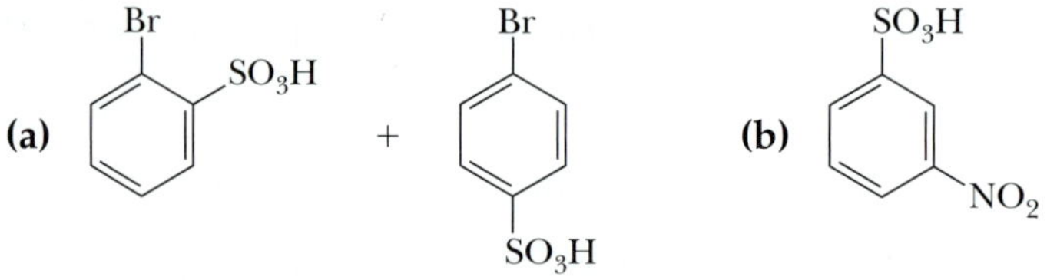

(a) Br, SO_3H + Br, SO_3H (b) SO_3H, NO_2

o-**Bromobenzene-sulfonic acid** *p*-**Bromobenzene-sulfonic acid** *m*-**Nitrobenzene-sulfonic acid**

연습 문제 22.4

각 화합물에 나이트로화 반응을 시켰을 때 생성되는 화합물의 구조를 그려라. 오쏘-파라 치환이 예상되면 두 가지 생성물을 모두 나타내어라.

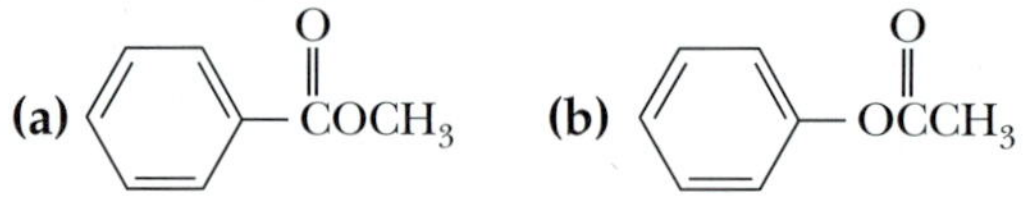

(a) $C_6H_5-\overset{O}{\overset{\|}{C}}OCH_3$ (b) $C_6H_5-O\overset{O}{\overset{\|}{C}}CH_3$

B 지향성 효과 이론

앞서 살펴본 바와 같이 benzene 고리에 있는 치환기는 추가로 진행되는 치환 반응에 중요한 영향을 준다. 이러한 방식에 대해 친전자성 방향족 치환 반응을 위하여 22.1절에서 처음 나타내었던 일반적인 메커니즘을 시작으로 이미 고리에 존재하는 치환기들이 추가로 일어나는 치환 반응에 대해 에너지 면에서 어떻게 영향을 미치는가를 고려함으로써 설명할 수 있다. 이 점에 관해서는 공명 효과와 유발 효과뿐만 아니라 이들 각각의 상대적인 중요성을 생각해 볼 필요가 있다.

Anisole의 나이트로화 반응

Anisole의 나이트로화 반응이나 거의 모든 다른 치환 반응에서 고려해야 할 점은, 느리다는 것과 속도 결정 단계는 방향족 고리에 의한 친전자체의 공격 단계라는 점이다. 이 반응 단계의 속도는 이 단계에 대한 전이 상태의 안정성에 의존한다. 전이 상태가 안정할수록 속도 결정 단계가 빨라지며 전체 반응도 빨라진다.

그림 22.2에서는 나이트로늄 이온이 메톡시기의 메타 위치에 첨가됨으로써 양이온 중간체가 생성된다는 것을 보여주고 있다. 또한 이 그림에서는 메톡시기의 파라 위치에 첨가됨으로써 양이온 중간체가 생성된다는 것도 보여주고 있다. 메톡시기에 대하여 친전자체가 오쏘 위치를 공격하여 생긴 양이온은 전기적 관점에서 볼 때 파라 위치를 공격하여 생긴 양이온과 그 구조가 같다. 따라서 편의상 여기서는 파라 공격만을 다룬다. 메타 위치를 공격하여 생긴 양이온 중간체는 기여 구조인 (a), (b), (c)의 혼성체이다. 파라 위치를 공격하여 생

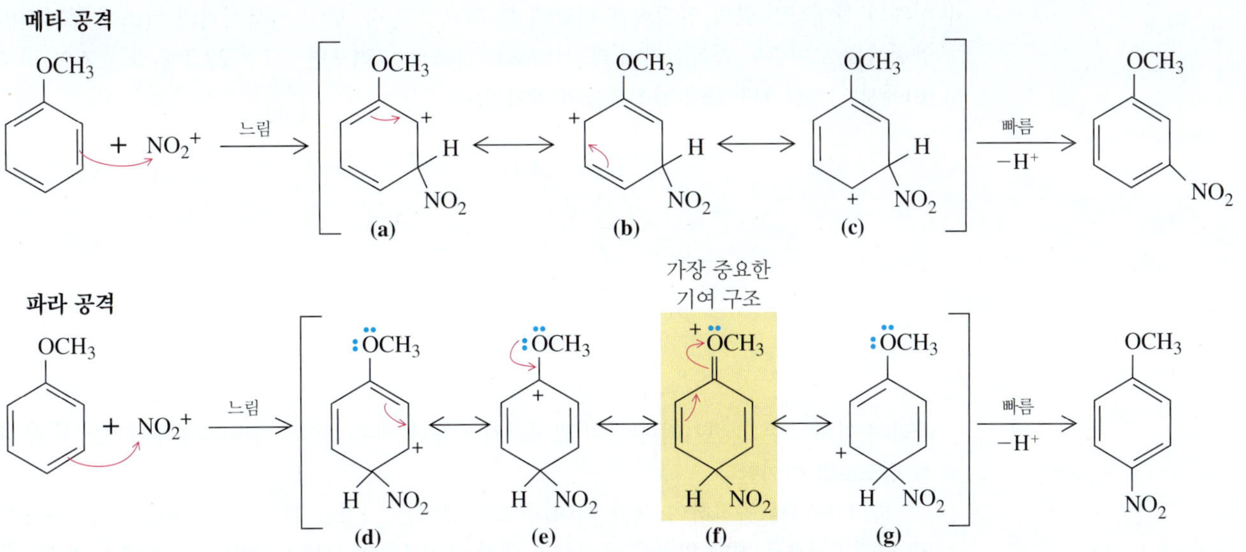

메타 공격

OCH_3 + NO_2^+ 느림 → [(a) ↔ (b) ↔ (c)] 빠름 $-H^+$ →

파라 공격

가장 중요한 기여 구조

OCH_3 + NO_2^+ 느림 → [(d) ↔ (e) ↔ (f) ↔ (g)] 빠름 $-H^+$ →

그림 22.2 ▸ Anisole의 나이트로화 반응. 메톡시기에 대해 메타와 파라 위치로 친전자성 공격.

긴 양이온 중간체는 기여 구조 (d), (e), (f), (g)의 혼성체이다. 각각의 경우에 benzene 고리의 탄소 원자에 양전하를 띠게 되는 세 가지 기여 구조들을 그릴 수 있다. 메타 위치를 공격하여 그려질 수 있는 구조는 이 세 가지 구조가 전부이다. 그러나 파라 위치를 공격하여 생긴 경우에는(오쏘 위치를 공격한 경우도 마찬가지이지만) 산소에 양전하가 놓이게 되는 네 번째 기여 구조 (f)를 그릴 수 있다. 기여 구조 (f)는 모든 원자들의 팔전자계를 만족하므로 (d), (e), (g) 구조보다 더 많이 기여한다. Anisole의 오쏘와 파라 위치를 공격하여 생긴 양이온은 전하의 비편재화가 크므로 이 이온의 생성에 필요한 활성화 에너지가 작고, 따라서 anisole의 나이트로화 반응은 오쏘와 파라 위치에서 더 빠르게 일어난다.

Benzoic acid의 나이트로화 반응

그림 22.3에서는 나이트로늄 이온이 카복시기에 대하여 메타와 파라 위치를 공격했을 때 각각 생성되는 공명 안정화된 양이온 중간체를 보여주고 있다. 그림 22.3에서 각각의 양이온은 세 가지의 기여 구조들의 혼성체이다. 추가적인 기여 구조는 그려질 수 없다. 이제 각 혼

그림 22.3 ▸ Benzoic acid의 나이트로화 반응. 카복시기에 대해 메타와 파라 위치로 친전자성 공격.

COOH + NO_2^+ 느림 → [(a) ↔ (b) ↔ (c)] 빠름 $-H^+$ →

COOH + NO_2^+ 느림 → [(d) ↔ (e) ↔ (f)] 빠름 $-H^+$ →

가장 선호되지 않는 기여 구조

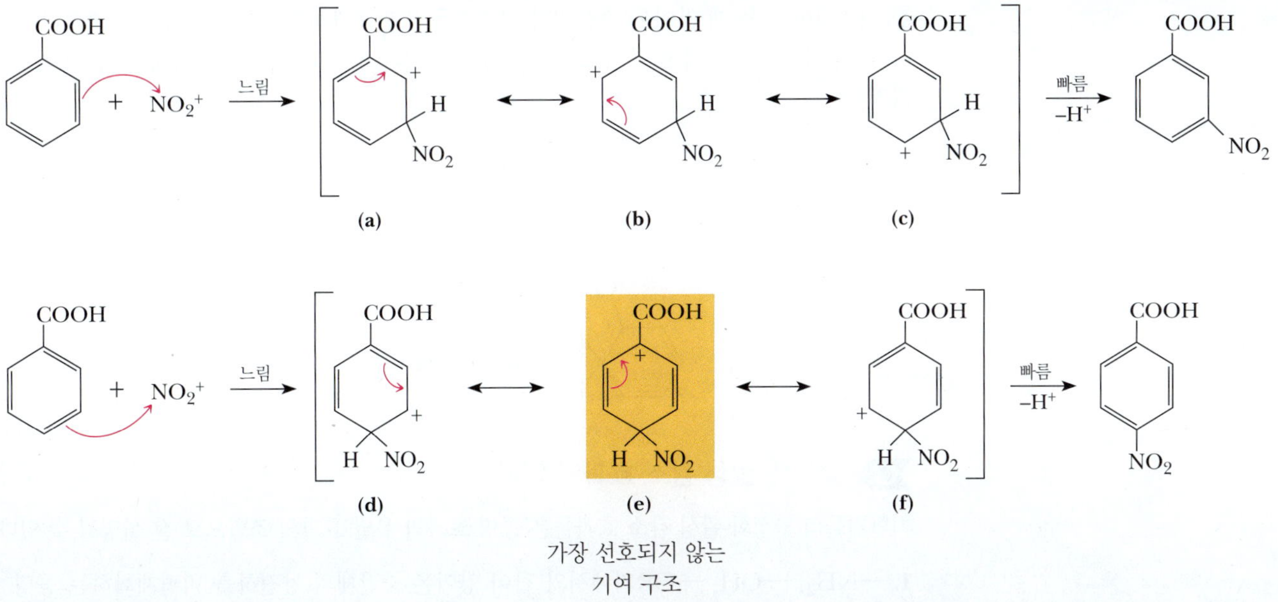

성체의 상대적인 공명 안정화를 비교해 볼 필요가 있다. 만일 카복시기의 탄소에 부분적인 양전하를 보여주는 카복실기에 대한 Lewis 구조로 그려보면, 그림 22.3에 있는 기여 구조 (e)에서 인접한 원자들에 양전하들이 놓여 있다.

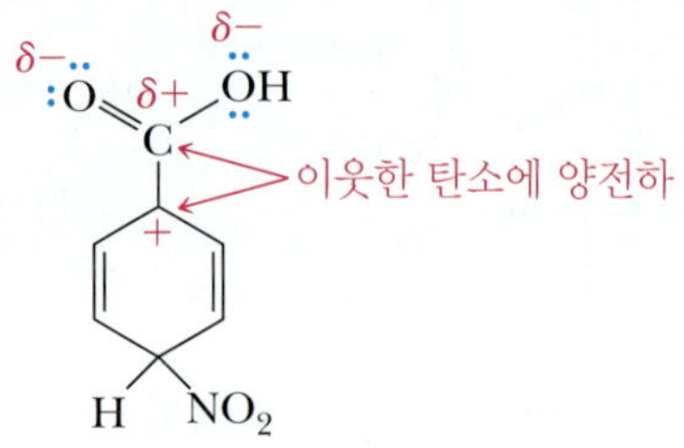

δ− :O: δ+ ÖH δ−
C
이웃한 탄소에 양전하
+
H NO₂

(e)

따라서 이 구조는 정전기적 반발이 발생하기 때문에 매우 불안정하며 혼성체에 대해서 무시될 정도로만 기여한다.

메타 위치를 공격하여 생긴 기여 구조들 중에는 인접한 원자에 양전하를 띠는 구조가 없다. 결과적으로 메타 위치를 공격하여 생긴 양이온들의 공명 안정화가 파라(혹은 오쏘) 공격을 하여 생긴 양이온들의 공명 안정화보다 더 크다. 다시 말하면, 메타 공격을 하기 위한 활성화 에너지는 파라 공격을 위한 활성화 에너지보다 더 작다.

표 22.1에 나타낸 내용들을 비교해 보면, 거의 모든 오쏘-파라 지향성기들은 방향족 고리에 결합되어 있는 원자에 비공유 전자쌍을 가지고 있다. 따라서 이러한 치환기들의 지향성 효과는, 친전자성 공격이 오쏘 혹은 파라 위치에서 일어날 때 생성되는 양이온 중간체의 양전하를 고리로 보다 더 비편재화시키는 고리에 결합되어 있는 원자의 능력으로 인한 공명화 효과에 주로 기인한다. 모든 조건이 동일하다면 전하의 비편재화가 전하를 가진 화학종을 안정화시킨다는 것을 기억하라.

알킬 치환기가 오쏘-파라 지향성기인 것을 설명하기 위하여 양이온 중간체의 안정성에 미치는 유발 효과를 생각할 필요가 있다. 알킬기의 경우에 알킬 치환기로부터 중간체의 탄소양이온 고리로 전자를 유도하여 편극화하는 효과가 있다. 이 편극화는 양전하를 더 비편재화하여 양이온 중간체를 안정화시키는 효과가 있다. 알킬기는 benzene 단독과 비교하여 양이온 중간체가 오쏘 또는 파라 위치에 알킬 치환기가 있을 때 에너지가 더 낮아지므로 활성화기이다. 6.3A절에서 메틸, 일차, 이차, 삼차 탄소양이온의 상대적 안정도를 설명하기 위해 알킬기의 전자-주기 유발 효과(하이퍼콘쥬게이션)를 이용했던 것을 기억하라.

알킬 치환기로부터 전자 유발 편극화는 알킬기가 중요한 양전하를 가진 고리 원자에 직접 연결되어 있을 때 양이온 중간체의 양전하를 비편재화시킴으로써 가장 효과적이다. 다시 말하면, 알킬기가 공격해 들어오는 친전자체에 대하여 오쏘나 파라 위치에 있을 때 가장 효과적이다.

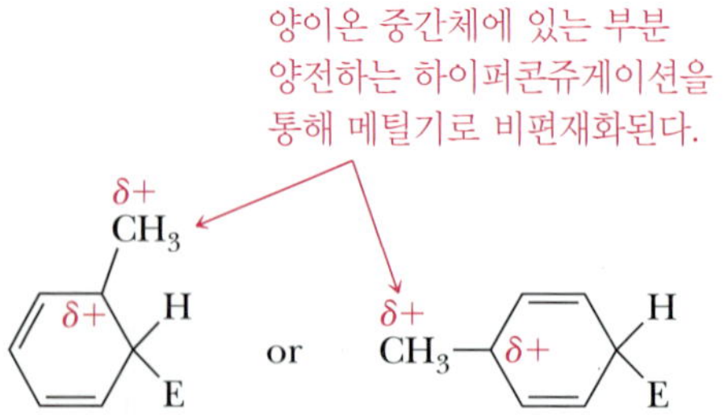

양이온 중간체에 있는 부분
양전하는 하이퍼콘쥬게이션을
통해 메틸기로 비편재화된다.

δ+ CH₃ δ+ H E or δ+ CH₃ δ+ H E

C 활성화-활성 감소 효과의 이론

치환기들의 활성화-활성 감소 효과들은 공명 효과와 유발 효과의 조합으로 잘 설명될 수 있다.

1. —NH_2, —OH, —OR기에서와 같이 양이온 중간체의 양전하를 비편재화하는 공명 효과는 양이온 중간체를 생성하는데 필요한 활성화 에너지를 낮추고 추가로 일어나는 친전

자성 방향족 치환 반응에 대해 활성화 효과를 갖는다.

2. —NO_2, —C≡N, —C═O, —SO_2—, —SO_3H기에서와 같이 고리상의 전자 밀도를 감소시키는 공명 효과 또는 유발 효과는 추가로 일어나는 치환 반응에 대해 고리를 활성 감소시킨다.
3. —CH_3 또는 기타 알킬기에서와 같이 양이온 중간체를 향해 전자 밀도를 방출하는 유발 효과는 추가로 일어나는 치환 반응에 대해 고리를 활성화시킨다.
4. 할로젠, —NR_3^+, —CCl_3, —CF_3에서와 같이 고리상에 있는 전자 밀도를 감소시키는 유발 효과는 추가로 일어나는 치환 반응에 대해 고리를 활성 감소시킨다.

할로젠들은 공명 효과와 유발 효과가 반대 방향으로 작용하는 흥미 있는 조합을 나타낸다. 표 22.2에서 할로젠들은 오쏘-파라 지향성이지만, 이 표에 나열되어 있는 다른 오쏘-파라 지향성기와는 다르게 약한 활성 감소기임을 상기하라. 이러한 관찰은 다음과 같은 방법으로 설명될 수 있다.

1. 할로젠의 유발 효과: 할로젠은 비교적 전기음성적이고, 전자-끌기 유발 효과를 가지고 있다. 그러므로 aryl halide는 benzene에 비해 친전자성 방향족 치환에 대해 보다 더 느리게 반응한다.
2. 할로젠의 공명 효과: 할로젠-치환된 방향족 고리가 친전자체에 의해 공격을 받아 양이온 중간체를 생성할 때, 친전자성 공격의 위치에서 오쏘 또는 파라 위치의 할로젠은 비공유 전자쌍이 포함된 공명을 통해 양전하를 비편재화하여 양이온 중간체를 안정화시키는데 도움을 줄 수 있다.

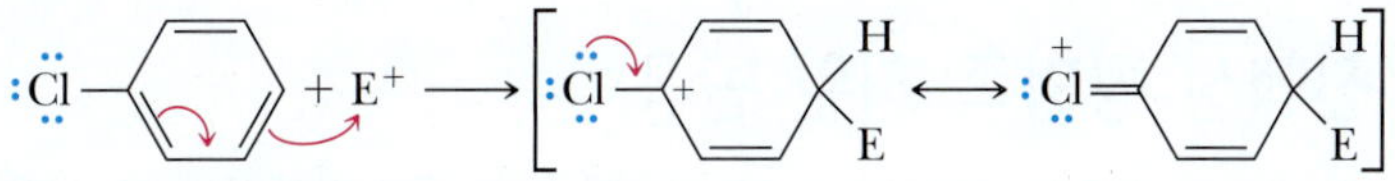

:Cl— (benzene) + E^+ ⟶ [:Cl—(+ ring)(H)(E) ⟷ :$\overset{+}{Cl}$=(ring)(H)(E)]

따라서 할로젠의 유발 효과와 공명 효과는 서로 반대이지만, 유발 효과가 공명 효과보다 약간 더 강하다. 이와 같은 반대 현상에 대한 알짜 효과는 할로젠이 약한 활성 감소기이지만 오쏘-파라 지향성을 나타낸다.

Benzene 고리에 두 개의 이상의 치환기를 가지고 있는 방향족 고리의 친전자성 방향족 치환 반응을 수반하는 경우에 활성화기들이 많을수록 들어오는 치환기들의 배향 우선순위를 지배한다. 이러한 경우는 활성화기들이 이들의 배향 우선순위에 따라 더 많은 치환기들을 위하여 고리를 활성화시키게 되지만, 활성 감소기들은 추가로 일어나는 치환 반응에 대하여 고리의 활성을 감소시키기 때문이다. 실제로 이러한 현상은 오쏘-파라 지향성기와 메타 지향성기가 둘 다 고리에 있을 때 오쏘-파라 지향성기들이 메타 지향성기들보다 우세하다는 것을 의미한다.

예제 22.5 ▸ 첨가되는 위치화학 예측

친전자성 방향족 치환 반응에서 주 생성물을 예측하라.

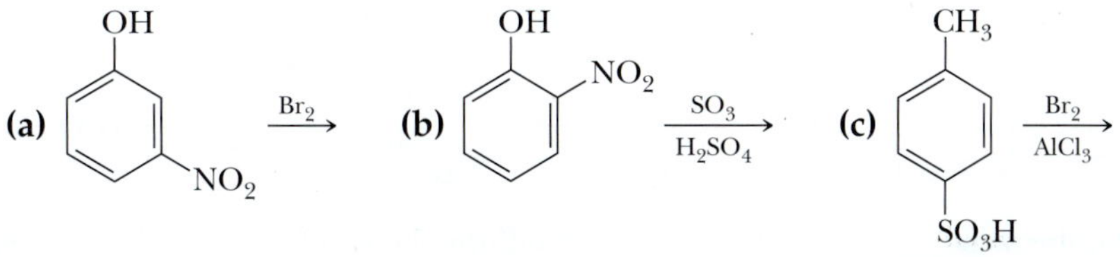

(a) OH, NO_2 (meta) benzene $\xrightarrow{Br_2}$ (b) OH, NO_2 (ortho) benzene $\xrightarrow[H_2SO_4]{SO_3}$ (c) CH_3, SO_3H (para) benzene $\xrightarrow[AlCl_3]{Br_2}$

해답

각각의 분자에서 친전자성 방향족 치환 반응의 방향을 예측하는 열쇠는 오쏘-파라 지향성기들이 추가로 일어나는 치환에 대해 고리를 활성화시키지만, 메타 지향성기들은 고리를 비활성화시킨다. 따라서 오쏘-파라 지향성기와 메타 지향성기 사이에 경쟁이 있으며, 오쏘-파라 지향성기들이 우세하게 나타난다. 이 예제에서도 주 생성물은 활성화기에 대해 오쏘 혹은 파라 위치로 치환되는 결과로 나타난다. (a)에서 다음 치환 반응은 강한 활성화기인 —OH기에 대해 오쏘-파라 방향으로 일어나게 한다. —OH기와 —NO_2기 사이에 브로민이 끼어들어가는 이성질체는 입체 장애 때문에 매우 적은 양이 생성된다. (b)에서는 들어오는 치환기가 강한 활성화기인 —OH기에 대해 오쏘-파라 위치로 일어난다. (c)에서는 다음 치환 반응이 약한 활성화기인 —CH_3기에 대해 오쏘-파라 위치로 일어난다.

(a) OH, NO_2, Br + Br, OH, NO_2 (b) OH, NO_2, SO_3H (c) CH_3, Br, SO_3H

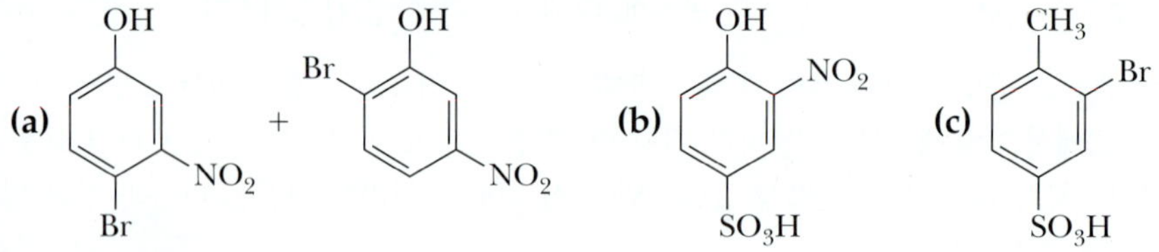

연습 문제 22.5

다음 각각의 친전자성 방향족 치환 반응에서 주 생성물을 예측하라.

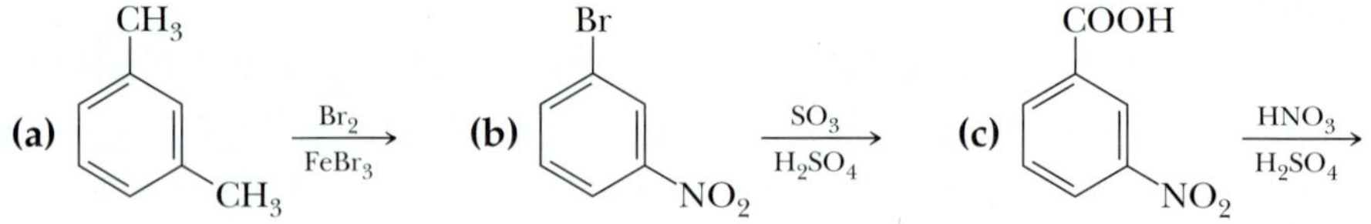

(a) CH_3, CH_3 $\xrightarrow[FeBr_3]{Br_2}$ (b) Br, NO_2 $\xrightarrow[H_2SO_4]{SO_3}$ (c) COOH, NO_2 $\xrightarrow[H_2SO_4]{HNO_3}$

22.3 친핵성 방향족 치환 반응

Aryl halide의 중요한 화학적 특성들 중 하나는 탄소-할로젠 결합이 포함된 반응이 비교적 드물다는 것이다. 예를 들면, aryl halide는 친핵성 지방족 치환 반응의 특성을 띠는 S_N1 혹은 S_N2 경로에 따라 치환 반응이 일어나지 않는다. 그러나 그들은 일정한 조건 하에서 친핵성 지방족 치환 반응과는 아주 다른 메커니즘에 의해서 **친핵성 방향족 치환 반응**(nucleophilic aromatic substitution)이 일어난다. 친핵성 방향족 치환 반응은 친전자성 방향족 치환 반응보다 흔하지 않으며 유기 화합물의 합성에서 제한적으로 이용되고 있다. 이들 반응들을 합성법에 관한 유용성뿐만 아니라 방향족 화합물 특유의 화학적 성질을 이해하기 위하여 살펴보자.

친핵성 방향족 치환 반응
방향족 고리에 있는 가장 일반적인 할로젠 친핵체가 다른 친핵체에 의해 치환되는 반응.

A Benzyne 중간체를 경유한 친핵성 치환 반응

친핵성 치환 반응에 대한 aryl halide의 반응성의 부족에 관한 일반적인 성향에서 뚜렷한 예외는 chlorobenzene으로부터의 phenol 합성의 초기 산업 공정이다. 수용성 NaOH와 높은 압력 하에서 300°C로 가열하면, chlorobenzene은 sodium phenoxide로 전환된다. 이 염을 수용성 산으로 중화시키면 phenol이 생성된다.

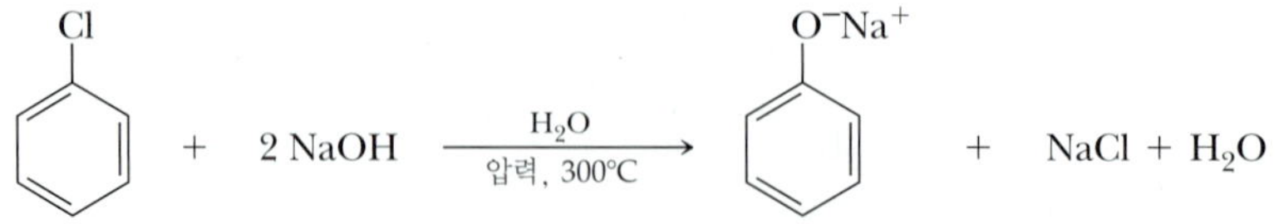

$$\text{Chlorobenzene} + 2\,NaOH \xrightarrow[\text{압력, 300°C}]{H_2O} \text{Sodium phenoxide } (O^-Na^+) + NaCl + H_2O$$

Chlorobenzene **Sodium phenoxide**

그 후에 과학 기술의 발전으로 chlorobenzene은 500°C의 온도와 압력 하에서 수증기에 의하여 phenol로 가수분해될 수 있다는 것이 발견되었다. 이들 반응의 각각은 benzene 고리에 —Cl을 —OH로의 친핵성 치환이 포함된 것으로 나타났다. 그러나 이 반응은 NaOH으로 치환되는 halobenzene의 반응에 의하여 설명되는 것처럼 그렇게 간단하지 않다. 예를 들면, 이러한 조건 하에서 *o*-chlorotoluene은 2-methylphenol(*o*-cresol)과 3-methylphenol (*m*-cresol)의 혼합물을 생성한다.

$$\text{CH}_3\text{-C}_6\text{H}_4\text{-Cl} \xrightarrow[\text{2. HCl, H}_2\text{O}]{\text{1. NaOH, 열, 압력}} \text{2-Methylphenol} + \text{3-Methylphenol}$$

2-Methylphenol (*o*-Cresol) **3-Methylphenol (*m*-Cresol)**

동일한 유형의 반응은 액체 암모니아에서 sodium amide를 사용하여 일어날 수 있다. 예를 들면, 이들 조건 하에서 *p*-chlorotoluene은 거의 동일한 양의 4-methylaniline (*p*-toluidine)과 3-methylaniline (*m*-toluidine) 혼합물을 생성한다.

$$\text{CH}_3\text{-C}_6\text{H}_4\text{-Cl} + \text{NaNH}_2 \xrightarrow[(-33^\circ\text{C})]{\text{NH}_3(l)} \text{4-Methylaniline} + \text{3-Methylaniline} + \text{NaCl}$$

4-Methylaniline (*p*-Toluidine) **3-Methylaniline (*m*-Toluidine)**

우리가 지금까지 취급해 왔던 다른 치환 반응과 비교한 이 반응의 차이점은 들어오는 치환기가 이탈기에 의해 점유된 위치뿐만 아니라 그와 인접한 위치에서도 나타난다는 것이다.

이러한 실험적 관찰을 설명하기 위하여 할로젠화 수소(HX)가 제거되어 **benzyne 중간체**(benzyne intermediate)를 생성하고 그 후 삼중 결합에 친핵성 첨가 반응이 일어나 관찰된 생성물들이 생성된다고 제안되었다.

Benzyne 중간체
Benzene 고리의 인접한 탄소로부터 β-제거 반응에 의하여 생성되며 benzene 고리에 삼중 결합이 있는 반응성 중간체. Benzyne 삼중 결합 중 두 번째 π 결합은 인접한 탄소들의 동일 평면상에 있는 sp^2 궤도함수들의 약한 겹침에 의해 형성된다.

MECHANISM Benzyne 중간체를 경유한 친핵성 방향족 치환 반응

***1단계:* 양성자를 제거와 동시에 결합을 끊어서 안정한 분자 또는 이온 형성.** Benzene에서 할로젠화수소 이탈 반응(수소와 할로젠이 제거됨)이 일어나서 benzyne 중간체를 만든다.

$$\text{CH}_3\text{-C}_6\text{H}_3(\text{H})\text{-Cl} + :\ddot{\text{N}}\text{H}_2^- \longrightarrow \text{Benzyne 중간체} + :\text{NH}_3 + :\ddot{\text{Cl}}:^-$$

Benzyne
중간체

***2단계:* 친핵체와 친전자체 사이의 새로운 결합 형성.** Benzyne 삼중 결합의 탄소에 아마이드 이온의 친핵성 첨가는 탄소음이온 중간체를 생성한다. 삼중 결합을 이루고 있는 양쪽 탄소 중 어느 탄소로나 첨가가 가능하다.

$$\text{Benzyne} + :\ddot{\text{N}}\text{H}_2^- \longrightarrow \text{탄소음이온 중간체}$$

탄소음이온 중간체

3단계: 양성자 첨가. 암모니아로부터 탄소음이온 중간체로 양성자 이동은 관찰된 첨가 생성물 중 하나를 생성하고 새로운 아마이드 이온을 재생성한다.

3-Methylaniline (m-Toluidine)

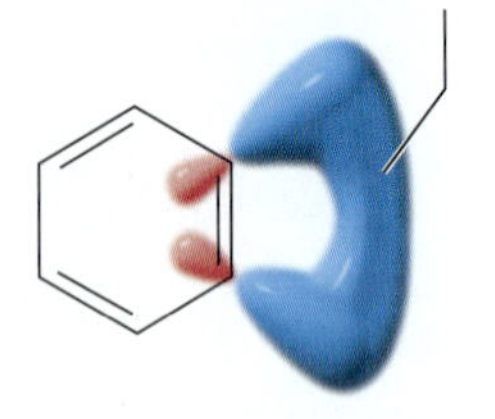

Benzyne 중간체 궤도함수 그림.

Benzyne 중간체의 결합성과 benzyne의 높은 반응성은 다음과 같이 설명될 수 있다. 분자 궤도함수 이론에 의하면 benzene 고리는 그의 평면성, π 결합성, 방향족 성질을 유지하고 있다. 할로젠과 수소가 결합하고 있던 인접한 sp^2 궤도 함수들이 이제는 겹쳐져서 benzyne의 삼중 결합의 두 번째 π 결합을 형성한다. 문제점은 이 π 결합을 형성하는 원자 궤도함수들이 아세틸렌이나 뒤틀리지 않은 알카인들처럼 평행하게 일직선에 놓이지 않고, 그들과 연결된 결합축에서 거의 120° 각도로 놓여 있다는 것이다. 결과적으로 이들 궤도함수들 사이에서의 겹침은 줄어든다. 줄어든 겹침은 약하고 보다 더 반응성 π 결합임을 의미한다. 그러므로 benzyne 중간체의 두 번째 π 결합은 첨가 반응을 쉽게 일으키게 되어 두 개의 새롭고 강한 σ 결합을 형성하게 된다. Benzyne 중간체의 비교적 높은 활성화 에너지는 왜 그렇게 높은 온도가 이 반응에 요구되는지를 짐작하게 한다.

B 첨가-제거 반응에 의한 친핵성 치환 반응

방향족 할로젠화물은 할로젠화 알킬로부터 할라이드 이온을 쉽게 치환시키는 친핵체들의 유형에 대하여 일반적으로 매우 비활성이다. 그러나 방향족 화합물이 할로젠에 대해 오쏘 또는 파라(또는 둘 다) 위치에 전자를 강하게 끄는 나이트로기들을 가지면, 친핵성 방향족 치환 반응이 매우 쉽게 일어난다. 예를 들면, 1-chloro-2,4-dinitrobenzene은 sodium carbonate 수용액에서 가열 환류한 다음 산성 수용액으로 처리하면 거의 정량적인 수득률로 2,4-dinitrophenol로 전환된다.

$$\text{1-Chloro-2,4-dinitrobenzene} \xrightarrow[100°C]{Na_2CO_3,\ H_2O} \text{Sodium 2,4-dinitrophenoxide} \xrightarrow{HCl,\ H_2O} \text{2,4-Dinitrophenol}$$

1-Chloro-2,4-dinitrobenzene — **Sodium 2,4-dinitrophenoxide** — **2,4-Dinitrophenol**

이 반응은 2,4-dinitrophenylhydrazine의 합성에 응용할 수 있으며, 이 시약은 알데하이드와 케톤의 유도체를 합성하는 데 한 때 사용되었던 일반 시약이다(16.8B절).

$$\text{1-Chloro-2,4-dinitrobenzene} + H_2NNH_2 \longrightarrow \text{2,4-Dinitrophenylhydrazine} + HCl$$

1-Chloro-2,4-dinitrobenzene — **Hydrazine** — **2,4-Dinitrophenylhydrazine**

할로젠에 대한 이러한 유형의 친핵성 방향족 치환 반응은 광범위하게 연구되어 왔으며, 이 반응은 친핵성 첨가 반응에 이어서 제거 반응인 두 단계로 일어나는 것으로 확인되었다. 이러한 유형의 대부분의 반응에 대하여 첫 단계에서 친핵성 첨가 반응은 느린 속도 결정 단계이다. 둘째 단계에서 할라이드 이온을 제거하여 생성물을 만든다. 이 반응은 직접 치환에 의한 것보다 오히려 첨가-제거 반응 메커니즘에 의해서 일어나는 카복실산 유도체의 반응들과 유사한다.

MECHANISM 첨가-제거 반응에 의한 친핵성 방향족 치환 반응

1단계: **친핵체와 친전자체 사이에 새로운 결합 형성.** 친핵체가 할로젠과 결합하고 있는 방향족 고리의 탄소에 첨가된다. 이 첨가는 그 방향족 고리에 음전하를 생성시키고, 생성된 음전하는 나이트로기 또는 오쏘나 파라 위치에 강하게 전자-끄는 기들과 공명에 의해 안정화된다. 이러한 중간체는 이 반응을 연구한 독일 과학자의 이름을 따서 Meisenheimer 착물(Meisenheimer complex)이라고 부른다. 오쏘와 파라 위치에 있는 나이트로기들은 모두 착물에에서 음전하의 비편재화에 참여한다는 것에 주목하라.

느림, 속도 결정

Meisenheimer 착물

2단계: **결합이 끊어지고 안정한 분자나 이온 형성.** 할라이드 이온을 제거함으로써 방향족 고리가 재생되고 관찰되는 생성물이 형성된다.

빠름

Meisenheimer 착물

예제 22.6 ▸ 친핵성 방향족 치환 반응

Meisenheimer 착물에서 고리에 있는 각 탄소 원자의 혼성화 상태는 무엇인가?

➥ 해답

이탈기와 들어오는 친핵체(표시된 구조에서 —Cl과 —Nu)가 둘 다 결합하고 있는 탄소 원자는 sp^3 혼성이다. 고리에 있는 나머지 다섯 개의 탄소들은 sp^2 혼성이다.

연습 문제 22.6

할로젠화 알킬의 S_N2 반응에서 반응성의 순서는 RI > RBr > RCl > RF이다. Alkyl iodide들은 alkyl fluoride들보다 10^6만큼 더 반응성이 크다. 그러나 모든 1-halo-2,4-dinitrobenzene들은 친핵성 방향족 치환에서 거의 같은 속도로 반응한다. 상대적인 반응성에서 이러한 차이점을 설명하라.

사실과 개념에 대한 요약

22.1절 | 친전자성 방향족 치환 반응

- Benzene과 같은 방향족 고리는 고리 수소의 치환을 일으키는 반응에서 매우 강한, 주로 양전하로 하전된 친전자체와 반응한다.
  - 일반적인 메커니즘은 양성자를 잃어서 치환된 아렌이 되는 고리에 공명 안정화된 양이온 중간체를 형성하기 위하여 약한 친핵성 방향족 π 전자 구름에 의한 친전자체에의 공격을 수반한다.
  - 공명 안정화된 양이온 중간체를 **아레늄 이온**(arenium ion)이라고 부른다.
- 할로젠화 반응에서 방향족 고리는 Lewis 산 촉매 $FeCl_3$의 존재 하에서 Cl_2와 반응하여 aryl chloride를 생성한다. Aryl halide는 Lewis 산 촉매인 FeX_3의 존재 하에서 Br_2와 반응하여 aryl bromide를 생성한다.
- 설폰화 반응에서 방향족 고리는 황산의 존재 하에서 SO_3와 반응하여 arylsulfonic acid를 생성한다.
- 나이트로화 반응에서 방향족 고리는 황산의 존재 하에서 질산과 반응하여 유용한 합성 중간체인 nitroarene를 생성한다. 왜냐하면 나이트로기는 H_2 및 전이 금속 촉매와 반응하거나 철, 아연 또는 염산에 녹인 주석을 사용한 다음에 염기를 사용함으로써 아미노기로 환원될 수 있기 때문이다. 아미노기를 직접 방향족 고리로 도입하는 친전자성 방향족 치환 반응은 없다.
- **Friedel-Crafts 알킬화 반응**(Friedel-Crafts alkylation)에서 방향족 고리는 $AlCl_3$와 같은 Lewis 산의 존재 하에서 할로젠화 알킬과 반응하여 alkylbenzene을 생성한다. 자리옮김과 과알킬화 반응이 문제가 될 수 있다.
- **Friedel-Crafts 아실화 반응**(Friedel-Crafts acylation)에서 방향족 고리는 $AlCl_3$와 같은 Lewis 산의 존재 하에서 산 염화물과 반응하여 acylbenzene을 생성한다.
  - Friedel-Crafts 아실화 반응의 acylbenzene 생성물은 Clemmenson이나 Wolff-Kishner 환원 반응을 사용하여 해당하는 알킬벤젠으로 환원될 수 있다. 이 방법은 자리옮김이나 두 번 이상의 알킬화 반응의 문제점 때문에 Friedel-Crafts 알킬화 반응을 사용하여 높은 수득률로 만들어질 수 없는 알킬벤젠류를 만드는 편리한 방법을 제공한다.
- 기타 다양한 친전자성 방향족 치환 반응은 그 고리에 공명으로 안정화되는 양이온 중간체를 형성하기 위하여 약한 친핵성 방향족 π 구름과 반응하는 매우 강한 친전자체들을 수반한다.
  - Alkylbenzene을 발생시키는 탄소양이온을 제공하기 위하여 센산의 존재 하에서 알켄이나 알코올을 사용하는 반응, Lewis 산의 존재 하에서 알켄을 사용하는 반응들이 포함되어 있다.

연습 문제: 22.1~22.3, 22.7~22.13, 22.22~22.27, 22.32~22.61, 22.63

22.2절 | 이치환과 다치환 반응

- 수소 이외에 방향족 고리에 치환되는 기들은 친전자성 방향족 치환 반응의 반응 속도와 치환 형태에 영향을 미친다.
  - 특히 치환체들은 새로운 치환기들을 메타 또는 오쏘-파라로 지향할 수 있으며, 반응 속도를 증가(활성화) 또는 감소(활성 감소)시킬 수 있다.
- 치환체들은 세 가지 부류로 나눌 수 있다.
  - 알킬기와 고리에 결합된 원자가 비공유 전자쌍을 가지고 있는 모든 작용기들은 오쏘-파라 지향성이며, 대부분은 전자를 방출한다. 따라서 이들은 벤젠 자체에 비하여 친전자성 방향족 치환 반응에 대하여 **활성화기**(activating)들이다.
  - 할로젠들은 오쏘-파라 지향성이지만, 전자를 끌어당긴다. 할로젠들은 벤젠 자체에 비하여 친전자성 방향족 치환 반응에 대하여 약한 활성 감소기들이다.
  - 나머지 모든 치환기들은 메타 지향성이며 전자를 끌어당긴다. 이들은 벤젠 자체에 비

하여 친전자성 방향족 치환 반응에 대하여 **활성 감소기**(deactivating)들이다.

- 다치환 방향족성 화합물을 합성하는데 있어서 *치환체들의 첨가 순서가 고려되어야* 하기 때문에 배향 효과와 활성화/활성 감소 효과는 실제로 매우 중요하다.
  - 예를 들면, 벤젠으로부터 *m*-bromonitrobenzene을 만들 때 나이트로기(메타 지향성)는 브로민 원자(오쏘-파라 지향성)보다 먼저 첨가되어야 한다.
  - 역으로, 벤젠으로부터 *o*-bromonitrobenzene과 *p*-bromonitrobenzene을 만들 때 브로민(오쏘-파라 지향성)이 먼저 첨가되고 이어서 나이트로기(메타 지향성)가 첨가되어야 한다.
- 치환체의 지향성과 활성화/활성 감소 효과는 양이온 중간체 상에 작용하는 두 종류의 상호작용의 결과이다.
  - **유발 효과**(Inductive effect)는 (수소 원자에 비교하여) 치환체가 양전하 중간체로부터 보다 많이 전자 밀도를 끌어당기거나(활성 감소), 보다 많이 방출하게 하는(활성화) 효과이다.
  - 항상 활성화 **공명 효과**(Resonance effect)에서는 고리에 결합되어 있는 원자들에 있는 비공유 전자쌍이 들어오는 친전자체에 대하여 오쏘와 파라 위치에 있을 때 그 비공유 전자쌍이 여분의 기여 구조를 만들어 낸다. 이에 더해져 공명화 현상은 양전하를 그 분자에 잘 분배하게 하여 양이온 중간체를 안정화시킨다.

연습 문제: 22.4, 22.5, 22.14~22.21, 22.32~22.61, 22.63

- 유발 효과와 공명 효과는 양이온 중간체의 에너지를 끌어올리거나 낮추어서 반응의 속도-제한 에너지 장벽(활성화 에너지)을 끌어 올리거나(속도를 감소시킴, 활성 감소) 낮추게(속도를 증가시킴, 활성화) 한다.
- 유발 효과와 공명 효과는 들어오는 친전자체에 대한 상대적인 위치에 따라 다른 수준의 영향을 미치게 된다.
  - *활성화*시키는 치환체의 효과는 들어오는 친전자체의 오쏘와 파라 위치를 가장 *활성화*시킨다. 왜냐하면 이들 배향은 양이온 중간체를 안정화시키는 반응이다.
  - *활성 감소*시키는 치환체의 효과는 들어오는 친전자체의 메타 위치를 덜 *비활성화*시킨다. 왜냐하면 메타 배향은 오쏘와 파라 배향에 비하여 상대적으로 양이온 중간체의 불안정화를 최소화시키기 때문이다.
- 세 가지 기본 유형의 치환체들은 이전 개념의 문맥을 이해할 수 있게 한다.
  - 전자를 주는 기들은 *활성화기*이어서 오쏘-파라 지향성이다.
  - 할로젠을 제외한 전자를 끌어당기는 기들은 *활성 감소기*이기 때문에 메타 지향성이다.
  - 할로젠은 비활성화 현상을 보여주지만 오쏘-파라 치환 반응을 선호한다. 비공유 전자쌍의 공명 안정화 효과는 오쏘와 파라를 지향하며, 배향성이 전기음성도에 기인한 전반적인 유발 활성 감소보다 우선하게 한다.
- 이미 고리에 두 개 이상의 치환체를 가지고 있는 방향족 고리가 친전자성 방향족 치환 반응을 수반하는 경우에는 활성화기가 많을수록 들어오는 치환기의 배향성에 대한 우선권을 갖는다.

22.3절 | 친핵성 방향족 치환 반응

- 친전자성 방향족 치환 반응은 방향족 고리와의 반응에 단연 가장 일반적인 메커니즘이지만 어떤 상황에서는 방향족 고리가 친핵체와 반응한다.
  - Aryl halide는 매우 센 염기($NaNH_2$) 또는 보통 염기(NaOH)와 고온(300~500°C)에서 반응하여 할로젠이 치환되는 생성물을 만든다.
  - 염기/친핵성기는 할로젠과 원래 결합되어 있던 고리의 탄소 원자에서 뿐만 아니라 벤자인 중간체로 인해 그 탄소에 인접한(오쏘) 위치에서 끝난다.
  - 오쏘 및/또는 파라 위치에 강하게 전자를 끌어당기는 치환기를 가짐으로써 활성화되는 aryl halide들은 hydrazine과 같은 강한 친핵체와 반응하여 위치선택적인 방법으로 치환 반응을 일으킨다.

연습 문제: 22.6, 22.28, 22.29, 22.62

주요 반응 Key Reactions

1. **할로젠화 반응(22.1A절).** 친전자체는 염소 또는 브로민이 Lewis 산과 작용하여 이온쌍 상태로 형성된 할로늄 이온이다. 메커니즘은 Cl^+, $FeCl_4^-$ 이온쌍이 되도록 자리옮김될 수 있는 분자 착물을 생성하기 위한 Cl_2와 $FeCl_3$ 사이의 초기 반응을 포함하고 있다. Cl^+는 매우 강한 친전자체로서 약한 친핵성 방향족 π 전자 구름과 반응하여 양성자를 잃으면서 aryl chloride 생성물이 되는 공명 안정화된 양이온 중간체를 생성한다.

$$C_6H_5CH_2CH_3 + Cl_2 \xrightarrow{FeCl_3} o\text{-}ClC_6H_4CH_2CH_3 + p\text{-}ClC_6H_4CH_2CH_3 + HCl$$

강하게 활성화시키는 기들(—OH, —OR, —NH_2와 같은)에 의해 치환되는 방향족 고리의 할로젠화 반응은 Lewis 산 촉매를 필요로 하지 않는다.

$$C_6H_5OCH_3 + Br_2 \xrightarrow{CH_3COOH} o\text{-}BrC_6H_4OCH_3 + p\text{-}BrC_6H_4OCH_3 + HBr$$

2. **나이트로화 반응(22.1B절).** 친전자체는 질산과 황산의 상호 작용에 의해 생성되는 나이트로늄 이온 NO_2^+이다. 이 메커니즘에는 황산에 의한 질산의 초기 양성자화 반응이 일어난 다음에 물 분자를 잃어서 나이트로늄 이온, NO_2^+이 생성되는 과정이 포함되어 있다. 나이트로늄 이온은 매우 강한 친전자체로서 매우 약한 친핵성 방향족 π 전자 구름과 반응하여 양성자를 잃으면서 최종 생성물이 되는 공명 안정화된 양이온 중간체를 생성한다.

$$C_6H_5Br + HNO_3 \xrightarrow[H_2SO_4]{} o\text{-}BrC_6H_4NO_2 + p\text{-}BrC_6H_4NO_2 + H_2O$$

3. **설폰화 반응(22.1B절).** 친전자체는 실험 조건에 따라 sulfur trioxide, SO_3, HSO_3^+이다. 이 반응 메커니즘에는 매우 강한 친전자체로서 SO_3이 약한 친핵성 방향족 π 전자 구름과 반응하여 양성자를 잃으면서 arylsulfonic acid 생성물이 되는 공명 안정화된 양이온 중간체를 생성하는 과정이 포함되어 있다.

$$C_{10}H_8 + SO_3 \longrightarrow 1\text{-}C_{10}H_7SO_3H + 2\text{-}C_{10}H_7SO_3H$$

4. **Friedel-Crafts 알킬화 반응(22.1C절).** 친전자체는 Lewis 산과 할로젠화 알킬의 상호 작용에 의해 생성되는 이온쌍 형태의 탄소양이온이다. 불안정한 탄소양이온에서 안정한 탄소양이온으로서 자리옮김 반응이 일반적으로 일어난다. 이 메커니즘에는 탄소양이온으로 생각할 수 있는 중간체를 생성하는 반응인 할로젠화 알킬과 Lewis 산인 $AlCl_3$ 사이의 초기 반응이 포함되어 있다. 그 이온쌍의 탄소양이온 부분은 매우 강한 친전자체로서 약한 친핵성 방향족 π 전자 구름과 반응하여 양성자를 잃으면서 최종 생성물이 되는 공명 안정화된 양이온 중간체를 생성한다. 탄소양이온이 이 메커니즘에 포함되어 있기 때문에 자리옮김이 문제가 될 수 있다.

특히 자리옮김이 쉽게 일어나는 탄소양이온을 생성하는 일차 할로젠화 알킬이나 이차 할로젠화 알킬 또는 기타 할로젠화 알킬의 경우에 문제가 될 수 있다.

$$\text{C}_6\text{H}_6 + \text{Cl-CH}_2\text{CH(CH}_3)_2 \xrightarrow{\text{AlCl}_3} \text{C}_6\text{H}_5\text{C(CH}_3)_3 + \text{HCl}$$

고리에 한 개 이상의 강한 전자-끄는 기는 기가 있으면 이 반응은 일어나지 않는다. 왜냐하면 방향족성 단일알킬화 반응 생성물이 출발 물질보다 반응성이 강하기 때문이다.

5. **Friedel-Crafts 아실화 반응(22.1C절).** 친전자체는 Lewis 산과 acyl halide의 상호 작용에 의해 생성된 이온쌍 형태의 아실 양이온(acylium ion)이다. 이 메커니즘에는 공명 안정화 acylium 이온인 $AlCl_4^-$ 이온쌍으로서 생각할 수 있는 중간체를 생성하는 반응인 acid chloride와 Lewis 산인 $AlCl_3$ 사이의 초기 반응이 포함되어 있다. 이 이온쌍의 acylium 이온 부분은 매우 강한 친전자체로서 약한 친핵성 방향족 π 전자 구름과 반응하여 양성자를 잃으면서 최종 생성물이 되는 공명 안정화된 양이온 중간체를 생성한다. 고리에 한 개 이상의 강한 전자를 끌어당기는 기가 있으면 이 반응은 일어나지 않는다. 방향족성 단일 아실화 생성물은 출발 물질보다 반응성이 약하므로 단일 아실화 반응 후에는 이 반응은 쉽게 중단할 수 있다.

$$\text{C}_6\text{H}_6 + \text{Cl-C(=O)CH(CH}_3)_2 \xrightarrow{\text{AlCl}_3} \text{C}_6\text{H}_5\text{C(=O)CH(CH}_3)_2 + \text{HCl}$$

6. **알켄을 사용한 알킬화 반응(22.1D절).** 친전자체는 Brønsted 산 또는 Lewis 산과 알켄의 상호 작용에 의해 생성되는 탄소양이온이다.

$$p\text{-cresol (OH, CH}_3) + \text{CH}_2\text{=C(CH}_3)_2 \xrightarrow{\text{H}_3\text{PO}_4} \text{2,6-di-}tert\text{-butyl-4-methylphenol}$$

7. **알코올을 사용한 알킬화 반응(22.1D절).** 친전자체는 Brønsted 산 또는 Lewis 산과 알코올의 반응에 의해 생성되는 탄소양이온이다.

$$\text{C}_6\text{H}_6 + \text{HO-C(CH}_3)_3 \xrightarrow{\text{H}_3\text{PO}_4} \text{C}_6\text{H}_5\text{C(CH}_3)_3 + \text{H}_2\text{O}$$

8. **친핵성 방향족 치환: Benzyne 중간체(22.3A절).** 이 메커니즘에는 benzyne 중간체를 생성하기 위한 aryl halide로부터 센염기 사이의 초기 제거 반응이 포함되어 있다. 생성된 benzyne 중간체는 두 개의 sp 혼성화 탄소 원자 중 하나에 첨가 반응이 일어나서 생성물이 얻어진다.

$$p\text{-ClC}_6\text{H}_4\text{CH}_3 + \text{NaNH}_2 \xrightarrow[(-33°\text{C})]{\text{NH}_3(l)} p\text{-CH}_3\text{C}_6\text{H}_4\text{NH}_2 + m\text{-CH}_3\text{C}_6\text{H}_4\text{NH}_2 + \text{NaCl}$$

9. **친핵성 방향족 치환: 첨가-제거 반응(22.3B절).** 이 메커니즘에는 음전하로 하전된 Meisenheimer 착물로 된 다음에, 수소가 제거되면서 치환된 생성물이 생성되는, 할로젠을 함유하고 있는 고리 탄소의 친핵성 공격이 포함되어 있다. 이 반응은 할로젠에 대하여 오쏘 및/또는

파라 위치에 전자-끄는 기는 치환기가 없으면 일어나지 않는다. 왜냐하면, 이들 전자-끄는 기는 치환기들은 친핵성 공격 방향으로 고리를 활성화시키기 때문이다.

$$\text{2,4-dinitrochlorobenzene} + H_2NNH_2 \longrightarrow \text{2,4-dinitrophenylhydrazine (}NHNH_2\text{)} + HCl$$

연습 문제

붉은색 번호는 응용 문제를 나타낸다.

친전자성 방향족성 치환 반응: 단일 치환 반응

22.7 다음 각 반응들에 대한 단계별 메커니즘을 써라. 각 단계에서 굽은 화살표를 사용하여 전자들의 흐름을 표시하라.

(a) naphthalene $+ Cl_2 \xrightarrow{FeCl_3}$ 1-chloronaphthalene $+ HCl$

(b) benzene $+$ 1-chloropropane $\xrightarrow{AlCl_3}$ isopropylbenzene $+ HCl$

(c) furan $+$ acetyl chloride $\xrightarrow{SnCl_4}$ 2-acetylfuran $+ HCl$

(d) benzene $+ CH_2Cl_2 \xrightarrow{AlCl_3}$ diphenylmethane $+ 2HCl$

22.8 Pyridine은 3-nitropyridine의 합성에서 그림으로 설명한 바와 같이 3번 위치에서 우선적으로 친전자성 방향족 치환이 일어난다.

$$\text{Pyridine} + HNO_3 \xrightarrow[300°C]{H_2SO_4} \text{3-Nitropyridine} + H_2O$$

Pyridine **3-Nitropyridine**

이들 산성 조건 하에서 나이트로화 반응을 하는 화학종은 pyridine이 아니고 pyridine의 짝산이다. Pyridine의 짝산의 2, 3, 4번 위치에 NO_2^+의 공격으로 생성되는 중간체의 구조에 기여하는 공명 구조들을 그려라. 이들 중간체를 조사하고, 3번 위치에서 나이트로화 반응이 우선적으로 일어나는 이유를 설명하라.

22.9 Pyrrole은 2-nitropyrrole의 합성에서 그림으로 설명한 바와 같이 2번 위치에서 우선적으로 친전자성 방향족 치환 반응이 일어난다.

$$\text{Pyrrole} + HNO_3 \xrightarrow[5°C]{CH_3COOH} \text{2-Nitropyrrole} + H_2O$$

Pyrrole **2-Nitropyrrole**

Pyrrole의 2번과 3번 위치에서 NO_2^+의 공격에 의해 생성되는 중간체의 구조에 기여하는 공명 구조들을 그려라. 이들 중간체를 조사하고, 2번 위치에서 나이트로화 반응이 우선적으로 일어나는 이유를 설명하라.

22.10 −45°C에서 *m*-xylene을 센산성 용매인 HF/SbF_5에 첨가하면 δ 2.88 (3H), 3.00 (3H), 4.67 (2H), 7.93 (1H), 7.83 (1H), 8.68 (1H)에서 ^{1}H-NMR 신호를 보이는 새로운 화합물이 얻어진다. 이러한 스펙트럼을 나타내는 화학종의 구조를 정하라.

22.11 *tert*-Butylbenzene을 센산성 용매인 HF/SbF_5에 첨가한 다음 수용액에서 반응하면 benzene이 생성된다. 알킬기 이탈 반응에 관한 메커니즘을 제안하라. 이 반응의 다른 생성물은 무엇인가?

22.12 $AlCl_3$의 존재 하에서 benzene에 SCl_2를 반응시키면 어떤 생성물이 예측되는가? 만일 diphenyl ether에 SCl_2와 $AlCl_3$를 처리하면 어떤 생성물이 얻어지는가?

22.13 H^+을 제외한 다른 기들도 친전자성 방향족 치환에서 이탈기로 작용할 수 있다. 가장 좋은 이탈기 중 하나는 trimethylsilyl기(Me_3Si—)이다. 예를 들면, $Me_3SiC_6H_5$를 CF_3COOD로 처리하면 빠르게 C_6H_5D가 생성된다. 이러한 종류의 반응성을 예측 가능하게 하는 실리콘-탄소 결합의 특성은 무엇인가?

이치환과 다치환 반응

22.14 다음의 기들은 오쏘-파라 지향성기들이다.

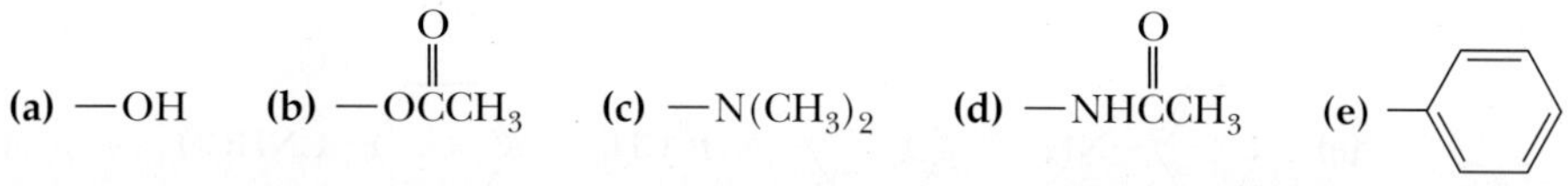

(a) —OH **(b)** —OCCH₃ (C=O) **(c)** —N(CH₃)₂ **(d)** —NHCCH₃ (C=O) **(e)** —C₆H₅ (phenyl)

양전하를 더욱 비편재화시킴으로써 중간체를 안정화시키는 데에 있어서 각 작용기들의 역할을 보여주는 친전자성 방향족 치환 반응 중에 생성되는 공명 안정화된 양이온에 기여하는 구조를 그려라.

22.15 각 화합물들을 HNO_3/H_2SO_4으로 처리하였을 때 주 생성물 또는 생성물들을 예측하라.

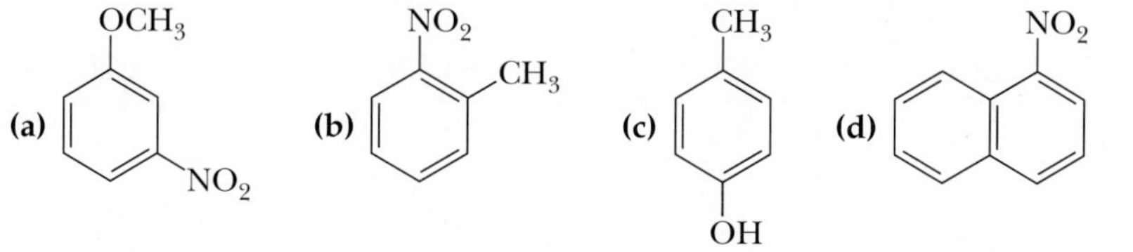

(a) OCH_3, NO_2 (m-nitroanisole) **(b)** NO_2, CH_3 (o-nitrotoluene) **(c)** CH_3, OH (p-cresol) **(d)** NO_2 (1-nitronaphthalene)

22.16 *N*-Phenylacetamide (acetanilide)는 aniline보다 친전자성 방향족 치환 반응성이 약하다는 사실을 어떻게 설명하겠는가?

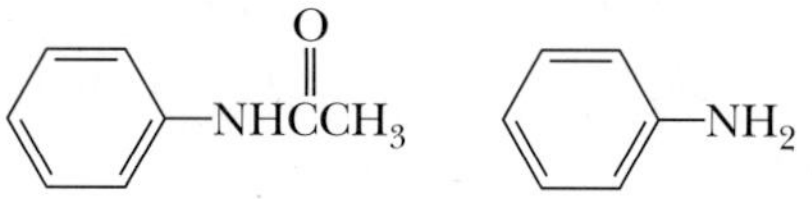

C_6H_5–NHCCH₃ (C=O) C_6H_5–NH_2

_N_-Phenylacetamide (Acetanilide) **Aniline**

22.17 Trifluoromethyl기는 거의 예외 없이 메타 지향성이라는 것을 설명하라.

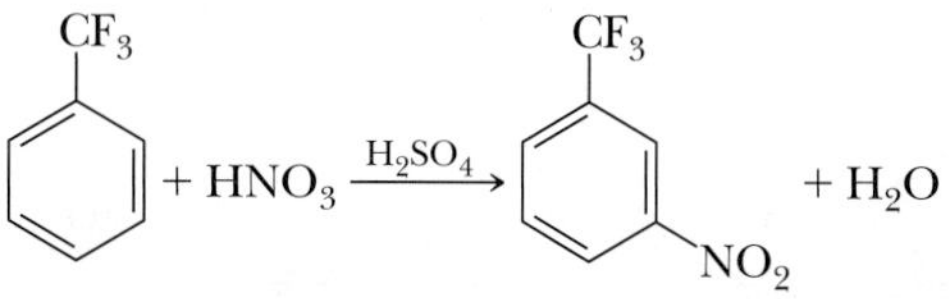

$$C_6H_5CF_3 + HNO_3 \xrightarrow{H_2SO_4} m\text{-}NO_2C_6H_4CF_3 + H_2O$$

22.18 나이트로기인 —NO_2는 메타 지향성이지만 나이트로소기인 —N=O는 오쏘-파라 지향성인 이유를 설명하라.

22.19 다음 각 화합물의 쌍에서 친전자성 방향족 치환 반응성이 감소하는 순서(빠른 화합물에서 느린 화합물로)로 화합물들을 배열하라.

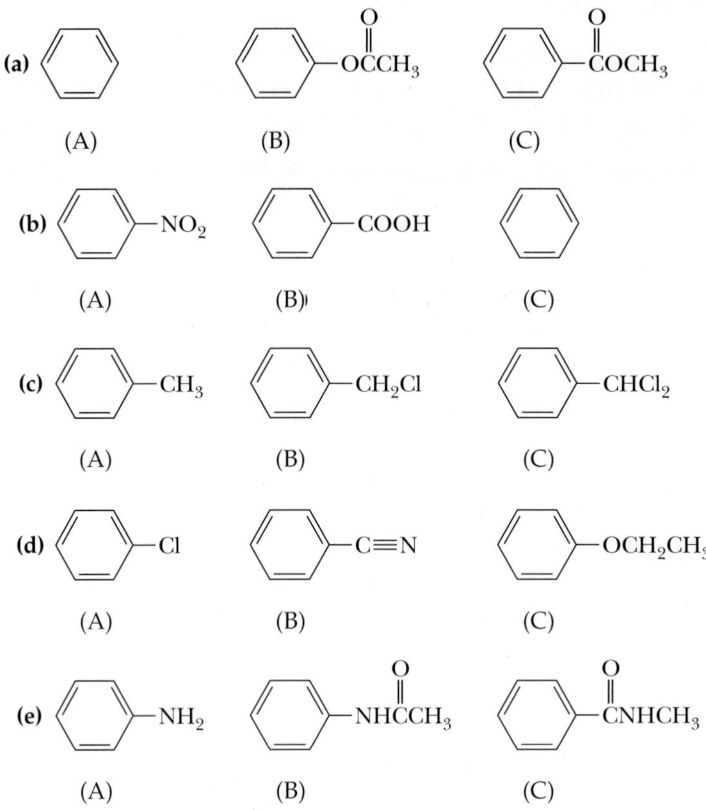

22.20 다음 각 화합물에서 고리에 있는 어느 기가 더 강한 활성화기인지를 표시하고, 각 화합물의 나이트로화 반응에 의하여 생성되는 주 생성물의 구조식을 그려라.

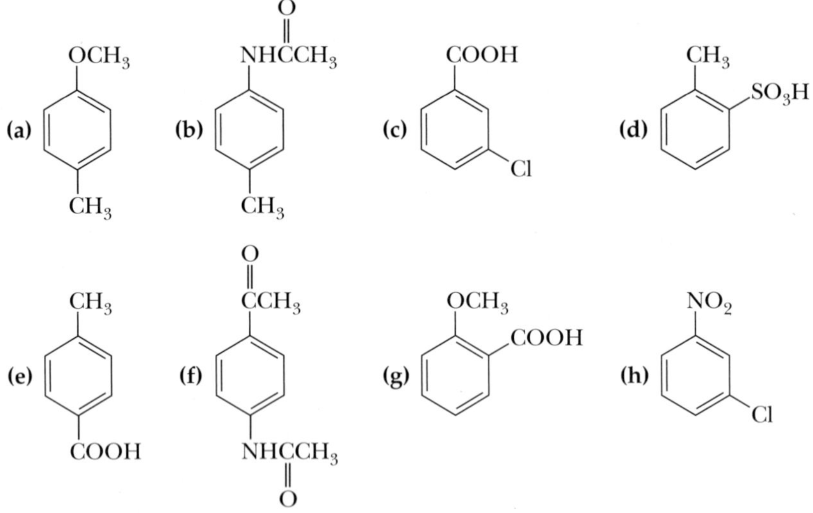

22.21 다음의 각 분자들은 두 개의 방향족 고리를 가지고 있다.

(a) O ‖ CNH (b) O_2N– (c) O ‖ CO

각각의 분자에서 어느 고리가 친전자성 방향족 치환을 보다 더 쉽게 일어나게 하는가? 나이트로화 반응에서 생성되는 주 생성물을 그려라.

22.22 산 촉매의 존재 하에서 phenol과 acetone과의 반응은 에폭시와 polycarbonate 수지 생산에 사용되는 bisphenol A로 잘 알려진 화합물을 생성한다(29.5절). Bisphenol A의 생성에 관한 메커니즘을 제안하라.

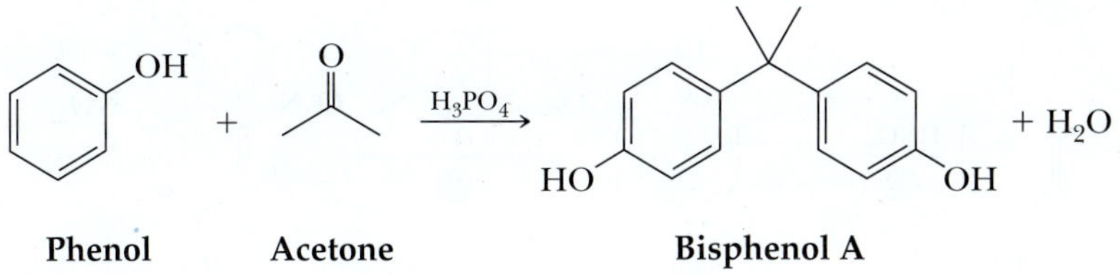

Phenol + Acetone $\xrightarrow{H_3PO_4}$ Bisphenol A + H_2O

Phenol **Acetone** **Bisphenol A**

22.23 Butylated hydroxytoluene (BHT)으로 알려진 2,6-di-*tert*-butyl-4-methylphenol은 '부패 방지'를 위해 식품에서 항산화제로 사용되고 있다(8.7절). BHT는 인산의 존재 하에서 4-methylphenol (*p*-cresol)과 2-methylpropene과의 반응으로 공업적으로 합성되고 있다. 이 반응의 메커니즘을 제안하라.

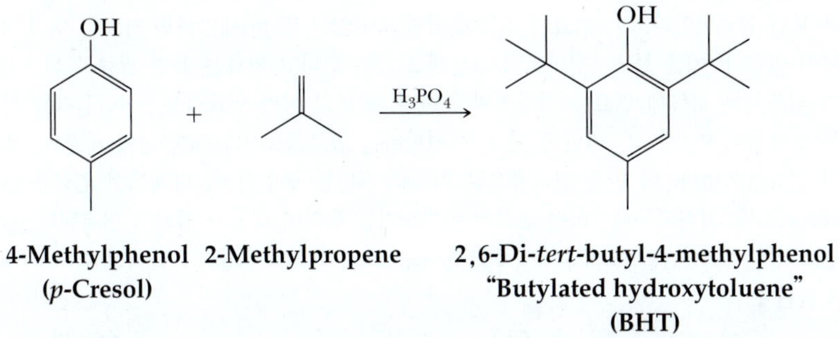

4-Methylphenol + 2-Methylpropene $\xrightarrow{H_3PO_4}$ 2,6-Di-*tert*-butyl-4-methylphenol

4-Methylphenol (*p*-Cresol) **2-Methylpropene** **2,6-Di-*tert*-butyl-4-methylphenol "Butylated hydroxytoluene" (BHT)**

22.24 살충제인 DDT는 다음과 같은 경로로 합성한다. 이 반응에 관한 메커니즘을 제시하라. 약어인 DDT는 일반명인 dichlorodiphenyltrichloroethane으로부터 유래되었다.

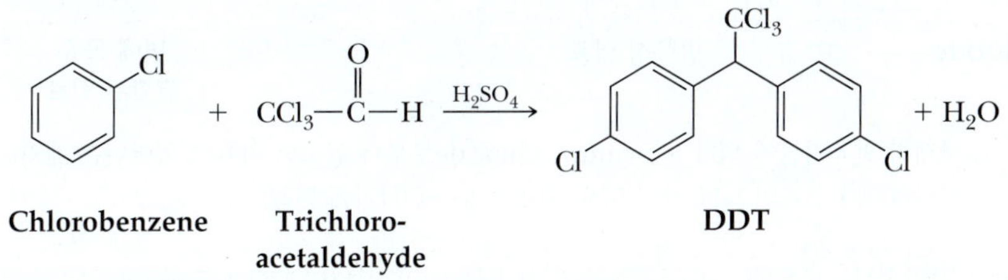

Chlorobenzene + $CCl_3-\overset{O}{\overset{\|}{C}}-H$ $\xrightarrow{H_2SO_4}$ DDT + H_2O

Chlorobenzene **Trichloro-acetaldehyde** **DDT**

22.25 0°C에서 빙초산에 bromine과 salicylaldehyde (2-hydroxybenzaldehyde)를 처리하면 분자식이 $C_7H_4Br_2O_2$인 화합물이 생성되며, 이 화합물은 국부 살균제와 항균제로서 사용되고 있다. 이 화합물의 구조식을 제안하라.

22.26 Phenol로부터 3,5-dibromo-2-hydroxybenzoic acid (3,5-dibromosalicylic acid)에 관한 합성을 제안하라.

22.27 Polyphosphoric acid의 존재 하에 benzene을 succinic anhyride로 처리하면 다음과 같이 γ-케토산이 생성된다. 이 반응의 메커니즘을 제안하라.

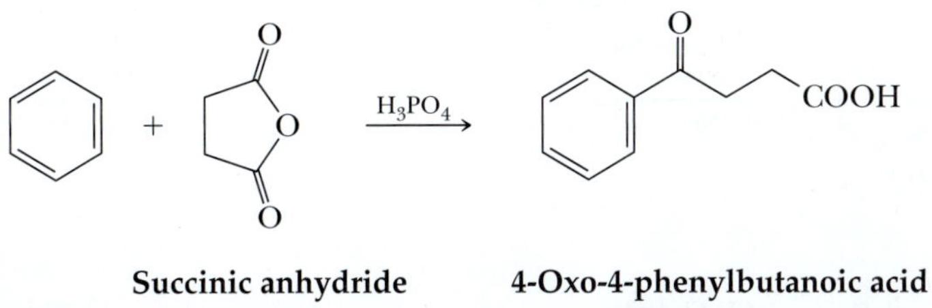

Benzene + Succinic anhydride $\xrightarrow{H_3PO_4}$ 4-Oxo-4-phenylbutanoic acid

Succinic anhydride **4-Oxo-4-phenylbutanoic acid**

친핵성 방향족 치환 반응

22.28 다음은 제초제인 trifluralin B의 합성에서의 마지막 단계들이다.

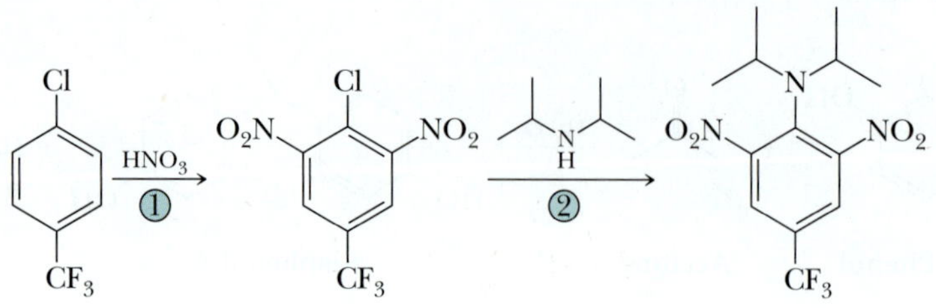

Cl, CF_3 → HNO_3 ① → O_2N, Cl, NO_2, CF_3 → (diisopropylamine, N–H) ② → O_2N, N(iPr)₂, NO_2, CF_3

Trifluralin B

(a) 단계 (1)에서 나이트로화 반응의 방향성에 관해서 설명하라.

(b) 단계 (2)에서 치환 반응에 관한 메커니즘을 제안하라.

22.29 직물을 염색할 때의 문제점 중 하나는 직물에 염료가 정착되는 정도이다. 초기 염료의 대부분은 표면 염료이었다. 즉, 염료가 직물에 결합되지 않아 몇 번 세탁하면 염료는 씻겨 나가는 경향이 있었다. 예를 들면, 청바지의 푸른색을 내는 인디고 염료는 표면 염료로 색을 고착화하기 위해서는 직물에 염료를 결합시켜야 한다. 최초의 이런 염료들은 —NH_2기를 가지고 있는 염료들이 면, 모직, 비단 등에 공유 결합하는 염료들로서 1930년대에 개발된, 소위 반응성 염료들이었다. 이 반응 염료용으로 최초로 개발된 방법의 첫 단계에서 염료는 cyanuric chloride로 처리되는데, 이는 염료의 아미노기를 통하여 직물과 염료가 연결된다. 남아 있는 염소 성분은 면(셀룰로오스)의 —OH기 또는 모직이나 비단(둘 다 단백질임)의 —NH_2기로 치환된다.

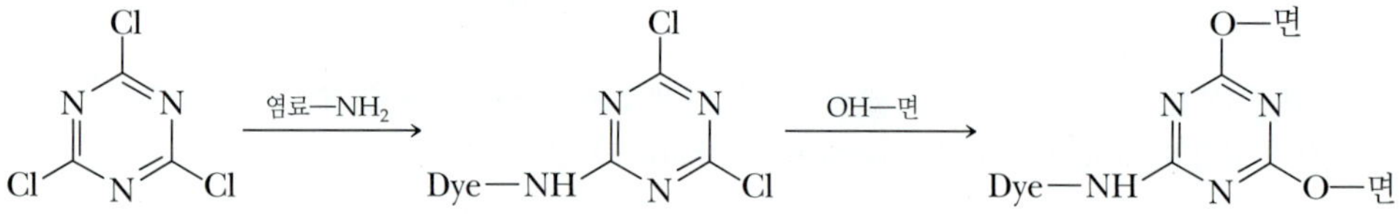

Cl, N, N, Cl, N, Cl → 염료—NH_2 → Cl, N, N, Dye—NH, N, Cl → OH—면 → O—면, N, N, Dye—NH, N, O—면

Cyanuric chloride 반응성 염료 면에 공유 결합된 염료

아래의 반응기들에 의하여 cyanuric chloride로부터 염소의 치환이 일어나는 메커니즘을 제시하라. (a) 염료의 NH_2기에 의해, (b) 면의 —OH기에 의해.

유기 화학 반응 로드맵

REACTION ROADMAP

22.30 연습 문제 20.55와 21.49를 위해 만든 로드맵을 이용하고, 이 장의 '주요 반응'에서 나오는 반응이 더 포함되도록 업데이트하라. 로드맵에 반응 9는 너무 제한적이기 때문에 이용하지 않도록 한다. 로드맵에서 23장을 예상해 보면, 아릴 나이트로기 화합물을 아릴 아민으로 변환하는데 H_2/Ni과 1) Fe, HCl, 2) NaOH 반응이 포함되도록 한다. 이러한 두 가지 반응이 이 장(22.1B절)에서 다루었지만 '주요 반응'에서는 포함되지 않았다.

22.31 다음 일련의 반응의 생성물들을 적어라. 작성한 로드맵에서 이 반응의 조합이 서로 다른 작용기로 가는 방법을 보여 주는지 설명하라. 20~22장의 새로운 로드맵과 함께 6~11장, 15~18장과 19장의 이전 로드맵이 필요할 것이다.

(a) 아릴 고리 → 1. HNO_3, H_2SO_4 2. Cl_2, $FeCl_3$ 3. H_2, Ni

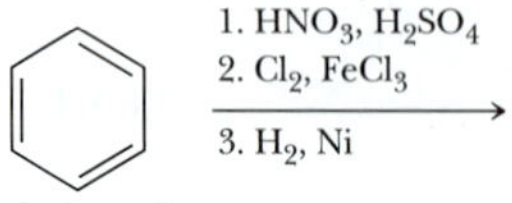

(b) 아릴 고리 → 1. Cl_2, $FeCl_3$ 2. HNO_3, H_2SO_4 3. H_2, Ni

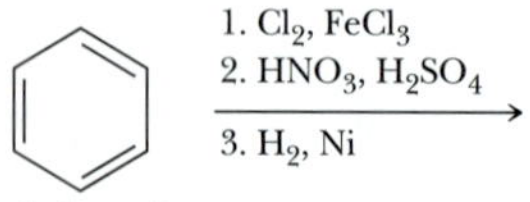

(c) 아릴 고리 → 1. CH_3Cl, $AlCl_3$ 2. H_2CrO_4 3. $SOCl_2$ 4. EtOH 5. 과량 (propyl)MgBr 6. 묽은 H_3O^+

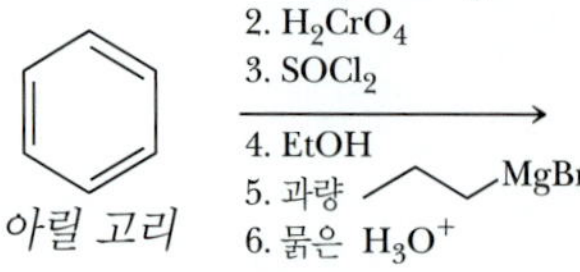

(d) 아릴 고리 → 1. (acetyl)Cl, $AlCl_3$ 2. HNO_3, H_2SO_4 3. $H_2\bar{C}—\overset{+}{P}Ph_3$ 4. BH_3 5. H_2O_2 6. H_2CrO_4

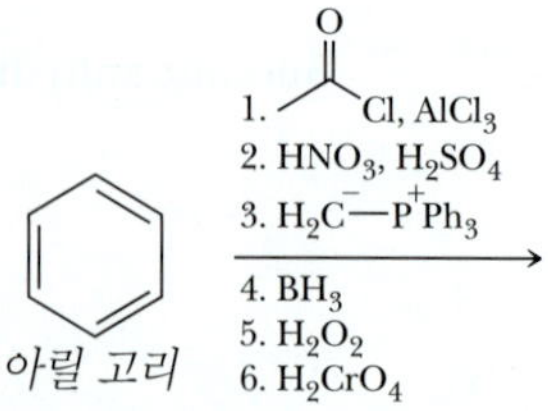

(e) 아릴 고리

1. H–C(=O)–Cl, $AlCl_3$
2. CH_3COCH_3, NaOH
3. H_3O^+, 열
4. pyrrolidine
5. CH_3CH_2COCl
6. 묽은 H_3O^+

합성

22.32 Toluene을 다음 화합물들로 전환시키는 방법을 설명하라.

(a) C_6H_5–CH_2Br **(b)** Br–C_6H_4–CH_3

22.33 1-Phenyl-1-propanone으로부터 다음 화합물들을 합성하는 방법을 설명하라.

1-Phenyl-1-propanone **(a)** (라셈 혼합물) **(b)**

22.34 Toluene을 **(a)** 2,4-dinitirobenzoic acid와 **(b)** 3,5-dinitrobenzoic acid으로 전환시키는 방법을 설명하라.

22.35 다음의 전환들을 일으키는 시약과 반응 조건들을 표시하라.

(a) CH_3 ⟶ COOH, COOH

(b) OH ⟶ OEt

(c) Cl ⟶ OMe, NO_2, NO_2

(d) OCH_3 ⟶ OCH_3, O_2N, CCH_3, O

(e) CH_2CH_3 ⟶ $CH{=}CH_2$

22.36 방향족 고리의 유일한 공급원으로는 benzene을 그리고 기타 필요한 시약을 사용하여 triphenylmethane의 합성을 제안하라.

22.37 Benzene에서 다음 화합물들을 합성을 제안하라.

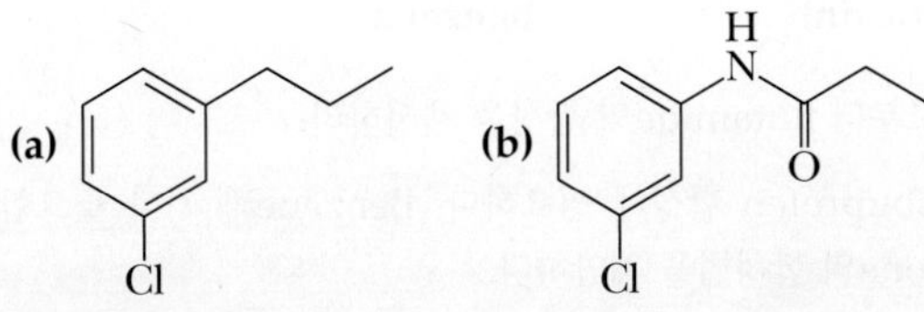

22.38 잡초들의 생장 억제를 위해 최초로 광범위하게 사용된 제초제는 2,4-dichlorophenoxyacetic acid (2,4-D)이었다. 주어진 염소가 치환된 phenol 중간체를 경유하여 phenol과 chloroacetic acid로부터 이 화합물을 합성할 수 있는 방법을 제시하라.

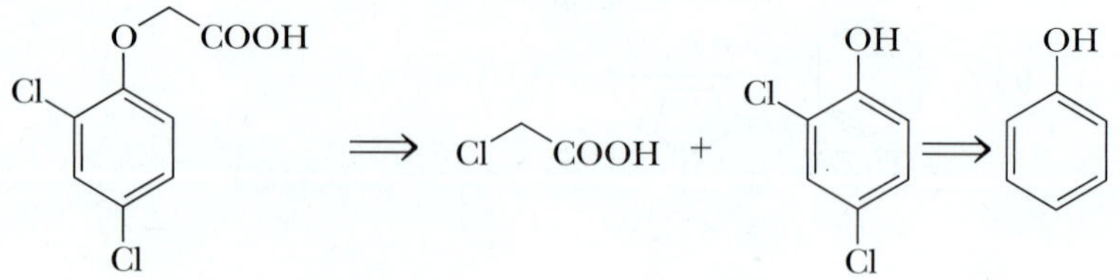

2,4-Dichlorophenoxyacetic acid (2,4-D) ⟹ **Chloroacetic acid** + (2,4-dichlorophenol) ⟹ **Phenol**

22.39 Phenol은 pentachlorophenol 또는 더 간략하게 penta라고 알려진 2,3,4,5,6-pentachlorophenol의 합성을 위한 출발 물질이다. 한때, penta는 갑판이나 판자벽, 그리고 야외 목재 가구용 보존제로써 폭넓게 사용되었다. Pentachlorophenol의 구조식을 그리고, phenol로부터 pentachlorophenol의 합성법을 기술하라.

22.40 방향족 고리의 유일한 공급원으로서 benzene, toluene, phenol을 출발 물질로 하여 다음 물질들의 합성법을 제시하라. 이들 모든 합성 과정에서 오쏘-파라 생성물들의 혼합물들은 원하는 이성질체로 분리될 수 있다고 가정하라.

(a) 1-Bromo-3-nitrobenzene
(b) 1-Bromo-4-nitrobenzene
(c) 2,4,6-Trinitrotoluene (TNT)
(d) *m*-Chlorobenzoic acid
(e) *p*-Chlorobenzoic acid
(f) *p*-Dichlorobenzene
(g) *m*-Nitrobenzenesulfonic acid

22.41 3,5-Dibromo-4-hydroxybenzenesulfonic acid는 살균제로서 사용된다. Phenol로부터 이 화합물의 합성법을 제시하라.

22.42 Phenol을 출발 물질로 3,5-dichloro-2-methoxybenzoic acid의 합성법을 제시하라.

22.43 향수로 사용되는 다음 화합물은 제비꽃 향기를 지녔다. Benzene으로부터 이 화합물의 합성법을 제시하라.

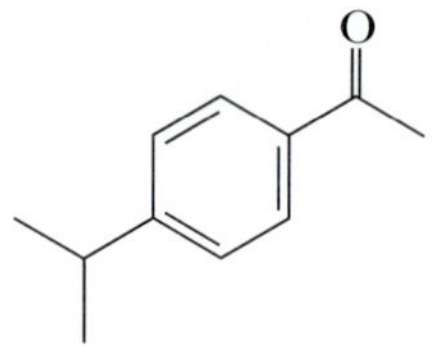

4-Isopropylacetophenone

22.44 전립선암은 미국 남성 암 환자들 중에서 폐암 다음으로 가장 많은 사망 원인이다. 전립선암 치료법 중 하나는 testosterone과 androsterone (둘 다 androgen임)이 전립선암의 증식을 번창시킨다는 데에 기초하고 있다. 약물 flutamide (antiandrogen)는 과녁 조직에서 androgen의 수준을 낮추며, 현재 전립선암을 예방하고 치료하는 데 쓰인다.

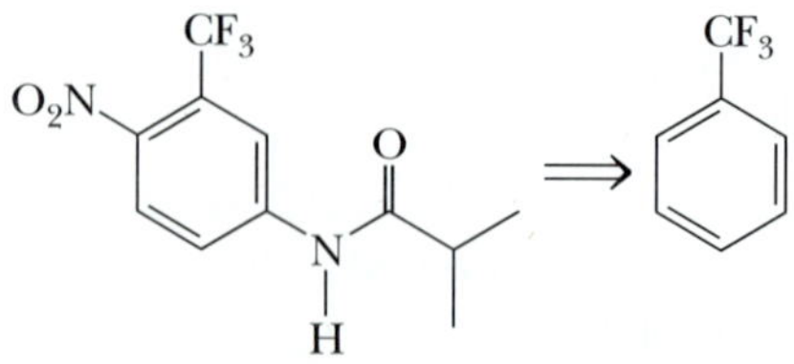

Flutamide (Eulexin) ⟹ **Trifluoromethylbenzene**

Trifluoromethylbenzene으로부터 flutamide의 합성을 제시하라.

22.45 4-Isobutylacetophenone은 ibuprofen 합성에 필요하다. Benzene과 기타 필요한 시약으로부터 4-isobutylacetophenone의 합성법을 제안하라.

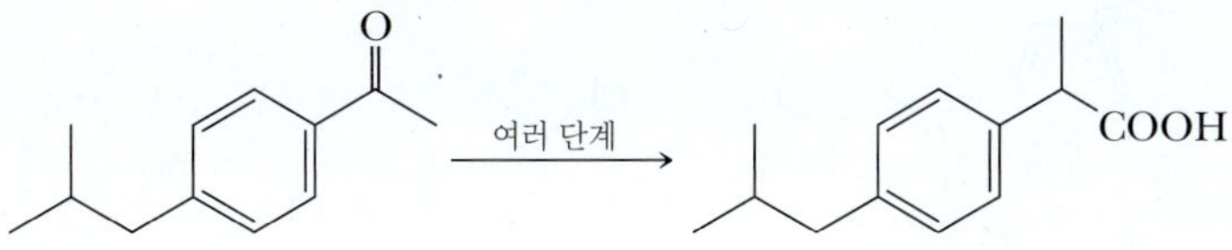

O

여러 단계

COOH

4-Isobutylacetophenone

Ibuprofen
(라셈 혼합물)

22.46 다음은 향기를 향상시키고 유지시키기 위해 향료에 필수인 합성 사향인 ambrette의 구조식이다. *m*-Cresol (3-methylphenol)로부터 이 화합물의 합성을 제시하라.

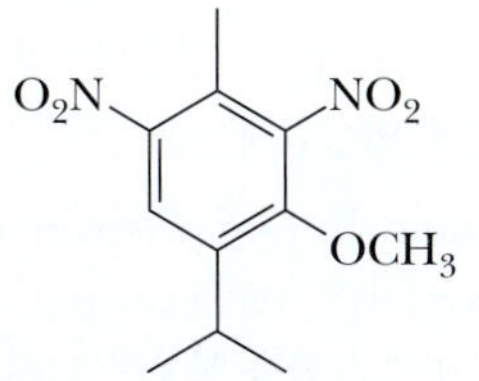

O_2N NO_2 OCH_3

22.47 Toluene과 phenol로부터 아래 화합물의 합성법을 제안하라.

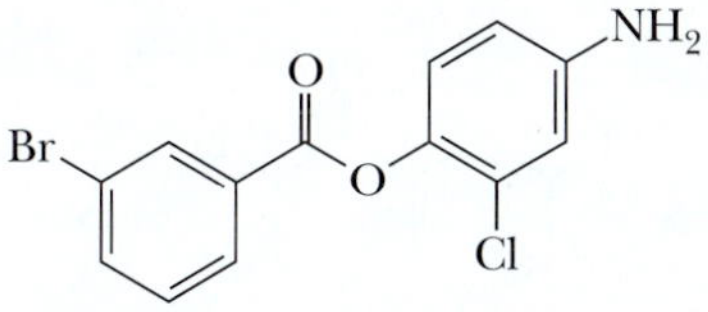

NH_2 O Br O Cl

22.48 어떤 방향족 화합물을 formaldehyde (CH_2O)와 HCl로 처리하면 CH_2Cl기가 방향족 고리에 도입된다. 이 반응은 클로로메틸화 반응(chloromethylation)으로 알려져 있다.

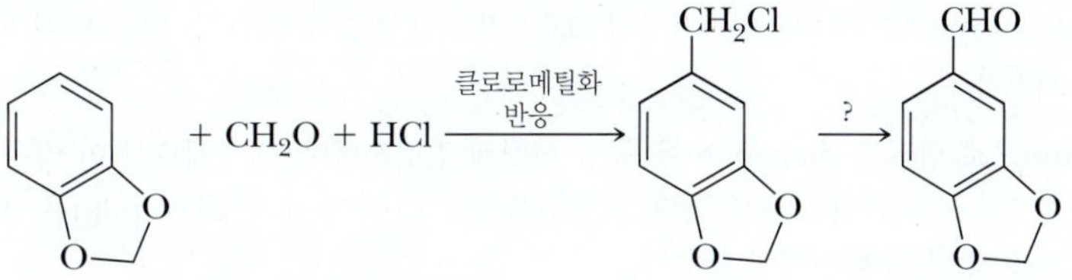

$+ CH_2O + HCl$ 클로로메틸화 반응 → CH_2Cl ? → CHO

O O O O O O

Piperonal

(a) 이 반응에서 클로로메틸화 반응의 메커니즘을 제안하라.

(b) 이 클로로메틸화 반응의 생성물은 향수에, 그리고 인조 체리향이나 바닐라 향에 사용되는 piperonal로 전환될 수 있다. 클로로메틸화 반응의 생성물에 있는 CH_2Cl기를 CHO기로 어떻게 바꿀 수 있을까?

22.49 다음은 진드기 약과 곰팡이 약인 dinocap의 역합성 분석이다.

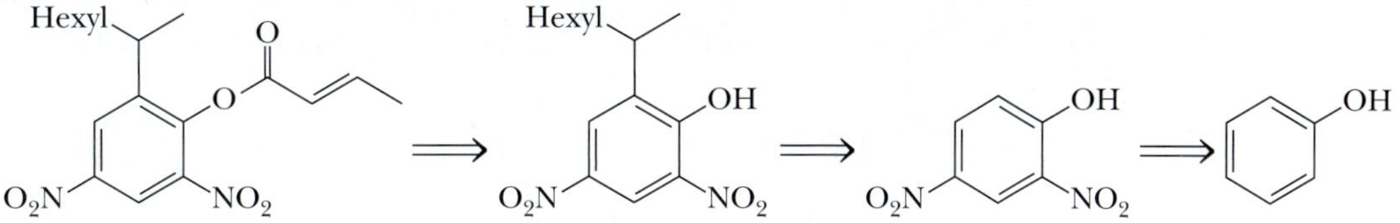

Hexyl O O O_2N NO_2 ⟹ Hexyl OH O_2N NO_2 ⟹ OH O_2N NO_2 ⟹ OH

Dinocap

(a) 주어진 이 분석에서 phenol과 1-octene으로부터 dinocap의 합성을 제안하라.

(b) 이 dinocap은 카이랄인가? 만일 그렇다면, 어떠한 입체 이성질체가 이 합성에서 생성될 수 있는가?

22.50 다음은 여성 질 청결제로 사용되는 Monistat을 포함한 여러 처방 외 조제품들 중에서 활성이 강한 향균제의 성분인 miconazole의 구조이다. Miconazole의 합성에 필요한 화합물들 중 하나는 오른쪽에 보이는 toluene의 trichloro 유도체이다.

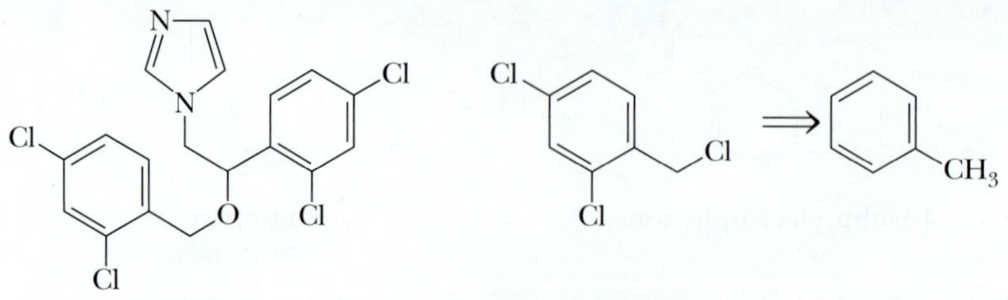

Miconazole

2,4-Dichloro-1-chloromethylbenzene

Toluene

(a) Toluene으로부터 이 유도체가 어떻게 합성되는지 나타내어라.

(b) Miconazole의 가능한 입체 이성질체는 몇 개인가?

22.51 1985년에 Burroughs-Wellcome사(지금은 GlaxoSmithKline)에 의해 처음으로 시판되었던 염화 수소 화합물인 Bupropion은 Wellbutrin이라는 이름으로 팔리고 있는 항우울제이다. 임상 시험에서 흡연자들이 1,2주 약을 복용한 뒤에 흡연 욕구가 줄어드는 것을 발견했다. 추가 임상 시험에서 이 약효는 재확인되었으며, 1997년에 Zyban이라는 이름으로 금연 보조제로서 시판되었다.

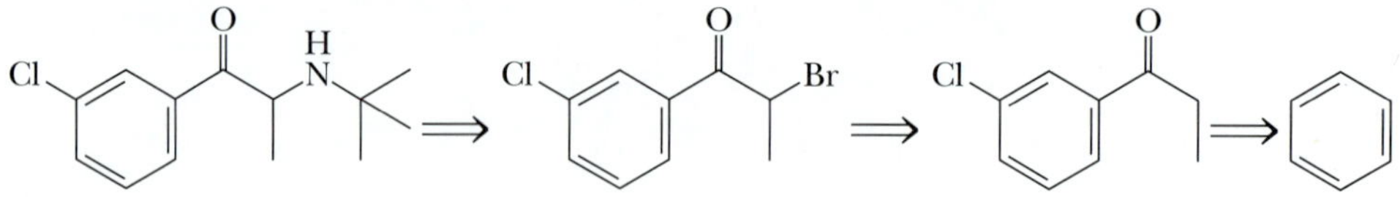

Bupropion

(a) 주어진 역합성법으로부터 bupropion의 합성법을 제안하라.

(b) Bupropion은 카이랄인가? 만일 그렇다면, 합성 중에 생길 수 있는 입체 이성질체는 몇 개인가?

22.52 Valium으로 알려진 diazepam은 중추 신경계 진정제이다. 진정제로서 이 약은 활동성과 흥분성을 감소시켜 진정 효과를 준다. 처방전을 근거로 하여 볼 때 diazepam은 1976년에 미국에서 가장 많이 처방된 약이 되었다.

다음은 diazepam 합성의 역합성적 분석이다. 여기서 화합물 B의 생성은 Friedel-Crafts 아실화 반응임을 주목하라. 이 반응에서 acetic anhydride를 처리하기 전에 2차 아민을 보호하는 과정이 필요하다. 그 다음 아세틸 보호기는 NaOH 수용액을 처리한 후에 HCl로 조심스럽게 산성화함으로써 제거된다.

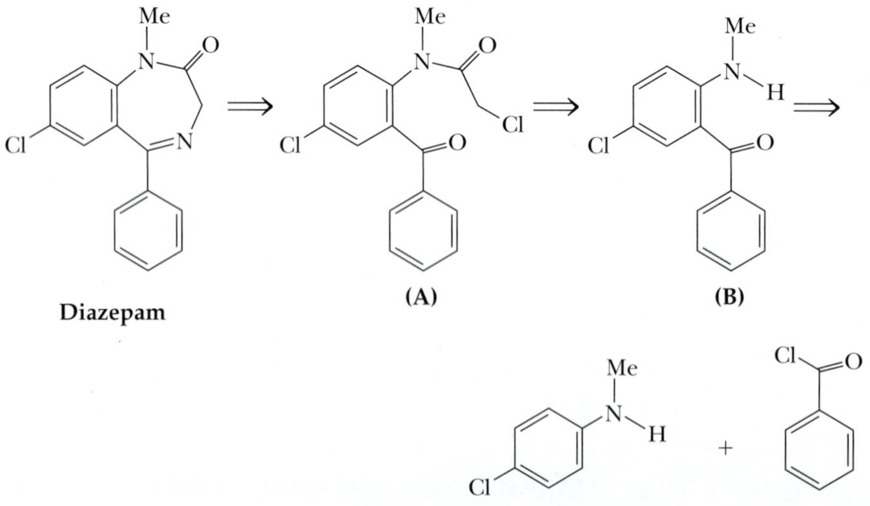

Diazepam **(A)** **(B)**

4-Chloro-*N*-methylaniline **Benzoyl chloride**

(a) 주어진 역합성법을 보고 diazepam의 합성법을 제안하라.

(b) Diazepam은 카이랄인가? 그렇다면 합성 중 생기는 생길 수 있는 입체 이성질체는 몇 개인가?

22.53 항우울제인 amitriptyline은 시냅스 틈(synaptic cleft)에서 norepinephrine과 serotonin의 재흡수를 저해한다. 이러한 신경 전달 물질들의 재흡수가 방해되기 때문에 이들 물질의 효능은 높아지게 된다. 신경 전달물질들은 serotonin 및 norepinephrine 수용체와 계속 상호 작용이 가능한 채로 남아 있게 되며, serotonin과 norepinephrine에 의해 매개되는 신경 경로의 흥분을 계속 유발하게 된다. 다음은 amitriptyline의 합성 과정이다.

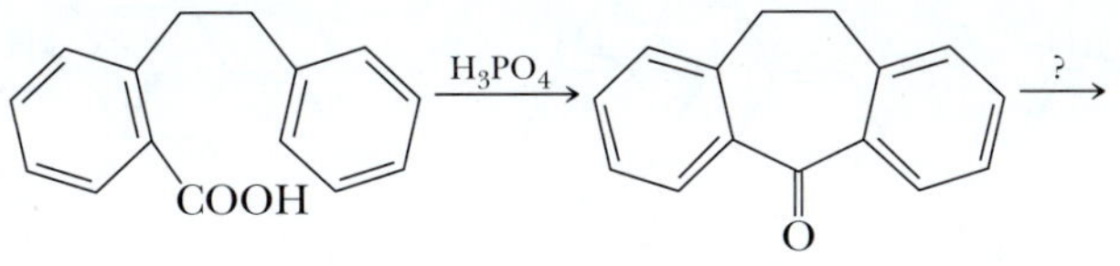

COOH $\xrightarrow{H_3PO_4}$ O $\xrightarrow{?}$

(A) **(B)**

HO $\xrightarrow{HBr}$ Br $\xrightarrow{?}$ NMe_2

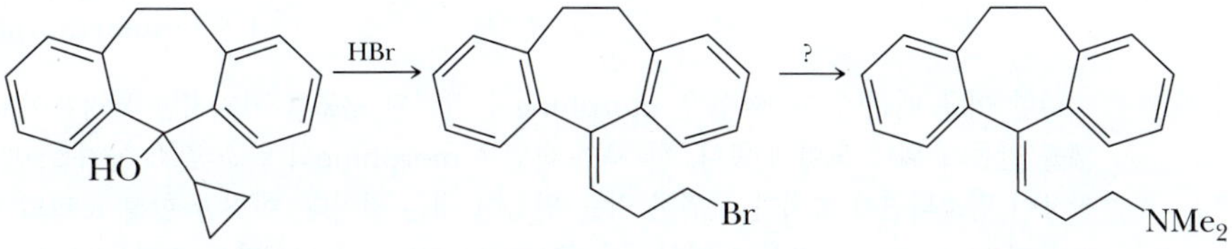

(C) **(D)** **Amitriptyline**

(a) **(A)**에서 **(B)**로 전환되기 위한 메커니즘을 제안하라.

(b) **(B)**에서 **(C)**로 전환될 때 필요한 시약을 제시하라.

(c) **(C)**에서 **(D)**로 전환되기 위한 메커니즘을 제안하라. (*주의:* 중간체로 일차 탄소양이온을 제안하지 말아라.)

(d) **(D)**에서 amitriptyline으로 전환될 때 필요한 시약을 제시하라.

(e) Amitriptyline은 카이랄인가? 만일 그렇다면, 합성 과정에서 생길 수 있는 입체 이성질체는 몇 개인가?

22.54 항우울제인 venlafaxine (Effexor)이 쉽게 이용 가능한 아래의 출발 물질들로부터 어떻게 합성되는지를 보여라. Venlafaxine은 카이랄인가? 만일 그렇다면, 합성 과정에서 생길 수 있는 입체 이성질체는 몇 개인가?

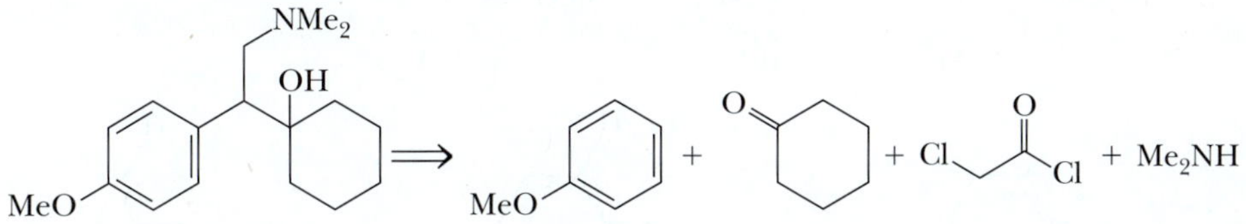

NMe_2 OH MeO $\Longrightarrow$ MeO + O + Cl O Cl + Me_2NH

Venlafaxine **Anisole** **Cyclohexanone** **Chloroacetyl chloride** **Dimethylamine**

22.55 항염증제이며 마취제인 nabumetone의 한 가지 합성법은 2-methoxynaphthalene의 클로로메틸화 반응과(연습 문제 22.48) 아세토아세트산 에스터 합성이다(19.6절).

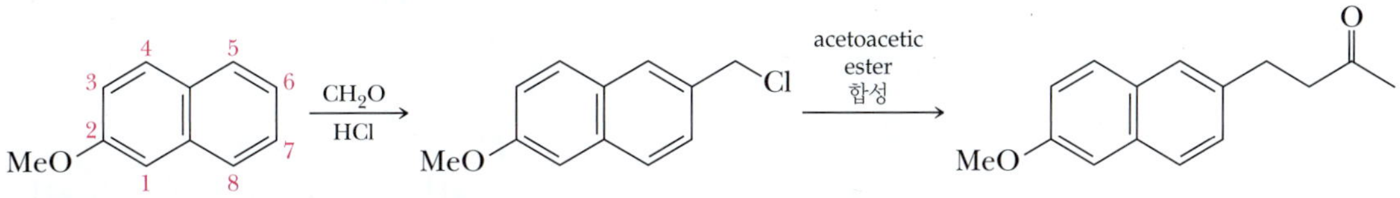

MeO (1–8) $\xrightarrow[HCl]{CH_2O}$ MeO Cl $\xrightarrow{\text{acetoacetic ester 합성}}$ MeO O

2-Methoxynaphthalene **Nabumetone**

(a) 5번 탄소나 7번 탄소보다는 6번 탄소에서 클로로메틸화 반응의 위치선택성이 일어남을 설명하라.

(b) Nabumetone의 합성이 완결되는 아세토아세트산 에스터 합성에서의 단계들을 보여라.

22.56 미성숙한 양귀비(*Papaver somniferum*) 씨주머니에서 얻어지는 마른 즙의 마취, 수면, 도취 효과는 수백 년에 걸쳐 알려져 왔다. 19세기 초에 주성분인 morphine이 분리되고 그 구조가 확인되었다. 비록 morphine은 오늘날에도 가장 효과적인 진통제이지만 두 가지 부작용이

있다. 첫째는 중독성이고, 둘째는 중추 신경계의 호흡기 조절 센터의 약화이다. 다량의 morphine (morphine의 3,6-다이아세틸 에스터인 heroin)은 호흡 정지로 인한 사망에까지 다다를 수 있다.

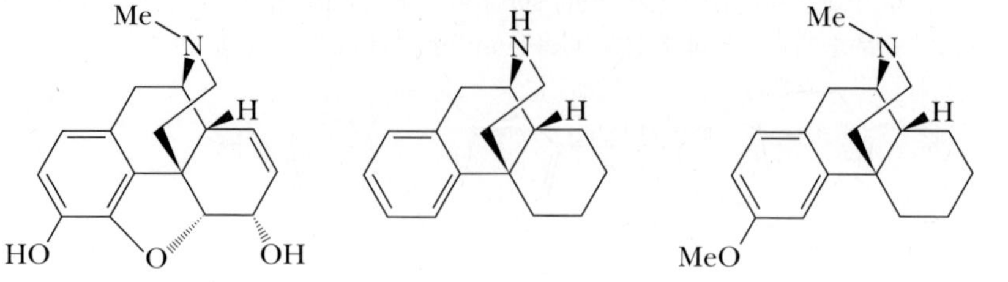

Me N H HO O OH

Morphine

H N H

Morphinan

Me N H MeO

(+/−) = **Racemethorphan**
(+) = **Dextromethorphan**
(−) = **Levomethorphan**

이러한 이유 때문에 화학자들은 morphine과 관련된 구조를 가지지만 부작용이 없는 진통제를 만들기 위해 노력해 왔다. 한 가지 방법은 morphine의 탄소-질소 골격을 변형하여 부작용이 감소되면서 효과가 동일한 약을 만들어 내는 것이다. 이러한 합성 노력의 한 목표는 morphinan이었다. 합성된 화합물들 중 racemethorphan (라셈 혼합물)과 levomethorphan (좌회전성 거울상 이성질체)이 마취 효과가 있는 것으로 판명되었다. 흥미롭게도 우회전성 광학 이성질체인 dextromethorphan은 마취 효과가 없었다. 그렇지만 morphine과 유사한 기침 억제 효과를 보여주기 때문에 racemethorphan의 기침 치료제로도 널리 쓰이게 되었다.

다음은 racemethorphan의 합성법이다.

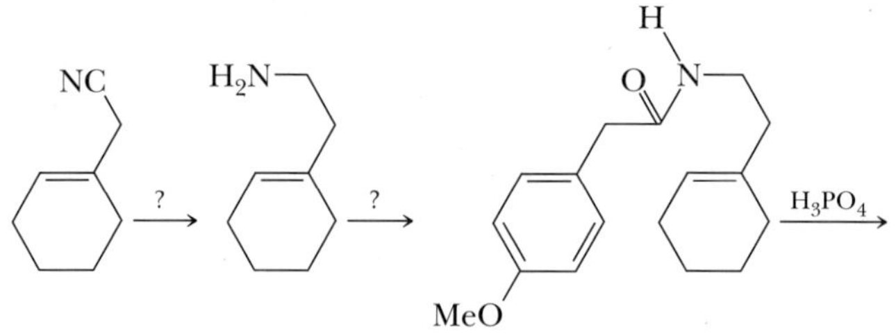

NC → ? → H_2N → ? → H N O MeO → H_3PO_4 →

(A) **(B)** **(C)**

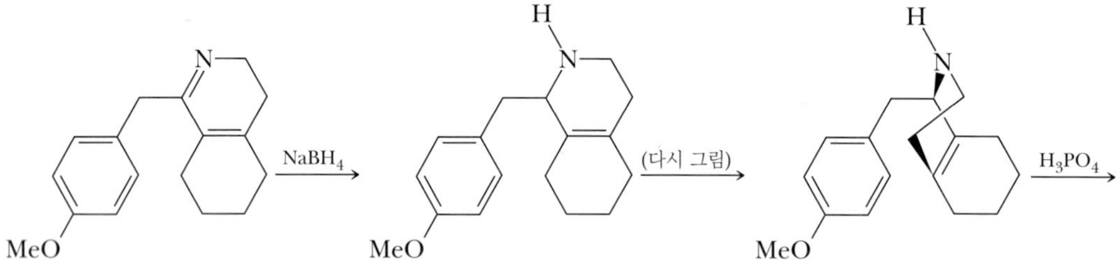

N MeO → $NaBH_4$ → H N MeO → (다시 그림) → H N MeO → H_3PO_4 →

(D) **(E)**

H N H MeO → ? → O EtO N H MeO → ? → H_3C N H MeO

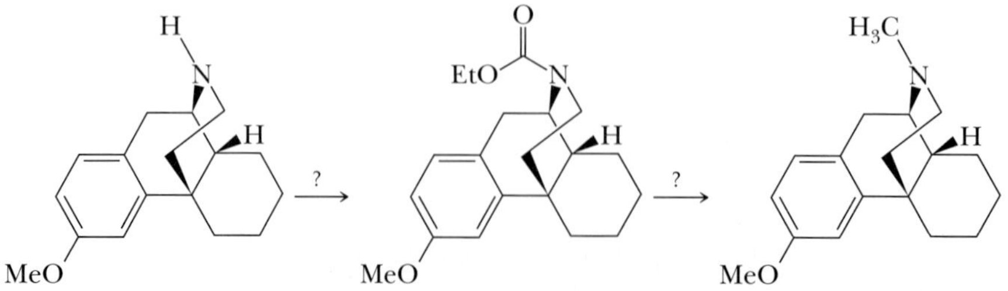

(F) **(G)** **Racemethorphan**

(a) **(A)**에서 **(B)**로 전환될 때 필요한 시약을 제시하라.
(b) **(B)**에서 **(C)**로 전환될 때 필요한 시약을 제시하라.
(c) **(C)**에서 **(D)**로 전환되기 위한 메커니즘을 제안하라.
(d) **(E)**에서 **(F)**로 전환되기 위한 메커니즘을 제안하라.
(e) **(F)**에서 **(G)**로 전환될 때 필요한 시약을 제시하라.
(f) **(G)**에서 racemethorphan으로 전환될 때 필요한 시약을 제시하라.

22.57 다음은 β-adrenergic 비특이성 수용체 차단제이면서 혈관 확장 활성을 가지고 있는 항고혈압약인 labetalol의 구조식이다. 이러한 종류의 약들은 고혈압, 편두통, 녹내장, 뇌허혈성 심장 질환 및 기타 심장 부정맥 등의 치료에 효과가 좋아 임상에서 많은 주목을 받아 왔다. 아래 역합성법은 α-할로케톤**(B)**과 amine**(C)**으로 분리되는 과정이 포함되어 있다. 분리된 (B)와 (C) 각각은 또한 더 간단하며, 쉽게 구할 수 있는 선구 물질로부터 차례로 유도된다.

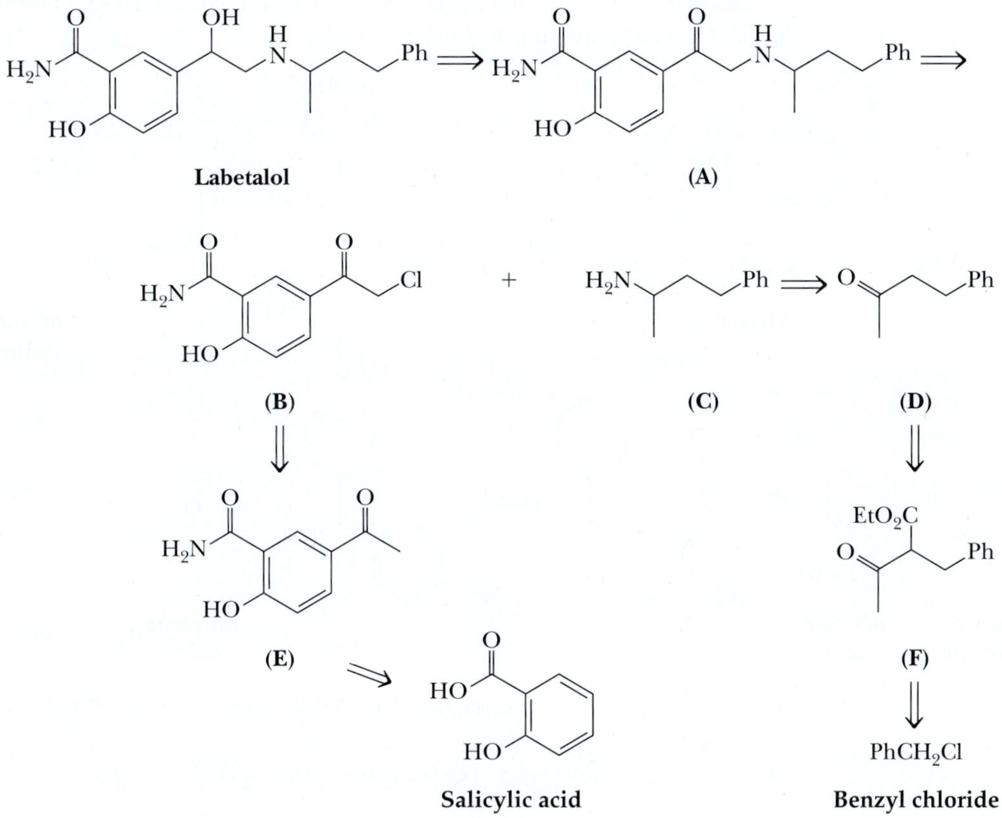

Labetalol **(A)**

(B) **(C)** **(D)**

(E) **(F)**

Salicylic acid

$PhCH_2Cl$

Salicylic acid **Benzyl chloride**

(a) 주어진 역합성 분석에서 salicylic acid와 benzyl chloride로부터 labetalol의 합성을 제안하라. [*주의*: Salicylic acid를 **(E)**로 전환하는 데는 phenol의 —OH기가 아실화되지 않도록 acetic anhydride를 처리하여 phenol의 —OH를 보호한 뒤 Friedel-Crafts 아실화 반응이 포함되어 있다. 보호기는 KOH로 처리한 뒤 산을 첨가함으로써 나중에 제거된다.]

(b) Labetalol은 두 개의 카이랄 중심을 가지고 있으며, 이 합성에서 생성된 바와 같이 네 개의 입체 이성질체의 라셈 화합물로 얻어진다. 활성이 있는 입체 이성질체는 dilevalol이며, 카이랄 중심에 *R*,*R* 배열을 갖는다. 카이랄 중심의 배열을 나타내는 dilevalol의 구조식을 그려라.

22.58 아래에 주어진 역합성 분석에서 항히스타민제인 *p*-methyldiphenylhydramine의 합성을 제안하라. *p*-Methyldiphenylhydramine은 카이랄인가? 그렇다면 합성 과정에서 생기는 가능한 입체 이성질체는 몇 개인가?

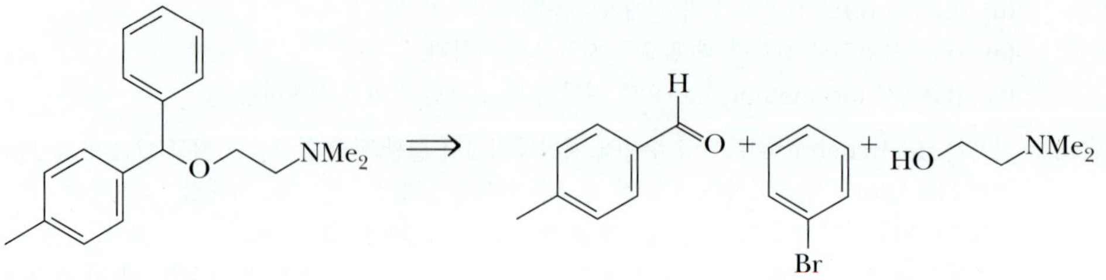

p-Methyldiphenhydramine

22.59 Meclizine은 구토 억제약이다(멀미를 억제하거나 완화시킨다). 약국에서는 Bonine, Sea-Legs, Antivert, Navicalm 등의 이름으로 팔린다.

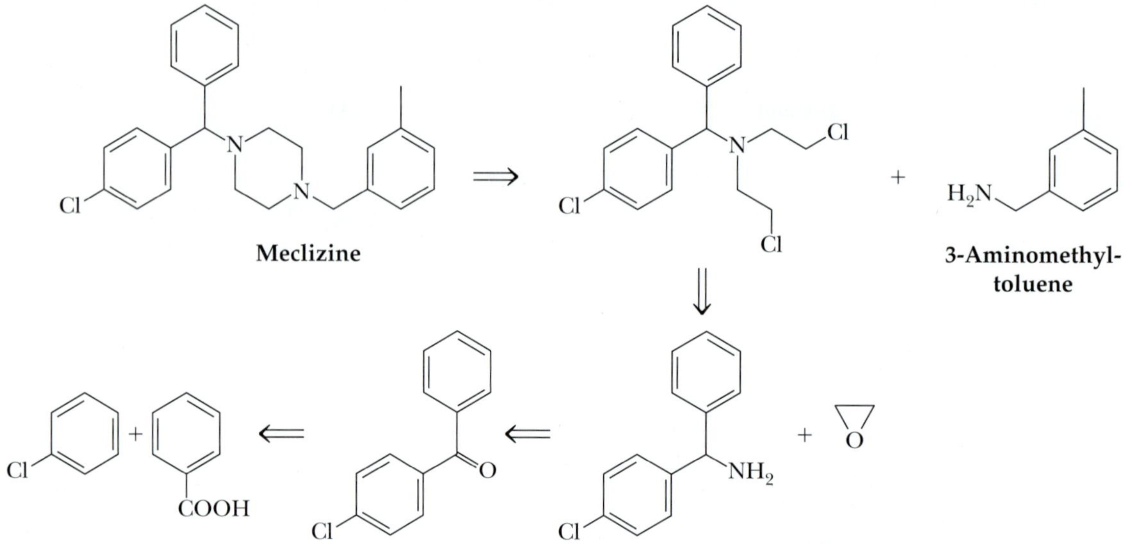

Meclizine **3-Aminomethyl-toluene**

Chloro-benzene **Benzoic acid** **Ethylene oxide**

(a) 주어진 역합성 분석에서 meclizine이 네 가지의 이름으로 되어있는 출발 물질로부터 어떻게 합성될 수 있는지 보여라.

(b) Meclizine은 카이랄인가? 그렇다면 합성 과정에서 생길 수 있는 입체 이성질체는 몇 개인가?

22.60 Spasmolytol은 그 이름이 암시하는 바와 같이 경련을 멈추게 하는 약이다. 주어진 역합성 분석에서 salicylic acid, ethylene oxide, diethylamine으로부터 spasmolytol을 합성하는 방법을 제안하라.

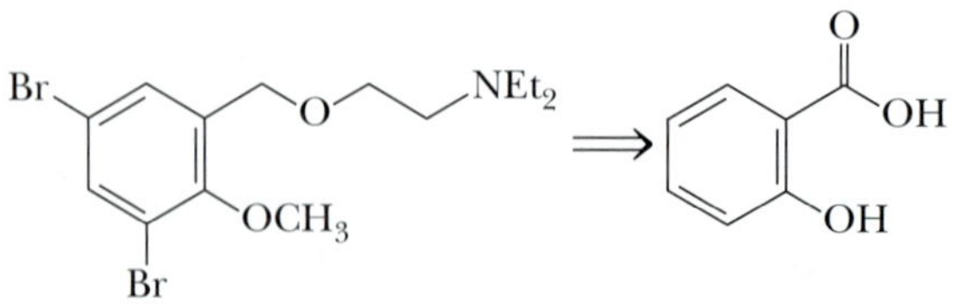

Spasmolytol **Salicyclic acid**

22.61 편집증을 치료하는 초기의 정신병 치료약 중에는 신경 중추계의 dopamine 수용체의 경쟁 저해제로 작용하는 haloperidol (Haldol)이라는 약이 있다.

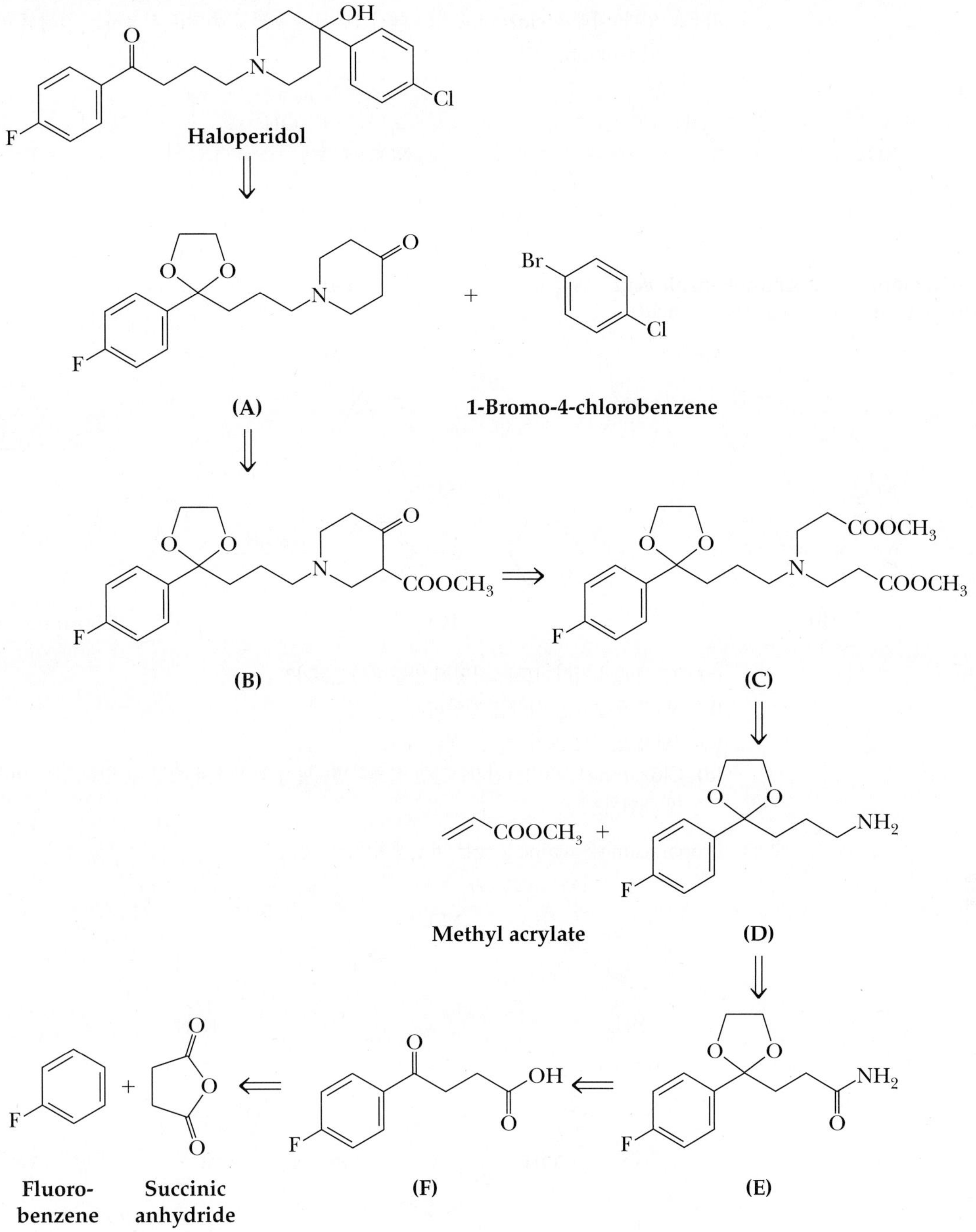

OH
O
N
Cl
F
Haloperidol
⇓
O
O O
N
+
Br
F
Cl
(A) **1-Bromo-4-chlorobenzene**
⇓
O
O O
N
$COOCH_3$
⟹
O O
$COOCH_3$
N
$COOCH_3$
F
F
(B) **(C)**
⇓
O O
$COOCH_3$ +
NH_2
F
Methyl acrylate **(D)**
⇓
O
O
O
O O
+
O ⟸
OH ⟸
NH_2
F
O
O
O
F
F
Fluoro-benzene **Succinic anhydride** **(F)** **(E)**

(a) 주어진 역합성 분석에서 haloperidol의 합성을 제안하라.

(b) Haloperidol은 카이랄인가? 만일 그렇다면, 합성 과정에서 생길 수 있는 입체 이성질체는 몇 개인가?

22.62 정신병 치료제 중 신개발 약인 clozapine은 현재 편집증을 치료하는 데 쓰이고 있다. 이 약은 초기의 약보다 사회성 단절, 무감정, 기억 상실증, 이해 및 판단력 장애 등을 가진 사람에게 효과가 있다. 이 약은 또한 발작이나 만발성 운동 장해(몸이 자기 멋대로 움직이는)와 같은 부작용도 있다. 아래의 clozapine 합성에서 1단계는 구리를 촉매로 사용하는 친핵성 방향족 치환 반응인 Ullman 짝지음이다.

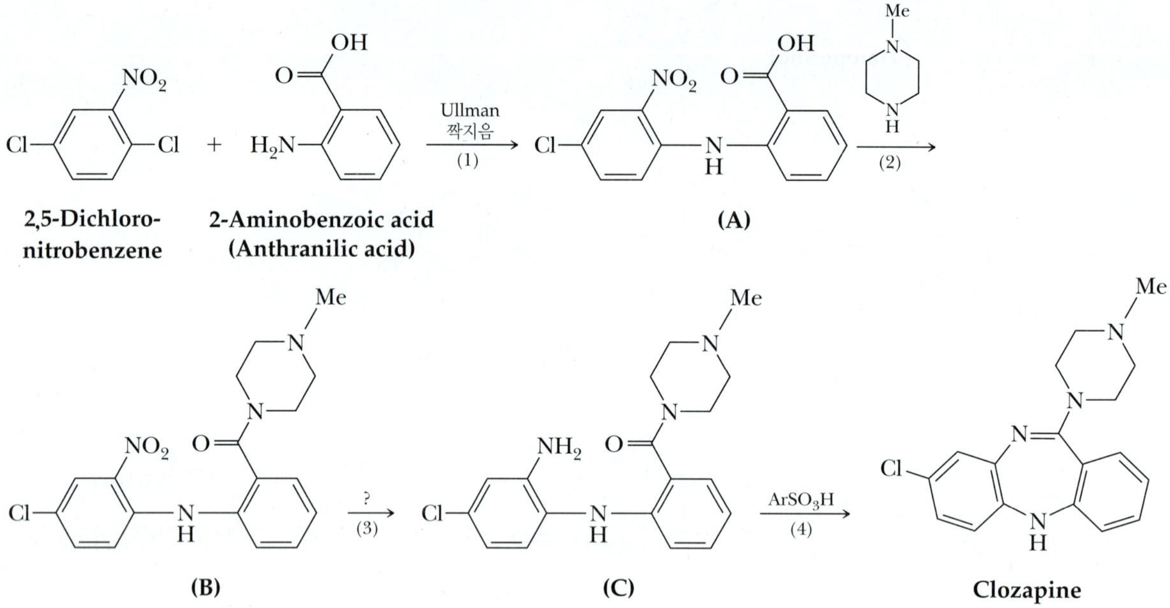

Cl, NO_2, Cl / OH, O, H_2N / Ullman 짝지음 (1) / NO_2, O, OH, Cl, N, H / Me, N, N, H (2)

2,5-Dichloro-nitrobenzene **2-Aminobenzoic acid (Anthranilic acid)** **(A)**

Me, N, N, NO_2, O, Cl, N, H / ? (3) / Me, N, N, NH_2, O, Cl, N, H / $ArSO_3H$ (4) / Me, N, N, N, Cl, N, H

(B) **(C)** **Clozapine**

(a) 2단계에서 아마이드는 어떻게 만들어지겠는가?

(b) 3단계에 필요한 시약을 제안하라.

(c) 4단계를 위한 메커니즘을 제안하라.

(d) Clozapine은 카이랄인가? 만일 그렇다면, 합성 과정에서 생길 수 있는 입체 이성질체는 몇 개인가?

22.63 Proparacaine은 -caine성 국부 마취제이다.

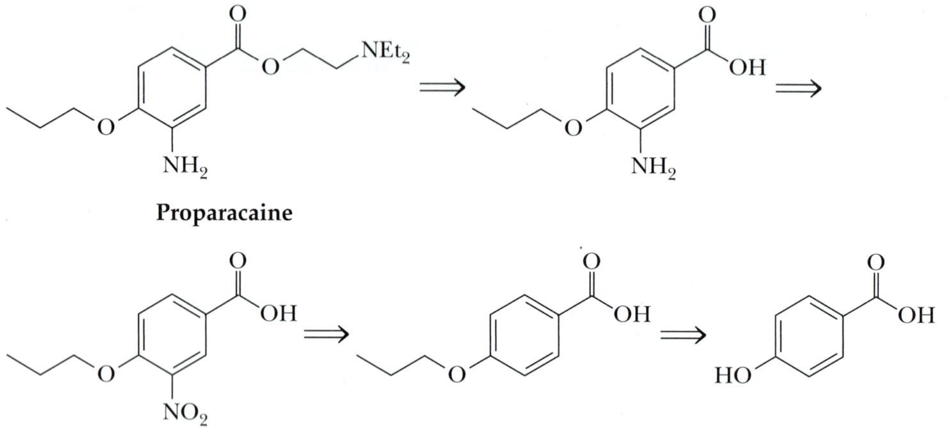

O, O, NEt_2, O, NH_2 ⟹ O, OH, O, NH_2 ⟹

Proparacaine

O, OH, O, NO_2 ⟹ O, OH, O ⟹ O, OH, HO

(a) 주어진 역합성 분석에서 4-hydroxybenzoic acid로부터 proparacaine의 합성법을 제안하라.

(b) Proparacaine은 카이랄인가? 만일 그렇다면, 합성 과정에서 생길 수 있는 입체 이성질체는 몇 개인가?

제 23 장

© Frank Orel/Stone/Getty

양귀비 씨앗에서 추출된 강력한 진통제인 morphine은 강력하면서도 중독성이 작은 합성 진통제를 연구하는 화학자들에게 선도적인 역할을 해왔다. 연습 문제 23.21 참조.

▼ ***삽입 그림:*** Morphine의 모형.

아 민

Amines

이 장의 차례

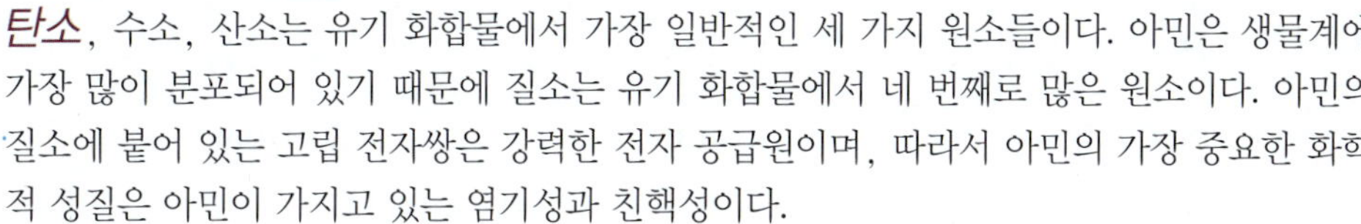

탄소, 수소, 산소는 유기 화합물에서 가장 일반적인 세 가지 원소들이다. 아민은 생물계에 가장 많이 분포되어 있기 때문에 질소는 유기 화합물에서 네 번째로 많은 원소이다. 아민의 질소에 붙어 있는 고립 전자쌍은 강력한 전자 공급원이며, 따라서 아민의 가장 중요한 화학적 성질은 아민이 가지고 있는 염기성과 친핵성이다.

23.1 구조와 분류

아민은 ammonia의 유도체로서 하나 이상의 수소가 알킬기나 아릴기로 치환되어 있는 화합물이다. 아민은 질소에 붙어있는 탄소의 개수에 따라 1차, 2차 또는 3차 아민으로 분류된다(1.3B절).

$CH_3-\ddot{N}H_2$ **Methylamine** (1차 아민)

$CH_3-\ddot{N}H-CH_3$ **Dimethylamine** (2차 아민)

$(CH_3)_3N:$ **Trimethylamine** (3차 아민)

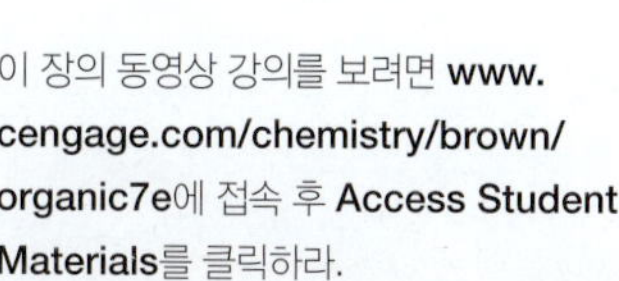

이 장의 동영상 강의를 보려면 **www.cengage.com/chemistry/brown/organic7e**에 접속 후 **Access Student Materials**를 클릭하라.

지방족 아민
질소 원자가 알킬기에만 결합된 아민.

방향족 아민
질소 원자가 하나 이상의 아릴기와 결합된 아민.

아민은 다시 지방족 아민과 방향족 아민으로 분류된다. **지방족 아민**(Aliphatic amine)은 질소에 직접 결합된 탄소가 모두 알킬기이고, **방향족 아민**(aromatic amine)은 하나 이상의 아릴기가 질소에 결합되어 있다.

Aniline
(1차 방향족 아민)

***N*-Methylaniline**
(2차 방향족 아민)

Benzyldimethylamine
(3차 지방족 아민)

헤테로 고리 아민
고리를 이루는 원자 하나가 질소인 아민.

헤테로 고리 방향족 아민
방향족 고리를 이루는 원자 하나가 질소인 아민.

질소가 고리의 한 부분인 아민을 **헤테로 고리 아민**(heterocyclic amine)이라고 한다. 또한, 질소가 방향족 고리(21.2D절)의 한 부분이면, 이 아민은 **헤테로 고리 방향족 아민**(heterocyclic aromatic amine)으로 분류된다. 다음은 2개의 헤테로 고리 지방족 아민과 2개의 헤테로 고리 방향족 아민의 구조식이다.

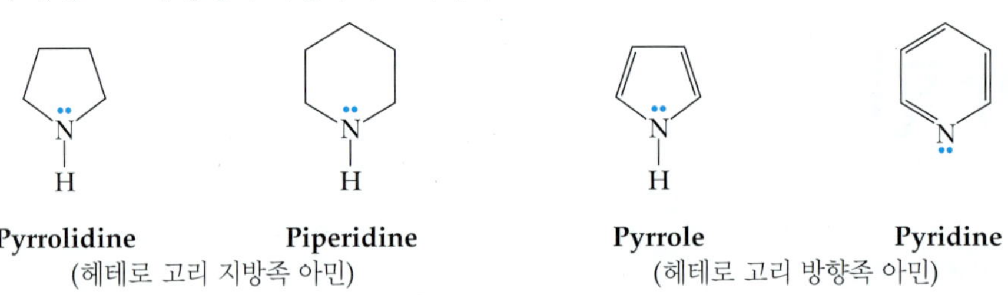

Pyrrolidine **Piperidine**
(헤테로 고리 지방족 아민)

Pyrrole **Pyridine**
(헤테로 고리 방향족 아민)

알칼로이드
식물에서 추출한 염기성 질소를 포함하는 화합물로 사람에게 투여했을 때 생리적 활성을 나타냄.

예제 23.1 ▸ **아민의 종류**

알칼로이드(Alkaloid)는 식물에서 추출한 염기성 질소를 포함한 화합물로서 많은 경우 사람에게 투여하면 생리적 활성을 나타낸다. 독미나리에서 추출한 coniine을 섭취하면 몸이 나른해지고 호흡 곤란과 마비 증세가 오며 결국 사망하게 된다. Coniine은 Socrates의 죽음에 사용된 독성 물질로 '독미나리'에서 추출한다. 적은 양의 nicotine은 중독성 자극제이며, 많은 양은 우울증, 현기증, 구토를 일으킨다. 더 많은 양은 치명적인 독으로 작용한다. Nicotine의 수용액은 살충제로 쓰인다. Cocaine은 코카 식물의 잎으로부터 추출되며, 중추 신경계를 자극하는 물질이다.

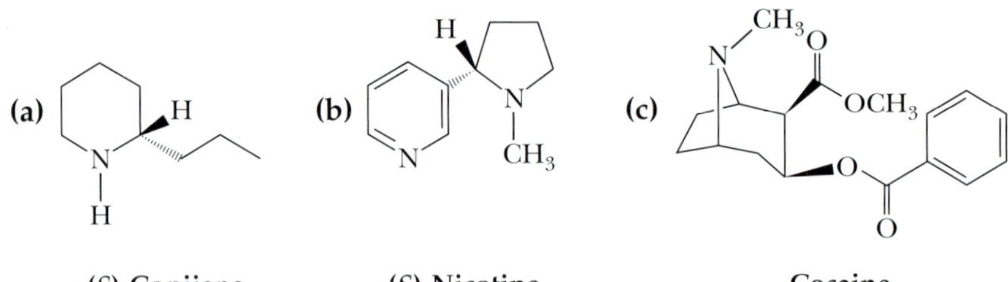

(S)-Coniiane **(S)-Nicotine** **Cocaine**

위의 알칼로이드에 포함된 아미노기를 종류에 따라 분류하라(1차, 2차, 3차, 지방족, 방향족, 헤테로 고리).

➡ **해답**

(a) 2차 지방족 헤테로 고리 아민.
(b) 3차 지방족 헤테로 고리 아민과 헤테로 고리 방향족 아민.
(c) 3차 지방족 헤테로 고리 아민.

연습 문제 23.1

Coniine, nicotine, cocaine에 있는 모든 카이랄 중심 탄소를 찾아라.

23.2 명명법

A 체계명

지방족 아민의 체계명은 알코올의 경우와 같다. 모체 알케인에서 접미사 –*e*를 떼어내고, -*amine*으로 바꾼다.

2-Propanamine **(*S*)-1-Phenylethanamine** **1,6-Hexanediamine**

예제 23.2 ▸ **아민의 명명법**

다음 아민들의 체계명을 적어라.

(a) $CH_3(CH_2)_5NH_2$ **(b)** H_2N～～～NH_2 **(c)** Ph～～NH_2

➡ **해답**

(a) 1-Hexanamine **(b)** 1,4-Butanediamine **(c)** 2-Phenylethanamine

연습 문제 23.2

다음 아민들의 구조식을 그려라.

(a) 2-Methyl-1-propanamine **(b)** Cyclohexanamine **(c)** (*R*)-2-Butanamine

IUPAC 명명법에서 가장 간단한 방향족 아민인 $C_6H_5NH_2$를 관용명인 aniline이라 부른다. Aniline의 간단한 유도체들은 접두사 *o*-, *m*-, *p*- 또는 치환기의 위치를 나타내는 숫자를 이용하여 표기한다. Aniline의 많은 유도체들의 관용명은 현재에도 널리 사용되고 있다. 예를 들어, toluidine은 메틸기로 치환된 aniline이고, anisidine은 메톡시기로 치환된 aniline이다.

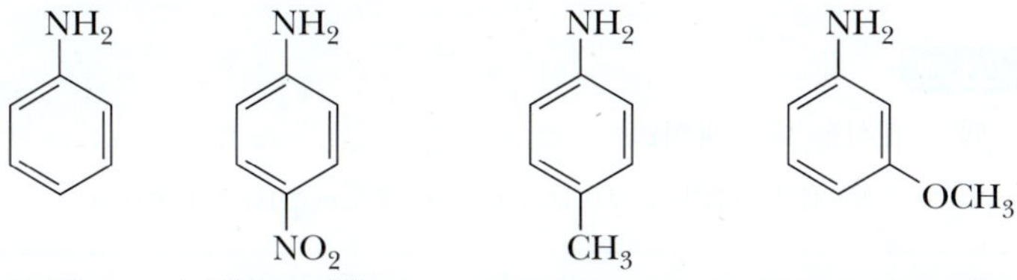

Aniline **4-Nitroaniline (*p*-Nitroaniline)** **4-Methylaniline (*p*-Toluidine)** **3-Methoxyaniline (*m*-Anisidine)**

2차와 3차 아민은 일반적으로 *N*-치환(*N*-substituted) 1차 아민으로 명명한다. 비대칭 아민은 큰 그룹을 모체 아민으로 하고, 질소 원자에 연결된 작은 그룹들을 치환기 명명법에 따라 명명하며, 위치는 접두사 *N*-을 사용하여 작은 그룹들이 질소 원자에 결합되어 있음을 나타낸다.

N-Methylaniline ***N*,*N*-Dimethyl-cyclopentanamine**

다음은 네 가지 헤테로 고리 방향족 아민의 구조식과 이름이며, 이들의 관용명은 IUPAC 체계에서 여전히 사용된다.

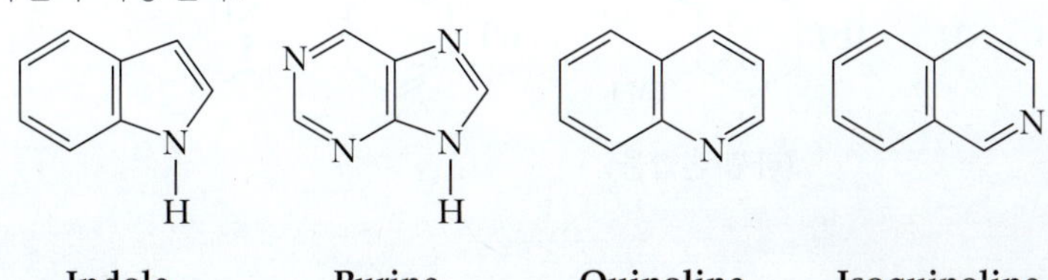

Indole **Purine** **Quinoline** **Isoquinoline**

이 책에서 다루고 있는 다양한 작용기 중에서 $-NH_2$기는 우선순위가 가장 낮은 작용기 중 하나이다(표 16.1) 아래 화합물들은 아미노기보다 우선순위가 높은 작용기를 포함하고 있고, 따라서 아미노기는 접두사 *amino*를 이용하여 나타낸다.

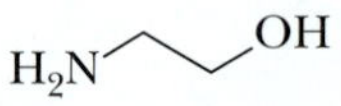

2-Aminoethanol 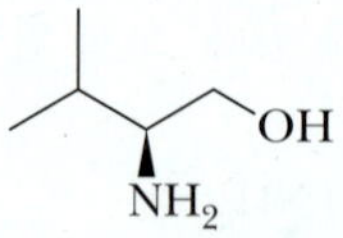 **(*S*)-2-Amino-3-methyl-1-butanol** 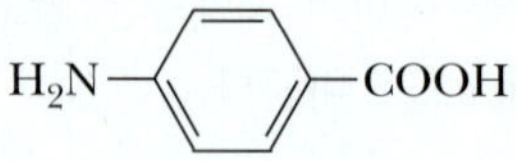 **4-Aminobenzoic acid**

B 관용명

대부분 지방족 아민에 대한 관용명은 질소 원소에 연결된 알킬기를 알파벳순으로 한 단어로 연결한 후 접미사로 *–amine*을 붙여 나타낸다. 즉, 일반적으로 알킬아민으로 명명된다.

CH_3NH_2 Et_3N

Methylamine ***tert*-Butylamine** 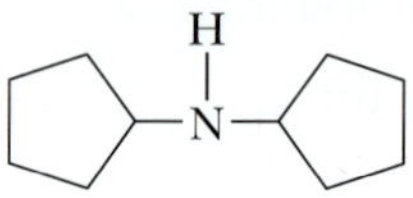 **Dicyclopentylamine** **Triethylamine**

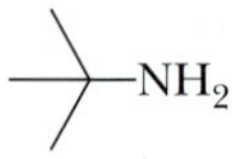

예제 23.3 ▸ 아민 명명법

아래 아민들의 구조식을 나타내어라.

(a) Isopropylamine **(b)** Cyclohexylmethylamine **(c)** Benzylamine

➥ 해답

(a) 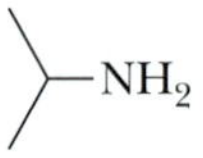 $-NH_2$ (b) 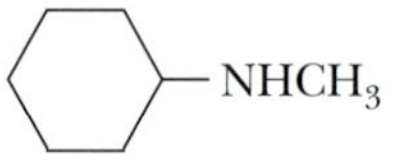 $-NHCH_3$ (c) 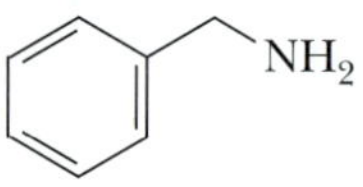 NH_2

연습 문제 23.3

아래 아민들의 구조식을 나타내어라.

(a) Isobutylamine **(b)** Triphenylamine **(c)** Diisopropylamine

하나의 질소 원자에 4개의 원자 혹은 원자단이 연결되어 있으면, 그 화합물은 아민의 염으로 나타낸다. 즉, *-amine* (혹은 *–aniline*, *pyridine* 등)의 접미사를 *–ammonium* (혹은 *–anilinium*, *pyridinium* 등)으로 바꾸고, 음이온의 이름을 붙여 나타낸다.

$Et_3NH^+\ Cl^-$ $\overset{+}{N}H\ CH_3COO^-$

Triethylammonium chloride **Pyridinium acetate**

예제 23.4 ▸ 아민 명명법

아래 화합물에 대하여 IUPAC 체계명과 가능하다면 관용명도 적어라.

(a) $(C_6H_5)_2NH$ **(b)** 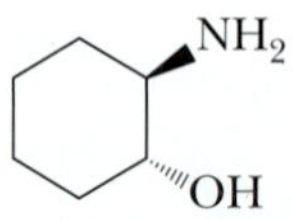 NH_2, OH (라셈 혼합물) **(c)** 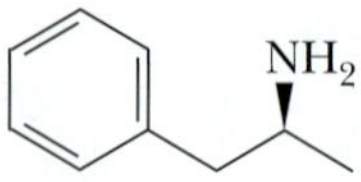 NH_2

➥ 해답

(a) Diphenylamine

(b) *trans*-2-Aminocyclohexanol

(c) 체계명은 (*S*)-1-phenyl-2-propanamine이고, 관용명은 amphetamine이다. 여기에 나타낸 amphetamine의 우회전성 이성질체는 중추신경계 자극제이며, 다양한 상품명으로 대량 생산 및 판매되고 있다. Sulfuric acid 염은 Dexedrine sulfate라는 이름으로 판매되고 있다.

연습 문제 23.4

아래 화합물에 대하여 IUPAC명과 가능하다면 관용명을 적어라.

(a) [structure: $C_6H_5CH_2CH(NH_2)COOH$, wedge NH$_2$] (b) H_2N~~~COOH [structure: $H_2NCH_2CH_2CH_2COOH$] (c) [structure: $(CH_3)_3CCH_2NH_2$]

4개의 알킬기나 아릴기가 붙어있는 질소 원자를 포함한 이온은 **사차(4°) 암모늄 이온**(quaternary ammonium ion)으로 분류된다. 이러한 이온을 포함한 화합물은 염의 특성을 갖는다. Cetylpyridinium chloride는 방부제와 살균제로 사용된다.

사차(4°) 암모늄 이온
질소에 4개의 탄소가 연결되어 있고 양전하를 띠는 이온.

$Me_4N^+ Cl^-$	$C_5H_5\overset{+}{N}CH_2(CH_2)_{12}CH_3$ Cl^-	$Ph-CH_2\overset{+}{N}Me_3$ OH^-
Tetramethylammonium chloride	**Tetradecylpyridinium chloride (Cetylpyridinium chloride)**	**Benzyltrimethylammonium hydroxide**

23.3 아민과 사차 암모늄 이온의 카이랄성

세 개의 원자 혹은 원자단과 연결된 질소 원자의 기하 구조는 삼각피라미드 형태이다(1.4절). sp^3 혼성화된 질소 원자는 삼각피라미드의 꼭짓점에 있고, 질소 원자에 연결된 세 개의 그룹은 삼각피라미드의 밑면 삼각형을 이룬다. 질소 원자의 비공유 전자쌍을 네 번째 그룹으로 생각하면, 질소 원자를 둘러싼 네 개의 그룹의 기하 구조는 거의 정사면체를 이룬다. 이러한 기하 구조 때문에 세 개의 서로 다른 그룹이 연결된 질소 원자를 포함한 아민은 카이랄이고, 겹쳐지지 않는 거울상을 갖는 ethylmethylamine에서처럼 거울상 이성질체의 쌍으로 존재할 수 있다. 이러한 거울상 이성질체의 배열을 정할 때, 가장 낮은 우선순위를 갖는 그룹은 비공유 전자쌍이다.

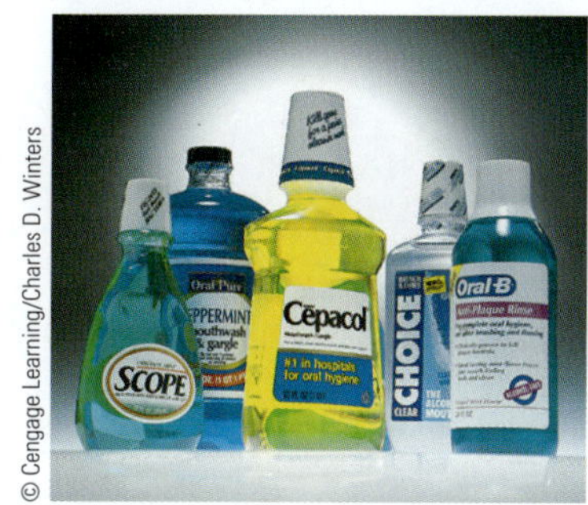

항세균제로서 의사 처방 없이 판매되는 상당수의 구강청결제는 *N*-alkylpyridinium chloride을 포함하고 있다.

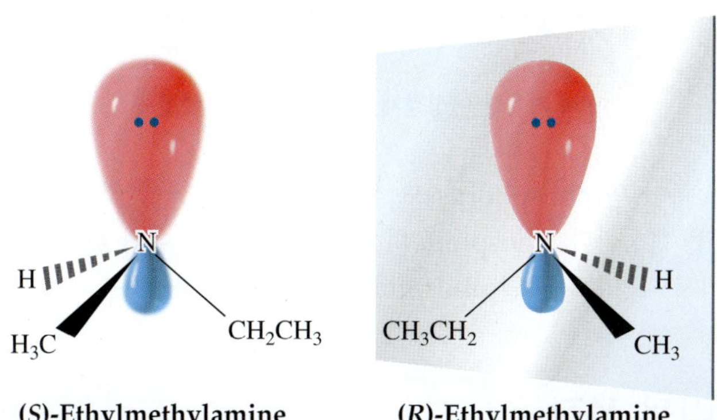

(*S*)-Ethylmethylamine **(*R*)-Ethylmethylamine**

원론적으로 카이랄 아민은 분할할 수 있다. 즉, 한 쌍의 거울상 이성질체로 분리할 수 있다. 하지만, 특별한 경우를 제외하고 **피라미드 반전**(pyramidal inversion)이라 불리는 두 이성질체 사이의 매우 빠른 상호 변환 과정 때문에 거울상 이성질체를 분할하는 것은 불가능하다. 피라미드 반전 과정은 질소 원자에 연결된 세 개의 그룹이 형성한 삼각 평면이 질소 원자를 기준으로 한 쪽에서 다른 쪽으로 변환하는 빠른 진동이다.

이러한 과정을 이해하기 위해 sp^3 혼성화된 질소 원자에 연결된 세 개의 원자가 이루는 삼각 평면 위에 놓여 있는 질소 원자를 가정하자. 피라미드 반전의 전이 상태로서 질소 원자와 세 개의 원자가 같은 평면에 존재하고, 분자는 비카이랄이 된다. 이러한 평면 전이 상태에서 질소 원자는 sp^2 혼성화되고, 비공유 전자쌍은 혼성화되지 않은 $2p$ 궤도함수에 존재한다. 질소 원자는 반전이 완결된 후에, 다시 sp^3로 혼성화되고, 결합된 세 개 원자의 평면 아래에 놓이게 된다.

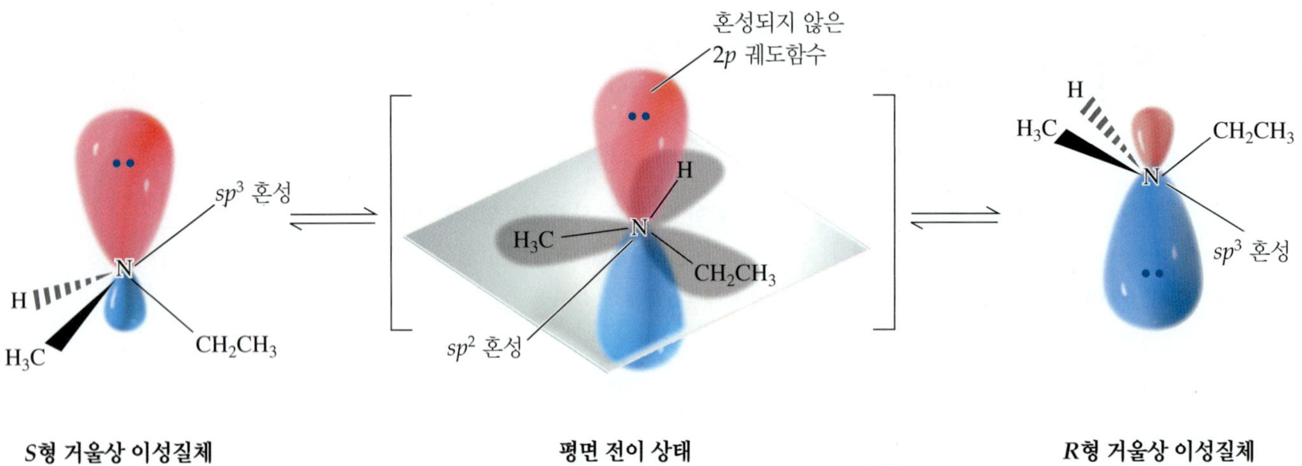

피라미드 반전의 결과 카이랄 아민은 우산이 강한 바람에 의해 뒤집히듯이 안팎이 바뀌게 된다. 따라서 이러한 과정을 거치면 라셈 혼합물을 형성하게 된다. 구조가 간단한 아민의 피라미드 반전을 위한 활성화 에너지는 대략 25 kJ (6 kcal)/mol이다. 상온에서 ammonia의 피라미드 반전 속도는 대략 $2 \times 10^{11}\ s^{-1}$이다. 구조가 간단한 아민의 경우 반전 속도는 ammonia에 비해 조금 느리지만 두 거울상 이성질체를 분할하기는 거의 불가능하다.

사차 암모늄 이온은 피라미드 반전을 할 수 없기 때문에, 두 개의 거울상 이성질체로 분할될 수 있다.

S형 거울상 이성질체 **R형 거울상 이성질체**

질소와 같은 족인 인(phosphorus)도 삼각피라미드 구조를 갖는 phosphine이라 불리는 3가 화합물을 형성한다. Phosphine의 피라미드 반전을 위한 활성화 에너지는 질소의 그것보다 매우 커서 다양한 카이랄 phosphine들의 분할이 가능하다.

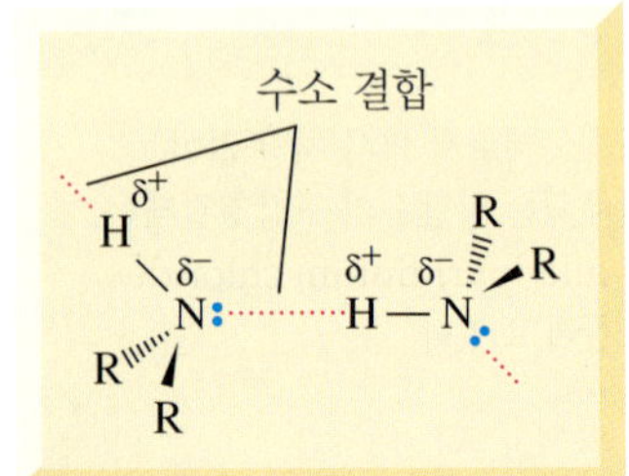

그림 23.1 ▸ 1차 아민과 2차 아민에서 수소 결합에 의한 분자간 상호작용. 질소 원자는 정사면체 기하 구조에 가까운 모양을 이루며, 형성된 수소 결합 축은 정사면체의 네 번째 위치를 따라 배열된다.

23.4 물리적 성질

아민은 극성 화합물로서 1차와 2차 아민은 분자 간 수소 결합을 형성한다(그림 23.1).

남미의 독침 개구리

콜롬비아 서쪽의 정글에 사는 Noanamá족과 Embrá족은 수천 년에 걸쳐 독침 화살을 사용하여 왔다. 이 독은 원주민어로 *neará*와 *kokoi*라 부르는 *Phyllobates*속의 밝은 색을 띠는 다양한 개구리 피부의 분비물에서 채취하였다. 개구리 한 마리에는 화살 20개에 사용할 수 있는 충분한 양의 독이 있다. 독성이 가장 센 종인 *Phyllobates terribilis*는 화살을 개구리 등에 문지르기만 해도 독침 화살이 된다.

이 독성 물질이 세포막의 이온 통로에 작용한다는 사실이 발견되었을 때 미국 국립보건소의 과학자들은 이 독을 연구하는 데 관심을 갖게 되었는데, 이온 전달 메커니즘에 대한 기초 연구에 필요한 좋은 도구가 될 가능성이 있기 때문이다. 그래서 비교적 흔한 독침 개구리를 채집하기 위하여 서부 콜롬비아에 야외 수집장이 설치되었다. 5000마리의 개구리에서 2개의 독 물질 11 mg이 추출되어 batrachotoxin과 batrachotoxinin A로 명명되었다. 이 이름은 개구리라는 뜻의 그리스어 *batrachos*에서 유래되었다. 핵자기공명(NMR) 분광법, 질량 분석법, 단결정 X-선 회절법을 이용하여 이 화합물들의 구조가 결정되었다.

Batrachotoxin

Batrachotoxinin A

Batrachotoxin과 batrachotoxinin A는 지금까지 발견된 독 가운데 가장 치명적인 부류에 속한다. Batrachotoxin 200 μg이면 사람의 심장마비를 일으킬 수 있는 충분한 양이다. 이 독이 작용하는 방법은 신경과 근육세포에 있는 전압으로 조절되는

Na^+ 통로를 열린 상태로 고정시킴으로써, 매우 많은 양의 Na^+ 이온이 독에 감염된 세포 안으로 흘러 들어가게 되는 것이다.

Batrachotoxin 이야기는 의약 발견의 일반적인 형태이다. 첫째 생물 활성을 띠는 화합물과 그 출처에 대한 정보를 어떤 지역의 원주민으로부터 알아낸다. 둘째 열대 우림은 구조가 복잡하고 생물 활성을 띠는 물질이 많다. 셋째, 식물계뿐만 아니라 모든 생태계가 환상적인 유기 분자의 잠재적 출처가 된다.

질소와 수소의 전기음성도 차이(3.0 − 2.1 = 0.9)는 산소와 수소의 전기음성도 차이(3.5 − 2.1 = 1.4)보다 작으므로, N—H···N 수소 결합은 O—H···O 수소 결합보다 약하다. 분자 간 수소 결합 세기의 차이는 methylamine과 methanol의 끓는점 비교를 통해 확인할 수 있다. 두 화합물 모두 극성 분자이며, 액체 상태에서 수소 결합을 통해 상호작용을 한다. Methanol의 수소 결합 세기가 methyhlamine에 비해 더 강하기 때문에, methanol의 끓는점이 높다.

	CH_3CH_3	CH_3NH_2	CH_3OH
MW (g/mol)	30.1	31.1	32.0
bp (°C)	−88.6	−6.3	65.0

모든 종류의 아민은 물과 수소 결합을 하며, 비슷한 분자량의 탄화수소보다 물에 더 잘 녹는다. 가장 작은 분자량의 아민은 물에 완전히 녹는다(표 23.1). 분자량이 큰 아민은 물에 조금 녹거나 녹지 않는다.

표 23.1 대표적인 아민의 물리적 성질

이름	구조식	녹는점(°C)	끓는점(°C)	물에 대한 용해도
Ammonia	NH_3	−78	−33	매우 잘 녹음
1차 아민				
Methylamine	CH_3NH_2	−95	−6	매우 잘 녹음
Ethylamine	$CH_3CH_2NH_2$	−81	17	매우 잘 녹음
Propylamine	$CH_3CH_2CH_2NH_2$	−83	48	매우 잘 녹음
Isopropylamine	$(CH_3)_2CHNH_2$	−95	32	매우 잘 녹음
Butylamine	$CH_3(CH_2)_3NH_2$	−49	78	매우 잘 녹음
Benzylamine	$C_6H_5CH_2NH_2$	—	185	매우 잘 녹음
Cyclohexylamine	$C_6H_{11}NH_2$	−17	135	조금 녹음
2차 아민				
Dimethylamine	$(CH_3)_2NH$	−93	7	매우 잘 녹음
Diethylamine	$(CH_3CH_2)_2NH$	−114	89	조금 녹음
3차 아민				
Trimethylamine	$(CH_3)_3N$	−117	3	매우 잘 녹음
Triethylamine	$(CH_3CH_2)_3N$	−114	89	조금 녹음
방향족 아민				
Aniline	$C_6H_5NH_2$	−6	184	조금 녹음
방향족 헤테로고리 아민				
Pyridine	C_5H_5N	−42	116	매우 잘 녹음

23.5 염기도

Ammonia와 마찬가지로 모든 아민은 약한 염기이며, 아민 수용액은 염기성을 띈다. 아민과 물 사이의 산-염기 반응은 아래와 같이 굽은 화살표를 이용하여 나타낸다. 이 양성자-이동 반응은 질소에 있는 비공유 전자쌍이 수소와 새로운 공유 결합을 형성하고 동시에 수산화 이온을 형성한다.

$$CH_3NH_2 + H{-}\ddot{O}{-}H \rightleftharpoons CH_3NH_3^+ \; {}^-\!:\ddot{O}{-}H$$

Methylamine **Methylammonium hydroxide**

아래 methylammonium 이온의 이온화에서 나타낸 바와 같이 아민의 염기도는 짝산의 산 이온화 상수 비교를 통해 설명하는 것이 일반적이다.

$$CH_3NH_3^+ + H_2O \rightleftharpoons CH_3NH_2 + H_3O^+$$

$$K_a = \frac{[CH_3NH_2][H_3O^+]}{[CH_3NH_3^+]} = 2.29 \times 10^{-11} \qquad pK_a = 10.64$$

표 23.2 대표적인 아민의 짝산에 대한 산도 세기(pK_a)

아민	구조	짝산의 pK_a
Ammonia	NH_3	9.26
1차 아민		
Methylamine	CH_3NH_2	10.64
Ethylamine	$CH_3CH_2NH_2$	10.81
Cyclohexylamine	$C_6H_{11}NH_2$	10.66
2차 아민		
Dimethylamine	$(CH_3)_2NH$	10.73
Diethylamine	$(CH_3CH_2)_2NH$	10.98
3차 아민		
Trimethylamine	$(CH_3)_3N$	9.81
Triethylamine	$(CH_3CH_2)_3N$	10.75
방향족 아민		
Aniline	C_6H_5–NH_2	4.63
4-Methylaniline	CH_3–C_6H_4–NH_2	5.08
4-Chloroaniline	Cl–C_6H_4–NH_2	4.15
4-Nitroaniline	O_2N–C_6H_4–NH_2	1.0
방향족 헤테로고리 아민		
Pyridine	N (pyridine ring)	5.25
Imidazole	N, N–H (imidazole ring)	6.95

표 23.2는 대표적인 아민에 대한 짝산의 pK_a 값을 나타낸다. 약한 짝산(큰 pK_a 값)일수록 아민의 염기성이 커진다는 것을 명심하라.

예제 23.5 ▸ 아민, 산/염기 평형

다음 산-염기 반응의 평형 위치를 예측하라.

$$CH_3NH_2 + CH_3COOH \rightleftharpoons CH_3NH_3^+ + CH_3COO^-$$

➥ 해답

4.4절에서 배웠던 산-염기 반응의 평형 위치를 정하는 방법을 이용하자. 평형은 센산과 센염기가 반응하여 약한 산과 약한 염기를 만드는 것을 선호한다.

$$\underset{\substack{pK_a\ 4.76 \\ (\text{센산})}}{CH_3NH_2 + CH_3COOH} \rightleftharpoons \underset{\substack{pK_a\ 10.64 \\ (\text{약한 산})}}{CH_3NH_3^+} + CH_3COO^- \qquad \begin{aligned} pK_{eq} &= -5.88 \\ K_{eq} &= 7.6 \times 10^5 \end{aligned}$$

연습 문제 23.5

다음 산-염기 반응의 평형 위치를 예측하라.

$$CH_3NH_3^+ + H_2O \rightleftharpoons CH_3NH_2 + H_3O^+$$

A 지방족 아민

모든 지방족 아민은 짝산의 pK_a 값이 10~11 사이로 거의 동일하며, ammonia보다 조금 더 센염기이다. Ammonia보다 센염기인 이유는 알킬암모늄 이온(예를 들어 $RCH_2NH_3^+$)의 안정성이 암모늄 이온(NH_4^+)의 안정성보다 높기 때문이다. 이는 알킬기가 전자를 주는 역할을 하며, 따라서 질소 원자의 양전하가 알킬암모늄의 탄소 원자로 부분적 비편재화를 이루게 되기 때문이다.

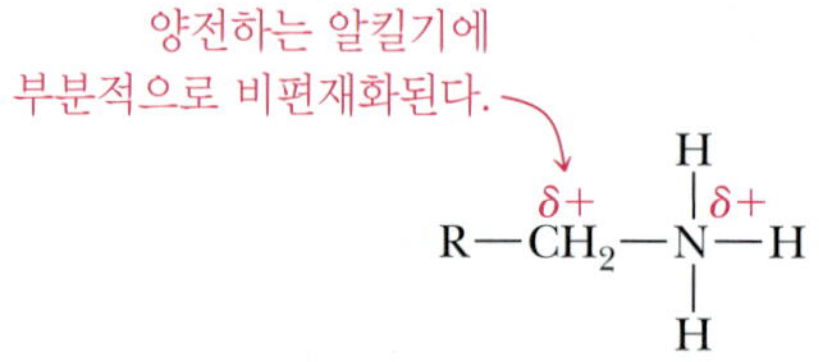

양전하는 알킬기에 부분적으로 비편재화된다.

$$R-\overset{\delta+}{C}H_2-\overset{\delta+}{N}H_3$$

B 방향족 아민

방향족 아민은 지방족 아민보다 매우 약한 염기이다. 예를 들어, aniline과 cyclohexylamine의 pK_a 값을 비교하여 보자. Aniline의 짝산에 이온화 상수 값이 cyclohexylamine의 이온화 상수 값보다 10^6배 크다(pK_a 값이 작을수록 염기는 더 약해진다).

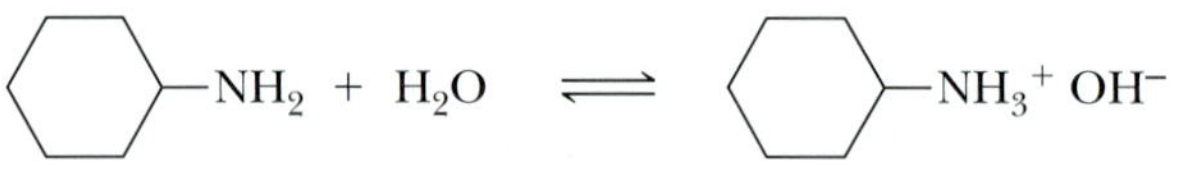

Cyclohexylamine + H_2O $\rightleftharpoons$ Cyclohexylammonium hydroxide ($C_6H_{11}NH_3^+\ OH^-$) $\quad pK_a = 10.66;\ K_a = 2.19 \times 10^{-11}$

Aniline + H_2O $\rightleftharpoons$ Anilinium hydroxide ($C_6H_5NH_3^+\ OH^-$) $\quad pK_a = 4.63;\ K_a = 2.34 \times 10^{-5}$

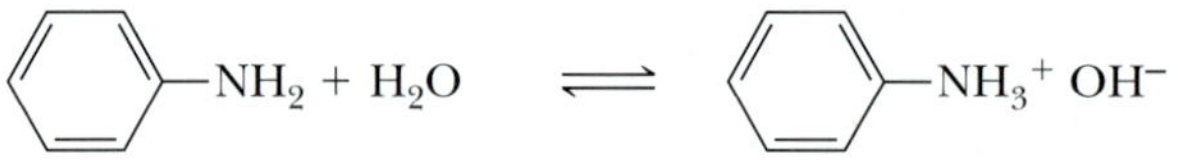

방향족 아민이 지방족 아민보다 약 염기인 이유는 아래 두 가지 효과에 기인한다. 첫째, 방향족 아민을 형성하는 유리 아민의 공명 안정성 때문이다.

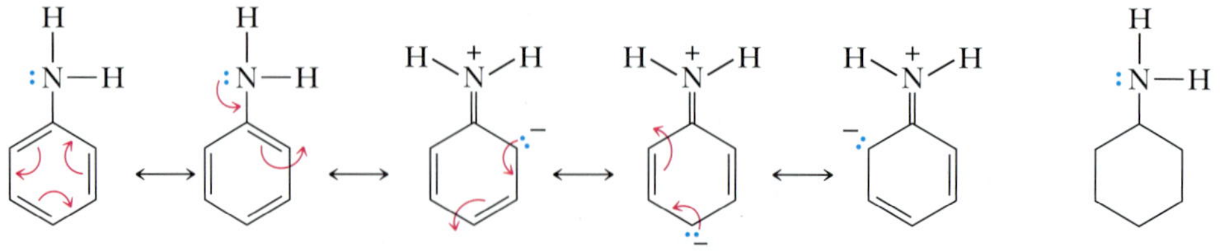

방향족 고리의 π계와 질소의 전자쌍과의 상호작용

알킬아민과는 공명이 불가능하다

Aniline과 다른 아릴아민에 대한 공명 안정성은 질소의 비공유 전자쌍과 방향족 고리의 π계 사이의 상호작용 결과이다. Benzene의 공명 에너지는 대략 151 kJ (36 kcal)/mol이다. Aniline의 공명 에너지는 대략 163 kJ (39 kcal)/mol이다. 이러한 공명 상호작용 때문에 질소의 전자쌍은 산과 반응하기 어렵다. 알킬아민은 이러한 공명 안정화가 불가능하다. 따

라서 알킬아민에 존재하는 질소의 전자쌍은 산과 반응하기 쉬우며, 따라서 아릴아민에 비해 알킬아민은 센염기이다.

방향족 아민의 염기도가 낮아지는 두 번째 이유는 지방족 아민의 sp^3로 혼성화된 탄소보다 방향족 아민의 sp^2로 혼성화된 탄소가 더 큰 전자 끌기 유도 효과를 나타내기 때문이다. 방향족 아민에 존재하는 질소의 비공유 전자쌍은 고리 쪽으로 당겨지며, 따라서 아민의 짝산을 형성하는 양성자 첨가에 덜 유용하게 된다. 이러한 요인들이 똑같이 작용하여 페녹사이드(phenoxide) 이온이 알콕사이드(alkoxide) 이온보다 약한 염기가 된다.

전자 주는 기(예를 들어, 메틸, 에틸과 다른 알킬기)는 방향족 아민의 염기도를 높이며, 반대로 전자 끄는 기(예를 들어, 나이트로기와 카보닐기)는 방향족 아민의 염기도를 낮춘다. 할로젠 치환을 통한 염기도 감소는 전기음성적인 할로젠의 전자 끄는 유발 효과의 결과이다. 나이트로기 치환을 통한 염기도 감소는 유발 효과와 공명 효과의 조합에 의해 생기며, 이는 3-nitroaniline과 4-nitroaniline의 짝산에 대한 pK_a 값을 비교함으로써 확인할 수 있다.

O_2N — NH_2 O_2N — NH_2

3-Nitroaniline pK_a 2.47   **4-Nitroaniline** pK_a 1.0

3-위치에 나이트로기 치환을 통한 염기도-감소 효과는 거의 전적으로 유발 효과 때문이지만, 반면에 4-위치에 나이트로기 치환을 통한 염기도-감소 효과는 유발 효과와 공명 효과 두 가지 때문에 나타난다. 파라 치환(오쏘 치환도 마찬가지)의 경우, 아미노기 질소의 고립 전자쌍의 비편재화는 방향족 고리 탄소 뿐만 아니라 나이트로기의 산소 원자에까지 일어난다.

질소에 있는 비공유 전자쌍이 나이트로기의 산소 원자에까지 비편재화된다.

C 헤테로 고리 방향족 아민

헤테로 고리 방향족 아민은 지방족 헤테로 고리 아민보다 약한 염기이다. 예를 들어, piperidin, pyridine, imidazole의 짝산에 대한 pK_a 값을 비교해 보자.

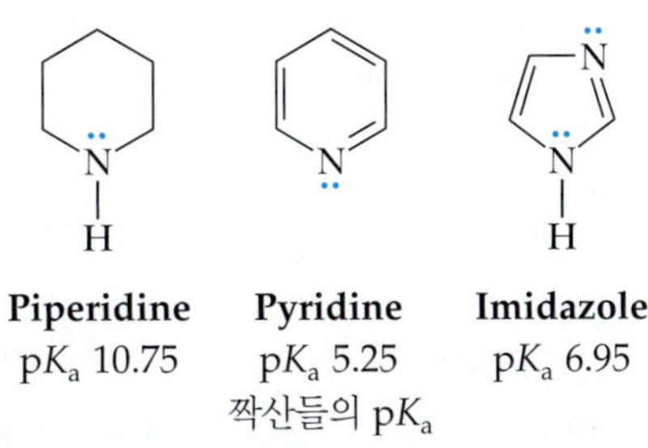

Piperidine pK_a 10.75   **Pyridine** pK_a 5.25   **Imidazole** pK_a 6.95

짝산들의 pK_a

21.2D절에서 pyridine과 imidazole의 구조와 결합에 대하여 설명하였다. 이 둘을 포함한 헤테로 고리 방향족 아민의 상대적 염기도를 설명할 때, 질소의 비공유 전자쌍이 방향족성을 나타내는 $(4n + 2)\ \pi$ 전자에 포함되는지 또는 포함되지 않는지를 먼저 결정하는 것이 중요하다. Pyridine의 경우, 비공유 전자쌍은 방향족 육전자계에 포함되지 않는다. 이 비공

유 전자쌍은 고리와 같은 평면에 있는 sp^2 혼성 궤도함수에 놓여 있으며, 방향족 육전자계를 포함하는 $2p$ 궤도함수와는 수직이 된다.

이 전자쌍은 sp^2 궤도함수에 들어 있고 방향족 육전자계에 포함되지 않는다.

양성자 첨가 후에도 방향족성은 유지된다.

Pyridine + H_2O ⇌ Pyridinium 이온 + HO^-

» 의과대학 입학시험(MCAT) 연습: 지문 및 질문

헤테로 고리 화합물의 고리에 존재하는 —NH_2기의 평면성

Aniline에 포함된 아미노기(—NH_2)는 benzene 고리와 함께 완전하게 평면이 아니다. 특히 benzene 고리와 아미노기의 이등분선과의 각도는 180°가 아니라 140°이다. 비교해 보면, methylamine에서 유사한 각도는 125°이고, 반면에 *p*-nitroaniline에서는 확실히 180°이다.

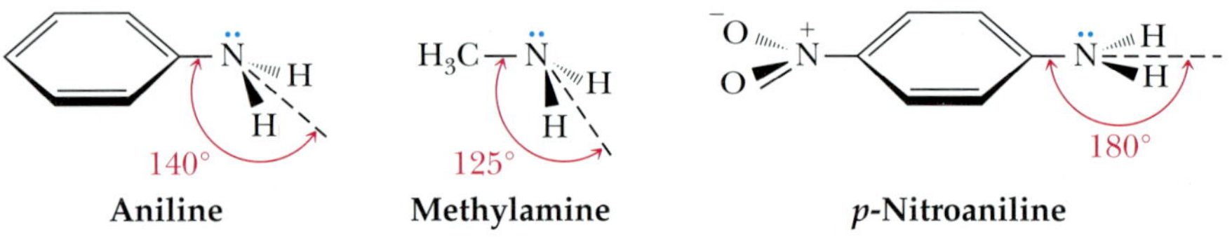

» 질문

A. *p*-Nitroaniline에서 나타난 각도는 아민기가 평면이고 benzene 고리와 같은 평면에 있음을 의미한다. 왜 그런가?

1. 나이트로기가 주로 유발을 통해 아민으로부터 고립 전자쌍을 끌어당겨 N 원자를 삼각 평면을 이루는 sp^2 혼성으로 만든다.
2. 나이트로기가 주로 공명을 통해 아민으로부터 고립 전자쌍을 끌어당겨 N 원자를 삼각 평면을 이루는 sp^2 혼성으로 만든다.
3. NH_2의 N 원자에 고립 전자쌍은 계를 방향족으로 만들기 위해 *p* 궤도함수에 존재해야만 한다.
4. 아민의 질소는 일반적으로 평면이며, aniline과 methylamine은 예외적이다.

B. Aniline에 있는 질소의 혼성은 무엇인가?

1. 질소는 sp^2 혼성이다.
2. 질소는 sp^3 혼성이다.
3. 질소는 sp^2와 sp^3 혼성 중간이지만, sp^3에 가깝다.
4. 질소는 sp^2와 sp^3 혼성 중간이지만, sp^2에 가깝다.

C. Aniline에서 NH_2기의 기하 구조(피라미드형)를 어떻게 설명할 것인가?

1. NH_2기와 benzene 고리 사이의 공명.
2. 페닐기에 있는 sp^2 탄소의 전자 끌기 특성.
3. 계를 방향족으로 만들기 위해 질소의 고립 전자쌍 참여.
4. 1과 3.

D. Aniline과 methylamine 짝산의 pK_a 값은 각각 4.6과 10.7이다. Aniline 짝산의 큰 산도를 어떻게 설명할 것인가?

1. NH_2기와 benzene 고리 사이의 공명.
2. 페닐기에 있는 sp^2 탄소의 전자 끌기 특성.
3. 계를 방향족으로 만들기 위해 질소의 고립 전자쌍 참여.
4. 1과 2.

헤테로 고리에 포함된 —NH_2기의 기하 구조는 핵산(nucleic acid) 특성과 접힘(folding)에 중대한 영향을 끼친다. 일반적으로 핵산 염기의 4개 중 3개는 아미노기를 갖는다(다음 페이지 그림). 이 경우 —NH_2기가 붙어 있는 고리와 아미노기의 이등분선이 이루는 각은 180°이다(*p*-nitroaniline의 경우와 같다). 아미노기의 혼성화가 평면 구조를 가능하게 할 뿐만 아니라 평면형 아미노기의 기하 구조는 상보적인 염기와의 특이성을 가진 높은 방향성의 수소 결합 형성에 매우 이상적이다.

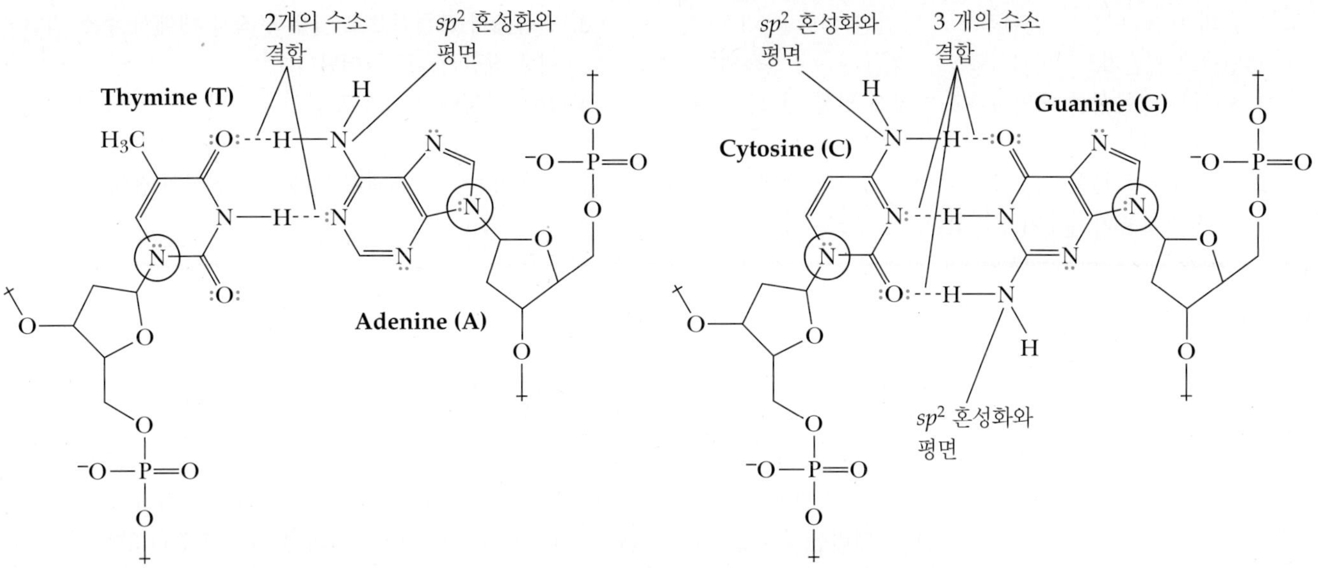

T-A와 G-C 염기쌍의 구조는 방향족 염기에 결합된 평면 —NH_2기의 위치뿐만 아니라 DNA의 상보적인 가닥(strand) 사이의 인식에 영향을 미치는 수소 결합의 특이한 경향을 보여준다.

E. T—A와 G—C 염기쌍의 구조 그림에서 세 개의 아미노기는 'sp^2 혼성화와 평면'으로 설명되어 있다. 이러한 구조와 aniline 사이에 평면성을 이루기 위한 근본적인 차이는 무엇인가?

1. Aniline과는 다르게 DNA 염기의 아미노기는 헤테로고리 방향족으로 만드는데 필수적 이다.
2. Aniline과는 다르게 고리로 질소의 고립 전자쌍을 비편재화시키는 기여 구조는 전기음성적인 원자에 부분적인 음전하를 갖게한다.
3. Aniline과는 다르게 DNA 염기에 있는 —NH_2기 고립 전자쌍이 수소 결합을 받아들이는 능력은 아미노기가 sp^2 혼성되어 있을 때보다 더 좋다.
4. 2와 3.

F. T—A와 G—C 염기쌍 구조에서 네 개의 질소에 동그라미 표시가 되어 있다. 유기 작용기 이름의 지식을 바탕으로 아래에서 이러한 질소가 포함된 작용기의 종류를 잘 표현한 용어는 어느 것인가?

1. *N*-헤테로고리형 에스터(*N*-heterocyclic ester).
2. *N*-아세탈(*N*-acetal).
3. 이미드(imide).
4. 이민(imine).

화학자들은 수소 결합의 세기를 더 잘 표현하기 위해 DNA에서 보여지는 것과 비슷한 염기쌍을 연구해 왔다. 예를 들어, 아래 그림은 세 개의 염기쌍 조합의 결합 세기가 주어졌다[약자로 **D**는 수소 결합의 주개(**D**onor)이고 **A**는 수소 결합의 받개(**A**cceptor)이다].

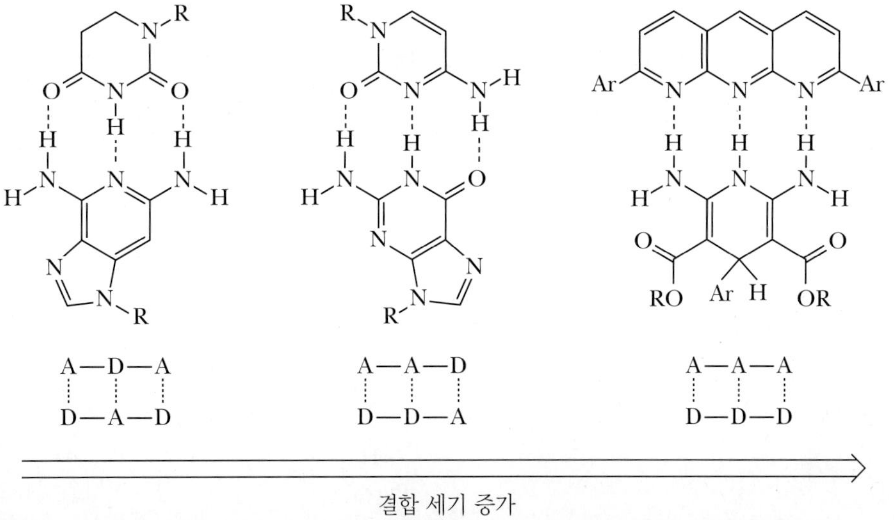

A—D—A / D—A—D　　A—A—D / D—D—A　　A—A—A / D—D—D

결합 세기 증가

G. 다음의 어느 내용이 실험적으로 발견된 회합을 가장 잘 설명하고 있는가?

1. 이러한 경향성은 예외적이고 따라서 실험 결과는 일관성이 없다.
2. 왼쪽에서 오른쪽으로 갈수록 수소 결합의 주개와 받개의 상호작용의 개수가 증가한다.
3. 왼쪽에서 오른쪽으로 갈수록 착물 내에서 수소 결합은 더욱 직선적으로 늘어난다.
4. 같은 분자에서 수소 결합의 주개와 받개가 교체되는 수가 줄어들수록 인접한 수소 결합 사이의 반발하는 상호작용이 줄어든 결과로 인해 수소 결합이 강해지게 된다.

물이나 산으로부터 pyridine으로 양성자 이동은 방향족 육전자계의 전자는 관여하지 않는다. 그렇다면 pyridine이 지방족 아민에 비해 매우 약한 염기인 이유는 무엇인가? Pyridine의 경우 질소의 비공유 전자쌍이 상대적으로 전기음성도적인 sp^2 혼성 궤도함수에 들어 있고, 반면에 지방족 아민의 비공유 전자쌍은 sp^3 혼성 궤도함수에 포함되어 있기 때문이다. 이러한 효과는 sp^3 혼성화된 질소에 비해서 sp^2 혼성화된 질소의 전자쌍에 염기도를 크게 감소시킨다.

Imidazole의 경우 두 개의 질소 원자가 있고, 각각은 비공유 전자쌍을 갖고 있다. 한 비공유 전자쌍은 $2p$ 궤도함수에 존재하고, 방향족 계의 $(4n + 2)$ π 전자들에 포함된다. 다른 비공유 전자쌍은 sp^2 혼성 궤도함수에 존재하며, 방향족 육전자계에 포함되지 않는다. 이 전자쌍은 양성자 받개로 작용한다.

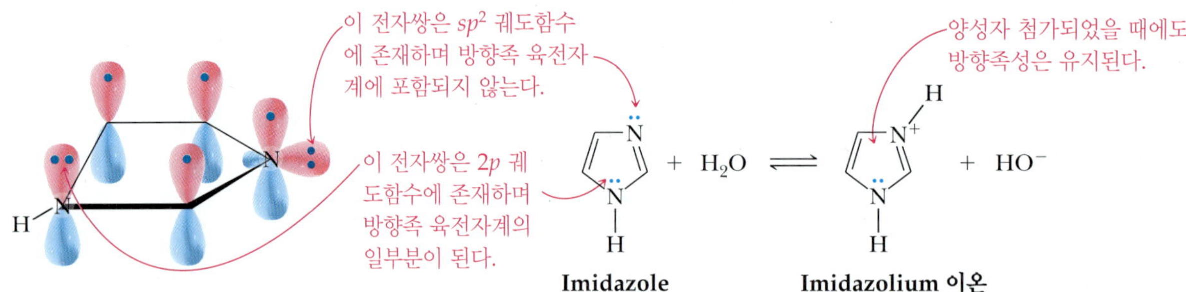

Pyridine의 경우처럼 imidazole에서 양성자 받개로 작용하는 비공유 전자쌍은 sp^2 혼성 궤도함수에 존재하며, sp^3 혼성 궤도함수에 존재하는 비공유 전자쌍에 비해 매우 낮은 염기도를 나타낸다. Imidazolium 이온의 양전하는 고리의 두 개 질소에 비편재화되어 있기 때문에 imidazole은 pyridine에 비해 센염기이다.

Pyridine과 imidazole처럼 pyrrole은 헤테로 고리 방향족이만 pyridine과 imidazole 경우와 같은 염기성이 아니다. Pyrrole의 염기 세기가 부족한 것은 질소의 고립 전자쌍이 $2p$ 궤도함수에 존재하며 방향족 육전자계의 일부분임을 알아냄으로써 이해될 수 있다. 결과적으로 양성자 첨가된 질소는 sp^3 혼성화되고 4개의 π 전자만(Hückel의 방향족성 규칙에 위배됨) 남아 있기 때문에 양성자 첨가된 pyrrole은 방향족성을 유지할 수 없다. 방향족성을 잃는 것은 에너지 측면에서 매우 부담이 크고 pyrridine과 imidazole과 비슷한 구조를 갖고 있음에도 불구하고 pyrrole은 양성자를 받아들이는 능력이 매우 제한된다.

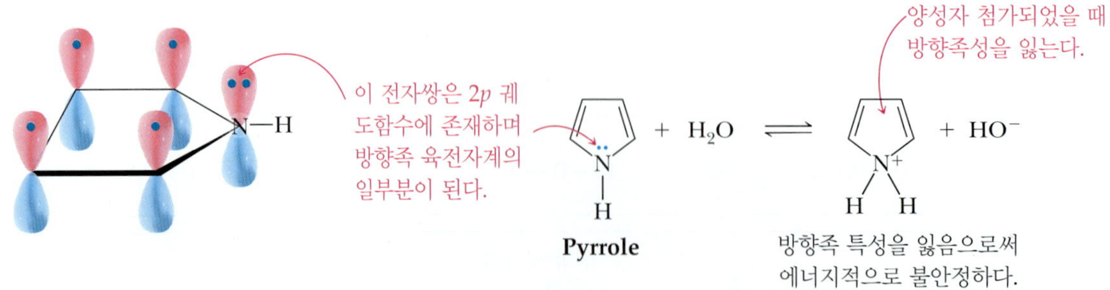

예제 23.6 ▸ 상대적인 아민의 염기도

각 쌍의 아민에서 더 센염기를 선택하라.

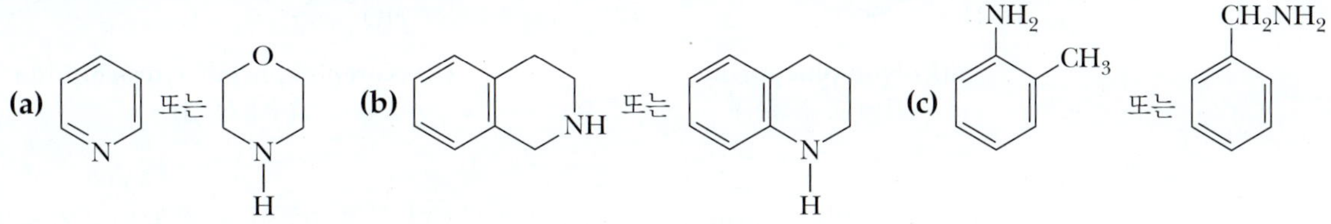

(a) (A) pyridine 또는 (B) morpholine (b) (C) tetrahydroisoquinoline 또는 (D) tetrahydroquinoline (c) (E) NH_2, CH_3 치환 벤젠 또는 (F) CH_2NH_2 치환 벤젠

➡ 해답

(a) Morpholine (B)이 더 센염기이다(짝산의 pK_a 값은 8.2). 이 화합물은 2차 지방족 아민과 비슷한 염기도를 갖는다. 헤테로고리 방향족 아민(pK_a 5.25)인 pyridine (A)은 지방족 아민에 비해 염기도가 상당히 낮다.

(b) Tetrahydroisoquinoline (C)은 2차 지방족 아민과 비슷한 염기도(pK_a~10.8)를 갖고 있으며 더 센염기이다. Tetrahydroquinoline (D)는 *N*-치환된 aniline (pK_a ~4.4)과 비슷한 염기도를 나타내며 더 약한 염기이다.

(c) Benzylamine (F)는 더 센염기이고(pK_a 9.6) 지방족 아민의 염기도와 비슷하다. 방향족 아민인 *o*-toluidine (E)은 aniline (pK_a 4.6)과 비슷한 염기도를 나타낸다.

연습 문제 23.6

각 쌍의 화합물에서 더 센산을 선택하라.

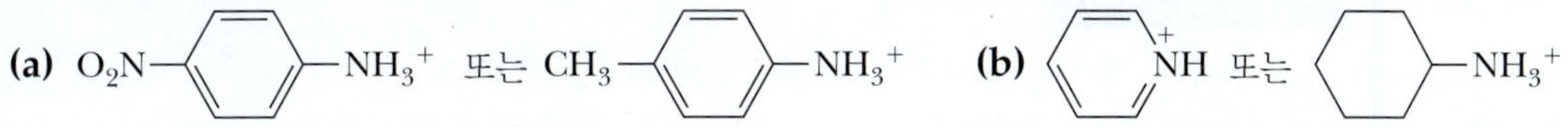

(a) $O_2N-C_6H_4-NH_3^+$ 또는 $CH_3-C_6H_4-NH_3^+$ **(b)** pyridinium ($\overset{+}{N}H$) 또는 cyclohexyl$-NH_3^+$

(A) (B) (C) (D)

D Guanidine

Guanidine은 수산화 이온과 비슷한 염기도를 나타낸다. 짝산인 Guanidinium 이온은 (pK_a 13.6) 다른 양성자 첨가된 아민에 비해 약한 산이다.

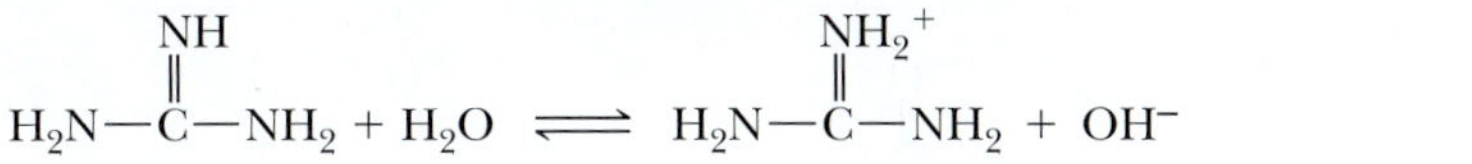

$$H_2N-\overset{\overset{\displaystyle NH}{\|}}{C}-NH_2 + H_2O \rightleftharpoons H_2N-\overset{\overset{\displaystyle NH_2^+}{\|}}{C}-NH_2 + OH^- \qquad pK_a = 13.6$$

Guanidine **Guanidinium 이온**

Guanidine의 두드러진 염기도는 아래 나타낸 세 개의 동등한 기여 구조를 통해 전체의 작용기에 걸쳐 guanidinium 이온의 양전하가 비편재화된다는 사실로 설명된다. 이러한 비편재화는 다른 ammonium 이온에 비해 guanidinium 이온의 안정성을 증가시킨다.

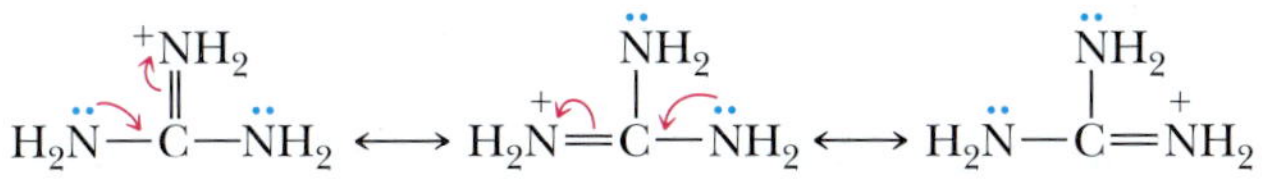

$$H_2\ddot{N}-\overset{\overset{+NH_2}{\|}}{C}-\ddot{N}H_2 \longleftrightarrow H_2\overset{+}{N}=\overset{\overset{\ddot{N}H_2}{|}}{C}-\ddot{N}H_2 \longleftrightarrow H_2\ddot{N}-\overset{\overset{\ddot{N}H_2}{|}}{C}=\overset{+}{N}H_2$$

세 가지 동등한 기여 구조들

23.6 산과의 반응

아민은 물에 녹거나 녹지 않거나 관계없이 센산과 정량적으로 반응하여 수용성 염을 형성한다. 아래 그림은 norepinephrine (noradrenaline)이 염산 수용액과 반응하여 염산 염을 만드는 반응을 나타낸다.

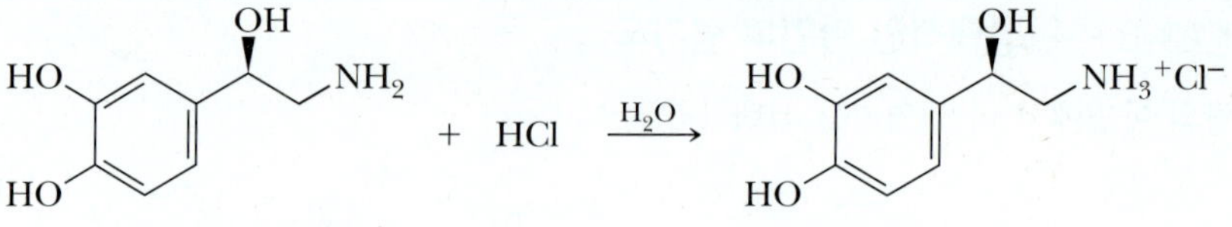

$$\text{(R)-Norepinephrine} + HCl \xrightarrow{H_2O} \text{(R)-Norepinephrine hydrochloride}$$

(*R*)-Norepinephrine
(물에 조금 녹음)

(*R*)-Norepinephrine hydrochloride
(수용성 염)

부신 수질에서 분비되는 norepinephrine은 신경전달 물질이다. 이 물질은 뇌의 감정적 행동을 중재하는 영역에서 작용한다고 알려져 있다. 일반적으로 (*R*)-norepinephorine과 같은 지방족 아미노기와 아미노산은 양성자첨가 반응을 하며, 생물학적인 pH 범위에서 양전하를 갖는다.

예제 23.7 ▸ 아민의 산-염기 반응

아래 산-염기 반응을 완성하고 생성된 염의 이름을 적어라.

(a) $Et_2NH + HCl \longrightarrow$ **(b)** $PhCH_2NH_2 + CH_3COOH \longrightarrow$

➥ 해답

(a) $Et_2NH_2^+Cl^-$
Diethylammonium chloride

(b) $PhCH_2NH_3^+ \ CH_3COO^-$
Benzylammonium acetate

연습 문제 23.7

아래 산-염기 반응을 완성하고 생성된 염의 이름을 적어라.

(a) $Et_3N + HCl \longrightarrow$ **(b)** 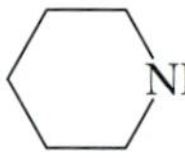 (piperidine) $NH + CH_3COOH \longrightarrow$

예제 23.8 ▸ 아미노산 양성자 첨가

아래는 단백질 구성 성분 중 하나인 (*S*)-serine의 두 구조를 나타내고 있다(27장).

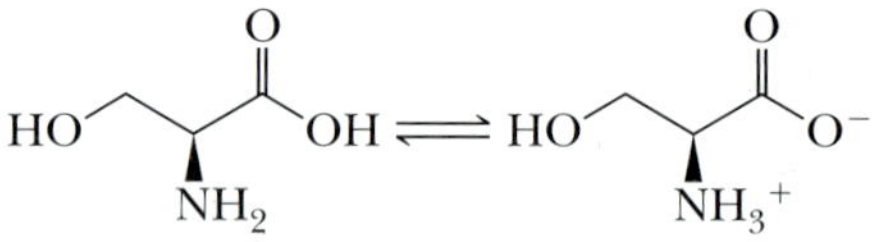

$$HOCH_2CH(NH_2)COOH \rightleftharpoons HOCH_2CH(NH_3^+)COO^-$$

(A) (B)

A와 B 중에서 (*S*)-serine을 더 잘 표현한 구조는 어느 것인가?

➥ 해답

구조 A는 아미노기(염기)와 카복실기(산)을 모두 포함하고 있다. 센산(—COOH)에서 센염기(—NH_2)로의 양성자 이동은 내부 염을 형성한다. 따라서 B가 (*S*)-seine을 더 잘 나타낸 구조이다. 아미노산 화학 분야에서 내부 염을 **쯔비터 이온**(Zwitterion) 이라고 부르는 B로 나타낸다(27.2절).

연습 문제 23.8

다음은 각각 작용기의 pK_a 값과 함께 propanoic acid와 isopropylamine 및 alanine의 짝산의 구조이다.

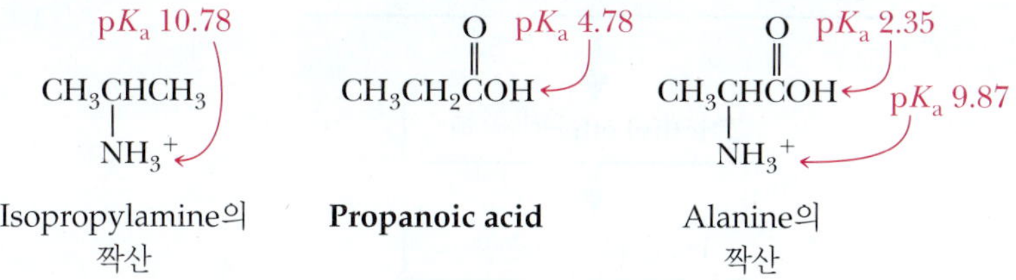

(a) Alanine의 짝산에 $—NH_3^+$기가 isopropylamine의 짝산에 $—NH_3^+$기보다 더 센 산이라는 사실을 어떻게 설명할 것인가?

(b) Alanine의 짝산에 —COOH기가 propanoic acid의 —COOH기보다 더 센산이라는 사실을 어떻게 설명할 것인가?

아민의 염기도와 아민 염의 용해도는 물에 녹지 않고 비염기성인 화합물로부터 물에 녹는 아민을 분리하는데 사용될 수 있다. 그림 23.2에 aniline을 중성 화합물인 acetanilide로부터 분리하는 순서를 흐름도로 나타내었다.

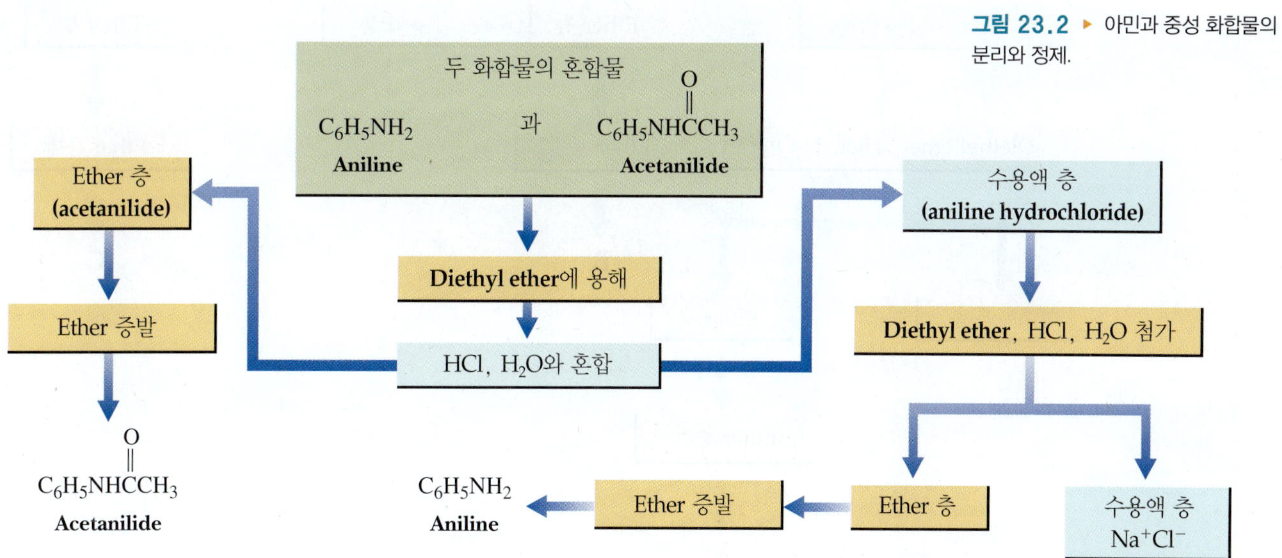

그림 23.2 ▸ 아민과 중성 화합물의 분리와 정제.

예제 23.9 ▸ 수용성 추출을 통한 분리

아래는 1차 지방족 아민(RNH_2, pK_a 10.8), 카복실산(RCOOH, pK_a 5), phenol (ArOH, pK_a 10)의 혼합물을 분리하는 흐름도를 나타내었다. 위의 물질은 물에 녹지 않으며 diethyl ehter에 녹는다고 가정하자. 혼합물은 A, B, C로 분획되어 분리된다. 아민을 포함하는 분획은 어느 것인가? 카복실산을 포함하는 분획은 어느 것인가? phenol을 포함하는 분획은 어느 것인가?

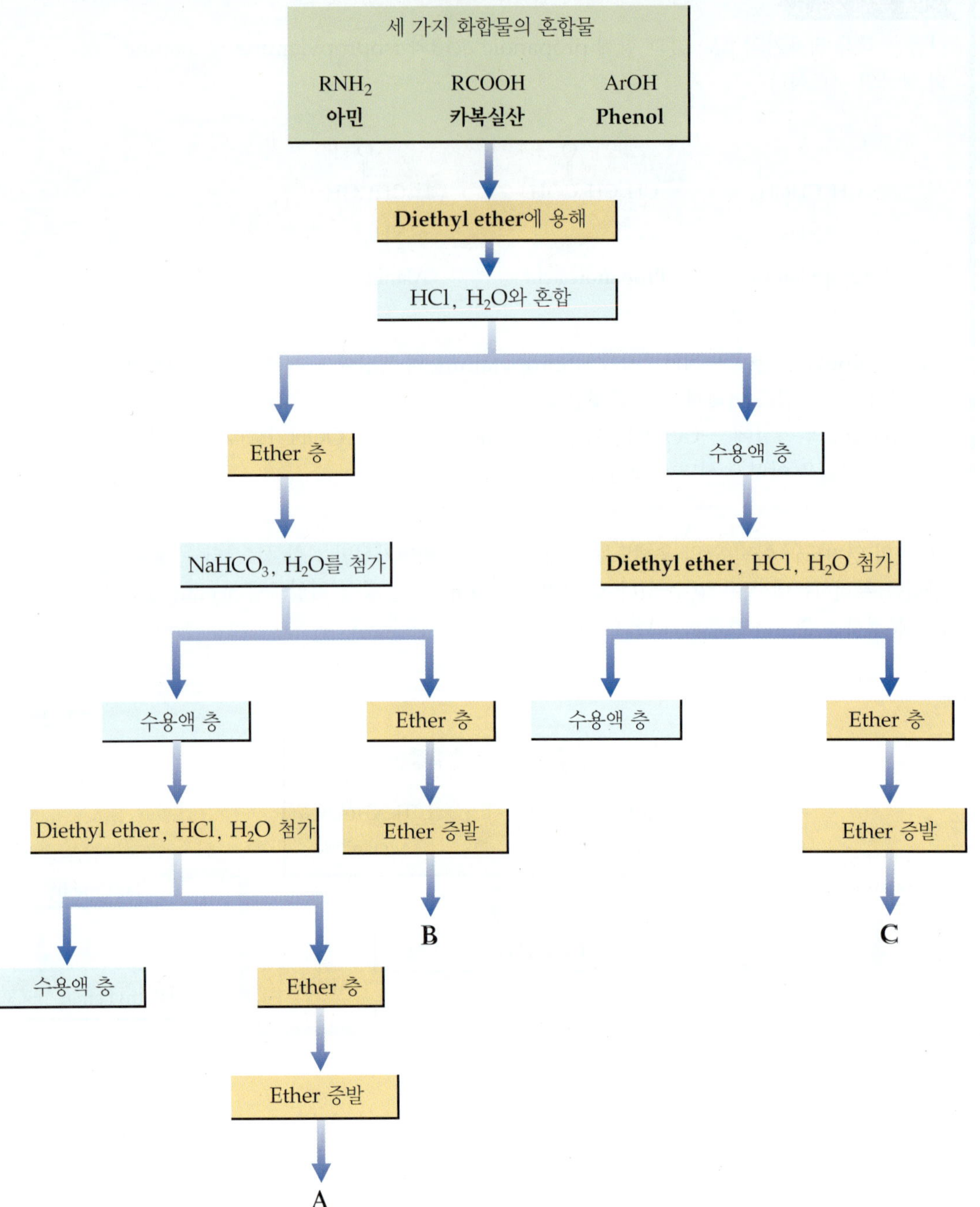

➥ 해답

분획 C에는 RNH_2가 들어 있고, 분획 B에는 ArOH가 들어 있으며, 분획 A에는 RCOOH가 들어 있다.

연습 문제 23.9

예제 23.9에 나타낸 분리와 정제 과정에서 만약 다음과 같이 조건을 바꾸면 그 결과는 어떻게 달라지는가?

(a) $NaHCO_3$ 수용액 대신에 NaOH를 사용한다.

(b) 출발 혼합물이 지방족 아민, RNH_2 대신 방향족 아민, $ArNH_2$를 포함한다.

23.7 제 법

아민의 합성은 주로 어떻게 탄소-질소 결합을 형성하는 지와 새로 합성된 질소를 포함한 화합물이 아직 아민이 아닌 경우 어떻게 아민으로 다시 전환할 수 있는 지가 문제이다. 아민의 제법에 대한 다음 합성법은 이미 공부한 바 있다.

1. Ammonia나 아민에 의한 에폭사이드의 친핵성 고리 열림(11.9B절)
2. 질소 친핵체를 알데히드나 케톤의 카보닐기에 첨가함으로써 이민 형성(16.8절)
3. 이민을 아민으로 환원(16.8절)
4. $LiAlH_4$에 의한 아마이드의 환원(18.10B절)
5. 나이트릴의 1차 아민으로 환원(18.10C절)
6. 아렌의 나이트로화 반응에 이어 나이트로기를 1차 아민으로 환원(22.1B절)

이 장에서는 아민의 제법에 대해 두 가지 추가되는 방법을 설명한다.

A Ammonia와 아민의 알킬화 반응

아민을 합성하는 가장 직접적인 합성 과정 중에 하나는 할로알케인을 ammonia 또는 아민으로 처리하는 것이다. S_N2 메커니즘에 의한 이러한 두 가지 화합물 사이의 반응은 bromomethane (MeBr)을 ammonia로 처리함으로써 methylammonium bromide를 생성하는 반응에 나타난 바와 같이 알킬암모늄 염을 생성한다.

$$MeBr + NH_3 \xrightarrow{S_N2} MeNH_3^+\,Br^-$$

Methylammonium bromide

공교롭게도 반응은 이 단계에서 멈추지 않고, 더 진행되어 다음 반응식에 나타낸 바와 같이 복잡한 생성물의 혼합물을 생성한다.

$$MeBr + NH_3 \longrightarrow MeNH_3^+Br^- + Me_2NH_2^+Br^- + Me_3NH^+Br^- + Me_4N^+Br^-$$

이 혼합물은 아래와 같은 과정을 통해 형성된다. Ammonia와 methylammonium 이온 사이의 양성자 이동은 ammonium 이온과 좋은 친핵체인 methylamine을 형성하고, methylamine은 계속적으로 bromomethane과 반응하여 dimethylammonium bromide를 생성한다. 두 번째 양성자 이동 반응을 통하여 dimethylammonium 이온은 dimethylamine으로 전환되고, 이 dimethylamine 역시 또 다른 좋은 친핵체로써 친핵성 치환 반응에 참여할 수 있다. 이 같은 과정은 계속적으로 반복된다.

$$MeNH_3^+Br^- + NH_3 \xrightleftharpoons{\text{양성자 이동}} MeNH_2 + NH_4^+Br^-$$

Methylammonium bromide → **Methylamine**

$$MeBr + MeNH_2 \xrightarrow{S_N2} Me_2NH_2^+Br^-$$

Dimethylammonium bromide

$$Me_2NH_2^+Br^- + NH_3 \xrightleftharpoons{\text{양성자 이동}} Me_2NH + NH_4^+\,Br^-$$

Dimethylamine

이러한 친핵성 치환반응과 양성자 이동 반응이 반복되어 얻어지는 최종 생성물은 테트라알킬암모늄 할로젠화물(tetraalkylammonium halide)이다. 다양한 알킬화 반응 결과물의 상대적 분포는 알킬 할로젠화물과 ammonia의 비율에 따른다. 그러나 반응 출발물이 무엇이든 간에 생성물은 대부분 알킬화된 생성물이다. 따라서, 아민이나 ammonia의 알킬화 반응은 실험실에서 더 복잡한 아민을 만드는데 적합하지 않은 방법이다. 하지만, ammonia의 가격이 저렴해서 과량으로 사용할 수 있기 때문에 1차 아민은 쉽게 만들어진다. 다른 아민들도 친핵성 아민이 과량으로 공급될 수 있을 만큼 가격이 저렴하다면, 이러한 방법으로 합성될 수 있다.

B 아자이드 이온의 알킬화 반응

앞에서 보았듯이 아민 또는 ammonia의 알킬화 반응은 일반적으로 아민을 만드는 효율적인 방법이 아니다. 지나치게 알킬화되는 문제를 배제하기 위한 한 가지 방법은 친핵체이기는 하지만 새로운 탄소-질소 결합을 형성한 후에는 더 이상 효과적인 친핵체로 작용할 수 없는 질소 원자를 이용하는 것이다. 이러한 질소의 친핵체의 형태는 아자이드 이온(N_3^-)이다. 알킬 아자이드는 sodium 혹은 potassium azide와 1차 혹은 2차 할로알케인 사이의 S_N2 반응을 통해 쉽게 만들어진다. 아자이드는 lithium aluminum hydride ($LiAlH_4$)를 포함한 다양한 환원제에 의해 1차 아민으로 쉽게 환원된다.

N_3^- $\quad :\overset{-}{N}=\overset{+}{N}=\overset{-}{N}:$ $\qquad$ RN_3 $\quad R-N=\overset{+}{N}=\overset{-}{N}:$

Azide 이온
(좋은 친핵체)

Alkyl azide

$$C_6H_5CH_2Cl \xrightarrow{K^+ N_3^-} C_6H_5CH_2N_3 \xrightarrow[2.\ H_2O]{1.\ LiAlH_4} C_6H_5CH_2NH_2$$

Benzyl chloride **Benzyl azide** **Benzylamine**

아자이드 이온은 에폭사이드의 입체선택적 고리 열림에 또한 사용될 수 있다. 고리 열림의 결과로 생성되는 β-아지도알코올의 환원은 cyclohexene을 *trans*-2-aminocyclohexanol로 전환되는 과정에 나타난 바와 같이 β-아미노알코올을 생성한다.

$$\text{Cyclohexene} \xrightarrow{ArCO_3H} \text{1,2-Epoxycyclohexane} \xrightarrow[2.\ H_2O]{1.\ K^+N_3^-} \text{trans-2-Azidocyclohexanol} \xrightarrow[2.\ H_2O]{1.\ LiAlH_4} \text{trans-2-Aminocyclohexanol}$$

Cyclohexene **1,2-Epoxycyclohexane** ***trans*-2-Azidocyclohexanol** (라셈 혼합물) ***trans*-2-Aminocyclohexanol** (라셈 혼합물)

과산화산(Peroxyacid)에 의한 cyclohexene의 산화는 에폭사이드를 생성한다(11.8C절). 아자이드 이온의 입체선택적 친핵성 공격은 에폭사이드 고리의 이탈하는 산소에 대해 안티이고(11.9B절) 이어지는 lithium aluminum hydride에 의한 아자이드 환원으로 *trans*-2-aminocyclohexanol의 라셈 혼합물이 생성된다.

예제 23.10 ▸ 아민 합성

4-Methoxybenzyl chloride가 각 아민으로 어떻게 변환될 수 있는지 보여라.

(a) $MeO-C_6H_4-CH_2NH_2$ (b) $MeO-C_6H_4-CH_2CH_2NH_2$

해답

(a) 두 가지 방법이 사용될 수 있다. (1) 지나친 알킬화 반응을 줄이기 위해 과량의 NH_3를 사용한 알킬화 반응 혹은 (2) 아자이드 이온(NaN_3로부터)을 이용한 염화 이온의 친핵성 치환에 이어서 $LiAlH_4$에 의한 아자이드 환원이다. 이러한 방법들 중에서 아자이드에 의한 친핵성 치환이 실험실 규모에서는 더 편리하다.

(b) 사이아나이드 이온에 의한 염화 이온의 친핵성 치환에 이어서 사이아노기를 lithium aluminum hydride로 환원하는 방법.

(a) 1. $Na^+ N_3^-$ 2. $LiAlH_4$ 3. H_2O

(b) 1. $Na^+ CN^-$ 2. $LiAlH_4$ 3. H_2O

연습 문제 23.10

아래 반응을 높은 수득률로 진행할 수 있는 방법을 나타내어라. 주어진 출발 물질 이외에 필요하면 다른 시약을 사용하여라.

(a) MeO—C$_6$H$_4$—NH_2 ⟶ MeO—C$_6$H$_4$—N(CH$_2$CH$_2$OH)$_2$

(b) (라셈 혼합물) ⟶ (라셈 혼합물)

23.8 Nitrous Acid와의 반응

Nitrous acid, HNO_2는 sodium nitrite, $NaNO_2$ 수용액에 염산 혹은 황산의 첨가에 의해 제조되는 불안정한 화합물이다. Nitrous acid는 약한 산소산이며 다음과 같은 반응식에 따라 이온화된다.

$$HNO_2 + H_2O \rightleftharpoons H_3O^+ + NO_2^- \qquad pK_a = 3.37$$

Nitrous acid는 아민이 1차, 2차 혹은 3차인지에 따라 혹은 아민이 지방족인지 방향족인지에 따라 아민과 다양한 방법으로 반응한다. 이러한 반응은 nitrous acid가 (1) 양성자-이동 반응에 참여하고, (2) 약한 친전자체인 nitrosyl 양이온의 공급원이기 때문이다.

MECHANISM Nitrosyl 양이온의 형성

***1단계:* 양성자 첨가.** Nitrous acid의 OH기에 양성자가 첨가되면서 옥소늄 이온을 생성한다.

$$H{-}\ddot{O}{-}\ddot{N}{=}\ddot{O} + H{-}\ddot{Cl}: \rightleftharpoons H{-}\overset{H}{\overset{|}{\dot{O}^+}}{-}\ddot{N}{=}\ddot{O} + :\ddot{Cl}:^-$$

***2단계:* 결합이 끊어지고 안정한 분자 혹은 이온 생성.** 물을 잃고 두 개의 기여 구조의 혼성체로 나타나는 nitrosyl 양이온이 생성된다.

$$H{-}\overset{H}{\overset{|}{\dot{O}^+}}{-}\ddot{N}{=}\ddot{O} \rightleftharpoons H{-}\overset{H}{\overset{|}{\ddot{O}:}} + :\overset{+}{N}{=}\ddot{O} \longleftrightarrow :N{\equiv}\overset{+}{O}:$$

Nitrosyl 양이온

A 3차 지방족 아민

3차 지방족 아민과 nitrous acid와 반응하면 물에 녹거나 녹지 않거나 관계없이 양성자 첨가를 통해 수용성 염을 형성한다. 염이 형성된 후 추가 반응은 일어나지 않는다. 이 반응은 실제 거의 쓰이지 않는다.

B 3차 방향족 아민

3차 지방족 아민은 nitrous acid와 염을 형성할 수 있는 염기이다. 그러나 3차 방향족 아민은 친전자성 방향족 치환이라는 다른 방법을 통해 nitrous acid와 반응할 수 있다. 매우 약한 친전자체인 nitrosyl 양이온은 hydroxyl기와 dialkylamino기와 같은 강한 활성화기이며 오쏘-파라 지향성 기가 포함된 방향족 고리와 반응한다. 이러한 화합물을 nitrous acid로 처리할 경우에 나이트로소화 반응(nitrosation)이 진행되며, 주로 파라 위치에서 반응이 일어나 푸른색 혹은 녹색의 방향족 나이트로소 화합물이 생성된다.

Me_2N—C₆H₅ → (1. $NaNO_2$, HCl, 0~5°C; 2. NaOH, H_2O) → Me_2N—C₆H₄—N=O

N,N-Dimethylaniline **N,N-Dimethyl-4-nitrosoaniline**

C 2차 지방족 아민과 2차 방향족 아민

지방족과 방향족 2차 아민은 nitrous acid와 반응하여 다음의 piperidine과 nitrous acid의 반응으로 나타낸 바와 같은 *N*-nitrosamine을 생성한다.

$$\text{N—H} + HNO_2 \longrightarrow \text{N—N=O} + H_2O$$

Piperidine ***N*-Nitrosopiperidine**

MECHANISM 2차 아민과 nitrosyl 양이온의 반응을 통한 *N*-nitrosamine 생성

1단계: **친핵체와 친전자체 사이의 새로운 결합 형성.** 친핵체인 2차 아민과 친전자체인 nitrosyl 양이온의 반응은 *N*-nitrosammonium 이온을 생성한다.

$$\text{N–H} + :N\equiv O:^{+} \longrightarrow \text{H–N}^{+}\text{–N=O}$$

2단계: **양성자 제거.** 용매로의 양성자 이동은 *N*-nitrosamine을 생성한다.

$$H\text{—}\ddot{O}(H): + \text{H–N}^{+}\text{–N=O} \longrightarrow H\text{—}O^{+}(H)(H) + \text{N–N=O}$$

N-Nitrosamine은 합성이나 상업적으로 거의 가치가 없다. 그러나 상당수의 *N*-nitrosamine이 잠재적인 발암 물질이기 때문에 최근 이 물질에 대한 관심이 높아지고 있다. 다음은 발암 물질로 알려진 두 가지 *N*-nitrosamine의 구조식이다.

H_3C, N—N=O, H_3C

***N*-Nitrosodimethylamine**
(담배 연기와 sodium nitrite를 이용하여 '보존처리된' 베이컨을 튀길 때 발견된다.)

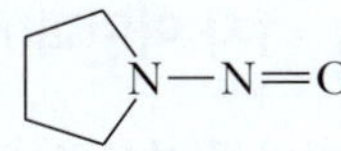

***N*-Nitrosopyrrolidine**
(sodium nitrite를 이용하여 '보존처리된' 베이컨을 튀길 때 발견된다.)

식품공학에서 일반적으로 sodium nitrite를 가공육에 첨가하여 변질 속도를 늦춘다(즉, 보툴리누스 중독을 일으키는 박테리아인 *Clostridium botulinum*의 증식 속도를 억제한다). 적절한 냉장 기술이 없었던 시기에는 적합한 방법이었지만, 오늘날에는 그 가치가 의심스럽다. Sodium nitrite는 붉은 고기의 색깔이 갈색으로 변하는 것을 막아주기 위해 첨가된다. 만약 겉은 매우 붉은데 속은 회색이나 갈색인 고기를 마켓에서 발견했다면, 고기의 겉면이 sodium nitrite로 처리되었음을 확신해도 좋다. 산이 존재할 때 nitrite 이온은 2차 아민을 *N*-nitrosamine으로 변환시키고, *N*-nitrosamine은 강력한 발암 물질임이 밝혀지면서 sodium nitritie 사용에 대한 논의가 시작되었다. 이러한 자료를 바탕으로 소비자 단체들은 음식물에 nitrite 첨가제의 사용을 억제하라고 미국식품의약국(FDA)을 압박하기 시작했다. Nitrite 억제를 위한 논쟁의 강도는 우리의 입과 소화기관에 존재하는 효소가 nitrate를 nitrite로의 환원을 도와준다는 것이 밝혀지면서 약화되었다. Nitrate 이온은 일반적으로 다양한 식품과 식수에서 발견된다. 요즈음 식품 첨가제로서 nitrite가 우리의 식습관을 통해 발생되지 않는 다른 위험을 준다는 증거 없다. FDA는 가공육에 포함되는 sodium nitrite의 허용 수치를 50에서 125 ppm으로 제한하고 있다(즉, 1 g의 가공육 당 50~125 μg nitrite).

D 1차 지방족 아민

1차 지방족 아민을 nitrous acid로 처리하면 그 결과로 질소(N_2)를 잃어버리고 butylamine을 nitrous acid로 처리한 반응에서처럼 치환, 제거, 자리옮김 생성물들이 생성된다.

NH_2 —($NaNO_2$, HCl, 0–5°C)→

OH (25%), Cl (5.2%) — 치환

OH (13.2%)(라셈 혼합물) — 자리옮김을 포함한 치환

(25.9%) — 제거

(10.6%) — 자리옮김을 포함한 제거

이러한 혼합물이 생성되는 메커니즘은 **다이아조늄 이온**(diazonium ion)의 생성이 포함되어 있다. 1차 아민이 다이아조늄 이온으로 변화되는 것을 **다이아조화 반응**(diazotization)이라고 한다.

다이아조늄 이온
ArN_2^+ 혹은 RN_2^+ 이온.

MECHANISM 1차 아민과 nitrous acid의 반응

***1단계:* 친핵체와 친전자체 사이의 새로운 결합 형성.** 1차 아민(친핵체)와 nitrosyl 양이온(친전자체)의 반응이 메커니즘의 첫 번째 단계이다.

$$R-\ddot{N}H_2 + :N{\equiv}\ddot{O}:^{+} \longrightarrow R-\overset{H}{\underset{H}{\overset{|}{\underset{|}{N^+}}}}-\ddot{N}=\ddot{O}$$

1° 지방족 아민

***2단계:* 양성자 제거.** 양성자가 제거되면서 *N*-nitrosamine이 생성된다.

$$R-\overset{H}{\underset{H}{\overset{|}{\underset{|}{N^+}}}}-\ddot{N}=\ddot{O} + H-\ddot{O}-H \longrightarrow R-\underset{H}{\underset{|}{\ddot{N}}}-\ddot{N}=\ddot{O} + H-\overset{H}{\overset{|}{\ddot{O}^+}}-H$$

N-Nitrosamine

***3단계:* 케토-엔올 토토머화.** *N*-Nitrosamine에서 케토-엔올 토토머화(16.9절)가 일어나고 두 개(*di-*)의 질소(*-azot-*)를 가지고 있기 때문에 이름이 붙여진 diazotic acid를 생성한다

$$R-\underset{H}{\underset{|}{\ddot{N}}}-\ddot{N}=\ddot{O} \xrightleftharpoons{\text{케토-엔올 토토머화}} R-\ddot{N}=\ddot{N}-\ddot{O}-H$$

Diazotic acid

***4단계:* 양성자 첨가.** Diazotic acid에 양성자가 첨가된다.

$$R-\ddot{N}=\ddot{N}-\ddot{O}-H + H-\overset{H}{\overset{|}{\ddot{O}^+}}-H \rightleftharpoons R-\ddot{N}=\ddot{N}-\overset{H}{\overset{|}{\ddot{O}^+}}-H + H-\ddot{O}-H$$

***5단계:* 결합이 끊어지고 안정한 분자 혹은 이온 생성.** 양성자가 첨가된 diazotic acid는 H_2O를 잃어버리고 다이아조늄 이온을 생성한다.

$$R-\ddot{N}=\ddot{N}-\overset{H}{\overset{|}{\ddot{O}^+}}-H \longrightarrow R-\overset{+}{N}{\equiv}N: + H-\ddot{O}-H$$

다이아조늄 이온

***6단계:* 결합이 끊어지고 안정한 분자 혹은 이온 생성.** 다이아조늄 이온은 매우 안정한 N_2를 잃어버리고 탄소양이온을 생성한다.

$$R-\overset{+}{N}{\equiv}N: \longrightarrow R^+ + :N{\equiv}N:$$

다이아조늄 이온 / 탄소 양이온

지방족 다이아조늄 이온은 0°C에서조차 매우 빠르게 질소를 잃고 탄소양이온과 질소 기체를 생성한다. 이러한 반응에 대한 추진력은 N_2가 매우 약한 염기이고 매우 강한 질소-질소 삼중 결합을 가지고 있기 때문에 가장 좋은 이탈기 가운데 하나라는 사실에 있다. 또한 질소는 생성되자마자 기체로서 반응 혼합물에서 제거된다. 탄소양이온은 지방족 탄소양이온의 반응 종류 중에서 다음 세 가지 반응이 가능하다. (1) 양성자를 잃고 알켄 생성, (2) 친핵체와 반응하여 치환 생성물의 생성, (3) 더 안정한 탄소양이온으로 자리옮김과 (1) 또는 (2)에 의한 추가 반응의 진행이다.

1차 지방족 아민을 HNO_2로 처리하면 혼합 생성물이 생성되기 때문에 일반적으로 유용한 반응이 아니다. 한 가지 예외는 고리형 β-아미노알코올을 nitrous acid로 처리하면 질소가 방출되면서 고리가 확장된 케톤을 생성하는 Tiffeneau-Demjanov 반응이다.

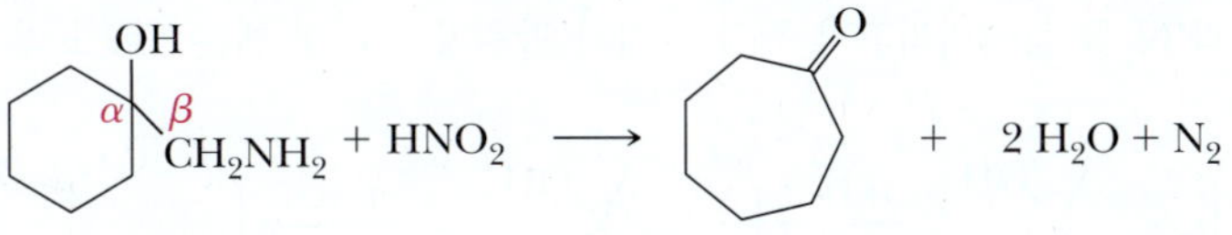

β-아미노알코올 (CH_2NH_2) + HNO_2 ⟶ **Cycloheptanone** + $2\ H_2O + N_2$

이러한 분자 자리옮김에 대해 다음에 나타낸 메커니즘으로 설명할 수 있다.

MECHANISM Tiffeneau-Demjanov 반응

여러 단계: 1차 아민과 nitrous acid의 반응은 다이아조늄 이온을 생성한다. 이전 메커니즘에서 자세히 설명한 바와 같이 이 반응은 여러 단계를 거쳐 일어난다.

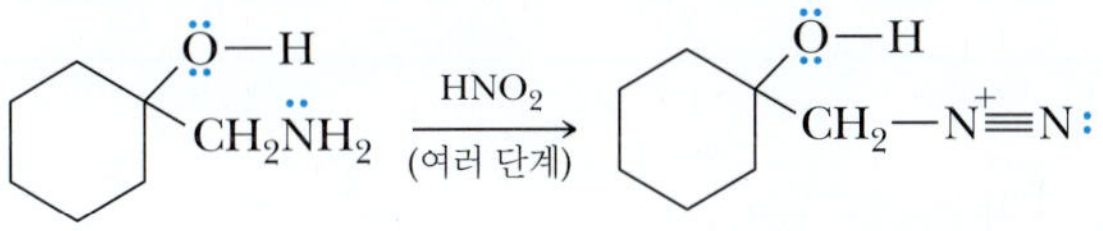

CH_2NH_2 —HNO_2 (여러 단계)→ $CH_2—\overset{+}{N}≡N:$

다이아조늄 이온

***2단계:* 결합이 끊어지고 안정한 분자 혹은 이온 생성과 1,2-이동.** 질소의 제거와 1,2-이동에 의한 자리옮김을 통해 공명 안정화된 양이온인 최종 생성물의 짝산이 생성된다.

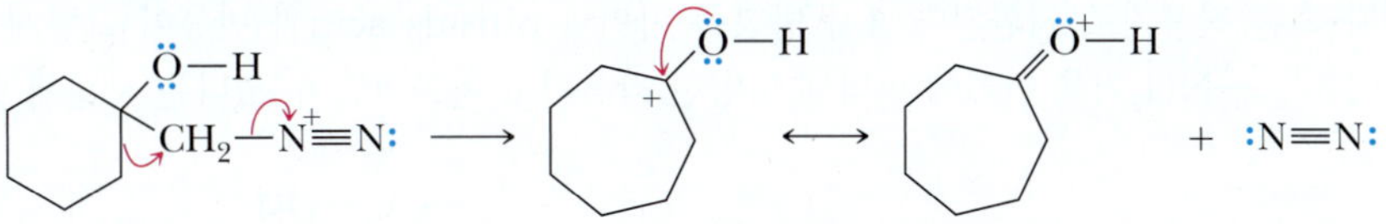

$CH_2—\overset{+}{N}≡N:$ ⟶ (+) ⟷ $\overset{+}{O}—H$ + $:N≡N:$

공명 안정화된 양이온

***3단계:* 양성자 제거.** 이 양이온으로부터 용매로 양성자 이동으로 반응은 완결된다.

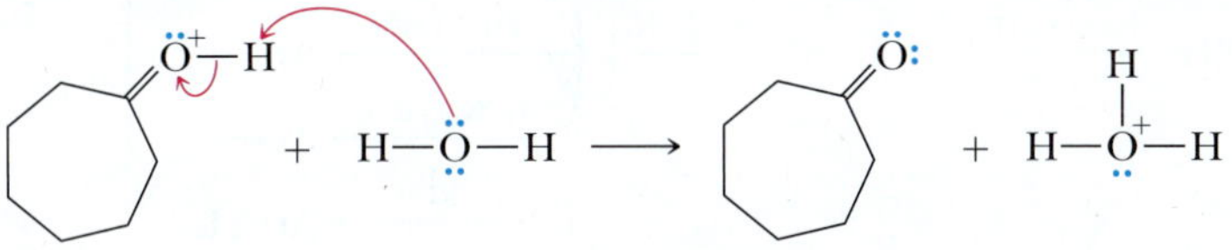

$\overset{+}{O}—H$ + $H—\ddot{O}—H$ ⟶ $\ddot{O}:$ + $H—\overset{+}{O}(H)—H$

Cycloheptanone

이러한 분자 자리옮김의 추진력은 우리가 앞서 보아 온 양이온의 자리옮김과 정확히 일치한다. 즉, 덜 안정한 양이온에서 더 안정한 양이온으로 변화하는 것이다. 이 반응은 H_2O라기보다는 N_2가 이탈기인 pinacol의 자리옮김 반응(10.7절)과 유사하다.

예제 23.11 ▸ Tiffeneau-Demjanov 반응

아래 반응을 통해 cyclooctanone을 생성한다. 화합물 A의 구조식과 cyclooctanone의 전환에 대한 메커니즘을 제안하라.

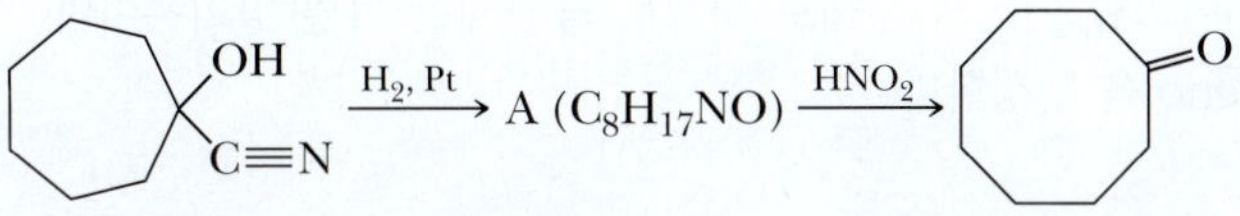

OH, C≡N —H_2, Pt→ A ($C_8H_{17}NO$) —HNO_2→ (cyclooctanone) O

해답

백금 촉매 위에서 수소를 이용한 촉매 수소화 반응은 탄소-질소 삼중 결합을 단일 결합으로 환원시켜(18.10C절) β-아미노알코올을 생성한다. β-아미노알코올을 nitrous acid로 처리한 결과 N_2를 잃어버리고 칠원자 고리가 팔원자 고리형 케톤으로 고리가 확장된다.

OH, C≡N —(H_2, Pt)→ OH, CH_2NH_2 (A) —(HNO_2)→ O

연습 문제 23.11

다음과 같은 변환은 어떻게 일어나는가?

=O —?→ OH, CH_2NH_2 —?→ =O

E 1차 방향족 아민

1차 방향족 아민과 nitrous acid가 반응하면 아렌다이아조늄 염이 형성된다. 지방족 다이아조늄 염과 다르게 아렌다이아조늄 염은 0°C에서 안정하며, 분해 없이 짧은 시간 동안 용액 상태로 보관할 수 있다. 아렌다이아조늄 염을 적절한 시약으로 처리하면 질소를 잃고 다른 원자 혹은 작용기로 치환된다. 1차 방향족 아민과 nitrous acid와 반응이 그렇게 가치 있는 이유는 $-NH_2$기를 아래에 나타낸 다양한 작용기로 치환시킬 수 있다는 사실에 있다.

$Ar-NH_2 \xrightarrow[0\text{~}5°C]{NaNO_2,\ H_3O^+} Ar-N_2^+ \xrightarrow{(-N_2)}$

- H_2O → $Ar-OH$
- HBF_4 → $Ar-F$ (Schiemann 반응)
- HCl, CuCl → $Ar-Cl$
- HBr, CuBr → $Ar-Br$
- KCN, CuCN → $Ar-CN$
- KI → $Ar-I$
- H_3PO_2 → $Ar-H$

(Ar—Cl, Ar—Br, Ar—CN: Sandmeyer 반응)

방향족 아민은 황산 수용액 상에서 먼저 아렌다이아조늄 염을 형성하고 이어서 가열에 의해 phenol로 전환될 수 있다. 이러한 방식으로 2-bromo-4-methylaniline이 2-bromo-4-methylphenol로 전환된다.

NH_2, Br, CH_3 —(1. $NaNO_2$, H_2SO_4, H_2O 2. H_2O, 가열)→ OH, Br, CH_3

2-Bromo-4-methylaniline **2-Bromo-4-methylphenol**

물에서 아렌다이아조늄 이온의 분해로 형성된 중간체는 아릴 양이온이며, 이 양이온이 물과 반응하여 phenol을 생성한다.

$$\text{C}_6\text{H}_5\text{-}\overset{+}{\text{N}}\equiv\text{N:} \xrightarrow[\text{(N}_2\text{를 잃음)}]{\text{가열}} [\text{C}_6\text{H}_5^+] \xrightarrow{2\,\text{H}_2\text{O}} \text{C}_6\text{H}_5\text{-OH} + \text{H}_3\text{O}^+$$

Benzenediazonium 이온 — 아릴 양이온 — **Phenol**

아릴 양이온은 매우 불안정해서 N_2가 이탈기인 경우만 생성될 수 있다. 이러한 아렌다이아조늄 염의 반응은 실험실에서 phenol을 만드는 일반적인 방법이다.

예제 23.12 ▸ 다단계 합성

Toluene을 다음과 같이 일련의 반응을 시키면 4-hydroxybenzoic acid를 만들 수 있다. 각 단계에서 필요한 시약들과 반응 조건은 무엇인가?

$$\text{Toluene (CH}_3\text{)} \xrightarrow{(1)} \text{4-CH}_3\text{, NO}_2 \xrightarrow{(2)} \text{4-COOH, NO}_2 \xrightarrow{(3)} \text{4-COOH, NH}_2 \xrightarrow{(4)} \text{4-COOH, OH}$$

➡ 해답

1 단계: HNO_3와 H_2SO_4를 이용하여 방향족 고리에 나이트로화 반응(22.1B절)을 시키고 이어서 오쏘와 파라 이성질체를 분리하면 4-nitrotoluene이 생성된다.

2 단계: 벤질자리 탄소를 H_2SO_4에서 $K_2Cr_2O_7$으로 산화(21.5A절)는 4-nitrobenzoic acid를 생성한다.

3 단계: Ni 또는 다른 전이 금속 존재 하에서 H_2를 이용하여 나이트로기를 촉매 환원시키면(22.1B절) 4-aminobenzoic acid가 생성된다. 다른 방법으로 나이트로기를 1차 아민으로 환원은 HCl 수용액에서 Zn, Sn 혹은 Fe 금속을 이용하여 반응시키고 NaOH로 처리해도 일어날 수 있다.

4 단계: 방향족 아민을 황산 수용액에서 $NaNO_2$와 반응시키고 이어서 가열하면 4-hydroxybenzoic acid가 생성된다.

연습 문제 23.12

예제 23.12에 있는 동일한 반응을 이용하지만 둘 또는 그 이상의 단계의 순서를 바꾸어 어떻게 toluene을 3-hydroxybenzoic acid로 전환시킬 수 있는지 나타내어라.

방향족 고리에 fluorine을 도입하는 방법으로 가장 널리 쓰이는 것은 **Schiemann 반응**(Schiemann reaction)이다. 1차 방향족 아민을 HCl 수용액에서 sodium nitrite로 처리하고 이어서 HBF_4 또는 $NaBF_4$를 첨가하면 반응이 진행된다. 침전되는 diazonium fluoroborate 염을 모아서 건조시킨다. 건조된 염을 가열하면 aryl fluoride, 질소, boron trifluoride (BF_3)로 분해된다. Schiemann 반응도 역시 아릴 양이온 중간체가 포함되어 있다고 생각할 수 있다.

$$\text{C}_6\text{H}_5\text{-NH}_2 \xrightarrow[\text{2. HBF}_4]{\text{1. NaNO}_2\text{, HCl, 0°C}} \text{C}_6\text{H}_5\text{-N}_2^+\text{BF}_4^- \xrightarrow{\text{가열}} \text{C}_6\text{H}_5\text{-F} + \text{N}_2 + \text{BF}_3$$

Diazonium fluoroborate — **Fluorobenzene**

1차 방향족 아민을 nitrous acid로 처리하고 이어서 HCl/CuCl, HBr/CuBr 또는 KCN/CuCN과 함께 가열하면 다이아조늄기가 —Cl, —Br 또는 —CN으로 각각 치환되는 **Sandmeyer 반응**(Sandmeyer reaction)으로 알려져 있다. Sandmeyer 반응은 CuI 혹은 CuF와의 반응은 일어나지 않는다.

HCl/CuCl 가열

2-Chlorotoluene

CH_3 NH_2 → $NaNO_2$, H_3O^+ 0~5°C → CH_3 N_2^+

HBr/CuBr 가열

2-Methylaniline (*o*-Toluidine)

2-Bromotoluene

KCN/CuCN 가열

2-Methylbenzonitrile

아렌다이아조늄 이온을 보통 potassium iodide로부터 만들어지는 iodide 이온으로 처리하는 것이 방향족 고리에 iodine을 도입하는 가장 좋고 편리한 방법이다.

$NaNO_2$, HCl 0~5°C; KI 25°C

2-Methylaniline (*o*-Toluidine) **2-Iodotoluene**

Aniline을 1,3,5-trichlorobenzene으로 바꾸는 반응으로 다음에 나타낸 바와 같이 아렌다이아조늄 이온을 hypophosphorous acid (H_3PO_2)로 처리하면 다이아조늄기가 환원된 화합물, 즉 —H로 치환된 화합물이 만들어진다. —NH_2는 강한 활성화 기임을 상기하여라(22.2A절). Aniline을 촉매 없이 chlorine으로 처리하면 2,4,6-trichloroaniline이 생성된다. 변환을 완결시키기 위해 nitrous acid로 처리하고 이어서 hypophosphorous acid로 처리하면 —NH_2기는 제거되고 1,3,5-trichlorobenzene이 생성된다.

Cl_2; $NaNO_2$, HCl 0~5°C; H_3PO_2

Aniline **2,4,6-Trichloroaniline** **2,4,6-Trichlorobenzene-diazonium chloride** **1,3,5-Trichlorobenzene**

예제 23.13 ▸ **다단계 합성**

Toluene을 3-bromo-4-methylphenol로 변화시킬 때 필요한 시약들과 반응 조건을 나타내어라.

(1) (2) (3) (4)

➡ 해답

1 단계: HNO_3/H_2SO_4. 메틸은 오쏘-파라 지향성이고 약한 활성화기이다.

2 단계: $FeCl_3$ 존재 하에서 4-nitrotoluene을 bromine으로 처리한다.

3 단계: 나이트로기 환원은 H_2/Ni 또는 수용성 HCl에서 Sn, Zn 혹은 Fe로 처리한 후 이어서 NaOH 수용액으로 처리한다.

4 단계: 황산 수용액에서 아민을 $NaNO_2$로 다이아조화한 후 용액을 가열하면 $—N_2^+$가 —OH로 치환된다.

연습 문제 23.13

3-Nitroaniline을 출발 물질로 사용하여 다음 화합물을 만드는 방법을 나타내라.

(a) 3-Nitrophenol **(b)** 3-Bromoaniline **(c)** 1,3-Dihydroxybenzene (resorcinol)
(d) 3-Fluoroaniline **(e)** 3-Fluorophenol **(f)** 3-Hydroxybenzonitrile

23.9 Hofmann 제거 반응

4차 ammonium halide를 젖은 silver(I) oxide (H_2O 내에 Ag_2O의 곤죽)로 처리하면, 은 할로젠화물은 침전되고, 4차 ammonium hydroxide는 용액 상태로 녹아 있다.

$$C_6H_{11}-CH_2-\overset{+}{N}(CH_3)_3\ I^- + Ag_2O \xrightarrow{H_2O} C_6H_{11}-CH_2-\overset{+}{N}(CH_3)_3\ OH^- + AgI$$

(Cyclohexylmethyl)trimethyl-ammonium iodide **Silver oxide** **(Cyclohexylmethyl)trimethyl-ammonium hydroxide**

19세기 중반에 August Hofmann이 4차 ammonium hydroxide를 가열하면 알켄, 3차 아민 그리고 물로 분해된다는 사실을 발견하였다. 4차 ammonium hydroxide가 알켄으로 열분해되는 반응은 **Hofmann 제거 반응**(Hofmann elimination)으로 알려져 있다.

Hofmann 제거 반응
4차 ammonium halide를 센염기로 처리하면 E2 메커니즘을 거쳐 β-제거 반응이 일어나 덜 치환된 알켄이 주 생성물로 생성된다.

$$C_6H_{11}-CH_2-\overset{+}{N}(CH_3)_3\ OH^- \xrightarrow{160°C} C_6H_{10}{=}CH_2 + (CH_3)_3N + H_2O$$

(Cyclohexylmethyl)trimethyl-ammonium hydroxide **Methylenecyclohexane** **Trimethylamine**

Hofmann 제거 반응은 대부분의 E2 반응(9.7절)의 특징을 갖추고 있다. 첫째, Hofmann 제거 반응은 협동적(concerted)이다. 즉, 결합이 끊어지고 결합이 만들어지는 단계들이 동시에 또는 거의 동시에 일어난다. 둘째, Hofmann 제거 반응은 안티(anti) 입체선택성이다. 즉, —H와 이탈기는 서로 안티이어야 한다. 다음 메커니즘은 결합이 만들어지고 끊어지는 협동적인 특성뿐만 아니라 —H와 트라이알킬아미노 이탈기가 서로 안티 배열되는 것을 나타내고 있다.

MECHANISM Hofmann 제거 반응

양성자 제거와 결합이 끊어지고 안정한 분자 혹은 이온 생성. 염기에 의해 β-수소가 제거되고, C—H 결합의 전자쌍이 떨어져 알켄의 π 결합을 만들고 트라이알킬아미노기가 떨어지는 반응이 동시에 일어난다. 이 반응은 안티 입체선택성을 나타낸다.

$$HO^- + CH_3CH_2CH(H)-CH_2-\overset{+}{N}(CH_3)_3 \xrightarrow[\text{(협동과정으로 일어나는 제거)}]{\text{E2 반응}} HOH + CH_3CH_2CH{=}CH_2 + :N(CH_3)_3$$

9.7절에서 할로젠화 알킬의 E2 반응을 처음 공부할 때, β-수소는 이탈기와 안티이어야 한다는 것을 배웠다. 만일 하나의 β-수소가 이 조건을 만족시키면, 이중 결합은 그 수소가 있는 방향으로 생성된다. 그러나 두 개의 β-수소가 이 조건을 만족하면 제거 반응은 Zaitsev 규칙(Zaitsev's rule)을 따른다. 제거는 더 많이 치환된 이중 결합 형성이 우선적으로 일어난다.

$$CH_3CH_2\underset{}{\overset{Br}{|}}{C}HCH_3 \xrightarrow[E2]{CH_3CH_2O^-Na^+} \underset{(75\%)}{CH_3CH{=}CHCH_3} + \underset{(25\%)}{CH_3CH_2CH{=}CH_2}$$

4차 ammonium hydroxide의 열분해는 덜 치환된 이중 결합을 우선적으로 형성되는 제거이기 때문에 위와 다르다. 예를 들면, *sec*-butyltrimethylammonium hydroxide의 열분해는 주 생성물로 1-butene을 생성한다.

$$HO^- \quad CH_3CH_2\overset{\overset{+}{N}(CH_3)_3}{C}HCH_3 \xrightarrow[가열]{E2} \underset{(5\%)}{CH_3CH{=}CHCH_3} + \underset{(95\%)}{CH_3CH_2CH{=}CH_2} + (CH_3)_3N + H_2O$$

Hofmann 규칙
β-제거 반응은 덜 치환된 알켄을 주 생성물로 우선적으로 생성하도록 진행된다고 예측한다.

덜 치환된 알켄을 주 생성물로 생성하는 모든 제거 반응을 **Hofmann 규칙**(Hofmann rule)을 따르는 반응이라 한다.

예제 23.14 ▸ Hofmann 제거 반응

각 β-제거 반응에서 생성되는 주요 알켄의 구조식을 그려라

(a) (2-octanamine 골격, NH_2) $\xrightarrow{1.\ CH_3I\ (과량),\ K_2CO_3\quad 2.\ Ag_2O,\ H_2O\quad 3.\ 가열}$

(라셈 혼합물)

(b) (2-iodooctane 골격, I) $\xrightarrow{CH_3O^-Na^+}$

(라셈 혼합물)

➥ 해답

(a)에서 4차 ammonium hydroxide의 열분해는 Hofmann 규칙을 따라 1-octene을 주 생성물로 생성한다. (b)에서 sodium methoxide에 의한 alkyl iodide에서 일어나는 E2 제거 반응은 Zaisev의 규칙을 따르고 *trans*-2-octene을 주 생성물로 생성한다.

(a) (1-octene) + $(CH_3)_3N + H_2O$ — **1-Octene**

(b) (trans-2-octene) + CH_3OH — ***trans*-2-Octene**

연습 문제 23.14

아민의 메틸화 반응과 4차 ammonium hydroxide의 열분해 과정은 1851년에 Hofmann이 처음 보고하였다. 그러나 Hofmann이 piperidine의 구조를 결정하는 데 위의 과정을 이용하였다는 보고서를 출판한 1881년까지 구조 결정 방법으로 높은 가치가 있다는 사실을 인정받지 못했다. 다음은 Hofmann에 의해서 얻어진 결과이다.

$$\underset{\textbf{Piperidine}}{C_5H_{11}N} \xrightarrow{1.\ CH_3I\ (과량),\ K_2CO_3\quad 2.\ Ag_2O,\ H_2O\quad 3.\ 가열} \underset{\textbf{(A)}}{C_7H_{15}N} \xrightarrow{4.\ CH_3I\ (과량),\ K_2CO_3\quad 5.\ Ag_2O,\ H_2O\quad 6.\ 가열} \underset{\textbf{1,4-Pentadiene}}{CH_2{=}CHCH_2CH{=}CH_2}$$

(a) 이러한 결과들이 piperidine의 구조와 잘 일치함을 보여라(23.1절).

(b) 분자식에 $C_5H_{11}N$에 맞고 또한 Hofmann이 얻은 결과와도 잘 일치하는 또 다른 두 개의 구조식(입체 이성질체는 제외)을 제안하여라.

요약하면, Hofmann과 Zaisev 제거 반응은 항상 안티가 우선적이다. 만일 하나의 β-수소가 이탈기와 안티이면, 그 수소가 제거된다. 만일 하나 이상의 β-수소가 안티이면, Hofmann 제거 반응과 Zaisev 제거 반응 사이에 경쟁이 일어난다.

1. 음으로 하전된 이탈기(예를 들면, Cl^-, Br^-, I^-, OTs^-와 같은)가 포함된 제거 반응은 부피가 큰 염기를 사용하지 않는 한, 거의 언제나 Zaisev 규칙을 따른다.
2. 중성인 이탈기[예를 들면, $N(CH_3)_3$와 $S(CH_3)_2$ 같은]를 포함한 제거 반응은 거의 언제나 Hofmann 규칙을 따른다.
3. 염기의 부피가가 크면 클수록 Hofmann 생성물의 비율이 높아진다. 예를 들면, $(CH_3)_3CO^-K^+$를 사용한 반응은 거의 Hofmann 제거 반응이 진행되고, $CH_3O^-Na^+$를 사용한 반응은 거의 Zaisev 제거 반응이 진행된다.

덜 안정한 탄소-탄소 이중 결합 생성에 대한 가장 타당한 설명 중 하나로 Hofmann 제거 반응은 이른바 부피가 큰 $—NR_3^+$기와 같은 입체적인 요인에 의해 영향을 받는다는 것이다. 수산화 이온이 우선적으로 접근하여 가장 입체 장애가 적은 α-수소를 제거하면 생성물로 가장 덜 치환된 알켄이 생성된다. 같은 이유로 부피가 큰 염기인 $(CH_3)_3CO^-K^+$ 또한 할로젠화 알킬로부터 Hofmann 제거 반응을 일으킨다.

23.10 Cope 제거 반응

3차 아민을 hydrogen peroxide로 처리하면 그 결과로 아민이 산화되어 amine oxide가 된다.

$$\text{C}_6\text{H}_{11}\text{—CH}_2\text{—N(CH}_3\text{)—CH}_3 + \text{H}_2\text{O}_2 \longrightarrow \text{C}_6\text{H}_{11}\text{—CH}_2\text{—N}^+\text{(O}^-\text{)(CH}_3\text{)—CH}_3 + \text{H}_2\text{O}$$

3차 아민 Amine oxide

적어도 한 개의 β-수소를 가진 amine oxide를 가열하면 열분해가 진행되어 알켄과 *N,N*-dialkylhydroxylamine이 생성된다. Amine oxide가 열분해되어 알켄이 생성되는 반응은 발견자인 Massachusetts 공과대학의 Arthur C. Cope의 이름을 따서 **Cope 제거 반응**(Cope elimination)이라 한다.

$$\text{C}_6\text{H}_{10}(\beta\text{-H})\text{—CH}_2\text{—N}^+\text{(O}^-\text{)(CH}_3\text{)—CH}_3 \xrightarrow{100\text{~}150°\text{C}} \text{C}_6\text{H}_{10}\text{=CH}_2 + (\text{CH}_3)_2\text{NOH}$$

Methylenecyclohexane ***N,N*-Dimethyl-hydroxylamine**

모든 실험적 증거는 Cope 제거 반응이 신 입체선택적이고 협동 반응임을 나타낸다.

MECHANISM Cope 제거 반응

같은 분자 내에서 양성자 제거와 결합이 끊어져 안정한 분자 혹은 이온 생성. 전이 상태는 참여하는 다섯 개 원자가 같은 평면이거나 거의 같은 평면에 배열되며 세 쌍의 전자들이 고리형을 통해 이동한다. 제거 반응은 신 입체선택성을 나타낸다.

[전이 상태: H—C—C—N⁺(CH₃)₂—O⁻] —가열→ C=C ← 알켄; HO—N(CH₃)₂ ← *N,N*-dimethyl-hydroxylamine

전이 상태

만일 두 개 이상의 신 β-수소가 Cope 제거 반응에서 제거될 수 있다면, 이중 결합이 방향족 고리와 콘쥬게이션되어 있지 않으면 하나의 수소가 다른 수소보다 더 큰 선택성을 갖지 않는다. 따라서 알켄을 만드는 방법으로서 Cope 제거 반응은 오직 하나의 알켄만 가능한 경우에 가장 많이 쓰인다.

예제 23.15 ▸ Cope 제거 반응

2-Dimethylamino-3-phenylbutane을 hydrogen peroxide로 처리하여 Cope 제거 반응을 시키면, 생성되는 주요 알켄은 2-phenyl-2-butene이다.

$$CH_3\underset{Ph}{C}H\overset{N(CH_3)_2}{C}HCH_3 \xrightarrow[2.\ 가열]{1.\ H_2O_2} CH_3\underset{Ph}{C}{=}CHCH_3 + (CH_3)_2NOH$$

2-Dimethylamino-3-phenylbutane **2-Phenyl-2-butene**

(a) 2-Dimethylamino-3-phenylbutane에서 얼마나 많은 입체 이성질체가 가능한가?

(b) 2-Phenyl-2-butene에서 얼마나 많은 입체 이성질체가 가능한가?

(c) 출발 아민이 2*R*,3*S* 이성질체라고 가정하자. 생성물의 배열은 무엇인가?

➥ 해답

(a) 출발 아민에 2개의 카이랄 중심이 있다. 4개의 입체 이성질체가 가능하다. 두 쌍의 거울상 이성질체.

(b) 입체 이성질 현상이 가능한 하나의 탄소-탄소 이중 결합이 있다. 두 개의 입체 이성질체가 가능하다. 하나의 *E*,*Z* 쌍.

(c) 다음은 다이메틸아미노 기와 β-수소가 신 배열을 나타내는 2*R*,3*S* 입체 이성질체의 입체적인 그림이다. 이 이성질체의 Cope 제거 반응 생성물은 (*E*)-2-phenyl-2-butene이다.

Ph, H_3C, H (C3) — (C2) H, CH_3, $N(CH_3)_2$ $\xrightarrow[2.\ 가열]{1.\ H_2O_2}$ Ph, H_3C C=C H, CH_3 + $(CH_3)_2NOH$

2*R*,3*S* 이성질체 **(*E*)-2-Phenyl-2-butene**

연습 문제 23.15

예제 23.15에서는 2-dimethylamino-3-phenylbutane의 2*R*,3*S* 입체 이성질체에 대한 Cope 제거 반응 생성물을 보았다. 다음 입체 이성질체의 Cope 제거 반응 생성물은 무엇인가? 각 입체 이성질체로부터 Hofmann 제거 반응의 생성물은 무엇인가?

(a) 2*S*,3*R* 입체 이성질체 **(b)** 2*S*,3*S* 입체 이성질체

사실과 개념에 대한 요약

23.1절 | 구조와 분류

연습 문제: 23.1, 23.18~23.22

- 아민은 한 개 이상의 수소대신 알킬기나 아릴기로 치환된 ammonia의 유도체이다.
  - 1차 아민은 ammonia의 수소 한 개가 알킬기나 아릴기의 형태로 있는 탄소로 치환된 것이다.
  - 2차 아민은 ammonia의 수소 두 개가 알킬기나 아릴기의 형태로 있는 탄소로 치환된 것이다.
  - 3차 아민은 ammonia의 수소 세 개 모두 알킬기나 아릴기의 형태로 있는 탄소로 치환된 것이다.

- 4차 ammonium 이온은 질소에 네 개의 알킬기나 아릴기가 결합되어 있고, 그 결과 양전하를 띠는 화학종이다.
- **지방족 아민**(Aliphatic amine)은 질소에 알킬기가 결합되는 반면, **방향족 아민**(aromatic amine)은 질소에 적어도 하나의 방향족 고리가 결합된다.
- **헤테로고리 아민**(Heterocyclic amine)은 고리의 한 부분으로서 질소 원자가 포 함되어 있고, **헤테로고리 방향족 아민**(heterocyclic aromatic amine)은 방향족 고리의 일부분으로서 질소 원자를 포함한다.
- **알칼로이드**(Alkaloid)는 염기이고, 식물에서 추출한 질소를 포함한 화합물이며 많은 알칼로이드가 생리학적으로 활성을 나타낸다.

23.2절 | 명명법

- IUPAC명은 지방족 아민은 접미사 *-amine*을 사용하고 아미노기의 위치를 숫자로 나타내는 것을 제외하고 알코올처럼 명명한다.
- IUPAC에서는 $C_6H_5NH_2$의 간단한 유도체에 대한 명명은 관용명 aniline을 사용한다. Toluidine과 anisidine과 같은 몇몇 치환된 aniline은 관용명은 그대로 사용기도 한다.
- 2차, 3차 아민은 *N*-치환 일차 아민으로 명명되고 가장 큰 원자단이 모체가 되고, 더 작은 원자단은 질소에 치환된 것으로 접두어 *N*을 이용하여 명명한다. 예는 *N*-methylaniline과 *N*,*N*-dimethylcyclopentanamine.
- 몇 가지 흔한 헤테로 고리는 IUPAC 명명법에서 관용명을 그대로 사용한다. 예를 들어, pyridine, indole, purine, quinoline, isoquinoline이 있다.
- 관용명은 질소 원자에 결합된 알킬기를 알파벳 순서로 나열하고 접미사로 *-amine*을 붙인다.
- **4차 암모늄 이온**(Quaternary ammonium ion)은 접미사 *-amine* 대신에 *-ammonium* (또는 *-anilinium* 등)과 음이온 이름을 쓴다(예를 들어, tetramethylammonium chloride).

연습 문제: 23.2, 23.4, 23.16, 23.17

23.3절 | 아민과 4차 암모늄 이온의 카이랄성

- 세 가지 다른 원자단과 결합한 2차 또는 3차 아민은 카이랄이지만 상온에서 두 거울상 이성질체 간의 빠른 상호 전환, 즉 피라미드 반전(pyramidal inversion)이 일어나므로 분할이 불가능하다.
  - Phosphine은 아민과 동일하며 상온에서 피라미드 반전이 일어나지 않으므로 카이랄 phosphine은 분할이 가능하다.
- 4차 암모늄 염은 피라미드 반전이 일어나지 않으므로 분할이 가능하다.

23.4절 | 물리적 성질

- 아민은 극성 화합물이고 1차와 2차 아민은 분자 내 수소 결합을 형성한다.
  - 수소 결합의 결과, 수소 결합을 통해서 먼저 1차와 2차 아민은 용질과 상호작용하여 충분히 높은 녹는점과 끓는점을 가지며, 유사한 탄화수소보다 물에 대한 용해도가 더 높다.
  - H—N 수소 결합은 H—O 수소 결합보다 약하기 때문에 아민은 유사한 알코올보다 더 낮은 끓는점을 갖는다.

연습 문제: 23.23, 23.24

23.5절 | 염기도

- 아민은 약한 염기이므로 아민의 수용액은 염기성이다. 지방족 아민의 짝산의 pK_a 값은 10~11 범위이다.
  - 전자를 주는 알킬기는 알킬암모늄 이온을 더 안정화시키므로 알킬기는 아민을 약간 더 염기성으로 만든다.
  - 알킬 아민은 양성자 첨가되고 생체 용액과 거의 중성인 pH에서 양으로 하전된다.

연습 문제: 23.5~23.6, 23.25~23.29, 23.31, 23.32

- 방향족 아민은 지방족 아민보다 상당히 약한 염기성이고, 짝산의 pK_a 값은 4~5 범위이다.
  - 방향족 아민은 질소의 비공유전자쌍이 방향족 π계와 공명을 이루고, 안정한 상호작용 때문에 양성자화가 잘 되지 않아서 더 약한 염기성을 띤다.
    - 이 공명화 상호작용은 방향족 아민의 N 원자가 sp^2 혼성화되어 있으므로 평면 구조이고, 핵산 염기 쌓기와 수소 결합의 임계점이 된다.
    - 고리에 있는 전자 주는 기는 aniline의 염기성을 증가시키고 전자 끄는 기는 aniline의 염기성을 감소시킨다.
- 헤테로고리 방향족 아민의 N 원자의 염기성은 N의 비공유전자쌍이 방향족 π계에 참여하는지의 여부에 달려 있다.
  - Pyridine에서 N에 있는 비공유 전자쌍은 π계의 일부가 아니기 때문에 양성자화가 방향족성을 파괴하지 않는다.
    - Pyridine의 짝산의 pK_a 값이 5.25로서 알킬 아민의 짝산보다 낮은 이유는 pyridine의 비공유 전자쌍이 비교적 전기음성적인 sp^2 궤도함수에 존재하기 때문이다.
  - Imidazole에서 단지 한 개의 N 원자만 양성자화될 수 있는 이유는 다른 N 원자에 있는 비공유 전자쌍이 방향족 π계의 일부이고 양성자화되면 방향족성을 잃기 때문이다.
- Guandine기는 매우 염기성이 큰 유기 작용기로서 양성자화된 guanidinium 이온은 전하 비편재화로 크게 안정화되기 때문이다.

23.6절 | 산과의 반응

연습 문제: 23.7~23.9, 23.30

- 아민은 센산과 반응하여 수용성 염을 만들고, 물에 녹지 않는 분자로부터 아민을 분리할 수 있다.

23.7절 | 제법

연습 문제: 23.10, 23.33, 23.34, 23.43~23.45, 23.54~23.57, 23.62~23.69, 23.71, 23.72

- 에폭사이드 고리 열림 반응, 카보닐에 질소 친핵체의 첨가 반응 후에 환원 반응으로 또는 아마이드의 환원, 나이트라일의 환원 및 아렌의 나이트로화 반응 후에 환원 반응으로 아민을 만들 수 있다.
- 아민의 알킬화 반응은 일반적으로 과알킬화 반응이 초래된다.
- 할로알케인과 강한 친핵체(또는 약한 염기)인 NaN_3 또는 KN_3를 반응시키고 $LiAlH_4$로 환원시키면 1차 아민을 높은 수득률로 얻을 수 있다.
  - 또한 아자이드 이온으로 에폭사이드 고리를 열고 환원하면 *트랜스* 입체선택성을 가진 아미노알코올을 만들 수 있다.

23.8절 | Nitrous Acid와의 반응

- Nitrous acid는 종종 $NaNO_2$와 산을 반응시켜 만들었고 1차, 2차, 3차 또는 방향족 아민과 각각 다른 방법으로 반응한다.
  - Nitrous acid는 양성자 이동 반응에 참여하여 약하지만 매우 중요한 친전자체인 나이트로실 양이온을 만든다.

연습 문제: 23.11, 23.36~23.38

- 3차 방향족 아민은 nitrous acid와 친전자성 방향족 치환 반응하여 만들 수 있다.
- 2차 아민은 nitrous acid와 반응하여 *N*-nitrosoamine을 만든다.
- 1차 아민은 nitrous acid와 반응하여 **다이아조늄 이온**(diazonium ion) 중간체를 만들고 N_2를 잃고 다양한 치환 및 제거 반응 생성물을 만들기때문에 일반적으로 반응이 합성적으로는 유용하지 않다.
  - 합성적으로 유용한 반응은 Tiffeneau-Demjanov 반응이며 고리형 β-아미노알코올의 탄소 하나가 증가하는 고리확장 반응이 일어나 고리형 케톤을 만든다.
- 1차 방향족 아민(aniline)은 nitrous acid와 반응하여 아릴 다이아조늄 이온을 만든다.

이 이온은 다양한 치환된 방향족 고리를 합성할 때 매우 유용한 중간체이다. 나이트로화 반응하고 나서 환원 반응을 하면 방향족 아민을 만들 수 있다.

- 아릴 다이아조늄 이온과 물이 반응하면 phenol을 만든다.
- 아릴 다이아조늄 이온과 HBF_4가 반응하여 aryl fluoride를 만드는 반응을 **Schiemann 반응**(Schiemann reaction)이라고 부른다.
- 아릴 다이아조늄 이온과 HCl/CuCl, HBr/CuBr, 또는 KCN/CuCN이 반응하면 다이아조늄 기에 —Cl, —Br 또는 —CN기가 각각 치환되며 이 반응을 **Sandmeyer 반응**(Sandmeyer reaction)이라고 부른다.
- 아릴 다이아조늄 이온과 KI가 반응하면 aryl iodide가 생성된다.
- 아릴 다이아조늄 이온과 H_3PO_2가 반응하면 다이아조늄 기에 H가 치환되므로 aniline과 nitous acid를 반응시킨 후 hypophosphorous acid로 처리하면 아릴기의 NH_2기를 제거할 수 있다.

연습 문제: 23.12, 23.13, 23.45~23.51, 23.56, 23.61, 23.67~23.70, 23.72

23.9절 | Hofmann 제거 반응

- 4차 ammonium halide와 젖은 silver oxides가 반응하여 4차 ammonium hydroxide를 만든 후 가열하면 알켄이 얻어지며 이 반응을 **Hofmann 제거 반응**(Hofmann elimination)이라고 한다.
  - Hofmann 제거 반응은 안티 제거 반응으로 입체선택적이며, 덜 치환된 알켄을 우선적으로 만들고 Zaitsev 규칙의 반대 결과를 보인다.
    - Hofmann 제거 반응의 위치 화학은 입체적으로 부피가 큰 암모늄기가 염기에 의하여 입체 장애가 덜한 쪽으로 양성자 이탈되어 덜 치환된 알켄을 만든다.
    - 주로 덜 치환된 알켄을 만드는 제거 반응을 **Hofmann 규칙**(Hofmann rule)이라고 한다.

연습 문제: 23.14, 23.39, 23.41

23.10절 | Cope 제거 반응

- 3차 아민을 hydrogen peroxide로 처리하면 amine oxide가 되고, 이를 가열 처리하면 알켄과 *N,N*-dialkylhydroxyamine을 만드는 반응을 **Cope 제거 반응**(Cope elimination)이라고 한다.
  - Cope 제거 반응은 신 입체선택적이고 콘쥬게이션된 이중 결합이 만들어지거나, 콘쥬게이션 생성물이 우세하지 않다면 위치화학에 선택성이 없다.

연습 문제: 23.15, 23.40, 23.42

주요 반응 *Key Reactions*

1. 지방족 아민의 염기도(23.5A절). 지방족 아민은 알킬기의 전자 주는 효과와 알킬암모늄 이온의 양전하를 부분적으로 비편재화시키는 효과 때문에 ammonia보다 약간 더 센염기이다.

$$CH_3NH_2 + H_2O \rightleftharpoons CH_3NH_3^+ + OH^- \qquad pK_a = 10.64$$

2. 방향족 아민의 염기도(23.5B절). 방향족 아민은 지방족 아민보다 상당히 더 약한 염기이다. π계와 함께 질소의 고립전자쌍과의 상호작용으로 인한 공명 안정성이 양성자화 능력을 감소시킨다.

$$C_6H_5\text{—}NH_2 + H_2O \rightleftharpoons C_6H_5\text{—}NH_3^+ + OH^- \qquad pK_a = 4.63$$

3. 방향족 헤테로고리 아민의 염기도(23.5C절). 방향족 헤테로고리 아민은 지방족 아민보다 상당히 더 약한 염기이다.

$$\text{imidazole (N–H)} + H_2O \rightleftharpoons \text{imidazolium (N}^+\text{–H)} + OH^- \qquad pK_a = 6.95$$

4. 센산과 아민의 반응(23.6절). 모든 아민은 센산과 정량적으로 반응하여 수용성 염을 만든다.

$$C_6H_5N(CH_3)_2 + HCl \longrightarrow C_6H_5\overset{+}{N}H(CH_3)_2\ Cl^-$$

물에 녹지 않음 수용성 염

5. Ammonia와 아민의 알킬화 반응(23.7A절). 이 반응은 순수한 아민의 제법으로는 좀처럼 사용되지 않는 이유는 과알킬화 반응과 생성물을 분리하는 데 어려움이 있기 때문이다.

$$C_6H_{11}CH_2NH_2 + CH_3I \longrightarrow C_6H_{11}CH_2\overset{+}{N}H_2CH_3\ I^-$$

6. 아자이드의 알킬화 반응 후 환원 반응(23.7B절). 아자이드는 1차나 2차 할로젠화 알킬 또는 에폭사이드와 KN_3를 반응시키면 얻을 수 있고, 아자이드를 lithium aluminum hydride를 포함한 다양한 환원제로 처리하면 1차 아민으로 환원된다.

$$\text{cyclohexene oxide} \xrightarrow[2.\ H_2O]{1.\ K^+N_3^-} \text{trans-2-azidocyclohexanol (라셈 혼합물)} \xrightarrow[2.\ H_2O]{1.\ LiAlH_4} \text{trans-2-aminocyclohexanol (라셈 혼합물)}$$

7. 3차 방향족 아민의 나이트로소화 반응(23.8B절). Nitosyl 양이온은 매우 약한 친전자체이며 친전자성 방향족 치환 반응할 때는 단지 매우 활성화된 방향족 고리와 반응한다.

$$(CH_3)_2N\text{-}C_6H_5 \xrightarrow[2.\ NaOH,\ H_2O]{1.\ NaNO_2,\ HCl,\ 0\sim5°C} (CH_3)_2N\text{-}C_6H_4\text{-}N{=}O$$

8. 2차 아민으로부터 *N*-nitrosamine의 반응(23.8C절). Nitosyl 양이온(친전자체)과 2차 아민(친핵체)의 반응은 *N*-nitroamine을 만든다.

$$\text{piperidine N—H} + HNO_2 \longrightarrow \text{piperidine N—N=O} + H_2O$$

9. 1차 지방족 아민과 nitrous acid의 반응(23.8D절). 1차 지방족 아민을 nitrous acid로 처리하면 불안정한 다이아조늄 염이 얻어지고, 다이아조늄 염이 N_2를 잃고 탄소양이온이 생성된다. 탄소양이온이 (1) 양성자를 잃고 알켄을 생성하고, (2) 친핵체와 반응하거나 또는 (3) (1) 혹은 (2)에 이어서 자리옮김이 일어난다. 다이아조늄 이온이 생성되는 메커니즘은 1차 아민(친핵체)과 nitosyl 양이온이 반응하여 *N*-nitrosamine이 생성되고 다시 토토머화되어 diazoitc acid가 되며 다시 O 원자에 양성자화되고 물을 잃고 나면 다이아조늄 염이 얻어진다.

$$RCH_2NH_2 \xrightarrow[0\sim5°C]{NaNO_2,\ HCl} [RCH_2N_2^+] \longrightarrow RCH_2^+ + N_2$$

10. 고리형 β-아미노알코올과 nitrous acid의 반응(23.8D절). 고리형 β-아미노알코올을 nitrous acid로 처리하면 자리옮김 반응을 거쳐 고리가 확장된 케톤이 얻어진다. 반응 메커니즘은 초기에 다이아조늄 이온이 생성되면 동시에 N_2를 잃고 1,2-이동으로 자리옮김되어 공명 안정화된 양이온이 되면 양성자를 잃고 고리형 케톤이 형성된다.

$$\text{1-(aminomethyl)cyclohexanol (OH, }CH_2NH_2) + HNO_2 \longrightarrow \text{cycloheptanone} + 2\,H_2O + N_2$$

11. 아렌다이아조늄 염의 생성(23.8E절). 아렌다이아조늄 염은 짧은 시간 동안 0°C 수용액 내에서 안정하다.

$$C_6H_5NH_2 + HNO_2 \xrightarrow[0°C]{HCl} C_6H_5N_2^+Cl^- + H_2O$$

반응 메커니즘은 지방족 1차 아민과 nitrous acid의 반응으로부터 다이아조늄 이온이 생성되는 과정과 비슷하다.

12. 1차 아릴아민의 phenol로의 전환(23.8E절). 아렌다이아조늄 염이 생성된 후 질소를 잃고 아릴 양이온 중간체가 되고 또 물과 반응하여 phenol을 만든다.

$$\text{2-Br-4-}CH_3C_6H_3NH_2 \xrightarrow[\text{2. } H_2O\text{, 가열}]{\text{1. } NaNO_2,\ H_2SO_4,\ H_2O} \text{2-Br-4-}CH_3C_6H_3OH + N_2$$

13. Schiemann 반응(23.8E절). Arene diazonium fluoroborate를 가열하면 방향족 고리에 fluorine을 도입하는 가장 흔한 합성법이 된다.

$$C_6H_5NH_2 \xrightarrow[\text{2. } HBF_4]{\text{1. } NaNO_2,\ HCl,\ 0°C} C_6H_5N_2^+\ BF_4^- \xrightarrow{\text{가열}} C_6H_5F + N_2 + BF_3$$

14. Sandmeyer 반응(23.8E절). 아렌다이아조늄 염을 CuCl, CuBr 또는 CuCN으로 처리하면 다이아조늄기 대신에 —Cl, —Br 또는 —CN이 각각 치환된다.

$$\text{2-}CH_3C_6H_4NH_2 \xrightarrow[0\text{~}5°C]{NaNO_2,\ H_3O^+} \text{2-}CH_3C_6H_4N_2^+ \xrightarrow[\text{가열}]{KCN/CuCN} \text{2-}CH_3C_6H_4C{\equiv}N$$

15. 아렌다이아조늄 염과 KI의 반응(23.8E절). 아렌다이아조늄 염과 KI의 반응은 방향족 고리에 iodine을 도입하는 가장 편리한 방법이다.

$$\text{2-}CH_3C_6H_4NH_2 \xrightarrow[0\text{~}5°C]{NaNO_2,\ HCl} \text{2-}CH_3C_6H_4N_2^+Cl^- \xrightarrow[25°C]{KI} \text{2-}CH_3C_6H_4I$$

16. 다이아조늄 염과 hypophosphorous acid를 이용한 환원 반응(23.8E절). —NO_2 또는 —NH_2기는 다음 치환 반응의 배향을 조절하기 위해 사용되며, 그 목적이 이루어지면 제거된다.

$$\text{2,4-}Cl_2C_6H_3NH_2 \xrightarrow[0\text{~}5°C]{NaNO_2,\ HCl} \text{2,4-}Cl_2C_6H_3N_2^+Cl^- \xrightarrow{H_3PO_2} \text{1,3-}Cl_2C_6H_4$$

17. Hofmann 제거 반응(23.9절). 4차 ammonium hydroxide의 안티 입체선택적 제거 반응은 덜 치환된 이중 결합을 만드는 쪽으로 우선적으로 일어난다(Hofmann 규칙). 메커니즘은 염기가 β-수소를 제거하고 안티 위치의 아미노기가 제거된다.

$$\text{1-}CH_3\text{-}C_6H_{10}\text{-1-}\overset{+}{N}(CH_3)_3\ OH^- \xrightarrow{\text{가열}} C_6H_{10}{=}CH_2 + (CH_3)_3N + H_2O$$

18. Cope 제거 반응: 3차 아민 산화물의 열분해 반응(23.10절). 제거 반응은 신 입체선택적이고 평면 전이 상태에서 6개 전자의 고리형 이동이 나타난다.

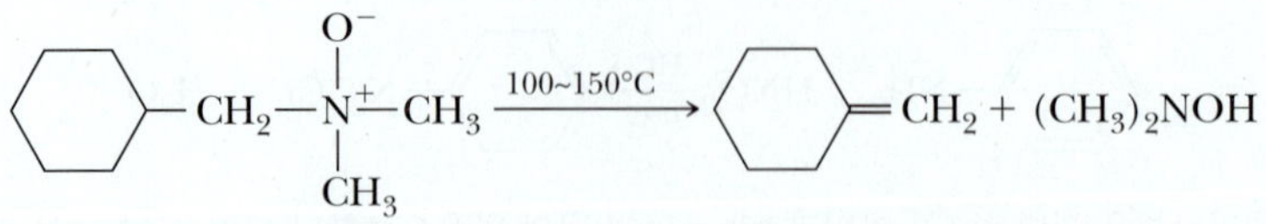

$$\text{C}_6\text{H}_{11}-CH_2-N^+(O^-)(CH_3)-CH_3 \xrightarrow{100\sim150°C} \text{C}_6\text{H}_{10}{=}CH_2 + (CH_3)_2NOH$$

연습 문제

붉은색 번호는 응용 문제를 나타낸다.

구조와 명명

23.16 각 아민과 아민 유도체의 구조식을 그려라.

(a) *N*,*N*-Dimethylaniline
(b) Triethylamine
(c) *tert*-Butylamine
(d) 1,4-Benzenediamine
(e) 4-Aminobutanoic acid
(f) (*R*)-2-Butanamine
(g) Benzylamine
(h) *trans*-2-Aminocyclohexanol
(i) 1-Phenyl-2-propanamine (amphetamine)
(j) Lithium diisopropylamide (LDA)
(k) Benzyltrimethylammonium hydroxide (Triton B)

23.17 다음 화합물들의 이름을 써라.

(a) NH_2, OCH_3, OCH_3 (b) CH_2NH_2, OH (c) NH_2 (d) H, N

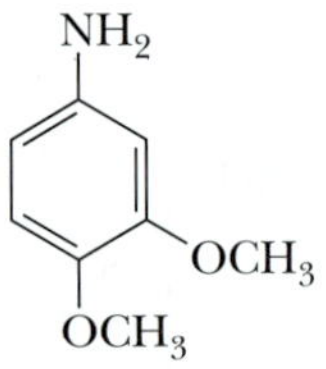

(e) $NH_3{}^+Cl^-$ (f) $N_2{}^+Cl^-$ (g) NH_2, C, H, CH_3, $(CH_2)_3CH_3$ (h) COOH, N

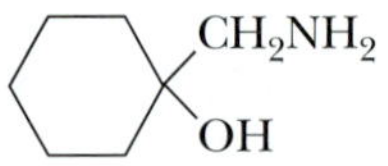

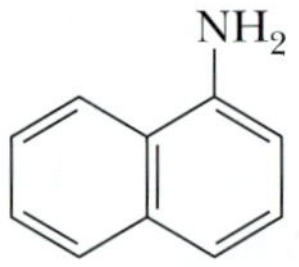

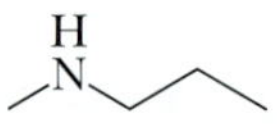

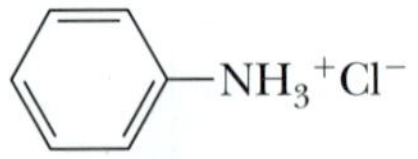

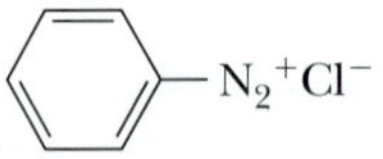

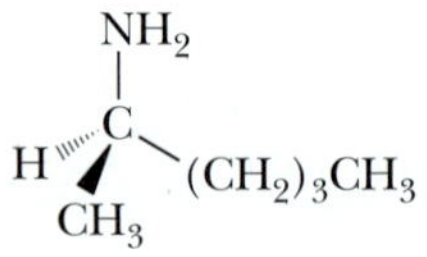

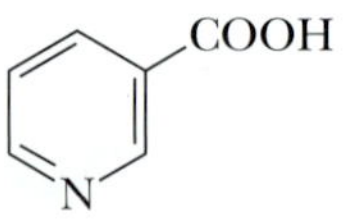

23.18 각 아민을 1차, 2차, 3차 그리고 지방족 또는 방향족으로 구분하라.

(a) HO, NH_2, N, H (b) O, OEt, H_2N (c) Et, N, Et, HN, Cl, N

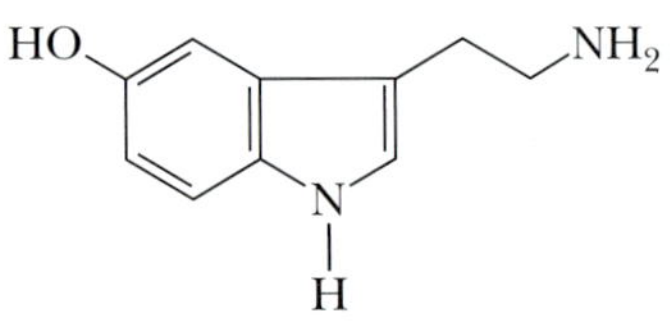

Serotonin
(신경전달물질)

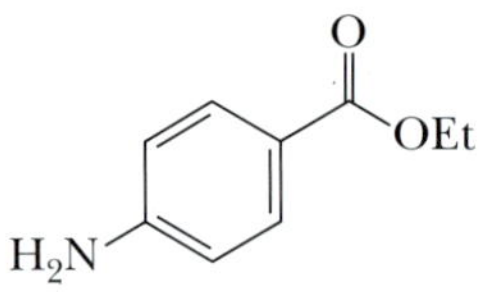

Benzocaine
(국소마취제)

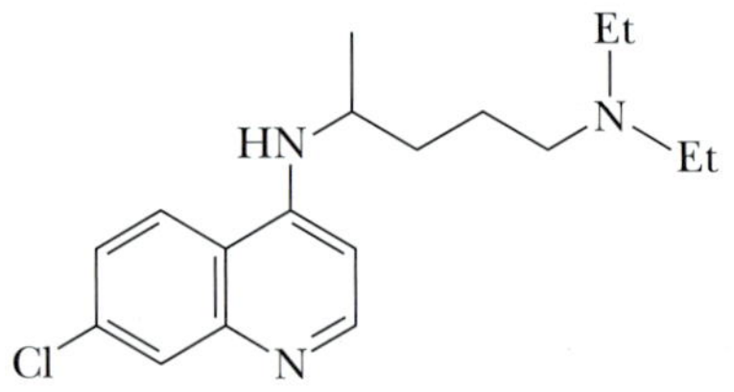

Chloroquine
(말라리아 치료제, 라셈 혼합물)

23.19 Epinephrine은 부신피질에서 분비되는 호르몬이다. 이 호르몬의 작용 가운데 기관지를 확장시키는 작용이 있다. Albuterol은 Proventil과 Salbumol이라는 이름으로 판매되고 있으며 천식의 처방제로서 가장 효과가 크고 또한 가장 많이 처방되는 약이다. Albuterol의 *R* 거울상 이성질체는 *S* 거울상 이성질체보다 68배나 더 효과가 크다.

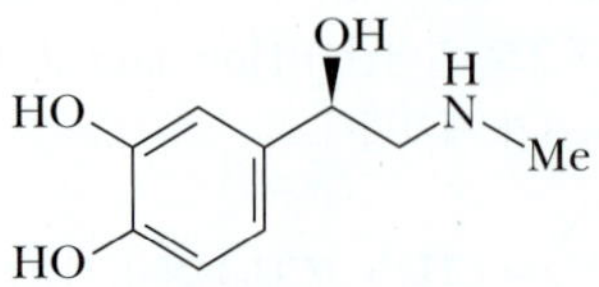

OH, HO, H, N, Me, HO — OH, HO, H, N, t-Bu, HO

(*R*)-Epinephrine
(Adrenaline)

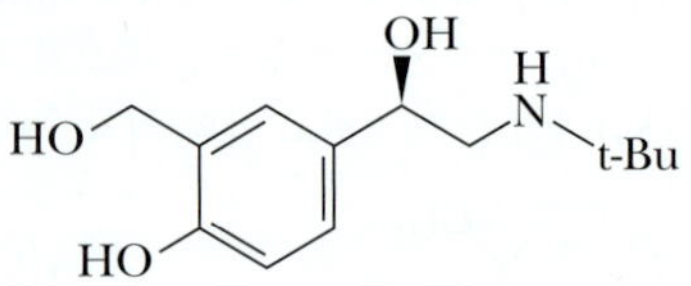

(*R*)-Albuterol

(a) 각 아민을 1차, 2차, 3차로 분류하라.

(b) 두 구조식 사이에 같은 점과 다른 점을 비교하라.

23.20 다음 분자식으로 주어진 화합물의 구조를 그려라.

(a) 2° 아릴아민(C_7H_9N)

(b) 3° 아릴아민($C_8H_{11}N$)

(c) 1° 지방족 아민(C_7H_9N)

(d) 카이랄 1° 아민($C_4H_{11}N$)

(e) 3° 헤테로고리아민($C_6H_{11}N$)

(f) 3치환 아릴아민($C_9H_{13}N$)

(g) 카이랄 4차 암모늄 염($C_6H_{16}NCl$)

23.21 Morphine과 codeine (morphine의 *O*-메틸화된 유도체)은 알려진 진통제 가운데 가장 효과가 뛰어난 종류에 속한다. 그러나 이 화합물들은 두 가지 결점이 있다. 즉, 중독성이 있으며 반복 사용하면 이 약에 대한 내성이 발생한다. 점점 더 많은 양을 투여해야 하며 그 결과 호흡곤란이 발생한다. 진통제로서 같은 효과를 갖지만 몸에 덜 영향을 주고 잠정적인 남용의 위험이 작은 약을 찾아내기 위하여 morphine과 비슷한 여러 화합물들이 만들어졌다. 다음은 이들 중 몇 개이다.

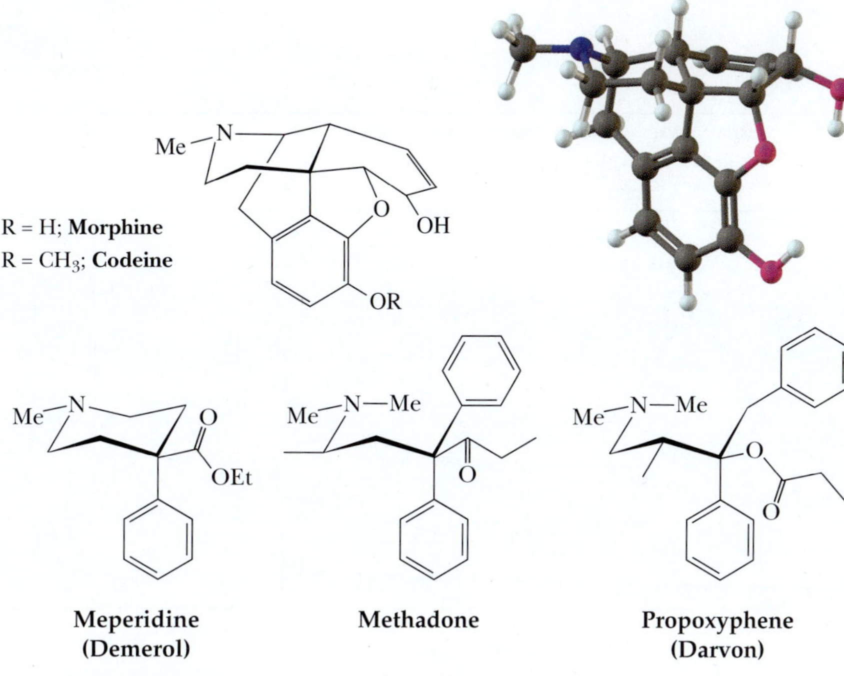

Meperidine (Demerol)　**Methadone**　**Propoxyphene (Darvon)**

(a) 이 화합물들의 구조적인 특징의 공통점을 나열하라.

(b) Beckett-Casey 규칙은 morphine 수용체와 결합하여 진통제로 작용하는 분자의 구조를 예측할 수 있는 실험적 규칙이다. 이 규칙에 따르면 morphine과 같은 진통효과를 나타내려면 분자에는 (1) 방향족 고리가 결합되어 있고, (2) 하나의 4차 탄소가 있어야 한다. (3) 4차 중심에서 탄소-탄소 단일 결합의 2배 거리만큼 떨어진 곳에 하나의 질소가 있어야 한다. 이 문제에 그려진 분자들은 위와 같은 구조적인 필수 요소를 모두 갖고 있는가?

23.22 다음 그림은 erythromycin과 같은 항생제들의 당 성분인 desosamine의 구조식이다. 이 배열은 천연물 혹은 D 이성질체의 것이다. Erythromycin은 필리핀 archipelago에서 채취한 토양 시료에서 발견된 *Streptomyces erytheus* 계통으로부터 생산되었다.

Desosamine

CH_3　O　Me_2N　OH　OH

(a) Desosamine의 모든 작용기의 이름을 써라.

(b) Desosamine에는 몇 개의 카이랄 중심이 있는가? 몇 개의 입체 이성질체가 가능한가? 몇 쌍의 거울상 이성질체가 가능한가?

(c) Desosamine의 의자형 구조를 그리고, 각 작용기의 위치를 축방향, 수평방향으로 표시하라.

(d) Desosamine의 의자형 구조 중 어느 것이 더 안정한가? 설명하라.

분광학

23.23 질량 스펙트럼에서 주 피크가 나타나는 것을 설명하라.

(a) Isobutylmethylamine, *m/z* 44 **(b)** Diethylamine, *m/z* 58

23.24 주어진 IR과 ^{1}H-NMR을 이용하여 화합물 A, $C_5H_{13}N$의 구조식을 제시하여라.

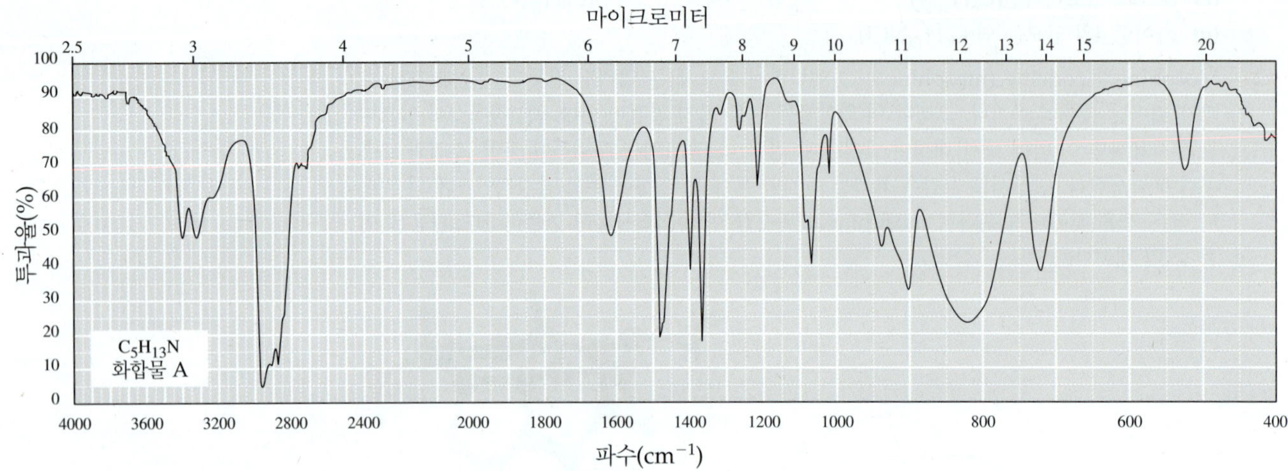

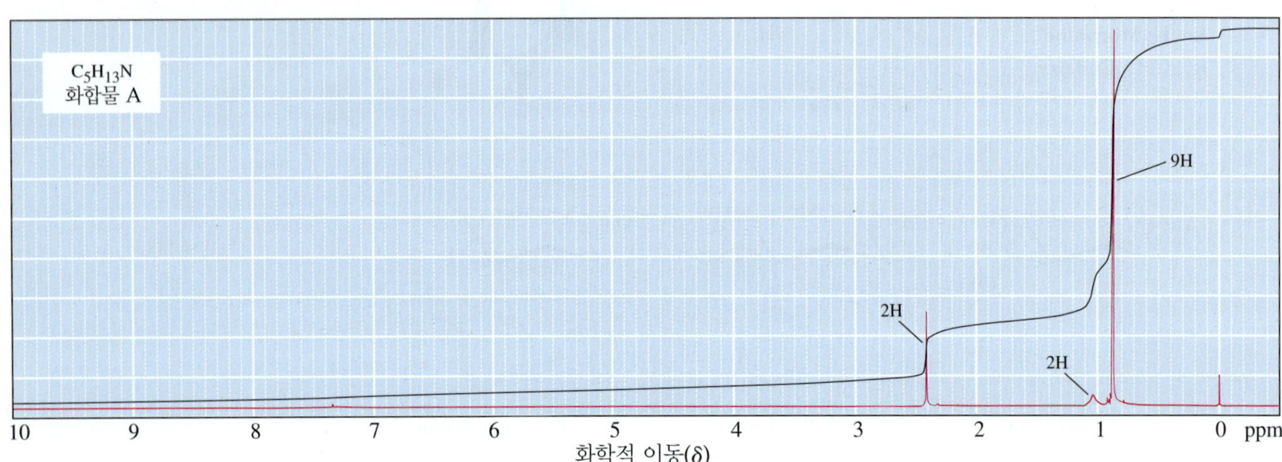

아민의 염기도

23.25 다음 각 쌍의 화합물들에서 더 센염기를 선택하라.

(a) NH_2, CH_3 또는 CH_2NH_2 **(b)** NH_2, O_2N 또는 NH_2, H_3C

(c) N, H 또는 N **(d)** $H_2N\overset{O}{\overset{\|}{C}}NH_2$ 또는 $H_2N\overset{NH}{\overset{\|}{C}}NH_2$

(e) NH 또는 NH **(f)** Et_3N 또는 NEt_2

23.26 Morpholine의 짝산의 pK_a는 8.33이다.

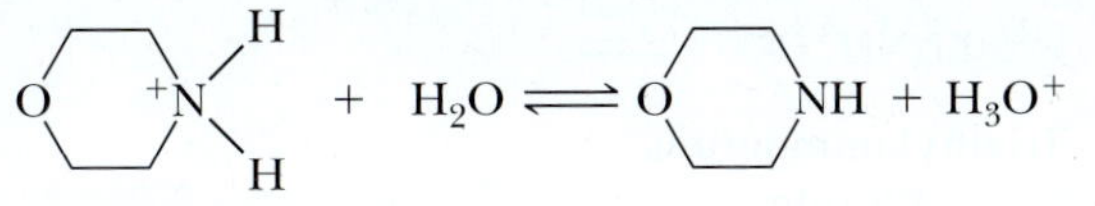

$$\text{Morpholinium 이온} + H_2O \rightleftharpoons \text{Morpholine} + H_3O^+ \quad pK_a = 8.33$$

Morpholinium 이온 **Morpholine**

(a) pH 7.0에서 morpholine과 morpholinium 이온의 비를 계산하라.

(b) Morpholine과 morpholinium 이온의 농도가 같아지는 pH는 얼마인가?

23.27 Pyridoxamine (비타민 B_6의 한 형태)의 2개 질소 가운데 더 센염기는 어느 것인가? 그 이유를 설명하라.

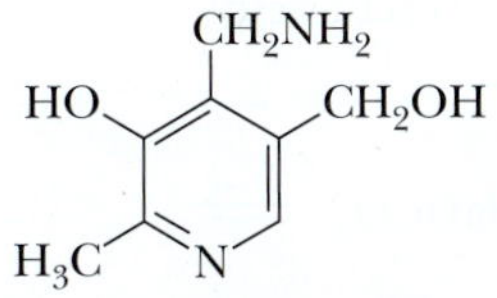

CH_2NH_2, HO, CH_2OH, H_3C, N

Pyridoxamine
(비타민 B_6)

23.28 Epibatidine은 에콰도르의 독개구리인 *Epipedobates tricolor*의 피부에서 분리되는 무색의 오일로 morphine보다 몇 배 강한 마취 작용이 있다. Cl 원자를 포함하며, 비아편계(구조가 아편과 다름)의 마취제로서는 자연계에서 처음으로 추출되었다.

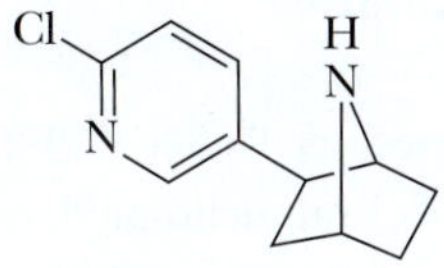

Cl, N, H, N

Epibatidine

(a) 두 질소 원자 가운데 염기성이 센 원자는 어느 것인가?

(b) 분자 안에 있는 카이랄 중심을 표시하여라.

23.29 Aniline (짝산의 pK_a 4.63)은 diphenylamine (pK_a 0.79)보다 매우 센염기이다. 이와 같은 뚜렷한 차이를 설명하라.

23.30 다음 산-염기 반응을 완결시키고 각 반응에서 평형의 방향을 예측하라(오른쪽 또는 왼쪽). 각 평형에서 센산과 약한 산의 pK_a 값을 인용하여 앞에서 예측한 것이 옳음을 증명하라. 산 이온화 상수는 표 23.2[대표적인 아민의 짝산에 대한 산도 세기(pK_a)]와 부록 2(주요 종류의 유기산의 산 이온화 상수)를 참고하라. 이온화 상수가 주어지지 않았으면 주어진 표와 절에서 어림잡아 계산하라.

(a) CH_3COOH + Pyridine $\rightleftharpoons$

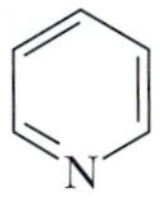

Acetic acid **Pyridine**

(b) 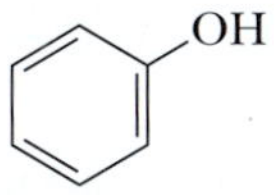 Phenol (OH) + Et_3N $\rightleftharpoons$

Phenol **Triethylamine**

(c) $PhC{\equiv}CH$ + NH_3 $\rightleftharpoons$

Phenylacetylene **Ammonia**

(d) $PhC{\equiv}CH$ + $i\text{Pr}_2N^-Li^+$ $\rightleftharpoons$

Phenylacetylene **Lithium diisopropylamide (LDA)**

(e) $PhCO^{-}Na^{+}$ (C=O) + $Et_3NH^{+}Cl^{-}$ ⇌

Sodium benzoate **Triethylammonium chloride**

(f) Ph–CH₂–CH(NH₂)–CH₃ + CH₃–CH(OH)–COOH ⇌

1-Phenyl-2-propanamine (Amphetamine) **2-Hydroxypropanoic acid (Lactic acid)**

(g) Ph–CH₂–CH($NH_3^{+}Cl^{-}$)–CH₃ + $NaHCO_3$ ⇌

Amphetamine hydrochloride **Sodium bicarbonate**

(h) C_6H_5–OH + $Me_4N^{+}OH^{-}$ ⇌

Phenol **Tetramethylammonium hydroxide**

23.31 Quinuclidine과 triethylamine은 둘 다 3차 아민이다. 그러나 quinuclidine은 triethylamine보다 매우 센염기이다. 즉, quinuclidine의 짝산은 triethylamine의 짝산보다 매우 약한 산이다.

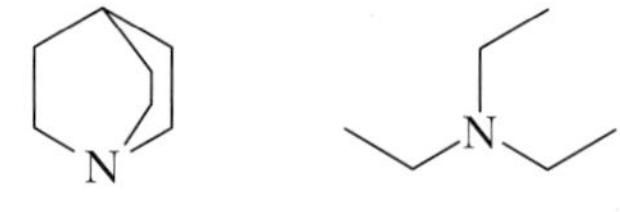

Quinuclidine pK_a 10.6 **Triethylamine** pK_a 8.6

이와 같은 산도와 염기도 차이를 설명하라.

23.32 다음 세 화합물의 혼합물을 가지고 있다고 가정해 보자. 각 화합물의 상대적인 산도와 염기도의 세기를 이용하여 각 화합물을 순수하게 분리, 정제하는 화학적인 분리 과정을 고안하라.

H_3C–C_6H_4–NO_2 H_3C–C_6H_4–NH_2 H_3C–C_6H_4–OH

4-Nitrotoluene **4-Methylaniline (*p*-Toluidine)** **4-Methylphenol (*p*-Cresol)**

아민의 제법

23.33 다음으로부터 1-hexanamine의 합성을 제안하라.

(a) 6개의 탄소를 가진 브로모알케인(bromoalkane)

(b) 5개의 탄소를 가진 브로모알케인(bromoalkane)

23.34 다음의 각 출발 물질로부터 benzylamine을 높은 수득률로 만드는 방법을 제시하라.

(a) 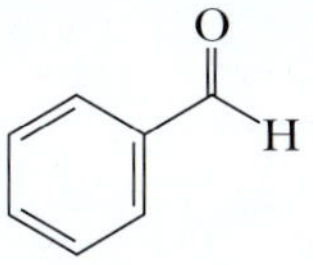 (b) 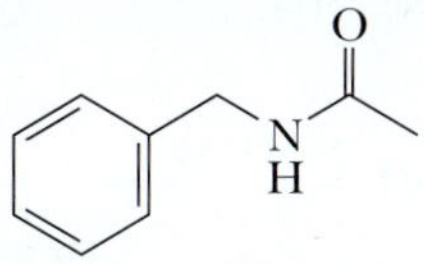 (c)

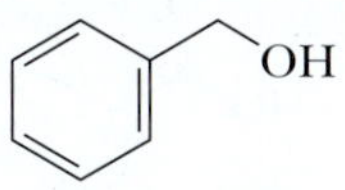

(d) 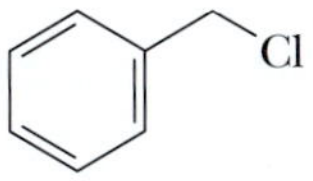 (e) 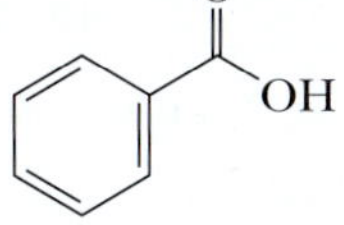 (f)

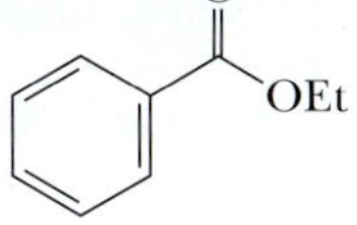

아민의 반응

23.35 Trimethylamine을 2-chloroethyl acetate로 처리하면 acethylcoline의 염소화물이 얻어진다. Acethylcoline은 신경전달 물질이다.

$$Me_3N + CH_3\overset{O}{\overset{\|}{C}}OCH_2CH_2Cl \longrightarrow C_7H_{16}ClNO_2$$

Acetylcholine chloride

4차 암모늄 염의 구조식과 4차 암모늄 염의 생성에 대한 반응 메커니즘을 제안하라.

23.36 *N*-Nitrosamine 자체만으로는 중요한 발암 물질이 아니다. 그러나 철을 함유한 효소의 한 종류(cytochrome P-450의 한 부류)에 의해서 간에서 활성화된다. 활성화되면 아민 질소 옆의 C—H 결합을 산화시켜 C—OH기로 만든다.

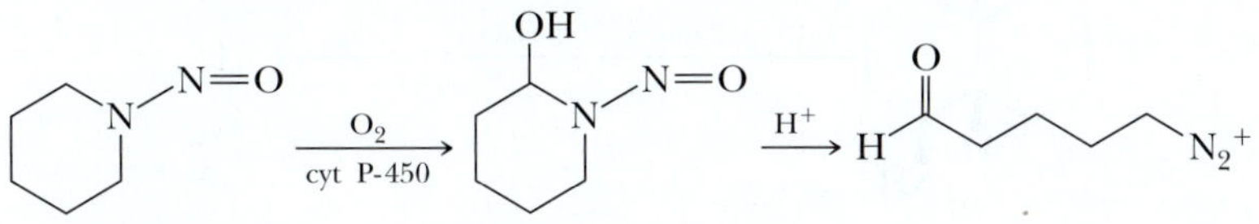

N=O, O_2 / cyt P-450, OH, N=O, H^+, H, O, N_2^+

***N*-Nitroso-piperidine** — **2-Hydroxy-*N*-nitrosopiperidine** — 알킬 다이아조늄 이온 (발암 물질)

산 촉매 존재 하에서 이 하이드록실화된 생성물이 활성이 있는 알킬화 시약이며, 그래서 발암 물질인 알킬 다이아조늄 이온으로 어떻게 바뀔 수 있는지 보여라.

23.37 Nitrous acid에 의한 β-아미노알코올의 탈아민 반응과 pinacol 자리옮김 반응 사이에 놀랄 만한 비슷함이 있다. 다음에 각각의 예가 있다.

β-아미노알코올의 nitrous acid에 의한 탈아민 반응: NH_2, OH $\xrightarrow{NaNO_2,\ HCl}$ $=O + N_2 + H_2O$

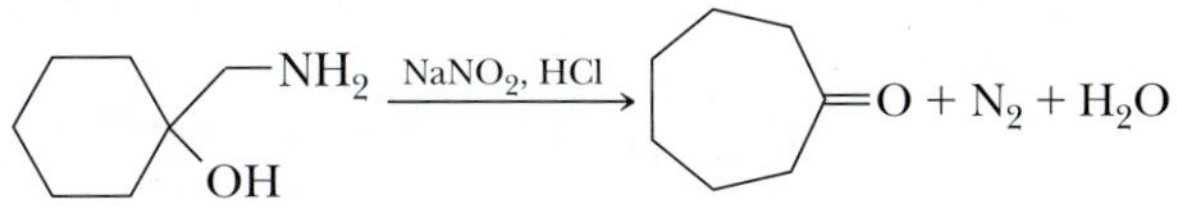

Pinacol 자리옮김 반응: OH, OH $\xrightarrow{H_2SO_4}$ $CHO + H_2O$

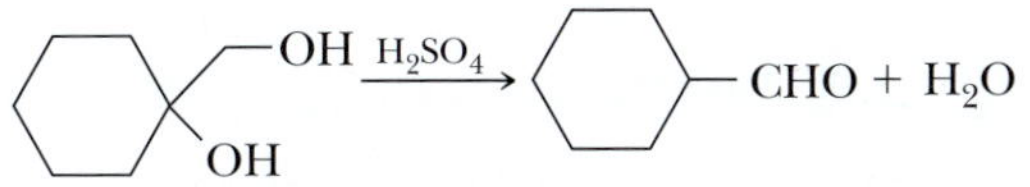

(a) 각 자리옮김 반응의 메커니즘을 분석하고 공통점을 나열하라.
(b) 처음 반응은 고리 확장이 일어나지만, 두 번째 반응은 그렇지 않다. 그 이유는 무엇인가?
(c) Cyclohexanecarboaldehyde를 만들 수 있는 β-아미노알코올을 제안하라.

23.38 (*S*)-Glutamic acid는 폴리펩타이드와 단백질을 구성하는 20개의 아미노산 가운데 하나이다(27장). 다음 변환의 메커니즘을 제안하라.

$\xrightarrow[0\sim5°C]{NaNO_2,\ HCl}$ + N_2

(*S*)-Glutamic acid (*S* 거울상 이성질체)

23.39 메틸화와 Hofmann 제거로 이어지는 일련의 반응은 이중고리 아민의 구조를 결정하는 데 사용된다. 화합물 B는 두 이성질체의 혼합물이다.

$(C_9H_{17}N)$ → 1. CH_3I 2. Ag_2O, H_2O 3. 가열 → $C_{10}H_{19}N$ (A) → 4. CH_3I 5. Ag_2O, H_2O 6. 가열 → C_8H_{12} (B)

(a) 화합물 (A)와 (B)의 구조를 제안하라.

(b) 화합물 (B)의 구조는 주어졌고, 화합물 (A), 그리고 출발물인 두고리 아민은 분자식만 주어졌다고 가정해 보자. 이와 같이 주어진 정보를 이용하여 거꾸로 생각하여, 화합물 (A)의 확실한 구조를 결정할 수 있는가? 두 고리 아민의 확실한 구조를 결정할 수 있는가?

23.40 화합물 $C_{10}H_{16}$의 구조식을 제시하고 생성 과정을 설명하라.

→ 1. CH_3I, 2 moles → 2. H_2O_2 → 3. 가열 → $C_{10}H_{16}$

23.41 구조를 모르는 아민이 하나의 질소와 9개의 탄소를 가지고 있다. ^{13}C-NMR 스펙트럼은 오직 5개의 피크를 나타내며, 모두 20~60 ppm 사이에 있다. Hofmann 제거 과정[(1) CH_3I, (2) Ag_2O, H_2O, (3) 가열]을 3번 하면 trimethylamine과 1,4,8-nonatriene이 만들어진다. 이 아민의 구조식을 제안하라.

23.42 알켄과 acetic acid를 생성하는 아세트산 에스터의 열분해는 평면 전이 상태와 $(4n + 2)$ 전자의 고리형 재분배를 통해 이루어진다고 생각된다. 다음 에스터의 열분해에 대한 메커니즘을 제안하라.

Butyl acetate —500°C→ **1-Butene** + **Acetic acid**

유기 화학 반응 로드맵

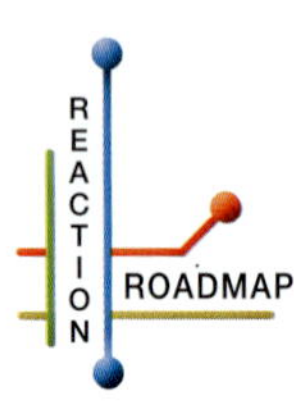

23.43 연습 문제 20.55, 21.49, 22.30에서 만든 로드맵에 이 장의 '주요 반응'에 나와 있는 반응들을 추가하여 업데이트하라. 반응 1, 2, 3, 4, 7, 8, 9는 매우 특이하기 때문에 로드맵에 이용하지 않도록 하라.

23.44 아래 반응의 생성물을 적어라. 조합된 반응들이 서로 다른 반응기에 대하여 어떻게 '네비게이트'하는지 로드맵을 참고하라. 20~23장의 로드맵과 더불어 6~11장, 15~18장, 19장의 로드맵도 필요할 것이다.

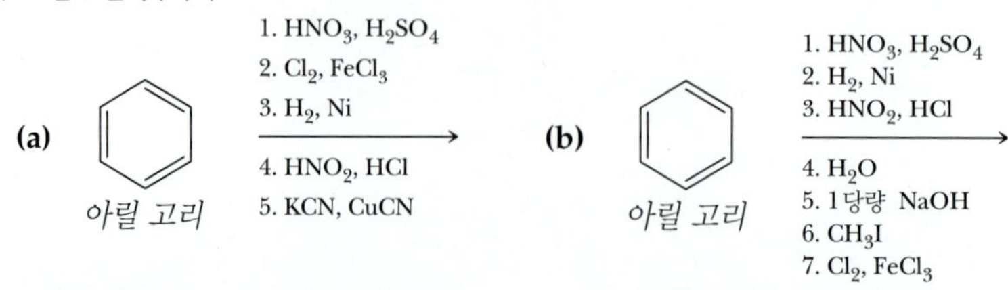

(c) 알켄 (cyclohexene) — 1. CH_3CO_3H 2. KN_3 3. H_2O → 4. $LiAlH_4$ 5. H_2O

(d) 알켄 — 1. HBr 2. KN_3 3. $LiAlH_4$ → 4. CH_3I (과량), K_2CO_3 5. Ag_2O, H_2O 6. 가열

(e) 아릴 고리 — 1. HNO_3, H_2SO_4 2. H_2, Ni 3. HNO_2, HCl → 4. KCN, CuCN 5. $LiAlH_4$ 6. H_2O 7. (3,3-dimethylbutanoyl chloride: O, Cl)

› 합성

23.45 다이아조늄 염의 반응을 적어도 한 번 사용하여 다음 변환의 각 단계를 제안하라.

- **(a)** Toluene으로부터 4-methylphenol (*p*-cresol)의 합성
- **(b)** Nitrobenzene으로부터 3-bromophenol의 합성
- **(c)** Toluene으로부터 *p*-cyanobenzoic acid의 합성
- **(d)** Phenol로부터 *p*-iodoanisole의 합성
- **(e)** Acetanilide로부터 *p*-aminobenzylamine의 합성
- **(f)** Toluene으로부터 4-fluorobenzoic acid의 합성
- **(g)** 3-Methylaniline (*m*-toluidine)으로부터 2,4,6-tribromobenzoic acid

23.46 제초제 propranil을 합성하는 각 단계에 필요한 방법을 나타내라.

benzene —①→ Cl-benzene —②→ Cl, NO_2 —③→ Cl, Cl, NO_2 —④→ Cl, Cl, NH_2 —⑤→ Cl, Cl, $NHCCH_2CH_3$ (C=O)

Propranil

23.47 다음 합성의 각 단계를 완성하라.

CH_3 —(1)→ CH_3, NO_2 —(2)→ CH_3, NH_2 —(3)→ CH_3, CN —(4)→ CH_3, CH_2NH_2

23.48 다음 합성을 완성하라.

CH_3 → CH_3, OH, OH

23.49 다음 합성의 각 단계를 완성하라.

OH —(1)→ OCH_3 —(2)→ OCH_3, NO_2 —(3)→ OCH_3, NH_2 —(4)→ OCH_3, CN —(5)→ OCH_3, CH_2NH_2

23.50 Methylparaben은 식품, 음료수와 화장품 방부제로 사용된다. 이 화합물을 toluene으로부터 합성하라.

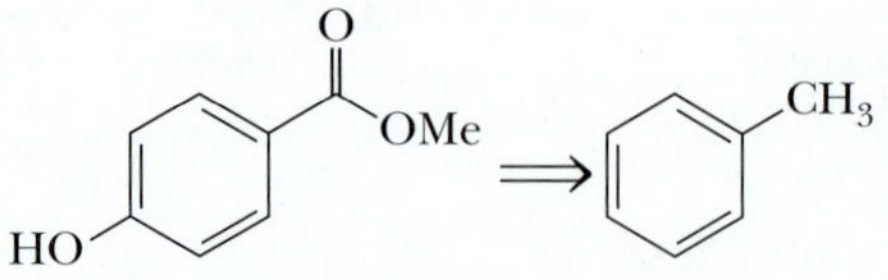

Methyl *p*-hydroxybenzoate
(Methylparaben)

23.51 다음의 역합성적 분석을 이용하여 benzene과 필요한 시약으로부터 라셈 혼합물인 다음의 3차 아민을 합성하는 방법을 제안하라.

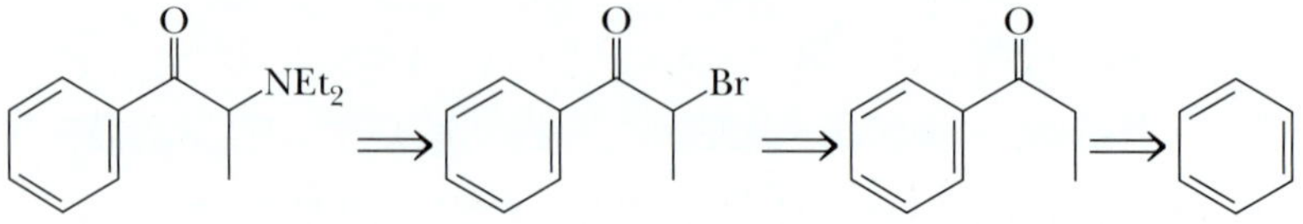

23.52 *N*-치환 morpholine은 많은 의약품의 기본 골격이다. 주어진 역합성에서 *N*-methylmorpholine을 합성하는 방법을 나타내라.

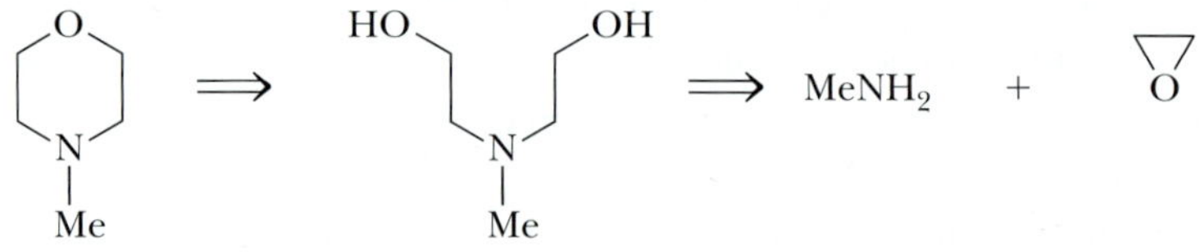

$\Longrightarrow$ MeNH$_2$ + (ethylene oxide)

***N*-Methylmorpholine** **Methylamine** **Ethylene oxide**

23.53 Dodecanoic acid (lauric acid)와 propene으로부터 농사용 살균제 tridemorph를 합성하는 방법을 제시하라. Tridemorph의 입체 이성질체는 몇 개가 가능할까?

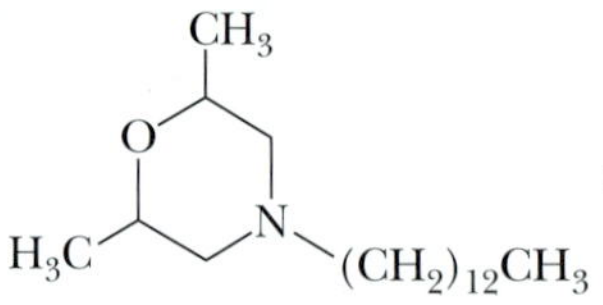

$\Longrightarrow CH_3(CH_2)_{10}COOH + CH_3CH{=}CH_2$

Tridemorph **Dodecanoic acid (Lauric acid)** **Propene**

23.54 Ritter 반응은 3° 알케인아민의 합성에 특히 유용하다. 실제로, 3° 알케인아민을 합성에는 다른 방법이 거의 없다. 이 반응은 다음 과정에서 첫 단계이다. 두 번째 단계에서 Ritter 생성물은 가수분해하여 아민이 된다.

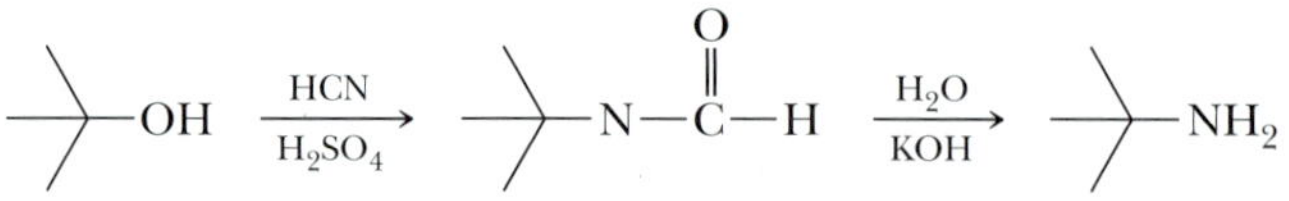

$$(CH_3)_3C{-}OH \xrightarrow[H_2SO_4]{HCN} (CH_3)_3C{-}NH{-}\overset{O}{\overset{\|}{C}}{-}H \xrightarrow[KOH]{H_2O} (CH_3)_3C{-}NH_2$$

Ritter 생성물

(a) Ritter 반응에 대한 메커니즘을 제안하라.
(b) HCN 대신에 acetonitrile (CH_3CN)을 사용하고 이어서 Ritter 생성물을 $LiAH_4$로 환원시킨 Ritter 반응의 생성물은 무엇인가?

23.55 몇몇 다이아민은 제약 및 농약 합성의 기본 골격이다. Acrylonitrile로부터 1,3-propanediamine과 1,4-butanediamine이 어떻게 합성될 수 있는지 나타내어라.

$H_2N{-}(CH_2)_3{-}NH_2$ $H_2N{-}(CH_2)_4{-}NH_2$ $CH_2{=}CH{-}C{\equiv}N$

1,3-Propanediamine **1,4-Butanediamine** **Acrylonitrile**

23.56 다음 역합성적 분석을 이용하여, phenol로부터 정맥주사용 마취제인 2,6-diisopropylphenol (propofol)이 어떻게 합성될 수 있는지 나타내어라.

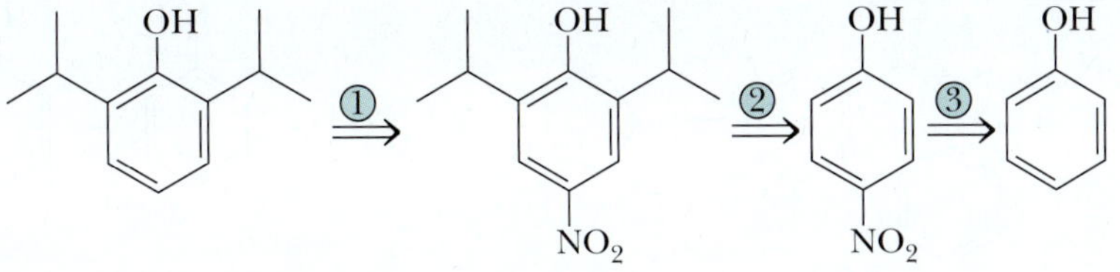

2,6-Diisopropylphenol (Propofol) ① ⟹ ② ⟹ ③ ⟹ Phenol

2,6-Diisopropylphenol (Propofol)

Phenol

23.57 다음은 Darvon의 염산염인 propoxyphene의 역합성이다. Propoxyphene의 naphthalenesulfonic acid 염이 Darvon-N이다. 하이드록시기가 포함된 Darvon에 있는 탄소의 배열은 *S*이고, 다른 입체중심은 *R*이다. 다른 거울상 이성질체는 마취력이 없지만 기침 억제제로 사용된다.

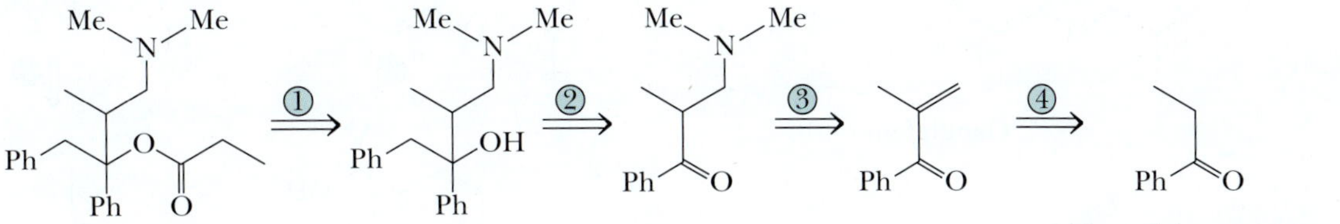

Propoxyphene ① ⟹ ② ⟹ ③ ⟹ ④ ⟹ 1-Phenyl-1-propanone

Propoxyphene

1-Phenyl-1-propanone (Propiophenone)

(a) 1-Phenyl-1-propanone과 다른 필요한 시약을 이용하여 propoxyphene 합성을 제안하라.

(b) Propoxyphene은 카이랄인가? 그렇다면, 이 합성에서 생성되는 가능한 입체 이성질체는 어떤 것인가?

23.58 다음은 심장부정맥 의약품으로 사용되는 ibutilide의 역합성 분석이다. 이 과정에서 Hept는 1-heptyl기의 약자이다.

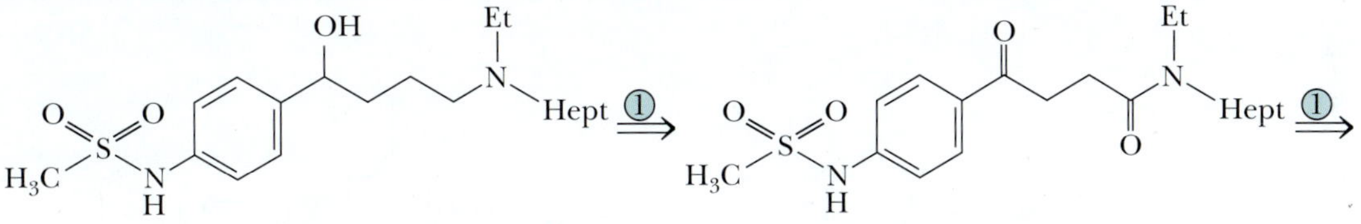

Ibutilide ① ⟹ (A) ① ⟹ (B) ③ ⟹ (C) ④ ⟹ (D) ⑤ ⟹ Aniline

Ibutilide

(A)

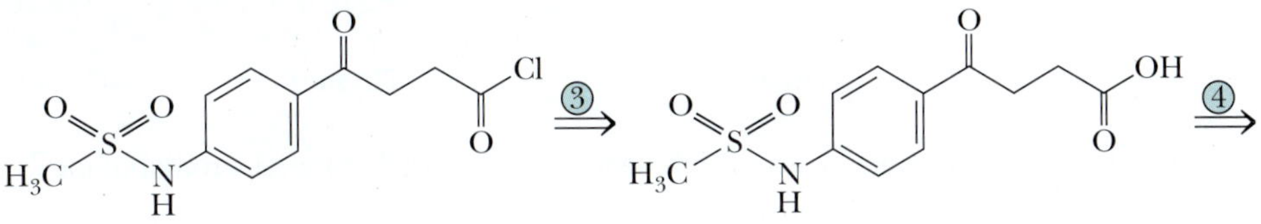

(B)

(C)

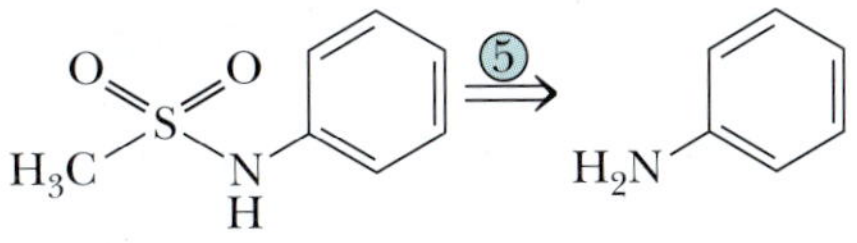

(D)

Aniline

(a) Aniline, methanesulfonyl chloride, succinic anhydride와 *N*-ethyl-1-heptanamine을 출발 물질로 사용하여 ibutilide 합성을 제안하라.

(b) Isobutilide는 카이랄인가? 그렇다면 이 반응에서 생성된 입체 이성질체는 어떤 것인가?

23.59 항히스타민제인 histapyrrodine의 합성을 제안하라.

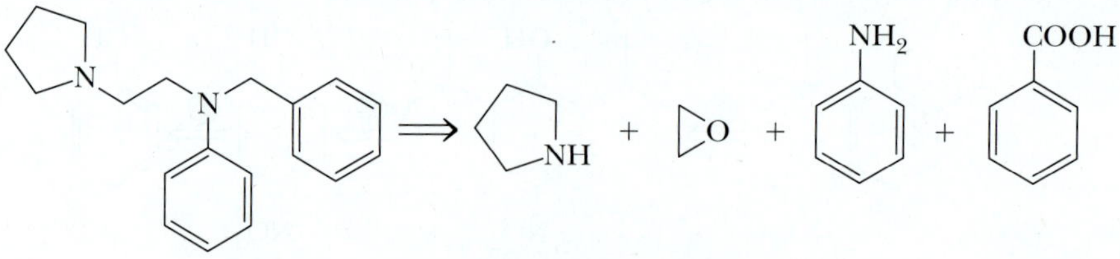

Histapyrrodine ⟹ Pyrrolidine + Ethylene oxide + Aniline + Benzoic acid

23.60 다음은 관상동맥 확장제인 ganglefene의 역합성 과정이다.

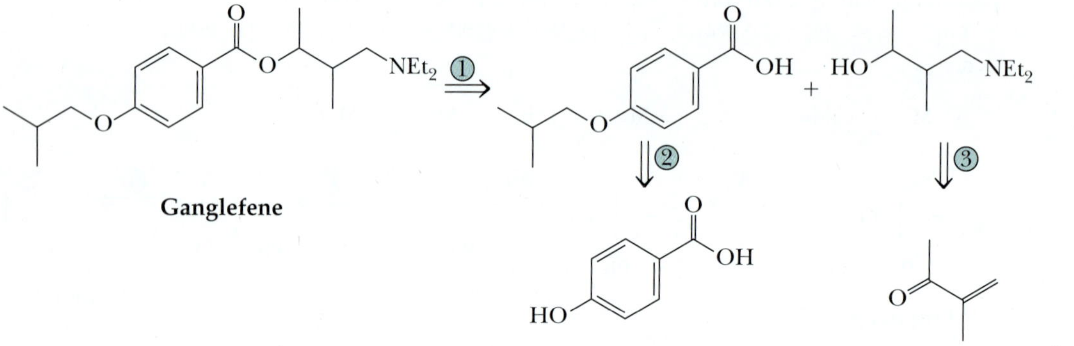

Ganglefene

4-Hydroxybenzoic acid   3-Methyl-3-buten-2-one

(a) 4-Hydroxybenzoic acid와 3-methyl-3-buten-2-one을 사용하여 ganglefene을 합성하라.

(b) Ganglefene은 카이랄인가? 그렇다면 이 반응에서 생성된 입체 이성질체는 어떤 것인가?

23.61 α-Adrenergic 차단제인 Moxisylyte는 말초신경 확장제로 쓰인다. Thym 계열의 휘발성 오일에서 얻어지는 thymol로부터 이 화합물을 합성하라. Thymol은 공업적으로 *m*-cresol로부터 만든다.

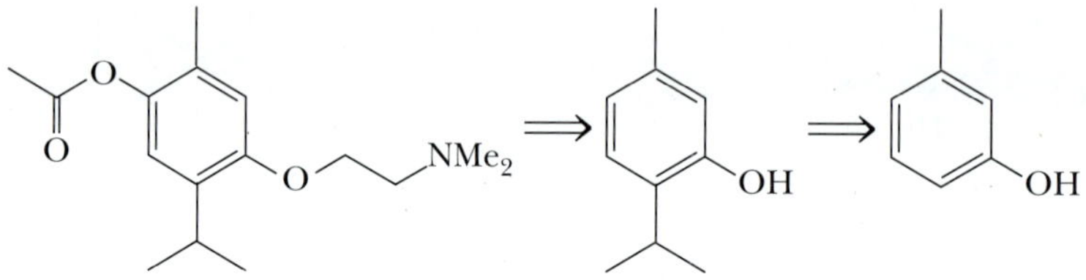

Moxisylyte ⟹ Thymol ⟹ *m*-Cresol

23.62 4-Nitrosalicylic acid와 ethylene oxide, diethylamine, 1-bromobutane을 이용하여 국소마취제인 ambucaine을 합성하라.

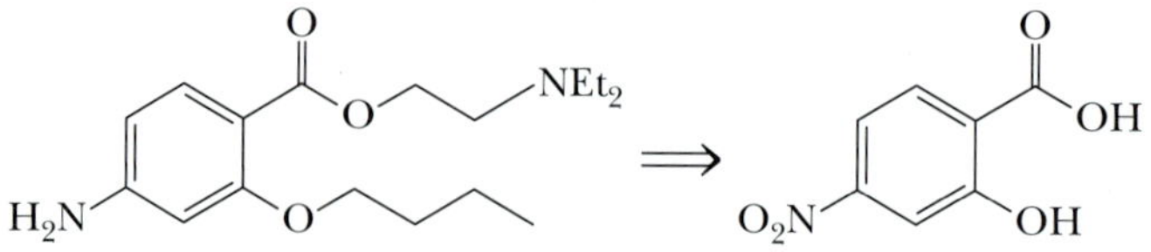

Ambucaine ⟹ 4-Nitrosalicylic acid

23.63 다음은 역합성적 분석이다. 국소마취제인 hexylcaine을 합성하라.

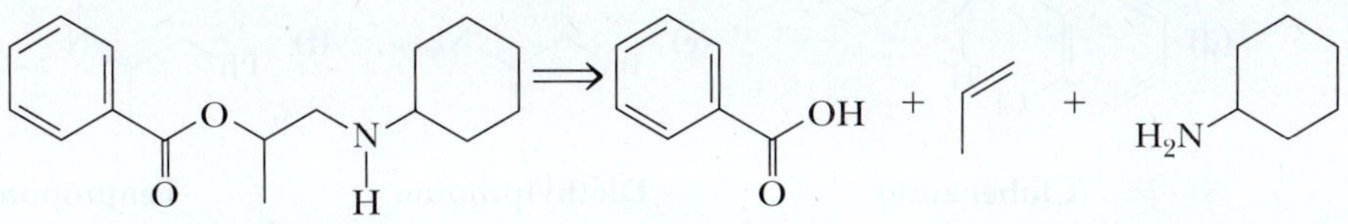

Hexylcaine (라셈 혼합물) ⟹ **Benzoic acid** + **Propene** + **Cyclohexylamine**

23.64 다음은 식욕을 감퇴시키는 fenfluramine의 합성에 대한 요약이다. 이 화합물은 비가역적 심장판막 손상을 일으킬 수 있다는 부작용 때문에 현재 사용이 제한된 체중 감량제인 Phen-Fen의 두 성분 중 하나이다.

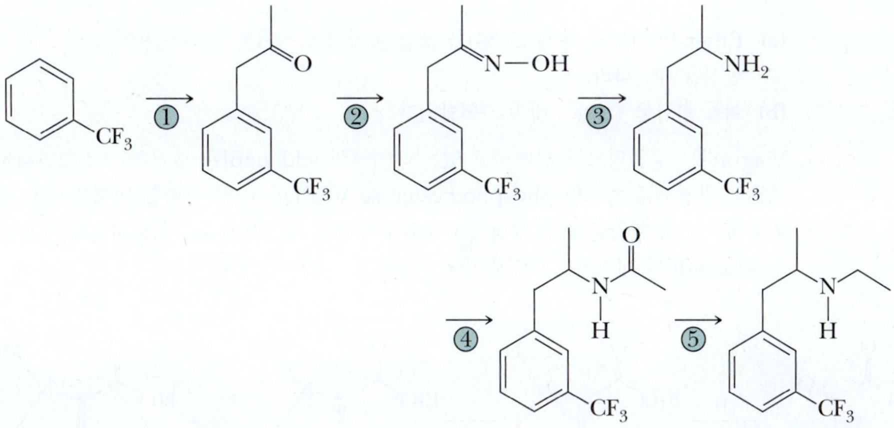

CF_3 ①→ CF_3 ②→ N—OH, CF_3 ③→ NH_2, CF_3 ④→ O, N, H, CF_3 ⑤→ N, H, CF_3

Fenfluramine

(a) 1단계의 조건과 시약을 제시하라. CF_3가 메타 지향성임을 설명하라.
(b) 2단계와 3단계의 실험 조건과 시약을 제시하라.
(c) 3단계의 아민을 만드는 다른 방법은 케톤의 환원성 아민화 반응이다. 왜 이 두 단계의 아민 형성 과정이 한 단계 반응인 환원성 아민화 반응보다 더 선호하는가?
(d) 4단계와 5단계의 시약을 제시하라.
(e) Fenfluramine은 카이랄인가? 그렇다면 이 합성에서 생성된 입체 이성질체는 어떤 것인가?

23.65 다음은 일련의 식욕감퇴제들이다. 이들의 구조들을 살펴보면 특별한 구조적 특성이 있다는 것을 알게 될 것이다.

(a) 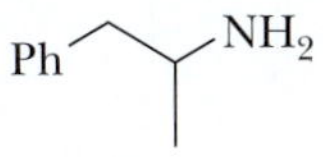 Ph, NH_2 **Amphetamine**

(b) 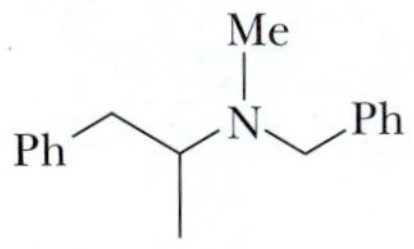 Ph, Me, N, Ph **Benzphetamine**

(c) 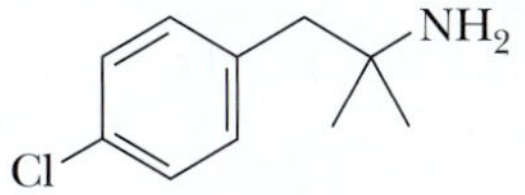 Cl, NH_2 **Chlorphentermine**

(d) 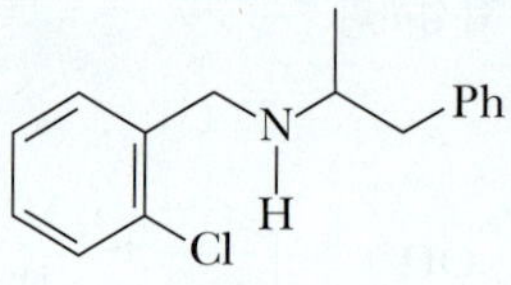 Clobenzorex

(e) 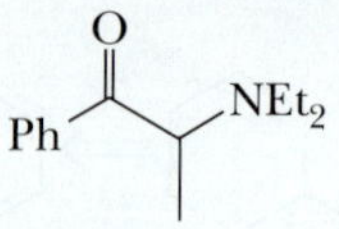 Diethylpropion

(f) 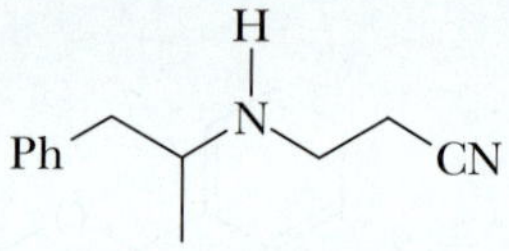 Fenproporex

(g) 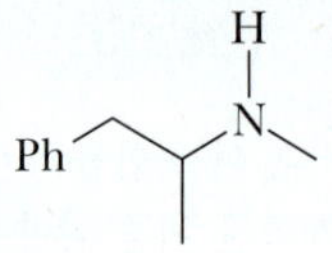 Methamphetamine

(h) 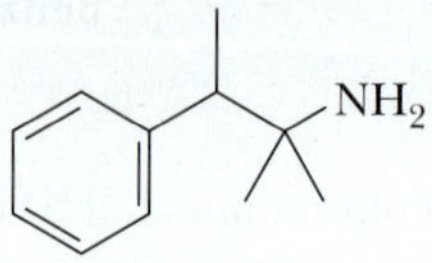 Pentorex

(i) 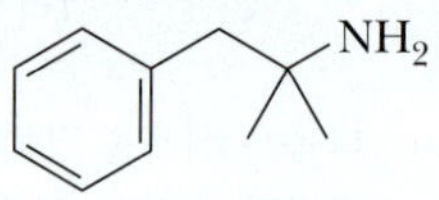 Phentermine

(a) Ritter 반응(연습 문제 23.54)을 포함한 아민 합성법을 모두 이용하여 이들 각 화합물을 합성을 제안하라.

(b) 이들 화합물 중 어느 것이 카이랄인가?

23.66 Viagra라는 상품명으로 판매되고 있는 의약품인 sildenafil은 남근의 음경해면체에서 높은 준위로 발견되는 효소인 phosphodiesterase V (PDE V)의 강력한 억제제이다. 이 효소의 억제제는 근육 이완을 혈기 왕성하게 도와주어 남성 발기부전증을 치료하는데 사용된다. 다음은 sildenafil의 개략적인 합성법이다.

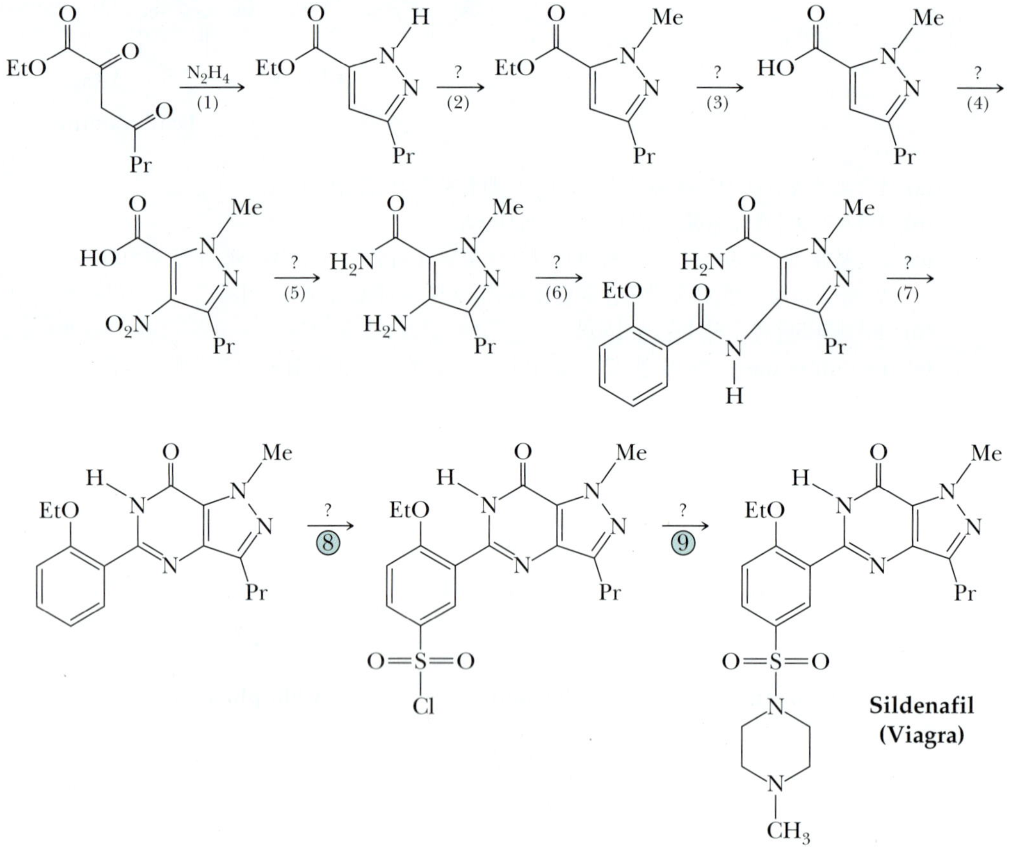

N_2H_4 (1) → ? (2) → ? (3) → ? (4) → ? (5) → ? (6) → ? (7) → ? (8) → ? (9)

Sildenafil (Viagra)

(a) 1단계의 메커니즘을 제안하라.

(b) 1단계에서 생성된 질소를 포함한 오원자 고리 화합물은 pyrazole이라 부른다. Hückel의 방향족 분류에 의거하여 pyrazole이 방향족 화합물임을 보여라.

(c) 2~7단계와 9단계의 시약을 제시하라.

(d) 6단계의 시약이 salicylic acid (2-hydroxybenzoic acid)로부터 어떻게 만들어지는가? Salicylic acid는 aspirin 등 여러 의약품을 만드는 출발 물질로 사용되며, 이것은 phenol을 Kolbe 카복시화 반응으로 얻을 수 있다(21.4E).

(e) 8단계의 시약으로 쓰이는 chlorosulfonic acid ($ClSO_3H$)는 이 책에 기술하지 않았다. 친전자성 방향족 치환 반응(22.1절)의 다른 형태에서 배운 것을 이용하여 8단계의 메커니즘을 제안하라.

(f) 9단계에 이용한 시약의 구조식을 제시하고, 이것이 methylamine과 ethylene oxide로부터 어떻게 합성되는지 보여라.

(g) Sildenafil은 카이랄인가? 그렇다면 이 반응에서 생성된 입체 이성질체는 어떤 것인가?

23.67 X-선 불투과성 영상 시약들은 경구투여나 정맥주사를 통해 투여하면 생체 물질보다 강력하게 X-선을 흡수하는 화합물이다. 이들 중 잘 알려진 하나는 barium sulfate이며, 위장 경로를 영상화하는데 사용하는 소위 barium 칵테일로 불리는 물질의 주 성분이다. 다른 X-선 조영제들은 triiodoaromatic이다. 상표명은 Angiografin, Gastrografin, Cardiografin, Cholegrafin, Renografin, Urografin 등의 이름들로부터 영상화에 대한 지식을 갖게 될 것이다. 다음은 benzoic acid로부터 diatrizoic acid를 합성하는 과정이다.

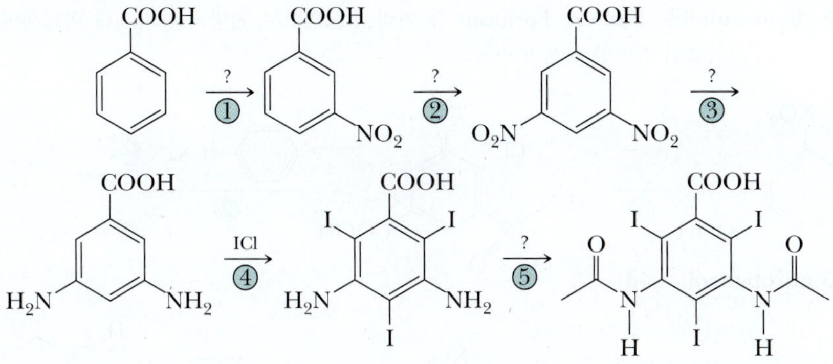

COOH → (? ①) → COOH, NO2 → (? ②) → COOH, O2N, NO2 → (? ③) →
COOH, H2N, NH2 → (ICl ④) → COOH, I, I, H2N, NH2, I → (? ⑤) → COOH, I, I, O, O, N, N, H, H, I

Diatrizoic acid

(a) (1), (2), (3), (5) 단계의 시약과 반응조건을 제시하라.

(b) Iodine monochloride (ICl)는 녹는점 27.2°C, 끓는점 97°C의 검정색 결정 고체로, I_2와 Cl_2를 같은 양 혼합하여 만든다. 이 시약에 의한 3-aminobenzoic acid의 아이오딘화 반응의 메커니즘을 제안하라.

23.68 연습 문제 23.67의 합성 경로가 X-선 대조 시약인 triiodobenzoic acid를 합성하는데 어떻게 변형될 수 있을까?

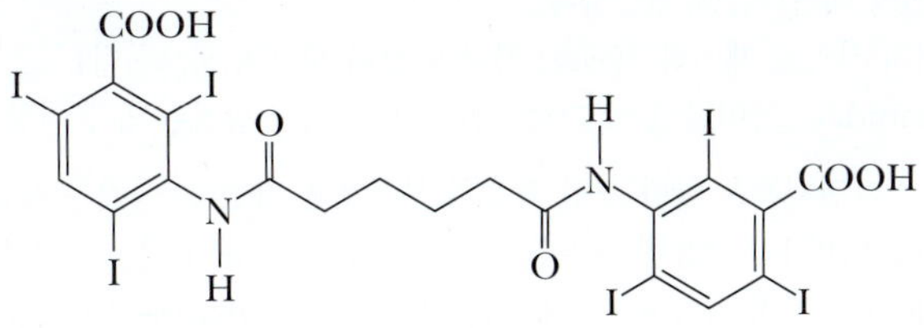

COOH, I, I, O, N, H, I, H, N, I, COOH, O, I, I

Iodipamide

23.69 이뇨제는 소변의 양을 증가시켜 결과적으로 생체에 흐르는 유체의 부피를 감소시키는 물질이다. 임상의학에서 이뇨제 사용의 중요한 부분은 생체에서, 특히 폐에서 생성되는 유체를 줄이는 것이다. 이것은 출혈성 심장부전을 수반한다. 또한 이뇨제인 furosemide는 30종 이상

이 상표명으로 알려져 있는데, 그 중 가장 잘 알려진 것은 Lasix이다. Furosemide의 합성은 2,4-dichlorobenzoic acid와 chlorosufonic acid를 이용한 클로로설폰화 반응이다. 이 생성물은 암모니아 처리 후 furfurylamine과 함께 가열한다.

$ClSO_3H$ ①
NH_3 ②

2,4-Dichlorobenzoic acid

Furfurylamine, 가열 ③

Furosemide

(a) Toluene으로부터 2,4-dichlorobenzoic acid를 합성하라.

(b) (1)단계의 클로로설폰화 반응의 메커니즘을 제안하라.

(c) (3)단계의 메커니즘을 제안하라.

(d) Furosemide는 카이랄인가? 그렇다면 이 반응에서 생성된 입체 이성질체는 어떤 것인가?

23.70 Bumetanide는 Bumex, Foriuran 등 여러 상표명으로 처방되는 차세대 이뇨제이다. 다음은 이 의약품의 간략한 합성법이다.

? ①
$C_6H_5O^-Na^+$ ②
? ③

4-Chloro-3-nitrobenzoic acid

Bumetanide

(a) Toluene으로부터 4-chloro-3-nitrobenzoic acid를 합성하라.

(b) (1)단계의 시약을 제시하라(*힌트*: 하나 이상의 시약이 필요하다).

(c) 반응 (2)의 메커니즘을 제안하라.

(d) (3)단계의 시약을 제시하라(*힌트*: 하나 이상의 시약이 필요하다).

(e) Bumetanide는 카이랄인가? 그렇다면 이 반응에서 생성된 입체 이성질체는 어떤 것인가?

23.71 초기의 항히스타민제들은 약한 진정 작용의 부작용을 가졌다. 이것은 사람을 졸리게 한다. 보다 최근에 히스타민 H_1 수용체 길항제로 알려진 진정 작용이 없는 차세대 항히스타민제가 알려졌다. 현재 가장 널리 처방되는 것들 중 하나가 fexofenadine (Allegra)이다. 이 화합물은 이것의 카복실산 음이온의 극성이 혈관-뇌 장벽의 통과를 저지하기 때문에 진정 작용이 없다. 다음은 fexofenadine의 역합성적 분석이다.

COOH

N

HO

OH

Fexofenadine (Allegra)

①

H

N

O

+

COO⁻

Li

HO

(H)

(C)

②

④

NH

Br

H

COOH

+

+

O

HO

Br

4-Bromobutanal (G)

(B)

⑤

CN

(F)

③

Br

Br

(4-Bromophenyl)ethanenitrile (A)

NH

+

O

OEt

Bromo-benzene (D)

Ethyl 4-piperidine-carboxylate (E)

[*주의*: 유기리튬 시약 C는 B로부터 직접 만들어지지 않는다. B의 카복시기의 산-염기 반응에 의해 시약의 분자 사이에 파괴가 일어나기 때문이다. 실제로 B는 처음에 sodium hydride (NaH)로 처리하여 sodium 염으로 변환된 후 유기리튬 시약이 제조된다.]

(a) 이름이 주어진 네 가지 출발 물질로부터 fexofenadine을 합성하라.

(b) Fexofenadine은 카이랄인가? 그렇다면 이 반응에서 생성된 입체 이성질체는 어떤 것인가?

23.72 Sotalol은 여러 형태의 심장부정맥 처치에서 사용되는 β-adrenergic 차단제이다. 이것의 염산 염은 Betapace를 포함해서 여러 가지 이름으로 판매되고 있다. 다음은 역합성적 분석이다.

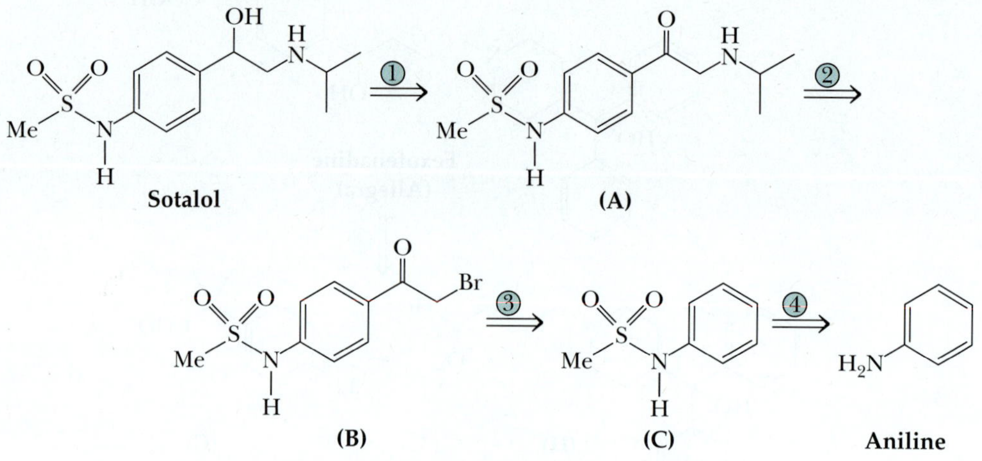

Sotalol ① ⟹ (A) ② ⟹ (B) ③ ⟹ (C) ④ ⟹ Aniline

(a) Aniline으로부터 sotalol을 합성하라.

(b) Sotalol은 카이랄인가? 그렇다면 이 반응에서 생성된 입체 이성질체는 어떤 것인가?

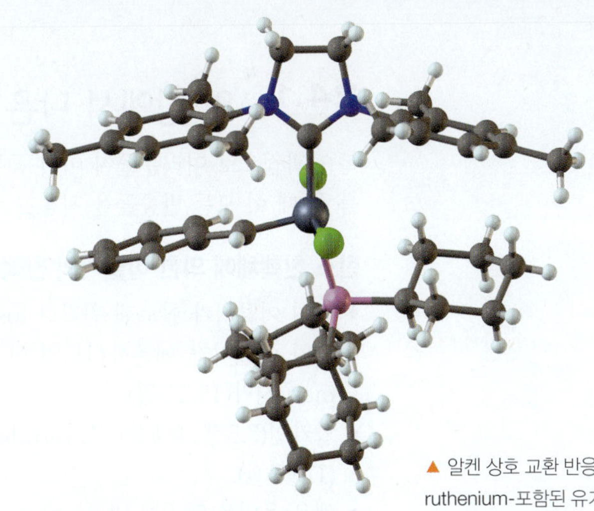

▲ 알켄 상호 교환 반응에 사용되는 ruthenium-포함된 유기금속 촉매. 이 촉매의 구조와 이 반응의 설명은 24.5절 참조.

제 24 장

촉매적 탄소-탄소 결합 형성

Catalytic Carbon-Carbon Bond Formation

이 장의 차례

지난 120여년에 걸쳐, 화학자들은 매우 복잡한 분자들을 합성하는 것을 배워 왔다. 최근에는 특히 의약품으로 사용되는 화합물에 관심을 기울여 왔으며, 현재의 수많은 의약품들은 더 간단한 화합물에서 합성된다. 이러한 의약품들 중 많은 화합물이 천연 물질이거나 그 유도체들이며, 그 밖에 의약품들은 어떤 유기체나 병든 세포, 특정 세포 수용체, 특정 효소 과녁 물질 등에 대항하는 활성을 갖는 것으로 알려진 더 간단한 유사체이거나 천연 물질과는 관련이 없는 화합물이다.

이 화합물들의 합성을 가능하게 한 주된 발전은 탄소-탄소 결합을 형성하는 많은 새로운 방법의 발견과 관련되어 왔다. 요즈음은 새로운 방법과 고전적인 방법의 조합을 이용하여 간단하고 값싼 출발 물질로부터 종종 입체선택성과 위치선택성을 탁월하게 조절하면서, 예민한 작용기와 놀랍도록 복잡한 탄소 골격을 가진 분자들을 합성하는 것이 가능하게 되었다.

이 장에서는 이 책의 앞 장에서 다룬 좀 더 고전적인 유기 반응들로부터 극적으로 도약하여 탄소-탄소 결합 형성의 여러 가지 특별히 유용한 방법들을 조사할 것이며, 이들 중의 어떤 것은 매우 최근의 발전을 보여준다. 지면의 제한 때문에 현대의 합성 화학자들이 할 수 있는 풍부한 탄소-탄소 결합 형성 반응들 중에서 단지 소수의 대표적인 예만을 소개할 것이다. 마지막으로, 현대 유기 합성법에 기반한 많은 문제들이 탄소-탄소 결합 형성 반응과 다른 반응들과의 조합 반응들이 어떻게 활용되는지 설명해준다.

이 장의 동영상 강의를 보려면 **www.cengage.com/chemistry/brown/organic7e**에 접속 후 **Access Student Materials**를 클릭하라.

24.1 앞 장에서 나온 탄소-탄소 결합 형성 반응

복습 과정으로 여러분들이 이미 공부한 탄소-탄소 결합 형성 방법을 나열해 보자. 합성 문제를 풀 때 이 모든 반응들을 사용할 수 있어야 한다.

탄소 친핵체에 의한 이탈기의 친핵성 치환 반응

- 만일 이탈기가 할로젠 원자나 tosylate이면 Gilman (유기구리 화합물) 시약(15.2절).
- 만일 이탈기가 에폭사이드의 산소이면 Grignard 시약, 유기리튬 시약(15.1C절), Gilman 시약(15.2C절).
- 알카인(7.5절, 9.1절)과 cyanide (9.1절) 음이온. 이탈기는 에폭사이드의 산소일 수 있다(11.9B절).
- 엔올 음이온 알킬화 반응, acetoacetic ester와 malonic ester 합성(19.6절, 19.7절).
- 엔아민 알킬화 반응(19.5절).

카보닐 또는 카복시기에 대한 친핵성 첨가 반응

- Grignard 시약(16.5A절, 18.9A절), 유기리튬 시약(16.5B, 18.9B절) 및 Gilman 시약(18.9C절).
- 알카인(16.5C절)과 cyanide (16.5D절) 음이온.
- 알돌 반응(19.2절).
- Claisen (19.3A절)과 Dieckmann (19.3B절) 축합 반응.
- 엔아민 아실화 반응(19.5B절).
- Wittig 반응(C═C 이중 결합에 대해서 16.6절).

α,β-불포화 카보닐 화합물에 대한 콘쥬게이션 첨가 반응

- Michael 반응(19.8A절).

페리 고리 협동 반응

- Diels-Alder 반응(20.5절).
- Claisen 자리옮김 반응(20.6절).
- Cope 자리옮김 반응(20.6절).

카벤/카벤류 첨가 반응(15.3절).

방향족 치환 반응

- 방향족 화합물의 Friedel-Crafts 알킬화 반응과 아실화 반응(22.1C절).
- 방향족 다이아조늄 화합물과 cyanide 이온의 반응(23.8E절).

이 목록은 이미 서로 다른 많은 반응들을 포함하는 것처럼 보이지만, 이 장의 새로운 반응들이 다소 다른 성질을 갖는 것을 알게 될 것이다.

위에 요약된 C—C 결합 형성 반응 중 어느 것도 촉매 반응이 아니다. 촉매는 화학 반응의 메커니즘 과정에 참여하여 반응의 장벽을 낮춤으로써 반응 속도를 빠르게 해준다는 것을 상기하라. 촉매는 반응의 열역학(thermodynamic)을 바꾸는 게 아니라 대신에 반응 속도(kinetic)를 바꾸어준다. 더욱이 촉매는 반응의 끝에서 처음과 같은 상태로 재생되기 때문에 계속해서 촉매로 작용할 수 있다. 소위 '전환(turnover)'이라고 불리는 성질이다.

이 장에서는 촉매를 사용한 C—C 결합 형성 반응을 주로 다룰 것이다. 바꾸어 말하면, 어떤 화학종(촉매)이 반응 용기에 첨가됨으로써 촉매가 없을 때보다 C—C 결합 형성 반응을 더 빠르게 만드는 것이다. 사실 이 장에서 다루는 대부분의 반응들은(특히 24.5절) 촉매 없이는 거의 절대로 일어나지 않는 반응들이다. 결과적으로, 유기금속 화합물을 사용하는 주요 반응들에 대한 간단한 개요로 이 장을 시작한다.

24.2 유기금속 화합물과 촉매작용

우리는 15장에서 유기금속 화합물을 소개하였다. 다음 몇 개의 절에서 우리는 새로운 탄소-탄소 결합을 형성에 필요한 특별히 유용한 전이 금속의 몇 가지 반응에 대해 논의할 것이다.

A 산화성 첨가 반응과 환원성 제거 반응

전이 금속 및 전이 금속 화합물의 두 가지 극히 중요한 반응은 **산화성 첨가 반응**(oxidative addition)과 그 반응의 역과정인 **환원성 제거 반응**(reductive elimination)이다. 산화성 첨가 반응에서 시약이 금속에 첨가되어 배위수가 2만큼 증가되며 환원성 제거 반응에서는 그 반대로 된다. 반응하는 동안에 금속의 형식 전하가 2만큼 변화하므로, 이들은 산화 또는 환원 반응이라고 불린다. 산화성 첨가 반응은 하나 또는 그 이상의 **리간드**(ligand, $\mathbf{L}_n$, 여기서 n은 숫자이다)가 금속에 배위되면서 일어날 수도 있고, 또한 유리 금속(free metal) M(0)에서 일어날 수도 있다. 유기할로젠, 수소, 할로젠 및 기타 많은 종류의 화합물이 반응에 참여할 수 있다. 서로 다른 기질의 반응성은 금속에 크게 의존한다.

산화성 첨가 반응
시약이 금속 중심에 첨가되어 두 개의 치환기가 첨가되고 산화 상태가 2만큼 증가되는 것.

환원성 제거 반응
금속 중심에서 두 개의 치환기가 제거되어 금속의 산화 상태가 2만큼 감소하는 것.

리간드
배위 화합물에서 금속 원자에 결합된 Lewis 염기. 강하게 결합할 수도 있고, 약하게 결합할 수도 있다.

$$\mathrm{ML}_n + \mathrm{X}_2 \underset{\text{환원성 제거 반응}}{\overset{\text{산화성 첨가 반응}}{\rightleftharpoons}} \mathrm{X_2ML}_n$$

다른 많은 반응들이 유기금속 촉매의 작용에 특별하고 필수적이지만, 이 장에서 설명하는 촉매 과정의 주요 단계들은 산화성 첨가 반응과 환원성 제거 반응과 관련된다. 따라서 촉매성 C—C 결합 형성 반응을 소개하는 이 장에서는 더 이상 깊이 들어갈 필요가 없다.

B 촉매성 C—C 결합 형성 반응의 용도의 주요 특징

이 장에서 다루는 반응과 메커니즘들은 현대 유기 화학의 새로운 경향성을 나타낸다. 유기금속 촉매들은 다른 방법으로는 불가능하거나, 매우 어렵거나, 아니면 매우 여러 단계의 합성 단계를 거쳐야만 했을 반응들을 가능하게 해준다. 이런 촉매들은 전체적인 합성 절차에 소요되는 시약과 용매, 정제 과정의 개수와 양을 줄여준다. 이러한 줄이는 방법들은 산업 공정에서 나오는 화학 폐기물의 양을 극적으로 줄여줄 수 있다는 것을 의미한다. 폐기물이나 독성 부산물의 양을 줄이는 방향으로 화학 실험 절차나 공정을 의도적으로 설계하는 것은 이제 소위 **녹색 화학**(green chemistry)이라는 하나의 화학 분야가 되었다.

녹색 화학의 목적은 반응에 참여하는 각각의 원자들을 효율적으로 사용하여 그 원자들이 부산물에 결합되어 버려지지 않도록 하는데 있다. 이것은 **원자 경제학**(atom economy)라 불리는 개념으로 참여하는 모든 원자들에 대하여 화학 공정의 효율을 나타낸다. 이상적인 반응이란 모든 사용된 반응물의 질량과 생성물의 질량이 동일한 반응일 것이다. 이런 경우에 반응물의 각 원자들은 모두 생성물에 결합되고 폐기물이 전혀 남지 않을 것이다. 이런 반응은 매우 드물지만 최상의 원자 경제학을 달성하는 것은 분명 환경 친화적이며 경제적으로 유리하다. 그러므로 '녹색으로 가는 길'은 화학 산업이 환경의 가치를 인식하고 포용하면서 다방면으로 사회에 물들고 있다.

24.3 Heck 반응

A 반응의 성질

1970년대 초, Hercules 회사에 있다가 Delaware 대학으로 옮긴 Richard Heck는 할로알켄(haloalkene)이나 할로아렌(haloarene)의 탄소기가 알켄의 탄소-탄소 이중 결합의 수소(바이닐성 수소, vinylic hydrogen)와 치환되는 팔라듐 촉매화 반응을 발견했다. 현재 **Heck 반응**(Heck reaction)으로 알려진 이 반응은 이러한 유형의 치환 반응에 대해 알려진 유일한 일반적 반응이기 때문에 합성 유기 화학에서 특히 가치가 있다.

$$\text{R—X} + \text{(알켄, H)} + \text{B:} \xrightarrow[\text{Heck 반응}]{\text{Pd 촉매}} \text{(R-치환된 알켄)} + BH^+X^-$$

할로알켄 또는 할로아렌 / 알켄 / 염기 / 치환된 알켄 / 염기의 짝산

Heck 반응에 의한 바이닐성 수소에 대한 치환은 매우 위치선택적이다. 새로운 탄소-탄소 결합의 형성은 대개 이중 결합의 덜 치환된 탄소 쪽에서 가장 잘 일어난다. 게다가 생성물의 탄소-탄소 이중 결합에서 *E* 또는 *Z* 배열이 가능할 때 거의 전적으로 *E* 배열의 생성물만 생성되므로, Heck 반응은 매우 입체선택적이다.

$$C_6H_5Br + CH_2{=}CHCOCH_3 \xrightarrow[\text{Heck 반응}]{\text{Pd 촉매}} C_6H_5CH{=}CHCOCH_3$$

Bromobenzene / **Methyl 2-propenoate (Methyl acrylate)** / **Methyl (*E*)-3-phenyl-2-propenoate (Methyl cinnamate)**

게다가 Heck 반응은 할로젠화 알켄에 대해서는 완전하게 입체특이적이며, 이중 결합의 배열이 보존된다.

(*Z*)-3-Iodo-3-hexene + **Phenylethene (Styrene)** $\xrightarrow[\text{Heck 반응}]{\text{Pd 촉매}}$ **(1*E*,3*Z*)-3-Ethyl-1-phenyl-1,3-hexadiene**

(*E*)-3-Iodo-3-hexene + **Phenylethene (Styrene)** $\xrightarrow[\text{Heck 반응}]{\text{Pd 촉매}}$ **(1*E*,3*E*)-3-Ethyl-1-phenyl-1,3-hexadiene**

촉매의 제조

반응에 일반적으로 첨가되는 팔라듐 촉매의 형태는 palladium(II) acetate [$Pd(OAc)_2$]이다. 이것과 그 밖의 Pd(II) 화합물들은 반응 용기 안에서 Pd(II)가 Pd(0)로 환원됨으로서 형성된 Pd(0) 착물(complex)이 금속의 촉매 활성 형태이기 때문에 전촉매(precatalyst)로 부르는 것이 보다 적합하다.

$$Pd(OAc)_2 + \text{알켄(반응물)} \longrightarrow Pd^0 + \text{산화된 알켄} + HOAc$$

Palladium(II) acetate / 알켄(반응물) / 산화된 알켄

Pd(0)와 좋은 리간드 L과의 반응은 실질적인 Heck 촉매 PdL_2를 생성한다. 리간드 없이는 Pd(0)은 불용성이다.

$$Pd^0 + 2\,L \longrightarrow PdL_2$$

리간드 / Heck 촉매

Pd(0)의 배위에 사용되는 가장 일반적인 리간드(L) 중에 하나는 triphenylphosphine, $(C_6H_5)_3P$이다. 광학활성 생성물의 경우에 하나의 거울상 이성질체만 과량으로 생성될 수 있게 하는 BINAP (6.7절)과 같은 광학 활성 리간드를 포함하여 많은 다른 리간드들도 역시 사용될 수 있다.

할로알케인

Heck 반응에서 가장 흔히 사용되는 할로젠화물은 아릴, 헤테로고리, 벤질, 바이닐 아이오딘화물, 브로민화물이며, 일반적으로 가장 반응성이 큰 것은 아이오딘화물이다. sp^2 탄소 위에 이탈기가 있는 기질의 반응성은 그렇지 않은 기질과의 친핵성 치환 반응과 대조된다. Heck 반응의 조건 하에서 β-제거 반응이 일어나 알켄을 형성하므로 산성 β-수소가 있는 할로젠화 알킬은 거의 사용되지 않는다. 알코올을 trifluoromethanesulfonyl chloride로 처리함으로써 쉽게 만들어지는 triflate (trifluoromethanesulfonate, CF_3SO_2O—)도 좋은 기질이다.

$$CF_3S(=O)_2{-}Cl \quad + \quad HO{-}R \quad \longrightarrow \quad CF_3S(=O)_2{-}OR \quad + \quad HCl$$

Trifluoromethanesulfonyl chloride 알코올 Trifluoromethanesulfonate (Triflate)

할로젠화물이나 triflate (RX)는 산화성 첨가 반응으로 PdL_2와 반응하여 반응 중간체인 사각평면형의 Pd(II) 화학종을 만든다.

$$\underset{\text{Heck 촉매}}{PdL_2} + RX \longrightarrow L{-}Pd(R)(L){-}X$$

유기 할로젠 화합물 어디에나 존재할 수 있는 알코올, 에터, 알데하이드, 케톤, 에스터 혹은 스스로 반응하지 않거나 또는 Heck 반응에 영향을 주지 않는 혹은 알켄을 포함한 넓은 범위의 작용기들과 공존할 수 있다는 것은 Heck 반응의 특별한 장점이다.

알켄

알켄의 반응성은 탄소-탄소 이중 결합 주위의 입체적 밀집도(steric crowding)와 관계된다. Ethylene과 단일치환 알켄이 가장 반응성이 크며, 이중 결합에 치환된 정도가 클수록 반응은 느려지고, 생성물의 수득률은 낮아진다. 이러한 입체 효과는 알켄의 덜 치환된 탄소 쪽으로 알킬기가 첨가되면서 첨가 반응의 위치화학이 조절된다.

염기

흔히 사용되는 염기는 trimethylamine (Et_3N)과 같은 삼차 아민, sodium acetate 또는 potassium acetate 그리고 sodium hydrogen carbonate이다.

용매

N,*N*-Dimethylforamide (DMF), acetonitrile, dimethyl sulfoxide (DMSO)와 같은 극성 비양성자성 용매(9.3D절)가 흔히 사용된다. Methanol 수용액에서 Heck 반응을 수행하는 것도 가능하다. 극성 용매는 반응 초기에 $Pd(OAc)_2$를 녹이는데 필요하다.

B 반응의 메커니즘

Heck 반응의 메커니즘은 Heck 촉매의 형성과 촉매 순환(catalytic cycle) 두 단계로 나뉜다. 촉매 순환을 공부할 때, 특히 2단계와 4단계는 모두 신(syn) 입체선택적임을 기억하라. 이러한 신 관계가 얻어질 수 없다면 반응은 진행되지 않을 것이다. 2단계에서는 이중 결합

MECHANISM Heck 반응

1단계: Heck 촉매, PdL_2의 생성

두 분자의 리간드 L과의 착물 형성에 수반되는 Pd(II)에서 Pd(0)으로의 2-전자 환원은 Heck 촉매 PdL_2를 생성한다. 일반적인 환원제는 triethylamine 또는 다음 예에서 보듯이 알켄 그 자체이다. 촉매는 단지 소량만 생성되었으므로 아주 적은 양의 알켄만 반응에서 손실된다. 여기에 보이는 반응에서 L은 triphenylphosphine $[(C_6H_5)_3P]$이다. 앞에서 설명한 바와 같이 이것은 실제로 두 단계의 반응이다. 팔라듐이 환원된 후 팔라듐과 리간드가 반응한다. 간략하게 하기 위해서 두 단계를 조합하여 나타낸다.

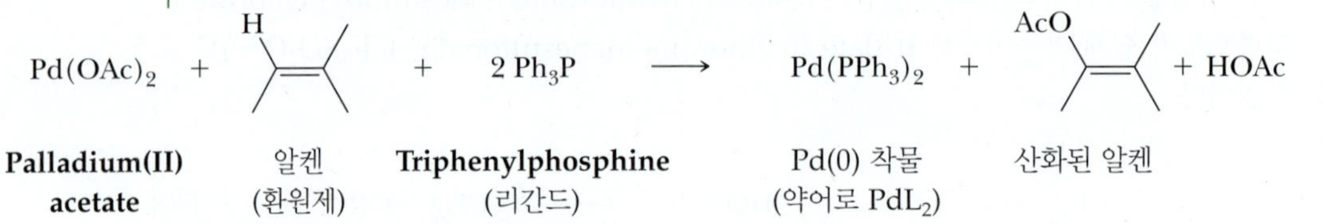

$Pd(OAc)_2$ + 알켄 + $2\ Ph_3P$ ⟶ $Pd(PPh_3)_2$ + 산화된 알켄 + HOAc

Palladium(II) acetate | 알켄 (환원제) | **Triphenylphosphine** (리간드) | Pd(0) 착물 (약어로 PdL_2) | 산화된 알켄

2단계: 촉매 순환

Heck 반응의 촉매 순환은 다섯 단계를 포함한다. 1단계에서 PdL_2에 대한 할로알켄이나 할로아렌 RX의 산화성 첨가에 의해 R과 X가 Pd에 결합된 사중 배위된 Pd(0) 착물이 생성된다. 이 착물의 R과 PdL_2X가 알켄에 신 첨가되어 입체적 이유 때문에 좀 더 치환된 탄소에 Pd이 결합된 중간체가 생성된다. Pd—C 결합이 길기 때문에 팔라듐은 유기 치환기보다 입체적 방해를 덜 받는다. 따라서 더 치환된 탄소 위에 결합하게 된다. 이 중간체는 3단계에서 중앙의 C—C 단일 결합을 중심으로 내부 회전하여 H와 PdL_2X를 반드시 서로 신 위치가 되도록 해야 한다. 4단계에서 H와 PdL_2X가 신 제거되어 새로운 알켄과 $HPdL_2X$가 생성된다. 5단계에서 환원성 제거로 산 HX가 빠져나가고 PdL_2 촉매가 다시 재생된다. 이 때 HX가 첨가된 염기에 의해 중화된다.

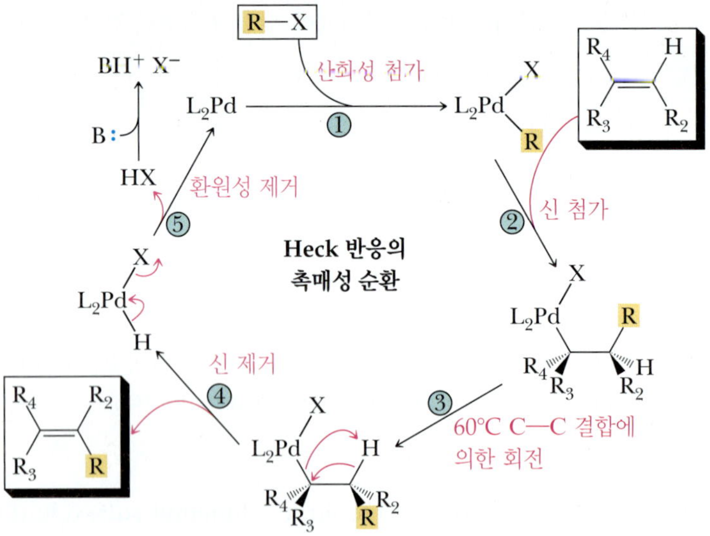

R—X
$BH^+\ X^-$
B:
HX
L_2Pd
L_2Pd(X)(R)
산화성 첨가 ①
R_4, H, R_3, R_2
신 첨가 ②
환원성 제거 ⑤
Heck 반응의 촉매성 순환
신 제거 ④
60°C C—C 결합에 의한 회전 ③
R_4, R_2, R_3, R

이러한 순환 과정에서 알켄, 유기할로젠 화합물, 염기는 같은 몰수의 양이 필요하다. Pd(0) 화학종은 촉매량만큼만 필요하다. 또한 배열의 반전을 주의하라(R_2와 R_3는 원래 서로 *시스*이지만 생성물에서는 *트랜스*이다). 이러한 반전은 연속적인 신 첨가와 제거의 결과이다. 이 반응의 완전한 메커니즘은 또 다른 중간체(알켄과 팔라듐의 π 착물을 포함하는)를 포함하지만, 여기에 보이는 것들은 반응과 그 입체화학을 이해하는 데 중요한 것들이다.

에 대한 R과 PdL_2X의 신 첨가가 일어난다. 4단계는 H와 Pd(II) 화학종의 신 제거로 새로운 이중 결합이 생성되고 있다. 이러한 신 첨가와 제거 반응들은 안티 구조를 선호하는 우리가 보아온 대부분의 첨가와 제거 반응들과 대조를 이룬다. 알켄에 대한 boron hydride(6.4절, 수소붕소 첨가)와 osmium tetroxide (6.5A절)나 ozone (6.5B절)의 첨가는 이미 보았던 신 첨가의 몇 가지 예이다.

예제 24.1 ▸ Heck 반응

다음 Heck 반응을 완결하여라.

(a) (acrylate, OMe) + (1-iodohexene, I) $\xrightarrow[\text{Ph}_3\text{P, K}_2\text{CO}_3\text{, DMF}]{\text{촉매 Pd(OAc)}_2}$

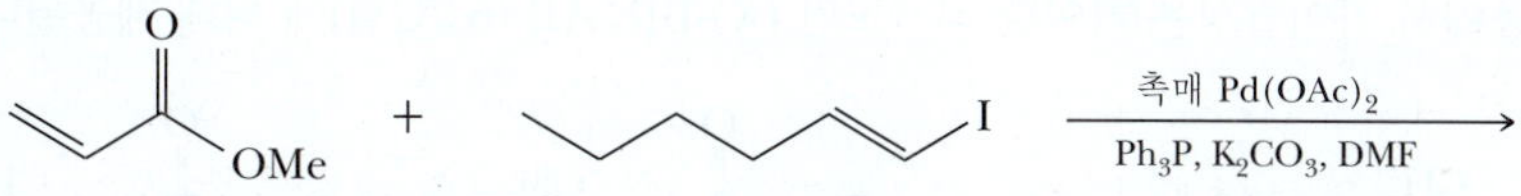

(b) (styrene) + (iodobenzene, I) $\xrightarrow[\text{Ph}_3\text{P, K}_2\text{CO}_3\text{, DMF}]{\text{촉매 Pd(OAc)}_2}$

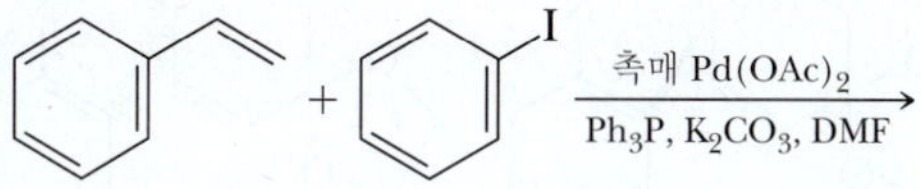

➥ 해답

(a)에서 1-iodohexene은 *E* 배열을 가지며, 이중 결합은 생성물에서도 배열이 보존된다. 게다가 생성물에서 에스터에 인접한 탄소-탄소 이중 결합은 *시스*, *트랜스* 이성질 현상의 가능성을 갖는다. Heck 반응은 매우 입체선택적이며, 이중 결합은 좀 더 안정한 *E* 배열을 갖는다. (b)에서 주 생성물은 (*E*)-1,2-diphenylethene이다.

(a) (O, OCH_3)

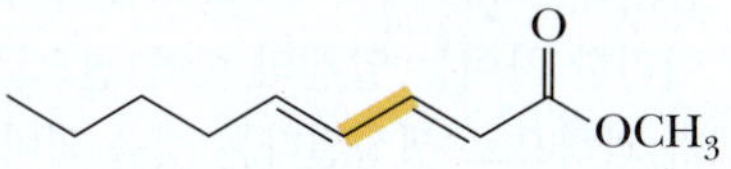

Methyl (2*E*,4*E*)-2,4-nonadienoate

(b)

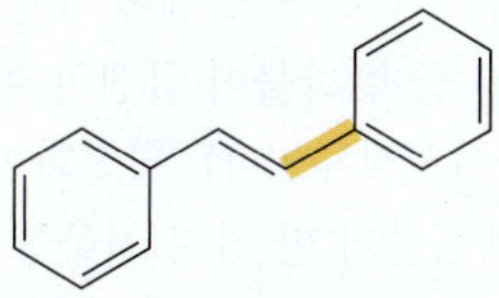

(*E*)-1,2-Diphenylethene (*trans*-Stilbene)

연습 문제 24.1

출발 물질 알켄으로 methyl 2-propenoate를 사용하여 Heck 반응에 의해 각각의 화합물을 어떻게 만들 수 있는지 나타내어라.

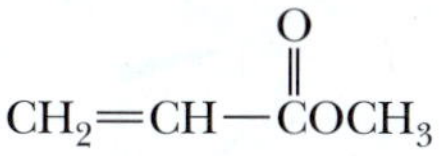

$CH_2{=}CH{-}\overset{O}{\overset{\|}{C}}OCH_3$

Methyl 2-propenoate (Methyl acrylate)

(a) (CH_3, O, OCH_3)

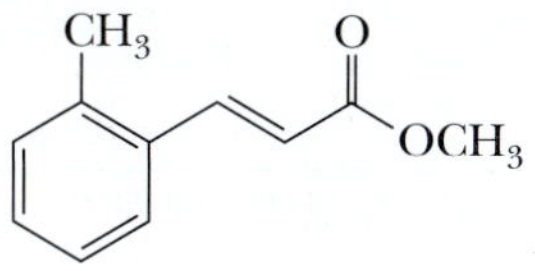

(*E* 이성질체)

(b) (O, OCH_3)

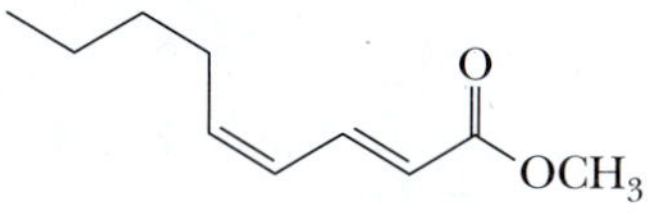

(2*E*,4*Z* 이성질체)

비고리 알켄의 Heck 반응에서 일반적인 형태는 이중 결합에 있는 수소들 중에서 하나가 유기 치환기에 의해 치환된다. 만일 유기팔라듐기가 이중 결합을 공격하여 RX에 있는 R기가 수소가 부족한 탄소에 결합된다면(또는 만일 신 수소만이 이웃 탄소에 있다면), 이중 결합이 원래 위치로부터 이동할 것이다. 다음 반응의 생성물이 카이랄 중심을 가지고 있지만, 비카이랄 환경에서 비카이랄 시약으로부터 생성되기 때문에 라셈 혼합물로서 형성됨을 유의하라.

Pd(OAc)$_2$
L, $(C_2H_5)_3N$
H
PdL_2I
H H
+ L_2P I H
라셈 혼합물로서 형성

앞에서 언급한 바와 같이, 특히 가치 있는 Heck 반응의 특징은 카이랄 리간드를 사용했을 때 거울상 초과량(enantiomeric excess, ee)의 카이랄 생성물을 생성할 수 있다는 것이다. 다음 반응에서 카이랄성은 카이랄 리간드인 (*R*)-BINAP (6.7C절)에 의해 제공된다.

Pd 착물
10% (*R*)-BINAP
DMF
CH_3
이 거울상 이성질체는 71% ee로 생성된다

이 반응이 카이랄 생성물을 생성하기 위해서는 제거될 수소가 아릴 치환기가 붙어 있는 탄소에 있어서는 안된다. 왜냐하면 만약 그렇다면 그 치환기는 이중 결합에 연결되면서 그 생성물은 비카이랄이 되기 때문이다.

카이랄 리간드 때문에 알켄에 대한 신 첨가(촉매 순환의 2단계)에서 전이 상태에 대한 활성화 에너지는 금속 착물이 알켄의 어느 쪽에 접근하는가에 따라 다르다(두 가지 전이 상태는 부분입체 이성질체이다). 활성화 에너지의 이러한 차이는 알켄의 한쪽 면으로의 접근이 선호되고, 생성물의 한 가지 거울상 이성질체가 과량으로 생성된다는 것을 의미한다. 탄소-탄소 결합이 좀 더 치환된 탄소에 형성되며, 이중 결합이 이동된다는 점에서 이 반응이 정상적인 Heck 반응이 아니라는 것을 유의하라. 신 제거의 필요 때문에 다른 탄소에 공격하면 보통의 Heck 생성물이 생성될 수 없기 때문에 반응이 되돌려진다. 좀 더 치환된 탄소에서 공격이 일어나는 일은 자주 일어나지는 않으며, 하지만 이 경우에는 제거 반응을 할 수 있는 수소가 있다.

더 치환된 탄소에 공격
수소가 없다
CH_3
$PdIL_2$
H
신 수소가 있다

덜 치환된 탄소에 공격
IL_2Pd
CH_3
H
여기에 신 수소가 없다

예제 24.2 ▸ **Heck 반응**

Bromobenzene과 (*E*)-3-hexene의 Heck 반응은 거의 같은 양의 (*Z*)-3-phenyl-3-hexene과 (*E*)-4-phenyl-2-hexene 혼합물을 생성한다. 이 두 생성물의 생성에 대해 설명하라.

(*E*)-3-Hexene + C_6H_5Br $\xrightarrow[(CH_3CH_2)_3N]{Pd(OAc)_2,\ 2\ Ph_3P}$ (*Z*)-3-Phenyl-3-hexene + (*E*)-4-Phenyl-2-hexene

➥ 해답

신 첨가는 위에 나타낸 생성물을 생성한다. 회전 후에 원래의 이중 결합에 대한 H의 신 제거는 (*Z*)-3-phenyl-3-hexene를 생성하고, 이웃 탄소(가장 안정한 배열에서)에서의 신 제거는 (*E*)-4-phenyl-2-hexene을 생성한다.

(*E*)-3-Hexene + C_6H_5Br $\xrightarrow[(CH_3CH_2)_3N]{Pd(OAc)_2,\ 2\ Ph_3P}$ H, H, C_6H_5, $PdBr(OAc)_2$

회전

H, $PdBr(OAc)_2$, C_6H_5, H → 신 제거 → C_6H_5 (*Z*)-3-Phenyl-3-hexene

H, H, C_6H_5, $PdBr(OAc)_2$, H → 신 제거 → C_6H_5 (*E*)-4-Phenyl-2-hexene (라셈 혼합물)

연습 문제 24.2

다음 반응의 시약과 반응 조건을 써라.

(Br ×6 벤젠) → (Ph ×6)

24.4 알릴 알킬화 촉매 반응

치환 반응의 메커니즘은 9장에서 다룬 바 있다. S_N2 메커니즘은 알킬기에 있는 이탈기(주로 할로젠)가 친핵체로 교체되는 단일 단계 과정으로 일어나는데 주목했었다. 그 알킬기가 알릴일 때는 금속 촉매(예를 들어, 팔라듐이나 백금, 로듐 등)으로 반응시킬 수 있다.

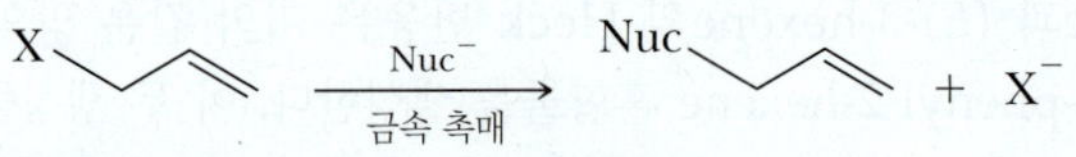

$$X\text{-allyl} \xrightarrow[\text{금속 촉매}]{Nuc^-} Nuc\text{-allyl} + X^-$$

이 반응에 가장 흔히 사용되는 두 가지 촉매가 PdL_4 (흔히 L은 triphenylphosphine)와 $PdCl_2$이다. 아래에 두 가지 반응 예가 있다. 이탈기가 있는 탄소의 입체화학이 유지된다는 것이 한 가지 재미있는 특징이다. S_N2 메커니즘의 결과와 반대라는 것에 주목하라. 특히 이 반응이 유용한 점은 엔올산염(enolate)을 친핵체로 사용할 수 있어서 C—C 결합을 형성할 수 있다는 것이다. 가장 흔히 사용되는 엔올산염들은 2-전자 *π*는 기의 알파 위치에서 수소 제거로부터 유래된 것들로서 케톤, 알데하이드, 나이트로, 에스터, 설포네이트, 사이아나이드 등이 그 예이다. 이탈기들은 S_N2 반응에서처럼 할로젠일 수도 있지만, 에스터가 이탈기일 때 이 촉매 반응이 특히 유용하다. OAc로 표시되는 아세테이트가 가장 흔히 사용된다(아래의 두 가지 예).

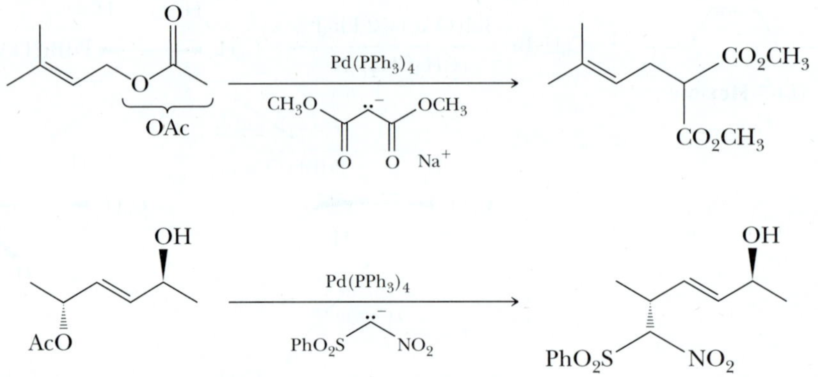

O, O, OAc, $Pd(PPh_3)_4$, CH_3O, OCH_3, O, O, Na^+, CO_2CH_3, CO_2CH_3

OH, AcO, $Pd(PPh_3)_4$, PhO_2S, NO_2, OH, PhO_2S, NO_2

예제 24.3 ▸ 알릴 알킬화 반응

다음 반응의 생성물을 써라.

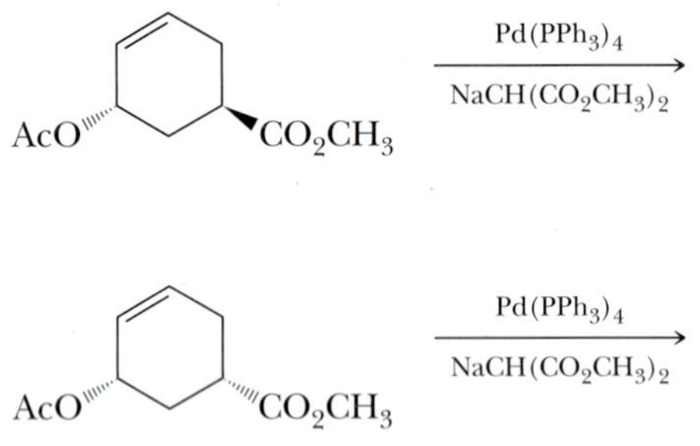

AcO, CO_2CH_3, $Pd(PPh_3)_4$, $NaCH(CO_2CH_3)_2$

AcO, CO_2CH_3, $Pd(PPh_3)_4$, $NaCH(CO_2CH_3)_2$

➡ 해답

위에서 설명한 바와 같이 아세테이트 이탈기가 있는 탄소의 입체화학이 유지되면서 반응이 일어난다. 결과적으로 생성물을 쓰기 위해서는 간단히 아세테이트를 엔올산염과 바꿔주면서 아세테이트가 있는 탄소와 엔올산염이 있는 탄소 사이에 C—C 결합을 그려주면 된다.

$$\text{AcO}\cdots\text{(cyclohexene)}\blacktriangleright\text{CO}_2\text{CH}_3 \xrightarrow[\text{NaCH(CO}_2\text{CH}_3)_2]{\text{Pd(PPh}_3)_4} \text{CH}_3\text{O}_2\text{C}-\text{CH(CO}_2\text{CH}_3)\cdots\text{(cyclohexene)}\blacktriangleright\text{CO}_2\text{CH}_3$$

$$\text{AcO}\cdots\text{(cyclohexene)}\cdots\text{CO}_2\text{CH}_3 \xrightarrow[\text{NaCH(CO}_2\text{CH}_3)_2]{\text{Pd(PPh}_3)_4} \text{CH}_3\text{O}_2\text{C}-\text{CH(CO}_2\text{CH}_3)\cdots\text{(cyclohexene)}\cdots\text{CO}_2\text{CH}_3$$

연습 문제 24.3

다음 반응의 생성물을 써라. 얼마나 많은 입체 이성질체가 생성되는가?

$$\text{(AcO, OH 치환 알켄)} \xrightarrow[\text{PhO}_2\text{S}\overset{..}{\text{C}}\text{H}^-\text{NO}_2]{\text{Pd(PPh}_3)_4}$$

할로젠이 이탈기인 알릴 알킬화 반응은 촉매 없이도 잘 일어나지만, 촉매를 사용하는 몇 가지 장점들이 있다. 당연히 촉매를 쓰면 어쩌면 더 온화한 조건에서도 반응이 더 빠르게 일어나는 장점이 있다. 또한, 아세테이트는 보통 S_N2 반응에 좋은 이탈기가 아니다. 하지만 실제 주요한 장점은 S_N2 반응의 결과와 비교해 입체화학이 반대가 되는 것이다. 이러한 입체화학의 이유를 찾아보기 전에 특히 흔히 사용하는 촉매인 $Pd(PPh_3)_4$를 사용할 경우의 메커니즘을 우선 알아보자.

A 알릴 알킬화 촉매 반응의 메커니즘

이 반응의 메커니즘은 앞에서 보아왔던 간단한 단계들의 조합이다. Phosphine 리간드가 가역적으로 결합되었다 해리되면 산화성 첨가 반응이 일어난다. 알릴 알킬화 촉매 반응에서는 금속에 배위된 알릴 리간드에 대한 친핵성 공격이 일어나는 새로운 단계가 있다.

MECHANISM 알릴 알킬화 반응의 촉매 순환 과정

알릴 알킬화 반응의 촉매 순환 과정은 여러 단계인데, 그 중 6개만 아래 나타내었다. 이 순환 과정은 리간드가 해리되는 것으로부터 시작하여($L = PPh_3$, 1단계), 2단계에서 알릴 화학종의 배위를 통해 π 착물을 만들고, 다른 리간드가 떨어진다(3단계). 3단계 이후에는 Pd는 0의 산화수를 가져서, 배위된 알릴 화학종들의 산화성 첨가 반응을 할 수 있게 된다. 이 산화성 첨가 반응은 이탈기들을 밀어내서 알릴-X 결합을 알릴-Pd 결합으로 바꾸게 된다. 새롭게 만들어진 착물은 2개의 기여 구조를 가지는데, 알릴기 양 끝단의 탄소 중 하나가 Pd-C 결합을 하고, 나머지 2개의 탄소가 π 착물에 포함되는 것으로 그려진다. 아래 그림에서 보여주는 것처럼 유기금속 화학에서는 알릴 착물이 포함된 2개의 기여 구조를 3개의 탄소에 동그랗게(다음 그림을 참조하라) 그려 나타낸다. 탄소 3개와 금속의 상호작용은 접두어 η^3로 표시하며, 이러한 착물을 η^3-알릴 착물이라 부른다[η는 '에타(eta)'라 발음한다].

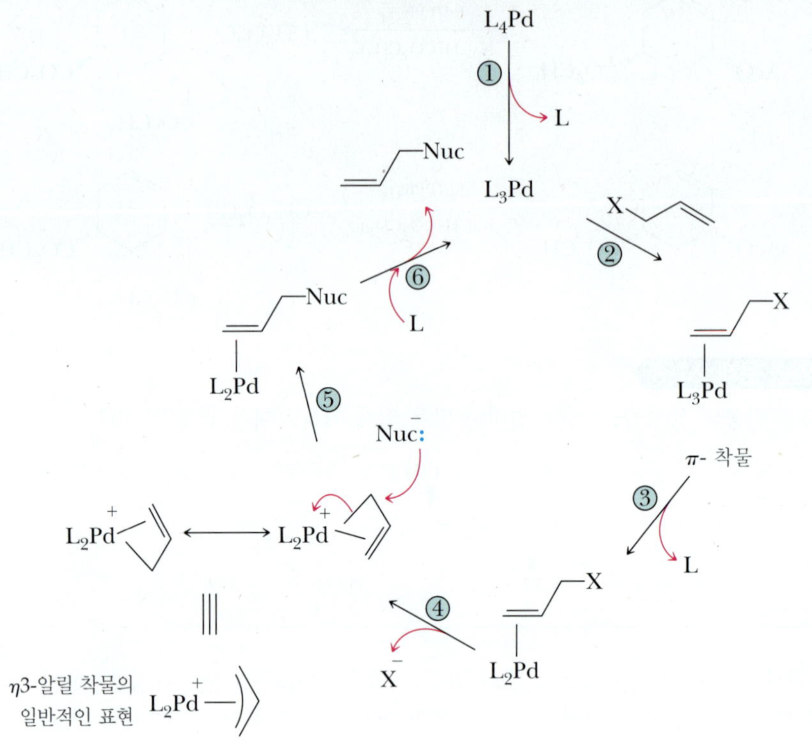

산화성 첨가 반응 이후에 배위된 알릴기는 용액으로부터 친핵성 공격을 받게 된다(5단계). 이 공격으로서 치환이 완결되고, phosphine 리간드(L)가 배위되고 생성물의 해리되면 순환 과정을 다시 시작하게 된다.

B 입체화학과 위치화학 문제

촉매 순환 과정의 여러 단계들은 입체선택적이기 때문에 광학활성 탄소의 배열을 조절할 수 있다. 우선, 알릴-LG 화학종의 산화성 첨가 반응을 통해 배열이 깨끗하게 뒤집힌다(메커니즘의 4단계). η^3-알릴 착물에 용액으로부터 친핵성 공격은 S_N2 반응과 유사한 방식으로 일어나므로 역시 입체화학이 깨끗하게 반전된다. 이러한 두 번의 반전으로 결국에서는 입체화학이 보존되게 된다. 아래의 예는 이러한 두 단계의 입체화학을 잘 보여주고 있다(Y는 전자 끄는 기).

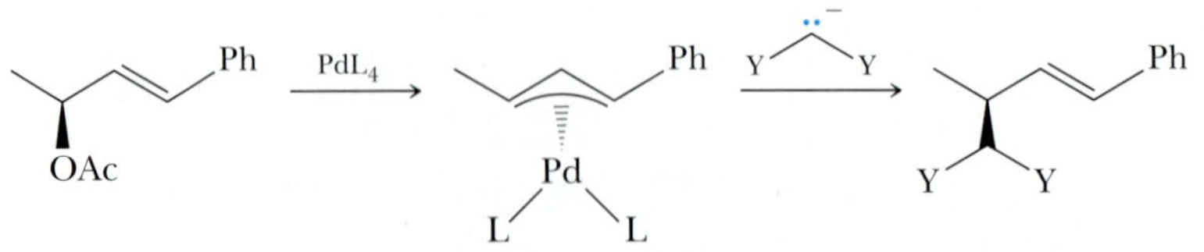

또한 이 반응은 매우 위치선택적이다. 이탈기의 초기 위치와 관계없이 친핵성 공격은 η^3-알릴 착물의 덜 치환된 말단에서 일어난다.

$$\text{(3-methyl-1-penten-... OAc)} \xrightarrow[\text{NaCH(CO}_2\text{CH}_3)_2]{\text{Pd(PPh}_3)_4} \text{CH(CO}_2\text{CH}_3)_2 \text{ 우세한 생성물}$$

OAc → $CH(CO_2CH_3)_2$ 우세한 생성물 ($Pd(PPh_3)_4$, $NaCH(CO_2CH_3)_2$)

OAc → $CH(CO_2CH_3)_2$ 우세한 생성물 ($Pd(PPh_3)_4$, $NaCH(CO_2CH_3)_2$)

24.5 팔라듐 촉매에 의한 교차 짝지음 반응

유기금속 화학의 가장 큰 영향력은 주로 팔라듐이 촉매로 반응하는 **교차 짝지음 반응**(cross-coupling reaction)으로 분류되는 일련의 반응들을 포함된 유기 합성에 있을 것이다. 교차 짝지음 반응이란 15.2절의 Gilman 반응에서 보았던 것처럼 두 개의 알릴, 아릴, 알케닐, 알카이닐기의 짝지음 반응을 통해 새로운 C—C 결합을 만드는 반응을 말한다. 하지만 우리가 이제 살펴 볼 반응들은 촉매 반응이다. 이런 반응들은 꽤 많은데 대부분 그 반응의 고안에 주로 기여한 화학자의 이름을 따서 부른다. 이 책에서는 Suzuki, Stille, Sonogashira 짝지음 반응만을 공부할 것이다.

촉매성 교차 짝지음 반응
알릴, 아릴, 알케닐, 알카이닐기의 촉매 반응을 통해 C—C 결합을 만드는 반응.

교차 짝지음 반응은 금속 교환 단계를 포함한다. **금속 교환 반응**(transmetallation)은 두 개의 다른 금속이나 준금속 사이에 리간드를 상호 교환하는 반응이다. 팔라듐 촉매를 사용한 교차 짝지음 반응의 경우, 짝이 되는 금속/준금속은 뒤에 나오는 일반적인 예에서는 M으로 표시되는 흔히 Zr, Sn, B, Zn, Cu 혹은 Mg 등이다.

금속 교환 반응
두 개의 다른 금속이나 준금속 사이에 리간드의 상호 교환.

$$\text{R—Pd} \;+\; \text{R}'\text{—M} \longrightarrow \text{R}'\text{—Pd} \;+\; \text{R—M}$$

A 교차 짝지음 반응의 일반적인 메커니즘

단순하게 말하자면, 모든 촉매성 교차 짝지음 반응은 각각 뒷부분에서 다룰 미묘한 차이점이 있지만 한 개의 일반적인 메커니즘으로 나타낼 수 있다. 촉매 순환 과정은 3단계만으로 나타낼 수 있을 만큼 단순하다. 각 특정 반응들은 M, L, L′, X의 차이로 차별화하여 분류한다.

2010년에 Richard Heck과 Ei-ichi Negishi, Akira Suzuki가 C—C 짝지음 반응에 대한 공로로 노벨상을 공동 수상하였다.

MECHANISM 교차 짝지음 반응의 촉매 순환 과정

다양한 Pd(0) 또는 Pd(II) 화학종을 촉매 반응에 사용할 수 있다. 1단계는 팔라듐에 유기 반응물이 산화성 첨가되는 반응이다. 2단계의 금속 교환 반응에 의해 팔라듐은 두 개의 탄소계-리간드를 가지게 된다. 3단계의 환원성 제거 반응을 통해 두 탄소 화합물이 짝지어진다. 반응에 참여하는 각 구성 요소들이 상대적으로 단순하고 다양하기 때문에 이 촉매 순환 과정을 매우 유용하게 만든다.

PdL_n —① R-X→ $R\text{-}Pd(X)L_n$ —② $R'\text{-}ML'_n$ → $R\text{-}Pd(R')L_n$ + $X\text{-}ML'_n$ —③→ $R\text{-}R'$ + PdL_n

B Suzuki 짝지음 반응

Suzuki 짝지음 반응은 Hokkaido 대학의 Akira Suzuki 교수에 의해 개발되었다. Suzuki 짝지음 반응은 붕소 화합물($R\text{-}BY_2$)과 탄소 공급원으로 할로젠화 알켄일, 할로젠화 아릴, 할로젠화 알카이닐 혹은 triflate (RX)와 촉매로서 팔라듐 염을 사용한다. 할로젠화물 중에서 브로민화물이나 아이오딘화물이 가장 일반적으로 사용되며, 염화물은 반응성이 작다. 할로젠화 알킬도 가끔 사용되기도 하지만 제거 반응이 일어난다. 또한 염기도 필요하다. 붕소 화합물은 borane (R'_3B), borate ester ($R'B(OR)_2$), 또는 boric acid ($R'B(OH)_2$)일 수 있으며, 여기서 R′는 알킬, 알켄일 또는 아릴이다. 일반적인 반응은 아래의 반응식에 나타내었다. 여기서 X는 할로젠화물 또는 triflate이고, Y는 알킬, 알콕실, 또는 OH이다. 사용될 수 있는 성분의 목록은 표 24.1에 나와 있다. 이 반응은 지금 바이아릴(biaryl)을 합성하는데 사용되는 주요 방법 중의 하나이다.

$$RX + R'\text{-}BY_2 \xrightarrow[\text{염기}]{PdL_4} R\text{-}R' + XBY_2$$

Borane은 수소화붕소 첨가 반응에 의해서 알켄이나 알카인으로부터 쉽게 합성된다(6.4절). Borate는 아릴 또는 알킬 리튬 화합물과 trimethyl borate로부터 만들어진다.

(Sia)$_2$BH (수소화붕소 첨가) → H, H, B(Sia)$_2$

Li → B(OMe)$_3$ → B(OMe)$_2$ + LiOMe

다음은 그 다양성을 보여주는 반응의 세 가지 예이다.

C_6H_{13}—≡—Br + (Sia)$_2$B (H, H) → Pd(Ph$_3$P)$_4$, NaOMe → C_6H_{13} (H, H)

B(OH)$_2$ + Br—(N)—NH$_2$ → Pd(OAc)$_2$, Na$_2$CO$_3$ → (N)—NH$_2$

B(OMe)$_2$ + Br → Pd(OAc)$_2$, Et$_3$N →

표 24.1 Suzuki 짝지음 성분들. 유기붕소 화합물이 아래에 보이는 짝지음 시약들 중의 하나와 짝을 이룬다

유기붕소 화합물	짝지음 시약 X = 할로젠화물 또는 triflate
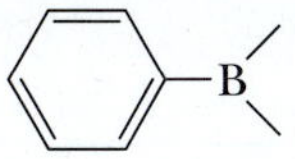 $C_6H_5-B<$	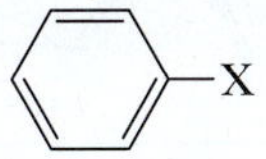 C_6H_5-X
RCH=CH—B<	RCH=CH—X
Alkyl—B<	RC≡CH—X Alkyl-X(어렵다)

반응의 메커니즘은 산화성 첨가 반응으로 시작하여 borane에 있는 치환기가 팔라듐에 있는 리간드를 치환하는 금속 교환 반응으로 이어지며, 팔라듐의 환원성 제거에 의해 새로운 C—C 결합이 형성되는 것으로 마무리된다. 염기는 팔라듐의 새로운 불안정한 리간드로 사용되거나 시약이 borane일 때는 염기가 배위하여 borane을 활성화시킬 수도 있다.

산화성 첨가 반응과 리간드 교환:

$$R-X \xrightarrow{PdL_n} R-Pd-X \xrightarrow{RO^-} R-Pd-OR$$

Borane 활성화:

$$R_3B \xrightarrow{RO^-} R_3B^- - OR$$

반응:

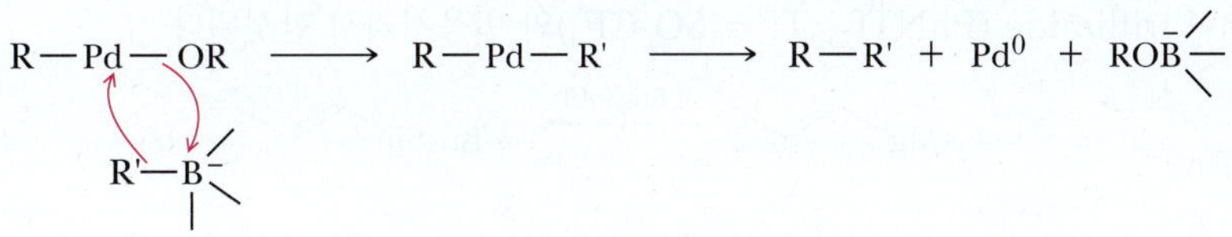

$$R-Pd-OR + R'-\bar{B}< \longrightarrow R-Pd-R' \longrightarrow R-R' + Pd^0 + RO\bar{B}<$$

예제 24.4 ▸ Suzuki 짝지음 반응

다음의 penicillin 유사체가 아래의 출발 물질과 어떤 다른 필요한 시약으로부터 어떻게 합성될 수 있는지 나타내어라.

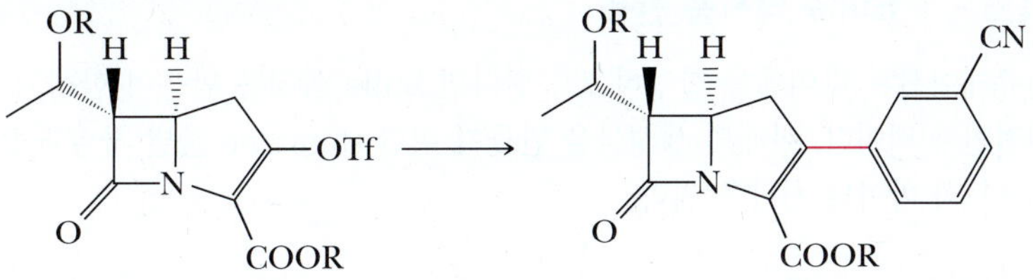

(OTf 치환 출발 물질 (OR, H, H, O, N, COOR) ⟶ 3-cyanophenyl 치환 생성물 (OR, H, H, CN, O, N, COOR))

➥ 해답

(출발 물질)—OTf + $(HO)_2B$—(3-CN-phenyl) $\xrightarrow[NaOH]{PdL_2}$ 생성물 (CN, COOR)

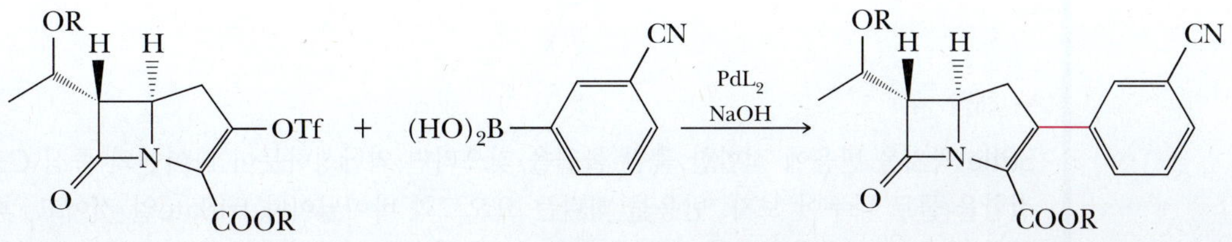

연습 문제 24.4

다음 화합물이 탄소수가 여덟 개 혹은 그 이하인 출발 물질로부터 어떻게 합성될 수 있는지 나타내어라.

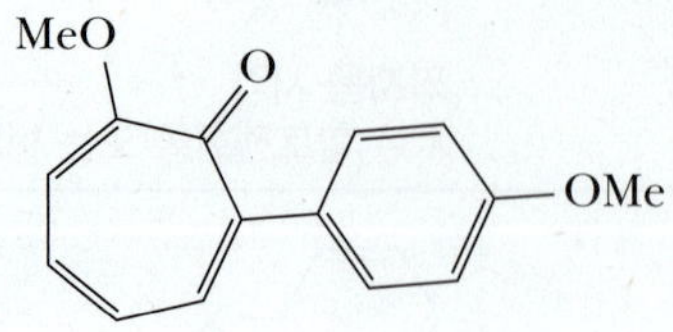

MeO O OMe

C Stille 짝지음 반응

Pd(0) 촉매를 사용한 두 번째 교차 짝지음 반응은 Stille 짝지음 반응이다. 이 반응은 금속 교환 반응에 바이닐이나 아릴 주석 화합물(stannane라고 부른다)을 사용한다. 다른 바이닐기나 아릴기와의 짝지음 반응은 알켄일아렌(alkenylarene)이나 컨쥬게이션된 다이엔(diene)을 만든다. 이 짝지음 반응은 위치선택적이며 반응물에서 생성물까지 입체화학을 유지한다.

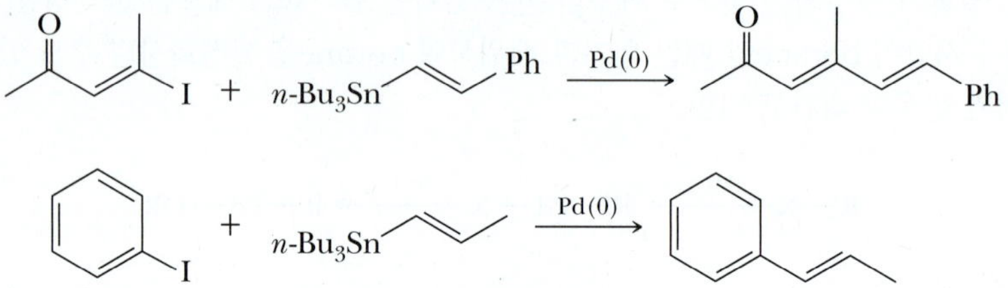

O I + n-Bu_3Sn Ph —Pd(0)→ O Ph

I + n-Bu_3Sn —Pd(0)→

많은 stannane 시약들이 구입할 수 있거나 Grignard 시약과 tri-n-butyl tin chloride와의 반응을 통해 쉽게 합성 가능하다. 금속 교환 기와 가장 흔히 반응하는 반응물은 바이닐 triflate (C═C—OSO_2CF_3)와 요오드화 바이닐이다. 바이닐 triflate는 엔올산염을 N-phenyl triflimide ($PhNTf_2$, Tf = SO_2CF_3)와 반응시켜서 합성된다.

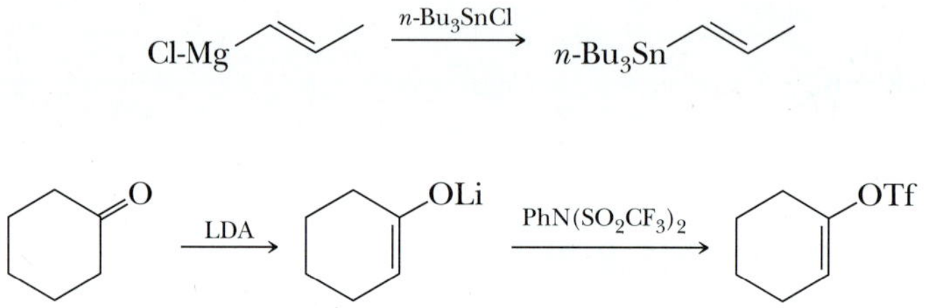

Cl-Mg —n-Bu_3SnCl→ n-Bu_3Sn

O —LDA→ OLi —$PhN(SO_2CF_3)_2$→ OTf

예제 24.5 ▸ Stille 짝지음 반응

만약 컨쥬게이션된 다이엔을 합성하고자 한다면 Stille 짝지음 반응이 합성되는 동안 취할 합리적인 선택이다. 아래의 생성물을 만들기 위한 stannane 출발 물질과 Pd(0)에 결합할 요오드화 바이닐 시약을 써라.

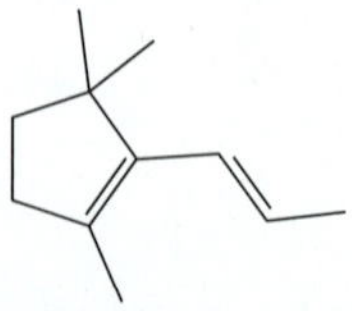

➥ **해답**

Stille 짝지음 반응에 적합한 출발 물질을 찾으려면 역합성하듯이 다이엔의 중심 C—C 결합을 둘로 나누어 보자. 반응물 하나는 요오드화 바이닐이나 triflate일 것이고, 다른 하나는 stannane일 것이다.

n-Bu_3Sn — I +

연습 문제 24.5

다음 반응의 생성물이 무엇인가?

N, O, O, N, OTf + CO_2Et, n-Bu_3Sn —Pd(0)→

D Sonogashira 짝지음 반응

Pd(0) 촉매를 사용한 마지막 교차 짝지음 반응은 Sonogashira 짝지음이다. 이 반응은 알카이닐-Cu(I) 화합물에서 Pd로의 금속 교환 반응에서 요오드화 바이닐이나 아릴, 또는 triflate와의 짝지음 반응으로 이어진다. Cu(I) 알카이닐 착물은 실험실에서 triethylamine의 존재 하에 CuI를 말단 알카인과 반응시켜 합성한다. 이것은 다이아릴 알카이닐 생성물을 합성하는데 가장 흔히 사용하는 반응이다.

CuI, NEt_3 → Cu; I, $Pd(PPh_3)_4$ →

예제 24.6 ▸ Sonogashira 짝지음 반응

비대칭 다이아릴 알카인을 만들기 위해 1차적으로 trimethylsilylacetylene을 써서 두 개의 Sonogashira 짝지음 반응을 사용할 수 있다. Trimethylsilyl 보호기는 플루오르 이온(보통 tetrabutylammonium fluoride, 11.6절)을 넣어서 제거할 수 있다. Phenyl iodide를 반응물로 사용하여 아래 생성물을 이러한 순서의 반응들을 통해 어떻게 합성할 수 있을지 나타내어라.

S

➥ 해답

Trimethylsilylacetylene을 사용한 Sonogashira 짝지음 반응 조건에서 플루오르 이온에 의해 보호기가 제거된 후에 phenyl acetylene이 남을 것이다. Aryl iodide를 사용한 다음 짝지음 반응을 통해 목표 생성물이 얻어진다.

I —CuI, NEt_3; ≡— $SiMe_3$→ $SiMe_3$ —$Bu_4N^+F^-$→

—CuI, NEt_3; I, S→ S

연습 문제 24.6

Trimethylsilylacetylene과 적절한 2개의 aryl iodide를 출발 물질로 사용한다면, 아래 생성물을 어떤 반응 순서를 통해 합성할 수 있는가?

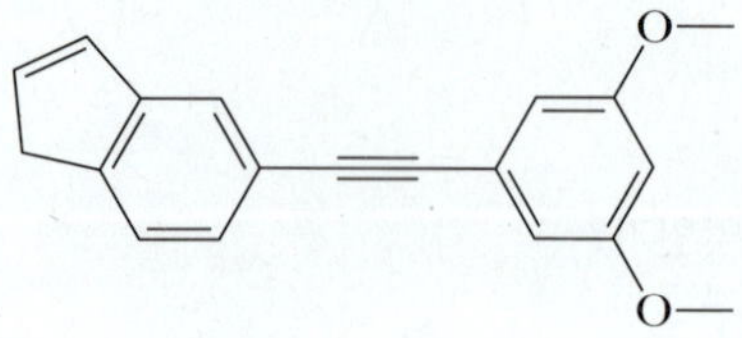

24.6 알켄 상호 교환 반응

2005년 Robert Grubbs, Richard Schrock와 Yves Chauvin은 상호 교환 반응에 관한 그들의 연구 업적으로 노벨화학상을 공동 수상하였다.

알켄 상호 교환 반응
알켄 상호 교환 반응에서 두 개의 알켄이 그들의 이중 결합에 붙어 있는 탄소를 교환한다.

알켄 상호 교환 반응으로 이어지는 새로운 촉매 반응이 최근에 개발되었다. California Institute of Technology의 Robert Grubbs와 Massachusetts Institute of Technology의 Richard Schrock은 이 화학에 주요 기여를 했다. 그들의 연구는 비록 복잡한 분자라도 탄소-탄소 이중 결합을 만드는 매우 쉽고 일반적인 방법을 제공하였다. **알켄 상호 교환 반응**(alkene methathesis)에서 두 알켄이 그들의 이중 결합에 있는 탄소를 상호 교환한다.

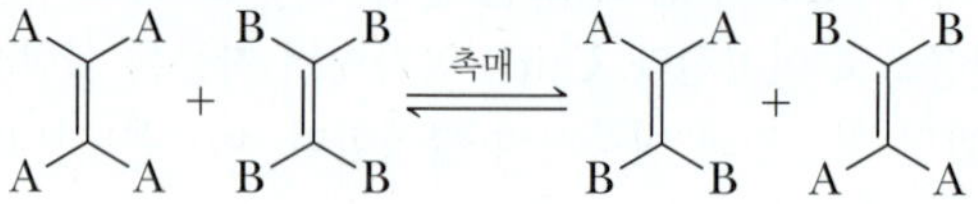

$$\text{A(A)C=C(A)A} + \text{B(B)C=C(B)B} \underset{}{\overset{\text{촉매}}{\rightleftharpoons}} \text{A(A)C=C(B)B} + \text{B(B)C=C(A)A}$$

A 안정한 친핵성 카벤

15.3절에서 카벤과 카벤류(carbenoid, 이가 탄소의 유도체)에 대해 설명하였고, 이러한 화합물들이 반응 과정에서 두 개의 C—C 결합을 만들어서 삼원자 고리를 형성하는 가장 좋은 반응 경로 중의 하나를 제공한다는 것을 보았다. 강하게 전자를 주는 치환기를 가진 카벤은 특히 안정하다. 그들의 안정성은 자체 반응을 방해하는 입체적으로 부피가 큰 치환기를 첨가함으로써 더욱 증가된다. 예를 들면, 다음의 고리형 카벤은 분리해낼 수 있을 만큼 안정하다. 이 경우에 커다란 2,4,6-trimethylphenyl 치환기는 친핵체나 산소에 의한 공격으로부터 카벤을 보호한다. 대부분의 카벤들은 전자 부족 상태인 반면 이러한 화합물들은 질소에 의한 강한 전자 공여 때문에 친핵성이다. 그 친핵성 때문에 어떤 전이 금속에 대해서는 뛰어난 리간드(phosphine과 닮은)이다.

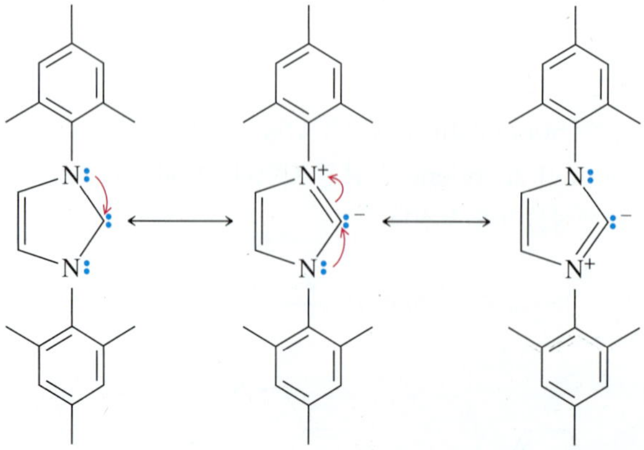

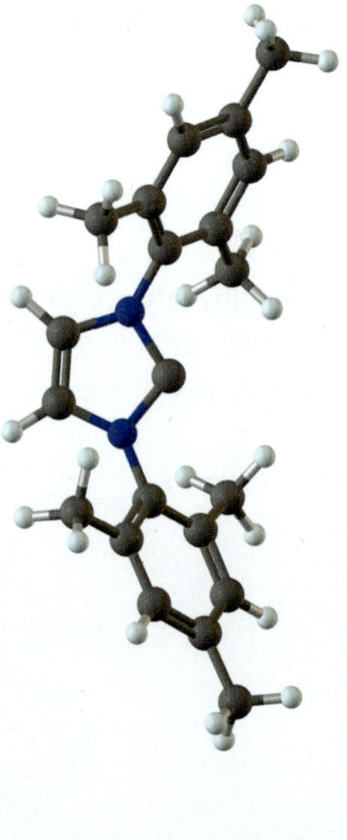

B 친핵성 카벤 촉매를 이용한 고리-닫힘 알켄 상호 교환 반응

이러한 안정한 카벤(그리고 덜 안정한 다른 것들)은 알켄 상호 교환 반응의 촉매인 어떤 금속에 대한 리간드이다. 이 절 처음에서 본 것과 같이 이 반응은 평형 반응이다. 그렇지만 평형이 원하는 방향으로 이끌어질 수 있다면 새로운 탄소-탄소 이중 결합을 형성하는 효과적인 수단이 될 수 있다. 예를 들면, 반응이 $R_2C{=}CH_2$ 형태인 두 개의 2,2-이치환 알켄을 포함한다면 생성물 중의 하나는 ethylene이다. Ethylene 기체가 날아가면 반응이 오른쪽으로 유도되어 생성물로서 하나의 알켄을 생성한다.

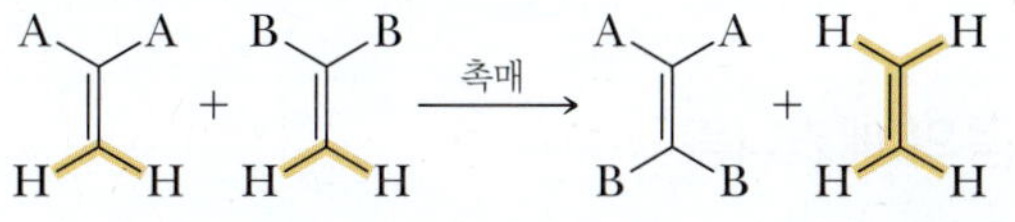

촉매

Ethylene

특히 이 반응의 유용한 변형은 두 알켄이 같은 분자에 있는 출발 물질을 사용하는 것이다. 이 경우에 생성물은 고리 알켄이며, 이러한 반응을 고리-닫힘 알켄 상호 교환 반응이라고 한다. 26개 이상의 고리 크기를 갖는 것도 고리-닫힘 알켄 상호 교환 반응에 의해 합성되어진다. 이 반응은 놀랄 만큼 일반적이며 합성적으로 유용하다.

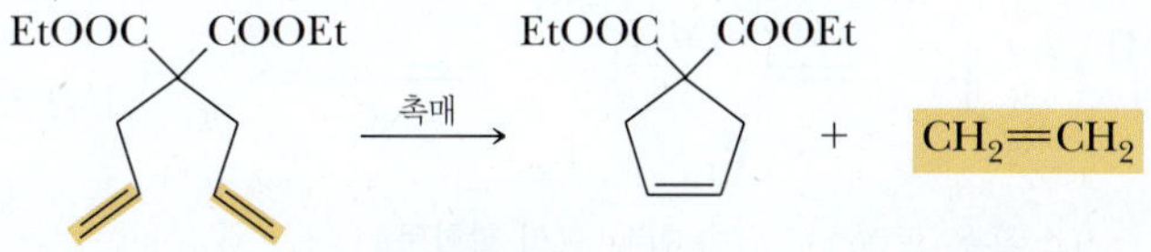

EtOOC COOEt → (촉매) EtOOC COOEt + $CH_2{=}CH_2$

예제 24.7 ▸ 고리-닫힘 상호 교환 반응

다음 화합물이 비고리형 다이엔으로부터 어떻게 합성될 수 있는지 나타내어라.

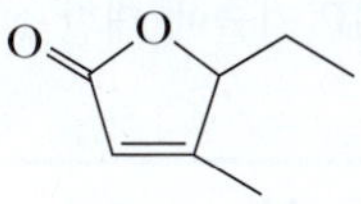

➥ 해답

고리-닫힘 알켄 상호 교환 반응은 한 단계로 생성물을 생성한다.

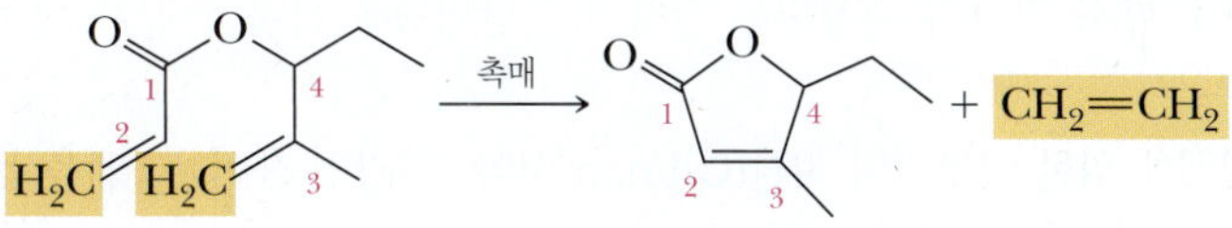

H_2C H_2C → (촉매) + $CH_2{=}CH_2$

(라셈 혼합물) (라셈 혼합물)

연습 문제 24.7

다음 반응의 생성물을 나타내어라.

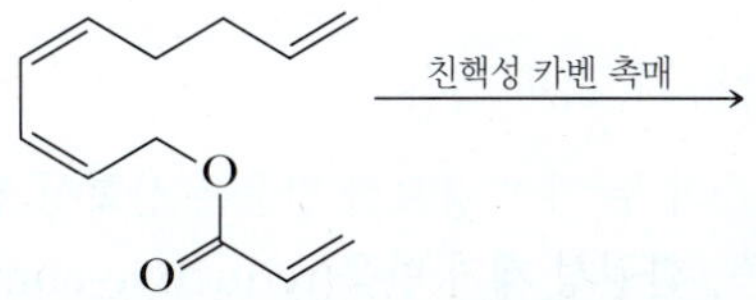

친핵성 카벤 촉매 →

특히 유용한 알켄 상호 교환 반응은 친핵성 카벤과 다른 카벤류 리간드, $C_6H_5CH{=}[M]$를 가지는 ruthenium 착물로 구성되어 있고, 여기서 [M]은 리간드를 가진 금속이다.

여기에서 보여주는 촉매의 모형은 이 장의 첫 페이지를 참조하라.

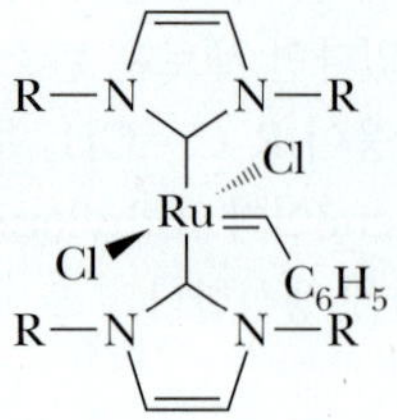

R—N N—R Cl Ru Cl C_6H_5 R—N N—R

C 상호 교환 반응의 메커니즘

Heck 반응과 유사하게 알켄 상호 교환 반응의 메커니즘도 촉매 순환 과정을 포함한다. 주요 단계는 metallocarbenoid가 알켄에 첨가되어 사-원자 고리형의 금속 함유 고리 화합물(metallacycle)를 생성하는 것이다. 이러한 금속 함유 고리 화합물은 불안정하여 출발 물질로 되돌아가거나, 반대 방향으로 알켄을 제거하여 새로운 알켄을 만든다. 첨가는 위치선택적이 아니다. 그 결과로, R_1과 R_2의 모든 가능한 조합이 나타난다. 아래의 반응식에서, 촉매는 $R_1CH{=}[M]$이다.

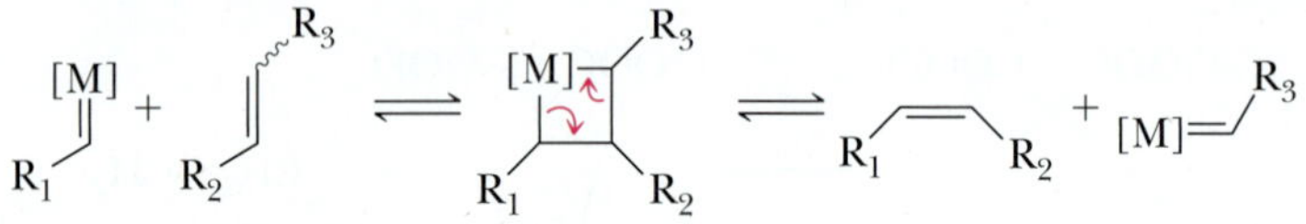

[M] R_1 + R_3 R_2 ⇌ [M] R_3 R_1 R_2 ⇌ R_1 R_2 + [M]= R_3

시스 혹은 트랜스 금속 함유 고리 화합물

이 절에서 고리-닫힘 알켄 상호 교환 반응을 일으키는 전이 금속 친핵성 카벤 촉매의 사용을 집중적으로 다루었다. 이와 같은 형태의 화합물들은 고리-열림 알켄 상호 교환 고분자화(ring-opening alkene metathesis polymerization, ROMP)라고 불리는 반응을 촉매화하는 데에도 사용될 수 있다. ROMP의 특별한 가치는 매우 불포화된 고분자를 합성하는데 사용될 수 있다는 것이다. ROMP 기술에 대한 설명은 29.6E절을 참조하라.

사실과 개념에 대한 요약

24.1절 | 앞 장에서 나온 탄소-탄소 결합 형성 반응

- 합성에서 탄소-탄소 결합이 생성되는 전형적인 방법들을 다음과 같은 범주로 널리 분류할 수 있다.
  - 탄소 친핵체에 의한 이탈기의 치환(Gilman 시약, 알카인 음이온, 엔올 음이온, enamine 알킬화 반응).
  - 보통 엔올산염 친핵체가 참여하는 카보닐 또는 카복시기의 친핵성 첨가 반응(Grignard, 알카인, 사이안화 음이온, 알돌, Claisen, 엔아민, Wittig).
  - α,β-불포화된 화합물에 콘쥬게이션 첨가 반응(Michael 반응).
  - 방향족성 치환 반응(Friedel-Crafts 반응).

24.2절 | 유기금속 화합물과 촉매작용

- 전이 금속과 그들 화합물들의 두 가지 중요한 반응은 **산화성 첨가 반응**(oxidative addition)과 그의 보완 반응 즉, **환원성 제거 반응**(reductive elimination)이다.
  - 산화성 첨가 반응은 시약이 금속에 첨가되었을 때 두 개의 리간드가 결합되면서 금속의 배위가 증가하고, 환원성 제거 반응에서는 그 반대로 된다.
  - *산화*(oxidative)와 *환원*(reductive)이라는 용어는 반응하는 동안 일어나는 금속의 형식 전하의 변화와 관련된다.

- 유기할로젠, 수소, 할로젠과 같은 시약 및 많은 다른 시약들은 금속과 이런 방법으로 반응할 수 있다.
- 전이 금속의 촉매적 성질은 금속에 배위되는 Lewis 염기인 다른 **리간드**(ligand)를 첨가시켜 봄으로써 조절된다.
  - 리간드는 어떤 상황에서 금속 주위의 전자적 성질, 입체적 밀집도와 광학 활성까지도 변화시키는데 사용될 수 있다.
- **녹색 화학**(Green chemistry)와 **원자 경제학**(atom economy)은 세계 화학 산업의 비교적 새로운 흐름이며, 유기금속 촉매 반응에 의해 그 목표에 보다 가까이 도달할 수 있다.

24.3절 | Heck 반응

- **Heck 반응**(Heck reaction)에서 알켄(바이닐성 수소)에 있는 수소는 염기와 소량의 팔라듐 촉매 존재 하에 할로알켄 또는 할로아렌에 의해서 치환된다.
  - 알켄에 차이가 있을 때 치환은 알켄의 덜 치환된 탄소에서 일어나고 종종 *E*-생성물을 입체선택적으로 생성한다.
  - 할로알켄(적당할 때)의 배열은 보존된다.
  - Heck 반응의 중요한 이점은 알코올, 에터, 알데하이드, 케톤과 에스터 작용기가 Heck 반응과 양립하고 있다(이런 작용기는 Heck 반응에 영향을 주지 않는다).
  - 유기할로젠화물, 알켄과 염기는 화학량론적인 양이 사용되고, 팔라듐 촉매는 소량 사용된다.
  - 원래의 알켄 이중 결합의 신 수소가 없을 때는 반응의 마지막 단계에서 제거할 수 있고, 수소 원자의 신 제거가 일어날 수 있게 하기 위해서 이중 결합이 원래의 위치에서 전환된다. Heck 반응의 마지막 단계에서 제거될 신 수소가 없을 때는 원래의 이중 결합 위치에서부터 그 이중 결합이 이동하면서 수소 원자의 신 제거가 일어날 수 있게 된다.

연습 문제: 24.1, 24.2, 24.8~24.18

24.4절 | 알릴 알킬화 촉매 반응

- 알릴 알킬화 촉매 반응에서 주로 이중으로 활성화된 α-탄소의 엔올산염인 친핵체가 주로 아세테이트와 같은 카르복시산염인 알릴 이탈기를 교체한다. 이 반응은 촉매량의 Pd(0)의 존재 하에 일어난다.
  - S_N2 알릴 알킬화 반응과 반대로 알킬화된 탄소의 입체화학이 보존된다.
  - 메커니즘은 η^3-알릴 팔라듐 착물을 포함하는 다단계 순환 과정으로 구성된다.
  - 이탈기의 초기 위치에 관계없이 η^3-알릴 착물의 덜 치환된 말단을 선호하는 위치선택적인 알릴화 반응이 일어난다.

연습 문제: 24.3, 24.19~24.22

24.5절 | 팔라듐 촉매에 의한 교차 짝지음 반응

- 교차 짝지음 반응은 모두 유사한 메커니즘을 가진다. 첫 번째 단계로 R-X 화학종이 Pd에 산화성 첨가 반응을 하고, R′-금속/준금속 화학종으로부터 R′기의 **금속 교환 반응**(transmetallation)으로 이어진다. 팔라듐으로부터 R-R′가 환원성 제거됨으로써 순환 과정이 완결된다.
- **Suzuki 짝지음 반응**(Suzuki coupling)은 알켄일, 아릴 또는 알카이닐 할로젠화물(보통 할로젠화물은 Br 또는 I)나 triflate를 가진 붕소 시약($R'-BY_2$)과 팔라듐 염을 사용하여 새로운 탄소-탄소 결합을 생성한다.
  - 붕소 화합물은 borane (R'_3B), borate ester ($R'-B(OR)_2$) 또는 boric acid ($R'-B(OH)_2$)일 수 있으며, 여기서 R′는 알킬, 알켄일, 또는 아릴기이다. Borane은 알켄 또는 알카인의 수소붕소 첨가 반응에 의해 합성된다. Borate는 아릴 또는 알킬리튬 화합물과 trimethyl borate로부터 만들어진다.
  - Suzuki 반응은 특히 바이아릴 화합물의 생성 반응에 유용하다.

연습 문제: 24.3, 24.23, 24.24, 24.38

연습 문제: 24.5, 24.25~24.31

- **Stille 짝지음 반응**(Stille coupling)은 새로운 탄소-탄소 결합을 얻기 위해 팔라듐과 함께 주석 시약(Bu_3Sn-R)을 사용하는데, R기는 흔히 할로젠화(주로 아이오딘나 triflate) 알케닐과 아릴, 알카이닐과 함께 바이닐 화학종을 사용한다.
  - 주석 시약(Stannane)은 Grignard 시약의 R기와 *n*-Bu_3SnCl, 그리고 보통 엔올산염으로부터 얻어지는 triflate와의 반응을 통해 합성한다.
  - Stille 짝지음 반응은 알켄일 아릴이나 컨쥬게이션된 다이엔 계를 만드는데 가장 흔히 사용된다.

연습 문제: 24.6, 24. 25~24.28, 24.31

- **Sonogashira 짝지음 반응**(Sonogashira coupling)은 triethylamine과 CuI를 말단 알카인과 반응시켜 Cu-알카인 착물을 형성하는 것으로 시작한다. 이것은 아이오딘화 바이닐 또는 아릴과 반응한다.
  - 이 짝지음 반응은 다이아릴 알카인 또는 아릴 알케닐 알카인, 다이알케닐 알카인 생성물을 합성하는데 일상적으로 사용한다.
  - 비대칭 알카인을 만들기 위해 trimethylsilylacetylene을 사용하여 두 개의 순차적인 Sonogashira 짝지음 반응이 흔히 이용된다.

24.6절 | 알켄 상호 교환 반응

연습 문제: 24.4, 24.32~24.34

- **알켄 상호 교환**(Alkene metathesis) 반응에서 두 개의 알켄이 그들의 이중 결합에 있는 탄소를 상호 교환한다.
- 촉매는 안정한 친핵성 카벤(아주 입체적으로 방해가 큰 질소 헤테로 고리 화합물)의 Ru 착물과 같은 전이 금속 착물이다.
- 상호 교환 반응은 보통 평형 반응으로 반응 후에 날아갈 ethylene 기체가 생성되는 두 말단 알켄을 사용함으로써 이 반응을 완성시킬 수 있다.
  - 특히 상호 교환 반응의 유용한 변형인 고리-닫힘 알켄 상호 교환 반응에서는 한 분자 내에 두 개의 말단 알켄이 분자 내 반응하여 고리 알켄 생성물이 얻어지고 있다.
  - 고리-닫힘 상호 교환 반응은 다른 방법으로는 합성하기 힘든 매우 큰 고리 크기를 가진 화합물을 합성하는 데에 사용되고 있다.

주요 반응 *Key Reactions*

1. Heck 반응(24.3절). 팔라듐(0) 촉매 반응에서 할로알켄(바이닐성 할로젠화물) 혹은 할로아렌의 탄소기는 알켄의 탄소-탄소 이중 결합(바이닐성 수소)에 있는 수소 대신에 치환된다. 반응은 일반적으로 높은 입체선택성과 위치선택성을 가지고 진행된다. 소량의 팔라듐 촉매는 일반적으로 Pd(II)인 팔라듐 아세테이트($Pd(OAc)_2$)의 형태로 전촉매(precatalyst)로서 첨가된다. 그리고 알켄(촉매는 소량만 사용되고 있으므로 적은 양의 알켄만 손실된다.) 또는 triethylamine과 같은 시약과의 반응에 의해 Pd(0)으로 환원된다. 그 이후에 Pd(0)은 일반적으로 두 개의 phosphine 리간드(L)와 반응하여 활성 촉매 PdL_2를 생성한다. BINAP와 같은 phosphine 리간드는 카이랄성이므로 새로운 카이랄 중심이 만들어지는 반응에서 하나의 거울상 이성질체 생성물이 가능하게 된다.

촉매 순환 과정은 다섯 단계를 포함하고 있고, 가장 중요한 것은 촉매 유기 할로젠의 산화성 첨가 반응, 알켄의 신 첨가, 신 제거 반응 후 새로운 알켄 생성물 생성 및 HX (염기 첨가로 인해 중화된다)의 환원성 제거 반응에 의해 촉매는 재생되고 있다.

$$C_6H_5\text{-Br} + CH_2{=}CHCOCH_3 \xrightarrow{\text{Pd 촉매}} C_6H_5\text{-CH=CH-}\overset{O}{\overset{\|}{C}}OCH_3$$

(반응물: $CH_2{=}CH\overset{O}{\overset{\|}{C}}OCH_3$)

2. 알릴 알킬화 촉매 반응(24.4절). 알릴 알킬화 촉매 반응은 흔히 아세테이트 알릴 화학종에서 아세테이트기를 친핵체로 치환시킨다. 가장 유용한 친핵체는 2-전자 끄는 기 사이에 있는 메

틸렌에서 유래한 엔올산염이다. 이 반응의 메커니즘은 팔라듐에 아세테이트 알릴이 산화성 첨가 반응하는 것을 포함하며, 아세테이트 이탈기가 있는 탄소의 배열을 반전시키는 η^3-알릴 착물의 중간체를 형성한다. 용액의 친핵체의 의한 공격으로 두 번째 반전이 일어나 두 개의 S_N2 방식의 반응이 일어나는 식으로 결과적으로 배열이 보존된다. 위치화학 또한 매우 선택적이어서 용액으로부터의 친핵성 공격은 η^3-알릴 착물의 덜 치환된 탄소에서 더 잘 일어난다.

$Pd(PPh_3)_4$
CH_3O OCH_3 Na^+
CO_2CH_3
CO_2CH_3

3. **Suzuki 짝지음 반응(24.5B절).** Suzuki 반응은 유기 할로젠화물 혹은 triflate와 유기붕소 화합물과의 팔라듐 촉매 반응이다. 반응 메커니즘은 금속 교환 반응을 포함하는데, 팔라듐에 있는 리간드는 borane에 있는 치환기로 대체된 후 환원성 제거 반응이 일어나면서 새로운 C—C 결합이 형성된다.

$B(OH)_2$ + Br
$Pd(OAc)_2$, Na_2CO_3

4. **Stille 짝지음 반응(24.5C절).** Stille 짝지음 반응은 팔라듐 촉매를 사용해 바이닐 주석 시약을 유기할로젠화물이나 triflate와 반응시킨다. 반응 메커니즘은 유기할로젠화물/triflate의 산화성 첨가 반응과 Sn 또는 Pd의 바이닐 기의 금속 교환 반응, 그리고 새로운 C—C 결합을 형성하는 환원성 제거 반응을 포함한다.

I + n-Bu_3Sn
Pd(0)

5. **Sonogashira 짝지음 반응(24.5D절).** Sonogashira 짝지음 반응은 Cu-알카인 착물을 팔라듐 촉매를 사용해 아이오딘화 바이닐 또는 아릴과 반응시킨다. 아민 염기의 존재 하에 CuI를 말단 알카인과 반응시켜 Cu-알카인 착물을 형성한다. 반응 메커니즘은 유기 아이오딘화물을 팔라듐에 산화성 첨가시키는 반응과 알카인 기를 Cu에서 Pd로 금속 교환하는 반응, 그리고 새로운 C—C 결합을 형성하는 환원성 제거 반응을 포함한다.

CuI
NEt_3
Cu
I
$Pd(PPh_3)_4$

6. **알켄 상호 교환 반응(24.6절)** 알켄 상호 교환 반응은 두 알켄이 그들의 이중 결합의 탄소를 교환하는 유기금속 촉매 반응이다. 고리 닫힘 알켄 상호 교환 반응은 두 알켄이 모두 한 분자 내에 있고 생성물은 고리 알켄이다. Ru 및 Mo 촉매가 종종 사용되며 Ru의 친핵성 카벤 착물이 특히 유용하다. 촉매 순환 과정에서는 금속 촉매가 알켄과 반응하여 사-원자 고리의 금속 함유 고리 화합물(metallacycle)을 형성하며 이것은 불안정하여 분해되어 출발 물질로 되돌아가거나 혹은 반대 방향으로 제거되어 새로운 알켄이 생성된다.

EtOOC COOEt
친핵성 카벤 촉매
EtOOC COOEt
+ $CH_2{=}CH_2$

연습 문제

붉은색 번호는 응용 문제를 나타낸다.

Heck 반응

24.8 이 책에서 설명한 것처럼 출발 물질인 알켄이 말단기로서 CH_2를 가지고 있을 때 Heck 반응은 아주 큰 입체선택성을 가지고 *E* 이성질체를 생성한다. 여기서 벤젠 고리는 약자로 C_6H_5— 로 표시하였다. 책에 제안된 메커니즘이 어떻게 이러한 입체선택성을 설명할 수 있는지 나타내어라.

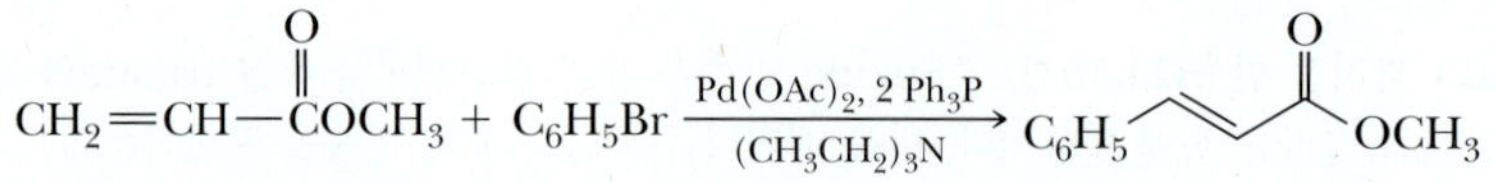

$$CH_2{=}CH{-}\overset{O}{\overset{\|}{C}}OCH_3 + C_6H_5Br \xrightarrow[(CH_3CH_2)_3N]{Pd(OAc)_2,\ 2\ Ph_3P} C_6H_5{-}CH{=}CH{-}\overset{O}{\overset{\|}{C}}{-}OCH_3$$

24.9 다음 반응은 두 번의 연속적인 Heck 반응이 일어난다. 차례대로 생성되는 각각의 유기팔라듐 중간체에 대한 구조식을 그리고 최종 생성물이 어떻게 생성되는지 설명하여라. 이 전환 반응은 출발 물질의 H와 I 원자가 잃게 되어 나오는 것과 각 구조식 밑에 나와 있는 분자식과 일치하고 있음을 유의하여라. Acetonitrile, CH_3CN은 용매이다.

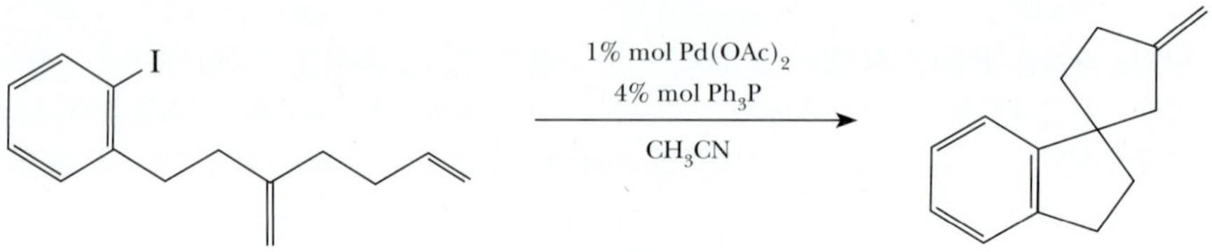

$$C_{14}H_{17}I \xrightarrow[CH_3CN]{1\%\ mol\ Pd(OAc)_2,\ 4\%\ mol\ Ph_3P} C_{14}H_{16}$$

24.10 Heck 반응을 완결하여라.

(a) $2\ C_6H_5CH{=}CH_2 + I{-}C_6H_4{-}I \xrightarrow[(CH_3CH_2)_3N]{Pd(OAc)_2,\ 2\ Ph_3P}$

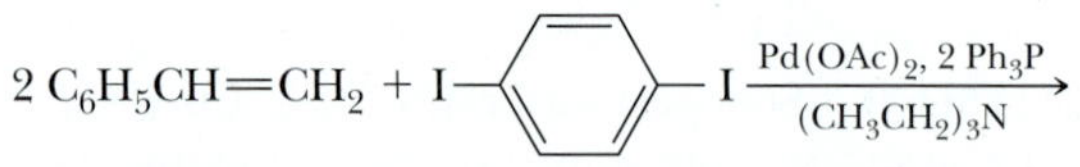

(b) $CH_2{=}CH\overset{O}{\overset{\|}{C}}OCH_3 +$ (I-substituted alkene) $\xrightarrow[(CH_3CH_2)_3N]{Pd(OAc)_2,\ 2\ Ph_3P}$

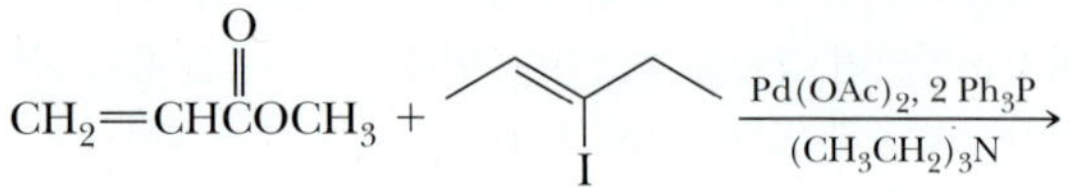

24.11 Heck 반응 조건 하에서 cyclohexene과 iodobenzene의 반응은 1-phenylcyclohexene을 생성할 것으로 예상된다. 그러나 생성물은 오로지 3-phenylcyclohexene이다. 이 생성물의 생성을 설명하여라.

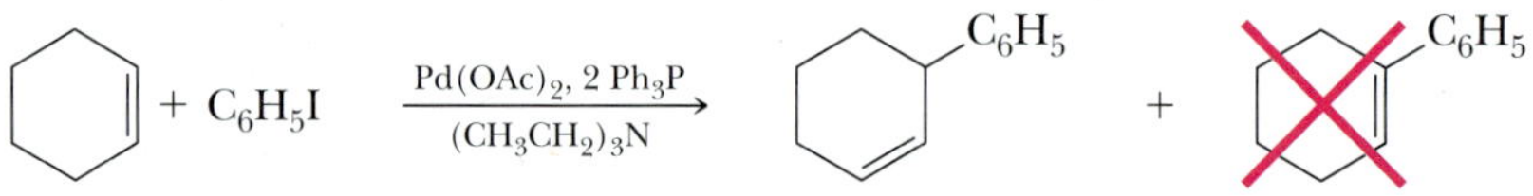

$$\text{cyclohexene} + C_6H_5I \xrightarrow[(CH_3CH_2)_3N]{Pd(OAc)_2,\ 2\ Ph_3P}$$

3-Phenylcyclohexene (라셈 혼합물) + **1-Phenylcyclohexene** (생성 안됨)

24.12 다음 생성물의 생성과 고리 접합점(ring junction)의 *시스* 입체화학을 설명하여라. (Silver carbonate의 기능은 반응 속도를 증가시키는 것이다.)

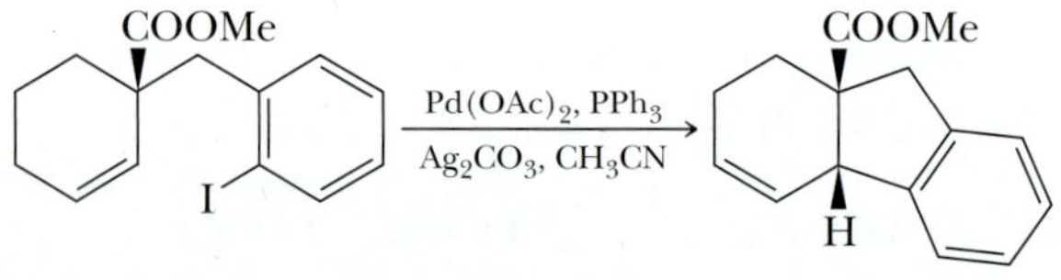

COOMe, I $\xrightarrow[Ag_2CO_3,\ CH_3CN]{Pd(OAc)_2,\ PPh_3}$ COOMe, H

86%

24.13 고리 접합점에서 *시스* 입체화학과 다음 생성물의 생성을 설명하여라.

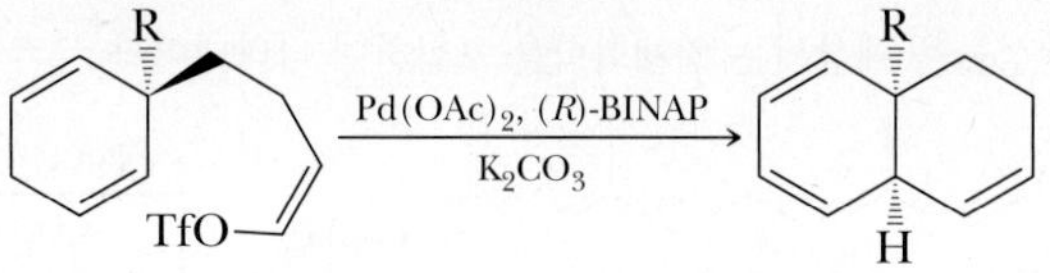

R, TfO — $Pd(OAc)_2$, (*R*)-BINAP / K_2CO_3 → R, H

24.14 아릴 다이엔(Aryl diene)은 연속적인 Heck 반응을 통하여 분자식이 $C_{15}H_{18}$인 화합물을 생성한다. 이 생성물의 구조식을 제안하여라.

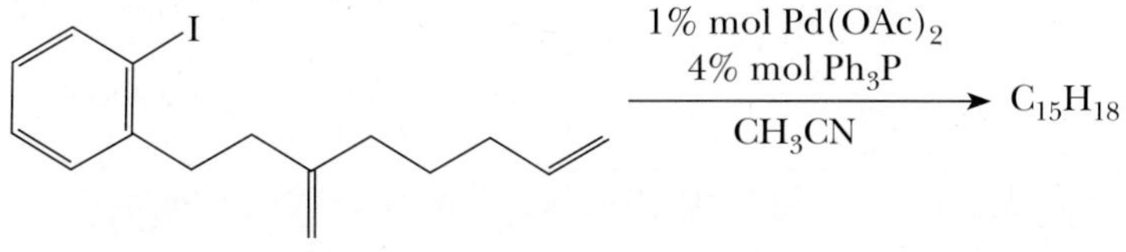

I, ($C_{15}H_{19}I$) — 1% mol $Pd(OAc)_2$ / 4% mol Ph_3P / CH_3CN → $C_{15}H_{18}$

24.15 Heck 반응은 알켄뿐만 아니라 알카인에서도 일어난다. 다음의 전환 반응에서는 분자 내 Heck 반응 후에 분자 간의 Heck 반응이 참여하고 있다. 이 반응에서 참여하고 있는 팔라듐을 포함한 중간체들의 구조식을 제안하여라.

I, Me + COOMe — Heck 반응 → Me, MeOOC

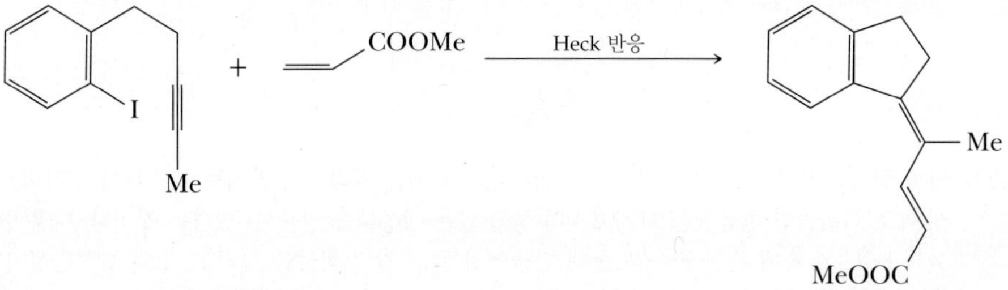

24.16 다음의 전환 반응은 연속적인 Heck 반응이 포함되어 있다. 이 반응에 포함된 팔라듐이 들어 있는 중간체들의 구조식을 제안하여라.

EtOOC, EtOOC, I, $SiMe_3$ — Heck 반응 → EtOOC, EtOOC, $SiMe_3$

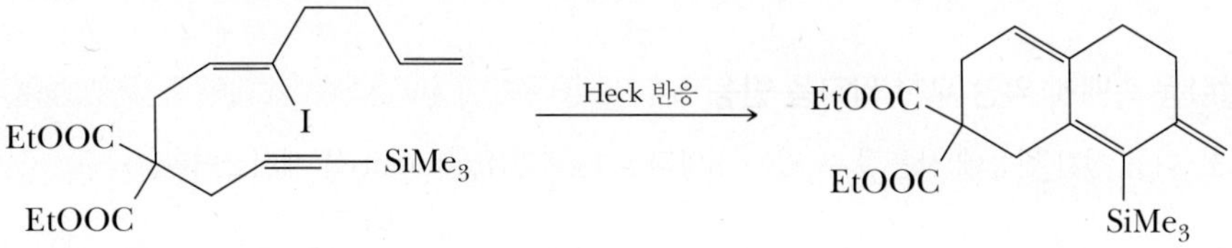

24.17 다음 전환 반응은 네 개의 연속적인 Heck 반응이 포함되어 있으며, 라셈 혼합물로서 네 개의 고리를 가지는 스테로이드 핵이 생성된다(26.4절). 이 반응에 참여하는 팔라듐을 포함한 중간체들의 구조식을 제시하여라.

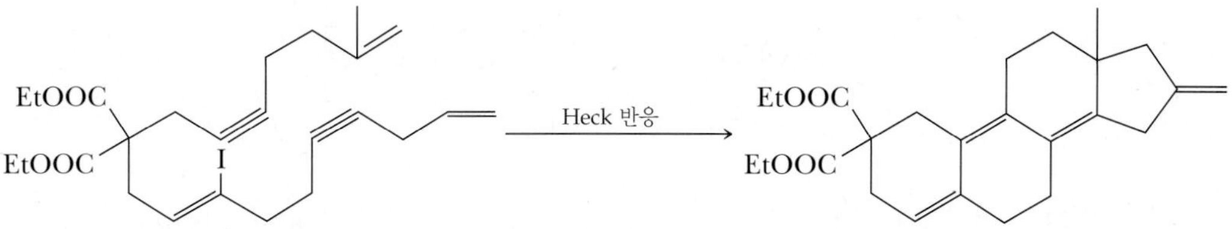

EtOOC, EtOOC, I — Heck 반응 → EtOOC, EtOOC

24.18 다음 전환이 일어나는데 경유하는 연속적인 Heck 반응을 보여라. 이 전환 반응은 출발 물질의 H와 I 원자가 잃게 되어 나오는 것과 각 구조식 밑에 나와 있는 분자식과 일치하고 있는 것을 유의하여라.

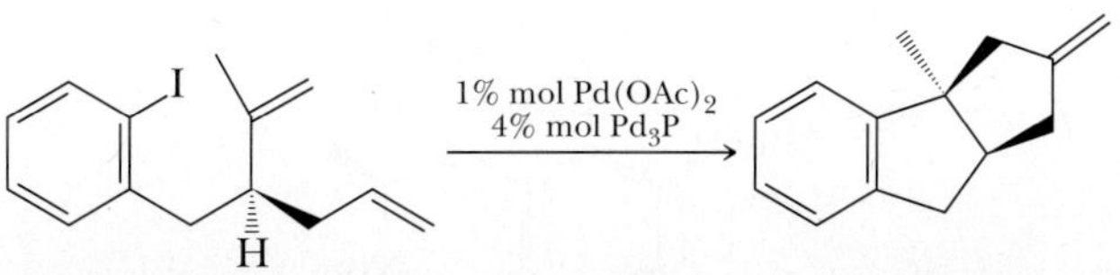

I, H, ($C_{14}H_{17}I$) — 1% mol $Pd(OAc)_2$ / 4% mol Pd_3P → ($C_{14}H_{16}$)

알릴 알킬화 촉매 반응

24.19 다음 반응의 생성물을 예상되는 입체화학을 포함하여 나타내어라.

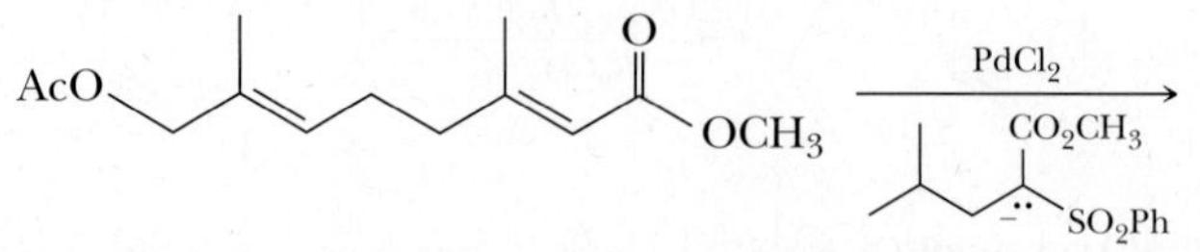

AcO, OCH$_3$, O, $PdCl_2$, CO_2CH_3, SO_2Ph

24.20 다음 반응의 생성물에 ∗표로 표시된 탄소의 입체화학을 설명할 수 있는 중요한 반응 단계들을 제시하여라.

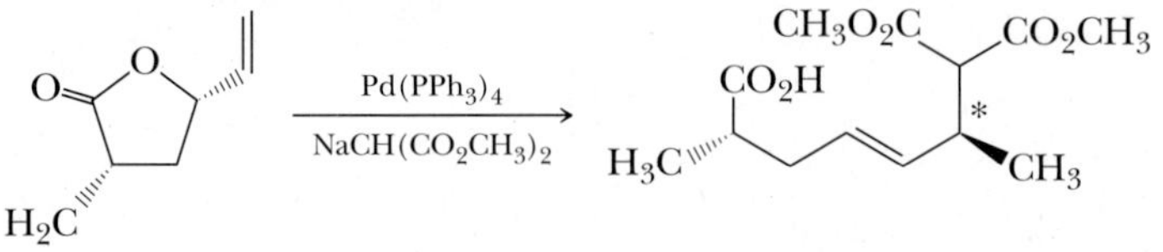

O, O, H_2C, $Pd(PPh_3)_4$, $NaCH(CO_2CH_3)_2$, CH_3O_2C, CO_2CH_3, CO_2H, H_3C, ∗, CH_3

24.21 알릴 알킬화 팔라듐 촉매 반응의 가장 유용한 점은 팔라듐에 카이랄 리간드를 첨가함으로써 라셈 혼합물인 반응물로 원하는 한 가지 광학이성질체를 생성물로 얻을 수 있다는 것이다. 다음 반응물과 PdL_4의 촉매 순환 반응을 통해 만들어지는 η^3-알릴 착물을 그리고, L의 광학활성이 친핵성 공격의 입체화학에 영향을 주는 이유를 설명하라.

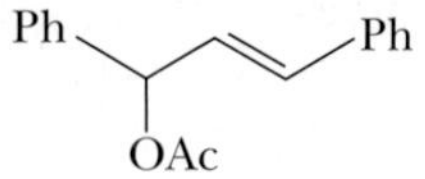

Ph, Ph, OAc

24.22 알릴 알킬화 팔라듐 촉매 반응의 또 다른 유용한 점은 팔라듐에 카이럴 리간드를 첨가함으로써 메조 화합물인 반응물을 가지고 대칭성을 잃은 생성물을 얻을 수 있다는 것이다. 다음 반응물과 PdL_4의 촉매 순환 반응을 통해 만들어지는 η^3-알릴 착물을 그리고, L의 광학활성이 다른 소량 생성물에 비해 한 가지 착물만을 선호하는 이유를 설명하라.

AcO, OAc

팔라듐 촉매에 의한 교차 짝지음 반응

24.23 다음 전환 반응에 사용될 수 있는 시약과 다른 조각(fragment)을 제시하여라.

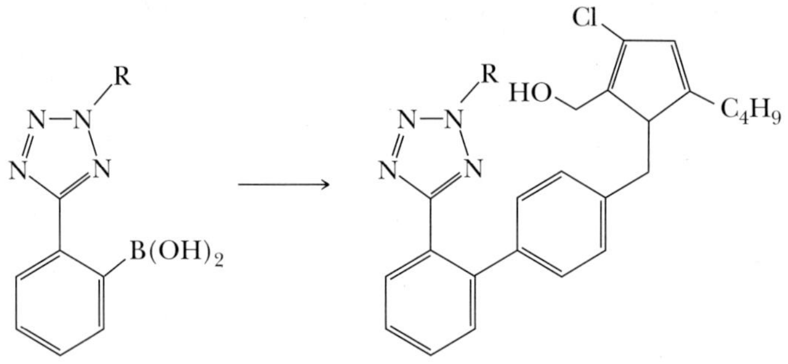

R, N, N, N, N, $B(OH)_2$, Cl, HO, C_4H_9

24.24 다음 화합물이 Suzuki 반응으로 어떻게 합성될 수 있는지 보여라(Bn = benzyl).

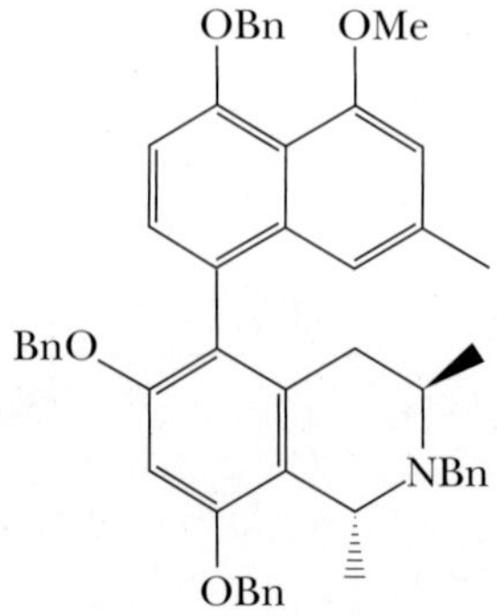

OBn, OMe, BnO, NBn, OBn

24.25 이탈기가 두 개의 부피가 큰 치환체 사이에 끼어 있을 때는 방향족 고리 화합물에서 치환 반응 시키기가 보통 매우 어렵다. 더욱이 22.3절에서 배웠듯이 친핵성 방향족 치환 반응은 벤젠 고리에 강한 전자 끄는 기를 필요로 한다. 하지만 팔라듐 촉매 짝지음 반응은 그런 목표 생성물에도 가능성을 열어준다. 한 예로, 다음 반응의 생성물을 나타내고 어떤 짝지음 반응이 사용되었는지 적어라.

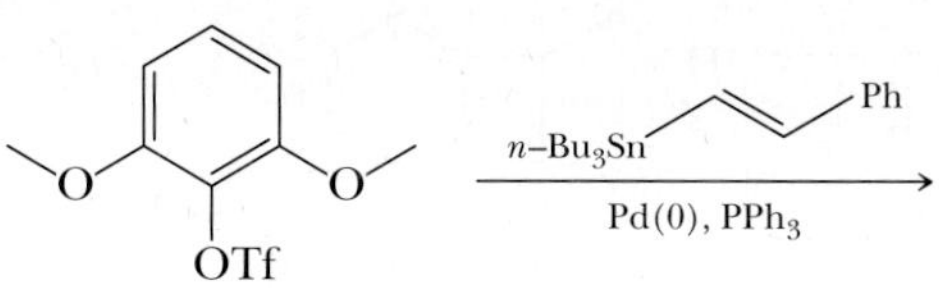

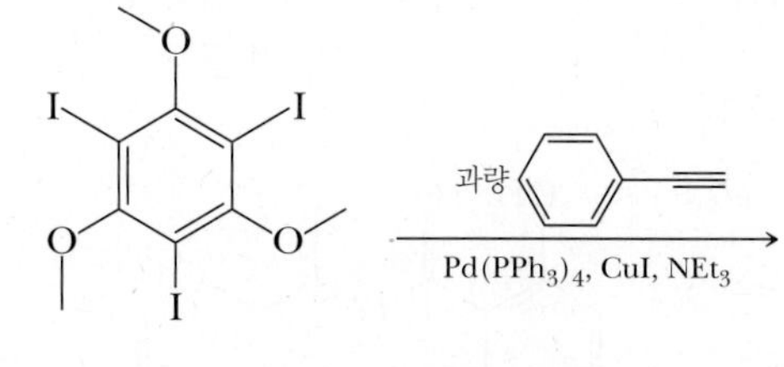

OTf, Ph, n-Bu_3Sn, Pd(0), PPh_3

I, I, I, 과량, $Pd(PPh_3)_4$, CuI, NEt_3

24.26 Eutypine은 *Eutypa lata*라는 곰팡이에서 분리한 항균제이다. 이 곰팡이는 포도밭에 주로 번지는 eutyposis라는 병을 일으킨다. 아세톤과 아세틸렌을 반응물로 사용하여 다음 반응물을 출발 물질로 하여 eutypine을 합성하는 일련의 반응을 구성하라.

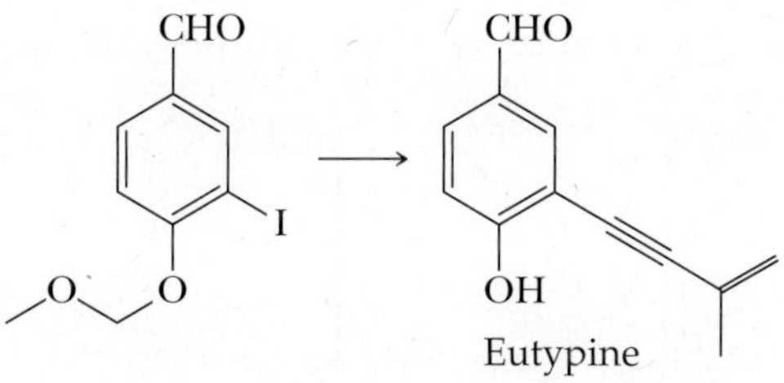

CHO, I, CHO, OH

Eutypine

24.27 이 장에서 다룬 Pd(0) 촉매 반응을 약간의 일산화 탄소 존재 하에 수행하면 케톤이 종종 생성물로 만들어진다. 예를 들어, 다음과 같은 Stille 짝지음 반응 조건에 CO를 첨가하면 다음의 생성물이 얻어진다. 이 장에서 소개한 유기금속 메커니즘 단계들을 사용하고, 이러한 변형에 필요한 새로운 단계들과 함께 이런 반응이 어떻게 일어날 수 있는지 설명할 수 있는 메커니즘을 보여라. (*힌트*: CO는 Pd에 배위하여 Pd-C 결합에 끼어들 수 있다.)

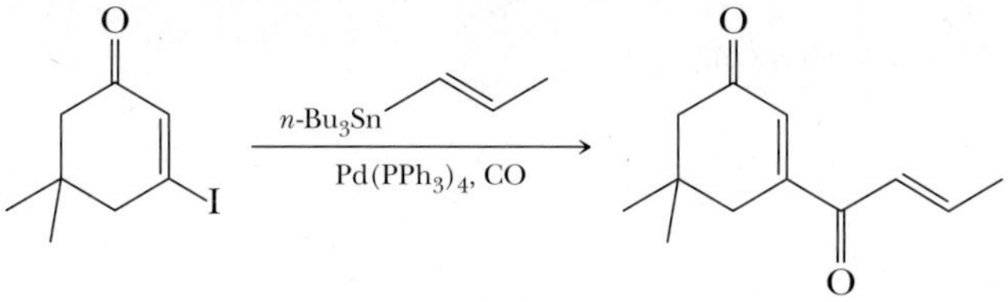

O, I, n-Bu_3Sn, $Pd(PPh_3)_4$, CO, O, O

24.28 이 장에서 설명한 많은 교차-짝지음 반응들은 29장에서 보게 될 매력적인 고분자 재료들을 만드는데 사용되어 왔다. 아래 고분자를 합성하는데 적합한 반응물을 나타내고 관련된 짝지음 반응의 이름을 써라.

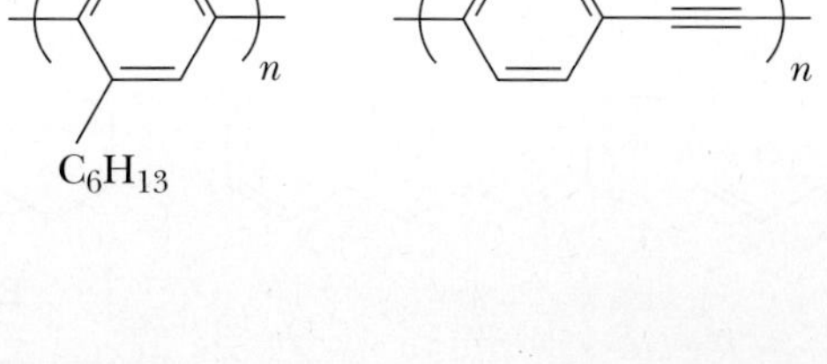

C_6H_{13}, n, C_6H_{13}, n

24.29 β-락탐은 사-원자 고리 아미드를 말하며 항생제에서 흔히 발견되는 구조이다. 보통의 vinyl triflate를 사용하여 다음의 β-락탐들을 합성할 때 어떤 시약을 사용해야 할지 각각의 경우에 보여라.

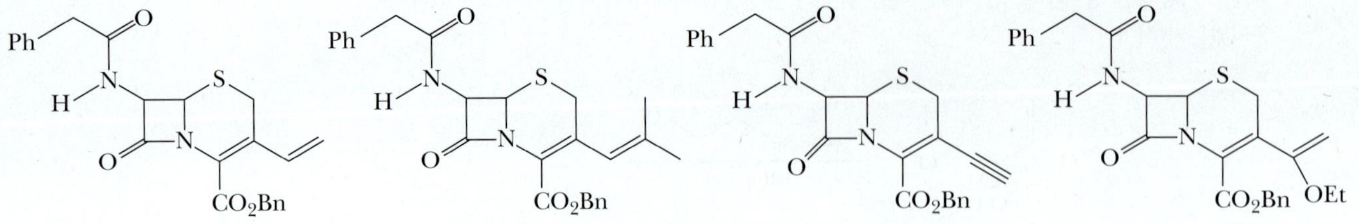

Ph O N H S N O CO_2Bn

24.30 매우 큰 고리 화합물을 합성하는 것은 어렵고 까다로울 때가 많다. 다음 거대 고리 화합물은 이 장에서 설명한 짝지음 반응 중 하나를 사용하여 합성되었다. 어느 반응이 사용되었는가? 출발 물질은 무엇인가?

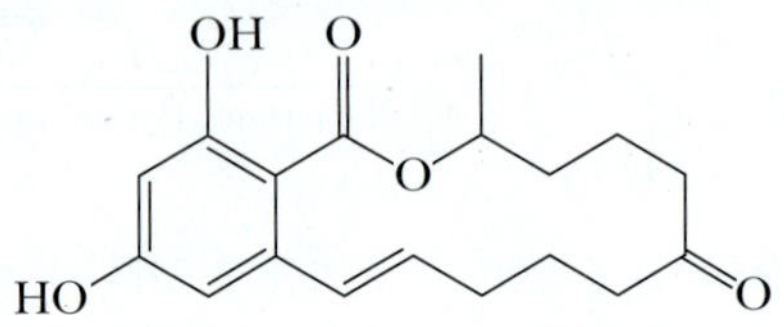

OH O O HO O

24.31 이 장에서 설명한 바와 같이 Sonogashira 짝지음 반응은 다이아릴 알카이닐 구조를 만드는 데 흔히 사용하지만, 다이바이닐 알카이닐 구조를 만드는데도 사용할 수 있다. 아래의 일련의 반응은 그러한 화합물을 만들어낸다. 빈 상자에 가능한 반응물을 넣어라.

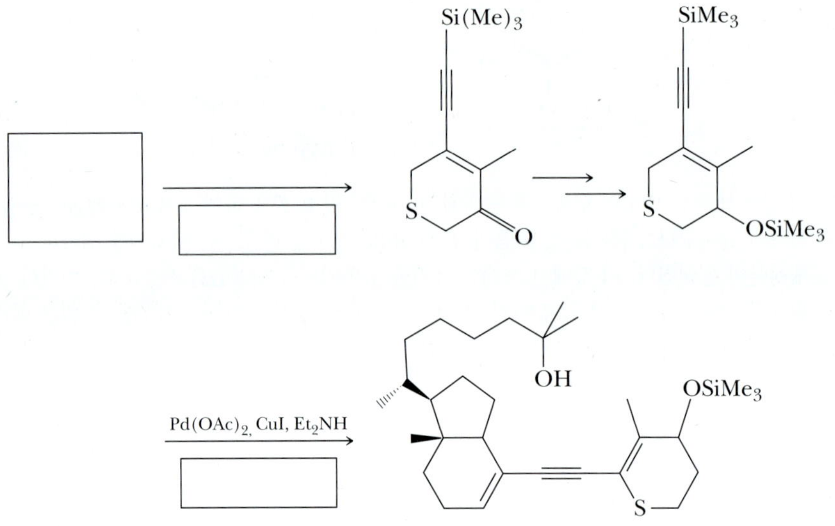

$Si(Me)_3$ S O → → $SiMe_3$ S $OSiMe_3$

$Pd(OAc)_2$, CuI, Et_2NH → OH $OSiMe_3$ S

올레핀 상호 교환 반응

24.32 고리형 에스터(락톤)인 Exaltolide은 사향과 같은 향기를 가지며 향료의 휘발 보유제로 사용된다. 이 화합물이 표시된 출발 물질로부터 어떻게 합성될 수 있는지 보여라. R의 구조를 제시하여라.

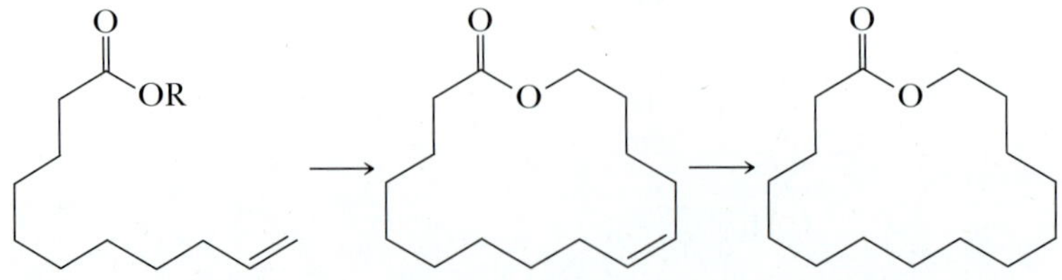

O OR → O O → O O

Exaltolide

24.33 Ru-친핵성 카벤 촉매를 사용하여 각각의 알켄 상호 교환 반응의 생성물을 예측하라.

(a) OAc, OAc, O — 5 mole % Ru 촉매 / CH_2Cl_2, 40°C, 30분 →

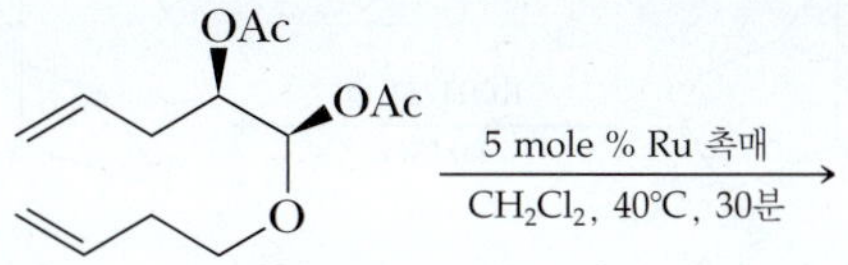

(b) O, O — 5 mole % Ru 촉매 / CH_2Cl_2, 40°C, 30분 →

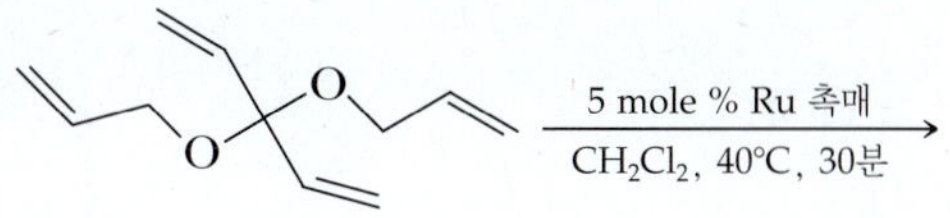

24.34 다음과 같은 변환 반응은 이 장과 20장에서 배운 반응들로 수행할 수 있다. 각 단계에 사용된 반응의 이름을 써라.

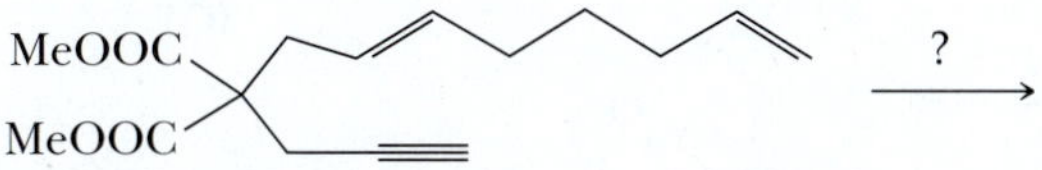

MeOOC, MeOOC (1) —?→

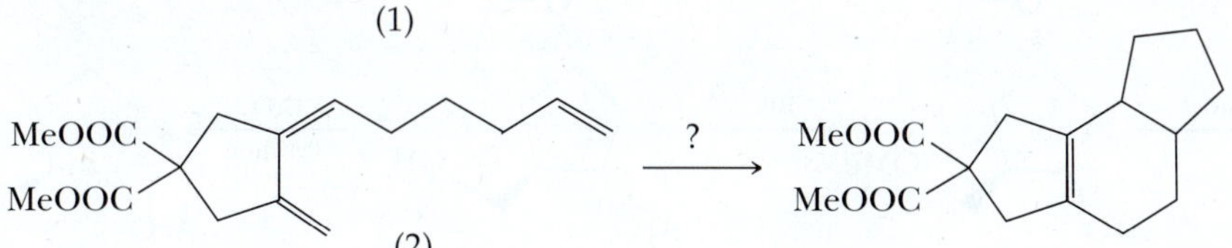

MeOOC, MeOOC (2) —?→ MeOOC, MeOOC (3)

› 합성

다음 문제들은 비교적 최근의 중요한 천연물들의 전합성에 기초하고 있다. 많은 그러한 합성법들이 합성반응의 개론서에 요약되어 있다. 이 문제들을 만드는데 특히 유용한 책은 *Classics in Total Synthesis*, K. C. Nicolaou and E. J. Sorensen, Wiley-VCH Weinheim, New York, Basel, Cambridge, Tokyo, 1996; *Classics in Total Synthesis II*, K. C. Nicolaou and S.A. Snyder, Wiley-VCH Verlag GmbH, Weinheim, (2003)이다.

24.35 다음은 'Corey 락톤'의 입체특이적인 합성을 요약한 것이다. E. J. Corey 교수(Harvard University)는 이러한 방법으로 과정을 설명한다. '모든 알려져 있는 prostaglandin의 일반적인 첫 합성법은 bicycloheptene 중간체를 경유하여 개발되었다. 합성 설계는 많은 유도체들의 합성과 조기 분할(resolution)이 가능하도록 충분히 다양한 방법의 요구에 따라 영향을 받고 있다. 합성은 전 세계적으로 실험실에서 대량으로 사용되어 왔고 그것은 수많은 prostaglandin의 합성에 적용되어 왔다.' Corey는 복잡한 분자의 합성을 위한 역합성 분석법의 개발로 1990년 노벨 화학상을 수상하였다. E.J. Corey and Xue-Min Cheng, *The Logic of Chemical Synthesis*, John Wiley & Sons, New York, 1989, p.255를 참조하라. Prostaglandin의 구조에 대해서는 26.3절을 참조하라.

[*주의*: 화합물 C의 물결선은 —Cl과 —CN기의 입체화학이 결정되지 않았음을 나타낸다. (D에서 E로의 전환은 이 책에서는 논의되지 않은 Baeyer-Villiger 반응에 의하여 케톤기가 산화되어 락톤으로 되는 반응이다.)]

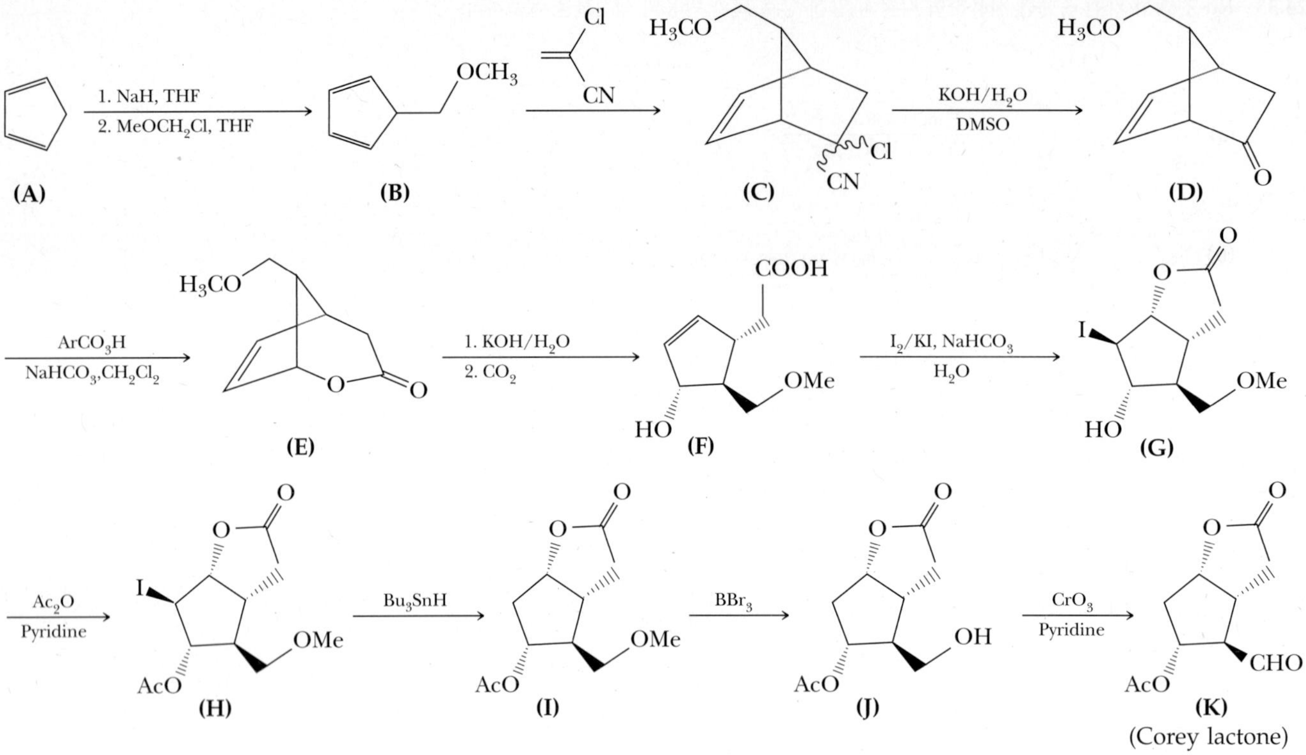

(A) → 1. NaH, THF 2. $MeOCH_2Cl$, THF → (B) → (Cl, CN 알켄) → (C) → KOH/H_2O, DMSO → (D)

→ $ArCO_3H$, $NaHCO_3$, CH_2Cl_2 → (E) → 1. KOH/H_2O 2. CO_2 → (F) → I_2/KI, $NaHCO_3$, H_2O → (G)

→ Ac_2O, Pyridine → (H) → Bu_3SnH → (I) → BBr_3 → (J) → CrO_3, Pyridine → (K) (Corey lactone)

(a) 첫 단계에서 sodium hydride, NaH의 기능은 무엇인가? Cyclopentadiene의 pK_a는 얼마인가? 그것의 높은 산도는 어떻게 설명할 수 있는가?

(b) 어떤 형태의 반응에 의하여 **(B)**가 **(C)**로 전환되는가?

(c) **(E)**의 **(F)**로의 전환 중에서 2단계에서 반응 혼합물에 첨가하는 이산화 탄소의 기능은 무엇인가? (*힌트*: 이산화 탄소가 물에 녹으면 어떻게 되는가? 왜 바로 HCl을 사용하지 않는가?)

(d) **(H)**가 **(I)**로 전환될 때 사용하는 tributyltin hydride, $(Bu)_3SnH$는 라디칼 연쇄 반응을 경유하여 반응한다. 즉, 첫 단계는 라디칼 개시제와의 반응하여 $(Bu)_3Sn\cdot$을 생성한다. 반응의 나머지에 대한 메커니즘을 제시하여라.

(e) Corey 락톤은 상대 배열에서 나타낸 것처럼 네 개의 카이랄 중심을 포함한다. 각각의 카이랄 중심의 배열은 이 합성의 어느 단계에서 결정된 것인가? 관련된 단계의 관찰된 입체 특이성을 설명하는 반응 메커니즘을 제시하여라.

(f) 화합물 **(F)**는 (+)-ephedrine을 사용하여 분리되었다. 다음은 자연에 존재하는 이성질체인 (−)-ephedrine의 구조이다. '분할'은 무엇을 뜻하는가? 그리고 **(F)**의 분할을 위해서는 카이랄성의 순수한 거울상 이성질체인 아민을 사용하는 근본적인 이유는 무엇인가?

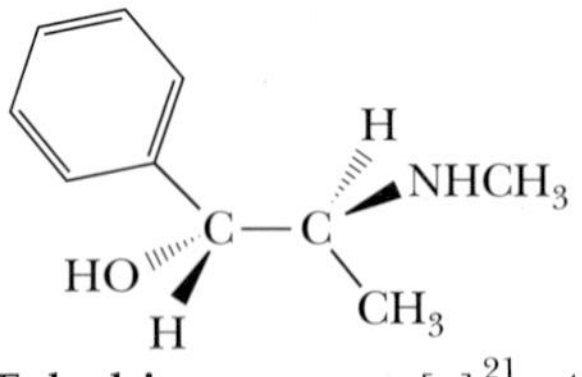

Ephedrine $[\alpha]_D^{21}$ −41

(g) 아직 Baeyer-Villiger 반응(**D**에서 **E**로 전환 반응)을 공부하지 않았다. 메커니즘은 카보닐과 과산소산(peroxyacid)과의 친핵성 반응 및 수소화붕소 첨가 반응(6.4절)에서 일어났던 것과 같은 자리옮김 반응이 참여하고 있다. 이 반응에 대한 메커니즘을 제시하여라.

(*주의*: 이 단계에서 분할에 의하여 물질의 반이 폐기된다. 보다 효과적인 방법은 더 일찍 분할하는 것이다. 사실상 Corey는 이 문제를 순수한 거울상 이성질체 8-phenylmenthol의 acrylate ester 형태의 알켄과 거울상선택적인 Diels-Alder 반응을 이용하여 세련되게 해결하였다. 97:3의 부분 입체선택성을 가지고 생성물이 생성되도록 비대칭 반응을 유도하였다. 그리하여 그는 차라리 분할보다는 직접 정확한 입체 이성질체를 얻을 수 있었다.)

24.36 Chapman (O .L. Chapman, 그 당시 Iowa State에 재직하고, 나중에 UCLA에 근무함) 이 고안한 (±)-carpanone의 고전적인 전합성은 그것이 학부 실험실의 제법으로 사용될 정도로 아주 간단하다. 이것은 lignan-유래 천연물에 대한 가능한 생합성의 모형이 되었다. Phenol 산화 반응은 많은 천연물의 생합성과 같은 반응에 두드러지게 나와 있다. 한 단계에서 이 반응은 모두 정확한 상대 배열을 가지는 적어도 다섯 개나 인접한 카이랄 중심을 생성한다.

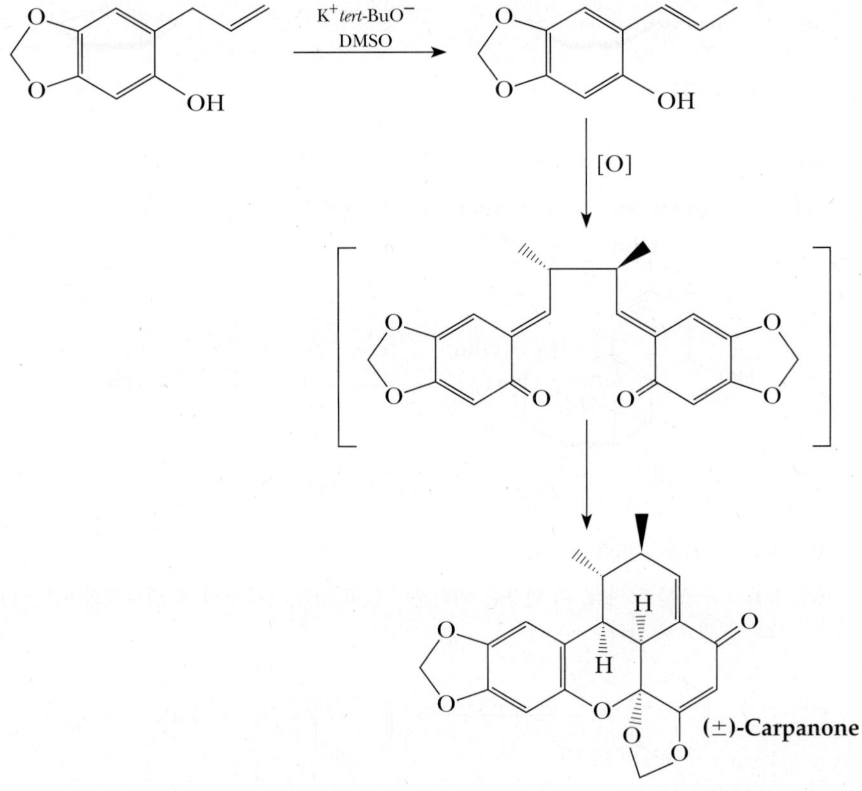

K^+ *tert*-BuO$^-$ DMSO

OH → OH

[O]

O O O O

(±)-Carpanone

(a) 반응의 첫 단계에 대한 메커니즘과 왜 그 방향으로 진행되는지 설명하여라.

(b) 산화 단계는 팔라듐염을 사용한다. 이 짝지음에 대한 메커니즘을 제시하여라. 이 반응은 아직 다루지 않았다. (*힌트*: 전자의 수용체로서의 역할 이외에는 금속의 역할은 무시하라.)

(c) 세 번째 단계는 자발적이다. 이 반응에 대한 메커니즘을 제시하고 그것이 어떻게 최종 생성물의 입체화학을 설명할 수 있는지 나타내어라.

(d) 생성물이 라셈 혼합물인지 하나의 거울상 이성질체인지를 기대할 수 있는가?

24.37 Gilvocarcin M은 *Streptomyces* 균주로부터 분리되며 강한 항종양 활성을 가진다.

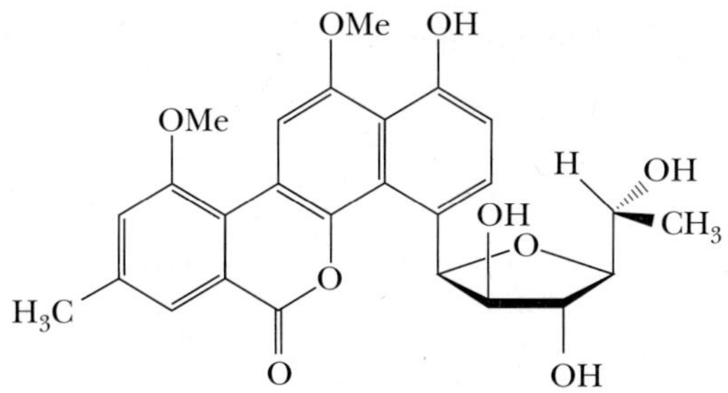

OMe OH OMe H OH OH O CH_3 O H_3C O OH

Gilvocarcin M

Suzuki와 공동 연구자들은 자연에 존재하는 (−)-gilvocarcin M의 전합성을 수행할 수 있었다. 그들의 합성은 다음과 같다(물결선은 입체화학이 결정되지 않았거나 혼합물을 의미한다). 생성물의 입체화학은 직관적이 아니었다(보다 입체 장애가 큰 쪽으로의 분명한 공격). 그 이유는 반응이 처음에 *O*-알킬화 반응이 일어나고 나중에 자리옮김 반응이 일어나기 때문이다.

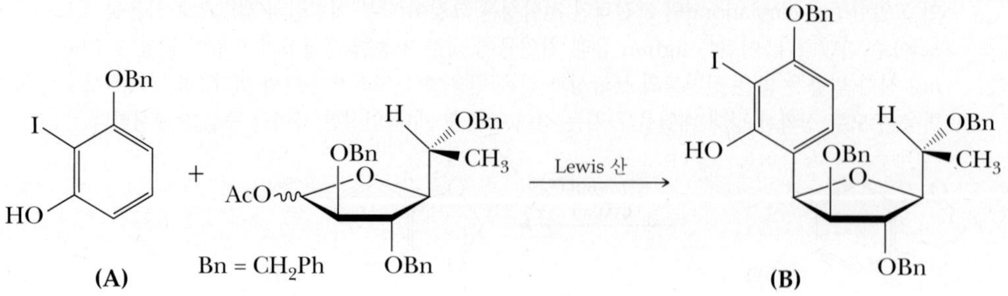

OBn I HO (A) + H OBn OBn O CH_3 AcO OBn Bn = CH_2Ph —Lewis 산→ OBn I HO H OBn OBn O CH_3 OBn (B)

(a) 이 반응은 높은 위치선택성과 입체선택성을 나타낸다. 어떤 다른 생성물이 기대되는가?

다음 단계는 triflation과 butyl lithium로 처리가 포함되어 있다.

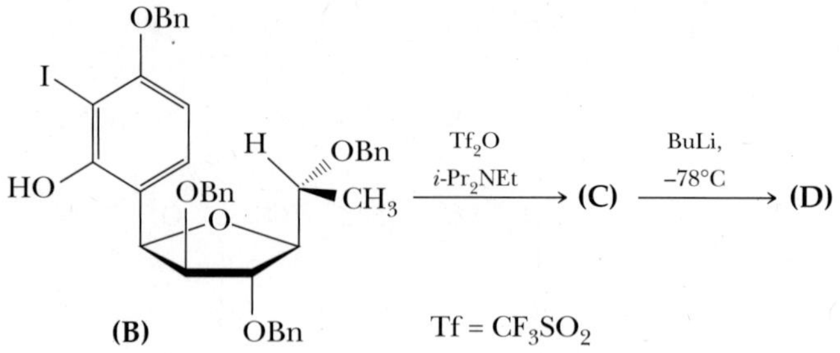

OBn I HO H OBn OBn O CH_3 OBn (B) —Tf_2O, *i*-Pr_2NEt→ **(C)** —BuLi, –78°C→ **(D)**

Tf = CF_3SO_2

(b) **(C)**의 구조를 그려라.

(c) **(D)**의 구조를 그려라. 이 반응은 여러분이 알고 있는 리튬 시약과 할로젠화 아릴의 상호 교환을 필요로 한다.

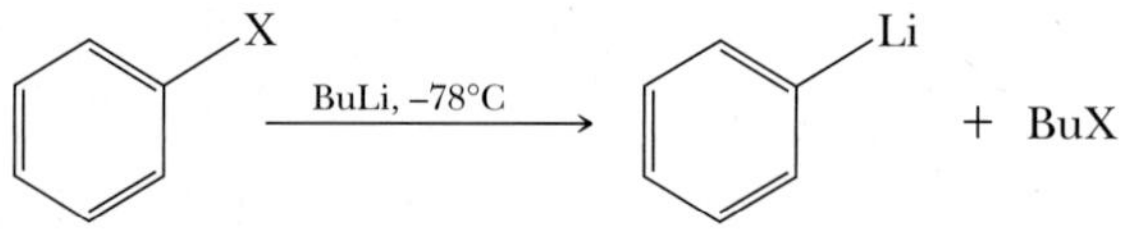

Ph–X —BuLi, –78°C→ Ph–Li + BuX

OTf는 탁월한 이탈기임을 상기하라. 24.3A절을 복습하는 것이 좋을 것이다. **(D)**를 생성하는 반응은 2-methoxyfuran 존재 하에서 수행된다. **(D)**는 그 조건 하에서 화합물 **(E)**로 분해되어 즉시 그 furan과 반응하여 **(F)**가 생성된다.

(d) **(E)**에 대한 구조를 그리고 **(D)**가 **(E)**로 전환되는 메커니즘을 그려라.

(e) **(E)**가 **(F)**로 전환되는 메커니즘을 그려라.

(D) —–78°C→ **(E)** + OMe O (**2-Methoxy-furan**) —–78°C→ OMe OBn O H OBn OBn O CH_3 OBn (F)

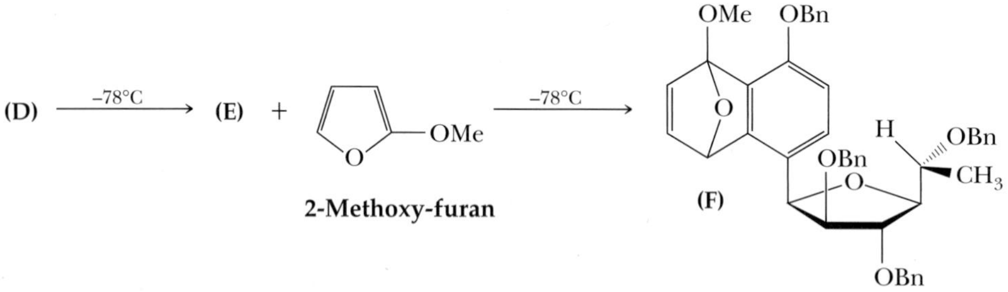

(F)는 불안정하며 반응을 마무리하면 고리 열림 반응이 일어나 **(G)**가 생성된다.

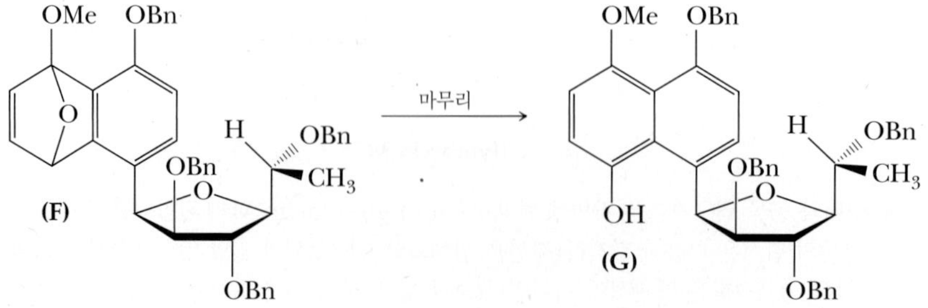

OMe OBn O H OBn OBn O CH_3 OBn (F) —마무리→ OMe OBn OH H OBn OBn O CH_3 OBn **(G)**

(f) **(F)**가 **(G)**로 전환되는 메커니즘을 그려라.

다음 단계는 **(G)**가 **(H)**로 전환되고 있다.

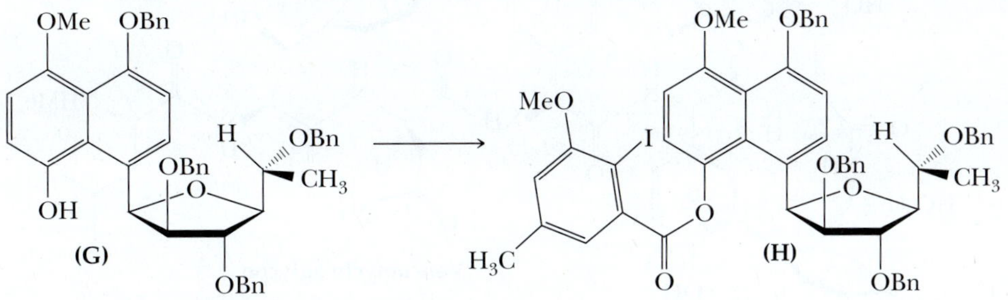

(g) **(G)**가 **(H)**로 전환될 때 필요한 시약과 조건을 제시하여라.

(H)가 **(I)**로 전환되면서 최종 사중 고리(tetracyclic ring)가 생성되고 있다.

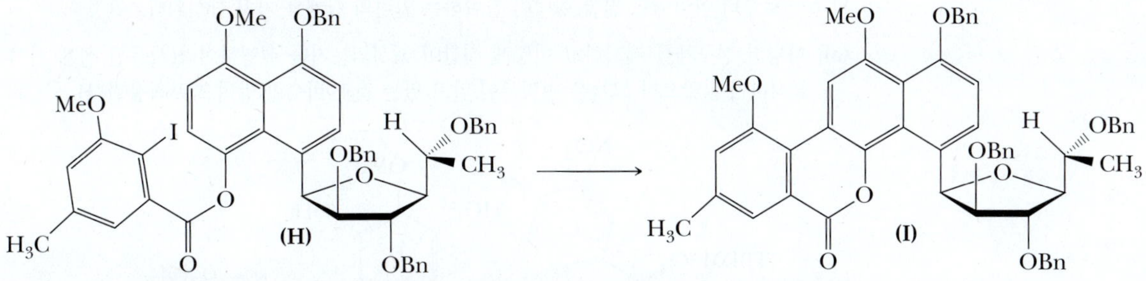

(h) **(H)**가 **(I)**로 전환될 때 필요한 시약과 조건을 제시하여라.

이제 **(I)**는 천연 거울상 이성질체인 (−)-gilvocarcin M으로 전환된다.

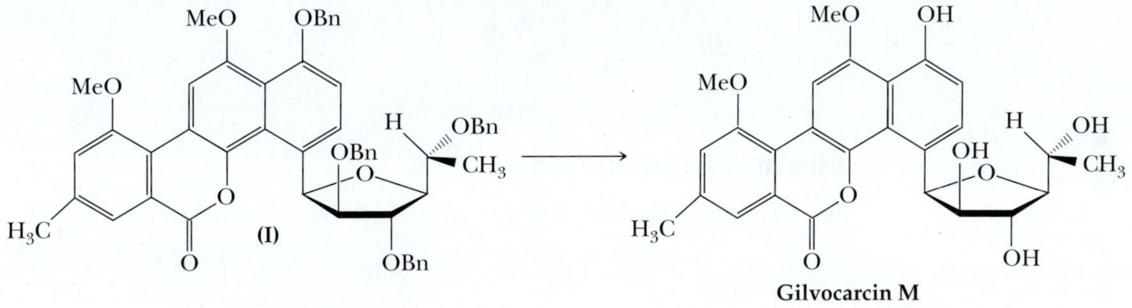

Gilvocarcin M

(i) 이 반응에 어떤 시약이 사용될 수 있는가?

(j) 이 합성에서 가능한 카이랄 중심의 공급원을 말하여라. 카이랄성은 어떤 반응 단계에서도 생성되지 않음을 유의하라. 값싸고 쉽게 구할 수 있는 공급원을 찾을 수 있다(25장 '탄수화물' 참조).

(k) 반응 과정의 나중에 몇몇 OH기를 benzyl ether로써 보호하는 것이 필요한 이유는 무엇인가? 이러한 보호 과정이 없으면 어떤 부 반응이 일어나는가? OH기를 가지고 출발하여 어떻게 이 보호기를 첨가할 수 있는가?

24.38 Vancomycin은 중요한 항생제이다. 그것은 박테리아 *Streptomyces orientalis*로부터 분리되었으며 박테리아성 점액 펩타이드의 합성을 방해하는 작용을 한다. 그것은 지금도 병원에서 일반적인 항 Staph 유기체에 대항하는 마지막 방어선이다.

OH Cl HO C D E OH O Cl Cl O O H N O HO₂C NH N H N H O NH O N H H O O NH₂ NHMe N H O B A HO OH OH

Vancomycin aglycon

아글리콘
당의 부족.

1999년에 Dale Boger 교수(The Scripps Research Institute)는 다음 단계가 참여하는 vancomycin **aglycon** (aglycon = 당의 부족)의 합성을 보고하였다. 화합물 I은 간단한 출발 물질로부터 아마이드 결합 형성이 참여하는 일련의 단계를 거쳐 합성된다.

(a) 타당한 전구체를 제시하고 어떻게 결합이 생성되는지를 설명하여라(사용된 실제 시약은 표시하지 않았으나 그들은 여러분이 알고 있는 것과 비슷한 방법으로 작용한다).

NO_2 F OMe HO OH C D TBDMSO O H N MeOOC N H NHP O B Br OMe

(I)

P = 보호기

화합물 **(I)**은 그 다음에 **(II)**로 전환된다.

(b) 이 반응에 필요한 시약과 생성 메커니즘을 제시하여라.

OMe O OH TBDMSO C D NO_2 O H N MeOOC N H NHP O B Br OMe

(II)

P = 보호기

이 합성의 흥미 있는 특징 중의 하나는 화합물 (II)(그리고 이 합성에서 연속되는 화합물)에 있는 고리 C가 극심하게 회전이 제한되어 있다는 것이다. 그 결과로 화합물 (II)는 단지 140℃에서 상호 전환할 수 있는 두 개의 회전 장애 이성질체(3.2절)로써 존재한다.

(c) 이러한 두 가지 이성질체를 나타내어라.

(II)는 그 후에 **(III)**으로 전환된다.

(d) 이 전환 반응을 완성하기 위한 시약을 제시하여라.

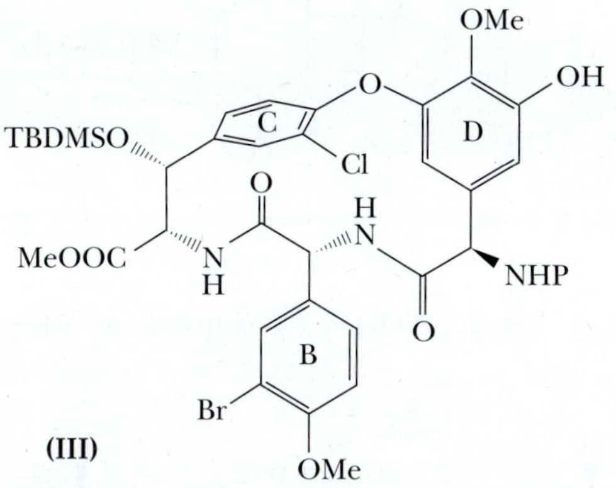

P = 보호기

(III)

(III)는 그 이후에**(IV)**로 전환된다.

(e) 이 반응에 사용될 수 있는 시약과 고리 A 조각을 제시하여라.

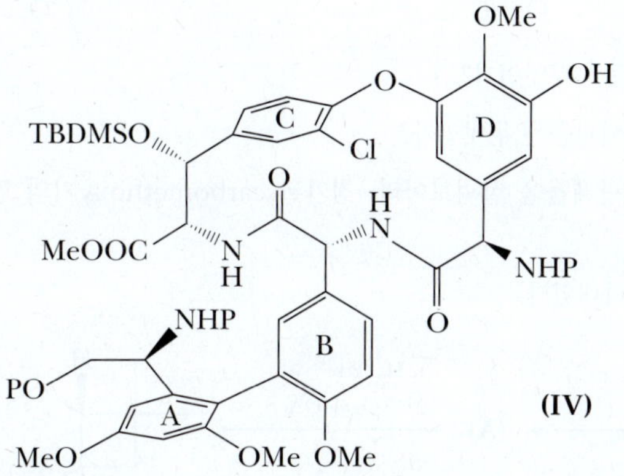

P = 보호기

(IV)

고리 A(보호기를 제거한 후)에 있는 아민과 그 위에 있는 carbomethoxy기 사이의 아마이드 연결의 닫힘은 vancomycin의 전구체를 생성한다.

(f) 비보호된 유리 아미노기의 고리 닫힘 반응과 그 메커니즘을 제시하여라.

이 합성의 또 다른 흥미로운 특징은 고리 A와 B가 회전 장애 이성질체를 생성한다는 것이다. 이것을 120°C에서 가열하여 3:1의 혼합물로 원하는 및 원하지 않는 회전 장애 이성질체로 전환할 수 있다.

(g) 이러한 회전 장애 이성질체의 구조를 그리고 단지 하나만이 vancomycin으로 전환될 수 있음을 보여라. 아글리콘(Aglycon)의 합성은 작용기 조작과 앞 장에서 상술한 것과 비슷한 화학 반응에 의한 고리 E의 첨가 반응에 의하여 완결된다. 아직 또 다른 세트의 회전 장애 이성질체(고리 E가 만들어지는 시섬)가 생성되어 있다. 그러나 이것은 다른 것보다 쉽게 평형 상태에 존재한다. 즉, 모형 연구는 이 세트의 회전장애 이성질체에 대한 활성화 장벽이 다른 것보다 더 낮음을 보여주었다.

24.39 1964년 E. J. Corey의 α-caryophyllene (정향의 에센스)의 전합성은 특별한 크기의 고리를 마음대로 합성하는 많은 문제들을 해결하였다.

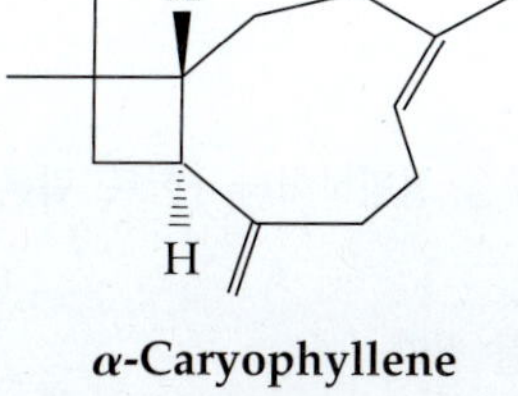

α-Caryophyllene

첫 단계는 효과적인 광화학 [2 + 2] 반응이 일어난다. 원하는 입체화학과 위치화학은 모형 반응에 기초하여 예측할 수 있다.

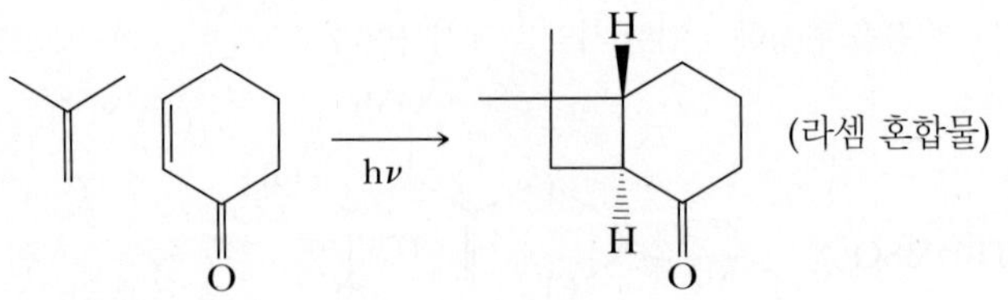

hν

(라셈 혼합물)

(a) [2 + 2] 반응은 광화학 반응에서 아주 일반적이다. 바닥 상태에서 이 반응이 일어날 것으로 기대되는가?

다음 단계는 아래와 같다. 즉, 염기성 알루미나는 종종 염기 촉매로써 작용하는 크로마토그래피 지지체이다.

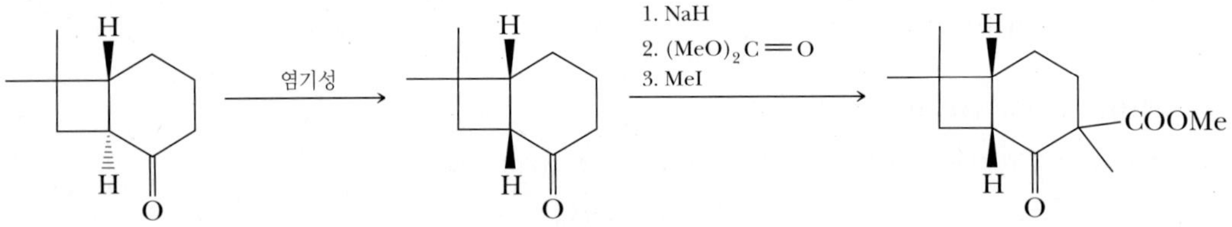

염기성

1. NaH
2. $(MeO)_2C{=}O$
3. MeI

COOMe

(b) 첫 단계의 메커니즘은 무엇인가?

(c) 두 번째 단계의 메커니즘은 무엇인가?

(d) 합성에서 나중의 단계들을 살펴보아라. 첨가된 carbomethoxy기의 입체화학이 중요한가?

다음 단계는 여기에 나타내었다.

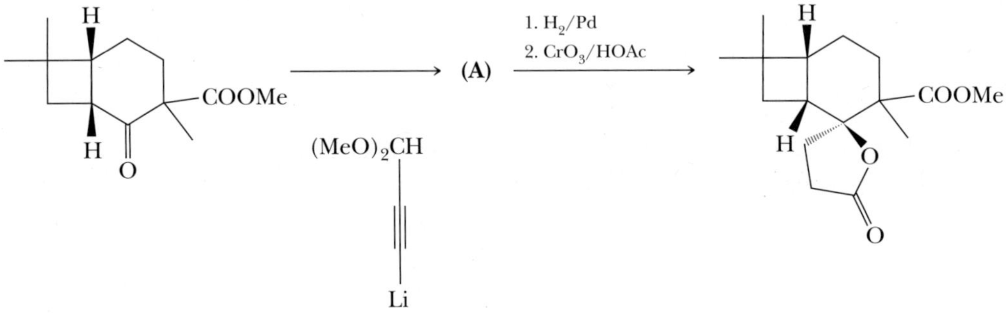

$(MeO)_2CH$—C≡C—Li

(A)

1. H_2/Pd
2. $CrO_3/HOAc$

(e) 화합물 **(A)**의 구조는 무엇인가?

(f) 고리 생성물의 생성 메커니즘을 써라.

여기에 다음 단계가 있다.

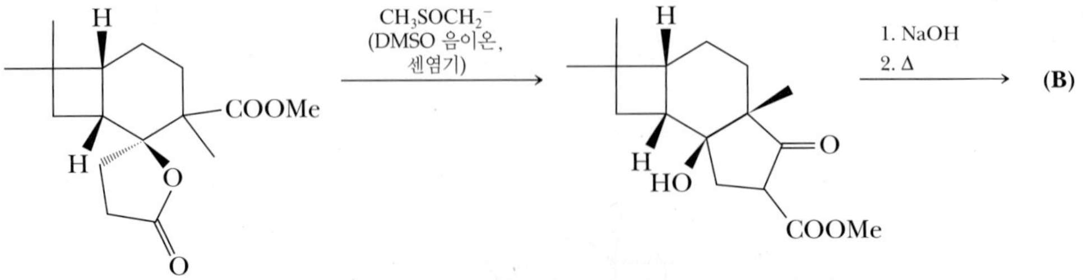

$CH_3SOCH_2^-$
(DMSO 음이온, 센염기)

1. NaOH
2. Δ

(B)

(g) 첫 단계에 대한 메커니즘을 설명하여라. (*힌트*: 락톤의 카보닐에 대한 공격이 첫 단계일 수 있다.)

(h) 생성물 **(B)**에 대한 구조를 써라.

다음과 같은 두 단계 반응이 있다.

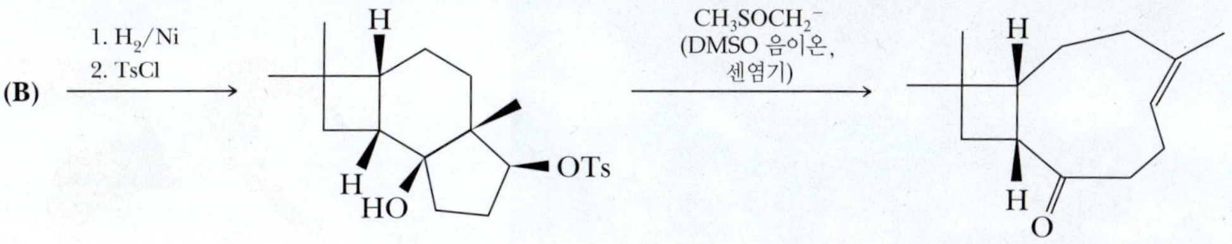

(B) 1. H_2/Ni 2. TsCl → [구조식] → $CH_3SOCH_2^-$ (DMSO 음이온, 센염기) → [구조식]

(i) **(B)**의 반응을 설명하여라.

(j) 고리 열림 반응에 대한 메커니즘을 써라. (*힌트*: 분자 내에 산성 양성자 및 좋은 이탈기의 존재를 유의하라.)

합성은 다음의 단계에 의하여 완결된다.

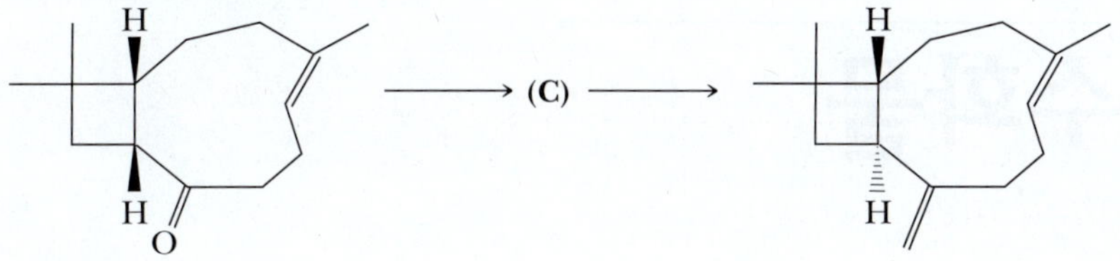

[구조식] → **(C)** → [구조식]

(k) **(C)**는 무엇인가?

(l) 이 전환 반응에서 어떤 시약을 사용할 수 있는가?

24.40 지난 수십 년에 걸쳐 화학자들은 스테로이드 호르몬의 합성에 대한 많은 합성 방법론을 개발해 왔다. 이들 중의 하나는 독일 Göttingen의 Institut für Organische Chemie der Georg-August-Universität의 Lutz Tietze에 의하여 개발되었고, 스테로이드 핵의 고리 **B**를 합성하기 위하여 두 번의 Heck 반응을 사용하였다. 다음의 역합성 분석에서 나타낸 것처럼 그의 합성에서 중요한 중간체는 화합물 **(1)**이다. 두 Heck 반응은 이 중간체를 분해하여 화합물 **(2)**와 **(3)**을 생성한다. 화합물 **(2)**는 estrone의 고리 A가 되는 방향족 고리를 포함한다. 화합물 **(3)**은 estrone의 고리 C 및 D가 되는 접합된 오원자 및 육원자 고리를 포함한다.

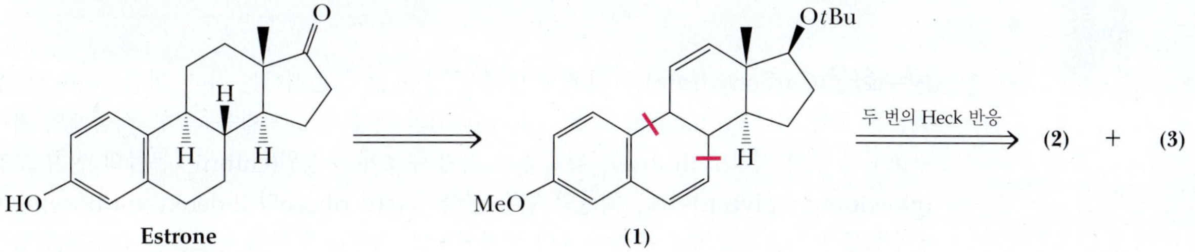

Estrone ⟹ **(1)** ⟹ (두 번의 Heck 반응) **(2)** + **(3)**

(a) Estrone에서 작용기의 형태를 명명하여라.

(b) Estrone에는 몇 개의 카이랄 중심이 존재하는가?

(c) 화합물 **(2)**와 **(3)**에 대한 구조식을 제안하여라.

(d) 화합물 **(2)**와 **(3)**에 대한 여러분의 제안이 어떻게 화합물 **(1)**로 전환될 수 있는지 설명하여라. (*주의*: 이 합성의 개발 과정에서 Tietze는 Heck 반응에서 vinylic bromide와 iodide는 aryl bromide와 iodide보다 더 반응성이 크다는 것을 발견하였다.

(e) 두 번의 Heck 반응 과정에서 두 개의 새로운 카이랄 중심이 만들어진다. 화합물 **(3)**에서 estrone의 고리 C와 D의 전구체, C와 D의 접합이 *트랜스*이고 각을 이룬 메틸기는 고리 평면의 위에 있다고 가정하라. 이렇게 주어진 입체화학으로부터 두 번의 Heck 반응에 의해 생성되는 화합물 (1)의 입체화학을 예측하여라.

(f) **(1)**을 estrone으로 전환하기 위하여 고리 D에서 *tert*-butyl ether는 케톤으로 전환되어야 한다. 어떻게 이러한 전환이 이루어질 수 있는가?

© Gary K. Smith Alamy

장식용 꽃 식물인 Foxglove (*Digitalis purpurea*)는 박동률을 감소시키고, 심장리듬을 일정하게 하며, 심장박동을 강화시키기 위하여 심장학에서 사용되는 약품인 digitoxin과 digitalis의 원료이다.
▼ ***삽입 그림:*** Digitoxin의 가수분해로 얻어지는 단당류인 digitoxose. 연습 문제 25.15 참조.

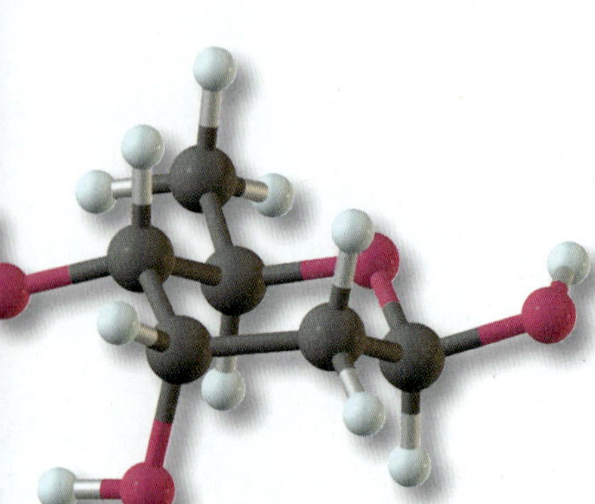

제 25 장

탄수화물

Carbohydrates

이 장의 차례

탄수화물(Carbohydrate)은 식물체 내에서 가장 많이 존재하는 유기 화합물이다. 탄수화물은 화학 에너지(glucose, 녹말, glycogen)의 저장 장소 역할을 하며, 식물체의 지지 구조체의 구성 성분(cellulose), 갑각류의 지지 구조체 구성원(chitin), 동물의 연결 조직(glucosaminoglycan)이며, 핵산의 필수 구성 성분(D-ribose와 2-deoxy-D-ribose)이다. 탄수화물은 식물체의 건조 중량의 3/4을 차지한다. 사람을 포함한 동물들은 식물체를 섭취함으로써 탄수화물을 얻을 수 있으나 소비한 것들의 대부분은 저장되지 않는다. 동물 체중의 1% 이하가 탄수화물로 구성되어 있다.

*탄수화물*이라는 이름은 화학식 $C_n(H_2O)_m$으로부터 유도되었고, 탄소의 수화물이라는 의미를 가지고 있다. 다음 화학식들은 탄소의 수화물로 대신 쓸 수 있는 탄수화물의 두 종류의 예를 나타내었다.

$$\text{Glucose (혈당)} : C_6H_{12}O_6 \text{ 혹은 } C_6(H_2O)_6$$
$$\text{Sucrose (설탕)} : C_{12}H_{22}O_{11} \text{ 혹은 } C_{12}(H_2O)_{11}$$

그러나 모든 탄수화물이 이러한 일반식을 가지는 것은 아니다. 때로는 위의 식보다 산소 원자 수가 많거나 적다. 어떤 탄수화물은 질소 원자를 포함하기도 한다. *탄수화물*이란 용어는 비록 정확히 탄소 수화물 형태의 분자식을 만족시키지 않더라도 이런 화학식을 뜻하는 어원을 가지고 있다.

> **탄수화물**
> 폴리하이드록시알데하이드, 폴리하이드록시케톤 또는 가수분해에 의해 이러한 화합물들을 생성하는 물질.

분자 수준에서 보면 대부분의 **탄수화물**(carbohydrate)이란 폴리하이드록시알데하이드(polyhydroxyaldehyde), 폴리하이드록시케톤(polyhydroxyketone) 또는 가수분해를 한 이후에 앞의 두 가지 화합물을 중 하나로 생성되는 물질로 정의된다. 따라서 탄수화물 화학은 근본적으로 하이드록시기와 카보닐기 및 이들 두 작용기 사이에서 형성된 아세탈 결합에 관한 화학이라고 할 수 있다.

이 장의 동영상 강의를 보려면 **www.cengage.com/chemistry/brown/organic7e**에 접속 후 **Access Student Materials**를 클릭하라.

그러나 탄수화물이 단지 2가지 작용기만 가진다는 사실은 매우 복잡한 화학을 내포하고 있다. 이는 가장 간단한 탄수화물의 경우를 제외하고는 모든 탄수화물은 한 분자에 여러 개의 카이랄 중심(chiral center)을 가지고 있다. 예를 들면, 생물학적 세계에서 가장 많이 발견되는 glucose의 경우에도 하나의 알데하이드, 하나의 1차 알코올 작용기, 4개의 2차 알코올 작용기와 4개의 카이랄 중심을 가지고 있다. 이러한 복잡한 분자 구조 때문에 탄수화물 화학은 아직도 유기화학자 및 생화학자 모두에게 더 연구하여야 할 분야로 남아 있다.

25.1 단당류

A 구조와 명명

단당류(Monosaccharide)는 탄소들 중에서 하나는 케톤 혹은 알데하이드의 카보닐기 탄소를 가지며, 일반식은 $C_nH_{2n}O_n$을 갖는다. 가장 일반적인 단당류는 세 개에서 여덟 개의 탄소 원자를 가진다. 접미사 *-ose*는 분자가 탄수화물임을 나타내고, 접두어 *tri-*, *tetr-*, *pent-* 등은 사슬에서 탄소 원자의 수를 나타낸다. 알데하이드기를 포함하고 있는 단당류는 **알도오스**(aldose)로 분류되고, 케톤기를 포함하고 있는 단당류는 **케토오스**(ketose)로 분류된다.

단당류
더 간단한 탄수화물로 가수분해 되지 않는 탄수화물.

알도오스
알데하이드기를 포함하는 단당류.

케토오스
케톤기를 포함하는 단당류.

탄소 원자수에 의해 분류되는 단당류

이름	화학식
Triose	$C_3H_6O_3$
Tetrose	$C_4H_8O_4$
Pentose	$C_5H_{10}O_5$
Hexose	$C_6H_{12}O_6$
Heptose	$C_7H_{14}O_7$
Octose	$C_8H_{16}O_8$

트라이오스(Triose)는 두 종류만 있다. 알도트라이오스(Aldotriose)인 glyceraldehyde와 케토트라이오스(ketotriose)인 dihydroxyacetone이다.

```
CHO            CH2OH
|              |
CHOH           C=O
|              |
CH2OH          CH2OH
```

Glyceraldehyde (알도트라이오스) **Dihydroxyacetone** (케토트라이오스)

알도-(aldo-) 및 *케토-(keto-)*라는 표현은 종종 생략되며, 이러한 분자들은 트라이오스, 테트로오스 등으로 간단히 부른다.

Glyceraldehyde는 일반명이고, 이 단당류에 대한 IUPAC명은 2,3-dihydroxypropanal이다. 마찬가지로 dihydroxyacetone은 일반명이고, IUPAC명은 1,3-dihydroxypropanone이다. 그러나 이러한 화합물과 다른 단당류에 대한 일반명은 유기 화학과 생화학 문헌에서 오랜 기간 동안 거의 모든 경우에 이러한 물질들을 지칭하는데 사용되어 왔다. 그러므로 이 책에서도 대부분의 탄수화물을 일반명으로 다루었다.

보다 더 일반적으로 dihydroxyacetone으로 알려진 1,3-dihydroxypropanone은 인공 태닝제의 활성 성분이다.

B Fischer 투영도

Glyceraldehyde는 1개의 카이랄 중심을 가지고 있으므로 한 쌍의 거울상 이성질체로서 존재한다.

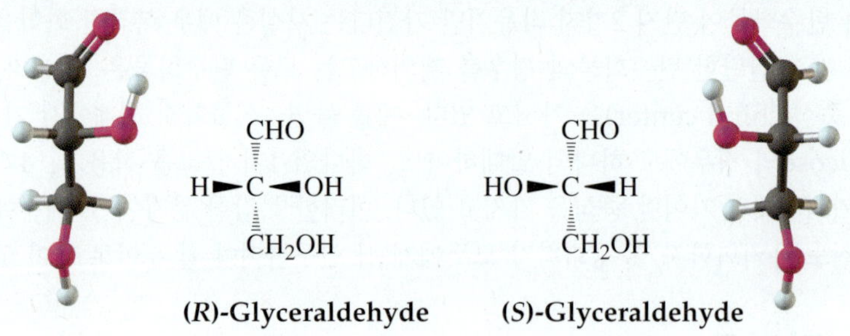

(*R*)-Glyceraldehyde (*S*)-Glyceraldehyde

Fischer 투영도
카이랄 중심의 배열을 나타내기 위한 2차원 표현. 수평 방향의 선은 앞으로 튀어나온 결합을 나타내고 수직 방향의 선은 뒤쪽으로 향하는 결합을 나타낸다.

화학자들은 일반적으로 탄수화물 배열을 나타내기 위해 **Fischer 투영도**(Fischer projection, 3.4C절)라고 부르는 2차원 표현을 사용한다. 다음 예는 3차원 표현이 Fischer 투영도로 어떻게 변환되는지를 보여준다.

CHO / H►C◄OH / CH_2OH —(Fischer 투영도로 전환)→ CHO / H—┼—OH / CH_2OH

(*R*)-Glyceraldehyde (3차원 표현) **(*S*)-Glyceraldehyde** (Fischer 투영도)

Fischer 투영도의 수평 부분은 여러분을 향해 튀어나온 결합을 나타내고, 수직 부분은 여러분으로부터 멀리 떨어진 결합을 나타낸다. 종이면에 있는 유일한 원자는 카이랄 중심이다.

C D-와 L-단당류

비록 *R*,*S* 방법이 오늘날 배열을 표현하는 방법으로 넓게 받아들여지고 있지만, 탄수화물의 배열뿐만 아니라 아미노산의 배열과 생화학에서 기타 많은 화합물들의 배열은 1891년 Emil Fischer에 의하여 제안된 D,L 방법에 의해서 주로 나타낸다. 그 당시 glyceraldehyde의 한 거울상 이성질체가 +13.5의 고유 광회전도 값을 가지고, 다른 이성질체는 −13.5의 고유 광회전도 값을 가지는 것으로 알려졌다. Fischer는 이를 D (우회전성, dextrorotatory)와 L (좌회전성, levorotatory)로 표시하였지만, 어느 거울상 이성질체가 고유 광회전도 값을 가지는지 결정하는 실험 방법을 알지 못하였다. 그러므로 Fischer는 유일하게 가능한 일은 임의로 배열하는 것이었다. Fischer는 우회전성 거울상 이성질체의 임의적인 배열을 지정하고 D-glyceraldehyde로 명명하였다. Fischer는 D-glyceraldehyde의 거울상 이성질체를 L-glyceraldehyde로 명명하였다.

CHO / H—┼—OH / CH_2OH CHO / HO—┼—H / CH_2OH

D-Glyceraldehyde $[\alpha]^{25}_{D} = +13.5$ **L-Glyceraldehyde** $[\alpha]^{25}_{D} = -13.5$

그러나 Fischer의 생각은 틀릴 수 있었지만, 운 좋게도 1952년에 X-선 결정학에 의해 옳다는 것이 밝혀졌다.

D-단당류
Fischer 투영도로 나타낸 끝에서 두 번째 탄소에서 —OH기가 오른쪽에 위치한 단당류.

L-단당류
Fischer 투영도로 나타낸 끝에서 두 번째 탄소에서 —OH기가 왼쪽에 위치한 단당류.

D-및 L-Glyceraldehyde는 다른 모든 알도오스나 케토오스의 상대적인 배열을 지정하는 기준으로 하였다. 기준점은 카보닐기에서 가장 멀리 있는 카이랄 중심이다. 이 카이랄 중심은 사슬의 마지막 탄소에 다음 탄소이고, **끝에서 두 번째 탄소**(penultimate carbon)라 부른다. **D-단당류**(D-Monosaccharide)는 D-glyceraldehyde (—OH는 Fischer 투영도로 나타낼 경우에 오른쪽이다)의 끝에서 두 번째 탄소와 동일한 배열을 갖는다. **L-단당류**(L-Monosaccharide)는 L-glyceraldehyde (—OH는 Fischer 투영도로 나타낼 경우에 왼쪽이다)의 끝에서 두 번째 탄소와 동일한 배열을 갖는다.

두 개 혹은 그 이상의 카이랄 중심을 가진 단당류에 대해서는 D 혹은 L 지정은 가장 높은 번호의 카이랄 중심의 배열에 대해서만 언급하고 있음을 주목해야 한다. 즉, 알데하이드 혹은 케톤 카보닐기로부터 가장 먼 카이랄 중심이다. 또한, 주어진 단당류의 D 혹은 L 표시는 화합물의 고유 광회전도 부호를 지정하지 않는다는 점에 유의해야 한다. 만일 평면 편광의 회전 부호가 명명에 지정된다면, 명명 앞에 +(플러스) 혹은 −(마이너스)에 의하여 표시된다. 따라서 우회전성인 D-glucose은 D-(+)-glucose로 표기되며, 좌회전성인 D-fructose는 D-(−)-fructose로 표기된다.

표 25.1은 모든 D-알도테트로오스(aldotetrose), 펜토오스(pentose), 헥소오스(hexose)에 대한 Fischer 투영도와 명명을 나타내었다. 각각의 이름은 세 부분으로 구성되어 있다. 문자 D는 끝에서 두 번째 탄소의 입체 배열을 나타낸다. 접두어 *rib-*, *arabin-*, *gluc-*는 단당류의 기타 모든 카이랄 중심의 배열을 나타낸다. 접미어 *-ose*는 이 화합물이 탄수화물임을 나타낸다.

생물계에서 가장 풍부한 세 가지 헥소오스는 D-glucose, D-galactose D-fructose이다. D-Glucose와 D-galactose는 D-알도헥소오스이며, D-fructose는 D-2-케토헥소오스이다. 현재 가장 흔한 헥소오스인 glucose는 우회전성(dextrorotatory)이기 때문에 또한

표 25.1 이성질성 D-Aldotetrose, D-Aldopentose와 D-Aldohexose 사이의 배열 관계

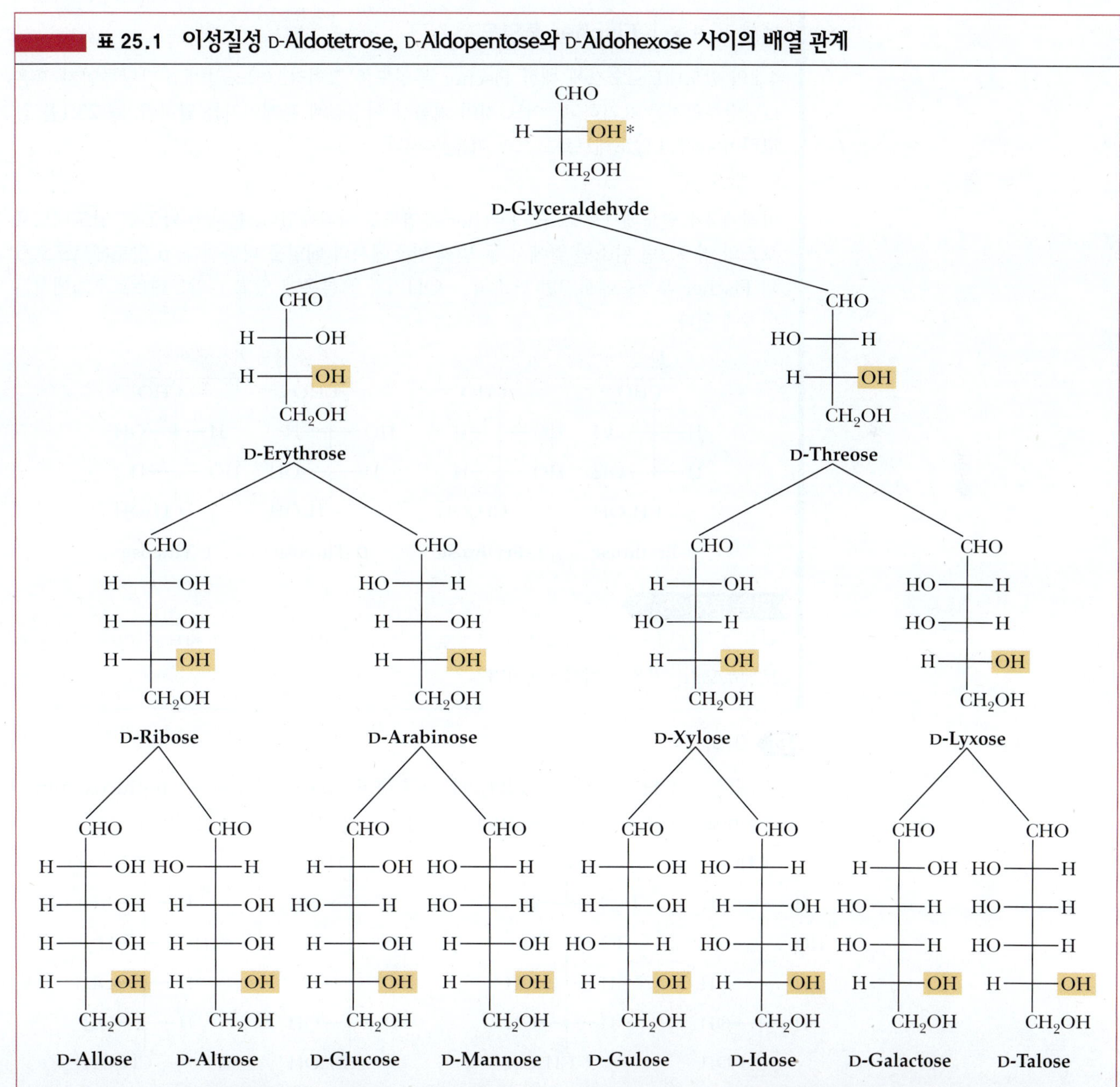

*기준이 되는 끝에서 두 번째 탄소의 —OH 배열은 색깔로 나타내었다.

dextrose로 알려져 있다. 이러한 기타 단당류에 대한 다른 이름으로는 포도당(grape sugar)과 혈당(blood sugar)이 있다. 사람의 혈액은 보통 100 mL 당 65~110 mg의 glucose를 포함하고 있다. Glucose는 에너지원으로 태양광선을 사용하여 chlorophyll을 함유하는 식물에 의하여 합성된다. 식물은 광합성이라고 부르는 이 과정에서 공기로부터의 이산화 탄소와 토양으로부터의 물을 glucose와 산소로 전환시킨다.

$$\underset{\textbf{이산화탄소}}{6\,CO_2} + \underset{\textbf{물}}{6\,H_2O} + \text{에너지} \xrightarrow[\text{chlorophyll}]{\text{태양광}} \underset{\textbf{Glucose}}{C_6H_{12}O_6} + \underset{\textbf{산소}}{6\,O_2}$$

D-Fructose는 D-glucose와 함께 이당류인 sucrose (설탕, 25.4A절)에 들어 있다. D-Galactose는 D-glucose와 함께 이당류인 lactose (유당, 25.4B절)에서 얻어진다.

생체계에서 가장 풍부한 D-ribose와 2-deoxy-D-ribose는 핵산의 중요한 구성 성분으로 알려져 있다. D-ribose는 ribonucleic acid (RNA)을 이루고 있는 반면, 2-deoxy-D-ribose는 deoxyribonuclecic acid (DNA)의 구성 성분을 이루고 있다.

예제 25.1 ▸ **Fischer 투영도**

4개의 알도테트로오스에 대한 Fischer 투영도를 그려라. 어느 것이 D-단당류인지 혹은 L-단당류인지를 표기하고, 어느 것이 거울상 이성질체 관계인지를 말하라. 표 25.1을 참고하여 각각의 알도테트로오스의 이름을 써라.

해답

아래에 4개 알도테트로오스를 Fischer 투영도로 나타내었다. 문자 D-와 L-은 알도테트로오스의 경우 3번 탄소인 끝에서 두 번째 탄소에서의 배열을 나타낸다. D-알도테트로오스의 Fischer 투영도에서 3번 탄소의 —OH기가 오른쪽에 있고 L-알도테트로오스에서는 왼쪽에 있다.

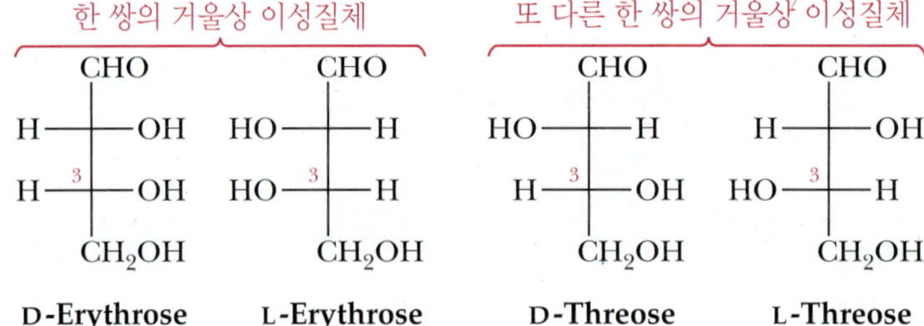

연습 문제 25.1

모든 2-케토펜토오스의 Fischer 투영도를 그려라. 어느 것이 D-2-케토펜토오스, L-2-케토펜토오스, 거울상 이성질체인가?

D 아미노당

아미노당은 —OH기 대신에 —NH_2기를 포함하고 있다. 자연계에서는 D-glucosamine, D-mannosamine, D-galactosamine, 이 세 가지 아미노당만이 일반적이다.

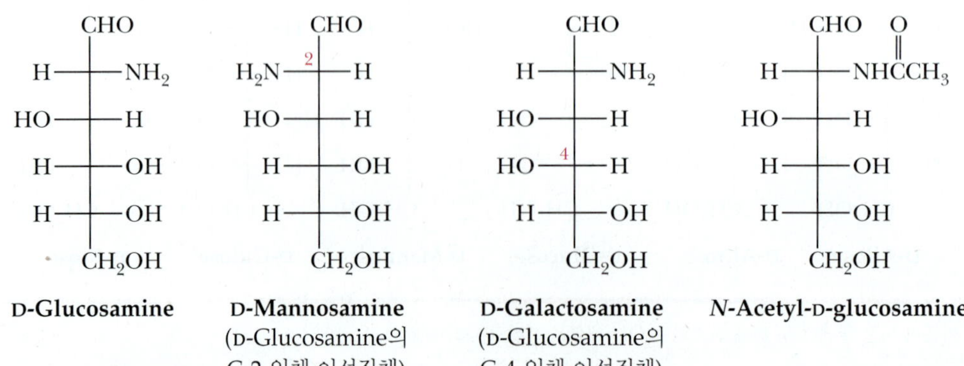

D-Glucosamine의 유도체인 *N*-acetyl-D-glucosamine은 바다가재, 게, 새우 등 갑각류의 단단한 외벽 껍질에서 발견되는 chitin을 포함한 여러 다당류의 중요 성분을 이루고 있다. 이 외의 아미노당은 자연계에서 얻어지는 여러 항생제의 성분들이다.

E 물리적 특성

단당류는 무색이며, 종종 결정으로 되기 어렵다 할지라도 결정성 고체의 특성을 가진다. 단당류 —OH기와 물 사이에 수소 결합이 가능하기 때문에 모든 단당류는 물에 매우 잘 녹는다. 단당류는 ethanol에 약간 녹을 뿐이며, diethyl ether, chloroform, benzene과 같은 비극성 용매에서는 녹지 않는다.

25.2 단당류의 고리형 구조

알데하이드와 케톤은 알코올과 반응하여 헤미아세탈(hemiacetal)을 생성한다는 것을 16.7B절에서 보았다. —OH기와 카보닐기가 같은 분자 내에 있고 두 작용기 사이에 상호작용으로 오원자 고리 혹은 육원자 고리를 이룰 때 고리형 헤미아세탈이 매우 쉽게 형성됨을 보았다. 예를 들면, 4-hydroxypentanal은 오원자 고리형 헤미아세탈을 생성한다.

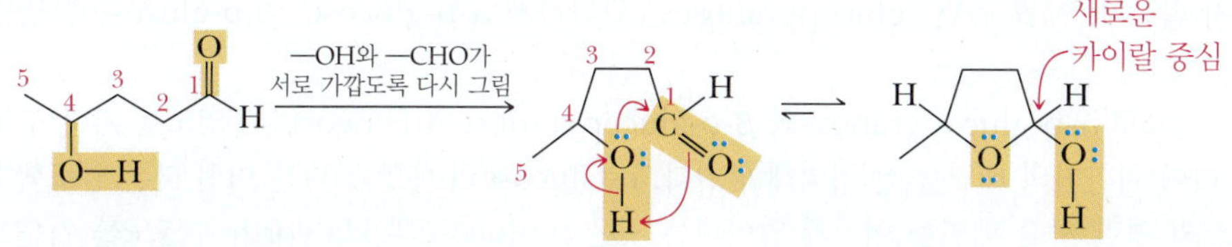

위 반응에 있어 4-hydroxypentanal은 처음에 카이랄 중심을 하나 가지고 있으며, 헤미아세탈 형성 결과로서 1번 탄소에 새로운 카이랄 중심이 형성됨을 알 수 있다.

단당류는 같은 분자에 —OH기와 카보닐기를 가지고 있다. 결과적으로 이들은 거의 모든 경우에 있어 오원자 또는 육원자 고리형 헤미아세탈 형태로 존재한다.

A Haworth 투영도

단당류의 고리형 구조를 표현하는 일반적인 방법은 영국의 화학자 Walter N. Haworth (1937년 노벨 화학상 수상)의 이름을 딴 **Haworth 투영도**(Haworth projection)이다. Haworth 투영도에서는 오원자 혹은 육원자 고리형 헤미아세탈을 종이면에 수직으로 위치한 평면 오각형 또는 육각형으로 표현한다. 고리의 탄소들에 결합된 치환기들은 고리의 평면 위 혹은 아래에 위치한다. 고리형 구조 생성에서 만들어진 새로운 카이랄 중심을 **아노머성 탄소**(anomeric carbon)라 부른다. 아노머성 탄소에서만이 배열이 다른 입체 이성질체를 **아노머**(anomer)라 부른다. 알도오스의 아노머성 탄소는 1번 탄소이며, 가장 일반적인 케토오스인 D-fructose의 아노머성 탄소는 2번 탄소이다.

Haworth 투영도에서 아노머성 탄소는 오른쪽에, 헤미아세탈 산소 원자는 뒤편에 위치하도록 그린다(그림 25.1). 탄수화물의 용어에서 표시된 β는 고리형 헤미아세탈의 아노머

Haworth 투영도
단당류의 퓨라노오스(furanose), 피라노오스(pyranose) 형태의 그림을 그리는 방법. 평평하게 그린 고리 평면의 옆선을 기준으로 오른쪽에 아노머성 탄소를, 고리에 있는 산소 원자를 뒤쪽에 위치하도록 그림을 그린다.

아노머성 탄소
어떤 탄수화물의 고리 형태 구조에서 헤미아세탈 혹은 아세탈 구조의 탄소.

아노머
단지 아노머성 탄소에서의 입체 배열이 서로 다른 탄수화물.

그림 25.1 ▸ α-D-Glucopyranose와 β-D-glucopyranose의 Haworth 투영도.

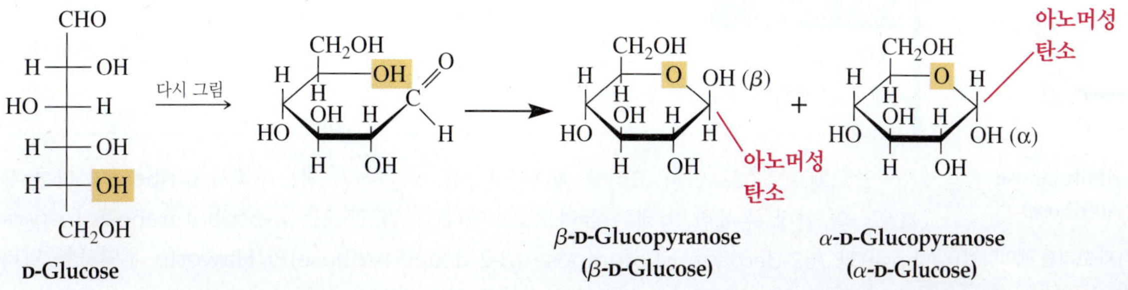

성 탄소의 —OH가 맨 끝의 $—CH_2OH$에 대해 고리에서 같은 방향임을 의미한다. 반대로, 표시된 α는 고리형 헤미아세탈의 아노머성 탄소의 —OH가 맨 끝의 $—CH_2OH$에 대해 고리에서 반대 방향임을 의미한다.

탄수화물 화학 명명에서는 고리형 헤미아세탈의 아노머 탄소에 결합한 —OH기의 위치가 맨 끝 $—CH_2OH$기와 같은 방향에 있으면 β형으로 정의되며, 반대 방향에 있으면 α형 입체 구조로 정의된다.

퓨라노오스
단당류의 오원자 고리 형태.

피라노오스
단당류의 육원자 고리 형태.

육원자 헤미아세탈 고리는 삽입어 *-pyran-*으로 나타내며, 오원자 헤미아세탈 고리는 삽입어 *-furan-*으로 표기된다. **피라노오스**(Pyranose)와 **퓨라노오스**(furanose)라는 단어는 헤테로고리 화합물 furan과 pyran에 해당되는 오원자 고리 및 육원자 고리 단당류이기 때문에 사용되었다.

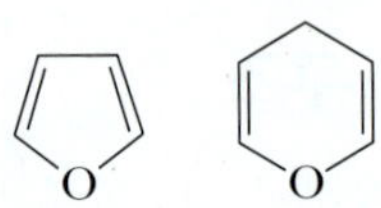

Furan **Pyran**

Glucose의 α형과 β형이 육원자 고리형 헤미아세탈이기 때문에 α-D-glucopyranose와 β-D-glucopyranose로 명명된다. 그러나 이러한 삽입어는 단당류의 명명에 항상 사용되지 않는다. 예를 들면, glucopyranose는 간단하게 α-D-glucose, β-D-glucose로 명명되고 있다.

앞으로 α-D-glucopyranose와 β-D-glucopyranose의 Haworth 투영도를 기준 구조로 하여 치환기의 배열을 잘 기억해야 한다. D-Glucose의 배열과 다른 어떤 다른 알도헥소오스의 열린 사슬 배열을 어떻게 알아내는 것은 D-glucose의 Haworth 투영도를 기준으로 하여 알도헥소오스의 Haworth 투영도를 그릴 수 있어야 한다.

예제 25.2 ▸ Haworth 투영도

D-Galactopyranose의 α-아노머와 β-아노머의 Haworth 투영도를 그려라.

➡ 해답

투영도를 그리기 위한 한 가지 방법은 기준 물질로 D-glucopyranose의 α형과 β형을 이용하는 것이고, D-galactose는 D-glucose와 비교하여 단지 4번 탄소의 배열이 다름을 기억하는 것이다(표 25.1 참조). 그러므로 그림 25.1에 나타낸 D-glucose의 Haworth 투영도로 시작한 후, 4번 탄소 위치의 배열을 바꾸어 표기하라.

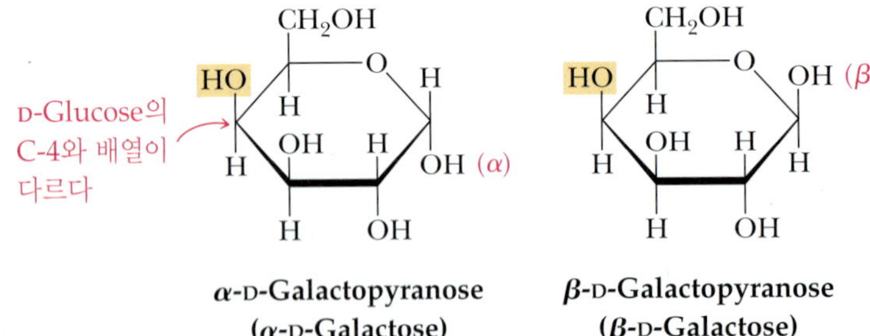

α-D-Galactopyranose (α-D-Galactose) **β-D-Galactopyranose (β-D-Galactose)**

연습 문제 25.2

Mannose는 수용액에서 α-D-mannopyranose와 β-D-mannopyranose 두 혼합물 형태로 존재한다. 이러한 분자들의 Haworth 투영도를 나타내어라.

알도펜토오스도 역시 고리형 헤미아세탈을 형성한다. 생물계에서 D-ribose와 다른 펜토오스의 가장 우세한 형태는 퓨라노오스이다. 그림 25.2는 α-D-ribofuranose (α-D-ribose)와 β-2-deoxy-D-ribofuranose (β-2-deoxy-D-ribose)의 Haworth 투영도를 나타내고 있다. 접두사 2-deoxy는 2번 탄소에서 산소가 없음을 의미한다.

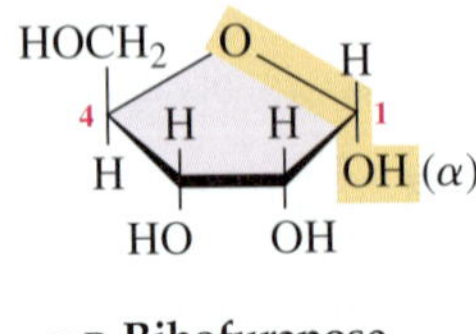

α-D-Ribofuranose (α-D-Ribose)

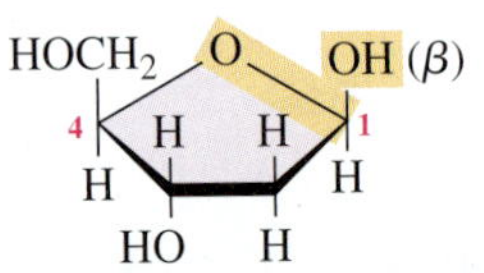

β-2-Deoxy-D-ribofuranose (β-2-Deoxy-D-ribose)

그림 25.2 ▸ 몇 가지 고리형 헤미아세탈의 Haworth 투영도.

L-Ascorbic Acid (비타민 C)

L-Ascorbic acid (비타민 C)의 분자 구조는 단당류와 비슷하다. 실제로 비타민 C는 동물이나 식물체에서 생합성되고 상업적으로는 D-glucose로부터 제조된다. 사람의 경우는 인체에서 합성에 필요한 효소가 없기 때문에, 음식 혹은 비타민 영양제를 통하여 섭취해야만 하는 대표적인 비타민이다. 미국에서 매년 약 6,600만 킬로그램의 비타민 C가 합성되고 있다.

L-Ascorbic acid는 아주 쉽게 산화되어 다이케톤인 L-dehydroascorbic acid로 산화된다. 두 물질 모두 생리활성을 띠고 있는 물질로 대부분의 체액에서 많이 발견되고 있다.

L-Ascorbic acid는 가장 중요한 항산화제들 중의 하나이다(β-엔올 형태 —OH에 있는 H는 약하게 결합되어 있으며, 라디칼에 의하여 쉽게 제거된다). L-Ascorbic acid의 가장 중요한 역할들 중의 하나는 항산화 과정에서 라디칼과 반응으로 형성된 tocopherol 라디칼에 수소 원자를 제공함으로써 지질에 용해되는 항산화제인 α-tocopherol을 보충하는 것이다(8.7절 참조).

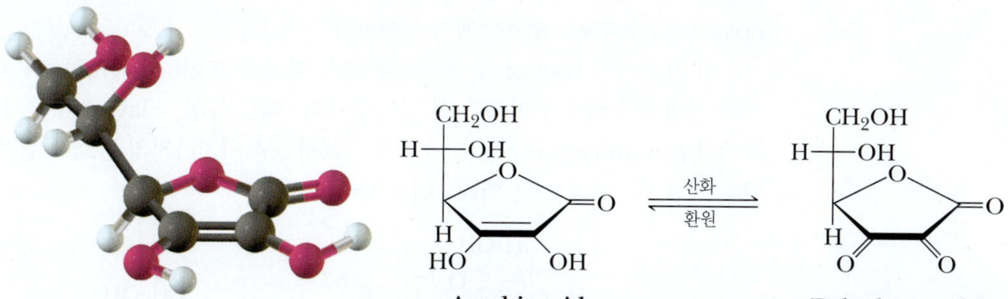

CH_2OH, H, OH, O, H, HO, OH — 산화 ⇌ 환원 — CH_2OH, H, OH, O, H, O, O

L-Ascobic acid (비타민 C)　　**L-Dehydroascorbic acid**

핵산 및 생물계에서 발견되는 D-ribose와 2-deoxy-D-ribose의 단위는 거의 모두 β-형태이다.

기타 단당류 또한 오원자 고리형 헤미아세탈들을 형성하고 있다. 다음은 fructose의 오원자 고리형 헤미아세탈이다.

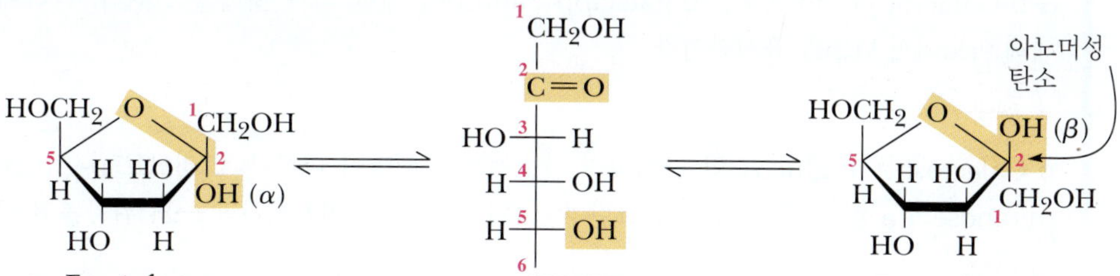

$HOCH_2$, O, $^1CH_2OH$, 5, 2, H, HO, H, OH (α), HO, H ⇌ $^1CH_2OH$, $^2C{=}O$, HO^{3}H, H^{4}OH, H^{5}OH, $^6CH_2OH$ ⇌ $HOCH_2$, O, OH (β), 5, 2, H, HO, H, CH_2OH 1, HO, H; 아노머성 탄소

α-D-Fructofuranose　　**D-Fructose**　　**β-D-Fructofranose**

β-D-Fructofuranose 형태는 이당류인 sucrose에서 발견된다(25.4절).

B 형태 구조 표시법

오원자 고리는 평면에 가까운 구조를 가지고 있어 Haworth 투영도로 퓨라노오스를 나타내기에 적당하다. 그러나 육원자 고리인 피라노오스는 의자 형태로 보다 더 정확히 표현된다. 다음은 의자 형태로 나타낸 α-D-glucopyranose와 β-D-glucopyranose에 대한 구조식이다. 열린 사슬 혹은 유리 알데하이드 형태로 나타낸 구조 또한 수용액에서 고리형 헤미아세탈과 평형을 이루고 있다.

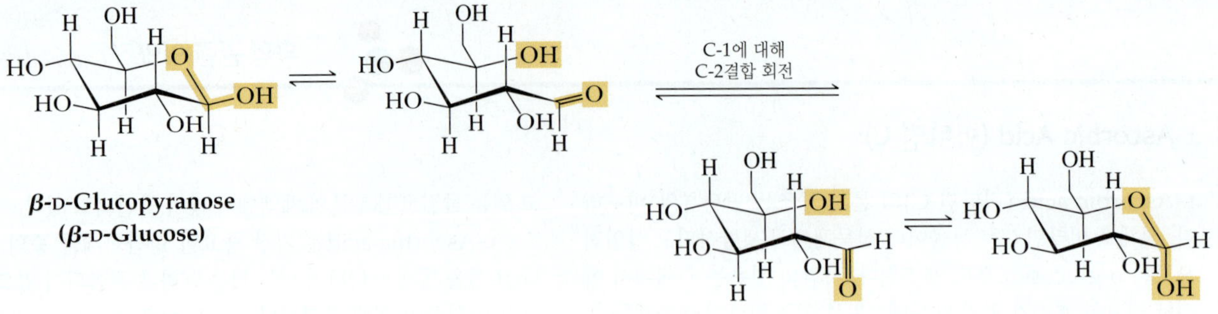

β-D-Glucopyranose
(β-D-Glucose)

C-1에 대해
C-2결합 회전

α-D-Glucopyranose
(α-D-Glucose)

β-D-Glucopyranose의 의자 형태에서 아노머성 —OH를 포함한 모든 치환기들이 수평방향임을 유의해라. α-D-Glucopyranose에서 아노머성 탄소에 있는 —OH기 역시 축방향에 있음을 유의해라. 아노머성 탄소에 있는 —OH의 수평방향 배향 때문에 β-D-glucopyranose가 더 안정하고 수용액에서 우세하다.

이 시점에서 Haworth 투영도와 의자 형태의 D-glucopyranose 고리에 있는 치환기들의 상대적인 배향을 비교할 수 있어야 한다. 예를 들면, Haworth 투영도와 의자 형태 모두에서 β-D-glucopyranose의 1번 위치에서 5번 위치까지의 탄소에 결합된 치환기들의 배향은 각각 위, 아래, 위, 아래, 위를 향하고 있다.

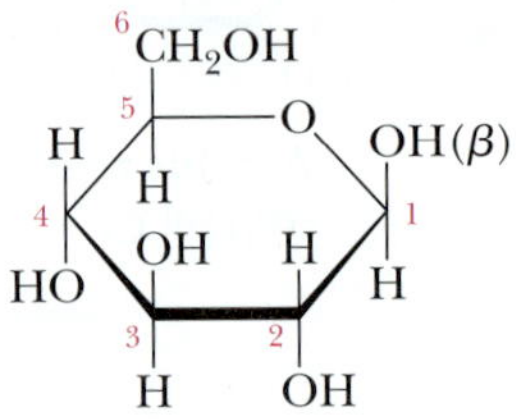

β-D-Glucopyranose
(Haworth 투영도)

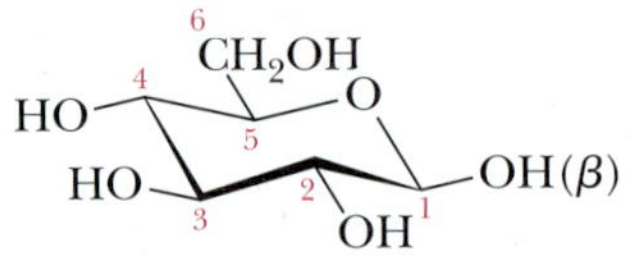

β-D-Glucopyranose
(의자 형태)

예제 25.3 ▸ **당류의 의자 형태**

α-D-Galactopyranose와 β-D-galactopyranose에 대한 의자 형태를 그려라. 각각에 대해 아노머성 탄소를 표시하여라.

➡ 해답

D-Galactose는 D-glucose와 단지 4번 탄소에서만 배열이 다르다. 그러므로 D-glucopyranose의 α형과 β형의 구조를 그린 후, 4번 탄소의 —OH 위치와 —H 위치를 바꾸어 그린다.

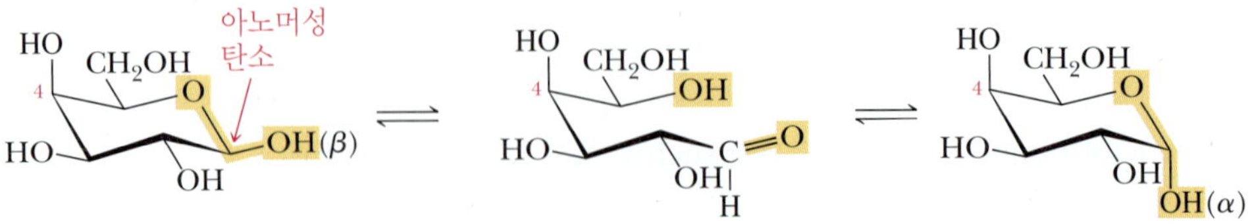

아노머성
탄소

β-D-Galactopyranose
(β-D-Galactose)
$[\alpha]_D = +52.8$

D-Galactose

α-D-Galactopyranose
(α-D-Galactose)
$[\alpha]_D = +150.7$

연습 문제 25.3

α-D-Mannopyranose와 β-D-mannopyranosed에 대한 의자 형태를 그려라. 각각에 대해 아노머성 탄소를 표시하여라.

C 변광회전

변광회전(Mutarotation)은 수용액 내에서 α-아노머와 β-아노머 상호변환을 일으키는 고유광회전도의 변화이다. 예를 들면, 결정성 α-D-glucopyranose를 물에 녹여 만든 용액은 처음에 +112.2의 광회전도 값을 나타내지만, +52.7의 평형 값까지 점차적으로 감소하고 α-glucopyranose는 β-D-glucopyranose와의 평형에 도달한다. β-D-Glucopyranose의 용액 또한 고유 광회전도 값이 처음 값인 +18.7에서 같은 평형 값인 +52.7으로 변화되는 동안에 변광회전이 일어난다. 평형 혼합물은 64%의 β-D-glucopyranose와 36%의 α-D-glucopyranose로 구성되어 있다. 단지 미량(0.003%)의 열린 사슬 형태를 포함하고 있다. 변광회전은 헤미아세탈 형태로 존재하는 모든 탄수화물에서 흔히 관찰되는 현상이다.

변광회전
수용액에 있는 탄수화물에서 α- 또는 β- 헤미아세탈의 형태가 두 가지 형태의 평형 혼합물로 전환될 때에 발생하는 고유 광회전도 값의 변화.

25.3 단당류의 반응

A 글리코사이드(아세탈) 생성

16.7B절에서 알데하이드나 케톤을 알코올 한 분자로 처리면 헤미아세탈이 생성되며, 헤미아세탈을 알코올 한 분자로 처리하면 아세탈이 생성됨을 보았다. 거의 모든 고리형 헤미아세탈로 존재하는 단당류를 알코올 분자로 처리하면, β-D-glucopyranose와 methanol과의 반응으로 나타낸 바와 같이 또한 아세탈을 생성한다.

아노머성 탄소 / 글리코사이드 결합 / 글리코사이드 결합

β-D-Glucopyranose + CH_3OH $\xrightarrow[-H_2O]{H^+}$ Methyl β-D-glucopyranoside + Methyl α-D-glucopyranoside

β-D-Glucopyranose (β-D-Glucose) **Methyl β-D-glucopyranoside (Methyl β-D-glucoside)** **Methyl α-D-glucopyranoside (Methyl α-D-glucoside)**

단당류로부터 유도된 고리형 아세탈을 **글리코사이드**(glycoside)라고 부르고, 아노머성 탄소와 —OR의 결합을 **글리코사이드 결합**(glycoside bond)이라고 한다. 중요한 사실은 글리코사이드에서는 변광회전이 일어나지 않으며, 그 이유는 아세탈은 카보닐기가 포함된 열린-사슬과 더 이상 평형을 이루지 않기 때문이다. 글리코사이드는 물과 염기성 수용액에 안정하지만, 다른 아세탈처럼(16.7절) 산성 수용액에서는 알코올과 단당류로 가수분해된다.

글리코사이드는 산소에 결합된 알킬기 또는 아릴기의 이름을 적고, 탄수화물 이름 맨 뒤 글자인 *-e*를 빼고 *-ide*로 바꾸어 명명한다. 예를 들면, β-D-glucopyranose에서 유도된 글리코사이드는 β-D-glucopyranoside로 명명하고, β-D-ribofuranose로부터 유도된 글리코사이드는 β-D-ribofuranoside로 명명한다.

글리코사이드
아노머성 탄소의 —OH가 —OR로 치환된 탄수화물.

글리코사이드 결합
글리코사이드의 아노머성 탄소와 —OR기 사이의 결합.

예제 25.4 ▸ 글리코사이드의 구조

Methyl β-D-ribofuranoside (methyl β-D-riboside)의 구조식을 그려라. 아노머성 탄소와 글리코사이드 결합을 표시하여라.

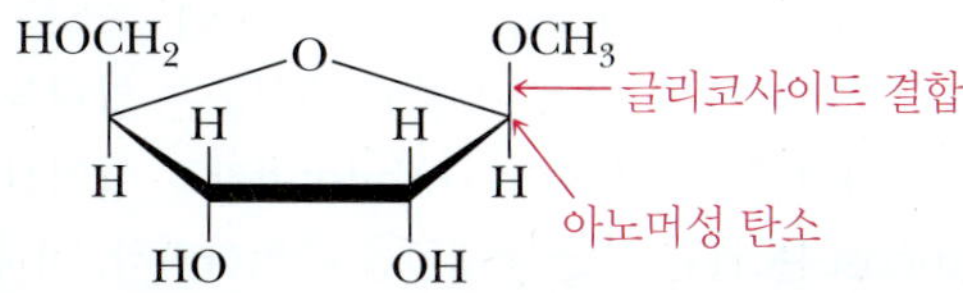

연습 문제 25.4

Methyl α-D-mannopyranoside (methyl α-D-mannoside)에 대한 Haworth 투영도와 의자형을 그려라. 화학구조식을 그려라. 아노머성 탄소와 글리코사이드 결합을 표시하여라.

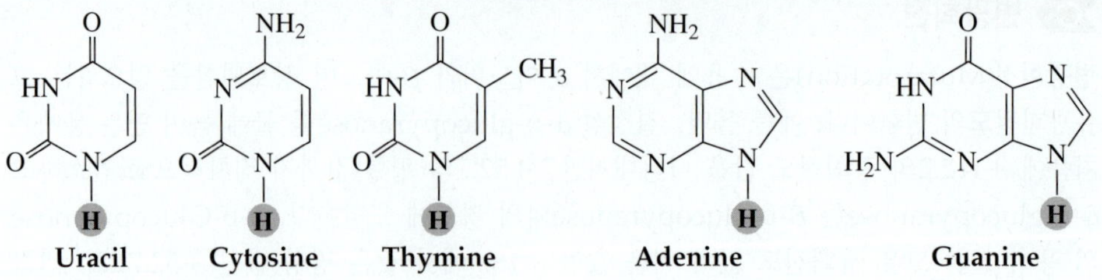

그림 25.3 ▸ DNA와 RNA에 들어 있는 다섯 가지 가장 중요한 pyrimidine 및 purine 염기의 구조식. 회색으로 나타낸 수소 원자는 *N*-글리코사이드가 형성될 때에 잃는다.

고리형 헤미아세탈의 아노머성 탄소가 알코올의 —OH기와 반응하여 글리코사이드가 생성되는 것처럼 고리형 헤미아세탈의 아노머성 탄소는 아민의 N—H기와 반응하여 *N*-글리코사이드를 생성한다. 생물계에서 특히 중요한 것은 퓨라노오스인 D-ribose와 2-deoxy-D-ribose, 그리고 헤테로고리 방향족성 아민인 uracil, cytosine, thymine, adenine, guanine 사이에 생성된 *N*-글리코사이드이다(그림 25.3). 이러한 pyrimidine 및 purine 염기의 *N*-글리코사이드는 핵산의 구조 단위이다(28장).

예제 25.5 ▸ ***N*-글리코사이드 구조**

D-Ribofuranose와 cytosine 사이에서 생성된 β-*N*-글리코사이드 화합물인 cytidine의 구조식을 그려라.

해답

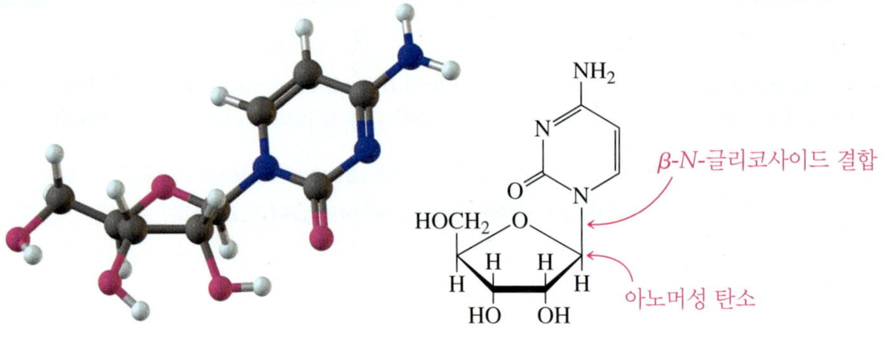

Cytidine

연습 문제 25.5

2-Deoxy-D-ribofuranose와 adenine 사이에 생성된 β-*N*-글리코사이드의 구조식을 그려라.

B 알디톨로의 환원

단당류의 카보닐기는 $NaBH_4$ 또는 전이금속 촉매 존재 하에 수소를 포함한 다양한 환원제에 의해서 하이드록시기로 환원될 수 있다. 이 환원 생성물은 **알디톨**(alditol)로 알려져 있다. D-Glucose의 환원은 가장 일반적으로 D-sorbitol이라고 알려진 D-glucitol을 생성한다. 여기서 나타낸 D-glucose는 열린 사슬 형태임을 유의하여라. 비록 열린 사슬 형태는 고리형 헤미아세탈보다 매우 적은 양이 존재하지만, 환원이 진행될수록 열린 사슬 형태와 헤미아세탈의 평형 관계는 열린 사슬 형태 쪽으로 이동한다.

알디톨
단당류의 C═O기가 CHOH기로 환원될 때에 형성되는 생성물.

β-D-Glucopyranose ⇌ D-Glucose $\xrightarrow{NaBH_4}$ D-Glucitol (D-Sorbitol)

Sorbitol은 배, 사과, 자두 등의 과실(포도 제외)과 김, 미역 등 여러 식물체 내에서 발견된다. 식탁용 설탕의 60% 정도의 당도를 내고 있어 사탕이나 당뇨병 환자를 위한 설탕 대체물로서 이용되고 있다. 또 이 화합물은 높은 흡습성을 가지고 있어, 식품의 보습제로 사용된다.

생물계에서 흔한 다른 알디톨은 erythritol, D-mannitol, xylitol이다. Xylitol은 '무설탕' 껌, 사탕, 시리얼 등에서 단맛을 내는 설탕 대체물로 이용되고 있다.

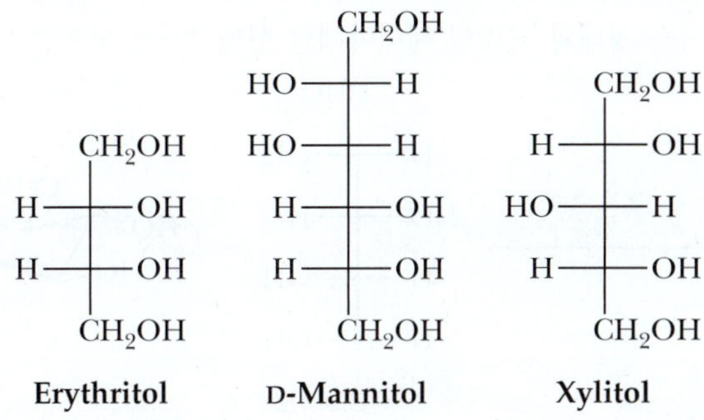

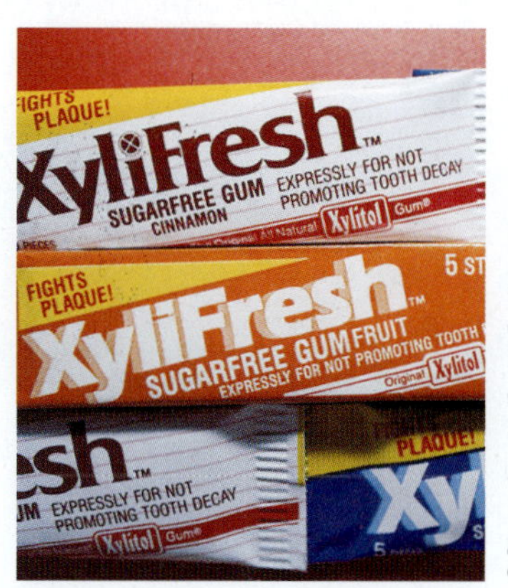

많은 '무설탕' 상품은 D-sorbitol과 xylitol과 같은 당 알코올을 포함하고 있다.

C 알돈산으로 산화: 환원당

16.10A절에서 본 바와 같이 알데하이드(RCHO)는 산소(O_2)를 포함한 여러 가지의 산화제에 의하여 카복실산(RCOOH)으로 산화된다. 유사한 방법으로 알도오스의 알데하이드기는 염기성 조건에서 카복실기로 산화된다. 이러한 목적으로 사용되는 산화제는 calcium carbonate (Br_2, $CaCO_3$, H_2O) 수용액 내에 bromine과 Tollen's 용액[$Ag(NH_3)_2{}^+$]이다. 이러한 조건에서 알도오스의 고리형은 열린 사슬 형태와 평형을 이루게 되며, 이 형태가 약한 산화제에 의해서 산화된다. 예를 들면, D-glucose는 D-gluconate (D-gluconic acid의 음이온)로 산화된다.

β-D-Glucopyranose (β-D-Glucose) ⇌ D-Glucose $\xrightarrow[\text{염기성 용액}]{\text{산화제}}$ D-Gluconate

알돈산
알도오스의 —CHO기가 산화하여 —COOH기로 전환될 때 생성된 화합물.

환원당
산화제와 반응하여 알돈산을 형성하는 탄수화물. 이 반응에서 당은 산화제를 환원시킨다.

산화제와 반응하여 **알돈산**(aldonic acid)을 형성하는 탄수화물은 **환원당**(reducing sugar, 산화제를 환원시키는 당)으로 분류된다.

놀랍게도 2-케토오스 또한 환원당이다. 2-케토오스의 첫 번째 탄소(CH_2OH기)는 직접적으로 산화되지 않는다. 산화되기보다는 이러한 산화의 염기 조건 하에서 2-케토오스는 엔다이올 중간체를 거쳐 알도오스와 평형 상태로 존재한다. 알도오스는 약한 산화제에 의하여 산화된다.

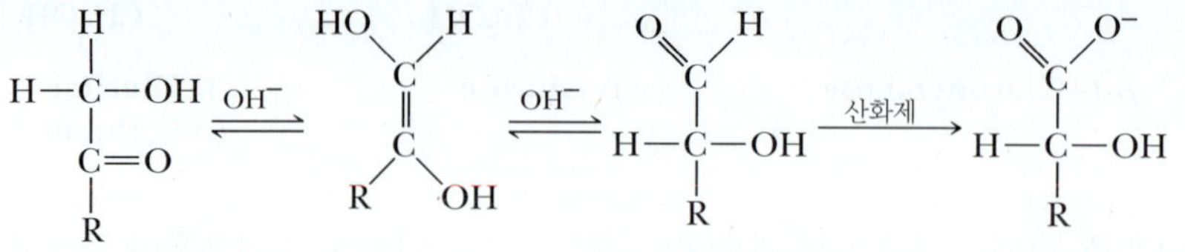

2-케토오스 ⇌(OH^-) 엔다이올 ⇌(OH^-) 알도오스 →(산화제) 알도네이트

D 우론산으로 산화

헥소오스의 6번째 탄소에 있는 1차 —OH기의 효소에 의한 산화는 우론산(uronic acid)을 생성시킨다. 예를 들면, D-glucose의 효소 촉매에 의한 산화는 D-glucuronic acid를 생성시키며 아래에 열린 사슬 형태와 고리형 헤미아세탈 형태 2가지 모두를 나타내었다.

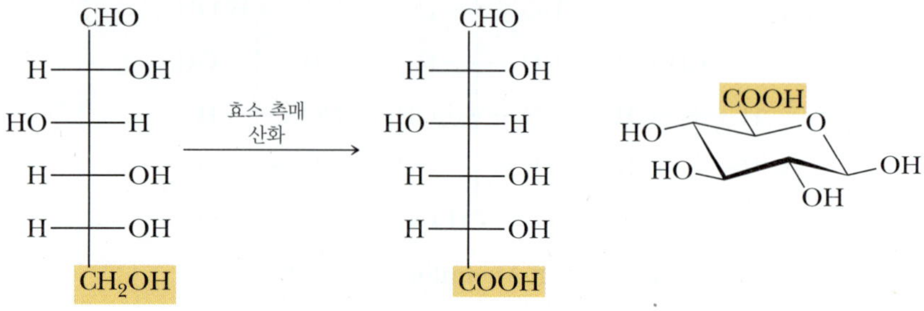

D-Glucose →(효소 촉매 산화) Fischer 투영도 / 의자 형태

D-Gluculonic acid
(우론산)

D-Glucuronic acid는 식물과 동물 세계에서 전반적으로 분포되어 있으며, 인체에서는 연결조직의 glucosaminoglycan의 주요 성분이다(25.6절). 또한 인체에서 페놀과 알코올과 같은 외부로부터 얻어진 —OH기를 함유하는 화합물의 독성을 제거하는데 사용된다. 이러한 화합물들은 간에서 glucuronic acid (glucuronide)의 글리코사이드로 전환되며, 소변과 함께 인체로부터 배출된다. 예를 들면, 정맥 마취제인 propofol은 아래의 화학구조식과 같은 glucuronide로 전환되고, 소변과 함께 인체로부터 배출된다.

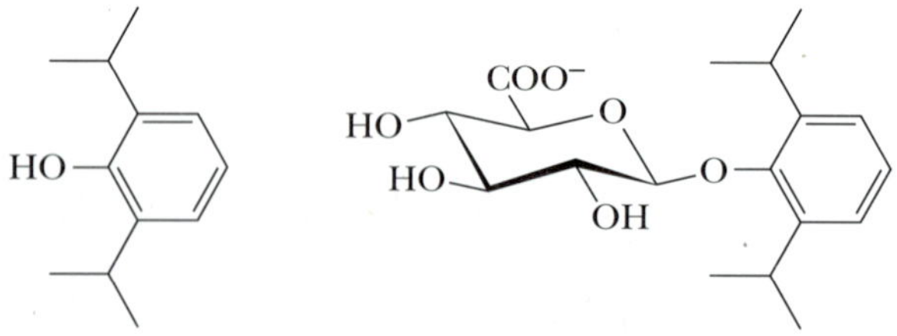

Propofol 소변에 녹는 glucuronide

E Periodic acid에 의한 산화

Periodic acid, $HIO_4 \cdot 2H_2O$ 혹은 H_5IO_6에 의한 산화는 탄수화물의 구조 결정에 유용한 것으로 알려지고 있으며, 특히 글리코사이드 고리의 크기를 알아내는 데 유용하다. 10.8E절에서 periodic acid는 고리형 periodic ester를 통해서 진행되는 반응에서 글라이콜의

탄소-탄소 결합을 분해시킴을 상기하여라. 이 반응에서 periodic acid의 iodine(VII)이 iodine(V)으로 환원된다.

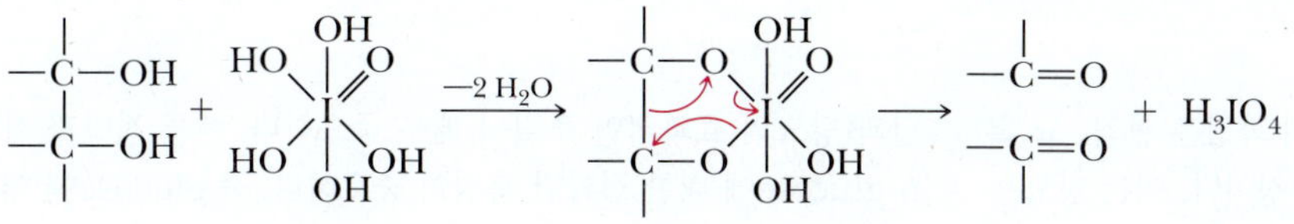

글라이콜 **periodic acid** 고리형 periodic ester **Iodic acid**

Periodic acid는 비슷한 메커니즘으로 α-하이드록시케톤과 α-하이드록시알데하이드의 탄소-탄소 결합도 분해할 수 있다. 아래의 반응식은 periodic acid에 의하여 이러한 작용기에 대한 축약 구조식과 산화 절단 생성물을 나타내고 있다. 생성물 각 세트가 어떻게 형성되는 것에 대한 이해를 돕기 위하여 출발 물질인 카보닐기가 수화된 중간체로 된 후 산화되는 것을 보여주고 있다. 이러한 방식을 이해함으로써 각각의 산화 반응은 글라이콜의 산화 반응과 유사한 것으로 볼 수 있다.

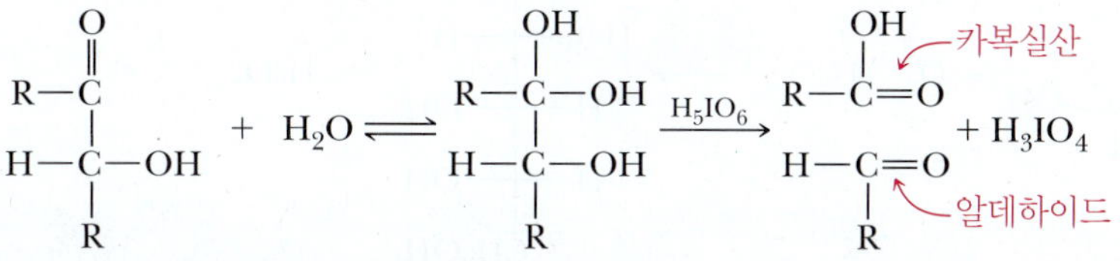

카복실산 알데하이드

α-하이드록시케톤 수화된 중간체

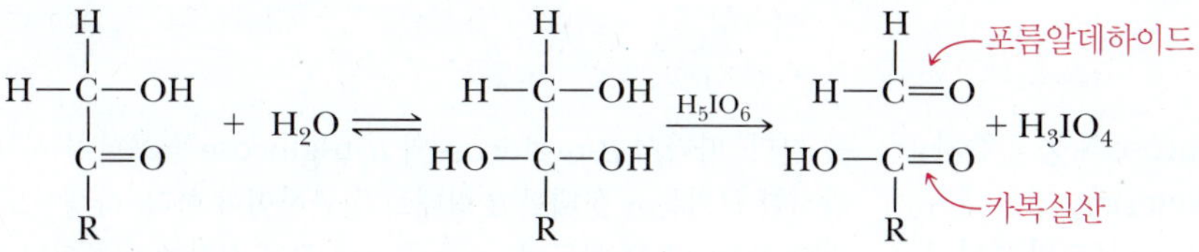

포름알데하이드 카복실산

α-하이드록시케톤 수화된 중간체

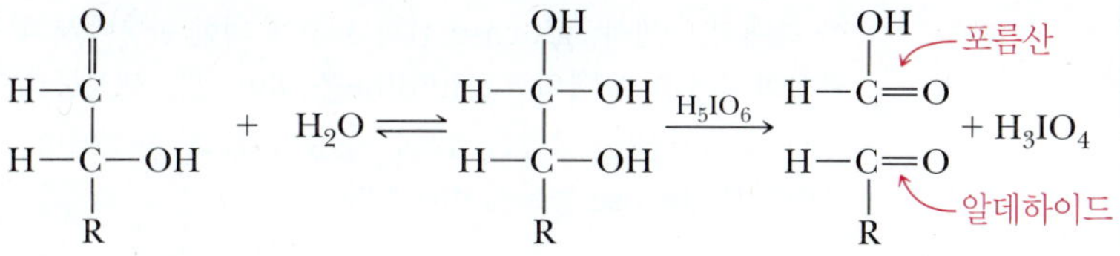

포름산 알데하이드

α-하이드록시알데하이드 수화된 중간체

탄수화물 화학에서 이 반응의 유용성에 대한 예시로 methyl β-D-glucoside의 산화는 2 몰의 periodic acid가 소모되고, 1 몰의 formic acid가 생성된다. 이러한 화학당량식과 formic acid 형성은 —OH기들이 주위의 3개 탄소 원자에 존재하는 경우에만 가능하다.

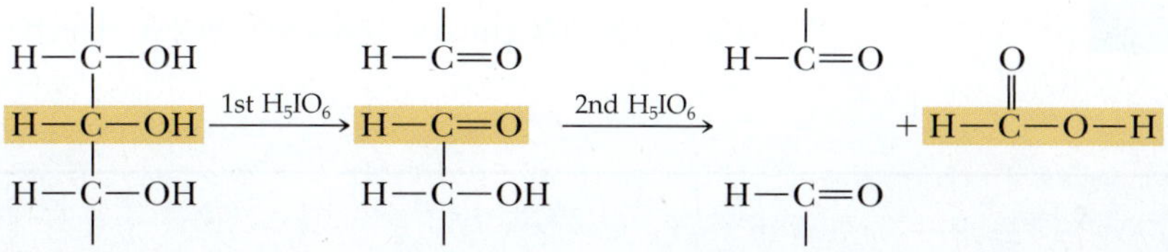

Glucose 시험법

임상 화학 실험실에서 종종 이루어지는 분석 과정은 혈액, 뇨 혹은 기타 생체 내 유체에 있는 glucose의 측정이다. 이는 당뇨를 나타내는 지표로 glucose가 사용되기 때문이다. 미국에서만 약 1,500만 당뇨 환자가 있으며, 이 외에도 약 백만 명의 환자는 진단을 받지 않은 것으로 추정된다.

당뇨 증후는 혈중 농도에서 인슐린 호르몬이 불충분하게 존재함으로써 나타난다. 인슐린 혈중 농도가 너무 낮으면 근육과 간세포는 혈액으로부터 glucose를 흡수하지 않으며, 이는 차례로 고혈당(hyperglycemia)이라는 혈중 glucose의 농도 증가, 지방과 단백질 대사의 작동 불능, 케톤증(ketosis), 당뇨 혼수(diabetic coma)에 이를 수 있다. 혈중 glucose 농도의 초기 진단과 당뇨의 효과적인 조절이 매우 중요하다. 빠른 진단과 함께 D-glucose에 대한 정확한 측정이 중요하다. 즉 glucose에 대해서 양성 반응을 나타내어야 하지만 생체 유체에 존재하는 다른 물질에 대해서는 반응을 하지 않아야 한다. 현재는 글루코오스 산화 효소를 사용함으로써 효소를 기본으로 한 절차를 이용하여 혈중 glucose 농도를 측정하고 있다. 이 효소는 β-D-glucose를 D-gluconic acid로 전환시킨다.

Glucose 산화 효소는 β-D-glucose에 대하여 특징적 반응을 한다. 따라서 β-D-glucose와 α-D-glucose를 포함된 시료의 완전한 산화는 α 형태를 β 형태로 전환하여야 한다. 다행히도 이러한 상호전환은 빠르고, 시험하는데 짧은 시간에 이루어진다.

$$\beta\text{-D-Glucopyranose} + O_2 + H_2O \xrightarrow{\text{Glucose 산화 효소}} \text{D-Glucoanic acid} + H_2O_2$$

β-D-Glucopranose
(β-D-Glucose)

D-Glucoanic acid 과산화 수소

분자 산소(O_2)는 이러한 반응에서 산화제이며 과산화 수소(H_2O_2)로 환원된다. 한 차례의 과정에서 과산화 수소 효소에 의한 촉매 반응에서, glucose 산화 효소에 의한 반응에서 형성된 과산화 수소는 무색의 *o*-toluidine을 색이 있는 생성물로 산화시킨다. 색이 있는 생성물 농도는 분광학적으로 측정되며, 시험 용액에서 glucose 농도에 비례한다.

$$\text{2-Methylaniline} + H_2O_2 \xrightarrow[\text{효소}]{\text{과산화 수소}} \text{색깔이 있는 생성물}$$

2-Methylaniline
(*o*-Toluidine)

상품화되어 있는 몇 가지의 시험 키트는 소변에 있는 glucose의 정량적인 측정을 위해 glucose 산화효소제 반응을 사용한다.

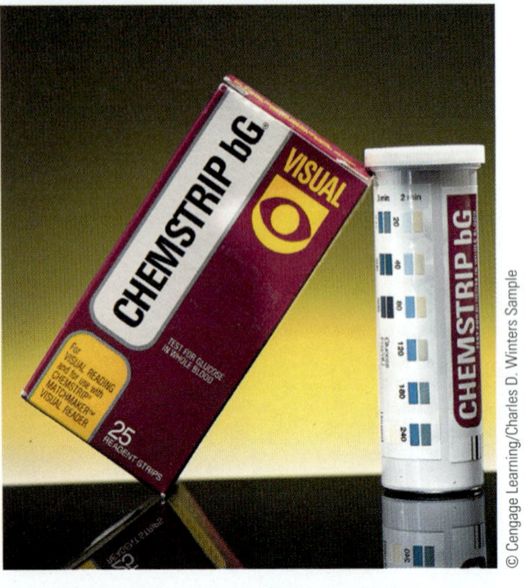

© Cengage Learning/Charles D. Winters Sample

소변에 있는 glucose 측정을 위한 테스트 키트.

이러한 사실은 methyl β-D-glucoside가 피라노사이드라는 것을 증명해 준다.

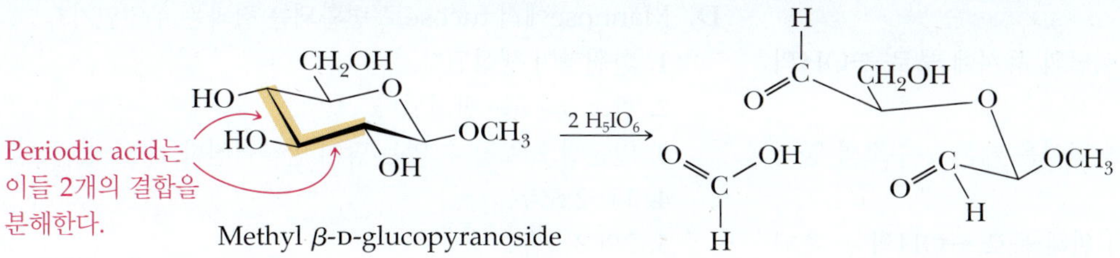

Periodic acid는 이들 2개의 결합을 분해한다.

Methyl β-D-glucopyranoside

$2\ H_5IO_6$

Methyl β-D-fructoside는 단지 1 몰의 periodic acid를 소모하고, formaldehyde나 formic acid를 생성하지 않는다. 그러므로 산화가 가능한 치환기는 분자 내에 단지 한 군데에서만 서로 이웃하는 탄소에 존재한다. 따라서 fructoside는 오원자 고리형 (fructofuranoside)임을 알 수 있다.

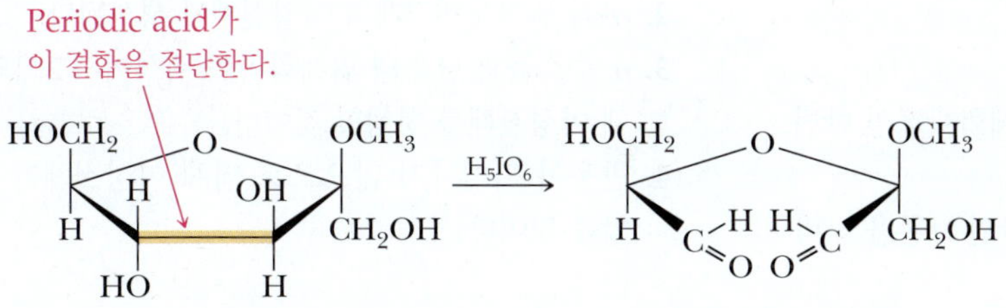

Periodic acid가 이 결합을 절단한다.

H_5IO_6

Methyl β-D-fructofuranoside

의과대학 입학시험(MCAT) 연습: 지문 및 질문

Fucose

동물세포벽의 표면 다당에서 발견되는 몇 종류의 단당류들 중 하나인 fucose는 아래의 8 단계에 따라 mannose에서 생화학적으로 합성된다.

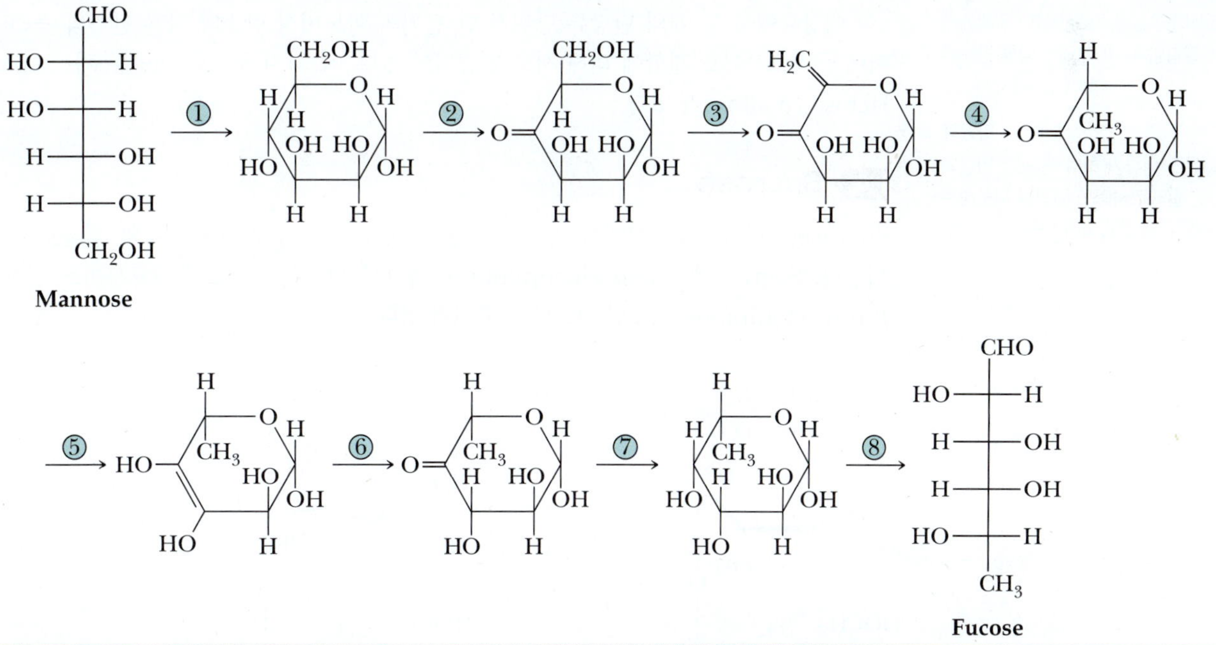

Mannose

① ② ③ ④ ⑤ ⑥ ⑦ ⑧

Fucose

질문

A. 위 흐름도에서 mannose와 fucose에 대한 입체화학적인 기호는 무엇인가?

1. 둘 다 D-당류이다.
2. 둘 다 L-당류이다.
3. Mannose는 D이고, fucose는 L이다.
4. Mannose는 L이고, fucose는 D이다.

B. 3단계의 제거 반응에서 어떤 종류의 메커니즘이 관련될 것 같은가?

1. 케톤으로 α-수소 양성자 이탈과 동시에 물로 —OH의 산촉매화 이탈.

2. 이탈기로서 —OH 이탈에 뒤이은 케톤 α-수소의 양성자 이탈.

3. 일차 탄소양이온을 만들기 위해 물로 —OH의 산 촉매화된 이탈에 뒤이은 케톤 α-수소의 양성자 이탈.

4. 엔올산염을 만들기 위해 케톤 α-수소의 양성자 이탈에 뒤이은 —OH 이탈기 이탈.

C. 5단계와 6단계는 합쳐져 다음 중 어느 것을 가장 잘 기술하고 있는가?

1. 환원 후 C3에 재산화.

2. 두 번의 케토-엔올 토토머화는 C3에 입체화학적인 반전을 나타난다.

3. 제거 반응에 이어 첨가는 C4에 입체화학인 보존을 나타낸다.

4. 탈수에 이어 수화는 C4에 입체화학인 보존을 나타낸다.

D. Mannose에서 fucose로 변환되는 결과는 무엇인가?

1. 환원당이 생성된다.

2. 탄소 3과 5는 반전된다.

3. 알돈산으로 될 수 없는 당이 만들어진다.

4. 1과 2 모두.

5. 2와 3 모두.

E. Fucose가 메탄올과 산 촉매와의 반응의 결과로 얼마나 많은 입체 이성질체가 생성되는가?

1. 4개의 카이랄 중심이 있기 때문에, 2^4 이성질체가 생성된다.

2. α-와 β-아노머 2개의 이성질체가 생성된다.

3. α-수소들과 탄소의 입체화학이 뒤섞여서 2개의 부분 입체 이성질체를 형성할 것이다.

4. 반응이 일어나지 않으므로 입체 이성질체가 생성되지 않을 것이다.

25.4 이당류와 올리고당류

자연계 대부분의 탄수화물은 1개 이상의 단당류 단위를 포함한다. 두 개의 단위를 포함한 탄수화물을 **이당류**(disaccharide), 세 개의 단위를 포함한 탄수화물을 **삼당류**(trisaccharide) 등으로 부른다. 일반적인 용어인 **올리고당**(oligosaccharide)은 4~10개의 단당류 단위를 포함하고 있는 탄수화물에 사용된다. 이보다 더 많은 단당류 단위를 가진 탄수화물은 **다당류**(polysaccharide)라 부른다.

이당류
글리코사이드 결합으로 연결된 두 개의 단당류 단위가 들어 있는 탄수화물.

올리고당류
글리코사이드 결합으로 인접한 위치에서 결합한 4~10개의 단당류 단위가 들어 있는 탄수화물.

다당류
많은 단당류가 하나 또는 그 이상의 글리코사이드 결합을 이웃하는 단당류와 결합되어 있는 탄수화물.

이당류에서 두 개의 단당류 단위가 한 단위의 아노머성 탄소와 다른 단위의 —OH 사이에 글리코사이드 결합에 의해 서로 연결되어 있다. 세 가지 중요한 이당류로는 sucrose, lactose, maltose가 있다.

A Sucrose

Sucrose(설탕)는 생물계에서 가장 풍부한 이당류이다. 주로 사탕수수와 벌꿀로부터 얻어진다. Sucrose에서 α-D-glucopyranose의 1번 탄소는 α-1,2-글리코사이드 결합으로 β-D-fructofuranose의 2번 탄소에 연결되어 있다.

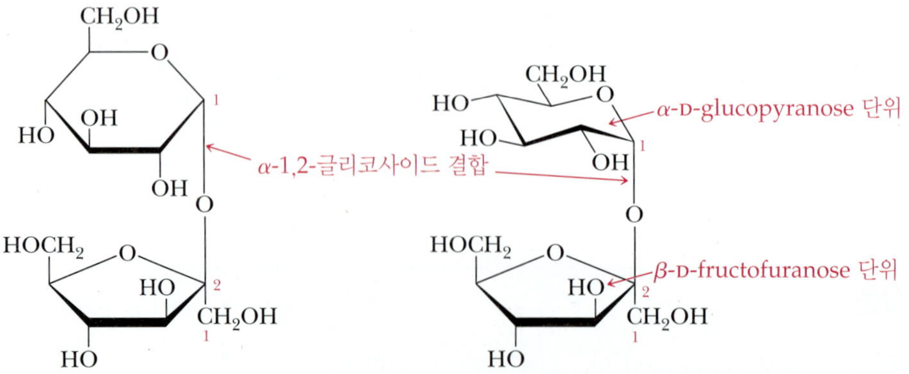

α-1,2-글리코사이드 결합
α-D-glucopyranose 단위
β-D-fructofuranose 단위

Sucrose

Glucose는 육원자(pyranose) 고리이고, 반면에 fructose는 오원자(furanose) 고리임을 유의하여라. Glucopyranose 단위와 fructofuranose 단위 모두에 아노머성 탄소는 글리코이드 결합이 들어 있기 때문에 sucrose는 비환원당(nonreducing sugar)이다.

B Lactose

Lactose는 우유에 들어 있는 대표적인 당이다. 모유의 5~8%, 우유의 4~6%를 구성하고 있다. Lactose는 D-glucopyranose의 4번 탄소에 β-1,4-글리코사이드 결합에 의해 연결된 D-galactopyranose로 구성되어 있다. Lactose는 환원당이다.

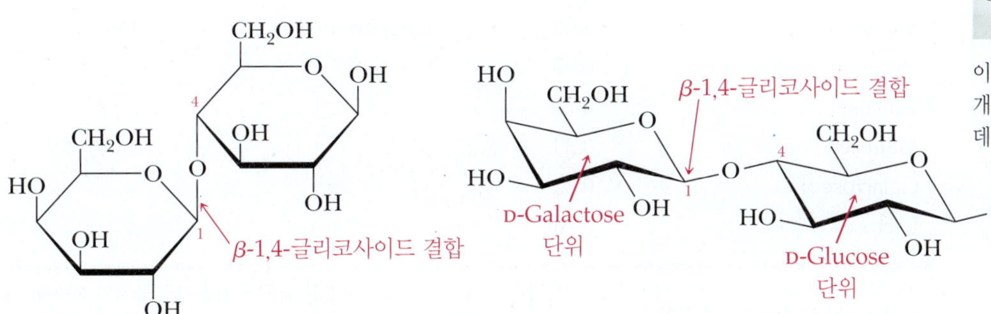

Lactose

이러한 제품은 lactose 분해력이 없는 개인들에게 칼슘 결핍량을 충족시키는 데 도와준다.

C Maltose

Maltose는 보리(맥주 brew)나 다른 곡물의 어린 싹에서 나온 액젓, 즉 엿기름(malt)에서 유래한다. Maltose는 두 분자의 D-glucopyranose로 구성되며, 그 중 한 분자의 4번 탄소에 있는 —OH기가 다른 분자의 1번 탄소(아노머성 탄소) 사이에 α-1,4-글리코사이드 결합을 이루고 있다. 다음은 β-maltose를 나타내고 있으며, 오른쪽 끝에 있는 glucose 단위에 아노머성 탄소의 —OH기가 베타 위치에 있기 때문에 붙여진 이름이다.

Maltose

Maltose는 D-glucopyranose의 오른쪽에 있는 헤미아세탈기가 유리 알데하이드와 평형을 이루고 있어 카복실산으로 산화될 수 있기 때문에 환원당이다.

D 탄수화물과 인공 감미료의 상대적 당도

모든 단당류는 미각적으로 달지만, 몇 가지 단당류는 다른 단당류보다 더 단맛이 난다(표 25.2). D-Fructose는 sucrose (설탕, 25.4A절)보다 훨씬 더 단맛이 나며, 당류 중에서 가장 단맛이 난다. 꿀의 단맛은 대체적으로 D-fructose와 D-glucose로 인하여 발생된다. Lactose (25.4B절)는 거의 단맛이 없다. Lactose는 대부분의 유제품에 들어 있고, 종종 첨가물로 음식에 들어 있다. Lactose를 분해할 수 있는 효소가 없는 사람들은 섭취를 피하여야 한다.

표 25.2 몇 종류의 탄수화물과 인공 감미료의 상대적 당도*

탄수화물	Sucrose에 대한 상대적 당도	인공 감미료	Sucrose에 대한 상대적 당도
Fructose	1.74	Saccharin	450
Invert sugar	1.25	Acesulfame-K	200
Sucrose (설탕)	1.00	Aspartame	160
Honey	0.97		
Glucose	0.74		
Maltose	0.33		
Galactose	0.32		
Lactose (유당)	0.16		

*당도를 측정할 수 있는 기계적 방법은 없다. 일단의 사람들로 하여금 다양한 농도 당도를 가진 용액의 순위를 정하도록 함으로써 당도를 평가한다.

예제 25.6 ▸ 이당류 구조

두 개의 D-glucopyranose 단위가 α-1,6-글리코사이드 결합에 의해 연결된 이당류의 β-아노머에 대한 의자 형태 구조식을 그려라.

➡ 해답

α-D-Glucopyranose의 의자 형태의 구조를 먼저 그린 후, 이 단당류의 아노머성 탄소를 두 번째 D-glucopyranose의 6번 탄소의 산소와 α-글리코사이드 결합에 의해 연결한다. 이러한 결합에 의하여 생성되는 분자는 이당류의 환원 말단의 —OH기 배향에 따라서 α 또는 β가 된다. 여기서 나타낸 이당류는 β이다.

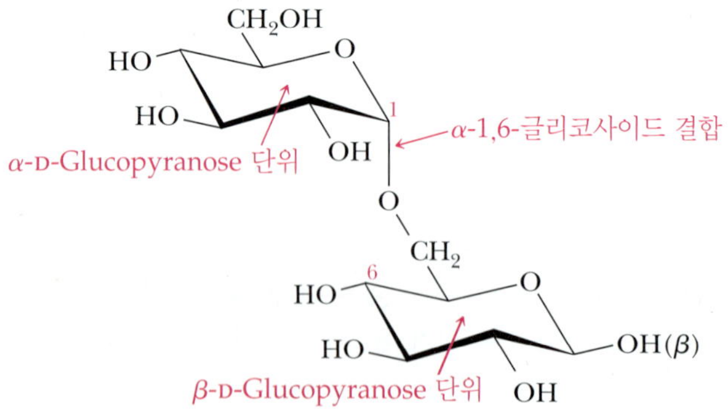

CH_2OH, HO, HO, O, OH, 1
α-D-Glucopyranose 단위
α-1,6-글리코사이드 결합
O, CH_2, 6, HO, HO, O, OH, OH(β)
β-D-Glucopyranose 단위

연습 문제 25.6

두 개의 D-glucopyranose 단위가 β-1,3-글리코사이드 결합에 의해 연결된 이당류의 α 형에 대한 의자 형태 구조식을 그려라.

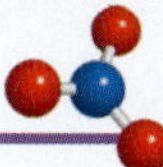

A, B, AB, O형 혈액원 물질

동물 혈장세포의 세포막에는 비교적 작은 탄수화물이 많이 달라붙어 있어 사실상 대부분의 혈장세포 막 바깥쪽은 문자 그대로 '당 코팅'처럼 보인다. 세포막에 붙은 탄수화물은 세포와 세포 간에 상호 인식하는 메커니즘의 일부이며, 실제로 생화학적 표지기(marker)로 작용한다. 세포막에 결합된 탄수화물은 전형적으로 4~17개의 단당류로 이루어져 있으며, 이들을 구성하는 대표적인 단당류는 D-galactose, D-mannose, L-fucose, *N*-acetyl-D-glucosamine, *N*-acetyl-D-galactosamine이다. 이들 중에서 L-fucose는 6-deoxyaldohexose이며, 그 구조는 아래와 같다.

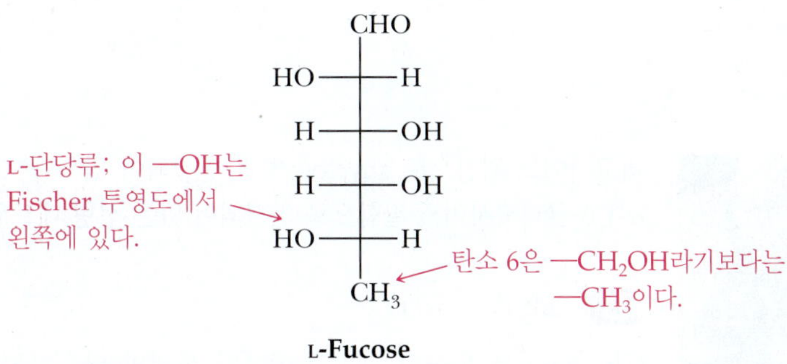

세포막에 결합된 탄수화물로 잘 알려진 것으로는 1900년에 Karl Landsteiner (1868~1943)에 의하여 발견된 ABO 혈액원 시스템에 있다. 사람들이 A, B, AB, O형의 혈액을 가진다는 것은 그 사람의 적혈구세포 표면에 결합된 삼당류(trisaccharide) 혹은 사당류(tetrasaccharide)의 형태에 따라 결정된다. 각 혈액형의 단당류와 단당류를 연결하는 글리코사이드 결합 형태를 아래 그림으로 나타냈으며, 글리코사이드 결합의 입체 배열은 괄호 안에 표기하였다.

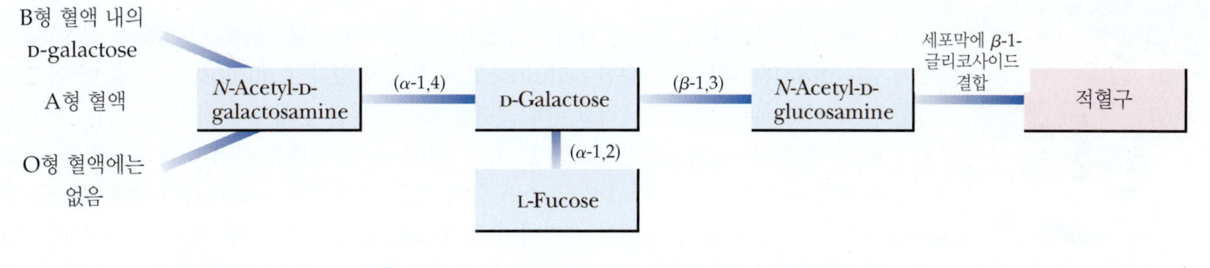

25.5 다당류

다당류(Polysaccharide)는 글리코사이드 결합에 의해 연결된 많은 수의 단당류 단위로 구성되어 있다. 모두 glucose 단위로 이루어진 중요한 3개의 다당류는 녹말, glycogen, cellulose이다.

A 녹말: Amylose와 Amylopectin

녹말(Starch)은 식물에서 에너지원으로 사용된다. 모든 식물들의 씨앗과 도관에서 발견되고 나중에 에너지원으로 사용되는 glucose의 저장 형태가 녹말이다. 녹말은 amylose와 amylopectin이라는 두 가지의 주된 다당류로 분리된다. 식물 종류에 따라 고유한 녹말 특성을 가지나, 거의 모든 녹말은 20~25%의 amylose와 75~80%의 amylopectin으로 구성되어 있다.

Amylose와 amylopectin 두 다당류의 완전한 가수분해는 유일하게 D-glucose만을 생성한다. Amylose는 약 4,000개의 D-glucose 반복 단위가 α-1,4-글리코사이드 결합으로 선형인 형태로 연결되어 있다. Amylopectin은 10,000개의 D-glucose 반복 단위가 α-1,4-글

그림 25.4 ▸ Amylopectin은 β-1,4-글리코사이드 결합에 의하여 결합된 대략 10,000개의 D-glucose 반복 단위를 가진 가지 달린 고분자이다. 가지는 α-1,6-글리코사이드 결합에 의하여 시작된 20~30 D-glucose 단위들로 구성된다.

빵, 곡류 및 파스타는 녹말의 공급원이다.

리코사이드 결합으로 amylose처럼 연결되어 있으나, 24~30 단위를 지날 때마다 곁사슬이 α-1,6-글리코사이드 결합으로 연결되어 있는 선형 네트워크를 형성한다(그림 25.4).

B Glycogen

Glycogen은 동물의 가역적-에너지 형태의 탄수화물이다. Amylopectin과 마찬가지로 D-glucose가 α-1,4와 α-1,6-글리코사이드 결합으로 연결된 분자량 약 100만의 곁사슬을 가진 고분자이다. 정상 성인의 경우 체내에 약 350 g의 glycogen을 가지고 있으며, 간과 근육에 비슷한 양으로 분포되어 있다.

C Cellulose

가장 흔한 식물체의 골격형 다당류인 cellulose는 나무 세포벽의 반 정도를 구성하고 있다. 면(cotton)은 대부분 순수한 cellulose로 구성되어 있다. Cellulose는 분자 당 약 2,200개의 D-glucose가 β-1,4-글리코사이드 결합으로 연결된 선형 고분자이며, 이는 평균 분자량이 약 400,000 g/mol이다(그림 25.5). Cellulose 분자들은 여러 개의 탄수화물 사슬이 평행하게 위치한 구조를 하고 있다. 이웃하는 사슬 간에 있는 —OH기가 수소 결합을 이루어 이들 사슬이 한 묶음 상태를 유지하며 평행으로 위치할 수 있어, 결과적으로 아주 높은 인장 강도를 가지게 된다. Cellulose를 함유하는 물질을 물속에 침지하면, cellulose 사이의 수소 결합 인력이 강하여 물 분자들로부터 cellulose 섬유들이 격리되어 물에 불용성인 특징을 갖게 된다.

사람과 다른 동물들은 소화 계통에 β-글루코사이드 결합의 가수분해를 촉진시키는 효소인 β-글루코오스 분해효소(β-glucosidase)가 들어 있지 않기 때문에 cellulose를 음식으로 사용할 수 없다. 대신에 우리는 α-글루코오스 분해효소만을 가지고 있다. 따라서 glucose 공급원으로 사용되는 다당류는 녹말과 glycogen이다. 한편, 많은 박테리아나 미생물은 β-글루코오스 분해효소를 함유하고 있고 cellulose를 소화시킬 수 있다. 흰개미는 이러한 박테리아를 체내에 지니고 있기 때문에 나무를 그들의 주식원으로 이용하고 있다. 그 외에 되새김 동물과 말도 그들의 소화기관에 β-글루코오스 분해효소를 포함하는 미생물을 가지고 있어서 풀을 섭취할 수 있다.

그림 25.5 ▸ Cellulose는 β-1,4-글리코사이드 결합에 의하여 결합된 2,200 단위의 D-glucose를 가진 선형 다당류이다.

Fructose가 다량 함유되어 있는 옥수수 시럽

음료수나 기타 당을 함유한 가공식품의 라벨을 읽어 보면, 많은 상품들이 fructose가 다량 함유되어 있는 옥수수 시럽(corn syrup)이 함유되어 있음을 알 수 있다. 표 25.2를 살펴보면 그 이유를 알 수 있다. Fructose가 sucrose(설탕)보다 70% 이상 더 단 맛이 난다.

Fructose가 다량 함유되어 있는 옥수수 시럽의 생산은 α-amylase 효소에 의한 부분적 가수분해로 시작된다. 이 효소는 α-글루코사이드 결합을 가수분해시키고, 옥수수 녹말을 dextrin이라고 부르는 작은 다당류로 분해시킨다. 마지막으로, D-glucose의 효소에 의한 이성질화는 D-fructose를 생성시킨다. 이러한 방식으로 매년 수십억 파운드의 fructose가 다량 함유된 옥수수 시럽이 생산되어 음식가공 산업에 이용되고 있다. 상업적인 고농도 fructose 옥수수 시럽은 실제로 55~60% glucose와 40~45% fructose가 들어 있다. 이러한 조성은 비슷한 양의 glucose와 fructose가 들어 있는 천연 벌꿀에서 나타난다.

옥수수 녹말 (α-D-Glucose 단위의 다당류) $\xrightarrow{\alpha\text{-amylase}}$ Dextrins (6~10 α-Glucose 단위의 올리고당류) $\xrightarrow{\text{glucoamylase}}$ **D-Glucose** $\xrightarrow[\text{이성질체}]{\text{glucose}}$ **D-Fructose**

D Cellulose로부터 섬유

면(Cotton)은 거의 순수한 cellulose이며, 레이온(rayon)과 아세테이트 레이온은 cellulose를 화학적으로 변환시켜 얻어진 최초의 상용화된 합성섬유이다. 레이온의 생산 방법은 우선 cellulose를 포함하는 원료 물질을 염기성 용액에서 carbon disulfide (CS_2)로 처리한다. 이 과정에서 cellulose 섬유상의 —OH기는 xanthate ester의 소듐 염(sodium salt)으로 바꾸어지며, 이는 점성이 높은 콜로이드 상태로서 알칼리 용액에 녹게 된다.

셀룰로오스 섬유에 있는 —OH기

$$\text{Cellulose—OH} \xrightarrow{\text{NaOH}} \text{Cellulose—}\ddot{\text{O}}\text{:}^{-}\,\text{Na}^{+} \xrightarrow{\text{:S=C=S:}} \text{Cellulose—O—}\overset{\text{S}}{\overset{\|}{\text{C}}}\text{—}\ddot{\text{S}}\text{:}^{-}\,\text{Na}^{+}$$

셀룰로오스 (물에 불용성)

잔탄산 에스터(xanthate ester)의 소듐 염(점성의 콜로이드 현탁액)

Cellulose xanthate 용액은 나무의 알칼리 불용성 부분과 분리되어진 후, 압력을 이용하여 방사기의 회전판(spinneret: 작은 구멍이 많이 나 있는 금속 원통)을 통과시켜 묽은 황산 용액에 이동시킨다. 이동된 용액의 xanthate ester 기는 가수분해되어 재생 cellulose 상태로 침전된다. 필라멘트 상태로 방사된 재생 cellulose는 점성의 레이온사(viscose rayon thread)라고 부른다.

상업용 아세테이트 레이온 합성에서는 cellulose를 acetic anhydride로 처리한다.

$$\text{셀룰로오스 섬유에 있는 glucose 단위} + 3\,CH_3\overset{O}{\overset{\|}{C}}O\overset{O}{\overset{\|}{C}}CH_3 \longrightarrow \text{완전히 아세틸화된 glucose 단위} + 3\,CH_3\overset{O}{\overset{\|}{C}}OH$$

Acetyl anhydride

셀룰로오스 섬유에 있는 glucose 단위 (OH, CH_2, HO, OH)

완전히 아세틸화된 glucose 단위 ($OCCH_3$, CH_2, CH_3CO, $O=CCH_3$)

아세틸화된 cellulose를 적당한 용매에 녹여 침전시킨 후, 아세테이트 레이온이라는 가느다란 실로 뽑아내어 대량으로 얻어낼 수 있다. 오늘날 아세테이트 레이온 섬유는 현재 미국에서 Dacron 폴리에스터, 나일론(nylon), 레이온에 이어 4번째로 많이 생산되고 있는 품목이다.

25.6 Glucosaminoglycan

Glucosaminoglycan은 단당류 단위들 중의 하나가 음으로 하전된 카복실레이트기(COO^-) 혹은 음으로 하전된 설페이트기($—OSO_3^-$)를 가지는 반복 단위의 이당류로 구성된 선형 다당류이다. 이러한 탄수화물의 계열에 속하는 화합물에는 hyaluronic acid, heparin, chondroitin sulfate, keratan sulfate 등이 포함되어 있고, 이 화합물들은 연골과 힘줄 그리고 다른 연결 조직의 구성 성분이며 dermatan sulfate는 피부의 세포외 기질의 구성 성분이다. 이러한 종류의 다당류의 일반적인 특성은 아미노헥소오스와 우론산(uronic acid) 사이에 1,4-글리코사이드 결합을 가진 우론산과 아미노헥소오스의 단위들로 구성된 반복되는 이당류이다.

A Hyaluronic acid

Hyaluronic acid는 연결 조직에 존재한다. 이 물질이 존재하는 기관에 따라서, 10^5~10^7 g/mol의 분자량을 가지며, 3,000~100,000의 반복 단위를 가진다. 또한 배아 조직과 활액, 인체의 연결 부위의 윤활유 그리고 눈의 점성 액체는 망막을 적절한 위치에 유지시켜주는 투명하고 탄성이 있는 젤과 같은 연결 조직에 가장 많이 존재한다.

Hyaluronic acid에서 반복되는 이당류 단위는 *N*-acetyl-D-glucosamine에 β-1,3-글리코사이드 결합에 의하여 연결된 D-glucuronic acid이다.

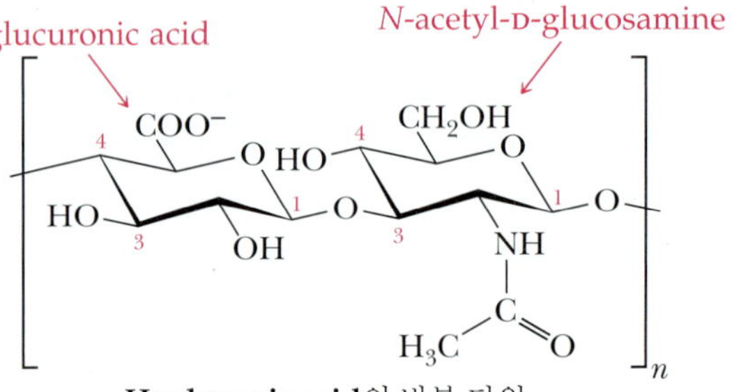

D-glucuronic acid
N-acetyl-D-glucosamine
COO^- CH_2OH O HO O HO O O OH NH C H_3C O n

Hyaluronic acid의 반복 단위

B Heparin

Heparin은 6,000~30,000 g/mol 범위의 분자량을 가진 다양하게 설폰화된 다당류 사슬의 불균일 혼합물이다. 이러한 다당류는 간, 폐, 장과 같은 다양한 조직의 마스트 세포(mast cell)에서 합성 및 저장된다. Heparin은 많은 생리적 기능을 가지고 있으며, 그 중에서도 응고 과정에서 최종 단계에 연관된 혈장 단백질인 항트롬빈 III (antithrombin III)에 매우 강력하게 결합하여 혈액 응고를 방지하는 항응고 작용을 한다.

Heparin의 단당류 반복 단위들은 α-1,4와 β-1,4-글리코사이드 결합의 조합에 의하여 결합된 *N*-acetyl-D-glucosamine, D-glucuronic acid, D-glucosamine, L-ioduronic acid이다. 그림 25.6는 antithrombin III와 결합하여 효소 작용을 방해하는 heparin의 오당류 반복 단위를 나타내고 있다.

그림 25.6 ▸ Heparin의 오당류 단위.

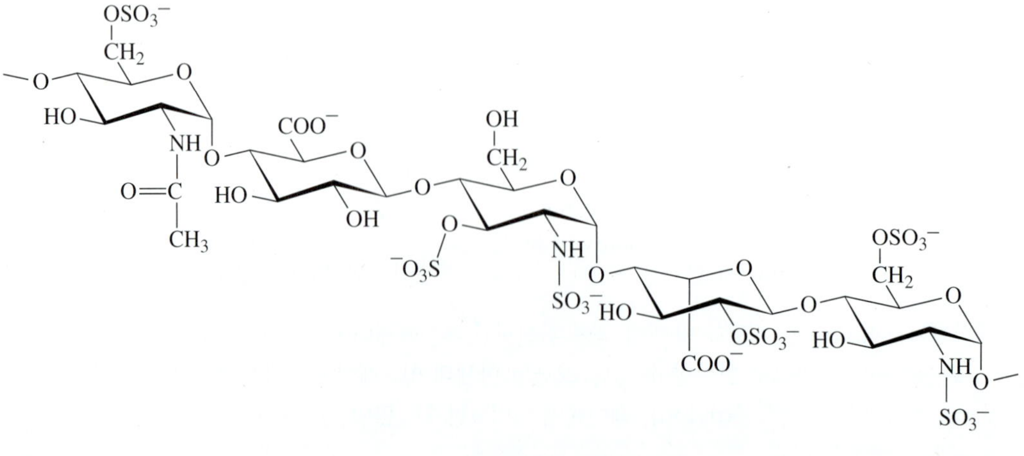

≫ 사실과 개념에 대한 요약

25.1절 | 단당류

- **탄수화물**(Carbohydrate)은 가수분해하면 폴리하이드록시 알데하이드 혹은 케톤을 만들어내는 폴리하이드록시 알데하이드 혹은 케톤 화합물들이다.
- 탄수화물은 세상에서 가장 흔한 유기 분자들로서 삶의 모든 형태에 중요하며, 에너지 저장(glucose, 녹말, glycogen), 구조 강화제(cellulose) 및 핵산(DNA, RNA)의 구성 성분들로서 유전정보 저장으로 작용한다.
- **단당류**(Monosaccharide)는 보통 $C_nH_{2n}O_n$의 분자식을 가지며($3 \leq n \leq 8$), 보다 큰 탄수화물들을 구성하는 단량체들이다.
- 단당류는 화합물의 이름은 접미어에 *-ose*를 붙이고, 사슬에 있는 탄소원자의 수 3개, 4개, 5개에 따라서 접두어 트라이(*tri*)-, 테트라(*tetra*)-, 펜타(*penta*)- 등을 사용한다. 접두어 알도-(*aldo-*)는 알데하이드를, 케토-(*keto-*)는 케톤을 의미한다.
  - 알데하이드 탄수화물은 **알도오스**(aldose)라고 부르며, 종종 *aldo-* 접미어로 지정된다.
  - 케톤 탄수화물은 **케토오스**(ketose)라고 부르며, 종종 *keto-* 접두어로 지정된다. 예를 들면, glyceraldehyde는 알도트라이오스이며, fructose는 케토헥소오스이다.
  - 단당류의 명명은 일반명에 의하여 결정된다. IUPAC 명명은 각기 다른 단당류에 의해 유도될 수 있다 할지라도 일반명은 훨씬 더 간단하며 독립적으로 사용된다.
- 보통 단당류는 하나 이상의 카이랄 중심을 가지고 있어 입체화학이 단당류에 있어서 매우 중요하다.
  - 단당류의 **Fischer 투영도**(Fischer projection)는 단당류의 구조를 보여주고 입체화학을 추적하기 위하여 사용된다.
  - Fischer 투영도에서 단당류는 열린사슬 형태로 보통 그려지며, 카보닐 탄소 원자는 구조 위에 놓인다. 수평선은 지면상에 투시되는 치환기를 나타내는 반면에, 수직선은 지면 아래에 투시되는 치환기를 나타낸다.
  - 수정된 Fischer 투영도는 카이랄 중심의 탄소 원자들이 명명되지 않는다는 것을 제외하고는 동일하다. 카이랄 중심의 탄소 원자들은 결합의 가교점에 위치한다.
- 단당류의 전반적인 입체화학은 glyceraldehyde 입체화학과 비교하는 것을 기반으로 하여 D 혹은 L로 구분된다.
  - 단당류에 있어서 기준점은 카보닐 그룹으로부터 가장 멀리 떨어진 카이랄 중심이다. 여기의 카이랄 중심이 사슬에 있는 마지막 탄소 옆에 있기 때문에(사슬의 마지막 탄소 원자는 2개의 H 원자들을 가지고 있어서 카이랄 중심이 아님을 유의), **끝에서 두 번째 탄소**(penultimate carbon)라 한다.
  - D-Glyceraldehyde와 동일한 끝에서 두 번째 탄소에 관한 배열를 가지는 단당류는 **D-단당류**(D-monosaccharide)로 분류된다. 이러한 경우 —OH기는 Fischer 투영도에 있어서 탄소 원자의 우측에 존재한다.
  - L-Glyceraldehyde와 동일한 끝에서 두 번째 탄소에 관한 배열을 가지는 단당류는 **L-단당류**(L-monosaccharide)로 분류되며, —OH기는 Fischer 투영도에 있어서 탄소 원자의 좌측에 존재한다.
  - 주어진 단당류의 입체 이성질체는 단순히 끝에서 두 번째 탄소 원자의 입체를 변화시킴으로써 만들어지지 않지만, 카이랄 중심 모두의 배열을 반전시킴으로써 만들어진다.
- 몇 가지의 당들은 모든 —OH 작용기 대신에 아미노 작용기(—NH_2)를 가지고 있으며, 이러한 당을 **아미노당**(amino sugar)이라고 한다. 아미노당은 일반 탄수화물보다 훨씬 덜 일반적이나, D-글루코오스아민과 D-갈락토오스아민들이 중요한 예이다.
- 단당류들은 물 분자와 수소 결합에 참여하는 모든 **—OH기**들로 인하여 매우 잘 녹는 수용성이다.

연습 문제: 25.1, 25.7~25.15

25.2절 | 단당류의 고리형 구조

- 열린 사슬 단당류는 고리형 헤미아세탈(25.2절) 구조를 하고 있다.
  - 고리형 헤미아세탈은 잘 형성되며, 평형에서 대량으로 발견된다.
  - 탄수화물이 6개 탄소 헤미아세탈 고리를 형성할 때, **피라노오스**(pyranose)라고 하며, 탄수화물이 5개 탄소 고리 헤미아세탈을 형성할 때, **퓨라노오스**(furanose)라고 부른다.
- 고리형 단당류 구조는 **Haworth 투영도**(Haworth projection)로 보통 그려지며, 여기서 5개 탄소 혹은 6개 탄소 고리형 헤미아세탈은 지면상에 대하여 평면과 수직으로 그려진다.
  - 아노머성 탄소는 보통 우측에 있고, 헤미아세탈 산소 원자는 후방에 있다.
  - 보다 정확한 의자 형태는 육원자 고리 헤미아세탈에 대하여 그려질 수 있으며, 치환기들은 축방향이며, 수평방향을 보여준다.

연습 문제: 25.2, 25.3, 25.16~25.23

- 2개의 고리형 부분 입체 이성질체들이 가능하며, **아노머**(anomer)라고 부른다.
  - 2개의 아노머들은 열린 사슬 형태의 카보닐 탄소 원자인 **아노머성 탄소**(anomeric carbon) 원자 위의 **아노머—OH**(anomeric OH)기의 상대적인 배열에 의하여 구분된다.
  - 2개의 아노머들은 α 혹은 β로 명명된다.
    - **α-아노머**는 Haworth 투영도에서 고리의 반대쪽에는 **아노머성 —OH**기와 말단의 —CH_2OH기를 가진다.
    - **β-아노머**는 Haworth 투영도에서 고리의 같은 쪽에는 아노머성 —OH기와 말단의 —CH_2OH기를 가진다.
    - 고리형 헤미아세탈 형태에 있는 D-글루코오스와 함께 α-아노머는 아노머 —OH기 축을 가지는 반면, β-아노머에 대해서는 아노머 —OH기는 수평이다.
- **변광회전**(Mutarotation)은 수용액에서 α-와 β-아노머의 상호변환을 수반되는 고유 광회전도 값의 변화를 의미한다.

25.3절 | 단당류의 반응

- **글리코사이드**(Glycoside)는 단당류로부터 유래한 아세탈이다. 아노머성 탄소로부터 —OR기의 결합은 **글리코사이드 결합**(glycosidic bond)이라고 한다.
  - 글리코사이드라는 이름은 맨 뒤 어미 *-e*를 *-ide*로 바꾼 단당류의 이름 앞에 아세탈 산소 원자에 결합된 알킬 또는 아릴기를 적어 표시한다.
  - 글리코사이드 결합은 당을 물에 있는 알코올로 대체될 수 있으며, 표준 아세탈 형성 메커니즘이 된다.

연습 문제: 25.4, 25.5, 25.24~25.34

- **알디톨**(Alditol)은 단당류의 카보닐 기를 알코올 기로 환원시켜 얻어진 폴리하이드록시 화합물로서, 예를 들어, D-글루코오스가 환원되면 D-글루시톨이 얻어진다.
- **알돈산**(Aldonic acid)은 알도오스의 알데하이드기가 산화되어 생성된 카복실산으로서 예를 들면, D-글루코오스가 산화되면 D-글루콘산이 만들어진다.
- **환원당**(Reducing sugar)은 약한 산화제에 의하여 알돈산으로 환원된다.
- 헥소오스의 6번째 탄소에 있는 일차 하이드록시기의 효소 촉매화된 산화는 **우론산**(uronic acid)을 생산하며, 예를 들면, 식물과 동물 세계에서 흔하다.
- **과아이오드산**(Periodic acid)은 고리형 과아이오드 에스터를 통하여 진행하는 반응에서 글라이콜의 탄소-탄소 결합을 절단한다. 이러한 반응은 탄수화물 구조 결정에 한번 유용하다.

25.4절 | 이당류와 올리고당류

- **이당류**(Disaccharide)는 2개의 단당류가 글리코사이드 결합으로 연결되어 있다.

- 포함되는 단당류의 개수에 따라서 **삼당류**(trisaccharide), **사당류**(tetrasaccharide), **올리고당류**(oligosaccharide), **다당류**(polysaccharide)라 한다.
- 설탕인 **sucrose**는 D-글루코오스가 D-프룩토오스에 α-1,2-글리코사이드 결합으로 연결된 이당류이다.
- 유당이라 부르는 **lactose**는 β-1,4-글리코사이드 결합에 의하여 D-갈락토오스와 D-글루코오스의 결합으로 구성된 이당류이다.
- **Maltose**는 β-1,4-글리코사이드 결합에 의하여 두 분자의 D-글루코오스가 연결된 이당류이다.

연습 문제: 25.6, 25.35, 25.38, 25.43, 25.44

25.5절 | 다당류

- **녹말**(Starch)은 크게 아밀로오스와 아밀로펙틴으로 이루어진 탄수화물 고분자이다.
  - **아밀로오스**(Amylose)는 약 4,000개의 반복 단위 D-글루코피라노오스가 α-1,4-글리코사이드 결합으로 연결된 선형 고분자이다.
  - **아밀로펙틴**(Amylopectin)은 α-1,4-글리코사이드 결합으로 연결된 곁가지를 가진 고분자로서 곁가지 연결에서는 D-글루코피라노오스에서 α-1,6-글리코사이드 결합으로 연결된 곁가지 달린 고분자이다.
- 동물의 글루코오스 저장물인 **glycogen**은 아밀로펙틴과 유사한 구조를 가지나 분자량은 비교적 작고 곁사슬 가지가 훨씬 많은 곁가지 달린 고분자이다.
- **Cellulose**는 식물의 골격을 유지하는 다당류로서 D-글루코피라노오스가 β-1,4-글리코사이드 결합으로 연결된 선형 고분자이다.
  - Cellulose의 강도는 완벽하게 수소 결합을 통하여 엄청나게 강력한 구조를 만드는 각각의 사슬들의 리본같은 구조로부터 발생한다.
  - 레이온은 cellulose를 화학적으로 변환시켜 재생한 고분자이며, 아세테이트 레이온은 cellulose를 아실화에 의하여 만들어진 고분자이다.

연습 문제: 25.39~25.50

25.6절 | Glucosaminoglycan

- **Hyaluronic acid**는 연결 조직에서 발견되는 카복시기를 포함하는 다당류이다.
- 항혈전제인 **heparin**은 다양하게 설폰화된 다당류 사슬들의 불균일 혼합물이며 간, 폐, 장에서 발견된다.
  - 산성 다당류들의 카복시기와 설폰기들은 다당류들에게 음하전을 형성시키는 생체 유체의 pH에서 $-COO^-$ 및 $-SO_3^-$으로 이온화된다.

연습 문제: 25.45~25.50

주요 반응 *Key Reactions*

1. **고리형 헤미아세탈의 형성(25.2A절).** 퓨라노오스는 오원자 고리형 헤미아세탈 형태를 가지는 반면에 피라노오스는 육원자 고리형 헤미아세탈 구조를 가지고 있다. 피라노오스는 대체적으로 Haworth 투영도 혹은 의자 형태로 그려진다.

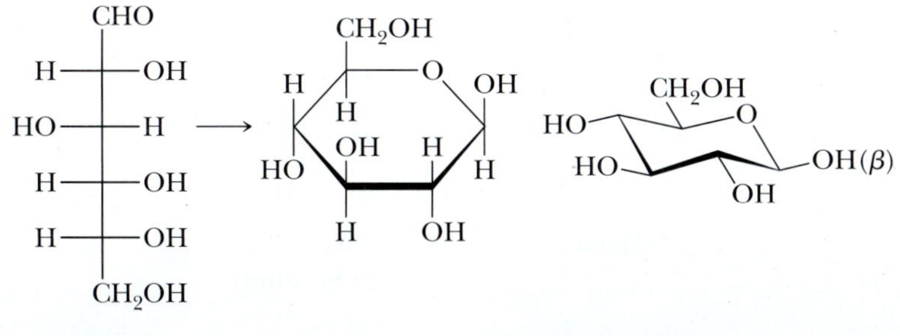

CHO; H—OH; HO—H; H—OH; H—OH; CH_2OH → CH_2OH, O, OH, H, H, OH, H, HO, H, H, OH; CH_2OH, O, HO, HO, OH, OH(β)

D-Glucose

β-D-Glucopyranose (β-D-Glucose)

2. 변광회전(25.2C절). 수용액에서 환원당의 고리형 헤미아세탈 구조는 평형을 이룬다. 변광회전은 이때 수반되는 고유 광회전도 값의 변화이다.

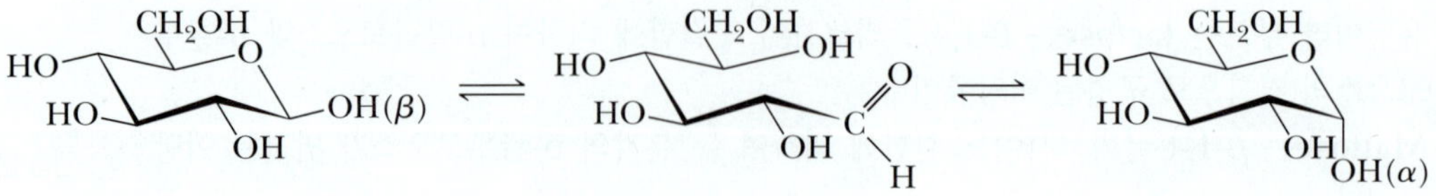

HO, HO, OH, CH_2OH, O, OH(β) ⇌ HO, HO, OH, CH_2OH, OH, C, O, H ⇌ HO, HO, OH, CH_2OH, O, OH(α)

β-D-Glucopyranose $[\alpha]^{25}_D$ +18.7 — 열린 사슬 형태 — **α-D-Glucopyranose** $[\alpha]^{25}_D$ +112

3. 글리코사이드의 형성(25.3A절). 산 촉매 하에서 단당류를 알코올과 반응시키면 고리형 헤미아세탈이 만들어지며, 이를 글리코사이드라고 한다. 새로 형성된 —OR기 결합을 글리 코사이드 결합이라 부르며, 16.7절에서 본 아세탈 형성 메커니즘과 동일하다.

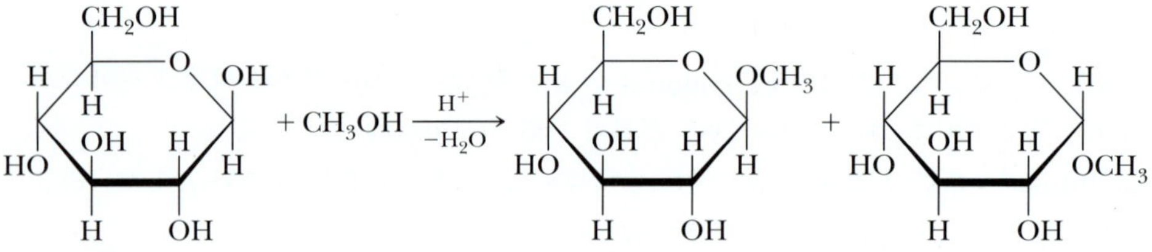

CH_2OH ... OH + CH_3OH $\xrightarrow[-H_2O]{H^+}$ CH_2OH ... OCH_3 + CH_2OH ... OCH_3

4. *N*-글리코사이드의 형성(25.3A절). 단당류와 헤테로 고리 방향족 아민이 반응하여 형성된 *N*-글리코사이드는 생물계에서 중요한 역할을 한다.

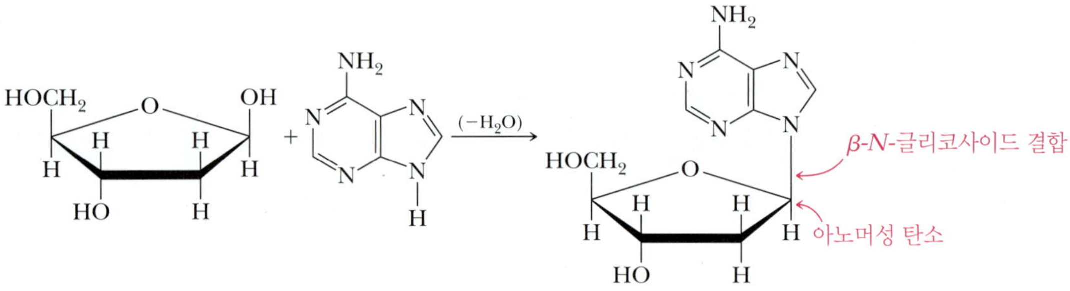

$HOCH_2$ ... OH + (adenine, NH_2) $\xrightarrow{(-H_2O)}$ product

β-*N*-글리코사이드 결합

아노머성 탄소

5. 알디톨로의 환원(25.3.B절). 알도오스나 케토오스의 카보닐기를 —OH기로의 환원은 알디톨이라는 폴리하이드록시 화합물을 생성한다.

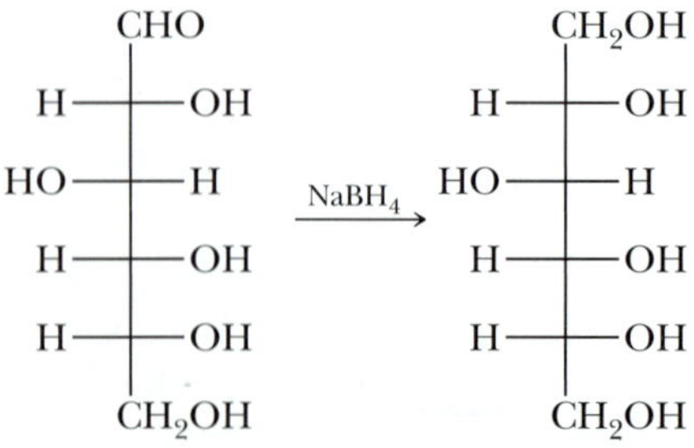

CHO; H—OH; HO—H; H—OH; H—OH; CH_2OH $\xrightarrow{NaBH_4}$ CH_2OH; H—OH; HO—H; H—OH; H—OH; CH_2OH

D-Glucose — **D-Glucitol (D-Sorbitol)**

6. **알돈산으로의 산화(25.3C절).** 약한 산화제를 사용하여 알도오스의 알데하이드기를 카복시기로 산화시키면 알돈산이라는 폴리하이드록시 카복실산을 생성한다.

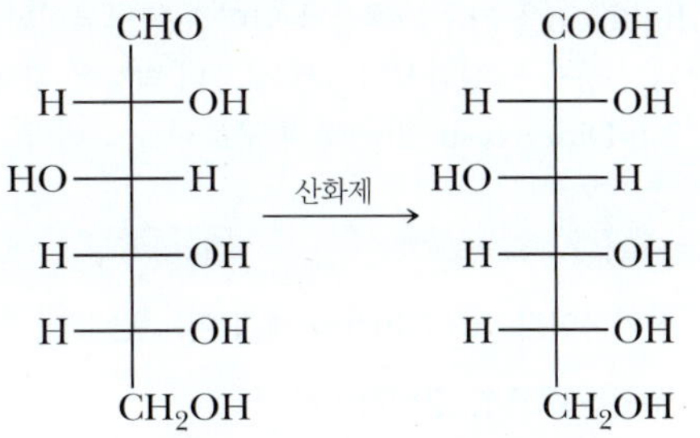

CHO / H—OH / HO—H / H—OH / H—OH / CH_2OH —(산화제)→ COOH / H—OH / HO—H / H—OH / H—OH / CH_2OH

D-Glucose **D-Gluconic acid**

7. **과아이오드산에 의한 산화(25.3E절).** 과아이오드산은 글리콜, α-하이드록시케톤, α-하이드록시알데하이드를 산화시켜 탄소-탄소 결합을 절단한다.

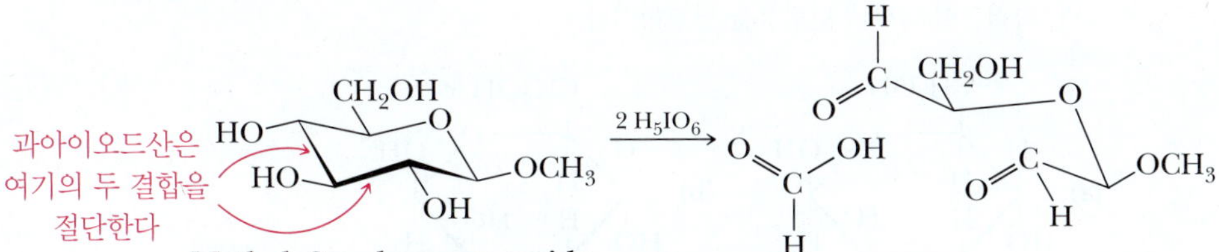

과아이오드산은 여기의 두 결합을 절단한다

Methyl β-D-glucopyranoside —($2\ H_5IO_6$)→

연습 문제

붉은색 번호는 응용 문제를 나타낸다.

단당류

25.7 단당류 배열을 나타내는 D와 L은 무엇을 의미하는지 설명하여라.

25.8 D-Glucose와 L-ribose에는 몇 개의 카이랄 중심이 있는가?

25.9 알도펜토오스의 어느 탄소가 펜토오스의 D 혹은 L 형태를 결정하는가?

25.10 몇 개의 알도옥토오스(aldooctoses)가 가능한가? 몇 개의 D-알도옥토오스가 가능한가?

25.11 어느 화합물이 D-단당류인가? 어느 화합물이 L-단당류인가?

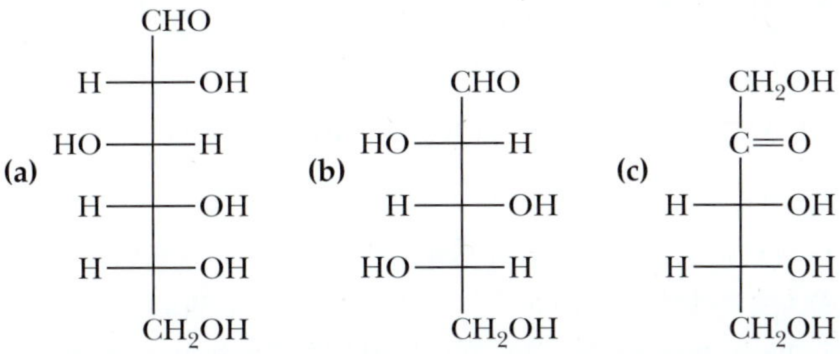

(a) CHO / H—OH / HO—H / H—OH / H—OH / CH_2OH

(b) CHO / HO—H / H—OH / HO—H / CH_2OH

(c) CH_2OH / C=O / H—OH / H—OH / CH_2OH

25.12 L-Ribose와 L-arabinose의 Fischer 투영도를 그려라.

25.13 탄수화물 화학에서 접두어 *데옥시(deoxy-)*는 무엇을 의미하는가?

25.14 Galactose와 관련있는 L-fucose (화학 관련 이야기: 'A, B, AB, O 혈액원 물질' 참조)에 *데옥시* 접두사가 주어지는 L-fucose를 표현하는 이름을 말하여라.

25.15 2,6-D-Digotoxose로 알려진 2,6-dideoxy-D-altrose는 foxglove (*Digitalis purpurea*)라는 식물에서 추출되는 digitoxin을 가수분해시켜 얻어진 단당류이다. Digitoxin은 심장 박동수를 감소시키고, 심장의 진동을 안정화시키면서 심장의 박동을 강화시키므로 심장병 치료제로 많이 이용되고 있다. 2,6-Dideoxy-D-altrose의 구조식을 그려라.

단당류의 고리형 구조

25.16 (a) *아노머성 탄소*를 정의하여라. (b) Glucose에서 어느 탄소가 아노머성 탄소인가?

25.17 (a) *피라노오스*와 (b) *퓨라노오스*를 정의하여라.

25.18 2-케토헥소오스에 있는 아노머성 탄소는 어느 것인가?

25.19 α-D-Glucose와 β-D-glucose는 거울상 이성질체인가? 그 이유를 설명하여라.

25.20 아래의 Haworth 투영도를 열린 사슬 형태로 전환시킨 후, 다시 Fischer 투영도로 전환시켜라. 여러분이 나타낸 단당류를 명명하여라.

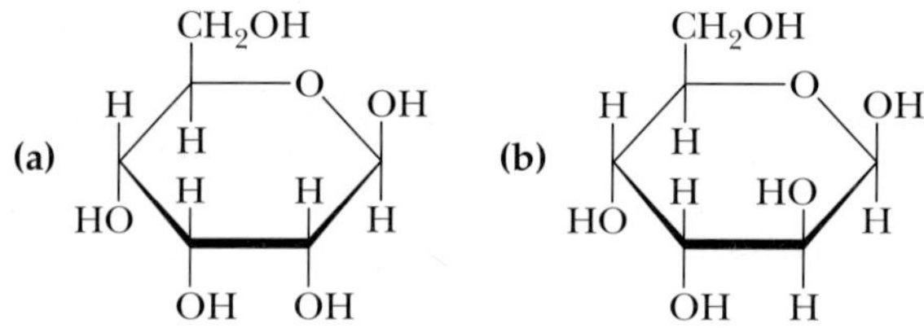

25.21 다음의 의자 형태 단당류를 열린 사슬 형태로 전환시킨 후, 다시 Fischer 투영도로 전환시켜라. 여러분이 그린 단당류를 각각 명명하여라.

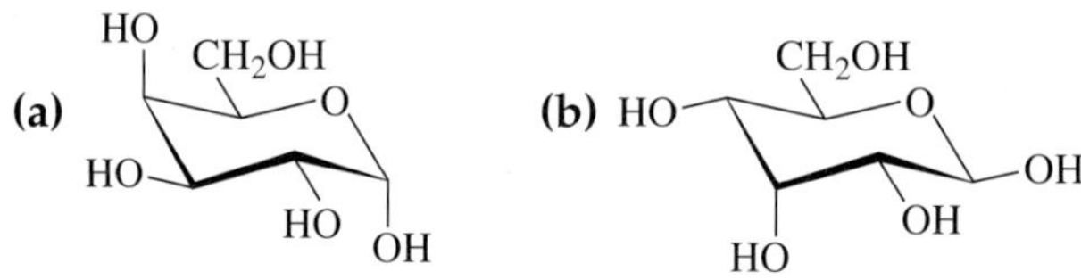

25.22 탄수화물을 참고로 하여 변광회전을 설명하고, 어떠한 방법으로 변광회전을 측정할 수 있는가?

25.23 α-D-Glucose의 고유 광회전도 값은 +112.2이다.

(a) α-L-Glucose의 고유 광회전도 값은 얼마인가?

(b) α-D-Glucose가 물에 용해되었을 때, 용액의 고유 광회전도 값이 +112.2에서 +52.7로 변화되었다. α-L-Glucose가 물에 용해되었다면, α-L-glucose의 고유 광회전도 값 또한 변화되는가? 만약 변화되었다면 얼마의 값으로 변화되었는가?

단당류의 반응

25.24 D-Galactose가 아래의 화합물들과 반응하여 생성되는 화합물에 대한 Fischer 투영도를 그리고, 각각의 화합물이 광학활성인지 혹은 비활성인지 말하라.

(a) $NaBH_4$ (물에서) **(b)** H_2/Pt **(c)** HNO_3 (가열)

(d) $Br_2/H_2O/CaCO_3$ **(e)** H_5IO_6 **(f)** $C_6H_5NH_2$

25.25 D-Ribose를 이용하여 연습 문제 25.24를 반복하여 답하여라.

25.26 알도오스나 케토오스의 이성질체들의 입체 배열를 결정하는 방법으로는 선택적인 산화 또는 환원반응을 이용하여 맨 끝 탄소의 작용기를 동일하게 한 후 비교하는 방법이 잘 알려져 있다. 예를 들면, D-erythrose를 질산으로 산화시키면 (2*S*,3*S*)-tartaric acid가 생성된다. 이러한 사실을 바탕으로 부분 입체이성질체인 D-erythrose와 D-threose의 Fischer 투영도를 그려라. 표 25.1을 이용하여 답을 확인하여라.

25.27 표 25.1에 나타낸 4개의 D-알도펜토오스가 있다. $NaBH_4$를 이용하여 각각을 환원시켰을 때, 생성된 각각의 알디톨이 광학활성인지 혹은 비활성인지를 구분하여라.

25.28 $NaBH_4$를 이용하여 D-fructose를 환원시켰을 때 생성되는 2개의 알디톨 이름을 말하여라.

25.29 다음에 있는 D-glucose 6-phosphate가 D-fructose 6-phosphate로 바꾸는 반응을 2개의 효소가 관여한 케토-엔올 토토머화 반응으로 설명하여라.

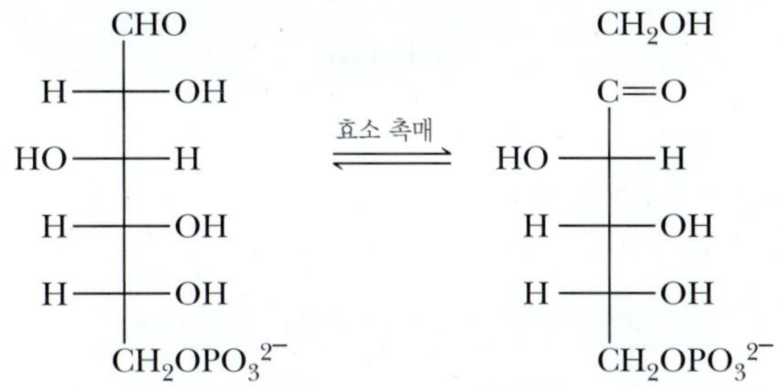

효소 촉매

D-Glucose 6-phosphate **D-Fructose 6-phosphate**

25.30 *글리코사이드 결합*과 *글루코사이드 결합*의 용어 차이는 무엇인가?

25.31 Methyl β-D-glucopyranoside가 benzealdehyde와 반응하여 육원자 고리형 아세탈을 생성할 때, (a) 가장 안정한 화학 구조를 그리고, (b) 각각의 새로 형성된 카이랄 중심을 표시하여라.

25.32 다음에 나타낸 바닐라의 주요 성분인 vanilin (4-hydroxy-3-methoxybenzaldehyde)은 바닐라 열매에서 얻어지는 β-D-glucopyranoside에 대한 의자 형태의 glucose 구조를 나타내는 글루코사이드의 구조식을 그려라. 이때 의자 형태로서 D-glucose 단위를 나타내어라.

25.33 버드나무 또는 포플러 나무껍질에서 뜨거운 물로 추출되는 용액은 매우 쓴맛이 난다. 이 중에서 salicin이라는 물질은 진통 효과가 있으며, 이는 2-(hydroxymethyl) phenol 분자 중 phenol에 있는 —OH기가 D-글루코피라노오스와 β-글리코사이드 합으로 연결된 구조를 하고 있다. Salicin의 의자 형태 화학 구조를 그려라.

25.34 다음의 아세틸 보조효소 A (coenzyme A)에 있는 에스터, 싸이오에스터, 아마이드, 산무수물, 글리코사이드 결합이 pH 7.4(혈장 pH)에서 가수분해되어 생성된 모든 화합물의 구조식과 이름을 말하여라.

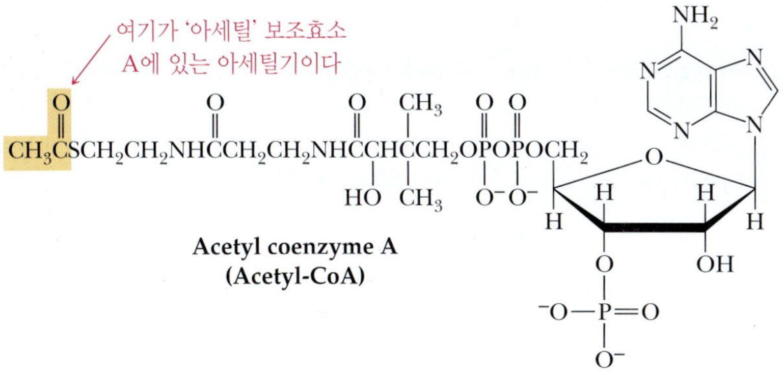

여기가 '아세틸' 보조효소 A에 있는 아세틸기이다

Acetyl coenzyme A (Acetyl-CoA)

이당류와 올리고당류

25.35 사탕이나 설탕 시럽을 만들 때 sucrose를 레몬 주스와 같은 약간의 산을 첨가하여 가열하며, 이때 생성된 생성 혼합물이 처음의 sucrose보다 단맛이 더 나게 되는 이유를 설명하여라.

25.36 아래 그림의 trehalose는 어린 버섯에서 발견되며, 일부 곤충의 혈액의 주요 탄수화물이다. Trehalose는 이당류로서 2개의 단당류가 α-1,1-글리코사이드 결합으로 연결되어 있다.

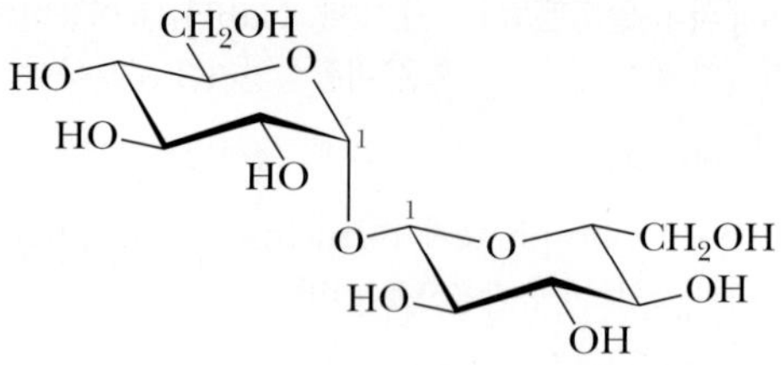

Trehalose

(a) Trehalose는 환원당인가?

(b) Trehalose는 변광회전을 하는가?

(c) Trehalose를 구성하는 두 개의 단당류를 명명하여라.

25.37 아래 그림에서 나타나는 목화씨에서 추출되는 삼당류 raffinose에 대하여 답하라.

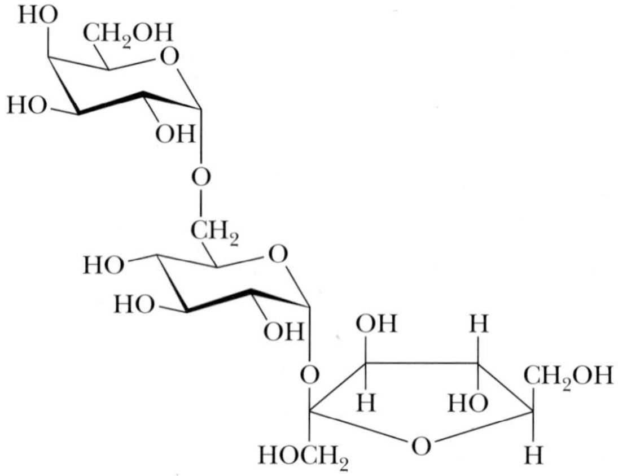

Raffinose

(a) Raffinose를 구성하는 3가지 단당류 이름을 말하여라.

(b) 삼당류에 있는 각각의 글리코사이드 결합을 명명하라.

(c) Raffinose는 환원당인가?

(d) Raffinose는 몇 몰의 과아이오드산과 반응할 수 있는가?

25.38 아래 그림에서 보이는 amygdalin은 쓴맛의 알몬드, 복숭아, 살구 등의 씨에 있는 독성 성분이다.

(a) Amygdalin에 있는 두개의 단당류를 명명하고, 두 단당류가 결합하는 글리코사이드 결합을 표시하여라.

(b) 따뜻한 산성 수용액에서 amygdalin의 가수분해 과정에서 amygdalin이 benzealdehyde와 HCN을 방출하는 현상에 대하여 설명하여라.

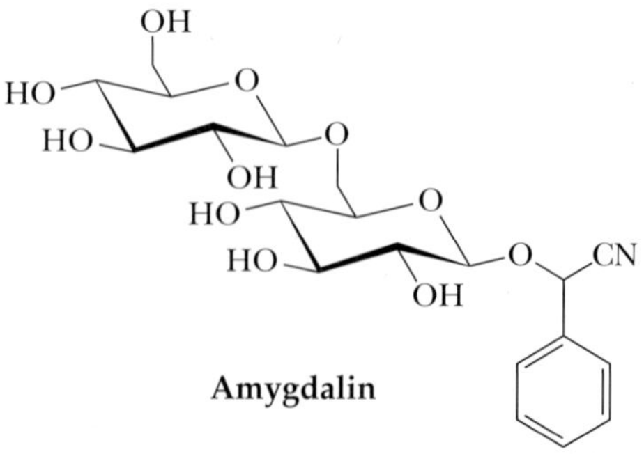

Amygdalin

25.39 아래의 구조는 렌틸콩(lentil)과 완두콩을 포함하는 많은 식물의 수용성 사당류 구성 성분인 stachyose의 구조식이다. 인간은 stachyose를 소화할 수 없으며, 소화되지 않은 stachyose는 장의 확장과 장내 가스 발생을 유발한다.

Stachyose

(a) Stachyose에 있는 각각의 단당류를 명명하고, 각각이 D-단당류인지 혹은 L-단당류인지를 표시하여라.

(b) Stachyose에 있는 각각의 글리코사이드 결합을 나타내어라.

› 단당류

25.40 올리고당류와 다당류 구조에 있어서 차이는 무엇인가?

25.41 Cellulose가 물에 불용인 이유는 무엇인가?

25.42 *N*-Acetyl-D-glucosamine에 대하여 답하라(25.1D절).

(a) 상기 단당류의 α-, β-피라노오스 의자 형태 화학 구조를 그려라.

(b) 2개의 피라노오스형 *N*-acetyl-D-glucosamine이 β-1,4-글리코사이드 결합으로 연결된 이당류의 의자 형태 화학 구조를 그려라. 정확하게 그렸다면 여러분이 그린 화학 구조는 바닷가재와 같은 갑각류 껍질에 있는 탄수화물인 chitin 이당류의 반복 단위이다.

25.43. 다음 다당류의 구조식을 제안하여라.

(a) 해조류에서 추출되는 algimic acid는 아이스크림과 같은 식품의 증점제로 쓰이고 있다. 알긴산은 D-mannuronic acid가 β-1,4-글리코사이드로 결합된 고분자이다.

(b) 과일과 베리(berry) 등으로부터 젤리를 만들 때 관여되는 펙틴의 주 성분인 펙틴산은 D-galacturonic acid가 α-1,4-글리코사이드 결합에 의하여 형성된 피라노오스 고분자이다.

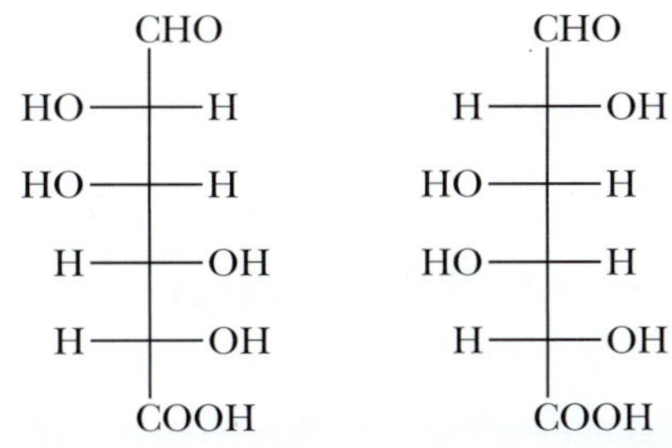

D-Mannuronic acid **D-Galacturonic acid**

25.44 Digitalis는 *Digitalis purpurea*라는 자주색의 foxglove의 말린 잎과 씨로부터 제조된다. 이 식물은 남부와 중부유럽의 원산지이며 미국에서도 재배되며, digitalin을 포함하는 몇 개의 활성 물질의 혼합체로 얻어진다. Digitalis는 심근 수축력을 증대시키며, 심장박동 속도를 억제하는 유도 효과(심장이 훨씬 강하게 움직이지만 느리게 뜀)를 지닌 의약품으로 사용된다.

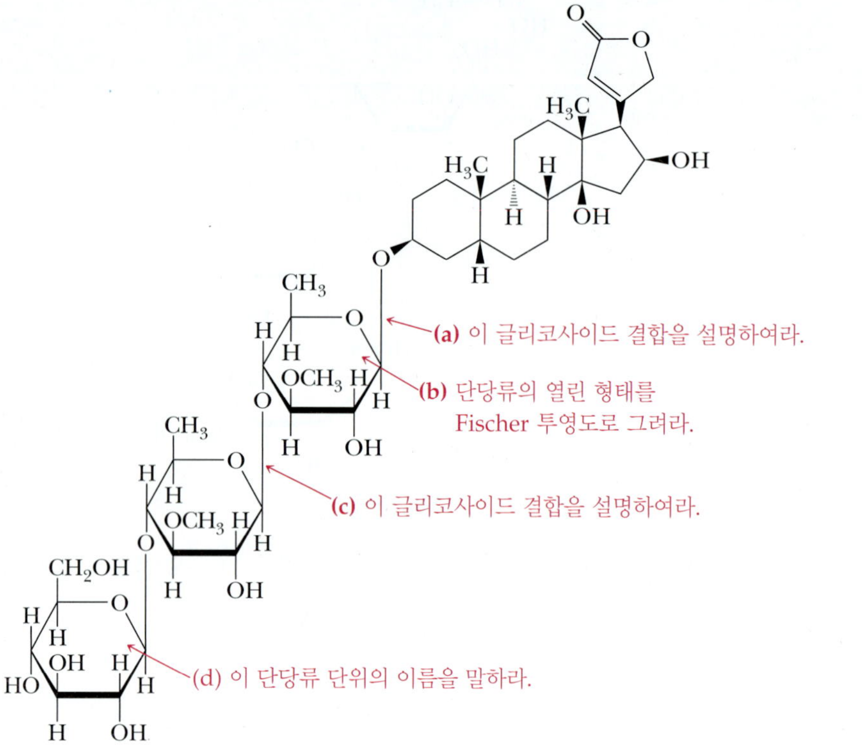

(a) 이 글리코사이드 결합을 설명하여라.

(b) 단당류의 열린 형태를 Fischer 투영도로 그려라.

(c) 이 글리코사이드 결합을 설명하여라.

(d) 이 단당류 단위의 이름을 말하라.

Digitalin

25.45 다음은 거대분자 당지질(단당류와 지질이 글리코사이드 결합으로 연결된 화합물)인 ganglioside GM_2 구조이다.

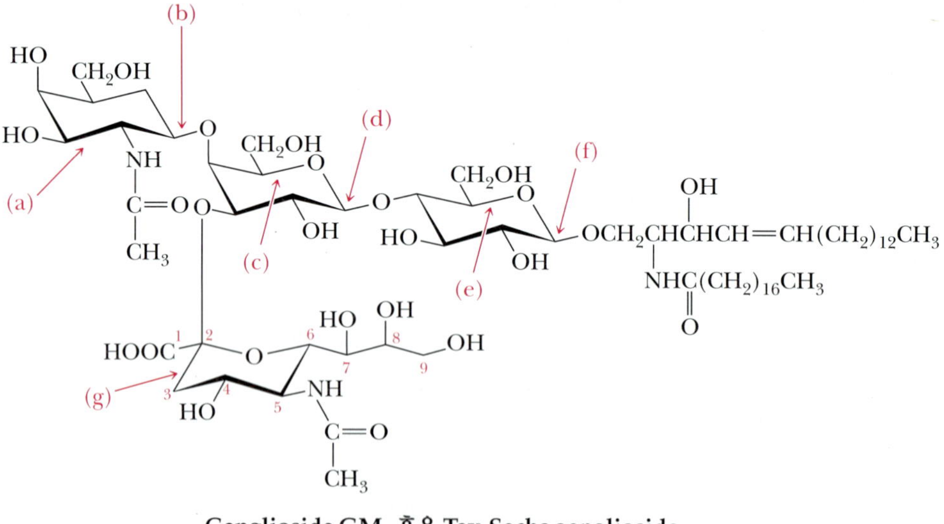

Ganglioside GM_2 혹은 Tay-Sachs ganglioside

정상 세포에서 보통의 ganglioside는 리소좀(lysosome)이라는 소화 효소에 의하여 계속적으로 만들어지고 분해된다. 만약 ganglioside의 분해 과정이 억제되면, 이 물질은 중추 신경계에 쌓이게 되어 생명을 위협하게 된다. 잘못된 ganglioside의 대사 조절이 유전되면 성장하지 못하고 조기 사망하게 되며, Gaucher병, Niemann-Pick병, Tay-Sachs병 등이 이에 해당되는 대표적인 예이다. 이중 Tay-Sachs병은 퇴행성 상염색체 유전자가 전달되는 유전병으로서 환자는 그림의 글리코사이드 결합 (b)를 가수분해시키는 효소가 없어서 체내에 ganglioside GM_2를 비정상적으로 많이 포함하고 있다.

(a) 단당류의 이름을 말하여라.

(b) 글리코사이드 결합(각 단당류의 어떤 탄소 사이의 결합인가? 그 결합이 α 또는 β인가?)을 기술하여라.

(c) 단당류의 이름을 말하여라.

(d) 글리코사이드 결합을 기술하여라.

(e) 단당류의 이름을 말하여라.

(f) 글리코사이드 결합을 기술하여라.

(g) 이 화합물들은 대부분의 동물계에서 가장 많이 발견되는 대표적인 아미노당으로서 *N*-acetylneuraminic acid라 부른다. 이 아미노당의 열린 사슬 구조식을 그려라. 단, 입체중심에서의 입체 구조는 고려하지 않아도 된다.

25.46 Hyaluronic acid은 뼈 관절 부위의 활액에 있는 윤활제로서 작용한다. 관절염증이 발생하면 염증은 hyaluronic acid를 저분자량으로 분해한다. 이러한 상황에서 활액의 윤활력은 어떻게 변하겠는가?

25.47 Heparin의 항응고 특성은 부분적으로 heparin의 (−) 전하 결과로 발생된다.

(a) (−) 전하를 제공하는 작용기를 나타내어라.

(b) 저분자량의 heparin 혹은 고분자량의 heparin 중에서 어느 것이 항응고 특성을 더 잘 나타내겠는가?

25.48 Keratin sulfate는 눈 각막의 중요 성분이다. 다음은 산성 다당류의 반복 단위이다.

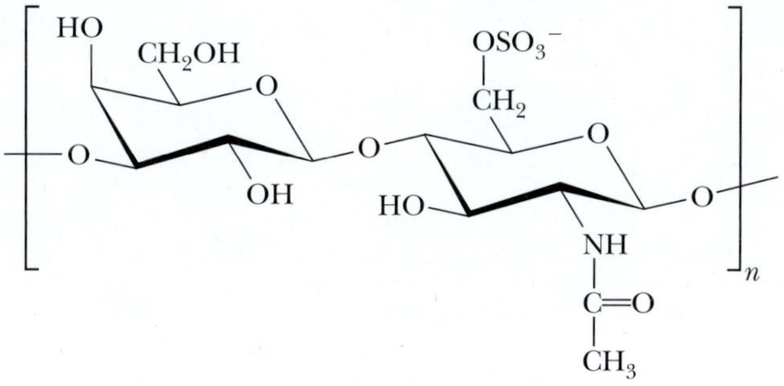

(a) Keratin sulfate는 무슨 단당류 혹은 단당류 유도체로부터 만들어지는가?

(b) 이당류 반복 단위의 글리코사이드 결합을 표현하여라.

(c) pH 7.0에서 상기의 반복 이당류의 알짜 전하(net charge)는 얼마인가?

25.49 다음 그림은 chondroitin 6-sulfate에 있는 반복 이당류에 대한 의자형 화학 구조이다. 이 생체 고분자는 연골의 강인한 단백질 필라멘트들 사이에서 유연한 연결 세포 외기질로서 작용한다. 종종 D-glucosamine sulfate와 결합하여 음식으로 섭취된다. 일부 사람들은 이 화합물이 관절의 유연성을 강화시킨다고 믿는다.

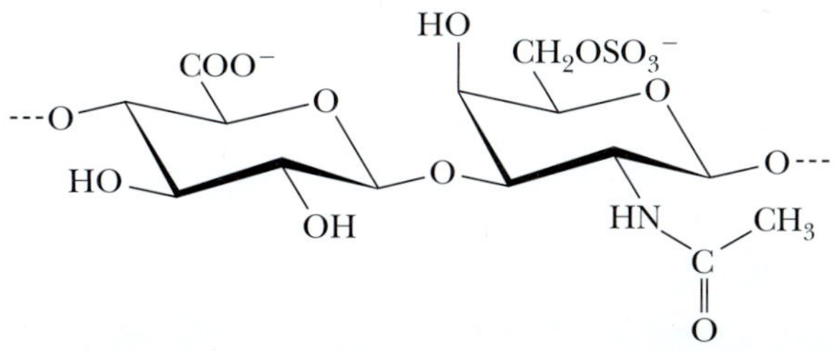

(a) Chondroitin 6-sulfate의 반복 이당류에 있는 2개의 단당 단위는 무엇인가?

(b) 두 개의 단위 구조 사이의 글리코사이드 결합을 표기하여라.

추가 문제

25.50 아래 그림은 dermatan sulfate의 이당류 반복 단위에 대한 구조식이다. Dermatan sulfate는 피부의 세포외 기질의 구성 성분이다.

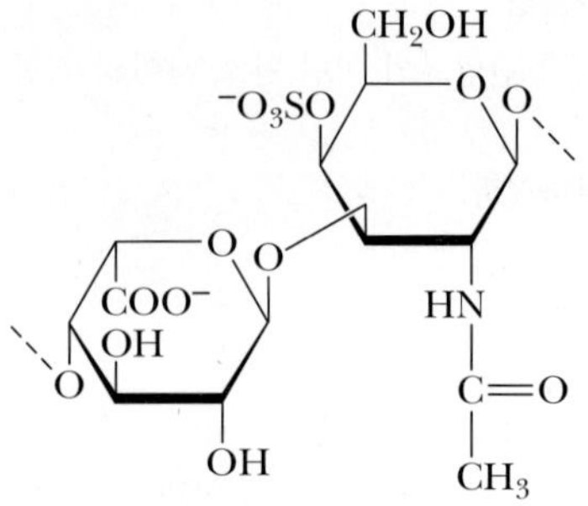

Dermatan sulfate의
반복되는 이당류 단위

(a) 이러한 이당류의 각각의 단위가 유도된 단당류를 명명하여라.

(b) Dermatan sulfate에 존재하는 글리코사이드 결합을 설명하여라.

제 26 장

© Nevada Wier/The Image Bank/Getty Images

해양 동물인 바다표범은 저온의 바다에서 생존하기 위해 두꺼운 지방층을 필요로 한다.
▼ ***삽입 그림:*** 불포화 트라이글리세라이드와 인산지방질에 주요 성분인 linoleic acid (26.1절과 26.5절 참조).

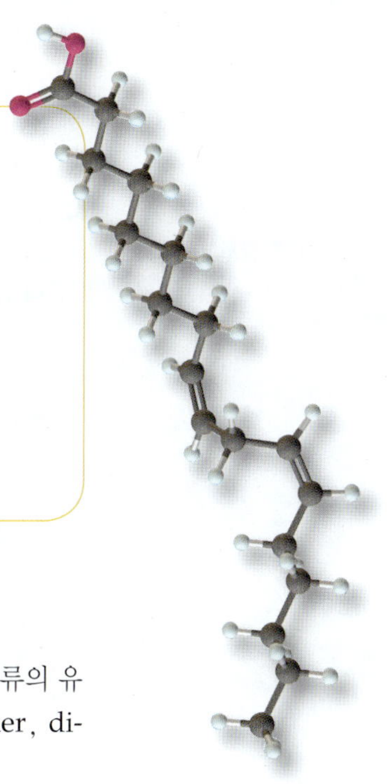

지질

Lipids

이 장의 차례

*지질(lipid)*은 일반적으로 용해도를 근거로 하여 분류한 자연계에 존재하는 한 부류의 유기 화합물(지방과 기름에 많이 관련됨)이다. 지질은 물에 불용성이지만 diethyl ether, dichloromethane, acetone 등을 포함한 비극성 비양성자성 유기 용매에는 녹는다.

지질은 두 개의 주요한 부류로 나누어진다. 첫 번째는 주로 지방족 특성을 가진 비교적 큰 무극성 소수성 영역과 극성의 친수성 영역이 포함된 지질이다. 이들 중에는 지방산, 트라이글리세라이드(triglyceride), 인산지질(phospholipid), 프로스타글란딘(prostaglandin), 지용성 비타민 등이 있다. 두 번째는 콜레스테롤, 스테로이드 호르몬, 담즙산(bile acid)을 포함한 스테로이드 핵이라고 부르는 테트라사이클(tetracyclic) 고리계가 포함된 지질이다. 이 장에서는 각 지질 부류의 화학 구조와 생물학적 특성을 살펴보고자 한다.

지질
동식물로부터 diethyl ether 및 hexane과 같은 무극성 유기 용매로 추출한 생체 분자.

트라이글리세라이드(트라이아실글리세롤)
3개의 지방산을 포함하는 글리세롤의 에스터.

26.1 트라이글리세라이드

자연계에서 가장 풍부한 지질인 동물성 지방과 식물성 기름은 glycerol과 긴사슬을 갖는 카복실산의 트라이에스터(triester)이다. 또한 지방과 기름은 **트라이글리세라이드**(triglyceride) 혹은 **트라이아실글리세롤**(triacylglycerol)이라고 부른다. 염기성 수용액에서 트라이글리세라이드의 가수분해에 이어서 산으로 처리하면 glycerol과 3개의 지방산이 생성된다.

이 장의 동영상 강의를 보려면 **www.cengage.com/chemistry/brown/organic7e**에 접속 후 **Access Student Materials**를 클릭하라.

$$\underset{\text{트라이글리세라이드}}{\begin{array}{l} \quad\quad\quad\; \mathrm{CH_2OCR} \ (\mathrm{C{=}O}) \\ \mathrm{R'COCH} \ (\mathrm{C{=}O}) \\ \quad\quad\quad\; \mathrm{CH_2OCR''} \ (\mathrm{C{=}O}) \end{array}} \xrightarrow[\text{2. HCl, } H_2O]{\text{1. NaOH, } H_2O} \underset{\substack{\textbf{1,2,3-Propanetriol} \\ \textbf{(Glycerol, glycerin)}}}{\begin{array}{l} \mathrm{CH_2OH} \\ \mathrm{HOCH} \\ \mathrm{CH_2OH} \end{array}} + \underset{\text{지방산}}{\begin{array}{l} \mathrm{RCOOH} \\ \mathrm{R'COOH} \\ \mathrm{R''COOH} \end{array}}$$

A 지방산

지방산
동물성 지방, 식물성 기름 혹은 생체막 인산지질의 가수분해로부터 얻어지고 대부분 12개에서 20개의 탄소로 이루어진 곁사슬이 없는 긴 사슬의 카복실산.

500개 이상의 다른 종류의 **지방산**(fatty acid)이 여러 종류의 세포와 조직으로부터 분리되었다. 표 26.1은 이들 지방산 중에서 가장 흔한 지방산의 관용명과 화학 구조식을 보여 주고 있다. 지방산에서 탄소의 수와 탄화수소 사슬에서 탄소-탄소 이중 결합의 수는 콜론으로 두 숫자를 분리하여 나타낸다. 예를 들면, linoleic acid는 이 표시법을 사용하여 18:2 지방산으로 나타낼 수 있다. 즉, 2개의 탄소-탄소 이중 결합이 포함된 18개-탄소 사슬이다. 다음은 고등 식물과 동물에 가장 많이 존재하는 지방산의 여러 가지 특징이다.

1. 거의 모든 지방산은 곁사슬이 없는 짝수의 탄소 원자(대부분 12~20개)를 가진다.
2. 자연계에서 가장 풍부한 3개의 지방산은 palmitic acid (16:0), stearic acid (18:0), oleic acid (18:1)이다.
3. 대부분의 불포화 지방산은 *시스* 이성질체가 우세하고, *트랜스* 이성질체는 드물다.
4. 불포화 지방산은 대응하는 포화 지방산보다 낮은 녹는점을 갖는다. 불포화도가 크면 클수록 녹는점은 낮아진다(5.4절의 '생화학 관련 이야기: 지방과 기름에서 *시스* 이중 결합의 중요성' 참조). 예를 들면, **다중 불포화 지방산**(polyunsaturated fatty acid)인 linoleic acid와 포화 지방산인 stearic acid의 녹는점을 비교하라.

다중 불포화 지방산
두 개 이상의 탄소-탄소 이중 결합이 탄화수소 사슬에 존재하는 지방산.

표 26.1 동물성 지방, 식물성 기름, 생물 세포막에 가장 많이 존재하는 지방산

탄소 원자/이중 결합*	구조	관용명	녹는점 (°C)
포화 지방산			
12:0	$CH_3(CH_2)_{10}COOH$	**Lauric acid**	44
14:0	$CH_3(CH_2)_{12}COOH$	**Myristic acid**	58
16:0	$CH_3(CH_2)_{14}COOH$	**Palmitic acid**	63
18:0	$CH_3(CH_2)_{16}COOH$	**Stearic acid**	70
20:0	$CH_3(CH_2)_{18}COOH$	**Arachidic acid**	77
불포화 지방산			
16:1	$CH_3(CH_2)_5CH{=}CH(CH_2)_7COOH$	**Palmitoleic acid**	1
18:1	$CH_3(CH_2)_7CH{=}CH(CH_2)_7COOH$	**Oleic acid**	16
18:2	$CH_3(CH_2)_4(CH{=}CHCH_2)_2(CH_2)_6COOH$	**Linoleic acid**	−5
18:3	$CH_3CH_2(CH{=}CHCH_2)_3(CH_2)_6COOH$	**Linolenic acid**	−11
20:4	$CH_3(CH_2)_4(CH{=}CHCH_2)_4(CH_2)_2COOH$	**Arachidonic acid**	−49

* 첫 번째 숫자는 지방산에 있는 탄소의 수를 나타내며, 두 번째 숫자는 탄화수소 사슬에 있는 탄소-탄소 이중 결합의 수이다.

예제 26.1 ▸ 트라이글리세라이드 구조

생물계에서 3개의 가장 흔한 지방산인 palmitic acid, oleic acid, stearic acid가 각각 한 분자씩 결합된 트라이글리세라이드의 구조식을 그려라.

➥ **해답**

이 구조에서 palmitic acid는 glycerol의 1번 탄소에, oleic acid는 2번 탄소에, stearic acid는 3번 탄소에 각각 에스터화되었다.

$$\begin{array}{l} \text{palmitate (16:0)} \\ \text{oleate (18:1)} \quad CH_2OC(=O)(CH_2)_{14}CH_3 \\ CH_3(CH_2)_7CH{=}CH(CH_2)_7C(=O)OCH \\ \text{stearate (18:0)} \quad CH_2OC(=O)(CH_2)_{16}CH_3 \end{array}$$

트라이글리세라이드

연습 문제 26.1

(a) Palmitic acid, oleic acid, stearic acid 각각 한 분자가 포함된 트라이글리세라이드에는 얼마나 많은 구조이성질체가 가능한가?

(b) 이들 구조이성질체 중 어느 것이 카이랄인가?

밀랍의 성분 가운데 하나인 triacontyl palmitate, $CH_3(CH_2)_{14}COO(CH_2)_{29}CH_3$는 palmitic acid의 에스터이다.

B 물리적 성질

트라이글리세라이드의 물리적 성질은 지방산의 구성 성분에 따라 달라진다. 일반적으로 트라이글리세라이드의 녹는점은 탄화수소 사슬의 탄소 수가 증가할수록 탄소-탄소 이중 결합의 수가 감소할수록 증가한다. Oleic acid, linoleic acid 그리고 다른 불포화 지방산 등이 많이 들어 있는 트라이글리세라이드는 실온에서 일반적으로 액체 상태로 존재하며, 올리브유(olive oil), 옥수수유(corn oil)와 같이 **기름**(oil)이라고 부른다. 주로 단일 불포화된 oleic acid가 포함된 올리브유는 냉장고 안에서 고체화가 되는 반면에 더 많이 불포화된 옥수수유는 고체화되지 않는다. Palmitic acid, stearic acid 및 다른 포화 지방산이 풍부한 트라이글리세라이드는 실온에서 일반적으로 고체이거나 반고체이며, 유지방(butter fat)과 인체 지방(human fat)와 같이 **지방**(fat)이라고 부른다. 특히 육상 동물의 지방은 약 40~50%(중량 퍼센트)의 포화 지방산을 함유하고 있다(표 26.2). 그러나 대부분의 식물성 기름은 20% 미만의 포화 지방산과 80% 이상의 불포화 지방산을 포함한다. 식물성 기름의 예외로는 낮은 분자량을 갖고 있는 포화 지방산을 상당히 포함하고 있는 **열대성 기름**(tropical oil, 예: 코코넛유, 야자유)이 있다.

기름
실온에서 액체 상태로 존재하는 트라이글리세라이드의 혼합물.

지방
실온에서 반고체이거나 고체 상태인 트라이글리세라이드의 혼합물.

불포화 지방산이 풍부한 트라이글리세라이드의 낮은 녹는점은 불포화 지방산과 포화 지방산 성분의 탄화수소 사슬의 삼차원적인 구조 차이와 관련된다. 그림 26.1은 포화 트라

표 26.2 지방과 기름의 트라이글리세라이드 100 g 당 지방산의 그램 수*

	포화 지방산			불포화 지방산	
지방 또는 기름	Lauric (12:0)	Palmitic (16:0)	Stearic (18:0)	Oleic (18:1)	Linoleic (18:2)
Human fat	—	24.0	8.4	46.9	10.2
Beef fat	—	27.4	14.1	49.6	2.5
Butter fat	2.5	29.0	9.2	26.7	3.6
Coconut oil	45.4	10.5	2.3	7.5	trace
Corn oil	—	10.2	3.0	49.6	34.3
Olive oil	—	6.9	2.3	84.4	4.6
Palm oil	—	40.1	5.5	42.7	10.3
Peanut oil	—	8.3	3.1	56.0	26.0
Soybean oil	0.2	9.8	2.4	28.9	50.7

* 가장 흔한 지방산만을 표기하였으며, 기타 지방산은 보다 적은 양이 존재한다.

그림 26.1 ▸ 포화 트라이글리세라이드인 tristearin.

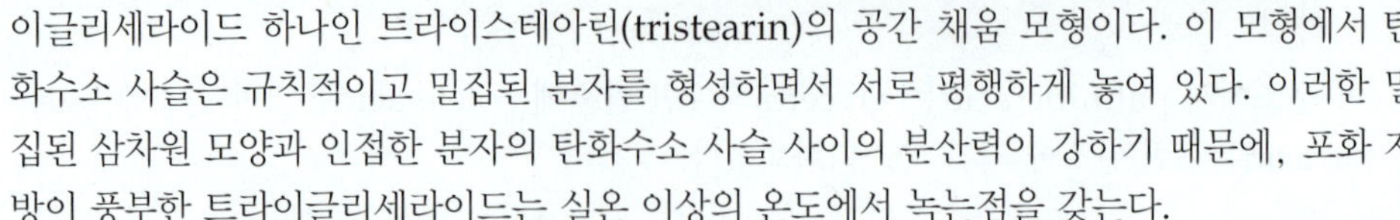
이글리세라이드 하나인 트라이스테아린(tristearin)의 공간 채움 모형이다. 이 모형에서 탄화수소 사슬은 규칙적이고 밀집된 분자를 형성하면서 서로 평행하게 놓여 있다. 이러한 밀집된 삼차원 모양과 인접한 분자의 탄화수소 사슬 사이의 분산력이 강하기 때문에, 포화 지방이 풍부한 트라이글리세라이드는 실온 이상의 온도에서 녹는점을 갖는다.

다중 불포화 트라이글리세라이드 3개 지방산 탄화수소 사슬에 여러 개의 탄소-탄소 이중 결합을 갖고 있는 트라이글리세라이드.

불포화 지방산의 삼차원적인 모양은 포화 지방산과는 상당한 차이가 있다. 고등 생물에 존재하는 불포화 지방산은 대부분 *시스* 배열이 우세하며 *트랜스* 배열이 매우 드물다는 것을 26.1A절로부터 상기하라. 그림 26.2는 stearic acid, oleic acid, linoleic acid가 각각 한 분자씩 도입된 **다중 불포화 트라이글리세라이드**(polyunsaturated triglyceride)의 공간 채움 모형이다. 다중 불포화 트라이글리세라이드에서 각각의 이중 결합은 *시스* 배열을 갖는다.

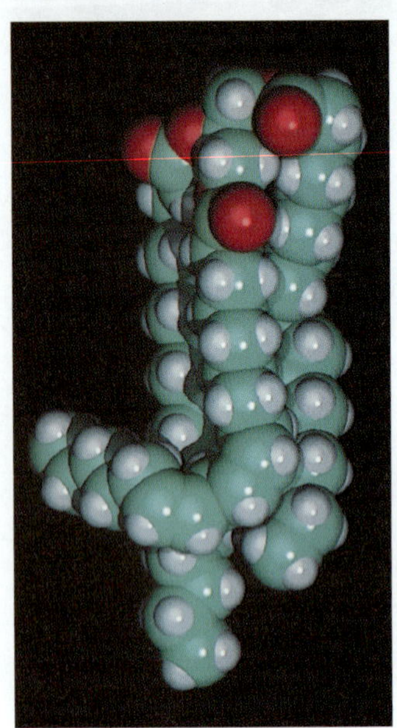
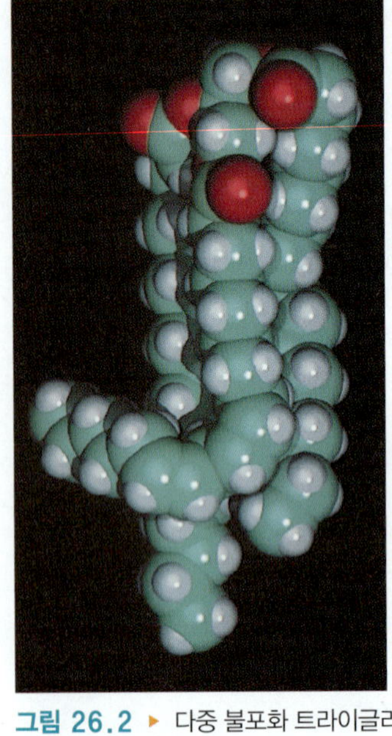
그림 26.2 ▸ 다중 불포화 트라이글리세라이드.

다중 불포화 트라이글리세라이드는 다소 불규칙적인 구조를 가지므로 포화 트라이글리세라이드처럼 밀접하게 쌓이지 않는다. 그 결과 다중 불포화 트라이글리세라이드는 분자 간 분산력과 분자 내 분산력이 약하므로 포화 트라이글리세라이드보다 낮은 녹는점을 갖는다.

C 지방산 사슬의 환원

편리함, 음식 선호도 등 여러 가지 이유에서 기름을 지방으로 바꾸는 것은 주요한 식품산업 분야이다. 이 과정을 기름의 **경화**(hardening)라고 부르고 일부분 혹은 모든 탄소-탄소 이중 결합의 촉매성 환원(6.6A절)이 포함되어 있다. 실제로 경화도(degree of hardening)는 원하는 경도의 지방을 만들기 위해 정확하게 조절된다. 이렇게 만든 지방은 가정용으로 판매된다. 마가린이나 버터의 대용품은 옥수수, 목화씨, 땅콩, 대두의 기름에서 얻은 다중 불포화 기름을 부분적으로 수소화 제조한다. 경화된 기름에 비타민 A와 D를 포함하여 β-carotene (노란색 착색하여 버터의 색과 유사), 소금, 약 15%의 우유를 첨가한다. 이 단계까지는 맛이 부족하기 때문에 acetoin과 diacetyl을 첨가하여 버터와 같은 풍미를 갖도록 제조한다.

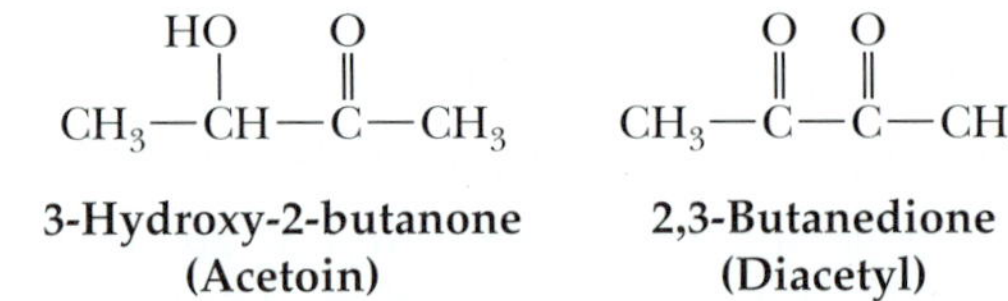

3-Hydroxy-2-butanone (Acetoin) **2,3-Butanedione (Diacetyl)**

액체 식물성 기름은 대부분 불포화 지방산을 포함한다.

6.6절의 '생화학 관련 이야기: *트랜스* 지방 도대체 무엇이고, 어떻게 피할 수 있을까?'에서 설명한 바와 같이 경화유의 과정은 Ni과 같은 수소화 반응 촉매와 일정량의 H_2가 사용된다. 경화 과정에서 뜻하지 않은 결과는 트라이글리세라이드의 *시스* 이중 결합이 금속 표면에서보다 더 안정한 *트랜스* 배열로 이성질화한다는 점이다. 알켄이 금속 표면에 흡수될 때에 π 결합이 끊어지며, 따라서 반응해야 할 H_2가 충분하지 않다면 알켄은 이성질화될 수 있음을 상기하라. 연구결과에 따르면 소위 *트랜스* 지방은 심장 질환, 특히 동맥 경화증의 위험을 크게 증가시킨다. FDA는 *트랜스* 지방을 함유한 모든 제품에 이를 표기하도록 요구해 왔으며, 많은 주요 식품회사와 음식점에서 판매되는 식품의 *트랜스* 지방 함량을 제한하고 있다. 물론 매일하는 운동은 음식과는 상관없이 유익하다.

26.2 비누와 세제

A 비누의 구조 및 제법

비누 지방산의 소듐염 혹은 포타슘염.

천연 **비누**(soap)는 쇠기름(tallow)과 코코넛유의 혼합물로부터 제조된다. 소의 고체 지방을 증기로 녹이고 상층에 형성된 쇠기름 층을 제거하여 준비한다. 비누의 제조는 이러한 트라이글리세라이드를 sodium hydroxide와 가열함으로써 시작된다. 이 반응을 **비누화 반응**(saponification)이라고 부른다[라틴어 *saponem*은 '비누(soap)'를 의미함]. 분자 수준에서 비누화 반응은 트라이글리세라이드에 있는 에스터기를 염기에 의해 가수분해시키는 것이다(18.4C절). 제조된 비누는 쇠기름으로부터 palmitic acid, stearic acid, oleic acid

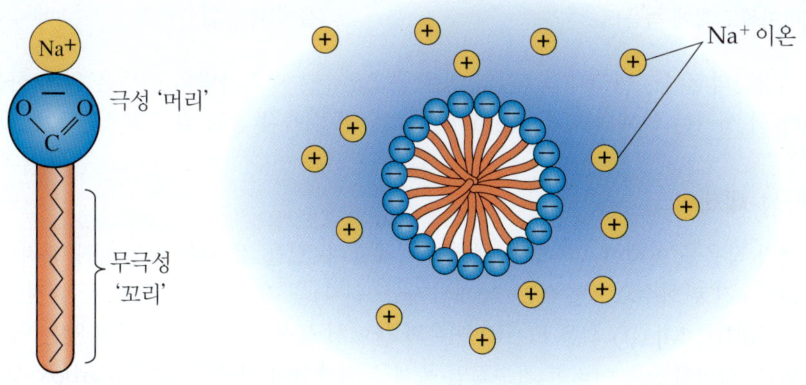

그림 26.3 ▸ 비누 마이셀. 무극성(소수성) 탄화수소 사슬은 마이셀 내부에 배치되고, 극성(친수성) 카복실레이트기는 마이셀 표면에 존재한다. 비누 마이셀은 음의 표면 전하로 인해 서로 반발하여 밀어낸다.

의 소듐염과 코코넛유로부터 lauric acid와 myristic acid의 소듐염이 포함되어 있다.

$$\underset{\text{트라이글리세라이드}}{\begin{array}{l} \text{RCOCH}(\text{CH}_2\text{OCR})(\text{CH}_2\text{OCR}) \end{array}} + 3\,\text{NaOH} \xrightarrow{\text{비누화 반응}} \underset{\substack{\textbf{1,2,3-Propanetriol}\\ \textbf{(Glycerol; glycerin)}}}{\text{CH}_2\text{OH}-\text{CHOH}-\text{CH}_2\text{OH}} + \underset{\text{소듐 비누}}{3\,\text{RCO}^-\text{Na}^+}$$

(각 RC 부분은 C=O 결합을 가짐: $\overset{\text{O}}{\parallel}$)

가수분해가 완결된 후에 sodium chloride를 첨가하면 두꺼운 비누 응고물이 침전된다. 물층은 버리고 glycerol은 진공 증류에 의해 회수된다. 이렇게 만든 미정제 비누는 sodium chloride, sodium hydroxide 및 다른 불순물을 포함하고 있다. 이 불순물은 물에서 응고물을 끓이고 sodium chloride를 더 넣으면 비누만 침전이 되기 때문에 제거될 수 있다. 여러 번 정제된 비누는 후속 공정 없이 저가의 산업용 비누로 사용할 수 있다. 미정제 비누에 여러 가지 다른 처리 과정을 거치면 pH 조절 화장 비누, 약용 비누 등으로 변형시킬 수 있다.

마이셀
물과 접촉하면 소수성 부분이 구의 안쪽에 배열하고, 친수성 부분이 구의 표면에서 물과 접촉하여 형성되는 유기 분자의 구형 배열.

B 비누의 세정 기능

비누의 두드러진 세정 특성은 유화제(emulsifying agent)로 작용할 수 있기 때문이다. 천연 비누의 긴 탄화수소 사슬은 물에 녹지 않기 때문에 비누는 주위의 물 분자와 접촉을 최소로 하는 방향으로 뭉치게 된다. 반면에, 극성인 카복실레이트기(carboxylate group)는 주위의 물 분자와 접촉하려는 경향이 있다. 그러므로 물속에서 비누 분자는 자발적 뭉쳐 **마이셀**(micelle)을 형성한다(그림 26.3).

일반적으로 '때(그리스, 기름, 지방 얼룩 등)'라고 생각하는 대부분의 것은 무극성이며 물에 녹지 않는다. 비누와 이와 같은 때들이 세탁기 안에서 함께 섞이면 비누 마이셀의 무극성 탄화수소의 내부는 무극성의 때를 '녹인다'. 실제로 가운데에 무극성인 때 분자를 감싸고 있는 새로운 비누 마이셀이 생성된다(그림 26.4). 따라서 무극성 유기물인 그리스, 기름, 지방이 '녹게' 되고, 극성인 물에 씻겨 제거된다.

비누 또한 단점이 없지 않다. 이러한 단점 중에 하나는 Ca(II), Mg(II) 혹은 Fe(III) 이온을 포함하고 있는 물(경수)을 사용할 때 물에 불용성인 염을 형성한다는 사실이다.

'녹은' 그리스를 포함한
비누 마이셀

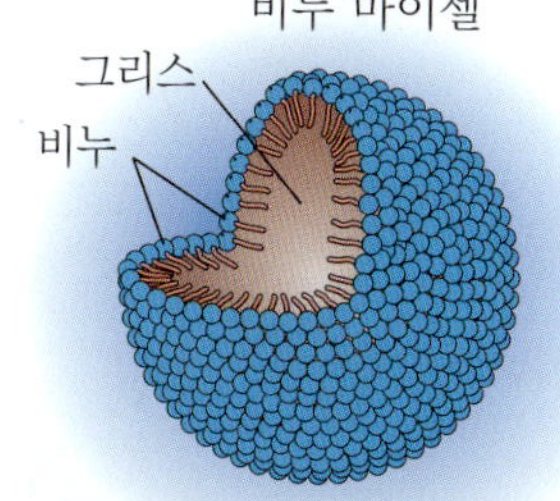

그림 26.4 ▸ '녹은' 기름 또는 그리스 방울을 포함한 비누 마이셀.

$$2\,CH_3(CH_2)_{14}COO^-\,Na^+ \;+\; Ca^{2+} \longrightarrow [CH_3(CH_2)_{14}COO^-]_2Ca^{2+} \;+\; 2\,Na^+$$

소듐 비누 (마이셀로 물에 녹음) — 지방산의 칼슘염 (물에 녹지 않음)

이러한 지방산의 칼슘, 마그네슘, 철의 염은 욕조의 때, 머리카락의 윤택을 잃게 하는 막, 반복 세탁 시 생기는 의복의 회색화(grayness) 및 거친 촉감 등과 같은 문제를 발생시킨다.

C 합성 세제

비누의 세정 작용을 이해한 후, 합성 세제를 설계할 수 있을 것이다. 좋은 세제 분자는 분자의 한 쪽에는 긴 탄화수소 사슬(12~20개의 탄소 원자)을 가지고, 다른 쪽 끝은 경수(hard water)의 Ca(II), Mg(II) 혹은 Fe(III) 이온과 물에서 불용성 염을 형성하지 않는 극성기를 가져야 한다. 화학자들은 이러한 필수적인 특성을 이해하여 카복실레이트(carboxylate) 기 대신에 설페이트(sulfate)기 혹은 설포네이트(sulfonate)기가 들어 있는 비누를 만들었다. 칼슘, 마그네슘, 철의 단일알킬황산(monoalkylsulfuric acid)과 설폰산(sulfonic acid) 염은 각각의 지방산 염에 비해서 훨씬 물에 잘 녹는다.

가장 널리 사용되는 합성 세제는 선형 알킬벤젠 설포네이트(linear alkylbenzene sulfonate, LAS)이다. 이것의 가장 일반적인 형태 중 하나는 sodium 4-dodecylbenzenesulfonate이다. 이런 종류의 세제를 합성하는 방법은 먼저 선형의 알킬벤젠을 황산으로 처리하여 알킬벤젠설폰산을 합성한다(22.1B절). 그런 다음에 설폰산을 NaOH로 중화시키고, 그 생성물을 보조제(builder)와 혼합하고 분무 건조시키면 부드럽게 흐르는 가루가 만들어진다. 가장 흔한 보조제는 sodium silicate이다.

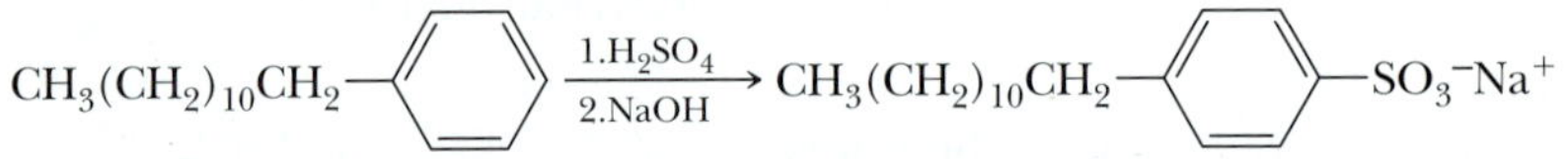

$$CH_3(CH_2)_{10}CH_2-C_6H_5 \xrightarrow[2.\,NaOH]{1.\,H_2SO_4} CH_3(CH_2)_{10}CH_2-C_6H_4-SO_3^-Na^+$$

Dodecylbenzene — **Sodium 4-dodecylbenzenesulfonate** (음이온성 세제)

알킬벤젠 설포네이트 세제는 1950년 후반에 소개가 되었으며, 천연 비누가 가졌던 시장의 약 90%를 점유하고 있다.

세제를 합성할 때 가장 흔한 첨가제는 거품 안정제, 표백제, 광증백제 등이다. 거품 안정제는 dodecanoic acid (lauric acid)와 2-aminoethanol (ethanolamine)로 만든 아마이드로서 액체 비누에 종종 첨가되지만, 세탁 세제에는 첨가하지 않는다(이유: 세탁기 뚜껑 위로 거품이 솟아오를 수 있기 때문). 가장 흔한 표백제는 sodium perborate tetrahydrate로 50°C 이상에서 분해하여 실제 표백 효과를 나타내는 hydrogen peroxide를 생성한다.

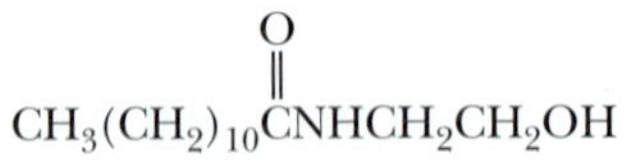

$$CH_3(CH_2)_{10}C(=O)NHCH_2CH_2OH$$

N-(2-Hydroxyethyl)dodecanamide (거품 안정제)

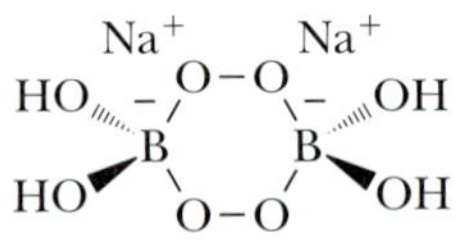

Na+ Na+, HO, OH, B, O–O, HO, OH, B, O–O

Sodium perborate tetrahydrate (표백제)

또한 광표백제라고 알려져 있는 광증백제(optical brightener)도 세탁용 세제에 첨가된다. 이는 세탁 중 직물에 흡착되어 주변의 빛을 흡수하여 청색 형광을 내므로 오래된 직물의 노란색을 상쇄시킬 수 있다. 글자 그대로 표현하자면, 이 광증백제는 '하얀색보다 더 하얗게(whiter-than-white)'해 준다. 흰색 셔츠 또는 블라우스가 자외선(black light)에 조사될 때 강한 청색 빛을 보게 된다면 여러분은 광증백제의 효과를 관찰하게 되는 것이다.

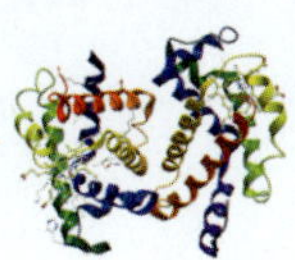

FAD/$FADH_2$: 생물학적 산화-환원의 전자 전달 물질: 지방산 산화

Flavin adenine dinucleotide (FAD)는 대사성 산화-환원의 전자 전달에 있어 핵심 성분이다. FAD에서 flavin은 다섯 탄소 단당류인 ribitol에 결합되고, 다시 adenosine diphosphate의 말단 인산기에 결합된다.

flavin, 산화-환원 반응에서 분자의 작용 부분

riboflavin (비타민 B 복합체 중 하나)

ribitol

adenosine diphosphate(ADP) 구조 단위는 파란색으로 표시

Flavin adenine dinucleotide (FAD)

FAD는 몇 가지 종류의 효소 촉매 산화-환원 반응에 참여하는데, 그 중 하나는 지방산 탄화수소 사슬의 탄소-탄소 단일 결합의 산화 반응이고, 이 과정에서 FAD는 $FADH_2$로 환원된다.

탄화수소 사슬의 산화 반응

$$—CH_2—CH_2— \quad + \quad FAD \longrightarrow —CH{=}CH— \quad + \quad FADH_2$$

지방산의 탄화수소 부분

FAD가 $—CH_2—CH_2—$를 $—CH{=}CH—$로 산화시키는 메커니즘은 수소 이온을 지방산의 탄화수소 사슬로부터 FAD로 전달하는 과정을 포함한다.

MECHANISM FAD에 의한 지방산 $—CH_2—CH_2—$를 $—CH{=}CH—$로의 산화

메커니즘에서 각 굽은 화살표는 1에서 6단계로 나뉘어 각 변형에서 전자의 흐름을 이해하기 쉽도록 하였다.

1단계: 효소 표면의 염기성 기(Enz-B:)가 카복실기에 인접한 탄소의 수소 원자를 제거한다.

2단계: 이 C—H σ 결합의 전자들은 새로운 C—C 이중 결합의 π 전자가 된다.

3단계: 카복시기의 베타 탄소로부터 flavin의 질소 원자로 수소 이온을 전달한다.

4단계: Flavin 내 π 전자가 재분포된다.

5단계: C=N 결합의 전자가 효소로부터 수소를 제거한다.

6단계: 효소 표면에 새로운 염기성 기를 형성한다.

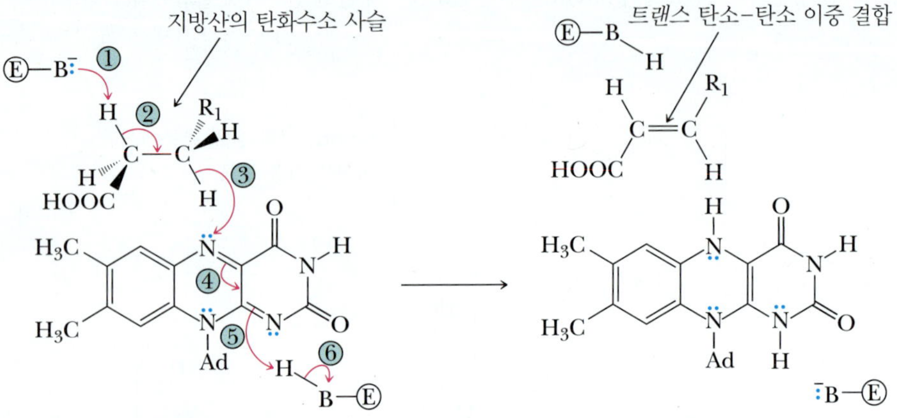

지방산의 탄화수소 사슬

트랜스 탄소-탄소 이중 결합

FAD

$FADH_2$

FAD에 첨가되어 $FADH_2$가 생성되는 두 개의 수소 원자 중 하나의 수소는 탄화수소 사슬에서 유래하고, 다른 수소는 이 산화 반응을 촉매하는 효소 표면의 산성기로부터 온 것이다. 또한 효소에서 하나의 기는 양성자 받개로 작용하고 또 하나는 양성자 주개로 작용한다.

26.3 프로스타글란딘

프로스타글란딘
Prostanoic acid의 20개-탄소 골격을 가지고 있는 화합물의 계열 중의 하나.

프로스타글란딘(Prostaglandin)이란 prostanoic acid의 20개-탄소 골격을 갖는 화합물들이다.

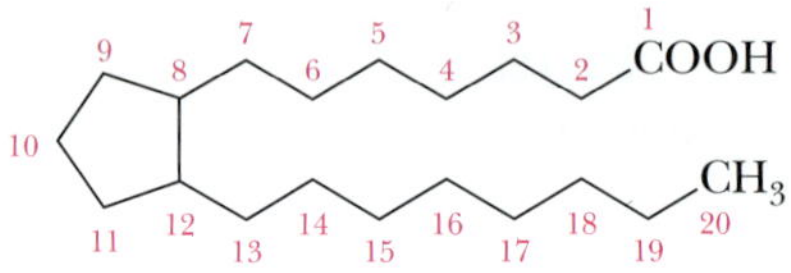

Prostanoic acid

이 화합물의 발견과 구조 결정은 부인과 전문의인 Raphael Kurzork과 Charles Lieb이 인간의 정액(seminal fluid)이 떼어낸 자궁 근육을 수축하게 한다고 보고한 1930년으로 거슬러 올라간다. 몇 년 후 스웨덴에서 Ulf von Euler는 이 사실을 재확인하였으며, 아울러 인간의 정액이 장의 평활근을 수축시키고 혈액에 투여했을 때 혈압을 낮추는 것을 언급하였다. Von Euler는 여러 가지 효과를 내는 이 신비의 물질을 그 당시 전립선(prostate gland)에서 생합성된다고 생각하여 프로스타글란딘이라는 이름을 제안하였다. 비록 지금은 이 화합물이 전립선 이외의 다른 기관에서도 생성된다고 알려졌음에도 불구하고, 프로스타글란딘이란 이름은 아직도 사용되고 있다.

프로스타글란딘은 표적 조직(target tissue)에 저장되는 것이 아니다. 오히려 특정한 생리학적인 자극에 의해서 필요에 따라 합성된다. 프로스타글란딘의 생합성 과정에서 출발 물질은 20개 탄소로 이루어진 다중 불포화 지방산이며, 이 지방산은 필요할 때까지 세포막에 있는 인산지질 에스터(phospholipid ester)로 저장된다. 생리학적인 자극에 따라 에스터는 가수분해되고 지방산을 방출하여, 프로스타글란딘은 합성이 시작된다. 그림 26.5는 arachidonic acid로부터 여러 가지 프로스타글란딘의 합성 단계를 보여주고 있다. 이

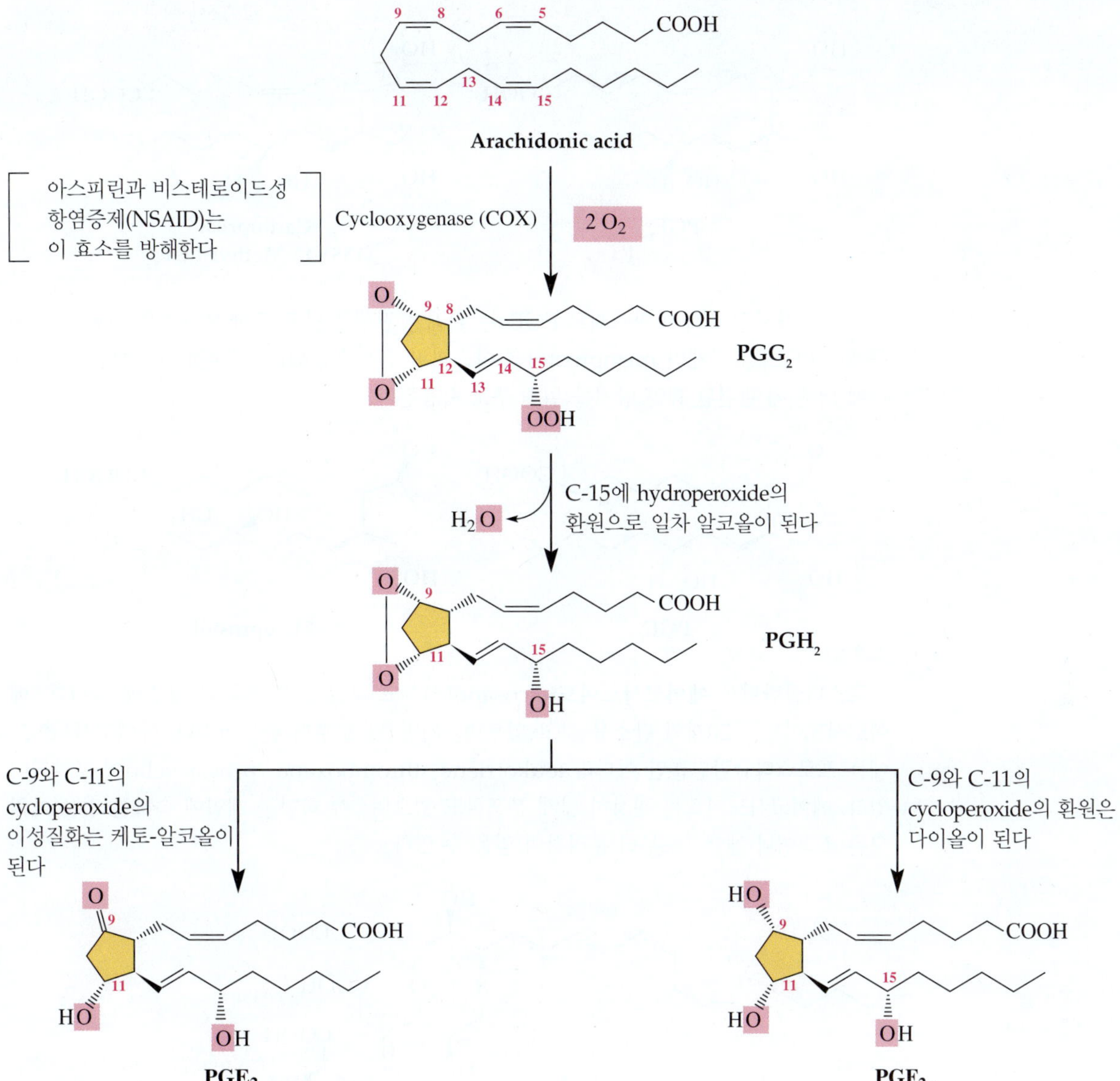

그림 26.5 ▸ Arachidonic acid로부터 PGF$_2$와 PGF$_{2\alpha}$으로 전환에 있어 중요한 중간체. PG는 프로스타글란딘을 의미한다. 문자 *E*, *F*, *G*, *H*는 다른 형태의 프로스타글란딘이다.

생합성에서 중요한 단계는 산소 두 분자와 반응하여 prostaglandin G$_2$ (PGG$_2$)를 합성하는 arachidonic acid의 효소 촉매 반응이다. 아스피린 및 다른 비스테로이드계 항염증제(nonsteroidal antiinflammatory drug, NSAID)의 항염증 및 항응고 효과는 이 촉매반응 효소를 방해하는 능력에서 나타나는 결과이다.

프로스타글란딘이 생식 생리학(reproductive physiology) 및 염증 과정에서 관여한다는 연구 결과에 의해 임상적으로 유용한 여러 프로스타글란딘 유도체가 생산되었다. PGF$_{2\alpha}$가 자궁의 평활근 수축을 자극한다는 사실로부터 인공 임신중절약 개발이 시도되었다. 이러한 목적으로 천연 프로스타글란딘을 사용할 때의 문제점은 인체 내에서 매우 빨리 분해된다는 것이다. 약간 천천히 분해되는 프로스타글란딘을 찾는 과정에서 많은 유도체들이 합성되었고, 이들 중 가장 효율적인 것이 carboprost이다. 이 합성 프로스타글란딘은 천연 PGF$_{2\alpha}$보다 10~20배 강력하고, 매우 천천히 인체에서 분해된다. 이 두 가지 프로스타글란딘을 비교해 보면, 의약품의 구조를 약간만 변화시켰을 때도 생리 활성에 많은 변화가 있다는 것을 알 수 있다.

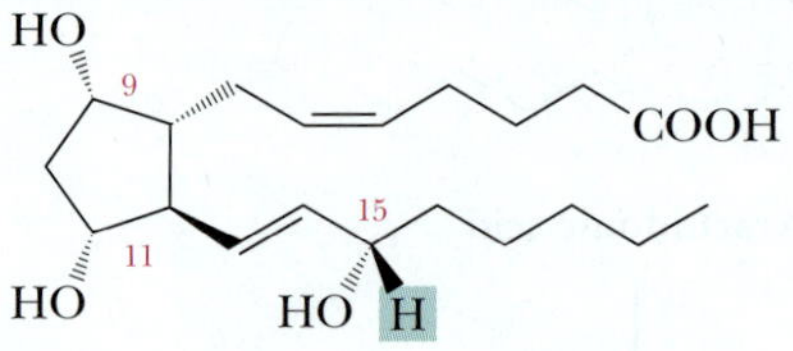

HO, COOH, HO, HO, H, 9, 11, 15

$PGF_{2\alpha}$

C-15에 여분의 메틸기

HO, COOH, HO, HO, CH_3, 9, 11, 15

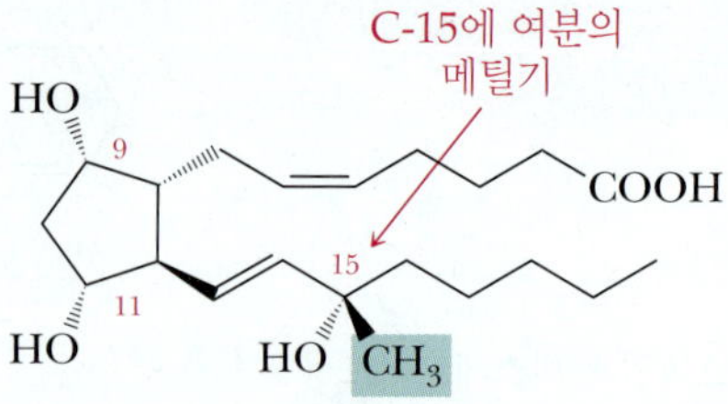

Carboprost
(15*S*)-15-Methyl-$PGF_{2\alpha}$

여러 가지 PGs와 마찬가지로 PGEs는 위궤양 진행을 막고 또한 위궤양을 치료한다. 최근에는 PGE_1 유사체인 misoprostol은 아스피린 유사 NSAID (부분적으로 혈전 형성 방지에 의해)에 관련된 궤양 방지를 위해 주로 사용된다.

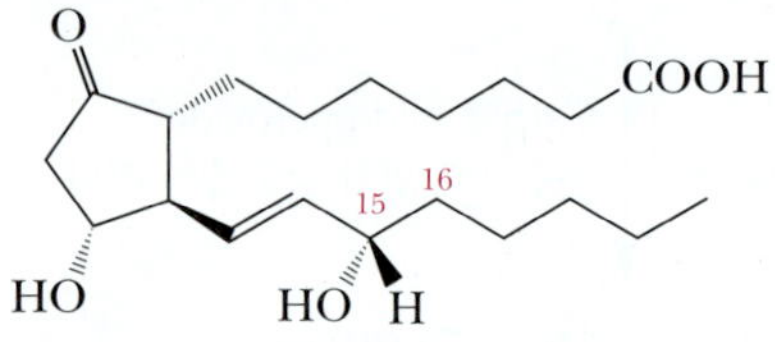

O, COOH, HO, HO, H, 15, 16

PGE_1

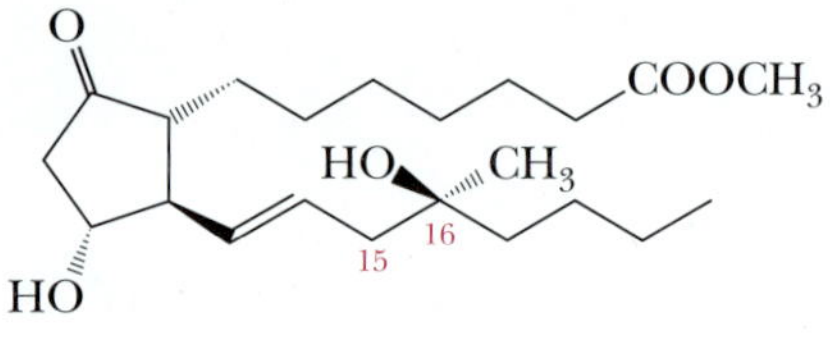

O, $COOCH_3$, HO, CH_3, HO, 15, 16

Misoprostol

프로스타글란딘을 **에이코사노이드**(eicosanoid)라고 부르는 큰 화합물 계열에 속한다. 에이코사노이드는 20개의 탄소를 갖고 있으며, 지방산으로부터 만들어진다. 에이코사노이드에는 프로스타글란딘뿐만 아니라 leukotriene, thromboxane, prostacyclin이 포함되어 있다. 에이코사노이드는 굉장히 넓게 분포하고 있으며, 이 화합물 계열에 속하는 것은 거의 모든 조직이나 체액으로부터 분리하여 얻을 수 있다.

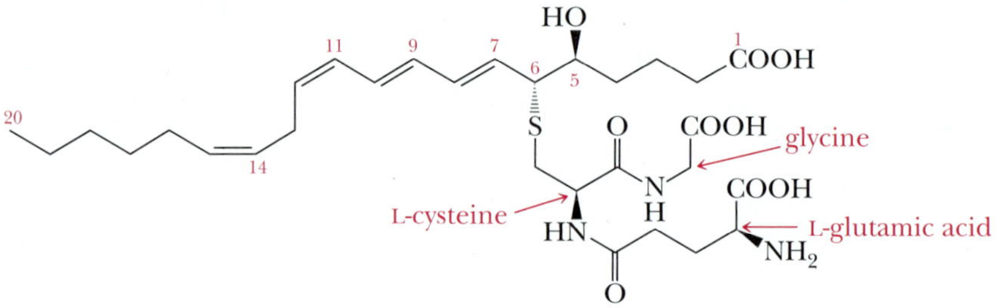

HO, COOH, S, O, COOH, glycine, N, H, COOH, L-cysteine, HN, L-glutamic acid, NH_2, O, 1, 5, 6, 7, 9, 11, 14, 20

Leukotriene C_4(LTC_4)
(부드러운 근육 수축제)

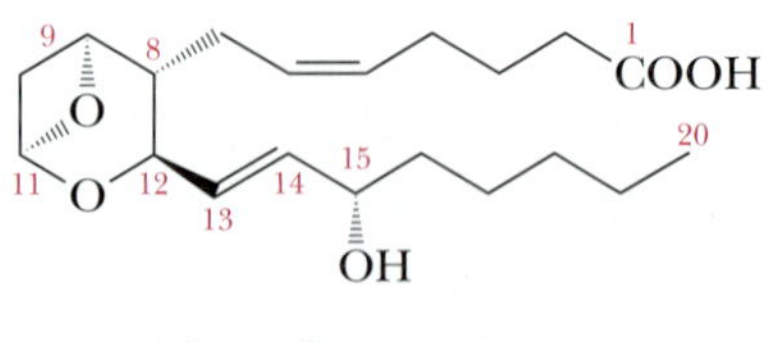

O, O, COOH, OH, 1, 8, 9, 11, 12, 13, 14, 15, 20

Thromboxane A_2
(강력한 혈관수축제)

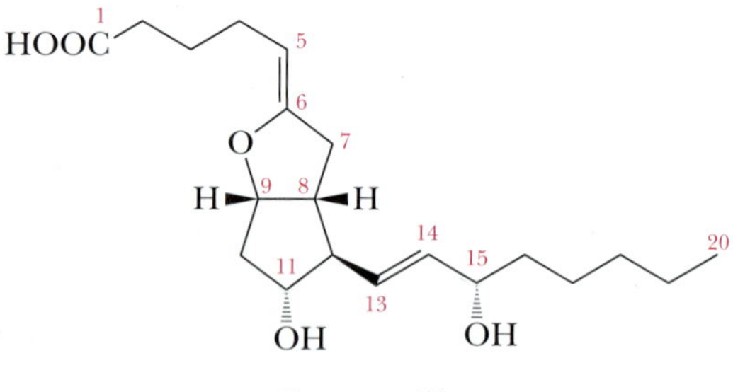

HOOC, O, H, H, OH, OH, 1, 5, 6, 7, 8, 9, 11, 13, 14, 15, 20

Prostacyclin
(혈소판 응집 억제제)

Leukotriene은 arachidonic acid로부터 만들어지며 주로 백혈구에서 발견된다. 이 계열의 하나인 leukotriene C_4 (LTC_4)는 3개의 콘쥬게이션 이중 결합(접미사 *-triene*)을 가지고 있으며, L-cysteine, glycine, L-glutamic acid 등 아미노산을 포함한다(27장). LTC_4의 중요한 생리학적 작용은 특히 폐의 평활근을 수축시킨다. LTC_4의 합성과 방출은 알레르기 반응에 의해서 이루어진다. LTC_4의 합성을 저해하는 약은 천식과 관련이 있는 알레르기 반응을 치료하는 데 사용할 수 있다. Thromboxane A_2는 매우 강력한 혈관 수축제이다. 이것의 방출은 비가역적 혈소판 응집을 개시하며, 상처 난 혈관을 수축시킨다. 온화한 응고제로 작용하는 아스피린 및 아스피린 유사 의약품이 약한 항응고 효과를 보이는 것은 thromboxane A_2의 합성을 개시하는 효소인 고리산소화 효소(cyclooxygenase)를 저해하기 때문이다.

26.4 스테로이드

스테로이드(Steroid)는 식물과 동물 지방질의 한 부류로서 그림 26.6에서 나타낸 바와 같이 테트라사이클 고리 시스템을 갖고 있다. 가장 흔하게 자연계에서 산출되는 테트라사이클 고리 시스템의 일반적인 특징은 그림 26.7에 보여 주고 있다.

스테로이드
스테로이드의 중심인 테트라사이클 고리 시스템(3개는 육원자 고리이고, 나머지 1개는 오원자 고리)을 갖고 있는 식물 혹은 동물의 지질.

1. 고리 접합(fusion)은 *트랜스*이고, 고리와 고리의 접합 부분에 있는 원자나 작용기는 축방향이다. 예를 들면, 탄소 5에 있는 —H와 탄소 10에 —CH_3의 배향을 비교해 보라.
2. 고리 접합의 위치(탄소 5와 10, 8과 9, 13과 14에 있는 원자 혹은 치환기의 형태는 거의 항상 *트랜스*-안티-*트랜스*-안티-*트랜스*이다.
3. 고리 접합의 위치에서 원자와 치환기가 *트랜스*-안티-*트랜스*-안티-*트랜스* 배열이기 때문에, 테트라사이클 스테로이드 고리 시스템은 거의 평면이고, 매우 경직되어 있다.
4. 많은 스테로이드는 테트라사이클 고리 시스템의 10과 13 위치에 축방향 메틸기를 갖고 있다.

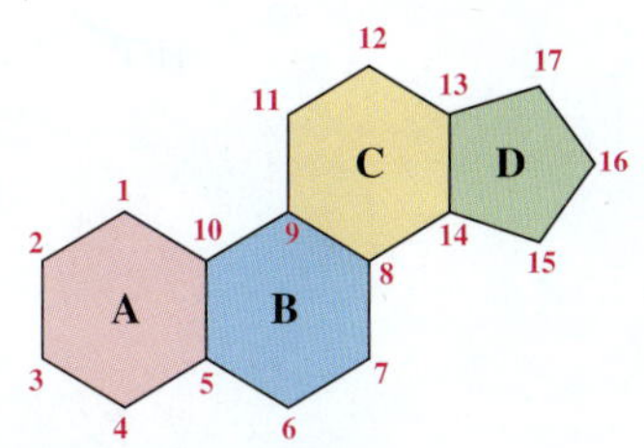

그림 26.6 ▸ 스테로이드의 특징적인 테트라사이클 고리 시스템.

A 주요 스테로이드류의 구조

Cholesterol

Cholesterol은 혈장이나 모든 동물 조직에서 발견되는 물에 녹지 않는 흰 밀납형 고체이다. 이 물질은 두 가지 면에서 인간의 신진 대사 작용에 필수 부분이다. (1) Cholesterol은 생체 세포막의 필수 요소이다. 건강한 성인은 약 140 g의 cholesterol을 포함하고 있으며, 그 중 약 120 g은 막에 존재한다. 예를 들면 중추 신경계와 말초 신경계의 세포막은 약 10%(중량)의 cholesterol을 포함한다. (2) 성 호르몬, 부신피질 호르몬, 담즙산, 비타민 D는 모두 cholesterol로부터 합성된다. 따라서 어떤 의미에서 cholesterol은 모체 스테로이드이다.

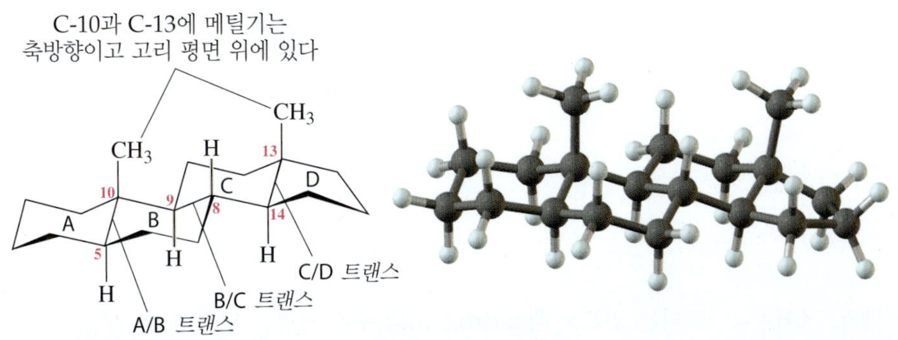

그림 26.7 ▸ 많은 스테로이드의 테트라사이클 고리 시스템에 대한 공통적 특성.

인간의 담석은 거의 순수한 cholesterol이다. 이 담석의 지름은 약 0.5 cm이다. © Roblan/Shutterstock

Cholesterol은 8개의 입체중심을 가지며, 이와 같은 화합물은 2^8, 즉 256개의 입체 이성질체(128쌍의 거울상 이성질체)를 갖는다. 하지만 그림 26.8에 나타낸 바와 같이 단지 1개의 입체 이성질체만 자연계에 존재한다.

Cholesterol은 혈장에서 녹지 않지만 지질단백질(lipoprotein)이라 부르는 단백질과의 복합체로서 이동한다. **저밀도 지질단백질**(low-density lipoprotein, LDL: 나쁜 cholesterol)은 cholesterol이 합성된 장소인 간으로부터 그것을 필요로 하는 여러 조직이나 몸의 세포로 이동한다. 혈관에서 동맥경화를 일으키는 침전물을 만드는 것이 바로 이 LDL에 부착되어 있는 cholesterol이다. **고밀도 지질단백질**(high-density lipoprotein, HDL: 좋은 cholesterol)은 과량의 사용하지 않은 cholesterol을 담즙산으로 변화시키거나 궁극적으로는 배설물로 방출하기 위하여 세포로부터 분해가 일어나는 간으로 이동시키는 역할을 한다. HDL은 동맥경화를 일으키는 침전물 생성 속도를 지연시키거나 줄이는 역할을 한다.

그림 26.8 ▸ Cholesterol은 모든 동물 조직과 혈장에서 발견된다.

Cholesterol

스테로이드 호르몬

저밀도 지질단백질(LDL)
약 26%의 단백질, 50% cholesterol, 21% 인산지질, 4% 트라이글리세라이드로 구성된 밀도가 1.02~1.06 g/L인 혈장 입자.

고밀도 지질단백질(HDL)
약 33%의 단백질, 30% cholesterol, 29% 인산지질, 8% 트라이글리세라이드로 구성된 밀도가 1.06~1.21 g/L인 혈장 입자.

각각의 주요 스테로이드 호르몬에 대한 구조와 주요 역할을 표 26.3에 나타내었다.

중요한 두 가지 여성 호르몬, 일명 **에스트로겐**(estrogen)은 estrone과 estradiol이다. 또 다른 스테로이드 호르몬인 프로게스테론(progesterone)은 수정란 착상을 위해 자궁을 준비하는 데 중요하다. 또한 배란을 저해하는 역할을 한다는 것이 알려진 후, 피임제로 사용되었다. 프로게스테론 자체는 경구로 투약하였을 때 상대적으로 효과적이지 못하다. 1960년대에는 많은 산업체 및 학술 기관의 연구로 인해 다수의 프로게스테론-모방 합성스테로이드가 만들어졌고, 이들 약품을 규칙적으로 섭취하게 되면 정상적인 생리 주기를 유지하면서 배란을 막을 수 있다. 이 중 가장 효율적인 것은 norethindrone과 같은 프로게스테론 유도체로 소량의 에스트로겐 유사 물질과 함께 사용되면, 장기적인 피임약 사용 중 불규칙적인 생리를 막는 데 도움을 준다.

Estrogen
여성의 성적 특징 발현을 조절하는 estrone과 estradiol 등의 스테로이드 호르몬.

'Nor'는 여기에 메틸기가 없음을 의미한다. 메틸기는 ethindrone에 존재한다.

Norethindrone
(합성 프로게스테론 유사체)

안드로겐
남성의 성적 특징 발현을 조절하는 테스토스테론(testosterone)과 같은 스테로이드 호르몬.

테스토스테론과 또 다른 **안드로겐**(androgen)의 주된 역할은 남성의 생식기(일차적인 성적 특징) 성장과 독특한 저음, 몸과 얼굴의 수염 형태, 근육 발달(이차적인 성적 특징)을 촉진시키는 것이다. 테스토스테론은 이와 같은 효과를 가지지만, 이것을 입을 통하여 섭취

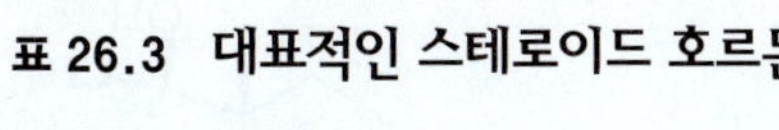

표 26.3 대표적인 스테로이드 호르몬

구조		합성 위치와 주요 효과
Testosterone	Androsterone	Androgen (남성 성호르몬): 고환에서 합성. 남자의 이차 성징 발달에 관여
Progesterone	Estrone	Estrogen (여성 성호르몬): 난소에서 합성. 여자의 이차 성징 발달에 관여 및 월경 주기 조절
Cortisone	Cortisol	Glucocorticoid 호르몬: 부신 피질에서 합성. 탄수화물 대사 조절, 염증 감소, 스트레스 반응 관여
Aldosterone		Mineralocorticoid 호르몬: 부신 피질에서 합성. Na^+, Cl^-, HCO_3^-를 흡수하도록 신장을 자극하여 혈압과 혈액 양 조절

할 때에는 간에서 신진 대사 작용에 의해 비활성적인 스테로이드로 변하게 되므로 이와 같은 효과를 나타내지 않는다. 많은 경구용의 **동화대사 스테로이드**(anabolic steroid)는 특히 상처로부터 회복될 동안에 일어나는 근육 위축 등이 일어날 경우에 대한 재활의학(rehabilitation medicine)에 사용하기 위하여 개발되었다. 이와 같은 목적으로 가장 많이 사용되는 동화대사 스테로이드는 methandrostenolone과 stanozolol이다. Methandrostenolone의 구조식은 (1) 탄소 17에 메틸기, (2) 탄소 1과 탄소 2 사이에 탄소-탄소 이중 결합이 추가되었다는 점이 테스토스테론과는 다르다. Stanozolol에서는 A 고리에 pryrazole 고리를 부착하여 변형시켰다.

동화대사 스테로이드
조직과 근육의 성장 및 발달을 촉진하는 테스토스테론과 같은 스테로이드 호르몬.

Methandrostenolone　　　Stanozolol

운동선수들의 경우 특히 격한 행동이 필요한 스포츠에서 근육의 양과 강도를 강화시키기 위하여 단백 동화 스테로이드를 남용하는 경우가 종종 있다. 남용에 따르는 위험은 매우 크며, 예를 들어 강한 호전성, 불임, 발기부전, 당뇨 합병증에 의한 조기 사망 위험, 관상동맥병, 간암 등이 발생한다.

담즙산

인간의 담즙의 주된 성분인 cholic acid의 구조식을 그림 26.9에서 보여주고 있다. 이 화합물은 담즙과 장액에서는 이온화된 상태로 존재하므로 음이온으로 나타내었다. **담즙산**(bile acid)[더 정확히는 담즙염(bile salt)]은 간에서 합성되고 쓸개에 저장되며 장으로 분비된다. 장에서의 담즙염의 역할은 음식 지방을 유화시켜 주는 계면활성제로 작용하여 지방의 흡수와 소화를 도와주는 것이다. 더구나 담즙염은 콜레스테롤의 신진 대사 작용의 최종 산물이며, 몸으로부터 콜레스테롤을 제거하는 주된 경로이다. 담즙염의 구조의 특성은 A/B 고리가 *시스*로 접합되었다는 것이다.

담즙산
음식물의 지방질 흡수가 용이하도록 쓸개로부터 창자로 분비되는 cholic acid와 같은 콜레스테롤로부터 유도된 계면활성제 분자.

B 콜레스테롤의 생합성

콜레스테롤의 생합성은 터펜(terpene, 5.4절) 구조에서 설명한 바가 있다. 큰 분자를 합성할 때 생태계의 일반적인 패턴 중의 하나는 하나 혹은 하나 이상의 작은 소단위체로부터 시작하여 그들을 반복적으로 연결한 후, 전체 탄소 골격을 산화, 환원, 가교, 첨가, 제거 혹은 관련된 과정에 의해 화학적으로 개질시켜 고유한 특성을 갖는 완전한 생체 분자를 형성한다는 것이다.

스테로이드를 구성하는 모든 탄소 원자의 기본적인 요소는 acetyl-CoA(연습 문제 25.34)에 있는 아실기의 2개 탄소이다. 콜레스테롤과 지방산의 생합성 과정을 발견한 공로로 1964년에 생리의학 분야 노벨상을 공동 수상한 독일의 생화학자인 Feodor Lynen과 미국의 생화학자인 Konrad Bloch는 콜레스테롤의 27개 탄소 중에서 15개는 acetyl-CoA의 메틸기로부터 유도되었고 나머지 12개 탄소는 acetyl-CoA의 카보닐기로부터 유도되었다는 것을 밝혀냈다(그림 26.10).

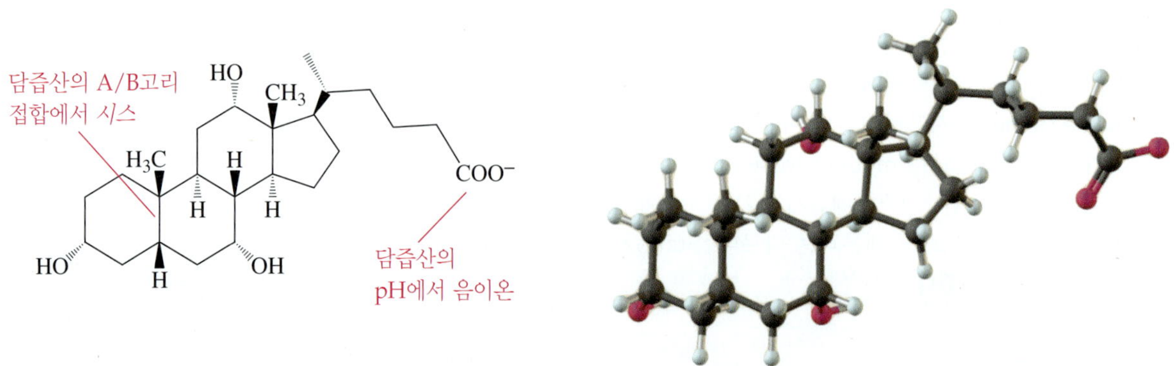

그림 26.9 ▸ 인간 담즙의 중요한 구성 성분인 cholic acid. 각 육원자 고리가 의자 형태로 존재하고 있다.

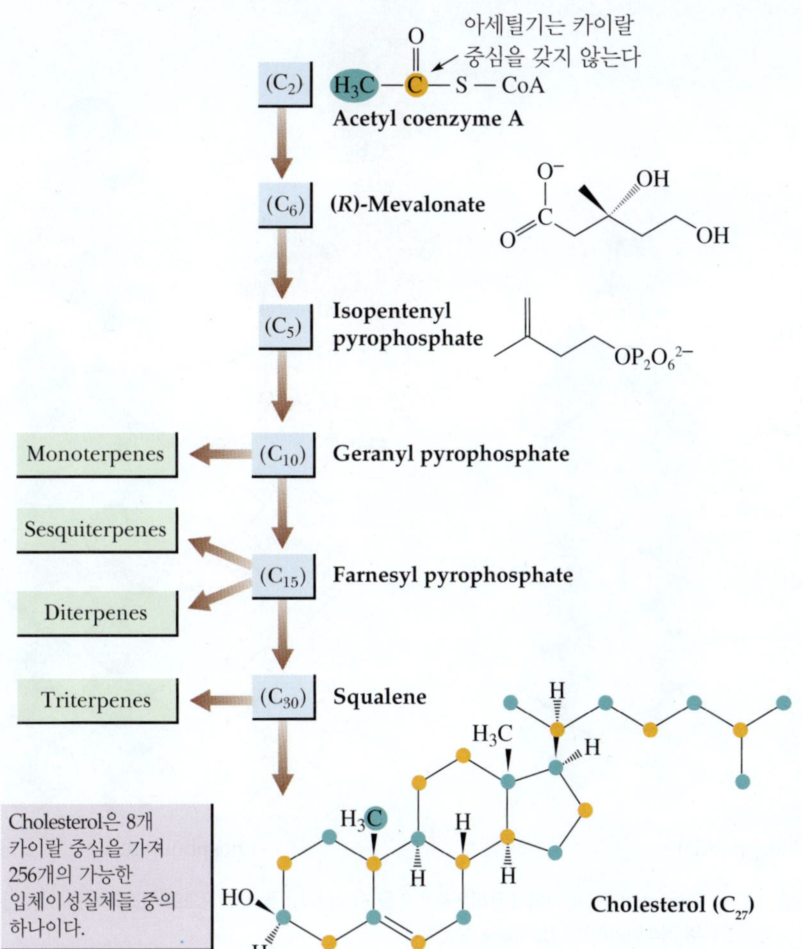

그림 26.10 ▸ Acetyl CoA의 아세틸기로부터 콜레스테롤 합성에 있어 중요한 몇 가지 중간체. 18 몰의 Acetyl CoA은 1몰의 콜레스테롤 합성에 필요하다.

합성 과정의 주목할 만한 특징은 acetyl-CoA 유래 콜레스테롤의 생합성 반응은 완전히 입체선택적이라는 것이다. 즉, 256개의 가능한 이성질체 중 하나만 생성한다. 실제로 실험실에서 이처럼 정교하게 입체선택성을 재현할 수는 없다. 그리고 콜레스테롤은 대부분의 다른 스테로이드 합성에서 주요한 중간체이다.

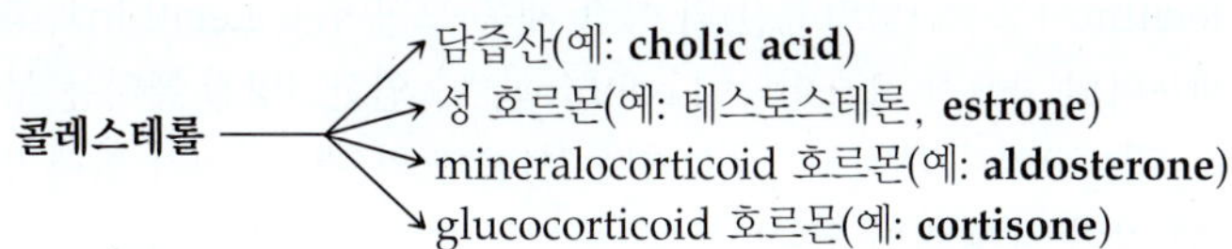

26.5 인산지질

A 구조

인산지질(Phospholipid) 혹은 포스포아실글리세롤(phosphoacylglycerol)은 두 번째로 자연계에 풍부한 지질이다. 거의 대부분 동·식물의 세포막에 존재하고, 일반적으로 막의 40~50%가 인산지질이고, 50~60%가 단백질로 구성되어 있다. 가장 풍부한 인산지질은 phosphatidic acid의 유도체(그림 26.11)이다.

인산지질
2 분자의 지방산과 한 분자의 인산으로 에스터화된 글리세롤을 포함하는 지질.

Phosphatidic acid에 가장 흔한 지방산은 palmitic acid와 stearic acid(둘 다 포화 지방산) 그리고 oleic acid (탄화수소 사슬에 1개의 이중 결합)이다. 이 phosphatidic acid가 저 분자량의 알코올과 에스터화 반응으로 생성된 것을 인산지질이라 한다. 인산지질에서 발견되는 가장 흔한 몇몇의 알코올을 표 26.4에서 볼 수 있다. 표 26.4와 그림 26.11에 있는

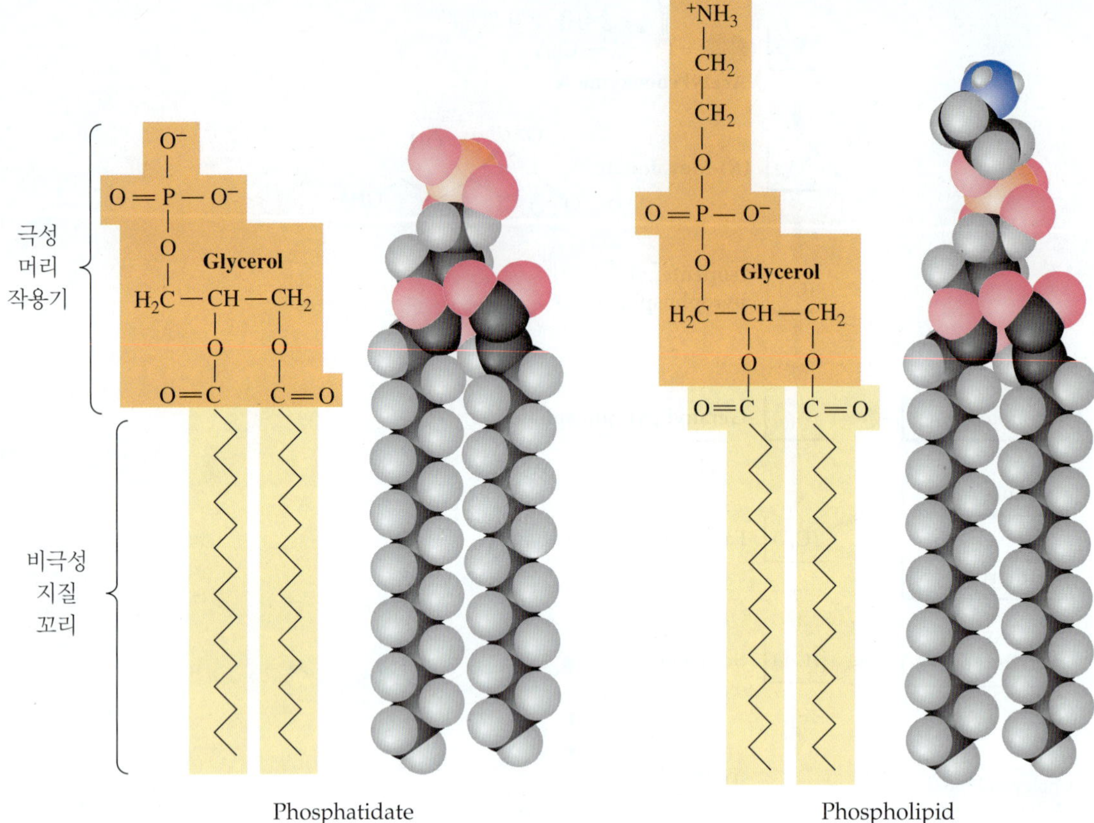

그림 26.11 ▸ Phosphatidic acid에서 글리세롤은 2 몰 지방산과 1 몰의 인산으로 에스터화된다. 이 인산기가 저분자량의 알코올과의 에스터화하면 인산지질을 생성한다.

모든 작용기는 혈장이나 체액의 대략적인 pH인 7.4에서 이온화된다. 이 조건에서 각 인산기는 음전하를 가지며, 각 아미노기는 양전하를 갖는다.

지질의 두겹층
인산지질 단층(monolayer)의 끝과 끝이 배열은 닫힌 막소포(vesicle) 또는 막을 형성한다.

B 지질의 두겹층

그림 26.12는 lecithin (포스파티딜콜린)의 공간 채움 모형이다. Lecithin과 다른 인산지질은 생체 내의 세포막의 중요한 요소이다. Lecithin과 타 인산지방질 분자는 무극성(소수성) 탄화수소가 서로 평형으로 존재하고, 극성(친수성) 인산의 에스터기가 반대 방향에 위치하는 구조로 막대와 같이 길게 뻗어 있다.

표 26.4 인산지질에서 가장 흔한 저분자량 알코올

인산지질에서 발견되는 알코올

구조식	이름	인산지질의 이름
$HOCH_2CH_2NH_2$	Ethanolamine	Phosphatidylethanolamine (Cephalin)
$HOCH_2CH_2\overset{+}{N}(CH_3)_3$	Choline	Phosphatidylcholine (Lecithin)
$HOCH_2CHCOO^-$ (CH에 NH_3^+)	Serine	Phosphatidylserine
HO, HO, OH, OH, OH, OH (cyclohexane ring)	Inositol	Phosphatidylinositol

© Cengage Learning/Charles D. Winters

이 모든 제품은 레시틴을 함유한다.

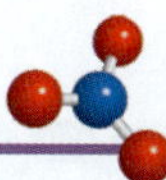

뱀의 독액에 있는 인산지질 분해 효소

어떤 종류의 뱀 독에는 인산지질 분해 효소(phospholipase)라는 효소가 들어 있다. 이 효소는 인산지질의 카복실산 에스터 결합의 가수분해를 활성화한다. 동부의 다이아몬드 등무늬를 가진 방울뱀(*Crotalus adamanteus*)과 인도 코브라(*Naja naja*)는 모두 인산지질의 2번 탄소에 있는 에스터의 가수분해를 촉진하는 인산지질 분해효소인 PLA_2를 가지고 있다. 이 가수분해에 의한 분해 생성물인 lysolecithin은 계면활성제로 작용하여 적혈구 세포막을 녹여 파괴시킨다. 인도 코브라는 매년 수천 명에 달하는 인명을 빼앗는다.

인산지질: $CH_2(OC(=O)R_1)-CH(OC(=O)R_2)-CH_2-O-P(=O)(O^-)-O-CH_2CH_2NH_3^+$

$+ \; H_2O \xrightarrow{PLA_2}$

Lysolecithin: $CH_2(OC(=O)R_1)-CH(OH)-CH_2-O-P(=O)(O^-)-O-CH_2CH_2NH_3^+$ $\; + \; R_2-C(=O)-O^- \; + \; H^+$

PLA_2는 이 에스터 결합의 가수분해를 촉진한다.

수용액에 존재할 때 인산지질은 자연적으로 **지질 두겹층**(lipid bilayer, 그림 26.13)을 형성하는데, 극성 머리기(head groups)는 표면에 놓이고 두겹층은 이온성 코팅을 이룬다. 지방산의 무극성 탄화수소 사슬은 두겹층 내부에 존재한다. 인산지질의 두겹층으로의 자기 회합(self-assembly)은 자연스러운 진행 과정으로서 2가지 형태의 비공유 결합력에 의하여 진행된다. (1) 무극성 탄화수소 사슬이 뭉치게 되어 물 분자를 밀어내는 소수성 효과와 (2) 극성 머리기들이 수용액상에서 존재하는 다른 극성 분자나 물 분자와 상호작용할 경우 발생하는 정전기적인 상호작용이다.

26.2B절에서 비누 마이셀은 비공유 결합력에 의하여 형성되었음을 상기하라. 비누 분자의 극성(친수성) 카복실기는 마이셀 표면에 존재하여 물 분자와 연결되어 있다. 무극성(소수성) 탄화수소는 마이셀 내부에 모여 있으므로 물과의 접촉하지 않는다.

인산지질 두겹층의 내부에 있는 탄화수소의 배열은 탄화수소 사슬 자체의 불포화 정도에 따라서 고체에서 액체에 이르기까지 다양하다. 포화 탄화수소 사슬은 평행하고 밀접하게 놓이려는 경향이 있어 딱딱한 두겹층을 이룬다. 반면에, 불포화 탄화수소는 *시스* 이중 결합을 한 개 혹은 2개 가지고 있기 때문에 '비틀린(kinked)' 사슬을 만든다. 따라서 그들은 포화 탄화수소 사슬만큼 촘촘하게 채워지지 않는다. 이러한 불포화 탄화수소의 불규칙한 채우기(packing)는 두겹층의 유동성을 증가시킨다.

생체막은 지질 두겹층으로 이루어져 있다. 동식물의 세포막에 있는 인산지질, 단백질, 콜레스테롤의 배열에 대한 가장 만족스러운 배치 모형의 하나는 1972년에 S. J. Singer와 G. Nicolson이 제안한 **유동성-모자이크 모형**(fluid-mosaic model)이다(그림 26.13). *모자이크*라는 용어는 막에 있는 여러 요소들이 서로 결합하여 새로운 분자나 이온을 형성하는 것이 아니라 서로 분리되어 나란히 공존하는 것을 의미한다. '유동성'은 지질 두겹층에서 본 것과 같은 유동성이 존재한다는 것을 의미한다. 또한 막의 구성 요소인 단백질은 두겹층에서 '뜬(float)' 상태로 막 평면을 따라 수평적으로 이동할 수 있다.

그림 26.12 ▸ Lecithin의 공간 채움 모형.

유동성-모자이크 모형
생체막의 유동성-모자이크 모형은 지방질 두겹층과 막 내부와 외부 표면에 배향되거나 막 두께를 관통할 수 있는 막 단백질을 보여준다.

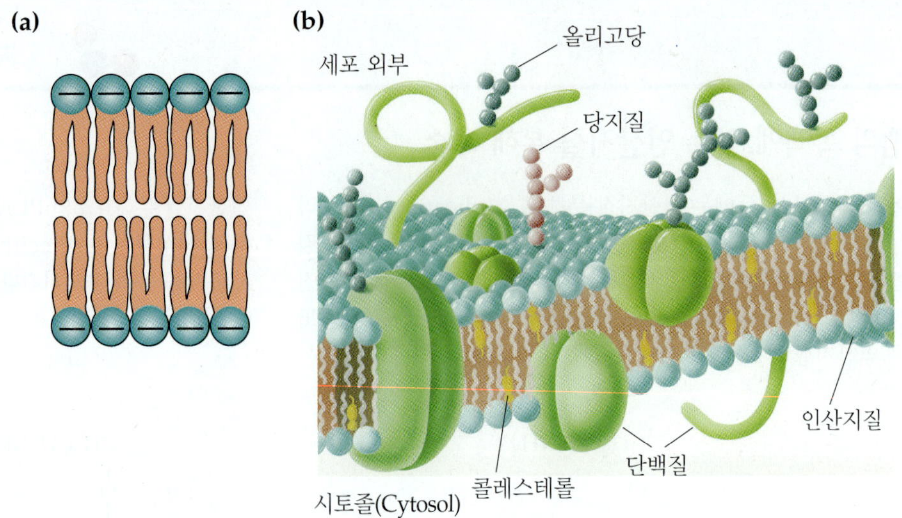

그림 26.13 ▸ 생물학적 막의 유동성 모자이크 모형. 지질 두겹층과 막 단백질이 막 내부와 외부로 배향되어 있으며, 막의 전체 두께를 통과하고 있다.

26.6 지용성 비타민

비타민은 그들의 용해도에 따라 크게 지용성 비타민(지질로 분류됨)과 수용성 비타민 두 가지로 분류된다. 지용성 비타민(fat-soluble vitamin)으로는 비타민 A, D, E, K가 있다.

A 비타민 A

비타민 A 혹은 retinol은 동물에서만 생성되며, 이들은 대구 간유(cod-liver oil), 다른 어류의 간유, 동물 간, 유제품이 가장 좋은 공급원이다. 비타민 A의 전구체 혹은 프로비타민(provitamin)은 carotene이라 부르는 테트라터펜(tetraterpene, C_{40})의 한 부류로 식물에 존재한다. 이들 중에 가장 흔한 것은 *β*-carotene으로 당근에 풍부하고 특히 녹황색 채소에서도 발견된다. *β*-Carotene은 항산화제로서 녹색 식물에 있어 광합성의 생성물로서 발생한 단일항 산소의 활성을 없앤다. *β*-Carotene은 비타민 A의 활성은 없지만, 소화 후 중심에 있는 탄소-탄소 이중 결합이 끊어지고 새로 형성된 알데하이드의 환원에 의해 retinol(비타민 A)을 생성한다.

이 C=C의 절단은
비타민 A를 생성한다

***β*-Carotene**

효소-촉매 절단과
간에서 환원

2 CH_2OH

Retinol (비타민 A)

비타민 A의 역할은 잘 알려져 있듯이 간상세포(rod cell)의 시각회로(visual cycle)에 관여하는 것이다. 일련의 효소 촉매 반응(그림 26.14)에서 보듯이 retinol이 이전자(two-electron) 산화에 의해 모든 이중 결합이 *트랜스*인 retinal이 되고, C-11과 C-12 사이의 이중 결합이 이성질화 반응에 의해 11-*cis*-retinal을 생성하며, opsin 단백질에 있는 lysine 단위의 $—NH_2$와 반응하여 이민(imine)을 형성한다(16.8절). 이 반응의 생성물은 매우 콘쥬게이션된 rhodopsin 색소로서 가시광선의 청-녹색 영역에서 강한 흡수를 갖는다.

시각(Vision)의 첫 번째 단계는 눈의 망막 간상세포에 있는 rhodopsin이 빛을 흡수하여 전자가 들뜬 분자를 생성하는 것이다. 몇 피코 초(picosecond, 1 ps = 10^{-12} s) 안에 잉여 전자 에너지는 진동과 회전 에너지로 전환되고, 11-*cis* 이중 결합은 더 안정한 11-*trans* 이중 결합이 된다. 이 이성질화가 opsin의 회전배열을 변화시키고, 시신경의 뉴론을 자극시켜 시각영상이 생기게 한다. 빛에 의한 변화와 함께 rhodopsin이 가수분해되어 11-*trans*-retinal과 미반응(free) opsin을 만든다. 이 시점에서 시각 색소는 표백되고, 무반응 단계에 있게 된다. 일련의 효소 촉매 반응에 의해서 11-*trans*-retinal을 11-*cis*-retinal로 변화된 후에 다시 rhodopsin이 만들어진다. 시각 회로는 그림 26.14에 간략하게 나타내었다.

B 비타민 D

비타민 D는 칼슘과 인의 대사 조절에 중요한 역할을 하는 구조적으로 관련된 화합물 부류를 말한다. 어린 시절에 비타민 D 부족은 구루병(rickets)과 관련이 있으며, 이 병은 내반슬(bowleg), 외반슬(knock-knee), 비대해진 관절(enlarged joint) 등 뼈 결함을 일으키는 무기질의 대사와 관련이 있다. 비타민 D_3은 순환계에서 가장 흔한 비타민으로 포유동물의 피부에 있는 7-dehydrocholesterol (7번과 8번 탄소에 이중 결합이 있는 콜레스테롤)에 자외선을 조사하면 만들어진다. 간에서 비타민 D_3은 곁사슬의 25번 탄소가 효소 촉매 이전자 산화 반응에 의해 25-hydroxyvitamin D_3로 변환된다(산화제는 산소 분자이다).

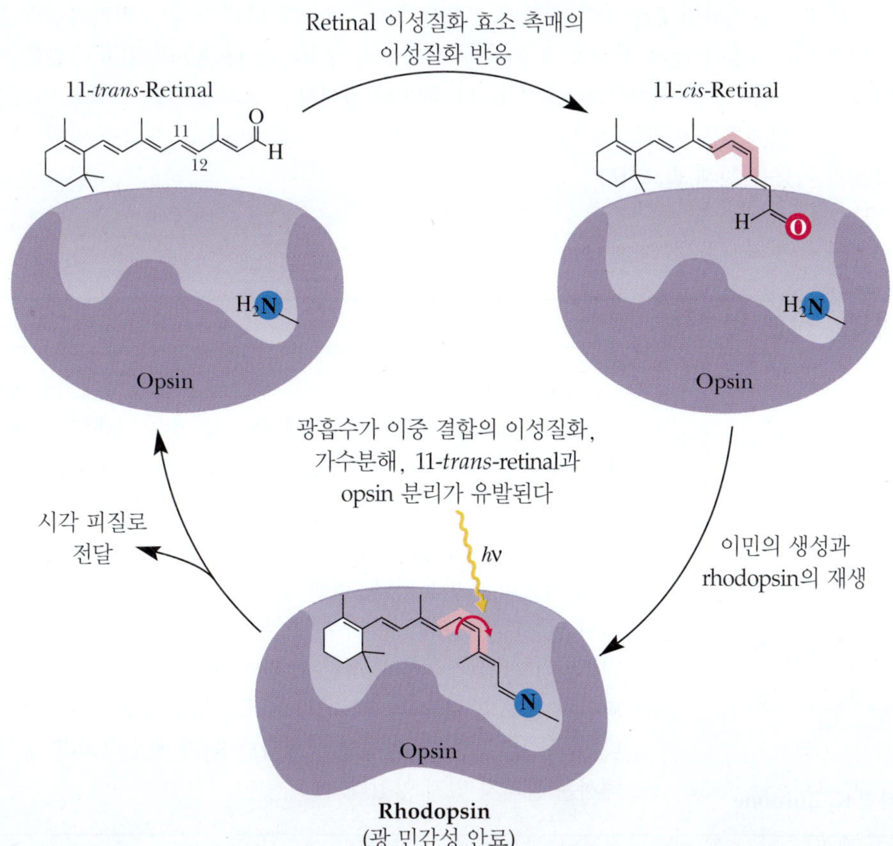

그림 26.13 ▸ 간상세포에서 일어나는 시각의 기본적인 화학 반응은 rhodopsin에 의한 빛의 흡수와 연이은 탄소-탄소 이중결합의 *시스* 배열이 *트랜스* 배열로 바뀌는 이성질화 반응이다.

25-Hydroxyvitamin D_3은 신장에서 산소 분자에 의해 더 산화되어 호르몬 활성이 있는 1,25-dihydroxyvitamin D_3 형태로 된다.

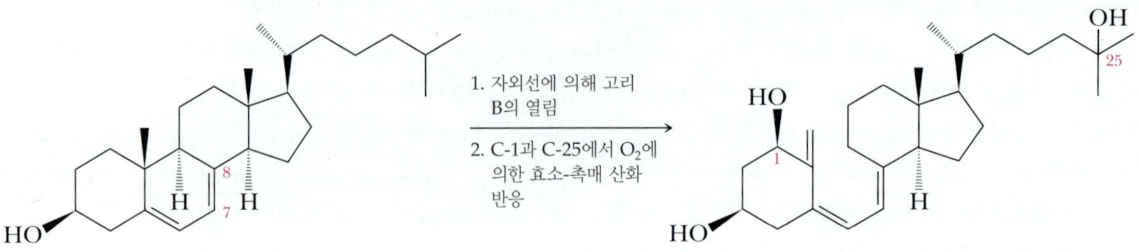

1. 자외선에 의해 고리 B의 열림
2. C-1과 C-25에서 O_2에 의한 효소-촉매 산화 반응

7-Dehydrocholesterol → **1,25-Dihydroxyvitamin D_3**

C 비타민 E

비타민 E는 1922년에 쥐의 정상적인 번식을 위해 필수적인 섭취 영양소로 알려졌다. 따라서 이것은 그리스어로 '출산'을 의미하는 *tocos*와 '일으키다'를 의미하는 *pherein*으로부터 tocopherol이라고 명명하였다. 비타민 E는 비슷한 구조를 가지고 있는 한 부류의 화합물을 의미하는데, 이들 중에서 가장 활성이 있는 것은 α-tocopherol이다. 이 비타민은 어유(fish oil), 목화씨유, 땅콩유 및 푸른 잎 식물에 존재한다. 비타민 E가 가장 많이 들어 있는 것은 맥아유(wheat germ oil)이다.

여기서 시작해서 방향족 고리에서 끝나는 머리-꼬리로 연결된 4개의 isoprene 단위

Vitamin E (α-Tocopherol)

인체 내에서 비타민 E는 산화 방지제 작용을 한다. 이 비타민은 생체막 인산지질의 불포화 탄화수소 사슬을 분자 산소로 효소-촉매 산화시켜 생성되는 HOO·와 ROO· 같은 과산화(peroxy) 라디칼을 제거한다(8.7절 참조). 과산화 라디칼은 노화에 관련이 있고 비타민 E나 타 산화 방지제는 이 과정을 방해한다고 추정된다. 또한 비타민 E는 적혈구 막의 적절한 생성과 기능을 위해 필요하다.

의과대학 입학시험(MCAT) 연습: 지문 및 질문

비타민 K, 혈액 응고와 염기도

비타민 K 결핍은 혈액 응고를 늦춰 부상을 당한 동물이나 인간의 경우 심각한 위협이 될 수 있다. 혈액응고 과정에서 quinone형의 천연 비타민 K는 환원 반응에 의해 활성의 hydroquinone 형태로 전환된다.

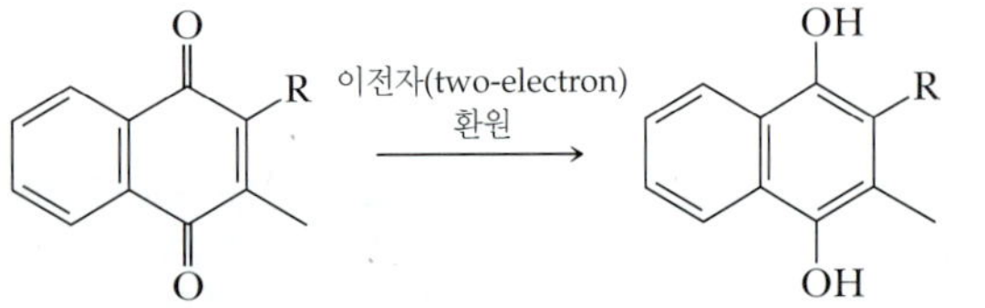

이전자(two-electron) 환원

비타민 K_1 quinone → **비타민 K_1 quinone**

포타슘 양이온, 산소와 이산화 탄소가 존재할 때에, microsomal carboxylase 효소가 혈액 응고의 필수 단백질인 prothrombin의 글루타메이트(glutamate) 곁사슬이 γ-carboxyglutamate기로 전환한다. 이는 CO_2기의 첨가 반응으로 malonic acid와 같은 β-다이카복실산에서 흔히 일어나는 카복시이탈 반응의 역반응이다. 혈액 응고 과정에서 화학적으로 개질된 글루타메이트의 두 카복시기는 Ca^{2+} 이온과 강한 '두 자리(two teeth)' 착물을 형성한다. 만약 prothrombin이 카복시화되지 않으면 칼슘과 결합하지 않고, 혈액도 응고하지 않는다. 수십 년 동안 이 과정에서 비타민 K_1과 산소의 역할에 대해서는 알려져 있지 않았다.

» 질문

A. 다음 중 어느 것이 글루타메이트 곁사슬의 카복시화가 생체 내에서 가능한지를 이해하는 데 문제가 되는가?

1. 글루타메이트 α 수소의 pK_a가 27이기 때문에 생리적 pH에서 효과적인 양성자 제거가 일어나지 않는다.
2. 1,3-dicarboxylate에서 형성된 C—C결합은 생체에서 존재하기에 너무 약하다.
3. β-다이카복실산은 중성 pH에서 자연적으로 카복시기가 제거된다.
4. 1과 3 모두.

B. 카보닐기를 함유하는 화합물에서 α 수소의 pK_a가 일반적으로 18~22 영역에 있지만, 글루타메이트 α 수소의 pK_a가 27이다. 왜 이 화합물은 특별히 pK_a가 높을까?

1. 탈수소 글루타메이트 음이온은 공명에 의한 안정화가 보통(normal) 엔올 음이온에 비해 적다.
2. 이가음이온(dianion)이 만들어진다.
3. 음이온의 유도 안정화(inductuve stabilization)가 보통 엔올 음이온에서 더 잘 일어난다.
4. 1과 2 모두.

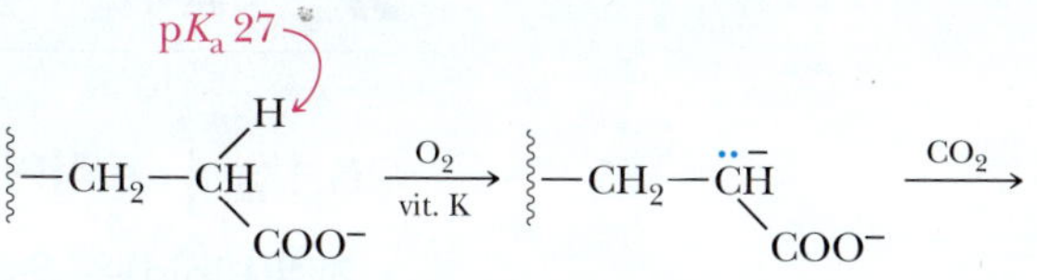

pK_a 27, H, —CH_2—CH—COO^- → (O_2, vit. K) —CH_2—$\ddot{C}H^-$—COO^- → (CO_2)

프로트롬빈의 글루타메이트 곁사슬

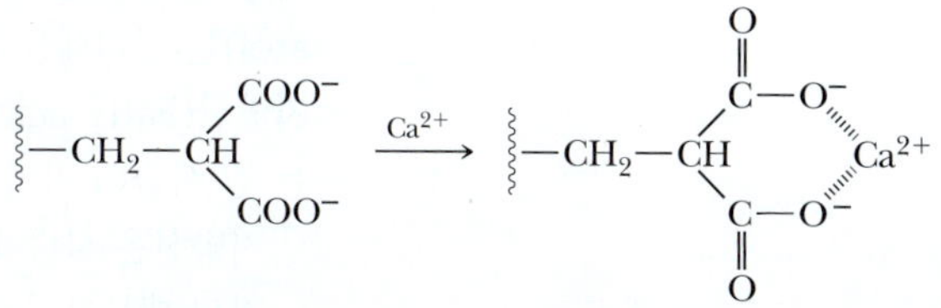

—CH_2—CH(COO^-)$_2$ → (Ca^{2+}) —CH_2—CH(C(=O)—O^-)$_2$···Ca^{2+}

카복시화된 글루타메이트 곁사슬

칼슘 이온과 결합하는 카복시화된 글루타메이트 곁사슬

피츠버그대학의 Paul Dowd는 비타민 K_1 hydroquinone 음이온이 산소(O_2)와 반응하여 peroxide 음이온 중간체(1)이 되고 화합물(2)로 변환된 후 '비타민 K_1 염기'로 바뀐다는 것을 발견했다. 이것은 글루타메이트 곁사슬에서 양성자를 떼어내고 CO_2와의 반응을 통해 카복시화하게 된다

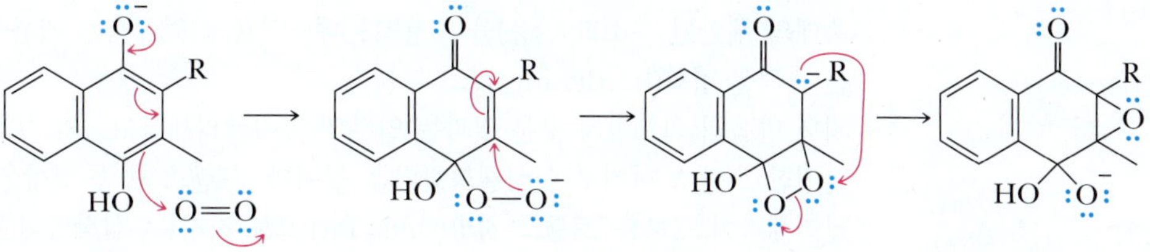

비타민 K_1 hydroquinone 음이온
(약한 염기)

1

2

비타민 K_1 염기
(매우 센염기)

C. 과산화물 음이온 1이 반응하여 화합물 2가 만들어지는 반응은?

1. 분자 내 친핵성 첨가 반응.
2. 콘쥬게이션 첨가 반응.
3. 친전자성 첨가 반응.
4. 1과 2 모두.

D. 화합물 2가 비타민 K_1 염기로 전환되는 반응이 발열 반응인 이유는?

1. 에폭사이드 생성.
2. 생성된 같은자리 다이올 음이온.
3. 약한 O—O 결합.
4. 모두 다.

E. 비타민 K_1에서 비타민 K_1 염기로 바뀌는 반응에서 약한 페놀레이트(phenolate) 염기가 더 센 알콕사이드(alkoxide) 염기로 변환된다. 이것이 중요한 이유는 무엇인가?

1. 생성된 에폭사이드는 반응성이 충분히 높아 생리적 환경에서 카복실레이트(carboxylate) 음이온의 α 수소에 카복시화를 일으킬 수 있다.
2. 자연은 혈액 응고의 일부로서 동물에 필수적인 화합물(비타민) 섭취를 요구함으로써 영양적으로 풍부한 환경에 있는 개인만이 생존할 수 있게 한다.
3. Dialkyl peroxide의 근접성(intermediacy)이 글루타메이트 곁사슬로부터 양성자를 제거하기에 충분히 센염기를 만들 수 있게 한다.
4. 1과 3 모두.

F. 글루타메이트 곁사슬의 pK_a는 27이지만 효소 활성 자리의 pK_a를 어떻게 더 낮출 수 있는가?

1. 카복실레이트가 양전하(예: 암모늄 양이온)에 근접함.
2. 카복실레이트가 금속 양이온에 배위함(coordination).
3. 카복실레이트 음이온에 수소 결합함.
4. 어느 것이나 또는 모두.

사실과 개념에 대한 요약

26.1절 | 트라이글리세라이드

- **지질**(Lipid)은 용해도에 근거하여 함께 분류된 불균일한 화합물의 부류를 말한다. 이들은 물에는 녹지 않으며 diethyl ether, acetone, dichloromethane에는 잘 녹는다.
- 가장 흔한 지질인 **트라이글리세라이드**(triglyceride, 트라이아실글리세롤 triacylglycerol)는 글리세롤과 지방산의 트라이에스터이다.
- **지방산**(Fatty acid)은 동물성 지방, 식물성 기름, 생체막 인산지질의 가수분해로 생성되는 긴 사슬의 카복실산이다.
  - 지방산은 사슬에 존재하는 탄소 수와 이중 결합의 수에 의해 명명된다.
  - 거의 대부분의 지방산은 짝수의 탄소 원자를 갖는데 보통 12~20개이다.
  - 천연의 지방산에 존재하는 거의 모든 이중 결합은 *시스* 배열을 갖는다.
  - 트라이글리세라이드의 녹는점은 (1) 탄화수소 사슬의 길이가 길수록, (2) 포화도가 증가할수록 높아진다(사슬에 *시스* 이중 결합이 연결된 경우, 밀집도를 낮춰 녹는점이 낮아짐).

연습 문제: 26.1~26.10

- 포화 지방산이 많이 함유된 트라이글리세라이드는 일반적으로 실온에서 고체 또는 반고체이며, **지방**(fat)이라 부른다.
- 불포화 지방이 많이 함유된 트라이글리세라이드는 일반적으로 실온에서 액체이며, **기름**(oil)이라고 부른다.
  - 기름의 불포화 지방산 일부를 포화 지방산으로 바꿔주기 위해 부분 수소화 반응(금속 촉매의 제한된 수소화 반응)을 사용하는데, 식품 산업에서는 기름을 지방으로 바꿔주는 과정을 **경화**(hardening)라고 부른다.
  - 경화 반응의 의도하지 않은 결과는 일부 트라이글리세라이드의 *시스* 이중 결합이 보다 안정한 *트랜스* 형태로 이성질화한다는 것이다. *트랜스* 이중 결합을 갖고 있는 트라이글리세라이드[보통 '**트랜스 지방**(*trans* fat)'으로 지칭]는 심장병의 위험을 심각하게 증가시키므로 식품산업에서 사용이 제한된다.

26.2절 | 비누와 세제

- **비누**(Soap)는 지방산의 소듐 염 혹은 포타슘 염이다.
  - 비누는 물에서 **마이셀**(micell)을 형성하여, 무극성인 유기 그리스 또는 기름을 '녹인다'.
  - 천연 비누는 경수의 Mg(II), Ca(II), Fe(III) 등 이온과 카복실레이트의 강한 상호작용 때문에 물에 불용성 염으로 침전한다.
  - 가장 일반적이고 많이 사용하는 합성 세제는 linear alkylbenzensulfonate이다.

연습 문제: 26.11~26.16

26.3절 | 프로스타글란딘

연습 문제: 26.17~26.19

- **프로스타글란딘**(Prostagladin)은 20개 탄소 골격을 갖는 prostanoic acid를 함유하며, 생물 활성이 매우 큰 화합물의 부류이다.
  - 프로스타글란딘은 생리적 자극에 따라 인산지방질이 결합된 arachidonic acid 등 20개 탄소 지방산으로부터 합성된다. 아스피린과 비스테로이드 항염증제(NSAID)는 프로스타글란딘으로의 전환을 방해한다.
- **Eicosanoid**는 20개 탄소를 갖는 넓은 종류의 천연 지방질로서 지방산으로부터 유도되며, leukotriene, thromboxane, prostacyclin뿐만 아니라 프로스타글란딘을 포함한다. 모두 흔하고 중요한 생리 활성 분자들이다.

26.4절 | 스테로이드

- **스테로이드**(Steroid)는 3개의 육원자 고리와 1개의 오원자 고리로 이루어진 테트라사이클 구조(tetracyclic structure)를 갖는 동물성 및 식물성 지방질의 한 부류이다.
  - 스테로이드 골격은 고리 연결 부위가 *트랜스*-안티-*트랜스*-안티-*트랜스* 배향을 가지므로 경직되고 상대적으로 편평한 구조를 갖는다.
- **콜레스테롤**(Cholesterol)은 동물 세포막의 필수적인 성분이며 콜레스테롤로부터 인간의 성 호르몬(sex hormone), 아드레노코티코이드 호르몬(adrenocorticoid hormone), 담즙산(bile acid), 비타민 D 등이 생합성된다.
  - **저밀도 지질단백질**(LDL)은 콜레스테롤을 합성하는 장소인 간으로부터 필요로 하는 여러 조직이나 세포로 이동한다.
  - **고밀도 지질단백질**(HDL)은 사용되지 않은 과량의 콜레스테롤을 분해하여 담즙산으로 변화시키거나, 궁극적으로는 배설로 방출하기 위해 세포로부터 간으로 이동시키는 역할을 한다.
- **경구 피임약**(Oral contraceptive)은 norethindrone과 같은 합성 progestin을 포함하고 있는데, 이것은 여성이 정상적인 생리 주기를 유지하면서 배란을 막을 수 있다.
- 다양한 합성 **단백 동화 스테로이드**(anabolic steroid)는 특히 상처로 인해 근육 조직이 약화 또는 악화될 경우 재활의학(rehabilitation medicine)에서 사용할 수 있다.
- 지방분해에 도움을 주는 **담즙산**(bile acid)은 A와 B 고리의 연결 부분이 *시스* 배열을 갖는다는 점에서 다른 대부분의 스테로이드와 다르다.
- 콜레스테롤과 콜레스테롤로부터 유도된 모든 생체 분자들의 탄소 골격은 acetyl-CoA의 아세틸기(두 개 탄소 단위)로부터 생성된 것이다.

연습 문제: 26.20~26.25

26.5절 | 인산지질

- 자연계에서 두 번째로 가장 흔한 지방질인 **인산지질**(phospholipid)은 글리세롤이 두 분자의 지방산과 한 분자의 인산과 에스터 결합한 화합물인 phosphatidic acid로부터 유도되었다.
  - Phosphoric acid의 인산기가 추가적으로 저 분자량 알코올(가장 흔한 것은 에탄올 아민, 콜린, 세린, 이노시톨)과 에스터 결합하여 인산지질을 만든다.
- 인산지방질은 생물막의 주 성분이다.
  - 수용액에서 인산지질은 자연적으로 **지질 두겹층**(lipid bilayer)을 형성한다.
  - **유동성-모자이크 모형**(fluid-mosaic model)에 따르면 막의 인산지질은 표재성 단백질(peripheral protein), 내재성 단백질(integral protein) 등 막 단백질(membrane protein)과 함께 지방질 두겹층을 형성한다.

연습 문제: 26.26~26.30

26.6절 | 지용성 비타민

- **비타민 A**는 동물계에서만 존재한다.
  - 식물계의 카로텐은 테트라터펜(tetraterpene, C_{40})으로 섭취 후 절단되어 비타민 A로 변한다.
  - 비타민 A의 가장 잘 알려진 역할은 우리 눈의 광반응 색소인 로돕신의 광활성 성분을 만드는데 이용되어 시각회로에 참여한다는 것이다.
- **비타민 D**는 칼슘과 인의 대사조절에 중요한 역할을 하는 구조적으로 관련된 분자들의 명칭이다. 비타민 D_3은 포유동물 피부의 7-dehydrocholesterol에 자외선이 조사되면 생성된다.
- **비타민 E**는 유사 구조의 화합물 부류의 명칭으로 이 중 α-tocopherol이 가장 활성이 강하다. 인체에서 비타민 E는 과산화 라디칼을 제거하여 항산화제(antioxidant)로 작용한다.

연습 문제: 26.31~26.33

연습 문제

붉은색 번호는 응용 문제를 나타낸다.

지방산과 트라이글리세라이드

26.2 소수성(Hydrophobic)에 대하여 정의하라.

26.3 트라이글리세라이드의 소수성 부분과 친수성 부분을 확인하라.

26.4 불포화 지방산의 녹는점이 포화 지방산보다 낮은 이유를 설명하라.

26.5 Glyceryl trioleate와 glyceryl trilinoleate 중에서 어느 것이 녹는점이 높은가?

26.6 Methyl linoleate의 구조식을 각 탄소-탄소 이중 결합에 있는 작용기의 정확한 위치 배열을 보이면서 그려라.

26.7 코코넛기름은 포화 지방산으로 구성됨에도 불구하고 액체인 이유를 설명하라.

26.8 요리용 기름 포장에 야자수 혹은 코코넛기름과 같은 '열대 기름이 들어 있지 않음'이라고 표기된 것을 볼 수 있는 데, 열대 기름과 식물성 기름(옥수수기름, 콩기름, 땅콩기름) 조성물의 차이는 무엇인가?

26.9 *경화*(Hardening)가 식물성 기름에 사용될 때 그 의미는 무엇인가?

26.10 글리세롤과 동일한 양의 스테아르산, 리놀레산, 아라키돈산으로 이루어진 1 몰의 트라이아실 글리세라이드를 촉매 수소화 반응할 때, 수소는 몇 몰이 필요한가?

26.11 좋은 합성 세제를 제조하는 데 필요한 구조적 특징을 열거하라.

26.12 아래 그림은 양이온 세제와 중성 세제의 구조식이다. 각 세제의 특성을 설명하라.

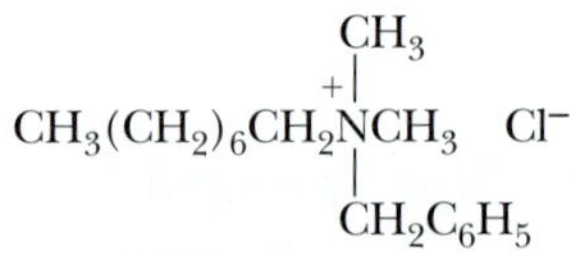

$$CH_3(CH_2)_6CH_2\overset{+}{N}(CH_3)(CH_3)(CH_2C_6H_5)\ Cl^-$$

Benzyldimethyloctylammonium chloride
(양이온성 세제)

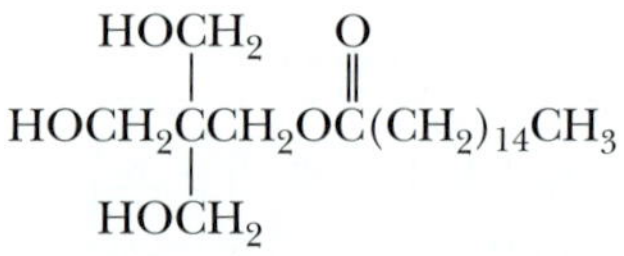

$$(HOCH_2)_3CCH_2OC(=O)(CH_2)_{14}CH_3$$

Pentaerythrityl palmitate
(중성 세제)

26.13 샴푸와 접시 닦기 용액으로 사용하는 세제를 찾아 그들이 음이온성, 중성, 양이온성 세제 중 어느 것인지 구분하라?

26.14 Palmitic acid (hexadecanoic acid)를 다음 화합물로 바꾸는 방법을 나타내라.

(a) Ethyl palmitate
(b) Palmitoyl chloride
(c) 1-Hexadecanol (cetyl alcohol)
(d) 1-Hexadecanamine
(e) *N*,*N*-Dimethylhexadecanamide

26.15 Palmitic acid (hexandecano acid)는 아래 화합물에 있는 hexadecyl (cetyl)기의 공급원이다. 아래의 화학 구조 화합물은 각각 순한 표면 활성 살균제와 살진균제이며, 국소 방부제와 소독제로 사용된다. 이들 화합물은 일반적으로 'quats'로 알려진 사차 암모늄 세제이다.

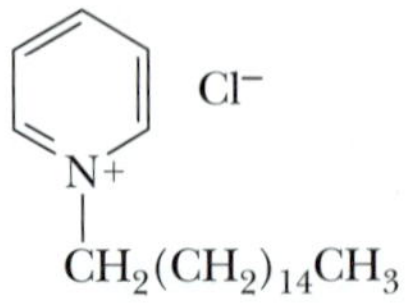

$$C_5H_5\overset{+}{N}CH_2(CH_2)_{14}CH_3\ Cl^-$$

Cetylpyridinium chloride

$$C_6H_5CH_2\overset{+}{N}(CH_3)_2CH_2(CH_2)_{14}CH_3\ Cl^-$$

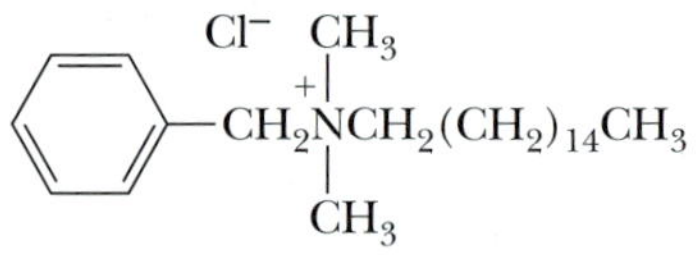

Benzylcetyldimethylammonium chloride

(a) Cetylpyridinium chloride는 피리딘을 1-chlorohexadecane (cethyl chloride)과 반응시켜 만든다. Palmitic acid를 cetyl chloride로 바꾸는 방법을 보여라.

(b) Benzylcetyldimethylammonium chloride는 benzyl chloride와 *N*,*N*-dimethyl-1-hexadecanamine을 반응시켜 만든다. Palmitic acid로부터 이 삼차 아민의 합성법을 보여라.

26.16 지방 분해 효소(Lipase)는 에스터(특히, 글리세롤의 에스터)를 가수분해하는 효소이다. 효소는 카이랄 촉매이므로 그들의 라셈 혼합물 중 단일 거울상 이성질체의 가수분해만 촉진시킨다. 예를 들면, 돼지 췌장의 지방 분해 효소는 다음의 에폭시에스터 라셈 화합물 중 하나의 거울상 이성질체만 가수분해시킨다. 이 방법에 의하여 에폭시 라셈 화합물 100 g으로부터 얻을 수 있는 에폭시알코올의 그램 수를 계산하라.

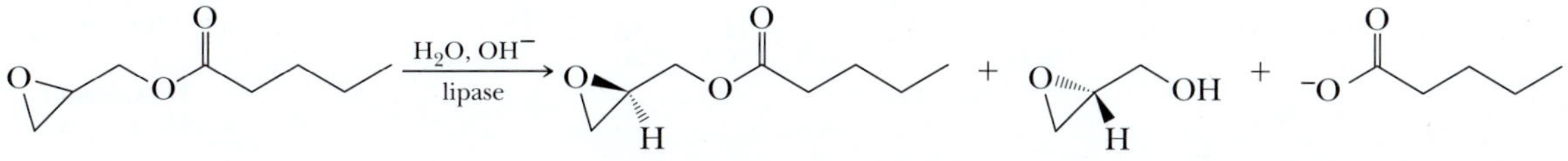

H_2O, OH^- / lipase

라셈 혼합물

이 거울상 이성질체는 가수분해되지 않은 채로 회수됨

이 에폭시알코올은 순수한 형태로 얻어짐

프로스타글란딘

26.17 $PGF_{2\alpha}$의 구조를 검토하여 모든 카이랄 중심과 *시스*, *트랜스* 이성질 현상이 가능한 모든 이중결합을 확인하라. 이 구조를 갖는 분자의 입체 이성질체는 몇 개인가?

26.18 다음 화합물은 천연 프로스타글란딘(26.3절)을 모방하여 제조한 unoprostone의 구조이다. Unoprostone의 아이소프로필 에스터인 Rescula는 고안압증(ocular hypertension) 치료에 사용되는 항녹내장 약제(antiglaucoma)이다. 합성 프로스타글란딘과 $PGF_{2\alpha}$의 구조식을 비교하라.

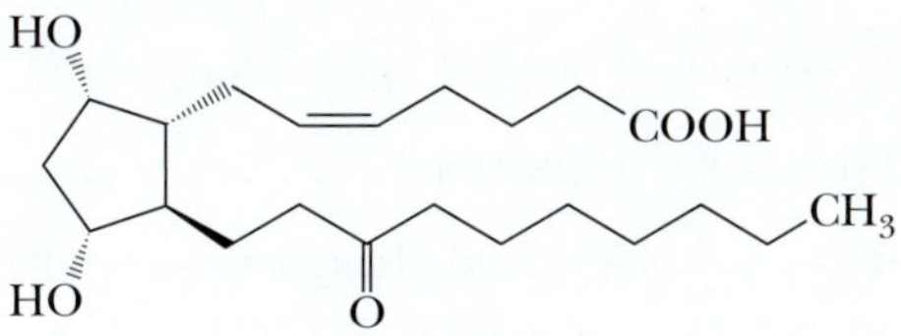

Unoprostone
(항녹내장 약제)

26.19 천연 프로스타글란딘(26.3절)을 모방한 경구용 기관지 확장제인 doxaprost는 ethyl 2-oxocyclopentanecarboxylate에서 출발하여 다음 여러 단계의 반응을 거쳐 합성되었다. 8단계의 Nef 반응을 제외하고, 이 합성에 관련된 다른 반응들의 예는 이미 배웠다.

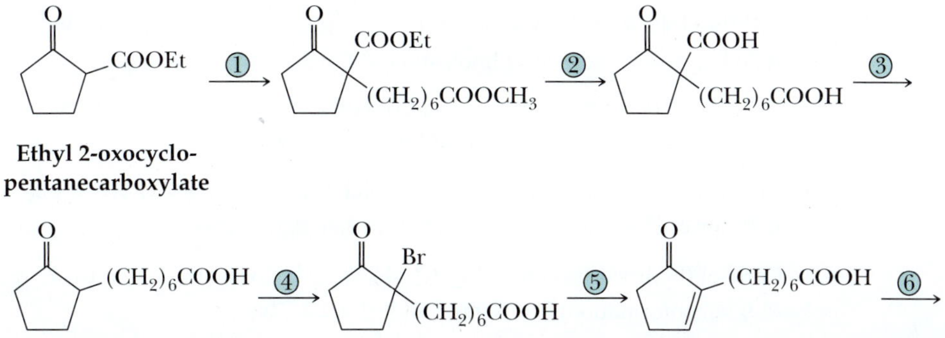

Ethyl 2-oxocyclopentanecarboxylate

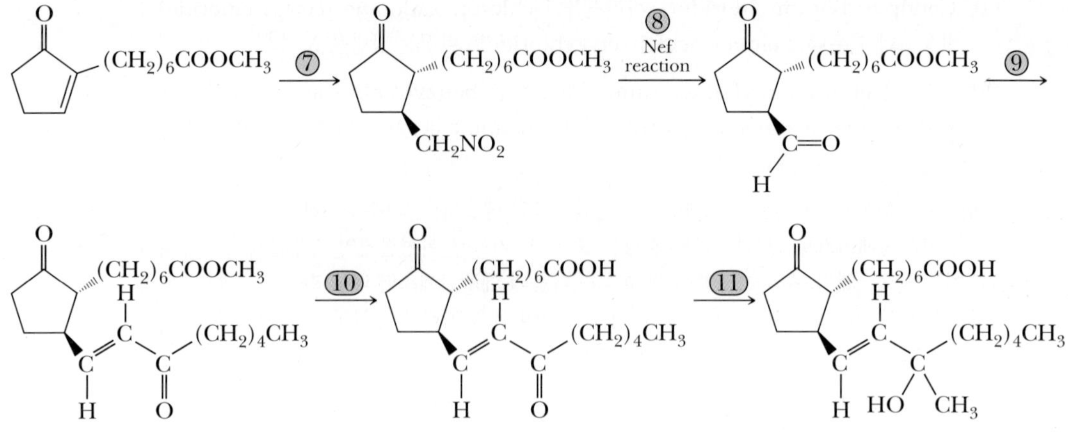

Doxaprost
(경구용 기관지
확장제)

(a) 1단계 알킬화 반응을 위한 실험 조건을 제안하라. 또한 알킬화 반응의 위치선택성, 즉 케톤 카보닐기의 반대 위치가 아닌 두 카보닐기 사이 탄소에서 알킬화 반응이 일어나는 이유를 설명하라.

(b) 2단계 및 3단계를 일으키는 실험 조건을 제시하라.

(c) 4단계 반응에서 고리의 브로민화 반응를 위한 실험 조건과 5단계의 브로민화 수소 제거 반응의 실험 조건을 제시하라.

(d) 6단계 반응은 메틸 에스터의 —CH_3 공급원으로 methanol이나 diazomethane (CH_2N_2)이 사용 가능함을 반응식으로 보여라.

(e) 7단계를 위한 실험 조건을 표현하고, 이 단계에서 *트랜스* 이성질체가 생성되는 이유를 설명하라.

(f) 9단계는 Wittig 반응이다. 이 생성물에 적합한 Wittig 시약의 구조식을 제안하라.

(g) 10단계에 포함된 반응 유형을 명명하라.

(h) 11단계는 잘 제어된 조건 하에서 methylmagnesium bromide의 Grignard 반응이다. 관찰된 반응 외에 어떤 다른 Grignard 반응이 가능한가?

(i) Cyclopentanone 고리에 있는 두 개의 곁가지가 *트랜스*라고 가정하면, 이 합성 과정에서 몇 개의 입체 이성질체가 생성되는가?

스테로이드

26.20 콜레스테롤을 H_2/Pd와 반응한 후 Br_2와 반응한 생성물의 구조식을 그려라.

26.21 저밀도 지질단백질(LDL)과 고밀도 지질단백질(HDL)은 한 층의 인산지질층이 둘러싼 트라이아실글리세롤과 콜레스테롤 에스터의 중심을 갖고 있다. 이 중심에서 발견되는 콜레스테롤 에스터 중 하나인 cholesteryl linoleate의 구조식을 그려라.

26.22 테스토스테론(남성 성호르몬)과 프로게스테론(여성 성호르몬)의 구조를 자세히 관찰한 후, 2개 구조의 공통점과 차이점은 각각 무엇인지 설명하라?

26.23 Cholic acid (연습 문제 2.65)의 모형을 자세히 보고, 이 화합물과 타 담즙염(bile salt)이 어떻게 지방과 기름을 유화시키고, 소화를 돕는 지에 대해 설명하라.

26.24 Cortisol (hydrocortisone)의 구조식은 다음과 같다. Cortisol의 오원자 고리와 육원자 고리의 형태(conformation)를 나타내도록 삼차원적으로 그려라.

Cortisol
(Hydrocortisone)

26.25 견고한 스테로이드 중심(nuclei)의 반응에 대한 연구를 통해 형태 분석에 대한 이해도가 증가하였다. 예를 들면, epoxycyclohexane의 *트랜스*-이축방향 고리 열림 개념은 에폭시화 스테로이드의 입체선택적 반응을 설명하기 위하여 제안되었다. 다음의 각 에폭시화 스테로이드를 $LiAlH_4$로 처리하였을 경우 생성물을 예측하라.

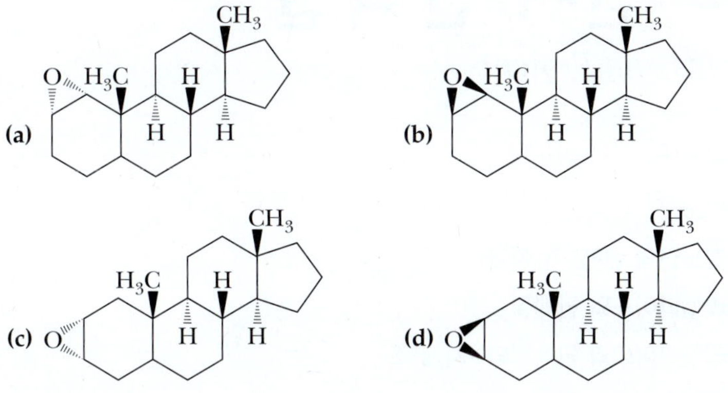

인산지질

26.26 Palmitic acid와 linoleic acid를 각각 한 분자씩 포함한 lecithin의 구조식은?

26.27 인산지질의 소수성 영역과 친수성 영역을 확인하라.

26.28 소수성 효과는 생체 분자들이 물속에서 자기 회합(self-assembly)을 이루는 데 가장 중요한 비공유 결합의 하나이다. 소수성 효과는 생체 분자의 (1) 극성기가 수소 결합으로 수용액 환경과 상호작용하기 위해 배열하고, (2) 무극성 작용기를 수용액 환경에서 차단되도록 배치하려는 경향으로부터 생긴다. 소수성 효과가 다음과 같은 조건에서 어떻게 작용하는지 설명하라.

(a) 비누와 세제에 의한 마이셀의 형성.

(b) 인산지질에 의한 지질 두겹층의 형성.

26.29 불포화 지방산의 존재는 생체막의 유동성에 어떻게 기여하는가?

26.30 Lecithin은 유화제로서 작용한다. 예를 들면, 계란 노른자에 있는 lecithin이 마요네즈를 만드는 데 사용된다. Lecithin의 소수성 부분과 친수성 부분을 확인하라. 마요네즈를 만들 때 어느 부분이 기름과 상호작용하고 어느 부분이 물과 작용하는가?

지용성 비타민

26.31 비타민 A 구조식을 자세히 보고, 이 분자에서 가능한 *시스*, *트랜스* 이성질체의 수를 말하라.

26.32 많은 종류의 건강보조식품에 들어있는 비타민 A는 비타민 A palmitate이다. 이 분자의 구조식을 그려라.

26.33 비타민 A, 1,25-dihydroxy vitamin-D_3, 비타민 E, 비타민 K_1의 구조식을 자세히 보고 (26.6절), 이 비타민들이 물이나 dichloromethane 중 어느 것에 더 잘 녹을 것인가를 예측하라. 이들이 혈장(blood plasma)에 잘 녹을 것이라고 예측되는가?

© Hans Strand/Stone/Getty

거미로부터 얻는 실크는 비교할 수 없는 강도와 질긴 특성을 나타낸다. ▼ *삽입 그림:* Alanine과 glycine은 거미 실크의 섬유상 단백질에 주요 성분이다. '화학 관련 이야기: 거미 실크' 참조.

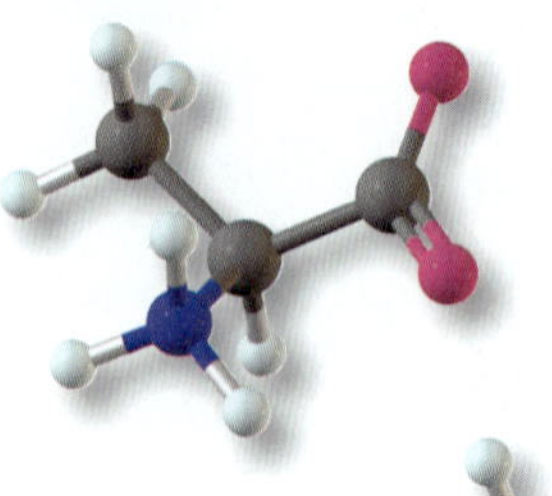

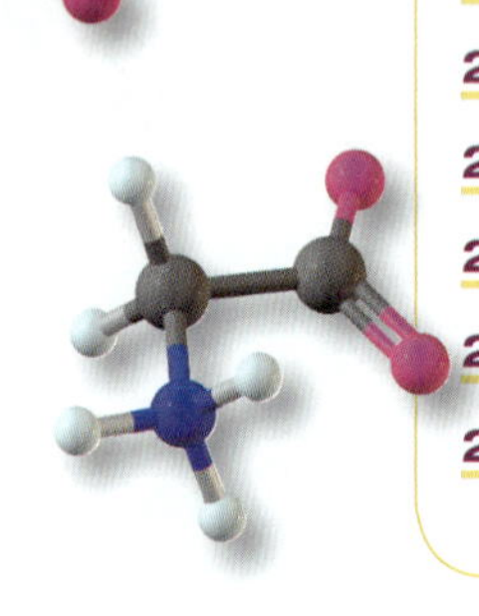

제 27 장

아미노산과 단백질

Amino Acids and Proteins

이 장의 차례

이 장에서는 아민(23장)과 카복실산(17장)으로 이루어진 화합물인 아미노산에 대해서 공부한다. 특히 아미노산의 산-염기 특성에 대해서 집중적으로 공부할 것이며, 이들은 단백질의 효소의 촉매 작용을 포함한 다양한 성질을 결정짓는 매우 중요한 특성이기 때문이다. 아미노산의 화학을 이해함으로써 단백질 자체의 구조를 파악할 수 있게 된다.

아미노산
아미노기와 카복시기를 모두 포함하고 있는 화합물.

α-아미노산
아미노기가 카복시기에 인접한 탄소에 있는 아미노산.

쯔비터 이온
아미노산의 내부 염. 카복실레이트 음이온은 음으로 하전되어 있고, 암모늄기는 양으로 하전되어 있다.

27.1 아미노산

A 구조

아미노산(Amino acid)은 카복시기와 **아미노기**(amino group)를 모두 포함하고 있는 화합물이다. 다양한 종류의 아미노산이 알려져 있지만, **α-아미노산**(α-amino acid)은 단백질을 구성하는 단위체라는 점에서 생물계에서 가장 중요한 의미를 갖는다. α-아미노산의 일반 구조식은 그림 27.1에 나타내었다.

비록 그림 27.1(a)는 아미노산의 구조식을 나타내는 일반적인 방법이지만, 동일한 분자 내에 산(—COOH)과 염기(—NH_2)를 동시에 나타내는 방법이므로 정확한 방법은 아니다. 이들 산성 기와 염기성 기들은 각각 서로 반응하여 쌍극성 이온 혹은 내부 염[그림 27.1(b)]을 형성한다. 아미노산에 존재하는 내부 염은 **쯔비터 이온**(zwitterion)이라는 특별한 이름으로 주어진다. 쯔비터 이온은 알짜 전하가 없음을 유의하라. 쯔비터 이온에는 하나의 양전하와 하나의 음전하가 들어 있다.

아미노산은 쯔비터 이온의 형태로 존재하기 때문에 아미노산은 염과 관련된 다양한 특

이 장의 동영상 강의를 보려면 **www.cengage.com/chemistry/brown/organic7e**에 접속 후 **Access Student Materials**를 클릭하라.

성을 갖는다. 아미노산은 높은 녹는점을 갖는 결정성 고체이고 물에는 잘 녹지만 에터와 탄화수소와 같은 비극성 유기 용매에는 녹지 않는다.

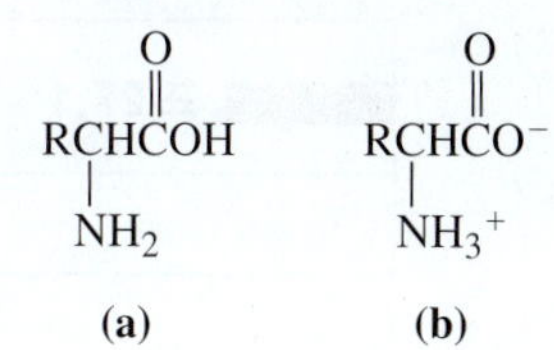

그림 27.1 ▸ α-아미노산. (a) 이온화되지 않은 형태와 (b)보다 더 정확한 내부 염(쯔비터 이온) 형태.

B 카이랄성

Glycine, H_2NCH_2COOH을 제외하고 단백질에서 유래된 모든 아미노산들은 적어도 하나의 카이랄 중심 탄소를 가지고 있기 때문에 카이랄이다. 그림 27.2는 alanine의 거울상 이성질체에 대한 Fischer 투영도를 나타내고 있다. 생물계에 존재하는 탄수화물의 대부분은 D-계열이고, 반면에 생물계에 존재하는 α-아미노산의 대부분은 L-계열이다. 탄수화물에서 살펴본 바와 같이, 아미노산의 L 명명은 glyceraldehyde의 카이랄 중심에 근거를 둔 경우와 유사하다. 그림 27.2에 나타낸 L-alanine과 L-glyceraldehyde의 카이랄 중심의 유사성에 유의하라. 일부의 학생들은 L 명명은 광학 활성에 토대를 두고 있기 때문에 모든 L-아미노산은 평면 편광의 평면을 왼쪽(−)으로 회전하는 좌회전성(levorotatory)을 나타낼 것으로 기대하고 있다. 이것은 사실과 다르다. 실제로 L-아미노산의 많은 시료들은 평면 편광의 평면에서 오른쪽(+)으로 회전하는 우회전성(dextrorotatory)을 나타낸다. 아미노산들의 L 명명은 기준 화합물인 L-glyceraldehyde와 유사한 화학적 구조를 가진다는 것을 의미하는 것이지, 어떠한 실험적으로 측정된 결과를 나타내는 매개변수(parameter)는 아니다.

상호보완적인 *R*,*S* 규약이 아미노산의 배열 결정에 역시 사용된다. 이 규약에 따르면 L-alanine은 (*S*)-alanine으로 명명된다. 비록 아미노산의 카이랄 중심에 관한 입체 화학을 규정짓는 데에 있어서 D,L 방법이 어색하지만, 역사적으로 긴 시간 동안 이 규약이 사용되어져 왔고, 그 결과 매우 뿌리 깊게 과학적 논문들에 적용되어 왔으므로 탄수화물뿐만 아니라 아미노산의 명명에도 여전히 가장 일반적으로 사용된다. 그러므로 이 장의 나머지 부분에서도 D,L 규약을 사용하고자 한다.

C 단백질에서 유래된 아미노산

표 27.1에 단백질에서 발견되는 20가지의 일반적인 L-아미노산들의 관용명과 화학 구조식, 그리고 3개 및 1개의 알파벳 문자로 이루어진 약자를 사용하여 표기하는 방법에 대해서 나타내었다. 이 표에 있는 아미노산들은 4가지 부류로 나눌 수 있다. 비극성 곁사슬을 갖는 아미노산, 극성이지만 이온화되지 않은 곁사슬을 갖는 아미노산, 산성 곁사슬을 갖는 아미노산, 염기성 곁사슬을 갖는 아미노산이다. 다음은 주목해야 할 아미노산들의 구조적인 특징을 나타내었다.

1. 단백질에서 유래된 이러한 20 종류의 아미노산들은 α-아미노산이며, 이는 아미노기가 카복시기에 대해 α-탄소에 위치함을 의미한다.
2. 20개의 아미노산 중 19개에서 α-아미노기는 일차이다. Proline은 다르다. Proline의 α-아미노기는 이차이다.
3. Glycine을 제외하고, 각각의 아미노산에 존재하는 α-탄소는 카이랄 중심이다. 이 표에는 나타나있지 않지만 19개의 카이랄 아미노산들은 α-탄소에서 동일한 상대적인 배열을 갖는다. D,L 규약을 적용할 경우 모든 아미노산은 L-아미노산에 해당된다. *R*,*S* 규약에 따르면 cysteine만을 제외하고는 아미노산의 α-탄소는 *S* 배열을 나타낸다. 우선순위 규칙에 따르면 L-cysteine의 곁사슬에 있는 sulfhydryl기는 *R* 배열의 카이랄 중심이 되게 한다.
4. Isoleucine과 threonine은 2개의 카이랄 중심을 갖는다. 따라서 각각의 아미노산에 대해서 4개의 입체 이성질체가 존재 가능하지만, 단지 한 종류만이 단백질에서 발견된다.
5. Cysteine의 sulfhydryl기, histidine의 imidazole기, tyrosine의 페놀성 하이드록시기들은 pH 7.0에서 부분적으로 이온화된다. 그러나 이온화된 형태가 이 pH 조건에서 존재하는 주된 형태는 아니다.

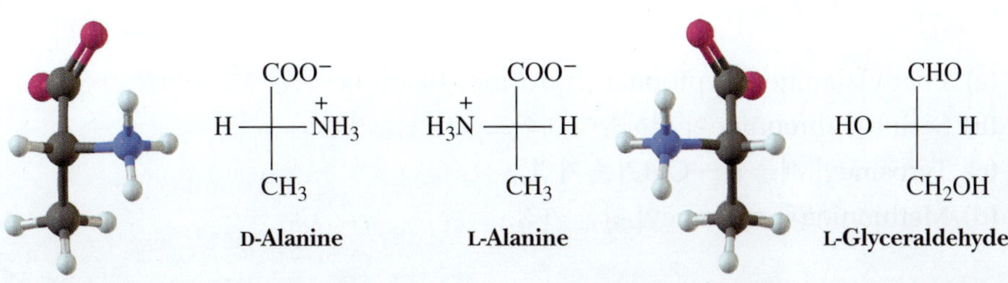

그림 27.2 ▸ Alanine의 거울상 이성질체. 생물계에서 존재하는 α-아미노산 중에서 대부분을 차지하는 아미노산으로서 α-탄소에서 L-형 배열을 갖는다. L-Glyceraldehyde의 구조를 참고로 첨가하였다.

표 27.1 단백질에서 발견되는 일반적인 아미노산

비극성 결사슬

Alanine (Ala, A)

Glycine (Gly, G)

Isoleucine (Ile, I)

Leucine (Leu, L)

Methionine (Met, M)

Phenylalanine (Phe, F)

Proline (Pro, P)

Tryptophan (Trp, W)

Valine (Val, V)

극성 결사슬

Asparagine (Asn, N)

Glutamine (Gln, Q)

Serine (Ser, S)

Threonine (Thr, T)

산성 결사슬

Aspartic acid (Asp, D)

Glutamic acid (Glu, E)

Cysteine (Cys, C)

Tyrosine (Tyr, Y)

염기성 결사슬

Arginine (Arg, R)

Histidine (His, H)

Lysine (Lys, K)

* 각각 이온화될 수 있는 기는 pH 7.0에서 가장 높은 농도로 존재하는 형태로 나타내었다.

예제 27.1 ▸ 아미노산

표 27.1에는 단백질에서 유도된 20 종류의 아미노산을 나타내었다. 이중 (a) 방향족 고리를 갖는 것, (b) 결사슬에 하이드록시기를 갖는 것, (c) 페놀성 —OH기를 갖는 것, (d) 황을 갖는 것은 각각 몇 개인가?

➥ 해답

(a) Phenylalanine, tryptophan, tyrosine, histidine이 방향족 고리를 가짐.
(b) Serine과 threonine이 결사슬에 하이드록시기를 가짐.
(c) Tyrosine이 페놀성 —OH기를 가짐.
(d) Methionine과 cysteine이 황을 가짐.

연습 문제 27.1

표 27.1에 나타낸 단백질에서 유도된 20 종류의 아미노산 중에서 (a) 카이랄 중심이 없는 아미노산과 (b) 2개의 카이랄 중심을 갖는 아미노산은 어느 것인가?

D 몇 가지 다른 일반적인 L-아미노산

식물 및 동물성 단백질들의 대부분은 이러한 20 종류의 α-아미노산들로 이루어져 있지만, 자연에는 다수의 다른 아미노산들도 존재한다. 예를 들면 ornithine과 citrulline은 간에서 주로 발견되며, 암모니아를 요소로 전환시키는 대사 과정인 요소 회로에서 발견되는 대사 산물이다.

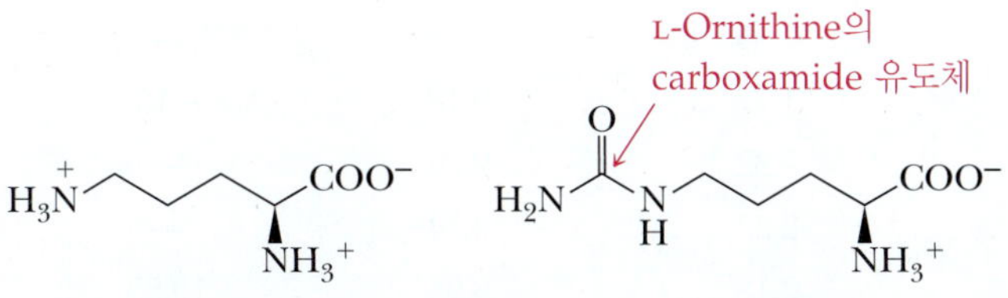

L-Ornithine의 carboxamide 유도체

$H_3\overset{+}{N}$–$CH_2CH_2CH_2$–$CH(NH_3^+)$–COO^-

L-Ornithine

H_2N–C(=O)–NH–$CH_2CH_2CH_2$–$CH(NH_3^+)$–COO^-

L-Citrulline

Tyrosine으로부터 유도되는 몇몇 호르몬 중에서 thyroxine과 triiodothyronine은 갑상선 조직에서 발견된다. 이들의 기능은 주로 다른 세포와 조직에 있어서 대사 과정을 자극시키는 역할이다.

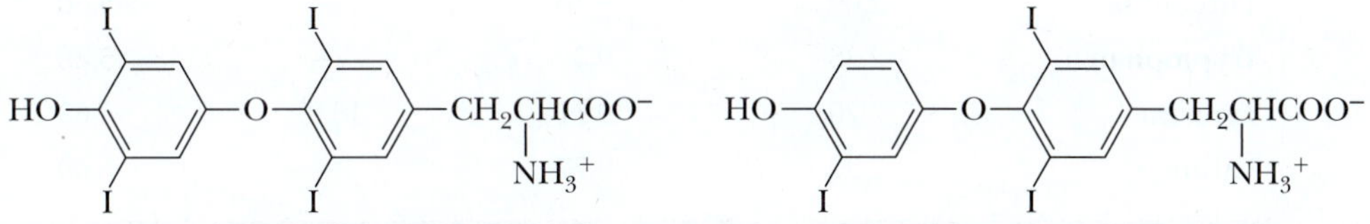

HO–(I, I)–O–(I, I)–CH_2CHCOO^- (NH_3^+)

L-Thyroxine, T_4

HO–(I)–O–(I, I)–CH_2CHCOO^- (NH_3^+)

L-Triiodothyronine, T_3

4-Aminobutanoic acid는 뇌에서 고농도(0.8 m*M*)로 발견되지만, 포유류의 여타 조직에서는 전혀 발견되지 않는다. 이는 신경조직에서 glutamic acid의 α-카복시기의 카복시 이탈 반응에 의해서 합성되며, 인간과 무척추동물의 중추신경계에서 신경전달물질로 작용한다.

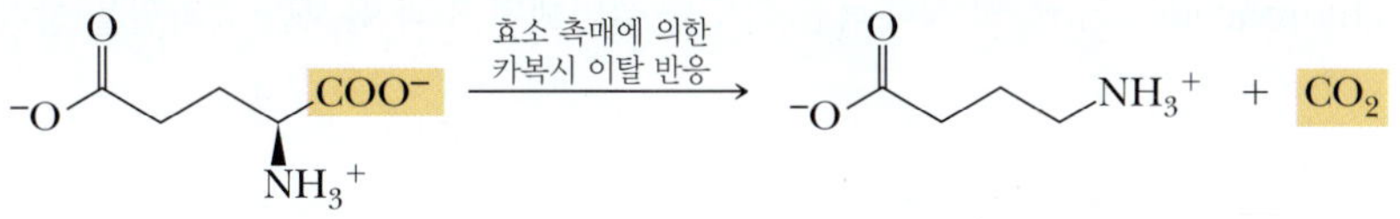

^-O–C(=O)–CH_2CH_2–$CH(NH_3^+)$–COO^- $\xrightarrow{\text{효소 촉매에 의한 카복시 이탈 반응}}$ ^-O–C(=O)–$CH_2CH_2CH_2$–NH_3^+ + CO_2

Glutamic acid

4-Aminobutanoic acid
(γ-Aminobutyric acid, GABA)

L-아미노산만이 단백질에서 발견되며, D-아미노산은 극히 일부가 고등생물의 대사과정에서 발견된다. 그러나 몇몇 D-아미노산이 L-형의 거울상 이성질체와 함께 하등 생물에서 발견된다. 예를 들면 D-alanine과 D-glutamic acid는 일부 박테리아의 세포벽을 이루는 구조적 성분이다. 또한 다른 D-아미노산들은 펩타이드 항생 물질에서도 발견된다.

27.2 아미노산의 산-염기 성질

A 아미노산의 산성기와 염기성기

아미노산의 화학적 특성 가운데 가장 중요한 것은 산-염기 특성이다. 모든 아미노산은 —COOH기와 —NH_3^+기로 인하여 약한 다양성자 산(polyprotic acid)이다. 표 27.2에 20개의 단백질에서 유도된 아미노산에 존재하는 이온성 기들의 pK_a 값을 나타내었다.

표 27.2 아미노산의 이온성 기들의 pK_a 값

아미노산	α-COOH의 pK_a	α-NH_3^+의 pK_a	곁사슬의 pK_a	등전점(pI)
Alanine	2.35	9.87	—	6.11
Arginine	2.01	9.04	12.48	10.76
Asparagine	2.02	8.80	—	5.41
Aspartic acid	2.10	9.82	3.86	2.98
Cysteine	2.05	10.25	8.00	5.02
Glutamic acid	2.10	9.47	4.07	3.08
Glutamine	2.17	9.13	—	5.65
Glycine	2.35	9.78	—	6.06
Histidine	1.77	9.18	6.10	7.64
Isoleucine	2.32	9.76	—	6.04
Leucine	2.33	9.74	—	6.04
Lysine	2.18	8.95	10.53	9.74
Methionine	2.28	9.21	—	5.74
Phenylalanine	2.58	9.24	—	5.91
Proline	2.00	10.60	—	6.30
Serine	2.21	9.15	—	5.68
Threonine	2.09	9.10	—	5.60
Tryptophan	2.38	9.39	—	5.88
Tyrosine	2.20	9.11	10.07	5.63
Valine	2.29	9.72	—	6.00

α-카복시기의 산도

양성자화된 아미노산에 존재하는 α-카복시기의 pK_a 평균값은 2.19이다. 따라서 α-카복시기는 acetic acid (pK_a 4.76) 및 다른 저분자량의 지방족 카복실산에 비해 상당히 센산임을 알 수 있다. 이와 같이 산도가 커지는 현상은 인접한 —NH_3^+기의 전자를 끌어당기는 유발 효과에 기인한다. 이는 17.4A절에서 다루었던 acetic acid와 이것의 일치환-, 이치환- 혹은 삼치환된 chloroacetic acid들의 상대적인 산도를 설명했던 것과 유사한 효과임을 상기하자.

암모늄기는 전자끌기
유발 효과를 가짐

$$\underset{\displaystyle NH_3^+}{\underset{|}{RCHCOOH}} + H_2O \rightleftharpoons \underset{\displaystyle NH_3^+}{\underset{|}{RCHCOO^-}} + H_3O^+ \qquad pK_a = 2.19$$

곁사슬에 위치한 카복시기의 산도

α-NH_3^+기의 전자끌기 유발 효과로 인하여 양성자가 첨가된 glutamic acid와 aspartic acid의 곁사슬에 존재하는 카복시기는 acetic acid (pK_a 4.76)에 비해 센 산성을 나타낸다. 이와 같은 산도를 강화시키는 유발 효과는 —NH_3^+기와 —COOH기 사이의 거리가 증가함에 따라 감소한다. Alanine의 α-COOH의 산도(pK_a 2.35)와 aspartic acid의 β-COOH의 산도(pK_a 3.86) 및 glutamic acid의 γ-COOH의 산도(pK_a 4.07)를 비교해 보아라.

α-암모늄기의 산도

α-암모늄기(—NH_3^+)의 pK_a 값의 평균치는 9.47이고, 일차 지방족 암모늄 이온의 평균치

는 10.60이다(23.5A절). 따라서 아미노산의 α-암모늄기는 일차 지방족 암모늄 이온보다 약간 센 산성이다. 역으로 α-아미노기는 일차 지방족 아민에 비해 약간 약한 염기이다.

$$\underset{\displaystyle NH_3^+}{RCHCOO^-} + H_2O \rightleftharpoons \underset{\displaystyle NH_2}{RCHCOO^-} + H_3O^+ \qquad pK_a = 9.47$$

$$\underset{\displaystyle NH_3^+}{CH_3CHCH_3} + H_2O \rightleftharpoons \underset{\displaystyle NH_2}{CH_3CHCH_3} + H_3O^+ \qquad pK_a = 10.60$$

Arginine의 guanidine기의 염기도

Arginine의 곁사슬에 존재하는 guanidine기는 지방족 아민보다 상당히 센염기이다. 23.5D절에 나타낸 것처럼 guanidine (그 짝산의 pK_a는 13.6)은 중성의 유기 화합물 중에서 가장 강력한 염기임에 틀림없다. Arginine의 곁사슬인 guanidine이 이처럼 탁월한 염기성을 나타내는 것은 중성 구조에 비해 양성자가 첨가된 형태가 큰 공명 안정화에 기여하기 때문이다.

$$RNH{-}C(NH_2)(=NH_2^+) \longleftrightarrow RNH{-}C(=NH_2^+)(NH_2) \longleftrightarrow RNH^+{=}C(NH_2)(NH_2) \xrightleftharpoons{H_2O} RN{=}C(NH_2)(NH_2) + H_3O^+ \qquad pK_a = 12.48$$

Arginine의 곁사슬인 구아니디움 이온은 3가지 기여 구조의 복합체임

전하의 분리가 없으므로 공명 안정화가 일어나지 않음

Histidine의 imidazole기의 염기도

Histidine의 곁사슬에 존재하는 imidazole기는 동일 평면 위에 존재하면서 완전한 콘쥬게이션 고리를 이루는 6개의 π 전자를 가지기 때문에, imidazole은 헤테로 고리 방향족 아민으로 분류된다(21.2D절). 하나의 질소 원자상에 위치하는 비공유 전자쌍은 방향족 육전자계의 일부분이지만, 다른 질소상에 존재하는 전자의 경우는 그렇지 못하다. 방향족 육전자계의 한 부분을 차지하지 못하는 전자쌍은 imidazole 고리가 염기성을 띠는 주된 원인으로 작용한다. 이 질소 원자에 양성자가 첨가되면 공명 구조를 띠게 되며 안정한 양이온을 형성하게 된다.

이 비공유 전자쌍은 방향족 육전자계 일부가 아니며, 양성자의 수용체로서 작용한다

(imidazolium–CH$_2$CH(NH$_3^+$)COO$^-$) $\longleftrightarrow$ (imidazolium–CH$_2$CH(NH$_3^+$)COO$^-$) $\xrightleftharpoons{H_2O}$ (imidazole–CH$_2$CH(NH$_3^+$)COO$^-$) + H_3O^+ $\qquad pK_a = 6.10$

공명 구조로 안정화된 imidazole 양이온

B 아미노산의 적정

아미노산의 이온화 가능한 기의 pK_a 값은 일반적으로 산-염기 적정법에 의해서 또는 첨가되는 염기의 양(혹은 산의 양, 적정이 행해지는 방법에 따라 다름)에 상응하는 용액의 pH 값을 측정함으로써 얻어진다. 이런 실험적인 과정을 나타내기 위해서 glycine의 아미노기 및 카복시기가 충분히 양성자가 첨가된 상태로 존재 가능하도록, 센산이 첨가된 1.00 몰의 glycine 용액을 생각하자. 이 용액을 1.00 M의 NaOH 용액으로 적정을 한 다음, 첨가된 염기의 양과 얻어진 용액의 pH 값을 기록하여 이들 결과를 그림 27.3에 나타내었다.

가장 센 산성기인 동시에 첨가된 NaOH 용액과 제일 먼저 반응하는 것은 카복시기이다. 정확하게 0.50 몰의 NaOH가 첨가되면, 카복시기의 반이 중성으로 변한다. 이 시점에

그림 27.3 ▸ Glycine을 NaOH로 적정한 결과.

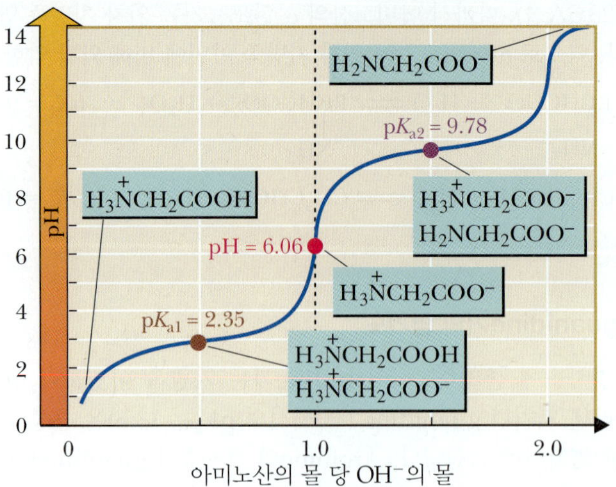

서 쯔비터 이온의 농도는 양으로 하전된 이온의 농도와 일치하며, pH 2.35라는 값은 카복시기의 pK_a 값(pK_{a1})이 된다.

$$pH = pK_{a1} \text{ 에서 } [H_3\overset{+}{N}CH_2COOH] = [H_3\overset{+}{N}CH_2COO^-]$$

양이온 쯔비터 이온

적정 과정의 첫번째 부분의 종말점은 1.00 몰의 NaOH가 첨가될 때 도달된다. 이 지점에서 우위를 점하는 화학종은 쯔비터 이온이고, 관찰되는 용액의 pH 값은 6.06이다.

적정 곡선에서 다음 부분은 $—NH_3^+$기를 적정하는 부분이다. 0.5 몰의 NaOH가 추가로 첨가되면(전체적으로 1.50 몰의 NaOH가 됨), $—NH_3^+$기의 반이 중성화되어 $—NH_2$로 변한다. 이 지점에서는 쯔비터 이온의 농도와 음으로 하전된 이온의 농도가 동일하고, 관찰되는 pH 값은 glycine 아미노기의 pK_a 값(pK_{a2})인 9.78이 된다.

$$pH = pK_{a2} \text{ 에서 } [H_3\overset{+}{N}CH_2COO^-] = [H_2NCH_2COO^-]$$

쯔비터 이온 음이온

적정 과정의 두 번째 종말점은 전체로 2.0 몰의 NaOH가 첨가될 때 도달되며, glycine은 전체적으로 음이온 상태로 전환된다.

C 등전점

Glycine의 적정 곡선으로부터 아미노산에 존재하는 이온화가 가능한 기들의 pK_a 값을 결정할 수 있다. 동시에 또 다른 중요한 성질인 등전점을 결정할 수 있다. 아미노산의 **등전점**(isoelectric point, pI)이란 용액 내에 존재하는 대부분의 분자들(쯔비터 이온의 형태임)의 알짜 전하가 0으로 되는 pH를 의미한다. 적정 곡선을 자세하게 살펴보면, glycine의 등전점은 카복시기와 아미노기의 pK_a 값의 평균값에 해당됨을 알 수 있다.

등전점(pI)
아미노산, 폴리펩타이드 혹은 단백질이 갖는 알짜 전하가 0으로 되는 pH 값.

$$pI = \frac{1}{2}(pK_a\, \alpha\text{-COOH} + pK_a\, \alpha\text{-NH}_3^+)$$

$$= \frac{1}{2}(2.35 + 9.78) = 6.06$$

pH 6.06에서는 glycine 분자의 대부분은 쌍극성 이온의 형태로 존재한다. 나아가서 이 pH에서는 양으로 하전된 glycine 분자의 농도와 음으로 하전된 glycine 분자의 농도는 일치한다.

아미노산의 주어진 등전점 값을 이용하면 주어진 임의의 pH에서 아미노산 분자가 띠는 전하량을 알 수 있다. 예를 들면, pH 5.63에서의 tyrosine의 전하는 5.63이 tyrosine의 등전점이므로 당연히 0이다. pH 5.00 (pI 값보다 0.63 낮음)에서는 소량의 tyrosine 분자만이 양으로 하전되어 있고, pH 3.63 (pI 값보다 2.00 낮음)에서는 많은 부분의 분자들이 양으로 하전되어 있다. 또 다른 예로서 pH 9.74에서의 lysine의 순수 전하량은 0이며, 9.74보다 낮은 pH로 갈수록 lysine 분자 중에서 양으로 하전된 부분은 증가할 것이다.

D 전기이동

화합물들이 갖는 총 전하량을 이용하여 화합물을 분리하는 과정인 **전기이동**(electrophoresis)은 아미노산과 단백질들의 혼합물을 분리하고 확인하는데 이용된다. 전기이동을 이용한 분리법에 적용되는 고형 지지체로는 종이, 녹말, polyacrylamide, agarose gel, cellulose acetate 등이 사용된다. 종이를 이용한 전기이동의 경우에는 이미 알고 있는 pH 값을 갖는 수용성 완충 용액으로 충분히 적셔진 종이끈이 두 개의 전극 사이를 연결하는 다리 역할을 한다(그림 27.4). 다음으로 아미노산 시료를 종이끈 위에 소량 떨어뜨려 점을 형성한다. 그리고 두개의 전극 사이에 전위차를 적용하면, 아미노산들은 자신이 갖는 전하와 반대의 전하를 갖는 전극 쪽으로 이동하게 된다. 큰 전하 밀도를 갖는 분자는 작은 전하 밀도를 갖는 분자에 비해 신속하게 이동한다. 등전점을 갖는 분자는 원래 위치에서 움직이지 않는다. 분리가 완결되면 종이끈을 건조시키고 분리된 분자들을 눈으로 확인하기 위해 염료 용액을 뿌려준다.

전기이동
전하량의 차이를 기초로 한 화합물의 분리 과정.

아미노산을 확인하기 위해 주로 사용되는 염료는 ninhydrin (1,2,3-indanetrione monohydrate)이다. Ninhydrin은 α-아미노산과 반응하여 알데하이드, 이산화 탄소와 보라색 음이온을 형성한다. 이 반응은 아미노산들의 정성 분석뿐만 아니라 정량 분석에도 일반적으로 사용된다.

$$\mathrm{RCH(NH_3^+)CO^-}(\mathrm{C{=}O}) + 2\ \text{Ninhydrin} \longrightarrow \text{보라색 음이온} + \mathrm{RCH{=}O} + \mathrm{CO_2} + \mathrm{H_3O^+}$$

α-아미노산 / **Ninhydrin** / 보라색 음이온

단백질에서 유도된 20개의 아미노산 중 19개가 일차 아미노기를 가지고 있으며, 따라서 ninhydrin에서 유도된 음이온으로 인하여 보라색을 나타낸다. 이차 아민인 proline은 오렌지색을 나타낸다.

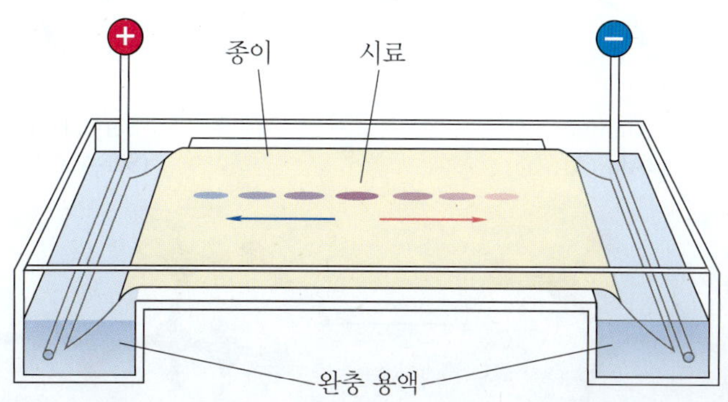

그림 27.4 ▸ 아미노산 혼합물을 분리하는 전기이동 장치. 음전하를 띠는 아미노산은 양전극 쪽으로 움직이고, 양전하를 띠는 아미노산은 음전극 쪽으로 이동한다. 전하를 띠지 않는 중성 분자는 원래 위치에 남는다.

예제 27.2 ▸ **등전점**

Tyrosine의 등전점은 5.63이다. pH 7.0에서 종이 전기이동을 실시하면 tyrosine은 어떤 전극 쪽으로 이동하겠는가?

➥ **해답**

pH 7.0(등전점에 비해 훨씬 염기성임)에서 종이 전기이동을 실시하면, pH 7.0에서 tyrosine은 알짜 음전하를 가지게 되므로 양전극 쪽으로 이동하게 된다.

연습 문제 27.2

Histidine의 등전점은 7.64이다. pH 7.0에서 전기이동을 실시하면 histidine은 종이 전기이동 상에서 어느 쪽으로 이동하겠는가?

예제 27.3 ▸ **전기이동**

Lysine, histidine, cysteine의 혼합물을 pH 7.64에서 전기이동을 실시하였다. 이 조건 하에서 각 아미노산의 거동을 기술하라.

➥ **해답**

Histidine의 등전점은 7.64이다. 이 pH에서는 histidine의 알짜 전하는 0이므로 원점에서 움직이지 않는다. Cysteine의 pI는 5.02이므로, pH 7.64(등전점보다 더 염기성임)에서는 알짜 음전하를 띠게 되어 양전극 쪽으로 이동한다. Lysine의 pI 값은 9.74이다. pH 7.64(등전점에서보다 더 산성임)에서 lysine은 알짜 양전하를 띠게 되고 그 결과 음전극 쪽으로 이동하게 된다.

연습 문제 27.3

Glutamic acid, arginine, valine의 혼합물을 pH 6.0에서 종이 전기이동을 실시하였을 때 각각의 거동을 기술하라.

27.3 폴리펩타이드와 단백질

펩타이드 결합
하나의 아미노산에 있는 α-아미노기와 다른 아미노산에 있는 α-카복시기 사이에서 형성된 아마이드 결합을 특별하게 부르는 이름.

1902년에 Emil Fischer는 단백질을 아미노산의 기다란 사슬이 아미노산의 α-카복시기와 다른 아미노산의 α-아미노기 사이에서 아마이드 결합을 형성하면서 연결된 물질이라고 제안하였다. 이 아마이드 결합을 Fischer는 특별한 이름인 **펩타이드 결합**(peptide bond)이라고 제안하였다. 그림 27.5에 다이펩타이드인 serylalanine에 있는 serine과 alanine 사이에서 형성된 펩타이드 결합을 나타내었다.

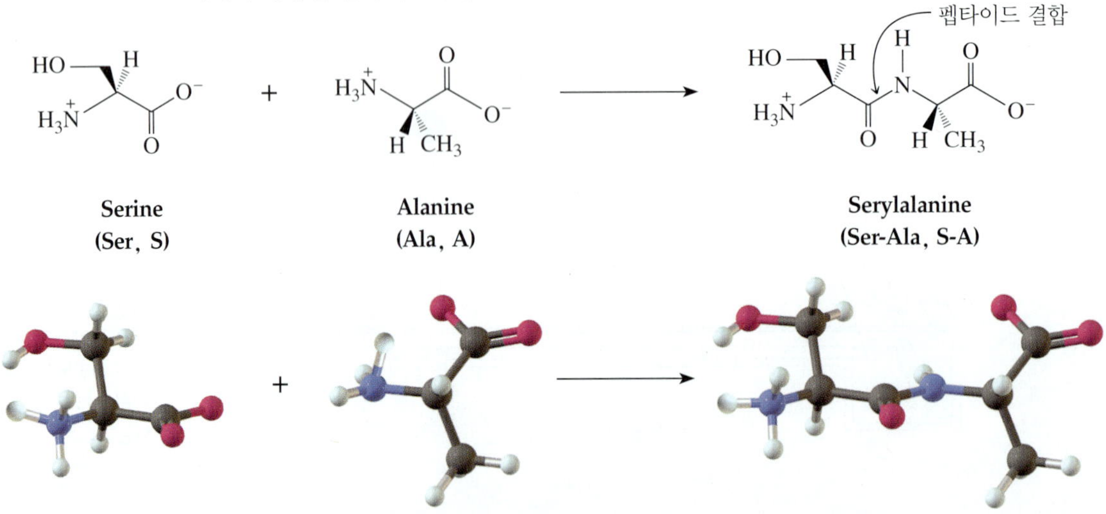

그림 27.5 ▸ Serylalanine에 있는 펩타이드 결합.

펩타이드는 아미노산으로 이루어진 짧은 고분자를 지칭하는 이름이다. 펩타이드들은 사슬 내에 존재하는 아미노산의 개수에 따라 분류된다. 2개의 아미노산이 아미이드 결합으로 구성된 분자를 **다이펩타이드**(dipeptide)라고 부른다. 3개에서 10개의 아미노산을 함유하는 펩타이드들은 각각 **트라이펩타이드**(tripeptide), **테트라펩타이드**(tetrapeptide), **펜타펩타이드**(pentapeptide) 등으로 부른다. 10개 이상이지만 20개 이하인 아미노산으로 구성된 분자들은 **올리고펩타이드**(oligopeptide)라고 부르며, 수십 개 혹은 그 이상의 아미노산으로 이루어진 분자들은 **폴리펩타이드**(polypeptide)라고 부른다. **단백질**(Protein)이란 분자량이 5,000 혹은 그 이상인 생체 내 거대분자이며, 통상적으로 하나 혹은 그 이상의 폴리펩타이드 사슬을 함유하고 있다. 이러한 용어를 사용하는 구분은 정확하지 않다.

관습적으로 폴리펩타이드들은 왼쪽 말단, 즉 유리 $—NH_3^+$기를 갖는 아미노산에서부터 시작하여 오른쪽으로 기술해 나아가 유리 $—COO^-$기를 갖는 아미노산까지 연이어서 기술한다. 유리 $—NH_3^+$기를 갖는 아미노산은 ***N*-말단 아미노산**(*N*-terminal amino acid)이라 부르며, 유리 $—COO^-$기를 갖는 아미노산은 ***C*-말단 아미노산**(*C*-terminal amino acid)이라 부른다. 펩타이드 사슬에 있어서 반복 단위를 *N*-*α*-탄소-카보닐 등으로 표시한다.

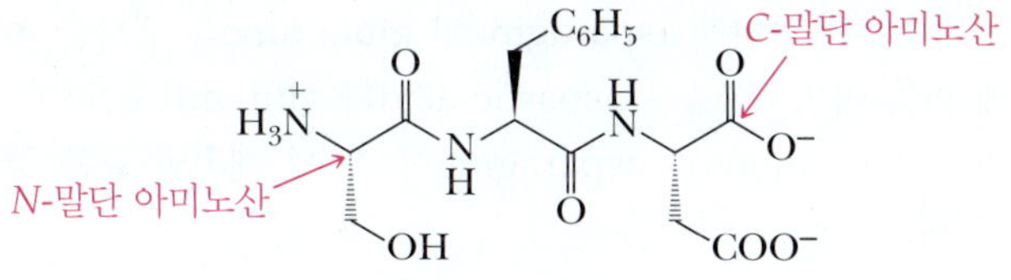

Ser-Phe-Asp

다이펩타이드
2개의 아미노산들이 펩타이드 결합에 의해 연결된 분자.

트라이펩타이드
3개의 아미노산들이 이웃하는 아미노산 사이가 펩타이드 결합으로 연결된 분자.

폴리펩타이드
다수의 아미노산들이 이웃하는 아미노산 사이가 펩타이드 결합으로 연결된 거대분자.

단백질
하나 혹은 그 이상의 폴리펩타이드 사슬을 함유하는 생체 고분자. 분자량은 5,000 혹은 그 이상임.

***N*-말단 아미노산**
유리 $—NH_3^+$기를 가지며 폴리펩타이드의 끝 부분에 위치하는 아미노산.

***C*-말단 아미노산**
유리 $—COO^-$기를 가지며 폴리펩타이드의 끝 부분에 위치하는 아미노산.

예제 27.4 ▸ | **펩타이드**

Cys-Arg-Met-Asn의 구조식을 그려라. *N*-말단 아미노산 및 *C*-말단 아미노산을 표시하여라. pH 6.0에서 이 테트라펩타이드의 알짜 전하는 얼마인가?

➥ **해답**

이 테트라펩타이드의 골격 구조는 질소-*α*-탄소-카보닐의 연속적인 반복 구조를 갖는다. 이 테트라펩타이드가 pH 6.0에서 갖는 알짜 전하는 +1이다.

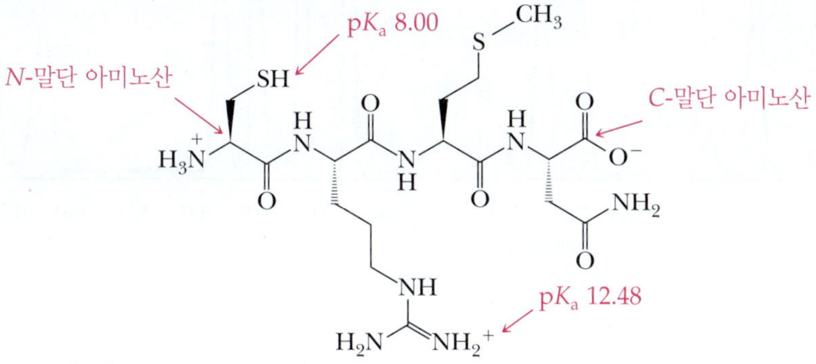

연습 문제 27.4

Lys-Phe-Ala의 골격 구조를 그려라. *N*-말단 아미노산 및 *C*-말단 아미노산을 표시하여라. pH 6.0에서 이 테트라펩타이드의 알짜 전하는 얼마인가?

27.4 폴리펩타이드와 단백질의 1차 구조

폴리펩타이드 혹은 **단백질의 1차 구조**[primary (1°) structure]는 폴리펩타이드 사슬 내에서 보여지는 연속적인 아미노산의 서열을 의미한다. 이런 뜻에서 1차 구조는 폴리펩타이드 혹은 단백질 내에 존재하는 모든 공유 결합을 완벽하게 보여준다.

1953년에 영국 캠브리지 대학의 Frederick Sanger가 호르몬의 일종인 insulin에 존재하는 두 개의 폴리펩타이드의 일차 구조를 밝혀내어 보고하였다. 이는 분석 화학 분야에

단백질의 1차 구조
폴리펩타이드 사슬 내에 존재하는 일련의 아미노산의 배열을 의미하며, *N*-말단 아미노산에서 시작하여 *C*-말단 아미노산 순서로 차례대로 읽는다.

서 탁월한 업적이었을 뿐 아니라, 동일한 아미노산 조성과 아미노산 배열을 갖는 단백질을 구성하는 분자를 확인하는데 있어서도 크게 기여하는 연구 업적이었다.

A 아미노산 분석

폴리펩타이드의 아미노산 조성을 분석하기 위한 방법은 가수분해 과정과 정량적인 분석이다. 18.4D절의 내용을 고려해 보면, 아마이드 결합은 가수분해되기 어려운 결합임을 알 수 있다. 일반적으로 단백질 시료들은 6 *M*의 염산과 함께 유리 반응기에 봉입하고 110℃의 온도에서 24시간에서 72시간 동안 반응시켜야만 가수분해된다. 이런 반응들도 전자레인지를 이용하면 짧은 시간 내에 반응이 완결된다. 폴리펩타이드가 가수분해되면, 얻어진 아미노산 혼합물들은 이온 교환 크로마토그래피로 분석된다. 아미노산들은 칼럼을 빠져나오면 ninhydrin과 반응하고, 반응 결과물이 흡수 분광법에 의해 분석된다(27.2D절). 폴리펩타이드의 가수분해와 아미노산 혼합물에 관한 최근의 분석 과정은 매우 발전되어 50 나노몰(50×10^{-9} mole) 정도의 폴리펩타이드에서도 아미노산 조성을 밝혀낼 수 있게 되었다. 그림 27.6에는 이온 교환 크로마토그라피에 의한 폴리펩타이드의 가수분해물에 대한 분석을 나타내었다. 가수분해 동안에 asparagine과 glutamine의 곁사슬 아마이드기도 가수분해 되기 때문에 이들 아미노산들은 aspartic acid와 glutamic acid로 검출된다는 사실에 주목하여야 한다. Glutamine과 asparagine이 가수분해되면 같은 양의 ammonium chloride도 생성된다.

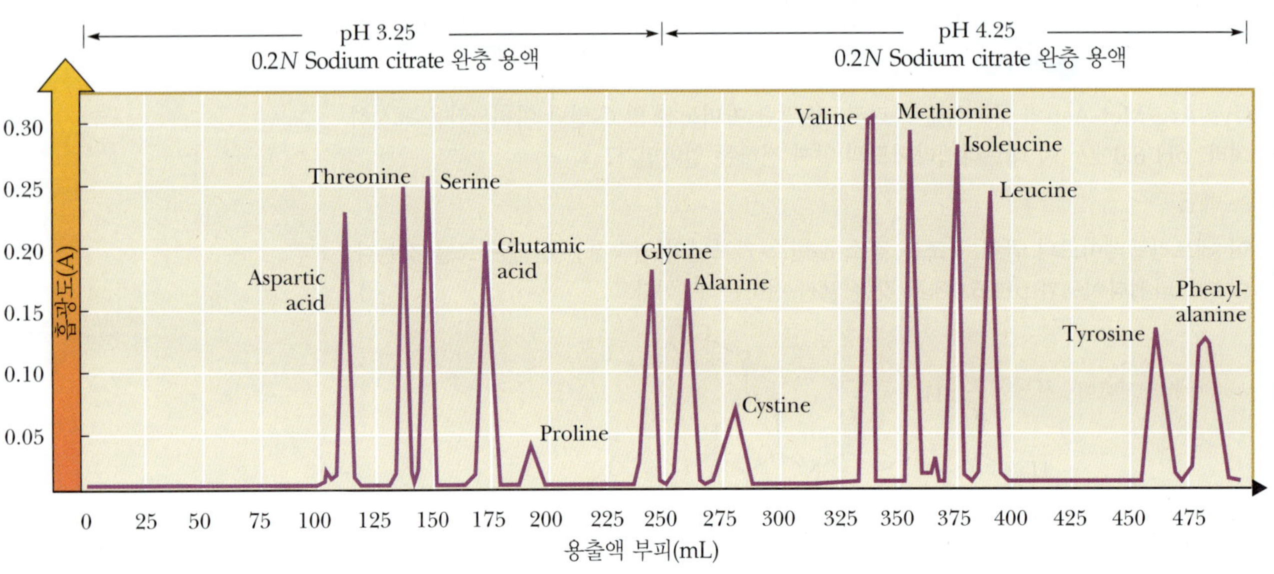

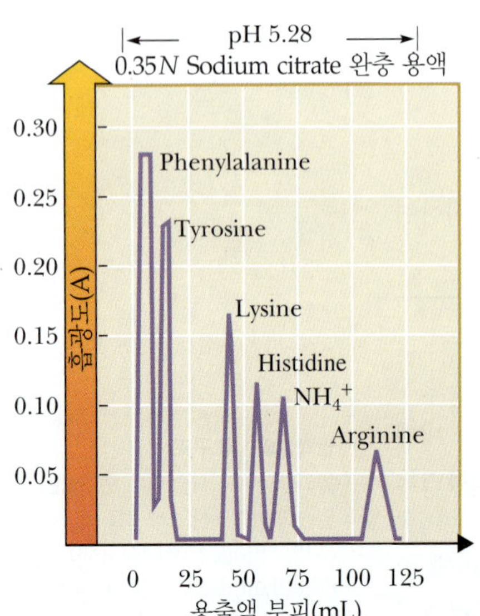

그림 27.6 ▸ Amberlite IR-120(술폰화된 polystyrene 수지) 이온 교환 크로마토그래피를 이용한 아미노산 혼합물의 분석. 이 수지는 페닐-$SO_3^-Na^+$기를 함유함. 아미노산 혼합물은 낮은 pH(3.25)로 유지되는 칼럼에 적용되어 이 때 산성 아미노산(Asp, Glu)들은 칼럼 내의 수지에 약하게 결합하는 반면, 염기성 아미노산(Lys, His, Arg)들은 강하게 결합한다. 수지에 결합한 아미노산들을 용출시키기 위해서 서로 다른 두 가지 농도의 sodium citrate 완충액과 서로 다른 3가지 pH 조건을 사용한다. Cysteine은 cysteine의 이황화물인 cystine, Cys-S-S-Cys의 형태로 확인된다.

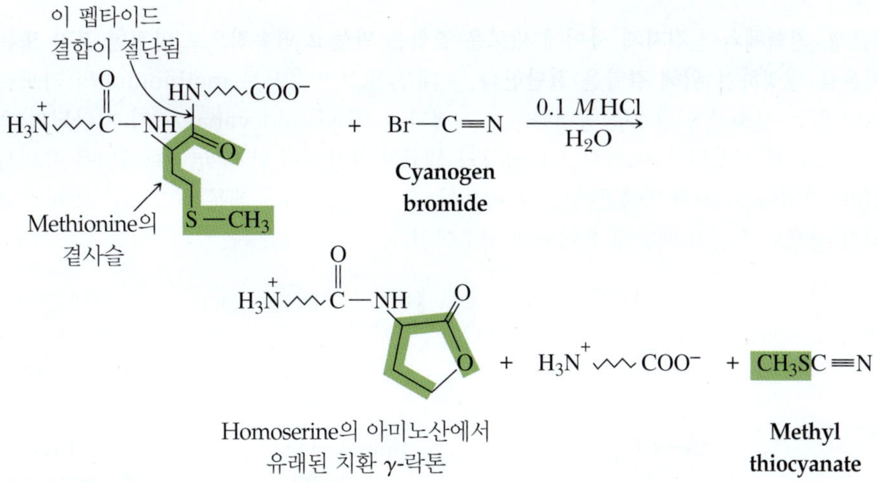

이 펩타이드
결합이 절단됨

$H_3\overset{+}{N}$∿∿$C(=O)$—NH—CH(CH₂CH₂—S—CH₃)—C(=O)—HN∿∿COO⁻ + Br—C≡N $\xrightarrow[H_2O]{0.1\ M\ HCl}$

Methionine의 곁사슬

Cyanogen bromide

$H_3\overset{+}{N}$∿∿C(=O)—NH—(γ-lactone) + $H_3\overset{+}{N}$∿∿COO⁻ + $CH_3SC{\equiv}N$

Homoserine의 아미노산에서 유래된 치환 γ-락톤

Methyl thiocyanate

그림 27.7 ▸ Cyanogen bromide, BrCN을 이용한 methionine의 카복시기에 의해 형성된 펩타이드 결합의 절단.

B 서열 분석

아미노산들이 폴리펩타이드 내에서 어떠한 서열로 연결되어 있는가를 결정하는 것이 가능하다. 가장 일반적인 서열 결정 방법은 특정한 펩타이드 결합을 절단하고(예를 들면, cyanogen bromide 또는 단백질 분해 효소 등을 사용), 폴리펩타이드를 자른 후 얻어진 각각의 토막들의 아미노산 서열을 분석하고(예를 들면 Edman 분해 반응을 이용), 그 후 각각의 토막들을 중첩시켜서 폴리펩타이드의 전체 서열을 파악하는 것이다.

Cyanogen Bromide

Cyanogen bromide (BrCN)는 methionine의 카복시기(그림 27.7)에 의해 형성된 펩타이드 결합을 선택적으로 절단하는 시약이다. 이 절단 반응의 생성물은 폴리펩타이드의 *N*-말단 부위에서 유래된 치환된 γ-락톤(18.1C절)과 폴리펩타이드의 *C*-말단 부분이 포함된 두 번째 토막이다.

이 반응에는 3가지의 반응 단계가 존재한다. Cyanogen bromide에 의한 절단 반응은 methionine의 황 원자가 지니는 이탈 능력(leaving ability)에 관련된 화학적 촉진 작용에 크게 의존한다. CH_3S^-는 약한 산의 음이온이기 때문에 마치 OH^-가 매우 약한 이탈기인 것과 마찬가지로 CH_3S^-도 매우 약한 이탈기이다(9.3C절). 그러나 알코올에 있는 산소 원자가 양성자의 첨가 반응으로 옥소늄 이온으로 변환되는 경우에는 좋은 이탈기로 바뀌듯이 methionine에 존재하는 황 원자도 설포늄 이온으로 변환되면 우수한 이탈기로 작용할 수 있다.

MECHANISM Cyanogen Bromide에 의한 Methionine의 펩타이드 결합 절단

1단계: **친핵체와 친전자체 사이에 새로운 결합을 만든다. 그리고 연속적으로 안정한 분자 또는 이온을 만들기 위해 결합을 절단한다.** Methionine의 황 원자에 있는 2개의 비공유전자쌍이 cyanogen bromide의 탄소를 친핵성 공격하여 브로민화 이온을 치환시키는 과정에 의해 반응이 시작된다. 이 친핵성 치환 반응의 생성물은 설포늄 이온이다.

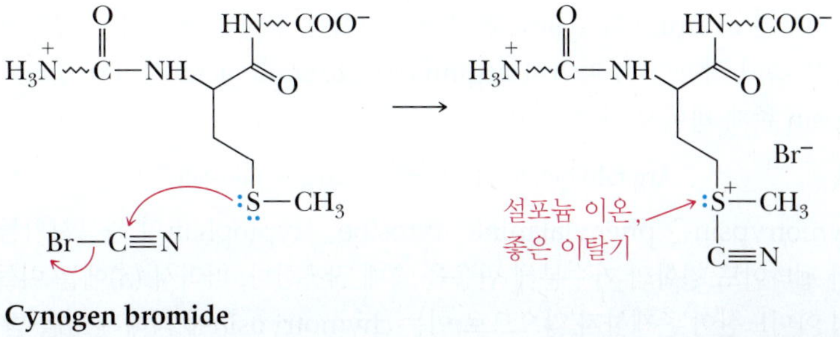

$H_3\overset{+}{N}$∿C(=O)—NH—CH(CH₂CH₂—:S̈—CH₃)—C(=O)—HN∿COO⁻ + Br—C≡N ⟶ $H_3\overset{+}{N}$∿C(=O)—NH—CH(CH₂CH₂—$\overset{+}{S}$(C≡N)—CH₃)—C(=O)—HN∿COO⁻ Br⁻

Cynogen bromide

설포늄 이온, 좋은 이탈기

2단계: **친핵체와 친전자체 사이에 새로운 결합을 만들고 연속적으로 안정한 분자 또는 이온을 형성하기 위해 결합을 절단한다.** 내부 S_N2 반응으로 methionine의 카보닐기에 있는 산소가 γ-탄소를 공격하고, 그 결과 methyl thiocyanate기가 치환되어 오원자 고리를 형성한다. 여기서 카보닐기의 산소는 가장 우수한 약한 친핵체임을 유의하여라. 그러나 이 치환 반응은 설포늄 이온이 좋은 이탈기이기 때문에 그리고 오원자 고리가 생성되기 쉽기 때문에 용이하게 이루어진다.

Iminolactone hydrobromide + **Methyl thiocyanate** ($CH_3-S-C\equiv N$)

3단계: 이미노기의 가수분해 반응은 원래의 폴리펩타이드의 *N*-말단에서 유도된 γ-락톤을 생성한다.

$\xrightarrow{H_2O}$ 아미노산인 homoserine의 치환형 γ-락톤 + $H_3\overset{+}{N}$~COO⁻

효소 촉매에 의한 펩타이드 결합의 가수분해

단백질 분해 효소 중에서 trypsin과 chymotrypsin은 특정한 펩타이드 결합의 가수분해 반응의 촉매로서 작용한다. Trypsin은 arginine과 lysine의 카복시기들 사이에서 형성된 펩타이드 결합의 가수분해를 촉진시키고, chymotrypsin은 phenylalanine, tyrosine, tryptophan의 카복시기에 의해 형성된 펩타이드 결합의 가수분해 반응을 촉진시킨다(표 27.3).

표 27.3 Trypsin과 chymotrypsin에 의해 촉매 작용을 받는 특정 펩타이드 결합의 절단

효소	다음 아미노산들의 카복시기에 의해 형성된 펩타이드 결합의 가수분해를 촉매
Trypsin	Arginine, lysine
Chymotrypsin	Phenylalanine, tyrosine, tryptophan

예제 27.5 ▸ **효소 분해**

다음의 트라이펩타이드 중에서 trypsin 및 chymotrypsin에 의해 가수분해가 가능한 것은?

(a) Arg-Glu-Ser **(b)** Phe-Gly-Lys

➥ 해답

(a) Trypsin은 arginine과 lysine의 카복시기에서 형성된 펩타이드 결합의 가수분해 반응을 촉매 작용한다. 따라서 arginine과 glutamic acid 사이의 펩타이드 결합은 trypsin 존재 하에서 가수분해된다.

$$\text{Arg-Glu-Ser} + H_2O \xrightarrow{\text{trypsin}} \text{Arg} + \text{Glu-Ser}$$

Chymotrypsin은 phenylalanine, tyrosine, tryptophan의 카복시기들로부터 형성된 펩타이드 결합의 가수분해 반응을 촉매 작용한다. 따라서 (a)에는 이들 3개의 방향성 아미노산이 존재하지 않으므로 이는 chymotrypsin에 의해 영향을 받지 않는다.

(b) 트라이펩타이드 (b)는 trypsin에는 아무런 영향도 받지 않는다. 비록 lysine이 존재하지만 lysine의 카복시기는 *C*-말단에 존재하여 펩타이드 결합의 형성에는 관여하지 않는다. 트라이펩타이드 (b)는 chymtrypsin에 의해 가수분해된다.

$$\text{Phe-Gly-Lys} + H_2O \xrightarrow{\text{chymotrypsin}} \text{Phe} + \text{Gly-Lys}$$

연습 문제 27.5

아래의 트라이펩타이드들 중에서 trypsin 혹은 chymotrypsin에 의해 가수분해되는 것은?

(a) Tyr-Gln-Val **(b)** Thr-Phe-Ser **(c)** Thr-Ser-Phe

Edman 분해법

폴리펩타이드의 아미노산 서열을 결정하기 위해 개발된 다양한 화학적 방법 중에서 오늘날 가장 널리 사용되는 것이 1950년에 스웨덴 Lund 대학의 Pehr Edman에 의해 도입된 **Edman 분해법**(Edman degradation)이다. 이 방법에서는 폴리펩타이드를 phenyl isothiocyanate, $C_6H_5N{=}C{=}S$로 처리한 다음 산으로 처리한다. Edman 분해법은 *N*-말단의 아미노산을 치환된 phenylthiohydantoin (그림 27.8) 형태로 전환하여 선택적으로 제거하는데 있어서 매우 효과적이며, 나아가서 *N*-말단 아미노산 유도체의 분리와 확인이 가능한 방법이다.

Edman 분해법
폴리펩타이드 사슬의 *N*-말단 아미노산을 선택적으로 절단하고 확인하는 방법.

Edman 분해법의 특징적인 부분은 C=N, C=O, C=O의 첨가 반응이 연속적으로 일어난다는 점이다.

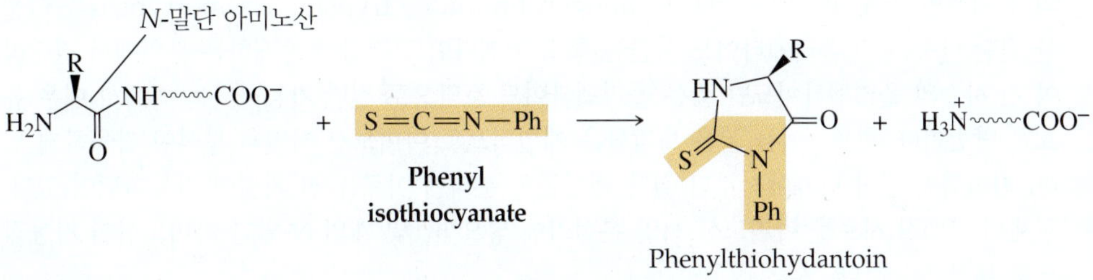

N-말단 아미노산

H_2N–CH(R)–C(=O)–NH〰COO⁻ + S=C=N–Ph (Phenyl isothiocyanate) ⟶ Phenylthiohydantoin + $H_3\overset{+}{N}$〰COO⁻

그림 27.8 ▸ Edman 분해법. 폴리펩타이드를 phenyl isothiocyanate로 처리하고, 산을 사용하여 선택적으로 치환된 phenylthiohydantoin 형태의 *N*-말단의 아미노산을 절단하는 반응.

MECHANISM Edman 분해법: *N*-말단 아미노산의 절단

***1단계:* 친핵체와 친전자체 사이에 새로운 결합을 만든다.** *N*-말단의 아미노기가 phenyl isothiocyanate의 C=N 결합에 친핵성 첨가는 *N*-phenylthiourea의 유도체를 생성.

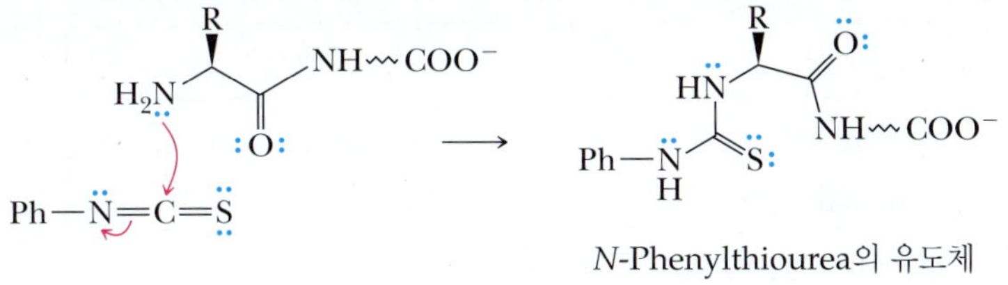

H_2N–CH(R)–C(=O)–NH〰COO⁻ + Ph–N=C=S ⟶ Ph–NH–C(=S)–NH–CH(R)–C(=O)–NH〰COO⁻

N-Phenylthiourea의 유도체

***2단계:* 친핵체와 친전자체 사이에 새로운 결합을 만든 후이어서 안정한 분자 또는 이온을 만들기 위해 결합을 절단한다.** 폴리펩타이드 유도체를 HCl 용액에 넣고 100°C로 가열하면 황 원자가 친핵체 첨가 반응에 의해 인접한 아마이드기의 카보닐기에 도입되어, 정사면체형의 카보닐 첨가 중간체를 형성한다. 계속해서 중간체는 떨어져 나가는 아민의 아미노기에 2개의 수소를 전달 한 후, *N*-말단 아미노산에서 유도된 thiazolinone 고리를 생성하기 위해서 붕괴된다.

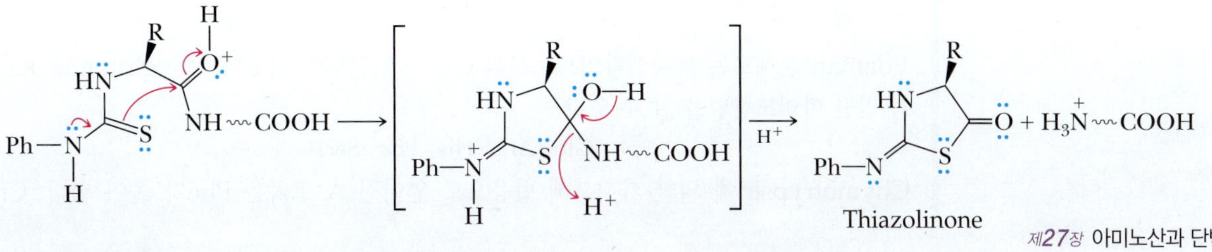

Ph–NH–C(=S)–NH–CH(R)–C(=$\overset{+}{O}$H)–NH〰COOH ⟶ [사면체 중간체: Ph–$\overset{+}{N}$H=C, –S–, –OH, NH〰COOH; H⁺] $\xrightarrow{H^+}$ Thiazolinone + $H_3\overset{+}{N}$〰COOH

Thiazolinone

3단계: Thiazolinone 고리는 고리 열림과 연이은 고리 닫힘 반응에 기인하는 이성질화 반응을 거쳐 보다 안정된 phenylthiohydantoin을 형성하고, 이것이 크로마토그래피로 확인 가능한 형태로 분리된다.

Thiazolinone —(+ H—Nu)→ … —(− H—Nu)→ Phenylthiohydantoin

Edman 분해법이 갖는 특별한 가치는 폴리펩타이드의 *N*-말단에 존재하는 아미노산만이 다른 펩타이드 결합에는 아무런 영향을 주지 않고서도 절단 가능하다는 점이다. 따라서 Edman 분해법을 되풀이하여 적용시키면, 폴리펩타이드에 존재하는 다음 순번의 아미노산들이 연속적으로 절단 가능하므로 폴리펩타이드의 길이를 점진적으로 축소 가능하다. 실제로 이 방법을 이용할 경우 수 밀리그램의 양만으로도 폴리펩타이드 내의 20~30개의 아미노산을 순차적으로 확인하여 아미노산 서열의 확인이 가능하다.

자연에 존재하는 대부분의 폴리펩타이드들은 20~30개 정도의 아미노산으로 구성되어 있으며, 이는 Edman 분해법을 연속적으로 적용할 경우의 분석 가능한 아미노산 개수의 실제적인 한계치와 일치한다. Cyanogen bromide, trypsin, chymotrypsin을 이용한 절단 반응은 긴 폴리펩타이드 사슬을 특정한 펩타이드 결합이 존재하는 부위에서 절단하여 긴 사슬의 폴리펩타이드를 짧은 폴리펩타이드 토막으로 절단 가능하다는 점에서 매우 유효한 방법이다. 한편, 이들 짧은 토막들은 개별적으로 아미노산 서열의 분석이 가능하게 된다. 화학적인 절단 단계에서부터 절단 생성물의 분리에 이르는 전 과정이 자동화되어 있다. 정제된 단백질 시료를 아미노산 서열 분석기에 넣으면, 몇 개의 *N*-말단 아미노산이 자동적으로 분석 가능하다.

예제 27.6 ▸ Edman 분해법

다음의 실험 결과로부터 펜타펩타이드의 아미노산 서열을 결정하라. 표에서 '아미노산 조성'이라고 표시된 부분의 아미노산은 알파벳 순서로 나타내었다. 여기에 나타낸 데이터는 펩타이드의 일차 구조에 관한 어떠한 정보도 제공하지 않는다는 점을 상기하여라.

실험 과정	아미노산 조성
펜타펩타이드	Arg, Glu, His, Phe, Ser
Edaman 분해	Glu
Chymotrypsin에 의한 가수분해	
토막 A	Glu, His, Phe
토막 B	Arg, Ser
Trypsin에 의한 가수분해	
토막 C	Arg, Glu, His, Phe
토막 D	Ser

➡ 해답

Edaman 분해로는 펜타펩타이드로부터 Glu가 절단되어 나왔다. 즉, glutamic acid가 *N*-말단 아미노산임을 알 수 있다.

Glu-(Arg, His, Phe, Ser)

Chymotrypsin에 의한 가수분해 반응으로 얻어진 A 토막은 Phe가 들어 있다. Chymotrypsin이 갖는 절단 부위 특이성을 고려해 보면, Phe는 A 토막의 *C*-말단에 위치함을 알 수 있다. 또한 A 토막은 이미 *N*-말단 아미노산이 밝혀진 Glu를 포함하고 있다. 이상의 관찰로부터 펜타펩타이드의 처음 3개의 아미노산은 Glu-His-Phe임을 알 수 있으므로 펜타펩타이드는

Glu-His-Phe-(Arg, Ser)

으로 표기 가능하다. Trypsin이 펜타펩타이드를 절단 가능하다는 사실로부터 Arg이 이 펩타이드에 존재한다는 것을 알 수 있으며, 이는 *C*-말단 아미노산은 아니므로 펜타펩타이드의 전체 서열은 다음과 같다.

Glu-His-Phe-Arg-Ser

연습 문제 27.6

11개의 아미노산으로 구성된 운데카펩타이드의 아미노산 서열을 다음의 실험 결과에 근거하여 결정하여라.

실험 과정	아미노산 조성
운데카펩타이드	Ala, Arg, Glu, Lys_2, Met, Phe, Ser, Thr, Trp, Val
Edaman 분해	Ala
Trypsin에 의한 가수분해	
토막 E	Ala, Glu, Arg
토막 F	Thr, Phe, Lys
토막 G	Lys
토막 H	Met, Ser, Trp, Val
Chymotrypsin에 의한 가수분해	
토막 I	Ala, Arg, Glu, Phe, Thr
토막 J	Lys_2, Met, Ser, Trp, Val
Cyanogen bromide로 처리	
토막 K	Ala, Arg, Glu, Lys_2, Met, Phe, Thr, Val
토막 L	Trp, Ser

질량 분석법에 의한 서열 결정

14장에서 언급한 바와 같이 질량 분석법은 미량의 단백질을 사용하여 직접적으로 서열을 결정하는 유용한 수단으로써 널리 사용되고 있다. 여기에 관해서는 14.3절의 '생화학 관련 이야기: 생체 거대분자의 질량 분석법'에서 충분히 언급되었으므로 여기에서는 더 이상 기술하지 않는다. 질량 분석법에 의한 단백질 서열의 분석은 대부분의 실험실에서 전자동 Edaman 분해법으로 대체되고 있다.

암호 전달 뉴클레오타이드 서열로부터 단백질 서열 결정

뉴클레오타이드 서열 분석이 훨씬 더 용이해졌기 때문에(28.5절), 직접 단백질로부터 아미노산 서열을 결정하기보다는 단백질 합성을 위한 암호로 작용하는 유전자의 염기 서열을 분석하는 법이 훨씬 쉽다. 어떤 의미에서는 이 방법이 기능이 채 알려지지 않은 새로운 단백질을 발견해내는 도구로써 사용될 수 있다. 종종 보다 단순한 생물로부터 얻어진 이미 알고 있는 단백질의 아미노산 서열과 새롭게 발견된 단백질의 서열을 비교해 보면, 서열의 상동 관계로부터 새로이 발견된 단백질의 기능이 밝혀지기도 한다. 즉, 유전자 지도(genome)가 제일 먼저 밝혀졌고, 동시에 존재하는 대부분의 단백질들이 갖는 기능이 이미 밝혀져 있는 효모(yeast)와의 비교를 통해서 새로운 단백질의 기능 발현에 대한 예측은 매우 유용할 것이다.

27.5 폴리펩타이드의 합성

A 문제점

펩타이드의 합성에 있어서 발생하는 문제점은 아미노산 1(aa_1)에 존재하는 카복시기를 아미노산 2(aa_2)에 존재하는 아미노기와 아마이드(펩타이드) 결합으로 연결해야 한다는 것이다.

$$\overset{+}{H_3N}\underset{\underset{aa_1}{|}}{CH}\overset{O}{\overset{\|}{C}}O^- + \overset{+}{H_3N}\underset{\underset{aa_2}{|}}{CH}\overset{O}{\overset{\|}{C}}O^- \xrightarrow{?} \overset{+}{H_3N}\underset{\underset{aa_1}{|}}{CH}\overset{O}{\overset{\|}{C}}NH\underset{\underset{aa_2}{|}}{CH}\overset{O}{\overset{\|}{C}}O^- + H_2O$$

B 전략

펩타이드 결합 및 폴리펩타이드의 합성에 있어서 적절한 전략은 다음의 3가지 단계가 요구된다.

1. 아미노산 aa_1에 존재하는 α-아미노기를 보호하여 본연의 친핵성을 감소시켜, aa_1 혹은 aa_2에 존재하는 카복시기와의 친핵성 첨가 반응에 참여하지 못하도록 한다.
2. 아미노산 aa_2에 존재하는 α-카복시기를 보호하여 또 다른 aa_2 분자에 존재하는 α-아미노기에의 친핵성 공격에 반응하지 못하도록 만든다.
3. 아미노산 aa_1의 α-카복시기를 활성화시켜 aa_2의 α-아미노기에 의한 친핵성 공격을 잘 받아들일 수 있도록 한다.

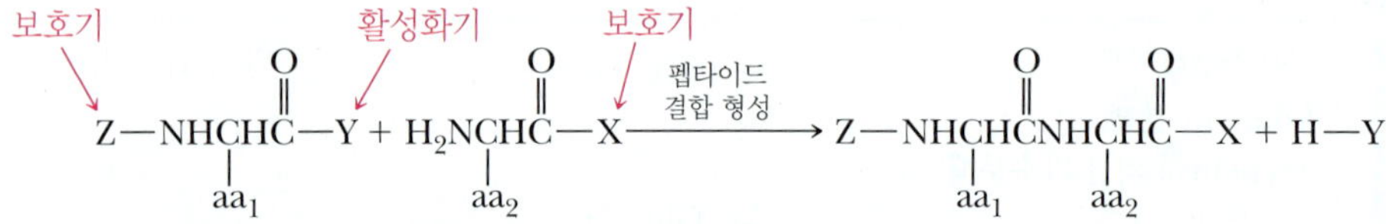

다이펩타이드인 aa_1—aa_2가 형성되면, Z 보호기는 용이하게 제거 가능하고, 다이펩타이드의 *N*-말단에서 새로운 펩타이드 결합의 형성이 계속 일어난다. 유사하게 X 보호기가 제거되면 *C*-말단에서 새로운 펩타이드 결합의 형성이 계속적으로 일어나게 된다. 매우 넓은 범위에 걸쳐서 다양한 보호기 및 활성화기가 사용 가능하며, 실험 조건에 따라서 원하는 보호기의 결합과 제거가 이루어진다.

C 아미노기의 보호기

아미노기를 보호하여 친핵성을 감소시키기 위한 가장 일반적인 방법은 아미노기를 카보닐 유도체와 반응시키는 것이다. 이런 목적으로 일반적으로 사용되는 시약은 benzyloxycarbonyl chloride와 di-*tert*-butyl dicarbonate이다. IUPAC의 명명법에 따르면, benzyloxycarbonyl기는 Z 혹은 Cbz로 나타내고, *tert*-butoxycarbonyl기는 BOC—로 나타낸다.

$PhCH_2O\overset{O}{\overset{\|}{C}}Cl$	$PhCH_2O\overset{O}{\overset{\|}{C}}—$	$(CH_3)_3CO\overset{O}{\overset{\|}{C}}O\overset{O}{\overset{\|}{C}}OC(CH_3)_3$	$(CH_3)_3CO\overset{O}{\overset{\|}{C}}—$
Benzyloxycarbonyl chloride	**Benzyloxycarbonyl** (Z— 또는 Cbz) 기	**Di-*tert*-butyl dicarbonate**	***tert*-Butoxycarbonyl** (BOC—) 기

이들 중 어느 시약과 아미노기를 반응시키더라도 carbamate라 불리는 새로운 작용기가 얻어진다. Carbamate는 carbamic acid의 에스터화물이며, 동시에 carbonic acid의 모노아마이드의 에스터화물이기도 하다.

$$PhCH_2O\overset{O}{\overset{\|}{C}}Cl + \overset{+}{H_3N}\underset{\underset{CH_3}{|}}{CH}\overset{O}{\overset{\|}{C}}O^- \xrightarrow[\text{2.HCl, } H_2O]{\text{1.NaOH}} PhCH_2O\overset{O}{\overset{\|}{C}}NH\underset{\underset{CH_3}{|}}{CH}\overset{O}{\overset{\|}{C}}OH$$

Benzyloxycarbonyl chloride (Z-Cl) | **Alanine** | ***N*-Benzyloxycarbonylalanine** (Z-Ala) Carbamate

Carbamate기가 갖는 특별한 장점은 묽은 염기 용액에서도 안정적이며, acetic acid 용액에서 HBr과 반응시키면 간단하게 제거 가능하다는 점이다.

$$PhCH_2O\overset{O}{\overset{\|}{C}}NH\text{—펩타이드} \xrightarrow[CH_3COOH]{HBr} PhCH_2Br + CO_2 + H_3\overset{+}{N}\text{—펩타이드}$$

Z로 보호된 펩타이드 | **Benzyl bromide** | 보호기가 제거된 펩타이드

보호기가 제거되는 과정에 관한 메커니즘으로부터 이 제거 반응은 $[H^+]$에 대해서 1차의 속도 식을 나타내며, 탄소양이온과 carbamic acid를 생성한다는 것을 알 수 있다. Carbamic acid는 생성되자마자 이산화 탄소를 발생시키며 유리 아민을 생성한다. 탄소양이온은 할로젠 이온과 같은 유용한 친핵체와 반응하여 할로젠화 알킬을 생성한다.

$$PhCH_2-O-C(=O)-NH-\text{펩타이드} \xrightarrow{H-Br} \begin{cases} PhCH_2^+ \xrightarrow{:Br^-} PhCH_2-Br \\ O=C(OH)-NH-\text{펩타이드} \longrightarrow CO_2 + H_3\overset{+}{N}-\text{펩타이드} \end{cases}$$

Carbamic acid

산-촉매 존재 하에서 보호기를 제거하는 반응은 비수용성 매체 내에서만 진행되므로 새로이 형성된 폴리펩타이드에 존재하는 펩타이드(아마이드) 결합이 산의 촉매 작용으로 인해 가수분해될 위험성은 없다. 즉, 펩타이드의 가수분해에는 반드시 물이 필요하다는 것을 의미한다.

Benzyloxycarbonyl기는 전이 금속 촉매 하에서 수소로 처리하여도 제거가 가능하다(가수소분해, 21.5C절). Z기로 보호된 펩타이드를 가수소분해시키면 toluene이 생성물 중 하나로 얻어진다. 또 다른 생성물은 carbamic acid이며, 이 물질은 이산화 탄소와 보호기가 제거된 펩타이드를 생성하기 위해 자발적으로 카복시 이탈 반응이 일어난다.

$$PhCH_2OC(=O)NH-\text{펩타이드} + H_2 \xrightarrow{Pd} PhCH_3 + CO_2 + H_2N-\text{펩타이드}$$

Z로 보호된 펩타이드 **Toluene** 보호기가 제거된 펩타이드

D 카복시기의 보호기

카복시기의 보호는 주로 카복시기를 메틸, 에틸 혹은 벤질기로 변환시키는 과정을 통해 수행된다. 메틸과 에틸 에스터기는 Fischer의 에스터화 반응(17.7A절)으로 얻어지고, 온화한 조건으로 염기성 수용액 내에서 가수분해 반응으로 제거된다(18.4C절). 벤질에스터는 팔라듐이나 백금 촉매를 사용하면서 가수소분해에 의해 간단하게 제거된다(21.5C절). 한편 벤질기는 acetic acid 용액 내에서 HBr로 처리하면 제거할 수 있다.

E 펩타이드 결합 형성 반응

펩타이드 결합 형성에 주로 사용되는 시약은 1,3-dicyclohexylcarbodiimide (DCC)이다. 이 시약은 이중 치환된 urea의 무수물로서 물로 처리하면 *N,N′*-dicyclohexylurea (DCU)로 전환된다.

$$C_6H_{11}-N=C=N-C_6H_{11} + H_2O \longrightarrow C_6H_{11}-NH-C(=O)-NH-C_6H_{11}$$

1,3-Dicyclohexylcarbodiimide (DCC) **N,N′-Dicyclohexylurea (DCU)**

아미노기가 보호된 aa_1과 카복시기가 보호된 aa_2를 DCC로 처리하면 이 시약은 탈수제로 작용하고, 카복시기로부터는 —OH기를 그리고 아미노기로부터는 —H를 제거하여 아마이드 결합을 생성한다. 보다 더 구체적으로 언급하면 DCC는 aa_1의 α-카복시기를 활성화시키고, —OH기를 양호한 이탈기로 변환시켜 친핵성 아실치환 반응이 잘 일어나도록 한다.

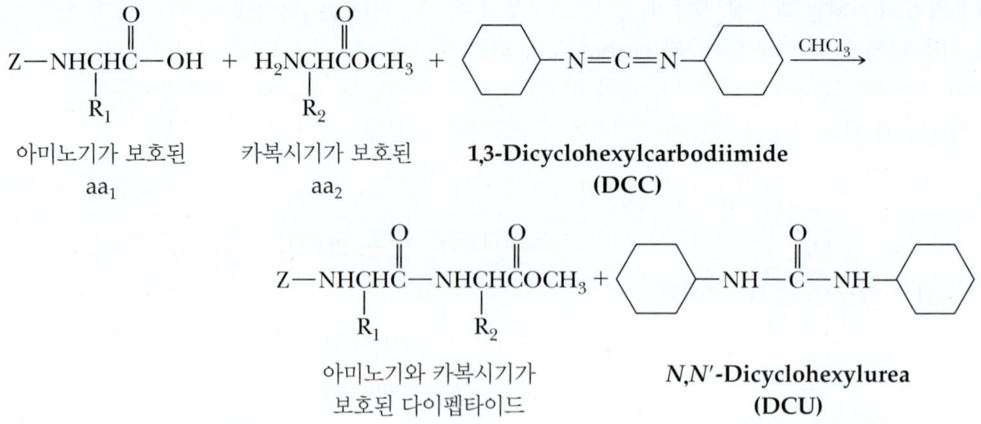

$$Z-NHCHC(=O)-OH\ (R_1) + H_2NCHC(=O)OCH_3\ (R_2) + C_6H_{11}-N=C=N-C_6H_{11} \xrightarrow{CHCl_3}$$

아미노기가 보호된 aa_1 / 카복시기가 보호된 aa_2 / **1,3-Dicyclohexylcarbodiimide (DCC)**

$$Z-NHCHC(=O)-NHCHC(=O)OCH_3\ (R_1, R_2) + C_6H_{11}-NH-C(=O)-NH-C_6H_{11}$$

아미노기와 카복시기가 보호된 다이펩타이드 / ***N,N′*-Dicyclohexylurea (DCU)**

분자 간 탈수 반응의 개략적인 메커니즘이 그림 27.9에 나타나 있다. 1단계는 aa_1의 카복시기와 DCC (H를 탈취)의 질소 사이에서 발생하는 산-염기 반응이고, 계속해서 2단계에서는 카복실레이트 음이온이 C=N 이중 결합(친핵체와 친전자체 간의 새로운 결합 형성)에 첨가되는 반응이다. 이 과정에서 생성된 *O*-acylisourea는 혼합 무수물의 질소 유사체이다. 3단계(친핵체와 친전자체 간의 새로운 결합 형성)에서는 *O*-acylisourea의 카보닐기에 aa_2의 아미노기가 친핵성 첨가 반응을 하여 그 결과, 정사면체형의 첨가형 카보닐 중간체가 형성되고, 4단계에서 이 중간체는 붕괴되어 다이펩타이드와 DCU(페리 고리화 반응에서 안정한 분자 또는 이온을 형성하기 위해서 결합이 절단됨)를 형성한다.

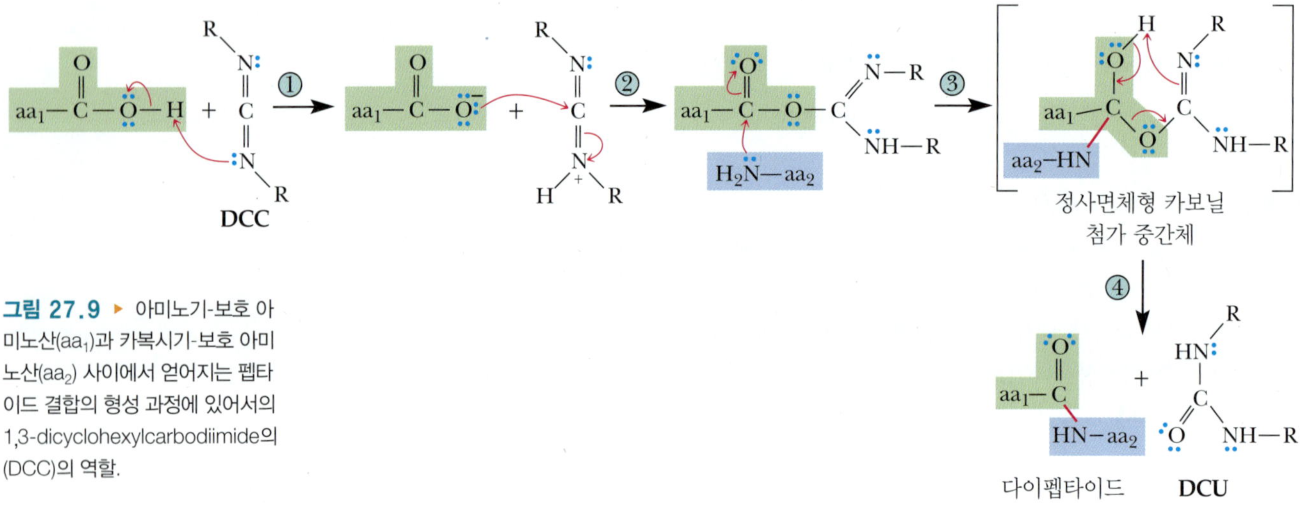

그림 27.9 ▸ 아미노기-보호 아미노산(aa_1)과 카복시기-보호 아미노산(aa_2) 사이에서 얻어지는 펩타이드 결합의 형성 과정에 있어서의 1,3-dicyclohexylcarbodiimide의 (DCC)의 역할.

F 펩타이드의 고체상 합성

폴리펩타이드의 합성 과정에 있어서 고질적인 문제는 보호, 활성화, 짝지음, 탈보호 과정 후에 얻어지는 중간생성물의 정제에 관한 것이다. 만일 출발 물질이 각각의 단계를 거친 다음 아직 정제되지 못하고 반응하지 않고 남아 있다면, 최종 생성물은 하나 혹은 그 이상의 아미노산이 결손된 채로 합성된 폴리펩타이드에 의해 오염된다. 따라서 각 단계마다 거쳐야만 되는 정제 과정은 매우 힘들고 지루하며 동시에 시간이 걸리는 과정일 뿐만 아니라 정제의 특성상 불가피하게 목적하고자 하는 생성물의 손실을 초래하게 된다. 이러한 손실은 분자량이 큰 폴리펩타이드의 합성일수록 더더욱 심각한 문제로 드러나게 된다.

1962년에 Rockefeller 대학의 R. Bruce Merrifield가 테트라펩타이드인 Leu-Ala-Gly-Ala의 고체상 합성법(고분자-지지 합성법이라고도 함)을 제안함으로써 폴리펩타이드의 합성에 있어서 큰 진전이 있었다. 최근에는 그의 이름을 따서 Merrifield 합성법으로 부른다. Merrifield는 펩타이드 합성을 위한 고체상 합성법을 개발한 공로로 노벨 화학상을 1984년에 수상하게 되었다.

Merrifield가 사용한 고체 지지체는 5%의 페닐기를 함유하는 polystyrene이며, 이 페닐기의 파라 위치에 chloromethyl ($-CH_2Cl$)기가 존재한다(그림 27.10). 이들 chloro-

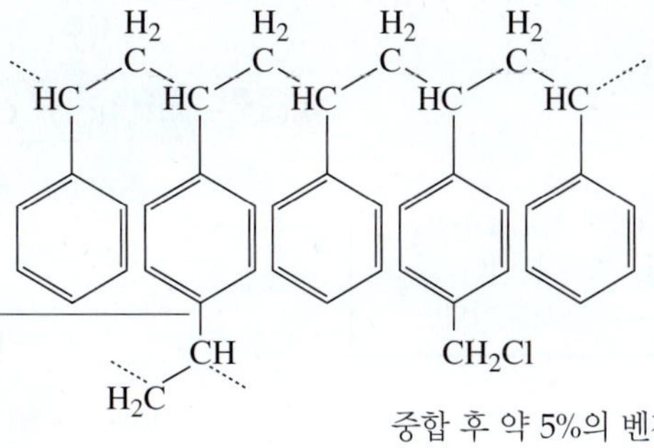

2%의 *p*-divinylbenzene과 styrene의 공중합에 의해서 polystyrene 사슬의 가교화

중합 후 약 5%의 벤젠고리가 클로로메틸화 됨

그림 27.10 ▸ Merrifield의 고체상 합성법에 사용되는 지지체는 클로로메틸화된 polystyrene 수지이다.

methyl기들이 할로젠화 벤질처럼 친핵성 치환 반응에 있어서 특별한 반응성을 띠게 된다.

Merrifield의 방법에서는 *C*-말단의 아미노산이 고체상 고분자 지지체에 벤질 에스터의 형태로 결합하게 되고, *N*-말단에서 한 번에 하나의 아미노산이 결합하여 폴리펩타이드 사슬이 자라나게 된다. 고체상 지지체를 사용하는 폴리펩타이드 합성법의 장점은 펩타이드 사슬이 결합되어 있는 고분자 입자들은 합성에 사용되는 반응 용매에 녹지 않는다는 점이다. 따라서 과량 첨가된 시약(예를 들면, DCC)과 반응 부산물(예를 들면, DCU)들은 각각의 과정이 끝난 다음에 이들 고분자 입자를 세척하면 간단히 제거된다. 그리하여 합성이 완결되면 벤질 에스터기를 절단하여 폴리펩타이드를 고분자 입자로부터 분리한다. 폴리펩타이드의 고체상 합성의 각각의 단계들을 그림 27.11에 나타내었다.

자동화에 관한 기술의 발전 덕분에 폴리펩타이드의 합성은 이제는 화학 연구자들 사이에서 통상적인 과정으로 변모해 버렸다. 즉, 의학, 생물학, 재료과학, 생의공학 분야의 연구원들이 몇 종류의 펩타이드를 동시에 주문하는 것은 더 이상 놀라운 일이 아니다.

1969년에 Merrifield가 라이보핵산 분해 효소(ribonuclease)를 고체상 합성법으로 만들어 냄으로써 고체상 합성법의 놀라운 힘을 잘 나타내었다. 이 합성 과정에는 369번의 화학적 반응과 11,931번의 다양한 조작들이 포함되나 중간 단계에서 중간체들을 분리하는 과정을 수행하지 않은 채 이 모든 과정들이 자동화된 기계를 사용하여 이루어졌다. 124개의 아미노산들이 *N-tert*-뷰톡시카보닐의 유도체로 따로 따로 첨가되었으며, DCC를 이용하여 짝지음 반응을 하였다. 수지로부터의 절단 반응과 보호기의 제거 반응은 폴리펩타이드의 혼합물을 만들었지만, 이들은 이온 교환 크로마토그래피에 의해 정제되었다. 합성된 효소의 비활성은 천연의 효소의 활성에 비해 13~24% 정도였다. 합성 효소의 비활성이 천연 효소에 비해 낮다는 사실은 반응 부산물인 폴리펩타이드가 합성 효소 내에 공존한다는 것에 기인하며, 천연 효소와 활성을 지닌 합성 효소가 구조적으로 일치하지 않기 때문은 아니다. 124개의 아미노산으로 구성된 합성 라이보핵산 분해 효소는 123개의 펩타이드 결합으로 구성되어있다. 만일 개개의 펩타이드 결합이 99%의 수득률로 얻어진다면, 순수한 폴리펩타이드가 얻어질 확률은 0.99^{123} = 29%이다. 만일 개개의 펩타이드 결합이 98%의 수득률로 얻어지면 최종 수득률은 8%에 지나지 않는다. 따라서 개개의 펩타이드 결합 형성 단계에서 99%의 수득률로 반응이 진행되더라도 얻어지는 합성 폴리펩타이드의 많은 부분들은 하나 혹은 그 이상의 아미노산의 배열에 있어서 결함을 지니게 된다. 그럼에도 불구하고 대부분의 합성 효소들은 활성이 완전하게 나타나거나 또는 부분적인 활성만을 나타내게 된다.

27.6 폴리펩타이드와 단백질의 3차원적 구조

A 펩타이드 결합의 기하학적 형상

1930년대 후반에 Linus Pauling이 펩타이드 결합의 기하학적 구조를 규명하기 위한 일련의 연구를 시작하였다. 그의 첫 번째이며 가장 중요한 발견은 펩타이드 결합이 그 자체로 하나의 평면을 이룬다는 것이다. 그림 27.12에 나타낸 것처럼 펩타이드 결합에 관여하는 4개의 원자와 그들에 결합된 2개의 α-탄소가 서로 같은 평면에 놓여 있다는 것이다.

18.2절의 '생화학 관련 이야기: 아마이드 결합의 특이한 구조'에서 언급하였듯이 아마이

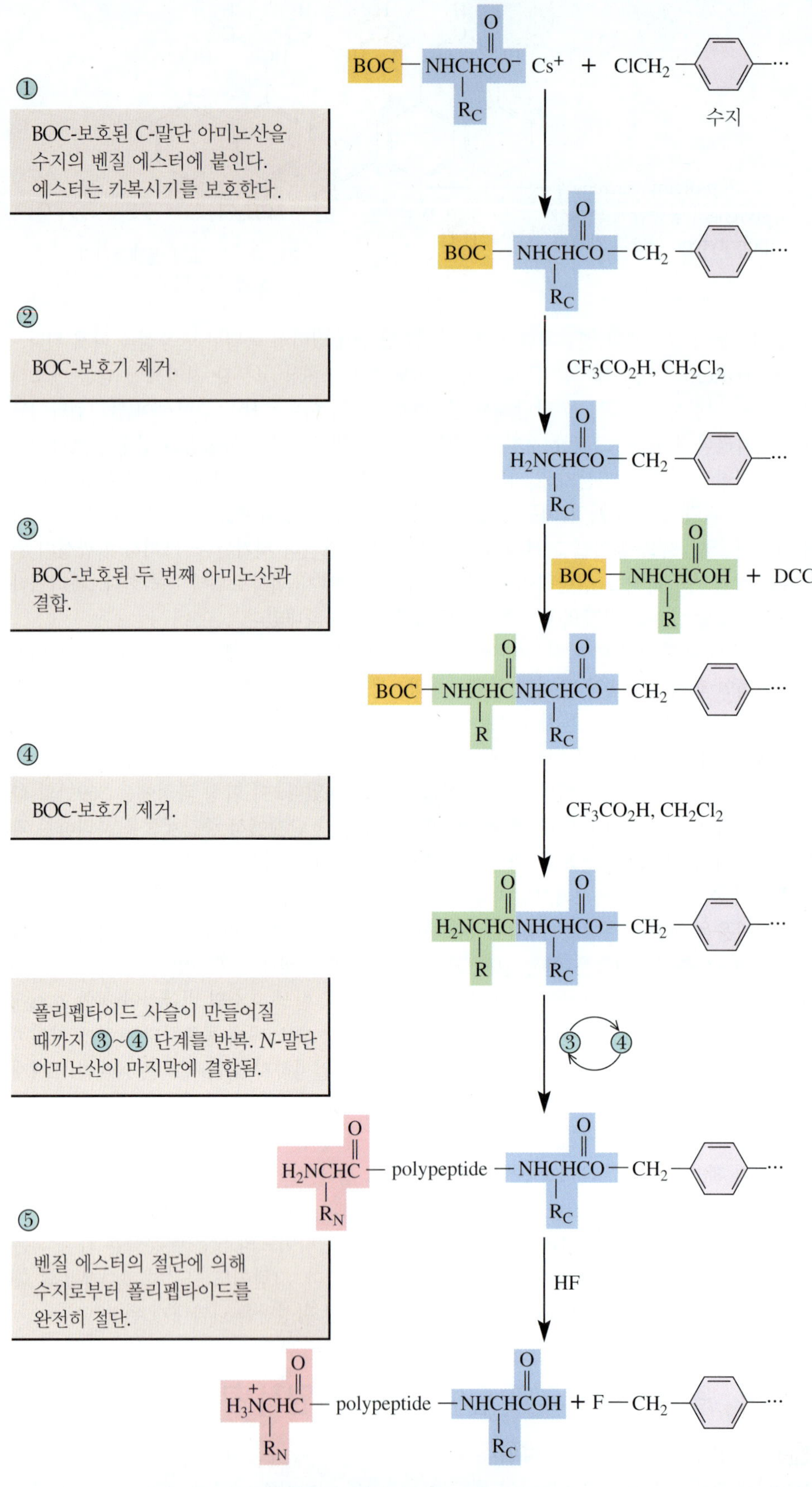

그림 27.11 ▸ Merrifield의 고체상 폴리펩타이드 합성법의 각 단계.

드 결합에 존재하는 두개의 원자인 산소와 질소는 질소의 비공유전자쌍이 카보닐과 공명을 이루기 때문에, 그 결과 서로에 대해서 약 120°의 결합각을 가진 채 실제적인 평면성을 유지하고 있다. 평면성을 나타내는 펩타이드 결합의 원자들이 취할 수 있는 배열에는 두 가지가 있다. 첫 번째의 경우 두 개의 α-탄소가 서로 간에 *시스* 위치로 존재하는 것이고, 두 번

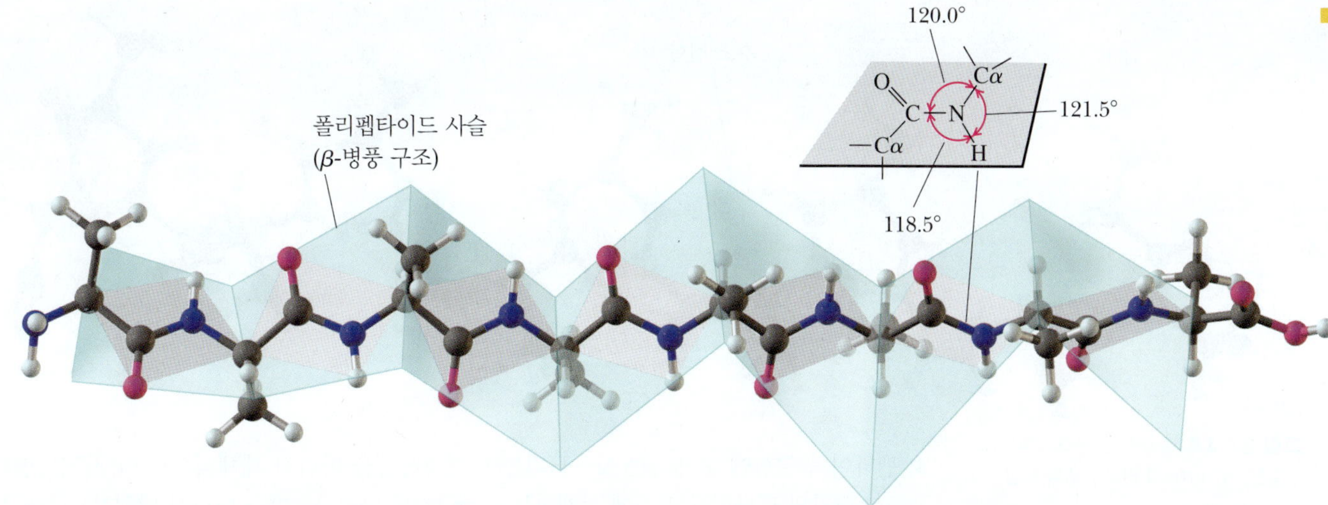

그림 27.12 ▸ 펩타이드 결합의 평면성. 카보닐 탄소와 아마이드 질소 원자 간의 결합각은 약 120°이다.

째로는 두 개의 탄소가 서로 간에 *트랜스* 위치로 존재하는 것이다. 실제로는 입체장애가 큰 치환기를 갖는 α-탄소가 *시스* 배열인 경우에 비해 *트랜스* 배열의 경우에서 서로 멀리 떨어져 있기 때문에 *트랜스* 배열을 선호하게 된다. 천연에 존재하는 대부분의 단백질들의 펩타이드 결합은 모두 *트랜스* 배열을 가진다. 한편, proline은 대부분 *시스* 배열에서 발견되지만, *시스* 배열의 펩타이드 결합을 지닌 물질들도 일부 잘 알려져 있다. *트랜스*/*시스* 배열을 지닌 펩타이드 결합의 상호 전환은 단백질에 있어서 중요한 생물학적인 결과를 가져올 수 있으며, 최근 이러한 현상에 대한 연구 분야가 활발히 진행 중이다.

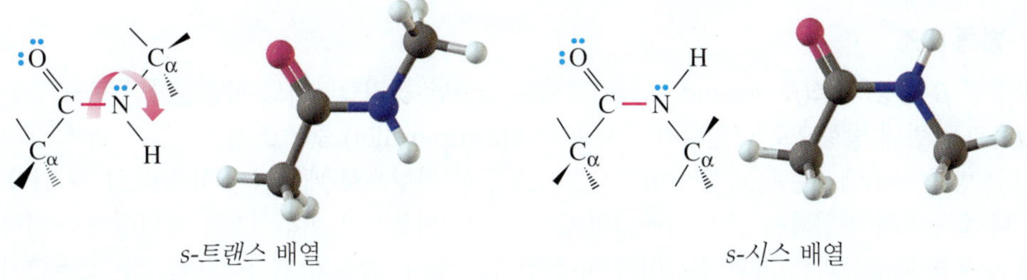

B 이차 구조

이차 구조[Secondary (2°) structure)]는 단백질이나 폴리펩타이드 분자의 일부 영역에 존재하는 아미노산들의 질서있는 배치(배열)을 의미한다. 폴리펩타이드의 배열에 관하여 처음으로 연구한 사람은 Linus Pauling과 Robert Corey이며, 1939년부터 시작되었다. 이들은 가장 안정한 배열 상태에서 펩타이드 결합에 존재하는 모든 원자들은 동일한 평면상에 위치하며, 어떤 펩타이드 결합에 존재하는 N—H기와 또 다른 펩타이드 결합에 존재하는 C═O기 사이에서 수소 결합이 존재한다는 것을 밝혀내었다(그림 27.13).

분자 모형 제작을 토대로 Pauling은 이차 구조의 두 가지 형태, 즉 α-나선 구조와 β-병풍 구조가 특히 안정하다고 제안하였다. X-선 결정 구조 해석법을 통해 이들의 예상이 완벽하게 입증되었다.

단백질의 이차 구조
단백질이나 폴리펩타이드 분자의 일부 영역에 존재하는 아미노산들의 질서 있는 배치, 즉 배열.

α-나선 구조
폴리펩타이드 사슬의 일부분이 대부분의 경우에 우회전성을 띠면서 나선형으로 꼬여 있는 펩타이드의 이차 구조.

α-나선 구조

그림 27.14에 나타낸 **α-나선**(α-helix) **구조**에서 폴리펩타이드 사슬은 나선형으로 꼬여져 있음을 알 수 있다. 이 절에서 공부하는 α-나선 구조의 구조적 특징은 다음과 같다.

1. 나선 구조는 시계방향 혹은 우회전성으로 꼬여 있다. 우회전성의 의미는 만일 나선이 시계방향으로 꼬여 갈 때 몸으로부터 멀어진다는 뜻이다. 이런 의미에서 볼 때 우회전성 나선 구조는 목재용의 오른쪽 나사 또는 기계용 볼트와 유사하다.
2. 나선이 한바퀴 돌아서 제자리에 오기까지에는 3.6개의 아미노산이 필요하다.
3. 각각의 펩타이드 결합은 *트랜스*이고 평면이다.

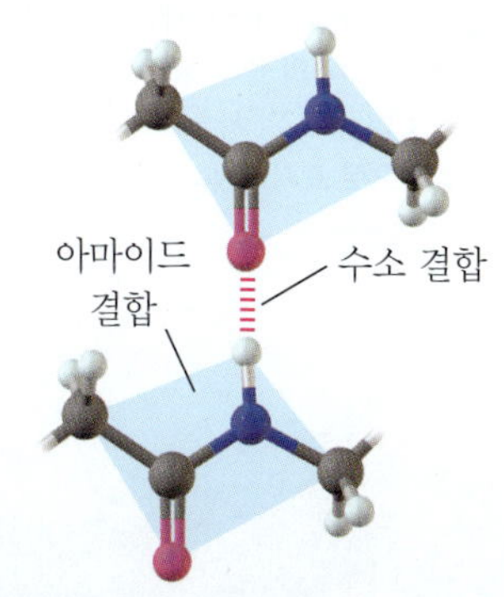

그림 27.13 ▸ 아마이드 작용기들 사이의 수소 결합.

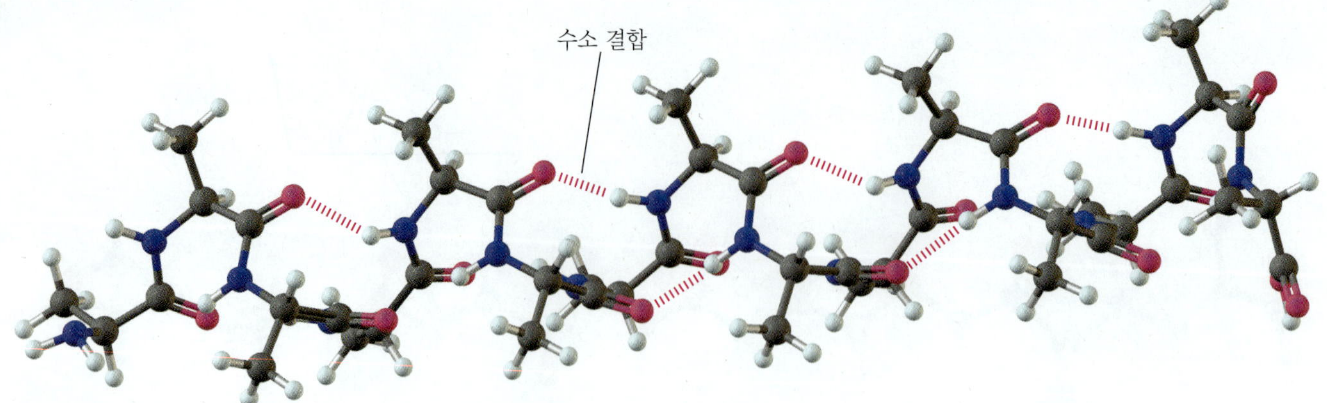

그림 27.14 ▸ α-나선 구조. 펩타이드 사슬은 L-alanine의 반복 단위를 포함한다.

4. 펩타이드 결합에 존재하는 N—H기는 나선축방향을 따라서 대체적으로 아래쪽을 향하고, 각각의 펩타이드 결합에 존재하는 C=O기는 나선축방향을 따라서 대체적으로 위쪽을 향한다.
5. 각각의 펩타이드 결합에 존재하는 카보닐기는 3개의 아미노산을 건너뛴 4번째 아미노산의 N—H기와 수소 결합을 형성한다. 이 수소 결합은 그림에서 점선으로 나타내었다.
6. 모든 R— 치환기는 나선 구조의 바깥쪽을 향하고 있다.

Pauling이 α-나선 구조 배열을 제안한 후 바로, 다른 연구자들이 머리카락과 양모의 단백질인 keratin에서 α-나선 구조의 존재를 증명하였다. 따라서 α-나선 구조가 폴리펩타이드 사슬의 기본적인 접힘(folding) 형태 중의 하나라는 것이 명백해졌다.

β-병풍 구조

β-병풍 구조
폴리펩타이드 사슬의 일부분이 다른 폴리펩타이드 사슬과 평행하거나 역평행 상태로 배열되어 있는 펩타이드의 이차 구조.

반평행 **β-병풍 구조**(β-pleated sheet)에서는 늘어난 폴리펩타이드 사슬들이 서로 인접한 것들과는 반대 방향으로 배열되어 있는 반평행(antiparallel) 구조를 볼 수 있다. 평행 상태의 β-병풍 구조에서는 폴리펩타이드 사슬이 동일한 방향으로 배열되어 있음을 알 수 있다. α-나선 구조의 배열과는 달리 N—H와 C=O기는 병풍으로 이루어지는 평면상에 존재하고 병풍의 축방향과는 거의 수직의 위치를 점하고 있다. 각각의 펩타이드에 있는 C=O기는 이웃하는 폴리펩타이드 사슬의 펩타이드 결합에 존재하는 N—H기와 수소 결합을 형성한다(그림 27.15).

이 절에서 공부하는 β-병풍 구조의 구조적 특징은 다음과 같다.

1. 3개의 폴리펩타이드 사슬이 서로 인접하고 있으며, 반대 방향(역평행)을 유지하고 있다.
2. 각각의 펩타이드 결합은 동일 평면에 위치하며, α-탄소들은 서로 간에 *트랜스* 형태를 유지한다.
3. 인접한 사슬에 있는 펩타이드 결합의 C=O기와 N—H기는 서로 마주보고 있으며 동일한 평면 내에 존재하므로 인접한 폴리펩타이드 사슬 사이에서 수소 결합이 가능하다.

그림 27.15 ▸ 서로 반대(역평행) 방향으로 배열된 3개의 폴리펩타이드 사슬로 구성된 β-병풍 구조. 사슬 사이의 수소 결합은 점선으로 표시되었다.

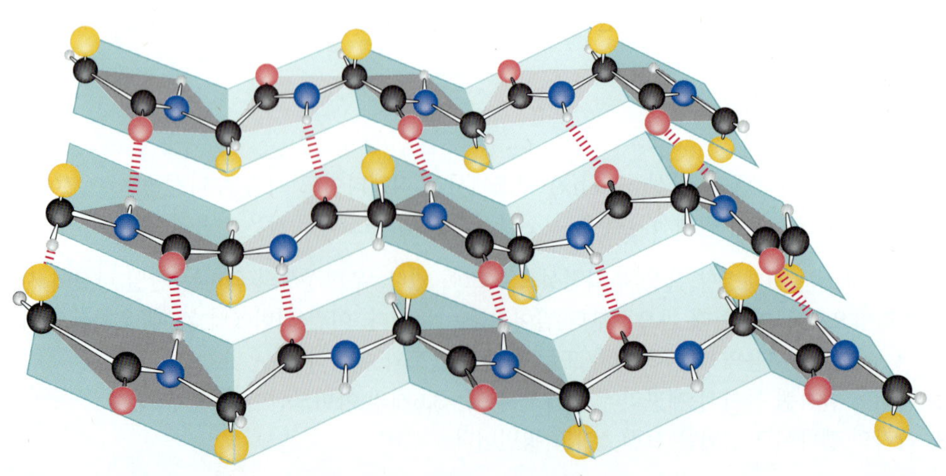

4. 하나의 폴리펩타이드 사슬에 연결되어 있는 치환기(R—)들은 첫 번째 사슬에서는 병풍 구조의 위쪽에 위치하고, 그 다음 사슬에서는 아래쪽에 위치한다.

β-병풍 구조의 배열 혹은 형태는 하나의 사슬에 있는 N—H기와 인접한 다른 사슬에 있는 C=O기 사이에서 형성되는 수소 결합에 의해 안정화된다. 한편, α-나선 구조의 경우에는 동일한 폴리펩타이드 사슬에 존재하는 N—H기와 C=O기 사이에서 형성되는 수소 결합에 의해 안정화된다.

C 삼차 구조

단백질의 삼차 구조
하나의 폴리펩타이드 사슬에 포함된 모든 원자들의 3차원 공간에서 배열.

삼차 구조[Tertiary (3°) structure]는 단일 폴리펩타이드 사슬에서 모든 원자들의 공간적 인배열과 전체적인 겹침 형태와 관련이 있다. 이차 구조 및 삼차 구조 사이에 명확한 경계선은 존재하지 않는다. 이차 구조는 폴리펩타이드 사슬에서 인접한 아미노산들 사이의 공간적인 배열에 관련된 반면, 삼차 구조는 폴리펩타이드 사슬의 모든 원자에 대한 3차원적 배열과 연관되어 있다. 삼차 구조를 유지하기 위해서 가장 중요한 요소는 이황화물 결합, 소수성 상호작용, 수소 결합 및 염다리 형성이다.

이황화물 결합(Disulfide bond, 10.9G절)은 삼차 구조를 유지하는데 있어서 중요한 역할을 담당한다. 이황화물 결합은 두 개의 cysteine의 곁사슬에 있는 싸이올기(—SH)의 산화에 의해 형성된다. 이황화물 결합을 환원시키면 싸이올기가 재생된다.

Cysteine의 곁사슬

산화 / 환원

이황화물 결합

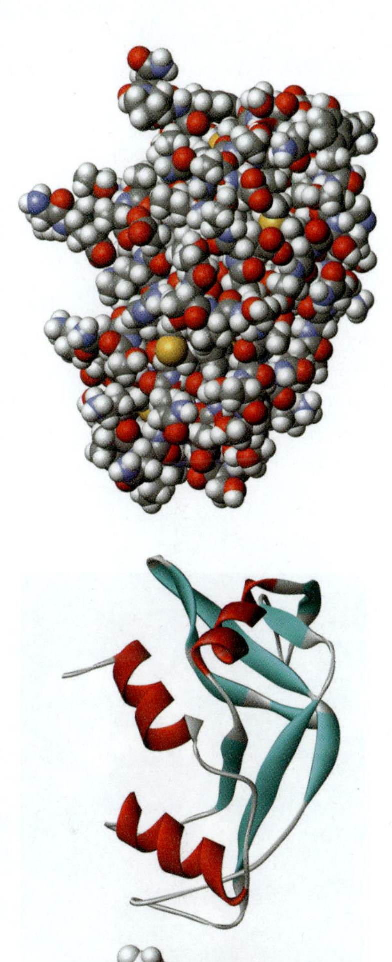

그림 27.16은 사람 insulin의 아미노산 서열을 나타낸다. 이 단백질은 두 개의 폴리펩타이드 사슬로 구성되어 있다. 즉, 21개 아미노산의 A 사슬과 30개 아미노산의 B 사슬이다. A 사슬은 B 사슬과 두 개의 분자 사슬 사이의 이황화물 결합에 의해 연결되어 있다. 분자내 사슬 간의 이황화물 결합도 또한 A 사슬의 6번, 11번에 위치한 cysteine 잔기로 연결되어 있다.

이차 및 삼차 구조의 한 예로서 특히 물개, 고래, 돌고래 같은 다이빙이 가능한 포유류에 풍부하며 근골격계에 존재하는 단백질인 myoglobin의 삼차 구조를 생각해 보자. Myoglobin과 이와 유사한 구조를 갖는 hemoglobin은 척추동물에 있어서 산소의 저장 및 운반 기능을 담당하다. Hemoglobin은 허파에서 산소 분자와 결합한 다음 근육 속의 myoglobin까지 산소를 운반한다. Myoglobin은 대사 과정 중의 산화 반응에서 산소를 필요할 때까지 산소를 저장하게 된다.

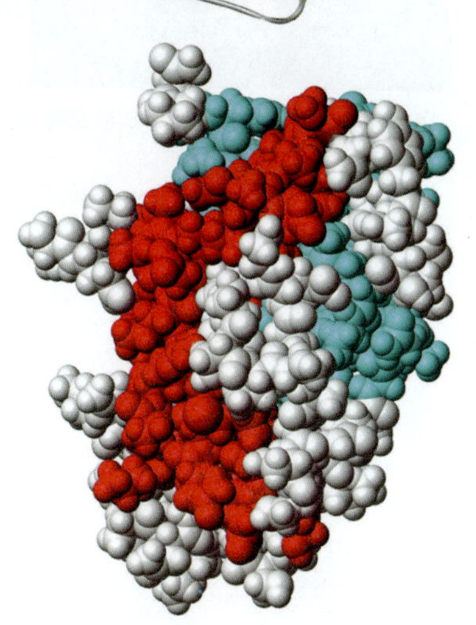

단백질인 리보뉴클레아제 A의 세 가지 모형. 제일 위의 모형 원자 종류에 따라 색깔이 있는 원자로 나타내었다. 아래 두 가지 모형에서 붉은 색은 α-나선 구조의 영역을 나타내고, 푸른색은 β-병풍 구조(27.6절) 영역을 나타낸다. 루프 영역은 흰색으로 나타내었다.

Myoglobin은 153개의 아미노산으로 이루어진 하나의 폴리펩타이드 사슬로 구성되고 하나의 헴(heme) 단위를 가지고 있다. 헴 분자는 하나의 2가 철 이온(Fe^{2+})을 가지고 있으며, 이는 porphyrin 분자에 있는 4개의 질소 원자와 동일 평면상에서 서로 배위 결합을 이루고 있다(그림 27.17).

Myoglobin의 삼차 구조를 결정하는데 있어서 분자 골격에 관한 연구들이 시금석이 되었다. 이들에 관련된 연구로 인하여 영국인인 John C. Kendrew와 Max F. Perutz가 1962년에 노벨화학상을 공동 수상하게 되었다. Myoglobin의 이차 및 삼차 구조는 그림 27.18에 나타내었다. 하나의 폴리펩타이드 사슬은 복합체를 형성하기 위해 접혀져서 마치 상자와 같은 모습을 나타냄을 알 수 있다.

다음에 기술한 내용은 myoglobin의 삼차 구조에 관한 중요한 구조적인 특징이다.

1. 폴리펩타이드의 주사슬은 8개의 비교적 직선 형태인 α-나선 구조로 이루어져 있으며, 이

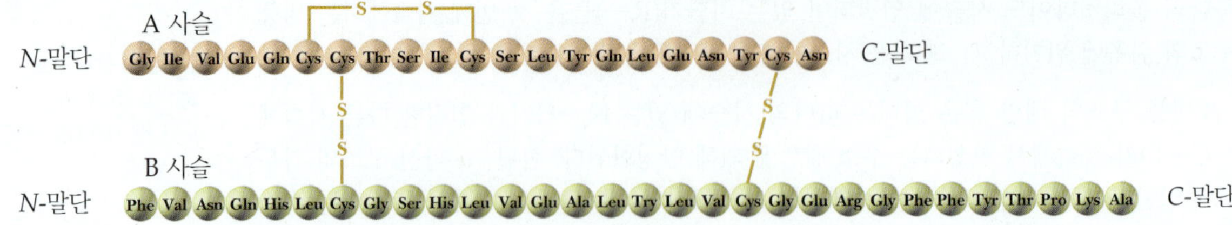

그림 27.16 ▸ 사람의 insulin. 21개의 아미노산으로 이루어진 A 사슬과 30개의 아미노산으로 이루어진 B 사슬들은 A7과 B7 사이, A20과 B19 사이에서 형성되는 사슬 간 이황화물 결합으로 연결되어 있다. 또한 한 개의 사슬 내의 이황화물 결합이 A6과 A11 사이에서 형성된다.

그림 27.17 ▸ Myoglobin과 hemoglobin에서 발견되는 heme 분자의 구조.

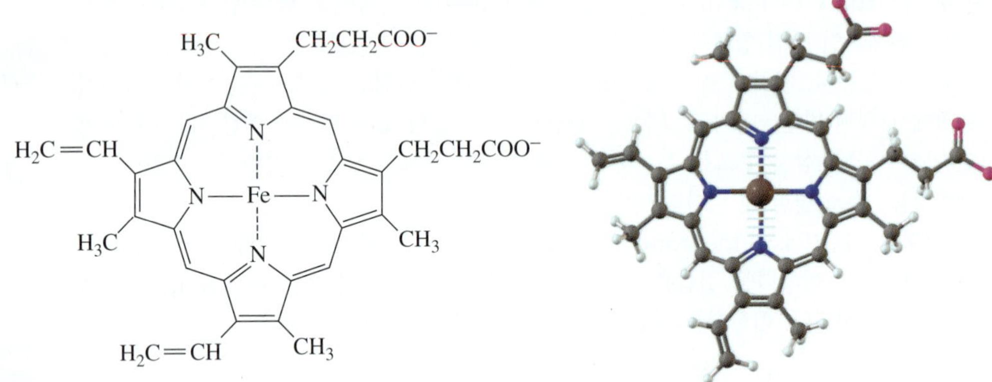

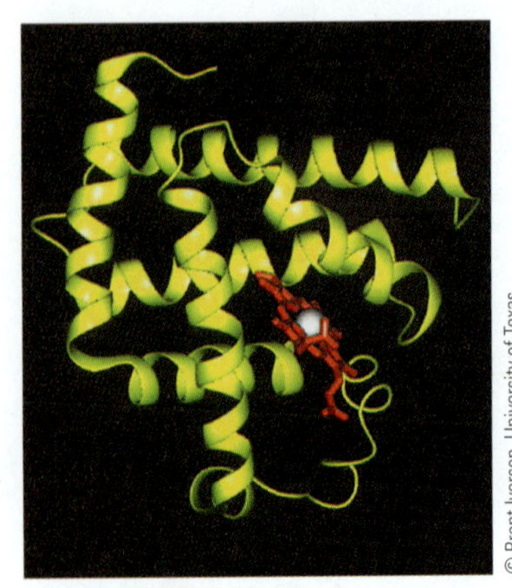

© Brent Iverson, University of Texas

그림 27.18 ▸ Myoglobin의 리본 모형. 폴리펩타이드 사슬은 노란색, heme 리간드는 붉은색, 철 원자는 흰색의 구형으로 표시되어 있다.

들 각각은 폴리펩타이드 사슬 내에서 구부러진(bend) 형태로 분리되어져 있다. 가장 긴 α-나선 구조는 24개의 아미노산으로 이루어지며, 가장 짧은 것은 7개의 아미노산으로 이루어져 있다. 이들 8개의 α-나선 구조에 전체의 약 75%에 해당하는 아미노산들이 존재한다.

2. Phenylalanine, alanine, valine, leucine, isoleucine, methionine의 소수성 곁사슬은 단백질 분자의 내부에 뭉쳐져 있어 물과의 접촉으로부터 격리된다. **소수성 상호작용**(Hydrophobic interaction)은 myoglobin이 이와 같은 견고한 삼차 구조를 취하는데 필요한 폴리펩타이드 사슬의 접힘 현상에 직접적으로 관여하는 중요한 함수이다.
3. Myoglobin의 바깥쪽 표면은 lysine, arginine, serine, glutamic acid, histidine, glutamine과 같은 친수성 곁사슬로 피복되어 있어, 수용액성 환경과는 **수소 결합**(hydrogen bonding)으로 상호작용한다. Myoglobin 분자의 내부에 존재하는 유일한 극성 곁사슬을 갖는 아미노산은 헴 분자 쪽으로 향해 있는 두 개의 histidine이다.
4. 단백질의 삼차 구조에서 인접한 위치에 존재하는 상반된 전하를 갖는 아미노산 곁사슬들은 정전기적으로 상호작용하여 **염다리**(salt linkage)라고 부르는 구조를 형성한다. 한 예로서 lysine의 곁사슬(—NH_3^+)과 glutamic acid의 곁사슬(—COO^-) 사이의 상호작용을 들 수 있다.

수백 가지의 단백질에 관한 삼차 구조는 이미 결정되어 있다. 단백질에는 α-나선 구조와 β-병풍 구조가 존재한다는 것은 명백한 사실이지만, 각각의 상대적인 함량에는 커다란 오차가 존재함도 명백한 일이다. 하나의 폴리펩타이드 사슬에 129개의 아미노산이 존재하는 lysozyme에는 단지 25%의 아미노산이 α-나선 구조 영역에 존재한다. 하나의 폴리펩타이드 사슬에 104개의 아미노산이 존재하는 cytochrome *c*에는 α-나선 구조가 존재하지 않으며 몇 개의 β-병풍 구조가 존재한다. 하나의 단백질 분자 내에 α-나선 구조, β-병풍 구조 혹은 또 다른 규칙적인 구조들의 비율이 얼마가 되든지 간에 수용성 단백질에 있는 대부분의 비극성 곁가지를 갖는 아미노산들은 분자의 안쪽을 향하고 있고, 반면에 극성 곁가지를 갖는 아미노산은 단백질의 표면에 위치하여 수용성 환경과 접하고 있게 된다. 수용성 단백질에서 극성 및 비극성기들의 배열은 마이셀 내에서 비누 분자들이 나타내는 극성과 비극성 분자들의 배열과 흡사함을 기억하라(그림 26.3). 이는 지질 두겹층(bilayer)에서 볼 수 있는 인산 지질들의 배열과도 흡사하다(그림 26.13).

거미 실크

거미 실크는 몇몇의 매우 뛰어난 특성을 보유하고 있다. 이에 관한 연구는 무당거미(Golden Orb Weaver, *Nephila clavipes*)가 만드는 거미줄의 살에 해당하는 강력한 드래그라인 실크에 집중되고 있다. 이 실크는 케블라에 비해 3배의 충격 강도를 나타내며, 나일론에 비해 30% 더 유연성을 갖는다. 거미 실크를 상업적으로 응용하려는 시도는 전혀 새로운 것이 아니다. 18세기에 프랑스의 실업가인 Bon de Saint-Hilaire가 그의 고밀도 거미농장에서 실크의 대량 생산을 시도하였으나, 그 지역의 거미류들 사이에서 만연한 서로 간에 잡아먹는 현상의 발생으로 인해 실패하고 말았다. 이와 대조적으로 뉴기니 원주민들은 거미 실크를 성공적으로 수집하여 가방이나 고기잡이용 그물로 다양하게 응용하고 있다. 오늘날 실크를 대량으로 얻을 수 있는 유일한 방법으로 거미를 고정시키고 거미의 복부에서 이를 추출해 내는 것이지만, 과학기술의 발달에 힘입어 거미실크의 대량 생산 및 산업적인 적용의 가능성이 점진적으로 커지고 있다.

거미가 생물학적으로 만든 드래그라인 실크는 스피드로인 1과 2(Spidroin 1 and 2) 라는 두 가지 액상 단백질의 조합물인데, 이들 단백질들이 거미줄의 살을 형성하기 위해 복잡한 도관 체계를 통한 배향 및 고형화 과정을 거쳐서 특성을 발휘하게 된다. 이들 단백질은 주로 가장 작은 아미노산인 alanine과 glycine으로 이루어져 있다. Glycine이 단백질 중 42%를 차지하지만, 전체 단백질의 25%를 점유하는 5~10개의 alanine으로 이루어진 짧은 펩타이드 사슬이 거미 실크의 고유 특성을 나타내는데 있어서 더 중요하다. 핵자기 공명 측정을 통해서 거미 실크의 구조에 관한 이해도가 증대되었는데, 이전에는 X-선을 이용한 결정 측정법이 주된 구조 해석법이었다. 중수소로 표지한 alanine을 함유하는 스피드로인을 NMR 분석한 결과로부터 모든 alanine들이 β-병풍 구조 안에 배열되어 있음을 알 수 있었다. 게다가 NMR 분석 데이터로부터 40%에 해당하는 alanine β-병풍 구조가 고도로 배열된 구조를 띠고 있는 반면에, 나머지 60%는 상대적으로 덜 배향된 구조를 가져서 하나하나의 가닥들이 서로 맞닿을 수 있는 손가락 모양의 돌기를 형성 가능하다는 사실이 밝혀졌다. 이들 돌기들은 alanine β-병풍 구조로 배향된 부분과 glycine이 풍부한 폴리펩타이드의 무정형의 배경 부분을 연결한다고 알려져 있다.

© Tom Bean/Stone/Getty Images

최근에 유전자 조작된 *E. Coli*가 스피드로인 1과 2의 대량 생산에 적용되고 있다. 그러나 DNA 코드의 중복은 거미의 유전자가 박테리아 속으로 옮겨질 때 원초적으로 합성에 있어서 문제를 야기시킨다. 따라서 *E. Coli*는 동일한 이유로 인해 거미의 세포에서는 전사가 되던 코돈들이 전사되지 못하므로 과학자들은 DNA를 조작하게 되는 것이다. 단백질이 합성 가능하게 되면 거미 실크가 공기와 접촉하는 것을 막아서 궁극적으로는 고화되는 과정을 막는 거미 실크의 천연적인 생산 과정을 모방한 시스템의 개발이 필요하게 될 것이다. 생산된 두 가지 단백질이 *E. Coli*에서 분리된 후에 이들 단백질은 각각의 주사바늘을 통하여 메틸알코올 속으로 함께 이동된다. 또 다른 시도로서는 실크를 formic acid에 녹이거나 혹은 친수성 아미노산(이 경우에는 histidine과 arginine)을 첨가하면, 합성된 실크도 유연하게 된다. 거미 실크의 산업적 그리고 실질적인 응용은 대량으로 실크가 합성되거나 인위적으로 조작될 때 까지는 구체적으로 언급되기는 어렵다.

예제 27.7 ▸ 수소 결합

다음에 나타낸 아미노산들의 곁가지 중에서 threonine의 곁가지와 수소 결합을 형성할 수 있는 것은?

(a) Valine　**(b)** Asparagine　**(c)** Phenylalanine
(d) Histidine　**(e)** Tyrosine　**(f)** Alanine

➥ 해답

Threonine의 곁가지는 하이드록시기를 가지고 있으며, 두 가지 방법으로 수소 결합을 형성 가능하다. 하이드록시기의 산소는 부분적으로 음전하를 띠어 수소 결합의 받개로 작용할 수 있다. 반면에 수소는 부분적으로 양전하를 띠어 수소 결합의 주개로 작용할 수 있다. 따라서 threonine의 곁가지는 tyrosine, asparagine, histidine의 곁가지와 수소 결합을 형성한다.

연습 문제 27.7

pH 7.4에서 어떤 아미노산의 곁사슬이 lysine과 염다리를 형성할 수 있는가?

D 사차 구조

사차 구조
비공유 결합으로 뭉쳐진 폴리펩타이드 단위체들의 배열.

소수성 효과
사차 구조에 존재하는 비극성기들이 서로 뭉쳐져서 수용액성 환경과의 접촉으로부터 자신을 보호하려는 현상.

분자량이 50,000보다 큰 대부분의 단백질들은 비공유 결합으로 연결된 두 개 혹은 그 이상의 폴리펩타이드 사슬을 가지고 있다. 이와 같이 단백질 단위체들이 뭉쳐진 구조를 **사차 구조**[quarernary (4°) structure]라 부른다. 사차 구조의 좋은 예로 hemoglobin을 들 수 있으며, 이는 4개의 서로 다른 각각의 폴리펩타이드 사슬로 구성되어 있다. 즉, 141개의 아미노산으로 이루어진 2개의 α-사슬과 146개의 아미노산으로 이루어진 2개의 β-사슬로 구성된다. Hemoglobin의 사차 구조는 그림 27.19에 나타나있다.

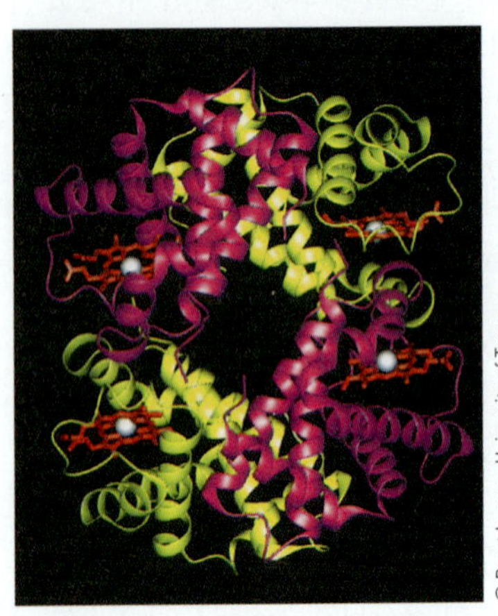

그림 27.19 ▸ Hemoglobin의 리본 모형. α-사슬은 보라색, β-사슬은 노란색, heme 리간드는 붉은색, 철 원자는 흰색의 구형으로 표시되어 있다.

단백질을 구성하는 소단위체들의 집합체를 안정화시키는 중요한 요소는 **소수성 효과**(hydrophobic effect)이다. 각각의 분리된 폴리펩타이드 사슬들은 수용성 환경면으로 극성 곁가지들을 노출시키고 동시에 비극성 곁가지들을 물과의 접촉으로부터 보호하기 위해서 치밀한 삼차원 형태로 접힘이 일어나지만, 여전히 물과 접촉하는 표면에 소수성 영역(patch)'이 존재한다. 만약 두 개 혹은 그 이상의 단위체들이 나열하여 이들 소수성 '영역들끼리 서로 접촉한다면 이들 부분은 물로부터 보호될 수 있다. 사차 구조가 이미 알려져 있는 몇몇 단백질들의 소단위체(subunit)들의 개수는 표 27.4에 나타나 있다. 여기서 서로 다른 소단위체의 집합능을 결정하는 또 다른 중요한 요인들은 적절하게 자리 잡은 상호 보완적인 수소 결합과 전하를 띠는 부위들이다. 소단위체들에 있어서 특정한 구조를 갖는 부위들이 궁극적으로 잘 짜인 회합체 구조를 형성한다는 사실은 분자 인식 뿐 아니라 초분자 화학에 관련된 새로운 분야에 이르기까지 많은 관심을 불러일으키고 있다.

표 27.4 선택된 단백질들의 사차 구조

단백질	소단위체의 수
Alcohol dehydrogenase	2
Aldolase	4
Hemoglobin	4
Lactate dehydrogenase	4
Insulin	6
Glutamine synthetase	12
Tobacco mosaic virus protein disc	17

사실과 개념에 대한 요약

27.1절 | 아미노산

연습 문제: 27.1, 27.8~27.22

- **아미노산**(Amino acid)은 아미노기와 카복시기를 갖는 화합물이다.
- Glycine을 제외하고 모든 단백질 유래 아미노산들은 카이랄성을 나타낸다.
  - D, L의 개념에서 보면, 20개의 아미노산들은 일반적으로 L-아미노산이다. 이런 표기법은 L-glyceraldehyde와의 구조적 유의성에 근거를 둔 것이지 아미노산의 광학활성 측정값에 근거를 둔 것은 아니다.
- *R*, *S*의 개념에서 보면 18개의 아미노산들은 (*S*)-아미노산에 속한다.
  - 비록 cysteine은 다른 아미노산들과 동일한 절대적 배열 구조를 갖지만, cysteine 분자는 정사면체의 카이랄 중심 탄소에 적용되는 우선순위 법칙에 의해 (*R*)-아미노산이 된다.
  - Isoleucine과 threonine은 제2의 카이랄 중심 탄소를 갖는다.
- 단백질에서 유래된 20개의 아미노산들은 일반적으로 4가지 부류로 구분된다. 그중 9개는 비극성 곁사슬, 4개는 극성이지만 이온화가 불가능한 곁사슬, 4개는 산성 곁사슬, 3개는 염기성 곁사슬을 갖는다.

27.2절 | 아미노산의 산-염기 성질

- 중성 pH에서 아미노산들은 아미노기는 양성자가 첨가되어 양전하를 띠고 카복시기는 양성자가 이탈되어 음전하를 띠므로 **쯔비터 이온**(zwitterion)의 형태로 존재한다.
  - ➤ $—NH_3^+$기의 전자끌기 효과로 인한 유발 효과 때문에 아미노산의 카복시기는 acetic acid보다 센 산성을 나타낸다.
  - ➤ α-아미노기는 1차 지방족 아민보다 약한 염기성을 나타낸다.
- 아미노산, 폴리펩타이드 혹은 단백질의 **등전점**(isoelectric point, pI)은 순수 전하량이 0이 되는 pH를 의미한다.

연습 문제: 27.2, 27.3, 27.23~27.39

- 전기이동은 전기장에서 아미노산들이 가지고 있는 고유의 전하량을 토대로 물질을 분리하는 정제법이다.
  - ➤ 높은 전하 밀도를 갖는 화합물은 낮은 전하 밀도를 갖는 화합물에 비해 빠르게 이동한다.
  - ➤ 화합물의 등전점과 동일한 pH 용액 내에서는 아미노산 혹은 단백질들은 이동하지 않고 출발점에 머무른다.
- Ninhydrin은 1차 아민기와 반응하여 보라색을 띠므로 아미노산과 단백질을 검출하는 용도로 사용된다.

27.3절 | 폴리펩타이드와 단백질

- **펩타이드 결합**(Peptide bond)은 α-아미노산들 사이에서 형성된 아미이드 결합의 특별한 이름이다.
- **폴리펩타이드**(Polypeptide)는 다수의 아미노산을 함유하는 생물학적 거대분자인데, 각각의 아미노산들은 인접한 아미노산과 펩타이드 결합으로 연결되어 있다. 편의상, 폴리펩타이드 내에서의 아미노산 서열은 ***N*-말단 아미노산**(*N*-terminal amino acid)에서 시작해서 ***C*-말단 아미노산**(*C*-terminal amino acid) 방향 쪽으로 적는다.

연습 문제: 27.4

27.4절 | 폴리펩타이드와 단백질의 1차 구조

- 폴리펩타이드의 **1차 구조**[primary (1°) structure]는 폴리펩타이드 사슬에 존재하는 아미노산들의 서열을 표시한 것이다.
  - ➤ **아미노산 분석**(Amino acid analysis)이라고 알려진 과정은 단백질의 상대적인 아미노산 조성을 결정하기 위해 사용된다. 모든 아마이드 결합은 산에 의해 가수분해되고, 계속해서 존재하는 다른 아미노산들을 분리하고 정량하기 위해 크로마토그래피를 행한다. 이 방법으로는 아미노산 서열에 관한 정보를 얻을 수 없다.
- 폴리펩타이드 혹은 단백질의 일차 구조는 cyanogen bromide와 효소를 사용하여 단백질을 토막 상태로 분해해서 결정할 수 있다. 얻어진 토막들을 서열 분석하면 아미노산 순서 배열의 결정이 가능하다.
  - ➤ Cyanogen bromide로 처리하면 단백질에 존재하는 methionine의 카복시기에서 분해된다.
  - ➤ Trypsin 혹은 chymotrypsin과 같은 단백질 분해 효소는 특이적인 조각들을 만드는 특정한 아미노산 사이에서 단백질을 분해한다.
  - ➤ Edman 분해는 펩타이드 혹은 단백질의 *N*-말단에 존재하는 제거하고 확인하기 위해서 phenyl isothiocyanate를 사용한다. Edman 분해를 되풀이하고 자동화함에 따라 20개부터 30개까지의 *N*-말단 아미노산들의 순서를 결정할 수 있다.
  - ➤ 단백질 조각들의 중첩에 의한 서열화를 통해 단백질의 전체 아미노산 서열 구조를 알 수 있다.
- 오늘날 단백질 혹은 유전자에 포함된 핵산의 순서를 확인하기 위한 질량 분석법이 단백질의 아미노산 순서 서열을 분석할 때 더 유효한 방법이다.

연습 문제: 27.41~27.50

27.5절 | 폴리펩타이드의 합성

- 하나의 아미노산에 존재하는 아미노기와 다른 아미노산에 존재하는 카복시기가 보호기로 보호된 다음 원하는 짝지음 반응으로 결합이 형성되는 과정을 거쳐 **펩타이드 합성**

(peptide synthesis)이 이루어진다.

- 가장 일반적인 아미노기의 보호기는 Z (benzyloxycarbonyl) 혹은 BOC (*tert*-butyloxycarbonyl)로 표시되는 카바메이트 화합물이다.
- 카복시기는 에스터의 형태로 용액상에서 보호되거나 혹은 고체상 합성의 경우에는 동일한 에스터의 형태로 고체상 지지체(입자)에 부착됨으로써 보호된다.

연습 문제: 27.40, 27.51~27.53

- 펩타이드 결합은 카복시기를 활성화시켜 다른 아미노기에 친핵성 반응을 일으킬 수 있는 carbodiimide를 사용하여 형성된다.
- **고체상 합성법**(Solid-phase synthesis) 혹은 고분자 지지체에 의한 폴리펩타이드의 합성법에서는 *C*-말단 아미노산이 클로로메틸기를 갖는 polystyrene 수지에 벤질에스터 결합으로 도입된다.
  - 폴리펩타이드 사슬은 아미노산이 한 번에 하나씩 부가되면서 성장한다.
  - 고체상 합성법의 주된 장점은 모든 반응물들의 치환 및 세정 과정은 단순한 여과 과정을 통해 간단하게 이루어진다는 것이며, 모든 과정은 자동화 가능하다는 것이다.
  - 합성이 완료되면 폴리펩타이드 사슬은 고분자 수지와 연결된 벤질에스터 결합을 전달하여 회수된다.

27.6절 | 폴리펩타이드와 단백질의 3차원적 구조

- 펩타이드 결합은 평면성이다. 즉 아마이드에 존재하는 4개의 원자와 펩타이드 결합의 2개의 탄소는 동일한 표면상에 존재한다.
  - 평면성은 아마이드의 질소 원자를 포함하는 공명 현상에 기인한다.
  - 아마이드 결합의 질소와 아마이드 결합의 카보닐 탄소 사이의 결합각은 약 120°이다.
- **2차 구조**[Secondary (2°) structure]는 폴리펩타이드 혹은 단백질의 일부분에 존재하는 아미노산들의 질서 정연한 배치(배열)를 의미한다. 2차 구조의 매우 중요한 두 가지 형태는 α-나선 구조와 β-병풍 구조이다.
- **3차 구조**[Tertiary (3°) structure]는 하나의 폴리펩타이드 사슬에 존재하는 모든 원자의 공간적인 배열과 접힘 형태에 관한 것이다.
  - 아미노산 곁사슬의 용매화는 단백질의 접힘에 있어서 매우 중요하다. 따라서 소수성 곁사슬은 단백질의 내부에 존재하는 소수성 영역에 위치한다. 반면 친수성 곁사슬은 표면에 존재하는 경향이 있으므로 수용성 환경인 바깥쪽으로 노출된다.

연습 문제: 27.7, 27.54~27.57

- **4차 구조**[Quaternary (4°) structure]는 폴리펩타이드 단량체들이 비공유 결합으로 집합체를 이루는 것이다.
  - 특정한 4차 구조를 갖는 단백질의 집합체를 구성하는데 있어서 중요한 요인은 **소수성 효과**(hydrophobic effect)이다. 이는 상호보완적인 소수성 집합체들이 서로 간의 접촉으로 인하여 형성된다. 그러므로 소수성 집합체들이 물과의 접촉하지 않도록 집합체를 구성하는 추진력이 된다.

주요 반응 *Key Reactions*

1. α-카복시기의 산도(27.2A절). 양성자가 첨가된 아미노산의 α-COOH (대략적인 pK_a 2.19)는 acetic acid (pK_a 4.76) 혹은 α-NH_3^+기로부터의 전자끌기 유발 효과로 인하여 저분자량의 지방족 카복실산에 비하여 상당히 센 산성을 나타낸다.

$$\underset{\displaystyle NH_3^+}{RCHCOOH} + H_2O \rightleftharpoons \underset{\displaystyle NH_3^+}{RCHCOO^-} + H_3O^+ \qquad pK_a = 2.19$$

2. α-암모늄기의 산도(27.2A절). α-NH_3^+기(대략적인 pK_a 9.74)는 1차 지방족 암모늄기(대략적인 pK_a 10.76)에 비해 약간 센 산성을 나타낸다.

$$\underset{\displaystyle NH_3^+}{RCHCOO^-} + H_2O \rightleftharpoons \underset{\displaystyle NH_2}{RCHCOO^-} + H_3O^+ \qquad pK_a = 9.47$$

3. **α-아미노산과 ninhydrin과의 반응(27.2D절)**. α-아미노산을 ninhydrin과 반응시키면 보라색 용액이 생성된다. Proline을 ninhydrin으로 처리하면 오렌지색 용액으로 변한다.

$$\mathrm{RCH(NH_3^+)CO^-}(\text{=O}) + 2\ \text{Ninhydrin} \longrightarrow \text{보라색 음이온} + \mathrm{RCH{=}O} + CO_2 + H_3O^+$$

α-아미노산　**Ninhydrin**　보라색 음이온

4. **Cyanogen bromide에 의한 펩타이드 결합의 절단(27.4B절)**. Methionine의 카복시기에 의해 형성된 펩타이드 결합이 위치선택적으로 절단된다. 메커니즘에는 cyanogen bromide의 친전자적 탄소와 methionine의 친핵체인 황 원자 사이의 반응으로 인해 설포니움 이온의 중간체가 형성되는 과정이 포함된다. 이 설포니움 이온의 중간체가 카복시기의 산소 원자와 반응하여 이미노기를 포함하는 고리화합물 구조체를 형성한 후, 가수분해에 의해 γ-락톤 화합물이 생성된다.

이 펩타이드 결합이 절단된다

$$\mathrm{H_3\overset{+}{N}{\sim}C(=O){-}NH{-}CH(CH_2CH_2SCH_3){-}C(=O){-}HN{\sim}COO^-} \xrightarrow{\mathrm{Br{-}CN}} \mathrm{H_3\overset{+}{N}{\sim}C(=O){-}NH{-}(\gamma\text{-lactone})} + \mathrm{H_3\overset{+}{N}{\sim}COO^-} + \mathrm{CH_3SCN}$$

메티오닌의 곁사슬

아미노산(호모세린)의 치환된 락톤 형태

이 펩타이드는 C-말단쪽에서 유래된다

5. **Edman 분해(27.4B절)**. Phenyl isothiocyanate로 처리한 후 연이어 산으로 처리하면 phenylthiohydantoin 유도체로 치환된 *N*-말단 아미노산이 제거되며, 이때 이 물질을 분리하여 확인이 가능하다. 메커니즘을 살펴보면 phenyl isothiocyanate의 친전자적 탄소 원자와 말단에 위치한 친핵체인 아미노기 간의 반응으로 *N*-phenylthiourea의 중간체가 형성되고, 이는 가열에 의해 고리화 반응을 거쳐 thiazolinone 중간체와 *C*-말단 펩타이드로 분해된다. 형성된 thiazolinone 중간체는 이성질화 과정을 거쳐 phenylthiohydantoin으로 이성질화된다.

$$\mathrm{H_2NCH(R)C(=O)NH{\sim}COO^-} + \mathrm{Ph{-}N{=}C{=}S} \longrightarrow \text{Phenylthiohydantoin} + \mathrm{H_2N{\sim}COO^-}$$

Phenyl isothiocyanate　**Phenylthiohydantoin**

6. **벤질옥시카보닐(Benzyloxycarbonyl, Z—) 보호기(27.5C절)**. 벤질옥시카보닐 보호기는 미보호 상태의 α-NH_2기와 benzyloxycarbonyl chloride와의 반응에 의해 생성된다. 이 보호기는 acetic acid 용액에서 HBr로 처리하거나 가수소분해 반응으로 제거 가능하다.

$$\mathrm{PhCH_2OC(=O)Cl} + \mathrm{H_3\overset{+}{N}CH(CH_3)CO^-}(\text{=O}) \xrightarrow[\text{2. HCl, }H_2O]{\text{1. NaOH}} \mathrm{PhCH_2OC(=O)NHCH(CH_3)C(=O)OH}$$

Benzyloxycarbonyl chloride (Z—Cl)　**Alanine**　***N*-Benzyloxycarbonylalanine** (Z—Ala)

7. **1,3-Dicyclohexylcarbodiimide에 의한 펩타이드 결합의 형성(27.5E절).** 치환된 카보다이이미드는 탈수제로 작용하여 이치환 urea를 형성한다. 이 반응은 매우 효율적으로 진행되며 일반적으로 생성물이 높은 수득률로 얻어진다. 메커니즘을 살펴보면 반응 초기에 카복실산으로부터 1,3-dicyclohexylcarbodiimide의 질소 원자로의 양성자 전이가 일어나고, 카복실레이트와 반응하는 친전자적 중간체가 형성되어 결국에는 *O*-아실아이소우레아가 생성된다. *O*-아실아이소우레아 중간체는 활성화된 에스터 형태이며, 이것은 다른 아미노산의 아미노기와 반응하여 정사면체형인 부가 중간체를 생성하게 된다. 이 중간체는 분해되어 새로운 펩타이드 결합과 dicyclohexylurea를 생성한다.

$$\text{Z—NHCH(R}_1\text{)C(=O)—OH} + \text{H}_2\text{NCH(R}_2\text{)COCH}_3 + \text{C}_6\text{H}_{11}\text{—N=C=N—C}_6\text{H}_{11} \xrightarrow{\text{CHCl}_3}$$

아미노기가 보호된 aa_1 카복시기가 보호된 aa_2 **1,3-Dicyclohexylcarbodiimide (DCC)**

$$\text{Z—NHCH(R}_1\text{)C(=O)—NHCH(R}_2\text{)COCH}_3 + \text{C}_6\text{H}_{11}\text{—NH—C(=O)—NH—C}_6\text{H}_{11}$$

아미노기와 카복시기가 보호된 다이펩타이드 ***N,N'*-Dicyclohexylurea (DCU)**

연습 문제

붉은색 번호는 응용 문제를 나타낸다.

아미노산

27.8 다음에 약어로 나타낸 아미노산들은 어떤 아미노산인가?
(a) Phe **(b)** Ser **(c)** Asp **(d)** Gln
(e) His **(f)** Gly **(g)** Tyr

27.9 α-아미노산에 있어서 카이랄 중심의 배열은 대부분 D,L-규약에 의해 분류가 가능하다. 한편 이는 *R*,*S*-규약(3.3절)을 이용하여도 표시 가능하다. L-Serine의 카이랄 중심 탄소는 *R* 배열인가 아니면 *S* 배열인가?

27.10 다음에 나타낸 개개의 아미노산에 존재하는 카이랄 중심이 *R* 배열인지 *S* 배열인지를 판별하여라.
(a) L-Phenylalanine **(b)** L-Glutamic acid **(c)** L-Methionine

27.11 Threonine은 두 개의 카이랄 중심을 가지고 있다. 단백질에서 발견되는 입체 이성질체는 각각의 입체중심에 있어서 2*S*,3*R*의 배열을 갖는다. **(a)** 이들 입체 이성질체의 Fischer 투영도를 그리고, **(b)** 3차원적인 구조를 그려라.

27.12 *쯔비터 이온*의 정의에 대해서 기술하라.

27.13 아래의 아미노산들이 갖는 쯔비터 이온들을 그려보아라.
(a) Valine **(b)** Phenylalanine **(c)** Glutamine

27.14 Glu 및 Asp가 산성 아미노산으로 분류되는 이유를 설명하라.

27.15 Arg이 염기성 아미노산으로 취급되는 이유를 설명하라. 그리고 염기성 아미노산으로 분류되는 또 다른 2개의 아마노산은 무엇인가?

27.16 α-아미노산에서 α가 의미하는 것은 무엇인지 설명하라.

27.17 β-아미노산도 몇 개 존재한다. 예를 들면 보조효소 A (coenzyme A, 연습 문제 25.34)에는 β-alanine 단위가 포함되어 있다. β-Alanine의 구조를 그려라.

27.18 단백질의 대부분이 L-아미노산으로 구성되어 있음에도 불구하고, 종종 하등생물들의 대사 과정에서는 D-아미노산이 발견된다. 예를 들면 항생제인 actinomycin D는 D-valine 단위를 포함하며, 또 다른 항생제인 bacitracin A는 D-asparagine과 D-glutamic acid를 함유한다. 이들 3가지 D-아미노산들의 Fischer 투영도와 3차원 구조를 그려라.

27.19 Histamine은 단백질에서 유래된 20가지 아미노산 중의 하나로부터 합성된다. 어떤 아미노산이 histamine의 생물학적인 전구체인지, 그리고 이 생합성 과정에 어떤 유기 화학 반응들이 포함될지를 제안해 보라(예를 들면, 산화, 환원, 카복시이탈, 친핵성 치환 반응 등).

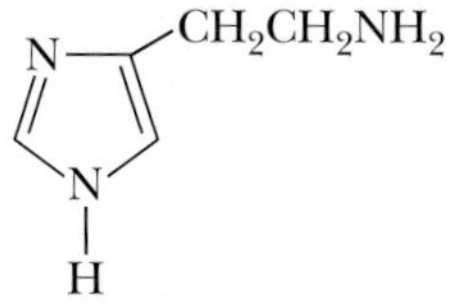

$CH_2CH_2NH_2$

N, N, H

Histamine

27.20 비타민 K는 혈액 응고에 관여하는 단백질인 prothrombin의 glutamic acid 잔기에서 일어나는 카복실화 반응에 참여한다.

(a) γ-카복시 글루탐산의 구조식을 적어라.

(b) γ-카복시 글루탐산의 존재가 수년 간에 걸쳐 분석 과정에서 검출되지 않고 있음을 고려해 볼 때, 통상적인 아미노산 검출법으로는 glutamic acid만이 검출되는 이유를 설명하라.

27.21 Norepinephrine과 epinephrine은 단백질에서 유래된 동일한 아미노산으로부터 합성된다. 어떤 아미노산이 이들의 합성에 사용되며, 어떤 유형의 반응들이 이들의 생합성 반응에 관여하는가?

(a) 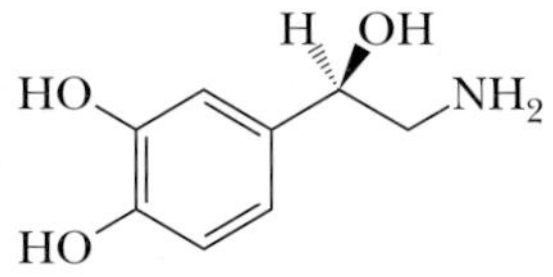 HO, HO, H, OH, NH_2

Norepinephrine

(b) 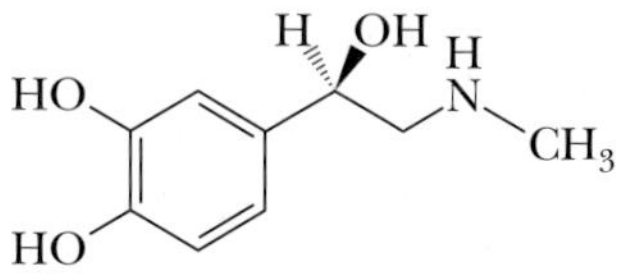 HO, HO, H, OH, H, N, CH_3

Epinephrine (Adrenaline)

27.22 어떤 아미노산들이 serotonin과 melatonin의 합성에 사용되는가, 그리고 어떤 형태의 반응들이 이들 생합성에 포함되는가?

(a) 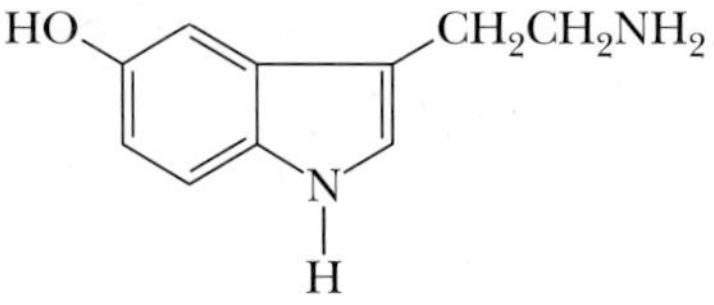 HO, $CH_2CH_2NH_2$, N, H

Serotonin

(b) 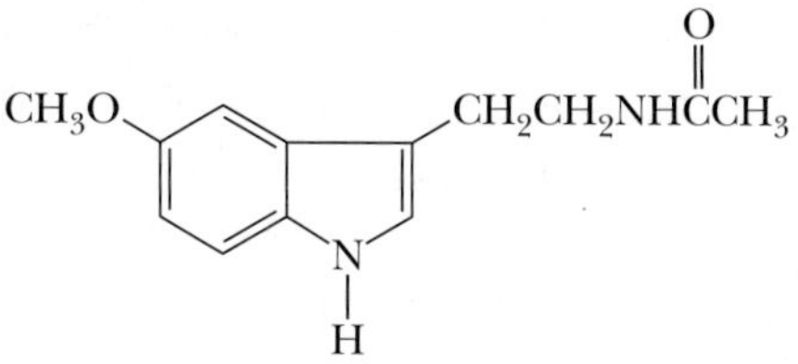 CH_3O, $CH_2CH_2NHCCH_3$ (C=O), N, H

Melatonin

아미노산의 산-염기 특성

27.23 다음에 나타낸 각각의 아미노산들이 pH 1.0에서 취할 수 있는 가장 보편적인 구조식을 그려라.

(a) Threonine **(b)** Arginine **(c)** Methionine **(d)** Tyrosine

27.24 다음에 나타낸 각각의 아미노산들이 pH 10.0에서 취할 수 있는 가장 보편적인 구조식을 그려라.

(a) Leucine **(b)** Valine **(c)** Proline **(d)** Aspartic acid

27.25 Alanine의 쯔비터 이온의 형태를 그리고, 다음의 화합물과의 반응에 대해서 설명하라.

(a) 1 몰의 NaOH **(b)** 1 몰의 HCl

27.26 Lysine이 pH 1.0에서 취할 수 있는 가장 보편적인 구조를 그리고, 다음의 화합물과의 반응에 대해서 설명하라. Lysine의 이온성 기에 대해서는 표 27.2에 나타나 있는 pK_a 값을 참고로 하여라.

(a) 1 몰 NaOH **(b)** 2 몰 NaOH **(c)** 3 몰 NaOH

27.27 Aspartic acid가 pH 1.0에서 취할 수 있는 가장 보편적인 구조를 그리고, 다음의 화합물과의 반응에 대해서 설명하라. Aspartic acid의 이온성 기에 대해서는 표 27.2에 나타나 있는 pK_a 값을 참고로 하여라.

(a) 1 몰 NaOH **(b)** 2 몰 NaOH **(c)** 3 몰 NaOH

27.28 표 27.2에 주어진 이온성 기들의 pK_a 값을 참고로 하여 **(a)** glutamic acid와 NaOH, **(b)** histidine과 NaOH에 대한 적정 곡선을 그려보아라.

27.29 Alanine을 다음 화합물과 반응시켰을 때, 얻어지는 생성물의 구조식을 그려라.

(a) NaOH 수용액 **(b)** HCl 수용액

(c) CH_3CH_2OH, H_2SO_4 **(d)** $(CH_3CO)_2O$, CH_3COONa

27.30 Lysine과 arginine의 경우, 각각의 등전점(pI)은 질소를 포함하는 작용기의 순수 전하량이 +1이고, α-카복시기의 전하량 −1과 균형을 이루는 어떤 pH 값을 의미한다. 이들 아미노산들의 pI 값을 계산하여라.

27.31 Aspartic acid와 glutamic acid의 경우, 각각의 등전점(pI)은 두 개의 카복시기의 순수 전하량이 −1이고, α-아미노기의 전하량 +1과 균형을 이루는 어떤 pH 값을 의미한다. 이들 아미노산들의 pI 값을 계산하여라.

27.32 Glutamine의 등전점(pI 5.65)이 glutamic acid의 등전점(pI 3.08)보다 높은 이유를 설명하여라.

27.33 Glutamic acid의 효소 촉매화에 의한 카복시이탈 반응은 4-aminobutanoic acid를 생성한다(27.1D절). 4-Aminobutanoic acid의 pI 값을 계산하여라.

27.34 Arginine에 존재하는 guanidine과 guanidino기는 알려진 것 중에서 가장 센 유기 염기이다. 이들의 염기도를 설명하여라.

27.35 혈장의 pH 값인 7.4에서 단백질 유래의 대부분의 아미노산들의 순수 전하량은 양의 값을 가지는가 아니면 음의 값을 가지는가?

27.36 다음의 화합물들은 특정 pH에서 전기이동을 실시할 경우, 양극으로 이동하는가 아니면 음극으로 이동하는가?

(a) pH 6.8에서의 histidine **(b)** pH 6.8에서의 lysine

(c) pH 4.0에서의 glutamic acid **(d)** pH 4.0에서의 glutamine

(e) pH 6.0에서의 Glu-Ile-Val **(f)** pH 6.0에서의 Lys-Gln-Tyr

27.37 다음에 나타낸 아미노산 혼합물들을 전기이동시킬 경우, 어떤 pH에서 아미노산들이 분리되겠는가?

(a) Ala, His, Lys **(b)** Glu, Gln, Asp **(c)** Lys, Leu, Tyr

27.38 인간의 insulin의 아미노산 배열을 조사하고(그림 27.16), insulin 분자 내에서 Asp, Glu, His, Lys, Arg에 관한 목록을 작성하라. 인간의 insulin의 등전점은 산성 아미노산 영역(pI 2.0~3.0), 중성 아미노산 영역(pI 5.5~6.5) 그리고 염기성 아미노산 영역(pI 9.5~11.0) 중 어느 쪽에 가까운가?

27.39 위궤양과 위산을 조절하는 처방약으로 널리 알려진 cimetidine (Tagamet)에는 화학적으로 수식된 guanidino기가 존재한다. Cimetidine은 위에서의 H_2 수용체와 histamine과의 상호작용을 방해하여 위산의 분비를 저감시킨다. 이 약의 개발 과정에서 사이아노기가 cimetidine의 염기도를 바꿀 목적으로 guanidino에 치환되었다. 이와 같이 화학적으로 수식된 guanidino기가 arginine의 guanidino기에 비해 염기성이 센지 아니면 약한지를 판별하고, 그 이유를 설명하라.

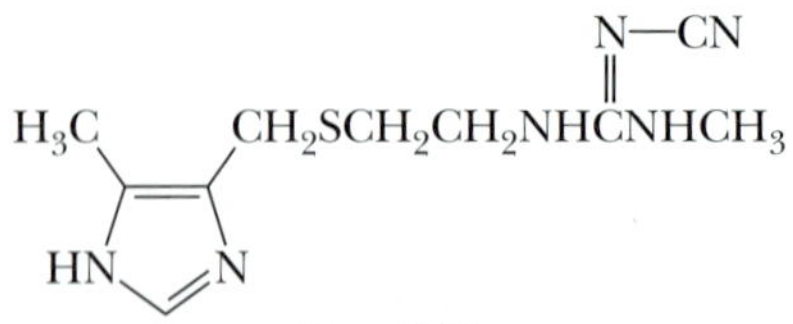

N—CN
H_3C $CH_2SCH_2CH_2NHCNHCH_3$
HN N

Cimetidine
(Tagamet)

27.40 Alanine이 다음에 나타낸 시약들과 반응할 때, 얻어지는 생성물의 구조식을 그려라.

(a) 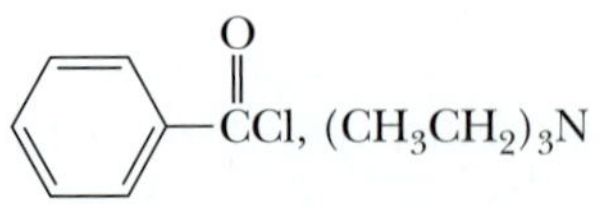 C_6H_5CCl (O), $(CH_3CH_2)_3N$ **(b)** (O, OH, OH, O)

(c) $C_6H_5CH_2OCCl$ (O), NaOH **(d)** $(CH_3)_3COCOCOC(CH_3)_3$ (O O), NaOH

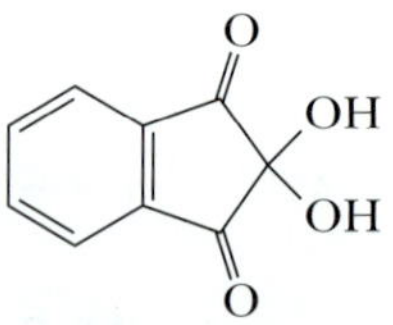

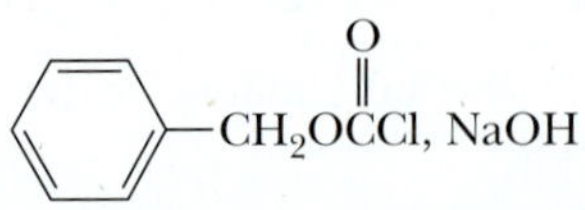

(e) **(c)** 반응의 생성물, L-Alanine ethyl ester, DCC
(f) **(d)** 반응의생성물, L-Alanine ethyl ester, DCC

폴리펩타이드와 단백질의 일차 구조

27.41 만일 서로 다른 4개의 SH기를 함유하는 단백질에서 단 하나의 S-S 결합이 가능하다면, 몇 종류의 결합이 생성 가능할까? 또, 두 개까지 S-S 결합의 형성이 가능하다면 몇 종류의 결합이 가능한가?

27.42 다음과 같은 조건에서 몇 개의 서로 다른 테트라펩타이드(tetrapeptide)가 형성 가능한가?

(a) Asp, Glu, Pro, Phe 중 한 종류만 함유하는 테트라펩타이드.
(b) 20개의 필수 아미노산 중 4개 모두 서로 다른 아미노산을 함유하는 테트라펩타이드.

27.43 데카펩타이드(Decapeptide)의 아미노산 성분은 다음과 같으며,

Ala_2, Arg, Cys, Glu, Gly, Leu, Lys, Phe, Val

부분적으로 가수분해는 다음과 같은 트라이펩타이드(tripeptide)들을 생성한다.

Cys-Glu-Leu + Gly-Arg-Cys + Leu-Ala-Ala + Lys-Val-Phe + Val-Phe-Gly

그리고 Edman 분해법을 한번 거치면 lysine phenylthiohydantoin이 얻어진다. 상기의 정보를 이용하여 데카펩타이드의 일차 구조를 추정하여라.

27.44 다음은 29개의 아미노산으로 구성되는 폴리펩타이드 호르몬인 glucagon의 일차 구조이다. Glucagon은 췌장의 α-세포에서 생산되며, 혈당치를 정상적인 범위 내로 유지되도록 도와주는 역할을 한다.

1 5 10 15 20 25 29
His-Ser-Glu-Gly-Thr-Phe-Thr-Ser-Asp-Tyr-Ser-Lys-Tyr-Leu-Asp-Ser-Arg-Arg-Ala-Gln-Asp-Phe-Val-Gln-Trp-Leu-Met-Asn-Thr

이러한 glucagon이 다음에 나타낸 시약으로 처리하면 어느 부위의 펩타이드 결합이 절단되는가?

(a) Phenyl isothiocyanate **(b)** Chymotrypsin **(c)** Trypsin **(d)** BrCN

27.45 테트라펩타이드를 부분적으로 가수분해시키면, 다음과 같은 조각들이 얻어진다. 이런 정보로부터 이 단백질의 일차 구조를 추정하여라.

펜타펩타이드 조각	테트라펩타이드 조각
Phe-Val-Asn-Gln-His	Gln-His-Leu-Cys
His-Leu-Cys-Gly-Ser	His-Leu-vel-Glu
Gly-Ser-His-Leu-Val	Leu-Val-Glu-Ala

27.46 다음의 트라이펩타이드들의 구조식을 그리고, 펩타이드 결합, *N*-말단 및 *C*-말단을 구조식 상에 표시하여라.

(a) Phe-Val-Asn **(b)** Leu-Val-Gln

27.47 연습 문제 27.46에 나타낸 각각의 트라이펩타이드에 대한 pI 값을 예측하여라.

27.48 동식물과 박테리아에 풍부하게 존재하는 트라이펩타이드중의 하나인 glutathione (G-SH)은 산화제의 포착제(scavenger)이다. 산화제와 glutathione이 반응하면 glutathione은 G-S-S-G로 변환된다.

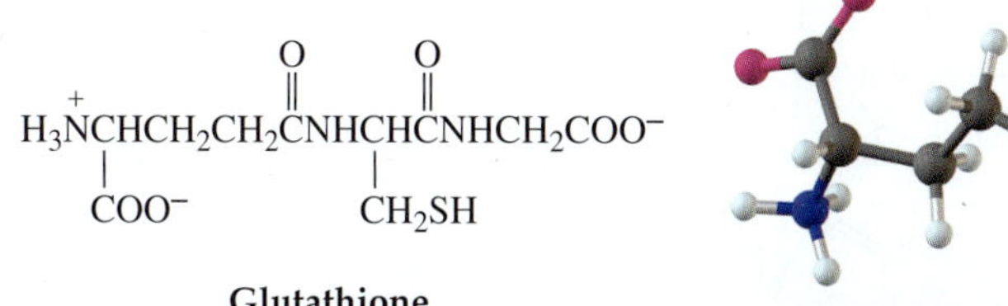

Glutathione

(a) 이 트라이펩타이드에 존재하는 아미노산들의 이름을 나타내어라.
(b) *N*-말단 아미노산에 의해 형성된 펩타이드 결합에서 발견되는 특이점은 무엇인가?
(c) 두 개의 glutathione 분자가 S-S 결합을 형성하는 반응을 위한 반쪽 반응에 대해 기술하여라. 이 경우, glutathione은 생물학적 관점에서 볼 때 환원제인가 산화제인가?

(d) Glutathione이 산소와 반응하여 G-S-S-G와 물을 형성하는 반응의 당량 반응식을 기술하여라. 이 과정에서 산소는 산화되는가 아니면 환원되는가?

27.49 다음 그림은 인공 감미료인 aspartame의 화학구조식과 공-막대 모형의 그림이다.

Aspartame은 음식과 음료수에 인공 감미료로 들어 있다.

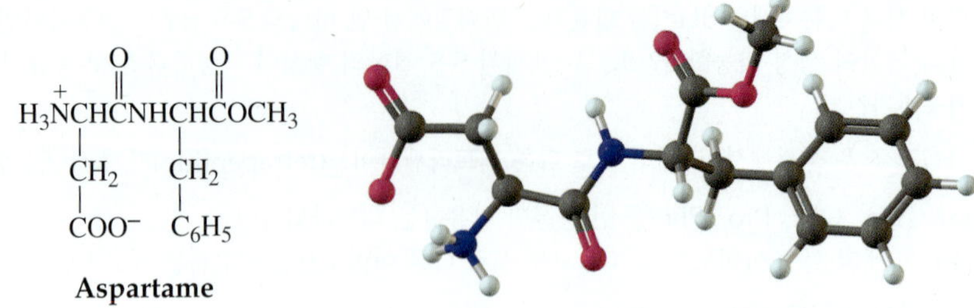

(a) 상기의 분자에 존재하는 두 가지 아미노산의 이름을 기술하여라.

(b) Aspartame의 등전점을 예측하여라.

(c) Aspartame을 1*M* HCl 용액으로 가수분해시켰을 경우의 분해 생성물의 화학 구조식을 그려라.

27.50 영국의 화학자인 Frederick Sanger가 일반화시킨 이후로 Sanger 시약으로 널리 알려진 2,4-dinitrofluorobenzene은 단백질 사슬의 *N*-말단 아미노기와 선택적으로 반응한다. Sanger는 자신이 개발한 방법을 이용하여 소의 insulin의 일차 구조를 규명한 업적으로 인하여 1958년에 노벨 화학상을 수상하였고, 1980년에는 미국의 화학자인 Paul Berg, Walter Gilbert와 함께 DNA를 분석하는 화학적 방법과 생물학적 방법을 개발한 공로로 노벨상을 공동 수상하여, 노벨상을 두 번 수상한 몇 안 되는 사람들 중 한 명이다.

$$O_2N\text{–}C_6H_3(NO_2)\text{–}F + H_2NCH(R_1)C(=O)NHCH(R_2)C(=O)\text{–polypeptide} \longrightarrow$$

N-말단 아미노산이 2,4-dinitrophenyl기로 표식된 폴리펩타이드의 사슬

2,4-Dinitro-fluorobenzene (폴리펩타이드 사슬의 *N*-말단)

2,4-Dinitrofluorobenzene과의 반응 후 폴리펩타이드 사슬의 모든 아마이드 결합들은 가수분해되고, 2,4-dinitrofluorobenzene으로 표지된 아미노산은 종이 또는 관크로마토그래피에 의해 분리되고 확인된다.

(a) *N*-말단의 아미노기를 Sanger 시약으로 처리하여 형성되는 생성물의 화학 구조식을 그려라. 그리고 생성 반응의 메커니즘을 제안하여라.

(b) 소의 insulin을 Sanger 시약으로 처리하고 모든 펩타이드 결합들을 가수분해시키면 두 개의 표지된 아미노산이 검출되는데 이는 glycine과 phenylalanine이다. 상술한 정보로부터 소의 insulin이 가지는 단백질 일차 구조에 대해서 어떤 결론을 도출 가능한가?

(c) Sanger 시약을 이용한 경우와 Edman 분해법을 이용한 경우로부터 각각 얻어지는 구조적 정보들을 비교하고 차이점을 설명하여라.

폴리펩타이드의 합성

27.51 Merrifield가 개발한 펩타이드 고체상 합성법과 유사한 방법으로서 fluorenylmethoxycarbonyl (FMOC)으로 아미노기를 보호하는 방법을 들 수 있다. 이 보호기는 2차 아민이나 piperidine과 같은 약한 염기로 처리하면 제거 가능하다. 이러한 보호기 제거 반응의 반응식을 나타내고 메커니즘을 제시하여라.

$$\text{(fluorenyl)C(H)}\text{–}CH_2OC(=O)\text{–}NHCH(R)COOH$$

Fluorenylmethoxycarbonyl (FMOC)기

27.52 BOC 보호기는 다음에 나타낸 반응식처럼 아미노산을 di-*tert*-butyl dicarbonate로 처리하면 도입된다. 이들 생성물에 관한 메커니즘을 제안하여라.

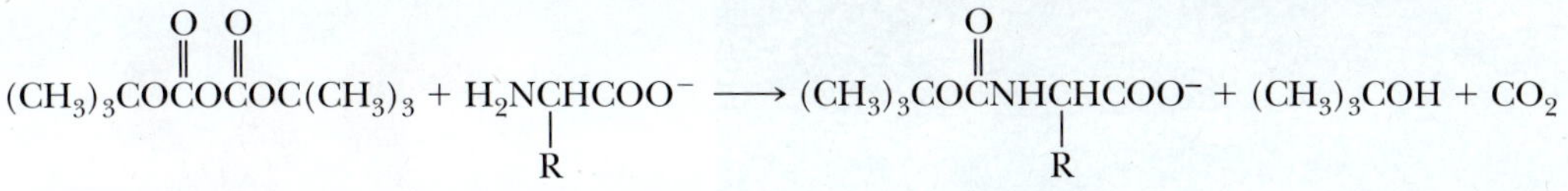

$$\underset{\textbf{Di-}\textit{tert}\textbf{-butyl dicarbonate}}{(CH_3)_3CO\overset{O}{\overset{\|}{C}}O\overset{O}{\overset{\|}{C}}OC(CH_3)_3} + H_2N\underset{\underset{R}{|}}{C}HCOO^- \longrightarrow \underset{\text{BOC-아미노산}}{(CH_3)_3CO\overset{O}{\overset{\|}{C}}NH\underset{\underset{R}{|}}{C}HCOO^-} + (CH_3)_3COH + CO_2$$

27.53 Aspartic acid와 glutamic acid의 곁사슬에 존재하는 카복시기는 흔히 벤질에스터로 보호된다.

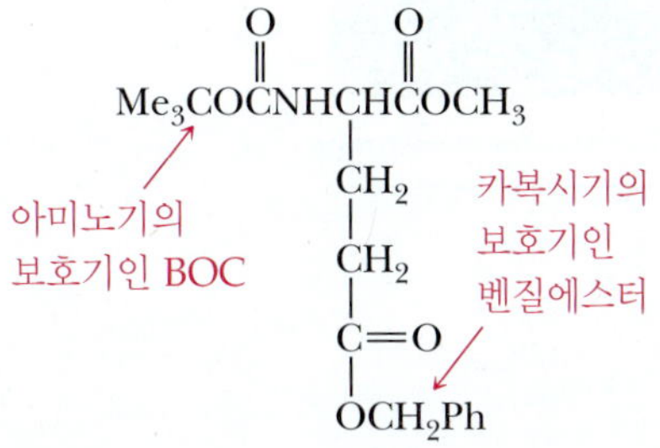

$$Me_3CO\overset{O}{\overset{\|}{C}}NHCH\overset{O}{\overset{\|}{C}}OCH_3, \quad CH\text{–}CH_2CH_2C(=O)OCH_2Ph$$

아미노기의 보호기인 BOC

카복시기의 보호기인 벤질에스터

(a) 벤질기의 공급원으로서 benzyl chloride를 사용할 때, 곁사슬에 존재하는 카복시기에 벤질에스터가 어떻게 도입되는지를 설명하여라.

(b) BOC 보호기를 제거시키지 않은 채로 온화한 조건에서 곁사슬의 카복시기에 도입된 보호기를 제거 가능한 방법을 제안하여라.

폴리펩타이드와 단백질의 3차원적 구조

27.54 α-나선 구조에 대해서 설명하여라. 아미노산들의 곁사슬은 모두가 나선 구조의 내부 혹은 외부에 정렬되어 있는가, 아니면 불규칙하게 정렬되어 있는가?

27.55 폴리펩타이드의 사슬 사이에서 형성 가능한 분자 간 혹은 분자 내 수소 결합들을 구분하여 설명하여라. 어떤 형태의 단백질 2차 구조에서 분자 간 수소 결합의 형성이 가능한가? 또한 분자 내 수소 결합은 어떤 형태의 단백질 2차 구조에서 발견되는가?

27.56 수용액 환경에서 발견되는 다수의 혈장(plsama) 단백질들은 구형을 나타낸다. 구형의 단백질이 수용액상에서 존재할 때, 단백질의 표면에는 어떤 곁사슬을 갖는 아미노산들이 존재하는가? 수용액 환경으로부터 격리된 내부에는 어떤 곁사슬이 갖는 아미노산들이 존재하는가? 다음에 나타낸 각각의 아미노산들에 대하서 고찰하여라.

(a) Leu **(b)** Arg **(c)** Ser **(d)** Lys **(e)** Phe

27.57 단백질의 변성은 단백질이 갖는 고유한 생물학적 활성이 잃어버리게 되는 결과를 가장 재빠르게 관찰하게 하는 물리적인 방법이다. 이러한 변성은 수소 결합 및 소수성 상호작용을 포함한 비공유결합성 상호작용의 파괴를 통한 단백질의 2차, 3차, 4차 구조의 변화에 기인한다. 흔히 사용되는 3가지의 변성제는 sodium dodecyl sulfate (SDS), urea, 열이다. 이들 3가지의 변성제는 어떤 종류의 비공유결합성 상호작용을 파괴시키는가?

© Professor Stanley N. Cohen/Stone/Photo Researchers, Inc.

Plasmid DNA의 전자 현미경 사진. *Escherichia coli*와 같은 박테리아의 세포벽을 부분적으로 분해한 후 물로 희석시키면 삼투압에 의해 세포 내용물이 외부로 추출된다. 이 사진은 세포를 둘러싸고 있는 박테리아 염색체이다.

▼ ***삽입 그림:*** DNA의 구성 단위인 2'-deoxyadenosine 5'-monophosphate (dAMP, 28.2절).

제 28 장

핵산

Nucleic Acids

이 장의 차례

세포의 구성, 기능의 유지 및 조절은 방대한 양의 정보를 필요로 하게 되는데, 이는 세포가 한 번 복제될 때마다 전달되어야만 한다. 거의 예외 없이 유전 정보라 일컬어지는 정보는 deoxyribonucleic acid (DNA)의 형태로 저장되고, 한 세대로부터 다음 세대로 전달된다. 염색체 내의 유전 물질인 유전자는 길게 뻗어 있는 이중 가닥의 DNA이다. 인간의 단일 세포에 있는 염색체의 DNA를 풀어보면 길이가 약 1.8 m나 된다.

유전 정보의 발현은 두 단계로 진행된다. DNA로부터 ribonucleic acids (RNA)를 만드는 전사(transcription)와 그리고 단백질 합성 과정인 번역(translation) 과정이다.

$$\text{DNA} \xrightarrow{\text{전사}} \text{RNA} \xrightarrow{\text{번역}} \text{단백질}$$

즉, DNA는 세포 내 유전 정보의 저장소이고, 반면에 RNA는 이러한 정보의 전사 및 번역 작업을 하게 되며, 이러한 결과로 단백질의 합성이 이루어진다.

이 장에서는 뉴클레오사이드와 뉴클레오타이드의 구조 및 이들 단위체가 **핵산**(nucleic acid)을 형성하기 위해서 어떻게 공유 결합을 하는가에 대해 설명하고자 한다. 그리고 유전 정보가 어떻게 DNA 분자에 입력되는지, 3가지 형태의 라이보핵산의 작용 및 어떻게 DNA 분자의 1차 구조가 결정되는지에 관하여 살펴보고자 한다.

핵산
세 가지 형태의 단위체 단위를 갖는 생체 고분자. 즉 purine과 pyrimidine 유도체인 헤테로 고리 방향족 아민으로 이루어진 염기, 단당류인 D-ribose 또는 2-deoxy-D-ribose, 인산으로 구성됨.

이 장의 동영상 강의를 보려면 **www.cengage.com/chemistry/brown/organic7e**에 접속 후 **Access Student Materials**를 클릭하라.

이 책에서는 다루지 않지만 DNA는 올리고 펩타이드 합성법(27.5F절)과 유사한 방법으로 고체상에서 합성될 수 있다. 사실 DNA와 RNA는 자동화된 과정을 거쳐 높은 수득률로 합성되고 있다. 이제 분자 생물학자들은 인터넷으로 필요한 DNA나 RNA를 주문하면 하루나 이틀 후 이 시료를 받아 볼 수 있도록 되어 있다. 이러한 높은 수득률의 자동화 합성이 가능해짐으로써 분자 생물학과 생명공학 분야가 혁명적으로 발전하는 계기가 되었다.

28.1 뉴클레오사이드와 뉴클레오타이드

핵산을 적절히 가수분해하면 세 부분, 즉 헤테로고리 방향족 아민 염기, 단당류인 D-ribose나 2-deoxy-D-ribose (25.1A절), 인산 이온으로 나뉜다. 핵산에 공통적으로 있는 헤테로고리 방향족 아민 염기의 구조는 그림 28.1과 같다. Uracil, cytosine, thymine은 pyrimidine 염기로 adenine과 guanine은 purine 염기로 분류된다.

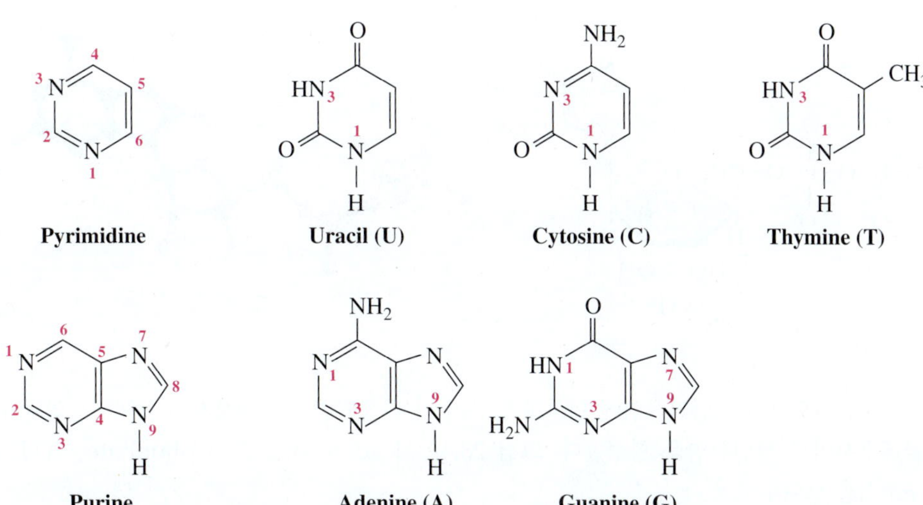

그림 28.1 ▸ DNA와 RNA를 구성하는 일반적인 헤테로 고리형 방향족 아민 염기의 이름과 알파벳 약자 표기. 각 염기의 번호 붙임은 pyrimidine과 purine 같은 모체 화합물과 같은 방법으로 이루어진다.

뉴클레오사이드(Nucleoside)는 β-*N*-글리코사이드 결합에 의해서 헤테로고리 방향족 아민 염기에 D-ribose 또는 2-deoxy-D-ribose이 결합된 화합물이다(25.3A절). 글리코사이드 결합은 ribose나 2-deoxyribose의 C-1′(아노머성 탄소)과 pyrimidine 염기의 N-1이나 purine 염기의 N-9 사이에서 일어난다. 그림 28.2는 uridine에 대한 구조식이며, ribose와 uracil로 구성되어 있다.

뉴클레오사이드
β-*N*-글리코사이드 결합으로 헤테로 고리 방향족 아민 염기와 D-ribose 또는 2-deoxy-D-ribose가 결합되어 있는 핵산의 구성 단위.

뉴클레오타이드(Nucleotide)는 뉴클레오사이드의 단당류에 있는 하이드록시기(거의 대부분 3′-하이드록시기나 5′-하이드록시기)에 인산 한 분자가 에스터화된 형태이다. 뉴클레오타이드는 모체인 뉴클레오사이드의 이름 다음에 *일인산염*(monophophate)이라는 단어를 붙여서 명명한다. 인산염 에스터의 위치는 그것이 붙어 있는 탄소의 번호로 명시된다. 그림 28.3은 adenosine 5′-monophosphate, AMP 구조식이다. 일인산염 에스터는 약 1에서 6 정도의 pK_a 값을 갖는 이양성자산이다. 따라서 pH 7에서는 인산염 일에스터에 있는 2개의 수소들이 완전히 이온화되어 −2의 전하를 갖는 뉴클레오타이드가 생성된다.

뉴클레오타이드
인산 한 분자가 단당류의 —OH, 주로 3′-OH나 5′-OH와 에스터 결합을 이루는 뉴클레오사이드.

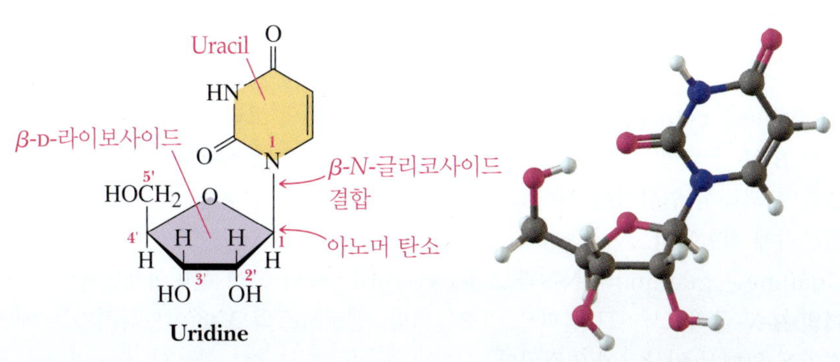

그림 28.2 ▸ Uridine, 뉴클레오사이드. 단당류의 고리 위에 있는 원자들의 숫자는 헤테로 고리형 염기들 위에 있는 원자들의 숫자와 구별하기 위해서 위 첨자인 프라임(prime)이 붙여진다.

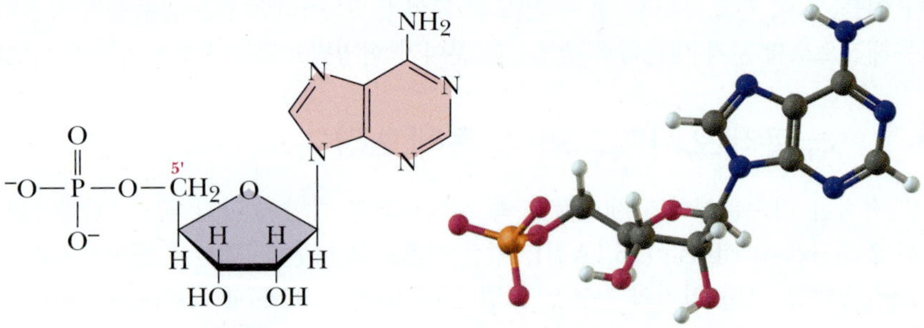

그림 28.3 ▸ Adenosine 5′-monophophate, AMP. 인산염기는 pH 7.0에서 완전히 이온화되어 전하가 −2인 뉴클레오사이드를 형성한다.

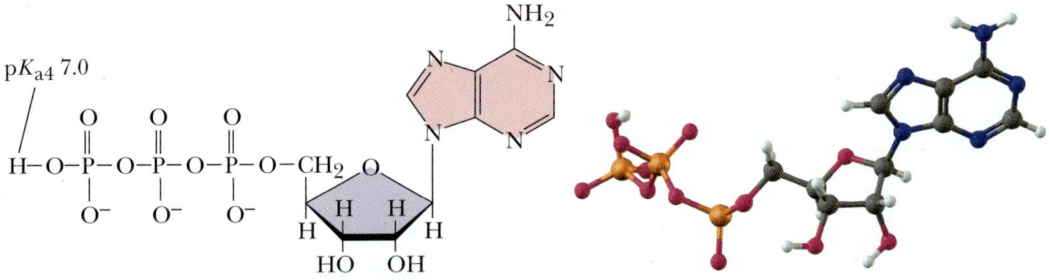

그림 28.4 ▸ Adenosine 9-triphosphate, ATP.

뉴클레오사이드 일인산염에 인산화 반응이 더 진행되면 뉴클레오사이드 이인산염과 뉴클레오사이드 삼인산염을 형성한다. 그림 28.4에서 adenosine 5′-triphophate, ATP의 구조식을 보여주고 있다.

뉴클레오사이드 이인산염과 삼인산염은 다양성자산으로서 pH 7.0에서 광범위하게 해리된다. 아데노신 삼인산염에 대한 처음 3개의 이온화 단계에 대한 pK_a 값은 5.0 미만이다. pK_{a4} 값은 약 7.0이다. 따라서 pH 7.0에서 약 50%의 아데노신 삼인산염은 ATP^{4-}의 형태로 존재하고, 나머지 50%는 ATP^{3-}의 형태로 존재한다.

핵산 염기인 adenine, cytosine, guanine의 외향고리(exocyclic) 아민기의 N 원자는 sp^2 혼성화 형태이며, 따라서 평면 구조를 갖는다. 다른 방향족 아민의 경우와 마찬가지로 이 N 원자는 최대의 궤도함수 중첩을 이루기 위해 인접한 방향족 고리의 π 구름과 공명 구조를 형성한다. 중요한 점은 핵산 염기들이 모두 평면 형태을 유지함으로써 나선 구조에서 차곡차곡 쌓임을(stacking) 촉진함과 동시에 짝염기와의 수소 결합이 최대화가 되도록 도와주고 있다는 것이다.

예제 28.1 ▸ **뉴클레오타이드**

다음 뉴클레오타이드의 구조식을 그려라.

(a) 2′-Deoxycytidine 5′-diphosphate

(b) 2′-Deoxyguanosine 3′-monophosphate

➥ 해답

(a) Cytosine은 cytosine의 N-1과 2-deoxy-D-ribose의 고리 헤미아세탈형의 C-1 사이의 β-*N*-글리코사이드 결합으로 연결된다. 펜토오스의 5′-하이드록시기는 에스터 결합에 의해서 인산기에 결합되며, 이 인산은 차례로 무수물 결합에 의해서 2번째 인산기에 결합된다.

(b) Guanine은 guanine의 N-9과 2-deoxy-D-ribose의 고리 헤미아세탈형의 C-1 사이의 β-*N*-글리코사이드 결합으로 연결된다. 펜토오스의 3′-하이드록시기는 에스터 결합에 의해서 인산기에 연결된다.

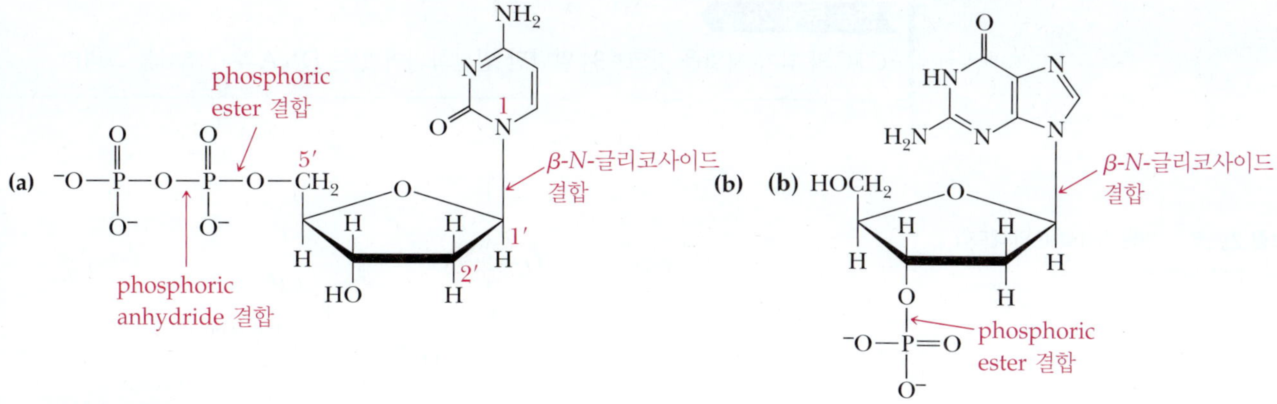

(a) $^{-}O-\overset{O}{\underset{O^-}{P}}-O-\overset{O}{\underset{O^-}{P}}-O-CH_2$ — 5′, 1, 1′, 2′, NH₂, N, O, H, HO

phosphoric ester 결합

phosphoric anhydride 결합

β-N-글리코사이드 결합

(b) HOCH₂ — O, HN, H₂N, N, H, O, $^{-}O-P=O$, O^-

β-N-글리코사이드 결합

phosphoric ester 결합

연습 문제 28.1

다음 뉴클레오타이드의 구조식을 그려라.

(a) 2′-Deoxythymidine 5′-monophophate

(b) 2′-Deoxythymidine 3′-monophophate

28.2 DNA의 구조

우리는 27장에서 폴리펩타이드와 단백질 구조의 복잡성에는 일차, 이차, 삼차, 사차 구조가 존재한다는 것을 알았다. 핵산 구조에는 복잡성에 따라 세 가지 수준이 있는데, 비록 폴리펩타이드와 단백질 구조의 복잡성에 어느 정도 비교할 만하지만, 그들 또한 상당한 차이를 갖는다.

A 일차 구조: 공유 결합 골격

Deoxyribonucleic acid (DNA)는 하나의 deoxyribose 단위의 3′-하이드록시기가 이웃한 deoxyribose 단위의 5′-하이드록시기와 인산이에스터 결합에 의해서 연결된 deoxyribose와 인산염이 교대로 배열된 것을 단위로 하는 골격으로 이루어져 있다(그림 28.5). 이러한 펜토오스-인산이에스터(pentose-phosphodiester) 골격은 전체 DNA 분자에 대해서 일정하게 유지된다. 헤테로 고리 방향족 아민 염기—adenine, guanine, thymine 및 cytosine은 β-N-글리코사이드 결합에 의해서 각 deoxyribose 단위에 결합된다. DNA의 **일차 구조**(primary structure)는 펜토오스-인산이에스터 골격을 따라 존재하는 헤테로 고리 염기들의 배열을 의미한다. 염기 배열은 고리의 5′ 말단에서 3′ 말단의 방향으로 표시한다.

핵산의 일차 구조
DNA와 RNA의 pentose-phosphodiester 뼈대를 따라 존재하는 염기의 서열을 5′에서 3′ 방향으로 표시한 것.

예제 28.2 ▸ DNA

5′ 말단에만 인산화되어 있는 DNA 다이뉴클레오타이드 TG의 구조식을 그려라.

➥ 해답

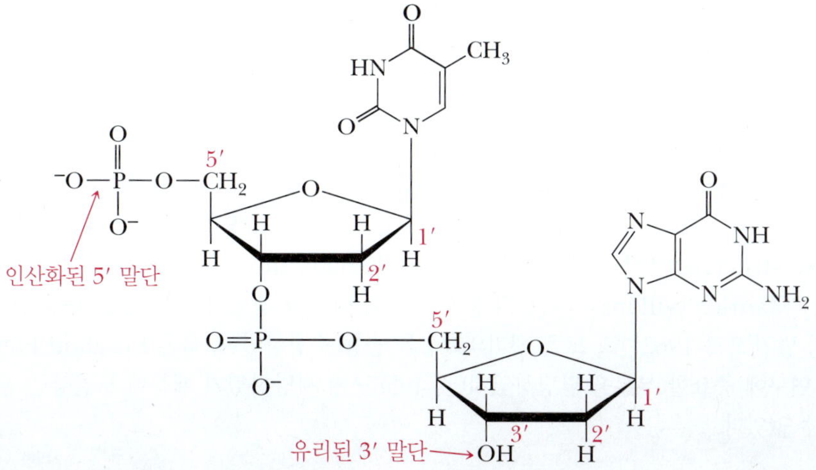

O, HN, CH₃, N, 5′, $^{-}O-\overset{O}{\underset{O^-}{P}}-O-CH_2$, H, 1′, 2′, 인산화된 5′ 말단, $O=P(O^-)-O-CH_2$, N, NH, NH₂, 3′, 유리된 3′ 말단 → OH

연습 문제 28.2

CTG의 염기 서열을 갖고, 3′ 말단만 인산화되어 있는 DNA의 구조식을 그려라.

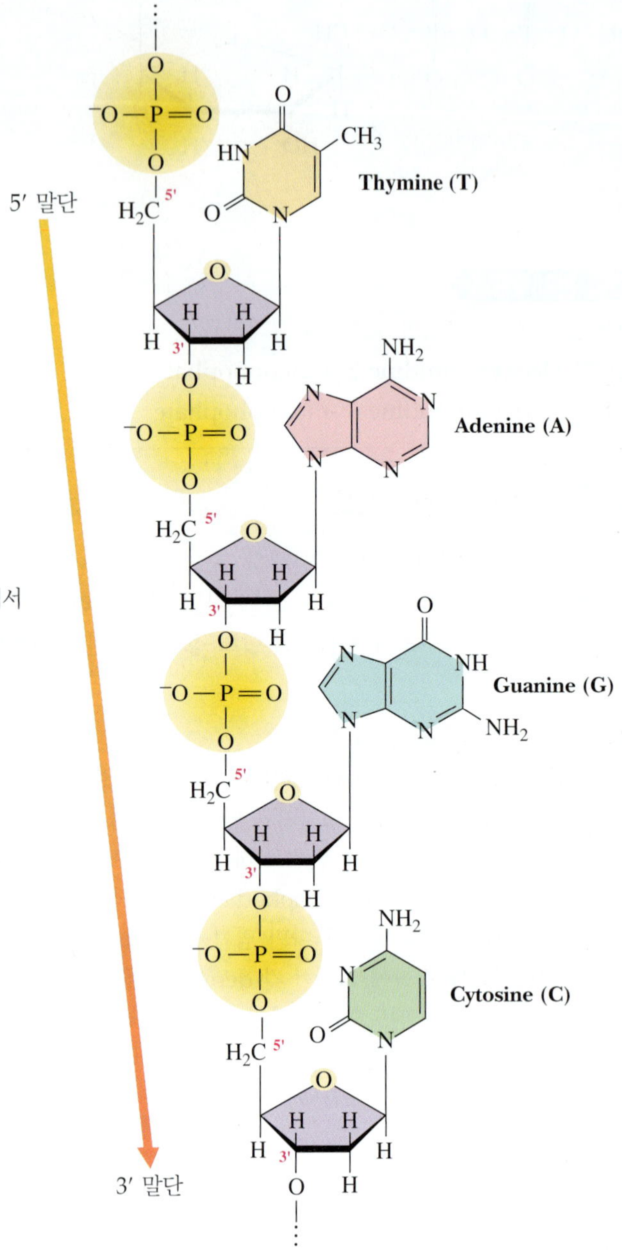

그림 28.5 ▸ 단일 가닥 DNA의 테트라뉴클레오타이드 부분.

5′ 말단

Thymine (T)

Adenine (A)

Guanine (G)

Cytosine (C)

염기 서열은 5′ 말단에서 3′ 말단으로 읽혀진다.

3′ 말단

B 이차 구조: 이중 나선

핵산의 이차 구조
핵산 가닥들의 정렬된 배열.

1950년대 초까지 DNA 분자들이 각각의 염기가 β-*N*-글리코사이드 결합으로 부착된 deoxyribose가 3′,5′-phosphodiester 결합에 의해서 서로 연결되어 있는 deoxyribose와 인산의 반복 단위로 구성되어 있다는 것은 잘 알려져 있었다. 1953년에 미국 생물학자인 James A. Watson과 영국 물리학자인 Francis H. C. Crick은 DNA의 **이차 구조**(secondary structure)로서 이중 나선 모형(double-helix model)을 제안하였다. Watson, Crick, Maurice Wilkins은 '핵산의 분자 구조의 발견과 생체의 정보 전달 과정과의 주요 연관성 발견'으로 1962년도 노벨 생리의학상을 공동 수상하였다. 물론 Rosalind Franklin도 이 연구에 중요한 부분을 담당하였지만, 1958년에 사망하였기 때문에 노벨상을 공동 수상할 수 없었다.

Watson-Crick 모형(Watson-Crick model)은 분자 모형과 DNA 염기 성분 분석과 DNA 결정의 X-선 회절 분석이라는 두 가지 실험 결과에 근거하여 이루어졌다.

Watson-Crick 모형
DNA 분자의 이차 구조에 대한 이중 나선형 모형.

자신들이 제안한 DNA 분자 모형과 함께 한 Watson과 Crick.

염기 조성비

한 때는 4가지 주요 염기들은 동일한 비율로 만들어지고, 아마도 모든 종들에 대해서 펜토오스-인산이에스터 골격을 따라서 규칙적인 형태로 반복된다고 믿어 왔다. 그러나 Erwin Chargaff는 염기 성분비에 대한 좀 더 정밀한 측정을 통해 염기들이 같은 비율로 존재하지 않는다는 것을 밝혀냈다(표 28.1).

표 28.1 여러 가지 유기체의 DNA 염기의 몰-퍼센트 조성비의 비교

	Purines		Pyrimidines				
유기체	A	G	C	T	A/T	G/C	Purines/Pyrimidines
인간	30.4	19.9	19.9	30.1	1.01	1.00	1.01
양	29.3	21.4	21.0	28.3	1.04	1.02	1.03
효모	31.7	18.3	17.4	32.6	0.97	1.05	1.00
E. coli	26.0	24.9	25.2	23.9	1.09	0.99	1.04

연구자들은 이와 연관된 자료들로부터 다음과 같은 결론을 도출해 냈다. 실험 오차 범위 내에서

1. 유기체 내에 존재하는 염기의 몰-퍼센트 성분비는 유기체의 모든 세포들에서 동일하고, 그 유기체의 특성을 나타내고 있다.
2. Adenine (purine 염기)과 thymine (pyrimidine 염기)의 몰-퍼센트는 같으며, guanine (purine 염기)과 cytosine (pyrimidine 염기)의 몰-퍼센트는 같다.
3. Purine 염기들(A + G)의 총 몰-퍼센트는 pyrimidine 염기들(C + T)의 총 몰-퍼센트와 같다.

X-선 회절 형태의 분석

DNA 구조에 대한 추가 정보는 Rosalind Franklin과 Maurice Wilkins에 의해서 얻어진 X-선 회절 사진을 분석함으로써 나오게 되었다. 이 회절 형태 결과로부터 비록 DNA의 염기 성분비는 유기체에 따라 다르지만, DNA 분자 자체는 두께에 있어서 상당히 일정하다는 것을 알게 되었다. DNA 분자의 길이는 길고, 상당히 직선형이며, 외경이 약 2000 pm으로 두께는 12개의 원자들이 겹쳐져 있는 것보다 작게 나타났다. 더욱이 결정 형태는 매 3400 pm마다 반복된다. 여기서 해결해야 할 주요 문제 하나가 제시되었다. 어떻게 DNA의 분자 구조가 여러 가지 염기의 상대적인 비율이 그렇게 다름에도 불구하고 규칙적일 수 있을까? 이러한 축적된 정보를 가지고 DNA 구조에 관한 가설을 발전시키기 위한 작업이 시작되었다.

그림 28.6 ▸ DNA 이중 나선은 나선과 연관된 카이랄성을 갖는다. 우회전성과 좌회전성의 이중 나선들은 각각 그것의 거울상과 겹쳐지지 않는다.

Watson-Crick 이중 나선

Watson-Crick 모형의 핵심은 DNA 한 분자가 **이중 나선**(double helix)을 만들기 위해 공통 축 주위로 우회전성 방식으로 꼬여 있는 2개의 역평행인 폴리뉴클레오타이드 가닥으로 이루어져 있다는 가정이었다. 그림 28.6의 리본 모형과 같이 이중 나선 구조는 카이랄성을 가지고 있다. 한 쌍의 거울상 이성질체들이 거울상에 의해서 서로 연관되어 있는 것처럼 좌회전성과 우회전성의 이중 나선들은 거울상 관계이다.

이중 나선
2개의 역평행인 폴리뉴클레오타이드 가닥이 같은 축에 대해서 우선성 방향으로 꼬여 있는 DNA 분자의 이차 구조의 한 형태.

항바이러스제의 개발

항바이러스제의 개발은 항박테리아제의 개발보다 어렵다. 왜냐하면 바이러스 복제는 바이러스가 침투한 숙주 세포의 신진 대사 과정에 좌우되기 때문이다. 즉, 항바이러스제는 바이러스가 기생하는 숙주 세포에 해를 끼친다. 항바이러스제의 개발은 바이러스의 생화학을 이해하며 바이러스에만 영향을 주는 생리 과정에 작용하는 제재를 개발하는 데 주안점을 두고 있다. 수많은 항박테리아제가 개발되었으나 시중에서 구입 가능한 항바이러스제는 몇 가지되지 않음을 알 수 있다. 실제로 항바이러스제는 항박테리아제와 같이 효율성이 있는 제재가 개발되어 있지 않다.

Acyclovir는 포진 바이러스(herpesvirus)라 불리는 DNA 바이러스의 감염을 치료하는 새로운 치료제 중 하나이다. 인간의 포진 감염은 두 가지 종류가 있다. 즉, 포진 단순형 1은 구강과 눈에 통증을 일으키고, 포진 단순형 2는 심각한 생식기 감염을 일으킨다. Acyclovir는 이러한 포진 바이러스에 의해 야기된 생식기 감염에 대해 매우 효율적이다. 이 약은 생체 내에서 일차 —OH (riboside나 deoxyriboside의 5′-OH에 해당)기가 삼인산염으로 바뀌면서 활성화된다. Acyclovir, 삼인산염은 데옥시구아노신 삼인산염(DNA 합성을 위한 핵심 전구체)과 구조적으로 매우 유사하기 때문에 바이러스 DNA 중합 효소(polymerase)에 흡착되어 효소-기질 복합체가 된다. 이 복합체에는 3′-OH기가 존재하지 않기 때문에 더 이상 바이러스 DNA 복제가 이루어지지 않는다. 즉, 효소-기질 복합체는 더 이상 활성화되지 않고 따라서 바이러스 복제도 중지되므로 결국 사멸하게 된다.

아마도 바이러스 항신진대사제로 가장 잘 알려진 것은 Zidovudine (azidothymidine, AZT)으로서 deoxythimidine의 3′-OH가 아지도기(N_3)로 대체된 유사체이다. AZT는 HIV-1 (AIDS 발현 재활 바이러스)에 효과적이다. 이 약은 생체 내에서 효소에 의해 5′-삼인산염으로 전환된 뒤 바이러스 RNA-의존 DNA 중합 효소(역전사 효소)에 의해 deoxythymidine 5′-triphosphate로 오인되어 복제되는 DNA 사슬에 첨가된다. 이 구조는 다음 데옥시뉴클레오타이드가 첨가할 때 필요한 3′-OH가 없기 때문에 DNA 사슬 연장이 정지된다. AZT는 인간 DNA 중합 효소보다 바이러스 역전사효소에 더 세게 결합하기 때문에 바이러스에 대한 효능을 나타낸다.

Acyclovir
(2-Deoxyguanosine과
구조적 유사성을 보여준다)

Zidovudine
(Azidothymidine; AZT)

Rosalind Franklin (1920~1958). 1951년에 그녀는 영국, 런던의 King's College의 생물리연구소에 소속되어 X-선 회절법을 이용하여 DNA를 연구하였다. 그녀는 DNA 밀도와 나선 구조를 규명하는 연구에 참여하였는데, 이 연구 결과는 Watson과 Crick이 DNA 모형을 제시하는데 중요한 자료로 사용되었다. 그녀는 37살의 나이인 1958년에 세상을 떠남으로써 노벨 생리학상이나 의학상(Watson, Crick, Wilkins가 수상)을 수상하지 못했다. 비록 그녀는 Watson과 Crick과 연구 활동에서는 경쟁 관계였지만, 후에 Watson은 그녀에 대해 다음과 같이 말했다. "우리는 후에 감사하게 되었다... 어느 여성의 열정과 지식이 여성 과학자를 진지한 생각의 우회나 전환 정도로만 생각해 왔던 과학계에서 받아들여지게 되었다."

Thymine ═ Adenine　Cytosine ≡ Guanine　Thymine ═ Adenine

1110 pm　1080 pm

2개의 수소 결합

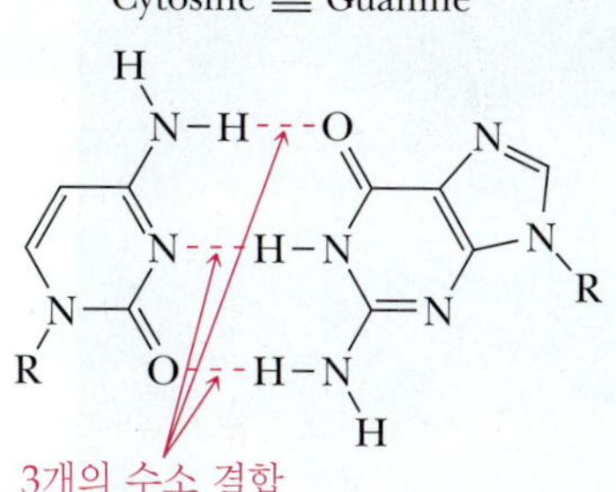

그림 28.7 ▸ Adenine과 thymine (A-T) 사이의 염기쌍, guanine과 cytosine (G-C) 사이의 염기쌍. A-T 염기쌍은 2개의 수소 결합에 의해 연결되지만, G-C 염기쌍은 3개의 수소 결합에 의해 연결된다.

관찰된 염기 비율과 균일한 DNA의 두께를 설명하기 위해서 Watson과 Crick은 purine과 pyrimidine 염기들은 나선축에 대하여 안쪽으로 뻗어 있고, 언제나 매우 독특한 방법으로 짝을 이루고 있다고 가정하였다. 척도 모형(Scale model)에 의하면 adenine-thymine 염기쌍은 guanine-cytosine 염기쌍과 크기가 거의 같으며, 각 쌍의 길이는 하나의 DNA 가닥 중심부의 두께와 일치한다(그림 28.7). 즉, 만일 한 가닥 내의 purine 염기가 adenine이라면, 역평행 가닥 내의 염기쌍은 반드시 thymine이 되어야 한다. 마찬가지로 guanine에 대해서는 cytosine이 되어야 한다. TA, CG쌍 사이의 이러한 '꼭 들어맞음'은 경이로운 것으로 분자 인식과 초거대분자 착물 형성 현상을 보여주는 중요한 실례가 되고 있다. 각 TA 염기쌍 사이에는 2개의 수소 결합이, 그리고 각 GC 염기쌍 사이에는 3개의 수소 결합이 있다. 4개의 DNA 염기들 사이에 다른 어떠한 조합도 이러한 안정한 수소 결합을 이루는 쌍을 형성할 수 없다. 이러한 독특한 수소 결합이 두 가닥을 서로 매우 강하게 붙잡아 두게 한다.

Watson과 Crick의 모형에서 중요한 특징은 다른 어떤 염기쌍들도 관찰된 DNA 분자의 두께와 일치하는 것이 없다는 것이다. 한 쌍의 pyrimidine 염기들은 너무 작고, 반면에 한 쌍의 purine 염기들은 너무 커서 관찰된 두께를 설명할 수 없다. 그러므로 Watson-Crick 모형에 따르면 이중 가닥 DNA 분자의 반복 단위는 크기가 다른 단일 염기들이 아니고, 오히려 동일한 크기를 갖는 염기쌍임을 알 수 있다.

Watson과 Crick은 X-선 자료로부터 얻어진 주기성을 설명하기 위하여 이웃한 염기쌍들 사이의 거리는 약 340 pm이고, 나선 1회전에 10개의 염기쌍들이 배열되어 서로 차곡차곡 쌓여 있다고 가정하였다. 나선 1회전은 3400 pm마다 반복되어 일어난다. 그림 28.8은 묽은 수용액에서 DNA의 주된 형태인 이중 가닥 **B-DNA**의 리본 모형을 보여주고 있는데, 이형태가 자연계에서 가장 일반적으로 존재하는 것으로 생각된다.

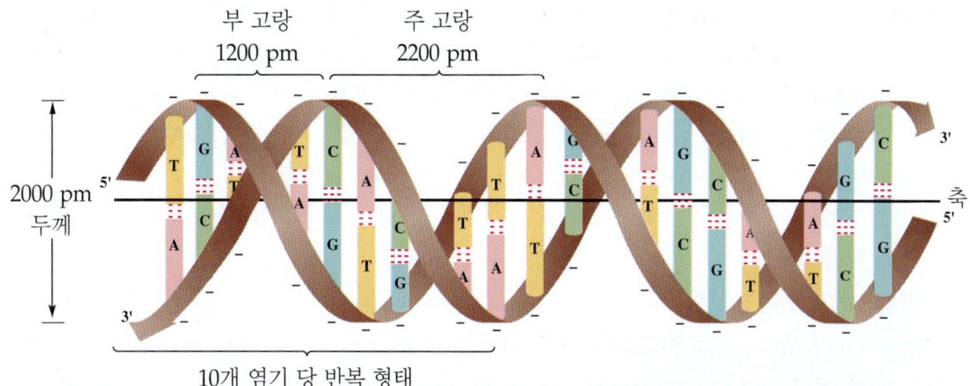

그림 28.8 ▸ 이중 가닥 B-DNA의 리본 모형. 각 리본은 단일 가닥 DNA 분자의 펜토오스-인산이에스터 골격을 보여 주고 있다. 가닥들은 역평행이다. 한 가닥은 3′ 말단에서 5′ 말단으로 위 방향으로 결합되어 이고, 다른 가닥은 5′ 말단에서 3′ 말단으로 아래 방향으로 결합되어 있다. 수소 결합들은 G-C 염기쌍들 사이의 3개의 점선들과 A-T 염기쌍들 사이의 2개의 점선들로 표시되어 있다.

이중 나선에서 각 염기쌍들의 염기들은 나선의 지름을 가로질러 다른 것에 직접 반대 방향으로 있는 것이 아니고, 오히려 약간 엇갈려져 있다. 이와 같은 엇갈림과 당-인산 골격에 각 염기들을 연결해 주는 글리코사이드 결합이 상대적인 배향은 2개의 다른 크기의 고랑(groove)인 주 고랑과 부 고랑이 생기게 한다(그림 28.8). 각 고랑은 이중 나선의 원형통관을 따라 간다. 주 고랑의 폭은 약 2200 pm이다. 부 고랑의 폭은 1200 pm이다.

그림 28.9는 B-DNA 이중 나선을 더 자세히 나타낸 입체도이다. 주 고랑과 부 고랑은 이 입체도에서 명확하게 보인다.

다른 형태의 이차 구조는 쌓여 있는 염기들 사이의 거리와 나선의 회전 당 염기쌍 수에 따라 달라진다고 알려져 있다. 이중에서 가장 일반적인 것 중 하나인 **A-DNA**는 이것 역시 우회전성 나선이며 **B-DNA**보다 더 두껍고 단지 2900 pm의 반복 거리를 갖는다. 염기쌍 간의 거리는 290 pm이며, 나선 1회전 당 10개의 염기쌍들이 있다.

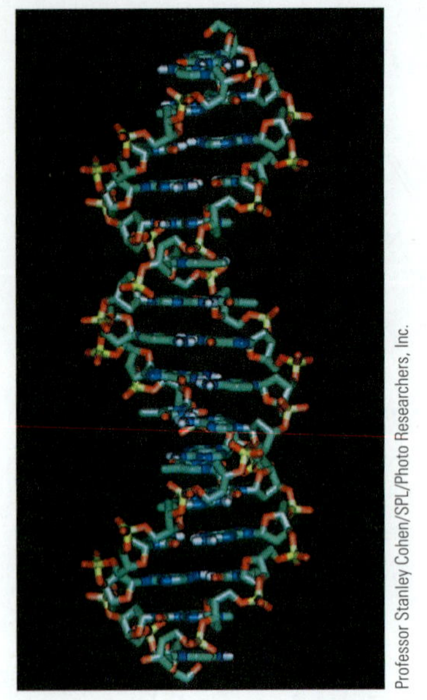

그림 28.9 ▸ B-DNA의 최적화된 모형.

예제 28.3 ▸ **상보성 서열**

DNA 분자의 한 가닥은 5′-ACTTGCCA-3′의 염기 서열을 가지고 있다. 상보성 DNA의 염기 서열을 써라.

해답

염기 서열은 언제나 가닥의 5′ 말단에서 3′ 말단 방향으로 나타낸다는 것과 A는 T와 짝을 이루고, C는 T와 짝을 이룬다는 것을 기억하라. 이중 가닥의 DNA에서 2개의 가닥들은 서로 역평행으로 진행되며, 따라서 한 가닥의 5′ 말단은 다른 가닥의 3′ 말단과 연결된다.

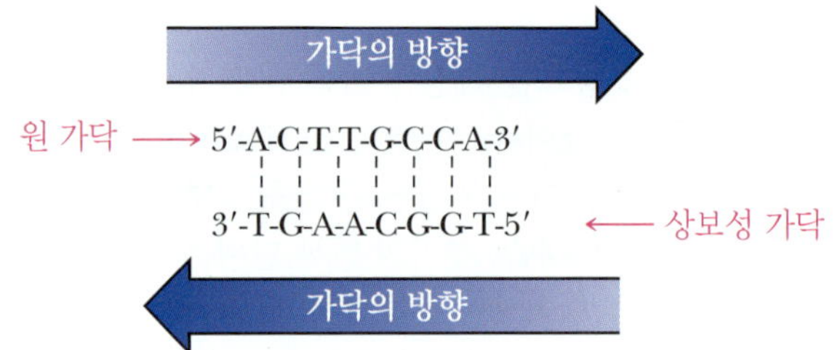

5′ 말단부터 쓰면, 상보성 가닥은 5′-TGGCAAGT-3′이다.

연습 문제 28.3

5′-CCGTACGA-3′에 대한 상보성 DNA의 염기 서열을 써라.

C 삼차 구조: 초코일화된 DNA

DNA의 길이는 DNA의 직경보다 상당히 더 길며, 펼쳐진 DNA 분자는 매우 유연하다. 이차 구조에 존재하는 것 외에 다른 꼬임이 없다면, DNA 분자는 이완되어 있다고 한다. 달리 표현하면 이완된 DNA는 명확히 정의된 삼차 구조를 갖지 않는다. 우리는 2가지 형태의 **삼차 구조**(tertiary structure)를 고려하고자 한다. 하나는 원형 DNA의 변화에 의해서 유발되는 형태이고, 다른 하나는 DNA가 히스톤(histone)이라 불리는 핵단백질에 결합되어 만들어지는 형태이다. 형태가 어떻든 간에 삼차 구조는 **초코일화**(supercoiling)되어 있다고 말한다.

핵산의 삼차 구조
보통 초코일화라 부르는 핵산의 모든 원자들의 3차원 배열.

원형 DNA
각 가닥의 5′와 3′ 말단이 인산이에스터 결합에 의해서 연결되어 있는 이중 가닥 DNA의 한 형태.

원형 DNA의 초코일화

원형 DNA (Circular DNA)는 각 가닥의 말단이 인산 에스터 결합에 의해 연결되어 있는 이중 가닥 DNA의 한 형태이다[그림 28.10(a)]. 박테리아와 바이러스에서 가장 두드러진 형태인 이러한 DNA 형태는 원형 복식 DNA(이중 가닥으로 되어 있기 때문에)라고도 일컬어진다. 원형 DNA는 한 가닥이 열리기도 하는데, 부분적으로 풀린 후 다시 연결된다. 풀려진 부분은 분자에 변형을 생기게 하는데, 이는 비나선형 부분이 수소 결합된 염기쌍으로 이루어진 나선 부위에 비해 덜 안정하기 때문이다. 변형은 비나선형 부분에 집중될 수 있

(a) 이완된:
원형(duplex) DNA

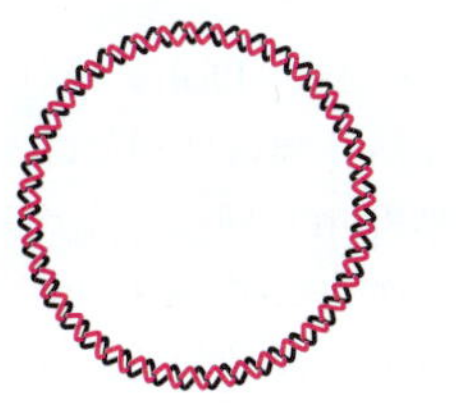

(b) 약간 변형된:
원형(duplex) 풀린 나선의
4개 꼬인 형태를 갖는 DNA

(c) 변형된: 초코일화된
원형 DNA

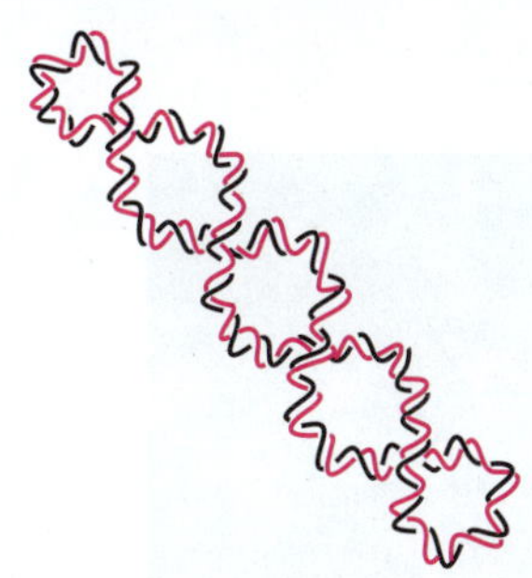

그림 28.10 ▸ 이완된 그리고 초코일화된 DNA. (a) 이완된 원형 DNA, (b) 한 가닥이 끊어져서 4번의 회전에 의해 풀어졌다 다시 끝이 연결된다. 풀어짐에 의한 변형은 비나선형 부분에 집중된다. (c) 4번의 꼬임에 의한 초나선형 코일화는 원형 DNA의 풀어짐으로 인한 변형을 전체 분자에 균일하게 분배시킨다.

다. 반면에 변형은 풀린 나선의 각각의 회전에 대하여 한 번의 꼬임이 일어나서 **초나선형**(superhelical) 꼬임 구조가 형성됨으로써 원형 DNA 분자 전체에 분산되기도 한다. 그림 28.10(b)의 원형 DNA는 4개의 회전 주기의 나선이 풀어진 것을 보여준다. 이러한 풀림에 의해서 만들어지는 변형은 4개의 초나선형 꼬임이 도입됨으로써 전체 분자에 균일하게 퍼지게 된다[그림 28.10(c)]. 이완 상태와 초코일화된 DNA의 상호 전환은 topoisomerase와 gyrase라 부르는 효소들에 의해 촉매화된다.

선형 DNA의 초코일화

식물과 동물에서의 선형 DNA의 초코일화는 또 다른 형태로 일어난다. 음으로 하전된 DNA 분자들과 **히스톤**(histone)이라 불리는 양으로 하전된 단백질들 사이의 상호작용에 의해서 진행된다. 히스톤은 특히 lysine과 arginine이 풍부하기 때문에 대부분 체액의 pH에서 그들의 길이에 따라서 양으로 하전된 자리들을 많이 가지고 있다. 음으로 하전된 DNA와 양으로 하전된 히스톤과의 복합체를 **크로마틴**(chromatin)이라 한다. 히스톤은 중심부를 형성하며 결합되고, 이중 가닥의 DNA는 그 주위를 감싸게 된다. 히스톤 단백질 중심부를 감싼 DNA의 결합체는 끈에 연결된 구슬과 같은 형태를 갖는다.

히스톤
DNA 분자와 결합하는, 특히 lysine과 arginine 같은 염기성 아미노산이 풍부한 단백질.

28.3 라이보핵산

라이보핵산(RNA)은 데옥시라이보핵산(DNA)과 같이 하나의 펜토오스의 3′-하이드록시기와 이웃한 당의 5′-하이드록시기 사이에 인산이에스터기로 연결된 가지 없는 긴 뉴클레오타이드 사슬이다. 그러나 RNA와 DNA 사이에는 구조면에서 세 가지 중요한 차이점이 있다.

1. RNA에서의 펜토오스 단위는 β-2-deoxy-D-ribise가 아니고, β-D-ribose이다.
2. RNA에서의 pyrimidine 염기들은 thymine과 cytosine이 아니고, uracil과 cytosine(그림 28.1)이다.
3. RNA는 이중 가닥이 아닌 단일 가닥이다.

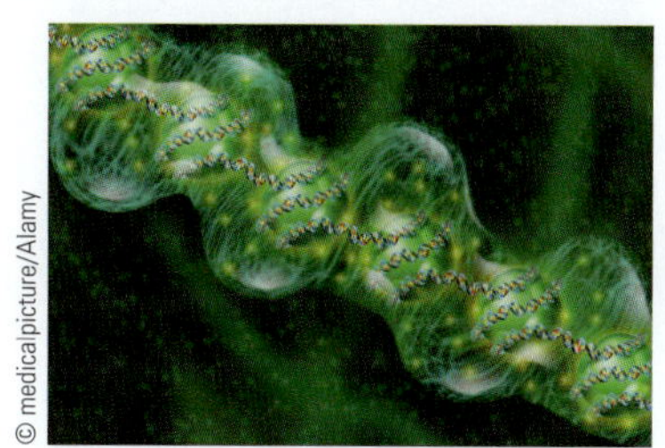

Mitochondrion에 있는 초코일화된 DNA.

세포는 DNA보다 RNA를 8배 더 많이 함유하고 있으며, DNA와는 대조적으로 RNA는 다른 형태들을 가지며, 각 형태마다 다중 복제로 만들어진다. RNA 분자들은 그들의 구조와 작용에 따라서 3개의 중요한 형태로 구분된다. 전령 RNA (messenger RNA), 라이보솜 RNA (ribosomal RNA)와 전달 RNA (transfer RNA)이다. *E. coli* (*Escherichia coli*) 세포 내의 RNA 분자와 뉴클레오타이드의 수와 세포 내의 함유 비율이 표 28.2에 요약되어 있다.

표 28.2 ***E. coli*** **세포에서 발견되는 RNA의 형태**

형태	분자량 범위(g/mol)	뉴클레오타이드의 수	세포 RNA의 퍼센트
mRNA	25,000~1,000,000	75~3000	2
tRNA	23,000~30,000	73~94	16
rRNA	35,000~1,100,000	120~2904	82

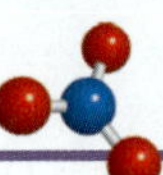

젊음의 원천

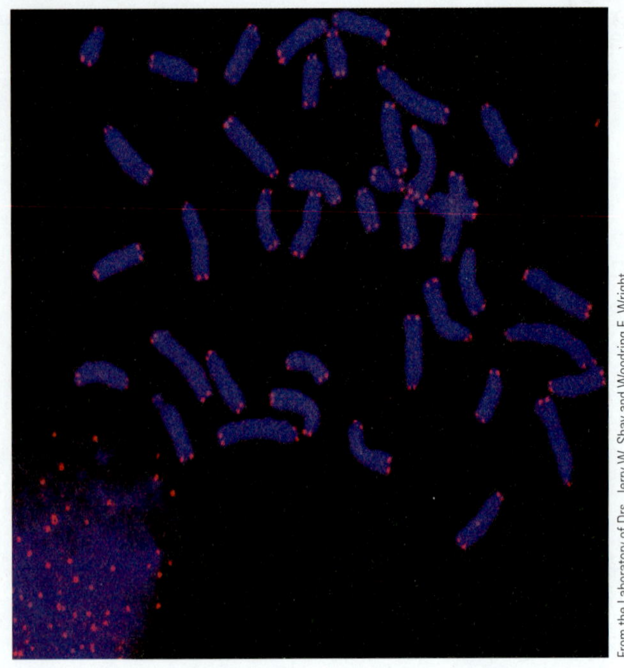

From the Laboratory of Drs. Jerry W. Shay and Woodring E. Wright

텔로머는 염색체에 씌워진 연속된 DNA가닥이다(척추동물에서는 TTAGGC).

1997년에 Dolly라고 명명된 양은 복제로 탄생된 최초의 포유동물이 되었다. 그 당시 Dolly는 3세였는데 유전 물질적으로는 6세의 나이에 해당되었다. 곧 Dolly는 텔로머(telomer)가 짧아져 있는 상태임이 판명되었는데, 결과적으로는 Dolly 자신이 실제 나이보다 '더 나이 먹은' 유전적인 구조를 지니고 있었다.

텔로머는 진핵세포 염색체의 말단 부위이다. 텔로머는 각 세포의 분열 때마다 자신의 일부를 제거하게 되는데, 이는 DNA 복제 과정에서 종종 염색체의 끝부분에서의 DNA 복제를 실패하기 때문이다. 궁극에는 텔로머가 모두 소모되어 없어지기 때문에 더 이상 세포 분열을 할 수 없게 되므로 세포 분열 수는 제한을 받게 되어 있다. 알이나 암세포에서는 telomerase라는 효소가 각 분열마다 텔로머를 재생성하기 때문에 이들 세포는 계속적으로 살아남게 된다. 결론적으로 telomerase는 대부분의 종에서 텔로머의 존재 연장에 관여하기 때문에 '젊음의 원천'이라고 할 수 있다. 만일 정상 세포에서처럼 telomerase의 활성이 정지되면 텔로머의 수가 감소하게 되고, 결국 Dolly의 경우처럼 세포의 나이가 늙게 될 것이다. 텔로머는 염색체 말단에 씌워져 있는 연속된 DNA 가닥(척추동물에서는 TTAGGG)이다.

연구자들은 telomerase의 발현과 위치를 조정하여 텔로머의 고갈 현상을 막으려고 노력하고 있다. 이러한 노력으로 세포의 생존 기간을 연장함으로써 청춘을 회복할 수 있을지 모른다. 이와 반대로, 종양 세포에 있는 telomerase를 제거함으로써 암세포가 끝없이 복제되는 것을 중지시켜 사멸시킬 수 있을지 모른다.

Based on a chemistry honors paper by James Stinebaugh, UCLA.

A 라이보솜 RNA

라이보솜 RNA (rRNA)
단백질 합성 장소인 라이보솜에서 발견되는 라이보핵산.

대부분의 **라이보솜 RNA** (ribosomal RNA, rRNA)는 라이보솜이라 불리는 세포질 내에 있는 입자에서 발견되는데, 약 60%의 RNA와 40%의 단백질이 포함되어 있다. 라이보솜은 단백질 합성이 일어나는 세포 내의 한 부분이다.

B 전달 RNA

전달 RNA (tRNA)
라이보솜 내의 단백질 합성 장소로 특정한 아미노산을 운반하는 라이보핵산.

전달 RNA (Transfer RNA, tRNA) 분자들은 모든 핵산들 중에서 가장 적은 분자량을 갖는다. 이들은 73~94개의 뉴클레오타이드들을 함유하고 있다. tRNA의 작용은 아미노산을 라이보솜에서 단백질 합성이 이루어지는 곳으로 이동시켜주는 것이다. 각 아미노산을 이런 목적에 맞게 되어 있는 tRNA를 적어도 1개를 갖는다. 몇몇 아미노산들은 하나 이상의 tRNA를 갖고 있기도 한다. 전달 과정에서 아미노산은 아미노산의 α-카복시기와 tRNA의 3′ 말단에 있는 라이보스의 3′ 하이드록시기 사이의 에스터 결합을 형성함으로써 tRNA에 부착된다.

tRNA—O—P(=O)(O⁻)—O—CH₂ … 염기

특정 tRNA에 에스터 형태로 결합된 아미노산

C 전령 RNA

전령 RNA(Messenger RNA, mRNA)는 상대적으로 적은 양이 세포 내에 존재하는데, 매우 짧은 시간 존재한다. 이들은 단일 가닥으로 되어 있으며 이들의 합성은 DNA 분자에 새겨져 있는 정보에 의해서 수행된다. 이중 가닥의 DNA가 풀어지고, mRNA의 상보성 가닥은 DNA의 3′ 말단에서 시작해서 DNA 주형 한 가닥을 따라 합성된다. DNA 주형으로부터 mRNA의 합성 과정은 전사(transcription)라고 불린다. 왜냐하면 DNA의 염기 서열에 들어 있는 유전 정보가 mRNA상의 상보성 염기 서열로 전사되기 때문이다. *전령*(messenger)이라는 이름은 이런 형태의 RNA 작용에서 유래되며, 이것은 입력된 유전 정보를 새로운 단백질의 합성을 위해서 DNA로부터 라이보솜으로 옮겨주는 작용이다.

전령 RNA (mRNA)
단백질 합성을 위해서 입력된 유전 정보를 DNA에서 라이보솜으로 운반하는 라이보핵산.

예제 28.4 ▸ mRNA

다음은 DNA의 염기 서열의 일부분이다. 이 DNA를 주형으로 사용해서 만들어지는 mRNA의 염기 서열을 써라.

3′-A-G-C-C-A-T-G-T-A-C-C-5′

➡ 해답

RNA 합성은 DNA 주형의 3′ 말단에서 시작해서 5′ 말단으로 진행된다. 상보성 mRNA 가닥은 C, G, A, U와 같은 염기들을 사용함으로써 만들어진다. Uracil (U)은 DNA 주형에서 adenine (A)의 상보체(complement)이다.

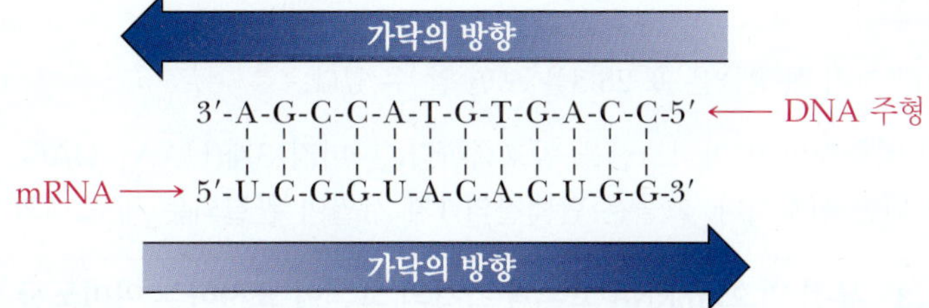

5′ 말단으로부터 읽어나가면 mRNA의 배열은 5′-UCGGUACACUGG-3′이 된다.

연습 문제 28.4

다음은 phenylalanine tRNA의 뉴클레오타이드 서열의 일부분이다.

3′-ACCACCUGGUCAGGCCUU-5′

이것의 DNA 상보체의 뉴클레오타이드 서열을 써라.

28.4 유전 암호

A 암호의 삼중성

DNA 분자 내의 염기 서열이 유전 정보의 저장고 역할을 하고, 전령 RNA (mRNA)의 합성을 지시하고, 차례로 단백질의 합성을 유도하는 것이라는 것은 1950년대 초반까지 명확히 알려져 있었다. 그러나 'DNA 내의 염기 서열이 단백질의 합성을 지시한다.'는 말은 다음과 같은 문제점을 제시하게 된다. 어떻게 단지 4개의 가변성 단위(adenine, cytosine, guanine, thymine)만을 함유하는 분자가 20개의 가변성 단위들(단백질 유도 아미노산들)을 갖는 분자의 합성을 지시할 수 있는가? 어떻게 4개의 알파벳이 단백질에서 보이는 20개의 알파벳 순서를 암호화할 수 있는가?

한 가지 명확한 답은 각 아미노산에 대한 암호화를 하는 데 하나의 염기가 아닌 염기들의 조합이 쓰인다는 것이다. 암호가 뉴클레오타이드 쌍들로 구성된다면, $4^2 = 16$ 조합이 있게 된다. 이것은 더 광범위한 암호이지만 여전히 20개의 아미노산을 암호화할 만큼 충분히 광범위하지는 않다. 암호가 3개의 뉴클레오타이드들로 구성되어 있다면, $4^3 = 64$ 조합

코돈
특정한 아미노산과 폴리펩타이드 서열을 대응시키는 mRNA상의 뉴클레오타이드 삼중항.

이 있다. 이것은 단백질의 일차 구조를 암호화할 수 있을 만큼 충분하다. 오랜 기간 동안 진화 과정을 거친 자연계에서는 매우 간단한 해답인 것처럼 보인다. 실제로 자연은 유전 정보를 저장하기 위해서 간단한 세 글자로 된 삼중 암호(triplet code)를 사용한다. 3개의 뉴클레오타이드들이 모여진 삼중항(triplet)은 **코돈**(codon)이라 불린다.

B 유전 암호의 해독

다음 단계의 의문은 64개의 삼중항(triplet) 중 어떤 것이 어느 아미노산을 암호화하는가? 이다. 1961년에 Marshall Nirenberg는 문제를 해결하기 위한 간단한 실험을 시도하였는데, 이것은 합성된 폴리뉴클레오타이드들이 자연적인 mRNA에서 행해지는 것과 같은 방법으로 폴리펩타이드 합성을 지시한다는 관찰에 근거하고 있다. Nirenberg는 라이보솜, 아미노산, tRNA와 적당한 단백질-합성 효소들을 배양하였다. 단지 이들 성분만을 가지고는 폴리펩타이드 합성이 일어나지 않는다. 그러나 그가 합성된 polyuridylic acid (poly U)를 가했을 때, 폴리펩타이드가 합성되었다. 더 중요한 것은 합성 폴리펩타이드는 단지 phenylalanine만을 함유하고 있다는 것이다. 이와 같은 발견과 더불어 유전 암호의 첫 번째 요소가 해독되었다. Phenylalanine에 대한 암호는 UUU 삼중항이다.

비슷한 실험이 다른 합성 폴리라이보뉴클레오타이드(polyribonucleotide)로 행해졌다. 예를 들면, polyadenylic acid (poly A)는 폴리라이신의 합성을 유도하고, polycytidylic acid (poly C)는 폴리프롤린의 합성을 유도한다는 것이 발견되었다. 1964년까지 모든 64개의 코돈들이 해독되었다(표 28.3).

C 유전 암호의 성질

유전 암호의 여러 가지 특징들은 표 28.3을 보면 알 수 있다.

1. 단지 61개의 삼중항만이 아미노산을 암호화한다. 나머지 3개(UAA, UAG, UGA)는 사슬 종결을 위한 신호이다. 그들은 단백질의 1차 서열이 완결되는 세포 내의 단백질 합

표 28.3 유전 암호: mRNA 코돈과 각각의 코돈이 표시하는 아미노산

첫 번째 위치 (5′ 말단)	두 번째 위치 U		C		A		G		세 번째 위치 (3′ 말단)
U	UUU	Phe	UCU	Ser	UAU	Tyr	UGU	Cys	U
	UUC	Phe	UCC	Ser	UAC	Tyr	UGC	Cys	C
	UUA	Leu	UCA	Ser	UAA	Stop	UGC	Stop	A
	UUG	Leu	UCG	Ser	UAG	Stop	UGG	Trp	G
C	CUU	Leu	CCU	Pro	CAU	His	CGU	Arg	U
	CUC	Leu	CCC	Pro	CAC	His	CGC	Arg	C
	CUA	Leu	CCA	Pro	CAA	Gln	CGA	Arg	A
	CUG	Leu	CCG	Pro	CAG	Gln	CGG	Arg	G
A	AUU	Ile	ACU	Thr	AAU	Asn	AGU	Ser	U
	AUC	Ile	ACC	Thr	AAC	Asn	AGC	Ser	C
	AUA	Ile	ACA	Thr	AAA	Lys	AGA	Arg	A
	AUG*	Met	ACG	Thr	AAG	Lys	AGG	Arg	G
G	GUU	Val	GCU	Ala	GAU	Asp	GGU	Gly	U
	GUC	Val	GCC	Ala	GAC	Asp	GGC	Gly	C
	GUA	Val	GCA	Ala	GAA	Glu	GGA	Gly	A
	GUG	Val	GCG	Ala	GAG	Glu	GGG	Gly	G

*AUG도 주요한 개시 코돈의 역할을 한다.

성 장치에 신호를 보낸다. 3개의 사슬 종결 삼중항은 표 28.3에 'Stop'이라고 표시되어 있는 것들이다.

2. 암호는 중복(degenerate)되어 있는데, 이것은 몇몇의 아미노산들은 하나 이상의 삼중항에 의해서 암호화될 수 있다는 것이다. 여러분이 각 아미노산에 대하여 암호화되어 있는 삼중항들을 세어 본다면, 단지 methionine과 tryptophan만이 하나의 삼중항에 의하여 암호화 되어 있다는 것을 발견할 것이다. Leucine, serine, arginine들은 6개의 삼중항에 의해서 암호화되어 있고, 나머지 아미노산들은 2, 3, 4개의 삼중항에 의해서 암호화된다.
3. 둘, 셋 또는 네 개의 삼중항에 의해서 암호화되는 15개의 아미노산들에 대해서는 암호의 글자 중 세 번째 것만이 변한다. 예를 들면, glycine은 GGA, GGG, GGC, GGU 삼중 항에 의해서 암호화된다.
4. 암호에 모호함은 없다. 이것은 각 삼중항이 단지 1개의 아미노산만을 암호화한다는 것을 의미한다.

우리는 유전 암호에 대하여 마지막 한 가지 질문을 해야만 한다. 암호는 보편적인가? 즉, 그것은 모든 유기체에 대하여 동일한가? 바이러스, 박테리아, 인간을 포함하는 고등동물들의 연구로부터 오늘날 얻을 수 있는 일련의 모든 실험 증거들은 암호가 보편적이라는 것을 나타내고 있다. 더구나 모든 이러한 유기체들에 대하여 동일하다는 사실은 오랜 세월 동안의 진화 동안에도 동일하게 유지되어 왔음을 의미한다.

예제 28.5 ▸ **전사**

전사 과정 중에서 mRNA의 일부분이 다음과 같은 염기 서열로 합성되었다.

5′-AUG-GUA-CCA-CAU-UUG-UGA-3′

(a) 이와 같은 mRNA가 합성된 DNA의 뉴클레오타이드 서열을 나열하여라.
(b) 이러한 mRNA에 의해서 암호화되는 폴리펩타이드의 일차 구조를 써라.

➡ 해답

(a) 전사 과정 중에서 mRNA는 DNA 가닥으로부터 합성되는데, DNA 주형의 3′ 말단에서 시작된다. DNA가닥은 새롭게 합성된 mRNA와 상보적이어야 한다.

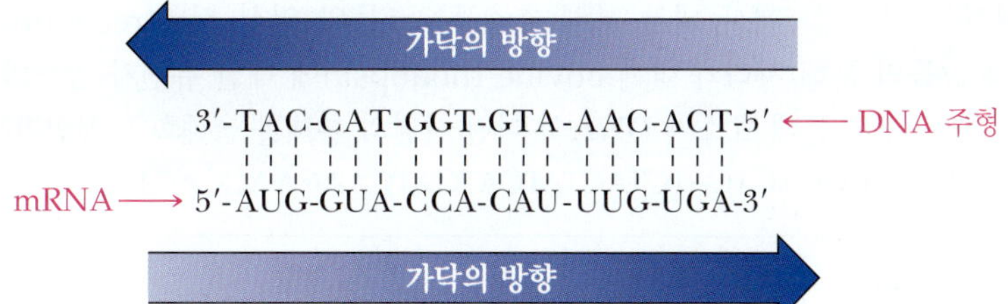

UGA 코돈은 성장하는 폴리펩타이드 사슬의 종결을 암호화하고, 따라서 이 문제에서 주어진 서열은 단지 펜타펩타이드만을 암호화한다는 것에 주목하라.

(b) 아미노산의 서열은 다음의 mRNA 가닥에 나타내었다.

5′-AUG-GUA-CCA-CAU-UUG-UGA-3′

met--val--pro--his--leu--stop

연습 문제 28.5

다음의 DNA 서열은 폴리펩타이드 호르몬(polypeptide hormone)인 oxytocin을 암호화한다.

3′-ACG-ATA-TAA-GTT-TTA-ACG-GGA-GAA-CCA-ACT-5′

(a) 이런 서열의 DNA로부터 합성되는 mRNA의 염기 서열을 써라.
(b) (a)에서 염기 서열이 얻어지면 oxytocin의 일차 구조를 써라.

28.5 핵산의 염기 서열

1975년까지도 핵산의 일차 구조를 결정하는 일이 단백질의 일차 구조를 결정하는 것보다 더 어렵다고 여겨졌다. 핵산은 단지 4개의 다른 단위들을 갖고 있지만, 단백질은 20개의 다른 단어들을 함유한다는 것이 그 이유였다. 단지 4개의 단위들만 가지기 때문에 선택적 분해를 할 수 있는 자리들이 더 적게 되고, 구별될 수 있는 서열들을 분석하기가 더 어려우며, 서열의 지정에 있어서 모호해질 가능성은 더 커진다. 두 가지 중요한 새로운 발견이 이 상황을 반전시켰다. 첫 번째 중요한 발견은 폴리아크릴아마이드 젤 전기이동이라 불리는 전기이동법(electrophoresis)의 개발인데, 이 기술은 매우 민감해서 한 가지 뉴클레오타이드를 다른 핵산들로부터 분리하는 것이 가능하다. 두 번째 발견은 주로 박테리아에서 분리되는 제한 핵산 내부 분해 효소라 불리는 효소의 발견이다.

A 제한 핵산 내부 분해 효소

제한 내부 핵산 분해 효소
DNA 가닥 내의 특정한 인산이에스터 결합의 가수분해를 촉매화하는 효소.

제한 핵산 내부 분해 효소(Restriction endonuclease)는 특정한 자리의 인산염 에스터 결합을 가수분해함으로써 DNA를 분해한다. 대체로 그들은 4개나 8개의 뉴클레오타이드들을 한 세트 형태로 인식하고, 특정한 서열 또는 그 근처에 있는 DNA가닥을 분해한다. 1000여 개에 가까운 제한 효소가 분리되었고, 그 특징이 밝혀졌다. 예를 들면, *E. coli*는 제한 핵산 내부 분해 효소인 *Eco*RI를 갖는데, 이것은 헥사뉴클레오타이드 서열 GAATTC를 인식하고, G와 A 사이를 분해한다.

여기를 절단

5′---G-A-A-T-T-C---3′ —*Eco*RI→ 5′---G + 5′-A-A-T-T-C---3′

제한 핵산 내부 분해 효소의 작용은 Lys과 Arg의 카복시기에 의해서 형성된 아마이드 결합의 분해(가수분해)를 촉매화시키는 trypsin (27.4B절)과 Phe, Tyr, Trp의 카복시기에 의해 만들어진 아마이드 결합의 분해를 촉매화하는 chymotrypsin과 유사하다는 것에 주목하라.

예제 28.6 ▸ 핵산 내부 분해 효소

다음은 여러 가지 제한 핵산 내부 분해 효소들, 그들의 인식 서열(recognition sequence)과 그들의 분해 자리와 함께 bovine rhodopsin에 대한 유전자 암호의 일부분이다. 어떤 핵산 내부 분해 효소가 DNA의 이런 서열의 분해를 촉매화할 것인가?

5′-GCCGTCTACAACCCGGTCATCTACTATCATGATCAACAAGCAGTTCCGGAACT-3′

효소	인식 서열	효소	인식 서열
*Alu*I	AG↓CT	*Hpa*II	C↓CGG
*Bal*I	TGG↓CCA	*Mbo*I	↓GATC
*Fnu*DII	CG↓CG	*Not*I	GC↓GGCCGC
*Hea*III	GG↓CC	*Sac*I	GAGCT↓C

➥ 해답

단지 *Hpa*II와 *Mbo*I 제한 핵산 내부 분해 효소만이 이 폴리뉴클레오타이드의 분해를 촉매화시킨다. *Hpa*II는 두 자리에서 작용하고, *Mbo*I은 한 자리에 작용한다.

연습 문제 28.6

다음은 bovine rhodopsin 유전자의 또 다른 일부분이다. 예제 28.6에 주어진 내부 핵산 분해 효소 중에서 어떤 것이 이 부분의 분해를 촉매화할 것인가?

5′-ACGTCGGGTCGTCGTCCTCTGGCGGTGGTGAGTCTTCCGGCTCTTCT-3′

B 핵산의 서열을 결정하는 방법

DNA의 서열을 결정하기 위해서는 우선 제한 핵산 내부 분해 효소를 이용하여 DNA 이중 나선의 특정 위치를 절단하여 제한 조각이라 불리는 작은 조각으로 만들어야 한다. 각 조각을 개별적으로 서열을 매기는데, 이 때 겹치는 서열을 통해 전체 염기 서열을 추정한다.

DNA 염기 서열 결정은 (1) 개발자인 Allan Maxam과 Walter Gilbert의 이름을 딴 Maxam-Gilbert 방법(Maxam-Gilbert method)과 (2) Grederick Sanger에 의해서 개발된 사슬 종결법(chain termination) 또는 이탈 산소법(dideoxy method)의 두 가지가 있다. 이러한 방법들을 개발하는 데 참여한 공로로 Gilbert와 Sanger는 1980년에 노벨 생화학상을 수상하였다. 최근에는 Sanger의 이탈 산소법이 더 광범위하게 사용되고 있는데, 이 책에서는 이 방법에 대해 자세히 설명하고자 한다.

Sanger 이탈 산소법
Frederick Sanger가 개발한 것으로 DNA 분자의 염기 서열을 결정하는 방법.

C 생체 밖에서의 DNA 복제

이탈 산소법을 수행하기 전에 우리는 DNA 복제의 생화학에 대한 몇 가지 사항을 이해해야 한다. 복제 과정에서 DNA 한 가닥 내의 뉴클레오타이드 서열이 상보성 가닥으로 복사되어 이중 나선 DNA 분자가 된다. 상보성 가닥의 합성은 DNA polymerase 효소에 의해 촉매화 된다. 이 효소는 생체 밖에서는 네 가지 deoxynuclotide triphosphate (dNTP) 단위체와 기본체가 준비되면 단일-가닥 DNA을 이용하여 상보성 DNA 합성을 수행할 수 있다. **시발체**(Primer)는 단일-가닥 DNA (ssDNA)에 염기쌍 상보성에 의해 이중-가닥 DNA (dsDNA)를 형성할 수 있는 능력을 가진 올리고뉴클레오타이드이다. 새로 생성된 DNA가닥은 5′에서 3′ 말단 방향으로 성장하기 때문에 시발체는 반드시 유리 3′-OH기를 가지고 있어야 된다(그림 28.11).

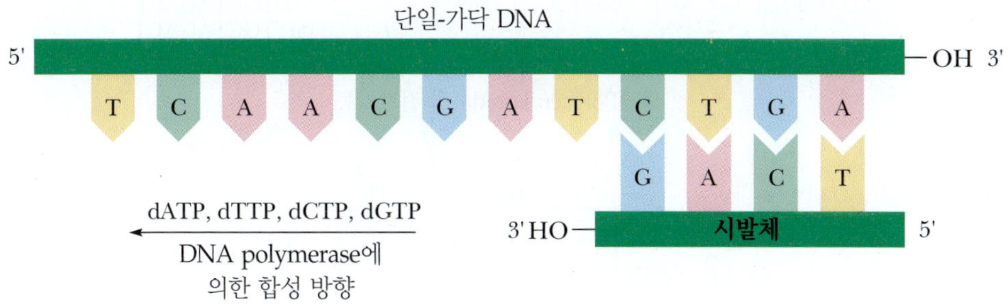

그림 28.11 ▸ DNA polymerase 효소는 4개의 dNTP 단위체와 시발체가 존재하면 생체 외에서도 단일-가닥 DNA를 이용하여 상보성 DNA를 합성할 수 있다. 시발체는 염기쌍 상보성 반응으로 이중-가닥 DNA가 형성되는 구간으로 작용한다.

D 사슬 종결법 또는 이탈 산소법

사슬 종결법의 핵심은 2′,3′-dideoxynucleoside triphosphate (ddNTP)를 합성 용액에 첨가하는 단계이다. ddNTP는 3′- 위치에 —OH기가 없기 때문에 다음 뉴클레오타이드와 연결될 수 없으므로 더 이상 폴리 뉴클레오타이드 사슬을 형성할 수 없다. 즉, ddNTP가 도입된 위치에서 사슬 합성이 정지된다.

2′,3′-Dideoxynucleoside triphosphate
(ddNTP)

사슬 종결법에서는 서열을 알고자 하는 단일-가닥 DNA를 시발체와 섞은 후 사등분으로 나눈다. 각 혼합물에 네 개의 dNTP를 모두 첨가한 다음 각 혼합물의 5′ 인산기를 ^{32}P로 표지화한다. 이로 인해 새로 형성된 조각을 자동 방사선기로 확인할 수 있다.

$$^{31}_{15}P \rightarrow ^{32}_{16}S + \text{베타 알맹이} + \text{감마선}$$

그 후 각 혼합물에 DNA polymerase와 4개의 ddNTP 중 한 가지씩을 가한다. ddNTP와 dNTP의 비율은 생성되는 DNA가닥에 ddNTP가 가끔씩만 들어가게끔 조절한다. 각 혼합물에서 DNA 합성이 이루어지지만, 넣어준 분자들의 조성에 따라 일정 위치에서 합성이 정지된다(그림 28.12).

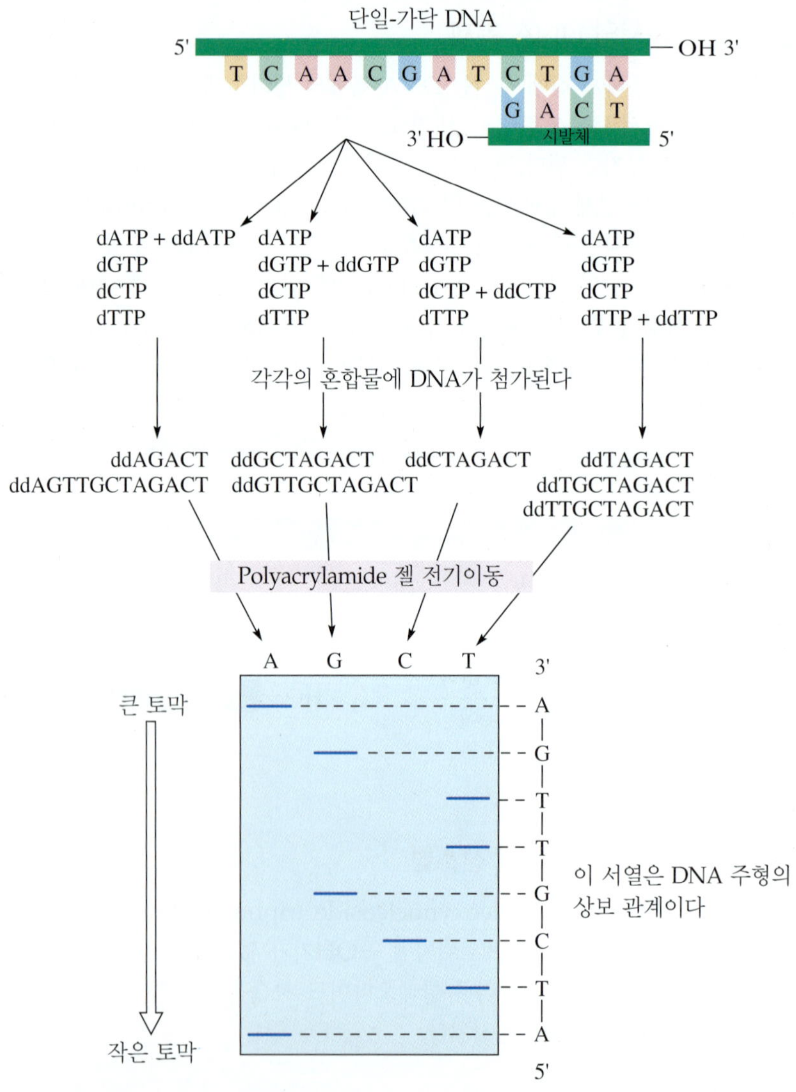

그림 28.12 ▸ 사슬 종결법 또는 이탈산소법으로 DNA 염기 서열 결정법. 시발체-DNA 가닥 용액을 4등분한 후, 각 혼합물에 4개의 dNTP, DNA polymerase, 4개 중 1개의 dd-NTP를 첨가한다. 반응이 완결된 혼합물을 폴리아크릴아마이드 전기이동법으로 분리하여 염기서열을 아래쪽에서 위쪽으로 읽어간다(5′ 말단에서 3′ 말단으로).

각 혼합물을 젤 전기이동법으로 분리한 후 X-선 필름을 젤 위에 덮으면 ^{32}P의 방사성 붕괴로 인해 방출된 감마선이 필름을 감광시켜 분리된 올리고뉴클레오타이드 조각의 영상이 나타난다. 원래 DNA로부터 합성된 상보적 DNA의 염기 서열을 바닥에서 위쪽으로 읽어갈 수 있다.

이 방법의 변형으로서 각기 다른 형광 지시약으로 표지된 4개의 ddNTP를 섞은 하나의 반응 혼합물을 이용하는 것이다. 표지된 각각의 형광 물질은 각각 특징적인 스펙트럼을 나타내므로 폴리아크릴아마이드 젤 전기이동이나 관 크로마토그래피로 분리한 DNA 조각을 쉽게 검출할 수 있게 해 준다. 1세대 자동 DNA 서열 분석기는 이러한 형광 변형법을 이용하였다.

E 인간 게놈의 염기 서열

2000년 봄, 인간 게놈의 염기 서열이 두 연구 집단에 의해 밝혀졌다. 인간 게놈 프로젝트(Human Genome Project)에 의해 진행된 이 사업은 공적 기금으로 컨소시엄을 이룬 연구 집단과 Celera Genomics라는 개인기업 연구소에서 이루어졌다. 실제로 이번에 이루어진 결과는 완결된 것이 아니고 인간 게놈의 85% 정도가 해석된 것이다. 사용된 방법론은 이미 서술된 방법으로서 모세관 전기이동법을 이용하여 대량의 조각을 동시에 분석하는 것이었다. Celera사는 최신의 서열 분석기 300여대를 이용하였다. 수백만 개의 중첩된 서열을 분석하는데 슈퍼컴퓨터 몇 대를 서로 연결하여 사용하였다. 그림 28.13은 Celera사가 사용한 기기를 보여 주고 있다.

그림 28.13 ▸ 염기 서열 결정 장치.

이제는 단백질 서열보다 핵산 서열을 결정하기가 훨씬 쉽다. 유전 인자의 서열이 밝혀지면 유전 인자가 생성한 단백질의 서열을 알 수 있게 되는데, 이는 유전 암호가 밝혀져 있기 때문이다. 많은 단순 생명체의 염기 서열이 밝혀졌고 또한 유전 암호화된 단백질의 작용이 밝혀져 있기 때문에 유전 암호가 밝혀진 단백질의 서열(the Protein Data Bank의 저장 자료실에서 얻을 수 있음)과 비교함으로써 새로운 단백질의 서열을 알아낼 수 있게 되었다. 이러한 기술은 화학, 생물학 및 의학에 혁명적인 공헌을 하게 될 것이다.

이러한 업적은 분자 의학의 새 시대를 열게 될 것이다. 분자 의학은 유전병을 일으키는 유전 결핍증을 분자 수준으로 이해함으로써 불필요한 유전 인자를 제거하는 치료법을 개발하거나 유익한 유전 인자를 발현시키는 기술을 발전시킬 수 있을 것이다. 또한 개인마다 약물 요법에 다르게 반응하기 때문에 미래에는 환자 개인별 유전 인자에 맞추는 맞춤별 의학 기술이 발전하게 될 것이다.

DNA 지문 감정

인간은 약 30억개의 뉴클레오타이드 염기쌍으로 구성된 유전 정보를 지니고 있기 때문에 일란성 쌍둥이를 제외하고는 개인별로 다른 DNA 지문을 지니고 있다. DNA 지문을 결정하는 데는 극소량의 혈액, 피부 또는 다른 조직을 제한 내부 핵산 분해 효소로 처리한 후 각 제한 조각의 5′ 말단을 ^{32}P로 표지화한다. ^{32}P로 표지된 제한 토막을 폴리아크릴아마이드 젤 전기이동법으로 분리하고 전개된 젤에 필름판을 이용하여 영상화한다.

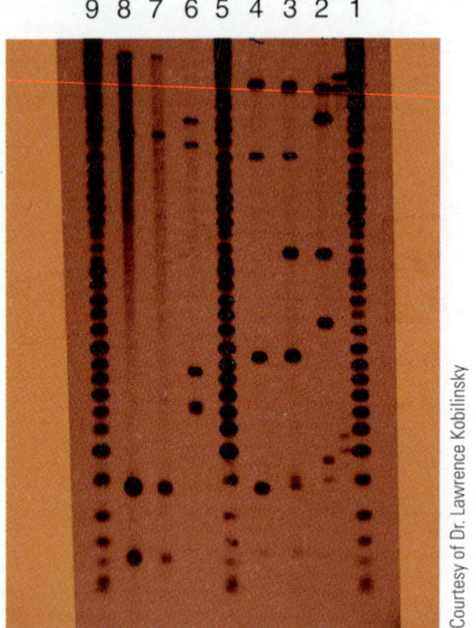

DNA '지문'

DNA 지문 패턴이 그림에 나타나 있는데, 레인 1,5,9는 내부 표준 물질이다. 이 표준 물질은 표준 바이러스의 DNA 지문 패턴이다. 레인 2,3,4는 친자 확인 소송 관계인들의 유전 인자이다. 레인 4에 있는 어머니의 DNA 지문에는 5개의 띠가 있는데, 레인 3에 있는 친자 확인을 요청한 아버지의 DNA 지문 6개 중 3개가 아이의 것과 일치한다. 아이는 아버지로부터 오직 50%의 유전인자만 유전받기 때문에 아이의 DNA 지문의 반이 아버지의 지문 반과 일치하리라고 예상할 수 있다. 이러한 지문감정으로 친자 소송을 해결할 수 있다.

레인 6,7,8은 강간 사건의 경우이다. 레인 7,8은 강간 피해 여성에서 채취한 정액의 DNA 지문이다. 레인 6의 것은 강간 혐의자의 DNA 지문인데, 만일 이 지문 패턴이 일치하지 않으면 혐의 사실을 벗어나게 된다.

차세대 DNA 서열 분석법

최근 새로운 효소 DNA 서열 분석법과 클론 증폭법, 미세유체반응 기술, 자동시료처리기술의 결합으로 차세대 DNA 서열 분석법이 개발되었다. 대규모 병렬식 분석에 의해 300 기가바이트(3천억 개의 염기)를 동시에 처리할 수 있으며 비용도 수천 달러밖에 들지 않는다. 가장 최근 방법은 특수 광학 기술을 이용하여 단분자(single molecule) 수준에서 서열 분석이 가능하다고 한다. 모든 게놈의, 특히 미생물의 경우 서열 분석은 일상적인 일이 되어 버렸다.

놀랍게도 각각의 서열 분석은 한번에 50개에서 400개의 염기 서열을 다룰 수 있다. 그러나 수십만에서 수억에 이르는 이러한 측정들이 병렬적 방법과 미세 제조 기기들에 의해 동시에 이루어지고 있다. 믿기 힘들겠지만 길이가 수 기가바이트에 달하는 전체 게놈의 서열이 수십만 개의 50에서 400개로 이루어진 중복된 서열 분석 자료로 밝혀지고 있다. DNA 게놈을 계속적으로 중복 분석하는 서열 분석 기준에 따른 광대한 중복된 검사가 이 방법의 핵심 요소이다. 복잡하고 효율적인 컴퓨터 기술에 도움을 받지만 이러한 중복 검사가 전체 게놈 서열의 명확한 완성을 가능하게 하고 있다. 상대적으로 새로운 분야인 생물통계학이 엄청난 속도로 쏟아져 나오는 많은 양의 염기 서열 자료를 분석하고 탐구하는 새로운 도구를 개발하는데 일조하고 있다. 사실 이러한 엄청난 크기의 자료를 분석하고 다루는 분야가 진짜 도전적이라고 할 수 있다. 차세대 DNA 서열 분석법의 대단한 영향력은 생물 연구 분야의 혁명을 이끌고 있으며 미래 의학 분야에 지대한 영향을 미치게 될 것이라고 말할 수 있다.

사실과 개념에 대한 요약

28.1절 | 뉴클레오사이드와 뉴클레오타이드

- **핵산**(Nucleic acid)을 구성하는 세 가지 단위 구조는 purine과 pyrimidine으로부터 유도된 헤테로고리형 방향족 아민 염기, 단당류인 D-ribose 혹은 2-deoxy-D-ribose, 인산 이온이다.
- **뉴클레오사이드**(Nucleoside)는 β-*N*-글리코사이드 결합에 의해 헤테로고리형 방향족 아민 염기와 결합되어 있는 D-ribose나 2-deoxy-D-ribose를 함유하는 화합물이다.
  - DNA의 네 가지 염기는 **adenine**, **cytosine**, **guanine**, **thymine**이다.
  - RNA의 네 가지 염기는 **adenine**, **cytosine**, **guanine**, **uracil**이다.
  - Adenine, guanine은 **purine**이고, cytosine, thymine, uracil은 **pyrimidine**이다.

연습 문제: 28.1, 28.7~28.13

- **뉴클레오타이드**(Nucleotide)는 인산 한 분자가 단당류의 —OH기에, 대부분 경우에 3′-OH나 5′-OH, 에스터 결합으로 부착된 뉴클레오사이드이다.
  - 뉴클레오사이드 일-, 이-, 삼인산염은 센 다양성자산이고, pH 7.0에서 대부분 이온화된다.
  - 예를 들어, pH 7.0에서 아데노신 삼인산염은 ATP^{3-}와 ATP^{4-}의 비가 50:50인 혼합물이다.
  - Adenine, guanine, cytosine의 고리 외부 N 원자는 sp^2 혼성화 상태로 평면성을 가져서 상보 염기들과 수소 결합을 형성하며 인접 염기들과 차곡차곡 쌓이게 한다.

28.2절 | DNA의 구조

- **데옥시라이보핵산**(Deoxyribonucleic acid, DNA)의 일차 구조는 3′,5′-인산이에스터 결합으로 연결된 2′-데옥시라이보스 단위들로 이루어져 있다.
  - 헤테로고리형 방향족 아민의 염기들은 β-*N*-글리코사이드 결합에 의해서 각데옥시라이보스에 부착된다.
  - 염기 서열은 폴리뉴클레오타이드 가닥의 5′ 말단부터 3′ 말단 방향으로 읽어나 간다.
- **Watson-Crick 모형**(Watson-Crick model)의 핵심은 DNA 한 분자는 **이중 나선**(double helix)을 형성하는 동일한 축에 대해 우회전성 방식으로 꼬여진 2개의 역평행성 폴리뉴클레오타이드 가닥으로 이루어져 있다는 가정이다.

연습 문제: 28.2, 28.3, 28.14~28.26

  - Purine과 pyrimidine 염기들은 나선축에 대하여 안쪽으로 위치하고 있으며, 특정한 수소 결합 방식에 의해 언제나 G-C, A-T 사이에 쌍을 이룬다.
- **B-DNA**에서 염기쌍들은 340 pm의 거리로 3400 pm 나선 1주기 당 10개의 염기쌍이 차곡차곡 쌓인 구조를 갖는다.
- **A-DNA**에서 염기쌍들은 290 pm의 거리로 2900 pm 나선 1주기 당 10개의 염기쌍이 차곡차곡 쌓인 구조를 갖는다.
- DNA의 **삼차원 구조**(tertiary structure)는 일반적으로 **초코일화**(supercoiling)로 설명된다.
  - 원형 DNA(circular DNA)는 양쪽 끝이 인산이에스터 결합에 의해서 서로 연결된 이중 가닥 DNA의 한 형태이다.
  - 한 가닥이 열리고, 부분적인 풀림 현상과 재연결 과정은 비나선형 공백에스트레인이 생기게 한다.
  - 이스트레인은 초나선형 꼬임(superhelical twist)이 일어남으로써 원형 DNA 전 분자에 흩어지게 된다.
- **히스톤**(Histone)은 세포핵에 존재하는 DNA 결합 단백질이다.
  - 히스톤에는 특히 라이신과 알지닌이 많이 존재하며, 따라서 많은 양전하를 갖는다.
  - DNA와 히스톤이 결합하여 **크로마틴**(chromatin)을 형성한다.

28.3절 | 라이보핵산

- 라이보핵산(RNA)과 DNA의 일차 구조 사이에는 2가지 중요한 차이점이 있다.

- RNA에 있는 단당류의 단위는 D-ribose이다.
- RNA 및 DNA, 모두 purine 염기인 adenine (A)과 guanine (G), pyrimidine 염기인 cytosine(C)을 함유하고 있다. 그러나 4번째 염기로 RNA에는 uracil (U)이 들어 있고, DNA에는 thymine (T)이 함유되어 있다.

연습 문제: 28.4, 28.27~28.31

- 세포에서 RNA는 3가지 주요 형태로 존재한다.
  - 가장 풍부한 형태인 라이보솜 RNA는 라이보솜를 구성하며 단백질 합성기계이다.
  - 전달 RNA는 아미노산을 라이보솜의 단백질 합성 부위로 이동시킨다.
  - 전령 RNA는 DNA 유전인자 서열의 복사판으로 DNA로부터 암호화된 유전 정보를 라이보솜으로 운반하여 단백질을 합성하게 한다.

28.4절 | 유전 암호

- 유전 암호는 뉴클레오타이드의 삼중항으로 되어 있다. 즉, 삼중항 암호이다.
  - 한 개의 아미노산은 한 개의 삼중항으로 암호화된다.
  - 단지 61개의 삼중항이 아미노산을 암호화한다. 나머지 3개는 폴리펩타이드 합성의 종결을 암호화한다.
  - 암호는 중첩되어 있다. 즉, 몇 가지 아미노산들이 두 개 이상의 삼중항으로 암호화되어 있음을 의미한다.
  - 15개의 아미노산들은 2개, 3개, 4개의 삼중항으로 암호화되는데, 오직 삼중항의 마지막 염기만이 변한다.
  - 암호에 있어 불확실성은 존재하지 않는다. 즉, 각 삼중항은 오직 한 개의 단일 아미노산이나 종결 신호만을 암호화한다.
  - 유전 암호는 지구상의 모든 생명체들에 공통적임이 밝혀졌다.

연습 문제: 28.5, 28.32~28.42

28.5절 | 핵산의 염기 서열

- **제한 내부 핵산 분해 효소**(Restriction endonuclease)는 4개에서 8개의 뉴클레오타이드의 형태를 인지하고 인산다이에스터 결합을 가수분해함으로써 DNA가닥을 절단한다.
  - 서로 다른 공급원에서 분리한 제한 내부 핵산 분해 효소들은 각기 다른 염기 서열을 인지한다.
  - 이 효소들은 게놈 DNA를 작은 조각들로 자르는데 사용된다.
- Frederick Sanger가 개발한 DNA 염기 서열법인 **사슬 종결법**(chain termination)이나 **이탈 산소법**(dideoxy method) 과정에서 먼저 시발체-DNA 혼합 용액을 만들어 4등분한다.
  - 각 혼합물에 4개의 dNTPs를 첨가하고 각 혼합물로 ^{32}P로 표지화한다.
  - DNA polymerase와 4개의 ddNTPs 중 한 개씩을 섞는다.
  - ddNTP가 도입되면 사슬 합성이 정지된다.
  - 생성된 올리고뉴클레오타이드를 폴리아크릴아마이드 젤 전기영동법으로 분리한 후, 자동 방사선법으로 검출한다.
  - DNA 상보판의 염기 서열은 전개된 사진 건판의 바닥에서 위쪽으로 읽어간다(5′ 말단에서 3′ 말단으로).
  - 또 다른 방법은 각기 다른 형광 지시약으로 표지된 4개의 ddNTP를 이용하여 젤의 서로 다른 형광 패턴을 해독함으로써 서열을 결정한다.

연습 문제

붉은색 번호는 응용 문제를 나타낸다.

뉴클레오사이드와 뉴클레오타이드

28.7 암 세포를 파괴할 수 있는 항대사물질의 합성과 설계에 개척자는 Burroughs Wellcome사의

George Hitchings이다. 1942년에 그는 DNA 항대사물질 개발 프로그램을 시작하여 1948년에 Gertrude Elion와 함께 급성 백혈병을 치료하기 위한 의약품인 6-mercaptopurine을 합성하였다. Hitchings와 Elion에 의해 합성된 또 다른 DNA 항대사물질은 6-thioguanine이다. 이 의약품들은 원래 분자의 6번 탄소에 있는 산소를 2가의 황 원자로 치환한 것이다. 6-Mercaptopurine과 6-thioguanine의 엔싸이올(enethiol, 엔올의 황 동등체)의 구조식을 그려라.

6-Mercaptopurine **6-Thioguanine**

28.8 다음은 cytosine과 thymine에 대한 구조식들이다. Cytosine에 대한 2개의 또 다른 토토머 형태와 thymine에 대한 3개의 다른 토토머 형태를 그려라.

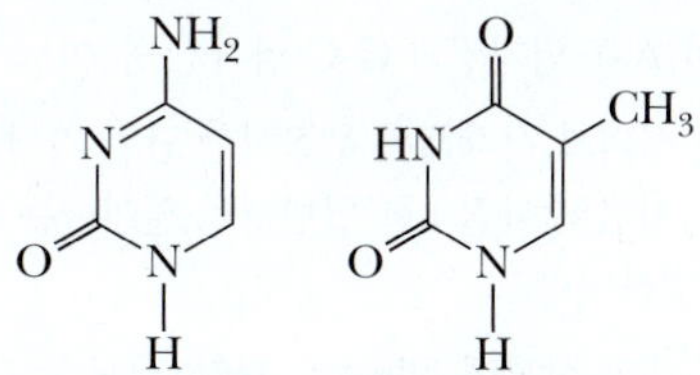

Cytosine (C) **Thymine (T)**

28.9 아래의 성분들로 구성되어 있는 뉴클레오사이드의 구조식을 그려라.

(a) α-D-Ribose와 adenine **(b)** β-2-Deoxy-D-ribose와 cytosine

28.10 뉴클레오사이드들은 물과 묽은 염기 용액에서 안정하다. 그러나 묽은 산성 용액에서는 뉴클레오사이드의 글리코사이드 결합은 가수분해 반응이 빨리 일어나서 펜토오스와 헤테로고리형 염기를 생성한다. 이 산-염기 가수 분해 반응에 대한 메커니즘을 제시하라.

28.11 뉴클레오사이드와 뉴클레오타이드 사이의 구조적 차이점을 설명하여라.

28.12 혈장의 pH인 pH 7.4에서 다음 뉴클레오타이드들의 알짜 전하를 예측하여라.

(a) 2′-Deoxyadenosine 5′-triphosphate (dATP)
(b) Guanosine 3′-monophosphate (GMP)
(c) 2′-Deoxyguanosine 5′-diphosphate (dGDP)

28.13 1959년에 처음 분리된 고리형-AMP는 신진 대사성과 생리학적인 활성의 조절제로서 수많은 다양한 생체 과정에 관련된다. 그것의 일인산기는 아데노신의 3′ 말단과 5′ 말단에 에스터화된다. 고리형-AMP의 구조식을 그려라.

DNA의 구조

28.14 데옥시라이보핵산은 왜 산으로 불리는가? 이들 구조에서 산성기들은 무엇인가?

28.15 인간의 DNA는 약 30.4%의 A를 함유한다. G, C, T의 비율을 예상하고, 표 28.1에 제시된 값들과 비교하여라.

28.16 DNA 테트라뉴클레오타이드, 5′-A-G-C-T-3′의 구조식을 그려라. pH 7.0에서의 이 테트라뉴클레오타이드의 알짜 전하를 예측하여라. 이 서열에 대한 상보적 테트라뉴클레오타이드는 무엇인가?

28.17 DNA Watson-Crick 모형 중 DNA 이차 구조에 대한 가정을 열거하라.

28.18 Watson-Crick 모형은 염기 조성과 분자 크기에 대한 실험적 관찰로부터 생겨난 것이다. 이들 관찰 사항을 열거하고, 이 모형이 각 관찰 사항을 어떻게 서술하는지를 설명하라.

28.19 J. D. Watson의 *이중 나선*(The Double Helix)이라는 책에서 DNA 구조의 발견에 관한 설명을 읽어보면, 그와 Crick이 그들의 모형-설정 작업 중에 한동안 몇몇 헤테로 고리형 염기의 구조를 다른 토토머 형태의 형태로(이중 나선 관한 그들의 최종 모형과는 맞지 않지만) 예상했다는 것을 알 수 있을 것이다.

(a) Adenine에 대한 최소한 하나의 다른 토토머형 구조를 그려라.

(b) 이 구조는 여전히 thymine과 염기쌍을 이루는지, 또는 다른 염기와 더효과적으로 염기쌍을 이룰 것인지? 만약 그렇다면, 어떤 염기와 쌍을 이루는지 설명하여라.

28.20 단백질의 α-나선과 DNA의 이중 나선을 아래 사항에 대해 비교하라.

(a) 폴리머 사슬 골격에서 반복 단위.

(b) 나선 축 골격 주위 치환기의 공간적 배치.

28.21 다음을 안정화시키는 데 있어서 소수성(hydrophobic) 효과의 역할에 관하여 설명하여라.

(a) 이중 가닥의 DNA **(b)** 지질 두겹층

(c) 비누 마이셀

28.22 아래의 생체고분자를 형성하는 단위체를 연결하는 공유 결합 형태를 명명하여라.

(a) 다당류 **(b)** 폴리펩타이드 **(c)** 핵산

28.23 수소 결합 측면에서 보아 A-T 염기쌍과 G-C 염기쌍 중 어느 것이 더 안정한가?

28.24 높은 온도에서 핵산은 변성되기 시작해서 무질서한 단일 가닥의 DNA로 풀어지게 된다. 핵산에 G-C의 함유량이 많아지면 많아질수록 열변성이 일어나는 온도가 점점 높아지는 현상을 보이는데, 이에 대하여 설명하여라.

28.25 5′-ACCGTTAAT-3′에 대한 상보성 DNA를 써라. 상보성 가닥에서 어디가 5′ 말단이고, 어디가 3′ 말단인지 표시하여라.

28.26 5′-TCAACGAT-3′의 상보성 DNA를 써라.

라이보핵산

28.27 DNA의 염기쌍 A-T에서의 수소 결합 차수와 RNA의 염기쌍 A-U에서의 수소 결합 차수를 비교하라.

28.28 다음 항목에 대해 DNA와 RNA를 비교하여라.

(a) 단당류 단위 **(b)** Purine과 pyrimidine 염기들

(c) 일차 구조 **(d)** 세포 내의 위치

(e) 세포 내의 작용

28.29 어떤 형태의 RNA가 세포 내 수명이 가장 짧은가?

28.30 5′-ACCGTTAAT-3′에 대한 상보성 mRNA를 써라. mRNA 가닥의 5′ 말단과 3′ 말단을 표시하라.

28.31 5′-TCAACGAT-3′에 대한 상보성 mRNA를 써라.

유전 암호

28.32 유전 암호가 중첩되었다(degenerate)는 것의 의미는 무엇인가?

28.33 다음에 대한 mRNA의 코돈(codon)을 써라.

(a) Valine **(b)** Histidine **(c)** Glycine

28.34 Aspartic acid와 glutamic acid는 그들의 곁사슬에 카복시기를 가지고 있어 산성 아미노산이라 부른다. 이들 2개의 아미노산의 코돈을 비교하여라.

28.35 아미노산인 phenylalanine과 tyrosine의 구조식을 비교하여라. 또한 이들 아미노산들의 코돈을 비교하여라.

28.36 Glycine, alanine, valine은 비극성의 곁사슬을 가진 아미노산으로 분류된다. 3개의 아미노산들의 코돈을 비교하여라. 어떤 유사점을 발견할 수 있는가? 또 어떤 차이점이 있는가?

28.37 코돈 CUU, CUC, CUA, CUG은 모두 아미노산인 leucine을 암호화한다. 이런 세트에서 첫 번째와 두 번째 염기들은 같고, 세 번째 염기는 서로 다르다. 다른 세트의 코돈들 역시 세 번째 염기들이 다른가, 또 각 세트들이 어떤 아미노산들을 암호화하는가?

28.38 Pyrimidine U나 C를 두 번째 염기로 갖는 코돈들을 비교하라. 이러한 코돈들에 의해서 암호화되는 아미노산들은 소수성 곁사슬을 갖는가, 혹은 친수성 곁사슬을 갖는가?

28.39 Purine A나 G를 두 번째 염기로 갖는 코돈들을 비교하라. 이러한 코돈들로 암호화되는 아미노산들은 소수성 곁사슬을 갖는가, 혹은 친수성을 곁사슬을 갖는가?

28.40 다음과 같은 mRNA 서열로 암호화되는 폴리펩타이드는 무엇인가?

5′-GCU-GAA-GUC-GAG-GUG-UGG-3′

28.41 인간의 헤모글로빈의 알파 사슬은 단일 폴리펩타이드 사슬로 141개의 아미노산을 가지고 있다. 알파 사슬을 암호화하는 데 필요한 최소한의 DNA상의 염기들의 숫자를 계산하라. 계산 시 폴리펩타이드 합성의 종결을 명시하기 위해서 필요한 염기들도 포함하라.

28.42 낫세포 빈혈(Sickle-cell anemia) 증세를 갖는 사람에게서 발견되는 헤모글로빈인 HbS에서는 β 사슬의 6번 위치에 있는 glutamic acid가 valine으로 바뀌어 있다.

(a) Glutamic acid에 대한 2개의 코돈과 valine에 대한 4개의 코돈을 나열하라.

(b) Glutamic acid 코돈들 중 하나가 단일 치환 돌연변이에 의해서, 즉 코돈 내의 한 문자를 바꿈으로 해서 valine 코돈으로 바뀔 수 있음을 보여라.

비오는 날의 중국 상해의 우산을 들고 있는 모습.

© Gavin Hellier/Stone/Getty

▼ ***삽입 그림:*** 나일론 66의 두 단위체인 adipic acid와 hexamethylenediamine의 모형.

제 **29** 장

유기 고분자 화학

Organic Polymer Chemistry

» ***이 장의 차례***

이 장의 저작권은 미국의 North Carolina State University의 Polymer Science & Organic Chemistry 학과의 Bruce Novak 박사와 Howard J. Schaeffer 교수에게 있다.

이 장의 동영상 강의를 보려면 **www.cengage.com/chemistry/brown/organic7e**에 접속 후 **Access Student Materials**를 클릭하라.

어떤 사회의 기술적 발전은 그 기술을 가능하도록 한 많은 재료들과 긴밀한 관계가 있다. 실제로 역사학자들은 인류 문명의 발전 단계를 나타내는 시대적인 구분 방법의 하나로 새로운 재료의 출현을 이용하고 있다. 새로운 재료를 발견하기 위한 노력의 하나로서 과학자들은 합성 고분자를 제조하기 위하여 유기 화학을 점차 많이 이용하였다. 이러한 다양한 고분자들에 의해 나무, 금속, 세라믹 등과 같은 재료로는 얻을 수 없는 특성들을 발현할 수 있도록 재료를 만들고 이들을 조합시키게 되었다. 예를 들면, 어떤 고분자의 화학 구조를 조금 바꾸는 것에 의하여 샌드위치의 포장지가 방탄조끼까지 적용 가능한 기계적 성질을 나타낼 수 있다. 더구나 구조적 변화는 유기 고분자에 있어서 예전에는 상상도 할 수 없었던 특성을 발휘하게 한다. 예를 들면, 잘 알려진 유기 반응을 이용하여 하나의 고분자 재료가 절연체(예, 전선을 감싸고 있는 고무 외피)로 제조되기도 하고, 다른 방법으로 처리하면 구리와 같은 정도의 전도도를 나타내는 전도체로도 제조된다.

1930년대 이래 고분자 화학 분야에서 광범위한 연구와 개발이 수행되었고, 플라스틱, 코팅, 고무 관련 기술에 있어서는 폭발적인 발전이 이루어져 전 세계적으로 수십억 달러에 이르는 산업으로 성장하였다. 이런 획기적인 성장에는 몇 가지 기본적인 특징이 있다. 첫째, 합성 고분자의 원료는 주로 석유에서 얻는다. 석유 정제 공정의 발전으로 고분자 합성을 위한 원료는 비교적 싸고 풍부하게 사용할 수 있게 되었다. 둘째, 한계는 있지만 과학자들은 최종 소비자의 요구에 부응하는 고분자를 어떻게 생산할 수 있을지에 대한 방법을 알게 되었다. 셋째, 다양한 소비자용 제품들은 고분자 재료를 이용하여 경쟁 재료인 나무, 금속, 세라믹 등으로 만들 경우에 비해 저렴한 가격으로 만들 수 있게 되었다. 예를 들면, 수성 페인트(라텍스)를 개발한 고분자 기술은 코팅 산업에서 놀랄 만한 변화를 가져왔다. 플라스틱 필름과 폼 제조 기술도 포장 산업에서 비슷한 큰 변화를 가져왔다. 이런 큰 변화들에 대한 예는 우리 일상생활 주변에서 사용하는 공산품들에서 흔히 찾아 볼 수 있고 계속해서 그런 목록이 추가될 것이다.

29.1 고분자의 구조

고분자(Polymer, 그리스어: *poly* + *meros*, 많은 부분)는 화학 반응으로 **단위체**(monomer, 그리스어: *mono* + *meros*, 단일 부분)들이 연결되어 합성된 긴 사슬을 분자이다. 고분자의 분자량은 보통의 유기 화합물에 비하여 일반적으로 크며, 10,000 g/mol에서부터 1,000,000 g/mol 이상까지의 값을 갖는다. 이런 거대분자의 구조 또한 다양하다. 고분자의 구조 형태는 직선 사슬과 가지 달린 사슬이 있으며, 이외에도 빗형(comb), 사다리형(ladder), 별형(star)도 있다(그림 29.1). 또한 각각의 고분자 사슬 간의 공유 가교 결합을 형성시킴으로써 부가적인 구조가 형성되어 다양성이 증가된다.

고분자
많은 부분을 의미하는 *poly* + *meros*의 그리스어로부터 유래됨. 어떤 긴-사슬 분자는 단위체라 부르는 많은 단일 부분이 연결되어 합성된다.

단위체
단일 부분을 의미하는 *mono* + *meros*의 그리스어로부터 유래됨. 고분자가 합성될 때에 가장 간단한 중복되지 않는 단위.

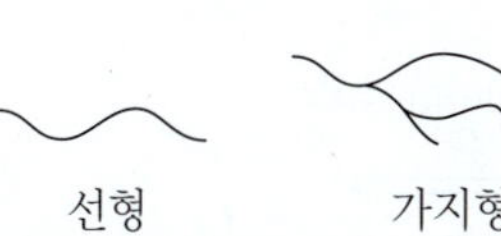
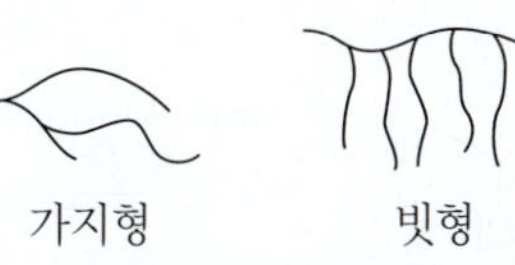

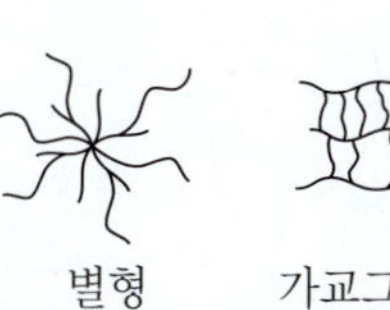
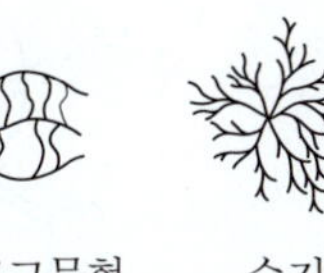

그림 29.1 ▸ 여러 종류의 고분자 구조.

선형과 가지형 고분자는 chloroform, benzene, toluene, DMSO, THF 등과 같은 유기 용매에 흔히 녹는다. 또한 다수의 선형 및 가지형 고분자들은 용융되어 고점성의 액체로 전환된다. 고분자 화학에서 **플라스틱**(plastic)이란 용어는 가열하면 금형을 할 수 있고, 냉각하면 형태가 유지되는 고분자를 말한다. **열가소성 플라스틱**(Thermoplastic)이란 용융 상태에서 충분한 유동도(fluidity)를 가져 금형을 할 수 있고, 냉각 후에는 그 형태를 유지하는 고분자이다. **열경화성 플라스틱**(Thermosetting plastic, thermoset)은 최초에 제조될 때에는 금형이 되지만 한번 냉각하면 비가역적으로 경화되어 재가열하여도 녹지 않는다. 이런 매우 다른 물리적 특성 때문에 열가소성 플라스틱이나 열경화성 플라스틱은 가공 공정이 다르며 적용 분야도 다르다.

플라스틱
가열하여 금형할 수 있고, 냉각하면 형태가 유지되는 고분자.

열가소성 고분자
용융하여 금형할 수 있고, 냉각 후에는 그 형태가 유지되는 고분자.

열경화성 플라스틱
처음 제조될 때 금형을 할 수 있지만, 한번 냉각되면 비가역적이며 다시 가열하여도 녹지 않는 고분자.

분자 수준에서 고분자의 유일한 가장 중요한 성질은 그 사슬의 크기와 형태이다. 크기의 중요성을 나타내는 좋은 예로서 천연 고분자인 파라핀 왁스와 합성 고분자인 폴리에틸렌을 비교할 수 있다. 이들 두 가지 상당히 다른 재료는 같은 반복 단위(즉, $—CH_2—$)를 갖지만 사슬의 크기에서 엄청나게 차이가 난다. 파라핀 왁스는 하나의 사슬 당 25~50개의 탄소 원자가 있으나 폴리에틸렌은 1000~3000개 정도의 탄소 원자를 가진다. 생일 축하용 양초로 사용되는 파라핀 왁스는 부드럽고 쉽게 부서지지만, 플라스틱 음료수 병 등에 사용하는 폴리에틸렌은 매우 강하며 유연하면서도 질기다. 이런 크게 다른 특성들은 개개 고분자 사슬의 크기와 분자 구조의 차이에 직접적으로 관련이 있다.

29.2 고분자 표기법 및 명명법

고분자 구조는 분자 사슬의 비 반복적인 구조의 특징을 포함한 분자의 가장 작은 부분을 나타내는 **반복 단위**(repeat unit)를 괄호로 묶어서 표시한다. 따라서 전체 고분자 사슬의 구조는 괄호 안의 구조를 양 방향으로 반복적으로 표시한다. **평균 중합도**(Average degree of polymerization)를 뜻하는 아래 첨자 n은 괄호의 바깥쪽에 표기하며, 이 단위가 n번 반복된다는 것을 의미한다.

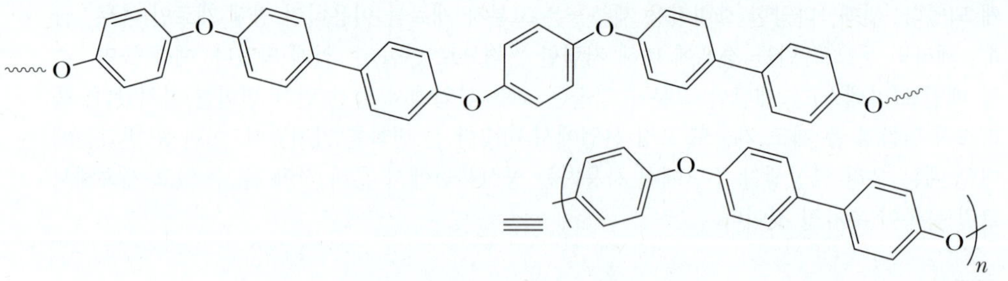

이런 표기법의 예외는 polyethylene $(CH_2CH_2)_n$,과 polytetrafluoroethylene $(CF_2CF_2)_n$,과 같은 대칭적인 단위체 단위로 이루어진 고분자들이다. 비록 최소 반복 단위가 각각 $—CH_2—$ 및 $—CF_2—$ 원자단이지만, 이 고분자들이 ethylene ($CH_2{=}CH_2$)과 tetrafluoroethylene ($CF_2{=}CF_2$) 단위체로부터 형성되므로 두 개의 메틸렌기와 두 개의 다이플루우오로메틸렌기로 표기한다.

고분자를 명명하는 가장 일반적인 방법은 polyethylene과 polystyrene에서 본 것처럼 고분자를 만드는 단위체의 이름 앞에 접두사 *poly*-를 붙인다. 더 복잡한 단위체이거나 단위체의 이름이 vinyl chloride처럼 한 단어(즉, 단위체는 vinyl chloride) 이상인 경우에 단위체의 이름을 괄호 안으로 표기한다.

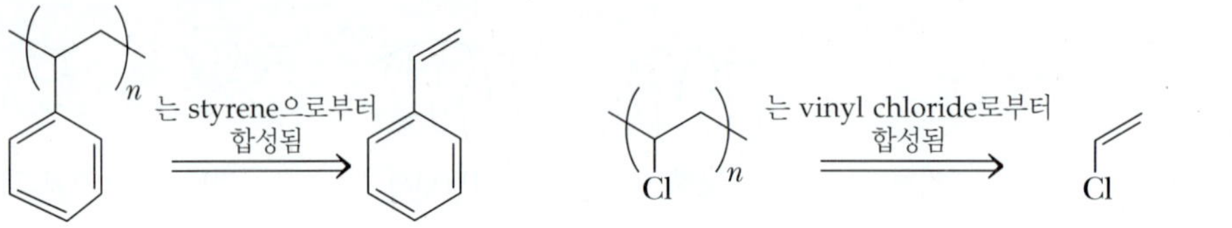

는 styrene으로부터 합성됨

는 vinyl chloride로부터 합성됨

Polystyrene **Styrene** **Poly(vinyl chloride) (PVC)** **Vinyl chloride**

예제 29.1 ▸ **반복 단위**

아래의 구조식에서 고분자의 반복 단위를 결정하고, 간단한 괄호 표시법으로 구조를 다시 그리고, 고분자의 이름을 써라.

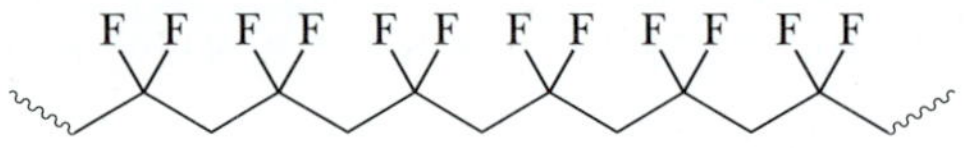

➥ **해답**

반복 단위는 $—CH_2CF_2—$이고 고분자의 구조는 $(CH_2CF_2)_n$이다. 반복 단위는 1,1-difluoroethylene에서 유래되었으며, 이 고분자는 poly(1,1-difluoroethylene)으로 명명한다. 이 고분자는 마이크의 진동막(diaphragm)으로 사용된다.

연습 문제 29.1

아래의 구조식에서 고분자의 반복 단위를 결정하고 괄호를 이용한 간단한 표기법으로 구조를 다시 그린 다음 고분자의 이름을 써라.

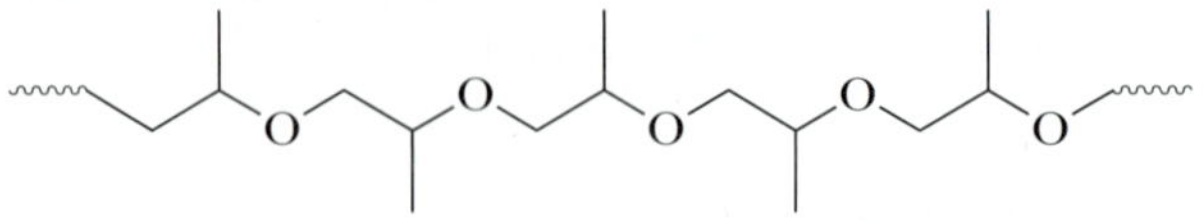

29.3 고분자의 분자량

모든 합성 고분자와 자연에 존재하는 대부분의 고분자들은 다양한 분자량을 가지는 개개 고분자 물질들의 혼합체이다. 고분자 화학에서 분자량을 정의할 때 가장 일반적인 두 가지 정의는 수 평균 분자량과 무게 평균 분자량이다. **수 평균 분자량**(Number average molecular weight, M_n)은 특정 분자량을 갖는 고분자 사슬의 수를 계산하고, 이 숫자에 그 사슬이 갖는 분자량을 곱하고, 이들 계산 값들을 합한 후 고분자 사슬의 총 수로 나누어 구한다. 반면 **무게 평균 분자량**(weight average molecular weight, M_w)은 각각 특정 길이의 고분자 사슬들이 갖는 무게를 계산하고, 이들을 모두 합한 후 시료의 총 무게로 나누어 얻는다. 시료에서 긴 사슬이 짧은 사슬에 비해 무게가 더 크기 때문에 무게 평균 분자량은 큰 값을 갖는 경향성이 있고 M_w는 M_n에 비해 항상 크다(그림 29.2).

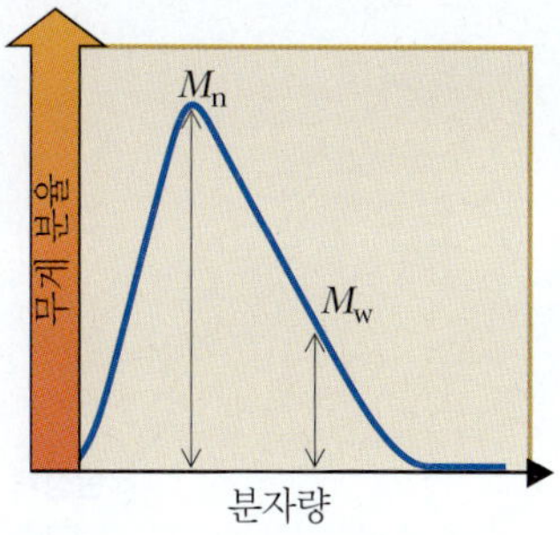

M_n과 M_w는 모두 유용한 값이며, M_w/M_n 비율은 **다분산도 지수**(ploydispersity index)라 부르고 분자량 분포의 범위를 나타내는 척도로 이용한다. M_w/M_n 비율이 1이 되면, 시료에 있는 고분자 물질은 같은 길이를 가지게 되고 그 고분자는 **단분산**(monodisperse) 상태라 한다. 분자 크기에 따라 개개의 고분자들을 장시간에 걸쳐 주의 깊게 분리하지 않는 한 합성 고분자는 결코 단분산 상태를 나타낼 수는 없다. 한편, 단백질과 DNA 등과 같은 천연 고분자들은 생물학적 공정에 의해 만들어지므로 단분산 상태의 고분자들이다.

그림 29.2 ▸ 고분자 시료의 분자량 분포.

29.4 고분자의 형태학: 결정과 비결정 재료

작은 유기 분자와 마찬가지로 고분자는 침전이나 용융상태에서 냉각시키면 결정화되는 경향이 있다. 분자들이 매우 커지면 확산이 느려지고, 때로는 복잡하거나 불규칙적인 분자 구조가 고분자 사슬이 효율적으로 충진되기 어려워 결정화되는 경향이 어려워진다. 그 결과 고체상태의 고분자는 **결정성 영역**(crystalline domain) 또는 미소결정(crystallite)과 무질서한 **비결정성 영역**(amorphous domain)으로 구성된다. 결정성 영역과 비결정성 영역의 상대적인 양은 고분자에 따라 다르며, 흔히 고분자 재료를 가공하는 방법에 따라 달라질 수 있다.

> **결정성 영역**
> 고체 상태의 고분자에서 규칙적인 결정성 영역. 미소결정이라고도 부름.
>
> **비결정성 영역**
> 고체 상태의 고분자에서 불규칙적인 비결정성 영역.
>
> **용융 전이, T_m**
> 고분자의 결정성 영역이 녹는 온도.

높은 결정도는 고분자 사슬이 규칙적이며 치밀한 구조를 가지고, 수소 결합이나 쌍극자 상호작용 등의 강한 분자 간 인력이 작용되는 고분자에서 가장 많이 발견된다. 미소결정들이 녹는 온도는 고분자의 **용융 전이**(melt transition, T_m)와 관계가 있다. 고분자의 결정도가 증가하면 T_m이 증가하고, 그 결정성 영역에 의한 빛의 산란 효과 때문에 고분자는 점점 불투명해진다. 또한 결정도가 증가하면 강도와 강성도 함께 증가한다. 예를 들면, poly (6-aminohexanoic acid)의 T_m은 223°C이다. 상온 혹은 매우 더운 여름 오후와 같은 높은 온도의 날씨에서도 이 고분자는 어떤 눈에 띄는 특성 변화가 일어나지 않을 정도로 단단하고 질긴 재료이다. 이 고분자는 섬유용 재료뿐만 아니라 신발용 굽까지 널리 사용한다.

비결정성 영역의 특징은 규칙적인 긴 사슬이 없다. 때때로 비결정성이 큰 고분자는 유리상 고분자로 간주한다. 비결정성 고분자는 결정성 영역이 없기 때문에 빛을 산란시키지 못하므로 투명하다. 더불어 비결정성 고분자들은 유연성이 크며 기계적 강도가 작은 전형적으로 약한 고분자이다. 가열하면 비결정성 고분자는 단단한 유리상에서 부드럽고 유연한 고무상 상태로 전이된다. 이런 전이 현상이 일어나는 온도를 **유리 전이 온도**(glass transtion temperature, T_g)라고 부른다. 예를 들어, 비결정성 polystyrene의 경우 T_g는 100°C이다. 따라서 이것은 실온에서 음료수 컵, 포장용 충진재, 일회용 의료용품 등으로 사용되는 딱딱한 고체이다. 그러나 끓는 물속에 이들을 넣으면 부드러워지고 고무상으로 변한다.

> **유리 전이 온도(T_g)**
> 고분자가 단단한 유리상에서 부드럽고 유연한 고무상 상태로 전이하는 온도.

이와 같은 기계적 성질과 결정도의 상관 관계를 poly (ethylene terephthalate, **PET**)를 예로 들어 설명할 수 있다.

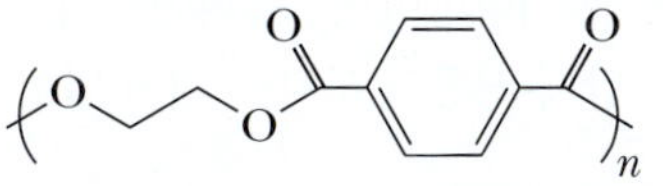

Poly(ethylene terephthalate) (PET)

PET의 결정성 영역은 약 0~55%로 이루어져 있다. 완전한 비결정성 PET는 용융 상태에서 급속으로 냉각시켜 만든다. 냉각 시간이 길어지면 분자들의 확산이 더 많이 발생하고 사슬들이 더 규칙적으로 배향하여 결정성 영역이 형성되게 한다. 이렇게 형성된 PET의 형태 사이에는 기계적 특성 차이가 상당히 크다. 낮은 결정도를 갖는 PET는 플라스틱 음료 병으로 사용되며, 높은 결정도를 갖는 PET으로부터 방사된 실은 직물용 섬유나 타이어용 코드로 사용된다.

고무 재료가 **탄성체**(elastomer, elastic polymer)로서의 특성을 갖기 위해서는 반드시 T_g 값이 낮아야 한다. 만일 온도가 T_g 이하로 내려가면 그 재료는 딱딱한 유리상 고체로 변하며 모든 탄성 특성이 소멸된다. 고분자의 이런 특성에 대한 이해 부족이 1986년 우주선 *챌린저*호의 참사를 가져왔다. 고체의 보조 로켓을 밀폐하는데 사용된 탄성체 O-ring은 0°C 부근의 T_g 값을 가지고 있다. 그런데 *챌린저*호의 발사 당일 아침 기온이 예상 외로 떨어져, T_g 이하의 온도가 되면서 O-ring은 탄성체에서 딱딱한 유리상으로 변하여 밀폐 기능이 상실되었다. 그래서 비극적인 역사의 한 단면을 남겼다. 물리학자인 Richard Feynman은 한 유명한 TV 공청회에서 *챌린저*호에 사용된 것과 같은 형태의 O-ring을 얼음물에 넣어 탄성이 소멸되는 것을 보여주었다.

탄성체
재료를 잡아당긴 상태 또는 재료를 변형시킨 후 변형시킨 힘을 제거하게 되면 원래 상태로 돌아가는 재료.

29.5 단계-성장 중합

사슬의 성장이 단계적으로 일어나는 중합을 **단계-성장 중합**(step-growth polymerization) 혹은 **축합 중합**(condensation polymerization)이라 부른다. 단계-성장 고분자는 별도의 단계에서 새로운 결합이 형성되는 두 작용기를 갖는 분자들 사이의 반응에 의해 생성된다. 중합 과정 중에 단위체끼리 반응하여 이합체를 만들고, 이합체는 다른 이합체와 반응하여 사합체를 만들며, 사합체가 단위체와 반응하여 오합체를 만드는 등으로 진행한다. 이러한 고분자 사슬의 단계적인 형성은 고분자의 분자량과 분자량 분포에 있어 중요한 의미를 가진다. 확률적으로 말하면 가장 많이 있는 종(species)은 공-축합 생성물이다. 즉, 중합 초기 단계에서는 짧은 사슬들은 단위체 혹은 다른 짧은 사슬들과 반응하여 소수의 고분자량의 고분자보다 다수의 저분자량의 소중합체(oligomer)들을 더 많이 생성한다. 이러한 과정은 단위체들이 소모될 때까지 유지된다. 결과적으로, 고분자량의 고분자 물질은 반응이 상당히 진행된 다음에 생성이 된다. 대체로 단위체 전환율이 99% 이상 지난 후에 고분자량의 사슬이 형성된다. 다음에 이러한 시점이 되어야만 확률적으로 긴 사슬이 서로 다른 긴 사슬끼리 반응하여 고분자량의 고분자 사슬을 생성할 수 있다. 이러한 제한 사항이 작은 유기 분자의 반응과 단계-성장 중합 사이에 중요한 차이를 나타낸다. 일반적으로 유기 합성에서 원하는 생성물을 85% 정도의 수득률로 얻게 되면 '좋은' 결과로 간주하지만, 단계-성장 중합의 경우에는 이런 낮은 전환율로는 고분자량의 고분자를 거의 얻을 수 없기 때문에 아무 쓸모가 없다고 볼 수 있다.

단계-성장 중합
예를 들어 adipic acid와 hexamethylenediamine이 중합하여 nylon 66을 형성하는 경우처럼 두 작용기를 갖는 단위체들 사이에서 단계적으로 사슬이 성장하는 중합 반응이다. 축합 중합이라고도 부른다.

단계-성장 과정에는 두 가지 일반적인 형태가 있다. (1) A-A와 B-B 형태의 단위체를 반응시켜 $(\text{A-A-B-B})_n$ 형태의 고분자를 얻는 방법, (2) A-B 형태의 단위체들 사이의 자가 축합 반응으로 $(\text{A-B})_n$형의 고분자를 얻는 방법이 있다. 이들 각각의 경우에서 A 작용기는 오직 B 작용기와 반응하고, B 작용기는 독립적으로 A 작용기하고 반응한다. 단계-성장 중합으로 형성되는 새로운 공유 결합은 일반적으로 극성 반응 예를 들면, 친핵성 아실 치환반응으로 형성된다. 이 절에서는 폴리아마이드, 폴리에스터, 폴리카보네이트, 폴리우레탄, 에폭시 수지, 이 5가지 형태의 단계-성장 고분자에 대해 알아보고자 한다.

A 폴리아마이드

제1차 세계 대전 이후 많은 화학자들이 고분자 화학의 기초 지식 발전에 대한 필요성을 인식하게 되었다. 가장 창조적인 사람 중에 한 사람은 Wallace M. Carothers이었다. 1930년대 초 E. I. DuPont de Nemour & Company의 Carothers와 동료들은 지방족 다이카

폴리아마이드
예를 들어, 나일론 66과 같이 각 단위체가 이웃 단위체와 아미이드 결합으로 연결된 고분자.

복실산과 다이올 사이의 반응에 대한 기초 연구를 시작하였다. 그들은 adipic acid와 ethylene glycol로부터 실을 섬유로서 연신할 수 있을 만큼의 큰 분자량을 갖는 폴리에스터를 얻었다.

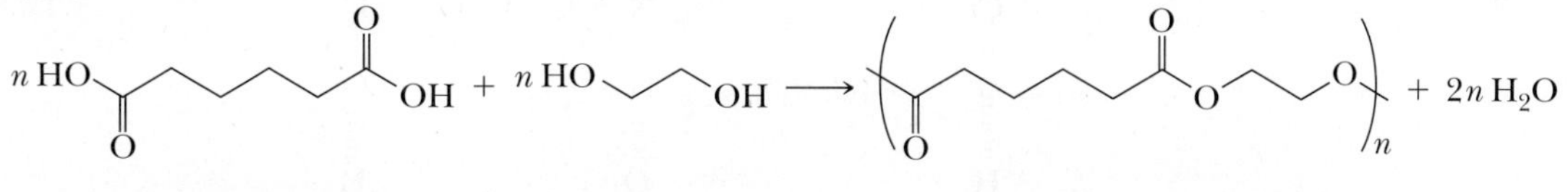

$$n\,\mathrm{HOOC(CH_2)_4COOH} + n\,\mathrm{HOCH_2CH_2OH} \longrightarrow \left[\mathrm{C(=O)(CH_2)_4C(=O)OCH_2CH_2O}\right]_n + 2n\,\mathrm{H_2O}$$

Hexanedioic acid (Adipic acid) **1,2-Ethanediol (Ethylene glycol)** **Poly(ethylene adipate)**

이 최초의 폴리에스터는 직물용 섬유로 사용하기에는 너무 낮은 용융 전이(T_m)을 가지고 있어서 더 이상 개발되지 않았다. 그 후 Carothers는 다이카복실산과 다이아민으로부터 폴리아마이드를 얻는 반응에 주력하여 마침내 1934년 최초의 순수 합성 섬유인 나일론 66을 합성하였다. 각각 6개의 탄소를 갖는 두 가지의 다른 단위체로부터 합성하였기 때문에 나일론 66라고 이름 붙였다.

나일론 66의 합성에 있어 hexanedioic acid (adipic acid)와 1,6-hexanediamine (hexamethylenediamine)을 에탄올 수용액에 녹여 반응시키면 나일론 염이라고 부르는 1 대 1의 염이 얻어진다. 이 나일론 염을 고압 반응기에 넣고 250°C로 가열하면 내부 압력이 15 기압까지 상승한다. 이 조건에서 adipic acid의 $—COO^-$기와 hexamethylenediamine의 $—NH_3^+$기가 서로 반응하여 H_2O를 잃고 아마이드기를 형성한다.

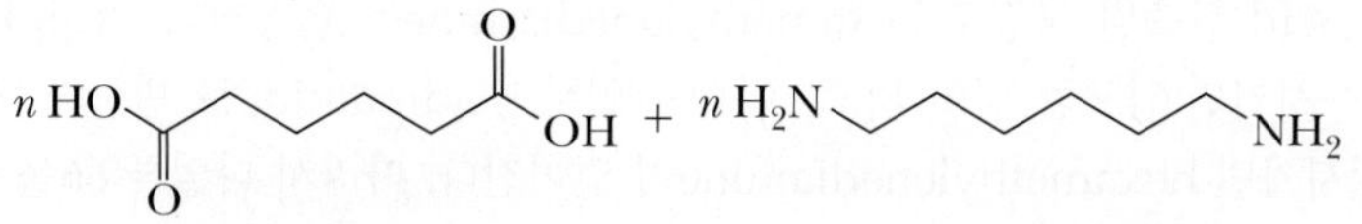

$$n\,\mathrm{HOOC(CH_2)_4COOH} + n\,\mathrm{H_2N(CH_2)_6NH_2}$$

Hexanedioic acid (Adipic acid) **1,6-Hexanediamine (Hexamethylenediamine)**

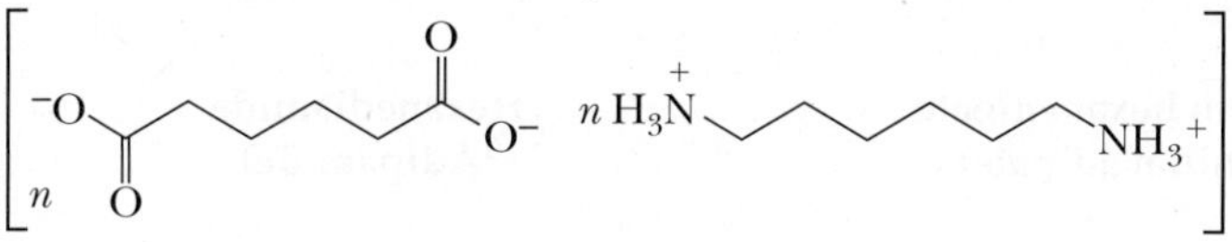

$$\downarrow$$

$$\left[{}^-\mathrm{OOC(CH_2)_4COO^-}\quad n\,\mathrm{H_3\overset{+}{N}(CH_2)_6NH_3^+}\right]_n$$

Nylon 염

$$\downarrow \text{가열}$$

$$\left[\mathrm{C(=O)(CH_2)_4C(=O)NH(CH_2)_6NH}\right]_n$$

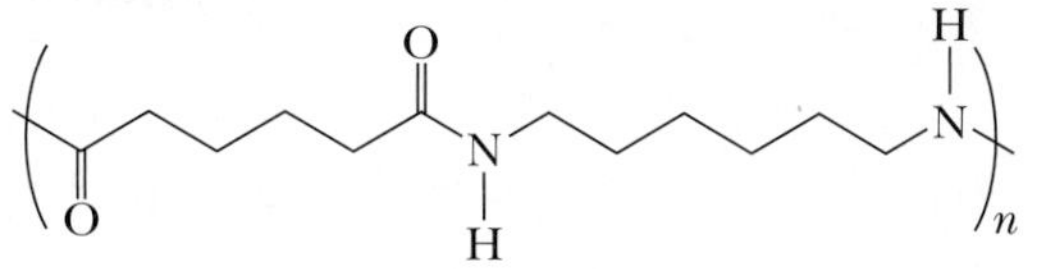

Nylon 66

이런 조건에서 형성된 나일론 66은 250~260°C의 T_m을 가지며, 분자량 범위는 10,000~20,000 g/mol 정도이다.

섬유 생산의 첫 단계는 나일론 66의 원료를 용융시키고 섬유 형태로 방사시켜 냉각시킨다. 다음 단계는 용융 방사된 섬유의 결정도를 증가시키기 위해 처음 길이의 4배쯤 되도록 **냉연신**(cold-drawn: 실온에서 인장)한다. 섬유가 연신되면 각각의 폴리머 분자는 섬유 축방향으로 배향되고, 하나의 사슬에 있는 카보닐 산소들과 다른 사슬에 있는 아마이드 수소들 사이에 수소 결합이 형성된다(그림 29.3). 섬유의 물리적 성질에 미치는 폴리아마이드 분자들의 배향 효과는 매우 크다. 인장 강도와 강성이 현격히 증가한다. 냉연신 공정은 합성 섬유의 제조에 있어 중요한 단계이다.

현재 나일론 66을 생산하기 위한 원료는 석유 정제와 촉매 하의 분해에서 거의 대부분 얻는 벤젠이다. 촉매를 사용하여 벤젠을 환원시켜 cyclohexane을 얻고 촉매 하에서 공기

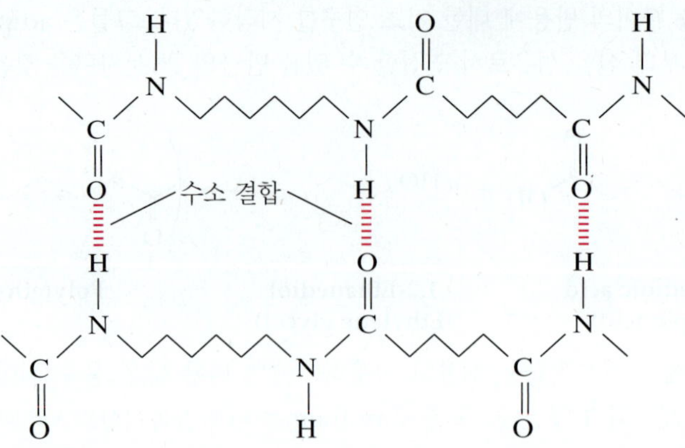

그림 29.3 ▸ 냉연신된 나일론 66의 구조. 인접한 고분자 사슬 사이의 수소 결합은 섬유의 강도와 강성을 증가시킨다.

산화로 cyclohexanol과 cyclohexanone의 혼합물을 만든다. 이 혼합물을 질산으로 산화시키면 adipic acid로 변환된다.

Benzene —($3\ H_2$, 촉매)→ Cyclohexane —(O_2, 촉매)→ [Cyclohexanol + Cyclohexanone] —(HNO_3)→ Hexanedioic acid (Adipic acid)

이후 adipic acid를 출발 물질로 hexamethylenediamine을 합성한다. Adipic acid를 암모니아와 반응시키면 암모늄 염이 되고, 이를 가열하면 adipamide로 변한다. Adipamide를 촉매 환원시키면 hexamethylenediamine이 얻어진다. 따라서 나일론 66을 제조하기 위한 탄소 원료는 전적으로 석유로부터 얻으나, 석유는 불행히도 재생 가능한 자원이 아니다.

Ammonium hexanedioate (Ammonium adipate) —(가열)→ Hexanediamide (Adipamide) —($4\ H_2$, 촉매)→ 1,6-Hexanediamine (Hexamethylenediamine)

나일론은 고분자의 한 종류인데 이들 중에는 이런 저런 용도에 적합하도록 미묘하게 다른 특성을 가진 것도 있다. 가장 널리 사용되는 예로는 나일론 66과 나일론 6이 있다. 나일론 6은 6개의 탄소를 갖는 단위체인 caprolactam으로부터 합성되므로 이렇게 이름이 붙여졌다. Caprolactam은 부분적으로 가수분해되어 6-aminohexanoic acid으로 바뀌고 250°C로 가열하면 중합 반응이 일어나 합성된다. 나일론 6은 섬유, 빗살, 밧줄, 고내충격성 금형 및 타이어 코드로 가공된다.

Caprolactam —(1. 부분 가수분해, 2. 가열)→ Nylon 6

분자 구조와 물리적 특성 사이의 관련성에 대한 광범위한 연구를 기본으로 DuPont사의 과학자들은 방향족 고리 구조를 갖는 폴리아마이드는 나일론 66이나 나일론 6에 비해 더 강하고 강직할 것으로 생각하였다. DuPont사는 1960년대 초에 terephthalic acid와 *p*-phenylenediamine으로 부터 합성한 폴리 방향족 아마이드(아라미드, aramide) 섬유인 Kevlar를 선보였다.

$$n\,\mathrm{HOOC{-}C_6H_4{-}COOH} + n\,\mathrm{H_2N{-}C_6H_4{-}NH_2} \longrightarrow \left[\mathrm{\overset{O}{\overset{\|}{C}}{-}C_6H_4{-}\overset{O}{\overset{\|}{C}}NH{-}C_6H_4{-}NH}\right]_n$$

1,4-Benzenedicarboxylic acid (Terephthalic acid) **1,4-Benzenediamine (*p*-Phenylenediamine)** **Kevlar**

두꺼운 층의 Kevlar로 만든 방탄조끼.

Kevlar의 현저한 특징 중의 하나는 비슷한 강도를 갖는 다른 재료에 비하여 가볍다는 것이다. 예를 들면, Kevlar로 만든 3 인치 케이블의 기계적 강도는 같은 크기의 강철선으로 만든 줄과 강도가 동일하다. 반면 강철로 된 케이블의 무게는 20 lb/ft이지만, Kevlar는 4 lb/ft이다. Kevlar는 근해의 해저 유정 굴착 장비의 고정용 줄이나 자동차 타이어의 보강용 섬유와 같은 재질에 사용되고 있다. 또한 Kevlar로 짠 직물은 매우 강해서 방탄용 조끼, 재킷, 우의 등으로 사용된다.

B 폴리에스터

아라미드
폴리방향족 아마이드의 일종. 단위체 단위가 방향족 다이아민과 방향족 다이카복실산인 고분자.

폴리에스터
예를 들어, poly (ethylene terephthalate)와 같이, 각 단위체 단위가 에스터 결합으로 서로 이웃하여 결합된 고분자.

1930년대 초에 Carothers와 그의 동료들이 지방족 다이카복실산과 ethylene glycol로 합성한 폴리에스터는 녹는점이 너무 낮아서 직물용으로 부적합하다고 결정한 것을 상기할 필요가 있다. 영국의 Calico Printers Association사의 Winfield와 Dickson은 1940년대에 폴리에스터는 고분자 골격의 회전 운동을 크게 방해하면 고분자의 강성이 증가하고, 녹는점이 상승하여 폴리에스터를 섬유용으로 적합하다는 것을 알게 되었다. 고분자 사슬의 강성을 증가시키기 위해 그들은 1,4-benzenedicarboxylic acid (terephthalic acid)를 사용하였다. 이 방향족 다이카복실산과 ethylene glycol을 중합시키면 poly (ethylene terephthalate) 약어로는 PET (혹은 PETE)가 생성된다.

$$n\,\mathrm{HOOC{-}C_6H_4{-}COOH} + n\,\mathrm{HOCH_2CH_2OH} \xrightarrow{\text{가열}} \left[\mathrm{\overset{O}{\overset{\|}{C}}{-}C_6H_4{-}\overset{O}{\overset{\|}{C}}{-}OCH_2CH_2O}\right]_n + 2n\,\mathrm{H_2O}$$

1,4-Benzenedicarboxylic acid (Terephthalic acid) **1,2-Ethanediol (Ethylene glycol)** **Poly(ethylene terephthalate) (Dacron, Mylar)**

정제하지 않은 폴리에스터는 녹여 방사하고 냉연신하면 직물용 섬유인 Dacron 폴리에스터를 얻을 수 있다. 이는 강성이 있고(나일론 66의 4배) 매우 고강도이며 주름이나 구김에 대한 저항성이 탁월한 특성을 나타낸다. 개발 초기에 Dacron 폴리에스터는 강인한 특성 때문에 촉감이 거칠어, 일반적으로 직물용으로는 면이나 모와 함께 혼방하여 사용하였다. 현재는 촉감이 우수한 Dacron 섬유의 제조가 가능하고 새로운 직물 생산 기술이 개발되고 있다. PET는 Mylar 필름으로 제조가 가능하고 또 재생 가능한 플라스틱 음료수 병으로도 사용된다.

PET의 합성에 사용되는 ethylene glycol은 공기산화법으로 ethylene을 ethylene oxide로 산화시키고(11.8A절), 뒤이어 glycol로 가수분해하여 얻는다(11.9A절). Ethylene은 석유나 천연가스에서 얻은 ethane의 열분해 공정으로 생산한다(2.9A절). Terephthalic acid는 나프타나 석유의 다른 분획(2.9B절)을 촉매 분해나 개질하여 얻은 벤젠이나 톨루엔과 함께 얻은 방향족 탄화수소인 *p*-xylene을 산화시켜 얻는다.

Mylar로 매우 강한 필름을 만들 수 있다. 필름에 미세 구멍이 있어 헬륨 원자가 필름의 구멍를 통해 서서히 확산되므로 Mylar는 헬륨으로 채운 풍선을 만드는데 사용한다.

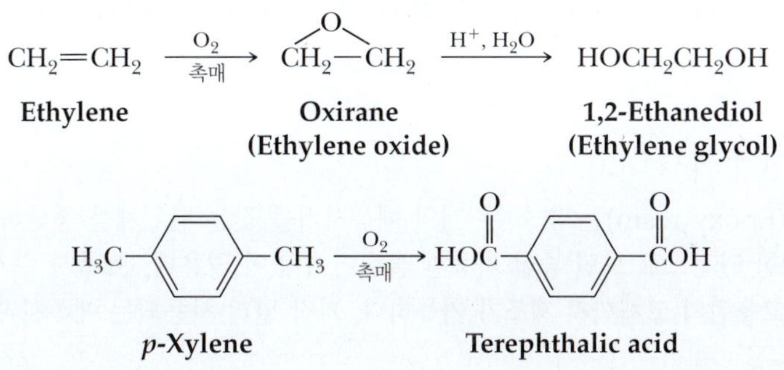

C 폴리카보네이트

폴리카보네이트
카복시기가 카본산으로부터 유도된 폴리에스터.

폴리카보네이트에서 가장 친숙한 것이 Lexan인데, 이는 상업적으로 중요한 엔지니어링 폴리에스터이다. Lexan의 제조 과정에서 bisphenol A의 이가소듐 염(연습 문제 22.22)은 phosgen과 반응하여 고분자를 형성한다.

$$n\,Na^{+}\,{}^{-}O-C_6H_4-C(CH_3)_2-C_6H_4-O^{-}Na^{+} + n\,Cl-\overset{O}{\overset{\|}{C}}-Cl \longrightarrow \left(-C_6H_4-C(CH_3)_2-C_6H_4-O-\overset{O}{\overset{\|}{C}}-O-\right)_n + 2n\,NaCl$$

Bisphenol A의 이가소듐 염 **Phosgene** **Lexan** (Polycarbonate)

© Cengage Learning/Charles D. Winters

다폴리카보네이트의 하키 헬멧

Lexan은 높은 내충격성과 인장 강도를 가지는 단단하고 투명한 고분자이며, 이런 특성이 넓은 온도 범위에서도 잘 유지한다. 자전거, 축구, 오토바이, 눈썰매용 헬멧 등과 하키와 야구의 포수가 착용하는 안면 가리개와 같은 스포츠 용품 장비로 상당히 많이 쓰인다. 이외에도 가전제품, 자동차와 항공기 장비 등에서 경량성과 내충격성의 외장재용이나 보안경 등의 안전유리의 제조에도 쓰인다.

D 폴리우레탄

우레탄 혹은 카바메이트(carbamate)는 carbamic acid (H_2NCOOH)의 에스터 일종이다. 카바메이트는 주로 isocyanate와 알코올을 반응시켜 얻는다.

$$RN{=}C{=}O + R'OH \longrightarrow RNH\overset{O}{\overset{\|}{C}}OR'$$

Isocyanate　　　　Carbamate

폴리우레탄
$-NHCO_2-$기를 반복 단위로 포함한 고분자.

폴리우레탄(Polyurethane)은 딱딱한 우레탄 단위(블록)와 유연성이 있는 폴리에스터 혹은 폴리에터 단위(혹은 블록)가 교대로 이루어져 있다. 딱딱한 우레탄 블록은 대개, 2,4- 및 2,6-toluene diisocyanate의 혼합물인 diisocyanate으로부터 얻는다. 더 유연한 블록은 고분자 사슬의 양쪽 끝에 —OH기를 갖는 저분자량(MW 1000~4000)의 폴리에스터 혹은 폴리에터로부터 만든다. 폴리우레탄 섬유는 꽤 부드럽고 탄성이 좋아 Spandex와 Lycra 등으로 사용하며, '늘어나는' 성질 때문에 여성용 수영복, 무용복 및 속옷의 옷감으로 쓰인다.

$$n\,O{=}C{=}N-C_6H_3(CH_3)-N{=}C{=}O + n\,HO-\text{polymer}-OH \longrightarrow \left(-\overset{O}{\overset{\|}{C}}NH-C_6H_3(CH_3)-NH\overset{O}{\overset{\|}{C}}O-\text{polymer}-O-\right)_n$$

2,6-Toluene diisocyanate　　저분자량 폴리에스터 또는 폴리에터　　Polyurethane

쿠션 속과 절연용 재료로 사용되는 폴리우레탄 폼은 중합 반응에서 소량의 물을 첨가하여 제조한다. 물은 isocyanate 기와 반응하여 이산화탄소 기체를 발생하고 이것이 발포제 역할을 한다.

$$RN{=}C{=}O + H_2O \longrightarrow \left[RNH-\overset{O}{\overset{\|}{C}}-OH\right] \longrightarrow RNH_2 + CO_2$$

Isocyanate　　Carbamic acid 불안정

E 에폭시 수지

에폭시 수지(Epoxy resin)는 최소 두 개의 에폭시기를 갖는 단위체를 중합하여 제조한 재료이다. 이러한 관점으로 보면 중합 가능한 물질이 수없이 많은데, 에폭시 수지는 저점도의 액체로부터 고융점의 고체까지 제조가 가능하다. 가장 널리 사용되는 에폭시 단위체는 1 몰의 bisphenol A (연습 문제 22.22)와 2 몰의 epichlorohydrin (11.10절)을 반응시켜 얻은 다이에폭사이드이다. 다음에 표시한 에폭시 수지를 만들기 위해서 다이에폭사이드 단위체를 1,2-ethanediamine (ethylene diamine)과 반응시켜 만든다. 이 성분은 시약상에서 판매하는 보통 '촉매'라고 부르는 두 가지 성분을 혼합시킨 것으로 자극성의 냄새가 난다. 그러나 이 성분은 촉매라기보다는 반응 시약이다.

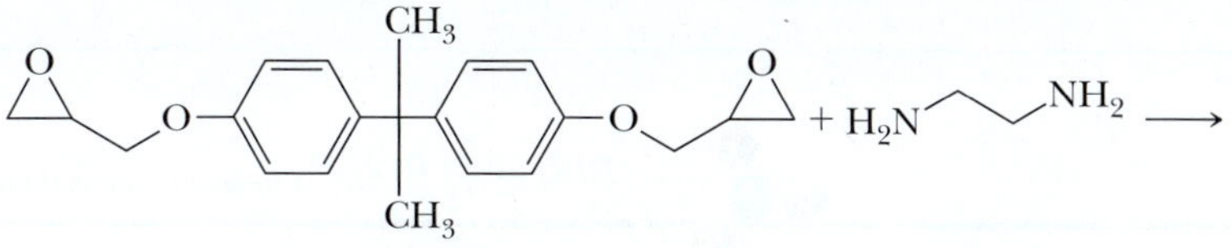

Diepoxide + H_2N–CH_2CH_2–NH_2 ⟶

Diepoxide   Diamine

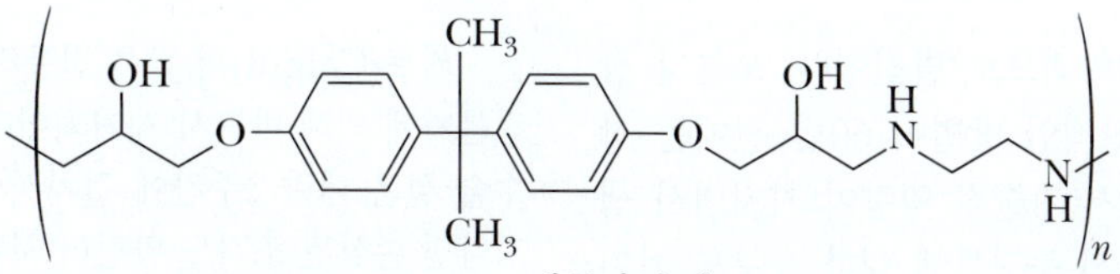

에폭시 수지

에폭시 수지는 접착제와 절연용 표면 코팅제로 널리 사용한다. 이들은 우수한 전기 절연 특성이 있어 집적회로 기판에서부터 스위치 코일 및 전원 변환 장치의 절연체까지 넓은 범위의 캡슐화된 전기 부품으로 사용 가능하다. 또한 이들은 유리 섬유, 종이, 금속 박막과 다른 합성 섬유 등과 복합 재료를 형성하여 제트 비행기, 로켓용 모터 케이스 등의 골격용 부품을 생산하는데 사용된다.

예제 29.2 ▸ 중합 메커니즘

1,4-Benzenediisocyanate와 ethylene glycol의 산-촉매 중합 메커니즘을 써라. 메커니즘을 단순화 하기 위하여 하나의 —NCO기와 하나의 —OH기가 반응하는 것을 고려하라.

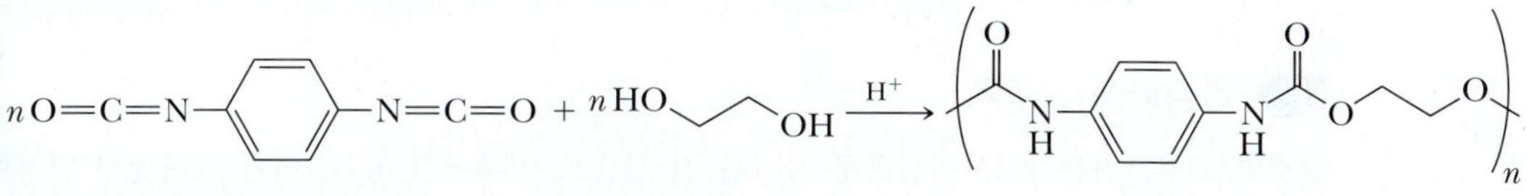

n O=C=N–C_6H_4–N=C=O + n HO–CH_2CH_2–OH $\xrightarrow{H^+}$ Polyurethane

1,4-Benzenediisocyanate   **Ethylene glycol**   Polyurethane

➡ 해답

메커니즘은 3단계로 표시된다. 1단계에서 산인 HA로부터 질소로 양성자 이동에 이어, 2단계에서 ROH가 카보닐 탄소에 첨가하여 옥소늄 이온이 형성된다. 3단계에서 옥소늄 이온으로부터 A^-로 양성자 이동이 일어나 carbamate 에스터가 생성된다.

연습 문제 29.1

아래의 구조식에서 고분자의 반복 단위를 결정하고, 괄호를 이용한 간단한 표기법으로 구조를 다시 그린 후 고분자의 이름을 써라.

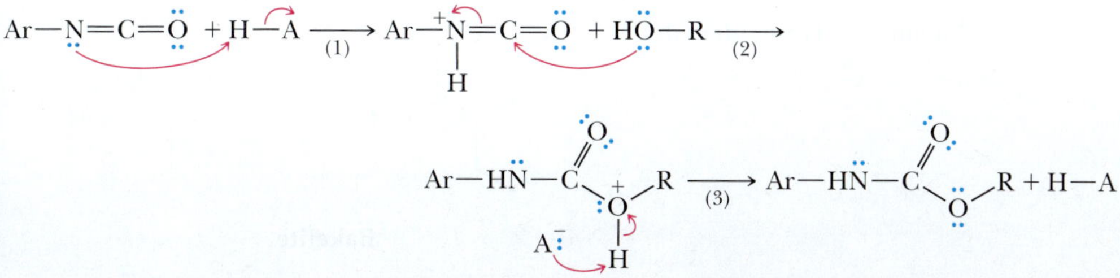

Ar—N=C=O + H—A $\xrightarrow{(1)}$ Ar—$\overset{+}{N}$(H)=C=O + HO—R $\xrightarrow{(2)}$

Ar—HN—C(=O)—$\overset{+}{O}$(H)—R + A^- $\xrightarrow{(3)}$ Ar—HN—C(=O)—O—R + H—A

연습 문제 29.2

다음 반응으로 형성되는 고분자의 반복 단위를 쓰고 생성 메커니즘을 제안하라.

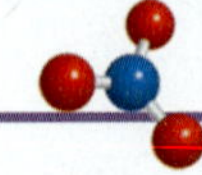

Diepoxide + H_2N–C_6H_4–NH_2

Diepoxide Diamine

화학 관련 이야기 Chemical Connections

녹아 흡수되는 봉합사

의학은 지난 수십 년 동안 비약적으로 발전했다. 오늘날 장기이식과 레이저수술 등 일상적인 방법이 60년 전에는 상상할 수 없었다. 의학 분야에서 기술적 역량이 커지면서 생체 내에서 사용할 수 있는 합성 물질들에 대한 요구도 커지고 있다. 고분자는 이상적인 생체 재료에 적합한 많은 특성을 가지고 있다. 고분자는 가볍고 강하며, 비활성이며, 화학 구조에 따라 생분해 되고 천연 조직에 맞도록 쉽게 만들 수 있는 여러 가지 물리적 특성(유연성, 강직성, 탄성)을 가진다. 탄소-탄소 골격 구조를 갖는 고분자는 쉽게 분해되지 않아 영구적인 장기와 조직의 대체물로 널리 이용되고 있다.

일반적으로 의료 분야에 쓰이는 고분자 물질은 생물학적 안정성이 요구되므로 일부 거대분자들의 생분해 특성을 응용한다. 한 예로서, poly (glycolic acid)와 상품명 Lactomer인 glycolic acid/lactic acid 공중합체들이 생체 흡수성 봉합사로 쓰인다.

거트(Catgut)와 같은 전통적인 봉합 물질은 상처가 아물면 전문가에 의해 반드시 제거되어야 한다. 그러나 Lactomer라는 수술 실은 대략 2주간에 걸쳐서 천천히 가수분해되고, 시간이 지나면 손상된 조직도 완전히 치유되어 봉합사를 제거할 필요가 없다. 봉합사의 가수분해 과정에서 나온 glycolic acid와 lactic acid는 대사 과정에서 생체 내 생화학적 경로를 통해 배출된다.

n HO–CH_2–COOH (**Glycolic acid**) + n HO–CH(CH_3)–COOH (**Lactic acid**) $\xrightarrow[-nH_2O]{\text{공중합}}$ **Lactomer**

Lactomer
poly(glycolic acid)와 poly(lactic acid)의 공중합체

F 열경화성 고분자

열경화성 고분자는 공유 결합으로 가교된 긴 사슬로 이루어져 있다. 이런 의미에서 열경화성 고분자는 하나의 거대한 분자이다. 최초의 열경화성 고분자는 1907년에 Leo Baekeland (1863~1944)가 phenol을 formaldehyde와 반응시켜 아래와 같은 삼차원의 구조를 갖는 물질을 얻었다. Bakelite로 알려진 이 생성물은 우수한 전기 절연체이다.

Phenol (OH) + CH_2O (**Formaldehyde**) ⟶ **Bakelite**

열경화성 고분자의 합성에서 단위체들 중 하나는 작용기가 세 군데 있어야 한다. Bakelite의 경우 바로 이런 단위체가 phenol이다. 알킬 열경화성 고분자는 유기 이가산인 HOOC—R—COOH와 glycerol과 같은 트라이알코올로부터 얻은 폴리에스터이다. Urea-formaldehyde 열경화성 수지는 한 분자의 urea ($H_2N—CO—NH_2$)와 formaldehyde의 네 분자까지 축합하여 생성된 폴리아마이드이다.

열경화성 고분자를 제조하기 위해서는 먼저 두 단위체의 유체 혼합물을 만든다. 그리고 이 유체로 모양을 만든 후 가열하거나 개시제를 넣어 중합 반응시킨다. 중합 생성물은 공유 결합으로 결합된 원자들의 망상 구조로 고온에서도 고체이다. 열경화성 고분자는 고온으로 가열해도 탄화되고 분해되지만 녹지는 않는다.

29.6 사슬-성장 중합

화학 공업의 관점에서 볼 때 알켄의 가장 중요한 반응은 **사슬-성장 중합**(chain-growth polymerization)이며, 이는 단위체들이 원자의 손실 없이 함께 연결되는 중합 반응의 한 형태이다. 예를 들면, ethylene으로부터 polyethylene의 생성이다.

사슬-성장 중합
불포화 단위체나 다른 반응성 작용기를 포함하는 단위체들이 연속적인 첨가 반응이 일어나는 중합 반응.

$$n\,CH_2{=}CH_2 \xrightarrow{\text{촉매}} \left(CH_2CH_2\right)_n$$

Ethylene → **Polyethylene**

이런 형태의 중합 메커니즘은 단계-성장 중합의 메커니즘과는 확연히 구분된다. 단계-성장 중합의 경우에는 모든 단합체들과 고분자의 말단은 동일한 반응성을 지닌 작용기를 가지고 있고, 단합체와 단합체, 이합체와 이합체 등과 같이 형성 가능한 모든 반응들이 허용 가능하다. 반면에 사슬-성장 중합에서는 반응성 중간체가 말단기에 존재하므로 단위체와만 반응한다. 사슬-성장 중합의 반응성 중간체로는 라디칼, 탄소음이온, 탄소양이온, 유기금속 착물들이 있다.

사슬-성장 중합을 일으키는 단합체는 수적으로도 많은데, 알켄, 알킨, 알렌, 아이소사이아네이트, 그리고 락톤, 락탐, 에터, 에폭사이드 등과 같은 고리 화합물들이 여기에 포함된다. 여기서는 ethylene과 치환된 ethylene의 사슬-성장 중합에 대해서 집중적으로 다루고, 어떻게 이 화합물들이 라디칼, 양이온, 음이온 및 유기금속 등이 관여된 메커니즘으로 중합되는지 알아보고자 한다.

n (R-치환 알켄) → (고분자, R 치환)ₙ

알켄

표 29.1에 ethylene과 치환된 ethylene으로부터 유도된 몇 가지 중요한 고분자들과 이들의 관용명과 중요한 용도를 함께 나타내었다.

A 라디칼 사슬-성장 중합

라디칼 사슬-성장 중합에 사용되는 개시제들 중에서 dibenzoyl peroxide와 같은 다이아실 퍼옥사이드는 열을 가하면 분해된다. 첫 단계에서 약한 O—O 과산화물 결합은 균일 분해하여 두 개의 아실옥시 라디칼로 변한다. 그리고 각각의 아실옥시 라디칼은 분해하여 아릴 라디칼과 이산화 탄소를 형성한다.

다이벤조일 퍼옥사이드 $\xrightarrow{\text{가열}}$ 2 벤조일옥시 라디칼 → 2 페닐 라디칼 + 2 CO_2

다이벤조일 퍼옥사이드 **벤조일옥시 라디칼** **페닐 라디칼**

다폴리스타이렌의 낮은 열전도성은 좋은 절연 물질로 만들어 준다.

표 29.1 Ethylene과 치환된 ethylene으로부터 유도된 고분자

단위체 구조식	관용명	고분자 이름 및 용도
$CH_2{=}CH_2$	**에틸렌 (Ethylene)**	**폴리에틸렌, polythene**: 잘 깨지지 않는 용기와 포장 물질
$CH_2{=}CHCH_3$	**프로필렌 (Propylene)**	**폴리프로필렌, herculon**: 직물과 카펫 섬유
$CH_2{=}CHCl$	**염화 비닐 (Vinyl chloride)**	**폴리(염화 비닐), PVC**: 건설용 배관
$CH_2{=}CCl_2$	**1,1-다이클로로에틸렌 (1,1-Dichloroethylene)**	**폴리(1,1-다이클로로에틸렌), saran 랩**: 식품 포장
$CH_2{=}CHCN$	**아크릴로나트릴 (Acrylonitrile)**	**폴리아크릴로니트릴, orlon**: 아크릴과 아크릴산
$CF_2{=}CF_2$	**테트라플루우오로에틸렌 (Tetrafluoroethylene)**	**폴리테트라플루우오로에틸렌, PTFE, 테플론**: 붙지 않는 피복제
$CH_2{=}CHC_6H_5$	**스타이렌 (Styrene)**	**폴리스타이렌, 스티로폼**: 단열 물질
$CH_2{=}CHCOOCH_2CH_3$	**Ethyl acrylate**	**폴리(아크릴산 에틸)**: 라텍스 페인트
$CH_2{=}C(CH_3)COOCH_3$	**Methyl methacrylate**	**폴리(메타크릴산 메틸), 루시트, 플렉시글라스**: 대체 유리.

다른 일반적인 라디칼 중합의 개시제로서 azoisobutyronitrile (AIBN) 같은 아조 화합물이 있으며, 이것은 열이나 UV 빛을 흡수하면 분해되어 알킬 라디칼과 질소 기체를 생성한다.

$$\text{AIBN} \xrightarrow{\text{열 혹은 빛}} 2\ \text{알킬 라디칼} + :N{\equiv}N:$$

Azoisobutyronitrile (AIBN) 알킬 라디칼

치환된 ethylene 단위체의 라디칼 중합에서 사슬 개시, 전파, 종결 단계를 단위체인 $RCH{=}CH_2$에 대하여 나타내었다. 개시제가 분해되어 라디칼을 생성하고, 단위체의 이중 결합과 반응한다. 일단 개시되면 사슬은 단위체가 연속적으로 첨가되면서 성장이 계속된다.

MECHANISM 치환된 ethylene의 라디칼 중합

1단계: 개시: 비라디칼 화합물로부터 라디칼의 생성.

$$In{-}In \xrightarrow{\text{열 혹은 빛}} 2\,In\cdot$$

$$In\cdot + CH_2{=}CHR \longrightarrow In{-}CH_2{-}\dot{C}HR$$

2단계: 전파: 라디칼과 분자가 반응하여 새로운 라디칼을 형성.

$$In{-}CH_2\dot{C}HR + CH_2{=}CHR \longrightarrow In{-}CH_2CHR{-}CH_2\dot{C}HR$$

$$In{-}CH_2CHR{-}CH_2\dot{C}HR + n\,CH_2{=}CHR \longrightarrow In{-}(CH_2CHR)_n{-}CH_2\dot{C}HR$$

3단계: 사슬 종결: 라디칼의 소멸.

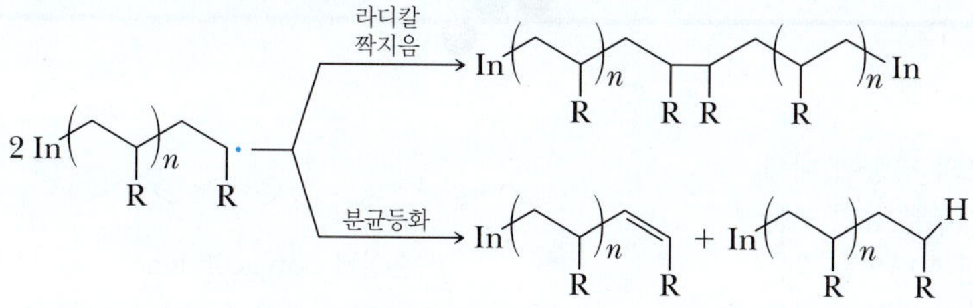

라디칼 반응에서 사슬 종결은 칼간의 조합으로 비라디칼 분자나 분자들을 생성한다. 일반적인 정지 형태는 **라디칼 짝지음**(radical coupling)으로 두 개의 성장 중인 고분자 사슬이 연결되어 새로운 탄소-탄소 결합을 형성하는 것이다. 이런 형태의 종결 반응은 아무런 활성화 에너지 장벽 없이 일어나는 확산에 의해 조절 가능한 과정이다. 또 하나의 흔한 종결 반응은 **불균등화**(disproportionation)로, 여기에는 한 다른 사슬의 라디칼 말단에 의해 하나의 사슬의 성장하는 라디칼에서 베타 위치의 수소 원자 떼기가 포함되어 있다. 그 결과 두 개의 성장이 멈춘 사슬이 형성되며, 하나는 말단이 알킬기이며 다른 하나는 알켄닐(alkenyl)기로 된다.

불균등화
다른 사슬의 라디칼 말단기에 의한 성장하는 하나의 사슬에 베타 위치의 수소를 떼어내기가 포함된 종결 과정.

이중 결합과의 라디칼 반응은 대부분 더욱 안정한(더욱 치환된) 라디칼을 형성한다. 첨가 반응이 이 방식으로 진행되므로 바이닐 단위체의 중합은 머리-꼬리(head-to-tail) 연결로 이루어진 고분자를 생성하는 경향이 있다. 일반적으로 라디칼 중합 반응에 의해 생성된 바이닐 고분자에서 머리-머리(head-to-head) 연결은 1~2% 미만이다.

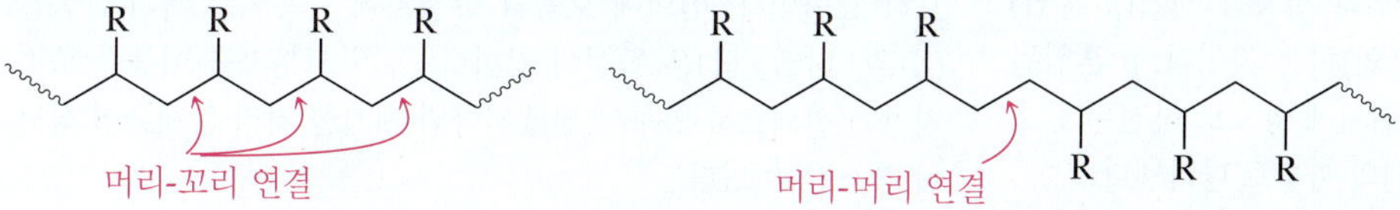

유기 라디칼은 반응성이 큰 화학종이므로 라디칼 중합에서 종종 원하지 않는 부 반응이 일어나 복잡하게 되는 것은 놀랄 일이 아니다. 라디칼 말단기가 성장하는 고분자 사슬, 용매 분자 혹은 다른 단위체로부터 수소 떼기 반응이 자주 관찰되는 부 반응이다. 말단기의 활성이 한 사슬로부터 다른 사슬로 '이동'하므로 이런 부 반응을 **사슬-전달 반응**(chain-transfer reaction)이라 한다.

사슬-전달 반응
중합 반응이 일어나는 동안 말단기의 반응성이 한 사슬로부터 다른 사슬로 전이.

Ethylene의 라디칼 중합에서 사슬 전이를 예로 들어보자. 라디칼 중합으로 형성된 polyethylene은 주 사슬에 다수의 뷰틸 가지가 있다. 이런 4원자 탄소 가지는 '되물기(back biting)'라는 사슬 전이 반응으로 형성되는데, 이것은 말단에 있는 라디칼이 4번째 탄소(사슬 끝에서 5번째 탄소)에 결합된 수소를 떼어낸다. 특히 이 반응의 전이 상태가 사이클로헥산의 의자 형태와 비슷한 형태이므로 이 수소 원자 떼어내기는 특히 쉽다. 이 새로운 라디칼 중심으로부터 단위체가 연속으로 중합되면 4원자 탄소의 곁가지가 있는 고분자가 된다.

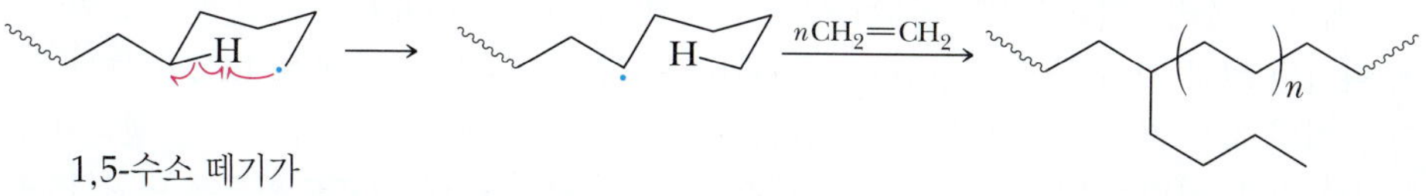

1,5-수소 떼기가
유발되는 6원자 전이 상태

이런 여러 가지 수소 떼기 반응의 결과로 라디칼 중합으로 생성된 고분자들은 가지가 많은 구조를 가진다. 뷰틸 가지의 개수는 전파 라디칼 말단기의 상대적 안정도에 의존하며, 고분자의 종류에 따라 변한다. Polyethylene 사슬은 반응성이 큰 1차 라디칼을 형성하면서 성장하므로 1,5-수소 떼기 반응의 가능성이 높다. 대부분의 이들 고분자는 500개의 단위체 단위 당 15~30개의 가지를 갖는다. 반면에 polystyrene의 경우 치환된 벤질 라디칼을 거

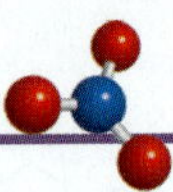

전기 전도성 유기 고분자

유기 화합물의 특성에 미치는 화학적 구조의 영향에 대해 유기 고분자의 전도성에서 확실히 볼 수 있다. 대부분 유기 고분자는 절연체이다. 예를 들면, —CF_2CF_2—의 반복 단위를 갖는 polytetrafluoroethylene과 —CH_2CHCl—의 반복 단위를 갖는 poly(vinyl chloride)는 10^{-18} S/cm의 전도도를 갖는다. 한편 구리의 전도도는 10^6 S/cm이다.

유기 고분자는 구리에 근접한 전기 전도도를 가질 수 있을까? 지난 20년간 이루어진 연구에서 그 대답이 예라는 것을 보여주고 있다. Acetylene을 어떤 전이 금속 촉매가 포함된 액체를 통과시키면, 중합되어 반짝이는 polyacetylene 필름을 형성한다.

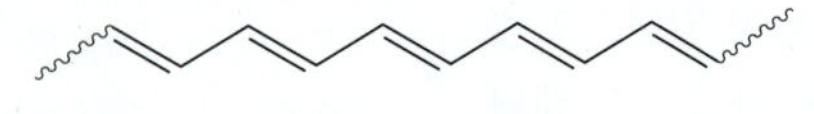

Polyacetylene

Polyacetylene 자체는 전도체가 아니다. 그러나 소량의 전자-주개 혹은 전자-받개 화합물이 첨가되는 혼입(doping)이라는 공정을 거치면 1.5 × 10^5 S/cm의 전도도를 갖는 polyacetylene을 얻을 수 있다.

혼입제의 목적은 π 시스템으로부터 전자를 제거(*p*-혼입)하거나 π 시스템에 전자를 첨가(*n*-혼입)하는 것이다. *p*-혼입된 polyacetylene은 사슬을 따라 여러 위치에 양으로 하전된 탄소들을 포함하는 콘쥬게이션된 폴리알켄의 사슬로 나타낸다.

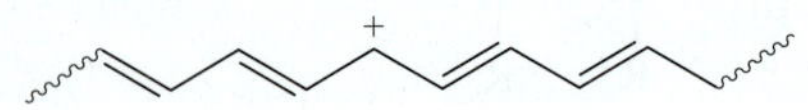

p-혼입된 polyacetylene

그 양전하는 결합 부위로 고분자 사슬을 따라 오른쪽 혹은 왼쪽으로 이동할 수 있어 전도도를 일으킨다고 생각할 수 있다. 정제되지 않은 polyacetylene의 경우, 고분자 사슬들은 뒤섞여서 모든 방향으로 배향된다. 그러나 이 필름을 잡아 늘이면 사슬들이 더 규칙적인 형태로 배열하게 된다. 혼입되고 배향된 polyacetylene 사슬의 전도도는 직각 방향보다 배향 방향을 따라 더 크게 된다. 이 결과로 전자의 이동은 사슬을 따라 움직이는 것이 한 사슬에서 다른 사슬로 건너뛰는 것보다 훨씬 쉽다고 생각된다.

전도성 유기 고분자들의 응용에 관한 연구가 시작되고 있다. *p*-혼입과 *n*-혼입된 polyacetylene 전극으로 만들어진 재충전 베터리가 생산되고 있다. 탄소의 원자 질량을 생각하면 유기 고분자 배터리는 니켈-카드뮴 혹은 납-황산 축전지에 비해 가벼워야 한다. 축전지로 구동되는 전기 자동차에서 무게는 매우 중요한 요인이다. 이외에 오늘날 축전지에 사용되는 여러 금속들(수은, 니켈, 납)은 독성이 강하다. 유기 고분자를 이용한 축전지가 실현되도록 연구가 진행된다면 폐기물 처리 문제들이 상당히 감소될 수 있다.

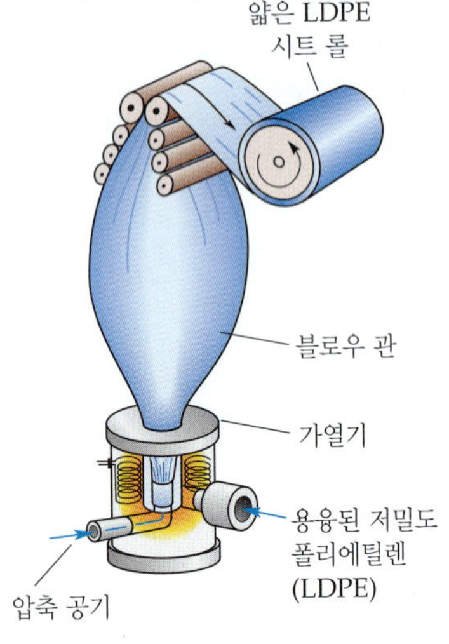

그림 29.4 ▸ LDPE 필름 가공.

쳐 사슬이 성장하며, 비공유 전자쌍들이 방향족 고리와 비편재되어 안정하다. 이 안정화된 라디칼은 수소 떼기 반응에 덜 관여하여 대체로 4,000~10,000개의 단위체 단위당 하나의 가지가 있다.

최초의 공업용 polyethylene 중합 공정은 과산화물을 촉매로 500°C의 온도에서 1000기압으로 진행되었으며, 저밀도 폴리에틸렌(low-density polyethylene, LDPE)이라 알려진 부드럽고 강도가 있는 고분자를 얻게 되었다. 분자 수준에서 보면 LDPE 사슬들은 사슬 전달 반응의 결과로 가지가 많은 구조이다. 이런 가지가 많은 구조는 polyethylene 사슬들이 효과적으로 쌓이기 힘들어 LDPE는 비결정성이고 빛을 산란시키는 결정성 크기가 소량이라 투명하다. LDPE의 밀도는 0.91~0.94 g/cm^{3}이며, 용융 전이 온도(T_m)는 약 108°C이다. T_m이 100°C보다 약간 높기 때문에 끓는 물과 접촉하는 제품으로 사용될 수 없다.

저밀도 폴리에틸렌의 약 65%는 필름 제조에 사용된다. LDPE 필름 가공은 그림 29.4에 나타낸 바와 같이 중공-성형(blow-molding) 기술을 이용한다. 용융 LDPE 튜브는 압축 공기의 제트 분사로 두께가 얇은 거대한 풍선을 형성한다. 그 후 이 필름을 냉각시키고 롤러로 민다. 이렇게 얻은 이중벽을 갖는 필름은 옆면을 잘라내 LDPE 필름을 얻거나 크기에 따라 봉하면 LDPE 봉투가 된다. LDPE 필름은 값이 싸기 때문에 쓰레기봉투나 제과, 채소 등의 소비재 상품의 포장지로 사용하기에 적합하다.

B Ziegler-Natta 사슬-성장 중합

독일의 Karl Ziegler와 이탈리아의 Giulio Natta가 1950년대에 라디칼이 관여하지 않는 알켄의 다른 중합법을 개발하였다. 선구자적인 업적으로 그들은 1963년 노벨 화학상을 수상하였다. 초기의 Ziegler-Natta 촉매는 $MgCl_2$를 지지체로 $TiCl_4$와 같은 4B족 전이 금속의 할로젠화물 그리고 $Al(CH_2CH_3)Cl$ 같은 알킬알루미늄 화합물로 구성된 반응성이 큰 불균일한 촉매였다. 이 촉매들은 1~4 기압, 60°C 정도의 낮은 온도에서 ethylene이나 propylene의 중합을 일으킨다. 이 중합 반응 조건에서 라디칼은 반응에 관여하지 않는다.

$$nCH_2{=}CH_2 \xrightarrow[MgCl_2]{TiCl_4/Al(CH_2CH_3)_2Cl} \text{Polyethylene}$$

Ethylene **Polyethylene**

Ziegler-Natta 중합에서 활성 촉매는 $MgCl_2/TiCl_4$의 입자 표면에서 $Al(CH_2CH_3)_2Cl$에 의한 티타늄 할라이드의 알킬화로 형성된 알킬타이타늄 화합물이라고 생각된다. 일단 이 화학종이 형성되면 티타늄-탄소 결합에 연속적으로 ethylene을 삽입시켜 polyethylene이 생성된다.

MECHANISM Ethylene 중합에서 Ziegler-Natta 촉매

1단계: 티타늄-에틸 결합이 형성.

$MgCl_2/TiCl_4$ 입자

Ti—Cl + Cl—Al(Et)₂ ⟶ Ti—Et + Cl—Al(Cl)(Et)

Diethylaluminum chloride

2단계: Ethylene이 티타늄-탄소 결합 사이로 삽입. 이 단계가 여러 번 반복됨.

Ti—Et + $CH_2{=}CH_2$ ⟶ Ti—Bu

최적화된 Ziegler-Natta 촉매를 사용하여 매년 전 세계적으로 2.5×10^{11} kg 이상의 polyethylene이 제조되고 있고, 대형 반응기로 시간당 1.25×10^5 kg까지 polyethylene을 만들어낼 수 있다. 이런 규모로 polyethylene을 제조할 수 있는 것은 온화한 Ziegler-Natta 중합 조건을 갖는 장점과 라디칼 중합으로 제조된 polyethylene과는 상당히 다른 물리적 및 기계적 특성을 갖는 것과도 관계가 있다. Ziegler-Natta 중합으로 제조된 polyethylene은 고밀도 polyethylene (HDPE)이라 부르며 저밀도 polyethylene에 비해 밀도(0.96 g/cm^3)와 용융 전이(T_m, 133°C)이 더 높고, 3~10배 강하며, 투명하기보다는 오히려 불투명하다. 이렇게 강하고 불투명한 것은 사슬의 가지가 훨씬 적어 LDPE에 비해 HDPE가 결정도가 더 높기 때문이다.

미국에서 사용되는 HDPE의 약 45%는 중공성형 된다. 중공성형에서 짧은 HDPE 관을 금형의 열린 부분에 장착하고[그림 29.5(a)], 금형을 닫은 후 그 관의 밑을 봉한다. 압축 공기를 뜨거운 polyethylene/금형 조립 틀 안으로 불어 넣으면, 관은 말 그대로 부풀어

Polyethylene 필름은 고리 모양의 구멍을 통해 용융 플라스틱을 압출하고 풍선처럼 부풀어서 제조된다.

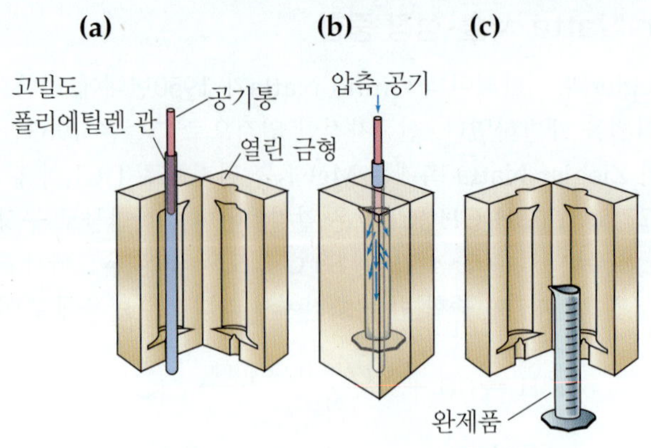

그림 29.5 ▸ HDPE 용기의 중공 성형.

금형의 형태 그대로 성형된다[그림 29.5(b)]. 냉각 후 금형을 열면 용기가 만들어진다[그림 29.5(c)].

특수 가공 기술의 적용으로 더 많은 HDPE의 특성이 개선이 되었다. 용융 상태에서 HDPE 사슬들은 요리된 스파게티와 비슷한 불규칙한 코일 형태를 취한다. 특수한 압출 기술을 개발하여 각각의 고분자 사슬들이 강제로 코일 형태를 취하지 않고 신장된 직선 형태를 띠게 할 수 있게 되었다. 이들 신장된 사슬끼리 서로 배열하여 고도의 결정성 재료가 만들어진다. 이 방법으로 제조된 HDPE는 철보다 강직하며 인장 강도가 약 4배 이상이다. Polyethylene의 밀도($\approx$1.0 g/cm^3)가 철의 밀도(8.0 g/cm^3)보다 매우 작기 때문에 이런 강도와 강성도의 비교는 무게 차이에서 보면 훨씬 더 크다.

최근에 Ziegler-Natta 중합에 이용된 촉매들에 있어서 몇 가지 중요한 개선들이 이루어지고 있다. 중요한 것 중 하나는 ethylene과 propylene의 중합을 비정상적으로 빠르게 진행시키는 녹을 수 있는 착물 촉매의 발견이다. 이 새로운 균질성 촉매는 초기의 Ziegler-Natta 촉매와 상당히 다르므로 이 중합들을 **배위 중합**(coordination polymerization)이라 한다. 배위 중합에 적용되는 촉매는 종종 bis(cyclopentadienyl)dimethylzirconium [$Cp_2Zr(CH_3)_2$]과 methaluminoxane (MAO)의 반응으로 생성된다. MAO는 trimethylaluminum이 소량의 물과 반응하여 형성된 methylaluminum 산화물의 소중합체[—$(CH_3)AlO$—$)_n$]들의 착물이다. MAO가 메틸 음이온을 떼어내어 지르코늄 양이온을 만들면 지르코늄이 활성화되어 중합 촉매로 작용하는 것으로 생각하고 있다.

MECHANISM Ziegler-Natta 배위 중합의 균일성 촉매

1단계: 지르코늄 촉매의 활성화.

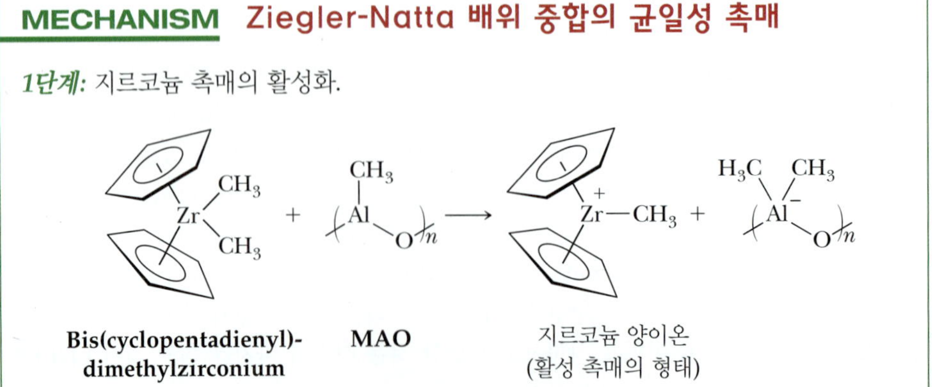

2단계: Ethylene을 지르코늄-탄소 결합에 삽입. 이 단계가 여러번 반복됨.

$$Cp_2Zr^{+}\text{—}CH_3 + H_2C{=}CH_2 \longrightarrow Cp_2Zr^{+}\text{—}CH_2CH_2CH_3$$

몇몇 배위 중합 촉매는 초당 20,000개까지 ethylene 단위체를 중합시키는데 이 속도는 효소에 의한 생물들의 화학적 반응에 근접하는 속도이다. Ethylene과 1-hexene의 공중합체의 형성과 같은 1-알켄에 대한 높은 반응성을 나타내는 점이 이 촉매들의 또 다른 중요한 특성이다.

$$n\ \text{Ethylene} + m\ \text{1-Hexene} \xrightarrow[\text{MAO}]{Cp_2Zr(CH_3)_2} \text{Ethylene-(1-hexene) 공중합체}$$

Ethylene **1-Hexene** **Ethylene-(1-hexene) 공중합체**

이와 같이 적당한 길이(C_4, C_6 등)의 가지를 갖는 공중합체는 선형 저밀도 polyethylene (LLDPE)이라 부른다. 라디칼 반응으로 생성된 LDPE와 같은 비슷한 여러 성질을 갖지만 Ziegler-Natta 중합은 상당히 더 온화한 반응 조건 하에서 이루어지므로 이들은 유용한 재료이다.

C 입체화학과 고분자

지금까지 치환된 ethylene 고분자의 구조를 아래와 같이 표시하고 있으며, 사슬을 따라 존재하는 카이랄 중심의 배열에 대해 언급하지는 않았다.

R R R R

그럼에도 불구하고 고분자의 물성을 결정하는데 있어서 카이랄 중심들의 상대적인 배열은 중요하다. 사슬을 따라 존재하는 카이랄 중심의 배열이 동일한 고분자를 **동일 배열 고분자**(isotactic polymer)라 부른다. 그리고 배열이 교차적으로 되면 **교대 배열 고분자**(syndiotactic polymer), 무질서하게 되면 **혼성 배열 고분자**(atactic polymer)라고 부른다(그림 29.6).

일반적으로 카이랄 중심의 배열이 규칙적일수록 즉, 고분자가 더 동일 배열이거나 교대 배열을 취할수록 그 고분자는 더욱 결정성을 갖게 된다. 혼성 배열 물질처럼 치환체가 불규칙하게 놓이면 그 고분자는 조밀하게 쌓이지 못하며 일반적으로 큰 비결정성이 된다. 예를 들면, 혼성 배열 polystyrene은 비결정성 유리상인 반면, 동일 배열 polystyrene은 높

동일 배열 고분자
동일 배열 polypropylene에서 볼 수 있는 것처럼 사슬에 있는 모든 카이랄 중심이 동일한 배열(모두 *R*이거나 *S*)을 갖는 고분자.

교대 배열 고분자
교대 배열 polypropylene에서 볼 수 있는 것처럼 사슬의 카이랄 중심에서 배열이 *R*과 *S*가 교대로 있는 고분자.

혼성 배열 고분자
혼성 배열 polypropylene에서 볼 수 있는 것처럼 사슬의 카이랄 중심의 배열이 불규칙적인 고분자.

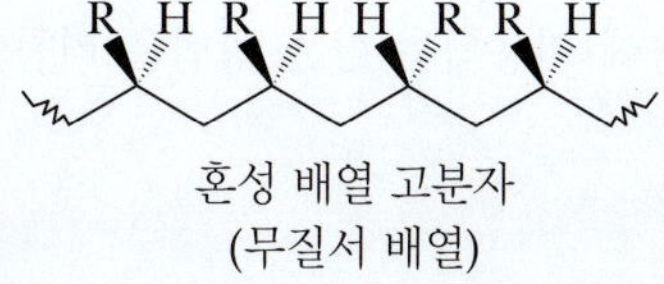

그림 29.6 ▸ 다른 입체 규칙도를 갖는 고분자들에서 카이랄 중심의 상대적인 배열.

표 29.2 음이온 및 양이온성 사슬-성장 메커니즘으로 중합된 알케인

음이온성 중합은 전자 끄는 기를 갖는 치환된 단위체가 가장 일반적이다.

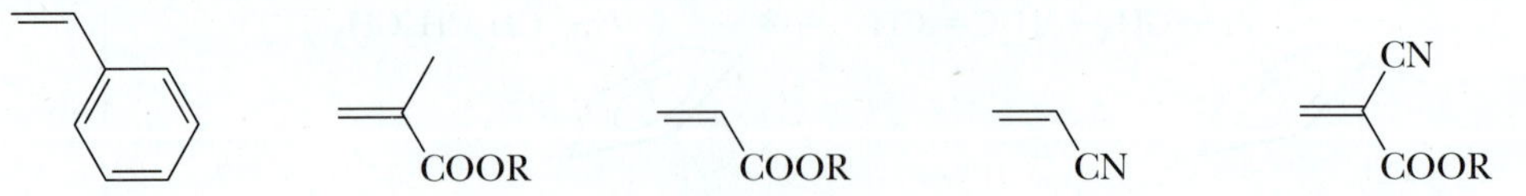

Styrene | Alkyl methacrylates | Alkyl acrylates | **Acrylonitrile** | Alkyl cyanoacrylates

양이온성 중합은 전자 주는 기를 갖는 치환된 단위체가 가장 일반적이다.

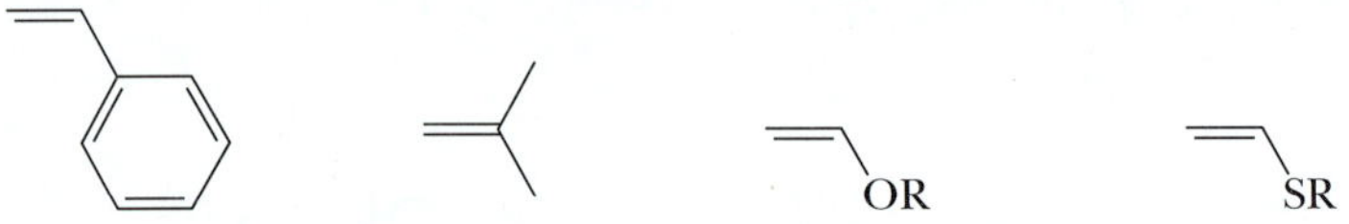

Styrene | **Isobutylene** | Vinyl ethers | Vinyl thioethers

은 용융 전이점을 갖는 결정성으로 섬유를 형성하기 쉬운 고분자이다. 따라서 고분자 주사슬을 따라 상대적인 배열, 혹은 입체규칙성(tacticity)의 조절은 고분자 합성에 있어 상당히 흥미로운 분야이다.

D 이온성 사슬-성장 중합

사슬-성장 고분자는 전파 단계에서 음이온이나 양이온 화학종들이 관여하는 반응으로도 합성할 수 있다. 이온 반응 과정의 선택은 대부분 중합되는 단위체들의 전자적 성질에 따라 결정된다. 비닐 화합물을 중합시킬 때 탄소음이온을 안정화시키는 전자 끄는 기를 갖는 비닐 단위체는 음이온 중합법을 이용하며, 양이온을 안정화시키는 전자 주는 기를 갖는 비닐 단위체는 양이온 중합법을 이용한다(표 29.2).

표 29.2에 나열된 단위체들 중에서 styrene은 음이온 혹은 양이온 중합뿐만 아니라, 라디칼 중합도 이용할 수 있으므로 독특하다. 이러한 styrene의 특별한 성질은 styrene의 페닐기가 양이온, 음이온 및 라디칼의 벤질 중간체를 안정화시키기 때문이다.

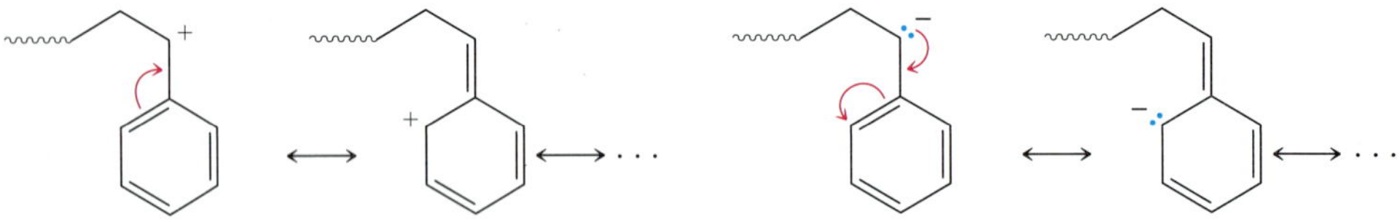

벤질 양이온 말단기의 공명 안정화

벤질 음이온 말단기의 공명 안정화

음이온 중합

음이온 중합의 개시는 친핵체가 활성화된 알켄에 첨가하는 것에 의해 이루어진다. 이 목적에 이용되는 가장 일반적인 친핵체는 메틸 혹은 *sec*-뷰틸리튬과 같은 금속 알킬들이다. 새로 형성된 탄소음이온이 친핵체로 작용하여 다른 단위체에 첨가되어 전파 반응이 계속된다.

음이온 중합의 개시 반응에 이용되는 다른 방법은 리튬이나 소듐에 의한 단위체의 전

MECHANISM 알켄의 음이온 중합에서 개시 반응

1단계: **친핵체와 친전자체 사이의 새로운 결합 형성.** 아래의 예에서는 유기리튬 화합물로부터 유도된 탄소음이온과 같이 친핵체가 첨가되어 중합에 개시되고, 친핵체가 활성화된 탄소-탄소 이중 결합에 첨가하여 새로운 탄소음이온을 형성한다.

2단계: **친핵체와 친전자체 사이의 새로운 결합 형성.** 이 탄소음이온이 활성화된 두 번째 알켄의 이중 결합이 첨가되면 이합체가 된다.

3단계: **친핵체와 친전자체 사이의 새로운 결합 형성.** 사슬-성장이 계속되어 고분자를 만든다.

R—Li + (1) → (2) → 이합체 (3) → 고분자

자-하나(one-electron)가 환원되어 라디칼 음이온이 생성된다. 이렇게 형성된 라디칼 음이온은 더욱 환원되어 이가음이온(dianion)을 형성하거나, 혹은 이합체화되어 이합체 이가음이온(dimer dianion)을 생성한다.

MECHANISM Butadiene의 음이온 중합 개시 반응

1단계: 금속 리튬에 의한 다이엔의 일전자 환원 반응으로 라디칼 음이온이 된다.

2단계: 이 라디칼 음이온의 일전자 환원으로 단위체 이가음이온(monomer dianion)이 된다.

3단계: 이러한 반응 대신 라디칼 짝지음으로 이합체 이가음이온(dimer dianion)이 형성된다.

Li· + Butadiene ① → 라디칼 음이온 ② (Li·) → 단위체 이가음이온

③ 라디칼 짝지음 → 이합체 이가음이온

어느 경우든 두 개의 활성 말단기를 갖는 탄소음이온의 본질적인 특성으로 하나의 개시제에 의해 양쪽 끝에서 사슬이 전파될 수 있다. 이 반응들은 불균일하며 금속 표면으로부터 전자의 이동이 일어난다. 이 반응의 효율을 높이기 위하여 sodium naphthalide와 같은 잘 녹는 환원제들을 사용한다. 소듐은 나프탈렌과 같은 확장 방향족 화합물들과 전자-이동 반응을 일으켜 잘 녹는 라디칼 음이온을 형성한다.

Naphthalene + ·Na —THF→ Sodium naphthalide (라디칼 음이온)

Naphthalide 라디칼 음이온은 강력한 환원제이다. 예를 들면, styrene은 일전자 환원 반응으로 styryl 라디칼 음이온이 되고 짝을 지어 이가음이온(dianion)을 형성한다. 이 이가음이온은 양방향으로 반응이 동시에 진행되어 양쪽 말단에서 중합을 전파하게 된다.

Styrene Styryl 라디칼 음이온 Distyryl 이가음이온 **Polystyrene**

Na^+ 1. $2n$ 2. H_2O

음이온 중합에서 전파 반응의 특징은 라디칼 중합의 전파 과정과 비슷하지만, 중요한 차이점은 라디칼 과정을 저해하는 사슬-이동 및 사슬-종결 반응이 없는 것이다. 특히 전파된 사슬의 말단들이 같은 전하를 가지므로 이분자 짝지음과 불균등화 반응을 피할 수 있다. 사슬-이동과 사슬-종결이 더 이상 의미가 없으므로 흥미로운 면이 있다. 이 조건에서는 모든 단위체들이 소모되거나 어떤 외부 물질을 첨가하여 사슬 성장을 종결시킬 때까지 개시되면 고분자 사슬은 성장을 계속한다. 이런 형태의 중합 반응은 초기 단위체가 모두 소진된 후에도 단위체를 새로 첨가하면 중합 반응이 재개되므로 **리빙 중합**(living polymerization)이라 부른다.

리빙 고분자
모든 단위체들이 소모되거나 어떤 외부 시약을 첨가하여 사슬-성장을 종결시킬 때까지 사슬 종결 없이 계속 성장하는 고분자 사슬. 단위체를 더 첨가하면 그 고분자 사슬은 계속 성장한다.

리빙 중합에서 사슬-이동과 사슬-종결 단계가 없다는 것은 매우 광범위한 의미를 가진다. 이중에서 눈여겨볼 분야 중 하나는 분자량 조절이다. 리빙 중합으로 얻어지는 고분자의 분자량은 개시제 대 단위체의 비율에 따라 직접적으로 결정된다. 따라서 중합에 사용하는 시약들의 당량비를 간단히 조절하게 되면 일정 크기의 고분자들을 간단히 얻을 수 있다. 반면에 리빙 중합이 아닌 사슬-성장 중합 방법(라디칼, Ziegler-Natta 등)으로 형성되는 고분자 사슬의 평균 크기는 중합 시스템에 따라 다르며, 이 경우는 전파 반응 속도와 종결 반응 속도의 비율에 따라 결정된다. 대부분은 한 단계의 반응 속도가 다른 단계에 영향을 주지 않으면서 변화시키는 것은 매우 어렵기 때문에 리빙 중합이 아닌 방법으로 합성되는 고분자들의 분자량을 정밀하게 조절하기가 불가능하다.

리빙 음이온 중합 조건에서 단위체가 소진되면 친전자성 종결 시약을 첨가하여 사슬의 말단에 작용기를 도입할 수 있다. 예를 들면, CO_2와 에틸렌 옥사이드를 포함하는 종결제를 첨가하면, 음이온과 반응하여 양성자화되어 카복실산과 알코올이 사슬의 말단에 각각 존재하게 된다.

CO_2 COO^-Na^+ H_3O^+ COOH Na^+ $CH_2CH_2O^-Na^+$ H_2O CH_2CH_2OH

의과대학 입학시험(MCAT) 연습: 지문 및 질문

초강력 풀(Superglue)의 화학

모형 비행기에서 여객기까지 모든 것에 사용되는 초강력 풀은 가장 잘 알려진 최신 접착제 중의 하나이다. 실제로 이 제품을 사용한 도중에 자신의 손가락에 원하지 않게 붙은 경험이 있다면 이 풀의 놀랄 만한(곤경에 처할) 접착 특성을 알게 된다. 이 특성을 가능케 하는 경화 과정은 사슬 중합 반응이다. 초강력 풀에 이런 접착 능력을 부여한 주 성분은 methyl cyanoacrylate이다. 이 화합물은 다음 일반식으로 표시된 cyanoacrylate의 한 부류이다.

일반인들이 알고 있는 것과 다르게 초강력 풀은 공기 중에서 건조되지 않는다. 사실 물과 같은 약한 친핵체가 있으면 경화(액체에서 고체로 변환)한다. 일반적으로 거의 모든 표면에 물의 박막이 존재한다. 경화 과정은 다음과 같이 음이온 사슬 중합 반응에 따라 일어난다.

$H_2C{=}C(C{\equiv}N)(C{=}O)OR$

Cyanoacrylate

$$H_2\ddot{O}: + H_2C{=}C(C{\equiv}N)C(=O)OR \longrightarrow H_2\overset{+}{O}{-}CH_2{-}\overset{-}{C}(C{\equiv}N)(CO_2R) + H_2C{=}C(C{\equiv}N)C(=O)OR \xrightarrow{-H^+}$$

$$HO{-}CH_2{-}C(C{\equiv}N)(CO_2R){-}CH_2{-}\overset{-}{C}(C{\equiv}N)(COOR) \xrightarrow[+H^+]{\text{etc.}} HO{+}CH_2{-}C(C{\equiv}N)(COOR){+}_n H$$

질문

A. 다음의 어떤 일반적인 용어가 초강력 풀의 경화에 포함된 중합 반응을 기술하는데 사용될 수 있는가?

1. 라디칼 사슬 중합.
2. 음이온 사슬 중합.
3. 양이온 사슬 중합.
4. Ziegler-Natta 사슬 중합.

B. 왜 약한 친핵체인 물이 cyanoacrylate에 효과적으로 첨가되는가?

1. 초강력 풀은 물의 존재 하에서 중합 반응을 개시하는 촉진제로 수산화물을 가지고 있어야 한다.
2. 물의 친핵성 첨가에 의해 생성된 탄소음이온이 두 개의 전자 끄는 기에 의해 공명 안정화 된다.
3. 물의 첨가에 의해 생성된 쯔비터 이온은 풀의 cyanoacrylate 기질에 잘 용해된다.
4. 1과 2 모두.

C. 사슬 중합이 전파되는 반응은 다음과 같이 부른다

1. 1,4-첨가 반응.
2. Michael 첨가 반응.
3. 콘쥬게이션 첨가 반응.
4. 위 반응 모두.

D. Cyanoacrylate 합성에는 다음 반응이 포함되어 있다

1. Claisen 축합 반응.
2. 알돌 반응.
3. Michael 반응.
4. Dieckmann 반응.

최근에 초강력 풀의 센 접착력이 새로운 분야로 관심을 끌게 되었다. 2-Octyl cyanoacrylate와 같은 의료용 초강력 풀은 찢겨진 상처의 봉합사로 널리 사용된다. 또한 초강력 풀은 피부, 뼈, 연골 이식에도 효과가 입증되었다.

E. 2-Octyl cyanoacrylate라는 이름으로 읽을 경우에 알아낼 수 없는 내용은 다음 중 어느 것인가?

1. 그 화합물은 음이온성이다.
2. 그 화합물은 카이랄이다.
3. 그 화합물은 나이트릴이다.
4. 그 화합물은 에스터이다.

F. 중합 반응에 대한 주어진 메커니즘에서 다음 중 어느 반응 조건이 생성되는 고분자의 길이를 낮출 수 있는가?

1. 출발 단계에서 물의 농도 증가.
2. 산성 조건.
3. 염기성 조건.
4. 1과 2 모두.
5. 1과 3 모두.

비슷한 방법으로 양쪽에 작용기를 갖는 고분자 사슬을 **텔레킬릭 고분자**(telechelic polymer)라 부르는데, sodium naphthalide에 의해 개시되어 두 개의 활성 말단을 갖는 고분자 사슬의 용액에 앞에서 말한 시약들(CO_2, 에틸렌 옥사이드 등)을 첨가하여 만들 수 있다.

텔레킬릭 고분자
고분자의 양 말단에서 새로운 작용기가 형성되어 분자의 성장이 종결되는 고분자. 이러한 새로운 작용기는 성장하는 사슬에 CO_2나 에틸렌 옥사이드 같은 시약의 첨가에 의해 진행된다.

예제 29.3 ▸ 텔레킬릭 고분자

카복시기를 갖는 양 말단에서 중합이 종결되는 polybutadiene을 어떻게 제조하는지 서술하라.

➥ 해답

Butadiene과 2 mol의 금속 리튬을 반응시켜 이가음이온을 얻고 여기에 단위체 단위들을 첨가하여 두 개의 활성 말단을 갖는 성장 사슬의 리빙 고분자를 형성한다. 그리고 리빙 고분자에 CO_2를 반응시키면 활성 말단에 카복시기가 형성된다.

Butadiene $\xrightarrow{2\ Li\cdot}$ Li^+ 이가음이온 Li^+ $\xrightarrow{n\ \text{butadiene}}$ Li^+ ( )$_n$ Li^+ $\xrightarrow{2\ CO_2}$ $Li^{+-}OOC$ ( )$_n$ COO^-Li^+

연습 문제 29.3

1차 알코올을 갖는 양쪽 말단에서 중합이 종결된 polybutadiene을 어떻게 제조하는지 서술하라.

양이온 중합 반응

알킬, 아릴, 에터, 싸이오에터 및 아미노기와 같은 전자 주는 치환기를 갖는 알켄들은 유용한 양이온 중합 반응에 이용된다. 양이온성 개시제를 생성하는 두 가지 가장 일반적인 방법은 다음과 같다. (1) 센 양성자성 산과 유기 단위체와의 반응, (2) Lewis 산을 이용하여 유기 개시제로부터 할로젠화물 떼기이다. 양이온성 사슬-성장 중합은 비교적 안정한 탄소양이온을 만들 수 있는 단위체들에 일반적으로 효과적이다(즉, 이들은 3차 탄소양이온이나 에터, 싸이오에터 혹은 아미노기와 같은 전자 주는 기에 의해 안정화된 양이온을 형성한다).

알켄 이중 결합에 1,2-첨가 반응을 일으킬 수 없는 친핵성 음이온을 갖는 센산이 알켄의 양성자화에 의한 개시 반응에 반드시 사용된다. 비친핵성 음이온을 갖는 적합한 산은 HF/A_SF_5와 HF/BF_3가 있다. 다음에 일반적인 반응식대로 $H^+BF_4^-$로부터 양성자가 알켄으로 이동하여 3차 탄소양이온을 생성하여 개시 반응이 진행되고, 양이온성 사슬-성장 중합이 이어진다.

MECHANISM **$HF \cdot BF_3$에 의한 알켄의 양이온 중합에서의 개시 반응**

1단계: **π 결합과 친전자체 사이에 양성자의 첨가에 의한 새로운 결합 형성.**
$HF{\cdot}BF_3$ 착물로부터 알켄에 양성자가 이동하여 탄소양이온을 형성한다.
2단계: **π 결합과 친전자체 사이에 양성자의 첨가에 의한 새로운 결합 형성.**
전파 반응을 통해 중합이 계속된다.

$CH_2{=}CR_2$ $\xrightarrow[(1)]{H^+BF_4^-}$ $H_3C{-}\overset{+}{C}R_2\ BF_4^-$ $\xrightarrow[(2)]{n\ CH_2=CR_2}$ H_3C ( )$_n$ $\overset{+}{C}R_2\ BF_4^-$

탄소양이온을 형성하는 두 번째 일반적인 방법은 할로젠화 알킬과 BF_3, $SnCl_4$, $AlCl_3$, $Al(CH_3)_2Cl$, $ZnCl_2$과 같은 Lewis 산과의 반응이다. 물이 소량이라도 존재하면, Lewis 산을 이용하는 개시 반응의 메커니즘은 알켄의 양성자 첨가 반응이 포함한다고 생각된다.

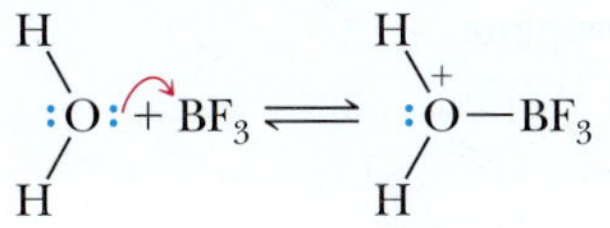

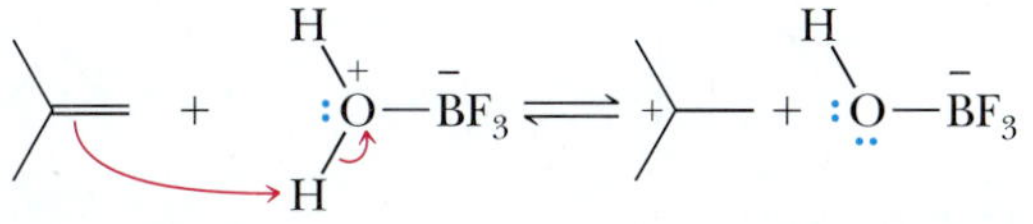

2-Methylpropene
(Isobutylene)

물이 없는 상태에서 Lewis 산이 할로젠화 알킬로부터 할라이드 이온을 제거하여 개시제인 탄소양이온을 형성한다.

MECHANISM Lewis 산에 의한 알켄의 양이온 중합에서의 개시 반응

1단계: **Lewis 산과 Lewis 염기의 반응에 이어서 안정한 분자나 이온을 형성하기 위해 결합의 분해가 일어난다.** 클로로알케인(Lewis 염기)과 tin(IV) chloride (Lewis 산)의 반응에 의해 탄소양이온을 형성하고 이것이 중합을 일으킨다.

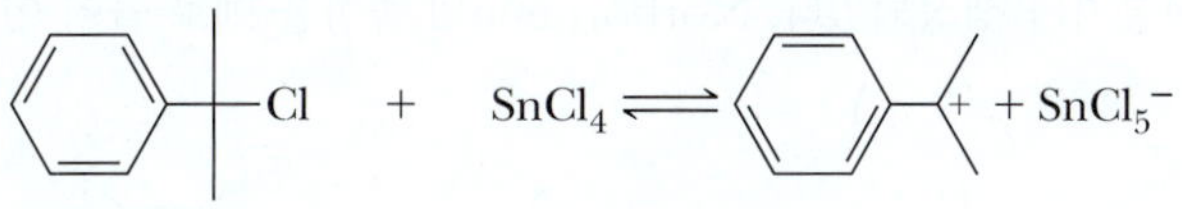

2-Chloro-2-phenylpropane

그 다음 알켄의 중합은 탄소양이온이 알켄 단위체의 이중 결합을 친전자성으로 공격하여 일어난다. 첨가 반응에서 위치화학은 더 안정한(더 많이 치환된) 탄소양이온의 생성에 의해 결정된다.

예제 29.4 ▸ 중합 메커니즘

2-Chloro-2-phenylpropane과 $SnCl_4$의 반응으로 개시된 2-methylpropene (isobutylene)의 중합 반응에 대한 메커니즘을 써라. 개시, 전파, 종결 단계를 표시하라.

➥ 해답

Lewis 산과 Lewis 염기의 반응에 이어서 안정한 분자나 이온을 형성하기 위해 결합의 분해가 일어난다. 사슬 개시: 비이온성 물질로부터 양이온을 생성한다.

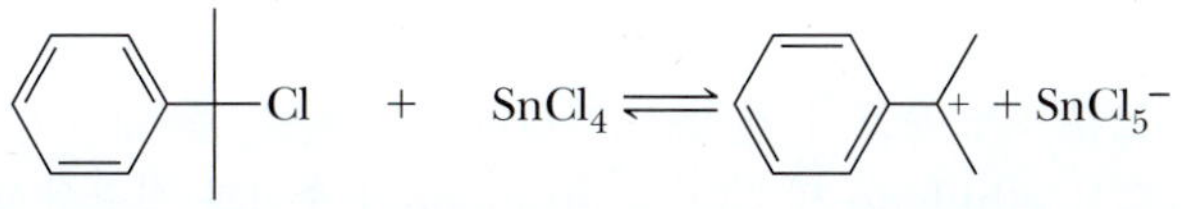

2-Chloro-2-phenylpropane

π 결합과 친전자체 사이에 양성자의 첨가에 의한 새로운 결합 형성. 사슬 전파: 양이온과 분자가 반응하여 새로운 양이온을 생성한다.

2-Methylpropene

사슬 종결: 양이온들의 소멸.

H_2O / $SnCl_5^-$ → OH + $H^+SnCl_5^-$

연습 문제 29.4

2-Chloro-2-phenylpropane과 $SnCl_4$의 반응으로 개시된 methyl vinyl ether의 중합 반응에 대한 메커니즘을 써라. 개시, 전파, 종결 단계를 표시하라.

E 고리-열림 상호 교환 중합

Ziegler-Natta 중합에 사용한 것 같은 전이 금속 촉매들에 의한 사이클로알켄들의 중합에 대한 초기의 검토에서 단위체 내의 이중 결합 수와 동일한 개수의 이중 결합을 갖는 예상치 못한 구조의 고분자가 생성되었다. Norbornene의 중합을 예로 들어 이 과정을 나타내었다.

$TiCl_4$ / $LiAl(C_7H_{15})_4$

Norbornene

1,2- 첨가 고분자

ROMP 고분자

만일 반응이 ethylene과 치환된 ethylene의 Ziegler-Natta 중합과 동일한 형태로(29.6B절) 진행된다면, 1,2-첨가 고분자가 형성될 것이다. 그러나 고분자의 이중 결합의 수는 중합에 사용된 단위체의 이중 결합 수와 동일한 불포화 고분자가 얻어졌다. 이 과정을 **고리-열림 상호 교환 중합**(ring-opening metathesis polymerization, ROMP)이라 부르며, 비고리 알켄과 24.6절에서 설명한 친핵성 카벤 촉매와의 반응이 관여된 올레핀의 상호 교환 반응이다.

ROMP 고분자가 불포화 결합을 가진다는 사실로 볼 때, 이 중합법은 동일한 촉매 혼합물에 의한 ethylene 및 치환된 ethylene의 중합과 상당히 다른 메커니즘으로 진행될 수 밖에 없다. 다음과 같은 길고 상세한 연구로부터 화학자들은 ROMP도 고리-닫힘(ring-closing) 알켄 상호 교환 반응(24.6B절)에 사용되었던 것과 동일한 metallacyclobutane 화학종이 관여한 것을 발견하였다. 이러한 metallacyclobutane 반응 중간체는 고리-열림 반응으로 새로운 치환된 카벤을 생성한다. 여기 cyclopentene의 ROMP 반응에서 나타낸 것처럼 이러한 단계들을 반복하면 불포화 고분자가 얻어진다.

금속 카벤

$M{=}CH_2$ · $M{-}CH_2$ · M CH_2 · M CH_2

중합 계속

다시 그림

M CH_2

Cyclopentene의 ROMP 고분자

ROMP의 모든 단계들은 가역적이며 고리가 열리면서 고리 긴장이 완화되므로 반응은 정방향(forward direction)으로 진행한다. 다음 cycloalkene들의 ROMP에 대한 반응성은 표시된 순서대로 감소한다.

고리 무리 [kJ (kcal)/mol]	125(29.8)	≈ 113(27)	> 24.7(5.9)	≫ 5.9(1.4)

ROMP 반응은 단위체에 존재하는 모든 불포화 결합들이 생성된 고분자에도 보존되는 독특한 특성이 있다. 이런 특성으로 ROMP 기술이 고도로 불포화되고 동시에 완전히 짝지음 구조를 갖는 물질의 제조에 특히 매력적인 방법이다. 한 예로서, cyclooctatetraene의 이중 결합 중 하나를 이용한 ROMP 기술로 polyacetylene을 직접 합성할 수 있다. Polyacetylene에 대해 더 알고 싶으면 이 장 앞부분에 설명한 '화학 관련 이야기: 전기 전도성 유기 고분자'를 참조하라.

금속-친핵성 카벤 촉매

Cyclooctatetraene → **Polyacetylene**

전기 광학적 응용에서 중요한 고분자는 페닐기와 바이닐기가 교대로 있는 poly(phenylene vinylene)(PPV)이다. 이 고분자를 합성하는 한 가지 방법은 치환된 biclooctadiene을 출발 물질로 ROMP 기술을 이용하여 용해성과 가공성을 갖는 고분자를 얻는 것이다. 얻어진 고분자를 가열하면 이당량의 아세트산이 빠지면서 방향족 육원자 고리 화합물이 되면서 콘쥬게이션 구조를 이룬다.

OAc, OAc —ROMP→ AcO, OAc, H, H —가열, $-2n\,CH_3COOH$→

치환된 bicyclooctadiene

Poly(phenylene vinylene)

플라스틱의 재활용

플라스틱으로 이용되는 고분자는 우리의 생활에 믿기 힘들 정도로 의존도가 높은 재료이다. 내구성이 있고 가벼운 플라스틱 재료들은 현존하는 합성 물질 가운데 아마도 가장 유용한 물질일 것이다. 사실 이들의 미국에서 생산량은 철의 생산량을 능가한다. 그러나 플라스틱은 쓰레기 대란으로 비판에 직면하고 있다. 플라스틱은 고형 폐기물 중 부피로 21%, 무게로 8%를 차지하는데 대부분 처리 가능한 포장재이다. 미국에서 2008년에 생산된 열가소성 재료의 3.0×10^{10} kg 중에서 단 7%만 재활용되었다.

왜 더 많은 플라스틱을 재활용되지 않을까요? 대부분 플라스틱은 내구성과 화학적 불활성으로 이상적으로는 재사용에 적합하다. 이 질문에 대한 대답은 기술적인 장애보다는 경제적인 면과 소비자들의 습관에 더 기인된다고 볼 수 있다. 재활용을 위한 가두 수집과 중앙 집하장들은 이제 바로 일반화되어 재가공할 수 있는 중고품의 양이 전통적으로 적어지고 있다. 이런 취약점 이외도 부수적인 선별 작업과 분리 단계가 필요하므로, 재생 플라스틱의 제조 원가가 원재료보다 비싸 재생 플라스틱의 사용을 감소시키고 있다. 최근까지도 소비자들은 중고품을 이용해서 만든 제품들이 신 재료로 만든 제품에 비해 못하다는 인식 때문에 재활용품의 시장이 성장하지 못하고 있다. 그러나 환경에 대한 관심이 지난 수년간에 걸쳐 증가되면서 재활용품에 대한 요구도 커지고 있다. 제조 회사들도 이 새로운 시장에 만족하여 플라스틱 재활용은 결국 유리와 알루미늄과 같은 다른 재료의 재활용에 버금갈 것이다.

일반적으로 6가지 형태의 플라스틱이 포장용으로 사용된다. 제조회사들은 1988년에 플라스틱 산업 협회에서 제정한 재활용 코드 번호를 채택하였다. 플라스틱 재생업체들이 아직 완전하게 선진화되지 못하였기 때문에 현재 polyethylene terephthalate (PET)와 고밀도 polyethylene (HDPE)만이 대량으로 재생되고 있으며, 다른 플라스틱의 직판장은 개발 중이다. 플라스틱 쓰레기의 약 40%에 달하는 저밀도 polyethylene

학생들이 재생 PET 음료수병으로 만든 재킷을 입고 있다.

(LDPE)은 재활용 업자들이 채택하는데 느리게 진행되고 있다. Poly vinyl chloride (PVC), polypropylene (PP), polystyrene (PS)들의 재생 설비도 있으나 아직 드물다.

대부분의 플라스틱 재생 공정은 단순하지만, 다른 불순물들로부터 원하는 플라스틱을 분리하는 것이 가장 많은 노동력이 필요한 과정이다. 예를 들면, PET 음료수 병에는 보통 종이 상표, 접착제 및 알루미늄 뚜껑이 있는데, PET를 재활용하기 전에 반드시 제거해야 한다. 재생 공정은 처음 손이나 기계를 이용하여 분류하며 그 후 병들을 조그만 조각들로 분쇄한다. 종이와 가벼운 재료들은 공기 바람으로 제거하고, 그래도 남아 있는 상표와 접착제는 세제로 닦아낸다. 그리고 PET 조각들을 건조하고, 마지막까지 남아 있는 불순물인 알루미늄은 정전기적으로 제거한다. 이 방법으로 재생한 PET는 순도가 99.9%이며, 원재료의 약 절반 값으로 판매된다. 불행히도 비슷한 밀도를 갖는 플라

재생 코드	고분자	일반적인 용도	재생한 고분자의 용도
1 PET	**Poly (ethylene terephthalate)**	음료수병, 가정용 화학제품 용기 필름, 직물용 섬유	음료수병, 가정용 화학제품 용기, 필름, 직물용 섬유
2 $HDPE_3$	**고밀도 polyethylene**	우유병, 물병, 각종 병	각종 병, 성형된 용기
3 PVC	**Poly(vinyl chloride)**	샴프통, 파이프, 샤워 커튼, 비닐 판자, 전선 외피, 바닥재, 신용카드	마루용 플라스틱 매트
4 LDPE	**저밀도 polyethylene**	수축성 랩, 쓰레기 봉투 및 비닐봉투, 지퍼백, 짜낼 수 있는 병	쓰레기 봉투 및 비닐봉투
5 PP	**Polypropylene**	플라스틱 뚜껑, 의류용 섬유, 병뚜껑, 장난감, 기저귀 안감	혼합 플라스틱 성분들
6 PS	**Polystyrene**	스티로폼 컵, 달걀 곽, 일회용 가정용품, 가전제품 포장재	식판, 자, 원반, 쓰레기통, 비디오카세트
7	**다른 모든 종류의 플라스틱과 혼합 플라스틱**	다양함	플라스틱 목재, 놀이터 기구, 도로 반사판

스틱은 이 기술로 분리할 수 없으며, 몇 가지 고분자로 구성된 플라스틱들도 각각의 순수 성분으로 분리하지 못한다. 그러나 재생 혼합 플라스틱은 강하고 내구성을 가지며 낙서 방지용 플라스틱 목재로 성형 가공된다.

이 물리적인 정제 방법 대신 화학적 재활용법이 있다. 플라스틱 조각들을 산 촉매 하에서 메탄올과 반응시켜 ethylene glycol과 dimethyl terephthalate를 얻는다.

이렇게 얻어진 단위체들을 증류법 혹은 재결정법으로 정제하고 더 많은 PET 필름 제조를 위한 원료로 사용한다.

$$\text{Poly(ethylene terephthalate) (PET)} \xrightarrow[H^+]{2n\, CH_3OH} n\,HOCH_2CH_2OH + n\,H_3CO_2C{-}C_6H_4{-}CO_2CH_3$$

Poly(ethylene terephthalate) (PET) **Ethylene glycol** **Dimethyl terephthalate**

사실과 개념에 대한 요약

29.1절 | 고분자의 구조

- **고분자**(Polymer)는 화학 반응으로 **단위체**(monomer)들이 결합된 긴 사슬을 갖는 분자이다. 고분자의 구조 형태는 선형과 가지형이 있으며, 이외에 빗형, 사다리형, 별형도 포함된다.
- **플라스틱**(Plastic)이란 용어는 가열 상태에서는 금형에 부을 수 있고, 냉각하면 굳어져서 형태가 유지될 수 있는 고분자를 일컫는다.
  - **열가소성 플라스틱**(Thermoplastic)이란 용융 가능하며 용융 상태에서 충분한 흐름성을 가져 금형에 부어넣을 수 있고, 냉각 후에는 일정한 형태를 형성할 수 있는 특성을 갖는 고분자이다.
  - **열경화성 플라스틱**(Thermosetting plastics, thermoset)은 처음에 제조될 때 금형을 뜰 수 있으나 한번 냉각하면 고분자 사슬 간의 공유 가교 결합이 심하게 형성되어 비가역적으로 경화된다.
- 고분자의 특성은 사슬의 크기와 모양에 따라 다르다.

29.2절 | 고분자 표기법 및 명명법

연습 문제: 29.1, 29.5, 29.6

- 고분자 구조는 사슬의 반복적인 구조의 특징을 포함한 분자의 가장 작은 부분을 나타내는 **반복 단위**(repeat unit)를 괄호로 묶어서 표시한다.
  - **평균 중합도**(Average degree of polymerization, 사슬 당 반복 단위의 평균 수)는 아래 첨자로 괄호의 바깥쪽에 표기한다.
- 고분자의 명명은 고분자를 만드는 단위체의 이름 앞에 접두사 *poly*-를 붙인다.

29.3절 | 고분자의 분자량

- **수 평균 분자량**(Number average molecular weight, M_n)은 특정 분자량을 갖는 고분자 사슬의 수를 셈하고, 이 수에 그 사슬이 갖는 분자량을 곱하고, 이들 계산 값들을 합한 후 고분자 사슬의 총 수로 나누어 구한다.
- **질량 평균 분자량**(Weight average molecular weight, M_w)는 각각 특정 길이의 고분자 사슬들이 갖는 질량을 셈하고, 이들을 모두 합한 후 시료의 총 중량으로 나누어 얻는다.
- 고분자의 **다분산도**(polydispersity index)는 M_w/M_n 값이다.
  - 만일 모든 고분자의 길이가 같으면 다분산도는 1이 되며, 그 시료는 단분산(monodisperse) 상태라 한다. 정제하지 않는 한 합성 고분자는 결코 단분산 상태가 될 수 없다.

29.4절 | 고분자의 형태학: 결정과 비결정 재료

연습 문제: 29.2, 29.3, 29.14~29.26

- 고체 상태의 고분자는 규칙적인 **결정성 영역**(crystalline domain, 미소 결정 rystallite)과 무질서한 **비결정성 영역**(amorphous domain)으로 구성된다.
- 미소 결정들이 녹는 온도가 고분자의 **용융 전이**(melt transition, T_m)이다. 고분자의 결정도가 증가하면 T_m이 증가한다.
- 비결정성 영역은 규칙적인 긴 사슬이 없어 투명한 물질이며 유리 같은 고분자로 간주한다.
  - 가열하면 비결정성 고분자는 단단한 유리상에서 부드럽고 유연한 고무상 상태로 전이하며 이 온도를 **유리 전이 온도**(glass transition temperature, T_g)라고 부른다.
  - 고무는 변형 후에도 원 상태로 회복하는 **탄성체**(elastomer)로서의 특성을 갖기 위해 반드시 T_g 값이 낮아야 한다.

29.5절 | 단계-성장 중합

- 사슬의 성장이 단계적으로 일어나는 중합은 **단계-성장 중합**(step-growth polymer) 혹

은 **축합 중합**(condensation polymer)이다.

  - 단계-성장 고분자는 별도의 단계에서 새로운 결합이 형성되는 두 작용기를 갖는 분자들 사이의 반응에 의해 생성된다.
  - 중합의 초기 과정에서 단위체는 소모될 때까지 서로 반응한다.
  - 분자량이 큰 고분자 물질은 반응이 거의 끝날 때 생성된다.
- **나일론**(Nylon)은 diacid와 diamine 혹은 아미노산으로부터 형성된 폴리아마이드이며 섬유로 사용된다.
- **폴리에스터**(Polyester)는 diacid와 diol로 만들며 Dacron 같은 직물용 섬유로 사용된다.
- Lexan 같은 **폴리카보네이트**(polycarbonate)는 단단하고 투명한 고분자이며, 스포츠 용품 장비부터 안전 유리까지 여러 제품에 쓰인다.
- **폴리우레탄**(Polyurethane)은 딱딱한 우레탄(카바메이트) 단위와 유연한 폴리에스터 혹은 폴리에테르 단위가 교대로 이루어져 있다. 폴리우레탄은 Lycra, Spandex와 같은 유연한 섬유뿐만 아니라 발포 재료로도 사용된다.
- 에폭시 수지는 최소 두 개의 에폭시기를 갖는 단위체를 중합하여 제조한 물질이다. 에폭시 수지는 접착제와 절연용 표면 코팅제로 사용한다.

연습 문제: 29.2, 29.7～29.23

29.6절 | 사슬-성장 중합

- **사슬-성장 중합**(Chain-growth polymerization)은 단위체들이 원자들의 손실 없이 함께 연결되는 중합의 한 형태이다.
  - 일단 개시되면 사슬-성장 중합에서는 새로운 단위체와 반응하는 반응성 중간체가 말단기에 존재한다.
  - 사슬-성장 고분자는 말단에서만 성장하며 단위체끼리 서로 반응하지 않으므로 단계 성장 중합과 달리 중합 반응 내내 고분자 사슬의 성장이 선형으로 일어난다.
  - 사슬-성장 중합의 반응성 중간체로는 라디칼, 탄소음이온, 탄소양이온 및 유기금속 착물들이 있다.
  - 사슬-성장 중합에 사용된 단위체는 알켄, 알카인, 알렌, 아이소사이아네이트 그리고 락톤, 락탐, 에터, 에폭사이드 등의 고리 화합물들이 포함된다.
- 저밀도 폴리에틸렌(LDPE)은 퍼옥사이드를 개시제로 사용하여 에틸렌의 라디칼 중합으로 만들 수 있다. LDPE는 부드럽고 투명하며 불로우성형 기술로 필름으로 만든다.
- 폴리에틸렌은 또한 **Ziegler-Natta 촉매**(Ziegler-Natta catalyst)와 같은 금속 촉매를 이용하여 LDPE보다 더 강하고 불투명한 **고밀도 폴리에틸렌**(high-density polyethylene, HDPE)로 중합 제조된다.
  - HDPE는 접시나 물병 등의 물질을 만드는데 사용한다.
  - 현재 폴리에틸렌 제조에 지르코늄 착물 같은 더 좋은 금속 촉매가 개발되고 있다.
- 고분자는 비대칭 중심을 가지며 그것의 배열이 동일한 고분자를 **동일 배열**(isotactic), 교차적이면 **교대 배열**(syndiotactic), 무질서하면 **혼성 배열**(atactic) 고분자라 한다.
  - 고분자가 더 입체 규칙적일수록 더 결정도가 크다.
- 알켄의 음이온 중합은 라디칼 중합의 종결 단계에 나타나는 문제가 없으며 친핵체나 단전자 환원에 의해 개시된다.
- **리빙 중합**(Living polymerization)은 경쟁 반응이 일어나지 않기 때문에 개시되면 모든 단위체들이 소모될 때까지 사슬의 끝에서 성장을 계속하고 단위체들이 새로 첨가되면 중합 반응이 재개되는 중합 반응이다.
  - 리빙 중합은 폴리머 사슬의 크기 조절에 뛰어나다.
- 두고리 알켄 단위체는 알켄의 상호 교환 반응과 같은 화학 반응인 **고리-열림 상호 교환 중합**(ring-opening metathesis polymerization, ROMP) 방법을 이용하여 중합할 수 있다.

연습 문제: 29.3, 29.4, 29.24～29.38

주요 반응 Key Reactions

1. 다이카복실산과 다이아민의 단계-성장 중합에 의한 폴리아마이드의 생성(29.5A절).

$$n\,\mathrm{HO\overset{O}{\overset{\|}{C}}-M-\overset{O}{\overset{\|}{C}}OH} + n\,\mathrm{H_2N-M'-NH_2} \xrightarrow{\text{가열}} \left(\overset{O}{\overset{\|}{C}}-M-\overset{O}{\overset{\|}{C}}-NH-M'-NH\right)_n + 2n\,\mathrm{H_2O}$$

2. 다이카복실산과 다이올의 단계-성장 중합에 의한 폴리에스터의 생성(29.5B절).

$$n\,\mathrm{HO\overset{O}{\overset{\|}{C}}-M-\overset{O}{\overset{\|}{C}}OH} + n\,\mathrm{HO-M'-OH} \xrightarrow{\text{산 촉매}} \left(\overset{O}{\overset{\|}{C}}-M-\overset{O}{\overset{\|}{C}}-O-M'-O\right)_n + 2n\,\mathrm{H_2O}$$

3. 다이아실염화물과 다이올의 단계-성장 중합에 의한 폴리카보네이트의 생성(29.5C절).

$$n\,\mathrm{Cl\overset{O}{\overset{\|}{C}}Cl} + n\,\mathrm{HO-M-OH} \longrightarrow \left(O-\overset{O}{\overset{\|}{C}}-O-M\right)_n + 2n\,\mathrm{HCl}$$

4. 다이아이소시아네이트와 다이올의 단계-성장 중합에 의한 폴리우레탄의 생성(29.5D절).

$$n\,\mathrm{OCN-M-NCO} + n\,\mathrm{HO-M'-OH} \longrightarrow \left(\overset{O}{\overset{\|}{C}}-NH-M-NH-\overset{O}{\overset{\|}{C}}-O-M'-O\right)_n$$

5. 다이에폭사이드와 다이아민의 단계-성장 중합에 의한 에폭시 수지의 생성(29.5E절).

$$n\,(\text{epoxide})-M-(\text{epoxide}) + n\,\mathrm{H_2N-M'-NH_2} \longrightarrow \left(NH-CH_2-CH(OH)-M-CH(OH)-CH_2-NH-M'\right)_n$$

6. 치환된 에틸렌의 라디칼 사슬-성장 중합 반응(29.6A절).

$$n\,\mathrm{CH_2{=}C(CH_3)COOMe} \xrightarrow{\text{AIBN}} \left(CH_2-C(CH_3)(COOMe)\right)_n$$

7. 치환된 에틸렌과 에틸렌의 티타늄이 관여한(Ziegler-Natta) 라디칼 사슬-성장 중합 반응 (29.6B절).

$$n\,\mathrm{CH_2{=}CHCH_3} \xrightarrow[\mathrm{MgCl_2}]{\mathrm{TiCl_4/Al(C_2H_5)_2Cl}} \left(CH_2-CH(CH_3)\right)_n$$

8. 치환된 에틸렌의 음이온 사슬-성장 중합 반응(29.6D절).

$$n\,\mathrm{CH_2{=}CHC_6H_5} \xrightarrow[\mathrm{(Na^+Nap^-)}]{\text{Sodium naphthalide}} \left(CH_2-CH(C_6H_5)\right)_n$$

9. 치환된 에틸렌의 양이온 사슬-성장 중합 반응(29.6D절).

$$n\,\mathrm{CH_2{=}C(CH_3)_2} \xrightarrow{\mathrm{BF_3/H_2O}} \left(CH_2-C(CH_3)_2\right)_n$$

10. 고리-열림 상호 교환 중합 반응(ROMP)(29.6E절).

$$n\,(\text{cyclopentene}) \xrightarrow{\text{금속, 친핵성 카벤 촉매}} \left(CH{=}CH-CH_2-CH_2-CH_2\right)_n$$

≫ 연습 문제

붉은색 번호는 응용 문제를 나타낸다.

구조식과 명명법

29.5 다음 고분자를 명명하라.

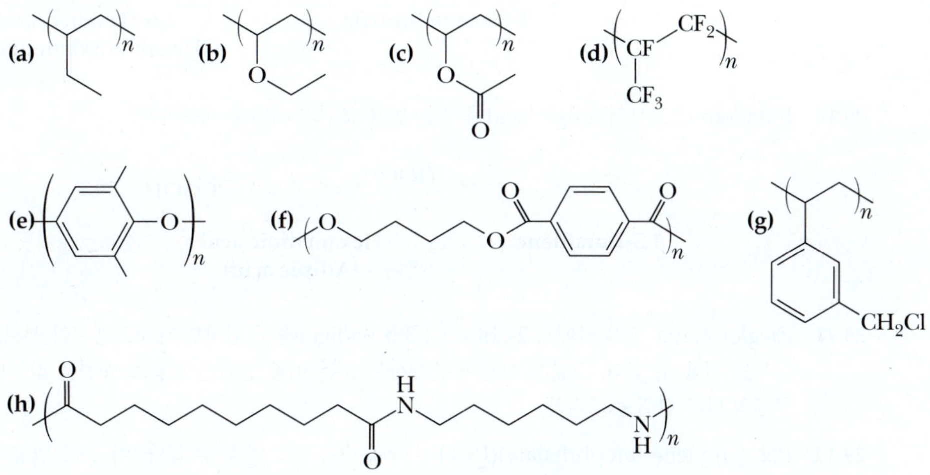

(a) (b) (c) O (d) CF_2 CF CF_3 (h)

(e) (f) O O O (g) CH_2Cl

(h) O H N O N H

29.6 연습 문제 29.5에 있는 고분자들을 만드는데 사용한 단위체의 구조를 그려라.

단계-성장 중합

29.7 다음 반응에서 생성되는 고분자의 구조를 그려라.

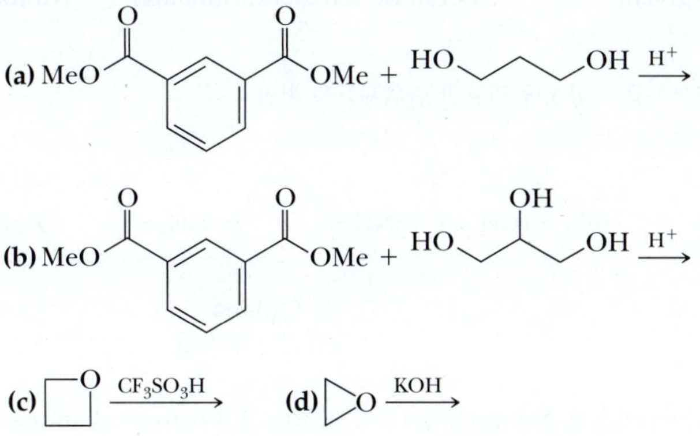

(a) MeO ... OMe + HO ... OH $\xrightarrow{H^+}$

(b) MeO ... OMe + HO ... (OH) ... OH $\xrightarrow{H^+}$

(c) O $\xrightarrow{CF_3SO_3H}$ (d) O $\xrightarrow{KOH}$

29.8 Hexamethylenediamine의 원료로 한 때는 귀리 껍질과 같은 농산물의 찌꺼기인 펜토오스를 기본으로 다당류가 사용되었다. 이 폐기물을 황산이나 염산으로 반응시키면 furfural이 생성된다. Furfural을 주석-크롬-몰리브데늄 촉매로 탈카보닐시키면 furan이 얻어진다. Furane으로부터 hexamethylenediamine을 얻는 반응 조건과 시약을 제안하라.

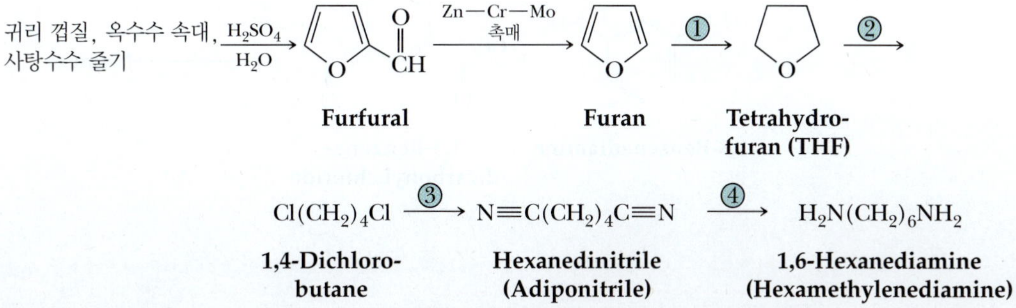

귀리 껍질, 옥수수 속대, 사탕수수 줄기 $\xrightarrow[H_2O]{H_2SO_4}$ Furfural $\xrightarrow{\text{Zn—Cr—Mo 촉매}}$ Furan $\xrightarrow{①}$ Tetrahydrofuran (THF) $\xrightarrow{②}$

$Cl(CH_2)_4Cl$ $\xrightarrow{③}$ $N{\equiv}C(CH_2)_4C{\equiv}N$ $\xrightarrow{④}$ $H_2N(CH_2)_6NH_2$

1,4-Dichlorobutane — Hexanedinitrile (Adiponitrile) — 1,6-Hexanediamine (Hexamethylenediamine)

29.9 Hexamethylenediamine의 또 다른 원료는 석유를 열분해 혹은 촉매 분해하여 얻는 butadiene이다. Butadiene으로부터 hexamethylenediamine을 얻는 반응 조건과 시약을 제안하라.

$$CH_2{=}CHCH{=}CH_2 \xrightarrow{①} ClCH_2CH{=}CHCH_2Cl \xrightarrow{②}$$

Butadiene **1,4-Dichloro-2-butene**

$$N{\equiv}CCH_2CH{=}CHCH_2C{\equiv}N \xrightarrow{③} H_2N(CH_2)_6NH_2$$

3-Hexenedinitrile **1,6-Hexanediamine (Hexamethylenediamine)**

29.10 Butadiene으로부터 adipic acid를 얻는 반응 조건과 시약을 제안하라.

$$\xrightarrow{?} HOOC(CH_2)_4COOH$$

1,3-Butadiene **Hexanedioic acid (Adipic acid)**

29.11 Ziegler-Natta 조건 하에서 2-chloro-1,3-butadiene을 중합하면 네오프렌이라 부르는 합성 고무를 얻을 수 있다. 고분자 사슬에 존재하는 모든 이중 결합은 *트랜스* 배열을 갖는다. 네오프렌의 반복 단위를 그려라.

29.12 Poly(ethylene terephthalate)(PET)는 아래 반응으로 얻을 수 있다. 이 중합 반응의 단계-성장 반응 메커니즘을 써라.

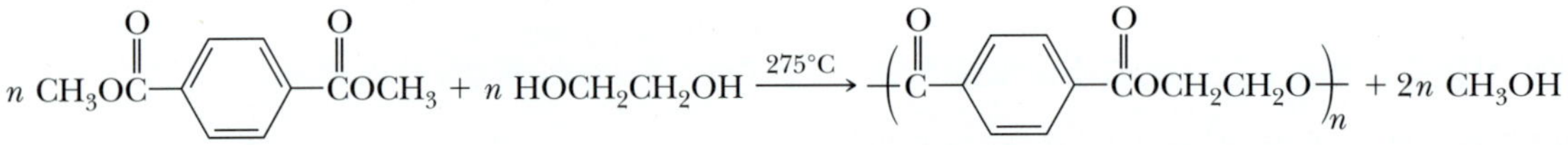

$$n\ CH_3OC(=O){-}C_6H_4{-}C(=O)OCH_3 + n\ HOCH_2CH_2OH \xrightarrow{275°C} {-}\!\!\left[C(=O){-}C_6H_4{-}C(=O)OCH_2CH_2O\right]_n\!\!{-} + 2n\ CH_3OH$$

Dimethyl terephthalate **Ethylene glycol** **Poly(ethylene terephthalate)** **Methanol**

29.13 다음의 단계-성장 고분자들의 합성에 필요한 단위체들을 써라.

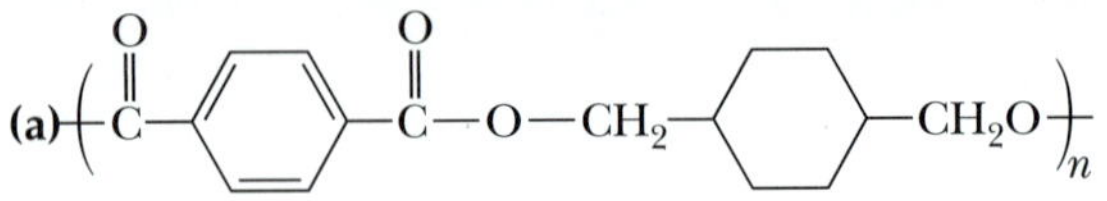

(a) $\left[C(=O){-}C_6H_4{-}C(=O){-}O{-}CH_2{-}C_6H_{10}{-}CH_2O\right]_n$

Kodel
(폴리에스터)

(b) $\left[C(=O)(CH_2)_6C(=O){-}NH{-}C_6H_{10}{-}CH_2{-}C_6H_{10}{-}NH\right]_n$

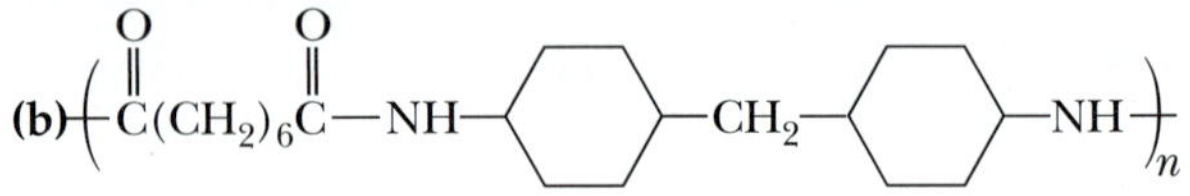

Quiana
(폴리아마이드)

29.14 또 다른 방향족 폴리아미이드인 Nomex (아라미드 참조)는 1,3-benzenediamine의 2가지 산염화물 1,3-benzenedicarboxylic acid의 중합 반응으로 생성된다. 이렇게 만들어진 고분자는 고강도 및 고내열성의 물리적 성질로 낙하산의 끈이나 제트비행기의 타이어로 사용될 수 있다. Nomex의 반복 단위의 화학 구조를 그려라.

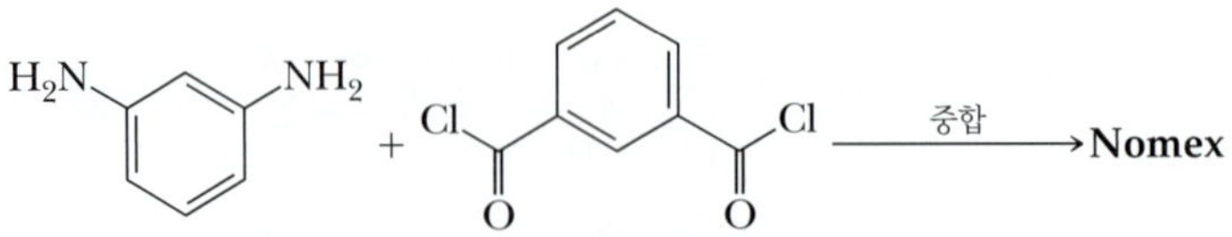

$$H_2N{-}C_6H_4{-}NH_2 + ClC(=O){-}C_6H_4{-}C(=O)Cl \xrightarrow{중합} \textbf{Nomex}$$

1,3-Benzenediamine **1,3-Benzene-dicarbonyl chloride**

29.15 나일론 6을 합성하는 단위체인 caprolactam은 cyclohexanone으로부터 두 단계로 얻는다. 1단계에서는 cyclohexanone과 hydroxylamine의 반응으로 cyclohexanone oxime을 얻는다. 그리고 2단계에서는 옥심을 진한 황산으로 처리하여 Beckmann 자리옮김 반응에 의해 caprolactam으로 변환시킨다. 마지막 단계의 반응 메커니즘을 제안하라.

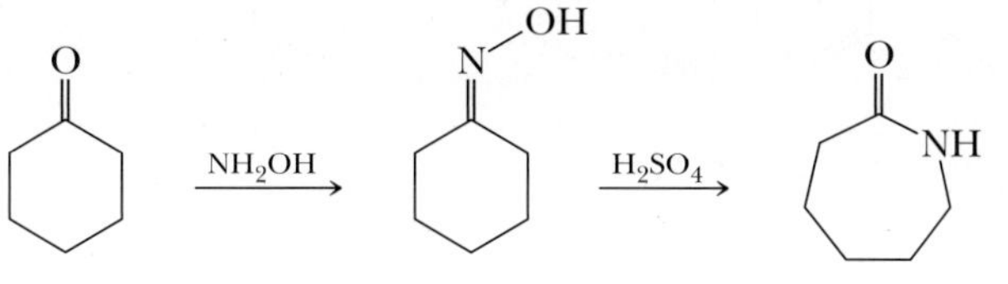

NH_2OH → H_2SO_4 →

Cyclohexanone **Cyclohexanone oxime** **Caprolactam**

29.16 나일론 6,10은 다이아민과 이가산의 염화물과의 반응으로 얻어진다. 각 반응물과 이 고분자의 반복 단위의 구조식을 그려라.

29.17 폴리카보네이트(29.5C절)는 방향성 다이플루오로 단위체와 카보네이트 이온이 관여하는 방향족 친핵성 치환 반응(22.3B절)을 거쳐 합성된다. 이 반응의 메커니즘을 써라.

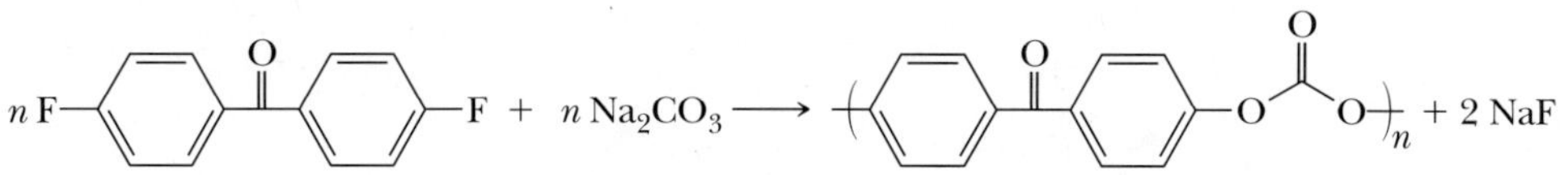

n F–(C₆H₄)–CO–(C₆H₄)–F + $n\,Na_2CO_3$ → (...)$_n$ + 2 NaF

방향족 다이플루오라이드 **Sodium carbonate** 폴리카보네이트 **Sodium fluoride**

29.18 폴리페닐유레아를 형성하는 반응 메커니즘을 제안하라. 간단히 답하기 위해서 하나의 —NCO기와 하나의 —NH_2기와 반응한다고 생각하라.

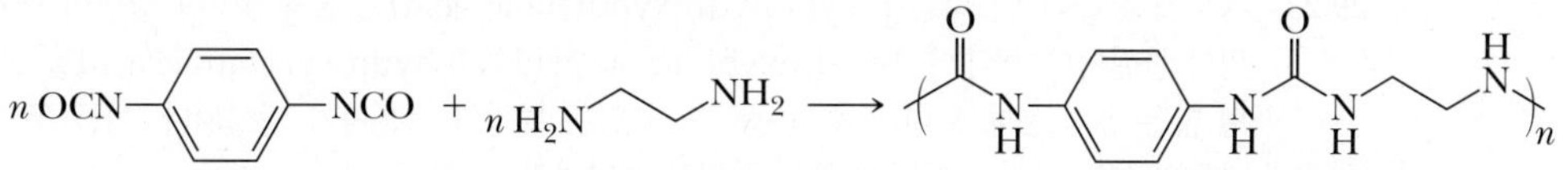

n OCN–(C₆H₄)–NCO + $n\,H_2N$–CH₂CH₂–NH_2 → (...)$_n$

1,4-Benzenediisocyanate **1,2-Ethanediamine** **Poly(ethylene phenylurea)**

29.19 같은 당량의 phthalic anhydride와 1,2,3-propanetriol을 가열하면, 비결정형인 폴리에스터가 생성된다. 이런 조건 하에서 트라이올의 1차 하이드록시기만 중합 반응에 참여하는 위치선택성을 나타낸다.

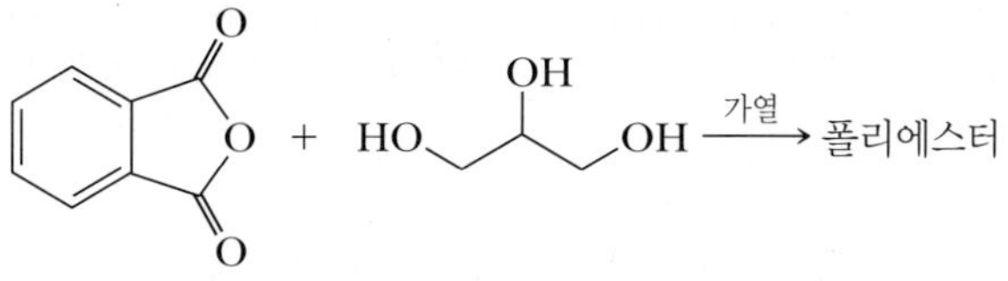

+ HO–CH₂–CH(OH)–CH₂–OH —가열→ 폴리에스터

Phthalic anhydride **1,2,3-Propanetriol (Glycerol)**

(a) 이 폴리에스터의 반복 단위의 화학 구조식을 그려라.

(b) 트라이올의 1차 하이드록시기만 반응하는 위치선택성을 설명하라.

29.20 연습 문제 29.19의 폴리에스터에 프탈산 무수물을 더 첨가하면(원래의 1,2,3-propanetriol 1 몰 당 0.5 몰의 프탈산 무수물을 첨가) 액상 수지를 형성한다. 이 수지를 가열하면 glyptal이라 부르는 딱딱하고 불용성인 열경화성 폴리에스터가 얻어진다.

(a) Glyptal의 반복 단위의 구조식을 그려라.

(b) Glyptal이 열경화성 플라스틱인 이유를 설명하라.

29.21 다음의 고분자를 형성하는 메커니즘을 써라.

29.22 다음 각 화합물을 염기 촉매로 중합하여 얻은 고분자의 구조식을 그려라. 이 고분자는 광학 활성인가? (*S*)-(+)-Lactide는 2 분자의 (*S*)-(+)-lactic acid으로부터 형성된 다이락톤이다.

(a) (*S*)-(+)-Lactide (b) (*R*)-Propylene oxide

29.23 생분해성 폴리에스터인 poly(3-hydroxybutanoic acid)은 불용성이며 성형이 어려운 불투명한 물질이다. 반면에 3-hydroxybutanoic acid와 3-hydroxyoctanoic acid을 공중합시키면 많은 유기 용매에 대해 좋은 용해도가 있는 투명한 고분자가 생성된다. 이들 두 가지 고분자들의 특성 차이를 이들의 구조 차이로 설명하라.

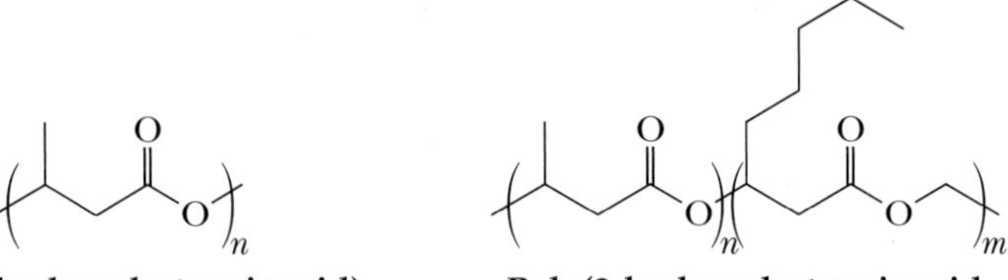

Poly(3-hydroxybutanoic acid) **Poly(3-hydroxybutanoic acid-3-hydroxyoctanoic acid) copolymer**

사슬-성장 중합 반응

29.24 어떤 특정 중합 반응이 단계-성장 혹은 사슬-성장으로 전파하는지 실험적으로 구별하는 방법을 설명하라.

29.25 다음 반응에서 형성되는 고분자의 구조식을 그려라.

(a) AIBN, 70°C (b) CN, Li

29.26 다음 둘 중 어느 쪽이 양이온 중합에 더 반응성이 큰지 답하라.

(a) $CH_2{=}CHOCH_3$ 혹은 $CH_2{=}C(CH_3)_2$ **(b)** $CH_2{=}CHOCH_3$ 혹은 $CH_2{=}CHOCCH_3$ (O)

(c) α-methylstyrene 혹은 styrene **(d)** CH_3O–C_6H_4–$C(CH_3){=}CH_2$ 혹은 C_6H_5–$C(CH_3){=}CH_2$

29.27 Vinyl acetate를 중합하면 poly(vinyl acetate)가 생성된다. 이 고분자를 수산화나트륨 수용액으로 가수분해하면 유용한 수용성 고분자인 poly(vinyl alcohol)이 얻어진다. Poly(vinyl acetate)와 poly(vinyl alcohol)의 반복 단위를 그려라.

29.28 Benzoquinone은 라디칼 중합의 억제제로 사용된다. 이것은 라디칼 중간체인 R·과 반응하여 활성이 적은 라디칼을 형성하여 사슬 전파 단계에 참여하지 못하고 따라서 사슬-성장이 멈춘다.

R· + (benzoquinone) ⟶ (R–O– radical) ⟷ 다른 기여 구조

활성이 작은 라디칼의 일련의 기여 구조를 그리고 그것의 안정도를 설명하라.

29.29 다음은 프로필렌 단위체 3 단위로부터 유도된 폴리프로필렌의 한 부분의 구조식이다.

$$-CH_2\underset{|}{\overset{CH_3}{CH}}-CH_2\overset{CH_3}{CH}-CH_2\overset{CH_3}{CH}-$$

Polypropylene

다음 고분자에 대해 위에 그린 것과 상응하는 화학 구조식을 그려라.

(a) Poly(vinyl chloride) **(b)** Polytetrafluoroethylene
(c) Poly(methyl meetacrylate) **(d)** Poly(1,1-dichloroethylene)

29.30 저밀도 폴리에틸렌(LDPE)은 고밀도 폴리에틸렌(HDPE)에 비해서 사슬 가지가 많다. 사슬 가지와 밀도의 관계를 설명하라.

29.31 에틸렌의 라디칼 중합에서 분자 내 사슬 전달 반응으로 폴리에틸렌 사슬에 탄소 4개짜리 가지가 생성되는 것을 알 수 있다. Styrene의 라디칼 중합으로 어떤 가지가 생성되는가?

29.32 표 2.5에 수록된 액체 상태의 알켄들의 밀도를 근거로 HDPE와 LDPE의 밀도를 비교하라. 그들 차이를 어떻게 설명하는가?

29.33 천연 고무는 모두 *시스* 배열을 갖는 2-methyl-1,3-butadiene (isoprene)의 고분자이다.

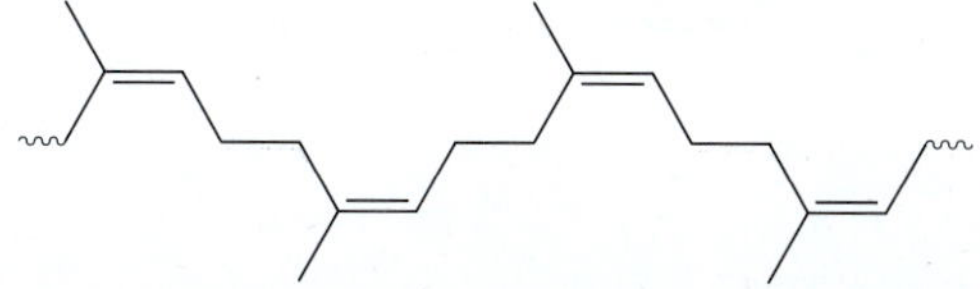

Poly(2-methyl-1,3-butadiene)
(Polyisoprene)

(a) 천연 고분자의 반복 단위의 구조식을 그려라.

(b) 천연 고무를 오존 산화시킨 후 $(CH_3)_2S$로 반응 후 처리하여 얻은 생성물의 구조식을 그려라. 이 생성물에 존재하는 작용기를 명명하라.

(c) 대도시에 많이 있는 스모그는 오존을 포함하는 산화제들로 이루어져 있다. 이런 스모그가 천연고무(자동차 타이어 등)를 공격하지만, 폴리에틸렌이나 폴리염화비닐은 공격하지 않은 이유를 설명하라.

(d) 천연 고무는 탄성체이지만, 모두 *트랜스* 배열을 갖는 이성질체인 합성 물질은 탄성체가 아닌 이유를 설명하라.

29.34 Styrene은 라디칼 중합으로 선형 고분자가 생성된다. Styrene과 1,4-divinylbenzene의 혼합물을 라디칼 중합 반응시키면 그림 29.1에 나타낸 대로 망상 구조의 가교체가 얻어진다. 중합 혼합물에 수%만 존재하는 1,4-divinylbenzene이 고분자의 가교에 어떻게 기여하는지 구조식으로 나타내어라.

\+ ⟶ 스타이렌과 다이비닐벤젠의 공중합체

Styrene 1,4-Divinylbenzene

29.35 양이온 교환 수지로 사용되는 일반적인 형태의 고분자는 styrene과 1,4-divinylbenzene의 혼합물을 중합하여 얻는다(연습 문제 29.34). 생성된 공중합체를 진한 황산으로 처리하면 고분자 내의 대부분의 방향족 고리에 설포네이트기가 도입된다.

(a) 각각의 벤젠 고리에 설폰화(sulfonation)된 생성물의 구조식을 그려라.

(b) 이렇게 형성된 설폰화된 고분자가 어떻게 양이온 교환 수지로 사용되는지 설명하라.

29.36 가장 널리 사용되는 합성고무는 스티렌과 부타디엔의 공중합체로서 SB고무라 부른다. 중합에서 사용하는 styrene과 butadiene의 비율은 그 고분자의 최종 용도에 따라 결정된다. 자동차 타이어로 사용하는 SB 고무 제조에 가장 흔히 사용하는 비율은 styrene 1 몰에 butadiene 3 몰이다. 이런 비율로 반응물을 혼합하여 중합시킬 경우, 형성된 고분자의 분절이 나타내는 구조식을 그려라. 고분자 내에 존재하는 모든 이중 결합들은 *시스* 배열을 갖는다고 가정한다.

29.37 다음 고분자의 두 가지 단위체는 무엇인가?

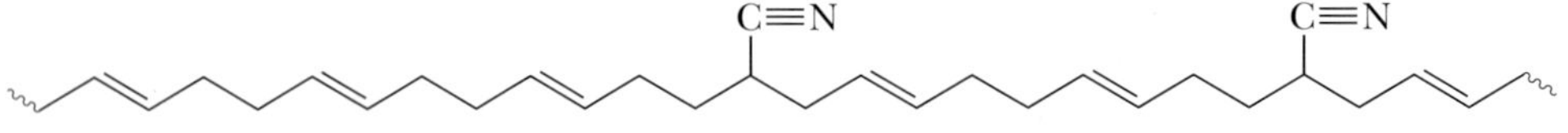

29.38 다음에 나타낸 각 단위체들을 고리-열림 상호 교환 중합(ROMP)시켜 얻어지는 고분자의 구조식을 그려라.

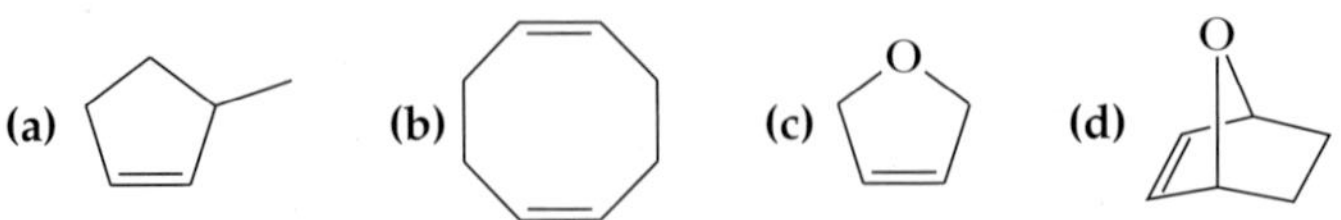

Thermodynamics and the Equilibrium Constant

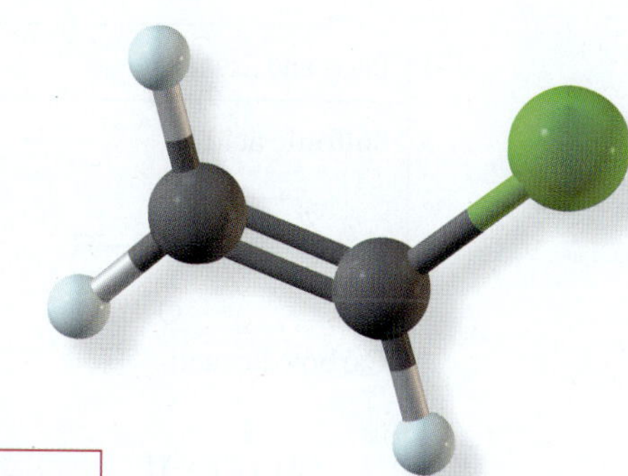

For the equilibrium $A \rightleftharpoons B \qquad K_{eq} = \dfrac{[B]}{[A]}$

$$\Delta G^0 = -RT \ln K_{eq}$$

R = molar gas constant = 8.3145 J (1.987 cal) · $mol^{-1} \cdot K^{-1}$
T = in kelvin (K)

$$\%B = \frac{B}{A + B} \times 100$$

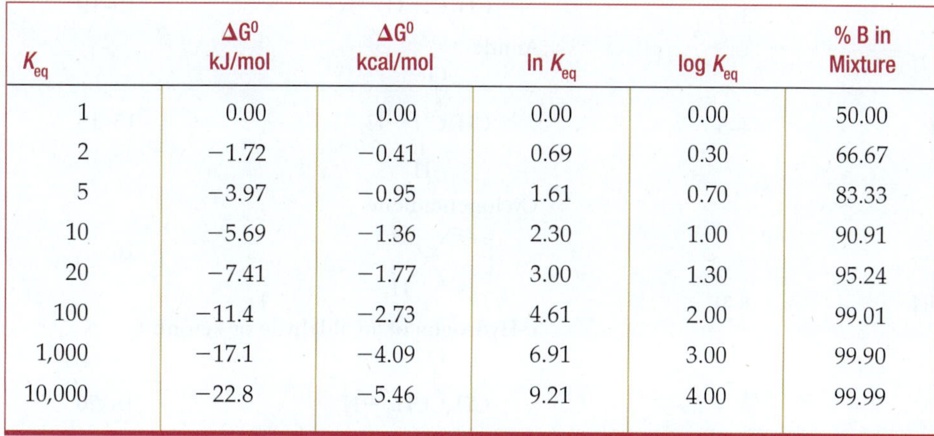

K_{eq}	ΔG^0 kJ/mol	ΔG^0 kcal/mol	ln K_{eq}	log K_{eq}	% B in Mixture
1	0.00	0.00	0.00	0.00	50.00
2	−1.72	−0.41	0.69	0.30	66.67
5	−3.97	−0.95	1.61	0.70	83.33
10	−5.69	−1.36	2.30	1.00	90.91
20	−7.41	−1.77	3.00	1.30	95.24
100	−11.4	−2.73	4.61	2.00	99.01
1,000	−17.1	−4.09	6.91	3.00	99.90
10,000	−22.8	−5.46	9.21	4.00	99.99

Major Classes of Organic Acids

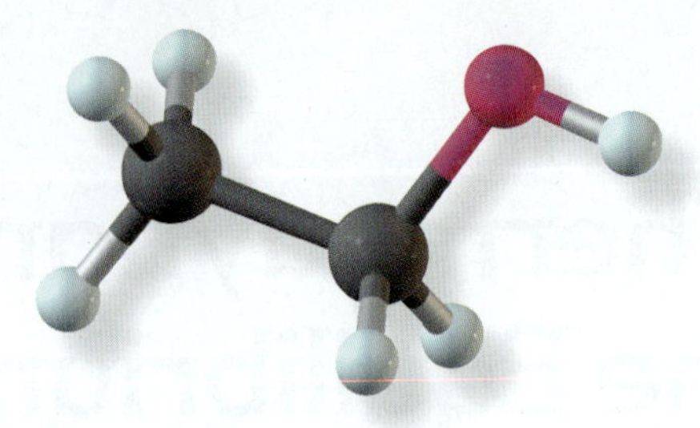

Class and Example	Typical pK_a
Sulfonic acid $C_6H_5SO_2O-H$ (benzene ring–S(=O)(=O)–O–H)	0–1
Carboxylic acid $CH_3C(=O)O-H$	3–5
Arylammonium ion $C_6H_5NH_2^+-H$	4–5
Imide Phthalimide N–H	8–9
Thiol CH_3CH_2S-H	8–12
Phenol C_6H_5O-H	9–10
Ammonium ion NH_3-H^+	9.24
β-Diketone $CH_3-C(=O)-CH(H)-C(=O)CH_3$	10
Nitroalkane $H-CH_2NO_2$	10
Alkylammonium ion $(CH_3CH_2)_3\overset{+}{N}-H$	10–12
β-Ketoester $CH_3-C(=O)-CH(H)-C(=O)OCH_2CH_3$	11
Water $HO-H$	15.7
Alcohol CH_3CH_2O-H	15–19
Amide $CH_3C(=O)N(H)-H$	15–19
Cyclopentadiene $C_5H_4(H)-H$	16
α-Hydrogen of an aldehyde or ketone $CH_3C(=O)CH_2-H$	18–20
α-Hydrogen of an ester $CH_3CH_2OC(=O)CH_2-H$	23–25
Alkyne $HC\equiv C-H$	25
Ammonia NH_2-H	38
Amine $[(CH_3)_2CH]_2N-H$	40
Alkene $CH_2=CH-H$	44
Alkane CH_3CH_2-H	51

Bond Dissociation Enthalpies

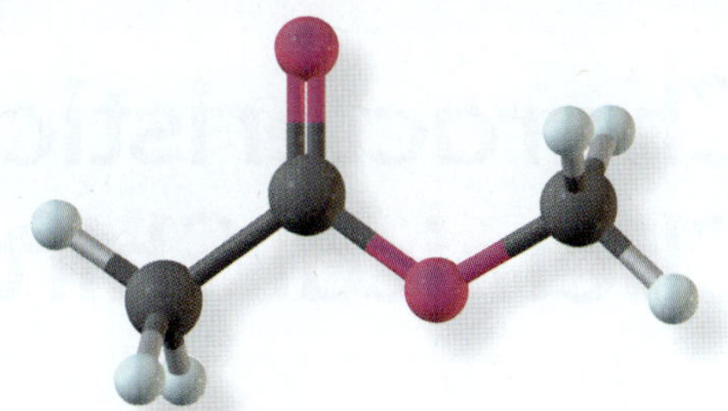

Bond dissociation enthalpy (BDE) is defined as the amount of energy required to break a bond homolytically into two radicals in the gas phase at 25°C.

$$A—B \rightarrow A\cdot + B\cdot \qquad \Delta H^0 \text{ [kJ (kcal)/mol]}$$

Bond	ΔH^0
H—H bonds	
H—H	435 (104)
D—D	444 (106)
X—X bonds	
F—F	159 (38)
Cl—Cl	247 (59)
Br—Br	192 (46)
I—I	151 (36)
H—X bonds	
H—F	568 (136)
H—Cl	431 (103)
H—Br	368 (88)
H—I	297 (71)
O—H bonds	
HO—H	497 (119)
CH_3O—H	439 (105)
C_6H_5O—H	376 (90)
O—O bonds	
HO—OH	213 (51)
CH_3O—OCH_3	159 (38)
$(CH_3)_3CO$—$OC(CH_3)_3$	159 (38)
C—C single bonds	
CH_3—CH_3	376 (90)
C_2H_5—CH_3	372 (89)
CH_2═CH—CH_3	422 (101)
CH_2═$CHCH_2$—CH_3	322 (77)
C_6H_5—CH_3	435 (104)
$C_6H_5CH_2$—CH_3	326 (78)

Bond	ΔH^0
C—C multiple bonds	
CH_2═CH_2	727 (174)
HC≡CH	966 (231)
C—H bonds	
CH_3—H	439 (105)
C_2H_5—H	422 (101)
$(CH_3)_2CH$—H	414 (99)
$(CH_3)_3C$—H	405 (97)
CH_2═CH—H	464 (111)
CH_2═$CHCH_2$—H	372 (89)
C_6H_5—H	472 (113)
$C_6H_5CH_2$—H	376 (90)
HC≡C—H	556 (133)
C—F bonds	
CH_3—F	481 (115)
C_2H_5—F	472 (113)
$(CH_3)_2CH$—F	464 (111)
C_6H_5—F	531 (127)
C—Cl bonds	
CH_3—Cl	351 (84)
C_2H_5—Cl	355 (85)
$(CH_3)_2CH$—Cl	355 (85)
$(CH_3)_3C$—Cl	355 (85)
CH_2═$CHCH_2$—Cl	288 (69)
C_6H_5—Cl	405 (97)
$C_6H_5CH_2$—Cl	309 (74)

Bond	ΔH^0
C—Br bonds	
CH_3—Br	301 (72)
C_2H_5—Br	301 (72)
$(CH_3)_2CH$—Br	309 (74)
$(CH_3)_3C$—Br	305 (73)
CH_2═$CHCH_2$—Br	247 (59)
C_6H_5—Br	351 (84)
$C_6H_5CH_2$—Br	263 (63)
C—I bonds	
CH_3—I	242 (58)
C_2H_5—I	238 (57)
$(CH_3)_2CH$—I	238 (57)
$(CH_3)_3C$—I	234 (56)
CH_2═$CHCH_2$—I	192 (46)
C_6H_5—I	280 (67)
$C_6H_5CH_2$—I	213 (51)
C—N single bonds	
CH_3—NH_2	355 (85)
C_6H_5—NH_2	435 (104)
C—O single bonds	
CH_3—OH	385 (92)
C_6H_5—OH	468 (112)

Characteristic ^{1}H-NMR Chemical Shifts

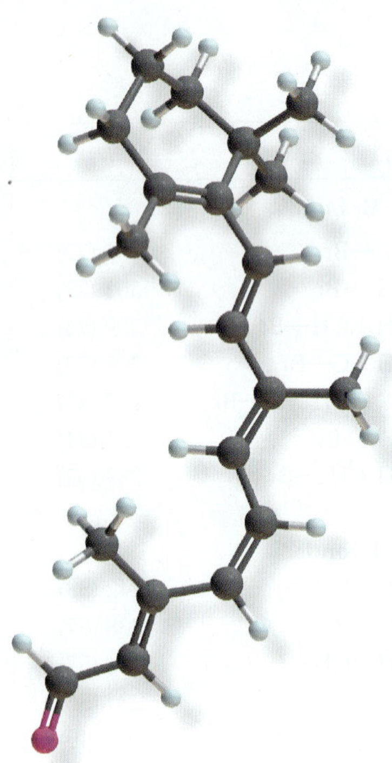

Type of Hydrogen (R = alkyl, Ar = aryl)	Chemical Shift (δ)*	Type of Hydrogen (R = alkyl, Ar = aryl)	Chemical Shift (δ)*
$(CH_3)_4Si$	0 (by definition)	RCH_2OH	3.4–4.0
R_2NH	0.5–5.0	RCH_2Br	3.4–3.6
ROH	0.5–6.0	RCH_2Cl	3.6–3.8
RCH_3	0.8–1.0		
RCH_2R	1.2–1.4	$RC(=O)OCH_3$	3.7–3.9
R_3CH	1.4–1.7		
$R_2C{=}CRCHR_2$	1.6–2.6	$RC(=O)OCH_2R$	4.1–4.7
$RC{\equiv}CH$	2.0–3.0	RCH_2F	4.4–4.5
		ArOH	4.5–4.7
$RC(=O)CH_3$	2.1–2.3	$R_2C{=}CH_2$	4.6–5.0
		$R_2C{=}CHR$	5.0–5.7
$RC(=O)CH_2R$	2.2–2.6	ArH	6.5–8.5
$ArCH_3$	2.2–2.5		
$ArCH_2R$	2.3–2.8	$RC(=O)H$	9.5–10.1
RCH_2I	3.1–3.3		
RCH_2OR	3.3–4.0	$RC(=O)OH$	10–13

*Values are relative to tetramethylsilane. Other atoms within the molecule may cause the signal to appear outside these ranges.

Characteristic ^{13}C-NMR Chemical Shifts

Type of Carbon	Chemical Shift (δ)	Type of Carbon	Chemical Shift (δ)
$(CH_3)_4Si$	0 (by definition)	C_6H_5–C–R (aromatic carbon)	110–160
RCH_2I	0–40	RC(=O)OR	160–180
RCH_3	10–40	$RC(=O)NR_2$	165–180
RCH_2R	15–55	RC(=O)OH	165–185
R_3CH	20–60	RC(=O)H, RC(=O)R	180–215
RCH_2Br	25–65		
RCH_2Cl	35–80		
R_3COH	40–80		
R_3COR	40–80		
RC≡CR	65–85		
$R_2C{=}CR_2$	100–150		

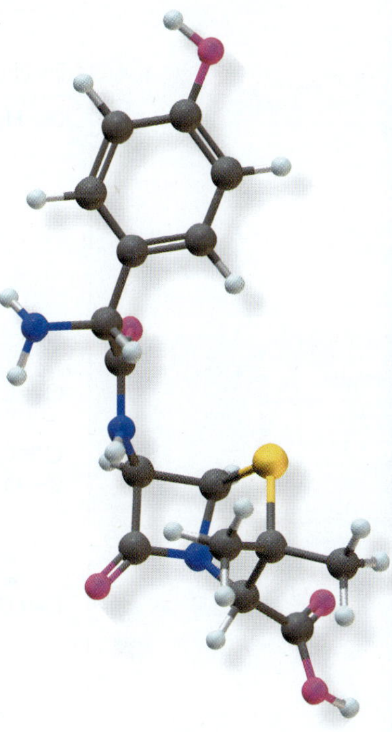

부록 6

Characteristic Infrared Absorption Frequencies

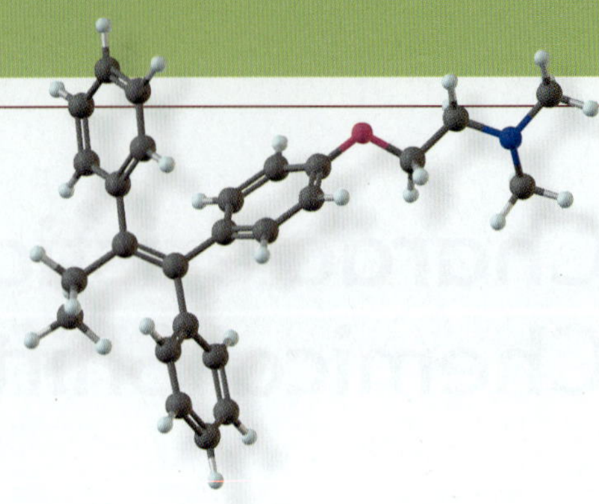

Bonding		Frequency (cm^{-1})	Intensity*	Type of Vibration (Stretching unless noted)
C—H	alkane	2850–3000	m	
	$—CH_3$	1375 and 1450	w–m	bending
	$—CH_2—$	1450–1475	m	bending
	alkene	3000–3100	w–m	
		650–1000	s	out-of-plane bending
	alkyne	3300	m-s	
	arene	3030	w-m	
		690–900	s	out-of-plane bending
	aldehyde	2720	w	
C=C	alkene	1600–1680	w–m	
	arene	1450 and 1600	m	
C≡C	alkyne	2100–2250	w	
C—O	alcohol, ether, ester, carboxylic acid	1000–1100 (sp^3 C—O)	s	
		1200–1250 (sp^2 C—O)	s	
	anhydride	900–1300	s	
C=O	amide	1630–1680	s	
	carboxylic acid	1700–1725	s	
	ketone	1630–1820	s	
	aldehyde	1630–1820	s	
	ester	1735–1800	s	
	anhydride	1740–1760 and 1800–1850	s	
	acid chloride	1800	s	
O—H	alcohol, phenol free	3600–3650	w	
	hydrogen bonded	3200–3500	m	
	carboxylic acid	2500–3300	s	
N—H	amine and amide	3100–3550	m–s	
C—N	nitrile	2200–2250	m	

*m = midium, s = strong, w = weak

Electrostatic Potential Maps

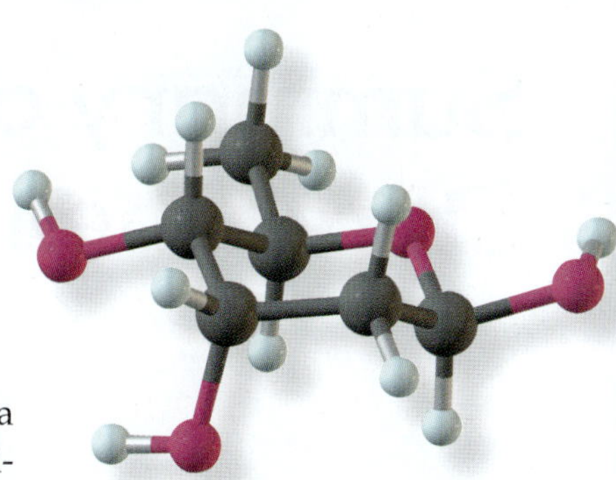

The term *electronic structure* refers to the distribution of electron density in a molecule. According to the laws of quantum mechanics, electrons have no definite locations. Instead, they collectively produce a negatively charged region around a nucleus, measured by electron density in units of e/Å^3 (electrons per cubic angstrom). For an atom, density is high near the nucleus and vanishingly small far from the nucleus. Electrostatic potential maps are now easily computed for small molecules using desktop computers and various software packages. Electrostatic potential maps (elpots) in this text were produced using MacSpartan (Wavefunction, Inc.).

Electrostatic potential (elpot) maps provide a way to visualize the distribution of electron density in a molecule. Electrostatic potential is defined as the potential energy that a positively charged particle would experience in a molecule's presence. The electrostatic potential is made up of two parts.

1. The repulsive component (positive potential, repulsion) exerted by the positively charged nuclei
2. The attractive component (negative potential, attraction) exerted by the negatively charged electron cloud

Thus, the electrostatic potential contains information about the entire electron distribution.

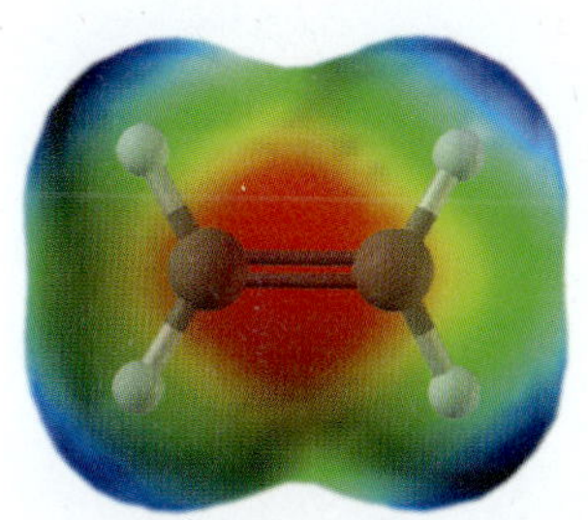

An electrotatic potential map of ethylene (top and side views).

Electrostatic potential maps are color-coded. By convention, the most negative potential is red, and the most positive potential is blue. Intermediate potentials are coded accordingly (orange-yellow-green). While any surface might be chosen to display an electrostatic potential map, the most common is 0.002 e/Å^3. Nearly all of a molecule's electron density lies within this surface, which corresponds almost exactly to how closely another molecule can approach without running into severe steric repulsive forces; that is, the surface corresponds almost exactly to the van der Waals surface of the molecule.

An electrostatic potential map for ethylene shows areas of high electron density to which electrophiles will be attracted (red) over the π orbitals. There are four blue patches, one over each hydrogen; these regions are relatively electron-poor.

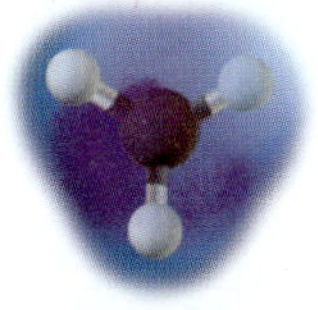

An electrostatic potential map of the methyl cation (CH_3^+).

The methyl carbocation, CH_3^+, provides an even more dramatic visualization of an electrostatic potential. The entire ion is blue in color, corresponding to the net positive charge. The central atom is the deepest blue, corresponding to the location of the largest fraction of the positive charge.

Summary of Stereochemical Terms

Absolute Configuration The actual configuration of groups about a tetrahedral chiral center; absolute configuration is specified by the *R*,*S* system.

Atropisomers Enantiomers that lack a chiral center and differ because of hindered rotation about a carbon-carbon single bond.

Center of symmetry A point so situated that identical components of an object are located on opposite sides and equidistant from that point along any axis passing through it.

Chemoselective reaction A reaction in which one functional group in a molecule containing two or more functional groups reacts selectively with a reagent.

$LiAlH_4$ → OH

H_2/Pd → OMe

Chiral From the Greek, *cheir*, hand; an object that is not superposable on its mirror image; an object that has handedness.

Chiral center A tetrahedral atom, most commonly carbon, that is bonded to four different groups. In molecules containing one chiral center, the exchange of two groups makes an enantiomer. In molecules containing two or more chiral centers, the exchange of two groups on at least one (but not all) of the chiral centers gives a diastereomer.

***Cis,trans* isomers** Stereoisomers that have the same connectivity of their atoms but a different configurational arrangement of their atoms in space because of the presence of either a ring or a double bond. *Cis,trans* isomers are diastereomers; that is, they are stereoisomers that are not mirror images.

Configuration The arrangement of atoms or groups of atoms bonded to a stereocenter. Configuration in alkenes is designated by the E,Z system or the *cis, trans* system; configuration in molecules containing chiral centers is designated by the *R*,*S* system.

Diastereomers Stereoisomers that are not mirror images of each other; refers to relationships among two or more objects.

Diastereoselective reaction A reaction that produces one diastereomer in preference to all others.

Enantiomeric excess (ee) The difference between the percentages of two enantiomers in a mixture. For example, if a sample contains 98% of one enantiomer and 2% of the other, the enantiomeric excess (ee) is 98% − 2% = 96%.

Enantiomers Stereoisomers that are nonsuperposable mirror images; refers to a relationship between pairs of objects.

Enantioselective reaction A reaction that produces one enantiomer in preference to the other. Catalytic reduction of the following alkene in the presence of an (*R*)-BINAP-Ru catalyst gives (*S*)-naproxen in greater than 98% enantiomeric excess (>99% : < 1%).

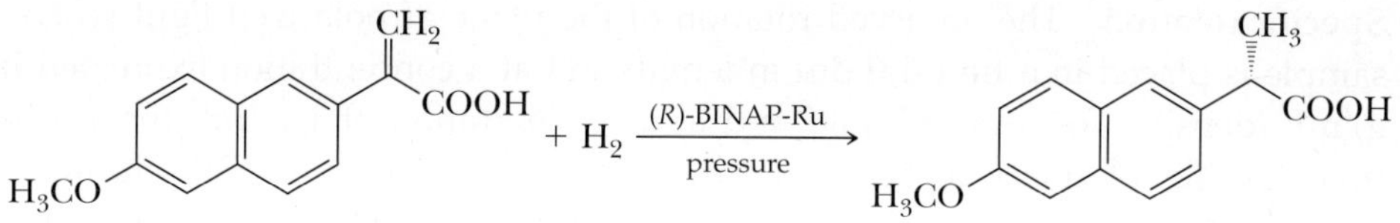

CH_2 COOH, H_3CO + H_2 $\xrightarrow[\text{pressure}]{(R)\text{-BINAP-Ru}}$ CH_3 COOH, H_3CO

(*S*)-Naproxen
(ee > 98%)

Fischer projection A two-dimensional projection of a chiral center in a molecule; groups on the right and left of the chiral center project toward the reader, whereas those above and below the chiral center project away from the reader. The only atom in the plane on which the projection is drawn is the chiral center itself.

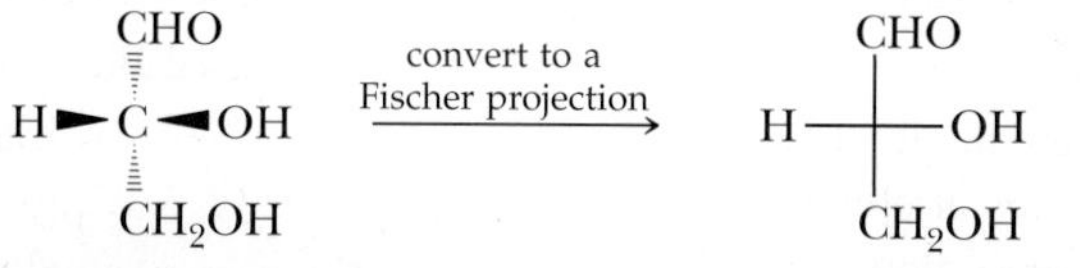

CHO, H–C–OH, CH_2OH $\xrightarrow{\text{convert to a Fischer projection}}$ CHO, H–+–OH, CH_2OH

(*R*)-Glyceraldehyde (three-dimensional representation)

(*R*)-Glyceraldehyde (Fischer projection)

Meso compound An achiral compound possessing two or more chiral centers that also has chiral isomers. Examples of meso compounds are *cis*-1,2-cyclopentanediol and meso-2,3-butanediol. A meso compound has either a plane or a center of symmetry. Both of these examples as drawn have an internal plane of symmetry.

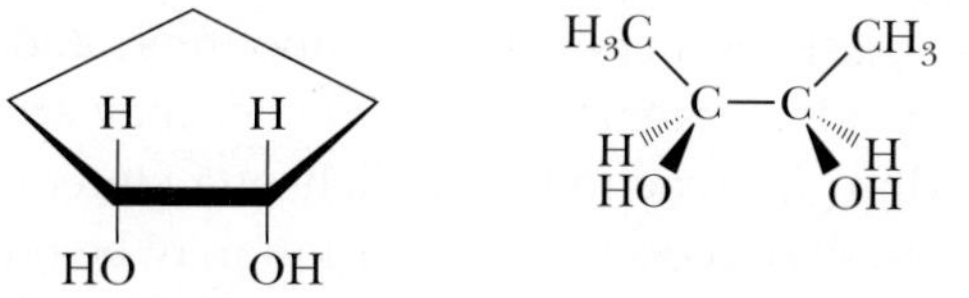

H H HO OH

cis-1,2-Cyclopentanediol (a meso compound)

H_3C CH_3 C–C H HO H OH

(2*R*,3*S*)-2,3-Butanediol (a meso compound)

Optical activity The ability of a compound to rotate the plane of polarized light.

Optical purity The specific rotation of a mixture of enantiomers divided by the specific rotation of the enantiomerically pure substance (expressed as a percent). Optical purity is numerically equal to enantiomeric excess, but experimentally determined.

Plane of symmetry An imaginary (mirror) plane passing through an object dividing it so that one half is the mirror image of the other half.

Racemic mixture A mixture of equal amounts of two enantiomers.

Regioselective reaction An addition or substitution reaction in which one of two or more possible products is formed in preference to all constitutional isomers that might be formed. Addition of HBr to 1-methylcyclohexene gives 1-bromo-1-methylcyclohexane to the virtual exclusion of 1-bromo-2-methylcyclohexane.

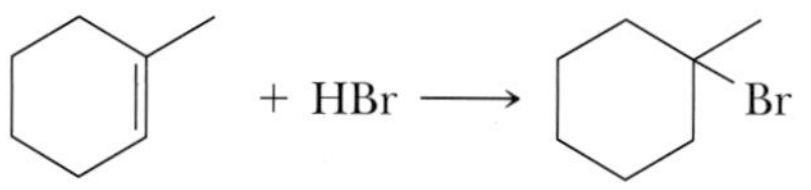

+ HBr ⟶ Br

Hydroboration-oxidation of a cycloalkene is both regioselective and stereoselective, but it is not enantioselective (both enantiomers are produced in equal amounts).

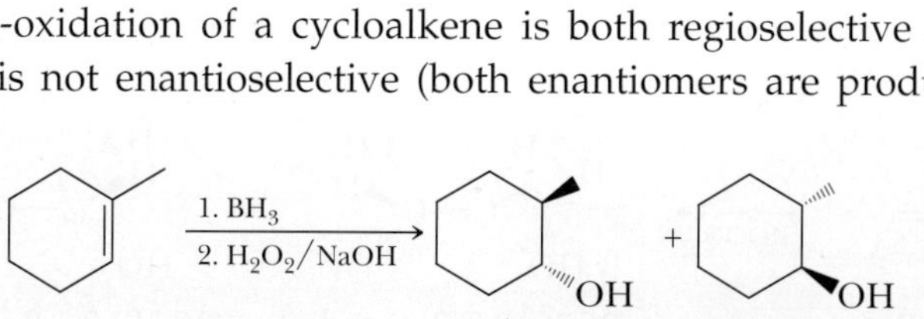

$\xrightarrow[2.\ H_2O_2/NaOH]{1.\ BH_3}$ OH + OH

(a racemic mixture)

Specific rotation The observed rotation of the plane of polarized light when a sample is placed in a tube 1.0 dm in length and at a concentration expressed in g/mL (density) for a pure liquid and at a concentration of 1 g/mL for a solution. Specific rotation is in deg · mL/dm/g and is usually given without units.

Stereocenter An atom, most commonly carbon, about which exchange of two groups produces a stereoisomer.

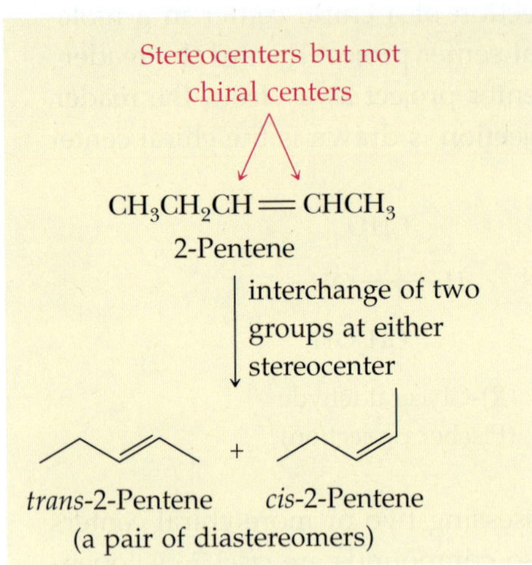

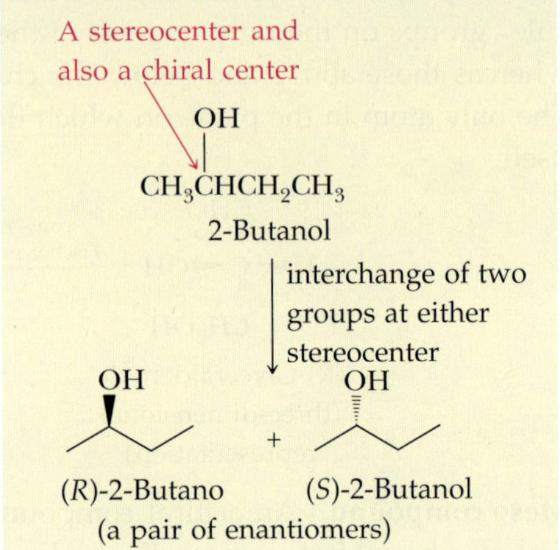

Stereoisomers Compounds that have the same molecular formula, the same connectivity of their atoms, but a different orientation of their atoms in space. The term "stereoisomer" includes *cis,trans* isomers in cycloalkanes and alkenes as well as enantiomers, diastereomers, meso compounds, and atropisomers. Conformational isomers are also stereoisomers, whether they are isolable or not.

Stereoselective reaction A reaction in which one stereoisomer is formed in preference to all others. A stereoselective reaction may be enantioselective or diastereoselective. For example, catalytic reduction of the following alkene in the presence of an (*R*)-BINAP-Ru catalyst is enantioselective; it gives (*S*)-naproxen in greater than 98% enantiomeric excess.

CH_2 COOH H_3CO + H_2 —(*R*)-BINAP-Ru, pressure→ CH_3 COOH H_3CO

(*S*)-Naproxen
(ee > 98%)

Stereospecific reaction A reaction in which the stereochemistry of the product is dependent on the stereochemistry of the starting material. For example, oxidation of 2-butene by osmium tetroxide is stereospecific: oxidation of *cis*-2-butene gives meso-2,3-butanediol, whereas oxidation of *trans*-2-butene gives a racemic mixture of the enantiomers of 2,3-butanediol. (The term "regiospecific" is used analogously.)

cis-2-Butene —OsO_4, ROOH→ Meso-2,3-Butanediol

trans-2-Butene —OsO_4, ROOH→ (2*S*,3*S*)-2,3-Butanediol + (2*R*,3*R*)-2,3-Butanediol

Summary of the Rules of Nomenclature

A9.1 Alkanes

The parent or root name of an alkane is that of the longest chain of carbon atoms in the compound.

Following are prefixes used in the IUPAC system to show the presence of 1 to 20 carbon atoms in an unbranched chain.

Prefix	Number of Carbon Atoms	Prefix	Number of Carbon Atoms
meth-	1	undec-	11
eth-	2	dodec-	12
prop-	3	tridec-	13
but-	4	tetradec-	14
pent-	5	pentadec-	15
hex-	6	hexadec-	16
hept-	7	heptadec-	17
oct-	8	octadec-	18
non-	9	nonadec-	19
dec-	10	eicos-	20

A substituent derived from an alkane by removal of a hydrogen atom is called an **alkyl group** and is commonly represented by the symbol R—.

Following are names for alkyl groups with one to five carbon atoms. Common names and their abbreviations are given in parentheses.

Name	Condensed Structural Formula	Name	Condensed Structural Formula
Methyl (Me)	$—CH_3$	1,1-Dimethylethyl (*tert*-butyl, *t*-Bu)	CH_3 | $—CCH_3$ | CH_3
Ethyl (Et)	$—CH_2CH_3$	Pentyl	$—CH_2CH_2CH_2CH_2CH_3$
Propyl (Pr)	$—CH_2CH_2CH_3$	3-Methylbutyl (isopentyl)	$—CH_2CH_2CHCH_3$ | CH_3
1-Methylethyl (isopropyl, iPr)	$—CHCH_3$ | CH_3	2-Methylbutyl	$—CH_2CHCH_2CH_3$ | CH_3
Butyl (Bu)	$—CH_2CH_2CH_2CH_3$	2,2-Dimethylpropyl (neopentyl)	CH_3 | $—CH_2CCH_3$ | CH_3
2-Methylpropyl (isobutyl, iBu)	$—CH_2CHCH_3$ | CH_3		
1-Methylpropyl (*sec*-butyl, *s*-Bu)	$—CHCH_2CH_3$ | CH_3		

The rules of the IUPAC system for naming alkanes are:

1. The name for the alkane with an unbranched chain of carbon atoms consists of a prefix showing the number of carbon atoms in the parent chain and the ending *-ane*.

2. For branched-chain alkanes, take the longest chain of carbon atoms as the parent chain and its name becomes the root name.

3. Give each substituent on the parent chain a name and a number. The number shows the carbon atom of the parent chain to which the substituent is bonded. Use a hyphen to connect the number to the name.

CH_3
CH_3CHCH_3

2-Methylpropane

4. If there is one substituent, number the parent chain from the end that gives it the lower number.

CH_3
$CH_3CH_2CH_2CHCH_3$

2-Methylpentane (not 4-Methylpentane)

5. If there are two or more identical substituents, number the parent chain from the end that gives the lower number to the substituent encountered first. The number of times the substituent occurs is indicated by a prefix *di-*, *tri-*, *tetra-*, *penta-*, *hexa-*, and so on. Use a comma to separate position numbers.

2,4-Dimethylhexane (not 3,5-dimethylhexane)

6. If there are two or more different substituents, list them in alphabetical order, and number the chain from the end that gives the lower number to the substituent encountered first. If there are different substituents in equivalent positions on opposite ends of the parent chain, give the substituent of lower alphabetical order the lower number.

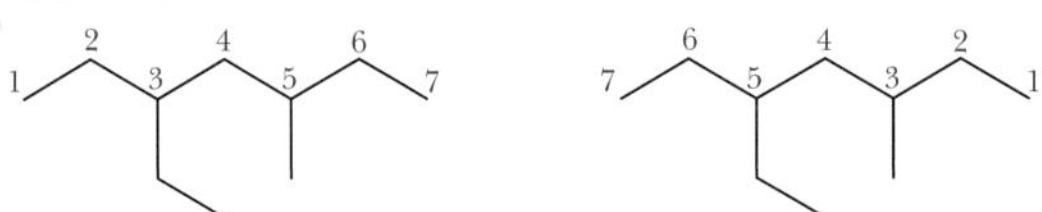

3-Ethyl-5-methylheptane (not 3-methyl-5-ethylheptane)

7. The prefixes *di-*, *tri-*, *tetra-*, and so on are not included in alphabetizing. Alphabetize the names of the substituents first, and then insert these prefixes. In the following example, the alphabetizing parts are *ethyl* and *methyl*, not *ethyl* and *dimethyl*.

4-Ethyl-2,2-dimethylhexane
(not 2,2-dimethyl-4-ethylhexane)

8. Where there are two or more parent chains of identical length, choose the parent chain with the greater number of substituents.

3-Ethyl-2-methylhexane (not 3-Isopropylhexane)

A9.2 Alkenes and Alkynes

1. For both alkenes and alkynes, number the longest chain that contains the multiple bond in the direction that gives the carbon atoms of the functional group the lowest possible numbers.
2. Indicate the location of the multiple bond by the number of its first carbon.
3. Name the branched chain alkene or alkyne similar to alkanes.
4. Number the carbon atoms, locate and name substituent groups, locate the multiple bond, and name the main chain.
5. For alkenes, the ending *-ene* is used, and for alkynes, the ending *-yne* is used.

Examples of alkenes:

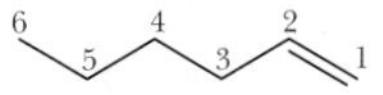

1-Hexene 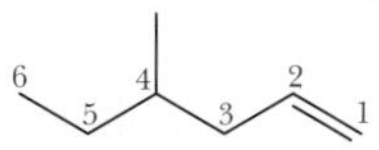 **4-Methyl-1-hexene** 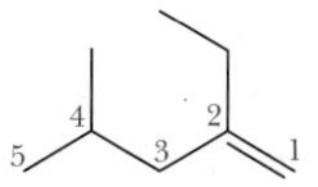 **2-Ethyl-4-methyl-1-pentene**

Examples of alkynes:

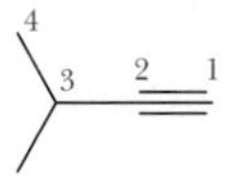

3-Methyl-1-butyne 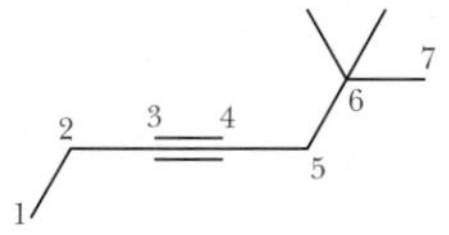 **6,6-Dimethyl-3-heptyne** 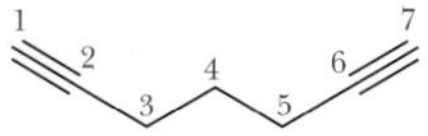 **1,6-Heptadiyne**

6. For a molecule containing both a carbon-carbon double bond and a carbon-carbon triple bond, the compound is named as an alkenyne; the infix *-en-* shows the presence of the double bond and the infix *-yn-* shows the presence of the triple bond. In this case, the parent chain is numbered in the direction that gives the carbon atoms of the double bond the lowest set of numbers.

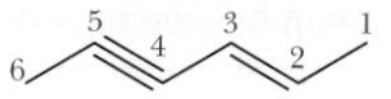

2-Hexen-4-yne
or altenatively **Hex-2-en-4-yne**

A9.3 Alcohols

1. The parent or root name is that of the longest chain of carbon atoms that contains the —OH group.
2. Number the parent chain from the end that gives the carbon bearing the —OH group the smaller number.
3. To show that the compound is an alcohol, change the suffix of the parent alkane from *e* to *-ol*.
4. The location of the —OH group takes precedence over alkyl groups and halogen atoms in numbering the parent chain.
5. For cyclic alcohols, numbering begins with the carbon bearing the —OH group.
6. In complex alcohols, the number for the hydroxyl group may be placed between the infix and the suffix. For example, 4-methyl-2-hexanol and 4-methylhexan-2-ol are both acceptable names for the following compound.

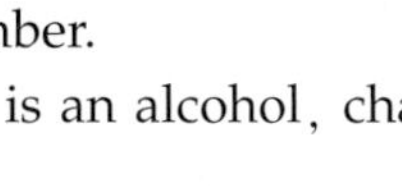

4-Methyl-2-hexanol
or
4-methylhexan-2-ol

A9.4 Aldehydes and Ketones

1. The parent or root name for an aldehyde is the name of the longest chain of carbon atoms that contains the functional group. Show the presence of the aldehyde group by changing the suffix of the parent alkane from *-e* to *-al*. Show the presence of a ketone group by changing the suffix of the parent alkane from *-e* to *-one*. Thus, aldehydes are named as alkanals, and ketones are named as alkan*ones*.
2. Because the carbonyl group of an aldehyde can only be on the end of the parent chain, and because numbering must begin with this carbon as number 1, the position of the aldehyde group is unambiguous and there is no need to use a number to locate it.
3. For unsaturated aldehydes or ketones, the presence of the carbon-carbon double or triple bond is indicated by the infix *-en-* or *-yn-*, respectively. The location of the carbonyl group determines the numbering pattern.
4. In complex aldehydes and ketones, the number for the carbonyl group may be placed between the infix and the suffix as illustrated in the following examples.

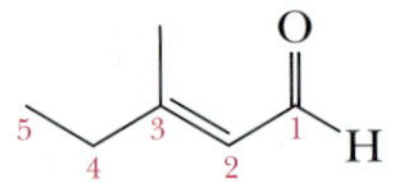

3-Methyl-2-pentenal
or
3-methylpent-2-enal

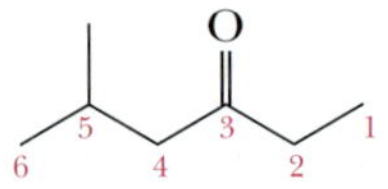

5-Methyl-3 hexanone
or
5-methylhexan-3-one

A9.5

1. The IUPAC has established an order of precedence for functional groups for names of compounds containing more than one functional group. Following is the order of precedence for the functional group we concentrate on in this text.

Increasing precedence (↑)

Functional Group	Suffix if higher priority	Prefix if lower priority	Example when the functional group has lower priority
Carboxyl	-oic acid	——	
Aldehyde	-al	oxo-	3-Oxopropanoic acid 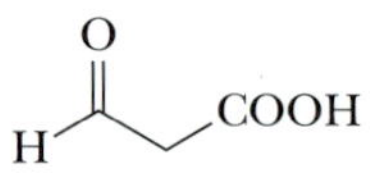
Ketone	-one	oxo-	3-Oxobutanoic acid 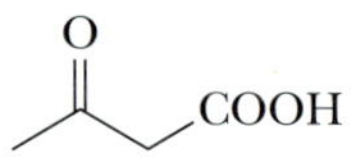
Alcohol	-ol	hydroxy-	4-Hydroxybutanoic acid 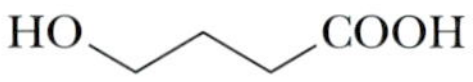
Amino	-amine	amino-	3-Aminobutanoic acid 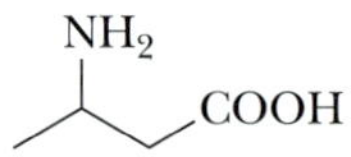
Sulfhydryl	-thiol	mercapto	2-Mercaptoethanol 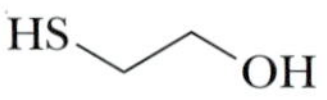

A9.6 Carboxylic Acids

1. The IUPAC name of a carboxylic acid is derived from that of the longest chain of carbon atoms (the root name) that contains the carboxyl group by dropping the suffix *-e* from the name of the parent alkane and adding the suffix *-oic* followed by the word acid.
2. The chain is numbered beginning with the carbon of the carboxyl group. Because the carboxyl group is understood to be on carbon-1, there is no need to give it a number.
3. In the IUPAC system, a carboxyl group takes precedence over most other functional groups, including hydroxyl, amino groups, and the carbonyl groups of aldehydes and ketones.

(*R*)-5-Hydroxyoctanoic acid   5-Oxohexanoic acid

A9.7 *Carboxylic Esters*

1. The IUPAC name of an ester is derived from the name of the corresponding carboxylic acid. The alkyl or aryl group bonded to oxygen is named first, followed by the name of the acid in which the suffix *-ic acid* is replaced by the suffix *-ate*.

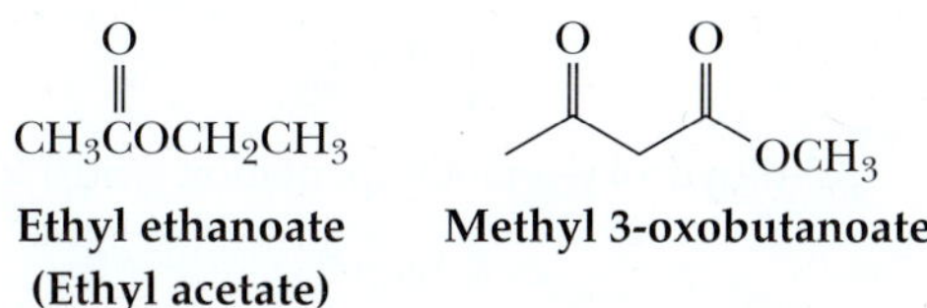

Ethyl ethanoate (Ethyl acetate)   **Methyl 3-oxobutanoate**

A9.8 *Carboxylic Amides*

1. The IUPAC name of an amide is derived from the name of the parent carboxylic acid by dropping the suffix *-oic acid* and adding *-amide*.
2. If the nitrogen atom of the amide is bonded to an alkyl or aryl group, the group is named, and its location on nitrogen is indicated by the prefix *N*-.

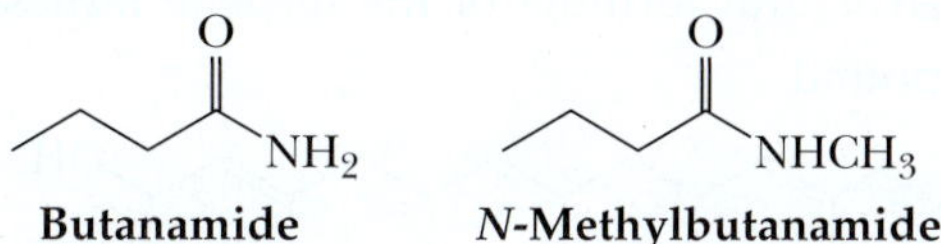

Butanamide   ***N*-Methylbutanamide**

A9.9 *Carboxylic Anhydrides*

1. Anhydrides are named by replacing the word *acid* in the name of the parent carboxylic acid with the word *anhydride*.

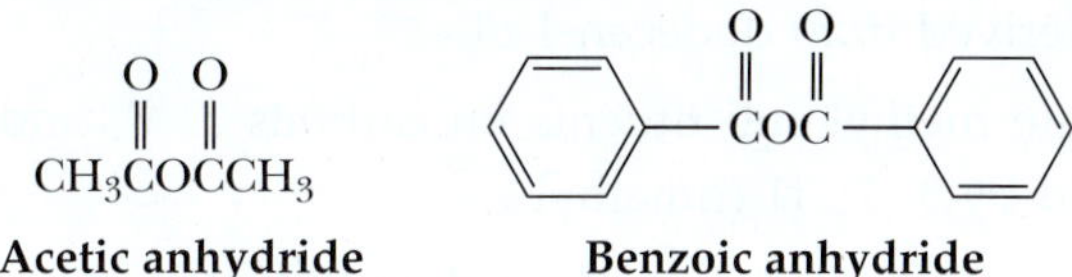

Acetic anhydride   **Benzoic anhydride**

Example A9.1

Following is the structural formula of mevalonic acid, a key intermediate in the biosynthesis of cholesterol. Write the IUPAC name of this compound.

Mevalonic acid

Step 1: Identify all functional groups and, of these, select the one of highest precedence. This group must be in the chain of carbon atoms selected as the parent alkane, and its location on the parent chain determines the numbering of the parent chain.

Mevalonic acid contains three functional groups, two hydroxyl groups, and one carboxyl group. The carboxyl group has the highest precedence, and it is therefore, carbon 1 of the parent chain.

Accordingly, this molecule is named as a substituted pentanoic acid.

Step 2: Name and locate all other substituents on the parent chain.

The two hydroxyl groups are on carbons 3 and 5, and therefore are named and located as 3,5-dihydroxy- and the methyl group is named and located as -3-methyl-.

Step 3: Specify the configuration of all chiral centers or carbon-carbon double bonds about which *cis-trans* isomerism is possible. In this example, there is one chiral center at carbon 3 and it has the *R* configuration.

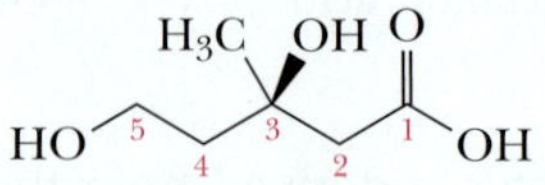

H_3C OH O

HO 5 4 3 2 1 OH

Step 1

pentanoic acid

Step 2

3,5-dihydroxy-3-methylpentanoic acid

Step 3

(3*R*)-3,5-Dihydroxy-3-methylpentanoic acid

Example A9.2

Following is the structural formula of the terpene farnesol. Write the IUPAC name of this compound.

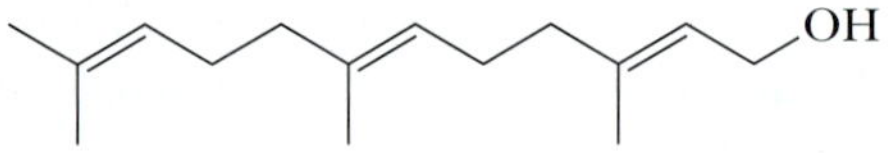

OH

Farnesol

Step 1: There is a single hydroxyl group, which must be located in the longest carbon chain, which in this example is 12 carbon atoms. Therefore, the compound is derived from dodecan-1-ol.

Step 2: There are methyl substituents on carbons 3, 7, and 11 of the parent chain, indicated by 3, 7, 11 trimethyl-.

Step 3: There are three carbon-carbon double bonds indicated by the infix 2,6,10-tridecen-.

Step 4: Of the three double bonds in farnesol, those at carbons 2 and 6 can show *cis/trans* isomerism, which may be designated in common name as *trans-trans*farnesol, but in the IUPAC system must be designated by the *E,Z* system as (2*E*,6*E*)-.

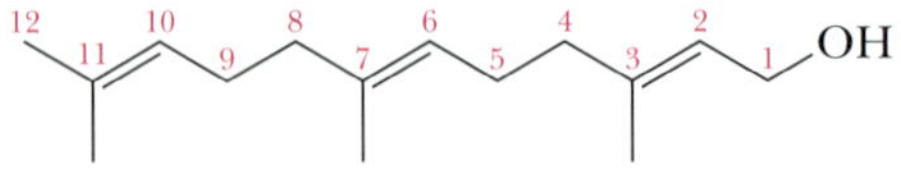

12 11 10 9 8 7 6 5 4 3 2 1 OH

Step 1

dodecan-1-ol

Step 2

3,7,11-trimethyldodecan-1-ol

Step 3

3,7,11-trimethyl-2,6,10-dodecatrien-1-ol

Step 4

(2*R* 6*E*)-3,7,11-trimethyl-2,6,10-dodecatrien-1-ol

Example A9.3

Following is the structural formula of the Queen substance, a substance secreted by the mandibular gland of queen honeybees. It inhibits the development of ovaries in worker bees, prevents queen cells formation, and attracts male bees (drones) to virgin queens for the purpose of mating. Write the IUPAC name of this compound.

O H H COOH

Queen substance

Step 1: There are two oxygen functional groups in this molecule. A carboxyl group and a ketone group. Of these, the carboxyl group has the higher precedence, and determines the numbering pattern of the longest chain that contains both of these functional groups.

Step 2: The presence and location of the ketone group is indicated by the prefix 9-oxo-, and the presence and location of the carbon-carbon double bond is indicated by the infix -2-ene.

Step 3: The carbon-carbon double bond has the E configuration, which could be indicated by (2*E*), but because there is only one double bond, and we know from Step 2 that it is between carbons 2 and 3, it is not necessary to specify (2*E*). It is sufficient to place (*E*) first in the name.

O 8 9 10 7 6 5 4 3 2 H H COOH 1

Step 1

decanoic acid

Step 2

9-oxodec-2-enoic acid

Step 3

(*E*)-9-Oxodec-2-enoic acid

부록 10

Common Mistakes in Arrow Pushing

Throughout this book arrow pushing is used to indicate the flow of electrons in the various organic reaction mechanisms that are discussed. A few simple rules for properly performing arrow pushing were introduced in Section 6.2. In this Appendix we examine some of the most common mistakes that students make when first learning arrow-pushing methods and tell you how to avoid them. The mistakes given below are the ones seen most often by the authors during their cumulative dozens of years of experience in teaching Introductory Organic Chemistry.

A10.1 Backward Arrows

Reversing the direction of one or more arrows during a chemical step is the most common mistake made by students when writing organic reaction mechanisms. Backward arrow pushing usually derives from a student thinking about the movement of atoms, not the movement of electrons. Hence, to avoid this mistake it is important to remember that arrows depict how electrons move, not where atoms move, within or between chemical structures. Further, one can avoid this mistake by remembering that every arrow must start at an electron source (a bond or lone pair) and terminate at an electron sink (an atom that can accept a new bond or lone pair).

This arrow is incorrect because it shows movement of the H atom, not electrons. An atom cannot be a source. Only a bond or lone pair can be a source.

Incorrect

$H_3CHC{=}CH_2$ H—Br:

This arrow correctly shows attack by the π bond (source) onto the electrophilic H atom (sink).

Correct

$H_3CHC{=}CH_2$ H—Br:

$H_3CH\overset{+}{C}{-}CH_2$(H) + $:Br:^-$

A10.2 Not Enough Arrows

A second common mistake in writing arrow-pushing schemes is to not use enough arrows. This usually results from not keeping track of all lone pairs, bonds made, or bonds broken in a mechanism step. In other words, if you analyze exactly the new position of electrons resulting from each arrow, missing arrows will become evident. In the following example we compare two arrow-pushing scenarios, one of which is missing an arrow. In the incorrect scheme there is no arrow that indicates breaking of the C-H bond of the reactant and formation of the π-bond in the alkene product. Note that when an arrow is missing, the result is commonly too many bonds and/or lone pairs on one atom (see the next section on hypervalency) and not enough bonds or lone pairs on another.

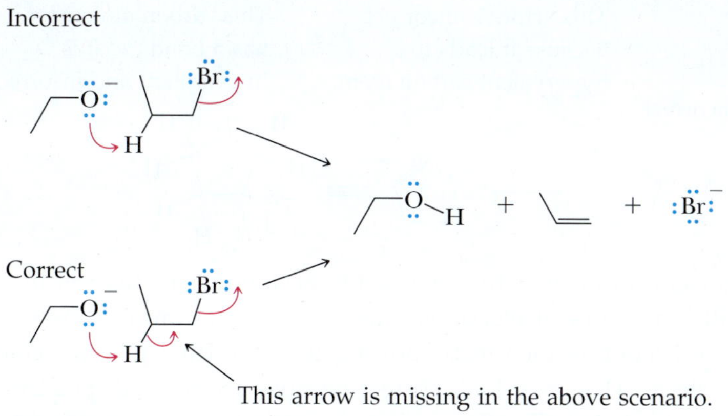

Incorrect

Correct

This arrow is missing in the above scenario.

A10.3 Hypervalency

Another frequent mistake when writing arrow-pushing schemes is to expand the valency of an atom to more electrons than an atom can accommodate, a situation referred to as hypervalency. An overarching principle of organic chemistry is that carbon has eight electrons in its valence shell when present in stable organic molecules (the Octet Rule, Section 1.2). Analogously, many of the other most common elements in organic molecules, such as nitrogen, oxygen, and chlorine, also obey the Octet Rule. There are three common ways in which students incorrectly draw hypervalent atoms: 1) Too many bonds to an atom, 2) Forgetting the presence of hydrogens, and 3) Forgetting the presence of lone pairs.

In the following case an arrow is used to depict a potential resonance contributing structure of nitromethane. However, the result is a nitrogen atom with 10 electrons in its valence shell because there are too many bonds to N. Such mistakes can be avoided by remembering to draw all bonds and lone pairs on an atom so that the total number of electrons in each atom's valence shell is apparent.

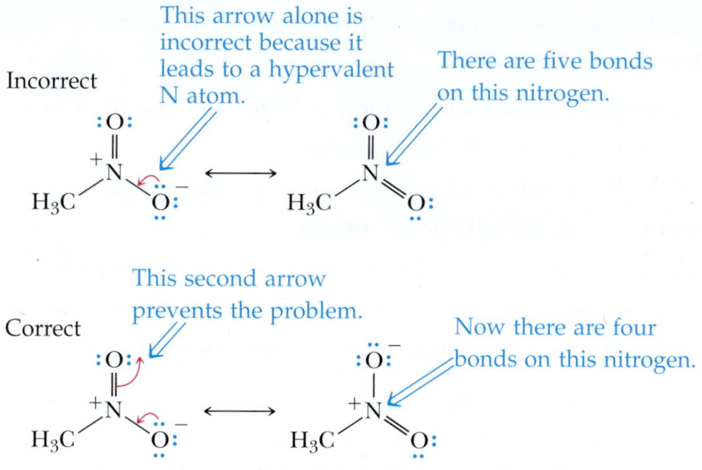

Incorrect

This arrow alone is incorrect because it leads to a hypervalent N atom.

There are five bonds on this nitrogen.

Correct

This second arrow prevents the problem.

Now there are four bonds on this nitrogen.

Another common way students mistakenly end up with a hypervalent atom is to forget the presence of hydrogens that are not explicitly written. When using stick diagrams to write organic chemical structures not all the hydrogens are drawn, and hence it is common to forget them during an arrow pushing exercise. The following example shows two proposed resonance contributing structures of an amide anion. The arrow drawn on the molecule to the left is incorrect because it depicts the formation of a new bond to a carbon that already has four bonds. When both bonds to hydrogen are drawn explicitly as on the structure farthest to the right, it is clear there are now five bonds around the indicated carbon atom. Notice also that the negative charge was lost upon drawing the contributing structures on the right, providing another clear signal that something was wrong because overall charge is always conserved when arrows are drawn correctly.

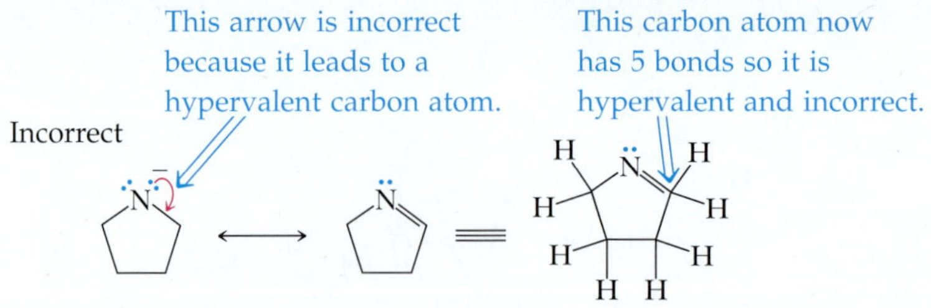

Incorrect

This arrow is incorrect because it leads to a hypervalent carbon atom.

This carbon atom now has 5 bonds so it is hypervalent and incorrect.

Another common way to make a hypervalency mistake is by forgetting to count all lone pairs of electrons. The following example shows a negatively charged nucleophile incorrectly adding to the formal positive charge on an alkylated ketone. This may look correct because atoms with positive and negative charges are being directly combined, but when counting bonds and lone pairs of electrons, it is found that the oxygen ends up with 10 electrons overall. Hence, this is a mistake.

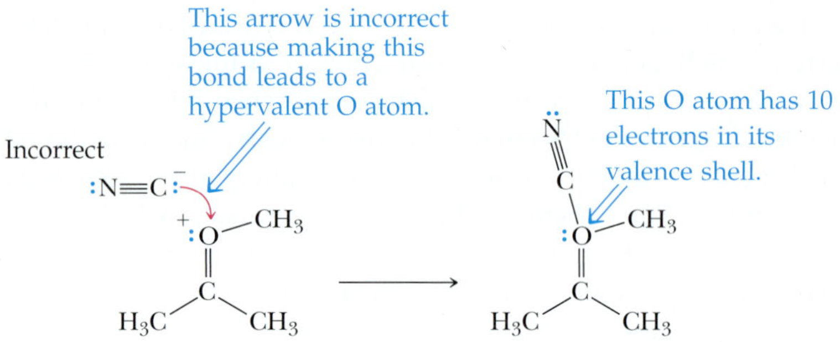

Incorrect

This arrow is incorrect because making this bond leads to a hypervalent O atom.

This O atom has 10 electrons in its valence shell.

A10.4 Mixed Media Errors

Acids and bases are catalysts, reactants, products, and intermediates in many organic chemistry transformations. When writing mechanisms for reactions involving acids and bases, there are three general rules that will guide you in depicting the correct mechanism.

- Do not show the creation of a strong acid for the mechanism of a reaction that is performed in strongly basic media.
- Do not show the creation of a strong base for the mechanism of a reaction that is performed in strongly acidic media.
- In strongly acidic media, all the intermediates and products will be either neutral or positively charged, while in strongly basic media, all the products and intermediates will be neutral or negatively charged.

The reason for these rules is that significant amounts of strong acids and bases cannot co-exist simultaneously in the same medium because they would rapidly undergo a proton transfer reaction before anything else would happen in the solution.

An example of a mixed media error is given below. The first equation shows a strong base being created although the reaction is performed under acidic conditions (see conditions over the first equilibrium arrows). Not shown are the three steps that lead to the intermediate. A mistake is made in the arrow pushing because a strong base (methoxide) is generated as the leaving group even though the reaction is run in strong acid. In the correct mechanism, the next step would be protonation of the ether oxygen atom followed by loss of methanol (not shown) to give a carboxylic acid product.

Incorrect

Incorrect creation of a strong base in acidic media.

H_3O^+ / H_2O, three steps

Correct

H_3O^+ / H_2O, three steps

This leaves as methanol in the next step of the mechanism.

A10.5 Failing to Conserve Charge

Overall charge must be conserved in all mechanism steps. Failure to conserve overall charge could be caused by some of the preceding errors (hypervalency, failure to draw arrows, mixed media errors), but we mention it by itself because it is always helpful to check that your arrow pushing is consistent by confirming that overall charge conservation is obeyed. In the example shown below, an arrow is missing leading to a neutral intermediate even though the overall charge on the left side of the equation was minus one. Notice there are five bonds to carbon on the intermediate (hypervalency), providing another obvious indication that something was incorrect in the mechanism step as drawn.

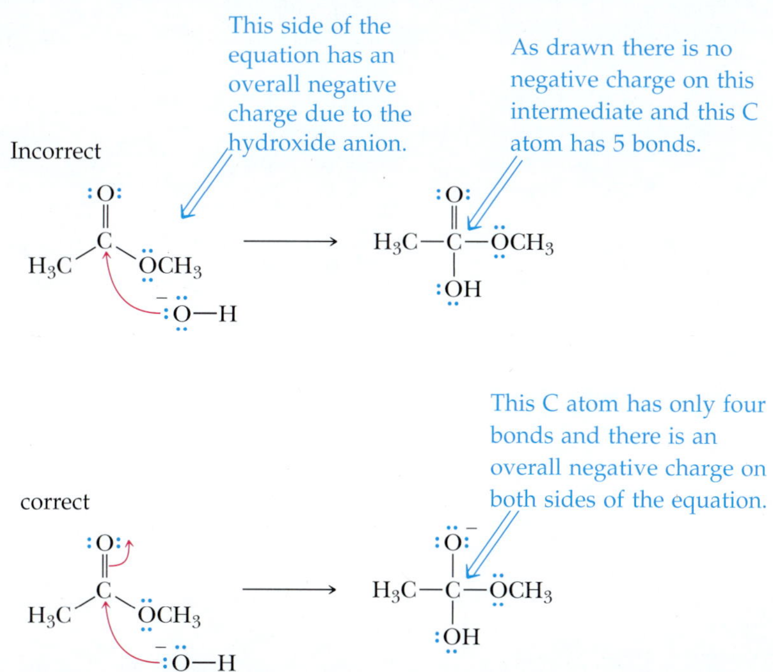

Organic Chemistry Road Maps

An organic chemistry road map is a graphical representation of the many organic reactions in the context of the important functional groups. The functional groups of an organic chemistry road map are analogous to cities on a real road map, and the reactions are the roads between those cities. Arrows are used to represent routes that are known between functional groups, and the reagents required to bring about each reaction are written next to the corresponding arrow. For the road maps that follow, the arrows and reagents are color coded to denote the chapter in which the reaction is first described.

Multi-step synthesis questions are often the most challenging for organic chemistry students even though synthesis is at the core of organic chemistry as a discipline. The problem comes down to keeping track of the different reactions encountered throughout the course in such a way that they can be recalled in the context of transforming simpler molecules into more complex molecules.

The power of the organic chemistry road map is that it visualizes the reactions introduced in different chapters in a context that emphasizes how these reactions can be used in specific sequences to interconvert key functional groups in multi-step synthesis problems. Often it is not possible to change one functional group into another with a single reaction. The road map helps you deduce a pathway that is possible when several different reactions are required. For example, you will notice that you cannot create an alkyne directly from an alkane. However, by looking at the road map for Chapters 6–11, you observe that it is possible to convert an alkane into a haloalkane (Br_2 and $h\nu$), followed by an E2 elimination (strong base) to give an alkene. The alkene can then be reacted with X_2 to give a vicinal dihaloalkane, which is then reacted with $NaNH_2$ in NH_3 to give the alkyne. Of course, you always need to keep track of both regiochemistry (i.e., Markovnikov addition to an alkene, replacement of an H atom at the most substituted carbon, etc.) and stereochemistry (syn vs. anti, inversion of a chiral center, etc.) in order to predict accurately the products of a reaction sequence.

In order to avoid having too much information on a single page, several different road maps have been created. In particular, there is a road map for Chapters 6–11, Chapters 15–18, Chapter 19, and Chapters 20–23. Although these road maps are intended to be a useful reference, you will benefit from making and using your own road maps. See the end of chapter problems throughout this book. The authors' students have been making and using road maps for almost two decades now, and these road maps are universally credited with making organic chemistry lecture courses a much richer learning experience.

Reactions that make carbon-carbon bonds are particularly useful for organic synthesis because it allows the construction of larger molecules from smaller fragments. All of the many carbon-carbon bond-forming reactions are indicated on the following road maps as reagents with solid backgrounds. For the two reactions involving the cleavage of carbon-carbon bonds, the reagents are circled.

ROADMAP FOR REACTIONS

Chapter 6

(A) Regiochemistry: Markovnikov addition to a π bond
(B) Stereochemistry: anti-addition
(C) Regiochemistry: non-Markovnikov addition to a π bond
(D) Stereochemistry: syn-addition
(E) Works well for methyl and 1° haloalkanes
(F) Stereochemistry: gives *cis*-alkenes as products
(G) Stereochemistry: gives *trans*-alkenes as products
(H) Reactivity of C–H bonds follows 3° > 2° > 1°
(I) Works for methyl, 1°, and 2° haloalkanes
(J) Works for 2° and 3° haloalkanes, may see rearrangements
(K) Works for all haloalkanes except methyl, although a bulky (non-nucleophilic) base must be used for 1° haloalkanes. Regiochemistry: follows Zaitzev's rules so the more substituted alkene predominates. Stereochemistry: requirement for the X and H to be eliminated with anti-periplanar geometry.
(L) PBr_3 and SOX_2 works for methyl, 1°, and 2° haloalkanes. HX can give rearrangements.
(M) For 1° alcohols } PCC = pyridinium chlorochromate.
(N) For 2° alcohols
(O) Regiochemistry: the product with the more substituted alkene predominates
(P) DMP = Dess-Martin periodinane
(Q) Swern oxidation = 1) oxalyl chloride, DMSO; 2) tertiary amine

Reactions that cleave carbon-carbon bonds are indicated by reagents that are circled.

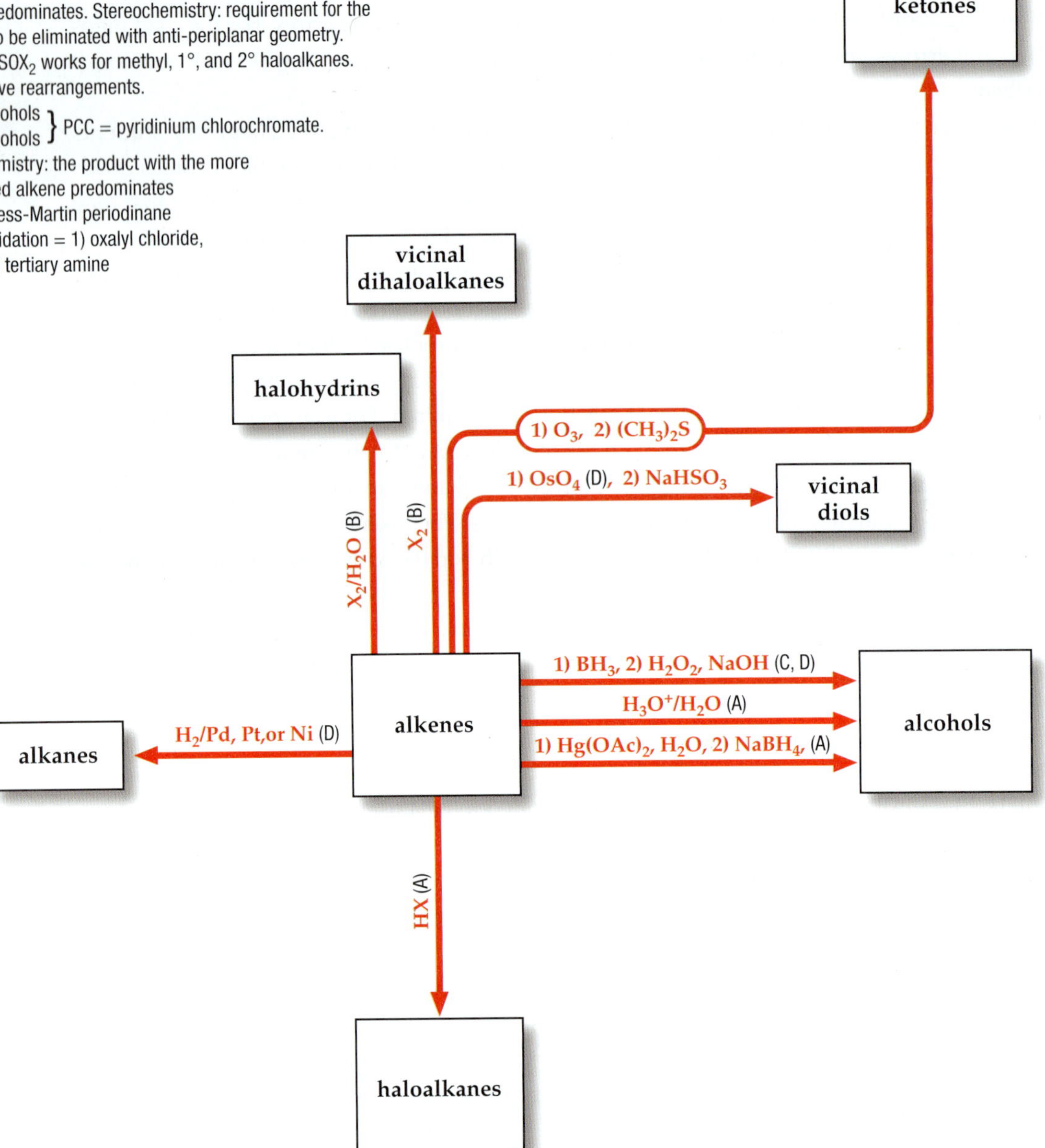

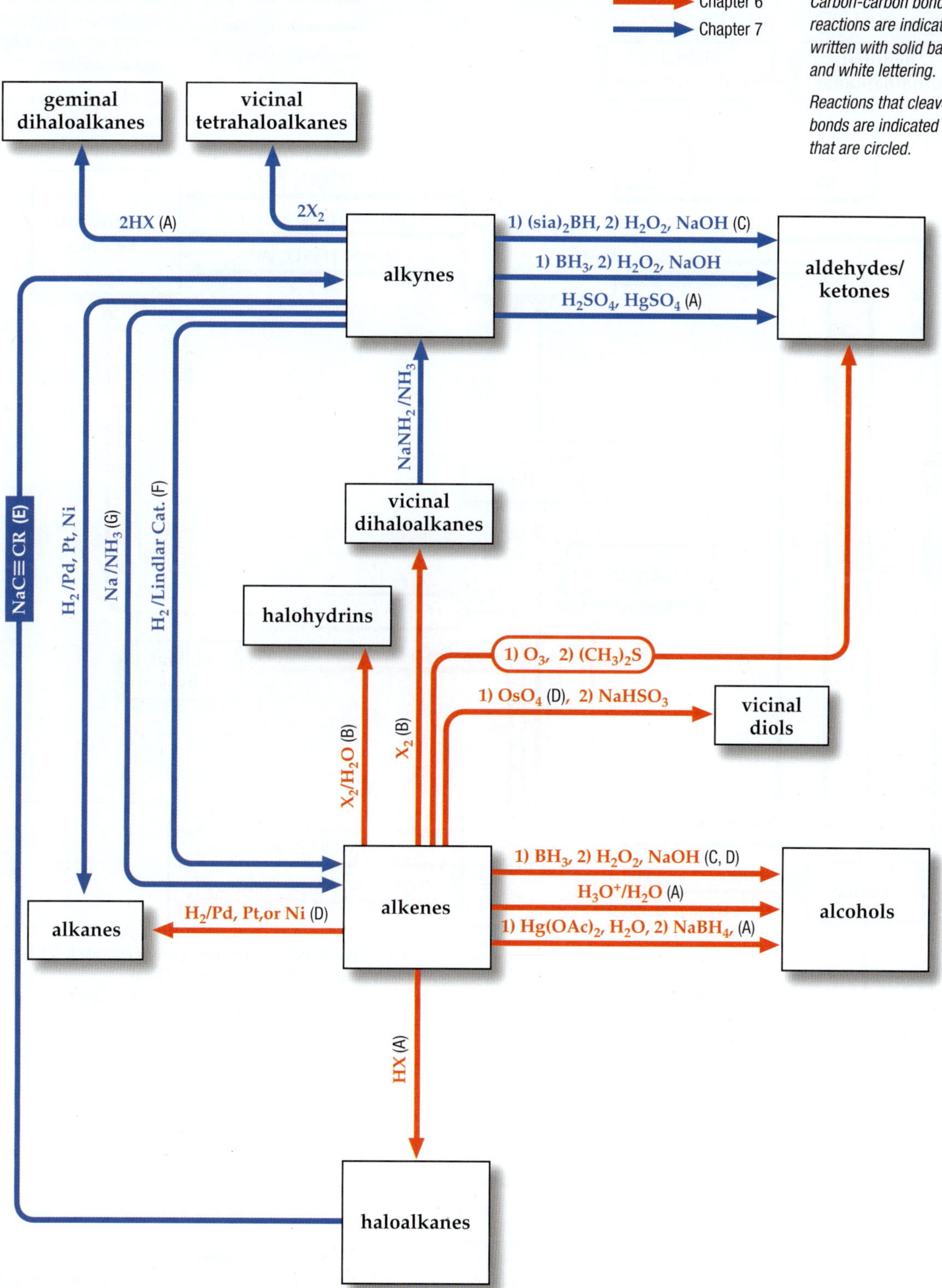
Key:
Chapter 6
Chapter 7
Carbon-carbon bond forming reactions are indicated by reagents written with solid backgrounds and white lettering.
Reactions that cleave carbon-carbon bonds are indicated by reagents that are circled.
geminal dihaloalkanes
vicinal tetrahaloalkanes
2HX (A)
2X2
alkynes
1) (sia)2BH, 2) H2O2, NaOH (C)
1) BH3, 2) H2O2, NaOH
H2SO4, HgSO4 (A)
aldehydes/ ketones
NaNH2 /NH3
NaC≡CR (E)
H2 /Pd, Pt, Ni
Na /NH3 (G)
H2 /Lindlar Cat. (F)
vicinal dihaloalkanes
halohydrins
1) O3, 2) (CH3)2S
1) OsO4 (D), 2) NaHSO3
vicinal diols
X2/H2O (B)
X2 (B)
alkenes
alkanes
H2/Pd, Pt,or Ni (D)
1) BH3, 2) H2O2, NaOH (C, D)
H3O+/H2O (A)
1) Hg(OAc)2, H2O, 2) NaBH4, (A)
alcohols
HX (A)
haloalkanes

ROADMAP FOR REACTIONS Chapters 6 7 8

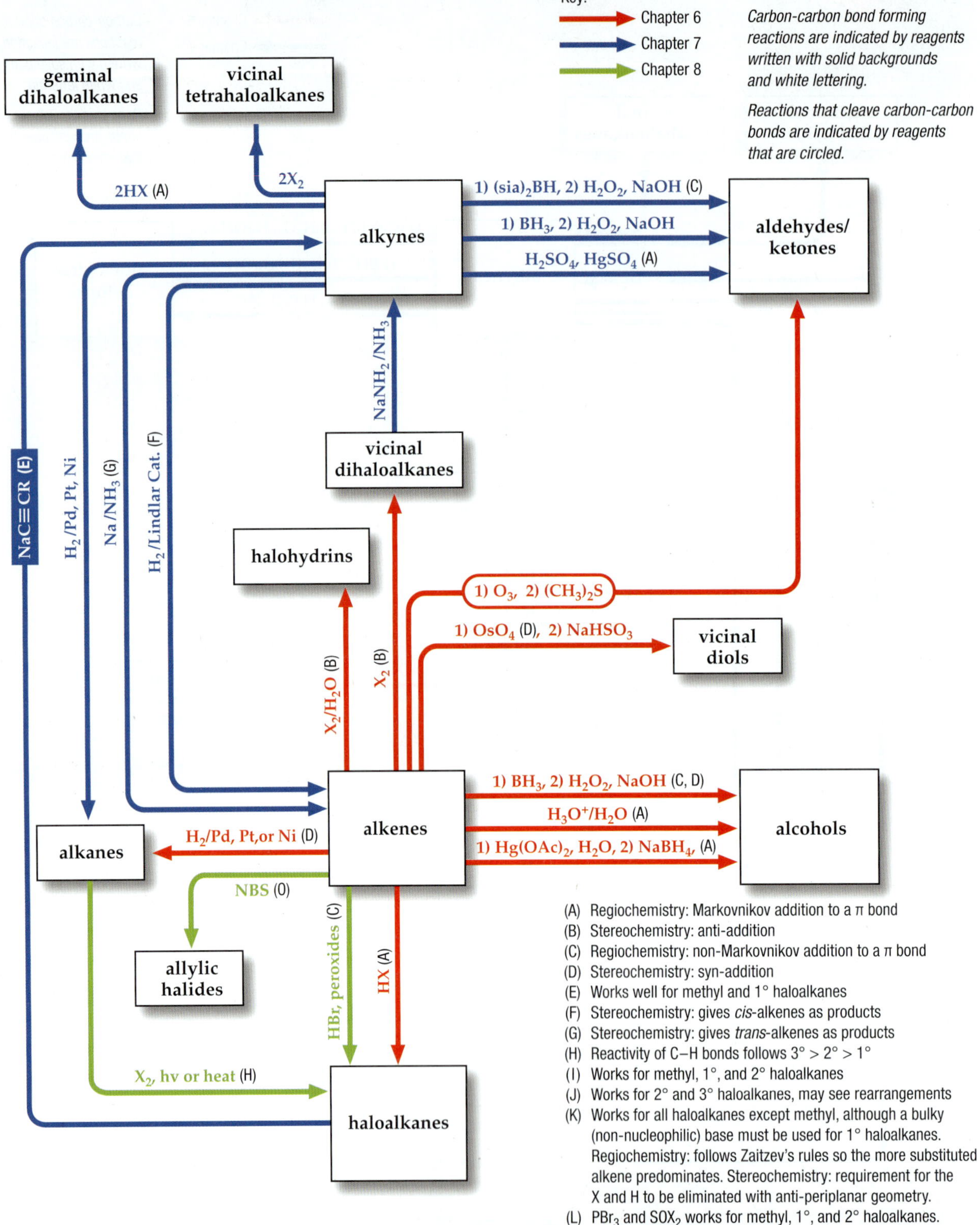

(A) Regiochemistry: Markovnikov addition to a π bond
(B) Stereochemistry: anti-addition
(C) Regiochemistry: non-Markovnikov addition to a π bond
(D) Stereochemistry: syn-addition
(E) Works well for methyl and 1° haloalkanes
(F) Stereochemistry: gives *cis*-alkenes as products
(G) Stereochemistry: gives *trans*-alkenes as products
(H) Reactivity of C–H bonds follows 3° > 2° > 1°
(I) Works for methyl, 1°, and 2° haloalkanes
(J) Works for 2° and 3° haloalkanes, may see rearrangements
(K) Works for all haloalkanes except methyl, although a bulky (non-nucleophilic) base must be used for 1° haloalkanes. Regiochemistry: follows Zaitzev's rules so the more substituted alkene predominates. Stereochemistry: requirement for the X and H to be eliminated with anti-periplanar geometry.
(L) PBr_3 and SOX_2 works for methyl, 1°, and 2° haloalkanes. HX can give rearrangements.
(M) For 1° alcohols } PCC = pyridinium chlorochromate.
(N) For 2° alcohols }
(O) Regiochemistry: the product with the more substituted alkene predominates
(P) DMP= Dess-Martin periodinane
(Q) Swern oxidation = 1) oxalyl chloride, DMSO; 2) tertiary amine

ROADMAP FOR REACTIONS

Chapters 6 7 8 9

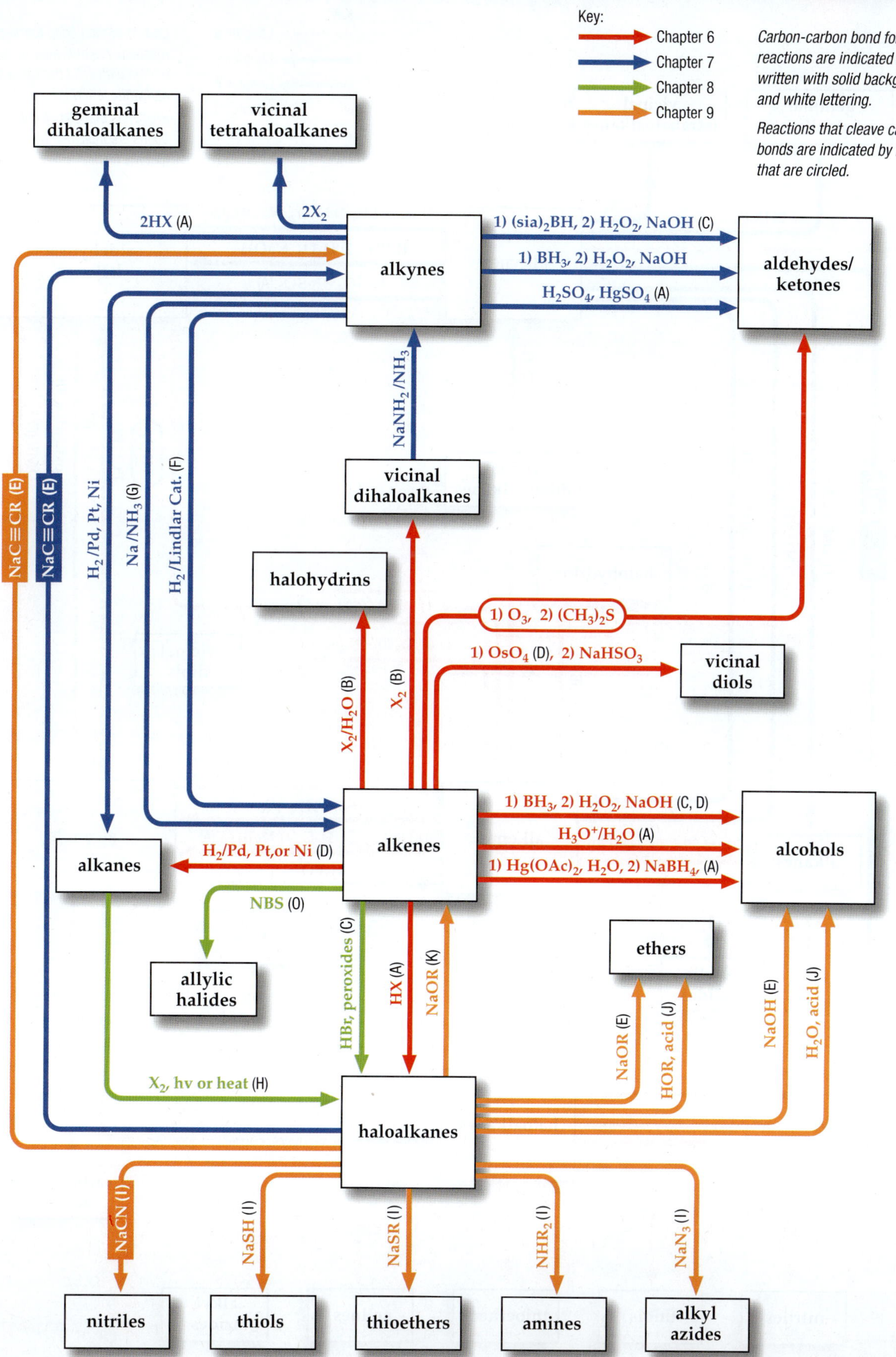

ROADMAP FOR REACTIONS Chapters 6 7 8 9 10

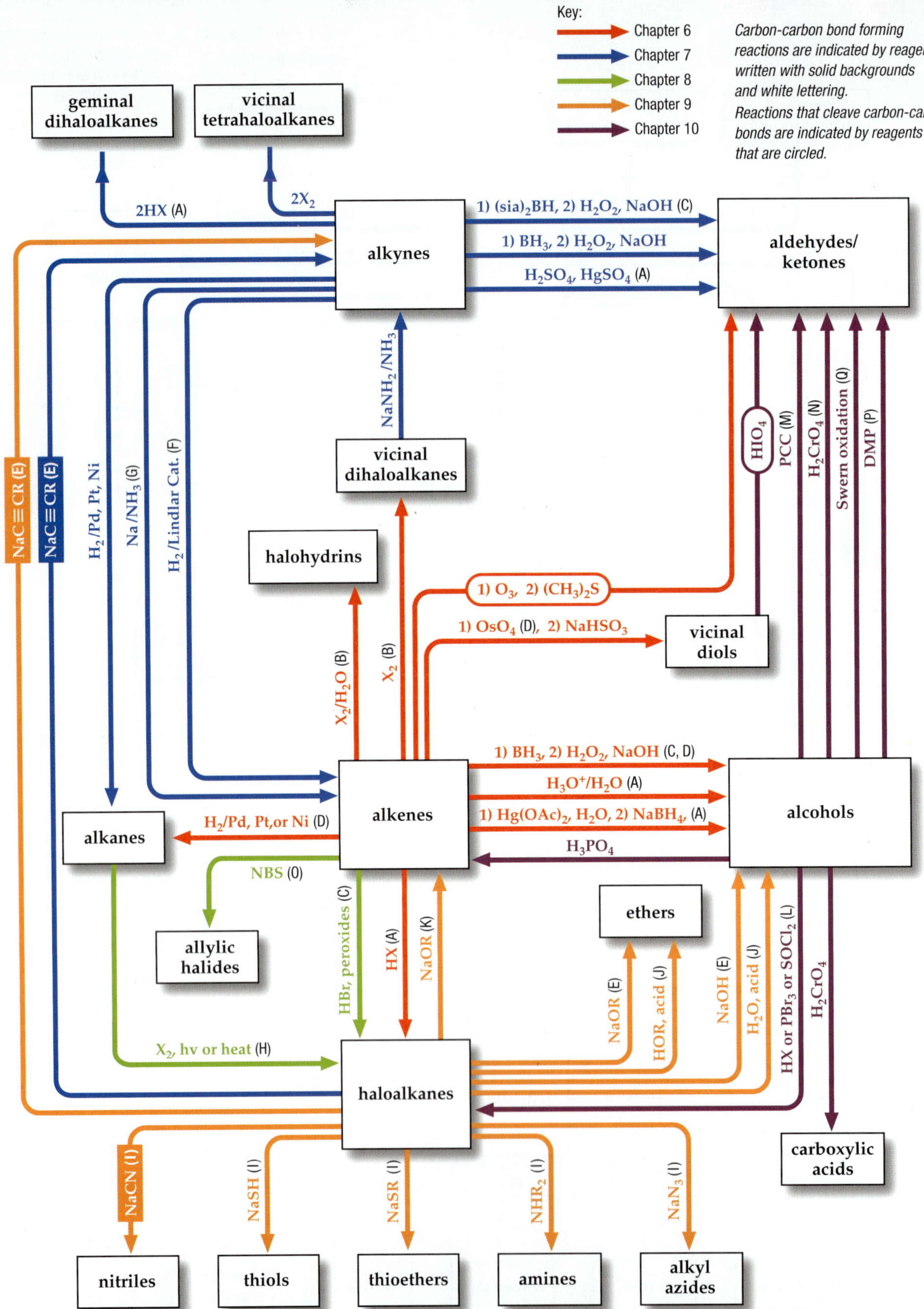

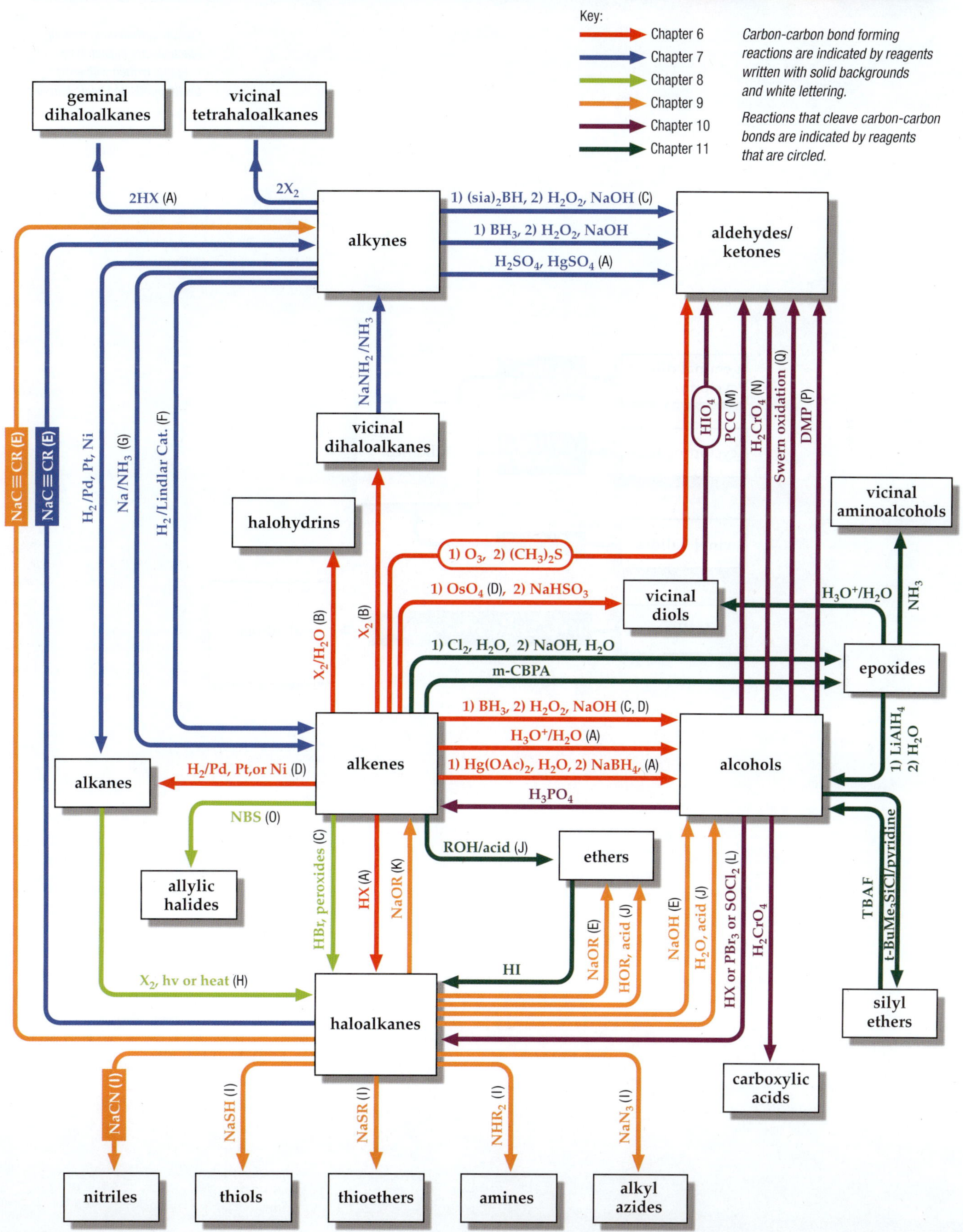
ROADMAP FOR REACTIONS Chapters 6 7 8 9 10 11
Key:
Chapter 6
Chapter 7
Chapter 8
Chapter 9
Chapter 10
Chapter 11
Carbon-carbon bond forming reactions are indicated by reagents written with solid backgrounds and white lettering.
Reactions that cleave carbon-carbon bonds are indicated by reagents that are circled.
geminal dihaloalkanes
vicinal tetrahaloalkanes
2HX (A)
$2X_2$
alkynes
1) $(sia)_2BH$, 2) H_2O_2, NaOH (C)
1) BH_3, 2) H_2O_2, NaOH
H_2SO_4, $HgSO_4$ (A)
aldehydes/ ketones
$NaNH_2/NH_3$
vicinal dihaloalkanes
NaC≡CR (E)
NaC≡CR (E)
H_2/Pd, Pt, Ni
Na/NH_3 (G)
H_2/Lindlar Cat. (F)
HIO_4
PCC (M)
H_2CrO_4 (N)
Swern oxidation (Q)
DMP (P)
vicinal aminoalcohols
halohydrins
1) O_3, 2) $(CH_3)_2S$
1) OsO_4 (D), 2) $NaHSO_3$
vicinal diols
H_3O^+/H_2O
NH_3
X_2/H_2O (B)
X_2 (B)
1) Cl_2, H_2O, 2) NaOH, H_2O
m-CBPA
epoxides
1) BH_3, 2) H_2O_2, NaOH (C, D)
H_3O^+/H_2O (A)
1) $Hg(OAc)_2$, H_2O, 2) $NaBH_4$, (A)
H_3PO_4
1) $LiAlH_4$ 2) H_2O
alkanes
H_2/Pd, Pt,or Ni (D)
alkenes
alcohols
NBS (0)
allylic halides
HBr, peroxides (C)
HX (A)
NaOR (K)
ROH/acid (J)
ethers
NaOR (E)
HOR, acid (J)
NaOH (E)
H_2O, acid (J)
HX or PBr_3 or $SOCl_2$ (L)
H_2CrO_4
TBAF
t-$BuMe_2SiCl$/pyridine
HI
X_2, hv or heat (H)
haloalkanes
silyl ethers
carboxylic acids
NaCN (I)
NaSH (I)
NaSR (I)
NHR_2 (I)
NaN_3 (I)
nitriles
thiols
thioethers
amines
alkyl azides

Carbon-carbon bond forming reactions are indicated by reagents written with solid backgrounds and white lettering.

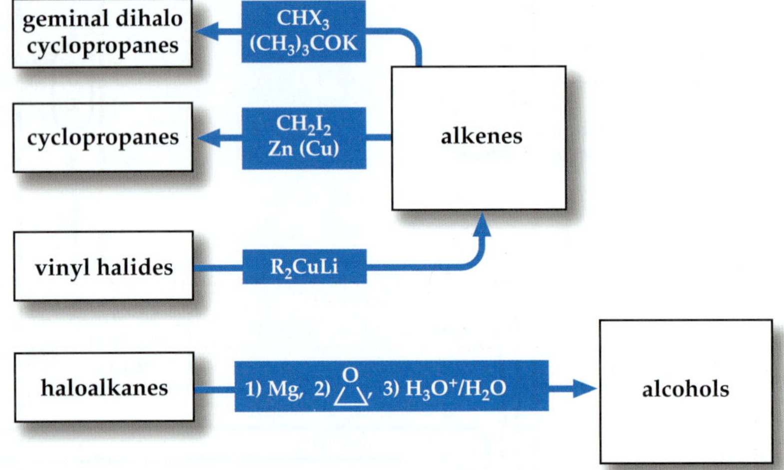

Carbon-carbon bond forming reactions are indicated by reagents written with solid backgrounds and white lettering.

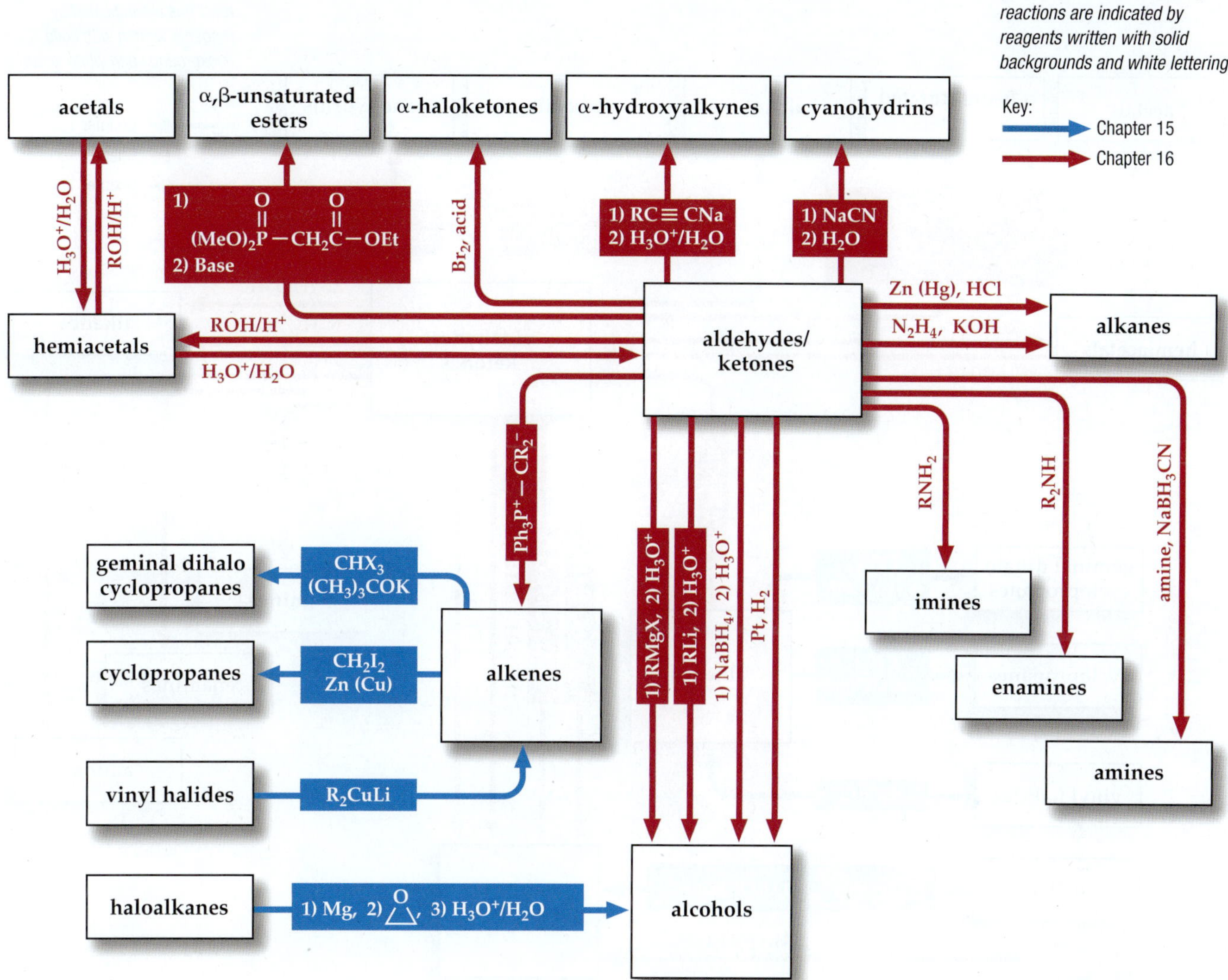

ROADMAP FOR REACTIONS Chapters 15 16 17

Carbon-carbon bond forming reactions are indicated by reagents written with solid backgrounds and white lettering.

Key:
Chapter 15
Chapter 16
Chapter 17

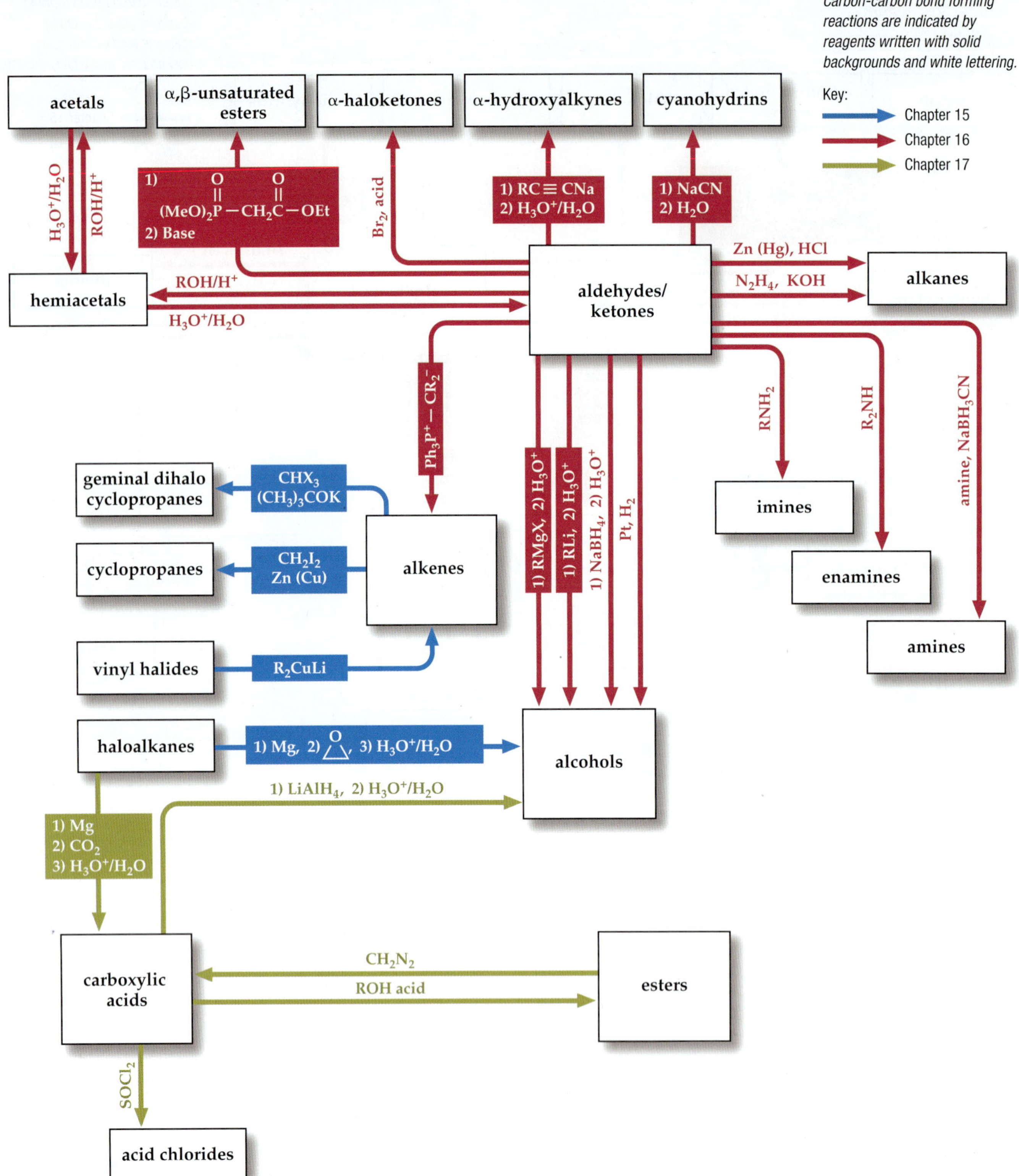

ROADMAP FOR REACTIONS Chapters 15 16 17 18

Carbon-carbon bond forming reactions are indicated by reagents written with solid backgrounds and white lettering.

Key:
- Chapter 15
- Chapter 16
- Chapter 17
- Chapter 18

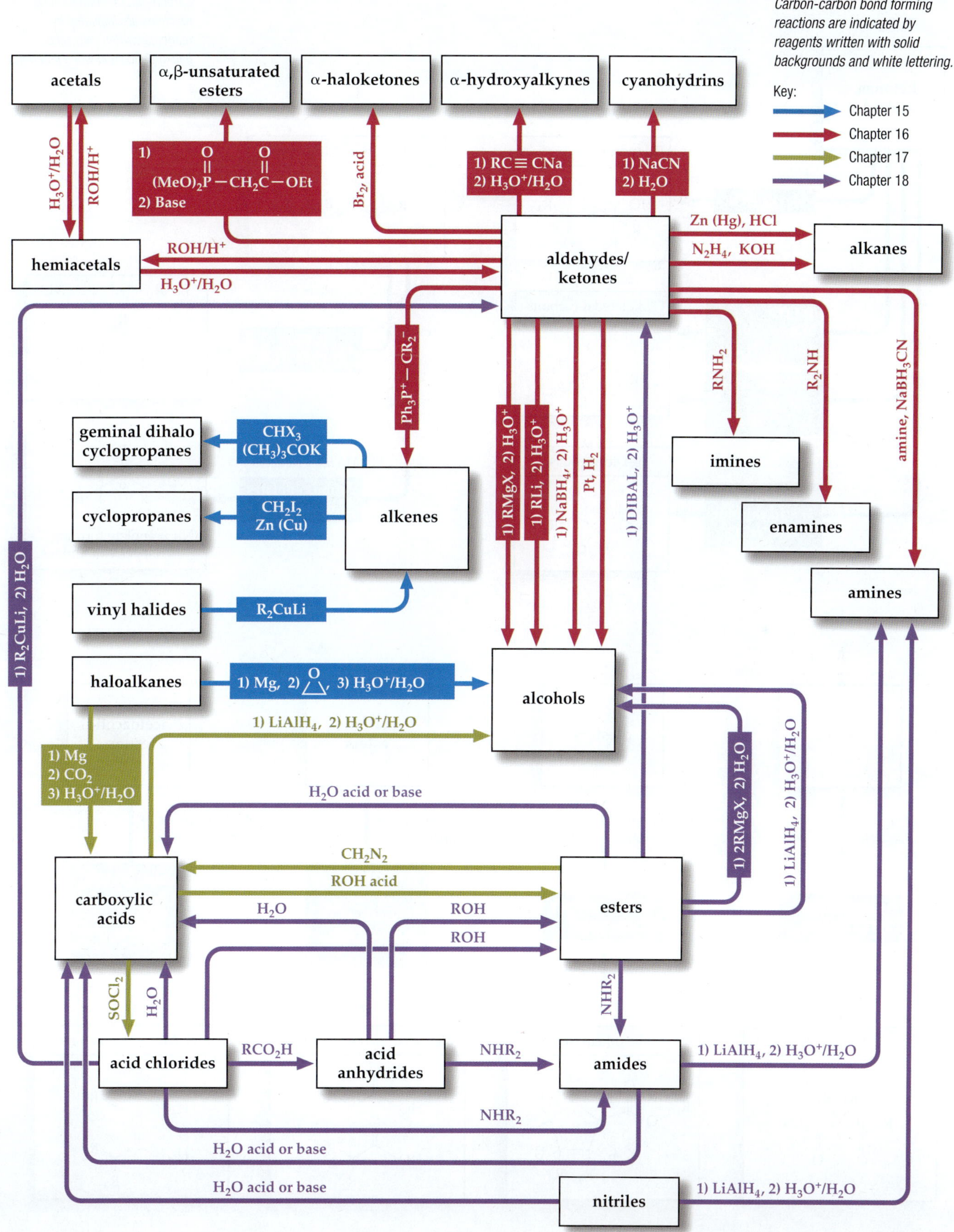

ROADMAP FOR REACTIONS Chapter 19

Carbon-carbon bond forming reactions are indicated by reagents written with solid backgrounds and white lettering.

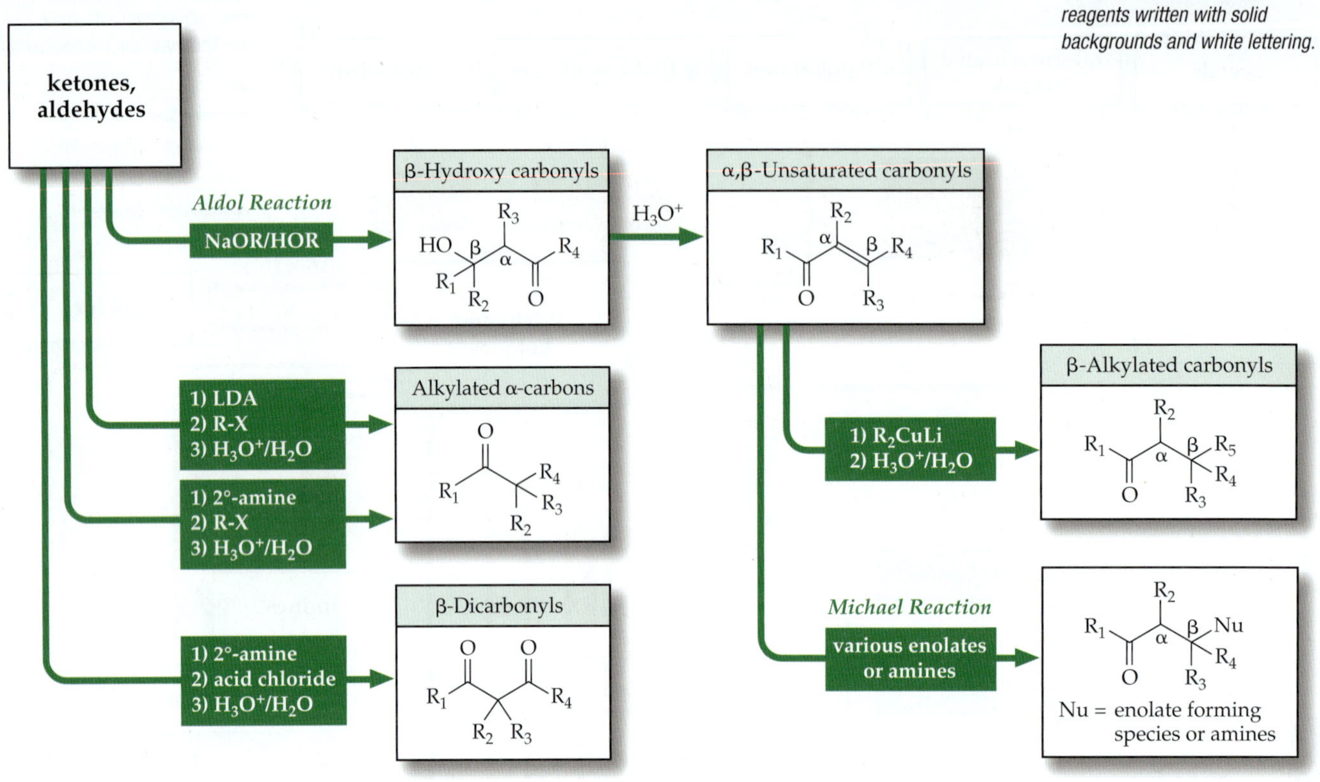

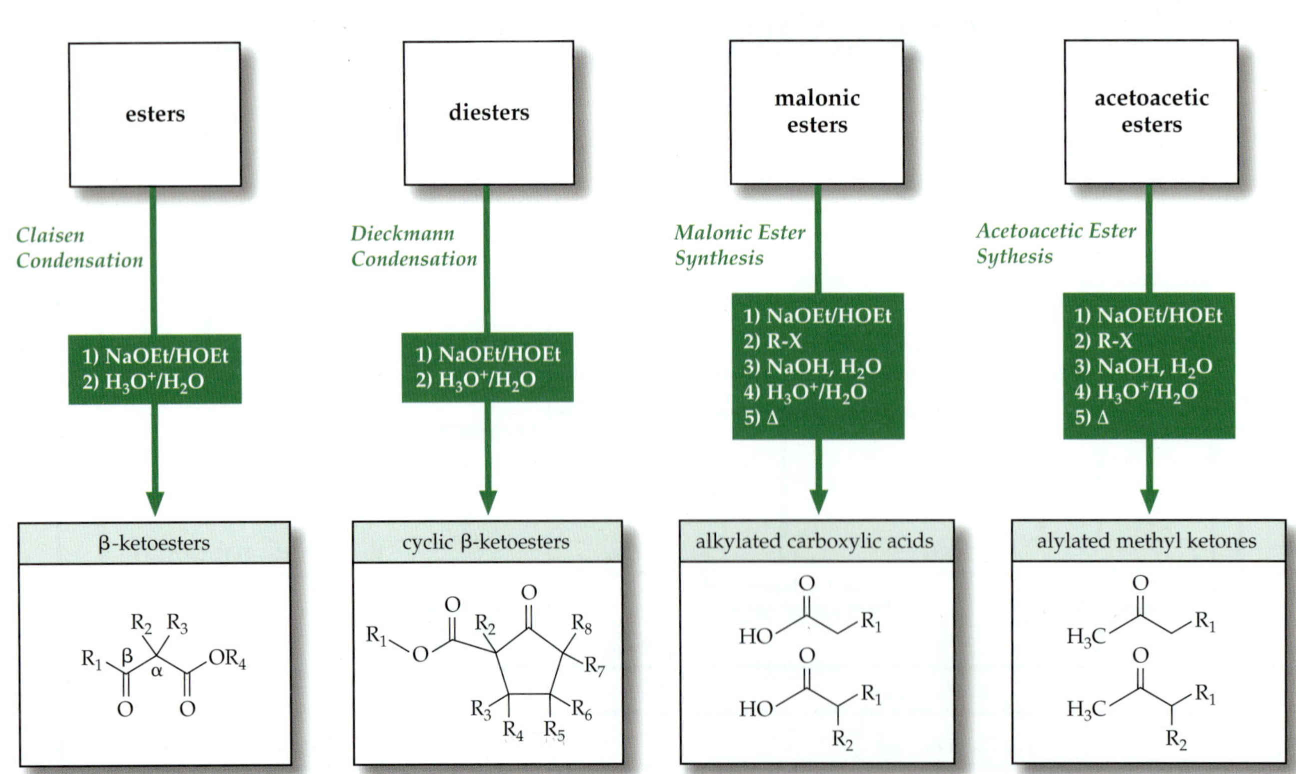

Carbon-carbon bond forming reactions are indicated by reagents written with solid backgrounds and white lettering.

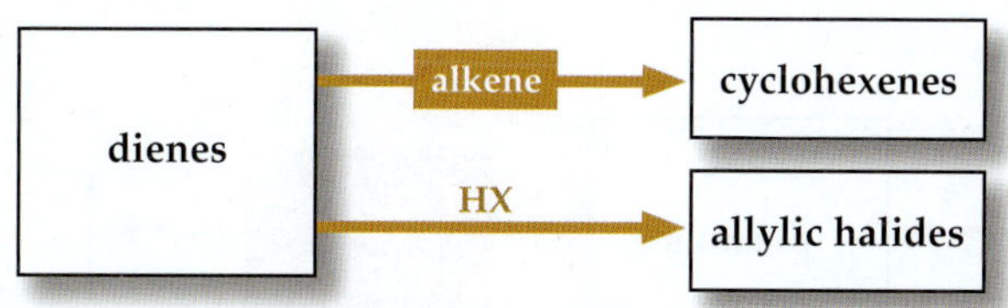

ROADMAP FOR REACTIONS Chapters 20 21

Key:

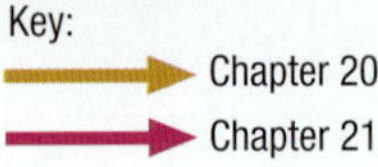

Carbon-carbon bond forming reactions are indicated by reagents written with solid backgrounds and white lettering.

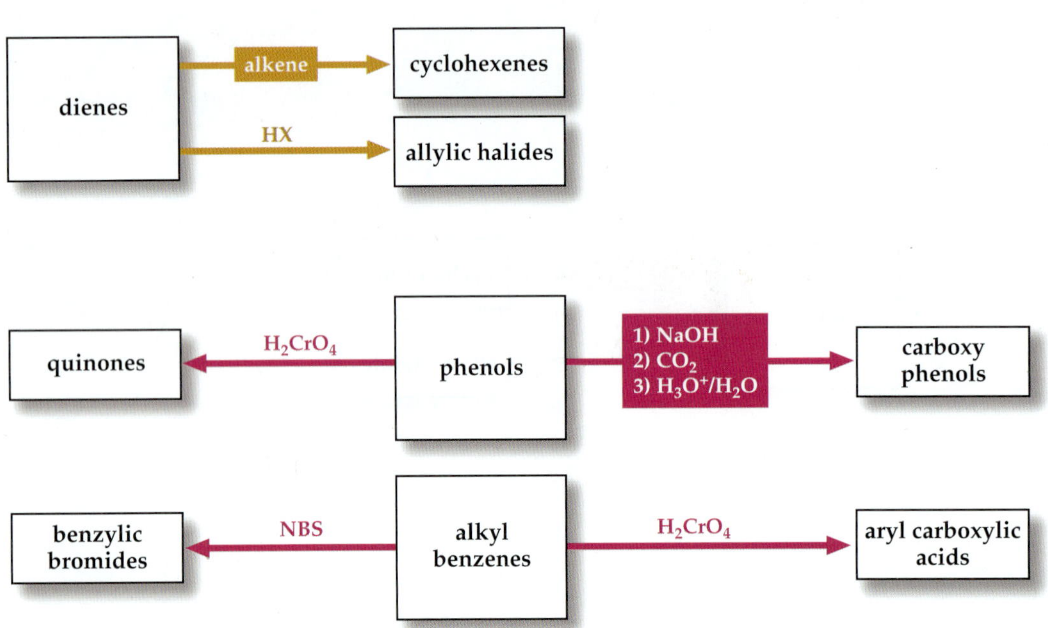

ROADMAP FOR REACTIONS Chapters 20 21 22

Key:

Carbon-carbon bond forming reactions are indicated by reagents written with solid backgrounds and white lettering.

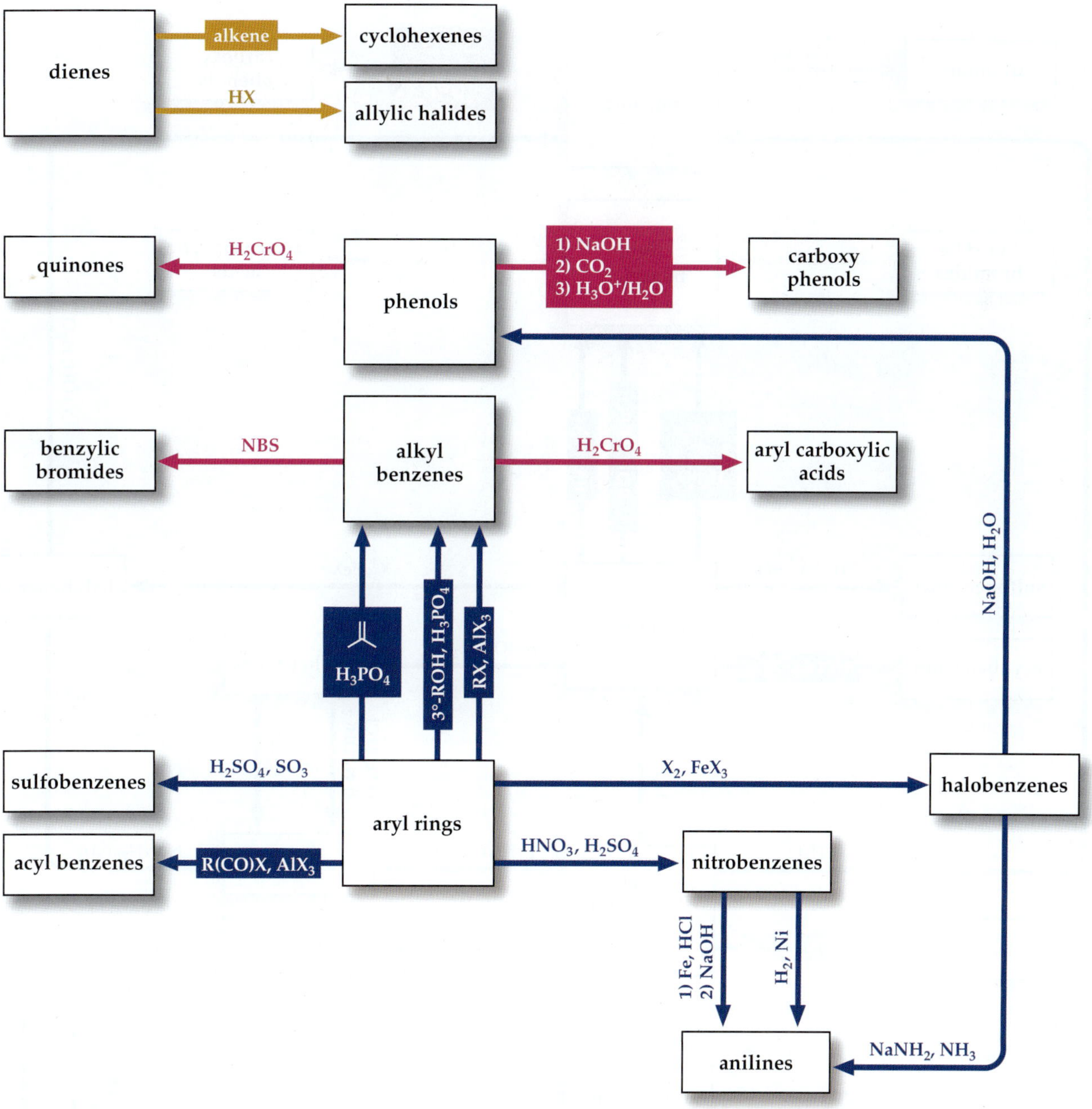

dienes → (alkene) → cyclohexenes

dienes → (HX) → allylic halides

phenols → (H_2CrO_4) → quinones

phenols → (1) NaOH 2) CO_2 3) H_3O^+/H_2O) → carboxy phenols

alkyl benzenes → (NBS) → benzylic bromides

alkyl benzenes → (H_2CrO_4) → aryl carboxylic acids

aryl rings → (⅄ H_3PO_4) → alkyl benzenes

aryl rings → (3°-ROH, H_3PO_4) → alkyl benzenes

aryl rings → (RX, AlX_3) → alkyl benzenes

aryl rings → (H_2SO_4, SO_3) → sulfobenzenes

aryl rings → (R(CO)X, AlX_3) → acyl benzenes

aryl rings → (X_2, FeX_3) → halobenzenes

aryl rings → (HNO_3, H_2SO_4) → nitrobenzenes

halobenzenes → (NaOH, H_2O) → phenols

halobenzenes → ($NaNH_2$, NH_3) → anilines

nitrobenzenes → (1) Fe, HCl 2) NaOH) → anilines

nitrobenzenes → (H_2, Ni) → anilines

ROADMAP FOR REACTIONS Chapters 20 21 22 23

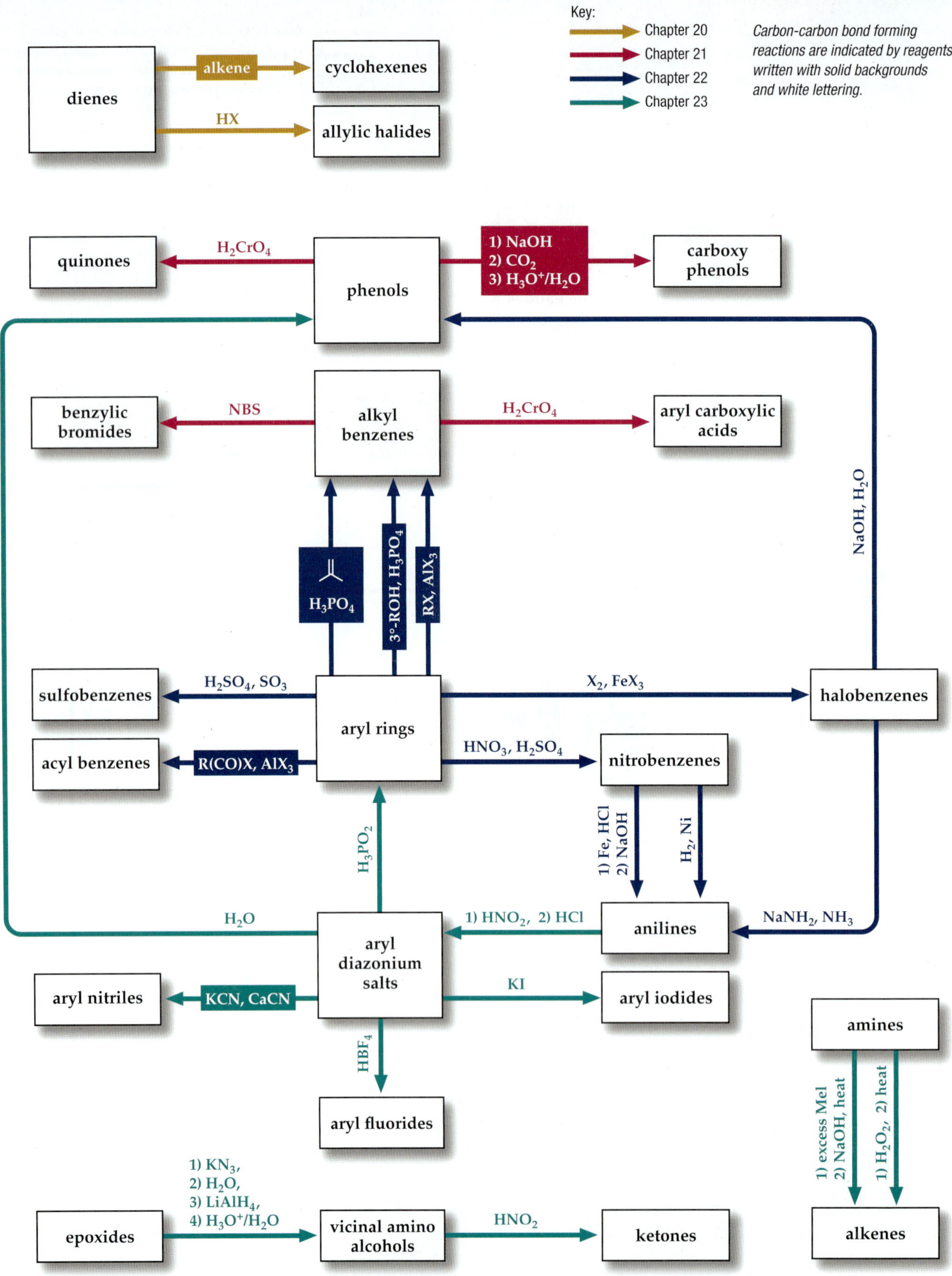

ㄱ

ㄴ

ㄷ

ㄹ

ㅁ

ㅂ

ㅅ

ㅇ

ㅈ

ㅊ

ㅋ

ㅌ

ㅍ

ㅎ

기타

▶ 옮긴이 소개

• 경기대학교	김상범	• 숭실대학교	전근호
• 경상대학교	김윤희, 박기훈, 안주현, 이상경	• 영남대학교	김삼수, 남기평
		• 울산대학교	허승현
• 계명대학교	백승욱	• 인천대학교	안순길, 이창연
• 금오공과대학교	장진호	• 전남대학교	심재한
• 대구가톨릭대학교	강동욱	• 전북대학교	김성식, 정규관
• 덕성여자대학교	고은희, 이재인	• 조선대학교	이재관, 조 훈
• 부경대학교	박남규, 서성용	• 한경대학교	박준서
• 서울과학기술대학교	노인섭	• 홍익대학교	신동명, 정민섭, 정윤성, 최수형
• 순천대학교	신은주, 최대옥, 하동수		

브라운의 제7판
유기화학
Organic Chemistry / 7th Edition

제7판 1쇄 발행 | 2021년 2월 26일
제7판 2쇄 발행 | 2024년 2월 13일

지은이 | William H. Brown, Brent L. Iverson, Eric Anslyn, Christopher S. Foote
옮긴이 | 화학교재연구회
발행인 | 송성헌
발행처 | 센게이지러닝코리아㈜
등록번호 | 제313-2007-000074호(2007.3.19.)
이메일 | asia.infokorea@cengage.com
홈페이지 | www.cengage.co.kr

ISBN-13: 978-89-6218-514-0

공급처 | 사이플러스
주 소 | 서울시 영등포구 양평로 30길 14, 세종앤까뮤스퀘어 1106호
도서안내 및 주문 | 02) 332-6171 FAX 02) 332-6185
이메일 | sciplus@sciplus.co.kr

정가 58,000원

Periodic Table of the Elements

KEY

An element: 79 = Atomic number; **Au** = Symbol; Gold = Name; 196.9665 = Atomic mass

Metals | Semimetals | Nonmetals

Group number, U.S. system → 1A; IUPAC system → (1). Period number → 1.

Period	1A (1)	2A (2)	3B (3)	4B (4)	5B (5)	6B (6)	7B (7)	8B (8)	8B (9)	8B (10)	1B (11)	2B (12)	3A (13)	4A (14)	5A (15)	6A (16)	7A (17)	8A (18)	Period
1	1 **H** Hydrogen 1.0079																	2 **He** Helium 4.0026	1
2	3 **Li** Lithium 6.941	4 **Be** Beryllium 9.0122											5 **B** Boron 10.811	6 **C** Carbon 12.0107	7 **N** Nitrogen 14.0067	8 **O** Oxygen 15.9994	9 **F** Fluorine 18.9984	10 **Ne** Neon 20.1797	2
3	11 **Na** Sodium 22.9898	12 **Mg** Magnesium 24.3050											13 **Al** Aluminum 26.9815	14 **Si** Silicon 28.0855	15 **P** Phosphorus 30.9738	16 **S** Sulfur 32.065	17 **Cl** Chlorine 35.453	18 **Ar** Argon 39.948	3
4	19 **K** Potassium 39.0983	20 **Ca** Calcium 40.078	21 **Sc** Scandium 44.9559	22 **Ti** Titanium 47.867	23 **V** Vanadium 50.9415	24 **Cr** Chromium 51.9961	25 **Mn** Manganese 54.9380	26 **Fe** Iron 55.845	27 **Co** Cobalt 58.9332	28 **Ni** Nickel 58.6934	29 **Cu** Copper 63.546	30 **Zn** Zinc 65.38	31 **Ga** Gallium 69.723	32 **Ge** Germanium 72.64	33 **As** Arsenic 74.9216	34 **Se** Selenium 78.96	35 **Br** Bromine 79.904	36 **Kr** Krypton 83.798	4
5	37 **Rb** Rubidium 85.4678	38 **Sr** Strontium 87.62	39 **Y** Yttrium 88.9059	40 **Zr** Zirconium 91.224	41 **Nb** Niobium 92.9064	42 **Mo** Molybdenum 95.96	43 **Tc** Technetium (97.9072)	44 **Ru** Ruthenium 101.07	45 **Rh** Rhodium 102.9055	46 **Pd** Palladium 106.42	47 **Ag** Silver 107.8682	48 **Cd** Cadmium 112.411	49 **In** Indium 114.818	50 **Sn** Tin 118.710	51 **Sb** Antimony 121.760	52 **Te** Tellurium 127.60	53 **I** Iodine 126.9045	54 **Xe** Xenon 131.293	5
6	55 **Cs** Cesium 132.9055	56 **Ba** Barium 137.327	57 **La** Lanthanum 138.9055	72 **Hf** Hafnium 178.49	73 **Ta** Tantalum 180.9479	74 **W** Tungsten 183.84	75 **Re** Rhenium 186.207	76 **Os** Osmium 190.23	77 **Ir** Iridium 192.217	78 **Pt** Platinum 195.084	79 **Au** Gold 196.9666	80 **Hg** Mercury 200.59	81 **Tl** Thallium 204.3833	82 **Pb** Lead 207.2	83 **Bi** Bismuth 208.9804	84 **Po** Polonium (208.9824)	85 **At** Astatine (209.9871)	86 **Rn** Radon (222.0176)	6
7	87 **Fr** Francium (223.0197)	88 **Ra** Radium (226.0254)	89 **Ac** Actinium (227.0278)	104 **Rf** Rutherfordium (265.1167)	105 **Db** Dubnium (268.125)	106 **Sg** Seaborgium (271.133)	107 **Bh** Bohrium (272)	108 **Hs** Hassium (277.150)	109 **Mt** Meitnerium (276.151)	110 **Ds** Darmstadtium (281.162)	111 **Rg** Roentgenium (280.164)	112 **Cn** Copernicium (285.174)	113 **Uut** Ununtrium (284.178)	114 **Fl** Flerovium (289.189)	115 **Uup** Ununpentium (288.192)	116 **Lv** Livermorium (293)	117 **Uus** Ununseptium (294)	118 **Uuo** Ununoctium (294)	7

Numbers in parentheses are mass numbers of radioactive isotopes.

	Period															Period
Lanthanides	6	58 **Ce** Cerium 140.116	59 **Pr** Praseodymium 140.9077	60 **Nd** Neodymium 144.242	61 **Pm** Promethium (144.9127)	62 **Sm** Samarium 150.36	63 **Eu** Europium 151.964	64 **Gd** Gadolium 157.25	65 **Tb** Terbium 158.9254	66 **Dy** Dysprosium 162.500	67 **Ho** Holmium 164.9303	68 **Er** Erbium 167.26	69 **Tm** Thulium 168.9342	70 **Yb** Ytterbium 173.054	71 **Lu** Lutetium 174.9668	6
Actinides	7	90 **Th** Thorium 232.0381	91 **Pa** Protactinium 231.0359	92 **U** Uranium 238.0289	93 **Np** Neptunium (237)	94 **Pu** Plutonium (244.0642)	95 **Am** Americium (243.0614)	96 **Cm** Curium (247.0704)	97 **Bk** Berkelium (247.0703)	98 **Cf** Californium (251.0796)	99 **Es** Einsteinium (252.0830)	100 **Fm** Fermium (257.0951)	101 **Md** Mendelevium (258.0984)	102 **No** Nobelium (259.1010)	103 **Lr** Lawrencium (262.1096)	7

Note: Atomic masses are 2007 IUPAC values (up to four decimal places).

Chemical Connections and Connections to Biological Chemistry, and MCAT Practice Essays

Section 1.4 *Chemical Connections:* Fullerene—A New Form of Carbon

Section 1.5 *MCAT Practice:* Fullerenes

Section 1.7 *Connections to Biological Chemistry:* Phosphoesters

Section 1.9 *MCAT Practice:* VSEPR and Resonance

Section 2.6 *Chemical Connections:* The Poisonous Puffer Fish
MCAT Practice: Tetrodotoxin

Section 2.9 *Chemical Connections:* Octane Rating—What Those Numbers at the Pump Mean

Section 3.8 *Conn. to Bio.Chem:* Chiral Drugs
MCAT Practice: Amino Acid Stereochemistry

Section 4.4 *Connections to Biological Chemistry:* The Ionization of Functional Groups at Physiological pH

Section 4.6 *MCAT Practice:* Acid-Base Equilibria

Section 5.3 *Chemical Connections:* The Case of Iowa and New York Strains of the European Corn Borer

Section 5.4 *Connections to Biological Chemistry:* The Importance of *cis* Double Bonds in Fats Versus Oils

Section 6.6 *Connections to Biological Chemistry: Trans* Fatty Acids: What They Are and How To Avoid Them

Section 8.5 *Chemical Connections:* Freons

Section 8.7 *MCAT Practice:* Antioxidants

Section 9.9 *MCAT Practice:* Solvents and Solvation

Section 9.10 *Connections to Biological Chemistry:* Mustard Gases and the Treatment of Neoplastic Diseases

Section 10.2 *Connections to Biological Chemistry:* The Importance of Hydrogen Bonding in Drug-Receptor Interactions

Section 10.7 *MCAT Practice:* Pinacol Rearrangement

Section 10.8 *Chemical Connections:* Blood Alcohol Screening
Connections to Biological Chemistry: The Oxidation of Alcohols by NAD^+
MCAT Practice: Alcohol Oxidations

Section 11.9 *MCAT Practice:* Benzo[a]pyrene

Section 13.10 *Chemical Connections:* Magnetic Resonance Imaging

Section 14.3 *Connections to Biological Chemistry:* Mass Spectra of Biological Macromolecules

Section 16.8 *MCAT Practice:* Pyridoxine (Vitamin B_6), a Carrier of Amino Groups

Section 16.11 *Conn. to Bio.Chem:* NADH—The Biological Equivalent of a Hydride Reducing Agent

Section 17.3 *Chemical Connections:* From Willow Bark to Aspirin and Beyond

Section 17.6 *Chemical Connections:* Industrial Synthesis of Acetic Acid—Transition Metal Catalysts
Chemical Connections: Esters as Flavoring Agents

Section 17.8 *MCAT Practice:* Permethrin and Bifenthrin

Section 17.9 *Connections to Biological Chemistry:* Ketone Bodies and Diabetes Mellitus

Section 18.1 *Chemical Connections:* From Cocaine to Procaine and Beyond
Chemical Connections: From Moldy Clover to a Blood Thinner
Chemical Connections: The Penicillins and Cephalosporins: β-Lactam Antibiotics
Connections to Biological Chemistry: The Unique Structure of Amide Bonds

Section 18.4 *Chemical Connections:* Mechanistic Alternatives for Ester Hydrolysis: S_N2 and S_N1 Possibilities

Section 18.8 *MCAT Practice:* β-Lactam Antibiotics

Section 19.4 *Chemical Connections:* Drugs That Lower Plasma Levels of Cholesterol

Section 19.9 *MCAT Practice:* Ibuprofen—The Evolution of an Industrial Synthesis

Section 20.4 *Chemical Connections:* Curry and Cancer

Section 21.4 *MCAT Practice:* Capsaicin, Some Like It Hot

Section 23.4 *Chemical Connections:* The Poison Dart Frogs of South America

Section 23.5 *Connections to Biological Chemistry:* The Planarity of $—NH_2$ Groups on Aromatic Rings
MCAT Practice: The Planarity of $—NH_2$ Groups on Heterocyclic Rings

Section 24.7 *Chemical Connections:* Singlet Oxygen

Section 25.2 *Chemical Connections:* L-Ascorbic Acid (Vitamin C)

Section 25.3 *Chemical Connections:* Testing for Glucose
MCAT Practice: Fucose

Section 25.4 *Chemical Connections:* A, B, AB, and O Blood Group Substances

Section 25.5 *Chemical Connections:* High-Fructose Corn Syrup

Section 26.2 *Connections to Biological Chemistry:* FAD/$FADH_2$: Agents for Electron Transfer in Biological Oxidation–Reductions: Fatty Acid Oxidation

Section 26.5 *Chemical Connections:* Snake Venom Phospholipases

Section 26.6 *MCAT Practice:* Vitamin K, Blood Clotting, and Basicity

Section 27.6 *Chemical Connections:* Spider Silk

Section 28.2 *Chemical Connections:* The Search for Antiviral Drugs

Section 28.3 *Chemical Connections:* The Fountain of Youth

Section 28.5 *Chemical Connections:* DNA Fingerprinting

Section 29.5 *Chemical Connections:* Stitches That Dissolve

Section 29.6 *Chemical Connections:* Organic Polymers That Conduct Electricity
MCAT Practice: The Chemistry of Superglue
Chemical Connections: Recycling of Plastics